DK葡萄酒大百科

DK葡萄酒大百科

英国DK出版社　著

张玉亮　宋燕　李蕾　主译

酒点食分　审订

科学普及出版社
·北 京·

Original Title: The Wine Opus: A 21st-Century Reference to more than 4,000 of the World's Greatest Wineries and their Wines
Copyright © Dorling Kindersley Limited, 2010
A Penguin Random House Company

本书其他译者如下：
杜星苹、向璐、于鹏伟、宗新宇、陈思捷、韩梦杰、
解宇馨、蒲云惠、宋庆敏、刘红、安淑怡

图书在版编目（CIP）数据

DK葡萄酒大百科 / 英国DK出版社著 ；张玉亮，宋燕，
李蕾主译. -- 北京：科学普及出版社，2024.10
书名原文：The Wine Opus: A 21st-Century
Reference to more than 4,000 of the World's
Greatest Wineries and their Wines
ISBN 978-7-110-10397-5

Ⅰ. ①D… Ⅱ. ①英… ②张… ③宋… ④李… Ⅲ. ①
葡萄酒—普及读物 Ⅳ. ①TS262.6-49

中国版本图书馆CIP数据核字（2021）第250150号

总 策 划　秦德继
策划编辑　张敬一
责任编辑　胡　怡
图书装帧　金彩恒通
责任校对　焦　宁　邓雪梅
　　　　　吕传新　张晓莉
责任印制　马宇晨

科学普及出版社
北京市海淀区中关村南大街16号
邮政编码：100081
电话：010-62173865　传真：010-62173081
http://www.cspbooks.com.cn
中国科学技术出版社有限公司发行
佛山市南海兴发印务实业有限公司承印
开本：635×965mm　1/8
印张：93.5　字数：1868千字
2024年10月第1版　2024年10月第1次印刷
ISBN 978-7-110-10397-5/TS · 144
印数：1-6000册　定价：498.00元

混合产品
纸张 |
支持负责任林业
FSC® C018179

www.dk.com

目　录

关于作者

作为《DK 葡萄酒大百科》的主编，吉姆·戈登（Jim Gordon）监督管理着这支年轻、充满活力的作家团队。他还为本书撰写了北美洲包括加利福尼亚州（简称"加州"）的介绍部分、门多西诺和莱克县产区部分。吉姆在葡萄酒行业工作了 25 年，其中有 12 年是在《葡萄酒观察家》（Wine Spectator）担任执行编辑，还帮助美国的全国广播公司建立了酒乡生活电视节目。目前，他是加州《葡萄酒与葡萄》（Wines and Vines）杂志的编辑。吉姆和他的妻儿现居纳帕，并在那里为自己和朋友酿酒。

萨拉·阿博特（葡萄酒大师）

萨拉·阿博特（Sarah Abbott）撰写了本书勃艮第（Burgundy）的博讷产区及夜丘产区板块。1 瓶勃艮第让她如痴如醉，从此与葡萄酒行业结下了不解之缘。2008 年，她在与英国葡萄酒进口商合作了十几年后，创立了一家名叫漩涡（Swirl）的葡萄酒品鉴公司，为缺乏经验的消费者普及葡萄酒知识。她同时还担任葡萄酒进口商的市场营销和传播顾问，以及国际比赛的评委。

萨拉·艾哈迈德

萨拉·艾哈迈德（Sarah Ahmed）是葡萄酒专题的自由撰稿人，为本书撰写了卢瓦尔河谷产区章节，同时卢瓦尔也是她最喜欢的葡萄酒产区之一。可以毫不夸张地说，正是卢瓦尔河谷让她从法律行业转行，进军葡萄酒产业。自品尝到 1986 年的慕兰图珊酒庄的白葡萄酒后，她便为葡萄酒的魅力所倾倒，但无论是干葡萄酒还是甜葡萄酒，她最喜欢的仍然是白诗南。萨拉认为，没有其他任何地区出产的葡萄酒可以同卢瓦尔地区的长相思（Sauvignon Blanc）、白诗南（Chenin）和品丽珠（Cabernet Franc）的醇厚、浓郁和典雅相媲美。

简·安森

简·安森（Jane Anson）撰写了本书波尔多（Bordeaux）产区和法国西南产区的章节。她本人就住在波尔多，作为一名全职葡萄酒作家，她曾入围 2009 年路易王妃葡萄酒专题作家（Louis Roederer Wine Feature Writer）候选名单。简对葡萄酒的热爱始于 1996 年，当时她在南非，一款名叫"开普酒乡"的尼德堡西拉酒令她陶醉。她发现葡萄酒不仅是一种品鉴的饮料，还将政治、历史和地理有机地融合在一起。简是《品醇客》（Decanter）杂志的记者，同时也是中国香港《南华早报》的撰稿人。

安德鲁·巴罗

安德鲁·巴罗（Andrew Barrow）自称是美食家，他撰写了本书阿尔萨斯产区的章节。15 年来，他一直在互联网上从事葡萄酒和食品方面最前沿的工作，最初是通过电子邮件通信（当时这种通信方式还未大众化），然后是通过博客和推特，偶尔还为《卫报》（The Guardian）撰写文章。安德鲁从来都是无酒不欢，而且一定要喝阿尔萨斯葡萄酒，因为阿尔萨斯是将食物和葡萄酒完美结合的最好的地区，不过本书的其他作者可能并不赞同！

泰勒·科尔曼

泰勒·科尔曼（Tyler Colman）撰写了本书博若莱产区的勃艮第和大部分卢瓦尔河谷酒庄的相关内容。他认为，无论是在卢瓦尔河谷还是其他地方，这里盛产的白诗南均被严重低估了。泰勒在纽约大学教授葡萄酒课程，并著有《葡萄酒的一年》（A Year of Wine）和《葡萄酒政治》（Wine Politics）。他还为《纽约时报》（New York Times）、《食品与葡萄酒》（Food & Wine）、《葡萄酒与烈酒》（Wine & Spirits）、《福布斯》（Forbes）、《卫报》，以及《牛津葡萄酒指南》（Oxford Companion to Wine）撰写过文章。

劳里·丹尼尔

劳里·丹尼尔（Laurie Daniel）做了 30 多年记者，本书加州中部海岸的文章大都由她撰写。她居住在圣克鲁斯山区（Santa Cruz Mountains），为很多出版物撰写了大量关于中部海岸及其葡萄酒的文章。劳里在美国中西部长大，那里葡萄酒产量有限，但搬到加州后，她很快就对葡萄酒产生了兴趣。1993 年，她开始定期撰写和葡萄酒相关的文章，并为许多报纸、杂志和网站撰稿。

玛丽·杜威

玛丽·杜威（Mary Dowey）撰写了本书南罗讷河谷产区的章节。她曾是一位旅行家兼美食作家，后来爱上了葡萄酒。作为《爱尔兰时报》（Irish Times）的专栏作家，她周游各大葡萄酒产区，发现那里的奇人异事和优美风景就像葡萄酒一样令人兴奋。渐渐地，玛丽对南罗讷河谷产生了浓厚的兴趣，这为她逃离阴霾的都柏林、享受一年四季的阳光提供了完美的借口。现在，玛丽以罗讷河谷为基地，为包括《品醇客》等杂志在内的许多出版物撰写有关该产区的文章。

迈克·邓恩

迈克·邓恩（Mike Dunne）是土生土长的加州人，他花了近 40 年时间深耕该州的葡萄酒行业，是本书加州内陆产区和墨西哥产区章节的作者。迈克在《萨克拉门托蜜蜂报》（The Sacramento Bee）担任过葡萄酒专栏作家、餐厅评论家和美食编辑之后，现在把精力主要花在他的家乡北加州地区和墨西哥的下加州南部地区，探索这里的葡萄酒产区并撰述他的发现。他经常担任葡萄酒巡回赛的评委，并在自己的博客上记录旅行见闻。

萨拉·简·埃文斯（葡萄酒大师）

萨拉·简·埃文斯（Sarah Jane Evans）是一位作家兼播音员，她撰写了本书的西班牙产区这一章（不过具有讽刺意味的是，她只字不提雪莉酒）。萨拉·简在马德里工作时发现了西班牙葡萄酒，在剑桥大学读书时，她继续"研究"雪莉酒，并在辅导课上同师生们一同品用。她曾担任 BBC《美食杂志》（Good Food Magazine）杂志的副主编和食品作家协会主席。作为葡萄酒大师，萨拉也是西班牙葡萄酒骑士组织（Gran Orden de Caballeros de Vino）的成员。她的著作包括《塞维利亚》（Sevill）和《打开巧克力》（Chocolate Unwrapped）。（注：她还对巧克力情有独钟。）

凯瑟琳·法利斯

凯瑟琳·法利斯（Catherine Fallis）是本书马贡产区和夏隆内产区章节的作者，她也被称为葡萄女神，她是在背包环游欧洲时开始接触葡萄酒的。但在佛罗伦萨和巴黎生活时，她才真正喜欢上葡萄酒。1993 年，凯瑟琳在波尔多普尚男爵庄园和靓茨伯庄园帮忙采摘葡萄。现在，凯瑟琳是一个幽默的演讲者、作家和教育家，对盛产物美价廉葡萄酒的勃艮第南部情有独钟。

迈克尔·弗朗茨

迈克尔·弗朗茨（Michael Franz）撰写了本书北罗讷河谷产区这一章节。他在贫困的学生时代就爱上了葡萄酒，部分知识是通过申请参加葡萄酒产区的学术会议来学习的。除了为葡萄酒杂志撰稿、给烹饪学院提供指导、给 13 家餐厅担任顾问外，迈克尔还是《葡萄酒评论在线》（Wine Review Online）的编辑兼执行合伙人。在此之前，他为《华盛顿邮报》（The Washington Post）做了 11 年的葡萄酒专栏作家。他还是马里兰州洛约拉大学的政治学教授。

道格·弗罗斯特（葡萄酒大师）

道格·弗罗斯特（Doug Frost）是本书美国哈特兰产区和南部各州篇章的作者，是仅有的 3 位同时通过侍酒师大师和葡萄酒大师考试的人之一。他的著作包括《开酒》（Uncorking Wine）和《论酒》（On Wine），还主持美国的每周电视节目《买单！》（Check Please!）。他还担任美国联合航空公司（United Airlines）全球葡萄酒和烈酒顾问一职。《干杯杂志》（Cheers Magazine）授予道格"2009 年度酒水创新者"称号。同时他还主持两项葡萄酒大赛，即中美洲葡萄酒竞赛和杰斐逊杯邀请赛。

大卫·福雷尔

大卫·福雷尔（David Furer）是本书比利时、荷兰、卢森堡，以及中欧和东南欧大部分产区的作者，他是在旅行期间第一次对这些地区的葡萄酒产生兴趣的。在一家英国酒水专营售卖店工作时，他发现了罗马尼亚、保加利亚和匈牙利等国性价比最高的葡萄酒。在德国酿酒厂工作的 18 个月让他深入了解到优秀葡萄种植者的艰苦与不易。大卫既是美国《侍酒师》(*Sommelier*)杂志的专栏作家，也是高级侍酒师和认证葡萄酒教育家。

卡罗琳·吉尔比（葡萄酒大师）

卡罗琳·吉尔比（Caroline Gilby）撰写了本书的保加利亚、捷克和斯洛伐克部分。她在攻读植物学博士学位时爱上了葡萄酒，放弃了科研工作转而从事葡萄酒采购。她的第一份工作是初级葡萄酒采购员。20 世纪90 年代初，她因为工作原因去了东欧。明显的文化差异和令人振奋的新生产商的崛起持续吸引着卡罗琳，并影响着她的葡萄酒写作。最终，卡罗琳于 1992 年成为葡萄酒大师。

弗朗西斯·吉布利特

弗朗西斯·吉布利特（Francis Gimblett）职业生涯的核心就是坚信北非能够生产出世界级的葡萄酒。2008 年，弗朗西斯在启动"葡萄酒冒险家"项目时着手探索这一前景能否实现。此后，他访问了北非的每一个主要葡萄酒生产商，并得出了重要结论。他的职业生涯涵盖了餐饮业、葡萄酒经纪业、酿酒业、教学，以及娱乐和写作等。正如他的网站所描述的那样，他对罕见的体验充满热情。

杰米·古德

杰米·古德（Jamie Goode）撰写了本书澳大利亚、新西兰和葡萄牙的章节——他对这三个国家特别有好感。杰米是第一批葡萄酒博主之一，以"葡萄酒迷"（Wine Anorak）的笔名创作。他为英国报纸《星期日快报》(*The Sunday Express*)撰写每周专栏，并为许多杂志撰稿。他的著作包括《葡萄酒科学》(*The Science of Wine*)和《天然葡萄酒》(*Wine and Natural Wine*)（2011年出版）。

林赛·格罗夫斯

林赛·格罗夫斯（Lindsay Groves）是本书土耳其和黎巴嫩部分的作者，她对世界上隐秘的葡萄酒产区情有独钟。林赛最初在加拿大尼亚加拉（Niagara）接受酿酒和葡萄栽培方面的培训，随后获得了侍酒师证书和葡萄酒与烈酒教育信托基金（WSET）资质。她以多伦多为大本营，目前是一名自由葡萄酒记者，为国内外许多出版物撰稿。她的梦想是成为一名真正的葡萄酒大师。

苏珊·科斯切娃

苏珊·科斯切娃（Susan Kostrzewa）是本书南非篇章的作者，她对南非和南非葡萄酒的热情始于 1999年，当时她有旅游写作任务，去访问了克鲁格公园和开普省。2005 年移居曼哈顿之前，苏珊在旧金山湾区生活了 10 年，专门从事食品、葡萄酒和旅游写作。如今，她是《葡萄酒爱好者》(*Wine Enthusiastic*)杂志的执行编辑，多年来她一直为该杂志品鉴南非葡萄酒。除异国旅行和探索葡萄酒之外，她也热爱烹饪摩洛哥和印度美食、滑雪等。

简·安森

吉姆·戈登

萨拉·艾哈迈德

苏珊·科斯切娃

萨拉·阿博特（葡萄酒大师）

杰米·古德

玛丽·杜威

彼得·林

彼得·林（Peter Liem）撰写了本书关于香槟产区的章节。虽然出生在美国，但彼得的家就在埃佩尔奈（Epernay）附近的迪济（Dizy）一座盛产葡萄酒的小村庄里，住在香槟葡萄园附近。作为目前唯一居住在香槟区的专业英语葡萄酒作家，彼得为《葡萄酒与烈酒》和《世界名酒》（The World of Fine Wine）撰稿。

杰弗里·林登穆特

杰弗里·林登穆特（Jeffery Lindenmuth）是一名专门研究葡萄酒、烈性酒和啤酒的全职作家，他周游世界，遍寻好酒。在本书中，他探索了纽约州、新英格兰产区和大西洋中部各州的酿酒厂。杰弗里是一个狂热的户外运动爱好者，年轻时曾在宾夕法尼亚州的草莓、玉米和萝卜地里劳作。他之所以被葡萄酒吸引，不仅是因为它的味道，还因为他对农业的同理心。在为《烹饪之光》（Cooking Light）、《男性健康》（Men's Health）和其他论坛撰写的文章中，他经常强调葡萄酒作为一种农产品，以及葡萄酒在日常健康饮食中所起到的作用。

温克·洛尔什

温克·洛尔什（Wink Lorch）撰写了本书汝拉和萨瓦产区的章节，这些产区离她在法国阿尔卑斯山的家不远，她对此很感兴趣。温克起初在英国的葡萄酒行业工作，在过去的20年里，她主要在伦敦担任葡萄酒作家、教育家和编辑。2007年，随着人们对葡萄酒旅游的兴趣日益浓厚，她创建了葡萄酒旅游指南（Wine Travel Guides）网站，重点介绍欧洲的葡萄酒产区。移动技术的发展使温克可以在滑雪或登山时随时分享动态。

萨拉·马什（葡萄酒大师）

萨拉·马什（Sarah Marsh）撰写了本书勃艮第的夏布利产区、默尔索和夜丘产区这几部分。公关和新闻工作的背景，加上对生活的热爱和对美的追求，使她开始接触葡萄酒及葡萄酒写作，尤其是勃艮第葡萄酒。世界各地的粉丝都阅览她对该地区的在线专业评论——《勃艮第简报》（Burgundy Briefing）。萨拉在2004年成为葡萄酒大师，她的论文内容与金丘产区的黑皮诺有关，是少数获得殊荣的论文之一。她的爱好包括旅行、艺术、音乐和烹饪，她作为BBC厨艺大师（Masterchef）节目的决赛选手也证明了这一点。

简·马斯特斯（葡萄酒大师）

简·马斯特斯（Jane Masters）是一个真正的亲法派，长期生活在法国南部。她撰写了本书朗格多克产区、露喜龙产区、普罗旺斯和科西嘉产区，以及特色葡萄酒产区的章节。出于对食物和葡萄酒的热爱，简在大学毕业后前往法国，在波尔多的酿酒学院接受了酿酒师培训，并在法国和科西嘉的多个酿酒厂工作。1992年回到英国后，她就职于玛莎百货，负责全球葡萄酒采购。简在1997年获得了葡萄酒大师的资格，并在2005年成立了自己的咨询公司：Mastering Wine。

彼得·米瑟姆

彼得·米瑟姆（Peter Mitham）根据十几年来在加拿大和美国的品酒经验撰写了本书的加拿大章节。他是一位经验丰富的商业作家，1997年11月访问加州纳帕谷（Napa Valley）后开始撰写葡萄酒相关的文章。他目前居住在不列颠哥伦比亚省的温哥华，为《葡萄酒与葡萄》和其他出版物撰写有关太平洋西北产区及加拿大葡萄栽培和葡萄酒业务的文章。除了撰写葡萄酒相关的内容，他还报道温哥华的商业地产（他还喜欢拉手风琴）。

迈克尔·帕利吉（葡萄酒大师）

迈克尔·帕利吉（Michael Palij）是本书意大利中部产区、意大利南部及诸岛产区章节的作者。迈克尔于1989年从加拿大移民到英国，在一家葡萄酒商店担任销售助理。6年后，他获得了葡萄酒大师资格，并移居科茨沃尔德（Cotswolds），成为当地一家酒商的采购员。蓝布鲁斯科葡萄酒在当时炙手可热，随即他便被派往意大利，确保能达成更好的交易。幸运的是，他完成了这笔交易，他也爱上了所有的意大利事物。现在，他每年都要访问意大利至少20次。穿梭于这里的乡间小路，宛若世外桃源，他深切地感受着这里的魅力。

蒂姆·帕特森

蒂姆·帕特森（Tim Patterson）是中央海岸北部产区和南加州产区章节的作者，他喜欢这些地区，因为它们不受葡萄酒行业的关注，在纳帕和索诺玛产区的光环下显得格外低调。作为一名葡萄酒爱好者和葡萄酒作家，他对不受欢迎的葡萄酒产区和不起眼的葡萄品种饶有兴趣。此外，他还对实际酿酒过程中的技术性问题兴致勃勃，为几家行业和消费者出版物提供了无尽的话题。蒂姆每年都会在自己的车库里酿造一些葡萄酒来保持自己的初心。

斯图尔特·皮高特

斯图尔特·皮高特（Stuart Pigott）出生于伦敦，自1993年搬到柏林以来，就以其尖锐和原创的葡萄酒新闻报道赢得了"叛逆者"的名声。斯图尔特的著作集中在德语国家的葡萄酒工业复兴及中国和日本正在进行的酿酒革命上。他的文章将他在德国著名的盖森海姆葡萄酒学院接受的文化历史教育和25年探索葡萄酒的经验结合到一起。后来，他为巴伐利亚广播局拍摄了一部关于德国葡萄酒的大型电视连续剧。

艾玛·赖斯

艾玛·赖斯是本书英格兰和威尔士部分的作者。17岁时，她作为酒侍参加了一场英国葡萄酒名人云集的晚宴并初尝了1979年的克鲁格葡萄酒，自此，她对葡萄酒产生了浓厚兴趣。后来，她的整个工作生涯都是围绕着葡萄酒展开的：勃艮第酒商的私人助理、休·约翰逊（Hugh Johnson）《袖珍葡萄酒书》（Pocket Wine Book）的编辑，普兰普顿学院（Plumpton College）葡萄栽培和酿酒学学士学位的首批毕业生，以及纳帕谷一家酒庄的酿酒师。如今，艾玛是一名酿酒师和酒类学家，同时还在苏塞克斯（Sussex）经营自己的葡萄酒分析实验室。

彼得·理查兹

彼得·理查兹负责本书的南美洲篇章，撰写了智利和阿根廷部分（他认为这两个国家特别吸引人）。彼得在智利生活和工作期间，第一次对葡萄酒产生了兴趣，后来成了一名作家兼播音员，专门研究葡萄酒并颇有建树。他为许多出版物撰写了大量文章，还著有一些怪书，包括《智利葡萄酒》（The Wines of Chile）。彼得与妻子苏西·巴利（Susie Barrie）一起创办了温彻斯特葡萄酒学校（Winchester Wine School）。2010年，他们被评为国际葡萄酒与烈性酒大赛（IWSC）年度联合通信员。

埃莉奥诺拉·斯科尔斯

埃莉奥诺拉·斯科尔斯（Eleonora Scholes）的母语是俄语，她对苏联的葡萄酒有着深厚的了解，撰写了本书的俄罗斯、摩尔多瓦和乌克兰的部分。埃莉奥诺拉在21世纪初从事市场营销行业，后来转行，现在是一名独立的葡萄酒和美食记者，还从事着俄罗斯葡萄酒市场的商业分析工作。她的文章以俄语和英语双语在各类媒体及她的个人网站上发表。

丽莎·萨拉·霍尔

丽莎·萨拉·霍尔（Lisa Shara Hall）对她的家乡——太平洋西北产区的葡萄酒非常自豪，也是本书这一章节的作者。大约在20年前，她率先对这一地区进行了报道，此后一直为相关出版物撰写相关文章。丽莎也是《太平洋西北产区葡萄酒》（Wines of the Pacific Northwest）一书的作者。雪莉酒，尤其是曼萨尼亚雪莉酒，是她最喜欢的葡萄酒之一（这款酒，她的冰箱里永远都有一瓶），并且她也著述了这一部分。丽莎是《葡萄酒商业月刊》（Wine Business Monthly）的高级编辑。

马甘迪普·辛格

马甘迪普·辛格（Magandeep Singh）是印度专业的、有资质的葡萄酒和美食作家，是得到法国认证的侍酒师，以及国际电视节目主持人。马甘迪普·辛格把他的时间分别花在了环游各地的葡萄园和品尝美食上，然后回到他印度的家将这些经历和体验写成文章。无论是在印度还是在国外，马甘已经与业内最负盛名的机构合作了近10年。然而，他的兴趣并不局限于美食和葡萄酒，他不断地寻找新的事物来满足自己的求知欲，比如调制鸡尾酒、滑旱冰、打高尔夫和吹萨克斯等。

蒂姆·泰赫格雷伯

蒂姆·泰赫格雷伯（Tim Teichgraeber）是葡萄酒作家兼律师，撰写了本书纳帕谷和卡尼洛斯产区的章节。在明尼苏达州大学毕业后，他成了一名葡萄酒销售员。一个朋友劝他为当地报纸撰写与葡萄酒相关的文章，后来，他成了《明尼阿波利斯明星论坛报》（Minneapolis Star Tribune）的葡萄酒专栏作家。2000 年，蒂姆西迁至旧金山寻求新的生活，并与美国葡萄园建立了更紧密的联系。现在，他定期考察纳帕谷，并为包括《旧金山纪事报》（San Francisco Chronicle）和《品醇客》在内的顶级报纸和杂志撰稿。

塔拉·托马斯

塔拉·托马斯（Tara Q Thomas）是本书希腊、塞浦路斯和以色列等章节的作者，是纽约《葡萄酒和烈酒》（Wine & Spirits Magazine）杂志的编辑。她曾是一名厨师，在雅典的一家餐厅工作时爱上了希腊葡萄酒，此后，她通过专门研究该地区的葡萄酒，来满足自己对一切地中海相关事物的痴迷。她著有《葡萄酒新手入门知识指南》（The Complete Idiot's Guide to Wine Basics）一书，目前在布鲁克林工作生活，是一名狂热的博主。

小迪尔赛乌·维安纳（葡萄酒大师）

小迪尔赛乌·维纳（Dirceu Vianna "Junior"）来自巴西，是本书巴西产区和乌拉圭产区部分的作者。他在巴西学习森林工程和法律，于 1989 年移居伦敦。2008 年，小迪尔赛乌成为南美首位男性葡萄酒大师，并获得伊拉苏酒庄（Viña Errazuriz Award）葡萄酒业务卓越奖。目前，他是科伊集团公司（Coe Group）的葡萄酒开发总监，同时也是葡萄酒教育家、技术顾问、自由撰稿人和许多国际葡萄酒比赛的评委。

沃尔夫冈·韦伯

沃尔夫冈·韦伯（Wolfgang Weber）撰写了本书意大利东北部和西北部产区、托斯卡纳产区和斯洛文尼亚产区的章节。1997 年，他在经典基安蒂产区的一次背包旅行中帮忙采摘葡萄，由此开启了他的葡萄酒生涯。沃尔夫冈几乎只从事葡萄酒贸易，包括曾在纳帕谷的山上做了 2 年的酿酒工。沃尔夫冈是美国《葡萄酒与烈酒》杂志的前任高级编辑和意大利葡萄酒评论家。他的文章和摄影作品曾在《葡萄酒与烈酒》《旧金山纪事报》（San Francisco Chronicle）和《洛杉矶时报》（LA Times）上刊登。

阿尔德·亚罗

阿尔德·亚罗（Alder Yarrow）撰写了本书索诺玛和马林产区的章节，《旧金山杂志》（San Francisco Magazine）称他是"葡萄酒界最耀眼的网络之星"，他的博客被认为是全球领先的葡萄酒博客之一。

迈克尔·帕利吉（葡萄酒大师）

彼得·林

简·马斯特斯（葡萄酒大师）

斯图尔特·皮高特

马甘迪普·辛格

彼得·理查德

艾玛·赖斯

诸如圣酒（Vin Santo）干燥葡萄的传统工艺与新工艺同样重要。

前　言

在这本以葡萄酒为主题的巨著出版时，酿酒技术快速变化的证据处处可见。在波尔多传统优质产区首次推出 2009 年顶级葡萄酒的同时，其他新旧葡萄酒产区也向世界展示了大量诱人的高品质葡萄酒。

比如德国斯图加特郊区丘陵地带出产的芳香四溢的黑皮诺（Pinot Noir），比如巴西出产的酒体均衡、促进食欲的品丽珠，再如完美融合了希腊土生土长的阿西尔提科（Assyrtiko）葡萄的赛美蓉（Sémillon）等，这些只是我品尝过的多款美酒中的几个酒款而已。

有些葡萄酒书籍配有地图，有些附有葡萄酒的相关评论，还有一些向读者解释各种葡萄酒术语和工艺。但在这本综合性的巨著中，我们向读者们推荐了每个国家和地区最好的葡萄酒厂，介绍了它们最具影响力的特色，描述了最近的葡萄收获期等。

可以说《DK 葡萄酒大百科》展现了新一代杰出葡萄酒作家对葡萄酒世界的全新视角。30 年前，一个作家只要用一两年的时间就可能独自品尝并评论完国际市场上几乎每一种优质葡萄酒。如今，人们再想短时间内了解所有的佳酿是不可能的，因此《DK 葡萄酒大百科》邀请了 30 余位在不同葡萄酒产区独树一帜的葡萄酒作家，他们会详细地介绍优质的葡萄酒，让我们了解这个日新月异的葡萄酒世界。

本书的许多作家都很年轻，还有一些作家虽年纪稍长却依然有着年轻人的冒险精神。这种精神促使他们不断探索葡萄种植区，探索着推动酿酒行业变革的种种因素。这些作家们，有些最初是在写博客时学习到葡萄酒知识的，他们的职业生涯与高科技行业或学术界的人不尽相同，有些是经验丰富的葡萄酒作家、报社记者和杂志记者，还有一些是电视播音员、葡萄酒大师，甚至有些本身就是酿酒师。这个团队对经典葡萄酒深有了解，但也渴望尝一尝新品的口味。

本书中提供的最重要的信息就是帮助读者了解优质的葡萄酒。书中的酿酒厂是作者们根据自己近期的品酒体验和潜心研究向我们强烈推荐的，经过我们的严格筛选，最终我们只选择了一流的老牌葡萄酒厂和最有前途的新葡萄酒厂。

筛选标准：

顶级葡萄酒厂

· 能酿造高质量或品质卓越的葡萄酒

· 在其产区有经久不衰的高品质的口碑

· 盛产有收藏价值的知名佳酿或供特殊场合享用的葡萄酒

· 在葡萄种植和酿酒技术领域处于领先地位

· 在特定葡萄酒类别中表现特别出色

新秀酿酒厂

· 能酿造高质量或品质卓越的葡萄酒

· 具备成为未来经典酿酒厂的潜力

· 在品种选择、葡萄种植和酿酒工艺方面具有创新性

· 具有很高的性价比

当您通过《DK葡萄酒大百科》制订旅游计划时，建议您提前联系心仪的酿酒厂，确定他们何时开放、在什么方位，以及是否欢迎访客来酿酒厂做客或到品酒室小酌两杯。

本书是由那些爱喝葡萄酒、热爱葡萄酒、了解葡萄酒的人所著，他们的初衷也是希望读者们能像他们一样爱上这种佳酿。有了他们的知识作为参考，您就可以避免在品鉴葡萄酒时心生怯意，可以直奔主题，舒服地体验一番来自舌尖上的惬意。说到底，只有你才能决定什么葡萄酒符合你的口味，因为葡萄酒的选择没有对错之分，只有经过深思熟虑后的不同见解。

如果《DK 葡萄酒大百科》能让您在品鉴葡萄酒时更有信心，帮助您积累自己喜爱的葡萄酒品牌，帮助您选择买什么葡萄酒当礼物，并增强您与家人、好友用餐和娱乐时的幸福体验，那就说明我们的作家们的工作很有意义。

愿每一杯酒都能给您带来不同的美妙感受！

吉姆·戈登

北美洲第一款大受欢迎的葡萄酒，可能是佛罗里达州的法国胡格诺派移民教徒在 1563 年左右用当地的斯古佩农葡萄酿造的。起初，人们在新大陆种植欧洲葡萄品种效果不太理想。甚至在大约 200 年后，托马斯·杰斐逊（Thomas Jefferson）在弗吉尼亚州尝试更改种植方式也未见改观，这是有记录的史料。

　　不过早期西班牙传教士在墨西哥太平洋沿岸和现在的加州殖民时，运气却很不错。然而，大规模商业化生产葡萄酒是从 1830 年到 1860 年在俄亥俄河谷开始繁荣起来的，那时辛辛那提的银行家尼古拉斯·朗沃斯（Nicholas Longworth）种植了 810 公顷（1 公顷等于 0.01 平方千米）的葡萄酿造葡萄酒，其中大部分是本地品种拉布拉斯卡葡萄（Vitis labrusca）。

　　19 世纪 60 年代，加州的酿酒业才真正开始，到 19 世纪 80 年代迎来了第一次迅猛发展。但随后葡萄酒行业的一系列灾难降临：葡萄根瘤蚜肆虐、美国和加拿大颁布了禁酒令，紧跟着第二次世界大战爆发。这个阶段，在欧洲驻军的美国士兵引入了佐餐葡萄酒。到 20 世纪 60 年代和 70 年代，家境优渥的美国人开始逐渐青睐本国产葡萄酒。

　　到了 20 世纪 90 年代，葡萄园的发展速度甚至超过了星巴克，成千上万的业余爱好者都穿上了橡胶靴变成了酿酒师。到最后，酿酒不仅在著名产区掀起了风潮，加州和几乎所有其他产区都曾风靡一时。与此同时，葡萄酒在北美洲越来越受欢迎，人们不仅只在特殊场合饮用，销量甚至赶上了啤酒。

　　北美洲葡萄酒的广阔前景很难简要概括，可以说这里的地理和气候，加上创业者前赴后继的高昂斗志，让加州的酿酒师可以大胆尝试，并创造了活力无限的酿酒文化，这在之前的半个世纪是无法想象的。

北美洲产区

加利福尼亚州产区

　　加州的明媚阳光不仅让马里布海滩（Malibu Beach）久负盛名，也让加州成了盛产葡萄酒的宝地。太平洋沿岸各大山谷和内陆盆地的气候宜人，作物生长季节很长。在葡萄成熟季节，这里大多数时间晴空万里，几乎没有降雨。因此，不管是遥远的南部地区出产的特曼库拉（Temecula），还是北方的门多西诺（Mendocino），都是味道浓郁的优质葡萄酒，与加州种类繁多、不同民族精心制作的独特的菜肴搭配享用，可谓相得益彰。纳帕谷和索诺玛县出产的葡萄酒在知名度上可能是最高的，但加州其他偏远的葡萄园也不容小觑，一旦错过，将会与许多绝妙的味蕾体验失之交臂。仙粉黛（Robust Zinfandel）这种长势喜人的葡萄主要在淘金热之乡种植；硅谷附近有个地方主要酿制经典的赤霞珠；如今还有另外几个葡萄园也在酿制葡萄酒，地点在哪里？肯定是马里布喽！

　　今天的葡萄酒产业只有大约 60 年的历史。一种叫根瘤蚜的葡萄藤害虫在 19 世纪末摧毁了许多原始的葡萄园，之后在 1920—1933 年，全国上下的禁酒令几乎让所有的酿酒厂关门大吉，只剩下几十家尚在经营。第二次世界大战更是让葡萄酒产业雪上加霜，直到 20 世纪 60 年代才真正开始实现增长。从那时起，葡萄酒无论是从质还是量上都有了显著提高。这一时期出现了好几种国际知名葡萄酒：如索诺玛县的黑皮诺和仙粉黛、纳帕谷的赤霞珠（Cabernet Sauvignon）和梅洛（Merlot）、中央海岸的西拉（Syrah）和黑皮诺，以及许多其他产区的霞多丽（Chardonnay）等。

　　然而，从葡萄酒质量的潜力角度来说，并不是加州所有产区都能平起平坐。该州的地形大致是中间是平坦的中央山谷，西面是低矮的海岸山脉，东面是崎岖的内华达山脉。这种地势在很大程度上决定了哪里能盛产优质葡萄酒，哪里能产普通的佐餐葡萄酒。

　　尽管加州大部分葡萄酒产区在 7 月的午后都很炎热，但由于太平洋的寒流从阿拉斯加沿海岸一路南下，使得加州沿海的山谷和山脉一年四季的日均温差可达 22℃。

　　夜间的低温能让葡萄保持自然酸度，而日间的高温则能提高葡萄的糖分含量。这种酸度和糖分的有机结合经发酵后香气四溢，极富表现力，让人不禁想起霞多丽中的法国冬梨、赤霞珠中成熟黑樱桃和仙粉黛中野生黑莓的细腻口感。

　　内陆温度较高地区的葡萄更适合酿制柔和、爽口的葡萄酒，供日常饮用。如果葡萄酒标签上突出"加州"一词，通常意味着这款葡萄酒是来自名气较低产区的调和酒；如果标签上有诸如圣克鲁斯山（Santa Cruz Mountains）或帕索罗布尔斯（Paso Robles）等更加具体的地名，往往意味着这酒的质量更好，因此价格也会更高。

　　加利福尼亚州占地面积很大，有几千万人口，是美国人口最多的州。加州还是经济大省，面积广阔，其好莱坞和硅谷等地集聚了很多高精尖产业。然而，加州还有很多其他知名产业，比如马林县沿海的牡蛎养殖场、索诺玛的山羊奶酪和圣巴巴拉的薰衣草农场等。葡萄酒生产的规模也不尽相同，大公司几乎包揽了各大超市的葡萄酒供应，同时小型酿酒厂也如雨后春笋般层出不穷。

　　加州葡萄酒的质量和价值也很难一概而论，最便宜的葡萄酒可能经过层层加工，容易入口，中间价位的葡萄酒也能凸显其葡萄品种和产地的特色。品质最卓越的葡萄酒深受波尔多和勃艮第等世界名酒的影响，但价格更高，然而它们也绝非浪得虚名。奥克维尔赤霞珠（Oakville Cabernet）20 年陈酿散发出的怀旧气息几乎让所有人都爱不释手；俄罗斯河谷的霞多丽配上冰镇的珍宝蟹也是极具特色，品尝过的人大都赞不绝口。

初春，纳帕谷卢瑟福（Rutherford）的卢比孔酒庄（Rubicon Estate）的葡萄藤开始发芽。

纳帕谷和卡尼洛斯产区

对许多人来说，纳帕谷就是加州葡萄酒的代名词。纳帕谷位于旧金山以北，距离旧金山仅1小时车程，是美国许多标志性的葡萄酒厂所在地，也可能是世界上旅游热度最高的葡萄酒产区。纳帕谷是栽培葡萄的圣地，气候冷暖皆备，占地面积196275公顷，大约是波尔多面积的八分之一。纳帕谷的酒庄出产加州最昂贵、最受赞誉的葡萄酒，而且它们确实产自加州最昂贵的土地，有些黄金地段的价格高得惊人。这里需要巨大的财富，来吸引杰出的人才，从而生产出非凡和独特的葡萄酒。

年份

2009

所有品种都不错。晚季雨水导致最后一批赤霞珠腐烂。品质一流。

2008

春天的霜冻和秋天的森林大火让这一年份充满了挑战。

2007

近乎完美的条件，干净利落，风味平衡。

2006

稍有不足。霞多丽和黑皮诺有轻微腐烂现象。有些赤霞珠的结构很好。

2005

有着完美的秋天；盛产红葡萄酒，单宁柔顺。

2004

大多数品种都很美味，单宁柔和，不需要长时间陈酿。

早在1836年，乔治·卡尔弗特·扬特（George Calvert Yount）在现在的扬特维尔（Yountville）种植第一批葡萄之前，就已经有野生葡萄生长在纳帕谷的土地上了。1861年，查尔斯·克鲁格（Charles Krug）在这里建立了第一家商业酿酒厂，随后葡萄酒产业开始迅速发展。在19世纪加州淘金热之后的几年里，世酿伯格酒庄（Schramsberg）、贝灵哲（Beringer）、伊哥诺（Inglenook）等一众酒庄如雨后春笋般涌现，著名的柏里欧酒庄（Beaulieu Vineyard）随后也成立了。

纳帕谷的早期发展并非没有遇到挑战。20世纪初，葡萄根瘤蚜击垮了许多葡萄园，雪上加霜的是1920年又出台了禁酒令。虽然一些酒庄通过生产合法的教会活动用酒而幸存下来，但葡萄酒行业还是遭受了巨大的打击，倒退严重。柏里欧酒庄（Beaulieu）的创始人乔治·德·拉图尔（Georges de Latour）从法国聘请了酿酒师安德烈·切利舍夫（André Tchelistcheff），此后纳帕谷进入了现代酿酒时期。

1965年，一个新的行业领袖出现了。罗伯特·蒙大维（Robert Mondavi）离开了家族创立的查尔斯库克酒庄（Charles Krug），在奥克维尔（Oakville）创建了自己的蒙大维酒庄（Robert Mondavi）。在接下来的40年里，蒙大维酒庄在纳帕谷里一骑绝尘，即使与世界上其他顶尖葡萄酒产区相比也毫不逊色。他还建立了几个国际合作伙伴关系，最著名的是与波尔多的罗斯柴尔德家族（Rothschild family）合作创建的作品——一号酒庄（Opus One），并将葡萄酒宣传为美好生活的必需品。

如今，在一代代酿酒师的薪火相传下，纳帕谷已经凭借着物美价廉的优势，向全世界宣告了自己在赤霞珠葡萄酒领域中的绝对领先地位。

在纳帕谷多样的气候、环境和土壤条件下，赤霞珠并不是唯一一种适合在这片土地上种植的葡萄。在禁酒令实施以前，最抢手的葡萄品种是仙粉黛。在温暖的山谷北部，脱颖而出的是品丽珠、梅洛、小维多（Petit Verdot）、托斯卡纳（Tuscan），以及一些意大利南部的葡萄品种比如长相思和赛美蓉等。而在较冷的南部地区，比如卡尼洛斯（Carneros）产区，从圣巴勃罗湾（San Pablo Bay）弥漫而来的清晨海雾，使得该地区的黑皮诺和霞多丽品质极佳，梅洛和西拉也十分出色。

在较大的纳帕谷产区内（1981年成为加州第一个得到正式授权的产区）还有15个授权的山地子产区，包括：卡尼洛斯（Los Carneros）、纳帕谷橡木海丘区（Oak Knoll District of Napa Valley）、鹿跃区（Stags Leap District）、圣海伦娜（St Helena）、扬特维尔、奥克维尔（Oakville）、卢瑟福（Rut-herford）、卡利斯托加（Calistoga）、维德山（Mount Veeder）、春山区（Spring Mountain District）、钻石山区（Diamond Mountain District）、阿特拉斯峰（Atlas Peak）、豪厄尔山（Howell Mountain）、智利山谷区（Chiles Valley District）和野马谷（Wild Horse Valley）。

纳帕谷现在的地貌由太平洋板块、法拉隆板块和北美板块碰撞形成。在西部，马亚卡马斯（Mayacamas Mountains）上冲断层山脉将纳帕谷与索诺玛分开。而在东部，与纳帕谷接壤的则是瓦卡火山山脉（Vaca）。这些地质方面的复杂性使得纳帕谷至少拥有33种不同的土壤类型，分散在整个地区。如此多样的土壤条件使得单一葡萄园酿出的葡萄酒也能具有复杂的风味。

纳帕谷葡萄酒是北美最昂贵的葡萄酒，在很多情况下，葡萄酒在生产过程中是不惜一切代价的。赤霞珠的作物产量很低，该地区约占加州葡萄园面积的8%，但葡萄酒产量仅占4%。大多数种植都是手工完成的，生态酿酒技术被广泛采用。

在纳帕谷，葡萄酒种植、酿酒和营销等方面的顾问一直是不可或缺的。新的投资商们源源不断地涌入谷里收购酒庄，他们或许没有什么酿酒经验，但莫不对纳帕谷的美酒和如诗的田园风光大加赞赏。

金合欢酒庄（卡尼洛斯产区）

该酒庄成立于 1979 年，是卡尼洛斯产区最重要也是最早酿制霞多丽和黑皮诺葡萄酒的产地之一，至今该产区还一如既往地盛产优质葡萄酒。花香沁人、芳香浓郁的卡尼洛斯黑皮诺（Carneros Pinot Noir）性价比极高；单一葡萄园的孤树黑皮诺（Lone Tree Pinot Noir）价位虽高，但口感尤为醇厚。金合欢酒庄（Acacia）的镇庄之作当属霞多丽葡萄酒。卡尼洛斯产区一年四季都出产优质葡萄酒，其圣贾科莫（Sangiacomo）的霞多丽葡萄园坐落在卡尼洛斯地区索诺玛县，极具异国情调。该产区葡萄酒均出自酿酒大师马修·格林（Matthew Glynn）之手。

旧时酒庄（卡尼洛斯产区）

从化学专业转行的酿酒师的肯·伯纳德斯（Ken Bernards）以前的东家是香桐酒庄（Domaine Chandon）和鲁查德酒庄（Truchard），1992 年起，他开始在卡尼洛斯产区自己的葡萄园中酿制黑皮诺和霞多丽。后来，他改进了黑皮诺葡萄酒的酿制工艺，引入了包括俄罗斯河谷及圣塔巴巴拉县的黑皮诺品种，以及卡尼洛斯产区圣贾科莫葡萄园的灰皮诺葡萄等。该酒庄的葡萄酒均由手工制作，品质卓越。酒庄还聘用了经验丰富的安·克雷默（Ann Kraemer）担任葡萄栽培顾问，在两人的紧密配合下，旧时酒庄（Ancien Wines）的卡尼洛斯黑皮诺和霞多丽性价比都很高。

安德森科恩谷酒庄（圣海伦娜产区）

安德森家族是在瓦卡山脉（Vaca Mountains）崎岖不平的山谷里最早尝试栽种葡萄的先驱之一。在科恩山谷（Conn Valley）种植葡萄，生产葡萄酒已有超过 25 年的历史。托德·安德森（Todd Anderson）之前帮助父亲在该酒庄种植葡萄，现在与妻子罗纳内（Ronene）一起管理着庄园。安德森科恩谷酒庄（Anderson's Conn Valley Vineyards）自产的赤霞珠葡萄酒出自首席酿酒师麦克·索亚（Mac Sawyer）之手，其酒体圆润典雅，颇有波尔多葡萄酒的风韵，常带有丝丝雪松和雪茄的口感。此外，酒庄出产的长相思、霞多丽和黑皮诺葡萄酒同样品质优良。

纳帕谷安蒂卡酒庄（阿特拉斯峰产区）

纳帕谷安蒂卡酒庄（Antica Napa Valley Vineyards）是托斯卡纳酒商皮耶罗·安蒂诺里（Piero Antinori）在纳帕谷的第二个酒庄，其前身为阿特拉斯峰酒庄（Atlas Peak）。在 20 世纪 80 年代酒庄主要种植桑娇维塞（Sangiovese），但到了 20 世纪 90 年代，桑娇维塞葡萄酒销售业绩不振，市场需求疲软。后来葡萄园和酿酒厂对外出租了几年，庄园大刀阔斧更换了葡萄品种。2004 年，酒庄的赤霞珠（Cabernet）和霞多丽酿酒厂建立，安蒂诺里也东山再起。这两款酒在当地颇受好评，新品牌也成为一颗冉冉升起的新星。★新秀酒庄

阿罗珠酒庄（钻石山产区）

艾泽尔酒庄（Eisele Vineyard）自 1881 年以来就一直种植葡萄，1969 年同为艾泽尔姓氏的芭芭拉（Barbara Eisele）和弥尔顿·艾泽尔（Milton Eisele）夫妇买下了该庄园。巴特·阿罗珠（Bart Araujo）和达夫妮·阿罗珠（Daphne Araujo）在 1990 年

金合欢酒庄
卡尼洛斯地区酿酒先驱，
物美价廉的金合欢霞多丽葡萄酒。

阿斯彻特拉酒庄
以赤霞珠为主导的波尔多风格混酿酒。

买下了该葡萄园并更新了设施，该地多碎石，属山麓冲积扇地形。加盟葡萄园和酿酒团队的阵容包括：米歇尔·罗兰（Michel Rolland）、马特·泰勒（Matt Taylor）和弗朗索瓦丝·佩绍（françoise Peschon）等。盛产的赤霞珠是阿罗珠酒庄（Araujo Estate）的镇庄之宝，但庄园出产的西拉也备受好评。该酒庄采用活树耕作的天然有机农业生产方式，其他产品包括格拉巴酒、橄榄油和蜂蜜等。

阿尔特萨酒庄（卡尼洛斯产区）

西班牙科多尼乌集团（Codorníu Group）最初在这里建立了一家现代化程度极高的酿酒厂并命名为科多尼乌纳帕酿酒厂（Cordoníu Napa），主要生产起泡酒。1997 年集团决策者决定生产静止葡萄酒，并将其更名为阿尔特萨（Artesa）酿酒厂。阿尔特萨酒庄（Artesa）原产地装瓶的黑皮诺和霞多丽风味独特，是精心制作的佳酿。但阿尔特萨酿制赤霞珠、梅洛和其他产品的葡萄来源比较杂乱，会从纳帕和索诺玛山谷各地采购，因此会受到"博而不精"的非议。不过也有一些小批量生产的产品让喝过的人赞不绝口，比如珍藏丹魄（Reserve Tempranillo）红葡萄酒。

阿斯彻特拉酒庄（阿特拉斯峰产区）

1997 年，由保罗·约翰逊（Paul Johnson）领导的合伙企业创建了阿斯彻特拉酒庄（Astrale e Terra）（这个名字在意大利语中意味着"天地"）。道格·希尔（Doug Hill）担任葡萄园主理人，酿酒师斯科特·哈维（Scott Harvey）曾在弗利埃都酒庄（Folie à Deux Winery）工作，在他们的努力下，酒庄的发展蒸蒸日上。目前，庄园的主打葡萄酒是阿克图卢斯（Arcturus）干红葡萄酒，除此之外还自产赤霞珠、梅洛、西拉葡萄酒，也从别地收购葡萄来酿制长相思葡萄酒。

阿特拉斯峰酒庄（阿特拉斯峰产区）

在阿特拉斯山顶的高山庄园上，皮耶罗·安蒂诺里（Piero Antinori）最早创立了阿特拉斯峰这个品牌，不过后来他将品牌卖出。但他在转手的时候保留了酒庄的葡萄园和酿酒厂，直到最近才把它们租给该品牌。阿特拉斯峰酒庄（Atlas Peak Vineyards）目前属于阿桑葡萄酒集团（Ascentia Wine Group）旗下。酒庄的葡萄酒由酿酒师顾问尼克·戈德施密特（Nick Goldschmidt）在布埃纳维斯塔（Buena Vista）酿酒厂酿制，比如美国纳帕谷和纳帕谷山地产区出品的赤霞珠葡萄酒等。虽然酿造这些酒的葡萄都是收购而来，但酒的质量还是十分不错的。

巴奈特酒庄（春山产区）

过去的几年中，巴奈特酒庄（Barnett Vineyards）出产的酒质量极佳，无论是庄园自产的赤霞珠、梅洛，还是用买来的葡萄酿制的黑皮诺、霞多丽，无一不酒质清透、一丝不苟、深沉浓郁，现代感十足。作为 2007 年份的指定酿酒师，大卫·泰特（David Tate）为酒庄带来了丰富的国际酿酒经验。该庄园自 1983 年以来一直由菲奥纳（Fiona）和哈尔·巴奈特（Hal Barnett）拥有。目前，酒庄的产量已经增长到年产 6 万瓶左右。★新秀酒庄

贝灵哲酒庄

纳帕最古老的葡萄酒厂之一，曾经有着光辉的历史，现在又恢复了往日的风采。

蒙特莱那酒庄

这款酒曾在 1976 年的"巴黎审判"品鉴会中一举夺魁。

柏里欧酒庄（奥克维尔产区）

法国出生的乔治·德·拉图尔（Georges de Latour）在 1900 年创立的柏里欧酒庄（Beaulieu Vineyards）和纳帕谷里的其他酒庄一样，都在美国葡萄酒历史上占据着一席之地。在酿酒师安德烈·切利舍夫（André Tchelistcheff）的带领下，柏里欧酒庄成为纳帕谷里第一批出产顶级赤霞珠葡萄酒的酒庄之一。酒庄目前属于英国帝亚吉欧公司（Diageo）旗下，每年生产各种葡萄酒约 1800 万瓶，但质量参差不齐，高品质的葡萄酒很少。虽说酒庄的旗舰产品乔治·德拉图私人珍藏（Georges de Latour Private Reserve）赤霞珠是一款好酒，但已经不再是行业标杆。据说，酒庄将聘请顾问米歇尔·罗兰（Michel Rolland）来改变现状。

本尼塞酒庄（圣海伦娜产区）

自 1994 年以来，占地 17 公顷的本尼塞酒庄（Benessere Vineyards）一直由约翰·贝尼什（John Benish）和埃伦·贝尼什（Ellen Benish）所有。尽管赤霞珠葡萄酒的市场竞争压力巨大，但他们仍致力于生产独具意大利特色的赤霞珠。在纳帕谷流行的经典酒品中，本尼塞酒庄产出的桑娇维塞、灰皮诺（Pinot Grigio）葡萄酒质量尤为出众，令人眼前一亮。酒庄最近还出品了一款由意大利南部最出色的葡萄品种——艾格尼科酿制而成的红葡萄酒。

班尼特·莱恩酒庄（卡利斯托加产区）

兰迪·林奇（Randy Lynch）和丽莎·林奇（Lisa Lynch）于 2003 年创立了班尼特·莱恩酒庄（Bennett Lane），并聘请了酿酒师罗布·亨特（Rob Hunter）来酿制葡萄酒。酒庄的酿造特点是优雅且醇厚，果味浓郁，并带有醇和的橡木味，这在酒庄出产的红葡萄酒上体现得最为明显。一直广受好评的是赤霞珠葡萄酒和马克西莫斯葡萄酒（由赤霞珠、梅洛、西拉混酿）。除了酿酒厂以外，林奇夫妇还组建了一支纳斯卡车队。

贝灵哲酒庄（圣海伦娜产区）

作为纳帕谷最著名的酒庄之一，贝灵哲酒庄（Beringer Vineyards）创建于 1876 年，创始人是雅各·贝灵哲（Jacob Beringer）和弗雷德里克·贝灵哲（Frederick Beringer）。过去的几十年中，酒庄几经易手，最终并入了福斯特集团（Foster's），在酿酒师埃德·斯布拉吉亚（Ed Sbragia）的掌舵下稳步发展。在过去的 20 年里，酒庄产出的珍藏红葡萄酒和白葡萄酒有时橡木味很浓，但酒庄目前的首席酿酒师劳丽·胡克（Laurie Hook）选择将葡萄酒的口感处理得更为柔和。酒庄的旗舰的私人珍藏赤霞珠（Private Reserve Cabernet Sauvignon）混合了山谷各地的风味，口感极佳。葡萄园经理鲍勃·施泰因豪尔（Bob Steinhauer）同样值得赞扬，因为在过去的 30 年中他在山谷里开发了许多一流的葡萄园。

画眉酒庄（橡木海丘产区）

作为纳帕谷里最好的梅洛葡萄酒之一，出产自画眉酒庄（Blackbird）的梅洛彰显了纳帕谷橡木海丘地区（Oak Knoll District）气候和冲积土壤的风土特色。酒庄的葡萄园最早从 1997 年开始种植，并向多家葡萄酒厂出售葡萄。直到 2003 年

被大通曼哈顿银行的前首席执行官迈克尔·波伦斯克（Michael Polenske）收购，才开始自己酿制葡萄酒。波伦斯克还修复了扬特维尔一座名为"Ma（i）sonry"的历史悠久的石头建筑，作为画眉及其他酒庄的品酒基地。★新秀酒庄

邦德酒庄（奥克维尔产区）

邦德酒庄（Bond Estates）是纳帕谷的一家独立酒庄，由创始人比尔·哈兰（Bill Harlan）、酿酒师鲍勃·利维（Bob Levy）和葡萄园经理玛丽·霍尔（Mary Hall）共同创建，庄园总监由酿酒师保罗·罗伯茨（Paul Roberts）担任。酒庄的经营理念是用收购自纳帕谷里 6 个山坡葡萄园的葡萄来酿造出少量，但能充分体现纳帕谷优秀风土特色的葡萄酒。目前邦德酒庄酿造有单一葡萄园梅尔伯瑞（Melbury）干红葡萄酒、奎拉（Quella）干红葡萄酒、维希那（Vecina）干红葡萄酒、普里巴（Pluribus）干红葡萄酒，以及副牌混酿红葡萄酒——邦德玛特里亚特（Matriarch）干红葡萄酒。★新秀酒庄

布莱恩特家族酒庄（纳帕谷产区）

布莱恩特家族酒庄（Bryant Family Vineyard）由唐·布莱恩特（Don Bryant）创立，占地 6 公顷，位于海拔 460 米的普里查德山（Pritchard）上，轩尼诗湖（Lake Hennessey）吹来的凉风能帮助葡萄园降低温度。庄园产出的赤霞珠变化复杂，有收藏价值，并且价格不菲，是最早被人们誉为"膜拜酒（cult）"的赤霞珠葡萄酒之一。酒庄最初的酿酒师是海伦·特利（Helen Turley），现任酿酒师是罗斯·华莱士（Ross Wallace），酿酒顾问是著名的葡萄酒宗师米歇尔·罗兰（Michel Rolland）。

维斯塔酒庄（卡尼洛斯产区）

维斯塔酒庄（Buena Vista）由西班牙伯爵阿戈斯东·哈拉斯缇（Agoston Haraszthy）于 1857 年创建，是美国加州最古老的葡萄酒厂之一。虽然经历了多次转手，但酒庄依然保留着原始的品酒室。几经易手后，维斯塔酒庄过去的荣光似乎有些黯淡了下来，好在酒庄现在已经进行了精简重组，在阿森西亚葡萄酒集团（Ascentia Wine Group）旗下稳步发展。酿酒师杰夫·斯图尔特（Jeff Stewart）酿制的霞多丽和黑皮诺葡萄酒物美价廉，酒庄占地 283 公顷的拉马尔葡萄园（Ramal Estate Vineyard）也会酿造少量的西拉葡萄酒。

伯吉斯酒庄（豪厄尔山产区）

伯吉斯酒庄（Burgess Cellars）由汤姆·伯吉斯（Tom Burgess）于 1972 年收购，位于圣海伦娜东部，其历史可以追溯到 19 世纪 80 年代。虽然酒庄从未酿出过可以名垂青史的佳酿，但其稳定性堪称典范，一直生产风味醇厚且刺莓果气息浓郁的葡萄酒。自成立以来，酒庄的酿酒师一直是比尔·索伦森（Bill Sorenson）。目前，酒庄在豪厄尔山（Howell Mountain）有两个酿酒厂，在扬特维尔有一个酿酒厂，生产赤霞珠、梅洛和西拉葡萄酒（可惜的是仙粉黛葡萄酒已经停产）。

凯帝酒庄（豪厄尔山产区）

随着新技术酿酒厂的投入使用，胖杰克酒庄（PlumpJack）的分厂——凯帝酒庄（CADE）有望成为豪厄尔山（Howell

Mountain）产区最有前景的酒庄。这个面积为 8.5 公顷的葡萄园位于占地 22 公顷的豪厄尔庄园里，海拔 610 米。加文·纽瑟姆（Gavin Newsom）、戈登·盖蒂（Gordon Getty）和约翰·康挪威（John Conover）是酒庄的老板。目前为止，酒庄产有小批量的成熟黑莓味豪厄尔山赤霞珠和纳帕谷赤霞珠，由来自喀龙园（To Kalon）、克拉内（Dr Crane）等其他优质葡萄园的葡萄混酿而成。庄园最近还新上市了一款赤霞珠葡萄酒。★新秀酒庄

卡布瑞酒庄（卢瑟福产区）

20 世纪 80—90 年代，卡布瑞酒庄（Cakebread Cellars）以出品酒体醇厚的赤霞珠和橡木味浓郁的霞多丽而闻名。

酒庄由杰克·卡布瑞（Jack Cakebread）创建，他在 19 世纪 70 年代初期从一位老朋友手中买下了这片 9 公顷的土地。如今，卡布瑞酒庄拥有 138 公顷的葡萄园，采用纳帕谷内及其他地区的葡萄酿造各种葡萄。最值得陈年的是卡布瑞阶地精选（Cakebread Benchland Select）赤霞珠干红葡萄酒。

卡迪纳尔酒庄（奥克维尔产区）

卡迪纳尔酒庄（Cardinale Estate）为杰克逊家族的杰斯·杰克逊（Jess Jackson）和芭芭拉·班克（Barbara Banke）所有，生产品质顶级、价格昂贵的赤霞珠葡萄酒。酿酒所用的葡萄选自豪厄尔山（Howell Mountain）海拔 520 米的凯斯葡萄园（Keyes），海拔 457 米的维德山葡萄园（Veeder Peak），以及奥克维尔的传奇葡萄园——喀龙园（To Kalon）。克里斯·卡彭特（Chris Carpenter）自 2001 年以来就一直担任酒庄的酿酒师，酿造了一系列佳品。葡萄优异的生长环境使得酿出的酒层次多样，酒体紧实，具有矿物质的气息。

佳慕酒庄（卢瑟福产区）

查理·瓦格纳（Charlie Wagner）和他的儿子查克（Chuck）1972 年创建了这个酒庄。他们将内森·费伊（Nathan Fay）的鹿跃区（Stags Leap District）葡萄园的葡萄引入卢瑟福的葡萄园中，专注于生产顶级的赤霞珠。自 1975 年第一次推出以来，凯姆斯特别精选（Caymus Special Selection）一直都是最好的酒之一，其产量足以在海外销售，将加州葡萄酒果香四溢的特点推向世界。标准款的纳帕赤霞珠葡萄酒同样值得一试。

斯哈酒庄（卡尼洛斯产区）

斯哈（Ceja）家族的故事证明，天道酬勤的道理在纳帕谷依然成立。巴勃罗·斯哈（Pablo Ceja）是墨西哥籍移民，早先在纳帕谷的酒庄里工作。随后他娶胡安妮塔（Juanita）为妻，生下了儿子佩德罗（Pedro）和阿曼多（Armando），并鼓励他们上了大学。阿曼多在加州大学戴维斯分校学习葡萄栽培，佩德罗则娶了聪明能干的阿米莉亚·莫兰·富恩特斯（Amelia Morán Fuentes）。后来斯哈家族把所有的资产集中起来，在卡尼洛斯买下了这片 6 公顷的土地，建立了斯哈酒庄。酒庄酿造的梅洛和霞多丽葡萄酒竞争力十足，卡萨混酿白葡萄酒同样物有所值。

夏普利酒庄（纳帕谷产区）

唐（Donn）和莫莉·夏普利（Molly Chappellet）创立的夏普利酒庄（Chappellet Vineyards）位于普里查德（Pritchard）山顶 366 米处，可以俯瞰整个轩尼诗湖（Lake Hennessey）。夏普利酒庄表现优异，助推整个地区都成为知名的赤霞珠产区。酒庄酿造的赤霞珠较为轻盈，结构紧致，适合陈年。普里查德山赤霞珠和签名系列赤霞珠质量极佳，性价比也很高。波尔多风格的混酿和白诗南也是非常适合饮用的葡萄酒。

蒙特莱那酒庄（卡利斯托加产区）

蒙特莱那酒庄（Chateau Montelena）由阿尔弗雷德·塔布斯（Alfred Tubbs）创建于 19 世纪 80 年代，后来由于受到禁酒运动的影响，酒庄一度处于低迷状态。直到 1972 年，吉姆·巴雷特（Jim Barrett）和他的儿子博（Bo）（海蒂·彼得森·巴雷特的丈夫）接手后，酒庄才得到了重建。1973 年，酒庄酿造的霞多丽葡萄酒在 1976 年的"巴黎审判"品鉴会中夺得了第一名，之后庄园又酿出了无与伦比的赤霞珠、霞多丽和仙粉黛葡萄酒。酒庄的名字——"蒙特莱那"，来自圣海伦娜山的法语发音，这座美丽的城堡就坐落在圣海伦娜山脚下。

烟囱石酒庄（鹿跃产区）

烟囱石酒庄（Chimney Rock）的历史可追溯到 1980 年，酒庄的创建者哈克·威尔逊（Hack Wilson）曾经在南非从事啤酒和饮料行业。自 1987 年起，道格·弗莱彻（Doug Fletcher）就在酒庄担任酿酒师，现在的联合酿酒师是伊丽莎白·维亚娜（Elizabeth Vianna）。2000 年，特拉托葡萄酒国际公司（Terlato Wines International）收购了酒庄的多数股权。作为西尔佛拉多小径里为数不多的开普敦荷兰风格酒庄，烟囱石酒庄出产的葡萄酒质量稳定，带有波尔多风格。尤其是由赤霞珠、梅洛和小维多混酿而成的艾拉维吉（Elevage Blanc）葡萄酒，以及由长相思和灰苏维翁（Sauvignon Gris）混酿而成的丰满圆润的艾拉维吉干白葡萄酒。

克里夫·雷迪酒庄（鹿跃产区）

克里夫·雷迪酒庄（Cliff Lede Vineyards）由加拿大建筑大亨克里夫·雷迪（Cliff Lede）于 2002 年创立。几乎是在一夜之间，他和葡萄栽培家大卫·阿布鲁（David Abreu）就把原来生产起泡酒的酒庄转型生产红葡萄酒，并且很快就以赤霞珠优质的波尔多混酿和一种质感柔顺而带有花香的长相思葡萄酒而闻名。菲利普·梅尔卡（Philippe Melka）从 2010 年开始担任酒庄的酿酒师。尽管这个年轻的酒庄已经初露锋芒，但它一定不会止步于此。★新秀酒庄

赛琳酒庄（卡尼洛斯产区）

酿酒师弗雷德·克莱恩（Fred Cline）原先的酒庄位于其祖籍康特拉科斯塔县（Contra Costa County）附近，早年间他就成功开发出了该地区的陈年仙粉黛和慕合怀特（Mourvèdre）葡萄酒。1991 年，他从卡尼洛斯一个古老的西班牙教会购得了一处 142 公顷的土地，种植了几个罗讷地区的葡萄品种。酒庄出产的优质葡萄酒包括大突破（Big Break）和橳树仙（Live Oak）仙粉黛葡萄酒，以及带有桉树香味的小浆果（Small Berry）慕合怀特葡萄酒（这是全加州最好的慕合怀特葡萄酒之一）。同样值得尝试的还有物美价廉的加州西拉、清爽的索诺玛西拉

安德烈·切利舍夫

在加州葡萄酒产业的发展过程中，没有哪个酿酒师比这位被尊称为"大师"的人做出的贡献更大。1901 年，安德烈·切利舍夫出生于莫斯科的一个贵族家庭。他在法国学习了葡萄酒学、发酵学和微生物学，后被乔治·德·拉图尔引荐到加州工作。来自法国的拉图是柏里欧酒庄的创始人。在摆脱禁酒令的限制后，柏里欧酒庄一跃成为纳帕谷最著名的庄园。一到加州，切利舍夫就全身心投入到赤霞珠的酿造中，他在柏里欧酒庄酿造的乔治·德·拉图尔私人珍藏（Georges de Latour Private Reserve）葡萄酒，一经上市就成为纳帕谷的标志性葡萄酒之一。多年来，因为培养了一批加州当代最杰出的酿酒师，并指导了如罗伯特·蒙大维（Robert Mondavi）等酒界名人，切利舍夫赢得了另一个绰号——"加州酿酒师学院院长"。

钻石溪酒庄

作为钻石山的先驱，钻石溪酒庄正在复兴。

赛琳酒庄

引进了罗讷河谷的葡萄，赛琳酒庄的慕合怀特葡萄酒异常浓郁和辛辣。

（Clirnate Syrah）及奥克利（Oakley）葡萄酒。

克罗杜维尔酒庄（鹿跃产区）

1972 年，美国酒商约翰·戈莱特（John Goelet）和酿酒师伯纳德·波泰（Bernard Portet）合作创立了克罗杜维尔酒庄（Clos du Val）。酒庄酿造的葡萄酒延续了法国酒的优雅风格，清新可口，适合佐餐。值得尝试的酒款有鹿跃产区赤霞珠、珍藏赤霞珠和最近经过改良的黑皮诺。酒庄出产的鲁本风格的阿里阿德涅葡萄酒同样令人难以忘怀，这是一款用烘制橡木桶酿造的赛美蓉和长相思混酿酒。

寇金酒庄（纳帕谷产区）

1992 年，葡萄酒和葡萄酒拍卖商安妮·寇金（Ann Colgin）创建了寇金酒庄（Colgin），法国出生的酿酒师艾莉森·陶齐特（Allison Tauziet）、葡萄园经理大卫·阿伯（David Abreu）和咨询酿酒师阿兰·雷诺（Alain Raynaud）组成的团队酿造了一系列顶级小批量红葡萄酒。酒庄只向餐馆供应或接受邮件预订。生产的知名葡萄酒包括由产自豪厄尔山山麓 14 处小葡萄园的草羊园赤霞珠红葡萄酒，以及由俯瞰轩尼诗湖的寇金九号庄园出产的波尔多风格混酿酒。

延续酒庄（纳帕谷产区）

延续酒庄（Continuum Estate）生产赤霞珠混酿酒，是蒂姆（Tim）、玛西娅（Marcia）和已故的罗伯特·蒙大维（Robert Mondavi）创建的最后一座酒庄。2005 年份和 2006 年份首产的葡萄来自奥克维尔蒙大维酒庄（Robert Mondavi）的喀龙园（To Kalon）葡萄园，但葡萄园的现任所有者——星座集团（Constellation）切断了葡萄的供应链。2008 年，蒙大维家族在普里查德山（Prit-chard）购买了一处新庄园。酒庄的发展潜力巨大，值得期待。★新秀酒庄

科里森酒庄（圣海伦娜产区）

科里森酒庄（Corison Winery）酿制的赤霞珠葡萄酒风格内敛，拥有一批忠实的粉丝，更是因为紧实的结构和活泼的酸度而深受餐厅老板和侍酒师们的好评。科里森曾是斯坦林酒庄（Staglin）、约克溪酒庄（York Creek）和长草原酒庄（Long Meadow Ranch）的资深酿酒师，她在卢瑟福和圣海伦娜（Rutherford-St Helena）边界的有机葡萄园酿造两种赤霞珠，其中包括该地区最古老的葡萄园之一——科隆诺斯葡萄园（Kronos Vineyard）。她还酿造了少量的安德森谷琼瑶浆葡萄酒。

科雷酒庄（橡丘产区）

科雷（Corley）家族在纳帕谷种植葡萄已经有 35 年了，于 1980 年创建了他们自己的酿酒厂。除了酿造酒庄同名的葡萄酒以外，酒庄还酿造蒙蒂塞洛（Monticello）牌葡萄酒，这一名字来源于他们的游客中心——一处仿制美国前总统托马斯·杰斐逊在弗吉尼亚州的住宅样式的建筑。20 世纪 90 年代，科雷酒庄表现平平。但自从克里斯·科雷（Chris Corley）接手以来，酒庄发展蒸蒸日上。庄园最好的葡萄酒是科雷珍藏赤霞珠（Corley Reserve Cabernet Sauvignon）、科雷州巷园赤霞珠（State Lane Cabernet），以及庄园自产的黑皮诺葡萄酒。★新秀酒庄

卡斯提诺酒庄（扬特维尔产区）

米奇·科森蒂诺（Mitch Cosentino）从 1981 年起就在莫德斯托（Modesto）酿酒，并创立了这个受人尊崇的小酒庄。1989 年，他搬到了扬特维尔。同年，酒庄推出了第一个波尔多风格的混酿红葡萄酒——"诗人（The Poet）"，至今为止，这款葡萄酒仍是他最好的作品之一。多样的葡萄品种是科森蒂诺葡萄酒酿造生活的调味品。他在扬特维尔的酒庄和波普谷（Pope Valley）和洛迪（Lodi）附近的姊妹酒厂开展合作，尝试用数十个葡萄品种酿造出充满加州特色的葡萄酒。

圣约酒庄（圣海伦娜产区）

圣约酒庄（Covenant）是一家合资酒庄，由前《葡萄酒观察家》（Wine Spectator）杂志编辑及葡萄酒教育家杰夫·摩根（Jeff Morgan）、拉德酒庄（Rudd Estate）的莱斯利·路德（Leslie Rudd）及高档连锁食品店汀恩德鲁卡（Dean and DeLuca）所共有。杰夫和莱斯利捕捉到了加州对犹太酒的市场需求，于是圣约酒庄应运而生。圣约酒庄生产两种质量非常高的非高温（非巴氏）消毒的犹太红葡萄酒。旗舰酒款是圣约赤霞珠，产自圣海伦娜北部拉克米德葡萄园（Larkmead Vineyard）内 1.2 公顷的土地。酒庄推出的第二款酒叫"C"，也是由 100% 赤霞珠葡萄酿制而成。★新秀酒庄

嘉威逊酒庄（卡尼洛斯产区）

嘉威逊酒庄（Cuvaison Estate Wines）是一个历史悠久的卡利斯托加（Calistoga）庄园，始建于 1969 年。1979 年，连同卡尼洛斯葡萄园（Carneros）及维德山（Mount Veeder）上的布兰德林葡萄园（Brandlin Vineyard）一起，被瑞士的史密汉尼（Schmidheiny）家族收购。现在，酒庄的酿酒厂位于卡尼洛斯葡萄园，但品酒室和酿酒室仍然位于卡利斯托加。布兰德林葡萄园最出名的是黑皮诺和霞多丽，赤霞珠和小批量的西拉葡萄酒也是不错的选择。酒庄的葡萄酒由史蒂夫·罗格斯塔德（Steve Rogstad）酿造，他曾是圣茨伯里酒庄（Saintsbury）和春山酒庄（Spring Mountain Vineyards）的资深酿酒师。

达拉·瓦勒酒庄（奥克维尔产区）

1986 年，库斯达·达拉·瓦勒（Custav Dalla Valle）和直子·达拉·瓦勒（Naoko Dalla Valle）买下了奥克维尔（Oakville）东部丘陵高原上的一块极好的葡萄园地，建立了传奇的达拉·瓦勒酒庄（Dalla Valle）。在酿酒师海蒂·彼得森·巴雷特（Heidi Peterson Barrett）的努力下，达拉·瓦勒酒庄出产的赤霞珠及由赤霞珠和品丽珠混酿的玛雅葡萄酒都赢得了不错的口碑。后来，直子·达拉·瓦勒和巴雷特的继任者米娅·克莱因（Mia Klein）、米歇尔·罗兰（Michel Rolland），以及长期从事葡萄栽培和酿酒师的福斯托·西斯内罗斯（Fausto Cisneros），都对酒庄的持续发展作出了自己的贡献。酒庄的葡萄园向西坐落，土壤多石，酿造出的葡萄酒风味醇厚，结构精妙。

代尔西酒庄（鹿跃产区）

20 世纪 90 年代末，南加州一家连锁杂货店的老板代尔西·卡乐迪（Darioush Khaledi）创立了代尔西酒庄（Darioush）。庄园内古波斯风格的建筑格外引人注目。酒庄出产的葡萄酒，尤

其是特色系列赤霞珠及西拉葡萄酒（Signature Cabernet Sauvignon and Shiraz），口味丰富而精妙。★新秀酒庄

多托酒庄（卢瑟福产区）

戴夫·德尔·多托（Dave Del Dotto）和约兰达·德尔·多托（Yolanda Del Dotto）是资深的葡萄酒收藏家。1988 年，他们在圣海伦娜（St Helena）买下了一座葡萄园。在 1997 年聘请酿酒顾问尼尔斯·文吉（Nils Venge）做进一步改良之前，他们就已经生产了一些品相不错的赤霞珠葡萄酒。2000 年，酒庄开放了一处酒窖以提供比较式桶边试酒服务，最近又在 29 号公路上开设了一个威尼斯风格的品酒中心，为纳帕谷的游客提供亲身品尝的机会。尤其值得推崇的是他们的纳帕谷赤霞珠、乔瓦尼珍藏系列（Giovanni's Reserve）的赤霞珠和桑娇维塞葡萄酒。

钻石溪酒庄（钻石山产区）

如果说仅凭一家酒庄就能使钻石山产区的赤霞珠葡萄酒名满世界，那便是阿尔·布朗斯坦（Al Brounstein）的钻石溪酒庄（Diamond Creek Vineyards）。受火山土影响，碎石草原园（Gravelly Meadow）、红石园（Red Rock Terrace）、火山园（Volcanic Hill）出产的系列葡萄酒精度数高，条件要求极为苛刻，历久弥香。在过去的 10 年里，酒庄酿造的葡萄酒变得更加精致，具有清晰的果香味，强劲的单宁可以帮助葡萄酒完成优雅的蜕变。更值得欣喜的是，这个酒庄现在酿造葡萄酒比以往任何年份都要好。★新秀酒庄

卡尼洛斯酒庄（卡尼洛斯产区）

虽然艾琳·克兰（Eileen Crane）并不是第一个掌舵起泡酒庄的女性，但作为卡尼洛斯酒庄（Domaine Carneros）的酿酒师兼总经理，她还是在加州起泡酒历史上留下浓墨重彩的一笔。克兰曾经参与创建光荣的菲拉酒庄（Gloria Ferrer）。20 世纪 80 年代末，酒庄创始人克劳德·泰廷格（Claude Taittinger）任命她执掌卡尼洛斯酒庄（Domaine Carneros）后，她就一直掌管着这家庄园。除了主打的梦想白中白起泡酒（Le Rève Blanc de Blancs）之外，庄园还有一款不错的自然干香槟和黑皮诺葡萄酒。城堡风格的酿酒厂刚建成时可能会显得有点俗气，但现在已经成为纳帕谷的热门景点，吸引了许多旧金山游客驱车前往。

香桐酒庄（扬特维尔产区）

扬特维尔的气候有点过于温暖，不太适合种植用于酿造起泡酒的葡萄品种，所以为了补充庄园内的葡萄种类，香桐酒庄（Domaine Chandon）引进了来自卡尼洛斯（Car-neros）的生长于凉爽气候的葡萄，以及附近维德山（Mount Veeder）的霞多丽葡萄。酒庄隶属于奢侈品集团——酩悦·轩尼诗-路易·威登，早期出产的葡萄酒丰满而甜美，有些甚至丰满得过了头。最近，酒庄酿造的葡萄酒风格愈发鲜明，珍藏明星系列（Reserve Étoile）层次丰富，风格优雅。莫尼耶皮诺红葡萄酒非常适合日常饮用。

多明纳斯酒庄（扬特维尔产区）

1982 年，随着纳帕谷葡萄酒的影响力与日俱增，波尔多葡萄酒商克里斯蒂安·莫意克（Christian Mouiex）投资了纳

香桐酒庄

酩悦香槟（Moet & Chandon）于 1973 年创立，是起泡酒的先驱。

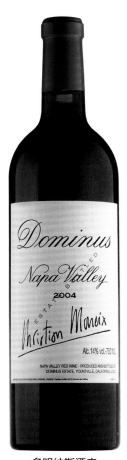

多明纳斯酒庄

来自波尔多的莫意克家族酿造了一款出色的纳帕葡萄酒。

帕谷的扬特维尔子产区（Yountville AVAs）。莫意克对加州并不陌生：他曾于 20 世纪 60 年代末在加州大学（University of California）学习葡萄酒学。多明纳斯酒庄（Dominus）位于纳帕谷南部，只生产两种葡萄酒——与酒庄同名的多明纳斯葡萄酒和价位稍低的纳帕努克（Napanook）葡萄酒，两者都是优雅的波尔多风格赤霞珠混酿酒。遗憾的是，该酒庄并不对游客开放，因此普通民众没有机会欣赏由瑞士建筑师赫尔佐格（Herzog）和德梅隆（De Meuron）为酒庄设计的精致建筑。

多南酒庄（卡尼洛斯产区）

多南酒庄（Donum Estate）位于卡尼洛斯，占地 81 公顷，主要种植黑皮诺和霞多丽葡萄。2001 年，安妮·莫勒-拉克（Anne Moller-Racke）和她的前夫将维斯塔酒庄（Buena Vista）卖给了联合多美集团（Allied Domecq），之后她一直打理着多南酒庄。与她合作的是酿酒师肯尼斯·尤哈斯（Kenneth Juhasz）。酒庄生产的葡萄酒全都在庄园内完成罐装。多南酒庄酿造的黑皮诺和霞多丽葡萄酒进步非凡，几乎已经成为卡尼洛斯产区黑皮诺葡萄酒的巅峰。特别是西坡黑皮诺葡萄酒（West Slope Pinot Noir），气味香醇，酒质柔顺，尤其值得尝试。★新秀酒庄

杜克霍恩酒庄（圣海伦娜产区）

1976 年，丹·杜克霍恩（Dan Duckhorn）和妻子玛格丽特（Margaret）一起创立了杜克霍恩酒庄（Duckhorn Vineyards），之后他一直经营着该葡萄园。凭借副产品帕拉多（Paraduxx）葡萄酒的问世赢得了广泛关注，并最终促使丹和玛格丽特在安德森谷（Anderson Valley）创立了金目酒庄（Goldeneye）。当梅洛在 20 世纪 90 年代刚刚开始流行时，杜克霍恩酒庄生产的梅洛葡萄酒就已经跻身世界前列了。自 2007 年以来，来自新西兰的比尔·南卡罗（Bill Nancarrow）一直担任酒庄的酿酒师，酒庄出品的纳帕谷梅洛、庄园自产梅洛、豪尔山梅洛及纳帕谷赤霞珠等葡萄酒一直保持着稳定的质量，结构紧致，口感醇厚浓郁。

邓恩酒庄（豪厄尔山产区）

在 20 世纪 70 年代中期—80 年代中期，兰迪·邓恩（Randy Dunn）曾在佳慕酒庄（Caymus）酿制葡萄酒，后来他在纳帕谷东北部的豪厄尔山（Howell Mountain）开辟了一片土地，成为此地区葡萄酒产业最主要的开拓者之一。酒庄产出的豪厄尔山和纳帕谷赤霞珠葡萄酒变化复杂——有时甚至能呈现出两极分化的风味，充分体现了豪厄尔山崎岖山地的独特风土。这些葡萄酒适合陈年，风格经常被拿来与波尔多葡萄酒相提并论，因此在高档餐厅里看到该酒的垂直年份珍藏套装也并不稀奇。有时，酒庄酿造的赤霞珠可以还原它们粗犷的生长环境。近年来，兰迪的儿子迈克尔（Michael）愈发积极地参与到酒庄管理中。

练习曲酒庄（卡尼洛斯产区）

鱼与熊掌不可兼得，没有多少酒庄能同时把黑皮诺和赤霞珠做到极致，但在创始人托尼·索特（Tony Soter）的领导下，练习曲酒庄（Etude）却做到了这一点。如今，酒庄归福斯特集团所有，酿酒师乔恩·普里斯特（Jon Priest）继承了索特的勃艮第酿造技术。庄园出产了不少单一葡萄园葡萄酒，但最令人陶醉的还是传承（Heirloom）黑皮诺和纳帕赤霞珠葡萄酒。

范特斯卡酒庄

该酒庄在海蒂·彼得森·巴雷特的
管理下境况正在复苏。

酒庄酿造的灰皮诺葡萄酒格调十足，上好的黑皮诺桃红葡萄酒也非常值得一试。

范特斯卡酒庄（春山产区）

范特斯卡酒庄（Fantesca）是春山产区一颗冉冉升起的新星。在顾问加里·戈特（Cary Gott）的建议下，百思买集团（Best Buy）的高管苏珊（Susan）和杜安·霍夫（Duane Hoff）于2004年创立了范特斯卡酒庄。在他们收购酒庄时，庄园里的生产设施就已经十分完善了。在聘请尼尔斯（Nils）、柯克·文热（Kirk Venge）、海蒂·彼得森·巴雷特（Heidi Peterson Barrett）作为酿酒师后，庄园赤霞珠和俄罗斯河谷霞多丽的品质逐年上升。吉姆·巴伯（Jim Barbour）负责监管山脚下的葡萄园。★新秀酒庄

无为酒庄（奥克维尔产区）

该酒庄始建于1885年，吉尔·尼克尔（Gil Nickel）于1979年买下位于29号公路上的这座破败酒庄，随即开始着手重建。20世纪80年代和90年代，在尼克尔与合伙人拉里·马奎尔（Larry Maguire）和酿酒师迪克·汉普森（Dick Hampson）的努力下，无为酒庄（Far Niente）开始在市场上崭露头角。其产品包括香气奔放的赤霞珠、橡木味浓郁的霞多丽，以及奢华的金标系列。虽然价格有些贵，但绝对物有所值。酒庄酿造的晚熟赛美蓉和长相思葡萄酒甜美可口，是纳帕谷地区最优质的餐后甜酒之一。

花溪酒庄（圣海伦娜产区）

花溪酒庄（Flora Springs）是一座家族酒庄，由杰里·科梅斯（Jerry Komes）和弗洛拉·科梅斯（Flora Komes）于1977年创立，现已传承至第三代。科梅斯加维家族是山谷中非常重要的葡萄种植大户，拥有数个葡萄园，总面积近263公顷。保罗·施泰纳（Paul Steinauer）长期担任酿酒助理，于2008年晋升为酒庄的酿酒师。花溪酒庄最著名的酒是由赤霞珠、品丽珠和梅洛混酿的三部曲葡萄酒。卢瑟福山坡珍藏葡萄酒（Rutherford Hillside Reserve Cabernet Sauvignon）十分优质，桑娇维塞葡萄酒也值得一品。

福尔曼酒庄（圣海伦娜产区）

20世纪70年代，在思令酒庄（Sterling Vineyards）做了很长一段时间的酿酒师之后，福尔曼酒庄的主人里克·福尔曼（Ric Forman，同时也是一名知名顾问）在豪厄尔山产区的山脚下创办了福尔曼酒庄（Forman Vineyards）。他致力于用自己在圣海伦娜的葡萄园和卢瑟福带上的另一个庄园葡萄园，酿造出经典的赤霞珠和霞多丽葡萄酒。他的赤霞珠葡萄酒通常由庄园种植的梅洛、品丽珠和小维多混合酿制。为保持清新的口感，霞多丽葡萄酒通常不采用苹乳发酵处理。

福思肯酒庄（圣海伦娜产区）

1975年，贾斯汀·迈耶（Justin Meyer）酿造了福思肯酒庄（Franciscan Estates）的第一款赤霞珠葡萄酒。在葡萄酒商兼酒庄主人奥古斯丁·胡尼乌斯（Augustin Huneeus）的领导下，酒庄在20世纪80年代和90年代期间稳步发展，并于1985年推出了第一款圣母颂（Magnificat）波尔多混酿葡萄酒。

蛙跃酒庄

可持续种植方式生产出的这种
红葡萄酒品质高、稳定性好。

另一种著名的葡萄酒是索瓦特酿（Cuvée Sauvage），这是一种野生酵母发酵的霞多丽葡萄酒，于1987年首次生产，并在接下来的20年间经久不衰。如今，该酒庄为星座集团所有，并持续生产品质稳定的葡萄酒。

弗兰克家族酒庄（卢瑟福产区）

1990年，著名电视节目主管里奇·弗兰克（Rich Frank）和他的妻子康妮（Connie）买下了历史悠久的科贝尔香槟酒庄（Kornell Champagne Cellars），该酒庄原名为拉克米德酒庄（Larkmead），位于卡利斯托加附近。起初，他们只是专注于种植葡萄，后来又创立了自己的葡萄酒品牌，并在卡尼洛斯购买了一些土地来种植霞多丽和起泡酒葡萄。该酒庄出产的卢瑟福珍藏赤霞珠葡萄酒（Rutherford Reserve Cabernet Sauvignon）品质卓越，纳帕谷赤霞珠（Napa Valley Cabernet Sauvignon）浓郁醇厚，物美价廉。酒庄还生产干型香槟和白中黑起泡酒。

菲玛修道院酒庄（圣海伦娜产区）

约瑟芬·蒂克森（Josephine Tychson）和约翰·蒂克森（John Tychson）于1886年购买了这处圣海伦娜庄园，并开始扩张葡萄园。后来约翰因肺结核去世，酒庄就由约瑟芬继续经营。庄园几经易手，酿出了一些广受好评的葡萄酒。酿酒师泰德·爱德华兹（Ted Edwards）于1993年成为酒庄合伙人。2006年，酒庄被杰克逊家族酒业（Jackson Family Estates）收购。2005年出产的纳帕谷赤霞珠，展现出杰克逊家族带来的丰厚的资本投入及酿造经验。这座酒庄极具潜力，值得关注。★新秀酒庄

蛙跃酒庄（卢瑟福产区）

蛙跃酒庄（Frog's Leap Winery）的创始人约翰·威廉姆斯（John Williams）一直是纳帕谷可持续种植技术的积极倡导者。他的酿酒厂位于卢瑟福市中心的一个红色的精致谷仓中，这里地势平坦，出产的赤霞珠、梅洛和长相思葡萄酒品质卓越，酒质清澈，易于入口。该酒庄出产的葡萄酒物美价廉，童叟无欺。同样值得一试的还有仙粉黛葡萄酒，除了传统的小西拉以外，还混酿了佳丽酿葡萄来增加层次感。

嘉伯酒庄（奥克维尔产区）

汤姆·甘博（Tom Gamble）是纳帕本地人，1981年，他买下了自己的第一个葡萄园，现在他在纳帕谷的黄金地段共拥有6个小葡萄园。庄园大部分葡萄都向外销售，但酿酒师吉姆·克洛斯（Jim Close）也保留了一些葡萄，酿造了一系列酒体坚实、风味浓郁的葡萄酒，其中包括派拉蒙（Paramount）波尔多风格红葡萄酒、家族庄园赤霞珠葡萄酒，以及顶级的心区长相思葡萄酒（Heart Block Sauvignon Blanc），这款酒是纳帕谷最美味（也最昂贵）的长相思葡萄酒之一。★新秀酒庄

吉哈德酒庄（纳帕谷产区）

吉哈德酒庄（Girard Winery）成立了多年，在纳帕谷算得上一个中年酒庄。2000年，葡萄酒商和葡萄酒行业专业人士帕特·罗尼（Pat Roney）收购了吉哈德酒庄的多数股权，并在扬特维尔开设了一间品酒室。在经验丰富的酿酒师马尔科·迪吉乌

里奥（Marco DiGiulio）的帮助下，酒庄出产了多种葡萄酒。从酒庄产品线中脱颖而出的有品质出色、值得陈年的钻石山赤霞珠、雅姿葡萄酒（Artistry，一种混酿红葡萄酒），以及用卡利斯托加100年藤龄的葡萄藤果实酿造的小西拉葡萄酒。

光荣的菲拉酒庄（卡尼洛斯产区）

来自卡瓦的费勒（Ferrer）家族掌管着菲斯奈特酒庄（Freixenet），他们在光荣的菲拉酒庄（Gloria Ferrer Winery）酿造出了极为出色的起泡酒，证明了自己的能力。该酒庄出产的干型起泡酒（Brut）和黑中白起泡酒（Blanc de Noirs）可能是全加州性价比最高的起泡酒。皇家珍藏系列（Royal Cuvée）和卡尼洛斯珍藏系列（Carneros Cuvée）则是顶级的。该酒庄的成功离不开酿酒师鲍勃·伊安托斯卡（Bob Iantosca）和酿酒师迈克·克鲁利（Mike Crumly）长达20余年的通力合作。

葛利斯家族酒庄（奥克维尔产区）

虽然葛利斯家族酒庄（Grace Family）的葡萄园面积只有1.2公顷，产量十分不起眼，但该酒庄还是吸引了一批忠实的追随者。前股票经纪人迪克·格雷斯（Dick Grace）在纳帕谷投资了一小块土地。当佳慕酒庄的查克·瓦格纳（Chuck Wagner）品尝迪克酿造的赤霞珠葡萄酒时，他发现这些葡萄酒十分特别。10年后，葛利斯家族建立了自己的酿酒厂和葡萄酒品牌。酒庄出产的葡萄酒价格不菲，值得陈年，广受追捧。

格吉弛黑尔酒庄（卢瑟福产区）

米连科·"迈克"·格吉弛（Miljenko "Mike" Grgich）是纳帕谷的传奇人物，也是葡萄酒商名人堂的首批成员之一。他性格温和，精力充沛，悉心打理着自己的酒庄。他总是戴着标志性的贝雷帽，很容易被人认出。格吉弛酿制的1973年份蒙特莱那酒庄霞多丽葡萄酒在1976年的"巴黎审判"品鉴会上大获全胜。1977年，他创立了自己的格吉弛黑尔酒庄（Grgich Hills Estate）。该酒庄最近成为纳帕谷首批获得生物动力认证的酒庄之一。酒庄出品的葡萄酒品质从未有过下滑，并且还在不断进步。仙粉黛葡萄酒可能是酒庄的旗舰款，但赤霞珠和霞多丽葡萄酒也十分出色。

格鲁斯酒庄（奥克维尔产区）

1981年，丹尼斯·格鲁斯（Dennis Groth）和朱迪·格鲁斯（Judy Groth）在奥克维尔市中心正对着大名鼎鼎的银橡木酒庄的位置购买了一处占地49公顷的葡萄园。格鲁斯酿造的赤霞珠葡萄酒口感柔顺，展现了奥克维尔产区经典的黑果风味和优雅气质，赢得了一批忠实的追随者。20世纪90年代，与该地区的许多葡萄园一样，因为根瘤蚜的侵扰，格鲁斯不得不重新种植了大片葡萄园，葡萄酒的质量也因此下滑，不过时至今日已经回到了正轨。该酒庄出产的纳帕谷赤霞珠葡萄酒物美价廉，口感清新、芳香四溢的长相思葡萄酒同样值得一试。

吉利亚姆酒庄（春山产区）

约翰·吉利亚姆（John Guilliams）和肖恩·吉利亚姆（Shawn Guilliams）夫妇在斯普林山山顶附近创建了一个美丽的圆形剧场形状的葡萄园。自19世纪90年代以来，这片土地就一直在种植葡萄，不过后来便荒废了。20世纪70年代末，这对夫妇将其收购之后不得不进行清理并重新种植。酒庄起初叫作拉维耶尔蒙塔涅（La Vielle Montagne），后来改名为吉利亚姆（Guilliams）。酒庄出产的庄园赤霞珠葡萄酒呈现出细致而轻熟的口感，带有黑色水果和薄荷的味道，大多数年份的表现都很出色。

霍尔酒庄（卢瑟福产区）

在过去10年中，企业家克雷格·霍尔（Craig Hall）和他的妻子凯瑟琳斥巨资将霍尔酒庄打造成纳帕谷闻名内外的赤霞珠葡萄酒生产地。凯瑟琳（Kathryn）是前美国驻奥地利大使，她的家族在门多西诺种植葡萄已有数十年之久。该酒庄的酿酒厂和酒窖主要位于卢瑟福带的萨尔拉什葡萄园（Sacrache Vineyard），在圣海伦娜还设有一个游客中心。酒庄产有物美价廉的霍尔纳帕谷赤霞珠（Hall Napa Valley Cabernet Sauvignon）和霍尔凯瑟琳系列葡萄酒（Kathryn Hall Napa Valley）。同样值得尝试的还有价格稍高的圣海伦娜伯格菲尔德赤霞珠葡萄酒（Bergfield Vineyard Cabernet）和卢瑟福萨拉斯赤霞珠葡萄酒（Exzellenz Sacrache Vineyard Cabernet），口味丰富，浓郁可口。★新秀酒庄

哈兰酒庄（奥克维尔产区）

威廉·哈兰（William Harlan）是房地产开发商，也是梅多伍德纳帕谷度假村的主要股东，他还拥有这处位于奥克维尔西部梅亚卡马斯山坡的哈兰酒庄（Harlan Estate），该酒庄共有97公顷的庄园和16公顷的葡萄园。哈兰酒庄出产了全纳帕顶级的赤霞珠葡萄酒。酿酒师鲍勃·利维（Bob Levy）在酿酒顾问米歇尔·罗兰的监督下，酿制出极其复杂、堪称完美的庄园赤霞珠葡萄酒和一款"少女"（The Maiden）葡萄酒，年产量只有18000瓶。哈兰酒庄是纳帕最受欢迎的赤霞珠葡萄酒生产商之一，购买名单上总是列起长队。为了得到每一款葡萄酒的最新年份，收藏家们往往愿意支付高出销售价格两到三倍的金钱。

哈特威尔酒庄（鹿跃产区）

鲍勃·哈特威尔（Bob Hartwell）是一位狂热的葡萄酒收藏家，曾在航空航天和管道行业工作，他和他的妻子布兰卡（Blanca）建立了这个位于山坡上的小型鹿跃酒庄。著名的酿酒师米歇尔·罗兰（Michel Rolland）是他们的酿酒顾问，与哈特威尔的常驻酿酒师伯努瓦·图凯特（Benoit Touquette）一起合作酿酒，伯努瓦是几家波尔多酒庄的资深酿酒师，并且曾在其他酒庄与罗兰有过合作。酒庄出产的庄园珍藏赤霞珠葡萄酒酒体坚实、层次丰富，是鹿跃产区的赤霞珠标杆。米斯特山赤霞珠葡萄酒（Miste Hill Cabernet）呈现出更为柔和的口感，发售时更易购得。★新秀酒庄

赫兹酒庄（圣海伦娜产区）

在1961年成立自己的酒庄之前，乔·赫兹（Joe Heitz）曾在柏里欧酒庄与安德烈·切利舍夫一起工作。他在20世纪70年代酿造了加州早期最好的赤霞珠葡萄酒，其中包括传奇的1974年赫兹玛莎葡萄园（Martha's Vineyard）出产的带有尤加

陈年纳帕赤霞珠

纳帕谷出产的赤霞珠葡萄酒往往比波尔多出产的赤霞珠葡萄酒风味更成熟、果味更浓、口感更柔和，酒精度也略高。尽管如此，纳帕谷有着广泛的小气候、光照和海拔条件，可以生产出不同风格的赤霞珠。当然了，酿酒师的影响也不容忽视。

在过去的几十年里，纳帕谷的酿酒师们几乎都采取了同一种风格，即努力让葡萄酒在发布时相对平易近人、平衡良好，并在3—10年的陈酿时间里平添一些复杂风味。

在某些情况下，葡萄酒能够优雅地陈酿数十年。在纳帕的山地和平地葡萄园中，土壤贫瘠的地方出产的葡萄酒结构紧致，通常具有最佳的陈酿潜力。

赫斯精选酒庄
位于维德山上的顶级葡萄园出产的优质赤霞珠葡萄酒。

赫兹酒庄
传奇的赫兹玛莎葡萄园酿造的赤霞珠葡萄酒。

利风味的葡萄酒，以及他在斯托尼山（Stony Hill）酿造的富含矿物质气息的霞多丽葡萄酒。如今，酒庄由他的儿子大卫经营，大卫也是一名酿酒师。虽然该庄园已经不复往日辉煌，但玛莎葡萄园（1992年后重新种植）和卢瑟福的径边葡萄园（Trailside Vineyard）出产的赤霞珠葡萄酒仍然品质出众，只是价格有些贵。

亨利酒庄（纳帕谷产区）

在父亲意外去世后，乔治·亨德利（George Hendry）接管了家族位于梅亚卡玛斯山脉底部附近占地47公顷的葡萄园。他终其一生都在悉心打理酒庄，同时他还是一位回旋加速器设计师。葡萄园所处的过渡性气候使亨德利能够酿造种类丰富的葡萄酒，从赤霞珠到阿尔巴利诺，各种类型应有尽有。酒庄的明星产品是28区（Block 28）及7区（Block 7）和22区（Block 22）仙粉黛葡萄酒，这两款酒品质卓绝，融合了浓郁的辛香、蓝黑色的果味和出色的结构。

赫斯精选酒庄（维德山产区）

赫斯精选酒庄（Hess Collection）位于维德山的山顶，这里还陈列着唐纳德·赫斯（Donald Hess）精致的艺术收藏品，十分值得一游。该酒庄是赫斯家族拥有的几个酒庄之一，生产的葡萄酒大多十分出色（偶尔也有失手），其中包括赫斯精选霞多丽葡萄酒（物美价廉）和维德山庄园赤霞珠葡萄酒。

翰威特酒庄（卢瑟福产区）

翰威特酒庄（Hewitt Vineyard）地理位置卓越，毗邻卢瑟福丘地西部的卢比肯酒庄。这片庄园最早种植于19世纪80年代，在被迪尔公司（Deere & Company，约翰迪尔拖拉机的制造商）的负责人威廉·休伊特（William A Hewitt）买下后，葡萄园里重新种植了赤霞珠葡萄。起初，葡萄园生产的葡萄只对外销售，直到2001年，该家族决定保留一些葡萄用于酿造单一葡萄园葡萄酒。酒庄的旗下酒款呈现出浓郁的红色光泽，具有经典的卢瑟福尘土气息和黑色水果香气，结构精妙。★新秀酒庄

鸿宁酒庄（卢瑟福产区）

鸿宁酒庄（Honig Vineyard and Winery）酿制的纳帕谷赤霞珠和长相思葡萄酒一直保持着稳定卓越的品质。酒庄主人迈克尔·霍尼格（Michael Honig）和蔼可亲，在他的带领下，酿酒师克里斯汀·贝勒（Kristen Belair）施展着自己的酿酒才华，鸿宁酒庄也逐渐成为可持续种植领域的典范酒庄。以卢瑟福长相思为代表的长相思葡萄酒品质卓越，声名远播，为酒庄赢得了一批忠实的回头客。该酒庄顶级的葡萄酒应该是产自春山的巴特鲁西园（Bartolucci）赤霞珠葡萄酒，但卖得更好的还是性价比更高的纳帕谷赤霞珠葡萄酒。

时光杯酒庄（圣海伦娜产区）

时光杯酒庄位于圣海伦娜产区，毗邻葛利斯家族酒庄（Grace Family）、29酒庄（Vineyard 29）及寇金酒庄的泰松山葡萄园（Tychson Hill Vineyard）。该酒庄因早期出产酒体饱满的100%赤霞珠葡萄酒而一炮走红。酒庄的葡萄酒产自山坡上一个占地1.6公顷的葡萄园，葡萄园的主人是纳帕本地人杰夫·史密斯（Jeff Smith）和妻子卡洛琳（Carolyn）。史密斯的父亲奈德（Ned）曾在那里种过仙粉黛葡萄，但是肆虐的根瘤蚜摧毁了葡萄园，于是他又重新种植了赤霞珠葡萄。酿酒师是鲍勃·福利（Bob Foley），他在傲山酒庄（Pride Mountain）、弗利（Robert Foley）和切峰酒庄（Switchback Ridge）酿造出一系列出色的葡萄酒。★新秀酒庄

豪厄尔山酒庄（豪厄尔山产区）

豪厄尔山酒庄（Howell Mountain Vineyards）成立于1988年，致力于生产顶级的比蒂农场（Beatty Ranch）和豪厄尔山黑色西尔斯（Black Sears）葡萄园赤霞珠和仙粉黛葡萄酒。比蒂农场海拔550米，种植着赤霞珠和仙粉黛，而黑色西尔斯葡萄园海拔732米，8公顷的有机种植仙粉黛葡萄园能够产出结构精美、浓缩度极高的葡萄。2005年，豪厄尔山酒庄被周氏家族（Chow Family）的卢瑟福有限责任公司（Rutherford Bench LLC）收购。该公司的酿酒师是来自奥林斯威夫特酒庄（Orin Swift Cellars）的戴夫·菲尼（Dave Phinney）。

百亩酒庄（纳帕谷产区）

在种植顾问菲利普·梅尔卡（Philippe Melka）的协助下，纳帕葡萄酒商“坏男孩”杰森·伍德布里奇（Jayson Woodbridge）生产小批量的葡萄酒。酿酒果实主要来自百亩酒庄（Hundred Acre）的两座葡萄园，摩根葡萄园（Kayli Morgan Vineyard）占地面积4公顷，阿尔卡葡萄园（Howell Mountain Ark）占地面积6公顷。酒庄出产的葡萄酒受到评论家罗伯特·帕克（Robert Parker）的赞许。如果想要品尝一番还要事先排队，不过伍德布里奇为夹心蛋糕酒庄（Layer Cake）酿造的一些性价比更高的葡萄酒也值得一试。★新秀酒庄

海德酒庄（卡尼洛斯产区）

海德酒庄（Hyde de Villaine，简称HDV）是卡尼洛斯著名种植家拉里·海德（Larry Hyde）和勃艮第罗曼尼康帝酒庄（Domaine de la Romanee-Conti）总经理奥伯特·德·维雷恩（Aubert de Villaine）共同创办的合资酒庄。奥伯特·德·维雷恩还娶了海德的妹妹帕梅拉（Pamela），可谓是亲上加亲。海德酒庄最好的葡萄酒是矿物质气息浓厚的海德卡尼洛斯霞多丽葡萄酒（HDV Carneros Chardonnay），以及性价比更高一些的德拉格拉卡尼洛斯霞多丽葡萄酒（De la Guerra Carneros Chardonnay），酿造这两款酒的葡萄都产自25年以上藤龄的葡萄藤。该酒庄还生产少量西拉葡萄酒和一种凉爽、内敛的梅洛和赤霞珠混酿酒，名为贝莱库希纳（Belle Cousine）。

约瑟夫·菲尔普斯酒庄（圣海伦娜产区）

1972年，约瑟夫·菲尔普斯（Joseph Phelps）在圣海伦娜的春谷创立了这家酒庄。酒庄酿制的葡萄酒种类繁多，而且几乎每一品种都十分出色。该酒庄在诸多领域都扮演着开拓者的角色，不禁令人钦佩。旗舰酒徽章（Insignia）是纳帕谷首批波尔多风格混酿酒之一，菲尔普斯在1974年推出了第一款西拉葡萄酒。酒庄出产的纳帕谷赤霞珠葡萄酒、奥克维尔巴克斯园赤霞珠葡萄酒（Backus Vineyard Cabernet），以及徽章葡萄酒都十分出色。该酒庄还在卡尼洛斯的海德葡萄园酿造

了全加州最好的西拉葡萄酒。索诺玛海岸新成立的自由石酒庄（Freestone）也为菲尔普斯所有。

嘉德山酒庄（纳帕谷产区）

嘉德山酒庄（Judd's Hill）是由邦妮（Bunnie）和已故的阿特·芬科斯德（Art Finkelstein）创建的，他们早先创建了白宫道酒庄（Whitehall Lane Winery）。1988 年，他们卖掉了白宫道酒庄，在轩尼诗湖旁的东山买下了一块占地 5.7 公顷的葡萄园，并在西尔佛拉多小径上开设了一家酒厂和定制压榨厂。酒庄以他们的儿子嘉德（Judd）命名，嘉德积极参与到酒庄的各项管理中，不过他有个爱好，经常和他的乐队 "麦凯绅士们与神秘的茂纳·罗亚小姐"（The Maikai Gents Featuring the Mysterious Miss Mauna Loa）一起出演，演奏尤克里里。酒庄出产的赤霞珠葡萄酒辛香充沛，果香四溢。

卡布桑迪酒庄（扬特维尔产区）

2000 年，卢·卡布桑迪（Lou Kápcsandy）和罗伯塔·卡布桑迪（Roberta Kápcsandy）及他们的儿子小路易斯（Louis Jr）购买了贝灵哲庄的州巷葡萄园（State Lane Vineyard），该葡萄园位于扬特维尔，广受市场好评。在海伦·特利（Helen Turley）和约翰·维特劳夫（John Wetlaufer）的帮助下，葡萄园重新种植了赤霞珠、梅洛和品丽珠葡萄。酒庄还聘请了波尔多拉图酒庄（Château Latour）的酿酒师丹尼斯·马尔贝克（Denis Malbec）和当地酿酒师罗布·劳森（Rob Lawson）来酿制葡萄酒，皮娜葡萄园管理公司（Pina Vineyard Management）则负责种植葡萄。此等奢华阵容酿出来的葡萄酒，定是大气磅礴，价值不菲。酒庄出品的葡萄酒包括一款庄园赤霞珠葡萄酒（Estate Cabernet Sauvignon）、一款由比例相当的赤霞珠和梅洛再加上些许品丽珠葡萄酿制而成的混合特酿葡萄酒（Estate Cuvée），以及以梅洛葡萄为主的罗伯塔珍藏葡萄酒（Roberta's Reserve）。★新秀酒庄

库莱托酒庄（纳帕谷产区）

库莱托酒庄（Kuleto Estate）是瓦卡产区的一家大型酒庄，一眼望去，如诗如画的轩尼诗湖尽收眼底。该酒庄由餐厅老板帕特·库莱托（Pat Kuleto）创建，但在 2009 年，他将多数股权出售给了富利酒庄（Foley Wine Estates）。这个占地 324 公顷、地势崎岖的农场拥有约 32 公顷的葡萄藤，其中大部分藤蔓生长在自然产量较低的坡度较缓的山坡上。酿酒师戴夫·拉丁（Dave Lattin）酿造的葡萄酒包括赤霞珠、仙粉黛、桑娇维塞、西拉和黑皮诺，层次复杂，风格优雅，带有丰富的果味、单宁及矿物质气息。该酒庄也产有一些小批量的单一区块葡萄酒。★新秀酒庄

拉德拉酒庄（豪厄尔山产区）

拉德拉酒庄（Ladera）的帕特·斯托茨伯里（Pat Stotesbery）和安妮·斯托茨伯里（Anne Stotesbery）凭借着品质超群的孤独峡谷葡萄酒（Lone Canyon）和豪厄尔山葡萄酒（Howell Mountain）已经跻身顶级山地赤霞珠葡萄酒生产商之列。酒庄的葡萄酒由酿酒师卡伦·卡勒（Karen Culler）精心酿制，展现了纳帕谷西南角的维特山和西北部豪厄尔山的独特风土。纳帕谷赤霞珠葡萄酒则由这两地的葡萄混酿而成。拉德拉酒

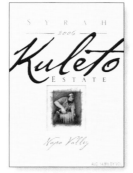

库莱托酒庄
来自瓦卡山低产葡萄藤的精致西拉葡萄酒。

翰威特酒庄
卢瑟福单一葡萄园酿造的赤霞珠葡萄酒，结构精致。

庄的总部是豪厄尔山上一个建于 1886 年的石头堡垒，由布伦和柴克斯酒庄（Brun & Chaix Winery）翻新而来。

鱼美人酒庄（卡利斯托加产区）

鱼美人酒庄（La Sirena）是著名酿酒师海蒂·彼得森·巴雷特（Heidi Peterson Barrett）的私人酒庄。早先她受雇为一位客户酿造一批桑娇维塞葡萄酒，但这位客户却中途违约了，于是巴雷特便开创了自己的品牌。她不再酿制桑娇维塞葡萄酒，而是推出了由各地葡萄酿制的纳帕赤霞珠葡萄酒、纳帕西拉葡萄酒、来自她自己的巴雷特葡萄园的单一葡萄园西拉葡萄酒，以及名为莫斯卡托阿苏尔（Moscato Azul）的白麝香干白葡萄酒。★新秀酒庄

路易斯酒庄（橡木海丘产区）

1992 年，前赛车手兰迪·路易斯（Randy Lewis）和他的妻子黛比（Debbie）创立了路易斯酒庄（Lewis Cellars）。他们酿造了一款名为 L 珍藏（Cuvée L）的波尔多混酿酒、3 款赤霞珠、2 款西拉、1 款梅洛、1 款长相思和 4 款霞多丽葡萄酒，酿酒所用的葡萄大多选自纳帕谷的优质葡萄园。路易斯酒庄招牌酒的风格——尤其就红葡萄酒来说，酒体饱满、颜色深邃、过于成熟，不过总体上还是保持了适当的烈度。酒庄的葡萄酒由莱尔德家族庄园（Laird Family Estate）和练习曲酒庄的资深酿酒师布莱恩·莫克斯（Brian Mox）酿造。★新秀酒庄

露蔻娅酒庄（维德山产区）

露蔻娅酒庄（Lokoya）为杰克逊家族酒业的旗下产业，致力于挖掘在纳帕山谷风土条件下出产的赤霞珠的潜力，覆盖范围从赤霞珠的故乡维德山产区到春山产区，再到钻石山产区和豪厄尔山产区等。该酒庄的名字取自曾居于此的美国原住民露蔻娅部落。自 2000 年以来，克里斯多夫·卡朋特（Christopher Carpenter）酿造了 4 款赤霞珠红葡萄酒，皆属上品，诠释出纳帕谷顶级山区所酿葡萄酒的精湛独特。

长草原酒庄（纳帕谷产区）

长草原酒庄（Long Meadow Ranch）由泰德·霍尔（Ted Hall）、兰迪·霍尔（Laddie Hall）和他们的儿子克里斯托弗（Christopher）管理，他们推出的产品不仅限于葡萄酒。除了种植质量上乘的赤霞珠，霍尔家族在这片占地 263 公顷的草原和几座小型酒庄里还生产橄榄油、高地牛肉（牛以草料为食）、鸡蛋及其他农产品。该酒庄采用有机农业方式种植葡萄，葡萄酒由经验丰富的艾什莉·海西（Ashley Heisey）酿造。酒庄的赤霞珠红葡萄酒价格相对较低，酒庄还出品乡间别墅干红葡萄酒（Ranch House Red），该酒款是一款红葡萄混酿，优雅含蓄，物有所值。

麦罗蒂酒庄（卡尼洛斯产区）

1987 年，史蒂夫·麦罗蒂（Steve MacRostie）开创了自己的事业。在此之前的十九年，他一直在索诺玛的大庄园酒庄（Hacienda Winery）酿酒。史蒂夫酿造的卡尼洛斯霞多丽葡萄酒口感柔顺、富含矿物质气息，酒款所需的葡萄购自纳帕和索诺玛县。西拉和黑皮诺葡萄酒属于经典酒品，有些款式可谓质量出众。该酒款于麦罗蒂的野猫山葡萄园（Wildcat Vineyard）酿制，庄园位于卡尼洛斯产区内索诺玛的西南部，采用可持续发展的农

一行行处于休眠状态的赤霞珠葡萄之间种植着芥菜花。芥菜花是一种覆盖作物，能起到保护葡萄的作用。

奥克维尔酒庄
由有机葡萄酿造的优质霞多丽和赤霞珠葡萄酒。

露蔻娅酒庄
来自美国四大葡萄栽培山地产区的优质赤霞珠葡萄酒。

业模式。史蒂夫用购买的葡萄酿造出卡尼洛斯黑皮诺葡萄酒，该酒款物有所值。

马斯顿家族酒庄（春山产区）

马斯顿家族酒庄（Marston Family Vineyards）占地面积16公顷，其历史可以追溯到19世纪90年代。自1969年以来，酒庄归属于马斯顿家族。马斯顿酒庄位于春山的南坡，属于梯田葡萄园，其海拔为213米到335米。1992年，在贝灵哲酒庄（Beringer）的鲍勃·施泰因豪尔（Bob Steinhauer）的帮助下，酒庄重新种植葡萄，而贝灵哲酒庄享有多数品种25年的种植权。马斯顿保留了10吨品质优良的葡萄，由酿酒师菲利普·梅尔卡（Philippe Melka）将其制成春山赤霞珠葡萄酒（Spring Mountain Cabernet），酒款复杂性强、结构丰富。★新秀酒庄

梅亚卡玛斯酒庄（维德山产区）

石头酒庄建于1889年，梅亚卡玛斯酒庄（Mayacamas Vineyards）是在此基础上建立的。自1968年起，酒庄由罗伯特·特拉弗斯（Robert Travers）和埃莉诺·特拉弗斯（Elinor Travers）管理，鲍勃担任酒庄的酿酒师。多年以来，葡萄酒的质量一如既往，以口感柔顺、保存期长等特点颇受好评。梅亚卡玛斯酒庄赤霞珠红葡萄酒单宁细腻，结构良好，但是酒款稍逊于现代风格，与先进的酿酒技艺不匹配。酒庄酿造的霞多丽葡萄酒富含矿物质气息，属于酒庄中的上品。

梅拉斯酒庄（圣海伦娜产区）

1998年，马克·赫罗尔德（Mark Herold）和艾里卡·戈特利布（Erika Gottl）夫妇二人在位于纳帕镇的自家车库中酿制出梅拉斯（Merus）葡萄酒。他们在接下来10年的时间里出品了18000瓶赤霞珠红葡萄酒，酒款赢得了如潮的好评。2007年，马克和艾里卡夫妻资金短缺，把酿酒厂出售给了威廉·福利（William Foley），但是他们仍然致力于该品牌的发展。一年之后，赫罗尔德不再担任酒庄的酿酒师，由保罗·霍布斯（Paul Hobbs）接任。近期，该品牌由圣海伦娜的一家酒厂生产，产量大幅度提升。福利说他仍将致力于出品浓郁醇厚的葡萄酒。★新秀酒庄

迈纳酒庄（奥克维尔产区）

迈纳酒庄（Miner Family Vineyards）归属于戴夫·迈纳（Dave Miner）和艾米丽·迈纳（Emily Miner）。酒庄坐落在奥克维尔东部的海滩，邻近戴夫父母名下的奥克维尔酒庄（Oakville Ranch）。迈纳酒庄推出的红、白葡萄酒品种多样，主要来自纳帕谷和其他地区的葡萄。品质优良的桑娇维塞来自门多西诺（Mendocino），上乘的黑皮诺来自分布在圣路西亚高地（Santa Lucia Highlands）的盖里园（Garys' Vineyard）和罗斯拉园（Rosella's Vineyard）。酒庄的酒款品质优良，其旗舰酒款欧瑞可混酿红葡萄酒（Oracle）酿自纳帕阿特拉斯峰的驿站园（Stagecoach Vineyard）；奥克维尔赤霞珠瓶装红葡萄酒富有浓郁迷人的香气；天然酵母霞多丽葡萄酒（Wild Yeast Chardonnay）则醇厚浓郁，质地上乘。

维德山酒庄（维德山产区）

长期以来，维德山酒庄（Mount Veeder Winery）是福思肯酒庄（Franciscan）的姊妹酒庄，二者都是世界头号酒业巨头星座集团（Constellation Brands）旗下产业。酒庄推出的葡萄酒品质优良，简单易饮。以维德山酒庄赤霞珠红葡萄酒（Mount Veeder Cabernet Sauvignon）为例，该酒款来自坐落于海拔从305米到610米不等的3个葡萄园。葡萄酒由珍妮特·梅耶斯（Janet Myers）酿造，但是酒体光泽度欠佳，或许与其他酒庄相比，该酒庄的技艺有待加强。尝试其他酒款之前可以先行品尝这款维德山酒庄赤霞珠红葡萄酒。

玛姆纳帕酒庄（卢瑟福产区）

合资企业玛姆香槟（Mumm Champagne）和施格兰公司（Seagram）决定在卢瑟福建立酒庄，这确实有些奇怪，因为这里并非适合酿造起泡酒的最佳气候。他们在气候微凉的卡尼洛斯拥有45公顷的葡萄园。然而，他们从门多西诺的安德森谷购买葡萄。酒庄酿造的酒款品质优良，质量逐步提升。酒庄的主打款是玛姆纳帕DVX珍藏混酿酒，通常需要8年的陈年时间，酒款颜色深邃，结构良好。

纽顿酒庄（春山产区）

酒庄的葡萄种植在春山陡峭的梯田之间。得益于土壤多样化、光照程度不同等因素，葡萄园酿造的赤霞珠、品丽珠、梅洛葡萄酒结实饱满，富含矿物质气息。但其霞多丽葡萄酒也是一大特色，该酒款饱满浓郁，未经过滤。酒庄现由新任主人法国奢侈品巨头酩悦·轩尼诗－路易·威登集团（简称LVMH）投资，葡萄园也进行了升级改造，也说明了酒庄发展未来可期。自1997年起，克里斯·米勒德（Chris Millard）担任酒庄的酿酒师，他是思令酒庄（Sterling Vineyards）一名经验丰富的酿酒师，善于酿造结构平衡、酒体纯净的葡萄酒。纽顿酒庄红标系列葡萄酒（Red Label wines）物美价廉。★新秀酒庄

尼克尼可酒庄（奥克维尔产区）

尼克尼可酒庄（Nickel & Nickel）是法南特酒庄（Far Niente）的衍生酒庄，诞生于20世纪90年代加利福尼亚州兴起的单一葡萄园酒热潮时期，当时似乎任何人都可以对葡萄园指定的葡萄酒收取溢价。尼克家族和合作伙伴拉里·马奎尔（Larry Maguire）、迪里克·汉普森（Dirk Hampson）共同酿造了13款来自单一葡萄园的赤霞珠葡萄酒，售价达到3位数。酒庄还酿造了3款来自纳帕谷的梅洛葡萄酒、2款西拉葡萄酒、1款来自索诺玛海岸的黑皮诺葡萄酒。该酒庄的葡萄酒质量优良，但性价比并不是最好的。

奥克维尔酒庄（奥克维尔产区）

奥克维尔酒庄（Oakville Ranch Vineyards）位于瓦卡山（Vaca）的坡地高原。1989年，玛丽·迈纳（Mary Miner）和鲍勃·迈纳[Bob Miner，曾是世界上最大的软件公司之一——甲骨文公司（Oracle）的前高管，已经离世]买下这片占地142公顷的酒庄。该酒庄酿造的赤霞珠和霞多丽葡萄酒质量一如既往的优良，性价比极高。如今，酒庄的葡萄酒由艾什莉·海西（Ashley Heisey）酿造，她还酿造一款索诺玛海岸西拉葡萄酒（Sonoma Coast Syrah），以酒标"Marelle"出品。葡萄园由菲尔·科托里（Phil Coturri）管理，推崇有机方式栽培葡萄。

作品一号酒庄（奥克维尔产区）

1980 年，罗伯特·蒙大维（Robert Mondavi）和菲利普·德·罗斯柴尔德男爵（Baron Philippe de Rothschild，波尔多木桐酒庄的所有者）宣布要共同打造一款高端酒款：纳帕谷赤霞珠红葡萄酒。1985 年，他们出品了第一款佳酿，然后在奥克维尔建立了一座令人惊讶的石灰酿酒厂。从蒙大维酒庄（Robert Mondav Winery）穿过 29 号高速路就可以到达该酒庄。作品一号葡萄酒（Opus One）一跃成为美国第一款超高端酒款，也迅速打开了欧洲和亚洲市场。2004 年，星座集团（Constellation）收购了罗伯特·蒙大维公司（Robert Mondavi Corporation）。二者达成协议，罗斯柴尔德拥有管理、销售及经营权。酒庄生产的葡萄酒的质量稳步提升。

奥肖内西酒庄（豪厄尔山产区）

奥肖内西酒庄（O'Shaughnessy Estate）是贝灵哲酒庄（Beringer）辅助建立的另一座卓越酒庄，以此获取长期的葡萄合同关系。奥肖内西是豪厄尔山产区内的一座新秀酒庄。奥叟园（Del Oso Vineyard）的葡萄用于定期酿造贝灵哲私人珍藏葡萄酒（Beringer Private Reserve）。肖恩·卡皮克斯（Sean Capiaux）担任酒庄的酿酒师，他酿造的豪厄尔山赤霞珠葡萄酒（Howell Mountain Cabernet Sauvignon）精致细腻、深邃浓郁、陈年价值高。之后，由贝蒂·奥肖内西（Betty O'Shaughnessy）酿造的维德山酒庄赤霞珠红葡萄酒（Mount Veeder Cabernet Sauvignon）也具有相同的特色。豪厄尔山酒庄（Howell Mountain）也出产少量质量优异的梅洛葡萄酒。★新秀酒庄

前哨酒庄（豪厄尔山产区）

前哨酒庄（Outpost）恰如其名，致力于栽培仙粉黛、赤霞珠、歌海娜和小西拉等多个品种，而其他拥有相似风土条件的酒庄仅种植赤霞珠。仙粉黛、歌海娜（Grenache）与赤霞珠一样生长于贫瘠的土壤。前哨酒庄因种植这三个葡萄品种而获得一流生产商的荣誉。托马斯·里弗斯·布朗（Thomas Rivers Brown）酿造的葡萄酒吸引了大批的追随者。其酿造的葡萄酒皆属于豪厄尔山产区内的经典酒款，富有醇厚果香、石墨和矿物质气息，单宁柔和。

帕尔美酒庄（纳帕谷产区）

杰森·帕尔美（Jayson Pahlmeyer）最初用朋友的家族葡萄园出产的葡萄酿酒，从此开启了自己的酿酒之旅，该葡萄园位于库姆巴斯维拉子产区（Coombsville）。杰森自 20 世纪 80 年代出品首款佳酿以来，一直推出质量优良的赤霞珠红葡萄酒和甜美的霞多丽葡萄酒。酒庄的初期发展阶段，由杰森和酿酒师海伦·特利（Helen Turley）共同酿酒，后来她的徒弟艾尔林·格林（Erin Green）接替她继任该酒庄的酿酒师。为了增加酒款的复杂性，帕尔美在酿酒的过程中采用野生酵母让葡萄酒自然发酵。质量优异的梅洛和特有的红葡萄酒皆由低产园区出产的葡萄混酿而成，其中包括大卫·阿伯（David Abreu）在阿特拉斯峰建立的沃特斯酒庄（Waters Ranch）。酒庄旗下的杰森系列葡萄酒物超所值。

百里登酒庄（奥克维尔产区）

百里登酒庄（Paradigm）位于奥克维尔产区，由雷纳和玛

丽莲·哈里斯于 1976 年创立，酒庄的梅洛、品丽珠、赤霞珠皆赫赫有名。值得注意的是，自 1991 年以来，明星酿酒顾问海蒂·彼得森·巴雷特（Heidi Peterson Barrett）一直担任该酒庄的酿酒师，这表明哈里斯夫妇慧眼识珠。雷纳·哈里斯是纳帕山谷最成功的酒庄代理商之一，因为众所周知，酒庄代理人总是会最先获悉佳音。

帕兹酒庄（纳帕谷产区）

随着土地价格的螺旋式上升，1988 年，唐纳德（Donald）及其伙伴希瑟·帕兹（Heather Patz）、安妮·摩西（Anne Moses）、詹姆士·霍尔（James Hall）共同建立了帕兹酒庄（Patz & Hall winery），但是酒庄没有自己的葡萄园。酒庄在加州一直寻觅购买最好的霞多丽和黑皮诺葡萄。该酒庄位于纳帕南部一个不起眼的工业园区内的"沙龙"外，有预约的游客可以品尝哈德孙和齐奥托尼霞多丽干白葡萄酒（Hudson and Zio Tony Ranch Vineyard Chardonnays）、海德园和桤木泉园黑皮诺干红葡萄酒（Hyde and Alder Springs Vineyard Pinot Noirs）等众多优质的葡萄酒。★新秀酒庄

托格尼酒庄（春山产区）

菲利普·托格尼（Philip Togni）曾在波尔多酿酒师埃密·培诺（Emile Peynaud）的指导下学习酿酒技术。1981 年，他在春山（Spring Mountain）山顶种植了自己的葡萄园。20 世纪 90 年代，由于出现根瘤蚜感染，葡萄园不得不将所有葡萄重新种植。托格尼受玛歌酒庄启发，酿成了一款赤霞珠、梅洛、品丽珠和小维多的混酿葡萄酒，该酒款适合陈年，风味变化多端，吸引了包括顶级评论家在内的众多粉丝。此外，酒庄的赤霞珠干红葡萄酒也广受欢迎，还出产一种甜味黑麝香葡萄酒，命名为卡托尼（Ca'Togni）。

皮娜酒庄（卢瑟福产区）

皮娜（Piña）家族在纳帕谷的历史可追溯至几代人之前。20 世纪 60 年代，约翰·皮娜（John Piña）创立了酒庄的前身皮娜父子酒庄（John Piña Jr and Sons）。自此，皮娜家族便一直是当地颇有声名的葡萄种植顾问。如今，皮娜四兄弟——拉里（Larry）、戴维（Davie）、兰迪（Ranndy）和约翰（John）经营着纳帕谷的 5 座葡萄园，还有卢瑟福西尔佛拉多小径（Silverado Trail）上的一间酿酒厂。酒庄的酿酒师安娜·蒙蒂切利（Anna Monticelli）倾力打造了 3 款浓郁而甘美的赤霞珠葡萄酒，其中一款使用的原材料葡萄产自皮娜家族在豪厄尔山的七叶树园（Buckeye Vineyard）。★新秀酒庄

松树岭酒庄（鹿跃产区）

松树岭酒庄（Pine Ridge）占地 101 公顷，由前奥林匹克滑雪运动员加里·安德鲁斯（Gary Andrus）于 1978 年创立。安德鲁斯后来还在俄勒冈州创建了艾翠斯酒庄（Archery Summit）。这两家酒厂现都被深红酒业集团（Crimson Wine Group）纳入旗下。来自圣苏瑞酒庄（St Supéry）的迈克尔·博拉克（Michael Beaulac）任首席酿酒师。松树岭酒庄专门种植赤霞珠，几十年如一日提供优质的赤霞珠葡萄。酒庄用其跨越纳帕山谷的几大法定葡萄种植区的葡萄酿制赤霞珠，代表作还包括口感丰富的第戎克隆霞多丽（Dijon Clones Chardonnay）和极佳的

海蒂·彼得森·巴雷特

纳帕谷里的许多投资者都是在其他领域发家致富后才来接触葡萄酒产业的新手。这种情况下，聘请一位著名的葡萄园经理和酿酒顾问，可以加快庄园的发展并提高知名度，有时甚至可以令旧庄园焕然一新。

海蒂·彼得森·巴雷特（Heidi Peterson Barrett）出生于纳帕谷，是葡萄种植者理查德·彼得森（Richard Peterson）的女儿，后来与蒙特莱纳酒庄（Chateau Montelena）的博·巴雷特（Bo Barrett）结为夫妻。在达拉·瓦勒酒庄（Dalla Valle）工作期间，海蒂·彼得森·巴雷特获得了极高的评价，并在 20 世纪 90 年代成为纳帕谷的顶级酿酒师。她在啸鹰酒庄（Screaming Eagle）和葛利斯家族酒庄（Grace Family）酿造的"赤霞珠膜拜酒（Cult Cabernets）"也赢得了诸多赞誉。除了提供酿酒咨询服务外，她还拥有自己的葡萄酒品牌——鱼美人（La Sirena）。

纳帕谷的其他知名顾问包括大卫·雷米（David Ramey）、菲利普·梅尔卡（Philippe Melka）、莎拉·戈特（Sarah Gott）、尼尔斯（Nils）和库尔特·文奇（Kurt Venge），以及无所不在的米歇尔·罗兰（Michel Rolland）。

帕兹酒庄

这款优质的皮诺葡萄酒由门多西诺的阿尔德泉葡萄园的葡萄酿造。

松树岭酒庄

一种由旧大陆勃艮第葡萄酿造的新世界霞多丽。

白诗南干白葡萄酒（Chenin Blanc）。

胖杰克酒庄（奥克维尔产区）

旧金山市长加文·纽森（Gavin Newsom）和他的两位朋友戈登（Gordon）和比尔·格蒂（Bill Getty）合伙，以"胖杰克"（PlumpJack）的名号投资设立了几家企业，胖杰克酒庄便是其中之一。酒庄致力于酿造高品质、果味十足的赤霞珠、西拉和霞多丽葡萄酒。胖杰克生产的瓶装赤霞珠葡萄酒有一半使用了螺旋塞，是纳帕最早采用此工艺的酿酒厂之一。纽森市长现在已退出酿酒产业，他的合作伙伴在豪厄尔山又新建了凯帝酒庄（CADE）。

傲山酒庄（春山产区）

傲山酒庄（Pride Mountain Vineyards）占地 95 公顷，横跨纳帕县和索诺玛县，位于梅亚卡玛斯（Mayacamas）山脉的春山山顶，为卡罗琳·普赖德（Carolyn Pride）、史蒂夫·普赖德（Steve Pride）和苏珊娜·普赖德（Suzanne Pride）共同所有。因其酿造的葡萄酒风格奔放自由、味道醇美香浓，酒庄在 20 世纪 90 年代逐渐为世人所知。此后，傲山酒庄延续超凡的品质，提供地道的赤霞珠和梅洛葡萄酒，所用葡萄皆来自纳帕和索诺玛两个地区之间位于边界两侧的葡萄园——酒庄的珍藏赤霞珠（Reserve Cabernet）和克拉雷特红葡萄酒（Claret）也源于此。酿酒师精选赤霞珠（Vintner Select Cabernet Sauvignon）则只选用纳帕的葡萄酿成。

普罗伦斯酒庄（卢瑟福产区）

普罗伦斯酒庄（Provenance Vineyards）收购了圣海伦娜附近的碧凯隆庄园（Beaucanon Vineyards），取代了这家更为古老的酿酒商。普罗伦斯酒庄主要酿造优质的赤霞珠、梅洛和长相思葡萄酒，所用葡萄产自卢瑟福和奥克维尔产区，包括知名葡萄栽培师安迪·贝克斯托夫（Andy Beckstoffer）在喀龙园（To Kalon Vineyard）所持有的部分。酿酒师汤姆·里纳尔蒂（Tom Rinaldi）在纳帕谷执业多年，经验丰富，曾受聘于菲玛修道院酒庄（Freemark Abbey）、卢瑟福山酒庄（Rutherford Hill）和杜克霍恩酒庄（Duckhorn）。他酿制的葡萄酒具有当地的风土特征和些许的"卢瑟福尘埃"风味，口感温和，极适宜早饮。

昆塔沙酒庄（卢瑟福产区）

奥古斯丁·乌内乌斯（Agustin Huneeus）出生于智利，曾在干露酒庄（Conchay Toro）担任首席执行官，是 20 世纪最伟大的葡萄酒商之一。他和妻子瓦莱里娅（Valeria）一道创立了昆塔沙酒庄（Quintessa）。如今，昆塔沙酒庄已成为全球最大的葡萄酒公司星座集团（Constellation Brands）的核心组成部分。庄园占地 113 公顷，连绵起伏的丘陵中心有一个湖泊，风景秀丽怡人。园内只种植波尔多品种的葡萄。酿酒师是曾供职于卡迪纳尔酒庄（Cardinale）和拉德酒庄（Rudd）的查尔斯·托马斯（Charles Thomas）。他酿制的唯一酒款是一种波尔多风格的混酿红葡萄酒，其优秀的品质始终如一，但尚有改进的空间。

理查德·帕特里奇酒庄（圣海伦娜产区）

奥兰治县（Orange County）的电气工程师兼葡萄酒收藏家理查德·帕特里奇（Richard Partridge）拥有一间小型家庭酿酒厂，即理查德·帕特里奇酒庄（Richard Partridge），生产精美可口的纳帕赤霞珠葡萄酒和少量的霞多丽葡萄酒。酿酒师杰夫·丰塔内拉（Jeff Fontanella）曾师从尼尔斯·文吉（Nils Venge），他每年采用不同来源的葡萄酿酒。目前圣海伦娜产区还在开发一些新的葡萄园，这家纯属业余爱好性质的酒庄也有望转向更严肃的经营。

罗伯特·拜勒酒庄（橡木海丘产区）

鲍勃·拜勒（Bob Biale）的祖先从意大利北部移民到纳帕谷，并于 20 世纪 30 年代开始种植葡萄，但他们真正开始生产瓶装葡萄酒是在 1991 年。过去 20 多年，鲍勃·拜勒已被公认为加利福尼亚州最好的仙粉黛和小西拉葡萄酿酒商之一，此乃实至名归。酒庄的各种葡萄酒均以产自年岁古老的单一葡萄园的葡萄酿造，包括酒庄自有的奥尔多葡萄园（冠以拜勒父亲之名），以及纳帕、索诺玛、洛迪（Lodi）和康特拉科斯塔县（Contra Costa）等产地的其他园区。这些葡萄酒酒体丰满但不失精致柔顺，色泽深幽，弥漫着成熟水果的味道。

克雷格酒庄

罗伯特·克雷格（Robert Craig）是一位山区赤霞珠葡萄酒专家，曾任豪厄尔山赫斯精选酒庄（Former Hess Collection）的总经理。他自己在豪厄尔山创办了一家小型酒庄，起名为克雷格酒庄（Robert Craig Winery），酿酒的葡萄来自春山、维德山和豪厄尔山产区。品酒室设于纳帕市中心。酒庄出品的葡萄酒品质出色，口味一致，具有强劲的单宁和贫瘠、低产的土壤生长出来的山区赤霞珠特有的矿物质气息。维德山和豪厄尔山葡萄酒是克雷格酒庄最好的酒款，让人久久难以忘怀。

弗利酒庄（豪厄尔山产区）

酿酒师罗伯特·弗利（Robert Foley）长居于纳帕谷，1977 年踏入葡萄酒行业。弗利在春山的傲山酒庄担任酿酒师期间，酿造了一些口味浓郁、层次分明的赤霞珠葡萄酒，且在单宁精致的优质纳帕山葡萄酒方面尤为专长，备受赞誉。在山谷东侧的豪厄尔山创建自己的酒庄后，弗利继续发挥自己的长处，出品了豪厄尔山赤霞珠葡萄酒、梅洛葡萄酒、波尔多红葡萄酒、小西拉葡萄酒和沙帮乐（Charbono）葡萄酒。酒庄最早的葡萄酒年份是 1998 年。这位备受推崇的酿酒师在业余时间还有另外一个身份——罗伯特·弗利乐队（The Robert Foley Band）的吉他手。

蒙大维酒庄（奥克维尔产区）

2004 年，因蒙大维家族成员反目，罗伯特·蒙大维公司（Robert Mondavi Corporation），包括对罗伯特·蒙大维具有标志意义的奥克维尔酒庄（Oakville Winery），均被卖给星座集团。此后，酒庄不再属于蒙大维家族的产业。但星座集团很好地延续了罗伯特·蒙大维将葡萄酒与悠久的酿酒文化相结合的愿景，并保留了自 20 世纪 70 年代末一直在蒙大维酒庄工作的酿酒总监吉纳维夫·詹森（Genevieve Janssens），由其继续负责蒙大维珍藏（Mondavi Reserve）系列葡萄酒的生产。奥克维尔酒庄 223 公顷的顶级喀龙园也得以留存，该园的历史可以追溯到 19 世纪末。喀龙园出产的佳酿包括蒙大维珍藏赤霞珠干红葡萄酒（Robert Mondavi Reserve Cabernet Sauvignon）和饱满丰腴、充满异国情调的蒙大维珍藏白富美白葡萄酒（Reserve Fumé Blanc）——它被誉为世界上最美味的长相思葡萄酒之一。

森斯克酒庄（鹿跃产区）

森斯克酒庄（Robert Sinskey）地处鹿跃区的西尔佛拉多小径，酿造品质出众的"SLD"赤霞珠葡萄酒（"SLD" Cabernet Sauvignon）。酒庄大部分的酒款是用来自卡尼洛斯产区的黑皮诺和阿尔萨斯葡萄酿制——森斯克家族最早的葡萄园就建于此。这些葡萄为 100% 有机和活机耕作法种植，酿成的葡萄酒以口感优雅、精致而著称。三友园黑皮诺葡萄酒（Three Amigos Vineyard Pinot Noir）便是其中的代表之作，该酒款用卡尼洛斯产区的葡萄酿制，风味独特，带有勃艮第的风格。

罗卡家族酒庄（扬特维尔产区）

1999 年，玛丽·罗卡（Mary Rocca）和丈夫埃里克·格雷斯比（Eric Grigsby）博士在扬特维尔购置了一块 8.5 公顷的土地，主要种植赤霞珠和西拉葡萄。在酿酒大师西莉亚·韦尔奇·梅西切克（Celia Welch Masyczek）鼎力相助下，罗卡酒庄生产了一些口感强劲浓烈的红葡萄酒。扬特维尔赤霞珠（Yountville Cabernet）和西拉（Syrah）是迄今为止人气最高的酒款，坏男孩干红（Bad Boy Red）是一款年轻的赤霞珠、品丽珠和小维多混酿，为入门佳品。酒庄历史不长，尚大有可为。★ 新秀酒庄

伦巴尔酒庄（圣海伦娜产区）

克尔纳·伦巴尔（Koerner Rombauer）和妻子琼恩（Joan）在 1972 年搬到纳帕谷。1981 年，他们创建了伦巴尔葡萄园（Rombauer Vineyards），开始种植葡萄。20 世纪 80 年代和 90 年代，伦巴尔品牌稳步增长，并以生产浓郁奶油风味的霞多丽葡萄酒而跻身纳帕谷公认的优秀酒庄之一。酒庄的其他产品包括用纳帕谷不同产区的葡萄酿成的赤霞珠系列葡萄酒和来自伦巴尔葡萄园、口感香浓的仙粉黛葡萄酒，以及一款名为欢乐（Joy）的晚熟贵腐霞多丽葡萄酒。

卢比孔酒庄（奥克维尔产区）

导演弗朗西斯·福特·科波拉（Francis Ford Coppola）在电影上颇有建树，吸引了世界各地的游客前往他经营的卢比孔酒庄（Rubicon Estate）品尝美酒，并纷纷对其大加赞赏。酒庄的前身是炉边酒庄（Inglenook），为古斯塔夫·尼尔邦（Gustave Niebaum）船长在 1880 年创立，后来跃居早年间全加州最好的酿酒厂之一。酒庄占地 95 公顷，出产的优质葡萄酒，包括堪称极品的旗舰酒款卢比孔赤霞珠（Rubicon Cabernet）混酿葡萄酒，以及带有刺莓的艾迪容沛尼诺仙粉黛干红葡萄酒（Edizione Pennino Zinfandel）。

拉德酒庄（奥克维尔产区）

莱斯利·拉德（Leslie Rudd）是堪萨斯州的一名葡萄酒和烈酒经销商兼高档食杂连锁店 Dean & DeLuca 的董事长，以卓

昆塔沙酒庄
来自单一葡萄园的单一葡萄酒，
经典风格的波尔多混酿酒。

普罗伦斯酒庄
这款赤霞珠与著名的卢瑟福尘埃
葡萄酒的味道十分相似。

越的品味和严格的高标准而有口皆碑。假以时日，拉德酒庄必将继续发展壮大，势不可挡。这个年轻的酒庄地处奥克维尔的东面，拥有最先进的酒窖和酿酒设施。酒庄的奥克维尔庄园红葡萄酒（Oakville Estate Red）和农场赤霞珠红葡萄酒（Estate Grown Cabernet）品质上乘，但与该地区一些顶级的酒款相较仍稍逊色。用维德山葡萄精心打造的长相思和赛美蓉酒体丰满，颇有波尔多的风格，值得一品。★ 新秀酒庄

马鞍峰酒庄（奥克维尔产区）

20 世纪 80 年代，尚在格鲁斯酒庄（Groth）工作的酿酒师尼尔斯·温基（Nils Venge）酿造了一些品质出色的赤霞珠红葡萄酒。尼尔斯之子柯克（Kirk）同他一样，也跻身为纳帕谷最杰出的酿酒顾问之列。马鞍峰酒庄便是温基的家族产业。酒庄采用传统工艺，酿制口感结实、适于陈年的赤霞珠红葡萄酒，浓郁的霞多丽白葡萄酒和清新激爽的白皮诺葡萄酒，还有一款口味不凡的沙帮乐葡萄酒，均冠以马鞍峰品牌商标。

圣茨伯里酒庄（卡尼洛斯产区）

1981 年，同为勃艮第葡萄酒爱好者的大卫·格拉夫（David Graves）和理查德·沃德（Richard Ward）创立了圣茨伯里酒庄（Saintsbury），专注于酿制黑皮诺葡萄酒。不久之后，酒庄便声名鹊起，还一举为卡尼洛斯葡萄酒博得了美名。自 2004 年出生于法国的酿酒师杰罗姆·奇瑞（Jerome Chery）加盟之后，酒庄的黑皮诺和霞多丽葡萄酒一直保持着极高的水准。不论是在橡木桶中轻度发酵的入门级瓶装石榴石红葡萄酒（Garnet），还是来自酒庄自有布朗牧场（Brown Ranch）的单一园葡萄酒，皆为上乘之作。20 世纪 50 年代，酒庄还用路易斯·马提尼（Louis Martini）在斯坦利园（Stanly Ranch）（卡尼洛斯最古老的黑皮诺葡萄园）种植的葡萄，酿制单一园黑皮诺葡萄酒。

稻草人酒庄（卢瑟福产区）

来自洛杉矶的摄影师布里顿·洛佩兹（Brett Lopez）将他的葡萄园命名为稻草人酒庄（Scarecrow），以纪念其祖父——电影《绿野仙踪》（The Wizard of Oz）的制片人约瑟夫·贾德森·科恩（Joseph Judson Cohn）。酒庄位于卢瑟福地区，占地 9.5 公顷，其中有一片 0.8 公顷的 60 年老藤赤霞珠葡萄园。著名电影人弗朗西斯·福特·科波拉（Francis Ford Coppola）在买下卢比孔酒庄时，将稻草人酒庄也购入囊中。庄园每年仅生产 6000 瓶自有品牌的赤霞珠红葡萄酒，出自酿酒师西莉亚·韦尔奇·梅西切克（曾供职于斯坦格林酒庄、罗卡家族酒庄）之手。★ 新秀酒庄

沙德酒庄（奥克维尔产区）

弗雷德·沙德（Fred Schrader）和酿酒师托马斯·布朗（Thomas Brown）合力打造了一些浓缩的赤霞珠葡萄酒，其饱满浑厚、奔放不羁的风格深得顶级酒评家的喜爱。他们的原料葡萄均来自出色的产地，例如安迪·贝克斯托夫在喀龙园的老斯巴克（Old Sparky）片区和他名下的乔治三世葡萄园（Vineyard Georges III）。庄园还有用自产葡萄酿制的高性价比双钻石系列酒款（Double Diamond）、轰炸机 X 纳帕谷赤霞珠（Bomber X Napa Valley Cabernet Sauvignon），以及琥珀山园赤霞珠葡

世酿伯格酒庄

作为 20 世纪起泡酒的先驱而闻名的历史悠久的酒厂。

萄酒（Amber Knolls Vineyard Cabernet），取材来自贝克斯托夫在莱克县红山产区（Red Hills of Lake County）的琥珀山园。★新秀酒庄

世酿伯格酒庄（钻石山产区）

1862 年，出生于德国的雅各布·施拉姆（Jacob Schram）创立了世酿伯格酒庄（Schramsberg Vineyards）。酒庄取得了巨大的成功。但不幸的是，一连串的打击随之而来，终于在禁酒令颁布后成为压死骆驼的最后一根稻草。酒庄几度转手，最后在 1965 年被杰克·戴维斯（Jack Davies）和杰米·戴维斯（Jamie Davies）买下。二人致力于用传统工艺酿造加州最好的起泡酒，并取得了成功。20 年来，酒庄的白中白起泡酒（Blanc de Blancs）一直是行业标杆。新品 J. 施拉姆起泡酒（J Schram）和桃红起泡酒（Brut Rosé）同样表现不俗。酒庄有历史悠久的手工挖掘洞穴酒窖和加州州旗收藏，值得一游。如今，酒庄还生产 J. 戴维斯（J Davies）商标的赤霞珠葡萄酒佳品，所用葡萄源自其在钻石山产区的葡萄园。

舒格酒庄（卡尼洛斯产区）

酿酒师沃尔特·舒格（Walter Schug）和妻子格特鲁德（Gertrud）在 1961 年从德国移民至美国加利福尼亚州。舒格算是约瑟夫菲尔普斯酒庄（Joseph Phelps Vineyards）的首任酿酒师，在那里他酿制了加州第一款波尔多风格的混酿——徽章红葡萄酒（Insignia）。在约瑟夫菲尔普斯酒庄工作 10 年后，舒格于 1980 年在卡尼洛斯开设了自己的酿酒厂，专门生产黑皮诺和霞多丽葡萄酒，前者和该地区其他酒庄的同类酒相比，单宁更为丰富，清淡可口，具有明显的香料味。

施威格酒庄（春山产区）

施威格酒庄（Schweiger）是弗雷德·施威格（Fred Schweiger）的产业，坐落在春山山顶附近，自成立以来处于缓慢而稳定的发展之中。施威格和家人在 20 世纪 60 年代初期购置了这块土地，70 年代对其清理并栽种了葡萄。80 年代，他将葡萄园售出。1994 年，施威格酒庄成立。1999 年，费雷德之子安德鲁（Andrew）被任命为酿酒师。酒庄的赤霞珠和梅洛葡萄酒满溢着成熟的红色水果风味，结构突出，品质可靠。

啸鹰酒庄（奥克维尔产区）

吉恩·菲利普斯（Jean Phillips）始创的啸鹰酒庄（Screaming Eagle）拥有 24 公顷的葡萄园。20 世纪 90 年代，啸鹰酒庄的赤霞珠红葡萄酒（Screaming Eagle Cabernet Sauvignon）声名鹊起，价格也居高不下。但由于年产仅 6000 瓶，收藏家竞相抢购，一瓶难求，往往会卖到更高的价格。这款酒由海蒂·彼得森·巴雷特（Heidi Peterson Barrett）酿造，得到的评价褒贬不一——有些人对其大加赞赏，也有人不以为然，认为其中的浓郁黑醋栗味过甜或糖浆味过重。2006 年，菲利普斯将庄园和品牌都卖给了商人查尔斯·班克斯（Charles Banks）和他的搭档，也是 NBA 球队丹佛掘金队的老板斯坦利·克罗恩科（Stanley Kroenke）。

希维酒庄（纳帕谷产区）

希维酒庄（Seavey）位于科恩谷（Conn Valley）西尔佛拉多小径的东面。19 世纪 70 年代，一家法国与瑞士合资的农业公司（Franco-Swiss Farming Co.）开垦了这片庄园并驻扎于此。1979 年，比尔·希维（Bill Seavey）和玛丽·希维（Mary Seavey）将庄园买下。比尔在旧金山继续从事法律工作时，和妻子一起重新种植了葡萄园。他们将产出的葡萄卖给雷蒙德酒庄（Raymond Vineyards），直至 1990 年希维庄园开始生产瓶装葡萄酒。酒庄的酿酒师菲利普·梅尔卡（Philippe Melka）酿造的庄园赤霞珠葡萄酒（Estate Cabernet Sauvignon）口感柔顺、浓缩，极为出色。同为赤霞珠葡萄酒的副牌酒卡维娜（Caravina）同样不凡。★新秀酒庄

思福酒庄（鹿跃产区）

1972 年，约翰·思福（John Shafer）创立思福酒庄（Shafer Vineyards）时，该地区的其他一些庄园也刚刚起步。1994 年以来，约翰之子，头脑聪明、为人和蔼的道格·思福（Doug Shafer）担任酒庄的酿酒师和主事人。思福酒庄山坡精选赤霞珠红葡萄酒（Shafer's Hillside Select Cabernet Sauvignon）由瓦卡山脉（Vaca Mountains）上一座地势陡峭的葡萄园所产的葡萄酿制而成，算得上是加州最为精致美味、一致性高且广受推崇的一款葡萄酒。在纳帕土生土长的葡萄园经理兼酿酒师埃利亚斯·费南兹（Elias Fernandez）的精心打造下，用酒庄自家位于鹿跃区和周边的共 6 个葡萄园的葡萄酿制的其他酒款也毫不逊色。

辛格罗酒庄（橡木海丘产区）

辛格罗酒庄（Signorello）处在纳帕以北的西尔佛拉多小径上。20 世纪 70 年代中期，雷·辛格罗（Ray Signorello）老先生买下了这座占地 40 公顷的庄园。庄园的葡萄园面积大约为 16 公顷，其中将近一半种植赤霞珠。如今，酒庄主人为雷·辛格罗老先生之子。酿酒师为皮埃尔·拜本特（Pierre Birebent），极擅酿制庄园赤霞珠葡萄酒（Estate Cabernet Sau-vignon）和巴德隆珍藏赤霞珠葡萄酒（Padrone Reserve Cabe-rnet）。辛格罗酒庄的霞多丽葡萄酒系列酒款，尤其是霍普特酿（Hope's Cuvée）和老藤酒（Vielle Vignes），以特点突出、风味浓烈而闻名遐迩。酒庄日益发展壮大，未来可期。★新秀酒庄

银橡木酒庄（奥克维尔产区）

银橡木酒庄（Silver Oak）由当时在克里斯蒂兄弟酒厂（Christian Brothers）工作的酿酒师贾斯汀·迈耶（Justin Meyer）和科罗拉多州石油商雷蒙德·邓肯（Raymond Duncan）始创于1972 年，后成为 20 世纪 80 年代最成功的赤霞珠品牌之一。酒庄位于奥克维尔，一开始用于酿酒的赤霞珠葡萄却是来自亚历山大谷酒庄。如今，酒庄使用纳帕和索诺玛县出产的葡萄来酿制赤霞珠葡萄酒。这些葡萄酒果香浓郁丰满，单宁柔和，主要在美国橡木桶中陈酿。银橡木品牌曾经声名显赫，高不可攀。随着产量提高，年产 84 万瓶之多，在普通超市也很容易买到银橡木酒庄赤霞珠葡萄酒。

银朵酒庄

柑橘香气浓郁，质感丝滑的白苏维翁葡萄酒。

银朵酒庄（鹿跃产区）

银朵酒庄（Silverado）由沃尔特·迪斯尼之女黛安（Diane）和她的丈夫罗恩·米勒（Ron Miller）在20世纪80年代后期创立。罗恩·米勒曾是职业美式足球运动员，后来成为沃尔特迪斯尼制作公司的首席执行官。米勒家族目前在纳帕谷拥有6个葡萄园。酒庄出品的纳帕谷赤霞珠葡萄酒（Napa Valley Cabernet Sauvignon）较为亲民，价格合理，一般具有成熟的水果风味和较好的结构。限量珍藏赤霞珠葡萄酒（Limited Reserve Cabernet）则出类拔萃，令人难以忘怀，陈年后风味尤佳。此外，带有成熟甜瓜和柑橘味的米勒牧场长相思葡萄酒（Miller Ranch Sauvignon Blanc）也值得推荐。

斯诺登酒庄（圣海伦娜产区）

斯科特·斯诺登（Scott Snowden）和兰迪·斯诺登（Randy Snowden）两兄弟是斯诺登酒庄（Snowden）创始人韦恩（Wayne）和维吉尼亚（Virginia）夫妇的孩子，也是该酒庄主要的种植者，他俩在西尔佛拉多小径和科恩谷之间瓦卡山上的一片狭长的土地上经营4个葡萄园。庄园的葡萄一般供应给银橡木酒庄、弗兰克家族酒庄（Frank Family）和维雅德酒庄（Viader）。酿酒师戴安娜·斯诺登·赛西斯（Diana Snowden Seysses）用斯诺登自家庄园的葡萄酿造了两种带有矿物质气息的黑色水果风味的赤霞珠葡萄酒：斯诺登农场赤霞珠（The Ranch）和珍藏赤霞珠（Reserve Cabernet）。酒庄还有一款酒体丰满、部分桶中发酵的长相思白葡萄酒，原料来自安迪·贝克斯托夫的葡萄园。

斯勃兹伍德酒庄（圣海伦娜产区）

斯勃兹伍德酒庄（Spottswoode Estate）悠久的历史可追溯至1882年。1972年，玛丽·诺瓦克（Mary Novak）和已故的杰克·诺瓦克（Jack Novak）博士买下酒庄，使其焕发新生。酒庄坐落在春山山脚紧邻圣海伦娜东北方的位置，多年来专注于生产优雅而复杂的赤霞珠葡萄酒。在过去的几年里，酒庄推陈出新，让这些酒的品质更上了一层楼。由詹妮弗·威廉姆斯（Jennifer Williams）和酿酒顾问罗斯玛丽·卡布瑞（Rosemary Cakebread）共同研制的斯勃兹伍德酒庄赤霞珠葡萄酒甘美香醇，令人心醉神迷。兰德赫斯特（Lyndenhurst）瓶装酒也属上品，性价比更高。酒庄用外购的葡萄酿制的长相思白葡萄酒也非常不错，口感柔顺，酒体饱满。★新秀酒庄

春山酒庄（春山产区）

如果你看过美国肥皂剧《鹰冠庄园》（Falcon Crest），可能会从片头片段中发现春山酒庄（Spring Mountain）的维多利亚风格农庄。这可不是好莱坞的舞台布景，而是千真万确的酒庄实景。自诞生以来，春山酒庄一直致力于用纳帕谷最好的产区的葡萄酿造层次丰富、结构复杂的葡萄酒。酒庄的庄园赤霞珠红葡萄酒（Estate Cabernet Sauvignon）、埃里维特（Elivette）赤霞珠混酿、梅洛、品丽珠和小维多等酒款都非常出色，长相思白葡萄酒也浓厚饱满，令人生津。和最好的纳帕山区红葡萄酒一样，这些葡萄酒都值得窖藏。

圣克莱蒙酒庄（圣海伦娜产区）

圣克莱蒙酒庄（St Clement）是一家小型酿酒厂，但却是福

舒格酒庄
这款黑皮诺更偏向欧洲风格，酸度比大多数纳帕葡萄酒都高。

思福酒庄
酒庄最好的赤霞珠葡萄酒，产自一个陡峭的葡萄园。

斯特（Foster）葡萄酒集团皇冠上一颗璀璨的明珠。在过去15年中，酒庄的所有权和人员发生了一些变化，但葡萄酒的品质始终如一。旗舰酒款Oroppas [前日本籍酒庄主人的名字"札幌"（Sapporo）的倒拼] 是以赤霞珠为主的混酿，也是纳帕谷人气最高的一款葡萄酒。在酿酒师丹妮尔·赛罗（Danielle Cyrot）的心中，酒庄的酒窖很快会推出另一新型酒款，并一如既往地生产各类潮流前端的优质葡萄酒。

圣苏瑞酒庄（卢瑟福产区）

圣苏瑞酒庄（St Supéry）是法国南部葡萄酒生产商罗伯特·斯格利（Robert Skalli）家族的产业。酒庄位于卢瑟福的29号高速公路上，庄园土地主要是位于卡利斯托加以东波普谷（Pope Valley）内的多拉海牧场（Dollarhide Ranch）。牧场种植的葡萄，供酒庄酿制出世界一流的圣苏瑞多拉海园长相思白葡萄酒（Dollarhide Ranch Sauvignon Blanc）和优质的圣苏瑞多拉海园赤霞珠红葡萄酒（Dollarhide Ranch Cabernet Sauvignon）。酒庄的梅里蒂奇（Meritage）混酿红葡萄酒和白葡萄酒也属上乘，名为伊露（Elu）和维图（Virtú）。米夏埃拉·罗德尼奥（Michaela Rodeno）担任酒庄总裁已有多年。最近，她任命艾玛·斯温（Emma Swain）接替自己的职位并退休。

斯坦格林酒庄（卢瑟福产区）

斯坦格林酒庄（Staglin Family Vineyard）地处卢瑟福西部。自1965年起，安德烈·切利舍夫（André Tchelistcheff）在这片土地上为柏里欧酒庄（Beaulieu）种植葡萄，供其酿制柏里欧乔治拉图私人珍藏葡萄酒（Georges de Latour Private Reserve），直至1986年莎莉（Shari）和加伦·斯坦格（Garen Staglin）买下葡萄园。得益于葡萄种植家大卫·艾伯如（David Abreu）和先后在酒庄任职的米歇尔·罗兰等多位首屈一指的酿酒顾问相助，斯坦格林酒庄在20世纪90年代卢瑟福地区的赤霞珠生产商中名列前茅，即便在全纳帕谷也可谓翘楚。出自酿酒师弗雷德里克·约翰逊（Fredrik Johansson）之手的2006年庄园赤霞珠葡萄酒（2006 Estate Cabernet Sauvignon）得到接近满分的好评，再次提升了酒庄的水准。酒庄的非列级红葡萄酒撒卢斯（Salus）品质出众；霞多丽干白葡萄酒清爽澄澈，同样表现不俗。

鹿跃酒窖（鹿跃产区）

鹿跃酒窖（Stag's Leap Wine Cellars）由沃伦·维尼亚斯基（Warren Winiarski）创立于20世纪70年代，是加州最知名的赤霞珠品牌之一。在著名的1976年法国"巴黎审判"品鉴会上，鹿跃酒窖一款用3年藤龄的葡萄酿制的1973年酒款，也是其首个年份的SLV赤霞珠葡萄酒一举夺魁，出乎意料地击败了波尔多的竞争对手。酒庄最知名的几款赤霞珠——23号桶（Cask 23）、仙女园葡萄酒（Fay Vineyard）和鹿跃园葡萄酒（SLV）拥有一大批热忱的追随者。同时酒窖也与时俱进，不断更新。这些葡萄酒始终承袭鹿跃区的典型风土特色，富有深红色水果、橄榄、雪松和茴香的气息，同时保持极佳的整体平衡。2007年，鹿跃酒窖被转让给圣觅仙酒庄（Chateau Ste Michelle）和皮耶罗·安蒂诺里（Piero Antinori）。

斯坦格林酒庄
卢瑟福的标杆赤霞珠葡萄酒。

鹿跃酒庄（鹿跃产区）

鹿跃酒庄（Stags' Leap Winery）地处西尔佛拉多小径附近瓦卡山脉的玄武岩峭壁深处，不易找到。游客须预约方可参观。酒庄拥有100多年的悠久历史，它在20世纪20年代是一个度假胜地，其中有一座风景秀丽的庄园。酒庄出品的葡萄酒皆为上品，尤其是强劲的鹿跃赤霞珠红葡萄酒（The Leap Cabernet Sauvignon）、远近闻名的小西拉葡萄酒，以及独特而稀有的庄园瓶装混酿红葡萄酒"塞德马里"（Ne Cede Malis，意为"永不放弃"）。

思令酒庄（卡利斯托加产区）

思令酒庄（Sterling）是20世纪70年代在加利福尼亚州崭露头角的一个葡萄酒品牌，由思令纸业公司（Sterling Paper Company）的几名高管合作创立，他们中的彼得·纽顿（Peter Newton）后来创立了纽顿酒庄（Newton Vineyards）。与纳帕谷其他酒庄的产品相比，思令酒庄所产的葡萄酒品质略逊一筹。酒庄最好的葡萄酒如三掌园梅洛红葡萄酒（Three Palms Merlot），是用其他葡萄园的葡萄酿制而成。思令酒庄的特色是极具游览价值。游客可乘坐高空缆车到90米高空的品酒室，在那里欣赏纳帕谷北部的壮丽景色。

故事山酒庄（卡利斯托加产区）

故事山酒庄（Storybook Mountain Vineyards）位于卡利斯托加产区的西北部，为杰瑞·舍普斯（Jerry Seps）和英格丽德·舍普斯（Ingrid Seps）所有。酒庄出产多款仙粉黛葡萄酒，在整个加州也最独具特色、动人心脾。在19世纪80年代至禁酒令期间，酒庄的名称是格林葡萄园和酒窖（Grimm's Vineyards and Wine Vaults）。1976年，杰瑞和英格丽德夫妇买下了这座破败的庄园，开始酿造仙粉黛葡萄酒——也是酒庄的旗舰酒。其中名声最响亮的酒款有梅亚卡玛斯山脉仙粉黛（Mayacamas Range）、庄园珍藏仙粉黛（Estate Reserve）和东方揭露仙粉黛（Eastern Exposures）等。其中，东方揭露仙粉黛是通过在罗第丘的蒸馏酒中与少量维欧尼共同发酵而酿成。

萨慕斯酒庄（卡利斯托加产区）

吉姆·萨慕斯（Jim）和贝丝·萨慕斯（Beth Summers）夫妇的第一个葡萄园在索诺马的骑士谷（Knights Valley）。1996年，他们在卡利斯托加购置了一个庄园即萨慕斯酒庄（Summers Estate Wines），重新栽种植了30公顷的葡萄。葡萄园的经理兼酿酒师伊格纳西奥·布兰卡斯（Ignacio Blancas）善于制作口感成熟、果味充沛且价格亲民的葡萄酒。酒庄最好的酒款包括出自自有庄园的珍藏赤霞珠葡萄酒（Reserve Cabernet Sauvignon）、将军波尔多（Checkmate Bordeaux）混酿、骑士谷梅洛葡萄酒（Knights Valley Merlot），以及用亚历山大谷（Alexander Valley）葡萄酿制、未经橡木桶陈年的拉努德（La Nude）霞多丽葡萄酒。萨慕斯酒庄还是纳帕谷最大的沙帮乐葡萄酒生产商，年产量达2.4万瓶。

切峰酒庄（卡利斯托加产区）

切峰酒庄（Switchback Ridge）的葡萄酒全部酿自皮特森家族［约翰·彼得森（John Peterson）、乔伊斯·彼得森

鹿跃酒庄
一定要把STAG'S这个词的撇号放在正确的地方。

（Joyce Peterson）和克利·彼得森（Kelly Peterson）］位于卡利斯托加的葡萄园。通过与酿酒师鲍勃·福利［Bob Foley，曾就职于弗利酒庄、时光杯酒庄和傲山酒庄］联手，酒庄出产浓郁而精致的优质赤霞珠和梅洛葡萄酒，以及一款酒体无比雄壮、层次分明的小西拉红葡萄酒，可与纳帕谷最出色的葡萄酒比肩。1914年，皮特森家族购得了庄园的土地，并于1990年将其中约8公顷改种葡萄以酿造葡萄酒。

瓦伦丁酒庄（春山产区）

20世纪60年代，发明家兼工程师弗雷德·阿韦斯（Fred Aves）用石头手工建造了一座别具特色的别墅式酿酒厂，将希腊、罗马意象融入其中，命名为伊韦尔顿（Yverdon）。后来，阿韦斯身体抱恙，庄园也随之衰落，最后被安格斯·瓦特乐（Angus Wurtele）和玛格丽特·瓦特乐（Margaret Wurtele）买下，并对其进行翻新，重新栽种葡萄。瓦特乐夫妇引入了一个年轻的团队，其中之一便是酿酒师山姆·巴克斯特（Sam Baxter），其倾力打造的瓦伦丁赤霞珠红葡萄酒系列（Terra Valentine's Cabernet Sauvignons）实属佳品。酒庄的基本酒款春山赤霞珠葡萄酒（Spring Mountain Cabernet）性价比很高，瓦特乐（Wurtele）和伊韦尔顿（Yverdon）瓶装葡萄酒也有较高水准，并且随藤龄渐长而风味愈浓。★新秀酒庄

特拉费森家族酒庄（橡木海丘产区）

特拉费森（Trefethen）家族在橡木海丘产区拥有占地面积约230公顷的葡萄园，主要种植霞多丽、赤霞珠和梅洛品种的葡萄。许多人认为特拉费森落后于纳帕谷的其他酒庄，或是未能充分发挥自身的潜力。但与此同时，也有人喜爱酒庄顺应凉爽气候造就的内敛风格的产品，与本地美食百搭不厌。酒庄的2002年图书馆珍藏赤霞珠葡萄酒（2002 Library Reserve Cabernet）在2009年经品鉴被评定为佳品：结构异常复杂、黑色水果口味香甜，平衡感几近完美。霞多丽葡萄酒也有所提升，保留了清新的青苹果和核果风味，去除了过重的橡木味。

金凯家族酒庄（圣海伦娜产区）

舒特家族酒庄（Sutter Home）于1874年成立，并在1948年被金凯（Trinchero）家族收购。20世纪80年代，金凯家族以白仙粉黛（White Zinfandel）桃红葡萄酒盛极一时，并在圣海伦娜创立了M.金凯酒庄（M Trinchero），还收购了阿马多尔县的蒙特维纳酒庄（Montevina）、弗利埃都酒庄（Folie à Deux）、乔尔戈特酒庄（Joel Gott Wines）和纳帕酒窖（Napa Cellars），强强联手，缔造了一个雄伟的葡萄酒王国。这些品牌保持统一的风格，都生产纯净的浓缩葡萄酒，具有典型的加利福尼亚风味和超高性价比。

鲁查德酒庄（卡尼洛斯产区）

1974年，鲁查德夫妻托尼（Tony）和乔安（Jo Ann Truchard）将8公顷的废弃西梅果园改种为葡萄园，鲁查德酒庄（Truchard Vineyards）由此诞生。今天，酒庄拥有近162公顷的土地，其中110公顷土地为葡萄园，出产的葡萄果实供应给20多家酿酒厂。1989年，他们自建了一家酒厂，开始酿制冠以酒庄之名的葡萄酒。鲁查德酒庄的黑皮诺葡萄酒、霞多丽葡萄

酒和赤霞珠葡萄酒口感明快而伴有泥土味，风土特征明显；梅洛葡萄酒洋溢着刚成熟的黑樱桃气息、可乐味和茶水味，拥趸甚众。

维雅德酒庄（豪厄尔山产区）

德里亚·维雅德（Delia Viader）的庄园位于豪厄尔山，地势陡峭的葡萄园中种植的葡萄品种为波尔多品种和西拉。维雅德生于阿根廷。20 世纪 90 年代，她一边抚养 4 个孩子，一边打理酒庄的业务。时至今日，她的 4 个孩子都投身于维雅德酒庄的工作。自 2006 年起，酒庄的酿酒师顾问由米歇尔·罗兰担任。酒庄生产一款以白马酒为灵感的混酿葡萄酒、一款西拉葡萄酒，还有一款以小维多为基酒的混酿，起名为"V"。此外，酒庄还有一个名为挑战（Dare）的产品系列，为其他葡萄园果实酿造的单一园葡萄酒。

柯利弗酒庄（奥克维尔产区）

柯利弗酒庄（Vine Cliff）是一个小型的家庭酒庄，不甚引人注目。酒庄的山地葡萄园位于奥克维尔产区东侧，呈梯田状分布。酒庄生产 3 款赤霞珠葡萄酒：纳帕谷赤霞珠（Napa Valley Cabernet）、奥克维尔庄园（Oakville Estate）瓶装葡萄酒和旗舰酒款——柯利弗酒庄私人窖藏 16 街赤霞珠葡萄酒（Private Stock 16 Rows Cabernet），都有着多重美妙香气，层层叠加，令人陶醉。得益于酿酒师雷克斯·史密斯（Rex Smith）和曾供职于斯坦格林酒庄、哈特威尔酒庄（Hartwell）和罗卡家族酒庄的酿酒顾问西莉亚·韦尔奇·梅西切克的精诚相助，酒庄主人罗伯·斯维尼（Rob Sweeney）在酒庄的精细管理上颇有成效。★新秀酒庄

7&8 酒庄（春山产区）

7&8 酒庄（Vineyard 7&8）是一个目标远大的酒庄，由来自纽约的兰尼·史蒂芬斯（Launnie）和卫姿·史蒂芬斯（Weezie Steffens）夫妇始创于 1999 年。现在史蒂芬斯夫妇之子、曾任哈兰庄园（Harlan Estate）酒窖主管的韦斯利（Wesley）负责管理酒庄的一应事务。7&8 酒庄在 2004 年发行其首批葡萄酒——7 号庄园霞多丽葡萄酒（"7" Estate Chardonnay）和 8 号赤霞珠葡萄酒（"8" Cabernet Sauvignon）。两款酒皆风格内敛复杂，特色极为突出。2007 年，曾在彼特麦克酒庄（Peter Michael Winery）就职的酿酒师卢克·莫莱（Luc Morlet）成为 7&8 酒庄的一员。7&8 酒庄未来可期，非常值得关注。★新秀酒庄

29 号园酒庄（圣海伦娜产区）

29 号园酒庄（Vineyard 29）由特蕾莎·诺顿（Theresa Norton）和汤姆·佩因（Tom Paine）在 1989 年创立。他们在葡萄栽培师大卫·阿伯（David Abreu）的指导下，用来自葛利斯家族酒庄（Grace Family）的扦插葡萄藤种出了自己的葡萄园。2000 年，查克·麦克明（Chuck McMinn）和安妮·麦克明（Anne McMinn）购买了这座位于春山山脚下的家族葡萄园，同时购入的还有北面几千米以外的阿伊达（Aida）葡萄园。如今，葡萄园事务仍由大卫·阿伯管理，酒窖则是酿酒顾问菲利普·梅尔卡（Philippe Melka）施展才华的地方。在他们的鼎力合作下，29 号园酒庄稳步发展，前景明朗。酒庄的得意之作有

29 号园赤霞珠葡萄酒（Vineyard 29 Cabernet Sauvignon）和阿伊达园独家特酿红葡萄酒（Aida Proprietary Red）和仙粉黛（Zinfandel）。★新秀酒庄

沃尔克·埃塞尔家族酒庄（智利谷产区）

沃尔克·埃塞尔家族酒庄（Volker Eisele Family Estate）是智利谷产区一家突出的酿酒商，由沃尔克（Volker）和莉泽尔·埃塞尔（Liesel Eisele）在多年前创立。酒庄采用纳帕谷东部智利谷崎岖地形上以有机方式种植的葡萄，酿酒师为埃塞尔夫妇之子亚历山大·埃塞尔（Alexander Eisele），他对赤霞珠葡萄颇有造诣。仅凭一己之力，埃塞尔酒庄证明了智利谷完全有能力酿造一流的葡萄酒。★新秀酒庄

冯斯特拉斯酒庄（钻石山产区）

在崎岖的钻石山上，冯斯特拉斯酒庄（Von Strasser）是领先的酿酒商之一。酒庄生产的葡萄酒主打清洌纯净，夹杂些微矿物质气息——这正是纳帕谷西北部山区与生俱来的风土特征。近年来，创始人鲁迪·冯·斯特拉斯（Rudy Von Strasser）精心打造了一系列佳酿，包括冯斯特拉斯酒庄钻石山赤霞珠红葡萄酒（Estate Diamond Mountain Cabernet Sauvignon）和多款单一园葡萄酒，如索里布瑞克单一园葡萄酒（Sori Bricco）、瑞宁单一园葡萄酒（Rainin）和波斯特单一园葡萄酒（Post）。酒庄主要面向东方消费者群体，出品的葡萄酒果味芳香浓郁，伴有清新的黑色和红色水果气味和矿物质气息。★新秀酒庄

白宫道酒庄（卢瑟福产区）

白宫道酒庄（Whitehall Lane Winery）是卢瑟福产区的一家中小型酿酒厂，主要生产品质尚可且价格合理的葡萄酒。其中酒庄的纳帕谷赤霞珠红葡萄酒（Napa Valley Cabernet Sauvignon）和纳帕谷珍藏赤霞珠葡萄酒（Reserve Napa Valley Cabernet Sauvignon）尤其具有经典的纳帕谷风格，果味充沛，还伴随着甘草、橄榄和矿物质的气息，对比纳帕谷其他酒款的夸张态度，相形之下倍显优雅。白宫道酒庄自 1993 年以来一直为莱昂纳迪尼（Leonardini）家族所有，品质不凡的白宫道莱昂纳迪尼园梅洛干红葡萄酒（Leonardini Vineyard Merlot）就源自家族自有葡萄园的果实。

翼峡谷酒庄（维德山产区）

1983 年，凯西（Kathy）和比尔·詹金斯（Bill Jenkins）夫妇买下了一个地势崎岖、占地面积为 65 公顷的牧场，由此建起了翼峡谷酒庄（Wing Canyon）。他们随后逐渐开垦了葡萄园，并建了一个小酒厂。1991 年，酒庄酿出了第一款葡萄酒。庄园种植的品种有赤霞珠、梅洛、品丽珠和霞多丽。酒庄酿制的一款赤霞珠葡萄酒非常出色，气味芬芳、格调优雅、结构优良，具备了维德山产区的多种特色。品丽珠葡萄酒只在特定的一些年份制作，经橡木桶轻微处理的霞多丽葡萄酒产量也有限，其矿物质气息浓郁，令人过口难忘。

纳帕谷的旅游业

纳帕谷的酒商们率先向渴望体验乡间庄园生活的游客们敞开了庄园的大门。如今，纳帕谷是加州最著名的旅游景点之一，每年的收入达数亿美元。除了数百个全日营业的公共品酒室，山谷里还有许多豪华的水疗度假村，如赫赫有名的米其林 1 星太阳山庄餐厅（Auberge du Soleil）和新开业的卡尼洛斯酒店（The Carneros Inn）。卡利斯托加（Calistoga）拥有许多温泉度假村，也是度假胜地索拉吉酒店（Solage）的所在地。

纳帕谷知名的餐馆也比比皆是。比如扬特维尔的法国洗衣房餐厅（The French Laundry）和让蒂小酒馆（Bistro Jeanty），圣海伦娜的大地餐厅（Terra）和塔文餐厅（Tra Vigne），以及纳帕的道客餐厅（La Toque）。山谷里还有 10 个公共和私人高尔夫球场，最负盛名的是西尔佛拉多度假胜地（Silverado Resort）和梅多伍德（Meadowood）。

另一个颇受欢迎的景点是达里尔·萨图伊（Daryl Sattui）最近在钻石山（Diamond Mountain）新开的阿莫罗索城堡（Castello di Amoroso），该景点是一座中世纪风格的庄园兼酿酒厂，装饰极尽奢华。

索诺玛和马林产区

在加州葡萄酒世界中，索诺玛（Sonoma）就像是站在班花身后那个戴着粗框眼镜的女孩，虽然美丽可爱，却羞于表达心声。当聚光灯牢牢地投射在纳帕身上时，很少有人能够留意到角落里的索诺玛。不过与纳帕这位著名的邻居相比，索诺玛虽然缺少激情，但它纯粹而丰富的灵魂足以弥补这一点。从阳光普照的干溪山谷到索诺玛海岸寒冷的海岸山脊，再到白垩山凉爽明亮的斜坡，略带乡村气息和嬉皮士色彩的索诺玛县拥有巨大的葡萄种植潜力。南部的马林县拥有一个规模不大却在不断壮大的葡萄园和酒厂，那里的人们一直在追寻更加极致的种植地点。

主要葡萄种类

🍇 **红葡萄**

赤霞珠

歌海娜

梅洛

黑皮诺

西拉

仙粉黛

🍇 **白葡萄**

霞多丽

长相思

维欧尼

年份

2009

若不是收获中期雨水增多，可算得上是一个近乎理想的年份。葡萄酒的品质很大程度上取决于葡萄采摘的时间。

2008

春天霜冻致命，随后热浪袭来。一分耕耘一分收获。

2007

大多数葡萄品种都是极好的，冬季降雨量少导致产量较小。

2006

清凉的泉水导致了品质各异。白葡萄和早熟的红葡萄表现都不错。

2005

对某些黑皮诺产区来说，寒冷潮湿的春天是一场灾难，产量降低，但质量很好。

2004

该年天气炎热，葡萄顺利地早收，葡萄酒风味极为浓郁。

和加州大多数葡萄酒产区一样，葡萄之所以能在索诺玛县和马林县生根发芽，都要归功于西班牙传教士，他们在定居之处种植葡萄，酿造所需的圣餐葡萄酒。然而，加州的商业化葡萄酒产业无疑始于索诺玛，源于一位名叫阿戈斯东·哈拉斯缇（Agoston Haraszthy）的匈牙利移民在 1855 年创建的维斯塔酒庄（Vista）。

由于面积较大且地理环境多样，索诺玛县更适合被拆分为多个小产区。森林茂密的沿海山脊、温暖的草原山谷、河床冲积平原和连绵起伏的山麓丘陵都是该地区的特色景观。在某种程度上，该地区之所以被划分成 13 个不同的产区，就是考虑到了微气候和潜在地质条件的差异。

尽管存在这种地理多样性，索诺玛的气候在很大程度上还是取决于一种现象——是否有雾。特别是在炎热的夏天，在山谷温暖气候作用下，凉爽的海洋空气涌进内陆，覆盖海岸，穿梭于海岸山脉之间的缝隙，最终沿着河谷蜿蜒而上，这使得索诺玛的温度比起邻县要低上几摄氏度。

这种"自然空调"的主风道是俄罗斯河，另外多亏拜纳姆酒庄（Davis Bynum）、鲁奇奥尼酒庄（Rochioli）和德黑林杰酒庄（Dehlinger）等酒业先驱，还有这里盛产的黑皮诺和霞多丽葡萄，才使得索诺玛的中央产区名声大噪。这些葡萄品种也扎根于其他一些地区，比如俯瞰太平洋的索诺玛海岸产区、索诺玛和纳帕交界的卡尼洛斯产区，以及索诺玛雾气最多的地方——俄罗斯河谷绿谷产区，此地的官方边界实际上就是根据雾气划定的。

以赤霞珠为代表的一些需要温暖生长环境的葡萄，在亚历山大河谷产区、骑士谷产区和索诺玛谷产区种植得非常成功。仙粉黛通常来自百年以上的珍贵葡萄藤，与歌海娜葡萄一起生长在干溪谷产区，而白垩山产区、索诺玛山产区和石堆产区（Rockpile AVAs）等一些更为陡峭的地区则更适合种植维欧尼（Viognier）和梅洛等葡萄。

其实，索诺玛的真正卖点是勃艮第风格葡萄酒，这多亏了像吉斯特勒酒庄、威廉斯乐姆酒庄（Williams-Selyem）和玛尔卡森酒庄（Marcassin）这样的资深生产商，他们向邮寄名单上的客户销售制作精美的霞多丽和黑皮诺，而客户也会毫不犹豫地支付他们所要求的任何费用。索诺玛的仙粉黛由希尔兹堡酒庄（Rafanelli）和利默里巷酒庄（Limerick Lane）等生产商出产，拥有同样狂热的追随者。几十年来，彼特麦克酒庄（Peter Michael）已经用"帕瓦特园"（Les Pavots）混酿葡萄酒证明，在天时地利人和的条件下，索诺玛产出的赤霞珠葡萄酒也可以展现出令人陶醉的深度。

虽然马林县在体量和规模上都难以与索诺玛相提并论，但此地区雾气更浓、气温也更低，已经悄然成为优质黑皮诺和雷司令葡萄产区。很显然，凭借着仅仅 71 公顷的葡萄园和区区几家当地的葡萄酒庄，马林跻身真正的葡萄酒产区尚需时日。然而，索诺玛地区的一些大酒庄已经开始在马林的葡萄园里酿造黑皮诺葡萄酒，这让马林的未来充满了无限可能。

橡子酒庄（俄罗斯河谷产区）

像许多加州早期的酿酒葡萄园一样，橡子酒庄（Acorn Winery）的阿兰戈里葡萄园（Alegria Vineyards）种植的葡萄多种多样。在采摘并碾碎后，葡萄被放在一起发酵。这种被称作"田间混酿"的酿造方法在今天已经不太常见了，这也是橡子酒庄的引人瞩目的一个亮点。比尔（Bill）和贝琪·纳奇波（Betsy Nachbaur）在希尔兹堡（Healdsburg）郊外经营着一家小型农场，这家农场不仅专注于田间混酿，还种植了一些该地区较为罕见的葡萄品种，比如多姿桃和巴贝拉。

奥多比路酒庄（索诺玛海岸产区）

起初，奥多比路酒庄（Adobe Road）只是凯文·巴克勒（Kevin Buckle）和黛布拉·巴克勒（Debra Buckler）的一个车库项目。最终在 1999 年，他们将葡萄酒爱好发展成了事业，这里也变成了他们的第一个商业酒庄。凯文在赛车生意上的成功为他提供了资金，现在这家酒庄用产自索诺玛和纳帕的葡萄酿制葡萄酒，品类繁多，产量适中。酒庄出产的黑皮诺桃红葡萄酒和干溪谷（Dry Creek Valley）赤霞珠红葡萄酒都值得一试。

安娜巴酒庄（索诺玛产区）

安娜巴酒庄最近推出的小产量精品葡萄酒引起了人们的注意。该系列名为"珊瑚（Coriol）"，包括一款白葡萄酒和一款红葡萄酒，属于罗讷河谷风格混酿酒，品质非常出众。作为古老城堡酿酒厂演变而来的新化身，安娜巴酒庄酿制第一瓶酒所用的葡萄收购自索诺玛的其他地区。目前酒庄的葡萄园已经经过了重新规划，并将在未来几年开始成为酒庄系列产品的重头戏。★新秀酒庄

安娜科塔酒庄/真理酒庄（骑士谷产区）

安娜科塔酒庄（Anakota）是杰克逊家族酒业（Jackson Family Estates）的杰西·杰克逊（Jess Jackson）和法国酿酒师皮埃尔·塞兰（Pierre Seillan）在索诺玛地区合作的 2 个酒庄之一，专注于酿造骑士谷产区的赤霞珠葡萄酒。酒庄生产的两款单一葡萄园葡萄酒来自海伦娜蒙塔娜（Helena Montana）和海伦娜达科塔（Helena Dakota）葡萄园。塞兰与杰克逊合作的另一个酒庄——真理酒庄（Verité）与安娜科塔酒庄共用一个酿酒厂，专注于采用索诺玛地区的山地葡萄酿造 3 个系列的波尔多风格混酿酒。这两个酒庄都采取不计成本的生产方式，而这正是索诺玛产区的一个缩影。说起酿造世界级的葡萄酒，索诺玛甚至可以与纳帕谷相媲美。★新秀酒庄

阿里斯塔酒庄（俄罗斯河谷产区）

作为俄罗斯河谷的新兴酒庄，阿里斯塔酒庄（Arista Vinery）很快就向世人证明自己是优质的黑皮诺葡萄酒生产商，所有葡萄酒都由酿酒师莱斯利·西斯内罗斯（Leslie Cisneros）精心酿制。因为酒庄的葡萄园才刚刚投产，所以目前酒庄的葡萄都收购自索

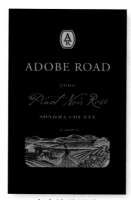

奥多比路酒庄
口感清爽，有蔓越莓和西瓜风味的干葡萄酒。

安娜科塔酒庄
凉爽的山坡出产结构紧实、气味浓郁的葡萄酒，带有鲜明的果香气息。

诺玛和安德森山谷的优质葡萄园。快来他们的托博尼葡萄园和费林顿葡萄园转一转吧，品一品他们的黑皮诺葡萄酒，不过琼瑶浆葡萄酒也不容错过，都可以在酒庄里买到，还可以顺道在他们精致的日式花园里怡情漫步。★新秀酒庄

艾洛德酒庄（索诺玛产区）

成立之初，艾洛德酒庄（Arrowood）只是一个附带项目，当时其创始人——首席酿酒师迪克·艾洛德（Dick Arrowood）正忙于给索诺玛的圣让酒庄（Chateau St Jean）提高知名度。多年来，艾洛德酒庄一直是索诺玛地区最知名的酒庄之一。

在鼎盛时期，酒庄最好的葡萄酒是霞多丽，现在的产品线已经增加了波尔多红葡萄酒和罗讷河谷风格红葡萄酒。2000 年被蒙大维（Mondavis）收购后，庄园几经易手，但迪克·艾洛德始终都在酒庄出任首席酿酒师。

奥德莎酒庄（索诺玛产区）

奥德莎酒庄位于马亚卡马斯山脉（Mayacamas Mountains）一侧，这里的梯田葡萄园美不胜收，酒庄主要专注于生产波尔多风格的红葡萄酒（某些年份他们也生产霞多丽）。该酒庄的名字结合了创始人丹·谢弗（Dan Schaefer）两个女儿的名字。

除了波尔多品种，酒厂还开始酿造仙粉黛，还有一种名为"火山灰（Tephra）"的混酿酒，虽然听上去有些难以置信，但这款酒确实融合了赤霞珠、梅洛、西拉和仙粉黛的风味。

奥特酒庄（俄罗斯河谷产区）

奥特酒庄（Auteur）是过去 10 年来市场上使人印象最为深刻的新兴葡萄酒品牌之一。酒庄主人兼酿酒师肯尼斯·尤哈斯（Kenneth Juhasz）并没有自己的葡萄园，他是从加州北部和俄勒冈州的顶级葡萄种植园收购黑皮诺和霞多丽葡萄，用来酿造浓郁而优雅的葡萄酒。酒庄在品质上呈现出浓浓的新世界风情，每一款葡萄酒都非常好，尤其值得品味的是索诺玛海岸产区的索诺玛阶段系列（Sonoma Stage）黑皮诺，以及门多西诺山脊产区的曼彻斯特山脊（Manchester Ridge）黑皮诺。★新秀酒庄

贝克莱恩酒庄（索诺玛海岸产区）

由连锁餐厅老板斯蒂芬·辛格（Stephen Singer）创办的贝克莱恩酒庄目前仍是一家知名度较低的小型酒庄，他们主要生产黑皮诺和西拉葡萄酒。酿酒所用的葡萄是从外地收购而来，也有一部分来自庄园在索诺玛海岸产区（Sonoma Coast AVA）塞巴斯托波（Sebastopol）外的可持续种植葡萄园。酒庄出产的葡萄酒体现了凉爽气候带来的独特影响和旧世界风情，洗尽了浮华，吸引着那些追求微妙品质的酒客。除了庄园瓶装酒，该酒厂的赫斯特葡萄园（Hurst Vineyard）生产的葡萄酒也很优秀。该酒庄生产总量只有 1.8 万瓶。★新秀酒庄

谢尔顿酒庄
该酒庄出产的仙粉黛葡萄酒充满浓郁的巧克力味和清新的黑莓酸味。

拜纳姆酒庄
俄罗斯河谷的温暖气候为葡萄带来成熟度和酸度之间完美的平衡。

贝拉酒庄（干溪谷产区）

在过去几年里，这座家族酒庄以美味的仙粉黛和西拉葡萄酒而闻名。斯科特·亚当斯（Scott Adam）和林恩·亚当斯（Lynn Adams）于1995年收购了这座庄园，随着专业知识的积累，他们一直在慢慢扩大自己在葡萄酒领域的投资。在酿酒师顾问迈克尔·达什（Michael Dashe）的帮助下，酿酒师乔·希利（Joe Healy）一直在酿造着高品质的葡萄酒。亚当斯的大河牧场葡萄园（Big River Ranch）已成为著名的高品质仙粉黛产地。

皮诺维亚酒庄（俄罗斯河谷产区）

皮诺维亚酒庄（Benovia Winery）专注于酿造加州凉爽气候地区的黑皮诺葡萄酒。这个成立于2005年的年轻酒庄却刚巧拥有一个秘密武器：酒庄主人乔·安德森（Joe Anderson）所拥有的科恩葡萄园（Cohn Vineyard）是俄罗斯河谷产区（Russian River Valley）最古老的黑皮诺葡萄种植园之一。该酒厂生产的黑皮诺葡萄酒及几款霞多丽和仙芬黛葡萄酒就出自这个葡萄园，其他酒款则来自俄罗斯河谷产区和索诺马海岸产区。

本齐格酒庄（索诺玛谷产区）

本齐格酒庄（Benziger Family）不易归类。他们的格伦艾伦（Glen Ellen）葡萄酒曾经一度风靡，在美国各地的杂货店随处可见。虽然格伦艾伦品牌已于1993年出售，但酒庄仍在生产大量葡萄酒销往全美。今天，本齐格酒庄已经做出了些许改变，专注于可持续发展。他们的赛奈特（Signaterra）、歌颂园（Tribute）和泰瑞园（de Coelo）系列葡萄酒都是手工酿制，产自索诺玛县最极端微气候条件下的生物动力葡萄园。

毕扬达酒庄（俄罗斯河谷产区）

虽然格雷格·毕扬达（Greg Bjornstad）独自经营着自己的同名酒厂，不过考虑到他丰厚的经验，能获得此番成功也就不难理解了。毕扬达最初从事种植业务，为花庄（Flowers）、纽顿（Newton）和约瑟夫菲尔普斯（Joseph Phelps）等顶级酿酒商管理葡萄园。1999年，他与格雷格·拉弗莱特（Greg LaFolette）成功创办了天德酒庄（Tandem Winery），然后于2005年创立了自己的毕扬达酒庄（Bjornstad Cellars）。酒庄出产几款出自索诺玛县的霞多丽和黑皮诺葡萄酒。★新秀酒庄

蓝岩酒庄（亚历山大河谷产区）

这家小型家族酒庄的名字来源于酒庄土地中大量的蓝绿色蛇纹石。多年来，蓝岩酒庄（Blue Rock）一直在生产少量的高品质红葡萄酒。店主肯尼·卡恩（Kenny Kahn）和酿酒师尼克·戈德施密特（Nick Goldschmidt）生产了约2.16万瓶赤霞珠和西拉葡萄酒。这家酒厂位于银橡木酒庄（Silver Oak）隔壁，还种植了一些马尔贝克葡萄。众所周知，这种葡萄就是专为酿酒而生。蓝岩酒庄酿造的西拉葡萄酒令人耳目一新，口

感紧致而带有一丝泥土气息，而其赤霞珠葡萄酒的风味则十分内敛。

巴克林酒庄（索诺玛谷产区）

巴克林酒庄（Bucklin's Old Hill Ranch）被公认为索诺玛县历史最悠久的葡萄园。酒庄仙粉黛的种植历史可以追溯到20世纪初。庄园现在由安妮（Anne）和奥托·特勒（Otto Teller）夫妇所有，自2000年起由他们的子女经营。巴克林酒庄采用老山牧场葡萄园出产的葡萄酿造了一种上好的有机种植仙粉黛葡萄酒，产品线还包括一种赤霞珠葡萄酒，以及采用从别的种植园收购的葡萄酿造的葡萄酒。每一款酒的质量都非常高，但最闪耀夺目的无疑还是老山仙粉黛（Old Hill Zinfandel）。

卡尔丽丝酒庄（俄罗斯河谷产区）

软件工程师出身的酿酒师麦克·奥菲瑟（Mike Officer）和他的卡尔丽丝酒庄（Carlisle Winery）再现了酿酒业的早期风貌，与如今的现代酿酒业有较大的差异。20世纪90年代中期，奥菲瑟开始在自己的车库里酿造仙粉黛葡萄酒，从此一生为酒痴迷。卡尔丽丝酒庄于1998年正式成立，现已发展成为一家非常成功的酒庄。奥菲瑟在2004年辞去了他的工作，与他的妻子兼酿酒师杰·马多克斯（Jay Maddox）一起专注于酿酒。卡尔丽丝酒庄以生产仙粉黛和一些罗讷河谷的红葡萄（比如小西拉）而闻名。

谢尔顿酒庄（俄罗斯河谷产区）

在由男性主导的加州葡萄酒行业，卡罗尔·谢尔顿（Carol Shelton）是早期的女性产业先驱之一。她在加州大学戴维斯分校（University of California, Davis）学习时偶然接触到了酿酒课程。

2000年，在做了19年酿酒师之后，她创立了自己的品牌，专注于酿造仙粉黛葡萄酒，而且很快便赢得了广泛的赞誉。谢尔顿酒庄每年生产约6万瓶葡萄酒，每一款仙粉黛都有一个充满创意的名字。

白垩山酒庄（白垩山产区）

白垩山酒庄（Chalk Hill Estate）以大面积种植霞多丽葡萄而闻名，其成功离不开创始人弗雷德里克·菲尔特（Frederick Furth）的大量努力和投资。1972年，他在飞机上第一次看到了这片土地。这个巨大的酒庄现在总面积超过567公顷，生产大量的葡萄酒，包括赤霞珠、梅洛、灰皮诺、长相思、霞多丽，以及最近推出的西拉葡萄酒。白垩山的顶级葡萄酒通常都很出色，就比如创始人区霞多丽（Founder's Block Chardonnay）和福思波尔多混酿葡萄酒（Furth Bordeaux Blend）就是其中的典范。酒庄十分适合游览，更是午后观光的好去处。

沙瑟尔酒庄（俄罗斯河谷产区）

在发现"Hunter"（亨特）这个名字已经被别的酒庄注册过之后，比尔·亨特（Bill Hunter）意识到法语名"Chasseur"

（沙瑟尔）听起来会更有品位。自 1994 年以来，亨特一直生产精妙美味的小批量单一葡萄园黑皮诺和霞多丽葡萄酒，并获得了越来越多的赞誉。在个人品牌和小规模运营模式下，沙瑟尔酒庄（Chasseur）的葡萄酒可能难以寻觅，却很容易俘获消费者的芳心。它们优雅稳重，工艺精良，品质始终如一。霞多丽葡萄酒让人联想到旧世界的风情，旗下的黑皮诺葡萄酒也非常出色，值得强烈推荐。

圣让酒庄（索诺玛产区）

圣让酒庄（Chateau St Jean）成立于 1973 年，是索诺玛的老牌酒庄。虽然酒庄现在的产品线规模非常大，但没什么特色。酒庄是酿造单一葡萄园葡萄酒的先驱，其以赤霞珠为基础的五重奏混酿葡萄酒（Cinq Cépages）赢得了极大赞誉。现在，作为福斯特集团旗下酒庄之一，圣让酒庄一直生产多款葡萄酒，其中就包括著名的五重奏混酿。酿酒师玛戈·范·斯塔维尔（Margo Van Staavere）已有 20 多年的酿酒经验。

蔻普酒庄（俄罗斯河谷产区）

1997 年，蔻普酒庄（Copain Winery）的联合创始人威尔斯·格思里（Wells Guthrie）辞去了《葡萄酒观察家》杂志的行政工作，到法国北部罗讷河谷（Rhône Valley）学习采摘葡萄。回到美国后，他立志要在加州酿制欧式风格的葡萄酒。在合伙人凯文·麦昆（Kevin McQuown）的帮助下，格思里已将蔻普酒庄发展为著名的精品酒庄，以生产兼具内敛与优雅的勃艮第和罗讷风格的葡萄酒而闻名。虽然酒庄只有一小片葡萄园，但大多数葡萄酒都是用非常优质的葡萄酿制而成。尤其值得一试的是帕索罗布尔斯产区出产的詹姆斯贝瑞葡萄园西拉葡萄酒（James Berry Vineyard Syrah）。

科尔达酒庄

20 世纪 80 年代末，汉克·科尔达（Hank Corda）和大卫·科尔达（David Corda）兄弟关闭了家族的奶牛场，转而种植了 20 公顷的葡萄。自 19 世纪末以来，科尔达家族一直在马林县（Marin County）从事各种务农工作，所以如今他们作为葡萄酒商能取得成功，也在意料之中。科尔达酒庄是马林县最大的酒庄，生产各种葡萄酒，比如赤霞珠、梅洛、西拉和黑皮诺，其中最好的是黑皮诺葡萄酒，尤其值得一试。

拜纳姆酒庄（俄罗斯河谷产区）

拜纳姆酒庄历史悠久，拥有着许多"第一"的名号。比如，它是第一家建立在俄罗斯河谷（Russian River Valley）中心——西区路（Westside Road）的酒庄。时至今日，美国一些顶级黑皮诺葡萄酒生产商都入驻了这条路。拜纳姆酒庄也是早在 1973 年就第一个在俄罗斯河谷生产单一葡萄园黑皮诺葡萄酒的酒庄。酒庄现在仍在生产优质的霞多丽和黑皮诺葡萄酒。2007 年，该酒厂的创始人戴维斯·拜纳姆（Davis Bynum）将酒厂卖给了克莱因（Klein）家族，但他还继续参与酒庄的管理工作。

迪尔菲酒庄（索诺玛谷产区）

行事低调的迪尔菲酒庄（Deerfield Ranch）酿酒所用的葡萄来自加州北部逾 15 个葡萄园，从桑娇维塞、仙粉黛到黑皮诺应有尽有。酿酒师兼酒庄掌门人罗伯特·雷克斯（Robert Rex）还出产自己的葡萄籽油。雷克斯酿造的最好的是黑皮诺和混酿红葡萄酒，尤其是产自历史悠久的科恩葡萄园的黑皮诺葡萄酒，以及价格适中的雷克斯红葡萄酒（Red Rex）。这款混酿酒巧夺天工，由赤霞珠、梅洛、西拉、小维多、桑娇维塞、赤霞珠和仙粉黛酿制而成。

德林格酒庄（俄罗斯河谷产区）

德林格酒庄（Dehlinger）是俄罗斯河谷历史最悠久的精品酒厂之一，多年来，酒庄生产的葡萄酒一直广受欢迎。1975 年，汤姆·德林格（Tom Dehlinger）创立了这家酒庄，当时人们普遍认为俄罗斯河谷的一些地区不宜种植葡萄。如今，这家酒庄拥有远超其规模的知名度。目前，该酒厂每年只生产约 8.4 万瓶葡萄酒，主要向餐厅和预订客户销售令人垂涎的黑皮诺、霞多丽和西拉葡萄酒。酒庄还生产一款赤霞珠葡萄酒和一款非常不错的桃红葡萄酒。

都楼酒庄（俄罗斯河谷产区）

1973 年，富有远见的旧金山退休消防员塞西尔·都楼（Cecil DeLoach）创立了都楼酒庄（DeLoach Vineyards）。酒庄早期规模较小，现已发展为索诺玛产区知名的葡萄酒品牌之一，生产规模庞大，销往全国各地。2003 年，在被法国葡萄酒巨头让·查尔斯·布瓦塞特（Jean Charles Boisset）收购后，酒庄出产的顶级葡萄酒质量显著提高。大多数 OFS（Our Finest Selection，意为"极品精选系列"）系列葡萄酒和单一葡萄园葡萄酒都是由采用生物动力、有机和可持续种植的葡萄园生产的葡萄精心酿制的。

德贝斯酒庄（俄罗斯河谷产区）

德贝斯酒庄（Derbès）是一个小酒厂，酿造的霞多丽和黑皮诺葡萄酒格外出色。酒庄主人兼酿酒师塞西尔·勒梅尔-德贝斯（Cécile Lemerle-Derbès）在法国长大，在搬到加州之前，她曾去往世界各地学习酿酒技术。在 2001 年创立自己的葡萄酒品牌之前，她曾在加州多家酒庄工作（比如作品一号酒庄）。现在，她用索诺玛产区最好的黑皮诺和霞多丽葡萄酿造小产量的精品葡萄酒。★新秀酒庄

干溪谷酒庄（干溪谷产区）

一些酒庄的历史至今已经十分悠久，但人们早期以当地地名命名酒庄时，考虑的更多的是实用性，而非品牌效应。毋庸置疑，自 1972 年由大卫·斯塔勒（David Stare）创立以来，家族经营的干溪谷酒庄（Dry Creek Vineyards）一直是干溪谷葡萄酒产业的标杆。干溪谷酒庄致力于生产出大量品质稳定的葡萄酒。酒庄出产的顶级葡萄酒，如比森牧场仙粉黛（Beeson Ranch

霞多丽天堂

达顿农场（Dutton Ranch）所拥有或租赁的葡萄园共计 346 公顷，是全加州最优质的霞多丽产区之一。自 1964 年起，农场由家族所有并进行耕种，延续了沃伦·达顿于 1881 年创立时的种植传统——当时他买下了家族在圣罗莎（Santa Rosa）外的第一个农场，面积有 81 公顷。在种植了半个世纪的果树和啤酒花之后，农场转而种植酿酒专用葡萄，他们的葡萄园已经生产出了一些美国最著名的霞多丽葡萄酒。选用达顿农场出产的葡萄来酿造单一葡萄园葡萄酒的酒庄名单读起来就像加州顶级酒庄的集合，比如吉斯特勒酒庄（Kistler）、凯恩酒庄（Cain）、沙瑟尔酒庄、帕兹酒庄和路易斯酒庄等。达顿家族最新一代成员包括史蒂夫·达顿（Steve Dutton）和乔·达顿（Joe Dutton）兄弟，他们都有自己的酒庄：达顿金地酒庄和达顿酒庄。

干溪谷酒庄
一款口感丰富有力的葡萄酒，
单宁柔顺，果香浓郁。

法拉利卡诺酒庄
一款经典的波尔多风格混酿酒，
历经十年的精心陈酿。

Zinfandel）和奋力赤霞珠（Endeavour Cabernet Sauvignon）葡萄酒的品质都非常高。

杜莫罗酒庄（俄罗斯河谷产区）

杜莫罗酒庄（DuMOL）的创始人克里·墨菲（Kerry Murphy）和迈克尔·维兰德（Michael Verlander）在俄罗斯河谷（Russian River Valley）的山脊和山坡上开辟了 10 公顷的生物动力农场，精心打造了这座如宝石般精致的酒庄，专注于生产风味独特的霞多丽和黑皮诺葡萄酒。酿酒师安迪·史密斯（Andy Smith）酿造的葡萄酒结构非常平衡，陈年到最佳状态时的口感堪称惊奇。为了与墨菲的家世保持一致，这些葡萄酒以简单的爱尔兰姓氏冠名。虽然以种植勃艮第葡萄品种闻名，但该酒庄也生产一两款西拉和一款维欧尼葡萄酒。所有的葡萄酒都只根据邮寄名单独家售卖。

杜纳酒庄（俄罗斯河谷产区）

杜纳酒庄（DuNah Estate）占地 18 公顷，位于俄罗斯河谷塞巴斯托波镇外。其中占地 4 公顷的可持续环保葡萄园是瑞克·杜那（Rick DuNah）和黛安·杜那（Diane DuNah）夫妇退休后梦想生活的地方，这里主要种植黑皮诺和霞多丽葡萄，由酿酒师格雷格·拉福莱特（Greg LaFolette）酿制，每年生产量不足 3.6 万瓶。除了庄园葡萄酒，杜纳酒庄还生产门多西诺（Mendocino）西拉-桑娇维塞混酿酒，以及一款上好的琼瑶浆干白葡萄酒。另外，酒庄还用索诺玛和索诺玛海岸（Sonoma Coast）产区其他葡萄园产出的葡萄酿制皮诺和霞多丽葡萄酒。

达顿酒庄（俄罗斯河谷绿谷产区）

位于格拉顿（Graton）小镇外的达顿牧场种植了近 445 公顷的酿酒专用葡萄，其中大部分销往加州的许多顶级酒庄。不过也有一些葡萄卖给达顿酒庄，在乔·达顿的监督下酿成葡萄酒。如今，乔和他的兄弟史蒂夫共同经营达顿农场。乔和酿酒师马特·古斯塔夫森（Mat Gustafson）酿造了许多款小批量葡萄酒。值得一试的有达顿棕榈霞多丽（Dutton Palms Chardonnay）及隔壁葡萄园的曼扎纳黑皮诺（Manzana Pinot Noir）——这两种葡萄酒都展现了绿谷产区（Green Valley AVA）雾气缭绕的风土特色。

达顿金地酒庄（俄罗斯河谷绿谷产区）

达顿金地酒庄（Dutton-Goldfield Winery）由葡萄园主史蒂夫·达顿和酿酒师丹·戈德菲尔德（Dan Goldfield）合伙经营，是达顿牧场（Dutton Ranch）所属的另一半地产。史蒂夫和他的兄弟乔共同拥有家族牧场，并使用家族葡萄园中的葡萄酿制小批量葡萄酒。酒庄的特色是庄园自产的霞多丽、黑皮诺和西拉葡萄酒，此外也会从索诺玛县的葡萄园收购葡萄用于酿酒。达顿牧场霞多丽葡萄酒（Dutton Ranch Chardonnay）口感平衡，风味经典，尤其值得品味。同样出色的还有桑基耶蒂葡萄园黑皮诺（Sanchietti Vineyard Pinot Noir）。

恩奇都酒庄（索诺玛谷产区）

20 世纪从 80 年代末到 90 年代初的近 10 年间，酿酒师兼酒庄掌门人菲利普·斯泰尔（Phillip Staehle）一直在卡蒙酒庄（Carmenet）担任酿酒师。恩奇都酒庄（Enkidu Winery）的名字来源于《吉尔伽美什史诗》(Epic of Gilgamesh) 中的一个人物，可以说该酒庄是菲利普追根寻源的一种尝试。恩奇都酒庄从索诺玛和纳帕附近的葡萄园收购葡萄，出产的葡萄酒产量较小却十分精致，主要通过抑制橡木来让果味突出。尤其不容错过的是汉拔混酿红葡萄酒（Humbaba），这款酒品质出众，价值非凡。★新秀酒庄

法拉利卡诺酒庄（干溪谷产区）

法拉利卡诺酒庄（Ferrari-Carano）是索诺玛干溪谷最著名的酒厂之一。该酒庄以美丽的花园而闻名，几乎是旅行中的必经之地。酒庄由唐·卡诺（Don Carano）于 1985 年创办，现在拥有两个独立的酿酒厂，面积超过 567 公顷。酒庄出产的最好的葡萄酒是浓郁而顺滑的璀璨（Trésor）系列波尔多风格混酿酒。值得特地寻觅一番的还有限量生产的黄金国度黑色麝香葡萄酒（Eldorado Noir），以及由赛美蓉和长相思葡萄混酿的黄金国度葡萄酒（Eldorado Gold）。

花庄（索诺玛海岸产区）

沃尔特·弗劳尔斯（Walt Flowers）和琼·弗劳尔斯（Joan Flowers）第一次来花庄（Flowers Winery）参观时，因为还没有修路，他们不得不徒步走进去。其实，当时也没有多少人看好在距索诺玛海岸这么远的地方种植葡萄。但弗劳尔斯夫妇的坚持造就了这座索诺玛海岸的标杆酒庄。自 1993 年以来，该酒庄一直使用大量的法国橡木来酿造优质、耐存的黑皮诺和霞多丽葡萄酒。一定要试试月亮之选（Moon Select）系列葡萄酒，这款酒产自花庄最好的葡萄园。

罗斯堡酒庄（索诺玛海岸产区）

罗斯堡酒庄（Fort Ross Vineyards）距离波涛汹涌的太平洋海岸约 1.6 千米。虽说其出产的黑皮诺葡萄酒就足以叫人难以忘怀，但真正让这个酒庄脱颖而出的还是其世界顶级的皮诺塔吉葡萄酒。酒庄主人莱斯特·施瓦茨（Lester Schwartz）和琳达·施瓦茨（Linda Schwartz）是在南非上大学时认识的，所以当他们决定创办一家酿酒厂时，就选择了南非这种黑皮诺和神索的杂交葡萄种，此外酒庄还种植了黑皮诺和霞多丽。酒庄所有的葡萄酒都值得强烈推荐。

科波拉酒庄（亚历山大河谷产区）

弗朗西斯·福特·科波拉（Francis Ford Coppola）这位大导演应该不用再介绍了吧？同时，科波拉还是一位资深葡萄酒爱好者，他在纳帕谷买下了历史悠久的炉边酒庄（Inglenook Estate），创立了一个非常成功的葡萄酒品牌。后来，科波拉葡萄酒帝国的版图不断扩大，又开辟出位于亚历山大河谷的同名

酒庄和纳帕的卢比孔酒庄。虽然庄园出产的酒款非常多，但宝石精选系列（Diamond Collection）还是凭借着稳定而精妙的品质脱颖而出，成为科波拉酒庄最好的葡萄酒。

自由人酒庄（索诺玛海岸产区）

肯·弗里曼（Ken Freeman）和阿基可·弗里曼（Akiko Freeman）分别是商界和学术界的成功人士，后来他们决定一同追求他们共同的爱好——黑皮诺葡萄酒。2001 年，他们买下了一家小酒庄，并从索诺玛县西部的小葡萄园收购葡萄，逐步将酒庄的产量提高到如今的 6.5 万瓶。

阿基可酿造的葡萄酒精致、稳重、耐存。特别值得品味的是良福霞多丽葡萄酒（Ryo-Fu Chardonnay）和阿基可黑皮诺特酿葡萄酒（Akiko's Cuvée Pinot Noir）。

该酒庄自己的葡萄园最近也开始投产。★新秀酒庄

自由石酒庄（索诺玛海岸产区）

葡萄酒商约瑟夫·菲尔普斯（Joseph Phelps）在纳帕创立的酿酒厂以出产波尔多风格葡萄酒而闻名。多年来他一直在物色合适的地方建立第二家专注于生产勃艮第风格的酒庄。1999 年，他在弗里斯通（Freestone）附近的索诺玛海岸产区开辟了 40 公顷的葡萄园，自由石酒庄（Freestone）由此诞生。菲尔普斯所有的葡萄园都采用生物动力种植法。2005 年，酒厂开始生产黑皮诺和霞多丽葡萄酒。到目前为止，酒庄生产的葡萄酒都十分出色，可谓前途无量。★新秀酒庄

弗里茨酒庄（干溪谷产区）

弗里茨酒庄（Fritz）的花园和建筑十分精美，哪怕不是为了品尝美酒也值得来此一游。这个地下酿酒厂在山坡上层层叠叠地种满了各种草药、野花和本地植物，酿造出的葡萄酒同样令人欣喜。

创始人杰伊·弗里茨（Jay Fritz）和芭芭拉·弗里茨（Barbara Fritz），还有他们的儿子克莱顿（Clayton）和酿酒师布拉德·朗顿（Brad Longton）共同酿造了世界顶级的仙粉黛及干溪谷最好的赤霞珠葡萄酒之一。喜好甜食的酒客们一定要尝尝他们新近出产的仙粉黛葡萄酒。

弗洛斯沃酒庄（贝内特谷产区）

律师布雷特·雷文（Brett Raven）在索诺玛的贝内特谷（Bennett Valley）收购了葡萄园并创立了弗洛斯沃酒庄（Frostwatch Vineyard），如今酒庄大放异彩，远远超出了他的预期。1995 年，雷文放弃律师事务所的工作，随后便一头扎进了"葡萄酒桶"里，白天在酒窖里工作，晚上去上酿酒课。在几家酒庄积累了足够的工作经验后，雷文最近开始自己酿酒。现在他将全部精力集中在弗洛斯沃酒庄，在那里酿制一系列葡萄酒，比如特别出色的梅洛和霞多丽葡萄酒。★新秀酒庄

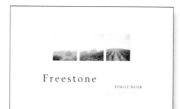

自由石酒庄
凉爽的生长期和夏季的
雾气带来了鲜明的矿物质气息。

自由人酒庄
"Ryo-fu"在日语中的意思是"冷风"，
在这款酒中则意味着美味。

嘉露家族酒庄（干溪谷产区）

嘉露家族酒庄（Gallo Family Vineyards）是北美目前最成功的葡萄酒品牌之一，该家族是加州的两个酿酒王朝之一（另一个是纳帕的蒙大维家族）。酒庄现在由创始人欧内斯特和胡里奥的两个孙子吉娜·嘉露（Gina Gallo）和马特·嘉露（Matt Gallo）经营。该酒厂持续生产大量葡萄酒，销往世界各地。值得品味的有酒庄出产的单一葡萄园和庄园葡萄酒，尤其值得一提的当属赤霞珠葡萄酒，该酒结构紧致，风味醇厚。

甘芭酒庄（俄罗斯河谷产区）

1947 年，奥古斯丁·甘芭（Augustino Gamba）在俄罗斯河谷买下这块土地，之后其家族便一直在这里种植葡萄。1999 年，小奥古斯丁诺（Augustino Jr.）和他的妻子创立了甘芭葡萄酒品牌，在家族的有机旱作（不灌溉）葡萄园中酿造少量的仙粉黛和赤霞珠葡萄酒。甘芭仙粉黛葡萄酒代表了俄罗斯河谷乃至整个索诺玛地区仙粉黛葡萄酒的最高水平，能够风靡世界实属情理之中。

法雷尔酒庄（俄罗斯河谷产区）

曾几何时，加里·法雷尔（Gary Farrell）遥望着西区路（Westside Road）山脊上的葡萄园缓缓出神，暗自勾勒出一片事业蓝图。法雷尔于 1978 年开始他的酿酒生涯，在该地区的一些先驱酒庄里工作，并最终得以与这些酒庄为邻，建立了自己的酒庄。1982 年，他创立了自己的品牌。2000 年，他建立了自己的酿酒厂和品酒室。法雷尔酒庄现任酿酒师苏珊·里德（Susan Reed）专注于酿造黑皮诺葡萄酒，至今热情不减。

邦德舒酒庄（索诺玛谷产区）

在加州，极少数家族葡萄酒庄能拥有百年的历史，邦德舒酒庄（Gundlach Bundschu）就是其中之一。1858 年由巴伐利亚移民雅各布·冈拉克（Jacob Gundlach）建立的莱茵农场葡萄园（Rhinefarm）在禁酒令颁布之前一直生产著名的葡萄酒。该家族于 1938 年重建庄园，直到 1970 年重新开张才开始对外出售葡萄。经过多年的发展，酒庄现在只使用庄园种植的葡萄酿制葡萄酒，品质逐渐提升。酒庄最近几年出产的黑皮诺葡萄酒（产量低，手工采收，在法国橡木桶中陈酿）品质十分出色。

哈勒克酒庄（俄罗斯河谷产区）

市场总监罗斯·哈勒克（Ross Halleck）和他的妻子詹妮弗（Jennifer）在他们的房子后面种植了 0.4 公顷的葡萄，并用这些葡萄酿制少量的顶级黑皮诺葡萄酒。酒庄还从索诺玛县周边地区收购葡萄。酿酒师里克·戴维斯（Rick Davis）和顾问格雷格·拉福莱特（Greg LaFollette）负责控制酒庄的年产量。这个后院酒庄的收益全部用来供哈勒克的 3 个儿子上大学。该酒庄的顶级瓶装酒"三子"（Three Sons）系列品质非凡。★新秀酒庄

赫西酒庄
仅发售给邮寄名单上的客户，
总量仅有 6 桶。

汉纳酒庄（俄罗斯河谷产区）

埃利亚斯·汉纳（Elias Hanna）医生可以证明，但凡喜欢家庭酿酒的人必然会买葡萄园。这位出生于叙利亚的心脏外科医生于 1970 年在俄罗斯河谷买下了 5 公顷的土地，和他的孩子们一起饶有兴趣地研究家庭酿酒，从此一发不可收拾。如今，汉纳酒庄（Hanna Winery）拥有 245 公顷的土地，在俄罗斯河谷、亚历山大河谷和索诺玛河谷也拥有 100 公顷的葡萄园。该酒庄主要生产波尔多风格的葡萄酒，最出色的莫过于俾斯麦山赤霞珠葡萄酒（Bismark Mountain Cabernet Sauvignon）和俄罗斯河谷长相思葡萄酒（Russian River Valley Sauvignon Blanc）。

汉歇尔酒庄（索诺玛谷产区）

凭借着匠心传承和绝佳酒质，汉歇尔酒庄（Hanzell Vineyards）在加州资深黑皮诺葡萄酒鉴赏家口中获得了崇高的赞誉，哪怕只是买个一两瓶酒也需要付出漫长的等待和高昂的费用。酒庄的葡萄园种植于 1953 年，是北美最古老的黑皮诺葡萄园，单瓶的皮诺葡萄酒只卖给预订客户。该酒厂还生产一系列霞多丽葡萄酒，比如较为容易买到的瑟贝勒葡萄酒（Sebella），但受欢迎程度也挺高。过去几十年间，酒庄所有的葡萄酒都由酿酒师鲍勃·塞辛斯（Bob Sessions）酿制［迈克尔·麦克尼尔（Michael McNeil）最近接替了他的位置］。如今这些葡萄酒经过了几十年的窖藏，已经完成了华丽的蜕变。

哈特福德家族酒庄（俄罗斯河谷绿谷产区）

哈特福德家族酒庄（Hartford Family Winery）坐落在山坡上，俯瞰连绵起伏的葡萄园和森林覆盖的山谷，距离俄罗斯河（Russian River）只有一箭之遥。作为杰西·杰克逊庞大的葡萄酒帝国的一部分，该酒厂于 1994 年成立时名为哈特福德庄园（Hartford Court），最初专注于生产俄罗斯河谷黑皮诺和仙粉黛葡萄酒，随后又推出了霞多丽葡萄酒，3 款酒都有非常出色的表现。不容错过的酒款有创新园仙粉黛（Highwire Zinfandel）、海景园霞多丽（Seascape Chardonnay）和维尔维特姐妹黑皮诺（Velvet Sisters Pinot Noir）。

赫西酒庄（索诺玛海岸产区）

1980 年，大卫·赫西（David Hirsch）在索诺玛海岸建立了第一个黑皮诺葡萄园。赫西酒庄（Hirsch Vineyards）的发展代表了加州葡萄酒行业一种日益普遍的现象。多年来，酒庄的葡萄一直对外销售。该酒庄更是出产了加州历史上最具代表性的黑皮诺葡萄酒。在其他知名葡萄种植者的带领下，赫西家族在 2002 年创建了自己的酒庄，现在生产的黑皮诺和霞多丽葡萄酒十分出色。很显然，这是一个值得关注的酒庄。★新秀酒庄

霍尔德里奇酒庄（俄罗斯河谷产区）

约翰·霍尔德里奇（John Holdredge）白天从事律师工作，晚上则钻研酿酒。出于对葡萄酒的好奇和热情，他从 2001

年开始酿酒。从那以后，酒庄慢慢发展，目前年产量大约达到了 2.4 万瓶，其中大部分是俄罗斯河谷黑皮诺葡萄酒，也有一些西拉葡萄酒。霍尔德里奇酒庄的黑皮诺葡萄酒酿制精细，结构优美，价格也很公道。酒庄在希尔兹堡（Healdsburg）市中心的广场设有一个品酒室。★新秀酒庄

胡克莱德酒庄（俄罗斯河谷产区）

在以非常高昂的价格售出加利福尼亚州历史上最成功的葡萄酒品牌之后，都兰（DeLoach）家族并未为此而沾沾自喜，止步不前。很显然，酿酒世家自有其传承的风采。新品牌胡克莱德（Hook & Ladder）是为了纪念塞西尔·德·劳奇（Cecil Deloach）的消防员生涯，该品牌以家族 152 公顷的葡萄园为依托，酿造质量上乘而又物超所值的葡萄酒。该酒庄的蒂尔曼混酿白葡萄酒（The Tillerman）尤为出色，口感非常清爽。

HK 酒庄（俄罗斯河谷产区）

HK 酒庄（Hop Kiln Winery）是希尔兹堡以南韦斯特赛德路（Westside Road）上一栋历史悠久的建筑，该建筑是美国保存最好的啤酒花窑之一，也是酒庄名称的来源。这座古窑现在改建为了品酒室，其可爱的建筑设计非常值得一观。该酒庄建于 1976 年，以其物超所值的混酿白葡萄酒和红葡萄酒而闻名。最近，该酒庄开始以新品牌 HKG 酿造超优质的黑皮诺葡萄酒。

意象酒庄（索诺玛谷产区）

意象酒庄（Imagery Estate）隶属于本齐格（Benziger）家族，最初仅是乔·本齐格的一项实验项目，用于尝试使用一些不太常见的葡萄品种来酿造葡萄酒。与本地艺术家鲍勃·纽金特（Bob Nugent）在高尔夫球场（两人共同阻止了一次斗殴事件）相识后，本齐格聘请纽金特为其第一个品牌创作了商标。多年后，意象酒庄的每瓶酒仍在使用纽金特创作的专属艺术品酒标。酒庄的葡萄园采用生物动力法种植，出产优质的长相思和赤霞珠等葡萄品种。

茵曼酒庄（俄罗斯河谷产区）

英国人西蒙·茵曼（Simon Inman）大学假期在夜圣乔治（Nuits-St-George）的酒窖工作时迷上了勃艮第葡萄酒。其后，他又在度假时与妻子凯瑟琳在加利福尼亚州的一个品酒室邂逅，与葡萄酒的不解之缘，使夫妇二人为了追求酿酒的梦想搬到了俄罗斯河。自 2000 年以来，茵曼夫妇的奥利韦格兰奇庄园（Olivet Grange Vineyard）一直运用有机农耕作业小批量地种植黑皮诺（Pinot Noir）和灰皮诺（Pinot Gris）葡萄，部分用于自己品牌葡萄酒的酿造，部分销售给其他酒庄。

铁马酒庄（俄罗斯河谷绿谷产区）

1970 年，巴里·斯特林（Barry Sterling）和奥黛丽·斯特林（Audrey Sterling）夫妇在索诺玛县西部购买了 46 公顷的土地，当时该州的顶级葡萄栽培学家曾认为他们在该县雾霭最

铁马酒庄
经典的黑皮诺和霞多丽葡萄酒，
经过 4 年陈酿后，口感变得更加复杂。

严重的地区种植霞多丽和黑皮诺葡萄的想法是十分疯狂的。但夫妇二人曾经去过勃艮第，这段经历让他俩笃定自己的想法值得一试。如今，铁马酒庄已经成为美国最知名、最有威望的家庭酒庄之一。该酒庄盛产全加州顶级的起泡酒，该酒经常在白宫宴会上招待宾客。此外该酒庄生产的静止葡萄酒也在近些年取得了长足的进步。

J 酒庄（俄罗斯河谷产区）

J 酒庄（J Vineyards）从俄罗斯河废弃的派珀索诺玛酒窖（Piper-Sonoma Cellars）起步，成长为了加利福尼亚州最新一代起泡酒生产商的杰出代表。J 酒庄由索诺玛县亚历山大河谷产区著名的乔丹酒庄（Jordan Vineyard）创始人的女儿简·乔丹（Jane Jordan）创立，以酿造静止葡萄酒和起泡酒而著称，酿造的葡萄酒均采用该酒庄无标贴的现代包装（商标雕在酒瓶上）。该酒庄投入了大量精力和成本的晚除渣起泡酒（意味着该酒拥有更长的陈年期）尤为出色。

杰姆罗斯酒庄（索诺玛谷产区）

作为贝内特谷产区（Bennett Valley）的新成员，很少有酒庄可以像杰姆罗斯酒庄（Jemrose）一样能在第二批葡萄酒上市的年份就有如此豪华的酒款阵容。因为很少有酒庄在聘请科斯塔布朗酒庄（Kosta Browne）的迈克尔·布朗（Michael Browne）担任酿酒师的同时，还聘请了格雷格·毕扬达担任葡萄栽培者。杰姆罗斯酒庄是营销主管詹姆斯·麦克（James Mack）梦想的退休生活，他在贝内特谷产区购买了 8 公顷的山坡葡萄园。他与业务伙伴基思·贾菲（Keith Jaffee）一起创办这家小型酒庄，潜心开发罗讷河谷的葡萄品种，酿制的葡萄酒年产量为 1.8 万瓶。该酒庄的朦胧山庄园歌海娜（Foggy Hill Grenache）和卡迪亚克山西拉（Cardiac Hill Syrah）葡萄酒都十分出色，旗下的西拉和梅洛混酿格洛里亚宝石（Gloria's Gem）也毫不逊色。★新秀酒庄

乔丹酒庄（亚历山大河谷产区）

在索诺玛县，很少有酒庄可以像乔丹酒庄一样能成为赤霞珠的代名词。汤姆·乔丹（Tom Jordan）于 1972 年创立了乔丹酒庄（Jordan Vineyards），大名鼎鼎的纳帕酿酒师安德烈·切列舍夫酿造了该酒庄的第一批葡萄酒。该酒庄每年生产一批赤霞珠和霞多丽单一品种葡萄酒，并始终保持稳定的品质。相较于酒庄的高产量，始终如一的品质难能可贵。乔丹酒庄葡萄酒销路极广，是全国各地酒单上的热门选择，因此成了索诺玛县最知名的品牌之一。

约瑟夫·斯旺酒庄（俄罗斯河谷产区）

在结束多年飞行员的职业生涯后，约瑟夫·斯旺（Joseph Swan）认为种植一片葡萄园酿造葡萄酒是最理想的退休生活。1967 年，他在福里斯特维尔（Forestville）附近购买了一个小型葡萄园，种植霞多丽和黑皮诺。在等待种植的葡萄成熟的同时，他开始采购葡萄酿造仙粉黛葡萄酒，该酒几乎一面市就好评如潮。如今，该酒庄以生产质朴的仙粉黛和黑皮诺葡萄酒而闻名。旗下的黑皮诺干红葡萄酒是索诺玛县价值最高的黑皮诺葡萄酒之一。

卡琳酒庄（马林产区）

卡琳酒庄（Kalin Cellars）的酿酒师——特里·莱顿（Terry Leighton）是加利福尼亚州最独特的酿酒师之一。在他看来，相较于其他元素，时间在酿酒过程中发挥着非常重要的作用。这也是为何卡琳酒庄当前在售的任何给定年份葡萄酒的陈年期都会比美国近乎所有其他酒庄的同类产品要长上 12 到 16 年之久。酒庄最新推出的酒款是 1994 年风格独特的索诺玛霞多丽，该酒使用半新的法国橡木桶发酵 10 个月后，于 1995 年装瓶。这是旧世界酿酒技术的登峰造极之作：红葡萄酒无须进行澄清和过滤，酒体蕴含大量氧气，口感尤为迷人。

克门酒庄（索诺玛谷产区）

克门酒庄（Kamen Estate）的葡萄园位于马亚卡玛斯山区（Mayacamas Mountains）的岩石山坡上，酒庄几乎全部心血都放在赤霞珠上了。好莱坞编剧罗伯特·卡门（Robert Kamen）在 1980 年购买了 113 公顷的"三无"原始荒坡（无路、无水、无电），并在此创建了克门酒庄。该酒庄主打产品包括一款赤霞珠和一款西拉葡萄酒，还有一款桃红葡萄酒及一款被称为克什米尔特酿（Kashmir Cuvée）的珍藏瓶装赤霞珠葡萄酒。该葡萄园采用生物动力法种植，有些坡度较大的区域则采用手工种植。该酒庄的葡萄酒普遍高端大气，醇厚浓郁。

堪乐酒庄（俄罗斯河谷产区）

在葡萄酒之乡购买土地可不是闹着玩的，一不小心，你就会拥有一座酿酒厂。史蒂夫·堪乐（Steve Kanzler）与妻子琳达·堪乐（Lynda Kanzler）购买了 5 公顷土地来建别墅，但在他们考虑种植什么东西好时，所有人都给出了一样的回答：黑皮诺。2004 年，他们在朋友兼酿酒师格雷格·斯塔奇（Greg Stach）的帮助下开始酿造自己的葡萄酒。他们的黑皮诺葡萄酒广受欢迎，但仅销售给邮件预订的客户。索诺玛海岸黑皮诺葡萄酒（Sonoma Coast Pinot Noir）需在 30% 新的法国橡木桶中发酵 15 个月，而珍藏级皮诺葡萄酒（Reserve Pinot）则要在全新的法国橡木桶中发酵 15 个月。★新秀酒庄

凯勒酒庄（索诺玛海岸产区）

凯勒酒庄（Keller Estate）是索诺玛海岸产区（美国法定酿酒葡萄栽培区）最南端的酒庄，位于著名的佩特卢马峡（Peta-luma Gap）的一座小山旁。该峡谷西接太平洋，南至圣巴勃罗湾，常有雾气弥漫。凯勒家族于 2001 年创建了此酒庄，经过数年的葡萄种植尝试，凯勒酒庄便以克鲁兹葡萄园（La Cruz）生产的质优价美的葡萄酒而闻名于世，其中黑皮诺、霞多丽和西拉葡萄酒最负盛名。品质卓越的埃尔克罗黑皮诺葡萄酒（El

詹姆斯·泽尔巴赫

1953 年，远见卓识的詹姆斯·泽尔巴赫（James D Zellerbach）创建了汉歇尔酒庄（Hanzell Vineyards），立志生产可与勃艮第媲美的顶级葡萄酒，该酒庄被公认为是美国最古老的黑皮诺葡萄园。泽尔巴赫是一位富有的企业家，后来又担任了美国驻意大利大使。在酿酒师拉尔夫·韦伯（Ralph Webb）的帮助下，泽尔巴赫改变了加州的酿酒技术。他们率先使用温控不锈钢发酵罐，在小型法国橡木桶中陈酿，使用惰性气体来减少氧化，并在桶中刻意诱导苹乳发酵。不过泽尔巴赫最宝贵的遗产仍然是汉歇尔酒庄，现在占地面积 17 公顷，一直生产品质极佳的葡萄酒。

肯德－杰克逊酒庄

这款来自高地庄园品牌的葡萄酒从产品线中脱颖而出。

金舞酒庄

这款酒带有辛辣的深色浆果味道，口感平衡，价值不菲。

Coro Pinot Noir）是该酒庄的顶级酒款。★新秀酒庄

肯德-杰克逊酒庄（俄罗斯河谷产区）

肯德－杰克逊酒庄（Kendall Jackson Wine Estates）由律师杰斯·杰克逊（Jess Jackson）于1982年创建，现已经成为美国历史上最成功的葡萄酒品牌之一，同时也是全美排名第十的葡萄酒生产商。酒庄旗下的杰克逊系列葡萄酒还包括很多其他的独立葡萄酒品牌，这些品牌下大部分葡萄酒的酒质都优于以"肯德-杰克逊"冠名的葡萄酒。高地园（Highland Estates）品牌下限量酿造的葡萄酒系列品质上乘，值得品鉴。特别是骑士谷产区（Knights Valley）的迹岭赤霞珠干红葡萄酒（Trace Ridge Cabernet Sauvignon）和南端的卡米洛特霞多丽干白葡萄酒（Camelot Highlands Chardonnay），不容错过。

肯德里克酒庄（马林产区）

肯德里克酒庄（Kendric）是一家单人运营的酒庄，酒庄名字即蕴含着酒庄主人斯图尔特·约翰逊（Stewart Johnson）的经营理念，也是其劳动结晶。不管是种植葡萄园、采摘葡萄（会有些许的帮助）还是酿造葡萄酒，约翰逊总是亲力亲为。该酒庄以约翰逊父亲的名字命名，选用诺瓦托（Novato）北部葡萄园出产的葡萄酿造黑皮诺葡萄酒，选用谢南多厄河谷（Shenendoah Valley）牧场（约翰逊母亲所有）种植的葡萄酿造西拉葡萄酒。这两款酒品质上乘，是马林产区较受欢迎的黑皮诺葡萄酒。★新秀酒庄

金舞酒庄（索诺玛谷产区）

金舞酒庄（Kenwood Vineyards）的一些酿酒厂已经有多年历史，产酒量超过360万瓶，出产的葡萄酒已经远远超出了质量标准。如果你仅品尝金舞酒庄的入门级葡萄酒，很可能会失望。实际上，金舞酒庄一直致力于酿造一款卓越的顶级葡萄酒——艺术家系列赤霞珠（Artist Series Cabernet Sauvignon），这款酒每年的标签都是一位世界著名艺术家的作品。酒庄旗下有一款杰克伦敦葡萄园（Jack London Vineyard）出产的顶级酒款，品质上乘。该酒庄是科贝尔（Korbel）公司旗下的产业。

凯查姆酒庄（俄罗斯河谷产区）

马克·凯查姆（Mark Ketcham）和史蒂夫·瑞吉西奇（Steve Rigisich）在出售了各自的科技公司后步入了退休生活，他们开玩笑说拥有一个酒厂是两人在某个夜晚喝得酩酊大醉后做出的决定。凯查姆购买俄罗斯河谷产区6.5公顷的葡萄园时大概是清醒的，该园的葡萄是凯查姆酒庄（Ketcham Estate）2款黑皮诺葡萄酒的重要原料。该酒庄还有少量通过采购葡萄酿造的维欧尼，该酒款由科斯塔布朗酒庄（Kosta Browne Winery）的迈克尔·布朗（Michael Browne）酿造，仅销售给邮件预约的客户。

吉斯特勒酒庄（俄罗斯河谷产区）

没有哪家的加州霞多丽可以在知名度或受欢迎程度上与吉斯特勒酒庄（Kistler Vineyards）媲美。该酒庄自1978年成立以来，一直致力于霞多丽膜拜酒的酿造。索诺玛海岸产区的杜雷园（Durrell Vineyard）和卡尼洛斯产区的哈德森园（Hudson Vineyard）都是酒庄的葡萄采购来源。该酒庄也是家族运营，史蒂夫·吉斯特勒（Steve Kistler）在朋友马克·比克斯勒（Mark Bixler）的辅佐下酿造葡萄酒。酒庄还有2款备受推崇的黑皮诺葡萄酒，同霞多丽一样，也仅对邮件预订客户进行销售。

科科莫酒庄（干溪谷产区）

酒庄一般都会培养酿酒师。对于在大大小小酒庄工作的酿造师来说，能在收获的季节抓住机会，利用合适设备并获得酒庄主人首肯按照自身意愿酿造葡萄酒的机会并不少见。有时，这些小项目往往是跻身成功酒庄的第一步，科科莫酒庄就是如此崛起的。2004年，酿酒师和酒庄主人埃里克·米勒（Erik Miller）推出了该酒庄的第一款葡萄酒，而仅在5年后，他便打响了自己的葡萄酒品牌。该酒庄的仙粉黛（Zinfandels）和歌海娜桃红葡萄酒（Grenache Rosé）是不能错过的佳酿。★新秀酒庄

科斯塔布朗酒庄（俄罗斯河谷产区）

很少有酒庄会像这家酿造黑皮诺葡萄酒的小酒庄一样声名鹊起。虽然酒庄仅推出了5款不同年份的葡萄酒，但创始人丹·科斯塔（Dan Kosta）和迈克尔·布朗（Michael Browne）在近期还是以高价售出了该酒庄51%的股份。高达数百万美元的市场估值，部分要归功于该酒庄在《葡萄酒观察家》上的得分——96分。其他酒评家不喜欢他们对葡萄酒高端大气、醇厚浓郁的介绍。总而言之，该酒庄的酒都是不易购得的佳酿。科斯塔布朗酒庄（Kosta Browne）不针对零售店销售，而是主要销售给各类餐厅和通过酒庄邮件预订的私人客户。★新秀酒庄

利默里巷酒庄（俄罗斯河谷产区）

利默里巷酒庄（Limerick Lane）占地12公顷，以酒庄大门前的街道名称命名，自从酒庄主人决定不再售出全部葡萄，留存部分用于自酿葡萄酒后，酒庄便一直致力于酿造顶级品质的仙粉黛。1993年，酒庄主人迈克尔·柯林斯（Michael Collins）在这片土地上建起了酒庄。1997年，罗斯·巴特斯比（Ross Battersby）作为酿酒师加入了该酒庄，多年来一直为该酒庄酿造各类葡萄酒。口感丰富的柯林斯园仙粉黛（Collins Vineyard Zinfandel）是不容错过的佳酿，此外物超所值的柯林斯园珍藏葡萄酒（Collins Estate Reserve Wine，由50%的赤霞珠、25%的仙粉黛和25%的西拉混酿而成）也非常值得一试。

利托雷酒庄（俄罗斯河谷产区）

利托雷酒庄（Littorai）的主人是第一位被勃艮第酒庄聘请为酿酒师的美国人。在酿造黑皮诺葡萄酒方面，泰德·莱蒙（Ted Lemon）拥有他人难以望其项背的纪录。在勃艮第接受相关培训，并在多个酒庄积累了丰富的工作经验后，他于1993

年回美国创建了利托雷酒庄。自产葡萄酿造的霞多丽和黑皮诺葡萄酒，以及由采购自索诺玛县和门多西诺县其他顶级葡萄园的葡萄酿造的酒款都获得很好的反响。霞多丽在橡木桶使用方面十分谨慎，酸度较高，而黑皮诺则呈现出十分漂亮的酒体。

长板酒庄（俄罗斯河谷产区）

长板酒庄（Longboard）的主人奥德·沙克迪（Oded Shakked）认为冲浪和葡萄酒有很多相似之处，两者都是平衡和激情的完美结合。沙克迪出生于以色列，在短暂地从事过冲浪板制造商（那时他经常泡在沙滩上打发时间）之后，他在加利福尼亚大学戴维斯分校接受了酿酒师培训，并在波尔多和纳帕从事采摘工作，后来定居索诺玛县开始了他的酒庄经营生涯。长板酒庄第一款酒的年份是 1988 年，自第一次收获以来，沙克迪一直在摸索多种葡萄酒的酿造工艺，现已推出了大约 12 款酒，其中西拉葡萄酒最为出色。

林恩玛尔酒庄（俄罗斯河谷产区）

1980 年，林恩·弗里茨（Lynn Fritz）买下了鹌鹑山园（Quail Hill Vineyard），并于同年创建了林恩玛尔酿酒厂（Lynmar Winery）。在他买下该园之前，俄罗斯河谷产区的鹌鹑山园在酿造霞多丽和黑皮诺葡萄酒方面已拥有至少 10 年经验了。林恩玛尔酒庄（Lynmar Estate）酿造的第一款酒的年份是 1994 年，多年来酿酒厂的运营一直都很稳定，直到最近，在酿酒师休·查佩尔（Hugh Chappelle，前花庄酿造师）和酿酒顾问保罗·霍布斯（Paul Hobbs）的指导下，该酒庄葡萄酒的品质得到提升。酒庄旗下的鹌鹑山园黑皮诺和霞多丽都是很出色的葡萄酒。

曼特拉酒庄（干溪谷产区）

库梅丽（Kuimelis）家族四十多年一直在从事葡萄种植。麦克·库梅丽（Mike Kuimelis）和洛琳·库梅丽（Lorene Kuimelis）夫妇很满足于在索诺玛县种植葡萄的生活，并想在退休后继续这种生活，但是他们的儿子小麦克却有其他打算。2000 年，他创办了曼特拉酒庄（Mantra Winery），并在车库中用木桶酿造了数百箱赤霞珠。现在，曼特拉酒庄利用干溪谷产区的共享设备酿造了数千箱葡萄酒，成为一家酿造优质葡萄酒的正规商业企业。酒庄的赤霞珠和波尔多混酿尤为出色，亚历山大河谷的仙粉黛也是值得关注的佳酿。★新秀酒庄

玛尔卡森酒庄（俄罗斯河谷产区）

海伦·特利（Helen Turley）是加利福尼亚州负有盛名的酿酒顾问之一。特利酿造了多款索诺玛县和纳帕的知名葡萄酒，并以此扬名，她与丈夫约翰·韦特劳弗（John Wetlaufer）一起创建了这个小型的个人酒庄——玛尔卡森酒庄（Marcassin）。位于索诺玛海岸产区的玛尔卡森葡萄园占地 4 公顷，种植了黑皮诺和霞多丽，该酒庄的葡萄酒均在马丁南尼葡萄园（Martinelli Vineyard）酿造。该品牌还采购索诺玛县一些顶级葡萄园的葡萄进行酿造。玛尔卡森酒庄已生产了大约 3 万瓶葡萄酒，大部分都

林恩玛尔酒庄
为了展现鹌鹑山（Quail Hill）独特的风土，酿造这款酒的木桶都是精挑细选的。

吉斯特勒酒庄
吉斯特勒的霞多丽葡萄酒是加州酿酒业的标杆。

仅销售给了邮件预订客户，该酒庄的葡萄酒是索诺玛县高端葡萄酒中较难求购的酒款。

玛尔玛酒庄（俄罗斯河谷绿谷产区）

得益于某个西班牙皇室先锋人物的加持，桃乐丝酒庄（The Torres）在葡萄酒界已享有几百年的盛名。1975 年，玛尔玛酒庄（Marimar Torres）从巴塞罗那搬到了加利福尼亚州，并于 1986 年开始种植自己的葡萄园。该酒庄从建筑到食谱，都在极力地展示和宣传其加泰罗尼亚的传统。他们用有机农业生产方式和生物动力法种植的葡萄酿制出了品质上乘的葡萄酒，克里斯蒂娜黑皮诺（Cristina Pinot Noir）和阿瑟罗霞多丽（Acero Chardonnay）葡萄酒便是其中的精品。"阿瑟罗"（Acero）源自西班牙语，意为钢铁，表示这种霞多丽酿造过程中未使用任何橡木桶，这种工艺使这款酒果味更加突出。

马丁南尼酒庄（俄罗斯河谷产区）

在沿着河路向西进入俄罗斯河谷产区中心地带的过程中，马丁南尼酒庄（Martinelli Winery）大红色的建筑会是一道不会错过的风景。1887 年，年轻的移民吉塞佩·马丁南尼（Guiseppe Martinelli）在福里斯特维尔郊外定居。他和妻子努力工作多年，用积蓄购买了一小块土地，多年来一直由马丁南尼亲自耕种。马丁南尼酒庄酒款丰富，一些酿酒的葡萄仍产自最初买下的那块土地，酿酒师布莱恩·克瓦姆（Bryan Kvamme）在酿酒顾问海伦·特利（海伦·特利的葡萄园与马丁南尼园毗邻）的帮助下，酿造出了使酒庄声名显赫的仙粉黛和黑皮诺葡萄酒。

马坦萨斯溪酒庄（贝内特谷产区）

马坦萨斯溪酒庄（Matanzas Creek Winery）成立于 1977 年，位于索诺玛县的贝内特谷产区，该产区当时还鲜为人知。酒庄风景秀丽，四周是精心打理的薰衣草庄园，自第一批葡萄酒面世以来，马坦萨斯溪酒庄便是索诺玛县最稳定的酿造商之一。作为索诺玛县黑皮诺葡萄酒的领军者，马坦萨斯溪酒庄酿造了多款口感质朴的葡萄酒，在酿酒师弗朗索瓦·科德斯（François Cordesse）的帮助下，这些葡萄酒的酿造工艺更加成熟。由骑士谷的葡萄酿造的赤霞珠，口感质朴，酒精含量低，是值得一试的佳品。

马佐科酒庄（干溪谷产区）

从 20 世纪 80 年代开始，戴安·威尔逊（Diane Wilson）和肯·威尔逊夫妇（Ken Wilson）便一直在有条不紊地收购葡萄园和酒庄。如今，他们种植了大片的葡萄园，并掌控着包括马佐科酒庄（Mazzocco Sonoma）在内的多个酒庄。虽然戴安自己就是一名酿酒师，但威尔逊夫妇还是聘请了安托万·法韦罗（Antoine Favero）担任酿酒师，在众多葡萄酒中，他酿造的仙粉黛和霞多丽尤为出色。酿酒的葡萄来自威尔逊夫妇名下的其他葡萄园，或者从该产区的其他葡萄园采购。

盖洛索诺玛葡萄园的山坡上长满金棕色的草，这是加州地貌的一个显著特征。

蒙特马焦雷酒庄
在鲜明的果香和泥土的
芬芳之间达到了完美平衡。

马坦萨斯溪酒庄
贝内特谷凉爽的气候造就了
这款酒平衡优雅的特征。

梅德洛克艾姆斯酒庄（亚历山大河谷产区）

克里斯托弗·梅德洛克·詹姆斯（Christopher Medlock James）和好友艾姆斯·莫里森（Ames Morison）都有创建酒庄的梦想。1998年，两人为了实现这个梦想开始一起奋斗。在考察了北加州数百个可能的酒庄选址后，这对搭档决定将葡萄园的位置选在亚历山大河谷产区，之后花费了将近10年的时间打造出这座独特的酒庄，即以有机种植的葡萄酿造了琳琅满目的葡萄酒。最初，酒庄专注于梅洛和赤霞珠葡萄酒的酿造，最近酒庄也开始酿造黑皮诺葡萄酒。贝尔山梅洛（Bell Mountain Merlot）是该酒庄的明星酒款。★新秀酒庄

玛丽爱德华酒庄（俄罗斯河谷产区）

玛丽·爱德华（Merry Edwards）有一个流传至今的昵称——"皮诺王后"，此昵称的广为流传并非由于爱德华的刻意维护（她并不喜欢这个昵称），而是因为她值得这样的赞誉。作为著名学府——加利福尼亚大学戴维斯分校葡萄栽培与葡萄酒酿造专业的首批女毕业生中的一员，爱德华已在北加利福尼亚州酿造了多年的黑皮诺葡萄酒。在多家酒庄担任酿酒师后，她于1997年创建了自己的品牌，并运营至今。近期，爱德华建造了自己的酒庄和品酒室，并对公众开放。梅瑞迪斯黑皮诺干红葡萄酒（Meredith Estate Pinot Noir）和爱德华酿造的长相思（美国最高评级葡萄酒之一），都是值得一试的佳酿。

米歇尔-斯伦贝谢酒庄（干溪谷产区）

干溪谷产区的大部分酒庄都生产仙粉黛，但是米歇尔-斯伦贝谢酒庄（Michel-Schlumberger）却未随波逐流。该酒庄更加专注于波尔多葡萄品种和冷凉山坡葡萄的混酿，并且一直秉持这种理念。出生于瑞士的让-雅克·米歇尔（Jean-Jacques Michel）于1979年创建了这座酒庄。1991年，合伙人雅克·斯伦贝谢（Jacques Schlumberger）加入了酒庄，并成为目前酒庄的经营者。1993年，酿酒师麦克·布伦森（Mike Brunson）也成为酒庄的一员，在他的管理下，酒庄源源不断地酿造着优质的赤霞珠葡萄酒和其他种类的红葡萄酒。

蒙特马焦雷酒庄（干溪谷产区）

酒庄的名字源自意大利的一个小山村，其主人文森特·乔利诺（Vincent Ciolino）家族世代在这里种植葡萄和橄榄，蒙特马焦雷酒庄（Montemaggiore）推出的第一款酒便广受好评，迅速吸引了酒评家的注意。酒庄使用西拉（乔利诺最喜爱的葡萄品种）葡萄酿造了一系列的葡萄酒，同时也生产橄榄油，并且酒庄很早便将生物动力法用于耕种这两种作物，并坚定地履行自己的这个承诺。从单一园西拉葡萄酒到超级托斯卡纳式（Super Tuscan-style）混酿，该酒庄旗下的酒款都有着复杂而丰富的口感。这是一个值得密切关注的酒庄。★新秀酒庄

米勒酒庄（俄罗斯河谷产区）

罗伯特·米勒（Robert Mueller）的酿酒生涯始于1977

年，在辛苦工作多年后，他才建起自己的酒庄。作为定制压榨服务（合同酿酒）商发展多年后，米勒才拥有了足够的资金，从俄罗斯河谷产区采购顶级黑皮诺葡萄，酿造自己独特而精美的葡萄酒。这个家族运营的酒庄出产的酒款不是很多，其中的亮点是迷人的陈年黑皮诺，该系列有一款经法国橡木桶（半新橡木桶）中陈酿的艾米丽特酿（Emily's Cuvée）尤为亮眼。

墨菲-古蒂酒庄（亚历山大河谷产区）

墨菲-古蒂酒庄（Murphy-Goode）现在最知名的可能是其病毒式的营销活动，而并非葡萄酒。这一切从2009年说起，为了聘请一位常驻酒庄的葡萄酒博主，酒庄主人赞助了一场赛事。墨菲-古蒂酒庄是杰克逊家族酒业公司（Jackson Family Wines）旗下的产业，其中一位创始人的儿子在酒庄担任酿酒师。同杰克逊家族名下的其他产业一样，酒庄也拥有一定程度的自主权。酒庄最初的代表酒款是白富美（Fumé Blanc）和霞多丽，现在则更专注于酿造亚历山大河谷产区的红葡萄酒。蛇眼仙粉黛（Snake Eyes Zinfandel）是该酒庄的顶级葡萄酒，该酒款从葡萄园每年的最佳地段精选果实混酿而成，深受消费者喜爱。

诺尔酒庄（俄罗斯河谷产区）

25年来，俄罗斯河谷产区的诺尔酒庄（Nalle Winery）始终坚持自己的发展风格。无论是一直坚持较低的酒精度，还是著名仙粉黛葡萄酒瓶身上装饰的奇幻卡通图案，都说明了诺尔家族酿造的葡萄酒从未想要掩饰真实的自己。鲍勃·诺尔（Bob Nalle）和儿子安德鲁（Andrew）在他们的宠物狗索罗的陪同下一共酿造了1.56万瓶葡萄酒，其中大部分是仙粉黛，其余是少量的黑皮诺和霞多丽葡萄酒。

诺威家族酒庄（俄罗斯河谷产区）

西杜里酒庄（Siduri Wines）的亚当·李（Adam Lee）和戴安娜·诺威·李（Dianna Novy Lee）夫妇在他们首个酿酒项目——黑皮诺葡萄酒大获成功后，想要继续酿造西拉葡萄酒，但是西杜里酒庄却没有这样的发展规划。因此，在戴安娜娘家的帮助下，夫妇二人创办了另一个葡萄酒品牌，并进一步提升了他们的酿酒工艺。诺威家族酒庄（Novy Family Wines）通过采购葡萄，酿造了琳琅满目的葡萄酒，但产量极低。无论是西拉和仙粉黛，还是维欧尼，以及近期的起泡酒，款款都是佳酿，特别是西拉葡萄酒系列，是真正的珍品。

奥尔森奥格登酒庄（俄罗斯河谷产区）

奥尔森奥格登酒庄（Olsen Ogden）和其他寂寂无闻的葡萄酒品牌一样，没有自己的葡萄园，但仍是两位创始人的梦想结晶。对高科技领域追求的幻灭使约翰·奥格登（John Ogden）开始寻找更加充实的东西。为了寻找创建自己酒庄的机会，酿酒师蒂姆·奥尔森（Tim Olsen）辞去了在知名酒庄的工作。两人一拍即合，共同开启了新的事业篇章。近期，他们推出了第一

款黑皮诺葡萄酒，但随着酒庄葡萄酒业务的不断发展，他们对西拉葡萄酒的认识也在不断深化。该酒庄的驿马车园西拉葡萄酒（Stagecoach Vineyard Syrah）尤为出色。★新秀酒庄

猫头鹰岭酒庄 / 威洛布鲁克酒庄（俄罗斯河谷产区）

20 世纪 90 年代后期，企业家约翰·特雷西（John Tracy）决定辞去硅谷的工作，投身于葡萄酒酿造行业。他在俄罗斯河谷产区买下了一块种植了黑皮诺和霞多丽葡萄的田产。在酿造师乔·奥托斯（Joe Otos）的帮助下，特雷西创建了威洛布鲁克酒庄（Willowbrook Cellars），并租赁设备开始酿造葡萄酒。作为一名企业家，特雷西决定创办自己的酿酒厂，同时承接其他葡萄酒小品牌的酿造工作。他还创办了一个新的酒庄，用于酿造猫头鹰岭（Owl Ridge）品牌下的波尔多式葡萄酒。威洛布鲁克酒庄（Willowbrook Cellars）和猫头鹰岭酒庄（Owl Ridge）的葡萄酒都是精心酿造的佳品。

帕切科牧场酒庄（马林产区）

自 19 世纪中叶，伊格纳西奥·帕切科（Ignacio Pacheco）获得 2700 公顷土地以来，帕切科牧场酒庄（Pacheco Ranch）便一直是家族经营。1970 年，帕切科的后代在帕切科牧场酒庄（Pacheco Ranch）种植了 2 公顷的葡萄。这处古老的马车房也被改建为酿酒厂。自 1979 年以来，酿造师杰米·梅夫斯（Jamie Meves）已为该家族酒庄酿造了 6000 瓶赤霞珠。该酒庄每年都会生产这种单一品种的葡萄酒。得益于马林产区凉爽的气候，这款酒酒精度较低，并因此而闻名。

佩里酒庄（干溪谷产区）

拗口的名称并未减少佩里酒庄（Papapietro Perry）的知名度，口感丰富的黑皮诺和仙粉黛虽产量不高，但拥有众多的狂热粉丝。同为新闻记者的本·帕皮埃特罗（Ben Papapietro）和布鲁斯·佩里（Bruce Perry）都是爱酒之人，且拥有相同的意大利文化背景。在朋友酒庄帮忙采摘葡萄并积累了丰富经验之后，二人便开始在自己的车库酿造葡萄酒。经过 8 年的打磨，1998 年，他们创立了自己的葡萄酒品牌。佩里皮特园黑皮诺干红葡萄酒（Peters Vineyard Pinot Noir）是俄罗斯河谷产区难得的佳酿。

天堂桥酒庄（俄罗斯河谷产区）

俄罗斯河谷产区的许多酒庄都是毗邻而居，但天堂桥酒庄（Paradise Ridge）却自己偏居一隅。这座 63 公顷的庄园最初只是酒庄主人沃尔特·柏克（Walter Byck）和莫杰克·柏克-侯恩瑟拉斯（Marijke Byck-Hoenselaars）的隐居之所，他们当时并不认为这座酒庄可以酿酒。1978 年，他们买下该地产，一年之内就开始种植葡萄。葡萄园就这样逐渐建起来了，在 1991 年建立天桥堂酒庄之前，收获的葡萄都售卖给了其他酒庄。酿酒师丹·巴维克（Dan Barwick）为该园酿造了 100% 桶装发酵的天堂桥长泽园霞多丽干白葡萄酒（Nagasawa Vineyard Chardonnay）。

保罗霍布斯酒庄（俄罗斯河谷产区）

对于索诺玛县葡萄酒的忠实粉丝来说，保罗·霍布斯几乎不需要介绍。作为加利福尼亚州成就最高、最有威望的酿酒师，保罗·霍布斯最初的梦想是成为一名医生，但几堂植物学课程改变了他的想法，使其开始学习葡萄栽培和葡萄酒酿造。霍布斯曾担任过纳帕谷作品一号酒庄（Opus One）的首席酿酒师，并因此而声名显赫。在 1991 年创建自己的酒庄前，其还曾为纳帕的多家酒庄提供过酿酒咨询。霍布斯是酿造勃艮第和波尔多葡萄酒的大师，其酿造的黑皮诺、霞多丽、赤霞珠和西拉葡萄酒都是令人难忘的佳品。

佩尔酒庄（索诺玛海岸产区）

安迪·佩尔（Andy Peay）和尼克·佩尔（Nick Peay）兄弟二人曾在全加州寻找"最理想"的葡萄园，并最终选择了距离太平洋索诺玛海岸一箭之遥的一个多风阴冷的山脊。在这个古老的果园里，他们种植了黑皮诺、西拉、玛珊、瑚珊（Roussanne）和维欧尼，并在天赋非凡的酿酒师凡妮莎·王（Vanessa Wong）的指导下，开始酿造勃艮第葡萄酒和罗讷风格高品质葡萄酒（酿酒果实在凉爽气候条件下生长）。该酒庄的葡萄酒都是不容小觑的佳酿，其中 0.4 公顷葡萄园的葡萄酿造的小批量维欧尼最为出色。★新秀酒庄

彼特·麦克酒庄（骑士谷产区）

在广阔的葡萄酒世界里，应尽量避免使用"最高级、最佳"等绝对化用语来形容葡萄酒，但是这条建议不适用于彼特·麦克酒庄（Peter Michael Winery），"彼特·麦克酒庄酿造了索诺玛县最好的波尔多式葡萄酒"——这种观点早已深入人心。企业家兼 Cray UK（超级计算机公司）的前执行总裁彼特·麦克爵士（Sir Peter Michael）创建了此酒庄，酒庄在骑士谷产区拥有多个葡萄园，多在火山岩地质的陡峭山坡，各种可持续的有机种植法和生物动力法广泛应用于葡萄的种植。庄园内的赤霞珠、品丽珠和梅洛的混酿，在全新的法国橡木桶中陈酿了 18 个月。这款酒卓尔不凡，是不可多得的佳酿。该酒庄的大部分葡萄酒仅销售给通过邮件预订的客户。

佩马林酒庄（马林产区）

佩马林酒庄（Pey-Marin winery）是马林产区公认的最成功的酒庄之一。创始人乔纳森·佩伊（Jonathan Pey）曾在勃艮第、澳大利亚和纳帕等多家酒庄工作过，他的妻子苏珊一直在从事顶级餐厅葡萄酒采购的工作。10 年来，夫妇二人一直在种植葡萄，酿造佩马林酒庄和塔玛佩斯山（Mount Tamalpais）品牌的葡萄酒。他们在毗邻太平洋的内陆山坡上有机种植葡萄，这里山坡陡峭，常年雾气弥漫。凉爽的气候造就了出色的雷司令，他们酿造的三少女黑皮诺葡萄酒（Trois Filles Pinot Noir）可以跻身加利福尼亚州葡萄酒的前列。

索诺玛仙粉黛

在美国加州的葡萄酒中，没有任何一种葡萄能够取代仙粉黛的独特地位。虽然许多产区都有资格去竞争"仙粉黛之乡"的美名，但最具竞争力的无疑是索诺玛县。索诺玛县的仙粉黛葡萄种植至少可以追溯到 19 世纪 50 年代，尽管许多古老的葡萄园在禁酒令时期被拆除，索诺玛的干溪谷仍存有一些十分珍贵的葡萄藤，最著名的便是始于 1885 年的巴克林老山牧场。

随着全球掀起的一场仙粉黛白葡萄酒（一种甘甜的腮红色葡萄酒）的热潮，仙粉黛红葡萄酒也再度风靡。索诺玛产区的仙粉黛葡萄酒至少包括两种主要风格：一种产自干溪谷，成熟度高，且带有胡椒风味；另一种产自俄罗斯河谷的某些地区，表现出内敛的黑色浆果味。

基维拉酒庄
拥有玫瑰红葡萄酒的一切特性：
清新、多汁、干透。

普芬德勒酒庄（索诺玛县产区）

普芬德勒酒庄（Pfendler Vineyards）是其创始人兼企业家——彼得·普芬德勒（Peter Pfendler）梦想的结晶。普芬德勒自1992年便开始在索诺玛县南部种植葡萄。不幸的是，普芬德勒没能看到自己葡萄上市，便因癌症离世了。2007年，金柏莉·普芬德勒（Kimberly Pfendler）为了纪念丈夫建立了这家酒庄，该酒庄酿造了1.2万瓶黑皮诺和霞多丽葡萄酒，此外还有少量使用佩塔卢马峡内索诺玛县冷凉葡萄园内的葡萄酿造的桃红葡萄酒。该酒庄葡萄酒均由酿酒师顾问格雷格·毕扬达（Greg Bjornstad）所酿。★新秀酒庄

雷斯岬酒庄（马林产区）

雷斯岬酒庄（Point Reyes Vineyards）是马林县最早建立的酒庄之一，已有将近20年的酿酒史。酒庄坐落于著名的沿海1号公路沿线的一个偏僻角落。史蒂夫·道蒂（Steve Doughty）和莎朗·道蒂（Sharon Doughty）的夫妻组合是该家族在马林县种植葡萄的第三代，他们还经营着自己的小型葡萄园、酒庄和旅馆。酒庄使用自产葡萄酿造了少量的黑皮诺葡萄酒和起泡酒，还采购索诺玛县附近的葡萄酿造了多款葡萄酒。

波特溪酒庄（俄罗斯河谷产区）

这家父子经营的酒庄成立于1982年，坐落于波特溪（Porter Creek，酒庄名称的来源）附近，酿造了一些俄罗斯河谷产区极具特色，但经常被人忽视的葡萄酒。这是一家朴实无华、毫不做作的酒庄。由古老小屋改建的品酒室对游客开放，酒庄几乎没有任何宣传和营销。亚历克斯·戴维斯（Alex Davis）在1997年从其父手中接管了这家规模适中的酒庄，并采用生物动力法酿造了酒庄的多款葡萄酒。每一款酒都是值得品尝的佳酿，其中霞多丽、维欧尼、黑皮诺和佳丽酿（Carignane）口感尤佳。维欧尼让人不禁联想到罗讷的孔德里约，而亚历山大河谷产区的老藤葡萄酿造的佳丽酿，赋予了这款酒更浓郁的口感。

傲山酒庄

傲山酒庄（Pride Mountain Vineyards）位于索诺玛县和纳帕县交界的马亚卡玛斯山（Mayacamas Mountains）的顶峰，是一家由县域划分的单一酒庄。这使得酒庄不得不打造两套酿酒设施，每个县一条生产线，因此傲山酒庄葡萄酒标注的产地有时是索诺玛县，有时是纳帕县，有时同时标注两个位置。在18世纪90年代，这里便是个酿酒基地。傲山酒庄自20世纪90年代建立以来便一直采用家族运营的形式，在酿酒师鲍勃·弗利（Bob Foley）的指导下，酒庄的葡萄酒迅速声名远扬。如今，萨莉·约翰逊（Sally Johnson）带领的酿造团队打造了一系列的精美葡萄酒，如备受推崇的梅洛和赤霞珠葡萄酒。其中维欧尼和桑娇维塞是索诺玛县专属的葡萄酒。

基维拉酒庄（干溪谷产区）

基维拉酒庄（Quivira Vineyards）成立于1987年，是最

早在加州推广可持续农业、注重环保的庄园。基维拉酒庄利用太阳能发电，采用生物动力法栽培作物，连除草都用当地的山羊代为解决，可以说基维拉酒庄对环境可持续性发展做出了杰出的贡献，这一点是值得称颂的。庆幸的是，酒庄在新老板史蒂文·坎特（Steven Canter）的带领下，旗下的葡萄酒最近也大有起色。特别值得一提的是，干溪谷酿制歌海娜的酒厂屈指可数，而基维拉酒庄的表现可以说是最为出色的。该酒庄的歌海娜在橡木桶中陈年15个月，其中新橡木的比例占10%。这里的桃红葡萄酒用野生酵母发酵，加入了10%的慕合怀特混酿，还添加一点香料提香。

希尔兹堡酒庄（干溪谷产区）

索诺玛县的仙粉黛葡萄酒非常畅销，希尔兹堡酒庄（A Rafanelli）出产的仙粉黛更是一瓶难求。该酒庄的仙粉黛只根据邮寄名单卖给订购客户和参观酿酒厂的游客，在零售店或餐馆里基本找不到。拉法内利家族是该酒庄的经营者，该家族在干溪谷产区种植葡萄，已经传承到第4代，而且一直保持低调经营。他们选用自家葡萄园出产的葡萄酿制仙粉黛、赤霞珠和梅洛葡萄酒，从不分心去搞营销活动。虽说该酒庄的仙粉黛名不虚传，但要说品质最高的葡萄酒，应该是他们推出的赤霞珠。

雷米酒庄（俄罗斯河谷产区）

有些酒庄以主人的名字命名是出于某种浪漫的情怀，有些酒庄这样做则是因为这个名字本身在葡萄酒世界有着非凡的意义。雷米酒庄（Ramey Wine Cellars）的庄名是就是取自大卫·雷米（David Ramey）的姓氏，他是许多顶级加州酒庄的酿酒师，可谓是功成名就的重要角色。1997年，他自立门户创立了一家新酒厂，按自己思路小批量酿制葡萄酒，为此付出了大量心血。该酒庄坐落在希尔兹堡小镇（Healdsburg，也是他居住的地方），旗下品牌包括一款赤霞珠（葡萄选自纳帕谷顶级葡萄园）、两款独具特色的西拉（葡萄选自索诺玛海岸产区）和一款霞多丽（葡萄选自卡尼洛斯和索诺玛产区）。

萨尔堡酒庄（干溪谷产区）

萨尔堡酒庄（Rancho Zabaco Winery）是嘉露家族酒庄旗下的一个品牌，但在这里值得一提的有两点：一是该酒庄对仙粉黛情有独钟，酿制的酒款大放异彩；二是旗下的酒款性价比极高。该酒庄的酿酒师是埃里克·辛纳蒙（Eric Cinnamon），他酿制的葡萄酒在美国销路甚广。该酒庄还出产几款仙粉黛限量级瓶装葡萄酒，包括指定单一园葡萄酒，酿的葡萄均选自诸如蒙特罗索园这样的知名葡萄园。

雷文斯·伍德酒庄（索诺玛山谷产区）

雷文斯·伍德酒庄（Ravenswood）专注于酿制仙粉黛葡萄酒，其座右铭是"款款精酿，滴滴醇香"（No Wimpy Wines）。经过多年的努力，酒庄的创始人彼得森（Joel Peterson）将这个酿酒厂从一个小企业发展成为最知名的加州葡萄酒品牌之一。该

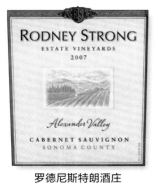

罗德尼斯特朗酒庄
经过18个月的陈酿，这款酒拥有
柔和的单宁和平衡的果香。

酒庄从大规模生产的葡萄酒到单一园葡萄酒，产品组合丰富，但仙粉黛葡萄酒仍然是酒庄的主要葡萄酒，单一园葡萄酒仍然是仙粉黛的高品质演绎。除了老山和大川仙粉黛红葡萄酒（Big River Zinfandels）之外，圣像葡萄酒（Icon，一款独特而美味的罗讷混酿葡萄酒）也不容错过。

里卡兹酒庄（亚历山大山谷产区）

吉姆·里卡兹（Jim Rickards）和伊丽莎·里卡兹（Eliza Rickards）在亚历山大山谷种植葡萄已有多年的历史。他们将种植的赤霞珠卖给银橡木酒庄，将仙粉黛卖给干溪谷酒庄，这对夫妇已然感觉很知足，也经常在自家的车库里酿制一些葡萄酒，供晚餐的时候饮用。但热情的家人和朋友给他们施加了越来越多的压力，因此他们从 2005 年开始在里卡兹（J Rickards）品牌下生产葡萄酒。最初几个年份酒都很不错，特别是他们酿制的仙粉黛葡萄酒，该酒已经成为亚历山大山谷最好的葡萄酒之一。★新秀酒庄

山脊酒庄（干溪谷产区）

人们很难弄清楚该如何称呼这个位于圣克鲁斯山干溪谷的酒庄：分公司？分店？前哨站？还是姐妹酒庄？作为一个独立的酒庄，山脊酒庄（Ridge Lytton Springs）由秉持着相同理念的几个人一起经营着。几十年来一直生产山脊酒庄仙粉黛红葡萄酒（Ridge Zinfandels）。在酿造了长达几十年的葡萄酒之后，1991 年，酒庄被里奇收购。该酒庄的品酒室提供的葡萄酒与圣克鲁斯分店相同，包括著名的蒙特贝罗赤霞珠红葡萄酒（Monte Bello Cabernet Sauvignon）和盖瑟维尔仙粉黛葡萄酒（Geyserville Zinfandel）。

鲁奇奥尼酒庄（俄罗斯河谷产区）

作为加州最著名的一家黑皮诺生产商和种植商，鲁奇奥尼酒庄无疑是北美最好的葡萄园之一。鲁奇奥尼家族自 20 世纪初以来一直在俄罗斯河谷务农。酿酒师汤姆·鲁奇奥尼（Tom Rochioli）是家族的第 3 代酿酒师，葡萄园坐落在希尔兹堡以南的西侧路（Westside Road）的泛洪区，他一直精心管理葡萄园，并以此为基础酿造葡萄酒。酿酒厂以鲁奇奥尼酒庄品牌出产法定产区长相思、黑皮诺和霞多丽葡萄酒。在乔·鲁奇奥尼品牌下则推出了广受欢迎的单一园霞多丽葡萄酒和黑皮诺葡萄酒。黑皮诺葡萄酒只出售给邮件列表中预订的客户，而想要购得一瓶经常要花数年时间。该酒庄旗下的顶级葡萄酒包括河区、西区和小丘葡萄园的黑皮诺葡萄酒。

罗德尼斯特朗酒庄（俄罗斯河谷产区）

职业舞蹈家罗德·斯特朗（Rod Strong）在 1959 年退休后开始酿酒，起初只在家里酿制，后来面向市场进行出售，在商业上取得了一些成就之后，他开始在亚历山大山谷建造了酿酒厂，在那里酿酒。到 20 世纪 80 年代中期，斯特朗的葡萄酒几乎在全美所有的杂货店和酒类商店中都能买到。罗德·斯特朗仍为全

罗斯谷酒庄
在艺术家和朋友们的帮助下，酒庄出产了这款草莓风格的桃红葡萄酒。

萨尔堡酒庄
盖洛家族生产优质的仙粉黛葡萄酒，性价比极高。

国市场生产大量的普通葡萄酒，但最近推出了两款价格昂贵的单一园葡萄酒：洛克威赤霞珠干红葡萄酒（Rockaway）和兄弟岭赤霞珠干红葡萄酒（Brothers Ridge），质量比其他产品提高了很多。

罗斯勒酒庄（俄罗斯河谷产区）

罗杰·罗斯勒（Roger Roessler）原先拥有并经营着一家餐馆，后对葡萄酒产生了兴趣。2000 年，几位拥有葡萄园的朋友给了他一些黑皮诺葡萄，他深受震撼，于是罗斯勒酒庄（Roessler Cellars）应运而生。在兄弟理查德和酿酒师斯科特·沙普利（Scott Shapley）的帮助下，罗勒斯小批量推出了一系列黑皮诺和霞多丽葡萄酒，选用的葡萄主要出自加州北部的葡萄园。该酒庄出产的葡萄酒品质上乘、高贵优雅、质量稳定，尤其是布鲁索（Brousseau）和海因家族葡萄园（Hein Family Vineyard）黑皮诺葡萄酒，深受消费者喜爱。2003 年，罗斯勒酒庄开始自己种植葡萄，近来开始运用自家的葡萄酿制葡萄酒。★新秀酒庄

罗斯谷酒庄（马林产区）

罗斯谷酒庄（Ross Valley）是一家小型酿酒厂，受近期经济衰退的影响，该酒庄于 2010 年关闭。酒庄由保罗·克雷德（Paul Kreider）经营，每年丰收时都会有志愿者、亲朋好友和过来凑热闹的人来帮忙，颇有些集体大家庭的感觉。除了从索诺玛和卡尼洛斯产区的种植户那里购买葡萄酿造红葡萄酒和白葡萄酒外，酿酒厂还生产蜂蜜酒、其他开胃酒（apéritif）和餐后酒等。罗斯谷酒庄的葡萄酒仍然可以在商店里买到，但遗憾的是，你再也不能带着空瓶去买酒，然后把瓶子装满再带走了。

吕德酒庄（干溪谷产区）

史蒂夫·吕德（Steve Rued）和索尼娅·吕德（Sonia Rued）夫妇种植了几十年的葡萄，将果实卖给其他酿酒厂。2004 年他们决定创办自己的酿酒厂。吕德家族在索诺玛县种植葡萄的历史悠久，目前葡萄种植面积仍然超过 65 公顷，其中一小部分葡萄会留下来酿成葡萄酒，并以自己家族的商标出售。史蒂夫和索尼娅在结婚前都是酿酒师，现在他们共同负责每个年份的葡萄酒。这对夫妇共同出品了几款品质优良、价格合理的葡萄酒，包括干溪谷的仙粉黛和长相思。

俄罗斯山酒庄（俄罗斯河谷产区）

虽然葡萄酒行业越来越趋于企业化，但索诺玛仍坚持开办大量的真正的家族庄园，这些庄园也往往代表着创始人的梦想和毕生积蓄。由爱德华·戈麦斯（Edward Gomez）和艾伦·麦克（Ellen Mack）创立的俄罗斯山酒庄（Russian Hill Estate）就是一个很好的例子。戈麦斯是一位退休医生，一直在做修补工作，他在家里酿制了一段时间的葡萄酒，然后决定全力以赴，在 1997 年购买了俄罗斯山酒庄这片土地。他的侄子帕特里克·梅利（Patrick Melley）也酿造葡萄酒，其中包括

一些非常优质的单一园黑皮诺葡萄酒。

撒克逊·布朗酒庄（索诺玛山谷产区）

老牌家族的葡萄园是产出许多优质索诺玛葡萄酒的宝库。杰夫·加夫纳（Jeff Gaffner）有多年的酿酒经验，主要是为圣让酒庄效力。1997年他决定自立门户，推出自己的葡萄酒。该酒庄酿制葡萄酒的果实都来自占地6.5公顷的圣蒂纳玛利亚葡萄园（Casa Santinamaria Vineyard，加夫纳家族已经有3代人在这里务农）。该葡萄园的历史长达百年之久，加夫纳酿造出了酒体平衡的仙粉黛葡萄酒（实际上是五个品种的田间混酿）和赛美蓉葡萄酒，两款皆有较高的陈年价值。酿酒厂还用采购的葡萄酿制西拉葡萄酒和黑皮诺葡萄酒。葡萄酒总产量只有2.04万瓶，市面上很难买到，但值得一试。

斯布拉吉酒庄（干溪谷产区）

任何有才华的酿酒师最终都想拥有自己的酒庄，这只是时间问题。斯布拉吉酒庄（Sbragia Family Vineyards）这一品牌正是这样诞生的。酿酒师埃德·斯布拉吉亚（Ed Sbragia）曾在纳帕谷的贝灵哲酒庄担任过24年的首席酿酒师。对他来说，决定创办自己的酿酒厂绝不仅仅是为了拥有一瓶印有自己名字的葡萄酒。这一切都是为了延续其家族在索诺玛县的葡萄种植传统。斯布拉吉亚的父亲是20世纪60年代干溪谷的一名葡萄酒商，现在他和儿子亚历克斯正在他们新开的酒庄里一起酿酒。他们酿制的希玛罗萨赖夫赤霞珠干红葡萄酒（Cimarossa Cabernet Sauvignon）不容错过，该酒款由山区名园的葡萄果实酿成，每一串都经过精挑细选。★新秀酒庄

肖恩酒庄（马林产区）

称肖恩·萨克雷（Sean Thackrey）是波利纳斯的葡萄酒鬼才毫不为过。这位谜一样的酿酒师就在这个小镇上定居。萨克雷在酿酒方面属自学成才，他打破传统，采用非常规的方法酿造出多款杰出的葡萄酒。自1980年之后，他一直在自家后院的桉树下用无盖的发酵罐酿造红葡萄酒。他的多年份七仙女红葡萄混酿（Pleiades）是最容易买到的，但他的猎户座（Orion）混酿或仙女座黑皮诺（Andromeda Pinot Noir）非常值得一试。

塞巴斯蒂酒庄（索诺玛山谷产区）

萨穆埃尔·塞巴斯蒂（Samuele Sebastiani）于1904年创立了塞巴斯蒂酒庄（Sebastiani Winery），酒庄长期以来一直是索诺玛历史城区的一个固定景点，也是索诺玛县酿酒业的标志。塞巴斯蒂酒庄的葡萄酒产量超过9600万瓶，价格低廉，几乎在美国的任何地方都能买到。该酒庄旗下的高端品牌也出产了优质的葡萄酒，从小批量生产的塞巴斯蒂凯瑞布洛克赤霞珠干红葡萄酒（Cherryblock Cabernet Sauvignon）到卡尼洛斯黑皮诺葡萄酒（Carneros Pinot Noir），不一而足。

喜格士酒庄（亚历山大河谷产区）

喜格士酒庄（Seghesio Family Vineyards）的事迹是索诺玛酿酒厂历史的经典故事。1895年，年轻的意大利移民艾多尔多·喜格士（Edoardo Seghesio）创办了喜格士酒庄，同年，他种植了23公顷的仙粉黛。此后，喜格士酒庄一直由他的后代经营。凭借采购的葡萄和远大的抱负，喜格士品牌远近闻名，到20世纪90年代初该酒庄产量增长到150多万瓶，但在1993年，泰德·喜格士（Ted Seghesio）和彼得·喜格士（Peter Seghesio）大胆决定削减产量，葡萄酒全部用自家有百年历史的家族葡萄园内生产的葡萄酿制。酒庄除了老藤仙粉黛之外，还生产一种由阿内斯葡萄（Arneis）酿制的白葡萄酒。

塞尔比酒庄（俄罗斯河谷产区）

大卫·塞尔比（David Selby）一生都痴迷于葡萄酒，1993年，他创办了塞尔比酒庄（Selby Winery），现在由他的女儿苏茜·塞尔比（Susie Selby）经营。1997年塞尔比去世，苏茜接替他成为酒庄老板和酿酒师。该酒庄使用园内自产及采购的葡萄每年大约酿制12万瓶葡萄酒，涉及的葡萄品种较多，但大都是小批量生产。酒庄旗下的梅洛一直是人们的最爱，对于那些喜欢甜食的人来说，酿酒厂有时会酿造一款晚收仙粉黛，可以在品酒室里买到。

希杜丽酒庄（俄罗斯河谷产区）

希杜丽酒庄（Siduri Winery）可能并不是第一个没有自家葡萄园却大放异彩的酒庄，但这个由亚当·李（Adam Lee）和戴安娜·李（Dianna Lee）夫妇创建的小品牌在短短15年间成为其他无数酿酒厂纷纷效仿的榜样。这对夫妇起初只有几千美元的积蓄，又没什么酿酒经验，他们从加州和俄勒冈州的顶级种植者那里购得少量的黑皮诺，并在巴比伦葡萄酒女神（Babylonian Goddess of Wine）的品牌下进行酿造和装瓶。他们生产的每一种葡萄酒都受到高度赞誉和追捧，款款货真价实，名副其实。

斯基普斯通酒庄（亚历山大河谷产区）

企业家兼风险投资家法里·迪纳（Fahri Diner）深谙打造品牌和管理团队之道。他的妻子吉尔·莱曼（Jill Layman）也同样慧眼识珠，见到潜力巨大的好地产时，一眼就能判断出来。他们一起创办了斯基普斯通酒庄（Skipstone Ranch），该酒庄是一家酿酒厂，同时还出产橄榄油，夫妇俩雇用了一些业内顶尖的人才帮忙经营酒庄：乌利塞斯·瓦尔迪兹（Ulises Valdez）管理葡萄园；菲利普·梅尔卡（Phillipe Melka）担任酿酒顾问，指导驻厂酿酒师安德鲁·利瓦伊（Andrew Levi）酿酒。他们还邀请了超级巨星侍酒师艾米丽·瓦恩斯（Emily Wines）担任顾问。酒庄旗下的奥立弗混酿红葡萄酒（Oliver's Blend）奢华大气，纯度很高，潜力极大。★新秀酒庄

塞巴斯蒂酒庄
无处不在的塞巴斯蒂安系列葡萄酒中的顶级之作。

塞尔比酒庄
风味成熟的梅洛能够吸引喜欢李子和巧克力的酒客。

旅居酒庄（索诺玛谷产区）

埃里克·布拉德利（Erich Bradley）的正式头衔是酿酒师。克雷格·哈塞洛特（Craig Haserot）的官方头衔是品酒师。两人在索诺玛相遇，决定成立一家合伙企业，因为这两位好友都喜欢两种葡萄：黑皮诺和赤霞珠，但将这两个品种混酿在业内很少见。布拉德利从索诺玛、纳帕谷和门多西诺的主要种植者那里选材，并生产少量的全手工酿制的葡萄酒。他非常关注细节，同时坚持传统做法，如本地酵母发酵、篮式压榨，以及去掉下胶或过滤的流程，结果很理想。★新秀酒庄

索诺玛海岸酒庄（干溪谷产区）

索诺玛海岸酒庄的约翰和芭芭拉·德拉迪（Barbara Drady）夫妇喜欢把索诺玛海岸称为极端产区，像许多长期在葡萄酒行业打拼且大获成功的人一样，他俩最终在这里站稳脚跟拥有了自己的葡萄园。在距离太平洋只有几座小山丘的弗里斯通镇（Freestone）附近，德拉迪家族在酿酒师安东尼·奥斯汀（Anthony Austin）的帮助下，酿制黑皮诺、霞多丽和长相思葡萄酒。从2002年第一个年份开始，该酒庄的葡萄酒就以酒体平衡、精致优雅和口感醇美著称。★新秀酒庄

索诺玛-卡特雷酒庄（俄罗斯河谷产区）

美国空军飞行员布莱斯·卡特雷·琼斯（Brice Cutrer Jones）在1972年获得工商管理硕士学位后创办了索诺玛-卡特雷酒庄（Sonoma-Cutrer）。1981年，琼斯决定将其酿酒厂的全部精力放在霞多丽葡萄酒的酿制上，从那以后，霞多丽葡萄酒获得了极大的发展。百富门公司（Brown Forman Corporation）于1999年收购了这家酿酒厂，那时这家酒庄已经成为美国领军的霞多丽葡萄酒生产商，在高档餐厅的销量超过了其他任何品牌。酒庄旗下的俄罗斯河牧场霞多丽（Russian River Ranches Chardonnay）销路很广，品质稳定，性价比也极高。

圣弗朗西斯酒庄（索诺玛产区）

许多人认为圣弗朗西斯酒庄（St Francis Winery）是索诺玛最古老的一批家族酒庄，从这一点就能看出该酒庄的名气。该酒庄确实有很长的历史渊源，但实质性的发展只能从1971年酒庄主人乔·马丁（Joe Martin）和他的妻子艾玛在索诺玛买下一个葡萄园后开始说起，8年后，他们建了自己的酒庄，并将其命名为圣弗朗西斯酒庄。目前酒庄的葡萄酒产量已超过300万瓶，规模虽大但葡萄酒的质量始终保持在较高水准。酒庄旗下的单一园红葡萄酒尤其不能错过。

星夜酒庄（马林产区）

星夜酒庄（Starry Night Winery）是从一个车库里的业余酿酒作坊一步步发展壮大起来的，酿酒师对仙粉黛情有独钟，现在已经发展成一个拥有16.8万瓶产量的大型酒厂，主攻方向还是仙粉黛。韦恩·汉森（Wayne Hansen）、布鲁斯·沃克（Bruce Walker）、迈克·米勒（Mike Miller）和斯基普·格兰

星夜酒庄
不要被酒庄的选址所蒙蔽，
这是一款上好的仙粉黛葡萄酒。

斯基普斯通酒庄
最近发布的这款新酒展现出了巨大的潜力。

杰（Skip Granger）这4位好朋友最初纯粹凭着爱好和满腔热血进入酿酒行业，但他们做得风生水起，不愿仅仅停留在业余水平上。于是他们参加了酿酒课程，苦练技能，并在1999年成立了一家商业酿酒厂。酒厂设在诺瓦托一个不起眼的工业园区内，现在他们的发展重点仍然是仙粉黛，旗下有几款仙粉黛葡萄酒系列。

苏尔穆勒酒庄（亚历山大河谷产区）

索诺玛一些最有趣的酒庄都是由家族经营的。他们一开始为别人种植葡萄，然后创建自己的品牌进军酿酒业。苏尔穆勒酒庄（Stuhlmuller Vineyards）就是一个典型范例。苏尔穆勒家族从1982年开始种植霞多丽、赤霞珠和仙粉黛。1994年，弗里茨·苏尔穆勒（Fritz Stuhlmuller）大学毕业后决定要扩大家族的经营范围，推出自己的葡萄酒。2000年，苏尔穆勒家族建立了自己的酒厂。在酿酒师莱奥·汉森（Leo Hansen）的指导下，酒庄生产了7.2万瓶葡萄酒。旗下的霞多丽葡萄酒品质出众，性价比极高。

苏希-卡西尔酒庄（俄罗斯河谷产区）

苏希（Suacci）和卡西尔（Carciere）两家人曾在塞巴斯托波镇一起生活，对彼此了解很深。最初苏希家族在自家拥有的一小块1.4公顷的土地上种植黑皮诺葡萄，结果证明这片葡萄园非常争气，于是苏希夫妇就提出了一个算不上冒进的提议：两家人联手，打造一款葡萄酒。2006年，约翰·苏希（John Suacci）和安迪·卡西尔（Andy Carciere）聘请了才华横溢的年轻酿酒师瑞恩·泽帕尔塔斯（Ryan Zepaltas，也效力于希杜丽酒庄）来为酒庄打造自己的葡萄酒品牌，除了黑皮诺，他们还推出了一款霞多丽，这款葡萄酒选材考究，酿酒用的果实均来自好评度很高的海因茨葡萄园（Heintz Vineyard）。酒庄旗下的黑皮诺和霞多丽都很出色。★新秀酒庄

天德酒庄（俄罗斯河谷产区）

天德酒庄（Tandem Wines）最初是由两位才华横溢的酿酒师格雷格·拉福利特（Greg La Folette）和格雷格·比约恩斯塔德（Greg Bjornstad）合伙经营。两人关系破裂后，拉福利特继续经营着这家酒厂。拉福利特是加州顶级的黑皮诺和霞多丽酿酒师，他在全球各地担任酿酒师顾问的同时，仍在孜孜不倦地打造自己的天德葡萄酒品牌。该酒庄旗下推出了一系列的葡萄酒，每一款都产量极低，酿酒用的葡萄均出自北加州附近的顶级葡萄园。酒庄出品的里奇葡萄园霞多丽（Ritchie Vineyard Chardonnay）和拍卖区块黑皮诺（Auction Block Pinot Noir）皆为上品，其中拍卖区块黑皮诺是一款混酿，在该年份最好的酒桶中发酵而成，不容错过。

特拉托家族酒庄（俄罗斯河谷产区）

特拉托（Terlato）家族的名字最初出现在酒瓶的背面，等出现在正面的时候，他们已经在葡萄酒行业打拼多年了。特

蟾蜍洞酒庄

该酒以一本经典的英语著作命名，
是一款优秀的普罗旺斯风格桃红葡萄酒。

特拉托家族酒庄

这款优质的小产量皮诺葡萄酒
来自一个大型葡萄酒帝国。

拉托葡萄酒公司（Terlato Wines）现在是美国规模最大、最成功的葡萄酒巨头之一。该公司的前身是一家进口商，还拥有几个葡萄园。酒庄元老和创始人安东尼·特拉托（Anthony Terlato）又新办了一家合资企业，他的儿子比尔和约翰，以及酿酒师道格·弗莱彻（Doug Fletcher，还为特拉托葡萄园其他几个品牌酿制葡萄酒）也加盟了该项目。酒庄旗下的所有葡萄酒都品质优良，黑皮诺尤为突出。★新秀酒庄

特雷莫托酒庄（马林产区）

特雷莫托酒庄（Terremoto）的老板克里斯·加里恩（Chris Gallien）和卡伦·加里恩（Karen Gallien）原是美国中西部人，后来当上了加州酿酒师。像许多小酒商一样，他们进入葡萄酒行业是出于真爱，而且笃定自己的看法无懈可击。他们多次前往索诺玛和纳帕谷，途中结识的不少葡萄酒种植者和酿酒师都鼓励他们大胆尝试，于是他们在诺瓦托的一个小型工业园区开了家店，并在那里生产了数百箱廉价的葡萄酒。他们共推出了4款葡萄酒，其中品质最高的当属西拉葡萄酒。该酒庄旗下的酒标时髦奔放，色彩鲜艳，辨识度很高。

蟾蜍洞酒庄（俄罗斯河谷产区）

蟾蜍洞酒庄（Toad Hollow Vineyards）的酿酒师和老板是托德·威廉姆斯（Todd Williams，人称"蟾蜍博士"，已经过世）。他在办酒厂之前，从朋友罗德尼·斯特朗（Rodney Strong，又名"跳舞的獾"）那里得到了些许帮助，还从肯尼斯·格雷厄姆（Kenneth Grahame）的《柳林风声》(*The Wind in the Willows*)中获得了很多灵感。这个酒庄最初只是满足自己乐趣的小项目，现在已经发展得颇具规模，共生产了数百万瓶葡萄酒。该酒庄拥有42公顷的葡萄园和几个子品牌，但仍在孜孜不倦地酿制优质葡萄酒。旗下的"蟾蜍之眼"桃红葡萄酒（Eye of the Toad Rosé）尤其不容错过。

特鲁特·赫斯特酒庄（干溪谷产区）

特鲁特·赫斯特酒庄（Truett Hurst Vineyards，2008年收购）是由业内资深人士保罗·多兰、菲利普·赫斯特（Philip Hurst）和他的儿子希思（Heath）两代人组建的合伙企业。酒庄的宗旨就是要充分体现生物动力葡萄种植和酿酒的原则。在葡萄栽培学家马克·德梅拉内尔（Mark De Meulanaere）和酿酒师维吉尼亚·兰布里克斯（Virginia Lambrix）的帮助下，该庄园经营着10.5公顷的葡萄园和2公顷的生物动力花园。现在就对该酒庄的种种新举措进行全面评估还为时过早，因为他们仍在解决难题，但该酒庄是值得葡萄酒爱好者们关注的。

图米酒庄（俄罗斯河谷产区）

葡萄酒爱好者当中没听说过银橡木酒庄（Silver Oak）这家著名赤霞珠葡萄酒生产商的人极少。图米酒庄（Twomey）是银橡木酒庄的姊妹品牌，不过这家酒庄主打的不是赤霞珠，而是纳帕谷的高端梅洛特酿。最近，图米酒庄又在索诺玛县开设了第二家酒厂，接管了原猜拳酒庄（Roshambo）的酒厂，连同它时尚的现代建筑一并纳入麾下。与此同时，图米酒庄也开始酿制黑皮诺和长相思葡萄酒。然而，这一系列产品中最著名的酒款还是他们精心酿制的梅洛葡萄酒。

卡顿酒庄（索诺玛产区）

1981年，卡顿（Caton）家族在索诺玛谷买下了一座废弃的葡萄酒庄，打算找机会修复它。然而这个念想一拖再拖，真正修葺这个20世纪初建立的酒庄的人，已经是卡顿家族的下一代子嗣了。1997年，泰·卡顿（Ty Caton）在这座占地面积大约16公顷的古老葡萄园里重新种植上葡萄，并在朋友兼导师彼得·马西斯 [Peter Mathis，效力于雷文斯伍德酒庄（Ravenswood）]的帮助下，在2000年酿造了第一批葡萄酒。从那以后，卡顿每年都从他的葡萄园酿造几千箱葡萄酒。他独特的卡顿酒庄泰氏红葡萄酒（Tytanium）由赤霞珠、小西拉、西拉和马尔贝克混酿而成，品质非凡。

温蒂酒庄（干溪谷产区）

虽然温蒂酒庄（Unti Vineyards）从成立到如今仅有10年多一点的历史，但这家酒庄像一家传统的老牌酒厂一样，信心百倍地大踏步发展着。该庄园由米克·温蒂（Mick Unti）、乔治·温蒂（George Unti）和琳达·温蒂（Linda Unti）共同创立，一心想要在干溪谷产区生产地中海风情的佳酿。该酒庄占地20公顷，园内种植了许多当地不常见的葡萄品种，包括蒙特布查诺（Montepulciano）、巴贝拉（Barbera）和白匹格普勒（Picpoul Blanc）等。温蒂酒庄就地取材，用这些葡萄的果实精心酿制出多款独特的优质葡萄酒，每款都适合陈年。该酒庄旗下的桃红葡萄酒由歌海娜和慕合怀特（Mourvèdre，教皇新堡品种的克隆葡萄）酿制，属加州最好的浅龄桃红葡萄酒。

瓦尔迪兹酒庄（俄罗斯河谷产区）

这家酿酒厂背后的故事要从一个名叫尤利西斯·瓦尔迪兹（Ulises Valdez）的人讲起。这也是葡萄酒行业的"美国梦"的经典故事。尤利西斯·瓦尔迪兹最初是一名贫困的非法移民，还未成年就在田间做修剪葡萄枝的工作。他发愤图强，逐渐成为瓦尔迪兹父子葡萄园管理公司（Valdez and Sons Vineyard Management）的老板。这家公司位于索诺玛县，占地规模达364公顷，旗下雇有70名员工，为美国多名顶级酿酒师种植葡萄。现在，尤利西斯·瓦尔迪兹开启了人生的新篇章，成立了瓦尔迪兹酒庄（Valdez Family Winery）。很多诸如杰夫·科恩、保罗·霍布斯和马克·奥伯特（Marc Aubert）等杰出的酿酒师都在为尤利西斯效力，延续着他的传奇美国梦。就像尤利西斯本人的传奇经历一样，该酒庄出产的葡萄酒款款都赫赫有名。★新秀酒庄

月亮谷酒庄（索诺玛产区）

大多数人都已经忘了索诺玛其实是一个美洲土著语，翻译过来意思大致就是"月亮谷"。马德隆酒庄（Madrone Winery）

自 1863 年以来就一直在运营。1941 年，该酒庄有了新主人，改名为月亮谷（Valley of the Moon）。1997 年酒庄再次转手，但名字保留了下来。该酿酒厂产出了大批价格合理、品质优良的葡萄酒，其中独具特色的当属他们带有薄荷清香的赤霞珠，该款酒在法国和美国橡木桶中陈酿近 2 年才面世出售，不容错过。

韦尔加里酒庄（俄罗斯河谷产区）

酿酒师戴维·韦尔加里（David Vergari）最初是一名金融分析师。他转行后从行业的最基层开始着手，还专门去了加利福尼亚大学戴维斯分校进修，并拿下了学位。在西班牙和澳大利亚当了一段时间的采摘实习生后，他回到美国做了酒类研究师，然后又担任酿酒师，给加州好几个品牌酿制酒款。他一路稳打稳扎，最终开始自立门户。尽管韦尔加里生活在南加州，但他与多家优秀葡萄种植者签订了长期合同，选定地块种植葡萄，也生产少量美味的葡萄酒。该酒庄旗下的范德坎普黑皮诺（Van der Kamp）和杜纳黑皮诺（DuNah Pinot Noirs）备受好评，值得选购。

沃尔特酒庄（俄罗斯河谷产区）

20 世纪 70 年代，沃尔特·汉塞尔（Walter Hansel）在索诺玛县拥有几家汽车经销店，过着很惬意的生活。1978 年，他开始投资葡萄园，在先后 20 年的时间里，他的葡萄园总面积达到了 26 公顷。不幸的是，正当他儿子斯蒂芬收获第一批葡萄准备酿制葡萄酒的时候，他过世了。在包括汤姆·鲁奇奥尼（Tom Rochioli，知名酿酒师）在内的一众朋友和邻居的指导下，斯蒂芬子承父业，继续生产优质的黑皮诺葡萄酒，该酒庄出产的葡萄酒品质卓越，可谓是该地区价格最合理的葡萄酒之一。

西风酒庄（马林产区）

护士辛西娅·克洛克（Cynthia Klock）和她的医生丈夫约翰先生住在尼卡西奥山区（Nicasio Hills），夫妇俩种植了一块 0.8 公顷的葡萄园，但每年也都能酿造几百箱葡萄酒。这怎么可能呢？因为其他酒庄会给他们捐赠葡萄。西风酒庄（West Wind Wines）的宗旨就是给予。他们把销售基础葡萄酒的利润（以及用捐赠的橄榄制成的橄榄油）全部捐给了吉利德之家（Gilead House，一家当地的收容所和慈善机构），该收容所主要收留无家可归的单亲妈妈，在收获季节，她们也会前来伸出援助之手。

威廉斯乐姆酒庄（俄罗斯河谷产区）

伯特·威廉姆斯（Burt Williams）和艾德·斯乐姆（Ed Selyem）对仙粉黛情有独钟，1981 年两人干脆在一间车库里创办了自己的酒庄。威廉斯乐姆酒庄（Williams Selyem）从 1998 年起就归戴森（Dyson）家族所有，目前仍致力于生产仙粉黛葡萄酒，但该酒厂因生产黑皮诺葡萄酒早就名声在外，

是加州最早的膜拜酒庄之一。酿酒师鲍勃·卡布拉尔（Bob Cabral）酿造优雅的浅色皮诺酒，选用的果实皆出自加州最好的葡萄园，包括他著名的邻居鲁奇奥尼葡萄园。该酒庄的产品只按邮件列单售卖给预订的客户，顶级的酒款主要产自弗拉克斯（Flax）、赫希（Hirsch）和维斯塔-维尔德（Vista Verde）葡萄园。

风隙庄园（俄罗斯河谷产区）

风隙庄园（Wind Gap Wines）是著名酿酒师帕克斯·马勒（Pax Mahle）的第二家酿酒厂。帕克斯·马勒的名字之前一直签在帕克斯酒庄（Pax Wine Cellars）的酒标上，但最近由于他与合伙人和大股东产生了无法调和的分歧，帕克斯酒庄不再享有他的独家冠名权。这个新品牌主要是按马勒的理念小批量酿制别出心裁的葡萄酒。他酿制的白葡萄酒果实都需精挑细选，运用野生酵母在橡木桶中适度发酵，偶尔还有更奇怪的工序。例如，他酿制灰皮诺葡萄酒时还运用了长时间浸皮工艺（一种鲜为人知的意大利传统），酿出的葡萄酒洋溢着鲜亮的橙色，芳香四溢。★ 新秀酒庄

小糊涂酒庄（俄罗斯河谷产区）

尼古拉·斯特兹（Nikolai Stez）一直喜欢钻研发酵。归根到底，这一切要从他的俄罗斯移民父母教他如何用熟透的水果做"格瓦斯"（kvas）说起。当到了可以饮酒的年龄后，他做实验就更加认真了。最终他进了威廉斯乐姆酒庄担任酿酒师助理，在那里他参与了 17 个丰收年份的酿酒过程。斯特兹和他的妻子吉娜·鲍尔（Zina Bower）经营着自己的小酒厂，一切都进行纯手工操作。该酒庄小批量出产高品质的黑皮诺和仙粉黛葡萄酒，选用的葡萄果实均从索诺玛和门多西诺两个县的葡萄园中采购。★ 新秀酒庄

泽帕尔塔斯酒庄（俄罗斯河谷产区）

瑞安·泽帕尔塔斯（Ryan Zepaltas）是威斯康星人，他曾经梦想当个叱咤风云的滑板运动员，但梦想很快破灭，后来无意中进入了葡萄酒酿造业。泽帕尔塔斯的第一份工作是在酒窖里当个卑微的杂工，这还是他家族的一个朋友介绍给他的，后来他又到著名的希杜丽酒庄（Siduri Wines）担任酿酒工。可以说他的蜕变既彻底又神速。他很快就创办了自己的品牌，而且同样也是好评如潮。泽帕尔塔斯酒庄（Zepaltas Wines）目前共出产 17 款不同的黑皮诺、西拉和霞多丽葡萄酒，但产量极低。他的佳酿一瓶难求，但每款都值得一试。★ 新秀酒庄

特级园黑皮诺

虽然美国不像法国勃艮第或波尔多葡萄酒产区那样使用分级制度来鉴定葡萄园的质量，但如果也如此效仿，那么鲁奇奥尼葡萄园（Rochioli Vineyards）几乎会毫无悬念地获得顶级酒庄的地位。鲁奇奥尼家族在俄罗斯河畔种植葡萄已经有近 100 年的历史了。有几家酒庄因为使用鲁奇奥尼葡萄园种植的黑皮诺葡萄酿制葡萄酒而名声大噪，其中最著名的便是威廉斯乐姆酒庄。1982 年，鲁奇奥尼家族决定推出自己的葡萄酒品牌。在家族第 3 代酿酒师汤姆·鲁奇奥尼（Tom Rochioli）的指导下，酒庄现在生产的葡萄酒分为两个等级。

鲁奇奥尼葡萄园的葡萄酒采取地区混酿，而鲁奇奥尼（J Rochioli）的标签出现在他们的单一葡萄园葡萄酒（主要是黑皮诺）上，并且只出售给邮寄名单客户。鲁奇奥尼葡萄园酒以其陈年价值而闻名——遇上好的年份，陈酿几十年后口感更佳。

门多西诺县和莱克县产区

得益于门多西诺县（Mendocino）地区开放的思想，黑皮诺、意大利风格的红葡萄酒和阿尔萨斯风格的白葡萄酒才得以从万千葡萄酒中脱颖而出。这里人口稀少，葡萄园地形崎岖，森林茂密。门多西诺县地处偏远地区，道路不畅，自19世纪50年代建县以来，许多前往北加州的游客都没有机会亲身领略这里195千米太平洋海岸线的延绵壮阔。以上种种因素减缓了门多西诺县和邻近的莱克县葡萄酒产业的发展，信息的闭塞使得（或迫使）许多葡萄园和酿酒厂无法借鉴大酒庄的发展经营模式，只得自己探索生存战略。

20世纪初，在门多西诺县较为温暖的内陆地区，偏远山脊地带常有晨雾笼罩，意大利移民发现他们可以在那里种植仙粉黛、小西拉和佳丽酿等品种的葡萄，这也能让他们时常唤起对家乡的记忆。从20世纪60年代开始，一些人陆续在安德森谷建立了葡萄园，在那里酿造芳香清爽的雷司令和琼瑶浆葡萄酒，后来他们发现黑皮诺葡萄酒的前景似乎也不错。

法国路易王妃（French company Roederer）首先证明了安德森谷也可以酿出世界级的起泡酒。今天，在门多西诺产区，最受葡萄酒鉴赏家欢迎的不是起泡酒，而是安德森谷黑皮诺葡萄酒。在酒体上，安德森谷黑皮诺比大多数加州葡萄酒更轻盈，但比俄勒冈州的皮诺更浓厚。这种味觉表现不禁让人想起了勃艮第的香波-慕西尼产区（Chambolle-Musigny），只不过安德森谷的黑皮诺果味还要更加成熟一些。

赤霞珠、梅洛和长相思是该地区种植最为广泛的葡萄品种，而这些葡萄中的绝大多数都向南方迁移到了索诺玛县。如果想要试试与众不同的门多西诺葡萄酒，酒客们大可以放心地去品尝此地区的酿酒先锋——帕尔杜奇酒庄出产的深色小西拉和带有覆盆子香味的仙粉黛，以及一种只在此地区才酿造的罕见混酿红葡萄酒，名为科罗门多西诺。

此地吸引了众多自由的思想家前来隐居，也对这里的葡萄种植产生了积极的影响。门多西诺县葡萄酒委员会（Mendocino County Winegrape Commission）常向外界宣传，说他们县是"美国最绿色的葡萄酒产区"。在总面积7300公顷的葡萄园中，有近1600公顷获得了有机认证，另有280公顷已经获得或者正在努力获得生物动力认证。这里云集了许多加州葡萄酒产业的环保倡议者，其中包括菲泽酒庄及较为年轻的博泰乐酒庄（Bonterra）。

衍生于菲泽酒庄的西阿乔酒庄（Ceàgo Vinegarden）位于莱克县的清湖湖畔，是世界上为数不多的可以乘船抵达的葡萄酒庄之一。巍峨的科诺蒂山（Mount Konocti）屹立在旁，而在湖边的平原地区，以往的许多梨园如今已经种起了长相思和霞多丽葡萄。附近的山坡和高原地带则是赤霞珠、梅洛、西拉和丹魄（Tempranillo）的大本营，用这些葡萄酿制的葡萄酒以强劲的果味和充满活力的质地而闻名。在包括布拉斯菲尔德酒庄（Brassfield）、六西格玛酒庄（Six Sigma）和香农山在内的新酒庄，以及斯蒂尔葡萄酒公司（Steele Wines）的资深酿酒师杰德·斯蒂尔（Jed Steele）的共同努力下，莱克县3560公顷的葡萄园及酒庄正得到越来越广泛的关注。

莱克和门多西诺县有些类似，它们都没有新潮的餐馆，给人的感觉也不像某些葡萄酒产区那样妄自尊大。这里的酿酒师只按照自己的方式酿酒。他们已经找到了适合当地地理和微气候条件的葡萄品种和葡萄酒风格，带有巧克力和香草芬芳的赤霞珠和霞多丽葡萄酒就是最好的证明。而他们仍在不断超越自我，突破极限。

黑鸢酒庄（门多西诺产区）

黑鸢酒庄（Black Kite Cellars）是安德森山谷法洛（Philo）附近的一家小型黑皮诺酒庄，其灵感来自勃艮第葡萄酒和原产于门多西诺县的一种水鸟。

掌管黑鸢酒庄的格林家族将庄园 16 公顷的葡萄园分成若干区域，然后根据勃艮第的传统，用相同的方法分别酿制不同地块产出的葡萄。黑鸢酒庄成立于 2003 年。在 2007 年，黑鸢酒庄至少生产了 4 种不同种类的皮诺葡萄酒，总共 900 箱，其中就包括令人垂涎欲滴的河湾地块皮诺葡萄酒（River Turn Block Pinot）。★新秀酒庄

博泰乐酒庄（门多西诺产区）

博泰乐酒庄（Bonterra Vineyards）是全美首个将资金全部投入葡萄有机种植的葡萄酒品牌。该酒庄衍生于费兹葡萄园，是门多西诺县麦克纳牧场（McNab Ranch）的一家独立酒庄。资深酿酒师罗伯特·布鲁（Robert Blue）酿造的葡萄酒质量稳定，奢华大气，共包括 5 种白葡萄酒：最知名的是精选霞多丽，其次是梅洛、西拉、仙粉黛和赤霞珠。尤其珍贵的是麦克纳混酿红葡萄酒（The McNab），这款酒率先采用了生物动力技术种植葡萄作为酿酒葡萄，而非以往的有机种植方式。

布拉斯菲尔德酒庄（莱克产区）

1998 年，杰里·布拉斯菲尔德（Jerry Brassfield）及其公司开辟了一个名为"高谷"（High Valley）的小葡萄种植园，位于清湖（Clear Lake）东部百余米高的山地上。他们将当地的橡树林地和养牛牧场改造为葡萄园，种植包括琼瑶浆和仙粉黛在内的 19 个葡萄品种，并且着手对这些葡萄品种进行瓶装试酿，以确定种植潜力最大的品种。正如布拉斯菲尔德酒庄名字的含义所示，酒庄生产的所有葡萄酒的种植、酿制和装瓶等环节都是在庄园内完成的。

布里戈酒庄（门多西诺产区）

布里戈酒庄（Breggo）是安德森谷的新兴酒庄，其前身是 128 号公路附近的一处占地 82 公顷的牧羊场（Breggo 在当地方言中的意思就是羊）。联合创始人道格拉斯·伊恩·斯图尔特（Douglas Ian Stewart）已将酒庄出售给了克利夫·莱德（Cliff Lede），但并没有将 3 公顷的葡萄园一同出售。莱德在纳帕谷拥有一家同名酿酒厂。斯图尔特打算保留股权合伙人的身份，并继续指导酒庄的酿造工作。布里戈酒庄生产 3 款黑皮诺葡萄酒（包括一款独特的勃艮第风格的费林顿葡萄园葡萄酒），以及 5 款白葡萄酒，一款桃红葡萄酒和一款西拉葡萄酒。★新秀酒庄

西阿乔酒庄（莱克产区）

在莱克县的克利尔湖湖畔，很少有酒庄的滨水景致能与西阿乔酒庄相媲美。酒庄主人吉姆·费策（Jim Fetzer）打算在这个略显破旧的鲈鱼垂钓胜地设立一个展区，以便让其产自生物动力葡萄园和酿酒厂的 8000 箱"绿色环保"葡萄酒得到更多酒客的关注。旅客们可以乘车、乘船（湖上有码头）或乘飞机（水上飞机）抵达。酒庄的 12 款葡萄酒主要由波尔多葡萄酿造，也有霞

博泰乐酒庄

自 1987 年以来，博泰乐酒庄一直使用有机葡萄酿造葡萄酒。

布拉斯菲尔德酒庄

热带水果与酸脆口感之间的极佳平衡。

多丽、西拉和曾经风靡加州的白麝香葡萄（Muscat Canelli）。

德鲁家族酒庄（门多西诺产区）

德鲁家族酒庄（Drew Family Cellars）用其高品质的黑皮诺和西拉葡萄酒证明，在加州并不是每一个评价很高的新酒庄都能反映富豪酒庄主的生活方式。贾森·德鲁（Jason Drew）曾在加州学习葡萄栽培和葡萄酿酒学，后来去澳大利亚攻读葡萄酒学硕士学位。在 2003 年和妻子莫莉一起创办自己的酒庄之前，他还在加州其他 4 家酒厂工作过。他们的小酒庄距离海岸 5 千米，于 2005 年竣工。来自德鲁酒庄纪念碑树葡萄园（Monument Tree Vineyard）的 2007 年份黑皮诺葡萄酒堪称黑皮诺这一酒款的典范，散发出烘焙香料和新鲜樱桃的香气，直叫人食欲大开。★新秀酒庄

鹰点酒庄（门多西诺产区）

1995 年，约翰·沙芬伯格（John Scharffenberger）将自己创立的起泡酒公司的股份卖给了法国奢侈品公司酩悦·轩尼诗-路易·威登集团，但同时他保留了自己家族于 1975 年在尤凯亚山谷（Ukiah Valley）山坡上种植的 32 公顷葡萄园（他后来还成为一名巧克力制造商）。凯西·哈特利普（Casey Hartlip）是他在鹰点酒庄（Eaglepoint Ranch）的合伙人，他们把葡萄出售给其他酒庄，同时留出一部分来酿造自己的葡萄酒：一款味道浓郁的阿尔巴利诺葡萄酒（Albariño）、一款得分很高的小西拉葡萄酒、一款歌海娜葡萄酒，以及该地区特有的科罗门多西诺（Coro Mendocino）葡萄酒（主要由仙粉黛酿造）。

埃尔克酒庄（门多西诺产区）

这是一家少有的以制作苹果汁起家的葡萄酒庄。虽然一些老客户的记忆可能还停留在玛丽·埃尔克有机苹果汁（Mary Elke Organic Apple Juice，目前仍在少量生产），但埃尔克家族（Elke family）在纳帕和门多西诺经营葡萄园已经有几十年的时间了。自 1997 年以来，除了向路易王妃酒庄和奥邦酒庄（Au Bon Climat）等加州著名品牌销售葡萄，埃尔克家族也酿制了自己的葡萄酒。产自安德森山谷唐纳利溪葡萄园（Donnelly Creek Vineyard）的埃尔克蓝钻石黑皮诺葡萄酒（Elke Blue Diamond Pinot Noir）酒体丰富，风味独特。该酒庄还出产性价比较高的皮诺、霞多丽和桃红葡萄酒。★新秀酒庄

埃塞特里娜酒庄（门多西诺产区）

斯特林（Sterling）家族在门多西诺经营的埃塞特里娜酒庄（Esterlina 在西班牙语中意为"斯特林"）坐落在安德森谷法洛附近的山坡葡萄园之上。埃塞特里娜酒庄在这里酿造了十几种葡萄酒，包括一款黑皮诺葡萄酒，果香馥郁，余味悠长，以及一款来自科尔园微型产区（Cole Ranch AVA）的雷司令半干葡萄酒，香气馥郁，令人振奋。事实上，以埃塞特里娜命名的葡萄酒仅出自这 76 公顷的葡萄园，全在该酒庄名下，属全美最小的一个产区。

斯特林家族还在附近的亚历山大河谷和俄罗斯河谷（索诺玛北部）及希尔兹堡附近的埃弗雷特岭酿酒厂种植了葡萄。★新秀酒庄

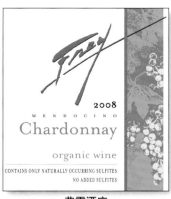

弗雷酒庄

清新的风格会吸引追求新鲜感的酒客。

金目酒庄

与安德森谷的大多数酒庄不同，金目酒庄只生产黑皮诺葡萄酒。

四视野酒庄（门多西诺产区）

查尔斯家族的 4 名成员在安德森谷四视野小型酒庄（Foursight Wines）种植葡萄并酿造葡萄酒已经有 3 年的时间了。庄园起初开垦了一块葡萄园，种植黑皮诺、长相思和赛美蓉葡萄，随后又推出了四视野查尔斯黑皮诺葡萄酒（Foursight Charles Vineyard Pinot Noir）。这款葡萄酒结构鲜明，酸味很浓，与加州许多成熟度较高的皮诺形成了鲜明对比。该酒庄使用本地的酵母发酵黑皮诺，其中一款在酿造过程中不使用新橡木桶。酒庄用不锈钢罐酿造的一款长相思葡萄酒还获了奖。总而言之，这个酒庄似乎的确喜欢另辟蹊径。★新秀酒庄

弗雷酒庄（门多西诺产区）

弗雷酒庄（Frey Vineyards）由弗雷家族经营，位于门多西诺县一条僻静的小路上，该酒庄可能是全美最古老的有机酿酒厂。他们产有 20 款不同的白葡萄酒、红葡萄酒、桃红葡萄酒和甜酒，所有酒款都贴有有机或生物动力的标签。在加州，越来越多的葡萄酒开始采用有机种植的葡萄进行酿造，弗雷酒庄的葡萄酒同样如此，酿制过程不使用亚硫酸盐或其他任何合成添加剂。因此，该酒庄出产的葡萄酒清新奔放，一开始并没有引起普遍关注。但是酒香不怕巷子深，如今享誉世界的斯第尔顿奶酪（Stilton）不也曾无人问津吗？

金目酒庄（门多西诺产区）

在安德森谷，许多酒庄种植的葡萄品种都十分混杂，金目酒庄（Goldeneye Winery）则专注于种植黑皮诺。酿酒师扎克·拉斯穆森（Zach Rasmuson）主打金目（Goldeneye）和迁徙（Migration）两个品牌。金目酒庄出产的皮诺葡萄酒价格较贵，橡木味也更浓。汇源溪（Confluence）、果溪湾（Gowan Creek）和奈罗园（The Narrows）都是葡萄园限定款葡萄酒，最新推出的十度系列（Ten Degrees）则是由所有葡萄园最佳地段的葡萄酿制而成的小批量葡萄酒，其价格也相应地更高。迁移黑皮诺葡萄酒则颜色更浅，香味更浓。1996 年，金目酒庄由来自纳帕谷杜克霍恩酒庄的主人建立，从此凭借其高品质的黑皮诺、令人难忘的自有葡萄园及 128 号公路沿线休闲优雅的接待中心，发展得愈发迅猛。

青木桥酒庄（门多西诺产区）

用"多彩"来形容青木桥酒庄（Greenwood Ridge Vineyards）是再合适不过了。该酒庄是安德森谷历史最悠久的葡萄酒厂之一（成立于 1980 年），太阳能和生物柴油汽车等创新技术的应用为酒庄发展注入了新的活力。酒庄主人艾伦·格林（Allan Green）是一名平面设计师，他的创作灵感渗入了酒庄的各个角落，比如：把丝网印刷用于葡萄酒标签的制作中，为他葡萄酒俱乐部的成员们举办年度葡萄酒品鉴大赛，或是在品鉴室上空插上一堆抢眼的锦旗。当然了，最吸引人的还是酒庄酿造的葡萄酒——令人垂涎的仙粉黛、具有浓郁黄油质感的灰皮诺、当地表现极佳的黑皮诺及风味奢华的雷司令甜酒，不一而足。

格雷酒庄（莱克产区）

加州的葡萄酒企业家主要分为两种类型：一类是在其他行业发家之后再来投资；另一类则是在葡萄酒行业辛勤耕耘，渴望有朝一日能够拥有属于自己的酒庄。格雷戈里·格雷厄姆（Gregory Graham）就属于后者，他曾在纳帕谷的伦巴尔等酒庄担任首席酿酒师。之后他和妻子玛丽安（Marianne）于 2000 年在莱克县的红山产区买下了他们目前的格雷酒庄（Gregory Graham）。该酒庄的酿酒厂建于 2006 年。凭借着丰富的酿酒经验，格雷厄姆精心打造的葡萄园限定仙粉黛、西拉、歌海娜及其他葡萄酒款得以大放异彩。

汉德利酒庄（门多西诺产区）

米拉·汉德利（Milla Handley）酿造的葡萄酒就和她的乡村葡萄园（2005 年获得有机认证）一样，散发着朴实与悠闲的气息。加州葡萄酒世界宛如一片花的海洋，酒庄们锦簇成团，竞相引起酒客的青睐。唯独汉德利酒庄（Handley Cellars）却像梅花一般，俏也不争春，只把春来报。年复一年地暗自打磨着自己的勃艮第和阿尔萨斯风格葡萄酒，致力于为世人带来美味可口、风味均衡、易于入口的佳酿。米拉酿制的琼瑶浆葡萄酒干爽可口，饱含蜂蜜的甘甜与玫瑰花瓣的清香。霍姆斯葡萄园黑皮诺的风味也十分均衡，叫人口齿生香。庄园霞多丽展现出适度的浓度和层次，美中不足的是没有明显的橡木味。在这些美酒的衬托下，产品线中的庄园桃红起泡酒就只能用还不错来形容了。

哈奇酒庄（门多西诺产区）

自 1971 年首次收获以来，哈奇酒庄（Husch Vineyards）就吸引了众多从安德森谷远方而来的旅客前来品尝葡萄酒或进行野餐。这家广受欢迎的葡萄酒庄现在产有 21 款不同的葡萄酒（其中只有 6 款销路广泛），包括一款清甜的琼瑶浆葡萄酒、一款产自尤凯亚谷的浓郁风格长相思葡萄酒，以及三款带有安德森谷典型的樱桃风味和明亮质地的黑皮诺葡萄酒。自 1979 年以来，奥斯瓦尔德（Oswald）家族便一直经营着哈奇酒庄。

兰特里酒庄（莱克产区）

兰特里酒庄（Langtry Estate）是莱克县格诺克谷（Guenoc Valley）唯一的酒庄，创始人莉莉·兰特里（Lillie Langtry）是维多利亚时代的一位著名美女，曾在美国西部的歌剧院和酒吧里演出。她光彩照人，魅力四射，以致人们都差点忘记了兰特里酒庄出产的葡萄酒（瓶上标有 Langtry 或 Guenoc）究竟有多好。这处偏远的庄园占地面积超过 85 平方千米，却只种植了 182 公顷的葡萄，一部分葡萄园穿过县界延伸到纳帕。酒庄酿制的莱克县格诺克长相思葡萄酒清新可口，质量出众。兰特里小西拉葡萄酒口感柔顺至极。该酒庄十分值得一游。

闲溪谷酒庄（门多西诺产区）

闲溪谷酒庄（Lazy Creek Vineyards）成立于 20 世纪初，它不仅是门多西诺县历史最悠久的酒庄之一，也是最独特的酒庄之一。酒庄生产的葡萄酒在盲品中脱颖而出，倒不是因为它们有多极端，而是因为它们内敛得恰到好处。山坡葡萄园老葡萄藤结出的低产量葡萄，为酒庄生产的葡萄酒注入了当地的风土气息，其中包括一款烟熏的、略带苹果味的琼瑶浆干白葡萄酒，一款风味独特的霞多丽葡萄酒，一款芳香而有力的雷司令葡萄酒及一款黑皮诺葡萄酒，口感含蓄且单宁充沛，适合陈年。汉斯·科

布勒（Hans Kobler）和特蕾西亚·科布勒（Theresia Kobler）于1982年从帕尔杜奇（Parducci）家族手中买下了这处酒庄，并一直经营了26年。现在，索诺玛县法拉利卡诺酒庄的创始人唐·卡拉诺（Don Carano）和朗达·卡拉诺（Rhonda Carano）成为闲溪谷酒庄的新主人，他们十分欣赏这座老酒庄身上的岁月痕迹。

罗洛尼斯酒庄（门多西诺产区）

罗洛尼斯酒庄（Lolonis）是门多西诺县最古老的家族酒庄之一，在过去的10年中创出了自己的口碑。酒庄在红木谷（Redwood Valley）采用有机种植方式，在酿酒师洛里·纳普 [Lori Knapp，以前曾在圣弗朗西斯酒庄（St Francis）工作] 的精心打磨下，罗洛尼斯成为一个耐人寻味的葡萄酒品牌。这里有甘美且饱含黄油芬芳的霞多丽葡萄酒，口感顺滑的丽塞蒂葡萄园（Ricetti Vineyard）仙粉黛葡萄酒，风味醇厚的彼得罗斯（Petros）梅洛葡萄获奖无数，酒体浑厚的俄耳甫斯（Orpheus）小西拉葡萄酒必将在10年的陈酿中破茧成蝶。

伦德尔酒庄（门多西诺产区）

作为安德森谷相对年轻的酒庄（首款是2001年份），伦德尔酒庄（Londer Vineyards）好像如鱼得水一般，很快就成为山谷中最优秀的黑皮诺酒庄之一，同时也十分擅长酿造霞多丽和琼瑶浆干白及甜酒。在一场葡萄酒鉴赏家云集的品酒会上，与会者们品尝了安德森谷自2006年以来出产的35种黑皮诺葡萄酒，而伦德尔酒庄生产的身价不菲的帕拉伯（Paraboll）黑皮诺一举夺魁。伦德尔酒庄地处偏远地区，但游客现在可以在加州小镇布恩维尔新开的品酒室里品尝和购买这些稀有的葡萄酒。

玛利亚酒庄（门多西诺产区）

玛利亚酒庄（Mariah）是门多西诺岭产区（Mendocino Ridge AVA）为数不多的葡萄酒厂之一，庄园的葡萄全部种植在山脊上，距离太平洋仅一箭之遥，清晨时分总是雾气缭绕。创始人丹·杜林（Dan Dooling）和维姬·杜林（Vicki Dooling）从1979年起就住在这个偏远的地方，距最近的城镇也有好几千米远。他们生产天鹅绒般柔软的仙粉黛葡萄酒，还有2款与众不同的西拉葡萄酒，都带有独特的馥郁花香。西利亚西拉（Syriah Syrah）葡萄酒口味平易近人，而玛利亚西拉（Mariah Syrah）则更适合陈年。

麦道尔酒庄（门多西诺产区）

麦道尔酒庄（McDowell Valley Vineyards，建立于1970年）1919年就已经植有罗讷的西拉葡萄品种。"罗讷游侠"（Rhône Ranger）一词在20世纪80年代开始流行，而早在那之前麦道尔酒庄就已经是一个"罗讷游侠"了。如今，在阳光充足、温暖的麦道尔谷（McDowell Valley）——位于马亚卡马斯山脉的西南斜坡上，酒庄肥沃的葡萄园里仅种植着西拉、歌海娜等葡萄。酿酒厂将这些葡萄制成各种各样的葡萄酒，从西拉桃红葡萄酒到澳大利亚风格的西拉葡萄酒，从以仙粉黛为主的科罗门多西诺混酿酒到未标年份的波特式餐后甜酒，各类酒款应有尽有。

纳瓦罗酒庄（门多西诺产区）

纳瓦罗酒庄（Navarro Vineyards）的创始人泰德·贝内特（Ted Bennett）和黛博拉·卡恩（Deborah Cahn）并不是首批在门多西诺郡定居酿酒的城市移民，但这对夫妇却奉行20世纪70年代该地区盛行的回归大地、土地至上的理念。现在去纳瓦罗酒庄做客，泰德会向你展示在有机葡萄园里啃食杂草的绵羊、一种新的棚架装置——遮蔽葡萄的效果比随处可见的垂直定位系统更佳，以及新的排水涵洞——可以让产卵的鲑鱼顺着陡峭山坡的溪流而上。纳瓦罗酒庄出产的雷司令、琼瑶浆、霞多丽和黑皮诺葡萄酒就像你钟爱的牛仔裤一样称心，而且价格也很公道。

黑曜石山脊酒庄（莱克产区）

黑曜石山脊酒庄（Obsidian Ridge Vineyard）的所有者莫尔纳家族（Molnar Family）极具投资意识。1973年，他们在加州卡尼洛斯区买下了一家酿酒厂，当时那里的大部分土地还是牧场，他们还在匈牙利投资了一家葡萄酒桶厂（他们一家是从匈牙利移民过来的）。20世纪90年代末，他们在这个高海拔的莱克县（现在的红山）葡萄园种植了赤霞珠和西拉。葡萄地里至今还埋有边角尖锐的黑色石头，曾被美洲原住民用作武器。虽然卡尼洛斯产区的霞多丽和黑皮诺（标有Molnar Family和Kazmer & Blaize）目前是酒庄最出色的葡萄酒，但红山莱克县红葡萄酒的品质也突飞猛进，特别是风味浓郁的赤霞珠葡萄酒。★新秀酒庄

太平洋之星酒庄（门多西诺产区）

太平洋之星酒庄（Pacific Star Winery）是世界上为数不多的直面大海的几家葡萄酒庄之一，它生产的葡萄酒大多来自门多西诺县周围以及更远地区的葡萄园，风格古怪，但质量很好。酒庄主人兼酿酒师萨莉·奥托森（Sally Ottoson）认为，当地得天独厚的自然条件给她的小产量葡萄酒赋予了魔力。酒庄的葡萄酒包括由常见葡萄混酿而成的"这是我的错"（It's My Fault）红葡萄酒（酒名源于酒庄地下的地震断层），以及由仙粉黛和其他葡萄种混酿而成的层次复杂的科罗门多西诺红葡萄酒。

帕尔杜奇酒庄（门多西诺产区）

在20世纪的大部分时间里，帕尔杜奇（Parducci Wine Cellars）是门多西诺郡的一家独立酒庄。该酒庄的葡萄酒面向公众，而不向其他酿酒厂提供散装葡萄酒。酒庄主人约翰·帕尔杜奇（John Parducci）是门多西诺葡萄酒酿造界的代表人物，虽然他的公司酿制了许多酒款，但都超越不了他的小西拉葡萄酒。这一传统在桑希尔（Thornhill）家族和保罗·多兰（Paul Dolan）的领导下延续了下来。作为菲泽酒庄（Fetzer Vineyards）的前总裁，多兰可能是全美倡导生物动力葡萄种植方式最积极的人。如今，酒庄出产的大地惊雷小西拉葡萄酒（Parducci Petite Sirah True Grit）是有史以来风味最浓烈的一款。

帕蒂亚娜酒庄（门多西诺产区）

在菲泽（Fetzer）家族的经营下，帕蒂亚娜酒庄（Patianna

路易王妃酒庄

这款混酿酒黑皮诺与霞多丽的比例为 6:4，呈现出略带浅橙的粉红色。

帕尔杜奇酒庄

这款天鹅绒般柔软的红葡萄酒，散发着覆盆子和黑莓的果香。

Organic Vineyards）引起了渴望尝鲜的葡萄酒爱好者的特别关注。酒庄出产的生物动力霞多丽和长相思葡萄酒在盲品中展现出别样的活力，这可能源于门多西诺葡萄园使用的非化学葡萄种植方式。辛辣的姜柑橘味赋予了霞多丽葡萄酒独特的风味，而长相思葡萄酒则具有一种令人难忘的咸味，十分特别。

保罗·多兰酒庄（门多西诺产区）

保罗·多兰（Paul Dolan）是美国葡萄酒酿造生态管理的主要倡导者。他的话在业界很有分量，因为他和两个儿子也在位于俄罗斯河谷山脊上的黑马牧场（Dark Horse Ranch）酿制了非常出色的葡萄酒。多兰管理着尤凯亚的帕尔杜奇酒庄，但他似乎最精通的还是葡萄园的有机生物种种植法。除了几种非常好的有机种植葡萄酒，还有一款名为深红（Deep Red）的生物动力混酿酒，主要由西拉酿造，果味十足。★新秀酒庄

路易王妃酒庄（门多西诺产区）

虽然有些不合逻辑，但事实上，以黑皮诺、琼瑶浆和仙粉黛葡萄酒闻名的门多西诺县生产的起泡酒可能也是全美最好的。路易王妃酒庄是法国香槟品牌路易王妃（Louis Roederer）在加州建立的酒庄，生产了一系列出色的起泡酒。酒庄经典的路易王妃无年份起泡酒（Roederer Estate Brut），哪怕与绝大多数售价两倍于己的香槟相比也不落下风。而艾米塔陈年特酿（L'Ermitage Vintage-Dated Cuvée）则是一款具有帝王气质的起泡酒，专为盛大场合而生。路易王妃酒庄只采用自产葡萄酿制葡萄酒，主要是霞多丽和黑皮诺葡萄，并在橡木桶中陈酿——这在香槟的酿制中较为罕见。

萨拉辛纳酒庄（门多西诺产区）

自 2002 年首次推出以来，这家位于 101 号高速公路沿线的精品酒庄和葡萄酒窖就一直在默默无闻地发展壮大，不断推出优质的门多西诺葡萄酒。不过如果考虑到萨拉辛纳酒庄（Saracina）及其第二个品牌阿德利（Atrea）是由经验丰富的葡萄酒商约翰·菲兹尔（John Fetzer）和他的妻子帕特丽夏·罗克（Patricia Rock）创办的，这便不足为奇了。萨拉辛纳酒庄出产的长相思葡萄酒活力充沛、口味丰富，仙粉黛葡萄酒带有经典的覆盆子风味，小西拉葡萄酒则展现出高端大气、璀璨夺目的傲人气质，带有丝丝烟熏气息。酒庄旗下的阿德利老灵魂红葡萄酒（Atrea Old Soul Red）拥有天鹅绒般的质感，极富感染力。

香农山酒庄（莱克产区）

酒庄的创始人克莱·香农（Clay Shannon）是一个彻头彻尾的西部人，总是身着斯泰森毡帽和牛仔靴。他骑着马在莱克县第二大葡萄园里放牧，在高谷产区有 191 公顷，在湖的另一边的红山产区有 101 公顷。[贝克斯托弗葡萄园（Beckstoffer Vineyards）是第一大葡萄园，但它并不自产葡萄。]香农山酒庄（Shannon Ridge）于 2002 年开业，才华横溢的酿酒师马尔科·朱利奥（Marco Giulio）酿造的葡萄酒品质每年都在攀升，其中就包括注重口味的歌海娜葡萄酒、单宁紧实的仙粉黛葡萄酒，以及十分畅销的牧人（The Wrangler）西拉仙粉黛混酿酒。

六西格玛酒庄（莱克产区）

偏远的莱克县位于荒凉的西部，广袤的土地和伟大的梦想汇集于此，描绘出一幅未来的蓝图。创始人卡伊·阿尔曼（Kaj Ahlmann）和埃塞尔·阿尔曼（Else Ahlmann）在丹麦长大，而 1999 年在通用电气（General Electric）的一个部门工作时，卡伊掌握了被称为"六西格玛"（Six Sigma）的商业定律。他们买下了一个占地 1740 公顷的牧场，将其中大部分申请了永久保护地役权，用于种植葡萄。在众多佳酿中，最令人难忘的莫过于辛香浓郁、酒体饱满的丹魄葡萄酒。★新秀酒庄

斯蒂尔酒庄（莱克产区）

经历了多年的葡萄酒酿造生涯后，杰德·斯蒂尔（Jed Steele）依旧在不断探索，开阔自己的眼界。斯蒂尔酒庄（Steele Wines）位于莱克县凯尔西维尔（Kelseyville），酿有斯蒂尔（Steele）、流星（Shooting Star）和文思（Writer's Block）3 个系列数十款葡萄酒及混酿酒。斯蒂尔酒庄自种的葡萄占总量的 15%，其余的葡萄则来自别地的葡萄园，北至华盛顿州，南至圣巴巴拉等地，其中就包括优质的比恩纳西多葡萄园（Bien Nacido Vineyard）的黑皮诺。大蒲园的仙粉黛葡萄产自门多西诺山脊上的帕西尼农场（Pacini Ranch）中的拥有近百年藤龄的葡萄藤。

集纳海德酒庄（门多西诺产区）

坎宁安（Cunningham）家族创立的集纳海德酒庄（Zina Hyde Cunningham）也许只有区区 10 年的历史，但其酿酒传统却可以一直追溯到 1862 年。当时，坎宁安家族在索诺玛县酿制了他们的首款年份葡萄酒。酒庄现在专业生产的葡萄酒至少有 15 种，其中不乏一些著名酒款，比如安德森山谷黑皮诺葡萄酒，在 4 年的陈年时间里，这款酒保持了所有风味的和谐与平衡。精美的酒庄品酒室坐落于迷人的布恩维尔，非常值得一游。

经常能在葡萄园看到几种原产于加州的橡树。

中央海岸产区

中央海岸作为美国的葡萄栽培区，其规模之大几乎使"中央海岸"这个产区划分变得毫无意义。从北部的旧金山湾区到南部的圣巴拉县，中央海岸产区沿着加州海岸线大约延伸了400千米。在总面积达160万公顷的土地上，10个县共有约4.05万公顷的葡萄园。如此规模的产区受无数的气候和地形条件影响，所以几乎所有的葡萄品种都能在中央海岸找到适合自己的位置。在以圣克鲁斯山为代表的一些崎岖地带，葡萄园的规模往往很小，而蒙特利县萨利纳斯谷则拥有广袤的土地，这里的葡萄园得以尽施拳脚。酿酒厂也是如此，从小型手工生产商到大型企业生产基地，各种规模应有尽有。

受太平洋的寒冷海洋气候影响，中央海岸地区多风多雾，夜间较为凉爽。

旧金山湾产区位于中央海岸北端，最早是出于营销的目的而建立。该产区包括位于旧金山以东64千米处的利弗莫尔谷，于19世纪晚期获得了国际认可。虽然发展情况一直时好时坏，但巨大的昼夜温差以及多砾石的土壤为利弗莫尔带来了得天独厚的自然条件。在附近旧金山湾东部的伯克利和阿拉梅达（Alameda）等社区，罗森布拉姆（Rosenblum Cellars）和埃德蒙茨（Edmunds St John）等酒庄带领着一批锐意进取的酒商们在仓库里酿造葡萄酒。

在旧金山以南，圣克鲁斯山在19世纪末也曾有过辉煌时期。这片崎岖不平、树木繁茂的地区位于沿海山区，是美国最早以海拔划分的葡萄种植区之一。由于该地区靠近硅谷，房价较为昂贵，因此葡萄园的土地十分有限，一些酒庄选择从其他地区收购葡萄。

与之形成鲜明对比的是蒙特利县，该县有足够的土地用来种植葡萄，葡萄园总面积超过1.6万公顷，是中央海岸葡萄园面积最大的产区。据估计，蒙特利县70%的葡萄销往其他地区，并经常与加州或中央海岸产区的葡萄混合酿制。虽然蒙特利县整体气候凉爽，霞多丽和黑皮诺是其主要品种，但这里的8个小产区有各种不同的气候条件。其中的圣卢西亚高地产区，因其成熟且丰满的黑皮诺葡萄酒而声名鹊起。

位于圣路易斯奥比斯波县的帕索罗布尔斯是加州发展最快的产区，在过去10年中，这里的酒庄数量增加了五倍以上。虽然帕索罗布尔斯整体上是一个相对温暖的种植区，但靠近海洋的西侧地区更加崎岖不平，雨水较多，温度略低，而东侧地区则较为平坦，适合建立更大的种植园。长期以来，帕索罗布尔斯一直以仙粉黛和赤霞珠葡萄酒闻名，但罗讷葡萄品种最近也十分热门。在圣路易斯奥比斯波县的南端，更为凉爽的埃德娜谷和阿罗约格兰德谷以霞多丽和黑皮诺葡萄酒而闻名。

尽管在内陆更温暖的地区，罗讷和波尔多品种的成熟度很高，但让圣巴巴拉县赢得了良好声誉的正是霞多丽和黑皮诺这两个品种。该县有许多受海洋气候影响的横谷。北边是凉爽的圣玛丽亚谷产区，南边是没有产区地位的洛斯阿拉莫斯谷（Los Alamos Valley）。狭长的圣伊内斯谷包括西部的圣丽塔山产区及新建的欢乐峡谷产区（Happy Canyon Ava），这里靠近内陆，更为温暖。

驴子与山羊酒庄（旧金山湾产区）

像许多加州酿酒师一样，特蕾西·勃兰特（Tracey Brandt）和杰瑞德·勃兰特（Jared Brandt）在法国生活期间与葡萄酒结缘，对他们而言，这种热爱不仅仅是情怀那么简单。驴子与山羊酒庄（A Donkey and Goat Winery）出产的葡萄酒极具加州果味，同时也保留了旧世界酿酒的传统：适度的酒精含量、鲜亮的酸度、野生酵母、不选用新橡木，以及酿造"餐桌用酒，而非鸡尾酒"的整体承诺等。产自凉爽气候区单一葡萄园并在仓库中酿制的西拉葡萄酒味道浓郁，风味集中，是该酒庄的特色产品。★新秀酒庄

奥尔本酒庄（圣路易斯奥比斯波产区）

奥尔本酒庄（Alban Vineyards）成立于 1989 年，是美国第一家专门酿造罗讷河谷葡萄品种的酒庄。这在当时的埃德娜谷（Edna Valley）十分反常，因为那里到处种的都是霞多丽葡萄。但约翰·奥尔本（John Alban）在学习酿酒学时为一瓶孔德里约（Condrieu）葡萄酒而着迷，于是他先后种植了维欧尼、瑚珊、歌海娜、西拉和慕合怀特（Mourvèdre）葡萄。一路走来，如今他已经成为美国领先的罗讷品种专家之一。奥尔本酒庄出产的白葡萄酒浓郁而芬芳。红葡萄酒则致密而辛辣，且大多以特定的葡萄园区块命名。

阿尔玛罗莎酒庄（圣巴巴拉县产区）

理查德·桑福德（Richard Sanford）是圣巴巴拉县的酒业先驱。他在现在的圣丽塔山产区（Sta. Rita Hills AVA）种植了第一批黑皮诺葡萄藤，并建立了桑福德酒庄（Sanford Winery）。

2005 年，桑福德卖掉了桑福德酒庄，继而创立阿尔玛罗莎酒庄（Alma Rosa Winery）。他在圣丽塔山还有两个总面积超过 40 公顷的有机认证葡萄园。阿尔玛罗莎酒庄酿造黑皮诺、霞多丽、灰皮诺和白皮诺葡萄酒所用的葡萄产自桑福德酒庄的葡萄园或从别处收购。酿酒师克里斯蒂安·罗格南（Christian Roguenant）酿造的葡萄酒味道鲜美，在味觉的平衡上堪称完美无瑕。★新秀酒庄

田园酒庄（圣巴巴拉县产区）

乔·戴维斯（Joe Davis）于 1996 年创立了田园酒庄（Arcadian Winery）。从某种程度上来说，他是一个敢于打破传统的人，这一点从他的网站介绍就可以看出来——"挑战新世界的风格"。虽然他的众多同行生产的霞多丽、黑皮诺和西拉葡萄酒在味道上偏向成熟、丰满、肥美，但他更喜欢精致、优雅、以及带有自然酸度的风格。这些葡萄酒可能需要更长的陈酿时间，但它们的确比加州的许多葡萄酒更适合陈年。酿酒所用的葡萄来自中央海岸产区（Central Coast）最好的葡萄园，如皮索尼（Pisoni）、睡谷（Sleepy Hollow）、佩佩（Clos Pepe）、帝伯格（Dierberg）和斯多分（Stolpman）等。

奥邦酒庄（圣巴巴拉县产区）

1982 年，酿酒师吉姆·克伦德宁（Jim Clendenen）与合伙人亚当·托尔马赫（Adam Tolmach，现供职于奥海奥酒庄）共同创立了奥邦酒庄（Au Bon Climat）。该酒庄专注于黑皮诺和霞

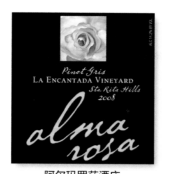

阿尔玛罗莎酒庄
柔和圆润的灰皮诺葡萄酒，酸度适中。

奥邦酒庄
本纳西多葡萄园种植的勃艮第克隆黑皮诺。

多丽葡萄酒，酿酒所用的葡萄均来自一些顶级葡萄园，特别是比恩纳西多葡萄园（Bien Nacido）和克伦德宁自己的勒本克莱梅葡萄园（Le Bon Climat）。克伦德宁还出品其他品牌的葡萄酒，如布里科·布翁·纳塔莱（Bricco Buon Natale）和克伦德宁家族葡萄园（Clendenen Family Vineyards）。他还使用如梦杜斯和泰罗德格等不太常见的葡萄进行酿造。克伦德宁本人个性张扬，但他的葡萄酒却内敛而优雅。

美国奇遇酒庄（圣路易斯奥比斯波产区）

斯蒂芬·阿赛欧（Stephan Asseo）曾在勃艮第求学，并在波尔多工作，但法国产区制度的限制令他施展不开拳脚。经过一年多的寻觅，他最终驻足在帕索罗布尔斯（Paso Robles）。他与合作人一起购买了 49 公顷的土地并开办了一家美国奇遇酒庄（L'Aventure）。阿赛欧酿有一些非常规的混酿葡萄酒，比如由西拉、赤霞珠和小维多混酿的奇遇酒庄特酿红葡萄酒（Estate Cuvée）。该酒庄生产的葡萄酒风味成熟有力，并带有浓郁的橡木味。

百利亚纳酒庄（圣路易斯奥比斯波产区）

长期在埃德娜谷种植葡萄的尼文家族（Nivens）是帕拉贡葡萄园（Paragon）的所有者，他们与帝亚吉欧（Diageo）公司旗下的埃德娜酒庄保持着合作关系。20 世纪 90 年代初，家族的族长凯瑟琳·尼文（Catharine Niven）计划打造一个规模较小的葡萄酒项目，于是百利亚纳酒庄（Baileyana Winery）应运而生。尼文夫妇开辟了全新的火峰葡萄园（Firepeak），建造了一个现代化的酿酒厂，该酿酒厂提供定制压榨服务。酒庄出品的珍藏特级火峰（Grand Firepeak Cuvée）黑皮诺和西拉葡萄酒品质卓越。尼文夫妇后来又创立了名为坦根特（Tangent）的白葡萄酒酒庄（酿制优质的阿尔巴利诺葡萄酒）、特伦萨酒庄（Trenza）（酿制西班牙风格的混酿酒），以及致力于酿造高端黑皮诺葡萄酒的卡德雷酒庄（Cadre）。

巴格托酒庄（圣克鲁斯山产区）

1933 年，在美国废除禁酒令后的第二天，巴格托酒庄（Bargetto Winery）就成立了。该酒庄目前最畅销的是灰皮诺葡萄酒——当巴格托夫妇在 1993 年开始种植灰皮诺时，全加州的灰皮诺葡萄园加在一起的面积也只有 27 公顷。现在该酒庄将精力集中到高端葡萄酒的酿造上，比如黑皮诺葡萄酒和梅洛葡萄酒，以及名为拉维塔（La Vita）的意大利葡萄混酿酒，此酒浑厚有力，产自巴格托酒庄的里根庄园葡萄园（Regan Estate Vineyards）。巴格托酒庄生产的标有乔叟（Chaucer's）标签的果酒及蜂蜜酒也广受大众欢迎。

贝克曼酒庄（圣巴巴拉县产区）

1994 年，汤姆·贝克曼（Tom Beckmen）和他的儿子史蒂夫在圣伊内斯谷（Santa Ynez Valley）创立了贝克曼酒庄（Beckmen Vineyards）。起初，他们需要管理的只是洛斯奥利弗斯（Los Olivos）镇外占地 16 公顷的酒庄，后来他们又在巴拉德峡谷（Ballard Canyon）的山坡上购买了 148 公顷的土地，并将其命名为里西马山园（Purisima Mountain Vineyard）。里西马山园的海拔在 256 米到 380 米之间，已被证明是罗讷葡萄品

邦尼顿酒庄

每年生产的混酿酒都有所不同，但无外乎都是向罗讷地区致敬。

卡勒拉酒庄

令人振奋的平衡口感，洋溢着油桃、茉莉与金银花的芳香。

种的最佳产地。贝克曼酒庄生产的西拉和歌海娜葡萄酒成熟度恰到好处。还有一款物美价廉的窖藏混酿红葡萄酒（Cuvée Le Bec）。里西马山葡萄园已经取得有机认证和生物动力认证。

伯纳德斯酒庄（蒙特利县产区）

伯纳德斯酒庄（Bernardus Winery）是卡梅尔谷产区（Carmel Valley AVA）的主要生产商，来自荷兰的酒庄主人伯纳德斯·本·彭（Bernardus Ben Pon）曾是一名赛车手，他认为该地区白天炎热，夜晚寒冷，是波尔多葡萄品种的理想种植地。酒庄葡萄园酿制的葡萄酒包括马里努斯（Marinus）葡萄酒、伯纳德斯波尔多风格的混酿红葡萄酒，以及一款带有轻微咸味的优雅葡萄酒。酒庄还生产一款口感鲜亮、果香浓郁的长相思葡萄酒，所用的葡萄选自阿罗约塞科（Arroyo Seco）。风味柔和的黑皮诺葡萄酒自比恩纳西多（Bien Nacido）和罗塞拉（Rosella's）葡萄园，同样值得一试。

邦尼顿酒庄（圣克鲁斯山产区）

蓝道·格拉汉（Randall graham）于 1981 年创立了邦尼顿酒庄（Bonny Doon Vineyard），起初他立志要把美国黑皮诺葡萄酒推向世界，不过后来，他与加州罗讷游侠（Rhône Ranger）运动之间的联系变得愈发密切。他还因机智的营销而名噪一时。最近，格拉汉缩减了公司规模，卖掉了索莱达葡萄园（Soledad），这样他就可以把注意力集中到小批量葡萄酒的酿造上，并专心打理自己在蒙特利县（Monterey County）的葡萄园及圣贝尼托县（San Benito County）的一处新庄园里的生物动力葡萄栽培。邦尼顿酒庄的旗舰产品是一款活泼的罗讷风格混酿酒——雪茄盘（Le Cigare Volant）。还有一款口感清爽、香气扑鼻的阿尔巴利诺葡萄酒也十分出色。

布克酒庄（圣路易斯奥比斯波产区）

2000 年，埃里克·詹森（Eric Jensen）开始打理帕索罗布尔斯西侧占地 18 公顷的葡萄园。这片土地的活力较低，海拔和日照条件参差不一，土壤中含有石灰页岩，雨量较少，因此葡萄的产量非常低。起初，葡萄园产出的葡萄全部出售（大部分是罗讷红葡萄），但从 2005 年起，詹森开始为自己的布克酒庄（Booker Vineyard）保留一点葡萄。布克酒庄酿造的葡萄酒在风味上表现出帕索罗布尔斯地区特有的成熟，但同时也十分清新。这种恰到好处的平衡离不开詹森对葡萄品种的精准调配。★新秀酒庄

布兰德酒庄（圣巴巴拉县产区）

弗雷德·布兰德（Fred Brander）是一位长相思葡萄酒大师。他酿造的几款长相思葡萄酒风格各异。基础款的特酿长相思结合了罐式发酵和桶式发酵，价格合理。天然（Au Naturel）长相思是罐式发酵的，可以与空气充分接触，用橡木桶陈酿的尼古拉斯凯特酿（Cuvée Nicolas）长相思则添加了一些赛美蓉葡萄。酒庄甚至还生产有葡萄园限定的长相思葡萄酒。你唯一找不到的大概就是带有醋栗和番茄风味的新西兰风格长相思葡萄酒了。虽然酒庄还生产梅洛和赤霞珠等葡萄酒，但长相思葡萄酒才是这里的王牌。

克林顿酒庄（圣巴巴拉县产区）

20 世纪 90 年代中期，格雷格·布鲁尔（Greg Brewer）和史蒂夫·克林顿（Steve Clifton）在凉爽多风的圣丽塔山产区合作生产霞多丽和黑皮诺葡萄酒。他们酿造了一系列单一葡萄园葡萄酒和圣丽塔山地区混酿葡萄酒。在克林顿酒庄（Brewer-Clifton Vineyards），整串发酵早已是皮诺葡萄酒的标准流程，然而这种做法在其他地方却尚属实验阶段。酒庄出产的皮诺葡萄酒尤其受欢迎。布鲁尔同时也是梅尔维尔酒庄（Melville）以及他自己的蒂亚托酒庄（Diatom）的酿酒师。克林顿还拥有帕尔米纳酒庄（Palmina）。

伯勒尔学校酒庄（圣克鲁斯山产区）

始建于 1854 年的伯勒尔学校（Burrell School）只有一间红色教室，是圣克鲁斯山（Santa Cruz Mountains）山顶的地标建筑，也是伯勒尔学校酒庄（Burrell School Vineyards）的所在地。酒庄主人戴夫·莫尔顿（Dave Moulton）和安妮·莫尔顿（Anne Moulton）于 1990 年开始开发葡萄园，并于 1991 年生产了他们的第一批葡萄酒。该酒庄现在用庄园自产和收购的葡萄酿造一系列葡萄酒。别出心裁的酒名恰好与学校的主题相呼应，比如优等生名单梅洛葡萄酒（Honor Roll Merlot）、校长的选择黑皮诺（Principal's Choice Pinot Noir），以及告别演说者（Valedictorian）波尔多风格混酿红葡萄酒等。

卡勒拉酒庄（蒙特利县产区）

卡勒拉酒庄（Calera Winery）实际位于邻近的圣贝尼托县，酒庄位于哈兰山产区（Mount Harlan）和蒙特雷夏隆产区（Chalone）的葡萄园全都富含石灰岩土壤。

酒庄的创始人乔希·延森（Josh Jensen）曾在勃艮第学习酿酒，他认为在世界顶级的霞多丽和黑皮诺葡萄酒的酿造过程中，石灰岩土壤是不可或缺的。于是在查看了州矿务局的地图之后，他把目光投向了哈兰山产区。卡勒拉酒庄以其产自 6 个不同区块 [塞莱克园（Selleck）、简森园（Jensen）、芦苇园（Reed）、瑞恩园（Ryan）、维利尔斯园（de Villiers）、米尔斯园（Mills）] 的优质而富有表现力的皮诺葡萄酒而闻名。其他酒款还包括物美价廉的中央海岸黑皮诺葡萄酒，以及出色的庄园维欧尼葡萄酒。

坎布瑞酒庄（圣巴巴拉县产区）

圣玛丽亚谷（Santa Maria Valley）的特普斯克葡萄园（Tepusquet Vineyard）始建于 20 世纪 70 年代早期，1986 年被肯德–杰克逊酒庄（Kendall-Jackson）的杰斯·杰克逊（Jess Jackson）和他的妻子芭芭拉·班克（Barbara Banke）收购后，成为坎布瑞酒庄（Cambria Winery）的葡萄园。葡萄园原有的一部分保留了下来，但大部分都重新规划，现在主要种植黑皮诺和霞多丽葡萄。坎布瑞酒庄茱莉亚葡萄园（Julia's Vineyard）的黑皮诺葡萄酒产量超过 50 万瓶，一直保持着高性价比。坎布瑞酒庄还为茱莉亚葡萄园工匠计划（Julia's Vineyard Artisan Program）向其他小酒庄出售葡萄。

雪松山酒庄（旧金山湾产区）

利弗莫尔谷（Livermore Valley）是劳伦斯利弗莫尔国家实

验室（Lawrence Livermore National Laboratory）的所在地，同时这里还有许多葡萄园，于是一些在这个先进研究机构里工作的"实验室老鼠"就找到了自己的第二职业，成为"酒窖老鼠"。厄尔·奥尔特（Earl Ault）和琳达·奥尔特（Linda Ault）就是典型的例子，他们都有物理学的背景，也热爱美食和葡萄酒。自1990年以来，他们就一直用庄园自产或从当地收购来的葡萄酿制葡萄酒。经过不懈努力，雪松山酒庄（Cedar Mountain Winery）的旗舰赤霞珠葡萄酒已经登上了全国各地的酒单，对于一个这么小的酒庄来说，真可说是了不起的成就。

查龙酒庄（蒙特利县产区）

查龙酒庄（Chalone Vineyard）所处的地区荒凉而干燥，虽然看起来并不适合葡萄生长，但自从1919年以来，这片富含石灰岩的土地就一直种植着葡萄。这里的现代酿酒史可以追溯到20世纪60年代，当时理查德·格拉夫（Richard Graff）来到这里，并因为酿造了品质卓越的霞多丽葡萄酒而声名鹊起。近年来，酒庄经历了所有权的变更（现在是饮料巨头帝亚吉欧公司的一部分），也更换了酿酒师，所以葡萄酒的发展方向尚不明确。酒庄出产的霞多丽葡萄酒带有独特的矿物质气息；黑皮诺葡萄酒风味成熟，口感丰富；西拉葡萄酒也很有潜力。

香迷颂酒庄（圣路易斯奥比斯波产区）

2008年，创始人特里·斯派泽（Terry Speizer）将酒庄出售给了深红葡萄酒集团（Crimson Wine Group），该酒庄的名称也从阿尔弗雷德酒庄（Domaine Alfred）恢复为香迷颂酒庄（Chamisal Vineyards）。葡萄园于1972年首次种植葡萄，是埃德娜谷最早的葡萄园之一。酒庄曾以其风味浓烈大胆的黑皮诺葡萄酒而闻名，现在的酿酒师芬坦·杜·弗雷纳（Fintan du Fresne）也延续了这一传统。酒庄主打皮诺和霞多丽葡萄酒，珍藏款名为卡利法（Califa）。还有一款未经橡木桶酿制的霞多丽葡萄酒，品质也十分出色。

拉甘斯酒庄（圣克鲁斯山产区）

比尔·墨菲（Bill Murphy）和布伦达·墨菲（Brenda Murphy）是拉甘斯酒庄（Clos LaChance）的所有者，他们的事业起始于当年在圣克鲁斯山后院里种的一小片霞多丽葡萄，慢慢地他们开始收购葡萄，并最终扩大到商业生产。20世纪90年代末，他们与圣克拉拉山谷（Santa Clara Valley）一个私人高尔夫度假村的开发商达成了一项协议，计划在那里种植葡萄并建造一家酿酒厂。气候更温暖的地理位置让拉甘斯酒庄有机会推出西拉和仙粉黛等葡萄酒品种，但圣克鲁斯山出产的霞多丽和黑皮诺葡萄酒仍是其产品线的核心。

肯嘉尼酒庄（旧金山湾产区）

利弗莫尔的肯嘉尼酒庄（Concannon Vineyard）及其隔壁的威迪酒庄（Wente）的历史都可以追溯到1883年，从那以后，酒庄的发展就像它爱尔兰创始人的运气一样几起几落。肯嘉尼酒庄通过酿造圣酒熬过了禁酒令。1964年，该酒庄成为第一家推出小西拉单一葡萄酒的酒庄。其后20年间，酒庄辗转于不同的公司手中。如今在美国葡萄酒集团（The Wine Group）的资金支持下，酒庄正在再度崛起。小西拉仍然是酒庄特色，但还产有优秀的罗讷、长相思和迷人的小批量葡萄酒。肯嘉尼酒庄一直拥有利弗莫尔最好的石质土壤，现在这片优质土地开始回馈酒庄。

黛什酒庄（旧金山湾产区）

迈克尔·黛什（Michael Dashe）和安妮·黛什（Anne Dashe）曾在三大洲的顶级葡萄酒庄工作过，他们的合作对象包括加州几个顶级葡萄酒产区的国际知名葡萄酒生产商。他们从1996年开始酿造自己的葡萄酒，之前潜移默化的训练和学习现在终于可以大显身手。黛什酒庄（Dashe Cellars）出品的葡萄酒制作精良，兼具醇美浓郁的风味与平衡细腻的口感，尤以仙粉黛葡萄酒为特色，"可怕的小孩"葡萄酒（l'enfant Terrible）风味内敛，雷司令干白葡萄酒则像是一片绿洲，在万紫千红葡萄酒世界中令人眼前一亮。★新秀酒庄

戴维布鲁斯酒庄（圣克鲁斯山产区）

20世纪50年代末至70年代初，在一批酒商的带领下，圣克鲁斯山地区的葡萄酒生产得以复兴，而戴维·布鲁斯（David Bruce）就是其中之一。

作为皮肤科医生的布鲁斯也是一位家庭酿酒师，1961年，他在海拔750米的地方买下了16公顷的土地，他认为这是种植黑皮诺葡萄的理想之地。多年后的今天，布鲁斯已经生产了一系列皮诺葡萄酒，所用的既有庄园自产的葡萄也有从其他产区收购的葡萄。近年来，戴维布鲁斯酒庄（David Bruce Winery）生产的皮诺葡萄酒在风格上变得更加成熟，但优雅之气从未褪去。

丹纳酒庄（圣路易斯奥比斯波产区）

可以说罗恩·丹纳（Ron Denner）之所以能够发家靠的是他挖土的本事——实际上，他的钱是卖挖沟机赚来的。他用积攒的财富在帕索罗布尔斯购买土地，并建立了葡萄园和酿酒厂。葡萄园里种植着各种各样的葡萄，大部分葡萄都向外出售。丹纳酒庄（Denner Vineyards）专注于仙粉黛和罗讷葡萄品种。酒庄出产的白葡萄酒口感香甜，风味浓郁，红葡萄酒则兼具成熟、丰满、复杂口感。酒庄旗舰酒是一款罗讷混酿红葡萄酒——挖掘机（The Ditch Digger）。★新秀酒庄

帝伯格酒庄 / 星光大道酒庄（圣巴巴拉县产区）

自1974年起，吉姆·帝伯格（Jim Dierberg）就是密苏里州赫曼霍酒庄（Hermannhof Winery）的主人，但密苏里州并不是种植葡萄的最佳地点。1996年，他在温暖的快乐峡谷（Happy Canyon）地区购买土地并创立了星光大道酒庄（Star Lane Vineyard）。同年晚些时候，他在凉爽的圣玛丽亚山谷又购置了一块地产，创立了帝伯格酒庄（Dierberg Vineyard）。此后，他又在圣丽塔山置办了一座葡萄园。帝伯格酒庄生产的葡萄酒包括黑皮诺、霞多丽、西拉，其中最好的当属口感丰富的皮诺葡萄酒。星光大道酒庄产有长相思、梅洛，以及两款经过高度萃取的赤霞珠葡萄酒，风味成熟，层次丰富。

埃伯尔酒庄（圣路易斯奥比斯波产区）

1973年，当加里·埃伯尔（Gary Eberle）来到帕索罗布尔

人才孵化

纳帕谷的蒙大维酒庄（Mondavi Winery）有时也被称为蒙大维大学（Mondavi University），许多酿酒师们的职业生涯早期就是在这里度过的。在中央海岸产区，有两个酒厂也和蒙大维酒庄一样在培养酿酒师。曾在圣巴巴拉县的扎卡酒庄（Zaca Mes）工作过的酿酒师包括肯·布朗［Ken Brown，先供职于拜伦酒庄（Byron），后加盟肯·布朗酒庄（Ken Brown Wines）］、吉姆·克伦德宁（Jim Clendenen，任职于奥邦酒庄）、鲍勃·林德奎斯特［Bob Lindquist，任职于曲佩酒庄（Qupé）］、亚当·托马［Adam Tolma，任职于奥海酒庄（Ojai Vineyard）］和丹尼尔·格尔斯（任职于丹尼尔格尔斯酒庄）。在创始人肯尼斯·沃尔克（Kenneth Volk Wines）的领导下，帕索罗布尔斯的野马酒庄（Wild Horse Winery）也培养出一批酿酒师，其中就包括乔恩·普里斯特（Jon Priest，任职于练习曲酒庄）、马特·特雷维桑［Matt Trevisan，任职于林内卡洛多酒庄（Linne Calodo）］、尼尔·柯林斯［Neil Collins，任职于塔湾酒庄（Tablas Creek）］和特里·卡尔顿［Terry Culton，任职于阿德拉伊达酒庄（Adelaida Cellars）］。

盖尼酒庄

一款圣丽塔山出产的霞多丽葡萄酒，
带有矿物质气息和热带水果的芬芳。

飞羊酒庄

新鲜浓郁的覆盆子与浓郁复杂的
层次感相得益彰。

斯时，这里只有 3 家酒庄。他创办了现已停业的伊斯特拉河酒庄（Estrella River Winery），进而成为西拉葡萄酒的酿造先驱。他是全加州第一个生产西拉单一葡萄酒（1978 年）的酒商，并且在多年间，他都是加州西拉葡萄（伊斯特拉克隆品种）的唯一供应商。1983 年，他创立了埃伯尔酒庄（Eberle Winery），凭借着赤霞珠和西拉葡萄酒而声名鹊起。酒庄旗下还有一款维欧尼（Viognier）葡萄酒多次获得大奖。

埃德蒙茨酒庄（旧金山湾产区）

自 1985 年以来，史蒂夫·埃德蒙茨（Steve Edmunds）和他的妻子科妮莉亚·圣约翰（Cornelia St John）一直在伯克利及东湾（East Bay）的一些地方酿造着引人瞩目的罗讷风格葡萄酒。当时加州的罗讷葡萄酒热潮还正处于不成熟的起步阶段。埃德蒙茨信奉传统主义和极简主义，作为酿酒师，他看重风土条件。他的西拉葡萄酒和混酿葡萄酒（大多是葡萄园限定）传递了当地的风土特色，避免采用高提取、重橡木等掩盖风味的制法。除了罗讷葡萄品种，埃德蒙茨还尝试酿造了佳美和维蒙蒂诺等葡萄品种，产出的成酒都十分出色。

纪元酒庄（圣路易斯奥比斯波产区）

2004 年，波兰钢琴家及政治家伊格纳西·扬·帕德列夫斯基（Ignacy Jan Paderewski）在帕索罗布尔斯建立了自己的第一个葡萄园——纪元酒庄（Epoch Estate）。2008 年，他又开发了第二个葡萄园。该酒庄的重点是罗讷葡萄品种，包括西拉、慕合怀特、歌海娜、瑚珊和丹魄。萨克斯姆酒庄（Saxum Vineyards）的贾斯汀·史密斯（Justin Smith）是该酒庄的酿酒顾问，他的早期作品反映出他的酿酒风格——成熟、浓郁、强劲。最出色的是哲学家葡萄酒（Philosophee），由歌海娜和慕合怀特葡萄混酿而成。纪元酒庄最近收购了约克山酒庄（York Mountain Winery），帕德列夫斯基在那里酿造葡萄酒，并计划进行翻新。★新秀酒庄

窗口酒庄（旧金山湾产区）

窗口酒庄（Fenestra Winery）是利弗莫尔山谷最接地气的地方。此地的历史可以追溯到 19 世纪末，那时利弗莫尔的葡萄酒产业还处于辉煌时期。不过酒庄的建筑几乎已经摇摇欲坠。窗口酒庄生产的葡萄种类繁多、经久耐行、价格合理，许多酒款都值得一试。比如罗讷品种的葡萄酒、最近推出的葡萄牙多瑞加葡萄酒，以及一直很受欢迎、经济实惠的真红葡萄酒（True Red）等都深受消费者喜爱。

菲斯帕克酒庄（圣巴巴拉县产区）

说起美国 20 世纪 60 年代婴儿潮时期出生的一代人的荧屏记忆，一个不容忽视的角色便是菲斯·帕克（Fess Parker）扮演的拓荒者丹尼尔·布恩（Daniel Boone）。帕克的演艺生涯结束后，他成为一名房地产开发商（于 2010 年 3 月去世）。1987 年，他买下了圣伊内斯山谷的一个牧场，并建立了自己的同名酒庄和葡萄园。该酒庄现在专注于酿造黑皮诺、西拉、霞多丽和维欧尼葡萄酒，大多以浓郁、成熟的风格而著称。还有一款主要由罗讷品种混酿的国境（Frontier Red）无年份葡萄酒，性价比很高。

菲德尔海德酒庄（圣巴巴拉县产区）

菲德尔海德酒庄（Fiddlehead Cellars）的凯西·约瑟夫（Kathy Joseph）专注于酿造黑皮诺和长相思葡萄酒。她的长相思葡萄酒共有 3 种不同风格，都是用圣伊内斯谷的葡萄酿制而成。不过约瑟夫更为人熟知的还是她的皮诺葡萄酒，其中 3 款来自占地 40 公顷的圣丽塔山菲德斯蒂克葡萄园（Fiddlestix Vineyard），约瑟夫是该葡萄园的合伙人。品名为洛拉帕卢萨（Lolrapalooza）的特酿葡萄酒风味浓郁，颜色偏深，有着天鹅绒一般的丝滑口感。酒庄的产品线中还有一款俄勒冈州黑皮诺葡萄酒和一款口感醇厚的粉色小提琴（Pink Fiddle）桃红葡萄酒。

弗莱明詹金斯酒庄（圣克鲁斯山产区）

奥运会花样滑冰金牌得主佩吉·弗莱明（Peggy Fleming）和她的丈夫格雷格·詹金斯（Greg Jenkins）医生在他们的庄园里种植了 0.4 公顷的霞多丽葡萄，此后他们便逐渐迷上了葡萄酒。起初他们只是对外出售葡萄，但作为皮肤科医生的詹金斯在退休后开始参加酿酒培训。2003 年，他们推出了自己的第一款葡萄酒。西拉葡萄酒是这里的特色之一，其中一款所用的葡萄来自美国橄榄球名人堂教练及电视播音员约翰·马登（John Madden）的利弗莫尔谷葡萄园。弗莱明詹金斯酒庄还通过销售胜利系列（Victories）桃红葡萄酒来为乳腺癌的研究和科普筹集资金（弗莱明是一名乳腺癌康复者）。

飞羊酒庄（圣巴巴拉县产区）

1999 年，酿酒师诺姆·约斯特（Norm Yost）创办了飞羊酒庄（Flying Goat Cellars），当时他还是富利酒庄（Foley Estates）的酿酒师。虽然他也酿造了一些灰皮诺和桃红起泡酒，但小批量生产的单一葡萄园黑皮诺葡萄酒才是真正的核心产品。该酒庄所有的葡萄酒都以丰富的果味见长，同时也展示出不同葡萄园的风土差异。产自圣玛丽亚谷迪尔伯格葡萄园（Dierberg Vineyard）的葡萄酒辛香浓郁、口感柔顺、引人瞩目，圣丽塔山的黑皮诺葡萄酒则有着更深的色泽和更成熟的风味。

富利酒庄（圣巴巴拉县产区）

富达国家公司（Fidelity National Inc）的董事长威廉·富利二世（William P Foley II）通过收购圣伊内斯谷的林考特葡萄园（Lincourt Vineyards）而开启了自己的葡萄酒业务，随后又在圣丽塔山建立了富利酒庄（Foley Estates Vineyard）。该酒庄圣罗莎葡萄园（Rancho Santa Rosa）出产的黑皮诺葡萄酒色泽鲜明，口感柔软，辛香浓郁，品质非凡。酿酒师是克里斯·柯伦（Kris Curran）。富利酒庄一直在大肆地收购扩张——收购项目之一就包括圣伊内斯谷的燧石酒庄（Firestone Vineyard）。

四藤酒庄（圣路易斯奥比斯波产区）

四藤酒庄（Four Vines）成立于 1996 年，正如庄园名一样，酒庄致力于酿造加州 4 个最佳产区的仙粉黛葡萄酒。到目前为止，创始人兼酿酒师克里斯蒂安·蒂耶（Christian Tietje）只找到了 3 个适合的产区——帕索罗布尔斯、索诺玛县和阿马多尔县（Amador County）。该酒庄还推出了西拉葡萄酒，不拘一格的产品系列被人们亲切地称为"怪胎秀"，酒品名字包括异教徒（Heretic）小西拉葡萄酒和疯子（Loco）丹魄葡萄酒。这些葡萄

酒虽说风格大胆，酒体却十分平衡。其中有一款口感清脆、未经橡木桶陈酿的霞多丽葡萄酒，名为"裸体"（Naked）。

福克森酒庄（圣巴巴拉县产区）

自 1985 年以来，比尔·瓦森（Bill Wathen）和迪克·多雷（Dick Doré）这对"福克森男孩"就一直在合作酿酒。瓦森负责酿酒，多雷负责销售。该酒庄的酿酒厂和葡萄园是历史悠久的蒂娜克威尔园（Rancho Tinaquaic）的一部分，自 19 世纪初以来一直由多雷家族所有。他们还从该县各地的葡萄园收购葡萄，比如圣丽塔山和圣玛丽亚谷的黑皮诺，以及圣伊内斯谷的波尔多和罗讷葡萄品种。该酒庄出产的皮诺葡萄酒成熟且丰满，西拉葡萄酒丰厚而浓重。同样值得尝试的还有一款美味的老藤白诗南葡萄酒。

盖尼酒庄（圣巴巴拉县产区）

1962 年，盖尼家族在圣伊内斯谷购买了一个占地 730 公顷的牧场。这个牧场被用来饲养牛、马，也种植农田，在 20 世纪 80 年代初种上了酿酒葡萄。因为牧场所在的地区较为温暖，所以在 20 世纪 90 年代该家族又在较为凉爽的地区（也就是后来的圣丽塔山区）增建了一处庄园。该酒庄出产的限量精选黑皮诺葡萄酒（Limited Selection Pinot Noir）品质超群。同一系列的霞多丽葡萄酒则带有矿物质气息。用橡木桶陈酿的限量精选长相思也收获了诸多拥趸。

哈恩酒庄（蒙特利县产区）

凭借着圣卢西亚高地的史密斯与霍克（Smith & Hook）这款赤霞珠葡萄酒的优异表现，尼基·哈恩（Nicky Hahn）得以在蒙特雷崭露头角。这一地区的气候过凉，不足以让赤霞珠葡萄真正成熟。后来，他建立了哈恩酒庄（Hahn Estates），并扩大了葡萄园。酒庄现在所用的赤霞珠葡萄产自帕索罗布尔斯，而蒙特利县的葡萄园则大多栽种适合凉爽气候的葡萄品种。产品线中最新的是露西亚系列（Lucienne），专注于酿造单一葡萄园的黑皮诺葡萄酒。还产有价格较低的单车女孩（Cycles Gladiator）系列葡萄酒。

快活谷酒庄（圣巴巴拉县产区）

快活谷酒庄（Happy Canyon Vineyard）是皮奥西牧场（Piocho Ranch）的一部分，是巴拉克家族旗下的产业。巴拉克夫妇是马球爱好者，还在牧场上饲养了一些小马。快活谷酒庄以波尔多品种为主，事实证明这些品种非常成功。酒庄的葡萄酒都是混酿，一些特色酒名就与马球有关，例如，Chukker 指的是马球比赛中的一段时间。酒庄的旗舰款是以赤霞珠为基础的十项目标（Ten-Goal）葡萄酒，芳香四溢，结构紧致。酒庄的酿酒师是道格·马杰勒姆（Doug Margerum）。★新秀酒庄

希青酒庄（圣巴巴拉县产区）

起初，餐厅老板兼厨师弗兰克·奥斯蒂尼（Frank Ostini）和前商业渔民格雷·哈特利（Gray Hartley）只是为布尔顿（Buellton）的一家餐馆酿造葡萄酒，如今他们已经打开了葡萄酒的销路。该酒庄专注于酿造黑皮诺葡萄酒。2004 年，他们在

四藤酒庄

为了增加口感冲击，骑手仙粉黛增添了一丝慕合怀特的风味。

哈恩酒庄

一款风味清淡的黑皮诺葡萄酒，适合野餐或单独饮用。

电影《杯酒人生》（Sideways）中的出镜为酒庄和餐厅带来了超高的曝光率。该酒庄出产的黑皮诺酒体丰富，风味平衡，果香充沛。旗舰款是名为高压线（Highliner）的混酿酒，在最好的橡木桶中发酵酿制而成。两人还制作了一款西拉葡萄酒和一款以法国赤霞珠为基础的混酿酒。

山峰之心酒庄（圣克鲁斯山产区）

19 世纪 80 年代，山峰之心酒庄（Heart O'The Mountain）在庄园的中心地带种植了葡萄。1940 年到 1974 年间，这处庄园为电影制作人阿尔弗雷德·希区柯克（Alfred Hitchcock）所有，他在这里招待好莱坞的朋友们。1978 年，鲍勃·布拉斯菲尔德（Bob Brassfield）和朱迪·布拉斯菲尔德（Judy Brassfield）收购了这座庄园，并重建了山坡葡萄园。2005 年，他们生产了酒庄的第一批黑皮诺葡萄酒。虽然酒庄还没有取得过多的成绩，但考虑到前两个年份的皮诺葡萄酒酒体丰满、质地优雅，还算得上是一个值得关注的酒庄。★新秀酒庄

霍普家族酒庄（圣路易斯奥比斯波产区）

霍普（Hope）家族最早在帕索罗布尔斯地区种植葡萄。20 世纪 80 年代，他们将庄园的赤霞珠葡萄卖给佳慕酒庄，用以酿造自由学校（Liberty School）葡萄酒。霍普家族最终接管了自由学校这一品牌，还建立了特瑞纳酒庄（Treana），生产以赤霞珠和西拉为基础的混酿红葡萄酒，以及罗讷风格的混酿白葡萄酒。1998 年，奥斯汀·霍普（Austin Hope）成为一名酿酒师，并增加了与自己同名的奥斯汀霍普罗纳系列葡萄酒。该酒庄出产的西拉和歌海娜葡萄酒品质出众，值得一试。

杰达酒庄（圣路易斯奥比斯波产区）

心血管外科医生杰克·梅西纳（Jack Messina）在帕索罗布尔斯种植了 24 公顷的波尔多和罗讷品种。起初他并没有打算酿造自己的葡萄酒，直到 2005 年，他才聘请了斯科特·霍利（Scott Hawley）为自己的杰达品牌酿造葡萄酒。其中有款酒的名字就叫作"红心杰克（Jack of Hearts）"，所指的是梅西纳心血管外科医生的职业。酒庄的酿造风格成熟有力，但并不显得夸张。★新秀酒庄

加福尔斯酒庄（圣巴巴拉县产区）

克雷格·加福尔斯（Craig Jaffurs）早先在航天航空业工作了许多年。他逐渐爱上了罗讷葡萄品种，这也成了他后来种植的唯一一个葡萄品种。虽然加福尔斯自己没有葡萄园，但酒庄酿酒选用的都是圣巴巴拉最好的葡萄，其来源包括比恩纳西多葡萄园（Bien Nacido）、汤普森葡萄园（Thompson）和斯多分酒庄（Stolpman Vineyards）。浓郁而芬芳的西拉葡萄酒是酒庄的明星产品。加福尔斯的葡萄酒都是在远离葡萄酒之乡的圣巴巴拉酿造的。

杰夫科恩酒庄（旧金山湾产区）

20 世纪 90 年代，杰夫·科恩（Jeff Cohn）在被称为仙粉黛之王的罗森布拉姆酒庄学习酿造葡萄酒。从那时起，他更加专注于自己在奥克兰的酒庄，并充分展示了他学到的酿酒技能。杰

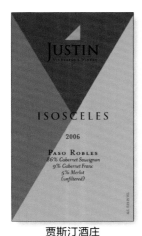

贾斯汀酒庄

这款波尔多旗舰混酿酒赢得了国际认可。

夫·科恩酒庄（JC Cellars）主打西拉和一些罗讷品种的红白葡萄酒，而作为杰夫的老本行，仙粉黛葡萄酒自然也不会缺席。酒庄出产的大多数都是单一葡萄园葡萄酒，采用加州特色的高提取方式进行酿造，同时也适当地展现了风土特点。★新秀酒庄

悦纳塔酒庄（圣巴巴拉县产区）

悦纳塔酒庄（Jonata Wines）由货币经理查尔斯·班克斯（Charles Banks）和开发商斯坦利·克伦克（Stanley Kroenke）创立于2000年，他们还一起收购了纳帕谷的啸鹰酒庄（班克斯后来撤出了这两处投资）。2004年，悦纳塔酒庄首次获得商业大丰收。虽然酒庄专注于酿造波尔多红葡萄品种，不过它地处巴拉德峡谷，毗邻斯多分酒庄和贝克曼酒庄的里西马山葡萄园，这意味着悦纳塔酒庄也是西拉葡萄的理想产地——酿酒师马特·迪斯（Matt Dees）酿造了一款名为巨橡之晶（La Sangre de Jonata）的西拉葡萄酒，口感异常甘美。酒庄出产的悦纳塔巨橡之勇赤霞珠葡萄酒（El Desafio de Jonata Cabernet Sauvignon）酒体稠密，风味成熟，口感浓郁。★新秀酒庄

贾斯汀酒庄（圣路易斯奥比斯波产区）

1981年，银行家贾斯汀·鲍德温（Justin Baldwin）和他的妻子黛博拉（Deborah）创立了贾斯汀酒庄（Justin Vineyards & Winery），当时帕索罗布尔斯地区才只有不到10家酒庄。该酒庄距离太平洋仅21千米，主要种植波尔多红葡萄品种。目前酒庄主要生产赤霞珠葡萄酒，旗舰款是一支名为等腰（Isosceles）的赤霞珠、梅洛和品丽珠混酿酒，风味十分优雅。由西拉和赤霞珠混酿的萨万特（Savant）葡萄酒也十分不错。酒庄为旅客准备了一家内设4个房间的客栈和一家小餐厅。

奇亚米酒庄（圣路易斯奥比斯波产区）

2005年，在史蒂夫·格罗斯纳（Steve Glossner）的帮助下，阿兰姆·戴尔曼吉安（Aram Deirmenjian）和格雷格·约翰逊（Greg Johnson）在帕索罗布尔斯创立了奇亚米酒庄（Kiamie Wine Cellars）。作为帕索罗布尔斯地区的资深酿酒师，格罗斯纳能够为奇亚米酒庄从最好的葡萄园收购葡萄。酒庄的旗舰款是特酿混合红葡萄酒（Kiamie Kuvée），因为合伙人每年买到的顶级葡萄都不相同，所以这款酒每年也都会有所变化。由维欧尼和瑚珊酿制的奇亚米混酿干白葡萄酒（White Kuvée）也十分出色。格罗斯纳酿造的葡萄酒风味丰富，同时也保持了清爽的口感和极佳的平衡。★新秀酒庄

霁霞酒庄（圣路易斯奥比斯波产区）

霁霞酒庄（Laetitia Vineyard）位于凉爽的阿罗约格兰德山谷（Arroyo Grande Valley），最初名为德茨酒庄（Maison Deutz），专注于酿造起泡酒。但起泡酒项目最终失败，新的酒庄主人开始转型酿造静止葡萄酒。该酒庄直面大海，占地面积超过245公顷，其中近四分之三的土地用于种植黑皮诺葡萄。酒庄出产的黑皮诺葡萄酒风味成熟、口感顺滑、辛香丰富。凉爽气候西拉葡萄酒（Cool-climate Syrah）也十分出色。酒庄现在仍在生产优质的起泡酒，还拥有纳迪亚（Nadia）和巴恩伍德（Barnwood）系列品牌。

天勒酒庄（圣巴巴拉产区）

眼下，一部分黑皮诺葡萄酒有越来越成熟、风格接近西拉葡萄酒的趋势。在这样的形势下，天勒酒庄（Lane Tanner）却独辟蹊径，孜孜不倦地追求优雅和精致的葡萄酒风格。酒庄从圣玛丽亚谷的朱莉娅葡萄园（Julia's Vineyard）购买黑皮诺葡萄。朱莉娅园共给6家酿酒商供应原料，每次都是天勒最先采收，酿出的黑皮诺葡萄酒口感活泼而圆润，回味丰富悠长，值得细品。酒庄的西拉葡萄酒也是一款活泼与优雅兼具的佳酿。

林纳卡罗德酒庄（圣路易斯奥比斯波产区）

1998年，酿酒师马特·特雷维桑（Matt Trevisan）和贾斯汀·史密斯（Justin Smith）在帕索罗布尔斯（Paso Robles）创立了林纳卡罗德酒庄（Linne Calodo），两人分道扬镳后，史密斯又创建了萨克斯姆酒庄（Saxum）。特雷维桑追求通过不同品种的混酿来达到良好的平衡和复杂性。秉持这样的理念，他酿造出以"问题儿童"（Problem Child）和"木石"（Sticks and Stones）以代表的葡萄酒——前者是一款仙粉黛、西拉和慕合怀特混酿，口感丰润、亲和力强；后者作为歌海娜、西拉和慕合怀特的完美融合，浓郁醇厚、香气迷人。酒庄少而精的产品主要向邮寄名单的客户销售。

杰罗酒庄（圣路易斯奥比斯波产区）

20世纪70年代初，杰瑞·罗尔（Jerry Lohr）开始在蒙特利县种植葡萄。1988年，他在帕索罗布尔斯购买了土地，多年过去，其产业现已覆盖蒙特雷、帕索罗布尔斯和纳帕谷的面积共计1215公顷。红葡萄酒是罗尔在帕索罗布尔斯的主营业务，主要为波尔多、仙粉黛和西拉品种。山顶园赤霞珠干红葡萄酒（Hilltop Vineyard Cabernet Sauvignon）和包含3种波尔多风格混酿的特酿系列是他的得意之作。此外，南峰西拉葡萄酒（South Ridge Syrah）和七棵橡木赤霞珠干红葡萄酒（Seven Oaks Cabernet Sauvignon）经济实惠，也非常不错。

朗格利亚酒庄（圣巴巴拉产区）

朗格利亚酒庄（Longoria Wines）成立的早期，瑞克·朗格利亚（Rick Longoria）还在其他酒庄担任酿酒师。到20世纪90年代后期，他才全部精力投入到自家酒庄的业务。酒庄的众多葡萄酒中，拳头产品无疑是来自圣巴巴拉县多个葡萄园的黑皮诺葡萄酒。其中，又以菲塞咖葡萄园（Fe Ciega）的黑皮诺尤为出众。朗格利亚也采用一些西班牙葡萄——朗格利亚丹魄干红葡萄酒便是由此诞生的一款美酒。酒庄的西拉葡萄酒也非常出色，其中阿里索斯园葡萄酒（Alisos Vineyard）成熟辛香，饶有特色。

洛林酒庄（圣巴巴拉产区）

布赖恩·洛林（Brian Loring）坦率承认他最钟爱黑皮诺。可能正是出于这种热爱，最多的时候他一年能酿出十多种黑皮诺葡萄酒。1997年，洛林在卡顿伍德峡谷（Cottonwood Canyon）帮忙采收葡萄，并首次成功酿造了两桶皮诺葡萄酒。十多年后在隆波克（Lompoc），他用买来的葡萄酿制了多款黑皮诺葡萄酒。洛林的黑皮诺酒丰满而成熟，果味十足。从2004年份开始，酒庄所有的葡萄酒都使用斯帝文（Stelvin）螺旋瓶盖，这在加州并不多见。

摩根酒庄

这款皮诺葡萄酒所用的葡萄来自全产区唯一的有机葡萄园，在法国橡木桶中陈酿。

玛歌如酒庄（圣巴巴拉产区）

在圣巴巴拉葡萄酒界，道格·玛歌如（Doug Margerum）是一位举足轻重的人物。玛歌如是酒桶（Wine Cask）餐厅和酒类商店的老板（2007年他把店卖给了他人，后来又将其买回），也是圣巴巴拉当地葡萄酒的大力拥护者。他还举办过一年一度的期酒品鉴会。玛歌如开始自己酿制葡萄酒是在2001年。经过多年发展，现在他的产品线琳琅满目，品种丰富。白葡萄酒清脆激爽，泛有钢铁般的金属色泽，其中长相思白葡萄酒品质出众。西拉葡萄酒和混酿红葡萄酒M5也都表现不俗。玛歌如本人还担任快活谷酒庄（Happy Canyon Vineyards）的酿酒师及其他几家酒庄的酿酒顾问。

梅尔苏蕾酒庄（蒙特利县产区）

梅尔苏蕾酒庄（Mer Soleil）由纳帕谷佳慕酒庄（Caymus）的主人瓦格纳（Wagner）家族在1988年创立，以海洋（Mer）和太阳（Soleil）这两种影响生长条件的自然力量命名。酒庄有两个葡萄园，均位于圣卢西亚高地产区（Santa Lucia Highlands），一个在气候凉爽的北端，另一个在温暖的南面。查理二世瓦格纳（Charlie Wagner II）是酒庄的第4代酿酒师，他只酿制3款葡萄酒：一款经橡木桶发酵的浓郁的霞多丽白葡萄酒；另一款未经橡木桶的霞多丽，即银标系列（Silver），口感清新但复杂度高；还有一款是晚收的贵腐维欧尼葡萄酒（Viognier），谓之迟摘葡萄酒（Late）。

摩根酒庄（蒙特利县产区）

1982年，丹·李（Dan Lee）创办了摩根酒庄（Morgan Winery），酿制的第一款酒——蒙特雷霞多丽葡萄酒（Monterey Chardonnay）在短时间内大获好评。现在，酒庄的产品线中仍有好几款霞多丽葡萄酒，但更为闻名的是以来自圣卢西亚高地的葡萄酿成的黑皮诺葡萄酒，其中包括源于自有的有机认证葡萄园的瓶装双L园葡萄酒（Double L）。所有酒款均秉持浓郁、优雅而且平衡的整体风格。同样出色的还有口味辛辣、来自凉爽地带的西拉葡萄酒和未经橡木桶发酵的金属霞多丽白葡萄酒（Metallico Chardonnay）。

伊甸山酒庄（圣克鲁斯山产区）

1942年，马丁·雷（Martin Ray）创立了伊甸山酒庄（Mount Eden Vineyards）的前身。马丁·雷在圣克鲁斯山葡萄栽培界有着重要的地位，曾是保罗·马森酒庄（Paul Masson）的主人。20世纪70年代初期，雷和合伙人出现分歧并退出酒庄。合伙人接管酒庄，将其改名为伊甸山酒庄（Mount Eden Vineyards）。自1981年以来，酒庄的酿酒师一直是杰弗里·帕特森（Jeffrey Patterson）。酒庄的葡萄园位于海拔从490米到680米的坡形地带，栽培的品种为风格独特而适于陈年的霞多丽葡萄，产量较低。伊甸山酒庄赤霞珠红葡萄酒（Cabernet Sauvignon）品质一流；黑皮诺葡萄酒也在稳步发展中；此外还有一款以埃德娜谷（Edna Valley）葡萄酿制的霞多丽葡萄酒，性价比极高。

穆瑞塔酒庄（旧金山湾区）

1991年，飞利浦·温特（Phil Wente）和酿酒师塞尔吉奥·特拉韦尔索（Sergio Traverso）合作，在历史文化悠久、风景怡人的利弗莫尔谷，以19世纪加利福尼亚州一位传奇的强盗为名，创办了穆瑞塔酒庄（Murrieta's Well）。穆瑞塔酒庄景色优美，其出产的葡萄酒和加州的其他同类产品一样质地上乘，广受欢迎。穆瑞塔酒庄主要制造波尔多旧世界风格的混酿葡萄酒，其中梅里蒂奇红葡萄酒和白葡萄酒品质杰出，好评如潮。苏薇拉（Zarzuela）是2004年面世的一款葡萄牙/伊比利亚混酿红葡萄酒，带有杜罗葡萄酒的风味。穆瑞塔凭借众多的优质酒款在利弗莫尔谷大放异彩，堪称当地的一座瑰宝酒庄。

奥海酒庄（圣巴巴拉产区）

奥海酒庄（Ojai Vineyard）的地理位置是在文图拉县（Ventura County），但其酿酒及经营场所实际上是位于圣巴巴拉产区。酒庄的主人兼酿酒师亚当·托马齐（Adam Tolmach）与吉姆·克兰邓恩（Jim Clendenen）共同创立了奥邦酒庄（Au Bon Climat），其后二人分道扬镳。托马齐开设了奥海酒庄，仍主要采用圣巴巴拉的葡萄酿酒。酒庄推出的酒款有十多种，有西拉、黑皮诺和霞多丽等，始终保持着小规模生产和一流的品质，结构复杂、口感精致、明快而醇厚，浓度适中。

奥特曼家族酒庄（圣路易斯奥比斯波产区）

查克·奥特曼（Chuck Ortman）曾在纳帕谷的一些酒厂供职或担任顾问，包括赫兹酒庄（Heitz）、无为酒庄（Far Niente）和思福酒庄（Shafer）等。2003年，他辞去了自己创立的默里迪恩酒庄（Meridian Vineyards）的酿酒师职位，随后把品牌卖给了福斯特葡萄酒集团（Foster's Group）。从帕索罗布尔斯退休后，奥特曼有了更多的时间，他同儿子马特（Matt）一同致力于家族品牌奥特曼家族酒庄（Ortman Family Vineyards）的运营。酒庄尤擅酿造黑皮诺葡萄酒，其中一款来自气候凉爽的圣丽塔山（Sta. Rita Hills）上的菲德斯迪克斯葡萄园（Fiddlestix Vineyard），口感丰满而柔顺。埃德娜谷霞多丽葡萄酒（Edna Valley Chardonnay）则堪称酒庄的代表之作。

佩奇米尔酒庄（旧金山湾产区）

用新秀来形容佩奇米尔酒庄（Page Mill Winery）其实有失精准——虽然酒庄在2004年才迁至利弗莫尔谷，但在此之前，它在圣克鲁斯山已经有数十年酿制美酒的历史。搬迁之后，酒庄的第二代酿酒师戴恩·斯塔克（Dane Stark）发挥他在酿酒方面的天赋，用当地葡萄酿造出多款长相思、小西拉和西拉葡萄酒。这些酒款普遍呈现鲜明的水果香味以及品种特色，以极微妙的余味取胜，品之欲罢不能。★新秀酒庄

帕尔米纳酒庄（圣巴巴拉产区）

1995年，克林顿酒庄（Brewer-Clifton）的史蒂夫·克林顿（Steve Clifton）创立了帕尔米纳酒庄（Palmina），使用圣巴巴拉县种植的意大利北部葡萄品种酿造适于佐餐的葡萄酒。酒庄的白葡萄酒品种有阿内斯（Arneis）、白玛尔维萨（Malvasia Bianca）和灰皮诺，红葡萄酒品种包括巴贝拉、多姿桃（Dolcetto）和内比奥罗（Nebbiolo）。克林顿表示，自己并非想模仿意大利葡萄酒，而是要跳出加州葡萄酒成熟度极高的模式，创造特色。酒庄的内比奥罗葡萄酒是同类产品中除意大利皮

中央海岸的罗讷葡萄品种

来自罗讷河谷地区的西拉、歌海娜和维欧尼等葡萄品种现在已经在加州广泛种植，但在很多方面，圣路易斯奥比斯波县已经成为发展的中心。在帕索罗布尔斯的伊斯特拉河，加里·埃伯利是全加州第一个酿制单一西拉葡萄酒（1978年推出）的人。1989年在埃德娜谷成立的奥尔本酒庄，是美国第一家专门种植罗讷葡萄品种的酒庄。约翰·阿尔班（John Alban）曾向无数的葡萄酒商们建议种植罗讷品种。至关重要的是帕索罗布尔斯产区塔湾酒庄（Tablas Creek Vineyard）的落成，该酒庄的所有者是进口商罗伯特·哈斯（Robert Haas）和法国博卡斯特尔酒庄（Château de Beaucastel）的佩兰（Perrin）家族。他们大力推广罗讷河谷的葡萄插枝，极大地丰富了可用葡萄藤的多样性。所以把每年的罗讷葡萄酒庆典设在帕索罗布尔斯是再合适不过的了。

蒙特利县是"世界花椰菜之都"，但葡萄也是同等重要的作物。

桃红峡谷酒庄
这款物美价廉的帕索罗布尔斯仙粉黛混酿酒是一款出色的佐餐酒。

QUPÉ
20　08
MARSANNE
Santa Ynez Valley
81% Marsanne • 19% Roussanne
PRODUCED AND BOTTLED BY ROBERT N. LINDQUIST
SANTA MARIA, CALIFORNIA ALC. 12.5% BY VOL

曲佩酒庄
这款酒在老橡木桶中发酵，可陈酿 10 年或即刻饮用。

埃蒙特（Piedmont）之外品质最佳的选择。克林顿的妻子克里斯托尔（Chrystal）也酿制了一种风格优雅的葡萄酒，起名波塔西（Botasea）。

帕莱索酒庄（蒙特利县产区）

1973 年，里奇·史密斯（Rich Smith）成立了帕莱索酒庄（Paraiso Vineyards），种植葡萄供应给投资者。该庄园是圣卢西亚高地最古老的葡萄庄园之一。史密斯在 1987 年买下了葡萄园，并于次年开始生产少量葡萄酒，冠以帕莱索的品牌名。史密斯可谓是圣卢西亚高地的葡萄酒先驱。但直到近年来他才弃农，重点关注酒的品质，并取得了显著的提升。酒庄的黑皮诺和西拉葡萄酒极为出彩，有一款口感较干的雷司令酒也属佳品。庄园的葡萄除了自用，还向几个小型酒庄供货。

桃红峡谷酒庄（圣路易斯奥比斯波产区）

1988 年，道格·贝克特（Doug Beckett）和南希·贝克特（Nancy Beckett）在帕索罗布尔斯创立了桃红峡谷酒庄（Peachy Canyon），利用他们在贝尼托杜西园（Benito Dusi）的大量仙粉黛葡萄资源酿制葡萄酒。多年过去，酒庄仍以酿造仙粉黛葡萄酒为主，在售的独立装瓶超过 6 款。道格和南希之子乔希·贝克特（Josh Beckett）担任酿酒师，其作品还包括一系列其他酒款，主要为红葡萄酒，其中仍以味道成熟而醇厚的仙粉黛葡萄为首选。酒庄甚至用仙粉黛酿制了一款加强型葡萄酒，名为不可思议仙粉黛干红葡萄酒（Incredible Red），价优质高，非常实惠。

潜望镜酒庄（旧金山湾产区）

因为预算紧张，潜望镜酒窖（Periscope Cellars）被建在一个废弃的潜艇修理厂中。简陋的环境并不能阻挡这个极具个性的仓库式酒庄蓬勃发展的势头。酿酒师布伦丹·埃利亚森（Brendan Eliason）对小维多情有独钟，同时也对所有品种抱持着不拘一格的品味，精于制作混酿 [迪普希克斯（Deep Six）混酿葡萄酒便是凝聚了来自 5 个产区的 6 种葡萄的精华]。他还善于物色性价比高的葡萄货源（包括洛迪产区的优质葡萄），并且尽心尽力，设计开展了各种各样天马行空的活动，有效维系着酒庄的本地客户资源。★新秀酒庄

皮索尼酒庄（蒙特利县产区）

加里·皮索尼（Gary Pisoni）在圣卢西亚高地是一个富有传奇色彩的人物。1982 年，皮索尼在家族牧场栽种了 2 公顷黑皮诺葡萄，后来又将葡萄园发展到 18 公顷，栽培的主要品种仍为黑皮诺。酒庄生产的葡萄多数都卖给了该产区的其他顶级黑皮诺酿酒商，如希杜丽酒庄（Siduri）、泰斯特罗莎酒庄（Testarossa）和田园酒庄（Arcadian）。有一部分葡萄也被留作自用，酿造家族自有皮索尼（Pisoni）品牌的皮诺葡萄酒，以酒体丰满而著称。皮索尼酒庄也是加里葡萄园（Garys'Vineyard）的合作伙伴。酒庄的黑皮诺、西拉、霞多丽和桃红葡萄酒均贴露西亚（Lucia）酒标。

曲佩酒庄（圣巴巴拉产区）

鲍勃·林德基斯特（Bob Lindquist）在扎卡酒庄（Zaca

Mesa Winery）工作时，就开始为自己的品牌酿造一些葡萄酒。起初酿造的酒款中有西拉和霞多丽，而现在这两类酒仍是他产品组合中的主角。酒庄现在有几款西拉葡萄酒，均有着良好的平衡，散发着微妙的烟熏味和胡椒味，与同地区其他酒庄的大多充满果酱味和酒精度较高的西拉酒截然不同。新品包括洋溢着矿物质气息的玛珊葡萄酒，以及源自普里西马山葡萄园（Purisima Mountain Vineyard）、丰沛多汁的歌海娜葡萄酒。

鲍勃也涉足他的妻子路易莎（Louisa）的维达酒庄（Verdad）的生意，专攻西班牙品种葡萄。

莱斯庄园（圣克鲁斯山产区）

多年前，软件工程师兼风险投资家凯文·哈维（Kevin Harvey）对黑皮诺葡萄酒有所参悟，于是他开始研究这一品种，并最终在自家后院开发了一个小型葡萄园，在车库里酿造葡萄酒。

哈维认为圣克鲁斯山脉非常适宜于探究种植场地对于葡萄酒的影响，因此在那里又建了 5 个小型葡萄园（之后还在安德森山谷又建了 1 个）。这些果园种植出的黑皮诺各有长处，但有一个共同点，即结构复杂且伴有泥土的气味，而不全是芬芳的水果香味。★新秀酒庄

山脊酒庄（圣克鲁斯山产区）

圣克鲁斯山脉的蒙特贝罗（Monte Bello）山脊最早有人种植葡萄是在 19 世纪 80 年代。1959 年，几位工程师在这里购买了一些已多年耕种的土地，命名为山脊酒庄（Ridge Vineyards）。1969 年，保罗·德雷珀（Paul Draper）加入酒庄担任酿酒师，现已成为酒庄的首席执行官。山脊酒庄最闻名的是仙粉黛葡萄酒。在酒庄位于索诺玛干溪谷的立顿之春（Lytton Springs）仙粉黛庄园内，有一座酿酒厂。蒙特贝罗（Monte Bello）葡萄酒是酒庄的旗舰产品，这是一种优雅而适于陈年的波尔多风格混酿，源自圣克鲁斯山脉的蒙特贝罗葡萄园。此外，酒庄还生产少量优质的蒙特贝罗霞多丽葡萄酒。

罗雅酒庄（蒙特利县产区）

加里·弗朗西奥尼（Gary Franscioni）跻身于蒙特雷圣卢西亚高地最有名望的葡萄栽培师之列。他的罗塞娜葡萄园（Rosella's Vineyard，以他妻子的名字命名）和加里葡萄园（Garys'Vineyard，为弗朗西奥尼与加里·皮索尼共有及共同经营），培植出了加州最好的黑皮诺葡萄（近年来，弗朗西奥尼在该地区又开发了两个新的葡萄园）。2001 年，加里决定用自家葡萄园的葡萄生产一些贴"罗雅"标的葡萄酒。酿酒师埃德·库兹曼（Ed Kurtzman）在酒庄位于旧金山的新酒厂精心打造了黑皮诺、西拉和霞多丽葡萄酒，均以浓郁的口感和良好的集中度为特色。

罗伯特霍尔酒庄（圣路易斯奥比斯波产区）

商业中心开发商罗伯特·霍尔（Robert Hall）退休后搬到了帕索罗布尔斯。他买下土地，兴建了一座葡萄园。这只是他在葡萄酒事业上踏出的第一步。不久之后，霍尔开办了一家酿酒厂，并着手建设施工。帕索罗布尔斯的葡萄酒多为强劲而成熟的类型。但霍尔酒庄的酿酒师唐·布雷迪（Don Brady）独树一帜，采用更为内敛的方法，成功酿造出酒精含量较低、平

衡度极佳的美酒。布雷迪的杰作涵盖多种风格，其中以罗讷河谷（Rhône）葡萄酿造的酒款为最优品，包括罗伯斯罗讷河谷干红葡萄酒（Rhône de Robles）和罗伯斯干白葡萄酒（Blanc de Robles）两种混酿。

罗森布拉姆酒庄（旧金山湾产区）

肯特·罗森布拉姆（Kent Rosenblum）是一名兽医。他先是在自己家里酿酒多年，然后在 1978 年开始，将购自东湾（East Bay）的葡萄制成的仙粉黛葡萄酒推向市面销售。随着肯特酿酒的葡萄涵盖越来越广的地区和越来越多的葡萄园，到 20 世纪 90 年代中期，罗森布拉姆酒庄（Rosenblum Cellars）成为仙粉黛之王，每年推出十多款备受赞誉和追捧的酒款，多为浓郁而大胆的风格。酒庄的酿造基地设在阿拉梅达（Alameda）城的一个铁路建筑房内，除了仙粉黛之外还生产一系列优质葡萄酒，包括罗讷河谷和波尔多品种的葡萄酒、起泡酒和甜点酒。酒庄人才辈出，继肯特之外，陆续又有好几位酿酒师在这里开始了他们的职业生涯。

卢塞克酒庄（圣巴巴拉产区）

卢塞克酒庄（Rusack Vineyards）成立于 1995 年。随着酿酒师约翰（John）和海伦·法尔康（Helen Falcone）在 2001 年加入，酒庄葡萄酒的品质有了跃升。酒庄的产品以黑皮诺为主，但由于酒庄自己的葡萄园处于气候温暖之地，所以要从圣玛丽亚谷和圣丽塔山的顶级葡萄园采购葡萄，酿出的黑皮诺葡萄酒美味多汁，平衡度良好。酒庄还生产源于自有葡萄园和巴拉德峡谷（Ballard Canyon）等其他地区的优质西拉葡萄酒。

桑福德酒庄（圣巴巴拉产区）

1971 年，理查德·桑福德（Richard Sanford）和迈克尔·本尼迪克（Michael Benedict）在圣伊内斯山谷（Santa Ynez Valley）的西端种植了一片葡萄园。根据当时的传统观点，该地区气温过低，葡萄很难成熟。1981 年，桑福德创立了自己的酒庄。到如今，那片地区遍布葡萄园，即现在大众熟知的圣丽塔山。后来，特拉托（Terlato）家族成为酒庄的大股东。桑福德于 2005 年退出酒庄。在新一轮业主和酿酒师的带领下，酒庄的发展方向目前尚不明朗。但其最近发布的酒款表现都不错，其中风格活泼、平衡极佳的霞多丽葡萄酒尤为引人注目。

萨克斯姆酒庄（圣路易斯奥比斯波产区）

贾斯汀·史密斯（Justin Smith）在帕索罗布尔斯创办了林纳卡罗德酒庄（Linne Calodo），后来离开，并于 2000 年建立了萨克斯姆酒庄（Saxum Vineyards），出产的一些葡萄酒款在帕索罗布尔斯炙手可热。酒庄主要生产西拉葡萄酒和罗讷河谷混酿，其中品质最优者来自史密斯家族的詹姆斯贝瑞葡萄园（James Berry Vineyard）。葡萄园地势陡峭，主要为钙质土壤——含有大量鲸骨的骨岩石块，因此产量很低。酒庄制作的葡萄酒口味成熟而浓郁，富有矿物质气息，接受邮件预订。

海雾酒庄（圣巴巴拉产区）

海雾酒庄（Sea Smoke）于 1999 年在圣丽塔山成立，专

罗伯特霍尔酒庄
由罗讷白葡萄混酿，有温柏、油桃和蜂蜜的香气。

山脊酒庄
这款波尔多风格红葡萄酒有时被称为"美国一级酒"。

注于黑皮诺葡萄酒的酿制。酒庄的葡萄园占地 42 公顷，位于朝南的山坡上，划分为 26 个区块，栽种了 10 个黑皮诺克隆品种的葡萄（含少量的霞多丽）。酒庄的黑皮诺葡萄酒具有圣巴巴拉产区典型的深邃色泽和浓度，很快就声名大噪。此外，博泰拉（Botella）特酿最为畅销，很多地方都可以购得；南进（Southing）、10 号（全部 10 个克隆品种的混酿）和海雾桶黑皮诺干红葡萄酒（One Barrel，最好的桶装酒）这几个酒款则更为丰满浑厚、强劲浓郁、结构复杂。

西诺·拉瓦利酒庄（圣路易斯奥比斯波产区）

迈克·西诺（Mike Sinor）在埃德娜谷（Edna Valley）的阿尔弗雷德酒庄（Domaine Alfred）任酿酒师时，按照酒庄主人的意愿，酿造强劲浓郁的黑皮诺葡萄酒，大获好评。但实际上，西诺个人更中意的是风格优雅的传统黑皮诺。于是他创建了自己的品牌西诺·拉瓦利酒庄（Sinor-LaVallee Wines），和妻子谢利·西诺-拉瓦利（Cheri LaVallee-Sinor）联手，打造专属风格的葡萄酒。酒庄两款得意之作是用塔利里孔园（Talley Rincon Vineyard）葡萄酿成的皮诺葡萄酒，以及源自奥比安葡萄园（Aubaine Vineyard）的一款酒，前者口感柔顺而辛香，后者则更为强劲。★新秀酒庄

斯蒂芬罗斯酒庄（圣路易斯奥比斯波产区）

史蒂夫·罗斯·多利（Steve Ross Dooley）在明尼苏达州长大。自小他便醉心于葡萄酒，并尝试用大黄和蒲公英酿酒。多利从酿酒学校毕业后，在纳帕谷的路易斯马提尼酒庄（Louis M Martini Winery）工作了 10 年，此后又在埃德娜谷葡萄园任酿酒师 7 年。1994 年，他创办了斯蒂芬罗斯酒庄（Stephen Ross）。黑皮诺是多利最拿手的品种，其中源于奥比安葡萄园和石栏园（Stone Corral Vineyard）的瓶装酒结构感强而兼具优雅，尤为出彩。酒庄的霞多丽葡萄酒和帕索罗布尔斯仙粉黛葡萄酒也可圈可点，有良好的均衡感。

史蒂文肯特酒庄 / 拉罗谢尔酒庄（旧金山湾产区）

史蒂文肯特酒庄 / 拉罗谢尔酒庄（The Steven Kent Winery/ La Rochelle Winery）是米拉苏（Mirassou）和温特（Wente）两大家族合作产业下的一个分支。史蒂文肯特酒庄致力于酿造利弗莫尔谷最好的赤霞珠葡萄酒，这一目标在很大程度上已经实现。

历史稍短的拉罗谢尔酒庄则专注于黑皮诺。其采用的葡萄并不是来自气候煦暖的利弗莫尔谷，而是加利福尼亚州和俄勒冈州的周边主要产区。酒庄将黑皮诺葡萄酒与优质奶酪拼盘搭配，供客人品尝。肯特（Kent）和拉罗谢尔（La Rochelle）意在通过酒庄的发展，让利弗莫尔山谷的葡萄酒事业再度焕发生机。

斯多分酒庄（圣巴巴拉产区）

斯多分酒庄（Stolpman Vineyards）于 20 世纪 90 年代在巴拉德峡谷成立，其初衷是种植葡萄用于出售。后来，葡萄园自酿的葡萄酒意外赢得如潮好评。于是斯多分家族决定以自有品牌生产葡萄酒，第一个年份为 1997 年。多年过去，庄园栽种状况发生了变化。现在主要种植罗讷河谷的品种，尤其是西拉葡萄。酒庄还与来自托斯卡纳的酿酒顾问亚伯托·安东尼尼（Alberto

塔湾酒庄

于 2007 年生产的葡萄酒——
向罗纳博卡斯特尔酒庄致敬。

Antonini）协作，研制新世界风格的桑娇维塞葡萄酒。酒庄的酿酒师自 2001 年一直由萨西·莫兰（Sashi Moorman）担任。

塔湾酒庄（圣路易斯奥比斯波产区）

塔湾酒庄（Tablas Creek）由曾为葡萄酒进口商的罗伯特·哈斯（Robert Haas）和教皇新堡产区（Châteauneuf-du-Pape）的博卡斯特尔酒庄（Château de Beaucastel）的佩林（Perrin）家族共同建立。这两大家族花费一整年的时间物色酒庄的地皮。1989 年，他们在帕索罗布尔斯买下土地，从法国合法进口了有机认证的树苗，栽种在葡萄园里。在来自教皇新堡的出色酿酒师的娴熟技艺加持下，酒庄在帕索罗布尔斯脱颖而出，大获关注。酒庄的进口葡萄苗也供应给加州的其他酒庄及罗讷河谷葡萄园，并成为罗讷产区葡萄园的重要物资来源。塔湾酒庄的旗舰酒款是博卡斯特尔红葡萄酒（Esprit de Beaucastel），为以慕合怀特为基酒的混酿。

多波酒庄（蒙特利县产区）

多波酒庄（Talbott Vineyards）素以霞多丽葡萄酒而闻名，这些酒源自酒庄分别位于圣卢西亚高地和卡梅尔谷（Carmel Valley）上游的断头谷园（Sleepy Hollow Vineyard）和钻石 T 园（Diamond T Estate），均为自有葡萄园。酒庄也涉足黑皮诺葡萄酒的酿制，但未有大的突破。

而自从罗伯·多波（Robb Talbott）聘请曾在查龙酒庄（Chalone Vineyard）工作的丹·卡尔森（Dan Karlsen）为酿酒师后，曙光开始浮现。多波的目标是酿造成熟度更高、果味更纯粹的黑皮诺葡萄酒。目前从早期进展来看，实现这一想法大有希望。

塔利酒庄（圣路易斯奥比斯波产区）

多年来，塔利（Talley）家族三代人在阿罗约格兰德河谷（Arroyo Grande Valley）耕作，主要种植蔬菜。1982 年，他们开始在不适合种植行间作物的坡地上栽种葡萄。今天，塔利家族还从事蔬菜种植。但真正让他们在葡萄酒爱好者中闻名遐迩的，是塔利里孔园和罗斯玛丽（Rosemary）葡萄园品种丰富、独有特色的黑皮诺和霞多丽葡萄。除了种植业，塔利家族还在埃德娜谷附近开设了葡萄酒庄。副牌酒主教峰（Bishop's Peak）是较为平价的葡萄酒系列，例如主要以外购葡萄酿制的无水红葡萄酒（Rock Solid Red）混酿。

塔玛斯酒庄（旧金山湾产区）

塔玛斯酒庄（Tamás Estates）是利弗莫尔谷与威迪酒庄（Wente Vineyards）共同发展的几家酿酒商之一。1984 年，塔玛斯酒庄成立，酿酒世家米拉苏家族的一个分支和酿酒师伊万·塔玛斯·富齐（Iván Tamás Fuezy）随之在这里扎根。此后，塔玛斯酒庄发展为利弗莫尔谷首屈一指的意大利品种葡萄酒生产商，制造地道且物超所值的葡萄酒。酒庄的产品阵容有灰皮诺、巴贝拉、桑娇维塞、仅小批量生产的珍藏葡萄酒——当然还有加州大部分地区代表性的意大利品种仙粉黛。

特里霍奇酒庄

浓郁的黑果和辛辣的甘草在
这款西拉葡萄酒中尽情交织。

谭塔拉酒庄（圣巴巴拉产区）

1997 年，比尔·凯茨（Bill Cates）和杰夫·芬克（Jeff Fink）创立了谭塔拉酒庄（Tantara Winery）。酒庄地处圣玛丽亚谷，主要用中央海岸（Central Coast）一些最有名的葡萄园的黑皮诺酿酒，其中包括圣卢西亚高地的加里园和皮索尼葡萄园，以及圣玛丽亚谷的比恩·纳西多园（Bien Nacido）、帝伯格园（Dierberg）及所罗门山园（Solomon Hills）等。

酒庄的黑皮诺葡萄酒口感丰富而成熟，同时不失优雅（也出产几款霞多丽葡萄酒）。

坦斯利酒庄（圣巴巴拉产区）

乔伊·坦斯利（Joey Tensley）在 1998 年创办了坦斯利酒庄（Tensley Wines），生产源自圣巴巴拉县的单一园西拉葡萄酒。酒庄一半以上的葡萄酒是用科尔森峡谷葡萄园（Colson Canyon Vineyard）的成熟西拉葡萄酿制，极具烟熏风味；另外多款瓶装葡萄酒的产量仅为 2400 瓶或更少。特纳葡萄园西拉葡萄酒（Turner Vineyard Syrah）经过凉爽气候的洗礼，呈现辛辣、厚重而明快的气息。2006 年，酒庄生产了少量的新品种歌海娜葡萄酒，以及罗讷河谷混酿白葡萄酒。乔伊的妻子珍妮弗（Jennifer）酿制了一款副牌丽雅（Lea）的黑皮诺葡萄酒，具有天鹅绒般的完美口感。

特里霍奇酒庄（圣路易斯奥比斯波产区）

特里霍奇酒庄（Terry Hoage Vineyards）是退役职业美式足球运动员特里·霍奇（Terry Hoage）在帕索罗布尔斯的产业。霍奇除了管理酒庄，也亲自（和他的妻子珍妮弗一道）酿造葡萄酒，甚至连酒庄本身也是他用废旧木材亲手施工搭建起来的。酒庄栽种了 7 公顷的罗讷河谷葡萄品种，包括红葡萄和白葡萄，用于酿制一系列混酿。这些酒款的起名也颇有特色，结合了葡萄酒本身的特点与霍奇的足球专业知识，例如匹克葡萄酒（The Pick）就得名于美式足球中的传切球。

酒庄的葡萄酒强劲浓郁、口感成熟，但又保持了很好的平衡。

泰斯特罗莎酒庄（圣克鲁斯山产区）

罗布·詹森（Rob Jensen）和戴安娜·詹森（Diana Jensen）夫妻是硅谷的工程师。20 世纪 90 年代初，他们在自家车库酿了一些葡萄酒。不久之后，他们便启动商业化的生产经营，并从加州一些顶级葡萄园购买黑皮诺和霞多丽葡萄，包括圣巴巴拉的比恩·纳西多园和蒙特雷的皮索尼、加里园和断头谷园。酒庄如今最受瞩目的是黑皮诺和霞多丽葡萄酒，也出产少量的西拉葡萄酒。在酿酒师比尔·布罗索（Bill Brosseau）精湛技艺的引领下，酒庄系列产品的复杂度、平衡性和结构都更上一层楼。

托马斯科因酒庄（旧金山湾产区）

一座历史悠久的绝佳庄园，一位理科出身、喜欢动手却从不使用电子邮件的家庭酿酒师，造就了托马斯科因酒庄（Thomas Coyne Winery）——利弗莫尔谷名列前茅，可谓奇特的小酒庄。科因采用手工酿制技术生产品质上乘的罗讷河谷梅洛混酿，还有一些彰显个人风格的其他小批量葡萄酒——例如最近正在试验的葡萄牙品种。总的来说，这是一家务实又极具工匠精神的小酒庄，运营良好，未来可期。

托马斯·福格蒂酒庄（圣克鲁斯山产区）

托马斯·福格蒂（Thomas Fogarty）是一位心血管外科医生，也是血管成形术导管雏形的发明家。1969 年他入读斯坦福大学时，对葡萄酒产生了浓厚的兴趣。1981 年，福格蒂创办了酒庄，在此之前他就在家酿过一点酒。酿酒师迈克尔·马尔泰拉（Michael Martella）从酒庄建成伊始就在此工作。酒庄产品系列中的黑皮诺在近年有明显的提升，其中有好几款酒都出自马尔泰拉之手。此外，酒庄还出产一些品质优异的圣克鲁斯山脉赤霞珠红葡萄酒和上好的蒙特雷雷司令酒。

唐德酒庄（蒙特利县产区）

唐德·阿拉利德（Tondré Alarid）是萨利纳斯山谷的一名种植户，在其位于圣卢西亚高地的土地上栽种蔬菜。实际上，他的土地并不适合种植行间作物。但受邻居种植酿酒葡萄的影响，唐德和他的儿子乔从 1997 年也开始种植黑皮诺葡萄。这片占地 40 公顷的葡萄园因此得名唐德葡萄园（Tondré Grapefield），过去，唐德在这里种植的是生菜和西蓝花。庄园收获的葡萄大多数出售，一小部分留作自用，供唐德家族和酿酒师托尼·克雷格（Tony Craig）酿制小批量口味辛辣、结构出色的唐德黑皮诺葡萄酒（Tondré Pinot Noir）。★新秀酒庄

戴利酒庄（圣路易斯奥比斯波产区）

位于纳帕谷的戴利酒庄（Turley Wine Cellars）在 2000 年并购了拥有多年历史的皮塞蒂葡萄园（Pesenti Vineyard），成为帕索罗布尔斯葡萄酒界的一员。彼时的皮塞蒂葡萄酒堪称质朴，但戴利酒庄主人拉里·戴利（Larry Turley）独具慧眼，将这座古老葡萄园的巨大潜力发挥得淋漓尽致。

酒庄的皮塞蒂葡萄园仙粉黛葡萄酒（Pesenti Vineyard Zinfandel）为酒庄独特风格的代表之作，结构感强，口感丰富而强劲。戴利酒庄在帕索罗布尔斯有一间品酒室，为未经邮件预约购买的客户提供品尝美酒及额外的选购机会。

温塔娜酒庄（蒙特利县产区）

20 世纪 70 年代，道格·米多（Doug Meador）在阿罗约锡科（Arroyo Seco）地区创立了温塔娜酒庄（Ventana Vineyards）。他被公认是蒙特雷葡萄种植界的领路人。庄园的葡萄制成的多种葡萄酒曾屡获殊荣，也有很多酒出自其他的酒庄。相对而言，温塔娜酒庄自己酿造的葡萄酒一致性不高。2006 年该酒庄易手，新的酒庄主人带着满腔热情和投资让酒庄焕发活力。酒庄主打霞多丽和黑皮诺葡萄酒（米多在位时期黑皮诺完全不受重视）。酿酒师瑞吉·哈蒙德（Reggie Hammond）还呈献了有口皆碑的灰皮诺、雷司令和琼瑶浆等品种的葡萄酒。

维拉小溪酒庄（圣路易斯奥比斯波产区）

克里斯·切瑞（Cris Cherry）是帕索罗布尔斯维拉小溪（Villa Creek）餐厅的老板，他与当地多名葡萄酒商相识。2001年，在他们的劝说下，切瑞也加入酿酒的行列中。如今，他的维拉小溪酒庄（Villa Creek Cellars）年产约 3.6 万瓶葡萄酒。

酒庄主要产罗讷河谷品种的葡萄——主要为红葡萄，以及帕索罗布尔斯的一些顶级葡萄园的丹魄。其中多个酒款都是有专属酒名的混酿。切瑞一直在精心调整酒庄醇熟而浓郁的葡萄酒风格，使其更优雅，更适于搭配食物。

罗布雷斯酒庄（圣路易斯奥比斯波产区）

罗布雷斯酒庄（Vina Robles）自 20 世纪 90 年代后期在帕索罗布尔斯成立以来，一直备受关注。酒庄主人为来自瑞士的工程师汉斯·内夫（Hans Nef），酿酒师马蒂亚斯·古柏勒（Matthias Gubler）同样是瑞士人。酒庄拥有超过 486 公顷的葡萄园，收获的大部分葡萄供应给其他酒庄。罗布雷斯酒庄的顶级杰作是签名葡萄酒（Signature），一种以小维多为基酒、口感丰富醇厚的混酿；还有一款厚重、集中的小西拉葡萄酒。古柏勒致力于追求不同于果酱或蜜饯风味、成熟度极高的酿酒风格。

威迪酒庄（旧金山湾产区）

1883 年，卡尔·威迪（Karl Wente）在利弗莫尔谷海拔最低的位置创立了威迪酒庄（Wente Vineyards）。今天，利弗莫尔谷的旗舰酒庄由威迪家族的第四代和第五代传人持有及运营。威迪家族积极推动土地使用公共政策，在他们的推动下，利弗莫尔的葡萄园保存了下来，否则也会被征收开发成住宅区。多年以来，威迪家族在加州的酿酒商中，率先实施了将葡萄酒远销国外的战略。而在产品方面，酒庄推出了品目繁多的静止葡萄酒和起泡酒，普遍为品质可靠、惠而不费的单一品种酒。近年来又有"N 度"（Nth degree）酒标的系列产品面世，推动了当地高档葡萄酒的发展。

风之橡酒庄（圣克鲁斯山产区）

1996 年，曾任管理咨询师的吉姆·舒尔茨（Jim Schultze）和朱迪·舒尔茨（Judy Schultze）在科拉利托斯镇（Corralitos）郊外曾是苹果园的一块土地上，种植 1.2 公顷的黑皮诺。现在，这个葡萄园已经扩至拥有 7 公顷的黑皮诺和 0.4 公顷的霞多丽葡萄。2001 年，舒尔茨还建造了一个小型酒庄。酒庄不到 3.5 万瓶的总产量中，囊括了来自 9 个庄园的黑皮诺，根据克隆品种、葡萄园地块和采用的野生酵母等要素分门别类。风之橡（Windy Oaks）系列的黑皮诺葡萄酒明快活泼、口感柔顺，引人入胜。

真正的酿酒业创新

20 世纪 80 年代和 90 年代，中部海岸地区发展愈发活跃，为葡萄种植和酿酒业带来了创造性的商业策略。传统模式下，酒庄拥有各自的葡萄园和酿酒设备。与之不同的是，出现了更为明确的分工酿造流程，这极大地降低了饱含热情的酿酒师们进入这个行业的门槛。

圣巴巴拉的比恩纳西多葡萄园开创了新的葡萄种植方式，针对不同客户，葡萄园的定制区块也有所差异，有时这种定制甚至会精确到每一排葡萄藤。这意味着小型及新兴酒庄也可以用高质量的葡萄酿造他们心仪的葡萄酒。这也催生了葡萄酒的定制压榨生产，同一个酿酒厂可以为多个葡萄酒品牌提供全方位的生产服务及设施。定制压榨和定制农场已经遍布加州，为最近出现的小型、新型酿酒厂，以及高档品牌提供了基础设施，其中就包括中部海岸和其他地方一些非常知名的品牌。

南加利福尼亚州产区

南加利福尼亚州（简称南加州）幅员辽阔，面积相当于意大利的一半，各地区的土壤和气候条件也各不相同。在 19 世纪上半叶，这里是加州葡萄酒产业的中心地带，大型葡萄园和酿酒厂汇集于此，产出的葡萄酒销往全国各地。但是由于葡萄藤疾病和金融投机问题，这一黄金时代于 19 世纪中期终结。从那时起，除了圣巴巴拉以外的南加州地区就一直被认为是中央海岸的一部分，挣扎在纳帕谷和北加州的阴影下。然而，凭借着广袤的土地和数以百万计的葡萄酒消费者，一个兼收并蓄的葡萄酒产业正在蓬勃发展。从特曼库拉谷的郊区住宅项目到好莱坞山，发展前景一片大好。

主要葡萄种类

🍇 **红葡萄**

巴贝拉

赤霞珠

歌海娜

梅洛

西拉

丹魄

仙粉黛

🍇 **白葡萄**

霞多丽

玛珊

灰皮诺

瑚珊

长相思

维欧尼

年份

虽然南加州与其他地方一样，都存在年份差异，但因为它是由不同种植区组成的，所以并不能一概而论。此外，顶级酒庄大都受到国家葡萄酒杂志的密切关注，这些杂志会对其他地方的不同年份进行评级。最好的办法还是自己品尝葡萄酒后再做决定。

南加州的葡萄酒体量庞大。弗雷斯诺（Fresno）和马德拉（Madera）周围的中央山谷葡萄园为商业葡萄酒的生产做出了巨大贡献。这些葡萄大多灌装在通用款式的葡萄酒瓶中，默默无闻。而在高端酒领域，南加州优质葡萄酒生产商则力争上游，为获得认可而埋头苦干。

早年间，南部众多葡萄园遭遇的打击之一就是皮尔斯病——当时以其爆发的小镇阿纳海姆（Anaheim）命名，该地现在是迪士尼乐园的所在地。皮尔斯氏菌能在一两年内就将葡萄藤杀死。20 世纪 90 年代末，这种令人恐惧的疾病通过玻璃翅叶蝉这一新的昆虫载体卷土重来。这次瘟疫始于洛杉矶东南 145 千米的特曼库拉谷（20 世纪 70 年代开始兴起的一个葡萄酒产区）。最初，特曼库拉的葡萄园受到的打击是毁灭性的，整个州都在警惕玻璃翅叶蝉所带来的危险。

然而，特曼库拉地区的疫情其实是被夸大了的。凭借着研究的进展、传统害虫管理的实施、政府的资助及种植者们的努力，特曼库拉地区的疫病威胁得以抑制，损失十分轻微。一项覆盖全州的排查计划成功地阻止了疾病的蔓延。与此同时，周边地区（从洛杉矶到圣地亚哥再到圣贝纳迪诺的大片土地）约有 1500 万名市民也已按捺不住去酒庄度假游玩的欲望，这促进了特曼库拉的葡萄种植，也吸引了更多的从业者。

更北的库卡蒙加（Cucamonga）则留存着南加州昔日的辉煌。被不断扩张的仓库和分区包围着的是一系列古老质朴的葡萄园，大部分由加莱诺酒庄管理，低产葡萄园里的仙粉黛以及其他品种的葡萄风味浓烈，就连北加州的酿酒师也垂涎已久。

在加州最南端，圣地亚哥东部的山区萌生了加州最古老的酿酒传统，其历史可以追溯到 18 世纪末，当时的传教士们一路向北，传播了基督教，也种植了葡萄。近年来，当地的葡萄酒庄鱼龙混杂，但有一批新兴的葡萄酒酿造商决心重整旗鼓，力争重现加州第一产区往日的辉煌。

最后，在西边的是寸土寸金的洛杉矶丘陵地带，虽然这里看似是一片最不适宜葡萄种植的地区，然而事实证明，这里其实不仅仅是好莱坞富人们的游乐场。这里的黄金地段拥有较高的海拔、来自海洋的冷风及山坡上多种多样的微气候条件，出产的葡萄酒在市场中极具竞争力。在这里投资会不会是出于虚荣心？这个问题或许也该问问在纳帕谷或波尔多的投资者。

即使是在较不发达的加州南部，去一个像样的酒庄也几乎用不了一小时的时间——这在其他大州和许多国家都是无法想象的。与其说南加州的葡萄酒市场是一股强大的力量，倒不如说是一片混乱，确切地说，这也正是为什么值得去了解它的原因所在。

卡拉威酒庄（特曼库拉产区）

20世纪90年代中期，玻璃翅叶蝉和皮尔斯病害席卷特曼库拉，卡拉威酒庄（Callaway Vineyard）遭受了最严重的打击，在一年前还欣欣向荣的葡萄园转眼间变得满目疮痍。当时卡拉威酒庄还是特曼库拉地区最大的酒庄，将主要业务转移到中央海岸，然后被一家饮料企业集团收购。与此同时，位于特曼库拉的卡拉威老葡萄园和葡萄酒品牌也重整旗鼓，推出了风味更典型的产品，质量也有所提升。该酒庄出品的葡萄酒包括波尔多红葡萄酒、长相思葡萄酒、灰皮诺葡萄酒、白麝香葡萄酒和一些甜点酒。

加莱诺酒庄（库卡蒙加产区）

这个位于库卡蒙加山谷（Cucamonga Valley）边缘的庄园鲜活地展现了加州葡萄酒历史的一个篇章。加莱诺（Galleano）家族自1927年就在这里酿酒了。他们的庄园已被列入加州及国家的历史名胜名录。古老的葡萄藤产量低，风味浓。在一众仓储和房地产项目的包围下，加莱诺酒庄（Galleano Winery）推出了一系列物美价廉的葡萄酒，其生产的加强型葡萄酒也屡获大奖。其中一款安哥里克白葡萄酒（Angelica）不禁让人回想起葡萄酒行业早期的经典风味。安哥里克其实指的不是一个葡萄酒品牌，而是一种葡萄酒风格，由老式的弥生（Mission）品种酿制而成，并用葡萄白兰地强化风味。

哈特酒庄（特曼库拉产区）

特曼库拉谷的许多酒庄都设有配套的餐厅和度假村，然而作为这里最好的酒庄之一，哈特酒庄（Hart Winery）自20世纪70年代末以来一直在一座不起眼的木结构建筑内经营，甚至可能会被误认为是一家乡村杂货店。酿酒师乔·哈特（Joe Hart）深谙酿酒之道，他酿出的葡萄酒物美价廉、风味浓郁、口感平衡，其中就包括仙粉黛、西拉、品丽珠、巴贝拉（Barbera）、维欧尼和令人愉悦的歌海娜桃红葡萄酒。各类酒品无一不彰显着匠心精神，从一众华而不实的葡萄酒中脱颖而出。

莫拉加酒庄（洛杉矶产区）

莫拉加酒庄（Moraga Vineyards）位于洛杉矶郊区的贝艾尔，最初是一个养马场。自1978年以来，该酒庄一直专注于种植葡萄和酿造葡萄酒。事实上，酒庄出产的只有两种葡萄酒——莫拉加红葡萄酒（波尔多风格混酿酒）和莫拉加白葡萄酒（单一长相思葡萄酒）。这两款葡萄酒都极其出色，从它们身上，你甚至能感觉"无缝"这个人们经常使用的词都被赋予了全新的含义。尽管莫拉加酒庄所在的地方几乎是一片葡萄酒荒漠，但凭借着卓绝的葡萄酒品质，这个名不见经传的小酒庄最终成为众人追捧的对象。

奥尔菲拉酒庄（圣地亚哥产区）

圣地亚哥县（San Diego County）葡萄酒酿造的传统可以追溯到第一个弥生种植园，但到了现代，很少有酒庄能打出自己的口碑。异军突起的当属奥尔菲拉酒庄（Orfila Vineyards），该酒庄由阿根廷大使亚历杭德罗·奥尔菲拉（Alejandro Orfila）于1994年创立。为了获取利润，葡萄园早期种植的是霞多丽葡萄，但后来纳帕酿酒师利昂·桑托罗（Leon Santoro）进

哈特酒庄
这个谦逊的酒庄相信葡萄酒的品质会说明一切。

罗森塔尔玛里布酒庄
"M"牌葡萄酒产自单一葡萄园，在法国橡木桶中陈酿两年。

行了重新规划，种植了更为合适的罗讷及桑娇维塞葡萄。桑托罗酿造了一系列优秀的西拉、瑚珊（Roussanne）、玛珊（Marsanne）和维欧尼葡萄酒。遗憾的是，他在2009年去世了，但酒庄葡萄酒的质量依然出众。

罗森塔尔玛里布酒庄（洛杉矶产区）

1987年，当电影制片厂老板乔治·罗森塔尔（George Rosenthal）在他的玛里布山（Malibu Hills）庄园种植葡萄时，几乎没人把他当回事。多年来，诸多葡萄酒生产商纷纷涌现，玛里布牛顿峡谷（Malibu-Newton Canyon）也获得了产区认证。罗森塔尔玛里布酒庄（Rosenthal Malibu Estate）的葡萄酒品质逐年提升，更赢得了良好的声誉。该酒庄出产的霞多丽葡萄酒酒体轻盈，赤霞珠葡萄酒的口感极为细腻，丝毫没有粗犷之感。500米的海拔高度不仅是种植优质葡萄的关键，也是绝佳的风景。

圣安东尼奥酒庄（洛杉矶产区）

位于洛杉矶市区的圣安东尼奥酒庄（San Antonio Winery）历史悠久，自1917年以来就一直运营。该酒庄在禁酒令时期生产圣餐葡萄酒。时至今日，里博利（Riboli）家族仍在使用该州各地种植的葡萄酿制葡萄酒，并且在各个价位上都竞争力十足。蒙特雷和帕索罗布尔斯出产的马达莱娜葡萄酒（Maddalena）与圣西蒙葡萄酒（San Simeon）性价比极高。纳帕卢瑟福带出产的里博利家族（Riboli Family）高端系列葡萄酒独具特色。并且单凭温馨热闹的气氛，这也绝对是一个值得一游的酒庄。

南部海岸酒庄（特曼库拉产区）

南部海岸酒庄（South Coast Winery）隶属于一个全方位生活方式品牌，集度假、美食、水疗、办公为一体。但葡萄酒项目并不仅仅是心血来潮，乔恩·麦克弗森（Jon McPherson）和哈维尔·弗洛雷斯（Javier Flores）的酿酒团队曾两次获得加州年度酒庄（California Winery of the Year）的荣誉。该酒庄生产的葡萄酒价格适中，大多数都是用特曼库拉地区的葡萄酿造的。从赤霞珠葡萄酒到丹魄葡萄酒，从雷司令葡萄酒到瑚珊葡萄酒，从静止葡萄酒到起泡酒，各种类型应有尽有。低端葡萄酒的果香较为清透，而更高级别的西拉和赤霞珠葡萄酒的果香则更为丰厚。★新秀酒庄

威尔逊溪酒庄（特曼库拉产区）

威尔逊溪酒庄（Wilson Creek Winery）是一家前景光明的酒庄。该酒庄过去酿造的大都是质量平庸的半干型葡萄酒，但在特曼库拉的精品葡萄酒先驱——新上任的酿酒师艾蒂安·考伯（Etienne Cowper）的带领下，该酒庄终于完成了品质上的飞跃。酒庄生产的静止葡萄酒和起泡葡萄酒种类繁多，其中最有趣的一款是庄园西拉葡萄酒，拥有醇厚的香气和平衡的风味。还有一款类似波特酒的小西拉甜点酒，风味比加州大多数同类酒都更有深度。★新秀酒庄

加利福尼亚州内陆产区

沿海葡萄酒产区可能荣获佳誉，圣巴巴拉、索诺玛和纳帕，在这些产区拍摄了以葡萄酒为主题的电影，并且这里还是标有三位数价格标签的葡萄产地，但美国人常在加州内陆地区寻找供日常饮用的葡萄酒，人们谈论性价比高的酒品时会吹嘘这里盛产的葡萄酒。任何认为这个地区只卖带螺旋盖小壶装乡村红葡萄酒的想法都是错误的，事实上，这些葡萄酒映射了加州内陆地区的广袤，可谓是沃野千里。其中心是广阔的圣华金（San Joaquin）和萨克拉门托（Sacramento）山谷；再向里走，沿着山谷的东部边缘，是塞拉丘陵。这些地区共同构成了国家葡萄酒商业贸易的历史基础，为葡萄酒事业发展指明了方向。

主要葡萄种类

🍇 红葡萄

巴贝拉

小西拉

桑娇维塞

西拉

仙粉黛

🍇 白葡萄

霞多丽

长相思

维欧尼

年份

2009

早期采摘的葡萄有望酿制出口感醇厚的葡萄酒；那些晚期摘取的葡萄口感欠佳。

2008

恶劣的天气导致葡萄减产，但幸存下来的仙粉黛、桑娇维塞、巴贝拉和西拉色泽鲜亮，入口清爽。

2007

山麓产区的仙粉黛和巴贝拉品质优良。

2006

炎热的7月让成熟的仙粉黛、桑娇维塞和西拉果粒味道更加浓郁。

2005

极端天气产出的仙粉黛、小西拉、巴贝拉和西拉，以及一些赤霞珠口感浓郁。

2004

仙粉黛从浓郁醇美到口感均衡的佳酿都在此年份出产；本地的巴贝拉层次丰富，广受喜爱。

对该州葡萄酒贸易发展的几个突出贡献者都来自加利福尼亚州内陆。欧内斯特·嘉露（Ernest Gallo）和朱利欧·嘉露（Julio Gallo）两兄弟在莫德斯托（Modesto）创建了他们的同名酿酒厂，业务基本都围绕着该酿酒厂展开。罗伯特·蒙大维（Robert Mondavi）和彼得·蒙大维（Peter Mondavi）两兄弟在洛迪开启了他们的葡萄酒事业。利兰·斯坦福（Amasa Leland Stanford）是加利福尼亚州早期的州长之一。他在萨克拉门托山谷（Sacramento Valley）北部拥有世界上最大的葡萄园。唯一入选该州葡萄酒商名人堂的杂货商达雷尔·科尔蒂（Darrel Corti）就在萨克拉门托（Sacramento）扎根并开展业务。萨克拉门托（Sacramento）以西是加州大学戴维斯分校，即加利福尼亚大学备受赞誉的葡萄种植系和酿酒系的所在地。

如今，带有"加利福尼亚"酒标的葡萄酒几乎无一例外来自中央山谷（Central Valley），该山谷长约720千米，宽约64千米，其平坦肥沃的土壤培育了该州三分之二的酿酒葡萄。然而，在这片辽阔的疆域内，几个子产区的地位正在上升：洛迪（Lodi）产区盛产仙粉黛；马德拉（Madera）出产山寨版的"波特"；克拉克斯堡（Clarksburg）主产小西拉和果味浓郁的白诗南（Chenin Blanc）。

然而，加利福尼亚州内陆最具活力和多样性的酿酒业区域在塞拉丘陵一带，沿途曲折蜿蜒，生长着石兰科常绿灌木、毒栎、松树等，当然还有葡萄园：在塞拉山谷的花岗岩斜坡上绵延195千米。1848年，加利福尼亚州发现了黄金，因此掀起了数十年的移民潮，移民潮促进了基础设施的完善加强，包括修建铁路和

建造酿酒厂等。淘金热之后，100多家葡萄酒厂在采矿营地及其周边地区兴起，多年来，主矿脉（Mother Lode，金矿区的历史术语）丰收的葡萄产量比纳帕谷和索诺玛县收获的葡萄还多。然后，随着黄金开采殆尽，矿工和他们的支持者搬走了，禁酒令和藤蔓害虫却相继困扰着这片土地。随着葡萄园的枯萎，酿酒厂也被遗弃了。

20世纪70年代，在热爱酿酒的家庭酿酒师的推动下，局势有了转变。酿酒师们想让酿酒产业商业化，但买不起价格较高的沿海产区的土地。几乎无一例外，他们选用了自淘金热以来在山麓地区生长最为繁盛的葡萄品种——仙粉黛，该品种与加利福尼亚州可谓是天作之合。

重新发现该地区的葡萄种植者是一群富有冒险精神的人。最初，酿酒师们用仙粉黛来确保他们在葡萄酒贸易中的地位，然后以其作为跳板进行探索和发明，这也是如今山麓地区葡萄酒贸易的特点。仙粉黛仍然是该地区的主导品种，而浓郁的西拉、柔嫩的桑娇维塞及味感独特的巴贝拉（Barberas）也渐渐变成了这里的新宠。

清爽的长相思和丰润的维欧尼是最浓烈葡萄酒的原料。与山下更远的中央山谷不同，这里并不是霞多丽之乡。高山或黑暗的峡谷有时会出产品质优良的赤霞珠、灰皮诺、黑皮诺和雷司令（Riesling），其清透度和直击味蕾的口感让人心神荡漾。然而，在素有"奶牛之乡"之称的塞拉丘陵地区，人们在食用牛肉时，经常会配上口感醇厚、浓郁的红葡萄酒，而且更多时候也会选择仙粉黛葡萄酒。

阿马多尔山麓酒庄（阿马多尔县产区）

凯蒂·奎因（Katie Quinn）和本·蔡特曼（Ben Zeitman）夫妻酿酒团队秘密生产了塞拉丘陵（Sierra Foothills）产区最好的单一园仙粉黛红葡萄酒（Zinfandels）。这些葡萄酒以清雅著称，这种清雅的特质也体现在山麓地区出产的稀有、清透且品质优良的桑娇维塞中，以及由50%的西拉和50%的歌海娜混合酿制而成的凯蒂科特（Katie's Cote）中。赛美蓉也有类似的特性，而其他葡萄却不能与之媲美。

伯格尔酒庄（埃尔多拉多县产区）

1972年，格雷格（Greg）和苏·伯格尔（Sue Boeger）在埃尔多拉多县购买了一个淘金热时期留下的田产，开始种植葡萄。自禁酒令发布以来，他们酿制了埃尔多拉多县第一款葡萄酒，有了这个幸运的开端，他们便把对地方的尊重与对现代市场营销的美好前景结合起来。早期，格雷格和苏·伯格尔无视用传统的智慧酿造山麓地区更为醇厚的梅洛干红葡萄酒。现在，他们的儿子贾斯汀·伯格尔（Justin Boeger）是酿酒师，起初他比父亲更热爱用橡木桶酿酒，不过最近他对此不再像以前那样执着。

格尔酒庄（约洛县产区）

格尔家族（Bogles）已经有6代人在萨克拉门托（Sacramento）南部地区和圣华金河三角洲（San Joaquin River Delta）沃土上耕种，但直到1968年，他们才开始种植葡萄。他们把最初8公顷的试验田已经发展到485公顷，为该酒庄每年生产近1450万瓶葡萄酒做出了贡献。格尔家族打开了国际市场，主要出售小西拉（Petite Sirah）和多汁的梅洛。他们出产的霞多丽细腻柔和，广受欢迎，而黑皮诺和雷司令的产量也供不应求。

野马葡萄酒公司（斯坦尼斯劳斯县产区）

自2000年以来，弗瑞德·弗兰齐亚（Fred Franzia）用魄力和大力宣传弥补其旗舰酒品的不一致性，凭借查尔斯·肖（Charles Shaw）或"两元抛"（"Two Buck Chuck"）品牌效应进行销售。弗瑞德拥有大约1.62万公顷的葡萄园，50多个品牌每年出售数百万瓶葡萄酒，其中一些品牌，如鲑溪（Salmon Creek）、福雷斯特维尔（ForestVille）、瑞吉（Napa Ridge）等偶尔会以低廉的价格夺人眼球。

克鲁葡萄酒公司（约洛县产区）

约翰（John）和莱恩·吉奎埃尔（Lane Giguiere）夫妻团队再次出手，以低廉的价格酿造时尚的葡萄酒。20世纪80年代，他们建立了菲利浦酒庄并引进了诸如黑熊火霞多丽（Toasted Head Chardonnay）等当红葡萄酒。在出售菲利浦酒庄后，2005年，约翰和莱恩·吉奎埃尔夫妇重返登尼肯山（Dunnigan Hills），与克鲁葡萄酒公司（Crew Wine Company）合作，凭借纯粹精湛的酿酒技术、睿智高超的营销策略和广受欢迎的价格再次取得成功，并推出了火柴盒丹魄（Matchbook Tempranillo）、野牛黑皮诺（Mossback Pinot Noir）、锯木架马尔贝克（Sawbuck Malbec）等新品。★新秀酒庄

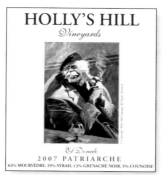

荷里山酒庄

帕缇亚（Patriarche）是对教皇新堡特选品种和风尚的完美诠释。

格尔酒庄

清爽的雷司令及其恰到好处的酸甜度是该酒的特色。

德利卡酒庄（美国圣华金县产区）

1924年，德利卡酒庄（Delicato Family Vineyards）的创始人加斯帕雷·印第里凯托（Gaspare Indelicato）开始在富饶的曼蒂卡（Manteca）圣华金谷（San Joaquin Valley）种植葡萄。自此以后，他凭借过人的智慧，让德利卡酒庄扩大了生产，提升了质量。如今，德利卡酒庄主要以大批量生产价格低廉的酒品为主，特别是西拉。然而，该家族的第三代掌门人正经营一个专业品牌组合，如旋藤蔓（Ganrly Head）、女爵传奇（Loredona）、艾若尼（Irony）和337，其中一些酒的原料选用中央谷地（Central Valley）的水果，而另一些则来自沿海产区。

迪阿里酒庄（埃尔多拉多县产区）

作为一名食品科学家，查依姆·古尔·亚利耶（Chaim Gur-Arieh）不遗余力地使用各种食材和技术来创造现代餐饮奇迹。多年前，他离开食品界去做葡萄酒，接受了酒业更传统、苛刻的风俗。从那时起，吉尔与他的艺术家妻子伊丽丝爱娃·古尔-亚利耶（Elisheva Gur-Arieh）因将食品界的地域感与酒业对纯真果味的欣赏结合而得到广泛认可。他们的产品组合既传承了该地区的历史，如仙粉黛、小西拉、巴贝拉等，也颂扬了其潜力，如丹魄、普里米蒂沃（Primitivo）和西拉等。

菲克林酒庄（马德拉县产区）

第二次世界大战刚结束，沃尔特·菲克林（Walter Ficklin）通过研究发现，如果要在炎热干燥的圣华金谷（San Joaquin Valley）酿造优质葡萄酒，需要在现有气候条件下培育原始生长优良的葡萄。沃尔特选择了传统的葡萄牙葡萄，并专注于酿造加州版的波特酒。他对细节的关注为该州始终如一的忠实效仿奠定了基础。其继承人则转向榛子味波特酒等新奇产品，但是菲克林的优势仍是酿造优良的红波特（tinta）、茶色波特（tawny）和年份波特（vintage ports）等。

荷里山酒庄（埃尔多拉多县产区）

荷里山酒庄（Holly's Hill Vineyards）坐落在埃尔多拉多县西部山脊的高处，为塞拉丘陵（Sierra Foothills）罗讷河谷葡萄品种的未来提供最广泛、最深入的例证。这就是嘉莉·班迪克（Carrie Bendick）和乔什·班迪克（Josh Bendick）夫妻酿酒团队的工作——用慕合怀特（Mourvèdre）、瑚珊（Roussanne）、歌海娜（Grenache）、西拉等品种酿造葡萄酒。自2000年第一次大丰收以来，他们对葡萄园的悉心管理和对法国美学的执着，造就了显要的葡萄品种及教皇新堡（Châteauneuf-du-Pape）的大师级精湛混酿。

杰夫酒庄（阿马多尔县产区）

杰夫·伦奎斯特（Jeff Runquist）从加州各地的葡萄园收购葡萄，2008年，他建立了自己的酒庄，选址在阿马多尔县。1980年，他在这里开始了他的酿酒生涯，长期以来，这里一直是他的产品广受好评的原料来源。伦奎斯特生产的豪华葡萄酒中，原料和橡木桶比风土的痕迹更为重要。这是一种配方，让

干河谷酒庄

极乐世界是一种带有玫瑰花香的甜品酒，由黑麝香葡萄酿制而成。

迈克尔–大卫酒庄

葡萄来自洛迪产区七家最好的仙粉黛种植园，经精心复杂的调配酿制而成。

他成为加利福尼亚州颇受尊敬的酿酒师之一。★新秀酒庄

杰西酒庄（洛迪产区）

自 1868 年杰西酒庄（Jessie's Grove Winery）的创始人约瑟夫·斯本科尔（Joseph Spenker）开始在这里种植小麦，洛迪的杰西酒庄所在地一直在进行农业生产。20 年后，他转业从事酿制葡萄酒。其中一些葡萄藤仍在为该家族的葡萄酒事业做出贡献，最引人注目的当属口感醇厚、纵享丝滑、层次丰富的佳丽酿（Carignane）。除了 5 种仙粉黛（Zinfandels），每一款都有自己的独特之处，剩余系列尤其是赤霞珠和霞多丽，似乎更受市场影响而非当地风土因素的影响。

卡乐酒庄（阿马多尔县产区）

前战斗机飞行员巴克·科布（Buck Cobb）和他的妻子卡莉（Karly）都是做事持之以恒的人。自 1978 年他们在阿马多尔县谢南多厄河谷（Shenandoah Valley）建立酒庄以来，显而易见，他们知道了长相思是山麓地区最常见的绿色葡萄。他们的仙粉黛都具耐寒特性，尤其是萨迪厄普顿（Saddie Upton）和勇士之火（Warrior Fire），而令他们咂舌的慕合怀特、埃尔阿拉克兰（El Alacran）则表明他们既敬畏过去，又面向未来。

朗格兄弟酒庄（洛迪产区）

自 19 世纪 80 年代以来，朗格家族一直都在洛迪耕种。起初他们种西瓜，1916 年才开始种植葡萄。2003 年，孪生兄弟拉德福德（Bradford）和兰德尔（Randall）建立了与他们同名的酿酒厂，如今雇用了家族的 9 名成员。他们的主流酒品虽然有点贵，但基本阵容是非常体面的，他们的特色混酿能以极低的价格传递出纳帕谷的沉淀和多样性，如波尔多"灵感"（Bordeaux-inspired）、洛迪特选午夜珍藏酒（Lodi-designated Midnight Reserve）。★新秀酒庄

薰衣草岭酒庄（卡拉韦拉斯郡产区）

富有的吉尔平（Gilpin）喜欢种植葡萄。他的妻子西里·吉尔平（Siri Gilpin）则热衷于种植薰衣草。他们在安琪尔营（Angels Camp）以西，旧金矿区中心的一处阳光明媚的坡地上耕种各自的作物。吉尔平夫妇在古老的采矿小镇墨菲斯（Murphys）天使营另一侧的品酒室里，分享着当地的恩赐——葡萄园自酿的葡萄酒和用自家薰衣草制作的肥皂。富有的吉尔平只种植罗讷品种，他大胆种植单一品种及各品种平衡混合酿制，借以证明薰衣草岭酒庄（Lavender Ridge Vineyard）在加利福尼亚州有着美好的未来。

野草莓酒庄（埃尔多拉多县产区）

自 1973 年在塞拉丘陵（Sierra Foothills）900 米海拔处种植野草莓酒庄（Madroña Vineyards）的第一批葡萄以来，迪克·布什（Dick Bush）家族一直致力于开发该地区更多样化、可靠度更高的葡萄酒系列。布什家族并没有规避种植该地区最成熟的品种——仙粉黛，但他们通常在与山麓地区不相关联的品种上取得了更大的成功，包括赤霞珠、琼瑶浆（Gewurztraminer）、

品丽珠、霞多丽和雷司令等。

麦马尼斯家族酒庄（圣华金县产区）

自 1938 年以来，麦马尼斯（McManis）家族一直在圣华金河谷（San Joaquin Valley）北部种植葡萄，但直到 1997 年，家族第四代成员才开始在里彭（Ripon）建立酒厂。从那时起，麦马尼斯家族酒庄的红葡萄酒，尤其是赤霞珠、小西拉和西拉，以其浓郁的果味和物美价廉赢得了消费者的青睐。除了令人惊叹的维欧尼，他们的白葡萄酒还未崭露头角，没有获得与红葡萄酒一样的赞誉。

迈克尔–大卫酒庄（洛迪产区）

要说人不可貌相，迈克尔·菲利普斯（Michael Phillips）和大卫·菲利普斯（David Phillips）兄弟俩就是典型的例子。迈克尔和大卫是典型的乡村男孩，相较于穿着正式礼服在酿酒师晚宴上推杯换盏，他们更喜欢在农贸市场上卖家里种的西红柿。但是在这农产品摊位和馅饼店背后，他们对葡萄酒市场很有研究，并在加利福尼亚州中央山谷地区拥有一家的颇受市场青睐的酿酒厂。迈克尔和大卫所酿造的奢华葡萄酒通常以七宗罪（7 Deadly Zins）和大地震（Earthquake）等专有品牌销售，其甜度和入口厚重感并非适合所有人，随着知名度的提高，产量不断提高。

米拉弗洛雷斯酒庄（埃尔多拉多县产区）

在纳帕谷任职多年后，马可·卡佩利（Marco Cappelli）收拾好自己的行囊，像近代的淘金者一样只身踏入塞拉丘陵（加州一个产区，1848 年人们在不远处发现了金矿）。他购买了一个葡萄园，并开始为母脉酒庄（Mother Lode）提供咨询服务，但他与米拉弗洛雷斯酒庄（Miraflores Winery）的关系最为密切。在该酒庄，他酿制的波尔多混酿和巴贝拉红葡萄酒总体不如浓郁绵柔的西拉令人难以忘怀，而该地区的两个比较顽强的品种——灰皮诺和白麝香（Muscat Cannelli），凭借着卡佩利的精湛工艺，摇身一变成为口感丰富、余韵悠长的佳酿。★新秀酒庄

新克莱尔沃酒庄（特哈马县产区）

新克莱尔沃修道院（the Abbey of New Clairvaux）的特拉普会修士（Trappist monks）曾在萨克拉门托谷最北端的维纳（Vina）种植葡萄。1889 年，加州州长利兰·斯坦福（Leland Stanford）就是在这里开发了世界上最大的葡萄园。修士们一路前行，决心帮斯坦福圆了酿制上好佐餐葡萄酒的梦想。但修士们采用的方法与斯坦福不同，他们专注于种植适于炎热天气的葡萄品种，其中丹魄、小西拉和阿尔巴利诺在早期表现抢眼，但西拉似乎没多少潜力可以挖掘。★新秀酒庄

干河谷酒庄（马德拉县产区）

1975 年，安德鲁·奎迪（Andrew Quady）转行进军酿酒业，也许因为他在烟火制造方面有经验，他的到来点燃了加利福尼亚州中央山谷一贯保守的葡萄酒产业。奎迪和他的妻子罗

莱尔（Laurel）并没有复刻该地区普遍的中档餐酒，而是从阿马多尔县仙粉黛酿制的烈性波特酒着手，投身生产甜酒。奎迪夫妇的波特酒［他俩更倾向于称为"舷窗"（Starboard）］仍然是酒厂的头牌，他们还用橙花麝香和黑麝香酿造烈性甜酒。

斯科特·哈维酒庄（阿马多尔县产区）

斯科特·哈维（Scott Harvey）将自己在塞拉丘陵的成长经历与德国酿酒培训经验相结合，酿造出的葡萄酒既有阿马多尔县强劲的结构又有欧洲经典内敛的口感。早些时候，他就预料到巴贝拉葡萄会成为该地区的新宠。该葡萄品种在酿酒行业用途广泛，原材料货源充足。虽然人们大都认为哈维在过去几十年为提升该县酿酒业品牌做出最大的贡献，但其西拉葡萄酒不如仙粉黛和巴贝拉系列葡萄酒品质稳定。

颂博酒庄（阿马多尔县产区）

1977 年，硅谷的天才科学家里昂·颂博（Leon Sobon）刚结婚不久就举家搬到了阿马多尔县的谢南多厄山谷（Shenandoah Valley），开始研究酿制他所钟爱的波特酒。1989 年，颂博夫妇开垦了谢南多厄葡萄园，随后买下了附近历史悠久的达戈斯蒂尼酒庄（D'Agostini Winery，该酒庄可追溯到 1856 年），并将其更名为颂博酒庄（Sobon Estate）。里昂·颂博至今仍在生产波特酒，但如今的谢南多厄葡萄园主要以醇厚的日常用仙粉黛葡萄酒而闻名，而颂博酒庄则专注于运用指定的优质葡萄园所提供的浓郁仙粉黛葡萄作为原料。该酒庄旗下的葡萄酒主要是用罗讷河产区的多种葡萄混酿而成。

泰拉奥罗酒庄（阿马多尔县产区）

泰拉奥罗酒庄（Terra d'Oro Winery）成立于 1970 年，前身为蒙特维纳酒庄（Montevina Winery），2008 年年底更名为泰拉奥罗，意在强调该酒庄的新生及运用山麓产区的葡萄果实生产佳酿。泰拉奥罗在意大利语中有"黄金之地"之意。泰拉奥罗酒庄归纳帕谷的金凯家族所属。山麓地区比较盛行企业化运营，该酒庄便是其中一例，旗下生产普通的桑娇维塞、巴贝拉和西拉葡萄酒。该酒庄在很大程度上凭借仙粉黛葡萄酒享誉盛名，例如含蓄细腻的阿马多尔县葡萄酒（Amador County）、层次分明且酒体均衡的家族仙粉黛葡萄酒（Home Vineyard），以及口感醇浓郁的迪弗葡萄酒（Deaver）等。

特尔红酒庄（阿马多尔县产区）

前旧金山湾区（San Francisco Bay Area）葡萄酒商人比尔·伊斯顿（Bill Easton）和他的妻子简·奥里奥丹（Jane O'Riordan）证明，塞拉丘陵可不是只懂一门本领的产区。仙粉黛让该地区名震四海，但伊斯顿在他的特尔红品牌及其旗舰产品登高（Ascent）等标志性酒品有力证明了罗讷河谷（Rhône Valley）的实力。登高是一种浓烈而醇厚的西拉葡萄酒，也是该地区最昂贵的一款葡萄酒。然而，他并没有忽视仙粉黛，而是不断深耕伊斯顿品牌，推陈出新，旗下的酒款琳琅满目，从阿马多尔县淡葡萄酒（Amador County）到晚收混酿葡萄酒，款款经典，无不是对仙粉黛风韵的深情演绎。

乌瓦吉奥酒庄（洛迪产区）

早在创造"Cal-Ital"一词用来描述用意大利葡萄酿制的加利福尼亚州葡萄酒之前，吉姆·摩尔（Jim Moore）就坚信维蒙蒂诺（Vermentino）、内比奥罗、巴贝拉等会在美国人的餐桌上占有一席之地。因美国人了解到桑娇维塞和内比奥罗较难驾驭，"Cal-Ital"几乎从加利福尼亚州葡萄酒商的词典中消失了，但摩尔仍然相信它们会得到美国人的钟爱。他的维蒙蒂诺、巴贝拉和莫斯卡托（Moscato）都是用洛迪产区的原料酿制的，这证明口感醇美、浓烈且活性好的葡萄酒不是意大利的独有产物。

诺赛托酒庄（阿马多尔县产区）

吉姆·古莱特（Jim Gullett）和苏西·古莱特（Suzy Gullett）夫妇的持之以恒、坦率热情代表了自 20 世纪 60 年代末该地区复兴以来吸引到塞拉丘陵葡萄酒商的品性。吉姆和苏西宛如开拓者，寻一处佳境以独具匠心的方式通过葡萄酒来深刻演绎当地的风土。就他们而言，葡萄品种及酿制的葡萄酒主要是桑娇维塞。吉姆和苏西每年发布 8 款新酒，从产自谢南多厄山谷清透、辛辣的陈年佳酿到余味悠长、果味浓郁的果渣白兰地，不一而足。

约巴酒庄（阿马多尔县产区）

多年来，安·克雷默（Ann Kraemer）一直是纳帕谷备受尊敬的葡萄园经理。21 世纪初，当安·克雷默有机会创建自己的葡萄园时，她选择了塞拉丘陵地区，因为该地土壤结构复杂，日照时间较长。她在阿马多尔县的苏特溪以东种植了 14 公顷的葡萄，有丹魄、仙粉黛和西拉等适合崎岖山麓、温暖气候的品种。在过去的几年里，她因专业的精细化管理体系和酿制出清爽多汁的佳酿而广受赞誉。★新秀酒庄

巴贝拉

在加利福尼亚州的塞拉丘陵，仙粉黛已成为红葡萄品种的首选。桑娇维塞、慕合怀特和西拉都前景喜人，但红葡萄品种中可与仙粉黛相媲美的，唯有巴贝拉。虽然巴贝拉的种植面积远不及仙粉黛，但其地位正在迅速上升。近几年来，阿马多尔县三分之二的巴贝拉葡萄酒获评为加利福尼亚州博览会（California State Fair）上的最佳葡萄酒。在意大利皮埃蒙特（Piedmont）亚历山德里亚国际比赛（Alessandria International Competition）中，产自阿马多尔县的巴贝拉在外国评审中多次斩获大奖。

来自泰拉奥罗酒庄、颂博酒庄（Sobon Estate）、斯科特哈维酒庄（Scott Harvey）、麦基亚酒庄（Macchia）、卡米尔酒庄（Karmere）、伯格尔酒庄（Boeger）、杰夫酒庄（Runquist）、兰彻姆酒庄（Latcham）和库博酒庄（Cooper）等酒庄的巴贝拉葡萄酒不像一些意大利葡萄酒那样口感清爽、醇香浓厚，但巴贝拉葡萄酒通常富有成熟的果香味及丰富的橡木气息，入口绵软和性价比高的特点让它们在大西洋两岸越来越受欢迎。

太平洋西北产区

俄勒冈州（Oregon State）和华盛顿州（Washington State）快速发展的葡萄酒产区通常统称为太平洋西北产区。虽然两地在气候、葡萄品种和酒品风格方面存在许多差异，但它们的酿酒历史大体相似。在禁酒令颁布之前，俄勒冈州和华盛顿州都酿造葡萄酒，但是在1933年禁酒令废除之后，葡萄产业的重建异常缓慢，直到20世纪下半叶，这两个州才真正开始酿制不同规模的优质葡萄酒。如今的俄勒冈州，葡萄酒生产线自波特兰（Portland）南部威拉米特河谷（Willamette River Valley）北部较凉爽地区遍及该州较温暖的南部地区。华盛顿州90%的葡萄生长在喀斯喀特山脉（Cascade Mountains）以东的干旱地区。

俄勒冈州现代葡萄酒产业的故事真正开始于1961年。那时，理查德·索默（Richard Sommer，已过世）在罗斯堡（Roseburg）附近（如今葡萄种植集中地以南）建立了希尔克雷斯酒庄（Hillcrest Vineyard）。索默是加利福尼亚大学戴维斯分校（the University of California at Davis）的一名学生，他的导师斩钉截铁地告知他不能在俄勒冈州种植酿酒专用葡萄。索默决心证明其导师是错误的，并于1964年加入了查尔斯·库里（Charles Coury）的同名酿酒厂。1964年，查尔斯·库里在华盛顿县的庄园中种植了阿尔萨斯品种（Alsatian）。两年后，另一位戴维斯分校的学生，已故的艾瑞酒庄（Eyrie Vineyards）创始人戴维·列托（David Lett）率先在威拉米特谷（Willamette Valley）的北端种植了黑皮诺葡萄。

开拓者列托（当代俄勒冈州称他为"皮诺之父"）的影响远远超出了他早期在俄勒冈州种植红葡萄（如今该品种成为俄勒冈州标志性红葡萄品种）的反响。列托于1975年酿制的艾瑞黑皮诺葡萄酒（Eyrie Vineyard Pinot Noir）在1979年由法国赞助的法国葡萄酒和新世界葡萄酒的品鉴会上，首次让俄勒冈州成为优质葡萄酒生产地，从此声名鹊起。那次品鉴会上，艾瑞葡萄酒突出重围，位列第二，勃艮第（Burgundy）商人罗伯特·杜鲁安（Robert Drouhin）不敢相信自己的眼睛，又举行了一次品酒会，但其品鉴结果还是一样。杜鲁安不情愿地承认了内心的不安，他在距离列托的酒庄一步之遥的地方——邓迪山（Dundee Hills）购买了一块地并建了一家酿酒厂。

威拉米特谷（Willamette Valley）是俄勒冈州最大、最重要的葡萄种植区，世界上黑皮诺最佳产区之一，其出产的葡萄风味介于口感丰富、种类繁多的加利福尼亚州葡萄和单宁紧致、果味十足的勃艮第葡萄品种之间。俄勒冈州南部气候温暖，雨水较少，可以种植赤霞珠和丹魄等果皮较厚的葡萄。

与此同时，华盛顿州的故事与两大酒庄的成立有关：20世纪60年代的美国葡萄酒庄［AWG，后更名为圣密夕酒庄（Chateau Ste Michelle）］和联合酒庄［Associated Vintners，后更名为哥伦比亚酒庄（Columbia Winery）］。两家酒庄都对华盛顿州葡萄酒业的发展有着深远的影响。例如，AWG负责聘请久负盛名的加利福尼亚州顾问安德烈·切利舍夫（André Tchelistcheff）来判断该地区适合种植哪些葡萄品种，而联合酒庄的成员最初是一群来自华盛顿大学的业余酿酒学者，他们在此做酿酒实验。有趣的是，切利舍夫的侄子亚历克斯·戈利岑（Alex Golitzen）后因其酿造的有口皆碑的奎塞达溪（Quilceda Creek）系列葡萄酒而闻名遐迩。多年来，很多华盛顿州顶级酿酒师都曾为两大巨头工作过，尽管最近该州的酿酒厂数量迅速增长，但其影响力依旧存在。

如今华盛顿州以生产梅洛、西拉和雷司令的顶级葡萄酒而闻名。但华盛顿州温暖和煦的适宜气候让该地区在酿造许多其他葡萄酒品上也大获成功，包括红葡萄酒和白葡萄酒，但该产区的生产商仍在为塑造该地区的特色而奋斗不息。

俄勒冈州北部威拉米特谷的邓迪山（Dundee Hills）法定葡萄园雾气弥漫。

华盛顿州产区

华盛顿州的气候特殊。有多雨的西雅图，也有近乎沙漠的环境，两地的气候是由这些山脉造成的"雨影效应"（译注：气候学术语，即高山挡风，山地迎风坡降水丰富，背风坡降水稀少的现象）导致的。到达该州的东半部的水汽微乎其微，因此灌溉至关重要。但对于能够获取水源的种植者来说，干旱的气候、相对偏北的纬度、生长季节日照时间长，使得这些葡萄园的土地非常适合种植具有复杂果香和明快酸度的酿酒葡萄。

因此，华盛顿州绝大多数的葡萄酒产量源自该州东部也就不足为奇了。事实上，普吉特海湾产区是喀斯喀特西部唯一被官方认可的葡萄酒产区。这里种植的葡萄只占该州酿酒葡萄总量的1%，只有少数几家酒庄用这片产区的葡萄酿酒。这里通常只宜种植适应较冷气候的葡萄品种，如玛德琳·安吉维（Madeleine Angevine）、西格雷碧（Siegerebbe）、米勒图高（Müller-Thurgau）等。

与之形成鲜明对比的哥伦比亚山谷是华盛顿州地区占地面积最大、最宽阔的产地。这片庞大的产区向喀斯喀特山脉东部蔓延，几乎覆盖了该州面积的一半，还有几片较小的产区，如亚基马谷、红山、瓦拉瓦拉山谷、马天堂山、瓦鲁克山坡、响尾蛇山（Rattlesnake Hills）、哥伦比亚峡谷（Columbia Gorge）、斯奈普斯山（Snipes Mountain）等。直到20世纪80—90年代，华盛顿州的葡萄酒产业才真正开始起飞，美国是一个水果种植大国，许多酿酒葡萄种植户还种植樱桃、苹果和食用葡萄。不过如今，遥望大地，从南部的哥伦比亚河（Columbia River）到亚基马河（Yakima River）以北的土地，葡萄藤的种植已经越来越广。

尽管在整个哥伦比亚山谷产区都能找到优质葡萄和优质酒，但在它的边界内发现了两个较小的产区，都生产出了华盛顿州最好的葡萄酒，因而声名鹊起。第一个是面积最小的红山产区，占地280公顷，在亚基马山谷产区东南角，也是华盛顿州最温暖的种植区。这里的温暖天数累计比其他地区都多。该州几个最好的葡萄园都在这里，有15家酿酒厂，还有广受欢迎的葡萄园，如克利普森和马天堂（Klipsun and Ciel de Cheval）等。在红山产区，梅洛酒有时表现得像赤霞珠葡萄酒，呈现出更大的单宁和更强的表现力，而人们通常认为梅洛较为绵柔。

尽管瓦拉瓦拉山谷地处该州遥远的东南角（与俄勒冈州接壤，部分区域在俄勒冈州内），但这个产区可能是该地最受推崇的地区。这片产区地跨两个州，占地650公顷，海拔范围不一，但运营中的100多个酿酒厂几乎都位于华盛顿州这一侧。现在来山谷种植葡萄的酒庄越来越多，面积大约600公顷，大部分增量在俄勒冈州那一侧。莱奥内提、伍德沃、艾科勒41号等著名酒庄与沃特斯、格莱摩西等新晋明星酒庄同台竞技，大大提升了该地的知名度。

另一个值得关注的葡萄种植地是该州最新的奇兰湖（Lake Chelan）产地。该区域位于华盛顿州中北部，周围是绝色的湖景，有15家酿酒厂在此地落户，他们也从哥伦比亚山谷其他区域的葡萄园采购葡萄。最后，哥伦比亚峡谷产区跨越哥伦比亚河两岸，占地面积约200公顷，在华盛顿州和俄勒冈州交界的两侧分布着20多家酿酒厂。

阿贝贾酒庄

阿贝贾（Abeja）在西班牙语中意为"蜜蜂"，是商人肯·哈里森（Ken Harrison）、妻子金杰（Ginger），同行业元老酿酒师约翰·艾伯特（John Abbot）与其搭档莫莉·盖尔特（Molly Galt）合作建立的。该酒庄的葡萄酒由阿博特（Abbot，同时也照看着葡萄园）在阿贝贾旅馆的谷仓中酿造的，阿贝贾旅馆是一家高档舒适、可以提供住宿和早餐的旅馆，虽然价格昂贵，但确实是该地区旅客的最佳住宿选择。如今，阿贝贾酒庄的产量预计可达 6000 箱，其酒品主要是赤霞珠。迄今为止，该酒庄旗下的葡萄酒口感清冽、层次丰富，颇受消费者青睐。

阿玛维酒庄

阿玛维酒庄（Amavi Cellars）与胡椒桥酒庄（Pepper Bridge）的瓦拉瓦拉酿酒厂同属一个集团。胡椒桥酒庄所有者包括诺姆·麦基本（Norm McKibben）、酿酒师让·弗朗索瓦·佩莱（Jean-François Pellet）、麦基本的几个儿子、特拉维斯·高夫（Travis Goff）及胡椒桥酒庄合伙人雷·高夫（Ray Goff）和戴安娜·高夫（Diana Goff）等。该酒庄生产甜香甘美、温和绵柔、陈年醇厚的葡萄酒，主要采用庄园自产的赤霞珠和西拉为原料，融合少量口感丰富、多汁清甜的赛美蓉和长相思，用木桶发酵，酿制出一种供不应求的桃红葡萄酒，以及一些通常只在品酒室出售的甜酒。

安卓威酒庄

安卓威酒庄（Andrew Will Winery）创建于 1989 年，其古怪的酒庄名由主人克里斯·卡玛达（Chris Camarda）的儿子威尔（Will）与侄子安德鲁（Andrew）的名字联合命名。1994 年，卡玛达一家搭乘短途渡轮从西雅图搬到了瓦雄岛（Vashon Island），并建立了一个酿酒厂，年产量为 4300 箱。此后，他们在华盛顿东部开垦了葡萄园，种植面积 15 公顷，但他们也从该州一些优质的种植者那里采购葡萄。卡玛达酿造梅洛、赤霞珠、品丽珠、桑娇维塞葡萄酒以及多款混酿葡萄酒。无论采用什么原料，这些葡萄酒都是华盛顿最好的，口感丰富、醇厚浓郁。

巴纳德－格里芬酒庄

1977 年，罗伯·格里芬（Rob Griffin）和黛博拉·巴纳德（Deborah Barnard）开始自己酿造葡萄酒，当时格里芬来到华盛顿州，为普雷斯顿酿酒厂（Preston Winery）效力。格里芬一直为霍格酒庄（Hogue Cellars）工作，并担任几家华盛顿州生产商的顾问，直到 1996 年巴纳德－格里芬酒庄（Barnard Griffin）和品酒室竣工。酒庄没有葡萄园，而是依靠长期的葡萄供应合同来获取酿制葡萄酒的原材料，旗下代表作有珍藏西拉（Reserve Syrah）等。所有的葡萄酒都经过精心酿制，酸度适中，果味浓郁。

贝茨家族酒庄

鲍勃·贝茨（Bob Betz）是美国为数不多的酿酒大师之一，自 1997 年开始酿造葡萄酒以来，他的座右铭一直是"精工细作，不求规模，保证纯正，保持专注"。现在，该酒庄产量为

安卓威酒庄

索瑞拉（Sorella）是一种极佳的波尔多风格酒，由 4 种红葡萄混酿而成。

阿贝贾酒庄

阿贝贾（Abeja）相信赤霞珠将成为华盛顿州的标志性葡萄品种。

3500 箱——贝茨说这是他自己能够酿制的最大产量。贝茨家族酒庄总部位于西雅图附近的伍丁维尔（Woodinville），他总是从顶级葡萄园购买葡萄原料。其知名度最高的酒类是高品质的西拉系列，但他也酿造以歌海娜（南罗讷风格）、赤霞珠和梅洛为主的混酿。这些葡萄酒很难购得，但绝对值得一试。

布克瓦特酒庄

自 1983 年以来，布克瓦特酒庄（Bookwalter Winery）一直在三城（Tri-Cities）地区小批量生产优质葡萄酒。约翰·布克瓦特（John Bookwalter）之前主要负责销售和营销，于 1997 年出任酒庄的主要负责人，身边的得力干将是顾问酿酒师泽尔马·龙（Zelma Long），近来克劳德·格罗斯（Claude Gros）也加盟了该酒庄。布克瓦特酒庄的酒款包括一系列品种酒、许多款微甜干白葡萄酒，以及口感醇厚、味感丰富的特制红葡萄混酿。

布迪酒庄

2000 年，凯勒·福斯特（Caleb Foster）和妮娜·巴特·福斯特（Nina Buty Foster）在瓦拉瓦拉建立了他们的酒庄。酿酒用的葡萄主要来自该州的顶级葡萄园及福斯特家族在瓦拉瓦拉市（Walla Walla）米尔顿-弗里沃特（Milton-Freewater）区拥有的 4 公顷有机葡萄园，葡萄园是他们从果园改造来的。福斯特家族酿造的葡萄酒风味浓郁，例如花香四溢的赛美蓉混酿，口感层次丰富，带有一丝泥土芳香的尚普园（Champoux Vineyard）的赤霞珠和品丽珠混酿葡萄酒的味道。

卡达雷塔酒庄

卡达雷塔（Cadaretta）是瓦拉瓦拉的一家新酒庄，以曾将酒庄主人的货物运往市场的一艘船的名字命名。目前该酒庄靠从全州采购原料来酿酒。2008 年，卡达雷塔开垦了自己的葡萄园。其最有特色的酒品是清冽、未经橡木桶发酵的长相思和赛美蓉混酿和一款结构紧致的顶级赤霞珠葡萄酒，尽管该酒带有较重的橡木气息，但口感醇香甜美。★新秀酒庄

凯登斯酒庄

位于伍丁维尔的凯登斯酒庄（Cadence Winery）归前飞机设计师本·史密斯（Ben Smith）和前律师盖伊·麦克纳特（Gaye McNutt）共同所有，主要出产波尔多风格的混酿。该酒庄旗下的葡萄酒主要以红山葡萄园（酿酒专用葡萄的采购来源）的名称而命名，例如天空骑士（Ciel du Cheval）、塔蒂尔（Taptiel）、启普山（Klipsun）等，还有这对夫妇自己种植的卡拉米亚（Cara Mia）葡萄园。酒庄出产的葡萄酒既不过于浓烈也未过度萃取，口感醇香浓郁。

凯尤斯酒庄

凯尤斯酒庄（Cayuse Vineyards）的法国老板克里斯托夫·巴伦（Christophe Baron）酿造了华盛顿州备受追捧的葡萄酒。他专注于酿制西拉葡萄酒，在瓦拉瓦拉附近俄勒冈州的岩石土壤中栽培西拉葡萄，这里的风土类似于教皇新堡（Châteauneuf-du-Pape）的碎石土质，但他的 6 个生物动力

查尔斯·史密斯酒庄

口感强劲的"老伙计西拉酒"深受评论家好评。

英雄酒庄

甜美的雷司令冰酒是用葡萄藤上的霜冻葡萄酿成的。

葡萄园也种植品丽珠、赤霞珠、歌海娜、梅洛、丹魄和维欧尼。葡萄园的产量很低，但酿制的葡萄酒浓郁醇厚、高贵典雅、口感丰富。

圣密夕酒庄

圣密夕酒庄（Chateau Ste. Michelle Winery）是华盛顿州第一家酒庄，也是规模最大、在很多方面都占据着举足轻重地位的酒庄。其历史可以追溯到禁酒令的废除时期，但如今的公司实则是从 1954 年酒庄合并拉波姆赖葡萄酒公司（Pommerelle Wine Company）和国有葡萄酒公司（National Wine Company）之后才开始起步的。1967 年，美国葡萄酒在著名的来自加利福尼亚州的酿酒师安德烈·切利舍夫的指导下开创了一个名为"圣密夕酿酒商"的新葡萄酒系列，随后，1976 年在其伍丁维尔总部更名为圣密夕酒庄。

圣密夕酒庄现在拥有超过 1420 公顷的葡萄种植基地 [其冷溪（Cold Creek）葡萄园在 1972 年开始种植葡萄，是该州最古老的葡萄园之一]，每年生产约 100 万箱葡萄酒。该地区将圣密夕酒庄比喻为重达约 363 千克的"大猩猩"，它比该州的其他任何酒庄都要大得多。作为行业砥柱，该集团承担社会责任，利用自己的地位对华盛顿州整个葡萄酒行业做出了突出贡献，其力度几乎超过了自己的品牌。圣密夕酒庄以其优质的雷司令而闻名，还酿造一些高品质的梅洛和赤霞珠，与此同时，还与全州许多知名的合资企业进行合作。

奇努克酒庄

1983 年，克莱·麦基（Clay Mackey，前圣密夕酒庄葡萄栽培师）和克莱·西蒙（Kay Simon，前圣密夕酒庄酿酒师）夫妻搭档结合他们丰富的经验，在奇努克酒庄（Chinook Wines）制订了打造顶级雅基马谷（Yakima Valley）葡萄酒的目标。这对夫妇种植霞多丽、长相思、赛美蓉、梅洛、品丽珠和赤霞珠葡萄，他们最受欢迎的葡萄酒是清雅馥郁、活性很好的赛美蓉和品质过硬、醇香甘美、果味浓郁的品丽珠。

阳光山谷酒庄

阳光山谷酒庄（Col Solare Winery）是圣密夕酒庄和著名的托斯卡纳生产商皮埃尔·安东尼（Marchese Piero Antinori）的合资企业，位于风光无限、令人流连忘返的红山山顶，下面山坡上的葡萄园呈扇形分布。阳光山谷葡萄酒是由双方合作伙伴组成的团队共同酿造的，马可斯·诺塔罗（Marcus Notaro）负责日常管理。该酒庄的葡萄酒是用赤霞珠、梅洛、品丽珠、小维多和西拉密封混合酿制而成，其口感柔滑浓郁，带有原汁原味深色果实和可可的芬芳。其副牌酒旭日丘干红葡萄酒（Shining Hill）是由来自哥伦比亚谷顶级葡萄园的葡萄和阳光山谷的"降级"葡萄（因产量或陈年等法律限制无法在酒标中列出该葡萄或葡萄园名称，故此类果实酿制的葡萄酒售卖价格低于其真实价值）酿制而成。这种酒在橡木桶中酿制时间较短，适合开瓶直接饮用。

哥伦比亚山峰酒庄

哥伦比亚山峰酒庄（Columbia Crest）由圣密夕酒庄掌管和经营。1985 年该酒庄推出了第一款葡萄酒，运用的原料来自 1978 年酒庄自家葡萄园种植的葡萄。 一开始，这家酒庄的初衷是以实惠的价格诠释高品质的华盛顿州葡萄酒。鉴于其规模庞大（哥伦比亚山峰酒庄每年生产超过 100 万箱葡萄酒），品质偶尔受影响也许并不奇怪。虽然价格很低，但无论是广受好评的珍藏级葡萄酒系列，还是哥伦比亚山峰酒庄的顶级葡萄酒沃尔特洛尔私人珍藏葡萄酒（Walter Clore Private Reserve）都比该州生产的其他大多数佳酿要好得多。

哥伦比亚酒庄

哥伦比亚酒庄（Columbia Winery）是华盛顿州最早的酒庄之一，规模较大，其总部位于圣密夕酒庄的街对面。多年来，哥伦比亚酒庄由先驱葡萄酒大师戴维·莱克（David Lake）领导，他全力拥护该品牌，直到 2009 年与世长辞。莱克是第一个在华盛顿州生产西拉、品丽珠和灰皮诺的酿酒师，并与久负盛名的红柳葡萄园（Red Willow Vineyard）建立了长久互信的亲密合作关系。指定葡萄园系列葡萄酒、小批量系列的葡萄酒及酒会专属的石匠系列（Stone-Cutters Series）的葡萄酒工艺精良，极具吸引力。哥伦比亚酒庄是图标庄园（Icon Estates）的子庄园，均隶属于美国重要跨国公司星座酒庄（Constellation Wines）。

里尔酒庄

作为华盛顿州有口皆碑的一家酒庄，里尔酒庄（DeLille Cellars）生产波尔多风格的混酿，例如口感浓郁的知名查乐园干红葡萄酒（Chaleur Estate）和口感更柔滑、更绵柔的哈里森谷葡萄酒（Harrison Hill）等，这两种酒的酿制时间不需太长，口感极佳，经陈年后风味愈发浓郁。里尔酒庄的多安西拉（Doyenne Syrah）品质也同样上乘，该酒在橡木桶中陈年，比大多数酒款更浓烈，带有甜美浓郁的水果风味。酒庄的白葡萄酒按经典的波尔多白葡萄酒工艺酿制，散发着浓郁的花香和厚重的橡木香。

杜汉酒庄

艾瑞克·杜汉（Eric Dunham）曾是艾科勒 41 号酒庄（L'Ecole No.41）的助理酿酒师，自 1997 年以来一直致力于发展自己的品牌。杜汉（Dunham）的葡萄酒声名远扬，橡木味厚重且口感浓郁，适合长期窖藏。这些葡萄酒是在老旧的瓦拉瓦拉机场酿制的，日后，该酒庄计划在洛登（Lowden）杜汉家族旧农场附近投资建设一套新的酿酒设施。

英雄酒庄

英雄酒庄（Eroica）是酒庄主人与摩泽尔河谷（Mosel Valley）露森酒庄（Weingut Dr Loosen）的恩斯特·鲁信（Ernst Loosen）一起联合经营的项目，葡萄酒主要在圣密夕酒庄酿造。其半干型雷司令尽管口感偏酸，但酒体平衡度好，带有甘甜的柑橘口味，深受鉴酒师的好评。该酒庄还生产英雄逐粒枯萄精选甜白葡萄酒 [Single Berry Select，一种德国风格的精选干颗粒贵腐餐后葡萄甜酒（TBA）]，如果在气候条件允许的年份，还生产冰酒。

菲尔丁山酒庄

菲尔丁山酒庄（Fielding Hills Winery）是一家刚成立不久的酒庄。1998 年，该庄园首次开垦葡萄园种植葡萄，2002 年发布了第一款葡萄酒。该酒庄出产的赤霞珠尤为突出，风味独特，异常辛辣，因混合了极富质感、风味浓郁的西拉，酒体浓度令人惊叹。该酒庄旗下的西拉也很优质，带有浓重的野味、烟熏味和橡木味。酒精度数也相对较高。

铁匠铺酒庄

铁匠铺酒庄（Forgeron Cellars）的酿酒厂和品酒室所在的位置还真的曾经是一家铁匠铺，其名字 Forgeron 取自法语，表示"经验丰富的专业工匠"。这是一个合宜的名字，因为酿酒师玛丽—伊芙·吉拉（Marie-Eve Gilla）酿造的葡萄酒甜美迷人、高贵清雅。其中最为突出的是她醇厚的赤霞珠、含蓄的霞多丽和甘冽醇厚的瑚珊葡萄酒。酒庄旗下的葡萄酒使用的原料均来自位于哥伦比亚和瓦拉瓦拉山谷的 12 个签约葡萄园。

高曼酒庄

高曼酒庄（Gorman Winery）是伍丁维尔另外一家新生的酒庄，发展势头迅猛，主要从山区东部的顶级葡萄园采购酿酒原料。高曼酒庄葡萄酒的名字很奇特——大娘娘腔（The Big Sissy，一款霞多丽白葡萄酒）、邪恶双胞胎（The Evil Twin，一款混酿）、圣扎伽利的梯子（Zachary's Ladder，一款混酿）、小精灵（The Pixie，一款西拉红葡萄酒），还有恶霸（The Bully，一款赤霞珠红葡萄酒）。这几种酒款强劲浓烈、醇厚浓郁，产量也不多，约为每年 1600 箱。

格莱摩西酒庄

格莱摩西酒庄（Gramercy Cellars）位于瓦拉瓦拉，由侍酒大师格雷格·哈灵顿（Greg Harrington）于 2005 年创立，专注于酿制西拉葡萄酒，但也酿造赤霞珠、丹魄、雷司令及威拉米特谷（俄勒冈州）黑皮诺葡萄酒。西拉葡萄酒的品质令人拍案叫绝：品味醇厚、高贵优雅、质地丝滑、余味悠长，深受消费者喜爱。★新秀酒庄

赫奇斯家族酒庄

1986 年，华盛顿州本地人汤姆·赫奇斯（Tom Hedges）开始大胆向酿酒产业进军，向亚洲人出售美国葡萄酒。他不久后创建了当时的赫奇斯酒庄（Hedges Cellars），在打开美国市场之前，他的第一批酒卖给了瑞典的国营酒类专卖店及其他外国客户。赫奇斯酒庄成为重要庄园酒厂的历史可以追溯到1991 年，那时汤姆和妻子安妮-玛丽（Anne-Marie）在当时几乎不为人知的红山买了一块地，建立了他们的第一家酿酒厂。赫奇斯家族还涉及汤姆的哥哥皮特这位训练有素的酿酒师，他现在经营着一家酿酒公司，一直致力于开发优质赤霞珠和梅洛葡萄酒，价格亲民，但品质逐步提升。他们还使用霞多丽、玛珊和长相思等其他葡萄品种酿制出一种极富特色、甘美可口的CMS 白葡萄混酿酒，还完美运用 3 种波特酒葡萄品种酿制加强型葡萄酒，产量极低，不容错过。除了红山的酒厂，该酒庄还在西雅图东部的伊萨夸（Issaquah）建有一个品酒室，作为游客中心招待参观者。

JM 酒庄

约翰·比奇诺（John Bigelow）和佩琪·比奇诺（Peggy Bigelow）二人在伍丁维尔市精心酿制葡萄酒，原材料源自遍布哥伦比亚山谷的顶级葡萄园。旗下产品包括特色鲜明的切梵秀丽（Tre Fanciulli，以赤霞珠为主要材料）混酿酒以及口感强劲、形色优雅的长寿酒（Longevity，一款以梅洛葡萄为主要材料酿制的浓郁的葡萄酒）。令人惊奇的是，约翰在 2006 年之前是软件行业的高管，离职后他开始全职酿酒。

杰尼克酒庄

迈克·杰尼克（Mike Januik）是圣密夕酒庄（Chateau Ste Michelle）前任首席酿酒师，1999 年他另立山头自主创业，专攻霞多丽、梅洛、西拉和赤霞珠等葡萄品种的酿酒工作。杰尼克酒庄（Januik Winery）酿制的梅洛葡萄酒劲道十足，克利普森庄园葡萄酒（Klipsun Vineyard）带有覆盆子的果香和坚实的单宁口感，完美展现了优质梅洛酒应有的品质。杰尼克还为新奇山酒庄（Novelty Hill）酿造葡萄酒，而且这两家酒庄共用他在伍丁维尔的品酒室和酿酒厂。

查尔斯·史密斯酒庄

查尔斯·史密斯（Charles Smith）性格活跃阳光，曾在丹麦经营摇滚乐队。他的葡萄酒生涯始于搬到瓦拉瓦拉之后，在那里他只认识了一个人，西拉酒之王——凯尤酒庄的克利斯朵夫·巴伦（Christophe Baron）。巴伦给了史密斯一小块种着西拉葡萄的土地，史密斯学得很快，现在他用颗粒大、果实稠密的西拉葡萄生产特酿。旗下的产品洋溢着烟熏、橄榄、香料和烤肉的味道。顶级葡萄酒价格不菲，但史密斯也确实酿造了一些价格实惠的浅龄葡萄酒。

欧纳酒庄

欧纳酒庄（Kiona Vineyards）背后掌控人是威廉姆斯家族。1975 年，该家族创始人种下了第一批葡萄园，那片庄园就是现在知名的红山酒庄。该酒庄现仍为威廉姆斯家族所有并经营，他们从自家葡萄园采摘果实，同时也采购葡萄，生产种类繁多的优质葡萄酒。他们家最好的葡萄酒并不是最贵的——莱姆贝格酒葡萄酒（Estate Lemberger）是该园产出的一款辛辣黑果葡萄酒，有着丝滑的质感，又辅以恰到好处的橡木风味。

艾科勒 41 号酒庄

艾科勒 41 号酒庄（L'Ecole No.41）的名字源于此地曾经是校舍。该酒庄为酿酒师马蒂·克鲁伯（Marty Clubb）所有并负责运营，他从瓦拉瓦拉和哥伦比亚山谷的顶级葡萄园获取原料，酿造时髦的葡萄酒。克鲁伯的顶级葡萄酒都是从瓦拉瓦拉葡萄园出产的赤霞珠为主料混酿而成：巅峰酒（Apogee）充满了圣诞香料、烟草及黑果的香味；低点酒（Perigee）则散发出红果和摩卡咖啡的芬芳。克鲁伯还生产 3 款赛美蓉葡萄酒，其中哥伦比亚山谷瓶装酒是 3 款中最便宜的，以其纯净、清爽、透亮、略带柑橘水果味儿的品质脱颖而出。

爱伦·舒波

爱伦·舒波（Allen Shoup）是华盛顿产区首选合作伙伴。舒波在担任圣密夕酒庄首席执行官的 20 年间，与恩斯特·露森（Ernst Loosen）和皮埃尔·安东尼（Piero Antinori）合作开展了方兴未艾的项目。但是，自从舒波离开华盛顿州最大的酒庄后，其对世界级酿酒师来华盛顿酿酒的愿景却从未消散。舒波在瓦拉瓦拉（Walla Walla）地区的长影酒庄（Long Shadows Vintners）任职时，邀请了来自托斯卡纳（Tuscany）的安布罗吉欧（Ambrogio）和乔瓦尼·福洛纳里（Giovanni Folonari）、波尔多的米歇尔·罗兰、德国的阿尔明·迪尔（Armin Diel）和澳大利亚的约翰·杜瓦（John Duval）等国际酿酒师，并特邀了美国超级明星酿酒师兰迪·邓恩、菲利普·梅尔卡和奥古斯丁·乌内乌斯（Agustin Huneeus）。每个酿酒师都有自己的代表作，有他们自己的专利商标名称——"长影"就是代表该合作项目所有酿酒师杰作的统称。有了这些酿酒师的加持，舒波始终关注着华盛顿酒的品质。否则，这些大牌为什么会来华盛顿州东部？

艾科勒 41 号酒庄
马蒂·克鲁伯酿造的源自哥伦比亚山谷的赛美蓉酒价格比较亲民。

长影酒庄
"诗人之跃"是由德国著名的酿酒师阿尔明·迪尔酿造的。

莱昂内提酒庄

莱昂内提酒庄（Leonetti Cellar）很受追捧，产出的葡萄酒颇享美誉，其邮寄名单目录现已关闭。尽管如此，该酒庄的葡萄酒（一款赤霞珠、一款梅洛、一款桑娇维塞，还有一款珍藏混酿酒）需求量还是很大。酿酒师运用完美无瑕的果实和各种国际橡木桶酿制了多款佳酿，一开始会略显紧涩，随着时间推移酒款方能呈现最佳的口感。其浓稠的珍藏混酿酒便是其中一例，该酒洋溢着黑果、烟草和雪松的香气，深受消费者喜爱。1978 年，酒庄创始人加里·费金斯（Gary Figgins）酿制了第一批葡萄酒，由此他和他的朋友里克·斯莫（Rick Small，伍德沃德峡谷酒庄的主人）使瓦拉瓦拉成为知名的酿酒圣地。该酒庄现由费金斯的儿子克利斯经营。

长影酒庄

长影酒庄（Long Shadows Vintners）由华盛顿葡萄酒先驱爱伦·舒波（Allen Shoup，圣密夕酒庄前任首席执行官）创立，是一家超高档葡萄酒庄，经营者都是来自世界主要葡萄酒产区的享有盛誉的酿酒师。每位酿酒师都是酒庄合伙人，每人只负责生产一种哥伦比亚山谷葡萄酒，且必须是其同类酒中最杰出的代表，反映该酒的风格特征。长影酒庄的酒全都是世界一流的：酒色深邃清澈、口感浓郁醇厚，富于表现力。

玛丽希尔酒庄

玛丽希尔酒庄（Maryhill Winery）是克雷格和维姬·路佛德（Vicki Leuthold）夫妇于 1999 年创建的，当时他们选中了一块地，与 100 多年前传奇先驱山姆·希尔（Sam Hill）努力建立农村公社的那个地块毗邻。路佛德夫妇曾经的梦想是与遍及哥伦比亚峡谷、亚基马山谷、马天堂山和瓦鲁克山坡的葡萄种植户都签约合作，如今梦想实现，他们用 18 个葡萄品种，生产 27 款葡萄酒。其中最好的酒是巴贝拉珍藏酒（Barbera Reserve，富含辛香味，口感浓郁），以及清新怡人的仙粉黛酒。酒庄经常举办现场音乐会，吸引众多访客。

麦克雷酒庄

麦克雷酒庄（McCrea Cellars）是道格·麦克雷（Doug McCrea）于 1988 年创立的，它是华盛顿州第一家专门生产西拉酒及另外一种罗讷河谷干红葡萄酒的酒庄。该酒庄出产的葡萄酒真正体现出什么叫口感丰富、形色优雅。除了罗讷河谷葡萄品种，麦克雷酒庄还用匹格普勒葡萄酿制出一种较为罕见但甜香甘美的干白葡萄酒，该酒散发着浓郁的柠檬芬芳气息，口感明快酸爽。

北极星酒庄

北极星酒庄（Northstar Winery）产权归圣密夕酒庄所有，主要专注于生产梅洛葡萄酒。该酒庄以梅洛葡萄为主材料制作了两款特酿酒，一款选用哥伦比亚山谷的葡萄，另一款选用瓦拉瓦拉山谷的葡萄。酒庄还生产另一款副牌酒——斯特拉马丽斯（Stella Maris），该酒款采用以上两种产地的"降级"葡萄混酿而成。哥伦比亚山谷的混酿酒散发着浓郁的樱桃和李子芳香，瓦拉瓦拉山谷特酿酒则偏重于巧克力风味。北极星还出一款引人瞩目的新型白葡萄酒——斯特拉白葡萄酒（Stella Blanc），该酒选用赛美蓉和少量慕斯卡德混酿，散发的是令人愉悦的柠檬香，又稍带一丝苹果味，呈现出些许热带水果的气息，余味清爽悠长。

环太平洋雷司令酒庄

加州著名酿酒师蓝道·格拉汉（Randall Grahm）的环太平洋雷司令酒庄（Pacific Rim Riesling）项目曾经是格拉汉的邦尼顿葡萄酒帝国的一部分，但现在是一家独立酒庄，在波特兰设有办事处，还在三城附近的哥伦比亚山谷建有一个酒厂。该酒庄一直专注于雷司令白葡萄酒的酿造，他们甚至为此制作了一本关于本主题的实用小册子，名为《雷司令规则》（Riesling Rules，可在其官网上找到）。在环太平洋酒庄生产的众多雷司令酒中，有 4 种是用单一葡萄园产出的果实［包括以生物动力法种植的瓦卢拉葡萄园（Wallula Vineyard）产出的葡萄］酿制的，以及干型、有机型、甜型和餐后酒等。以上所有产品皆可口怡人，口感经典纯粹，又蕴含丰富表现力。酒庄还出产白诗南和琼瑶浆葡萄酒。

胡椒桥酒庄

胡椒桥酒庄（Pepper Bridge）是一家家族产业，在瓦拉瓦拉山谷拥有多家葡萄园。该酒庄致力于发展可持续葡萄种植业，主要生产优质赤霞珠和梅洛葡萄。酒庄合伙人是雷·高夫（Ray Goff）和诺姆·麦奇本（Norm McKibben），酿酒师是瑞士侨民让·弗朗索瓦·佩雷特（Jean-FrancoisPellet）。麦奇本曾任华盛顿葡萄酒委员会（Washington WineCommission）主席，一度成为"华盛顿先生"。现在他是瓦拉瓦拉先生，对该地区的葡萄酒生产了如指掌。酒庄产出品皆形色俱佳：赤霞珠葡萄酒口感丝滑，兼具黑色果香及香料辛香，结构极为均衡；梅洛酒则口感柔和，充满巧克力和红色果实的香味。

奎塞达溪酒庄

奎塞达溪酒庄（Quilceda Creek）的创始人是亚历克斯·戈利桑（Alex Golitzan），他的叔叔安德烈·切利舍夫（André Tchelistcheff）是加州优秀酿酒师，在叔叔的指导下，他在自家车库里开始酿酒。1978 年，戈利桑成立奎塞达溪酒庄，该酒庄现在已经成为华盛顿州最重要、排名最高的赤霞珠酒生产商。酒庄现在由戈利桑的儿子保罗（Paul）负责生产，出产的酒品既包括浅龄酒，也有可以在瓶中陈年 25～30 年的佳品。酒味醇正、质地醇厚、口感平衡，带有赤霞珠葡萄酒散发的果香，又伴以紫罗兰花香、黑醋栗、李子和巧克力等多种风味。不过，高品质要付出高代价：与相对容易买到的混酿葡萄酒不同，该酒庄出产的顶级葡萄酒也是全美国最昂贵的葡萄酒。

雷宁格酒庄

1997 年，查克·雷宁格（Chuck Reininger）和特蕾西·雷宁格（Tracy Reininger）夫妇为了实现梦想，开始酿造葡萄酒，选用的是瓦拉瓦拉山谷采购的葡萄。2000 年，他们的项目上了一个新台阶，拥有了自家果园，在莱宁格凹庄园（Ash Hollow Vineyard）栽培了梅洛、赤霞珠、马尔贝克和西拉等 4 种葡萄。到 2003 年，他们又买了一块地，把几个土豆棚改造成了一个新酒厂。同年，特蕾西的兄弟们带着妻子一起加入酒庄。雷宁格葡萄酒一直维持小规模生产，酿酒材料源自瓦拉瓦拉山谷出产的葡萄。该酒庄的副牌酒喜力士（Helix）选用来自哥伦比亚山谷出产的葡萄，产量比旗下其他酒款略大。

塞亚酒庄

塞亚酒庄（Seia Wine Cellars）是罗伯·斯伯丁（Rob Spalding）和金·斯伯丁（Kim Spalding）二人在西雅图地区小规模经营的产业，他们用华盛顿州的顶级葡萄园出产的果实，精心酿制优质西拉葡萄酒。他们出品的克利夫顿山西拉酒（Clifton Hill Syrah）形色漂亮，散发着浓郁的黑莓果酱和巧克力的香气。奥尔德溪西拉酒（Alder Creek Syrah）则迥然不同，单宁味略重，酒劲含蓄。这家酒庄成立得相对较晚，未来可期，值得关注。★新秀酒庄

七山酒庄

七山酒庄是凯西·麦克莱伦（Caseyand McClellan）和维姬·麦克莱伦（Vicky McClellan）夫妇于 1988 年创立的，酒庄坐落在瓦拉瓦拉山谷靠近俄勒冈州的一侧，经营了 10 年之后搬到了瓦拉瓦拉市中心。凯西是瓦拉瓦拉农场的第四代农民，他帮助父亲种植著名的七山葡萄园，并和维姬共同奋斗，开创了至少两个先河：一是出产了瓦拉瓦拉首款打上马尔贝克标志的瓶装葡萄酒；二是在瓦拉瓦拉地区首家种植丹魄葡萄。这对夫妻选用红山葡萄酿酒，马天堂混酿葡萄酒（Cieldu Cheval Redblend）便是一例，该酒散发着深红色水果香气，口感清新酸爽、单宁顺滑。

春天谷酒庄

春天谷酒庄（Spring Valley Vineyard）由德比家族创立，但自 2005 年起由圣密夕酒庄持有产权。春天谷酒庄在瓦拉瓦拉山谷拥有 47 公顷的葡萄园，种植有梅洛、品丽珠、西拉、赤霞珠、小维多和马尔贝克等葡萄品种。该酒庄出产的葡萄酒均按德比家族历史的重要人物命名，如尤莱亚（Uriah）、弗雷德里克（Frederick）、妮娜·李（Nina Lee）、德比（Derby）、穆里斯金纳（Muleskinner）等。酒品口感顺滑丰腴、果香浓郁、单宁柔和爽口，因而倍受好评。

斯蒂芬森酒庄

2001 年，戴夫·斯蒂芬森（Dave Stephenson）的酒庄在瓦拉瓦拉开业，年产量仅 1200 箱。该酒庄生产的赤霞珠、梅洛、西拉葡萄酒产量都不高。他酿造的西拉酒赏心悦目，拥有红果和蓝莓的优美色泽，略带烟熏味，余味悠长丝滑。斯蒂芬森起初是酿酒厂的顾问，现在则专注于自家酒庄的生产。

辛克兰酒庄

辛克兰酒庄（Syncline Cellars）的创始人是波比·曼通（Poppy Mantone）和詹姆斯·曼通（James Mantone），二人对罗讷河谷风格的葡萄酒情有独钟。他们在 1999 年成立了自己的酒庄，并立即开始与种植经典法国品种的葡萄园合作，经典品种如维欧尼、歌海娜、慕合怀特、瑚珊、神索（Cinsault）、古诺瓦兹（Counoise）、西拉等。他们对酿酒的热爱全部体现在酒上。

奎塞达溪酒庄
赤霞珠红葡萄酒显然是美国顶级的红葡萄酒。

七山酒庄
开创先河的麦克莱伦酿制出形色美丽、口感均衡的葡萄酒。

2007 年他们出品了埃琳娜特酿（Cuvée Elena），这款酒由 70% 的歌海娜、17% 的慕合怀特，再辅以佳丽酿、神索和西拉等按比例混酿而成。由此酿得一款绝佳的葡萄酒，散发着香料、灌木、红色果实的绝妙芳香，果味浓郁，包装尤为优雅。

泰若·布兰卡酒庄

泰若·布兰卡酒庄（Terra Blanca）及其葡萄园坐落在红山 120 公顷的土地上。该项目由酒庄老板也是酿酒师的基思·皮格瑞姆（Keith Pilgrim）负责，他以酿酒技艺精湛著称，主要酿制赤霞珠、西拉、梅洛酒以及一款标志性的波尔多风格的缟玛瑙（Onyx）混酿酒。缟玛瑙混酿呈现黑果和巧克力风味，口感顺滑、质感时新。皮格瑞姆还以皮埃蒙特（Piemontese）产地的内比奥罗葡萄为原料酿造了一款混合酒。这款名为万神殿（Pantheon）的葡萄酒极为妖媚动人，但必须说，它的风格令人几乎无法判断出该酒是由内比奥罗葡萄酿制的。

沃特斯酒庄

沃特斯酒庄（Waters Winery）的酿酒师叫杰米·布朗（Jamie Brown），他负责酿造一些爆款西拉酒。他生产的葡萄酒中，有 3 种是用源自单一葡萄园的果实酿造的；还有一种是采用哥伦比亚山谷产区的多家葡萄园的果实酿制的。最值得一选的是黄土葡萄园西拉特酿（Loess Vineyard Syrah），这款酒绝对是酒中佳丽，充满了黑樱桃、蓝莓、茴香和肉味的芳香，外加一点辛香和动物皮毛气息，赋予了它真正的西拉特色。布朗在酿制这款酒时加入了 3% 的维欧尼共同发酵，每年产量只有 190 箱。除了各种西拉酒，布朗也酿造赤霞珠葡萄酒、维欧尼葡萄酒等，还有一款以梅洛为主要原材料的混酿——插曲葡萄酒（Interlude）。

伍德沃酒庄

伍德沃酒庄（Woodward Canyon Winery）是瓦拉瓦拉最早创业的酒厂之一，是瑞克·思莫（Rick Small）与妻子达西·夫格曼·思莫（Darcey Fugman-Small）于 1981 年共同创办的，现在已广受尊崇。思莫家族在瓦拉瓦拉山谷拥有占地 17 公顷的葡萄园，也从几家金字招牌的种植户那里收购果实；另外该家族还拥有香波葡萄园（Champoux vineyard）的部分产权。伍德沃酒庄生产各种红葡萄酒和白葡萄酒，但最好的酒仍然是他们自家庄园出的酒。酒庄是在以前的小麦农场上兴建的，思莫就像父亲溺爱孩子一样把所有心思都放在这个庄园上，结果非常振奋人心：4 种葡萄（通常以梅洛为主）完美融合，碰撞出黑果和黑巧克力的口味，在玻璃杯中继续演变，入口质感稳健，品质含蓄低调，余韵绵长而极具层次感。

俄勒冈州产区

俄勒冈州是一个年轻的葡萄酒产区，但按它蓬勃发展的势头，可以考虑将其定为亚产区。该州现在有 16 个美国政府认定的葡萄种植区，它们的存在既要归功于显著的地质差异，也要归功于营销需求。地球各地质时期的重大地质事件，如板块移动、火山爆发（带来玄武岩土质）、冰川时代冰坝破裂引发的洪水——凡此种种造就了俄勒冈州的土壤特征，这些特征反过来又决定了其出产的葡萄酒的风味。威拉米特河谷是俄勒冈州最广阔的产区，由 6 个子产区将山谷的核心地带划分为更小的区域。南俄勒冈州是一整片大产区，又分为 4 个小区域。但因为北部的威拉米特河谷出产黑皮诺葡萄酒，所以成了最受关注的产区。

威拉米特山谷北部最大的产区是切哈姆山区。该片区土质含有火山岩成分及两种沉积岩成分，共有 30 多家酿酒厂和 100 多座葡萄园在此落户。因此这里出产的葡萄酒风味较为多样化，从优雅的红果口感到结构坚实的黑果系列，再到刺莓风味，门类丰富，不一而足。这里较为成功的酒庄有庞兹（Ponzi）、爱德森（Adelsheim）和切哈姆（Chehalem）酒庄。

缓带山产区的规模要小得多，该产区在切哈姆山和亚姆希尔-卡尔顿产区之间形成了一个口袋状的小区域，共有 20 座葡萄园和 5 家酒庄在这里安家。这里的土壤排水很快，很少有果农或生产商认为需要灌溉。这里出产的葡萄酒散发着黑果和丁香、肉豆蔻及肉桂等木本香料的香气。该州一些顶级品牌都在这里有根据地，包括砖房酒庄、连襟酒庄和帕格酒庄等。

亚姆希尔-卡尔顿区拥有 30 家酒庄和 60 座葡萄园。该地土壤成分主要为沉积岩土质，都分布在山坡低处。所产葡萄酒呈浅棕色，有清新的泥土芳香以及轻微的弱酸口感。

著名的邓迪山产区驻有 25 家酒庄，包括著名的俄勒冈杜鲁安酒庄（Drouhin Oregon）和艾瑞酒庄（The Eyrie Vineyard），繁华的邓迪镇也坐落在这里。邓迪山产区被认为是俄勒冈州葡萄酒产区的中心，因遍布红色火山岩土壤，故又以红色丘陵而知名。所产葡萄酒呈典型的亮红色，酒体丰腴。

正在崛起的麦克明维尔产区位于同名小镇的西部和西南部，拥有 14 家酒庄和占地 300 公顷的葡萄园。正如美莎拉（Maysara）这样近来入驻的酒庄所证明的一样，在这个相对偏远的温暖、干燥、高海拔的地方种葡萄酿酒也可能有很好的前景。这里出产带有浓郁黑果香气和泥土芬芳的葡萄酒，单宁强劲，酸味显著。在干燥环境下生长的果实酿成的酒往往是颜色浓重、单宁酸含量较高。

依奥拉-阿米蒂山产区在塞勒姆市的西北偏西方向形成了一系列缓坡，由于海岸山脉的断裂，凉爽的海风可以吹过，因此这里的温度较低。这里出产的葡萄酒具有浓郁的黑果味，酸度较高。该地区分布有 30 家酒庄，其中的顶级酒庄有贝瑟尔山庄酒庄、克里斯顿酒庄以及艾维珊木酒庄等。

然而，俄勒冈州远不止于威拉米特山谷。南俄勒冈州产区指的是威拉米特河谷南部的大片区域，在定位上与北部迥然相对。该认证产区包括昂普奎谷和罗格山谷。阿普尔盖特谷在罗格山谷产区内，是一个值得关注的地区，因为此处的生产规模和质量一直在不断增长。

在该州北部哥伦比亚河沿岸，有两片产区与华盛顿州共享：一个是海拔更高，但更温暖的哥伦比亚峡谷；另一个是知名度更高的瓦拉瓦拉山谷。

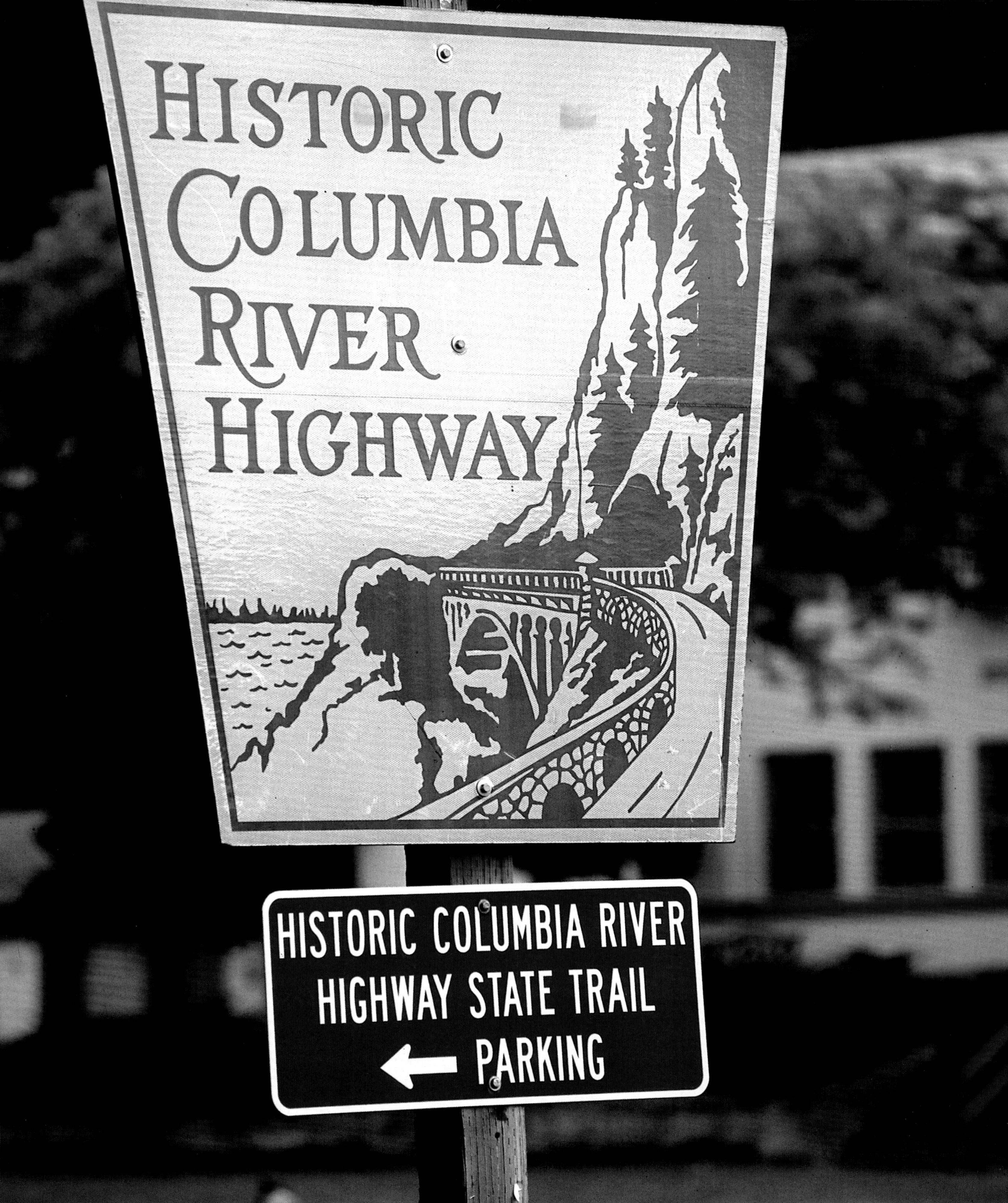

HISTORIC
COLUMBIA
RIVER
HIGHWAY

HISTORIC COLUMBIA RIVER
HIGHWAY STATE TRAIL
← PARKING

A-Z 酒庄

A-Z 葡萄酒是俄勒冈灰皮诺葡萄酒之经典，尤为注重酒液的纯度和烈度。

阿坝塞拉酒庄

这款丹魄特酿酒充分展现了阿坝塞拉酒庄对这一西班牙葡萄品种的高超技艺。

A-Z 酒庄

A-Z 酒庄（A to Z Wineworks）是一家合资企业，由山姆·塔纳希尔（Sam Tannahill，前艾翠斯酒庄酿酒师）和他的妻子谢里尔·弗朗西斯（Cheryl Francis，前切哈姆酒庄酿酒师）与德布·海切尔（Deb Hatcher）和贝尔·海切尔（Bill Hatcher，前俄勒冈州杜鲁安酒庄的董事总经理）共同投资经营。A-Z 酒庄于 1998 年创建，前身是一家葡萄酒中介。2007 年该酒庄收购了雷克斯山酒庄（Rex Hill Vineyards），成为俄勒冈州最大的葡萄酒厂，该酒庄现在从俄勒冈州各地收购葡萄。该酒庄的葡萄酒一直走低价路线，但质量却一直很高。每一位酿酒师都打造自己的葡萄酒品牌：弗朗西斯·塔纳希尔主攻琼瑶浆、白葡萄混酿、西拉和黑皮诺，威廉·海切尔（William Hatcher）主打黑皮诺，他精心打造的每一款葡萄酒都是小批量生产的佳酿，价值不菲。

阿坝塞拉酒庄

厄尔·琼斯（Earl Jonese）和希尔达·琼斯（Hilda Jonese）的阿坝塞拉酒庄（Abacela）位于昂普奎谷（Umpqua Valley）南部，是俄勒冈州别出心裁的一家酒庄。丹魄是琼斯家族的标志性葡萄品种。在他们的儿子葛瑞格·琼斯（Greg Jones）的帮助下，琼斯夫妇在美国各个地方寻找适合种植这种葡萄的葡萄园。1992 年，他们在俄勒冈州南部种植了这种葡萄。葛瑞格·琼斯后来成为研究气候变化及其对酿造葡萄酒影响方面的权威人物。尽管西拉和马尔贝克也能反映这里的风土环境，证明威拉米特谷（Willamette Valley）南部也能出产高品质葡萄酒，但丹魄葡萄酒无疑是最突出的。

爱德森酒庄

大卫·爱德森（David Adelsheim）是俄勒冈州葡萄酒行业的幕后大佬，他帮忙起草了俄勒冈州大部分主要的葡萄酒法规，并负责权衡该州的所有相关问题。1992 年，爱德森在他家附近的长巷园（Quarter Mile Lane）种植葡萄，种植面积从最初的 6 公顷增长到了 77 公顷，年产量是 4 万箱。戴夫·佩吉（Dave Paige）自 2001 年起出任该酒庄的酿酒师，他生产的葡萄酒质量上乘，酒体均衡，可以与该州任何一款葡萄酒相媲美。黑皮诺是该酒庄的主打品牌，由不同的酒调制而成，但是也用欧塞瓦（Auxerrois）、白皮诺、灰皮诺，甚至还有威拉米特谷出产的西拉进行酿造。★新秀酒庄

艾翠斯酒庄

在 1995 年建立了有名的使用重力酿造法的酿酒厂之前，艾翠斯酒庄（Archery Summit）的葡萄一直是用卡车运往位于纳帕谷的松树岭酒庄 [这两个酿酒厂都曾由已故的酿酒师加里·安德鲁斯（Gary Andrus）经营]。现在这两个酒庄依然是兄弟酒庄，隶属于同一家保险公司。该酒庄专注于酿制浓烈醇厚的黑皮诺葡萄酒。许多人认为，如果橡木的味道不那么突出的话，或许该酒庄的葡萄酒就是俄勒冈州最好的。当然这些葡萄酒的价格确实不菲。不过该酒庄的葡萄园——庄园（Estate）、阿库斯（Arcus，原阿基保尔葡萄园）和红丘陵葡萄园 [原福库葡萄园（Fuqua Vineyard）] 种植的葡萄在全州可谓是质量最上乘、结构极为平衡的果实。

菱花酒庄

对于大多数美国人来说，隶属于澳大利亚葡萄之路酒庄（Petaluma Wines）的菱花酒庄（Argyle Winery）是俄勒冈州顶级的起泡酒生产商。该酒庄的酿酒师罗林·索斯（Rollin Soles）还酿造一些优质的黑皮诺和霞多丽静止葡萄酒，以及俄勒冈州品质极佳的一款雷司令干白葡萄酒，但数量极少。所用的葡萄大多数产自邓迪山，还得到了奥娜山（Eola Hills）一个新葡萄园的支持。该酒庄位于当地一家顶级餐厅的对面（邓迪市 99 号高速公路附近），是酒乡之旅的好去处。

连襟酒庄

迈克尔·埃特泽尔（Michael Etzel）值得高度赞扬，因为他发现了威拉米特山谷北部这片农场（原养猪场）种植葡萄的潜力。1986 年度假时，他与连襟罗伯特·帕克（Robert Parker，知名葡萄酒评论家）买下了这片农场，并在接下来的几年里将其改造成一个葡萄园，其中 36 公顷专门用来种植黑皮诺。罗伯特·罗伊（Robert Roy）作为第三位合伙人于 1991 年加盟。连襟酒庄是对一个谷仓进行改造后建立的。多年来，该酒庄的产品已从酒体饱满、强劲浓郁的风格向精致细密、高贵典雅的格调转变。自 2006 年以来，葡萄园一直按照生物动力学的规范种植葡萄。

伯格斯多姆酒庄

约翰·伯格斯多姆（John Bergström）和凯伦·伯格斯多姆（Karen Bergström）夫妇从波特兰搬到邓迪市后，在威拉米特谷东南方向的缓坡上开垦了一个 6 公顷的伯格斯多姆葡萄园，打算以后留给孩子们当遗产。他们的儿子乔希（Josh）在勃艮第接受过酿酒师的培训，乔希和 4 个兄弟姐妹都参加了伯格斯多姆酒庄（Bergström Wines）和其他 3 个生物动力葡萄园的运营，这些葡萄园共占地 16 公顷，在俄勒冈州的威拉米特山谷北部有两个品牌。该酒庄的年产量为 1 万箱，包括品质卓越的黑皮诺、霞多丽和雷司令葡萄酒。在一次鲁信酒庄德国葡萄酒的系列展览中，有一款雷司令被冠名为"伯格斯多姆博士"，谨以纪念该酒庄的创始人约翰·伯格斯多姆先生。

贝瑟尔山庄酒庄

泰德·卡斯提尔（Ted Casteel）和特里·卡斯提尔（Terry Casteel）兄弟和他们的妻子帕特·达德利（Pat Dudley）和玛丽莲·韦伯（Marilyn Webb）共同经营着远近闻名的贝瑟尔山庄酒庄（Bethel Heights Vineyard）。这两对夫妇的孩子们也在该酒庄工作，特里的儿子本（Ben）自 2005 年以来就一直负责酿酒工作。贝瑟尔山庄酒庄酿造高贵优雅、酒体结构优良的平地系列黑皮诺干红葡萄酒（Flat Block）和东南系列黑皮诺特酿（South East Block）。1996 年，贝瑟尔山庄酒庄开始从自由山葡萄园（Freedom Hill Vineyard）和妮莎葡萄园（Nysa Vineyard）等其他美国法定葡萄种植区购买黑皮诺。该酒庄旗下的酒款品质如一，含蓄内敛，口感丰富，呈现出很好的平衡性。

布兰伯格酒庄

泰利·布兰伯格（Terry Brandborg）和苏·布兰伯格（Sue

Brandborg）夫妇于昂普奎谷（Umpqua Valley）埃尔克顿（Elkton）附近的酒庄酿造清爽迷人、风韵高雅的葡萄酒。埃尔克顿与昂普奎谷与其他地方截然不同，该地区沿海山脉海拔较高，气候更为凉爽湿润；这里酒庄的海拔高度从 229 米到 366 米不等。2000 年，布兰伯格夫妇到此寻找优质黑皮诺的种植地，他们了解到自 1972 年以来就有人在该地区种植黑皮诺。布兰伯格酒庄种植的黑皮诺口感清新，品质逐年提升。该酒庄酿造的雷司令清爽宜人，虽口感略酸，但果味浓郁，独具风韵，是一款值得关注的葡萄酒。

砖房酒庄

1990 年，哥伦比亚广播公司（CBS）前驻外记者道格·特纳尔（Doug Tunell）返回俄勒冈州的家乡种植葡萄。此后，他成为俄勒冈州顶级的葡萄酒生产商。他精心打造的葡萄酒选用生物动力葡萄园出产的果实酿制，结构紧凑、精致优雅、略带泥土气息，产量虽低但知名度很高。砖房酒庄（Brick House）的旗舰酒款佳美与黑皮诺的酿制工艺相似，但口感与特级博若莱（Beaujolais）葡萄酒如出一辙。酒庄只在感恩节和阵亡将士纪念日对外开放，非常值得一游。

卡梅隆酒庄

卡梅隆酒庄（Cameron Winery）就是品质优良、酒体均衡的葡萄酒的代名词，均由性情古怪的乔恩·保罗（Jon Paul）倾情打造。他是一位才华横溢、经验丰富的酿酒师，在勃艮第、加州和新西兰都有过酿酒经历。保罗只酿造几款黑皮诺混酿、一款霞多丽、一款白皮诺和一款朱利亚诺混酿葡萄酒［The Giuliano，以他儿子朱利安（Julian）的名字命名］，但其酿造的葡萄酒在餐饮行业风靡一时。

乔恩·保罗最新酿制了一款庄园自种自产的内比奥罗葡萄酒。在意大利国际葡萄酒展览会（VinItaly）开幕前，该酒款在皮埃蒙特区阿尔巴（Alba）的一家餐厅首次亮相，深受消费者喜爱。该葡萄酒年产量约为 4000 箱。

卡利耶酒庄

吉姆·普罗塞（Jim Prosser）以酿造黑皮诺葡萄酒为主，同时也酿造小批量霞多丽和一款名为玻璃（Glass，也是以黑皮诺为主原料）的浅桃红葡萄酒。普罗塞酿造的黑皮诺浆果味浓郁、酸度较高，能充分体现庄园的风土特色。因此，亚姆希尔-卡尔顿（Yamhill-Carlton）产区的谢伊园葡萄酒夹带着厚重的烟草味和浓郁的花香味，而切哈姆（Chehalem）山区的双子座（Gemini）葡萄酒则酸度更高，充满浓郁的红果气息。

卡利耶酒庄（J k Carriere）旗下的所有葡萄酒均高贵优雅，具有陈年潜质。

切哈姆酒庄

1980 年，哈里·彼得森-内德里（Harry Peterson-Nedry）出于个人爱好，在缎带山（Ribbon Ridge）种植了第一座黑皮诺葡萄园。到 1990 年，他创建了切哈姆酒庄（Chehalem），以全职酿酒为业。彼得森-内德里酿造的白葡萄酒都是一流的，种类包括：两款雷司令、两款灰皮诺特酿、橡木风味的霞多丽和非橡木风味的霞多丽各一款、一款白皮诺、一款甜美的绿维特利纳

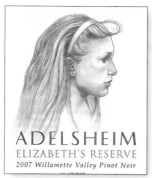

爱德森酒庄
伊丽莎白珍藏酒成分复杂，
采用 8 家葡萄园出产的黑皮诺酿制。

麋鹿湾酒庄
出自威拉米特山谷的黑皮诺葡萄酒
完美平衡了酒体的烈度与优雅。

（Grüner Veltliner）。他还酿制一些浓烈的黑皮诺精致特酿酒，其中的极品是里奇克莱斯特（Ridgecrest）。彼得森-内德里的女儿韦恩（Wynn）最近也进入酒庄与父亲一同经营。

杰·克里斯托弗酒庄

杰·克里斯托弗（J Christopher）是个性格古怪却又靠谱的酿酒人，主要酿制出自邓迪山的黑皮诺酒。他还生产多种白葡萄酒（长相思、霞多丽、雷司令等），还有一种质感深厚的桃红色葡萄酒（用歌海娜、西拉、维欧尼，外加一种出自哥伦比亚峡谷的美味香醇的西拉葡萄酿制而成）。酿酒师杰·萨默斯（Jay Somers）酿造的酒低调优雅，他酿制的 2007 年份黑皮诺，在威拉米特河谷地区出产的年份葡萄中虽不算特别浓郁，但很可能是年度最佳葡萄酒：口感丝滑，酒品优雅，带有鲜明的浆果香味，深受消费者喜爱。

克里斯顿酒庄

克里斯顿酒庄（Cristom Vineyards）的创始人兼酒庄主人保罗·杰瑞（Paul Gerrie）是一名受过专业训练的工程师。酿酒师史蒂夫·多纳尔（Steve Doerner）之前在加州卡勒拉酒庄（Calera）工作，两人都一心想立足葡萄园开展酿酒事业。他们在伊奥拉-阿米蒂山（Eola-Amity Hills）占地 26 公顷的土地上种植了 7 座不同的葡萄园，还从遍及该山谷的老牌葡萄园采购葡萄，出产的葡萄酒风格独特。多纳尔坚信酿须将整串葡萄进行压榨，且通常每个年份只使用自家园子里 50% 的葡萄产量。该流程酿成的葡萄酒结构优良、特色突出、形色优雅，从风格简约的杰斐逊山（Mt Jefferson）混酿到多款单一园佳酿，再到萨默斯珍藏黑皮诺葡萄酒（Sommers Reserve Pinot Noir），款款皆是精品。克里斯顿酒庄除了酿制灰皮诺、霞多丽和黑皮诺，还从气候凉爽的自家庄园取材，酿制维欧尼和西拉酒。

杜鲁安酒庄（俄勒冈产区）

1979 年，在法国品酒会上，一款来自俄勒冈州艾瑞酒庄（Eyrie Vineyards）的黑皮诺葡萄酒艳压法国勃艮第老产区的顶级葡萄酒，于是勃艮第酒商罗伯特·杜鲁安（Robert Drouhin）受此吸引来到俄勒冈州。杜鲁安在此地继续种植葡萄园，并在邓迪山艾瑞酒庄旁边建了一座酒庄。每到收获季节，杜鲁安全家都会来俄勒冈。罗伯特的女儿维罗妮克·杜鲁安-博斯（Veronique Drouhin-Boss）担任着自家俄勒冈酒厂的酿酒师，每年会来三四次。杜鲁安-博斯在俄勒冈延续法国勃艮第的酿酒工艺精心酿制葡萄酒，她恰到好处地运用橡木桶发酵，酿出的酒口感非常柔和。要将法国葡萄酒与俄勒冈葡萄酒紧密联系在一起还是有明确的章法可循的，关键就在于彰显美酒细腻的口感和优雅的气质。

麋鹿湾酒庄

1977 年，亚当·戈德利·坎贝尔（Adam Godlee Campbell）的父母在加斯顿的这座庄园创建了麋鹿湾酒庄（Elk Cove），现在由他继承下来。这家酒庄专注于酿制醇美可口、富于表现力的黑皮诺以及工艺精良、口感浓郁的灰皮诺，但该酒庄出品的葡萄酒远不止这两类。黑皮诺桃红葡萄酒、雷司令、白皮诺、白葡萄混酿、俄勒冈西拉，还有一种品质优良的起泡酒都相当值得一试。

艾维珊木酒庄

这款"干涸井"白葡萄酒
花香馥郁，价值不菲。

莱默森酒庄

莱默森致力于酿造别具一格的
有机黑皮诺葡萄酒。

现在该酒庄在北威拉米特河谷拥有 4 座葡萄园，占地超过 73 公顷。出自波希米亚（La Bohème Vineyard）葡萄园的黑皮诺酒是其最高贵优雅的葡萄酒。

艾拉斯酒庄

迪克·艾拉斯（Dick Erath）是威拉米特河谷的业界先驱。1972 年，这名加州大学戴维斯分校的酿酒专业毕业生试图证实一下世人关于在遥远的北方生产黑皮诺酒的观念可能有误。2006 年，艾拉斯将酒庄出售给圣密夕酒庄。该酒庄是华盛顿州最大的生产商，这次收购意味着圣密夕酒庄（Chateau Ste Michelle）首次南下进入俄勒冈州。该酒庄的酿酒师加里·霍纳（Gary Horner）潜心酿制的葡萄酒各种价位都有：从最基础的超市柜台葡萄酒（艾拉斯酒庄最出名的酒款就是超市酒），到表现力丰富的邓迪山单一园葡萄酒 [代表作为丽兰酒（Leland）和尼德伯格酒（Niederberger）]，再到顶级特酿魔幻之夜（La Nuit Magique），款款佳酿无不体现出优雅的口感和浓郁的果香。

艾维珊木酒庄

2010 年，玛丽·雷尼（Mary Raney）和拉斯·雷尼（Russ Raney）将他们心爱的酒庄卖给了海顿无花果葡萄酒公司（Haden Fig Wines）的艾琳·努乔（Erin Nuccio）和乔丹·努乔（Jordan Nuccio）。艾维珊木酒庄（Evesham Wood Vineyard）是雷尼夫妇于 1986 年创办的，酒庄成立伊始，就吸引了一批拥趸。他们在依奥拉-阿米蒂山（Eola-Amity Hills）东坡低处的梯田上有一座占地 5 公顷的葡萄园，名叫干涸井葡萄园（Le Puits Sec），也是于 1986 年创建的。这里的土壤基本是以玄武岩为主的火山岩土质，排水良好，出产果香浓郁、结构优良的黑皮诺，也出产优秀的霞多丽和阿尔萨斯品种。该酒庄出品的特酿酒"J"旨在向法国勃艮第的葡萄种植之父亨利·贾伊（Henri Jayer）致敬，这款葡萄酒娇俏可人，口感细腻，形色优雅，酒香袭人。

艾瑞酒庄

艾瑞酒庄（The Eyrie Vineyards）的创始人戴维·列托（David Lett，已故）是俄勒冈州黑皮诺葡萄酒的开山鼻祖。作为著名的皮诺之父（Papa Pinot），1965 年他四处寻找适合建设永久性葡萄园的地点，然后在科瓦利斯（Corvalis）这个地方种下了第一根扦插葡萄枝。1966 年，莱特在威拉米特河谷北端的邓迪山再次种植了勃艮第品种的葡萄枝，他深信勃艮第的葡萄品种在俄勒冈州会比在加州表现更好。他还认为灰皮诺、莫尼耶皮诺、奥托奈麝香葡萄（Muscat Ottonel）、纯正的白皮诺葡萄和霞多丽葡萄在俄勒冈州西部也会生长得很好。而这些品种也正是艾瑞酒庄现在酿酒时所选用的品种。莱特出品的葡萄酒优雅、柔和，色泽淡雅，完全值得陈年珍藏。幸运的是，莱特的儿子杰森传承了家族传统。

哈马切尔酒庄

埃里克·哈马切尔（Eric Hamacher）是一名经验丰富的酿酒师，20 世纪 90 年代，他为了追寻完美的黑皮诺葡萄，来到俄勒冈，他称此地为"皮诺的应许之地"。现在他在威拉米特山谷拥有 8 座葡萄园，海拔从 76 米到 250 米不等，园区有大量扦插植株和多种土质的土壤。但与单一葡萄园酿制的葡萄酒相比，他

更喜欢混酿葡萄酒，哈马切尔出品的霞多丽和黑皮诺葡萄酒结构平衡、品相优雅，说明他在酿酒方面的确下过功夫。哈马切尔出品的"H"系列酒为超值选择。

肯恩·莱特酒庄

肯恩·莱特酒庄（Ken Wright）极受追捧，出产的葡萄酒往往在装瓶前即告售罄。近期经济低迷，他家的葡萄酒才头一次进入零售市场。与酒庄同名的酒庄主人特别钟情于黑皮诺，这种葡萄也确实有实力反映俄勒冈的风土。他还生产两种白葡萄酒：一款是霞多丽，出自华盛顿州白鲑鱼镇（White Salmon）附近的塞利洛葡萄园（Celilo Vineyard）；另一款是白皮诺，出自自由山葡萄园（Freedom Hill Vineyard）。旗下品牌泰勒斯·埃文（Tyrus Evan）是以他儿子命名的，专攻生长于温暖气候的品种，包括西拉、品丽珠、马尔贝克（Malbec），以及出自俄勒冈和华盛顿葡萄园的混酿酒。

金氏酒庄

金氏酒庄（King Estate）坐落在尤金市（Eugene）附近的威拉米特河谷南端，占地 400 公顷，在这片美丽土地上的葡萄园已经通过了有机种植认证。该酒庄出品的灰皮诺基础酒是一款始终坚守品质的葡萄酒，知名度最高。采用来自该州各处葡萄园的果实混酿而成。但金氏用自家地产所出葡萄酿制的庄园葡萄酒，才真叫一绝。比如庄园自产黑皮诺酒，充满了红色浆果芳香和香料的辛香，余味悠长，口感愉悦。酒庄还有很多其他产品可选，包括源自知名葡萄园（如克罗夫特和自由山）的系列酒，以及性价比较高的善变者（Acrobat）系列。金氏酒庄配备餐厅和游客中心，还出品自产果酱系列，总的来说这家酒庄是一个既可品尝到美味又可受教的去处。

莱默森酒庄

埃里克·莱默森（Eric Lemelson）的父亲是一位富裕的发明家，他继承了父亲的遗产，拿部分钱买地在卡尔顿市附近创建了酒庄。1997 年，他购入土地，在第一个酿酒师埃里克·哈马切尔（现在掌管着自有同名酒庄）的帮助下，建立了一个新酒庄，同时开始为 1999 年份的极品葡萄酒开展推介宣传。酒庄现在的酿酒师是安东尼·金（Anthony King），他用有机认证的葡萄精心酿制出了具有丰富表现力的黑皮诺、灰皮诺和霞多丽葡萄酒。该酒庄出品的黑皮诺特点显著，品质优雅，回味悠长。

帕格酒庄

帕格酒庄（Patricia Green Cellars）生产的黑皮诺精选系列种类很多，酿酒原料是从缎带山、邓迪山、切哈姆山区和奥娜山等一些较好地段种植的无灌溉葡萄园采摘的果实。该酒庄出产的葡萄酒，都像酒庄主人格林本人一样，个性鲜明。产品种类有黑皮诺、霞多丽、长相思等。产品价格不菲，最近格林又加产了一款"一美元"长相思（Dollar Bill Sauvignon Blanc），但实际售价是这个价格的 10 倍。

庞兹酒庄

庞兹酒庄始建于 1970 年，是俄勒冈州的葡萄酒先驱之一，

也是一家极具创业精神的企业。俄勒冈州首家小型啤酒厂（已出售）也是庞兹家族创办的，他们在邓迪市还经营着一家酒吧和一家小酒馆。现在，庞兹酒庄由家族第二代掌控，他家在切哈姆山拥有 50 公顷可持续种植的葡萄园。酿酒师路易莎·庞兹（Luisa Ponzi）酿造诱人的黑皮诺、灰皮诺、白皮诺、霞多丽和雷司令，以及一款名叫多姿桃（Dolcetto）和一款摄人心魄、晶莹剔透的阿内斯葡萄酒（Arneis）。

斯科特·保罗酒庄

2004 年，斯科特·莱特（Scott Wright）辞去俄勒冈杜鲁安酒庄（Domaine Drouhin）总经理一职，专心经营自己的斯科特·保罗酒庄（Scott Paul Wines）。酒庄的总部设在卡尔顿市中心，只生产黑皮诺酒，名下无自有葡萄园，主要从著名的低产区如谢伊（Shea）、马雷什（Maresh）、斯托勒（Stoller）和缎带山等地的葡萄园采购果实，酿造出的葡萄酒呈现出极细腻的口感和优雅的质感。莱特还进口优质勃艮第葡萄酒，与他自产葡萄酒一起陈列在品酒室内，但他的酒与这些著名老产区的酒相比还是相形见绌。

莎高布丝酒庄

1971 年，比尔·布罗塞（Bill Blosser）和苏珊·索科尔·布罗塞（Susan Sokol Blosser）在邓迪山种下了他们的第一批葡萄藤，现在这个庄园已拥有 35 公顷的有机种植葡萄。这对夫妇还收购果实生产两款最畅销的特酿酒，都是混酿非年份酒：一款叫渐进（Evolution），由 10 种白葡萄混酿而成，与辛辣的亚洲食物是绝配；另一款叫梅蒂特莉娜（Meditrina），由西拉和黑皮诺混酿而成，果味浓郁、口感绵软、色泽鲜明。同样令人刻骨铭心的还有一款灰皮诺和两款黑皮诺特酿，后两款通常表现出摩卡咖啡、黑樱桃果香和独特的邓迪山森林泥土的芳香。

索特酒庄

托尼·索特（Tony Soter）在纳帕山谷做咨询顾问，因雄心勃勃而名声在外。如今，索特的咨询顾问工作不再是主业，他和妻子米歇尔将精力集中在两个黑皮诺项目上：加州的练习曲酒庄（Etude）和俄勒冈州的索特酒庄（Soter Vineyards）。索特酒庄以传统手工艺酿制出优雅丝滑的黑皮诺葡萄酒，成品是一款起泡葡萄酒，充满刺莓果香、色泽明亮、质感坚实。该酒庄旗下还有一款出自加州葡萄园的品丽珠酒。

斯托勒酒庄

斯托勒酒庄坐落在扬希尔县（Yamhill County）的邓迪山南坡上，占地 150 公顷。20 世纪 80 年代之前此地是个火鸡农场。现在，酒庄是一家蓬勃发展的葡萄酒生产商，由比尔·斯托勒（Bill Stoller）和凯西·斯托勒（Cathy Stoller）夫妇二人共同经营，主要生产黑皮诺。如今，酒庄葡萄酒都是由梅莉莎·伯尔（Melissa Burr）酿造，她的酿酒信念是整串发酵，产出的酒结构稳定、口感坚实细腻，一改之前口感绵软的风格。

特伦酒庄

特伦酒庄（Troon Vineyard）的酿酒师赫伯·奎迪（Herb Quady）是在葡萄酒的陪伴下长大的。他的父亲安德鲁·奎迪（Andrew Quady）是加州著名的甜葡萄酒和加强型葡萄酒专家，他显然继承了这一点，在小规模酿酒方面很有天赋。

奎迪在特伦酒庄酿造的所有葡萄酒都出自自有庄园种植的葡萄，大多数酒产量都在 300 箱以下。产出的仙粉黛和维蒙蒂诺葡萄酒味美可口，品种特色突出，结构合理，自带水果香，为这家有亟待复兴的酒庄带来了巨大希望。

谷景酒庄

谷景酒庄（Valley View）始建于 19 世纪 50 年代，最初是由先驱彼得·布里特（Peter Britt）在罗格山谷（Rogue Valley）创建的。1906 年布里特去世，谷景酒庄就此没落。1972 年，维斯诺夫斯基（Wisnovsky）家族重新启用了这个名字，他们在阿普尔盖特谷（Applegate Valley）创建了葡萄园和酿酒厂并以"谷景"这个名字来命名。该庄园距离原址约 14 千米。今天，谷景酒庄的酿酒葡萄取材广泛，从罗格山谷、熊溪河谷到阿普尔盖特山谷的葡萄园都有涉猎。安娜·玛丽亚葡萄酒（Anna Maria）是该酒庄出产的最佳年份酒中的杰出代表，该酒采用丹魄葡萄酿制，散发着灰色水果果核的味道，又带有李子和黑樱桃的芳香。

巍峨酒庄

俄勒冈州吸引了许多法国人来生产黑皮诺葡萄酒，巍峨酒庄（Willakenzie Estate）的伯纳德·拉库德（Bernard Lacroute）便是其中一员。1992 年，他在扬希尔县开始种植第一批葡萄藤，占地 40 公顷。从那以后，拉库德在邓迪山又创建了一家酿酒厂和一座葡萄园，如今他重点生产黑皮诺、白皮诺、灰皮诺，以及少量佳美和莫尼耶皮诺葡萄。酒庄负责酿酒的是另一位法国人蒂博·曼德（Thibaud Mandet），他生产的黑皮诺特酿是一款酒体适中的葡萄酒，带有鲜明的酸爽口感，又散发着红色水果和香料的芳香，这样的葡萄酒需要佐以食物才能激发出最佳状态。

威拉米特河谷酒庄

威拉米特河谷酒庄（Willamette Valley Vineyards）位于塞勒姆市高速公路旁边，是俄勒冈州唯一一个公开交易的葡萄酒庄园，也是该州最大的葡萄酒厂商，每年产量高达 12 万箱，旗下品牌有图拉丁庄园（Tualatin Estate）、格里芬溪（Griffin Creek）等。该公司正打算在卡尔顿市创建一个独立酒厂，为埃尔顿葡萄园（Elton Vineyard，威拉米特河谷酒庄在伊奥拉山的部分产业，现已租赁）提供服务。埃尔顿葡萄园出产一款埃尔顿特酿（Elton），结构优良，散发着纯正的果香。

伍德里奇溪酒庄

伍德里奇溪（Wooldridge Creek）原来只是泰德·沃瑞克（Ted Warrick）和玛丽·沃瑞克夫妇（Mary Warrick）种植的一座葡萄园，他们把收获的葡萄大部分卖给了生产商，直到 2002 年他们遇到了酿酒夫妇格雷格·帕内茨（Greg Paneitz）和卡拉·奥尔莫（Kara Olmo）才萌生了自立门户的想法。从那时起，这两对夫妇将他们的技术（种植和酿酒）结合起来，每年生产 2500 箱优质葡萄酒。他们出产的葡萄酒中最好的是赤霞珠和仙粉黛特酿，都很好地发挥了各自品种的特色，口感柔和、隽永含蓄。

戴维·列托

一切都要从戴维·列托（David Lett）说起，他是第一个在俄勒冈州种植黑皮诺和灰皮诺葡萄的人，这一点他要让所有人记住。列托性情乖戾，但他对俄勒冈有着百倍的信心，坚信该州能够生产出世界一流的黑皮诺葡萄酒。尽管他年轻的时候未能显山露水，但他确实是能力与勇气兼具的酿酒大师。就像大家都希望能复制一款伟大的勃艮第黑皮诺一样，列托砥砺前行，不停摸索。其酿制的艾瑞（Eyrie）葡萄酒在陈酿 6～8 年后口感更佳，而且愈陈愈香。1979 年，在巴黎的一场盲品会上，琳琅满目的勃艮第红葡萄酒与几样新世界葡萄酒同台竞技，列托的葡萄酒脱颖而出，斩获第二名，俄勒冈州的葡萄酒顿时声名鹊起。勃艮第著名的葡萄酒生产者罗伯特·杜鲁安（Robert Drouhin）不敢相信自己的眼睛，又举办了第二场比赛。艾瑞葡萄酒依然获得了第二名。杜鲁安对此念念不忘，他不久就在俄勒冈离列托的葡萄园仅一步之遥的地方买下一块地并建了一家酿酒厂。列托酿制的灰皮诺比黑皮诺葡萄酒要多，但他对黑皮诺一直情有独钟，引以为豪。

俄勒冈州南部的阿普尔盖特谷产区烟雨蒙蒙，阳光刺穿了云层，洒在静

纽约州和新英格兰产区

事实证明，新英格兰和纽约州寒冷的冬天为经典的欧亚酿酒葡萄带来的不仅仅是挑战，还有可能彻底摧毁这些葡萄。从 17 世纪开始，美国耐寒的拉布拉斯卡葡萄构筑了纽约州早期葡萄酒产业的基础，其次是拉布拉斯卡和欧亚葡萄的杂交品种。这些葡萄仍然在该地区占主导地位。虽然其中大部分用于制作果汁和果酱，但纽约州现在仍是美国第三大葡萄酒生产州。通过大西洋和深湖水域的调节作用，以及选择合适的葡萄品种和克隆品种，生产商成功实现优质葡萄酒的大规模生产，这在以前都是不可能的。

主要葡萄种类

🍇 **红葡萄**

品丽珠

赤霞珠

梅洛

黑皮诺

🍇 **白葡萄**

霞多丽

琼瑶浆

雷司令

长相思

年份

2009

潮湿的气候对于整个东北地区的红葡萄来说极具挑战性。雷司令仍是值得信赖的酒款。

2008

该年非常适合酿制雷司令和手指湖白葡萄酒。但长岛区的品质不太稳定。

2007

该年是具有里程碑意义的年份。温暖干燥的天气造就了手指湖和北福克成熟度高且醇香浓郁的红葡萄酒。

2006

寒冷潮湿的气候适合酿制白葡萄酒，产量颇丰，但一些红葡萄酒淡而无味。该年是极具挑战性的年份。

纽约州共有 259 家酒厂和 4 个主要的葡萄种植区：手指湖（Finger Lakes）、哈德逊河（Hudson River）、长岛（Long Island）和伊利湖，还有几个子产区。

手指湖地区仍广泛种植着拉布拉斯卡葡萄和杂交葡萄，这些葡萄最初是为了出售给泰勒葡萄酒公司（Taylor Wine Company，成立于 1891 年）和威德默（Widmer）等大型酿酒厂而种植的。随着禁酒令的颁布，很多大型酒厂陷入困境或搬离了该地区。直到 1976 年《农场酒庄法案》（Farm Winery Act）出台，该法案允许小型葡萄种植者成为其葡萄酒的直销商，该行业才开始回暖。如今，手指湖拥有 100 多家酒厂，其中很多酒厂都在弘扬传统杂交品种甜酒的同时，深度挖掘该地区欧洲葡萄品种的最大潜力，希冀在二者间能取得一些平衡。

琼瑶浆、霞多丽，尤其是雷司令，在手指湖地区无可非议，大放异彩。最重要也最令人欣喜的是，这些酒款都价格亲民。该地区有很多冰川湖，如深达 180 米的塞内卡湖，对调节冬季温度起到了至关重要的作用，但红葡萄酒仍是手指湖的王者。严冬会导致梅洛死亡率增高，它与品丽珠和黑皮诺一起跻身一流红葡萄酒品之列。在葡萄酒产业欣欣向荣的年份，种植者们经不住诱惑，出现过度种植的现象。然而，通过限制产量，一些年份实行弃产，达米亚尼酒庄（Damiani）和页岩酒庄（Shalestone）等以质量为导向的酿酒厂证明了手指湖产区红葡萄酒的潜力。

哈德逊河地区的葡萄产量为 90 万千克，而手指湖地区的葡萄产量为 360 万千克，这表明两地同样具有生产高品质葡萄的潜力。这个历史悠久的地区拥有美国最古老、经久不衰的酒庄——兄弟会酒庄（Brotherhood Winery），该酒庄由法国人胡格乐·让·雅克（Huguenot Jean Jacques）于 1837 年创立。哈德逊河谷作为一个"传送带"，将海风和城市居民都吸引到内陆。种植最广泛的是白谢瓦尔杂交葡萄。

纽约州最新的土地抢夺战发生在长岛。现在，这个令人神往的海滨度假胜地变成了种植者与富裕的周末度假者之间争抢的对象。长岛是纽约州发展最快的葡萄酒产区，拥有大约 50 家葡萄酒生产商和两个较小的产区——北福克（The North Fork）和汉普顿（The Hamptons），这两个产区被大皮卡尼克湾（Great Peconic Bay）隔开。直到 1973 年，路易莎·托马斯·哈格雷夫（Louisa Thomas Hargrave）才在长岛建立了第一家酒厂，因此长岛从一开始就专注于优质葡萄酒的酿制，也是纽约州唯一一个将葡萄种植作为主要产业的地区。白葡萄酒包括霞多丽、雷司令和长相思，而梅洛、品丽珠和赤霞珠经常一起混酿，品质可与波尔多同类产品相媲美。长岛葡萄酒一直在为洗刷价格虚高的"污名"而努力。虽然这在过去可能是真实的，但如今不仅质量持续提高，而且很多酒厂新增了优质的入门级葡萄酒，助其摆脱该地区的"精英主义"的恶名。

在新英格兰，酿酒厂往往是在更靠近海岸的安全地带选址。居住在内陆的人经常购买葡萄，或专门种植抗寒杂交品种。然而，即使在缅因州（Maine），优质葡萄酒也会出现在胆识过人的葡萄酒庄中。

康斯坦丁·弗兰克博士酒庄

康斯坦丁·弗兰克博士酒庄出品的霞多丽葡萄酒清新激爽，极具特色。

比德尔酒庄

初恋系列葡萄酒是一款果香浓郁的梅洛和品丽珠混酿。

安东尼路酒庄（纽约州产区）

安·马蒂尼（Ann Martini）和约翰·马蒂尼（John Martini）的酿酒生涯从 1973 年就开始了，当时他们在塞内卡湖子产区（Seneca Lake）西岸采用杂交品种葡萄酿酒，1990 年他们改种欧洲酿酒品种葡萄（保留一块土地种植维诺）。安东尼路酒庄（Anthony Road Wine Company）也在同一年成立。酒庄酿制的雷司令葡萄酒从干型到甜型，种类齐全、鲜美多汁、带有丝丝矿物质的气息，品质也非常稳定。未经橡木桶发酵的霞多丽酿制的酒风格简约，可以开瓶畅饮。但马蒂尼最让人心旷神怡的佳作却是一款混酿，该酒款将丝滑柔顺、带有烟熏气息的莱姆贝格（Lemberger）葡萄酒和一款带有草本茶香的品丽珠调制而成，酒色发黑似墨，深受消费者好评。

阿特沃特酒庄（纽约州产区）

阿特沃特酒庄（Atwater Estate）由泰德·马克斯（Ted Marks）于 1999 年创立，坐落在塞内卡湖子产区东南岸，原址为已经停业封存的绵延农场酒庄（Rolling Vineyards）。马克斯作为一名企业家，身上兼具许多手指湖产区（Finger Lakes）酒庄主人所缺少的精明老练。从酒的包装到美味的雷司令和琼瑶浆，酒款品质一目了然，质量也非常稳定，酿酒师文森特·阿利佩蒂（Vincent Aliperti）有着当地很多酿酒师无法企及的高超手艺，他在酒中增添了一丝甜度，顺势激活了阿特沃特葡萄酒的鲜明果味和适中酸度，可谓是点石成金，恰到好处。

比德尔酒庄（纽约州产区）

比德尔酒庄（Bedell Cellars）如今归迈克尔·林恩（Michael Lynne）所有。他曾担任新线电影公司（New Line Cinema）的联席主席兼联席首席执行官，因此比德尔酒庄自然也有打响知名度、在银屏中一展风采的梦想。酒款的标签由当代艺术家所设计，价格可与美国西海岸最好的酒相媲美。凭借这些优势，比德尔酒庄在其建立于 2005 年的顶级酿酒厂中确立了酿酒的高标准。该酒庄善于酿制各类混酿酒，从口味复杂、精致柔顺的旗舰波尔多混酿慕斯干红葡萄酒（Musée），到入门级初恋系列干红葡萄酒（First Crush，2008 年出品），以及中等价位、多品种葡萄混酿的品味系列干红葡萄酒（Taste），产品琳琅满目。酒庄创始人兼酿酒师吉普·比德尔（Kip Bedell）照料着这片 32 公顷的葡萄园，其中科里溪园系列（Corey Creek）葡萄酒也酿制于此。

香玛酒庄（康涅狄格州产区）

香玛酒庄（Chamard）位于新英格兰产区东南部，但因距离长岛海峡（Long Island Sound）仅 3 千米，所以常被认为是长岛本地酒庄。该酒厂建成于 1988 年，坐落在 8 公顷的葡萄园中，这里有 6.5 公顷土地专门用于种植霞多丽。霞多丽在以下两款酒中表现出色：一是珍藏葡萄酒，该酒浓稠醇厚、奶香甜腻；二是石头冰白葡萄酒（Stone Cold White），该酒在酿制时没有受到橡木桶或苹乳发酵的影响，带有柑橘的香气，口感丰富，充满活力。香玛酒庄年产量 6000 箱，其中一小部分选取梅洛、黑皮诺、赤霞珠和品丽珠进行酿酒。

钱宁女儿酒庄（纽约州产区）

钱宁女儿酒庄（Channing Daughters）的历史可追溯到 1982 年，当时沃尔特·钱宁（Walter Channing）开始在他布里奇汉普敦（Bridgehampton）的庄园种植霞多丽葡萄。霞多丽可谓依旧是提供怡人矿物质气息和绝佳平衡的明星葡萄。自拉里·佩林（Larry Perrine）于 1996 年成为酒庄合伙人并担任首席执行官之后，该酒庄开始小批量生产多种款式的白葡萄酒和桃红葡萄酒，无不体现出酒庄创新、激情和趣味多多的特点。除了该地区普遍种植的葡萄，该酒庄还种植托凯·弗留利（Tocai Friulano）、奥托奈麝香（Muscat Ottonel）和玛尔维萨（Malvasia）等葡萄品种，并成功将这几种葡萄运用在混酿白葡萄酒中。该酒庄的酒款系列仍在不断扩大，其中一款为克隆干白葡萄酒（Clones），该酒由 10 种克隆霞多丽和另外 5 种白葡萄混酿而成，极具特色。★新秀酒庄

拉斐特酒庄（纽约州产区）

拉斐特酒庄（Chateau LaFayette Reneau）的历史可以追溯到 1985 年，当时酒庄主人迪克·雷诺（Dick Reno）购买了一处荒凉破旧的农场准备退休后在此生活，当时他从未计划要酿制葡萄酒。这处农场位于塞内卡湖子产区东南岸，此处气候温暖，适宜酿酒，被戏称为"香蕉带"。雷诺发现这点之后，迅速在农场的几处本土葡萄园里改种欧洲酿酒用葡萄，主要包括能够酿制优质葡萄酒的雷司令和霞多丽。酒庄名字的法式风格取自雷诺的祖父。雷诺对法国波尔多情有独钟——该地区只有他种植原产于法国波尔多的小维多葡萄。同时，酿酒师蒂姆·米勒（Tim Miller）还酿造了最佳年份的窖藏赤霞珠，名声大振。

达米亚尼酒庄（纽约州产区）

达米亚尼酒庄（Damiani Wine Cellars）占地 9 公顷，酒庄主人为菲尔·戴维斯（Phil Davis）。他与酿酒师卢·达米亚尼（Lou Damiani）一道，在 2004 年推出了第一款年份酒，酒庄很快就名声大噪。酒庄的白葡萄酒为雷司令和霞多丽混酿，在新鲜口感和优质橡木气味之间取得了极致平衡。而戴维斯与达米亚尼显然更热衷于酿制红葡萄酒。其中尼迈瑞泰基干红葡萄酒（Meritage）由赤霞珠、梅洛和品丽珠混酿而成，在品质和复杂口感方面出类拔萃。酒庄旗下的精选梅洛干红葡萄酒（Barrel Select Merlot）未经过滤，口感圆润，单宁柔滑。★新秀酒庄

康斯坦丁·弗兰克博士酒庄（纽约州产区）

康斯坦丁·弗兰克博士酒庄（Dr Konstantin Frank Vinifera Wine Cellars）位于基丘湖（Keuka Lake）地区。1962 年，该酒庄掀起了一场从手指湖产区一直到美国整个东北部的"葡萄品种改良运动"。此运动推广欧洲酿酒葡萄品种，令本土葡萄康科德（Concord）沦为只能用于制作果酱的境地。酒庄第三代主人弗雷德·弗兰克（Fred Frank）雇用了一支多元化的国际酿酒师团队。除了拥有矿物质气息的雷司令干白葡萄酒系列和霞多丽干白葡萄酒系列，该酒庄的鲑鱼洄游系列葡萄酒（Salmon Run）更广为人知，家喻户晓。酒庄建筑风格新颖，全部由石头建成，还设有一个独立的地下酒窖（Chateau Frank）。此处专门生产起泡酒，旗下的桃红葡萄酒便是其中的典范，该酒由莫尼耶皮诺（Pinot Meunier）酿制而成，充满浆果味道。

奔狐酒庄（纽约州产区）

奔狐酒庄（Fox Run Vineyards）种植了 22 公顷的霞多丽、

品丽珠、琼瑶浆、雷司令、梅洛、莱姆贝格、佳美、赤霞珠和黑皮诺，推动了五指湖产区葡萄酒业的发展。该酒庄由酒庄主人斯科特·奥斯本（Scott Osborn）和酿酒师彼得·贝尔（Peter Bell，前康斯坦丁·弗兰克博士酒庄酿酒师）共同经营，是该地区少数几个采用垂直生长定位棚架（VSP）的酒庄之一。这种棚架有利于葡萄生长，能酿出果味浓郁并同时保留酸度和矿物质气息的成熟葡萄酒。霞多丽、雷司令和黑皮诺似乎受益更多，由这些葡萄所酿制的珍藏葡萄酒在此地区价格极高。

格伦诺拉酒庄（纽约州产区）

格伦诺拉酒庄（Glenora Wine Cellars）不光是葡萄酒备受好评，旗下风景优美的特色酒馆，以及品酒室中震撼人心的迪斯科音乐也让这个酒庄广为人知，名声在外。酒庄生产各种风格的葡萄酒，总计多达 4.5 万箱。酿酒师史蒂夫·迪弗朗西斯科（Steve DiFrancesco）在格伦诺拉酒庄工作了 20 年之久，酿酒范围甚广，从果酒到非年份杂交品种混酿及欧洲品种葡萄酒都有涉足。酒庄的雷司令系列在优质白葡萄酒中名列前茅，而红葡萄酒通常清爽纯净、酒体适中。新推出的黑皮诺桃红葡萄酒可口怡人，桑娇维塞红葡萄酒酸度浓烈，品种特性保留完好。

罗斯葡萄酒庄（纽约州产区）

酒庄主人罗曼·罗斯（Roman Roth）曾在沃尔夫酒庄（Wölffer Estate）担任过酿酒师，在那里他酿造了大量不同款类的葡萄酒，但唯独没有雷司令。在罗斯葡萄酒庄（Grapes of Roth），罗斯用这种东区（East End）葡萄制作了数百箱质量上乘的雷司令葡萄酒，酒的醇和度令人心旷神怡，通体洋溢着优雅的花香和香料的气息。罗斯于 2001 年开始潜心研究梅洛葡萄酒，且目前酒庄只专注酿造雷司令和梅洛这两种葡萄酒，主要通过邮件向预订客户销售。★新秀酒庄

心与手酒庄（纽约州产区）

心与手酒庄（Heart & Hands Wine Company）于 2006 年发布了第一款年份酒，尽管产量小（目前出产了约 1200 箱）且缺乏顶级葡萄园的支持，但潜力巨大，在葡萄酒行业如同一颗小巧玲珑的宝石一样熠熠生辉。该酒庄由汤姆·希金斯（Tom Higgins）及其妻子苏珊共同经营。汤姆曾在加利福尼亚州卡勒拉酒庄（Calera）工作过，因此受勃艮第酿酒风格影响颇深，对石灰岩土也情有独钟。该酒庄的酿酒葡萄选自顶级葡萄种植园，包括斯卡尼阿特勒斯湖（Skaneateles Lake）的霍比特山谷农场（Hobbit Hollow Farm），酒庄还使用该地区不多见的篮式压榨机压榨葡萄。黑皮诺葡萄酒口味辛辣，带有可乐和圣诞蛋糕的余味。后期酒庄将会着重种植黑皮诺和雷司令葡萄。★新秀酒庄

赫尔曼酒庄（纽约州产区）

从血统、外观和风格来看，赫尔曼酒庄（Hermann J Weimer Vineyard）的葡萄酒可能是手指湖区最纯正的日耳曼风格酒款了。酒庄主人出生于德国贝恩卡斯特尔（Bernkastel）的一个葡萄酒世家，后以自己名字命名建立了酒庄并在手指湖区定居下来。1979 年他酿造了第一款雷司令年份酒。令人难忘的雷司令一直是酒庄的招牌，结构完美平衡，尤其是多汁、微甜的晚收葡萄酒（Late Harvest），再现了德国晚收（Spätlese）葡萄酒的酿

奔狐酒庄

奔狐 2008 雷司令珍酿酸度适中，妙趣横生。

钱宁女儿酒庄

该酒庄旗下的克隆系列葡萄酒是一款霞多丽混酿，经桶内陈年，口感丰富。

造风格，而不像是餐后酒。葡萄园在酿造优雅的霞多丽葡萄酒和年份起泡酒方面也成绩斐然。

鹭山酒庄（纽约州产区）

1972 年，约翰·英格尔（John Ingle）和约瑟芬·英格尔（Josephine Ingle）夫妇在丘卡湖（Keuka Lake）南端附近种植了 1.2 万株葡萄藤，鹭山酒庄（Heron Hill Winery）就此发展起来。和手指湖区的许多大型酒庄一样，该酒庄出产数十种不同的葡萄酒，通过经典（Classic）、英格尔园（Ingle Vineyard）和珍藏（Reserve）系列葡萄酒提升自身的知名度。在各系葡萄酒中，雷司令和霞多丽品质上乘，而红葡萄酒则风格简约，爽口怡人，带有花香和辛辣口感的蓝佛朗克珍藏葡萄酒（Reserve Blaufränkisch）也是一大亮点。猎鸟（Gamebird）系列是欧洲葡萄和杂交葡萄品种的混酿。伯纳德·卡纳克 [Bernard Cannac，曾任职于纽约州长岛的鲍格才酒庄（Castello di Borghese）] 出任该酒庄的酿酒师。

猎乡酒庄（纽约州产区）

猎乡酒庄（Hunt Country Vineyards）的酿酒总监乔纳森·亨特（Jonathan Hunt）是家族庄园的第六代传人，他的父母于 1973 年种下了这片葡萄园，现在由他经营着丘卡湖畔这片 69 公顷的家族庄园。几十年来，葡萄酒的质量一直在稳步提高。炼金（Alchemy）非年份混酿红葡萄酒由手指湖区出产的品丽珠、赤霞珠和诺瓦雷（Noiret）酿制，顺滑柔软，略带香料和烟熏气息，口感极佳。白葡萄酒中，灰皮诺令人耳目一新，该酒款散发着浓郁的核果馨香，酒体饱满，带有丰富的矿物质气息。酒庄最近推出的佳酿是一款芳香的微甜混合葡萄沃文麝香（Valvin Muscat）。大多数葡萄酒都适合纯素食者饮用。

特莱文酒庄（纽约州产区）

1984 年，彼得·索尔顿斯托尔（Peter Saltonstall）在他以前的家庭农场创建了特莱文酒庄（King Ferry Winery），该酒庄是卡尤加湖（Cayuga Lake）的第一家酒庄。酒庄每年生产约 1 万箱葡萄酒，选用的是手指湖和长岛产区出产的葡萄。特莱文品牌的雷司令品质一向很好，口感紧实，带有矿物质的气息。霞多丽更是让人惊喜连连，口感从半干型、未经橡木桶陈酿的款式到散发黄油和奶油风味的款式，一应俱全。用维诺葡萄酿造的冰葡萄酒，则很好地平衡了热带水果的甘美口感和清新怡人的酸度。

莱克伍德酒庄（纽约州产区）

莱克伍德酒庄（Lakewood）坐落在塞内卡湖的一个旧果园里，是一家家族企业，拥有 30 公顷的葡萄藤。1951 年，牙医弗兰克·斯坦普（Frank Stamp）创建了这家酒庄，里面种有各种各样的葡萄品种。旗下出品的雷司令酒体透亮，让人生津，永远不会让人失望；酿酒师克里斯·斯坦普（Chris Stamp）大胆创新，他将三分之一的霞多丽在纽约橡木桶中进行陈酿和发酵，给新酿赋予了一丝额外的风土气息，经过这道工序酿出的葡萄酒带有一丝橡木气息，平衡感极佳。酒庄旗下还推出了一款冰葡萄酒、一款名为卡梅奥（Cameo）的清新爽脆的卡尤加酒、一款波特酒和蜂蜜酒，都是大胆创新的代表作。

马卡里酒庄

马卡里酒庄出品的长相思充满柑橘的果味香气，带有丝丝矿物质的气息。

希德瑞克酒庄

希德瑞克酒庄的干型桃红葡萄酒是一款品丽珠、佳美和琼瑶浆混酿。

拉莫罗·兰丁酒庄（纽约州产区）

拉莫罗·兰丁酒庄（Lamoureaux Landing Wine Cellars）的创始人马克·瓦格纳（Mark Wagner）在手指湖区创业的故事同不少其他酒庄主人相似——他的家族很早就开始在此种植本土葡萄和法美杂交葡萄品种，20世纪70年代末开始改种欧洲葡萄品种，进军酿酒业。目前在塞内卡湖的东侧，该酒庄拥有大约40公顷的葡萄园，主要酿制白葡萄酒，旗下共出产三种不同的雷司令和两种霞多丽葡萄酒，其中一款橘味珍藏葡萄酒酸度适中，带有奶油蛋糕和蜂蜜的口感，平衡度极佳。虽然产量较小，但以品丽珠为主材料酿制的76西区红葡萄酒（76 West）等新近发布的红葡萄酒系列潜力巨大。

马卡里酒庄（纽约州产区）

马卡里酒庄（Macari Vineyard）是一个占地202公顷的滨水区庄园。虽然马卡里（Macari）家族已有50多年的历史，但该酒庄于1995年才开始种植葡萄。小约瑟夫·马卡里（Joseph Macari Jr）遵循家族的农业传统，在70公顷的葡萄园里采用可持续的耕作方式，保护生物多样性。马卡里的葡萄酒在该地区价格适中，一款长相思葡萄品质稳定，令人印象深刻：该酒带有芳草气息，完美保留了葡萄品种的特征，颇具新西兰风情。酒庄旗下的桃红葡萄酒口感浓烈醇厚，清爽怡人；而非年份的塞缇红葡萄酒（Sette）则由梅洛和品丽珠混合酿制而成，是一款性价比极高的红葡萄酒。

米尔布鲁克葡萄园酒庄（纽约州产区）

米尔布鲁克葡萄园酒庄（Millbrook Vineyards）的主人约翰·戴森（John Dyson）是纽约州前农业部长。1976年，具有开创性的《纽约农场酒庄法案》（New York Farm Winery Act）发布，为数百家酒庄的发展打开了大门，他担任这一职务并非巧合。米尔布鲁克拥有12公顷的葡萄园，主要生产霞多丽，其次是品丽珠、黑皮诺和托凯弗留利（Tocai Friulano）。米尔布鲁克还为纽约州指定的葡萄采购额外的葡萄（这类葡萄酒产量更大，在某些时候品质甚至更高）。该酒庄还在中央海岸产区下设一个维斯塔-维尔德葡萄园，供应加州葡萄。加州的威廉姆斯乐姆酒庄和托斯卡纳产区的皮洛酒庄（Villa Pillo）也是戴森家族的产业。

纽波特葡萄园酒庄（罗德岛产区）

纽波特葡萄园酒庄（Newport Vineyards）24公顷的葡萄藤约有一半位于努内斯（Nunes）家族的农场里。1917年，农场的主人约翰·努内斯（John Nunes）和保罗·努内斯（Paul Nunes）的曾祖父买下了这片地产。这座岩石环绕的农场始建于1701年，受墨西哥湾流（Gulf Stream）和纳拉甘西特湾（Narragansett Bay）的影响，拥有得天独厚的海岛气候。该酒庄出产的葡萄酒琳琅满目，选用的葡萄多为杂交葡萄和欧洲酿酒用葡萄品种。最畅销的酒款是格瑞特干白混酿葡萄酒（Great White），还有一款果味浓郁、简约大方的赤霞珠和黑兰多（Landot Noir）混酿，名为罗尚博（Rochambeau）。

奥斯普雷酒庄（纽约州产区）

奥斯普雷酒庄（Osprey's Dominion）是一家位于北福克的酿酒厂，占地36公顷，旗下出产琳琅满目的葡萄酒款，主要包括起泡酒和强化酒。梅里蒂奇葡萄酒（Flight Meritage）由梅洛、赤霞珠和品丽珠混合酿制，经久不衰。然而，价格公道的白葡萄酒也深受消费者喜爱，包括一款未经橡木桶陈酿的霞多丽和一款长相思葡萄酒，这两款白葡萄酒口感清新、果味浓郁、令人心旷神怡，是物美价廉的佳酿。

佩科尼克湾酒庄（纽约州产区）

佩科尼克湾酒庄（Peconic Bay Winery）成立于1979年，是北福克产区的先驱葡萄园，不久庄园又自建了酿酒厂。后来，酒庄被保罗·拉沃雷斯（Paul Lowerres）和乌苏拉·拉沃雷斯（Ursula Lowerres）看中，经过几年的蹉跎，终在1999年被两人收购，纳入麾下。该酒庄葡萄酒年产量6000～8000箱，旗下产品包括性价比高的非年份的"鹦鹉螺号"（Nautique）佐餐酒，以及价格略高的单一品种瓶装葡萄酒。该酒庄的霞多丽葡萄酒风格多样，是其最著名的酒款，包括口感浓郁而清爽的拉巴里克（La Barrique），以及一款在不锈钢桶发酵的霞多丽葡萄酒，该酒果味浓郁、口感丰富。格雷戈里·戈夫（Gregory Gove）担任酒庄的酿酒师，他是长岛的资深酿酒师，曾在哈格雷夫酒庄（Hargrave）和品达酒庄（Pindar）工作过。

红蝾螈酒庄（纽约州产区）

红蝾螈酒庄（Red Newt Cellars）位于塞内卡湖东岸，为大卫·怀廷（David Whiting）和黛布拉·怀廷（Debra Whiting）共有，庄园还建有一家颇受欢迎的小酒馆，为顾客提供多款手指湖区盛产的葡萄酒。该酒庄没有自营的葡萄园，只能在距离酒厂8千米的范围内购买果实。酒庄旗下的圆标雷司令（Circle Label Riesling）系列销路极广，该酒活力四射并带有淡淡的甜味，性价比很高。单一葡萄园梅洛、品丽珠和琼瑶浆都是醇厚精致的酒款，价格也公道。

红尾脊酒庄（纽约州产区）

手指湖周边的庄园通常是已经开垦的葡萄园，然而，迈克·施奈尔（Mike Schnelle）却于荒野之中开辟出一片新天地——红尾脊酒庄（Red Tail Ridge）应运而生。该酒庄占地14公顷，在妻子南希·伊兰（Nancy Irelan）的帮助下，施奈尔在庄园中种植雷司令、霞多丽、黑皮诺，后期还种植了来自意大利北部的泰罗德格。酒庄盛产两款葡萄酒，但数量不超过1000箱。一款是糖分酸度相得益彰的雷司令葡萄酒；另一款是勃艮第黑皮诺葡萄酒。另有几款葡萄酒生产数量仅有50箱。酒庄还有一款选材于马提尼家族葡萄园的莱姆贝格葡萄酒，该酒单宁柔和、酒体丰满、口感辛辣。

萨康尼特酒庄（罗德岛产区）

萨康尼特酒庄（Sakonnet Vineyards）首创于1975年，葡萄酒年产量高达3万箱。酒庄主打欧洲酿酒葡萄品种和威代尔白葡萄，其中威代尔堪称庄园里的"全能选手"，可用于酿制脆爽活泼的白葡萄酒、木桶发酵的富美白葡萄酒（Fumé）和冰酒。威代尔还与琼瑶浆联袂，共同酿制出一款名为珀蒂特（Petite）的物美价廉、芳香浓郁的佐餐白葡萄酒。在罗德岛，酿酒师用欧洲葡萄品种和千禧乐混酿，酿制出了一款罗德岛洛岛干红葡萄酒（Rhode Island Red），深得消费者好评。新港系列（Newport）

眷顾了近海地区居民的口味，同时葡萄酒物美价廉，极大满足了海边游客的消费需求。

页岩酒庄（纽约州产区）

在葡萄酒的"花花世界"中，包括混酿和果酒在内的生产商不计其数，但页岩酒庄（Shalestone Vineyards）自豪地对外宣布：本酒庄"精于红，匠于红，专于红"，以此来提醒乘大巴来观光的游客。页岩酒庄在 2.6 公顷的寸土之地上种植着品丽珠、梅洛、赤霞珠、西拉和黑皮诺，酒庄屹立于手指湖周边，诡秘莫测。1995 年，罗布·托马斯（Rob Thomas）和凯特·托马斯（Kate Thomas）成立此酒庄，并将其作为一家小型家族产业运营。赤霞珠是酒庄种植最为广泛的红葡萄品种，同时也反映出该地区凉爽气候，这证明了因地制宜的价值所在。

夏普山酒庄（康涅狄格州产区）

夏普山酒庄（Sharpe Hill）盛产天使芭蕾半干型混酿白葡萄酒（Ballet of Angels），旗下还经营着一家饭店。

该酒庄的干白葡萄酒更加可圈可点。在纷繁复杂的霞多丽系列中，一款是贵为美国指定品牌的康涅狄格葡萄园珍藏葡萄酒（Connecticut Vineyard Reserve），另一款是备受赞誉的长岛葡萄酒（Long Island Wine），皆是有口皆碑的上品。庄园中的勃艮第香瓜（Melon de Bourgogne）和维诺（Vignoles）等葡萄品种，可用于酿制动人心魄的晚收葡萄酒。酒庄出品的葡萄酒还包括品丽珠、卡敏（Carmine）和口感极佳的圣十字（St Croix）等。★新秀酒庄

谢尔伯恩酒庄（佛蒙特州产区）

1997 年，肯·艾伯特（Ken Albert）和盖尔·艾伯特（Gail Albert）创立谢尔伯恩酒庄（Shelburne Vineyards）。酒庄主要种植佛蒙特州葡萄，地处东北部区域。尽管夏潮冬寒，但该酒庄仍然赢得了有机葡萄园的认证。这一切均彰显了其勇敢无畏的气魄。庄园中种植的耐寒葡萄品种包括雷司令、茨威格（Zweigelt）和许多杂交品种，其中有来自明尼苏达州的最新品种：路易斯文森白葡萄（Louise Swenson）和马凯特红葡萄（Marquette）。餐后甜酒的爱好者必然会对狂想曲（Rhapsody）爱不释手，这款酒由雷司令的北极克隆品种酿造而成，好评如潮。★新秀酒庄

希德瑞克酒庄（纽约州产区）

从纽约州卡尤加湖（Cayuga Lake）西岸延伸出来的位置共建有两家酒庄，希德瑞克酒庄（Sheldrake Point Vineyards）是第二家，占地总面积 17 公顷，葡萄酒年产量达 8000 箱。雷司令葡萄集中种植在海拔较高区域；黑皮诺则生长在航海迎客的码头附近。近期，酒庄又种植了佳美葡萄，但希德瑞克酒庄出产的白葡萄酒——丰盈多汁的雷司令、朴实无华的琼瑶浆和沁人心脾的灰皮诺，物美价廉，深得消费者青睐。

希恩酒庄（纽约州产区）

希恩酒庄（Shinn Estate）由艺术家芭芭拉·希恩（Barbara Shinn）和主厨大卫·佩奇（David Page）联袂创立，同时，他们还在格林尼治村（Greenwich Village）经营着一家颇受欢迎的霍姆餐厅（Home）。虽然庄园里葡萄藤种植面积仅有 8 公顷，但令人趣味盎然的葡萄酒却层出不穷，诠释了主厨对混酿佳品、口味构建和创造力情有独钟。庄园中霞多丽、长相思、梅洛和维欧尼并生共存。酒庄出品的"反常"静止葡萄酒（Anomaly）是一款黑中白香槟。酒庄主打的葡萄酒包括野猪园（Wild Boar Doe），该酒散发着黑樱桃和咖啡的浓香，单宁紧实；同时还出品了其他几款品质精良的波尔多混酿。

思吧寇派蒂酒庄（纽约州产区）

2003 年，辛西亚·若斯基（Cynthia Rosicki）和汤姆·若斯基（Tom Rosicki）创建了思吧寇派蒂酒庄（Sparkling Pointe），该酒庄的葡萄园占地仅 4 公顷，专注于生产传统香槟酒和起泡酒。酿酒师吉斯·马丁（Gilles Martin）曾供职于加州路易王妃酒庄，积累了丰富的酿酒经验，现负责监制三款用香槟酿造法生产的葡萄酒。黄玉帝国（Topaz Imperial）是一款优质的金琥珀色桃红葡萄酒，带有红色浆果的香气和苹果馅饼的风味。旗舰酒品起泡诱惑（Brut Séduction）在价格和口味上可与真正的香槟相媲美。★新秀酒庄

斯托特里奇酒庄（纽约州产区）

斯托特里奇酒庄（Stoutridge Vineyard）建于 1902 年禁酒令颁布之前一个酒庄的原址上，采用高科技、自然重力和太阳能驱动生产、运输葡萄酒。酒庄主人斯蒂芬·奥斯本（Stephen Osborn）酿酒时绕开下胶、过滤和酸度调整等步骤，酿造出独具地方特色的葡萄酒，其中不乏一些来自邻近单一园农场的品种葡萄酒。目前酒庄正在生产几款哈德逊谷产区葡萄酒（Hudson Valley AVA），其中大部分是混酿酒。该酒庄的酿酒葡萄将主要来自 3 个葡萄园，园内种植雷司令、白皮诺、黑皮诺、泰罗德格、桑娇维塞以及莱弗斯科（Refosco）等。★新秀酒庄

西港河酒庄（马萨诸塞州产区）

马萨诸塞州竟然也被列入美国出产优质起泡酒的地方之列。1982 年，鲍勃·拉塞尔（Bob Russell）和卡罗尔·拉塞尔（Carol Russell）创建了新英格兰最大的酒庄——西港河酒庄（Westport Rivers Vineyard），庄园最初由其长子负责种植葡萄。

现如今，该酒庄仍是一个家族产业。庄园拥有 32 公顷葡萄园，为酿酒供应了绝大部分葡萄，其中以霞多丽、黑皮诺和莫尼耶皮诺（Pinot Meunier）为主，这是他们酿制各种年份起泡酒的经典原料。酒庄旗舰产品西港河 RJR 干型起泡酒（Brut Cuvée RJR）是一款酒体丰满、带有浓郁烤奶油糕点风味的黑皮诺混酿，是目前产量最大的一款起泡酒。酒庄旗下静止葡萄酒则包括阿尔萨斯单一品种葡萄酒和一款酒体均衡的霞多丽。

白泉酒庄（纽约州产区）

2003 年，卡尔·弗里柏林（Carl Fribolin）在白泉农场（White Springs Winery）种植葡萄藤，希望能防止土壤流失。因地质需求，庄园现总计拥有 16 公顷葡萄园，种植了 8 种欧洲葡萄。酒庄的白葡萄酒值得关注的是雷司令及一款带有清新香草味的长相思。即使许多葡萄藤刚成年，由它们出产的果实所酿的葡萄酒却表现良好，物超所值。酒庄和品酒室均位于塞内加湖的西侧，相距约 8 千米。★新秀酒庄

康斯坦丁·弗兰克博士

很少有人能料到康斯坦丁·弗兰克博士（Dr Konstantin Frank，1897—1985）能成为密西西比河东地区优质葡萄酒的领军人物，他的成功直接或间接地启发了该地区的每一位酿酒师。弗兰克是乌克兰人，拥有葡萄栽培博士学位。1951 年，他和家人搬到纽约。刚开始，他在康奈尔大学（Cornell University）的日内瓦实验站（Geneva Experiment Station）找到了一份工作。那里的人普遍认为只有本地的美洲葡萄和法美杂交葡萄才能经受住纽约寒冷的气候。弗兰克笃定欧洲的传统葡萄品种在美洲大有可为，可惜在康奈尔大学很少有人听得进去。好在有一位从法国来到这里的当地酿酒师查尔斯·福涅尔（Charles Fournier）非常支持他的见解。弗兰克在该地区开创性地引进了许多葡萄品种（包括雷司令和黑皮诺），并对杂交品种进行了直言不讳的抨击。1962 年，他创办了自己的手指湖酿酒厂。他坚韧不拔的毅力和博大的胸襟为自己赢得了很多追随者，而他传承下来的宝贵遗产已化为滴滴佳酿，整个东北区的人都能品尝得到。

大西洋中部和南部产区

在欧洲葡萄品种的问题上，大西洋中部和南部各州纠结了很多年。弗吉尼亚的詹姆斯敦殖民地在 1609 年已经种有葡萄，但美国瘟疫让蒙蒂塞洛的托马斯·杰斐逊（Thomas Jefferson）和宾夕法尼亚的威廉·佩恩（William Penn）备受打击。美国独立战争之前，从新泽西州到路易斯安那州，先辈们都苦苦探索过，但结果都失败了。19 世 60 年代的美国内战和 20 世纪 20 年代的禁酒令阻碍了杂交葡萄的发展。直到 20 世纪 70 年代，随着新的立法登上历史舞台及对地点和品种的仔细考量，几个世纪坚持不懈的葡萄栽培才有了回报，这里也成了美国增长最快的优质葡萄酒产区之一。

1981 年之前，新泽西州的产业一直受限于该州清规戒律，酿酒厂的数量受到极大限制。今天，美国有两个专属葡萄栽培区：外海岸平原（Outer Coastal Plain）和沃伦山（Warren Hills）。新泽西州又名"花园之州"，出产许多果酒，但种植最多的是赤霞珠、品丽珠和香宝馨（Chambourcin）等红葡萄品种，以及白谢瓦尔（Seyval Blanc）、霞多丽和威代尔（Vidal Blanc）等白葡萄品种。

混合型葡萄酒在宾夕法尼亚州占据重要一席，该州有 100 多家（大部分是小型）酿酒厂。该州有一些专属的葡萄栽培区，但较大的葡萄栽培区往往是跨州产区，比如伊利湖产区跨纽约州和俄亥俄州两地；另外两个大产区是特拉华谷中部产区（新泽西州）和坎伯兰谷产区（马里兰州）。

弗吉尼亚具有很多适合葡萄酒产业发展的地理特征，包括蓝岭、阿巴拉契亚（Appalachian）山脊及其山谷地区，以及滨海平原地区。该州的 6 个葡萄栽培区中有 140 多家葡萄酒厂。欧洲葡萄品种占主导地位，主要是霞多丽、品丽珠、梅洛、赤霞珠和威代尔。维欧尼、诺顿和小满胜（Petit Manseng）也有极大的潜力。

酿酒厂现在正在选择适合种植酿酒葡萄的地点，而不是简单地在现有的农场和种植园里种植，这也许是弗吉尼亚州和邻近的马里兰州唯一也是最重要的进步。在马里兰，赤霞珠是种植最多的红葡萄品种，白葡萄主要是霞多丽。马尔贝克（Malbec）、巴贝拉

（Barbera）、维欧尼和小维多种植数量正在增加。

虽然卡罗来纳的面积、产量和质量都落后于弗吉尼亚州，但它与弗吉尼亚州都具有沿海的风土优势。只有少数几个酿酒厂能持续地酿造出优质葡萄酒；大多数生产商仍在从杂交葡萄藤转向欧洲酿酒用葡萄品种。尽管如此，该地区的酿酒师已经大大改进了杂交品种葡萄酒，酿造出了美味的微甜葡萄酒和餐末葡萄酒，以及越来越多的用欧洲酿酒葡萄酿制的干型葡萄酒和白葡萄酒。

在现代葡萄酒领域，乔治亚州相对来说是一个新手，它的主攻方向是欧洲酿酒葡萄。该州东北部的葡萄园位于查塔胡奇国家森林（Chattahoochee National Forest）及其周围地区，高海拔改善了这里的温度。尽管早在几个世纪前就有人尝试过栽培葡萄，但病虫害让这里遭受了毁灭性打击，情况就如同东海岸其他产区一样。然而在今天，维欧尼、赤霞珠、小维多、国产多瑞加（Touriga Nacional）、小满胜及其他许多种都有成功种植的先例。

肯塔基州和田纳西州几乎完全依赖杂交品种，但它们也在享用别人的经验和技术的成果，并拥有一批优秀的酿酒厂。佛罗里达州和其他一些东南部州仍在尝试用其他水果、新的杂交品种〔如白布娃（Blanc de Bois）〕和颇受争议的本地麝香葡萄（如斯古佩农）酿造葡萄酒。甜美浓稠且带有苦味的麝香葡萄酒并不适合每个人，但它们与亚洲的重口味的糖醋美食一起品用很有特色，值得一试。

阿尔巴酒庄（新泽西州产区）

阿尔巴酒庄（Alba Vineyard）位于米尔福德市特拉华河镇外几千米处。该酒庄从新泽西州 30 多家酒庄中脱颖而出，屡获"最佳酒庄"的桂冠。1998 年，阿尔巴酒庄幸免破产之灾，如今，酒庄拥有 18 公顷的葡萄园，盛产丰盈多汁、色泽鲜亮的雷司令和入口清爽的霞多丽葡萄酒。庄园桶酿珍藏霞多丽葡萄酒（Estate Barrel Reserve Chardonnay）由第戎克隆霞多丽酿制而成，夹杂着烤面包的香气，口感如奶油般丝滑醇美。阿尔巴酒庄出产的甜美果酒和多西内［Dolcina，由速冻特拉华（Delaware）和雷司令混酿而成］在当地颇受欢迎。

阿灵顿酒庄（田纳西州产区）

阿灵顿酒庄（Arrington Vineyards）由当地乡村音乐传奇艺术家吉克斯·布鲁克斯（Kix Brooks）所有，但酒庄并不因拥有一位如此著名的酒庄主人而沾沾自喜，依旧秉持着明确的宗旨。事实上，酒庄在吉克斯加盟之前便已经成立，但吉克斯加入后酿酒师吉普·萨莫斯（Kip Summers）的才干才得以施展。酒庄的葡萄园还比较新，欧洲酿酒用的葡萄品种可能不适宜种植于此，最佳的酿酒品种还未选定，但酒庄酿制的西拉葡萄酒却酒体紧实，有着浓郁的樱桃气息。酒庄出产的白葡萄酒也格外雅致，平衡度极佳。莫斯卡托之爱（Muscat Love）是一款干型甜酒，酒香芬芳，乐趣无穷。

巴伯斯维尔酒庄（弗吉尼亚州产区）

巴伯斯维尔酒庄（Barboursville）归意大利佐宁家族所有，由酿酒师卢卡·帕西纳（Luca Paschina）经营，推出的桑娇维塞、巴贝拉和内比奥罗珍藏葡萄酒颇具意大利葡萄酒风格。内比奥罗珍藏葡萄酒充分体现了该葡萄品种的特性，需在 60 加仑容量的皮index特斯铜桶中发酵，经过精心酿制而成。然而，巴伯斯维尔八角形葡萄酒更加出类拔萃，博人眼球，此酒主要由梅洛酿制而成，极富波尔多风情，略带烟熏梅子、咖啡和可可的芳香，质地浓稠、单宁柔顺。酒庄最具意大利风情的当属巴伯斯维尔帕赛豆干白葡萄酒，该酒甘美浓郁，由风干的奥托奈麝香（Moscato Ottonel）和威代尔混酿而成。

比特莫酒庄（北卡罗来纳州产区）

即便你对葡萄酒兴致索然，比特莫酒庄（Biltmore Estate）也是非常值得探访的一处胜境。酒庄于 1895 年正式成立，充分展示了范德比尔特（Vanderbilt）家族富甲一方的雄厚实力。该庄园由弗雷德里克·奥姆斯特德设计，如今每年接待 100 多万名游客。自 1985 年以来，比特莫酒庄一直在这片于 14 年前奠定的基业上精耕细作。虽然大多数葡萄酒是用外地的葡萄（通常是选用加州葡萄）酿造而成，但庄园葡萄酒质量却日渐提升。维欧尼庄园葡萄酒（Estate Viognier）柔和芳香；雷司令庄园葡萄酒也大同小异，但更显甘美。所有起泡酒均进行瓶藏密封；旗下的双人舞麝香起泡酒（Pas de Deux）芳香四溢，充满活力。

黑脚踝酒庄（马里兰州产区）

2003 年，艾德·博伊斯（Ed Boyce）和莎拉·欧赫伦（Sarah O'Herron）首创黑脚踝酒庄（Black Ankle Vineyards）。2006 年，葡萄园迎来第一次采收，从此该酒庄备受赞誉，名声大噪。虽然

巴伯斯维尔酒庄

巴伯斯维尔八角形干红葡萄酒是一款波尔多混酿，由意大利人在弗吉尼亚酿制，酒体醇厚浓烈。

查德福酒庄

一款来自宾夕法尼亚州特定年份带有烟熏气息的红葡萄酒。

未经有机认证，但该酒庄仍遵循有机种植与生物动力学原则，采用密集种植法，打破了在湿润气候条件下种植葡萄的传统观念。葡萄酒完全由庄园出产的果实酿造而成。黑脚踝碎石系列葡萄酒（Crumbling Rock）是一款波尔多风格的混酿，主要选用品丽珠葡萄酿制，果香浓郁，散发着烟草的香气，在马里兰州备受好评。旗下的叶石系列西拉混酿葡萄酒（Leafstone Syrah）则丰盈多汁、果香浓郁，并伴有咖啡、香草和熏肉的香味。★新秀酒庄

查德福酒庄（宾夕法尼亚州产区）

1982 年，埃里克·米勒（Eric Miller）创建查德福酒庄（Chaddsford Winery），该家族此前还创立了纽约州第一家农场酒庄——奔马酒庄（Benmarl Vineyards）。查德福酒庄（Chaddsford Winery）拥有 12 公顷的米勒家族葡萄园，位于白兰地酒谷（Brandywine Valley），海拔约 180 米。酒庄酿制怡人的微甜型混酿及酒体轻盈的黑皮诺、西拉和意大利品种葡萄等酒款，旗下的米勒庄园葡萄酒（Miller Estate）脱颖而出。米勒霞多丽（Miller Chardonnay）产自优秀年份，是酒庄的代表作，其丰富的口感与丝丝青苹果果香相得益彰，略带有白垩岩矿物质的气息，余韵悠长。查德福美瑞克干红葡萄酒（Merican）是一款混酿酒，以丰年出产的精选赤霞珠为总主原料，口感丰富，物美价廉。

柴德里斯酒庄（北卡罗来纳州产区）

柴德里斯酒庄（Childress Vineyards）由一位美国全国汽车比赛协会（NASCAR）最著名的赛车手创建，这一点可能会令读者瞠目结舌。但其实很多家财万贯之人和无名之辈也会创建酒庄，而且大有作为。起初，赛车手理查德·柴德里斯（Richard Childress）从自家后院测试品种，并精明地招贤纳士；酿酒师马克·弗里斯佐罗斯基（Mark Friszolowski）是大西洋海岸备受尊崇的专业人士。酒庄旗下的葡萄酒系列包括清淡雅致的灰皮诺；芳香四溢的维欧尼；口感脆爽、果香浓郁的长相思；还有干爽独特的三重奏（一款灰皮诺、霞多丽和维欧尼混酿）。到目前为止，虽然所产葡萄酒并不十分令人意趣盎然，但酒庄的确一直精工细作，专注于提质增效。

蛙镇酒庄（乔治亚州产区）

克里兹（Kritzer）家族葡萄园种植面积达 16 公顷，园内种植了 17 种葡萄，他们英明神断地创建了蛙镇酒庄（Frogtown Cellars）。尽管酒庄葡萄酒可与本地其他葡萄酒相媲美，但酒庄主人仍然孜孜不倦地提升葡萄酒的品质。勇士葡萄酒（Audacity）由赤霞珠和桑娇维塞混酿而成，味道鲜美辛辣，单宁紧实强劲。白葡萄酒系列中，微甘的威代尔威望葡萄酒（Cachet）饶有趣味，比很多同款的葡萄酒更加清新雅致、清爽活泼；而玛珊、瑚珊和维欧尼混酿系列（MRV）充分证实了克里兹家族在该项目上的高瞻远瞩。

荷顿酒庄（弗吉尼亚州产区）

荷顿酒庄（Horton Vineyards）的创始人丹尼斯·荷顿（Dennis Horton）称自己为葡萄栽培家，而非葡萄酒学家。正是这份自信让他寻找到了适宜弗吉尼亚州湿热夏天的罗讷葡萄品种，尤其是维欧尼。1990 年，霍顿首次引进维欧尼葡萄酒；

林登酒庄

贫瘠的葡萄园生产的葡萄酒随着时间的推移发展得很好。

柿子溪酒庄

柿子溪酒庄的雷司令口感清爽、酒体平衡、花香浓郁。

1993年初，维欧尼葡萄酒横空出世，使弗吉尼亚州在葡萄酒版图中占据了一席之地。霍顿甚至还酿造一款维欧尼起泡酒，该酒需置于酒糟中陈酿6年。该酒庄在品种葡萄酒方面所做的贡献还包括：让诺顿葡萄在该地区重获生机；出品的小满胜葡萄酒芳香浓郁，充盈着热带水果的风味；旗下的皮诺塔吉葡萄酒色泽鲜亮、酸脆清爽；还有玛珊、慕合怀特和国产多瑞加的混酿葡萄酒系列，深受消费者青睐。

克鲁格酒庄（弗吉尼亚州产区）

1999年，帕特里夏·克鲁格（Patricia Kluge）创立了克鲁格酒庄（Kluge Estate）。目前，该酒庄在蓝岭山脉（Blue Ridge Mountains）附近每年大约能生产3.5万箱葡萄酒。克鲁格酒庄的标志性酒款新世界干红葡萄酒（New World Red）和兄弟酒款简单干红葡萄酒（Simply Red）的顾问都由米歇尔·罗兰（Michel Rolland）担任，这两款葡萄酒的酿造都以赤霞珠为主，中等酒体，性价比高，产量也很大。然而，克鲁格酒庄最为著名的仍然是"SP"系列起泡酒，该酒味道甘美，酿造方法颇具传统韵味；威尔马特香槟庄（Vilmart & Cie Champagne）的洛朗·尚普（Laurent Champs）担任酒庄的酿酒师顾问。酒庄旗下以霞多丽为主要原料的起泡酒酒体活泼，带有烤面包和榛子的味道，口感极佳。

莱克里奇酒庄（佛罗里达州产区）

佛罗里达是葡萄种植地气候最恶劣的地区之一，但本土玛斯克汀葡萄（Muscadine）却能抵抗这种炎热潮湿的环境。玛斯克汀葡萄酒是佛罗里达州葡萄酒过去和现在的写照，或许也能代表未来的方向。玛斯克汀葡萄酒的品类甚至比美国东南部众多葡萄园中的杂交品种还要多，一些人觉得这种味道闻起来甚是奇特。

该酒散发出浓稠的香甜味，就像菠萝干、鲜花和20世纪60年代麝香古龙水的混合气息。也许品尝葡萄酒是千人千味，但重点是玛斯克汀葡萄酒十分与众不同，而莱克里奇酒庄的玛斯克汀葡萄酒兼具异国情调的香水味与均衡的苹果、柑橘味，令人心旷神怡。

林登酒庄（弗吉尼亚州产区）

林登酒庄（Linden Vineyards）的创始人兼酿酒师吉姆·劳（Jim Law）选用弗吉尼亚蓝岭地区出产的葡萄，每年生产约5000箱葡萄酒。1983年，吉姆·劳在原哈德可来堡（Hardscrabble）农场基础上建造了哈德可来堡葡萄园（由吉姆·劳亲自打理），以该葡萄园的名义不断酿造出美味迷人的葡萄酒。霞多丽葡萄酒口感脆爽、酒体活泼，带有柑橘类水果和核果类水果的味道，富含矿物质气息，酸度适中，在橡木桶酿造的时间也恰到好处，散发出的香味想必能让前总统托马斯·杰斐逊（Thomas Jefferson）都会怦然心动。该系列红葡萄酒由赤霞珠、梅洛、小维多和品丽珠混酿而成，口感柔和，带有石墨和茴香味道。

柿子溪酒庄（乔治亚州产区）

2000年，桑尼·哈德曼（Sonny Hardman）和玛丽-安·哈德曼（Mary-Ann Hardman）创建了柿子溪酒庄（Persimmon Creek Vineyards）。从那时起，他们就非常聪明地将自家酒庄酿制的葡萄酒送到了业内名望之士面前品鉴。该酒庄出产的葡萄酒质量仍在不断提高——白葡萄酒口感纯净、味道突出，雷司令和白谢瓦尔仅有一丝甜味。红葡萄酒品质尚有进步空间，但雷司令冰白葡萄酒（Riesling Eiswein）采用庄园自产的葡萄酿制。这种葡萄于12月才进行采摘，酿制出的葡萄酒浓稠香甜、酒体平衡、酸度适中、余味悠长。

尖峰脊酒庄（宾夕法尼亚州产区）

1993年，布拉德·克纳普（Brad Knapp）在伯克郡创立了尖峰脊酒庄（Pinnacle Ridge Winery），选用庄园和当地种植的葡萄酿造了一系列宾夕法尼亚荷兰乡村葡萄酒。早些时候，克纳普对起泡酒酿造技术轻车熟路，但现在他已把更多精力投回到酿造静止葡萄酒上面了。白葡萄酒包括几款价格较低的混酿葡萄酒和一款半干型未经橡木桶酿造的霞多丽葡萄酒。塔明内白葡萄酒带有玫瑰、荔枝及其自然母本琼瑶浆的浓郁香气。在酒庄的红葡萄酒中，黑皮诺浓度较高，而香宝馨口感顺滑，带有花香、甘草和香料味。★新秀酒庄

罗克豪斯酒庄（北卡罗来纳州产区）

1989年，李·格里芬（Lee Griffin）和玛莎·卡西迪（Martha Cassedy）购买了一块地产，想在北卡罗来纳州创建一家酒庄，正是在这块地产上他们创立了罗克豪斯酒庄（Rockhouse Vineyards）。到1998年，该地已经从一个施展个人爱好的庄园发展成为一个以梅洛、赤霞珠和霞多丽为主原料的商业化酒庄。该酒庄的酿造原料仍然以波尔多葡萄品种为主，不过这里的气候让葡萄酒口感更加清淡，所用红色水果多于黑色水果。酒体轻盈、味道迷人的维欧尼也值得推荐。此外，该酒庄还有一款品质上乘的香宝馨（一种适合当地气候的杂交葡萄品种）葡萄酒。

糖条山酒庄（马里兰州产区）

2006年，先进的糖条山酒庄（Sugarloaf Mountain Vineyard）开业了。该酒庄距离华盛顿特区很近，主要种植波尔多红葡萄品种。品丽珠是该酒庄的标志性酒款，风格非常成熟，单宁柔顺，但也带有浓郁的黑醋栗和雪松橡木味。3款混酿葡萄酒都选用了自家葡萄园种植的5种波尔多品种，还有1种最近推出的新品系列：未过滤的依沃系列（EVOE）红葡萄酒。年产的4500箱葡萄酒由霞多丽和口感脆爽、柑橘味浓郁的灰皮诺酿制而成。★新秀酒庄

威虎山酒庄（乔治亚州产区）

1995年，约翰·埃扎德（John Ezzard）回到了他出生的山区，创建了威虎山酒庄（Tiger Mountain Vineyards）。这一举动在当时来说可谓是有勇无谋，但现在看来当真是颇有先见之明，因为这里600米的海拔高度提供的环境比乔治亚州东北部地区更有利于葡萄均衡成长和成熟。约翰和妻子玛莎（Martha）倾向于种植下列独特的葡萄品种：诺顿、卡奥红、丹娜、小满胜、国产多瑞加和马尔贝克。酒庄所有系列的葡萄酒均酒体坚实，但丹娜口感浓烈、味道迷人，而小满胜则兼具美味的蜂蜜味和柑橘味。

弗吉尼亚州的巴伯斯维尔葡萄园主要种植意大利品种的葡萄，酒庄主人的国籍也可见一斑。

美国中心产区

在美国自身葡萄酒产区之外的大多数葡萄园和酒庄都是最近才开发的。这些新兴酒庄的老板都是一步步摸索着前进。俄亥俄州的葡萄酒产业一个世纪前就已经建立起来了，密苏里州的酒庄的建立可以追溯到 19 世纪中期，但是禁酒令的颁布意味着酒庄必须停产。在接下来的几页中会介绍到很多葡萄酒企业，他们采用了新的葡萄品种，因此进步神速。卡托芭（Catawba）和康科德（Concord）等葡萄虽然与美国的历史一样悠久，但过去几十年美国核心地带葡萄酒产业的大发展跟这几种葡萄品种并没有太大关系。

主要葡萄种类

🍇 红葡萄

品丽珠
香宝馨
千禧乐
诺顿
西拉

🍇 白葡萄

琼瑶浆
灰皮诺
雷司令
白谢瓦尔
塔明内
威代尔

年份

2009
葡萄产量在科罗拉多州、得克萨斯州和密苏里州很高，但在其他地方则逊色很多。

2008
"艾克"飓风使全地区的生产情况变得一言难尽。

2007
这一年，密歇根州和爱达荷州酿造出了很多优质葡萄酒，但中西部的严寒气候使得葡萄产量低迷。

2006
这一年，科罗拉多州和密歇根州葡萄收获喜人，爱达荷州尤为出色。

2005
这一年，密歇根州、得克萨斯州、科罗拉多州以及西南地区都产量喜人。

2004
飓风带来了持续降雨，影响了大多数地区的生产状况。

出人意料的是，诸如威代尔、维诺、塔明内（Traminette）、香宝馨、千瑟乐（Chancellor）、雪绒花（Edelweiss）、布莱安娜（Brianna）和许多人们没有听说过，甚至都没有名字的葡萄品种也很有前景，为细心栽培葡萄的人和心灵手巧的酿酒师提供原材料，进而有机会与西海岸生产赤霞珠和霞多丽的商家一决高低。

一些著名的欧亚葡萄品种（诸如赤霞珠和霞多丽）无法在恶劣的环境下生存，它们会在严冬死亡，在烈日下枯萎，或者因暴雨而腐烂。因此严峻的气候迫使人们开发一些新的品种。

通常情况下，美国本土产的葡萄太酸，无法酿造出体面的葡萄酒，更别提优质葡萄酒了。但是将欧亚葡萄与美国本土的葡萄杂交后就能得到结实美味的酿酒专用葡萄品种了。

尽管如此，病害还是使得克萨斯州和东南部的一些杂交葡萄园不堪重负。新型的种植技术可能会扭转这一局面。其他种类的葡萄，如早期的一些品种或是偶然杂交的品种，最后可能会存活下来。

与此同时，五大湖附近的周边地区由于湖泊的存在，其气候状况得以改善。如雷司令、灰皮诺和琼瑶浆等白葡萄不仅很具竞争力，甚至比一些常见产区的同类果实还要出众。俄亥俄州的新红葡萄质量计划（Wine Quality Program）开展得如火如荼，确保本州所产的葡萄酒质量始终如一。美国最大的红葡萄产区是密歇根州。

该地远离美国天气多变的中西部、恶劣极端的北部平原和湿热的南方地区，所以欧亚葡萄是可以存活的。虽然亚利桑那州、科罗拉多州和爱达荷州的葡萄园普遍炎热干燥，但是却可以免受病害和虫害侵袭。通过灌溉技术和优选葡萄品种，这些州的酒商（酿酒师）们提高了葡萄的品质。相比之下，爱达荷州仍然从华盛顿州购买大部分农产品——不过这又何妨？爱达荷州有很多优质的葡萄，但是葡萄园的质量却因此下降。必须先有好葡萄才能知道怎么种好葡萄。

科罗拉多州的酿酒师们已经意识到，尽管该州的气候炎热干燥，但是在高海拔的葡萄园中，适度的灌溉和低温效果可以产出芳香馥郁的雷司令葡萄、美味多汁的西拉及香气浓郁的波尔多风格的红葡萄酒和白葡萄酒。亚利桑那州和新墨西哥州的葡萄园主也一直坚持在山顶种植葡萄，从而避免西南地区炎热气候的消极影响。

得克萨斯州并不受这样条件的影响，但是其乐观的态度和地区自豪感推动了酿酒行业的发展。话虽如此，但是这样的心态也对得克萨斯州的发展不利。得克萨斯州的人们认为，虽然无法充分利用充沛的光照，但种植霞多丽、赤霞珠和长相思没什么问题。只要葡萄酒卖得出去，人们就认为这些是优质葡萄酒。可惜事与愿违。只有少数得克萨斯州的酿酒商会做长远打算，他们专注于生产歌海娜、西拉、慕合怀特、白麝香及两种本地的葡萄：黑斯班尼诗和洛曼托。

奥古斯塔酒庄（密苏里州产区）

奥古斯塔酒庄（Augusta Winery）的托尼·库尤米扬（Tony Kooyumjian）可以说是密苏里州的顶级酿酒师，他同时也在蒙特利酿酒厂（Montelle Winery）任职。各种葡萄酒的酿造工艺对于他来说都不在话下，包括品质卓越的香宝馨干红葡萄酒、精美高雅的诺顿葡萄酒、香气扑鼻的威代尔白葡萄酒、带有混合香气的维诺白葡萄酒、芳香馥郁的塔明内白葡萄酒、口感醇厚的冰葡萄酒及浓郁醇厚的波特葡萄酒等。

贝克酒庄（得克萨斯州产区）

成功有时会滋生自满情绪，但贝克酒庄（Beceker Vineyards）就没有故步自封。该酒庄比得克萨斯州的大多数葡萄酒厂的适应性更强。贝克酒庄没有一味地选择易销售的葡萄酒，如赤霞珠和霞多丽，而是选择了维欧尼、歌海娜（包括玫瑰红和干红）、巴贝拉、马尔贝克、慕合怀特、西拉、佳丽酿、甜美香甜的白麝香半甜白葡萄酒，以及一款像木香气浓郁而迷人的白诗南葡萄酒。

黑星农场酒庄（密歇根州产区）

黑星农场酒庄（Black Star Farm）不仅是一个酿酒厂，更是一个旅游目的地，该酒庄坐拥一座农场、一家奶油厂、一家民宿和酿酒厂，以及位于其他地区的两个品酒室。该酒庄拥有一流的蒸馏工艺，从而为樱桃甜酒、枫树甜酒、梨子甜酒及口味独特的皮诺香甜白葡萄酒提供蒸馏服务加强酒精浓度。淡葡萄酒的口感风格多样化，有的扎实醇厚，有的清香怡人。其中白葡萄酒（灰皮诺、霞多丽和雷司令）的口味最为正宗。雷司令冰白葡萄酒品质优秀，口感既饱满浓郁，又清新舒爽。

布克克利夫酒庄（科罗拉多州产区）

布克克利夫酒庄（Bookcliff Vineyards）坐落在旅游小镇博尔德城（Boulder）。但酒庄葡萄园位于帕利塞德（Palisade）高海拔凉爽的西部斜坡区。酒庄老板约翰·加利希（John Garlich）和乌拉·默兹（Ulla Merz）种植的葡萄品种繁多——霞多丽、梅洛、赤霞珠、品丽珠、维欧尼、雷司令、黑麝香和橙麝香等。酒庄葡萄酒种类也是名目繁多，有口感丰富的干红葡萄酒，也有香味浓烈的甜酒。

博尔德溪酒庄（科罗拉多州产区）

杰基·汤普森（Jackie Thompson）和迈克·汤普森（Mike Thompson）的博尔德溪酒庄（Boulder Creek Winery）位于洪积扇地形，尽管葡萄主要来自西坡，但他们几乎所有的产品都局限在博尔德地区。如果你在科罗拉多州，应该去品尝他们美味的西拉（带有蓝莓味）、雷司令、维欧尼或霞多丽，或者他们珍藏的波多尔风格混酿葡萄酒。★新秀酒庄

卡拉汉酒庄（亚利桑那州产区）

卡拉汉酒庄（Callaghan Winery）尽管位于美国西南部，但因为海拔高、阳光充足，依然大获成功。酒庄种植的葡萄包括：慕合怀特、小维多、歌海娜、小西拉及丹魄等。因为这些葡萄生长在海拔1500米的高原地带，受寒冷的夜间温度影响，这些葡萄成熟周期较慢，这一特点尤其体现在丹魄这一葡萄品种上。酒庄创始人肯特·卡拉汉（Kent Callaghan）偏爱混酿葡萄酒，如今看来这一举措是十分明智的。酒庄的混酿葡萄酒包括：安的精

奥古斯塔酒庄
杂交品种香宝馨——平凡的葡萄也可以酿造出充满活力的葡萄酒。

布克克利夫酒庄
布克克利夫酒庄酿造的维欧尼葡萄酒具有甜瓜和香料的气味。

选混酿葡萄酒（由橡木桶之吻白歌海娜、华帝露和协奏曲混酿），凯特琳精选混酿葡萄酒（由慕合怀特、西拉或者仙粉黛与黑樱桃和李子调混酿制），佩德罗混酿葡萄酒（一种由丹魄、小维多、赤霞珠和品丽珠调制而成的葡萄酒），还有口感丰富的背后干红混酿葡萄酒（由慕合怀特、西拉、仙粉黛和歌海娜混酿）。

谷风酒庄（科罗拉多州产区）

谷风酒庄（Canyon Wind Cellars）是另一个来自科罗拉多西坡的葡萄酒厂，和这里的其他酒厂一样，其发展势头蒸蒸日上。酒庄坐落在书峡（一大片折叠台地）的边缘。酒庄名字中的"风"字，作用也恰合时宜，在夏天起到降温的作用，在霜冻到来时起到缓和作用。克里斯蒂安松家族（The Christensen）生产平衡良好且适合在凉爽气候饮用的白葡萄酒和红葡萄酒，包括营养多汁、价值上乘的西拉、丹魄和小维多等。顶级葡萄酒 IV 为科罗拉多的葡萄酒设定了一个过高的基准价，但这款酒的确很吸引人。

穿越酒庄（密歇根州产区）

穿越酒庄（Chateau Grand Traverse）由埃德·奥基夫（Ed O'keefe）于1974年创立，自创立之初就致力于雷司令的种植，当时很多人都不看好。时至今日，穿越酒庄仍然是雷司令的代名词，共分9款。聚焦雷司令半干白葡萄酒（Whole Cluster Riesling）和49号地块出产的雷司令干白葡萄酒（Lot49Riesling）这两款葡萄酒中尽管都保留了一定残糖，但仍保留淡淡矿物质的气息。酒庄还有很多其他的葡萄酒种类，从干葡萄酒、甘甜爽口的葡萄酒，到口感浓郁的雷司令贵腐甜白葡萄酒（Botrytis Riesling）和冰葡萄酒等，一应俱全。酒庄也种有品质上乘的佳美，以及雪绒花混酿（Edelzwicker），该葡萄酒选用琼瑶浆、灰皮诺、白皮诺和麝香混酿。

落溪酒庄（得克萨斯州产区）

落溪酒庄（Fall Creek Vineyards）的创始人是美国得克萨斯州商人苏珊和埃德·奥勒（Susan and Ed Auler），虽然如今他们可能不像当年富有冒险精神，但不可否认的他们依旧是葡萄酒行业的领军者。他们酿造出得克萨斯州迄今为止罕见的佳酿——梅里图斯（Meritus）。这是一款主要采用赤霞珠、少量梅洛和马尔贝克酿造的带有波尔多风格的混酿葡萄酒。梅里图斯的单宁厚重，与得克萨斯州的温暖略显炎热气候有关。但同时，该款酒保留了层次丰富醇厚的口感，余味悠长。酒庄酿造的白葡萄酒酒体轻盈，口感柔顺。此外，由长相思和赛美蓉混酿而成的卡斯凯德（Cascade）白葡萄酒，口感清新且层次感十足。

平溪酒庄（得克萨斯州产区）

与得克萨斯州大部分丘陵地区相比，平溪酒庄（Flat Creek Estate）的种植条件略胜一筹。令人欣喜的是，酒庄能种植出桑娇维塞葡萄（也被称为超级得克萨斯葡萄），尽管这种葡萄能否在阳光充足但一成不变的气候中茁壮成长仍饱受争议。酒庄的新星酒款是橙花麝香葡萄酒（Orange Muscat），无论是半干型的葡萄酒（麝香干白葡萄酒），或甜美型的葡萄酒（布兰科麝香干白葡萄酒或特拉维斯橘色干白葡萄酒），还是橙花麝香甜白葡萄酒都是由新鲜葡萄汁与葡萄蒸馏酒混调而成。

加菲酒庄（科罗拉多州产区）

加菲酒庄（Garfield Estates）是一座新开发的酒庄，其葡萄园

耳饰酒庄
以赤霞珠为主、西拉为辅混酿出了波尔多风情的葡萄酒。

金基德岭酒庄
出产了少量的瑚珊和维欧尼混酿葡萄酒。

在 2000 年正式购入使用。德国酿酒师莱纳·托马（Rainer Thoma）一直都在努力适应现有的种植条件和高海拔（地处内华达山脉西部斜坡，高 1500 米）。值得庆贺的是，过去这些年他见证了酒庄葡萄种植开花结果的过程。诱人的西拉硕果累累，赛美蓉充满了矿物质气息，维欧尼、长相思和麝香则个性洋溢，极具特色。

格鲁埃酒庄（新墨西哥州产区）

新墨西哥州的高地沙漠地带似乎最不可能产出世界一流起泡酒，但经过酒庄 25 年的蓬勃发展，格鲁埃酒庄（Gruet Winery）盛产高品质葡萄酒的事实已经不再是新闻了。在创始人吉尔伯特·格鲁埃（Gilbert Gruet）的带领下，格鲁埃家族巧妙地将黑皮诺和霞多丽混合到柔和高雅的干型起泡酒、醇厚饱满的黑中白和桃红葡萄酒以及两款更豪华奢贵的特酿葡萄酒中。现在看来这一做法已不是十分新颖，格鲁埃酒庄共生产了超过 10 万箱的起泡酒，其产品品质可以和美国其他任何一家酒庄相媲美。这 4 种品质优秀的佐餐葡萄酒（两种分别来自黑皮诺和霞多丽）倒不会像起泡酒那样给人们留下如此深刻的印象。

地狱谷酒庄（爱达荷州产区）

从餐厅老板转型为酿酒师的史蒂夫·罗伯逊（Steve Robertson）是爱达荷州（Idaho）葡萄种植的先驱。他的葡萄园位于宝藏谷（Treasure Valley）的蛇河（Snake River）上游，也是该州最早进行葡萄酒生产的酒庄代表。地狱谷酒庄（Hell's Canyon Winery）与爱达荷州西北部的地理条件类似，温暖适宜，但靠近河流意味着空气流动性好，因此葡萄酒平衡得宜，（有时）具有陈年潜力。波尔多主流葡萄品种和西拉是该酒庄的主打产品：七魔红（Seven Devils Red）是由波尔多葡萄酒调制而成，而梅洛和赤霞珠珍藏葡萄酒（Merlot and Cabernet Sauvignon Reserves）口感醇厚、橡木味浓郁。猎鹿者西拉（Deerslayer Syrah）和特级珍藏西拉干红葡萄酒（Syrah Reserve）也在橡木桶中发酵，散发出更加迷人的果肉香气。

圣田酒庄（堪萨斯州产区）

对于圣田酒庄（Holy-Field Winery）的打理人莱斯·迈耶（Les Meyer）和他的女儿米歇尔·迈耶（Michelle Meyer）来说，生产优质葡萄酒一直是唯一的追求，直到最近才稍作改变。毕竟，在堪萨斯州几乎没有其他的葡萄酒生产商。尽管如此，他们所酿的半干型维诺白葡萄酒和晚收维诺甜白葡萄酒（Late Harvest Vignoles）带有桃子和杏的浓郁香气。他们的辛辛安纳（Cynthiana）、香宝馨混酿红葡萄酒也令人印象深刻。

英伍德酒庄（得克萨斯州产区）

英伍德酒庄（Inwood Estates）正在蓬勃发展。其酒窖中储存着得克萨斯州一些极有趣的葡萄酒，其科尼利斯葡萄酒（Cornelious，由 100% 的丹魄酿造）便是很好的一例，表明得克萨斯州仍在探索哪些葡萄品种是未来的新星。英伍德酒庄种植的葡萄种类不多，但也种植着香气浓郁的帕洛米诺和霞多丽葡萄，以及贴地气、口感醇厚的丹魄和赤霞珠葡萄。★新秀酒庄

杰克兔山酒庄（科罗拉多州产区）

杰克兔山酒庄（Jack Rabbit Hill Winery）坐落在科罗拉多州台地的高处，该酒庄采用活机耕作的天然农业生产方式进行葡萄种植，同时采用手工酿造的方式制造葡萄酒。人们经常能够看到鸡和羊在葡萄藤之间的围栏里吃草，自从酒庄开始用种植在高海拔的葡萄酿酒，在很短的时间内就生产出了品质优秀的雷司令和西拉葡萄酒。★新秀酒庄

金基德岭酒庄（俄亥俄州产区）

在俄亥俄州的 100 多家酒厂中，金基德岭酒庄（Kinkead Ridge）的产品品质是最稳定的。启示录红葡萄酒（Revelation Red）和启示录白葡萄酒（Revelation White）均是俄亥俄州品质极佳的葡萄酒。酒庄掌门罗恩·巴雷特（Ron Barrett）在俄勒冈州的经历或许可以解释他为何如此垂青品丽珠干红葡萄酒，该酒洋溢着芳草、泥土和水果的芳香，充满活力。此外，口感香甜、花香浓郁的维欧尼和瑚珊葡萄酒也口感极佳。★新秀酒庄

科尼酒庄（爱达荷州产区）

科尼兄弟的餐后甜酒和就餐时喝的蒸馏酒都广受好评。他们的三园西拉葡萄酒（Three Vineyard Syrah）层次分明，口感引人入胜；科尼威廉森园维欧尼干白葡萄酒（Viognier Williamson Vineyard）将葡萄原汁原味的香味和口感表现得淋漓尽致。科尼特酿奥尔登私人珍藏干红葡萄酒（Cuvee Alden Private Reserve，由赤霞珠、梅洛和品丽珠混酿而成）单宁含量高，口感浓重，但是比特纳葡萄园的霞多丽干白葡萄酒则味浓而多汁。顶级的阿米莉亚珍藏西拉干红葡萄酒（Cuvee Amelia Reserve Syrah）可在法国新橡木桶中陈酿多年，而科尼风桥园雷司令冰白葡萄酒独出心裁，别具特色。★新秀酒庄

左足查理酒庄（密歇根州产区）

左足查理酒庄（Left Foot Charley）的酿酒师布莱恩·乌尔布里希（Bryan Ulbrich）多年来一直为其他酒庄精心酿造葡萄酒，因此，他自己的品牌现在成为密歇根州的业界标杆，甚至说是整个美国中心产区的标杆也不足为过。乌尔布里希酿造的香气扑鼻的白葡萄酒自酿酒厂于 2004 年成立以来就一直陈列在酒庄。旗下的雷司令、琼瑶浆、白皮诺和灰皮诺都果香浓郁，纯度极高，并以自己活泼生动的感染力将葡萄的特征表现得淋漓尽致。

小资酒庄（密苏里州产区）

从小资酒庄（Les Bourgeois Vineyards）俯瞰，可一览密苏里河的全貌，酒庄向客户推出的混酿葡萄酒也越来越多，质量也大大提升。其生产的诺顿优质干红（Norton Premium Claret）做到了味道深邃与绵延的平衡，其沙多内尔干白也是国内顶级葡萄酒。事实上所有的白葡萄酒都极富魅力：拉贝儿（LaBelle）、苏威（Solay）、江轮白（Riverboat White）葡萄酒都是杰出代表，尤以维诺和塔明内（Traminette）白葡萄酒为佳。

莫柏酒庄（密歇根州产区）

莫柏酒庄（L Mawby Wines）拥有超过 30 年的起泡葡萄酒酿造经验。至今酒庄主人拉里·莫柏（Larry Mawby）依旧兢兢业业地从普通葡萄和杂交葡萄中开发更多的葡萄酒款。他用杏色的维诺葡萄酿制出了口感绵密的起泡酒（Cremant）和口味温和泰莱斯门起泡酒（Talismon），用白谢瓦尔葡萄（Seyval Blanc）调制出了柠檬沙鹬系列干红葡萄酒（Sandpiper），还用黑皮诺、灰皮诺、霞多丽及莫尼耶皮诺进行混酿。目前，通过混酿，酒庄可以酿制出更为出色的葡萄酒；莫柏"管理"起

泡酒（Conservancy）和"真我"起泡酒（Jadore）两款葡萄酒都含有恰到好处的残留糖分。酒庄另一款商标为劳伦斯（M.Lawrence）的葡萄酒也是性价比很高。

麦克弗森酒庄（得克萨斯州产区）

对于金·麦克弗森（Kim McPherson）而言，葡萄酒早已经融入其血液中：他的父亲是得克萨斯理工大学（Texas Tech University）的教授，也是得克萨斯州葡萄酒业的先驱；他的兄弟在南加州酿酒已有几十年的历史。麦克弗森可谓是真人不露相，他在日常生活中朴实无华，实则是一位专注热情的酿酒师。他为该州酿造了很多经典别致的葡萄酒，例如口味醇厚的歌海娜西拉桃红葡萄酒（Grenache-Syrah Rosé）、鲜活清新的维欧尼干白葡萄酒（Viognier）和极具魅力的三色红葡萄酒（Tre Colore，由佳丽酿、西拉和维欧尼混酿而成）。酒庄酿造的慕舍怀特干红葡萄酒（Grenache-Mourvèdre）口感爽口均衡，或许称得上是该州最好的葡萄酒。此外，桑娇维塞干红葡萄酒（该葡萄品种1996年由他父亲首次种植）则与酿酒师的性格一样，低调朴实。

蒙特利酒庄（密苏里州产区）

托尼·库尤米扬（Tony Kooyumjian）在奥古斯塔工作时崭露头角，到了蒙特利酒庄（Montelle Winery）后的骄人业绩再次证明了他就是中西部酿酒业的冉冉新星。托尼·库尤米扬采用杂交葡萄酿造了诸多佳酿，单凭这一点也完美证明了杂交葡萄在市场上前途无限。蒙特利酒庄生产的很多葡萄酒，都能成为业界的标杆。其中一款是上好的诺顿干红葡萄酒（Norton），该酒采用一种在密苏里州当地被称为辛辛安纳的葡萄酿制而成；另一款是品质极佳、饱含覆盆子香气的香宝馨干红葡萄酒（Chambourcin）；除此之外还有香味宜人的波特酒、白谢瓦尔干白葡萄酒（Seyval Blanc）、维诺白葡萄酒（Vignoles）、沙多内尔干白葡萄酒（Chardonel）和冰白葡萄酒（Icewine），以及各种优质的混酿红白葡萄酒等。不仅如此，托尼还酿制了一款不容错过的木莓白兰地（Framboise）和一款在美国久负盛名的顶级白兰地酒。

耳饰酒庄（爱达荷州产区）

在爱达荷州从事了葡萄酒酿造多年后，史蒂夫·迈耶（Steve Meyer）和朱莉·迈耶（Julie Meyer）仍然渴望在耳饰酒庄（Pend d'Oreilld Winery）发展和尝试新的酒款。现在，除了桑娇维塞干红葡萄酒（Sangiovese）和普里米蒂沃干红葡萄酒（Primitivo）以外，他们还推出了芳香馥郁、口感脆爽的灰皮诺，果味丰富、带有烘烤味的霞多丽，饱含细腻花香的维欧尼，口味醇厚、饱满丰腴的马尔贝克，以及常见的西拉、梅洛和赤霞珠干红葡萄酒。令人惊喜的是，他们还酿造了一款可口的日常佐餐酒——耳饰比斯干红葡萄酒（Bistro Rouge）。

拉文霍斯特酒庄（俄亥俄州产区）

虽然拉文霍斯特酒庄（Ravenhurst Winery）酿造了很多美味的佐餐葡萄酒，但起泡酒才是这家酒庄的镇庄之宝，使其领先于俄亥俄州的很多其他酒庄。出乎意料的是，酒庄的位置并不在伊利湖（Lake Erie）旁边，而是坐落在哥伦布西北部的一个小山谷里，冬季气候没有那么严酷。酒庄主人查克·哈里斯（Chuck Harris）和妮娜·布希（Nina Busch）对美国市场最有前景的起泡酒有着自己独到的理解：优质的起泡酒不是靠酒糟的

蒙特利酒庄

托尼·库尤米扬用辛辛安纳葡萄酿制了上好的诺顿葡萄酒。

小资酒庄

小资酒庄酿制的沙多内尔干白葡萄酒带有苹果和梨的香味。

浓烈味道取胜（如酵母、饼干和吐司味等），而是靠水果自然的芳香让人回味无穷。

圣教堂酒庄（爱达荷州产区）

圣教堂酒庄（Ste Chapelle）知名度不甚高的原因，很大程度上是因为其东家森特亚葡萄酒资产有限公司（Ascentia Wine Estates）认为还有更重要的问题有待解决。很多葡萄酒爱好者们会选择顶级葡萄酒，对平平无奇的低阶葡萄酒视而不见。圣教堂酒庄主打白葡萄酒：桃味雷司令、雷司令干白、带有甜杏味的琼瑶浆干白葡萄酒都很适合多人共同享用。此外，特别收获雷司令桃红葡萄酒（Riesling Special Harvest）更是独出心裁，别具匠心。酿酒师查克·德夫林（Chuck Devlin）也酿造物美价廉，但口感极佳的冰白葡萄酒。

石头山酒庄（密苏里州产区）

石头山酒庄（Stone Hill Winery）的各大建筑皆是19世纪中期的风格。该酒庄坐拥一个风景如画的葡萄园（只种植诺顿葡萄），非常值得一游。其地下酒窖的历史可追溯到1847年，此时正是酒庄脱颖而出、在美国中部扬名立万的黄金时期，但在禁酒令出台后停产了一段时间。赫尔德（Held）家族于1965年重新开始经营这家酒庄，在首席酿酒师大卫·约翰逊（David Johnson）的指导下，石头山酒庄闻名全国，在密苏里州首屈一指。约翰逊坚持负责监督生产优质加强葡萄酒，酒庄出产的味道浓郁的诺顿波特酒（Norton Port）和坚果味的奶油雪莉酒（Cream Sherry）都是世界级的名酒。旗下的石头山沙多内尔干白葡萄酒（Stone Hill Chardonel）虽是低度葡萄酒但是香气浓郁；塔明内白葡萄酒（Traminette）芳香馥郁且清新脆爽；诺顿干红葡萄酒则活力十足；同时该酒庄生产的威代尔干白葡萄酒（Vidal Blanc）、维诺干白葡萄酒（Vignoles）和白谢瓦尔干白葡萄酒（Seyval Blanc）与本州其他名酒相比，也不输分毫。

两兄弟酒庄（密歇根州产区）

两兄弟酒庄（Two Lads Winery）的创建者克里斯·鲍迪加（Chris Baldyga）从小在密歇根州的葡萄藤下长大，把整个青春都奉献给本州的这个新兴行业。他与南非酿酒师康奈尔·奥利维尔（Cornell Olivier）合作，迅速让本州的其他酒庄自愧不如。酒庄生产两种佳酿的灰皮诺（一种带有浓郁的青苹果味，另一种则带有桃子和苹果的淡淡果香）和高贵典雅的品丽珠和梅洛。兄弟俩的起泡酒要在酒糟中酿制5年，工艺十分繁杂。

沃勒海姆酒庄（威斯康星州产区）

已故的鲍勃·沃勒海姆（Bob Wollersheim）在150年前阿古斯顿·哈拉什（Agoston Haraszthy）劳作过的地方建立了一座繁荣的酒庄，然后又帮助加利福尼亚州建立了葡萄酒业。菲利普·科夸德（Philippe Coquard）生于博若莱本地，是沃勒海姆的女婿。他同时出任沃勒海姆酒庄和松溪酒庄（Cedar Creek）的酿酒师，用威斯康星和其他州出产的葡萄酿制出顺滑纯净、甘美可口的葡萄酒。威斯康星州主产两种由马雷夏尔福熙（Marechal Foch）酿制的葡萄酒：一款是红宝石干红葡萄酒（Ruby Nouveau），口味明快且果味浓郁；另一款是特级珍藏葡萄酒（Domaine Reserve），此酒带有辛辣的红醋栗口味。此外，酒庄还出产由圣贝品（St Pepin）葡萄酿造的冰白葡萄酒。

加拿大产区

据说，艾萨克·德·拉齐利（Isaac de Razilly）于 17 世纪 30 年代早期像波尔多的葡萄种植先驱一样，在新斯科舍（Nova Scotia）的拉哈夫（Lahave）地区种植了第一批葡萄。这些葡萄是否用于酿酒我们不得而知；然而，当地的一群圣方济教会的修道士因用葡萄酿造了圣餐葡萄酒而为人们所熟知。

在加拿大的历史长河中，给人们带来力量和快乐的不是葡萄酒，而是啤酒、苹果酒和烈酒，这可能是因为人们可以生产这些酒的原材料，也或者是因为这些酒易于储存，能度过严冬。现如今，加拿大人均年消费葡萄酒 15 升，这为该国的酿酒厂提供了广阔的市场。在过去 30 年里，加拿大的酿酒厂也已发展成为国际上的璀璨新星。

加拿大的现代酿酒业的历史可追溯到 20 世纪 70 年代，从禁酒令结束后政府颁发第一个酿酒厂许可证之后，才正式拉开序幕。虽然一些极具远见的人已经尝试种植欧亚葡萄，但是大多数人还是种植美洲葡萄的杂交品种。这种葡萄原产于北美，因此人们认为其更适合加拿大的气候。

1988 年签订的美加自由贸易协定（Canada–US free trade agreement）促进了葡萄酒行业的转型。加拿大的葡萄园种植了新的葡萄品种，生产出可以与加州和美国其他地方相媲美的葡萄酒。加拿大的种植者们以全新的面貌迎接竞争，开始酿造美味醇和的葡萄酒。20 世纪 60 年代和 70 年代早期种植的是初始品种，现如今加拿大大约有 8500 公顷的葡萄。不列颠哥伦比亚省和安大略省几乎各占了加拿大葡萄产量的一半，其他省份只占很小比例。

与此同时，葡萄酒行业实行了一项质量保证计划，即加拿大酒商质量联盟（Vintners'Quality Alliance）。该联盟旨在设立葡萄酒的质量标准并建立一个与其他国家类似的原产地命名系统。迄今为止，该项目仅在不列颠哥伦比亚省和安大略省实施，在这两个省可以确保葡萄酒完全由加拿大种植的葡萄酿制，已获葡萄酒品鉴组的批准。

加拿大成为葡萄酒大国的路程并非一帆风顺。该国以冰白葡萄酒而闻名，在零下 8 摄氏度或更低的温度下主要采用冰冻的葡萄酿造而成。但这样的低温有时会给不列颠哥伦比亚省和安大略省的葡萄园造成重大损失。

此外，加拿大还必须为自己的葡萄酒创建标识，因为之前的酒商以欧洲类似的葡萄酒进行命名引发过争论。20 世纪 50 年代，盖伊酒庄（Chateau-Gai）因展示一种加拿大"香槟"而招致法国的不满；"冰白葡萄酒"一词也引发了争论。这些争论在 2003 年得到解决，最后剩下一些酒款名称如"加拿大雪莉酒"也在 2013 年全部淘汰。

加拿大成熟的葡萄酒产业正吸引着国际社会的关注。法国的博塞特家族（Boisset family）和太阳集团（Groupe Taillan）与加拿大的威科尔（Vincor）集团成立了合资企业，其迅猛发展成功引起了星座集团（Constellation Brands）的关注，并于 2006 年收购了威科尔集团。

安德鲁·皮勒酒庄（Andrew Peller）原名是安德烈斯酒庄（Andrés），现如今是加拿大最大的酒庄。皮勒收购小型酒庄策略表明了加拿大葡萄酒行业发展的最新趋势：精品酒庄数量日益增长。在 20 世纪 90 年代末和 21 世纪中叶的经济繁荣时期，数百万美元用于投资小型房地产。这些地产的开发不仅用于发展葡萄酒业，也成为一种投资热潮。许多酿酒厂注定会定义加拿大新一代的酿酒业，同时也标志着葡萄酒业正在逐步站稳脚跟。

格林格兄弟酒庄（Gehringer Brothers Estate）位于不列颠哥伦比亚省奥卡纳根山谷（Okanagan Valley）。入秋以后，该酒庄的葡萄藤蔓上的叶子会先变黄，随后变成红色，景色美不胜收，如梦如幻。

加拿大西部产区

在过去的几十年里，不列颠哥伦比亚省的奥卡纳根山谷发展迅速，而酒庄在其中发挥了不小的作用。奥卡纳根（Okanagan）曾经是一个夏季游乐场，现在则是加拿大主要的葡萄种植区之一。受诸如安东尼·冯·曼德尔（Anthony von Mandl）在基洛纳附近的蒙大维酒庄（Robert Mondavi）等知名酒庄的影响，该地区获得了"北纳帕"的称号。但不列颠哥伦比亚省的葡萄酒不仅只出自奥卡纳根，与之毗邻且同样干旱的西密卡米恩谷、郁郁葱葱的弗雷泽河谷和温哥华岛，也都设有酿酒厂。然而，除了西密卡米恩谷，这些地区都需要来自奥卡纳根的葡萄来完成自己的酿酒任务。

献主会神父查尔斯·潘多西（Charles Pandosy）于 1859 年在基洛纳（Kelowna）成立了一个传教团，并以制造圣酒为目的种植了第一批葡萄。真正的商业酿酒直到 20 世纪 20 年代才开始，卡罗纳葡萄酒厂（Calona Wines）于 1932 年成立，是加拿大现存的最古老的酿酒厂。

不列颠哥伦比亚省的葡萄酒产业的蓬勃发展得益于其种植的杂交葡萄品种，这一优势一直延续到 20 世纪 70 年代中期。当时由德国盖森海姆大学（Germany's Geisenheim University）的赫尔穆特·贝克尔（Helmut Becker）博士在官方授意下所做的一项葡萄品种试验，同时也展现出了该地区拥有广泛种植葡萄的潜力。同一时期，沃尔特·海恩勒（Walter Hainle）于 1978 年酿制出了加拿大第一款商业冰葡萄酒（其实他于 1973 年起就开始自己酿制冰酒）。不列颠哥伦比亚省从 1980 年就开始向庄园酒厂发放许可证，如今该地区有 150 多家葡萄酒厂已获得许可。

2010 年，不列颠哥伦比亚省葡萄种植面积超过了 4000 公顷，这一面积对于一个气候极寒地区来说，实在是太过庞大了，更何况以国际标准衡量，葡萄产业当时占比微小。种植者们正在利用现种植的葡萄尽可能地扩大种植范围，不过气候变化也使一些种植者不得不冒险选择偏远地区，其中奥卡纳根和西米尔卡门山谷（Similkameen Valleys）仍是大多数种植者的最佳选择地点。

奥卡纳根湖不那么干旱的气候外加较之加利福尼亚州每天多一小时的采光条件——为奥卡纳根葡萄园提供了适中的生长条件，可以让葡萄在漫长的生长季中逐渐成熟。葡萄种植最早在 8 月底进入丰收季，采摘工作通常在 10 月底完美收官。

索诺兰沙漠（Sonoran Desert）的北端延伸到奥索尤斯（Osoyoos）的奥卡纳根，那里的气候与华盛顿州南部的一些地区没有什么不同。这个国家出产一些加拿大最好的红葡萄。黑鼠尾草路（Black Sage Road）横穿奥利弗（Oliver）和奥索尤斯两地，其河谷对面 97 号公路沿线的金色品酒地带（Golden Mile）酒庄云集，共同构成了该地区的主要产区。加拿大的第一款仙粉黛就是在这里生产的。许多生产商通过巴贝拉、马尔贝克和皮诺塔吉等葡萄品种酿制的葡萄酒也大放异彩。西密卡米恩谷气候也同样干旱，向东驾车 30 分钟即可到达。

麦金太尔崖（Mclntyre Bluff）的北部地区，即从奥卡纳根瀑布到基洛纳区域属于中奥卡纳根地区。该地区包括那拉玛塔丘地（Naramata Bench），有观点认为该丘地有可能会成为奥卡纳根山谷的头号子产区。该地区风景秀美，更得益于黏土峭壁和缓坡的排水功能，还有奥卡纳根湖的缓和作用，吸引了许多优质酿酒厂前来投资。由基洛纳北部葡萄园种植的葡萄能够酿造出清爽芳香的葡萄酒。

弗雷泽河谷（Fraser Valley）潮湿的沿海气候阻碍了葡萄的大批量生产。当地种植的主要是白葡萄品种，包括巴克斯（Bacchus）和玛德琳·西万尼（Madeleine Sylvaner）。

温哥华岛（Vancouver Island）因为没有山脉对当地气候造成影响，所以要干燥得多。这里的酒庄主要聚集在哥维根谷地区（哥维根这个名字来自当地的北美方言，意为"温暖的土地"）。这里的葡萄园种植多种葡萄品种，包括黑皮诺和奥特加。该地区的葡萄果实主要来自奥卡纳根。赛图纳岛（Saturna）、盐泉岛（Salt Spring）上的酒庄，以及其他岛上的葡萄栽培刚处于初期的酒庄亦是如此。

WINE ROUTE

蓝山酒庄

白皮诺葡萄酒是经由橡木桶陈酿的葡萄酒和未经橡木桶陈酿的葡萄酒混合调制而成，用于丰富口感。

灰僧酒庄

未经橡木桶陈酿的灰比诺口感新鲜且紧实。

羚羊岭酒庄（奥卡纳根山谷产区）

奥利维尔·康姆雷特（Olivier Combret）在 2006 年打造了一款风格不同以往的陈酿型葡萄酒，康姆雷特酒庄（Domaine Combret）借此摆脱了一贯的风格，拥有了更现代的形象。这些葡萄酒背后的酿造技术是相同的，但是法国酿酒师康姆雷特还在努力尝试打造各种不同旧世界的新风格酒款。其酒庄位于奥卡纳根南部，这个特殊地理位置吸引了很多酒商，其中最值得一提的是威科尔酒业（Vincor）前负责人唐纳德·特里格斯（Donald Triggs），他也来到可以俯瞰奥利弗的金色品酒地带进行投资。口感脆爽、未经橡木桶陈年发酵的霞多丽和口感丰富的均衡赤霞珠与品丽珠混酿干红葡萄酒都是值得细细品味的酒款。

埃弗里尔酒庄（温哥华岛产区）

埃弗里尔酒庄（Averill Creek）是内科医生安迪·约翰斯顿（Andy Johnston）毕生的梦想。2001 年，他在此种植了第一批葡萄。3 年后，酒庄的第一批葡萄出产。由约翰斯顿酿造的黑皮诺葡萄酒口感丰富，在几次大赛中均斩获奖项。于 2006 年问世的黑皮诺葡萄酒是他的经典作品。这款葡萄酒带有黑色水果的香气，与酒体本身深红宝石色调可谓是天作之合，经法国橡木桶陈酿后，还留有一丝丝烟熏味道。2007 年的葡萄酒款比前一年的甚至还有所突破。

黑岩山酒庄（奥卡纳根山谷产区）

黑岩山酒庄（Black Hills Estate）的镇庄之宝——诺塔贝娜红葡萄酒（Nota Bene）长期以来一直深受崇拜者的追捧。事实上，葡萄酒的评价似乎在吸引投资方面发挥了重要作用，投资者在 2007 年为葡萄酒厂投入了大量资金。黑岩山酒庄坐落在一座时尚的现代主义建筑中，酒庄环境与周围许多托斯卡纳风格或土坯风格的酒庄不同。黑岩山酒庄目前仍在奥卡纳根的黑鼠尾草路上酿造葡萄酒，这些葡萄酒款也炙手可热，好评如潮。除了诺塔贝娜红葡萄酒，黑岩山酒庄的霞多丽也富有浓郁风味，未来可期。

祈祷之屋酒庄（奥卡纳根山谷产区）

别具一格的名字有助于提高克里斯·坎贝尔（Chris Campbell）和伊芙琳·坎贝尔（Evelyn Campbell）的祈祷之屋酒庄（Blasted Church Vineyards）的知名度。坎贝尔夫妇在 2002 年接手了这家酒庄，当时这里被称为普里奇黑尔斯酒庄（Prpich Hills）。之前的酒庄主人是克罗地亚人丹·普里奇（Dan Prpich），酒庄当时的名字也是对加州著名的格吉弛黑尔斯酒庄（Grgich Hills Estate）的致敬。现在的名字是为了纪念 20 世纪 20 年代当地被拆除的一座教堂。梅洛干红葡萄酒是祈祷之屋酒庄的旗舰产品，该酒庄也酿制几种白葡萄酒，包括广受欢迎的祈祷之屋哈特菲尔德干白葡萄酒（Hatfield's Fuse），该葡萄酒由 5 种白葡调制而成，口感清新脆爽。

蓝山酒庄（奥卡纳根山谷产区）

伊恩·马维蒂（Ian Mavety）和简·马维蒂（Jane Mavety）将欧洲的酿酒工艺视为典范。1991 年，他们推出了第一款商业葡萄酒。出于对完美的追求和对细节的关注，蓝山酒庄（Blue Mountain）只有在相信当有足够的果实和足够的质量来赋予该系列葡萄酒应有的卓越品质时，才会推出一款珍藏级的葡萄酒。一些葡萄酒评论家认为，蓝山酒庄酿造出了不列颠哥伦比亚省最完美的白皮诺葡萄酒，这款葡萄酒层次丰富，而不是仅仅突出葡萄本身的味道。此外，蓝山酒庄的灰皮诺和黑皮诺葡萄酒也同样值得关注。

穴鸮酒庄（奥卡纳根山谷产区）

穴鸮酒庄（Burrowing Owl Estate）由创始人吉姆·怀斯（Jim Wyse）与凯乐纳酒庄（Calona Wines）的商业伙伴共同持有。这一合资企业的形式也吸引了业内两位资深人士与怀斯建立了合作关系，他们分别是葡萄种植者迪克·克里夫（Dick Cleave）和酿酒师霍华德·索恩（Howard Soon）。克里夫管理葡萄种植工作，而索恩则确立了该酒庄的风格，要向凯乐纳酒庄的姊妹酒庄——沙丘酒庄的风格看齐。与此同时，怀斯一心想推出穴鸮酒庄的特色，在黑鼠尾草丘地的一个标志性建筑中成功生产出口感浓郁的红葡萄酒。这些葡萄酒赢得了广泛的称赞，时常供不应求。此外，酒庄酿造的赤霞珠、西拉和带有波尔多风格的梅里蒂奇混酿葡萄酒皆享有盛誉。

雪松溪酒庄（奥卡纳根山谷产区）

作为著名的黑皮诺葡萄酒生产商，雪松溪酒庄（CedarCreek Estate）在 2000 年吸引了加州和华盛顿州的资深酿酒师汤姆·迪贝罗（Tom DiBello）的加盟。在 2010 年初离职之前，迪贝罗为雪松溪酒庄规划了发展路线，使其安然度过了火灾和经济衰退的双重危机。雪松溪酒庄一直秉持的理念是"种好葡萄酿好酒"。菲茨帕特里克（Fitzpatrick）家族［罗斯·菲茨帕特里克（Ross Fitzpatrick）是加拿大前参议员，他的儿子高顿（Gordon）在接管雪松溪酒庄之前经营着家族的采矿业务］凭借着其远见和专业的商业知识，使雪松溪酒庄曾两次在加拿大葡萄酒大奖赛（Canadian Wine Awards）中被评为加拿大年度最佳酒庄。

教会酒庄（温哥华岛产区）

直到最近，规模宏大的教会酒庄（Church and State Wines）才开始实现期盼已久的愿望。吉姆·普伦（Kim Pullen）于 2005 年收购了这家酒庄，并给该酒庄取了一个朴实无华的名字，这个名字似乎与该酒庄生产的许多顶级葡萄酒有些不相配。教会经典干红葡萄酒（Quintessential）是一款口味醇厚并带有波尔多风格的红葡萄酒，该酒凭 2006 年份的珍酿赢得了多项重要荣誉。教会酒庄于 2010 年在其葡萄产地奥卡纳根地区以同样的名字建立第二家酒庄。最初建立的酒庄将继续使用温哥华岛的葡萄酿造葡萄酒。

夏波顿酒庄（弗雷泽河谷产区）

位于温哥华东部的夏波顿酒庄（Domaine de Chaberton）不仅是一个理想的旅游景点，还是一个颇有成就的酒庄。该酒庄是第一家位于低陆平原区（Lower Mainland）的酒庄，凭借着酿酒师伊莱亚斯·菲尼提斯（Elias Phiniotis）博士的专业酿造技术大放异彩。酒庄 10 年陈酿的黑皮诺葡萄酒带有各种红色莓果的风味，口感醇厚。而巴克斯混酿白葡萄酒则是浅龄佐餐酒，口味清新。受葡萄孢菌感染的奥特加葡萄能酿制出甘美的甜葡萄酒。酒庄位于兰利的葡萄园占地 22 公顷，主要种植几种白葡品种，其红葡萄主要来自奥卡纳根地区。原酒庄主人克劳德·维奥莱特（Claude Violet）和英格·维奥莱特（Inge Violet）在2005年将夏波顿酒庄转手卖掉后，酒庄的新主人推出了"轻舟"（Canoe）新商标。

格林德兄弟酒庄（奥卡纳根山谷产区）

格林德兄弟酒庄（Gehringer Brothers Estate）的德式风格通过芳香馥郁的白葡萄酒展露无遗。该酒庄坐落于奥卡纳根山谷产区南部，其酿造出了各类优质葡萄酒而闻名遐迩。尽管近年来酒庄之间竞争日益激烈，但格林德兄弟酒庄凭借始终如一的高品质、诱人的品种以及精心酿制的混合葡萄酒一直位于不败之地。酒庄主人沃尔特·格林德（Walter Gehringer）和戈登·格林德（Gordon Gehringer）还曾将葡萄酒出口到美国，酒庄酿造出多款高品质白葡萄酒可供消费者选择，包括：菲尔斯干白葡萄酒（Ehrenfelser）、欧塞瓦皮诺干白葡萄酒（Pinot Auxerrois）、聪伯格（Schönburger）和琼瑶浆混酿葡萄酒等，近年来还酿制了黑皮诺、梅洛和赤霞珠干红葡萄酒。尽管如此，他们还是默默无闻地从事酿酒工作，做葡萄酒行业的无名英雄。

灰僧酒庄（奥卡纳根山谷产区）

乔治·海斯（George Heiss）和特鲁迪·海斯（Trudy Heiss）首先为他们的葡萄园命名，然后为他们的葡萄酒庄命名。北奥卡纳根地区凉爽的气候赋予了灰僧酒庄（Gray Monk Estate）的葡萄酒一种迷人的平衡感，使其成为搭配海鲜的理想之选。在品尝了酒庄自1982年以来各个年份出品的同名葡萄酒后，人们发现灰僧酒庄葡萄酒有着经久不衰的魅力。此外，不要忽视酒庄的其他产品，包括灰僧纬度50系列（Latitude 50 Tier）和优质奥德赛（Odyssey）系列葡萄酒。此外酒庄还酿制了罕见的带有浓郁香气的罗伯爵桃红葡萄酒（Rotberger rosé）及含有丰富矿物质气息、带有柑橘香味的脆白葡萄酒。

云岭酒庄（奥卡纳根山谷产区）

云岭酒庄（Inniskillin Okanagan）是不列颠哥伦比亚省奥卡纳根山谷产区的一家老牌酿酒商，由资深酿酒师桑德尔·梅尔（Sandor Mayer）掌舵。云岭酒庄是能够冲击奥卡纳根谷葡萄栽培极限的酒庄之一，从马尔贝克到仙粉黛等各种葡萄品种都有种植。除了在安大略省建有酒庄外，他们在不列颠哥伦比亚的奥卡纳根谷产区也建有同名酒庄，在这里酿造了核果味丰富的冰葡萄酒，该系列葡萄酒由雷司令葡萄酿制而成。此外酒庄的探索（Discovery）葡萄园还生产马尔贝克、玛珊和皮诺塔吉等葡萄品种。与阿根廷最受欢迎的产品相比，口感均衡、略显辛辣的马尔贝克葡萄酒虽价格贵一点，但口感上更为丝滑。酒庄的皮诺塔吉葡萄酒则很好地展现出了南奥卡纳根地区的风土。 ★新秀酒庄

笑柄酒庄（奥卡纳根山谷产区）

大卫·恩斯（David Enns）和辛西娅·恩斯（Cynthia Enns）将他们的那拉玛塔丘地（Naramata）葡萄园取名为笑柄酒庄（Laughing Stock Vineyards）是对他们之前的金融职业生涯的一种调侃。幸运的是，他们酿造的葡萄酒并没有成为"笑柄"。口感醇厚、架构平衡的红葡萄酒和口味清新的波尔多风格白葡萄酒是这家精品酒庄的镇庄之宝。自2003年（2006年发布）第一

批年份酒"投资组合"（Portfolio and Blind Trust）混酿推向市场起，恩斯就吸引了一大批追随者。他们基于创新型酒桶酿制项目［"恩斯和罗德2013项目"（Enns and Road 13），迈克尔·巴蒂尔（Michael Bartier）也参与该项目］，将目光投向了小规模生产。 ★新秀酒庄

鹿岛酒庄（弗雷泽河谷产区）

近年来，鹿岛酒庄（Lotusland Vineyards）一直在努力为自己的葡萄酒赋予地方特色。这一策略包括引进著名葡萄育种家瓦伦丁·布拉特纳（Valentin Blattner）培育的优质瑞士克隆葡萄。虽然贵族葡萄品种在温哥华东部气候温和弗雷泽河谷表现并不佳，但鹿岛酒庄的创立者兼酿酒师戴维·艾弗里（David Avery）仍在想方设法改变这种状况。梅洛是酒庄最受欢迎的葡萄酒之一，该酒是由奥卡纳根产区的葡萄酿造而成的有机葡萄酒。 ★新秀酒庄

传教山酒庄（奥卡纳根山谷产区）

安东尼·冯·曼德尔（Anthony von Mandl）的传教山酒庄（Mission Hill Family）坐落在奥卡纳根湖畔，这是冯·曼德尔从加州葡萄酒业先驱罗伯特·蒙大维（Robert Mondavi）那里汲取的灵感。引人注目的酒庄建筑与酒庄拥有多年丰富经验的首席酿酒师约翰·西姆斯（John Sims）酿造的一系列葡萄酒可谓是珠联璧合，相得益彰。西姆斯所酿造的1992年珍藏橡木桶精选霞多丽干白葡萄酒（Grand Reserve Barrel Select Chardonnay）在1994年伦敦举行的国际葡萄酒和烈酒大赛（International Wine & Spirit Competition）上，获得了艾弗里奖（Avery's Trophy）的最佳霞多丽葡萄酒大奖。酒庄的顶级葡萄酒——佩蓓图干白葡萄酒（Perpetua）是一款延续传统的霞多丽葡萄酒（时至今日，该酒的味道依然很好）。传教山酒庄的镇庄之宝是天孔红葡萄酒（Oculus）——一种由南奥卡纳根地区葡萄酿制成的波尔多风格的混酿葡萄酒，这款酒是根据酒庄里的一个特别的建筑而命名的。

奥罗菲诺酒庄（西密卡米恩谷产区）

萨斯喀彻温省（Saskatchewan）的约翰·韦伯（John Weber）和维吉尼亚·韦伯（Virginia Weber）于2005年来到西密卡米恩谷，在一座用稻草包建造的建筑里开了一家小酒厂。气候干燥的西密卡米恩谷以其水果和有机农场而闻名，这里的葡萄酒也越来越知名，其中白葡萄酒的表现尤为抢眼。奥罗菲诺酒庄（Orofino Vineyards）富含苹果和橡木香气的霞多丽和酸度平衡、口味丰富的雷司令葡萄酒可以说是物超所值。于2008年问世的混酿贝乐扎干红葡萄酒（Beleza）充分展示了西密卡米恩谷在葡萄酒业的潜力。此外，奥罗菲诺酒庄也正在努力推出梅洛和其他葡萄酒款。 ★新秀酒庄

金玫瑰部落酒庄（奥卡纳根山谷产区）

酿酒师帕斯卡尔·马德文（Pascal Madevon）对金玫瑰部落酒庄（Osoyoos Larose）第一年所生产（2001年）的葡萄酒品质十分满意，但当时的葡萄藤只有两岁的藤龄。如今，他认为随着葡萄藤的不断生长，每一年所酿造的葡萄酒都比前一个年份有所进步。酒庄由加拿大威科尔公司（Vincor Canada）和法国

苏马克里奇酒庄

苏马克里奇酒庄的奥卡纳根干红葡萄酒与
您心仪的食物都是绝配。

汀恩溪酒庄

其"2本奇"系列白葡萄酒充满柑橘香味，
适合与硬乳酪或贝类海鲜搭配饮用。

太阳集团（Groupe Taillan）合资经营，其镇庄之宝——金玫瑰部落（Le Grand Vin）是一款波尔多风格的葡萄酒，此酒有着樱桃和胡椒的香味，单宁丝滑，具有陈年潜力。尽管许多葡萄酒评论家认为它的价格有点过高，但这款酒还是有很多的追随者。酒庄还有一款价格较为亲民的兄弟酒款：阳光奥索尤斯混合红葡萄酒（Pétales d'osoyoos），这是酒庄的副牌酒，零售价约为正牌葡萄酒的一半。★新秀酒庄

杨树林酒庄（奥卡纳根山谷产区）

杨树林酒庄（Poplar Grove Winery）极力推荐波尔多风格的杨树林魔戒干红葡萄酒（The Legacy），该酒由4个红葡萄品种调制而成，是杨树林酒庄的镇庄之宝，具有10年的陈酿潜力。但对于那些想早些品尝葡萄酒的人来说，可以选择酒庄口感丰富的品丽珠干红葡萄酒，此酒单宁柔顺，带有胡椒的香气。2009年，酒庄还推出了一些价格亲民的混酿红葡萄酒与白葡萄酒。杨树林酒庄是那玛塔丘地的重要酒庄之一，其发展的曲线就像精致的手工奶酪的线条一样优美。2007年，托尼·霍勒（Tony Holler）和巴伯·霍勒（Barb Holler）加入了酒庄团队，并与创始人伊恩·萨瑟兰（Ian Sutherland）和吉塔·萨瑟兰（Gitta Sutherland）在南奥卡纳根（South Okanagan）共同建立了一座新酒庄，一起开发了45公顷的葡萄园用于种植葡萄。

魁尔斯堡酒庄（奥卡纳根山谷产区）

中等规模的魁尔斯堡酒庄（Quails'Gate Estate）具有一流的职业素养。1960年，斯图尔特家族用自家种植的葡萄生产了5万箱葡萄酒。酒庄在20世纪90年代开始蓬勃发展，当时斯图尔特夫妇没有选择杂交葡萄品种，而是专注于种植高品质的葡萄品种。2008年，一家规模宏大的新酒庄开业，标志着魁尔斯堡酒庄完成了其多年的扩张计划，也证明了酒庄发展已达到成熟。在美国总统奥巴马首次对加拿大进行国事访问时，魁尔斯堡酒庄于2007年出品的白皮诺葡萄酒是不列颠哥伦比亚省指定的唯一招待酒。此外酒庄还推出了十多款极其优质的晚收葡萄酒和波特风格的葡萄酒。

13路酒庄（奥卡纳根山谷产区）

2003年，米克·乐克赫斯（Mick Luckhurst）和潘·乐克赫斯（Pam Luckhurst）收购了13路酒庄（Road13 Winery），当时叫金域酒庄（Golden Mile Cellars）。这是乐克赫斯夫妇和酿酒师迈克尔·巴蒂尔（Michael Bartier）葡萄酒业旅程的开始，他们赢得了北美各地的赞誉，还获得不列颠哥伦比亚省副省长的认可。13路酒庄的产品包括普通的红白混酿葡萄酒、一款口感丰富的老藤白诗南干白葡萄酒（Old Vines Chenin Blanc，由拥有40年藤龄的葡萄藤，有些甚至是奥卡纳根谷年代最久远的葡萄藤结的果实酿制而成），以及波尔多风格的第五元素干红葡萄酒（5th Element blend）。酒庄启动了一个大规模的木桶酿酒计划，为巴蒂尔进一步提供了更多的专业知识，让他能够继续改进13路酒庄的生产工艺。目前酒庄只专注于生产混酿葡萄酒。

沙丘酒庄（奥卡纳根山谷产区）

安德鲁·皮勒（Andrew Peller）公司旗下的沙丘酒庄（San-

dhill Wines）开创性地用赤霞珠（Cabernet Sauvignon）和桑娇维塞（Sangiovese）酿制小批量和单一园葡萄酒，进而奠定了其在不列颠哥伦比亚省的葡萄酒行业的地位。沙丘酒庄的酿酒师霍华德·索恩善于酿造爽脆清新的白葡萄酒，特别是白皮诺、灰皮诺和长相思。但有耐心的酒客可能会收藏一些沙丘酒庄产于黑鼠尾草路的小批量系列葡萄酒。尤其引人注目的是三号系列葡萄酒，其颜色艳丽，口味丰富，由桑娇维塞和巴贝拉为主的4种葡萄酿造而成，一次生产300箱。

苏马克里奇酒庄（奥卡纳根山谷产区）

2000年，当苏马克里奇酒庄（Sumac Ridge Estate）的创始人哈利·麦克沃特斯（Harry McWatters）以高昂的价格将其庄园卖给威科尔酒业时，有两个关键因素促成了这笔交易。首先是麦克沃特斯的远见卓识，他开发了诸如斯泰乐干型系列葡萄酒（Stellar's Jay Brut），这是不列颠哥伦比亚省最著名的起泡酒。其次是他在南奥卡纳根开垦的葡萄园，这些葡萄园出产的优质红葡萄可用于酿造波尔多风格的混酿酒。年份越久，葡萄酒的品质也越好：2001年产的赤霞珠葡萄酒在2009年进行品鉴，仍保留了该品种成熟结构的特征，进而证明了葡萄的原始品质。酒庄为2010年温哥华冬奥会打造的霞多丽起泡酒带有苹果和蜂蜜的浓郁香气，将来也有望定期酿制并向消费者开放。

汀恩溪酒庄（奥卡纳根山谷产区）

汀恩溪酒庄（Tinhorn Creek Estate）是不列颠哥伦比亚省为数不多在省外营销的酒庄之一。桑德拉·奥德菲尔德（Sandra Oldfield）是酒庄的酿酒师，不过目前省内对该酒庄葡萄酒的需求日益增加。奥德菲尔德所酿造的梅洛（Merlot）和品丽珠（Cabernet Franc）价格亲民，又适于陈酿。这两款葡萄酒同时也是奥克弗南部金色品酒地带的南奥卡纳根红葡萄酒的代表。奥德菲尔德倾情打造的混酿"2本奇"（Two Bench）系列白葡萄酒口感脆爽，洋溢着各类葡萄的清香，每年都会为消费者带来全新体验。同时，汀恩溪酒庄还生产一种带有核果和蜂蜜味道的肯纳冰白葡萄酒（Kerner Icewine）。

范裘利·舒尔兹酒庄（温哥华岛产区）

范裘利·舒尔兹酒庄（Venturi-Schulze Vineyards）的其中一项业务就是采用奥特加和黑皮诺葡萄酿造传统葡萄酒，旗下产品与温哥华岛凉爽的海洋性气候十分契合。然而，对大多数葡萄酒爱好者来说，酒庄真正令人着迷的产品是果醋和独特的餐后甜酒——勃兰登堡3号（Brandenburg No.3）。品尝这两款佳酿都是难忘的经历。果醋味道强烈、芳香浓郁，葡萄酒则呈浓郁的琥珀色，有焦糖和蜂蜜的香味。范裘利·舒尔兹酒庄出品的自然干型起泡酒也非常引人注目，1994年，这款酒曾作为英国女王伊丽莎白二世的招待酒。酒庄葡萄全部来自温哥华岛葡萄园。

加拿大东部产区

文兰在古挪威语中意为北美海岸。11世纪格陵兰人在那里发现了葡萄，并建立了一个小殖民地在那里暂住，在今天看来，开发这个小殖民地是很有远见的。格陵兰人发现的野生葡萄有酿酒的潜力，这一发现启发了后来的欧洲移民，约翰·席勒（Johann Schiller）便是其中一位。1811年，席勒在多伦多附近种植野生葡萄，酿制葡萄酒，然后同左邻右舍一起享用，这段经历也最终奠定了他"加拿大葡萄酒行业之父"的地位。如今，加拿大的4个原始省份——安大略省、魁北克省、新斯科舍省和新不伦瑞克省控制着加拿大东部的葡萄酒业，其酒庄从五大湖沿岸一直延伸到大西洋沿岸（纽芬兰省不在其列）。

加拿大第一家商业酿酒厂于1866年在伊利湖的皮利岛（Pelee Island）成立。不过本地葡萄品种和杂交美洲葡萄到20世纪80年代才在加拿大东部的葡萄园中占主导地位。威代尔葡萄质量的优劣决定了安大略冰酒的口感，白阿卡迪（L'Acadie Blanc）和马雷夏尔福熙（Maréchal Foch）是魁北克省东部城镇和加拿大大西洋省份的重要的特色品种，而新斯科舍省的安纳波利斯（Annapolis）和加斯佩罗（Gaspereau）山谷都建有很多酿酒厂。

寒冷潮湿的气候和严酷的寒冬使加拿大东部的葡萄生产备受考验，那里复杂多变、凹凸不平的地理条件使得葡萄只能在条件适宜的地区种植。安大略的葡萄种植受益于伊利湖和安大略湖的气候调节作用，但在潮湿的夏季也饱受病害压力。杂交葡萄通常在8月中旬开始收获，欧亚葡萄则在9月和10月采摘。11月起气温开始下降，到1月初人们往往开始酿造冰酒。

魁北克省、新斯科舍省和新不伦瑞克省的种植户已经积累了丰富经验，选定了合适的葡萄品种和种植方法应对相对较短的生长季和温度可降至-30℃的严酷冬天。

冰川融化后在五大湖周围留下了富含矿物质的肥沃土壤，有利于种植霞多丽和佳美等传统勃艮第品种，黑皮诺在近几年也广泛种植。雷司令也广受好评，同时许多种植户也看到了品丽珠的优点，开始大力推广。2003年和2005年冬天极度寒冷，给农户造成了巨大损失，此后种植户重新大面积种植葡萄，因此有机会试验和选择最适于当地条件的新品种和克隆品种。

安大略土壤和局部气候条件的多样性造就了4个主要的产区——伊利湖北岸（Lake Erie North Shore）、尼亚加拉半岛（Niagara Peninsula）、皮利岛（Pelee Island）和爱德华王子郡（Prince Edward County）。经过广泛的技术考察，2005年尼亚加拉半岛产区确立了两大区域性产区和10个子产区，如今该产区的许多酒厂主攻单一园葡萄酒。

另一方面，当地从南美和其他地方大量进口葡萄酒来弥补本地产量的不足。该做法至今仍备受争议，许多酒商担心安大略葡萄酒厂主导的这种做法会损害整个行业的利益。"加国窖藏"（Cellared in Canada）这一常见的标识是用以表示加拿大生产的葡萄酒，但不一定就代表选用的所有葡萄也是加拿大出产的。这种标识注定会被淘汰，酿造这类葡萄酒的税收减免也注定会被取消。上述举措旨在鼓励人们采用加拿大生产的水果酿造葡萄酒。然而，在未来几年，一些酒庄仍将继续使用"加国窖藏"这一标识，进口葡萄酒的问题也将继续存在。

这一呼声反映出人们对安大略葡萄酒行业日益增长的自豪感，也表明该行业已经日益成熟。例如，云彩酒庄（Stratus Vineyards）背后的金主是多伦多的精明投资人；加拿大的许多明星都在尼亚加拉开办酒厂[包括冰球巨星韦恩·格雷茨基（Wayne Gretzky）和艺人丹·艾克罗伊德（Dan Aykroyd）]。

同样，新斯科舍省的葡萄酒行业直到20世纪80年代初才起步，但此后吸引了如布鲁斯·埃沃特（Bruce Ewert，曾就职于不列颠哥伦比亚省的苏马克里奇酒庄）这样的人才加盟，发展神速。有了安大略圣凯瑟琳的"冷凉气候葡萄与葡萄酒研究中心"（Cold Climate Oenology and Viticulture Institute）的支持，新斯科舍省的酒商有望获得亟需的专业知识，最大程度挖掘当地严酷环境的葡萄种植潜力。

主要葡萄种类

红葡萄

品丽珠

佳美

马雷夏尔福熙

梅洛

黑皮诺

白葡萄

霞多丽

白阿卡迪

奥特加

灰皮诺

雷司令

威代尔

年份

2009

凉爽的季节有利于葡萄酒的发酵，提升酸度，使冰酒的口感更加迷人。

2008

本年份春夏气候凉爽，酿造出多款优质的白葡萄酒。

2007

本年份高温干旱的天气造就了品质极佳的红葡萄酒。

2006

本年份葡萄生长季节气候条件稳定，不过潮湿的环境延缓了葡萄的成熟周期。

2005

本年份葡萄产量虽低，但葡萄酒品质极佳。

2004

本年份秋季温度偏高，有利于葡萄的稳步成熟，这一年产出的冰酒品质可观。

云岭酒庄

云岭酒庄所酿造的冰酒具有划时代意义，是世界上最好的甜酒之一。

查姆斯酒庄

橡木桶发酵的霞多丽白麝香混酿味道浓郁，带有黄油的香甜气息。

拉卡迪酒庄（盖斯佩瑞河谷产区）

拉卡迪酒庄（L'Acadie Vineyards）的酿酒师布鲁斯·埃沃特（Bruce Ewert）曾就职于不列颠哥伦比亚省苏马克里奇酒庄，现在他将自己的雄心抱负都施展在新斯科舍最近新建的一个葡萄酒庄——拉卡迪酒庄。拉卡迪酒庄坐落于盖斯佩瑞河谷（Gaspereau Valley），该酒庄全部使用自家种植且经过有机认证的葡萄酿酒，并希望其酒庄最终也能获得有机认证。埃沃特将他在加拿大西海岸地区（West Coast）工作时的经验运用到了起泡酒酿造中，他采用传统方法酿造起泡酒，并在 2008 年酿造出第一款起泡酒。拉卡迪酒庄还推出了一款名叫日食干红葡萄酒（Eclipse）的佳酿，该酒由马雷夏尔·福熙、里昂·米勒（Leon Millot）和卢奇·库尔曼（Luci Kuhlmann）采用葡萄酿制而成，带有丝丝浆果和巧克力的味道。★新秀酒庄

穴泉酒窖（尼亚加拉半岛产区）

近年来，穴泉酒窖（Cave Spring Cellars）凭借冰白葡萄酒夺得多项大奖，葡萄酒都是经过橡木桶精心陈酿，口味醇厚。穴泉酒窖的葡萄园位于比斯威利席，在种植了十多年的欧亚葡萄后，穴泉酒窖于 1986 年开业。旗舰葡萄酒包括霞多丽和雷司令，同时也生产黑皮诺、赤霞珠和佳美葡萄酒，酒庄葡萄酒风格独特，极具地方风土特色。雷司令口感丰富，香味含蓄，各种价位的酒款都十足精致。

查姆斯酒庄（尼亚加拉半岛产区）

盛产口感浓郁、矿物质气息丰富的佳酿是查姆斯酒庄（Château des Charmes）的突出特征，该酒庄完美继承了其创建者的勇敢无畏，极富创新精神。大胆尝试新鲜事物的理念，使得该酒庄能够在安大略脱颖而出。聪慧的酒庄酿酒师锐意创新，酿造出了佳美红葡萄酒（Gamay Droit）。查姆斯酒庄还首创推出了霞多丽白麝香白葡萄酒（Chardonnay Musqué）、雷司令，以及黑皮诺和波尔多混酿小马红葡萄酒（Equuleus），该酒是只在特定年份生产的限量款葡萄酒。

克洛森-蔡斯酒庄（爱德华王子县产区）

黛博拉·帕斯库（Deborah Paskus）因其酿造的霞多丽葡萄酒而名震四方，并于 2004 年创建了克洛森-蔡斯酒庄（Closson Chase Vineyards），酒庄计划每年生产几千箱葡萄酒即可。受惠于爱德华王子县凉爽的气候和土壤条件，该酒庄生产出了可与勃艮第产区（Burgundy）相媲美的葡萄酒。酒庄采用该地区石灰岩土壤所种植的霞多丽和黑皮诺葡萄酿造出了口味独特、富含矿物质气息的葡萄酒，而帕斯库的酿酒风格则将葡萄果粒的风韵发挥得淋漓尽致。此外，克洛森-蔡斯酒庄也采购尼亚加拉地区比斯威利席的葡萄生产葡萄酒。★新秀酒庄

溪边园酒庄（尼亚加拉半岛产区）

溪边园酒庄（Creekside Estate）是酒庄合伙人彼得·延森（Peter Jensen）和劳拉·麦凯恩-延森（Laura McCain-Jensen）的第二家酒庄，他们在葡萄酒行业打拼是从新斯科舍的安纳波利斯山谷（Annapolis Valley）的居住者葡萄园（Habitant Vineyards），也就是现在的布洛米顿酒庄（Blomidon Estate）起步的。酒庄广受欢迎的长相思葡萄酒（Sauvignon Blanc）常常带有些许热带水果的味道。酒庄还开创性地种植西拉，发酵时借助橡木桶的影响，口感更为柔顺协调，此外这款酒中加入了少许维欧尼葡萄进行酿制，与罗第河谷产区的罗第丘干红葡萄酒（Côte Rôtie）有点相似。溪边园酒庄的酿酒团队还为其他企业生产葡萄酒，包括韦恩格雷茨基酒庄（Wayne Gretzky Estate Winery）和不列颠哥伦比亚省冰酒生产商——天堂牧场酒业（Paradise Ranch Wines Corp）。

菲尔丁酒庄（尼亚加拉半岛产区）

这家位于比斯威利席的年轻酒庄凭借其赤霞珠和梅洛珍藏葡萄酒在早期斩获了多项奖项，该酒可以存放长达 10 年之久。这个数字对于寒冷气候地区意义重大。多年前，人们还认为仅仅六七年的储存时间就已是极限。酒庄目前的酿酒师里奇·罗伯茨（Richie Roberts）在早期成功创新混合酒的基础上再接再厉，酿造的红色概念干红葡萄酒（Red Conception）由 7 种红葡萄与少量霞多丽葡萄调制而成。此外，该酒庄酿造的维欧尼葡萄酒带有热带水果的香味，这一特色也吸引了一批追随者。★新秀酒庄

亨利佩勒姆家族酒庄（尼亚加拉半岛产区）

作为近年来引入子标签的众多加拿大生产商之一，亨利佩勒姆家族酒庄（Henry of Pelham Family Estate）拥有着辉煌的历史。该酒庄的创始人斯佩克（Speck）家族与佩勒姆镇（Pelham Township）之间的联系可以追溯到 1794 年。该酒庄葡萄酒也有着与酒庄本身相似的高贵气质，采用葡萄藤低处采摘的葡萄酿造，酒体醇厚，味道浓郁。酒庄的黑巴科红葡萄酒（Baco Noir）口感醇厚刚劲，广受好评，起泡酒则更是令人赞不绝口。与其他尼亚加拉半岛酒庄一样，亨利佩勒姆家族酒庄也因雷司令和霞多丽葡萄酒备受瞩目，这两种葡萄酒都属于珍藏品级，此外赤霞珠和梅洛混酿葡萄酒和黑皮诺葡萄酒也是该酒庄出产的珍藏级别酒款。

希勒布兰德酒庄（尼亚加拉半岛产区）

该酒庄既是旅游目的地，也是一家葡萄酒联合企业。这也证明了希勒布兰德酒庄（Hillebrand）在酿酒师让·洛朗·格鲁克斯（Jean Laurent Groux）接手了酒庄前酿酒师贝诺·胡钦（Benoît Huchin）的工作后，发展极为成功。胡钦负责监管酒厂一个最受欢迎的品牌——茨雷亚丝干红葡萄酒（Trius）的运营，而格鲁克斯在 2004 年加入云彩酒庄之前，一直致力于提高酒庄的葡萄酒质量——包括从最便宜的葡萄酒系列到带有热带水果芳香、价格昂贵的单一园霞多丽和雷司令葡萄酒。随着 2005 年尼亚加拉子产区的成立，这些小批量葡萄酒发展势头迅猛。在现任酿酒师达里尔·布鲁克（Darryl Brooker）的领导下，希勒布兰德酒庄的葡萄酒仍然是最能展现尼亚加拉风土的象征性标志。

云岭酒庄（尼亚加拉半岛产区）

唐纳德·齐拉尔多（Donald Ziraldo）和凯尔·凯泽（Karl Kaiser）在 1975 年建立了云岭酒庄（Inniskillin Niagara），该酒庄是自 1927 年禁酒令结束以来安大略省的第一家酒厂。云岭酒庄虽然不是安大略省第一家冰酒生产商（1983 年希勒布兰德酒庄获此称号），但在 1991 年法国波尔多的国际葡萄酒及烈酒展

南溪酒庄

诗艺葡萄酒系列的酒标上都有一首诗。

乔丹尼酒庄

乔丹尼酒庄的霞多丽葡萄酒的味道能让人充分感受到尼亚加拉滨湖地区的风土特色。

览会（Vinexpo Wine Trade Fair）上，其 1989 年出品的威代尔冰白葡萄酒（Vidal Icewine）斩获了该展会的最高奖项——荣誉大奖（Grand Prix d'honneur），对于酒庄来说这是一次里程碑式的大事件。1995 年，云岭酒庄加入了威尔科尔酒厂（Vincor），此后云岭酒庄稳步扩大其生产规模。在现任酿酒师布鲁斯·尼克尔森（Bruce Nicholson）的指导下，云岭酒庄正在生产一系列精选葡萄园白葡萄酒，包括于 2007 年获奖的云岭酿酒者系列双园雷司令干白葡萄酒（Winemaker's Series Two Vineyards Riesling）。

杰克逊–瑞格园酒庄（尼亚加拉半岛产区）

酿酒师马可·皮科利（Marco Piccoli）认为，为了更好地表达尼亚加拉半岛的风土，可以在榨取葡萄汁时冷浸渍。桶装陈酿葡萄酒是明智之选，主要用于酿造陈藏级别的优质葡萄酒。例如，酒庄于 2007 年推出的特别珍藏梅里蒂奇干红葡萄酒（Grand Reserve Meritage，一种白波尔多风格的混酿葡萄酒）就在旧桶中进行陈酿；此外，同样是在 2007 年推出的特级珍藏霞多丽白葡萄酒（Grand Reserve Chardonnay）在新的法国橡木桶中陈酿九个月，赋予了该酒一种微妙的馨香。葡萄酒的酒体颜色代表在桶内陈酿的时间。杰克逊–瑞格园酒庄（Jackson-Triggs Niagara）的冰酒产品通常含有橘子果酱的味道，但酒庄在 2007 年推出的珍藏品丽珠冰甜葡萄酒（Grand Reserve Cabernet Franc Icewine）还带有草莓和黑巧克力的味道，别具特色。此外，皮科利认为这款葡萄酒还带有一种维也纳的萨赫蛋糕的香味。

约斯特酒庄（玛拉嘎甚半岛产区）

约斯特葡萄园（Jost Vineyards）坐落于新斯科舍省的北岸，靠近诺森伯兰海峡（Northumberland Strait）的温暖水域。该酒庄的葡萄园及其位于安纳波利斯山谷和加斯佩罗山谷的葡萄园，为新斯科舍省的优质葡萄酒提供了原材料。该酒庄最初于 1983 年获得营业许可，并于 1986 年向公众开放。白阿卡迪葡萄是新斯科舍省的特色品种，具有长相思的柔和性，但经酿酒师汉斯·克里斯蒂安·约斯特（Hans Christian Jost）之手，摇身一变成了口味浓郁的醇厚佳酿。

约斯特还监管一系列特殊产品的生产，包括用各种水果和枫糖浆酿制的葡萄酒。

凯森曼酒庄（尼亚加拉半岛产区）

1984 年，安大略湖的沿岸位置吸引了斯图加特的赫伯特·凯森曼（Herbert Konzelmann），因为这里的气候条件与法国的阿尔萨斯（Alsace）不相上下。凯森曼酒庄（Konzelmann Estate）于 1986 年开业，目前生产了 30 多种葡萄酒。白皮诺葡萄酒有着浓郁的果香，而且受安大略湖周边土壤的独特矿物质的影响，赢得了国际上的广泛关注。但酒庄所产的冰酒才是斩获最多奖项的佳酿。酒庄采用威代尔葡萄酿造出了一款口感顺滑的冰酒，带有丝丝葡萄干和杏干的味道。同时该酒摒弃了很多同款酒所共有的甜腻感。

莱利酒庄（尼亚加拉半岛产区）

莱利酒庄（Lailey Vineyard）以其口感丰富的霞多丽而闻名，与此同时该酒庄也在打造一系列优质的红葡萄酒，包括黑皮诺、赤霞珠和品丽珠葡萄酒。1991 年，唐娜·莱利（Donna Lailey）被授予"葡萄女王"的称号，同时也是安大略省第一位获此殊荣的女性，她在葡萄栽培方面的造诣使得酿酒师德里克·巴内特（Derek Barnett）在酿酒方面受益良多。现如今，唐娜·莱利管理着一个葡萄园，该葡萄园是她的公公威廉·莱利（William Lailey）在 20 世纪 50 年代建立的，在那里种植着尼亚加拉半岛一些最古老的霞多丽葡萄。莱利酒庄成立于 1999 年，目前每年生产约 7000 箱葡萄酒，酒庄位于家族葡萄园附近的一座不起眼的现代化建筑内。

乔丹尼酒庄（尼亚加拉半岛产区）

乔丹尼酒庄（Le Clos Jordanne）是加拿大威科尔集团与法国生产商（波塞特家族）共同组建的两家合资企业之一。

乔丹尼酒庄拥有一个可以俯瞰安大略湖的苗圃园。尽管酒庄有着很高的期望，但由于寒冷的天气导致产量大幅下降，2003 年第一批葡萄酒产量很少。2004 年酒庄出产的葡萄收获颇丰，酿制葡萄酒在 2006 年推出，但量也不大。酒庄首任酿酒师托马斯·巴切尔德（Thomas Bachelder）及其继任者——前助理巴斯蒂安·雅基（Sébastien Jacquey）酿造出了很多可圈可点的葡萄酒，包括具有安大略风土特色的黑皮诺葡萄酒。该酒带有森林浆果芳香和湖滨石灰岩的气息；于 2005 年推出的黏土岩台地霞多丽干白葡萄酒（Claystone Terrace Chardonnay）矿物质气息浓郁，并带有橡木的香气。2009 年 6 月，在蒙特利尔举办的一场葡萄酒大赛中，这款干白葡萄酒击败了来自法国和加利福尼亚州的葡萄酒，赢得了最高荣誉。★新秀酒庄

曼雅特酒庄（尼亚加拉半岛产区）

作为汽泡冰酒的先驱，曼雅特酒庄（Magnotta Winery Corp）对外自称是"获奖酒庄"，因为它已经获得了大大小小超过 3000 项荣誉，超过了加拿大其他任何酒庄。该酒庄主要生产冰酒，除此之外还生产了 150 余款符合安大略省葡萄酒商质量联盟标准（Ontario's Vintners' Quality Alliance）的葡萄酒，包括阿玛罗尼风格依诺纯红葡萄酒（Amarone-style Enotrium），该酒是由梅洛、品丽珠和赤霞珠葡萄混合调制而成。曼雅特酒庄其中一个葡萄园位于尼亚加拉半岛（Niagara Peninsula），面积达 73 公顷。霞多丽和黑皮诺也是酒庄的特色酒款，极具本地风土人情。

马莱塔酒庄（尼亚加拉半岛产区）

在雷司令和霞多丽的汪洋大海之中，马莱塔酒庄（Maleta Estate）的红葡萄酒熠熠生辉。其龙头产品梅里蒂奇混酿葡萄酒（Meritage）采用赤霞珠、品丽珠和梅洛共同酿制而成。酒庄选用的葡萄生长在尼亚加拉断崖下的一个叫四英里溪（Four Mile Creek）的亚产区。葡萄园地形相对平坦，白天阳光充足，晚上逐渐降温，满足葡萄稳定生长的条件。马莱塔酒庄的起泡酒和冰酒也获得了认可。酒庄酿酒师亚瑟·哈德（Arthur Harder）和酒庄老板丹尼尔·潘安奇（Daniel pananchi）携手并肩，在创始人斯坦·马莱塔（Stan Maleta）早期的成功基础上再接再厉，使酒庄发展蒸蒸日上。

马利瓦尔酒庄（尼亚加拉半岛产区）

马利瓦尔酒庄（Malivoire Wine）虽一直秉持着环境友好的发展信念，但也没有阻碍酒庄的崛起。安·斯佩林（Ann Sperling）在担任马利瓦尔酒庄酿酒师期间，因其酿造的霞多丽、黑皮诺和老藤福熙干红葡萄酒（Old Vines Foch）品质突出，被评为安大略年度酿酒师。目前酒庄的酿酒师西拉·莫蒂亚尔（Shiraz Mottiar）依旧致力于酿造口味层次丰富的葡萄酒。酒庄酿酒工艺包括酒桶陈酿和发酵罐发酵。在某些情况下，经过发酵的霞多丽酒带有黄油烤梨的美妙口感，散发着香料的丝丝芳香气息。酒庄小批量生产的葡萄酒常年保持供不应求的状态；由于很多酒款具有陈年潜力，常被储存在地窖中。

玛丽尼森酒庄（尼亚加拉半岛产区）

德高望重的约翰·玛丽尼森（John Marynissen）于2009年去世，标志着安大略省葡萄酒业一个时代的结束。玛丽尼森酒庄（Marynissen Estates）的葡萄酒之路要从尼亚加拉葡萄种植的历史说起。1953年，玛丽尼森将赤霞珠引入尼亚加拉半岛，并采用该品种酿造出了醇厚佳酿，因此广受赞誉。2007年酒庄推出了一款索提斯园西拉干红葡萄酒（Solstice），该酒是由梅洛、西拉和赤霞珠葡萄混酿而成，带有一丝香料的辛辣口感和丝丝泥土的芬芳气息，曾于2009年供给威尔士亲王品用。该酒适合陈酿，在2018年达到最佳口感。

皮利泰里酒庄（尼亚加拉半岛产区）

加拿大最大的冰酒生产商皮利泰里酒庄（Pillitteri Estates Winery）成立于1993年，酿制冰酒所采用的葡萄品种包括安大略省传统的冰酒葡萄威代尔，近些年增加了长相思，然后就是2009年新引入的赛美蓉。酒庄所酿制的冰酒具有不同品种葡萄浓缩后的风味，并带有蜂蜜的香甜气息，引人瞩目。在皮利泰里酒庄辉煌的冰酒酿造史上，2004年和2009年格外突出。此外，皮利泰里酒庄还生产各种红白佐餐葡萄酒，例如品丽珠干红葡萄酒。

南溪酒庄（尼亚加拉半岛产区）

对果酒持怀疑态度的人可能会对南溪酒庄（Southbrook Vineyards）不屑一顾，该公司最初是用多伦多北部农场卖不掉的果实进行酿酒，并获得了奖项。2009年，随着酒庄迁往尼亚加拉半岛，南溪酒庄重新开始了对葡萄酒庄排名的角逐。2005年，马利瓦尔葡萄酒公司（Malivoire Wine Co.）的酿酒师安·斯佩林（Ann Sperling）加盟南溪酒庄，并于1年后被提名为安大略年度酿酒师。斯佩林最近推出了诗艺干红葡萄酒（Poetica），该酒展示1998年以后年份的珍藏级别葡萄酒的风姿。南溪酒庄的老板比尔·雷德梅尔（Bill Redelmeier）认为，该葡萄酒充分展示了"尼亚加拉地区生产陈年佳酿的能力"。★新秀酒庄

云彩酒庄（尼亚加拉半岛产区）

云彩酒庄（Stratus Vineyards）凭借着现代风格的葡萄酒厂及推出的多款优质葡萄酒，成为2004年尼亚加拉半岛最炙手可热的新葡萄酒庄之一。云彩酒庄从希勒布兰德酒庄（Hillebrand Estates）挖走了酿酒师让·洛朗之后，专注于酿造优质混酿葡萄酒。单一品种酿造的葡萄酒的价格通常低于其龙头产品云彩酒庄红白混酿葡萄酒的价格，这些葡萄酒简单的名称掩盖了复杂的酿造工艺，正如现代风格葡萄酒厂的外部结构掩盖了内部精密的酿酒设备一样。虽然我们也可以看到同样具有当代气息，而且规模更大的杰克逊-瑞格园酒庄，但作为一家追求优雅品质而不是关注度的小型酒庄，云彩酒庄已饱受赞誉。★新秀酒庄

陶思酒庄（尼亚加拉半岛产区）

尽管酒庄主人马里·陶思（Moray Tawse）的灵感来自旧世界（Old World），陶思酒庄（Tawse Winery）出产的雷司令仍有一种新世界独特的香甜气息。酿酒师黛博拉·帕斯库于2004年创立了克洛森-蔡斯酒庄，这也为后来陶思酒庄的建立做好了铺垫。法国酿酒师帕斯卡·马尔尚（Pascal Marchand）负责创立了乔丹尼酒庄（Le Clos Jordanne），该酒庄是威科尔集团与波塞特酒庄另一家合资企业。陶思酒庄自2005年开业以来已经赢得了诸多奖项，包括安大略年度酒庄奖。除了雷司令，该酒庄还生产品丽珠和黑皮诺。

十三街酒庄（尼亚加拉半岛产区）

过度种植后，佳美葡萄可以酿造出一种带有矿物质气息但口感并不复杂的清淡葡萄酒。然而，十三街酒庄（Thirteenth Street Winery）酿造的葡萄酒口味更为浓郁，饱含红果的芳香和一丝泥土的气息，因此该酒庄也被称为加拿大佳美葡萄酒最佳酿酒商。十三街酒庄凭借其起泡酒多次斩获奖项，生产3600～4800瓶已然是其产量的天花板，该酒庄生产的大部分葡萄酒都不到200箱，因此经常供不应求。

三十席酒庄（尼亚加拉半岛产区）

三十席酒庄（Thirty Bench Winery）创建于1993年。2005年，安德鲁·佩勒（Andrew Peller）购得该酒庄。该酒庄位于比斯威利席产区，酒庄专注于酿造小批量葡萄酒，这也是其母公司与不列颠哥伦比亚省沙丘酒庄（Sandhill Winery）合作的重点。三十席酒庄的雷司令葡萄酒是酒庄的镇庄之宝，此外还包括一些红葡萄酒款，这些葡萄酒都带有矿物质气息，充分展现了产区的风土特色。单一园雷司令干白葡萄酒口感柔和，证明了雷司令干白葡萄酒同样会随着年份增加，给人们带来别样的惊喜。

威兰德酒庄（尼亚加拉半岛产区）

艾伦·施密特（Allan Schmidt）和布赖恩·施密特（Brian Schmidt）与加拿大的葡萄酒业务有着千丝万缕的联系。这个家族至少三代人都从事葡萄种植，老施密特现在是一名葡萄栽培顾问，他的过往经验包括建立了苏马克里奇酒庄。施密特两兄弟凭借其位于尼亚加拉断崖上的葡萄园名声大噪，因为那里的土壤使得酿造出的雷司令葡萄酒饱含泥土的芳香，而且还散发着苹果、梨和林地草莓的香味。威兰德酒庄酿造的品丽珠葡萄酒果香馥郁，在气候凉爽的尼亚加拉地区窖藏后酒体均衡，口感清新爽口。

唐纳德·齐拉尔多

如果不是因为云岭酒庄的创始人唐纳德·齐拉尔多和凯尔·凯泽（Karl Kaiser）这两位的影响力，齐拉尔多冰酒（Ziraldo Icewine）在2009年11月首次亮相时可能不会引起太多注意力。在他们的努力下，冰酒成为安大略省葡萄酒出口的领先产品。新推出的酒款反映了酒庄在葡萄酒业过去30年的进步，以及齐拉尔多职业生涯中追求卓越的创新精神和伟大的奉献精神。

作为安大略省葡萄酒商质量联盟的创始人兼主席，齐拉尔多认为意大利对当地产品的自豪感是加拿大应该学习的。拿冰酒举例来说，人们很容易把它与一个白雪皑皑的国家联系起来。

齐拉尔多说："我们之所以能够继承古老的德国传统——将冰酒作为假日饮料，并创造出加拿大特有标志，主要是因为我们幸运地拥有寒冬。"冰酒很快成为加拿大的标志性产品，同时也是加拿大的一张高端名片。

墨西哥产区

除了阳光、冲浪和沙滩，对墨西哥来说其他的一切都不是轻而易举就能获得的，葡萄酒亦不例外。自 16 世纪以来，这片饱经风霜的土地上就种植了许多葡萄品种用于酿酒。尽管墨西哥拥有美洲最古老的酒庄，但墨西哥的葡萄酒历史却一波三折。因此，这个国家的葡萄酒文化仍然处于落后且分散的状态，并且还在艰难地获得消费者的认可。但现在这一切都在悄然改变。葡萄种植者正远离该国炎热潮湿的热带，迁往新的地区。酿酒师们也认识到，比起霞多丽和黑皮诺等适合在凉爽气候下种植的品种，丹魄、歌海娜和其他在温暖气候下种植的品种将更能使他们立身扬名。

年份

2009

这一年冬季温暖干燥、夏季气候温和，酿造出的葡萄酒略显涩口。

2008

白葡萄酒余味悠长，歌海娜和内比奥罗葡萄酒口感清新，结构平衡。

2007

这一年歌海娜葡萄酒果香馥郁，口感成熟，但白葡萄酒常常因过熟而对口感造成影响。

2006

这一年出产优质的赤霞珠，以及酒力强劲、余味悠久的歌海娜葡萄酒。

2005

这一年酿制出了口感精美的赤霞珠、霞多丽和梅洛。

2004

这一年出产了口感丰富的梅洛、富有层次感的干红葡萄酒，以及酒力强劲的内比奥罗葡萄酒。

尽管萨卡特卡斯州（Zacatecas）和帕拉斯谷（Valle de Parras）等前景较好的内陆地区正在开发建设葡萄园，但墨西哥的葡萄酒贸易主要集中在该国西海岸炎热的巴哈半岛（Baja Peninsula）北部的瓜达卢佩谷及其周边地区。

大多数历史学家认为墨西哥酿酒记录可以追溯到 1697 年，那时的耶稣会修士在墨西哥半岛东侧的洛雷托（Loreto）建立了一个传教会，开始酿酒工作。但实际上直到 1905 年，作为墨西哥核心产区的瓜达卢佩河谷才开始崛起，当时有大量俄罗斯莫洛肯人（Molokans）移民到墨西哥。

尽管大多数莫洛肯人随后移出瓜达卢佩河谷，但他们遗留了很多葡萄园、酿酒地窖，以及他们在酿制葡萄酒方面所吸取的经验教训，这些都为该地区的葡萄酒业复兴奠定了基础。

瓜达卢佩谷葡萄酒贸易的发展和产品种类的扩充，更多地依靠头脑直觉，而不是固定计划。因此，没有人知道这个山谷中有多少区域种植了葡萄，据可靠估计，种植面积从 8500 公顷到 17000 公顷不等，大部分种植面积在 12000 公顷左右。至于这里有多少家酒庄，也没有一个准确的数字——估计在 30 家至 50 家。

然而，普遍认同的是瓜达卢佩河谷和两个邻近产区生产的葡萄酒占墨西哥葡萄酒总量的 80% 到 90%，目前每年产量略高于 100 万升。

瓜达卢佩河谷长约 7 千米，宽约 3 千米，地势起伏平缓，四周环绕着陡峭的山坡。位于瓜达卢佩河谷的葡萄园得益于沿海的地理位置，来自太平洋的微风可以给葡萄园降温。在早期，葡萄主要用于酿制白兰地，只是在过去的 50 年里，才更多地转向高档佐餐酒的酿造。因此，葡萄种植者仍在进行大量试验，寻找葡萄品种和地理位置之间的最佳匹配。莫洛肯人早年成功种植了歌海娜，该葡萄一直被视为该地区最具前途的品种之一。该地区还种有丹魄、小西拉和西拉，一些葡萄酒生产商成功地酿制出了优质赤霞珠、霞多丽和维欧尼葡萄酒，而且这些酒款各有千秋。

虽然瓜达卢佩河谷产区里也有一些酒庄，但大多数酒庄每年的产量不超过几千箱，有的只有几百箱。尽管酒庄产品需要被推荐或要求预订，而且品酒成本可能很高，但大多数酒庄还是会热情地欢迎游客的到来。

另外还有两点值得注意：首先，这里几乎没有受过正规训练且经验丰富的酿酒师，葡萄酒的口感或许会比较粗糙，但精酿葡萄酒的比例正在提升。其次，通往几家酒庄的道路十分崎岖，最好是由耐心的司机驾驶四轮驱动的越野车到达。

气候干旱和山谷水的分流，对瓜达卢佩河谷产区的发展是一种威胁。但如果这些问题能够得到解决，墨西哥的葡萄酒可能会像啤酒、龙舌兰酒（Tequila）和梅斯卡尔（Mezcal）酒一样闻名于世。

奥多比瓜达卢佩酒庄（瓜达卢佩山谷产区）

当别人还在探求什么水土最适合什么葡萄品种时，瓜达卢佩山谷的大多数酒庄则专注于开发个别品种的葡萄酒。此外，信心十足的奥多比瓜达卢佩酒庄（Adobe Guadalupe）直接研究混酿酒的复杂层次。该酒庄所产的 5 种混酿酒以天使的名字命名，这反映了唐纳德·米勒（Donale Miller）和特鲁·米勒（Tru Miller）在多年前创立酒庄时虔诚的精神。米格尔（Miguel）是一款歌海娜与赤霞珠混酿、风格深沉的丹魄葡萄酒，而卡鲁比尔（Kerubiel）则是由罗讷河谷的 6 种葡萄精心混酿而成。奥多比瓜达卢佩酒庄精心酿制的瓦哈卡龙舌兰（Oaxacan Mezcal）也值得一尝，该酒还有个颇为贴切的名字——路西法（Lucifer）。★新秀酒庄

卡萨·马德罗酒庄（帕拉斯山谷产区）

卡萨·马德罗酒庄（Casa Madero）的历史可以追溯到 1597 年，当时在科阿韦拉州的帕拉斯山谷地区，政府拨赠给马德罗一个带有葡萄园的庄园。因此，尽管那时并没有持续进行商业化生产，卡萨·马德罗酒庄仍可以自称是美洲最古老的酒庄。帕拉斯山谷产区的高海拔和肥沃土壤有助于酿出口感香甜、层次丰富的葡萄酒，酒庄的酒款主要由赤霞珠、霞多丽和西拉酿成，以卡萨·马德罗（Casa Madero）和卡萨·格兰德（Casa Grande）酒标出售。卡萨·马德罗酒庄的其他酒款并不是非常出众，售价较低，非常畅销。

石屋酒庄（瓜达卢佩山谷产区）

1997 年，曾在法国、意大利和加利福尼亚州接受过培训的酿酒师雨果·德阿科斯塔（Hugo D'Acosta）跟他的建筑师兄弟亚历杭德罗·德阿科斯塔（Alejandro D'Acosta）联手，在瓜达卢佩谷建立了石屋酒庄（Casa de Piedra）。在随后的数年里，两兄弟成了瓜达卢佩谷的葡萄酒教父，参与了大量葡萄酒研究。除了石屋酒庄外，兄弟俩还为其他几位酿酒师提供咨询帮助，同时创办了一所酿酒学校。两兄弟还创建了第二家酒庄——帕雷罗酒庄（Paralelo）。该酒庄四周是土坯浇筑的高墙，墙上还夹杂着一些庄园里的旧拖拉机轮胎。石屋酒庄未使用橡木桶陈酿的霞多丽口感芳醇，带有柑橘口味，是雨果·德阿科斯塔完美酿酒技艺的最佳代表。此外，帕雷罗酒庄新产的波尔多风格的混酿酒也值得关注。

蒙特·扎尼克酒庄（瓜达卢佩山谷产区）

蒙特·扎尼克（Monte Xanic）这个名字源于西班牙语和科拉印第安语的融合，大致译为"第一场雨后鲜花盛开的山"。但是其酿酒理念的灵感却完全传承于法国。自 1987 年酒庄成立以来，酿酒师汉斯·巴克霍夫（Hans Backhoff）和他的 4 名合作伙伴用精品年份酒不断证明，风格优雅的赤霞珠和梅洛是可以在沙漠中酿制的，而且其价格与进口葡萄酒相比也极具竞争力。蒙特·扎尼克酒庄出产的赤霞珠和梅洛酒体醇厚，丰沛厚重；而霞多丽深邃的口感也使人眼前一亮；该酒庄系列产品中的其他葡萄酒品质尚可，但相比之下有些平淡无奇。

马拉贡酒庄

马拉贡酒庄的野马混酿红葡萄酒（Equua）是由歌海娜和小西拉混合酿制，在新橡木桶中陈酿 7 个月之久。

卡萨·马德罗酒庄

卡萨·马德罗酒庄的霞多丽葡萄酒经橡木桶陈酿，充满了热带水果的芳香气息。

马拉贡酒庄（瓜达卢佩山谷产区）

马拉贡酒庄（Viñedos Malagon）是一个现代化的庄园，园内建有小酒馆、教堂和酿酒厂，在瓜达卢佩山谷中占据了一大片历史悠久的土地。一个多世纪以来，该地区用歌海娜不断酿出质量上乘的葡萄酒，在马拉贡酒庄所产的顺滑而辛辣的科塞卡（Equua Cosecha）和带有泥土芬芳、口感清新的马拉贡家族珍藏葡萄酒（Malagon Family Reserva）中发挥了自己的潜力，在该酒庄的混酿葡萄酒中尽显风采。★新秀酒庄

维尼斯特拉酒庄（瓜达卢佩山谷产区）

吉耶尔莫·罗德里格斯（Guillermo Rodriguez）于 2000 年在瓜达卢佩山谷产区的圣安东尼奥-德拉斯-米纳斯建立了维尼斯特拉酒庄（Vinisterra），主要生产梅洛葡萄酒。然而，在随后的几年里，维尼斯特拉酒庄另辟蹊径，摇身变成瓜达卢佩山谷产区最有前途的丹魄酒生产商。在维尼斯特拉酒庄生产的系列葡萄酒中，排在首位的是贴着马库泽特（Macouzet）酒标装瓶的味道浓郁、口感柔和的丹魄葡萄酒。旗下的西拉和慕合怀特混酿也醇厚浓郁，架构平衡，非常值得一尝。维尼斯特拉酒庄坐拥一幢漂亮的红砖房，两侧是葡萄园，里面放养着肥壮的鸡群。至于酒庄原本种植的梅洛，嫁接到更有潜力的品种上可能会更有潜力。★新秀酒庄

塞托酒庄（瓜达卢佩山谷产区）

塞托酒庄（Vinos LA Cetto）是墨西哥规模最大、最先进的葡萄酒厂，每年生产约 90 万箱葡萄酒。塞托酒庄作为市场的领军企业，一方面肩负着厚望，同时也面临着一个问题，那就是这个规模如此之大的酒庄其产品能否拥有卓越品质。考虑到酒庄成立不久（1974 年成立）及其颇具挑战性的位置（位于北下加利福尼亚州），产品品质问题成为酒庄的一个挑战。然而，得益于酿酒师卡米洛·马戈尼（Camillo Magoni）的耐心勤奋和冒险精神，塞托酒庄出产的红葡萄酒品质优异，尤其是赤霞珠、小西拉、仙粉黛，就连极难酿制的内比奥罗（Nebbiolo）也不失为佳品。此外，除了口感清新、柔顺的维欧尼外，其他的白葡萄酒口感缺乏层次感，余味清淡短促。

尽管很少有人认识到这一点，但南美洲是欧洲以外产量最高的葡萄酒生产地。欧洲的葡萄品种引进到墨西哥不久后就开始在南美洲种植了（约 16 世纪 30 年代早期），远远早于南非和大洋洲。在南美洲崎岖不平的土地上种植葡萄最初是出于宗教原因，但同时也是为了满足基本的生存和娱乐需求。从更深的层面来说，这也是一种捍卫长期持有土地所有权的方式。如今，这片丰富多彩的大陆正以越来越自信的方式展示其文化底蕴，葡萄酒就是最生动的一种展现形式。

　　阿根廷是世界第五大葡萄酒生产国，这里有热情洋溢的酿酒师，盛产魅力四射的葡萄酒。从传统意义上讲，葡萄酒生产主要是满足国内市场的大量需求。而现如今，阿根廷对葡萄酒出口愈发关注，葡萄酒质量也大幅度提升，其巨大的潜力也渐渐开始展露出来。

　　智利地形狭长，虽面积不大但地域变化极大，同时还拥有以市场为导向的高效劳动力。从全球范围看，该国酿制的日常餐酒性价比是最高的，还出产一些大胆奔放、醇厚浓郁、高贵典雅的酒款，极具本地的风土特色。

　　巴西是美洲大陆上一个正在崛起的国家，该国人口众多，人民生活水平日益提高，同时对于葡萄酒品味的要求也越来越高，生产优质葡萄酒的野心也越来越大。圣卡塔琳娜和南圣弗朗西斯科等地区历来盛产静止葡萄酒，现在已然成为酿造高品质静止葡萄酒的重要产地。

　　在南美洲的其他地方，还有一个重要的葡萄酒生产国和消费国——乌拉圭。这里有很多家族葡萄酒企业，生产的葡萄酒口感清新，极具特色。秘鲁、委内瑞拉和厄瓜多尔也都生产葡萄酒，酿制的酒款中不乏一些口味怡人的佳酿。在这片错综复杂的大陆上，所有这些迹象无不表明南美洲种植优质葡萄的巨大潜力和价值。

南美洲产区

智利产区

　　智利是一个非常特别的国家。该国地形狭长，紧靠南美洲的西南海岸线，南北长4300千米，而国土东西之间的宽度平均只有180千米。智利北端是被太阳暴晒的干旱沙漠；向南入海，进入冰冷的南极水域。智利东为高耸的安第斯山脉，西临冰冷辽阔的太平洋。在这自然的喧嚣声中，人们可以发现一个引人注目的、多元化的国家。智利的葡萄酒行业正经历着一场轰轰烈烈并振奋人心的变革。在葡萄酒界，智利生产的葡萄酒曾一度被认为产品质量可靠，但缺乏活力，而现在这里酿造的葡萄酒正迅速成为全世界最炙手可热的酒款。当然，未来也将会出品更优的佳酿。

主要葡萄品种

🍇 红葡萄

赤霞珠

佳美娜

马尔贝克

梅洛

黑皮诺

西拉

🍇 白葡萄

霞多丽

琼瑶浆

雷司令

长相思

维欧尼

年份

2009

该年变数较大，但总体不错：天气虽炎热干燥，但是一个高产的年份。

2008

合格级：该年份夏季炎热；各酒款虽没有2007年推出的葡萄酒那么浓烈，但均不失为佳酿。

2007

该年是非常出色的一年，尤其是红葡萄酒，结构极为平衡。

2006

合格级：口感清新，白葡萄酒品质突出。

2005

优质级：经过漫长的成熟时期，酿制出了口感丰富的葡萄酒，尤其是红葡萄酒，可谓绝品佳酿。

2004

合格级：该年是品质不均的一年，最大特点是葡萄成熟度高，口感浓郁。

　　智利多样化的地形决定了其葡萄种植的光明前景。过去，大多数葡萄酒都在地形平坦、土壤肥沃、水分充足的中央山谷（Central Valley）的中心地带生产，结果都平淡无奇。不过，在过去的几十年里，雄心勃勃的酿酒商从各个方面都降低了该国葡萄酒的限制，寻找具有挑战性的地形环境，生产越来越个性化、越来越有价值的葡萄酒。这一进程仍在继续，而且已经证明了其价值；这一趋势也让全世界葡萄酒爱好者对智利的葡萄酒生产有了新的认识，包括适于日常饮用的葡萄酒及各种优质美酒。

　　圣安东尼奥、比奥比奥谷、艾尔基谷、利马里谷、马利高山谷（Malleco）和卡萨布兰卡谷以前都是鲜为人知的葡萄酒地区，近年来已经成为智利优质葡萄酒的代名词，未来也肯定会有更多产区被世人发掘。这些产区的共同点是都具有前瞻性思维、注重品质、地质环境多为贫瘠的土壤、气候比中央山谷更为凉爽。而且这些产区都位于山坡上，光照时间不同，这些都让葡萄酒具有更为丰富的口感层次。

　　这一行动并不局限于所谓的新地区，像迈坡谷、阿空加瓜、科尔查瓜和莫莱谷这样的传统产区也正在重新调整战略。这很大程度归功于对土壤、根系、植物、天气和水果进行的细致研究，而这些都对葡萄酒的质量和品类产生了显著影响。

　　然而，商业上的成功才是智利葡萄酒产业得以发展的基础。在经过了一段时间的军事独裁后，智利于1990年重新回归民主政体。这一年，智利葡萄种植

总面积65000公顷，生产出了3.5亿升的葡萄酒，其中12%用于出口。2007年，智利葡萄种植面积超过11.75万公顷；到了2008年，葡萄酒出口占比已达到了68%；到2009年，智利的葡萄酒产量已超过10亿升。有迹象表明，这些数据将持续增长。

　　16世纪中叶，自西班牙统治者和传教士种植了第一批葡萄以来，智利的葡萄酒产业已经取得了长足的发展。那个时期的历史遗产仍可以在智利一些传统地区找到，其中，派斯（País，主要用于宗教目的）葡萄被酿制成吉开酒（chicha，一种自制的发酵饮料）。

　　现如今智利主要种植的品种是赤霞珠，种植面积占总种植面积的三分之一以上。佳美娜是波尔多一种已经失传的葡萄品种，但佳美娜却给所谓的智利"梅洛"葡萄酒带来了独特的辛辣口感。如今，佳美娜葡萄已经得到了越来越多的称赞。霞多丽是利马里谷和莱达谷等产区的明星葡萄。西拉、长相思和黑皮诺是智利最令人瞩目的葡萄品种，其生产的葡萄酒风格优雅、层次丰富且日渐多样化。由智利南部产区的老藤佳丽酿和马尔贝克所酿造的葡萄酒正在逐步复兴，此外，雷司令、小维多和琼瑶浆等葡萄酒也开始焕发光彩。

　　产区命名改革、新兴的精品酒庄运动、活机耕作的天然有机农业生产方式、逐年增长的葡萄藤龄、不断加强的环境意识、新一代有才华的酿酒师……以上种种因素都为智利的葡萄酒产业指明了一个光明的未来。无论最终结果如何，这都是一段精彩的旅程。

活灵魂酒庄（迈坡谷产区）

活灵魂酒庄（Almaviva）可以说是智利最引人注目的合资企业，1996 年由干露酒庄（Concha y Toro）与波尔多产区罗斯柴尔德（Rothschilds）家族的级园木桐酒庄（Mouton）合作建立。该酒庄依上普恩特（Puente Alto）产区干露酒庄的黄金地段而建，产区土质为砾质土壤。活灵魂酒庄首推 1996 年份酒，自那以后，酒庄周边发生了许多变化，包括酿酒师、管理结构（酿酒厂现在实际上是独立的）等，还新建了新的地下灌溉系统。值得高兴的是，葡萄酒本身基本上没有受到影响，仍是一款精致柔和、酒体致密、香料味浓的赤霞珠、品丽珠和佳美娜混酿而成的精致优雅的陈年佳酿，毫无疑问是该国最好（也是最昂贵）的红葡萄酒之一。

阿勒塔尔酒庄（卡恰布谷产区）

2001 年，波尔多达索酒庄（Château Dassault）和圣派德罗酒庄（San Pedro）合资建立了阿勒塔尔酒庄（Altaïr Vineyards and Winery），并在托蒂湖（Totihue）附近的卡恰布谷山脚下开垦了一个 72 公顷的葡萄园。从 2007 年开始，圣派德罗酒庄独揽大权。该酒庄的海拔高度位于 600～800 米，主要种植赤霞珠，酿造出了陈年价值高、风味极佳的葡萄酒。才华横溢的酿酒师安娜·玛丽亚·坎西尔（Ana María Cumsille）认为西拉前景光明，但同时也强调了赤霞珠对酿造恒星葡萄酒（Sideral）和顶级阿勒塔尔葡萄酒的重要性。2002 年那款苦涩的初酿葡萄酒不值得品尝，但 2003 年精致的恒星葡萄酒和 2005 年独特的、层次分明的阿勒塔尔葡萄酒不容错过。★新秀酒庄

蓝色幻想酒庄（圣安东尼奥产区）

家境优渥的加尔斯·席尔瓦（Garcés Silva）家族最初在圣安东尼奥莱达沿海地区收购了 700 公顷的地产，用于饲养牲畜（这是该家族诸多产业中的一项业务）。但是该酒庄 1999 年才开始种植葡萄，2003 年推出了第一款商业葡萄酒，并获得了好评。这主要是由于其酿制的长相思具有悦然心动、刚劲有力的特性：这是一种酒体饱满、带有葡萄柚和茴香香味的白葡萄酒，完美诠释了当地的风土条件。尽管醇厚浓郁、带有橡木味道、精进改良的霞多丽和新西拉都值得一试，但长相思的系列产品仍然是最出类拔萃的。

安提亚酒庄（迈坡谷产区）

在埃斯皮诺萨家族经营的酒庄中，天然肥料堆和野生动物（包括美洲驼）随处可见，酒庄里时常充斥着幽默愉快的氛围。著名酿酒师阿尔瓦罗·埃斯皮诺萨（Alvaro Espinoza）是智利有机和生物动力葡萄酒的先驱。1998 年他开始创办自己的酒庄，在自己的花园和父母的农场种植葡萄，并在自己的车库里酿造了 3000 瓶葡萄酒。多年过去了，安提亚酒庄拥有了更多的葡萄园，新增了一个酿酒厂，又推出了另一款葡萄酒库岩葡萄酒（Kuyen），产量也增至 1.9 万瓶。该酒庄采用有机和生物动力两种栽培方法。库岩是一款令人愉悦、胡椒味很浓、醇厚浓郁的红葡萄酒，而安提亚葡萄酒则有一种震撼心灵的芳香浓郁的吸引力。

百子莲酒庄（迈坡谷产区）

该酒庄背后自封的"四剑客"分别是备受尊敬的智利酿酒师

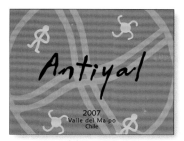

安提亚酒庄
该精品酒庄采用活机耕作的天然有机农业生产方式进行生产。

活灵魂酒庄
毫无疑问，这是智利最好的也是最昂贵的几款葡萄酒之一。

菲利普·索米尔尼哈克（Felipe de Solminihac）、香槟酿造师吉兰·蒙戈菲（Ghislain de Montgolfier），以及著名的波尔多酿酒师保罗·庞塔利尔（Paul Pontallier）和布鲁诺·普拉茨（Bruno Prats）。该酒庄成立于 1990 年，在当时这是一个开创性的项目：智利第一个独立的具有风土特色的现代酒庄。然而，该酒庄酿造的葡萄酒从未达到人们的期望，因此在 2001 年他们做出了改变，将葡萄酒重新命名，并从迈坡谷购买葡萄。现在，该酒庄酿造的红葡萄酒经过了改良：百子莲葡萄酒风格简约，带有薄荷味，然而蓝宝石（Lazuli）红葡萄酒体结构仍有待改善。出产于马利高山谷南部的太阳霞多丽（SoldeSol）刚劲有力，口感丰富，品质上乘。

卡萨布兰卡酒庄（卡萨布兰卡产区）

20 世纪 90 年代中期，沿海生产商为生长于凉爽气候的智利长相思开辟了一条道路，但后来失去了方向。在聪明能干的酿酒师安德烈斯·卡巴莱罗（Andrés Caballero）的带领下，情况有所好转，酒庄重现葡萄酒冒险征程的气势。该酒庄卡萨布兰卡的葡萄最令人激动——在尤值一提的灵光（Nimbus）系列中，鲜亮活泼的长相思和带有胡椒味的西拉值得一试。

玛麟酒庄（圣安东尼奥产区）

从玛麟酒庄（Casa Marin）独特的风土到魅力十足的酒庄主人玛丽亚·卢兹·玛麟（Mariluz Marín）酿造的极具个性的葡萄酒，这一切都来源于大自然的造化。该酒庄坐落于距离寒冷的太平洋 4 千米连绵起伏的山丘上，以其口感浓郁、芳香四溢、酒体饱满的长相思而闻名：月桂园（Laurel）口感清淡、风格迷人；柏树园（Cipreses）酒感则更为狂野，更具挑战性。黑皮诺葡萄酒口感往往更为丰富绵柔，而经橡木桶酿制、醇厚浓郁、制作精巧的长相思，以及充满活力、引人入胜的雷司令和醇香浓郁的西拉都是该酒庄的佳酿。最近，该酒庄的葡萄酒变得更加紧致优雅——这是一件好事，前提是要不惜一切代价保持其精致的品性。

卡萨伯斯克酒庄（卡萨布兰卡产区）

库尼奥（Cuneo）家族从百货商店老板顺势转变为成功的酒庄老板，似乎不费吹灰之力。20 世纪 90 年代，卡萨伯斯克酒庄（Casas del Bosque）很随性地推出了第一批葡萄酒，自那以后，卡萨伯斯克酒庄进步神速，随后成为卡萨布兰卡最出色的生产商之一。该酒庄位于卡萨布兰卡西部，占地 245 公顷，拥有一支才华横溢的酿酒团队，酿造出了时尚浓烈的长相思白葡萄酒和时尚可口的西拉葡萄酒。该酒庄所酿造的各款葡萄酒价值极高。卡萨伯斯克酒庄向游客开放，可以在这里游览、品酒和购物，还设有一家名为塔尼诺（Tanino）的餐馆招待游客。

干露酒庄（迈坡谷产区）

像干露酒庄（Concha y Toro）这样历史悠久、影响深远、极具多样性的酒庄，很难查到它的起源。该酒庄不仅是智利最大的生产商，也是最好的生产商之一，不仅拥有像魔爵（Don Melchor）和活灵魂这样的杰出品牌，还有优质的远山（Frontera）、红魔鬼（Casillero del Diablo）和侯爵（Marqués）等超值品牌，始终如一地坚守酒款的高品质。新建酒庄麦卡斯（Maycas de Limarí）以香

柯诺苏酒庄

"超级"酿酒师阿道夫·乌尔塔多（Adolfo Hurtado）尤其擅长酿造白葡萄酒。

吉尔莫酒庄

位于沿海地带的莫莱谷产区的旱地葡萄能够酿造出口味新鲜的陈年佳酿。

气浓郁的霞多丽和芳香四溢的西拉葡萄酒展现出其雄厚的实力，前景一片光明。马赛洛·帕帕（Marcelo Papa）、安立克·迪拉多（Enrique Tirado）和伊格纳西奥·雷卡伦（Ignacio Recabarren）都是智利大名鼎鼎的酿酒师。干露葡萄酒不仅为本酒庄，而且为智利葡萄酒赢得了不少青睐。

柯诺苏酒庄（科尔查瓜产区）

为什么说柯诺苏酒庄（Cono Sur）是智利最好的酒庄之一？答案很简单：因为它将该国顶尖的酿酒师 [阿道夫·乌尔塔多（Adolfo Hurtado），座右铭是"精益求精"]、优质的葡萄园和坚实的后盾（酒庄总部为干露酒庄）的优势发挥至极致。自1993年成立以来，柯诺苏酒庄在环保生产、酿造品牌葡萄酒 [黑岛（Isla Negra）]、推出螺旋盖装葡萄酒和黑皮诺葡萄酒方面走在了前列。说到黑皮诺葡萄酒，乌尔塔多与勃垦第的马丁·普瑞尔（Martin Prieur）合作，将多样性和优雅完美融入葡萄酒中：顶级装瓶的逸品（Ocio）就是其中一个典范。乌尔塔多是智利最优秀的白葡萄酒酿造师之一，"二十桶"系列（20 Barrels）霞多丽和长相思便是其卓越品质的证明。更重要的是，他们最好的葡萄酒永远在路上。

库奇诺酒庄（迈坡谷产区）

这个备受尊敬的智利酒庄始建于1856年，是由企业家马蒂亚斯·库奇诺（Matías Cousiño）在16世纪西班牙征服者先辈们首次种植葡萄的地方创立的。法国的葡萄品种和专业技术为多年来的成功奠定了基础，但到20世纪90年代末，酒庄活力的缺乏和圣地亚哥的城市扩张威胁到了酒庄的生存。该酒庄的第六代主人卖掉了库奇诺的大部分葡萄园，并在布因（Buin）更加往南的地方建立了一个新酒庄。如今酿造的葡萄酒更加现代化，果香浓郁，但是最好的葡萄酒包括斐尼斯·特莱红葡萄酒（Finis Terrae）和优品洛塔红葡萄酒（Lota）仍保留了该酒庄标志性的酒体结构及其口感的丰富性。

德马丁诺酒庄（迈坡谷产区）

"重塑智利"对任何酒庄来说都是终极目标，对于德马丁诺酒庄（De Martino）来讲才算不上说大话。普通桶装葡萄酒和果汁产业利润颇丰，有足够的资金支持富有远见卓识的酿酒师雷塔马尔（Marcelo Retamal）追梦的自由。他还确实去云游四海了。雷塔马尔一直是推动智利葡萄酒突破极限的主要推动者，将风土的概念推向智利的葡萄酒产业前沿，并在全国范围内酿造出独创性的葡萄酒，包括利马里谷产区结构紧致的霞多丽、峭帕谷（Choapa）醇香浓郁的西拉、莫莱谷（Maule）赤褐色的老藤马尔贝克和佳丽酿葡萄酒等。这几款都是德马丁诺酒庄单一葡萄园系列教科书级的佳酿。旗下的佳美娜葡萄酒也是本酒庄的特色。

埃米利亚纳酒庄（科尔查瓜产区）

参观埃米利亚纳酒庄（Emiliana Orgánico）的洛斯罗伯斯庄园（Los Robles Estate）绝不仅仅是品尝美酒。你还能看到各种动物；你会见证顺势疗愈酿酒法；你会被周围所有一切的勃勃生机深深打动。但是真正品尝到佳酿时，定不负你所望。酒庄出品的葡萄酒系列品质卓越：从入门级的阿多比（Adobe）到品质稳定的诺旺士（Novas），再到口感丰富的可雅（Coyam）和醇

香浓厚的G葡萄酒，款款皆是精品。埃米利亚纳酒庄是埃米利亚纳酿酒厂的分支，都是干露酒庄旗下的产业，自1998年成立以来该酒庄已经取得了巨大的成功，现在拥有超过1000公顷的葡萄园，采用有机和生物动力方法进行管理。

伊拉苏酒庄（阿空加瓜产区）

伊拉苏酒庄（Errázuriz）的字典里查不到"不思进取"这四个字。该酒庄是一座历史悠久且具有前瞻性的庄园，也是智利最好的、最具先驱力的酒庄之一。其优势力表现在采用有机和生物动力学种植葡萄、合资创业、轻量化生产、采用野生酵母和优质西拉葡萄酒、在阿空加瓜沿海地区的山坡种植葡萄等。酒庄还在潘克韦克地区又成立了一个引人注目的新酒厂，标志着这个成绩斐然的企业又向前迈进了一步。酒庄旗下的葡萄酒琳琅满目，誉满天下。这一历久弥坚的酒庄还推出了两个优品项目：查威克（Viñedo Chadwick，上普恩特产区出产的一款结构紧致的赤霞珠）和桑雅（Seña，一款颇具特色的波尔多混酿，目前只能从阿空加瓜中部的一个生物动力葡萄园中购买）。

翡冷翠酒庄（艾尔基谷产区）

艾尔基谷（Elqui Valley）是智利一块未经开发的天然地区。嬉皮士、酿酒师和天文学家常常汇聚在这片晴空下逐梦。在风景秀丽的艾尔基谷北部地区，葡萄酒是个新兴产业，因为此地是本国传统水果和白兰地酒的盛产区。翡冷翠酒庄（Falernia）在葡萄酒爱好者中无人不晓，其酿制的西拉个性独特、酒体鲜亮、花香四溢、醇香浓郁，带有胡椒和黑橄榄独特风味。高海拔葡萄酿制的佩德罗希梅内斯（Pedro Jimenez）葡萄酒和半干佳美娜备受消费者青睐，常被列入独特卖点（USP）销售。

欧佛尼酒庄（莫莱谷和圣安东尼奥产区）

这是继杜埃罗河岸产区（Ribera del Duero）和门多萨产区（Mendoza）后，欧佛尼酒庄（O Fournier）投资的最新产区。何塞·曼纽尔·奥迪加（José Manuel Ortega）花了3年时间寻觅智利最好的葡萄酒产区，并于2007年将红葡萄酒产区选定在莫莱谷西部，白葡萄酒产区选定在圣安东尼奥的洛阿巴卡（Lo Abarca）。莫莱谷西部和洛阿巴卡都计划新建酿酒厂，同时，两地所酿造的葡萄酒早已深入人心。厄本（Urban）系列葡萄酒口感浓郁，以清新爽口的红葡萄酒和酒体饱满的白葡萄酒闻名遐迩，而半人马座（Centauri）系列的酒款则富有表现力且口感浓郁。该酒庄的上乘红葡萄酒层次多样、精美典雅，不容错过。★新秀酒庄

吉尔莫酒庄（莫莱谷产区）

吉尔莫酒庄（Gillmore Winery and Vineyards）个性十足。首先，非凡的专业酿酒师（同时也是啤酒酿造师）安德烈斯·桑切斯（Andrés Sánchez）聪明绝顶，堪称行业翘楚。他的妻子丹妮拉·吉尔莫（Daniella Gillmore）天赋异禀、才华横溢，是优秀的葡萄栽培师。酒庄的葡萄酒由莫莱谷沿海伦克米拉（Loncomilla）的旱作葡萄酿制而成，通常酒品质地清新，同意大利北部葡萄酒一样质地紧致，具有陈年佳酿的潜质。酒庄旗下的赤霞珠和品丽珠酒款也同样登峰造极。这些酒款个性独特，智利特色鲜明。酒庄内还提供住宿，设有一个动物园，让游客对这个

独具特色的景点情有独钟，流连忘返。★新秀酒庄

种马园酒庄（迈坡谷产区）

该酒庄引人注目的马蹄形酿酒厂隐藏于丘陵地区的圆形剧场中，可俯瞰葡萄园和纯种马围场的全貌：这是种马园酒庄（Haras de Pirque）令人印象深刻的场景。这家酒厂位于迈坡谷的皮奎（Pirque）分区高地，归文雅的爱德华多父子团队所有。葡萄园建于1992年，出产的葡萄酒都是由庄园种植的葡萄酿制的。酒庄旗下的葡萄酒酿制工艺非常冒险，选用略青涩的葡萄为原料，辅以葡萄干酿制，酒精度过高。他们的尝试只有一些获得成功；其中最知名的是一款阿尔比斯赤霞珠和佳美娜混酿（Albis），该酒款富有浓郁的馨香，带有丝丝薄荷气息，是酒庄与意大利酒商皮耶罗·安蒂诺里（Piero Antinori）合作开发的。

金士顿酒庄（卡萨布兰卡产区）

20世纪初，密歇根出生的卡尔·约翰·金士顿（Carl John Kingston）来到智利寻找黄金，并在卡萨布兰卡沿岸购买了3000公顷的农场。现在，该酒庄在水果出售和葡萄酒贸易上收益颇丰：金士顿出售其90%的葡萄，并在距该地15千米的80公顷葡萄园中酿造少量口感浓郁的长相思、醇香隽永的黑皮诺和风味极佳的西拉。其中西拉葡萄酒抢尽风头：顶级西拉红葡萄酒巴约（Bayo Oscuro）酒体致密、品质上乘、精致细腻，深受消费者喜爱。★新秀酒庄

拉博斯特酒庄（科尔查瓜产区）

野心勃勃的法国人与理性现实的智利人在拉博斯特（Lapostolle）相遇，碰撞出的火花自然非同凡响。拉博斯特酒庄（Lapostolle）由玛尼埃·拉博斯特（Marnier Lapostolle）家族所有，该酒庄拥有顾问米歇尔·罗兰（Michel Rolland）在智利的独家咨询权。拉博斯特酒庄的运营中心在科尔查瓜的阿帕尔塔（Apalta）。古老的旱作葡萄与名震四海、价值千万美元的酿酒厂合作酿造出优品阿帕尔塔红葡萄酒（Clos Apalta），该酒是一款令人陶醉、芳香四溢、口感丰富的红葡萄酒混酿。亚历山大特酿（Cuvée Alexandre）系列深受消费者青睐，其红葡萄酒展现出该酒厂品质纯正、果味浓郁、橡木桶陈酿的独特风格（阿帕尔塔的梅洛尤为出色）。但白葡萄酒鲜有成功。庄园所有葡萄园均采用有机管理，生物动力认证正在申请中。

莱达酒庄（圣安东尼奥产区）

莱达酒庄（Leyda）这个名字说明了一切：这是圣安东尼奥莱达山谷的本地生产商。该酒庄建立于1997年，为了从迈坡河取水灌溉葡萄园，酒庄安装了一条8千米长的管道。1998年，酒庄首次种植葡萄。一开始，这些葡萄酒就颇具特色、精致优雅，尤其是黑皮诺、霞多丽和长相思。现在西拉、灰苏维翁和雷司令也表现良好。2007年，酒庄迎来新主人——圣派德罗酒庄（San Pedro）的卢克西奇（Luksic）购得此庄园，钟爱皮诺葡萄酒的酿酒师拉斐尔·乌雷霍拉（Rafael Urrejola）离职。该酒庄值得关注。

利特诺酒庄（圣安东尼奥产区）

利特诺酒庄（Litoral）成立于2005年，是莱达最著名的葡萄酒种植者之一维森特·伊斯基耶多（Vicente Izquierdo）和知名酿酒师伊格纳西奥·雷卡瓦伦（Ignacio Recabarren）的合资企业。此后，雷卡瓦伦渐渐退该项目，GEO酿酒团队从2009年在阿尔瓦罗·埃斯皮诺萨（Alvaro Espinoza）的领导下接管了该项目。酒庄的旗下品牌是凡托莱拉（Ventolera），以长相思见长，饶有细腻紧致的悦人快感及富含矿物质气息的独特风格。口感绵柔、苦乐参半的黑皮诺和带有黄油香甜气息的霞多丽前景喜人。雷司令和琼瑶浆是该系列的新品。★新秀酒庄

长丘酒庄（卡萨布兰卡产区）

清新爽口、优雅别致、充满活力、极具特色是卡萨布兰卡产区这家沿海葡萄酒商的代名词，所有酒款都强烈推荐。该庄园大约148公顷葡萄种植在山坡和山麓地区，其中40公顷用于酿制长丘酒庄（Loma Larga Vineyards）葡萄酒（剩余部分廉价出售）。虽然产量很低，但是法国酿酒师艾瑞克·珍妮芙伊尔-梦迪娜（Emeric Geneviève-Montignac）并不畏惧酿造极具个性的前卫葡萄酒。醇厚浓郁、层次分明的长相思，花香四溢、酒体呈墨色、风味极佳的马尔贝克和醇浓郁馥、带有胡椒味的西拉都是该酒庄的知名佳酿。★新秀酒庄

巴斯克酒庄（科尔查瓜产区）

自1988年以来，这家传统的科尔查瓜酒庄一直由波尔多一级酒庄拉菲掌门人罗斯柴尔德家族掌控经营。该酒庄主要凭借品质如一的赤霞珠深得一大批忠实粉丝的拥护，从入门级酒款到柔顺丝滑、精致醇厚的十世干红葡萄酒（Le Dix）都备受消费者喜爱。创新不是巴斯克酒庄的强项，但仍有很多迹象彰显其光明前景，包括新式山坡葡萄种植、备受推崇的卡萨布兰卡白葡萄酒，以及将特级藏酿（Grande Réserve）与佳美娜、西拉和马尔贝克混酿后所实现的深层复合风味都让人充满期待。

埃德华兹酒庄（科尔查瓜产区）

埃德华兹家族所有的埃德华兹酒庄（Luis Felipe Edwards）正在摆脱传统束缚，转型为多元化和以价值为导向的酒庄。此前，该庄园曾用来酿制桶装葡萄酒，但在此过程中失去了许多宝贵的老葡萄藤。20世纪90年代，埃德华兹酒庄的自有品牌面世，但直到21世纪，酒庄启动了一项轰轰烈烈的扩建项目后，才开始获得外界重视。莱的新酒庄主要种植酿造白葡萄酒所需的材料——品质非凡的长相思；而宏伟的山坡种植计划也回报丰厚，出产了高品质的马尔贝克、西拉和小西拉，助力这家酒厂步入正轨、快速发展。

玛德帝克酒庄（圣安东尼奥产区）

由于在畜牧业、林业和钢铁业方面大获成功，玛德帝克（Matetic）家族成为智利最大的地主之一，1999年决定进军葡萄酒业。为此，他们征用了风景如画、自成一体的9000公顷罗萨里奥（Rosario）庄园。从那时起，玛德蒂克酒庄（Matetic Vineyards）就以酿制口感强劲、芳香四溢、风味极佳、柔顺丝滑的西拉而闻名于世，而酿酒用的西拉葡萄是在风化的花岗岩山坡上出产的。顶级酒款平衡（EQ）口感极为浓郁；许多人更喜欢科拉利略（Corallo）的经典内敛口感。该酒庄的葡萄园都经过有机认证，游客设施一流。

阿尔瓦罗·埃斯皮诺萨

阿尔瓦罗·埃斯皮诺萨的儿子给他起了个绰号："完美先生"。这完美诠释了埃斯皮诺萨是一个屡获殊荣、思想缜密、为人谦逊的人，他为推动智利葡萄酒事业做出了很多贡献。埃斯皮诺萨是在他父亲马里奥（Mario）的带动下开始接触葡萄酒的，他父亲是一名酿酒师，也是智利天主教大学（Catholic University of Chile）的教授。埃斯皮诺萨在智利和国外积累了丰富的酿酒经验，率先在智利发展了有机和生物动力法葡萄栽培，他先是在卡门酒庄（Carmen）尝试这种方法，随后又在埃米利亚纳酒庄（Emiliana Orgánico）采用了这种栽培方式。1998年，他在自家的车库里开始经营自己的葡萄酒生意［安提亚酒庄（Antiyal）］，后来建立了一个新的酒庄，这让他的妻子玛丽娜（Marina）如释重负。现在，埃斯皮诺萨广泛提供咨询服务并且利用精湛的地质技术酿造葡萄酒。其酿造的葡萄酒往往具有一种让人欲罢不能、勾魂摄魄的吸引力，独具智利特色，饶有风趣，就像埃斯皮诺萨本人一样。

安第斯山脉形成了圣地亚哥南端科尔查瓜产区的东部边界。

酿乐酒庄

这款葡萄酒由120岁的葡萄老藤上结出的佳美娜和赤霞珠混合酿制而成。

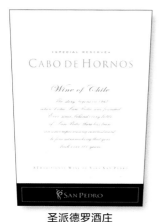

圣派德罗酒庄

酿酒师马可·普约在这家大型酒庄开启了一个光明的新时代。

桃乐丝酒庄（库里科产区）

著名的西班牙生产商米高·桃乐丝（Miguel Torres）于20世纪70年代首次来到智利，希望将其家族葡萄酒业务扩展到加泰罗尼亚以外的地区。其随后的投资推动智利葡萄酒产业的现代化发展，桃乐丝从那时起就一直在悄无声息地进行产业创新，例如有机生产、克隆开发新品种（丹魄、阿尔巴利诺、门西亚）、建立板岩土壤葡萄园（灵感源于普里奥拉产区）及发展葡萄酒旅游业等。桃乐丝酒庄的葡萄园遍布库里科和莫莱谷。该酒庄的产品线齐全；精选系列葡萄酒包括迟摘雷司令干白葡萄酒和韦拉斯科园赤霞珠干红葡萄酒（Manso de Velasco Cabernet Sauvignon），极具陈年价值。

蒙特斯酒庄（科尔查瓜产区）

自1988年蒙特斯酒庄［Montes，起初叫探索酒庄（Discover Wine）］在库里科建立以来，作为多年来智利人最喜爱的第一酒庄，已经取得了长足的发展。雄心勃勃的酿酒师奥雷里奥·蒙特斯（Aurelio Montes）引领了一场令人难忘的变革，重点始终放在生产令消费者满意的优质葡萄酒上，力争在各个方面都尽善尽美。产自阿帕尔塔（Apalta）和马奇韦（Marchihue）的红葡萄酒成熟度高且十分开胃，由莱达谷（Leyda）和卡萨布兰卡谷（Casablanca）出产的白葡萄酒则清新爽口、口感鲜明。蒙特斯酒庄出品的富乐干红葡萄酒（Folly Syrah）深邃厚重，而紫天使干红葡萄酒（Purple Angel）是佳美娜葡萄酒的大师级作品。蒙特斯酒庄在阿根廷和美国加利福尼亚州还开发了新业务，为该优质酒庄提供了不竭动力。

酿乐酒庄（科尔查瓜产区）

纳雅干红葡萄酒（Neyen）由老藤赤霞珠和佳美娜混合酿制而成，充满了香料的气息，酒体结构极佳。酿酒用的葡萄出产于风景优美的阿帕尔塔村落，这里的地形浑然天成，像一个圆形的露天剧场。2005年出产了酒庄迄今为止最优质的葡萄酒，该酒口感柔和，具有深色宝石般的色泽；2006年新酿酒厂首次推出了就地酿造的葡萄酒。酿乐酒庄在陡峭的山坡上种植了佳美娜和西拉葡萄。尽管暂时还没有用于酿制纳雅干红葡萄酒，但前景可期（尤其是西拉葡萄）。酿酒师帕特里克·瓦莱特（Patrick Valette）和葡萄栽培家爱德华多·席尔瓦（Eduardo Silva）出任酒庄酿酒顾问。★新秀酒庄

奥菲酒庄（迈坡谷产区）

挪威航运业巨头丹·奥德费吉尔（Dan Odfjell）最初来智利做生意，随后在圣地亚哥西部购置了大量山丘土地。这些土地最初用来种植果树，1992年开始转为种植葡萄。该酒庄主要酿造红葡萄酒，其中一些葡萄酒以辛辣独特的口感而著称（最著名的是产自库里科的马尔贝克葡萄酒，其口感强烈，呈墨黑色，再就是产自莫莱谷产区的佳丽酿，该酒颜色透亮，带有香草的气息）。酒庄推出的舵手系列（Orzada）葡萄酒口感新颖，独具特色，而亚里拉（Aliara）系列葡萄酒则是一种具有趣味性的跨地区混酿葡萄酒。

佩芮酒庄（迈坡谷产区）

佩雷斯（Pérez）家族的酒庄位于休尔肯（Huelquén），优雅朴素，令人赏心悦目：阳光普照，郁郁葱葱的树林旁横卧着

三三两两的山石，一切显得那样和谐优雅，与世无争。该庄园位于海拔450米的浅坡上，最初用于种植紫苜蓿、巴旦杏和养牛，1994年首次种植葡萄。该酒庄主产葡萄酒，包括6种系列的红葡萄酒，每一款都带有深色水果和薄荷的清香，酒体饱满、结构良好，略带辛辣的口感，将迈坡谷的风土特色展现得淋漓尽致。最引人注目的是一款酒体醇厚、带有花香的科特（又称马尔贝克）葡萄酒；还有一款由小维多、佳美娜和科特混合调制而成的库伦混酿（Quelen），该酒款醇厚浓郁，胡椒味较浓。

昆泰酒庄（卡萨布兰卡产区）

这家位于卡萨布兰卡地区的酒庄由8位合伙人于2005年联合成立。这8位合伙人主要从事于葡萄的种植工作，他们联手酿造了一款顶级的长相思葡萄酒。该项目及其酿造的葡萄酒从一开始就方向明确，预示着他们定然会大展宏图。酿酒用的葡萄主要来自卡萨布兰卡和莱达谷产区。克拉瓦（Clava）系列葡萄酒价格较为便宜，包括一款优质的霞多丽干白葡萄酒，口感内敛，层次丰富。而顶级的昆泰系列酒款含有一款黑皮诺干红葡萄酒，带有烟熏风味，口感苦甜参半，高贵典雅。这两个系列的长相思葡萄酒品质都极为卓越。★新秀酒庄

卡里波罗珍藏酒庄（莫莱谷产区）

儒雅的意大利伯爵弗朗切斯科·马隆·辛扎诺（Francesco Marone Cinzano）是苦艾酒的继承人，他也是这家极具前途的酒庄背后的主要推动者。卡里波罗珍藏酒庄（La Reserva de Caliboro）坐落于莫莱谷西部的乡村荒野中，是莫莱谷产区和托斯卡纳产区的分界地。辛扎诺与曼萨诺家族雄心勃勃，联手一同打造出了一款混酿红葡萄酒：埃拉斯莫系列红葡萄酒。佩奎劳恩（Perquilauquén）河岸上坐拥一片蓬乱芜杂、条件恶劣的葡萄园，园主采用旱作方式种植葡萄，生产的果实酿造出了一种赤霞珠、品丽珠和梅洛混酿红葡萄酒，该酒口感奔放，带有丝丝香草和泥土的气息。该酒庄最佳酿酒年份是2003年和2005年，带有意大利圣酒风味的特浓迪白葡萄酒（Torontel）清香怡人，尤其适合家中珍藏。★新秀酒庄

圣派德罗酒庄（库里科产区）

圣派德罗酒庄（San Pedro）是智利葡萄酒的行业巨头之一，但在21世纪初，由于管理层的变动和过于追求销量，该酒庄一度陷入困境。然而，智利是一个风云变幻的国家，速度之快总令人震惊，圣派德罗酒庄的发展也证明了这一点。才华横溢的酿酒师马可·普约（Marco Puyo）开启了一个优雅迷人的葡萄酒新时代，引领葡萄酒回归本源。充满活力的长相思和来自埃艾尔基（Elqui）的口感浓郁的西拉完美地体现了这一变化趋势。该酒庄还盛产一种新式的卡博诺（Cabo de Hornos）系列葡萄酒，该酒之前由百分比的赤霞珠酿造，工艺改良后成为一款混酿，融入了西拉和马尔贝克元素。

桑塔丽塔酒庄（迈坡谷产区）

桑塔丽塔酒庄（Santa Rita）自成立之日起一路高歌猛进。酒庄老板里卡多·克拉罗（Ricardo Claro）于2008年去世，之后酒庄由科拉洛集团管理。2009年酒庄聘用了澳大利亚酿酒顾问布莱恩·克罗瑟（Brian Croser）。与此同时，在科尔查瓜和

利马里谷（Limarí）新建的葡萄园开始投入使用，利马里谷的葡萄园已经出产浓郁可口的西拉葡萄酒了。桑塔丽塔酒庄的混酿葡萄酒一直是传统工艺与现代技术相结合的典范。陈年酿造的真实家园（Casa Real）系列葡萄酒是酒庄的传奇佳作；而口感浓郁的森林系列（Floresta）葡萄酒则是当代精品。其姊妹酒庄卡门酒庄和褒莱夫人酒庄产出稳定。位于阿尔托-贾韦尔的游客设施引人入胜，同时还设有博物馆、公园和酒店等配套设施。

达百利酒庄（利马里谷产区）

达百利酒庄（Tabalí）坐落于利马里高原南部偏远地区，这里属于沙漠性气候，尘土飞扬，天空辽阔。这无疑是卢卡斯克（Luksic）家族想要的结果，因为该酒庄实际是由另一强大的家族控股，圣佩德罗-塔拉帕卡酒业集团（San Pedro Tarapacá Group）也在其产下。达百利酒庄实际是由吉尔莫·卢卡斯克（Guillermo Luksic）和圣·佩德罗（San Pedro）共同建立的合资企业，其姊妹酒庄莱达酒庄（Viña Leyda）也是如此。这里出产的优质霞多丽和西拉葡萄成熟圆润、口感清新、充满活力，这也是利马里海岸葡萄的特点。

安杜拉加酒庄（迈坡谷产区）

在20世纪初，安杜拉加酒庄（Undurraga）陷入了困境，一来是因为酒庄主人之间的内耗，二来是葡萄酒过度依赖传统技术，跟不上时代发展。最终，哥伦比亚的皮乔托（Picciotto）家族战胜了智利的安杜拉加家族，由雷厉风行的行业大亨约瑟夫·尤拉泽克（José Yuraszeck）领导运营。他首先邀请拉斐尔·乌雷霍拉（之前效力于莱达酒庄）加盟，创建了一个新的产品线：风土猎人系列葡萄酒（Terroir Hunter，现常用其缩写"T.H."表示）。风土猎人系列葡萄酒凭借其富有表现力和复杂多样的口感让安杜拉加酒庄重新成为世界一流的葡萄酒生产商。虽然酒庄还需要进一步改良，但前景可观。

瓦帝维索酒庄（库里科产区）

阿尔贝托·瓦帝维索（Alberto Valdivieso）酷爱法国起泡酒。1879年，他在圣地亚哥建立了一个起泡酒酒厂。该酒厂经营得很成功，所以在20世纪90年代初，该酒厂将业务扩展到静止葡萄酒。酒厂的静止葡萄酒由新西兰酿酒师布雷特·杰克逊（Brett Jackson）指导，推出了一系列不错的葡萄酒，广获好评。到目前为止，单一园系列葡萄酒的品质最为出众，杰克逊在这一系列酒款中展现了其鉴别培育单一葡萄园的独特本领。"索莱拉波尔多混酿"疯马系列（Caballo Loco）葡萄酒品质如一，极具陈年价值；而"盛誉"萄酒（Éclat）则由佳丽酿、慕合怀特、西拉混酿而成，口感大胆奔放，不拘一格。

VC 家族酒庄（卡恰布谷产区）

VC家族酒庄［VC Family Estates，前身为科尔波拉酒庄（Córpora）］是伊巴涅斯（Ibañez）家族所持有的大型葡萄酒庄园，旗下产业涵盖智利的奥古斯蒂诺思（Agustinos）、格雷迪亚酒庄（Gracia）、波塔酒庄（Porta）和维兰达酒庄（Veranda）及阿根廷的南国酒庄（Universo Austral）。VC家族酒庄旗下所有的酿酒厂都雄心勃勃，但葡萄酒质量各有千秋。各个酒厂之间难免存在采购重叠现象；因此，想生产出品质上乘的葡萄酒最好的方法就是寻找好

安杜拉加酒庄
T.H. 系列葡萄酒体现了安杜拉加酒庄寻找新种植环境的决心。

达百利酒庄
口感清新、充满活力的葡萄酒出产于遥远的利马里南部高原。

的葡萄园。VC家族酒庄把重点放在扩大比奥比奥谷产区（Bío Bío）的葡萄种植规模上，这里种植了许多优质的黑皮诺和霞多丽葡萄。此外，酒庄卡恰布谷产区出产的西拉口感醇厚，风味极佳。

冰川酒庄（迈坡谷产区）

冰川酒庄（Ventisquero）是一家成立于1998年的年轻酒庄，发展势头迅猛。该酒庄由一支才华横溢的团队管理着，隶属于艾格丝蓓（Agrosuper）集团。截至2006年，该集团已经向冰川酒庄投资了6000万美元。酒庄获得的大部分投资用于购买葡萄园，实现自给自足，这一举措虽有风险，但对葡萄酒来说好处多多。冰川酒庄起步较晚，因此诸多地方尚需改进。酒庄的旗舰产品是口感浓郁、层次丰富的冰川泛古陆西拉干红葡萄酒（Pangea）和冰川酒庄神曲红葡萄酒（Vértice），均由前奔富酒庄（Penfolds Grange）酿酒师约翰·杜瓦尔（John Duval）在阿帕尔塔酿造而成。冰川酒庄还在一些尚未涉足的地域开疆扩土，而且他们还在减少碳排放方面做出了很大努力，这两点都是非常难能可贵的。

翠岭酒庄（卡萨布兰卡产区）

翠岭酒庄（Veramonte）由胡尼厄斯（Huneeus）家族经营，在20世纪90年代以生产口感清爽的长相思葡萄酒而闻名。酒庄卡萨布兰卡山谷东部的葡萄园位于高海拔地域，岁月的年轮也证明了高海拔地区产出的葡萄对部分红葡萄酒很有利，但并非所有葡萄酒都是如此。因此，酒庄到科尔查瓜产区马奇韦的葡萄园收购葡萄，酿造极品混酿干红葡萄酒（Primus）。其他的改进措施还包括对长相思葡萄酒进行品质升级，酒庄酿酒顾问保罗·霍布斯（Paul Hobbs）还对黑皮诺葡萄酒重新展开研究。克鲁兹·安迪娜马尔贝克干红葡萄酒（Cruz Andina）是一款新推出的阿根廷葡萄酒，出自卡洛斯·布兰达之手。

威玛酒庄（科尔查瓜产区）

威玛酒庄（Viu Manent）创建于20世纪30年代，位于首都圣地亚哥商业区，最初是一家生产大瓶廉价葡萄酒的传统酿酒厂。1966年，该酒庄在库那克镇购买了地处同一位置的葡萄园，在这片平坦的谷底植有很多老藤赤霞珠和马尔贝克葡萄，从此酒庄便拥有了该地的所有权。如今，酒庄仍然使用自己种植的葡萄来酿酒，例如最负盛名的威玛1号红葡萄酒（Viu1），该酒单宁粗糙，具有墨水和肉豆蔻的气息。近些年来，酒庄又在科尔查瓜西部开垦了新葡萄园，产自卡萨布兰卡和莱达谷产区的白葡萄酒也发展势头迅猛。

斯尔本塔酒庄（阿空加瓜谷产区）

这个位于盘卡沪（Panquehue）产区的新酒庄于2002年推出第一款葡萄酒，就取得了非常可观的结果。从那以后，酒庄进入稳步发展阶段。斯尔本塔酒庄（Von Siebenthal）是由瑞士律师莫罗·万·斯尔本塔（Mauro von Siebenthal）和4位朋友共同持有，专注于酿造阿空加瓜特色干红葡萄酒。酒庄的招牌酒大胆奔放，口感丰富，同时也精致典雅，极具魅力。斯尔本塔酒庄生产的卡拉万特斯干红葡萄酒（Carabantes）和帕塞拉7号珍藏干红葡萄酒（Parcela #7）极富有表现力，令人回味无穷。塔塔依干红葡萄酒（Toknar）清新爽口，将小维多葡萄的美味发挥得淋漓尽致。而酒庄的2007年份塔台克里斯托宝佳美娜干红葡萄酒（Tatay de Cristóba）一经推出，广受好评。

阿根廷产区

阿根廷幅员辽阔，占地约 280 万平方千米，是世界上面积第八大的国家。该国的葡萄园倚靠在安第斯山脉的旁边，其产量在葡萄酒世界中排名第五。然而，在这片广袤的土地上，饱含热情的小生产者、多样化的葡萄品种，以及兼具迷人魅力和生动个性的葡萄酒，共同构成了一个葡萄酒世界。近年来，阿根廷国内的葡萄酒市场紧俏，满足了该国大部分葡萄酒生产的需求，但变化正在悄然发生。最近几十年，阿根廷吸引了大量投资，各项工艺和条件也大大改善，生产商正跃跃欲试，准备在全球舞台上大显身手。沉睡的葡萄酒大国完全苏醒了吗？让我们拭目以待吧。

海拔和纬度是了解阿根廷葡萄酒的关键所在。阿根廷西部的大部分是高海拔沙漠地区；该地区天气酷热，气候干燥。靠近安第斯山脉的地区，水源便不再紧缺，气温也略有下降。这就是为什么阿根廷北部拥有一些世界上最高的葡萄园（海拔超过 3000 米）。在海拔和纬度微妙的相互作用下，不同品类的葡萄酒在阿根廷隆起地带"编织"出各自的魔力。

门多萨是阿根廷最重要的葡萄酒产区。该产区拥有 15.9 万公顷的葡萄园，占全阿根廷葡萄酒产量的 80%。近年来，在卢汉德库约附近的传统优质产区获得了大力支持，乌克山谷和圣卡洛斯高海拔地区启动了几个新开发项目。在这一趋势下，一张复杂又令人兴奋的葡萄栽培地图快速绘制而成，更不用说品质优、迷人的葡萄酒。

在巴塔哥尼亚南部［主要是里奥内格罗省（Río Negro）和内乌肯省（Neuquén）］，狂风和晴朗的天气有助于酿造出醇厚又优雅的葡萄酒。北部萨尔塔省（Salta）和卡塔马尔卡省（Catamarca）的空气稀薄，地貌类似月球。在这里，葡萄酒和周围崎岖不平的环境一样，不向现实妥协，证明了其创造者的坚持不懈。在恶劣环境和美味葡萄酒两个极端之间，还有很多传奇等待我们去发现。

马尔贝克是阿根廷葡萄的旗舰品种。阿根廷经典马尔贝克葡萄酒的风格差异极大，有的香气浓郁，有的清爽利口，还有的深邃厚重，但款款都是佳酿，口感柔顺、酒体饱满又香料味浓郁。最好的赤霞珠葡萄酒兼具结构均衡、浓郁厚重、质地优雅的特点。赤霞珠和马尔贝克的完美融合，造就了阿根廷最好的红葡萄酒。品种丰富是阿根廷葡萄酒的一个最大优势，在这里，品丽珠、西拉、勃纳达、梅洛和丹魄都能酿造出品质极佳的葡萄酒，通常还都是混酿的。

如果说有一种与马尔贝克相媲美的白葡萄酒，那必定是芳香四溢、充满异国情调的阿根廷北部地区特产——特浓情。该地成功在高海拔地区和敏感的酿造环境下酿造了霞多丽葡萄酒。虽然该地气候通常不适合长相思生长，但凭借精湛的技术，该品种的白葡萄酒口感清爽，馨香浓郁。维欧尼和赛美蓉也是该地区的知名佳酿。

如今，阿根廷是一个令人刮目相看、充满创新精神的葡萄酒生产国。近几十年来，该国经历许多危机，包括经济危机和葡萄酒产业危机，但社会稳定、持续的投资及人们的广泛期待，正激励着该国的葡萄酒生产商继往开来，走向成功。

从毛里西奥·洛尔卡（Mauricio Lorca）到马蒂亚斯·米切里尼（Matías Michelini），新一代杰出的酿酒师正在逐渐掌舵。从酩悦轩尼诗酒业的酩悦酒庄到保乐力加集团（Pernod Ricard）的格雷菲娜酒庄（Graffigna）、帝亚吉欧（Diageo）的纳瓦罗科雷亚酒庄（Navarro Correas）和弗利希曼（Flichmann）的苏加比酒庄（Sogrape），跨国投资持续推动着阿根廷葡萄酒产业的发展。干劲十足、充满冒险精神的酒庄不断打破界限（艾丽西亚酒庄的折中葡萄酒系列便是明证）。最重要的是，阿根廷的劳动成果正受到越来越多有鉴赏力的受众的欢迎。他们或是对吸引人的旅游设施满意，或仅仅是陶醉于葡萄酒的魅力和大自然的神力。

菲丽酒庄［卢汉德库约（佩德里埃尔）产区］

作为阿根廷的顶级酒庄之一，菲丽酒庄（Achaval-Ferrer）生产的一些葡萄酒很受消费者追捧。自1998年成立以来，该酒庄一直由阿根廷的圣地亚哥·阿卡阀（Santiago Achaval）、曼努埃尔·费雷尔（Manuel Ferrer）和意大利的酿酒师罗伯托·西普雷索（Roberto Cipresso）、提香·西维耶罗（Tiziano Siviero）共同拥有和经营。黄金地段的老葡萄藤、极低的产量、长时间的橡木陈酿，这种情况下的葡萄酒的酒体结构坚实、浓密醇厚、口感细腻。排名前三的葡萄酒都产自单一葡萄园，分别是：拉孔苏尔塔区（La Consulta）口感醇美的阿塔米拉（Altamira）葡萄酒，口感辛辣的米拉多（Mirador）葡萄酒及佩德里埃尔（Perdriel）产区芳香的贝拉维斯塔（Bella Vista）葡萄酒。

阿尔塔维斯塔酒庄（卢汉德库约产区）

20世纪80年代，作为白雪香槟（Piper-Heidsieck champagne）多年来的所有者，法国德奥兰家族首次来到阿根廷酿造起泡酒。1996年，该家族创建了阿尔塔维斯塔酒庄（Alta Vista），他们翻新了一座19世纪美丽的酒庄并专注于单一葡萄园马尔贝克种植。酒庄掌门人帕特里克·德奥兰（Patrick d'Aulan）并不怯于承认他们并非事事完美（比如"橡木味太浓，产量也过低"），但现在的重点是"要尽早让酒庄发展成熟，找到平衡点"。单一葡萄园的马尔贝克和其特酿珍藏级的风土展现了门多萨产区葡萄酒的多样性，单宁柔顺，酸度较高。

蚁丘酒庄（卢汉德库约产区）

蚁丘酒庄（Altos las Hormigas）可以译为"蚂蚁的高度"，阿根廷人用"蚂蚁的工作"来表达耐心、艰苦的劳动可谓是恰如其分，这家不起眼的酿酒厂常常是忙乱不堪：四处摆放的酒桶和半空的玻璃杯。自20世纪90年代中期以来，这种意大利和阿根廷的合作项目在该酒庄一直在稳步发展（尽管也偶尔有点小插曲），酿造出口感强烈、引人入胜的马尔贝克葡萄酒，该类葡萄酒也有很好的基础和结构。珍藏级马尔贝克葡萄酒呈墨色、浓郁优雅、苦甜参半。该酒庄现在也较多关注勃娜达（Bonarda）葡萄。咨询酿酒师是阿尔贝托·安东尼尼（Alberto Antonini）。

贝内加斯酒庄［卢汉德库约（马约尔德吕蒙）产区］

贝内加斯酒庄（Benegas）是一家历史悠久的"年轻"酒庄。蒂伯西奥·贝内加斯（Tiburcio Benegas）是门多萨葡萄酒业的创始人之一，直到20世纪70年代，贝内加斯家族一直拥有特拉皮切酒庄（Trapiche）。到1998年，在费德里科·贝内加斯·林奇（Federico J. Benegas Lynch）的努力下，才让贝内加斯家族重新拥有一线酒庄的所有权——该壮举意义非凡。贝加内斯酒庄采用的葡萄来自迈普地区（Maipú）历史悠久的家族葡萄园（酿酒厂位于卢汉道路的5千米处），主要生产具有真正个性、高等级的红葡萄酒。该酒庄的品丽珠、西拉和干红葡萄酒混酿十分优秀。

安第斯卡本内酒庄（菲安巴拉山谷产区）

一头银发、饱经风霜的卡洛斯·阿利苏（Carlos Arizu）是一个和蔼可亲、面露淘气微笑的男人。卡洛斯继承了无可挑剔的

蚁丘酒庄
意大利-阿根廷强强联手的杰作——香醇马尔贝克。

卡氏家族酒庄
单一品种，卡帝娜阿尔塔限量红葡萄酒。

酿酒技术，他的葡萄藤生长在阿根廷最荒芜、阳光最充足的一个角落——卡达马尔卡省的菲安巴拉山谷（Fiambalá）。在那里，令人眩晕的海拔高度（约1500米）抵消了白天的炎热。卡洛斯采用有机和生物动力方法种植，赋予了红葡萄酒佳酿极高的纯度，果香浓郁。卡洛斯是一位值得关注的酿酒师。★新秀酒庄

卡瑞尼酒庄［迈普（克鲁斯德彼德拉）产区］

20世纪90年代末期，法国人菲利普·苏夫拉（Philippe Subra）初到阿根廷担任电气工程师。2003年，他开始将精力投入葡萄酒项目中，将其命名为船底座（以星座Carinae命名，菲利普本人也是一名业余天文学家）。他在迈普克鲁斯德彼德拉一家经过翻新的酿酒厂进行小规模生产。酿酒所需葡萄主要来自周围庄园的老藤和佩德里埃尔地区的另外两个葡萄园。酒庄顾问米歇尔·罗兰（Michel Rolland）团队酿造的葡萄酒实现了浓郁和优雅的完美融合。★新秀酒庄

卡洛斯·布兰达酒庄［卢汉德库约（维斯塔巴）产区］

卡洛斯·布兰达（Carlos Pulenta）的维斯塔巴酒庄（Vistalba）自成一个大千世界。整洁的土坯色调建筑群内有豪华套房、顶级餐厅（名叫：La Bourgogne，"勃艮第"之意）和由卡洛斯本人设计的混凝土罐的巨大原始酒窖。酒庄周围都是弯弯曲曲的橄榄树，可生产老式庄园橄榄油，还有50公顷的葡萄藤，长出的葡萄可酿出精致柔顺、紧致的维斯塔巴红葡萄酒。布兰达还从乌克山谷（Uco）采摘葡萄［其中大部分葡萄用于托内劳葡萄园（Tomero）附近酒庄］，同时也采摘卡法亚特（Cafayate）葡萄园的特浓情（Torrontés）。布洛吉尼（Progenie）属于起泡酒新系列，由黑皮诺和霞多丽混酿而成。小贴士：该系列酒精含量最近一直在上升。★新秀酒庄

卡氏家族酒庄［卢汉德库约（阿哥里罗）产区］

毫无疑问，作为阿根廷领先酒庄之一，卡氏家族酒庄（Catena Zapata）一直生产一些该国最具开创性、吸引力和最有价值的葡萄酒，这得益于尼古拉斯（Nicolás）和劳拉·卡帝娜（Laura Catena）这对父女搭档的努力和酒庄员工数十年的辛勤劳作。通过在高海拔葡萄栽培和马尔贝克克隆和混酿等开拓性工作，酒庄不仅生产出了复杂和诱人的卡帝娜红葡萄酒和白葡萄酒，也为其他酒庄树立了榜样。在与波尔多拉菲罗斯柴尔德集团（Château Lafite Rothschild of Bordeaux）的合作中，成功地创建了阿格列罗酒庄（Argento）和凯洛酒庄（Caro）。顶级葡萄酒混酿将高海拔霞多丽和马尔贝克结合，成品无人不叫好。

夏克拉酒庄（里约内格拉产区）

夏克拉酒庄（Chacra）成立于2004年，这家位于巴塔哥尼亚的小批量生产酒庄的重点是老藤黑皮诺。当年，意大利望族因吉萨·德·罗切塔（Incisa della Rocchetta）家族的皮埃罗（Piero）凭借西施佳雅（Sassicaia）的名气，买下了一块1932年的已废弃的黑皮诺葡萄藤种植地，随后又种上了其他的老藤黑皮诺葡萄藤，还聘请了来自附近的诺埃米亚酒庄（Noemía）的丹麦酿酒师汉斯·维丁·德尔斯（Hans Vinding-Diers），他酿出的葡萄酒口感独特、极具个性。尽管

欧佛尼酒庄

掀起乌克山谷圣卡洛斯地区豪情奔放和雄心壮志的热潮。

露奇波斯加酒庄

颇具历史感的庄园酿造出现代化葡萄酒，源自卢汉德库约迈普的倾情奉献。

皮诺都十分经典：陈年价值高、阿根廷香料气息浓郁、花香四溢、活力四射，但毫无疑问，花香浓郁、层次分明的翠莺塔 Y 系（Treinta y Dos）是该酒庄的旗舰酒品。★新秀酒庄

安第斯白马酒庄［卢汉德库约（佩德里埃尔）产区］

安第斯白马酒庄（Cheval des Andes）是由安第斯台阶酒庄（Terrazas de los Andes）和圣埃美隆（St-Emilion）的一级酒庄——白马酒庄（Chateau Cheval Blanc）联合创建的。该酒庄由酩悦·轩尼诗-路易·威登集团（LVMH）的总裁、安第斯台阶酒庄的所有者贝尔纳·阿尔诺（Bernard Arnault）和白马酒庄的经营者共同拥有。白马酒庄的酿酒师皮埃尔·卢顿（Pierre Lurton）看到了将赤霞珠（Cabernet Sauvignon）与未嫁接的老藤马尔贝克混酿的潜力，以及不选择波尔多风格的优点。1999年以来，该酒庄葡萄酒风格不断创新，如今更是具备了优雅（单宁细腻，结构良好）、阿根廷式香料和高成熟度的特色。

鹰格堡酒庄［乌克山谷（维斯特福园）产区］

创建鹰格堡酒庄（Clos de los Siete）的想法很简单，飞行酿酒师米歇尔·罗兰曾说说服法国投资者加入这项宏大的项目：在乌克山谷维斯特福园（Vista Flores）地区开垦一块850公顷的处女地，把资产分成七份，让每个合作伙伴都可以酿造具有自身特色的葡萄酒，同时七人按照规定数量贡献一种联合葡萄酒：鹰格堡七星混酿红葡萄酒（第一个年份2002年）。这款酒好评颇多，成熟、带有香料风味、风格简单。酒庄旗下有四个子酒庄，分别是：安第斯之箭酒庄（Flechas de los Andes）、蒙特维霍酒庄（Monteviejo）、库维利酒庄（Cuvelier Los Andes）和黛尔曼酒庄（Diamandes）。该酒庄所有葡萄酒的酒精含量都特别高。

科沃斯酒庄［卢汉德库约（佩德里埃尔）产区］

1997年，刚刚毕业的酿酒师夫妇路易斯·巴洛德（Luis Barraud）和安德里拉·蜜丝罗妮（Andrea Marchiori）来到美国加利福尼亚州的葡萄酒乡打拼。二人与该地著名酿酒师保罗·霍布斯（Paul Hobbs）合作，在阿根廷成立了科沃斯酒庄（Cobos）。多年来，酒庄迅速发展，不仅拥有了引人注目的现代酿酒厂而且生产的葡萄酒香料味浓郁、果味十足，名噪一时。霍布斯擅长酿造酒体饱满、结构感强的赤霞珠，这是所有系列中的特色。从物超所值的妃丽娜（Felino）系列到顶级的尼克（Nico）系列葡萄酒，所有系列都彰显着霍布斯在酿造丰富、结构良好的赤霞珠方面的天赋。最好的葡萄酒来自安德里拉父亲在佩德里埃尔的葡萄园。

佳乐美酒庄（查尔查奇山谷产地）

佳乐美酒庄（Colomé）是一家不断挑战极限的酒庄。该酒庄地处查尔查奇山谷（Calchaquí Valley）炎热、干旱和与世隔绝的地方，海拔高达2200米，该酒庄海拔最高的葡萄园生长在海拔3100米以上的地方。尽管条件恶劣，几个世纪以来该地一直是一个农场，1831年至今为酒庄（拥有1854年生长的葡萄藤）——这让它成为阿根廷最古老的葡萄酒生产商之一。2001年，瑞士商人唐纳德·赫斯（Donald Hess）接手该酒庄。酒庄生产的马尔贝克葡萄酒口感强劲，香气浓郁却单宁细腻；丹娜（Tannat）和特浓情是佳乐美酒庄的特色。该酒庄里还有一家成功的酒店和游客中心。

多米诺酒庄［卢汉德库约（阿哥里罗）产区］

苏珊娜·巴尔博（Susanna Balbo）放弃了原来的核物理学专业选择了酿酒业。事实证明，这是酿酒业的一件幸事。1999年，在卡氏家族酒庄工作多年后，这位强大的女商人、酿酒师与葡萄栽培师佩德罗·马切夫斯基（Pedro Marchevsky）共同创立了多米诺酒庄（Dominio del Plata Winery）。自从创业初期，他们就专注于精密葡萄栽培术、可持续农业和酿酒技术方面。虽然最初发展并不稳定，但现在，从物超所值的克莉奥斯（Crios）系列到更昂贵的瓶装本马尔科（BenMarco）、苏珊娜巴尔博酒庄签名系列（Susanna Balbo Signature）和多米诺酒庄丰腴活泼的顶级"彼此"（Nosotros）干红葡萄酒，每款都精美典雅，广受消费者欢迎。

褒莱夫人酒庄［卢汉德库约（乌加泰克）产区］

这家一贯创新的酒庄可以说是智利科拉洛（Claro）集团投资组合中最有前途的酒庄。这在很大程度上要归功于酿酒师埃德加多·德尔·波波罗（Edgardo del Popolo）（他的朋友们称他"艾迪"）永无止境的努力和对细节的关注。最近，风味浓郁、冲击感强烈的长相思，花香四溢的马尔贝克，这些具有传统优势的葡萄酒与大量的新式葡萄酒结合，其中包含丹娜（Tannat）、特浓情（Torrontés）、西拉、梅欧尼和品丽珠。尽管许多系列的葡萄酒仍在开发中，但都非常值得一品。

法布尔-蒙特美耀酒庄［卢汉德库约（维斯塔巴）产地］

首先，解释一下法布尔-蒙特美耀酒庄（Fabre Montmayou）的命名经过。该酒庄是一家合资企业，1992年最初由法国人埃尔韦·乔尤·法布尔（Hervé Joyaux Fabre）和他的商业伙伴蒙特美耀（Montmayou）创立。这家地处门多萨的酿酒厂得名维斯塔巴产业（Domaine Vistalba）；通过使用永恒（Infinitus）系列品牌在巴塔哥尼亚（Patagonia）设立子公司。现在，法布尔-蒙特美耀系列是主要系列品牌，菲斯（Phebus）则是更便宜的系列。虽然一些名气较小的葡萄酒在质量上可能会有所不同，项目也在不断发展。但总体来看，法布尔-蒙特美耀酒庄的葡萄酒口感极为细腻，辨识度高。

德赛诺酒庄［卢汉德库约（阿哥里罗）产区］

德赛诺酒庄（Finca Decero）是一家时尚的新兴酒庄，潜力巨大。该酒庄的酿酒厂和葡萄园地处阿哥里罗地区，海拔高达1050米，"Decero"一词意为从零开始。德赛诺酒庄首推2006年份酒。该酒庄主要生产红葡萄酒，以马尔贝克、赤霞珠和小维多为主。这些葡萄产自雷蒙里诺（Remolinos）的葡萄园。对细节的关注（例如，用筐式压榨酿造所有葡萄酒）及手工操作是德赛诺酒庄的优势，产品充满活力，极具特色，同时兼有旧世界欧洲传统葡萄酒的细腻口感。保罗·霍布斯（Paul Hobbs）为该酒庄提供咨询服务。★新秀酒庄

安尼塔酒庄 [卢汉德库约（阿哥里罗）产区]

许多新兴酒庄的目标是在自家葡萄酒中彰显个性，但只有少数能够真正实现。安尼塔酒庄（Finca la Anita）是少数受命运垂青的酒庄之一。20 世纪 90 年代初期，为了向欧洲经典酒庄致敬，曼努尔·马斯（Manuel Mas）和安东尼奥·马斯（Antonio Mas）兄弟创立了安尼塔酒庄。该酒庄很有特色，其沁人心脾、引人入胜又醇厚质朴的红葡萄酒比琳琅满目的白葡萄酒（都未使用橡木桶酿造）更出名。该系列佳酿可谓是未经打磨的珍宝，入口便唇齿留香，余味无穷。背面标签包含的信息丰富又言简意赅，让独特的安尼塔酒庄更具魅力。

索菲亚酒庄 [乌克山谷（图蓬加托）产区]

索菲亚酒庄（Finca Sophenia）在其短暂的历史中有口皆碑，这要得益于创始合伙人罗伯托·卢卡（Roberto Luka）精心设计的高海拔葡萄园与马蒂亚斯·米其林（Matías Michelini）精湛的酿酒工艺。这座风景优美、空气清新的酒庄位于乌克瓜塔拉里（Gualtallarí）海拔 1200 米的地方，长期生产优质的长相思、梅洛和马尔贝克葡萄。顶级的"综合"系列葡萄酒品质优良，尤其是优雅细致、口感圆润的红葡萄混酿，而阿图索（Altosur）品牌系列酒款价值较高。新鲜与和谐是本酒庄最优质葡萄酒的代名词。★新秀酒庄

欧佛尼酒庄（圣卡洛斯产区）

何塞·曼纽尔·奥迪加·吉尔-弗尼尔（José Manuel Ortega Gil-Fournier）曾经是一个胡子刮得干干净净、事业有成的银行家。现在，这个戴着眼镜、满脸胡须、匆匆忙忙的他是阿根廷最富有激情和上进心的葡萄酒生产商之一。欧佛尼酒庄（O Fournier）30% 的葡萄来自自家种的葡萄藤，70% 来自圣卡洛斯（San Carlos）周围高海拔地区（1200 米）的葡萄园。其中，丹魄（Tempranillo）是最主要的葡萄品种。该酒庄一直致力于酿造优质葡萄酒。基础的厄本（Urban）系列品质可靠；B-克鲁斯（B Crux）系列饱受赞誉（尤其是长相思）。A-克鲁斯（A Crux）系列开胃葡萄酒更具陈年优势，品质卓越。同时，新上市的混酿型葡萄酒欧佛尼西拉-马尔贝克干红（O Fournier Syrah/Malbec）风味浓郁，香料味较浓。

开肯酒庄 [卢汉德库约（维斯塔巴）产区]

智利酿酒师奥雷利奥·蒙特斯（Aurelio Montes）不满足于在祖国的巨大影响力，正努力将其全球影响力扩展到阿根廷和现在的加利福尼亚州。开肯酒庄（Kaiken）的成立是奥雷利奥逐梦的第一步，酒庄以"开肯"命名，寓意能像野雁一样跨越安第斯山脉，大展宏图。开肯酒庄的葡萄酒非常符合蒙特斯商标描述的：口感丰富、令人陶醉，与橡木桶酿造工艺相得益彰，还伴有一种"人生苦短，当以好酒相伴"的招摇。马尔贝克和赤霞珠是酒庄的焦点，葡萄来自包括乌克在内的门多萨周边产地。桃红葡萄酒和有"优品"标签的马尔贝克是该酒庄的最新酒品。★新秀酒庄

露奇波斯加酒庄 [卢汉德库约（马约尔德吕蒙）产区]

如果把露奇波斯加酒庄（Luigi Bosca）看做传统酒庄那就大错特错了。纵观历史，毫无疑问，该著名酒庄的经营者已经是阿里扎家族（Arizu family）的第四代了 [现任经营者是阿尔贝托（Alberto）和古斯塔沃（Gustavo）兄弟]。露奇波斯加酒庄的葡萄酒制作精巧，风格现代，品种丰富。20 世纪初期以来，在卢汉德库约和迈普地区，阿里扎家族旗下共有 6 个葡萄园为酒庄提供葡萄。露奇波斯加酒庄的葡萄酒在低端产品中很有特色，高端产品则精妙细腻、醇厚复杂，其中加拉（Gala）系列混酿干红葡萄酒尤值一提。

马西图蓬加托丛林园酒庄 [乌克山谷（图蓬加托）产区]

博萨尼（Boscaini）家族已有六代人致力于在意大利东北部发展葡萄酒事业。近些年，该家族来到意大利托斯卡纳（Tuscany）和阿根廷发展，在阿根廷图蓬加托高海拔地区建一座葡萄园并推出 3 款葡萄酒，都备受好评。该酒庄的座右铭是："兼具阿根廷的灵魂与威尼斯的风格"——事实确实如此。帕索白葡萄酒（Passo Blanco）由灰皮诺和特浓情混酿而成，口感芳醇，唇齿留香。素多波红葡萄酒（Passo Doble）由马尔贝克葡萄酒与略微干燥的科维纳（Corvina）葡萄二次发酵而成，醇厚浓郁、富有层次。顶级科贝（Corbec）红葡萄酒（半干的科维纳加 30% 的马尔贝克）口感浓稠，质地如奶油一般丝滑，充满樱桃的芬芳。

毛里西奥·洛尔卡酒庄 [卢汉德库约（佩德里埃尔）产区]

毛里西奥·洛尔卡是重量级的酿酒师，但在阿根廷，他是葡萄酒界的新星之一。他在许多优秀的酒庄效力，包括埃拉尔·布拉沃酒庄（Eral Bravo）、福斯特酒庄（Enrique Foster）和艾丽西亚酒庄（Viña Alicia），洛尔卡的工作一直令人钦佩。他在乌克山谷维斯特福园产区海拔 1050 米的地方建了低产葡萄园，开始了新的个人事业。这款未使用橡木桶陈酿、令人骄傲的奥帕洛混酿（Gran Opalo）红葡萄酒完美展现了洛尔卡的酿酒天赋，其酿造的葡萄酒极具个性，平衡感极佳。★新秀酒庄

曼德尔酒庄 [卢汉德库约（马约尔德吕蒙）产区]

罗伯托·德拉莫塔（Roberto de la Mota）是阿根廷最著名的酿酒师之一。2002 年，他决定与希列奇（Sielecki）家族合作。由于罗伯托名气与实力较高，这个合作项目很快得以落实。尽管经历了一场严重车祸，但这丝毫没有削弱罗伯托的热情。罗伯托酿造的葡萄酒一贯精致、清爽，又彰显了阿根廷葡萄酒典型的野性和浓烈。老藤马尔贝克和赤霞珠生长在佩德里埃尔和马约尔德吕蒙。辛辣浓郁的乌诺斯（Unus）系列酒款是由产自卢汉（Luján）的马尔贝克和 30% 的赤霞珠混酿而成，而遥地（Finca Remota）系列酒款的原料是产自乌克的纯马尔贝克。★新秀酒庄

诺埃米亚酒庄（黑河产区）

诺埃米亚酒庄（Noemía）的独一无二体现在几个方面。它是丹麦酿酒师汉斯·维丁-迪尔斯（Hans Vinding-Diers）和意大利伯爵夫人诺伊米·马罗内·琴扎诺（Countess Noemi Marone Cinzano）的合作项目。该酒庄使用了 20 世纪 30 年代和 50 年代在未经嫁接的马尔贝克葡萄园种植的老藤葡萄，并在巴塔哥尼亚（Patagonian）沙漠中进行生物动力方法种

令人眩晕的高度：高海拔与阿根廷葡萄酒

阿根廷的葡萄园海拔高达约 3000 米，相当于珠穆朗玛峰的三分之一。那这对葡萄酒意味着什么呢？

卡帝娜酒庄（Catena）的酿酒师玛丽拉·莫里纳利（Mariela Molinari）曾言："这样的海拔高度减轻了沙漠气候的影响。"温度和光照强度是影响植物生长的两个主要因素。在高海拔地区，最高和最低温度都比较低。这就意味着，在夏季，植物果实中天然酸度更为平衡。"挂果时间"或者说自然成熟曲线更长、更平缓。所以，生产商可以在当季晚些时候再采摘，而此时浆果的口味更加丰富。较高的日照水平也可能会让果皮更厚、果实更芳香，多酚和其他化合物，包括类胡萝卜素、单宁和白藜芦醇的浓度更高，但通常并不会让葡萄酒变涩。

那风险是什么呢？会出现霜冻、冰雹和高酒精度。但用莫里纳利的话来说："我们就是要节节高升！"

植。顶级瓶装的诺埃米亚系列葡萄酒爆发力强，风味独特，满是焦糖味、甜香料和李子的气息。阿尔伯特（J. Alberto）系列葡萄酒紧致的口感和浓郁的香气让人心旷神怡，而丽萨（A. Lisa）（由藤龄较低的葡萄藤果实酿制而成）系列红葡萄酒芳香四溢，胡椒味浓。

帕斯库阿尔·托索酒庄［迈普（巴兰卡斯）产区］

帕斯库阿尔·托索酒庄（Pascual Toso）成立于 19 世纪末，是阿根廷传统酒庄之一，总产量近 90% 是起泡酒。21 世纪初以来，该酒庄才开始生产高品质葡萄酒，投资巨款，还聘请了加利福尼亚州的保罗·霍布斯（Paul Hobbs）担任顾问。结果非常可观：基础系列葡萄酒物美价廉，而高端的葡萄酒则更加浓郁醇厚和细腻复杂。该酒庄的特色产品是赤霞珠和马尔贝克，与平滑醇厚的顶级马格达莱纳托索（Magdalena Toso）葡萄酒完美融合，效果极佳。

普兰塔酒庄［卢汉德库约（阿哥里罗）产区］

雨果·普伦塔（Hugo Pulenta）和爱德华多·普伦塔（Eduardo Pulenta）兄弟来自阿根廷颇具历史的酿酒家族之一，直到 20 世纪 90 年代末，一直控制着庞大的佩娜弗洛（Peñaflor）集团。

1991 年，他们的父亲安东尼奥（Antonio）在上阿哥里罗（Alto Agrelo）地区的 135 公顷的庄园里，种植了一系列的葡萄品种；2002 年，兄弟俩创建了酒庄，继续传承家族事业。酒庄的设施无可挑剔，投入了大量资金。葡萄酒的价格并不便宜，但回味无穷。怒放之花（La Flor）基础系列以灰皮诺和马尔贝克见长，质量尤为上乘。

普兰塔庄园系列的葡萄酒更加浓郁醇厚，口感丰富，而柯尔特（Gran Corte）是时尚格兰系列中的佼佼者。★新秀酒庄

汝卡·玛伦酒庄［卢汉德库约（阿哥里罗）产区］

汝卡·玛伦酒庄（Ruca Malén）的创始人是前阿根廷酪悦夏桐酒庄（Bodega Chandon）的主席让·皮埃尔·蒂博（Jean Pierre Thibaud）及来自法国勃艮第的雅克·路易斯·德·蒙塔龙贝（Jacques Louis de Montalembert）。该酒庄酿造的阿根廷葡萄酒带有法国特色，酿酒专用的葡萄产于卢汉德库约和乌克地区，产品优雅别致，口感清新爽口，令人心旷神怡，是常备家中饮用的不二之选。其基本的杨克系列（Yauquén）葡萄酒完美演绎了葡萄的品种特征，极具魅力，适合日常饮用。汝卡·玛伦葡萄酒浓度更高，而尅尼系列（Kinien）充分体现了精湛的混酿工艺和橡木桶发酵的痕迹。游客参观酒厂时可以亲手体验混酿的流程，直接品鉴原酒。

萨兰亭酒庄［乌克山谷（图努扬）产区］

萨兰亭酒庄（Bodegas Salentein）的组成较为复杂，其核心位于乌克地区高原上一座美不胜收的庄园中。在荷兰资本和阿根廷专业知识的推动下，20 世纪 90 年代末这家酒庄便成为该地区的先驱之一。在其 2000 公顷的庄园中种植了 700 公顷的葡萄藤，有些葡萄藤所在的海拔高达 1700 米。起初，该酒庄因优质长相思和黑皮诺而闻名；最近，芳香四溢的马尔贝克和圆润爽滑的梅洛夺得头筹。酒庄的优质设施非常完备，让人难忘。酒庄的

优质设施非常完备，前往一游便会终生难忘。

安第斯台阶酒庄［卢汉德库约（佩德里埃尔）产区］

安第斯台阶酒庄（Terrazas de Los Andes）是阿根廷酪悦夏桐酒庄（Chandon）的分支；两者隶属跨国奢侈品大亨酪悦·轩尼诗-路易·威登集团。自 1999 年开始，安第斯台阶酒庄的核心理念是将每个品种与各自特定的海拔高度相结合，按其葡萄成熟的顺序和酿制葡萄酒的质量分级。出产的葡萄酒很有吸引力；始终如一的品质也值得称颂，不过还未到令人拍案叫绝的程度。马尔贝克、赤霞珠和霞多丽是该酒庄的优势酒品。

翠碧酒庄（迈普产区）

翠碧酒庄（Trapiche）是阿根廷最大的葡萄酒生产商之一，隶属于庞大的佩娜弗洛（Peñaflor）集团，该集团旗下的酒庄还包括黑莓酒庄（Finca las Moras）、圣安纳酒庄（Santa Ana）和米歇尔多林酒庄（Michel Torino）。翠碧酒庄拥有 1250 公顷的葡萄园，葡萄酒原料产自门多萨 300 家生产商，葡萄酒总产量为 3500 万瓶。自 2002 年以来，酿酒师丹尼尔·派（Daniel Pi）精进技艺，提高葡萄酒品质。主打葡萄酒是顶级单一园马尔贝克干红葡萄酒，浓郁、丝滑、极富特色。其他葡萄酒同样价值很高，尤其是翠碧酒庄精选（Broquel）系列。

罗兰花谷酒庄［乌克山谷（维斯特福园）产区］

世界著名的酿酒顾问米歇尔·罗兰（Michel Rolland）的身影遍布阿根廷各个酒庄。然而，罗兰只把两种葡萄酒称为自己的作品：罗兰花谷（Val de Flores）和亚克丘亚（Yacochuya），亚克丘亚是一种生长在卡法亚特（Cafayate）海拔 2000 多米高的马尔贝克葡萄。这种葡萄外表粗糙，在崎岖不平、条件恶劣的条件下依然可以顽强生长。罗兰曾经常开车去乌克山谷维斯特福园产区的鹰格堡酒庄，途中经过了一片古老的葡萄园，便由此产生了创立罗兰花谷酒庄的想法。随后，他与合作伙伴菲利普·谢尔（Philippe Schell）买下了这座 13 公顷的葡萄园，葡萄园里还有种植了 50 年的马尔贝克葡萄。酒庄出产的葡萄酒在阳光的炙烤下散发着奶油、无花果和皮革的香味。

朱卡迪酒庄（迈普产区）

何塞·阿尔韦托·朱卡迪（José Alberto Zuccardi）创建的品牌彰显了他独特的活力、决心和谦逊，让人折服。他在门多萨省东部建立了一个迷你葡萄酒帝国，拥有一流的游客设施，包括餐厅、画廊，还可以乘坐热气球和古典轿车游览酒庄。对创新的不懈追求推动了乌克谷葡萄园的发展，外来品种不断涌现［卡拉多克（Caladoc）和马瑟兰（Marselan）在口味折中的"教科书"（Textual）系列中表现出色］。有机葡萄园、博纳达气泡酒，以及美味的波特风格红葡萄酒，在朱卡迪酒庄（Zuccardi），可以说是"众口可调"。朱卡迪 Q 系列（"Q"为英文词 Quality 首字母缩写，是"质量"的意思）是系列葡萄酒中最有名的。

普兰塔酒庄
完善的设施，巨大的投资见证了口感浓郁，层次复杂的柯尔特系列。

汝卡·玛伦酒庄
带有明显法国味道的阿根廷葡萄酒。

巴西产区

提到巴西，人们脑海中就会浮现出美丽的海滩、狂欢节和足球。尽管巴西是世界上 20 个最大的葡萄酒生产国之一，拥有近 500 年的葡萄酒酿造历史，却很少有人会把这个国度和葡萄酒联系在一起。巴西在生产出口级品质的葡萄酒方面还处于起步阶段。尽管如此，一小部分注重品质的葡萄酒生产商正在酿制能获得国际认可的佳酿。在南美洲，巴西起泡酒作为香槟的平价替代品已享有盛誉，正在稳步占领海外市场。许多巴西南部的葡萄生产商都把梅洛作为他们的旗舰葡萄品种。

1532 年，巴西首次在圣文森特（São Vicente）的首府引进葡萄藤，如今这里属于圣保罗州（São Paulo）的一部分。气候炎热、潮湿的地区不适合种植葡萄，但位于最南部、与阿根廷和乌拉圭接壤的南里奥格兰德州气候较为温和、凉爽，比较适合种植葡萄。目前，该州葡萄酒的产量占到巴西葡萄酒总产量的 90% 以上，其中就包括了一些巴西最好的葡萄酒。

巴西 26 个州的大部分地区都种植葡萄，除了南里奥格兰德州，还有两个地区特别值得关注。第一个是圣弗朗西斯科山谷。该地位于巴西东北部，地属热带气候。第二个是圣卡塔琳娜州，地处南里奥格兰德州的北部。这里，坐落在高海拔地区的酒庄（有些高达1350 米）生产出巴西最优质的葡萄酒，这里最低温度可达到 -10℃，还伴有降雪。

20 世纪 70 年代初，巴西葡萄酒行业开始真正发展壮大起来。当时巴西的人口已达 9000 万，随之而来的是人们对葡萄酒日益增长的消费和兴趣；同时，多家国际公司也看好巴西，开始投资这个富有吸引力的市场。

这些跨国公司的到来极大改进了当地的葡萄酒酿造技术。除了引进新技术外，马天尼酒庄 [Martini & Rossi（1973）]、酩悦香槟酒庄 [Moët & Chandon（1973）]、施格兰公司 [Seagram（1974）] 和美国国家酿酒公司 [National Distillers（1974）] 等外国投资者还大面积种植葡萄，品种包括赤霞珠、梅洛、黑皮诺、霞多丽和长相思等。如今，巴西是仅次于智利和阿根廷的南美第三大葡萄酒生产国，拥有约 12000 公顷的葡萄园。

自 1990 年巴西政府放宽进口壁垒以来，当地葡萄酒生产商面临着来自几个国外葡萄酒产区——尤其是智利和阿根廷日益激烈的竞争。

所以，巴西人较少选择本土葡萄酒，巴西葡萄酒生产商在国内市场的份额从大约三分之二降到了四分之一。出于这个原因，巴西国内的生产商们越来越多地选择出口葡萄酒，并小有成就。目前巴西葡萄酒的十大出口地分别是美国、巴拉圭、荷兰、日本、德国、捷克、葡萄牙、俄罗斯、英国和安哥拉。

毫无疑问，这种成功在一定程度上归功于巴西葡萄酒的创新。不仅如此，巴西葡萄酒内敛优雅，倾向于欧洲风格，酒精浓度适中，非常符合当前的饮酒趋势。

主要葡萄种类

🍇 **红葡萄**

品丽珠

赤霞珠

梅洛

黑皮诺

多瑞加

🍇 **白葡萄**

霞多丽

琼瑶浆

长相思

年份

2009

该年份充满挑战，寒冷多雨，春季降霜。

2008

该年份气候适宜，平均气温适中，降雨量少。

2007

该年份降雨量低于平均水平，但大部分降雨都发生在3月，影响了晚熟的葡萄品种。

2006

该年份遭遇干旱和冰雹，3月的降雨量超过平均水平。

2005

该年份雨水稀少，温度高于平均气温，具备现代最佳葡萄酒的酿造条件。

2004

该年份相比平常阳光更多，降水更少，非常适宜葡萄生长。

卡伍·热斯酒庄

智利酿酒师马里奥·热斯——起泡
酒行业专家。

利迪奥·卡拉罗酒庄

该酒庄的 Dd' Divas 系列
霞多丽白葡萄酒未经橡木桶陈年发酵，
品质精良、口感丰富。

安赫本酒庄（南恩克鲁济利亚达产区）

安赫本（Angheben）是 11 世纪来自奥地利-意大利边境凯尔特人部落的名字，但在过去几十年中，安赫本已经成为巴西一些最佳葡萄酒的代名词。这是因为 1999 年，著名教授兼酿酒师伊达伦西奥·弗朗西斯科·安赫本（Idalencio Francisco Angheben）创建了同名酒庄。这位游历丰富的教授和他的儿子爱德华多（Eduardo）在南恩克鲁济利亚达（Encruzilhada do Sul）的花岗岩质和沙质土壤的葡萄园里酿造葡萄酒，该系列产品品质稳定，其中一款起泡酒深受消费者青睐，还有一款国产多瑞加（Touriga Nacional）充分彰显了该葡萄品种的典型特点。

博斯卡托酒庄（安塔斯河谷产区）

博斯卡托（Boscato）是一家小型家庭酒庄，该酒庄坚持将传统工艺与创新技术相结合，酿制出迷人的葡萄酒。该酒庄的葡萄园位于海拔 800 米的岩石土壤上，该处冬季严寒且漫长，夏季炎热，日照时间长。博斯卡托酒庄获奖无数：仅在 2009 年，就在加拿大、意大利、德国和比利时的知名葡萄酒展会上获得了多项大奖。

明星产品无疑是梅洛特级珍藏葡萄酒（Merlot Grande Reserva），尽管该酒质地有些过于紧实，但口感优雅醇美。

卡萨·瓦尔杜加酒庄（葡萄园谷产区）

近年来，瓦尔杜加（Valduga）兄弟改造了家族企业卡萨·瓦尔杜加酒庄（Casa Valduga），大量投资葡萄园和酿酒厂。尽管酒款较多，也酿造出了一些世界级的葡萄酒，但要得到全世界的认可还有很长的路要走。瓦尔杜加拥有拉丁美洲最大的起泡酒窖，其最好的酒是瓦尔杜加 130（Casa Valduga Brut 130）干型起泡酒。该公司还在美丽的葡萄园谷产区大力发展葡萄酒旅游业，在那里经营着一家高级餐厅，可为游客提供住宿和早餐。

卡伍·热斯酒庄（蒙塔纳产区）

卡伍·热斯酒庄（Cave Geisse）坐落在美丽的高乔山谷（Serra Gaúcha），是由智利移民马里奥·热斯（Mario Geisse）创建的。他刚到巴西时，原本是想在巴西的夏桐公司做起泡酒生意，然而，热斯很快就了解到该地区起泡酒产业的巨大潜力，便前往本图贡萨尔维斯市的平图班黛拉（Pinto Bandeira）产区。该酒庄大部分葡萄园种植的是香槟品种黑皮诺和霞多丽。这里采用的技术也具有法国特色，产出了一部分巴西最好的起泡酒。

圣安娜酒庄（利夫拉门托圣安娜产区）

不同于巴西大多数酒庄，圣安娜酒庄（Cordilheira de Sant'Ana）不是家族传统的延续产业，而是格拉迪斯坦·奥米佐洛（Gladistão Omizzolo）和罗莎娜·瓦格纳（Rosana Wagner）两人终生梦想的结晶。这两位酿酒师在酿酒业拥有超过 60 年的经验，为了找到完美葡萄园，他们经过长期、极其细致的寻找，最终才创立了圣安娜酒庄。从 1999 年开始他们就开

始筹划，直到六年后该酒庄最终开业，共拥有 46 公顷的葡萄园，每年能生产 16 万瓶葡萄酒。该酒庄霞多丽、琼瑶浆和长相思酿成的白葡萄酒市场前景尤为广阔。

达尔·皮佐尔酒庄（法利亚莱莫斯产区）

达尔·皮佐尔酒庄（Dal Pizzol）是位于本图贡萨尔维斯市法利亚莱莫斯（Faria Lemos）的一家精品酒庄，每年生产约 2.8 万箱葡萄酒和少量的葡萄汁。该酒庄使用的葡萄品种包括赤霞珠、梅洛、品丽珠、黑皮诺、丹娜、安塞罗塔、霞多丽、长相思和琼瑶浆，但其中明星品种是葡萄牙的国产多瑞加，这种葡萄可以酿造出特优级的葡萄酒。这片区域面积广阔，包括一个当地餐厅（仅对预约顾客开放）、迷人的湖泊、充满异国情调的各种植物和达尔·皮佐尔的名酒屋，收藏了许多的年份珍酿葡萄酒。

利迪奥·卡拉罗酒庄（葡萄园谷产区）

1998 年，在对葡萄园谷的土壤和气候进行详细研究后，勤奋且意志坚定的利迪奥·卡拉罗（Lidio Carraro）家族建立了自己的酒庄。2002 年，该酒庄的第一批葡萄酒酿成，标志着一个严谨的精品葡萄酒生产商的横空出世。酒庄生产规模很小，一些葡萄酒只生产了 3500 瓶，酿酒师用梅洛、赤霞珠、品丽珠、内比奥罗、马尔贝克、丹娜和丹魄酿制的葡萄酒口感独一无二。为了保证水果的纯度，在生产过程中酿酒师在任何时候都不使用橡木桶。不过按照巴西的标准，价格还是格外昂贵。

米奥罗酒庄

1897 年，一位意大利移民朱塞佩·米奥罗（Giuseppe Miolo）用自己的毕生积蓄购买了一小块土地。尽管条件寒酸，巴西最大的葡萄酒生产商就在这里一步一步诞生了。如今，米奥罗葡萄酒集团（Miolo Wine Group）共有 6 个独立庄园：米奥罗酒庄（Miolo Winery，葡萄园谷产区）、福塔莱萨酒庄（Fortaleza do Seival，卡帕尼亚产区）、RAR 酒庄（高山平原产区）、洛瓦拉酒庄（Lovara，高桥山谷产区）、绿金庄园（Fazenda Ouro Verde，圣弗朗西斯科山谷产区）和最近收购的阿尔马登酒庄（Almaden）。酒庄总共有 1150 公顷的葡萄园，但相比数量酒庄主人更关注质量。在世界闻名的法国顾问米歇尔·罗兰的帮助下，米奥罗酒庄还酿造出了一些巴西最好的葡萄酒——梅洛干红葡萄酒（Merlot Terroir），洛特 43 波尔多混酿（Lote 43 Bordeaux）和出色的年份起泡酒（Millésime）。这 3 种葡萄酒具有旧世界葡萄酒的特点，口感柔顺、优雅、层次丰富。

佩里尼酒庄（法罗比亚产区）

1970 年，贝尼多·佩里尼（Benildo Perini）启动了一个远大的计划：将家族企业从只为当地市场生产葡萄酒的小规模酒厂，提升为一个能生产具有广泛吸引力的优质葡萄酒大公司。功夫不负有心人，佩里尼在收购了附近的兰蒂尔酒庄（Casa Vinicola de Lantier）后，战绩傲人。现在拥有 92 公顷的葡萄园，每年生产大约 1650 万升的葡萄酒。而在之前佩里尼只是租用兰蒂尔酒庄的酿酒设施。佩里尼酒庄（Perini）以加里波第当地

区为中心（位于特伦蒂诺山谷这个极具意大利风情的产区），生产的葡萄酒有很多系列，其中最值得一提的是有意大利风格的非年份普罗塞克气泡酒（Prosecco）。

皮扎托酒庄（葡萄园谷产区）

1875 年，皮扎托（Pizzato）家族从威尼斯来到巴西，开始了他们的葡萄酒酿造事业，所酿造的葡萄酒用于当地医院的疾病治疗。但直到 1999 年该酒庄的现代酒厂成立后，才代表着他们成为巴西顶级酿酒家族。如今该家族拥有 42 公顷的葡萄园，分布在两个地区——葡萄园谷产区和福斯托（Doutor Fausto）产区，每年仅生产 7000 箱葡萄酒。他们做每一件事都充满热情，优先确保质量，旗下产品包括一些品质上好的起泡酒，以及少数以梅洛为主要葡萄品种优质红葡萄酒。

雪场酒庄（圣华金产区）

圣卡塔琳娜州（Santa Catarina）因拥有巴西最凉爽的气候而闻名，由于雪场酒庄（Quinta da Neve）等酿酒商的存在，该州迅速成为优质葡萄酒酿造地。该酒庄成立于 1999 年，在海拔 1000 米以上的地方种植了 15 个葡萄品种，其理念非常符合精品酒庄的要求。这意味着该酒庄属于小批量生产（每年约 5 万瓶），但也代表他们对细节尤为关注。广受赞誉的葡萄牙酿酒师安塞尔莫·门德斯（Anselmo Mendes）是这些葡萄酒的幕后功臣，其精品之作包括品质卓越的赤霞珠，以及可以说是巴西迄今为止最好的黑皮诺，都是出自他之手。

维尼布罗尔酒庄（圣弗朗西斯科山谷产区）

2002 年，德高望重的葡萄牙生产商道·索（Dão Sul）建立了维尼布罗尔酒庄（Rio Sul Vinibrasil）。该酒庄位于圣弗朗西斯科山谷半荒芜地区，共 200 公顷，酒庄地处该国东北部，南纬 8°——因为这个地理位置，该酒庄生产的葡萄酒被称为"新纬度"。酒庄酿酒师由前葡萄牙年度酿酒师卡洛斯·卢卡斯（Carlos Lucas）担任，他用赤霞珠、西拉和紫北塞等葡萄酿造出了极富现代感的、果香浓郁的南大河葡萄酒系列。

萨尔顿酒庄（特伊蒂产区）

1910 年，萨尔顿酒庄（Salton）成立。屡获殊荣的萨尔顿酒庄一直以其高品质的静止葡萄酒而著名。但近年来，该酒庄又增加了一项业务，成为巴西最大的起泡酒生产商。萨尔顿酒庄最好的葡萄酒是赤霞珠、梅洛和丹娜混酿，传统方法酿制的"天才"起泡酒（Talento）和 100% 梅洛德西霍（Merlot Desejo），而萨尔顿沃尔皮（Salton Volpi）系列也一直有口皆碑。值得一品的起泡酒包括高乔山谷产区沃尔皮（Volpi Brut，一种霞多丽和雷司令混酿酒）、麝香起泡酒（Moscatel）、普洛赛克起泡酒（Prosecco）、桃红起泡酒、诗意葡萄酒（Poética），以及采用传统香槟制作方法，用霞多丽和黑皮诺酿制而成的干型埃维登斯（Brut Èvidence）。

萨尔顿酒庄
萨尔顿酒庄是成功酿造梅洛的巴西酒庄之一，德西霍葡萄酒就是一例，口感强劲。

新弗朗西奥尼酒庄（圣华金产区）

创建新弗朗西奥尼酒庄（Villa Francioni）是创始人弗雷塔斯（Manoel Dilôr de Freitas）的毕生梦想，酒庄的名字取自创始人母亲的名字，阿格里皮娜·弗朗西奥尼（Agripina Francioni）。新弗朗西奥尼酒庄海拔高度 1200 米，气候干燥凉爽。该酒庄关注葡萄园的细节，在采摘时严选葡萄果粒，尊重风土条件，酿造出了让人拍案叫绝的高品质葡萄酒。该酒庄提到，众多葡萄品种中的小维多是 2009 年最后一批在南半球采摘的葡萄。霞多丽和黑皮诺是巴西葡萄中最好的品种。

格兰朵酒庄（阿瓜多塞产区）

格兰朵酒庄（Villaggio Grando）的创始人是莫里西奥·卡洛斯·格兰（Maurício Carlos Gran）。最先让莫里西奥意识到阿瓜多塞（Agua Doce）是世界上最佳酿酒地之一的是一位来自阿马尼亚克（Armagnac）酿酒家族的朋友。20 世纪 90 年代中期，格兰朵酒庄成立。后来，一位波尔多的葡萄酒学家证实了这个高海拔（海拔 1350 米）地点确实适合酿酒。该地气候凉爽，冬季气温低至零下 10℃。但这里阳光充足：在 3～5 月的采摘季节，太阳从早上 5 点半升起一直到晚上 8 点才落下，因此能酿造出了结构良好、具有陈年价值的葡萄酒。该酒庄盛产的霞多丽和梅洛品质较高，其长相思最具潜力。

唐·劳伦多酒庄（葡萄园谷产区）

唐·劳伦多·布兰德利（Don Laurindo Brandelli）的家族和葡萄酒颇有历史渊源。1887 年，布兰德利的祖父第一次从意大利的维罗纳（Verona）来到巴西，从此他们就开始销售葡萄，为自己和朋友们酿造葡萄酒。不过直到 1991 年在布兰德利和他的儿子们第一次创建唐·劳伦多酒庄（Vinhos Don Laurindo）之后，布兰德利家族才开始涉足商业葡萄酒生产。从那时起，葡萄酒的质量稳步提高，该酒庄逐渐在葡萄酒产业有了一席之地。酒庄主要使用的葡萄品种是梅洛、赤霞珠和马尔贝克，不过从选用意大利本土葡萄安赛罗塔（Ancellota）这一点就可以看出布兰德利的根还是深深扎在意大利。

米奥罗酒庄
米奥罗马尔贝克红葡萄酒，
巴西波尔多式混酿的典范。

乌拉圭产区

乌拉圭尽管国土面积小，但是南美第四大葡萄酒生产国，拥有约 10000 公顷的葡萄园。最重要的葡萄酒产区是位于首都蒙得维的亚（Montevideo）北部的卡内洛斯省（Canelones），产量占全国总产量的 60%。就地理和土壤情况而言，乌拉圭类似于波尔多右岸（Right Bank）。该地大部分是富含石灰质的黏土混合土壤，平缓的丘陵地形有利于自然排水。虽然这里的赤霞珠、长相思和霞多丽都很出名，但几乎可以肯定的是，丹娜代表了乌拉圭的历史和酿酒传统，是最著名的葡萄品种。

主要葡萄种类

🍇 红葡萄

品丽珠
赤霞珠
梅洛
黑皮诺
西拉
丹娜

🍇 白葡萄

霞多丽
长相思
赛美蓉
维欧尼

年份

2009

该年份的白葡萄酒往往缺乏新鲜感和香气，红葡萄口感紧实，有时单宁过高。

2008

总体上，该年份出产了一些优质的白葡萄酒，但红葡萄酒的出产情况并不稳定。

2007

该年份风大、雨多，对葡萄酒行业来说颇具挑战。晚熟品种如赤霞珠和丹娜表现不佳。

2006

该年份是出产新鲜白葡萄酒和紧致红葡萄酒的绝佳年份。

2005

白昼温暖、夜晚凉爽，该年份是乌拉圭葡萄酒行业历史上丰收年之一。

2004

该年份白葡萄酒品质较高，但红葡萄酒非常清淡，入口单薄。

阿尔托·德·拉·巴莱纳酒庄（塞拉·德·拉·巴莱纳产区）

为了找到一个理想的酒庄位置，宝拉·皮维尔（Paula Pivel）和阿尔瓦罗·洛伦索（Alvaro Lorenzo）购买了塞拉·德·拉·巴莱纳（Sierra de la Ballena，又名"鲸鱼山"）的一块岩石土壤地。该地距海 13 千米，位于埃斯特角城（Punta del Este）附近，地理位置优越，葡萄成熟缓慢。如今，该酒庄占地面积为 8 公顷，种植的葡萄品种有梅洛、品丽珠、西拉、维欧尼、丹娜等。酒庄有两种优质葡萄酒，一种是梅洛，另一种是丹娜和维欧尼混酿，后者是该系列中最好的葡萄酒。酒庄还有 3 款小批量生产的葡萄酒：一款是维欧尼，一款是品丽珠和丹娜桃红葡萄酒，还有一款是加强型品丽珠甜酒，专门提供给酒庄的游客们品用。

博萨酒庄（蒙得维的亚产区）

博萨酒庄（Bodega Bouza）是一家家族经营的精品酒庄，一直秉承"小规模经营益于提高质量"的经营理念。酒庄共种植 22 公顷的葡萄，其中 13 公顷在拉斯维奥莱特产区，9 公顷在蒙得维的亚产区，每年大约生产 90000 瓶葡萄酒。酒庄将 5 种葡萄混酿，生产出多种不同风格的葡萄酒，其中包括阿尔巴利诺葡萄，该家族自称是第一家在南美种植此类葡萄品种的酒庄。产自理想年份的旗舰葡萄酒味道浓郁可口，但需陈年才能成熟。博萨酒庄用丹娜葡萄酿出了佳品，有力地证明了该品种在乌拉圭大有可为。酒庄有一个餐厅，除了可以品尝当地美食，还可以品味和购买限量版葡萄酒。

古堡酒庄（圣何塞省产区）

在国际酿酒师的支持下，埃切维里家族三代人终于在传统与现代酿酒技术之间成功实现了平衡。古堡酒庄（Bodega Castillo Viejo）占地超过 130 公顷，葡萄酒总产量为 150 万升。该酒庄的现代历史可以追溯到 1986 年，当时家族开始改造葡萄园，种植法国品种，包括长相思、霞多丽、梅洛、丹娜、赤霞珠和品丽珠等。与此同时，酒庄引进了大量新设备，从压榨机到装瓶设备，不一而足。他们还引进了法国橡木桶和美国橡木桶。2008 年，酒庄开始实行夜间采摘，提高酿造所需水果的质量。2005 年，令人难忘的限量版纪念日（El Preciado）葡萄酒问世。尽管变化很大，但总体上酒庄的招牌酒仍然保持着明显的传统风格，果香内敛、结构感强。

马瑞可酒庄（埃切瓦里亚产区）

马瑞可酒庄（Bodega Marichal E Hijo）的起源可以追溯到 20 世纪 10 年代，当时伊萨贝利诺·马谢尔（Isabelino Marichal）从他的家乡加那利群岛（Canary Islands）来到乌拉圭。马谢尔最初专注于打理葡萄园，1938 年，他建立了一家酒庄。如今，拥有 70 年家酿传统的马瑞可酒庄已发展成为乌拉圭最重要的精品酒厂之一。酒庄位于埃切瓦里亚（Etchevarría）地区，距大海约 30 千米，山坡斜度不大，属石灰质土壤。该酒庄面积不大，所以可以实行手工采摘，每年产量可供酿造 20 万瓶葡萄酒。品种包括优质丹娜、梅洛、赤霞珠、品丽珠、黑皮诺、霞多丽、赛美蓉和长相思等。

阿里亚诺兄弟酒庄（康斯坦西亚和埃尔·科罗拉多产区）

阿里亚诺兄弟酒庄（Bodegas Ariano Hermanos）结合了旧世界的传统、最新葡萄酒技术及高度专业化的技术人员，每年生产 150 万升葡萄酒。该酒庄占地 100 公顷，分布在两个地区：派桑杜省（Paysandu）的康斯坦西亚（Constancia）地区和卡内洛斯省的埃尔·科罗拉多（El Colorado）地区。这两个地区都得益于温和的气候：康斯坦西亚地区夜晚凉爽，白天阳光充足；埃尔·科罗拉多地区受到来自大西洋微风的影响，气候温和。阿里亚诺兄弟酒庄是乌拉圭最具前瞻性的生产商之一，该酒庄葡萄园里种植了质量最好的法国葡萄品种。出产的优质旗舰酒款阿里亚诺系列丹娜红葡萄酒（Nelson Ariano Tannat）完全可以证明：庄园之前的努力已经开始得到回报。

卡劳酒庄（拉斯·维奥莱特产区）

早在 20 世纪 30 年代，胡安·卡劳（Juan Carrau）就来到乌拉圭，计划着继续加泰罗尼亚（Catalan）家族的酿酒传统。卡劳为后代留下的遗产是乌拉圭最古老的内比奥罗和丹娜种植园，该种植园位于蒙得维的亚北部的拉斯·维奥莱特产区，以肥沃的黏土而著称。最近，卡劳酒庄（Bodegas Carrau）在海拔 300 米以上的地区开辟了更多的葡萄园，建有良好的排水系统，葡萄种植密度高。阿马特（Amat）系列葡萄酒是卡劳酒庄最优质的葡萄酒，用 100% 的丹娜酿造，用以纪念家族族长弗朗西斯科·卡劳·阿马特（Francisco Carrau Amat,1790—1860）。酒庄热衷于文化和教育事业，周二可以接待学生参观，这样孩子们就可以在品尝葡萄汁的同时开始了解葡萄酒。

德·卢卡酒庄（埃尔·科罗拉多产区）

雷纳尔多·德·卢卡（Reinaldo De Lucca）是乌拉圭葡萄酒业中最伟大的人物之一。人们都称他为"埃尔塔诺"（El Tano），他是重建乌拉圭葡萄酒行业的先驱之一。德·卢卡酒庄（De Lucca）距离大西洋海岸30千米，占地面积50公顷，分布在卡内洛斯地区的中心地带——埃尔科罗拉多、林孔、奇科（El Colorado Chico）和普罗格雷索（Progreso），是乌拉圭最古老的葡萄栽培地区之一。德卢卡酒庄的葡萄酒风格比较传统，果香浓郁，单宁坚实。

胡安尼科酒庄（胡安尼科产区）

自1979年以来，德卡斯（Deicas）家族收购并开始管理胡安尼科酒庄（Establemiento Juanicó）。在此期间，该家族一直致力于生产最优质的葡萄酒。1999年以来，他们与波尔多克莱蒙教皇堡（Château Pape Clément）的贝尔纳·马格雷（Bernard Magrez）成立了合资企业。该庄园在乌拉圭主要的葡萄酒产区——卡内洛斯产区拥有面积超过250公顷的葡萄园，是乌拉圭最先进的葡萄酒庄之一。该酒庄的葡萄酒产量约为450万升，使用不锈钢罐、水泥罐及法国橡木桶、美国橡木桶陈酿。胡安尼科酒庄力求实现传统与创新之间的完美平衡。

托斯卡尼尼酒庄（卡内洛尼·奇科和帕索·奎洛产区）

1894年，唐·胡安·托斯卡尼尼（Don Juan Toscanin）和他的妻子离开日内瓦，来到里奥德拉普拉塔（Río de la Plata）地区蒙得维的亚以北30千米的卡内洛尼·奇科（Canelón Chico）定居。1908年，他们建立了托斯卡尼尼（Juan Toscanini e Hijos）酒庄。如今，托斯卡尼尼酒庄的总占地面积达到185公顷。托斯卡尼尼酒庄是乌拉圭最重要的葡萄酒庄之一，高密度种植、纯手工采摘的作业方式巩固了酒庄的地位。葡萄品种包括梅洛、赤霞珠、品丽珠、西拉、丹娜、霞多丽、长相思、特雷比奥罗、赛美蓉、琼瑶浆等。酒庄的葡萄酒系列庞大，当然相互之间的一致性确需改进。然而，还有一些酒款值得关注，包括珍藏级丹娜和优质TCM系列（TCM是指丹娜、赤霞珠和梅洛混酿酒）。

皮萨诺酒庄（普罗格雷索产区）

皮萨诺酒庄（Pisano）坐落在里奥德拉普拉塔中心，土壤中富含石灰质。酒庄靠近大海，昼夜温差大，因而成品葡萄酒的味道更加浓郁。皮萨诺每年生产38万瓶小型瓶装葡萄酒，致力于生产具有欧洲特色的葡萄酒。这里的旗舰酒款是阿雷特赛亚系列优质特级珍藏酒（Arretxea Premium Grand Reserve），由丹娜、赤霞珠和梅洛三种葡萄混酿而成，酒色深红，果香浓郁复杂，单宁紧实，结构良好。皮萨诺酒庄为树立乌拉圭作为海外葡萄酒生产商的形象做出重要贡献，出产的葡萄酒销往超过35个国家。

皮左诺酒庄
得益于新西兰酿酒师之手，传统家族赋予了该酒款诸多现代元素。

皮萨诺酒庄
盛产皮萨诺优质葡萄酒。

皮左诺酒庄（卡内洛尼·奇科产区）

皮左诺酒庄（Pizzorno）拥有上百年的酿造经验，是乌拉圭最好的精品酒庄之一。1910年，乔恩·普罗斯佩罗·何塞·皮佐诺（Don Próspero José Pizzorno）创立该酒庄。如今，皮佐诺的孙子卡洛斯延续了祖辈对自然的热爱和尊重，也传承了他的家族传统——生产优质、最具乌拉圭特色的手工酿制葡萄酒。酒庄葡萄园位于卡内洛尼·奇科地区，占地20公顷，实行手工种植、手工采摘。这些葡萄园已经采用法国葡萄品种进行了重新种植，还得到了新西兰酿酒顾问邓肯·基利纳（Duncan Killiner）的支持。该酒庄的梅洛和丹娜混酿葡萄酒品质上乘，深受消费者喜爱。

瓦雷拉·扎兰斯酒庄（拉斯·皮耶德拉斯产区）

瓦雷拉·扎兰斯（Varela Zarranz）家族于1965年收购彭斯农场，20年后，其第二代传人开始接手酒庄的工作。经过试验法国葡萄品种，建立了新的葡萄园，健康的葡萄品种逐渐取代了老藤种群。在过去的20年里，葡萄园内的品种几乎焕然一新，在占地面积110公顷的园区栽种了80%的红葡萄和20%的白葡萄。酒庄也得到部分投资，但中心建筑和酒窖仍一直保持着历史完整性，其建筑可以追溯到1892年。该酒庄最优质的葡萄酒是丹娜克里安萨（Tannat Crianza）系列和索利斯丹娜罗布尔（Teatro Solis Tannat Roble）系列。

斯塔格纳里酒庄（新·赫斯珀里德斯和拉·普埃布拉产区）

20世纪70年代末，赫克托·斯塔格纳里（Hector Stagnari）在波尔多和罗讷谷积累了丰富经验。1996年，他回到法国，选择适宜在新·赫斯珀里德斯（Nueva Hespérides）地区种植的葡萄品种。斯塔格纳里酒庄（Vinos Finos H Stagnari）坐落于乌拉圭河岸边，距代曼河（River Dayman）与萨尔托格兰德湖（Salto Grande）较近，昼夜温差超过20℃，非常有利于葡萄的成熟。一方面拥有理想的地理位置，另一方面家族工艺与创新技术完美结合，促使该酒庄酿制出一系列优质的葡萄酒，代曼丹娜（Daymán Tannat）便是其中的杰出代表。

葡萄牙是目前最富情趣、最多样化的葡萄酒出产国之一。作为欧洲西部边缘一个相对狭小的国家，葡萄牙种植了一系列本土葡萄，在葡萄酒世界中保持着独特的身份，助其名扬世界。

直到 20 世纪 90 年代，葡萄牙的葡萄酒还存在两种截然不同的类型。在国际上最引人注目的是由英国主导的波特酒贸易。波特酒产区位于波尔图河对岸的加亚新城（Vila Nova de Gaia），壮观的杜罗河谷（Douro Valley）产区出产加强型波特酒并进行交易。另一种则是不太受欢迎的佐餐葡萄酒，大多是廉价的鸡尾酒。

尽管波特酒仍占有重要地位，但在过去几十年里，葡萄牙的佐餐葡萄酒实现了质的飞跃，尤其是杜罗产区，现在已生产出了一些世界级的红葡萄酒。阿连特茹（Alentejo）产区也已成为一个重要的葡萄酒产区，百拉达（Bairrada）产区和杜奥（Dāo）产区都有数十家品质为上的葡萄酒生产商，酿制出品质极佳的葡萄酒，其中有许多是红葡萄酒。北部的绿酒（Vinho Verde）产区以出产阿尔巴利诺（Alvarinho）纯正白葡萄酒而闻名，而里巴特茹（Ribatejo）产区和埃什特雷马杜拉（Estremadura）产区［现在改名为塔霍河和里斯本产区（Tejo and Lisboa）］这两大传统产区也在酿制一些符合商情的葡萄酒。其他产区包括里斯本附近的塞图巴尔半岛（Setúbal Peninsula）［包括萨度河的特拉斯产区（Terras de Sado）］，以及内贝拉产区（Beira Interio），该产区从阿连特茹山脉的北部开始，一直延伸到该国的东部，群山连绵。甚至在南部炎热的阿尔加维（Algarve）地区也开始出产佳酿。

葡萄牙的葡萄酒市场相当活跃，遗憾的是，许多酒品都没有受到海外葡萄酒爱好者的关注。但花点时间去了解这些不断改进的葡萄酒还是很值得的。

欧洲产区——
葡萄牙

杜罗河产区

杜罗河产区不仅是世界上最棒的葡萄酒产区之一，也是最美丽的葡萄酒产区之一。陡峭的梯田式葡萄园伫立在杜罗河及其支流，其规模和野性吸引了世人眼光。几个世纪以来，杜罗河产区的酒在葡萄酒世界的卓越地位都依赖于该地加强酒（即波特酒）的品质。波特酒曾经是该地区唯一能出产的高品质葡萄酒，但现在情况大有改观。如今，该地盛产越来越多的高端佐餐葡萄酒。在恰当的酿酒工艺下，这片片岩质土壤、陡峭的山坡、古老的葡萄藤和独特的葡萄牙葡萄品种，可以酿造出一些趣意盎然、陈年价值高的红葡萄酒和快速改良的白葡萄酒。

杜罗河产区是世界上最壮观的葡萄酒产区之一，拥有超过39000公顷的葡萄园。然而，这一地区的独特之处并不在于它的广阔面积，而是这里大规模种植着山地葡萄。

杜罗河产区属内陆地区，位于美丽繁华的波尔图旧城，现在修建了公路，较以前更方便到达。但在过去，这个地区可是相当偏远。由于大西洋沿岸山脉的阻挡，杜罗河产区的气候与波尔图的气候截然不同。杜罗河产区冬季寒冷，夏季炎热干燥。该处的土壤也很特殊，以片岩为主（葡萄牙北部大部分地区为花岗岩）。这种气候再加上低活力土壤有助于种植高品质的葡萄用来酿造高端葡萄酒。

杜罗河产区有3个子产区。从波尔图往东，首先是下科尔戈子产区，这里比其他地方更凉爽，降雨量也更大。接下来是上科尔戈子产区，该地作为杜罗河产区的传统中心，酿造出的葡萄酒最优雅、品质最上乘。最后，是几乎延伸到西班牙边境的是上杜罗河子产区，这里气候比较温暖，地势也没那么陡峭。过去的葡萄牙土地荒芜，如今一切向好，葡萄园也越来越发达。

在历史上，杜罗河产区一直以出产波特酒为主。

直到最近，大约从2000年开始，在如此独特的风土条件下，该地才开始大量酿造高端佐餐葡萄酒。虽然波特酒在杜罗河产区举足轻重，但目前，佐餐葡萄酒唤醒了人们更多的兴趣。杜罗河产区的红葡萄酒通常由几种葡萄品种混酿而成，其中包括国产多瑞加（Touriga Nacional）、罗丽红（Tinta Roriz）、多瑞加弗兰卡（Touriga Franca）、卡奥红（Tinta Cão）、红阿玛瑞拉（Tinta Amarela）和最重要的索沙鸥（Sousão）。该产区出产的葡萄酒风格各不相同，但通常都会有成熟的黑莓味、黑樱桃和李子味，酒体结构精致、坚实，矿物质气息浓郁。这里葡萄酒的风味香甜怡人，虽然大多数陈酿时间都不是很长，但所有迹象都表明优质葡萄酒只有在瓶中陈酿5~10年口感最佳。

优质葡萄酒的出产在杜罗河产区还算个新鲜事。但最近，同样令人兴奋的是该地出产了顶级杜罗白葡萄酒。对于大多数白葡萄的种植要求来说，杜罗河大部分地区都过于温暖，但一些地势更高、面向北方的葡萄园现在能出产一些非常时髦的白葡萄酒，主要酿自维欧新（Viosinho）、古维欧（Gouveio）和拉比加多（Rabigato）等葡萄品种。

阿维斯索萨酒庄

在儿子蒂亚戈（Tiago）的帮助下，多明戈斯·阿尔维斯·德索萨（Domingos Alves de Sousa）正在酿造品质一流的杜罗河佐餐葡萄酒。德索萨家坐拥科尔戈（Baixo Corgo）产区的5座酒庄［盖沃萨酒庄（Quinta da Gaivosa）、拉波萨山谷酒庄（Quinta do Vale da Raposa）、卡尔达斯酒庄（Quinta das Caldas）、庄园酒庄（Quinta da Estação）和阿瓦莱拉酒庄（Quinta da Avaleira）］，总占地面积110公顷。1991年以来，种植葡萄起家的多明戈斯一直在酿造葡萄酒，最近也是小有成就。盖沃萨葡萄酒极富传统韵味，入口浓郁、具有陈年优势；由拉波萨老藤葡萄酿制的"废弃"系列（因为该系列产自这家酒庄几乎废弃的古老葡萄园，因此得名）葡萄酒口味更佳。盖沃萨酒庄精心挑选的洛德罗葡萄园（Vinha de Lordelo）红葡萄酒浓郁香甜、成熟度高，可谓独占鳌头。

阿内托酒庄

阿内托酒庄（Aneto）是杜罗河产区的新秀，总部设在阿利约市区（Alijó），由金塔新星酒庄（Quinta Nova）的弗朗西斯科·蒙特内格罗（Francisco Montenegro）担任酿酒师（这也是他自己的项目）。该酒庄始建于2001年，起初拥有7公顷的葡萄藤，首先问世的是2002年份的红葡萄酒，2007年份的葡萄酒是与独立葡萄园的白葡萄混酿而成。虽然听起来有点古怪，但这款简约白葡萄酒的确很有特点，而备受瞩目的红葡萄酒则带有清新果香。每款葡萄酒的产量都很少，最多才到6000瓶。★新秀酒庄

阿兹奥酒庄

阿兹奥酒庄（Azeo）是葡萄酒酿造商乔·布里托·库尼亚（João Brito e Cunha）的一个项目，他曾任农场工人庄园（Lavradores de Feitoria）的酿酒师，现任丘吉尔酒庄（Churchill）等多家酒庄的酿酒师顾问。自2002年以来，库尼亚一直在开发新款葡萄酒，志在酿造出具有完美酸度的风土葡萄酒。他出产的佳酿兼具了上科尔戈（Cima Corgo）产区葡萄的新鲜口感及气候温暖的上杜罗（Douro Superior）产区葡萄的浓郁醇厚的口感。2005年份的葡萄酒纯正新鲜，但口感醇厚。布里托·库尼亚钟爱维欧新葡萄，用他的话来说，维欧新是该地区最有发展前景的白葡萄品种。珍藏级阿兹奥布朗科葡萄酒（Ázeo Branco Reserva），矿物质气息浓郁，略带橡木桶痕迹，不容错过。★新秀酒庄

图里加酒庄

1998年，酿酒师路易斯·苏亚雷斯·杜阿尔特（Luis Soares Duarte）与尹帆塔多酒庄（Quinta do Infantado）的酿酒师乔·罗塞拉（João Roseira）鼎力合作，在杜罗河产区创立了这家小型酒庄。酒庄力求购入产自老藤葡萄园的葡萄来酿制具有表现力、带有风土风情的葡萄酒。毕竟葡萄酒的等级区分标准是优雅而非酒精度数。两人一直与葡萄园主合作，但未曾拥有自己的葡萄园。古维亚斯（Gouvyas）、蒙特华尔（Montevalle）和特罗索（Terroso）等系列品牌的葡萄酒堪称佳酿。2005年份的特级古维亚斯葡萄酒（Gouvyas Reserva 2005）值得一品。除了红葡萄酒，这里还酿制时尚高雅的白葡萄酒。

概念酒庄

概念酒庄与魅力十足的巴斯塔都红葡萄一起，共同创造了人间奇迹。

乐达园酒庄

对许多人来言，巴克德尔哈干红葡萄酒是杜罗河产区，乃至整个葡萄牙的最佳酒款。

乐达园酒庄

提到葡萄牙的传奇葡萄酒，就必须有费雷拉酒庄（Casa Ferreirinha）顶级葡萄酒巴克德尔哈（Barca Velha）的一席之地。1952年，这款葡萄酒首次酿制。在很长一段时间里，这款葡萄酒是杜罗河地区唯一的佐餐葡萄酒。截至目前，酒庄只发售了15款葡萄酒，最近的一款是2000年发行，现在才上市。酒庄的所有者是费雷拉，但1987年苏加比（Sogrape）酿酒公司收购了该酒庄，将其纳入囊中。酒庄一直选用上杜罗河产区（Douro Superior）的葡萄来酿造。长期以来，精品葡萄酒都来自米奥酒庄（Quinta Vale Meão）。如今，这款酒大部分来自1978年被费黑琳娜收购的乐达园酒庄（Quinta de Leda）。风格较为老式，但并未过时，口感极佳（瓶中陈年，效果更佳）。此外，费黑琳娜葡萄酒和相对较新的乐达园葡萄酒同样备受瞩目。

卡姆酒庄

卡姆酒庄（Casa Agrícola Roberodo Madeira，CARM），地处上阿罗河产区，坐拥62公顷的葡萄园。酿酒师鲁伊·马德拉（Rui Madeira）倾力打造各种风格时尚、果味浓郁的葡萄酒。该酒庄还拥有220公顷的橄榄园，生产橄榄油。马德拉家族共拥有6个庄园［主教区酒庄（Quinta do Bispado）、卡拉布里亚酒庄（Quinta de Calabria）、坡度酒庄（Quinta do Côa）、马瓦尔哈斯酒庄（Quinta das Marvalhas）、乌尔兹酒庄（Quinta da Urze）和维尔德哈斯酒庄（Quinta das Verdelhas）］。自1995年以来，这些庄园一直采用有机耕种的方式，卡姆酒庄是该地区鲜有的采用这种方式耕作的庄园之一。坡度酒庄的常规和珍藏葡萄酒口感新鲜，饱含成熟黑皮葡萄的纯度。

洛伊沃斯酒庄

洛伊沃斯酒庄（Casal de Loivos）为佩雷拉·德·桑帕约（Pereira de Sampayo）家族所有，地处杜罗河高地，俯瞰皮尼扬（Pinhão）。酒庄的葡萄酒由克里斯蒂亚诺·范·泽勒（Cristiano van Zeller）和他在玛利亚谷（Quinta do Vale D Maria）的团队酿制而成，口感清新，极具个性。该地十分凉爽，在气候较温暖的年份出产的葡萄酒结构平衡，品质更佳。

翠莎酒庄

翠莎酒庄（Chryseia）是辛明顿（Symington）家族和布鲁诺·普拉茨［Bruno Prats，曾拥有波尔多的爱诗途酒庄（Cos d'estournel）］共建的合资酒庄，酒庄的一款葡萄酒不容小觑，其口感爽滑、成熟、甘美、富有现代气息，一些人批评该款酒没有地方特色；有些人却只偏好这种风格。副牌酒"战争附言"（PostScriptum）风格类似，当一些产量较少年份没有头牌发布时，这款酒就属于顶级葡萄酒。这款酒问世的年份是2000年。

概念酒庄

概念酒庄（Conceito）地处杜罗河产区，成立时间较短。年轻的酿酒师丽塔·费里埃拉·马奎斯（Rita Ferriera Marques）获得许可，全权处理自己母亲卡拉·费里埃拉（Carla Ferriera）财产中的葡萄，最终结果令人满意。有3家葡萄园都在特佳河谷地区，分别是：韦加葡萄园（Quinta da Veiga）、朝多皮尔葡萄园（Quinta do Chão-do-Pereiro）和卡宾葡萄园（占地23公

巴萨多拉酒庄

前尼伯特酒庄酿酒师豪尔赫·博尔赫斯让巴萨多拉酒庄名声大噪。

克拉斯托酒庄

克拉斯托酒庄用现代风格酿造出美味的葡萄酒，一举成名。

顷），山谷顶部还有一个占地 10 公顷的葡萄园，那里是花岗岩土质，仅用来种植白葡萄。概念酒庄（概念意为"理念"）的第一批葡萄酒产于 2005 年。在此之前，葡萄主要卖给了其他酒庄。巴斯塔都葡萄口味独特，颜色较浅的果实令人印象深刻，叶子繁茂，带有浓郁的香气。杜罗河产区的白葡萄酒世界闻名。力拓（Tinto）和对比（Contraste）系列红葡萄酒品质上乘，口味新鲜，纯度较高。

杜奥龙酒庄

　　杜奥龙"Duorum"在拉丁文中意为"两个"。葡萄牙两位知名度极高的酿酒师若昂·波迪加尔·拉莫斯（Joao Portugal Ramos）与约瑟·玛丽亚·索阿雷·弗兰克（Jose Maria Soare Franco）共同创建了杜奥龙酒庄。拉莫斯本人素有"阿连特茹之王"之称。他从酿酒师顾问变成了葡萄种植者，自己的酒庄已经发展成为该地区最大的私人公司之一。索阿雷·弗兰克（Soares Franco）曾担任葡萄牙名庄老船酒庄（Barca Velha）的董事长长达 27 年。现在，这家杜罗河产区的著名酒庄成为苏加比酒庄的一部分。除了两位著名的酿酒师是"来自两地"，"两个"还指这款酒是由杜罗河两个截然不同的产区混酿而成的：上科尔戈（Cima Corgo）和上杜罗河（Douro Superior）产区，这两个产区地处杜罗河上游，靠近西班牙边境。目前，上杜罗河产区的葡萄园是租来的，但杜奥龙酒庄还购买了 150 公顷的葡萄园，这些葡萄园将被改造成一个名为古堡（Castelo Melhor）的壮观酒庄。从 2007 年开始，酒庄酿造了 3 款葡萄酒。杜奥龙酒庄柯西塔红葡萄酒（Duorum Colheita）性价比高，口味新鲜，果实鲜亮；珍藏级别的葡萄酒无论在价格上还是质量上都更上一层楼，由深色多肉的葡萄酿成，口味复杂。杜奥龙之声（Tons de Dourum）系列葡萄酒价格略低，但性价比极高，品质上乘。该酒庄还出产年份波特酒。★新秀酒庄

农场工人庄园

　　1999 年，一个有趣的项目启动了。整个杜罗河产区的 18 家酒庄参与了这个合作项目。一个中央酿酒团队负责酿造葡萄酒，如果某个酒庄的表现足够好，酿造出的葡萄酒就会标有该酒庄名称；相反，这些葡萄就会用作混酿。该项目旨在创造出市场影响力大的品牌，而非关注每家酒庄各自的市场影响力。农场工人庄园（Lavradores de Feitoria）的基本款的三球（Três Bagos）干红葡萄酒物超所值，而费托里亚酒庄特雷斯巴勾斯特别精选干红葡萄酒（Três Bagos Grande Escolha）则是一个升级系列。三球干红葡萄酒系列下还有一款三球长相思葡萄酒，产自杜罗河产区气候更为凉爽的地方。该酒庄顶级的酒款当属科尔斯塔干红葡萄酒，还有一款梅鲁格（Meruge），品质极为高贵典雅。

尼伯特酒庄

　　自接管家族企业以来，才华横溢的德·尼伯特（Dirk Niepoort）将这家小型波特酒庄改造升级成葡萄牙最著名的酿酒厂。从 1990 年尝试酿制的尼伯特健壮（Robustus）系列红葡萄酒开始，到 1991 年的尼伯特雷多玛（Redoma）系列、1999 年的尼伯特巴图塔（Batuta）系列和 2001 年的尼伯特魅力（Charme）红葡萄酒，德·尼伯特已经酿制出世界级的葡萄酒，证明了杜罗河产区出产佐餐葡萄酒和波尔图葡萄酒的潜力。除了红葡萄酒，

尼伯特的白葡萄酒也"韵味十足"[尼伯特泰乐（Tiara）系列是一款优质的雷司令风格的葡萄酒，口感醇厚、新鲜；珍藏级白葡萄酒是勃艮第风味的年份酒]，也可以留意标有"Projectos"（项目）标签的小型生产批次，以及新推出的 2004 年份尼伯特健壮红葡萄酒，这几款都是好评如潮。尼伯特酒庄（Niepoort）的波特酒也属于顶级葡萄酒，2003 年份和 2007 年份最佳，还包括一些茶色波特酒系列和柯西塔系列。酒庄的创意项目还涉及多款合作葡萄酒，如绿酒区洛雷罗葡萄酿制的吉罗索尔（Girosol）葡萄酒和纳瓦霍（Equipo Navajos）的帕洛米诺菲诺（Palomino Fino）佐餐葡萄酒等。任何标有尼伯特酒庄产的葡萄酒定是品质上乘，让人拍案叫绝。

尘土酒庄

　　该酒庄取名"Porira"，即"尘土"之意，同时该名字也是豪尔赫·莫雷拉（Jorge Moreira）酿制的一款酒。2001 年，莫雷拉买下泰阿菲他酒庄（Quinta de Terra Feita de Cima），即尘土酒庄的前身。酒庄占地 15 公顷，拥有 9 公顷的葡萄园，还包括三株老葡萄藤。才华横溢的莫雷拉是罗莎酒庄（Quinta de la Rosa）的酿酒师，他立志酿造出优雅、极具陈年潜力的葡萄酒。2001 年，尘土系列葡萄酒首次发布。作为杜罗河产区红葡萄酒中最优质的一款，这款葡萄酒是在一个朝北的葡萄园酿制而成的，这种地理位置有助于确保葡萄的酸度和结构。副牌葡萄酒宝尘干红葡萄酒（Po de Poeira）非常值得一试；主打的阿尔巴利诺白葡萄酒也非常优质。★新秀酒庄

PV 酒庄

　　2004 年，豪尔赫·博尔赫斯（Jorge Borges）、何塞·玛丽亚·卡莱姆（José Maria Cálem）和克里斯蒂亚诺·范·泽勒在杜罗河产区成立了一家新的葡萄酒公司。第一批葡萄酒是在一个租赁的酿酒厂酿造成的，之后又搬到了维拉尼奥的科塔斯一家翻新的酿酒厂，并在此酿造了 2005—2007 年份的葡萄酒。2008 年，PV 酒庄拥有了卡朗（Cálem）家族著名的金塔拉达芙兹酒庄的使用权，情况发生了变化，就在那时，第一款波特酒酿制而成。该酒庄主要生产 VT 系列葡萄酒。★新秀酒庄

库托酒庄

　　米格尔·查帕利芒德（Miguel Champalimaud）的库托酒庄（Quinta do Côtto）地处气候较冷的下科尔戈产区，是杜罗河产区酿造优质佐餐葡萄酒的先驱之一。查帕利芒德拥有 50 公顷的葡萄园，主打的特优精选葡萄酒（Grande Escolha）口感醇厚、层次丰富。庄园还盛产浆果味的庄园葡萄酒，品质也紧随其后。但另一款名为蒂西罗（Paço de Teixeró）的白葡萄酒也值得一品，该酒选用绿酒区的葡萄酿制而成，酒体更丰满，也更典雅。不过作为软木塞之乡第一个改用螺旋瓶盖（而非传统的软木塞）的生产商，查帕利芒德在葡萄牙难免受人诟病。

克拉斯托酒庄

　　克拉斯托酒庄（Quinta do Crasto）伫立在杜罗河上游，是洛盖特（Roquette）家族在杜罗河产区的一颗明珠。就像在皮尼扬车站宣传的那样，该酒庄拥有 130 公顷的葡萄园，包括两大部分：庞特园（Ponte）和玛丽亚特蕾莎园（Maria Theresa），

他们仅在最佳年份酿造单一园葡萄酒。酒庄旗下的葡萄酒由澳大利亚酿酒师多米尼克·莫里斯（Dominic Morris）和曼奴·罗博（Manuel Lobo）协助酿制，口感醇厚、果味十足，其中包括备受好评的珍藏级国产多瑞加和罗曼红。克里斯托在美国销量很高，正因如此，杜罗河产区葡萄酒的国际声誉有所提升。该酒庄在上杜罗河产区的卡布雷那酒庄（Quinta da Cabreira）种植了100公顷的葡萄。

尹帆塔多酒庄

尹帆塔多酒庄（Quinta do Infantado）位于上科尔戈产区皮尼昂附近，1979年，该酒庄因作为现代第一家直接从庄园生产、灌装再到销售波特酒的生产商而声名鹊起。该酒庄也是杜罗河产区有机葡萄种植的先驱。乔·罗塞拉（João Roseira）负责酿酒，除了酿造一些优质的年份葡萄酒和晚装瓶年份波特酒，他还用从家族20公顷的葡萄园中采摘的葡萄来酿造正式的佐餐葡萄酒。

马塞道斯酒庄

马塞道斯酒庄（Quinta de Macedos）是杜罗河产区里奥托尔托谷（Rio Torto）的一家小型酒庄，为英国夫妇保罗·雷诺兹（Paul Reynolds）和菲利帕·雷诺兹（Philippa Reynolds）共有。酒庄拥有占地面积7公顷的老葡萄藤，并且只在传统的花岗石敞口石槽中酿造佐餐葡萄酒。马塞道斯酒庄出产的酒口感强烈，果味甘美，让人难以忘怀，只是成熟度过高。副牌酒平加拓脱（Pinga do Torto）葡萄酒口感醇厚，带有深色浆果味。

诺瓦庄园

诺瓦庄园（Quinta Nova de Nossa Senhora do Carmo）坐落在上科尔戈产区克拉斯托酒庄的上游附近，地理位置优越。酒庄坐拥85公顷的葡萄园，现在是该地区顶级的佐餐葡萄酒生产商之一。入门级的波马雷斯（Pomares）白葡萄酒和波马雷斯红葡萄酒口感新鲜、醇美。格雷纳哈（Grainha）红葡萄酒和格雷纳哈白葡萄酒品质更佳，令人难以忘怀。但这场"葡萄酒明星秀"的主角是未经橡木桶酿制的茶色波特酒；气味芳香、富有表现力的珍藏级葡萄酒；花香浓郁的国产多瑞加；精致、层次丰富的特级珍藏葡萄酒。旗舰款的葡萄酒正在紧锣密鼓筹备中。波特酒品质高，更多的系列仍在研发中。★新秀酒庄

飞鸟园酒庄

20世纪80年代和90年代初，历史悠久的飞鸟园酒庄（Quinta do Noval）也曾经历了一段黑暗时期。1993年，法国保险公司安盛（AXA）收购了飞鸟园酒庄。英国人克里斯蒂安·瑟利（Christian Seeley）的到来可谓扭转乾坤。如今的飞鸟园酒庄酿造出杜罗河产区最好的葡萄酒和波特酒。除传奇的飞鸟园国家波特酒（Nacional，酿酒的果实出自一小块看起来乱糟糟的葡萄园），年份波特酒和副牌酒希尔瓦（Silval）都是品质非凡的佳酿。2004年开始生产的飞鸟园佐餐葡萄酒和副牌酒飞鸟园西德罗（Cedro do Noval）干红葡萄酒都是杜罗河产区品质极佳的葡萄酒款。还有一款新推出的用特定葡萄品种酿制的酒——飞鸟园拉布拉多西拉干红葡萄酒（Labrador），也同样令人难以忘怀。酒庄在皮尼扬山谷中有几处葡萄园，占地130公顷，地

理位置十分优越。所有的葡萄酒和波特酒都产自自家的葡萄园。

巴萨多拉酒庄

巴萨多拉酒庄（Quinta do Passadouro）非常漂亮，酒庄葡萄园坐落在皮尼扬山谷的门迪兹（Mendiz），占地面积20公顷。1991年，来自比利时的迪特·博尔曼（Dieter Bohrmann）收购了该酒庄。直到2003年，该酒庄的葡萄酒都是由德·尼伯特（Dirk Niepoort）酿造的，而他的雷多玛红葡萄酒（Redoma）也使用了一定比例的巴萨多拉的葡萄。后来，尼伯特酒庄的酿酒师豪尔赫·博尔赫斯（Jorge Borges）辞职，博尔曼便聘用了这位酿酒师，从此便与尼伯特庄庄再无瓜葛。博尔赫斯擅长酿造佐餐葡萄酒，香气纯正、口感醇美。巴萨多拉珍藏级系列葡萄酒（Passadouro Reserva）是杜罗河产区的顶级葡萄酒，旗下的巴萨多拉常规系列葡萄酒也有口皆碑。该酒庄还生产波特酒，其年份波特酒更是品质上乘，摄人心魄。

门户酒庄

门户酒庄（Quinta do Portal）是杜罗河谷地区一家中等规模的家族酿酒厂。过去，他们生产波特酒，所有的葡萄酒都卖给了承运商。从1991年起，这个家族开始建立门户酒庄，主打佐餐葡萄酒和波特酒，并购置了一些新的葡萄园。该酒庄在皮尼扬山谷有五个场地，总共有100多公顷。1994年，第一款葡萄酒问世。起初，该酒庄的顾问由法国葡萄酒科学家帕斯卡尔·查特内（Pascal Chatonnet）担任，酿酒师由保罗·库蒂尼奥（Paolo Coutinho）担任。刚开始出产的葡萄酒质量良莠不齐，但最近的年份已改善很多。自2005年以来，门户酒庄珍藏级和特级珍藏品质上乘，让人"一品难忘"，而门户酒庄年份波特酒和门户酒庄特调年份波特酒堪称佳酿，口感浓郁、甘美，果味十足。

罗曼尼拉酒庄

2004年，包括克里斯蒂安·瑟利（Christian Seeley，飞鸟园酒庄的创始人）在内的财团接管罗曼尼拉酒庄（Quinta de Romaneira）的时候，这座美丽的酒庄已经年久失修。瑟利看好该处大量的A级葡萄园，决心改造它们，目前有81公顷的葡萄园投入生产，后续可能扩大到200公顷。到目前为止，该酒庄的葡萄酒好评不断：副牌酒罗曼尼拉酒庄R系列葡萄酒价格可人；葡萄酒口味集中、十分优雅。年份波特酒也是好评不断。除了葡萄酒，这里还有一家小型豪华酒店和一家餐厅。

罗丽酒庄

罗丽酒庄（Quinta de Roriz）历史悠久，盛产波特酒。从1815年起，范·泽勒家族（van Zeller）一直掌管着罗丽酒庄，但2009年5月，辛明顿家族买下罗丽酒庄，与媒体大亨乔·范·泽勒（João van Zeller）共同享有。罗丽酒庄地处上杜罗河产区，在皮尼扬上游约5千米处，拥有一个200公顷和一个42公顷的葡萄园。2005年，他们新建了一家酿酒厂。自19世纪以来，罗丽酒庄一直在生产波特酒，这种波特酒现被称为单一园年份波特酒，其风格多样、口味浓郁、成熟度高。令人印象深刻的佐餐葡萄酒也具有同样风格。副牌酒是普拉茨罗丽干红葡萄酒（Prazo de Roriz），价格较低，由成熟的纯黑皮葡萄酿造。

世界遗产

联合国教育、科学及文化组织，简称"联合国教科文组织"，将杜罗河谷列为世界教科文遗产，因此，这一定是所有葡萄酒产区中最壮观的地方。有3种方式可以到达杜罗河谷产区：铁路、公路或水路。火车从波尔图的圣贝尼托站出发，虽然有点简陋，但票价便宜。到雷瓜站需要很长时间，但是从上车开始，沿着河流的铁路线行驶，窗外的景色美不胜收。另一个选择是驾车到该地区的中心——皮尼扬，然后再乘火车到靠近西班牙边境的杜罗河上游高处的波西诺。

完美的选择是乘船回到皮尼扬，参观一些酒庄。在杜罗河周围开车难度系数高，速度不会很快，有时甚至还可能有危险。但如果您想访问某家酒庄，这是唯一的选择。现在有很多地方（包括几家酒庄），游客已经可以选择在那里过夜了。无论您选择哪种游览方式，难以忘怀的定是第一眼就看到的壮观、陡峭的杜罗河葡萄园。

在杜罗河谷的中心地带，沿着皮尼扬（Pinhão）产区上方山丘的边缘，排列着梯田般的葡萄园。

威比特酒庄

据说葡萄酒系列的灵感来自"美好时代"（Belle Epoque）。

罗莎酒庄

罗莎酒庄珍藏级葡萄酒完美诠释了罗莎酒庄的优雅风格。

罗莎酒庄

这座美丽的酒庄坐落在皮尼扬下游，自 1906 年以来一直由伯克维斯特（Berqvist）家族所有。索菲亚·伯克维斯特（Sophia Berqvist）在极具天赋的酿酒师豪尔赫·莫雷拉（Jorge Moreira）的协助下管理该酒庄上下的大小事务。自从 2002 年莫雷拉加入葡萄酒酿造团队以来，这里生产的葡萄酒和波特酒的质量大幅提升。在他的指导下，罗莎酒庄（Quinta de la Rosa）还购买了一座新的葡萄园，并重建了杜罗河上游旗帜酒庄（Quinta das Bandeiras）的一部分。旗帜酒庄位于著名的米奥酒庄对面，新建的葡萄园用以补充罗莎酒庄 55 公顷的葡萄园。罗莎酒庄出产的红葡萄酒味道醇美，但珍藏级系列葡萄酒并非如此，因为这种酒主要是用老藤葡萄酿造的。莫雷拉的风格体现在葡萄酒中：浓郁强劲不是他的追求，高贵优雅才是重点。旗帜酒庄出产的第一款葡萄酒是莫雷拉和罗莎合资的帕萨任（Passagem）系列葡萄酒，该酒纯度较高，清新怡人。

圣何塞酒庄

圣何塞酒庄（Quinta de São José）是酿酒师乔·布里托·库尼亚的家族产业，阿泽奥葡萄酒也由他酿造。酒庄的位置优越，在罗曼尼拉酒庄前面，有面朝北向的片岩坡。20 世纪90 年代末，这座酒庄当时一片狼藉，布里托·库尼亚（Brito e Cunha）家族买下了它，开始对这个占地 20 公顷的酒庄进行改造。乔本人致力于酿造口感新鲜、高贵优雅的葡萄酒，他也的确做到了。2005 年份的力拓葡萄酒色泽明快，极富表现力。2007 年份的茶色波特酒经短期木桶陈酿酒精度低，花香浓郁，但价格亲民。

特多酒庄

1992 年，美国加利福尼亚州的木桶销售员文森特·布沙尔（Vincent Bouchard）和他的妻子凯（Kay）买下了特多酒庄（Quinta do Tedo）。这个酒庄坐落在上科尔戈产区杜罗河南岸，拥有 14 公顷的葡萄园。首款佐餐红葡萄酒为 2003 年份出产，"品后难忘"、特色鲜明。酒庄的波特酒成熟度高、风格甜美，与佐餐红葡萄酒并驾齐驱。

多娜玛利亚酒庄

1996 年，克里斯蒂安·范·泽勒的多娜玛利亚酒庄（Quinta do Vale Dona Maria）开始营业，如今已成为杜罗河产区口味独特、优雅红葡萄酒的代名词。2003 年，酒庄增加了一款特调酒 CV，浓度更高，采用新橡木桶酿造。酿酒师是桑德拉·塔瓦雷斯（Sandra Tavares），她还负责酒魂酒庄（Wine & Soul）及其家族产业乔卡帕尔哈酒庄（Chocapalha）的酿酒业务。塔瓦雷斯主要是从占地 10 公顷的老藤混合葡萄园中采摘葡萄。该酒庄还出产单一葡萄园波特酒，但这里的佐餐葡萄酒更为抢眼。

米奥酒庄

米奥酒庄（Quinta do Vale Meão）历史悠久，现已成为杜罗河产区公认的佐餐葡萄酒革命先锋。著名的安东尼娅·阿德莱德·费雷拉（Antónia Adelaide Ferreira）是酒庄的所有者。酒庄一直归该家族所有，如今由弗朗西斯科·维托·奥拉萨瓦尔拥有，他曾是 AA 费雷拉（AA Ferreira）企业的总裁，把葡萄运到米奥酒庄酿制。由此，老船酒庄大部分的酿酒传奇要归功于米奥酒庄。1998 年，奥拉萨瓦尔决定单干，与他的儿子 [弗朗西斯科，也叫西托（Xito）] 一起，用自己庄园里的葡萄来酿造葡萄酒。庄园由 62 公顷的葡萄园组成，土壤类型包括 3 种：板岩、花岗岩和冲积砾石，每一种都有助于形成葡萄酒的风土特色。酒庄首款发布的是 1999 年份葡萄酒，好评如潮；随后发布的葡萄酒更为出色，该款酒如今已成为葡萄牙顶级葡萄酒。副牌酒米奥酒庄面具（Meandro）红葡萄酒同样优质，而且价格实惠。

瓦拉多酒庄

瓦拉多酒庄（Quinta do Vallado）位于杜罗河产区的下科尔戈子产区，自 1818 年以来一直由费雷拉家族掌管。20 世纪60 年代，豪尔赫·玛丽亚·卡布拉尔·费雷拉（Jorge Maria Cabral Ferreira）翻修了酒庄。1992 年，费雷拉去世后，他的妹夫吉列尔梅·阿尔瓦雷斯·里贝罗（Guilherme Álvares Ribeiro）接手了庄园。里贝罗开始酿制庄园装瓶佐餐酒和波特酒，他的酿酒师堂弟西托·奥拉扎巴尔（Xito Olazabal，来自米奥酒庄）、侄子弗朗西斯科·费雷拉（Francisco Ferreira，任总经理）和克里斯蒂亚诺·范·泽勒（Cristiano van Zeller，任商业助手）都加入了他的团队。瓦拉多酒庄出产的葡萄酒品质优良，明星酒款包括浓郁醇厚的珍藏级葡萄酒、香气浓郁扑鼻的国产多瑞加，以及坚实深沉的索沙鸥（Sousão）系列红葡萄酒等。酒庄还出产一些品质上好的茶色波特酒。

威比特酒庄

近些年，在杜罗河产区葡萄酒业的发展中，威比特酒庄（Ramos Pinto）占有重要一席。酒庄核心产业有 4 处：2 处位于上杜罗河子产区，2 处位于皮尼扬附近的上科尔戈子产区。1974 年，酒庄在上杜罗河子产区开垦了艾瓦蒙伊拉葡萄园（Quinta de Ervamoira），施行单独地块和立式多排种植葡萄品种的试验，方便机械化种植。他们尝试了 12 个品种，并从中选出 5 个，虽然这项工作极具争议，但对该地区未来的葡萄种植意义深远。1990 年，随着价值不菲的威比特酒庄杜艾丝庄园（Duas Quintas）红葡萄酒的发布，酒庄开始努力生产佐餐葡萄酒。1991 年，酒庄生产了第一批珍藏级葡萄酒，此后除了 1993 年、1996 年和 1998 年外，每年都在生产珍藏级葡萄酒，且质量大幅度提升。到目前为止，威比特酒庄特别珍藏系列葡萄酒分别产于 1995 年、1999 年和 2000 年。

酒魂酒庄

自 2001 年推出第一款年份葡萄酒以来，豪尔赫·博尔赫斯（Jorge Borges）和桑德拉·塔瓦雷斯（Sandra Tavares）这对夫妻组合已将酒魂酒庄的平塔斯（Pintas）系列打造为杜罗河产区的顶级佐餐葡萄酒之一。2003 年，他们推出了一款年份波特酒，然后是副牌酒平塔斯干红葡萄酒（Pintas Character），以及一款产自老藤葡萄园的导师（Guru）系列白葡萄酒。所有的葡萄酒都是在酒魂酿酒厂酿造的。该酒庄的前身是门迪斯谷的一个古老葡萄园，他们的小酒厂就坐落在那里，平塔斯这个名字取自他们精力旺盛的小狗。酒庄标志性的风格是优雅成熟，而不是杜罗河产区的粗犷和质朴。★新秀酒庄

波特酒产区

壮观的杜罗河谷地处葡萄牙北部，是波特酒的故乡。波特酒是一种甜葡萄酒，在部分发酵的葡萄汁中加入白兰地酒酿制而成。波特酒有两种风格：宝石红波特酒（ruby，以水果为主，较早装瓶）和茶色波特酒（tawny，在木桶中陈酿时间较长的复杂葡萄酒）。顶级年份波特酒，只在最好的年份酿造，在瓶中陈酿数十年后，才能达到令人折服的复杂度。陈酿 20 年和 30 年的上好茶色波特酒堪称顶级，可惜未能得到应有的关注。多年来，大型波特酿酒厂在波特酒贸易中占据了主要地位，其中许多酿酒厂都与英国有很大关系。然而近些年，杜罗河产区的酒庄数量逐步增加，也开始出产自家酒庄酿造的波特酒。

波特酒是一种独特的加强葡萄酒（其他地区也在模仿生产这种酒）。在将酒精添加到仍有甜味、部分发酵的葡萄汁的过程中，造就出的是波特酒的味道、强度和甜度。波特酒的起源可以追溯到 17 世纪末期，英法战争导致法国切断了对英国大部分葡萄酒的供应，因此，英国对葡萄牙（英国的盟友）葡萄酒的需求增加。18 世纪，葡萄酒掺假和生产过剩的问题动摇了葡萄酒行业的稳定发展，葡萄酒价格大幅下跌。1757年，庞巴酒庄（Marques de Pombal）在杜罗河地区建立了世界上第一个葡萄酒原产地控制和地区分级制度，从而挽救了这一局面。

长期以来，波特酒贸易一直由大型酒庄主导，它们的总部设在加亚新城（Vila Nova de Gaia），与波尔图隔河相望。直到 1986 年，任何出口的波特酒都必须经过维拉诺瓦，这种贸易保护主义阻止了小型葡萄酒生产商进入波特酒市场。现在，许多较小型的酒庄生产装瓶波特酒的同时也在酿造佐餐葡萄酒。整个葡萄酒市场也因此更加充满活力。

波特酒包含两种不同类型：宝石红波特酒和茶色波特酒。宝石红波特酒是一个略显混乱的术语，因为这个词常用来描述最便宜的波特酒，但它指的是波特酒的果味风格：在较大的橡木桶中陈酿的时间相对较短，并且在仍有大量黑果香的情况下装瓶。

茶色波特酒的陈酿时间要长得多，通常是在容积为 600 升的桶中进行。陈年的茶色波特酒层次丰富，会有雪松、坚果和葡萄干的味道，酒液颜色较浅，呈橙褐色。

在宝石红波特酒中，品质最好的是年份波特酒，只在最好的年份（被称为"发布"年份，通常 10 年中能有 3 个年份）生产，并在两年后装瓶。这些酒通常窖藏，可以保存 30～50 年。单一葡萄园波特酒是由某一单独葡萄园酿制而成。有些酒庄每年都会生产波特酒；而波特酒庄往往只在非年份酒的年份生产这种酒。20 世纪 60 年代推出了晚装瓶年份波特酒（LBV），价格更低，品质尚可。最好的波特酒贴上了"传统"或"未经过滤"的标签。这些酒在木制桶中存放 6 年后装瓶，无须陈年。不属于这个类别的基础宝石红波特酒或许很有价值，但质量各不相同。

茶色波特酒是一个被忽视的宝藏，最常见的是混酿年份茶色波特酒，按酒的平均年龄出售。有 10 年、20 年、30 年和 40 年（较为少见）的茶色波特酒，但通常来说，20 年的茶色波特酒兼具丰富层次和性价比。柯西塔系列葡萄酒属于有年份的茶色波特酒，在葡萄牙很受欢迎，但在海外较少见到。白色波特酒也有出产，但获益较少。

主要葡萄种类

🍇 红葡萄

红阿玛瑞拉
巴罗卡
卡奥红
罗丽红
多瑞加弗兰卡
国产多瑞加

🍇 白葡萄

古维欧
菲娜玛尔维萨
维欧新

年份

2009

该年份高温，葡萄酒品质有待提高。

2008

该年份出产品质上乘的波特酒。

2007

该年份生长季节凉爽，喜获丰收。波特酒堪称顶级。

2006

该年份葡萄酒酿造困难重重，天气炎热。

2005

该年份喜获品质极佳的单一酒庄年份波特。

2004

该年份喜获果香浓郁的波特酒。

2003

该年份波特酒品质上乘。一些顶级波特酒极具陈年优势。

芳塞卡酒庄
著名的芳塞卡年份波特酒品质绝佳，
口感甚为浓郁。

丘吉尔酒庄
约翰尼·格雷厄姆相对年轻的
波特酒庄如今已备受重视。

费雷拉酒庄

多娜·安东尼娅·阿德莱德·费雷拉（Dona Antónia Adelaide Ferreira）创建了这座著名的、历史悠久的费雷拉酒庄（A A Ferreira）。30 多岁时，费雷拉的丈夫去世，她便接手并扩大了公司的规模。20 世纪 50 年代，费雷拉酒庄发布了 1952 年份的传奇巴克德尔哈干红葡萄酒，开创了杜罗河产区佐餐葡萄酒的酿造先河。1987 年，苏加比酒庄收购了费雷拉酒庄。旗下的葡萄园包括：波尔图葡萄园（Quinta do Porto）、凯多葡萄园（Quinta do Caedo）、塞克索葡萄园（Quinta do Seixo）和乐达葡萄园（Quinta da Leda，现在是老船酒庄系列葡萄酒的主要葡萄来源）。费雷拉酒庄年份波特酒一贯品质上乘。

布尔梅斯特酒庄

布尔梅斯特酒庄（Burmester）的历史可以追溯至 1750 年，其因年份茶色波特酒而著名。1999 年，阿莫林公司收购了布尔梅斯特酒庄，然后在 2005 年把布尔梅斯特酒庄令人印象深刻的新秀酒庄卖给了索格维斯酒庄（Sogevinus），即现在的所有者。杜罗河产区的佐餐葡萄酒也是布尔梅斯特酒庄生产的。20 年的茶色波特酒和任何一款寇黑塔波特酒都非常值得深度挖掘。

卡朗酒庄

卡朗酒庄（Cálem）创建于 1859 年，作为波特品牌索格维斯（Sogevinus）投资组合的一部分，该酒庄旨在利用自己的船队与巴西进行波特酒贸易，来换取异国硬木材——正因此，卡朗酒庄的标志是一艘大船。作为由葡萄牙本国人管理的波特酒庄之一，卡朗酒庄的主要市场是国内市场。杜罗河产区的思茅酒庄负责酿造葡萄酒，然后加亚新城的酒庄里陈酿。酿酒所需葡萄主要来源于上杜罗河产区的奥诺泽拉葡萄园（Quinta do Arnozelo），该酒园占地面积 200 公顷，其中 100 公顷用于种植葡萄。出售卡朗酒庄时，家族保留了壮观的福斯葡萄园，如今的佐餐葡萄酒和波特酒所用的葡萄来自 PV 酒庄。卡朗酒庄的年份波特酒品质尚佳，但可能与该地区最好的波特酒不在同一行列。此外，这里还生产寇黑塔葡萄酒和茶色波特酒。

丘吉尔酒庄

尽管这个酒庄的名字听起来很传统，但丘吉尔酒庄是英国人拥有的波特酒庄中最新的一家。1981 年，约翰尼·格雷厄姆（Johnny Graham）创立了丘吉尔酒庄，他的家族曾经拥有最著名的波特酒庄之一——格雷厄姆酒庄（Graham）。约翰尼·格雷厄姆在科伯恩酒庄度过了他职业生涯的早期时光，1981 年，他成立了自己的波特酒庄——丘吉尔格雷厄姆酒庄（丘吉尔是他妻子的姓），并采用博格斯·德·索萨（Borges de Sousa）家族葡萄园的葡萄来酿造葡萄酒。1999 年，丘吉尔酒庄买下了位于上科尔戈产区的罗丽酒庄（Roriz）隔壁占地 100 公顷的格里沙葡萄园（Quinta da Gricha），以及里奥托尔托（Rio Torto）山谷的里约葡萄园（Quinta do Rio）。丘吉尔酒庄酿造了一些优质的波特酒和佐餐葡萄酒，最近还在混酿葡萄酒中加入了一些产自上杜罗河产区的葡萄。常规丘吉尔酒庄佐餐葡萄酒性价比高；格里沙系列葡萄酒价格昂贵，品质极佳。

科伯恩酒庄

科伯恩酒庄（Cockburn）生产一系列的商用波特酒，现为跨国饮料公司金宾全球酒业集团（Beam Global）所有。现在这些酒装在一个独特的宽瓶中，与令人难忘的年份酒和单一葡萄园的波特酒齐名。坐落在上杜罗河产区的加纳葡萄园（Quinta dos Canais）是科伯恩酒庄产业的重中之重。20 世纪 80 年代末，科伯恩买下了这个占地 300 公顷的葡萄园，按品种重新种植葡萄。科伯恩酒庄声称拥有世界上最大的国产多瑞加种植园区，这种葡萄是科伯恩年份波特酒的基础酿造葡萄品种，也是非年份单一葡萄园波特酒的基础葡萄品种（酒瓶上标明了产自加纳葡萄园）。备受尊敬的米格尔·科尔特-雷尔（Miguel Côrte-Real）负责酿造以上各款葡萄酒。

高乐福酒庄

2001 年，弗拉德盖特合伙企业 [Fladgate，旗下产业包括顶级波特酒酒庄泰勒酒庄（Taylor）和芳塞卡酒庄（Fonseca）] 从酒业巨头帝亚吉欧手中收购了高乐福酒庄（Croft）。从此，高乐福酒庄始终致力于提高品质。这个目标不难实现，因为高乐福酒庄拥有杜罗河产区可望而不可即的葡萄园，即罗达葡萄园（Quinta da Roêda）。该葡萄园离皮尼扬不远，位于上科尔戈产区。弗拉德盖特酒庄的首席执行官阿德里安（Adrian）的妻子娜塔莎·布里奇（Natasha Bridge）主管高乐福酒庄的波特酒生产。

高乐福酒庄历史悠久，自 1736 年以来从未更名，目前酒庄的波特酒品质较好，但还未达到一流水平。最近的一款新酒是高乐福酒庄桃红波特酒，这款酒需慢慢品尝方觉其妙。

德拉福斯酒庄

1868 年，乔治·亨利·德拉福斯（George Henry Delaforce）创立了德拉福斯酒庄（Delaforce）。1968 年，德拉福斯家族将其出售，但直到 2001 年两者仍有联系。那时德拉福斯酒庄是高乐福酒庄的姊妹品牌，泰勒弗拉德盖特合伙企业在该年将德拉福斯酒庄收购。该酒庄的单一种植园波特酒——德拉福斯柯尔特（Quinta da Corte）波特酒品质稳定，卓越非凡；旗下的年份波特酒也堪称佳酿。

道斯酒庄

作为领先的波特酒酒庄之一，道斯酒庄（Dow's）是辛明顿家族产业的一部分。有 3 个葡萄园为道斯酒庄的波特酒酿造做出了贡献。最重要的是道斯邦芬葡萄园（Quinta do Bomfim）。该葡萄园位于上科尔戈产区皮尼扬上游，共植有 50 公顷的葡萄藤，坐北朝南，地理位置优越。其次是道斯洛神葡萄园（Quinta da Senhora de Ribiera，种有 20 公顷的葡萄藤），还有辛明顿家族的两处私有葡萄园 [桑提诺葡萄园（Quinta do Santinho）和瑟迪拉葡萄园（Quinta da Cerdeira），共占地 18 公顷]。道斯酒庄出产顶级年份波特酒，比同类酒款甜度要低一些，真正做到了水果浓香突出，结构坚实。在道斯酒庄不生产波特酒的年份，邦芬葡萄园和洛神葡萄园可能会发布几款单一葡萄园波特酒。

芳塞卡酒庄

20 世纪 40 年代末期以来，作为最著名的波特酒庄之一，芳塞卡酒庄（Fonseca Guimaraens）一直是泰勒弗拉德盖特合营酒庄的一部分。该酒庄成立于 1822 年，到 1840 年已经成为第二大波特酒承运商。这里出产的葡萄酒口感丰富、层次多样。芳塞卡酒庄的现代美誉主要归功于酿酒师布鲁斯·吉马兰斯（Bruce Guimaraens，主要酿造了 1960—1992 的年份酒）和他的儿子大卫（1994 年起担任酿酒师）的突出贡献。该酒庄混酿酒的葡萄主要来自杜罗河塔沃拉谷（Tavora Valley）的潘娜葡萄园（Quinta do Panascal），这里占地面积 76 公顷，有 44 公顷的葡萄园，1978 年由芳塞卡酒庄购入。芳塞卡酒庄名下的其他葡萄园包括圣安东尼奥葡萄园（Quinta de Sâo António）和克鲁塞罗葡萄园（Quinta do Cruzeiro）。除摄人心魄的年份波特酒、优质的瑰美人系列（Guimaraens）和潘娜单一园瓶装波特酒外，芳塞卡酒庄还生产令人印象深刻、主打果味型的有机波特酒——芳塞卡泰瑞（Terra Prima）波特酒。入门级瓶装 Bin 27 波特酒性价比极高。

格雷厄姆酒庄

1820 年，格雷厄姆家族进军波特酒产业，并在 1890 年收购了瑰丽的麦威庄园（Quinta dos Malvedos）。但在财政困难时期，格雷厄姆家族卖掉了麦威庄园。1970 年辛明顿收购了格雷厄姆酒庄，后来又将其与他们收购的麦威庄园合并起来。格雷厄姆酒庄是当之无愧的顶级波特酒庄，在已发布的年份里一直不断酿造顶级波特酒。该酒庄出产的葡萄酒口感浓厚、丰富、甘美，结构紧实，可陈放 30～40 年。不发布年份波特酒的时候，酒庄通常会发布单一麦威庄园波特酒，这款酒品质上乘，堪称佳酿。茶色波特酒和晚装瓶年份波特酒的风格更具商业化，所以没那么令人难忘。除了麦威葡萄园，葡萄来源还包括莱格斯葡萄园（Quinta das Lages）和威哈葡萄园（Quinta da Vila Velha）。

维苏威酒庄

维苏威酒庄（Quinta do Vesuvio）地处上杜罗河产区，是杜罗河产区的著名酒庄之一。1823 年，安东尼奥·贝尔纳多·费雷拉（António Bernardo Ferreira）购得该酒庄，而后不断发展到现在的规模。后来安东尼奥的儿子继承了酒庄，他的妻子是著名的多纳·安东尼奥（Dona António），可惜她不久后就守了寡，并继续开发了大量杜罗河庄园作为酒庄。维苏威酒庄现有的名气要归功于辛明顿家族。1989 年，辛明顿家族购入了这个酒庄，并进行重新开发，将葡萄园的面积扩大到约 130 公顷。该酒庄的重点是年份波特酒，但最近开发的是表现力极强的维苏威酒庄佐餐葡萄酒。在质量方面，维苏威与顶级的波特酒庄并驾齐驱：尽管在酿造技术方面属于单一葡萄园波特酒，但这是杜罗河产区优质的年份波特酒。近来的顶级年份酒包括 1991 年、2000 年、2001 年、2003 年和 2007 年份的佳酿。

桑德曼酒庄

自 2002 年以来，桑德曼酒庄（Sandeman）一直由葡萄牙最大的私人葡萄酒酒庄——苏加比酒庄所有。苏加比酒庄从酒品巨头施格兰手中购得桑德曼酒庄，1980 年以来，施格兰酒业一

桑德曼酒庄

桑德曼酒庄电视广告代言人是著名演员奥森·威尔斯（Orson Welles）。

华莱仕酒庄

华莱仕酒庄的波特酒比同类酒款甜度要低一些。

直是桑德曼酒庄系列酒品的监管方。目前，桑德曼酒庄出产了一系列波特酒、马德拉酒、雪莉酒和白兰地酒。该酒庄实际上可以追溯到 1790 年，当时乔治·桑德曼（George Sandeman）已经开始在伦敦售卖波特酒和雪莉酒。1811 年，乔治·桑德曼（George Sandman）于加亚新城开设了自己的一家小波特酒厂。如今，酒庄由家族中参与事务的第七代传人——另一位乔治·桑德曼掌舵。虽然酒庄更多关注商业葡萄酒，但也生产了一些重要的酒品，如年份波特酒、桑德曼瓦奥年份波特酒和 20 年陈酿茶色波特酒等。

史密斯·伍德豪斯酒庄

1970 年，辛明顿家族酒庄与其姊妹酒庄格雷厄姆酒庄收购了史密斯·伍德豪斯酒庄（Smith Woodhouse）。尽管与辛明顿家族酒庄顶级葡萄酒不尽相同，该酒庄出产的波特酒品质优、价格合理。未经过滤的传统晚装瓶年份波特酒价格亲民，不容错过。

泰勒酒庄

作为顶级波特酒庄之一，泰勒酒庄（Taylor）历史悠久，位列多个系列葡萄酒之冠。泰勒酒庄引以为傲的 1965 年份晚装瓶年份波特酒大获成功，还率先发布了单一葡萄园波特酒 [1958 泰勒瓦格拉斯波特酒（1958 Quinta da Vargellas）]。1893 年，泰勒酒庄收购了瓦格拉斯葡萄园，该处是酒庄运营的核心，地处上杜罗河产区，有自己的火车站。但上科尔戈地区的两个庄园，泰那菲他庄园（Terra Feita）和骏马庄园（Junco）也为泰勒酒庄酿造波特酒作出了巨大贡献。该酒庄的年份波特酒品质一流，酒体深浓、口感紧实、黑莓香气浓郁、结构坚实、具有数十年陈年潜力；该款波特酒堪称佳酿中的绝品，2007 年份波特酒品质尤为卓越。瓦格拉斯的单一葡萄园波特酒在无发布的年份出产，的确质量绝佳。某些年份也会发布少量高质量的瓦格拉斯老藤波特酒（Vargellas Vinha Velha，自 1995 年以来只发布了 5 款年份酒）。

华莱仕酒庄

1729 年，威廉·沃尔（William Warre）从英国来到葡萄牙，建立了一个重要的家族波特酒酒庄。但以"华莱仕"命名的酒庄历史可以追溯到 1670 年，正因如此，该酒庄成为英国拥有的最古老的波特酒庄。19 世纪晚期，辛明顿家族开始参与其中，华莱仕酒庄现在是他们旗下令人难忘的波特酒庄的之一（1961 年，辛明顿家族买下了沃尔家族酒庄最后的股份）。华莱仕酒庄（Warre）除了从自家的 4 家葡萄园 [卡瓦迪尼亚园（Cavadinha）、安提罗园（Retiro Antigo）、特尔达达园（Telhada）和威比特园] 采摘葡萄外，还从辛明顿家族各成员的私有葡萄园采购葡萄。华莱仕酒庄出产的波特酒常跻身于最优质年份波特酒之列，卡瓦迪尼亚单一园波特酒（Quinta da Cavadinha）酿造于未发布年份，也非常值得关注。

葡萄牙其他产区

葡萄牙国土面积不大，却是一个多元化的主要葡萄酒生产国。国内有数个葡萄酒产区，各具特色。在气候凉爽而潮湿的最北端地区有绿酒产区，出产清爽怡人的白葡萄酒；而在炎热的南部阿连特茹（Alentejo）产区，则盛产以丰满的水果风味为主的红葡萄酒。这两个地区之间，是里斯本（Lisbon）周边地区生产的果味浓郁、商业嗅觉灵敏的葡萄酒；再往北是杜奥（Dão）和百拉达（Bairrada）产区，以个性鲜明的优质红葡萄酒而享誉。要了解葡萄牙的葡萄产区和其各个葡萄品种颇费工夫，但这些努力是值得的，可以让世人更加了解葡萄牙的风土和葡萄品种。

主要葡萄种类

🍇 红葡萄

紫北塞

阿拉哥斯（罗丽红）

巴加

国产多瑞加

特林加岱拉

🍇 白葡萄

阿瓦尼诺（阿尔巴利诺）

依克加多

洛雷罗

华帝露

年份

葡萄牙从北端沿海到南部内陆各个产区的多种年份酒，难以用寥寥数言以概之。但总的来说，2009是非常好的年份，这点对所有产区都基本适用——因为2008年的5月和6月初气候异常凉爽潮湿，创造了极其理想的收获条件。2007年也很不错，尤其对于贝拉斯产区而言，白葡萄酒比红葡萄酒的表现更胜一筹。相比之下，2006年由于气候炎热，葡萄酒受到高温的不良影响；2005年也有南方干旱的影响，但除此之外没有其他问题。

葡萄牙的葡萄酒业生机勃发：在过去几十年里，有数十家葡萄酒新秀生产商投身于酿制顶级葡萄酒，葡萄酒的品质也达到前所未有的水平。这也是一个变化万端的行业——葡萄牙从南至北，每个地区的气候和土壤类型各不相同。再加上繁多的本土葡萄品种，让葡萄牙成为喜欢冒险的葡萄酒发烧友们钟爱的围猎场。

葡萄牙最主要的产酒产区包括风景怡人的杜罗河谷（本书前文有单独章节介绍）及阿连特茹产区。阿连特茹位于葡萄牙南部，拥有无垠的麦田、葱郁的软木橡树林和大片葡萄园。这里气候炎热、阳光充足，出产酒体丰满成熟、果香浓郁的红葡萄酒；涵盖了从平价酒到香醇适口的中档酒，再到结构出色、口感馥郁的高档酒，产品丰富多样，应有尽有。阿连特茹的主要葡萄品种包括阿拉哥斯（Aragonêz）、紫北塞（Alicante Bouschet）和特林加岱拉（Trincadeira）。

白葡萄比起红葡萄而言稍微逊色，但也非常鲜美，具有明朗的桃子和柑橘类水果的味道，其间还间杂一些橡木的气息。

而在葡萄牙北部，绿酒产区也蒸蒸日上。这里盛产的是清新、带有矿物质气息的高段位白葡萄酒，以阿瓦尼诺［（Alvarinho），西班牙称阿尔巴利诺（Albariño）］和洛雷罗（Loureiro）葡萄酿制而成；此外，绿酒产区也出品用索沙鸥（Sousão）葡萄酿制的"红色"的绿酒。索沙鸥是一种或染色葡萄（teinturier，又称泰图里，果肉呈红色）品种，它赋予葡萄酒极浓烈的色泽、清新的酸度、活力十足的水果味和涩口的单宁。

贝拉斯产区占了葡萄牙北部三分之一的地区。它分为3个小的产区，以杜奥为主——该产区多为砂质土和花岗岩土壤，葡萄品种有国产多瑞加、罗丽红、珍拿（Jaén）和阿弗莱格（Alfrocheiro），出品口感优雅、几近于勃艮第风格的红葡萄酒。杜奥的白葡萄酒用依克加多（Encruzado）、碧卡（Bical）和舍西亚尔（Sercial）等品种的葡萄酿造，百拉达产区以巴加红葡萄为主。这种葡萄可能会产生坚韧、单宁过多的口感，但经过技艺精湛的酿酒师妙手酿制后，也能成为平衡极佳且适合陈年的红葡萄酒，单宁坚实，类似于内比奥罗佳酿的风格。内贝拉产区是一个新兴地区，地处阿连特茹以北、葡萄牙东面的群山环抱之中，有望产出风格明朗、纯澈且果味十足的红葡萄酒。

紧挨里斯本有3个地区目前正从大批量生产向精益化生产方式过渡，以酿造品质更优、口感更佳，同时保持较好性价比的红葡萄酒和白葡萄酒。里斯本地区（前埃什特雷马杜拉）以鲜美的白葡萄酒和诱人的水果味红葡萄酒而著称。特茹［前里巴特茹（Ribatejo）］也出产迷人的果味红葡萄酒。塞图巴尔半岛的沙质土壤孕育了丰润多汁、果味浓郁的红葡萄酒、口感清爽的白葡萄酒，以及塞图巴尔麝香葡萄酒（Moscatel de Setúbal，一种香醇可口，陈年后口感更佳的甜白葡萄酒）。西拉和赤霞珠等非本土品种也引进到这些地区，但基本上只是和当地品种一同制作混酿。

此外，马德拉岛也出产一些上等的加强型葡萄酒。而这些酒的诞生完全来自意外的收获：马德拉岛处在一条重要的贸易路线上，为经过的船只提供葡萄酒。船员们往葡萄酒中添加了酒精，应对海上的艰苦生活条件。他们发现，当航行到热带地区，在高温的炙烤下酒桶会产生不同的风味，别有生趣。如今，在马德拉酒生产方式中也借鉴了这种加热的过程。

马德拉葡萄主要有5个品种。首先是马德拉岛的主力品种——红葡萄黑莫乐。然后是4个经典品种，按酿造葡萄酒的甜度顺序排列为：舍西亚尔、华帝露（Verdelho）、布尔（Bual）和马姆齐（Malmsey，舍西亚尔葡萄酒口感最干，马姆齐最甜）。由于马德拉酒是在暴露在氧气中和高温情况下进行发酵的，开瓶后仍可以多年保持良好的状态。

阿芙罗斯酒庄（绿酒产区）

阿芙罗斯酒庄（Afros）采用活机耕作方法在其 20 公顷的庄园种植葡萄，出产的卡赛欧帕科葡萄酒（Quinta do Casal do Paço）为当地的上乘佳酿。葡萄品种有白葡萄洛雷罗和红葡萄维毫 [Vinhão，也称索沙鸥]。前者纯正鲜明、澄净芬芳，有特别的矿物质气息。维毫是绿酒产区用于酿制红葡萄酒的主要品种，色泽浓郁、充满活力、清新纯净而充满愉悦感，富有覆盆子、樱桃和青梅的美妙风味，酸度较高，单宁紧致。2007 年、2008 年和 2009 年都是不错的年份；2006 年的红葡萄酒有部分为起泡酒；白葡萄酒则在大多数年份都有起泡酒。★新秀酒庄

阿莲卡酒庄（百拉达产区）

阿莲卡酒庄（Aliança Vinhos de Portugal）为葡萄牙最大的酿造公司之一，坐拥有 400 公顷的葡萄园。酒庄创建于 1927 年，总部位于百拉达（Bairrada）产区，当时名为"Caves Aliança"。2007 年，由柏卡酒庄（Bacalhôa）的乔·贝拉多（José Berardo）收购并将其改名为阿莲卡酒庄。除百拉达外，酒庄还收购了国内其他产区的多个酒庄，生产品种繁多的葡萄酒——其中最顶尖的 5 个酒款是来自杜奥河产区的四风园珍藏红葡萄酒（Quinta dos Quatro Ventos Reserva），浓郁而甜美，强劲有力；来自杜奥的加里达园红葡萄酒（Quinta da Garrida），果香四溢，令人生津；来自阿连特茹的特里嘉园红葡萄酒（Quinta da Terrugem）散发着优美的红浆果和些许橡木的香气；来自百拉达的巴塞拉达斯园干红（Quinta das Baceladas）则带有樱桃和黑醋栗的气味。

阿尔瓦罗·卡斯特罗酒庄（杜奥产区）

阿尔瓦罗·卡斯特罗（Alvaro Castro）是葡萄牙名列前茅的天才酿酒师。他在杜奥有两个葡萄园：酒庄所在的萨斯（Sães）庄园，占地 14 公顷，以及埃什特雷拉山脉（Serra da Estrela）脚下 30 公顷的佩拉德（Pellada）庄园。曾在卡萨-德帕萨雷拉（Casa de Passarela）名下的葡萄园现也有一部分归卡斯特罗所有。他为杜奥独创了一些新颖的酒款，有性价比突出的萨斯葡萄酒（Quinta de Sães），果香浓郁、口感优雅的佩拉达珍藏红葡萄酒（Quinta da Pellada Reserva），以及两种独特而美妙的高端特酿：口感醇厚、果香浓郁而优雅的佩普（Pape）和尤为厚重、结构更优的卡洛塞（Carrocel）。酒庄也酿制上佳的白葡萄酒，包括佩拉德（Pellada）的上乘极品白葡萄酒（Primus），具有浓郁的矿物质气息及良好的陈年潜力。阿尔瓦罗·卡斯特罗和德·尼伯特携手合作，融合杜奥和杜罗两个产区的精华，缔造了结构优良、适合陈年的达渡（Dado）红葡萄酒。

安塞尔莫·门德斯酒庄（绿酒产区）

安塞尔莫·门德斯被誉为葡萄牙北部绿酒产区执牛耳的酿酒师之一。他出生在以阿尔巴利诺葡萄闻名的蒙桑（Monção）次级产区，现在也在此长住。门德斯在自立门户之前，在当地的绿葡萄酒地区葡萄种植委员会（CVRVV）和博格斯酒庄工作过。1998 年曼德斯酿造了以自己的名字命名的第一款葡萄酒，此后各种产品备受好评。除经营自家的酒庄外，他还担任多家酒庄的酿酒顾问，其中包括曾经的顾主博格斯。莫拉·安堤格斯·阿瓦

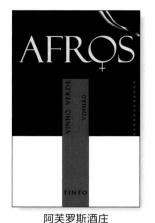

阿芙罗斯酒庄
此款酒为不透明的墨黑色和红黑色，品质非凡。

圣伊西德罗佩果斯酒业
源自独特风土条件、口感清新、结构完美。

尼诺（Muros Antigos Alvarinho）是一款清新隽永的白葡萄酒；莫拉·安堤格斯·洛雷罗（Muros Antigos Loureiro）则更为明快、有活力，带有芳草的气息。莫拉梅尔加苏阿瓦林诺（Muros de Melgaço Alvarinho）在法国橡木桶里发酵，赋予葡萄酒浓烈的风味和丰富的层次。安塞莫曼德斯阿瓦尼诺是酒庄最好的白葡萄酒，其酿造过程中采用部分短暂浸渍工艺，营造出迷人的草本、蜜瓜、柑橘和梨子果香味。

艺术酒庄（百拉达产区）

艺术酒庄（Artwine）由百拉达产区的两个葡萄庄园合并而成。酒庄在坎塔涅迪（Cantanhede）区种植了 20 公顷的葡萄。2003 年，酒庄推出第一款蓝调（Blaudus）品牌的葡萄酒，并在随后出品了多种现代风格的酒款。下海湾庄园（Quinta de Baixo）始于 1980 年，具有百拉达产区的典型风格，主要酿制传统葡萄酒。蓝调国产多瑞加（Blaudus Touriga Nacional）的风味甜美醇厚，散发着活力满满的黑莓和樱桃香气。下海湾酒窖（Baixo Garrafeira）是由巴加（Baga）和国产多瑞加混酿而成的开胃型葡萄酒，浓郁可口，令人愉悦。下海湾经典（Baixo Clássico）是一款巴加葡萄酒，具有芳香的红浆果和樱桃气息，结构紧实、口味丰富而美妙，具有良好的陈年能力。

柏卡酒庄（塞图巴尔半岛产区）

柏卡酒庄（Bacalhôa Vinhos de Portugal）的前身为 J P 庄园（J P Vinhos），创立于 1922 年。作为 20 世纪 80 年代葡萄牙一家极具前瞻性的葡萄酒公司，柏卡酒庄主要出产鲜美且果味浓郁的日常饮用葡萄酒。酒庄目前经营 5 个品牌的葡萄酒，包括白嘉露干红（Quinta da Bacalhôa）、高华霞多丽干白（Cova de Ursa Branco）、玛蒂亚（Má Partilha）、卡塔娜干白（Catarina Branco）和安伏干红（Tinto da Ânfora Tinto），均出自澳大利亚酿酒师皮特·布莱特（Peter Bright）之手。如今，柏卡酒庄的主人贝拉多（José Berardo，又名 Joe Berardo）作为葡萄牙巨富之一，拥有一个日益壮大的葡萄酒王国，总部正是柏卡。贝拉多名下的产业还包括阿连特茹的卡莫庄园（Quinta do Carmo），苏加比（Sogrape）公司三分之一的股份和马德拉群岛大亨酒庄（Henriques & Henriques）的股份；他还是阿莲卡酒庄的大股东。柏卡酒庄拥有无可比拟的产品组合。其中最为出类拔萃的有黑醋栗果味的白嘉露干红（一款赤霞珠葡萄酒）、口感强劲厚重的帕拉西奥红葡萄酒（Palácio da Bacalhôa），以及一系列风格甜美的麝香葡萄酒。

巴贝托酒庄（马德拉产区）

巴贝托酒庄（Barbeito）创建于 1946 年，是马德拉（Madeira）的一个家族产业。酒庄生产的葡萄酒均以传统方式（在老法国橡木桶中）陈酿，不采用人工加热、添加焦糖或是降酸技术。这正是地道的马德拉葡萄酒酿造方法。在此基础上，巴贝托酒庄又进行了一系列有趣的创新。首要创新之一，便是推出小容量装的"单一年份"葡萄酒。这种包装非常适合作为优质马德拉酒的入门产品，让消费者能享受到实惠的年份酒——法律规定，在木桶中陈酿 20 年、瓶中熟成 2 年的才可称为年份葡萄酒。酒庄出品的优质酒款有巴贝托 10 年陈酿葡萄酒（Barbeito

10 Years Old）、单一年份的黑莫乐（Tinta Negra Mole），当然还有多种令人称绝的年份葡萄酒。巴贝托·玛尔维萨 30 年陈酿（Barbeito Malvazia 30 Years Old）为橘子酱、香草和经年木材的混合气息，夹杂着丝丝甜香，令人回味无穷。

博格斯酒庄（马德拉产区）

博格斯酒庄（H.M. Borges）由亨利克·梅内塞斯·博格斯（Henrique Menezes Borges）创立于 1877 年，现在的经营者为博格斯家族第四代传人。酒庄生产表现平平的便宜葡萄酒，以及全系列的 10 年和 15 年陈酿。近来酒庄开始专注于寇黑塔（Colheitas）——来自单一年份但又不足以达到传统马德拉年份酒标准的葡萄酒。

坎普拉古酒庄（百拉达产区）

坎普拉古酒庄（Campolargo）有两个庄园，葡萄种植面积共达 170 公顷。酒庄新建的酿酒厂和酒窖极为壮观，位于阿纳迪亚（Anadia）附近的最大葡萄园中，于 2004 年竣工。坎普拉古家族已有数代从事葡萄种植，自 2000 年起开始涉足酿酒业。酒庄以现代化的方式栽植了多种葡萄，其中既有当地的特色品种，也有从其他国家引进的种类。酿造的上佳葡萄酒包括坎普拉古纯品葡萄酒，醇和馥郁的黑皮诺葡萄酒（有时加入巴加葡萄），优雅、圆润而纯正的泰尔梅昂葡萄酒（Termeão，以国产多瑞加为主的一款混酿），以及浓香四溢、结构柔和的卡尔达-博尔达莱萨葡萄酒（Calda Bordaleza，一种波尔多混酿）。

卡都萨酒庄（阿连特茹产区）

卡都萨酒庄（Cartuxa）为安哲尼奥基金会（Fundaçao Eugénio de Almeida）的产业。该基金会由一位富农于 1963 年设立，在阿连特茹的埃武拉（Evora）区附近拥有多个庄园。酒庄的头号作品当属佩拉曼卡（Pêra-Manca）红葡萄酒和白葡萄酒。其中葡萄酒采用复杂的传统工艺酿造，适合陈年，是葡萄牙名闻遐迩的酒款。卡都萨红葡萄酒同样可圈可点，它以兼具活泼与优雅、且具有非水果性的综合风味而饮誉。在佩拉曼卡尚未问世之际，酒庄酿制的是卡都萨酒庄珍藏红葡萄酒（Cartuxa Reserva）。自 2005 年起，酒庄推出珍藏系列的高端新品斯卡拉可艾莉（Scala Coeli）红葡萄酒和白葡萄酒，均采用国外葡萄品种制作。

塞洛酒庄（杜奥产区）

塞洛酒庄（Casa de Cello）是葡萄牙的知名酿酒商，其种植园版图跨越杜奥和绿酒两个产区。塞洛庄园（Quinta de Cello）紧邻阿马兰蒂（Amarante），用阿瑞图（Arinto）、阿瓦尼诺、霞多丽、洛雷罗、玛尔维萨（Malvazia）和阿维苏（Avesso）等葡萄品种酿制白葡萄酒，产品冠以桑乔安妮园（Quinta de Sanjoanne）之名。其中，桑乔安妮特级葡萄酒（Sanjoanne Superior）是阿瓦尼诺和玛尔维萨两种葡萄的混酿白葡萄酒，酒体浓郁，散发着青草味和矿物质气息。杜奥产区的维吉亚园（Quinta da Vegia）种植面积达 20 公顷，这片广袤的土地孕育出了众多出色的酒款。佛罗尼亚港葡萄酒（Porta Fronha）为鲜美的黑樱桃和黑莓果味，性价比超高；维吉亚园珍藏红葡萄酒（Quinta da Vegia Reserva）带有迷人的花香和

坎普拉古酒庄
以当地品种为主、辅以部分
赤霞珠的混酿葡萄酒。

巴贝托酒庄
20 年陈酿马尔维萨酒浓郁紧致，
带有焦糖和太妃糖的风味。

深幽而丰富的水果气息，已跻身该地区的顶尖酒品之列。

穆拉兹酒庄（杜奥产区）

穆拉兹酒庄（Casa de Mouraz）是一个小型的家庭农庄，从 2000 年开始酿造自有品牌的葡萄酒。庄园占地 13 公顷，分布在 9 个不同的片区。他们采用生物动力法耕种，种植的杜奥酿成的红葡萄酒和白葡萄酒均澄澈而活泼，具有清甜的水果味和好闻的矿物质气息。酒庄的私人精选葡萄酒（Private Selection）乃酒庄的顶级之作，洋溢着纯净、优雅的樱桃和浆果味。★新秀酒庄

赛马酒庄（百拉达产区）

赛马酒庄（Casa de Saima）是采用百拉达的传统方式酿酒，在当地颇负盛名。酒庄认为未成熟的巴加葡萄酒单宁较高、难以入口，但经过时间的发酵便能造就极为醇美的红葡萄酒，非常适合陈年。酒庄主人格拉卡·米兰达（Graca Miranda）同时也是酿酒师，管理着这座共计 20 公顷、分为 12 个片区的种植园。酒庄的培养珍藏红葡萄酒（Garrafeira）口味复杂醇厚、单宁充沛、风味极佳，是时光和耐心美妙的馈赠。经典干红（Regular Tinto）醇和的口味伴有丝丝清冽的气息，性价比很高。此外，酒庄也生产白葡萄酒和起泡酒。

加撒庄园（塔霍河产区）

加撒庄园（Casal Branco）坐落在塔霍河产区的塔古河（Tagus）左岸，面积为 1100 公顷，其中 140 公顷是葡萄园。酒庄主人是约瑟夫·洛博·德·瓦斯康塞洛斯（Jose Lobo de Vasconcelos）——他的家族自 1775 年以来一直负责庄园的经营。瓦斯康塞洛斯 1986 年接管庄园之后进行调整，提高了葡萄的品质，并于 2004 年建成了一座新酒厂。酒庄出产性价比较高的葡萄酒和一些高端红葡萄酒，均冠以猎鹰干红（Falcoaria）和卡普乔（Capucho）的酒名。

圣若昂酒庄（百拉达产区）

如果您钟意价格合理、风格传统且适合陈年的葡萄牙红葡萄酒，一定不能错过圣若昂酒庄（Caves São João）的产品。圣若昂是一个家族企业，创立于 1920 年，总部位于百拉达产区。菲宝红葡萄酒（Frei João）和菲宝珍藏红葡萄酒（Frei João Reserva）皆属美味诱人的百拉达传统酒款，以巴加葡萄为主。圣若昂珍藏红葡萄酒（Caves São João Reserva）则是酒庄的头号佳品，为百拉达和杜奥两个产品葡萄的混酿，焕发着浓郁丝滑的樱桃和青梅果香，带有厚重的辛辣味和丰富的单宁。以上这几款葡萄酒均有良好的陈年能力。

圣伊西德罗佩果斯酒业（沙多特拉斯产区）

圣伊西德罗佩果斯酒业（Cooperativa Agrícola de Santa Isidro de Pegões）也简称为佩果斯合作社（Pegões Co-operative），是葡萄牙名列前茅的酿酒合作企业之一。酒庄位于里斯本近旁的沙多特拉斯（Terras do Sado），酿酒师海梅·昆德拉斯（Jaime Quenderas）极具才华，打造了一系列令人瞩目且价格合理的葡萄酒产品。这里有 140 名葡萄种植户和 1174 公顷

西玛酒庄

旗舰酒款由精选批次葡萄酒
在桶中陈酿 12 个月而成。

艾斯波澜酒庄

桃子、青柠和西柚味在陈年后
变成蜂蜜和甜瓜的香味。

葡萄园，其中 30% 的农户占到了 90% 的耕种面积。合作社以高出地区平均水平 50% 的价格收购葡萄，激励果农提高葡萄品质。寇黑塔精选（Colheita Seleccionada）系列的红葡萄酒和白葡萄酒都颇负盛名：红葡萄酒具有强烈、辛辣的黑色水果风味和优美的结构，而白葡萄酒则呈现浓郁的柑橘类水果气息和奶油般的丰盈口感。

西玛酒庄（阿连特茹产区）

西玛酒庄（Cortes de Cima）的经营者是丹麦人汉斯·约根森（Hans Jorgensen）和他的妻子——来自美国加利福尼亚州的凯丽（Carrie），多年来，夫妇俩在阿连特茹地区精工细作，酒庄以现代化及前瞻风格而闻名。庄园地处维迪盖拉（Vidigueira），拥有超过 100 公顷的葡萄园，酿制的葡萄酒品种繁多——从价格合理、广受欢迎的查明红葡萄酒（Chaminé），到一系列中档红葡萄酒，再到顶级的西玛酒庄珍藏红葡萄酒（Cortes de Cima Reserva）和匿名者（Incógnito）红葡萄酒，琳琅满目，丰俭由人。匿名者红葡萄酒是酒庄最高端的西拉红葡萄酒。这款酒面世时，西拉葡萄的种植尚未合法化，所以葡萄的品种也没有公诸于众，酒款便因此得名。酒庄酿制的所有的葡萄酒成熟度高、带有甜美果香，同时也保持极佳的平衡度，特色鲜明。

多里维拉斯酒庄（马德拉产区）

佩雷拉·多里维拉斯（Pereira D'Oliveira）酿酒厂在其生产的马德拉酒上使用多里维拉斯（D'Oliveiras）这一标签。这家酒厂历史悠久：现任掌门人阿尼拔（Anibal）和路易斯·多里维拉斯（Luis D'Oliveira）是第三代传人。公司总部是一座 1619 年的建筑。酒庄的特色产品包括寇黑塔葡萄酒（Colheitas，单一年份）和珍藏红葡萄酒（Reservas，即年份葡萄酒），均为上乘之作。寇黑塔特伦太 1988（Colheita Terrantez 1988）用非常稀有的寇黑塔葡萄酿造而成，酒体偏干而浓郁，香草及柔和的香料气息令人惊艳。寇黑塔玛尔维萨 1987（Colheita Malvazia 1987）是一款浓郁而富有表现力的葡萄酒，完美融合了清新柠檬与香甜葡萄干的丰富口感。珍藏舍西亚尔 1969 葡萄酒（Reserva Sercial 1969）复杂的口感中混杂老家具和香草的味道，余味悠长，令人心醉神迷；珍藏布尔 1968（Reserva Boal 1968）则是甜中带辛，兼具柑橘类水果和老木桶的复合香气。

道南酒庄（杜奥产区）

道南酒庄（Dão Sul）现又名葡萄牙环球酒业有限公司（Global Wines），是一家充满活力的大型企业，总部位于杜奥产区，业务范围覆盖多个地区。酒庄在杜奥有三个庄园［卡瑞斯（Cabriz）、格里洛（Grilos）和卡萨桑塔（Casa de Santar）］，杜罗河产区有两个：百拉达的埃斯特雷马杜拉和阿连特茹各一个。道南酒庄以酿造一贯优质的葡萄酒而著称，个别酒款为不可多得的精品。其中有两款杜奥白葡萄酒——卡萨桑塔园布朗克珍藏白葡萄酒（Casa de Santar Reserva）和桑塔楔之宫孔塔多园白葡萄酒（Paço das Cunhas de Santar Vinho do Contador），尤为出彩的红葡萄酒包括：阿连特茹产区出品的卡尔山土星园红葡萄酒（Monte da Cal Vinho de Saturno），杜罗河产区出品的特塞德拉斯珍藏红葡萄酒（Quinta das Tecedeiras Reserva），

百拉达产区出品的恩坎特一号（Encontro1），以及杜奥产区出品的卡布里兹园艾斯克哈干红葡萄酒（Quinta from Cabriz Escolha）、桑塔楔之宫孔塔多园红葡萄酒（Paço das Cunhas de Santar Vinho do Contador）和 4C 红葡萄酒（来自葡萄牙多地区的高端混酿）等。

玛丽亚酒庄（阿连特茹产区）

胡里奥·塔萨拉·德·巴斯托斯（Júlio Tassara de Bastos）是葡萄牙阿连特茹产区最出色的酿酒师之一。1992 年，他将家族产业卡莫庄园（Quinta do Carmo Garrafeiras）一半的产权卖给了罗斯柴尔德（拉菲）集团 [Domaines Barons de Rothschild（Lafite）]。此后，酒庄的酿酒和办公事务迁至皇家卡瓦利亚庄园（Carvalhas）新建的酿酒厂。再后来，胡里奥转让了他在酿酒厂的股份，重新自立门户。虽然胡里奥仍持有卡莫庄园的房产，但冠名权已不归他所有。因此，他创立了玛丽亚酒庄（Dona Maria）。酒庄拥有 53 公顷的葡萄园，采用与卡莫庄园相同的古老品种——紫北塞葡萄酿酒。同样的特色基因，造就了同样不凡的产品。玛丽亚酒庄在 2003 年收获了第一批葡萄。目前，胡里奥出品多种优质葡萄酒，既有优雅尊贵的桃红葡萄酒，也有浓郁香醇的珍藏葡萄酒，不一而足。其中，胡里奥·巴斯托斯紫北塞干红葡萄酒（Júlio B Bastos Alicante Bouschet）精妙绝伦，是酒庄的拳头产品。★ 新秀酒庄

琳达酒庄（沙多特拉斯产区）

琳达酒庄（Ermelinda Freitas）是一个家族庄园，地处沙多特拉斯产区。1920 年公司成立时，主要生产散装葡萄酒，出自 1998 年起就在琳达酒庄效力的顶级酿酒师杰米·昆德拉（Jaime Quendera）之手。2000 年，酒庄开始制作自有品牌的瓶装葡萄酒。背靠 130 公顷的广袤葡萄园，昆德拉打造出多款美味可口价格也不高的葡萄酒，其中有奔放浓醇的紫北塞葡萄酒；用卡斯特劳（Castelão）、国产多瑞加和西拉葡萄酿制而成的风味成熟、富有深色水果气息的珍藏红葡萄酒（Reserva）；以及以卡斯特劳老藤葡萄为原料、口感繁复、色泽深幽、散发着水果芳香的里奥荣誉红葡萄酒（Leo d'Honor）等。

艾斯波澜酒庄（阿连特茹产区）

艾斯波澜酒庄（Esporão）是阿连特茹最大的酒庄之一。洛盖特（Roquette）家族持有酒庄的大部分股权——其名下的产业还包括杜罗产区的克拉斯托酒庄（Quinta do Crasto）。酒庄邻近雷根古什（Reguengos），有 600 公顷的自有葡萄园、一间红葡萄酒厂和一间白葡萄酒厂。每个年份，酒庄要压榨大量葡萄用于酿造。1989 年，酒庄推出了第一款以艾斯波澜为商标的葡萄酒，并在此后成为阿连特茹葡萄酒的代名词，在出口市场上大放异彩。来自澳大利亚的首席酿酒师大卫·巴韦斯托克（David Baverstock）才华横溢。在他的引领下，艾斯波澜酒庄的酿造风格倾向于新世界葡萄酒的工艺。葡萄酒产品主要为果味基调加以橡木香气。其中珍藏干红（Reserva Tinto）和珍藏白葡萄酒（Branco）结构均衡，价格也合理，实属佳品。从 2007 年起，酒庄升级了单一品种葡萄酒，并将产量从每年 2 万瓶减至 6000瓶。对品质的专注带来了质的飞跃。国产多瑞加葡萄酒也令人瞩目，它强度浓烈，将成熟水果与橡木的香气完美融为一体。

帕托酒庄（贝拉斯产区）

菲利帕·帕托（Filipa Pato）是百拉达明星酿酒师路易斯·帕托（Luis Pato）之女，也是葡萄牙酿酒领域的后起之秀。菲利帕和她的父亲一样学习化工出身。毕业之后，她在波尔多的肯德布朗酒庄（Château Cantenac Brown）、阿根廷的菲卡庄园（Finca Flichman）和澳大利亚玛格丽特河产区的露纹酒庄（Margaret River Leeuwin Estate）工作，积累了酿酒方面的相关经验。2001 年，菲利帕回到葡萄牙并决定在贝拉斯启动自己的酿酒业务。她着手创立自己的品牌。由于自家没有葡萄种植园，便在百拉达和就近的杜奥产区租下葡萄园，为酿酒提供原料。帕托酒庄首屈一指的产品是当地燧石葡萄酒（Lokal Silex）和当地石灰石葡萄酒（Lokal Calcário），分别用来自杜奥和百拉达产区的葡萄酿造。这两款酒皆为上品，果味纯正，回味绵长。菲利帕的丈夫威廉·伍特斯（William Wouters）也加入了她的酿酒工作，夫妇俩合作打造了"Vinhos Doidos"品牌，意为"疯狂的葡萄酒"。芭莎（Bossa）白葡萄酒适合派对饮用；努撒（Nossa）用碧卡（Bical）和依克加多（Encruzado）葡萄酿制，口感丰富。★ 新秀酒庄

费塔·佩塔酒庄（阿连特茹产区）

费塔·佩塔酒庄（Fita Preta Vinhos）是一家具有现代意识的酿酒商。酒庄出品的普雷塔（Preta）葡萄酒口感浓郁、色泽深邃、引人入胜；"性感"（Sexy）品牌系列则为更亲民，价格也更合理；此外还有天机（Palpite）系列中档白葡萄酒和红葡萄酒，价位介于上述二者之间。2004 年，葡萄栽培师——来自英国的大卫·布斯（David Booth）和酿酒师安东尼奥·马萨尼塔（António Maçanita）凭借手中的优质葡萄资源，又租用了闲置的酿酒厂，合作开办了酒庄。

格洛丽亚·雷诺兹酒庄（阿连特茹产区）

格洛丽亚·雷诺兹酒庄（Gloria Reynolds）地处气候较凉爽的阿连特茹北部的波塔莱格雷（Portalegre），是 19 世纪从英格兰迁至葡萄牙的雷诺兹（Reynolds）家族的产业［家族的另一成员是摩查酒庄（Herdade do Mouchão）］。酒庄有 41 公顷的葡萄园，栽种的主要葡萄品种有紫北塞、特林加岱拉（Trincadeira）和阿拉哥斯（Aragonêz）。酒庄酿制的葡萄酒冠以雷诺兹家族不同成员的名字：卡洛斯·雷诺兹（Carlos Reynolds）是鲜美的果味樱桃红葡萄酒，口感柔顺而醇熟；朱莉安·雷诺兹（Julian Reynolds）带有甜美明快的樱桃和浆果香味；格洛丽亚·雷诺兹（Gloria Reynolds）则是一款辛香、浓郁、带有土壤气味又不失优雅的葡萄酒。

大亨酒庄（马德拉产区）

大亨酒庄（Henriques & Henriques）成立于 1850 年，是马德拉岛排名前 3 的马德拉葡萄酒生产商，拥有最多的葡萄种植园。1992 年，酒庄实施了一项扩张计划，新建了办公场所和一个酿酒中心。20 世纪 30 ~ 40 年代，公司掌握在加盟合伙的家族手中。现在，柏卡酒庄的贝拉多先生持有 20% 的股份。酿酒师路易斯·佩雷拉（Luis Pereira）为酒庄打造了多款诱人的葡萄酒，其中最出色的有口感浓郁、带坚果味的 10 年华帝露（10 Years Old Verdelho）；鲜美柑橘味、气味浓烈的 15 年华帝露

（15 Years Old Verdelho）；层次丰富、带有甜葡萄干香气的 15 年马姆齐甜酒（15 Years Old Malmsey）；以及风味复杂醇厚、动人心魄的 1998 单一年份葡萄酒（1998 Single Harvest）。酒庄还出品多款上好的年份酒。

孔波尔塔酒庄（沙多特拉斯产区）

孔波尔塔位于阿连特茹海岸。这片 12000 公顷的土地上，正在开发大型综合旅游项目，包括建设一家优质的酿酒厂。占地 30 公顷的孔波尔塔酒庄（Herdarde da Comporta）创始于 2003 年，属于沙多特拉斯地区。酒庄酿造的白葡萄酒有果味浓郁的安桃娃葡萄酒（Antão Vaz）和明快西柚味的安桃娃-阿瑞图混酿（Antão Vaz with Arinto）。阿拉哥斯和紫北塞混酿有着柔美动人、纯净而浓厚的深色水果风味，是酒庄主打的红葡萄酒。所有葡萄酒皆采用成熟的现代技术酿造。★ 新秀酒庄

仙鹤酒庄（阿连特茹产区）

仙鹤酒庄（Herdade dos Grous）坐落在温暖的贝贾（Beja）地区，是高端葡萄酒制作商。该酒庄是一家德国公司，地处阿连特茹产区，现由知名酿酒师兼顾问路易斯·杜阿尔特（Luís Duarte）掌管。酒庄坐拥 700 公顷的土地，其中 70 公顷为葡萄园，此外还有橄榄园、畜牧养殖、餐厅和酒店等。酒庄出产的葡萄酒香味集中，带有甜美的深色水果气息。丰收之月葡萄酒（Moon Harvested）口感浓郁、特色鲜明，果味丰富而纯正。珍藏干红（Reserva）更为浓烈紧致，夹杂了一些橡木的幽香。23 桶红葡萄酒（23 Barricas）芳香诱人，有鲜明的深色水果味、异常丰富的口感和极佳的平衡度。★ 新秀酒庄

摩查酒庄（阿连特茹产区）

摩查酒庄（Mouchão）在 100 多年前由雷诺兹家族创办，现在是阿连特茹最具特色的庄园之一。庄园有 38 公顷的葡萄园，主要种植紫北塞葡萄；其余大部分的土地都用于栽种软木橡树。酒庄始终延续传统的酿酒工艺，出产了多款有口皆碑的葡萄酒。其中，拉斐尔葡萄酒（Dom Rafael）性价比高，极具特色；更胜一筹的是摩查庄园酒：果味厚重复杂，层次丰富，有很好的发展潜力。酒庄的王牌之作非"托内尔 3—4 号"红葡萄酒（Mouchão Tonel 3—4）莫属。这是一款风味强劲又保持极佳平衡的葡萄酒，只在最好的年份酿造。

罗西姆庄园（阿连特茹产区）

罗西姆庄园（Herdade do Rocim）坐落在下阿连特茹的维迪盖拉和库巴之间的地区，葡萄园面积达 60 公顷。酒庄在 2000 年被德拉利酒厂（Terralis Ltd）收购，最近几年又经历重大结构调整——葡萄园重整，并新建了一家外观非常醒目的酿酒厂。酒庄的头号葡萄酒产品是伟大的罗西姆（Grande Rocim）。这款酒以紫北塞葡萄为主，风味浓烈，结构强劲。紧随其后的是猫头鹰之眼（Olho de Mocho）红葡萄酒（带有活泼花香和鲜明的新鲜浆果味的高品质佳酿）、白葡萄酒（带有柑橘味和矿物质气息，伴有一些葡萄柚果髓味）和桃红葡萄酒。再往后，是性价比较高、甜美成熟而富于浆果气息的罗西姆葡萄酒（Rocim）。酒庄的葡萄酒旅游项目非常不错，值得一游。★ 新秀酒庄

软木塞

葡萄牙是全球软木塞行业的要地。软木塞用栓皮栎（软木橡树）的树皮制成，在藤龄成熟后每 9 年采收一次。割下的树皮需要先露天晾晒风化，然后才能进入生产加工。首先，将树皮浸泡水煮，在这个过程中进行软化和清洗。经过蒸煮的树皮变得柔韧，须将其平整并修剪。级别最好的树皮用手工切割打孔，制成比较优质的软木塞；品质稍次的木板用机器冲压处理；剩下的更小块材料则用于制作头部和尾部的技术软木塞，或碾碎后粘在一起，制成合成软木塞。天然软木存在一个常见的问题，即对葡萄酒产生污染的"木塞味"。这种味道来自某些软木树皮中天然存在的少量化学物质。人们尝试去除这种气味，但不是特别成功。仍然有一些葡萄酒被这种霉味彻底毁掉。

JM 丰塞卡酒庄

此酒果味十足、单宁柔和，
适合搭配奶酪饮用。

马拉迪娜酒庄

此款白葡萄酒强劲有力、表现力丰富，
酸度适中、清脆鲜活。

索夫林酒庄（沙多特拉斯产区）

索夫林酒庄（Herdade das Soberanas）坐落在沙多特拉斯地区近海岸处，既坐拥阿连特茹内陆的温暖气候，也能享受到大西洋沁人心脾的海风。庄园是费罗·乔治（Ferro Jorge）家族的产业，葡萄园的面积为 24 公顷，大部分种植于 2002 年。酒庄的酿酒顾问是保罗·劳雷亚诺（Paulo Laureano）。索夫林红葡萄酒（Soberana）是一款深色水果味十足的葡萄酒，清爽口感与水果的甘甜达到完美的平衡。索夫林酒庄干红葡萄酒（S de Soberanas）则粗犷许多：该酒款酒体浓郁，口感醇厚，浓度高且结构强劲，整体效果奇佳。★新秀酒庄

拉莫斯酒庄（阿连特茹产区）

若昂·拉莫斯（João Ramos）是葡萄牙当代葡萄酒业的一个典范。拉莫斯酿酒厂（João Portugal Ramos）在很短的时间里从一个小基地发展为阿连特茹最大的酒厂之一。凭借充满现代气息、果味浓郁和清晰的品种标签，该酒庄葡萄酒在出口市场上也非常走俏。1985 年，拉莫斯在卡莫酒庄开启了他的葡萄酒职业生涯，从葡萄酒顾问做起。由于工作出色，他积累了一定的知名度。但他内心热爱的却是酿酒。于是，1990 年拉莫斯开始收购土地准备种植葡萄。1997 年，他翻修了一座老旧的建筑，建起了自己的第一家酒庄。数年间，酒庄经过彻底改造，现拥有两家独立的酒厂。目前若昂名下的葡萄栽种面积共有 150 公顷，另外还租用了 200 公顷的葡萄园。酒庄生产的葡萄酒皆为上品，市场反响也很好。马奎斯珍藏干红葡萄酒（Marques de Borba Reserva）是酒庄级别最高的葡萄酒，在瓶中陈年效果极佳。

JM 丰塞卡酒庄（塞图巴尔半岛产区）

JM 丰塞卡酒庄（José Maria da Fonseca）成立于 1934 年，是葡萄牙最古老的家族式佐餐葡萄酒酿造商——现已传承至家族的第七代传人。酒庄位于塞图巴尔半岛产区沙多特拉斯的阿泽唐（Azeitão）地区。酒庄以打造了葡萄牙的两个历史葡萄酒品牌——百利吉达红葡萄酒（Periquita，一款透澈、明快的樱桃味红葡萄酒）和蓝圣斯桃红葡萄酒（Lancers Rosé）而闻名。性格开朗的多明戈·索罗斯·弗兰卡（Domingos Soares Franco）为酒庄现任酿酒师。酒庄现有大约 800 公顷的葡萄园，分布在多个地区。生产的顶级葡萄酒包括杜罗产区葡萄酿制的超级多美丽红葡萄酒（Domini Plus）、来自沙多特拉斯产区的六边形葡萄酒（Hexagon）、来自阿连特茹的何塞索萨红葡萄酒（José de Sousa）和 DSF 私人珍藏葡萄酒（Private Collection DSF）系列，以及沙多特拉斯的 FSF 混酿葡萄酒（由特林加岱拉、西拉和丹娜葡萄混酿而成）。酒庄也出品上佳的甜麝香葡萄酒，包括非常罕见的特色产品紫红麝香葡萄酒（Moscatel Roxo）。

家宝玉酒庄（马德拉产区）

1870 年，家宝玉酒庄（Justino's）的前身贾斯蒂诺-亨里克斯-菲洛斯庄园（Vinhos Justino Henriques Filhos）成立。1953 年，法国饮料集团马提尼奎斯（La Martiniquaise）成为酒庄的大股东，结束了其家族世代传承的历史。家宝玉酒庄生产的葡萄酒，很大一部分用盐和胡椒进行变性处理，然后作为马德拉料酒批量售往法国。除此之外，酒庄也有一流的高端葡萄酒，其中 10 年陈酿尤为醇美，令人难忘。家宝玉 10 年舍西亚尔葡萄酒（10 Years Old Sercial）为淡色酒体，散发着迷人的柠檬和草本香气，结构复杂，耐人寻味；家宝玉 10 年华帝露葡萄酒（10 Years Old Verdelho）具有浓郁的橘皮气味和丰富的层次，酸度适中；10 年布尔葡萄酒（10 Years Old Boal）厚重的口感中伴有香料和草本味，复杂而略似威士忌；更胜一筹的是 10 年玛尔维萨（10 Years Old Malvasia），此款酒为酸甜的柠檬和葡萄干气息，口感极为浓烈，层次感强，充满回味。

路易斯·帕托酒庄（百拉达产区）

路易斯·帕托（Luis Pato）是百拉达产区最知名的酿酒商。外界普遍认为帕托通过现代化的酿酒技术，让濒临衰落的百拉达重焕活力。但实际上，帕托的葡萄酒也糅合了传统特色。同时，酒庄还是种植当地红葡萄品种巴加葡萄最多的庄园。20 世纪 80 年代初，路易斯完成化学工程专业的学习之后，从父母手中接替了酒庄的生意。一开始，他尝试给葡萄去梗，并使用一部分新的小橡木桶发酵。自 1999 年起，帕托酒庄葡萄酒不再贴百拉达的标签，而是改用贝拉斯（Beiras）这一更宽泛的名称，以避免与官方命名冲突。帕托拥有共计 65 公顷的葡萄园，分为 20 个独立的园区，散布于百拉达各具风土特色的不同区域。出产的葡萄被制成红葡萄酒、白葡萄酒和起泡酒等多种产品，其中最具标志性的四种顶级红葡萄酒为老葡萄园干红（Vinhas Velhas）、潘园干红（Vinha Pan）、巴罗莎园干红（Vinha Barrosa）和卓尔不群的佩佛朗哥（Pé Franco）——帕托用酒庄的河畔（Riberinho）葡萄园中栽种的未经接枝的葡萄酿制而成的酒款。酒庄还有一款高品质白葡萄酒，名为"正统葡萄酒"（Vinho Formal）。这些酒款均为美味佳酿，值得品尝。

马拉迪娜酒庄（阿连特茹产区）

马拉迪娜酒庄（Malhadinha Nova）毗邻阿连特茹南部的贝贾镇，风景优美。酒庄 2003 年开始营业，现已成为该地区公认的最佳酿酒商之一。1998 年，在阿尔加维大区（Algarve）已拥有一家成功的葡萄酒连锁店和经销生意的苏亚雷斯家族买下这座庄园，并重新整修。酒庄的酿酒师兼顾问为当地颇有盛誉的路易斯·杜阿尔特（Luis Duarte），拥有 27 公顷的葡萄园和一家华美的豪华酒店。顶级白葡萄酒用安桃娃（Antão Vaz）、阿瑞图、胡佩里奥（Roupeiro）和霞多丽葡萄酿制；但红葡萄酒——来自国产多瑞加、西拉、赤霞珠、阿拉哥斯、紫北塞和阿弗莱格葡萄——因特色鲜明、口感浓郁而更为出彩。这些成熟但口感清新、果味纯正迷人的酒款包括果香甘醇的碧水山脉（Monte da Peceguina）红葡萄酒，浓郁厚重的马拉迪娜干红葡萄酒（Malhadinha Tinto），以及仅小批量出产的高端酒款——马拉迪娜玛利亚葡萄酒（Marias de Malhadinha）。★新秀酒庄

卡莫斯酒庄（阿连特茹产区）

卡莫斯酒庄（Paço de Camões）在阿连特茹是一家历史不长的酿酒商。酒庄出产的最早年份的葡萄酒是 2006 年，为 2001 年和 2002 年种植的葡萄酿造。酒庄的主人是雷诺兹家族（也是摩查酒庄的主人），如今已传承至第 6 代。1984 年，维克多·雷诺兹（Victor Reynolds）将卡莫斯酒庄传给了他的女儿克莱尔·平森特（Claire Pinsent）。泽菲罗（Zéfyro）系列为酒庄的入门级葡萄酒；其中维欧尼（Viognier）白葡萄酒具有明

快诱人的水果香气；红葡萄酒也口感清爽，果味十足。坎特 X（Canto X）为酒庄的顶级葡萄酒系列；白葡萄酒也是用维欧尼酿制，散发迷人的成熟水果味，其中又伴有淡淡的草本气息；红葡萄酒洋溢着新鲜的浆果香味，让人欲罢不能。这是一家值得关注的酿酒厂。★新秀酒庄

阿梅尔酒庄（绿酒产区）

佩德罗·阿罗珠（Pedro Araújo）的阿梅尔酒庄（Quinta do Ameal）生产地道的高品质绿酒。尽管当地较为盛产的是低价、活泼的白葡萄酒，佩德罗仍坚持专注于葡萄酒的品质。阿梅尔地处绿酒产区的次级产区利马（Lima），这里的洛雷罗是比较出色的葡萄品种。阿梅尔便是酿制洛雷罗葡萄酒的主要酒庄之一。佩德罗从自家种植的葡萄酿出的葡萄酒达到了相当高的浓度和平衡感，也因此产量并不高。酒庄出品的两款葡萄酒都非常出色。阿梅尔精选葡萄酒（Escolha）在法国橡木桶中发酵并陈酿 6 个月：散发着矿物质气息和柠檬的香气，又兼有橡木的余韵和质感。阿梅尔洛雷罗葡萄酒（Louriero）在不锈钢容器中陈酿，突显精致的新鲜柠檬和西洋梨风味，也伴有诱人的矿物质气息。

贝格拉斯酒庄（百拉达产区）

贝格拉斯酒庄（Quinta das Bágeiras）创建于 1990 年。马里奥·塞尔吉奥·阿尔维斯·努诺（Mário Sérgio Alves Nuno）既是酒庄的主人，也是酿酒师。葡萄园占地 24 公顷，按红葡萄酒和白葡萄酒的葡萄品种划分为两个园区。酒庄生产的葡萄酒品质极高，让人联想到桑娇维塞和内比奥罗所酿意大利红葡萄酒那迷人的风味、优美的结构和适宜的酸度。马里奥采用酿造巴加葡萄酒的传统技法，将整串葡萄在开放式的石头酒槽中发酵和浸渍，再将发酵好的酒装入 2500 升或更大的橡木桶中。酒庄最上乘的葡萄酒当属贝格拉斯珍藏干红（Reserva Tinto），它是含有部分国产多瑞加的混酿，陈酿后更具风味。酒庄的白葡萄酒和起泡酒经自然酿造无添加，同样出挑。

昆塔卡多酒庄（内贝拉产区）

昆塔卡多酒庄（Quinta do Cardo）为卡佩娜酒庄（Compania das Quintas）旗下的产业，是内贝拉产区最为知名的酒庄之一。庄园的面积非常辽阔：葡萄园有大约 100 公顷，海拔 700 米，为全葡萄牙地势最高的葡萄园。昆塔卡多酒庄西利亚葡萄酒（Síria）是一款清爽、鲜明的柠檬味白葡萄酒，带有微微的苦涩口感；干红葡萄酒（Tinto）充满馥郁醉人的黑醋栗和黑樱桃果味；作为国产多瑞加单一品种酒的精选干红（Selecção de Enólogo）则深邃沉郁、口感醇柔，还有纯正的果香味。

卡莫酒庄（阿连特茹产区）

卡莫酒庄（Quinta do Carmo）最初是巴斯托斯家族的产业，曾有一段时间是拉菲集团罗斯尔德香槟酒庄名下的酒庄。柏卡酒庄的乔·贝拉多一开始只是酒庄的合作伙伴，于 2008 年买下了整个酒庄。该庄园规模巨大，占地 1000 公顷，其中 150 公顷的葡萄园主要种植国际品种，如西拉和赤霞珠等。该酒庄出品的葡萄酒略带国际风格，品质卓越，现代感十足。

昆塔卡多酒庄

此款酒清新丰美，结构完美、风格优雅。

路易斯·帕托酒庄

此酒由 80 年以上藤龄的葡萄酿造，需陈年 15～20 年。

卡瓦里诺酒庄（百拉达产区）

卡瓦里诺酒庄（Quinta do Carvalinho）占地 14 公顷，位于百拉达产区的米拉达附近，种植的葡萄品种有西拉、赤霞珠和梅洛等国际品种，以及巴加、羔羊尾葡萄（Rabo de Ovella）和碧卡等当地品种。该酒庄旗下的西拉葡萄酒原汁原味，果香浓郁，酸度适中；此外酒庄还出品一款精致漂亮的西拉起泡红葡萄酒。百拉达起泡白葡萄酒也口感极佳。同时酒庄旗下还推出了一款旅游葡萄酒（Tourismo），消费主力为德国游客。

中央酒庄（阿连特茹产区）

中央酒庄（Quinta do Centro）由英国商人兼葡萄酒作家理查德·梅森（Richard Mayson）与酿酒师顾问瑞·雷金加（Rui Reginga）共同拥有。梅森在阿连特茹产区北部的波塔莱格雷购买了 20 公顷土地并进行了翻修，如今在这里酿酒。到目前为止，该酒庄发布的唯一一款葡萄酒是佩德拉·巴什塔红葡萄酒（Pedra Basta），该酒深色水果风味浓郁，酒体平衡，性价比也很高。

乔卡帕尔哈酒庄（里斯本产区）

乔卡帕尔哈酒庄（Quinta de Chocapalha）的主人是艾丽斯·塔瓦雷斯·达席尔瓦（Alice Tavares da Silva）和保罗·塔瓦雷斯·达席尔瓦（Paulo Tavares da Silva）夫妇，共占地 45 公顷，位于里斯本地区（以前称为埃什特雷马杜拉）。20 世纪 80 年代他们购买了这座庄园，并对其葡萄园上进行了大手笔的投资。2000 年，他们开始自己酿制葡萄酒，女儿桑德拉担任该酒庄的酿酒师（桑德拉同时也是杜罗河产区多娜玛利亚酒庄的酿酒师，此外她和丈夫豪尔赫·博尔赫斯在杜罗河产区拥有平塔斯酒庄，桑德拉也负责为该酒庄酿酒）。乔卡帕尔哈酒庄的各大葡萄园出产的果实也出售给其他生产商。酒庄以酿造一贯优质的葡萄酒而著称，堪称现代技术与传统工艺完美结合的典范。其经典作品包括果味浓郁的费尔南皮雷斯白葡萄酒（Fernão Pires）和价格实惠的廷托红葡萄酒（Tinto），这两款皆由国产多瑞加、罗丽红、紫北塞和卡斯特劳混酿而成；此外，该酒庄还用国产多瑞加、罗丽红和少量西拉酿制了两款葡萄酒：口感清新，略带青叶风味的赤霞珠和口感浓郁、风格前卫的廷托珍藏级葡萄酒（Reserva Tinto）。★新秀酒庄

科维拉酒庄（米尼奥产区）

科维拉酒庄（Quinta de Covela）位于米尼奥产区与杜罗河产区的边界，是一座采用生物动力种植法的庄园。但由于各种经济问题，科维拉酒庄前途未卜，不过如果条件允许，花点精力找一找该酒庄的葡萄酒还是非常值得的。其精选白葡萄酒（Branco Escolha）口感紧实、清新怡人，入口有种柑橘的果香。酒庄另一款精选收获白葡萄酒（Colheita Seleccionada Branco）经橡木桶发酵，散发着矿物质气息，亦带有些许坚果和烤面包的香气。帕尔赫特葡萄酒（Palhete）介于桃红葡萄酒和干红之间，是一款浓郁醇厚、风味极佳的干型葡萄酒。埃斯科利亚红葡萄酒（Tinto Escolha）由国产多瑞加、梅洛、品丽珠和西拉混酿而成，洋溢着深色水果的芬芳，口感怡人，充满活力；精选丰收红葡萄酒（Colheita Seleccionada Tinto）则由品丽珠、梅洛和国产多瑞加混酿而成，经长时间浸渍后置于橡木桶发酵，酒体

罗克斯庄园

依克加多葡萄酿制的单一品种
酒清新纯净，极具特色。

福乐嘉酒庄

这种国产多瑞加葡萄酒未在橡木桶中处理，
色泽较深，带有李子和香料的味道。

颇有些波尔多葡萄酒的层次感。

大厨酒庄（贝拉斯产区）

大厨酒庄（Quinta dos Cozinheiros）位于贝拉斯产区西部，毗邻菲格拉–达福斯（Figuera da Foz），距离大西洋仅有8千米，是一家精品葡萄酒生产商，出产的酒款可谓是妙趣横生。酒庄旗下的波里尼奥葡萄酒（Poerinho）由巴加葡萄酿制而成，该酒辛香迷人，风味极佳。其石瓮葡萄酒（Lagar）则辛香优雅，芬芳馥郁，充满了红果的浓郁气息，而顶级酒款乌托邦（Utopia）则甜美馥郁，口感辛香，带有丝丝香膏气息。该酒庄推出的所有红葡萄酒注重传统工艺，个性十足。遗憾的是，大厨酒庄的掌门人何塞·门东萨（Jose Mendonça）在2009年2月的一次事故中丧生。

库赖斯酒庄（内贝拉产区）

库赖斯酒庄（Quinta dos Currais）的主人何塞·迪奥戈·托马斯（José Diogo Tomás）是里斯本的一名医生，也是一位葡萄酒爱好者。1989年，他购买了这座位于内贝拉产区的庄园。该酒庄占地120公顷，其中有30公顷种植着葡萄。2001年，酒庄推出了自己的葡萄酒，款款品质卓越。其中，酒庄旗下的精选收获白葡萄酒颜色深邃，口感强劲浓烈，洋溢着隽永含蓄的果味。西利亚葡萄酒则是一款风格大胆奔放的白葡萄酒，口味纯正迷人，带有可爱的柑橘果香。其常规红葡萄酒清新可口；珍藏级酒款由国产多瑞加、阿拉哥斯和卡斯特劳葡萄混酿而成，风格时髦、醇厚馥郁，单宁结构紧实。

福乐嘉酒庄（杜奥产区）

福乐嘉酒庄（Quinta da Falorca）的名字有点让人困惑，"福乐嘉"是这里葡萄园的名称，因此出产的酒款冠名为"福乐嘉葡萄酒"，但公司名称则是"埃斯卡迪尼亚谷酿酒厂"，取自酒庄酒窖的所在地。该酒庄是菲盖雷多（Figueiredo）家族的产业，拥有13公顷葡萄园，该酒庄以此为依托开展酿酒业务，出品的酒款充分演绎了杜奥产区的风土特色。酒庄出品的缇纳克葡萄酒（T-nac）不容错过，该酒不经橡木桶发酵，由国产多瑞加酿制而成，酒体格外澄澈纯正，花香四溢，带有细腻紧致的黑樱桃和黑莓果香。

福乐嘉特选珍藏葡萄酒（Quinta da Falorca Garrafeira）则更胜一筹，该酒甘美浓郁，香气历久不散，带有深色水果的气息，同时结构复杂、精美雅致、口感优雅。

拉贡西玛酒庄（塔霍河产区）

塔霍河产区有一座占地5500公顷的大庄园——拉贡西玛酒庄（Quinta da Lagoalva de Cima），不过该酒庄只有45公顷用于种植葡萄。酒庄出品的葡萄酒品质卓越，其中最突出的是清新爽口的阿弗莱格葡萄酒（Alfrocheiro），该酒带有李子风味，结构紧致，颇有勃艮第葡萄酒的风格，此外酒庄还出品一款西拉葡萄酒，该酒极具层次感，口感浓郁醇厚。2002年，酒庄又新建了一家酒厂，并聘任瑞·雷金加为酿酒师顾问。

蒙特·德奥伊罗酒庄（里斯本产区）

何塞·本托·多斯桑托斯（José Bento dos Santos）位于里斯本产区（前埃什特雷马杜拉）的庄园以其广受好评的蒙特·德奥伊罗珍藏级西拉葡萄酒（Monte d'Oiro Reserva）而闻名，该酒浓郁醇厚，结构平衡，带有丝丝泥土的芬芳，洋溢着澄澈的樱桃和红浆果气息，同时还散发着维欧尼葡萄的特有香气。他还酿制了另外几款妙趣横生的葡萄酒，包括情歌葡萄酒（Madrigal，维欧尼纯酿）、诺拉园葡萄酒（Vinha da Nora，西拉和少许神索的混酿）、奥里乌斯葡萄酒（Aurius，国产多瑞加、西拉和小维多混酿）和丹魄葡萄酒［Têmpera，丹魄（又称罗丽红）纯酿］。酒庄最顶级西拉葡萄酒名为"致敬安东尼奥·卡凯耶罗"（Homenagem a António Carqueijeiro），该酒只在最好的年份生产，风味浓郁，浅龄阶段橡木味很浓。

摩尔酒园（阿连特茹产区）

米格尔·卢罗（Miguel Louro）是一名职业牙医，他和儿子路易斯（Luis）经营着这座22公顷的优质庄园，收获颇丰。1994年，摩尔酒园（Quinta do Mouro）推出了自己的葡萄酒，酒庄的顾问酿酒师是路易斯·杜阿尔特（Luis Duarte），他从1998年开始就在这里任职，其酿制的酒款备受追捧。摩尔酒园的普通款葡萄酒也同样别出心裁，尤其是在2005年这样的好年份，酒体结构清晰，洋溢着深色水果的气息，甘甜浓郁，让人心旷神怡。其金标葡萄酒尤其不容错过，该酒只在最佳年份出产，在法国新橡木桶中陈年18个月方得佳酿。酒庄的副牌酒为扎卡洛斯葡萄酒（Zagalos），该酒口感怡人，口感正宗。

帕克斯酒庄（绿酒产区）

帕克斯酒庄（Quinta de Paços）在绿酒产区的4个庄园酿制葡萄酒，包括博阿维斯塔酒庄（Quinta de Boavista）。产地大体分为两处，但帕克斯酒庄距离巴塞洛斯较近，该地主要种植洛雷罗葡萄。酒庄出品的卢埃罗和阿瑞图混酿口感格外清新爽口，该酒带有柑橘气息，余味中又氤氲着悠长的柠檬口感，让人爱不释手。莫尔加多德佩尔迪冈葡萄酒（Morgado do Perdigão）是一款阿瓦尼诺和卢埃罗混酿，该酒带有丝丝坚果气息和浓郁的桃子味儿，果香浓郁，清新爽口。阿尔瓦林霍上尉故居葡萄酒（Casa do Capitão-mor Alvarinho）澄澈鲜亮，带有突出的柠檬口味，极富特色；普拉德科托维亚（Prazo de Cotovia）则是一款葡萄牙青酒，色泽血红深邃，醇厚浓郁。

波迪高酒庄（杜奥产区）

建筑师何塞·佩迪冈（José Perdigão）也是杜奥产区的一位葡萄酒生产商，拥有7公顷的葡萄园。酒庄旗下的阿弗莱格葡萄酒（Alfrocheiro）质地柔和，带有樱桃味，极具吸引力；而酒庄的珍藏款葡萄酒则有迷人的成熟黑樱桃和黑莓果香；最引人注目的则是香气迷人、花香浓郁的国产多瑞加葡萄酒，该酒洋溢着深色水果的浓郁沁人香气，切莫错过。

罗克斯庄园（杜奥产区）

罗克斯庄园（Quinta dos Roques）是杜奥产区的一个家族酒庄，位于内拉斯和曼古拉德之间的阿布伦霍萨–杜马托（Abrunhosa do Mato），由路易斯·洛伦索（Luís Lourenço）

负责经营，并聘请瑞·雷金加担任酿酒顾问。该酒庄位于罗克斯（Dos Roques）的葡萄园从 1978 年开始重新种植，1990 年，第一批以该庄园命名的葡萄酒面世。该庄园占地 40 公顷的葡萄园三分之二种植红葡萄品种，包括国产多瑞加、罗丽红、珍拿、阿弗莱格、卡奥红和露菲特（Rufete）等，另外三分之一则种植白葡萄品种，包括依克加多、碧卡、菲娜玛尔维萨（Malvasia Fina）和舍西亚尔等。1997 年，他们买下了杜奥产区的另一座酒庄——玛雅酒庄（Das Maias），该酒庄位于埃什特雷拉山脉（Serra da Estrela）的山麓丘陵，海拔较高，现在这座 35 公顷的庄园的大部分所有权归罗克斯庄园所有。为保持各产地的不同特性，该酒庄的葡萄酒在两个庄园分别装瓶，整体质量都很高。其红葡萄酒颜色深邃，风格现代奔放，又不失精致优雅。其白葡萄酒清新澄澈，又不失特色。该酒庄旗下的单品种酒款包括珍拿、阿弗莱格、国产多瑞加、卡奥红和依克加多等，同时，酒庄也出产一系列混酿，包括高端珍藏级和特选珍藏葡萄酒。

圣安娜酒庄（里斯本产区）

圣安娜酒庄（Quinta de Sant'Ana）是詹姆斯·弗罗斯特（James Frost）和安·弗罗斯特（Ann Frost）的家族庄园。詹姆斯是英国人，而安是德国人。最初这座酒庄是安的父母古斯塔夫·冯·菲尔斯滕贝格（Gustav von Fürstenberg）和宝拉·冯·菲尔斯滕贝格（Paula von Fürstenberg）的财产。该酒庄坐落在埃什特雷马杜拉地区，不过最近改名成为里斯本产区。圣安娜酒庄其实最近才开始发展酿酒业务。1999 年，詹姆斯听从了葡萄栽培学家大卫·布斯和他的酿酒学家同事安东尼奥·马萨尼塔（António Maçanita）的建议，开始种植葡萄。第一批葡萄酒在 2005 年面世，发展到现在酒庄共有 11.5 公顷的葡萄园，还有一部分林地、果园和围场，总占地面积达 44 公顷。酒庄旗下的系列酒款包括新鲜劲爽和口感正宗的单品种葡萄酒，包括雷司令、华帝露、阿瓦尼诺和长相思，还有口感更为浓郁的费尔诺皮埃斯葡萄酒（Fernão Pires）。其红葡萄酒推出了充满活力、特色突出、洋溢着浆果口味的廷托葡萄酒和结构平衡、口感浓郁、富含深色水果迷人气息的珍藏款红葡萄酒。酒庄新开发了一款黑皮诺葡萄酒，该酒 2009 年面世，俘获了大批消费者的芳心。

赞布雷鲁酒庄（阿连特茹产区）

赞布雷鲁酒庄（Quinta do Zambujeiro）的主人是瑞士葡萄酒爱好者埃米尔·斯特里克勒（Emil Strickler），他于 1998 年买下了这处庄园。该酒庄拥有 30 公顷的葡萄园，共酿制了 3 款葡萄酒：卡斯塔尼罗山葡萄酒（Monte do Castanheiro）、赞布雷鲁风土葡萄酒（Terra do Zambujeiro）和赞布雷鲁葡萄酒（Zambujeiro）。

其顶级酒款赞布雷鲁葡萄酒每年只出产大约 6000 瓶，产量极低且售价很高。该酒庄的酒款成熟度极高，口感醇厚浓郁，丰沛饱满，极具冲击力。毫无疑问，该酒庄的酒款令人难忘，不过有时候口感有过于浓郁之嫌。

苏加比酒庄

苏加比酒庄（Sogrape）是葡萄牙最大的家族葡萄酒公司，在葡萄牙的大部分产区都生产葡萄酒，而且品质都非常高。该酒庄最畅销的是马特乌斯桃红葡萄酒（Mateus Rosé），但在他们琳琅满目的产品线中，其他葡萄酒可能更加妙趣横生。在绿酒产区，该酒庄出品的羚羊葡萄酒（Gazela）是该区的领军品牌。该酒澄澈新鲜，略带气泡，价格也不贵。阿塞韦多葡萄酒（Azevedo）是一款新鲜纯净的的白葡萄酒，散发着柠檬的怡人香气，比羚羊葡萄酒更胜一筹。酒庄旗下的"鸭毛"系列葡萄酒是一个新品牌，产地多元化，包括杜奥产区、阿连特茹产区和杜罗河产区。不过无一例外都是物美价廉的高品质酒款，能充分反映产地的风土特色。价格略贵一点的酒款有卡拉碧芭葡萄酒（Callabriga），该酒分普通款和珍藏款，产地也出自以上 3 个产区；杜奥特等珍藏级葡萄酒和杜罗河特等珍藏级葡萄酒不容错过，这两款酒将产地的风土条件演绎得入木三分。1990 年，苏加比酒庄在杜奥产区收购了卡瓦拉伊斯酒庄（Quinta dos Carvalhais），该酒庄出产的葡萄酒品质极佳，多款葡萄酒在该产区艳压群芳。此外，杜罗河产区的乐达园酒庄也是该公司名下的产业。

特里努斯酒庄（阿连特茹产区）

特里努斯酒庄（Terrenus）是酿酒师瑞·雷金加（Rui Reguinga）的私人酒庄。雷金加与理查德·梅森（Richard Mayson）合作创办了一家名为卢西塔诺之梦（Lusitano Dream）的公司，旗下有一家中央酒庄，雷金加就在该酒庄负责酿酒。他的私人酒庄出产的白葡萄酒由阿瑞图老藤葡萄酿制而成，大胆奔放、浓郁醇厚，风格生动活泼。

其红葡萄酒丰富多汁、澄澈新鲜，带有樱桃果味，由圣马梅迪山（Serra de São Mamede）的老藤葡萄酿制而成。雷金加的酿酒风格是注重新鲜度和酒体的精致优雅，并不刻意追求浓烈强劲的口感。

普拉迪尼奥斯谷酒庄（山后产区）

普拉迪尼奥斯谷酒庄（Valle Pradinhos）位于山后产区（杜罗北部较为偏远的一个地区），该酒庄初建于 1913 年，当时还是一个家庭度假胜地，葡萄是后来才开始种植的。目前该酒庄由玛丽亚·安东尼娅·马斯卡伦哈斯（Maria Antónia Mascararenhas）经营，酿酒工作则由科维拉酒庄的酿酒师鲁伊·库尼亚（Rui Cunha）负责。该酒庄旗下的葡萄酒风格略显狂野和前卫，从侧面体现了酿酒团队家乡的野性美。其白葡萄酒由雷司令、琼瑶浆和菲娜玛尔维萨葡萄混酿而成，香气浓郁，清新爽口。酒庄的正牌酒是一款国产多瑞加、赤霞珠和红阿玛瑞珠混酿，清新怡人，富有浓郁的李子风味，同时略带辛辣口感，风味极佳。其珍藏款葡萄酒主体由赤霞珠酿制，酒体浓郁甘美，结构紧凑，带有黑醋栗的果香，饮后又生出柏油般的焦香，别具特色。

国产多瑞加的不同"面孔"

国产多瑞加是葡萄牙最知名的本土葡萄品种。但由于它在花期对天气条件极为敏感，从而可能影响产量，不易种植，因此不受葡萄栽培者的青睐。但瑕不掩瑜，国产多瑞加酿造的葡萄酒有着美妙的花香、紫罗兰香气及黑樱桃和黑莓水果的香味，而且根据种植区域的不同，它还会显现出各种各样的特色。在杜罗河产区，国产多瑞加是新近的主流种植品种。主要受当地温暖气候和片岩土壤的影响，这里的国产多瑞加葡萄酒异常浓郁、醇厚，洋溢着更突出的黑莓气息；在花岗岩土壤较多、气候凉爽的杜奥产区，国产多瑞加葡萄酒清新优雅，散发出黑樱桃果味和浓郁的花香；而在更为炎热的阿连特茹，这种葡萄则呈现更为醇美幽深的口感和更丰富的香料气息。一些人认为，国产多瑞加的特色最适合用在混酿中，在杜罗产区确实基本上如此。杜奥可能也差不多。但酿造单一品种葡萄酒在商业方面有着巨大的诱惑力，所以不出意外的话，在未来市面上还会推出更多的国产多瑞加单一品种葡萄酒。

西班牙拥有数千年"绿意盎然"的葡萄种植历史。大约 3000 年前，人们认为是航海民族腓尼基人将葡萄种植技术引入西班牙南部的安达卢西亚——只不过那时葡萄酒酿造工艺简单，口感酸涩，与艺术品有着霄壤之别，只能称其为农产品。随后，罗马帝国在这片土地上统治了长达 6 个世纪之久，其间引入了石槽发酵与双耳陶罐储酒等技术，之后被凯尔特和伊比利亚部落纷纷效仿采用。罗马帝国衰亡后，摩尔帝国崛起，作为穆斯林的摩尔人恪守教律禁止饮酒，即便如此他们仍鼓励将酒精蒸馏物用作香水和化妆品的基础原料。

中世纪，基督教文化复归，教会内外对葡萄酒的需求日渐增多。西班牙葡萄酒醇厚浓烈，要么芳香四溢，抑或氧化酸败（字面意思"腐臭"：完全氧化之意），但依旧畅销海外，行销远至新大陆。接下来的几个世纪，虽一波三折，遭遇根瘤蚜盛行、西班牙内战爆发，大多葡萄种植园未能幸免，但葡萄酒酿造却一改往昔，酒体轻盈精致，方兴未艾，酿酒行业欣欣向荣。

如今，西班牙成为名声赫赫、首屈一指的葡萄酒国度。西班牙葡萄种植面积乃世界之最，占地 116 万公顷，其中 97.4% 为酿酒专供。此外，它坐拥 73 个原产地命名优质产区，盛产红葡萄酒、桃红葡萄酒、白葡萄酒和气泡卡瓦酒。但是，西班牙的惊艳之处在于从传统产区之外另辟蹊径。在西班牙，种植最广泛的是艾伦（Airén）、丹魄、博巴尔（Bobal）、加尔纳恰（Garnacha Tinta）和莫纳斯特雷尔（Monastrell）5 种葡萄，但也存有早先根瘤蚜啃噬的葡萄园荒废待兴。受大西洋气候和地中海气候的交汇影响，以及微气候（从火山山脉延伸到海平面）的推波助澜，西班牙才有机会得以酿造出世界顶级葡萄酒——而且它的确做到了。实谓满眼生机转化钧，葡萄美酒日争新。

欧洲产区——
西班牙

里奥哈产区

里奥哈（Rioja）也是一款西班牙葡萄酒的名字。对于世界各地的许多消费者来说，西班牙不存在其他葡萄酒。一个多世纪以来，这个错误假设让里奥哈获益匪浅。很早之前，该地区就经铁路出口葡萄酒并从中获益，因此一些最具划时代意义的酒庄聚集在哈罗的车站附近或铁路附近也就不足为奇了。里奥哈产区酿酒工艺可谓锦上添花：将丹魄置于美国橡木桶中陈酿多时，一款高贵优雅的葡萄酒由此诞生，果香四溢，酸度适中，与橡木桶中香草清香环环相扣。在桶装和瓶藏的熟化时间只会为其增光添彩。

里奥哈的名称源于流经此地的奥哈河（Rio 在西班牙语中是河流的意思）。前有埃布罗河地位崇高，又何曾想像奥哈河这样一条微不足道的河流竟然变得如此重要。但是葡萄酒产区的命名从来都不是那么随心所欲。

埃布罗河（River Ebro）连接着里奥哈 3 个不同产区。从西北部开始，里奥哈阿拉维萨位于埃布罗河北岸，主要生产浅龄葡萄。上里奥哈位于埃布罗河南岸，气温炎热，盛产的葡萄酒具有超强陈年能力，这主要是得益于格拉西亚诺葡萄（Graciano），可以为本地的葡萄酒注入清新气息。这两个产区东部地区是下里奥哈，主要种植歌海娜，因为歌海娜葡萄喜高温。长期以来，下里奥哈产区与里奥哈形同陌路，只因这里生产的葡萄酒难登大雅之堂。好在奥瓦罗·帕拉西奥（Alvaro Palacios）强势荣归，同时产区内歌海娜老藤因其优异表现而备受国际酿酒商赞赏，令该产区重整旗鼓，身价倍增。

里奥哈主要种植 3 种葡萄——丹魄、格拉西亚诺、歌海娜，三者可打造出里奥哈经典混酿红葡萄酒。此外，里奥哈也种植马苏埃洛［Mazuelo，西班牙其他地方称其为卡利涅纳（Cariñena），法国称为佳丽酿（Carignan）］。在混酿酒中，果味飘香的丹魄为主要酿酒原料，占 75%～90%，在一些现代风格的葡萄酒中含量高达 100%。

当酿制白葡萄酒时，维奥娜［Viura，或马家婆（Macabeo）］成为酿酒主角，有时还会添加少量的马尔瓦西和白歌海娜。直到最近，酒庄还生产出了面向大众的酸度低、易氧化的葡萄酒，但随着酿酒技术的不断更新，里奥哈白葡萄酒的质量得到实质性改观。

1926 年，里奥哈成为西班牙第一个葡萄酒原产地。与赫雷斯一样，无论是庄园葡萄还是外购材料，该地区毅然选择走混酿路线，助其扩大基业，解决出口难题。直到最近才有新的酿酒师入驻里奥哈，开启了庄园种植、庄园装瓶和酿制单一园葡萄酒的新经营传统。

有一位叱咤风云的法国人对该产区造成了很大的影响，他叫埃米尔·佩诺（Emile Peynaud），是波尔多大学酿酒学教授，也是当时最具影响力的葡萄酒学家。恩里克·福纳（Enrique Forner）邀请他前往该地区，随后他便创建了卡塞里侯爵酒庄。早在 20 世纪 70 年代，佩诺就向福纳展示了如何用更多的水果和更少的橡木酿造陈年时间更短、更新鲜的葡萄酒。

总之，这些改观对葡萄酒爱好者大有裨益。里奥哈因将葡萄酒置于陈年橡木桶中陈酿而有损声誉，但此事已成过眼烟云。可以肯定的是，里奥哈葡萄酒风味多样，深受小气候、土壤条件和种植者的影响。然而，无论是酿造白葡萄酒还是红葡萄酒，所选用的浆果品质和陈酿木桶的质量都有了极大提高。

里奥哈下一步该怎么走？里奥哈需建设更多光鲜亮丽的新葡萄酒庄园，但是西班牙的经济困境可能会让这项工作中断。相反，也许我们可以希望酿酒师继续关注庄园葡萄，最重要的是，可以降低昂贵葡萄酒的售价。

阿贝尔·门多萨酒庄

阿贝尔·门多萨（Abel Mendoza）种植葡萄三代传承，尽管他拥有里奥哈（Rioja）血统，但也可算作该地区的现代主义者。酿酒时，他讲求随心所欲不逾矩，庄园特色盈金樽。1988年，他的酿酒之路始于新酒酿造，随后转型为陈酿葡萄酒（珍藏版）。其中包括丹魄和格拉西亚诺，字面意思为"粒粒珠玑"，即用于酿酒的葡萄经手工精挑细选。他酿造的葡萄酒，可谓匠心独具，酒中贵族。

门多萨的玛尔维萨，是他与维拉（Viura）合植的，这点颇有意思；这种特殊的葡萄今天在该地区作为单一品种并不常见。

阿梅索拉酒庄（莫拉产区）

卓尔不群的葡萄酒庄园与近百公顷的自种葡萄园相得益彰。该家族位于上里奥哈，主要种植丹魄、格拉西亚诺和马苏埃洛（Mazuelo）。1999年，依尼戈·阿梅索拉（Iñigo Amézola）——酒庄创始人的曾孙，遭遇车祸不幸去世，此后该庄园一直由他妻子经营，现在由其女儿接手经营。独创的维纳·阿梅索拉（Viña Amézola）是一款物超所值、特点鲜明的佳酿。贡酒依尼戈·阿梅索拉葡萄酒（Iñigo Amézola）则完全由丹魄制成，口感层次丰富，未来几年必定前景光明。

阿塔迪酒庄

阿塔迪酒庄（Artadi）是培育者酒庄（Cosecheros Alaveses）旗下品牌，酒庄经营摒弃了里奥哈产区的传统理念，成为采用优质酿造理念的佼佼者。酿酒师胡安·卡洛斯·洛佩兹·拉卡尔（Juan Carlos Lopez de Lacaille）对葡萄酒的潜精研思，令人印象深刻，所酿造的葡萄酒出类拔萃。他既巧妙地使用二氧化碳浸渍法酿造年轻葡萄酒、格恩维纳斯珍藏干红葡萄酒（Viñas de Gain Reserva），同时在打理帕格维奥（Pagos Viejos）老藤时，他也心中有法，将葡萄园的圣洁完美展现。顶级陈酿丰年红葡萄酒仅在最好的年份生产，比逊（El Pisón）则是一款珍藏版单一园（占地约2.4公顷）佳酿，此酒以生长在高海拔地区，藤龄长达25年的丹魄酿制而成。在纳瓦拉（Navarra），阿塔族瑞（Artazuri）（成立于1996年）展示了同样卓越的良好前景。1999年，在最新的项目中，拉卡耶的洛佩兹凭借阿利坎特产区（Alicante）的塞克（El Sequé）证明了他与莫纳斯特雷尔旗鼓相当，他将莫纳斯特雷尔与赤霞珠和西拉混酿。凭借着阿塔迪酒庄的优异表现，阿利坎特产区成功夺回了自己在世界葡萄酒版图中的一席之地，西班牙特色葡萄品种莫纳特雷尔的国际地位也就此稳固。

拜戈里酒庄

在取下拜戈里葡萄酒瓶上的软木塞之前，请务必先访问其网站，并且确保网站声音已打开。虽然这种做法似乎有些"扭怩作态"，但项目整体设计意图却展现得淋漓尽致。拜戈里酒庄（Baigorri）是里奥哈地区最新而且最具创新精神的酒厂之一，它的最大魅力来自覆盖其上的玻璃箱，可窥见下方酿酒厂的壮观全景。这座艺术品出自当地建筑师之手，其深思熟虑的设计建造过程可与酿酒师酿酒相媲美。

贝罗尼亚酒庄

酒庄不断推陈出新，新酿制的珍藏级葡萄酒彰显出浆果的极佳品质。

阿梅索拉酒庄

酒庄特酿的原料取自丹魄。

在这里，您可以畅饮曼妙醇香的现代红葡萄酒，还可品味经木桶发酵备受赞誉的纯维奥娜白葡萄酒（"木桶发酵白葡萄酒"）。

德雷男爵酒庄

1985年，德雷男爵酒庄（Baron de Ley）正式建立，虽然德雷男爵酒庄是里奥哈产区新锐之星，但却震古烁今：该庄园坐落在一座16世纪的本笃会修道院内，这也证明了本笃会的成员们都是酿造葡萄酒的行家。德雷男爵酒庄潜心酿造珍藏级和特级珍藏级葡萄酒，皆于美国橡木桶和法国橡木桶陈酿多时。此外，该酒庄还出产一款妙趣横生、大获成功的七园珍藏红葡萄酒，它融合了里奥哈7种葡萄品种（5种红葡萄和2种白葡萄），50%浓度的丹魄与格拉西亚诺、歌海娜、马苏埃洛和维拉在味蕾中得以合而为一。德雷男爵酒庄在希加雷斯（Cigales）还拥有一座皇家穆苏酒庄（Bodegas Museum）。

贝尔贝拉纳酒庄

在组成阿科集团（Arco group）的众多酒庄中，贝尔贝拉纳酒庄（Berberana）只是其中冰山一角。广大消费者认为它是里奥哈的"魁首"品牌。贝尔贝拉纳葡萄酒酒体醇厚、物超所值，洋溢着里奥哈的柔润可人，飘逸着沁人心脾的浆果芳香。阿科集团影响深远，从拉古尼利亚（Lagunilla）、格利诺侯爵（Marqués de Griñon）、康科迪亚侯爵（Marqués de la Concordia）到里奥哈的苏萨（Hacienda de Susar），从杜罗河（the River Douro）沿岸的杜睿斯葡萄酒（Durius）、卡瓦的曼尼斯特洛（Marqués de Monistro），到意大利酿酒厂，其中包括经典基安蒂（Chianti Classico）的生产商卡法乔酒庄（Villa Cafaggio）都深受其潜移默化的影响。

贝赛欧酒庄

贝赛欧酒庄（Bodegas Berceo）是贝赛欧集团酒堡古佩奇集团（Luis Gurpegui Muga）的里奥哈葡萄酒生产商，该集团还在纳瓦拉、埃斯特雷马杜拉（Extremadura）和智利生产葡萄酒。里奥哈葡萄酒中屈指可数的当属樱桃果香馥郁，矿物质气息较为浓郁的多米尼斯·贝赛欧（Los Dominios de Berceo Prefiloxérico），其酿酒原料来自里奥哈阿拉维萨（Rioja Alavesa）埃布罗浴场区（Baños de Ebro）的老藤和贝尔西奥36（Dominios de Berceo 36）号面积达8公顷丹魄葡萄园，该葡萄园种植于1936年（西班牙内战爆发，这也是西班牙载入史册的一年）。所酿造珍藏级和特级珍藏级都在法国橡木桶中陈酿。

贝罗尼亚酒庄

近观昔日，贝罗尼亚酒庄（Beronia）未曾在此指南中获得一席之地，因为其酿造的葡萄酒，尤其是特级珍藏级葡萄酒，因循守旧，果香缺失。山重水复疑无路，柳暗花明又一村。观今朝，雪莉酒家族冈萨雷斯·比亚斯（González Byass）获得其经营所有权并对其转型升级，这个沉睡的巨人已然苏醒，成为一颗冉冉升起的新星。雪莉酒家族冈萨雷斯·比亚斯在西班牙的其他资产还包括索蒙塔诺（Somontano）产区的韦

里奥哈娜酒庄

历久弥新的蒙特利尔酿葡萄酒尽显里奥哈葡萄酒的高贵优雅，精致端庄。

德维酒庄（Viñas del Vero）、卡瓦（Cava）产区的维拉诺酒庄（Vilarnau）和托莱多产区（Toledo）的康斯坦西亚酒庄（Finca Constancia）。凭借细致入微的葡萄园种植和有条不紊的酒窖管理，这支酿酒"战队"正如羡子年少正得路，犹如扶桑出日升。★新秀酒庄

比尔拜娜酒庄

1901年，比尔拜娜酒庄（Bilbaínas）建成于里奥哈阿尔塔哈罗地区，成为里奥哈历史上的行家里手之一。酒庄历经世纪风雨，坐拥一片面积达250公顷的葡萄种植园。它始终坚持传统酿酒风格，追求卓越品质，致力于酿造高贵优雅、芳香浓郁、果香馥郁的珍藏级和特级珍藏级葡萄酒。1911年，维纳泊漠（Viña Pomal）初见锋芒，精致如斯；维卡兰达（La Vicalanda）则单宁充沛，余味持久。1997年以来，卡瓦酒屋（Cava house Codorníu）一直经营着比尔拜娜酒庄，源源不断的佳酿令酒庄大放异彩。

里奥哈娜酒庄

里奥哈娜酒庄（Bodegas Riojanas）位于上里奥哈葡萄酒产区的塞尼塞罗（Cenicero），睹其风采，恍然间竟有时空穿越之曼妙。该酒庄建于1890年，也许谈不上最古老的一座，但酒庄上的传统酿酒工具依然完好无损，古风犹存。传统使然，里奥哈娜酒庄使用美国橡木进行陈酿，同时也保留着令人心醉神迷的葡萄酒库。得以在此品酒，实谓荣幸之至，尤其是蒙特利尔特级珍藏红葡萄酒，精致典雅、口感细腻、唇齿留香。如今的酒庄酒种丰富多变，阿尔比娜葡萄酒就是一款极具新时代风格的佳酿。里奥哈娜酒庄擅长用橡木桶发酵和熟成技术酿造贵腐甜白葡萄酒。

布雷顿酒庄（西班牙产区）

布雷顿酒庄（Breton）成立于1985年，坐拥里奥哈（Rioja Alta）100多公顷的葡萄园。这些葡萄园包括位于孔蒂区域（Dominio de Conte）最大的罗丽侬庄园（Loriñón）和小型的帕歌卡米诺庄园（Pago del Camino），所有这些酒庄酿制的葡萄酒都可自成一派。该酒庄出品的陈酿级和珍藏级葡萄酒，质量上乘，深得青睐。罗丽侬葡萄酒（Loriñón）由当地葡萄混酿而成，是现代里奥哈葡萄酒的典型代表。而口感复杂、醇香浓郁的阿尔巴酒庄丹魄葡萄酒（100%）和经精致橡木陈酿的孔蒂可称得上是酒中佳品。

帝国田园酒庄

对于世界各地的许多消费者来说，帝国田园酒庄（Campo Viejo）就是里奥哈的门面担当。虽然仅凭这个标签，你无法读出原产地的正确发音（ree-OCH-ha），但是经典的外观和橙黄两色足以使其身份一目了然。虽然入门级葡萄酒略失产地的真切感，但是酒体丰满、口感强劲、木质香味浓厚的特级珍藏级葡萄酒绝对不容小觑。多米尼奥（Dominio）由丹魄、格拉西亚诺、马苏埃洛混酿而成，果香四溢，肉质饱满，将里奥哈的现代风格展现得淋漓尽致，不过也因此欠缺陈酿级葡萄酒特质。

萨哈萨拉酒庄

萨哈萨拉酒庄（Castillo de Sajazarra）是一座名副其实的中世纪城堡，四方纵横，塔楼层叠，矗立于里奥哈北部著名十字路口的山顶之上。萨哈萨拉酒庄是一个家族产业。葡萄藤生长在里奥哈地区400米到700米的高海拔地区，这无疑对葡萄酒酿制大有裨益，其青翠欲滴的葡萄鲜度赋予了它们练就陈年琼浆的魄力。狄格马（Digma）是一款烟熏焦香缭绕、现代与经典结合的佳作，紫玉般的葡萄裹挟着甘草和摩卡的香醇沁人心脾。这也是一款千锤百炼、果味饱满、单宁紧实的佳酿。

康塔多酒庄

试图决定这款酒究竟根据康塔多酒庄（Contador）归类在字母C目录下，还是以酒庄主人兼酿酒师姓名（Benjamin Romeo）归类在字母B或字母R目录下，这绝非易事。之所以如此，是因为本杰明·罗密欧（Benjamin Romeo）的赫赫名声与其卓越品牌并驾齐驱、相得益彰。作为西班牙葡萄酒酿造领域的"急先锋"，他个性十足，致力擘画"金樽清酒斗十千"的绝美境界。如今，他的葡萄酒犹如一颗闪亮的新星在圣维森特松谢拉（San Vicente de la Sonsierra）升起，其主要由丹魄酿制并带有优质的新法国橡木木质香气，极富特色。

孔蒂诺酒庄

孔蒂诺酒庄（Contino）位于里奥哈阿拉维萨（Rioja Alavesa），毗邻拉瓜迪亚（Laguardia），是一座久历尘世的古老庄园，享有一座美不胜收、恬淡安逸的单一葡萄园，在该地区葡萄酒品牌中赫赫有名。正是孔蒂诺庄园让庄园理念在里奥哈深入人心。庄园志存高远、始终如一，完全得益于其高瞻远瞩的酿酒师耶稣·马德拉佐（Jesus Madrazo）。虽然孔蒂诺酒庄现隶属于喜悦葡萄酒集团（Compania Vinicola del Norte de Espana，简称CVNE），但依旧独善一身。常规珍藏系列一直广受欢迎，而单一品种葡萄酒的诞生引起了轩然大波，这款葡萄酒奇迹般驾驭了至尊至贵的格拉西亚诺葡萄品种，很快便跻身于顶级葡萄酒行列并享有盛誉。不日，格拉西亚诺品牌在整个里奥哈地区如雨后春笋般蓬勃发展。维纳橄榄（Viña del Olivo）以葡萄园中生长的古老橄榄树命名，是一款顶级丹魄混酿，它既被赋予了现代风格的烙印但又不失酿酒师的深厚功底。

喜悦葡萄酒集团

1879年，喜悦葡萄酒集团（Vinícola del Norte de España）应运而生。岁月失语，惟石能言，尽管后期哈罗古建筑群进行了扩建与改造，但依旧彰显其历史底蕴。行远必自迩，登高必自卑，虽然近年来久负盛名的里奥哈葡萄酒品质参差不齐，但如今也正日臻完善。喜悦皇家被列为珍藏系列，同时喜悦葡萄酒集团在时和年丰之际宣告喜悦皇家为特级珍藏级葡萄酒。据说此酒源于英国帝国酒瓶容量：大约500毫升。酒庄首屈一指的葡萄酒是皇家德阿苏亚干红葡萄酒（Real de Asúa），该酒以家族命名。再看，环形酒庄立峰顶，千娇百媚展风韵，独揽风光解风情，醉是维纳抚人心。环形酒厂酿酒时也谨慎万分，精确计算罐桶容量，所酿喜悦维纳恰到好处。顶级葡萄酒喜悦诺特帕格（Pagos

喜悦葡萄酒集团

喜悦陈酿葡萄酒单宁紧实，散发着黑莓的成熟果香和摩卡的优雅醇香。

de Viña Real）楚楚动人，口感浓郁，余味无穷。

维万戈王朝酒庄

此时此刻，布里奥内斯正热闹非凡，虽为寸土之地却盛事浩荡。先有阿连德酒庄（Finca Allende）连登国际头条，米格尔·麦丽奴（Miguel Merino）成为业内宠儿；后有维万戈（Vivancos）开设行业博物馆。虽然"博物馆"和"葡萄酒"这两个词似乎令人深恶痛绝，但这座葡萄酒文化丰碑却傲然矗立，值得一游。近一个世纪以来，维万戈在葡萄酒酿造领域砥砺深耕，载誉前行，致力于酿造博物馆馆藏级别的葡萄酒。该酒庄的格拉西亚诺和歌海娜特别值得一提。

爱格多酒庄

爱格多酒庄（El Coto）建于 1970 年，虽距今不久，但其复古的外观令人心旷神怡。酒庄与古典主义风交相辉映，地窖里美国橡木桶数不胜数，增添了一番传统成熟、优雅灵巧的韵味。在葡萄园中，丹魄葡萄独占鳌头，赋予了浅龄葡萄酒清爽细腻的口感以及娇艳欲滴的新鲜原料。爱格多酒庄珍藏红葡萄酒（Coto de Imaz, Gran Reserva），香气浓郁复杂，散发着成熟水果、陈年皮革和烟熏香料的精致气息，富有质感，是成熟稳重的里奥哈作品的门面担当。德雷男爵葡萄酒极具现代风情、芳香馥郁，于 1985 年由同一酿酒商推出。

福斯蒂诺酒庄

福斯蒂诺酒庄（Faustino）是西班牙里奥哈产区声名赫赫的传统酒庄之一。酒庄成酒中夹杂着奶油香草的醇美和美国橡木的格调，酸度适中、口感圆滑、莓果芬芳。此外，酒庄还为其部分葡萄酒提供令人记忆深刻的仿古包装，并配有磨砂瓶和与堂吉诃德相呼应的金属笼。如今，酒庄也开始酿造具有现代风格的葡萄酒：福斯蒂诺酒庄酿酒师特别珍藏红葡萄酒（De Autor Reserva Especial）是该系列中的翘楚。福斯蒂诺酒庄还拥有其他几个品牌，包括里奥哈的卡皮罗（Campillo）和位于杜埃罗河岸（Ribera del Duero）的新品波多蒂（Portia）。

皮罗拉费南德兹酒庄

1996 年，由家族经营的皮罗拉费南德兹酒庄（Fernández de Piérola）成为里奥哈阿拉维萨"新生代力量"，此酒庄因其狭窄的葡萄园和低矮的灌木藤蔓而功成名就，这些藤蔓一年四季都需手工打理。适宜的海拔高度和肥沃优质的土壤培育出最优质的葡萄，所酿造的维奥娜（Viura）葡萄酒酒体轻盈优雅，矿物质气息浓郁。木桶发酵的葡萄酒具有丰富的酒糟陈酿质感。红葡萄酒的酿造融入 100% 丹魄，以维蒂姆（Vitium）收尾，维蒂姆由藤龄达 80～100 年或更久的葡萄藤结出的果实酿制，并在法国和美国橡木桶中陈酿而成。所酿醇酒芬芳馥郁，果香四溢，余味持久。★新秀酒庄

阿连德酒庄

在里奥哈地区布里奥内斯（Briones）中心的一隅静谧之地，

阿连德酒庄（Finca Allende）熠熠生辉，此酒庄由米盖尔·昂海尔·德·格莱高里奥（Miguel Ángel de Gregorio）和他的妹妹梅赛德斯（Mercedes）共同经营。他们在独有葡萄园中精耕细琢，精研水土特性，是里奥哈"酿酒革新派"的集大成者，其酿造工艺与传统混酿工艺截然不同。诚然，格莱高里奥葡萄酒近乎完美无瑕。他发酵酿制的里奥哈白葡萄酒（维奥娜与马尔瓦西混酿）质量上乘，让所有批评维奥娜（Viura）味同嚼蜡之人印象深刻；阿连德酒庄匠心独具，大胆采用 100% 丹魄酿酒。他的两款神来之笔莫过于卡尔瓦里（Calvario）和奥洛斯（Aurus）。卡尔瓦里葡萄酒来自单一园区，酒体强劲厚实、单宁柔顺的葡萄酒，与阿尔塔（Artadi）的比逊（El Pisón）同年酿造；奥洛斯含 15% 的歌海娜，并放于法国新橡木桶陈酿 25 个月。两款酒结构紧实，适合陈酿珍藏并且价值连城。2001 年，格莱高里奥最新项目——卡斯特利亚产区的科罗娜多，揭开面纱，公之于世。这款葡萄酒产自其家族庄园，由赤霞珠和其他 5 种红葡萄混酿而成。

爱戈美庄园

爱戈美庄园（Finca Egomei）只生产两款葡萄酒。将果香浓郁、色泽厚重的莓果静置于法国新橡木桶中，陈酿 14 个月，爱戈美（Egomei）葡萄酒大放异彩，弥散雪松香气。久负盛誉的阿尔玛（Alma），主要由丹魄和 25% 的歌海娜酿制而成。芬芳馥郁的莓果裹挟黑巧克力和树脂置于法国新橡木桶中陈酿 18 个月，千呼万唤始出来，琼浆玉液酌新杯，阿尔玛酒体色泽深邃，雍容华贵。爱戈美酒庄在 A&B 集团旗下出类拔萃，集团由四姐妹经营：她们的资产还包括卡米洛·卡斯特利亚（纳瓦拉产区）和博迪加斯·佩纳多（拉曼查产区）。

石子谷酒庄

石子谷酒庄（Finca Valpiedra）由马丁内斯家族（Martínez Bujanda）负责经营管理。博览五世春秋，俯仰皆可怀古，马丁内斯家族葡萄园在里奥哈弥山跨谷，葡萄美酒源源不断。瓦尔德马（Valdemar）和瓦尔德马伯爵（Conde de Valdemar）物超所值，极具现代风情；灵感瓦尔德马（Inspiración de Valdemar）更是超群绝伦，口感醇厚，回味甘甜。

石子谷酒庄蔚为壮观，盘踞于蜿蜒曲折的埃布罗河畔，而马丁内斯家族作为酒庄的管理者，精于技术、一丝不苟。石子谷酒庄是该家族在拉曼查产区（La Mancha）的资产。

珈帝酒庄

珈帝家族的葡萄种植历史可以追溯到 19 世纪 70 年代。20 世纪 90 年代末，人们开始追求葡萄酒的质量。该公司的顶级葡萄酒取材于低产"古稀"葡萄藤，果实浓度恰到好处。马丁·森多亚（Martin Cendoya）——该公司 20 世纪 50 年代的风云人物，凭一款陈酿级佳酿脱颖而出。该酒选用的果实主要以丹魄为主，另有一些歌海娜和少许马苏埃洛，还有厚重的樱桃气息，弥散着摩卡咖啡和菌菇孢子的幽香。葡萄酒单宁柔和，略有矿物质的气息。

美国橡木桶中的无穷奥妙

曾几何时，珍藏级里奥哈红葡萄酒的诞生需在陈年橡木桶中至少陈酿 1 年（外加瓶藏 2 年），特级珍藏级则需在橡木桶中陈酿 2 年（外加瓶藏 3 年）。美国橡木为丹魄增添了几分香草的清香，酿制的经典里奥哈葡萄酒色泽白净，单宁柔和，混合了香草、皮革和菌菇般的香甜，可以随时随饮。美国橡树的气息曾是盲品里奥哈酒的重要线索。今时不同往日，生产商重视产品国际化趋势，他们将葡萄酒置于法国橡木桶中酿酒许久，以便让葡萄酒色泽深厚，味道香醇，装瓶之后即刻发售，因此这款酒酒体颜色深红，果香浓郁，单宁充沛，略失传统甜味。虽然用法国橡木桶陈酿的葡萄酒更显高贵优雅，但是成本高昂。因此，许多生产商为平衡收支，开始混用美国和法国橡木来稀释而又不会完全失去香草味。生产商们也纷纷采用西班牙橡木、斯洛文尼亚橡木和质朴的俄罗斯橡木（主流材质）进行酿酒实验。无论如何，里奥哈的传统风味正在逐渐消失。

佩齐纳酒庄

乔比奥（Chobeo）是酒庄的旗舰品牌，由丹魄酿制，酒体浓郁强劲，色泽纯净，极具现代风格。

洛佩兹·雷迪亚酒庄

成熟优雅，初心不改。

佩齐纳酒庄

1992 年，佩德罗在里奥哈地区创建佩齐纳酒庄（Hermanos Peciña），现由佩齐纳兄弟（和姐夫）传承父亲衣钵。这家公司始于一家小型企业，如今在生产优质葡萄酒的同时逐渐对游客开放。在 50 公顷的葡萄园中，佩齐纳兄弟主打混酿葡萄酒，以丹魄为主，辅以歌海娜或格拉西亚诺，香草芬芳、皮革香气淡雅，极具里奥哈经典风格。他们杰作无疑是这款佩奇纳（Chobeo de Peciña）：由 100% 丹魄酿制，口感醇厚，富含天然精华。

艾加尔巴酒庄

艾加尔巴酒庄（Ijalba）一方面张扬恣意，与里奥哈现代革新精神同频共振；另一方面初心如磐，对单一稀有品种歌海娜忠贞不渝。酒庄因此赢得一席之地，可与马德拉佐（Madrazo）在孔蒂诺（Contino）的杰作相提并论。虽然艾加尔巴酒庄在标签设计方面力有未逮，但其商业理念却无出其右。酒庄是有机庄园的排头兵，其葡萄园建于有机物贫瘠的露天矿区土壤上，后因景观改造而获奖无数。★新秀酒庄

伊扎迪酒庄

伊扎迪酒庄（Izadi）之所以质量突飞猛进，经营蒸蒸日上，受益于其酿酒顾问——维格·西西莉亚（Vega Sicilia）和前酿酒师马里亚诺·加西亚（Mariano García）的大力辅佐。毋庸置疑，这些葡萄酒制作精良，富有表现张力。酒庄的所有者阿迪维诺集团（Grupo Artevino）还拥有托罗（Toro）原产地的维特斯酒庄（Vetus）及杜埃罗河岸（Ribera del Duero）产区的维拉克利斯酒庄（Villacreces），并且还是里奥哈奥本酒庄（Orben）新项目的大股东。奥本自身酒体厚重、单宁柔顺，如出自同一酒厂的马尔普埃斯托（Malpuesto）一般，俘获大众芳心。阿迪维诺集团还因文旅促销活动而闻名遐迩。

橡树河畔酒庄

橡树河畔酒庄（La Rioja Alta）享誉里奥哈，有"西班牙波尔多"之美誉，坐落于历史悠久的哈罗站区，坐拥 360 公顷葡萄园。这家企业与时俱进，所酿制的经典里奥哈葡萄酒美名远扬，备受青睐，但如今它也可与充满现代风情、前卫果香的葡萄酒并驾齐驱。橡树河畔特级珍藏 890（The Gran Reserva 890）是为了纪念 1980 年酒庄成立而生。在酿酒时，将发酵后的葡萄置于美国橡木桶中陈酿 6 年，陈酿期满后进行窖藏瓶陈 6 年，果香四溢，融合优雅的橡木味道，极具里奥哈经典风味。橡树河畔特级珍藏 904（904 Gran Reserva）仅在橡木桶中陈酿 4 年。雅当莎（Viña Ardanza）果香浓郁，单宁柔顺，高贵典雅。雅芭笛（Viña Ardanza）历经 2 年的橡木桶陈酿。此外，橡树河畔酒业集团还拥有托雷欧万酒庄（Torre de Oña），其生产的托雷欧万男爵珍藏干红葡萄酒（Rioja Baron de Oña），现代风情十足。橡树河畔酒业集团在里贝拉德尔杜罗（Ribera del Duero）再立新旗，生产阿斯特尔葡萄酒，并在下海湾地区（Rías Baixas）投资生产"年少有为"的阿尔巴利诺施化乐葡萄酒（Albariño Lagar de Cervera）。

澜牌酒庄

澜牌酒庄（Lan）总部设在里奥哈阿尔塔省福恩马约尔，从物美价廉的入门级葡萄酒到所向披靡、至高至上的瓶装酒，其质量稳步登高。澜牌限量版葡萄酒（Lan Edición Limitada）是一款名副其实的佳酿，散发着成熟水果的芳香，口感如丝绒般顺滑，单宁含量高，回味悠长，其与库尔门（Culmen）和兰恰诺（Viña Lanciano）同属一个单一葡萄园。有趣的是，除了"古典主义"的美国橡木桶和"现代主义"的法国橡木桶，澜牌酒庄还尝试用俄罗斯橡木桶陈酿兰恰诺和限量版葡萄酒。

洛佩兹·雷迪亚酒庄

每当探访里奥哈，就不得不去洛佩兹·雷迪亚酒庄（López de Heredia），赤瓦红墙，令人流连忘返，尤其是到了葡萄收获季节。其中央瞭望塔（最初是为该品牌设计的广告）拥有一个巴斯克语别名，称作"Txori Toki"，或"鸟巢"。置身其中，游客们仿佛穿越回 19 世纪 80 年代，朱红色的圆锥桶中葡萄满盈。酒庄内硕大古老的木桶仍经世致用。你会惊奇地发现庄内并非闪耀着金属光泽，而是像极了哈利·波特的魔法世界。他们的酿酒方式扎根于传统的延续性，不仅局限于葡萄酒的酿造。卓尔不群的托多亚特级珍藏干红葡萄酒（Viña Tondonia Gran Reserva Rosado）已陈藏 4 年之久，同样备受瞩目的托多尼亚特别珍藏干白葡萄酒（Viña Tondonia Gran Reserva white）也已陈藏了 9 年之久。现如今，这个家族由玛丽亚·何塞尽心竭力地掌管，她专注于固本培元，也致力于革故鼎新。静水深流，厚积薄发，如今的洛佩兹雷迪亚酒庄仍朱颜未老，熠熠生辉。

路易斯·卡纳斯酒庄

路易斯·卡纳斯酒庄（Luis Cañas）见证了子承父业后的功成名就。1989 年，胡安·路易斯（Juan Luis Canas）正式从他父亲手中接管了酒庄，力图夯实基业，擘画新篇。1994 年，新酒庄拔地而起，随后再次扩张。如今的卡纳斯品牌不仅涵盖价值连城的年轻葡萄酒，还包括屡获殊荣的特别精选葡萄酒。希鲁 3 洛希莫斯葡萄酒（Hiru 3 Racimos）酒体劲爽，彰显法国和美国橡木厚重，但又果香浓郁，口感清新。亚玛仁葡萄酒（Amaren）品质卓越，散发着樱桃和草莓的馨香及香草和香料的清香。

卡塞里侯爵酒庄

在里奥哈，声名赫赫的侯爵三巨头齐聚于此，它们分别是卡塞里（Cáceres）、姆列达（Murrieta）和瑞格尔（Riscal）。卡塞里侯爵酒庄（Marqués de Cáceres）建于 1970 年，是三巨头中最年轻的酒庄，但因其创新的酿酒方法声名远扬。起初，酒庄的顾问是来自波尔多的著名教授埃米尔·佩诺（Emile Peynaud），他引进了诸多酿酒新元素，在当时可谓业界的"激进派"，但现在看来那些只是很自然传统的方法：利用不锈钢大桶陈酿、注重温度控制、在更新更清洁的法国（而非美国）橡木桶中陈酿更短时间。卡塞里侯爵超级酒神葡萄酒（Gaudium）便是一款采用此法酿造的现代酒，散发着纯净的摩卡咖啡和香料的香气，口感强烈，单宁精致，果香浓郁。

姆列达侯爵酒庄

姆列达侯爵酒庄（Markés de Murrieta）的盛名诠释了何为继承传统，推陈出新。前者以其成熟的伊格珍藏葡萄酒（Castillo Ygay Gran Reserva）和特级珍藏级葡萄酒为代表。两款酒均在木桶中陈酿多年，得以让人们身临其境，品味于风流千古的里奥哈。顶级葡萄酒达尔马（Dalmau）的酿造风格却与里奥哈传统工艺背道而驰，其风格充满现代元素，但俯仰之间仍存有姆列达的高贵典雅。卡本尼拉珍藏白葡萄酒（Capellania Reserva）以大胆的橡木风格陈酿，带来对里奥哈维奥娜最庄严的诠释。

瑞格尔侯爵酒庄

瑞格尔侯爵酒庄（Marqués de Riscal）是里奥哈地区另一家历史悠久的酒庄，也是该地区少数带有贵族名字的宅邸之一。

受早期波尔多酿酒方式的影响，该酒庄仍引以为豪地在其特辑标签上向外界展示 19 世纪的种种殊荣和精美装饰。同里奥哈诸多竞争者一道，酒庄在 20 世纪变卖掉了几处葡萄园。随着越来越多的新酒庄决定专注于单一庄园概念，也许这个循环已发生转向。如今，富兰克·盖里（Frank Gehry）设计的酒店傍于埃尔西戈（Elciego）的酿酒厂，锃光瓦亮的钛合金屋顶如同举行五彩斑斓的盛会，照亮半边天，这似乎更能令瑞格尔闻名于世。就酒庄本身而言，近年来经典瑞格尔葡萄酒的质量良莠不齐。然而，不落俗套的现代品牌西雷男爵（Baron de Chirel）却提供了一系列风格迥异、大胆有为且富有表现力的葡萄酒。来自卢埃达产区（Rueda）的瑞格尔白葡萄酒也值得一提，该公司还成功地生产出别有风味、口感清爽的年轻维德霍斯葡萄酒。

瓦尔加斯侯爵酒庄

瓦尔加斯侯爵酒庄（Marqués de Vargas）是一家家族企业，隶属于橡树河畔集团，目前酒庄不断提质增效，主攻珍藏级葡萄酒酿制。昔日，酒庄内一座城堡式酒馆拔地而起，葡萄园产量难以突破，甚至邀请了米歇尔·罗兰前来建言献策。如今，酒庄采取混用美国、法国和俄罗斯橡木桶工艺进行陈酿。所呈现的葡萄酒纯净劲爽，散发着奶油般的雪松和香草橡木的清香。而私人珍藏佳酿则口味层次复杂，散发着咖啡和松露的浓香质感。普拉多（Hacienda Pradolagar）是酒庄的顶级明星。

米格尔·玛丽诺酒庄

性格温良的米格尔·玛丽诺（Miguel Merino）魅力十足，对里奥哈了如指掌。部分原因是因为他是一位著名的西班牙葡萄酒出口商。后来，他英勇果敢，转而酿造葡萄酒，现定居在布里奥尼斯，建立了一家小型企业，专注于手工采摘，严把经典葡萄酒质量关。1994 年酿制的葡萄酒旗开得胜，并从此屡创佳酿。特别值得一提的是，优质年份生产的特级珍藏级葡萄酒显示出巨大陈年潜力。

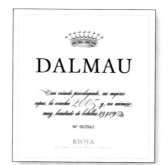

姆列达侯爵酒庄
虽为里奥哈新生代酒庄，但是达尔马展现出超群绝伦的优雅气质。

慕佳酒庄
时和年丰之时，该酒款是对丹魄魅力的完美诠释。

蒙特希洛酒庄

蒙特希洛酒庄（Montecillo）葡萄酒酒体醇厚，经久不衰，关键在于这位令人敬畏的酿酒大师——玛丽亚·马丁内斯（María Martínez）三十年如一日的传承。上学时代，她是班上鲜有的女学生，通过艰苦学习，她学会了如何形成自己的观点并据理力争。里奥哈变幻莫测，而蒙特希洛却继承传承，不忘初心，自身的品质让它在这风云变幻的环境中一帆风顺。马丁内斯购入高品质葡萄，以确保葡萄酒的顶级品质，让葡萄酒更具陈藏能力。所产葡萄酒物超所值，单宁柔和，酸度清新。酒庄现隶属于奥斯本集团旗下。

慕佳酒庄

慕佳酒庄（Muga）展现了里奥哈葡萄酒深入人心、信心十足的形象风格。对许多人来说，桃红葡萄酒，色泽粉嫩，宛如含苞待放的玫瑰；对他者而言，普拉多（Prado Enea）是一款经典的特级珍藏葡萄酒，酒体色泽成熟庄重，口味强劲辛辣，略带皮革气息。与此同时，慕佳家族不断与时俱进，将托雷慕佳（Torre Muga）打造成一款与众不同、奢华高贵、口感如天鹅绒般柔顺的酒中贵族。酒庄的最新力作是阿罗 [Aro，酒庄总部设在哈罗（Haro），此酒的名称意为向 Haro 致敬]，酿酒葡萄取自年代悠久的古老葡萄藤，采用小型木桶陈酿工艺。

奥拉希酒庄

奥拉希酒庄（Olarra）创建于 20 世纪 70 年代，酒庄建筑群的外观呈立体的"Y"字形，掀起了建筑体创新的首波热潮。酒庄酿制的经典混酿葡萄酒既赏心悦目又不失高贵典雅。

与特级珍藏级陈酿相比，年轻品牌赛柔昂洋（Cerro Añón）星光熠熠，令人怦然心动。奥拉希酒庄成立多年后，其姐妹花——翁达柯酒庄（Ondarre）问世，此酒庄专注于生产小规模珍藏级葡萄酒，如桶装陈酿白葡萄酒等。

翁塔农酒庄

翁塔农酒庄（Ontañon）位于洛格罗尼奥区，引人入胜，门庭若市：酒庄内现代艺术博物馆鳞次栉比，特点鲜明的当属"弗拉明戈星期四"（flamenco Thursdays）。开怀畅游的人们似乎忘记了来此的真正目的是品酒。酒庄的葡萄酒品质优良，主要由丹魄酿制，珠圆玉润的果实与新鲜烤橡木桶浑然一体，相辅相成。酒庄中的极品佳酿是雄浑有力的神话精选葡萄酒（Colección Mitologia）。然而，目前佼佼者是珍藏级葡萄酒系列。

欧斯塔图酒庄

欧斯塔图（Ostatu）吸引消费者有两点原因。酒庄总部设在阿拉维萨省萨曼尼戈区，是一家家族酿酒厂——这种情况越来越世所罕见。在萨曼尼戈地区，萨恩斯家族历史悠久。此外，他们还善于广开言路，集思广益，听取了金钟酒庄（Château Angélus）休伯特·布瓦德（Hubert de Broüard）家族的第七代传人赫伯特·宝德·拉弗雷斯特的建议，重点关注高藤龄

伊修斯酒庄坐落于坎塔布里亚山下方，风光旖旎，浑然天成。

瓦尔赛拉诺酒庄

在混酿区，里奥哈的马苏埃洛单一品种葡萄酒脱颖而出。

罗达酒庄

顶级佳酿"Ⅰ"的原料取材于古老的低产葡萄藤。

葡萄藤和低产量葡萄藤。代表作为欧斯塔图珍藏级葡萄酒，用来酿制此酒的葡萄产自 50 年藤龄的葡萄藤，先放置不锈钢中发酵，而后在法国橡木中陈酿。此款葡萄酒风味独特，雪松的清香与莓果的果香相得益彰，余韵清幽。欧斯塔图歌丽雅（Gloria de Ostatu）是珍藏葡萄酒：酿制原料浸渍工艺大胆，味辛性温的肉桂香气与水果的清香浓郁相互渗透。此款酒个性张扬，显然不适宜怯懦之人品鉴。

帕萨耶酒庄

帕萨耶酒庄（Paisajes y Viñedos）秉持"推陈出新"的原则。1998 年，该项目由阿连德酒庄的米盖尔·昂海尔·德·格莱高里奥（Miguel Angel de Gregorio）与巴塞罗那葡萄酒商人奎姆·维拉（Quim Vila）共同启动。酒庄致力于在特定年份从肥沃庄园中挑选最好的葡萄。起初，法定产区葡萄酒不允许在标签上打印葡萄原产地，标签赋名和编号的做法由此而生。酒庄葡萄酒酿制工艺不拘一格，极具现代感。

帕拉西奥酒庄

奥瓦罗·帕拉西奥（Alvaro Palacicos）因其在普里奥拉托产区（Priorat）的葡萄酒而名声大噪。2000 年，在他父亲辞世后，他接管了位于里奥哈巴哈的 100 公顷的家族庄园，事实证明他虽身处异乡，但仍可以大展身手。昔日的葡萄园种满了加尔纳恰葡萄，现如今主要以丹魄为主。下里奥哈的慷慨馈赠与温煦恬适造就了酒庄的绝美佳酿，大有裨益的是，它们比普里奥拉托特珍品更加物超所值。文德米亚葡萄酒（Vendimia）物美价廉，口感柔和新鲜，光滑明亮。埃伦西亚多产权葡萄酒（Propiedad Herencia）独占鳌头，由加尔纳恰、丹魄、马苏埃洛和格拉西亚诺混酿而成，果香浓郁与法国橡木的清香相得益彰。

毅立酒庄

卡洛斯·圣佩德罗来自里奥哈一个历史悠久的家族，深厚的历史积淀促使他开阶立极。1998 年，他经始大业，创建了一套精细化酿酒设备，如此折射出他在葡萄分拣和酿酒过程中精益求精、专心致志的态度。绵延 40 公顷的葡萄庄园，他却只酿造了两款葡萄酒：毅立葡萄酒和毅立诺特葡萄酒（2002 年首创）。毅立葡萄酒由 100% 丹魄酿制，于法国橡木桶中陈酿，酒体厚重，色泽鲜亮。毅立诺特（Pujanza Norte）酿造工艺与毅立相仿，不过酒体色泽更加深沉，果香更为浓郁。

瑞隆堡酒庄

瑞隆堡酒庄（Ramón Bilbao）在里奥哈已经有百年的历史。1999 年，西班牙的酒业大亨迪亚哥·萨莫拉（Diego Zamora）收购了该公司。注入的资金助力瑞隆堡酒庄拓展了业务范围，并以米尔图系列（Mirto）为主打品牌推出了很多款佳酿。酒庄旗下无论是珍藏级还是特级珍藏级陈酿均在美国橡木桶发酵，酿制的葡萄酒清醇甘美，浓郁醇厚。酒庄采用的酿酒葡萄皆为手动挑选，所酿造的限量级陈酿更是果香醇厚，浓烈醇美。而米尔图葡萄酒萃取丹魄精华，散发出浓郁的法国橡木桶香气，夹杂着黑莓

的甘美风味。瑞隆堡酒庄旗下还拥有下海湾产区的弗拉德斯之海酒庄和杜埃罗河岸产区的克鲁兹阿尔巴酒庄的产权。

雷梅留里庄园

雷梅留里庄园（Remelluri）坐落于托洛诺山麓，是西班牙蔚为壮观的酒庄之一。贫瘠的土壤和高海拔梯田造就了葡萄酒酒体清脆，单宁柔顺，酸度适宜的独特风味。酒庄中红葡萄酒佳酿主要由丹魄酿制。而酒庄出产的白葡萄酒特别有趣，因为它仍然铭记着年轻的泰尔莫·罗德里格斯在家族庄园辛勤耕耘时所作的贡献。这款佳酿酒体丰满充盈，将麝香、歌海娜、赤霞珠、维欧妮、霞多丽和瑚珊融为一体，展现了他的雄心壮志和创新精神。

甘露莎酒庄

费尔南多·雷米雷斯·甘露莎（Fernando Remírez de Ganuza）的酒庄位于阿拉维萨里奥哈区的古老城镇——萨马涅戈镇中心。作为葡萄酒生产商，费尔南多开基创业，尽管酒庄葡萄酒款式相对较少，但仍令阿拉维萨焕然一新，让现代风格丰裕的里奥哈日新月异。艾尔普托（Erre Punto）是一款浅龄葡萄酒，采用经典二氧化碳浸渍法酿制而成，口感清新柔和，果香四溢。酒庄酿制的甘露莎芬卡（Fincas de Ganuza）无疑是更上一层楼，如同其他佳酿一般，由丹魄与少许格拉西亚诺混酿而成，并置于橡木桶中陈酿。川斯诺科（Trasnocho）可谓酒庄佳酿中的极品，不容错过。

罗达酒庄

罗达酒庄（Roda）位于里奥哈一座非常传统的城镇——哈罗，该酒庄简约低调，同时也是一家熠熠生辉的现代庄园，可谓是新西班牙的象征。鉴于罗达酒庄位于车站街区（Barrio de l'Estación），古典主义与现代主义的对比并非泾渭分明：罗达酒庄最初靠近铁路线，毗邻历史悠久的洛佩兹雷迪亚酒庄。这里无论是在酿酒厂还是在葡萄园，都物尽其用。为了寻找质量上乘的丹魄、格拉西亚诺和歌海娜，酒庄分别在 20 个不同的葡萄园进行选材。在精心打造的重力式酒庄中，精研细琢的酿制工艺创造了香醇四溢、丝滑柔顺、现代风格十足的葡萄酒，并增添了几抹法国橡木陈年后的独特质感。如若将罗达Ⅱ、罗达Ⅰ分别喻为初出茅庐的萌新与优秀出色的"学霸"，那卡适（Cirsion，以酒厂的蓟花标志命名）则足以称得上是众星捧月的"学神"。罗达酒庄采用其经营者马里奥·罗特兰特·索拉（Mario Rotllant Solá）和卡门·达雷拉·德·阿奎莱拉（Carmen Daurella De Aguilera）的姓氏命名。

塞拉丽亚酒庄

试问有谁能抗拒这样一家称其酒桶发酵、酒糟陈酿的混酿白葡萄酒为"金色年华"（Organza）的酒庄？显而易见毫无抗拒之力，就连品鉴师们也一直对它赞赏有加。同样，塞拉丽亚酒庄（Sierra Cantabria）内其他里奥哈经典之作——从浅龄葡萄酒到特级珍藏级葡萄酒，也备受赞誉，当然埃古伦（Eguren）家族的其他酒庄也有口皆碑。埃古伦家族绝非等闲之辈，自 1870 年

以来，此家族就一直深耕于酿酒行业。然而，新主人通过开疆扩土来提升家族形象。在最近的一次收购（1991 年）中，他们将总部设于圣维森特-德拉松谢拉（San Vicente de la Sonserra）的圣维森特酒庄（Señorio de San Vicente），在那里，他们复兴了当地稀有葡萄品种——多毛丹魄（Tempranillo Peludo，因其毛茸茸的外表而得名）。在闻名遐迩的帕加诺斯庄园（Viñedos de Paganos），埃古伦家族正在生产单一园葡萄酒：一款为强劲有力的普蒂多园葡萄酒（El Puntido），另一款是与之旗鼓相当的优雅圆润的尼塔葡萄酒（La Nieta）。除在托罗的特索修道院酒庄（Teso la Monja）外，他们在本土还拥有尤金庄园（Dominio de Eguren）这家主产地区餐酒的分级酒庄。酒庄对于卓越品质始终如一，实属难能可贵。

托比亚酒庄

托比亚酒庄（Tobia）的前世今生：从上里奥哈的家族葡萄园摇身一变成为备受赞誉的个体葡萄酒酒庄。1994 年，奥斯卡·托比亚（Oscar Tobia）初露头角，后期酒庄翻修酒窖，从 40 年和 50 年藤龄的葡萄中挑选葡萄、去除葡萄梗，让葡萄酒更加饱满多汁、富有成熟韵味。使用法国橡木陈酿，不经过滤进行瓶藏，种植工艺皆取得了关键性的成功。葡萄酒包括木桶陈酿的罗萨多（Rosado）和格拉西亚诺，以及令人印象深刻的托比亚酒庄的阿尔玛（Alma de Tobia），该酒款与肉桂香料和饱满的红色浆果一起置于桶内发酵。★新秀酒庄

瓦萨科酒庄

埃斯库德罗（Escudero）兄弟是世世代代葡萄种植的传承者。他们雄心壮志，在土壤贫瘠的下里奥哈创建了瓦萨科酒庄（Valsacro）。他们始终潜心培育低产葡萄，以确保葡萄酒风味独韵，富有张力。酒庄出产的白葡萄酒多由霞多丽和维奥娜经酒糟混酿而成，香醇浓郁，酒体色泽通透，散发出美国橡木桶的芳香。瓦萨科酒庄培育的红葡萄包括藤龄长达 100 年的歌海娜，另有丹魄和其他当地品种。酒庄成熟韵味十足的迪奥罗干红葡萄酒（Dioro）置于法国橡木桶中陈酿，口感饱满，层次分明，酒体紧实。★新秀酒庄

瓦尔赛拉诺酒庄

严格意义上讲，瓦尔塞拉诺（Valserrano）属于马克萨产区的葡萄庄园。现任酒庄主人的祖母是马克萨人，因为瓦尔塞拉诺目前仍是家族产业，庄园即以她的名字命名。酒庄葡萄酒受到里奥哈人们的大肆追捧。因为酒庄培育的当地单一品种葡萄常用于混酿，比如马苏埃洛（法国称之为佳丽酿）、歌海娜和格拉西亚诺。若以酒体强劲厚重论英雄，那么来自单一园的丹魄混酿——蒙特维霍（Finca Monteviejo）必当仁不让，该酒单宁丰富，果香四溢，混合了香料和橡木的清香气息，酒精的味道较柔和。

塞尔塞德酒庄

塞尔塞德酒庄（Viña Salceda）位于里奥哈阿拉维萨的中心地带——埃尔希耶戈（Elciego）。酒庄很好地诠释了里奥哈葡萄酒通过所有权更替按下"转型键"，蹄疾步稳驶进发展快车道。1998 年，纳瓦拉地区的奇维特（Chivite）家族收购了该酒庄，自此酒庄开始转型升级。酒庄对酒窖和葡萄园发展的资金支持以及新任酿酒师的精湛工艺，使庄园发展卓有成效。塞尔塞珍藏葡萄酒浸透着沁人心脾的泥土清香，散发着香料的甜美与熟果的芳香，单宁坚实，酒体丰满。

泰勒诺酒庄

泰勒诺酒庄（Viñedos del Ternero）风光旖旎，引人入胜。该庄园可在布尔戈斯省生产里奥哈葡萄酒，这份"殊荣"无出其右。庄园的历史可追溯到 9 世纪，它的农场曾经供养着一座现已不复存在的修道院。2003 年，酿酒师安娜·布兰科（Ana Blanco）和卡洛斯·冈萨雷斯（Carlos González）应邀开办一家酒庄。酒庄的小巧玲珑与古建筑群相得益彰。安娜自打出生后 4 天就居住于此，与庄园感情深厚。酒庄出品的葡萄酒也诠释了返璞归真的真谛：手工酿造，质量上乘。★新秀酒庄

伊修斯酒庄

伊修斯酒庄（Ysios）由世界著名的建筑师圣地亚哥·卡拉特拉瓦（Santiago Calatrava）设计建造，其闻名遐迩的波状屋顶大出风头，令酒庄旗下的葡萄美酒也黯然失色。尽管如此，酒庄的葡萄酒也是别具一格。酒庄位于风景优美的西拉坎塔布里亚山的山脚，占地 75 公顷，庄园内主要种植丹魄。伊修斯酒庄始终致力于生产珍藏级系列和混酿系列等具有里奥哈独特风格和风土特色的优质葡萄酒。2010 年，酒庄推出混酿新品，致敬巴斯克艺术家爱德华多·奇利达（Eduardo Chillida）。伊修斯酒庄隶属于多默酒庄（Domecq group）。多默酒庄是一家具有集团性质的葡萄酒酒庄，旗下拥有里奥哈的帝国田园酒庄（Campo Viejo）、岁月酒庄（Age）、杜埃罗河畔的塔素斯酒庄（Tarsus）、奥拉酒庄（Bodegas Aura）和下海湾产区的维拉雷酒庄（Pazo de Villarei）。

纳瓦拉产区

无论是在葡萄酒榜单还是酒柜中，纳瓦拉（Navarra）产区的地位彰明昭著，但与熠熠生辉的里奥哈产区相比，也只能自叹不如。放眼望去，纳瓦拉风光迷人，历史地位独特，充满历史厚重感。在中世纪，强大的纳瓦拉王国拓土开疆至巴塞罗那。时代的建筑依然令游客流连忘返，数不尽的酒庄于此烙上时代印记。然而，与此同时，纳瓦拉现代葡萄酒行业发扬光大，这得益于 EVENA（西班牙在葡萄和葡萄酒领域最重要的一家研究中心）研究站对葡萄与葡萄酒多年的潜心研究。

纳瓦拉坐落于比利牛斯山脉（Pyrenees）与埃布罗河之间，东部以河为界毗邻里奥哈。受大西洋"寒流"和地中海"暖流"宠溺，纳瓦拉自然资源丰富，堪称福地洞天。纳瓦拉土质丰富，山坡上小气候多样，光照角度多变，让此地的酿酒师难以取舍。

在纳瓦拉产区，酿酒师与葡萄种植者颇为珍贵。与里奥哈相比，此地黯然失色，且缺乏新投资，大型企业分散在远河区。然而，尽管纳瓦拉的酒庄外观稍逊，但酒庄主人们足以救过补阙。

例如，诗威特（Chivite）家族的标杆企业投资了阿林莎诺庄园（Pago de Arínzano）。在奥乔亚酒庄（Ochoa），哈维尔·奥乔亚（Javier Ochoa）带领 EVENA 研究中心开展葡萄酒研究，是推动麝香甜白葡萄酒重整旗鼓的中坚力量。如今纳瓦拉麝香甜白葡萄酒（尤其是诗威特酒庄酿制的），在西班牙一举夺魁。阿德里亚娜（Adriana）和她的妹妹比阿特丽斯（Beatriz）继承父业。另一对兄妹米格尔·卡纳莱霍（Miguel Canalejo）和艾琳·卡纳莱霍（Irene Canalejo）负责管理岚霭酒庄（Pago de Larrainzar）。在纳瓦拉产区，雄心壮志的"新面孔"纷至沓来，比如何塞·玛丽亚修士（José María Fraile）和坦德姆酒庄的艾丽西亚·埃拉尔（Alicia Eyralar）。

圣地亚哥之路——一条通往圣地亚哥德孔波斯特拉圣詹姆斯神殿的传统朝圣之路，为他们"牵线搭桥"。那些疲惫不堪的朝圣者格外珍视此处的葡萄酒，自古以来朝圣路线就始终毗邻酒庄与葡萄园。如今，朝圣者依然络绎不绝，背负重包，骑车疾驰而过，留下低吟浅唱回荡在田野之中。他们是纳瓦拉的现代葡萄酒产业的时代见证者，锃光瓦亮的不锈钢罐、崭新靓丽的橡木桶和整洁明亮的实验室积淀着厚重的历史底蕴。

如果说纳瓦拉当下面临某种困境，那一定对国际葡萄品种的"忠诚"令其忧心忡忡。尽管在纳瓦拉省丹魄仍占据上风（37%），但这里靠近法国，意味着霞多丽（占总葡萄品种的3%，是种植最广泛的白葡萄品种）、赤霞珠（15%）和梅洛（13%）是老牌葡萄品种。如今，欧洲倾向于维护本土品种，抵触国际品种，这种做法最终可能会令本土葡萄风味日趋消散。

品种的多样性和重点不突出似乎让纳瓦拉略显落伍，在支持西班牙红葡萄种植方面乏善可陈。重要的是，纳瓦拉似乎很迷茫。此地的桃红葡萄酒是否名副其实？纳瓦拉是歌海娜葡萄酒的全球领军产地吗？该地区确实有不少亮点。但纳瓦拉与里奥哈大相径庭吗？诚然如此，然而，这里往往被视为里奥哈的"小兄弟"，只是价格便宜一些而已。

蒙哈丁酒庄

蒙哈丁酒庄（Castillo de Monjardin）是纳瓦拉产区葡萄酒领域的新秀之星。该酒庄成立于 1993 年，在它"表里不一"的传统外表之下，隐藏着包罗万象的现代酿酒设备。酒庄位于纳瓦拉产区西北部比利牛斯山的半山腰，相比于泵送，酒庄完全可以借助地势优势，通过自然流动小心翼翼地输送葡萄和葡萄酒。近年来，葡萄酒公司对国际葡萄品种给予特别关注，因此酒庄的葡萄酒展现了纳瓦拉产区的新面貌、新气象。霞多丽系列葡萄酒无愧于是酒庄的惊艳之作，紧实饱满的酒体与满口留香的新鲜感相得益彰，散发出橡木桶的清香，颇具层次感。

诗威特酒庄

诗威特葡萄酒展现了纳瓦拉产区土壤多样化带来的巨大潜力。酒庄酿制的霞多丽品质极佳，尤其是 125 珍藏系列（Colección 125）更是鹤立鸡群，这也展现了酒庄与国际葡萄品种的成功接轨。为庆祝诗威特酒庄成立 125 周年，酒庄特奉上珍藏系列，令人刻骨铭心。1988 年，该家族收购了阿林莎诺酒庄（Señorío de Arínzano）。花重金将古色古香的建筑与星光熠熠的新酒厂完美融合。时至今日，它已经成为西班牙北部首个官方认可的帕格庄园（庄园与葡萄园为一体的酒庄）。酒庄分别于 2000 年和 2008 年陆续推出丹魄、赤霞珠和梅洛混酿葡萄酒。所产葡萄酒汁水充盈、层次分明、酒香多元。

拉西尔佩酒庄

拉西尔佩酒庄（Dominio Lasierpe）坐拥 1300 公顷的葡萄园，是纳瓦拉产区最大的葡萄园所有者之一。近期，该酒庄与西班牙很多其他酒庄一道大刀阔斧更新酿酒设备，创新酿酒工艺。拉西尔佩酿制的浅龄红葡萄酒清新淡雅性价比很高。旗下的西尔佩之花（Flor de la Sierpe）精选葡萄酒魅力十足，酿酒葡萄鲜美多汁，置于橡木桶中陈酿，洋溢着国际口味。谢天谢地，老藤歌海娜（Old Vine Garnacha）葡萄酒的浓郁果味抵消了部分橡木桶的浓重气味。

莹瑞黛酒庄

莹瑞黛酒庄（Inurrieta）成立于 2001 年，可称得上是后起之秀，前景光明。该酒庄是一家家族企业，坐拥 230 公顷葡萄园，缔造了一系列精研细制的"万人迷"葡萄酒。诺斯（Norte，意为"北方"）是一款由赤霞珠和梅洛混酿浅龄葡萄酒，还加入了部分新品实验性质（也就是说，尚未得到官方认可）的小维多，酒体辛辣，余味悠长。莹瑞黛巅峰巨作（Altos de Inurrieta）由赤霞珠与 25% 的格拉西亚诺混酿而成，雪松、摩卡与香蜡的芳香在味蕾中得以绽放。拉德拉（Laderas de Inurrieta）是一款单一园佳酿，由格拉西亚诺酿制，单宁充沛，口感丝滑，完美地裹挟着甘草和黑莓的浓郁气息。★新秀酒庄

伊拉切酒庄

悠悠岁月在纳瓦拉留下永不磨灭的印记，伊拉切酒庄（Irache）的葡萄园也不例外。该地区皇家宫殿众多，对葡萄酒的需

萨利亚酒庄
萨利亚酒庄出产的麝香葡萄酒芳香四溢，是迷人的纳瓦拉白葡萄酒的典范。

诗威特酒庄
珍藏系列混酿葡萄酒口味圆润，层次丰富，充满了水果香气。

求较大，再加上源源不断前往圣地亚哥-德孔波斯特拉的朝圣者，使得酒庄葡萄酒自 12 世纪以来就畅销不衰。伊拉切成立于 1891 年，其娇艳欲滴的红葡萄酒和清淡的玫瑰红至今仍颇受欢迎。酒庄旗下还拥有普拉多-伊拉赫（Prado de Irache）庄园，是西班牙的法定单一葡萄园。葡萄酒主要用丹魄酿制，另加入部分赤霞珠和梅洛，芳香四溢，烘焙的果香和摩卡浓香几乎掩盖了橡木的气息。

路易斯·阿莱格酒庄

20 世纪 60 年代末，在拉瓜迪亚毗邻处，路易斯·阿莱格（Luis Alegre）创立了该酒庄，并以其名冠之。多年后，新的投资项目赋予其新生。酒庄还聘用了一位时尚的葡萄酒女顾问。如今，酒庄将葡萄酒置于小桶中酿造，以最大限度凸显当地风土条件。酿酒工艺的创新之处还在于对橡木桶进行老化处理，以便在酒熟之时检测风味的变化。精选特级酒含有 95% 的丹魄，成熟的覆盆子果香与奶油味完美融合，清新爽口的单宁平衡了酒液的甜度，深受消费者喜爱。

马鲁布雷斯酒庄

鲜有人说 1940 年是西班牙历史上充满希望的一年。然而，正是在那一年，维森特·马鲁布雷斯（Vicente Malumres）开创了基业。在接下来的 40 年间，他源源不断出售散装葡萄酒，这在当时已是司空见惯。然而在 1987 年，该酒庄业务瞄准高质量葡萄酒酿造。如今，酒庄在葡萄园里进行最低限度的化学处理，同时使用野生酵母发酵。维森特的儿子哈维尔（Javier）酿造出了独具个性、富有表现力的葡萄酒，口感醇厚，质地丰富，而且价值不菲。

御酿酒庄

御酿酒庄（Nekeas）以迅疾之势声名鹊起。塞拉派冬（Sierra Perdón）山脉为御酿河谷架起一道天然屏障，地理条件十分优越。1990 年，八大家族瞄准御酿河谷（酒庄名称的来源）巨大潜力，于此建立了御酿酒庄。如今，维欧尼和马尔贝克等国际葡萄品种与本土"正主"丹魄和赤霞珠并驱争先。酒庄生产的顶级葡萄酒深受消费者青睐：奥代扎（Odaiza）是一款经橡木桶发酵酿造风格大胆的霞多丽葡萄酒；维加-辛多丛林（El Chaparral de Vega Sindoa）则生动再现了老藤葡萄歌海娜的辛香烈性，极富代表性；最后，伊扎尔（Izar de Nekeas）是一款解百纳、梅洛、丹魄混酿酒，经法国橡木陈酿，口味丰富，层次分明。

奥乔亚酒庄

生性活泼开朗的阿德利诺·奥乔亚（Adriana Ochoa）注定会成为纳瓦拉新一代酿酒师的佼佼者，就如她的父亲哈维尔（Javier）一般拥有辉煌的职业生涯。哈维尔·奥乔亚（Javier Ochoa）对该省的葡萄酒学研究做出了重要贡献，他酿制的葡萄酒当然也受益于他的聪明才智。酒庄特级珍藏红葡萄酒堪称贵族。精致香甜的麝香甜白葡萄酒更胜一筹，而明快活泼的麝香半甜白葡萄酒则是一款优质的气泡酒。该酒庄同时出产一款

桃红葡萄酒

近来，纳瓦拉以其桃红葡萄酒而闻名遐迩。此款酒由歌海娜酿成，口感清新明快，带有草莓的果香。后来新世界阵营的桃红葡萄酒闪亮登场，色泽鲜艳，香味浓郁，十分畅销。纳瓦拉产区必须奋发图强，在后来的葡萄园经营过程中选择提质降产。酒庄桃红葡萄酒并非经过压榨，亦非采用白红葡萄混酿而成，而是使用传统"放血法"：红葡萄经去梗破碎后，经过一段时间的浸渍排出自流汁，自流汁经过酒精发酵后成为桃红葡萄酒。纳瓦拉桃红葡萄酒再掀新浪潮，选用的果实娇艳欲滴，主打梅洛、赤霞珠和丹魄，让酒体色泽鲜亮、气味灵动。与此同时，酒庄包装和营销手段也在不断完善。

美味珍品——酸果汁，是一种用半熟葡萄制成的酸涩饮品，富有中世纪风格。

奥瓦莱兹酒庄

奥瓦莱兹（Orvalaiz）位于一条通往圣地亚哥朝圣路线的交汇处，该酒庄欢迎旅行者进到酒庄来休憩片刻，品尝葡萄酒，缓解旅途劳顿。游客可以观赏到一家成立于 20 世纪 90 年代的合作酒庄，除种植丹魄以外，酒庄的发展趋势是以法国国际葡萄品种为特色。如今，这家酒庄生意兴隆，主要提供年轻、新鲜的精选葡萄酒，以及以维奥娜为主的混酿白葡萄酒和赤霞珠红葡萄酒。酒庄的塞普滕特里翁（Septentrion）或称北极星葡萄酒，令人难以忘怀。这几款葡萄酒皆为法国木桶陈酿的上等精选葡萄酒。

奥塔祖酒庄

受大西洋强烈影响，奥塔祖酒庄（Otazu）的葡萄酒酸度适中，清新爽口。事实上，奥塔祖酒庄声称自己不局限于纳瓦拉，而是整个西班牙最北端的葡萄酒生产商。该酒庄的建筑令人印象深刻，与法国古堡和整齐划一的酒窖交相辉映。这种小气候的清新自然与成熟、强劲的霞多丽葡萄风味彼此相称，为帕拉西奥奥塔祖红葡萄酒（Palacio de Otazu）增添了几分清新。2009 年，奥塔祖酒庄与伊拉切酒庄一道获得了西班牙法定单一葡萄园的正式认可。

瑟斯帕歌酒庄

通往瑟斯帕歌酒庄（Pago de Cirsus）的路标虽少，但绝不会迷路——即便是晚上也不例外（或许在晚上更容易找到）。这座珠光宝气奢华至极的酒庄归电影制作人伊尼亚基·努涅斯（Iñaki Nuñez）所有，城堡塔楼的炫酷灯光，格外引人注目。尽管酒庄名号响亮，但在西班牙官方监管机构认定的少数优质法定单一园葡萄酒酒庄中，并未榜上有名。尽管如此，酒庄 11 号精选丹魄赤霞珠葡萄酒（Tempranillo/Shiraz Selección Opus 11）仍是掌上明珠，该酒款橡木气息浓郁奔放，果香浓郁，单宁紧实。木桶发酵的霞多丽和半甜麝香葡萄酒，口感强烈浓郁，值得一试。

岚霭酒庄

尽管拉兰萨尔（Larrainzar）家族在纳瓦拉的酿酒历史可以追溯到一个多世纪以前，但岚霭酒庄（Pago de Larrainzar）仍宛如一个初出茅庐的少年一样生机勃勃。

酒庄由一位纳瓦拉商人（原酒庄主人的曾孙）创办。他的孩子们也相继加入了酿酒事业，纷纷致力于生产高品质葡萄酒。为获取品质达标的葡萄果实，酒庄逐粒筛选梅洛、赤霞珠、丹魄和歌海娜；为酿造质量上乘的葡萄酒，该酒庄精心挑选大小各异的法国橡木桶……细微之处尽显工作态度。2004 年，第一款葡萄酒诞生，直至现在酒庄的酿造风格也诠释着现代葡萄酒内涵丰富、层次分明的鲜明特点。★新秀酒庄

比亚纳王子酒庄

第一位比亚纳王子（Príncipe de Viana）生于 1423 年，是纳瓦拉的王位继承人，后来被剥夺了权利，被迫流离失所。比亚纳王子酒庄（Príncipe de Viana）距今已有 560 年的历史，然而，它的成功地位无可撼动。如今，酒庄拥有 420 公顷葡萄园，并已签订商业合同，成为纳瓦拉葡萄酒重要出口商。目前，酒庄葡萄酒的功成名就之处在于其富有朝气的酿酒风格，丹魄的清香红润风韵犹存，并没有被橡木味中和。丰收迟摘系列霞多丽葡萄酒酒液呈高贵精致的浅黄色，口感饱满清新，怡雅协调。

萨利亚酒庄

萨利亚酒庄（Señorío de Sarría）隐藏在一个广阔的庄园内，此地对于酒庄来说可谓十分优越。酒庄酿酒历史悠久，但是也只是在最近葡萄酒品质才有了显著改善。萨利亚 5 号歌海娜桃红葡萄酒（Viñedo No.5）完美诠释了纳瓦拉桃红葡萄酒独特风味：果味浓郁，余味醇香。此外，酒庄红葡萄酒系列也格外引人注目。萨利亚 7 号格拉西亚诺干红葡萄酒（Viñedo No.7 Graciano），取材自最好的灌木葡萄藤，花香四溢、酸度活泼、口感优雅，令人啧啧称奇。麝香甜白葡萄酒也魅力四射，芳香扑鼻，多汁辛辣。

天德酒庄

从这座重力运输式酒庄放眼望去，你能看到络绎不绝前往圣地亚哥的朝圣者。然而，如今许多旅行者骑车疾驰掠过，与眼前这座风光秀丽的混凝土和玻璃建筑擦肩而过。该公司总经理何塞·玛丽亚修士（José María Fraile）和酿酒师艾莉西亚·埃拉尔（Alicia Eyralar）带领该酒庄用了不到 10 年的时间便取得了长足进步。他们专注于丹魄、赤霞珠和梅洛种植，并使用 20 年藤龄的葡萄藤、混凝土发酵罐和法国橡木桶作为加持。阿尔斯·马库拉（Ars Macula）香料气息浓厚，是酒庄的极品；阿尔斯·诺瓦（Ars Nova）口感轻柔，果味芳香。★新秀酒庄

在埃斯特拉亚子产区，蒙哈丁比利亚马约尔的排排葡萄藤延绵不绝，美不胜收。

卡斯蒂利亚-莱昂产区

卡斯蒂利亚-莱昂产区（Castilla y León）在西班牙历史上的地位举足轻重。1469年，卡斯蒂利亚王国的女王储伊莎贝拉（Isabella）公主嫁给了阿拉贡（Aragón）王国的费尔南多（Fernando）王子。这段历史印刻在古老的卡斯蒂利亚（Old Castile）旧址，美丽的城堡和雄伟的教堂正是历史的见证者，更不用说葡萄酒标签了。总之，这是一处称奇道赞的好去处，葡萄酒往往由"前浪"和"后浪"酿酒师在车库和宽敞闪亮的仓库中酿造，酒庄可为酒迷们奉上心仪的葡萄酒（价格也是相当不菲）。

卡斯蒂利亚-莱昂产区是西班牙最大的产区，包括至少9个省，具有明显的多样性。产区以砂质土壤为主，根瘤蚜无法生存。夏天酷热难耐，冬天寒冷刺骨。因此，DO级（全称是 Denominacionde Origen，指法定产区葡萄酒，是西班牙葡萄酒等级之一）法定产区的典型风格难以言表。毫无疑问，富有冒险精神的酿酒师在此机遇颇多。在西班牙，杜埃罗河岸（Ribera del Duero）的贝加西西里亚酒庄（Vega Sicilia）名声响亮。尽管它于1864年成立，但是默默无闻地历经了一个世纪才开始蓬勃发展。自20世纪90年代中期以来初创企业比比皆是，其中一些酒庄还在DO级法定产区中榜上有名。除杜埃罗河岸，现在希加雷斯（Cigales）、卢埃达（Rueda）和托罗（Toro）也昂然屹立于此。在最近才取得DO级认证的两个产区分别是阿里贝斯（Arribes）和阿尔兰萨（Arlanza）。但是，诸多极品佳酿尚未列入DO级行列，都被称为"微不足道"的卡斯蒂利亚-莱昂地区餐酒。

历史上，该地区的葡萄酒主要由红葡萄酿造。酒庄主要的葡萄品种是丹魄，它有无数别名：蒂托菲诺（Tinto Fino）、蒂托帕斯（Tinto de País）、红多罗（Tinta de Toro）等。此外，还有歌海娜和一些娇艳欲滴的当地红葡萄，如胡安加西亚（Juan García）和普利艾多皮库杜（Prieto Picudo），是由葡萄牙边境拓荒者发现的。杜埃罗河岸等诸多魅力十足的酒庄拥有大量投资，越来越多的国际品种赤霞珠、梅洛和西拉在混合酒中"抛头露面"，甚至偶尔还会出现黑皮诺。

谈及白葡萄品种，弗德乔（Verdejo）被誉为地区之星：色泽浅绿，略带百香果韵味，口感微酸。曾几何时，这里还生产雪莉葡萄酒，但现在卢埃达产区使用风动压榨机和不锈钢酒桶酿制葡萄酒，长相思地位受到挑战。产区还种植长相思和大面积的维奥娜。从前，维奥娜因可以酿造口感松软的葡萄酒和无色里奥哈白葡萄酒而闻名于世，现在通过采用手工甄选而品质提升。

卡斯蒂利亚-莱昂产区是一片充满反差的地区，从葡萄种植到酿酒皆是如此。葡萄园中既有经人工修整的成行成列的青藤，在夜晚的灯光下通过机器采摘，也有四处蔓延、生长缓慢的百年灌木葡萄藤，只能采用人工采摘。

西班牙新生代酿酒师呕心沥血致力于循迹这些百年老藤并使其重获生机。卡斯蒂利亚-莱昂产区百年葡萄藤随处可见。通常情况下，葡萄园零散分布，部分葡萄藤已经死亡，有些葡萄藤则因水源稀缺而扎根更深，从而熬过酷热年份成功存活。产区的葡萄果香浓郁，所产混酿酒韵味十足，口感紧实。

值得关注的是，位于边界内的比埃尔索产区荣登"绿色西班牙"之列，名正言顺坐落于此。

奥托酒庄（杜埃罗河岸产区）

1999年，奥托酒庄（Aalto）由马里亚诺·加西亚、哈维尔·扎卡尼尼（Javier Zaccagnini，曾任杜埃罗河岸产区监管机构董事）和其他合伙人倾力打造。短时间内，酒庄葡萄酒便享誉国际。酒庄致力于使用该地区出产的品质俱佳的费诺红（丹魄的克隆品种）加工精酿。酒庄混酿工艺与贝加西西里亚酒庄（该名称也是加西亚前酒庄主人的名字）以葡萄园为中心、保持本土风格的混酿方法背道而驰。酒庄葡萄酒由精选自高品质老藤葡萄酿制而成。奥托PS为精选级特酿。加西亚在其家族酒庄——玛诺酒庄（Mauro，杜埃罗河岸产区）和摩洛多酒庄（Maurodos，托罗产区），以及咨询公司酿制葡萄酒。款式各异的葡萄酒令他一战成名，成为西班牙首屈一指的酿酒大师。

天使之堤酒庄（卡斯蒂利亚-莱昂产区）

1996年，天使之堤酒庄（Abadía Retuerta）建立，比邻杜埃罗河岸产区原产地命名优质的产区，其品质可以跟这里原产地命名的优质酒款相媲美。这座古老庄园不仅种植丹魄，也有西拉、赤霞珠和小维多可供混酿使用。酒庄酿酒师安琪·阿诺西巴（Angel Anocibar）是首位在波尔多大学获得葡萄酒学博士学位的西班牙人。物美价廉的理沃拉葡萄酒（Rívola）大展此地风采。帕果妮歌（Pago Negralada）选用西班牙高贵的葡萄品种丹魂酿制，堪称酒中贵族，散发着奢华的雪松、香草和浆果的芬芳，口感大胆，唇齿留香。

卡斯特兰农场酒庄（卢埃达产区）

1935年，西班牙内战一触即发，30名葡萄酒种植者合伙成立卡斯兰特农场合作社（Agrícola Castellana）。尽管酒庄内不锈钢酒桶应有尽有，但酒庄仍然保留了早期的混凝土酒桶。酒庄通过温控发酵，以纯净诱人、活力四射的弗德乔和长相思为原料，成功打造出多个知名品牌，包括四条纹（Cuatro Rayas）和阿桑布尔（Azuzmbre）等。

阿隆索·德尔·耶罗酒庄（杜埃罗河岸产区）

阿隆索·德尔·耶罗酒庄（Alonso del Yerro）始建于2002年，是行业后起之秀，酒庄为杜埃罗河岸产区贡献了源源不断的创意。酒庄由哈维尔·阿隆索（Javier Alonso）和玛丽亚·德尔·耶罗（María del Yerro）合力打造，他们不辞辛劳招贤纳士，聘请了两位赫赫有名的法国顾问：一位是生物动力学葡萄园专家克劳德·布吉尼翁（Claude Bourguignon），另一位是来自波尔多的圣菲·德朗考特（Stéphane Derencourt），主攻酿酒。酒庄出产的葡萄酒彰显着法国的高贵典雅。酒庄葡萄园方圆约800米，虽成立时日不久但大有可为。他们主打两款葡萄酒，均经过陈酿发酵浸渍而成。玛利亚葡萄酒历经18个月的木桶陈酿；阿隆索·德尔·耶罗葡萄酒则莓果芳香，甘草、雪茄和矿物质气息完美融合。较于后者，玛利亚葡萄酒香更加集中浓郁。★新秀酒庄

阿瓦雷斯·迪亚兹酒庄（卢埃达产区）

西班牙白葡萄酒酿造业经历了翻天覆地大变革，而阿瓦雷斯·迪亚兹酒庄（Alvarez y Díez）堪称其中典范。1941年，

阿隆索·德尔·耶罗酒庄

玛丽亚酒精含量为14.5%，是一款酒体醇厚的丹魄葡萄酒。

阿瓦雷斯·迪亚兹酒庄

这款西班牙赤霞珠葡萄酒清新脆爽，散发着淡淡的草本清香，极具特色。

该公司成立，最初只是在地下酒窖中生产传统风格的雪莉白葡萄酒，但在1977年，德贝托（de Benito）家族收购了该公司，并投资用于加工弗德乔葡萄合作。家族后代阿尔瓦罗和胡安肩负重任，致力于精炼完善弗德乔和维奥娜葡萄酒，改进长相思葡萄酒，进而打造出闻名遐迩、脆爽干练、草本气息浓郁的半甜白葡萄酒品牌。这家家族旗下另有韦拉克鲁斯酒庄（Veracruz），致力于酿制脆爽且富有异国情调的拉美达葡萄酒（Ermita）。

安塔·班德拉斯酒庄（杜埃罗河岸产区）

2009年，影星安东尼奥·班德拉斯（Antonio Banderas）入股安塔诺奇酒庄（Bodega Anta Natura），从此该酒庄便更名为安塔·班德拉斯酒庄（Anta Banderas）。这笔投资看上去很有前景。奥尔特加家族创立安塔酒庄，此家族还投资了一家由木材和玻璃建造的酿酒厂，格外引人注目。葡萄酒在橡木桶中陈酿数月后进行编号：a4、a10、a16。其中a16在葡萄酒系列中脱颖而出，散发着红色浆果、烤橡木和香料的经典香气，稍逊于由鲜美多汁的浆果和质地细腻的新橡木陈酿出的佳酿。此酒需多年陈酿才能展现最佳的口感。★新秀酒庄

安塔诺酒庄（卢埃达产区）

1988年，一批餐饮老板决定成立安塔诺酒庄（Antaño），用于自营自销。现如今，这座建于16世纪的古老酒庄复旧如初，归塔帕斯酒吧（José Luis Tapas Bars）创始人何塞·路易斯·鲁伊斯·索拉古伦（José Luis Ruiz Solaguren）所有。该酒庄的玻璃器皿与绘画琳琅满目，3千米长的古老的地下酒窖令人称奇。如今，酒庄生产优质的果味浓郁的卢埃达·弗德乔葡萄酒（Rueda Verdejos，100%弗德乔酿制）和卢埃达葡萄酒（白葡萄与50%以上的弗德乔混酿而成），另有一款霞多丽、一款起泡酒及一款多汁的丹魄。

阿韦利纳·维加斯酒庄（卢埃达产区）

在塞哥维亚（Segovian）乡村深处，阿维利纳·维加斯酒庄（Avelina Vegas）气势磅礴的全新酿酒厂蓄势待加工大量葡萄。家族两兄弟在葡萄酒领域"分道扬镳"：这家家族企业由兄弟二人其中之一创立，在杜埃罗河岸产区拥有一个赫赫有名的葡萄酒品牌——蒙特斯皮纳（Montespina）。卢埃达弗德乔蒙特斯皮纳口感清新，散发成熟酸橙与柠檬的清香。酒庄凭借令人惊奇的酿酒工艺，必定在开发新系列上好佳酿的道路上大有可为。

贝隆雷德酒庄（卢埃达产区）

贝隆雷德酒庄（Belondrade y Lurton）为卢埃达产区垂范塑形。法国人迪迪埃·贝隆雷德（Didier Belondrade）认为该地区潜力巨大，可借用勃艮第葡萄酒酿造工艺取得成功。贝隆雷德卢顿葡萄酒（最初由雅克·卢顿生产）由纯弗德乔酿制而成，置于法国橡木桶中历经10个月的发酵和陈酿期。此款酒首次证明橡木陈藏可让弗德乔物尽其用。2000年，贝隆雷德进入一家现代化酒庄，在此他还酿造了两款冠以女儿之名的地区餐酒，一款名为阿波罗尼亚（Apolonia），此酒融入轻熟水果，

法琳娜酒庄

格兰教堂葡萄酒完全由丹魄葡萄酿制。

贝隆雷德酒庄

昆塔阿波罗尼亚的葡萄采撷自新栽葡萄藤。

橡木桶陈酿期短；另一款是名为克拉丽莎（Clarisa）的丹魄桃红葡萄酒。

边旺达酒庄（托罗产区）

边旺达酒庄（Bienvenida，意为"欢迎"）庄如其名，由多位经验丰富的酿酒师经营。塞萨尔·穆尼奥斯（César Muñoz）在杜埃罗河岸产区和托罗产区的很多家酒庄提供咨询服务，之后，他与马里亚诺·加西亚（Mariano García）的儿子阿尔贝托·加西亚（Alberto García）和爱德华多·加西亚（Eduardo García）勠力同心开发产业项目，包括比埃尔索产区的派克兹扎酒庄（Paixar）和杜埃罗河岸产区的阿斯特拉酒庄（Los Astrales）。生产酒款置于混凝土发酵罐中酿造：酿酒工艺再展复古风。酿酒原料源于低产浓缩葡萄，所酿之酒散发出摩卡浓香和浆果的芬芳。

戈迪卡酒庄（卢埃达产区）

玛丽亚·赫苏斯·迪亚斯·德拉霍斯（María Jesús Díez de la Hoz）在卢埃达产区附近的一座低丘上拥有一座哥特式酒庄，屋顶有筑有雉堞，酒庄内收藏着精美的铁制品和宗教艺术品。玛丽亚将父亲的葡萄种植业进一步发展成酒庄，此举使她的德雷司卡帕纳斯（Trascampanas）弗德乔葡萄获得认可。这款酒带有热带水果的气息，经酒泥陈酿酒体丰满、口感清新、意趣盎然、余味悠长，带有丝丝矿物质气息。

博奥克斯酒庄（杜埃罗河岸产区）

1999 年，博奥克斯酒庄（Bodegas Bohórquez）诞生。酒庄对佩斯奎那（Pesquera）周边葡萄园土地进行仔细研究，寻找互补土壤类型。2002 年，第一款葡萄酒是由外购葡萄酿造而成的。2005 年份葡萄酒（2008 年出售）使用了该庄园自有葡萄园的首批葡萄。结果令人备受鼓舞：2005 年出产的成熟葡萄，色泽黑亮浓郁，夹杂香料芳甜。新橡木桶气息略显突兀，但随着时间推移，平衡性会逐渐提升。

法琳娜酒庄（托罗产区）

1987 年，托罗产区成立，米格尔·法琳娜（Miguel Fariña）就是将其定为原产地命名优质产区的灵魂人物。1942 年，其父开基立业，而如今的法琳娜（Fariña）庄园——在原产地命名优质产区界内建有新酒庄，是一家坐拥 250 公顷葡萄园的庞大家族企业。除经典的橡木陈酿风格外，他还用二氧化碳浸渍法酿造了一款浅龄酒（风格颇有博若莱新酿葡萄酒的味道）。格兰教堂葡萄酒（Gran Colegiata Campus）取材于藤龄达 140 年的葡萄藤，酒香浓郁，具备托罗产区经典特质。

菲力桑斯酒庄（卢埃达产区）

菲力·桑斯（Bodegas Félix Sanz）坐拥 30 余公顷的葡萄园，采撷品质上佳的葡萄酿造卢埃达产区 DO 级葡萄酒，以及卡斯蒂利亚-莱昂产区地区餐酒。其打造的西恩布朗园（Viña Cimbron）系列值得称赞，该系列盛产弗德乔、长相思、弗德乔-维奥娜混酿及经桶装发酵和陈酿弗德乔混酿。与同地区的相

似酒款相比，此地葡萄酒生动迷人，更胜一筹。通常而言，未使用橡木桶陈酿的单一园葡萄酒颇为有趣。桑斯还与佩内德斯产区的酿酒师琼·米拉（Joan Mila）和学者顾问琼·阿尤索（Joan Ayuso）合作，在杜埃罗河岸产区酿制了一款黑山力拓红葡萄酒。

罗登酒庄（杜埃罗河岸产区）

值得一提的是，罗登酒庄（Bodegas Rodero）一直向贝加西西里亚酒庄（Vega Sicilia）供应葡萄，直到 1990 年，酒庄主人才决定自酿葡萄酒。酒庄的历史底蕴成就了近日的酿酒风格。葡萄酒采用传统等级：浅龄级、佳酿级、珍藏级。特级珍藏级佳酿在法国和美国橡木桶陈酿多年，陈藏能力极强。TSM 葡萄酒现代风格十足，富有吸引力，其单宁柔和，余味良好。

维赞酒庄（卡斯蒂利亚-莱昂产区）

这座历史悠久的庄园中矗立着一座闪闪发光的新秀酒庄，如今，此地葡萄酒种类繁多，从传统的丹魄葡萄酒到更具现代风味的葡萄酒，再到梅洛和西拉葡萄酒，目不暇接。现代技术加持和追求质量的态度，保证了酒庄旗下的葡萄酒精致完美，风格大胆且富有张力，单宁圆润，恰到好处。

西拉葡萄酒果香经典，略带淡淡的胡椒味，而酒庄精选葡萄酒由丹魄、西拉混酿而成，兼具西班牙和法国罗讷特色。丹魄丰盈的樱桃口感让酒庄的西拉葡萄酒更加饱满浓郁。

卡门-罗德里格兹-门德斯酒庄（托罗产区）

2003 年，一个葡萄种植家族转行酿酒行业，自此，卡门-罗德里格兹-门德斯酒庄（Carmen Rodríguez Méndez）诞生，成为行业转换的典范。酒庄产量寥寥可数，约为 21000 瓶，主要生产纯手工酿制葡萄酒。葡萄园位于托罗东南部，独立成园，留有根瘤蚜虫害暴发之前就存在的葡萄老藤，葡萄日常管理中不喷洒杀虫剂或进行人工处理。卡多罗姆伊苏斯（Carodorum Issos）是一款浅龄葡萄酒，在法国橡木桶中陈酿 4 个月。卡多罗姆（Carodorum）系列则要在法国橡木桶中陈酿 14 个月，而老藤精选特酿葡萄酒则置于新桶中陈酿 18 个月。

凯撒王子酒庄（希加雷斯产区）

王子家族与希加雷斯产区其他酒庄如出一辙，曾让桃红葡萄酒成批畅销。最终，他们决定用这些葡萄自酿葡萄酒，2000 年酒庄成立，展现出了巨大的潜力。葡萄园遍布整个 DO 级法定产区：包括拥有 50 年藤龄的小地块葡萄藤及最近种植的丹魄与歌海娜。庄园葡萄藤龄参差，果实多种多样。同时，果实粒粒甄选，再就是现代酿酒技术的加持，更使酒庄的葡萄酒极具特色。

喜德赛酒庄（杜埃罗河岸产区）

喜德赛酒庄（Cillar de Silos）是一家家族企业，拥有 48 公顷葡萄园，主要生产以丹魄为原料的桃红和红葡萄酒。顶级葡萄酒在法国橡木桶中陈酿 16 个月，酿制的葡萄酒酒体厚重，带有香脂、甘草和烤橡木的独到韵味。喜德赛浅龄葡萄酒

（Cillar de Silos Joven）与之形成鲜明对比，果味清新爽口，是早饮酒款的不二选择。

康德酒庄（杜埃罗河岸产区）

康德酒庄（Conde）葡萄酒历史悠久：所有者是艾萨克·费尔南德斯（Isaac Fernández）——贝加西西里亚酒庄前酿酒师马里亚诺·加西亚（Mariano García）的侄子。酒庄酿酒风格标新立异（不在雄伟精致的酿酒厂酿酒），重点主要放在葡萄果粒的甄选（其中一些采自该地区高海拔葡萄园）、长时间浸渍、一丝不苟的酿酒态度及兼用美国和法国橡木桶等。尼欧（Neo）和尼欧蓬塔爱森西雅（Neo Punta Essenci）是酒庄顶级的葡萄酒：色泽深沉丰富，与杜埃罗河畔葡萄酒相比，酒体更加紧实，口感更加饱满。★新秀酒庄

科维托酒庄（托罗产区）

科维托酒庄（Covitoro）的成功凝聚了集思广益、众志成城的结晶。1974 年，早在原产地命名优质产区制度确立之前，该酒庄已经落成。如今，它坐拥 1000 公顷的葡萄藤，其中 400 公顷的葡萄藤已有 50 多年历史。托罗葡萄酒兼具经典与现代风韵。珍藏级佳酿维德拉侯爵葡萄酒（Marques de la Villa）置于美国橡木桶陈酿多年而成。卡努斯维卢斯（Canus Verus）历经短暂法国和美国橡木桶陈酿之后色泽鲜亮，黑果气息迷人，单宁紧致。

奎瓦斯-吉梅内斯酒庄（杜埃罗河岸产区）

从马德里沿 A1 公路一路向北，奎瓦斯-吉梅内斯酒庄（Cuevas Jiménez）很醒目地矗立在阿兰达杜埃罗（Aranda de Duero）镇左侧，位于 DO 级产区的中心地带。这家族起初从事铸铁事业，因此象征性的铁"F"符号印刻在酒庄正面，酒庄出产的费拉图斯葡萄酒（Ferratus，名字来自拉丁语，意为"金戈铁甲"）命名也是如此。

他们用采自丹魄灌木葡萄藤上的果实酿造费拉图斯（Ferratus）和单一园"感官"葡萄酒（Sensaciónes）。这两款酒经橡木桶酿制，口感大胆奔放，被誉为杜埃罗河岸葡萄酒的新兴酒款。

德埃萨卡诺尼戈酒庄（杜埃罗河岸产区）

德埃萨卡诺尼戈酒庄（Dehesa de los Cañonigos）原是一座雄伟的教堂（最初由 22 名巴里阿多里real大教堂的教士所有），19 世纪中叶，教堂归国家公有。如今，该酒庄占地 600 公顷，但实际上只有 70 公顷用于种植葡萄。该庄园盛产红葡萄酒。珍藏级和特级珍藏级葡萄酒均由费诺红（丹魄）配以赤霞珠和少许阿比洛（一种白葡萄品种）混酿而成。葡萄酒风格古典，而特级珍藏葡萄酒陈藏于橡木桶中 32 个月，风味尽展，散发皮革和烤面包的芳香。

迪亚斯·巴约酒庄（杜埃罗河岸产区）

迪亚斯·巴约酒庄（Díaz Bayo）可追溯到该家族 10 代人，他们对前根瘤蚜时代记忆犹新，那时葡萄酒风格各异，酿

酒工艺也不可胜举。他们的新酒厂配有混凝土、不锈钢和法国橡木发酵罐。尽管历史悠久，他们仍在继续试验，生产出口味均衡的现代风格佳酿。迪亚斯·巴约葡萄酒被称为 Nuestro，意为"我们的"，标签上标明了它们的陈藏期，而非用佳酿级、珍藏级等字样亮明身份。因此，"10meses"是指葡萄酒陈藏期为 10 个月（西班牙语中"mes"是"月"的意思）。

贝尔纳-马格雷酒庄（托罗产区）

当时，法国城堡主人贝尔纳·马格雷（Bernard Magrez）选择托罗作为投资地点，而不是里奥哈或杜埃罗河畔，单凭这一点就足以证明该地区的巨大潜力。酒庄凸显了托罗对法国酿酒师的吸引力，也彰显了他们在驯服蛮荒和坚固土壤方面作出的贡献。马格雷酿制出了单宁成熟、果香柔顺的葡萄酒，凝聚着此地的力量，这正是他对酿酒事业的承诺。马格雷还酿制了帕辛西娅（Paciencia）和克己（Temperancia）两款葡萄酒，还与演员杰拉德·德帕迪约（Gérard Depardieu）合作经营"焦点风土"酒庄（Les Clés du Terroir）。在托罗，德帕迪约参与了圣洁教堂（Spiritus Sancti）葡萄酒的酿造，而在普里奥拉托的马格雷庄园，他成功酿制出了西诺明（Sine Nomine）；马格雷酿制的葡萄酒则被称为海伦西亚干红葡萄酒（Herència del Padrí）。

阿朵塔酒庄（杜埃罗河岸产区）

阿朵塔酒庄（Dominio de Atauta）的成功是来自庄园老灌木藤蔓，19 世纪末，葡萄园不知何故从根瘤蚜灾害中幸免于难。

本地男孩米盖尔·桑榭（Miguel Sánchez）后来成为马德里顶级酒商，他开始与法国出生的天才首席酿酒师贝特朗·苏戴（Bertrand Sourdais）一起对百废待兴的丹魄葡萄园进行修复。该酒庄总部位于杜埃罗河畔远东区，配有一座重力式酿酒厂，采用传统生物动力法酿造出酒体强劲的佳酿。该酒庄旗下的酒款酒体浑厚，口感柔顺，风格优雅，平衡度极佳。瓦德嘉迪红葡萄酒（Valdegatiles）和洛宗诺阿尔门德罗葡萄酒（Llanos de Almendro）躬先表率，本土风情浓厚，吸引了大量投资。

本迪托酒庄（托罗产区）

本迪托酒庄（Dominio del Bendito）是法国酿酒师安东尼·特里（Antony Terry）经营的另一个成功项目，他曾在昆塔-奎托德酒庄（Quinta de la Quietud）工作，并于 2004 年在托罗附近建立了这家小型酿酒厂。他采用天然有机方式种植红多罗葡萄藤（大约 80 年藤龄，"红多罗"系丹魄的另一种叫法）。他酿制的 3 款红葡萄酒展示了精巧的木桶陈酿工艺，旨在使单宁柔顺：银橡木（Silver）置于法国橡木桶陈酿 6 个月，而金橡木（Gold）则陈酿 12 个月。泰坦葡萄酒（El Titan），酒如其名，风格大胆，不过尚需时日才能达到很好的平衡性。他还从在麦秆上晒干的葡萄中提取少量的麦秆甜白葡萄酒（vin de paille，又称"麦秆酒"），借此浓缩糖分，提升酒的口感。

普利艾多皮库杜和他的朋友们

在赤霞珠主宰的世界里，追寻当地本土的葡萄品种是众望所归——西班牙葡萄学家称之为溯源，即按照古希腊的做法寻找"原生品种"。目前，西班牙的中北部和西北部地区给人带来意外之喜。普利艾多皮库杜是一种原产于莱昂省的葡萄，在里昂之土产区（Tierra de León）、卡利达德维诺（Vino de Calidad）和贝纳文特瓦尔斯维诺（Vino de Valles de Benavente）均有发现。它生长在气候恶劣、土壤贫瘠的地区，呈紧密的锥状丛。该地区的葡萄酒，甚至包括桃红葡萄酒，均色泽深厚。该"厚颜"葡萄品种，单宁紧实，在红色浆果作用下，口感更加怡人。而胡安加西亚葡萄种植于萨莫拉省的边境地带，皮薄肉厚，是酿造浅龄葡萄酒的不二之选。露菲特（Rufete）是杜埃罗 DO 级酒庄的掌上明珠，色泽清淡，但将混酿酒中的水果特性发挥到极致。

艾巴诺酒庄

"艾巴诺 6 号"葡萄酒需先在法国橡木桶陈酿 4 个月外加两个月瓶藏期方得佳酿。

守护石酒庄

浓郁果香与柔和单宁相得益彰。

平古斯酒庄（杜埃罗产区）

平古斯葡萄酒（Pingus）产量极低，不可多得。1995 年此款葡萄酒一经推出，几乎享誉全球。金发丹麦人彼特·西谢克（Peter Sisseck，为了区别其酿酒师叔叔皮特·温丁·迪尔斯，经常以"平古斯"的绰号称呼他），人如其酒，备受推崇。自 2000 年以来，酒庄经营一直延续生物动力法，费诺红（丹魄的一种）老葡萄藤经修剪，产量很低。在杜埃罗河畔的小酒庄（专注酿酒而非旅游酒馆），葡萄酒在全新橡木桶中陈酿。优秀的作品总是经得起时间的推敲，这款葡萄酒陈年后愈发醇香，酒体更丰满，富含摩卡芳香，单宁坚实，酸度适中，饮后带有矿物质的余味。酒庄旗下的副牌酒为平古斯之花（Flor de Pingus）。酒庄最新的项目是与当地种植者一起酿制的一款物美价廉的葡萄酒（用希腊字母 psi 书写）。西谢克还为杜埃罗河岸产区的莫纳斯特里奥酒庄、附近的杜埃罗维加酒庄（Viñas de la Vega del Duero）和普里奥拉托产区的达贡酒庄（Clos d'Agon）提供酿酒指导。

圣安东尼奥酒庄（杜埃罗河岸产区）

圣安东尼奥酒庄（Dominio de San Antonio）是一座朝气蓬勃的小型酒庄，但却享誉在外。酒庄自始至终关注细节，一丝不苟。酒庄用低产丹魄酿造了 3 种葡萄酒：来自贫瘠土壤出产的果实酿制的索莱达葡萄酒（La Soledad）；喜爱葡萄酒（Las Favoritas）为年度佳酿混酿；还有圣安东尼奥葡萄酒，用外购葡萄酿造而成。葡萄酒的熟化是在法国、美国和中欧不同大小的橡木桶中进行。★新秀酒庄

艾巴诺酒庄（杜埃罗河岸产区）

这家熠熠生辉的现代酒庄采用不锈钢发酵罐和法国橡木桶酿造两款葡萄酒：艾巴诺（Ebano）和艾巴诺 6 号（Ebano 6），两款酒均完全由丹魄酿制。两款酒极富现代风格，用丰盈的水果酿制而成，散发着浓郁的果香和香草气息，酸度爽朗，单宁紧实，余味纯净，略带矿物质气息。

伊莱亚斯莫拉酒庄（托罗产区）

维多利亚·帕伦特（Victoria Pariente）和维多利亚·贝纳维德斯（Victoria Benavides），他们名字相似但不可混淆。帕伦特就职于卢埃达产区，贝纳维德斯就职于托罗产区。托罗产区的葡萄园区气候干燥，属于大陆性气候，土壤多石，是顽强耐寒葡萄的理想之所，它们依靠根茎野蛮生长（根瘤蚜虫灾未殃及此处）。贝纳维德斯精力都投入在葡萄园上，而不是打造堂皇的酒庄。因此，他酿制的葡萄酒风格醇厚强劲，尤其是特级伊莱亚斯莫拉（Gran Elias Moro）特别出众，该酒款在法国橡木桶陈藏 17 个月酿造而成，深受消费者好评。

艾米里欧·莫洛酒庄（杜埃罗河岸产区）

艾米里欧·莫洛酒庄（Emilio Moro）葡萄酒见证了杜埃罗河畔的现代史及生产商选择酿酒风格的趋势。酒庄成立于 20 世纪 80 年代末，目前拥有 70 公顷丹魄葡萄园。1998 年，艾米里欧莫洛酒庄的葡萄酒不再按珍藏级和特级珍藏级划分三六九

等。相反，每种葡萄酒各有千秋，不落窠臼。酒庄魁首是马利勒斯（Mallelous），其次是 2000 年生产的马利勒斯·瓦德米洛（Mallelous de Valderramiro），由古藤葡萄制成并置于美国橡木桶中陈酿；2002 年，顶级佳酿马利勒斯圣卓玛丁（Malleolus de Sancho Martín）横空出世：该酒酒体复杂，浓郁强劲。

伯爵祠酒庄（卡斯蒂利亚-莱昂产区）

伯爵祠酒庄（Ermita del Conde）周边有着浓厚的历史积淀，凯尔特人和罗马人的活动踪迹和中世纪的建筑都有保留。这座年轻的小型酒庄成立不过是在 2006 年，与深厚历史底蕴相形见绌。酒庄拥有 12 公顷丹魄、赤霞珠和梅洛种植园，酿造两款红葡萄酒：埃尔米塔康德（Ermita del Conde）和帕戈康德（Pago del Conde，仅在最佳年份酿造）。酒庄经两轮挑选才会选定优质葡萄，可谓粒粒甄选。他们用当地阿比洛白葡萄（Albillo）酿制维纳苏尔皮夏白葡萄酒（Viña Sulpicia），口感怡人。★新秀酒庄

守护石酒庄（托罗产区）

守护石酒庄（Estancia Piedra）是托罗产区知名酒庄之一。1998 年，苏格兰税务律师出身的格兰特·斯坦（Grant Stein）看到前景光明，于是成立了此酒庄。他掌管约 70 公顷红多罗（Tinta de Toro）葡萄藤，其中一些在 1998 年栽种，另有一隅种植于 1927 年，用于酿造顶级守护石墙葡萄酒（Paredinas）。酒庄投资规模巨大，管理有方，在现代葡萄酒生产中脱颖而出，保留有葡萄的原始风味。酒中并无酸涩的单宁口感；反之，丝丝法国橡木气息从浓郁芬芳的黑浆果味道中渗透出来，深受消费者喜爱。

菲利克斯·卡耶洪酒庄（杜埃罗河岸产区）

菲利克斯·卡耶洪酒庄（Félix Callejo）是一家家族企业，成立于 1989 年，家族后代世袭于此，拥有 100 多公顷葡萄园。四月红（4 Meses en Barrica）经橡木桶熟陈 4 个月果香四溢，而陈酿级和珍藏级葡萄酒则酒体醇厚，结构分明。特级珍藏级葡萄酒置于法国旧橡木桶（这样橡木桶味道便不会喧宾夺主）中陈酿 24 个月，果香浓郁。家族精选葡萄酒（Selección Viñedos de la Familia）由上好的葡萄酿制，在新法国橡木桶中仅熟成 15 个月，使菲诺橡木红葡萄酒酒体成熟、单宁紧致、现代风情浓厚。

索布雷诺酒庄（托罗产区）

索布雷诺酒庄（Finca Sobreño）由来自里奥哈的多位酿酒师共同创建，他们欣赏托罗产区的葡萄酒质量，看重托罗地区独特的红多罗的潜力。1998 年，酒庄"处女作"诞生。庄园现在拥有 80 公顷的葡萄园，另管理其他 90 公顷区域。不久，索布雷诺酒庄立足制作精良、物美价廉、工艺精湛的现代葡萄酒而声名鹊起，旗下酒款主要由丰盈饱满的红多罗（丹魄）酿制而成，同相似的同类酒款相比，少了粗糙的涩感，口感更为怡人。

欧佛尼酒庄（杜埃罗河岸产区）

佛尼（O Fournier）家族在智利和阿根廷均有酿酒厂，在西班牙语国家正履行酿造优质葡萄酒的光荣使命。家族在杜埃罗河畔拥有 60 公顷石质土壤葡萄园，主要用于种植丹魄。与智利和阿根廷一样，欧佛尼城市（Urban）系列在此地属于入门级葡萄酒。而档次略高一级的斯皮加（Spiga）在法国橡木桶中陈酿 12 个月酿制而成，娇艳欲滴的果香与醇厚的单宁在唇齿间交锋，令人心旷神怡；阿尔法斯皮加（Alfa Spiga）则需历经 20 个月陈酿期。最后要介绍的是和酒庄同名的压轴品牌欧佛尼，这款酒风格大胆，在法国和美国橡木桶中陈酿 18 个月方得佳酿。

卢顿家族酒庄（托罗产区）

弗朗索瓦·卢顿（François Lurton）在西班牙享有巨大的商业版图。其新酒厂为托罗和卢埃达 DO 级法定产区推出诸多酒款，还为卡斯蒂利亚-莱昂产区酿制地区餐酒。在托罗产区，他引以为傲的是卡波·艾里西欧酒庄（Campo Eliseo），该项目是与米歇尔·罗兰（Michel Rolland）合资的一家酒庄。酒庄旗下的正牌酒由 100% 红多罗酿制而成，酒体丰满而醇厚。酒庄副牌酒是坎波·阿莱格雷葡萄酒（Campo Alegre）。阿尔巴艾系列（El Albar）由托罗产区葡萄酿制而成，由于葡萄栽培技术细节不同，现已成为地区餐酒。这几款葡萄酒风格优雅，具有良好的平衡性。在卢埃达产区，卢顿兄（Hermanos Lurton）品牌主打清新、脆爽的弗德乔和长相思，这两款酒深受法国风格影响。"好太太"甜白葡萄酒（De Puta Madre）采用弗德乔酿制，入口甜美，分外迷人。

富恩特纳罗酒庄（杜埃罗河岸产区）

富恩特纳罗酒庄（Fuentenarro）及其葡萄园坐落于海拔约800 米处。酒庄所有葡萄园都归酒庄家族所有，各酒款都在传统简朴的家族酒厂中酿造，但是该酒庄实力足以酿造浅龄丹魄葡萄酒、陈酿级以及珍藏级葡萄酒，并配有法国和美国橡木桶供窖藏陈酿之用。年复一年，酒庄葡萄酒品质日益提高，尤其是文德米亚精选葡萄酒（Vendimia Seleccionada）特别值得一试，该酒款只选择最优质的果实酿制而成，口感极佳。

加尔西亚瑞瓦罗酒庄（卢埃达产区）

加尔西亚瑞瓦罗酒庄（Garciarévalo）是一家以质量为导向的小型家族企业，致力于生产弗德乔混酿及单一园弗德乔系列葡萄酒。酒庄顶级葡萄酒之所以与众不同，是因其用酒糟提升酒液的风味和质地——这一做法在卢埃达产区愈发流行。这一点在特雷斯·奥尔莫斯·莱亚斯（Tres Olmos Lias）酒款中体现得淋漓尽致，该酒质地复杂，酸度细腻明快，避免了口感过于厚重的缺陷。

莫纳斯特里奥酒庄（杜埃罗河岸产区）

1991 年，原酒庄主人到达此处，之后又前往平古斯酒庄开创公司。当时，酿酒师皮特·西谢克（Peter Sisseck）在此任职总经理。因此，莫纳斯特里奥酒庄（Hacienda Monasterio）

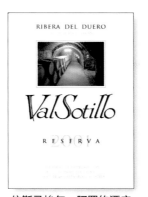

依斯马埃尔·阿罗约酒庄

由 100% 生长于向阳坡的丹魄酿制而成。

莫纳斯特里奥酒庄

该庄园所有葡萄酒至少经历 12 个月瓶藏期。

葡萄酒赢得国际关注。此外，西塞克还是一名酿酒顾问，与费杨特酒庄酿酒师卡洛斯合作。该酒庄葡萄园主要种植丹魄、赤霞珠、梅洛和马尔贝克。以波尔多风格为主导的混酿花香四溢、果香浓郁、结构紧实，深受消费者喜爱。

安东尼奥·巴塞洛酒庄（杜埃罗河岸产区）

巴塞洛产业令人称奇，100 年筚路蓝缕，夯基筑垒，折射了西班牙的历史斑驳。安东尼奥·巴塞洛·马杜诺（Don Antonio Barceló Madueño）于马拉加开基立业，是西班牙葡萄酒的早期出口商之一。1973 年，安东尼奥·巴塞洛酒庄成功收购了卡斯蒂利亚-莱昂地区的佩娜斯酒庄，自此酒庄蒸蒸日上，于 1986 年在杜埃罗河岸着手建造维娜市长酒庄，1999 年收购里奥哈的帕拉西奥酒庄，随后相继在托罗产区和卢埃达产区收购了不少产业，目前出品的现代佳酿琳琅满目。

该公司的葡萄酒与消费者口味完美契合。维娜市长（Viña Mayor）是一款经典佳酿，酒香浓郁，口感柔和，果味充沛。秘藏葡萄酒（Secreto）是一款珍藏级佳酿，该酒经橡木桶发酵风格大胆奔放，与丰盈成熟的果香相得益彰。

霍尼洛斯-巴列斯特罗酒庄（杜埃罗河岸产区）

该酒庄名称拗口，以两位商业合作伙伴米格尔·霍尼洛斯（Miguel Hornillos）和哈维尔·巴列斯特罗（Javier Ballesteros）名字命名。他们自幼便生活在葡萄酒业家庭，是酿酒领域的"新生力量"，但却"身经百战"，品级迅速提升，这令酒评专家啧啧称赞。酒庄主打丹魄酿制的米巴尔系列（MiBal）。酿酒葡萄颗颗精选、圆润饱满，呈现出的自然是上等佳酿。珀菲尔葡萄酒（Perfil）在酿酒时先将葡萄酒置于新橡木桶中发酵，然后在新法国橡木桶中历经 30 个月的熟化。因此，该酒款风格张扬，香料气息浓厚，酒体层次分明，散发出浓郁果香的气息。★新秀酒庄

依斯马埃尔·阿罗约酒庄（杜埃罗河岸产区）

依斯马埃尔·阿罗约酒庄（Ismael Arroyo）是杜埃罗河岸产区一家低调的酒庄，却酿制出该产区的顶级佳酿。酒庄建筑风格亦如此，如一位"隐士"在山坡中凿窖开道。

酒庄葡萄酒全由丹魄酿制，风格刚劲浓烈。巴索提罗系列（Val Sotillo）堪称酒庄极品，散发着桑葚和西洋李子的芳香，余味紧实劲爽。

哈维尔·桑斯酒庄（卢埃达产区）

哈维尔·桑斯（Javier Sanz，与本书其他桑斯家族没有任何关系）自称"葡萄培育者"，并坚定地将这一点写进产品的商标里。此种做法无可厚非，因为他拥有并亲自经营着 104 公顷的葡萄园，庄园葡萄酒是葡萄园给予的馈赠。他用木桶发酵自制弗德乔，毫无疑问，这款未经陈酿的单一园白葡萄酒正是他的得意之作。雷伊圣托（Rey Santo）则是由弗德乔和维奥娜混酿而成的浅龄葡萄酒。

约瑟·帕里恩德酒庄（卢埃达产区）

帕里恩德山坡以卵石土质为主，夜晚寒冷，冬季严寒，葡

胡安·曼努埃尔葡萄酒
酒体色泽呈紫罗兰色，
香气浓郁，富含甜美浆果汁。

萄质量上乘。酿酒师维多利亚·帕里恩德（Victoria Pariente）对酒庄意义重大，她是该产区"两大维多利亚"之一并且声名鹊起：两位均冠以天才酿酒师名号；另一个维多利亚（维多利亚·贝纳维德斯）就职于托罗产区的埃弗亚斯莫拉酒庄。帕里恩德与父亲何塞一起种植弗德乔葡萄，同时她也打造了两款佳酿：一款是极为清新迷人的白葡萄酒，另一款结构层次分明，需置于法国橡木桶中陈酿 7 个月。她还表现出一种"反差感"，近来她着手用 25 年以上藤龄（卢埃达产区最早种植的灌木藤蔓）出产的果实酿制一款长相思葡萄酒。

胡安·曼努埃尔酒庄（杜埃罗河岸产区）

1999 年，胡安·曼努埃尔酒庄（Juan Manuel Burgos）成立，百业待兴。该酒庄在里贝拉东部拥有 20 公顷葡萄园。博格斯（Burgos）用丹魄酿制了 3 款以"阿万"（Avan）命名的葡萄酒："纳西缅托"（Naciminto，一种浅龄的葡萄酒）、"浓度"（Concentracion，由精选粒大饱满的葡萄酿制）和"百年塞帕"（Cepas Centernarias，酿酒葡萄产自百年老藤）。酒庄旗下产品少而精，酿酒工艺炉火纯青，葡萄酒口感柔顺，单宁坚实，散发着浓浓的蓝莓和黑莓果香。★新秀酒庄

美约拉达酒庄（卡斯蒂利亚-莱昂产区）

美约拉达酒庄（La Mejorada）被誉为西班牙最可爱的酒庄之一，当之无愧。该酒庄脱胎于 15 世纪的一个修道院。修道院曾地位甚高，之后荒废失修。1931 年，莫德哈尔（Mudéjar，伊斯兰西班牙语拼法）教堂被指定为国家历史文物，而该酒庄就建于修道院内。目前酒庄出产 3 种葡萄酒：维拉拉（Villalar）由赤霞珠和 10% 丹魄混酿而成；拉斯诺里亚斯（Las Norias）由丹魄酿制；还有顶级葡萄酒拉塞尔卡斯（Las Cercas）。该顶级葡萄酒由 60% 的丹魄与 40% 西拉混酿而成，而后置于橡木桶中陈酿 36 个月。

拉塞塔拉酒庄（阿里贝斯杜埃罗产区）

拉塞塔拉酒庄（La Setera）是西班牙一家规模较小的酒庄，坐落在西班牙与葡萄牙交界处。杜埃罗河流经此地，经年累月在这里冲刷出一条陡峭的花岗岩小路。酒庄主人萨拉·格罗夫斯-雷恩斯（Sara Groves-Raines）来自北爱尔兰，她的丈夫帕特西·马丁内斯（Patxi Martínez）是本地人，最初在这里牧羊，制作芝士。后来，特尔莫·罗德里格斯（Telmo Rodríguez）和英国葡萄酒商人西蒙·洛夫特斯（Simon Loftus）鼓励这对夫妻寻找葡萄古藤，和当地的胡安·加西亚葡萄搭配酿制葡萄酒。夫妻俩用胡安·加西亚葡萄酿制了一款层次复杂、芳香四溢的玛尔维萨葡萄酒，几款清甜的玫瑰红和口感醇厚的红葡萄酒。他们还采用从葡萄牙购买的葡萄酿出了一款可口的国产多瑞加葡萄酒。★新秀酒庄

拉索特拉尼亚酒庄（卢埃达产区）

拉索特拉尼亚酒庄（La Soterrana）是卢埃达产区最新酒庄之一。该酒庄由几位商人一同创立，酒庄的创建也象征着卢埃达产区快速荣升为西班牙顶级浅龄白葡萄酒的出产地，享誉全国。酒庄出产弗乔德·维奥娜（Verdejo Viura）混酿、单一品种弗德

乔葡萄酒和一款长相思葡萄酒。弗德乔葡萄酒展示出经典的浅绿色，辨识度很高，同时酸度较高，口感活泼明快。旗下的长相思葡萄酒浓烈，带有成熟浓郁的果香。

乐达酒庄（卡斯蒂利亚-莱昂地区餐酒产区）

乐达酒庄（Leda Viñas Viejas）位于天使之堤（Abadía Retuerta）和玛诺酒庄（Mauro）沿线，是卡斯蒂利亚-莱昂产区诸多值得关注的新上的项目之一。该酒庄的酿酒师塞萨尔·穆尼奥斯（César Muñoz）同时也在杜埃罗河岸蒙特贝酒庄（Montebaco）任职，他主要采用希加雷斯和杜埃罗河岸产区的老藤菲诺葡萄为原料，酿制的葡萄酒结构紧致、高贵典雅、浓郁醇厚，尽显奢华之气。1998 年，酒庄生产的第一批葡萄酒一炮走红，并得到外界的持续关注。乐达葡萄酒（Más de Leda）是该公司的副牌酒；萨拉-索托是一款希加雷斯红葡萄酒，该酒以酒庄主人的残疾女儿的名字命名，所得收益会捐给慈善机构救助像她女儿这样的人。★新秀酒庄

莱兹卡诺-拉卡勒酒庄（希加雷斯产区）

这家规模不大的家族企业在海拔 800 米处拥有 15.5 公顷的葡萄园，酿制的葡萄酒十分接地气，这也很好地说明了希加雷斯产区的各种特征，特别是该产区与杜埃罗河岸产区关系并不差。该酒庄旗下的混酿包括梅洛和赤霞珠，但灵魂还是丹魄，出产的酒款结构精致细腻，醇厚深邃，伴有雪松和甘草的丝丝清香。其珍藏级佳酿在密苏里橡木桶中发酵，口感尤佳。

酒神酒庄（托罗产区）

酒神酒庄（Liberalia Enologica）中的 Liberalia 指的是罗马酒神利伯（Liber），更确切地说是酒神巴克斯（Bacchus）的前身。从这一点可以看出酒庄创始人胡安·安东尼奥·费尔南德斯对艺术和文化颇感兴趣。在酒庄的酒窖中你可以听到巴赫和亨德尔的音乐，能抚平你心中烦乱躁动，让你回归恬淡，宠辱不惊。从他的网站上我们可以得知，酒庄主人会根据风向和他的心情在葡萄园里播放不同的古典音乐。此外酒庄主人还打算举办文化活动，开展一个葡萄酒旅游项目。当然重点还是酒，该酒庄的酒款普遍由红多罗（丹魄）酿制，单宁紧实，浓烈强劲。还出产一款淡雅的乌诺甜白葡萄酒（Uno），该酒由红多罗和阿尔巴利诺混合酿制，深受消费者喜爱。

阿斯特拉酒庄（杜埃罗河岸产区）

阿斯特拉酒庄（Los Astrales）是一个值得关注的酒庄。2000 年，葡萄种植家族罗梅罗·德拉·克鲁兹（Romero de la Cruz）决定自己酿造葡萄酒。他们聘用了乐达酒庄影响力巨大的爱德华多·加西亚担任酿酒顾问，事实证明，这个选择实乃明智之举。爱德华多的父亲（之前在贝加西里亚酒庄任职，现在在玛诺酒庄及很多其他项目上都有参与）也是极富影响力的人物，酒庄自然受益匪浅。酒庄的佳酿级酒款采用老藤丹魄和新植葡萄果实酿制，在法国橡木桶（为平衡口感也加入了部分美国橡木）中精心发酵 17 个月，口感顺滑柔软。酒庄的王牌酒款为克里斯蒂娜（Christina）：本酒款浓郁醇厚，口感丰富，专为窖藏而生。★新秀酒庄

阿斯特拉酒庄
阿斯特拉葡萄酒果香清爽，单宁紧实，
是一款销路极广的佳酿。

麦哲伦酒庄（杜埃罗河岸产区）

该酒庄的酿酒师塞萨尔·穆尼奥斯（César Muñoz）可谓是"根正苗红"的业界巨星，曾与该地区的许多顶级酒庄合作过，包括乐达和维多利亚酒庄，目前尚在合作的酒庄还包括蒙特贝酒庄（Monte Baco）、博奥克斯（Bohorquez）和恺撒普林西比酒庄（Cesar Príncipe）等。麦哲伦酒庄（Magallanes）是他自己的项目。他酿酒的材料选用自家的丹魄葡萄园，该葡萄园海拔998米，是杜埃罗省最高的葡萄园。该酒庄旗下的葡萄酒需经过漫长的萃取工艺，酒体浓烈醇厚、口感辛辣，窖藏后饮用风味尤佳。

玛尔-贝斯酒庄（托罗产区）

玛尔-贝斯（Mähler-Besse）家族最初在法国（确切地说是波尔多）做葡萄酒中介商，1938年成为宝马酒庄（Château Palmer）的共同所有者，知名度也水涨船高。该家族兴趣广泛，1980年，他们认识到西班牙潜力巨大，对家族的国际投资组合大大有利，因此开始向西班牙大举进军，进行投资。胡米亚产区是玛尔-贝斯家族的首选，这里的莫纳斯特雷尔和莫纳斯特雷尔混酿已经有了塔娅（Taja）这一个响当当的知名老品牌。玛尔贝斯酒庄最新在托罗产区推出的新酒款是奥勒葡萄酒（Oro），主要材料为丹魄。奥勒浅龄葡萄酒是一款果味芬芳，鲜美多汁的红葡萄酒；奥勒精选需在大橡木桶中陈年8个月方得佳酿，而奥勒珍藏葡萄酒则需要陈年20个月。

马尔贡酒庄（里昂之土产区）

莱昂领地产区是西班牙最新的优质产区之一（2007年），也是探索普利艾多皮库杜葡萄奥秘的绝佳去处。无论是酿制成红葡萄酒还是传统的桃红葡萄酒，该葡萄都独具特色。马尔贡酒庄（Margón）是一家新企业，由两个家族合作创办。他们聘请了西班牙明星酿酒师劳尔·佩雷斯主持酿酒大计，因此酒庄出产的葡萄酒种类多样，极富想象力。酒庄除了盛产当地的阿尔巴林白葡萄酒（Albarín，部分置于奥地利橡木桶中发酵），还出产普利艾多皮库杜红葡萄酒（需在法国橡木桶中发酵），还出产弗德乔冰酒（酿酒的果实需在雪天收获）。旗下的酒款有时质朴豪放，但一直是妙趣横生的佳酿，值得葡萄酒爱好者关注。★新秀酒庄

贝利亚侯爵酒庄（杜埃罗河岸产区）

贝利亚侯爵酒庄（Marqués de Velilla）在拉奥拉附近拥有一家法国城堡建筑风格的葡萄酒厂，占地面积很大，还拥有近200公顷的葡萄园，酒庄酿酒材料基本出自该葡萄园。酒庄实施科学精细化管理，分析每个地块的土壤结构和水资源可利用量，为丹魄、赤霞珠、梅洛和马尔贝克等葡萄品种的种植提供技术指导。酒庄对自家的酿酒厂也进行了大量投资，出品的葡萄酒散发出浓郁的熟果馨香和橡木桶气息。酒庄旗下的顶级葡萄酒非"老虎机少女"（Doncel de Mataperras）莫属，该酒款酸度活泼，单宁完整，酒体饱满，口感圆润，深受消费者青睐。

马塔雷唐达酒庄（托罗产区）

阿方索·桑斯（Alfonso Sanz）2000年才来到托罗发展，但很快崭露头角。他拥有62公顷的红多罗葡萄藤，甚至还包括根瘤蚜虫害暴发之前就存在的老藤。温暖的沙质土壤和气候造就了成熟的葡萄酒，酒精度数普遍略高。胡安·罗杰红葡萄酒（Juan Rojo）在橡木桶中陈酿8个月，水果和香料的口感非常平衡；天秤座（Libranza）的结构更大胆，在橡木桶中陈酿14个月，需要时间在瓶中成熟。★新秀酒庄

马塔罗梅拉酒庄（杜埃罗河岸产区）

马塔罗梅拉酒庄（Matarromera）成立于1988年。该酒庄坐落一个山坡上，从这里可以俯瞰杜罗河畔巴尔武埃纳（Valbuena de Duero）的全貌。酒庄的葡萄园主要种植丹魄，产品档次从佳酿级到特级珍藏级皆有涉足。旗下经典的杜埃罗河岸（Ribera del Duero）葡萄酒在美国或法国橡木桶中发酵培育而成。该集团旗下在杜埃罗河岸法定优质产区还拥有另外两个酒庄：埃明娜（Emina，意为僧侣每天饮用的葡萄酒量，即250毫升）酒庄和复活传奇（Renacimiento）酒庄。复活传奇酒庄的代表作是伦托葡萄酒（Rento），该酒浓烈强劲，口感辛香。埃明娜酒庄旗下令人瞩目的是"三桶"（3 Barricas）系列葡萄酒，即3款用不同国家橡木桶（法国、西班牙和美国）发酵酿制的葡萄酒。马塔罗梅拉集团对葡萄酒旅游项目也有着浓厚的兴趣。该项目以埃明娜酒庄为中心，配备了各项旅游设施，还为游客开设了一个葡萄酒讲解中心。马塔罗梅拉集团的产业远未止步于此，还在卢埃达产区建了另一家埃明娜酒庄，主要生产青草色的弗德乔葡萄酒，其中一款卡洛斯莫罗私人精选干红葡萄酒（Selección Personal Carlos Moro）远近闻名；希加雷斯产区也有该集团的足迹，性价比很高的谷德罗斯-弗拉莱斯葡萄酒（Valdelosfraile）就是该集团旗下的产品。

蒙特·巴哥酒庄（杜埃罗河岸产区）

蒙特·巴哥庄园（Monte Baco）建在约850米的高地，拥有杜埃罗河岸海拔较高的几座葡萄园，因此酿制的葡萄酒口感清新怡人。该酒庄成立于1982年，由几位葡萄种植者共同创建。后来又新建了一座熠熠生辉的酿酒厂，酒庄自此改容换貌。酒庄的顾问是见多识广的塞萨尔·穆尼奥斯（César Muñoz），他潜心研究酒庄浓稠多汁的葡萄，配以法国和美国橡木桶发酵培育，酿制的葡萄酒广受欢迎。该酒庄旗下的文德米亚精选葡萄酒（Vendimia Seleccionada）选用60年老藤葡萄果粒酿制，先在桶内发酵16个月，然后再在瓶中陈年22个月，酒液醇厚浓郁，极富层次感。蒙特巴哥酒庄也出产一款卢埃达弗德乔葡萄酒，该酒清新怡人、花香沁人，深受消费者喜爱。

纳亚酒庄（卢埃达产区）

纳亚酒庄（Naia）2002年崭露头角，现已洗去铅华，褪去青涩，在卢埃达产区勾勒出永恒的风景线。酒庄的成功离不开这两点：一是深厚的砾石土壤，二是酿酒师卡莱亚·欧洛希亚（Eulogia Calleja）。酒庄对于水果精挑细选，并在发酵前将葡萄进行冷浸渍处理，使葡萄酒香浓四溢、质地醇厚。酒庄旗下

博尔诺斯宫酒庄
低温发酵技术让弗德乔果味更浓，果感
新鲜。

帕歌·卡佩兰斯酒庄
该酒庄所有葡萄酒均由丹魄酿制而成。

的 K-纳亚葡萄酒（K-Naia）酸度活泼；纳亚葡萄酒（Naia）经酒糟陈酿醇厚浓郁，同时又兼具柑橘属水果的清新口感。纳亚德斯葡萄酒（Náiades）是酒庄极品佳酿，其酿酒葡萄在矿物质丰富的土壤中孕育成长。自 2007 年以来，酒庄减少使用橡木桶陈酿，让优雅的水果焕发光彩，华丽蜕变。

努曼西亚酒庄（托罗产区）

努曼西亚酒庄（Numanthia）是促使托罗产区登顶世界版图的酒庄之一，而非困于西班牙这一隅之地。1998 年，埃古伦（Eguren）家族建立努曼西亚酒庄，2008 年由酩悦·轩尼诗（Moët Hennessy）收购。家族其他名声在外的资产还包括塞拉丽亚酒庄（Sierra Cantabria）、帕加诺斯酒庄（Viñedos de Paganos）和里奥哈产区圣维森特酒庄（San Vicente）。努曼西亚酒庄依旧熠熠生辉：坐拥 40 公顷葡萄园，其中还包括早先遭受根瘤蚜啃食的葡萄，昼夜温差让果实丰盈且娇艳欲滴。努曼西亚酒庄特梅斯干红葡萄酒（Numanthia Termes）虽是葡萄酒家族的"小胞弟"，但它绝不逊于家族两大王牌，真正彰显了酒庄酿酒风格。努曼西亚葡萄酒果香浓郁，散发着精致的雪松、橡木和巧克力的芳香。纳曼帝亚葡萄酒（Termanthia）是由古藤上生长的低产葡萄酿制而成，口味复杂，伴随着矿物质气息和李子的香甜，是一款层次分明、酒体饱满的佳酿。

奥西恩酒庄（卢埃达产区）

奥西恩酒庄（Ossian）位于卢埃达远东地区，毗邻涅瓦酒庄（Viñedos de Nieve）。2005 年，因酒庄不符合 DO 级法定产区的要求，便在法定产区之外运营。在 DO 级法定产区最高海拔，奥西恩酒庄有机培植低产古藤（这些古藤是在根瘤蚜虫害暴发前就有的老藤）。酒庄的开山鼻祖是哈维尔·扎卡尼尼（Javier Zaccanini，奥托酒庄联合创始人）和葡萄培植师伊斯梅尔·戈扎洛（Ismael Gozalo）。他们致力于酿造弗德乔纯酒，置于 3 种规格的法国橡木桶中陈酿，容量最高可达 600 升。这款酒口感复杂，散发着芳草和辛香气息，还伴有怡人的矿物质气息，酒香浓郁。★新秀酒庄

奥特罗酒庄（贝纳韦特山谷产区）

奥特罗（Oteros）家族认为，他们所在地区名称稍显言过其实，但他们也认为没有必要非得官僚地把名字里都带上 DO 级法定产区的名号。20 世纪的前 10 年，家族开始酿酒事业，但直到百年后的现在，他们才因为使用（主要是西班牙的）普利艾多皮库杜葡萄而备受关注。佳酿级葡萄酒选用光洁鲜嫩的浆果酿制而成，而由同种葡萄酿制的桃红葡萄酒却色泽深沉，果味芳香。

帕歌·卡佩兰斯酒庄（杜埃罗河岸产区）

"牧师国土"不禁让人想起这片地产的宗教所有权，直到 19 世纪，这片地产还一直归教堂所有。1996 年，洛德罗·维拉家族首建帕歌·卡佩兰斯酒庄（Pago de los Capellanes），出产的优质葡萄酒令酒庄炙手可热。庄园拥有 110 公顷葡萄园，主要种植丹魄、赤霞珠和梅洛。罗伯乐红葡萄酒（Tinto Roble）是一款风味浓郁的浅龄葡萄酒，富有格调。酒庄极品来自单一园区

的皮孔葡萄酒（El Picón）和老树葡萄酒（El Nogal）。老树葡萄酒风格更为大胆，口感更加丰富。

卡拉维哈斯酒庄（杜埃罗河岸产区）

烤乳猪是塞哥维亚省的经典菜肴，餐馆老板何塞·玛丽亚·鲁伊斯·贝尼托（José María Ruíz Benito）曾梦想酿造菜肴配酒。1998 年卡拉维哈斯酒庄（Pago de Carrovejas，意为"羊道"）成立，他的梦想成真，还创造了口感清新怡人的葡萄酒。风景如画的佩纳菲尔（Peñafiel）城堡下，片片葡萄园区映入眼帘，园区内 75% 为丹魄葡萄，其余为赤霞珠。酒庄酿制 3 款葡萄酒：一款是佳酿级葡萄酒，一款是珍藏级葡萄酒，还有一款名为野兔山精选葡萄酒（Cuesta de Las Liebres），每种葡萄酒都酒体醇厚，强劲浓烈。

博尔诺斯宫酒庄（卢埃达产区）

安东尼奥·桑斯（Antonio Sanz）将博尔诺斯宫酒庄（Palacio de Bornos）发展成为卢埃达产区的一家知名葡萄酒品牌。他 1976 年开基立业，远远早于卢埃达 DO 级法定产区的创建。随后，他成为长相思和起泡酒酿制的先驱之一。酒庄葡萄酒果香浓郁，酒庄现隶属于塔尼尼亚酒庄（Grupo Taninia）旗下产业，该集团还拥有纳瓦拉产区的萨利亚酒庄、里奥哈产区古埃尔本苏酒庄（Guelbenzu）、托罗产区的托莱萨纳斯酒庄（Toresanas）和杜埃罗河岸产区的巴列布埃诺酒庄（Vallebueno）。酒庄事业现由桑斯的第 6 代子嗣里卡多、马可和亚历杭德拉经营。

帕拉莫·古斯曼酒庄（杜埃罗河岸产区）

酒庄成立于 1998 年，但在此之前该品牌已广为人知，因为帕拉莫·古斯曼（Páramo de Guzmán）已经因其制作的羊奶奶酪（他制作的奶酪不经巴氏消毒法杀菌，工艺独特）而远近闻名。该项目旨在酿造与奶酪质量相配的葡萄酒。酒庄拥有 25 公顷的葡萄园，使用法国、美国和匈牙利橡木桶陈酿葡萄酒，使丹魄的精华得以完全释放。酒庄珍藏级葡萄酒置于橡木桶中陈藏两年，期间成熟橡木桶和浓郁果香气息相得益彰。顶级葡萄酒是雷兹-古斯曼（Raíz de Guzmán），在新法国橡木桶中陈酿 23 个月，然后瓶藏两年方得佳酿。

佩雷斯兄弟酒庄（杜埃罗河岸产区）

佩雷斯兄弟酒庄（Pérez Pascuas）由三兄弟共同建立，远在 DO 级法定产区确立之前就已经存在，是杜埃罗河岸产区最早的酒庄之一。他们种植丹魄及少量的赤霞珠和梅洛，酒庄在美国和法国橡木桶中培育混酿。酒庄出产的葡萄酒极富传统特色，单宁紧实。顶级葡萄酒则需历经时间软化，才能达到较好的平衡度。

佩斯奎那酒庄（杜埃罗河岸产区）

亚里山德多·费尔南德兹（Alejandro Fernández）是该 DO 级法定产区的重量级人物。他曾是一位实业家，性格坚韧不拔。其家族葡萄园位于贝加西里亚酒庄对面，他凭借精湛的酿酒工艺和丰富的商业经验而享誉世界。他的葡萄酒与周边酒

庄截然不同：一方面是酒庄橡木陈酿时间短；另一方面是费尔南德兹通晓营销策略。他一直坚持在科德哈泽酒庄（Condado de Haza）、萨莫拉产区德赫萨酒庄（Dehesa la Granja）、拉曼哈产区莺歌园（El Vínculo）砥砺深耕。

普罗多思酒庄（杜埃罗河岸产区）

在马德里巴拉哈斯机场降落的游客可能会注意到，机场建筑风格与普罗多思酒庄（Protos）大同小异。这两个工程均由理查德罗-杰斯合伙公司设计，这表明杜埃罗产区渴望与相邻产区——里奥哈并驾齐驱。普罗多思酒庄 1927 年由一群志同道合的葡萄种植者共同成立，一开始的时候名不见经传，但现如今，酒庄因丹魄葡萄酒声名鹊起，酿酒师将丹魄置于美国橡木桶中发酵陈酿，打造出琳琅满目的酒款，从浅龄桃红葡萄酒到特级珍藏级葡萄酒一应俱全。酒庄另有一款 Crianza 佳酿令人印象尤为深刻，该酒果香浓郁、口感丰富、回味清新悠长。此外，普罗多思酒庄还在卢埃达产区酿制弗德乔葡萄酒。

奎诺拉酒庄（托罗产区）

2006 年，奎诺拉酒庄（Quinola）推出一款货真价实的"车库葡萄酒"。杰米·苏亚雷斯（Jaime Suarez）曾在法国和澳大利亚接受培训，他曾用生长在海拔 850 米的 90 岁藤龄的葡萄酿制了 6000 瓶葡萄酒。葡萄颗颗甄选，确保了圆润的单宁与浓郁高雅的果香相辅相成，这便是对古藤葡萄的现代诠释，不容错过。★新秀酒庄

昆塔-奎托德酒庄（托罗产区）

让-弗朗索瓦·艾伯哈尔德（Jean-François Hebrard）是法国顶级酒庄的顾问，他丰富的经验赋予了他识别好葡萄园的眼力。庄园干旱的土壤里种植的老藤灌木式红多罗葡萄具有良好的品质，因此艾伯哈尔德买下了这座葡萄园，并从波尔多搬到了托罗，该酒庄很快声名鹊起。好喝不贵的坎帕纳斯葡萄酒（Corral de Campanas）具有葡萄的芳香，却没有葡萄干的味道：红多罗经常会出现这种情况。档次略高的是寂静葡萄酒（Quietud），这款更紧实、更大胆的葡萄酒前味有突出的橡木气息。而拉穆拉（La Mula）是上上之选：该酒款是一款精品葡萄酒，深受消费者青睐。

文托西拉皇家遗址酒庄（杜埃罗河岸产区）

该酒庄与皇家的关联可以追溯到卡斯蒂利亚的伊莎贝拉女王时代（伊莎贝拉女王 1503 年买下了此处）。后来有几位国王曾居住在这里。现在，这里成了一家酒店，坐落在 3000 多公顷的广阔的庄园中，其中有 500 公顷是葡萄园。这里出产的葡萄酒通常由 95% 的丹魄与不到 5% 的赤霞珠和梅洛混合酿制而成，然后在美国橡木桶中陈年，最后在法国橡木桶中陈年 3 个月。酒庄旗下的特级珍藏葡萄酒充分演绎了杜埃罗河岸葡萄酒那种经典圆润的甜美口感。

瑞娜酒庄（卢埃达产区）

瑞娜酒庄（Reina de Castilla）于 2006 年由 22 个种植者

佩斯奎那酒庄
佩斯奎那红葡萄酒由丹魄酿制而成，口感柔滑、果味浓郁、单宁丰富。

组建，庄园共占地 1900 公顷。他们以最快速度建立了一座宽敞、现代化的酒庄，比卢埃达乡村的很多矩形棚屋更加美观。他们在酒庄内酿制了几款现代白葡萄酒。瑞娜酒庄青葡萄酒（Reina De Castilla Verdejo）知名度最高，该酒品质优良，洋溢着白桃、茴香和丝丝矿物质气息，极富层次感。

瑞哈多拉达酒庄（托罗产区）

托罗的另一个明星酒庄是瑞哈多拉达酒庄（Rejadorada，名字的意思是"金色的格栅"），其成功秘诀在于酿酒师，该酿酒师同时也是当地研究站的技术总监。雷梅萨尔（Remesal）家族决心专注于小规模生产，并从家人和朋友那采购葡萄。酒庄的第一个年份酒是 1999 年在托罗中心的一座小型古老的宫殿里酿制的。2003 年，酒庄在城外开设了一家酿酒厂。他们只用红多罗葡萄酿制 3 款葡萄酒：第一款是瑞哈多拉达葡萄酒，这款酒仅在法国和罗马尼亚的橡木桶中陈年 6 个月，生动展现了红多罗葡萄的特点；第二款是诺维鲁姆佳酿（Novellum Crianza），该酒需在法国、美国和罗马尼亚的混合橡木桶中陈酿 12 个月；还有口味大胆、结构良好的桑戈珍藏干红葡萄酒（Sango），该酒酿制的葡萄原料采摘自 80 多年藤龄的葡萄藤，然后在法国橡木桶中陈酿 18 个月。

佩拉萨河岸酒庄（阿里贝斯产区）

阿里贝斯地区位于杜埃罗河与葡萄牙交界处，这里不同的葡萄园出产的葡萄酒也展现出丰富的多样性。同时该产区也在积极拯救和展现了当地葡萄品种的个性特征。佩拉萨河岸酒庄（Ribera de Pelazas）也是使用胡安加利西亚葡萄酿酒的一家酒厂。该酒庄旗下的产品，特别是珍藏级格兰·阿巴丹（Gran Abadengo）完美表现出了这一葡萄品种柔和怡人的特性。

萨斯特酒庄（杜埃罗河岸产区）

萨斯特酒庄（Sastre）是家族企业的典范，它实现了从种植者到生产者的飞跃，取得了突出的成就。1992 年，萨斯特夫妇建立了自己的庄园，他们特意选择了低产高质的葡萄品种。在葡萄园中，杰西·萨斯特（Jesus Sastre）遵循生物动力学原则，他酿制的葡萄酒的浓度和结构都反映了这一点。他们的顶级葡萄酒贝素（Pesus，丹魄、赤霞珠和梅洛混酿）只生产1500 瓶，需在"400% 的新橡木桶"（酿制工艺中需 4 组新橡木桶发酵培育）中陈酿 24 个月。因此，这款葡萄酒有着浓郁而丰富的口感，带有甜甘草、李子和摩卡的味道。里贾纳蔓藤（Regina Vides）葡萄酒，由 100% 的丹魄酿制而成，风格现代，浓烈醇厚，带着柔和的水果风味。酒庄的佳酿级葡萄酒销路较广，容易购得。

莎雅酒庄（卢埃达产区）

这家摆满成套设备的小酒窖是美国进口商豪尔赫·奥德涅斯（Jorge Ordoñez）和胡米利亚（Jumilla）的吉尔（Gill）家族新创办的合资企业。莎雅酒庄（Shaya）坐落在卢埃达的东部边缘，园内尚保留着葡萄根瘤蚜虫病泛滥之前的古藤葡萄藤。手工采摘的葡萄被装到一个振动的容器中，运送过程中不会损

佩拉萨河岸酒庄
置于橡木桶中陈酿 12 个月，口感柔和、成熟醇厚、果香浓郁。

塔布拉酒庄

塔布拉精品特酿"达马娜 5 号"洋溢着浓郁的黑果气息，夹带着奶油橡木气息。

贝加·西西里亚酒庄

西班牙名庄。这款纯正的菲诺橡木红葡萄酒酒体丰满、口味成熟。

伤葡萄。这里出产两款葡萄酒：一款是弗德乔葡萄酒，该酒款由 100% 的弗德乔葡萄酿制，具有接骨木花的清韵，另一款为莎雅哈比斯葡萄酒（Shaya Habis），这款酒在不同大小和形状的法国橡木桶中发酵和陈酿，风味独特。莎雅酒庄的酿酒师曾在纳亚酒庄效力，发誓要青出于蓝而胜于蓝，酿制出不亚于甚至超过老东家的佳酿。★新秀酒庄

斯特酒庄（卢埃达产区）

安东尼奥·桑斯的 3 个孩子 2005 年决定自立门户，成立了斯特酒庄（Sitios de Bodega）：马可（Marco）出任经理、里卡多（Ricardo）担任酿酒师，亚历杭德拉（Alejandra）负责营销和媒体宣传。该酒庄名字来自一个传统的词语，指种植者可以开店的地方，而这个项目源于他们使用新方法开发卢埃达的热情。他们拥有 50 公顷的有机葡萄园，生产广受欢迎的康克拉斯混酿（Con Class）和梅纳德宫（Palacio de Menade）系列干白葡萄酒，以及一款甜味私家珍藏冰白酒。此外，该团队还管理着特纳酒厂（Terna，意为"三"，是一家成立于 1870 年的老牌家族酿酒厂）。他们还用从葡萄根瘤蚜虫病灾存活下来的古藤酿造出上乘的白葡萄酒，还有一款红葡萄酒，用当地葡萄品种普利艾多皮库杜酿造，结构良好，深受消费者喜爱。这是一家值得期待的酒庄。★新秀酒庄

塔布拉酒庄（杜埃罗河岸产区）

在里贝拉的西部边界，有一家叫塔布拉酒庄（Tábula）的现代化酿酒厂低调地安身在 DO 级法定产区的一隅，但它成立不久就迅速获得了极高的评价。该酒庄旗下葡萄酒的现代魅力源自葡萄园石灰石土壤的特质、酒庄对葡萄的双重筛选、在大橡木桶中的陈年，以及主要选用法国橡木桶等工艺。酒庄出产的"达马娜 5 号"（Damana 5）是一款陈年时间最短的浅龄葡萄酒，在橡木桶中仅酿制 5 个月便可上市，由丹魄和 5% 赤霞珠混酿而成，口感劲爽多汁。大表哥葡萄酒（Gran Tábula）在桶中培养 18 个月，是一款由 100% 丹魄酿制的葡萄酒。而酒庄顶级葡萄酒是口感浓郁醇厚的克莱夫葡萄酒（Clave），该酒带有香醇的烤摩卡香味，深受消费者青睐。★新秀酒庄

特拉兹戈酒庄（杜埃罗阿里贝斯产区）

特拉兹戈酒庄（Terrazgo Bodegas de Crianza）是美丽的杜埃罗阿里贝斯自然保护区的一个小项目，由 3 个酿酒系学生一起建立。他们用当地品种的灌丛葡萄老藤——樱桃味的胡安·加西亚、活力四射的鲁菲特（Rufete）和口感饱满的布鲁内尔（Bruñal）小批量酿制出极具个性的葡萄酒。酒庄只生产一款特拉戈（Terrazgo）葡萄酒，该酒款层次复杂，极具创意，由 3 个葡萄品种在不锈钢和橡木桶中混合发酵，并在法国、美国和匈牙利橡木桶中成熟。★新秀酒庄

瓦尔德维德酒庄（卢埃达产区）

瓦尔德维德酒庄（Val de Vid）的葡萄园位于海拔 700 米以上，除了最炎热的年份外，其余年份都能出产新鲜、成熟、酸度良好的果实。酒庄成立于 1996 年，专注于酿制弗德乔葡萄酒。旗下的艾罗葡萄酒（Eylo，由弗德乔与 35% 的维奥娜和 5% 的

长相思混酿）清新爽口。艾罗伯爵夫人（Condesa Eylo）具有弗德乔葡萄酒典型特征，口感丰富，而瓦尔德维德葡萄酒经酒泥陈酿口味更加丰富。

瓦德兹酒庄（杜埃罗河岸产区）

瓦德兹酒庄（Valderiz）拥有 75 公顷的葡萄园，是一家家族酒庄，由托马斯·埃斯特班（Tomás Esteban）与他的两个儿子胡安（Juan）和里卡多（Ricardo）共同经营。他们以有机方式耕种，并于 2000 年在部分葡萄园中引入了生物力学技术进行管理。酿酒过程也是纯真完全天然工艺——自发酵，不添加任何酸、糖、单宁或酶。酒庄所产葡萄酒包括瓦德兹，该酒具有奶油般细滑的质地，单宁圆润，带有香料和橡木气息；还有顶级的托马斯埃斯特班葡萄酒（Tomás Esteban），该款酒高端大气，果味浓郁，酒精度适中。这两款酒均为丹魄酿制而成的珍藏级葡萄酒。

瓦德堡酒庄（杜埃罗河岸产区）

瓦德堡酒庄（Valdubón）归费勒家族所有。除此之外，费勒家族还经营卡瓦产区的菲斯奈特酒庄（Freixenet）、普里奥拉托产区的莫兰达酒庄（Morlanda）及佩内德斯产区的维达斯葡萄酒世家酒庄（Segura Viudas）。后两座酒庄入选家族"遗产典藏"之列。酒庄所产葡萄酒为经典的杜埃罗河岸产区风格：由 100% 丹魄酿制，带有樱桃与香膏气息，单宁紧实。旗下的高档葡萄酒系列选用美国橡木桶发酵，但现在法国橡木桶的比例正在不断增加。

巴德罗酒庄（杜埃罗河岸产区）

巴德罗酒庄（Valduero）大部分的酒窖均暗藏于在山坡内挖掘的隧道里，有 3500 个美国橡木桶和一百万瓶葡萄酒安静地躺在窖内发酵——这才是珍藏葡萄酒与特级珍藏葡萄酒的本质。该酒庄是加西亚·维亚德罗家族（García Viadero）旗下产业，坐拥 200 公顷的丹魄葡萄园，酿造出的葡萄酒结构经典，红樱桃气味之后还有摩卡咖啡与皮革的香气。巴德罗的其他酒庄包括托罗产区的阿布卡拉酒庄（Arbucala）和里奥哈产区的纳瓦斯角酒庄（Rincón de Navas）。

贝加·西西里亚酒庄（杜埃罗河岸产区）

贝加·西西里亚酒庄（Vega Sicilia）成立于 1846 年，是西班牙最著名的酒庄。1982 年杜埃罗河岸法定葡萄酒产区成立之前，该酒庄酒一直便傲然屹立于此。酿酒师马里阿诺·加西亚（Mariano García）对酒庄影响重大，他 1966 年加入酒庄并在此任职长达 30 年之久，然后创办了自己的奥尔托酒庄、玛诺酒庄以及摩洛多酒庄。阿尔瓦雷斯（Alvarez）家族 1982 年收购了该酒庄，并不断追加投资。酒庄可能与该地区的奥现代建筑格格不入，但酿酒师泽维尔·奥斯萨斯（Xavier Ausás）的经营清新夺目，细节之处一丝不苟。酒庄共出品 3 款葡萄酒：特别珍藏款是由上好年份出产的葡萄酿制的非年份酒；而特级珍藏葡萄酒优尼克（Único）陈年期长达 10 年之久，此酒成熟优雅，精雕细琢，平衡性极佳；瓦布伦纳 5°（Valbuena 5）则经长达 5 年的陈酿后发售。毗邻的阿里安酒庄（Alión）酒厂

成立于 1991 年，酿造现代红葡萄酒。该酒厂将丹魄葡萄在新法国橡木桶中陈酿后，酒液会更加强劲有力，与其风格相映成趣。1997 年，阿尔瓦雷斯家族收购了位于托罗产区的缤蒂亚酒庄（Pintia），那里酿造的葡萄酒单宁紧实，风味大胆奔放。

维亚厄斯特酒庄（托罗产区）

除了维亚厄斯特（Villaester）这家品质上佳的酒庄外，贝拉斯科（Belasco）家族还经营纳瓦拉产区的马尔柯里尔酒庄（Marco Real）和安迪翁爵爷酒庄（Señorío de Andión），卢埃达产区的苏碧儿酒庄（Viña del Sopié）和阿根廷的贝氏家族酒庄（Belasco de Baquedano）。金牛座陈酿红葡萄酒（Taurus Crianza）由 40～50 年藤龄的老藤葡萄酿成，带有明快的樱桃味口感，香气柔和。维亚厄斯特顶级酒款在发酵完成后又经过 30 天的浸渍，从葡萄中提取出所有风味和结构，然后在新的法国橡木桶中进行二次苹乳发酵，以增强口感。最终酿制出的葡萄酒大胆醇厚、强劲有力、浓郁精纯。

塞尼特酒庄（萨莫拉领地产区）

塞尼特酒庄（Viñas del Cénit）的葡萄园土质很特别，红黏土上覆有一层柔软的沙子，踩上一脚就可轻易看出这块园区为什么没有遭受葡萄根瘤蚜入侵。塞尼特酒庄是一家新兴酒庄，成立于 2003 年，酿造的现代丹魄醇香浓烈，清新的橡木气味大胆醇厚。酒庄于 2007 年被农业公司因弗拉万特（Inveravante）的一家下属公司收购。该公司还收购了下海湾地区的维娜诺拉酒庄（Viña Nora）和卢埃达产区的纳亚酒庄（Naia），在里奥哈和卡斯蒂利亚产区设立了酒庄，并拥有赫雷斯产区奥瓦罗多默酒庄（Alvaro Domecq）55% 的股份。

杜埃罗维加酒庄（萨尔东·德·杜埃罗产区）

杜埃罗维加酒庄（Viñas de la Vega del Duero）为西班牙顶级酿酒师、平古斯酒庄的主人皮特·西谢克（Peter Sisseck）与杰罗姆·布格诺（Jérome Bougnaud）合作建立。酒庄葡萄园位于杜埃罗河岸产区西侧，种植有丹魄和各种波尔多葡萄品种。与平古斯酒庄一样，此处的葡萄园自 2002 年成立以来便一直采用生物力学技术管理。萨当雅红葡萄酒（Quinta Sardonia）口味大胆、果香馥郁、浓郁成熟，带有矿物质气息。此款酒虽归类为地区餐酒之列，但质量上佳，远胜同类酒款。★新秀酒庄

涅瓦酒庄（卢埃达产区）

涅瓦酒庄（Viñedos de Nieva）坐落于卢埃达产区东部边缘，拥有该地区最古老的葡萄藤。酒庄由技术总监何塞·玛丽亚（José María）和总经理胡安·米格尔·埃雷罗·维德尔（Juan Miguel Herrero Vedel）兄弟二人经营。酒庄拥有珍贵的弗德乔葡萄藤，年份非常古老，葡萄藤种植在 850 米海拔的石质土壤中。所产酒款始终品质优异。纳瓦莱斯（Los Navales）酒体轻盈，是一款浅龄酒；派弗朗哥（Pie Franco）将老藤弗德乔葡萄的纯度和花期漫长的强度完美展现。酒庄旗下的长相思是一款为口味大胆的新酒，口感优雅，足以让新西兰的同款产品相形见绌。

桑斯酒庄（卢埃达产区）

桑斯酒庄（Vinos Sanz）是卢埃达产区最古老的酒庄之一，可追溯到 1870 年。如今，酒庄在卢埃达镇郊酿制最为现代化的浅龄葡萄酒（毗邻博尔诺斯宫酒庄，由桑斯家族的第 5 代子嗣建立）。酒庄的两款特酿——弗德乔葡萄酒和长相思葡萄酒，皆出自科利纳园（Finca la Colina）。二者均特色鲜明，富有表现力，是优良风土和精心挑选的典范之作。

文诗卡拉酒庄（杜埃罗河岸产区）

"车库酒"在胡安-卡洛斯·维兹卡拉-拉莫斯（Juan-Carlos Vizcarra-Ramos）的妙手下焕发生机，在杜埃罗河岸产区兴起。文诗卡拉酒庄（Vizcarra-Ramos）将老藤葡萄与青藤果实精心挑选后进行混酿，小批量生产的葡萄酒凝实多汁、单宁柔和。酒庄的两款顶级葡萄酒以维兹卡拉-拉莫斯的两位女儿伊内丝（Ines）和西莉亚（Celia）命名。两款酒都以丹魄为主，加以少量梅洛混酿而成。★新秀酒庄

伊叶拉酒庄（卢埃达产区）

伊叶拉酒庄（Yllera）的维纳坎托桑干白葡萄酒（Viña Cantosan）出品于 20 世纪 70 年代，是一款清新芳香的白葡萄酒，这也首次向世人表明：当地的白葡萄品种弗德乔也能酿造出令人回味无穷的白葡萄酒。这款酒如今仍在产，伊叶拉酒庄现在的酒款系列包括桶中发酵酒和起泡酒。起泡酒采用传统酿制方法，选取 100% 弗德乔葡萄进行酿制。如今，伊叶拉家族已传至第 6 代，酿酒产业已经扩展到邻近的杜埃罗河岸法定葡萄酒产区的布拉卡蒙特（Bracamonte）、里奥哈产区的科鲁斯（Coelus）和托罗产区的歌西拉索（Garcilaso），以及卡斯蒂利亚-莱昂产区的地区餐酒等 [特别是深层萃取的丹魄伊叶拉多明纳斯（Tempranillo Yllera Dominus）尤为著名]。

德莫·罗德瑞兹葡萄酒公司

如何形容德莫·罗德瑞兹（Telmo Rodríguez）呢？他性格热情、活力四射，是西班牙最早的飞行酿酒师之一。罗德瑞兹之所以赫赫有名是因为他重现了国宝级葡萄酒，酿造出极品佳酿，无论是自制品牌还是外销品牌都令人称奇道绝。罗德瑞兹出生于巴斯克（Basque），1994 年，罗德瑞兹带领雷梅留里庄园赢得国际声誉，之后他离开酒庄开启创业之旅。在马拉加产区，他令麝香甜白葡萄酒再绽风采，摇身一变成为花香四溢、甜美可口的莫里诺里尔白葡萄酒（Molino Real），马拉加产区由此东山再起。在里奥哈产区，他继续锻造兰萨加（Lanzaga）品质。在托罗产区的佳阁（Gago）和帕格加拉（Pago La Jara），他像其他地方一样选定葡萄藤蔓并通过压条培植。罗德瑞兹的身影还出现在杜埃罗河岸、希加雷斯、纳瓦拉、瓦尔德奥拉斯 [用格德约酿制优质佳贝杜西格德约白葡萄酒（Gaba do Xil）] 和卡斯蒂利亚-莱昂（毕加索酒庄）等产区。

加泰罗尼亚产区

诚然，加泰罗尼亚人在一些方面得天独厚：他们拥有自己的语言；他们生活的地方有着美丽的海岸线，海滩密布，可欣赏地中海的风景；他们那里有优良的食材和美食，包括一家经常被誉为世界最佳的斗牛犬餐厅（El Bullí）。当然，加泰罗尼亚（Catalonia）的葡萄酒也同样广受赞誉，这里是西班牙传统起泡酒的产地：西班牙 95% 的卡瓦起泡酒产自加泰罗尼亚。加泰罗尼亚生产的现代白葡萄酒标新立异，极富个性，而红葡萄酒则范围广泛，从备受欢迎的年轻品牌到价格惊人的全球知名品牌一应俱全。除此之外，加泰罗尼亚还生产更豪华的白葡萄酒和红葡萄酒、甜型葡萄酒及传统的氧化特产葡萄酒——兰西奥（Rancio）。

加泰罗尼亚人民对家乡怀有深厚的自豪感，在经济、建筑、足球方面蓬勃发展，并成功举办 1992 年巴塞罗那奥运会。在葡萄酒方面，加泰罗尼亚的老藤葡萄园重新焕发生机，新的葡萄园也得以耕种，尤其是自 1990 年以来，新兴酒庄和新的优质法定葡萄产区不断涌现。

优质法定葡萄产区最著名的当属普里奥拉托。葡萄根瘤蚜病对葡萄藤蔓的破坏及战后人们对村庄的遗弃，这个山区在 20 世纪下半叶一直处于经济崩溃的边缘。然而，一群拓荒者的到来成功地扭转了普里奥拉托的命运。他们在这片贫瘠的土地上辛勤耕耘，酿造出的葡萄酒举世瞩目，广受赞誉，价格不菲。普里奥拉托当地的经济逐渐因就业改善和旅游业蓬勃而振兴，并获得了优质原产地名称保护（DOCa）的地位，这是继里奥哈产区之后的第二个获此殊荣的地区。

对葡萄酒的热情从普里奥拉托蔓延到了邻近的蒙桑特产区。在蒙桑特，歌海娜和佳丽酿声名鹊起，这两种葡萄曾经长期被批评为"苦劳力才肯吃的葡萄"。然而，在近来世界各地的葡萄酒爱好者举行的研讨会上，歌海娜入选重要葡萄品种之列。

普里奥拉托产区（Priorat）和蒙桑特产区（Montsant）只是加泰罗尼亚繁荣复兴大业的一部分。加泰罗尼亚的葡萄酒产业始于与法国和地中海的边界，那里的山脉在恩波达（Empordà）处延伸至大海，当地高品质的红葡萄酒产量与日俱增。再往南就到了赫罗纳省（Gerona），塞格雷河岸法定葡萄产区的葡萄园分布广泛，种有许多令人意想不到的葡萄品种，比如阿尔巴利诺和雷司令，让人流连忘返。阿雷亚产区倾向于酿制白葡萄酒，临近的巴赫斯平原产区能够稳定地提供品质优良、价格合理的葡萄酒。在巴塞罗那后面的山区，米格尔·桃乐丝（Miguel Torres）利用米尔曼达城堡（Milmanda）附近美丽的葡萄园酿造出精选葡萄酒，其中西多会修道院酒庄（Cistercian monastery）所产的格拉斯-穆拉乐园（又名"长城"）干红葡萄酒令巴尔贝拉河谷产区一举成名。

加泰罗尼亚拥有丰富的宗教历史，从普里奥拉托（Priorat，名字起源于 priory，意为"小修道院"）产区到位于塔拉戈纳省至今仍酿造圣餐酒的德穆勒酒厂，再到坐落于巴塞罗那周围群山之巅的蒙特塞拉特（Montserrat）修道院，处处与宗教有关。

蒙特塞拉特和大海之间便是佩内德斯产区，那里聚集了大量酿制卡瓦起泡酒的酒庄。这些酿制卡瓦酒的酒庄就是证明加泰罗尼亚人经商能力的丰碑。

最后，就葡萄酒酿造而言，巴利阿里群岛不可不提。马略卡岛（Mallorca）是巴利阿里群岛中最大的岛屿，葡萄酒产量也最高。这里也有最重要的葡萄酒商业项目，从海滩往内陆方向一路探寻，远离游客去之地，就会看到大片的葡萄园。然而，这里的葡萄酒很少出口到西班牙以外的地区，因为在马略卡岛上的 1200 万游客会消费掉大部分的葡萄酒。巴利阿里群岛的其他岛屿，如梅诺卡岛（Menorca）、福门特拉岛（Formentera）和伊比沙岛 [Ibiza，也叫艾维萨地区餐酒（Vino de la Tierra de Eivissa）产区]，都生产葡萄酒，或许未来有一天终能与马略卡岛自身的成功相比肩。

加泰罗尼亚人无论是在岛上还是在大陆，都展现出极好的适应性，这在他们的葡萄酒中体现得最为明显。

4 千克酒庄（马略卡地区餐酒产区）

酿酒师弗朗西斯·格里莫特（Francesc Grimalt）曾供职于黑色灵魂酒庄（An Negra）。2006 年，他与音乐家兼营销专家塞尔吉奥·卡瓦列罗（Sergio Caballero）一起创立了 4 千克酒庄（4 Kilos），卡瓦列罗也赋予了该品牌独特的风格。4 千克的名字是由于酒庄初始投资非常有限，只有 400 万比塞塔（比塞塔为西班牙在 2002 年欧元流通前所使用的法定货币）。酒庄的葡萄酒也揭示了格里莫特对普遍种植于马略卡岛红色卡耶特（Callet）葡萄情有独钟。该酒庄副牌酒直接以电池的电压命名，名为 12 伏特（12 Volts），由以卡耶特为主的四种葡萄品种混酿而成。4 千克酒庄的所有葡萄酒都属于现代风格，深度浸渍，均衡度和谐，是技术娴熟的酿酒师选择上好葡萄酿出的佳品。★新秀酒庄

阿黛尔酒庄（巴赫斯平原产区）

巴赫斯平原法定产区（Pla del Bages）成立于 1995 年，很难相信这样的新生代产区能拥有了像阿黛尔（Abadal）这样自信成熟的酒庄。巴赫斯平原产区位于巴塞罗那的内陆，吸引了越来越多的现代酿酒师前来一展身手。他们不仅能使用法国的葡萄品种酿酒，还能驾驭西班牙的葡萄品种。在阿黛尔酒庄产的白葡萄酒中，匹格普勒（Picapoll）口感浓郁且清凛；而在红葡萄酒中，品丽珠和丹魄混酿会吸引对品丽珠优雅结构情有独钟的消费者。"梅洛 5 号"（Merlot 5）则是由 5 个品种的无性系葡萄混酿而成。

耳蜗酒庄（蒙桑特产区）

耳蜗酒庄（Acústic）的葡萄酒具有独家特色，体现了店主阿尔伯特·简·乌韦达（Albert Jané Ubeda）的经营理念，他并不想自己出产的葡萄酒迎合现代、全球化的风格。白葡萄酒由白歌海娜、马家婆（Macabeo）和白潘萨（Pansàl）等葡萄酿制而成，酸度浓郁，口感复杂，极富层次感；红葡萄酒由当地红葡萄差不多对半混合酿制。耳蜗酒庄的"勇敢"葡萄酒（Brao）是物美价廉的精品典范。

亚伯诺雅酒庄（佩内德斯产区）

亚伯诺雅酒庄（Albet i Noya）是有机葡萄酒爱好者的厚爱，是国际级有机葡萄酒酒庄，引人注目又值得信赖。亚伯诺雅酒庄强调有机葡萄酒中应尽可能降低二氧化硫的含量。该品牌不仅吸引了有机葡萄酒消费者，也同样具有全球吸引力。亚伯诺雅酒庄的葡萄酒质量位列西班牙甚至国际葡萄酒前列，包括一些稀有的葡萄酒，如卡拉多克和艾琳娜（Arinarnoa）。亚伯诺雅酒庄的卡瓦葡萄酒也同样值得信赖。

阿雷亚·维尼科拉酒庄（阿雷亚产区）

阿雷亚·维尼科拉酒庄（Alella Vinícola）的葡萄园东临地中海，南临巴塞罗那。借此地理位置为线索可以深刻了解阿雷亚·维尼科拉酒庄的发展历程。在 20 世纪头 10 年，该公司以阿雷亚合作酒庄（Alella Co-operative）的形式成立。之后为巴塞罗那提供一种很受欢迎的酒款——马尔菲（Marfi，意为"大理石"），生意十分红火。然而，随着巴塞罗那城市建设扩张，葡萄园逐渐消失。1998 年，阿雷亚·维尼科拉酒庄成为一家私营公司。马尔菲的名字延续使用至今，现在又新添象牙葡萄酒（Ivori），该酒

4 千克酒庄
爵士葡萄酒，海岛风格浓厚，
是现代均衡度和谐的酒款。

亚伯诺雅酒庄
天然有机，精心酿造，
品质上乘，独具匠心。

是一种在法国橡木桶中发酵的混酿白葡萄酒。传统的甜型葡萄酒在本酒庄也能找到。

阿莱曼尼·科里奥酒庄（佩内德斯产区）

在酒庄林立的佩内德斯产区，劳伦特·科里奥（Laurent Corrio）和艾琳·阿莱曼尼（Irene Alemany）夫妇所经营的阿莱曼尼·科里奥酒庄（Alemany i Corrio）规模很小。科里奥是法国人，两人都在法国勃艮第学习过。他们只生产了 10000 瓶葡萄酒，原料取自梅洛、赤霞珠及佳丽酿。他们的首款葡萄酒索特勒弗里克（Sot Lefriec）以科里奥的祖母命名，产量很少，在酿酒过程中隔绝氧气，彰显了"车库"葡萄酒的密度和力度。该酒庄的副牌酒为帕斯库尔泰红葡萄酒（Pas Curtei）。★新秀酒庄

奥瓦罗·帕拉西奥酒庄（普里奥拉托产区）

创始人奥瓦罗·帕拉西奥·雷蒙多（Alvaro Palacios Remondo）来自里奥哈葡萄酒世家。1989 年，奥瓦罗·帕拉西奥刚刚结束在法国波尔多·帕图斯酒庄（Château Pétrus）的工作，便在普里奥拉托产区建立了自己的酿酒厂。他将现代的优质酿酒知识运用到老藤葡萄上，随即大获成功。凭借其酿酒技巧和个人影响，偏僻的普里奥拉托产区因出品高档酒品而享誉全球，奥瓦罗·帕拉西奥在这方面发挥了举足轻重的作用。每每谈起自己葡萄酒所具有的半烈酒品质，帕拉西奥总是热情洋溢。特雷斯（Les Terrass）价格最为实惠，通体散发着各类深色果实、甘草和香料的气息，单宁柔顺。多菲园（Finca Dofi）干红葡萄酒展现了普里奥拉托产区经典的矿物质气息，是一款价格合理的顶级葡萄酒。多菲园与拉马达（L'Ermita）这两款葡萄酒都是由歌海娜老藤葡萄酿制，也是恢复西班牙和法国顶级加尔纳恰和歌海娜混酿葡萄酒往日荣光的主力酒款。

黑色灵魂酒庄（马略卡地区餐酒产区）

黑色灵魂酒庄（An Negra）在马略卡（Mallorca）岛可谓声名远扬。该酒庄于 1994 年在费拉尼特斯（Felanitx）成立，隶属于普拉耶旺特产区（Pla i Llevant），但经营地位相对独立。黑色灵魂酒庄以马略卡岛当地葡萄品种为主，尽管价格的确高昂，但每一款葡萄酒都引人入胜。丘比亚（Quíbia）葡萄酒惹人注目：一种由普伦萨（Prensal）和红卡耶特（Callet）混酿而成的白葡萄酒，带有花卉香气和矿物质气息。An2 是一种新款混酿红葡萄酒，在橡木桶中陈酿一年；An 红葡萄酒原料的 95% 为卡耶特，果香四溢，浓郁醇厚，口感辛辣，在法国橡木桶中存放 17 个月后口感尤为突出，回味悠长。后裔干红葡萄酒（Son Negle）也是一款类似的混酿葡萄酒，是卡耶特葡萄酒的绝佳之选。

冰念酒庄（比尼萨莱姆-马略卡产区）

这座优美的庄园曾是 19 世纪乔治·桑德（George Sand）和她的情人弗雷德里克·肖邦（Frederic Chopin）双宿双栖之所。20 世纪经济崩溃后庄园关闭，后于 1967 年被收购，并得到精心修复。1999 年，此处重新生产葡萄酒，细节之处精益求精。特级韦兰（Gran Verán）是一种由黑曼托（Manto Negro）和西拉混酿而成的红葡萄酒，品质绝佳：西拉增加了葡萄酒的酒体重量，口感柔顺，余味悠长。韦兰（Verán）红葡萄酒又加入了赤霞珠，带有桉树与香醋的香气，口感复杂，醇厚强烈。

安卡酒庄

由雷司令和少量阿尔巴利诺混酿，最终酿出伊凯（Ekam）白葡萄酒。

克摩卡多酒庄

酒风趋于醇厚，但又有普里奥拉托产区特有的清爽。

比尼格劳酒庄（比尼萨莱姆-马略卡产区）

此酒庄规模相对较小，但系谱正宗，由玛西亚·巴特尔（Macia Batle）家族的成员米格尔（Miguel）和马蒂亚斯（Mathias）兄弟于2002年单独成立。目前年产量高达9万瓶。马蒂亚斯十分重视生态环境，他有几款葡萄酒均为有机葡萄酒，生态桃红（Ecològic Rosat）就是其中一例。该酒由黑葡托和梅洛混酿而成，充满新鲜浆果与香料的气味。欧巴克（Obac）由葡萄园的5种红葡萄品种混酿而成，酒体适中，芳香四溢，带有柠檬酸味，口感紧致，余味悠长。★新秀酒庄

白伊尔基尼酒庄（普里奥拉托产区）

白伊尔基尼酒庄（Buil i Giné）出自当地另一个有着悠久历史的家族。其创始人回归先辈故里，于1997年以其祖父的名字命名了酒庄的第一款葡萄酒——双基尼干红葡萄酒（Giné Giné）。这款酒带有矿物质气息，以及新鲜的红色果实口感。桃红葡萄酒（Rosat，在卡斯蒂利亚地区又称为 Rosado）品质上佳，由歌海娜和梅洛混酿而成，果味馥郁。琼吉干红葡萄酒（Joan Giné）是其中酒体浓郁结实的一款，具有普里奥拉托产区特有的单宁风格。该家族还在蒙桑特和托罗产区酿制葡萄酒，在卢埃达产区酿制的弗德乔，口感清新爽口。

坎布劳酒庄（蒙桑特产区）

坎布劳酒庄（Can Blau）是进口商豪尔赫·奥德涅斯（Jorge Ordoñez）和胡米亚产区尼朵酒庄（El Nido）的胡安吉家族（Juan Gil）在马罗伊村（Mas Roig）的一个联营项目。酒庄酿酒师是澳大利亚人莎拉·莫里斯（Sarah Morris），她曾在巴罗萨谷产区（Barossa）的托布雷酒庄（Torbreck）积累了丰富的经验。坎布劳的葡萄酒色浓郁，深色莓果如丝般柔滑，单宁紧实。在法国橡木桶中酿制20个月之久，然后受益于数年瓶中陈化。玛斯布劳红葡萄酒（Mas de Can Blau）口感更加醇和浓厚，橡木香气浓郁十足。★新秀酒庄

迈睿酒庄（普拉耶旺特产区）

迈睿酒庄（Can Majoral）创立于1979年，凭借其纯粹的冒险精神而成为后起之秀，前景可期。现任酒庄主人是前任酒庄主人的侄子，尽管他曾在西班牙和澳大利亚学习酿酒技术，但醉心于生物动力方法等有机农业技术，现已全心全意采用这种酿制方法。其创新之处包括对芳香的白葡萄吉罗（Giró）、雷司令和红色加戈拉萨（Gargollasa）进行一些试验性种植，也包括黑皮诺，但并非主要品种。圣罗伊是一款由赤霞珠、梅洛、西拉混酿而成的葡萄酒。口味醇厚，具有烟熏香味，是一款葡萄干风味浓郁的酒款，值得一试。★新秀酒庄

罗夫丝酒庄（佩内德斯产区）

此处庄园风景秀丽，历史悠久，高耸于群山之中。这种与世隔绝的地理位置使一切返璞归真，葡萄园不使用合成化学品，酿酒厂也不添加商业酵母。葡萄园中法国葡萄品种广泛种植，并成功利用这些葡萄酿制出了两款多品种混酿——小考斯（Petit Caus）白葡萄酒和红葡萄酒。其他博人眼球的葡萄酒包括李子味浓郁、肉感丰富的桃红葡萄酒，还有一款雷司令和一款黑皮诺葡萄酒。埃尔洛卡利斯白葡萄酒（El Rocallis）在橡木桶发酵，原料为稀有意大利葡萄品种白曼左尼（Incrozio Manzoni），也是一

款不容错过的佳酿。

安卡酒庄（塞格雷河岸产区）

塞格雷河岸产区（Costers del Segre）是西班牙最分散的法定葡萄酒产区之一，而安卡酒庄（Castell d'Encus）又是海拔很高（800～1000米）、距离又远的葡萄园之一。安卡酒庄的历史可追溯到11世纪，当时修道士们用来酿酒的石盆至今仍然清晰可见。如今此处由桃乐丝酒庄（Torres）前首席酿酒师劳尔·波贝特（Raúl Bobet）经营，前景可期。劳尔·波贝特一直想找一处气候凉爽的地方酿制雷司令葡萄酒（混入少许阿尔巴利诺）。功夫不负有心人，伊凯（Ekam）应运而生，该酒口感浓郁，口感持久绵长，伴有淡淡的苦味，令人难以忘怀。塔利亚白葡萄酒（Taleia）由长相思和赛美蓉混酿而成，酒液呈淡淡的稻草黄色，口感精致。★新秀酒庄

瑞美酒庄（塞格雷河岸产区）

瑞美酒庄（Castell del Remei）总是趣事横生。19世纪末，受法国波尔多产区影响，瑞美酒庄经营范围广泛，生机勃勃。后来酒庄经营陷入困境，其产业被塞格雷河岸产区的一家重量级家族——库西涅家族（Cusiné）收购。此后设备彻底翻新，葡萄酒品也得到了革新。由霞多丽和马家婆混酿而成的奥达葡萄酒（Oda）需在木桶中陈酿八个月，是此产区的经典之作；丹魄在当地被叫作提布（Gotim Bru）。该酒庄的提布红葡萄酒由赤霞珠、梅洛、丹魄及歌海娜混酿而成，在美国橡木桶中酿制成熟，具有浓郁的意大利香醋气味。奥达红葡萄酒香气更加大胆奔放，更具层次。瑞美酒庄的相关产业塞尔沃莱酒庄（Cérvoles），出产一系列令人叹为观止的现代葡萄酒。尤其是由霞多丽与马家婆在橡木桶中发酵混酿而成的葡萄酒，酒体呈乳脂色，富含香草气味，味道浓郁。以赤霞珠为主的混酿艾斯特红葡萄酒（Estrats），矿物质气息醇正，令人难以忘怀。

佩雷拉达酒庄（阿姆普丹产区）

佩雷拉达城堡（Castillo Perelada）是一座带雉堞的城堡，里面不仅有酿酒厂，还有一家智能酒店和水疗中心。如果附近海滩上人满为患，则值得绕此一游。在城堡之内，葡萄酒的品质也随着游客的青睐而不断提升。卡瓦斯口感更加新鲜活泼。酒庄旗下的静止酒中，Ex-Ex 葡萄酒由100%的莫纳斯特雷尔酿制，佳贝特红葡萄酒（Finca Garbet）由100%的西拉酿制，这两款酒发展前景可期。佩雷拉达酒庄的特产是阿姆普丹歌海娜（Garnatxa de l'Empordà），这是一种加强型葡萄酒，采用传统工艺由白歌海娜和红歌海娜酿制，并通过多层木桶陈酿12年之久方能出品。

卡普坎内斯酒庄（蒙桑特产区）

卡普坎内斯酒庄（Celler de Capçanes）是西班牙最佳合作酒庄的有力竞争者。旗下的葡萄酒制作精良、物超所值。酒庄创建于1933年，在接受巴塞罗那犹太社区的委托生产蔻修葡萄酒（Kosher Wine）后，成为一家成功的优质葡萄酒酒庄。其阳春英华葡萄酒（Flor de Primavera）由多种葡萄混酿而成，为酒中佳品。马斯科莱（Mas Collet）葡萄酒是蒙桑特风味的鼎力代言作品。顶级葡萄酒卡布里达（Cabrida）由100%老藤歌海娜酿

制而成，香气奔放大胆，口感浓烈醇厚。

罗瑞娜酒庄（蒙桑特产区）

1999 年，克摩卡多酒庄（Clos Mogador）的主人瑞尼·芭碧（René Barbier）和英国人克里斯托弗·坎南（Christopher Cannan）合资成立了罗瑞娜酒庄（Celler Laurona）。克里斯托弗·坎南自 20 世纪 70 年代开始便在欧罗普万（Eurovin）经营顶级葡萄酒。在芭碧的建议下，坎南在普里奥拉托产区的熙飞园酒庄（Clos Figueras）投入了第一笔资金。罗瑞娜酒庄成立之初，就不断有新合伙人加盟，葡萄酒风格却一直延续至今。酒庄出品两款葡萄酒：罗瑞娜葡萄酒（Laurona）由歌海娜、佳丽娜、西拉、赤霞珠和梅洛混酿，反映了蒙桑特产区的多种土质条件；六园红葡萄酒（Selecció de 6 Vinyes）小规模生产，旨在对传统的歌海娜、佳丽酿混酿进行现代化革新。

德尔庞特酒庄（普里奥拉托产区）

德尔庞特酒庄（Celler del Pont）是西班牙新式酿酒精神的集大成者，该酒庄坐落在拉维莱拉–拜萨（La Vilella Baixa）一个位置比较隐匿的地方，由几位与普里奥拉托产区有联系的好友联手创建。酿酒师蒙特斯·纳达尔（Montse Nadal）同时也在塔拉戈纳大学教授酿酒学。他只专注于酿造一种葡萄酒：吉沃特（Lo Givot）。这款酒由有机种植的歌海娜、佳丽酿、赤霞珠和西拉混酿而成，需要在法国橡木桶中进行陈酿，但有 10% 要在美国橡木桶中陈酿。该酒黑莓果香浓郁，混合甘草及异国香料的气息，还有橡木所散发的香草和雪松香味。

波雷拉峰酒庄（普里奥拉托产区）

波雷拉峰酒庄（Cims de Porrera）中的"Cims"意为"顶峰"，描述了波雷拉村的葡萄园位于山坡上。这些葡萄酒出自由普里奥拉托产区的主要酿酒师萨拉·佩雷斯（Sara Pérez）和她的兄弟阿德里亚·佩雷斯（Adriá Pérez）赞助的当地合作项目。该酒庄的各款酒对佳丽酿味道进行了充分诠释，其口感辛辣，辅以少量的歌海娜和赤霞珠。单一园皮加特（Finca Pigat）和特纳（Finca La Tena）葡萄酒全部由佳丽酿酿制，口感浓郁奔放、醇厚紧实、度数高，完美演绎了佳丽酿的特征。此经典酒款仅在最佳年份才会酿制。

达贡酒庄（加泰罗尼亚产区）

达贡酒庄（Clos d'Agon）注定会吸引一众评酒师的目光。这几处顶级葡萄园是由几个瑞士好友在加泰罗尼亚的阿姆普丹产区购买的，位置靠近赫罗纳省的西部海岸。他们聘请了平古斯酒庄（Pingus）的皮特·西谢克（Peter Sisseck）酿制了首款酒（他至今还担任此酒庄的顾问一职）。该酒庄旗下的白葡萄酒主要是由瑚珊、维欧尼及玛珊为原料的南罗讷河谷经典混酿。两款葡萄酒为赤霞珠、品丽珠、西拉、梅洛和小维多混酿。各大酒款口感纯粹，醇厚强烈，令人难以忘怀，还带有鲜明蓝莓与黑莓味道，兼具雪松木和橡木的香气。★新秀酒庄

克摩卡多酒庄（普里奥拉托产区）

克摩卡多酒庄（Clos Mogador）为普里奥拉托产区的驰名酒庄。酒庄主人瑞尼·芭碧（René Barbier）与奥瓦罗·帕拉

西奥、玛丁纳酒庄（Clos Martinet）的何塞普·路易斯·佩雷斯（Josep Lluis Pérez）和希拉纳酒庄（Costers del Siurana）的卡莱斯·帕斯特拉纳（Carles Pastrana）等其他酿酒师一道，共同恢复了普里奥拉托产区往日的荣光。芭碧同时担任多家酿酒厂的顾问。

该酒庄以其姑姑所著小说《摩加多家族》命名，小说讲述的是冯杜山（Mont Ventoux）附近的家庭生活。酒庄的葡萄园规模不大，地势陡峭，主要采用干法种植，葡萄产量极低，出品的浓缩葡萄酒以当地所产赤霞露、西拉及让人意想不到的黑皮诺为主。克摩卡多酒庄的酒款酒体醇厚，口味复杂，单宁浓郁，带有普里奥拉托产区特有的清新。酒庄出品的两款葡萄酒中，乐霖白葡萄酒（Clos Nelin）在该产区久负盛名；梅尼特（Clos Manyetes）由佳丽酿与歌海娜混酿而成，口味复杂。

特雷斯酒庄（普里奥拉托产区）

特雷斯酒庄（Clos I Terrasses）的主人达芙妮·葛洛瑞安（Daphne Glorian）出生于法国，是推动普里奥拉托产区葡萄酒业发展的先驱之一。她的葡萄园最初规模极小，所产葡萄只够酿制一瓶葡萄酒，而且还是在克摩卡多酒庄酿制的。目前葛洛瑞安自立门户［该庄园原为奥瓦罗·帕拉西奥（Alvaro Palacios）所有］。与美国进口商埃里克·所罗门（Eric Solomon）结婚后，葛洛瑞安的大部分葡萄酒都销往美国。伊拉姆干红葡萄酒（Clos Erasmus）在各类评分中常常拔得头筹。酒体具有矿物质的浓郁气息，口味多样，余味中带有成熟果实深层提取的熏香及异国香料的风味。桂冠红葡萄酒（Laurel）是该酒庄的副牌酒。

恭比埃–费舍尔–葛林合伙人酒庄（普里奥拉托产区）

酒庄的名字有一种老式笑话的味道：有 3 位著名酿酒师，两位是来自罗讷产区的法国人［分别来自教皇新堡产区和罗第丘产区（Côte-Rôtie）］，还有一位是来自普罗旺斯产区（Provence）的荷兰人，3 人在普里奥拉托产区的山坡上合伙开了一家店。然而这并非玩笑，这座酒庄让他们有机会研究葡萄佳酿，所用葡萄品种众所周知：歌海娜及西拉。地狱之河葡萄酒（Ríu）中有 2% 的西拉葡萄，是最唾手可得的葡萄酒。三人地狱（Trio Infernal）系列中的 0/3 款是以歌海娜为基础酿造的白葡萄酒，然后又出品了 1/3 和 2/3 酒款。其中三人地狱 2/3 为深色佳丽酿葡萄酒，矿物质气息明显。

希拉纳酒庄（普里奥拉托产区）

希拉纳酒庄（Costers del Siurana）的主人卡莱斯·帕斯特拉纳（Carles Pastrana）是复兴普里奥拉托产区荣光的先驱领袖。他的葡萄园里有歌海娜和佳丽酿老藤，又新种植了梅洛、赤霞珠及西拉，这些葡萄让他受益良多。酒庄旗下的欧巴克克洛斯（Clos de l'Obac）葡萄酒需要在法国橡木桶中陈酿，经深度浸渍，酒体醇厚。酒庄也常常被称为欧巴克克洛斯，尽管其真名是希拉纳酒庄。弥赛亚干红葡萄酒（Miserere）是一款单一葡萄园顶级葡萄酒，口感浓烈。欧巴克多勒（Dolç de l''Obac）则是一款香艳迷人的甜型红葡萄酒，由歌海娜、赤霞珠及西拉混酿而成，酒液芳醇熟透，单宁圆润，富含摩卡咖啡的香气。

德姆勒酒庄（塔拉戈纳产区）

德姆勒（De Muller）是加泰罗尼亚赫赫有名的古老姓氏，

红板岩

放眼世界，每一次关于葡萄酒的技术交流都是在探讨土壤——黏土、砂土、壤土等。在西班牙加泰罗尼亚的普里奥拉托产区（Priorat），人们对一种土壤有特殊的发现。这种土壤不仅会磨坏你的鞋底，你还可以尝其味道。该土壤源自火山灰，这种土壤的表土由板岩和石英混合而成，再往下是由板岩和石英颗粒混合而成的褐色土壤——这就是红板岩（llicorella）。由于普里奥拉托地区夏季异常炎热干燥，种植在红板岩上的葡萄产量很低，但果实浓度高，所酿的葡萄酒精含量高，还有一种近乎咸味的矿物质气息。

与蒙桑特产区（Montsant）的葡萄酒相比，普里奥拉托产区由于具有得天独厚的红板岩，因此其葡萄酒在口味和价格上更胜一筹。

恩卡斯特尔酒庄

玛吉（Marge）葡萄酒口感浓郁醇和，
是一款现代歌海娜混酿葡萄酒。

若梅–梅斯基达酒庄

主打新鲜原料，葡萄酒由新鲜
赤霞珠和梅洛混酿而成。

可以追溯到 1851 年。世事变迁，但德姆勒酒庄仍然忠实地保留着传统风格，尤其是甜葡萄酒［酿制工序类似于赫雷斯（Jerez）产区采用索莱拉（Soleras）橡木桶系统陈酿的工艺］和用歌海娜陈酿氧化酿制而成的陈年葡萄酒。德姆勒酒庄以其圣餐酒而闻名。作为一家大型酒庄，这里可以酿造起泡酒及全系列的静态白葡萄酒和红葡萄酒，其中包括优质的现代赤霞珠。德姆勒酒庄也在普里奥拉托产区酿造葡萄酒。

卡尔多萨酒庄（普里奥拉托产区）

顾名思义，酒庄的葡萄园曾属于普里奥拉托（priorat）上帝之梯修道院（Scala Dei）卡尔特会（Carthusian）的修道士，因为他们圣餐上需要葡萄酒。园内葡萄为有机种植，佩雷斯·达尔莫（Pérez Dalmau）家族用这些有机葡萄酿制出了戈伦纳（Galena）和戈伦纳园（Clos Galena）红葡萄酒。酒庄主人米格尔·佩雷斯（Miguel Pérez）是一位酿酒师并在大学任教，他对自己的葡萄酒兴趣盎然，推崇有加。戈伦纳是一款混酿红葡萄酒，在法国和美国橡木桶中陈酿后，酒体丰满醇厚，带有甘草和香脂的气息。单宁柔顺是戈伦纳园红葡萄酒最突出的特征，又富含水果香气，口感平衡，饮后让人久久难以忘怀。

极限风土酒庄（普里奥拉托产区）

南非才华横溢的酿酒师埃本·萨迪（Eben Sadie）在品尝了 1994 年份的玛丁纳（Clos Martinet）和 1994 年份的克摩卡多（Clos Mogador）红葡萄酒之后久久难以忘怀，随即便启程前往普里奥拉托产区。现在，他与德国人多米尼克·胡贝尔（Dominik Huber）一起，经营打理几片产量极低的葡萄园地块。极限风土酒庄（Dominio de Terroir al Limit）的创新之处在于使用一种混凝土制成的蛋形发酵罐来制作容易氧化的歌海娜葡萄酒。德尔塔红葡萄酒（Dits del Terra）意为"地球之指"，是他们酿制的首款葡萄酒，目前他们计划推出多款风格各异的葡萄酒。德尔塔红葡萄酒经深层提取，单宁浓郁细腻，富含深色水果和石墨矿物质气息，余味悠长。★新秀酒庄

埃德塔里亚酒庄（特拉阿尔塔产区）

埃德塔里亚酒庄（Edetària）葡萄园种植的是老藤葡萄，但酒庄本身非常年轻，充满活力。所产白葡萄酒是对特拉阿尔塔产区特色白葡萄酒的经典诠释。酒庄将白歌海娜与麝香和马家婆葡萄进行混酿，甚至"实验性"地将之与维欧尼进行混酿，但这种"实验性"的混酿组合并没有获得原产地命名制度的认可。葡萄酒在法国橡木桶中发酵成熟，增添了橡木口感和复杂风味。红葡萄酒采用了歌海娜的一种古老品种——多绒歌海娜（Garnacha Peluda），同时又添加了一些辛辣原料混酿而成。"甘之如饴"（Dolç）红葡萄酒由歌海娜和赤霞珠混酿而成，口味醇厚，红果香气馥郁。★新秀酒庄

埃蒂姆酒庄（蒙桑特产区）

蒙桑特产区因葡萄酒价格昂贵闻名，而埃蒂姆酒庄（Etim）所产葡萄酒品质上佳，物超所值。酒庄葡萄酒在法尔赛特（Falset）的合作酿酒厂酿制，这里富丽堂皇，极具高迪（Gaudí）建筑风格。

埃蒂姆酒庄出品的葡萄酒款类众多，布兰科（Blanco）是一款可以充分展示白歌海娜潜质的白葡萄酒；精选西拉与罗讷河

谷红葡萄酒类似。维尔马塔达娜（Verema Tardana）是一款蒙桑特地区的甜红葡萄酒，酒香四溢，回味无穷。

费雷–波贝特酒庄（普里奥拉托产区）

费雷–波贝特酒庄（Ferrer-Bobet）由塞尔吉·费雷·萨拉特（Sergí Ferrer-Salat）和劳尔·波贝特（Raúl Bobet）两人齐心协力，共同成立。萨拉特商运亨通，对葡萄酒兴趣盎然；波贝特曾在桃乐丝酒庄担任技术总监长达 16 年之久。酒庄门面以玻璃镶嵌，像是一个降落在山坡之上的飞碟，内部暗藏由许多橡木桶组成的宝藏。他们对葡萄园的定位是有机种植。2005 年，他们的首酿葡萄酒问世，当年便在西班牙顶级葡萄酒的投票中遥遥领先。2006 年份所酿葡萄酒花香浓郁，沁人心脾，给消费者带来极致的味蕾体验。该酒庄旗下的精选特酿葡萄酒（Selecció Especial）口感浓郁，带有一丝皮革的醇香，风味极佳。★新秀酒庄

若梅–梅斯基达酒庄（普拉耶旺特产区）

若梅–梅斯基达酒庄（Jaume Mesquida）紧靠波雷雷斯（Porreres）村中心。现任酒庄主人为若梅（Jaume）和芭芭拉（Bárbara）兄妹俩。他们从 2004 年接手酒庄，已经是第四代传人了。这两个年轻人兴致勃勃，对酒庄发展满怀雄心壮志。若梅接手酒庄后的第一步举措就是在葡萄园中采用生物力学农业技术。这里的霞多丽葡萄前景可观，其中未经橡木陈酿的葡萄酒口感清爽怡人，具有异国风味。罗莎桃红葡萄酒（Rosat de Rosa）由赤霞珠与梅洛混酿而成，口感浓郁醇香。由赤霞珠系列葡萄酿制的各类酒款都有一份独特的清冽醇和口感。★新秀酒庄

琼·德安格拉酒庄（蒙桑特产区）

琼·德安格拉酒庄（Joan d'Anguera）虽已有两个世纪的历史，但它完全有资格位居新秀酒庄之列，因为酒庄现在由年轻一代——琼（Joan）和约塞普（Josep）两兄弟掌管。酒庄专门研究以西拉葡萄酿制的葡萄酒，该葡萄品种由其父亲引进，正在转型为采用生物力学农业技术种植。加纳查（Garnatxa）是一款纯粹由歌海娜酿制的新款清凉葡萄酒。布加德（Bugader）是该酒庄的顶级葡萄酒，由 95% 的西拉和 5% 的歌海娜混酿而成。该酒酒风大胆、辛辣浓烈、单宁紧实、酒体温润，具有西拉葡萄所特有的黑加仑香气。

琼·桑根尼斯酒庄（普里奥拉托产区）

这家位于波雷拉（Porrera）的家族企业多年来为当地合作社供应葡萄。1995 年，琼·桑根尼斯（Joan Sangenís）创办了这家酿酒厂。他拥有 80 公顷的葡萄园，葡萄藤平均藤龄为 50 年，有些超过了 100 年。桑根尼斯自学成才，善于观察，思维缜密，生产了两个系列的葡萄酒。卡尔普拉葡萄酒（Cal Pla）突出果香的特点，而马斯德恩康普特（Mas d'En Compte）更具层次感。马斯德恩康普特经橡木桶发酵，具有异国情调，风味饱满，是普里奥拉托产区少有的白葡萄酒，该酒由白歌海娜、匹格普勒、白潘萨（Pansà Blancà）及马家婆混酿而成，是值得重点关注的一款佳酿。

约瑟·费勒酒庄（比尼萨莱姆–马略卡产区）

约瑟·费勒酒庄（JoséL Ferrer）创建于 1931 年，有着悠久的历史，也是比尼萨莱姆产区（Binissalem）规模最大的酒

庄。酒庄欢迎游客参观，是个领略酿酒设备如何与时俱进的绝佳之地。酒庄仍在进行变革，邀请了一位来自马西亚巴特勒酒庄（Macía Batle）的新顾问，正在试验使用各种橡木桶（包括俄罗斯和蒙古橡木）进行葡萄酒发酵。酒庄用两种葡萄酿的现代葡萄酒也取得了一些成就（尤其是西拉与卡耶特的混酿）。如果想寻找甜美的麝香葡萄酒，芙瑞塔多勒（Veritas Dolç）也是个不错的选择。

恩卡斯特尔酒庄（普里奥拉托产区）

恩卡斯特尔酒庄（L'Encastell）前身是一家家族经销商，主要业务是向其他酒庄销售葡萄酒。1999 年，卡梅·菲格罗拉（Carme Figuerola）和雷蒙·卡斯特尔维（Raimon Castellví）转变经营思路，建立了新的酿酒厂，并出品了两款葡萄酒。所选葡萄来自他们的两个小型葡萄园。酒庄所产葡萄酒主要为玛吉，是以歌海娜为主的混酿葡萄酒。在法国橡木桶和美国橡木桶中陈酿后，最终成就了这款普里奥拉托产区常见的红酒，该酒结构典型，酒体醇厚。而这款酒的"老大哥"波雷拉罗克斯（Roquers de Porrera）葡萄酒则更加醇厚奔放、结构复杂。★新秀酒庄

玛西亚·巴特尔酒庄（比尼萨莱姆-马略卡产区）

在这个充满各项卫生及安全条例的世界，玛西亚·巴特尔酒庄（Macía Batle）的开放政策大受欢迎。酒庄鼓励游客在酒厂四处转一转；正如游客们所说，他们乐于证明此处没有秘密。来到岛上的游客务必要品尝一下"白中白起泡酒"，这款酒由普伦萨和霞多丽混酿而成，热情奔放。酒庄出产的葡萄酒显示了黑曼托（Manto Negro）葡萄的巨大潜能，因为在任何一款比尼萨莱姆红葡萄酒中，黑曼托至少占比一半以上。私人珍藏葡萄酒（Privada Reserva）则浓郁丰满，略带柑橘和葡萄干水果的香气，是该岛的特色酒款。

阿雷亚侯爵酒庄（阿雷亚产区）

阿雷亚侯爵酒庄（Marqués de Alella）之所以在阿雷亚法定葡萄酒产区家喻户晓，主要是因为来自卡瓦产区帕塞特酒庄（Parxet）的支持。阿雷亚侯爵专门酿造白葡萄酒。单一品种葡萄酒包括沙雷洛鲜酒（Xarel-lo），又名白潘萨（Pansà Blanca），主要以霞多丽为主酿制，具有橡木气味，口感辛辣，果味浓郁，带有维欧尼的花香气味。各类酒款清新怡人、平衡和谐，酒精含量相对较低，是夏季消暑的绝佳选择。

玛斯·奥托酒庄（普里奥拉托产区）

玛斯·奥托酒庄（Mas Alta）成立不久，背景深厚，由包括著名法国商人米歇尔·塔迪厄（Michel Tardieu）在内的一个团队经营。酒庄前身为罗曼尼（Vinyes Mas Romani）庄园，种植有 60 ～ 100 年藤龄的葡萄藤，靠近伊拉姆酒庄（Clos Erasmus）。该酒庄出品的阿蒂加斯（Artigas）是一款歌海娜混酿葡萄酒，葡萄取自新植葡萄，带有雪松的香味。巴塞特（La Bassetta）可谓是更上一层楼，口感更加浓郁馨香。阿尔塔十字葡萄酒（La Creu Alta）则展现了混酿葡萄酒中佳丽酿葡萄的浓郁和烈度，单宁柔滑，并呈现出复杂的松露、黑莓和隐约的矿物质气息。★新秀酒庄

玛斯·玛尔蒂内酒庄
普里奥拉托产区（Priorat）驰名品牌，
葡萄酒由低产量葡萄酿制而成。

阿雷亚侯爵酒庄
白葡萄酒为一大特色，
均为轻型葡萄酒，口感清爽。

玛斯·杜瓦酒庄（普里奥拉托产区）

尽管杜瓦（Doix）家族对葡萄酒种植的兴趣可以追溯到 19 世纪，但直到 1998 年，该家族才在波沃莱达（Poboleda）建立了这家酒庄。很快，杜瓦葡萄酒便举世瞩目。科斯特老藤红葡萄酒（Costers de Vinyes Velles）由 70 ～ 100 年古藤歌海娜和佳丽酿混酿而成，品质奢华、酒体饱满，带有黑莓和蓝莓果实的味道，散发出法国橡木的雪松与雪茄的香气，余味悠长，极富表现力。酒庄的副牌酒为沙兰卡士红葡萄酒，该酒果香清新、特色突出、酸度怡人、单宁细腻，深受消费者喜爱。

玛吉尔酒庄（普里奥拉托产区）

在普里奥拉托这个历史较短的产区，玛吉尔酒庄（Mas d'En Gil）是最晚入驻的一批酒庄。该酒庄建立于世纪之交，面积达 125 公顷。来自佩内德斯的葡萄酒经销商佩雷·罗维拉（Pere Rovira）家族购买了位于普里奥拉托南部贝尔蒙特（Bellmunt）的玛丽亚巴里尔（Masía Barril）庄园。马吉尔庄园不仅生产葡萄酒，还生产橄榄油和甜葡萄饮。葡萄酒中令人印象最深刻的一款是科马白葡萄酒（Coma Blanca），这是一款普里奥拉托产区的顶级白葡萄酒，带有当地风土的矿物质气息，散发异国情调的果味香气，酒体醇厚大胆，余味悠长。

玛斯格·诺伊斯酒庄（普里奥拉托产区）

玛斯格·诺伊斯酒庄（Mas Ignus）是普里奥拉托产区有机葡萄酒领军式生产商。普里奥拉托产区是有机作物的理想产地——夏季缺乏雨水，有机物质不易腐烂，无须进行化学处理。酒庄的有机葡萄酒最初于 1996 年由波沃莱达的合作酒庄与其他酿酒师联合开发，其中包括在佩内德斯产区亚伯诺雅酒庄（Albet i Noya）效力的约瑟·玛丽亚·阿尔伯特（Josep María Albet），这位酿酒师以酿制有机葡萄酒闻名。最后合作关系虽然解除了，但独立的有机葡萄种植者留了下来。酒庄旗下的代表作为马斯格诺伊斯柯斯特（Costers de Mas Igneus），这款酒富含浓厚的黑醋栗和覆盆子香气，余味带有坚实的矿物质气息。

玛斯·玛尔蒂内酒庄（普里奥拉托产区）

玛斯·玛尔蒂内酒庄（Mas Martinet）前身是克洛斯·马尔蒂内酒庄（Clos Martinet），由酿酒学家何塞普·路易斯·佩雷斯（Josep Lluis Pérez）创立，现在与他的孩子萨拉（Sara）和阿德里亚（Adriá）共同经营。萨拉后来与小瑞尼·巴尔比（René Barbier Jr）喜结连理，是普里奥拉托产区的新星人物，在该地区的许多酒庄担任顾问，其中包括波雷拉峰酒庄（Cims de Porrera）。该酒庄的正牌酒克洛斯·马尔蒂内（Clos Martinet）采用产量非常低的葡萄（每株产量低至 0.5 千克）酿制而成。酿酒果实需置于新桶比例为 60% 的橡木桶中进行陈酿，萃取的酒液强劲浓烈，彰显出普里奥拉托产区的特有风韵，同时又不失优雅细腻。

玛斯·佩里酒庄（普里奥拉托产区）

玛斯·佩里酒庄（Mas Perinet）横跨普里奥拉托产区和蒙桑特产区，风土对比鲜明有趣。普里奥拉托产区出品的代表作为"佩里"（Perinet）和"佩里 +"（Perinet+）葡萄酒，皆为多品种混酿酒款；"佩里 +"散发出浓郁的烘焙咖啡及葡萄干的香气。

米尔曼达城堡位于巴尔贝拉河谷（Barberá）的桃乐丝酒庄腹地，该城堡始建于11世纪，风景如画，美不胜收。

瓦尔拉赫酒庄

伊杜斯是一款由佳丽酿、梅洛、西拉、赤霞珠和歌海娜混酿而成的葡萄酒，回味无穷。

桃乐丝酒庄

浓烈不失清新，米尔曼达葡萄酒为桃乐丝酒庄的一款顶级霞多丽葡萄酒。

而在蒙桑特产区出品的克洛玛利亚（Clos Maria）是一种口感浓郁圆润的白葡萄酒，由白歌海娜、白诗南、麝香和马家婆混酿而成。戈蒂亚（Gotia）是一款充满活力的现代葡萄酒，由赤霞珠、梅洛以及歌海娜混酿而成。

梅利斯酒庄（普里奥拉托产区）

当酒庄主人维克多·加列戈斯（Victor Gallegos）和哈维尔·洛佩斯·博泰拉（Javier López Botella）还在加州大学戴维斯分校求学的时候，何塞普·路易斯·佩雷斯（José Luis Pérez）就邀请他们到普里奥拉托产区进行参观。1999 年，他们在普里奥拉托的托罗哈（Torroja）郊外买下了这座庄园。酒庄顶级葡萄酒梅利斯（Melis）由老藤歌海娜与佳丽酿、西拉及赤霞珠混酿而成。副牌酒长生（Elix）混酿的歌海娜含量略低，但添加梅洛来增加酒体的醇厚。加列戈斯曾在位于加州圣巴巴拉市的海烟酒庄（Sea Smoke）学习黑皮诺处理技术，他的经验派上了用场。酒庄所做的创新包括：葡萄收获时使用冷藏容器保存果实，各种型号的酒桶搭配使用，通过调整酒桶尺寸来控制单宁等。★ 新秀酒庄

米克尔·盖拉伯特酒庄（普拉耶旺特产区）

盖拉伯特（Gelabert）是马略卡葡萄品种专家，他的葡萄园涵盖整个岛上众多的品种，同时也包含世界上众多的葡萄品种，包括白胡米亚（Jumillo）和红色黑吉罗（Giró Negre）。他早期酿制的霞多丽葡萄酒大获成功，让他声名鹊起。戈洛斯葡萄酒（Golos）由当地卡耶特和黑曼托混酿而成，口味成熟辛香，略带辣感。以卡耶特为主调的特级庄园宠儿考尔斯（Gran Vinya Son Caules）风格含蓄，散发着花香及桉树和雪松的香味，充满活力，酸度活泼，余味坚实悠长。

米克尔·奥利弗酒庄（普拉耶旺特产区）

酒庄主人奥利弗（Oliver）是普拉耶旺特产区葡萄酒业的领军人物，自酒庄 1912 年成立以来便一直是一家现代化酒庄。目前酒庄酿酒师皮拉尔·奥利弗（Pilár Oliver）是第 4 代传人，她的梅洛艾亚（Aia）葡萄酒备受好评：大胆浓郁，散发出红醋栗和肉的香味，亦带有木炭和摩卡的复杂口感。另有一款西拉葡萄酒，虽略逊一筹但结构紧凑，带有烘焙的浓郁香气，其次是费里奇斯（Ses Ferritges）葡萄酒，该酒款由卡耶特、赤霞珠、梅洛及西拉混酿而成。这款酒具有前几款葡萄酒同样的酒力，风味怡人、口感醇厚，具有烤面包一样的浓郁香气。

莫兰达酒庄（普里奥拉托产区）

莫兰达酒庄（Morlanda）成立于 20 世纪 90 年代末，原名是普里奥拉托葡萄栽培师酒庄（Viticultors del Priorat），现在是菲斯奈特酒庄（Freixenet Cava）集团的旗下产业。该酒庄坐落于群山环绕的贝尔蒙特（Bellmunt），群山以莫兰达峰为主峰，因此酒庄及所出品的葡萄酒都以莫兰达命名，旨在酿造引人注目的高品质葡萄酒。酒庄旗下经过高度浸渍、风味大胆、带有无花果和香料气味的先验地（Prior Terrae）葡萄酒便是代表作。莫兰达葡萄酒本身浓郁强劲、口感柔滑，散发摩卡和烘焙咖啡的香气，同时又带有怡人的烘烤余味。

莫蒂斯酒庄（马略卡地区餐酒产区）

一帮志同道合的好友想酿造上乘葡萄酒，振兴地区农业，于是莫蒂斯酒庄（Mortitx）应运而生。酒庄的赤霞珠、西拉、莫纳斯特雷尔和玛尔维萨种植在海报 400 米高的特拉蒙塔那山脉（Tramontane）。他们还计划种植一些当地老藤葡萄品种。第一批葡萄酒酿制于 2006 年。L'U 是一款红色混酿葡萄酒，该酒于法国橡木桶中陈酿 20 个月，酒体深沉，口味辛香。★ 新秀酒庄

帕雷斯·芭尔达酒庄（佩内德斯产区）

帕雷斯·芭尔达（Parés Baltà）是一个古老的家族酒庄，广泛生产各类静止葡萄酒，红、白葡萄酒，干型、甜型葡萄酒及起泡卡瓦酒。在各类白葡萄酒中，最有意思的当属一种名为卡尔卡里（Calcari）的沙雷洛单一品种葡萄酒，及一种名为吉内斯塔（Ginesta）的琼瑶浆葡萄酒。各款红葡萄酒中，巴尔塔玛尔塔（Marta de Balta）是一款口味辛辣的西拉葡萄酒。阿布西斯（Absis）结构凝实，由丹魄、梅洛、赤霞珠及西拉混酿而成。海森达米雷特（Hisenda Miret）由浓郁醇香的歌海娜酿成。该家族在普里奥拉托产区还经营格拉维努姆（Gratavinum）酒庄。

门德尔酒庄（蒙桑特产区）

蒙桑特产区的门德尔酒庄（Portal del Montsant）项目于 2003 年启动，比普里奥拉托普瑞特酒庄（Portal del Priorat）晚了两年。这两座酒庄均为阿尔弗雷多·阿里巴斯（Alfredo Arribas）设计，并由酿酒师里卡多·罗夫斯相助。2007 年，澳大利亚酿酒师史蒂夫·潘内尔（Steve Pannell）加盟了这两座酒庄。短时间内，酒庄出品了一系列特色鲜明、与众不同的葡萄酒。桑步若（Santbru）为蒙桑特产区最有趣的白葡萄酒之一，该酒口感复杂，带有草本口感。桑步若老藤佳丽酿干红葡萄酒（Santbru Carinyenes Velles）在成熟柔顺的水果香气中夹杂着辛辣、烘焙的味道，不容错过。

若曼达酒庄（塞格雷河岸产区）

若曼达酒庄（Raimat）在塞格雷河岸这个法定葡萄酒产区中大名鼎鼎，也让塞格雷河岸在闻名世界。曼努埃尔·莱文多斯（Manuel Raventos）的家族在他的带领下经营着卡瓦产区科多纽酒庄（Codorníu）。1914 年，他买下了这座破败的庄园，并开始逐步改善这片土地。在选择正确的丹魄克隆品种和正确的葡萄园管理方面，酒庄投入了大量人力物力，并聘请了来自美国和新西兰的著名顾问。最近推出的酒款是维纳24 阿尔布利诺（Viña24Albariño）白葡萄酒，该酒口感活泼明快，带有地中海的醇厚风情。

里巴斯酒庄（马略卡地区餐酒产区）

里巴斯家族（Ribas）早在 1711 年就开始酿造葡萄酒，是现代化老字号酒庄中的典范。来自蒙桑特和普里奥拉托的萨拉·佩雷斯（Sara Pérez）担任酒庄顾问。葡萄园里种植一些稀有的品种，比如维欧尼和白诗南，他们也正在恢复种植当地的加戈拉萨（Gargollasa）红葡萄。里巴斯卡布雷拉（Ribas de Cabrera）葡萄酒出自萨拉·佩雷斯之手，由黑曼托与国际葡萄品种混酿而成，酒体醇厚、复杂浓郁。锡安葡萄酒是一款绝佳混酿葡萄酒，该酒活力四射，浓郁可口，而锡安加戈拉萨（Sió

Gargollasa）酒体轻盈，散发着樱桃香气，深受消费者喜爱。

里波尔桑斯酒庄（普里奥拉托产区）

虽然马克·里波尔（Marc Ripoll）的葡萄酒产业初出茅庐，2000 年才建立，但他培育的葡萄在浓度和烈度方面已经卓有成效。他的酒庄位于格拉塔略普斯（Gratallops），酒桶窖藏在一个修复完好的拱形酒窖内。闭璧战葡萄酒（Closa Batllet）是一种红色混酿葡萄酒，用老藤佳丽酿、歌海娜混酿新藤赤霞珠和西拉，然后在法国和美国橡木桶中陈酿制成。酒体颜色深沉，结构凝实，广受赞誉。

桑格尼斯瓦克酒庄（普里奥拉托产区）

这座酒庄背后其实是一个家族的故事，这个家族和波雷拉的关系可以追溯到 17 世纪。在 20 世纪初期经济危机之后，佩雷拉（Pere Sangenís）和康西塔（Conxita Vaqué）在康西塔祖父的旧酒窖里复兴了传统酿酒的方式。他们酿造的葡萄酒通常会在法国和美国橡木桶中陈酿 1 年。这种较短的陈酿时间使得葡萄酒在新酿时更容易被人接受，不带该产区最畅销葡萄酒特有的那种厚重。

斯卡拉·戴酒庄（普里奥拉托产区）

斯卡拉·戴酒庄（Scala Dei）是普里奥拉托产区历史上不可或缺的一个组成部分。酒庄位于斯卡拉·戴小镇，在"圣山"蒙桑特的山脚下，旁边是一座毁于 12 世纪的修道院。在与世隔绝的群山中，修道士们过着修身养性的生活，并以酿造深色葡萄酒而闻名。卡瓦产区主要的葡萄生产商科多纽酒庄现在拥有该酒庄及其 90 公顷的葡萄园的股份，这些葡萄园主要种植歌海娜，还种植一些佳丽酿、赤霞珠及西拉。酒庄的白葡萄酒独具匠心，酒体圆润，浓郁醇厚。

托马斯酒庄（塞格雷河岸产区）

结束了在瑞美酒庄和塞尔沃莱酒庄（Cérvoles）的工作后，托马斯·库辛埃（Tomás Cusiné）自立门户建立了托马斯酒庄（Tomàs Cusiné）。2006 年，酒庄迎来首次大丰收，因此该酒酿厂因其年轻（而非经验欠缺）被评为新秀酒庄。高达 1126 米的海拔赋予葡萄酒绝对的新鲜度。再加上库辛埃的别出心裁，精心搭配葡萄地块、橡木桶和葡萄品种。例如，奥泽尔（Auzells）是一种标新立异的白色混酿葡萄酒，由马家婆、长相思、帕雷亚达（Parellada）、维欧尼、霞多丽、米勒-图高（Müller Thu-rgau）、麝香、雷司令、阿尔巴利诺和珊瑚葡萄混酿而成。红葡萄酒同样也是现代葡萄酒，特点鲜明，带有一种新西班牙口味。★新秀酒庄

托尼·克拉伯特酒庄（普拉耶旺特产区）

米克尔·克拉伯特（Miquel Gelabert）的兄弟托尼·克拉伯特（Toni Gelabert）很早就开始涉足葡萄酒行业，并凭其特色鲜明的葡萄酒而久负盛名。他对生物动力农业技术兴趣盎然，这一技术在岛上正在缓慢发展。他的霞多丽香气浓郁，带有肉豆蔻的优雅。托雷卡农格干白葡萄酒（Torre d'es Canonge Blanc）是一款令人心醉神迷的混酿葡萄酒，由芬芳馥郁的当地吉罗（95%）和维欧尼混酿而成。该酒酒体呈金黄色，在法国橡木桶中发酵成熟，酒精含量高，口感柔软。酒用 100% 的西拉酿制的葡萄酒香气诱人，口感丰富，味道复杂。

桃乐丝酒庄（加泰罗尼亚产区）

米格尔·桃乐丝（Miguel Torres）之所以能在"百家争鸣"的加泰罗尼亚法定葡萄产区赢得一席之地，是因为他一直在努力灵活利用此产区以外的葡萄酿酒。随着世界葡萄酒市场的增长，他的业务也在增长。游客中心和葡萄酒旅游业、酒庄珍藏、螺旋盖密封、单一葡萄园、几乎灭绝的各类葡萄品种、去酒精葡萄酒等，在所有这些领域中，桃乐丝都一马当先。通过调整自己的葡萄酒产业以适应气候变化，他也为我们指明了方向。假如能酿造出品质优异的葡萄酒，而且人们能够习以为常，那么就说明新的技术革新已经突破了葡萄酒固有的范围。酒庄有许多现代经典酒款：维尼亚埃斯梅拉达葡萄酒（Viña Esmeralda）选用亚历山大麝香和琼瑶浆混酿而成，活泼明快，备受欢迎。米尔曼达园干白葡萄酒（Milmanda）选用顶级霞多丽酿制；马斯平面园干红葡萄酒（Mas La Plana）选用赤霞珠酿制，同样令人期待；格拉斯-穆拉乐园干红葡萄酒（Grans Muralles）用一种当地改良的葡萄混酿而成，令人心醉神迷。新品葡萄酒包括来自普里奥拉托产区的萨尔莫干红葡萄酒（Salmos）及里奥哈产区的伊比利亚陈酿干红葡萄酒（Ibéricos）。桃乐丝酒庄旗下还有还拥有简雷昂酒庄（Jean León Wines），是佩内德斯产区另一家选用法国葡萄酿酒的先锋酒庄。

瓦尔拉赫酒庄（普里奥拉托产区）

在葡萄酒产业为普里奥拉托带来就业机会之前，波雷拉只不过是这里为数众多的山村之一。加泰罗尼亚歌手路易斯·拉赫（Luis Llach）在 20 世纪 90 年代初期投资老藤葡萄园并创立了瓦尔拉赫酒庄（Vall-Llach）。酒庄最初酿造歌海娜和佳丽酿，后来又增加赤霞珠、西拉和梅洛。伊姆布鲁克斯干红葡萄酒（Embruix，在加泰罗尼亚语中的意思为"销魂夺魄"），此款酒精致优雅，最容易购得，且价格合理。伊杜斯（Idus）在橡木桶中陈酿 18 个月，是瓦尔拉赫酒庄的顶级葡萄酒，酒体大胆、口味辛辣、单宁坚实，深受消费者喜爱。

宇宙维纳斯酒庄（蒙桑特产区）

只有才华横溢、活力十足的酿酒师萨拉·佩雷斯才会给自己的酒庄取这种名字。佩雷斯的父亲是普里奥拉托产区的奠基者之一，他致力于该产区发展，并担任许多酒庄的顾问，包括加利西亚产区的拜贝酒庄（Dominio do Bibei）。佩雷斯在法尔赛特酿制的葡萄酒使蒙桑特法定葡萄产区在世界版图上争得一席之地。维纳斯（Venus）口感浓郁大胆、结构宏大、酒体饱满，葡萄选自西拉和佳丽酿。蒂朵（Dido）是一款风格轻盈的葡萄酒，歌海娜散发的草莓香气浓郁，与纯粹的矿物质气息自然平衡。

皮诺尔酒庄（特拉阿尔塔产区）

特拉阿尔塔产区丘陵纵横。海风吹拂着葡萄园，保证了酒庄白葡萄酒的新鲜度。特拉阿尔塔法定葡萄产区允许种植多种葡萄，因此所产葡萄种类丰富多样。皮诺尔酒庄（Vinos Piñol）酿造的酒款包括皮诺尔纽艾丝查新诺拉葡萄酒（Nuestra Señora del Portal），这是一种用白歌海娜混酿葡萄酒，浓郁醇香，带有矿物质气息和香草的味道。得益于老藤葡萄，酒庄的葡萄酒口感辛香清新。此产区的特产是甜型葡萄酒，皮诺尔酒庄用白歌海娜和歌海娜酿制的甜型葡萄酒便是不错的选择。

桃乐丝酒庄

桃乐丝家族 3 代创业都血本无归，这就是家族企业的风险所在。这个葡萄酒家族直到第 4 代传人米格尔·A. 桃乐丝才创业成功，让其产业举世瞩目。他成功之策包括规定退休年龄（70 岁）、规定家庭成员加入企业需签订协议，尽管在这点上他本人与其父亲之间存在分歧。那么家族的第 5 代该何去何从呢？考虑到现在所处的经济环境早已今非昔比，米格尔的子女们有能力或者有意愿让"桃乐丝"这个葡萄酒品牌继续发扬光大吗？

在米格尔的 3 个子女中，有两人在葡萄酒产业上崭露头角。米蕾亚（Mireia）在蒙彼利埃大学（Montpellier University）先后主修化学和酿酒技术。她自 2004 年以来一直担任技术总监，其中巴尔贝拉河谷产区（Conca de Barberà）出品的内罗拉干红葡萄酒（Nerola）就是她的杰作。

2005 年，比她小 5 岁的弟弟米格尔·桃乐丝担任市场总监。在他任职期间，桃乐丝酒庄推出了一系列新款葡萄酒：杜埃罗河岸产区的星空陈酿干红葡萄酒（Celeste）、普里奥拉托产区的萨尔莫干红葡萄酒（Salmos）和里奥哈产区的伊比利亚陈酿干红葡萄酒（Ibéricos），以及无醇自然葡萄酒（Natureo），等等。米格尔·桃乐丝还兼任智利桃乐丝酒庄（Torres Chile）的执行总裁。或许继承家族产业的经营并非易事，但就目前而言，桃乐丝家族新一代的经营前途可嘉。

卡瓦产区

　　卡瓦酒（Cava）产自佩内德斯地区吗？事实上，并不完全如此。"卡瓦"是一种传统酿制方法（法国人称为用香槟酿造法酿造的西班牙起泡酒）。除了佩内德斯，加泰罗尼亚广大的地区，甚至其他省区都出产卡瓦起泡酒。但实际上，当谈到卡瓦起泡酒时，人们会将其合理地理解为"产自佩内德斯地区的葡萄酒"。卡瓦起泡酒的商业化生产始于1872年，当时科多纽酒庄（Codorníu）的何塞普·莱文多斯（Josep Raventós）决定开始生产。对于他能否让西班牙香槟酒爱好者关注到卡瓦起泡酒，许多人并没有信心，但他用结果证明了质疑者其实是误判，世界上更多的卡瓦起泡酒消费者也证明了他的正确选择。

　　"卡瓦"这个名字大概来自西班牙语，意思是"地下酒窖"。在卡瓦起泡酒的生产中心圣萨杜尔尼（San Sadurní d'Anoia），地下酒窖绵延达数千米。直到1994年，欧盟才规定在法国北部划定地区以外禁止使用"香槟"和"香槟酿造工艺"这两个词。这对于西班牙来说值得庆幸，因为人们已经对卡瓦起泡酒耳熟能详。除了加泰罗尼亚以外，阿拉贡、纳瓦拉、里奥哈、巴斯克（País Vasco）、埃斯特雷马杜拉（Extremadura）、瓦伦西亚（Valencia）和卡斯蒂利亚-莱昂等地也允许生产卡瓦酒。

　　卡瓦酒生产商对传统方法起泡酒的推广作出了极为重要的贡献。起泡酒的传统酿制方法通过设备使筛选过程机械化——为了把死酵母倒进瓶颈，必须逐渐转动瓶子。这种方法在法语中又被称作"remuage"。把酒瓶放进金属笼子里，就可以批量加工葡萄酒。虽然有些酒庄仍然使用手工进行筛选，但在世界各地（包括香槟区），大多数传统方法的起泡酒都是采用这种机械化方法生产了。

　　卡瓦产区允许种植4种白葡萄。沙雷洛在阿雷亚产区也被称为白潘萨，用于增加葡萄酒的酒体与层次。有一些用单品种的沙雷洛酿制的卡瓦起泡酒和静止葡萄酒都值得品尝。马家婆（在里奥哈地区又称为维奥娜）在新鲜状态下可为葡萄酒提供酸度。帕雷亚达为葡萄酒提供奶油香气。这3种葡萄都需要精心处理，避免所酿的卡瓦起泡酒口味过于平淡或过于夸张，这也正是廉价卡瓦起泡酒的特点。毫无疑问，霞多丽适合酿制卡瓦起泡酒。然而，人们认为这种国际化的葡萄凭借其清晰的结构和主导混酿酒的方式，让卡瓦起泡酒尝起来不那么地道。至于红葡萄酒，果实成熟的红歌海娜、莫纳斯特雷尔（法语叫作"慕合怀特"）、浅色的查帕（Trepat，在佩内德斯用于酿制桃红葡萄酒）和黑皮诺都可以用于酿制红葡萄酒。与霞多丽一样，有几款桃红葡萄酒是用黑皮诺酿制的，比查帕酿制的任何葡萄酒或西班牙葡萄品种混酿葡萄酒都要出色。

　　根据规定，所有卡瓦起泡酒的软木塞底部必须有一颗四角星。同样，卡瓦起泡酒必须要与酒糟（即死酵母细胞）一起放置9个月。事实上，许多卡瓦起泡酒存放的时间比9个月长得多，珍藏酒最少要18个月，而特级珍藏要30个月。很明显，卡瓦是一种真正的烈性葡萄酒。质量较差的葡萄酿造的卡瓦起泡酒味道介于苹果皮和泥土之间，偶尔会有更诱人的甜瓜和梨的味道，优质卡瓦起泡酒的名声正是因此受损。

　　通过广告的大力宣传，一些品牌的葡萄酒在西班牙和其他地方大受欢迎，另一些葡萄酒则在超市廉价出售。这并非成功产业的开拓方式。对于那些选取顶级葡萄、采用手工筛选方法酿制葡萄酒的酒庄来说，让其出售的葡萄酒物有所值并不现实。毕竟，谁会愿意花香槟的价格去买葡萄酒呢？

阿古斯提酒庄

只看一眼，便永难忘怀。托雷洛（Torelló's）家族地下圣堂葡萄酒（Kripta）放置在一种特殊的玻璃瓶中，形状如同古希腊时期的双耳细颈瓶，让人下意识地想要像抱婴儿一样将其抱起，或者将其小心侧卧搁置。托雷洛家族的葡萄酒品质一直上佳，具有非常清晰、纯粹的家居风格，而并非只在包装上制作巧妙、博人眼球。托雷洛家族是酿制卡瓦起泡酒的专家，绝对采用经典的卡瓦葡萄品种进行酿制。所产葡萄酒通常为自然干型，或者在酿造阶段不添加任何糖。这种酿制风格在法语中通常被称为零剂量。

雷奥吉古堡酒庄

近年来，萨巴蒂·古柯家族（Sabatéi Coca）因其酿造的卡瓦起泡酒而备受关注。他们将成功的原因归结为：精心挑选老藤葡萄；某些葡萄酒在橡木桶中发酵；还有就是长时间陈酿，让葡萄酒口感复杂，且不会因氧化而丧失活力、口感乏味等。他们采用当地的西班牙葡萄品种作为酿制原料。最顶级的一款是萨巴蒂古柯珍藏级怀旧卡瓦起泡酒（Sabaté i Coca Reserva Familiar），该酒由沙雷洛与霞多丽混酿而成，其中沙雷洛在陈酿 36 个月后于橡木桶中发酵，最终酿制出的卡瓦起泡酒口感精致，浓烈强劲。

圣安东尼酒庄

圣安东尼酒庄（Castell Sant Antoni）位于圣萨杜尼－德诺亚镇郊外。酒庄遵循明确的经营理念：只使用自流果汁酿酒，杜绝压榨酒。此酒庄只使用 5 种葡萄：用于酿制白葡萄酒的沙雷洛、帕雷亚达、马家婆和霞多丽，以及酿制红葡萄酒的歌海娜和黑皮诺。酒庄有一座专门酿制卡瓦起泡酒的酒屋，生产各类葡萄酒，品质始终一流。酒庄在陈酿葡萄酒方面毫不吝惜时间，除了通常的特级珍藏，圣安东尼致敬之塔（Torre de l'Homenatge）的陈酿时间约为 10 年（120 个月），最终酿制出的葡萄酒口味复杂，充满了水果蜜饯和烤坚果的味道，余味持久。

卡罗尔·瓦莱斯酒庄

卡罗尔·瓦莱斯酒庄（Cellers Carol Vallès）坐落于苏维拉特斯镇，该镇位于圣萨杜尼-德诺亚镇的主要卡瓦生产中心和佩内德斯比亚弗兰卡市之间。当地人们乐于强调苏维拉特斯的与众不同，因为在这个西班牙的人口密集地区，苏维拉特斯的葡萄园却没有被工厂和住房取代。酒庄自 1996 年开始以自己的品牌销售卡瓦起泡酒，品质最佳的葡萄酒是自然干型（零剂量）葡萄酒，尤其是帕雷亚达福拉千年珍藏葡萄酒（Parellada i Faura Millennium Reserva）。这款酒的一个显著特征是其软木塞顶部覆盖金属盖，上面刻画着该酒庄的酿酒厂或葡萄园，生动有趣。

科多纽酒庄

如果没有科多纽酒庄（Codorníu），可能就不会有卡瓦起泡酒了——或者至少卡瓦起泡酒问世不会这么早。酿酒师何塞普·莱文多斯（Josep Raventós）于 1872 年研究了传统的香槟酿造方法之后，下定决心进行必要投资，在此生产西班牙起泡酒。科多纽酒庄凭借由高迪（Gaudí）的一位学生所设计的

阿古斯提酒庄
浓郁丝滑，带有点焦香味的地下圣堂葡萄酒最少赋予了四年的瓶内陈年期。

现代主义风格和数量庞大的地下酒窖，跻身佩内德斯产区最受欢迎的酒厂之一。所酿葡萄酒口感并不突出，但质量上佳，值得关注。黑皮诺桃红葡萄酒（Pinot Noir Rosado）和温暖松脆的精选维拉维多斯起泡酒（Selección Raventós，由 50% 霞多丽和 50% 沙雷洛或马家婆混酿而成），值得信赖。至于酒庄的名字"科多纽"则来自嫁入莱文多斯家族的酒庄继承人安娜·德·科多纽（Anna de Codorníu）。若曼达酒庄同样属于科多纽集团。

菲斯奈特酒庄

这家卡瓦起泡酒酒庄是加泰罗尼亚人创业精神和商业精神的缩影。虽然费勒家族早已是葡萄酒生产商，但其直到 1914 年才开始酿造卡瓦起泡酒。酒庄接连打造了两个著名品牌：1941 年的内华达纸牌起泡酒（Carta Nevada）和 1974 年的黑绶带起泡酒（Cordon Negro），同时展示了如何用多方位的广告和营销打造品牌。在此过程中，酒庄成功将卡瓦起泡酒引入国际。费勒夫妇随后在加利福尼亚州建立了光荣的菲拉酒庄（Gloria Ferrer），并在国外对其他酒庄进行了多轮收购，包括法国的依夫莫酒庄（Yvon Mau）和香槟酒庄。在佩内德斯产区，菲斯奈特酒庄（Freixenet）旗下还有生产卡瓦起泡酒的维达斯葡萄酒世家酒庄（Segura Viudas）和卡斯德布兰奇酒庄（Castellblanch）。

格拉莫娜酒庄

只需在这座酒庄轻饮一口，你对卡瓦起泡酒平淡无味的误解会立马烟消云散。若梅（Jaume）和哈维尔（Javier）表兄弟俩一个是技术员，另一个是艺术家，他们拥有大片的实验葡萄园，酿造各类酒款的葡萄酒，包括起泡酒和静止葡萄酒。该酒庄最顶级的酒款是 10 年窖藏的酒庄主人巴托格兰珍藏干型卡瓦起泡酒（Celler Battle Gran Reserva），这款酒口味复杂，带有香草和白葡萄的味道。另一款顶级酒为露丝树格兰珍藏天然干型卡瓦起泡酒（Cava III Lustros Gran Reserva），该酒带有烟熏、坚果的味道。格兰特酿卡瓦起泡酒（Gran Cuvee）价值最高。酒庄的创新酒款主要是餐酒，包括桶装发酵的沙雷洛葡萄酒、采用冷浸渍技术酿制的琼瑶浆冰白葡萄酒（Gewürztraminer Icewine）和长相思贵腐甜白葡萄酒（Botrytis Sauvignon Blanc）。

简·爱酒庄

简·爱酒庄（Jané Ventura）的葡萄园位于塔拉戈纳省佩内德斯地势较低的地区，此处属地中海气候，背靠群山，面朝大海。土地多沙干燥，橄榄树密布。酒庄早在 1914 年就开始在此酿造葡萄酒，但直到 1990 年才进军卡瓦起泡酒产业。该酒庄的卡瓦起泡酒采用手工筛选方法，葡萄皆选用传统葡萄品种。桃红葡萄酒果香味浓，选用 100% 歌海娜酿制。特级珍藏自然干型卡瓦起泡酒（Brut Nature Vintage Gran Reserva）令人难以忘怀，尽管选取的葡萄产于炎热季节，但酸度保留良好。

简雷昂酒庄

简雷昂酒庄（Juvé y Camps）为家族酒庄，是圣萨杜尼－德诺亚镇的老字号品牌。酒庄自 1796 年便开始酿造葡萄酒，但进军卡瓦起泡酒产业的时间相对较晚，于 1921 年开始

菲斯奈特酒庄
所产卡瓦起泡酒活泼干爽，口味经典，带有熏香和果脯香气。

拉文图斯酒庄

维拉维多斯桃红起泡酒令莫纳斯特雷尔葡萄
在传统卡瓦葡萄中焕发活力。

帕塞特酒庄

酒款瓶内陈年 3 年以上，
玛利亚卡巴内起泡酒鲜香馥郁。

酿制。简雷昂酒庄的酒款风格传统厚重，口味大胆，酿制的葡萄酒富有表现力，酸度精致、气泡优雅。酒庄酿制的葡萄主要产自本地，但有 3 款酒为例外：单一品种的黑皮诺桃红葡萄酒（Rosé Pinot Noir）、米勒西珍藏干型卡瓦起泡酒（Milesimé Chardonnay），以及特级珍藏混酿葡萄酒，其中霞多丽是 4 种酿酒葡萄之一。

曼尼斯特洛酒庄

曼尼斯特洛酒庄（Marqués de Monistrol）成立于 19 世纪后期，是知名卡瓦起泡酒品牌之一，现在在几个国家的卡瓦起泡酒畅销榜上名列前茅。除广受欢迎的卡瓦起泡酒之外，该酒庄还酿制一种富有层次、酒体紧实的顶级自然干型卡瓦起泡酒（Premium Cuvée Brut Nature），所混酿的霞多丽为此款酒提供新鲜酸度。该酒厂现在隶属于经营广泛的联合酒庄集团（United Wineries），集团拥有一系列知名品牌，包括广受欢迎的贝尔贝拉纳（Berberana）、卢埃达产区的维嘉德拉瑞纳（Vega de la Reina）、拉古尼利亚（Lagunilla）、里奥哈产区的格利诺侯爵（Marqués de Griñon）及卡斯蒂利亚–莱昂产区的杜留斯（Durius）。该公司以康科迪亚侯爵葡萄酒（Marqués de la Concordia）为主题推出了葡萄酒旅游项目"西班牙庄园（Haciendas de España）"，项目包括酒店及品酒室。这个项目同样包括阿根廷和意大利的酒庄，以基安蒂的卡法乔酒庄（Villa Cafaggio）为主导。

欧丽根酒庄

在卡瓦起泡酒生产重镇圣萨杜尔尼的中心，欧丽根酒庄（L'Origan）拥有许多建于 1906 年的老地窖，其中大部分位于地下。尽管采用了传统酿制工艺，但欧丽根酒庄本身是一个新项目。

酒庄多数葡萄酒在橡木桶中发酵，采用传统技术特意将以前年份的葡萄酒与新酒混酿，开发出的葡萄酒口感更加醇厚复杂，酒瓶均采用手工筛选。最终酿制出的葡萄酒略带酒糟，浓烈醇厚，丝滑浓稠，配上富有创意的酒瓶，让人难以忘怀。

帕雷斯·芭尔达酒庄

这里第一座葡萄园始建于 1790 年，酒庄如今也建立在此。大约两个世纪之后的 1978 年，此处由葡萄酒生产商帕雷斯·芭尔达（Baltà）家族购得。如今，酒庄推出的系列葡萄酒不断壮大，包括静止葡萄酒、起泡酒和甜型葡萄酒。帕雷斯·芭尔达（Parés Baltà）有两位孙媳妇也是酿酒师。在 2004 年，帕雷斯·芭尔达酒庄被认定为有机葡萄酒庄，酒庄主人还饲养了羊群为葡萄园堆肥。该酒庄有两大系列的葡萄酒：微型特酿（Micro Cuvées）和经典葡萄酒。微型特酿美味白葡萄酒（Micro Cuvée Blanca Cusiné）为黑皮诺与霞多丽混合酿制，再与皮诺葡萄于法国橡木中发酵而成，口感特别圆润丰富。

帕塞特酒庄

沿着巴塞罗那海岸一路行驶就到了蒂亚纳，这里的花岗岩土壤贫瘠坚硬，而小规模经营的帕塞特酒庄便于此酿制静止葡萄酒。酒庄由莱文多斯·巴萨戈伊蒂（Raventós Basagoiti）家族经营，除此之外，该家族还经营阿雷亚产区的阿雷亚侯爵酒庄、里奥哈产区的巴萨戈伊蒂酒庄（Basagoiti）和杜埃罗河岸的蒂奥尼奥酒庄（Tionio）。帕塞特酒庄（Parxet）的卡瓦起泡酒精心酿制，其中的现代周年纪念版葡萄酒（Anniversario）由黑皮诺与霞多丽混酿而成，部分在新的阿列橡木桶中发酵，并至少陈酿 3 年。最具传统风格的帕赛特玛利亚顶架特级珍藏起泡酒（María Cabané Extra Brut Gran Reserva）混入沙雷洛葡萄酿制，是一款经典混酿酒。

拉文图斯酒庄

径直穿过科多纽酒庄繁华时期建筑林立的道路，就可以看到现代优雅的拉文图斯酒庄（Raventós i Blanc），酒庄围绕一棵 500 年藤龄的橡树而建。

早在 1551 年，拉文图斯家族就建立了科多纽酒庄，但拉文图斯酒庄直到 1986 年才开始运营。拉文图斯酒庄周围是自家葡萄园，周围还有其他酒庄（葡萄园有大约 20% 的葡萄为收购所得）。酒庄注重品质，酿酒历史悠久，精湛的酿酒技术在葡萄酒中得以展现，特别是特级珍藏葡萄酒。除卡瓦葡萄品种外，该酒庄还选用霞多丽、赤霞珠及该地区不太常见的莫纳斯特雷尔进行酿酒。

雷卡雷多酒庄

雷卡雷多酒庄（Recaredo）成立于 1924 年，在后代接手后，酒庄经营焕然一新。何塞普和托尼·马塔（Toni Mata）两兄弟专注于研究风土条件，在葡萄园中遵循生物动力学原理，为必要的堆肥腾出空间。酒庄只生产单一年份的葡萄酒（没有无年份混酿葡萄酒，这对卡瓦起泡酒生产商来说更为常见），所有葡萄酒均为手工酿造，不使用电子笼，且皆为自然干型卡瓦起泡酒。所有酒款醇香酒烈，其中由 100% 沙雷洛酿制的图罗丹莫塔（Turo d'en Mota），酸度活泼，为酒庄一大特色。

苏马洛卡酒庄

卡瓦起泡酒虽然只是苏马洛卡家族企业的一部分产业，但仍受到极其的重视，精益求精。苏马洛卡酒庄（Sumarroca）拥有自己的葡萄园，这在卡瓦产区比较少见。酒庄通过自产葡萄酿制的葡萄酒款类型全面，风格多样。酒庄酿制的最令人感兴趣的酒款无疑是特级干型起泡酒（Gran Brut Allier）。这款酒用霞多丽、沙雷洛和帕雷亚达在法国橡木桶中发酵，然后在瓶中进行两年半的二次发酵才最终酿成。酿出的卡瓦起泡酒层次分明，带有浓郁的烘焙气息，口感细腻怡人，是酒庄的招牌酒款。

在卡瓦法定葡萄产区内的佩内德斯地区（Penedès）多为陡坡，因此这里的葡萄采取梯田种植。

"绿色西班牙" 产区

　　"绿色西班牙"涵盖西班牙的西北海岸及其相关的内陆地区。圣地亚哥-德-孔波斯特拉的亮点之一便是引人注目的大教堂。几个世纪以来，这里一直是朝圣者前往圣詹姆斯墓地的目的地。然而，该教堂并非一直是此处发展的推动力，在基督教兴起之前，凯尔特人居住在这里，随后是罗马人、西哥特人（Visigoths）等。如今，游客仍然可以在山上看到一些孤立的小块区域，那里似乎还没有浸染现代世界的世俗气息。新一波葡萄采集者正在这些隐蔽的地方寻找着古老的葡萄园。在古老的葡萄种类中，他们发现了许多现代商业葡萄酒中所缺乏的浓度和个性。

主要葡萄种类

🍇 红葡萄

门西亚

莫纳斯特雷尔

🍇 白葡萄

阿尔巴利诺

格德约

洛雷罗

特浓情

特雷萨杜拉

年份

2009

该年份整片区域前景喜人。

2008

下海湾产区美酒颇多。柴可丽原产地气候温暖，葡萄酒尤为醇美可口。

2007

下海湾产区的葡萄酒忧喜参半。比埃尔索产区美酒层出，普遍带有浓郁的果香和轻微橡木的气味。

2006

该年份比埃尔索产区葡萄酒佳酿层出，结构紧凑，具有陈酿潜质。

2005

葡萄酒爽口清甜，酒体平衡良好，但挑选葡萄要细心。

2004

该年份的葡萄酒无与伦比，比埃尔索产区出产了一批顶级酒款。

　　"绿色西班牙"产区独树一帜、自成一体。邻近海洋的地理位置和充沛的雨水使这里的植物生长非常茂盛，这也使该地区成为整个国家绿色面积最大的地方。该地区包括北大西洋沿岸产区，人们在那里生产柴可丽（巴斯克语为 Txakolina），一种从高处倒入小玻璃杯中自然起泡的白葡萄起泡酒。此外它还包括比埃尔索产区，从严格的政治角度来看，比埃尔索（Bierzo）属于卡斯蒂利亚的莱昂省，但从地理、气候和葡萄酒业的角度来看，它与下海湾及其附属机构的关系更为密切。

　　由于下海湾葡萄酒声名鹊起，人们常认为"绿色西班牙"产区只生产白葡萄酒且只有阿尔巴利诺葡萄酒。事实上，各地种植的红葡萄数量惊人，这种情况不仅仅出现在比埃尔索产区内。下海湾的大部分产品是阿尔巴利诺葡萄酒。白葡萄被酿成葡萄酒，根据年份和酿酒师的不同，其味道具有从柠檬、草本的清香到蜜桃般柔和等多种口味。这种葡萄搭配海鲜一同享用曾在马德里（Madrid）最高档的餐厅风靡一时，进而推高了需求和价格。

　　周边的 DO 级法定产区，如里贝罗河岸产区（Ribeiro）、萨拉克河岸产区（Ribeira Sacra）和蒙特雷依产区（Monterrei），都提供各自生产的阿尔巴利诺葡萄酒及其混合葡萄酒。目前，最吸引人的是内陆地区的瓦尔德奥拉斯（Valdeorras），人们将蜂蜜酿制的格德约重新制成纯正的新鲜葡萄酒或令人印象深刻的陈酿葡萄酒。

　　拉斐尔·帕拉西奥斯（Rafael Palacios）是瓦尔德奥拉斯地区最精明细致的酿酒师之一，他是阿尔瓦罗（Alvaro）的弟弟，在普里奥拉托有着良好的声誉。阿尔瓦罗协助他们的侄子里卡多·佩雷斯（Ricardo Pérez）在比埃尔索建立了一个酒庄，该酒庄以兄弟俩的父亲何塞命名，名为 J. 帕拉西奥后裔酒庄（J. Palacios）。比埃尔索条件得天独厚，拥有古藤门西亚（Mencía），如果处理得当，可以生产出颜色艳丽、味道浓郁的红葡萄酒。否则，酿酒师就有可能酿出单宁偏硬，口感偏酸的红葡萄酒，只好使用大量新橡木来掩盖残留的味道。然而，近年来顶级酒庄已经成功克服了这些生产中可能出现的问题，并生产出优质且独特的葡萄酒。门西亚无疑是西班牙最新被发现的一种非常受欢迎的红葡萄品种。另一种红葡萄品种莫纳斯特雷尔（Monastrell）也逐渐被认可。

　　该地区另一个重要人物是劳尔·佩雷斯（Raúl Pérez）。他常被称为是酿酒师，但他的杰作充分体现了"绿色西班牙"产区的特点。他在这里的角色更像是一个葡萄栽培家，主要工作是寻找最佳的种植地点和古藤，并为葡萄园注入新的活力。在这之后，酿酒师的职责就是不要过多地干预所酿制的葡萄酒。佩雷斯的许多葡萄酒依然物超所值，但这种情况势必会改变。酒标上带有奥瓦罗·帕拉西奥（Alvaro Palacios'）名字的葡萄酒已经达到了史上最高价。

　　然而，大多数产自"绿色西班牙"产区的葡萄酒尚未被发掘。这些酒大多由小型酿酒厂酿造，其销售范围同样也很小。目前，这个绿色的地区有大量的葡萄酒可供人们品鉴，但其中大部分需要在西班牙本土搭配最新鲜的鱼肉一起品尝。

塔帕达酒庄（瓦尔德奥拉斯产区）

塔帕达酒庄（A Tapada）是瓦尔德奥拉斯产区的重要品牌之一，其家族桂田（Guitián）更是广为人知，因而桂田也成为其葡萄酒的品牌名。1985 年，桂田兄妹在他们庄园周围的土地上重新种植了 9 公顷的格德约葡萄藤。1991 年，他们酿造了他们专属的第一款葡萄酒，并很快获得了广泛好评。但遗憾的是，这个项目的发起人拉蒙（Ramón）在一次摩托车事故中丧生，之后卡门（Carmen）和塞内（Senén）在加利西亚白葡萄酒酿造师何塞·伊达尔戈（José Hidalgo）的协助下，继续开展工作。1996 年，他们通过桶内发酵酿制的格德约葡萄酒也收获好评。

艾多斯酒庄（下海湾产区）

当地种植者曼努埃尔·维拉鲁斯特（Manuel Villalustre）于 2000 年创立了艾多斯酒庄（Adega Eidos）。他拥有 8 公顷的葡萄园，分为 100 小块。他从该地区典型的浓绿茂盛的葡萄藤上手动采摘葡萄，并将其送到 2003 年建造的酿酒厂中酿制葡萄酒。所酿产品辨识度极高。艾多斯（Eidos）生长在萨尔内斯峡谷（Val do Salnés）花岗岩砾石较多的土壤中，是一种新型的单一品种的阿尔巴利诺葡萄，轮廓优美且品质优良。西班牙贝加斯葡萄酒（Veigas de Padriñán）由 40～70 年藤龄结出的果实制成，口感尤为浓郁醇厚。艾多斯酒庄康次艾普利德葡萄酒需要在不锈钢桶中陈酿 3 年以上，这也充分说明阿尔巴利诺葡萄（Albariño）适于陈酿。★新秀酒庄

加利西亚酒庄（下海湾产区）

加利西亚酒庄（Adegas Galegas）主要以阿尔巴利诺葡萄为原料，同时使用当地白葡萄品种特雷萨杜拉（Treixadura）和洛雷罗混酿，生产出一系列风格不同的葡萄酒。最有特色的是一种阿尔巴利诺混酿——维加达雷斯（Veigadares），该酒在法国和美国橡木桶中发酵而成，然后在不锈钢罐中进行陈酿。该工艺可在受控条件下让葡萄粒在橡木和氧气中发酵，从而使葡萄酒形成奶油般细滑的质地，同时避免过重的橡木气息。加利西亚酒庄隶属于加利西亚诺集团（Grupo Galiciano）旗下的产业，不仅如此，德赫萨-德-鲁比亚勒斯酿酒厂（Dehesa de Rubiales），还有位于比埃尔索、瓦尔德奥拉斯和蒙桑特的酒庄也同属于加利西亚诺集团。

阿尔盖拉酒庄（萨卡拉河岸产区）

阿尔盖拉酒庄（Algueira）位于西尔河（River Sil）的绝佳位置，还设有一家餐厅犒劳所有来此旅行的游客。酒庄主人费尔南多·冈萨雷斯（Fernando González）曾是一名银行家，他从顾问酿酒师劳尔·佩雷斯（Raúl Pérez）的提议中受益匪浅。劳尔·佩雷斯专注于古藤，对葡萄园精心打理，生产出的葡萄酒品质尤佳。该酒庄同时生产白葡萄酒和红葡萄酒。布伦丹（Brandán）是由格德约（Godello）酿制的一种浅龄酒；阿尔盖拉则是一款格德约混酿。其红葡萄酒由樱桃味的门西亚（Mencía）葡萄酿制而成，其中一款梅仑萨奥（Merenzao）独具特色，口感醇厚浓郁，带有果酱和香料的气息。★新秀酒庄

阿尔盖拉酒庄

皮萨拉（Pizarra）由门西亚葡萄至少在橡木中放置 6 个月酿制而成。

艾多斯酒庄

阿尔巴利诺的味道令人陶醉，除带有梨子的水果香气外，还有烟熏味和矿物质气息。

阿梅兹托伊酒庄（赫塔尼亚产区）

阿梅兹托伊（Ameztoi）家族 7 代人都在酿造赫塔尼亚柴可丽葡萄酒（两个柴可丽原产地之一）。其葡萄园土质以黏土和沙土为主，位于大西洋圣塞巴斯蒂安（San Sebastián）岸边，受海洋气候影响大，该地区降水丰沛。该酒庄清新爽口的白葡萄酒是由当地的白苏黎葡萄（Hondarribi Zuri）和 10% 的当地红贝尔萨葡萄（Hondarribi Beltza）混合酿制而成。同时酒庄还用这两种葡萄酿制玫瑰红葡萄酒，比例各占 50%。

阿巴德酒庄（比埃尔索产区）

阿巴德酒庄（Bodega del Abad）始建于 2003 年，意为"修道院的酒窖"。该酒庄是一座现代化的建筑，配备所有必需的高科技设备。阿巴德主要运用格德约（Godello）和门西亚酿制白葡萄酒和红葡萄酒。在阿巴德系列中，最好的葡萄酒当属门西亚葡萄酿制的几款：其卡拉赛多（Carracedo）是最具特色的佳酿。知名度更高的是用现代工艺酿制的高廷里斯葡萄酒系列（Gotin del Risc），该酒推出年代比较短，名字来源于"Gotin"，意为"和朋友们小酌一杯"，"Risc"则是一位当地酿酒师的名字。以上几款都是高知名度的葡萄酒，另外还有一款经酒泥陈酿的浓稠细腻、带有芳草气息的格德约葡萄酒和一种名为艾森西亚（Essencia）的经橡木桶酿制的门西亚葡萄酒，均备受好评。

卡斯特罗·文托萨酒庄（比埃尔索产区）

据记载，自 1752 年起，佩雷斯家族一直在罗马山堡附近的贝吉杜姆-弗拉维姆（Bergidum Flavium）酿造葡萄酒。比埃尔索地区的名字就来源于此。该公司于 1989 年开始以卡斯特罗·文托萨（Castro Ventosa）作为品牌名进行装瓶，现拥有 75 公顷的自有土地生产门西亚葡萄，是原产地门西亚品种最大的种植园。当前酒庄的新一代掌门人主要是该家族父母双亲的同胞兄弟姊妹，其中就有西班牙酿酒的领军人物劳尔·佩雷斯（Raúl Pérez）。卡斯特罗文托萨的葡萄酒是由独立团队酿制和管理的。其瓦图伊百年精酿葡萄酒（Valtuille Cepas Centenarias）是该葡萄园的代表作。

卡斯特罗塞尔塔酒庄（下海湾产区）

卡斯特罗塞尔塔酒庄（Castrocelta）是一座成立于 2006 年的新兴酒庄，由瓦尔多（Val do Salnés）地区大约 20 名葡萄种植者和酿酒商组成。该酒庄的名字引起了人们对凯尔特人的关注，认为他们是这一地区的原始居民。庄园共种植了 37 公顷的阿尔巴利诺葡萄，其阿尔巴利诺卡斯特罗塞尔塔（Albariño Castrocelta）葡萄酒口感清新、浓郁、富有表现力，更注重果粒的清爽度而非桃香。还有一款精酿葡萄酒，使用最优质的葡萄经酒泥陈酿而成，而世袭经典葡萄酒（Heredium）则用他们年份最小的葡萄果实酿制而成。

塞萨尔酒庄（萨克拉河岸产区）

该酒庄以其品牌——裴萨杜蕾葡萄酒（Peza do Rei）而出名。塞萨尔酒庄（César Enríquez Diéguez）于 1992 年在拉泰

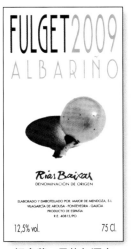

门多萨·马约尔酒庄

柔和、果香浓郁的阿尔巴利诺葡萄酒具有宜人的浓度，口感尤为醇厚。

拜贝酒庄

为获得最佳口感，拜贝拉拉玛干红在酒槽中陈酿 21 个月。

黑拉（A Teixeira）成立，1998 年又建立了酿酒厂。随着该原产地的复兴，其旗下的各种酒款也因精致优雅而迅速走红。迭戈斯（Diéguez）一直用格雷约和门西亚葡萄而非本地的葡萄果实酿酒。事实证明他们出产的红葡萄酒备受青睐，具有浓郁的花香、烘焙咖啡的香气和一丝泥土的芬芳，单宁也相对柔和。

J. 帕拉西奥后裔酒庄（比埃尔索产区）

J. 帕拉西奥后裔酒庄（Descendientes de J Palacios）中的"后裔"是指极具影响力的奥瓦罗·帕拉西奥（Alvaro Palacios）和他的侄子里卡多·佩雷斯（Ricardo Pérez），他们于 1999 年在科鲁利翁（Corullón）开始了自己的传奇生涯。酒庄生产的葡萄酒迅速成为该地区的标杆，并使比埃尔索成为一个备受酿酒师关注的原产地。正如同帕拉西奥（Palacios）动情地谈论普里奥拉托（Priorat）精神一样，佩雷斯也热衷于谈论这里最初由中世纪僧侣建立的葡萄园。他采用生物动力方式种植门西亚葡萄，在 200 个小块土地上像栽种灌木一样种植了 30 公顷的葡萄藤。比塔罗斯红葡萄酒（Pétalos）是该酒庄产量最高的葡萄酒，带有丝丝橡木味；科鲁利翁红葡萄酒（Villa de Corullón）则选自古藤果实酿制，味道更加浓郁。还有其他产量较小、未经过滤的葡萄酒，这些葡萄酒都展现了独特的板岩和石英风土条件。

塔雷斯酒庄（比埃尔索产区）

塔雷斯酒庄（Dominio de Tares）位于一个工业区内。比埃尔索产区古藤具有分散性，因此在葡萄园中建立酒庄是行不通的。尽管如此，该酒庄产出的葡萄酒一直保持优良的品质，因此使塔雷斯成为比埃尔索产区名列前茅的酒庄。这里酿制几款门西亚红葡萄酒，值得关注的有美国橡木桶陈酿的斯塔雷斯 P3 葡萄酒（Tares P3）及在美国和法国混合橡木桶陈酿的维加斯老藤红葡萄酒（Cepas Viejas）。比埃尔索产区不只盛产红葡萄酒，其塔雷斯格德约白葡萄酒（Dominio de Tares Godello）口感厚重，将木桶发酵的酿制风格发挥得淋漓尽致。该集团的其他品牌包括来自下海湾产区的卢斯科（Lusco），以及莱昂卡斯蒂利亚（Castilla y León）的多米诺多斯泰尔斯（Dominio Dostares），该品牌旗下有普利艾多皮库杜（Prieto Picudo）干红系列，其中最著名的是多汁的伊思德（Estay）和浓郁辛辣的库玛尔（Cumal）干红葡萄酒。

拜贝酒庄（萨克拉河岸产区）

萨克拉河岸产区有着独具特色的陡峭梯田葡萄园和片岩质板岩土壤，普里奥拉托的萨拉·佩雷斯（Sara Pérez）和瑞尼·芭碧（René Barbier Jr）对此十分看好，加上这里与他们自己的葡萄园有很多相似之处，便来到里贝拉萨克拉（Ribeira Sacra）大展身手。哈维尔·多明格斯（Javier Dominguez）邀请他们为自己的庄园提供咨询，没想到第一批葡萄酒便结构精致、个性化十足。多米诺比雷酒庄坐落在风景宜人的历史景观之中，本身也是一个引人注目的现代化酿酒厂，该酒庄酿酒师主要运用门西亚酿造红葡萄酒，用格雷约和特雷萨杜拉酿造白葡萄酒。然而这里并不使用不锈钢罐，而是使用橡木桶或者使用混凝土制成的类似鸡蛋形状的发酵罐来酿造白葡萄酒。这种红葡萄酒被称为拉拉玛（Lalama）和拉兹玛（Lacima）；而白葡萄酒被称为拉珀娜（Lapena）和拉珀拉（Lapola）。

埃米利奥-罗霍酒庄（里贝罗河岸产区）

1987 年，大胡子埃米利奥·罗霍（Emilio Rojo）建立了埃米利奥-罗霍酒庄。埃米利奥·罗霍曾是一名电信工程师，他回到家乡加利西亚，并在河岸地区这个有着悠久酿酒传统的地方再次发现了几个古老的葡萄品种。罗霍的杰出成就便是让鲜为人知的拉多（Lado）葡萄再现天日。他小批次生产一种由特雷萨杜拉、洛雷罗、拉多、阿尔巴利诺和特浓情混酿的葡萄酒，用这么多芳香四溢的葡萄（aromatic grapes）共酿一款美酒，结果必然是花香扑鼻，事实果然不出所料。

埃丝特梵酒庄（比埃尔索产区）

埃丝特梵酒庄（Bodegas Estefania）于 1999 年由弗里亚斯（Frías）家族创立，葡萄种植面积约为 40 公顷，分布在陡峭、难以管理的山坡上，葡萄园的小块地上散布着古老的灌木藤蔓。埃丝特梵酒庄旨在酿制门西亚葡萄高品质、单一品种的葡萄酒，为此这里的酒庄主人稳定果实的质量，并在酒庄（包括庄园内的酒窖，酒窖内 80% 的法国橡木桶由 20 多个不同的法国木桶匠制造）投入足够的资金。缇娜斯（Tilenus）是一款用门西亚酿制的新葡萄酒，而皮埃尔斯（Pieros）更为大胆，其酿酒所用的葡萄均产自最古老的葡萄藤，因此两者形成了鲜明的对比。该酒庄还使用当地的普利艾多皮库杜红葡萄酿造卡斯蒂利亚莱昂红葡萄酒（Castilla y León）系列，并用丹魄酿制卡斯提洛有机红葡萄酒（Castillo de Úlver）。

菲拉波尔酒庄（下海湾产区）

菲拉波尔酒庄（Fillaboa）的主人马萨沃（Masaveu）家族从 14 世纪起就与西班牙的酿酒行业有了不解之缘，不过后来他们转行了。之后他们又重新回归葡萄酒领域，购买了里奥哈（Rioja）的穆鲁亚（Murúa）和纳瓦拉的帕戈阿莱兹（Pagos de Araíz）葡萄园，最终在 2000 年购买了菲拉波尔酒庄（意为"好女儿"）。该酒庄盛产 3 种葡萄酒：首先是阿尔巴利诺菲拉波尔葡萄酒（Albariño Fillaboa），该酒芳香浓郁、带有柑橘和白花的香气；其次是口感柔顺的蒂诺发酵葡萄酒（Fermentado en Tino），需在 2000 桶中发酵以达到轻微橡木的效果；还有著名的高山园精选阿尔巴利诺干白葡萄酒（Selección Finca Monte Alto），这是该原产地中唯一的单一庄园葡萄酒。

甘塞多酒庄（比埃尔索产区）

甘塞多酒庄（Gancedo）的联营者将自己描述为亲手酿酒的葡萄种植者。他们强调自己并非是葡萄园的继承者，而是作为新手刚刚踏足这个行业。1998 年开始，酒庄的团队就开始踏踏实实地在葡萄园里工作，直到 10 年后才开始建造酒庄。他们在 13 公顷的土地种植葡萄（其中大部分是 60～100 年的葡萄藤），并用这些葡萄藤的果实酿造了 4 种格德约和门西亚葡萄酒。最引人注目的是在新橡木中发酵的海伦西亚格德约葡萄酒（Herencia del Capricho）。此外还有赛斯特（Xestal）和乌瑟多（Ucedo），该品牌是制作工序严谨的门西亚葡萄酒，可在装瓶后继续陈酿。
★新秀酒庄

盖尔格利罗酒庄（蒙特雷依产区）

独具魅力的盖尔格利罗酒庄（Gargalo）位于三星级的贝林旅馆（Parador de Verín）的山脚下，这里还设有一家酿酒厂，由本地的时装设计师罗伯托·韦里诺（Roberto Verino）经营。酒庄及其团队就像他本人一样时尚，建筑的内墙装饰有时兴的摄影作品——这在典型的混凝土和不锈钢的酒庄世界中非常罕见。韦里诺（Verino）在葡萄园里试用一系列还未被人发掘的当地葡萄，包括红葡萄和白葡萄。红葡萄酒在当地很有发展前景，但目前他的主流产品是使用当地的格德约和特雷萨杜拉品种酿造的白葡萄酒。

门德斯·杰拉多酒庄（下海湾产区）

门德斯·杰拉多酒庄（Gerardo Méndez）是一座处于内陆地区的小型酒庄，坐落在典型的加利西亚（Galician）灰石建筑中，远离大西洋和海雾的影响。门德斯·杰拉多和他的女儿恩诺共在 5 公顷的土地种植葡萄，并制作出了非常纯正的苹果味费雷罗阿尔巴利诺红葡萄酒（Albariño do Ferreiro）。他们的第二款酒是烈度很高的维拉斯白葡萄酒（Cepas Vellas，有"老藤"之意）。这些葡萄藤绝对对得起"老藤"的称号，因为它们在本地生长，比一个多世纪前根瘤蚜虫的到来还要早。在这些低产葡萄藤酿制的葡萄酒中，极高水果浓度能够创造出复杂且具有层次的口感，并带有柑橘类水果和精致的香草味道。

哥德瓦尔酒庄（瓦尔德奥拉斯产区）

哥德瓦尔酒庄（Godeval）位于瓦尔德奥拉斯产区葡萄酒酿造发源地的中心位置。该酒庄建成在一座修葺一新的 13 世纪哈戈萨修道院（Xagoaza）中。19 世纪 70 年代，恢复格德约葡萄项目的几位发起人创建了哥德瓦尔酒庄。庄园成立之初只有 11 公顷，现在面积已经得到大幅增加。庄园一直在控制葡萄产量。产量虽低，但果实紧致细腻。其第一款葡萄酒在 19 世纪 80 年代中期问世，口感圆润成熟，至今仍然是格德约系列的典范佳酿。另外一款维拉斯白葡萄酒也有着很高的评价。

吉马洛酒庄（萨克拉河岸产区）

吉马洛酒庄（Guimaro）曾一举成名，其崛起的原因是受到了游历极广的酿酒大师劳尔·佩雷斯（Raúl Pérez）的拜访。该酒庄酿造多种葡萄酒，包括吉马洛（一种未经橡木桶发酵的新门西亚红葡萄酒）和该酒庄的成名作佩卡多（El Pecado）。而存在的问题是这些酒品是否过度萃取或度数过高，或者是否能平衡门西亚更加柔和的特性。当前这里正进行大量的试验，也让吉马洛成为受人瞩目的酒庄。★新秀酒庄

洛萨达酒庄（比埃尔索产区）

洛萨达酒庄（Losada）是比埃尔索产区的新兴品牌，其酿酒师之前在顶级的塔雷斯酒庄效力，有着丰富的经验。该酒庄的葡萄藤并非种植在常见的板岩土壤中，而是种植在黏土中，

但洛萨达认为这并不会妨碍葡萄的生长。他指出，世界上一些品质好的葡萄都是在黏土中培养的。

该项目背后的合伙人希望酒庄能给人留下好的第一印象，因此建筑师为阿尔托（Aalto）、阿塔迪（Artadi）和达贡酒庄（Clos d'Agon）等一流的酒庄精心设计了酒厂。目前，该酒庄出产两种门西亚酿造的葡萄酒——洛萨达红葡萄酒和阿尔图斯洛萨达葡萄酒（Altos de Losada），两者都具有很强的发展前景。★新秀酒庄

露娜·贝韦里德酒庄（比埃尔索产区）

露娜·贝韦里德酒庄（Luna Beberide）成立于 1987 年，是较早在比埃尔索产区落户的酒庄之一。该酒庄拥有 80 公顷的葡萄园，主要种植门西亚，但也种植其他国际知名的红白葡萄品种，包括赤霞珠、梅洛、琼瑶浆和霞多丽，以及小满胜和麝香葡萄［可用来酿造一种名为露娜阿尔玛（Alma de Luna）的甜葡萄酒］。然而该酒庄最引人入胜的还是当地的红葡萄品种门西亚。露娜·贝韦里德酒庄门西亚红葡萄酒就是使用门西亚葡萄酿造出的经典新款，该酒甘美爽口，通体洋溢着樱桃般的水果香气。

门多萨·马约尔酒庄（下海湾产区）

巴罗斯（Barrors）家族一直在瓦尔多地区生活，自 19 世纪 70 年代开始便一直种植阿尔巴利诺葡萄。门多萨·马约尔酒庄（Maior de Mendoza）自原产地建立之初便成立了。该酒庄生产几种不同风格的阿尔巴利诺葡萄酒，其中最成功的无疑是福尔吉特（Fulget）。这款酒因其果香浓烈、口感丰富和余韵微苦的特质获得了人们的好评。

曼努埃尔·福米戈酒庄（里贝罗河岸产区）

曼努埃尔·福米戈酒庄（Manuel Formigo）是曼努埃尔·福米戈和他的妻子经营的一个家族企业，现在该企业已经传给了下一代。

这家光彩夺人的酿酒厂连同实验室都建在历史悠久的老宅邸（大约已有 200 年历史）里。他们在坚硬的石质土壤中种植各类当地葡萄品种，藤龄在 5～15 年。该酒庄正处于从传统向现代化过渡的时期，已初步显现了酒庄良好的发展前景。福米戈也生产当地品种的红葡萄酒和一种天然葡萄酒。

马丁·歌达仕酒庄（下海湾产区）

1985 年，马丁·歌达仕酒庄（Martín Códax）以合作酒庄的形式开始运营，此后发展成为一个庞大的产业。马丁·歌达仕酒庄主要生产 3 款葡萄酒：马丁·歌达仕干红（阿尔巴利诺酿制的经典款）是公认的现代经典葡萄酒之一。勃艮斯（Burgans）会在酿造过程中残留一些糖分，而弦琴葡萄酒（Organistrum）在法国橡木桶中发酵，然后在不锈钢酒桶中经酒泥陈酿而成，这种酿造方法在增加口感层次的同时又不会残留过多橡木桶的味道。马丁·歌达仕酒庄偶尔也会加酿造加利西亚葡萄酒，该酒受葡萄孢属影响而较晚酿成，芳香似蜜，极具异国情调。

费菲尼亚斯宫酒庄（下海湾产区）

费菲尼亚斯宫酒庄（Palacio de Fefiñanes）历史悠久。该酒庄位于一座 1647 年建成的宫殿中，1904 年开始酿酒。尽管起步较晚，但仍然是当地最古老最顶级的酒庄之一。该酒庄葡萄酒酒瓶上的标签印有庄园的历史，但瓶内的葡萄酒却独具现代化特征。酒庄出产的阿尔巴利诺口感爽利，带有青柠和茴香的气息。对于喜爱阿尔巴利诺木桶发酵酒的人来说，1583 年份的葡萄酒有着淡淡的烟熏味道，质地上乘，极富吸引力。顶级葡萄酒菲芬尼斯三世（Fefiñanes III Año）因长时间在酒槽中发酵，口感更为丰富。★新秀酒庄

帕佐·卡萨诺瓦酒庄（里贝罗河岸产区）

帕佐·卡萨诺瓦酒庄（Pazo Casanova）是里贝罗河岸产区的一座新兴酒庄。2000 年来自巴约纳（Baiona）的酒店经营者创建了该酒庄，庄园拥有一处 18 世纪的房产，是一座家庭酒庄。酒庄主要种植当地的白葡萄品种，以特雷萨杜拉为主，酿制两种混合酒：一种是卡萨诺瓦（Casanova）白葡萄酒，其特点是口感丰富、甘美爽口；另一种是卡萨诺瓦麦斯玛（Casanova Maxima），是特雷萨杜拉和格德约酿制的混合酒，带有草本和花香的浓郁气息。★新秀酒庄

帕佐·圣纳斯酒庄（下海湾产区）

帕佐·圣纳斯酒庄（Pazo Señorans）一直是西班牙最佳的酒庄之一。酒庄周围环绕着加西利亚的老房子，玛莉索·布埃诺（Marisol Bueno）和哈维尔·马奎（Javier Mareque）夫妇共同管理着 8 公顷的葡萄园。玛莉索学会了如何酿造和销售葡萄酒，并成为当地监管委员会的主席。圣纳斯葡萄酒（Señorans）的成功充分证实了玛莉索的能力，旗下的帕佐·圣纳斯是一款口感柔和、圆润的阿尔巴利诺葡萄酒，而珍藏安达葡萄酒（Selección de Añada）带有淡雅的桃香和玫瑰般浓郁的香气。同时，他们也酿造典型的香草味次白兰地酒（一种高浓度的"烈酒"）。

佩基酒庄（比埃尔索产区）

佩基（Peique）家族于 1999 年开始创业，这一年是在比埃尔索产区建立酒庄非常有利的一年。其总部设立在阿巴约山谷（Valtuille de Abajo），靠近以前的金矿开采中心。现在佩基家族有 3 代人都在这个专注于小规模生产的行业工作，年青一代接受的学术培训为其提供了专业知识支持。他们酿制 3 种葡萄酒：一种是门西亚葡萄酒，一种未经橡木桶酿制的年轻白葡萄酒，该酒体现了门西亚葡萄酒的特点；另一种是维纳威奥葡萄酒（Viñedos Viejos），该酒在橡木桶放置 12 个月；还有私家珍藏系列葡萄酒（Selección Familiar），该系列通体散发着浓郁果香，带有橡木桶的气息。

普拉达托普酒庄（比埃尔索产区）

1984 年，何塞·路易斯·普拉达（José Luis Prada）满腔热忱地接手了这个酒庄，并积极修缮了这一处引人注目的住宅（西班牙与瑞士风格相结合的木屋）。它不仅是一家酿酒厂，同时还生产栗子、樱桃、无花果等作物，是一家为过往旅者提供住宿和食物的旅馆。普拉达托普-卡内多宫殿酒店（Prada a Tope Palacio de Canedo）不仅能提供娱乐项目，还能酿造各类风格的门西亚葡萄酒，包括经过碳化浸渍的浅龄玫瑰红葡萄酒，酒味香醇，以及经橡木桶陈酿而得到的优质普拉达托普葡萄酒（Prada a Tope）。

昆塔·穆德拉酒庄（蒙特雷依产区）

昆塔·穆德拉酒庄（Quinta da Muradella）是蒙特雷依产区令人瞩目的新酒庄，也是加利西亚地区的宝藏项目。酿酒师何塞·路易斯·马特奥（José Luis Mateo）于 1991 年开始经营这家酒庄，占地 14 公顷，他重新组合当地的葡萄品种进行酿酒：红葡萄酒由巴斯塔都（Bastardo）、扎马利卡（Zamarrica）、布兰赛亚奥（Brancellao）和阿劳萨（Arauxa）混合酿制而成。而白葡萄酒除了使用一些比较常见的葡萄品种外，还增添了白夫人（Doña Blanca）和闻名遐迩的蒙斯特鲁奥萨（Monstruosa）。2000 年，马特奥开始与知名酿酒师劳尔·佩雷斯进行合作，所酿制的葡萄酒都引人入胜。艾澜达（Alanda）是桶内发酵的白夫人混酿，戈尔维亚（Gorvia）是门西亚红葡萄酒，昆塔·穆德拉红葡萄酒是（Quinta da Muradella）则是由桶内发酵的巴斯塔都酿造而成的。★新秀酒庄

拉斐尔·帕拉西奥斯酒庄（瓦尔德奥拉斯产区）

瓦尔德奥拉斯意为"黄金谷"，因此拉斐尔·帕拉西奥斯酒庄（Rafael Palacios）自 2004 年酿酒以来也一直试图酿造金色的葡萄酒。拉斐尔的哥哥阿尔瓦罗（Alvaro）在普里奥拉托（Priorat）和里奥哈培育单宁和橡木味道的红葡萄酒，而拉斐尔则更乐于酿制白葡萄酒，他也是酒庄的里奥哈白葡萄酒普莱希特（Placet）的酿酒师。帕拉西奥斯选择葡萄时非常仔细，酿制的卢罗多博洛（Louro do Bolo）白葡萄酒的葡萄采自海拔 600 米高的格德约葡萄园，再混入少量的特雷萨杜拉葡萄，口感醇厚且没有过重的橡木味，细微的柑橘果香和丰富的口感相互交织。就像索斯特瓦尔比雷葡萄酒（Sortes Val do Bibei）一样，该酒是一款极具特色的葡萄酒，在木桶中经过长时间发酵和陈酿，有着细腻的深度和质地。★新秀酒庄

劳尔·佩雷斯酒庄（比埃尔索产区）

劳尔·佩雷斯出生于阿巴约山谷，其家族在当地经营卡斯特罗文托萨酒庄。他自己的酒庄位于瓦图伊（Valtuille），主要酿造阿特拉圣雅克红葡萄酒（Ultreia San Jacques）。这是一款门西亚酿制的葡萄酒，口感尤为丝滑丰富，展现了完全成熟时的门西亚葡萄的未被开发的潜力。他与种植者和酒庄主人合作，在西班牙各地搜寻最好的老藤材料，这花费了他大量时间，因此他并未在自己酒庄生产系列葡萄酒。你可以在莱昂山地的马尔贡酒庄（Bodegas Margón）找到佩雷斯，他在那里为普奈姆葡萄酒（Pricum）提供咨询服务，你也可以在卡斯蒂利亚-莱昂产区的兰迪和佩雷斯酒庄找到他，他会与吉梅内兰迪酒庄（另一个新兴的葡萄园）的丹尼尔·戈麦斯（Daniel Gómez）一起研究葡萄酒。

费菲尼亚斯宫酒庄
该酒的瓶子可能很普通，但葡萄酒却 100% 是新鲜的阿尔巴利诺酿制而成的。

帕佐·圣纳斯酒庄
该酒庄的精选白葡萄酒（Seleccion de anada）由 100% 的阿尔巴利诺在不锈钢桶中陈酿 34 个月而成。

女王之路酒庄（萨拉克河岸产区）

女王之路酒庄（Regina Viarum）取自古拉丁语，表示曾穿越该地区的罗马道路。2002 年，该酒庄由塞尔塔维戈（Celta de Vigo）足球俱乐部负责人领导的团队创立。他们在葡萄酒和葡萄酒旅游行业进行投资，主体建筑占据西尔河的绝佳位置。目前这家酿酒厂拥有 20 公顷的土地，并购买了更多葡萄品种，以期在酿造门西亚葡萄酒的同时重点酿制格德约葡萄酒。

罗萨莉亚·卡斯特罗酒庄（下海湾产区）

罗萨莉亚·卡斯特罗酒庄（Rosalía de Castro）并不是典型的合作型酒庄。该酒庄极具创新精神，是加利西亚第三大葡萄酒企业，其合作伙伴中 60% 是女性。合作酒庄雇用了 400 多名员工，拥有 202 公顷葡萄园，分布在 1900 个小块土地上，借助现代化设施其生产能力为 200 万瓶葡萄酒。

该公司在 2005 年创办，公司名称艺术气息浓厚：罗萨莉亚·卡斯特罗是 19 世纪加利西亚地区重要的浪漫主义诗人，她的诗作风格深刻影响着当地的市场。罗萨莉亚·卡斯特罗葡萄酒是一款主流的阿尔巴利诺葡萄酒，是一款新产的浅龄酒。巴科与劳拉（Paco & Lola）的品牌设计非常年轻时尚，但酒体严谨、带有鲜明的果香，独具表现力。

乐土酒庄（下海湾产区）

作为下海湾地区顶级酒庄之一，乐土酒庄（Terras Gauda）表现卓越且富有创造力。乐土葡萄酒由 70% 的阿尔巴利诺和 30% 的洛雷罗（Louriero）和白凯诺（Caiño Blanco）混合品种酿制而成。单一品种无疑是极好的，但在此种情况下，种植混合品种比单一品种更好。这款酒口感丰富，带有鲜明的茉莉花和橘皮的香气。黑标（Etiqueta Negra）说明该酒具有一定的烈度，且带有橡木桶陈酿的烟熏味。在比埃尔索产区，该公司还建立了皮塔克姆酒庄（Bodegas Pittacum），因酿制的门西亚红葡萄酒品质优良、酒体严谨而迅速赢得了极高的声誉。

俄查尼斯酒庄（吉塔里亚-柴可丽产地）

赫塔尼亚（Guetaria）的档案中显示，自 1649 年起，多明戈·俄查尼斯（Domingo de Etxaniz）便开始在赫塔尼亚种植葡萄。随着时间推移，到 1989 年时，该地区的酿酒厂参与了吉塔里亚-柴可丽原产地的创建。俄查尼斯酒庄坐落在圣塞巴斯蒂安（San Sebastián）以西的大西洋岬上。这里仅种植两种葡萄品种：白苏黎和红贝尔萨。以这两种葡萄为基础酿酒师酿制三款葡萄酒：经典的俄查尼斯柴可丽干白葡萄酒（Txomin Etxaniz Chacolí，一款天然的起泡酒）、尤金妮亚（Eugenia）起泡酒及较晚酿成的尤迪（Uydi）迟摘甜白葡萄酒。

瓦尔德希尔酒庄（瓦尔德奥拉斯产区）

地处内陆的瓦尔德奥拉斯产区有着悠久的葡萄酒生产历史，普拉达家族是其中的一员。在 19 世纪末根瘤蚜虫肆虐后，他们在这里种植了第一批葡萄园。独特的板岩土壤增加了瓦尔德希尔（Val de Sil）葡萄酒的矿物质含量。格德约是酿酒的主要葡萄品种，用以酿制柔和的浅龄蒙滕诺沃葡萄酒（Montenovo），以及

俄查尼斯酒庄
柴可丽葡萄酒的口感清爽甘美，而俄查尼斯酒庄的酿制工艺可谓是无懈可击。

乐土酒庄
乐土酒庄的皮塔克姆酿酒厂正在酿造独具特色的红葡萄酒。

口感丰富、富含矿物质气息的酒糟陈酿瓦尔德希尔干白葡萄酒（Valdesil）。佩扎斯波尔特拉红葡萄酒（Pezas de Portela）的葡萄果粒主要产自佩扎斯（板岩）土质中，在法国橡木桶中陈酿，口感丰富、质地优良。比埃尔索产区酿制两种门西亚红葡萄酒：一种是果味浓郁的瓦尔德奥拉斯（Valderroa），另一种是特选卡尔瓦略（Carballo）。

瓦尔达莫酒庄（下海湾产区）

1990 年，一群商人创立了瓦尔达莫酒庄（Valdamor），该酒庄选用瓦尔多萨尔内斯（Val do Salnés）地区年轻和非常古老的葡萄藤。阿尔巴利诺葡萄都是人工采摘，然后一步一步地进行单独酿制。

未经橡木桶发酵的葡萄酒强劲有力且富有表现力：果味浓郁、花香甜美、酸度较高，性价比非常高。这家酿酒厂还生产另外两种葡萄酒：一种在酒糟中陈酿 18 个月，风格更为多样；另一种是在法国橡木桶中陈酿 6 ~ 8 个月，口感更加丰富。

梅恩酒庄（里贝罗河岸产区）

梅恩酒庄是里贝罗河岸产区的一个新兴酿酒厂，直到 1998 年，酒庄才开始重新种植葡萄。该酒庄生产的葡萄品质优良，因此从那时起就获得了良好的名声，并重塑了河岸产区在加利西亚葡萄酒家族中的形象。哈维尔·爱伦（Javier Alén）想重新种植当地包括特雷萨杜拉、格德约、洛雷罗、阿尔巴利诺和阿比洛（Albillo）在内的 5 个当地葡萄品种，以及来自该地区的 3 个实验性红葡萄品种。目前酿造两款葡萄酒：一款是梅恩经典葡萄酒，另一款则是经桶内发酵的梅恩葡萄酒，前者细腻紧实，后者则更加柔和圆润。

瓦图伊酒庄（比埃尔索产区）

瓦图伊酒庄（Vinos Valtuille）是一家小型家族企业，掌门人是马科斯·加西亚·阿尔巴（Marcos García Alba）。

2000 年，为了以瓦伦海干红葡萄酒（Pago de Valdoneje）的品牌生产和销售葡萄酒，瓦图伊决定购入必要的设备，走商业路线。他亲自管理 20 公顷的葡萄园，并自学成才成为一名酿酒师。2004 年，他推出了名为维哈斯-维娜思（Viñas Viejas）的特选葡萄酒，这款葡萄酒口味浓郁、单宁紧实，带有烘焙的香气，产量仅有 4000 瓶。★新秀酒庄

西班牙其他产区

提到葡萄酒，西班牙是欧洲目前最让人期待的国家，其中一些葡萄酒并非产自人们所熟知的经典产区。正因如此，以下几页介绍的酒庄被集中在一起，统称为"西班牙其他产区"，这个说法绝无半分贬低的含义。在这里，你会发现西班牙地位极高的葡萄酒生产商。作为西班牙法定单一葡萄园（Vinos de Pagos），或者作为被指定的单一葡萄园，它们自身已被授予原产地身份——类似于法国特级园。另一个等级划分体系是日常餐酒（Vinos de Mesa）和地区餐酒（Vinos de la Tierra）。虽然这些酒被认为是餐酒，不属于同一等级，但这些小庄园可能是由单个酿酒师经营，这些酿酒师热衷于打造"车库"葡萄酒。

合作社和大型私人酒庄介于两个极端之间，历史上这两种经营方式曾是散装葡萄酒生产的先锋。现在它们已经转变了自身的发展模式，葡萄酒从品质单调、价格低廉的酒款发展成为质量上乘且富有地方特色的佳酿。在这两级的中间地带还存在各种类型的企业：专门生产单一葡萄品种的家族酒庄；来到此处扩展自身业务的其他地区的葡萄酒生产商，以及银行家、实业家、律师等新投资者。他们首次涉足葡萄酒行业并采用新橡木创建极富魅力的生态酒庄，迎合消费者的生活方式。西班牙最大的酒庄坐落于瓦尔德佩纳斯（Valdepeas）。

质量提升可能是整个生产过程和所有不同地区发生的最大转变。在西班牙东北部，博尔哈（Campo de Borja）、卡利涅纳（Carineña）和卡拉塔尤德产区（Calatayud）正乘机崛起，他们酿造的葡萄酒不仅质朴醇厚，性价比极高。再往南，拉曼恰（La Mancha）、胡米亚、耶克拉（Yecla）和瓦尔德佩纳亚斯等以前的主力产区，已经成为新一代酿酒师寻找百年葡萄老藤和品种的主要地区。与此同时，西班牙首都马德里为产区内先驱生产商云集而倍感自豪。以前该产区的生产商为城市酒吧提供廉价葡萄酒，而目前他们一路凯歌，发展势头看好。在马德里南部，葡萄栽培者和酿酒师对门特里达产区（Méntrida）的重点关注使得该地区崭露头角。

西班牙很多地区都大力种植能够适应巨大温差的红葡萄品种。在安达卢西亚（Andalucía），新晋酒庄都以酿造红葡萄酒为主，有些选用当地葡萄品种，而有些则选用国际品种，如赤霞珠、西拉和小维多。索蒙塔诺产区几近与法国接壤，实际上，只有这里的气候清新宜人，比较适合酿制白葡萄酒。索蒙塔诺产区葡萄品种繁多，从琼瑶浆到梅洛，应有尽有，这也充分证明了该产区受外国影响较大。

如果想要品尝甜葡萄酒，必须要去东海岸，那里的麝香葡萄历史悠久。然而最令人兴奋的是马拉加产区（Málaga）的陈年甜葡萄酒，以及阿利坎特产区（Alicante）的传统的莫纳斯特雷尔红葡萄酒，经过橡木陈酿而成，口感甜美。

莫纳斯特雷尔是西班牙的一种慕合怀特红葡萄，也是中部新一代酿酒师最喜爱的葡萄品种之一，酿酒师们争相重新发掘该葡萄品种的潜力，并改善过去的风土条件。莫纳斯特雷尔能够在高温和少雨的情况下生存，因此格外受到阿利坎特和穆尔西亚（Murcia）产区种植者青睐。

博巴尔（Bobal）是盛产于乌迭尔-雷格纳产区（Utiel-Requena）的一种极具特色的红葡萄品种。该品种种植难度大，单宁紧涩，很难驾驭，但可以酿造出口味浓郁、大胆奔放的红葡萄酒，以及口感醇厚的玫瑰红葡萄酒。

在这里我们还可以发现很多丹魄葡萄酒，尤其受生产现代化国际风格葡萄酒的生产商青睐。事实上，葡萄酒的品种应有尽有，而且会越来越多。新葡萄品种有待尝试，老藤也有待于重新发掘。西班牙的其他地区正在开发现代风格的经典葡萄酒，同样值得被关注。

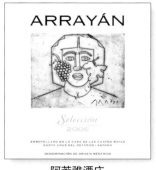

阿若雅酒庄

柔和的果香和紧实的单宁相互交织，造就了这款平衡度极佳的混酿红葡萄酒。

伯纳内勒瓦酒庄

酿制宝尼达葡萄酒的所有葡萄都来自一个面向南面的单一葡萄园。

阿尔托·阿尔曼索拉酒庄（阿尔梅里亚·阿尔曼佐拉山谷）

西班牙所有新兴酒庄中，阿尔托·阿尔曼索拉酒庄（Alto Almanzora Valle de Almanzora）是最新的酒庄之一，主要原因是它不属于任何一个明确界定的原产地。该酒庄位于格拉纳达（Granada）以东的卢卡尔（Lucar）村。建筑物侧面挂有一幅巨大的怀孕母马的画作，这是旧石器时代当地居民的生育能力的象征。阿尔托·阿尔曼索拉酒庄于 2004 年开始营业，葡萄酒产能至少有 100 万升。顾问酿酒师拉斐尔·帕拉西奥斯（Rafael Palacios）已经成功酿制了一款物美价廉的埃斯特（Este）混酿红葡萄酒。

艾兰度酒庄（曼确拉产区）

艾兰度酒庄（Altolandon）作为曼确拉产区（Manchuela）顶级葡萄酒生产商之一，展现了当地葡萄品种的巨大潜力。事实上，艾兰度酒庄在马尔贝克葡萄酒上的造诣，就像圣多瓦酒庄（Finca Sandoval）运用国产多瑞加葡萄成功酿出佳酿一样，充分证明了该地区的风土质量和未来的发展潜力。就像艾兰度酒庄的名字所暗示的一样，葡萄园的海拔很高，超过 1000 米。高海拔的新鲜空气使其能够酿造出桶内发酵的霞多丽葡萄酒，对于如此遥远的南方地带来说，这种酒有着出乎意料的活力。这里的红葡萄是最好的，无论是当地的博巴尔、莫纳斯特雷尔混合品种，还是更加国际化的赤霞珠和西拉，每个品种都质量上乘。

阿尔瓦雷斯·诺尔丁酒庄（乌迭尔-雷格纳产区）

阿瓦雷斯·诺尔丁酒庄（Alvarez Nölting）是瓦伦西亚地区一座年轻的酒庄，最近才归到乌迭尔-雷格纳产区。1998 年，年轻的酿酒师胡安马·阿尔瓦雷斯·诺尔丁（Juanma Alvarez Nölting）成立了该酒庄，他满怀壮志地想要酿造出一款卓越的葡萄酒。不幸的是，他于 2000 年身故，他的朋友和同事们接管了他的事业。2010 年，酒庄搬迁到了新地点，这为他们专注研究酿造技术提供了更多的机会。他们酿造的葡萄酒是经典的丹魄和赤霞珠混酿及霞多丽和长相思混酿，其特点是口味大胆奔放且结构良好。

阿若雅酒庄（门特里达产区）

阿若雅酒庄（Arrayán，该名字在西班牙语中是"香桃木"的意思）位于托莱多的东北部。该酒庄由两位著名人物创立，一位是澳大利亚葡萄栽培家理查德·斯马特（Richard Smart），他在 1999 年建议种植 26 公顷的赤霞珠、梅洛、西拉和小维多。另一位是里奥哈著名的阿连德酒庄的主人米盖尔·昂海尔·德·格莱高里奥，他在酒庄担任顾问。

在较短的时间内，该酒庄除了具有现代风格的法国橡木桶陈酿混合酒之外，一系列单一品种红葡萄酒也赢得了良好的开端。★新秀酒庄

伯纳内勒瓦酒庄（马德里产区）

伯纳内勒瓦酒庄（Bernabeleva）的名字意为"熊的森林"，该酒庄是马德里产区圣马丁德瓦尔德尔德分区（San Martín de Valdeiglesias）的重要新生力量。布尔纳（Bulnes）家族 1923 年购买了这片土地。但由于战争和其他事务的干扰，该项目最终采用顾问劳尔·佩雷斯的建议，2006 年才开始启动。这个小酒庄装备精良，配有混凝土和橡木发酵罐。该酒庄在花岗岩土壤中种植了 30 公顷的老藤，重点种植加尔纳恰葡萄。酿酒师马克·伊萨特（Marc Isart）已将生产动力转为生物动力方式。早期的葡萄酒带有过多新橡木的味道，但果味浓郁，风格现代化。同时他研究当地的阿比洛白葡萄品种，大胆运用酒糟陈酿的工艺。★新秀酒庄

1851 花园酒庄（奎勒河畔产区）

这是古埃尔本苏（Guelbenzu）家族最初的庄园（成立于 1851 年）。2009 年，古埃尔本苏品牌及其大部分葡萄园被卖给了西班牙储蓄银行纳瓦拉银行（Caja de Ahorros de Navarra）的塔尼尼亚酒庄（Grupo Taninia）。然而，古埃尔本苏家族仍然保有原来的酿酒厂和 23 公顷的"花园葡萄园"，并以此酿造波尔多风格的红葡萄酒。普索尔 2 号（2 Pulso）是一款由丹魄、梅洛和赤霞珠混酿而成的葡萄酒，花香馥郁、口感浓厚，带有红葡萄和甘草的味道，酒体紧致，回味悠长。普索尔 1 号是一种新鲜的丹魄和加尔纳恰混合酒。

阿曼瑟纳斯酒庄（阿尔曼萨产区）

当地人在 4 位西班牙酿酒师的帮助下建立了年轻的阿曼瑟纳斯酒庄（Bodegas Almanseñas），这 4 位酿酒师是普里奥拉托产区极富经验的意艾丝特·尼恩（Esther Nin）、佩普·阿圭勒（Pep Aguilar）和帕特里·莫里略（Patri Morillo）及奥斯卡·普列戈（Óscar Priego）。他们正在种植 30 公顷的廷托雷拉歌海娜葡萄（Garnacha Tintorera，由于颜色深通常被视为主要品种）、20 公顷的莫纳斯特雷尔及 10 公顷的其他红葡萄品种。产出的葡萄市场前景广阔。他们酿造了 4 种葡萄酒。其中，阿德拉斯（Adaras）是纯粹的阿尔曼萨葡萄酒的象征。该酒庄旗下的珍品是用长相思葡萄酿造的天然甜葡萄酒阿德拉斯甜酒（Dulce de Adaras）。★新秀酒庄

阿拉贡酒庄（博尔哈产区）

阿拉贡酒庄（Bodegas Aragonesas）由两家合作酒庄合并而成，以此证明了大规模经营可以带来效益，不仅仅只有规模小才代表品质担当。

阿拉贡酒庄在其原产地内占有主导地位：其 7400 公顷的葡萄园产出原产地 70% 的葡萄酒。该酒庄以加尔纳恰葡萄为主打品种，其酿制的葡萄酒工艺独特，将新鲜水果置于不锈钢罐中发酵，然后在美国木桶中陈酿，从而打造出奶油般丝滑的香甜葡萄佳酿。老藤科托海雅歌海娜系列葡萄酒（Coto de Hayas Garnachas）品质超群，其中的山毛榉（Fagus）特别珍藏葡萄酒尤为突出。

本托米兹酒庄（马拉加山脉和马拉加产区）

本托米兹酒庄（Bentomiz Bodegas）是一家年轻的酿酒厂，由一对荷兰夫妇安德雷·博思（André Both）和克莱尔·费尔海（Clare Verheij）于 2003 年创立。在修复葡萄园时，他们意识到马拉加产区阿萨尔基亚（Axarquia）地区板岩土壤和亚历山大麝香葡萄的潜力。如今，他们的阿里亚纳（Ariyanas）品牌下共生产 4 款葡萄酒：一种是名为特鲁诺·皮萨罗索（Terruño Pizarroso，意为"板岩风土"）的干型麝香葡萄酒，以及两种天然甜味的麝香葡萄酒，皆呈现出金黄的色泽，口感清爽，带有迷人的花香。此外，他们还用赤霞珠、丹魄和当地罗梅葡萄（Romé）酿造干红。★新秀酒庄

百利纳贝·纳瓦罗酒庄（阿利坎特产区）

百利纳贝·纳瓦罗酒庄（Bodegas Bernabe Navarro）是一家新兴的酿酒厂，致力于重振阿利坎特产区的声誉。巴拉格尔山庄（Casa Balaguer）的历史可以追溯到 19 世纪，这里的土壤类型多样，有一些古藤就植在自己的根茎上。这里主要的葡萄品种是莫纳斯特雷尔，但他们也种植丹魄和西拉，并且正在尝试格拉西亚诺、马尔贝克和廷托雷拉歌海娜葡萄。他们正在酿酒厂内试用法国、美国、西班牙、中欧和俄罗斯的橡木桶。巴拉格尔山庄和贝伊娜干红葡萄酒（Beryna）的品质体现了酒庄对细节的研究和关注。★新秀酒庄

博颂酒庄（博尔哈产区）

近年来，博颂酒庄（Borsao）因其品质出众价格合适而赢得了美誉。一群种植者于 1958 年创建了该酒庄，并使用该地区一些最古老的葡萄品种酿造葡萄酒。这些葡萄生长在蒙卡约山（Moncayo Mountain）的山脚下，葡萄从极端的气候中获益，新鲜度很高。红葡萄酒是酒庄的特色，尤其是使用西拉、丹魄和梅洛酿制的葡萄酒。博尔哈产区葡萄酒以质朴而闻名，但博颂酒庄的三山葡萄酒（Tres Picos）证明加尔纳恰葡萄在精湛的技艺下也能摇身变成绝美佳酿。

苍穹酒庄（门特里达产区）

2003 年，3 位酿酒师创建了这家小型的苍穹酒庄（Canopy），他们希望扭转门特里达产区（Méntrida）糟糕的名声，因此该酒庄长期专注于散装葡萄酒的生产。酒庄的主人们选择了古老的加尔纳恰（Garnacha）葡萄和一些西拉，这些葡萄酿制的葡萄酒立即获得了认可，包括埃斯康迪达干红（La Viña Escondida）、三只赤猴（Tres Patas）和马尔帕索（Malpaso），其中两款是单一品种葡萄酒，另外一款为混酿。如今，该酒庄由最初 3 位创始人中的两位经营。★新秀酒庄

卡谢洛酒庄（胡米亚产区）

卡谢洛酒庄（Carchelo）拥有近 283 公顷的葡萄园。该酿酒厂成立于 20 世纪 80 年代早期，是胡米亚产区的先驱之一。该地种植的葡萄品种包括西拉、赤霞珠、梅洛及莫纳斯特雷尔和

本托米兹酒庄
甘甜、新鲜、富含矿物质气息的阿里亚纳甜酒是理想的开胃酒。

卡斯蒂洛酒庄
这款莫纳斯特雷尔和赤霞珠混酿香气浓郁、回味悠长。

丹魄。不同于这个地区的其他许多生产商，他们的葡萄酒保留了强烈的橡木味道。浅龄卡谢洛葡萄酒主要由莫纳斯特雷尔酿造，仅在橡木桶中保存几个月，口感上呈现出柔顺的树莓味道。阿弟口（Altico）是一款成熟的黑莓果味的西拉葡萄酒，在橡木桶中存放达 6 个月之久。康纳利（Canalizo）是一西拉混酿，选材皆为有机葡萄。

卡斯蒂洛酒庄（胡米亚产区）

这个庄园于 1870 年建成第一家酿酒厂，但内梅西奥（Nemesio）家族在 1991 年才开始发展现代酿酒厂，共拥有 174 公顷的葡萄园，种植的主要葡萄品种是莫纳斯特雷尔，但也有丹魄、西拉和赤霞珠，用以酿制一系列品质优异的葡萄酒。年轻的莫纳斯特雷尔生动地表现了该品种的典型特征；在法国橡木桶中陈酿的沃托斯卡西拉（Valtosca Syrah），口感醇厚而绵长。两款顶级葡萄酒分别是格拉瓦斯干红葡萄酒（Las Gravas）和派弗朗哥干红葡萄酒（Pie Franco）。格拉瓦斯干红葡萄酒是一种在地下石罐中发酵的莫纳斯特雷尔混酿葡萄酒，而派弗朗哥干红葡萄酒也经过类似的发酵，但采用的却是 1941 年种植的未嫁接的莫纳斯特雷尔葡萄，产量低且年份集中。

欧美塔酒庄（胡米利亚产区）

欧美塔酒庄（Casa de la Ermita）在胡米亚地区可能只是一个相对较晚的落户者，但它已经给人留下了深刻的印象。很多酿酒厂以其现代化的酿酒工艺和对出口市场葡萄酒的理解改变了该产区的声誉，也改变了莫纳斯特雷尔本身的声誉，欧美塔酒庄便是其中之一。圣安莫纳斯特里奥（Monasterio de Santa Ana）因其清新的樱桃果实风味而逐渐成为该地区的业界标杆。欧美塔酒庄的小维多葡萄酒是一种优质的单一品种葡萄酒，酒庄旗下的由莫纳斯特雷尔和维欧尼分别酿制的甜葡萄酒也别有一番滋味。

卡斯塔诺酒庄（耶克拉产区）

拉蒙·卡斯塔诺（Ramón Castaño）在 1950 年就成立公司创业。从那以后，他和他的孩子们一直领跑，置办所有能够改善现代酿酒厂质量所需的设备——引进装瓶生产线、冷却设备、分选台等。还有一个与众不同的影响因素就是其家族拥有 300 公顷的莫纳斯特雷尔葡萄园，这使得他们能够酿造出格外浓郁和深色的樱桃酒，尤其是 100% 由莫纳斯特雷尔酿制的荷库拉（Monastrell Hécula）系列，以及更受欢迎的埃斯皮纳（Espinal）葡萄酒，都是该酒庄典型的酒款。此外，卡斯塔诺还与一些主要客户开展联合项目。维拉萨干红葡萄酒由巴塞罗那葡萄酒批发商和分销商维拉（Quim Vila）共同开发，是一款加尔纳恰和赤霞珠酿制混合酒，果香浓郁，单宁精致。

阿吉拉斯酒庄（马拉加山脉和马拉加产区）

1999 年，尤塞·安东尼奥·伊塔尔特（José Antonio Itarte）和妻子维多利亚购买了隆达附近的阿吉拉斯（Cortijo los Aguilares）

庄园，并在那里度过了一段美好的时光，他们在庄园内混合种植橄榄和谷物，养殖猪崽。2000 年，在仔细研究土壤之后，他们在混合作物中又种植了几个新的葡萄品种：赤霞珠、梅洛、小维多和一些黑皮诺。当前他们的顶级葡萄酒是塔迪奥（Tadeo），由小维多和西拉混酿而成，未来潜力巨大。

德萨卡里萨尔酒庄（单一葡萄园法定产区）

德萨卡里萨尔酒庄（Dehesa del Carrizal）位于托莱多（Toledo）南部的雷阿尔城省（Ciudad Real），是西班牙为数不多的一个单一葡萄园法定产区（Vinos de Pago）。这里的海拔高度和寒冷的冬天，使该酒庄非常适合种植国际葡萄品种。酒庄占地 20 公顷，培植了霞多丽、赤霞珠、梅洛、西拉和一些丹魄品种。旗下出产的霞多丽葡萄酒清爽宜人，高贵优雅，而赤霞珠酸度较高，带有新橡木薄荷味的辛辣口感，浓郁丰满，回味悠长。该酒庄的顶级葡萄酒是口感强劲的私人珍藏葡萄酒（Colección Privada），由赤霞珠、梅洛和西拉混酿而成。

瓦尔德布莎酒庄（单一葡萄园法定产区）

在西班牙谈到葡萄酒时，人们定会想到卡洛斯·法尔科（Carlos Falcó），他是格利诺侯爵酒庄的主人，并冠有很多"第一"的称号。卡洛斯·法尔科曾在加州大学戴维斯分校学习，并在他 3000 公顷的庄园内（位于门特里达产区边界上）种植赤霞珠葡萄。他在原产地之外进行了大量试验，包括使用不同的葡萄品种，采用滴灌和树冠管理方式等措施。但最初这些都是西班牙官方葡萄酒监管机构禁止的。当然，到最后，他做出的努力不仅是让庄园成为少有的单一葡萄园，德米诺（Dominio）系列葡萄酒一贯卓越的品质也证明了这一点。然而，法尔科并没有止步于瓦尔德布莎。他在马德里产区的艾林克酒庄（El Rincon）酿造了一款精致的西拉和加尔纳恰混酿。

埃尔·雷戈哈尔酒庄（马德里产区）

这家酿酒厂只生产一款名为精选特酿（Selección Especial）的葡萄酒，其独特之处在于标签上有蝴蝶图案。碰巧的是，伊比利亚 225 种蝴蝶中有 77 种生活在阿兰胡埃斯（Aranjuez，马德里最低洼的地区之一），这就是埃尔·雷戈哈尔酒庄（El Regajal）13 公顷的藤蔓能够在一个大型蝴蝶保护项目中繁茂生长的原因。

葡萄园内种植了丹魄、赤霞珠及少量梅洛和西拉。所产的葡萄酒酒体本身是黑樱桃的颜色，酿造初期时具有明显的新橡木味，适合窖藏。

依纳特酒庄（索蒙塔诺产区）

从 1991 年开始，依纳特酒庄（Enate）就满怀壮志，想要酿造出高品质的葡萄酒。酒庄主人投入大量资金建造依纳特酒庄，使其极富现代化魅力，此外它还以其独特的标签而闻名，这些标签有些是委托当代艺术家创作的画作。依纳特酒庄酿制多款葡萄酒，采用的葡萄从索蒙塔诺产区（Somontano）主要种

德萨卡里萨尔酒庄
这款单一庄园红葡萄酒结构平衡，
充满了独特的浆果味。

胡尔塔·阿巴拉酒庄
在橡木桶中发酵 14 个月后，这款
红葡萄酒散发着丝丝橡木的辛香，口感浓
郁，带有李子和无花果的味道。

植的国际品种到丹魄（Tempranillo）等应有尽有。顶级的白葡萄酒是由霞多丽酿制的，尤其是未经橡木桶陈年的霞多丽 234 号葡萄酒。酒庄还酿制一款浓郁的桃红葡萄酒，在所有的红葡萄酒中，特别珍藏干红葡萄酒（Reserva Especial）格外出众。同时依纳特在马德里产区还经营圣马丁酒庄（Viñedos de San Martín），该酒庄酿制的古藤歌海娜系列葡萄酒品质优良。

恩里克·门多萨酒庄（阿利坎特产区）

这家酿酒厂认为保证葡萄酒品质的关键在于管理好葡萄园，因此该公司的商标上写着"葡萄栽培者恩里克·门多萨"（Enrique Mendoza, Viticultor）。20 世纪 70 年代末，门多萨成立了这家公司，从那时起，他的酿酒厂就以精选真正的好品质葡萄而闻名。酒庄从国际品种霞多丽和赤霞珠，到麝香葡萄和莫纳斯特雷尔等本地葡萄，应有尽有。顶级红葡萄酒有佩农法（Peñon de Ifach）等波尔多风格的混酿葡萄酒，以及主要由赤霞珠酿造的圣罗莎（Santa Rosa）。酒庄顶级甜麝香葡萄酒被称为拉马利纳麝香葡萄酒（Moscatel de la Marina）。

伊卡维欧酒庄（卡斯蒂利亚法定产区）

伊卡维欧酒庄（Ercavio）成立于 1988 年，由 3 位经验丰富的国际酿酒师兼好友联合创立，他们自我标榜"más que vinos"（意为"岂止是葡萄酒"）。离开里奥哈产区之后，他们在西班牙开了一家咨询公司。他们的酿酒厂位于托莱多东部的多斯瓦里奥斯（Dosbarrios），专门酿造加尔纳恰和森希贝尔（Cencibel，又名丹魄）葡萄。令人尤为感兴趣的是，他们修整了一家使用传统蒂纳哈斯或陶罐的老式酿酒厂。顶级葡萄酒"好家伙镇庄红葡萄酒"（La Plazuela）就是在这里陈酿的。他们最新推出的好家伙双葡萄酒（La Meseta）是一款在法国橡木桶中陈酿的丹魄和西拉混酿葡萄酒。

菲立斯酒庄（瓦尔德佩纳斯产区）

菲立斯酒庄（Félix Solís）拥有一系列令人难忘的数据。菲立斯·索莱斯于 1952 年在瓦尔德佩纳斯产区建立了该酿酒厂，榨葡萄总量在西班牙酿酒厂中位居第一——总重达 19.8 吨，共有 14 条装瓶线和 1800 万瓶的产能。该酒庄拉曼查产区的酿酒厂还可以再加工 4000 万升。酒庄的旗舰酒款是宝逸诞生系列葡萄酒（Viña Albali），尽管产量很大，但一直物超所值。该系列中的特级珍藏级红酒有传统的西班牙甜橡木和成熟水果的味道。菲立斯酒庄还拥有卢埃达（Rueda）的雷伊酒庄（Pagos del Rey）品牌，以及托罗（Toro）的巴赫斯葡萄园（Viña Bajoz）。

埃勒兹酒庄（单一葡萄园法定产区）

埃勒兹酒庄（Finca Élez）是西班牙为数不多的单一葡萄园法定产区，这里的气候非常极端。在海拔 1000 米处，冬季气温可低至 −20℃。曼纽尔·曼萨内克（Manuel Manzanque）扭转乾坤，利用这种大陆性的寒冷气候推出了第一款霞多丽葡萄酒，避免了原葡萄品种的腻感。当前曼努埃尔·曼萨内克重点培

养西拉、赤霞珠、丹魄和梅洛。酿制红葡萄酒时，他能够激活果粒圆润成熟的单宁。其西拉酒体呈深紫色，带有烟草和红色水果和紫罗兰的香气。酒体适中，果香浓郁，回味悠长。

圣多瓦酒庄（曼确拉产区）

记者维多克·德拉塞尔纳（Victor de la Serna）敢于跨越职业界限，从评论家转变为创作者，受到世人的敬仰。2000 年，他在 800 米至 1000 米海拔处建立了这座小型葡萄酒庄园，现在该庄园是曼确拉产区（Manchuela）的顶级葡萄酒酿酒厂之一。他用当地的莫纳斯特雷尔和博巴尔葡萄，以及西拉和一些国产多瑞加（Touriga Nacional）酿造了充满活力的现代葡萄酒。圣多瓦葡萄酒（Finca Sandoval）主要由西拉酿制，颜色深且带有蓝色的亮点。这款酒在法国和美国橡木桶中陈酿 11 个月，酸度浓，带有摩卡和红浆果的味道。

戈萨贝斯-奥尔蒂酒庄（马德里产区）

该酒庄的主人同酒庄出品的葡萄酒一样引人注目。卡洛斯（Carlos）曾是伊比利亚航空公司的一名飞行员，他利用空闲时间阅读葡萄酒工艺学教科书。他的妻子埃斯特雷利亚（Estrella）在附近的小镇担任了多年的镇长。酒庄项目始于 1992 年，并于 2000 年获得了第一批成果。葡萄藤是有机种植的，他们对丹魄最感兴趣，其次也种植一些赤霞珠和西拉来帮助他们度过产量不高的岁月。庄园的顶级葡萄酒是库贝尔特选（Qúbel Excepción），该系列葡萄酒口感丰富、辛辣、带有浓郁的芳香。

古埃尔本苏酒庄（盖伊莱丝河岸产区）

古埃尔本苏酒庄（Guelbenzu）的葡萄酒酿造历史十分悠久。该酿酒厂成立于 1851 年，并在同年的伦敦万国博览会（London Universal Exhibition）上展出了其葡萄酒。凭借大胆的品牌设计，古埃尔本苏迅速成为纳瓦拉酿酒师严肃认真形象的典范。该庄园曾是纳瓦拉产区的一部分。2002 年，为了能够更加灵活地发挥自己的酿酒天赋，酒庄主人决定离开。埃沃（Evo）和阿苏尔（Azul）是最容易买到的葡萄酒；劳图斯（Lautus）是一款的丹魄混酿，带有烤摩卡的味道，单宁活泼。古埃尔本苏葡萄酒现在迈入了一个新阶段。2009 年 10 月，该家族将大部分葡萄园卖给了塔尼尼亚酒庄。酒庄出产多款葡萄酒，花园窖藏 1851（Bodega del Jardín）是其代表作。

古铁雷斯-德拉维加酒庄（阿利坎特产区）

菲利普·古铁雷斯-德拉维加的酿酒厂专门酿制麝香葡萄酒，旗下酒款琳琅满目。其中由麝香葡萄酿造的成功案例就是卡斯特迪瓦米尔年份原酿（Casta Diva Cosecha Miel），西班牙国王的儿子阿斯图里亚斯亲王（Príncipe de Asturias）的婚礼上就使用了这款葡萄酒。该酒口味甜美，具有花香和柠檬的清香。此外，他还酿制了该地区传统的甜红葡萄酒阿利坎特陈酒。这款酒通常是由莫纳斯特雷尔酿造而成的，然后被加强并陈酿，类似于雪莉酒。最终得到一款色彩柔和且味甜的脱氧黄褐色葡萄酒。

伊巴诺莎酒庄（乌迭尔-雷格纳产区）

第二次世界大战之前，伊巴诺莎（Hispano-Suizas）是最厉害的汽车品牌之一。它最初是瑞士和西班牙合作进行的一个联合项目。新兴的伊巴诺莎酿酒厂也是如此。马克·格林（Marc Grin）出生于瑞士，现在负责市场营销和出口工作，他的合作伙伴是两位西班牙人：技术经理拉斐尔·纳瓦罗（Rafael Navarro）和酿酒师帕布罗·奥索里奥（Pablo Ossorio），后者也是当地酿酒厂莫维多酒庄（Murviedro）的技术总监。他们西班牙长相思的"即兴曲"（Impromptu）品牌近期在西班牙赢得了最高评级。伊巴诺莎酒庄还生产一种名为巴苏斯（Bassus）的黑皮诺葡萄酒，以及一款将当地的博巴尔葡萄与国际品种混合起来酿造的葡萄酒。这是一家值得关注的酿酒厂。★新秀酒庄

胡尔塔·阿巴拉酒庄（加的斯山脉产区）

胡尔塔·阿巴拉酒庄（Huerta de Albalá）位置隐蔽，地处在阿尔科斯-德拉弗龙特拉（Arcos de la Frontera）身后的山丘上。该酒庄是一个由韦森特·塔百纳（Vicente Taberner）发起的全新项目，他花了大量时间寻找合适的地理位置，最终选择了这个与世隔离的地方（此处曾经隶属于一个罗马城镇）。他不惜一切代价，为宾客建成了一座配备有重力自动装货、橡木发酵桶的现代化酿酒厂。庄园共种植葡萄 72 公顷，包括当地的萝塔葡萄（Tintilla de Rota，Rota 是一个沿海城镇）。旗下颇受欢迎的葡萄酒系列包括巴祖（Barbazul），还有更知名的塔伯纳（Taberner）红葡萄酒。塔伯纳 1 号（Taberner No.1）是酒庄的顶级葡萄酒，由西拉与梅洛和赤霞珠的混合酿制而成，口感浓郁细致。

赫罗明酒庄（马德里产区）

赫罗明酒庄（Jeromín）是马德里葡萄酒产区最大的生产商之一，旗下出产了多款葡萄酒。该酒庄成立于 1986 年，目前占马德里产区葡萄酒销售额的四分之一以上。旗下的白葡萄酒主要是用当地一种叫马尔瓦尔（Malvar）的香气逼人的葡萄酿造。红葡萄酒主要运用丹魄、西拉、赤霞珠、梅洛和加尔纳恰等葡萄品种混合，其中最受欢迎的是格莱格 [Grego，以酿酒师格莱格·赫罗明（Gregorio Jeromin）的名字命名]。该酒是一款由丹魄、西拉和加尔纳恰混合酿制的葡萄酒，带有清晰的黑樱桃香味，余味悠长、口感浓郁。其中排名最高的是由酿酒师亲手酿制的马努（Manu Vino de Autor）葡萄酒，该酒款混合了 5 种红葡萄品种，风味浓郁，口感柔和，单宁柔顺且带有矿物质的气息。

吉姆内斯-兰迪酒庄（门特里达产区）

2004 年，吉姆内斯-兰迪酒庄（Jiménez-Landi）以一座 17 世纪的家庭住宅为基础，开拓了 27 公顷的葡萄园。这里的葡萄采用有机方法种植，主要葡萄品种是加尔纳恰，还有西拉等国际葡萄品种。丹尼尔·戈麦斯·吉姆内斯-兰迪（Daniel Gómez Jiménez-Landi）以其旗下精致优雅的佳酿在全球赢得了良好的

一片乳酪与一杯葡萄酒的碰撞

所有的好酒与当地的美食搭配品用时口感都会更迷人，西班牙中部和南部便是明证。尽管如今的食材也全球流通，但西班牙仍然坚持烹饪自己大胆奔放的传统美味：大蒜、橄榄油、雪莉酒醋、辣椒粉、羊奶酪、羊肉、猪肉、腌制火腿、辣味香肠，当然还有大量的海鲜，这些都是当地日常生活中常用的食材。在西班牙中部，松脆爽口、清新怡人的莫纳斯特雷尔葡萄酒与西班牙辣香肠相得益彰。在马德里，浓稠醇厚、酒精含量高的马德里歌海娜葡萄酒与马德里烩肉（一种传统的炖菜，主料为鹰嘴豆、肉和蔬菜）搭配堪称一绝。在安达卢西亚（Andalucía），营养多汁的黑脚猪腌火腿特别适合与顺滑利口的现代红葡萄酒搭配饮用，口感更浓郁醇厚，极富层次感。美食与美酒的搭配远远不止这些。精致甜美的麝香葡萄酒或马拉加酒和硬杏仁牛轧糖（一种阿利坎特甜食）也是绝配。

声誉。他在不同容器内一丝不苟地进行混合发酵，并在大小不一的橡木桶中陈酿。索托隆德罗（Sotorrondero）是一款主要由西拉为原材料的混酿葡萄酒；皮拉格（Piélago）完全由生长在花岗岩质和沙质土壤上的加尔纳恰葡萄酿制而成，具有强烈的果香，质地细密；世界尽头（Fin del Mundo）用70年的加尔纳恰葡萄酿造，口感丰富，单宁强劲有力。★新秀酒庄

豪尔赫·奥德涅斯酒庄（马拉加山脉和马拉加产区）

豪尔赫·奥德涅斯（Jorge Ordóñero）四处游历。这位美国葡萄酒进口商非常清楚客户的需求，这也是他对西班牙感兴趣的原因。他酿造的马拉加葡萄酒是他精湛技艺的经典案例。

特尔莫·罗德里格斯（Telmo Rodríguez）可能是首先到达了马拉加的大亨，但相比之下，奥德涅斯出产了5款优质的麝香葡萄酒，不是1款！在奥地利甜酒酿酒大师克莱西英年早逝之前，他曾与其有过短暂的合作。奥德涅斯是欧罗（Orowines）集团的主要合作伙伴，其合作伙伴还有胡米亚的吉尔兄弟（米格尔和安吉尔）等人。他们汇集了主要使用本土葡萄酿酒的西班牙酿酒厂，其中几家还雇用了来自新世界的酿酒师。

其中一些酿酒厂位于富裕地区（如卡拉塔尤德、比埃尔索、卢埃达、博尔哈和下海湾），他们生产的葡萄酒也备受推崇，包括奥德涅斯酒庄推出的乌洛东戈（Wrongo Dongo，一种来自胡米亚的莫纳斯特雷尔葡萄酿制的葡萄酒）。

皇玺酒庄（胡米亚产区）

事实证明，吉尔·维拉（Gil Vera）家族是胡米亚新形象背后的主要推动力量之一。1916年，胡安·吉尔（Juan Gil）创建了一家酿酒厂；如今，他的曾孙们经营着这家酿酒厂。这里在过去的100年里发生了巨大的变化，但更重要的是他们一直以来都非常重视葡萄园和酿酒厂的品质。该庄园生产一种多汁的莫纳斯特雷尔浅龄葡萄酒，名为"4月"，另一种名为"12月"，顾名思义，它的陈年期为4个月和12个月。还有米拉之家（La Pedrera），这款酒精选生长在高海拔葡萄园内的葡萄酿制而成。此外还有米拉之家莫纳斯特雷尔和西拉的混酿葡萄酒。然而，胡安·吉尔的影响远不仅如此。欧罗集团是由美国西班牙葡萄酒进口商豪尔赫·奥德涅斯（见上一条）成立的一个协会，他们是西班牙一些备受关注的独立小型酿酒厂的幕后创建者。

阿尔托·蒙卡亚酒庄（Alto Moncayo）、阿塔拉亚酒庄（Atalaya）、阿特卡酒庄（Ateca）、阿文西亚酒庄（Avanthia）、拉卡娜酒庄（La Cana）、莎雅酒庄（Shaya）、海神酒庄（Triton）、欧维亚酒庄（Volver）、坎布劳酒庄（Can Blau）、欧罗酒庄（胡米亚产区）等都是协会成员，这些酒庄生产的一些葡萄酒是世界上公认的佳酿。此外，该集团在胡米亚产区与澳大利亚酿酒师克里斯·凌兰（Chris Ringland）合作的尼朵酒庄（El Nido）也获得了极高的评价。

拉·巴斯库拉酒庄（耶克拉产区）

拉·巴斯库拉酒庄（La Báscula）是由合作伙伴英国葡

拉·巴斯库拉葡萄酒
这款葡萄酒具有浓郁的甜樱桃果味，带有丝丝怡人的橡木的气息。

马拉加圣女酒庄
酿制该酒款的麝香葡萄需在芦苇草上晒干。

萄酒大师埃德·亚当斯（Ed Adams）和酿酒师布鲁斯·杰克[Bruce Jack，同时也是南非的美国星座集团（Constellation Wines）负责人]共同创建的。他们的任务是在西班牙最独特的土地上酿造出一系列独具特色的葡萄酒。截至目前，他们已经同阿利坎特产区附近的古铁雷斯-德拉维加酒庄联手酿制出一款品质极佳的麝香甜葡萄酒，还在里奥哈、特拉阿尔塔和胡米亚等产区出产了很多优质红葡萄酒。另一款名为臂铠（Gauntlet）的葡萄酒由未经接枝的灌木葡萄藤蔓结出的莫纳斯特雷尔果实酿制而成，芳香怡人，单宁紧实。

李希尼亚酒庄（马德里产区）

李希尼亚酒庄（Licinia）的第一个酿造年份是2006年，在那时已经具有了一定的影响力。该酒庄的合作伙伴包括来自马德里理工大学（Madrid's Technical University）的著名酿酒师奥尔加·费尔南德斯（Olga Fernández）和葡萄栽培专家尤塞·雷蒙·利萨拉格（José Ramón Lissarrague）。他们只生产一种由丹魄、西拉和赤霞珠混酿的葡萄酒。葡萄的挑选也非常严苛。葡萄被分拣两次，首先一簇一簇的筛选，再一个果粒一个果粒进行挑选。这款葡萄酒体色泽浓艳，味道辛辣而强烈，将橡木的香气和圆润的单宁完美结合。酒庄的葡萄园里还种植着梅洛，但到目前为止还没有用梅洛进行混酿。★新秀酒庄

洛班酒庄（卡拉塔尤德产区）

洛班酒庄（Lobban Wines）绝对算独树一帜。苏格兰酿酒师帕梅拉·格迪斯（Pamela Geddes）在西班牙开展业务之前，曾在澳大利亚和智利工作。她的第一批葡萄酒是在耶克拉产区的卡斯塔诺酒庄酿造的。2007年，她创建了自己的小型酿酒厂，用来生产3款葡萄酒：一款是红葡萄酒，一款是起泡红葡萄酒，另一款是玫瑰红葡萄酒。小胖子葡萄酒（El Gordito）是一款加尔纳恰、西拉和丹魄酿制的混合酒，香气大胆奔放——借以纪念她在澳大利亚的美好时光。另一款拉帕梅丽塔西拉起泡酒（Shiraz La Pamelita）也深受澳大利亚风情的影响。这款葡萄酒起初用耶克拉产区的莫纳斯特雷尔葡萄酿制，现在计划用卡拉塔尤德产区的西拉替代。

露松酒庄（胡米亚产区）

露松酒庄（Luzón）成立于1978年。该酒庄拥有超过600公顷的葡萄园，成立后斥巨资新建了一家酿酒厂并购入美国和法国橡木桶。

该酒庄生产各种价位的葡萄酒，从浅龄葡萄酒到酿酒师亲酿款葡萄酒，不一而足。旗下所有葡萄酒都品质优良、独具特色。这里有莫纳斯特雷尔、西拉和丹魄等葡萄酿制的葡萄酒，也有艾玛露松（Alma de Luzón）和阿尔托露松（Altos de Luzón）等特色品种出品的佳酿。这些顶级葡萄酒通常由70%的莫纳斯特雷尔与赤霞珠和西拉混合酿制而成，在新橡木桶中陈年22个月，口感丰富馨香、辛辣浓郁。

马拉加圣女酒庄（马拉加山脉和马拉加产区）

同很多其他的传统葡萄酒一样，马拉加葡萄酒正逐渐没落。家庭式的马拉加圣女酒庄（Málaga Virgen）是知名马拉加葡萄酒的主要酿制商之一。酒庄素来酿造甜味极重的佩德罗·希梅内斯（Pedro Ximénez）及麝香葡萄酒，现已传至第4代，主要生产经典的甜葡萄酒。他们也一直尝试酿制红葡萄酒，以迎合当今消费者的口味变化。但仍以麝香葡萄酒和经典的西班牙佩德罗-希梅内斯餐后甜酒为特色产品——两款酒均在大木桶和陶土罐中陈酿。主打酒款有上乘的30年佩德罗-希梅内斯家族珍藏葡萄酒（PX Reserva de Familia 30 Años）和30年干红葡萄酒（Seco Trasanejo 30 Años）。

马拉尼翁斯酒庄（马德里产区）

紧随拜贝莱瓦（Bernabeleva）的马克·伊萨特（Marc Isart）等人的脚步，马拉尼翁斯酒庄（Marañones）也加入了酿制原产地级别马德里葡萄酒的行列，热衷于寻找最好的老葡萄园。佩娜卡巴拉红葡萄酒（Peña Caballera）是酒庄的首款歌海娜（在西班牙被称为加尔纳恰葡萄酒），其果香清新，单宁丰富，酒体结构优良，保留一定数量的葡萄梗参与桶中发酵。酒庄的葡萄园还种有部分西拉葡萄及当地的阿比洛白葡萄，用于酿制口感复杂、橡木香气的皮卡拉纳干白葡萄酒（Picarana）。★新秀酒庄

莫维多酒庄（瓦伦西亚产区）

莫维多酒庄（Murviedro）凭借始终如一的品质和大众的青睐在瓦伦西亚产区赢得了一席之地。因生产的浅龄葡萄酒口感醇厚，为乌迭尔-雷格纳（Utiel-Requena）、阿利坎特和瓦伦西亚等产区赢得了声誉。酒庄出品的葡萄酒一部分贴上超市自有酒标出售，定价合理。其中最具潜力的酒款有来自巴伦西亚的埃普雷西翁（Expresión），为莫纳斯特雷尔和加尔纳恰酿成的烘焙混酿，风味浓烈；其次是两款产自乌迭尔-雷格纳的葡萄酒——用博巴尔酿造的花冠（Corolilla），以及博巴尔和梅洛混酿的山洞低产干红葡萄酒（Cueva de La Culpa），还有一些来自阿利坎特的甜麝香葡萄酒（moscatel）。

慕斯迪谷月酒庄（特雷拉佐产区）

慕斯迪谷月酒庄（Mustiguillo）本属于乌迭尔-雷格纳产区，但选择在瓦伦西亚东部地区成立公司。酒庄历史尚短，是为数不多的博巴尔葡萄酿酒商之一。他们深信博巴尔葡萄尽管气质粗犷，而且往往难以保持一致的成熟期，但仍可制出一些顶级美酒。酒庄还种植了丹魄、西拉和赤霞珠葡萄酒，用以酿制基酒。梅斯蒂扎耶（Meestizaje）是一款带有浓重橡木气味的入门级葡萄酒；特雷拉佐园葡萄酒（Finca Terrerazo）口感柔顺温暖、极致浓郁，完美诠释了博巴尔葡萄的无限可能；昆察科拉尔（Quincha Corral）则以优越的结构俘获人心。★新秀酒庄

巴兰辛斯酒庄

巴冷莘修诺陈酿干红葡萄酒由丹魄、赤霞珠和梅洛混合酿制而成，口感强劲浓郁。

加西亚谷帕果酒庄

该酒款由100%维欧尼酿制而成，洋溢着浓浓的热带风情以及核果的气息。

奥尔蒂斯酒庄（埃斯特雷马杜拉产区）

奥尔蒂斯酒庄（Ortiz）目前只生产一款葡萄酒。酒庄旗下的米拉贝尔（Mirabel）品牌超凡洒脱，由70%丹魄和30%赤霞珠的混酿而成。酿酒顾问安德斯·文丁·戴若思（Anders Vinding-Diers）与闻名遐迩的平古斯酒庄（Pingus）的皮特·西谢克（Peter Sisseck）是表兄弟。他在西谢克的指导下酿出的米拉贝尔，注定也拥有不俗的品质。酒庄出产的酒款带有烟熏味，散发着胡椒的辛香；随着酒液日渐熟化，会呈现出深邃浓郁的果香，带有丝丝奶油和橡木的气息，在传统产区的精髓中注入了一丝现代的气息。

加西亚谷帕果酒庄（卡斯蒂利亚法定产区）

银行家兼商人阿方索·科尔蒂纳（Alfonso Cortina）花费重金创立了加西亚谷帕果酒庄（Pago de Vallegarcía）。他聘请了澳大利亚葡萄栽培学家理查德·斯马特（Richard Smart）为葡萄园布局和管理方面的顾问。酒庄31公顷的土地上只种植法国的葡萄品种，包括梅洛、品丽珠、赤霞珠、西拉和小维多。酒庄出产的唯一一款白葡萄酒是维欧尼，为西班牙同类酒款中的佼佼者。西拉葡萄酒将该品种的优点诠释得淋漓尽致；伊比利亚（Hipperia）是加入了波尔多品种酒的混酿，有望成为公司的旗舰款葡萄酒，但尚需假以时日进行打磨。

维卡里奥酒庄（卡斯蒂利亚法定产区）

2000年，安东尼奥·巴可（Antonio Barco）和伊格纳西奥·巴可（Ignacio Barco）兄弟怀着宏大的志向，创建了维卡里奥酒庄（Pago del Vicario）。今天，酒庄拥有一个现代化的酿酒厂，拥有完善的设备，还有舒适而惬意的酒店及餐厅。酒庄130公顷的葡萄园内种有经典的波尔多葡萄品种以及丹魄和廷托雷拉歌海娜，白葡萄则有霞多丽和长相思。至今最成功的酒款是阿基奥斯丹魄和歌海娜混酿（Agios Tempranillo/Garnacha），以及赤霞珠和丹魄混酿（两种葡萄各占50%）。酒庄还推出了一款小批量生产的梅洛甜葡萄酒，起名杜尔塞（Dulce）。酿酒师苏珊娜·洛佩斯（Susana López）曾与加泰罗尼亚产区平古斯酒庄的皮特·西谢克共事。

巴兰辛斯酒庄（瓜迪亚纳河岸产区）

埃斯特雷马杜拉产区最西部的主要种植区都集中在瓜迪亚纳河岸原产地。巴兰辛斯酒庄（Pago Los Balancines）位于奥利瓦-德梅里达，第一批葡萄酒于2008年推出。其中包括木桶发酵的霞多丽葡萄酒阿卢纳多（Alunado），该酒热带水果风味浓厚，引人入胜；名为修诺（Huno）的赤霞珠、丹魄和梅洛混酿极具潜力。随后，酒庄又推出了修诺马塔尼格拉（Huno Matanegra），较之修诺结构更为复杂宏大。酒庄主人在40公顷的葡萄园内还试验种植了布鲁纳罗（Bruñal）、廷托雷拉歌海娜、小维多和格拉西亚诺等品种。★新秀酒庄

拉莫斯－保罗葡萄酒

该酒是一款以红色水果为特色的混酿，带有肉桂的香气。

蒙卡亚酒庄

这款博尔哈产区葡萄酒在美国橡木桶中陈酿了10个月之久。

蒙卡亚酒庄（博尔哈产区）

蒙卡亚酒庄（Pagos del Moncayo）也是西班牙的一个家族企业，由一对父子于近年创立，致力于生产小批量的精品葡萄酒。酒庄主要种植80年藤龄的加尔纳恰葡萄，也栽种了一部分西拉。这家小型酿酒厂的产品包括加尔纳恰葡萄酒、西拉葡萄酒和一种混酿。葡萄酒采用手工方式制作：所有葡萄均以传统方式压榨，即在大桶里用脚碾碎。加尔纳恰葡萄酒的浓郁果香与奶油橡木气息相得益彰，是目前酒庄最令人瞩目的酒款。

★新秀酒庄

比利牛斯酒庄（索蒙塔诺产区）

索蒙塔诺地区良好的发展前景吸引了两家雪莉酒酒庄在此投资——冈萨雷斯（González Byass）收购了韦德维酒庄（Viñas del Vero），巴帝罗（Barbadillo）集团则收购了成立于1964年的比利牛斯联营酒庄76%的股份。收购方为比利牛斯酒庄（Pirineos）拓展了市场、提供了专业的酿酒技术资源。但比利牛斯庄园的特色是既生产当地品种的葡萄酒，也用国外品种的葡萄酿酒。酿酒师们大量使用帕拉丽塔（Parraleta）和莫利斯特尔葡萄（慕合怀特红葡萄）。马博（Marboré）是将这些品种与丹魄、梅洛和赤霞珠混合而成的一种葡萄酒，口感细腻、辛辣而爽口。

坎贝尔·拉斐尔酒庄（瓦伦西亚产区）

坎贝尔·拉斐尔（Rafael Cambra）酒庄是瓦伦西亚产区的明星品牌之一。葡萄酒酿制技艺精湛的坎贝尔通过自身的努力，证明瓦伦西亚引以为豪的绝不仅是橙子和海滩。这个古老的葡萄酒产区同样可以焕发生机。庄园生产一款富有光泽的现代赤霞珠和品丽珠混酿葡萄酒，也酿制慕合怀特红葡萄酒。坎贝尔同时打理着家族的安格斯特酒庄（El Angosto），该酒庄的阿尔门德罗斯园葡萄酒（Viña Los Almendros）为西拉、加尔纳恰和马瑟兰葡萄（Marselan）的混酿葡萄酒，口味浓郁，极富表现力；马瑟兰是赤霞珠和歌海娜的杂交品种，1961年在法国诞生，不常为人知。

拉莫斯－保罗酒庄（龙达山区）

拉莫斯－保罗酒庄（Ramos-Paul）隐卧在海拔1000米的龙达山区（Serranía de Ronda）和格拉萨雷马（Grazalema）之间的大山深处。何塞·曼努埃尔·拉莫斯－保罗（José-Manuel Ramos-Paul）和妻子皮拉尔（Pilár）最初从塞维利亚来到这里时，面临着驾车爬坡的艰难考验。他们利用山坡的位置优势，在石灰岩斜坡上建造了一个令人叹为观止的酒窖。酒窖顶部是城堡风格的酿酒厂，坐落在崎岖美丽的乡村之中。葡萄园内种植了丹魄、赤霞珠、西拉和梅洛，这些葡萄品种只用于酿制一款葡萄酒。该酒在葡萄极为成熟时采摘酿造，品质上乘，值得关注。

里卡多·本尼托酒庄（马德里产区）

里卡多·本尼托酒庄（Ricardo Benito）是一个家族企业，成立于1940年，现已成为知名的葡萄酒旅游景点和私人派对举办胜地。但这并不表示酒庄主人在葡萄酒生产上有任何懈怠——酒庄的葡萄种植面积超过250公顷，从中诞生了多款精品佳酿。酒庄的酿酒风格丰富多样，其中的迪诺格兰瓜尔达葡萄酒（Divo Gran Vino de Guarda）备受关注。这款酒由100%的丹魄红葡萄制成，因浓郁的果香、恰到好处的橡木气息、圆润的单宁而备受赞誉。

圣亚历山大酒庄（卡拉塔尤德产区）

圣亚历山大酒庄（San Alejandro）成立于1962年，是卡拉塔尤德产区（Calatayud）最成功的联营酒庄之一。酒庄目前有350名成员，葡萄种植面积共达1100公顷，位于海拔约750至1100米之间，其中很多是生长在石质土壤上的灌木型老葡萄藤。这家合作酒庄在过去10年中转型，现拥有一个眼界开放的年轻团队，并得到从葡萄酒新世界、法国和英国等地前来拜访、深谙出口市场消费者的口味喜好的酿酒师们大力协助。酒庄出品的酒款品种丰富，其中以巴尔塔沙·格拉西安系列葡萄酒（Baltasar Gracian）独占鳌头。

桑切斯酒庄（基贺索单一园）

1985年，桑切斯·穆利特诺（Sánchez Multerno）庄园种植了第一批葡萄藤；1993年，桑切斯酒庄成立。1995年，酒庄获得了西班牙最高等级VP酒庄酒（单一葡萄园）称号。葡萄园位于海拔1000米处，处于阿尔瓦塞特和雷阿尔城交界处遍布鹅卵石的沙壤地上。园内栽培多个国际葡萄品种和实验品种。酒庄出产的贝加基索（Vega Guijoso）葡萄酒为经典波尔多和丹魄的混酿，维纳康沙拉辛（Viña Consolación）则是一款爽口型的波尔多混酿。

巴拉欧达酒庄（耶克拉产区）

巴拉欧达酒庄（Senorio de Barahonda）是耶克拉产区最古老的酒庄之一，其历史可追溯至1925年之前——远远早于该原产地建立的时间1975年。现任酒庄主人坎德拉家族专注于在此品牌下生产慕合怀特红葡萄酿制的葡萄酒。公司还建有一个餐厅接待游客。桑门葡萄酒（Summum）在酒庄的慕合怀特葡萄酒系列中首屈一指，酒体强劲，散发着浓重烤橡木香味；纪念款葡萄酒（El Remate）以圆润醇厚的口感和摩卡咖啡的气息为特色；赫尔德坎德拉葡萄酒（Heredad Candela）则带有成熟水果和黑醋的味道。

塔哥尼斯酒庄（马德里产区）

塔哥尼斯酒庄（Tagonius）成立于2000年。这家年轻的酿酒厂在Foxá饭店集团的大力投资下致力于生产现代葡萄酒。庄园位于马德里东南部，除了葡萄酒还生产橄榄油、醋和牛奶。庄园主要酿造红葡萄酒，包括丹魄及其与赤霞珠、梅洛和西拉等品种的混酿。葡萄酒由不同的酒商在法国和美国的新橡木桶中酿造而成，果味浓郁柔顺。生产的蔻修葡萄酒（Kosher wines）也贴有提克瓦（Tikvah）的商标出售。

文森特·甘迪亚酒庄（乌迭尔-雷格纳产区）

文森特·甘迪亚酒庄（Vicente Gandía）是乌迭尔-雷格纳原产地历史最为悠久的酒庄之一。这家家族企业成立于 1885年，拥有一座酿酒厂。今天，他们仍出品瓦伦西亚地区最受欢迎的葡萄酒，尤其是甜麝香葡萄酒好评如潮，包括福斯塔诺瓦（Fusta Nova），以及人气颇高的卡斯蒂利亚（Castilla de Liria）等系列酒款。酒庄近来主要投资方向是霍亚卡德马斯庄园（Hoya de Cademas estate），该酒庄选用西拉和赤霞珠以及博巴尔和丹魄酿造优质红葡萄酒。酒庄的镇庄之作是第一代葡萄酒（Generación 1），该酒是一款以博巴尔葡萄为主料、口味大胆奔放的混酿。

韦德维酒庄（索蒙塔诺产区）

韦德维酒庄（Viñas del Vero）是一家典型的索蒙塔诺酿酒厂，该酒庄采用丰富多样的葡萄品种酿酒，包括琼瑶浆、霞多丽、梅洛、黑皮诺、赤霞珠和西拉等——而这也正是索蒙塔诺产区的特色。酒评家或认为，没有当地自有品牌说明想象力的匮乏，索蒙塔诺产区需要时间来找准自己的定位。然而，韦德维酒庄以一贯优良的产品品质，有力回驳了这些疑问。酒庄有两个令人瞩目的品牌。塞卡斯蒂利亚（Secastilla）主要以西班牙葡萄（加尔纳恰）老藤上采摘的果实，在法国橡木桶中陈酿而成，酿造期间不进行过滤，最终形成一款浓郁而精致的美酒。塞卡斯蒂利亚米兰达（Miranda de Secastilla）是酒庄的副牌酒。此外，酒庄还有一款优质葡萄酒名为布莱卡（Blecua），该酒 2002 年首次酿制，为赤霞珠、梅洛和加尔纳恰 3 个精选品种的混酿，在法国橡木桶中发酵并陈酿 20 个月，再窖藏 10年之久。2008 年，冈萨雷·比亚斯收购了韦德维酒庄。

圣玛丽亚岛翠岭酒庄（卡斯蒂利亚-拉曼恰产区）

阿道夫·穆尼奥斯（Adolfo Muñoz）身兼多职，既是餐馆老板、零售商，还担任烹饪学校的校长。1997 年，他在托莱多（Toledo）郊区创立了一座小型葡萄园和酒窖。阿道夫称这是西班牙唯一的城市葡萄园，将其与巴黎、维也纳和马里布的葡萄园相提并论。虽然酒庄产量不大，但以精湛的酿酒工艺和认真的态度令人称道。

酒庄资历尚浅，出产的帕果·德尔·艾玛（Pago del Ama）品牌葡萄酒还需要一些时间来取得认可。即便如此，该品牌的现代风格西拉和赤霞珠葡萄酒也因口感成熟浓郁、辛香扑鼻而开始显露头角。

曼库索酒庄（瓦德哈隆地区餐酒产区）

阿拉贡的纳瓦斯库埃斯家族（Navascués）和里奥哈的卡洛斯·圣佩德罗（Carlos San Pedro）是新兴企业曼库索酒庄（Viñedos de Mancuso）的幕后东家。酒庄在哈尔切德蒙卡约（Jarque de Moncayo）成立，最初的目的是酿制加尔纳恰老

葡萄酒。他们加入了当下复兴西班牙中部已没落的加尔纳恰葡萄品种的潮流，并且取得了一些可喜的成果。酿酒厂年产约 1万瓶葡萄酒，其中三分之一贴上曼库索红葡萄酒（Mancuso）的品牌标出售。此款成熟醇厚的加尔纳恰葡萄酒在法国橡木桶中陈酿 14 个月，口感浓郁，极具现代化风格。副牌酒是蒙卡伊诺德曼库索葡萄酒（Moncaíno de Mancuso），其风格更为年轻，需在法国和美国橡木桶中陈酿 7 年方得佳酿。

山之圣女酒庄（卡拉塔尤德产区）

山之圣女酒庄（Virgen de la Sierra）是卡拉塔尤德产区最古老的酿酒厂，建于 1950 年。但在整个地区的葡萄酒蔚然成风后，酒庄才获得应有的认可。同产区内大多数酿酒商一样，山之圣女酒庄是一家合作酒庄，其最大优势在于各成员酒庄种植有百年藤龄的灌木型葡萄藤，在极端的温度仍能在干燥多石的土壤中茁壮成长。红葡萄酒主要由加尔纳恰葡萄酿制，白葡萄酒主要酿自马家婆。卡布里乔（Capricho）是克鲁兹德皮德拉（Cruz de Piedra）系列的顶级葡萄酒，其原料精选自最高品质的葡萄藤。这款酒在法国、美国和东欧的橡木桶中陈酿。阿巴达（Alada）品牌则主要为美国橡木风味的葡萄酒。

雪莉酒产区

雪莉（Sherry，又名赫雷斯）位于西班牙东南部的一个三角形地区，与赫雷斯-德拉弗龙特拉、桑卢卡尔德巴拉梅达（Sanlúcar de Barrameda）和圣玛丽亚港（El Puerto de Santa María）等小城市接壤。"雪莉酒"一词最初指产自赫雷斯及其周边地区的经典加强型葡萄酒。几个世纪以来，这种葡萄酒的声誉起起落落，跌宕不定。如今，雪莉地区拥有1万公顷的葡萄园，年产量约为300万瓶，与20世纪70年代的全盛时期相比判若云泥。但近年来，这里的酿酒商们努力进取，希望能摆脱"奶奶饮料"的刻板标签。他们在英国和美国取得了一些进展，雪莉酒的销量略有回升。

主要葡萄种类

🍇 白葡萄

麝香

帕洛米诺

佩德罗-希梅内斯

年份

雪莉酒的生产方法很独特，这意味着年份对生产商固然重要，但对消费者却无足轻重。雪莉酒的酿造采用索莱拉工艺，即将不同年份的葡萄酒在桶中陈酿的一套酿制系统。因此，市场上的任何一种加强型雪莉酒都是由不同年份的葡萄酒混合而成。

1933年，西班牙国法确立了原产地名称系统制度，1935年，赫雷斯成为西班牙第一个正式的原产地。雪莉的土壤是一种特有的白垩土，叫作阿尔巴尼沙（albariza）——这个词来源于曾统治这一地区的摩尔人的语言。阿尔巴尼泥沙土壤呈多孔状，但可以蓄水，还含有25%～40%的石灰石。由于当地禁止灌溉，蓄水特性就显得至关重要。这种白色的土壤还可以将阳光反射到葡萄上。

加强型雪莉酒只能由3种经过认定的葡萄品种酿制：帕洛米诺（Palomino）、佩德罗-希梅内斯（Pedro Ximénez，PX）和马斯喀特（Muscat，麝香葡萄）。雪莉酒与其他葡萄酒的不同之处在于其发酵后的处理方式。发酵后的葡萄酒首先是加强型的白兰地，如果要将其制成菲诺雪莉酒（fino），就需要在表层培育一种被称为酒花的酵母。欧罗索雪莉酒（oloroso）是表面不能覆盖酒花的加强型雪莉酒，酒精含量通常约为17%。其他类型的雪莉酒介于两者之间：有酒花的曼萨尼亚雪莉酒（manzanilla），适合在圣路卡或附近地区种植；然后是在索莱拉多层木桶陈酿时间较长的雪莉酒：阿蒙蒂亚雪莉酒（amontillado）、帕罗卡特多雪莉酒（palo cortado）和奶油雪莉酒（cream）。

索莱拉多层木桶陈酿是雪莉酒的另一个独特之处。酒桶需要保持在永不空桶、但也不时刻溢满的状态，在这种情况下，相比一般方法生产的葡萄酒，索莱拉多层木桶陈酿让葡萄酒能够接触到更多的氧气，从而使得雪莉酒带有坚果和氧化的口感。旧酒桶顶部会被新酒加满，形成一个3层或4层的阶梯式动态陈酿系统；雪莉酒由不同年代的葡萄酒混合制成，因而创造出一种特殊的风格。

VOS（优质葡萄酒）指一种特殊的瓶装葡萄酒，这种葡萄酒取自平均年份至少20年的索莱拉多层木桶陈酿系统，只适用于阿蒙蒂亚雪莉酒、欧罗索雪莉酒和帕罗卡特多雪莉酒。VORS指取自至少30年索莱拉系统中的此类葡萄酒。

由于"赫雷斯/瑟雷斯/雪莉"已被雪莉酒生产商注册为商标，如有他人使用相同名称生产类似葡萄酒将遭起诉。因此，蒙的亚-莫利莱斯产区的葡萄酒即便用同一葡萄品种（通常是佩德罗·希梅内斯，但也有一些帕洛米诺）并以同样的索莱拉方式酿制，也不能再采用雪莉酒的名称。蒙的亚-莫利莱斯产区（Montilla-Moriles）位于科尔多瓦省（Córdoba），占地7000公顷。"格兰酿（generosos）"指的是一个葡萄酒系列，包括无甜味的新产菲诺雪莉、阿蒙蒂亚雪莉，再到帕罗卡特多雪莉和欧罗索雪莉。比起赫雷斯，菲诺雪莉酒体更加丰满；阿蒙蒂亚雪莉无甜味，带有榛子的味道和淡淡的红褐色。欧罗索雪莉同样不带甜味，酒体呈深红褐色。佩德罗-希梅内斯葡萄酒几近于黑色，含糖量高而甜味尤重。这些酒用晒干的佩德罗-希梅内斯的汁液酿制而成。

佩德罗-希梅内斯在雪莉地区的地位越来越重要。这些葡萄可以合法销售给赫雷斯（除甜雪莉和奶油雪莉之外）和马拉加生产商。马拉加产区有试验性种植的佩德罗-希梅内斯，虽然还不允许在原产地葡萄酒中使用，但蒙的亚-莫利莱斯的这一品种有望成为低龄佐餐红白葡萄酒的一个小品类。

维尔酒庄（蒙的亚-莫利莱斯产区）

维尔酒庄（Alvear）是顶级的佩德罗-希梅内斯葡萄酒生产商，位于科尔多瓦省（Córdoba）附近的蒙的亚-莫利莱斯产区（Montilla-Moriles），不属于官方雪莉酒生产地界。所有类似雪莉酒的葡萄酒均使用佩德罗·希梅内斯葡萄酿造。通过晾晒葡萄，可使葡萄酒的天然的酒精含量达到15度，因此不需要强化，此外，该酒还具有独特的干果风味。

传统酒庄（赫雷斯-德拉弗龙特拉产区）

传统酒庄（Tradición）生产的所有雪莉酒都带有 VOS 或 VORS 标志。该酒庄只酿制阿蒙蒂亚多、欧罗索、帕罗卡特多和佩德罗·希梅内斯这4款雪莉酒，均置于传统酒庄从其他酒窖购买的橡木桶中酿造。帕罗卡特多雪利用多米克（Domecq）和高乐福葡萄酒为基酒经过进一步的陈酿制成，是一款复杂而优雅的葡萄酒，令人心旷神怡。

威廉姆斯-休伯特酒庄（赫雷斯-德拉弗龙特拉产区）

威廉姆斯-休伯特酒庄（Williams & Humbert）号称赫雷斯最大的酒庄。该酒庄在赫雷斯拥有650公顷的土地，还有一个颇具工业化气息的大型酒窖。

最知名的酒款为干型雪莉酒（Dry Sack Sherry），但 VORS 阿蒙蒂亚雪利和 VOS 帕罗卡特多雪利也可圈可点，均为口感优雅、结构复杂的佳酿，值得品尝。

艾奎珀酒庄（赫雷斯-德拉弗龙特拉产区）

艾奎珀酒庄（Equipo Navazos）由爱德华多·哈达（Eduardo Ojeda）和兼职葡萄酒作家、全职犯罪学教授耶稣·巴昆（Jesús Barquín）等人领导的小组管理，是一个颇有趣味的项目。他们从顶级酿酒商那里购买桶装雪莉酒和蒙蒂白葡萄酒，装瓶后成为酒庄所有雪莉酒品种中最优等的"La Bota de"（酒桶）精品出售。酒庄对于酿酒持纯粹主义观念，选择的酒陈酿时间长，而且香气浓郁。其网站上清楚列明了每种葡萄酒的来源，每款酒均有唯一编号，且均来自知名的酒窖。团队还与来自葡萄牙杜罗河谷（Douro Valley）的德·尼伯特（Dirk Niepoort）合作过一个项目：2008年份的纳瓦佐斯-尼伯特（Navazos-Niepoort）——这是一款未经加强的帕洛米诺葡萄酒，在葡萄酒表层的白色酒花下经过5个月的生物陈酿而得。酒庄的艾奎珀十号——曼萨尼亚萨达（Manzanilla Passada）拥有极高的深度和纯度，不容错过。★新秀酒庄

百艾斯酒庄（赫雷斯-德拉弗龙特拉产区）

百艾斯酒庄（González Byass）最著名的产品是佩佩叔叔（Tío Pepe）。该酒是一款上佳菲诺雪莉酒。除此之外，该酒庄发端于1835年的古老酒窖还有更多出色的酒款。公司在西班牙各地都有葡萄园，是白兰地的主要生产商。其他产品包括索莱拉雪莉酒（可追溯至1848年），以及一些品质优良的陈年雪莉酒，比如浓烈强劲的杜尔塞穆图萨勒姆欧罗索雪莉酒（Oloroso Dulce Matúsalem VORS）。

维尔酒庄
口感浓郁的阿蒙提亚多由佩德罗 - 希梅内斯葡萄酿制。

百艾斯酒庄
清新爽口的佩佩叔叔干型雪莉酒是一款经典的淡色干雪莉酒，是西班牙餐前小吃的绝佳搭档。

埃斯特韦斯集团（赫雷斯-德拉弗龙特拉产区）

埃斯特韦斯集团（Estevez Grupo）在雪莉酒产区拥有5座顶级酒庄和700个葡萄园。其中拉吉他曼萨尼亚（La Guita Manzanilla）和瓦德皮诺酒庄（Valdespino，单一葡萄园）以高品质而著称。瓦德皮诺酒庄是国王在1430年赐予一位骑士的产业，在17世纪登记营业；1999年，埃斯特韦斯集团从骑士家族手中买下该酒庄。酒庄所有酒款经精心酿造、风格优雅。英诺桑提（Inocente）是一款坚果味道浓郁的桶中发酵的菲诺雪莉酒，夹杂着奶油蛋卷般的丰盈香气，回味悠长。

哈维斯酒庄（赫雷斯-德拉弗龙特拉产区）

哈维斯酒庄（Harveys）如今归属于跨国饮料公司金宾全球酒业集团（Beam Global），以一款夏微雪莉酒（Bristol Cream）而闻名，这是一种混合了多种雪莉酒的葡萄酒，装在布里斯托尔蓝玻璃瓶中。除此之外，酒庄还盛产质量上乘的多种葡萄酒，包括一款优雅的菲诺雪莉和一些高质量的 VORS 级葡萄酒。

希达哥酒庄（桑卢卡尔-德巴拉梅达产区）

希达哥酒庄（Hidalgo）成立于1700年，目前的经营者是赫克托·希达哥（Hector Hidalgo）。酒庄位于桑卢卡尔（Sanlúcar），在靠近海洋、河流和环绕城镇的沼泽地带，这里天气凉爽，气候温和，没有霜冻，产生了特殊的酒花。酒庄的旗舰酒拉吉塔纳（La Guitana）是一款略带咸味、近乎辛辣的菲诺雪莉酒；帕萨多（Pasado）曼萨尼亚雪莉酒陈酿时间长，余味悠长，芳香四溢。酒庄拥有200多公顷的葡萄园，其中包括一些80岁藤龄的葡萄藤。

卢士涛酒庄（赫雷斯-德拉弗龙特拉产区）

长期以来，卢士涛酒庄（Lustau）一直与经销商合作。经销商本身没有葡萄酒装瓶许可证，因此一直以来，他们的雪莉酒都被用于制作大批量的商业混酿。卢士涛酒庄认为他们具有极高的个体价值，因此寻求符合自己标准的经销商，并以独立品牌推广他们的产品。酒庄涉猎产品范围甚广，品质稳定。曼萨尼亚雪莉酒是一款口感咸鲜的葡萄酒，味道浓郁；索莱拉珍藏艾米丽（Solera Reserva Emilin）为陈年麝香葡萄酒，充满橙花的芳香气息。

桑德曼酒庄（赫雷斯-德拉弗龙特拉产区）

桑德曼酒庄（Sandeman）一直是品牌打造和广告营销方面的先驱，其品牌形象易于识别、深入人心。酒庄位于赫雷斯的酒窖已成为一个重要的游客中心，提供博物馆和历史游览项目，值得观赏。酒窖的大型酒桶历史已有170年，仍在使用中。皇家佩德罗-希梅内斯雪莉酒（Royal Ambrosante PX）有着干果的香味和刺激的口感，令人回味无穷。

提到法国，人们脑海中就会浮现出葡萄酒，每款酒的标签上也每每会强调某个特定的地方。尽管近几十年来消费水平一直在下降，但葡萄酒在这里是文化和自然景观的构成部分。法国的葡萄栽培历史可以追溯到罗马时代，可能发源自尼姆（Nîmes）附近和罗讷河谷。如今，法国经常与意大利争夺世界最大葡萄酒生产国的称号。

只要心中选好葡萄酒风格，法国的某个地方肯定能满足你的愿望，而一旦出现在法定产区内，那么它就有可能成为国内外同类葡萄酒生产商的一个标杆。甚至其他地方著名的标志性葡萄酒生产商也非常赞同波尔多、香槟区、罗讷和勃艮第的葡萄酒是世界上连接人类、土壤和葡萄的神秘力量。而在拍卖会上，超过 90% 的优质葡萄酒产自法国，这足以证明法国仍有巨大的活力。

如今，法国葡萄种植面积达 87.2 万公顷，大约有 14.4 万个不同的葡萄生产商，从迷人的城堡酒庄到大型合作社，再到私人车库经营，葡萄酒生产模式丰富。从范围和价格方面来看，法国葡萄酒的风格多样，从基本的日常餐酒（Vin de Table）到超过 400 种法定产区葡萄酒，琳琅满目。地貌的多样性造成了葡萄酒之间的差异对比：阿尔卑斯山的汝拉（Jura）产区和萨瓦（Savoie）产区出品的为高海拔葡萄酒；阿尔萨斯（Alsace）和勃艮第的葡萄酒属内陆风格；波尔多和卢瓦尔河谷的酒款受海洋影响较大，而科西嘉和普罗旺斯的葡萄酒受地中海炎热气候影响颇大。地理印象加之法国一贯坚持的酿酒风格，充分说明了地区性差异和风土的细微差别远比统一的风格和简单的品牌效应更为重要，这也让人们开始意识到法国葡萄酒的多样性不会轻易减弱。

欧洲产区——法国

波尔多产区

如果让人说出一个葡萄酒产区，波尔多（Bordeaux）一定会被提及，这个地区名气之大，即便是从未开过一瓶酒的人也毫不陌生，经常会出现"为名声所累"的困境。波尔多与世界上一些最具标志性和最昂贵的葡萄酒有着不解之缘，同时也给人一种太过复杂和不可一世的印象。许多酒迷认为，对于法国西南部一隅这个拥有上万酒庄的地区，他们只是了解得不够多，或者不想费心去了解。波尔多葡萄酒的产量仅占全球的1.5%，却有着莫大的吸引力，不论是富有的收藏家和严谨的知识分子，还是世界各地的酿酒师和葡萄酒爱好者，都对它乐此不疲。解开它的秘密也是乐趣之一。

波尔多是法国原产地命名制度中最大的葡萄酒产区，葡萄种植面积达12万公顷，面积是阿尔萨斯（Alsace）的10倍多，勃艮第的5倍多。但要了解这些葡萄酒的特点及名气，关键在于了解其出产的地理位置而非面积大小。波尔多在法语中意为"在水之滨"，因此这个名字便隐含了重要的线索——波多尔靠近大西洋，为海洋性气候，葡萄生长时间更长，因此味道更加浓郁丰富，酸度也足够，陈年潜力较大。同时波尔多葡萄酒还充满了不可预见性，适于用作对冲投资。因此，几个世纪以来，酿酒师们积累了丰富的专业知识，知道如何搭配不同的葡萄品种进行混酿。混酿的复杂性和平衡性也成了这些酒款能否成功的秘诀所在。

简而言之，越靠近大西洋就意味着越靠近贸易路线，因此近2000年以来，波尔多葡萄酒的声望和地位如日中天，势不可挡。波尔多位于距海岸80千米处的内陆，自12世纪以来，来自英格兰、爱尔兰、荷兰和德国的商人纷纷在此处安家落户。阿基坦（Aquitaine）的埃莉诺（Eleanor）与英国国王亨利二世（King Henry Ⅱ）成婚时，波尔多作为"嫁妆"变为了英国的领土。当时的波尔多葡萄酒便是我们今天所知的"淡红葡萄酒"——一种风格平淡的红葡萄酒，与葡萄皮接触的时间很短。今天，70%的波尔多葡萄酒仍通过中间商进行销售，近40%的葡萄酒用于出口。

就现代葡萄酒风格而言，波尔多是一个以酿制红葡萄酒为主的产区，红葡萄种植率达89%。梅洛约占三分之二（69138公顷），赤霞珠略低于三分之一（28347公顷）。这里还种植少量的品丽珠和小维多，还有极少的佳美娜和马尔贝克。

白葡萄酒占11%。其中8%是干白葡萄酒，3%是甜酒。种植最为普遍的白葡萄品种是赛美蓉，面积达7700公顷；其次是长相思（5100公顷），然后是小部分的慕斯卡德，以及少量的白玉霓（Ugni Blanc）、白福尔（Folle Blanche）、灰苏维翁和鸽笼白（Colombard）。

了解"风土"的概念有助于解析葡萄酒的风格。在波尔多，这个概念已经是老生常谈，往往被人们忽略——但它正是葡萄酒口味的核心因素。了解风土的概念并不容易，但从本质上说，风土是气候、地形和土壤三要素的综合考量，同时受到人的引导活动影响。

换句话说，风土可以解释为什么梅洛会在右岸茁壮成长——右岸的土壤富含黏土，气候相对凉爽，水分充足。梅洛是一个早熟葡萄品种，不喜欢炎热天气。而左岸主要为沙砾土壤，赤霞珠生长较为茂盛——这是因为阳光晒在石头上产生的热量能让赤霞珠充分成熟。

波尔多葡萄酒的风格也受到其他因素的影响，比如葡萄藤的种植密度。高密度加剧了葡萄藤之间对水和营养的竞争，有利于提升葡萄的品质。

有关波尔多风土重要性的另一个线索是"酒庄装瓶（mise en bouteille au château）"体系。该体系是指：葡萄来自一个葡萄园，而且葡萄酒是在庄园装瓶的。大多数酒庄都有两种标签：一种是优质葡萄酒，另一种是普通酒，但这两种酒都在现场装瓶。这意味着每一瓶葡萄酒都必然体现了它生长地区的风土情况——绝不仅是因为这在波尔多是普信的理论，当地的葡萄酒法规更是对此有严格的要求……

名列前茅的欧颂酒庄（Château Ausone）坐落在波尔多右岸圣埃美隆（St-Emilion）产区的中心。

梅多克产区

梅多克（Médoc）以一些最为知名的葡萄酒而闻名，但实际上在波尔多地区，它是最年轻的葡萄酒产区之一，只有约 500 年的历史，而圣埃美隆产区可以追溯至 2000 年前。理论上，梅多克也是最国际化的地区之一，尽管当地人有时似乎忘记了这一点。梅多克的建设者是一批又一批来到这里并定居于此的外国公民，包括荷兰人、英国人、爱尔兰人，以及现在越来越多的美国人和日本人。梅多克包括加龙河（River Garonne）左岸的整片土地，又分为玛歌（Margaux）、圣朱利安（St-Julien）、波雅克（Pauillac）和圣埃斯泰夫（St-Estèphe）这 4 个主要产区，以及知名度略低的 4 个产区，全部都集中在此地。

两个区域级法定产区——梅多克和上梅多克（Haut-Médoc），以及两个村庄级法定产区——穆利斯（Moulis）和里斯特哈克（Listrac），这 4 个产区的葡萄的种植面积占据了大西洋和吉伦特河口（Gironde Estuary）之间的这个狭窄半岛的 65% 以上的面积。正是由于靠近水源，该地区的土地在很长时间内都难以开展农业生产或用于人居。17 世纪时，荷兰工程专家清除了该地的沼泽，露出下层的砾石土壤，酿酒业这才得以真正运作起来。从那时起，梅多克人就开始忙于酿造受人追捧的葡萄酒，玛歌、圣朱利安、波雅克和圣埃斯泰夫最靠近河流，方便使用其上的交通工具。几个世纪以来，这 4 个顶级产区如火如荼的发展远超周边其他地区。

较为知名的法定产区沿用了"1855 分级制"。名气稍小的法定产区不太关注这一体系，而是主要采用中级庄（Cru Bourgeois）分级制。梅多克所有的产区名义上仅出产红葡萄酒，但并不表示这里不种植白葡萄。有些小型产区实际上以长相思和赛美蓉为主，但生产的任何葡萄酒，即使是来自最好的庄园都会在装瓶时贴以波尔多法定产区干白葡萄酒的标签。

艺术家酒庄（Cru Artisan）的葡萄酒产品处于重振时期，但这类酒庄的总体产品规模仍不大。匠人酒庄指纯家庭式经营的产业，其平均面积普遍小于 6 公顷，均各自独立种植、生产、营销并销售葡萄酒。

从地理位置上看，上梅多克法定产区离波尔多市最近，沿村庄级法定产区的边界断断续续延伸至圣埃斯泰夫。梅多克法定产区向北驶往河口，是一片风景如画的（有时是荒凉的）广阔地区，分布着多个小庄园，每个河口处均遍布着星星点点的渔民小屋。

就规模而言，梅多克法定产区共 7742 公顷，占总葡萄园面积的 35%，超过一半的种植者属于合作酒庄。梅多克法定产区与当地其他产区相比的一大特点是，种植的梅洛比赤霞珠多。相比之下，上梅多克法定产区的土地面积为 4657 公顷，占总土地面积的 28.5%，但这里种植的赤霞珠更多，而且大多数种植者都是独立的，酿制的葡萄酒价格略高。

穆利斯（Moulis）是半岛上最小的产区，占地 633 公顷，种植了近 50% 的梅洛。这里有 53 个种植户，其中很多都是小型家庭庄园，他们生产的葡萄酒通常具有与玛歌红葡萄酒相似的风格，单宁柔顺。穆斯利的地名源于曾在梅多克地区很常见的风车。这些风车用来生产制作面包的面粉，同时也反映了穆利斯和里斯特哈克在当地的地势最高。梅多克产区里斯特哈克（Listrac）的海拔在海平面以上 45 米，为全地区的最高点。里斯特哈克拥有 668 公顷的土地，占梅多克产区葡萄园的 4%，其酿制的葡萄酒与邻近的穆利斯风格相似，但通常单宁含量更高、结构也更完美。

这些名气稍小的产区出产的葡萄酒性价比很高，在这里，只要花费一些精力和耐心，最终就能找到一些让你惊喜的波尔多葡萄酒。

达加萨克酒庄（中级庄）

达加萨克酒庄（Château D'Agassac）拥有一座规模虽小但华丽的 13 世纪城堡，看起来就像从童话故事中走出来的一样。酒庄主人充分利用了这一点，经常为孩子们举办派对，让他们玩"寻找藏在塔里的公主"的游戏。在酒庄 39 公顷的葡萄园中，梅洛种植占比较高，该酒庄出产的梅多克葡萄酒品质上乘，开瓶时间比一些同行酿制的葡萄酒早，香味浓郁集中，颇受消费者青睐。该酒庄出产一款名字绕口的洛卡桑城堡干红葡萄酒（L'Agassant d'Agassac），是选用酒庄 6 公顷的土地出产的梅洛葡萄酿制而成（90%）的，口感怡人，不容错过。

昂多尼克酒庄（中级庄）

酒庄主人让-巴普提斯特·贡德涅（Jean-Baptiste Cordonnier）选用酒庄 37 公顷的黏土石灰石和砾石土壤出产的葡萄酿造葡萄酒，每年生产约 19 万瓶。酒款梅洛含量比赤霞珠高，酒体醇厚，口感紧实，充满了成熟红果的馨香。同一般中级庄不同的是，该酒庄的葡萄酒直接销售给独立的商店和餐馆。该葡萄酒的酒标上有两只老鹰争夺一颗葡萄，代表着商人和酒庄主人争夺葡萄，这展示了人们想要避开波尔多一贯的销售体系，去掉中间商的愿望。副牌酒的命名也恰如其分，名为昂多尼克酒庄莱斯之鹰葡萄酒（Les Aigles d'Anthonic）。

奥瑞克酒庄（中级庄）

该酒庄给人一种国际化的感觉，其所有者是一对荷兰和法国夫妇，部分葡萄酒在美国橡木桶中陈酿。橡木的味道，加上快速萃取的工艺，意味着该酒庄出产的酒款浓烈强劲，质量上乘，洋溢着黑果的浓郁口感。酒庄的葡萄园占地 20 公顷，由于实行重新种植计划，因此葡萄藤的平均年龄在 15 年左右，是一个相当"年轻"的葡萄园。除了 3 种经典的梅多克葡萄品种外，酒庄的葡萄酒还含有少量的马尔贝克。★新秀酒庄

百家富酒庄（五级庄）

百家富酒庄（Château Belgrave）由波尔多酒商杜道酒厂（Dourthe）拥有并独家经销，该酒庄一直忙于重组 61 公顷的葡萄园，新建了一个装备有不锈钢桶的新酿酒厂，并禁止使用泵来运送葡萄。这些努力得到了回报，在过去的几年里，该酒庄的主牌葡萄酒终于获得了坚实的果香和更圆润、成熟的单宁。如今，酒庄的正牌葡萄酒价值极高，不过副牌葡萄酒戴安娜·德·贝尔格雷夫（Diane de Belgrave）质量尚不稳定。

贝乐威酒庄（中级庄）

文森特·穆利埃斯（Vincent Mulliez）曾在伦敦担任摩根大通银行（JP Morgan bank）的董事，2004 年回到波尔多老家，买下了位于上梅多克的两处地产：贝乐威（Belle-Vue）和吉龙威尔（Gironville）。这里的葡萄藤毗邻玛歌产区列级酒庄——美人鱼酒庄（Château Giscours），但酿制配方中有 20% 以上的老藤小维多，因此葡萄酒比邻居家的酒款口感更辛香。穆利埃斯 2010 年 5 月猝然长逝，他的定价策略非常值得称赞，因为他是 2006 年和 2007 年为数不多的降价者之一，或许是他银行业的朋

百家富酒庄
一个复兴的酒庄，现在生产以赤霞珠为主的优质葡萄酒。

达加萨克酒庄
一款产自达加萨克酒庄的名字很绕口的副牌葡萄酒。

友早就透露给了他关于全球经济动荡的警告。

宝叶酒庄（中级庄）

宝叶酒庄（Château Brillette）占地 105 公顷，其中有 40 公顷种植葡萄，自 1976 年以来一直由弗拉吉尔（Flageul）家族管理。葡萄藤的平均生长年限达到 35 年，每公顷种植非常密集，达到 1 万株。这个家族一直促进酿酒厂的现代化，在 2000 年，艾万·弗拉吉尔（Erwan Flageul）引进了新的木桶酒窖，建立了新的酿酒厂，购入了新的不锈钢桶。由于梅洛的比例高（某些年份高达 55%），该酒庄的正牌酒带有令人愉悦的果味。副牌酒名为莱斯微甜副牌红葡萄酒（Les Haut de Brillette）。

贝诺斯酒庄（中级庄）

酒庄主人让-皮埃尔（Jean-Pierre）的儿子尼古拉斯·马里（Nicolas Marie）现在经营着这个酒庄。他看起来像是个喜欢到纽约唱片店闲逛的音乐人，而不是在梅多克的葡萄藤下研究酿酒技术的专家。但人不可貌相，他酿制的葡萄酒质量极佳，值得花时间去探索。2007 年，酒庄从玛歌产区购得了一个小酒庄，占地仅 0.5 公顷，位于肯布朗酒庄和玛歌酒庄之间，名为坎波奥哈（L'Aura de Cambon）。该酒庄出产的同名葡萄酒需在法国橡木桶中至少陈酿 12 个月，由 50% 的赤霞珠和 50% 的梅洛酿造而成。

克曼沙酒庄（五级庄）

克曼沙酒庄（Château Camensac）夹在该地区另外两个沿用"1855 分级制"的酒庄百家富酒庄和拉图嘉利酒庄（La Tour Carnet）之间，在 2005 年之前，该酒庄一直属于西班牙里奥哈卡塞里侯爵酒庄（Marqués de Cáceres）的福尔内（Forner）兄弟所有。吉恩·梅兰特（Jean Merlaut）是酒庄现在的负责人。他的侄女塞琳·维拉尔斯（Celine Villars）协助他管理酒庄，埃里克·波伊森诺特（Eric Boissenot）担任顾问。该酒庄葡萄藤的种植密度为每公顷 10000 株，与波尔多地区一般的种植密度相当，酿制的葡萄酒比它"邻居们"的葡萄酒更加柔顺，梅洛和赤霞珠的比例基本持平。克曼沙酒庄生产的副牌酒名为克曼沙酒庄拉克劳斯葡萄酒（La Cloiserie de Camensac）。

佳得美酒庄（五级庄）

佳得美酒庄（Château Cantemerle）是梅多克地区最古老的庄园之一，1354 年这里就已经种植了葡萄藤，当时它的许多邻近地区还是沼泽地。如今，该酒庄是当地可靠的主力酒庄，虽然风格有点低调，但其 87 公顷的葡萄园中却能生产出以赤霞珠为主的优质葡萄。你可能会说，该酒庄对梅多克的现代化做出的贡献就是成为第一批被保险公司收购的酒庄。法国建筑与公共工程互助保险集团（简称"SMABTP"）在 1981 年从伯特兰·克劳左尔（Bertrand Clauzel）手中收购了该酒庄，自此这个收购浪潮一直延续至今。佳得美酒庄副牌干红葡萄酒（Les Allées de Cantemerle）选用庄园藤龄较低的葡萄藤出产的果实酿造而成。

嘉都酒庄（中级庄）

嘉都酒庄（Château La Cardonne）种植面积达 45 公顷，其中 45% 栽种赤霞珠，梅洛和品丽珠葡萄分别占 50% 和 5%。所有土地均取得了可持续农业认证。酒庄的口碑之前经常波动，但现任主管盖尔唐·夏罗斯（Gaëtan Charloux）在靓茨伯庄园（Lynch-Bages）的一位技术总监的大力协助下为了扭转局面付出了诸多努力。他们重新种植葡萄，提高种植密度，还安设了一个令人瞩目的地下酒窖。酒庄的副牌酒为卡德斯酒庄（Château Cardus）葡萄酒，该酒选用藤龄较低的葡萄藤的果实，在不含橡木的不锈钢桶中陈酿而成。

圣吉美酒庄（中级庄）

圣吉美酒庄（Château Caronne-Ste-Gemme）45 公顷的葡萄园分布在圣洛朗（St-Laurent）安静的村庄周围，平均藤龄为 25 年。酒庄主人弗朗索瓦·诺尼（François Nony）和宝嘉龙庄庄（Ducru-Beaucaillou）的波利（Borie）是堂兄弟，他酿造的葡萄酒具有经典的梅多克风格。酒庄主要生产赤霞珠葡萄酒，并在橡木桶中陈酿 1 年，产品仍主要销往英国（每年约有 25000 箱最终销往英国），均是酒庄品质的有力佐证。酿酒师奥利维尔·道加（Olivier Douga）引入了绿色收割法——这种技术浓缩了葡萄酒的风味，造就的佳品回味无穷，广受赞誉。酒庄的副牌酒为拉芭酒庄红葡萄酒（Château Labat）。

卡塞塔酒庄（中级庄）

坐落在埃斯特伊圣日耳曼大道（St-Germain d'Esteuil）的卡塞塔酒庄（Château Castera）拥有一座中世纪的城堡和 190 公顷的土地，是梅多克最大的庄园之一，异常引人注目。酒庄内超过三分之二的面积是森林、公园和景色优美的花园，葡萄园仅占 63 公顷，大部分（62%）为梅洛。酒庄的新东家是一家集团企业，酒庄主管和酿酒师分别为迪特尔·坦德拉（Dieter Tondera）和雅克·波伊森诺特（Jacques Boissenot），他们对酒庄进行了现代化改造，打造了一些洋溢着烘焙香味的美味酒款。波赫本尚皮尔酒庄干红葡萄酒（Château Bourbon La Chapelle）为副牌酒。

忘忧堡酒庄（中级庄）

忘忧堡酒庄（Château Chasse-Spleen）直译为"忘却忧伤"——这个名字中蕴含的浪漫色彩，恐怕只有主讲法语国家的人能够充分领略。维拉尔-梅隆特（Villars-Merlaut）家族掌管着这片 80 公顷的葡萄园，在此辛勤劳作。1976 年，伯纳黛特·维拉斯（Bernadette Villars）接手酒庄后，进行了大规模的改革，她的女儿克莱尔·维拉斯（Claire Villars）接管酒庄后，继续提升着酿酒品质。酒庄主要酿造赤霞珠红葡萄酒，格调优雅，品质上乘，同时保持合理的价格。产品的整体水平和性价比都令人惊艳。两款副牌酒为忘忧堡修道院干红葡萄酒（L'Ermitage de Chasse-Spleen）和忘忧堡酒庄副牌干红葡萄酒（L'Oratoire de Chasse-Spleen）。

西特兰酒庄（中级庄）

西特兰酒庄（Château Citran）历史悠久而充满曲折，其规模也变化不定——最少时仅有 4 公顷，现在的占地面积为 90 公顷。酒庄现今由席琳·维纳斯·梅洛（Céline Villars-Merlaut，和忘忧堡酒庄主人克莱尔是姐妹）掌管。席琳以自己的努力证明了最好的园丁往往也是最优秀的酿酒师。她在将西特兰酒庄高地上的金合欢连根拔起时意识到，金合欢只有在梅多克砾石等土层深厚、排水良好的土地上才会茁壮成长——而这正是栽种赤霞珠葡萄的理想条件。酒庄的副牌酒为西特兰城堡酒庄穆林副牌葡萄酒（Moulin de Citran）。

克拉克酒庄（中级庄）

克拉克酒庄（Château Clarke）的历史可以追溯至 12 世纪，1973 年埃德蒙·罗斯柴尔德男爵（Baron Edmund de Roth-schild）买下了该酒庄，5 年后，酒庄的酒款开始装瓶出售。今天，酒庄由男爵之子本杰明男爵经营（其在南非和阿根廷也拥有酒庄），拉菲古堡（Château Lafite）的埃里克男爵（Baron Eric）与其是表亲。撇开冗长的头衔不谈，这个家族对酿酒颇有研究：他们让葡萄自流注入大型木桶，然后在 100% 的新橡木桶中陈酿 14～18 个月。此款混酿含赤霞珠比例不到 50%，配以少量的品丽珠，为葡萄酒增添了迷人的香气。酒庄还有一款克拉克桃红葡萄酒（Rosé de Clarke），也属佳品。

克莱蒙-碧尚酒庄（中级庄）

克莱蒙-碧尚酒庄（Château Clément-Pichon）的主人克雷蒙·法亚（Clément Fayat）同时也是圣埃美隆多米尼克酒庄（Château La Dominique）的所有者。1976 年，他买下了这片 25 公顷的葡萄园，全部重新种植，保证达到每公顷 6500 株的种植量，其中梅洛、赤霞珠和品丽珠的占比为 50%、40% 和 10%。酒庄采用微氧酿造等现代化酿酒技术和优质焙烤橡木，出产的葡萄酒口感顺滑丰富，口感迷人。

枫宏酒庄（中级庄）

枫宏酒庄（Château Fonréaud）的主人亨利·德·莫维赞（Henri de Mauvezin）很高兴能证实其葡萄园的位置处于梅多克的最高点（里斯特哈克产区被称为"梅多克的屋顶"，这一令人引以为豪的说法也正由此而来）。

该酒庄的正牌酒在早期往往单宁丰富，需要在瓶中陈酿至少 5 年。如果喜欢浅龄葡萄酒，不妨尝试枫宏酒庄副牌干红葡萄酒（La Tourelle de Château Fonréaud）。白葡萄酒枫宏酒庄天鹅干白葡萄酒（Le Cygne de Château Fonréaud）同样值得关注（属于波尔多 AC 佳酿），这款酒由种植面积仅 2 公顷的长相思、赛美蓉和慕斯卡德葡萄酿制，在 50% 的新橡木桶中陈酿而成。

富丽酒庄（中级庄）

富丽酒庄（Château Fourcas Dupré）紧邻福卡浩丹酒庄（Fourcas Hosten）。酒庄主人帕特里斯·帕戈（Patrice Pagès）酿制的葡萄酒比邻家的酒款拥有更优质的结构——可能主要得益于道路这一面 46 公顷的葡萄园中的一块露头的砾石岩层。酒庄

福卡浩丹酒庄

葡萄园和酿酒厂的投资为葡萄酒
注入了新的活力。

在这片沙砾土上种植了 38% 的梅洛、50% 的赤霞珠、10% 的品丽珠和 2% 的小维多葡萄，由此酿制而成的葡萄酒优雅迷人，结构优美——但可能需要几年时间进行熟成。酒庄过去几年看似默默无闻，却一直在进行改造。他们修复了一个木桶酒窖，产出的葡萄酒品质更为稳定且令人愉悦。

福卡浩丹酒庄（中级庄）

彼得·西谢尔（Peter Sichel）是一名极富个人魅力的法国人，也是纽约葡萄酒界的重要人物。2006 年，他将这片家族产业卖给雷诺德·莫梅亚（Renaud Momméja）和洛朗·莫梅亚（Laurent Momméja，二人又称"爱马仕"兄弟）。这里的土壤分为两个截然不同的板块，一部分富含黏土，另一部分却遍布砾石。基于这种条件，酒庄种植了 45% 的梅洛、45% 的赤霞珠和10% 的品丽珠。酒庄过往的产品并不尽如人意。但依靠后来推出的一些新酒款，逐渐积累了人气。福卡浩丹酒庄副牌干红葡萄酒（Les Cèdres d'Hosten）使用 25% 的橡木桶陈酿，同样品质出色，引人注目。

古丽酒庄

古丽酒庄（La Goulée）是波尔多葡萄酒舞台上的一枝新秀。酒庄采用生长在梅多克产区最北端吉伦特河口的古丽港（Port du Goulée）的葡萄品种酿酒，其酒庄主人为爱诗途酒庄的瑞比埃（Reybier）家族，并与后者采用同一支酿酒团队，但酿酒设施有所不同。酒庄总监纪尧姆·普拉斯（Guillaume Prats）表示，其正牌酒旨在达到可与新西兰的云雾之湾（Cloudy Bay）这样的品牌相提并论的定位和一致性，又兼具波尔多的特性——口感丝滑美妙。副牌古丽酒庄干白葡萄酒（La Goulée Blanc）也很出色。★新秀酒庄

瑞莎酒庄（中级庄）

瑞莎酒庄（Greysac）位于圣埃斯泰夫以北的偏远小城碧伊（By）。酒庄拥有一个规模可观（95 公顷）的葡萄园，年产大约 54 万瓶葡萄酒。园内种植的葡萄经过挑选最终约有 70% 用于酿造芳香浓郁、充满现代感的正牌酒，其余 30% 则用于酿造副牌酒——德碧城堡红葡萄酒（Château de By）。酒庄在平易近人的菲利普·唐布瑞（Philippe Dambrine，来自坎特梅尔产区）经营下，还出产一款 100% 长相思干白葡萄酒，选材于贝加当（Bégadan）的 2 公顷葡萄园。发酵和陈酿都完全在桶中进行（每年采用 30% 的新桶），定期搅桶或搅拌酵母酒糟。

詹德酒庄（中级庄）

詹德酒庄（Château Jander）的荷兰老板汉斯·彼得·詹德（Hans Peter Jander）的做法很简单——他在这个面积不大（7 公顷）但充满活力的庄园里，种植了赤霞珠（沙砾产区）和梅洛（黏土石灰石产区）各半，年产约 1.2 万瓶葡萄酒。葡萄藤正值成熟期，平均在 25 岁左右。酒庄旗下的酒款在橡木桶中陈酿长达一年之后（其中 50% 为新橡木桶），赋予了葡萄酒宜人的烟熏味。从 1998 年开始，詹德酒庄还用其位于穆利斯产区 1.8 公顷的葡萄园的果实酿酒。

拉拉贡酒庄（三级庄）

来到拉拉贡酒庄（Château La Lagune），你会感觉自己走出了波尔多阴暗的郊区，进入了梅多克的境界。走过酒庄宏伟的大门，是一条迷人的城堡之路（des Châteaux）。酒庄多年来都由女性掌管，如今沿袭这一传统的负责人是卡罗琳·弗雷（Caroline Frey）。自 2000 年弗雷家族买下这座酒庄后，配备了 72 个重力式酒槽，酿制出的葡萄酒具有浓郁的果香和诱人的辛香味，由小维多（在大多数年份中约占 10%）、赤霞珠和梅洛葡萄混酿而成。酒庄共出产 3 款葡萄酒：正牌拉拉贡葡萄酒（La Lagune）、拉拉贡酒庄副牌红葡萄酒（Moulin de La Lagune）及适合早饮的 L 小姐红葡萄酒（Mademoiselle L）。

雷斯特酒庄（中级庄）

雷斯特酒庄（Château Lestage）由吉恩（Jean）和玛丽-海伦·香弗勒（Marie-Helene Chanfreau）经营。显而易见，这个 42 公顷的庄园得到了法国政府的高度认可。酒庄用 52% 的梅洛、46% 的赤霞珠和 2% 的小维多葡萄，每年酿制约 25 万瓶葡萄酒。葡萄园处于绿地园区的环绕之中，在全产区最高的一座山峰上还有一座华丽的拿破仑三世城堡——如此优美的环境，难怪香弗勒家族半个多世纪以来一直将其牢牢握在手中。雷斯特酒庄副牌红葡萄酒（La Dame de Coeur de Château Lestage）和家族位于穆利斯的小型卡洛琳酒庄（Château Caroline）的产品都品质不凡，值得尝试。

李斯特酒庄（中级庄）

李斯特酒庄（Château Lestruelle）的葡萄园由帕特里克·布伊（Patrick Bouey）和一家同名的波尔多酒商共有。酒庄种植的葡萄 75% 为梅洛，其余为同等比例的品丽珠和赤霞珠。正牌酒本身属于质优价惠的酒款，具有丰富的黑色水果风味和坚实的单宁。布伊名下的产业还有白宫酒庄（Château Maison Blanche），该酒庄位于邻区圣伊藏德梅多克公社（St-Yzans-de-Médoc）的黏土石灰石的土地上，是左岸少有的100% 梅洛酒庄。

石竹酒庄（中级庄）

石竹酒庄（Château Malmaison）的葡萄酒与本地区其他酒款不同，其梅洛葡萄的含量在某些年份高达 80%（其他年份为近 60%）。酒庄由娜丁·德·罗特希尔德（Nadine de Rothschild）经营，毗邻克拉克酒庄，占地 24 公顷。正牌酒属于较为轻盈的穆利斯葡萄酒，果香也更为浓郁；该酒在不锈钢桶中酿造，然后在新桶和 1 年桶中混合陈酿。

莫卡洛酒庄（中级庄）

莫卡洛酒庄（Château Maucaillou）是一座宏伟的城堡。上一任酒庄主人建造后，将其作为结婚礼物赠予爱妻。酒庄的名字意为不适合种植谷物的"坏石头"。但后来发现这片土地很适宜葡萄栽培。酒庄的名字现在由菲利普·杜特（Philippe Dourthe，但是他和同名的波尔多葡萄酒酒商已无任何关联）所有。副牌酒直接命名为莫卡洛酒庄副牌红葡萄酒（No 2 de Maucaillou，

富丽酒庄

由砾石地土质出产的葡萄酒酿制而成，
这款酒以赤霞珠为基酒。

恰如其分地体现了酒庄简洁明了的现代化酿酒风格。

美恩·拉兰酒庄（中级庄）

美恩·拉兰酒庄（Château Mayne Lalande）有着充满正向力量及现代感的酒标，与伯纳德·拉蒂格（Bernard Lartigue）所酿制葡萄酒的轻盈感不谋而合。30多年前，伯纳德刚开始在这片土地上耕耘时，仅拥有1公顷的葡萄园，为当地的合作酒庄供应葡萄。1982年，他将自己的第一批葡萄酒装瓶（这个年份的葡萄酒销售形势相当不错）。如今，酒庄的疆域已大大扩张：在里斯特哈克有14公顷的葡萄园，在穆利斯也有5公顷，即米隆酒庄（Château Myon d'Enclos）。美恩·拉兰酒庄珍藏干红葡萄酒（Mayne Lalande Grand Reserve）的陈酿期为30个月，这在波尔多较为罕见，由此得出的美酒较之首款葡萄酒也更为醇厚丰富。

风车酒庄（中级庄）

风车酒庄（Château Moulin à Vent）是曾任法国中级庄联盟主席的多米尼克·海塞（Dominique Hessel）的产业。酒庄占地25公顷，风格低调，品质优良，年产约12万瓶葡萄酒，包括正牌酒风车酒庄干红葡萄酒（Moulin à Vent）和副牌酒圣文森红磨坊干红葡萄酒（Château Moulin de St-Vincent）。前者为60%的赤霞珠，经轻微过滤，呈现完美的结构及浓郁的果香。

红磨坊酒庄（艺术家酒庄）

与红磨坊酒庄（Château du Moulin Rouge）这个韵味十足的名字比起来，这座由里贝罗（Ribeiro）家族掌管200多年的庄园本身似乎显得过于普通。酒庄位于上梅多克，毗邻圣朱利安处的库萨克堡-梅多克，出产的葡萄酒时常含有过于粗糙的单宁，但近年来渐趋温和。这款由赤霞珠和品丽珠加上10%的梅洛制成的混酿，自2005年以来其优越的性价比愈加突出。

老爷车酒庄（中级庄）

拉帕鲁家族（Lapalu Domaines）名下有多个产业，包括老爷车酒庄（Patache d'Aux）、博斯克酒庄（Le Boscq）、拉颂酒庄（Liversan）、拉孔诺雅克庄园（Lacombe Noaillac）和留让酒庄（Lieujean）。这些庄园均位于梅多克和上梅多克产区，目前的所有者为法籍突尼斯裔米歇尔·拉帕鲁（Jean-Michel Lapalu），从投资的角度而言，均为质量稳定、价格合理的项目。技术总监奥利维尔·桑贝（Olivier Sempé）确保每个生产阶段均有严格的可追溯性，并在葡萄酒酿造过程中引入越来越多影响较小且绿色环保的工艺。

佩拉-福东酒庄

在佩拉-福东酒庄（Château Peyrat-Fourthon）20公顷黏土石灰岩和砾石土地上，栽种了55%的赤霞珠、41%的梅洛和4%的小维多，平均每公顷种植6600株葡萄藤。这个鲜为人知的酒庄采用了一些有趣的现代技术，包括冷浸（在发酵前将压碎

普雅克酒庄
这款红葡萄酒由60%的梅洛、35%的赤霞珠和5%的品丽珠混合酿制而成。

宝捷酒庄
这家中级庄未来几年的发展将达到新高度。

的葡萄冷却）、微氧酿造技术和100%新橡木桶等。酒庄主人皮埃尔·纳尔博尼（Pierre Narboni）自2004年以来一直在这里工作（自他接手后，近一半的葡萄园已被收购）。波雅克酒类研究所（Pauillac Oenology Institute）的所长克里斯托夫·库佩兹（Christophe Coupez）担任酒庄的酿酒顾问。这是一个值得关注的酒庄，潜力无限。★新秀酒庄

波坦萨酒庄（中级庄）

波坦萨酒庄（Château Potensac）为雄狮酒庄（Château Léoville-Las-Cases）的所有者德隆（Délon）家族所有。在年景较好而这位"老大哥"又亟须大量现金的时期，收购此酒庄可谓是家族一个非常明智的投资选择。酒庄占地53公顷，种植60%的赤霞珠、25%的梅洛和15%的品丽珠，种植密度相对较大，为每公顷平均8000株。酒庄的正牌酒无疑是酒体坚实、结构紧凑，需要一些时间来呈现魅力的梅多克葡萄酒。值得一提的是，酒庄的酿酒师是米歇尔·罗兰的兄弟皮埃尔·罗兰（Pierre Roland）。副牌酒为波坦萨酒庄拉夏贝尔干红葡萄酒（La Chapelle de Potensac）。

宝捷酒庄（中级庄）

宝捷酒庄（Château Poujeaux）的新主人为菲利普·库维利耶（Philippe Cuvelier）。他和儿子马修（Mathieu）领导着一支来自圣埃美隆（St-Emilion）的富尔泰酒庄（Clos Fourtet）的年轻团队——像他们这样从吉伦特河右岸将业务延伸至对岸发展的大家族并不多见。酿酒顾问史蒂芬·德农古（Stéphane Derenoncourt）同时任职于这两个酒庄。在宝捷酒庄，他参与到挖掘酒庄潜力、打开业务局面的工作中。酒庄的葡萄酒散发着浓郁的黑加仑香味，并伴有迷人的草本气息。★新秀酒庄

普雅克酒庄（中级庄）

自1998年以来，普雅克酒庄（Château Preuillac）由精力充沛的让-克里斯多夫·米奥（Jean-Christophe Mau）和荷兰德兹瓦格酒业公司共同持有。在过去10年里，他们投资新建了排水渠道，在30公顷的土地上高密度种植葡萄藤，建成了一个拥有现代化设备的新型酒庄厂，对城堡本身也进行了大规模翻新。酒庄的酿酒顾问史蒂芬·德伦库尔（Stéphane Derenencourt）也是佩萨克-雷奥良（Pessac-Léognan）产区的布朗酒庄（Château Brown）的顾问。酒庄出品的葡萄酒质地优良，口感丰富而柔顺，声誉与日俱增。

雷尔酒庄

雷尔酒庄（Château Réal）的位置邻近圣瑟兰德卡杜尔讷（St-Seurin-de-Cadourne）的特龙库（Tronquoy），为莱马尼昂（Lemaignan）家族名下的产业。酒庄的葡萄园在2006年被迪迪埃·马塞利斯（Didier Marcellis）收购。酒庄占地仅5公顷，酒庄主人意欲将其扩建至7公顷，具备申请中级庄的资格。葡萄园目前种植了55%的赤霞珠、10%的品丽珠和35%的梅洛。在酿酒顾问胡伯·德·柏亚德（Hubert de Bouärd）的带领下，葡萄园采用完全的有机种植和手工操作。酒庄提高

马利酒庄

这款浓烈的葡萄酒经几年陈酿后将显示其迷人的一面。

索尼亚酒庄

管理者对酒庄内部精心打理，其出产的红葡萄酒品质也越来越高。

了品丽珠的种植比例，增加了葡萄藤冠层的表面积以实现最大的成熟条件，并引入了不过滤（仅蛋清下胶）技术以提高葡萄酒品质。酒庄潜力无限，大有可为。★新秀酒庄

罗兰德拜酒庄（中级庄）

1989年，吉恩·盖恩（Jean Guyon）在梅多克产区偏远一隅购买了这片2公顷的土地建设罗兰德拜酒庄（Château Rollan de By），过程并不顺利——他可能是第一个承认这一点的人。但盖恩仍然努力提高旗下酒款的知名度。现在酒庄版图已扩大至83公顷，产品在盲品测试中常常名列前茅。酿酒顾问阿兰·雷诺（Alain Reynaud）也以现代风格而著称，曾在右岸工作。他采用高比例的新橡木桶，酿出的葡萄酒质地柔顺、口感丰富，令人难以忘怀。盖恩的奥康迪萨酒庄（Château Haut Condissas）就位于附近，主要采用周边地区的葡萄酿酒，品质也非常不错。

圣保罗酒庄

圣保罗酒庄（Château Saint Paul）的葡萄酒很大一部分最终销往英国和美国，或许这正是其酒体醇厚、令人愉悦的风格的印证。酒款散发着成熟的梅子和丰富的黑色水果的风味，同时也保持了足够的酸度，构成极宜佐餐的美酒。酒款由60%的梅洛、30%的赤霞珠及10%的小维多和品丽珠共混酿而成。酒庄由伯纳德·布歇（Bernard Boucher）拥有，占地22公顷，由分别属于圣埃斯泰夫产区两家相邻酒庄[博斯克酒庄（Le Boscq）和莫林酒庄（Morin）]的地块组成。

酒庄紧邻马利酒庄的地理位置可谓锦上添花。圣保罗特雷布鲁葡萄酒（Terre Brune de Saint Paul）为酒庄的副牌酒。

索尼亚酒庄（中级庄）

索尼亚庄园（Château Sénéjac）由大宝酒庄（Château Talbot）的科迪尔（Cordier）家族所有，占地39公顷，种植了48%的赤霞珠、37%的梅洛、11%的品丽珠和4%的小维多。酒庄建筑设计精美，常春藤掩映着墙面，规则式庭院和室内装饰优雅别致，令人流连忘返。酒庄曾有过多次失败的尝试——无论是酿制白葡萄酒，还是生产卡鲁罗斯（Karulos）的特制瓶装酒的努力，都付诸东流。现在，酒庄改为用生物动力学方式栽培葡萄。酿酒团队[目前为庞特卡内古堡（Château Pontet-Canet）的同一支团队]致力于不断提高酒庄本身的整体质量。

马利酒庄

马利酒庄（Château Sociando-Mallet）是任何一个葡萄酒发烧友都不会错过的响亮名字。酒庄不参与梅多克的各种分级制度，但仍不影响它吸引众多拥趸。酒庄位于圣埃斯泰夫以北约3千米处的一个砾石山坡上。酒庄主人是比利时人吉恩·高特罗（Jean Gautreau）。他行事低调，在酿酒上却不放过任何一个细节。正是因为他的执着坚持，才有了酒庄今天的成功。1969年，吉恩买下了几座破败的建筑和仅5公顷的葡萄园，现在已将其发展到85公顷。酒庄的正牌酒风格并不柔顺——单宁坚实、结构强劲，但香醇四溢，在陈酿几年后更为诱人，因此

在该地区显得尤为出类拔萃。

太阳堡酒庄（中级庄）

太阳堡酒庄（Château du Taillan）也是一个由女性经营的酒庄。克鲁斯（Cruse）五姐妹从葡萄园管理到葡萄酒装瓶等环节均密切合作，打造出了款款佳酿。酒庄景色优美，酒窖的历史可以追溯到15世纪。酒庄本身也是一个传承经典的历史遗迹。推荐的酒款包括风格较为柔和的太阳堡酒庄葡萄酒（Château de Taillan）女士特酿，以及波尔多法定产区达姆布兰奇葡萄酒（Château La Dame Blanche）。

拉图嘉利城堡（四级庄）

让一个孩子画一幅法国城堡的图画，他可能会画塔、护城河、城垛和工事等。这完全符合现实，因为法国高塔的历史可以追溯到11世纪。拉图嘉利城堡（Château La Tour Carnet）占地65公顷，每公顷种植大约1万株葡萄藤，其中包括40%的赤霞珠、50%的梅洛、7%的品丽珠和3%的小维多。当地严寒的气候，导致酒庄的葡萄难以成熟。酒庄主人贝尔纳·马格雷（Berrard Magrez）通过改进排水渠道、种植树木作为葡萄藤的天然遮盖，再加上斥巨资投入酿酒事业，酒庄的正牌酒和副牌酒（Douves de Carnet）均开始得到垂青。马格雷将未经碾压的葡萄放入不锈钢桶进行预处理及发酵，酿出浓郁的美酒。

圣塔堡酒庄（中级庄）

圣塔堡酒庄（Château Tour St-Bonnet）原名为"Château La Tour St-Bonnet"。1996年，拉图酒庄（Latour）将圣塔堡酒庄主人告上法庭，圣塔堡酒庄只得将"La"删去。酒庄主人雅克·梅尔莱-拉芳（Jacques Merlet-Lafon）并未因此而气馁，而是在圣克里斯托利梅多克的一块40公顷狭窄的土地上继续劳作，酿造出了备受喜爱的中级庄葡萄酒。酒庄的混酿葡萄酒采用等比例的梅洛和赤霞珠，还加入了些许的马尔贝克，口味浓郁而辛辣。

圣埃斯泰夫产区

　　圣埃斯泰夫是梅多克最北边的村庄级法定产区，石质风土在这里得到了淋漓尽致的体现。但与该地区其他位置相比，这里的黏土底土能保持更多的水分。圣埃斯泰夫栽种了 1250 公顷的葡萄藤，酿制紧实风格的葡萄酒，也有一些品质优越、备受好评的酒庄。该产区共有 5 个列级酒庄［以二级酒庄玫瑰山酒庄（Châteaux Montrose）和爱诗途酒庄为首，但总数量仅为较小产区圣朱利安的一半］，此外还有 30 多个中级庄，其中 4 个在以前的 9 个前特级中级庄之列，如飞龙世家酒庄（Châteaux Phélan Ségur）、帝比斯酒庄（de Pez）、榆树酒庄（Les Ormes de Pez）和上玛泽酒庄（Haut-Marbuzet）。

　　圣埃斯泰夫是梅多克唯一一个在过去 10 年里葡萄园整合和土地出售活动频繁但热度不减的知名产区。换句话说，这里古老的酒庄正在焕发新生活力，令人鼓舞。主要的原因是当地合作酒庄在一些成员酒庄退市后出售或出租了大量土地，从而使玫瑰山庄园、骊兰古堡（Lilian Ladouys）、贝塔酒庄（Tour de Pez）、小鲍克酒庄（Petit Bocq）和塞瑞兰城堡（Sérilhan）等酒庄得以快速扩张。

　　圣埃斯泰夫素以酿造坚实、质朴的葡萄酒而著称，但比起名庄大道往南沿途的其他酒庄而言略为逊色。作为波尔多最古老的酒庄之一，合作酒庄本身也面临着流失大量成员的压力。人们担心酒庄巨头会继续购入地块，从而威胁到本产区的多样性。

　　就葡萄品种而言，该产区的赤霞珠种植面积占 51%（种植比例略低于其他 3 个河岸产区，反映了该地土壤中含有黏土，北部还有大片的沙土地），梅洛占 40%，品丽珠占 6.5%，小维多占 2.3%，马尔贝克和佳美娜共占 0.3%。在这种条件下，本产区放弃栽培赤霞珠受到普遍支持，因为赤霞珠的负面评价往往来自种植的土壤状况，并不适合其完全成熟。和波尔多大部分地区一样，新一波的葡萄园主们更加重视对地质的研究，并据此种植更合适的葡萄品种。

　　在过去几十年里，另一个重大进展是引入了正牌酒和副牌酒。直到 20 世纪 80 年代，大多数酒庄都将所有产品放在同一个标签下出售。但由于品质的重要性日益凸显，领先的生产商们开始在酿制过程中或最终的混合过程中区分自己的不同地块。这通常意味着，老藤产出的葡萄最终会酿制出口感更复杂、品质最好的葡萄酒，并采用酒庄名为这些酒命名。这样一来，酿酒师就可以用更年轻的葡萄藤果实酿制副牌酒，将其酿制成果味更浓、更新鲜的葡萄酒，通常可以较早饮用，而无须在瓶中长时间陈酿。少数酒庄的副牌酒可以追溯到 19 世纪，但大多数酒庄是在 20 世纪末才开始严格实施这一做法的。现在，副牌酒在整个波尔多地区很常见，其中最集中的是梅多克的列级庄葡萄酒。圣埃斯泰夫产区有一些非常出色的副牌酒，如玫瑰山庄园副牌红葡萄酒（La Dame de Montrose）、爱诗途酒庄副牌干红葡萄酒（Les Pagodas de Cos）和弗兰克飞龙酒庄葡萄酒（Franck Phélan）。

　　有一些酒庄主人高度关注细节，精心地管理葡萄园，他们有时会将葡萄采摘推迟至其完全成熟。显而易见的，他们也得到了相应的回馈。圣埃斯泰夫的酿酒商越来越多地采用这些技术，整个产区也从中获益良多。

主要葡萄种类

🍇 红葡萄

赤霞珠

梅洛

年份

2009
该年份气候条件极佳，出产的酒浓烈强劲，具有陈年潜力。

2008
夏季气温不高，引发了一些问题，但9月和10月阳光充足、异常干燥。极长的成熟期有利于酒的陈酿。好酒属于善于等待的人。

2007
这一年非常艰难。夏季潮湿，导致圣埃斯泰夫产区黏土土壤上种植的葡萄难以成熟。但这里也出产了几款优质的葡萄酒，总体品质参差不齐。

2006
这是一个经典的年份。种植季开端非常完美，但收获期出现了降雨。顶级的生产商出产了一些优质葡萄酒。

2005
圣埃斯泰夫产区整个夏天都没有降雨，但总体生长条件近乎完美，造就了口感丰富、适合长期窖藏的美酒。

2004
该年是一个经典的年份，产量高，葡萄酒物超所值。

2003
这一年气候炎热，圣埃斯泰夫产区的土壤由于保水性高，表现非常突出。

凯隆世家酒庄

浪漫的酒标也反映出此酒炙手可热的地位。

爱诗途酒庄

此酒无论是酿制过程的投入，还是购买，都绝对物超所值。

美园酒庄（中级庄）

美园酒庄（Château Beau-Site）是卡斯蒂亚（Castéja）家族的酒庄，目前正进军传统的圣埃斯泰夫市场。要成功实现这一目标，应酿出口感醇厚的黑色水果风味的葡萄酒，如果早饮的话需要进行二次醒酒。酒庄采用 60% 的赤霞珠葡萄，并在橡木桶（50% 的新橡木桶）中陈酿 15 个月左右。这片 100 公顷的葡萄园紧邻凯隆世家酒庄（Château Calon Ségur），平均藤龄为 35 年。

博斯克酒庄（中级庄）

博斯克酒庄（Château Le Boscq）为杜夫葡萄酒公司（Vignobles Dourthe）所有，是一家波尔多酒商名下的葡萄园，目前在该地区种植了 500 公顷的葡萄。酒庄总面积仅为 18 公顷，种植了 60% 的梅洛、26% 的赤霞珠、10% 的小维多和 4% 的品丽珠。酿制出的圣埃斯泰夫葡萄酒由于高比例使用了梅洛葡萄，呈现出极为顺滑明快的整体风格，极受欢迎。近年来，酒庄引入了一些新技术，包括可持续的葡萄栽培方法、可追溯性和小规模酿造法等，不一而足。

凯隆世家酒庄（三级庄）

凯隆世家酒庄的吸引力主要来自其品牌的核心力量。营销的效力之大，甚至会对波尔多分类葡萄酒有重大的影响（一位曾同时拥有拉菲古堡和拉图酒庄的前任酒庄主人曾表示："我的心属于凯隆。"）。如今，凯隆世家酒庄属于盖斯奎东（Gasqueton）家族名下的产业，是梅多克列级庄位置最靠北者。酒庄拥有 74 公顷的葡萄园，种植了 65% 的赤霞珠、20% 的梅洛和 15% 的品丽珠，出品的葡萄酒口感浓郁醇厚、极富质感，具有很强的冲击力。值得一提的是，知名演员约翰尼·德普（Johnny Depp）也是其拥趸者。酒庄的副牌酒为副牌凯隆侯爵红葡萄酒（Marquis de Calon）。

克洛泽酒庄（中级庄）

克洛泽酒庄（Château Clauzet）自 1997 年以来为比利时商人莫里斯·维尔格（Maurice Velge）持有。酿酒总监何塞·布埃诺（José Bueno）来自木桐酒庄，名庄名师的技艺对于葡萄酒品质提供了有效加持，是消费者放心的知名品牌。葡萄园占地 20 公顷，主要种植赤霞珠和少量的小维多，赋予葡萄酒浓郁而深邃的色泽。酒庄的葡萄酒结构强劲、黑色水果风味严谨，令人瞩目。酒庄主人还出品同一产区的窟姆酒庄干红葡萄酒，这款酒风格相对清淡，更偏重果味。

爱诗途酒庄（二级庄）

毋庸置疑，爱诗途酒庄是一家志存高远的酒庄——从定价策略到光彩夺目的新酿酒厂，以及葡萄酒本身的精益求精和专业水准，无不是其有力佐证。瑞比埃（Reybier）家族和图内尔古堡经理让-纪尧姆·普拉斯（Jean-Guillaume Prats）妥善打点着酒庄的一切。酒庄共有 92 公顷的土地，种植了 60% 的赤霞珠和 40% 的梅洛。正牌酒需在新橡木桶中陈酿 18 个月，副牌酒爱诗途酒庄副牌干红葡萄酒（Les Pagodes de Cos）仅需陈放 12 个月；正牌酒最终的成品口感顺滑、香味浓郁，结构复杂。爱诗途白葡萄酒（Blanc de Cos d'Estournel）是一款波尔多产区葡萄酒，由 80% 的长相思和 20% 的赛美蓉构成，产自该地区最北端的葡萄园。该酒款的纯净度接近卢瓦尔而非波尔多，令人惊叹。

柯斯拉柏丽酒庄（五级庄）

香味浓厚、历久不散、浅龄时口味不甚理想……这些词经常与柯斯拉柏丽酒庄（Château Cos Labory）联系在一起。

酒庄从 20 世纪初就由韦伯家族（Weber）经营，如今传到了伯纳德·奥德伊（Bernard Audoy）手中。现在酒庄与邻近的爱诗途酒庄相比仍有差距，但也种植了 18 公顷的老葡萄藤，包括 55% 的赤霞珠、33% 的梅洛、10% 的品丽珠和 2% 的小维多，同时采用机器和人工技术耕作。酒庄酿造的葡萄酒结构紧实，陈酿后口味极佳。但酒庄目前的名声不显，需继续努力。

柯瑞克酒庄（中级庄）

柯瑞克酒庄（Château Le Crock）可能算不上前景最为光明的酒庄，但这完全是可以理解的。自 1903 年以来，该酒庄一直由乐夫·宝菲庄园（Château Léoville Poyferré）的库维利（Cuvelier）家族掌管。直到 20 世纪 70 年代末，迪迪埃·居弗利埃（Didier Cuvelier）接手酒庄后，才由家族成员经营。酒庄有 32 公顷的土地专用于酿制正牌酒，种植了 60% 的赤霞珠——家族的其他庄园也采用这一种植比例。酿酒师伊莎贝尔·达文（Isabelle Davin）是本地区众多才华横溢的女性酿酒师之一。酿酒顾问是米歇尔·罗兰。副牌酒为柯瑞克堡副牌红葡萄酒（La Croix St-Estèphe），果香浓郁、口感新鲜，但仍保留该产区所特有的厚重口感。

多美尼酒庄（中级庄）

克莱尔·维拉斯（Claire Villars）和她的丈夫贡扎格·露桐（Gonzargue Lurton）从 2006 年开始接手多美尼酒庄（Château Domeyne）。这个小型酒庄非常值得关注，该酒庄在一片砾石台地上种植了 9 公顷葡萄，分别有 65% 的赤霞珠、35% 的梅洛和 5% 的品丽珠，均以手工采摘。葡萄酒在橡木桶中存放 12～14 个月（每年有 40% 的新酒）。长期以来，多美尼酒庄在圣埃斯泰夫产区以经典、优雅的风格而著称，但随着新的酒庄主人引入多种综合技术，酒庄有望进一步大展宏图。

欧博塞酒庄（中级庄）

1992 年，酿酒师兼路易王妃香槟（Champagne Louis Roederer）的总裁让-克劳德·鲁造德（Jean-Claude Rouzaud）在圣埃斯泰夫买下了两个中级葡萄园。他迅速地将二者合并，创立了目前占地 20 公顷的欧博塞酒庄（Château Haut-Beauséjour）。在收购之后，路易王妃香槟不负众望将其资产重组用于一些重大投资，为酿酒厂配备了高科技设备，并精心补种了葡萄园。总监菲利普·穆罗（Philippe Moureau）同时也在帝比斯酒庄（Château de Pez）任职。酒庄的产品酒体紧实，结构紧致，散

发着迷人的黑莓香气。

奥马赫酒庄（中级庄）

艾利·杜博斯科（Henri Dubocsq）从他的父亲艾尔维（Hervé）手中接管了奥马赫酒庄（Château Haut-Marbuzet），现在在他的儿子布鲁诺（Bruno）和休斯（Hughes）的协助下经营。酒庄占地66公顷，葡萄种植密度达到每公顷9000株。密植后每棵葡萄藤产出果实较少，但口感更浓郁。酒庄寂寂无闻，但身体力行多种领先的环保实践——例如用犁除草而不使用除草剂。葡萄酒由50%的赤霞珠、40%的梅洛和10%的品丽珠酿成，口感诱人，飘散着巧克力和摩卡的香味。副牌酒是麦卡堤（Château MacCarthy）。

拉枫罗榭酒庄（四级庄）

米歇尔·泰瑟隆（Michel Tesseron）是拉枫罗榭酒庄（Château LafonRochet）的负责人。自2007年起，米歇尔之子巴西莱（Basile）参与了协助打点酒庄的事务。葡萄园占地45公顷，种植了55%的赤霞珠、40%的梅洛、3%的品丽珠和2%的小维多，平均藤龄为30年。每公顷高达9200株的高密度种植有助于赋予葡萄酒浓郁的风味，同时伴有迷人的草本气息。正牌酒被公认是波尔多最为拔尖的列级庄葡萄酒之一。

醒目的酒标为酒庄建筑本身的欢快黄色色调。副牌酒是拉枫罗榭酒庄朝圣者副牌干红葡萄酒（Pélerins de Lafon-Rochet）。

骊兰古堡（中级庄）

骊兰古堡（Château Lilian Ladouys）的主人为瑞士人杰奇·洛伦泽蒂（Jacky Lorenzetti），他是一位亿万富翁，同时也是一名狂热的橄榄球粉丝。

杰奇从2008年年底开始在此定居，但大部分时间居住在巴黎。酒庄47公顷的土地上有90个葡萄藤种植地块，其中大部分（58%）是40年的赤霞珠。骊兰古堡副牌红葡萄酒（Château de la Devise de Lilian）是酒庄的副牌酒，产量达6万瓶，主牌酒的产量约为24万瓶。酒庄葡萄园与爱诗途酒庄的葡萄园毗邻，但目前受关注度不高，所以定价平平。酒庄正在施行多项措施，也亟须进一步的投资以充分发挥潜力。

梅内酒庄（中级庄）

梅内酒庄（Château Meyney）发售的葡萄酒风格内敛，物美价廉。酒庄为法国农业信贷银行（Crédit Agricole）葡萄园部门旗下的两家酒庄之一，在过去几年里，这两家酒庄都引入了可持续发展的酿酒方法。酒庄的葡萄园是一块51公顷的土地，种植了56%的赤霞珠、26%的梅洛、9%的小维多和9%的品丽珠。

正牌酒是一款果香浓郁的葡萄酒，定价实惠，令人惊喜。副牌酒为梅内酒庄普里厄美妮红葡萄酒（Prieur de Meyney），因当地一座17世纪的修道院而得名。

拉枫罗榭酒庄
此酒产自列级名庄，
卓尔不群，性价比较高。

梅内酒庄
这里曾是昔日修道院的所在地，
如今酿出了果味浓郁的葡萄酒。

玫瑰山酒庄（二级庄）

玫瑰山酒庄正在成为波尔多绿色酿酒业的领军之一，酒庄主人马丁·布依格（Martin Bouygues，建筑业亿万富翁）目前正对这个先进的新建酿酒厂进行提升：安装太阳能电池板、地热能和一个全面的废物回收系统。正牌酒酒体紧实、口感丰富而前卫。65%的赤霞珠、25%的梅洛和10%的品丽珠的配比赋予了葡萄酒良好的单宁结构和陈酿潜力。技术总监让·德尔马斯（Jean Delmas）从侯伯王酒庄（Château Haut-Brion）退休后到此任职，其精湛的技艺为酒庄带来了更美好的前景。葡萄园占地67公顷，地理位置优越、景色优美宜人。副牌酒为玫瑰山酒庄副牌红葡萄酒（La Dame de Montrose）。

奥得比斯酒庄（中级庄）

清亮、脆爽、多汁的果味在奥得比斯酒庄（Château Les Ormes de Pez）近几年出产的年份酒中都愈加突出。酒庄的酒标中也体现了这种馥郁香气扑鼻而来的感觉，还有抽象的树木形象，代表附近地区曾生长的榆树。酒庄由靓茨伯庄园的卡兹（Cazes）家族拥有，该酒庄的葡萄酒含有51%的赤霞珠、39%的梅洛、8%的品丽珠和2%的小维多。葡萄园占地33公顷，为沙子和砾石混合土壤（与该家族的波雅克庄园相比，这里的沙土有助于酿制单宁较高的酒）。该酒庄不生产副牌酒。

小鲍克酒庄（中级庄）

小鲍克酒庄（Château Petit Bocq）单从名字判断像是博斯克酒庄（Le Bocq）的副牌酒，但实际上它是一家独立酒庄。酒庄主人加埃顿·拉格诺（Gaëton Lagneaux）原本行医，但出于内心对酿酒的热爱而辞去工作（这种由医生转行酿酒的案例在波尔多地区不在少数）。在过去10年里，他将2公顷的葡萄园发展至18公顷。在几乎全是砾石的土壤上，种植了密集的葡萄园，其中有65%的梅洛，其余全为赤霞珠和少量的品丽珠。葡萄为手工采摘的，酿成的葡萄酒未经过滤而装瓶，性价比极高。酒体色泽深邃优雅，酸度适宜，散发着李子和巧克力的味道，假以时日其风味可完全释放。

拉佩赫酒庄（艺术家酒庄）

拉佩赫酒庄（Château La Peyre）是一家小型酿酒厂，酒庄主人为达尼·拉比乐（Dany Rabiller）和雷内·拉比乐（René Rabiller）。多年前，他们生产的葡萄酒都是送往当地合作的酒庄出售的。1989年，酒庄开始自己装瓶。现在酒庄有一个酿酒厂，用8公顷葡萄藤的果实每年生产约4.8万瓶葡萄酒，其中五分之一来自上梅多克法定产区，其余源于圣埃斯泰夫产区。酒庄为了减少潜在产量在冬季进行修剪，而非采用绿色采摘法，收获规模自然受限。由于葡萄酒未经过滤，进一步浓缩了可能出现的个性化粗犷风味。赤霞珠的味道稍稍盖过了梅洛，夹杂着李子和西洋李的气味，并伴有来自橡木的温和迷人的烘烤味。

帝比斯酒庄（中级庄）

帝比斯酒庄（Château de Pez）与其他一些知名梅多克酒庄一样，都属于路易王妃香槟。酒庄有30公顷的葡萄藤，其中有 45% 的赤霞珠、8% 的品丽珠、3% 的小维多和 44% 的梅洛。葡萄酒未经过滤，在小橡木桶中陈酿 16～18 个月（每年有 40% 是新橡木桶），酿出的葡萄酒纯正诱人，经几年时间软化，或在饮用前至少几小时进行醒酒后更美味。迷人的烘烤橡木香味让此酒有了一丝奢华的气息，而这也是其特有的魅力所在。

飞龙世家酒庄（中级庄）

飞龙世家酒庄（Château Phélan Ségur）的主人蒂埃里·卡丁尼（Thierry Gardinier）也是中级庄联盟的主席。酒庄占地 90 公顷，种植有 47% 的梅洛、22% 的赤霞珠，其余为品丽珠。葡萄酒在橡木桶中陈酿 14 个月（其中 50% 为新酿），为经典的黑色水果结构增添了迷人的烟熏味。在酿酒顾问米歇尔·罗兰的鼎力协助下，他们开发了一款名为"玫瑰仙子"（Fée aux Roses）的特酿，酿酒果实来自酒庄最为古老的葡萄藤，在 100% 的新橡木桶酿造。酒庄其他酒款还包括副牌酒飞龙世家弗兰克菲干红葡萄酒（Frank Phélan）和第三牌飞龙世家伯尼红葡萄酒（La Croix Bonnis），这两款酒容易让人混淆。

皮卡德酒庄

马赫·贝勒斯（Mähler Besse）商行在 1997 年收购了皮卡德酒庄（Château Picard）。酒庄目前通过重力加压系统加工处理葡萄。葡萄园占地 10 公顷，每年生产 4.5 万瓶葡萄酒，副牌酒为皮卡德之翼葡萄酒（Les Ailes de Picard）。所有葡萄酒均色泽深沉、橡木味明显，但结构平衡、风格优雅，在葡萄酒普遍价格偏高的年份也具有很高的性价比。

珀美丝酒庄

珀美丝酒庄（Château Pomys）现在有一家旅社兼餐厅，为那些长途跋涉来到遥远北方的勇敢旅行者提供热情接待，让他们恢复体力。酒庄的葡萄种植面积为 24 公顷，葡萄酒由 60% 的赤霞珠、30% 的梅洛和 10% 的品丽珠酿成。阿尔诺（Arnaud）家族将采摘的葡萄一半用于酿制珀美丝红葡萄酒，另一半售给圣埃斯泰夫酒庄。正牌酒为结构坚实的传统葡萄酒，需要陈放以完全呈现风味，品质上乘且稳定，值得尝试。

卡巴世家酒庄（中级庄）

卡巴世家酒庄（Château Ségur de Cabanac）的主人为来自圣朱利安产区的玫瑰磨坊古堡（Château Moulin de la Rose）的盖·德隆（Guy Dellon）。酒庄地理位置极佳，坐落在产区四周几处砾石嶙峋的露头岩层上，占地 7 公顷，种植了 60% 的赤霞珠和 40% 的梅洛。德隆之子让·弗朗索瓦（Jean François）是酒庄的技术总监，每年用红葡萄精心酿制约 4.5 万瓶风格优雅的葡萄酒。葡萄在不锈钢桶中发酵，产出的葡萄酒在 30% 的新橡木桶中陈酿 20 个月。酒庄不生产副牌酒。

塞瑞兰城堡（中级庄）

2003 年，迪迪埃·马塞利斯（Didier Marcellis）辞去了在巴黎思科系统公司（Cisco Systems）的高层职位，来到极富乡村魅力的塞瑞兰城堡（Château Sérilhan）和圣埃斯泰夫。此后，他聘请了庞特卡内古堡（Château Pontet-Canet）的技术总监伯纳德·弗兰克（Bernard Franc），以及圣埃美隆的金钟酒庄（Château Angélus）的葡萄酒顾问休伯特·德·布瓦德（Hubert de Boüard）。在马塞利斯严谨执着的努力下，近几年酒庄所生产的葡萄酒在深度和强度上有所提升。目前酒庄的正牌酒具有圣埃斯泰夫典型的结构和深度，同时独具现代感。除了投资葡萄园和酒窖，迪迪埃·马塞利斯还将葡萄园的面积扩大到了 23 公顷。

地位之塔酒庄（中级庄）

地位之塔酒庄（Château Tour des Termes）有两个葡萄园，总面积超过 16 公顷，生产优质的葡萄酒。进入圣科比安村（St-Corbian）后，一眼就能看到这家酒庄。酒庄主人是和蔼可亲的让·安尼（Jean Anney），现在在其子克里斯多夫（Christophe）的协助下经营酒庄，每年生产约 10 万瓶葡萄酒，由 60% 的赤霞珠和 40% 的梅洛酿成。混酿充分展现了梅洛饱满柔美的特点。副牌酒为地位之塔奥巴雷德葡萄酒（Les Aubaredes de Tour des Termes）。

桐凯-拉朗德酒庄（中级庄）

大公司旗下的小酒庄始终是不错的选择，在没有高额的标价加持的情况下也往往能享受到精湛的酿酒技术的成果。桐凯拉朗德酒庄（Château Tronquoy-Lalande）便是这一理论的完美印证。酒庄由玫瑰山酒庄的马丁兄弟和奥利维尔·布伊格（Olivier Bouygues）兄弟持有，由让·德尔马斯（Jean Delmas）经营。自 2006 年酒庄易主以来，葡萄园（18 公顷）的树冠覆盖面积有所增加。正牌酒散发着迷人的花香，同时还有精致的果香，掩盖了浓烈的单宁气息。副牌酒为特龙库拉兰德酒庄副牌酒（Tronquoy de Sainte-Anne）。

爱诗途酒庄

爱诗途酒庄斥巨资建立的新酿酒厂可谓奢华。自其 2009 年 3 月在期酒季节开业以来，一直为梅多克的人们津津乐道。酒窖占地 2000 平方米，通道占地 1000 平方米。酒窖内所有物品均采用重力输送，即葡萄酒酿造过程中任何阶段都不用到泵，意味着葡萄的处理方式更加温和。酒窖共有 72 个不锈钢桶，采用双衬里控制温度，并分为两个"楼层"，实现了真正意义上的逐层酿酒。葡萄被冷却到 -40℃，以便于在不损坏葡萄皮的情况下脱梗，葡萄和果汁均用电梯而非泵在"楼层"之间运输。酿酒总监让-纪尧姆·普拉斯称，酿酒过程中的每步工艺均为反复推敲后选择的方案，而其精确程度更是保证了爱诗途酒庄可以在每年呈现出更多数量的正牌酒。

爱诗途酒庄17世纪的外观与其斥巨资新建的高科技酿酒厂形成了鲜明对比。

波雅克产区

波雅克被视为波尔多分级酒庄的中心。在 5 家一级酒庄中有 3 家酒庄——木桐、拉菲和拉图位于这个占地 1191 公顷的产区。波雅克产区共有 18 家列级酒庄，产量占波雅克产区产量的 85%。有许多酒庄继续买地种植葡萄，因为波尔多左岸（Left Bank）只对酒庄分级而不是对土地分级，不像圣埃美隆产区（St-Emilion）那样对葡萄进行分级。在被准许用作酿酒之前，葡萄的质量要经过十几年的检验，之后才能扩大种植面积。在波尔多左岸，市场影响力和酿酒的专业知识是酒庄销量保持优越的确凿证据。

波雅克产区（Pauillac）共有 88 家酒商，但其中只有 34 家以自己的名义装瓶。其余酒商则把他们栽培的葡萄送到当地的合作酒窖——波雅克玫瑰酒业（La Rose Pauillac），该企业是波尔多产区（Bordeaux）内最古老的酿酒公司之一。在葡萄种植方面，波雅克产区是种植赤霞珠的不二之选，波雅克的葡萄园中，62.5% 种植的都是赤霞珠。第一批的葡萄用于长期酿造，而且有 90% 的葡萄酒都是多品种混酿，这一批赤霞珠的比例更高。其他的葡萄品种包括 30.6% 的梅洛、5.6% 的品丽珠、1.3% 的小维多和马尔贝克。波尔多产区每年共生产约 820 万瓶葡萄酒，多数都以该区的最高价售出——每瓶期酒售价数百欧元（期酒也被称作葡萄酒期货，即在收获葡萄 6 个月后，装瓶前 18 个月出售佳酿）。在接下来的几年中，这些期酒会经过多次转手，售价达到初始价格的数倍。

波雅克产区地理位置优越，适合酿造酒味浓郁、适合长期存储的葡萄酒。波雅克北邻圣埃斯泰夫产区，南邻圣朱利安产区（St-Julien），属加龙（Garonnaise）沙砾土质，其中富含重要的沉积铁物质。该产区只有少数酒庄的海拔特别高，但因有许多高海拔露出的岩层和斜坡，所以天然排水性非常好。

1855 年，在波尔多商人对该地区优质葡萄酒进行排名时（根据过去几十年甚至几个世纪中它们的市场售价），该地区的许多酒庄都榜上有名，以上提到的种种原因均可用以解释此结果。

1855 分级制是第一个葡萄酒分级制度，专为巴黎世界博览会拟定（在此之前，波尔多葡萄酒的分级不太严格，并未采用正式标准）。1855 分级制不仅奠定了该地区优质葡萄酒可靠来源的地位，而且还为消费者和零售商提供了一套简单可行的五级分级制度（Crus Classés），并一直沿用至今。

目前还没有官方分级制度来修订原始分级，自 1855 分级制评估后只有两次变化：一是上梅多克产区的佳得美酒庄在首次名录发布几个月之后补录为五级庄；二是 1973 年木桐酒庄晋升为一级酒庄。木桐庄的晋升是在其所有者菲利普·德·罗斯柴尔德男爵（Baron Philippe de Rothschild）成功游说后实现的，他将这一疏漏称为"巨大的不公"。经常有人抱怨该分级制度不再适于如实反映梅多克葡萄酒的真实质量，称二级酒庄配不上该荣誉，而五级酒庄在价格和质量上经常优于二级酒庄。尽管众说纷纭，但似乎没有发生重大变革的可能。

达玛雅克酒庄（五级庄）

达玛雅克酒庄（Château d'Armailhac）和克拉米伦酒庄（Château Clerc Milon）现在归木桐酒庄所有。该酒庄的第一批酒庄主人中，有人在梅多克推广种植赤霞珠，所以如果他们看到现在该品种仅占该酒庄混酿酒的 54%，可能会大失所望。葡萄园种植的其他品种是 31% 的梅洛、12% 的品丽珠，以及 1.5% 的小维多和 1.5% 的佳美娜。

不过，这是一个明智的选择，因为品丽珠比例相对较高的葡萄酒口感丰腴，气息迷人，与木桐酒庄有着明显的相似性。如果你喜欢美味多汁的口感，那么达玛雅克酒庄的葡萄酒定是绝佳之选。

巴特利酒庄（五级庄）

在塞巴斯蒂安·福克斯（Sebastian Faulks）所著的特工小说 007 系列的最新一本中，出现了巴特利酒庄（Château Batailley）出产的酒，这也印证了巴特利红葡萄酒柔顺细腻又不失阳刚的波雅克酒的地位。

该酒庄由菲利普·卡斯泰扎（Philippe Casteja）经营，他还同时经营着位于圣埃斯泰夫产区的美园酒庄，他在混酿中加入 70% 以上的赤霞珠、25% 的梅洛，其突出特点是保持其雪茄香和黑莓果香。

葡萄园现有面积 58 公顷，从地窖中的酿造设备就完全可以了解葡萄园的规模。酒厂有 58 个酿酒罐，这意味着每个地块的葡萄都有对应的专用酿酒罐。橡木桶每年的新桶比例为 60%，葡萄酒会置于桶中发酵 18 个月。这样，这款酒会变得更加结构均匀而风味浓郁。

碧荷酒庄（艺术家酒庄）

碧荷酒庄（Château Béhéré）被评为艺术家酒庄（Cru Artisan），艺术家酒庄属于家庭式酒庄，规模小，自己酿造、营销、售卖自酿葡萄酒。碧荷酒庄于 1993 年由让-加布里埃尔（Jean-Gabriel）和安妮-玛丽·卡穆斯（Anne-Marie Camous）夫妇建造。让·加布里埃尔之前从事管道业务，但是和所有的梅多克人一样，他对葡萄酒的热爱是深入骨髓的，所以当机会摆在他面前的时候，他毫无抗拒地就抓住了它。现在，他们拥有 4.7 公顷的葡萄园，以前他们把葡萄送到当地合作酒业公司加工，现在他们在自家小酒厂酿造。酿造的葡萄酒由 65% 的赤霞珠、30% 的梅洛和 5% 的小维多混酿，在桶中陈酿 12 个月（其中新桶比例为 25%）。

宝丽嘉酒庄

让-保罗·梅弗尔（Jean-Paul Meffre）从圣朱利安打入波雅克进行创业，于 1997 年购买了宝丽嘉酒庄（Château Bellegrave）。现在，该酒庄由他的儿子卢多维奇（Ludovic）和于连（Julien）经营。葡萄园占地仅 8.3 公顷，平均藤龄为 22 年，种植了 62% 的赤霞珠、31% 的梅洛和 7% 的品丽珠。宝丽嘉酒庄陈年潜力出众，培育了结实的深色果实。正牌酒的产量为 2.5 万瓶，宝丽嘉酒庄副牌干红葡萄酒（Les Sieurs de Bellegrave）的产量则为 1.2 万瓶。

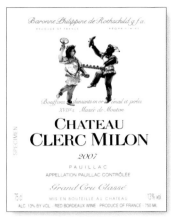

克拉米伦酒庄
由罗斯柴尔德女男爵精心打造，目前正在扩种。

杜卡斯酒庄
五级庄，酿造技艺愈加精湛。

贝卡斯酒庄

波雅克产区内优质且未分级的酒庄对于投机商人来说简直无异于神奇的圣杯，贝卡斯酒庄（Château La Bécasse）就是其中之一。酒庄主人罗兰·丰特诺（Roland Fonteneau）从 5 个一级酒庄中购买了二手高品质橡木桶用于自家陈酿。由此酿造的佳酿兼具波雅克产区特有的力量和结构，单宁充沛，蕴含丰富的黑樱桃和李子的香味。

贝卡斯酒庄是个小酒庄，占地仅 4.2 公顷，葡萄园被分成 20 个小地块，由丰特诺的父亲历经数年精心打造而成。一切工序都由人工完成，最终酿成的葡萄酒未经过滤，只需用少量的蛋清澄清即可。★新秀酒庄

克拉米伦酒庄（五级庄）

克拉米伦酒庄是菲莉嫔·德·罗斯柴尔德女男爵（Baroness Philippine de Rothschild）拥有的另一处波雅克酒庄，该酒庄由她的父亲在 1970 年购得。尽管克拉米伦酒庄在初期比另一个酒庄达玛雅克酒庄还要平淡无奇，但是经过几年发展，该酒庄已经发展得和木桐酒庄一样欣欣向荣。该酒庄在波雅克的最北角种植了 43 公顷的葡萄，有 100 多个独立的地块，成熟的葡萄先在不锈钢罐中酿造，然后再在橡木桶中陈酿 18 个月。葡萄园不断扩张，收购了米隆之花酒庄（Château La Fleur Milon）13 公顷的葡萄园。米隆之花酒庄是 2004 年从米兰达（Mirande）家族购买的中级庄，新收购的葡萄园以种植赤霞珠为主。此次扩张后，该酒庄会生产新的副牌酒，满足市场的需求。

哥伦比亚-蒙佩罗酒庄

自 1970 年起，朱格拉（Jugla）家族就一直在哥伦比亚-蒙佩罗酒庄（Château Colombier-Monpelou）酿酒，2007 年，他们将酒庄出售给了菲莉嫔·德·罗斯柴尔德女男爵。该酒庄拥有梅多克地区为数不多的地下酒窖，地理位置优越，靠近杜卡斯酒庄的葡萄园。这片葡萄园占地 25 公顷，在罗斯柴尔德女男爵经营这片酒庄之前，所产的葡萄都是由机器采摘，但之后罗斯柴尔德女男爵在酒窖中实行了完全手工分拣，确保用于酿造的葡萄具备最佳品质。葡萄酒在橡木桶中陈酿（其中新桶比例为 40%），由 65% 的赤霞珠、25% 的梅洛、5% 的小维多和 5% 的品丽珠混酿而成，有着波雅克劲道浓郁的特征。这款酒在法国拥有忠实的追随者，但该酒标即将消失，追随者们可能会非常失落。

歌碧酒庄（五级庄）

奎伊（Quié）家族的年轻一代在接手萎靡的歌碧酒庄（Château Croizet-Bages）之后，开始对酒庄加大投资，歌碧酒庄因此再焕生机。酒庄地理位置优越，邻近靓茨伯酒庄，可俯瞰美丽的乡村广场。酒庄占地 26 公顷，园内葡萄藤的种植比例为 65% 的赤霞珠、30% 的梅洛和 5% 的品丽珠。由于要铲除更换许多长势欠佳的葡萄藤，所以葡萄园的面积有所减少。酒庄主人还采取了提高葡萄质量的其他措施：增高园内棚架，增大葡萄冠；手工分拣葡萄（机器采摘之前）；使用冷浸技术（在葡萄被压榨成葡萄汁、还未发酵时进行）。他们还购入了新桶，供酿酒师进行逐块分拣和发酵。新酒厂于 2012 年动工修建。近年份

的酒款果香美妙，单宁柔顺，但陈年酒能否受消费者青睐还未曾可知。

杜哈-米隆酒庄（四级庄）

杜哈-米隆酒庄（Château Duhart-Milon）毗邻拉菲酒庄，自 1962 年起归罗斯柴尔德家族所有。酒庄的酒款具有深色果实的浓香和新橡木桶的辛辣的香草气息。酒庄被称为"拉菲酒庄的兄弟酒庄"，种植有 73 公顷的葡萄园，种植比例约为 70% 的赤霞珠和 30% 的梅洛，每年生产约 24 万瓶葡萄酒。该酒庄的正牌酒具有拉菲酒庄红葡萄酒的细腻和劲道，该酒因为具有波雅克高雅的特性而广受消费者认可。酒庄的杜哈米隆酒庄副牌红葡萄酒（Moulin de Duhart）所含梅洛的比例有所增加（在正牌酒中，赤霞珠至少占混酿的 80%，新橡木桶比例占 50%）。三牌酒是米隆男爵干红葡萄酒（Baron de Milon），所含赤霞珠和梅洛的比例平分秋色。

贝波之花酒庄（中级庄）

贝波之花酒庄（Château La Fleur Peyrabon）归酒业公司米希玛（Millesima）的酒商帕特里克·伯纳德（Patrick Bernard）所属，帕特里克是骑士酒庄奥利维尔·伯纳德（Olivier Bernard）的堂兄弟。自从帕特里克于 1998 年买下这片占地 7 公顷的酒庄以来，已经投入了大量资金。贝波之花酒庄内的酒有很多值得一品的特性，比如烟熏果香、结构平衡及富有个性等。大多数年份的葡萄酒由 68% 的赤霞珠、25% 的梅洛和 7% 的小维多混酿而成。二次苹乳发酵的工序在木桶中进行，陈酿持续 14 个月（新桶比例为 50%）。酒庄里也有在上梅多克产区栽种的葡萄，以佩雷恩酒庄（Château Peyrabon）的名义装瓶。

冯百代酒庄（中级庄）

冯百代酒庄（Château Fonbadet）归佩罗尼（Peyronie）家族所有，现在由法学院毕业的帕斯卡（Pascale）经营。她父亲的祖辈们曾在拉菲酒庄酿酒，她母亲的祖辈们曾在木桐酒庄酿酒。

冯百代酒庄葡萄园的位置十分优越，有砾石露头和斜坡，排水性能良好。冯百代酒庄葡萄园的面积为 20 公顷，其中 60% 栽培赤霞珠、15% 栽培品丽珠、20% 栽培梅洛，还有 5% 栽培小维多和马尔贝克。这些葡萄的平均藤龄为 50 年。葡萄在 50% 的新橡木桶和 50% 的 1 年桶中陈酿 18 个月。这个品牌的葡萄酒特别值得一试，从中可以体验到弥足珍贵的波雅克感染力。

芳都酒庄（中级庄）

芳都酒庄（Château La Fon du Berger）的葡萄酒既蕴含波雅克的陈年潜力，又富有现代韵味，这种特质归功于独特的酿酒材料和工艺：60% 的赤霞珠、30% 的梅洛、5% 的品丽珠和 5% 的小维多先在不锈钢罐中低温酿造，然后再经过相对简短的 12～14 个月橡木桶酿造（新桶比例小，仅占 30%，目的是培育果香而不是酒香）。芳都酒庄的主人是杰勒德·布尔日（Gérard Bougès），酒庄坐落在波雅克西边梅多克偏远的乡村地区圣-索沃尔（St-Sauveur）。酒庄还生产上梅多克葡萄酒，以同名的酒

庄名义装瓶。波雅克产区的芳都酒庄红葡萄酒于 1999 年首次装瓶。

高帝酒庄

高帝酒庄（Château Gaudin）地理位置优越，邻近巴格斯高原（Bages），是极少数在其网站上提供电商服务的波尔多酒庄之一。葡萄园由利内特·卡普德维耶尔（Linette Capdevielle）及其子女们经营，占地 11.5 公顷，葡萄藤的种植比例为 85% 的赤霞珠、10% 的梅洛，其余的是佳美娜、马尔贝克和小维多的混种，均采用手工方式采摘。作为一款传统葡萄酒，高帝酒庄红葡萄酒是大桶酿造，不经橡木陈酿，主要是为了突显赤霞珠醇厚的天然水果单宁。该酒庄还生产由酒庄最古老的葡萄藤（可追溯到 1910 年）制成的小型特酿（1000 瓶），这些小型特酿要在新橡木桶中陈酿 18 个月方能成品。

杜卡斯酒庄（五级庄）

杜卡斯酒庄（Château Grand-Puy-Ducasse）的拥有者为法国农业信贷集团，酒庄位于波雅克的中心，俯瞰河流。葡萄园位置要远一些，占据了产区周围的各个地块。酒庄的酿酒顾问是波尔多大学酿酒学教授丹尼斯·杜博迪（Denis Dubourdieu），他因技艺高超而享有盛名。2007 年以来，葡萄园采用综合病虫害管理，这是一种可持续的葡萄栽培方法，目的是尽量减少而不是完全弃用化学药剂。杜卡斯酒庄红葡萄酒由 60% 的赤霞珠和 40% 的梅洛混酿而成，酒液通体洋溢着新鲜的香料气息和出色的结构质感。然而，该酒庄的新近投资确乎需要时间才能有所获利，所以酒庄也在密切关注未来几年的佳酿新品。酒庄旗下的副牌酒是杜卡斯酒庄副牌干红葡萄酒（Prélude à Grand-Puy-Ducasse）。

拉古斯酒庄（五级庄）

拉古斯酒庄（Château Grand-Puy-Lacoste）占地 55 公顷，价值不可估量。酒款质量绝佳，但酒庄竭尽所能地让寻常百姓也能品其美味。拉古斯酒庄红葡萄酒是另一种经典的波雅克混酿，由 75% 的赤霞珠、20% 的梅洛和 5% 的品丽珠混酿而成。葡萄园的地理位置和结构为弗朗索瓦-泽维尔·博瑞（Francois-Xavier Borie）酿造出超凡强劲、沁人心脾的葡萄酒创造了优良条件。

副牌酒是拉古斯酒庄副牌干红葡萄酒（Lacoste-Borie），这款酒质量不一，需仔细斟酌的考量。

奥巴里奇酒庄（五级庄）

克莱尔·维拉斯-露桐（Claire Villars-Lurton）是费里埃酒庄（Châteaux Ferrière）、西特兰酒庄（Citran）和古阁酒庄（La Gurgue）的主人。1982 年，她的祖父买下了奥巴里奇酒庄。1992 年，她接手并一直经营着这座 28 公顷的酒庄。作为一家受欢迎的"低级庄"，奥巴里奇酒庄主要酿造以赤霞珠为主的红葡萄酒（赤霞珠比例高达 80%，其余的是梅洛），果香浓郁，风味复合，物超所值。酒庄每年大约产 10.8 万瓶酒，其中有 8 万瓶是奥巴里奇酒庄夏贝尔副牌红葡萄酒（La Chapelle de Bages）。

塞尔维·卡兹

塞尔维·卡兹（Sylvie Cazes）是靓茨伯酒庄的董事会主席，近年来已成为波尔多葡萄酒政治中的主心骨之一。她一直致力于发展该地区的葡萄酒产业，并促使该地区更受葡萄酒游客的欢迎。2008 年，她成为特级酒庄联合会（UCGB）的第一位女性主席，现在与阿兰·朱佩（Alain Juppé）携手并肩，在这个既缺少葡萄酒博物馆，又少有葡萄酒馆，甚至连通往葡萄园的路标都没有的城市大刀阔斧，试图让这个地区因葡萄酒而远近闻名。塞尔维说："我相信波尔多可以围绕葡萄酒发展创意产业——不仅是追随潮流，而是创造潮流。对我来说，我认为葡萄酒拥有很大的经济潜力，葡萄酒产业的发展和波尔多地区的发展互惠互利。"2013 年，塞尔维在波尔多开设的新葡萄酒文化中心是她迄今为止取得成功的明证。

软化的苹乳发酵全部在橡木桶中进行，陈酿期为 16 个月，其中 40% 为新橡木桶。

木桶中陈酿 18 个月。

奥巴特利酒庄（五级庄）

奥巴特利酒庄（Château Haut-Batailley）毗邻巴特利酒庄（Château Batailley），曾同属于一家酒庄。现在，该酒庄占地 22 公顷，约为原来面积的一半。葡萄园中的葡萄占比是 70% 的赤霞珠、25% 的梅洛和 5% 的品丽珠，这是一种经典的波雅克混酿配方。种植密实的葡萄可酿造 10.8 万瓶葡萄酒，在法国橡木桶中陈酿 18 个月（其中新桶比例为 55%）。奥巴特利酒庄红葡萄酒的风格比邻近其他酒庄出产的酒款柔和，经营者是拉古斯酒庄的主人弗朗索瓦-泽维尔·博瑞（Francois-Xavier Borie）。

拉菲酒庄（一级庄）

拉菲酒庄（Château Lafite Rothschild）团队由埃里克·罗斯柴尔德男爵（Baron Eric de Rothschild）、克里斯托夫·萨林（Christophe Salin）和查尔斯·谢瓦利尔（Charles Chevallier）共同管理。从优质的细砾石（意味着即使在暴风雨中，砾石也能保持干燥），到精心修剪的葡萄园，再到现场的酒桶制造商，以及加拿大建筑师里卡多·波菲尔（Ricardo Bofill）精心设计的酒窖，事无巨细。他们确信细节才是使其酒品立于不败之地的不二法宝。拉菲酒庄为员工提供的制服颜色各异，含义各不相同：园丁穿绿色服装；酒窖工人穿红色服装；管理葡萄藤的工人们穿蓝色服装。谈及风格，最具"阳刚气息"的酒非赤霞珠葡萄酒莫属，赤霞珠含量超 90%。罗斯柴尔德拉菲红葡萄酒的熟化期有时需要 15～20 年的时间，但是一定要耐心等待，因为一旦开瓶，感受到了它那纯净、优雅和奢华之气，你就会明白人们为何如此吹捧它。自 20 世纪 80 年代末以来，103 公顷的葡萄园中只有三分之一的葡萄酿造正牌酒（每年产 21.6 万～24 万瓶），而其余 50% 的葡萄用于酿造名气渐扬的副牌酒：拉菲珍宝（小拉菲）红葡萄酒（Carruades de Lafite，30 万～36 万瓶）。其余的酒款不以拉菲的名义装瓶，而是采用通用的 AC 波雅克标识。

拉图酒庄（一级庄）

拉图酒庄（Château Latour）颇具传奇色彩，其核心"围场（L'Enclos）"是由高墙圈围起来的葡萄园，占地 47 公顷，目前正一步一步向有机农业转型。酒庄总面积为 80 公顷，其余用于酿造副牌酒——拉图堡垒红葡萄酒（Les Forts de Latour）和三牌酒 AC 波雅克。酒庄内排水系统性能良好，即使在潮湿的年份也可以有效应对。酒庄葡萄园种有 80% 的赤霞珠、18% 的梅洛、2% 的品丽珠和小维多。奢侈品巨头弗朗索瓦·皮诺特（Francois Pinault）购得拉图酒庄，但是真正与这些层次分明、劲道有力、融入智慧的葡萄酒联系更为密切的是酒庄的管理者弗雷德里克·英格尔（Frederic Engerer）。拉图酒庄总是敢于大胆尝试现代酿酒技术——1961 年，侯伯王酒庄（Château Haut-Brion）率先使用不锈钢罐酿酒，拉图酒庄于 1964 年紧跟其后。现在为了便于逐个地块酿造，这些不锈钢酿酒罐的尺寸变得小多了，并且所有葡萄酒都要在全新的法国橡

靓茨伯酒庄（五级庄）

如果不是因为卡兹（Cazes）家族，这座位于梅多克一角的酒庄肯定不会如此受世人欢迎。靓茨伯酒庄（Château Lynch-Bages）的旅游事业也蒸蒸日上，其经营理念和酿造葡萄酒的理念一样——真诚实在、持久如一、可圈可点。目前，酒庄主人让-米歇尔·卡兹（Jean-Michel Cazes）已经把经营权交到了他的姐姐塞尔维·卡兹（Sylvie Cazes）和他儿子让-查尔斯（Jean-Charles）手中。他们将继续确保在这片占地 96 公顷的葡萄园中，种植 75% 的赤霞珠、17% 的梅洛、6% 的品丽珠和 2% 的小维多，并保证所酿造的葡萄酒甘美可口，富有结构质感。2008 年，副牌酒改名为小靓茨伯红葡萄酒（Eco de Lynch-Bages）。此外，酒庄还有一款备受赞誉的靓茨伯酒庄白葡萄酒（Blanc de Lynch-Bages，由 50% 的赛美蓉和 50% 的长相思混酿），该酒款在独立温控的橡木桶陈酿阶段用搅桶混酿制成。

浪琴-慕沙酒庄（五级庄）

浪琴-慕沙酒庄（Château Lynch-Moussas）归菲利普·卡斯特加（Philippe Castéja）所有，他是酒业公司波诺玛（Borie-Manoux）的负责人，也是 1855 年波尔多列级庄委员会（Conseil des Grands Crus Classes en 1855）的主席。即使他有如此显赫的背景，但为了改善这个表现欠佳的五级庄的声誉，他还是辞掉了工作。他选择的混酿配方简单明了——70% 的赤霞珠和 30% 的梅洛，采用葡萄园机械化作业，使用不锈钢罐酿造。葡萄酒顾问丹尼斯·迪布迪厄（Denis Dubourdieu）正在将这种简单的模式转变成精确、经典的波雅克风格。葡萄园的种植面积有 60 公顷，同时该酒庄在公园和森林里也有同样的葡萄园，是秋季采蘑菇的好去处。

木桐酒庄（一级庄）

木桐酒庄（Château Mouton Rothschild）与拉菲酒庄接壤，但木桐酒庄内拥有园林风景，其砾石车道在波尔多有可能是最长的，因此其比拉菲酒庄更富魅力。木桐酒庄一直赫赫有名，因为正是木桐酒庄一改几个世纪的传统，让波尔多的第一款酒在酒庄贴标和装瓶，这在以往都是由酒商来完成的。1926 年，该酒庄成为第一家安装桶式酒窖的酒庄，并委托巴黎舞台设计师查尔斯·西里斯（Charles Siclis）为其内部安装了具有舞台效果的照明设备（现如今每家享有尊荣的酒庄无一不效仿而行之）。菲利普·罗斯柴尔德男爵还开创了每年请不同的艺术家来绘制酒标的先河，这一传统也由其女儿菲莉嫔·德·罗斯柴尔德女男爵继承延续至今。木桐酒庄红葡萄酒十分注重场合感，果香馥郁，单宁劲道，也带有一股放纵感。该酒庄的园内面积 76 公顷，副牌酒是魅力十足的小木桐红葡萄酒（Petit Mouton）和银翼干白葡萄酒（Aile d'Argent），后者由三分之一的赛美蓉、三分之二的长相思及 1%～2% 的慕斯卡德混酿而成。

靓茨伯酒庄
波雅克最吸引游客的酒庄之一，游客可前来丰富自己的品酒体验。

碧尚男爵酒庄
其精心酿制的葡萄酒适合在几年后慢慢品鉴。

柏德诗歌酒庄

柏德诗歌酒庄（Château Pédesclaux）建筑精美，占地25公顷，靠近吉伦特河（Gironde），曾因出产平淡无奇的酒而声名不佳。然而，该酒庄如今值得赞誉。布利塔（Brigitte）和丹尼斯·朱格拉（Denis Jugla）于20世纪90年代中期迎接挑战，开始翻新酒庄，更新设施，在葡萄园内展开一番新作为。2009年10月，杰基·洛伦泽（Jacky Lorenzetti）接管该酒庄，为酒庄带来更加深远的变革。杰基的确有实力大举投资，因此该酒庄绝对值得大众注目。酒庄的副牌酒是柏德诗歌酒庄桑塞红葡萄酒（Sens de Pédesclaux）和柏德诗歌酒庄之花红葡萄酒（La Rose de Pédesclaux）。★新秀酒庄

碧铂酒庄（中级庄）

碧铂酒庄（Château Pibran）虽然并不惹人注目，但也声威稳固。碧铂归保险公司AXA米莱西梅斯集团（AXA Millesimes）所有，由高雅的英国籍总经理克里斯蒂安·瑟利（Christian Seely）经营。近年来，碧铂的地位日趋上升。其新建的酿酒厂就坐落在酒庄内，不用再在其旗下另一个酒庄——碧尚男爵酒庄里酿造。葡萄园占地17公顷，葡萄种植比例几乎为50%的赤霞珠和50%的梅洛，这些葡萄藤在过去10年里被重新广泛栽培，其碧铂红葡萄酒也酿造于此。该酒庄的副牌酒是碧铂酒庄副牌红葡萄酒。

碧尚男爵酒庄（二级庄）

碧尚男爵酒庄（Château Pichon-Longueville Baron）和碧铂酒庄都归AXA米莱西梅斯集团所属。酒庄占地73公顷，葡萄园62%的区域种植了赤霞珠，该品种决定了第一款酒标的风格——酒体饱满丰美、余韵悠长、单宁结构出众。酒庄刚建成一个新的地下酒窖，由建筑师阿兰·崔奥德（Alain Triaud）设计，地窖建在一个著名的烟波浩渺池塘下，也恰恰是这个池塘让这里成为梅多克最知名、最美丽的酒庄之一。

碧尚女爵酒庄（二级庄）

碧尚女爵酒庄（Château Pichon Longueville）和男爵酒庄相望而建，二者同宗同源。后来由于家族矛盾，女爵酒庄由女爵维吉妮（Virginie）接管，男爵酒庄由其兄弟男爵拉乌尔（Raoul）接管。女爵酒庄一直广为人知，占地面积87公顷，葡萄种植比例为45%的赤霞珠、35%的梅洛，剩余面积种植品丽珠和小维多。该酒庄由艾莲·德·朗格桑（Eliane de Lencquesaing）夫人执掌多年，现由路易王妃香槟酒庄（Louis Roederer）和技术总监托马斯·多志南（Thomas Dô Chi Nam）精心管理。葡萄酒仍然顺滑柔软、优雅柔和，带有成熟的洋李子果香和微妙的烟熏味。

普朗蒂酒庄（中级庄）

普朗蒂酒庄（Château Plantey）位于庞特-卡内酒庄（Pontet-Canet）以西，葡萄园占地26公顷，为一整地块，归克劳德·墨菲（Claude Meffre，让-保罗的弟弟，圣朱利安地区的格拉娜酒庄的掌门人）所有。普朗蒂酒庄每年产20万瓶酒，由

碧尚女爵酒庄

酒款温柔典雅，值得忠实追随者高价购买。

木桐酒庄

每个新酒标上的艺术元素都与
葡萄酒本身一样备受期待。

55%的梅洛和45%的赤霞珠混酿而成，并非典型的波雅克风格（近几年墨菲甚至提高了比例），酒质鲜美可口，但平衡度欠佳。

庞特-卡内酒庄（五级庄）

谈及近年来才为梅多克公众所知的酒庄，非庞特-卡内酒庄（Château Pontet-Canet）莫属。这座占地73公顷的酒庄几乎全部采用生物动力法种植，以赤霞珠（67%）和一些梅洛（33%）为主。酒庄主人阿尔弗雷德（Alfred）和杰拉德·特塞隆（Gérard Tesseron）淡化了耕作理念，因为他们不想显得过于"先进"，而他们酿造的葡萄酒干净纯粹、果香结构精准，恰恰证明了他们此选择的正确性。

伊里斯·杜·加永酒庄

伊里斯·杜·加永酒庄（Domaine Iris du Gayon）位于波雅克镇的北部，是一栋外观上并不怎么出彩的建筑。葡萄园占地仅1公顷，酒庄主人是皮埃尔·西里（Pierre Siri）和弗朗索瓦丝·西里（Françoise Siri）。每年两个地块仅能酿造4000瓶酒。

园内全部采用手工化作业，葡萄酒的风格传统，橡木味明显但不占主导地位，葡萄比例是70%的赤霞珠、20%的小维多和10%的梅洛。该酒庄出售的1995年份葡萄酒质量优良。酒庄内葡萄酒种类繁多，具有浓郁的黑加仑风味和经典的红葡萄酒结构。

圣朱利安产区

　　圣朱利安产区（St-Julien）内没有一级酒庄，但是拥有土质均匀的砾石土壤，深达 5.5 米。葡萄酒皆声名显赫，质量绝佳，始终如一。这个面积 910 公顷的小产区，占梅多克葡萄园的 5.5%。24 家生产商中，有 11 家列级酒庄（但除了邻近的产区，谁会真正介意这里究竟有几家呢？），86.5% 的葡萄酒均产自这里。想在该产区探寻一个新酒庄绝非易事——产区内没有合作酒窖，其他的酒庄中有 6 家中级庄、1 家艺术家酒庄和 6 家家庭酒庄。家庭酒庄虽然占地面积只有几公顷，但也不负盛名，家家盛产独特优雅的葡萄酒。

　　圣朱利安产区以北部的茱莉亚克溪流（Ruisseau de Juillac stream）为界，比邻波雅克，由龙船公社（Beychevelle）和圣朱利安龙船公社（St-Julien-Beychevelle）组成，平均每年生产 620 万瓶酒。在玛歌产区（Margaux）之前，圣朱利安产区的南部大部分是 AC 上梅多克。该产区虽然没有一级庄，但是有 5 个卓越的二级庄（数量超过波雅克产区、圣埃斯泰夫区或玛歌产区），分别是宝嘉龙酒庄（Ch. Ducru-Beaucaillou）、金玫瑰酒庄（Ch. Gruaud-Larose）、巴顿酒庄（Ch. Léoville-Barton）、雄狮酒庄（Ch. Léoville-Las-Cases，其葡萄园在波雅克产区拉图酒庄的附近）和波菲酒庄（Ch. Léoville-Poyferré）。四级庄圣皮埃尔酒庄（Château St-Pierre）鲜有人知，但为该区域提供最具价值的分类酒。

　　圣朱利安产区内的赤霞珠比例占 63.3%，葡萄产量略高于波雅克产区，因此可以说它是葡萄品种的中心，与优质的波尔多酒有着密不可分的关系。

　　具有讽刺意味的是，波尔多地区梅洛的种植量是该地区其他品种种植量的两倍（梅洛占比 62%，赤霞珠为 25%），所以毫无疑问，该地区最好的葡萄酒几乎都是梅洛酿成的，其中最负盛名的是波美侯产区（Pomerol）的里鹏（Le Pin）和柏图斯（Pétrus）。但葡萄酒爱好者认为，是赤霞珠孕育了单宁强劲、陈年潜力出众的波尔多葡萄酒。虽然该品种蜚声国际，其出身却平平无奇。多年来，人们一直以为它是罗马葡萄藤比杜丽卡（Biturica）的后代，但直到 1997 年，人们才通过 DNA 检测最终确定它其实是品丽珠和长相思的杂交品种。在 17 世纪的波尔多，这也稀松平常，因为那时人们通常在同行中并排间种不同的品种。20 世纪 70 年代（有的地方甚至到了 20 世纪 80 年代），为了更好地进行管理，人们才把葡萄园分成不同的地块，成熟季节采摘葡萄的技术也得以提高。

　　赤霞珠是一种相对晚熟的品种，适合在温暖的环境下成长，孕育着优雅、浓郁的黑加仑风味，因此备受消费者推崇。梅多克地区（尤其是北部）多为砾石土质，在太阳的照射下温暖舒适，这也是赤霞珠长势喜人的原因之一。然而，波尔多酒由多品种葡萄混酿而成，因而结构复杂。在圣朱利安产区，葡萄园有 28.5% 的梅洛、3.9% 的品丽珠、4.1% 的小维多和 0.2% 的马尔贝克。

　　圣朱利安葡萄酒与波雅克葡萄酒相比，酒劲稍逊，但优雅万分。我们应该记住这一点：在葡萄酒整体质量如此之高的地方，副牌酒往往很值得探寻。

龙船酒庄（四级庄）

地势低洼、建筑风格奢华的龙船酒庄（Château Beych-evelle）坐落在通往圣朱利安的城堡路附近，其地下酒窖直接通向河道。葡萄园占地78公顷，园内采用可持续发展种植方法。因该种植方法对葡萄酿造过程影响小，葡萄园还获得了生态环境种植协会（Terra Vitis）的认证。龙船酒庄归法国公民养老金管理机构（Grands Millésimes de France）所有，该机构是三得利公司（Suntory）、比利时埃西亚斯保险公司（Ethias）和法国保险公司 GMF 的子公司。该酒庄出产的以赤霞珠为主的葡萄酒富有烟草、甘草和深色水果香气。副牌酒是龙船将军红葡萄酒（Amiral de Beychevelle），这与航海主题高度吻合（酒庄的标志由青铜雕刻而成：一艘降着半帆的龙船，首部饰有狮身鹫首怪兽）。

班尼-杜克酒庄（四级庄）

作为特级葡萄酒联合会的主席，班尼-杜克酒庄（Château Branaire-Ducru）的主人帕特里·马诺图（Patrick Maroteaux）几十年来一直是波尔多酿酒业的领军人物，捍卫着法国波尔多酒业的象征性制度——列级酒庄体系。他对自己的酒庄也进行了一番彻底而不失传统的整改——首先修复了葡萄园和酿酒厂，最近又翻新了这座漂亮的黄绿色建筑物。酒窖采用重力酿酒法，内有许多大小不一的酒桶，按地块进行精确的酿造。按此工艺，酒庄所酿葡萄酒中含70%的赤霞珠，反映了产区的最佳特色：深色水果气息浓厚，矿物质气息浓郁，单宁紧实。酒庄的副牌酒为班尼-杜克酒庄副牌干红葡萄酒（Duluc du Branaire-Ducru）。

布赫丹酒庄

布赫丹酒庄（Château La Bridane）的现任酒庄主人是圣图特家族（Saintout family），葡萄园占地15公顷，园中主要种植品种为47%的赤霞珠、36%的梅洛、13%的品丽珠和4%的小维多。酒庄位于列级酒庄雄狮酒庄（Château Léoville Las Cases）的隔壁。如果你想在圣朱利安寻到物超所值的酒款，那么布赫丹酒庄的美酒是不二之选。酒款保留了该产区的传统特色，深色水果气息浓厚，同时又保留了纯朴的风格，未经过滤，极富个性。

宝嘉龙酒庄（二级庄）

1941年，布鲁诺·波利（Bruno Borie）的祖父买下了宝嘉龙酒庄（Château Ducru-Beaucaillou），自2003年以来，布鲁诺·波利就一直执掌着该酒庄。梅多克地区只有几个列级酒庄的主人选择在园内居住，布鲁诺就是其中之一。他之所以这么做是因为这座 18 世纪的建筑物内有地下酒窖和宽敞的接待室，在这里还能欣赏到吉伦特（Gironde）河湾的美景。酒庄靠近水边就意味着少有霜冻，在这片占地75公顷的酒庄里种植了75%的赤霞珠和25%的梅洛。该酒庄的副牌酒是宝嘉龙十字红葡萄酒（Croix de Beaucaillou），这支葡萄酒还有一个单独的酒标：拉朗宝怡（Lalande-Borie），是用种植于1970年的葡萄藤所产的果实酿造的。

格拉娜酒庄（中级庄）

加布里埃尔·墨菲（Gabriel Meffre）和他的两个儿子卢多

巴顿酒庄
巴顿家族酿造的葡萄酒向来质量上乘，价格合理。

龙船酒庄
装扮华美的酒庄，唯有美酒能与之比肩。

维科（Ludovic）和朱利安（Julien）在格拉娜酒庄（Château du Glana）工作了40年，一起见证了酒庄的发展：从只有3公顷的面积扩张到43公顷。丹尼斯·迪布迪厄（Denis Dubourdieu）是酒庄的酿酒顾问。1999年以来，葡萄园和酿酒厂经历了大规模的翻修。酒款属于圣朱利安的现代风格，以果香为主调，物超所值，质量稳定，可谓是列级酒庄的品质担当。

歌丽雅酒庄（中级庄）

歌丽雅酒庄（Château Gloria）和圣皮埃尔酒庄主人同属一人，发展势头也同样迅猛。酒庄于20世纪中期由箍桶匠亨利·马丁建立，他费心劳力与附近的园主们谈判，购买来一小块一小块的葡萄地，才逐渐合并成现有规模。葡萄园占地44公顷，园内葡萄种植比例为65%的赤霞珠、25%的梅洛、5%的品丽珠和5%的小维多。最古老的葡萄藤现在有将近80岁藤龄。谈及风格，歌丽雅酒庄红葡萄酒比圣皮埃尔的酒款更加圆润柔滑，以果香为主调。★新秀酒庄

金玫瑰酒庄（二级庄）

金玫瑰酒庄（Château Gruaud Larose），这个名字读起来并不那么朗朗上口，但其产品绝对值得一试。自1997年以来，酒庄就归让·莫劳特（Jean Merlaut）所属，负责人是大卫·洛内（David Launay）。人们一直认为梅多克中规中矩，颇为乏味，可是当见到大卫时，他的幽默感会让你啧啧称奇。葡萄园是一片整块园区，占地80公顷，砾石土壤厚达5.5米。20世纪90年代，金玫瑰率先禁用杀虫剂，而是通过引入信息素阻止交配的方法来消除害虫。酒庄内还有一个水处理中心，用于回收处理酿酒厂的废水。排水性良好、温暖的水土条件使酒庄内61%的赤霞珠、29%的梅洛、5%的品丽珠和5%的小维多成熟度高，酿造的葡萄酒强劲有力，颜色深沉，余韵悠长。酒庄正在计划进一步降低梅洛的比例。

霍特维酒庄

霍特维酒庄（Château Hortevie）是圣朱利安产区首屈一指的小酒庄。酒庄酿造的葡萄酒精致优雅，孕育淡淡的橡木烟熏香和浓郁的深色水果香。酒庄主人是亨利·普拉代尔（Henri Pradère）和安妮·福特（Anne Fort，也是特瑞嘉龙酒庄的主人），他们对这片占地仅有3.5公顷的小葡萄园倾注心血，园内葡萄由70%的赤霞珠、25%的梅洛和5%的品丽珠混种。要想获得该酒庄佳酿的最佳口感，请耐心等待几年，因为一开始单宁不够柔顺，但是绝对值得一等。

贾格雷特酒庄

贾格雷特酒庄（Château de Jaugaret）可能是圣朱利安产区最小的酒庄，占地仅1.3公顷。400年来，酒庄一直由非拉斯特（Fillastre）家族经营，现在由隐居的让-弗朗索瓦（Jean-François）管理。这里只小批量生产葡萄酒——大约每年7000瓶，但款款都非常经典。这里的葡萄未经过滤，以赤霞珠为主（大多年份比例高达80%），还有小维多和百年马尔贝克，完全不含梅洛）。葡萄酒的浓度真是令人难以置信。您只需准备好醒酒器，搭配一顿丰盛的大餐即可畅饮。这款酒让人心情愉悦，禁不

住感叹在圣朱利安竟能发现如此美味。

力关酒庄（三级庄）

力关酒庄（Château Lagrange）归日本饮品巨头三得利公司所属，这完美地诠释了梅多克并非是一个封闭的地区，而是一直随着开放的葡萄酒市场和变化的顾客群体与时俱进。在 20 世纪，力关酒庄名声不佳，占地面积从 280 公顷锐减到如今的 117 公顷。后来，三得利投入巨资改善种植结构，减少梅洛的比例，种植更多的小维多，以此来增加颜色和改善酒体结构，并开始取得显著的效益。品质极佳的力关酒庄干白葡萄酒（Les Arums de Lagrange）由赛美蓉、长相思和慕斯卡德混酿而成。

朗高·巴顿酒庄（三级庄）

朗高·巴顿酒庄（Château Langoa Barton）比它的姐妹酒庄巴顿酒庄要小得多，占地 18 公顷，种有 72% 的赤霞珠、20% 的梅洛和 8% 的品丽珠。巴顿家族是爱尔兰移民，1821 年起就拥有这座酒庄，因此现任酒庄主人安东尼·巴顿继承和延续的是两个世纪的家族传统产业。朗高·巴顿酒庄葡萄酒的风格非常一致——需要几年的成熟期，然后散发出柔和的野味、黑醋栗和皮革味，夹杂一丝丝酸味，给人优雅而内敛的感觉。

巴顿酒庄（二级庄）

如果每家波尔多酒庄都和巴顿酒庄（Château Léoville Barton）一样，有务实一致的酿造和定价策略该有多好。巴顿酒庄占地 50 公顷，种有 73% 的赤霞珠，酒款以黑松露、些许胡椒味和浓郁的深色水果香为标志。多数年份里，巴顿酒庄出产的葡萄比朗高·巴顿酒庄出产的葡萄更大更紧实，但是考虑到两家酿造和陈化的制酒方式完全相同，人们有理由向这块出产优质葡萄的宝地颔首致敬。酒庄的副牌酒是巴顿酒庄副牌干红葡萄酒（La Réserve de Léoville Barton）。

雄狮酒庄（二级庄）

雄狮酒庄（Château Léoville Las Cases）一直是法国酒庄的佼佼者，酒庄主人让-于贝·德龙（Jean-Hubert Delon）是该酒庄的第五代掌门人。葡萄园恰好处在圣朱利安和波雅克的边界，邻近拉图酒庄。雄狮酒庄的价格可能会让你觉得高不可攀，但是经典美妙的圣朱利安风格就是如此。酒款结构紧实，酒力十足，精美高雅，风味十足。旗下的副牌酒是小雄狮（Le Petit Lion）。

乐夫·宝菲酒庄（二级庄）

自 20 世纪 20 年代起，乐夫·宝菲酒庄（Château Léoville Poyferré）就归居弗利埃（Cuvelier）家族（法国北部的红酒交易商）所属。现在，迪迪尔·居弗利埃（Didier Cuvelier）接手酒庄的管理工作，伊莎贝拉·达文担任全职酿酒师，米歇尔·罗兰担任葡萄酒顾问（居弗利埃家族也参与罗兰在阿根廷鹰格堡酒庄的工作）。酒庄一直在进行土壤分析，并根据修剪、耕作或树冠覆盖情况进行相应调整。酒庄旗下的酒款属于现代风格，口感丰满。副牌酒是乐夫·宝菲酒庄莫琳里奇干红葡萄酒（Château Moulin Riche），三牌酒是乐夫·宝菲酒庄副牌干

红葡萄酒（Pavillon de Poyferré），由新栽葡萄藤结出的果实酿造而成。

圣皮埃尔酒庄（四级庄）

圣皮埃尔酒庄（Château St-Pierre）是酒香不怕巷子深的典型例子。该酒庄曾遭受过分裂和拆解，自 1982 年亨利·马丁接管该酒庄，之后又由他的女儿弗朗索瓦丝（Françoise）和女婿让-路易·泰奥（Jean-Louis Triaud）接管以来，酒庄的发展开始顺风顺水。葡萄园占地面积 17 公顷，平均藤龄 50 年。园内葡萄种植比例为 75% 的赤霞珠、15% 的梅洛和 10% 的品丽珠。葡萄酒结构饱满有力，单宁充沛，称其"性感招摇"毫不为过。

大宝酒庄（四级庄）

大宝酒庄（Château Talbot）坐落于圣朱利安中心海拔极高的沙砾山上，名声十分响亮。大宝酒庄现在归洛林·科迪埃（Lorraine Cordier）和南希·科迪埃（Nancy Cordier）两姐妹所有，自 2008 年起，斯蒂芬·德勒农古（Stéphane Derenoncourt）担任酒庄的顾问。这座现代酒厂内拥有各种木制和不锈钢大桶，生产的葡萄酒中赤霞珠的含量高达 67%。口感柔软多汁的大宝陆军统帅干红葡萄酒（Connétable Talbot）正是酿造于此。另外还有一款耐人寻味的白葡萄酒——大宝酒庄白石白葡萄酒（Caillou Blanc），主要由长相思酿造，带有一点赛美蓉的气息，在勃艮第酒桶中陈酿而成。

特雷-格罗-卡鲁斯酒庄（中级庄）

特雷-格罗-卡鲁斯酒庄（Château Terrey-Gros-Cailloux）的葡萄酒由位于其隔壁的宝嘉龙酒庄酿酒团队酿造而成。酒庄占地面积 14 公顷，但园内葡萄对外出租。这座酒庄极具潜力，值得关注。★ 新秀酒庄

泰纳克酒庄

泰纳克酒庄（Château Teynac）内的一切都是流水线作业——帕罗（Pairault）家族一直坚持 70% 的赤霞珠和 30% 的梅洛的简单混种，种植面积超过 14 公顷。葡萄采摘全部采取手工作业，在每棵葡萄藤达到最佳成熟度时方可采摘，这就意味着在所有葡萄摘完之前，需要进行多次采摘。经过如此精心过程酿制而成的葡萄酒，水果的纯度和结构的醇厚格外出众。

副牌酒是埃莉诺·德·泰纳克（Elinor de Teynac）红葡萄酒，物有所值。

安东尼·巴顿

谈及圣朱利安产区，就不得说一下安东尼·巴顿（Anthony Barton）。安东尼生于爱尔兰，1948 年来到波尔多，和他的叔叔一道在朗高·巴顿酒庄工作。安东尼为人理性，他认为波尔多人应该保持低调，因为红葡萄酒才应该是主角。关于酒庄的风格，他说："我们不会盲目跟风采取延迟采摘，而是在葡萄成熟饱满之际就摘下。"关于明智的定价策略，他的想法是："我就希望人们能买得起、喝得起我们的酒。"另外，别指望在他的酒窖里能看到有喝过的空瓶子，因为他的理念就是："我们享受品酒，我们把酒喝光之后，酒瓶也该随之不留痕迹。"

这些已经成熟的深蓝色浆果个头不大，表明它们的品种是赤霞珠，是玛歌产区（Margaux）的首选品种。

玛歌产区

玛歌产区（Margaux）面积为 1410 公顷，是梅多克地区最大的乡村产区（占总面积的 8.5%），包括玛歌、苏桑（Soussans）、阿尔萨克（Arsac）、拉巴德（Labarde）和康特纳克 5 个公社。玛歌是拥有最多列级酒庄的产区（从一级庄到五级庄，每一级都有），1855 分级制度中确立的 61 家列级酒庄中，21 家位于该产区。然而，随着产区规模的扩大，不可避免地出现了质量参差不齐的问题，直到 20 世纪 80 年代，玛歌产区还存在多家质量不佳的酒庄。不过，自从在产区安装了大量的排水沟渠，以及受到了宝马酒庄（Châteaux Palmer）和鲁臣世家酒庄（Rauzan-Ségla），当然还有玛歌酒庄本身等领军酒庄的巨额投资，这一问题已基本得到解决。

玛歌产区和梅多克的大部分地区一样，自罗马时代起，酒庄的周围就零星种有葡萄藤。直到 17—18 世纪，荷兰工程师抽干了沼泽，著名的砾石风土才显露在世人面前。该产区的土壤与梅多克其他地方的土壤差异显著，与北部地区的大石块相比，该产区内几乎所有的酒庄都拥有细软的白色砾石。加龙河和多尔多涅河（Dordogne）汇合并流入吉伦特河口（Gironde Estuary），正是这种特殊的地理环境导致了土壤的差异。沧海桑田，几百年间强劲的水流将砾石打磨得更加细软，同时裹挟着来自中央高原（Massif Central）和比利牛斯山脉（两条河流的发源地）的矿物质沉积于此，这些地理条件都确保了酒香的复杂性。

因此，玛歌葡萄酒被认为是梅多克中最精致、最具女性魅力的葡萄酒，它兼具波雅克的力量和结构，加上顺滑柔和的单宁，让人体会到一种独特的优雅。然而，此处地域广阔，孕育出的葡萄酒也是风格各异，因此熟悉每个生产商的特点才是关键。

即使该地区的酒充满了女性魅力，赤霞珠仍然是 74 个玛歌产区独立种植者的首选品种（赤霞珠占整个产区种植面积的 54%，梅洛占 37%，其余部分是品丽珠和小维多）。

2003 年气温颇高，在 2003 年的佳酿中，玛歌比其他地区酿造的葡萄酒更优良，因为赤霞珠更耐高温——尽管如此，有些葡萄酒熟化得更快。这无疑是列级酒庄所占面积和砾石土壤所导致的。这些酒庄的产量约占该产区总产量的三分之二，它们酿造的葡萄酒都适合陈酿——事实上，它们也都更倾向于陈酿。

除了耳熟能详的大品牌，玛歌产区本身也很引人入胜，因为在这里你可以找到面积不大但富有创意的酒庄，这在"四大"梅多克产区中是独一无二的（圣埃斯泰夫产区紧随其后，但波雅克和圣朱利安只有屈指可数的几个小型酒庄）。玛歌有几款"车库酒"（microcuvées），由种植小地块葡萄的酒庄主人酿造，还生产饱满柔顺、匠心独具的其他各类葡萄酒。您可以留意一下这些新的生产商（甚至有些大型酒庄也希望以自己的方式酿制与众不同的葡萄酒）。该地区盛产的多款葡萄酒性价比都很高，定能为您的品酒之旅添上一抹亮色。

正是得益于现代和传统方法的结合，玛歌产区每年能生产大约 900 万瓶酒。

美人鱼酒庄

一座以乐于接待游客而远近闻名的豪华酒庄。

贝-卡塔纳酒庄

酒庄的一款以赤霞珠为主的葡萄酒需要在瓶中存放几年才能激活迷人的口感。

安格鲁邸酒庄（中级庄）

在西塞尔（Sichel）五兄弟（西塞尔家族是波尔多的葡萄酒世家，已有 5 个世纪的悠久历史）中，你最想喝的肯定是安格鲁邸酒庄（Château d'Angludet）本·西塞尔酿造的酒——他对葡萄藤的栽种和酿酒可谓是轻车熟路，了如指掌。这份挚爱使安格鲁邸的酒款值得一品。葡萄园位于名庄大道主干道附近，占地 32 公顷，种植了 55% 的赤霞珠、35% 的梅洛和 10% 的小维多。葡萄酒价值高、口感好、质量稳定、未经过滤。副牌酒是安格鲁邸酒庄副牌干红葡萄酒（Moulin d'Angludet）。

艾尔萨克酒庄（中级庄）

艾尔萨克酒庄（Château d'Arsac）的主人菲利普·拉乌（Philippe Raoux）是一个真正的创新派——酒庄融合了经典的线条和令人惊叹的现代艺术（如果你去参观该酒庄，一定注意靠在建筑一侧的巨大铁梁，该作品出自法国雕塑家贝尔纳·维内之手）。沿着这条路再走一段路，就来到了拉乌创立的一个用钢铁和玻璃建成的巨大的葡萄酒文化中心，称为万瑞酒苑（La Winery）。再来说说他的酒庄，葡萄园在玛歌占地 54 公顷，在 AC 上梅多克占地 48 公顷。新栽葡萄藤的比例很高，所酿造的葡萄酒也因之而高贵优雅，但再等几年呈现出完整的复杂性之后，酒味还会更浓。

德雅克酒庄

德雅克酒庄（Château Bellevue de Tayac）归让-吕克·图内文（Jean-Luc Thunevin）所属，以出产右岸葡萄酒而闻名，比如瓦兰佐酒庄（Château de Valandraud）的葡萄酒。葡萄园占地 3 公顷，2005 年，其中三分之一被修整重新种植，再加上租给他们的一小块地，酒庄每年大约能生产 1.6 万瓶葡萄酒。克里斯托弗·拉迪埃（Christophe Lardière）是酒庄的酿酒师，他也在图内文所属的其他酒庄工作。酒款含 70% 的梅洛，酒体圆润顺滑，单宁怡人。该酒庄值得关注。

贝-卡塔纳酒庄（三级庄）

贝-卡塔纳酒庄（Château Boyd-Cantenac）在玛歌列级庄中只能算是一座小酒庄，占地仅有 17 公顷。该酒庄每公顷种植 1 万株葡萄藤，平均藤龄为 44 年。酒庄主人卢西恩·吉耶梅（Lucien Guillemet）同时担任酿酒师（酒庄没有酿酒顾问）。他专注于酿造以赤霞珠为主、混有 9% 的小维多的葡萄酒，该酒款需要几年的成熟期。吉耶梅家族也掌有宝爵酒庄（Château Pouget），该酒庄在玛歌的列级酒庄中名气较小。酒庄出产的葡萄酒以品丽珠为主，口感温和，散发着芬芳的香料味。该酒庄的产品性价比很高。

布朗-康田酒庄（二级庄）

没有比亨利·露桐（Henri Lurton）更低调迷人的酒庄主人了，他在布朗-康田酒庄（Château Brane-Cantenac）拥有 85 公顷的葡萄园，对此他倍感幸福。他的团队也很低调，他们倾向于彰显葡萄酒本身的魅力。酒款由 55% 的赤霞珠、40% 的梅洛和 5% 的品丽珠酿造而成，孕育了圆润柔顺的单宁，带有黑醋栗和紫罗兰的香气。克里斯多夫·卡普德维尔（Christophe Capdeville）是酒庄经理，他潜心研究木桶的妙用，关注木桶的质感、产地和橡木桶的烘烤程度。副牌酒是布朗-康田酒庄副牌干红葡萄酒（Baron de Brane），物超所值。

肯德·布朗酒庄（三级庄）

英国人与肯德·布朗酒庄（Château Cantenac Brown）之间的联系可以追溯到很久以前。约翰·路易斯·布朗（John Lewis Brown）是酒庄的第一任主人，他以英国建筑的风格为本建造了这座酒庄。现在酒庄的新主人是叙利亚出生的英国商人——西蒙·哈拉比（Simon Halabi）。自 2006 年哈拉比购得该酒庄以来，便一直加大投资力度。哈拉比和总经理乔斯·圣芬（José Sanfins）一道致力于微调酿酒。在这片 48 公顷的土地上，他们用可持续的耕作方式酿造出了做工精良、结构严密、口感丰富的葡萄酒。酒款由 65% 的赤霞珠、30% 的梅洛和 5% 的品丽珠酿造而成，以果香为主调，结构极尽柔滑。副牌酒是肯德·布朗酒庄副牌红葡萄酒（BRIO de Cantenac Brown）。

杜扎克酒庄（五级庄）

在过去的几年里，杜扎克酒庄（Château Dauzac）的品质大幅提升。这要归功于一系列变革，比如提高葡萄的树冠高度（面积超过 40 公顷）并采用重力自流法酿酒。使酒庄面貌一新的是安德鲁·露桐（André Lurton）和他女儿克里斯汀（Christine）。杜扎克是所有列级酒庄中离吉伦特河最近的酒庄，但现在河岸沼泽地带已经没有葡萄藤了。19 世纪，人们在杜扎克发明了波尔多液（Bordeaux Mixture），从而使欧洲大部分葡萄园免受葡萄藤霜霉病的侵袭。该酒庄值得关注，物美价廉。

狄士美酒庄（三级庄）

狄士美酒庄（Château Desmirail）是露桐家族拥有的另一座酒庄，现在该酒庄属于丹尼斯（布朗-康田酒庄亨利的兄弟）。酒庄曾归作曲家菲利克斯·门德尔松（Felix Mendelsson）的侄子所有，但在 20 世纪 30 年代变得破败不堪，丹尼斯的父亲卢西恩（Lucien）费尽周折才把它重新拼凑到原来的 40 公顷。恐怕还需要一些时间，卢西恩的付出才能得到充分肯定。波瓦赛诺家族担任该酒庄的顾问。该酒庄的酒款精巧成熟，由 69% 的赤霞珠、29% 的梅洛和 2% 的小维多酿成。

爱神酒庄（中级庄）

让·佐尔格（Jean Sorge）和他的两个女儿塞尔维（Sylvie）、克里斯泰（Christelle）共同经营这座 14 公顷的爱神酒庄（Château Deyrem Valentin）。他们采用精细的分片酿造法，所酿的葡萄酒结构良好，味道清新，孕育着黑莓味和薄荷香。众所周知，让·佐尔格喜欢琢磨葡萄酒。2001 年开始，他单独酿造了一款酒，原料源于 80 年的老藤（主要是小维多），以瓦伦庭酒庄（Château Valentin）为酒标进行出售。副牌酒是苏桑红葡萄酒（Château Soussans）。

杜霍酒庄（二级庄）

贡扎格·露桐（Gonzargue Lurton）是杜霍酒庄（Château Durfort-Vivens）的主人。在玛歌地区，贡扎格·露桐这个名字尽人皆知。作为当地葡萄酒联合会的主席，贡扎格一直致力于提升整个产区的产品品质，同时他也是一名才华出众的酿酒师。葡萄园占地55公顷，园内土壤由深厚的砾石层和来自加龙河河床的白色布丁岩构成。因此，赤霞珠生长饱满且成熟周期短，单宁柔滑。可持续的种植方式、分片酿造的工艺和新建成的酒窖都为酿造美味的葡萄酒提供了优良条件，酒款蕴含紫罗兰和松露气息。酒庄出产两款副牌酒：杜霍酒庄副牌干红葡萄酒（Vivens de Durfort-Vivens）和杜霍酒庄花园系列红葡萄酒（Relais de Durfort-Vivens）。

艾琳斯酒庄

艾琳斯酒庄（Château des Eyrins）是玛歌产区的新生酒庄。埃里克·格兰格鲁（Eric Grangerou）掌管这片占地3公顷的葡萄园，他的祖辈都是玛歌酒庄的酒窖总管。现在，酒庄的酿酒师是奥利维尔·道加（Olivier Dauga），他采用现代的冷浸技术，分片酿造，在新桶比例为80%（大部分是经过轻度烘烤的勃艮第桶）的法国橡木桶中陈酿。酒庄的酒款含有75%的赤霞珠、20%的梅洛和5%的小维多，未经下胶和过滤。2009年9月，吉蕾特酒庄（Château Gilette，位于苏玳产区）的泽维尔（Xavier）和朱莉·戈内特·梅德维尔（Julie Gonet Medeville）收购了该酒庄，但埃里克和奥利维尔仍然担任酒庄的酿酒师。

费里埃酒庄（三级庄）

费里埃酒庄（Château Ferrière）是梅多克列级酒庄中最小的一座酒庄，占地仅有8公顷。自1855年以来，只有极少数列级酒庄面积一成不变，该酒庄就是其中之一。多年来，酒庄一直把葡萄园出租给其他酒庄。维拉尔-梅勒（Villars-Merlaut）家族于1988年接手该酒庄。所以，自1992年以来，葡萄酒再次以该酒庄的名字装瓶。精力充沛的席琳·维拉尔（Celine Villars）一直为酿酒厂添置小型水泥罐。酒庄经过了一段时间才探寻出了自己的风格，酒款口感丰富，结构紧凑，混酿中含有80%的赤霞珠。

高连酒庄（中级庄）

高连酒庄（Château La Galiane）与波尔多历史联系密切，酒庄的名字来源于一位15世纪领兵作战的英国将军，当时波尔多还是英国统治的一部分。如今，高连酒庄非常具有法国特色，克里斯汀·赫侬（Christine Renon）负责管理这片5公顷的酒庄。酒庄每年生产3万瓶葡萄酒，酒款含50%的赤霞珠、45%的梅洛和5%的小维多，是一款经典的玛歌混酿酒。赫侬家族还生产夏蒙酒庄干红葡萄酒（Château Charmant）和夏蒙酒庄副牌干红葡萄酒（Clos Charmant），原料源于占地8公顷的葡萄园，葡萄藤平均藤龄65岁，种植比例为50%的梅洛、25%的赤霞珠、20%的品丽珠和5%的小维多。

美人鱼酒庄（三级庄）

宏伟的大门和宽阔的车道提醒着我们，美人鱼酒庄（Château Giscours）一向乐于接受外界事物，就比如从20世纪50年代的马球比赛到今天的板球比赛。葡萄园占地面积83公顷，4座白色砾石山丘上遍生葡萄藤，平均藤龄40岁。近年来，荷兰籍酒庄庄主埃里克·阿巴达·耶尔格斯玛（Eric Albada Jelgersma）投入大量资金重新种植葡萄。该酒庄出产的酒款口感醇厚，令人赞叹，散发着浓厚的西洋李子味，单宁结构紧密，由55%的赤霞珠、35%的梅洛、少量的小维多和品丽珠酿制而成。副牌酒是小美人鱼干红葡萄酒（Sirène de Giscours）。耶尔格斯玛家族也同时经营着杜特酒庄（Château du Tertre）。

古阁酒庄（中级庄）

古阁酒庄（Château La Gurgue）酿造了一款备受追捧的葡萄酒，酒体丰满，带有甘美的深色水果味道。很多绝佳的酒庄并未列入1855分级制，古阁酒庄的存在就是一个很好的例证。酒庄归维拉尔-梅勒（Villars-Merlaut）家族所属，占地仅10公顷，土壤中富含加龙河的砾石，在许多地块中深达数米。酒款由70%的赤霞珠和30%的梅洛混酿而成。酒庄深厚肥沃的砾石土壤每年都能孕育出品质优良的成熟果实。每年酿酒专用的橡木桶的新桶比例为25%。

迪仙酒庄（三级庄）

迪仙酒庄（Château d'Issan）是梅多克最古老的酒庄之一。酒庄周围环绕着文艺复兴时期的花园、护城河和炮塔墙。酒庄的现任主人是伊曼纽尔·克鲁斯（Emmanuel Cruse），也是积极活跃在当地葡萄酒政治的成员。1945年，克鲁斯家族买下这片酒庄，当时这里只有两公顷高产的葡萄园；现在，葡萄园的面积已经达到53公顷，葡萄藤平均藤龄为35年。伊曼纽尔力求单宁结构平滑，使赤霞珠中的单宁发挥到极致。赤霞珠产量占酒款的70%左右。迪仙酒庄副牌干红葡萄酒是该酒款的代表作之一。

麒麟酒庄（三级庄）

麒麟酒庄（Château Kirwan）名字中的"Kirwan"一词源于爱尔兰语。在这座充满浪漫气息的酒庄中，那片令人惊艳的玫瑰花园是前酒庄主人卡米尔·戈达（Camille Godard，法国植物学家）亲手栽培的。现在，麒麟酒庄的主人是斯凯乐（Schyler）家族的第8代传人，总经理是菲利普·德尔福（Philippe Delfault，曾经管理宝马酒庄）。菲利普酿造的酒款风格优雅而平衡，带有丝丝黑樱桃和杏仁的味道。葡萄园占地面积37公顷，葡萄种植比例为45%的赤霞珠、30%的梅洛、15%的品丽珠和10%的小维多。副牌酒是麒麟之魅干红葡萄酒（Les Charmes de Kirwan），还有一款麒麟酒庄桃红葡萄酒（Rosé de Kirwan）也是上品佳作。

拉贝格酒庄

2009年，拉贝格酒庄（Château Labégorce）合并了拉贝格扎德酒庄（Labégorce Zédé）之后，葡萄园占地面积达到

埃里克·布瓦瑟诺

波尔多地区共有5个一级酒庄，这位勤劳的酿酒师担任其中4个酒庄的酿酒师顾问——唯一没有聘用他担任顾问的是侯伯王酒庄（Château Haut-Brion）。

埃里克与他的父亲雅克一起合作，其父曾与著名的"酿酒学教父"埃米耶·佩诺（Emile Peynaud）一起接受训练，而后一起工作。父子俩在同一团队工作了20年，几乎只专注于梅多克的客户（他们的200个客户中，190个在梅多克，只有10个在波尔多右岸。埃里克已经离开法国，去到希腊的阿尔法酒庄效力）。

布瓦瑟诺家族（Boissenots）认为酿造的葡萄酒要反映出它们的风土条件，以及背后酿酒者的理念。如果你想要的是不求花哨、质量过硬的经典葡萄酒，那可以找一下带有布瓦瑟诺名字的酒款。

了 55 公顷。27 岁的娜塔莉·毕罗度（Nathalie Perrodo）执掌酒庄，奔波往返于波尔多和伦敦之间。2007 年，技术主管菲利普·德·拉瓜里格（Philippe de Laguarigue）从玫瑰山酒庄（Château Montrose）来到该酒庄工作。他实施了长达 10 年的重植计划，旨在培养更紧实饱满的果实。该酒庄生产的副牌酒是拉贝格扎德葡萄酒（Zédé de Labégorce），而原副牌酒图尔拉罗泽葡萄酒（Château Tour de la Roze）也保留了下来。

力士金酒庄（二级庄）

2000 年，美国投行柯罗尼资本集团（Colony Capital）买下这片 84 公顷的力士金酒庄（Château Lascombes）。自 2008 年开始，酒庄从玛蒂娜酒庄（Château Martinens）租赁了另外 24 公顷的土地，所产葡萄用于酿造副牌酒——力士金骑士红葡萄酒（Chevalier de Lascombes）。酒庄主管米尼克·柏福（Dominique Befve）聘请米歇尔·罗兰担任顾问。他们一起度过数年的艰难岁月，在酿造过程中引入了诸多新元素，如重力自流酿酒技术、使用 100% 的新橡木桶等。尽管有人指责他们抛弃了经典的玛歌风格，但这款酒融合了馥郁的果香和紫罗兰香，平衡性强。用该酒款招待客人，让人尽享奢华之气，难以罢手。

马利哥酒庄（三级庄）

马利哥酒庄（Château Malescot St-Exupéry）的让·吕克·札格（Jean Luc Zuger）以晚摘葡萄而出名，因为他偏爱成熟饱满的葡萄。在必要之际，他会使用反渗透法浓缩果汁。在潮湿的年份中，反渗透法可以去除稀释葡萄的水分，是一种合法但又备受争议的工艺。他酿造出的酒款带有墨香和烟熏橡木香，同时饱含深色水果气息。酒庄的名字取自一位前酒庄主人的名字，即《小王子》的作者的曾祖父。米歇尔·罗兰担任酒庄顾问，酒庄占地面积 23.5 公顷，另外在超级波尔多（巴拉丹酒庄）还有 6.5 公顷。在波尔多地区，这些酿酒工艺是否偏向过度萃取仍是人们争论不休的话题。

玛歌酒庄（一级庄）

远在一位希腊航海业巨头购得玛歌酒庄（Château Margaux）之前，酒庄内就有亮丽的陶立克圆柱，不过酒庄现有的样子，倒是他女儿按自己的思路设计的。柯琳·曼泽洛普罗斯（Corinne Mentzelopoulos）27 岁就从父亲安德烈（André）手中继承了这份遗产，负责人保罗·庞塔利尔（Paul Pontallier）加入这个团队时也是 27 岁。几十年后，他们生产的葡萄酒在世界各地广受欢迎。葡萄园占地面积 82 公顷，种有大量赤霞珠（大多数年份，首款葡萄酒都含有 87% 的赤霞珠），所酿葡萄酒裹挟着浓郁的红果香气，带有丝滑优雅、庄重细腻之感。从 2009 年开始，酒庄使用了新的酒桶室并采用小批量精细酿造法。副牌酒是玛歌红亭红葡萄酒（Pavillon Rouge），它是该地区最早生产的葡萄酒之一。还有一款绝妙的白葡萄酒，即玛歌白亭白葡萄酒（Pavillon Blanc），由 100% 的陈年长相思葡萄酿造而成。

马利哥酒庄
采用高科技手段酿酒，酒体丰沛饱满。

玛歌酒庄
五大一级庄之一，备受追捧。

玛若嘉酒庄

玛若嘉酒庄（Château Marojallia）的力作是一款果香浓郁、口感顺滑、丰满充实的玛歌葡萄酒，由 74% 的赤霞珠和 26% 的梅洛酿制而成，数量很少（6000 瓶），属精酿葡萄酒。这座美丽的酒庄地处村庄的中心，四周被高围墙围绕，中央庭院令人倍感惬意。让-吕克·图内文（Jean-Luc Thunevin）和酿酒顾问米歇尔·罗兰对酿酒的工序一丝不苟，对细节注入大量心血。酒标"玛若嘉（Marojallia）"是"玛歌（Margaux）"的拉丁文拼法。酒庄利用现代技术管理这片占地 4 公顷的葡萄园。该酒庄的副牌酒是玛格莱恩园干红葡萄酒（Clos Margalaine）。

碧加侯爵酒庄（三级庄）

碧加侯爵酒庄（Château Marquis d'Alesme）在列级酒庄的排名中处于前几名，也位于玛歌村中心的突出位置，但知名度却非常低。多年来，碧加侯爵酒庄一直饱受投资不足之害，2006 年又遭遇了一次重大挫折。当时，该酒庄被拉贝格酒庄的休伯特·毕罗度（Hubert Perrodo）收购，几个月后，毕罗度在一次滑雪事故中意外丧生。如今，这两个酒庄都由他 27 岁的女儿娜塔莉（Nathalie）负责经营。她把酒庄原来名字中的"Becker"去掉，同时在 15 公顷的园区内致力于重植葡萄和改进品种。

德达蒙侯爵酒庄（四级庄）

德达蒙侯爵酒庄（Château Marquis de Terme）的新任管理者卢多维奇·大卫（Ludovic David）从 2009 年 1 月开始就在此效力，并一直致力于为经典的英式红葡萄酒注入现代气息。卢多维奇实行分片酿造法，推动葡萄园和酒窖技术的成熟化管理。他还引进了一些新的酿酒技术，比如酒桶蒸汽清洗系统的运用，确保了果香的充分发挥。葡萄园种植密度很高，占地面积 38 公顷，自 1855 分级制度以来面积未曾有过改变。酒庄的主人是吉恩、菲利普和皮耶尔-路易·塞奈克罗三兄弟，他们的父亲之前是马赛的一名葡萄酒商人，于 20 世纪 30 年代收购该梅多克酒庄。他们在法国南部的邦多勒（Bandol）和卡西斯（Cassis）还继续掌管另外两座酒庄。该酒庄的酒款带有馥郁的黑莓和树莓果香，内含 7% 的小维多，这让葡萄酒色泽如墨水般深邃。★新秀酒庄

蒙布里松酒庄

第二次世界大战初期，蒙布里松酒庄（Château Monbrison）的葡萄被铲除，直到 1963 年，才又重新种植葡萄。酒庄主人让-吕克·冯德海登（Jean-Luc Vonderheyden）是梅多克地区首批实行绿色采收（剪掉部分果串以促进其余葡萄的成熟）的种植户之一。虽然如今，酒庄中的创意减少，但该酒庄一直致力于酿造价值绝佳的玛歌葡萄酒，并在业内一直享有一席之地。该酒庄的副牌酒是蒙布里松酒庄副牌红葡萄酒（Bouquet de Monbrison）。

蒙卡维酒庄（中级庄）

30 多年来，雷格斯（Regis）和卡琳·伯纳鲁（Karin Bern-

aleau）一直管理着蒙卡维酒庄（Château Mongravey）。葡萄园占地面积 19 公顷，其中一半位于玛歌产区，另一半位于上梅多克产区，并以白兰酒庄（Château de Braude）的名义装瓶。其首酿出产于 1981 年。1999 年，酒庄内建成新地窖和酒桶室，其 450 个酒桶分别由 10 个不同的桶匠制成，增加了不同酒款的复杂性。酒庄的葡萄藤紧靠美人鱼酒庄，所酿葡萄酒蕴含了淡雅而清晰的果香和迷人的烟熏香气。

宝马酒庄（三级庄）

宝马酒庄（Château Palmer）酿造的酒款精细、强劲、略带黑醋栗和无花果的香味。酒庄主人富于创新和冒险，同时坚持波尔多葡萄酒的传统，使该酒庄在产区内风光无限。该酒庄的主人是酒商西塞尔家族和马勒·贝斯（Maëhler Besse），共有 22 个股东。表面上看，这种管理结构似乎很难运作，但实际上它一直运营良好。这要归功于主管托马斯·杜鲁（Thomas Duroux），他管理着河口边的 55 公顷的砾石园区。他提出了一些创意，比如重新酿造一款 19 世纪的葡萄酒——由 85% 的宝马酒庄红葡萄酒和 15% 的埃米塔日（Hermitage）混酿而成——这款葡萄酒某些年份的销量非常有限。该酒庄的副牌酒是备受喜爱、果香馥郁的宝马知己（Alter Ego de Palmer）。

柏菲露丝酒庄（中级庄）

早在 19 世纪，酒庄的酒款就售往美国，至今仍然畅销不衰。2004 年，弗雷德里克·吕兹男爵（Baron Frédéric de Luze）从他父亲杰弗里（Geffrey）手中接管了柏菲露丝酒庄（Château Paveil-de-Luze）。300 年间，葡萄园占地面积始终不变，保持在 32 公顷。该酒庄的酒款含 65% 的赤霞珠，单宁结构经典而紧实。酒液经过冷浸，然后置于橡木桶中发酵 12 个月，果香余韵得以留存。

庞太酒庄（中级庄）

庞太酒庄（Château Pontac Lynch）的历史源远流长，可追溯至 13 世纪，现任酒庄主人是玛丽-克里斯汀·邦登（Marie-Christine Bondon）。庞太酒庄的酒款以成熟可口的李子香味为主调。即便是近期年份的酒款也需要存放几年时间，才能使得单宁结构坚实紧密。酒款饮用之前适当醒酒，风味更佳。庞太酒庄毗邻玛歌酒庄，其酿酒工艺偏于传统风格，酒品优雅迷人，价值绝佳。

荔仙酒庄（四级庄）

荔仙酒庄（Château Prieuré-Lichine）的前身是一个教会的修道院。现在，在爬满了常春藤的内院里，仍然保留着宁静的气氛。

酒庄属于来自新喀里多尼亚（New Caledonia）的伯兰德（Ballande）船运集团，葡萄园占地面积 70 公顷，种植比例为 50% 的赤霞珠、45% 的梅洛和 5% 的小维多。荔仙酒庄是率先面向游客开放的梅多克酒庄之一，也是少数在周末开放的列级酒庄，供游客品尝柔顺、醇厚的葡萄佳酿。酒庄在酿造过程中采用微氧化法，单宁因而更加丰满。该酒庄的荔仙酒庄干白葡萄酒

（Blanc de Prieuré-Lichine）也是一款不容错过的佳酿。

露仙歌酒庄（二级庄）

露仙歌酒庄（Château Rauzan-Gassies）毗邻鲁臣世家酒庄（Rauzan-Ségla），两者同属二级庄。多年来，酒庄历经坎坷、备受关注。但奎伊（Quié）家族始终坚持不断提高葡萄酒的质量，成功酿造出不朽的玛歌葡萄酒。酒款呈现富有光泽的红宝石色而不是深色水果色，架构新鲜，风格古典而非现代。近期酒庄主人对酒庄的投资意味着对其公开翻修改造工程的开始。波雅克的歌碧酒庄（Château Croizet-Bages）和上梅多克的贝拉龙酒庄（Château Bel-Orme）也归露仙歌的酒庄主人家族所属。★新秀酒庄

鲁臣世家酒庄（二级庄）

鲁臣世家酒庄（Château Rauzan-Ségla）出产的葡萄酒结构突出——带有浓郁的深色水果香气，口感顺滑。令人难以想象的是，1993 年奢侈品香奈儿（Chanel）的所有者韦特海默（Wertheimer）兄弟收购这座酒庄时，酒庄的葡萄酒质量并不尽人意。如今，酒款由 62% 赤霞珠和 38% 的梅洛酿制而成，是一款精心调配的葡萄酒。这也反映了负责人约翰·柯拉萨（John Kolasa，来自拉图酒庄）精湛的技艺。香奈儿聘请了室内设计师彼得·马里诺（Peter Marino）整修酒庄内部，的确为酒庄添了许多魅力。但真正让这片占地 60 公顷的酒庄重新焕发生机的是全新的排水管道、葡萄园中的精心劳作、高密度的种植，还有酒窖中严格的工序。该酒庄的副牌酒是小鲁臣世家红葡萄酒。

西航酒庄（中级庄）

要想找到一个比西航酒庄（Château Siran）内部装饰更不拘一格的酒庄是很难的。这里有各种毛绒动物、现代艺术品和古籍。值得庆幸的是，酒庄的古怪之处仅限于其装修风格——其酒款果香精醇，单宁内敛。这款优雅的波尔多葡萄酒价格适中。米埃勒（Mialhe）家族掌管酒庄已经有 150 年的历史了，现任酒庄主人是爱德华（Edouard）。占地 25 公顷的葡萄园栽种了 46% 的梅洛、41% 的赤霞珠、11% 的小维多和 2% 的品丽珠。

其副牌酒是西航酒庄副牌红葡萄酒（S de Siran）。

泰雅克酒庄（中级庄）

泰雅克酒庄（Château Tayac）是一座家族式酒庄，技术主管盖伊·波泰特（Guy Portet）和他的儿子尼古拉斯（Nicolas）、妻子奈丁（Nadine）、女儿纳迪亚（Nadia）把一切打理得井井有条。泰雅克的酒款由 60% 的赤霞珠、35% 的梅洛和 5% 的小维多混酿而成，每年生产约 13 万瓶。葡萄酒风格现代而非传统，内敛而不张扬，物美价廉。

泰雅克-普莱森斯酒庄（艺术家酒庄）

泰雅克-普莱森斯酒庄（Château Tayac-Plaisance）出

露仙歌酒庄
近期的投资促使酒庄葡萄酒的
质量稳步提升。

鲁臣世家酒庄
在二级庄中，其副牌酒物超所值。

产的葡萄酒清新凉爽，裹挟着浓厚馥郁的果香，属于现代玛歌葡萄酒风格，价值绝佳。酒庄归四风酒庄（Clos des Quatre Vents）的酒庄主人吕克·蒂安邦（Luc Thienpont）所属，雅克（Jacques）和埃里克·布瓦瑟诺（Eric Boissenot）担任酒庄的酿酒师顾问。

葡萄园占地面积 3.5 公顷，年产 2.1 万瓶葡萄酒。酒庄内最古老的葡萄藤可追溯至 1931 年，平均藤龄为 55 年。葡萄酒由 55% 的梅洛、35% 的赤霞珠和 10% 的小维多混酿而成。

杜特酒庄（五级庄）

自 1997 年起，杜特酒庄（Château du Tertre）归埃里克·阿巴达·耶尔格斯玛所属，亚历山大·范·皮克（Alexander Van Beek）担任负责人，旗下的酒款也是优雅的上品。葡萄园占地面积 52 公顷，种植比例精细平衡，有赤霞珠（36%）、梅洛（33%）、品丽珠（26%）和小维多（5%）。以往，杜特酒庄的酒款稳定性不佳，但现在其酒款是你能找到的最优雅、最古典的玛歌酒之一。酒庄采用橡木桶进行发酵，在酿造过程中，酒液通过重力作用温和转移，一切工序都经过精心策划，谨慎进行。

拉图贝尚酒庄（中级庄）

拉图贝尚酒庄（Château La Tour de Bessan）的葡萄酒有一股明显的白胡椒和香料味，果香中还夹杂了一丝咸味。1992 年，玛丽-劳尔·露桐从她的父亲吕西安手中接管了这座占地 19 公顷的酒庄，并酿造出一款业界领先的中级庄葡萄酒。玛丽-劳尔采用的是混合的现代酿酒技术，比如提高葡萄园内的树冠高度、使用不锈钢桶发酵，同时辅以人工采摘和橡木桶陈酿等传统方法。经过大规模的重植，目前葡萄园内葡萄品种的比例为 40% 的赤霞珠、24% 的品丽珠和 36% 的梅洛。

蒙斯之塔酒庄（中级庄）

蒙斯之塔酒庄（Château La Tour de Mons）葡萄酒是一款制作精良的玛歌酒，完全值得信赖。酒庄归一家法国银行所属（这很常见，尤其是在金融危机之后），由才华横溢的主管帕特里斯·班迪亚拉（Patrice Bandiera）管理。葡萄园占地 35 公顷，葡萄由人工采摘，其酿造采用传统方法，在小橡木桶中酿制 12 个月，未经过滤装瓶。酒款由 45% 的赤霞珠、45% 的梅洛和 10% 的品丽珠混酿而成，虽未经过度萃取，但口感紧实。该酒庄有不同酒标下的"副牌酒"，但其中最著名的是蒙斯之塔酒庄干红葡萄酒（Terre du Mons）。

维米尔斯酒庄

特朗奎拉干红葡萄酒（Le Tronquéra）是一款小瓶酒，原料来自占地 1 公顷的葡萄园。酒庄主人雅克·波瓦赛诺（Jacques Boissenot）是梅多克地区一名含蓄内敛但名声在外的酿酒顾问。酒庄总面积 2.5 公顷，其余面积用于酿造 AC 上梅多克名下维米尔斯酒庄葡萄酒（Château Les Vimières Le Tronquéra）。波瓦赛诺购买这些葡萄藤是为了让他的其他客户进行试验，但这 3000 瓶酒还没等到果实成熟就被定购一空。酒庄的风土条件虽

拉图贝尚酒庄
葡萄园和酿酒厂采用现代和传统的混合酿造方法，使酒庄声名鹊起。

杜特酒庄
酒款内敛而富有质感，夹杂着多汁的秋果香味和草本香气。

非极佳，但酒款带有美妙的李子和樱桃味，韵味丰富柔软，内敛得恰到好处。

茹格莱酒庄

茹格莱酒庄（Clos du Jaugueyron）占地仅 5 公顷，是米歇尔·泰龙（Michel Théron）拥有的一处小酒庄，酿造的葡萄酒都属于玛歌和 AC 上梅多克佳酿。很多人把该酒款视为"车库酒"（首款葡萄酒确实是在泰龙的车库酿造而成），拥戴追随者越来越多。酒款口感浓郁，由 60% 的赤霞珠、30% 的梅洛、5% 的小维多和 5% 的品丽珠混酿而成。葡萄园里的所有作业都是通过手工精心完成的，化学药剂的使用保持在最低限度，就连酿酒厂的一砖一瓦都源于天然，石料和未经处理的橡木也不例外。

四风酒庄

四风酒庄（Clos Des Quatres Vents）每年只生产 7200 瓶四风红葡萄酒，虽然不容易寻得，但值得一试。吕克·蒂安邦（Luc Thienpont）是该酒庄的主人，也就是波美侯产区（Pomerol）里鹏酒庄（Le Pin）主人雅克的堂兄弟，顾问是雅克·波瓦赛诺。酒庄的酒款是魅力十足的微型酿（microcuvée），由 65 年藤龄的赤霞珠酿造而成。该酒款富含浓烈的果香，还有从 100% 烘烤的橡木桶中散发的烟熏味。该酒庄的副牌酒是四风酒庄四姐妹红葡萄酒（Villa Des Quatres Soeurs，虽然严格来说该酒款酿造于它独立的酒庄）。

格拉夫和佩萨克-雷奥良产区

格拉夫（Graves）是波尔多最古老的葡萄酒产区之一，而佩萨克-雷奥良（Pessac-Leognan）是最新的产区之一。直到 1987 年，这里还是一大片区域，位于波尔多市南部、加龙河以西（因此形成了"另一个"左岸）。1855 年，侯伯王酒庄和梅多克的拉图酒庄（Châteaux Latour）、拉菲酒庄（Lafite）、玛歌酒庄（Margaux）同列为一级庄，使得该区域名声大噪。在 1855 分级制中，侯伯王酒庄是该产区唯一一座上榜的酒庄。但是，在 20 世纪 50 年代，格拉夫的 16 座酒庄都列入格拉夫分级制中。尽管现在该产区内的葡萄酒都已列入佩萨克-雷奥良单独的原产地命名保护制度（Appellation d'Origine Contrôlée，简称 AOC）中，但是在酒标上仍然标注格拉夫列级酒庄（Cru Classé de Graves）。

格拉夫分级制引人注目，因为这份名单既区分红葡萄酒也区分白葡萄酒——在波尔多地区，唯独格拉夫产区如此行事。其中红、白葡萄酒皆榜上有名的有 6 座酒庄：宝士格酒庄（Bouscaut）、壳白仙酒庄（Carbonnieux）、骑士酒庄（Domaine de Chevalier）、拉图玛蒂雅克酒庄（Latour Martillac）、马拉帝酒庄（Malartic Lagravière）、奥利弗酒庄（Olivier）。格拉夫分级制中的 16 座列级酒庄位于格拉夫产区的顶角处，邻近波尔多的城市的中心。1987 年，这片区域建立了单独的产区：佩萨克-雷奥良 AC 产区（AC Pessac-Léognan）。

佩萨克和雷奥良是该产区最大的公社。产区共有 10 个公社：卡多雅克（Cadaujac）、卡内让（Canéjan）、格拉迪尼昂（Gradignan）、雷奥良（Léognan）、玛蒂雅克（Martillac）、梅里尼亚克（Mérignac）、佩萨克（Pessac）、圣梅达尔代朗（St-Médard-d'Eyrans）、塔朗斯（Talence），以及维勒纳夫多尔农（Villenave d'Ornon）。当地著名的酿酒师、酒庄主人安德烈·露桐（André Lurton）推进了这一分级制度。他致力于在其掌管的众酒庄内生产佳酿，包括：金露桐酒庄（Couhins-Lurton）、拉罗维耶酒庄（La Louvière）、库什酒庄（Coucheroy）、克鲁兹酒庄（de Cruzeau）和先哲酒庄（Rochemorin）。

格拉夫产区的葡萄园面积为 3800 公顷，其中佩萨克-雷奥良产区为 1700 公顷。

现在，该产区处于受保护状态，但产区内的葡萄园因为邻近主要城市中心，所以多年来不可避免地受到城市扩张的威胁。侯伯王酒庄（Châteaux Haut-Brion）和克莱蒙教皇酒庄（Pape Clément）位于当地繁忙的地区中心，都是产区内大名鼎鼎的酒庄。进入 20 世纪，波尔多城市化发展迅速，这意味着到 1975 年，佩萨克-雷奥良产区的葡萄园面积会减少到 500 公顷。然而，自此之后，葡萄园的面积不断增长，现在面积扩张到约 1500 公顷。

两个产区的风土条件极为复杂。几千年来，源自比利牛斯山脉的独特土壤层随着加龙河冲到该产区，砾石的深度从浅表到 3 米不等。西侧，兰德斯松树林筑起了一道有效的防风屏障。

整个格拉夫产区和佩萨克-雷奥良产区内，没有合作酒窖，多数酿酒厂都是家庭式经营。然而最近，佩萨克-雷奥良产区一直接受大量外来投资，这些投资来自卡地亚德（Cathiards）家族的史密斯拉菲特酒庄（Château Smith Haut Lafitte），以及邦尼（Bonnies）家族的马拉帝酒庄（Château Malartic Lagravière）。产区的发展愈发国际化，充满活力。

产区内种植的葡萄种类和波尔多地区的其他产区一样，但是酿制的葡萄酒偏向于赤霞珠和梅洛的均匀混酿。梅多克（Médoc）和右岸（Right Bank）不同，前者更喜欢种植赤霞珠，而后者偏向梅洛。白葡萄种类也和其他地区的品种别无二致，酿造的干白酒偏于大量长相思（Sauvignon Blanc）、灰苏维翁（Sauvignon Gris）和赛美蓉（Sémillon）的混酿，偶尔混有慕斯卡德（Muscadelle）。如前所述，产区内的白葡萄酒和红葡萄酒都属于列级酒。格拉夫大产区的白葡萄酒，尤其是佩萨克-雷奥良产区的白葡萄酒，大都置于橡木桶中进行陈酿。该地区白葡萄酒的陈酿通常比两海之间（Entre-deux-Mers）的白葡萄酒质量更优、层次性更复杂（陈酿多达 15 年）。该地区大约三分之一的葡萄酒产量是白葡萄酒，剩余的是红葡萄酒。

法兰西酒庄

酒庄在米歇尔·罗兰的帮助下日趋向好。

康得利酒庄

酒款属于现代风格，由史密斯·拉菲特
酒庄的卡地亚德家族酿造。

巴尔丹酒庄

西戈耶-普埃尔（Sigoyer-Puel）家族在巴尔丹酒庄（Château Bardins）酿酒已传承了四代之久。现在，酒庄由斯黛拉（Stella）、克里斯托（Christol）和伊迪丝（Edith）三姐妹管理。酒庄限制化学品的使用，而且在这片占地 9.5 公顷的葡萄园中采取可持续耕作方式，近 30 年来一直如此。旗下的红葡萄酒品质稳定，性价比高，主要由马尔贝克和小维多混酿而成。马尔贝克和小维多品种占总数的 10%，其余品种是梅洛、品丽珠和赤霞珠。丰富的葡萄品种使得白葡萄酒口味多样，葡萄酒中富含三分之一的慕斯卡德，散发出独特的花香。

布马丁酒庄

布马丁酒庄（Château Bois-Martin）的酒庄主人是玛利亚-琼斯·佩林（Marie-José Perrin，佩林家族的女儿）和她的丈夫雷内（René）。布马丁酒庄的酒款值得一品。葡萄园占地面积 7 公顷，园内的红葡萄包括 70% 的赤霞珠和 30% 的梅洛，每年生产 4 万瓶酒。1999 年，酒庄建立了一个新的酿酒厂，使用不锈钢罐酿造葡萄酒。多数酒款单宁成熟，富含果香结构。少量多汁的白葡萄酒（9000 瓶）是置于瓶中酿造的。

博纳酒庄

直到 1997 年，博纳酒庄（Château Le Bonnat）还被称为莱斯高尔格葡萄园（Vignobles Lesgourgues），由菲乌泽尔酒庄（Château de Fieuzel）耕作，现在酒庄拥有管理权，改为博纳酒庄。葡萄园种植了 20 公顷的红葡萄（60% 的梅洛和 40% 的赤霞珠）和 3 公顷的白葡萄（三分之二的赛美蓉和三分之一的长相思）。红葡萄酒置于桶中陈酿 12～14 个月（新桶占三分之一），白葡萄酒在搅桶工序之后置于桶中陈酿 9 个月。砾石葡萄酒（Les Galets）是一款别致的混酿酒，相比于主打款来说，该酒款酒体轻盈，单宁含量低。酒庄主人同时管理着格拉夫产区的赛尔维酒庄（Château Haut Selve）。

宝士格酒庄（格拉夫列级酒庄）

1992 年，苏菲·露桐（Sophie Lurton）和她的丈夫洛朗·科贡布尔斯（Laurent Cogombles）继承了父亲吕西安的宝士格酒庄（Château Bouscaut）。葡萄园占地 47 公顷，园内富含砾石和黏土土壤，种有 85% 的红葡萄和 15% 的白葡萄。红葡萄酒主要由 55% 的梅洛和 40% 的赤霞珠混酿而成，带有些许马尔贝克的风味，散发着诱人的咖啡和摩卡香味。白葡萄酒由赛美蓉（其中一些葡萄藤已经有 100 年的历史了）和长相思混酿而成，口感如蜂蜜般圆润，陈年潜力出众。20 世纪 60 年代，酒庄葬身于一场大火之中，之后经修复，恢复良好，一个全新的地窖也在建造之中。副牌酒是宝士格酒庄副牌干红葡萄酒（Les Chenes de Bouscaut），酒庄旗下还管理拉莫塔-宝斯高酒庄（Châteaux Lamothe Bouscaut）和瓦鲁酒庄（Valoux）。

布朗酒庄

近年来，布朗酒庄（Château Brown）由酒庄总监让-克里斯多夫·米奥（Jean-Christophe Mau）、酿酒师斯蒂芬·德勒农古（Stéphane Derenoncourt）和菲利普·杜龙（Philippe Dulong）共同管理，质量大幅提升。2004 年，米奥和德扎瓦格（Dirkzwager）家族购得该酒庄，24 公顷的土地上种植了 55% 的赤霞珠、40% 的梅洛、5% 的小维多，另外还有 4.5 公顷的葡萄园，种植了 70% 的长相思和 30% 的赛美蓉。白葡萄酒置于勃艮第酒桶中搅桶酿造，孕育出现代、异域水果的味道，口感清新微酸。红葡萄酒被置于不锈钢罐发酵和橡木桶陈酿（新桶比例为 40%），富有浓郁的深色浆果味道，并伴有些许石墨和醇厚单宁的味道。酒庄旗下的副牌酒是布朗酒庄哥伦布干红葡萄酒（Le Colombier de Château Brown）。

康得利酒庄

1994 年，康得利酒庄（Château Cantelys）被史密斯·拉菲特酒庄的卡地亚德家族收购。酒庄的酒款精致，属于现代风格。在这座名声渐起的酒庄中，葡萄园坐落在砾石丛生的高地，占地 24 公顷。白葡萄酒由长相思和灰苏维翁混酿而成，结构富有赛美蓉的风味。葡萄酒酿造于低温环境，在木桶中搅桶，散发出烘烤味和异域香味。红葡萄酒以赤霞珠为主调，酒款柔顺光滑，单宁口感丰满，风格变化多样。此外，酒庄还酿造一款康得利桃红葡萄酒（A Rosé de Cantelys），不容错过。

壳白仙酒庄（格拉夫列级酒庄）

壳白仙酒庄（Château Carbonnieux）的红、白葡萄酒皆入选列级酒庄等级，其中白葡萄酒的品质格外优异。葡萄园占地 90 公顷，与其他酒庄不同的是，壳白仙的白葡萄藤多于红葡萄藤。壳白仙酒庄（Carbonnieux）邻近高柏丽酒庄（Haut-Bailly），自 20 世纪 50 年代初起归佩林家族所属。对于白葡萄酒来说，它在发酵前要经过浸皮处理，然后置于桶中 8～9 个月，运用酒糟搅桶发酵。其酒款口感精致，属于经典的长相思风味，慕斯卡德散发出新鲜的柑橘和白花香气，而赛美蓉的架构突出。红葡萄酒主要由 60% 的赤霞珠和 30% 的梅洛混酿，还伴有部分马尔贝克、品丽珠和小维多，单宁坚实，果味丰满。

丽嘉红颜容酒庄

丽嘉红颜容酒庄（Château Les Carmes Haut-Brion）毗邻侯伯王酒庄（Château Haut-Brion），二者曾一度归属于同一主人。现在，该酒庄已经是完全独立的产业，由迪迪埃·富尔特（Didier Furt）及其家族管理。丽嘉红颜容酒庄的酒款活力四射、果味新鲜、个性十足，只不过不如侯伯王酒庄的酒款那般兼有深度和复杂性。葡萄园占地 4.7 公顷，沙砾土壤中种植了 50% 的梅洛、40% 的品丽珠和 10% 的赤霞珠。

酒庄紧邻城区，温度较高，使得其葡萄成熟周期短且均匀。该酒庄的副牌酒是丽嘉红颜容酒庄副牌干红葡萄酒（Le Clos des Carmes）。

鸣雀酒庄

鸣雀酒庄（Château de Chantegrive）占地 97 公顷，是格拉夫最大的酒庄之一。该酒庄的主人是海伦·勒维克（Hélène

Lévêque），胡伯·柏亚德（Hubert de Bouärd）担任酒庄的酿酒顾问。葡萄园种植了 50% 的赤霞珠和 50% 的梅洛，酒庄实行分地块酿酒作业。分地块作业和令人印象深刻的酒窖使得酒庄充满了活力。该酒庄的白葡萄酒中有一款卡罗琳混酿（Cuvée Caroline）颇具特色：酿酒的葡萄摘自古藤，置于橡木桶中陈酿，其中新桶比例为 50%。而普通款白葡萄酒则未经橡木桶陈年发酵，充满了新鲜柑橘的活力。红葡萄酒口感紧实，风味辛香浓郁，性价比极高。酒庄从 2007 年开始生产了少量（6000 瓶）的亨利勒维克混酿（Cuvée Henri Lévêque）来纪念海伦的父亲。葡萄酒运用苹果乳酸工艺，置于桶中发酵，酒液亦未经过滤和澄清直接装瓶。

库什酒庄

近年来，安德烈·露桐酿造的白葡萄酒极具特色。库什酒庄（Château Coucheroy）的白葡萄酒由安德烈酿造，口味正宗，清新爽口，极受喜欢长相思口味者的追捧。酒款酿造过程复杂——每公顷密集种植 8500 棵葡萄藤，经低温酿酒之后要在桶中存放一段时间。红葡萄酒由 50% 的赤霞珠和 50% 的梅洛混酿，在桶中陈酿 12 个月。酒庄的红、白葡萄酒皆价格合理，品质绝佳。

歌欣酒庄（格拉夫列级酒庄）

有趣的是，歌欣酒庄（Château Couhins）归属于法国国家农业研究院（INRA），所以酒庄也是研发中心。技术总监多米尼克·福尔热（Dominique Forget）采用非侵蚀性、可持续发展的农业法，保护土壤中的植物群落，还利用灯光和热传感器等新技术评估葡萄的生长情况。红葡萄藤占地面积 15 公顷（种植比例为 50% 的梅洛、40% 的赤霞珠、9% 的品丽珠和 1% 的小维多），白葡萄藤占地 7 公顷（85% 的长相思和 15% 的赛美蓉）。酒窖中采用的技术包括冷浸、不锈钢罐发酵和木桶陈酿。酒款洋溢着醋栗和白桃风味，充满红果芳香，柔顺怡人，单宁细腻。副牌酒是歌欣酒庄小砾石红葡萄酒（Couhins La Gravette）。

金露桐酒庄（格拉夫列级酒庄）

金露桐酒庄（Château Couhins-Lurton）归安德烈·露桐所属，是列级酒庄中首家使用螺旋酒塞的，酒塞用于 2003 年份的波尔多白葡萄酒。这款白葡萄酒的独特之处还在于它完全由长相思酿制（种植面积超过 6 公顷）。酒款清新爽口，属于现代风格，富有浓厚的柑橘味和些许矿物质气息。红葡萄酒产自 17 公顷的葡萄园，果实美味多汁，种植比例为 77% 的梅洛和 23% 的赤霞珠。在 1992 年露桐购得该酒庄之前，他一直租借葡萄藤，之后他对整个酒庄进行了全面翻修。

费兰酒庄

菲利普·拉古斯（Philippe Lacoste）和吉斯莱恩·拉古斯（Ghislaine Lacoste）是酒庄主人的后代，这一历史可以追溯到 1880 年。自 1999 年起，他们一直共同经营费兰酒庄（Château Ferran）。酒庄 18 公顷的土地种植了 60% 的梅洛和 40% 的赤霞珠，4 公顷的土地种植 55% 的赛美蓉和 45% 的长相思。白葡萄酒经过冷浸之后置于桶中陈酿，员工定期搅拌酒泥，使得酒体饱满，结构精致，香气扑鼻，它是美味佳肴的佳配。红葡萄酒同样柔和美味，以饱满的夏日果香为主调。副牌酒是贝洛克葡萄酒（Château de Belloc），还有一款入口柔和的费兰桃红葡萄酒（Rosé de Ferran），不容错过。

佛泽尔酒庄（格拉夫列级酒庄）

佛泽尔酒庄（Château de Fieuzal）出品的酒款富有清新、馥郁的果香，与烟熏橡木味相得益彰，这是酒庄的一大特色。2001 年，爱尔兰商人洛克兰·奎宁（Lochlann Quinn）收购了该酒庄，由史蒂芬·加瑞埃（Stephen Carrier）担任总监，胡伯·柏亚德（Hubert de Bouärd）担任顾问。酒庄的葡萄园内种植了 55% 的赤霞珠、25% 的梅洛、6% 的品丽珠和 4% 的小维多。近年来，酒庄采用卫星技术定位葡萄成熟的地块，白葡萄酒中长相思的比例上升到 70%，赛美蓉为 30%（比例相应提高）。葡萄园的总面积为 80 公顷，其中 72 公顷用于种植红葡萄，其余种植白葡萄。副牌酒是佛泽尔酒庄蜜蜂干红葡萄酒（Abeille de Fieuzel）。

法兰西酒庄

法兰西酒庄（Château de France）生产以长相思为主调的白葡萄酒，以及口感丰富、结构良好的红葡萄酒。

20 世纪 70 年代初期，来自巴黎的托马森家族（担任过蒸馏师）购得这座酒庄，使之起死回生。在这片占地 39 公顷的葡萄园中，托马森家族重植了葡萄，修复了酿酒厂和周边建筑。1985 年，酒庄重新酿造白葡萄酒。现任酒庄主人是阿诺德·托马森（Arnaud Thomassin），米歇尔·罗兰担任酿酒顾问。酒庄旗下的副牌酒是蔻奇拉斯红葡萄酒（Château Coquillas）。

加尔特酒庄

1990 年，杜夫集团（Dourthe）购了加尔特酒庄（Château la Garde），该酒庄的酒品质绝佳。酒庄坐拥 54 公顷的葡萄园，其中 2 公顷用于种植长相思和灰苏维翁，而恰是这灰苏维翁赋予酒庄活力，酿制的酒款香气扑鼻，带有丝丝杏果味。酒庄注重风土研究，对葡萄园精耕细作，全年实行分地块作业。在酒窖中，葡萄酒在小型不锈钢罐中酿造，在酒桶中的陈酿时间可达 18 个月。红葡萄酒（由 61% 的梅洛，以及赤霞珠、品丽珠、小维多混酿而成）口感强劲柔顺，带有诱人的巧克力和浓厚的浆果香味。酒庄内有两位顾问：米歇尔·罗兰担任红葡萄酒顾问，克里斯托弗·奥利维耶（Christophe Ollivier）担任白葡萄酒顾问。★新秀酒庄

嘉仙罗福酒庄

2006 年，马拉帝酒庄（Malartic Lagravière）的邦尼家族（Bonnie）购得嘉仙罗福酒庄（Château Gazin-Rocquencourt），从此开始了大刀阔斧的改革。酒庄在 22 公顷的土地上重新种植葡萄，为土壤排水，调整葡萄架的朝向，还增加了种植密度。邦尼家族修复酒庄的最后一步是兴建使用重力系统的酿酒厂，厂内

修复和重建

佩萨克-雷奥良产区的建筑风格充满活力，这源于新酒庄主人的创新精神和外部投资的注入。典型代表包括：安德烈·露桐管理的现代风格的先哲酒庄、流线型的鲁什·阿拉德酒庄（Luchey-Halde）、酿酒厂内饰熠熠生辉的马拉帝酒庄等。同时，欧洲最大的葡萄酒研究中心——葡萄与葡萄酒科学院（ISVV）坐落于此。波尔多建筑师尼古拉斯·拉格诺（Nicolas Ragueneau）和让·玛丽亚·马泽尔（Jean-Marie Mazières）设计了这栋富有现代气息、生态友好的建筑物，它全部由石头和玻璃建造而成。ISVV 占地一万平方米，坐拥世上规模数一数二的品酒室。为我们带来丰富视觉享受的现代化的设计，还要归功于当地的建筑公司阿森纳公司（Agence de l'Arsenal）。该公司以修复 18 和 19 世纪的建筑物见长，已经修缮了高柏丽酒庄（Haut-Bailly）、史密斯·拉菲特酒庄（Smith Haut Lafitte）、拉布雷德酒庄（Château de la Brède），使之尽数散发出古典复兴之美。

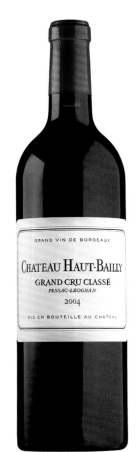

高柏丽酒庄

酒庄在古藤培育方面很有发言权。

装有现代化不锈钢大桶，双层内衬，模仿了水泥的惰性温度控制。葡萄园种植了55%的赤霞珠和45%的梅洛，要想增加酒款的复杂性仍需时间。因其酒款口感顺滑，果香浓郁，所以嘉仙罗福酒庄实乃极具潜力的新秀。

巴克龙酒庄

米歇尔·戈内特（Michel Gonet）家族一直经营香槟产业。1998年，弗雷德里克·戈内特（Frédéric Gonet）和查尔斯－亨利·戈内特（Charles-Henri Gonet）购得巴克龙酒庄（Château Haut-Bacalan）。2001年，酒庄对葡萄进行第一次采摘。在戈内特家族修复葡萄园之前，葡萄园已经荒芜了70年。酒庄坐落在佩萨克产区，邻近城市中心。葡萄园富含砾石土壤，占地面积6公顷，葡萄种植比例为65%的梅洛和35%的赤霞。酒庄采用冷浸和微氧化的酿酒工艺，口感柔顺，果香馥郁，单宁圆滑。

高柏丽酒庄（格拉夫列级酒庄）

长期以来，高柏丽酒庄（Château Haut-Bailly）一直是爱酒人士的不二之选。如今，酒庄的酒款更是名副其实，它富含优雅的深色浆果香味，单宁顺滑，余味持久。葡萄园占地30公顷，位于雷奥良的高山脊上，邻近壳白仙酒庄。其中有一小部分葡萄是早先根瘤蚜虫灾时代留下的混合品种，其余部分种植了64%的赤霞珠、30%的梅洛和6%的品丽珠。

自2004年起，丹尼斯·杜博迪（Dennis Dubourdieu）和让·戴马斯（Jean Delmas）担任酒庄顾问。酒庄归美国威尔莫（Wilmers）家族所属，由维罗妮卡·桑德斯（Veronique Sanders）经营。维罗妮卡技艺娴熟，其酿造的酒款令人惊喜万分。

★新秀酒庄

欧蓓姬酒庄

欧蓓姬酒庄（Château Haut-Bergey）归属于西尔维亚娜·嘉辛-卡蒂亚尔（Sylviane Garcin-Cathiard），西尔维亚娜同时管理着波美侯的教堂园酒庄（Clos l'Eglise），阿兰·雷诺（Alain Reynaud）担任顾问。酒庄生机勃勃，日渐兴盛。该葡萄园占地38公顷，葡萄种植比例为60%的赤霞珠和40%的梅洛。葡萄酒酿造于不锈钢罐中，再置于橡木桶中陈酿，其中新桶比例为50%。酒庄旗下的葡萄酒物超所值，带有黑醋栗叶和清新的石墨味。园中有2公顷的土地上种植着80%的长相思和20%的赛美蓉，酿造的白葡萄酒带有清甜的新橡木味，洋溢着多汁的百香果和木瓜香味，风格现代。

侯伯王酒庄（一级庄）

侯伯王酒庄（Château Haut-Brion）是一级庄中最古老、面积最小（51公顷）的一座酒庄。侯伯王酒庄归属美国帝龙（Dillon）家族，卢森堡（Luxembourg）的罗伯特王子担任董事，让-菲利普·戴马斯（Jean-Philippe Delmas）担任总监。侯伯王酒庄是最早引进不锈钢罐的酒庄之一（1961年）。酒庄有现场制作木桶的工匠。1970年，让-伯纳德·戴马斯（Jean-Bernard Delmas）建立了一个大型实验室和微型葡萄园，用以培育新品种。在过去的10年里，侯伯王酒庄增加了赤霞珠的产量，如今达到总产量的50%，梅洛占41%，品丽珠占9%。酒

侯伯王酒庄

在1855分级制中，侯伯王酒庄是所在产区唯一上榜的酒庄。

庄旗下的葡萄酒富有层次，口感复杂，散发浓郁的深红色浆果香气，优雅大方。侯伯王酒庄干白葡萄酒（入选格拉夫列级酒庄）结构经典，由55%的赛美蓉和45%的长相思混酿而成。副牌酒于2007年开始出产，名为小侯伯王红葡萄酒（La Clarence de Haut Brion）。

欧贝露酒庄

自2008年起，欧贝露酒庄（Château Haut Peyrous）归属马克·达罗兹（Marc Darroze）。马克精于酿造法国白兰地、加州酒（California）和匈牙利酒（Hungary）。园区面积12公顷，采用有机生产法（首款有机佳酿生产于2012年）。2.5公顷的土地上种植长相思和赛美蓉，其余种植55%的梅洛、40%的品丽珠和赤霞珠、5%的马尔贝克和小维多。酿造佳品的关键是低产量、最佳成熟度和温柔浸渍（二氧化碳萃取）。达罗兹酿制的酒款充分表现了他作为"吃货"的天赋：帕隆比耶尔（Retours de Palombière）是一款顶级混酿，需要长时间浸渍和桶内陈酿；副牌酒是以梅洛为主料的柏丽堡娜耶葡萄酒（Pêle-Porc et Cochonailles）。酒庄旗下的白葡萄酒佩什卡丽（Pêche au carlet）是一款顶级混酿，经木桶陈酿后口感浓郁，副牌酒是高耶巴桑（Cueillettes du Bassin），清新爽口。

豪斯酒庄

豪斯酒庄（Château de l'Hospital）归属上梅多克露德尼酒庄（Loudenne）的拉弗拉格特斯（Lafragettes）家族，酒款由90%的梅洛和10%的赤霞珠混酿而成，甜美多汁。白葡萄酒品质上乘，物超所值，以烤樱桃和草莓果香为主调，单宁圆润。副牌酒是杜卡斯干白葡萄酒（Château Thibaut Ducasse）。

拉里奥比昂酒庄

拉里奥比昂酒庄（Château Larrivet Haut-Brion）的名字虽与侯伯王酒庄（Haut-Brion）相似，但两者相距甚远。菲利普·热沃松（Philippe Gervoson）和克里斯汀·热沃松（Christine Gervoson）共同执掌酒庄，布鲁诺·勒蒙纳（Bruno Lemoine）担任酿酒师，米歇尔·罗兰担任酒庄顾问。酒庄富含砾石和沙质土壤，面积已经扩建到70公顷。红葡萄酒由55%的梅洛、40%的赤霞珠和5%的品丽珠混酿而成，散发出深色浆果香味和橡木桶中香草的芬芳，其中新桶比例为50%。

白葡萄酒含有60%的长相思和40%的赛美蓉——富有浓厚的烤杏仁和桃子香味。酒庄旗下的副牌酒是拉里奥比昂酒庄副牌干红葡萄酒（Les Demoiselles de Larrivet Haut-Brion），同样深受消费者青睐。

拉图·玛蒂雅克酒庄（格拉夫列级酒庄）

拉图·玛蒂雅克酒庄（Château Latour Martillac）归属克雷斯曼（Kressman）家族，占地42公顷，品质上乘。特里斯坦（Tristan）担任酒庄总监，他的兄弟洛伊可（Loic）担任技术总监。酒庄中的红、白葡萄酒皆入选列级酒庄等级。白葡萄酒风味微妙，以柑橘香为主调，以白花香为特色，由55%的赛美

蓉、慕斯卡德和长相思酿制而成。红葡萄酒由 60% 的赤霞珠、35% 的梅洛和 5% 的小维多混酿而成，置于橡木桶中发酵 18 个月（其中新桶比例为 40%），口感浓烈，散发出烘烤橡木香和辛辣气息。副牌酒是小玛蒂雅克葡萄酒（Lagrave Martillac）。

拉罗维耶酒庄

拉罗维耶酒庄（Château La Louvière）是安德烈·露桐旗下的产业，是一处文物古迹。早在 1476 年，酒庄内就开始种植葡萄，如今葡萄园占地 47 公顷。其红葡萄酒口感平衡，风味优雅（含 64% 的赤霞珠），结构紧实，在饮用之前需要存放几年。白葡萄酒的主要成分是 85% 的长相思，可立即饮用，果香味馥郁，酸味迷人，散发着在橡木桶中发酵而产生的柔和烟熏气息（新桶比例为 30%）。酒庄最近新建了一个酿酒厂和酒窖。副牌酒是拉罗维耶酒庄副牌干红葡萄酒（L de la Louvière）。

鲁什-阿拉德酒庄

20 世纪 90 年代末，鲁什-阿拉德酒庄（Château Luchey-Halde）还是一座教学酒庄，现在归国立农业工程师学校（ENITA）所有。葡萄园占地 22 公顷，大面积种植红葡萄，葡萄种植比例为 55% 的赤霞珠、35% 的梅洛、5% 的品丽珠和 5% 的小维多。酒庄和酒窖建筑造型优美，极具现代风格。酒庄使用新橡木桶酿酒，葡萄酒富有浆果的成熟韵味（得益于低产量）。葡萄园内的葡萄藤龄尚浅，需要些时间才能增加口味的复杂性，但酒庄本身仍让人流连忘返。白葡萄酒由 55% 的长相思和 45% 的赛美蓉混酿而成。

马拉帝酒庄（格拉夫列级酒庄）

1997 年，邦妮家族购得这座占地 53 公顷的马拉帝酒庄（Château Malartic Lagravière），将之打造成佩萨克-雷奥良产区中最值得称颂的酒庄之一。酿酒师顾问米歇尔·罗兰和阿塔那·法科里斯（Athanas Fakorellis）采用细致、可持续的葡萄园作业方法经营着马拉帝酒庄。酒庄还建有一个技术先进的酿酒厂。红、白葡萄酒（皆入选列级酒庄等级）的特色是呈现出如星星般鲜亮的水果色泽、柔软如丝的质地和散发着浓厚而一丝不苟的芬芳。酒庄的红葡萄占地 46 公顷，种植比例为 45% 的梅洛、45% 的赤霞珠、8% 的品丽珠和 2% 的小维多。白葡萄占地 7 公顷，种植比例为 80% 的长相思和 20% 的赛美蓉。副牌酒是马拉帝酒庄珍藏葡萄酒（La Réserve de Malartic）和马拉帝酒庄桃红葡萄酒（Rosé de Malartic）。★新秀酒庄

美讯酒庄（格拉夫列级酒庄）

美讯酒庄（Château La Mission Haut-Brion）华丽的锻铁大门正对着侯伯王酒庄（Château Haut-Brion），两个酒庄之间仅有一路之隔。美讯酒庄可谓是佩萨克-雷奥良产区第二处享有盛名的酒庄。让-菲利普·戴马斯（Jean-Philippe Delmas）领导的团队也任职于此。葡萄园占地面积 21 公顷，种植比例为 43% 的梅洛、51% 的赤霞珠和 6% 的品丽珠。酒庄旗下的酒款优雅大方，酒体饱满。在口感上，深色浆果味与烟草味交织，带有微妙的烟熏味，单宁坚实细密。近年来，酒庄和酿酒厂都经过了精

美讯酒庄
这是在佩萨克-雷奥良产区享有盛名的酒庄，仅次于侯伯王酒庄。

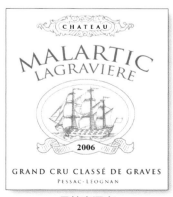

马拉帝酒庄
酒庄对细节一丝不苟，技艺精湛。

心翻修，2007 年，建筑师盖伊·特罗普雷斯（Guy Tropprés）设计了一座新的酒窖。拉-侯伯王酒庄干白葡萄酒（Château La Haut-Brion Blanc，也是前拉维尔-侯伯王酒庄的名称，同为格拉夫列级酒庄）享誉盛名，由 80% 的赛美蓉和 20% 长相思混酿，酒体饱满，结构平衡。副牌酒是克兰特侯伯王白葡萄酒（La Clarté de Haut-Brion），酿酒用的葡萄同样源自前拉图侯伯王酒庄）。

蒙太维酒庄

蒙太维酒庄（Château Montalivet）归丹尼斯·杜博迪（Denis Dubourdieu）所有，蒙太维酒庄葡萄现在是佛伊伊丹酒庄（Clos Floridène）的副牌酒，但最初是一个独立的品牌。该酒庄旗下的红葡萄酒由 50% 的赤霞珠和 50% 的梅洛在低温下酿造，置于不锈钢和木桶中陈酿，进而保存蓝莓和野生草药的新鲜香气。白葡萄酒同样由 50% 的赛美蓉和 50% 的长相思酿造，在桶中发酵（其中新桶比例为 25%），并定期搅拌酒泥。经此工艺酿制的佳酿酒款圆润，带有烘烤香味和柔和的柑橘味。

奥利弗酒庄（格拉夫列级酒庄）

奥利弗酒庄（Château Olivier）的主人是金融学家让-雅克·德·贝特曼（Jean-Jacques de Bertmann），他聘用洛朗·勒布伦（Laurent Lebrun）担任总监，丹尼斯·杜博迪（Denis Dubourdieu）担任顾问。酒庄中的红、白葡萄酒皆入选列级酒庄分级。酒庄内有 8 公顷的土地用于种植白葡萄，40 公顷的土地用于种植红葡萄。11 世纪时，这里曾是狩猎场，酒庄周围仍然遍布森林遗迹。如今，酒庄革新不少，其中包括建造了一个新的酿造室，内有截锥形控温不锈钢罐。2003 年，泽维尔·乔姆（Xavier Chome）普查土壤时发现了一块肥沃的砾石地，现在这里已经种上了赤霞珠。白葡萄酒经搅桶后，散发出浓郁复杂的香气，由 75% 的长相思、23% 的赛美蓉和 2% 的慕斯卡德混酿而成。这 3 种品种的葡萄均由手工采摘，装入小筐，然后置于橡木桶中发酵（新桶比例为 30%）。红葡萄酒优雅万分，以柔和的红葡萄为主，置于橡木桶中陈酿 12 个月，其中新桶比例为 35%。

克莱蒙教皇酒庄（格拉夫列级酒庄）

贝尔纳·马格雷（Bernard Magrez）是一个现代主义者，性格坚定，在波尔多和世界各地拥有多处酒庄。克莱蒙教皇酒庄（Château Pape Clément）是贝尔纳最负盛名的一座酒庄，酒庄酿造的首款酒可追溯到 1252 年。

米歇尔·罗兰担任马格雷旗下酒庄的顾问，一丝不苟。酒庄的酒款口感顺滑，洋溢着一种艺术气息。酒庄采用人工去梗，将全果粒葡萄置于小橡木桶中酿造。红葡萄酒由 50% 的赤霞珠、45% 的梅洛、3% 的小维多和 2% 的品丽珠混酿而成，酒款令人印象深刻，单宁强劲有力，陈年后会散发出深色浆果香，展现出产区的优雅之气。白葡萄酒由 40% 的长相思、35% 的赛美蓉、16% 的灰苏维翁和 9% 的慕斯卡德混酿。葡萄酒置于小木桶中陈酿，并定期搅桶。酒庄的副牌酒是克莱蒙丹葡萄酒（Le Clémentin de Pape Clément）。

赫斯皮德–梅德韦勒酒庄
这款葡萄酒散发出诱人的
红醋栗香味，单宁柔和。

史密斯·拉菲特酒庄
20 世纪后期的"文艺复兴"
在酒庄内延续着。

披凯石酒庄

披凯石酒庄（Château Picque-Caillou）归伊莎贝尔·卡尔维特（Isabelle Calvet）和波琳·卡尔维特（Paulin Calvet）所有，葡萄园占地 22 公顷，其中仅有 1 公顷用于种植白葡萄。白葡萄酒口感温和、新鲜，以柑橘味为主调，令人垂涎。红葡萄酒由 50% 的赤霞珠和 50% 的梅洛混酿，置于桶中酿造 12 个月（新桶比例为 30%），较为小众。自 2007 年丹尼斯·杜博迪（Denis Dubourdieu）及其学生瓦莱丽·拉维妮（Valerie Lavigne）担任酒庄顾问以来，酒窖的作业更趋于精细化。

夏湖酒庄

阿兰·蒂诺（Alain Thiénot）是帝诺香槟集团（Champagne Thiénot）的开创者。自 1986 年起，阿兰成为夏湖酒庄（Château Rahoul）的主人。2007 年，阿兰在顶级酒商公司 CVBG 杜夫克雷斯曼（CVBG Dourthe Kressman）中购得多数股权，在波尔多葡萄酒政治舞台上取得重大进展。这不仅让他得到了杜夫集团的酿酒技术和投资，还让他获得了更广泛的分销渠道。葡萄园占地面积 42 公顷，酒庄采取可持续化作业。白葡萄酒散发出浓厚的核果味（赛美蓉的含量高达 78%）。红葡萄酒由 70% 的梅洛、27% 的赤霞珠、小维多和品丽珠混酿。葡萄酒经过冷浸和大桶陈酿阶段，散发出微妙的烟熏香气。酒庄的副牌酒是夏湖酒庄副牌红葡萄酒（L'Orangerie de Rahoul）和拉格兰斯酒庄红葡萄酒（Château La Garance）。

雷斯派酒庄

雷斯派酒庄（Château Respide）是格拉夫最古老的酒庄之一，为博纳家族旗下的产业。红葡萄占地 30 公顷，种有 65% 的梅洛和 35% 的赤霞珠，出产的红葡萄酒品质上乘。白葡萄占地 15 公顷，但酒庄出产的白葡萄酒鲜为人知，主要以 65% 的赛美蓉为主料，突出层次性结构和核果香，辅以长相思加强酒体的均衡感。

赫斯皮德–梅德韦勒酒庄

泽维尔·戈内特（Xavier Gonet）和朱莉·戈内特（Julie Gonet）在波尔多的地位越来越重要，他们在苏玳（Sauternes）、格拉夫（Graves）和玛歌（Margaux）等产区都拥有酒庄（香槟产区也有产业）。赫斯皮德–梅德韦勒酒庄（Château Respide-Medeville）坐落于朗贡（Langon）北部的砾石山丘，红葡萄占地 8 公顷，种有 60% 的赤霞珠和 40% 的梅洛。白葡萄占地 3.5 公顷，种有长相思和赛美蓉（比例相当），铺以些许慕斯卡德提香。白葡萄酒全部使用新橡木桶发酵和陈酿，并通过精心搅桶增添酒体结构。酒庄旗下的酒款是经典的佩萨克–雷奥良佐餐美酒，价值绝佳。副牌酒是赫斯皮德女爵葡萄酒（Dame de Respide）。

先哲酒庄

先哲酒庄（Château de Rochemorin）是一座引人注目的现代酒庄，风格与阿根廷的酒窖相似，内部同样令人流连忘返。该酒庄规模很大，葡萄园占地 105 公顷，其中 18 公顷用于种植长相思（搅桶工序使得酒体饱满、富有结构），其余面积种有 60%

的赤霞珠和 40% 的梅洛。酒庄位于一处高地，自 1973 年以来一直属于安德烈·露桐，颇具影响力的丹尼斯·杜博迪（Denis Dubourdieu）担任酒庄顾问。红葡萄酒未经过滤而装瓶，富有红果芬芳和烟熏气息，单宁充沛。

萨特酒庄

萨特酒庄（Château Le Satre）毗邻布马丁酒庄（Bois-Martin）。萨特酒庄面积略大，占地 36 公顷。葡萄经手工采摘，置于小板条箱中，低温酿制，旨在孕育出浓厚的果香（由赤霞珠和梅洛混酿）。白葡萄酒由长相思和赛美蓉混酿，先后陈酿于不锈钢罐和橡木桶中。酒款活泼，风格现代。

塞甘酒庄

1988 年，塞甘酒庄（Château Seguin）的葡萄全部重新种植。酒庄由让·达里埃特（Jean Darriet）和地产商丰西耶尔·洛蒂西斯（Foncière Loticis）共同拥有，葡萄园占地面积 31 公顷。酒庄的主要特点之一是其环保可持续的酿造方式，也因此产量偏低，在产区内属于最后一批采摘葡萄的酒庄。旗下的葡萄酒主要由 60% 的赤霞珠和 40% 的梅洛精心酿造，将各自的韵味发挥到了极致。葡萄酒富含如奶油般顺滑的黑莓果香和可口的香草味。★新秀酒庄

萨伊酒庄

萨伊酒庄（Château du Seuil）的白葡萄酒备受好评，葡萄园占地 15 公顷，种有 60% 的赛美蓉和 40% 的长相思。酒庄主人是尼古拉（Nicola）和肖恩·艾利森（Sean Allison），他们酿造的葡萄酒富有新意，饱含矿物质气息。酒庄旗下的红葡萄酒优雅万分，结构合理，由梅洛和赤霞珠混酿，含有 5% 的品丽珠。自 2009 年起，葡萄园就开始采用有机生产法。酒庄有 10 公顷的葡萄位于波尔多丘一级法定产区，葡萄酒以萨伊酒庄的名义装瓶。在塞隆法定产区（AC Cérons），酒庄还拥有几个地块，用于酿造甜葡萄酒。在最佳年份的佳酿中，赫里蒂奇萨伊酒庄葡萄酒（Héritage du Seuil）装瓶别致，由大橡木桶酿造而成（新桶比例为 50%）。

史密斯·拉菲特酒庄（格拉夫列级酒庄）

1990 年，卡蒂亚尔（Cathiard）家族购得史密斯·拉菲特酒庄（Château Smith Haut Lafitte）。该家族是积极主张改造佩萨克–雷奥良产区的酒庄主人之一。如今，葡萄园占地面积 67 公顷，酒庄日渐兴盛，其采取的措施包括：采用有机种植法、大规模重新种植、现场制造木桶、建立现代化的酿酒厂，等等。浓郁的白葡萄酒（由 90% 的长相思、5% 的灰苏维翁、5% 的赛美蓉混酿）属现代风格，配以新鲜杏子和烘烤橡木的香味。红葡萄酒酒款经典，由 55% 的赤霞珠、34% 的梅洛、10% 的品丽珠和 1% 的小维多混酿，果味紧实，单宁饱满，口感辛辣。

维拉·贝莱尔酒庄

维拉·贝莱尔酒庄（Château Villa Bel-Air）富有意大利风格，占地面积 50 公顷，自 1988 年起归靓茨伯酒庄（Lynch-Bages）

的卡兹（Cazes）家族所有。葡萄园的重建和新技术的应用使近几年的佳酿获益满满。维拉·贝莱尔酒庄的酒款可谓是产区内口味复杂、精致细腻、结构平衡的葡萄酒上品。源自黏土石灰岩河床上的砾石土壤为红葡萄酒中的赤霞珠（占40%）提供了绝佳的生长条件。酒款中含50%的梅洛和10%的品丽珠，酒体平衡。葡萄酒在不锈钢桶中酿造，然后置于橡木桶中陈酿12个月。酒款散发出微妙的红色果实香，略带烟熏味。白葡萄酒由65%的长相思和赛美蓉混酿，酒款新鲜、美味，散发出多汁诱人的柑橘香味。

佛罗伊丹酒庄

佛罗伊丹酒庄（Clos Floridène）的酒庄主人是丹尼斯·杜博迪，其出产的佳酿可以说是波尔多的顶级白葡萄酒之一。葡萄园坐落于石灰岩高原上，占地面积31公顷。酒庄建立于1982年，名字取自丹尼斯和他妻子弗洛朗丝的名字。酒庄旗下的白葡萄酒由55%的长相思、44%的赛美蓉、1%的慕斯卡德混酿，清新爽口，散发出极具诱惑性的果香。红葡萄酒由64%的赤霞珠、36%的梅洛混酿，酒款优雅大方，富有浓郁的红果香味，结构紧实。该酒庄的葡萄园土壤中富含氧化铁（跟波美侯地区类似），与红黏土混合，因此酒款风味浓郁，深受消费者喜爱。

兰帕斯酒庄

兰帕斯酒庄（Clos Les Remparts）由凯瑟琳（Catherine）和克里斯托弗·加歇（Christophe Gachet）共同执掌。葡萄酒酿造于苏玳产区的达帝酒庄（Clos Dady），产量很少。红葡萄占地4公顷，其中90%是梅洛，10%是赤霞珠，果实饱满，甜美多汁。所酿的红葡萄酒口感浓郁，散发出细腻的深色浆果香味，性价比极高。葡萄酒分地块酿造，先置于小桶中发酵，未经澄清和过滤即装瓶。白葡萄占地0.5公顷，所酿的干白葡萄酒由90%的赛美蓉老藤和10%的长相思混酿，置于新桶中发酵，并在酒糟中培育4个月。

骑士酒庄（格拉夫列级酒庄）

骑士酒庄（Domaine de Chevalier）的红葡萄酒与白葡萄酒都很出名。奥利维尔·伯纳德（Olivier Bernard）负责打理酒庄43公顷的葡萄园，种有60%的赤霞珠、30%的梅洛和少量小维多与品丽珠。酒庄的酒款具有雪松的香气和紧致的单宁，还有一丝摩卡的味道。白葡萄酒由70%的长相思和30%的赛美蓉酿制而成，呈现辛辣口感。酒庄葡萄园采摘量从不超过20%～30%，以确保葡萄的最佳成熟度。酒庄的主打酒款为"骑士精神"（L'Esprit de Chevalier）。

热情布里昂酒庄

30年来，侯伯王酒庄一直按协议收购热情布里昂酒庄（Domaine de la Passion Haut-Brion）一定比例的葡萄酿制葡萄酒。从2007年起，酒庄再次建立了占地1.5公顷的小酒庄，94岁的米歇尔·阿勒里（Michel Allery）是酒庄主人，但酒庄主要由顾问斯蒂芬·德勒农古（Stéphane Derenoncourt）领导的团队进行管理。葡萄的种植比例为60%的品丽珠和40%的

赤霞珠，全部采用有机方式种植和露天大桶发酵。由于霜霉病的侵袭，葡萄产量低，使前两款佳酿深受影响，但2009年酒庄复兴，潜力巨大。品丽珠赋予酒款优雅的风味，缀以温和的香料风味。酒庄的新酿酒厂于2010年年末建成，开始投产。

索利杜德酒庄

索利杜德酒庄（Domaine de la Solitude）归奥利弗·伯纳德（Olivier Bernard）所有，索利杜德（Solitude，幽居之意，故酒庄又称"幽居酒庄"）这个充满浪漫气息的名字取自曾居于此地的修女。葡萄园占地面积30公顷，酒庄既酿造红葡萄酒也酿造白葡萄酒，其中四分之三的土地用于种植红葡萄品种，有50%的赤霞珠、35%的梅洛和15%的品丽珠，酒款富有浓郁的红果香气，缀以温和的蘑菇味、皮革香，还带有些许迷人的烟熏味。酒庄旗下的白葡萄酒芬芳迷人，含有70%左右的长相思。副牌酒索利杜德酒庄白葡萄酒（Le Prieuré de la Solitude）极具魅力，酿酒的葡萄皆摘自新栽葡萄藤。

瑟诺尼提酒庄

瑟诺尼提酒庄（La Sérénité）由克莱蒙教皇酒庄的贝尔纳·马格雷（Bernard Magrez）拥有，酒庄占地2公顷，隶属于宝美酒庄（Château Poumey，占地6公顷）。酒庄于2001年开始出产葡萄酒，梅洛的含量略高于50%，其余为赤霞珠。和马格雷名下其他酒庄的酿造工序一样，葡萄酒经过细致处理，涉及重力自流、全果发酵、冷浸、手工搅碎果渣，然后置于新橡木桶中陈酿18个月，方得佳酿。葡萄酒甘美可口，富有浓郁的清新果香、甘草味道和黑巧克力香。

老高柏酒庄

老高柏酒庄（Vieux Château Gaubert）尽管没有入选列级酒庄等级，但是出产的红、白葡萄酒在格拉夫产区实属上品。酒庄主人是多米尼克·哈弗兰（Dominique Haverlan），葡萄园内种有20公顷的红葡萄藤和6公顷的白葡萄藤。白葡萄酒经过浸皮处理，置于橡木桶中陈酿，其中新桶比例为60%；红葡萄酒经过冷浸，置于橡木桶中陈酿，其中新桶比例为40%，上市之前在瓶中还需再存放两年。高柏特蚀版画（Gravéum de Gaubert）是一款特制的瓶装酒，葡萄摘自占地2公顷、树冠被修剪得特别低矮的老藤。酒体更为饱满，单宁丰富，饮用之前需醒酒。

丹尼斯·杜博迪

葡萄园主兼酿酒师丹尼斯·杜博迪曾是一名农业科学家，自1987年以来一直担任波尔多大学的酿酒学教授。他的研究重点是如何在葡萄园和酒窖中采集不同白葡萄品种的香气。丹尼斯提出："人们很少提及白葡萄酒，但在过去20年中，波尔多葡萄酒中发展态势良好的是白葡萄酒，而不是红葡萄酒，这就很自相矛盾。"杜博迪在该地区拥有多座酒庄，包括苏玳（Sauternes）的多西戴恩酒庄（Doisy Daëne）和格拉夫的佛罗伊丹酒庄（Clos Floridène）。他也是一位广受欢迎的顾问，滴金酒庄（Châteaux d'Yquem）、白马酒庄、高柏丽酒庄（Haut-Bailly）都是他的客户。杜博迪说："酿造优质白葡萄酒比红葡萄酒更难，不是因为产量或者风土的原因，而是因为在酿造白葡萄酒过程中不容许有任何闪失。"

苏玳产区

银行经理同意提供给厂商贷款酿造甜葡萄酒是冒着很大风险的，酿造甜葡萄酒的葡萄藤产量只有一般酿造红葡萄酒或白葡萄酒的葡萄藤产量的六分之一。此外，这种做法风险极高，每10年至少会出现两次完败的年份。即使在条件良好的情况下，销售情况也差异巨大。

这也说明苏玳产区（Sauternes）的人们为了生产甜葡萄酒而付出巨大心血，也是出于热爱。苏玳产区距离波尔多以南大约40千米，占地面积大约2100公顷，区域内包括巴萨克、博姆、法歌（Fargues）、普雷尼亚克和苏玳5个村镇。产区内的250个酒庄生产的酒占波尔多甜葡萄酒的50%，其中26个酒庄在梅多克1855分级制度中入选列级酒庄。

年份

2009
该年份为经典年份。白葡萄酒口感醇厚，强劲浓烈，饱满浓郁。

2008
这一年，明媚的阳光一直持续到收获期，贵腐酒品质上乘，但产量极低。

2007
这一年不适合酿造红葡萄酒，对干白葡萄酒来说条件良好。苏玳酒品质卓越，口感复杂，层次性极好。

2006
该年份为经典年份。葡萄在初期生长条件良好，但收获期却雨水偏多。葡萄均经严格挑选，顶尖葡萄酒厂商出产了上品佳酿。

2005
这一年的生长条件良好，出产醇厚佳酿，适合长期储存。

2004
该年份为经典年份，葡萄酒产量高，可惜质量平平。

2003
这一年多高温天气，9月初期伴有小雨，葡萄白腐菌发育均衡，是葡萄收获最容易的年份之一，出产的酒款醇厚浓郁，缺乏酸度。

2001
2001年份的酒款是10年来苏玳酒的上品——口感浓郁细腻，酸度适宜，令人心旷神怡。

这些具有标志意义的葡萄酒是一种被称为灰葡萄孢菌或贵腐菌的天然霉菌的产物。正是因为加龙河和锡龙河（加龙河的支流，水温低）的汇合，这种天然霉菌才得以繁茂生长。

这种气候适合贵腐孢菌的繁殖，霉菌在葡萄皮上生长，导致葡萄水分蒸发，果粒浓缩。葡萄一旦长满霉菌，就只剩下浓缩后的甜糖浆了。正是这种高度浓缩的糖浆被用于酿造贵腐酒。葡萄酒大多由大量赛美蓉主酿，混以不同比例的长相思和慕斯卡德。如今，大约25%的苏玳法定产区葡萄园都种有长相思，其比例大幅提升。之前直到17世纪，产区生产的是干白葡萄酒。

如果你仔细看看这些数字，你就会明白在苏玳赚钱有多么不易。入选列级酒庄的葡萄酒占该区的45%，但产量仅占30%，收入却占到70%，其余200多座酒庄属于小型酒庄，困境重重。葡萄园采用人工方式采摘葡萄，收获期长达两个月。酒庄在每串葡萄都充分染有贵腐菌时才进行采摘，这意味着需要在同一个地块中进行多次单独采摘。

这道工序需要很长时间，因为酒款的独特之处不仅体现在葡萄酒的酿造方式上，还体现在它的口味上。酒款酸甜对比强烈，浓烈强劲，口感丰富，芳香四溢，远超其他酒款的芳香。其饮酒期限也得以延长——众所周知，质量优良的波尔多甜葡萄酒可以在瓶中陈放20年、50年，甚至100年。

我们无法肯定贵腐菌何时首次露面，根据参考资料记载，可追溯到17世纪中期。有些人认为，贵腐菌是19世纪80年代被发现的，当时卢尔–萨卢斯侯爵（Marquis de Lur-Saluces，该地区值得纪念的名字和家族）出门狩猎之前吩咐：在他回来之前不要采摘葡萄。可等到他回来时，葡萄早已经腐烂了。

所有的波尔多甜葡萄酒酿造都要经过贵腐菌程序（不过有些酒款酿制时掺有新鲜的葡萄，售卖时标注"甜白"或"半甜"葡萄酒）。甜葡萄酒除了苏玳和巴萨克产区，还有以下产区出产：超级波尔多、波尔多丘圣马凯尔、超级格拉夫、波尔多首丘、圣福瓦-波尔多、卡迪拉克、塞隆、卢皮亚克和圣十字山产区等。

方舟酒庄（二级庄）

方舟酒庄（Château d'Arche）邻近苏玳的乡村教堂，这座引人注目的酒庄种有90%的赛美蓉和10%的长相思（葡萄园占地27公顷），用于酿造方舟甜白葡萄酒（d'Arche）。其中，3公顷的葡萄用于酿造强劲有力的混酿——拉斐尔贵腐甜白葡萄酒（Arche Lafaurie），10公顷的葡萄用于酿造副牌酒方舟修道院甜白葡萄酒（Prieuré d'Arche）。正牌葡萄酒用可持续农业种植方式出产的葡萄果实酿制，置橡木桶中发酵（新桶比例为30%）。入口后，酒款呈现焦糖口感，后散发出酸橙味。副牌酒风格现代，酿酒所需的葡萄摘自新植葡萄藤，由70%的赛美蓉和30%的长相思混酿。酒庄还出品一款方舟干白葡萄酒（A d'Arche）。

博思岱酒庄（二级庄）

1994年，迪迪埃·罗兰（Didier Laulan）购得这座占地15公顷的博思岱酒庄（Château Broustet），酒庄毗邻他的另一座圣马克的酒庄（占地20公顷）。自2008年起，迪迪埃的侄子纪尧姆·富尔卡德（Guillaume Fourcade）开始管理该酒庄。酒庄的酒款由70%的赛美蓉、25%的长相思、5%的慕斯卡德混酿，置于不锈钢罐中发酵。葡萄酒伴有迷人的花香，口感轻盈，令人赞不绝口。副牌酒是博思岱魅力园葡萄酒（Les Charmes de Broustet）。博思岱酒庄生产的干白葡萄酒已经达到2万瓶（由50%的赛美蓉和50%的长相思混酿，置于全新橡木桶中发酵和搅桶）。酒庄的另一项创新是推出博思岱甜葡萄酒，这是一种以小瓶出售的无年份葡萄酒，可以说推出这款酒是一种噱头，但是该产区的确需要革新。

伯坦德酒庄

伯坦德酒庄（Château La Bertrande）为吉莱（Gillet）家族旗下产业，出品的酒款有卡迪拉克（Cadillac）和卢皮亚克（Loupiac），不过在加龙河右岸鲜为人知。该酒庄正好位于苏玳产区和巴萨克产区几个村庄的对面，与它们的环境相似（毗邻河道、温差相近、位于山坡地带、雾气蒙蒙），有利于酿造贵腐酒。该酒庄的卡桑门混酿（Cuvée Summum，迪拉克法定产区酒）使用100%的赛美蓉酿造，口感浓郁醇厚。葡萄经纯手工采摘，酒庄每年生产1000～6000瓶葡萄酒。

葡萄园主要位于西南山坡，占地26公顷。酒庄出产的卢皮亚克法定产区酒虽然也全部由赛美蓉酿造，但轻盈清新，需置于木罐而不是木桶中陈酿。建议大家品尝一下这款口味香甜但不腻的葡萄酒。

坎特格里酒庄

坎特格里酒庄（Château Cantegril）过去属于米拉特酒庄（Château Myrat），1924年，丹尼斯·杜博迪的曾祖母购得该酒庄，自此之后，酒庄一直归属于杜博迪家族。葡萄园占地面积22公顷，坐落于上博姆，园内葡萄种植比例为64%的赛美蓉、34%的长相思、2%的慕斯卡德。在巴萨克产区，该酒庄生产的葡萄酒属于酒体轻盈、口感细腻的酒款，口感极佳，对不敢轻易尝试浓郁葡萄酒的人来说，极为适合。坎特格里干红葡萄酒（Château Cantegril，格拉夫法定产区酒）由60%的赤霞珠和40%的梅洛混酿而成，也是该酒庄的代表作。

坎特格里酒庄

其苏岱甜白葡萄酒精致典雅、风格轻盈，由大名鼎鼎的丹尼斯·杜博迪酿造。

克里蒙酒庄

这是经典的巴萨克甜白葡萄酒，酿酒所需的葡萄均经严格挑选。

塞龙酒庄

让·佩罗曼（Jean Perromat）的妻子卡罗琳（Caroline）任职于格拉夫的高柏丽酒庄（Château Haut-Bailly）。在这座别致的家族酒庄——塞龙酒庄（Château de Cérons）内，这对夫妇一丝不苟地潜心钻研酿酒工艺。让·佩罗曼最近从他父母的手中接管了12公顷的葡萄园，致力于改革酿酒厂和酒庄。相比于苏玳产区，赛龙产区的酒款酒体轻盈，兼具邻近著名产区酒款的金橘、柠檬、丁香和蜂蜜香味，余味略带酸柠檬的气息，清新爽口，让人精神振奋。

克里蒙酒庄（一级庄）

克里蒙酒庄（Château Climens）美轮美奂，位于巴萨克产区，是贝伦妮斯·露桐（Berenice Lurton）旗下的产业。葡萄园占地面积30公顷，仅种植赛美蓉一个葡萄品种，这与滴金酒庄（Château d'Yquem）相似。在气候条件不佳的年份，克里蒙酒庄不出品葡萄酒（近年来，酒庄没有1984、1987、1992和1993年份的葡萄酒）。酒庄生产的葡萄酒甜美多汁，口感香甜，结构饱满，芳香四溢。相比于正牌酒来说，克里蒙酒庄副牌贵腐甜白葡萄酒（Cypress de Climens）酒体更轻盈，清新爽口，带有巴萨克酒的甘美香甜，同时还散发着浓浓的蜜果香气，结构平衡，是一款让人爱不释手的餐末甜酒。

奥派瑞酒庄（一级庄）

葡萄园占地面积17公顷，其中12公顷位于奥派瑞酒庄（Château Clos Haut-Peyraguey），5公顷位于上博姆酒庄（Haut-Bommes）。玛蒂娜·兰格莱斯-宝利（Martine Langlais-Pauly）热情奋进，管理事物一丝不苟。她注重品质，采用有机发酵。在采收期，团队会在园内反复采摘多次。葡萄置于低温橡木桶中发酵（新桶比例为50%，一年桶比例为50%）。酒庄不采用培养酵母发酵，而是利用带有维生素 B_1 的野生酵母菌进行发酵。葡萄酒深沉浓郁，果香甜美馥郁，是品质可靠、不容错过的酒款。

歌隆滋酒庄

自1988年起，弗朗索瓦丝·西罗特-索伊佐（Françoise Sirot-Soizeau）就一直管理歌隆滋酒庄（Château Closiot）。弗朗索瓦丝在巴萨克的家族酒庄得益于她的丈夫伯纳德·西罗特（Bernard Sirot，比利时葡萄酒作家）的帮助。酒庄采用可持续农业方式，葡萄完全置于木桶中陈酿（每年的新桶比例为25%），酒款细致入微，妙不可言。

歌隆滋激情甜白葡萄酒（La Passion de Closiot）仅由赛美蓉酿造，产量很低。葡萄需置于新橡木桶中陈年36个月。自2003年起，歌隆滋酒庄薄雾白葡萄酒（Les Premières Brumes de Closiot，很富诗意的名字，表示在贵腐酒酿造时出现的第一缕薄雾）由90%的赛美蓉、10%的灰苏维翁和慕斯卡德混酿而成，酒体更为轻盈。酒庄的正牌酒也是同样的混酿，但是该酒款所需用的葡萄摘自藤龄较短的葡萄藤，陈年时间短。酒庄还出品一款歌隆滋水果干白葡萄酒（Fruit de Closiot）。

克洛特-卡札利酒庄

自2001年起，伯尔纳德·拉古斯（Bernadette Lacoste）

吉蕾特酒庄

该酒款所用原料出自低产小葡萄园，备受追捧。

和她的女儿——酿酒师玛丽亚-皮耶尔（Marie-Pierre）就一直把占地 5.5 公顷的克洛特-卡札利酒庄（Château La Clotte-Cazalis）当作酿酒厂一样运营。数世纪以来，酒庄一直归该家族所有。最近，酒庄将葡萄园出租给了其他酒庄，园内最古老的葡萄藤已有 65 年的藤龄了，酒庄采用混合选择法（通过对优质藤的嫁接来种植新的葡萄藤）使得葡萄质量全面提升。葡萄酒由 95% 的赛美蓉、5% 的长相思和灰苏维翁混酿，酒款制作精良，口感复杂。葡萄酒置于不锈钢和橡木桶中陈酿，口感绵密，果香四溢，混合一丝细腻迷人的酸橙和葡萄柚的香气。克洛特-巴苏尔干红葡萄酒（Château La Clotte-Bassure，波尔多法定产区酒）所用果实产自葡萄园中 4 公顷的土地，该片地块种有 50% 的赤霞珠和 50% 的梅洛。

古岱酒庄（一级庄）

古岱酒庄（Château Coutet）为菲利普和多米尼克·巴利（Dominique Baly）所有，自 1994 年起，菲莉嫔女男爵（Baroness Philippine de Rothschild）拥有该酒庄的独家分销权并提供技术指导。正是这些创新因素，才让古岱酒庄更加卓尔不凡。葡萄园占地面积 39 公顷，种有 75% 的赛美蓉、23% 的长相思和 2% 的慕斯卡德。葡萄酒置于全新的橡木桶中陈年 18 个月。酒款散发着金合欢、忍冬香味，口味不稠不腻，令人垂涎欲滴。酒庄旗下的副牌酒是古岱修道院贵腐甜白葡萄酒（Chartreuse de Coutet）和古岱干白葡萄酒（Vin Sec de Château Coutet，由 80% 的长相思和 20% 的赛美蓉混酿而成）。此外，酒庄还有一款特酿酒款：古岱夫人特酿贵腐甜白葡萄酒（Cuvée Madame）。酒庄只上市品质上乘的佳酿（最后一款是 1995 年份），葡萄摘自最古老的两个地块，经陈年 3 年方得佳酿。

克罗斯酒庄

克罗斯酒庄（Château du Cros）位于卢皮亚克产区，该产区鲜有人知，但其出产的葡萄酒的确物有所值。相比于苏玳产区，该产区的酒款更轻盈，口感更细腻。酒庄归属顶尖酒商 M. 博伊尔，每年生产大约 3 万瓶葡萄酒。酒款由 70% 的赛美蓉、20% 的长相思和 10% 的慕斯卡德混酿而成。葡萄酒置于橡木桶中陈酿 18 个月（新桶占三分之一），散发出浓郁的桃子、芒果香味。酒庄也酿造塞居尔克罗斯葡萄酒（Ségur du Cros），酒款也散发出浓郁的桃子、芒果香味，但是口感更加清新柔和。

多西戴恩酒庄（二级庄）

丹尼斯·杜博迪（Denis Dubourdieu）和他的儿子法布里斯（Fabrice）、让-雅克（Jean-Jacques）在多西戴恩酒庄（Château Doisy Daëne）开展广泛研究，大力推广贵腐酒。旗下酒款主要由 87% 的赛美蓉、13% 的长相思混配（有些年份添有慕斯卡德），酒体饱满，口感绵密，酸度较高，散发阵阵清香，爽口不失浓郁。葡萄酒部置于不锈钢桶发酵，部分用橡木桶。

酒庄也生产奢华贵腐甜白葡萄酒（L'Extravagant，酿自迟摘的受葡萄孢属感染的葡萄），酒款恰如其名，华丽高贵，雍容典雅。多西戴恩酒庄干白葡萄酒（波尔多法定产区葡萄酒），由 100% 的长相思酿造。自 1924 年起，这座占地 16 公顷的酒庄就归杜博迪家族所属。

多西戴恩酒庄

该酒款是丹尼斯·杜博迪自家葡萄园出品的苏玳甜白葡萄酒，口感清新爽口。

多西布罗卡酒庄（二级庄）

多西布罗卡酒庄（Château Doisy-Dubroca）是"多西三巨头（Doisy triumvirate）"中知名度最低、也是占地面积最少的酒庄（3.8 公顷）。自 20 世纪 70 年代起，多西卡布罗庄就归属吕西安·露桐（Lucien Lurton）和他的儿子路易斯。2009 年至今，吕西安的女儿，即克里蒙酒庄的贝伦妮斯（Berenice）接手管理该酒庄。酒庄完全采用有机农业生产方式，仅种植赛美蓉一个品种。不同于波尔多其他酒庄的做法，多西布罗卡酒庄的酒款在上市之前会存放 8 年的时间，并置于低温环境下发酵，其 2001 年份的葡萄酒用了一年的时间发酵。有些年份的佳酿有着奶油般细滑的质地，带有杏子的香气，口感圆润，但有些年份的质量欠佳。然而，我们或许可以期待新的酿酒团队带来不一样的改变。该酒庄的副牌酒是多西酒庄副牌干白葡萄酒（Les Demoiselles de Doisy）。

多西韦德喜酒庄（二级庄）

多西韦德喜酒庄（Château Doisy-Védrines）是乔安妮酒业（Joanne）的奥利弗·卡斯特加（Olivier Castéja）旗下的产业。该酒庄于 2001 年扩建后占地面积为 31 公顷，比相邻的多西戴恩酒庄要大。在奥利弗·卡斯特加接管酒庄之前，卡斯特加家族已经掌管该酒庄有两个世纪之久。如今，该家族一如既往地兢兢业业。酒庄酿造的葡萄酒广受好评，由 80% 的赛美蓉、15% 的长相思和 5% 的慕斯卡德混配而成。葡萄酒经过不锈钢桶发酵之后，还需要在橡木桶中陈年 18～20 个月的时间（其中新桶比例为 80%～100%，视具体年份而定）。相比于多西戴恩酒庄的酒款，该酒庄近期年份的佳酿风格更丰富，结构更饱满，带有浓郁的杏子和蜜瓜味。其副牌酒是多西韦德喜副牌贵腐甜白葡萄酒（La Petite Védrines）。

法歌酒庄

吕尔-萨吕斯伯爵（Comte de Lur-Saluces）离开滴金酒庄（曾归属酩悦轩尼诗-路易威登集团，简称 LVMH）之后，任职于家族里的一座酒庄。法歌酒庄（Château de Fargues）位于一座小山坡上，景色优美，一望无际。奇怪的是，对于一个与甜葡萄酒密切相关的家族来说，该酒庄竟然直到 20 世纪 30 年代才开始种植白葡萄，首款佳酿于 1943 年出品。葡萄园占地面积 15 公顷，种有 80% 的赛美蓉和 20% 的长相思，产量稀少——平均每公顷才酿造不到 1000 瓶葡萄酒。该酒庄旗下的葡萄酒价格昂贵，但令人难以忘怀。酒款带有蜂蜜般的柔滑饱满，口感清新爽口，混合了些许焦糖香味。酒庄不出产副牌酒，只在某些年份酿造吉勒姆法歌干白葡萄酒（Guilhem de Fargues）。

飞跃酒庄（二级庄）

法国大革命期间，费尔洛（Filhot）家族被送上了断头台，如今飞跃酒庄（Château Filhot）由费尔洛家族的远房亲戚（有婚姻关系）加百利·瓦瑟勒（Gabriel de Vaucelles）管理。飞跃酒庄是一座大型酒庄，占地 62 公顷，种有 60% 的赛美蓉、36% 的长相思和 4% 的慕斯卡德。葡萄酒置于小型不锈钢罐中酿造，再在木桶中陈酿 24 个月（新桶比例为 30%）。该产区内，飞跃酒庄的葡萄酒酒体更轻盈，口感更清新爽口。酒庄出品的酒款有时成度欠佳，较先前相比，酒款产量也大幅减少。

吉蕾特酒庄

很多人听说过吉蕾特酒庄（Château Gilette）的葡萄酒，但是鲜有品尝。朱莉·戈内特-梅德维尔（Julie Gonet-Médeville）和泽维尔·戈内特-梅德维尔（Xavier Gonet-Medeville）夫妇二人传承着 20 世纪 30 年代就盛行的传统，即在葡萄酒酿造后至少要等 10 年才上市，有的酒款要等 15 年，甚至是 20 年才可以上市。葡萄园占地面积 4.5 公顷，酒庄采用有机耕作方式。酒款由 96% 的赛美蓉和 4% 的长相思混配，有时混合些许慕斯卡德。葡萄酒先在不锈钢罐中发酵（低温缓慢发酵），再置于混凝土大桶而不是木桶中陈年。最终酿造的酒款清新亮丽——葡萄酒既未在木桶中发生氧气置换反应，也没有多余的烘烤味道。相反，酒款内的水果色泽浓厚，散发出浓郁的葡萄柚和柠檬香味。酒庄还生产一款更具传统的苏玳酒，酒款以法官酒庄（Les Justices）的名义装瓶。该家族还在格拉夫产区生产一款酒：赫斯皮德-梅德韦勒葡萄酒（Respide-Médeville）。

芝路酒庄（一级庄）

芝路酒庄（Château Guiraud）毗邻滴金酒庄，广受关注，归珀若（Peugeot）家族、酿酒师泽维尔·普兰蒂（Xavier Planty）及卡农嘉芙丽酒庄（Canon-La-Gaffelière）的史蒂芬·冯·尼庞尔格（Stephan von Neipperg）共同所有。芝路酒庄率先贯彻可持续化农业理念，在葡萄园中革新作业方式：干扰虫害信息素、隔离病虫害，实现生态系统良性循环。2001年，酒庄建立了一个种植基地，用于培育采用混合选择法的赛美蓉品种，促进优良品种的培育，保护葡萄园的基因多样性。葡萄酒高贵奢华，同时带有一丝清淡的口味，芳香四溢——这主要源自占比高的长相思（128 公顷的土地中，长相思占35%）。这些葡萄还用于酿造芝路酒庄干白葡萄酒，品质上乘。

拉佛瑞-佩拉酒庄（一级庄）

拉佛瑞-佩拉酒庄（Château Lafaurie-Peyraguey）生产的葡萄酒质地如奶油般顺滑，散发着成熟饱满的赛美蓉香气。

葡萄园占地面积 41 公顷，赛美蓉的比例占 90%，因此葡萄酒也是以赛美蓉为主导酿制，另外混有 8% 的长相思和 2% 的慕斯卡德，增加酒款的丰富性。酒窖最近重修，葡萄酒置于木桶中（新桶比例为 30%），在 18～24℃ 的环境下发酵，再陈年20 个月。由埃里克·拉拉莫纳（Eric Larramona，克莱蒙教皇酒庄的前总监）领导的年轻团队奋进向上，他们定量使用培养酵母，不再租用表现欠佳的葡萄园（占地 5 公顷）。酒庄旗下的副牌酒是拉莎贝尔拉佛瑞佩拉葡萄酒（La Chapelle de Lafaurie-Peyraguey），大约出产了 2.4 万瓶。

拉莫特-齐格诺酒庄（二级庄）

拉莫特-齐格诺酒庄（Château Lamothe-Guignard）邻近拉莫特酒庄（Château Lamothe），二者曾为同一座酒庄。过去 10 年，拉莫特-齐格诺酒庄表现更为抢眼。酒庄归属菲利普·齐格诺（Phillippe Guignard）和雅克·齐格诺（Jacques Guignard）。葡萄酒置于木罐和木桶中发酵，口感细腻，高贵优雅，散发出烤栗子香和浓郁的核果香。葡萄园占地面积 18 公顷，种有 90% 的赛美蓉、5% 的长相思和 5% 的慕斯卡德，平均藤龄为 40 年。酒庄出产的格拉夫红、白葡萄酒都被称为胡兹

葡萄酒（Clos de Huz）。

利奥特酒庄

利奥特酒庄（Château Liot）虽然鲜为人知，但是优势众多，比如它的两位酒庄主人让-杰拉德（Jean-Gérard）和爱莲娜·大卫（Elena David）就很有魅力。在巴萨克产区内，酒庄拥有 20 公顷的葡萄园，另外在格拉夫产区也拥有 7.6 公顷的葡萄园（以圣让格拉夫酒庄的名义装瓶）。葡萄园富含红黏土和石灰岩土壤。葡萄酒由 85% 的赛美蓉、10% 的长相思和 5% 的慕斯卡德混酿而成，置于木罐和木桶中陈年。酒庄所酿造的葡萄酒酒体饱满，结构丰富，口感丝滑柔软，回味悠长。副牌酒是黎凡特酒庄葡萄酒（Château du Levant）。

马乐酒庄（二级庄）

普雷尼亚克公社的马乐酒庄（Château de Malle）由布恩纳泽女爵（Countess de Bournazel）和她的儿子管理。葡萄园占地 50 公顷，酿造的酒款有马乐酒庄葡萄酒（Château de Malle）、马乐太阳酒庄红葡萄酒（Château de Cardaillan，格拉夫法定产区酒）及马乐酒庄干白葡萄酒（M de Malle）。葡萄园中大约一半的葡萄都用于酿造苏玳酒，园内种有 69% 的赛美蓉、28% 的长相思和 3% 的慕斯卡德，藤龄均为 40 年。葡萄置于橡木桶中发酵，然后陈年长达两年。因为马乐酒庄是一处非常著名的历史古迹、旅游中心，所以相比之下，酒庄酿造的酒款有些黯然失色。然而，该家族一直遵循扎实的酿酒工序。在最佳年份，酒款高贵奢华，属于典型的苏玳酒风格。酒庄还有一款酒，名为马乐骑士白葡萄酒（Chevalier de Malle），该酒未经橡木桶陈年发酵，口感清爽明朗。

米拉特酒庄（二级庄）

这座占地 22 公顷的葡萄园直观地表明了生产一款苏玳酒有多难。米拉特酒庄（Château de Myrat）坐落在巴萨克的高原地区。20 世纪 70 年代，庞泰克（Pontac）家族深陷于维持酒庄运转带来的财政压力，所以酒庄出现过一段时间的产酒缺口。家族的第二代雅克·庞泰克（Jacques de Pontac）于 1988 年继承了该酒庄，并决心在葡萄园内重新种植葡萄藤。1991 年，酒庄开始为葡萄酒装瓶，结果接连 3 年遭遇霜冻和歉收。因此，米拉特酒庄真正意义上的第一款葡萄酒出产于 1995 年，优良的品质一直保持到今天。该酒庄旗下的葡萄酒由 88% 的赛美蓉、8% 的长相思和 4% 的慕斯卡德混酿而成，在未完全熟化之前，酒款就散发着饱满、具有异国情调的果香。

奈哈克酒庄（一级庄）

埃洛伊丝·希特-塔里（Eloise Heeter-Tari）是奈哈克酒庄（Château Nairac）的所有者。她是波尔多酒庄新生代酒主人之一，但却遵循着优良的酿酒传统，并且取其精华，适应21 世纪的新形势。她和她的父母一起在这个占地 16 公顷的美丽酒庄里工作，这里的花园里种满了玫瑰花和果树。葡萄园种植了 90% 的赛美蓉、6% 的长相思和 4% 的慕斯卡德。酒庄的正牌酒是一款经典的、口感绵密的葡萄酒，散发着松露、橙子果酱和杏子的香气。奈哈克酒庄埃斯奎斯甜白葡萄酒（Esquisse de Nairac）口感清新，酒体轻盈。对喜爱现代风格的品酒者来说，

波尔多甜葡萄酒

19 世纪，波尔多葡萄酒踏上了营销改革之路。这也许是将"波尔多葡萄酒协会（Vins d' Or de Bordeaux）"改名为"波尔多甜酒协会（Sweet Bordeaux）"的动机。新协会包含该地区的 11 个甜葡萄酒产区：超级波尔多（Bordeaux Supérieur）、波尔多丘圣马凯尔（Côtes de Bordeaux St-Macaire）、超级格拉夫（Graves Supérieures）、波尔多首丘（Premières Côtes de Bordeaux）、圣福瓦-波尔多（Ste-Foy Bordeaux）、卡迪拉克（Cadillac）、塞隆（Cérons）、卢皮亚克（Loupiac）、圣十字山（Ste-Croix-du-Mont）、巴萨克（Barsac）和苏玳（Sauternes）产区。协会试图通过社交媒体吸引年轻消费者，其采取的措施有：举办"甜蜜时刻"鸡尾酒之夜、组织葡萄酒之旅及葡萄酒主题的音乐美食活动等。哈宝普诺酒庄（Château Rabaud-Promis）的董事菲利普·迪兰（Philippe Dejean）提道："这些酒款都属于备受美食家青睐的佳酿，最适合庆祝和狂欢。""甜葡萄酒口味浓烈，对比感强烈。我们的想法是突破鹅肝酱和蓝纹乳酪的传统搭配，找到其他的搭配，包括从餐前小吃和橄榄酱到烤鸡、葡萄柚等。"

旭金酒庄
这是产自安盛酒业的葡萄酒，酒款优雅。

斯格拉–哈宝酒庄
该酒款从 2016 年起声名鹊起，
2006 年份是经典款。

该酒款极富吸引力，不容错过。

哈宝-普诺酒庄（一级庄）

哈宝-普诺酒庄（Château Rabaud-Promis）邻近另一座一级庄——斯格拉–哈宝酒庄（Château Sigalas-Ribaud），二者曾属同一酒庄。

酒庄的葡萄园占地面积 33 公顷，生产 6 万瓶葡萄酒。酒庄虽入选苏玳产区的一级庄，但是多年来葡萄酒的质量并不稳定。如今，菲利普·迪兰管理该酒庄（菲利普也是新建协会——法国波尔多甜酒协会的主席）。通过降低产量和精选葡萄，他成功地为葡萄酒注入了新的活力。

酒庄旗下的经典款由 80% 的赛美蓉、18% 的长相思和 2% 的慕斯卡德混酿而成，葡萄酒液需置于水泥罐和新橡木桶中陈年 24 个月。最佳年份的葡萄酒中，酒款散发着浓郁的菠萝和葡萄柚的香气，继而散发香料味和具有异国情调的果香。副牌酒是斯特拉梅德葡萄酒（Domaine de l'Estramade），不过并不是每年都生产。

雷蒙德-拉芳酒庄

1972 年，皮埃尔·梅里叶（Pierre Meslier）买下雷蒙德-拉芳酒庄（Château Raymond-Lafon），酒庄的酒款口感浓郁，物美价廉，是专业人士对苏玳酒的不二之选。梅里叶过去一直为相邻的酒庄——滴金酒庄酿酒。酒庄葡萄园占地 16 公顷，种有 80% 的赛美蓉和 20% 的长相思，葡萄园周围有众多列级酒庄。但即使在产区产量较多的年份，该酒庄的产量依然很低。根据生产酒款年份的质量，有 20% ~ 100% 的酒款会被取消入选列级庄的资格。葡萄酒在新橡木桶中陈年 3 年，酒款的深度、沉迷感、酸甜口味的鲜明对比度都要比相邻酒庄的酒款表现出色。如今，酒庄由查尔斯–亨利（Charles-Henri）和让–皮埃尔·梅里叶（Jean-Pierre Meslier）共同管理。

唯侬酒庄（一级庄）

2004 年，信贷集团的 CA 名庄公司（CA Grands Crus）买下唯侬酒庄（Château de Rayne Vigneau）。技术总监安妮·劳尔（Anne de Laour）提出许多要进行完善的地方，落实之后成效显著。酒庄的酿酒顾问是丹尼斯·杜博迪，葡萄酒混有 25% 的长相思和 1% 的慕斯卡德，口感细腻新鲜。这两种占比微小的品种为占比 74% 的赛美蓉增添了一抹清新爽口的柠檬味和青柠花香。葡萄园占地面积 80 公顷，土壤结构复杂多样，含有诸如玛瑙、缟玛瑙、紫水晶等众多宝石，据说甚至还有蓝宝石。

拉菲莱斯酒庄（一级庄）

拉菲莱斯酒庄（Château Rieussec）位于法歌产区，邻近滴金酒庄。酒庄是拉菲罗斯柴尔德集团（Domaines Lafite Rothschild）旗下的产业，查尔斯·谢瓦利尔（Charles Chevallier）担任酒庄的酿酒总监（在去往波雅克之前，他曾与拉菲男爵在此工作）。该酒庄的酒款浓郁优雅，结构强劲有力，是一款极其诱人的葡萄酒。葡萄酒由 90% ~ 95% 的赛美蓉、慕斯卡德和长相思的均衡分配混酿而成，然后置于橡木桶（新桶比例为 50% ~ 55%）中陈年 26 个月。与同品牌的最佳葡萄酒一样，该酒庄旗下的葡萄酒产量在不同年份变化很大。1993 年，酒庄决定放弃

出产这款酒；2000 年，酒庄仅生产 3.6 万瓶酒。莱斯珍宝贵腐甜白葡萄酒（Carmes de Rieussec）为酒庄的副牌酒。此外，拉菲莱斯酒庄还推出一款干白葡萄酒——莱斯之星干白葡萄酒（R de Rieussec，格拉夫法定产区酒，由 50% 的长相思和 50% 的赛美蓉混酿而成）。

罗曼酒庄（二级庄）

在苏玳产区，罗曼酒庄（Château Romer）只是一个小型酒庄（占地面积仅 2 公顷），自 2002 年以来，酒庄由安妮·法戈斯（Anne Farges）经营。安妮酿造的葡萄酒质量日趋攀升，酒款散发出焦糖、桃子、烤榛子的香味，夹杂着青柠花的芳香，由 5% 的慕斯卡德、90% 的赛美蓉和 5% 的长相思混酿而成。葡萄酒置于木桶中陈年 18 ~ 24 个月。自安妮接管该酒庄以来，葡萄酒以罗曼酒庄的名义装瓶。罗曼酒庄的发展道路阻且长，但是前景可期，值得关注。

斯格拉-哈宝酒庄（一级庄）

斯格拉-哈宝酒庄（Château Sigalas-Rabaud）的主人是罗拉·康柏侯（Laure Compeyrot），酒庄归该家族管理已有 300 年的历史了。酒庄的年份佳酿实力不容小觑，酿造的酒款品质上乘，价格合理。葡萄园占据一个单独的地块（14 公顷），位于苏玳产区的著名阶地上，这里的高原土壤由砾石和砂土构成，坡地的土壤由砾石、沙地、黏土构成。葡萄园每公顷密集种植了 6500 ~ 7500 棵葡萄藤，种有 85% 的赛美蓉、14% 的长相思和 1% 的慕斯卡德。葡萄果实完全由人工进行采摘，每年采收先后分 7 次完成。乔治·保利（Georges Poly）担任酒庄酿酒师，他酿造的酒款既显现出清新爽口的酸度，又兼具蜜饯果酱口感的平衡。

旭金酒庄（一级庄）

旭金酒庄（Château Suduiraut）归法国保险业巨头安盛集团（AXA Millesimes）所属，克里斯蒂安·瑟利（Christian Seely）担任酒庄总经理，同时也担任碧尚男爵酒庄（Châteaux Pichon Baron）和小村庄酒庄（Petit-Village）的总经理。皮埃尔·蒙特古特（Pierre Montegut）担任酒庄的技术总监，他管理着占地 92 公顷的葡萄园。葡萄园位于普雷尼亚克公社，富含砂质黏土，园内种有 90% 的赛美蓉和 10% 的长相思。酒庄酒款属于浓郁优雅的苏玳酒，即使在未熟化之前也呈现出琥珀色，散发出植物、核果等复杂的香气。葡萄酒大多在不锈钢桶中酿造，再置于橡木桶中陈年 2 年。酒庄还出品两款干白葡萄酒，分别是旭金酒庄干白葡萄酒（Blanc Sec de Suduiraut, Bordeaux, France）和旭金酒庄非凡老藤干白葡萄酒（S de Suduiraut Vieilles Vignes, Bordeaux, France）。

白塔酒庄（一级庄）

白塔酒庄（Château La Tour Blanche）扮演着两个重要的角色：葡萄栽培学校和葡萄酒酒庄（酒庄与学校的经营是完全独立的）。葡萄园占地面积 40 公顷，酿酒厂于近期重修，出产的酒的质量也是稳步提升。赛美蓉（占 83%）在全新的橡木桶中陈年和酿造，长相思（占 12%）和慕斯卡德（占 5%）在不锈钢桶中发酵。酒庄还有许多新兴工艺（比如冷冻榨汁术和冷藏室），

但出于教学目的，这些技术鲜有使用。该酒庄旗下的葡萄酒饱满浓郁，强劲有力，名声在外。副牌酒是白塔酒庄副牌贵腐甜白葡萄酒（Les Charmilles de Tour Blanche）。酒庄还出品一款干白葡萄酒：白塔酒庄花园系列（Les Jardins de Thinoy，由100%长相思酿制）。酒庄出品的波尔多法定产区干红葡萄酒——白塔酒庄神瑰干红葡萄酒（Cru de Cinquet），由90%的梅洛和10%的马尔贝克混酿而成。

塔米拉酒庄

塔米拉酒庄（Château Tour de Mirambeau）是波尔多极具活力的酿酒家族——戴斯帕（Despagnes）家族旗下的产业。该家族为名不见经传的产区增色不少，并凭借着用赛美蓉酿成的贵腐酒再获成功。从葡萄园可以俯瞰多尔多涅河（Dordogne River）。在超级波尔多产区，蒂博·戴斯帕（Thibault Despagne）和技术总监乔尔·埃利萨尔德（Joël Elissalde）酿制的酒款备受追捧，但是产量稀少。老藤赛美蓉为酒款增添了热带水果的香气、高贵的绵密感，还有清新爽口之感，深受消费者喜爱。

滴金酒庄（超级园）

滴金酒庄（Château d'Yquem）可谓是一个传奇，尽管苏玳的葡萄酒质量不定，但是滴金酒庄一直致力于生产世界上最优质的葡萄酒。酒庄在该产区内享有盛名，如今是法国奢侈品巨头酩悦·轩尼诗－路易·威登集团旗下的产业，皮埃尔·卢顿担任酒庄总监（同时担任白马酒庄的总监）。葡萄园占地面积100公顷，种有80%的赛美蓉和20%的长相思。酒庄的工序十分出名——采收季时，酒庄会配备140名采摘人员（分为4组）进行人工采摘作业，通常会进行10轮才能完成采摘。葡萄发酵会等到自然停止，平均残糖量为125g/L。发酵期间，酒庄会对每个木桶进行15次倒罐，去除粗酒泥。至于葡萄酒的口感，第一口绝对不是甜甜的味道——而是柠檬和青柠花的酸味，以及阵阵浓郁复杂的香气。根据陈年和年份的不同，酒款散发的香味从果酱香到蜂蜜和松露香，应有尽有。酒庄还有一款滴金酒庄白葡萄酒（Y d'Yquem），由50%的赛美蓉和50%的长相思混酿而成。葡萄在贵腐菌侵染恰到好处时被采摘下。自1998年起，酒庄一直由女酿酒师桑德丽娜·加贝（Sandrine Garbay）管理，弗朗西斯·梅耶（Francis Mayeur）担任酒庄的技术总监，丹尼斯·杜博迪（Denis Dubourdieu）担任酒庄顾问。

达帝酒庄

达帝酒庄（Clos Dady）占地面积6.5公顷，酒庄的木桶来自滴金酒庄（Château d'Yquem），达帝酒庄也效仿了滴金酒庄对细节一丝不苟的理念。凯瑟琳·加歇（Catherine Gachet）和约瑟夫-玛丽·雷米（Joseph-Marie Remy）负责管理达帝酒庄。酒庄采用的酿酒工艺有垂直压榨法和仅用自然酵母发酵。酒款甘美香甜，由90%的赛美蓉、9%的长相思和1%的慕斯卡德混酿而成，置于木桶中酿造和陈年至少18个月。酒庄不采用加糖工艺，而是使用冷冻沉降法以使二氧化硫的用量维持在最低限度。葡萄酒清新脆爽，散发着浓郁的果香味，富有异国情调，同时又夹杂着一丝烘烤橡木的味道。副牌酒是达帝酒庄小姐葡萄酒（Mademoiselle de Clos Dady）。

滴金酒庄
世界上最佳的甜白葡萄酒，没有之一。

白塔酒庄
作为教学和商用酒庄，它改进良多。

圣安妮酒庄

圣安妮酒庄（Clos Ste-Anne）由塞尔维·考斯尔（Sylvie Courselle）和玛丽·考斯尔（Marie Courselle）共同管理，他们以掌管两海之间赫赫有名的爵蕾酒庄（Château Thieuley）而闻名。圣安妮酒庄占地面积1.5公顷，赛尔维和玛丽延续了先前卓越的标准来管理这座位于卡迪拉克的酒庄。葡萄园内种有60%的赛美蓉和40%的灰苏维翁，生产5000瓶葡萄酒。酒款可即饮，散发着浓郁的杏子和油桃香，余味清新紧实。酒庄的酒款属于半贵腐半自然干缩酿制（因为葡萄过于干而无法受到贵腐菌侵袭）。与其他波尔多甜葡萄酒相比，圣安妮酒庄的葡萄酒甜度低，具有不一样的特色。

白洛耶酒庄

白洛耶酒庄（Cru Barréjats）是一座新兴酒庄，酒庄主人为米里尔·达雷特（Mirielle Daret）和菲利普·安杜兰（Philippe Andurand）。1990年，酒庄迎来了第一次采收期。米里尔和菲利普酿造的首款葡萄酒原料来自占地1公顷的葡萄，这一小片葡萄园曾归属米里尔的外祖父母。如今，葡萄园占地5公顷，有些葡萄藤的藤龄已经达到80年。酒庄致力于减少人工干预——不使用除草剂、无加糖工序、少量使用二氧化硫。葡萄酒由85%的赛美蓉、10%的长相思和5%的慕斯卡德混酿而成，置于全新的橡木桶中发酵、陈年，酒款口感浓郁，芳香四溢。

苏玳女儿酒庄

名字可爱迷人的苏玳女儿酒庄（Le Sauternes de Ma Fille）占地面积8公顷，前身是拉特佐特酒庄（Château Latrézotte），2004年，克莱蒙教皇酒庄的贝尔纳·马格雷（Bernard Magrez）购得此酒庄。马格雷致力于酿造现代风格的苏玳酒，出品的葡萄酒口感迷人细腻，以橘皮的香气为主调。酒款带有一丝青柠花的清新酸爽，以此平衡占比99%的赛美蓉带来的甜腻感。尼古拉斯·孔蒂埃罗（Nicolas Contiero）担任酒庄的技术总监，在葡萄酒中增添了少量的长相思、灰苏维翁和慕斯卡德来平衡口感。他还采用了温和的压榨法，利用不锈钢桶发酵葡萄并将其置于木桶中陈年相对较短的时间（10~16个月），从而造就平衡的口感。

酒庄还出品了一款更为紧致饱满的葡萄酒："我的苏玳酒"（Mon Sauternes），这款酒被置于全新的橡木桶中陈年22个月。

圣埃美隆产区

圣埃美隆产区（St-Emilion）绝对是波尔多最美丽的景点之一。这座大气壮丽的小镇建于中世纪，小镇发光的石灰岩墙壁反映了其优越的风土条件，所以酿出的葡萄酒高贵优雅、精致细腻。该产区的葡萄园占地总面积 5400 公顷。和波美侯产区一样，园内以种植梅洛为主，梅洛占 60%，品丽珠占 30%，赤霞珠占 10%。土壤以石灰石、黏土、沙地为主。地理位置不同，土壤会呈现不同的特点。与其他产区不同的是，圣埃美隆产区内设有两个不同的产区：圣埃美隆法定产区和圣埃美隆法定特级园，每个产区内都有近 800 名酿酒师。但只有标有特级园的酒庄才可以申请评选列级酒庄。

主要葡萄种类

🍇 红葡萄

品丽珠

赤霞珠

梅洛

年份

2009

2009年的葡萄酒质量绝佳——葡萄酒强劲浓烈，潜力巨大。

2008

该年先是经历了一个湿润的夏天，紧接着是漫长而阳光明媚的秋天。各大顶尖葡萄酒厂商出产了许多上品佳酿。

2007

这一年气候条件不佳，夏季过于潮湿，该年份的葡萄酿造出不少清淡的葡萄酒，适宜尽早饮用。

2006

该年为经典年份，葡萄生长初期条件良好，但降雨持续到收获期。顶尖葡萄酒厂商出产了上品佳酿。

2005

这一年的生长条件极佳，出产了醇厚佳酿，适合长期储存。虽价格上涨，但其品质绝佳。

2004

该年为经典年份，葡萄酒物超所值。

2003

这一年的高温天气使葡萄酒酒精含量高，缺乏酸度。广为流传的"享乐主义式水果炸弹"一词就是用来形容该年份的葡萄酒，但不少葡萄酒熟化速度很快。

1998

该年的葡萄酒品质顶级，口感醇厚浓郁，结构良好。

圣埃美隆产区的葡萄园区是波尔多地区最古老的葡萄园之一，同时也是罗马历史遗留至今为数不多的遗迹之一：包括蒙卡雷特（Moncaret）地区的一处庄园遗迹及其最著名的酒庄——欧颂酒庄（Ausone）。早在 4 世纪，该地区的葡萄酒就出口到罗马，而此地区也成为著名的宗教中心。8 世纪时，朝圣者跟随着一名叫作埃美隆的隐士到达此地，当时这里只是一座被浓密的森林覆盖的小山而已。随着埃美隆隐士的声名远扬，圣埃美隆也得以发展。

如今，圣埃美隆入选为联合国教育、科学和文化组织（UNESCO）世界文化遗产。1999 年，圣埃美隆获此殊荣时，其葡萄园也被认定为"文化景观"。圣埃美隆不仅因其葡萄而闻名，还因其占地 70 公顷的地下酒窖而闻名，其中许多酒窖曾是采石场，还有一座独石教堂。圣埃美隆葡萄栽培的悠久历史也表明了酒庄通常归属于一个家族的原因。在这里，小型自耕农地屡见不鲜（超过 50% 的园主拥有不到 5 公顷的葡萄）。

与波尔多右岸的大部分地区一样，葡萄园里的工作至关重要。许多葡萄园技艺发源于此，例如葡萄藤的精修、绿色采收作业、对葡萄如何进行精挑细选等。如今波尔多地区的大型酒庄纷纷效仿以上技艺。相比之下，酒窖作业采用的可谓是"放手理念"，葡萄酒未经澄清或过滤就可以装瓶。产区内品质优良的酒款出产于邻近市中心的石灰石质高原，13 座一级特等酒庄（Premiers Grands Crus Classés）中的 11 座酒庄坐落于此。另外两座一级特等酒庄靠近黏土和砾石土质的波美侯产区，分别是白马酒庄（Château Cheval Blanc）和飞卓酒庄（Château Figeac）。

这里一片岁月静好，风景如诗如画。然而，这个波尔多平静的小区域引发了一些政治纷争，随之产生的是有关分级制度的争论。按升序排列的顺序，分级制度分为三级：列级酒庄（Grand Cru Classé）、一级特等酒庄 B 级［Premier Grand Cru Classé（B）］、一级特等酒庄 A 级［Premier Grand Cru Classé（A）］。自 20 世纪 50 年代起，此项分级制度沿用至今，每 10 年修订一次。重要的一点是，此项分级制度与勃艮第分级制度更为相似，产区对土地本身而不是对酒庄进行分级，这也就意味着圣埃美隆酒庄的面积和外观的变化频率要低于波尔多左岸。

如果参评列级酒庄，酒庄需要提供 10 个年份的葡萄酒，以及近期投资和市场价格等其他因素。而不可避免的是，在圣埃美隆的分级制度下，排名总会有所改变，每次都会引起非议。2006 年，一小批被降级的酒庄将分级制度告上法庭，因此该分级制度被废除。然而，新一轮的争议和不满接踵而至。2010 年，圣埃美隆又恢复了 1996 年的分级。第二次转折让那些在 2006 年晋升的酒庄分级保持不变，而降级的酒庄则重新获得了晋级。

金钟酒庄（一级特等酒庄 B 级）

金钟酒庄（Château Angélus）的葡萄酒酒标上的大钟在多部好莱坞电影中一现芳踪，比如：《玫瑰人生》（La Vie en Rose）和《皇家赌场》（Casino Royale）等。胡伯·柏亚德·拉福雷（Hubert de Bouärd de Laforest）是酒庄的主人，他的堂兄让·贝尔纳·格尼耶（Jean Bernard Grenié）也加入了酒庄管理者的行列。金钟酒庄是圣埃美隆产区内第一座采用绿色采收和分地块酿造的酒庄。2009 年，酒庄在这片占地 23 公顷的最佳地块开始引用手工除梗的工艺。葡萄酒中的品丽珠含量占比较高（占 57%），赋予了酒款迷人的烟熏气息和曼妙浓烈的口感，洋溢着浓郁的紫罗兰和黑果香气。

拉若斯酒庄（列级酒庄）

2002 年，白手起家的航空业亿万富翁罗杰·凯尔（Roger Caille）买下拉若斯酒庄（Château L'Arrosée）。2009 年，罗杰去世之后，酒庄由罗杰的儿子让·菲利普（Jean-Philippe）接管。经过几年的不稳定期，酒庄的发展开始步入正轨。葡萄园占地 10 公顷，园内种有 60% 的梅洛、20% 的品丽珠和 20% 的赤霞珠。赤霞珠生于黏土之中，处于阳坡，可以充分享受阳光的照拂，因此葡萄生长得饱满圆润。该酒庄出产的葡萄酒散发着浓郁的黑醋栗的味道，还有些许紫罗兰的香味。吉尔·宝盖（Gilles Pauquet）担任该酒庄的酿酒师，同时他也在白马等酒庄任职。

欧颂酒庄（一级特等酒庄 A 级）

欧颂酒庄（Château Ausone）由阿兰·伍迪埃（Alain Vauthier）管理，是波尔多整个地区最古老的酒庄之一，其历史可追溯到罗马时期。如今，欧颂出产的酒款是该地区价格最高的葡萄酒，但此殊荣引得众人一片质疑。酒庄入口处有美丽的石门柱，葡萄园则位于陡坡上，沿着酒庄的干石墙可径直前往圣埃美隆村。酒庄的下方是大片的采石场，人们把其中占地面积最小（1800 平方米）的一个采石场建成了酒窖。葡萄园占地仅 7 公顷，种有 45% 的梅洛和 55% 的品丽珠。欧颂酒庄酿酒技艺精湛，出产的酒款品质卓越，散发着非常纯净的果香，余味悠长。该酒庄旗下的副牌酒是欧颂副牌红葡萄酒（La Chapelle d'Ausone）。

贝拉斯达酒庄（列级酒庄）

贝拉斯达酒庄（Château Balestard La Tonnelle）红葡萄酒赫赫有名。该酒庄出品的葡萄酒富有浓郁的水果香气和甜美的雪松橡木香，因为酒庄的酿酒顾问不是别人，正是大名鼎鼎的米歇尔·罗兰。葡萄园占地 10 公顷，种有 70% 的梅洛、25% 的品丽珠和 5% 的赤霞珠。酒庄利用全球卫星定位技术监测各个地块位置，然后分别进行耕种。该家族同时还拥有卡地慕兰酒庄（Château Cap de Mourlin）这座圣埃美隆列级酒庄。

巴德酒庄

2000 年，西尔维亚娜·嘉辛-卡蒂亚尔（Sylviane Garcin-Cathiard）售出经营的连锁超市和运动商店后，买下了巴德酒庄（Château Barde-Haut）。西尔维亚娜同时也是波美侯产区教堂

金钟酒庄

金钟酒庄出产的酒款在几部电影中一现芳踪，奠定了该酒款的王者地位。

博塞贝戈酒庄

圣埃美隆分级制度见证了酒庄的浮沉。

园酒庄的主人。巴德酒庄的葡萄酒吸引了越来越多的追随者，值得关注。酒庄旗下的葡萄园占地 17 公顷，种有 85% 的梅洛和 15% 的赤霞珠。酒庄对葡萄酿造的细节一丝不苟，出产的葡萄大都送往新酿酒厂加工，那里设施齐全，各种小型木桶、不锈钢桶和水泥桶四处可见。

该酒庄的酒果香四溢，颜色深邃。由于使用全新的橡木桶陈年，散发着一丝烟熏味。酒庄的副牌酒是巴德酒庄副牌干红葡萄酒（Vallon de Barde-Haut）。

博塞酒庄（一级特等酒庄 B 级）

博塞酒庄先前叫作博塞如·杜弗-拉格赫斯酒庄（Beauséjour Duffau-Lagarrosse）。杜弗-拉格赫斯（Duffau-Lagarrosse）家族根据家族名称简化了酒庄的名字后便有了博塞酒庄（Château Beauséjour）。2009 年，米歇尔·罗兰和史蒂芬·德农古（Stéphane Derenoncourt）担任酒庄的顾问，尼古拉斯·蒂安邦（Nicolas Thienpont）担任酒庄总监，他也出任柏菲玛凯酒庄（Pavie Macquin）的酿酒总监。该酒庄的葡萄园占地面积 5 公顷，种有 70% 的梅洛、20% 的品丽珠和 10% 的赤霞珠。酿酒厂中的改进措施包括露天发酵和人工压帽——这些技艺在勃艮第比在波尔多更普及。酒庄采用温柔萃取法（二氧化碳萃取），果香更加浓郁。旗下的副牌酒是博塞茹十字架酒庄干红葡萄酒（Croix de Beauséjour）。

博塞贝戈酒庄（一级特等酒庄 B 级）

博塞贝戈酒庄（Château Beau-Séjour Bécot）完美诠释了圣埃美隆分级制度的评级原理：由于其当时栽培的葡萄违反了圣埃美隆分级制度，因此在 1986 年被降级。酒庄于 1996 年又重获圣埃美隆一级特等酒庄 B 级的荣誉。酒庄近期出品的年份酒是酒庄得以升级的明证。

酒庄的葡萄园占地 17 公顷，种有 70% 的梅洛、24% 的品丽珠和 6% 的赤霞珠。在葡萄浸渍（果皮的发酵过程）的过程中，酒庄采用人工压帽的方法，之后葡萄酒会采用无泵运输方式运送至木桶中。葡萄酒置于橡木桶中陈年（新桶比例为90%），散发出烟熏味和烘烤橡木味。酒液未经过滤和澄清装瓶，结构丰富。

酒庄的副牌酒是图尔内勒博塞贝戈干红葡萄酒（Tournelle de Beau-Séjour Bécot）。

宝雅酒庄（一级特等酒庄 B 级）

2008 年，让-皮埃尔·莫意克公司（Etablissements Jean-Pierre Moueix，简称 JPM 公司）买下宝雅酒庄（Château Belair-Monange）后，酒庄的名字中添加了"Monange"，旨在纪念克里斯蒂安·莫意克（Christian Moueix）的祖母，也是为了与波尔多其他带有"Belair"的酒庄加以区分。葡萄园占地面积 13 公顷，种有 80% 的梅洛和 20% 的品丽珠。最终酿成的葡萄酒以品丽珠的香气为主调，余味持久。酒庄将会重建葡萄园，对酒窖也进行翻新改造。

博佳酒庄

这是一款高性价比的浅龄酒，不易陈年。

卡农酒庄

香奈儿等酒庄主人正在启动新一轮投资，进一步提高酒庄实力。

贝勒芬酒庄（列级酒庄）

贝勒芬酒庄（Château Bellefont-Belcier）酿造的葡萄酒口感顺滑绵柔，彰显出自信洒脱的气质。该酒庄萃取水平一流，选用 80% ～ 100% 的新橡木桶发酵，因此在葡萄的果香中又增添了甘草和香草的气息。2006 年，在雅克·柏瑞比（Jacques Berrebi）、阿兰·拉古拉米（Alain Laguillaumie）和多米尼克·赫巴德（Dominique Hebard，1999 年之前是白马酒庄的董事）的共同管理下，该酒庄晋升为列级酒庄。吉勒·巴盖特（Gilles Paquet）和米歇尔·罗泽担任酒庄顾问。这个 13 公顷的园中，种植了 70% 的梅洛、20% 的品丽珠和 10% 的赤霞珠。同时，这三人管理团队还是附近特里亚农酒庄（Château Trianon）的拥有者。

美景酒庄（列级酒庄）

美景酒庄（Château Bellevue）在 2006 年曾被短暂降级，但由于暂缓执行，它保住了"列级酒庄"的地位，未来可期。休伯特·博哈特（Hubert de Boüard）如今持有该公司 50% 的股份，顾问史蒂芬·德农古和尼古拉斯·蒂安邦（Nicolas Thienpont）也加入其中。德拉沃（de Lavaux）家族继续持有另外 50% 的股份。酒庄旗下的葡萄园占地 6 公顷，毗邻金钟酒庄，种有 80% 的梅洛和 20% 的品丽珠，但最终酿造时往往会混合更多的梅洛（2008 年梅洛占比为 98%）。

博佳酒庄（列级酒庄）

博佳酒庄（Château Bergat）的拥有者是埃米尔·卡斯特加（Emile Castéja）和普雷本–汉森（Preben-Hansen）家族。酒庄出品了一款高性价比的圣埃美隆葡萄酒，但出人意料的是，该酒在该地区外却鲜为人知。酒庄占地 4 公顷的葡萄园内种植了 55% 的梅洛、35% 的品丽珠和 10% 的赤霞珠。

酒庄的酒款采用新橡木发酵，这种"亲密接触"意味着该酒款与一些高级葡萄酒相比可在短暂陈年后直接饮用，不必再花四五年的时间等待发酵。

贝尔立凯酒庄（列级酒庄）

帕特里克·雷斯肯子爵（Viscount Patrick de Lesquen）由一名银行家转行成为酿酒师，现已经接管贝尔立凯酒庄（Château Berliquet）。他来自一个古老的圣埃美隆家族，与当地的许多产业有着悠久的联系，其中最著名的是飞卓酒庄。这里的石灰岩高原上种植了 9 公顷的葡萄，包括 67% 的梅洛、25% 的品丽珠和 8% 的赤霞珠。该酒庄酿造的葡萄酒层次分明而细腻，在装瓶时无须过滤。帕特里克·瓦莱特担任酿酒师，现生活在智利，不过他在波尔多法定产区的罗杰里酒庄（Château Rougerie）保留了一个据点。尼古拉斯·蒂安邦接替了他的职务，表现不俗。酒庄的副牌酒是贝尔立凯之翼干红葡萄酒（Les Ailes de Berliquet）。

卡农酒庄（一级特等酒庄 B 级）

卡农酒庄（Château Canon）由鲁臣世家酒庄（Château Rauzan-Ségla）的韦特海默兄弟（也是时尚品牌香奈儿的老板）所有。自 1996 年被收购以来，该酒庄一直是投资界的宠儿，也进行了大规模的集中的整修。酒庄共有 22 公顷的土地，其中 20

公顷的土地位于黏土–石灰岩高原，种植了 75% 的梅洛和 25% 的品丽珠。人们对该酒庄的普遍看法是没有跟上新投资的步伐。但该酒庄旗下的酒款质量上乘、口感丝滑、风味馥郁，80% 的新橡木桶赋予酒款丝丝甜蜜的香草味。

卡农–嘉芙丽酒庄（列级酒庄）

史蒂芬·冯·尼庞尔格（Stephen von Neipperg）是圣埃美隆产区响当当的大人物，他是卡农–嘉芙丽酒庄（Château Canon-La-Gaffelière）的主人，拥有占地 20 公顷的葡萄园，还聘请了史蒂芬·德农古担任酿酒师。这几乎是你在进入村庄的路上遇到的第一个酒庄。酒庄和它的主人一样优雅，其葡萄酒风格显然也有类似的理念。酒庄旗下的酒款主要由 55% 的梅洛、40% 的品丽珠和 5% 的赤霞珠混酿而成，酒体结构饱满，醇厚浓郁，带有细致优雅的气息，品后有丝丝的辛辣感。

康特纳克酒庄

康特纳克酒庄（Château Cantenac）是梅多克产区酿酒顾问雅克·博赛诺（Jacques Boissenot）提供技术指导的极少数酒庄之一。该酒庄属于底蕴深厚的罗斯克姆–布吕诺（Roskam-Brunot）家族，由母亲妮可和她的三个儿子弗雷德里克（Frédéric）、弗朗斯（Frans）和约翰及他们的三位妻子共同经营。这里有 13 公顷的葡萄园，位于圣埃美隆山坡的边缘。葡萄园的品种包括 75% 的梅洛和 24% 的品丽珠，还有 1% 的品丽珠种植在山脊处。酒庄旗下的酒款为传统风格的圣埃美隆葡萄酒，该酒款带有红色水果的风味，单宁紧实。酒庄最好的特酿葡萄酒是康特纳克气候干红葡萄酒（Climat de Château Cantenac），与同产区同类酒款相比，该葡萄酒赤霞珠比例更高，需在 50% 的新橡木桶中等待 14 个月方得佳酿。

白马酒庄（一级特等酒庄 A 级）

如今，白马酒庄（Château Cheval Blanc）和苏玳产区的滴金酒庄由奢侈品公司路易·威登集团和比利时商人阿尔伯特·弗雷（Albert Frère）共同拥有。然而，该酒庄真正的领袖人物是儒雅的皮埃尔·露桐（Pierre Lurton）。酒庄有 33 公顷的单独地块，其中大部分种植着品丽珠（57%），此外还有梅洛、赤霞珠和马尔贝克，都置于 100% 新橡木桶中陈酿。在口感上，奶油、紫罗兰和黑莓的香气呼之欲出，风味馥郁，酸度微妙，让人几乎察觉不到。酒庄旗下的小白马红葡萄酒（Petit Cheval）是市面上最好的副牌酒之一。

萨普酒庄

萨普酒庄（Château Clos de Sarpe）出产的葡萄酒非常抢手，往往一上市就被抢购一空。酒庄有 4 公顷的葡萄园，里面的葡萄古藤虽备受呵护但产量极低，采用微氧酿造法酿制。酒庄出产的酒款由 85% 的梅洛和 15% 的品丽珠置于新橡木桶中陈酿 16 ～ 18 个月而成。出品的葡萄酒具有浓郁的黑李子和甘草的风味。

克洛特酒庄（列级酒庄）

圣埃美隆产区的神奇之处在克洛特酒庄（Château La

Clotte）得到了充分体现。酒庄距离主广场 5 分钟路程，但几乎隐藏在自己的小山谷中。该地区的许多地下酒窖曾经是采石场，也曾是穴居人的住所。如今，内丽·穆里克（Nelly Moulierac）掌管着这个占地 4 公顷的酒庄，该酒庄酿造的葡萄酒质朴脱俗，具有甘草和摩卡吐司的风味，同时红醋栗的香气带来一种沉静的自信感。

宫菲雄酒庄

宫菲雄酒庄干红葡萄酒（Château La Confession）高端大气，充满鲜美多汁的黑莓味道，具有恰到好处的收敛感，入口就可品到浓郁的熏香和白胡椒味道。

该酒庄坐拥 2.5 公顷的葡萄园，其中品丽珠的比例高达 45%，还有 50% 的梅洛和 5% 的赤霞珠。高密度种植和两组作物间的剪枝技术有助于促进葡萄成熟，果香更加浓郁。葡萄酒会置于雪茄形的桶中发酵，据说是为了增加葡萄酒换氧量，这样在保证了葡萄酒浓郁醇厚口感的同时，还能软化单宁。

科宾酒庄（列级酒庄）

科宾酒庄（Château Corbin）靠近白马酒庄，从圣埃美隆产区启程前往波美侯产区的途中即可见到。安娜贝拉·克鲁斯·巴蒂内特（Anabelle Cruse-Bardinet）负责管理着 13 公顷的葡萄园，该酒庄以砂质和黏土土壤为主，葡萄品种含 80% 的梅洛和 20% 的品丽珠。酒庄的顾问是罗兰酿酒实验室（Laboratoire Rolland）的路德维希·凡纳隆（Ludwig Vanneron）。葡萄在发酵前运用冷浸技术，然后进行乳酸发酵并置于 100% 的新橡木桶中陈酿。经此工艺，葡萄酒会具有野草莓的清新口感，同时又充满浓郁的摩卡香气，与薄荷清香构成鲜明对比。该酒庄出品的佳酿十分前卫，备受消费者青睐。

高班·米雪酒庄（列级酒庄）

高班·米雪酒庄（Château Corbin Michotte）的酿酒配方中含有 30% 的品丽珠、65% 的梅洛和 5% 的赤霞珠。让-诺伊尔·柏通（Jean-Noël Boidron）酿制的圣埃美隆葡萄酒具有典雅细腻的风格，香气浓郁，有时还会有淡雅的果香。该酒庄周围环绕着 2 公顷景色优美的公共绿地，葡萄种植面积为 7 公顷，每年可酿造约 3.8 万瓶葡萄酒。同时，波美侯产区的康帝雅克酒庄（Château Cantelauz）也是柏通的产业。

古斯博德酒庄（列级酒庄）

在古斯博德酒庄（Château La Couspaude）方石铺设的庭院里，一座青铜马雕像昂首挺立，这也说明了该酒庄是一座富有想象力的酒庄。一个多世纪以来，该酒庄都是同一个家族的产业，如今的酒庄主人是阿兰·奥柏特（Alain Aubert），他的女儿埃洛伊丝（Heloise）和侄女瓦妮莎（Vanessa）帮助打理着酒庄并聘请米歇尔·罗兰担任顾问。他们每年生产约 5.5 万瓶现代风格的圣埃美隆葡萄酒，酿酒的果实均产自酒庄 7 公顷的葡萄园。该酒庄的酒款主要由 75% 的梅洛、20% 的品丽珠和 5% 的赤霞珠混酿而成，置于 100% 的新橡木桶内陈年，该工艺出品的酒款散发着浓郁的摩卡香气和红果的醇厚气息。

克罗斯酒庄

克罗斯酒庄（Château Croix de Labrie）是米歇尔·普齐奥-勒萨热（Michel Puzio-Lesage）和吉莱纳·普齐奥-勒萨热（Ghislaine Puzio-Lesage）共有的一个小酒庄，出产一款产量极低的特酿。该酒庄出品的酒款奢华大气，具有红果的芬芳和黑松露软糯的口感。该酒款中的单宁被加工到了极致，陈年不久就呈现出极佳的口感，但每年只生产 2400 瓶，所以佳酿难寻，须费很大气力才能觅得一瓶。

达索酒庄（列级酒庄）

达索酒庄（Château Dassault）的前身是库普西酒庄（Château Couperie），20 世纪 50 年代由马塞尔·达索（Marcel Dassault）收购后更名为达索酒庄。如今，这个优质酒庄由劳伦·达索（Laurent Dassault）经营，劳伦·布朗（Laurene Brun）出任主管。

米歇尔·罗兰于 1973 年就开始在这里效力，这是他担任顾问的第一批酒庄。这里种有 17 公顷的葡萄藤，大部分都是梅洛（85%）。该酒庄出产的葡萄酒匠心独具，果味浓郁，单宁处理得恰到好处，更重要的一点是，这是一款值得细细品味的佳酿。此外，达索家族在圣埃美隆产区还拥有花堡酒庄（Château La Fleur）。

迪斯特酒庄（列级酒庄）

迪斯特酒庄（Château Destieux）新近晋级为列级酒庄，波美侯产区乐芒酒庄（La Clémence）的克里斯蒂安·多里亚克（Christian Dauriac）顺势将其纳入麾下，成了新任酒庄主人。该酒庄出产的葡萄酒香气醇厚，果香浓郁，单宁紧致。酒庄旗下占地 8 公顷的葡萄园坐落在一个天然圆形剧场里，园内日照充足，遍布 45 年藤龄的葡萄藤。拥有医用生物学和酿酒学的双学位的多里亚克能力过人，从占比 66% 的梅洛和比例各占 17% 的赤霞珠和品丽珠中激发出诱人的黑加仑和无花果香气。他还聘用了米歇尔·罗兰担任顾问，任何疑问都可以向他请教。另外，多里亚克的圣埃美隆列级酒庄梦丽斯酒庄葡萄酒（St-Emilion Grand Cru Château Montlisse）也非常值得关注，不容错过。

多明尼克酒庄（列级酒庄）

克莱蒙-碧尚酒庄（Clément Pichon）的法亚（Fayat）家族自 1969 年以来一直是多明尼克酒庄（Château La Dominique）的东家。该酒庄位于波美侯产区的边界，这对酒庄的酒款风格产生了影响——口感浓郁深邃，结构平衡大气，值得信赖。酒庄占地 23 公顷的葡萄园由 86% 的梅洛、12% 的品丽珠和 2% 的赤霞珠等品种构成，果实置于 60% 新橡木桶中陈酿 18 个月。米歇尔·罗兰于 2006 年卸任了该酒庄顾问，他团队的让·菲利普·福特（Jean Philippe Fort）接任了这一职位。自 2009 年亚尼克·艾维努（Yannick Evenou）出任总监以来，酒庄有望进一步改善。法亚家族最近又买下了邻近的老福廷酒庄（Château Vieux Fortin），打算将来将其并入多明尼克酒庄。

富爵酒庄

瑞士金融家、莱俪（Lalique）水晶品牌所有者希尔维奥·邓兹（Silvio Denz）最近在富爵酒庄（Château Faugères）新上了

杰拉德·珀斯

对于那些担心波尔多在盛名之下停滞不前的人来说，杰拉德·珀斯（Gérard Perse）代表了一股清流。首先，他并没有从酿酒师祖先那里继承葡萄园，他现在的柏菲酒庄（Châteaux Pavie）、柏菲德赛斯酒庄（Pavie-Decesse）和蒙布瑟盖酒庄（Monbusquet）都是用自己在法国北部出售多家超市后筹集的资金购置的。随后，他开始向该产区最好的葡萄酒宣战，并大获全胜。他引入了产量极低的葡萄品种，进行严格的绿色采收，大量采用新橡木，去掉下胶或过滤的流程。"经营超市，你必须眼疾手快，随机应变。我对波尔多的态度亦如此，起初这引起了困惑——我的邻居们不理解我的所作所为，"珀斯如今这样说道，"我尽我所能全神贯注地酿造最优质的葡萄酒，但我已经学会了停下来享受过程。在这里，我找到了真正的安宁。"

飞卓酒庄

"圣埃美隆产区的梅多克"——这片酒庄的沙砾土壤使这里出产的葡萄脱颖而出。

富爵酒庄

酒庄主人胸怀大志，该酒庄未来可期。

一套设施，立志出品一款优质葡萄酒。其酿酒厂建在地下，配有多级重力自流系统、葡萄冷却室和激光光学葡萄分拣机等。两位重量级的酿酒师——米歇尔·罗兰和史蒂芬·冯·尼庞尔格也加盟该酒庄。酒庄旗下的酒款中，顶级佳酿为果味浓郁、高端奢华的菲比富爵红葡萄酒（Peby Faugères），由 100% 的梅洛酿制；而主打款则是按 85% 梅洛、10% 品丽珠和 5% 赤霞珠比例搭配的经典混酿。酒庄的全系列酒款包括奥富爵（Haut Faugères）和卡普富爵（Cap de Faugères）红葡萄酒。

菲力苏酒庄（列级酒庄）

席亚德（Sciard）家族的新一代成员在菲力苏酒庄（Château Faurie de Souchard）兢兢业业，矢志不移。在酿酒顾问史蒂芬·德农古的帮助下，他们正在对酒的风格进行微妙升级。该酒庄的葡萄种植面积为 14 公顷，种有 75% 的梅洛、20% 的品丽珠和 5% 的赤霞珠，葡萄置于水泥罐中进行酿制。该酒庄拥有一款平衡性良好的葡萄酒，果香浓郁，活力四射。过去的几个年份中出品的酒款显示出巨大的潜力。其副牌酒是菲力苏红葡萄酒（Faurie de Souchard）。

飞卓酒庄（一级特等酒庄 B 级）

蒂埃里·马侬科特（Thierry Manoncourt）于 2010 年去世后，飞卓酒庄（Château Figeac）由他的女婿艾瑞克·阿拉蒙（Eric d'Aramon）经营。酒庄的葡萄园为砾石土壤，因此出品的葡萄酒也不同寻常：赤霞珠和品丽珠的比例高达 70%，剩下 30% 是梅洛，但比起许多右岸葡萄酒，该酒款含有更多的黑果和单宁香气，经常被称为"圣埃美隆产区的梅多克"。该酒款在 100% 新橡木桶中陈酿，单宁更加丰富，并赋予它一种圣埃美隆产区经典的醇厚感。

花妃酒庄（列级酒庄）

有时酒庄的发展需要婚姻的推动。2001 年，弗洛伦斯·德克斯特（Florence Decoster）的丈夫卖掉利摩日瓷器公司（Limoges）的哈维兰（Haviland）工厂，在妻子的劝说下买了花妃酒庄（Château Fleur Cardinale）。他们共同创造了一个现代化的、充满感染力和活力的酒庄。该酒庄占地 18 公顷，种植的品种包括 70% 的梅洛，剩余的为赤霞珠和品丽珠，各占 15%，出产的葡萄置于 100% 的新橡木桶中发酵，酿制的酒液妙曼醇香，洋溢着深邃的黑果色泽。酒庄还有两款花妃酒庄副牌干红葡萄酒——"博伊斯花妃"（Bois Cardinale）和"花妃的秘密"（La Secrete de Cardinale），深受消费者青睐。

莫朗酒庄

莫朗酒庄（Château La Fleur Morange）是一个占地 2 公顷的优质酒庄，由让·弗朗索瓦（Jean François）和弗赫尼克·朱利安（Veronique Julien）经营。园内的葡萄藤龄有 100 多年，酿出的葡萄酒充满了丰富的黑醋栗、覆盆子和甘草气息。这两位酒庄主人都是天生的完美主义者（让·弗朗索瓦曾是一位著名的橱柜制造商），经营中的一些细微之处既朴素实用，又具有革命性，比如酒厂里建有一个阳台，可利用自然升温的热量进行乳酸发酵。

该酒庄的葡萄园葡萄种植比例为 70% 的梅洛、15% 的品丽珠和 15% 的赤霞珠。该酒庄另有一款由 100% 梅洛酿造而成的玛蒂尔德红葡萄酒（Matilde），前景很好。★新秀酒庄

芳宝酒庄

来到芳宝酒庄（Château Fombrauge），静静坐下来沉浸在葡萄酒的海洋中，细细品味贝尔纳·马格雷（Bernard Magrez）的精湛技艺吧。让消费者品尝过他的手艺后体验到极致奢华和满满幸福感，是他一直以来的追求。

他出品的酒款口感柔顺、果香浓郁，由 70% 的梅洛、30% 的品丽珠和长相思精心酿制而成。酒庄的副牌酒是芳宝卡德朗干红葡萄酒（Cadran de Fombrauge）。作为圣埃米隆产区中为数不多的生产白葡萄酒的酒庄，芳宝白葡萄酒（Fombrauge Blanc）是一款赤霞珠和赛美蓉混酿，还添加了一部分慕斯卡德，为酒液增添一抹花香。

枫嘉酒庄（列级酒庄）

枫嘉酒庄（Château Fonplégade）的葡萄园直面圣埃美隆产区的优秀合作酒窖。即使这里有公认的分级制度，这里的酒庄主人们可能不喜欢这种比较，但两者都显示了该产区焕然一新的面貌。酒庄旗下有 18 公顷的葡萄园，园内梅洛所占比例高达 91%，最近由美国银行家史蒂芬·亚当斯（Stephen Adams）按照最高标准进行了翻修。米歇尔·罗兰为其提供酿酒建议。葡萄酒在发酵前要经过 5 天的冷浸，并在 100% 新橡木桶中陈酿 24 个月。经此工艺酿出的酒极尽奢华，洋溢着夏日水果的风味和明朗绵柔的口感。酒庄的副牌酒是枫嘉副牌干红葡萄酒（Fleur de Fonplégade）。

富兰克酒庄（列级酒庄）

知性温和的阿兰·莫意克（Alain Moueix）经营着富兰克酒庄（Château Fonroque）。该酒庄采用生物动力法管理。对于列级葡萄酒来说，采用生物动力法管理实在要冒一定的风险，好在已经颇见成效。酒款的酒液呈现高贵的紫色，浅龄时单宁紧实，余味中充满纯净的果香，清新脆爽，同时一股矿物质气息在口中弥散开来，呈现出完美的均衡感。莫意克的 17 公顷的葡萄园主要种植梅洛葡萄，葡萄园在他的精心管理下自成一体，构成一个完整的生态系统。此外，莫意克在装瓶前不过滤酒液，充分保留葡萄酒的原汁原味。

弗朗梅诺酒庄（列级酒庄）

如果你要寻找圣埃美隆歌颂的现代版演绎典范，来弗朗梅诺酒庄（Château Franc Mayne）转一转是一个不错的选择。

这里出产的葡萄酒洋溢着黑樱桃的香味，极具活力，同时伴有新橡木、烤香草及糖霜的浓郁气息。该酒庄的主人格利叶·赫夫·拉维亚是瑞士人，他大胆革新，酒庄上下采用现代化工艺和设施，还兴建了一家屡获殊荣的精品酒店和一个全新的葡萄酒旅游中心。令人称奇的是，酒庄的酒窖是在石灰岩中凿出的，具有几百年历史，与上述的现代化风格形成鲜明对比。酒庄占地 7 公顷的葡萄园中种植了 90% 的梅洛和 10% 的品丽珠。就工艺而言，葡萄需冷浸一周才开始发酵酿制，因此该酒庄出品的酒款果味芬芳。其副牌酒弗朗梅诺副牌干红葡萄酒（Les Cèdres de Franc Mayne）占总产量的 20%。

嘉芙丽酒庄（一级特等酒庄 B 级）

嘉芙丽酒庄（Château La Gaffelière）是一个合资酒庄，股东均为该地区最古老的家族，由里昂·德马利特·罗克福尔（Léo de Malet Roquefort）伯爵主持。罗马时代，这里就开始种植葡萄。该酒庄有一个地下酒窖，由建筑师菲利普·马泽尔（Philippe Mazières）于 1990 年建造，该酒窖见证了酒庄工艺的更迭，包括引进新橡木、冷浸及苹乳发酵等技术。2009 年，酒庄又重新设计了商标。酒庄旗下的葡萄园是一个完整的地块，占地 22 公顷，共种植了 3 种葡萄：梅洛占比 80%，赤霞珠为 10%，品丽珠也是 10%。葡萄园正对面便是欧颂丘陵，穿过此地便可进入村庄。

格雷西亚酒庄

格雷西亚酒庄（Château Gracia）得名于其创始人米歇尔·格雷西亚（Michel Gracia）。他原本是石匠，后转行为酿酒师，然而他并非一位普通的老石匠，该地区不少精美的纪念碑均出自他之手。他将这种精益求精的态度同样运用到酿制葡萄酒中，出品的酒款深受消费者喜爱。

该酒庄出品的酒款口感醇厚浓郁，经 100% 的新橡木桶发酵而成，不惧萃取；酒体充满活力，带有黑醋栗、树脂和皮革的优雅香气。酒庄的葡萄园建于 1997 年，共占地 4 公顷。副牌酒是格雷西亚安格洛茨干红葡萄酒（Les Angelots de Gracia）。

大库尔班酒庄（列级酒庄）

大库尔班酒庄（Château Grand Corbin）酒款的典型特征是平衡感极佳、酸度适宜，洋溢着新鲜水果和烟熏橡木气息。该酒庄由菲利普·吉罗（Philippe Giraud）管理，是科宾高原另一家列级葡萄酒庄。15 公顷的土地采用绿色方式经营，不使用除草剂，所有的采摘工作均由手工完成。近年来，酒窖里新安装的重力输送设备颇见成效，出产的酒口感怡人，带有一丝难得的丝滑感。葡萄在酒厂的机动酒罐中通过滑轮系统运输，酒液需在新橡木桶中陈酿 12～14 个月。

高班德酒庄（列级酒庄）

弗朗索瓦·戴斯帕（François Despagne）是其家族的第七代传人，经营着占地 27 公顷的高班德酒庄（Château Grand Corbin-Despagne）。他对这块土地爱得深沉，那是一种掩饰不了的深厚感情。该酒庄的葡萄园以有机方式耕种，现在开始逐渐转向生物动力法——所有工作都由手工完成。酿酒用的葡萄在藤上和酒窖里都需要进行筛选，而且酒庄进行了多项实验，其中还增添了一台激光光学分拣台。酒庄的正牌酒由梅洛和品丽珠混酿而成，在橡木桶中发酵 14～18 个月（其中 40% 是新橡木桶）。酒庄的副牌酒是高班德副牌红葡萄酒（Petit Corbin-Despagne），该酒款主要选用藤龄较短的葡萄出产的果实，置于 50% 的两年新橡木桶和 50% 的大桶中培育而成。

大梅恩酒庄（列级酒庄）

自 20 世纪 30 年代以来，大梅恩酒庄（Château Grand Mayne）一直是诺尼（Nony）家族的产业。20 世纪 30 年代的 10 年间，大量科雷兹（Corrèze）地区的葡萄酒商人迁往波尔多，诺尼家族就在其中。占地 19 公顷的葡萄园中种植了 76%

枫嘉酒庄
拥有醇和奢华的葡萄酒，
值得投资。

的梅洛、13% 的品丽珠和 11% 的赤霞珠。酿酒师采用苹乳发酵法，将葡萄置于新橡木桶中培育，经此工艺出品的葡萄酒口感复杂、酒体平衡，带有清新的果味，同时单宁怡人，酸度恰到好处。大多数年份的酒在醒酒后饮用口感更佳。酒庄的副牌酒是大梅恩副牌干红葡萄酒（Les Plantes du Mayne），该酒款由 50% 未分级葡萄和 50% 短藤龄葡萄藤出产的果实酿制而成。

歌德酒庄（列级酒庄）

歌德酒庄（Château Gaudet）在 2006 年的评级中被降级，尽管后续得到恢复，但平心而论，该酒庄的葡萄酒还有上升的空间。酒庄聘请了史蒂芬·德农古担任顾问，这是一个良好的开端。酒庄有 5.5 公顷的葡萄园，大街尽头的位置还用石墙围了起来。该酒庄旗下的酒款属传统佳酿，结构良好，如果能更奔放一些，口感会更好。

上萨普酒庄（列级酒庄）

上萨普酒庄（Château Haut-Sarpe）是约瑟夫·扎努埃克斯（Joseph Janoueix）家族的产业，这家族在利布尔纳（Libourne）还有一家葡萄酒商行。这个名字值得铭记，因为该酒庄生产的酒在波尔多所有产区都不容小觑。该酒庄是该产区公认的老字号酿酒厂，在石灰石土质的高原上有 22 公顷的分级葡萄藤，酿造的葡萄酒浓烈醇厚，充满活力。该酒散发着丝丝烟叶的香气，结构良好，清新怡人，并伴有浓郁的莓果气息。

兰尼特酒庄（列级酒庄）

这是一个真正的家族经营的列级酒庄。过去两个世纪以来，兰尼特酒庄（Château Laniote）一直归拉科斯特（Lacoste）家族所属。现在，阿尔诺·德·拉菲奥利（Arnaud de la Fiolie）与他的妻子弗洛伦斯·里贝罗-盖扬（Florence Ribereau-Gayon，来自酿酒行业的名门望族）一起管理这片 5 公顷的酒庄。该酒庄的酒款橡木味突出，散发着浓郁的深色水果的气息，颇具夏日风情；同时配方中 20% 的品丽珠也为该酒款增色不少，香气沁人。其酒款结构良好，酸度适中，是一款适合陈年的佳酿。

高班德酒庄
来自圣埃美隆产区有机生物动力生产商的
倾情奉献，粒粒果实皆为精选。

圣埃美隆的葡萄园分布在圣埃美隆镇周围的斜坡上，屡获殊荣。

比萨酒庄

酒款混酿时加入了一点马尔贝克和佳美娜，风味独特。

柏菲-玛凯酒庄

通过生物动力法酿制的现代化酒款，令人拍案叫绝。

拉斯·杜嘉酒庄（列级酒庄）

拉斯·杜嘉酒庄（Château Larcis Ducasse）自 2002 年起便由尼古拉斯·蒂安邦经营，史蒂芬·德农古担任酒庄顾问。该酒庄位于柏菲酒庄的山坡上，俯瞰多尔多涅河谷（Dordogne Valley），自 18 世纪以来便为格拉蒂奥·阿尔方戴利（Gratiot Alphandéry）家族所有，是一座潜力极大的酒庄。酒庄的葡萄园占地 11 公顷，种植有 78% 的梅洛、20% 的品丽珠和 2% 的赤霞珠，出品的葡萄酒洋溢着樱桃般的红润色泽和新鲜的红醋栗果香。蒂安邦对葡萄园进行了广泛的地质学研究，确保种植园的葡萄栽培技术能符合土壤结构。倾听土壤的声音是蒂安邦的经营理念和信念，而这种态度也给他带来巨大的回报。

拉蔓德酒庄（列级酒庄）

拉蔓德酒庄（Château Larmande）占地 23 公顷，是该地区规模最大的酒庄之一。该酒庄归环球保险（La Mondiale）所有，另外还有 2.5 公顷的葡萄园位于圣埃美隆法定特级园的小拉蔓德酒庄（Cadet de Larmande）。2003 年，酒庄新建了一个发酵室，里面配有 16 个双层隔热不锈钢酒桶，大小不同，可以确保葡萄酒酿制的精确性。酒庄旗下的酒款由 65% 的梅洛、30% 的品丽珠和 5% 的赤霞珠混酿而成，口感丰富浓郁，带有烟熏的气息，令人心旷神怡。

拉罗克酒庄（列级酒庄）

拉罗克酒庄（Château Laroque）的建筑为路易十五时期的风格，外观为半透明的石制结构，美得让人窒息。玻马丁（Beaumartin）家族多年来孜孜不倦地提升酒的品质，酿制的酒款与酒庄的旖旎风光相得益彰，而他们的努力也最终得到回报。1996 年，该酒庄升为列级名庄。酒庄在布满碎石的斜坡上共有 58 公顷的葡萄园，园内葡萄的平均藤龄为 35 岁。其中梅洛占比 87%，品丽珠为 11%，还有 2% 的赤霞珠。只有 27 公顷的葡萄园出产的果实用于酿制酒庄的正牌酒，酒液需在橡木桶（新橡木占 50%）中陈酿 11～13 个月，成品的酒款带有浓郁红果口感，极具现代风格。

纳鲁斯酒庄（列级酒庄）

纳鲁斯酒庄（Château Laroze）占地 27 公顷，土质基本是黏土，主要种植梅洛葡萄（占比为 68%，因黏土土质，所产果实浓郁芬芳、含糖量较高）。酒庄新种植的葡萄藤之间均加大了密度，风味愈加浓郁。如遇不理想的年份，这种葡萄酿制的酒可能会略显醇厚，过犹不及，影响葡萄酒的口感，但梅兰（Meslin）家族经验丰富，在萃取阶段会选择稳妥的做法保障酒款的口感。该酒庄的酒款散发着紫苏的香甜口感，经新橡木桶陈酿又带有丝丝烧烤的熏香，与红醋栗的水果味道相得益彰，极具冲击力。20 世纪 90 年代，该酒庄采用过生物动力耕种法，但今天酒庄不再完全遵循这种苛刻的管理，不过仍然尽量减少人为干预。酒庄的副牌酒是拉弗尔-拉罗兹红葡萄酒（Lafleur Laroze）。

玛格莱娜酒庄（一级特等酒庄 B 级）

让·克劳德·贝鲁埃（Jean Claude Berrouet）退休前在帕图斯酒庄担任酿酒师，他经常说起玛格莱娜酒庄（Château Magdelaine）是莫意克（Moueix）家族产业中他最喜欢的一家酒庄。该酒庄的正牌酒是一款经典、内敛又高贵优雅的圣埃美隆佳酿，带有甜樱桃和雪松的浓郁口感，但余味中又透着丝丝的草本芬芳。酒庄旗下的葡萄园占地 10.5 公顷，种植了 90% 的梅洛和 10% 的品丽珠，其中有几株葡萄古藤可以追溯到 20 世纪 20 年代。酒庄的副牌酒是玛格莱娜桑格斯红葡萄酒（Les Sanges de Magdelaine）。

梦宝石酒庄（列级酒庄）

杰拉德·珀斯举世闻名的葡萄酒风格在梦宝石酒庄（Château Monbousquet）表现得一览无余，这是很中肯的评价，绝非浪得虚名。该酒庄的酒款果味浓郁，极具冲击力，同时质地醇厚，让人品后欲罢不能。梦宝石酒庄是珀斯于 1994 年在圣埃美隆产区购买的第一家酒庄，现在全家也在此居住。梦宝石酒庄被评为列级名庄的最高等级，这里为深厚的砾石土质，更易吸收热量，适合品丽珠和梅洛葡萄生长，因此酒庄以这两个品种为主，种植的比例分别为 30% 和 70%。酒庄的正牌酒为梦宝石干白葡萄酒（Monbousquet Blanc，由 66% 的长相思和 34% 的灰苏维翁混酿而成），这酒款充满了桃子、苹果花和进口水果的气息，深受葡萄酒爱好者喜爱。

拉梦多酒庄

拉梦多酒庄（Château La Mondotte）是圣埃美隆产区的一座小型酒庄，出产的葡萄酒可谓是对奢华二字的完美演绎。该酒庄是斯蒂芬·冯·尼珀（Stephan von Niepperg）旗下的酒庄，占地 4 公顷，系石灰岩土质，主要种植梅洛和品丽珠，但产量非常低。酒庄毗邻卓龙梦特酒庄，聘请了史蒂芬·德农古担任顾问，每年只生产 1.1 万瓶葡萄酒。酒庄的正牌酒堪称金汁玉液，陈年潜力极佳，经 100% 新橡木陈酿后，洋溢着浓郁的蓝莓和黑巧克力风味，余味中带有矿物质气息，结构极为平衡。该酒款风靡全球，是一款名副其实的佳酿。

加迪磨坊酒庄（列级酒庄）

加迪磨坊酒庄（Château Moulin du Cadet）拥有占地 5 公顷的葡萄园，采用生物动力耕种法管理植株，出产的葡萄酒经典无双，结构极佳，是圣埃美隆产区的力作，但又自成一体，与该地采用烤新橡木的酿制工艺或任何浮华的风格又截然不同。伊莎贝尔·布卢瓦-莫意克（Isabelle Blois-Moueix）和皮埃尔·布卢瓦-莫意克（Pierre Blois-Moueix）于 2002 年开始采用有机酿酒工艺，2005 年采用纯生物动力法经营酒庄。他们经营方式的转变可能是得到伊莎贝尔的哥哥阿兰·莫意克（Alain Moueix，效力于富兰克酒庄，是生物动力学领域的灵魂人物）的帮助，无论出于什么原因，这一转变带来了可观的改进，酒庄 100% 梅洛酿制的葡萄酒充满了丝滑的红果风味，备受消费者青睐。

柏菲酒庄（一级特等酒庄 B 级）

柏菲酒庄（Château Pavie）出品的酒款经常成为圣埃美隆产区新旧风格争议的焦点，但撇开风格不说，这一点足够证明酒庄主人杰拉德·珀斯的奋发有为和远见卓识。在理想的年份，他的葡萄酒大都由 60% 的梅洛、30% 的品丽珠和 10% 的赤霞珠混酿而成。所有葡萄都出自其 43 公顷葡萄园，采摘后放在小板条箱储运，避免果粒遭受破坏，然后在 80%～100% 的新橡木桶中酿制。该酒庄的浅龄酒单宁口感突出，但 8 年以上的老年份葡萄酒浓郁醇厚，高贵优雅，能充分证明珀斯的工艺是毋庸置疑的。

柏菲-德赛斯酒庄（列级酒庄）

柏菲-德赛斯酒庄（Château Pavie-Decesse）是柏菲酒庄的主人杰拉德·珀斯旗下的产业。该酒庄位于石灰石高原，占地9公顷，比著名的柏菲酒庄占地面积要小，种植的葡萄品种为90%的梅洛和10%的品丽珠。想必大家也能猜中，这里出产的葡萄与柏菲酒庄的完全一样，严格遵守绿色采收要求，全部手工采摘分选，邀请米歇尔·罗兰负责监督酿酒工艺。该酒庄每年生产2.4万瓶葡萄酒，不酿制副牌酒。酒款匠心独运，经珀斯之手，口感浓郁醇厚、特色鲜明，单宁结构紧实，散发着诱人的红果香气，处处彰显着底气与信心，让人难以抗拒。

柏菲-玛凯酒庄（一级特等酒庄 B 级）

柏菲-玛凯酒庄（Château Pavie Macquin）出品的佳酿是列级名庄的翘楚，酒瓶一开，心潮澎湃，专为重要场合而生。酒庄拥有15公顷的葡萄园，主要种植梅洛葡萄（占比80%），采用生物动力法种植。总监尼古拉斯·蒂安邦孜孜不倦地打理着酒庄上下，运用现代技术酿造出精美绝伦的葡萄酒。该酒庄的佳作属现代风格，运用微氧化法将成熟的葡萄进行全果粒发酵，酿制的酒款充满了甘草和巧克力芳香，酸度适中，不会冲淡酒体的均衡结构。柏菲-玛凯酒庄在历史上鲜有败绩——在根瘤蚜肆虐的时代，创始人阿尔伯特·麦奎恩负责将葡萄嫁接到砧木上，帮助该区的葡萄躲过一劫。传承至今，酒庄现在的酒庄主人也都是他的后人。

比萨酒庄

比萨酒庄（Château de Pressac）坐落在圣埃美隆产区东部的石灰岩高原上，是圣埃蒂安德利斯的最高点，酒庄主人为当地葡萄酒协会主席让-弗朗索瓦·奎宁（Jean-François Quenin）。奎宁于1997年买下该酒庄，之后他做得最不寻常的一件事就是在陡峭的山坡上开垦梯田。他还将原有的葡萄拔掉，引进并重新种植了新的品种。葡萄园现在植有72%的梅洛、14%的品丽珠、12%的赤霞珠，剩下2%为佳美娜和马尔贝克（该葡萄之前被称为"普雷萨克"）。该酒庄旗下的酒款结构平衡，橡木气息恰到好处，口感柔顺丝滑。还有一点，历史爱好者们可能会很感兴趣：1453年7月20日，卡斯蒂永战役（Battle of Castillon）结束后，英国人向法国人投降的地点正是此地。★新秀酒庄

佩邑酒庄（列级酒庄）

佩邑酒庄（Château Le Prieuré）的同名正牌酒口感清新，洋溢着浓郁的黑樱桃果味，单宁精妙。该酒款高端大气，带有美妙的烟熏橡木味，非常吸引人。酒庄自有6公顷的葡萄园，由酒庄主人保罗·戈德施密特（Paul Goldschmidt）和酿酒学家亚尼克·雷雷尔（Yannick Reyrel）共同打理。葡萄园坐落在山坡上，放眼望去，山下中世纪的村庄一览无余。酒庄的酒款主要由90%的梅洛和10%的品丽珠混酿而成，单宁柔顺，一两年内饮用风味尤佳，此外该酒款也具有很大的陈年潜力。酒庄的副牌酒是牧师之悦红葡萄酒（Délice du Prieuré），该酒款由100%的梅洛酿制而成，适合开瓶即饮。

君豪酒庄

君豪酒庄（Château Quinault L'Enclos）的很多地方令人着迷。该酒庄之前名为"Château Quinault"，前酒庄主人阿兰·雷诺在名字后面添加了"L'Enclos"一词是想着重体现这座高墙内的葡萄园魅力四射，美不胜收。尽管该酒庄出产高品质现代风格的葡萄酒，但仍有欧洲旧世界葡萄酒的痕迹；酒体结构均衡，带有新橡木的清甜口感和黑果的馨香风味。2008年，白马酒庄的伯纳德·阿诺特和阿尔伯特·弗雷买下了该酒庄。酒庄的葡萄园占地16公顷，出产的酒款品质优良，但前酒庄主人雷诺与罗伯特·帕克之间的友谊一直被人们津津乐道，消费者一时接受不了酒庄易主的事实，所以酒庄的新团队将会努力解决这一问题。阿诺特接任后，聘用了皮埃尔-奥利维耶·克鲁埃（Pierre-Olivier Clouet，是皮埃尔·卢顿在白马酒庄的同事）出任酒庄的技术总监。

雷纳·布兰奇酒庄

雷纳·布兰奇酒庄（Château Reine Blanche）是一个值得关注的小酒庄，因为它的酒庄主人便是才华横溢的弗朗索瓦·戴斯帕（François Despagne，效力于高班德酒庄）。该酒庄占地6公顷，属砂质和砾质土壤，酒庄主人运用自家出产的葡萄每年出产3.6万瓶葡萄酒。该酒庄的酒款由65%的梅洛和35%的品丽珠混合酿造，浓烈强劲但口感柔滑，带有成熟水果的细腻优雅，余味中含有巧克力的醇厚味道。

里乌·德·泰拉斯酒庄

里乌·德·泰拉斯酒庄（Château Riou de Thaillas）是一个值得铭记的酒庄，酒庄主人让-伊夫·杜贝奇（Jean-Yves Dubech）拥有两家葡萄园，另外一家是卡龙佛朗萨产区（Canon-Fronsac）的朗克洛圣路易酒庄（L'Enclos St-Louis）。这处占地3公顷的土地靠近波美侯产区，而且土质和波美侯产区也相仿：黏土中富含铁矿。酒庄全部种植梅洛葡萄，结出的果实泛着紫罗兰的色泽，风味浓郁。在酿酒学家安妮·卡尔代罗尼（Anne Calderoni）的帮助下，这两家葡萄园都采用生物动力法。尽管酿酒工艺属旧世界风格，但酒庄出产的酒款有两大特点：风味浓郁，具有现代感。如果你问酒庄主人什么时候最适合摘葡萄，他会告诉你："当鸟儿飞来争相啄食葡萄的时候，我便知道葡萄已经成熟了。"

丽柏酒庄（列级酒庄）

丽柏酒庄（Château Ripeau）占地15公顷，其葡萄园毗邻白马酒庄和飞卓酒庄，同为沙砾土质，园内赤霞珠和品丽珠长势喜人，占比高达35%。酒庄黏质砂土部分则全部种植梅洛，产出的葡萄颇有些波美侯产区的特色，风味浓郁。该酒庄从1955年刚推出等级制度时便入选列级名庄，如今由芭芭拉·雅努埃克斯·库特尔（Barbara Janoueix Coutel）和她的表兄弟路易斯·德·王尔德（Louis de Wilde）共同经营。新一代经营者引进新技术，会在必要时使用反渗透法，发酵前进行冷浸来浓缩风味，突出酒液的水果气息。

侯勒情人酒庄

侯勒情人酒庄（Rol Valentin）是酒庄主人尼古拉斯·罗宾（Nicolas Robin）从足球运动员埃里克·普里塞特（Eric Prissette）手中买下的，该酒庄名字妖艳华丽，同酒庄出品的享乐主义风格的酒款相得益彰。该酒庄占地4.6公顷，年均生产1.4万瓶

史蒂芬·德农古

右岸的另一位重量级葡萄酒顾问史蒂芬·德农古（Stéphane Derenoncourt）以其自然酿制手法而闻名，倡导生物动力、有机、可持续的葡萄酒酿造工艺。他沿用勃艮第酿酒师的做法，比如在葡萄园分地块作业，采用全果发酵，在酒桶里整体酿制，追求酒体"果香、均衡和愉悦感"。他完全是自学成才。1982年，他来到波尔多，从葡萄采摘工做起，通过观察、试验和反复试错，慢慢积累知识。他是"新生代葡萄酒顾问中的第一人"，突出特点就是靠实践出真知，不仅仅是泡在实验室里靠数据学手艺。德农古现在拥有自己的酒庄，包括弗朗卡斯蒂隆的狄拉酒庄（Domaine de l'A）和圣埃美隆（Saint-Emilion）的利索里吉恩酒庄（Les Trois Origines），还为70多家酒庄提供咨询服务，比如圣埃美隆产区的富尔泰酒庄（Clos Fourtet）、大炮嘉芙丽酒庄（Canon-la-Gaffelière）和拉梦多酒庄（La Mondotte）等，以及佩萨克-雷奥良产区的骑士酒庄（Domaine de Chevalier）和玛歌产区（Margaux）的荔仙酒庄（Prieuré-Lichine）等。

葡萄酒。其大多数梅洛葡萄藤（86%）都是通过细密剪枝和绿色采收来严格限制产量。酒窖中采用的技术则包括在小木桶中手动压帽及在100%的新橡木桶中陈酿等。酒庄的顾问是史蒂芬·德农古，在这里，他似乎把古训良言都抛到一边，大胆尝试新工艺，出产的酒款富有烤香草、烤橡木和水果等气息，极富特色。

拉赛尔酒庄（列级酒庄）

拉赛尔酒庄（Château La Serre）的葡萄酒细腻优雅，闻起来清新怡人，但酒劲浓烈；酒液中洋溢着薄荷、香草和大量新鲜水果的气息。近年来，该酒庄的佳酿似乎突破了新高度：葡萄酒由让-皮埃尔·莫意克公司（Ets JP Moueix）负责销售，所有者为达尔福尔［d'Arfeuille，波美侯产区柏安特酒庄（La Pointe）的前酒庄主人］家族。酒庄在圣埃美隆高原上有7公顷的葡萄园，土壤为石灰石土质，含有少量黏土，主要种植梅洛葡萄（占80%，剩下20%种植赤霞珠）。旗下的酒款需在100%新橡木桶中陈酿16个月。

苏塔酒庄（列级酒庄）

近年来，苏塔酒庄（Château Soutard）的葡萄酒风格发生了变化，酒体结构变得愈发盈润丰满，同时新橡木比例提高，陈酿后带来的摩卡咖啡味道尤为迷人。这种质的飞跃要归功于环球保险公司的各位股东的努力。该公司在2006年买下了这块占地22公顷的酒庄，进行大刀阔斧的改革。酒庄的正牌酒由70%的梅洛和30%的品丽珠混酿而成。在魅力四射的克莱尔·托马斯-薛纳德的管理下，酒庄改头换面，葡萄园和酒窖进行了大力整改，不久的将来还会进行进一步的修复重建等工作。就目前而言，酒庄旗下的正牌酒物有所值，副牌酒苏塔贾斯红葡萄酒（Jardins de Soutard）亦是如此。

罗特波夫酒庄

弗朗索瓦·米贾维勒（François Mitjavile）酿造的罗特波夫葡萄酒（Château Tertre Roteboeuf）是圣埃美隆产区最受喜爱的一款非分级葡萄酒。该酒庄的葡萄园占地5.7公顷，葡萄藤平均年龄为45岁，品种主要为85%的梅洛和15%的品丽珠。该酒庄的葡萄挂果时间极长，葡萄果在高温下发酵酿造。酒庄旗下的酒款不经过滤进行瓶装，弥漫着黑醋栗和黑莓的浓郁芳香。这款奢华精致的葡萄酒魅力四射，不知不觉中便能让你烂醉如泥，但醒来时不上头，可让你感受到温香甜蜜。

拉图飞卓酒庄（列级酒庄）

拉图飞卓酒庄（Château La Tour Figeac）是圣埃美隆产区为数不多的砾石土质的葡萄园（最有名的是白马酒庄）。该酒庄归雷滕迈尔（Rettenmaier）家族所有，占地14.5公顷，其中砂土含量较高的地区主要种植梅洛（60%），园区剩下的砾石土质全部种植品丽珠。酒庄聘用弗朗斯瓦·布歇（François Bouchet）出任顾问，全园采用生物动力方式进行耕作。在口感上，该酒庄的酒款浓郁醇厚，果味丰富，还带有丝丝微妙的熏香草本和雪松的味道，凸显了酒体的复杂性。该酒庄的副牌酒是拉图飞卓素描干红葡萄酒（L'Esquisse de La Tour Figeac）。

罗特波夫酒庄
虽然不是出自列级名庄，
但它拥有一批忠实的追随者。

老普瑞酒庄
该酒庄采用活机耕作，
是跨地区混酿的先驱酒庄。

飞卓塔酒庄（列级酒庄）

从2006年开始，飞卓塔酒庄（Château La Tour du Pin）就成了白马酒庄阿诺特和弗雷旗下的产业，值得葡萄酒爱好者深入了解一下。这不仅是因为天资聪颖的皮埃尔·卢顿负责葡萄酒酿造，还在于酒庄在技术上也进行了改进，比如酒庄主人会根据土壤实施新式葡萄园管理。该酒庄出品的酒款果香纯净娴雅，令人难以忘怀，洋溢着沁人心脾的新鲜树莓和樱桃气息。随着技术的进步，酒款也日臻完美。从原材料上看，因为该酒庄的土壤为砾石、砂土和石灰石混合土质，所以这片占地11公顷的酒庄种植的梅洛（75%）和品丽珠（25%）质量上乘，风味浓郁。
★新秀酒庄

卓龙-梦特酒庄（一级特等酒庄B级）

卓龙-梦特酒庄（Château Troplong-Mondot）的酒庄主人是身材娇小但活泼可爱的克里斯汀·瓦莱特（Christine Valette）。她与丈夫泽维尔·帕里恩特（Xavier Pariente）锐意进取，在提升葡萄酒质量方面取得了巨大进步。酒庄的葡萄园占地34公顷，属石灰石黏土土质，土层较深。对于这个产区来说，该酒庄规模算是比较大的，其中最古老的葡萄藤已经有90年的历史。该酒庄采用有机作业，杜绝使用任何除草剂、化学肥料或杀虫剂。酒庄出品的酒款由90%的梅洛、5%的赤霞珠和5%的品丽珠混酿而成，是圣埃美隆产区口感比较浓烈的酒款，适合好友间促膝聊天时品用。

老托特酒庄（一级特等酒庄B级）

老托特酒庄（Château Trotte Vieille）的东家是卡斯特加（Castéja）家族的酒商（效力于波赫-马努集团）。该酒庄的酒款香气馥郁、高贵优雅，原材料为梅洛和品丽珠，含量几乎各占一半，再加上少量的赤霞珠增加酒体的单宁结构。工艺上，酒款需在80%的新橡木桶中陈酿18个月，不经过滤直接装瓶。酒庄旗下的葡萄园占地10公顷，出品的酒款有时候表现不佳，但总体上呈上升趋势。

瓦兰佐酒庄

瓦兰佐葡萄酒自1989年推出以来就与"传奇"二字结下不解之缘，这家酒庄经历了很多故事，是人们茶余饭后的谈资。瓦兰佐酒庄（Château de Valandraud）最初由让-吕克·图纳文（Jean-Luc Thunevin）和他的妻子米里耶娜·安德罗（Murielle Andraud）创建，占地仅0.6公顷，后来成为20世纪90年代席卷右岸的车库酒运动中最引人注目的一家酒庄。这段传奇有时会掩盖这座优质酒庄的真正成就，其实该酒庄的正牌酒果味澄澈浓郁，单宁爽口多汁，结构精妙均衡，品质极为上乘。酒庄的副牌酒是瓦兰佐维吉妮干红葡萄酒（Virginie de Valandraud），还有一款三牌酒：瓦兰佐酒庄3号干红葡萄酒。此外，该酒庄还出产瓦兰佐酒庄1号和2号干白葡萄酒。

老普瑞酒庄

老普瑞酒庄（Château Vieux Pourret）拥有一片占地6公顷的葡萄园，采用生物动力法种植。该酒庄之前一直不温不火，但罗讷传奇人物米歇尔·塔迪厄和波尔多顾问奥利维尔·道加共同出产了一款迪克西特（Dixit）葡萄酒之后，酒庄大放异彩。酒庄的葡萄采用纯手工采摘，果实分地块置于小酒桶中进行低温发酵，酿制的酒款高贵典雅，特色非常鲜明，品后余韵优雅。该酒庄的主打款葡萄酒也同样高雅迷人，酒庄主人西尔维·里榭-布特（Sylvie Richert-Boutet）和经理让·菲利普·图尔图（Jean Philippe Turtaut）精诚合作，以 80% 的梅洛和 20% 的品丽珠为原材料酿制出散发着野莓和磨石香气的佳酿，极具特色。★新秀酒庄

康特纳克酒庄

康特纳克酒庄（Clos Cantenac）虽说是圣埃美隆产区的一个新酒庄，实际上是复兴了一座非常古老的酒庄。该酒庄归英国葡萄酒生产商马丁·克拉耶夫斯基 [Martin Krajewsi，还是波尔多索尔斯酒庄（Château de Sours）和澳大利亚史歌园酒庄（Songlines）的酒庄主人] 与新西兰人马库斯·勒格莱斯（Marcus Le Grice）共同拥有。酒庄出品的酒款有浓郁的西洋李和红醋栗口感及天鹅绒般丝滑的单宁，品后带来极致的味蕾体验，彰显了酒庄只出品佳酿的端正态度。该酒款由 90% 的梅洛和 10% 的品丽珠混合酿制而成，出产的第一个年份是 2007 年，即使在那个艰难的年份，他们还是成功地交付了自己的作品，堪称使命必达的典范。酒庄葡萄园占地面积 1.7 公顷，每年只生产 7500 瓶葡萄酒。

富尔泰酒庄（一级特等酒庄 B 级）

从圣埃美隆主教堂（圣埃美隆有几座教堂，有一座甚至建在地下）出发步行不远就能看到一座高墙围住的美丽酒庄——富尔泰酒庄（Clos Fourtet）。该酒庄自 2001 年起就归库夫利耶（Cuvelier）家族所有，史蒂芬·德农古担任酒庄顾问。酒庄葡萄园占地 19 公顷，葡萄品种以梅洛（85%）为主，剩余部分则种植赤霞珠和品丽珠。酒庄下方是石灰石基岩，匠师们开挖了大量地下酒窖，酒庄的葡萄酒在 80% 的新橡木桶中陈酿 16～18 个月，然后置于酒窖中陈年。酒庄的正牌酒是一款非常适合陈年的葡萄酒，富有芬芳的花香和清新的矿物质气息，结构坚实，平衡度极佳。酒庄还出产富尔泰酒庄副牌红葡萄酒（Closerie de Fourtet）。

玛德莱娜酒庄

金钟酒庄的休伯特·布瓦德自 2006 年以来一直担任玛德莱娜酒庄（Clos La Madeleine）的顾问。酒庄占地面积只有 2.2 公顷，在圣埃美隆产区算是很小的一座酒庄。园内种植的葡萄品种包括 75% 的梅洛和 25% 的品丽珠，平均年龄为 32 岁。该酒庄出品的酒款精致优雅、果香浓郁、质地丝滑，单宁处理得恰到好处，也没有过度萃取等问题。

奥哈瓦酒庄（列级酒庄）

自 1991 年以来，该酒庄一直是史蒂芬·冯·尼庞尔格的一处酒庄。20 年间，他成功地将奥哈瓦酒庄（Clos de l'Oratoire）打造为该产区的顶级葡萄酒品牌。该酒庄占地 10 公顷，园内主要种植梅洛葡萄，出产的果实置于 70% 的新橡木桶中陈酿平均 18 个月。酒庄出品的酒款高贵奢华、结构均衡，带有成熟浆果的果味。与尼庞尔格酿制的其他葡萄酒相比，该酒款需陈年稍长的时间让酒体更柔顺丝滑，这款酒陈年潜力极大，绝对是一款可以尽情享用的佳酿。

圣马丁酒庄（列级酒庄）

圣马丁酒庄（Clos St-Martin）是该产区规模最小的一座列级名庄，占地面积只有 1.3 公顷，是我们葡萄酒之旅的意外收获。该酒庄的主人是索菲·富尔卡德（Sophie Fourcade），他聘用米歇尔·罗兰担任顾问，伯努瓦·图尔贝-德洛夫（Benoît Turbet-Delof）担任酿酒师。酿制工艺上，该酒庄的酒款无论是苹乳发酵还是陈酿都在 100% 的新橡木桶中进行，绝对物超所值。该酒款有着红宝石般迷人的色泽，其中梅洛含量占 75%，因此该酒款的口感主调便是梅洛那种成熟浓郁的果香。该家族还拥有另一座列级名庄——梅利酒庄（Les grand Murailles）。

雅科宾修道院酒庄

近年来，雅科宾修道院酒庄（Couvent des Jacobins）出现了一些质量问题，但该酒庄依然值得一提，因为这里是历史的见证者。该酒庄的所有者是罗斯·诺埃尔·博德（Rose Noël Borde），旗下的葡萄园占地 10.5 公顷，种植的品种主要是梅洛。另外，在这座中世纪村庄中心的地下，该酒庄还有多处精妙绝伦的酒窖。罗斯就在这里出生，其酿制的葡萄酒也在这座 13 世纪建造的前修道院中出品，标签上写有 "mise en bouteille au couvent" 字样，意为 "在修道院装瓶"。就这一点值得我们去品一品这款葡萄酒吗？自然不是，该酒款结构良好，优雅迷人，但有时似乎果味不够突出。

乐多美酒庄

乐多美酒庄（Le Dôme）位于一个排水性能良好的山坡上，葡萄园的占地面积为 3 公顷，毗邻金钟酒庄。酒庄主人乔纳森·马尔图斯（Jonathan Maltus）在右岸拥有 52 公顷的葡萄园，其中大部分位于圣埃美隆产区，但很多都是单独的小地块，因此出品的葡萄酒很多都是单一园区的葡萄酒。该酒庄进行 3 次绿色采收来控制产量，出品的酒款呈现黑醋栗的深沉色泽，带有甜甜的熏烤橡木的气息，香气四溢。该酒的特点是品丽珠含量很高，在绝大多数年份中占比 73%。

穆林圣乔治酒庄

穆林圣乔治酒庄（Moulin St-Georges）也被称为 "迷你欧颂酒庄"，因为这两家的酿酒团队是完全一样的。该酒庄拥有 7 公顷的葡萄园，其中梅洛占比 80%，其余葡萄品种都是品丽珠。该酒庄葡萄产量很低，全部工序均由手工完成，选用不锈钢酒桶酿酒。酒庄的酒款奢华高贵，不经过滤直接装瓶，充满了浓郁的秋果风味，余味中带有蓝莓和燧石的丝丝气息。该酒款无疑是值得葡萄酒爱好者寻觅收藏的佳酿。★新秀酒庄

老马泽拉酒庄

乔纳森·马尔图斯于 2008 年成功收购了老马泽拉酒庄（Vieux Château Mazerat）。这次收购是他与乐多美酒庄进行的长达 10 年的一场交易，之前该酒庄是乐多美酒庄的一片葡萄园。该酒庄有两个葡萄园，一个毗邻金钟酒庄，另一个则靠近卡农酒庄，总占地面积 4 公顷，葡萄品种主要为梅洛（65%）和品丽珠（35%）。园内有些是 1947 年栽种的老藤葡萄，酿制出的酒款酒劲浓烈，带有蓝莓和烟熏木料的香甜气息，浓郁深邃，令人心旷神怡。★新秀酒庄

老马泽拉酒庄
乔纳森·马尔图斯精心打造的佳酿，口感浓郁醇厚，令人心旷神怡。

老托特酒庄
随着工艺标准的提高，这款高贵优雅的葡萄酒值得一品，不容错过。

波美侯产区

波美侯产区（Pomerol）的葡萄园占地总面积不到 800 公顷，这里不仅面积小，而且被划分为无数个小地块，每个葡萄园平均占地面积仅为 2.2 公顷。整个波美侯产区约有 155 个酒庄，有 50 个酒庄的面积在 2 公顷以下，有 30 个在 1 公顷以下——因而该产区被称为波尔多的勃艮第。梅多克地区有众多大公司，与此不同的是，波美侯产区则以小葡萄园为主。与右岸的大部分地区一样，梅洛亦是波美侯产区种植最多的品种，但与邻近的圣埃美隆相比，这里梅洛的表现更加浓烈有力，这是由于土壤中含有坚硬的沉积岩（氧化铁含量较高），该土质赋予了葡萄酒松露和紫罗兰的风味。

主要葡萄种类

🍇 红葡萄

品丽珠

梅洛

年份

2009
虽然冰雹影响了部分地区的产量，但该年份是个非凡之年，自然条件近乎理想。该年份产出的葡萄酒富有表现力，适合陈年。

2008
这一年喜忧参半，夏季过于潮湿，后来阳光充足，一直持续到收获季节。大多数葡萄酒品质上佳，但选购时要谨慎挑选。

2007
这一年气候条件不佳，葡萄酒品质各异。该年份出产了一批品质上乘、口感柔和的葡萄酒。

2006
该年份十分理想，波美侯产区的品质优于其他产区，尤其是早熟的梅洛。

2005
这一年的生长条件极佳，出产醇香美酒，适合长期储存。

2004
该年份盛产经典、物超所值的葡萄酒。生产商需适当剪枝，避免早期的雨水影响产量。收获季节光照充沛。

2000
波美侯产区于千禧年产出的葡萄酒品质尤为突出，单宁充沛强劲。

著名的波美侯产区虽美名远扬但却低调。该产区遍布小葡萄园（种植比例为 70% 的梅洛、25% 的品丽珠、5% 的赤霞珠），大多数葡萄酒都是在不起眼的外屋中酿造；大酒庄的数量屈指可数。波美侯产区并未对葡萄酒进行分级，这就是该产区低调朴实的最明显体现。如果只看标签的话，你很难将闻名遐迩、产品价格不菲的帕图斯酒庄或里鹏酒庄与该地其他酒庄区别开来。这使得许多最好的葡萄酒成为"内部秘密"，但同时也减少了葡萄园和酿酒厂的限制。在梅多克和圣埃美隆产区，酒品分级仍占主导，而在波美侯，才华横溢的新酒庄则有更好的机会在此立足。

在波美侯的酒庄里，你可能会发现所有工序皆由手工完成，这里开创了诸如逐块分拣等许多新技术，而后则在波尔多地区广泛应用。从 2018 年起，一项新规定要求，所有标有波美侯法定产区的葡萄酒必须在该产区内酿造。此举旨在保护葡萄酒的声誉，但也威胁到一些较小的生产商，这些厂商只得出售产区边界内的酒厂，放弃建造豪华酒厂。相反，这项规定对大品牌酒庄有利，他们可能会买下这些广受欢迎的地块。

波美侯产区栽种的葡萄藤可以追溯到罗马时代，中世纪时，耶路撒冷的宗教兄弟会在此种植葡萄，该地区基本接近现今形貌。在百年战争（Hundred Years' War）中，这些葡萄遭到破坏，但随后数个世纪里，人们重新栽种，并从那时起逐渐声名远扬。20 世纪初，

法国中部科雷兹地区骚乱频发，该地的酿酒师涌入波美侯，使得波美侯产区更加声名鹊起。

后来，米歇尔·罗兰和莫意克家族给波美侯产区带来了深远的影响。罗兰在此继承了家族酒庄——邦巴斯德酒庄（Château Le Bon Pasteur），该酒庄是波尔多地区最闻名的酒庄。神秘的莫意克家族随着科雷兹移民潮迁徙至此。两者都在波尔多地区及其酿酒业上留下了不可磨灭的印记。时至今日，罗兰和其他几个人仍然经营着这个家族酒庄。罗兰作为一名顾问酿酒师，其影响力与日俱增，使得波美侯产区在国际上闻名遐迩。罗兰倡导使用完全成熟的葡萄酿得具有浓郁水果风味的佳酿。让-皮埃尔·莫意克（Jean-Pierre Moueix）于 1913 年出生在科雷兹，1929 年大萧条后，随父母搬到圣埃美隆。1937 年，莫意克在利布尔讷的普里奥拉堤岸（Quai du Priourat）建立了一家葡萄酒企业，他的儿子克里斯蒂安现在经营着这家企业——JPM 公司，同时还经营着包括卓龙酒庄（Trotanoy）和美歌酒庄（Hosana）在内的几家业内领先的酒庄。让-皮埃尔的另一个儿子让-弗朗索瓦拥有帕图斯酒庄和一家葡萄酒商行杜克洛集团（Duclot）。经过他们的共同努力，波美侯半数以上的酒庄都与莫意克家族有着千丝万缕的关系，莫意克家族负责售卖其酒品或者直接经营酒庄。

十字酒庄

臻享这款强劲浓烈的美酒之前需要耐心。

康赛扬酒庄

波美侯产区最受瞩目的酒庄之一，
融合创新技术酿制美酒。

宝莲酒庄

宝莲酒庄（Château Beauregard）的葡萄园占地 17.5 公顷，酒品颜色透亮，风味明朗，果香紧实浓郁（由 70% 梅洛与 30% 品丽珠混酿而成）。该酒庄的正牌酒散发着波美侯产区的独特魅力，单宁柔顺。该酒庄还是波美侯产区为数不多的"正统"酒庄之一，古根海姆（Guggenheim）家族因其独特魅力在美国长岛委托仿建了该酒庄。自 20 世纪 90 年代初葡萄园地产公司（Vignobles Foncier）购得该酒庄之后，该酒庄的葡萄园、酿酒厂和酒桶酒窖都进行了修复。该酒庄的另一款产品是宝莲酒庄副牌干红葡萄酒（Benjamin de Beaurerd），该酒款酒精含量较低，原料中品丽珠占比较高。

贝艾尔酒庄

贝艾尔酒庄（Château Bel-Air）占地 13 公顷，自 1914 年以来，一直由苏德拉特-梅莱（Sudrat-Melet）家族掌管。该酒庄出品的葡萄酒由 95% 的梅洛和 5% 的品丽珠混酿而成，口感清新，富有浓郁的李子风味，近年来，酒质显著提高。酒庄提高了葡萄藤种植密度，采用更精确的逐块采收方式，保证了较高的成熟度。特别值得一提的是，该酒庄的副牌酒（Château L'Hermitage de Bel-Air）质量上乘，物超所值。苏德拉特-梅莱家族还经营着弗龙萨克（Fronsac）的博塞酒庄（Château Beauséjour）。

邦高酒庄

邦高酒庄（Château Bonalgue）在 20 世纪 20 年代由伯哈特（Bourotte）家族掌管，除此之外，伯哈特家族还经营着克洛歇尔酒庄（Clos du Clocher）。该酒庄占地 7 公顷，土壤多砂土、黏土和砾石，属典型的波美侯土质，富含铁元素，种植的品种为 90% 的梅洛和 10% 的品丽珠。米歇尔·罗兰任顾问酿酒师，让-巴普蒂斯特·伯哈特（Jean-Baptiste Bourotte）负责酒庄的日常运营。邦高酒庄不断提高种植密度，养育根茎，精心修剪，降低产量，所有努力都已开花结果，这家久负盛名的酒庄的口碑稳步提升。最近几年的酒非常奢华大气，让人欲罢不能。

邦巴斯德酒庄

邦巴斯德酒庄（Château Le Bon Pasteur）是米歇尔·罗兰的家族产业，因此人们对该酒庄的期望值颇高。1978 年，罗兰与妻子丹妮共同经营该酒庄，酒庄的葡萄园占地仅 7 公顷，且不在波美侯产区的高地上。尽管如此，罗兰还是将自己的许多重要理念融汇到了这款令人称心快意的葡萄酒中。这款酒由 90% 的梅洛和 10% 的品丽珠酿制，葡萄藤冬季修剪，夏季疏果，产量非常低，40 年的葡萄藤赋予了酒品口感丰富、浓烈紧致的风味。为达到最佳成熟度，葡萄要尽可能晚摘。酒庄使用开放的不锈钢桶进行发酵，以便于压帽。酒液在橡木桶中发酵 18 个月（其中新橡木的比例占 80%），不经过滤直接装瓶，散发着甜摩卡咖啡和黑醋栗的迷人气息，单宁紧实，魅力十足。

布尔纳夫-瓦龙酒庄

布尔纳夫-瓦龙酒庄（Château Bourgneuf-Vayron）生产的葡萄酒经多年陈酿，单宁浓郁，带有烟熏肉和甘草芯的主调气息，同时富有烤橡木的香味。这本应是一款重量级葡萄酒，而在名酒辈出的波美侯产区，这款实际上鲜为人知。泽维尔和多米尼克·瓦龙（Dominique Vayron）经营着这家酒庄。酒庄占地 9 公顷，是栽种梅洛的单一葡萄园，紧挨着卓龙酒庄。自 1831 年起，这个家族便开始经营该酒庄，2008 年，他们的孩子弗雷德里克和玛丽着手经营酒庄，并延续了家族的传统。★新秀酒庄

拉卡班酒庄

20 世纪初，科雷泽地区移民来到波美侯，创立了酿酒师公社。后来，该公社负责经营拉卡班酒庄（Château La Cabanne）。起初，艾斯塔格（Estager）家族创立了一家葡萄酒公司，后于 1934 年买下了拉卡班酒庄。酒庄占地 9 公顷，葡萄酒产量达 5 万瓶。该酒庄旗下的酒款带有松露和香料气息，口感丰富柔和，余味芬芳怡人。葡萄酒具有浓郁的梅洛特色，而品丽珠用量仅为 8%。弗朗索瓦·艾斯塔格（François Estager）负责经营拉卡班酒庄，该家族还拥有普林榭特酒庄（Château Plincette），占地仅 2 公顷，其中品丽珠比例高达 30%。

色丹迪美酒庄

色丹迪美酒庄（Château Certan de May）的葡萄园占地 5 公顷，坐落在里鹏酒庄对面。奥德丽·巴鲁（Odette Barreau）和她的儿子让·吕克（Jean Luc）一同经营该酒庄，葡萄酒产量达 2.4 万瓶，酒款花香四溢，具有紫罗兰花泥口感，还带有烟熏的雪松气息，口感丰富，单宁充沛，但余味清新。葡萄园栽有 70% 的梅洛、25% 的品丽珠和 5% 的赤霞珠，皆用不锈钢桶酿造，在橡木桶中陈酿 16 个月（新橡木桶占比 40%）。

威登玛莎酒庄

威登玛莎酒庄（Château Certan Marzelle）的葡萄酒呈深宝石红色，全部由梅洛酿制而成，独具特色。JPM 酒业麾下的威登玛莎酒庄占地 2 公顷，紧邻普洛威顿斯酒庄（Providence）和美歌酒庄（Château Hosanna）。酒庄用自家葡萄藤（25 年藤龄）产出的果实酿酒，产量为 1 万瓶。该酒款具有浓郁的红樱桃香味，甘醇香甜。酒庄选用 50% 的新橡木桶，出品的酒带有烟熏气息，极富层次感，味道迷人。随着葡萄藤藤龄的增长，葡萄酒的品质定会进一步提升。

乐芒酒庄

克里斯蒂安-玛丽·多里亚克（Christian-Marie Dauriac）和安妮-玛丽·多里亚克（Anne-Marie Dauriac）掌管着乐芒酒庄（Château La Clémence），他们都是医生，在业余时间来葡萄园工作。这片占地 3 公顷的小酒庄年产量仅 6000 瓶。酒庄里有一个由木头、玻璃和露石建造的圆形地窖，独具魅力。酒庄采用传统手法酿酒，在葡萄收获季，你甚至可以在此看到脚踩葡萄的场面。葡萄园分为 6 个地块，有肥沃的黏土，也有贫瘠的砾石，酒庄栽种比例为 85% 的梅洛和 15% 的品丽珠，平均藤龄为 50 年。米歇尔·罗兰也在这里施展了他的魔力，精心制作出了酒体丰满、质地丝滑的酒款，余味带有烘烤

口感和浓郁的莓果气息。

克里纳酒庄

克里纳酒庄（Château Clinet）饱经沧桑。20 世纪 80 年代，酒庄发展步入正轨，现在这家酒庄值得关注。该酒庄酿制的葡萄酒富含多酚，风味浓烈强劲。让-路易斯·拉博尔特（Jean-Louis Laborde）经营着这家酒庄，米歇尔·罗兰担任顾问，酒庄在 9 公顷的土地上大面积种植葡萄，品种比例为 85% 的梅洛、10% 的赤霞珠和 5% 的品丽珠（与之前相比，赤霞珠的种植比例显著降低）。葡萄园引进了可持续的耕作方式。葡萄酒在桶中陈酿约 19 个月（60% 为新桶）。拉博尔特还掌管着位于匈牙利的帕索氏酒庄（Château Pajzos）。

玛泽骑士酒庄

毋庸置疑，梅洛绝对是波美侯之王，而玛泽骑士酒庄（Château La Commanderie de Mazeyres）麾下的葡萄园栽有 45% 的品丽珠和 55% 的梅洛，品丽珠的数量可以说是非常多了。该酒庄占地 10 公顷，自 2000 年起，一直由克雷芒·法亚（Clément Fayat）经营，他还掌管着圣埃美隆的多明尼克酒庄。他投入巨资将葡萄园和酒窖修整一新。让-吕克·图内文（Jean-Luc Thunevin）担任顾问。酒庄采用小木桶酿酒，全部使用新桶进行苹乳发酵。葡萄酒经过下胶，未经过滤。品尝这款波美侯佳酿，你可以立刻从中感受到性感的酒体，芳香浓郁，还能尝到品丽珠的风味，温和中略带辛辣。该酒庄的副牌酒是玛泽骑士副牌红葡萄酒（Château Closerie Mazeyres）。

默许酒庄

默许酒庄（Château La Connivence）是波美侯少见的新建酒庄，占地 1.5 公顷，该酒庄在 2010 年推出正牌葡萄酒（2008 年只产出了 2000 瓶）。酒庄发展的背后有 4 位伙伴的支持：嘉芙丽酒庄（Château La Gaffelière）的亚历山大·德·马列·贺格福（Alexandre de Malet Roquefort）；本地商人让-吕克·德罗切（Jean-Luc Deloche）；波尔多足球运动员马修·查莱梅（Matthieu Chalmé）和法国国家队的约翰·米库（Johan Micoud）。酒庄一鸣惊人，这里优雅别致，令人叹为观止。在顾问史蒂芬·德农古的帮助下，该酒庄旗下的酒款酒力十足，散发新鲜黑加仑树叶的气息，果味馥郁。该酒庄的副牌酒是贝拉默康维斯红葡萄酒（La Belle Connivence）。

康赛扬酒庄

康赛扬酒庄（Château La Conseillante）产出的葡萄酒丰盈多汁，孕育着黑果和甜橡木的气息（90% 为新木桶），被视为波美侯产区最优质的葡萄酒之一。酒庄为尼古拉斯·阿尔特费耶家族（Nicolas Artefeuille family）所有，让-米歇尔·拉波特（Jean-Michel Laporte）负责经营。葡萄园占地 12 公顷（栽有 86% 的梅洛和 14% 的品丽珠）。经营者在酿酒过程中融入了许多现代技术，如冷浸技术、微氧化法、联合发酵（同时进行酒精发酵和苹乳发酵），在整个酿制过程中，经营者匠心独运，非常注重细节。葡萄酒结构紧凑，果味浓郁，伴有红醋栗和黑樱桃

的气息，是一款质感丰腴、品质非凡的葡萄酒，一经上市便大获成功。

十字酒庄

十字酒庄（Château La Croix）是贾努易克思酒业（Janoueix）在波美侯最大的酒庄，占地 10 公顷。园区土质复杂多变，40% 的土地种植了品丽珠和赤霞珠，60% 的土地种植了梅洛。该酒庄的葡萄酒单宁结构坚实有力，散发着淡雅的黑醋栗和雪茄气息，陈年之后，醇厚的结构会稍变轻盈。

盖伊十字酒庄

阿兰·雷诺博士曾经营圣埃美隆的君豪酒庄，盖伊十字酒庄（Château La Croix de Gay）是他的家族产业，并一直在他的控制之下。后来，他与他的妹妹尚塔尔·勒布雷顿（Chantal Lebreton）一同经营该酒庄。葡萄园占地 9.5 公顷，梅洛占比达 75%，其余为品丽珠。酒庄产出的葡萄酒香气美妙，口感丝般柔滑，饱含覆盆子果肉和柔和的咖啡香气。酒庄年产量仅 3.6 万瓶，原料取材于低产葡萄藤，酿造前精心冷浸，入口柔顺美妙。酒庄产品质优价廉。

圣乔治十字酒庄

圣乔治十字酒庄（Château la Croix St Georges）是贾努易克思酒业旗下的酒庄，葡萄园落座于里鹏酒庄旁，占地 4 公顷。该酒庄的葡萄酒由 95% 的梅洛酿制而成，梅洛品质上乘，生长于砾石土质中，赋予了葡萄慷慨有力的个性，带有浓厚的波美侯风情。5% 的品丽珠赋予本酒庄酒款余韵优雅、回味无穷的特色，可谓是一款十分惊艳的葡萄酒。现任酒庄主人让-菲利普·贾努易克斯（Jean-Philipp Janoueix）一直致力于控制产量，精心照料葡萄园。酒庄年产量约 2.1 万瓶。

克里纳教堂酒庄

1982 年，才华横溢、为人直率的丹尼斯·杜兰多（Denis Durantou）接管了克里纳教堂酒庄（Château L'Eglise-Clinet）。葡萄园占地 5.5 公顷，栽种了梅洛（85%）和品丽珠（15%），藤龄达 45 岁。20 世纪 50 年代，该酒庄才开始独立运作，现今已成为波美侯顶级酒庄之一。酒品在小橡木桶中陈酿 18 个月（70% 是新桶），裹挟着浓郁的黑色水果香气，蕴含甘草和甜栗子的风味，结构紧实，令人沉醉。酒庄旗下的副牌酒是小教堂干红葡萄酒（La Petite L'Eglise）。杜兰多还经营着拉朗德-波美侯产区的库泽拉酒庄（Château Les Cruzelle）及一家小型葡萄酒商行。

朗克洛酒庄

朗克洛酒庄（Château L'Enclos）主要栽种了梅洛（79%）和品丽珠（19%），此外还种植了一些马尔贝克，酿得的酒款深沉浓郁，极富层次感。该酒庄为枫嘉酒庄的史蒂芬·亚当斯所有，占地 10 公顷，土质为含硅土，多砾石，带少量沙子。酒庄产量维持较低水平，产量约为 4.8 万瓶——所有工序皆由手工

米歇尔·罗兰

在米歇尔·罗兰（Michel Rolland）之前，你可能从未听说过客座酿酒师能让酒庄熠熠生辉，名声大噪，而罗兰让此成为现实。罗兰出生于波美侯，现仍定居于此，他魅力超凡，是一位享誉世界的酿酒顾问，为其他人开辟了道路，激励了许多人追随他的脚步。如今，罗兰为 12 个国家的 100 多家酒厂提供咨询服务，其中不乏诸如意大利的马塞多（Masseto）和纳帕的哈兰酒庄等明星酒庄，波尔多的柏菲酒庄和克莱蒙教皇酒庄等知名酒庄赫然在列。罗兰也亲自掌管着数座酒庄（有些持有部分产权），如波美侯的邦巴斯德酒庄、南非的喜报酒庄（Bonne Nouvelle）和阿根廷的鹰格堡酒庄。罗兰酿酒理念同样广为人知——只待葡萄全熟时才采收葡萄酿酒，以酿得果味浓郁的特色佳酿。

朗克洛酒庄
酒庄产量低，酒庄主人专心耕耘酿酒，产出的葡萄酒醇厚奢华。

完成，葡萄酒在酿造前要经过冷浸，然后在桶中发酵 18 个月（50% 为新橡木桶）。所酿制的酒奢华浓郁，带有黑巧克力的味道和黑莓果的熟香。酒庄已聘请吉勒·巴盖特为顾问，并计划对葡萄园和酒窖进行投资。该酒庄旗下的葡萄酒实为可人佳酿，窖藏几年后，品质极可能会进一步提升。

乐王吉酒庄

1990 年，乐王吉酒庄（Château L'Evangile）成为拉菲酒庄在右岸的外展项目。查尔斯·谢瓦利尔带领原班人马参与经营，出产的葡萄酒单宁紧致、色泽深邃、酒质醇厚，家族风格浓郁。葡萄园占地 16 公顷，种有 80% 的梅洛和 20% 的品丽珠，土质含砂层、黏土和砾石。

酒庄酿制的葡萄酒在橡木桶中陈酿 18 个月（70% 为新桶），口感强劲但又不失内敛。其旗下的副牌酒是乐王吉徽章（Blason de l'Evangile）红葡萄酒，原料中品丽珠占比较高，在桶中的酿制时间稍短。

盖伊之花酒庄

盖伊之花酒庄（Château La Fleur de Gay）是一座小型酒庄，占地 3 公顷。酒庄主人阿兰·雷诺还掌管着盖伊十字酒庄。酒在独立的酿酒厂酿造，原料取自两个古老的葡萄园，那里土质极佳，富含黏土——多石灰岩和砾石。该酒庄首酿产于 1983 年，在 100% 新橡木桶中陈酿，酒品奢华大气，匠心独运，带有浓郁的深色浆果味道，余味中散发着甘草和雪茄的气息。该酒庄的葡萄酒具有绝佳的陈年潜质，是波美侯产区小酒庄的明星产品之一。

普林斯之花酒庄

普林斯之花酒庄（Château La Fleur de Plince）占地仅 0.28 公顷，可能是波美侯产区最小的酒庄。酒庄主人皮埃尔·朱克鲁（Pierre Choukroun）从小就住在波美侯，14 岁时远走他乡。1998 年返回波美侯时，朱克鲁买下一些葡萄藤，并建造了一个小酒厂，着实践行了"车库酒"的理念。葡萄园采用有机耕种方式，装配了传统的垂直压榨机，用来手动压榨葡萄。酒庄产出的葡萄酒由 90% 的梅洛和 10% 的品丽珠酿制而成，口感丝滑，风味浓郁强劲，仅产 1600 瓶。朱克鲁还经营着欧碧颂之花酒庄（Château La Fleur Haut Brisson），该酒庄位于卡斯蒂隆丘，占地 2.5 公顷，稍大于普林斯之花酒庄。

拉弗-嘉仙酒庄

顾名思义，拉弗-嘉仙酒庄（Château Lafleur-Gazin）坐落于花堡酒庄（Château Lafleur）和嘉仙酒庄之间。该酒庄的葡萄酒浓烈紧致，洋溢奔放，果味清甜，带有雪松和烤肉熏香的气息。酒庄由德尔福-博得里（Delefour-Borderie）家族所有，占地 8.5 公顷，种植 80% 的梅洛和 20% 的品丽珠，JPM 酒业负责管理和经销。

帕图斯之花酒庄

帕图斯之花酒庄（Château La Fleur-Pétrus）的葡萄园占地

15 公顷，紧邻帕图斯酒庄，土壤多砾石。1994 年，酒庄从乐凯酒庄（Château Le Gay）购得一块土地，扩大了酒庄面积。该酒庄为莫意克家族所有，产出的葡萄酒风格浓烈，芳香馥郁，带有香料气息。酒品原料醇熟，榨取工艺精湛，赋予葡萄酒咖啡和甘草的风味，而 20% 的品丽珠则让其更加优雅别致。

乐凯酒庄

乐凯酒庄（Château Le Gay）占地 6 公顷，拥有典型的波美侯土壤，土质上乘，种植了 65% 的梅洛和 35% 的品丽珠，皆为老藤葡萄，产量很少。凯瑟琳·佩雷-伟杰（Catherine Péré-Vergé）在 2002 年买下了这座酒庄，并着力提高其知名度。酒庄毗邻老色丹酒庄，因而打响名号不是太难。她聘请了米歇尔·罗兰监制酿酒，并用圣哥安（Seguin-Moreau）橡木桶公司设计的高端大木桶酿造葡萄酒。葡萄酒倒入杯中，紫罗兰和松露的气息顷刻迸发，令人陶醉，绝不辜负你的味蕾。

嘉仙酒庄

嘉仙酒庄（Château Gazin）的葡萄园占地 23 公顷，坐落于波美侯高地之上，面积位列波美侯产区前 3%。葡萄园种植了 90% 的梅洛、3% 的品丽珠和 7% 的赤霞珠。酒庄产出的葡萄酒酒力强劲，余味散发着柔和的薄荷气息，正如酒庄主人尼古拉斯·百莲阁（Nicolas de Baillencourt）所期待的，该酒风韵高雅，是波美侯产区颇具代表性的葡萄酒。酒庄的建筑豪华大气，受人瞩目，酿酒厂还配有小型混凝土发酵罐。酒庄的副牌酒为小嘉仙红葡萄酒（L'Hospitalet de Gazin），质量上乘。

波美侯格拉夫酒庄

波美侯格拉夫酒庄（Château La Grave à Pomerol）位于波美侯产区东北角，紧邻拉朗德-波美侯产区。1997 年，莫意克家族买下该酒庄，现已经耕耘多年。葡萄园种植了 85% 的梅洛和 15% 的品丽珠，平均藤龄达 20 年。葡萄园占地 8 公顷，土壤多砾石。酒庄产出的酒品色泽通透清亮，颇有波美侯风味。多年陈酿赋予酒品浓郁的果味气息，陈酿的木桶 25% 为新桶，降低了熏烤口感，增强了矿物质气息。

吉奥·寇泽尔酒庄

吉奥·寇泽尔酒庄（Château Guillot Clauzel）绝对值得关注，酒庄面积为 1.7 公顷，距离里鹏酒庄和卓龙酒庄仅几步之遥。2002 年，酒庄主人艾蒂安·寇泽尔（Etienne Clauzel）创立了该酒庄，邀请了多米尼克·蒂安鹏（Dominique Thienpont）负责商业运作，还聘任了弗朗索瓦·戴斯帕为酿酒师。葡萄园栽有 15% 的品丽珠和 85% 的梅洛。在这支阵容强大的酿酒"梦之队"加持下，酒液在桶中陈酿 16 个月（60% 为新橡木桶），产出的酒品曼妙柔美，酒香甘醇，带有烤杏仁的气息。葡萄酒尾韵散发着松露和皮革的味道，余味悠长，而且酒的价格合理。★新秀酒庄

美歌酒庄

自 1999 年起，美歌酒庄（Château Hosanna）全部为克里

嘉仙酒庄
经典的波美侯特色酒品，伴有薄荷风味，酒体强劲。

斯蒂安·莫意克所有。酒庄产出的葡萄酒带有巧克力、摩卡咖啡和甘草的风味，单宁醇厚，但口感不失柔和，余味伴有馥郁花香。葡萄种植面积为 4.5 公顷，种植了 70% 的梅洛和高达 30% 的品丽珠，酒液需陈酿多年以柔化单宁。酒庄还新建了排水渠，增加了树冠面积。

拉格波美侯酒庄

拉格波美侯酒庄（Château Lagrange）的葡萄园土壤为砾石土壤，近来重新种植了 95% 的梅洛，还栽种了少量品丽珠以赋予酒品些许白胡椒风味。酒庄占地 8.5 公顷，毗邻波美侯教堂，酒液在混凝土罐中发酵，然后在橡木桶（30% 为新桶）中陈酿 18 个月。酒庄自 20 世纪 50 年代初为 JPM 酒业拥有，产出的酒品浓郁丰盈，广受欢迎，带有红果气息，单宁柔顺。

拉图波美侯酒庄

拉图波美侯酒庄（Château Latour à Pomerol）盛产匠心名酿，莫意克酒业负责酒的酿制和销售，前酒庄主人丽莉·拉科斯特（Lily Lacoste）于 2002 年去世前，将酒庄赠送给一家名为加洛新堡的慈善机构。葡萄园占地约 8 公顷，酒庄根据葡萄藤的藤龄精确控制采摘日期。酒液由 90% 的梅洛和 10% 的品丽珠混酿而成，在 30% 的新橡木桶中陈酿，装瓶时未经过滤，因此酿出的酒刚柔并济，复杂度出色。

美芝荷酒庄

美芝荷酒庄（Château Mazèyres）出产的葡萄酒由 80% 的梅洛和 20% 的品丽珠混酿而成，比例经典，带有烟熏香味和成熟的果味气息。阿兰·莫意克掌管着这座酒庄，他还经营着圣埃美隆的富兰克酒庄。酒庄的葡萄园占地 22 公顷，虽未采用生物动力法耕作，但仍获得了生态环境种植协会的认证，并一直致力于践行可持续种植法。葡萄园各地块各具特点，采用差异化栽培方式，酒窖里多小型酒桶，便于采用分片酿造法，这是提升酒质的关键之处。酒款结构精妙，酒体稍显内敛，但品质卓越。酒液在 50% 的新橡木桶中陈酿，未经过滤。该酒庄的副牌酒是美芝荷酒庄希尔红葡萄酒（Seuil de Mazèyres）。

磨坊酒庄

磨坊酒庄（Château Le Moulin）现由米歇尔·奎尔（Michel Querre）经营，是一座占地 2.5 公顷的小型酒庄，风格现代、华彩瑰丽。该酒庄出产的葡萄酒带有无花果、巧克力、黑醋栗和烤香草的气息，浓香馥郁、平衡精致，适合长期储存。浅龄酒在饮用之前要充分醒酒，开瓶后需放置数小时，饮用后回味无穷，引人赞叹。葡萄园种植比例为 80% 的梅洛和 20% 品丽珠，土壤以黏土、砾石为主，精耕细作，产量保持在非常低的水平。酒庄酿酒时颇有勃艮第风格，压帽时木桶敞口，酒液全部存于新橡木桶中，用于苹乳发酵和陈酿。旗下的副牌酒是小磨坊干红葡萄酒（Le Petit Moulin）。

列兰酒庄

1997 年，掌管雄狮酒庄的德龙（Delon）家族接管了列

小村庄酒庄
酒庄设有游客中心，园区的砾石土壤使其产品在波美侯产区脱颖而出。

拉格波美侯酒庄
酒庄出产浓郁醇厚的葡萄酒，由 95% 的梅洛酿制，粉丝众多。

兰酒庄（Château Nenin），此后一直忙于整修、翻新该酒庄。1956 年，葡萄园遭受了严重的霜冻，重植的葡萄也疏于管理。之后，酒庄发生了天翻地覆的变化，酒庄从赛坦吉罗酒庄（Château Certan-Giraud，现已不复存在）购得 4 公顷的土地后，总面积达 33 公顷。经过大面积重植，品丽珠的种植比例升至 40%，树冠覆盖度提高，酒庄根据葡萄藤藤龄进行采摘。该酒庄出品的酒款浓烈强劲，带有浓厚的波美侯风情，深受喜爱。雅克·德波齐尔（Jacques Depoizier）负责管理酒庄，他的儿子杰罗姆（Jérome）也在酒庄工作，雅克·波瓦赛诺担任酒庄顾问。该酒庄的副牌酒是列兰副牌红葡萄酒（Fugue de Nenin）。

小村庄酒庄

小村庄酒庄（Château Petit-Village）的土质为砾石土质，其酒款中赤霞珠的混酿比例高达 18%，这在波美侯产区颇为罕见，葡萄园中还种有 78% 的梅洛和 5% 的品丽珠。酒庄归安盛集团所有，该集团还掌管着波雅克产区的碧尚男爵酒庄（Château Pichon-Baron），克里斯蒂安·瑟利（Christian Seely）负责酒庄运营，史蒂芬·德农古担任酒庄顾问。品尝过后，它定会让老板们感到宾至如归。酒品单宁较重，需陈年饮用，之后便醇厚可口、浓度丰盈，洋溢着黑色水果的气息。建筑师阿兰·崔奥德为酒庄设计了新酒窖和游客中心，已然成为波美侯的游览胜地。

帕图斯酒庄

帕图斯酒庄（Château Pétrus）产出的葡萄酒甘美醇厚、芳香四溢，由梅洛酿制而成，让人魂牵梦萦。酒庄坐落于波美侯高地的最高点，比波美侯其他地区高约 40 米。该酒庄的土壤与邻近园区大不相同，地下约 70 厘米深的地方有一条富含铁的黏土带。葡萄园种植 95% 的梅洛和 5% 的品丽珠，藤龄达 40 年，这造就了酒甘醇厚、口感丰富的翘楚佳酿。它久负盛名，各种风味浑然天成，可谓真正的琼浆金液。酒庄为让-皮埃尔·莫意克所有，现任酿酒师奥利维尔·贝鲁埃（Olivier Berrouet）非常年轻，于 2008 年从父亲让-克劳德（Jean-Claude）手中接过指挥棒，并带来了诸多变革。酒庄仍采用水泥罐酿酒，使用 50% 的新橡木桶陈酿酒液，并一如既往地精心酿制。2009 年，帕图斯酒庄首次使用了激光光学分拣机。

普林斯酒庄

普林斯酒庄（Château Plince）隶属于莫罗（Moreau）家族，现由莫意克管理酒庄事务。该酒庄酒款物超所值，散发着水果甜香和新橡木的气息。葡萄园占地 8.6 公顷，种植了 72% 的梅洛、23% 的品丽珠和 5% 的赤霞珠。酒庄引进了疏果技术，开始崭露头角。而这之前，这个酒庄还是为数不多的使用机器收获葡萄的酒庄之一。该酒庄的副牌酒是普林斯酒庄副牌干红葡萄酒（Pavillon Plince）。

柏安特酒庄

柏安特酒庄（Château La Pointe）出产的葡萄酒口感宜人，单宁柔顺，带有曼妙的覆盆子和李子的香气。酒庄于 2007 年

老梅耶酒庄
焕然一新的酒庄终得回报，
其酒品精致柔顺，定会广受认可。

柏安特酒庄
该酒款可即饮，亦可陈放 20 年。

被法国忠利公司（Generali France）收购，之后一直在发展变革之中。埃里克·蒙内雷（Eric Monneret）出任酒庄总监，休伯特·博哈特为新任顾问。葡萄园占地 22 公顷，曾被认为是沙地，经营者在地质勘查后发现土质较为复杂，因而改变了种植方式。园区种有 85% 的梅洛和 15% 的品丽珠（最后一株赤霞珠于 2008 年铲除）。酿酒厂也整修一新，使用小桶酿酒，以优化混酿工艺。酒液在橡木桶中陈酿（50% 为新桶）。★新秀酒庄

红鱼酒庄

爱德华·拉布伊尔（Eduard Labruyère）家族于 1992 年买下了这座占地 18 公顷的红鱼酒庄（Château Rouget），同时还拥有着勃艮第的雅克·普利尔酒庄（Domaines Jacques Prieur），这证明法国标志性的葡萄酒产区能够相处融洽。拉布伊尔说："勃艮第人乐于打造花园般的葡萄园，地块很小；波美侯与之非常相似，所以我们在这感到宾至如归。"严格来说，葡萄园并没有用有机种植法，但采用了可持续栽培方式，且酿造过程中使用开放式大桶，采用自然苹乳发酵法（等到春天才能开始），带有明显的勃艮第风情。酒庄的葡萄酒完美融合了两地风情，带有酸樱桃和烤橡木的气息。酒庄副牌酒为副牌红鱼干红系列（Vieux Château des Templiers）。米歇尔·罗兰为酒庄顾问。

圣玛丽酒庄

圣玛丽酒庄（Château Sainte-Marie）是一座家族酒庄，占地 4.5 公顷，年产葡萄酒 3 万瓶。酒庄完全采用可持续种植法，一切工序皆由手工完成。酒庄出产的葡萄酒由 80% 的梅洛、15% 的赤霞珠和 5% 的品丽珠混酿而成，结构紧实，裹挟着浓郁的黑色水果香气。酒庄全部使用新橡木桶进行一体化酿造。葡萄酒装瓶后需再放置 9 个月，然后才开始销售（酒品更具里奥哈风格）。

莎乐斯酒庄

莎乐斯酒庄（Château de Sales）是波美侯产区最大的酒庄，也是最古老的酒庄之一，曾在同一家族的掌管下经营了 500 余年。如今，酒庄由布鲁诺·德·兰伯特（Bruno de Lambert）经营，酒庄出产的葡萄酒风格传统（由 70% 的梅洛、比例均匀的赤霞珠和品丽珠酿制而成）。葡萄仅在桶中酿制 6 个月，新橡木桶比例仅为 5%，酒体坚实，带有红色水果风味和天然水果单宁。该酒庄占地 48 公顷，采用可持续种植法，园中亦有绿地和森林。酒庄的副牌酒为香露酒庄红葡萄酒（Château Chantaloulete），品质上乘，适合早饮。

特洛斐酒庄

特洛斐酒庄（Château Taillefer）为凯瑟琳·莫意克（Catherine Moueix）所有，酒庄质朴低调。葡萄园和酿酒厂的运作非常注重细节，一丝不苟。葡萄酒顾问丹尼斯·杜博迪以其精湛的酿酒技艺而享有盛名，很好地反映了酒庄理念。酒庄的葡萄酒格调优雅，带有浓厚的波美侯风情。葡萄园为适应沙砾土壤，栽种了 25% 的品丽珠，因此酒液中散发着馥郁的野花香气。

酒庄紧邻圣埃美隆，占地面积近 13 公顷。酿酒厂已全面翻新，改用小水泥罐酿酒。葡萄酒在纹理细密的橡木桶（33% 为新橡木桶）中陈酿一年。

卓龙酒庄

卓龙酒庄（Château Trotanoy）历史悠久，为莫意克家族所有，酒庄名气虽稍逊于帕图斯酒庄，但风格却有相似之处。葡萄园占地 7.3 公顷，栽有 90% 的梅洛和 10% 的品丽珠，酿制出的葡萄酒如丝般柔滑，果香四溢，单宁结构充沛。酒庄的名字"Trotanoy"（源自 trop ennuie）意为土地极难耕耘。1956 年霜冻时，酒庄逃过一劫，因此在波美侯产区，该酒庄的葡萄藤藤龄很高。酒庄经营者认为冬季修剪比疏果更重要。酒庄酒款在混凝土罐中发酵，在 50% 的新橡木桶中陈酿，香气极为浓郁。

老梅耶酒庄

老梅耶酒庄（Château Vieux Maillet）是一座精品酒庄，2003 年，一位比利时裔法国人接管了该酒庄。伊莎贝尔·莫特（Isabelle Motte）和博杜安·莫特（Baudoin Motte）将发酵室和酒窖修复一新。该酒庄的葡萄园占地 2.6 公顷，种植 90% 的梅洛和 10% 的品丽珠，以此为原料酿制的酒液在 60% 的新橡木桶中陈酿。这些变化都在其酒款中得以体现，葡萄酒酸度适中，单宁结构合理，带有平衡的成熟果味。与波美侯的一些葡萄酒相比，该酒庄的葡萄酒柔顺精妙，潜力十足。

维奥莱酒庄

凯瑟琳·佩雷-伟杰与她的优秀团队一起，在米歇尔·罗兰的协助下，让维奥莱酒庄（Château La Violette）如获新生。较老的年份的葡萄酒质量不一，但如今酒庄焕然一新。酒庄占地 3.3 公顷，紧邻十字酒庄和里鹏酒庄，出产的酒浓郁醇厚，产量很低。该酒款带有甘草、黑水果和黑巧克力的味道，受欢迎程度越来越高，成为波美侯广受欢迎的一张名片。

威德凯酒庄

威德凯酒庄（Château Vray Croix de Gay）是波美侯高地之上少数价格亲民的一家酒庄。葡萄园占地 3.7 公顷，分为 3 个地块，其中最大的一块毗邻帕图斯酒庄，园里种植了 82% 的梅洛和 18% 的品丽珠。酒庄归古查德集团的艾琳·古查德（Arine Goldschmidt）和保罗·古查德（Paul Goldschmidt）所有，酒庄的酿酒师亚尼克·雷雷尔曾在帕图斯酒庄接受过培训，自 2006 年起，酒庄聘任了史蒂芬·德农古担任顾问。酒庄采用双重筛选法和分片酿造法为酿酒标准，所酿的葡萄酒需在橡木桶中陈酿 18 个月（40% 是新桶）。酒庄副牌酒为威德凯酒庄魔法师红葡萄酒（L'Enchanteur），原材料葡萄的藤龄较年轻，但酒体饱满圆润，全部由梅洛酿成，散发着夏季红色水果的香气，而不再是之前松露气息的秋季熟果味。

克洛歇尔酒庄

克洛歇尔酒庄（Clos du Clocher）靠近波美侯教堂，占

地 7.3 公顷，分为两个地块。利布尔讷奥迪酒业（Audy Négo-ciants）的让-巴普蒂斯特·伯哈特掌管着该酒庄，酒庄酒品由 80% 的梅洛、20% 的品丽珠混酿而成，萃取出了黑莓和罗甘莓的独特风味，口感清新、香气柔和，颇具肉类气息，单宁平衡。米歇尔·罗兰是酒庄的酿酒师。近年来，酒庄迅猛发展，质量大幅提升，2012 年，酒庄新建了一座酿酒厂，延续了这一势头。该家族在右岸还拥有几座酒庄。★新秀酒庄

教堂园酒庄

教堂园酒庄（Clos L'Eglise）为海伦·嘉辛-勒维克（Hélène Garcin-Levèque）和帕特里斯·嘉辛-勒维克（Patrice Garcin-Levèque）所有，酒庄位于波美侯产区，占地 5 公顷，此外他们还拥有圣埃美隆的巴德酒庄、佩萨克-雷奥良产区的欧蓓姬酒庄和阿根廷的宝狮酒庄（Poesia）。葡萄园种有 60% 的梅洛和 40% 的品丽珠，酿制的葡萄酒柔和纯美，带有些许焦糖香味和精致的烘焙气息。阿兰·雷诺担任酒庄顾问，这里比其他葡萄园的采摘时间要早些，确保酿出的酒芳香浓郁。新酿酒厂进行了重新规划，最大限度地利用重力，采用勃艮第的方式手工压帽。

克罗伦酒庄

克罗伦酒庄（Clos René）占地 12 公顷，酒庄主人让-马里·加德（Jean-Marie Garde）是当地葡萄酒联合会的主席。酒庄紧邻朗克洛酒庄，米歇尔·罗兰担任酒庄顾问，葡萄酒产量为 7.2 万瓶，物超所值，值得品尝。与众不同的是，酒款含有 10% 的马尔贝克，赋予酒款深浓的色泽，香料气息浓郁。此外，酒中还混有 70% 的梅洛和 20% 的品丽珠，贮存在 25% 的新橡木桶中陈酿，使得酒款酒体平衡，带有刺莓果和烟熏木料的香甜气息。

老教堂酒庄

让-路易斯·特罗卡德（Jean-Louis Trocard）负责经营老教堂酒庄（Clos de la Vieille Eglise）。特罗卡德所在的家族是右岸最古老家族之一，特罗卡德还掌管着圣埃美隆的德布勒酒庄（Clos Debreuil）。酒庄位于波美侯产区中心，面积较小，占地 1.5 公顷，栽有 70% 的梅洛和 30% 的品丽珠，为黏土、砾石土壤。该酒庄产出的葡萄酒香气美妙，带有蓝莓和红醋栗的味道，裹挟着摩卡咖啡的气息。葡萄酒精工细做，在低温下精心酿制，在全新的橡木桶中进行苹乳发酵和陈酿（时间长达 20 个月，充分赋予酒液熏烤风味）。

里鹏酒庄

里鹏酒庄（Le Pin）无疑是波尔多头牌中最小的酒庄，占地 2 公顷，2009 年，酒庄重植了一片地，因而截至 2012 年，酒庄仅有 1.95 公顷。里鹏酒庄的土质与周围酒庄不同，但与帕图斯酒庄土质接近。葡萄园土壤含有深厚的砾石层，达 3 米深，全部种植了梅洛（种有少量品丽珠，但不用于酿制成酒）。酒庄首酿产于 1979 年，酒庄为雅克·蒂安邦（Jacques Thienpont）和菲奥娜·莫里森（Fiona Morrison）所有，合伙

人亚历山大·蒂安邦（Alexandre Thienpont）负责酒庄运营。酒庄年产量为 6000～7000 瓶，通常以每箱 6 瓶或 3 瓶出售。酒庄采用不锈钢桶酿酒，使用橡木桶进行苹乳发酵和陈酿。根据葡萄采摘时间不同，葡萄酒在桶中存放 18～22 个月，全部采用新橡木桶酿制，带有适中的熏烤风味。旗下的酒款相比帕图斯酒庄更为奢华，果味十足，口感丝滑，丰腴多汁，许多人将其与顶级的勃艮第葡萄酒相提并论。

普洛威顿斯酒庄

普洛威顿斯酒庄（Providence）于 2005 年被莫意克家族收购，随后进行了全面翻新。首先，酒庄去掉了原名中"城堡"（Château）一词，从而巧妙地增加了戏剧感。葡萄园精心疏果除叶，工作量有所增加。酒庄的葡萄由 90% 的梅洛和 10% 的品丽珠混酿而成，在不锈钢罐中发酵后，置于橡木桶中陈酿 18 个月，新桶比例为 33%。酒款具有典型的莫意克特色，深沉内敛，精致可人，结构突出，适合陈年。

老色丹酒庄

老色丹酒庄（Vieux Château Certan）是波美侯产区最古老的酒庄，部分建筑可追溯到 12 世纪。酒款广受大众喜爱，如亚历山大·蒂安邦（Alexandre Thienpont）一样优雅、精致、低调。1924 年，亚历山大的祖父乔治（Georges）买下了这座酒庄，与帕图斯酒庄仅咫尺之隔，因而土壤中亦含铁元素，砾石和黏土占比较高。葡萄园因地制宜，栽有 60% 的梅洛、30% 的品丽珠和 10% 的赤霞珠，总面积达 14 公顷。品尝者可从芳香馥郁的酒液中尝得品丽珠的风味，葡萄酒散发着紫罗兰和夏季花朵的芳香，与浓郁的黑色水果味形成了鲜明对比。

右岸葡萄酒能像左岸一样陈年吗？

赤霞珠葡萄被认为是波尔多的常青藤，经久不衰。但赤霞珠大多数种植在左岸，集中于梅多克地区，这里的一众列级名庄栽种了大量赤霞珠。相比之下，右岸地区的梅洛种植比例超过 60%，在波美侯产区则升至 80%。那这与陈年潜力之间有何关联呢？盖伊十字酒庄的主人阿兰·雷诺在两岸地区任职顾问，他解释说："有人说波美侯和圣埃美隆的土壤结构使得两地的葡萄酒适宜在浅龄阶段饮用，但这是在误导人们。传统上认为，葡萄酒是否适合陈年与其酸度和单宁结构有关，还有一些其他因素也会造成影响。右岸地区的葡萄园已历经了真正的变革——产量降低，葡萄酚成熟度高，酒液浓郁浑厚。革新成果初现，帕图斯酒庄的酒款可以陈放多年，足以媲美拉菲酒庄、欧颂酒庄、拉图酒庄等名庄酒品。"

波尔多其他产区

波尔多细分了许多小区域，很容易让人晕头转向。整个地区共有 54 个产区。自波尔多丘法定产区成立后，将原先 57 个产区减为 54 个，合并了之前 5 个独立产区中的 4 个：布莱依丘、弗朗丘、卡斯蒂隆丘和波尔多首丘，现皆以卡迪拉克这个村庄的名称命名，只有布尔丘产区保留了它的原名。面对如此多的产区，那些蜚声国际、久经考验的产区产出的葡萄酒自然对消费者诱惑非凡。然而，这可能意味着他们会错过许多酒质上乘、价格合理的酒庄和酿酒厂，这些酒庄和酒厂虽地处无名之地但仍采用苛刻的酿酒技术。

主要葡萄种类

🍇 **红葡萄**

品丽珠

赤霞珠

马尔贝克

梅洛

小维多

🍇 **白葡萄**

慕斯卡德

长相思

灰苏维翁

赛美蓉

年份

2009

这一年是不同凡响的年份，冰雹影响了两海之间产区和波尔多丘产区的产量。

2008

这一年有一定的挑战性，夏季过于潮湿，但后来阳光充足，一直持续到收获季节。该年份出产品质上佳的葡萄酒，但选购时要谨慎挑选。

2007

该年的夏季凉爽，葡萄酒质量喜忧参半。该年份出产一些风格清淡的红葡萄酒，还有许多优质白葡萄酒。

2006

这一年是经典年份。该年份植于黏土的梅洛长势欠佳，品丽珠和赤霞珠质量较高，秋天天气较好。

2005

这一年的生长条件极佳，出产醇厚浓烈的美酒，适合即饮，许多酒品可媲美列级酒庄。

2004

该年份天气潮湿，葡萄有腐烂的风险。有些葡萄酒质量较高，物超所值。

波尔多半数以上产区皆用"波尔多法定产区"和"超级波尔多法定产区"这两个通用产区名酿酒，6300 名酿酒师在此工作谋生。这两个名称之间的差异主要在于葡萄栽培方法、产量上限和酒精含量的上限。两个产区名下的葡萄种植面积达 6.2 万多公顷，葡萄酒产量占波尔多年产量的一半以上。其他主要的小产区是圣埃美隆周围的卫星产区和波美侯周边利布尔讷的一些产区——吕萨克-圣埃美隆产区（Lussac-St-Emilion）、蒙塔涅-圣埃美隆产区（Montagne-St-Emilion）、圣乔治-圣埃美隆产区（St-Georges-St-Emilion）、普瑟冈-圣埃美隆产区（Puisseguin-St-Emilion）、拉朗德波美侯产区（Lalande de Pomerol）和弗龙萨克产区（Fronsac）。这些小产区的葡萄园总计近 6000 公顷。波尔多丘产区每年生产 1.2 亿瓶葡萄酒，葡萄园面积总计达 1.3 万公顷。新的命名系统颁布后，装瓶葡萄酒的酒标上只能标注波尔多丘产区（Côtes de Bordeaux）或局部地区——弗朗（Francs）、卡斯蒂隆（Castillon）、布莱依（Blaye）或卡迪拉克（Cadillac）。对于白葡萄酒而言，除波尔多法定产区白葡萄酒外，最大的产区是两海之间法定产区（AC Entre deux Mers）。

葡萄酒产自不同产区，因而很难概括葡萄酒的总体风格。但是，总的来说，右岸地区的小产区主要使用梅洛酿酒。这里许多品质上佳的葡萄酒入口果味直观明显，成熟的酒庄在瓶中陈放数年才能酿得此番口感。波尔多产区任何地方产出的酒都可以冠以波尔多法定产区或超级波尔多法定产区葡萄酒；然而，所有产区都位于加龙河以东、波尔多右岸和多尔多涅河两侧。

有些葡萄酒风格不同，单宁更为柔和，橡木桶中陈酿时间短。当然，也有例外——戴斯帕家族的侏罗纪酒庄红葡萄酒酒体强劲，单宁紧致性感，但多数葡萄酒都曼妙怡人，入口柔顺，造就了波尔多葡萄酒的独特风味。因而，大多数的酒应该在 5 年左右开始品尝，尽量避免陈放 10 年，或较早饮用。大多数白葡萄酒和桃红葡萄酒装瓶后即适合饮用。

在葡萄园中，经营者多使用机械耕作和采收。该地区有不少直销酒品，许多酒庄风景优美，因此这些地区成为葡萄酒爱好者旅游的理想之地。值得一提的是，弗龙萨克坐落于高耸的山脊之上，可以俯瞰多尔多涅河，山丘轮廓优美，风景美不胜收。

对于酿酒师来说，如何让自己的葡萄酒在众多波尔多葡萄酒中脱颖而出是个大难题。越来越多的顶级酒庄正冒险创新。有的酒庄调整了酿酒的葡萄品种比例，比如露光酒庄推出了一款名为露光酒庄限量干红（Cuvée Damnation）的葡萄酒，由 85% 的品丽珠酿成。或者也可以像孔塞耶酒庄的让-菲利普·贾努易克斯（Jean-Philippe Janoueix）那样，将葡萄种植密度增至极限，以提高葡萄酒浓度。此外，还有酒庄全部使用长相思酿制白葡萄酒，以突出酒品的怡人口感，伯涅特酿白葡萄酒便是其中之一。超级波尔多的葡萄酒管理机构甚至正在考虑增加一个新的名称——顶级波尔多（Bordeaux Premier Cru），这是一个独立的、注重质量的法定产区认证，将授予顶级的葡萄酒厂。尚不知这是否会加剧命名制度的混乱，仍待观察。然而可以肯定的是，波尔多有不少技艺出色的酿酒师，他们并未受制于分级制度，而是在不知名的产区酿酒，他们值得为更多人所知晓。

阿卡贝拉酒庄（蒙塔涅-圣埃美隆产区）

阿卡贝拉酒庄（Château Acappella）建于 2001 年，碧翠斯·舒瓦西（Béatrice Choisy）和克里斯多夫·舒瓦西（Christophe Choisy）对酒庄的热忱之心溢于言表。酒庄占地 3.5 公顷，栽有 60% 的梅洛和 40% 的品丽珠，品丽珠的藤龄达 40 年，酒庄全部采用有机种植方式。酒庄聘任米歇尔·罗兰为顾问，使用成熟水果酿酒，酒庄主人悉心关注酿酒过程，采用重力主导的酿酒法，只使用本土酵母发酵，酒液在桶中进行苹乳发酵，未经下胶和过滤装瓶。酒庄产出的葡萄酒让人欲罢不能，单宁如丝般柔滑，带有香甜的黑色水果气息，陈放之后饮用为佳。尤金妮-阿卡贝拉红葡萄酒（Eugénie d'Acappella）是酒庄的副牌酒，以酒庄主人女儿的名字命名，取材自新栽葡萄藤酿制而成。

艾吉尔酒庄（波尔多丘产区）

艾吉尔酒庄（Château d'Aiguilhe）出产的葡萄酒酒体致密紧致，在 80% 的新橡木桶中精心陈酿而成。果实收获时，工人使用小木箱采摘。酒庄利用重力酿酒，使用整粒葡萄发酵。卡农嘉芙丽酒庄的史蒂芬·冯·尼庞尔格于 1998 年购买了艾吉尔酒庄，占地 50 公顷，栽有 80% 的梅洛和 20% 的品丽珠。酒庄副牌酒为艾吉尔城主红葡萄酒（Seigneurs d'Aiguilhe），该酒不但具有卡斯蒂隆葡萄酒的浓郁果味，而且口感更为浓缩紧致，更具圣埃美隆特色。

贝勒维-嘉仙酒庄（波尔多丘产区）

贝勒维-嘉仙酒庄（Château Bellevue-Gazin）现任酒庄主人阿兰·兰彻劳（Alain Lancereau）于 2003 年买下了布莱依的这座精致的酒庄。此后，该家族大举投资，购买了新酒桶，更新了酿酒厂，并翻新了酒庄。该酒庄的葡萄园占地 20 公顷，土壤为黏土和砾石，种植了 65% 的梅洛、20% 的马尔贝克、10% 的赤霞珠和 5% 的小维多，小维多仅用于酿制副牌酒——拜伦内（Baronnets）葡萄酒；所有葡萄皆为手工采收。从 2005 年开始，酒庄将桶的容量从 225 升更换至 300 升，在保持其带来的甜味和复杂性的同时，减少橡木的味道。酒庄出产的葡萄酒酒质卓越，入口绵柔，果味甘甜，极具特色。该家族还持有一座独立的酒庄——勒斯-卢米德酒庄（Lers-Loumède）生产葡萄酒，此外该家族还生产一款波尔多桃红葡萄酒（Bordeaux Clairet）。

博迪那酒庄（波尔多丘产区）

博迪那酒庄（Château Bertinerie）拥有一座有机葡萄园，采用了双帘式棚架种植葡萄。这有利于葡萄藤进行光合作用，减少了葡萄藤的阴影遮盖，有助于葡萄成熟。这类技术的应用使丹尼尔·班特格里（Daniel Bantegnies）成为布莱耶地区技艺领先的酿酒师。酒庄占地 60 公顷，产出的葡萄酒深受消费者喜爱，品质始终如一。出自班特格里之手的特酿品质极佳——以上博迪耶（Haut Bertinerie）之名装瓶出售，酒庄将长相思放入新橡木桶中发酵，并加入了搅桶工序，酒款还使用了红葡萄品种（40% 的赤霞珠和 60% 的赤霞珠）酿制，80% 的红葡萄在新木桶中陈酿，其余在 20% 在不锈钢桶，以锁住纯正果香和清爽口感。该酒庄的副牌酒令人匪夷所思地命名为"博迪那酒庄"红葡萄酒（Château Bertinerie），该酒款爽口明快，特点突出。此外，该

艾吉尔酒庄

这是一款风味浓郁的葡萄酒，富含新橡木气息，风格类似于圣埃美隆葡萄酒。

伯涅酒庄

酒庄宏大，隶属于露桐家族，其产出的白葡萄酒品质优越。

家族在布莱依还出品一款玛农拉格酒庄葡萄酒（Château Manon La Lagune）。

伯涅酒庄（两海之间产区）

伯涅酒庄（Château Bonnet）规模较大，出产的酒款品质稳定，是波尔多为数不多的可以与国际品牌媲美的酒庄。安德烈·露桐逐步扩大酒庄面积，目前已达 270 公顷，其中 170 公顷用于生产优质白葡萄酒。酒庄的葡萄酒由 50% 的长相思、40% 的赛美蓉和 10% 的慕斯卡德混酿而成。酒款采用低温酿造，确保酒款能果味鲜明，晶莹起泡。酒庄还产出一款特酿，名为伯涅特酿白葡萄酒（Divinus de Château Bonnet），全部由长相思酿制而成，酒款经过搅桶工序，使柑橘的味道更加饱满，但仍可使酒液不受橡木的影响，清新的水果风味是酒款的突出特色。酒庄以伯涅特酿红葡萄酒（Divinus，由 80% 的梅洛酿成）为代表的红葡萄酒同样质量可靠，物超所值。然而，与该产区最好的红葡萄酒相比，伯涅的红葡萄酒仍稍逊一筹。

布朗达酒庄（普瑟冈-圣埃美隆产区）

2010 年初，前酒庄合伙人阿诺·德莱（Arnaud Delaire）离开后，布朗达酒庄（Château Branda）已全部为丹尼斯·萨尔纳（Denise Sarna）所有。萨尔纳专注于酿制结构精妙、香料气息浓厚的葡萄酒，酒液经精心萃取酿造，切合时宜。米歇尔·罗兰和帕斯卡尔·查特内任酒庄顾问。酒庄占地 36 公顷，70% 的面积新栽了梅洛，其余部分等量栽种了品丽珠和赤霞珠。酒庄酒款在橡木桶中陈酿 14～16 个月，酒液裹挟着甘草的风味，同时散发着浓厚的黑樱桃核气息。

嘉龙酒庄（蒙塔涅-圣埃美隆产区）

嘉龙酒庄（Château Calon）的葡萄酒实为可人佳酿，带有红色水果气息，彰显着底气与自信。圣埃美隆的高班-米雪酒庄（Château Corbin-Michotte）的让-诺伊尔·柏通（Jean-Noël Boidron）掌管着这家酒庄，他们家族在这个地区的酿酒历史已有 150 多年。柏通在波尔多葡萄酒学校（Bordeaux Wine Institute）教授葡萄酒学，他使用如细密剪枝和绿色采收等现代技术种植葡萄，维持低产量，酿酒过程中使用不锈钢罐，突出浓郁果味。酒庄占地 38 公顷，紧邻圣埃美隆，土质同为石灰岩土。酒庄的酒款主要使用梅洛酿制。酒液在新橡木桶中陈酿长达 18 个月，被赋予丝丝烟熏风味。

卡普富爵酒庄（波尔多丘产区）

卡普富爵酒庄（Château Cap de Faugères）位于卡斯蒂隆，酒庄主人为瑞士富豪希尔维奥·邓兹（Silvio Denz），该酒庄占地 31 公顷，产量达 10 万瓶。酒庄酒款是由 85% 的梅洛、品丽珠和少许赤霞珠混酿而成，酒液在不锈钢罐中发酵前需经过冷浸，酿制成的葡萄酒果香四溢，单宁成熟，适合早饮。酒款在旧橡木桶中陈酿 12 个月，因此烟熏气息难觅其踪。

卡莱斯酒庄（弗龙萨克产区）

卡莱斯酒庄（Château de Carles）十分值得游览，酒庄大力投资革新，聘请建筑师设计酒窖，建设重力自流酿酒厂，还

都妃酒庄

该酒庄是弗龙萨克的一家现代化酒庄，生产的葡萄酒精致典雅。

格瑞酒庄

酒庄位于布尔地区，为贝尔纳·马格雷所有，产出的葡萄酒香料气息浓厚。

新建了园林。自20世纪80年代末，康斯坦斯（Constance）和斯特凡·杜洛勒斯（Stéphane Droulers）一直掌管着这座酒庄。如今，酒庄与让-吕克·图内文、阿兰·雷诺和来自米歇尔·罗兰实验室的让·菲利普·福特（Jean Philippe Fort）一同合作，获取技术建议。上卡莱斯酒庄红葡萄酒（Haut-Carles）和卡莱斯干白葡萄酒皆由90%的梅洛、10%的品丽珠和马尔贝克混酿而成，但两者亦有不同之处，葡萄产自不同地块，酿造方式也存在差别。上卡莱斯酒庄红葡萄酒原料产自占地20公顷的葡萄园，葡萄皆经严格挑选，酒液全部在大橡木桶中陈酿。卡莱斯干红葡萄酒在不锈钢罐中陈酿6个月，而后放入桶中酿制12个月。这两款酒的果味浓郁纯粹，而上卡莱斯酒庄红葡萄酒更为浓郁强劲，烟熏气息突出，结构精妙。酒庄计划未来将葡萄藤密度提高到每公顷1万株。★新秀酒庄

晓梦酒庄（波尔多丘产区）

晓梦酒庄（Château Clos Chaumont）绝对是一众小产区酒庄中最引人关注的一个，活力十足，发展势头正旺。酒庄主人是一位荷兰木材商人——彼得·韦贝克（Pieter Verbeek），他多年来一直在波尔多考察，最终邂逅了这个酒庄（当时尚未栽有葡萄藤），酒庄坐落于山脉之上，位于一个名为欧村（Haux）的小村庄之中。韦贝克的朋友基斯·范·列文（Kees van Leeuven）是一位酿酒师，供职于白马酒庄和滴金酒庄，韦贝克曾邀其分析酒庄土壤，并种植这块11公顷的土地，现在韦贝克与休伯特·布瓦德一同合作酿酒。酒庄出产的红葡萄酒由品丽珠和60%的梅洛酿制而成，其中品丽珠产自低产老藤。由此酿制的葡萄酒魅力迷人，带有清新的矿物质气息，还散发着清甜的红莓果实气息。酒庄出产的白葡萄酒由55%的赛美蓉和45%的灰苏维翁混酿制成，饱满圆润，杏香十足。

孔塞耶酒庄（超级波尔多产区）

有人认为某些波尔多的酿酒师承担着诸多风险，而让-菲利普·贾努易克斯就是对此的完美诠释，他供职的孔塞耶酒庄（Château Le Conseiller）其中一块地占地1.5公顷，种植密度为每公顷2万株。相比之下，罗曼尼康帝酒庄为每公顷1.2万株，拉菲酒庄为每公顷1万株。酒庄的此处地块与众不同，濒临多尔多涅河，处于河道弯处，大风能吹透密植的葡萄藤。酒庄于2000年开始在这块地中种植葡萄，直到2005年，贾努易克斯才推出了第一款年份酒，葡萄酒也因此具有良好的复杂度。这款葡萄酒全由梅洛酿成，口感浓郁，散发着铅笔芯的味道和黑醋栗的气息，以"20米勒"红葡萄酒（20Mille）的标签装瓶出售。葡萄酒在大桶中发酵后，转入保温的桶中陈酿18个月，以确保萃取柔和，避免酒液产生影响。该酒款年产量仅4000瓶。如果难以买到"20米勒"的话，该酒庄的主打酒款也不失为一个不错的选择：口感柔软，带有红果的味道，全部由梅洛酿成（梅洛产自自家占地27公顷的葡萄园）。

十字木桐酒庄（超级波尔多产区）

十字木桐酒庄（Château La Croix Mouton）干红葡萄酒出自让-菲利普·贾努易克斯之手，品质始终如一，爽口怡人，主打芳香馥郁的秋季水果气息，是右岸地区日趋蓬勃的品牌。葡萄园紧靠圣埃美隆边界，占地50公顷，栽有85%的梅洛和15%

的品丽珠。该酒庄旗下的酒款带有雪松的香气，散发着烟熏黑醋栗的气息，果香飘逸，单宁紧实。消费者享用美酒之前，无须陈年，酒品在不锈钢罐中酿造，在桶中进行苹乳发酵，而后仅陈酿8个月，所有工序只为打造适合早饮的佳酿。

都妃酒庄（弗龙萨克产区）

都妃酒庄（Château de la Dauphine）近年来快速崛起，酒款优雅精致、果味浓郁，散发着深色水果香气，有力展示了弗龙萨克产区卓越的酿酒工艺。都妃酒庄原为莫意克家族所有，2001年，让·哈雷（Jean Halley）接管了该酒庄。如今，让·哈雷的儿子纪尧姆·哈雷（Guillaume Halley）负责经营酒庄，并聘请了丹尼斯·迪布迪厄担任顾问酿酒师。酒庄占地32公顷，过去10年，获得了大量投资，且随着卡农-弗龙萨克产区（Canon-Fronsac）数座酒庄的并入，酒庄规模进一步扩大。酒庄葡萄酒获弗龙萨克法定产区认证，在售的葡萄酒有两款——都妃酒庄红葡萄酒（La Dauphine）和副牌酒小都妃红葡萄酒（Delphis）。酒庄葡萄藤的平均藤龄为33年，葡萄园内栽有80%的梅洛和20%的品丽珠，酒液在橡木桶中陈酿12个月（33%为新桶）。酒庄的现代化酿酒厂配有圆形大桶、温控不锈钢罐、混凝土桶和地下桶式酒窖，采用重力酿酒法酿酒。★新秀酒庄

宝德之花酒庄（拉朗德波美侯产区）

宝德之花酒庄（Château La Fleur de Boüard）的酒庄主人柯拉莉（Coralie）是金钟酒庄的休伯特·布瓦德之女。1998年，她的父亲买下了该酒庄，并为女儿改为现名。酒庄的葡萄园占地19.5公顷，栽有85%的梅洛、10%的品丽珠和5%的赤霞珠，在整个生长季节，园内所有工作事无巨细，皆由人力进行。酒庄产出的葡萄酒品质卓越，彰显出十足的底气和自信，与金钟酒庄的葡萄酒（在80%的新橡木桶中陈酿18个月）一样，酒款性感无比，带有烟熏风味，此外还伴有成熟的黑醋栗果香。最终酿成的葡萄酒在装瓶之前未经过滤和下胶。

丰德尼尔酒庄（两海之间产区）

丰德尼尔酒庄（Château de Fontenille）值得世人瞩目。酒庄葡萄园占地35公顷，酒庄的酒款由史蒂芬·德福尼（Stéphane Defraine）精心酿制。酒庄产出的酒清爽适中，恰到好处。酒庄的产品系列简约：一款两海之间风格的白葡萄酒（由50%的长相思和灰苏维翁、30%的赛美蓉、20%的慕斯卡德混酿而成）；一款波尔多AC认证的红葡萄酒（由50%的梅洛、30%的品丽珠、20%的赤霞珠混酿而成）；还有一款主要由梅洛酿制的波尔多桃红葡萄酒（AC Bordeaux Clairet），酒体较为丰满。总体而言，该酒庄的葡萄酒味道清爽，单宁柔和，品质优越。

法兰克酒庄（波尔多丘产区）

法兰克酒庄（Château de Francs）是波尔多丘产区弗朗地区的一流酒庄，该地区有40家葡萄种植者的种植面积不到1公顷。白马酒庄的前酒庄主人多米尼克·赫巴德（Dominique Hebrard）和休伯特·布瓦德（Hubert de Boüard）共同掌管着这座酒庄。该地区通常以栽种梅洛为主，法兰克酒庄也不例外，栽种了70%的梅洛、20%的品丽珠和10%的赤霞珠。葡

萄园占地 40 公顷，采用手工种植方式和分片酿造法，酒庄旨在酿制果香浓郁、细腻口感的葡萄酒。葡萄酒在橡木桶中陈酿 12 个月，但仅用了 20% 的新桶，以免过多影响风味。酒庄还种植了 2.5 公顷的赛美蓉和长相思，比例各占一半，酒液在 50% 的新橡木桶中搅桶陈酿，最终酿得优雅迷人的白葡萄酒。

佳碧酒庄（弗龙萨克产区）

毋庸置疑，佳碧酒庄（Château du Gaby）是弗龙萨克最美丽的酒庄之一，酒庄主人为英国投资银行家大卫·科尔（David Curl）。酒庄坐落在山坡高地之上，可以俯瞰多尔多涅河，葡萄园占地 16 公顷，位于山坡之上，排水良好。酿酒师吉尔斯·帕奎采用 85% 的梅洛和 15% 的品丽珠与赤霞珠酿酒，使用环氧树脂衬里的混凝土大罐发酵，后将葡萄酒放入橡木桶中陈酿 12 ~ 18 个月（40% ~ 60% 为新桶）。该酒庄的正牌酒虽名气不大但品质卓越，其年产量达 5 万瓶，果味清新，散发着成熟的黑莓和罗甘莓的醇香，酒体上佳，结构坚实。旗下的副牌酒是佳碧酒庄岩石红葡萄酒（Les Roches Gaby）。

嘉洛酒庄（拉朗德波美侯产区）

嘉洛酒庄（Château Garraud）的葡萄酒出自让-马克·诺尼（Jean-Marc Nony）之手，品质卓越可靠，聘用了米歇尔·罗兰担任酒庄顾问。酒庄葡萄酒由 70% 的梅洛、30% 的品丽珠和赤霞珠混酿而成，浓郁迷人，口感丰富。葡萄园占地 32 公顷，位于内阿克村，处在波美侯的边界上，但其产出的葡萄酒仍带有浓郁的波美侯风情。葡萄酒原料取材于低产葡萄藤，酒液在 80% 的橡木桶中陈酿，造就了这款以质地奢华、口感精妙为特色的佳酿。附近的古昔酒庄（L'Ancien）亦为诺尼家族所有，拉朗德地区有些最古老的梅洛便栽种于此。诺尼家族麾下的泰坦酒庄（Château Treytins）在拉朗德波美侯产区和蒙塔涅-圣埃美隆产区都有酒品产出，但产量较少。

格瑞酒庄（布尔丘产区）

格瑞酒庄（Château Guerry）是贝尔纳·马格雷（Bernard Magrez）旗下众多波尔多酒庄之一，酒庄位于布尔地区，占地 21 公顷，可以俯瞰河口对面的玛歌酒庄。酒品中添加了 20% 的马尔贝克（相比波尔多其他地区，马尔贝克在布尔和布莱依更受欢迎），这使得酒品优雅迷人，富含香料气息。此外，30% 的赤霞珠使得葡萄酒强劲有力，酒中还添加了 50% 的梅洛以软化酒体。玛格雷出品的另一款酒名为埃格雷戈尔红葡萄酒（Egrégore），产自布莱依地区附近一片葡萄园，酒甘香醇，酒力强劲。

乔安琳·贝戈酒庄（波尔多丘产区）

许多年轻一代的酒庄主人已经进驻卡斯蒂隆地区，其中许多人出身于附近知名产区的酿酒名族。乔安琳·贝戈酒庄（Château Joanin Bécot）便是其中鼎鼎有名的酒庄之一，朱丽叶·贝戈（Juliette Bécot）来自圣埃美隆的博塞贝戈酒庄（Château Beausejour-Bécot），她与酿酒师索菲·波奎特（Sophie Porquet）和让-菲利普·福特一同建立了合作关系。

背靠占地 7 公顷的葡萄园，酒庄使用 75% 的梅洛和 25% 的品丽珠酿制出了一款品质卓越的葡萄酒，带有成熟的洋李子气

息，散发着烤香草风味。高质量年份酒的酒精度会缓慢上升，但酒款结构良好，单宁柔顺，平衡了度数的增长。

卢卡斯酒庄（吕萨克-圣埃美隆产区）

卢卡斯酒庄（Château Lucas）的酒庄主人弗雷德里克·伍迪埃（Frédéric Vauthier）出身于欧颂酒庄（Ausone）的伍迪埃（Vauthier）家族。该酒庄的葡萄园面积超过 52 公顷，种植比例为 50% 的梅洛、50% 的品丽珠，采用可持续种植方式，正争取获得有机认证。酒庄出品了 3 款葡萄酒：第一款为卢卡斯酒庄干红葡萄酒（Château Lucas），在 80% 的不锈钢罐和 20% 的橡木桶中陈酿，花香浓郁；第二款酒名为格朗德卢卡斯（Grand de Lucas），产量低，葡萄皆为手工采摘，在桶中充分陈酿，酒庄根据需求使用微氧化技术平滑单宁；第三款名为卢卡斯精神（Spirit of Lucas），酒款采用优质年份的老藤葡萄酿制，酒液在新橡木桶中陈酿 24 个月。

卢萨克酒庄（吕萨克-圣埃美隆产区）

格利叶·拉维亚（Griet Laviale）和赫夫·拉维亚（Hervé Laviale）将这座建于 19 世纪的卢萨克酒庄（Château de Lussac）建设成一座轻奢豪华的乡村酒庄，配有具有舞台效果的照明设备和金边吊灯。此外，他们还掌管着圣埃美隆的弗朗梅诺酒庄（Franc Mayne）。相比之下，酒窖则纯粹为酿酒而建，酒窖呈圆形布局，配有截断的不锈钢大桶，接收葡萄时使用筛选机评估葡萄的糖分水平，以确保选用最成熟的果粒酿酒。由此匠心酿制的葡萄酒香醇美味，带有烟草和巧克力的风味。该酒庄共占地 27 公顷，栽种有 77% 的梅洛和 23% 的品丽珠，种植密度为每公顷 5500 株。酒庄的副牌酒（Le Libertin de Lussac）俏媚迷人，酿酒葡萄采自藤龄较短的葡萄藤，酿制过程中不使用新橡木桶。

马德莱布候酒庄（波尔多产区）

马德莱布候酒庄（Château Magdeleine Bouhou）为穆里尔·卢梭（Muriel Rousseau）所有，酒庄活力十足，最近推出了两款全部由马尔贝克酿成的葡萄酒。20 世纪初，布莱依地区种植的葡萄 80% 都是马尔贝克，但现在只占很小的比例。酒庄土质为黏土，种有 5 公顷的马尔贝克，酒庄出产的所有红葡萄酒都含有一定数量的马尔贝克。2009 年，他们决定生产两种特酿葡萄酒，一种名为小马德莱（La Petite Madeleine），是一款口感清新的餐酒；另一种是波尔多 AC 葡萄酒——"M 马德莱"（M de Magdeleine），酒液在橡木桶中陈酿，结构良好。令人困惑的是，波尔多丘 AC 认证的葡萄酒中不允许使用单一马尔贝克酿制。产自卡奥尔产区（Cahors）的马尔贝克酿制的葡萄酒更为厚重醇熟，相比之下，马德莱布候酒庄的这两款酒仍有待进步。

曼努雅酒庄（波尔多丘产区）

曼努雅酒庄（Château Manoir du Gravoux）是卡斯蒂隆地区一颗冉冉升起的新星，这座中世纪酒庄占地 19 公顷，酒庄主人是菲利普·埃米尔（Philippe Emile），酒庄的正对面是史蒂芬·德农古的狄拉酒庄，狄拉酒庄则是卡斯蒂隆成熟的酒庄之一。

埃米尔学习邻居的专业知识，精心种植，控制产量，以确保

小众葡萄品种

波尔多产区法定允许种植的红葡萄品种有 6 个，白葡萄品种有 7 个，但只有 4 个品种被广泛使用——梅洛占所有红葡萄品种的 63%，赤霞珠占 25%；长相思占所有白葡萄品种的 38%，赛美蓉占 53%。品丽珠占红葡萄品种的 11%，慕斯卡德占白葡萄品种的 6%。其他获准种植的葡萄有白玉霓、白梅洛（Merlot Blanc）、莫札克（Mauzac）、昂登（Odenc）和鸽笼白（Colombard）等白葡萄品种，以及小维多、马尔贝克和佳美娜等红葡萄品种。近年来，一些小众葡萄品种的产量有所上升。小维多的种植面积从 422 公顷增加到 479 公顷，增加了 10%。马尔贝克正大量用于混酿制酒，尤其是在布尔格（Bourg）和布莱依（Blaye）两地——这主要是由于近年收获季气温较暖，并且希望从知名度高的产区中脱颖而出。一些酒庄已经决定全部由马尔贝克酿成葡萄酒，比如布莱依的马德莱布候酒庄。

贝尔拉图酒庄

这是一座大型酒庄，共出品两款
葡萄酒，副牌酒更为醇厚浓郁。

酿制出浓郁纯美、果香四溢的葡萄酒，此外，葡萄园位于南向斜坡之上，排水良好，支架较高，能最大限度地扩大树冠覆盖。酒款由88%的梅洛和12%的品丽珠混酿而成。酒庄使用不锈钢罐进行酒精发酵和苹乳发酵，以进行充分萃取，同时又不会损失酒液中的单宁。★新秀酒庄

玛久思酒庄（波尔多产区）

玛久思酒庄（Château Marjosse）是皮埃尔·露桐的家族酒庄，玛久思酒庄红葡萄酒品质上佳，值得一品，此外露桐还在滴金酒庄和白马酒庄担任主管。他平时工作的地方辉煌显赫，而玛久思酒庄位于两海之间产区，相比之下，该产区则稍显逊色。他聘请了建筑师盖伊·特罗普斯（Guy Tropes）设计了一座占地2400平方米的新酒厂，设计新颖，线条整洁，设施现代。酒庄葡萄园占地80公顷，新酿酒厂的落成定会使得这座备受瞩目的酒庄声名鹊起。酒庄出品的红葡萄酒由梅洛（75%）主酿而成，物超所值，单宁顺滑，果味浓郁，而3%的马尔贝克赋予酒品些许香料气息，酒款虽未达到列级葡萄酒的标准，但很容易与附近酒庄的产品区分开来。酒庄种植了22公顷的白葡萄品种——比例为59%的赛美蓉和慕斯卡德，41%的长相思和灰苏维翁，由此酿制出了经典的波尔多葡萄酒，酒款呈现青草芬芳的气味，还有少量醋栗风味。

梅西-欧贝酒庄（蒙塔涅-圣埃美隆产区）

梅西-欧贝酒庄（Château Messile-Aubert）占地10公顷，古斯博德酒庄（La Couspaude）的海洛伊丝·奥伯特（Heloise Aubert）负责经营该酒庄，酒庄管理精细，米歇尔·罗兰担任顾问，出品的酒款不容错过。酒品由60%的梅洛、20%的品丽珠、20%的赤霞珠混酿而成，在小木桶中发酵，采用冷浸泡和手工压帽法，然后在新的法国橡木桶中进行苹乳发酵。酒款陈酿18～20个月，饱满圆润，富含摩卡咖啡、薄荷和夏季水果的气息。

蒙代西尔-嘉仙酒庄（波尔多丘产区）

在布莱依地区的所有"嘉仙"酒庄（Gazin properties）中，蒙代西尔-嘉仙酒庄（Château Mondésir-Gazin）是其中最好的酒庄之一，其葡萄园占地14公顷，藤龄长达60年。酒庄主人为马克·帕斯科（Marc Pasquet）。帕斯科曾是一位成功的摄影师，于1990年转行酿酒，是一位兢兢业业、精益求精的酿酒师。蒙代西尔-嘉仙酒庄红葡萄酒产量为2.4万瓶，丰满醇厚，马尔贝克（20%）赋予少许带有异国情调的香料气息，此外酒中还添加了60%的梅洛和20%的赤霞珠。酒款装瓶时未经过滤和下胶，带有浓郁的紫葡萄香气。

蒙特劳酒庄（两海之间产区）

蒙特劳酒庄（Château Montlau）的酿酒史可追溯至15世纪，阿尔芒·舒斯特尔·德·巴尔威尔（Armand Schuster de Balwill）和伊丽莎白·舒斯特尔·德·巴尔威尔（Elisabeth Schuster de Balwill）掌管着这座酒庄。葡萄园坐落于山坡之上，与圣埃美隆的葡萄园相对，园区面积达25公顷，种植了三分之二的梅洛和三分之一的品丽珠。酒庄还栽种了3公顷的白葡萄品种——长相思、赛美蓉和慕斯卡德，并由此酿造出一种颇具两海

之间产区特色的波尔多起泡酒（Crémant de Bordeaux），妙趣横生（某些年份酒中慕斯卡德占比达55%）。酒庄出产的酒款简约清爽、果味浓郁，质量始终如一，口感轻柔，这在价格较低的波尔多葡萄酒中较为少见。

蒙特-普雷特酒庄（波尔多丘产区）

戴斯帕（Despagne）家族在波尔多的一些不知名的产区拥有数座酒庄，但该家族并未安于现状，止步不前，酒质上乘的蒙特-普雷特酒庄红葡萄酒（Château Mont-Pérat）便是最好的证明。酒庄总负责人是帝宝·戴斯帕（Thibault Despagne），乔尔·埃利萨尔（Joël Elissalde）担任技术总监。该酒庄占地102公顷，实为一座大型酒庄。酒款由梅洛主酿而成，酒甘香醇，散发着饱满的红色水果香气，口感清新，质感如丝般柔顺，酒质极为可靠。

佩南酒庄（超级波尔多产区）

佩南酒庄（Château Penin）绝对值得关注，该酒庄占地40公顷。1982年，帕特里克·喀特隆（Patrick Carteyron）接管酒庄后并一直经营至今。

喀特隆生产了27万瓶葡萄酒，质量稳定，酒质上乘，其中最优良的便是佩南酒庄传统红葡萄酒（Penin Tradition），由90%的梅洛和10%的品丽珠和赤霞珠混酿而成。该酒在不锈钢桶（不采用橡木）中陈酿12个月，酿制过程中采用微氧化法以软化单宁。2008年始，喀特隆制作了一款特酿，其名为佩南酒庄自然红葡萄酒（Natur），未添加二氧化硫，以突出葡萄酒的柔和果味；适度冰镇，风味更佳。酒庄出品的白葡萄酒由85%的长相思和灰苏维翁及15%的赛美蓉混酿而成。

柏龙酒庄（拉朗德波美侯产区）

马索尼家族（Massonie family）在拉朗德波美侯产区有着悠久的历史，酒庄主人为伯特兰·马索尼（Bertrand Massonie），其父亲米歇尔·马索尼（Michel Massonie）在创建AC制度的过程中发挥了重要作用。柏龙酒庄（Château Perron）的葡萄酒酒体丰满，带有烟熏、雪茄盒的味道，结构良好，散发着黑醋栗的果香。2008年，葡萄园的面积增加了8公顷，现已达23公顷，葡萄园种植了80%的梅洛、10%的品丽珠和10%的赤霞珠。伯特兰自1999年起接管了酒庄，与他的兄妹蒂博（Thibault）和碧翠丝（Beatrice）一起工作。酒庄的酿酒师为让-菲利普·富尔（Jean-Philippe Faure），他在酿酒过程中会根据需要少量使用微氧化法。酒庄的副牌酒是柏龙芙蓉酒庄红葡萄酒（La Fleur），三牌酒为皮埃尔菲特酒庄干红葡萄酒（Château Pierrefitte）。

贝尔拉图酒庄（超级波尔多产区）

贝尔拉图酒庄（Château Pey La Tour）是杜夫集团（Dourthe）旗下的一家酒庄，原名为拉图酒庄（Château Clos de La Tour），但另一家拉图酒庄（Château Latour）极力保护自身品牌，酒庄名称与之相抵触，因而20世纪90年代末，酒庄不得不放弃原名，改为现名。酒庄更为新名后，稳步发展，酒质上乘，质量稳定，是小产区酒庄的典范。葡萄园占地220公顷，并应用了一些诸如高密度种植等现代技术，部分酒罐采用热浸渍酿造法，另一部分用冷浸法或微氧化法。酿酒师纪尧

佩南酒庄

佩南酒庄传统红葡萄酒由梅洛主酿而成，
未采用橡木桶陈酿。

姆·珀西尔（Guillaume Pouthier）偏爱多样的口味与风格，以确保酿成的葡萄酒的口感丰富且平衡度佳。酒庄只生产两款红葡萄酒，正牌酒由 82% 的梅洛、14% 的赤霞珠、4% 的品丽珠和小维多混酿而成，更易入口，其副牌酒贝尔拉图酒庄珍藏红葡萄酒（Pey La Tour Réserve）口感丰厚，具有烘烤气息，品质接近本庄正牌酒。

比哈尔酒庄（超级波尔多产区）

比哈尔酒庄（Château Pierrail）虽名气不高，但工艺精细，出产的葡萄酒优质出色。该酒庄为德蒙绍家族（Demonchaux）所有，雅克（Jacques）和艾丽斯（Alice）及他们的儿子奥雷利昂（Aurélien）经营着这座酒庄。酒庄出品的白葡萄酒由长相思和灰苏维翁混酿而成，这些葡萄皆生长在土质为黏土和石灰岩土的斜坡上。葡萄园占地 70 公顷，采用可持续种植法，产量较低。酒庄出品的红葡萄酒由 85% 的梅洛、15% 的品丽珠和赤霞珠混酿而成，散发着柔和的蓝奶酪香气，单宁良好醇厚，酒液经深度萃取，具有烟熏风味，平衡自信，恰到好处。

皮朗波酒庄（弗龙萨克产区）

皮朗波酒庄（Château Plain-Point）位于南向斜坡上，有利于葡萄成熟，酒庄种植了 75% 的梅洛、20% 的赤霞珠、5% 的品丽珠。酒庄为米歇尔·阿罗尔迪（Michel Aroldi）所有，拥有面积达 35 公顷的葡萄园，土质为黏土-白垩土。酒庄产出一款现代风格的葡萄酒（产量为 10.5 万瓶），装瓶时未经过滤和下胶，酒液浓郁丰满，带有夏季红果的气息。酒庄副牌酒名为"M 皮朗波"（M de Plain Point），由 80% 的梅洛酿成，更加馥郁芳香，令人愉悦。其酿造过程简约直接，在混凝土桶中加入天然酵母，后放入法国橡木桶中陈酿（40% 为新桶）。皮朗波酒庄白葡萄酒（Blanc de Plain-Point）耐人寻味，由 80% 的长相思和20% 的大满胜混酿而成（大满胜葡萄在法国西南部较为知名）。

裴佳罗酒庄（波尔多丘产区）

裴佳罗酒庄（Château Puygueraud）红葡萄酒中混有 5% 的马尔贝克，因而造就了这款色泽如墨、入口辛辣的红葡萄酒。酒庄正牌酒出自尼古拉斯·蒂安邦（Nicolas Thienpont）之手，除马尔贝克外，选用了该产区较为典型的葡萄品种——梅洛和品丽珠。酒庄采用不锈钢罐酿酒，适度使用微氧化法平滑酒体，产出的葡萄酒单宁丝滑，果味鲜明。这家法国酒庄在尼古拉斯的父亲乔治（George）的带领下于 1983 年首次装瓶产酒，如今酒庄共出产了 3 款葡萄酒：裴佳罗酒庄红葡萄酒（Château Puygueraud）、副牌酒裴佳罗酒庄罗里奥酒庄红葡萄酒（Château Lauriol）（由藤龄较低的葡萄藤果实酿制而成）、裴佳罗酒庄乔治混酿红葡萄酒（Cuvée George）。最后一款酒不同寻常，由 35% 的马尔贝克、35% 的品丽珠、20% 的梅洛和10% 的赤霞珠混酿而成。

瑞隆酒庄（波尔多白葡萄酒）

瑞隆酒庄（Château Reynon）是白葡萄酒大师丹尼斯·迪布迪厄的家族酒庄，价值非凡。酒庄出产的白葡萄酒受业内人士赞誉，由 89% 的长相思和 11% 的老藤赛美蓉混酿而成，原料葡萄种植面积达 17 公顷，酒款散发着芳草的清香，葡萄柚味不

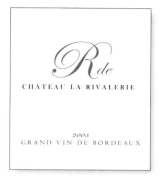

瑞瓦勒尔酒庄
酒庄始终追求完美，正声名鹊起。

瑞隆酒庄
这是波尔多白葡萄酒大师的家族酒庄，
酒款颇具地方特色，实为经典之作。

明显。虽然酒中长相思的比例在不断增加，但迪布迪厄仍完美诠释了波尔多的葡萄风味，酒款丰盈多汁、果味清新。该酒庄出产的红葡萄酒质量可靠，由 82% 的梅洛、13% 的赤霞珠、2% 的品丽珠和 3% 的小维多酿成，原料葡萄种植面积达 18 公顷。在某些年份，酒庄还生产卡迪拉克 AC 甜葡萄酒（AC Cadillac）。酒庄副牌酒为瑞隆酒庄克洛斯雷诺尼干白葡萄酒（Clos de Reynon），原料葡萄产自藤龄较年轻的葡萄藤。

黎塞留酒庄（弗龙萨克产区）

中国香港投资公司 A&A 国际（A&A International）于 2008 年收购了黎塞留酒庄（Château Richelieu）的多数股权，酒庄历史文化气息浓厚，可追溯到 1200 多年前查理曼大帝统治时期。如今，酒庄占地 13.5 公顷，土壤为肥沃的蓝色黏土，富含贝壳化石，酒庄还计划扩大种植面积。酒庄栽种了 70% 的梅洛、28% 的品丽珠和 2% 的马尔贝克，采用可持续种植方式，仅使用天然酵母发酵。史蒂芬·图同济（Stéphane Toutoundji）是酒庄的酿酒顾问，他打造了一款裹挟着香草与黑水果气息的葡萄酒，带有轻柔烘烤风味。

瑞瓦勒尔酒庄（波尔多丘产区）

瑞瓦勒尔酒庄（Château La Rivalerie）虽知名度低，但其酒款无论是品尝还是参加比赛，一直都有着超出其水准之上的品质。酒庄主人杰罗姆·博纳科西（Jérôme Bonaccorsi）是一位年轻人，一直辛勤工作。最近，他大举投资酒窖和葡萄园，重新设计了酒庄，一改之前颇为老旧的风格。酒庄正牌红葡萄酒未经橡木桶陈酿，带有果味单宁，质量稳定，酒款由 50% 的赤霞珠、40% 的梅洛和 10% 的品丽珠和马尔贝克混酿而成，散发着浓郁的秋季水果气息。酒庄还出产一款优质的白葡萄酒，由比例均匀的长相思和赛美蓉酿成，风格现代、新鲜清爽。此外，还有一款质量过硬的马约拉尔特酿（Cuvée Majoral），原料产自老藤葡萄，酒液在橡木桶中陈酿 12 个月。

大河酒庄（弗龙萨克产区）

大河酒庄（Château de la Rivière）是弗龙萨克最大的酒庄之一，葡萄园占地 59 公顷，种有 82% 的梅洛、13% 的赤霞珠、4% 的品丽珠和 1% 的马尔贝克，内有一片风景优美的公共绿地。弗龙萨克生产品质卓越的葡萄酒，原因是其拥有优良的风土条件——酒窖的石灰岩与许多圣埃美隆的列级名庄相同，皆从同一块岩石上开凿而成。酒庄出品的葡萄酒具有相同的矿物质气息，优雅精美，带有新鲜的覆盆子和黑莓的味道。酒庄由詹姆斯·格雷瓜尔所有，克劳德·格罗斯任酿酒顾问。酒庄副牌酒为大河酒庄副牌干红葡萄酒（Les Sources de Château de la Rivière）。酒庄还出产了一款桃红葡萄酒，以及一款布罗耶酒庄红葡萄酒（Château du Breuil），皆产自弗龙萨克。

康贝洛克酒庄（布尔丘产区）

布尔丘地区很少能出品蜚声国际的葡萄酒，但康贝洛克酒庄（Château Roc de Cambes）红葡萄酒便是其中之一。酒庄自 1988 年以来，一直由弗朗索瓦·米佳维勒（François Mitjavile）掌管，此外他还经营着圣埃美隆的罗特波夫酒庄（Tertre Roteboeuf）。葡萄园占地 10 公顷，呈圆形剧场形状，

圣玛丽酒庄

尽管所在产区默默无闻，但酒庄一直
不遗余力地酿造品质上佳的葡萄酒。

康贝洛克酒庄

享誉国际，谱系正宗，价格公道。

宛若天成，采光极佳。葡萄园通常是该地区最后采摘的葡萄园之一，酒庄出产的葡萄酒浓郁醇厚，带有优雅的黑色果实香气。葡萄园种植比为 65% 的梅洛、20% 的赤霞珠和 10% 的品丽珠。每排葡萄之间种有草皮以调节供水，酒庄在温控混凝土罐中发酵，后将酒液置入橡木桶（50% 为新桶）中陈酿 18 个月。该酒款的价格比该产区内的许多酒都要高一些，但其质量绝对对得起价格。

莫里亚克酒庄

莫里亚克酒庄（Château Roques Mauriac）的文森特·莱维厄（Vincent Levieux）和索菲·莱维厄（Sophie Levieux）推出了一款名为莫里亚克酒庄限量干红（Cuvée Damination）的葡萄酒，其中含有高达 85% 的品丽珠，此外还添加了 15% 的梅洛以平衡酒体。这款酒散发着紫罗兰和红醋栗的浓郁香气，酒液在橡木桶中陈酿，赋予葡萄酒焦糖和香草叶的口感。酒品风格现代，圆润柔顺，酒力相当强劲。酒庄使用新栽葡萄藤结出的葡萄酿制了一款名为莫里亚克预感（L'Avant Gout de Roques Mauriac）的葡萄酒，带有夏季水果气息，美妙怡人。文森特和索菲还出品了一款酒，名为莫里亚克一级葡萄酒（Roques Mauriac Premier Vin），其中含有 50% 的品丽珠，这表明他们对品丽珠信心十足。

肖雷克酒庄（拉朗德波美侯产区）

肖雷克酒庄（Château Siaurac）为古查德集团（Domaines Baronne Guichard）所有，圣埃美隆的佩邑酒庄（Le Prieuré）和波美侯的威德凯酒庄也在集团麾下。酒庄葡萄园占地 39 公顷，位于拉朗德，处在波美侯的边界上。与附近名气更大的酒庄相比，该酒庄的葡萄酒同样果味浓厚，单宁如丝般顺滑，但物美价廉。该酒庄采用分片酿造法和可持续种植方式来确保质量。酿酒师亚尼克·雷雷尔曾师从帕图斯酒庄的让-克劳德·贝鲁埃（Jean-Claude Berrouet）。酒庄副牌酒为肖雷克酒庄副牌干红葡萄酒（Le Plaisir de Siaurac），原料葡萄产自藤龄较低的葡萄藤。

圣巴比酒庄（波尔多产区）

安托万（Antoine）和露西·图顿（Lucy Touton）于 2000 年买下了圣巴比酒庄（Château Ste-Barbe），并将其打造成波尔多法定产区的知名酒庄。圣巴比酒庄红葡萄酒由 70% 的梅洛和 30% 的赤霞珠和品丽珠混酿而成，散发着黑莓和烤香草的气息，酒液在混凝土罐和不锈钢大桶中发酵，并在桶内陈酿一年（30% 为新桶，因此桶不会干扰酒的风味）。酒庄还出品了一款名为圣巴比私人珍藏（Réserve Privée）的葡萄酒，这款酒全部由梅洛酿成，在全新橡木桶中陈酿 12 个月。另一款圣巴比梅洛干红葡萄酒（Merlot Ste Barbe）也全部由梅洛酿成，未经橡木桶陈酿，果味更加突出，而前一款的烤香草气息更为浓郁。酒庄还发布了一款桃红葡萄酒，同样未经橡木桶陈酿（在不锈钢大桶中发酵），带有覆盆子和樱桃的味道。

圣特科伦比酒庄（波尔多丘产区）

圣特科伦比酒庄（Château Ste-Colombe）占地 40 公顷。圣特科伦比干红葡萄酒物超所值，出自杰拉德·珀斯（Gérard

Perse）之手，与波美侯盖伊十字酒的阿兰·雷诺合作酿制而成。酒款由梅洛（70%）和品丽珠（30%）混酿而成，比例经典，酒体极为浓郁强劲，富含黑醋栗、烟草和甘草的萃取风味，酒体开放，深受消费者喜爱，与珀斯旗下的圣埃美隆葡萄酒产品相比，更适合早饮。葡萄酒在桶中陈酿 12 个月，酒桶取自柏菲酒庄、蒙布瑟盖酒庄和柏菲德赛斯酒庄，葡萄酒装瓶时未经过滤和下胶。酒庄隔壁是教堂园酒庄，珀斯亦任职。

圣佐治亚酒庄（圣乔治-圣埃美隆产区）

圣佐治亚酒庄（Château St-Georges）坐落于这片小产区的最高点，葡萄园皆在斜坡之上，环绕酒庄四周，数年来，酒庄发展历尽沧桑。柏图斯·迪博瓦（Pétrus Desbois）接管酒庄后，酒庄发展步入正轨。葡萄园占地 50 公顷，产出了 25 万瓶葡萄酒，酒款由 60% 的梅洛、20% 的赤霞珠和 20% 的品丽珠混酿而成。酒庄出品了一款全部由梅洛制成的特酿，名为圣佐治亚酒庄三部曲（Trilogie du Château St-Georges），以纪念三代人皆在此酿酒。酒庄副牌酒为圣佐治亚酒庄皮伊干红葡萄酒（Château Puy St Georges）。

圣玛丽酒庄（两海之间产区）

两海之间产区经常被人忽略，但圣玛丽酒庄（Château Ste-Marie）仍开拓进取，突破自我，酒庄每公顷种植了 1 万株葡萄，颇为少见。酒庄出品了一款圣玛丽酒庄玛德莱白葡萄酒（Cuvée Madlys），由 56% 的长相思、22% 的灰苏维翁、22% 的赛美蓉混酿制成，产量共 3.7 万瓶。这款葡萄酒大有可观，酒体浓郁醇厚，美味无穷，散发着西番莲和杏子的香气。酒庄由杜普奇-蒙顿（Dupuch-Mondon）家族经营，占地 39 公顷，正转型为有机种植园。酒庄采用了现代技术，如高密度种植、冷浸皮及搅桶陈酿工艺。酒庄还产出了圣玛丽酒庄阿洛干红葡萄酒（Alios）和圣玛丽酒庄"磨坊"红葡萄酒（Château Ste-Marie "Le Moulin"）。

塔比托酒庄（吕萨克-圣埃美隆产区）

塔比托酒庄（Château Tabuteau）是西尔娅贝特朗贝苏园（Sylvie and Bertrand Bessou）旗下的 3 座酒庄之一，酒庄位于吕萨克-圣埃美隆产区，占地 19 公顷，土质为黏土，含铁量丰富。普瑟冈-圣埃美隆产区（Puisseguin St-Emilion）的杜朗酒庄（Durand-Laplagne）和超级波尔多产区的梅尔角酒庄（Cap de Merle）为西尔娅贝特朗贝苏酒园另外两座酒庄。葡萄园种植了 64% 的梅洛、16% 的品丽珠和 20% 的赤霞珠，每排葡萄之间植草，以帮助葡萄藤根深扎地下获取水源。酒庄出产的葡萄酒在混凝土桶和不锈钢桶中陈酿，口感柔和，充满浓郁的樱桃香味。

泰雅克酒庄（布尔丘产区）

泰雅克酒庄（Château Tayac）产出了一款结构紧致、风格古典的葡萄酒，展现了产区特色，酒中含有高达 45% 的赤霞珠，此外还混有 5% 的品丽珠和 50% 的梅洛。泰雅克酒庄是该产区的领军酒庄，葡萄园占地 30 公顷，石灰岩绵延 54 米。在酒庄内，吉伦特河口一览无余。酒庄主人安妮克·萨图尼（Annick Saturny）酿造了数款葡萄酒，其中泰雅克酒庄珍藏干红葡萄酒（Cuvée Reserve）和泰雅克酒庄至尊干红葡萄酒（Cuvée Prestige）极具魅力，深受欢迎。

爵蕾酒庄（两海之间产区）

爵蕾酒庄（Château Thieuley）由玛丽（Marie）和西尔维·考斯尔（Sylvie Courselle）两姐妹共同经营，是该产区的主要酒庄之一，占地 60 公顷。酒庄出产的白葡萄酒颇负盛名，原料葡萄比例为 35% 的长相思、15% 的灰苏维翁和 50% 的赛美蓉，产自 30 公顷的葡萄园。酒庄酿制的红葡萄酒是一款右岸风格葡萄酒，按经典的比例——70% 的梅洛和 30% 的赤霞珠混酿而成。酒庄还出品了一款特酿，并以他们的父亲弗朗西斯·考斯尔（Francis Courselle）命名，酒中梅洛的比例提高至 80%，品丽珠和赤霞珠的比例为 20%，酒液放入 70% 的新橡木桶酿制。该酒庄的过人之处在于其采用了现代的酿酒方法。酒在酿制过程中使用了不锈钢罐，并采用冷浸法与酒泥陈酿法酿酒。酒庄出品的桃红葡萄酒同样品质出色，使用早摘葡萄酿成，以保持其新鲜度（不同于许多波尔多桃红葡萄酒，基本上源自酿造白葡萄酒时排出的葡萄汁液，让红葡萄酒香气更加浓郁）。

塔克酒庄（两海之间产区）

塔克酒庄（Château Turcaud）是罗伯特（Robert）家族旗下的一座小酒庄，从中可以窥见该家族酿酒风格颇具前瞻性。酒庄葡萄园占地 50 公顷，推出了一系列备受推崇的葡萄酒。酒庄产出了数款红葡萄酒，其中最好的是塔克酒庄马瑞杰特酿红葡萄酒（Cuvée Majeure），酒庄还出品了一款口感清新、雅致迷人的桃红葡萄酒，但酒庄最知名的产品是白葡萄酒。酒款产于两海之间产区，由 60% 的长相思、35% 的赛美蓉、5% 的慕斯卡德混酿而成，酿制时葡萄与果皮接触，然后在酒泥中发酵陈酿，赋予酒品些许葡萄柚和西番莲的水果风味。酒庄旗下的波尔多白葡萄酒更为浓郁醇厚，原料葡萄种植在砾石土壤中，比例为 50% 的长相思和 50% 的赛美蓉，酒浆在桶中发酵陈酿，并采用搅桶工艺。

小教堂酒庄（波尔多产区）

小教堂酒庄（Château de la Vieille Chapelle）坐落在多尔多涅河畔的弗龙萨克产区外，这里景色非常迷人。酒庄为弗里德里克·马利埃（Frédéric Mallier）和法比耶娜·马利埃（Fabienne Mallier）所有，酒庄面积达 8.6 公顷，酒款广受欢迎。酒庄偏爱酿制果味清爽、易入口的葡萄酒（含 80% 梅洛）。酒庄白葡萄酒产品较少，由赛美蓉（80%）主酿而成，酒中混有少量长相思，让酒体更加柔和。酒庄较少干预酿酒过程，每排葡萄之间种植了小草，所有酿酒工序皆可追溯。奥利维尔·道加任酒庄顾问。

朗乐士酒庄（波尔多丘产区）

朗乐士酒庄（Clos Les Lunelles）红葡萄酒出自柏菲酒庄的杰拉德·珀斯之手，呈深红宝石色，肉感丰盈，令人陶醉。朗乐士酒庄是波尔多丘产区的一颗明星，出产的葡萄酒内涵丰富，颇具表现力。酒款由密植的葡萄酿成，比例为 80% 的梅洛、20% 的赤霞珠（多数年份还混有少量品丽珠），酒款陈酿 24 个月，飘散着黑莓果香。酒液头 6 个月全部放在新橡木桶中酿制。酒庄葡萄园占地仅 8.5 公顷，产量较低，葡萄酒产量为 2 万瓶。

皮伊阿诺酒庄（波尔多丘产区）

皮伊阿诺酒庄（Clos Puy Arnaud）位于卡斯蒂隆地区，是一座生物动力酒庄，归蒂埃里·瓦莱特（Thierry Valette）所有。瓦莱特于 2000 年收购了该酒庄，之后的几年里，史蒂芬·德农古曾在此担任顾问，这使他完全精通了生物动力学方法。酒庄葡萄园占地 7 公顷，葡萄藤种植在石灰岩床之上，岩床上只有一层薄薄的表层土壤覆盖，葡萄园种有 70% 的梅洛和 25% 的品丽珠，还栽种了赤霞珠和佳美娜。酒窖里配有敞口大桶用于压帽，葡萄酒在酿造过程中尽力避免过度萃取。酒款散发着一种令人愉悦的香草味，莓果气息浓郁。

狄拉酒庄（波尔多丘产区）

1999 年，酿酒顾问史蒂芬·德农古与妻子买下了狄拉酒庄（Domaine de l'A），酒庄面积为 8 公顷。葡萄园坐落在山坡上之上，排水良好，环境优美，采用生物动力法耕作，酒庄在附近的农场有机制备堆肥。许多酿酒顾问常在家庭酒庄的葡萄园和酒窖中进行实验，德农古亦不例外。酒庄产出的葡萄酒由 70% 的梅洛、30% 的赤霞珠和品丽珠酿制而成，葡萄酒在小橡木桶中发酵，且酒庄保证苹乳发酵自然发生。酿制过程精细入微，酒液在桶中陈酿 18 个月，最终酿得平衡精美、口感爽朗的佳酿，酒液带有浓郁的摩卡咖啡和黑巧克力的气息。

迪文酒庄（波尔多产区）

迪文酒庄（D:Vin）出品的同名红葡萄酒由 75% 的赤霞珠和 25% 的梅洛混酿而成，由劳杜克酒庄（Château Lauduc）的赫尔夫·格兰道（Hervé Grandeau）倾心酿制。该酒于 1997 年首次装瓶，酿酒果实出自 2.5 公顷的葡萄园（酒庄总面积达 50 公顷），葡萄园的所有工作皆由手工完成，工人们在采收葡萄时精挑细选。葡萄酒在小型不锈钢大桶中酿造，在低至−10℃的环境中冷渍两到三天，然后回升至 16℃进行发酵。酒只使用当地葡萄皮中的酵母发酵，温度始终保持在 28℃以下，因此酒液未过分萃取，果味醇厚。酒浆在桶中开始苹乳发酵，赋予单宁如丝般的质感。酒庄副牌酒为迪文副牌红葡萄酒（D:Vin/2）。

侏罗纪酒庄（波尔多产区）

侏罗纪酒庄（Girolate）产出的葡萄酒经常在盲品中击败许多列级葡萄酒。酒款产自 10 公顷的密植葡萄园，每公顷 1 万株葡萄，种植量约为该产区法定标准的三分之一。该酒款是久负盛名的戴斯帕（Despagne）家族精心打造的佳酿。酒庄技术总监乔尔·埃利萨尔与帝宝·戴斯帕联手缔造了这款酒体丰满、圆润顺滑、精致柔和的葡萄酒，酒款全部使用梅洛酿成，洋溢着巧克力和摩卡咖啡的气息，同时裹挟着浓郁的果香，口感极佳。酒液全部在桶中酿造，酒桶每天至少旋转一次，以保持酒泥悬浮，还可以软化单宁。酒款制作工艺极为精湛，不容错过。

葡萄酒之旅

波尔多市于 2007 年被联合国教育、科学及文化组织认定为世界文化遗产，如将圣埃美隆也计算进来（1999 年被列入世界文化遗产名录以来），年游客数量已经上升到近 300 万。许多游客参观了葡萄园和新建的景点，如菲利普·拉乌在梅多克的万瑞酒苑，多数游客还游览了以建筑为主的葡萄酒旅游景点，如波美侯的小村庄酒庄和圣埃美隆的富爵酒庄，足以体现波尔多对世界游客敞开大门，开放好客。

勃艮第产区

勃艮第产区（Burgundy）的葡萄酒性感、多变、风格莫测，让人欲罢不能。自中世纪以来，法国东部的内陆小葡萄园就受人尊崇，据说当时有一些修士兼葡萄种植者尝这里的土壤味道，希望了解这里的葡萄酒为何个性鲜明、风格独特。如今，勃艮第以出产世界上最优质、最昂贵的葡萄酒而闻名。夏季时节，诸多葡萄酒朝圣者成批地涌入这些建造精致的村庄，但其实这些都是经过改建的景点。对于新手来说，勃艮第是个支离破碎、极为复杂的区域，似乎难以读懂，其葡萄酒也令人失望。要了解勃艮第需全身心地投入其中，并保持理智，但这一切都是值得的。勃艮第的顶级红葡萄酒芳香馥郁、丰富多变，而顶级白葡萄酒强烈浓郁、典雅精致，令人回味无穷。

勃艮第拥有约 3 万公顷的葡萄园，产区面积约为波尔多的五分之一。勃艮第由 5 个主要产区组成，总体来说，属于大陆性气候，土壤富含石灰岩，但每个产区的风土亦各具特色。勃艮第从北向南长度约 240 千米，分散着诸多产区，每个产区的葡萄酒都与众不同，风韵独具。夏布利产区（Chablis）颇有勃艮第前哨站的感觉，与第戎相比，其葡萄园距离巴黎更近。勃艮第的夜丘产区（Côte de Nuits）与博讷产区（Côte de Beaune）合称为金丘产区（Côte d'Or），是勃艮第的核心地带；这些葡萄园千金不换，绵延仅 65 千米，面积不及勃艮第全域的 10%。这里是该地区最著名的葡萄酒产地。夏隆内丘产区（Côte Chalonnaise），坐拥诸多山丘，颇具田园风光，产区向南延伸至马贡产区（Mâconnais），马贡产区地形绵延起伏，葡萄园总面积达 1 万公顷，优质葡萄酒产量甚至更多。

勃艮第在各个方面都与法国另一大葡萄酒产区波尔多相反。勃艮第的葡萄酒采用单一葡萄品种酿制，而非混酿；全部由霞多丽酿制的白葡萄酒与全部由黑皮诺酿成的红葡萄酒品质超凡。某些简约朴素的白葡萄酒中还混有阿里高特（Aligoté）葡萄，而另一种红葡萄品种——佳美则广泛种植在马贡产区。勃艮第还种有少量的白皮诺，某些普通的白勃艮第葡萄酒在酿酒时可能会添加此品种。

勃艮第葡萄酒以其原产地来命名，并非以酒庄名称命名，这点与波尔多不同。勃艮第采用分级制度使得葡萄酒的源头可溯，该制度将葡萄园分为 4 个等级——地区级（Regional）、村庄级（Communal）、一级葡萄园（Premier Cru）、特级葡萄园（Grand Cru），分级愈来愈具体，可区分葡萄酒质量潜力。

勃艮第位于北纬 47 度，地形及土质独具特色。在欧洲一众出产醇厚葡萄酒的产区中，勃艮第地处最北端。较为平缓的山脊贯穿整个地区，这些山坡庇护着黑皮诺的成熟，但在这里种植葡萄也存在一些困难。霞多丽是一种晚熟品种，喜欢阳光，在勃艮第也可种植，但颇具挑战。勃艮第葡萄漫长而缓慢的生长季节赋予该产区的红葡萄酒和白葡萄酒一种矛盾的组合口感，既精妙又强烈。

勃艮第共有 33 个特级葡萄园，位于山坡中部，阳光极为充足，排水极佳，绝妙的地形为葡萄的生长提供了绝佳庇护，可谓之最优地块。一级葡萄园分布在特级葡萄园的上下两侧。一级葡萄园至少有 600 余座，但许多较小的葡萄园都以更大、更知名的一级葡萄园的名字装瓶。村庄级葡萄园坐落在平坦的土地上，以其附近的村庄命名。而地区级葡萄园土质一般，向东绵延。

然而，山坡褶皱地带的地质条件复杂，产生了许多微妙的影响。断层线使得土壤复杂多变，每个地块的土质各不相同。由单一黑皮诺或霞多丽酿成的葡萄酒产自不同地块，在诸多方面存在细微差异，表现了各地的独特风土。勃艮第的这两种葡萄酒品质顶级，实为行业标杆。黑皮诺只有在勃艮第才能达到此番高度。霞多丽在世界范围内都有广泛种植，但唯有在勃艮第才能展现出其丰富度与独特魅力。

需要注意的是，"最顶级的"葡萄酒可能难以寻觅。勃艮第产区与波尔多产区另一处不同的是，勃艮第的葡萄酒生产较为分散。一座备受赞誉的特级葡萄园可能为数十个人所有，酒质大相径庭。兄弟姐妹可能会继承酒厂遗产，这导致许多酒厂的名字几乎相同。

勃艮第这种边缘气候面临着诸多挑战：凉爽、潮湿的夏天会影响黑皮诺和霞多丽的生长。在波尔多，当需要时，梅洛与赤霞珠和品丽珠可以混酿制酒，但在勃艮第，葡萄不可用于混酿，因此你需要知晓你的酒品年份。

博若莱产区（Beaujolais）亦划归为勃艮第产区之下，但该产区特色鲜明，与众不同。该产区主要使用佳美酿酒，而非黑皮诺，顶级的葡萄园出产的酒品质上佳，但并不流行。

博讷产区的欧克塞–迪雷斯（Auxey-Duresses）产区以手工采收葡萄。带有 AC 认证的酒多为高品质红葡萄酒。

夏布利产区

夏布利产区（Chablis）特色鲜明，辨识度高，与勃艮第的其他葡萄酒产区截然不同。夏布利是霞多丽之乡，只有在这里，风味多样的霞多丽才能最具活力，才能完美地体现出矿物质气息。夏布利风土特征也只有通过霞多丽才能完美地释放出来。霞多丽葡萄酒是最为常见的餐厅用酒，大多数葡萄酒爱好者对此都很熟悉，但除了这些颇为常见的普通产区酒，夏布利葡萄酒远不止于此。不同的风土激发了多样的矿物质气息，引人入胜。这种形式的葡萄酒鉴赏精细微妙，使夏布利成为世界上最迷人、最有价值的葡萄酒产区之一。最好的葡萄酒值得窖藏，经久不衰。

主要葡萄种类

🍇 白葡萄

霞多丽

年份

2009

该年份产出的葡萄酒品质上乘，酒体成熟。

2008

该年份的葡萄酒品质优良。葡萄酒醇熟浓郁，酸度紧实，适合存放。

2007

该年份为经典年份。该年份的葡萄酒纯净透彻，优雅典致，带有矿物质气息，比2004年份更醇厚浓郁。

2006

该年份的酒纯粹强劲，浓郁醇厚的酒体之下散发着喜人的矿物质气息。

2005

该年份的葡萄酒酒体丰满、浓郁，但口感鲜爽，与之相平衡。

2004

该年份的葡萄酒酸度较高。顶级葡萄园产出的葡萄酒，口感明快奔放，带有矿物质气息；一些小酒庄的葡萄酒较为寡淡。

夏布利产区位于第戎以北110千米，历史上曾为巴黎市场供货。然而，在这样一种边缘气候条件下种植葡萄藤是危险的，因为春天的霜冻很容易使葡萄大量减产。防霜冻的传统方法是于凌晨在葡萄藤之间点燃小型燃料燃烧器或放置烟熏罐。近些年出现许多新方法，其中包括一种喷洒技术，通常用于最好的葡萄园，成本较高，该方法需对葡萄藤喷洒水，然后水在芽周围结冰形成保护性冰层。1945年，一场严重的霜冻灾害使得葡萄园颗粒无收，夏布利葡萄园面积也因此缩减至到区区几百公顷。

到了20世纪60年代和70年代，夏布利产区消费持续低迷，战后经济发展向城市地区集中，许多法国南部的葡萄酒通过铁路得以销往巴黎，这又蚕食了夏布利葡萄酒的市场。然而到了20世纪80年代，夏布利投资量大幅增加，这才扭转了局面，带来许多发展机遇。诸如威廉·费尔（William Fèvre）和约瑟夫·杜鲁安（Joseph Drohin）等一众精明敏锐的商人以低廉的价格购进土地，并专注于生产高质量葡萄酒。20世纪90年代和21世纪初，该地区呈逐步发展态势，近些年的发展总体上积极有利，但其大规模扩张还是引起了一些争议。如今，葡萄栽培技术已经得到改善，葡萄藤长势更佳，化学物质更少，产量也更低。该地区的著名种植者伯纳德·哈维诺和文森特·杜维萨将夏布利葡萄酒推到了世界顶级水平。以贝努瓦·杜瓦安和斯特凡·莫罗为代表的年轻一代葡萄种植者才华横溢，巩固了夏布利葡萄酒享誉世界的地位。

如今，夏布利产区的葡萄园占地约4800公顷，有些土地环绕在村庄周围，许多种植者在此耕作。该地区的中枢便是瑟兰河（River Serein）边的一座美丽的集镇——夏布利，河流码头周围地区宁静怡人。这里驻扎着许多主要酿酒商，他们拥有许多漂亮的住宅和宽敞的酒窖，现今许多生产商在城外也拥有酿酒设施。

夏布利产区位置偏北，与金丘产区相隔甚远，将其纳入勃艮第产区内似乎有些匪夷所思。产区内有一种露出地表的疏碎石灰岩土壤，被称为启莫里阶（Kimmeridge）土壤，以英格兰多塞特郡（Dorset）的一座村庄命名，或许这就解释了为何夏布利被划进了勃艮第产区。

还有一种石灰岩土壤与之稍有不同，被称为波特兰阶（Portlandian）土壤，土质优良，但人们通常认为这种土壤稍逊于启莫里阶土壤。

在夏布利这样一个边缘区域里，坡度和坡向与土壤条件同样重要。夏布利的核心便是特级葡萄园，这些葡萄园坐落于西南朝向的山丘上，而且其瑟兰河河畔的土壤矿物质较为丰富。

夏布利产区拥有7座特级园，其中克洛斯园葡萄酒质量最佳，结构强劲有力。福迪斯园葡萄酒浓郁丰满，花香馥郁，简约却不失优雅，其次是瓦慕特级园，酒的深度极佳，香浓醇厚。贝斯园葡萄酒稍逊于前两者，口感流畅爽滑。产区的第二梯队便是宝歌园葡萄酒和格努依园（Grenouilles）葡萄酒，酒体结实，最后便是布朗修园葡萄酒，结构柔和，辨识度稍逊。

顶级一级葡萄园环绕在特级葡萄园周围，如富尔休姆、托纳尔坡、米利欧山，产自托纳尔坡的葡萄酒坚实有力。

夏布利葡萄酒极少使用新橡木桶酿制。许多优质葡萄酒在酿制时广泛使用旧橡木桶，还有一些酒庄仅用不锈钢酒罐酿酒，其中便包括酒质上佳的路易斯·米歇尔父子酒庄（Domaine Louis Michel）。夏布利顶级葡萄酒具有绝佳的陈酿潜力。这些顶级葡萄酒酒体紧致、光泽透亮，带有矿物质气息，需窖藏之后方可品尝，绝不辜负葡萄酒爱好者的期望。

伯纳德·德菲酒庄

伯纳德·德菲酒庄（Domaine Bernard Defaix）的葡萄园占地 25 公顷，酿酒的葡萄也是从外界收购的。该酒庄现在由伯纳德的两个儿子迈松·西尔万（Maison Sylvain）和迪迪尔·德菲（Didier Defaix）经营，因此酒庄旗下的特级园酒款宝歌园和福洛斯园出产的葡萄酒以他俩冠名。这两款葡萄酒温雅诱人，果味浓郁。西尔万葡萄酒使用了些许旧橡木桶酿酒，酒中只保留了少量夏布利风格。德菲家族在雷榭丘（Côte de Léchet）斜坡上拥有一座面积 8 公顷的葡萄园。其一级园葡萄酒置于 20% 的橡木桶酿制，不会掩盖酒中矿物质气息，而特级园宝歌园葡萄酒全部使用橡木桶陈酿，丰满圆润，矿物质气息更为明显。

比约-西蒙酒庄

比约-西蒙酒庄（Domaine Billaud-Simon）的酒庄主人伯纳德·比约（Bernard Billaud）平时粗声粗气，烟不离手，但酒庄出产的夏布利葡萄酒却清澈亮丽。酒庄建有玻璃幕墙，设施极为先进，酒庄配有不锈钢罐，闪闪发亮。酒庄的夏布利酒和其他大多数葡萄酒都是用罐酿造的，而非酒桶。然而，酒庄有 3 款葡萄酒都使用橡木桶酿造（传统的勃艮第桶，容量为 228 升，有利于平衡右岸葡萄酒中的过剩的矿物质气息），其中便包括夏布利金顶葡萄酒（Chablis Tête d'Or）。酒庄葡萄酒产地广泛，精准展示了该地的风土特征，产自米利欧山（Mont de Milieu）的葡萄酒，花香四溢，颇具异国情调，托纳尔坡（Montée De Tonnerre）葡萄酒则更为直接，带有怡人的矿物质气息。酒庄拥有 4 款优质特级园葡萄酒，其中克洛斯园（Les Clos）和贝斯园（Les Preuses）葡萄酒品质更佳。

莫罗父子酒庄

克里斯汀·莫罗（Christian Moreau）和蔼可亲，是一位颇有传奇色彩的夏布利名人。2002 年，他收回了这座之前租给 JPM 酒业的家族葡萄园，并与儿子法比恩（Fabien）开始了酿酒之旅。克里斯汀的儿子曾在新西兰的拿德威酒庄（Ngatawara）精进技艺，性格腼腆，但克里斯汀望子成龙。法比恩全权负责酿酒，并引入了橡木桶陈酿，但其父亲此前一直坚持不使用橡木桶。莫罗父子酒庄（Domaine Christian Moreau）出品的葡萄酒丰满浓郁，质量上乘。瓦慕特级园（Grand Cru Valmur）葡萄酒带有新橡木气息，大受欢迎，而克洛斯特级园（Les Clos）葡萄酒则更为完满，复杂度更高。

克里斯多夫父子酒庄

穿过乡间，克里斯多夫父子酒庄（Domaine Christophe et Fils）便映入眼帘，酒庄坐落在高地中部，四周荒无人烟。克里斯多夫家族为耕地的农民，其酒庄土地面积很大，为夏布利指定产区，但尚未种植葡萄，他们还在小夏布利法定产区拥有面积达 25 公顷的大片土地。2000 年，克里斯多夫的儿子——时年 24 岁的塞巴斯蒂安（Sébastien）开始种植葡萄，并从一些较老的葡萄园采购了葡萄株，其中还从富尔休姆一级园（Premier Cru Fourchaume）采购了一些。塞巴斯蒂安只用不锈钢桶酿造他的这款村庄级葡萄酒，以保持他所说的纯粹的风土气息。塞巴斯蒂安酿制的葡萄酒清新爽口、干净纯粹。酒庄还产出一种夏布利老藤葡萄酒（Chablis Vieilles Vignes），口感优雅迷人。

伯纳德·德菲酒庄
酒庄的葡萄酒在橡木桶中发酵陈酿，散发着淡雅花香。

莫罗父子酒庄
酒庄已引入一小部分新橡木桶酿造特级园葡萄酒。

科隆比尔酒庄

科隆比尔酒庄（Domaine du Colombier）的葡萄酒出自莫斯（Mothe）兄弟之手，深受葡萄酒爱好者喜爱。酒庄位于风景如画的丰特奈普雷夏布利村。兄弟俩一起分担工作，蒂埃里（Thierry）负责酿造葡萄酒，文森特（Vincent）负责照料葡萄园。蒂埃里技艺精湛，酿出的葡萄酒风格精致。他俩出品的葡萄酒纤巧美丽，矿物质气息明显。富尔休姆一级园葡萄酒酒体适中，含有燧石气息。酒庄还出产一款宝歌特级园葡萄酒。该酒款原料产自 60 年藤龄的葡萄藤，含有矿物质和精致典雅的气息。酒液在酒桶或酒罐中酿制，但蒂埃里正在进行实验，将三分之一的葡萄放入小橡木桶发酵，以获得更为浓郁的风味。

孔塞耶格里酒庄

孔塞耶格里酒庄（Domaine de la Conciergerie）为艾丁（Adine）家族所有，酒庄位于一座名为库尔吉（Courgis）的美丽小镇，该地因 18 世纪的一部小说——《父亲的生活》（La Vie de Mon Père）而闻名。这部小说颂扬了旧时代人们正直的品质，而这种正直、坚定的品质也反映在酒庄的葡萄酒中。酒庄非常现代化，建筑下面有一座地窖，在此可以品尝美酒。村庄级的夏布利葡萄酒纯净清粹，略带咸味，老藤葡萄酒原料取自 3 片葡萄地，藤龄达 56 年，口感更为丰富。酒庄的一级园葡萄酒有 3 款：居西丘（Côte de Cuissy）、蒙曼（Montmains）和比多（Butteaux），其中蒙曼是一款缅怀旧时人们正直品质的酒款。

歌崇酒庄

美丽的歌崇酒庄（Domaine Corrine and Jean-Pierre Grossot）位于弗雷兹（Fleys）村的边缘，出产的传统葡萄酒风味浓郁，口感丰富。酒庄主人为一对富有魅力的夫妇，他们的酒庄在弗雷兹名列前茅。在酿酒过程中，他们采用搅桶工艺，使用了一些老橡木桶陈酿。酒庄的村庄级夏布利葡萄酒使用大罐酿制，但酒庄特酿歌崇天使之分干白葡萄酒（La Part des Anges）部分使用橡木桶酿成，酒体尤显浓郁。产自夏布利福诺园的葡萄酒，富含矿物质气息，美味可口，酒液在容量为 600 升的木桶中陈酿。葡萄酒陈酿之后极为诱人，美中不足是陈酿时间较短。

丹普父子酒庄

丹尼尔（Daniel）和他的两个身高不俗的儿子一同酿制葡萄酒，酒品清澈透亮，果味十足，口感清爽，层次分明。丹普父子酒庄（Domaine Daniel Dampt）的酿酒厂坐落于米莉村（Milly），酒品风格现代、鲜爽明快，整个家族和酿酒厂亦有此番特色。文森特（Vincent）曾在新西兰积累了丰富经验，他酿制的夏布利酒颇有"微风轻拂果香浓"的意境，而他的父亲丹尼尔酿制的葡萄酒采用老藤葡萄酿造，更具深度，矿物质气息更浓。酒庄的一级园葡萄酒非常直观地体现了产地的风土条件。百合园（Les Lys）葡萄酒呈现出优雅的白百合气息，带有一丝白垩矿物质气息。雷榭丘产出的葡萄酒口感明快紧致，特色突出，带有一丝火药味和燧石的气息，陈年后口感更为高贵优雅。

迪普莱西酒庄

杰拉德·迪普莱西（Gérard Duplessis）素来沉默寡言，而他酿造出的葡萄酒工艺严谨，品质上佳，精心陈酿后才向市场发售。就算是迪普莱西酒庄（Domaine Gérard Duplessis）即将

路易斯·米歇尔父子酒庄

酒庄葡萄酒产自老藤葡萄，采用野生酵母发酵，酿制中没有使用橡木桶，酒款展现了克洛斯园的纯正风土。

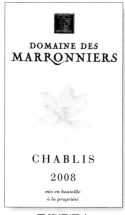

马隆涅酒庄

普雷伊的这对魅力十足的夫妇酿造了一款纯净芳香的村庄级夏布利酒。

出品的富尔休姆一级园葡萄酒，在浅龄阶段，酒体也略显封闭，缺乏圆润感，但陈放 10 年之后，这些葡萄酒便清凛纯净，具有坚实的矿物质气息。杰拉德的儿子利连（Lilian）的酿酒手法更为新颖。杰拉德更喜欢使用中性橡木桶（旧橡木桶），但利连正尝试采用新橡木桶酿制几款一级园葡萄酒。例如，酒庄的托纳尔坡一级园葡萄酒（Montée De Tonnerre）便使用了 10% ～ 20% 的新橡木桶酿造。利连带来的另一项创新便是采用了搅桶工艺。

让-克劳德·贝辛酒庄

让-克劳德·贝辛（Jean-Claude Bessin）身材高大，为人友善，他所酿制的夏布利葡萄酒花香馥郁，品质优异。让-克劳德·贝辛酒庄（Domaine Jean-Claude Bessin）的葡萄酒在拉沙佩勒沃佩尔泰格（La Chapelle Vaupelteigne）的一所教堂地下的酒窖中陈酿，置于旧橡木桶中熟化。酒庄出品了两款产自富尔休姆一级园的特酿。让-克劳德的妻子继承了其四代之前的马利尼子爵（Visconts of Maligny）的一块土地，该家族自 19 世纪以来便一直耕耘着这片土地，颇具历史气息，而如今酒庄便借此酿制出一款上乘佳酿——伯爵之地（La Pièce du Comte）。让-克劳德并未专门制作标签来夸耀酒品的历史脉络，我们只得从软木塞上才能对此略知一二。他还酿制了一款瓦慕特级园葡萄酒。

让-克列父子酒庄

吉勒斯·克列（Gilles Collet）身体健壮，精力充沛，热情好客，并热衷于酿制夏布利葡萄酒。他年仅 19 岁时便开始了酿酒生涯。克列家族从 1792 年就开始种植葡萄，但直到 20 世纪 50 年代，吉勒斯的父亲才开始以酒庄之名酿制葡萄酒并装瓶。吉勒斯的妻子多米尼克（Dominique）也非常好客，他们俩一同经营让-克列父子酒庄（Domaine Jean Collet et Fils），多米尼克嫁入时还带来了许多葡萄藤。吉勒斯在酿酒时使用不锈钢罐子、木桶和一种被称为"foudres"的椭圆形橡木桶，这种木桶外观华丽，容量达 8000 升。酒庄产出的葡萄酒丰满浓郁，其中便包括一款馥郁满厚的瓦慕特级园葡萄酒。

杜瓦安酒庄

贝努瓦·杜瓦安（Benoît Droin）是夏布利最具才华和创新精神的酿酒师之一，勇于探索。贝努瓦从其父亲让-保罗（Jean-Paul）手中接管杜瓦安酒庄（Domaine Jean-Paul & Benoît Droin）后，酒庄风格迅速改变，尤其是用回橡木桶后，颇见成效。贝努瓦作为新一代酒庄主人，建成了一座崭新的现代酿酒厂。贝努瓦精进了酿酒工艺，葡萄酒没有统一的酒庄风格，而是强调每款葡萄酒的各自特点，贝努瓦使用更多的橡木桶来酿制格努依特级园（Grand Cru Grenouilles）葡萄酒，赋予其丰满浓郁的酒体，而酒庄的布朗修特级园葡萄酒（Blanchots）则非如此，其特点是更为柔顺。酒庄的葡萄酒耐人寻味，包括产自福迪斯特级园和克洛斯特级园的几款佳酿。

约瑟夫·杜鲁安酒庄

杜鲁安家族（Drouhin family）在夏布利和勃艮第的其他地区都拥有大量土地。该家族在夏布利拥有一座水磨坊，名为奇切磨坊（Moulin de Chichée），现在作为房屋出租。1968 年，他们开始购买土地，并采用有机耕种方式种植葡萄藤。约瑟夫·杜鲁安

酒庄（Domaine Joseph Drouhin）的沃德隆酒庄（Domaine de Vaudron）葡萄酒从 2008 年起改名为杜鲁安·沃德隆（Drouhin Vaudron），以纪念家族在夏布利酿酒 40 年。该酒款的原料葡萄毗邻两座一级葡萄园——托纳尔坡（Montée de Tonnerre）和米利欧山（Mont de Milieu）。这些葡萄虽仅生产低等级的村庄级葡萄酒，但均为生物动力法种植。酒庄的夏布利葡萄酒果味紧实，在博讷产区酿造和陈酿，杜鲁安家族近期已经放弃使用新橡木桶酿酒。这几款夏布利葡萄酒非常成熟，质量颇高。

罗朗·特里布特酒庄

罗朗·特里布特（Laurent Tribut）为人安静内敛，其酒庄位于普安希村（Poinchy），出产的夏布利葡萄酒清透轻盈，活力十足，体现了产地的风土气息。罗朗·特里布特酒庄（Domaine Laurent Tribut）产出一款质量上乘的村庄级夏布利葡萄酒，酒体紧致，带有石英味，陈年之后，会稍显咸味，俏佳可人。产自雷树丘的葡萄酒风格简约，酸度较高，酒体呈冷灰色。酒庄的葡萄酒风格并不令人惊讶，罗朗酿酒已有 10 年之久，酒品带有杜维萨酒庄（René and Vincent Dauvissat）的风格，罗朗还娶了文森特（Vincent）的妹妹玛丽-克罗蒂尔德（Marie-Clotilde）为妻。

龙-德帕基酒庄

龙-德帕基酒庄（Domaine Long-Depaquit）位于夏布利产区，宏伟壮丽，城堡富丽堂皇，并带有一座小公园。酒庄历史可追溯到 1791 年，自 20 世纪 70 年代以来一直为博讷酒商亚伯·比绍（Albert Bichot）所有。让-迪迪埃·巴斯奇（Jean-Didier Basch）负责酒庄运营后，酒质大幅提高。酒庄酿酒时使用了许多新橡木桶，多少会影响酒款的风土气息。然而，酒庄产自克洛斯园的葡萄酒仅少量使用新酒桶，使得其香料气息浓郁，口感平滑，性感愉悦。龙-德帕基酒庄的武当尼葡萄酒是酒庄的独占园，虽位于特级葡萄园，但有着自己独特的地位，此地产出的葡萄酒香气迷人，带有矿物质气息，葡萄园位于福迪斯园内，呈小型圆形剧场的样子。

路易斯·米歇尔父子酒庄

路易斯·米歇尔父子酒庄（Domaine Louis Michel et Fils）盛产顶级夏布利葡萄酒，酒品出自让·卢普·米歇尔（Jean Loup Michel）之手，酒庄的酒窖位于夏布利，干净整洁，在米歇尔的宅邸下方。让·卢普为人谦逊，和蔼开朗。他酿酒时从不使用橡木桶，而使用大罐。他使用的原材料品质极高，酒款口感尤为浓郁醇厚，而葡萄园的优质风土则使得葡萄酒平滑鲜亮，带有矿物质气息。无论是口感丝滑的小夏布利葡萄酒，还是圆润光亮、颇为复杂的特级园葡萄酒，皆有品质保证，浓郁紧致，能充分展现风土特色。福迪斯园葡萄酒精美典雅，酒体顺滑，色泽光亮。克洛斯园葡萄酒则刚柔并济。

玛兰德酒庄

玛兰德酒庄（Domaine des Malandes）出产的小夏布利葡萄酒和特级园葡萄酒散发着怡人的矿物质气息，反映了产地的风土特征。酒庄成立于 20 世纪 80 年代，由让-伯纳德（Jean-Bernard）和连恩·马尔基维（Lyne Marchive）创办。让-伯纳德对这里的风土爱得深沉，这一理念反映在他酿制的葡萄酒中。连恩与他的女儿玛丽安（Marion）和女婿约什（Josh）一起经营酒

庄。盖诺莱·布列图多（Guénolé Breteaudeau）现负责酿酒，他延续了酒庄的纯正风格。酒庄有两座一级葡萄园，雷榭丘葡萄酒令人啧啧称奇，带有燧石风味，而蒙曼园的葡萄酒含有石英味，口感紧致。福迪斯特园葡萄酒优雅平衡，克洛斯园葡萄酒则酸度明快，紧致浓烈。以上这几款葡萄酒均有良好的陈年能力。

马隆涅酒庄

葡萄酒爱好者需驱车前往普雷伊（Préhy）才能找到马隆涅酒庄（Domaine des Marronniers），沿途风景如画，酒庄主人伯纳德（Bernard）和玛丽-克劳德·莱格兰（Marie-Claude Legland）热情好客。这对夫妇总是充满乐趣和笑声，他们一同酿造着美酒。酒庄葡萄酒并不深邃，不适合长期陈年，但如陈年时间较短或适中，葡萄酒仍非常经典，令人愉悦。小夏布利葡萄酒花香浓郁，从 2005 年起，酒庄还单独酿制老藤夏布利葡萄酒。这些葡萄酒极具魅力、纯净透彻、芳香怡人。该酒庄亦制作蒙曼一级园葡萄酒，风格典雅，还有一款产自若昂丘（Côtes de Jouan）的葡萄酒，酒体更为圆润。

莫罗－劳迪特酒庄

斯特凡·莫罗（Stéphane Moreau）是个才华横溢、风趣顽皮的小伙子，这也体现在他酿制的酒中，莫罗－劳迪特酒庄（Domaine Moreau-Naudet）的葡萄酒活力十足、纯粹清透，结构紧实。莫罗家族自 17 世纪便开始种植葡萄，但直到 1991 年，斯特凡接管酒庄后，才开始制作和装瓶他自己的葡萄酒。在过去的 20 年里，莫罗坚持采用有机种植法管理老葡萄藤，他是少数手工采收葡萄的人之一。酒庄旗下的葡萄酒的质量一直很好，其中夏布利葡萄酒酒体纯粹，风味芳醇，花香四溢。酒庄产自托纳尔坡的葡萄酒广受欢迎，颇具活力，口感结实脆爽。

宾森兄弟酒庄

劳伦特（Laurent）和克里斯托弗·宾森（Christophe Pinson）的宾森兄弟酒庄（Domaine Pinson Frères）位于夏布利伏尔泰滨河路（Quai Voltaire）。劳伦特喜欢采用搅桶工艺优化酒体，他酿酒时偏爱旧橡木桶，并使用极少量的新橡木桶丰富口感。劳伦特采用诸如微氧化法等现代技术进行酿酒实验，生产出的夏布利葡萄酒香味浓郁，酒体坚实。同样，他出产的葡萄酒亦不缺乏矿物质气息，也能体现出风土特色。酒庄产自蒙曼园的葡萄酒厚重稠密、酒款精确，带有矿物质气息；米利欧山葡萄酒（Mont de Milieu）口感良好；克洛斯特级园葡萄酒（Grand Cru Les Clos）品质上佳。劳伦特挑选了 3 桶酒液酿成了夏布利克洛斯园古典特酿干白葡萄酒（Chablis Les Clos Cuvée），并贴上了标签纪念他的祖父，这款酒全部在橡木桶中充分发酵后酿成。

哈维诺酒庄

伯纳德·哈维诺（Bernard Raveneau）酿制的夏布利酒极为正宗，口感圆润，色调纯正，坚实纯粹。这款酒享誉世界，质价相符，拥有诸多狂热粉丝。相比之下，伯纳德本人却很谦虚。伯纳德酿制的葡萄酒会在橡木桶中陈酿两年，有不俗的陈年潜力。哈维诺酒庄（Domaine Raveneau）生产的一级园葡萄酒品质卓越：蒙曼园葡萄酒矿物质气息浓郁，韦龙园（Vaillons）葡萄酒优雅迷人，托纳尔坡葡萄酒则生动活泼。瓦慕特级园葡萄酒紧涩有力，而克洛斯园葡萄酒则极为复杂，精致柔顺。

威廉·费芙尔酒庄
该酒庄开拓进取，其特级园葡萄酒清新质朴，未使用新橡木桶酿制。

杜瓦安酒庄
夏布利产区古老家族的新生代制作了一款特级园佳酿。

塞尔万酒庄

在塞尔万酒庄（Domaine Servin），弗朗索瓦·塞尔万（François Servin）与一位来自美国的得力助手马克·卡梅伦（Marc Cameron）一同酿酒，酒庄的酿酒工艺经精心设计，并不断精进。弗朗索瓦的家族在夏布利的种植历史已有 300 年，其曾祖父是一名箍桶匠。他们对市场非常了解，酒庄生产的小夏布利葡萄酒甘美可口，夏布利葡萄酒则新鲜爽口，品质经典，专为即饮酿制。夏布利马萨莱特酿（Chablis Cuvée Massale）产自老藤葡萄，风味更加浓郁。酒庄还有数款一级园葡萄酒，品质优良，4 款特级园葡萄酒，质量上佳。其中，布朗修园葡萄酒散发着令人愉悦的花香，回味典雅，宝歌园葡萄酒酒力强大、奢华雅致、独具风韵。

西蒙尼－费佛酒庄

西蒙尼－费佛酒庄（Domaine Simmonet-Febvre）始建于 1840 年，于 2003 年被路易·拉图酒庄（Maison Louis Latour）收购，但酒庄葡萄酒的风格与路易·拉图酒庄金丘产区夏布利酒截然不同。酒庄酒品出自让-菲利普·阿尚柏（Jean-Philippe Archambaud）之手，在夏布利之外的一座现代化酒厂酿造而成。酒款风格清新、口感鲜爽、余味无穷。村庄级葡萄酒使用斯帝文螺旋瓶盖，只有特级园葡萄酒使用橡木瓶塞。酒庄在卡普洛（Chapleot）、米利欧山和普尔斯（Preuses）均拥有地块，酒庄还购买了葡萄来酿制其他葡萄酒。如果可以买到的话，米利欧山葡萄酒非常值得入手，该葡萄酒浓郁厚重、浓烈集中、酒体丰厚，由老藤葡萄酿成。

杜维萨酒庄

杜维萨酒庄（Domaine Vincent Dauvissat）出产的夏布利酒颇为经典。即使是最有经验的葡萄酒爱好者，在品尝过杜维萨酒庄的葡萄酒之后也能为之称奇。毋庸置疑，这是夏布利的顶级酒庄之一。无论是品质优良的小夏布利还是特级园酒，酒品极具说服力，表现力十足。酒庄的酒款明晰有力，生动活泼，略带咸味，风土特色突出。酒庄一级葡萄园中，塞榭园（Séchets）葡萄酒酒体紧实，带有白垩岩层的味道，而韦龙园葡萄酒则带有磨石的余味。酒庄特级园葡萄酒品质卓越：贝斯园葡萄酒优雅经典，克洛斯园葡萄酒浓郁深邃。

威廉·费芙尔酒庄

威廉·费芙尔酒庄（Domaine William Fèvre）如今归汉诺·香槟酒庄（Henriot Champagne）所有，拥有大量土地，其中一级葡萄园占地 12 公顷，这使酒庄成为最大的一级园葡萄酒和特级园葡萄酒生产商。这些葡萄园质量很高，葡萄藤藤龄成熟，威廉·费芙尔（William Fèvre）在 20 世纪 50 年代末买下了这些土地并开始种植，彼时夏布利葡萄酒还是无名之辈。管理葡萄园非常艰苦，酒庄组建了一个 24 人的团队来种植葡萄。迪迪埃·塞古耶（Didier Séguier）是一位细心的酿酒师。塞古耶酿酒的关键之处便是使酒液非常清爽，让其在发酵前通过重力沉淀，并且他不使用新橡木桶酿酒。该酒款爽口，风格经典纯粹。

酒庄托纳尔坡一级园葡萄酒酒甘香醇，口味淡咸，此外酒庄还产有一款质朴典雅的特级园葡萄酒。

夜丘产区

勃艮第的夜丘产区（Cote de Nuits）盛产黑皮诺葡萄酒，品质在世界上也是名列前茅。夜丘产区北起第戎南端，占据了金丘产区的北部地区。该区包括热夫雷-香贝丹产区、香波-慕西尼产区和沃恩-罗曼尼产区，这几个名字能让全世界的葡萄酒爱好者顿时眼前一亮。黑皮诺可能是最变幻莫测、具有挑战性的红葡萄品种，但在该地的大陆性气候中能茁壮成长。这里的酿酒历史可以追溯到中世纪修道院的酿酒传统。最重要的是，这个产区是由葡萄种植户或农民主导的区域，他们对小块土地进行微观管理，能最大限度地体现当地的风土特色。这个地区极具传统精神，一些顶级的葡萄种植者已经重新启用了马拉犁的农作方式。

1989 年，实际上位于第戎郊区的马沙内（Marsannay）被提升为"村庄级"（Appellation Contrôlée Village）等级，出产简单明快的勃艮第红葡萄酒、漂亮的桃红葡萄酒和白葡萄酒。其中该产区的红葡萄酒清新怡人，果香浓郁，带有明快的樱桃果味，比勃艮第夜丘的村庄级酒略胜一筹。南边另一个村庄菲克桑出产的村庄级葡萄酒和 8 款一级园红葡萄酒更具乡村风情。

在热夫雷-香贝丹产区，葡萄酒琳琅满目，从淳朴简单的酒款到品质卓越的高端佳酿一应俱全。村庄从拉沃背斜谷（Combe de Lavaux）延伸出来，面积很大。勃艮第夜丘共 24 个特级园，其中有 9 个在它的地盘上。建筑宏伟的香贝丹园和出产奢华高贵、浓郁馨香佳酿的香贝丹-贝兹园（Chambertin-Clos de Bèze）就在该村。简而言之，热夫雷酒款的风格可以概括为：刚劲有力、醇厚浓郁、结构坚实。这里共有 26 个一级园，其中最好的葡萄园位于拉沃背斜谷的东南坡上，包括圣贾克酒庄——一座出产的酒款质量堪比特级园的一级园。

热夫雷-香贝丹产区的诸多特级葡萄园沿特级葡萄园路（Route des Grands Crus）在村南部连成一片，阻断了该村与外界的联系，俨然是一个世外桃源。热夫雷的科姆波特园为一级园，坐落在一个周边排水不太理想的洼地里。该酒庄将拉特西耶-香贝丹（Latricières-Chambertin）与邻村莫雷-圣丹尼豪华而充满异国风情的洛奇特级园分开。

继续往南走，这里的特级园依次还有出产口感纯正、芳香四溢红葡萄酒的圣丹尼斯特级园、兰布莱特级园（Clos des Lambray）、超凡入圣的大德园，以及面积不大但出产色调柔和、口感略显浓烈的波内玛尔园（Bonnes-Mares）。虽然这里的特级园特征显著，但一级园的酒款和莫雷村庄级酒却风格不一。它们既不像热夫雷产区的酒款那样结构紧实，也不像相邻的香波那样出产芬芳馥郁的红葡萄酒，但无疑也是口感甘美、果味浓郁的佳酿，带有天鹅绒般的质感。这里还出产几款口感极佳的白葡萄酒。

香波-慕西尼产区是一个地形曲折的中世纪村庄，坐落在一个陡峻的悬崖下方。这里是多砾石的石灰岩土质，土壤贫瘠，产区边缘黏土略多。这里出产勃艮第夜丘最迷人的红葡萄酒。该产区的葡萄酒香气怡人，单宁丝滑。一级园的酒款酒体丰满，带有一种温暖的夏日草莓田里散发的芬芳，单宁柔和。克拉斯园出产的酒款晶莹亮丽，散发着明显的矿物质气息，而爱侣园葡萄酒口感丝滑，气味芬芳，让人欲罢不能。两个特级葡萄园风格截然不同，波内玛尔园葡萄酒颜色深邃，口感略显醇厚，而慕西尼园的酒款高雅精致，口感极为浓郁，同时又洋溢着灵动缥缈的余味。

香波下方坐落着一个伏旧园巨石城堡，当迷雾笼罩的时候，显得格外神秘。伏旧特级园占了该公社的绝大部分面积，一直延伸到主路土层较厚的区域。因为面积大，这里出产的酒款品质不一。依瑟索特级园出产的酒款与伏旧园高品质葡萄酒在质量上旗鼓相当，通体浓稠醇厚，富有黑果的浓郁气息，而依瑟索的红葡萄酒口感略显清淡。但是，这里备受葡萄酒爱好者青睐的则是沃恩村出产的葡萄酒。这里的大片葡萄园能让你兴奋：这里出产的罗曼尼康帝干红葡萄酒（Romanee Conti）举世无双，价格也同样不菲。而令人难以忘怀的拉塔什葡萄酒、精美绝伦的罗曼尼圣维安葡萄酒，以及浓郁醇厚、口感丝滑的里其堡葡萄酒都出自同一产区。

沃恩是一个看上去没什么特色的宁静村庄，没人能想到这里优良的风土条件居然孕育出 6 个特级葡萄园和一系列一级园。该乡村的风格可以描述为精妙绝伦，潜力巨大。

边界的另一边是一个令人怦然心动的省级城镇——夜圣乔治产区，这里尚存留着很多古代的酒类批发商行。简单地说，该产区北部酒款的风格是丰满深邃，而南部则是口感紧致，富含矿物质气息。这里没有特级葡萄园，但质地简朴、富含石英矿物质气息、结构紧凑的圣乔治园葡萄酒除了名气略低之外，绝对是独一无二的佳酿。

朗贝雷酒庄（莫雷-圣丹尼产区）

朗贝雷酒庄（Clos des Lambray）坐落在延绵起伏的山麓上，地理位置略高于邻近的特级园。该酒庄是莫雷-圣丹尼产区的王牌，不过其子产区普利尼（Puligny）也出产可口的一级园白葡萄酒。这座占地9公顷的葡萄园实际上是一座独占园。自2005年以来，有三分之一的朗贝雷葡萄园地都是用马拉犁翻耕的，其余部分则用轻型拖拉机整地，尽可能保留原生态的翻地风格。25年以下葡萄藤的果实用于酿制一级园葡萄酒。蒂埃里·布鲁亨（Thierry Brouhin）经常使用100%的自产葡萄酿酒。酿制特级葡萄酒时，他喜欢在发酵时将温度峰值调整得略高，这样产出的酒液醇厚浓郁，像天鹅绒一样丰腴丝滑。

阿兰·让尼娅酒庄（莫雷-圣丹尼产区）

阿兰·让尼娅酒庄（Domaine Alain Jeanniard）建于2000年，是一个相对较新的酒庄，园子外面乱七八糟地堆满了小桶。阿兰很有见地，在学习酿酒之前做了11年电工。他祖父在切内弗里（Chenevrey）种植葡萄，藤龄达80年之久。切内弗里有一部分是村庄级产区，另一部分是一级产区，阿兰以此为起点锐意进取。他酿造的葡萄酒风格质朴，但生机勃勃、果味清新，没有太多新橡木味。他租用家族的葡萄园，在旁边还经营着一个小葡萄酒批发店。虽然到目前为止，他的生意还未见起色，但阿兰确实很有天赋，让我们拭目以待吧。

阿兰·米谢露酒庄（夜圣乔治产区）

2005年从父亲手中接手酒庄的埃洛迪（Elodie）是阿兰·米谢露酒庄（Domaine Alain Michelot）的第四代掌门人。按她对自己的评价，她是对变化持谨慎态度的人。米谢露的风格是果味浓郁、富有活力且朴实无华，一点也不浮华造作。这里出产的葡萄酒果味清新，熟化过程中使用了30%的新橡木桶。米谢露能够让消费者不用花一大笔钱就可以了解夜圣乔治产区不同风土条件下各种佳酿的万种风情。该产区附近还有一个深沉阴郁的波乐园葡萄园（Les Porrets St-Georges）和一个地下蕴藏丰富石墨矿的凯格诺葡萄园（Aux Chaignots），同时这里还盛产醇厚浓郁的维克干红葡萄酒。

安妮·奥斯酒庄（沃恩-罗曼尼产区）

安妮·奥斯（Anne Gros）是一个非常能干和务实的人。她年轻的时候就想亲手成就一番事业，因此当她的父亲在20世纪80年代末生病时，她接管了葡萄园，决定自己酿酒。当时葡萄酒还是散装出售，葡萄藤也长势不佳。近年来，她被评为沃恩最佳种植园主，享誉海内外。这一切绝非浪得虚名。安妮·奥斯酒庄（Domaine Anne Gros）的每一款酒都是由她的丈夫弗朗斯瓦·派润特（François Parent）亲手酿制，外观既古朴典雅又简约大方。

德拉尔劳酒庄（夜圣乔治产区）

庄重威严的德拉尔劳酒庄（Domaine de l'Arlot）位于夜圣乔治城南的普雷莫村（Prémeaux）。该酒庄的两款经典葡萄酒均来自夜圣乔治产区，彰显了截然不同的风土条件下不同的葡萄酒风味，都很有代表性。德拉尔劳葡萄园有60年藤龄的葡萄藤，

朗贝雷酒庄
该酒庄葡萄园由马提供生物动力，出产的一级园葡萄酒浓郁香醇，具有天鹅绒一般的丝滑口感。

生长在浅层土壤中，出产的葡萄酒高雅柔顺；而用福兹葡萄园较深层土壤孕育的葡萄所酿制的佳酿则风格迥异，口感丰富浓郁、醇厚饱满、丰沛厚重。园中有2公顷的土地种植着霞多丽，而清新怡人、富含矿物质气息的德拉尔劳酒庄白葡萄酒（Clos de L'Arlot Blanc）是绝对不容错过的珍品。

阿曼·卢梭父子酒庄（热夫雷-香贝丹产区）

阿曼·卢梭（Armand Rousseau）父子酒庄（Domaine Armand Rousseau）也许是热夫雷-香贝丹产区（Gevrey Chambertin）最著名的酒庄了，其酿制优质葡萄酒的历史可追溯到70多年前。阿曼的孙子埃里克（Eric）延续了父辈只酿造顶级美酒的传统，选用的都是在葡萄园里进行葡萄束100%去梗，只在后期加上几根的葡萄。这里有很多特级葡萄园，其中有4个酒庄很少用新橡木桶，因此这里的风土条件一目了然。这里盛产芳香四溢、灵动缥缈的香牡-香贝丹（Charmes-Chambertin），率性洒脱、轮廓分明的玛兹-香贝丹（Mazis-Chambertin），精致优雅、活力四射的卢索-香贝丹（Ruchotes-Chambertin），以及浓烈辛辣的洛奇特级红葡萄酒（Clos De La Roche）。璀璨夺目的圣贾克酒庄（Clos St Jacques）运用新橡木桶的比例更高。尽管酒庄在级别上只是一级园，但其酿制的红葡萄酒无疑具备特级园的品质。埃里克负责酿制该产区品质最佳的一款红葡萄酒：贝斯园特级干红葡萄酒（Clos de Bèze），该酒雄劲有力、香味浓郁，在香贝丹系列红葡萄酒中口碑极佳。

安慕-拉夏酒庄（沃恩-罗曼尼产区）

安慕-拉夏酒庄（Domaine Arnoux-Lachaux）的掌门人是帕斯卡·拉夏（Pascal Lachaux）。酒庄主要分布在沃恩-罗曼尼和夜圣乔治产区。这里的村庄酒（AOC级别中最好的葡萄酒）极具代表性，盛产的佳酿包括苏格红葡萄酒（Les Suchots），其酒液摄人心魄，有天鹅绒一般的质地，此外这里还出产几款特级葡萄酒。帕斯卡对限制产量非常重视，在葡萄收获前一个月就剪掉品质不佳的葡萄串。为了控制产量，他还鼓励在葡萄园内植草。他将部分葡萄酒放在500升的木桶中发酵，延缓氧化的速度，再将酒液与传统勃艮第酒桶酿制的葡萄酒调制。

博蒙特酒庄（莫雷-圣丹尼产区）

博蒙特酒庄（Domaine des Beaumont）的葡萄园横跨莫雷和热夫雷边界，其一级老葡萄园包括米兰达园（Morey Les Millandes）、科姆波特园（Gevrey Combottes）和希伯德园（Cherbaudes），还有香牡-香贝丹特级园。多年来，家族将优质园区的所有葡萄酒卖给中间商，20世纪90年代末，蒂埃里·博蒙特（Thierry Beaumont）结束了这种经营方式。该酒庄所产的果香浓郁、口感柔顺的葡萄酒非常诱人，即使是新酒也极具亲和力。这种独特品质一方面得益于老葡萄藤的优质果实，另一方面得益于博蒙特匠心独具的酿制工艺。舍伯德（Cherbaudes）是知名度不高的一级葡萄园，园区风景优美，令人流连忘返。

阿曼·卢梭父子酒庄
只有该酒庄出产的最好的葡萄才能酿制这款佳酿。

里贝伯爵酒庄

这是贵族家庭出品的一款高端华丽的佳酿。

大德园酒庄

这款顶级葡萄酒倾注了酿酒师的心血。

利刃酒庄（沃恩-罗曼尼产区）

布鲁诺·克拉维利埃（Bruno Clavelier）的酒庄已获有机认证，他还践行着生物动力耕种法。在他的酒窖里，他收藏了不同地块的土壤样本，潜心研究土壤和葡萄园间的关系。利刃酒庄（Domaine Bruno Clavelier）的葡萄酒很有代表性。例如，沃恩-罗曼尼产区有一种辛香浓郁、富含矿物质气息的焦灼园红葡萄酒（Aux Brulées）和一种醇香隽永、圆润丰满的柏梦特红葡萄酒（Les Beaumonts），均出自该酒庄。奥夫山谷园老藤葡萄酒（La Combe D'Orveaux）坐落在林区上缘和慕西尼（Musigny）南部，盛产一款活力四射的香波（Chambolle）酒，口感细腻紧致，回味无穷。还有一款由80年老藤葡萄果实酿制的阿里高特（Aligoté）干白，风味极佳。

克莱格特酒庄（伏旧产区）

克里斯蒂安·克莱格特（Christian Clerget）推出的纯净高雅的酒可能需要一段时间才能适应，但这个力求质量第一的酒庄值得消费者深入了解。克莱格特酒庄（Domaine Christian Clerget）在勃艮第夜丘有几个优质葡萄园，其中包括郁郁葱葱的香波·查姆斯（Chambolle Charmes）一级园和生意盎然的依瑟索（Echézeaux）特级园。小伏旧一级葡萄园就坐落在香波和伏旧特级园之间。这个相对不知名的品牌以其奇特的口感、浓郁的花香和让人欲罢不能的质地深受消费者欢迎，值得深度挖掘。克莱格特崇尚化繁为简，尤擅长酿制细致入微、妙不可言的黑皮诺。

塞芬父子酒庄（热夫雷-香贝丹产区）

克里斯蒂安（Christian）和下一代酒庄掌门人卡琳（Karine）采用有机方法种植葡萄。他们科学种植，使用有机肥料，在锄地和翻土时均格外用心。该葡萄园建在城堡附近，离卡泽蒂艾（Les Cazetiers）葡萄园不远。由塞芬父子酒庄（Domaine Christian Serafin）50年历史的葡萄藤果实所酿制的酒口感浓郁，含蓄隽永。该酒庄的产品风格朴实无华、酒体饱满，有的品牌浑厚雄劲，总体印象是香气扑鼻，极富表现力。酒庄主人在酿制过程中运用了很多新橡木桶，精选热夫雷-香贝丹老藤葡萄酒及更高品质的佳酿均运用100%的新橡木桶发酵。

杜卡酒庄（热夫雷-香贝丹产区）

这是真正的家族酒庄，50多岁的克劳德·杜卡（Claude Dugat）在他的两个女儿和儿子伯特兰（Bertrand）的帮助下经营杜卡酒庄（Domaine Claude Dugat）。该酒庄很有中世纪的风格，之前是一个牧师会礼堂。其酒窖坐落在教堂塔楼的暗影下，钟声在地窖里回荡着。酒庄的葡萄酒纯度极高，与周围的环境浑然交融。杜卡有多个特级葡萄园，其中包括格里特-香贝丹（Griotte-Chambertin），还有一个名叫拉沃-圣-雅克（Lavaux-St-Jacques）的一级葡萄园。酒款由葡萄园顶部极浅土壤环境中出产的葡萄酿制，因此矿物质气息较为浓厚。该葡萄园出产的佳酿果味清新，发酵时新橡木桶的运用较为保守。

大德园酒庄（莫雷-圣丹尼产区）

大德园酒庄（Domaine du Clos de Tart）享有很高的地位。

如果你有幸受邀参观酒庄，迈进其19世纪宏伟的大门后，就会发现自己置身于一个被精心维护的中世纪建筑群中。葡萄园在坡度较缓的斜坡上向上延伸。该酒庄是一个有围墙高耸的教堂，酒庄主人就是谦谦有礼和勤学好问的西尔万·皮蒂托（Sylvain Pitiot）。他的责任就是让这个特级园发挥其最大潜力：他对葡萄园的石灰岩质土壤进行了分析，将其分为6个部分，每个地块出产的葡萄都单独酿酒。品尝该酒庄的酒也是一件令人心旷神怡的事情，当你发现这里的混酿远超单一品种酒款的口感时，那种感觉妙不可言。

武戈伯爵酒庄（香波-慕西尼产区）

武戈伯爵酒庄（Domaine Comte Georges de Vogüé）只出品4款葡萄酒，每款都是极品。这家顶级酒庄名震天下，出产的佳酿高贵典雅，平衡度极佳，备受葡萄酒爱好者追捧，可惜佳酿难得，也只有少数人能买得起。然而，当你穿过香波教堂旁边的厚石拱门，进入宽阔的庭院后，一种莫名的平静和安宁感油然而生。酒窖经理弗朗斯瓦·米列特（François Millet）为人沉稳踏实，做事精益求精。他兢兢业业，遵循着古老的传统仪式，他管理的酒窖中陈列着无数的香波、爱侣园（Amoureuses）、波内玛尔（Bonnes Mares）和慕西尼（Le Musigny）等酒庄的佳酿，它们静静等待着登上国际葡萄酒大舞台一展风采。

里贝伯爵酒庄（沃恩-罗曼尼产区）

里贝伯爵酒庄（Domaine du Comte Liger-Belair）是一家贵族酒庄，位于沃恩中部地区。路易斯-米歇尔（Louis-Michel）于2000年举家入驻了酒庄，尽管他还年轻，但在该酒庄中功绩显赫，为酒庄积累了雄厚的资金。生物动力法已经日益成为该酒庄耕作的主流，连葡萄藤间的耕地作业都用马拉犁进行。之前该酒庄的地块租给了其他酒庄，现在路易斯-米歇尔已经将其重新收归麾下。该酒庄出品的佳酿端庄典雅，品质卓越，其中有两款格外引人注目：一款是高贵华丽的雷格诺干红葡萄酒（Aux Reignots），另一款是优雅万方的特级园拉罗曼尼干红葡萄酒（La Romanée）。拉罗马尼葡萄园自1826年以来一直是独占园，位于罗曼尼-康帝独占园（Romanée-Conti）的上方。该酒庄实力愈发强大，备受葡萄酒爱好者瞩目。

大卫·克拉克酒庄（莫雷-圣丹尼产区）

爱尔兰工程师大卫·克拉克在波恩的葡萄栽培学校学习期间想要获得一些实战经验。他在莫雷-圣丹尼产区买了一小块普通的葡萄园，决定一试身手。现在，葡萄园已是认证的有机葡萄园，虽然大卫·克拉克酒庄（Domaine David Clark）寂寂无闻，但大卫将其最大的潜力挖掘了出来。对于这位爱尔兰人来说，这是一个非常有利的开端。他用莫雷-圣丹尼产区出品的一款村庄酒为起点，开拓他的小酒庄，相信未来他将会出品更多佳酿。该酒庄值得关注。★新秀酒庄

丹尼斯·巴舍莱酒庄（热夫雷-香贝丹产区）

丹尼斯·巴舍莱酒庄（Domaine Denis Bachelet）的入口很隐蔽，就像酒庄主人本人一样神秘，这种品质从他的葡萄酒

中也能略窥一二。酒庄只生产 5 款令人回味无穷的葡萄酒，每一款都是经典。即使在葡萄收获季过后，你来这里参观，也会发现这个酿酒厂一尘不染，这种对酒窖和葡萄园细节的一丝不苟，还体现在从勃艮第到香壮-香贝丹的整个葡萄酒系列的精细管理上。酒庄主人丹尼斯为确保单宁柔滑，去除了葡萄梗，运用温柔萃取法。他使用淋皮技术（一种泵送葡萄汁的方法）让葡萄完美混酿，然后使用传统而细致的踩皮工艺（一种压榨发酵葡萄的方法）提取酒液。热夫雷-香贝丹产区的科博园（Les Corbeaux）堪称教科书级典范，旗下出产的酒款优雅大方，散发着黑樱桃的果香与石墨矿物质气息。

丹尼斯·莫泰酒庄（热夫雷-香贝丹产区）

这座位于热夫雷-香贝丹产区的丹尼斯·莫泰酒庄（Domaine Denis Mortet）在其创始人丹尼斯·莫泰（Denis Mortet）的带领下一举成名，现在酒庄已由其子嗣接手经营。莫泰酿制的葡萄酒华丽惹眼，口感顺滑，使用新橡木桶酿成，吸引了诸多消费者。酒庄的葡萄酒已成为顶级葡萄酒（Grands Vins），名声大噪，其中最具代表的便是香贝丹特级园的葡萄酒。莫泰去世后，他年仅 25 岁的儿子阿诺德（Arnaud）接手了酒庄，并推出了 2006 年份的葡萄酒。阿诺德的品位比他父亲稍显优雅和内敛，所以他对新橡木桶的使用相对保守，阿诺德正在努力使葡萄酒的单宁更为细腻。同时，他的葡萄酒浓郁直接，圆润丰满，并没有丧失酒庄一直以来的特色。除了来自热夫雷的葡萄酒，这个酒庄还产有一款菲克桑村葡萄酒（Fixin Village）。

拉厚泽酒庄（热夫雷-香贝丹产区）

拉厚泽酒庄（Domaine Drouhin-Laroze）成立于 19 世纪中叶，现在由创始人让-巴蒂斯特（Jean-Baptiste）的后代菲利普·杜鲁安（Philippe Drouhin）经营。菲利普大幅扭转了酒庄的声誉。酒庄占地 12 公顷，拥有 7 个特级葡萄园，其中波内-玛尔园（Bonnes-Mares）葡萄酒酒力强劲、曼妙纯香，贝斯园（Clos de Bèze）葡萄酒口感柔顺、芬芳馥郁，慕西尼园（Le Musigny）葡萄酒口感丝滑、香气迷人，伏旧园（Clos de Vougeot）面积广大、风土多样，酒庄选用这里的顶级葡萄酿制出了结构紧凑的伏旧园葡萄酒。菲利普酿制的葡萄酒广为畅销，果味丰富。

杜加酒庄（热夫雷-香贝丹产区）

杜加酒庄（Domaine Dugat-Py）拥有一个精美的拱形酒窖，您可在此品尝美酒，酒庄的葡萄酒芳香浓郁、强劲细腻，令人久久不能忘怀。酒庄主人伯纳德酿制葡萄酒已经有 35 个年头。他酿制的热夫雷-香贝丹、玻玛（Pommard）和沃恩-罗曼尼（Vosne-Romanée）这 3 种村庄级葡萄酒极为经典，其特级园葡萄酒采用了一些非常古老的葡萄藤结出的葡萄酿制，充分展现了产地的风土特征。玛泽耶-香贝丹葡萄酒（Mazoyeres-Chambertin）口感纯正，带有矿物质气息，而与其相比，玛兹-香贝丹葡萄酒（Mazis-Chambertin）果味更为浓郁，但不如夏姆葡萄酒（Charmes）那般香气浓郁。香贝丹葡萄酒单宁细滑，雍容大气。这些葡萄酒甜美浓郁，果香四溢。

杜雅克酒庄（莫雷-圣丹尼产区）

杜雅克酒庄（Domaine Dujac）为雅克·赛斯（Jacques Seysses）所有，他在 30 多年前刚来勃艮第时，在莫雷-圣丹尼产区购买了一些土地。赛斯很快赢得了邻居的尊重，并因使用整串葡萄酿酒而闻名。赛斯娶了一位美国人为妻——罗莎琳德（Rosalind），他的大儿子杰里米也娶了一位美国人。杰里米的妻子戴安娜（Diana）毕业于加州大学戴维斯分校，现在杰里米和戴安娜，以及他的兄弟埃里克（Eric）一起经营着这座酒庄。莫雷-圣丹尼产区的葡萄是该酒庄中质量最为上乘的葡萄，特别是洛奇特级园葡萄酒令人惊叹。该家族从热夫雷地区一直到沃恩收购了一些久负盛名的一级和特级葡萄园，其中包括香贝丹和罗曼尼圣维安（Romanee St-Vivant）的葡萄园。该家族在莫雷-圣丹尼还有两个生产白葡萄酒的葡萄园。这几款葡萄酒颇为美味且结构结实，采用预压葡萄法或脚踩葡萄法等传统技术酿成。

法维莱酒庄（夜圣乔治产区）

法维莱酒庄（Domaine Faiveley）位于夜圣乔治产区，伊万·法维莱（Ewan Faiveley）在 20 多岁时接管了酒庄，酒庄近来在其领导下进行了改造。伯纳德·赫维特（Bernard Hervet）曾在宝尚父子酒庄（Bouchard Pere et Fils）工作多年，经验丰富，后来他加入该酒庄任职总经理，法维莱年轻时曾向其取经，精进技艺。皮埃尔·法维莱（Pierre Faiveley）于 1825 年创立了这家酒庄，伊万·法维莱与伯纳德·赫维特两人精力充沛，他们一起将这座家族酒庄大肆改革了一番。法维莱红葡萄酒之前单宁偏硬，带有烟熏味，但现在这些特征已经一去不复返。酒庄于 2007 年推出的葡萄酒单宁柔顺。伯纳德估计，这些变化半数是因为更换了酒桶制造商。

酒庄现在使用 4 家制造商的酒桶，以确保桶内只有轻微的烟熏味。之前的酒桶制造商的桶酿出来的葡萄酒和新的桶制造商——佛朗索瓦父子（François Frères）制作的桶酿出的葡萄酒味道截然不同。酒庄还摒弃了一些大桶，转而使用橡木和不锈钢制成的传统圆锥形大桶。酒庄还购买了立式破碎机，伯纳德·赫维特说："我们更喜欢使用立式破碎机，尽管技术较为落后，但其生产出的葡萄酒更干净纯粹、单宁更少。"酒庄拥有 120 公顷的土地，令人羡慕，其中包括许多特级园，这使得这座家族酒庄能够供应 80% 以上酿酒必需的葡萄。在酒庄出产的一些酒款中，热夫雷-香贝丹葡萄酒令人印象深刻，贝斯园葡萄酒最为惊艳，馥郁迷人，柔软轻盈，富有活力。

弗瑞父子酒庄（沃恩-罗曼尼产区）

弗瑞父子酒庄（Domaine Forey Père et Fils）之前位于德里亚克雷福尔路（rue Derrière-le-Four，意为"炉边小路"），就在罗曼尼-康帝酒庄（Domaine de la Romanee-Conti）对面。瑞吉斯·弗瑞（Regis Forey）将其搬到了沃恩的主干道另一边，酒庄现在更为宽敞现代。弗瑞在此酿制的葡萄酒饱满而有层次感，同时又不失优雅。他对葡萄进行了几天的冷浸渍（把葡萄包括一些茎，在发酵开始前浸泡在释放出来的果汁中），并且在发酵后进行了相对较长时间的浸泡。特级园依瑟索（Echezeaux）和伏旧园及酒庄的一级园，包括沃恩-罗曼尼产区的高帝秀园（Vosne-Romanee Les Gaudichots），都将葡萄酒放在新橡木桶中陈酿，

尼科尔·拉玛舒

勃艮第是一个矛盾的地方。

法国的酿酒传统在这里延续了下来，女性酿酒师和葡萄栽培家仅占少数。然而，勃艮第天赋极高、极具影响力的人才很多都是女性，比如吉丝莲·巴松、拉卢·比斯-勒罗伊（Lalou Bize-Leroy）、安妮·奥斯、安妮-克劳德·勒弗莱夫（Anne-Claude Leflaive）和穆格内雷特（Mugneret）姐妹。

尼科尔·拉玛舒和她的堂姐娜塔莉是沃恩-罗曼尼产区拉玛舒酒庄（Domaine Francois Lamarche）的第五代传人，负责经营酒庄。2006 年，年仅 20 多岁的尼科尔便开始负责打理葡萄园，酿造葡萄酒。娜塔莉负责销售和市场营销。但这个酒庄之所以如此引人入胜是因为姐妹俩复兴了一座最稀有、最有价值的遗产：沃恩-罗曼尼产区的一个特级葡萄园——大街园。该葡萄园坐落在拉塔什（La Tâche）和拉罗马尼（La Romanée）特级园之间。起初，该葡萄园默默无闻，一方面是因为在 20 世纪 30 年代未能获得特级园的注册资格，另一方面是因为农事管理不够理想。勤勉的尼科尔下决心让葡萄园重回巅峰，出产的酒质量逐年攀升。

次等葡萄酒的新橡木桶比例要低得多。

芙丽耶酒庄（热夫雷-香贝丹产区）

"葡萄种得越好，酿酒花的力气就少。"这便是让-马利·芙丽耶（Jean-Marie Fourrier）在灵感迸发的勃艮第人亨利·贾伊手下工作时学到的最重要的经验。他曾在俄勒冈州有一年的酿酒经验，后于1995年接手了这座芙丽耶酒庄（Domaine Fourrier），而且他也将这上述观点付诸实践。让-马利在酒厂里大力倡导不干扰酿酒过程。葡萄酒静置在酒泥（死酵母细胞）上，这可以自然地保护葡萄酒，并减少所需的抗氧化剂二氧化硫的用量。让-马利没有跟风全部使用新橡木桶，每年只更换五分之一的橡木桶。他有一款备受喜爱的葡萄酒产自香波-慕西尼（Chambolle-Musigny），但酒庄真正有吸引力的是热夫雷葡萄酒。位于村庄的北角3个相邻的葡萄园地块，却酿出了3种特色各异的葡萄酒。该系列包括富含矿物质气息、口感直接的古洛葡萄酒（Les Goulots），果味丰富的香魄葡萄酒（Les Champeaux）和多汁、充满活力的隐修士葡萄酒（Combe Aux Moines）。让-马利酿造出的格里特-香贝丹特级园干红葡萄酒品质优秀、灵动曼妙，但他的圣贾克园葡萄酒才是酒窖的明星酒品。

拉玛舒酒庄（沃恩-罗曼尼产区）

拉玛舒酒庄（Domaine François Lamarche）是一个由女性经营的酒庄，雷厉风行的玛丽-布兰奇·拉玛舒（Marie-Blanche Lamarche）夫人对酒庄进行严格的监管。她的女儿尼科尔（Nicole，婚后育有一对双胞胎）负责酿造葡萄酒，而表妹娜塔莉（Natalie）则负责文书工作。她们非常年轻，都才20多岁。拉玛舒酒庄的土地也包括位于罗曼尼圣维旺（Romanée-St-Vivant）的很有潜力的一块飞地克鲁瓦-拉莫园（Croix-Rameau）和毗邻罗曼尼-康帝酒庄的大街园（La Grande Rue），但长期以来酒庄一直表现不佳，如今她们正一起重振拉玛舒酒庄。尼科尔于2007年独掌大权，如今她专注于改造葡萄园，取得好的发展前景。★新秀酒庄

卢米酒庄（香波-慕西尼产区）

卢米酒庄（Domaine Georges and Christophe）的高端葡萄酒彰显了克里斯托弗·卢米（Christophe Roumier）的精湛技艺和他对品质的执着追求。他的祖父传承给他的葡萄酒到现在，口感还是妙不可言，而这就是他的目标：酿制出适合陈年，同时也需口感轻盈的葡萄酒。他的风土条件很好的土地，大部分种植着历史悠久的葡萄藤。卢米采用有机耕作的方法，但并不是盲目使用。卢米酿制的最出名的葡萄酒有：紧致并富含矿物质气息的克拉斯园葡萄酒（Les Cras）、曼妙醇香的爱侣园葡萄酒（Les Amoureuses）和细腻柔和的慕西尼园葡萄酒（Le Musigny）。酒庄旗下的葡萄酒质量在各个方面都是顶级的。

慕吉酒庄（沃恩-罗曼尼产区）

慕吉酒庄（Domaine Georges Mugneret Gibourg）由杰奎琳·穆格内雷特（Jacqueline Mugneret）、她的女儿玛丽-克里斯汀（Marie-Christine）和玛丽-安德烈（Marie-Andrée）一同经营。受著名画家夏加尔的启发，酒庄以圣·文森特（Saint Vincent，意为酒农的守护神）为商标，体现了酒庄的精神。酒款风格优雅活泼，层次分明。酒庄酿制的沃恩和香波葡萄酒优雅精美。夜圣乔治产区的溪柳园（Les Chaignots）葡萄酒矿物质气息浓郁，风格时尚。酒庄共有3个高端的特级园，包括热夫雷-香贝丹产区的卢索园（Ruchottes），其实紧凑的酒体之下还有着滑如绸缎的口感。

吉丝莲·巴松酒庄（香波-慕西尼产区）

吉丝莲·巴松酒庄（Domaine Ghislaine Barthod）的香波一级园葡萄酒完美地呈现了各自的风土特征，博布朗（Beaux Bruns）的葡萄酒浓郁厚重，弗逸园（Les Fuees）的葡萄酒则简约大方。人见人爱的吉丝莲·巴松（Ghislaine Barthod）继承了这个酒庄，但与她的父母不同，她认为香波葡萄酒不应该仅限于女性的优雅，也可以有更多的内涵。因此，巴松更多地进行踩皮（搅碎漂浮着的酒帽）以在发酵过程中小心地提取单宁和色泽。然而，对她来说，葡萄酒的均衡度是最重要的。巴松使用的新橡木桶很少，仅用25%～30%新橡木桶来保存酒液的芳香。她酿制的克拉斯园葡萄酒令人惊叹，风味芳醇且浓郁集中。

吉尔·雷莫里克酒庄（夜圣乔治产区）

吉尔·雷莫里克（Gilles Remoriquet）根据葡萄园的特点来酿酒，他的目标是让葡萄酒口感更细腻。雷莫里克只利用重力来运输葡萄酒（不用泵），并研发了自己的机器以便在去除黑皮诺葡萄的梗的同时保持果实完整。吉尔·雷莫里克酒庄（Domaine Gilles Remoriquet）的葡萄酒风格大胆奔放，阿洛园葡萄酒（Aux Allots）原料葡萄产自60年藤龄的葡萄藤，酒款纯净紧致、色泽浓郁，单宁抓舌悠长。达摩园（La Damodes）是一处靠近沃恩-罗曼尼产区边界的上坡地块，雷莫里克以此酿制出了精雅典致的葡萄酒。他酿制的圣乔治园（Les St-Georges）葡萄酒结实浓郁，口感顺滑。

葛罗兄妹酒庄（沃恩-罗曼尼产区）

伯纳德·葛罗（Bernard Gros）是米歇尔（Michel）的兄弟，但他稍矮、更善交际、更加直率，葛罗兄妹酒庄（Domaine Gros Frère et Soeur）名字中的"兄妹"指的是他的大伯古斯塔夫（Gustave）和姑姑科莉特（Colette）。这里的葡萄藤都是新种的，他们还有3个特级园，其中在依瑟索（Echezeaux）拥有多达2公顷的葡萄园。依瑟索一些新栽葡萄区域被降级为沃恩-罗曼尼产区一级葡萄园。他酿制的葡萄酒口感柔和、前卫、果味浓郁。除了上夜丘（Hautes-Cotes）葡萄酒之外，所有的酒款都是用100%的新橡木桶酿成。这个酒庄位于村庄中心的一座巨大的、有门控的、气势磅礴的建筑之上。

亨利·高酒庄（夜圣乔治产区）

亨利·高酒庄（Domaine Henri Gouges）可能是夜圣乔治产区最著名的酒庄了，自20世纪20年代便开始装瓶自产葡萄酒。酒庄生产的葡萄酒颇具特色，酒体严谨、紧致、结构密集，

亨利·高酒庄
这是醇厚正宗的高品质酒款，可在酒窖中存放多年又不失其原有口感。

慕吉酒庄
这是由一支"娘子军"打造的高雅酒款。

适合陈年，其 20 世纪 70 年代初期的酒款现在尝起来仍然味道清新。内向的皮埃尔（Pierre）负责管理葡萄园，而他的兄弟克里斯蒂安（Christian）颇具魅力，负责酿酒。酒庄的新酿酒厂极为先进，采用重力自流法酿酒，该酒厂在花园中引人注目，别具一格（2008 年份酒是其首酿）。皮埃尔与天赋异禀的侄子格利高里（Gregory）一起合伙经营，以后会将酒庄移交给格利高里管理。酒庄的葡萄酒非常出色，圣乔治园葡萄酒除了名头以外，其他各方面都是特级园葡萄酒的水准。

露丹-费朗酒庄（上夜丘产区）

克莱尔·诺丁（Claire Naudin）是一位很有天分的酿酒师，常常鼓舞人心，毅力非凡。并非所有勃艮第的天才都能与最上等的葡萄园合作。克莱尔的产自上夜丘产区的白葡萄酒是最有价值的勃艮第白葡萄酒之一。在红葡萄酒中，夜丘村老藤干红葡萄酒（Côtes de Nuits Villages Vieilles Vignes）这个名称虽显得很笨重，却呈现了不寻常的精致和优雅。克莱尔已经能够将她的技能用于其他产区，她酿制的依瑟索特级园葡萄酒产量较少但颇为美味。克莱尔的葡萄酒极度纯净，这可能是由于生产中使用了非常少的二氧化硫。★新秀酒庄

海辛酒庄（热夫雷-香贝丹产区）

在这里，酿出好酒在很大程度上取决于一些简单的要求，即细心的葡萄栽培、严格的选果和精细的陈年酿造。海辛酒庄（Domaine Heresztyn）的葡萄酒通常颜色鲜艳，口感明快纯正，极具特色。酒液置于新橡木桶陈酿，处理得很细致，不会对酒液造成过多影响。葡萄园位于香波、莫雷和热夫雷产区，包括一些地理位置优越的一级园，以及圣丹尼斯特级园（Clos St-Denis Grand Cru）。该系列葡萄酒产自经典的夜丘产区，是绝佳的品酒选择。其地窖面向公众开放。

休德-罗诺拉酒庄（伏旧园产区）

休德-罗诺拉酒庄（Domaine Hudelot-Noellat）拥有 3 个亮眼的特级园：伏旧园葡萄酒甘甜美妙，罗曼尼-圣维望园葡萄酒（Romanée-St-Vivant）口感浓郁，里其堡园葡萄酒（Richebourg）则深邃沉郁，入口扎舌。酒庄热情款待每一位客人，还出产非常经典、富有特色的沃恩-罗曼尼和夜圣乔治产区村庄级葡萄酒和一级园葡萄酒。酒庄酿酒时仅使用少量新橡木桶，酿制的葡萄酒都不是特别畅销的酒品，但制作精良，展示了其产区的独特个性。夜圣乔治产区村庄级葡萄酒的口感浓郁但不土气，物有所值。

亨伯特兄弟酒庄（热夫雷-香贝丹产区）

伊曼纽尔·亨伯特（Emmanuel Humbert）身材魁梧，他与兄弟弗雷德里克（Frederic）酿造的葡萄酒朴实无华。他们两人是克劳德·杜卡和伯纳德·杜卡-派（Bernard Dugat-Py）的堂兄弟。该家族的这一分支在一些优质产区拥有古老的葡萄藤。虽然伊曼纽尔已经在这里工作了 27 个年头，但在 1998 年接手酿酒时，酒的质量才发生了变化。他们停止向酒商出售葡萄酒，还降低了产量。

伊曼纽尔每年都会酿造出清新爽口、酒体饱满的葡萄酒，质

木尼艾酒庄
其出租的一级葡萄园现在重归酒庄，
完全由木尼艾酒庄控制。

让·格里沃酒庄
酒庄主人是备受好评的葡萄种植者，
他生产的葡萄酒令人惊叹。

量逐年上升，越来越接近他心目中理想的葡萄酒。尽管酿制过程中，伊曼纽尔喜欢使用新橡木桶，但葡萄酒仍较为淡雅，单宁更少。亨伯特兄弟酒庄（Domaine Humbert Frères）有许多小地块，包括小教堂（Petite Chapelle），值得称道的是，虽然独立酿酒不易，酒庄还是给这些小地块酿制的葡萄酒贴上了各自单独的商标。相比之下，他们有一整块的波塞诺园（Les Poissenots），占地 1 公顷，所产葡萄酒新鲜爽口、充满活力、辛香十足。

贡菲弘-哥迪多酒庄（沃恩-罗曼尼产区）

杰克（Jacky）的儿子伊夫·贡菲弘（Yves Confuron）极具幽默感，精力充沛。该家族在沃恩的酿酒渊源可以追溯到路易十四（Louis XIV）时代。贡菲弘-哥迪多酒庄（Domaine Jack Confuron-Cotétidot）的葡萄酒适合陈年，入口果味浓郁。伊夫一丝不苟，经常去地窖里掸去陈酿酒品上的尘土。上夜丘产区酿制出了各种各样的村庄级葡萄酒，品质一流，特级园依瑟索的葡萄酒通常品质都很好。在沃恩，你很容易看到该酒庄，因为其房子外面有一个大菜园，伊夫的母亲就用菜园里的菜烹饪美味的饭菜。

木尼艾酒庄（香波-慕西尼产区）

木尼艾酒庄（Domaine Jacques-Frédéric Mugnier）的葡萄酒用口感轻盈柔美形容毫不夸张。酒品透露着超凡的优雅，并散发出令人难以忘怀的玫瑰花瓣香味。该酒庄的葡萄酒在浅龄阶段极具亲和力，而成熟之后纯净透明，酒体集中，魅力十足，是口感美妙而浓郁的葡萄酒佳酿。弗里德里克·木尼艾（Frederic Mugnier）安静、谦虚，几乎不曾改变他的酿酒方法，他偏爱让葡萄酒具有自身的特色。在 20 世纪 70 年代，他放弃了飞行员的工作，并在这座家族酒庄里安顿下来，酒庄气势宏伟但略显阴森。他将出租的葡萄园收回，比如元帅夫人园（La Marechale），并慢慢地驾驭了这座位于夜圣乔治产区的葡萄园，由此酿制出的葡萄酒质感如丝般顺滑。

让·格里沃酒庄（沃恩-罗曼尼产区）

让·格里沃酒庄（Domaine Jean Grivot）的艾蒂安·格里沃（Etienne Grivot）是勃艮第最优秀的葡萄种植者之一。他性情温和，有洞察力，才华横溢，对酿酒具有特殊的敏感性。每年十月，在他的地窖里品尝旧桶里上一年份的葡萄酒，总是令人回味无穷，耐人寻味。品之后，风土特征和年份特点便可洞见。葡萄酒新鲜爽口，同时又具陈年潜力，极其美味。酒庄最顶级葡萄酒为里其堡特级园（Richebourg Grand Cru）葡萄酒，它令人欣快，层次复杂，一直在行业内领先。这款酒美妙绝伦，颇受葡萄酒爱好者追捧。

让-雅克康夫伦酒庄（夜圣乔治产区）

年仅 25 岁的苏菲·康夫伦（Sophie Confuron）不得不全权负责经营让-雅克康夫伦酒庄（Domaine Jean-Jacques Confuron）。她父亲去世后，她的母亲本打算把酒庄卖掉。如今，她的丈夫艾伦·穆尼尔（Alan Murnier）协助其经营酒庄，她丈夫性情温和，使用有机技术管理葡萄园。苏菲精力充沛，在

米歇尔·格奥斯酒庄

这是格奥斯家族推出的一款佳酿，散发着纯净怡人的果香。

凯慕思酒庄

一个勇于尝试新技术的创新型酒庄。

不酿酒的时候，她会帮助一些天资聪颖但经济不宽裕的年轻人前往南非参与葡萄酒贸易。苏菲酿的葡萄酒反映了她的个性：大方、开放。葡萄酒口感多汁，吸收了大量醇香、浓郁的橡木味。沃恩-罗曼尼莱博蒙园（Vosne-Romanée Les Beaumont）葡萄酒酒体丰满圆润，颇受好评。

勒桦酒庄（沃恩-罗曼尼产区）

勒桦酒庄（Domaine Leroy）出品的葡萄酒系列在勃艮第名列前茅，品质非凡。80多岁的酒庄主人拉露·比兹（Lalou Bize）创造了酒庄现在的辉煌。她很了不起，1993年之前，她与奥伯特·德·维兰（Aubert de Villaine）共同拥有和管理罗曼尼·康帝酒庄。这位女强人买下了两个酒庄，1988年买了查理·诺拉酒庄（Charles Noellat），后来买了菲利普雷米酒庄（Philippe Remy）。酒庄位于沃恩-罗曼尼产区，她严格把控着酒庄的一切，甚至在酿酒期间就睡在酒庄的一张小沙发上，监督整个酿酒过程。她严格遵守生物动力学原理来生产层次复杂的葡萄酒。该酒庄的葡萄酒售价不菲。

里涅-米谢露酒庄（莫雷-圣丹尼产区）

维尔日勒·里涅（Virgile Lignier）是一位年轻的、天赋极高的酿酒师，在他手下，这座里涅-米谢露酒庄（Domaine Lignier-Michelot）的名气正日益提高。里涅性情稳重，是酒庄的第三代继承人，他决心要做出一番成绩。酒庄在香波-慕西尼和莫雷-圣丹尼产区都有许多小地块，这使他可以展现出两个村庄的特色。里涅并不满足于此，现在还从他姑姑的葡萄园里买葡萄。他致力于降低产量，并挑选最好的葡萄酿酒。

里涅投资购进了两张葡萄分选台，只为在采收葡萄时筛选出最好的葡萄果实。酒庄的村庄级葡萄酒品质确实非常好。

达哈瑞酒庄（夜圣乔治产区）

自2002年以来，这个占地超过40公顷的大型酒庄一直致力于改变其形象。此前，达哈瑞酒庄（Domaine Liogier d'Ardhuy）的葡萄酒是卖给家族酒商的。自从荷兰人卡雷尔·沃伊斯（Carel Voohuis）接手以来，质量有了很大提高。葡萄园亦发生了诸多变化，葡萄产量降低，树枝修剪得较短，树冠更高以促进光合作用。酿酒厂也更换了旧设备，以便更温和地提取单宁。酒庄拥有4款生动迷人的科尔登特级园（Corton Grands Crus）葡萄酒，产地环绕在科尔登（Corton）山周围，四周水土特性不同，葡萄园的霞多丽葡萄酿制出的科尔登-查理曼（Corton-Charlemagne）葡萄酒酒力强劲，含有矿物质气息。

路易斯·布瓦洛酒庄（香波-慕西尼产区）

路易斯·布瓦洛（Louis Boillot）与吉丝兰·巴索德（Ghislaine Barthod）喜结连理，夫妻俩在香波边界附近共享一个酒窖，从这里可以俯瞰整个葡萄园。路易斯的葡萄酒从系列上惊人地与吉兰的香波系列互补。

他们的产品有产自北部的菲克桑村葡萄酒，辛香浓郁，还有产自博讷产区的博讷、玻玛和沃尔奈（Volnay）的葡萄酒。路易斯的玻玛村葡萄酒质量可靠。他的玻玛弗莱米尔园红葡萄酒（Pommard Fremiers）和克洛伊诺园红葡萄酒（Les Croix Noires）单宁良好，充盈着美味果香。路易斯酿制的沃尔奈凯乐瑞园红葡萄酒（Volnay Caillerets）带有矿物质气息，口感恰到好处，而夜圣乔治普露利园红葡萄酒（Nuits-St-Georges Pruliers）风格迥异，更为强劲有力。他的许多葡萄园都种有老葡萄藤，最明显的体现便是路易斯·布瓦洛酒庄（Domaine Louis Boillot）各个系列的葡萄酒质量始终如一。

马克·罗伊酒庄（热夫雷-香贝丹产区）

马克·罗伊（Marc Roy）的女儿阿丽克萨德琳（Alexandrine）年轻有为，精明能干。马克负责管理葡萄园，而心灵手巧的阿丽克萨德琳负责酿酒，在她的带领下，马克·罗伊酒庄（Domaine Marc Roy）逐渐立身扬名。在该酒庄着手酿酒后，她便漂洋过海，远赴美国俄勒冈州，开始了她的第二份工作——在菲尔普斯·克里克酒庄（Phelps Creek）的酿酒厂任职。这种国际化的做法的好处体现在热夫雷村庄级（Gevrey Village）葡萄酒中，该系列葡萄酒果香馥郁、极为诱人。酒庄修道院葡萄园（Clos Prieur）的地块用于生产酒庄较低端的村庄级葡萄酒，其产出的葡萄酒甜美多汁。阿丽克萨德琳特酿葡萄酒（Cuvée Alexandrine）始酿于2005年，只在最佳年份生产，选用成熟度不均的无籽小粒葡萄（millerandage，果实非常小且集中度高）酿造。

凯慕思酒庄（沃恩-罗曼尼产区）

让-尼古拉·米奥（Jean-Nicolas Méo）极具钻研精神，他喜欢在酿酒厂进行实验，尝试新技术，而这让邻近的那些固守传统的酒庄不寒而栗。凯慕思酒庄（Domaine Méo-Camuzet）是法国首屈一指的酒庄。沃恩-罗曼尼布鲁利园（Vosne-Romanée aux Brûlées）的红葡萄酒矿物质气息浓郁，精致柔顺，但酒庄最负盛名的酒款是巴郎图园红葡萄酒（Cros Parentoux）和里其堡园红葡萄酒。巴郎图园红葡萄酒强劲有力，结实紧凑，洒脱不羁，需陈年之后才能变得圆润，而里其堡园红葡萄酒则经典优雅。让-尼古拉和他的妹妹一起经营着一家小型葡萄酒批发店，出售各种品质优良的酒品，其中包括产自马沙内（Marsannay）和菲克桑的葡萄酒。

米歇尔·格奥斯酒庄（沃恩-罗曼尼产区）

米歇尔·格奥斯酒庄（Domaine Michel Gros）因其独占葡萄园瑞斯园（Aux Reas）而闻名，该葡萄园位于村庄南部边界地带，被一道高高的石墙所包围，石墙上有一扇古色古香但略显破败的大门。格奥斯家族的关系错综复杂，在分割这片土地时，伯纳德（Bernard）的兄弟——高大腼腆但魅力十足的米歇尔接手了这片一级葡萄园，并由此酿造出了优雅典致、芬芳四溢的葡萄酒。米歇尔的地块还包括沃恩-罗曼尼苏格园（Vosne-Romanée Suchot）和伏旧园的一些地块，而伏旧园现正逐步得到重视。米歇尔酿造的葡萄酒非常纯正清粹、柔顺爽滑。酒庄的香波产区的葡萄酒生动活泼，夜圣乔治产区的葡萄酒更加紧实浓郁，两处产区的葡萄酒都裹挟着浓郁的果味。

里翁酒庄（夜圣乔治产区）

2000 年，一对父子从家族中分离出来，建立了里翁酒庄（Domaine Michèle et Patrice Rion）和葡萄酒公司。酒庄有一些葡萄酒产自香波和夜圣乔治产区，品质优良。该酒庄的勃艮第葡萄酒产自香波附近的勃巴顿（Bon Batons）地块，葡萄酒质地喜人，果味丰腴。酒庄的香波村庄级葡萄酒丝滑柔顺，夜圣乔治产区的葡萄酒产自安吉利园（Clos des Argillières），带有矿物质气息，紧致浓郁。马克西姆（Maxime）曾在新西兰的枯河酒庄（Dry River）工作，于 2005 年加入父亲的酒庄。

皮埃尔·达莫瓦酒庄（热夫雷-香贝丹产区）

皮埃尔·达莫瓦（Pierre Damoy）性格古怪，饲养了许多杂色小狗。当不酿葡萄酒时，达莫瓦就尝试自酿苹果酒。达莫瓦的曾祖父是家族第一代在热夫雷生活和工作的人。塔米索特园（Clos Tamisot）在第二次世界大战期间曾被用作花园，但从那时起，土地所有权就没有改变。皮埃尔酿酒时偏爱低酸度，而且他总是待葡萄彻底成熟后才收获葡萄，因而是热夫雷最后一批收获葡萄的人。他的葡萄酒全部由黑皮诺酿成，深邃多汁，芳香浓郁。皮埃尔·达莫瓦酒庄（Domaine Pierre Damoy）在贝斯园的一座小山丘上有一处地块，这里的葡萄种植于 1920 年。其酒品别具一番风味，酿制的 4 桶贝斯园老藤红葡萄酒（Clos de Bèze Vieilles Vignes）美味无比，香气四溢。

彭寿酒庄（莫雷-圣丹尼产区）

劳伦·彭寿（Laurent Ponsot）拥有一种古灵精怪的幽默感。如果被问到一个关于他的葡萄酒的技术问题，他会惊讶得喘不过气来。他坚持认为葡萄酒应各具特色和风韵，指出法语中没有"酿酒师"这个词——酿酒师在葡萄酒生产链中并没有那么重要。彭寿可能是想塑造成一位传统酿酒师的形象，但他尤为喜爱高性能汽车。他建造的酿酒厂现代大气，这就表明他并非传统之辈。彭寿是一个喜欢掌控细节的人。彭寿家族在一开始便是葡萄克隆选择法的先驱。

皮耶-侯奇酒庄（夜圣乔治产区）

亨利-弗雷德里克·侯奇（Henri-Frédéric Roch）给予其葡萄酒充分的时间熟化，在陈酿 22 个月后才装瓶。他采用生物动力法管理自己的葡萄园，其中包括位于夜圣乔治产区的占地 5 公顷的独占园——科维一级园（Clos de Corvées）。侯奇利用这个地块制作了 3 款特酿，其中品质最佳的是夜圣乔治科维园红葡萄酒（Nuits-St-Georges Clos de Corvées）。除了一些村庄级葡萄酒和沃恩-罗曼尼产区一级园苏格园（Vosne-Romanée Premier Cru Les Souchots）外，他还依托香贝丹特级园贝斯园的一片面积为 1 公顷的地块酿制葡萄酒。此外，侯奇还是罗曼尼康帝酒庄的联合经理。

奇维龙酒庄（夜圣乔治产区）

奇维龙酒庄（Domaine Robert Chevillon）可以让你品尝到夜圣乔治产区各类不同地块上出产的葡萄酒，这着实激动人心。酒庄拥有不少于 8 个一级葡萄园。其酿制的葡萄酒都带有酒庄的风格——圆滑而精准，但同样这些酒也都体现了各自地块的独特风情。盖伊园干红葡萄酒（Les Cailles）细腻优雅，而沃克林斯园红葡萄酒（Les Vaucrains）则紧致浓烈。圣乔治园干红葡萄酒（Les St-Georges）是一款一级园葡萄酒，顺滑醇厚、极为精雅。这 3 处葡萄园的葡萄藤都已有 75 年的历史了。罗伯特（Robert）的儿子们现在掌管着酒庄，高大黝黑、有点粗犷的伯特兰（Bertrand）负责酿酒工作，产出的葡萄酒极为优雅时髦。

罗曼尼-康帝酒庄（沃恩-罗曼尼产区）

罗曼尼-康帝酒庄（Domaine de la Romanée-Conti）是勃艮第产区皇冠上的一颗明珠。这家酒庄位于沃恩村的后面，乍一看朴素无华，但现在可能处于酒庄有史以来的鼎盛时期。罗曼尼-康帝酒庄曾闪耀苏富比（Sotheby）和佳士得（Christie）拍卖行，酒庄的特级园葡萄酒以天价落锤拍出。与酒庄同名的罗曼尼-康帝园葡萄酒（Romanée-Conti）平衡雅致、芳香馥郁。但酒庄名品远不止于此，还有结构出色的拉塔希园红葡萄酒（La Tèche）、精致丝滑的罗曼尼圣维旺园葡萄酒、浓郁丰腴的里其堡园葡萄酒和两款依瑟索园葡萄酒，但这在勃艮第并不稀奇，酒庄真正的独到之处是采用马拉犁地的方式耕作。才华横溢的奥伯特·德·维兰（Aubert de Villaine）是罗曼尼-康帝酒庄的掌门人，酒庄的葡萄酒真正诠释了风土的概念。

西尔万·卡萨德酒庄（沃恩-罗曼尼产区）

西尔万·卡萨德酒庄（Domaine Sylvain Cathiard）是一座家族酒庄，出产琼浆美酒。西尔万的儿子塞巴斯蒂安（Sebastien）也加入酒庄工作，他的儿子曾在新西兰的芙朗酒庄酒厂（Fromm Winery）工作，带回了酿制黑皮诺的经验。酒庄的勃艮第高品质葡萄酒裹挟着清冽果味。酒庄的地块主要位于沃恩，酒庄在香波和夜圣乔治产区也拥有少许土地，酒品传达了纯净优雅的风土特征。酒庄的葡萄酒体现出黑皮诺葡萄的精髓，同时结构清晰。马贡索园红葡萄酒（Les Malconsorts）优雅迷人、强劲浓烈，而罗曼尼圣维旺园红葡萄酒则是酒庄最上乘的酒品之一。

塞尔维·艾斯莫尼酒庄（热夫雷-香贝丹产区）

塞尔维·艾斯莫尼（Sylvie Esmonin）是一位出色的农学家和酿酒师，她生产的葡萄酒清淡优雅，深受女性青睐。塞尔维用布罗雄（Brochon）村南部栽种的葡萄酿出了一款勃艮第夜丘村庄级葡萄酒，典雅迷人，还使用不同藤龄的葡萄藤酿制了两款热夫雷-香贝丹村庄级葡萄酒。塞尔维·艾斯莫尼酒庄（Domaine Sylvie Esmonin）的村庄级葡萄酒酒体纯粹，其酿酒用的葡萄藤龄已有 30 到 40 年，且酒品深邃，深度极佳。酒庄的老藤葡萄酒由 60 多年藤龄的葡萄酿成，这款酒更为醇厚丰腴，在酿制过程中使用了大量橡木桶，使其更具风味。圣贾克园（Clos St-Jacques）的一处地块有 5 家酒农在此耕耘，塞尔维便是其中一位，她的酒窖坐落于此。这片葡萄园的划分非常不寻常，5 家酒农的地块各具特色，风韵独具。塞尔维酿制的葡萄酒有着顺滑流畅的口感，带有矿物质气息。

勃艮第的美食

从某种意义上说，勃艮第传奇般丰富的美食是为了搭配勃艮第夜丘盛产的高贵奢华、浓烈醇厚的红葡萄酒。这里最著名的美食，不管是勃艮第牛肉丁还是酒焖仔鸡，配料上都需要一种红酒酱，再加入小洋葱、蘑菇和培根等烹饪而成。这些菜品搭配热夫雷和夜圣乔治产区出产的深邃浓郁的红葡萄酒，口感极佳。勃艮第的红葡萄酒在红酒沙司中也扮演着重要角色，这种酱的配料中没有蘑菇，但带有一点勃艮第白兰地果渣，与鸡蛋、家禽或鱼一起食用独具风味。黑皮诺堪称是酒食两用的"万能葡萄"，这一点也从黑皮诺酿制的清淡酒款（比如萨维尼酒或上夜丘出产的红葡萄酒）与以上菜肴的搭配频率上可见一斑。但还有另一个因素造就了该地区独特可口的美食：大自然的慷慨馈赠。勃艮第拥有肥沃的牧场和品种优良的牲畜，比如乳白色的夏洛来牛高大魁梧，出产世界上顶级的牛肉。

勃艮第是全世界仅有的 3 个有权饲养布雷斯鸡的地区之一。这个品种的鸡味道非常好，甚至受到法定产区法律的保护。丰富的奶油菜肴（通常加入小小的、辛辣的羊肚菌）配上奢华的布雷斯鸡肉，再饮上一杯默尔索干白葡萄酒（Meursault），简直就是天堂一般的享受。还有奶酪，埃布瓦斯干酪（Epoisses）是一种洗浸乳酪，可能是当地最有名的奶酪，不过味道很刺鼻。当然，我们也有更精致的选择：梅肯山羊奶干酪（Chevreton de Mâcon）是一种小山羊奶酪，与勃艮第南部地区出品的清爽甘甜的白葡萄酒搭配享用，让人赞不绝口。

尼古拉斯·宝德酒庄

尽管没有自己的葡萄园，尼古拉斯·宝德却酿出了品质上乘的葡萄酒。

波塞特酒庄

葡萄园采用更多的手工操作，确保出产的葡萄品质卓越。

特拉佩父子酒庄（热夫雷-香贝丹产区）

让-路易斯·特拉佩（Jean-Louis Trapet）是一个细心周到、责任心强、性情温和的人。特拉佩提倡尽量少地干预酿酒过程，他并非说说而已。特拉佩一直坚持采用有机方法种植葡萄，他认为这改变了他看待世事的思维方式。他认为葡萄酒在酿造过程中需要安宁静谧的环境，酿酒人在葡萄园和酿酒厂中需要保持尊重和温柔的态度。特拉佩认为葡萄藤过去的栽种史极为重要。

特拉佩父子酒庄（Domaine Trapet Père et Fils）的黑皮诺颇有潜力，酿出极为细腻精雅的葡萄酒，特拉佩认为这全要归功于葡萄过去的宁静简朴的生长环境。特拉佩酿造的葡萄酒极为雅致，令人振奋。

伍杰雷酒庄（夜圣乔治产区）

伍杰雷酒庄（Domaine de la Vougeraie）隶属于波塞特家族酒庄（Boisset Family Estates）。酒庄酿酒师皮埃尔·文森特（Pierre Vincent）曾在嘉福临酒庄（Jaffelin）任职，他酿制的葡萄酒精雅内敛。酒庄采用有机种植法耕作，皮埃尔坚信这会促使葡萄更加成熟。在 2008 年的年份酒中，皮埃尔尝试使用整串发酵法酿制部分葡萄酒，其中包括强劲顺滑的波内玛芮园葡萄酒和紧涩收敛的夏姆-香贝丹葡萄酒。酒庄的葡萄酒品质卓越，其中伏旧克拉斯一级园红葡萄酒（Vougeot Premier Cru Les Cras）纯正活泼，带有咸鲜的矿物质气息，还有一款慕西尼特级园葡萄酒（Les Musigny Grand Cru），飘溢着玫瑰花瓣的馥郁芳香。令人惊讶的是，酒庄酿酒用的果实完全由人工去梗。

马尼安酒庄（莫雷-圣丹尼产区）

在短短 10 年多的时间里，精力充沛的费雷德里克·马尼安（Frédéric Magnien）打造了这座金丘区最成功的迷你酒庄。费雷德里克是在勃艮第酿酒的马尼安家族（Magniens）第五代传人，费雷德里克的父亲迈克尔·马尼安（Michael Magnien）是路易·拉图酒庄的葡萄园经理，他还掌有一座与自己同名的酒庄（费雷德里克也参与该酒庄的酿酒工作）。马尼安酒庄（Maison Frédéric Magnien）没有自己的葡萄园，费雷德里克从夜丘产区地采购葡萄，同时维持长久的合作关系，保障顶级原材料的持续供应，而后他便以精湛的技艺酿制美酒。其产自热夫雷、香波和莫雷的村庄级葡萄酒都很诱人，风格从容自然，物超所值。

波塞特酒庄（夜丘产区）

让-查尔斯·波塞特（Jean-Charles Boisset）颇具创新精神，在他的领导下，这座家族酒庄正在进行彻底的革新。不久前，波塞特酒庄（Maison Jean-Claude Boisset）一直在努力应对一项难题——产出的葡萄酒品质合格，但总体却平淡无奇，而这也是许多勃艮第葡萄酒庄所面临的共同挑战。引人瞩目的是，酒庄的变革进展飞速：才华横溢的格雷戈里·帕特里亚特（Gregory Patriat）之前于勒桦酒庄任职，他于 2002 年开始负责波塞特酒庄的运营。帕特里亚特是该酒庄的葡萄种植者，优质果实酿制的酒质在逐渐提高。现在，波塞特酒庄的葡萄酒由帕特里亚特和他的团队指导种植的葡萄制成。正是酒商和葡萄种植者之间的这种持续合作，使得酒庄酒品的质量焕然一新。也因为这一点，以及来自现今庞大的葡萄酒帝国——波塞特家族酒庄的支持，酒庄发展迅速。波塞特酒庄的许多葡萄酒都用螺帽封盖，可见让-查尔斯并不是一个惧怕变革的人。至于葡萄酒，最近年份的勃艮第黑皮诺酿成的酒给人留下了深刻的印象，性价比卓越。列香园干白葡萄酒（Meursault Premier Cru Charmes）不失为上佳之选。如果你想体验绝对顶级的勃艮第酒品，请到伍杰雷酒庄一探究竟。但如果你想尝试制作精良、价格合理的勃艮第葡萄酒，波塞特酒庄的葡萄酒实为首选。

尼古拉斯·宝德酒庄（夜圣乔治产区）

尼古拉斯留有一头黑色卷发，他似乎总是匆匆忙忙。尼古拉斯是业界泰斗杰拉德·宝德（Gérard Potel）之子，他在沃尔奈的拉魄斯酒庄（Domaine de la Pousse d'Or）长大。尼古拉斯在玛丽山酒庄（Mount Mary）、慕丝森林酒庄（Mosswood）和露纹酒庄积累了一些经验，眼界大开，而后他于 1997 年建立了自己的酒庄。相比于葡萄酒，他尤为关注购买葡萄，这在红葡萄酒中体现得尤为明显。他从酿制沃尔奈葡萄酒开始，把葡萄酒产品线扩展到了 40 种。他的葡萄酒风格饱满浓郁，质感丰盈，而又典雅精致。尼古拉斯没有接受过正式的培训，他认为因为没学过酿酒学，事情反而变得简单多了。首先，尼古拉斯也有自己的葡萄园，并以身作则，他坚信成为一名优秀的酿酒师的秘诀是和种植者一起走入葡萄园。他认为与拥有一处酒庄相比，作为酒商有很多好处，即有机会使用许多不同品种的葡萄酿酒。尼古拉斯近来还进军其他葡萄酒事业，但这座与其同名的尼古拉斯·宝德酒庄（Maison Nicolas Potel）仍在发展壮大。

帕斯卡·拉夏酒庄（沃恩-罗曼尼产区）

帕斯卡·拉夏酒庄（Maison Pascal Lachaux）与安慕酒庄（Domaine Arnoux）共用一座酒窖，但酒分别放在不同的贮藏室中，酒窖中摆放着一排大桶。大桶中存有一些品质上佳的葡萄酒。2003 年，帕斯卡·拉夏（Pascal Lachaux）成立了一个规模虽小但与众不同的酒庄。说其规模小，是因为 2005 年时只有 13 桶葡萄酒；说其与众不同，是因为其专注于顶级的一级园和特级园葡萄酒。帕斯卡的目标就是酿造出顶级品质的葡萄酒，并控制葡萄栽培和酿酒的各个方面。2009 年，这两家酒庄合并成立了安慕-拉夏酒庄（Domaine Arnoux-Lachaux）。

吉特-帕索特酒庄（热夫雷-香贝丹产区）

有些酒庄氛围静谧，即使在繁忙之时亦是如此，但吉特-帕索特酒庄（Vincent Géantet-Pansiot）却与之不同，酒庄激情四射，尤其是在装瓶的初期（葡萄酒酿造后 12 个月左右）。尽管风味复杂，酒品的纯粹果味还是引人入胜。酒庄的酿酒葡萄产自马沙内。香帕里奇干红葡萄酒（Champ Perdrix）绝妙香甜，散发着樱桃果味。酒庄的村庄级葡萄酒极为精妙，其中包括一款由老藤葡萄酿成的香波慕西尼葡萄酒，甘美可口。酒庄依托热夫雷-香贝丹产区，酿造了一款帕瑟诺一级园红葡萄酒（Premier Cru Poissenot），香甜美妙，带有白垩矿物质的气息，余韵清新，口感直接。

在热夫雷-香贝丹产区，一片鲜绿色葡萄田上生长着新种植的葡萄，与周边的老葡萄藤形成鲜明对比。

博讷产区

博讷产区（Côte de Beaune）以酿造世界上顶级精美的知名霞多丽葡萄酒而闻名。默尔索（Meursault）、普里尼-蒙哈榭（Puligny-Montrachet）和夏山-蒙哈榭（Chassagne-Montrachet）等村庄酿造的白葡萄酒闻名遐迩，口感既丰富又清爽。与北方毗邻的产区相比，博讷产区具有更多的双面性；许多村庄既酿造白葡萄酒，又酿造红葡萄酒，并且玻玛（Pommard）、博讷和沃尔奈（Volnay）产区还出产一些金丘最精美的黑皮诺葡萄酒。与勃艮第夜丘的葡萄酒相比，这些葡萄酒的色泽更加明亮，果香更加丰郁。博讷产区是一个深受游客欢迎的旅游胜地；这里的村庄总是熙熙攘攘，而且博讷还是一个令人向往的历史古镇。

主要葡萄种类
🍇 红葡萄

黑皮诺

🍇 白葡萄

霞多丽

年份
2009
虽然现在下评论还为时尚早，但这些成熟多汁且质地饱满的葡萄酒却已展现出美好的前景，产量也很高。

2008
清爽可口的白葡萄酒，色泽明亮，果香四溢。红葡萄酒非常新鲜清爽，顶级红葡萄酒口感非常柔和细腻。

2007
该年葡萄酒口感比2006年更浓郁，更具层次性；但仍不失柔和，适合早期饮用。

2006
高酸度赋予了葡萄酒更清晰的芳香，而默尔索葡萄酒是上好的佳酿。

2005
该年葡萄酒口感丰富、浓郁，香气集中，适度陈年口感尤佳。

2004
这个艰难的年份出产了一些非常诱人的白葡萄酒。红葡萄采用绿色采收的方式，由经验丰富的酿酒师打造。

博讷丘以风格著称，打造出了科尔登山浓郁的特级园红葡萄酒和白葡萄酒。科尔登查理曼葡萄酒是一款浓郁宜人的白葡萄酒，可陈年数十年；而科尔登葡萄酒则是一款奢华的自然发酵的黑皮诺葡萄酒，价格公道。鲜为人知的拉都瓦白葡萄酒和略有名气的阿罗克斯-科尔登（Aloxe-Corton）红葡萄酒即使不是顶级园的烈性酒，也展现了该地区葡萄酒的特点，并且拥有很高的性价比。

越往南，知名葡萄酒越多。萨维尼-博讷产区（Savigny-lès-Beaune）和绍黑-博讷产区（Chorey-lès-Beaune）生产物美价廉的芳香黑皮诺葡萄酒，这些酒以宜人的口感和与食物的高匹配度收获了法国侍酒师的喜爱。博讷拥有广阔的葡萄园，其中有许多正规葡萄园，以及一些顶级的一级园。葡萄酒品质也在全面提升，以期酿造出更加圆润、富有光泽和微烈的红葡萄酒。玻玛以酿造风格刚劲的黑皮诺葡萄酒而闻名，这款葡萄酒酒体强劲，没有太多细腻口感。从某些方面来看，这是对的，因为这里的酒款是博讷产区单宁含量最高的红葡萄酒之一。不过现在很多酿酒商都在力争降低单宁含量。

从传统意义上讲，沃尔奈与玻玛是阴阳双面，沃尔奈为阴，玻玛为阳。丝滑细腻的黑皮诺葡萄酒，其本身的芳香造就了优雅浓烈的口感。

从某角度而言，这些评价公正而客观。靠近玻玛一侧的一级园葡萄酒更坚实、更具层次感，与玻玛酿酒商相比，许多年轻的酿酒师更倾向于追求更加坚实的质感。

蒙蝶利（Monthelie）、欧克塞-迪雷斯（Auxey-Duresses）、圣罗曼（St-Romain）3个美丽的村庄因地势过高、气候过于凉爽而无法酿造优质的葡萄酒。但在温暖的年份，这些产区却拥有更多低价采购的机会。

默尔索出产博讷产区最浓郁的霞多丽葡萄酒。该地区没有顶级葡萄园，但有一些优质的一级园，如石头园。高品质的葡萄酒，搭配尽职尽责的生产商。该地区最新的趋势是减少全新橡木桶和搅桶（一种在桶中搅动葡萄酒，以增加酒体和重量的技术）的运用，打造更加精致的风格。

普里尼-蒙哈榭出产世界上最受欢迎的、价格最高的霞多丽葡萄酒。知名的蒙哈榭特级园和夏山公社比邻而居。夏山白葡萄酒口感丰富，拥有坚果风味，富有冲击力；这些普里尼-蒙哈榭葡萄酒迷人而柔和，细腻含蓄，酒体轻盈。默尔索和夏山公社也酿造红葡萄酒，都是美味鲜活的佳酿。

在普里尼-蒙哈榭的上方是圣欧班（St-Aubin），出产色泽浓郁、口感爽烈的白葡萄酒和纯净爽口的红葡萄酒。这些葡萄酒虽不再是过去寂寂无闻的廉价酒，但仍然是购买的理想选择，特别是一级园葡萄酒。

由于博讷产区地势向西缓慢倾斜，所以以桑特奈产区（Santenay）和马朗日产区（Maranges）的葡萄园多位于朝南的位置，桑特奈出产了一些诱人的白葡萄酒，但这些"小"村庄的主要吸引力却在于其散发着浓郁刺莓香气、口感宜人的黑皮诺葡萄酒。

本杰明·勒胡酒庄（博讷产区）

本杰明·勒胡酒庄（Benjamin Leroux）潜力无限，值得世人瞩目。本杰明·勒胡是阿曼伯爵酒庄（Domaine du Comte Armand）的杰出酿酒师，其以博讷环路附近的宽敞仓库为基地，创建了自己的酒庄。勒胡与众多的红葡萄酒和白葡萄酒产区合作，从中选择高品质的葡萄园。他现在使用的葡萄，有三分之一采用有机种植。几年来，他采购了大量的白葡萄，如欧克塞-迪雷斯产区（Auxey-Duresses）味道浓郁且富含矿物质气息的白葡萄，最近他还与黑皮诺种植者签订了新的采购合同。在阿曼伯爵酒庄工作时，勒胡酿造的葡萄酒具有浓重的单宁质感，而这次创业，为其提供了探索不知名产区黑皮诺细腻口感的机会。佛内公爵园（Volnay Clos de la Caves des Ducs）是一个拥有 70 年藤龄葡萄的小型独占园，可完全掌控该园的葡萄种植情况。该园酿造的葡萄酒口感细腻柔滑，清爽又不失纯净。

马特莱酒庄（佩尔南-韦热莱斯产区）

杰出的让-查尔斯·勒鲍尔·德拉莫里尼埃（Jean-Charles Le Bault de la Morinière）伯爵酿造出了高端的科尔登查理曼葡萄酒（Corton-Charlemagne），这款酒完美平衡了浓郁的果香和清冽质朴的口感。这款杰出的科尔登查理曼葡萄酒，历经 10 年陈年，呈现出更好的柔和度和天然的复杂性。让-查尔斯家族在大多数年份里仅酿造特级园葡萄酒，这也是该家族独一无二的特点。马特莱酒庄（Bonneau du Martray）的红葡萄酒——科尔登葡萄酒（Corton），产自气候较为凉爽的佩尔南（Pernand）一侧。栽种霞多丽的斜坡下是一片肥沃的土壤，种植着老藤黑皮诺葡萄。虽然酒庄的科尔登葡萄酒非常出色，但是科尔登查理曼葡萄酒为马特莱酒庄在勃艮第大产区赢得了一席之地。

宝尚父子酒庄（博讷产区）

1995 年，查姆派诺伊斯·约瑟夫·汉诺（Champenois Joseph Henriot）买下了这家酒庄，并在杰出的伯纳德·赫维特（Bernard Hervet）的指导下提升了酒庄的品质和影响力［赫维特后来去了法维莱酒庄（Faiveley）］。宝尚父子酒庄（Bouchard Père et Fils）还得到了汉诺（Henriot）家族的大量资金支持。在考察了一些世界知名酒庄后，该公司在萨维尼（Savigny）附近建起了一个重力自流酒厂，该酒庄设有 5 个接收入口，以便在收获季快速地入库葡萄。酒庄虽然外观不太美观，但是内部却配置了最新的技术，地下是一个可存放 4500 桶葡萄酒的桶陈酒窖。250 台采摘机灵活组合，可在最适宜的季节采收各品种葡萄。宝尚的葡萄酒现在更加精美，2008 年份的葡萄酒尤为出色，口感甜美清丽。酒庄占地 130 公顷，包括 9 个特级葡萄园，其中三分之一的葡萄园由酒庄自己种植。过去，葡萄园多分布在博讷丘，现在在勃艮第夜丘也种植了一些葡萄。

尚皮父子酒庄（博讷产区）

尚皮父子酒庄（Champy Père et Fils）是勃艮第的第一家酒商，成立于 1720 年。19 年前，亨利·默吉（Henri Meurgey）和儿子皮埃尔·默吉（Pierre Meurgey）买下了这家酒庄，默吉家族是一个葡萄酒经纪人世家。皮埃尔说："我的志向是酿造优

普里尼-蒙哈榭堡酒庄

一个冉冉升起的新秀，在酿造过程中较少地使用全新橡木桶，让酒庄大放异彩。

马特莱酒庄

该酒口感强烈持久，人们饮用时可以畅享贵族般的感受。

雅清冽的葡萄酒，通过这些葡萄酒讲述这片土地的故事。"该区域只有勃艮第标记葡萄酒（Bourgogne Signature）故意加上橡木桶标志，为更多熟悉新世界葡萄酒的人搭建了一座了解旧世界葡萄酒的桥梁。皮埃尔是有机种植和生物动力法的忠实拥护者。尚皮（Champy）家族在博讷丘拥有 17 公顷的葡萄园，部分是家族产业，部分为租赁的土地。他们注意到，与用传统方法管理的葡萄相比，采用生物动力法种植的葡萄成熟度更高，腐烂程度更低。酿造师迪米特里·巴扎斯（Dimitri Bazas）于 1999 年加盟酒庄，其酿造工艺使新酿的葡萄酒口感更佳，同时拥有很好的陈年潜能。科尔登查理曼白葡萄酒的陈年年限是 4～5 年，而不是 10 年。其旗舰酒款为佩尔南-韦热莱斯葡萄酒（Pernand-Vergelesses）。该酒庄旗下的酒款制作精良，价格合理。

香颂酒庄（博讷产区）

2002 年，吉勒·科瑟（Gilles de Courcel）成了香颂酒庄（Chanson）的总裁，并对其进行了彻底的改组，使葡萄酒的品质得到了极大的提升。香颂酒庄最早可追溯到 1750 年，于 1999 年被堡林爵香槟家族集团（Bollinger）收购。酒庄原址位于博讷中世纪的城中心，现在旧址已被修复，主要用于陈酿葡萄酒。这令人印象深刻的酒窖位于坚固的中世纪城墙内的伯尼法乔（Bastion de L'Oratoire）。在萨维尼附近还有一家新的酒庄，出产了 140 款葡萄酒。香颂酒庄 45 公顷的葡萄园令人久久难以忘怀。在收获季，酒庄需要 130 台采摘机在 10 天内完成采摘。科瑟酒庄（De Courcel）与众多的葡萄种植者签订了合作协议，协议规定主要采购葡萄，拒绝采购葡萄酒。他们还会使用自己的采摘机在一些种植者的葡萄园里采摘葡萄。2002 年，让-皮埃尔·贡菲弘［Jean-Pierre Confuron，孚讷贡菲弘-哥迪多（Vosne Confuron-Cotétidot）家族的一员］接管了这家酒庄。他喜欢整串发酵，在不同产区中保持统一的酿酒工艺，希望借此展现这些葡萄酒各自的风味。2008 年，他使用此工艺酿造的葡萄酒尤为出色。博讷分布着大量知名的一级葡萄园（Premier Cru）。

普里尼-蒙哈榭堡酒庄（普里尼-蒙哈榭产区）

这座漂亮的城堡是安宁繁荣的普里尼-蒙哈榭产区的一道靓丽风景。埃迪安·德蒙蒂（Etienne de Montille）是沃尔奈村坚强不屈的名人——休伯特（Hubert）的儿子，自 2002 年上任以来，他一直在整顿酒庄，助其恢复昔日的荣光。埃迪安的努力使这些葡萄酒一改之前寡淡直接、有橡木气的口感，变得更加精致、软滑、多汁而优雅。葡萄园采用生物动力法管理葡萄，降低葡萄产量。他还削减了新橡木桶的使用比例。普里尼-蒙哈榭的富乐迪白葡萄酒（Folatières）精密而层次分明；喜欢醇厚烟熏口感的默尔索葡萄酒（Meursault）的人应该会喜欢波露卓园葡萄酒（Poruzots）。★新秀酒庄

科奇酒庄（默尔索产区）

让-弗朗索瓦·科奇（Jean-Francois Coche）在全球享有盛誉。其酿造的高端葡萄酒受到鉴赏家的热烈追捧，他们在高价

布里艾莱香桐酒庄

此特级园葡萄酒是勃艮第葡萄酒的罕见创
新，在酿造过程中完全不使用新橡木桶。

拉芳酒庄

这款一级园葡萄酒由世界上最优秀的
白葡萄酒酿造商酿造。

购买这些葡萄酒时毫不吝惜。该酒庄旗下的酒款包括默尔索皮耶尔一级园葡萄酒（Meursault Premiers Crus Perrières）、杰奈弗利园葡萄酒（Genevrières）和该村庄一些其他葡萄园的葡萄酒。科尔登查理曼特级园葡萄酒（Corton-Charlemagne）是该酒庄的特色酒款，其品质和风味源自对葡萄园的精心打理。这些白葡萄酒陈年时间较长，一般陈年 20 个月才会装瓶。这位勃艮第的超级巨星也酿造红葡萄酒，如沃尔奈葡萄酒（Volnay）、切尼斯园葡萄酒（Clos des Chênes）和剪枝园葡萄酒（Taillepieds）等。

埃佩诺阿曼伯爵酒庄（玻玛村埃佩诺园）

埃佩诺园玻玛一级园葡萄酒（Pommard Premier Cru）可谓是勃艮第的标志性酒款之一。现在，本·勒胡从知名的帕斯卡尔·马尔尚（Pascal Marchand）手中接管了该酒庄，担任酿酒师，他在酿酒方面很有影响力，且总是创意满满，玻玛埃佩诺（Pommard Clos des Epeneaux）是一个英雄般的不朽传奇。葡萄园本身（该酒庄自有的独占园）拥有富含铁质的岩石土壤，这些土壤特点造就了葡萄酒的浓郁口感和厚重结构。酒庄所有的葡萄酒均由生物动力法种植的葡萄酿造而成，勒胡是这种方法坚定而极具影响力的倡导者。

阿兰·查维酒庄（普里尼-蒙哈榭产区）

阿兰·查维（Alain Chavy）和让-路易·查维（Jean-Louis Chavy）兄弟二人把曾经的热拉尔·查维酒庄（Domaine Gérard Chavy）一分为二，独自经营。阿兰是一位迷人而细致的酿酒师。他酿造的普里尼-蒙哈榭葡萄酒配比精准，色泽鲜明，具有明显的清冽口感，果味清新浓郁。这些葡萄酒从未有过明显的橡木香气，因此不同酒庄的细微差别在酒液中得以彰显，花香四溢的普榭乐葡萄酒（Pucelles）和富乐迪葡萄酒（Folatières）都是典型范例。列香园葡萄酒（Les Charmes）是普里尼-蒙哈榭最好的瓶装酒之一，品质始终如一，是一款物超所值的酒款。★ 新秀酒庄

阿尔诺·恩特酒庄（默尔索产区）

年轻且才华横溢的酿酒师依托奥美园（En L'Ormeau）1.5公顷的葡萄园，酿造出了令人难忘的村庄级葡萄酒，该葡萄园位于村庄地势低平的一层。酿酒师选用最优质的酿造桶，并在产品上贴有琥珀葡萄酒（Les Ambres）的酒标。阿尔诺·恩特酒庄（Domaine Arnaud Ente）的葡萄酒口感纯正，明快奔放。该酒庄的默尔索树汁珍藏葡萄酒（Meursault La Seve du Clos）内敛、紧凑，富含矿物质气息，这家地势低洼且规模不大的葡萄园给众人带来了极大的惊喜。阿尔诺对葡萄园的辛苦耕耘，充分反映到了葡萄酒的品质上。酒庄的另一款葡萄酒——普里尼-蒙哈榭贺费尔园葡萄酒（Puligny-Montrachet Les Referts）也是特色鲜明、口感纯净的佳酿。

奥维那酒庄（圣罗曼产区）

奥维那酒庄（Domaine d'Auvenay）归拉卢·比斯-勒罗伊（Lalou Bize-Leroy）个人所有，独立于家族控股公司之外。风景秀丽的农场位于圣罗曼上方可耕种的广阔高原上，这里汇集了一系列的中世纪建筑。拉卢·比斯-勒罗伊在这里酿造了少量品质卓越的红葡萄酒和白葡萄酒，其中有 4 款特级园葡萄酒。其中白葡萄酒具有令人难忘的品质，大胆奔放，浓烈醇厚，还有来自默尔索和普里尼特色鲜明的葡萄酒。骑士蒙哈榭园干白葡萄酒（Chevalier-Montrachet）则是一款高端佳酿，带有一丝矿物质气息。

贝努瓦·昂特酒庄（普里尼-蒙哈榭产区）

直到 20 世纪 90 年代晚期，贝努瓦·昂特才开始将其祖父母的葡萄园进行商业化运营。贝努瓦·昂特酒庄（Domaine Benoît Ente）酿造的普里尼-蒙哈榭葡萄酒口感直接，色泽鲜艳，具有良好的陈年能力，为酒庄赢得了良好的声誉。这些酒产量极低，并且适当地使用橡木桶。酒庄葡萄酒中有一款备受赞誉的普里尼-蒙哈榭村庄级葡萄酒（Village Puligny）。酒庄还有香阁园一级园葡萄酒（Champ Gain，富含矿物质气息）、贺费尔园葡萄酒（Les Referts，口感醇厚和丰富），以及鲜为人知的恩拉理查德葡萄酒 [En La Richarde，富乐迪葡萄酒（La Folatières）的衍生品]。★ 新秀酒庄

布兰·加纳得酒庄（夏山-蒙哈榭产区）

布兰·加纳得酒庄（Domaine Blain Gagnard）的葡萄酒充满活力，却又优雅浓郁，体现了勃艮第经典白葡萄酒的迷人气息。酒庄规模虽小，但从葡萄种植到葡萄酒的酿造，处处都精心打理。酿酒师比较谨慎地使用新橡木桶，虽然这些葡萄酒很清楚地说明了它们的原产地，但是仍会在酒标上清晰地注明产地，该产地的葡萄酒以纯净光滑的质感著称。夏山-蒙哈榭一级园葡萄酒（Premier Cru Chassagnes）展现了非常鲜明的特质，例如清新绵延的布特伊侯葡萄酒（Boudriotte）及浓烈、富含矿物质气息的奢华盖尔雷园葡萄酒。该酒庄的红葡萄酒也有不错的品质，特级园葡萄酒则更为出色。

布鲁诺·柯林酒庄（夏山-蒙哈榭产区）

米歇尔·柯林-戴乐高酒庄（Domaine Michel Colin-Deléger）是夏山-蒙哈榭产区备受推崇的酒庄之一。2003 年，米歇尔·柯林的两个儿子布鲁诺·柯林（Bruno Colin）和菲利普·柯林（Philippe Colin）将该酒庄一分为二。布鲁诺秉承父辈的风格——心怀敬畏地小批量种植葡萄，在葡萄酒酿造过程中细致而敏锐。从色泽柔顺的桃红色雪内拂园葡萄酒（Chenevottes）到清冷精致的维奇园葡萄酒（Les Vergers），这一系列精美的夏山一级园葡萄酒（Premier Cru Chassagnes）展现了这家酒庄的风格。精雕细琢的圣奥宾一级园夏穆沃园葡萄酒（St-Aubin Premier Cru Charmois）既有勃艮第葡萄酒丰富而沉静的口感，又有相对低廉的价格。

布里艾莱香桐酒庄（萨维尼-博讷产区）

这家拥有悠久历史的布里艾莱香桐酒庄（Domaine Chandon de Briailles），具有独特内敛而优雅的风格。该酒庄注重葡萄园的种植，采用生物动力法培育出少量细腻的葡萄。为了保

留这些精致的细节，酒庄酿酒时从不使用全新的橡木桶。注重品质的勃艮第葡萄酒生产商很少会做出这样的选择，但这个选择也与该酒庄追求精致葡萄酒的愿景相符。尽管其新酿的葡萄酒（包括萨维尼、佩尔南和阿罗克斯-科尔登的红白葡萄酒）口感十分质朴，但随着时间的推移，这些葡萄酒会呈现更加明亮的色泽、更加纯净的酒体和更加完美的内涵。

蒙特涅酒庄（夏山-蒙哈榭产区）

优雅美丽的蒙特涅酒庄（Domaine Château de la Maltroye）建于 18 世纪，位于一处古老的被烧毁建筑的废墟之上。现任酒庄主人让-皮埃尔·柯尔奈（Jean-Pierre Cournet）精心修复了这座房屋——一间 15 世纪的酒窖。酒庄酿造了各种各样的夏山-蒙哈榭一级园葡萄酒（Chassagne-Montrachet Premiers Crus），其中既有红葡萄酒，又有白葡萄酒。白葡萄酒包括芳醇而又富含矿物质气息的单思陈葡萄酒（Dents de Chien）和口感醇厚辛辣的摩羯葡萄酒（Morgeots）。红葡萄酒的代表酒款则来自布特伊侯园（Boudriotte）和马勒托园（Clos du Château de Maltroye），后者还种植了一些霞多丽葡萄。

塞纳伯爵酒庄（博讷产区）

塞纳伯爵酒庄（Domaine du Comte Sénard）正在进入一个新的时代。洛琳·塞纳（Lorraine Sénard）是菲利普（Philippe）先生的女儿，她从父亲手中接管了酿造葡萄酒的工作。在勃艮第，这些转变通常会引发担忧，但这个问题在这家酒庄不存在。因为洛琳拥有非凡的酿酒天赋，而其父菲利普深知这一点。酒庄的核心产品是精选的 5 款特级园红葡萄酒，均为科尔登葡萄酒（Corton，博讷丘唯一一款特级园红葡萄酒）。酒庄的白葡萄酒——诱人的科尔登-查理曼特级园干白葡萄酒（Corton-Charlemagne）和美味的阿罗克斯-科尔登干白葡萄酒（Aloxe-Corton）都是品质上乘的佳酿。

拉芳酒庄（默尔索产区）

多米尼克·拉芳（Dominique Lafon）可能是勃艮第最著名的酿酒师。拉芳酒庄（Domaine des Comtes Lafon）是该家族品质最高的酒庄。1982 年，多米尼克收回了之前出租的家族葡萄园，并引入生物动力法种植葡萄。他已经从一个才华横溢的少年成长为一个睿智老道的酿酒师，在金丘（Côte d'Or）和更南端的马贡（Mâconnais），他与南部酿酒商联盟（Les Artisans Vignerons du Sud）合作，推广有机种植法和生物动力法，从而提高有机葡萄酒的产量。他母亲居住的家族酒庄位于默尔索村芭乐葡萄园（Clos de la Barre）的旁边。酒庄的 3 款顶级默尔索一级园葡萄酒展现了颇具代表性的风味。拉芳酒庄蒙哈榭特级园葡萄酒（Dominique Lafon's Montrachet Grand Cru）无疑是世界上最好的白葡萄酒之一。

科瑟酒庄（玻玛产区）

科瑟酒庄（Domaine de Courcel）的葡萄酒是由才华横溢、勤奋谦逊的酿酒师——伊夫·贡菲弘（Yves Confuron，他还是家族酒庄——贡菲弘-哥迪多酒庄的酿酒师，该酒庄是沃恩-

罗曼尼产区最诱人的酒庄之一）出品的佳酿。从勃艮第红葡萄酒（Bourgogne Rouge）到 5 款精致细腻的玻玛一级园葡萄酒（Pommard Premiers Crus），整个葡萄酒系列以其活力、浓郁、优雅给人留下了深刻的印象。勃艮第红葡萄酒一直是最有价值的一款酒，而玻玛洛吉恩园葡萄酒（Pommard Rugiens）则是永恒的经典。自伊夫于 1996 年接管酒庄后，酒庄的葡萄酒品质得到了质的提升。★新秀酒庄

克鲁瓦酒庄（博讷产区）

大卫·克鲁瓦（David Croix）对年轻的克鲁瓦酒庄（Domaine de Croix）投入了大量精力。精挑细选的小块博讷一级葡萄园（Beaune Premiers Crus）经过精心栽培，产出了柔滑的红葡萄酒，具有突出的平衡、香气和清冽口感。从优雅芬芳的圣维尼葡萄酒（Cent Vignes），到色泽浓郁、口感辛香的柏翠索园葡萄酒（Pertuisots），再到精炼的格雷夫园葡萄酒（Grèves），都是其风味的完美展现，大卫的酿酒天赋也在一款活跃、风味极佳的科尔登查理曼白葡萄酒上展现得淋漓尽致。这位天赋非凡的年轻酿造师打造了大量令人难忘的葡萄酒。★新秀酒庄

达维欧-佩朗酒庄（蒙蝶利产区）

达维欧-佩朗酒庄（Domaine Darviot-Perrin）的主人——迪迪埃·达维欧（Didier Darviot）和妻子达维欧夫人（Madame Darviot）是一对热情好客的夫妇，极具人格魅力。1980 年两人结婚后，达维欧葡萄园和佩朗葡萄园合二为一。夫妇二人与 3 名员工努力地耕耘着这片熟悉的土地。他们种植的是老藤葡萄，藤龄在 50 ~ 80 年。在低温的酒窖中，这些葡萄酒会在橡木桶中陈年 12 个月，然后再在酒罐中放置 6 个月。酒庄葡萄酒干净隽永、口感芳醇，使其风味展现得淋漓尽致。夏山-蒙哈榭产区的布兰硕-德苏（Chassagne-Montrachet Blanchot-Dessus）是一款优质的且不可多得的葡萄酒，酒体活泼而紧凑，散发着白垩矿物质气息。

枫丹甘露酒庄（夏山-蒙哈榭产区）

枫丹甘露酒庄（Domaine Fontaine Gagnard）的理查德·枫丹（Richard Fontaine）是一位细致的酿酒师，也是一位彬彬有礼的正直绅士。酒庄占地 20 公顷，在理查德和劳伦斯·加格纳德（Laurence Gagnard）结婚那年创建，劳伦斯继承了加格纳德-德拉格朗日葡萄园（Gagnard-Delegrange）的部分产权。劳伦斯的妹妹——克劳丁·加格纳德（Claudine Gagnard）与让-马克·布莱恩（Jean-Marc Blain）结婚后创建了布兰·加纳得酒庄（Domaine Blain Gagnard）。虽然这种重组令人很困惑，但是这种混合搭配在勃艮第却是非常常见的情况。在女儿席琳（Céline）的协助下，理查德酿造出了精美浓郁、口味纯正的葡萄酒。夏山-蒙哈榭白葡萄酒是该酒庄的核心产品，该系列酒款的明星产品是罗曼尼园葡萄酒（La Romanée）和盖尔雷园葡萄酒（Caillerets），整个葡萄酒系列都有卓越的品质。

新型酒商

本杰明·勒胡（Ben Leroux）是见证勃艮第葡萄酒向现代风格演变的代表人物。作为著名的玻玛酿酒商——埃佩诺园（Clos des Epeneaux）的酿酒师，本杰明·勒胡创办了一家小型精品酒庄开展葡萄酒贸易，该酒庄用采购的葡萄酿造了两款葡萄酒。后来，勒胡与一位葡萄酒投资人在伦敦品酒会偶遇，为酒庄赢得了扩展机遇。根据最新统计，酒庄已经推出了 20 款葡萄酒，而这个数量还在增长。作为生物动力学的狂热拥护者，勒胡颇具影响力，他专注于对高品质葡萄园的小块种植，并与众多经验丰富、德高望重的前辈展开合作，逐步优化葡萄园的品质。

勒胡的葡萄酒配比合理自然，拥有彰显葡萄天然特点的适度口感，还有良好的陈年潜力和淡淡的橡木香气。现在，他与一些崭露头角的小型酒商朋友一起在博讷开设了新店，并逐渐成为下一代勃艮第酒农广泛认可的领军人物。

悦宝酒庄
葡萄园采用有机法种植和管理，同时在酿造过程采用现代工艺。

ＡＦ 格罗酒庄
酿酒师和酒庄联手打造出备受欢迎的葡萄酒。

悦宝酒庄（默尔索产区）

悦宝酒庄（Domaine François et Antoine Jobard）一直在酿造朴实无华但口感浓烈明快的默尔索葡萄酒。该酒庄的葡萄酒品质卓越，但高品质的葡萄酒也需要耐心才能品得酒中洞天。这款酒反映了弗朗索瓦（François）内敛的个性。2008 年，其个性比较活泼的儿子——安东尼（Antoine）接管了酒庄，并一直负责葡萄酒的酿造。他给酒庄带来了十分微妙的变化，这些变化使这些葡萄酒更加可口。弗朗索瓦在葡萄种植时严格遵循的有机种植法仍然得以保留。葡萄园杜绝使用农药，而是使用犁来清除杂草。悦宝酒庄最出色有力的葡萄酒代表作有默尔索·波露卓园葡萄酒（Meursault Porusots）、浓郁的布拉尼葡萄酒（Blagny）和内敛而有活力的香牡葡萄酒（Charmes）。

米库斯基酒庄（默尔索产区）

弗朗索瓦·米库斯基（François Mikulski）的父亲是一位波兰人，母亲来自勃艮第布洛特家族（Burgundian Boillot family），弗朗索瓦现在租种的葡萄园就属于该家族。从其冷静悠闲的外表，很难想象他当初创建酒庄时，因为不是嫡系继承人所经历的艰难。在他的酿造生涯中，他曾到访过美国加利福尼亚州，并曾在该州的卡勒拉酒庄工作。现在，米库斯基主要酿造优质的默尔索葡萄酒，如甘美浓郁的香牡老藤葡萄酒（Charmes Vieilles Vignes），酿酒所用的葡萄产自其祖父于 1913 年种植的葡萄藤。

弗朗索瓦·柏伦酒庄（玻玛产区）

弗朗索瓦·柏伦（François Parent）是家族的第 13 代传人。家族历史带来的荣誉感使他成为一个充满个人魅力，但又平易近人的酿酒师。20 世纪 90 年代晚期，他拿到了家族玻玛葡萄园的股份，并开始酿造"弗朗索瓦·柏伦"品牌的葡萄酒。他同时用妻子安妮-弗朗索瓦·格罗斯（Anne-François Gros）掌管的勃艮第夜丘葡萄园的葡萄酿酒。博讷一级园布奇罗特园干红葡萄酒（Boucherottes）是一款芳香柔顺而又略带辛辣的葡萄酒。勃艮第黑皮诺葡萄酒拥有迷人的果香，物超所值。

热尔曼酒庄（绍黑-博讷产区）

这家历史悠久的酒庄世代传承着博讷顶级葡萄酒的风味，在贝努瓦·热尔曼（Benoît Germain）的管理下，葡萄酒的品质得到了实质提升。他精心打理着葡萄园，并坚信用灌注心血的葡萄可酿造出时尚活力的黑皮诺葡萄酒。博讷一级园维涅弗朗奇园干红葡萄酒（The Beaune Premier Cru Vignes Franches，产自该地区最古老的葡萄藤）是一款华丽顺滑、令人愉悦的葡萄酒；味浓多汁、口感爽口的绍黑-博讷干红葡萄酒（Chorey-lès-Beaune）是该地区最值得购买的酒款之一。酒庄旗下的白葡萄酒香气浓郁，其中由罕见的克隆老藤葡萄酿造的佩尔南-韦热莱斯葡萄酒（Pernand-Vergelesses）尤为出色，拥有令人难忘的酒香。

ＡＦ 格罗酒庄（玻玛产区）

这家规模较大、运营良好的酒庄在勃艮第夜丘和博讷都拥有优质葡萄园。弗朗索瓦·柏伦和安妮-弗朗索瓦·柏伦将两人在玻玛和沃恩-罗曼尼产区继承的葡萄园合并，又购买了萨维尼-博讷产区（Savigny-lès-Beaune）和弗拉热-依瑟索村（Flagey-Echézeaux）的葡萄园。以这些葡萄园为依托，该酒庄产出了从勃艮第红葡萄酒到传奇的里其堡特级园葡萄酒在内的一系列勃艮第葡萄酒（由弗朗索瓦酿造）。该酒庄的酒款通体洋溢着细腻独特的口感，拥有正宗的地方风味和特点，果香浓郁，在国际舞台上广受欢迎。

盖伊·阿米奥父子酒庄（夏山-蒙哈榭产区）

蒂埃里·阿米奥（Thierry Amiot）是这个家族自营的著名酒庄的第 4 代传人，其兄弟法布里斯·阿米奥（Fabrice Amiot）担任商务总监。其核心酒款是 8 款夏山-蒙哈榭一级园葡萄酒，其中 6 款是极具特色的白葡萄酒和一款圣约翰园葡萄酒（Clos St Jean），既有红葡萄酒，又有白葡萄酒。该酒庄还出产浓烈精致的圣欧班·雷米荔干白葡萄酒（St-Aubin en Remilly）、花香四溢的普里尼-蒙哈榭德莫塞干白葡萄酒（Puligny Demoiselles）和浓郁平滑的蒙哈榭干白葡萄酒（Montrachet）。现在，带有原始果香和丰富质感的葡萄酒为您带来最好的享受。

芙萝酒庄（默尔索产区）

芙萝酒庄（Domaine Guy Roulot）酿造了大量果香四溢的高品质葡萄酒，令人赞不绝口。这些葡萄酒拥有极佳的细腻口感和无可挑剔的酿酒工艺，这一切都源自博讷丘一位有才华的酿造师——让-马克·鲁洛（Jean-Marc Roulot）。他信奉完全不干涉主义，尽量延长葡萄酒和酒糟的接触时间。该酒庄旗下的葡萄酒既不是更具现代感的果味型葡萄酒，也不是非常朴素的酒款，而是展现了代表性的风味特点，默尔索佩石头园干白葡萄酒（Meursault Les Perrières）始终是其中最好的一款葡萄酒。

日耳曼父子酒庄（默尔索产区）

大约 10 年前，让-弗朗索瓦·日尔曼（Jean-François Germain）从父亲手里接管了酒庄，但没有对酒庄做出任何根本性的改变。他拥有大约 8 公顷的葡萄园，部分自有，部分租赁。酒庄的葡萄酒是果香型，是更具现代感的先锋时尚葡萄酒。这些葡萄酒突出了默尔索葡萄酒饱满的特点，与酒液的新鲜度和活力相得益彰。酒庄还有 5 款默尔索葡萄酒，包括一款辛辣的村庄级葡萄酒。骑士干白葡萄酒（Chevalières）口感丰富诱人。香牡一级园白葡萄酒（Premier Cru Charmes）酒体饱满圆润，呈乳脂状，略带异国情调和花香气。此外，酒庄还有一款名为"摩羯"（Morgeot）的酒体饱满的夏山-蒙哈榭白葡萄酒。

休伯特·拉米酒庄（圣欧班产区）

处于腹地的休伯特·拉米酒庄（Domaine Hubert et Olivier Lamy）和圣欧班产区正在崛起。普里尼和夏山上方这个高海拔丘陵地势的小村庄，虽风景秀丽，却毫无活力。但其独特的风土条件和葡萄酒正在被越来越多的人认识。1992 年，奥利弗·拉米（Olivier Lamy）接管了酒庄，这位充满探索精神的年轻人在管理过程中应用了各种工艺。他谨慎地使用新橡木桶陈年，使这些产自高海拔岩石土壤的葡萄所特有的凉爽和芳醇得以展现。瑞米莉一级园白葡萄酒（Premier Cru En Remilly）是圣欧班产区勇于尝试的典范，也是非常值得关注的葡萄酒。

雅克·普利尔酒庄（默尔索产区）

雅克·普利尔酒庄（Domaine Jacques Prieur）的葡萄酒制作精良，外观高端大气，吸引了大量喜欢醇厚橡木香型勃艮第葡萄酒的爱好者，此类型的葡萄酒明快劲爽，平滑而浓郁。该酒庄由普利尔家族（Prieur family）和梅尔居雷村（Mercurey）酒商安东宁·洛迪（Antonin Rodet）共同控股。酒庄位于默尔索一个优雅的城堡内，出品的葡萄酒种类繁多，包括结构紧凑、富含石英矿物质气息的佳酿普里尼-蒙哈榭康贝特园白葡萄酒（Puligny Les Combettes），以及一系列优质的特级园葡萄酒。酒庄用在凉爽气候中生长的葡萄酿造的科尔登查理曼葡萄酒结构紧凑，极富层次感；而精美的蒙哈榭园葡萄酒（Le Montrachet）是夏山一侧出品的佳酿，这两款都属于特级园葡萄酒。

让-路易·夏维酒庄（普里尼-蒙哈榭产区）

热情好客的让-路易（Jean-Louis）继承了部分古老的热拉尔·查维酒庄（Domaine Gérard Chavy）。现在，他在村边精心设计的宽敞建筑中运营酒庄。酒庄的葡萄酒都是佳酿，这些酒的强度展现了小批量精心培育的葡萄的品质。酿酒师谨慎使用新橡木桶，4款普里尼-蒙哈榭一级园葡萄酒的细微差别得以彰显。富乐迪葡萄酒是公认的明星酒款，兼具酒庄品牌主打的柔和质地和妙趣横生的风味。这家酒庄和兄弟阿兰的酒庄都出产的普里尼-蒙哈榭香牡村庄级葡萄酒（Village Puligny Charmes），是非常出色的佳酿。

让-马克·布瓦洛酒庄（玻玛产区）

充满活力的让-马克（Jean-Marc）对红葡萄酒和白葡萄酒的酿造都非常擅长。除了在玻玛、沃尔奈、博讷、默尔索、普里尼和夏山的酒庄外，他还有一家葡萄酒贸易公司，使用从勃艮第南部采购的葡萄酿造葡萄酒。尽管酒款繁多，但都具有布洛瓦葡萄酒的鲜明特征：酒庄的黑皮诺葡萄酒活力四射，风格大胆奔放；霞多丽葡萄酒（特别是普里尼-蒙哈榭的葡萄酒）甜美而又妙趣横生。路基恩斯园玻玛一级园红葡萄酒（Premier Cru Pommard Rugiens）是一款史诗级佳酿，而酒庄的蒙塔尼一级园葡萄酒（Montagny Premier Cru）口感无与伦比，价格适中。

帕弗洛酒庄（萨维尼-博讷产区）

勤勉细致、一丝不苟的让-马克将帕弗洛酒庄（Domaine Jean-Marc et Hugues Pavelot）平稳交接给了儿子——修斯（Hugues）。酒庄主人的变更可能会造成一定问题，但酒庄质地柔和的葡萄酒品质及其他重要特色保留了下来，经久不衰。现在萨维尼完成了非官方的品牌重塑——实现了从种植鲜为人知的质朴黑皮诺葡萄的酒庄，迅猛发展到生产极具价值的陈年葡萄酒的热门产区，而帕弗洛酒庄则是该地区的最佳代表。修斯与其父亲一样，也十分重视葡萄的种植，但是他在酿酒工艺

让-马克·布瓦洛酒庄
这家充满活力的酒庄打造了一款迷人而甘美的霞多丽葡萄酒。

雅克·普利尔酒庄
这款酒产自夏山一侧的特级葡萄园，是一款极具代表性的葡萄酒。

上进行了改进，酒体呈现出更出色的单宁和果香。整个葡萄酒系列都很出色，口感更加宜人。

让-马克·皮洛酒庄（夏山-蒙哈榭产区）

在1991年从父亲手中接管家族酒庄之前，让-马克·皮洛（Jean-Marc Pillot）曾在博讷知名的莱茨酒庄（Lycée）接受过酿酒师培训。接手酒庄后，他建造新的地窖，改进酿造工艺，逐渐将这家备受好评的酒庄打造成了夏山葡萄酒的顶级酿造商。现在，酒庄的葡萄酒特别是白葡萄酒早已蜚声国际，并凭借出色的纯度、果香和精度而备受赞誉。7款夏山一级园白葡萄酒（Chassagne Premiers Crus）关注度最高，但是酒庄的红葡萄酒也是制作精良、适合陈年的佳酿。

宝丽酒庄（沃尔奈产区）

2002年，托马斯·宝丽（Thomas Bouley）全权接管了家族酒庄的酿酒事务，但在这之前他已在美国俄勒冈州和新西兰积累了足够的酿造经验。这位令人瞩目的年轻人非常讨人喜欢。酒庄在玻玛和沃尔奈都拥有一级葡萄园，托马斯依托这些葡萄园酿造出了纯净清澈而浓烈醇厚的葡萄酒。微型的沃尔奈一级园——卡乐园（Carelles）酿造的葡萄酒，不论在香气还是节奏上都是该酒庄的明星酒款。勃艮第红葡萄酒饱满多汁，拥有鲜活的黑皮诺果香，是一款物超所值的佳酿。这是一家值得关注的酒庄。★新秀酒庄

格鲁酒庄（默尔索产区）

酒庄位于村内一个精心维护的大型石质建筑内，瞩目的大厅是酒庄的品酒室。6公顷的葡萄园分布在默尔索、普里尼-蒙哈榭、玻玛和沃尔奈。身材娇小的让-米歇尔（Jean-Michel）会在12个月内将酿造的葡萄酒装瓶，接着酿造下一年的葡萄酒。该酒庄的默尔索系列酒款有充满甜杏气息的古特一级园干白葡萄酒（Premier Cru Les Goutte d'Or）和散发着纯净柑橘味的佩尼斯葡萄酒（Les Perrières）。纯净的酒质和恰到好处的橡木香气，缩短了这些葡萄酒的相对陈年时间。

让-米歇尔·吉布洛酒庄（萨维尼-博讷产区）

更新传统工艺、打破常规是这家经营良好的酒庄的日常。酿造包括格拉文园在内的4个一级葡萄园的优质萨维尼红葡萄酒时，酒庄会缩减红葡萄酒产量，并适当使用全新的橡木桶，以呈现经典平衡的酒款。略地村庄级（Village lieux-dit）大蜥蜴葡萄酒（Les Grands Lizards）价值最为出众。酒庄的白葡萄酒也是非常值得关注的酒款，特别是萨维尼一级园达尔麦园白葡萄酒（Les Talmettes）。这款极具特点的白葡萄酒年产量仅为500~700瓶，具有浓郁的诱人芳香和质朴宜人的果香，是一款值得关注的佳酿。

菲舍酒庄（默尔索产区）

让-菲利普（Jean-Philippe）打造的默尔索葡萄酒结构紧致，劲道十足，口感刺激且富含矿物质气息。他认为酒体丰满

勒弗莱酒庄
酒庄使用生物动力学方法酿造的该地区顶级的普里尼-蒙哈榭葡萄酒。

菲舍酒庄
这是一款拥有独特风格的默尔索葡萄酒，酸度更高，口感更浓烈。

的默尔索葡萄酒口感"过于浓郁和油腻"，因此并不太喜欢，而是喜欢紧致而酸度高的葡萄酒，虽然不是人人都喜欢，但该酒款能充分诠释当地的风土条件。他是毋庸置疑的顶级酿酒师，本应该在夏布利酿造葡萄酒。5块略地（这些拥有"专属名称"的地块属默尔索的二级园）出产的默尔索村庄级葡萄酒（Village Meursault）品质上乘，口味纯正。其酿造的默尔索天颂园干白葡萄酒（Meursault Tessons）芳醇活泼。普里尼-蒙哈榭的贺费尔园一级葡萄酒（Premier Cru Les Referts）质地细腻纯净，富含矿物质气息。

乔巴-莫雷酒庄（默尔索产区）

充满诗意的雷米·埃雷特（Rémy Ehret）是酒庄的酿酒师，也是酒庄主人的女婿，其安静而内敛的性格随着酿酒事业的稳步提升而逐渐开朗起来。他酿造的葡萄酒质感轻盈，使用15%～20%新的木桶酿造一级园葡萄酒，从而实现更加柔和的口感，并期望不再以酿酒桶来"区分"葡萄酒。他最信赖的两个木桶匠每年都会到访酒庄，与其探讨每款酒最适合的橡木桶。他酿造了一款非常迷人的勃艮第葡萄酒，散发着优雅的矿物质气息。泰勒葡萄酒（Tillets）低调内敛而又芳香四溢，香牡园葡萄酒也相当诱人。

约瑟夫·瓦洛酒庄（沃尔奈产区）

让-皮埃尔·夏洛（Jean-Pierre Charlot）个性随和，文雅而敏锐，他的酿造风格精湛而轻盈。1995年，他开始担任酒庄的酿酒师，其岳父的酒庄在沃尔奈有3个优质的一级葡萄园，在玻玛有4个葡萄园，还有几个小而精的默尔索葡萄园。该酒庄的葡萄酒因其引人注目的细微差别而令人难以忘怀：如轻盈芬芳的沃尔奈福翰米葡萄酒（Volnays Fremiets）、隽永浓郁的香邦葡萄酒（Champans），以及盖尔雷园酿造的葡萄酒，这些酒都极具特色，值得关注。★新秀酒庄

拉米-皮洛特酒庄（夏山-蒙哈榭产区）

这家备受推崇的家族酒庄，现在由酒庄主人的女儿佛罗伦斯（Florence）和女婿塞巴斯蒂安（Sébastien）经营。他们在葡萄种植和葡萄酒酿造方面资质非凡，同时还具有丰富的经验。酒庄坐落于村庄外围的摩羯园（Morgeot），周围都是葡萄园。占地20公顷的葡萄园，以勃艮第的标准而言，是一家规模比较大的酒庄。其在金丘主要的葡萄园包括夏山产区一级园：摩羯园和盖尔雷园；圣欧班产区一级园：卡斯特园（Les Castets）和夏穆沃园（Charmois）。除此之外，酒庄在博讷、默尔索布拉尼和桑特奈（Santenay）也有葡萄园。

拉魄斯酒庄（沃尔奈产区）

这家古老而重要的沃尔奈酒庄依靠帕特里克·兰丹厄尔（Patrick Landanger）的心血和资金支持，在近些年焕发了新的生机。以勃艮第的标准而言，这座是一家大型酒庄，占地15公顷，葡萄园分布在沃尔奈、科尔登、玻玛和桑特奈等产区。这些精挑细选的葡萄园包括：4个沃尔奈一级园（包括知名的盖尔雷园）、2个特级园。品质优良的桑奈特葡萄酒是为

数不多的勃艮第秘酿之一，一级园塔瓦讷老藤葡萄酒也是值得品鉴的佳酿。

拉吕酒庄（圣欧班产区）

迪迪埃和丹尼斯兄弟二人共同经营着这家酒庄。酒庄在酿造的11款白葡萄酒中，有6款来自圣欧班闭塞区域。名称别树一帜的圣欧班一级园狗牙园（Murgers des Dents de Chien，以土壤中露出的基岩的"狗牙"命名）位于圣欧班靠近普里尼-蒙哈榭的一侧，该园造型精美，历史悠久。

普里尼-蒙哈榭的葡萄酒一直备受赞誉，物超所值。红葡萄酒也是上好的佳酿。

拉图-吉罗酒庄（默尔索产区）

让-皮埃尔·拉图（Jean-Pierre Latour）家族的父系一脉自1680年便在默尔索经营酒庄，在1850年，其父母结婚后，母亲的家族又陪嫁了一些葡萄园。酒庄出产大量的艮娜丽拉园葡萄酒（Genevrieres）和一系列默尔索一级园葡萄酒。拉图-吉罗酒庄（Domaine Latour-Giraud）曾一度陷入低迷，但现在已恢复了状态，而且让-皮埃尔·拉图还打造出了更具默尔索风格的葡萄酒。香牡园葡萄酒口感丝滑和谐，艮娜丽拉园葡萄酒则更为高端大气。

勒弗莱酒庄（普里尼-蒙哈榭产区）

安妮-克劳德·勒弗莱（Anne-Claude Leflaive）非常有远见，拥有无限的创意和潜能。这不仅是普里尼-蒙哈榭最负盛名的酒庄，还是勃艮第地区的顶级酒庄之一。作为生物动力学的早期采用者，勒弗莱轻松酿造出了浓烈而均衡的葡萄酒，该酒集丰富口感和优雅于一体。这是一个规模惊人的大酒庄，除了10公顷的一级葡萄园外，还有5公顷的特级葡萄园，出产了巴塔-蒙哈榭园葡萄酒、骑士园葡萄酒（Chevalier）、比维纳斯-巴塔-蒙哈榭园葡萄酒（Bienvenues-Batard-Montrachet）。这些诱人的葡萄酒价格惊人。由部分"降级"葡萄酿制的普里尼-蒙哈榭勃艮第白葡萄酒（Bourgogne Blanc）有着相对合理的价格。

路易·卡里永酒庄（普里尼-蒙哈榭产区）

谦逊有礼的雅克·卡里永（Jacques Carillon）打造出了博讷丘的一些顶级葡萄酒。葡萄采用绿色种植，最大限度地减少化学药剂的使用，并且维持较低的产量。红葡萄酒酿造工艺极为精良，但令人印象深刻的却是白葡萄酒：对普里尼-蒙哈榭而言，其轻描淡写的介绍可能无法让人记住它的特点，这也是其面临的潜在危机。从品质惊人的普里尼-蒙哈榭村级葡萄酒，到一系列紧致的一级园葡萄酒，再到结构极为细密的比维纳斯-巴塔-蒙哈榭园葡萄酒在内的所有葡萄酒，均有诱人的光泽、精准的烈度和出色的精致度。

安杰维勒侯爵酒庄（沃尔奈产区）

这座位于沃尔奈中心位置的华美建筑，是勃艮第这家著名酿酒世家的所在。从20世纪初开始，安杰维勒家族便一直是高品

质葡萄酒的引领者和拥护者。这家大型酒庄有 8 款沃尔奈一级园葡萄酒，其中单一葡萄园猫头鹰园葡萄酒（Clos des Dues）堪比王冠上的明珠，最为出色。现在，酒庄由吉拉姆·安杰维勒（Guillaume d'Angerville）和雷诺·德·维莱特（Renaud de Villette）共同掌管，采用生物动力法栽培葡萄。酒庄的葡萄酒优雅而浓烈，酒体结构复杂，让人猜不透具体的存放期限。

马特罗酒庄（默尔索产区）

蒂埃里（Thierry）性格古怪，却十分爽朗。其打造的新型葡萄酒富含矿物质气息，口感清爽，但新酒口感不佳，适合陈年。蒂埃里并不想为了追求销路而做出任何妥协。对蒂埃里而言，新酒的年限至少要在 10 年左右，此外他还醉心于园艺和烹饪，常将葡萄酒与自己种植的蔬菜搭配品用，他也是一位非常有想法的酿酒师。他酿造的默尔索葡萄酒，既有口感芳醇精致的布拉尼葡萄酒，又有优雅且富含矿物质气息的佩尼斯葡萄酒。普里尼-蒙哈榭的科姆波特园（Les Combottes）葡萄酒层次丰富，富含矿物质气息。

米歇洛酒庄（默尔索产区）

让-弗朗索瓦·梅斯特-米歇洛（Jean-Franoois Mestre-Michelot）是酒庄的现任主人，其酿造的葡萄酒入口有浓郁的香气，口感怡人。他明智地选择螺旋瓶塞的酒瓶来包装蒙美酒庄（Domaine de Montmeix）的勃艮第白葡萄酒，以保存其浓郁的果香。他使用老藤葡萄和柔软醇厚的杰奈弗利园白葡萄酒打造出了甜蜜的默尔索纳沃干白葡萄酒（Meursault Narvaux）。

布泽赫父子酒庄（默尔索产区）

酒庄由让-巴蒂斯特·布泽赫（Jean-Baptiste Bouzereau）管理，其是布泽赫家族在默尔索种植葡萄的第 10 代传人。酒窖建在悬崖上，该位置凉爽的气候，减缓了葡萄酒的发酵过程。夏季，酒窖会打开大门以提升内部温度，促进乳酸醇发酵。其打造了优质的阿里高特葡萄酒（Aligote）和花香系列的"迎客"杰奈弗利园葡萄酒。这款现代风格的葡萄酒果香浓郁，前卫但不浮华。

拉法热酒庄（沃尔奈产区）

米歇尔·拉法热（Michel Lafarge）和儿子弗雷德里克（Frederic）打造出了一些备受赞誉的勃艮第红葡萄酒，其优秀的品质令人难忘。

酒庄酒款包括优质的博讷葡萄酒和几款玻玛一级园葡萄酒，但真正让其扬名的却是沃尔奈葡萄酒。

与世界上许多伟大的酿酒师一样，他们将自己的酿酒工艺归纳为几个简单的要求：对葡萄栽培种植怀有敬畏心，并细心呵护；保持适当的产量；细致而熟练的酿造过程。

不论是沃尔奈村庄级葡萄酒，还是酒庄的顶级瓶装沃尔奈公爵园葡萄酒（Volnay Clos du Chateau des Dues）和沃尔奈橡树园葡萄酒（Volnay Clos du Chenes），都有着闪烁的光泽和令人沉醉的烈度。

莫雷-科菲酒庄（夏山-蒙哈榭产区）

这家历史悠久的酒庄坐落于村庄顶部一块宽广的土地上，沿着宽阔的石阶而上，便可参观这家拥有大型精美拱形地窖的酒庄。2000 年，蒂博·莫雷（Thibault Morey）跟随父亲迈克尔的脚步，成为一名酿酒师。其敏锐的求知欲使他做出了一些改进，包括自 2004 年起以更具生态意识的方式进行葡萄栽培。这些优雅奔放、富有表现力且口感丰富的葡萄酒受到了很多人的喜爱，纯净清晰的果香使这些新酿的葡萄酒也十分美味。夏山-蒙哈榭圣约翰酒庄一级园红葡萄酒是该产区黑皮诺葡萄酒历史渊源的重要代表。★ 新秀酒庄

尼尔伦酒庄（夏山-蒙哈榭产区）

酒庄出品精美的葡萄酒，一直是夏山-蒙哈榭产区的顶级葡萄酒。这些葡萄酒保守的烈度和丰富的平衡感充分展现了米歇尔·尼尔伦（Michel Niellon）精湛的酿酒技艺和敏锐的洞察力。酒庄设施简单而实用，酒窖一尘不染，小而实用。此外，谦逊的尼尔伦始终保持着自己对葡萄园的敬畏心，秉持忠实于客户的理念。酒庄包括奢华肖美园干白葡萄酒（Les Chaumees）在内的 5 款夏山一级园葡萄酒均以小批量酿造，但即使其基本的村庄级葡萄酒也堪称典范，是值得一买的佳品。骑士特级园葡萄酒（Grands Crus Chevalier）和巴塔-蒙哈榭园葡萄酒也是十分出色的佳酿。

德蒙蒂酒庄（沃尔奈产区）

埃迪安·德蒙蒂（Etienne de Montille）和艾尼丝·德蒙蒂（Alix de Montille）兄妹二人共同掌管这家备受推崇的家族酒庄。埃迪安成功实现了普里尼-蒙哈榭堡（Château de Puligny-Montrachet）的转型，并促使酒庄的葡萄酒贸易快速增长，同时采购葡萄酿造了名为"双德蒙蒂"（Deux Montille）的葡萄酒。多年来，德蒙蒂酒庄（Domaine de Montille）的核心产品都是博讷丘的勃艮第红葡萄酒。现今，代表纯度和长保质期的酒庄商标仍经久不衰，随着勃艮第夜丘的科尔登、博讷等地葡萄园的加入，酒庄的葡萄酒供应量也得到了极大的提升。该酒庄为该产区的顶级酒庄，不容错过。

罗希诺酒庄（沃尔奈产区）

健谈努力的尼古拉·罗希诺（Nicolas Rossignol）性格十分讨喜。他对自己的葡萄酒、葡萄园有着狂热追求，即使在这个有着众多葡萄酒狂热爱好者的地区也非常突出。在这里可以品尝到具有大师级风味和细腻口感的沃尔奈和玻玛葡萄酒（尼古拉从其叔叔那里买下了部分葡萄园，使手中玻玛一级园数量达到了 8 个）。葡萄园绝对是重中之重，酒庄压低产量，采用可持续方式种植葡萄，还关注土壤健康。尼古拉将这些质朴的葡萄酿造成了令人难忘的活泼而浓郁的黑皮诺葡萄酒。

佳维列酒庄（默尔索产区）

热情洋溢的帕特里克·佳维列（Patrick Javillier）影响广泛，这位性格古怪的教授在酒窖的墙上用粉笔潦草地列出了其葡

阿罗克斯–科尔登产区的科顿–安德烈酒庄（Château de Corton-André）是博讷丘最受关注的酒庄之一。

德蒙蒂酒庄
这家酒庄的葡萄酒凭借较长的保质期和纯度而脱颖而出。

皮埃尔 · 莫雷酒庄
这是一款由顶级酿酒师之一酿造的强劲而出众的特级园葡萄酒。

萄酒的酿造过程。帕特里克致力于酿造大量口感丰富、开放的默尔索葡萄酒。其酿造的奥林格斯特酿一直是一款物超所值的勃艮第葡萄酒，而村庄略地则精确展示了这些酒的风味。克洛可赫蒙葡萄酒（Clos du Cromin）丰郁而饱满，泰勒葡萄酒则充满芳醇的矿物质气息。香牡一级园白葡萄酒（Premier Cru Les Charmes）的口感非常柔顺，浓郁而丰富。

保罗 · 佩尔纳酒庄（普里尼-蒙哈榭产区）

保罗 · 佩尔纳是一个内敛的酿酒师，是传统学派的代表者。在这里可快速品尝到各类葡萄酒；品酒过程中不会受到任何来自保罗的打扰，他主张让品酒者自己得出结论。新酒质朴而可口（几乎没有任何橡木气息），有着适宜的酸度，随着陈年时间的增加，酒香也逐渐提升，并呈现出优雅迂回的质感。保罗将酿造的大部分葡萄酒销售给博讷的酒商，但会保留少量精心酿造的葡萄酒，以酒庄的品牌装瓶销售。

保罗 · 皮洛特酒庄（夏山-蒙哈榭产区）

酒庄大胆奔放、浓烈醇厚的葡萄酒在一定程度上展现了酿酒师的性格。这家运营平稳的家族酒庄由蒂埃里和克里斯特尔（Chrystelle）兄妹二人经营。蒂埃里（既掌握了新世界的酿酒经验，又有全新而广阔的酿酒视野）谨慎地改良了搅桶的使用，让酒糟更适合陈酿，保留新鲜感，突出果香纯度。勃艮第黑皮诺葡萄酒华美柔和而多汁，夏山 · 马祖尔白葡萄酒（Chassagne Mazure）则是一款优质的村庄级葡萄酒。★新秀酒庄

菲利普 · 柯林酒庄（夏山-蒙哈榭产区）

2004 年，菲利普 · 柯林（Philippe Colin）创建了这家酒庄；他先前曾同其父兄一起经营家族酒庄——米歇尔 · 柯林-戴乐高酒庄（Michel Colin-Deleger）。在夏山-蒙哈榭产区内外，菲利普总共拥有 11 公顷的葡萄园，打造了 28 款不同的葡萄酒，其中红葡萄酒和白葡萄酒都有涉猎（夏山红葡萄酒尤为出色，是被严重低估的珍品）。酒庄远近闻名，共出品 9 款夏山一级园白葡萄酒，因此葡萄酒爱好者争相光顾此地，前来品鉴这里葡萄酒细腻和独特的夏山风味。

皮埃尔 · 莫雷酒庄（默尔索产区）

作为勃艮第有机法和生物动力学的倡导者，皮埃尔 · 莫雷是该地区技艺最精湛的白葡萄酒酿酒师之一，这个评价可能很出乎意料，因为这位谦逊温和的酿酒师很少公开露面。最近，他还接管了普里尼-蒙哈榭勒弗莱酒庄。现在，他与女儿安妮一起经营自己的酒庄和莫瑞-百朗酒庄（Morey-Blanc，父女俩经营的出色葡萄酒批发店）。皮埃尔似乎有种魔力，可以在葡萄酒中完美演绎当地的风土特色。其天颂园葡萄酒拥有白垩矿物质气息和紧致的口感。特色鲜明且富含矿物质气息的佩尼斯葡萄酒有着非常细腻的口感，巴塔-蒙哈榭园葡萄酒则浓郁强劲，独具特色。

拉梦内酒庄（夏山-蒙哈榭产区）

现在，这家备受赞誉的酒庄由诺埃尔（Noel）和让-克劳德（Jean-Claude）兄弟共同经营。他们恪守父亲安德烈（André）降低产量、精心耕耘和打磨酿酒技艺等原则。事实上，所有这些都是永恒的真理。增加酒庄名下的瓶装葡萄酒的产量只会提升葡萄酒的品质。酒庄的特级园葡萄酒是最受欢迎，也是价格昂贵的勃艮第白葡萄酒系列，具体包括蒙哈榭园葡萄酒、巴塔-蒙哈榭园葡萄酒，以及非常优雅的比维纳斯-巴塔-蒙哈榭园葡萄酒。在夏山一级园白葡萄酒中，摩羯园葡萄酒是这座优雅大方的酒庄的杰出典范。圣约翰酒庄（Clos St-Jean）的红葡萄酒多汁而迷人，备受推崇。

罗拜酒庄（默尔索产区）

酒庄的葡萄酒有着鲜明的特色，其现代风格中洋溢着多汁和诱人的果香，口感丝滑怡人。雷米凭借自己精湛的酿酒技艺与一个年轻的酿酒家族合作，酒庄的庭院里还有一个兔舍。其酿造的默尔索 · 西瓦利埃葡萄酒（Meursault Chevalieres）深邃浓郁，香气逼人，充分展现了种植于 1940 年的葡萄藤的成熟韵味。波露卓园葡萄酒（Porusots）既有水果的光泽，又有天鹅绒般的质感和活力。杰奈弗利园葡萄酒的异域风情也被很好地融入其中，口感丰富又隽永含蓄，散发着杏子、杏仁的味道。

罗伯特 · 艾皮父子酒庄（默尔索产区）

米歇尔 · 艾皮（Michel Ampeau）和其酿造的葡萄酒一样亲切迷人。酒庄出产的葡萄酒都是窖藏佳酿。工艺上，酒庄会提早采摘葡萄，保留其酸度，使其更适宜陈年。在品尝过最新年份的葡萄酒后，米歇尔会在酒窖挑选并带回一些年份较早的葡萄酒，然后不按年份，也不分名称，随机开启这些葡萄酒，当您品尝时，他双眼中充满了期待。1985 年的佩尼斯葡萄酒仍然保留着多汁的口感。对米歇尔的父亲罗伯特而言，这一有趣的品鉴过程可能就没那么有趣了，在墙上的照片里，他饱经风霜的脸上表情严肃，让人肃然起敬。

罗伯莱-蒙诺酒庄（沃尔奈产区）

这座占地 6 公顷的优质酒庄，一直在稳健地运营，因此将其称为新秀酒庄可能有点不太合适。不喜欢出现在公众视野的帕斯卡 · 罗伯夫斯（Pascal Roblefs）专注于葡萄种植和酿造，这种性格也使酒庄免于过度的媒体炒作。葡萄园采用生物动力法种植葡萄，出产少量浓郁可口的黑皮诺葡萄，帕斯卡将这些葡萄酿造成了令人难忘的葡萄酒，该酒强劲而鲜活，也颠覆了沃尔奈葡萄酒是"女士酒款"的看法。沃尔奈村庄级圣弗朗索瓦葡萄酒（Village Volnay St-Francois）鲜润多汁，是一款质量过硬、口感怡人的葡萄酒。在这几款一级园葡萄酒中，沃尔奈塔耶皮埃园葡萄酒（Volnay Taillepieds）深邃浓郁，富有矿物质气息，陈年潜力极大。★新秀酒庄

罗杰 · 贝隆酒庄（桑特奈产区）

罗杰 · 贝隆酒庄（Domaine Roger Belland）创建的初衷

是为酿造丝滑多汁的桑特奈葡萄酒。罗杰的女儿朱莉逐渐接手酒庄的酿酒工作，并减少了葡萄酒熟化过程中新橡木桶的使用比例，因此新出品的葡萄酒颜色更漂亮、果香更纯粹。现在，桑特奈产区和毗邻的马朗日产区是高端勃艮第红葡萄酒的主要产地。除了一款村庄级葡萄酒和3款优质桑特奈一级园葡萄酒[其中格拉维雷斯葡萄酒（Gravieres）酿造得尤为精致]外，酒庄还出产夏山一级园葡萄酒、沃尔奈葡萄酒、玻玛葡萄酒和各种诱人的白葡萄酒。

西蒙·比兹父子酒庄（萨维尼-博讷产区）

和蔼可亲的帕特里克·比兹（Patrick Bize）逐渐分担纪尧姆·博伊特（Guillaume Boit）的酿酒工作。在加入西蒙·比兹父子酒庄（Domaine Simon Bize et Fils）前，纪尧姆曾就职于普里尼的明星酒庄——索泽酒庄（Etienne Sauzet），他的加盟开拓并提升了酒庄白葡萄酒的业务。随着时间的推移，他与帕特里克在红葡萄酒酿造方面的合作也在加深。纪尧姆才华横溢，十分尊重帕特里克过去几十年里赢得的声誉和酒庄风格。酒庄几乎所有的葡萄酒都源自萨维尼-博讷产区，包括4款一级园葡萄酒和数款村庄级葡萄酒。如今，酒庄的萨维尼白葡萄酒十分美味精致，是一款物超所值的选择。

鲁瓦切酒庄（绍黑-博讷产区）

勃艮第有很多20多岁的酿酒师，但是取得巨大进展的却很少。西尔万·鲁瓦切（Sylvain Loichet）就是其中之一，他出生于一个在孔布拉希恩（Comblanchien）经营采石场的石匠家庭，他收回了家族位于勃艮第夜丘村、拉都瓦（Ladoix）和伏旧园的家族葡萄园，开始酿造色泽靓丽的葡萄酒。拉都瓦产区虽不是家喻户晓的品牌，但是西尔万村庄级葡萄酒和一级园葡萄酒却极富个性和魅力。拉都瓦一级园歌海琼葡萄酒（Ladoix Premier Cru Les Grech）是充满了异国情调的高品质酒款，值得葡萄酒爱好者品鉴。★新秀酒庄

托马斯·莫雷酒庄（夏山-蒙哈榭产区）

托马斯·莫雷酒庄（Domaine Thomas Morey）的名字虽听起来陌生，却不是新建的酒庄，这是托马斯很早便继承的遗产，而且酒庄的一半都源自伯纳德·莫雷酒庄（Domaine Bernard Morey）这座老酒庄。他的父亲——热情洋溢的伯纳德先生，按说已该退休，但现在经营着一个小葡萄酒批发店。托马斯独自酿造的首批葡萄酒年份是2007年，从此他便开始酿造结构精良、原汁原味而又风格强劲的葡萄酒。酒庄的葡萄酒包括主打的夏山一级园葡萄酒和巴塔-蒙哈榭特级园葡萄酒，但首推桑特奈一级大卢梭园葡萄酒（Santenay Premier Cru Grand Clos Rousseau），这是一款口感丰富美味的黑皮诺佳酿，非常值得品鉴。

托博酒庄（绍黑-博讷产区）

酒庄在阿罗克斯-科尔登、萨维尼、博讷和绍黑-博讷产区种植了大面积的黑皮诺葡萄。博讷一级园格雷夫葡萄酒（Beaune Premier Cru Greves）是酒庄上常见的明星酒款，

罗杰·贝隆酒庄
这是一款顶级的桑特奈一级园葡萄酒，是物超所值的上佳选择。

托博酒庄
该酒庄的葡萄酒品质卓越，已经成为绍黑-博讷产区的代表。

这款酒在酒庄标志性的柔美单宁酸度和质地中添加了复杂的芳香气息。多年来的稳定品质和绝对的性价比，使绍黑-博讷产区的托博葡萄酒难逢敌手：柔顺、微妙和难以抵抗的魅力，使其成为这个寂寂无闻产区的代表。凭借直观的魅力，以及与食物的广泛搭配，该酒庄的酒款成为很多餐厅的优选产品。

文森特·丹瑟酒庄（夏山-蒙哈榭产区）

聪明、敬业、勤奋的文森特·丹瑟（Vincent Dancer）凭借这家小批量酿造葡萄酒的优质酒庄，赢得大量追随者。酒庄的葡萄园分布在默尔索、夏山-蒙哈榭、博讷和玻玛，小批量酿造了十几种葡萄酒，这些酒款纯净优雅，口味极具特色。

杰出的夏山-蒙哈榭塔特一级园葡萄酒可能会贴有"摩羯园"的标志。使用这家大型知名葡萄园的标志会在营销时占有一定优势，但保留其出产酒庄名称，则可展现这家酒庄真实恭敬的态度。

博伊尔-马蒂露酒庄（默尔索产区）

文森特·博伊尔-马蒂露（Vincent Boyer-Martenot）曾在美国加利福尼亚州和澳大利亚的优伶酒庄（Yering Station）工作过。2002年，他从父亲手中接手了酒庄，不久，该家族又买下了一个新酒庄，现在该酒庄配备了大量全新的设施。

文森特酿造的葡萄酒在25%新的橡木桶中发酵11个月，才能成为村庄级葡萄酒，并且其中三分之一会成为一级园葡萄酒。酒庄还出品时尚的默尔索佩瑞斯葡萄酒和一款迷人的普里尼盖尔雷园葡萄酒（Puligny Caillerets，盖尔雷园于1996年所购买）。在过去的数年里，酒庄葡萄酒的品质在稳步提升，文森特也愈发自信。

伊蒂安·苏塞酒庄（普里尼-蒙哈榭产区）

伊蒂安·苏塞酒庄（Etienne Sauzet）的核心产品是一系列紧致、细腻而浓郁的一级园普里尼-蒙哈榭葡萄酒，这些葡萄酒一般需要陈酿5年左右才能上市。在20世纪90年代早期，杰拉德·布多（Gerard Boudot）以采购的葡萄来补充原来葡萄园（大部分位于产区的北部）的产出，并将两个产地的葡萄混合酿造。

酒庄除了一级园葡萄酒[其中夏普卡内特葡萄酒（Champ Canet）是常见的明星酒款]外，还有4款优质的特级园葡萄酒。酒庄的酒款品质一流，价格也公道。

让-诺埃尔·加纳德酒庄（夏山-蒙哈榭产区）

这座古老的酒庄自20世纪80年代末便由让-诺埃尔（Jean-Nöel）的女儿卡洛琳女士（Caroline l'Estime）运营，她是一位才华横溢而又果断的决策者。酒庄的经典酒款均衡地融合了丰富和优雅等品质，9款白葡萄酒和两款夏山红葡萄酒的多种特质都在商标上展现了出来。酒庄思想前卫，明确承诺坚持采用可持续发展战略，并乐意与消费者深入交流。卡洛琳在上夜丘投资的葡萄园已经产出了一款红葡萄酒和一款白葡萄酒，都是物超所值的佳酿。她的博客（以地道的英文撰写）内容生动，富有见地。

路易·亚都酒庄

这是一个品质稳定的优秀酒商品牌，全部酒款均为上品。

让-诺埃尔·加纳德酒庄

这款超值的夏山-蒙哈榭葡萄酒是一家具有前瞻思维的酒庄的杰作。

戴维威酒庄（德米尼产区）

谦逊的让·伊夫始终以品质为导向，从寂寂无闻的德米尼村开始，逐渐建立起了自己蓬勃发展的事业和赢得令人敬佩的声誉。

1992 年，他回归家族酒庄，并开始酿造基础款的勃艮第白葡萄酒，他的成就彰显了在葡萄种植和酿造方面的勤奋和努力，并致力于打造小批量与众不同，而又极具个性的勃艮第葡萄酒。通过收购葡萄园和采购葡萄，在原本勃艮第白葡萄酒和上丘香帕里奇葡萄酒（Hautes-Côtes Champs Perdrix）的基础上，该酒庄赢得了更多赞誉。现在，酒庄共有 7 款葡萄酒，其中一款便是美味而独特的博讷一级园柏翠索葡萄酒（Beaune Premier Cru Pertuisots）。★新秀酒庄

约瑟夫·杜鲁安酒庄（博讷产区）

约瑟夫·杜鲁安酒庄（Maison Joseph Drouhin）一直致力于酿造顶级葡萄酒，并且引领着现代葡萄酒贸易的发展。杜鲁安还拥有颇具规模的家族土地（包括 10 个特级园），某些葡萄园已经成为约瑟夫·杜鲁安酒庄的代名词，如博讷一级园蜜蜂园（Le Clos des Mouches，出产质地丝滑的葡萄酒）和格雷芙园（Les Greves，杜鲁安在此处有 1 公顷的葡萄园，出品的酒款口感紧致，富含矿物质气息）。身材高大的菲利普·杜鲁安（Philippe Drouhin）是酒庄成功的关键，他不仅管理葡萄园，还负责监管签署了种植协议的葡萄园。

在酿造工艺方面，杰罗姆·福雷-布雷（Jerome Faure-Brae）采用低介入策略。他独自酿造的首批葡萄酒年份是 2006 年，他巧妙地保留了酒庄葡萄酒的纯净风格，酿出一款蕴含优雅单宁的葡萄酒，果味浓郁。杜鲁安喜欢半碳酸浸渍法，采取完整果粒发酵，使酒款果香更加浓郁。在酿造过程中他避免过度萃取和过多地使用新橡木。从松脆的红醋栗绍黑-博讷葡萄酒到优雅泰然的香波-慕西尼爱侣园葡萄酒（Les Amoureuses），酒庄葡萄酒品类繁多，质量上乘。小山园葡萄酒（Les Petits Monts）是薇洛妮克·杜鲁安（Veronique Drouhin）在沃恩-罗曼尼产区酿造的葡萄酒，风格奔放不羁。香贝丹-贝斯特级园葡萄酒优雅浓郁，口感辛香，极富层次感。1997 年以来，酒庄一直采用生物动力法运营的自有 7 公顷葡萄园，自 2008 年起更名为拂晓园（Drouhin Vaudon）。约瑟夫·杜鲁安酒庄金丘风格的夏布利葡萄酒，已经完全不使用新橡木桶了。酒庄也是很多方面的先行者，他们开拓了俄亥俄州的市场，将勃艮第对黑皮诺的理解传播到了美国。菲利普的妹妹薇洛妮克是这里的负责人。整个家族人才济济，事业蒸蒸日上。

路易·拉图酒庄（阿罗克斯-科尔登产区）

拉图家族有着深厚的勃艮第血统，至少从 18 世纪 30 年代起就开始在其精选的葡萄园中酿造葡萄酒。1797 年，该家族建立的葡萄酒贸易，使其享誉国际，获得了广泛的认可。现在，坐落于阿罗克斯-科尔登的路易·拉图酒庄（Louis Latour）仍是一家家族运营酒庄，酿造金丘所有葡萄产区的葡萄酒，以及夏布利葡萄酒、马贡葡萄酒和博若莱葡萄酒等。勃艮第的葡萄园中出产多汁葡萄的最好的一块地属于路易·拉图酒庄，酒庄拥有将近 30 公顷珍贵的特级园。酒庄的总部仍位于阿罗克斯-科尔登美丽的科尔登-格兰赛园（Château Corton Grancy），这是法国最古老的葡萄园之一，路易·拉图酒庄也在该园酿造自有葡萄园的葡萄酒（贴有路易·拉图酒庄的酒标）。酒庄的白葡萄酒，特别是特级园白葡萄酒，是备受推崇的佳酿。酒庄的科尔登查理曼葡萄酒是勃艮第葡萄酒的经典代表。轻盈而果香浓郁的红葡萄酒在过去并不被重视。现在，在玻玛新开设的酒庄展现了路易·拉图酒庄在提升红葡萄酒品质和影响力所做的巨大努力。除了勃艮第，路易·拉图酒庄还在法国南部的阿尔代什（Ardèche）酿造了一大批非常出色的霞多丽葡萄酒，以及凡尔登丘的黑皮诺葡萄酒。

亚力士·甘宝酒庄（博讷产区）

开朗活泼的亚力士来自美国，他酿造的黑皮诺葡萄酒美味亲切，毫不矫揉造作。酒庄葡萄酒风格清爽澄澈，完美演绎了黑皮诺的芬芳、果味和性感质地。酒庄出品的葡萄酒不适于长时间储存，但也非常受欢迎，特别是亚力士的村庄级葡萄酒；该酒庄也在当地种植葡萄。酒庄更知名的葡萄酒可能是大量采购来的葡萄酒款。亚力士曾在纽约从事房地产行业，但在 20 世纪 90 年代早期便萌生了离开这个行业的想法。梦想将其引导到了勃艮第，他和妻子决定留下来，之后，亚力士在美国赛何白葡萄酒进口公司（Le Serbet）工作了 3 年。在 40 岁出头的时候，亚力士到勃艮第进修，学习了葡萄栽培和葡萄酒酿造技术，同时往返于科德角（Cape Cod）销售葡萄酒。他发现，在优质葡萄酒和普通葡萄酒之间存在着市场空白。因此，他便以酿造质量始终如一的优质黑皮诺和霞多丽葡萄酒为目标创建了自己的葡萄酒贸易公司，在每个产区寻找一位葡萄种植者进行合作。在工艺上，所有葡萄都要去梗，避免过度萃取，出品的酒款晶莹剔透、高贵典雅。

卡米拉·吉鲁酒庄（博讷产区）

卡米拉·吉鲁酒庄（Maison Camille Giraud）曾是一家身处困境的酒商，濒临破产边缘，因此在 2001 年，吉鲁兄弟将其出售给了一个美国财团。他们很快就挖来了一位才华横溢的年轻酿酒师——大卫·克罗斯（David Croix）。2000 年，他曾和本杰明·勒胡一起在埃佩诺阿曼伯爵酒庄实习，在与吉鲁签署协议时，才刚获得自己的葡萄酒酿造学位 11 天。克罗斯很快便帮助酒庄摆脱了过去的形象，废弃了过时的设备，直接烧掉了 700 个旧酒桶。与现在很多的酒商不同，该酒庄的占地面积非常小。克罗斯专注于采购葡萄酿酒——他修改了采购合同的内容，将采购的重点由葡萄汁和葡萄酒转移到了葡萄，将采购率保持在 85% ~ 90%，并要求是有机种植的葡萄。然而，实际操作过程中，有机葡萄仅占比 10% 左右。尽管博讷丘的葡萄酒商主打的是村庄级葡萄酒，该酒庄现在还出品勃艮第夜丘葡萄酒和一系列的特级园优质葡萄酒。现在，酒庄葡萄酒的品质已经非常不错（克罗斯现在也建立了自己的酒庄）。

路易·亚都酒庄（博讷产区）

这是一个品质始终如一的品牌，是当地风味的优质白葡萄

酒和坚实的红葡萄酒的优质生产商。该酒庄创建于 1859 年，是位于博讷的一处漂亮的建筑，建筑下面是迷宫般的地窖。酒庄自己掌控着大约 154 公顷的大片田地，由 5 个酒庄【分别是路易·亚都酒庄（Maison Louis Jadot）、路易·亚都传承酒庄（des Heritieres Louis Jadot）、加吉酒庄（Gagey）、玛吉特公爵酒庄（Duc de Magenta），以及克玛酒庄（Chateau de la Commaraine）】构成，除此之外还参与葡萄酒贸易。从金丘到马贡的葡萄酒都涵盖在酒庄的产品列表中，其中包括大量的特级园葡萄酒。众所周知的博讷一级园乌尔苏礼克洛（Beaune Premier Cru Clos des Ursules）在成为酒商前，曾是亚都家族的产业。如今，路易·亚都酒庄已不再是家族的产业，柯布兰集团（Kobrand Corporation）于 1985 年收购了该酒庄。真正的酿造工作是在博讷郊外一栋实用主义风格的建筑内进行的，那里有一个令人印象深刻的圆形缸房。雅克·拉迪埃（Jacques Lardiere）是一位剑走偏锋的酿酒大师，长期以来一直支持生物动力法。他使用带有自动冲压系统的由精美木质打造的开顶大桶酿造葡萄酒，这种装置可在发酵过程中将葡萄完全浸渍在酒液中。除此之外，他还要使用传统工具手动冲压。使用这种大型桶酿酒是一件耗费精力的事情。雅克·拉迪埃喜欢去梗和高温发酵。路易·亚都酒庄拥有一家自营的卡杜斯（Cadus）制桶厂，可以自己掌控从橡木选材、熟化、烘制一直到加工的整个制作过程。

乐弗莱夫酒庄（普里尼-蒙哈榭产区）

这是一家凭借制作精良、口感宜人的白葡萄酒而闻名的酒庄，由安妮-克劳德（Anne-Claude）的堂兄奥利维尔·乐弗莱夫（Olivier Leflaive）于 1984 年创建。在过去的 20 多年里，弗兰克·格鲁克斯（Frank Grux）创建了一个由两名酿酒师和一位酿酒学家组成的团队。在其堂兄让·马克接手酒庄前，格鲁克斯为自己的教父盖伊·鲁洛特（Guy Roulot）酿酒。酒庄占地约 14 公顷，其中夏山出产的莫歌修道院白葡萄酒（l'Abbaye de Morgeot）强劲有力，颇受欢迎。现在，酒庄也不再在当地采购葡萄酒，而是主要采购葡萄；当前的采购比例是 60% 的葡萄、40% 的葡萄汁。普里尼-蒙哈榭的这幢实用建筑内出产出 7 万～7.5 万箱葡萄酒。格鲁克斯购入量的量比实际所需的量多 12%，以便在乳酸发酵后进行更优质的选择。酒庄出品的酒款繁多，包括从夏布利到马贡葡萄酒在内的多种酒款，以及地区级葡萄酒和特级园葡萄酒等多种类别的产品。默尔索葡萄酒、普里尼葡萄酒和夏山葡萄酒均是酒庄出色的代表酒款。轻盈顺滑、简约大方的普里尼-蒙哈榭富乐迪雷园葡萄酒（Puligny-Montrachet Les Folatieres）尤为出色。他们还出产优质的吕利葡萄酒（Rully），如一级园拉布斯葡萄酒（Premiers Crus Rabouce）和克罗斯葡萄酒（Les Clous），以及圣欧班葡萄酒等。奥利维尔·乐弗莱夫在纪念碑广场（Place de Monument）有一家餐厅，已经经营了多年，但现在这家餐厅更具现代气息，也更具魅力。酒庄拥有更丰富的品鉴菜单，其中多为当地菜肴与葡萄酒的搭配。如果你对此流连忘返，这里还可为你提供舒适的客房以留宿休息。

马克·柯林父子酒庄（圣欧班产区）

处于半退休状态的马克与儿子们在这个备受尊崇的酒庄一起工作，其优质的葡萄酒为酒庄赢得了良好的声誉。酒庄酒款包括优雅浓郁的一级园夏山-蒙哈榭盖尔雷园葡萄酒、多汁饱满的夏山-蒙哈榭老藤红葡萄酒（Chassagne Vieilles Vignes），以及广受欢迎的顶级小批量特级园蒙哈榭葡萄酒和巴塔-蒙哈榭园葡萄酒。但就价格和风格而言，酒庄最受欢迎的葡萄酒是口感清爽、柔软细腻的圣欧班葡萄酒，它也一直是博讷丘最值得购买的一款葡萄酒。

马特雷·舍里塞酒庄（布拉尼产区）

酒庄坐落于一个美丽的村庄，可以俯瞰默尔索村，酒庄出产普里尼葡萄酒和默尔索葡萄酒。布拉尼葡萄酒以丰郁的矿物质气息、活力和成熟的果香而闻名。海伦娜·马特雷（Helena Martelet）和丈夫劳伦斯（Laurent）一起种植葡萄。这对辛勤的夫妇酿造了紧致芬芳的普里尼-蒙哈榭布拉尼哈慕园葡萄酒（Puligny-Montrachet Hameau De Blagny）和口感丰富、有矿物质气息的默尔索-布拉尼吉诺洛特园白葡萄酒（Meursault-Blagny La Genelotte）。当夕阳穿过山坡时，这对夫妇经常会在葡萄园中漫步，他们非常热爱这些地道的葡萄酒。该酒庄是一座值得关注的酒庄。

乔丹酒庄（默尔索产区）

乔丹酒庄（Vincent Girardin）最初源自上桑特奈（Santenay-le-Haut）的一小块继承的土地，后逐步发展成为酒商，并迁移到了默尔索。乔丹采用生物动力法种植葡萄，但还没获得相关的认证。酒庄的主款如下：骑士-蒙哈榭特级园葡萄酒（Grands Crus Chevalier-Montrachet）、巴塔-蒙哈榭园葡萄酒、比维纳斯-巴塔-蒙哈榭园葡萄酒，以及科尔登查理曼葡萄酒。乔丹酿造的葡萄酒精致诱人，完美演绎了当地的风土特色。

慈善事业和葡萄酒

博讷济贫院（Hospices de Beaune）本质上是一家医院，但是一家拥有勃艮第优质葡萄园的医院。该医院由菲利普三世（Philippe le Bon）公爵于 1443 年创建，最初由博讷市中心的主宫医院（Hôtel-Dieu）运营，在社会动荡和艰难时期，这家具有慈善性质的医院为危重和贫困患者提供救治。

现在，主宫医院被改造为了一家博物馆，用于收藏这些珍宝。此外，它的一些房间和建筑也可租用。每年 11 月，博讷济贫院葡萄园新酿的桶装葡萄酒会在博讷的室内市场进行拍卖（拍卖会向所有人开放，网络用户也可参加）。所有收益都将用于支持这家可敬的慈善机构的下属医院和养老院的后续运营。

夏隆内丘产区

以索恩河畔沙隆（Chalon-sur-Saône）附近港口的名称而命名的这片24千米长、6.5千米宽的区域就是夏隆内丘（Côte Chalonnaise），分布在勃艮第博讷丘以南区域。该产区从北部的沙尼（Chagny）一直延伸到克吕尼（Cluny）和马贡（Mâconnais）。虽然都是石灰岩土壤，但金丘产区著名的金色坡道在这里被划分为多个小山丘和山坡，分布着各种果园、牧场、森林和草地。这里最好的葡萄园位于东向和南向的山坡上，海拔略高。该地气候干燥，葡萄生长季节气候较为凉爽，所以尽管这里出产的葡萄酒单宁更紧实、酒体更轻盈，但在其著名的北方邻居的衬托下，依然很难脱颖而出。

主要葡萄种类

🍇 红葡萄

佳美

黑皮诺

🍇 白葡萄

阿里高特

霞多丽

年份

2009
该年是非常有前景的年份，酒款纯净质朴，果味浓郁，品质上可能会比卓越的2005年更好。

2008
该年份气候无常，白葡萄酒和红葡萄酒的酸度都高于平常水平。除了勃艮第起泡酒，其余酒款产量都很低。

2007
该年可能是这10年内最好的年份。红葡萄酒中展现出一种纯净的果香和极致的本土风味。

2006
该年最初寒冷潮湿，接着天气回暖，出产的葡萄酿造的葡萄酒品质卓越。红葡萄酒可能需要陈年更长的时间才能开封。

2005
这一年份的葡萄酒都很出色。葡萄酒的酒体非常平衡，陈年能力较强。

2004
凉爽潮湿的天气是一种考验：多达四分之一的葡萄因为腐烂而被丢弃。总的来说，该年份的葡萄酒的酒体轻盈，比普通葡萄酒复杂度略低。

夏隆内丘也被称为梅尔居雷产区（Mercurey），是该地最重要的地区。这里三分之二的土地种植黑皮诺，其余地块种植佳美、阿里高特和霞多丽。布哲宏（Bouzeron）、吕利（Rully）、日夫里（Givry）、梅尔居雷和蒙塔尼（Montagny）等重要的葡萄酒村拥有100多个获得认可的一级园，其中一半位于蒙塔尼。该地区凭借其不低于11.5%的酒精含量而颇受赞誉，相比之下，其优越的风土条件倒是其次。勃艮第夏隆内丘是一个相对较新的产区，出产许多基础款勃艮第葡萄酒。

虽然这里生产各种品质的红白葡萄酒和起泡酒，但酒商的葡萄酒品质仍正在提升——法维莱酒庄米格兰园红葡萄酒（Faiveley's Clos des Myglands）被认为是梅尔居雷产区的顶级葡萄酒。像马贡产区一样，一场自产自酿的运动已悄然开始：酒庄不再向合作社出售葡萄，而是自己酿造瓶装葡萄酒。此举将一群手工酿酒师推向了公众视野，这些酿酒师希望使用更健康的葡萄打造出果香更浓郁的葡萄酒。他们增加新橡木桶的使用，随着葡萄品质的提升，出品的葡萄酒口味更丰富、结构更精良、保存期限也更久。跟金丘产区的风格类似，这里的顶级葡萄酒魅力四射，让人难以忘怀，酒体从轻盈到适中再到浓郁，一应俱全，价格也十分合理。

布哲宏是最北端的产区，该地区的特色是完全使用阿里高特葡萄酿酒，这种葡萄主要生长在当地向阳山坡上，能非常理想地成熟。在中世纪，克吕尼的修道士们便开始在这里种植葡萄，早在1730年，由阿里高特酿造的葡萄酒就脱颖而出。最著名的酿酒师无疑是罗曼尼·康帝酒庄的奥伯特·德·维兰（Aubert de Villaine）。

布哲宏以南是吕利，这里曾经是起泡酒的生产中心。但人们对这里的白葡萄酒更感兴趣，尤其是一级园白葡萄酒。而最佳红葡萄酒应该是其一级园克鲁园红葡萄酒。

梅尔居雷是最大、最重要的葡萄酒产区，涵盖布尔纳夫-瓦勒多（Bourgneuf-Val d'Or）和圣马丁苏蒙泰居（St-Martin-sous-Montaigu）两个村庄。梅尔居雷产区以生产紧实、结构优良、带有泥土清新气息的黑皮诺葡萄酒而闻名。这里酿出的葡萄酒清爽微酸，是该地区最昂贵的葡萄酒，尽管价格仍远低于金丘产区的黑皮诺葡萄酒。此产区有32个地理位置优越的葡萄园获得一级园称号，包括巴劳尔特园、香普马丁园、克瓦乔园和米格兰园等。

日夫里是一个历史悠久的葡萄酒村，凭借高品质的红葡萄酒而受到国王亨利四世的认可。该产区包括科廷布尔斯（Cortiambles）、蓬溪（Poncey）和鲁西利（Russilly），以及德拉西勒福尔（Dracy-le-Fort）和让布勒村（Jambles）。和梅尔居雷产区一样，这里90%的酒款是黑皮诺葡萄酒。这里共有27个一级葡萄园，非常值得一览。一般来说，日夫里葡萄酒的风格比梅尔居雷葡萄酒口感略显清淡。

蒙塔尼是最南端的村庄，是价格实惠的勃艮第白葡萄酒的重要产地。虽然有一些手工酿酒师正在悄悄地打响自己的品牌，但最有名的仍是路易·拉图酒庄的葡萄酒，其货源主要是从布希合作社购入的葡萄酒。

安东宁·洛迪酒庄

安东宁·洛迪酒庄（Antonin Rodet）是一家葡萄酒贸易公司，始建于 1875 年，负责生产和销售勃艮第各个地区的葡萄酒。酒庄位于勃艮第夏隆内丘的梅尔居雷。除了自有品牌的葡萄酒，公司还销售来自吕利酒庄（Château de Rully）、日夫里村庄级德拉费尔特酒庄（Domaine de la Ferte）和莎迷尔酒庄（Château de Chamirey）的葡萄酒，其中莎迷尔酒庄的酒款在梅尔居雷广受好评。莎迷尔酒庄梅尔居雷红葡萄酒散发着覆盆子、翻耕泥土、落叶的气息。自 20 世纪 90 年代初以来，安东宁·洛迪酒庄的所有权经历了一系列的变迁。2009 年年底，全球酒业巨头波塞特酒庄收购了这家酒庄。

布希酒庄

布希酒庄（Caves de Vignerons de Buxy）合作社生产的葡萄酒可以与勃艮第南部的顶级葡萄酒相媲美，这在很大程度上要归功于该组织的 120 个葡萄种植家庭和他们共同管理的 1000 公顷葡萄园。酒庄的葡萄酒包括清爽的苹果味勃艮第阿里高特干白葡萄酒、拉博比-朱洛酒庄（Domaine Laborbe Juillot）出品的带有精致草莓、野花和泥土气息的日夫里一级园克洛斯·马索葡萄酒（Clos Marceaux）和蒙塔尼一级园科洛干白葡萄酒（Montagny Premier Cru Les Coeres）。虽产量巨大，但该酒庄出品的酒款质量如一，而且价格公道。酒窖每天向公众开放，游客可免费参观和品尝。

卡里-波特酒庄

位于布希的卡里-波特酒庄（Château de Cary-Potet）以优雅而富有表现力的勃艮第红葡萄酒而闻名。杜巴塞（du Besset）家族当前一代注重单独的葡萄园种植而非地区联合，以此来彰显不同地块的独特个性。蒙塔尼莱斯莱库乐润丝葡萄酒（Montagny Les Reculerons）拥有成熟的果香、浓郁的矿物质气息和较高的酸度，可与价格更高昂的默尔索葡萄酒相媲美，而蒙塔尼一级园布南白葡萄酒（Montagny Premier Cru Les Burnins）则拥有更多的烟熏橡木味。卡里-波特酒庄的勃艮第阿里高特葡萄可以匹敌最著名的葡萄种植者奥伯特·德·维兰（Aubert de Villaine）种植的葡萄。★新秀酒庄

拉索乐酒庄

著名的拉索乐酒庄（Château de la Saule）位于蒙塔尼-比克斯产区（Montagny-les-Buxy）外。它是蒙塔尼产区面积最大、品质最好的酒庄之一。罗伊（Roy）家族于 1805 年买下了这家酒庄，现在由阿兰·罗伊（Alain Roy）掌管。自 1972 年以来，他一直致力于使用健康的老藤葡萄打造极具本土风味的优质霞多丽葡萄酒，所用老藤葡萄大部分来自一级葡萄园，并且葡萄均产自朝南的地块。除了蒙塔尼一级园布南白葡萄酒，罗伊酿造的其他酒款都避免使用新橡木桶，因此其酿造的葡萄酒酸度较高，口感清爽，带有矿物质气息。

丹让·贝尔图酒庄

帕斯卡·丹让（Pascal Danjean）凭借其优质小批量生产的葡萄酒在顶级调酒师和葡萄酒品鉴家中逐渐成名，是日夫

厄克酒庄
就复杂性而言，日夫里葡萄酒介于吕利葡萄酒和梅尔居雷葡萄酒之间。

拉索乐酒庄
这是一款清冽爽口的一级园葡萄酒，产自该地区顶级的葡萄园。

里的后起之秀。他从种植葡萄的父母那里继承了位于让布勒（Jambles）的家族葡萄园，并逐渐将酒庄扩大到了 12 公顷多，其中大部分是一级葡萄园，此外还建立了一个酿酒厂。1993 年，他发布了第一款葡萄酒，并因此引发了与金丘传奇——伊曼纽尔·鲁热（Emmanuel Rouget）的较量。让布勒村丘陵较多，葡萄园海拔较高，也许这也正是酒庄的优势所在。★新秀酒庄

贝松酒庄

泽维尔·贝松（Xavier Besson）和吉拉米特·贝松（Guillamette Besson）在他们的酒庄里手工酿造了小批量的日夫里红白葡萄酒和勃艮第白葡萄酒，但最著名的还是他们酿造的单宁紧实、极富层次性的日夫里一级园大普瑞藤斯葡萄酒（Givry Premier Cru Les Grands Prétants）。葡萄园与酿酒厂相隔不远，葡萄藤平均藤龄在 40 年左右。顶级贝松葡萄酒带有甜樱桃、蔓越莓和黑莓的香气，还有一丝法国新橡木味烟熏的气息［酒桶一般来自弗朗索瓦（Francois Frères）制桶厂］，其酸度通常会随着时间的推移而降低。酒庄年产量最高仅有 7.2 万瓶，这也造就了该酒一酒难求的情况。

乔弗乐特酒庄

乔弗乐特酒庄（Domaine Chofflet-Valdenaire）是一个拥有 100 多年历史的家族企业，如今由让·乔弗乐特（Jean Chofflet）的女婿丹尼斯·瓦尔德内尔（Denis Valdenaire）掌管。这座小酒庄位于吉弗里 3 个村庄之一的吕西伊村（Russilly）。酒庄的日夫里一级园的莱斯加拉弗雷斯干白葡萄酒（Givry Premier Cru Les Galaffres）口味引人入胜，其红葡萄酒也是备受瞩目的佳品。从入门级葡萄酒到包括充满野樱桃气息的乔弗乐特酒庄丘尔园一级园干红葡萄酒（Premier Cru Clos de Choue）和果香浓郁的夜圣乔治风格的一级园克洛斯红葡萄酒（Premier Cru Clos Jus）在内的日夫里红葡萄酒，酒体轻盈，是公认的勃艮第南部价值最高的葡萄酒。

埃米尔·珠叶奥酒庄

20 世纪 80 年代，让-克劳德（Jean-Claude）和娜塔莉·瑟洛（Natalie Theulot）从娜塔莉的祖父埃米尔·珠叶奥（Emile Juillot）手中买下了这座酒庄。

梅尔居雷产区的一级葡萄园——香普马丁园（Les Champs Martin）、科尔班园（Les Combins）、克瓦乔园（Les Croichots）和梦园（Les saumont），以及凯洛特园（La Cailloute）都隶属于该酒庄。酒庄的葡萄酒带有泥土气息，口感丰富、结构优良的梅尔居雷凯洛特一级园干白葡萄酒（Mercurey Premier Cru La Cailloute）则被视为该产区最顶级的白葡萄酒。他们的梅尔居雷老藤干白葡萄酒（Mercurey Vieilles Vignes）也备受推崇。酒庄大部分葡萄园都处于这个地区最好的山坡地带。

厄克酒庄

厄克家族来自奥地利，已经在法国生活了好几代人。1996 年，迪迪埃·厄克（Didier Erker）从其岳父让·奥古斯特（Jean Auguste）手中接管了这座 6.5 公顷的日夫里酒庄。他现在更加专注于打造葡萄园专属的葡萄酒，而不是地区葡萄酒。他的日夫里一级园博伊克斯切沃干红葡萄酒（Les Boix

斯蒂芬·阿拉达姆酒庄
这是一款由顶级酿酒师选用野生酵母和橡木酿制的一级园葡萄酒。

休梅因酒庄
这款精致的葡萄酒有着诱人的红醋栗和覆盆子香气。

Chevaux）和日夫里一级园大普瑞藤斯干红葡萄酒都是由老藤葡萄酿制而成，比大多数日夫里葡萄酒味道更浓郁，带有覆盆子、樱桃、摩卡咖啡和蘑菇的香气。酒庄还有家早餐式酒店，给希望留宿的游客提供早餐。★新秀酒庄

耶格-杜飞酒庄

优质的勃艮第白葡萄酒是家族酒庄耶格-杜飞酒庄（Domaine Jaeger-Defaix）的特色酒款，不过价格跨度也极大。吕利的这家小酒庄是夏布利葡萄酒酿造商——伯纳德·德菲酒庄（Domaine Bernard Defaix）的前哨。伯纳德的儿媳海伦和丈夫迪迪埃负责监管葡萄酒的酿造。海伦从其叔祖母——亨利埃特·尼埃普斯（Henriette Niepce）那继承了葡萄园，她的叔祖母和之前的父辈们一样，都曾批量出售葡萄。吕利蒙帕莱干白葡萄酒（Mont Palais）、克鲁园干白葡萄酒（Les Cloux）和拉博尔干白葡萄酒（Rabourcé）都是清爽明快的酒款，富含黄油、柠檬和香草气息，而吕利普雷克斯干红葡萄酒（Rully Préaux）和萨丕尔园干红葡萄酒（Clos du Chapitre）则是优雅中略带橡木香气。

让·玛朗莎酒庄

位于梅尔居雷产区的让·玛朗莎酒庄（Domaine Jean Marechal）占地 10 公顷，出产优质浓烈的勃艮第红葡萄酒，其葡萄酒的价格远低于北侧相邻的著名酒庄。和其他许多酒庄一样，酒庄世代相传的历史可追溯到 1570 年。让·玛朗莎（Jean Marechal）和女婿让-马克·博瓦尼（Jean-Marc Bovagne）使用藤龄平均在 70 年左右的葡萄酿制红葡萄酒并因此声名鹊起，代表作有努尔格斯干红葡萄酒（Les Nauges）。一级园艾韦克园干红葡萄酒（Clos L'Eveque）和巴劳尔特干红葡萄酒（Clos des barrault）色泽鲜艳、果味浓郁，还有淡淡的泥土和橡木香气。

杰布罗酒庄

杰布罗酒庄（Domaine Joblot）打造了另一款浓郁可口的高品质勃艮第红葡萄酒，价格也远低于同类产品。让-马克和文森特·杰布罗（Vincent Joblot）打造了一些顶级日夫里葡萄酒，橡木气味浓郁，混合着酸味浆果的气息。较好的年份陈年极佳。一流的日夫里一级园塞尔瓦伊辛红葡萄酒（Clos de la Servoisine）和日夫里一级园僧侣园干红葡萄酒（Givry Premier Cru Clos du Cellier Aux Moines）都是顶级的葡萄酒。美国《葡萄酒观察家》（Wine Spectator）的评酒师和《葡萄酒倡导者》（The Wine Advocate）的罗伯特·帕克（Robert Parker）都提到过这些葡萄酒。

劳伦特·科纳德酒庄

和许多同时代的人一样，劳伦特·科纳德（Laurent Cognard）将其家族业务从葡萄种植转向了葡萄酒酿造。目前他还在向有机农业转型，并着眼于未来获得生物动力学认证和采用更天然的葡萄酒酿造工艺。在新的目标驱动下，布希镇的这家小酒庄凭借其清爽的苹果味勃艮第阿里高特葡萄酒和浓郁、带有黄油矿物质气息的蒙塔尼一级园巴塞特干白葡萄酒（Montagny

Premier Cru Les Bassets）及辛香诱人的梅尔居雷一级园奥缪斯园干红葡萄酒（Mercurey Premier Cru Les Ormeaux）而远近闻名。酒庄对游客开放，但需提前电话预约，品酒仅接待预约客户。

米歇尔·古巴德父子酒庄

规模很小的米歇尔·古巴德父子酒庄（Domaine Michel Goubard et Fils）成立于 1604 年，位于古雅的圣德塞雨村（St-Désert），该酒庄深受 19 世纪修道院院长和历史家古德佩（Courtepee）的认可，最近又得到了罗伯特·帕克（Robert Parker）的垂青。米歇尔·古巴德（Michel Goubard）的儿子皮埃尔-弗朗索瓦（Pierre-Francois）和文森特因其酿造的葡萄酒一直颇受赞誉，如产自 19 公顷山坡葡萄园的夏隆内丘蒙特艾维尔干红葡萄酒（Côte Chalonnaise Mont Avril）和日夫里一级园大贝尔赫园干红葡萄酒（Grande Berge）就是其代表作。这几款葡萄酒是经典的勃艮第葡萄酒风格，酒体轻盈，洋溢着微妙内敛的樱桃、草莓和干树叶气息。

米歇尔·珠叶奥酒庄

米歇尔·珠叶奥酒庄（Domaine Michel Juillot）最初是一个 6 公顷的酒庄，由麦隆葡萄园（Vignes de Maillonge）、皮洛特园（La Pillotte）和汤尼尔园（Clos Tonnere）等一级葡萄园构成。20 世纪 60 年代和 80 年代，米歇尔和他的儿子劳伦特（Laurent）两次扩展了家族资产。如今，酒庄占地 30 多公顷，其中三分之二位于梅尔居雷产区。酒庄在吕利和阿罗克斯-科尔登（Aloxe-Corton）也有一级葡萄园。劳伦特打造了一款顶级葡萄酒——清爽而有矿物质气息的梅尔居雷白葡萄酒，他的梅尔居雷一级园红白葡萄酒也是出色的佳酿，如巴劳尔特干红葡萄酒和香普马丁园干白葡萄酒等。★新秀酒庄

米歇尔·萨拉钦父子酒庄

1964 年，米歇尔（Michel）从父母手中接过酒庄后就开始生产酒庄的瓶装葡萄酒。他上年纪后，其子盖伊·萨拉钦（Guy Sarrazin）和让-伊夫·萨拉钦（Jean-Yves Sarrazin）从父亲米歇尔手中接管了酒庄。这家家族酒庄位于高海拔的让布勒村，历史可追溯到 17 世纪。兄弟二人从不对葡萄酒进行下胶和过滤。酒庄的勃艮第阿里高特葡萄酒清爽可口，日夫里莱斯哥纽特白葡萄酒（Les Grognots）则拥有更饱满的口感和橡木香气，此外日夫里红葡萄酒——香榭拉罗红葡萄酒（Champs Lalot）和罗洛奇红葡萄酒（Sous la Roche），也是口感均衡的精美佳酿。

酒庄最正宗的红葡萄酒是浓郁而辛辣的日夫里一级园大普瑞藤斯干红葡萄酒（Les Grands Prétants）。马尼安酒庄（Frédéric Magnien）、文森特·都杰酒庄（Vincent Dureil）等该地区的著名制酒商早已认识到了这里的广阔前景，纷纷前来投资。★新秀酒庄

拉戈特酒庄

拉戈特酒庄（Domaine Ragot）由创始人路易斯·拉戈特（Louis Ragot）于 1860 年创建。让-保罗·拉戈特（Jean-Paul Ragot）和玛格丽特·拉戈特（Marguerite Ragot）以 8.5 公顷

的酒庄为依托，酿造顶级的日夫里红白葡萄酒，如今家业传到儿子尼古拉斯的手中。2003年，家族建立了新的酿酒厂，并一直致力于优化葡萄园。他们的两款日夫里一级园红葡萄酒——大贝尔赫园红葡萄酒（La Grande Berges）和如斯园红葡萄酒（La Clos Jus）均产自岩石山坡上的成熟葡萄，这两款酒优雅精致，带有樱桃、蘑菇和野味气息和精致的单宁口感；而他们的日夫里老藤红葡萄酒（Givry Vieilles Vignes）使用藤龄50年的葡萄酿造，口味则更加成熟醇厚。

拉叶酒庄

作为梅尔居雷产区的顶级葡萄酒生产商，拉叶酒庄（Domaine Raquillet）绝对值得关注。10多年前，弗朗索瓦从父亲让·拉叶手中接管了酒庄。为了提高葡萄酒的浓度和复杂感，弗朗索瓦悄悄降低了葡萄产量，并转向更天然的耕作方式。梅尔居雷一级园诺格勒红葡萄酒（Mercurey Premier Cru Les Naugues）是一款精致的黑皮诺葡萄酒，拥有柔和的浆果香气、玫瑰花瓣、蘑菇及微妙的烟熏橡木气息。酒庄的葡萄酒精致细腻，价格合理，但产量很少。★新秀酒庄

斯蒂芬·阿拉达姆酒庄

1992年时，18岁的斯蒂芬·阿拉达姆（Stéphane Aladame）便开始在蒙塔尼酿造葡萄酒。他采用有机种植法和本土野生酵母，并在陈年过程中使用非常规水泥罐，使葡萄酒产生独特的桃子和蜂蜜香气。他的蒙塔尼一级园布南白葡萄酒（Montagny Premier Cru Les Burnins）使用浓烈芳香的霞多丽麝香克隆葡萄酿造而成，其耀眼的勃艮第起泡酒（Crémants de Bourgogne）也值得一品。如果说斯蒂芬·阿拉达姆是如今蒙塔尼最好的酿酒师，应该不会有人质疑。

休梅因酒庄

伊夫·德·休梅因（Yves de Suremain）是博讷丘葡萄酒家族中知名度较高的埃里克·德·休梅因（Eric de Suremain）的堂兄弟，也是这个葡萄酒酿造家族的第5代传人。1870年，查尔斯·德·休梅因买下了梅尔居雷产区布尔纳夫酒庄（Château de Bourgneuf）周围的几块土地。现在，伊夫和妻子玛丽-伊莲（Marie-Hélène）及儿子卢瓦克（Loic）共同管理这家占地8公顷的酒庄。酒庄酿造传统精美的梅尔居雷红葡萄酒，大部分出自一级葡萄园。梅尔居雷一级园克莱干红葡萄酒（Mercurey Premier Cru Les Crets）酒体轻盈而精致；而梅尔居雷一级园萨热内葡萄酒（Mercurey Premier Cru Les Sazenay）口感更丰富成熟，橡木气息更浓郁，新酒一般处于封存阶段。

泰纳德酒庄

1842年，保罗·泰纳德（Paul Thenard）在村庄中心创建了这家日夫里酒庄，建造了一个类似地牢的地窖，与当地一位农场主的联姻进一步扩大了酒庄的面积。

如今，该家族掌控的酒庄范围更加广泛，包括日夫里一级园博伊斯切沃和圣皮埃尔酒庄（Clos St-Pierre），以及金丘产区的黄金地段。在过去几十年里，泰纳德酒庄（Domaine Thenard）种植的葡萄全都卖给了雷穆葡萄酒贸易公司，但现在情况已经不一样了。泰纳德的日夫里红葡萄酒，低调而有柔和的野味气息，

结构良好，可长期存放；而白葡萄酒则口感圆润，带有花香和矿物质气息。

维兰酒庄

奥伯特·德·维兰（Aubert de Villaine）于1970年建立了这家酒庄，4年后他成为家族旗舰酒庄——罗曼尼·康帝酒庄的联合总监。他的侄子皮埃尔·德·伯努瓦（Pierre de Benoît）现在负责布哲宏的业务。酒庄出品的有机葡萄酒比普通葡萄酒更具表现力，结构更精良，保存期限更长。勃艮第阿里高特葡萄酒是该品种的基础款葡萄酒，该酒充满了清新的草地、干草、苹果和蜂蜜气息，还有丰满爽烈的口感。酒庄另一款引人注目的葡萄酒是梅尔居雷莱蒙托葡萄酒（Mercurey Les Montots Les Montots），产自米格兰园（Clos des Myglands）旁边的土地。该葡萄酒精美浓烈，带有泥土、樱桃、龙蒿和黑胡椒的香气。

文森特都杰酒庄

1994年，文森特·杜雷尔-简泰尔开始酿造自己品牌的葡萄酒，并接管了吕利的部分家族酒庄。他的父亲雷蒙德（Raymond）以酿制上佳的红葡萄酒而闻名，而文森特却凭借自己的顶级白葡萄酒打开了局面。文森特的葡萄酒口感丰富成熟，酒体充盈，但总是伴随着强烈的矿物质气息。他采用自然耕种法，在橡木桶中陈酿葡萄酒，不经过下胶或过滤而装瓶。杜雷尔-简泰尔家族是夏隆内丘最古老的家族之一，早在14世纪便定居于此。★新秀酒庄

德洛姆酒庄

让-弗朗索瓦（Jean-Francois）和安妮·德洛姆（Anne Delorme）酿造布哲宏、蒙塔尼、吕利白葡萄酒，以及吕利和梅尔居雷红葡萄酒。然而，他们的勃艮第起泡酒引起了全世界葡萄酒爱好者的关注。德洛姆家族在吕利产区的历史可以追溯到100年前，但是从1942年才开始酿造这款出色的起泡酒。让-弗朗索瓦是勃艮第起泡酒和法国起泡酒之父，他的黑中白特酿葡萄酒（Cuvée Blanc de Noirs）和桃红起泡酒特酿葡萄酒（Cuvée Rose Crémants）获得了无数奖项。2005年，安柏夫人酒庄（Veuve Ambal）的埃里克·皮福（Eric Piffaut）收购了这家酒庄。

布哲宏

尽管霞多丽是勃艮第最知名的葡萄品种，其酿造的白葡萄酒跻身世界前列，但勃艮第子产区夏隆内丘产区（Côte Chalonnaise）风景如画的布哲宏村却提供了不同的风味——一款由阿里高特葡萄酿造的独具特色的白葡萄酒。这款带有柠檬香气的干白甜葡萄酒，常被视为下等葡萄品种。维兰酒庄和其他少量酒庄酿造的布哲宏阿里高特葡萄酒的复杂口感可与金丘的顶级白葡萄酒媲美。这款酒与当地特色菜——香芹火腿冻（jambon persillé，一种用大蒜、胡椒、香葱、百里香、龙蒿和欧芹一起烹制而成的火腿冻）搭配食用口感极佳。为纪念这一搭配，当地特别设立了一个年度纪念日。在每年4月的棕树节（Palm Sunday），村庄的街道上挤满了艺人、乐队和提供这款搭配和其他当地特色美食的小摊，还有一些销售当地葡萄酒和工艺品的货摊。

马贡产区

这片位于勃艮第南部索恩河以西的安静田园久负盛名，产品系列包括平淡无奇的马贡干白葡萄酒（Mâcon-Blanc）等低端酒，中端酒有马贡佳美干红葡萄酒（Mâcon-Rouge），高端酒的代表是价格高昂的普伊-富赛葡萄酒（Pouilly-Fuissé），现在该产区正在悄然发生转变。虽然未经橡木陈酿的质朴的霞多丽葡萄酒仍然在产（大部分是由合作社生产），现在该产区逐渐将重心放在出产手工精心制作、以有机或生物动力为特色、可与金丘顶级葡萄酒相媲美的本土风味的葡萄酒。圈内著名人物让-雅克·罗伯特（Jean-Jacques Robert）、让·特维勒特（Jean Thévenet）和让-玛丽·古芬（Jean-Marie Guffens）等都是这种范式转变的引领者。

该地区位于夏隆内丘以北、博若莱以南的中间地带，西至索恩河，起伏的丘陵和平原上点缀着牛群、果园和遍布着村庄。有43个村庄的葡萄酒被官方认定为马贡村庄级葡萄酒，可以说整个产区到处都出产村庄级名酒，其中的顶级酒款——奥利维·墨林酒庄（Olivier Merlin）酿制的拉·洛奇-维纳斯干白葡萄酒（La Roche-Vineuse）、安妮-克劳德·勒弗莱生产的韦尔兹干白葡萄酒（Verzé）和多米尼克·拉芳酒庄推出的米伊-拉马丁葡萄酒（Milly-Lamartine）分布在南端，靠近马贡市。

两座高耸的石灰岩石崖——萨鲁特岩和韦吉森岩提供了极好的排水条件，这里的日照条件也是马贡地区最好的。这里精心打造的霞多丽葡萄酒可与默尔索葡萄酒或蒙哈榭葡萄酒（Montrachet）相媲美。韦吉森和萨鲁特-普伊和富赛（一个古老的罗马村庄）、普伊和长榭，构成了普伊-富赛产区。韦吉森没有史前的萨鲁特岩那么引人注目，萨鲁特岩在石器时代用于狩猎，其附近产区包括普伊-凡列尔和普伊-楼榭。普伊-富赛北部和南部的葡萄园划归为圣韦朗葡萄酒产区（最初是普伊-富赛的一个分区），顶级的圣韦朗葡萄酒产自达瓦耶村。

在金丘，气候或葡萄园名称，可指引我们找到顶级葡萄酒。马贡没有特级葡萄园和一级葡萄园。未分类的葡萄园或略地，如位于普伊-富赛的罗伯特-德诺根特酒庄（Domaine Robert-Denogent）的十字园或雷塞丝园，正慢慢以非官方的特级葡萄园而闻名。跟金丘的情况一样，马贡很多知名品牌的葡萄酒名不副实，品质平庸但价格高昂。幸运的是，该地区的真正潜力正开始显现。虽然该地区名气渐涨，但价格，尤其是高端葡萄酒的价格，仍然是勃艮第南部正常的价格。

罗马人及之后来自克吕尼（Cluny）的僧侣，塑造了早期的马贡葡萄酒产业。1660年，路易十四让这里出产的葡萄酒成了供奉的御酒。霞多丽是种植最广泛的葡萄品种，占总产量的三分之二。顶级霞多丽葡萄酒略带橡木和黄油气息，还带有柔和的苹果、梨、柑橘和花草香气及强烈的矿物质气息。这些葡萄酒的优雅细腻和自然的高酸度，使其可与多种食物搭配，如贝类、鹅肝、奶酪火锅，或者一盘用苹果酒烤的扇贝。顶级橡木陈酿葡萄酒往往口感更丰富，蜂蜜、坚果、香料和烤面包的香气裹挟着水果、花卉和矿物质香气，特别诱人。这些葡萄酒可能需要5年或更长时间才能达到最佳口感。

布雷兄弟酒庄

凭借在普伊-凡列尔（Pouilly-Vinzelles）、马贡-凡列尔（Mâcon-Vinzelles）和博若莱村（Beaujolais-Villages）获得德米特协会（Demeter）认证的生物动力法种植的葡萄园，以及广泛的葡萄种植者为其提供的优质葡萄，让-纪尧姆（Jean-Guillaume）和让-菲利普·布雷（Jean-Philippe Bret）生产的香气诱人的果香葡萄酒声名鹊起。这对来自巴黎的兄弟对葡萄酒的兴趣与日俱增。在学习正式的葡萄酒课程后，他们先后在几家法国酒厂当学徒，于2000年接管了苏弗兰帝酒庄（Domaine La Soufrandière）。他们的布雷兄弟书芳科特普伊-凡列尔干白葡萄酒（La Soufrandière Pouilly-Vinzelles Climat "Les Quarts"）是其所酿葡萄酒的杰出代表。★新秀酒庄

柏伽德酒庄

家族酒庄——柏伽德酒庄（Château de Beauregard）的葡萄酒保证了马贡的白垩矿物质气息和独特的气候个性。略地（Lieu-dit，单一葡萄园）出产的葡萄酒有来自韦吉森村的夏美干红葡萄酒（Aux Charmes）和玛苏德园葡萄酒（La Marechaude），以及来自富赛（Fuissé）豪华醇厚的干白普伊葡萄酒（Vers Pouilly）。特级柏伽德葡萄酒使用顶级的普伊-富赛酿酒桶酿造，堪比勃艮第核心品质的金丘的特级园葡萄酒。第5代继承者——弗雷德里克·马克·布瑞耶（Frédéric Marc Burrier）掌管普伊-富赛的20公顷的土地和圣韦朗的7公顷土地。其酿酒风格是奉行不干涉主义，让本土风味最大限度地自然流露，酿制的酒款极具特色。★新秀酒庄

富赛酒庄

让-雅克和安东尼父子是文森特家族的新一代传人，该家族自1864年以来便是富赛酒庄（Château Fuissé）的所有者。酒庄中心是一片葡萄藤，酿造瓶装葡萄酒——适合长期存储、富含矿物质气息、口感醇厚浓烈的富赛老藤干白葡萄酒（Château Fuissé Vieilles Vignes）。富赛灼烧干白葡萄酒（Les Brûlés）产自一个朝南的斜坡，是一款强劲醇厚的葡萄酒。酒庄旗下所有的葡萄酒都在橡木桶中发酵和陈年，因此会带有一些烟熏橡木的味道。该家族还发售几款外购葡萄酿造的葡萄酒，以酒庄的"JJ Vincent"品牌销售。文艺复兴时代的石头门廊和15世纪的塔楼为这座历史悠久的酒庄定下了基调。

兰奇斯特酒庄

西里尔·阿隆索（Cyril Alonso）打破常规，不走寻常路，他选择了一大片顶级葡萄园，监管其种植，然后使用纯天然的方法酿造葡萄酒。他的马贡-长榭干白葡萄酒（Mâcon-Chaintré）与众不同，由60年葡萄藤结出的葡萄酿制而成，采用野生酵母在橡木桶中发酵，并在罐中与酒糟一起陈年24个月。值得注意的是，这种富有坚果和蜂蜜香气的葡萄酒在瓶中陈年5年才会发售，这也可以很好地解释为何他的风格独特的葡萄酒在海外市场上广受欢迎，尤其是在高端市场。★新秀酒庄

邦格岚酒庄

让·特维勒特是马贡最有影响力的，也可能是最有争议的生产商之一。该家族从14世纪初就开始进军葡萄酒业务（最初的

布雷兄弟酒庄
2000年，两兄弟采用这种气候下的葡萄酿造的葡萄酒精致而优雅。

富赛酒庄
这款酒由阳坡出产的老藤葡萄酿造而成，酒质浓郁，保质期长。

业务是制桶），后来让·特维勒特和儿子高蒂尔（Gauthier）用成熟和过熟的霞多丽葡萄酿制高品质酒款，并因此名声大振。让·特维勒特掌管着家族的旗舰产业——位于昆顿（Quintaine）山麓的邦格岚酒庄（Domaine de la Bongran）。他和儿子共同管理埃米利安·吉莱酒庄（Domaine Emilian Gillet），而高蒂尔则掌管第3处家庭产业——罗伊酒庄（Domaine de Roally）。

科迪耶父子酒庄

科迪耶父子酒庄（Domaine Cordier Père et Fils）的葡萄酒和许多优质的普里尼-蒙哈榭葡萄酒和夏山-蒙哈榭葡萄酒同样口感丰富，带有橡木气息，一品即可知晓产地。

在采收过程中，该酒庄采用生物动力法种植葡萄园，此举为富有远见的酿酒师——克里斯多菲·科迪耶（Christophe Cordier）带来了先机。科迪耶通常只采摘产区法律允许数量的一半，然后让葡萄酒在橡木桶中进行长时间缓慢地发酵，如他从金丘膜拜酒生产商拉梦内酒庄（Ramonet）那里购买的葡萄酒。圣韦朗白葡萄酒（St-Véran）、普伊-楼榭白葡萄酒（Pouilly-Loché）和普伊-富赛布朗芙白葡萄酒（Pouilly-Fuissé Les Vignes Blanches）都是值得一试的顶级葡萄酒。★新秀酒庄

十字塞内莱特酒庄

位于达瓦耶（Davayé）的十字塞内莱特酒庄（Domaine de la Croix Senaillet）的葡萄园靠近历史悠久的萨鲁特岩石，中间有一个十字架。该十字架源自前市长贝努瓦·塞纳莱（Benoît Senaillet）的捐赠，用于取代法国大革命期间丢失的一尊雕像。现在，莫里斯·马丁（Maurice Martin）和两个儿子——理查德和史蒂芬以此地的不同地块为依托，酿造出了口感圆润、带有奶油香气的葡萄酒，这些地块葡萄的平均藤龄为35年。他们的两款葡萄酒——圣韦朗莱斯布伊斯干白葡萄酒（St-Véran Les Buis）和圣韦朗大布鲁耶尔干白葡萄酒（St-Véran La Grande Bruyère）都是特别值得关注的酒款。

丹尼尔·巴劳德酒庄

丹尼尔·巴劳德酒庄（Domaine Daniel Barraud）出产的100%有机葡萄酒经常会与金丘默尔索葡萄酒或夏山-蒙哈榭葡萄酒相提并论。这3个地区出产的葡萄酒口感丝滑，富含蜂蜜香气和矿物质气息，都带有上等勃艮第白葡萄酒的特点。丹尼尔·巴劳德还和儿子朱利安一起打造出了多款葡萄酒，如由韦吉森多个老藤葡萄园（每个葡萄园都为这款混酿做出了不同的贡献）的葡萄酿制的优质普伊-富赛韦吉森联盟干白葡萄酒（Pouilly-Fuissé Alliance Vergisson）和带有浓郁柠檬香气的马贡-韦吉森崖干白葡萄酒（Mâcon-Vergisson La Roche）。其酿造的普伊-富赛老藤韦谢尔干白葡萄酒（Pouilly-Fuissé La Verchère Vieilles Vignes）展现了丹尼尔·巴劳德精湛的橡木运用技艺。淡淡的橡木熏香丰富了苹果、柑橘和酵母香气的深度，提升了产区定位。★新秀酒庄

双石酒庄

克里斯蒂安·科洛夫雷（Christian Collovray）和让-吕克·泰里耶（Jean-Luc Terrier）共同经营着达瓦耶的这家酒庄。该酒庄以韦吉森岩和萨鲁特岩两块石崖命名，酒庄所在的圣韦朗

罗杰·拉萨拉特酒庄
温和的橡木气息烘托出矿物质、柑橘和核果气息。

也因此成为一个非常著名的地标。备受推崇的黑土葡萄酒（Les Terres Noirs）产自一个碎裂的石灰岩下黑色土壤的葡萄园，这种地质赋予了葡萄酒独有的特征。这里及普伊-富赛和马贡村出产的葡萄酒，都拥有丰富口感和矿物质气息，以及苹果和柑橘的气息。

杜云酒庄

杜云酒庄（Domaine Drouin）的葡萄酒在《品醇客》（Decanter）、《阿歇特葡萄酒指南》（Guide Hachette）等杂志的盲品活动中常被评为马贡顶级佳酿。蒂埃里·杜云（Thierry Drouin）和科琳娜·杜云（Corinne Drouin）经营的这家小酿酒厂值得关注。经过充分的苹乳发酵和在橡木桶中的定期陈年，葡萄酒在拥有丰盈的奶油口感的同时，仍保留了适当的酸度和反映其风土的矿物质气息。

费雷特酒庄

费雷特酒庄（Domaine J A Ferret）成立于1760年，不久前科莱特·费雷特（Colette Ferret）将其出售给了路易亚都酒庄（Maison Louis Jadot）。这家备受推崇的酒庄占地15公顷，于1942年首次推出了自己品牌的瓶装葡萄酒，开创了该产区这一趋势的先河。该酒庄出产的略地（单一葡萄园）葡萄酒包括莱斯塞勒斯干白葡萄酒（Les Sceles）、韦尔内干白葡萄酒（Les Vernays）、乐克罗斯干白葡萄酒（Le Clos），以及蒙讷切尔斯（Les Menetrieres）、图南普伊（Le Tournant de Pouilly）和佩里耶（Les Perrières）的老藤干白葡萄酒。亚都酒庄的总裁皮埃尔·亨利·加吉（Pierre Henry Gagey）打算延续酒庄的以往风格，继续酿造烟熏味的陈年霞多丽葡萄酒。酒庄的普伊-富赛葡萄酒色泽艳丽，带有热带水果和甜橡木气息，同时还拥有该地区葡萄酒的潜在特征，即白垩矿物质气息和轻微的酸度。

古芬-海宁酒庄

让-玛丽·古芬在马贡的名声堪比罗伯特·蒙大维在纳帕谷的地位，他不仅是该产区顶级葡萄酒的生产商，也是一位远见卓识的开拓者。位于普伊-富赛的这家家族酒庄占地3.6公顷，以口感紧致的葡萄酒而闻名，如令人拍案叫绝的类似雷司令口感的马贡-皮埃尔克洛斯·勒夏维尼干白葡萄酒（Mâcon-Pierreclos Le Chavigne）和更醇厚、奶油气息更浓郁的类似牛轧糖味道的马贡-皮埃尔克洛斯·垂德查维涅干白葡萄酒（Mâcon-Pierreclos Tri de Chavigne），这些酒款所用葡萄均来自酒庄最古老的葡萄藤区。跟家族酒庄葡萄酒一样，其打造的维尔戈酒庄（Verget）品牌葡萄酒也拥有浓郁的矿物质气息和质朴的自然酸度。

亨利·佩鲁塞特酒庄

25年前，美国葡萄酒进口商科米·林奇（Kermit Lynch）与21岁的亨利·佩鲁塞特（Henri Perrusset）在法国相识，而后者亨利·佩鲁塞特后来也投身于葡萄酒贸易。在品鉴过亨利推出的首批葡萄酒后，林奇买下了他能购买的所有产品。酒庄的顶级酒款是温和华丽的马贡-法尔热干白葡萄酒（Mâcon-Farges），该酒产自霞多丽村附近的葡萄园，不过酒庄的马贡村庄级葡萄酒（Mâcon-Villages）也不错。亨利·佩鲁塞特的葡萄酒香气清新，

带有苹果和花香气息，没有明显的橡木和黄油气味。

卢奎特-罗杰酒庄

从1847年贝努瓦·卢奎特（Benoît Luquet）开始酿酒算起，卢奎特家族的酿酒事业已传承了5代。酒庄全年都对游客开放。自1966年起，罗杰和妻子蕾妮（Renée）一直在扩展酒庄的规模，收购了多家著名葡萄园，如戴蒙尼园（Clos de Demonine）和莱斯穆洛特园（Les Mulots），并以这些酒庄为依托，酿造果香浓郁而优雅的马贡村庄级葡萄酒。现在，他们的孩子也加入了酒庄。酒庄还酿造经典风格的普伊-富赛老藤干白葡萄酒（Pouilly-Fuissé Vieilles Vignes）和具有异国风情的普伊-富赛风土干白葡萄酒（Pouilly-Fuissé Terroir）。由于产量巨大，70%的葡萄酒用于出口，寻觅一两瓶这家酒庄的葡萄酒并非难事。

曼西亚-庞赛特酒庄

克洛德·曼西亚（Claude Manciat）和西蒙·庞赛特（Simone Poncet）在批量销售了20多年的葡萄后，于1979年合并两个家族的资产成立了这家酒庄。现在由他们的女儿玛丽-皮埃尔（Marie-Pierre）和丈夫奥利维耶·拉罗切特（Olivier Larochette）掌管的酒庄，仍在生产其标志性的富有橡木和黄油气息的葡萄酒，如马贡-夏内葡萄酒（Mâcon-Charnay Les Chênes，他们也生产一款非橡木发酵的马贡-夏内葡萄酒）和普伊-富赛克雷斯园老藤干白葡萄酒（Pouilly-Fuissé Les Crays Vieilles Vignes）。这些葡萄酒新鲜活泼，主体偏酸，但也有浓郁的黄油气息。酒庄的马贡-芭西尔红葡萄酒（Mâcon-Bussières）虽然口感不甚复杂，但很受欢迎。

米歇尔·切沃酒庄

安德烈·切沃（André Cheveau）于20世纪50年代创建了这家酒庄，现由其儿子米歇尔和孙子尼古拉斯经营。酒庄向游客开放家族宅邸和酿酒厂。该酒庄的葡萄酒风格优雅低调，通常带有明显的橡木香草和烟熏气息。酒庄著名的马贡-长榭乐克罗斯干红葡萄酒（Mâcon-Chaintré Le Clos）可以媲美金丘的默尔索葡萄酒。酒庄带有淡淡橡木气息的马贡-富赛格兰布鲁耶尔干红葡萄酒（Mâcon-Fuissé Les Grandes Bruyères）和达瓦耶圣韦朗风味干白葡萄酒（St-Véran Terroir de Davayé）都很受欢迎，博若莱村庄级葡萄酒或红葡萄酒都是值得品鉴的好酒。

米歇尔·德洛姆酒庄

自1820年起，酒庄便一直由韦吉森的普伊-富赛专家运营。米歇尔和他的父母管理着4公顷的葡萄园，其中种植着许多40～80年的老藤葡萄。这些葡萄园分布在韦吉森石崖斜坡的南部或东南部的向阳面，使葡萄酒具有丰富而复杂的口感。玛苏德园（La Marechaude）便是其中一个葡萄园，该园出产一款顶级普伊-富赛葡萄酒，而酒庄的老藤葡萄酒则采用多个老藤葡萄园的葡萄混酿而成。酒庄于2003年建造的新酒窖向游客开放。

奥利维·墨林酒庄

墨林·马贡（Merlin Mâcons）系列是公认的顶级葡萄酒

罗伊酒庄
长达一年多的罐体发酵缔造了葡萄酒独特的风味。

款。奥利维耶和妻子科琳（Corinne）最初租赁葡萄园，随后买下了拉罗什-维讷斯（La Roche-Vineuse）和维尔-克莱赛（Viré-Clessé）的维厄圣索林酒庄（Vieux St-Sorlin），并进行细致的修复。之后，他们又买下了圣韦朗大比西耶（St-Véran Le Grand Bussière）葡萄园。酒庄还酿造优质的普伊-富赛老藤葡萄酒，不过葡萄的果实并非产自他们自己的葡萄园。该酒庄崇尚自然耕种，完全使用橡木桶进行苹乳发酵，所以酒庄的葡萄酒略带橡木和黄油气息，且果香浓郁，这些风格特点可能源自奥利维耶早期在纳帕谷的工作经历。

普伊酒庄

1933 年，彼得·贝松（Petrus Besson）实现了从酿酒师到酒庄主人的身份转变，普伊酒庄（Domaine de Pouilly）一直以生产精致葡萄酒而闻名。这些葡萄酒口感丰富，没有橡木气息。普伊中部 15 公顷的土地也是该家族的资产，里面种植了一些产区最古老的葡萄藤。目前，酒庄由安德雷和儿子文森特共同经营。1999 年，安德雷赠予了文森特一小片葡萄园，现在后者也拥有了自己的葡萄酒酒庄——文森特·贝松酒庄（Domaine Vincent Besson），酒窖通过预约开放。

罗伊酒庄

这家酒庄位于俯瞰索恩河的石灰岩山脊上，也就是现在的维尔-克莱赛产区（Viré-Clessé AC），亨利·戈亚德（Henri Goyard）是其创始人。高迪埃·特维勒特（Gautier Thévenet）是著名的让·特维勒特的儿子，也是这片 5.6 公顷老葡萄园（一片老藤霞多丽克隆品种混种的葡萄园）的现任所有者。他践行可持续种植法，并让葡萄酒在酒罐中经过 16 个月的缓慢发酵。葡萄酒通常会有一些残留的糖分，有时法定产区也会对此进行限制，所以他酿造的带有矿物质气息和酵母气息的维尔-克莱赛葡萄酒（Viré-Clessé）和马贡-蒙特贝雷村葡萄酒（Mâcon-Montbellet）经常被评定为马贡村庄级葡萄酒。

罗伯特-代诺甘特酒庄

让-雅克·罗伯特在这个寂寂无闻的产区酿造出了极为出色的普伊-富赛葡萄酒。其名下产业包括该地区的一些顶级葡萄园，其中两个是独占园（该园是罗伯特的专属葡萄园）。罗伯特在酿酒过程中不加糖，不使用二氧化硫，也不过滤，仅与橡木轻微接触。他酿造的风味极佳、带有蜂蜜气息的雷塞丝园葡萄酒（Les Reisses）和浓郁辛辣的十字葡萄酒（La Croix）是特级葡萄酒。酒庄的葡萄酒色泽鲜亮、口感浓郁，通常带有茴香味，可长期保存。★新秀酒庄

罗杰·拉萨拉特酒庄

罗杰·拉萨拉特（Roger Lassarat）一直以生产高品质的圣韦朗和普伊-富赛葡萄酒而闻名，其代表是令人惊艳的普伊-富赛露喜干白葡萄酒（Pouilly-Fuissé Racines），此酒由萨鲁特和韦吉森的 3 个百年葡萄园的葡萄酿造而成。他坚持自然种植，鼓励低产，只使用野生酵母，在装瓶前不过滤和下胶，造就了葡萄酒浓郁的矿物质气息、清晰的柑橘和核果气息，以及干药草和橡木香气。该酒庄欢迎游客参观，但需提前预约。

圣-巴比酒庄

让-玛丽·查兰（Jean-Marie Chaland）酿造的马贡村庄级葡萄酒和维尔-克莱赛老藤葡萄酒（Viré-Clesé Vieilles Vignes）等优质葡萄酒还不到 3 万瓶，所以您可能需要在酒庄的酒店里留宿才能享受到这几款美酒。如果您到了这里，一定要品尝下拥有醇厚烟熏气息和香槟口感的布鲁特珀乐德洛奇勃艮第起泡酒（Crémant de Bourgogne Brut Perle de Roche）及甜美的晚熟霞多丽葡萄酒（Vendange Tardive）。

索梅兹-米其林酒庄

罗杰·索梅兹（Roger Saumaize）和妻子克里斯蒂娜·米其林（Christine Michelin）为到访的酒庄客人提供热情的款待。这个生物动力葡萄园位于韦吉森村，园内种植着平均藤龄为 40 年的葡萄，并以柔和圆润的葡萄酒而闻名，酿造过程使用橡木桶和全乳酸发酵，产出的葡萄酒丝滑醇厚，拥有优质霞多丽葡萄酒经典的丝滑口感。酒庄知名的白葡萄酒有马贡村庄级塞尔多干白葡萄酒（Mâcon-Villages Les Sertaux）、圣韦朗老藤干白葡萄酒（St-Véran Vielles Vignes）和普伊-富赛之星葡萄酒（Pouilly-Fuissé Pentacrine），他们还使用佳美葡萄酿造了马贡红葡萄酒（Mâcon-Rouge）。

拉芳伯爵继承人酒庄

拉芳伯爵继承人酒庄（Les Héretiers du Comte Lafon）的葡萄酒是公认的顶级酒款。在马贡，多米尼克·拉芳精心制作了风格相仿、奢华至极的葡萄酒。他的秘诀是坚持生物动力耕作，保持低产和绿色采摘，然后在酒窖里进行苹乳发酵。其打造的单一园葡萄酒如马贡-米伊-拉马丁干白葡萄酒（Mâcon-Milly-Lamartine Clos du Four）、马贡-于希济马兰奇园干白葡萄酒（Mâcon-Uchizy Les Maranches）和马贡-夏多内克罗谢园干白葡萄酒（Mâcon-Chardonnay Clos de la Crochette，产自世界公认的最古老的霞多丽葡萄园）都非常出色。

让·曼西亚酒庄

让·曼西亚酒庄（Jean Manciat）的马贡-夏内法西丽干白葡萄酒（Mâcon-Charnay Franclieu）及略低一档的马贡村庄级葡萄酒，都是口感非常细腻的葡萄酒，它们带有经典的苹果、花卉和矿物质气息，以及活泼的酸度。马贡-夏内的老藤葡萄酒（Mâcon-Charnay Vieilles Vignes）、普伊-富赛葡萄酒和圣韦朗葡萄酒的淡淡橡木气息，使葡萄酒的蜂蜜和坚果香气更浓郁，但风格仍属低调内敛。让·曼西亚奉行的低干预、小产量和自然耕作成就了这些特点。

赖卡特酒庄

让·赖卡特（Jean Rijckaert）与维尔戈酒庄（Domaine Verget）的让-玛丽·古芬合作，延续以往葡萄酒风格，酿造拥有浓烈矿物质气息和清新活泼酸度的葡萄酒。赖卡特在 1998 年开办了自己的酿酒厂，采用整串压榨来增强果香，橡木桶发酵带来一丝丝新橡木香气，由此工艺酿造的葡萄酒增加了酒质的复杂性和榛子气息。赖卡特还使用邻近的汝拉（Jura）地区的葡萄酿造葡萄酒。

双崖

萨鲁特（Solutré）连绵起伏的平原上有两块石灰岩石崖，韦吉森村（Vergisson）就在附近，但在雄伟壮丽的双崖的映衬下没有什么特色。这两座山崖高度不足 500 米，曾是史前狩猎场，最初用以捕猎长毛犀牛，后来是马和驯鹿。崖顶曾为早期的居民提供了庇护，免受索恩河（River Saône）的洪水侵袭，悬崖则提供了避难所。游牧民族用燧石制备武器和工具，其中许多现在在萨鲁特史前博物馆（Solutré Museum of Prehistory）展出。天晴时，从萨鲁特山顶俯瞰，葡萄园、索恩河谷和比热山脉的风光一览无余。沿着岩石向上或在周围攀岩、远足或骑行都是消磨时间的活动，接着你可以品尝当地的葡萄酒和美食。当然也可选择更轻松的休闲活动——乘坐热气球欣赏这里的风景。

博若莱产区

博若莱（Beaujolais）的知名度很高。对于那些懂行的消费者来说，顶级葡萄酒应更容易跟食物搭配，它们口感醇厚、价格实惠，由法国最有才华的酿酒师酿造。尽管博若莱什锦水果风味的葡萄酒只占该地区总产量的三分之一，但它已成为整个地区的主要酒款。当地最知名的是一年一度的"投环套物游戏"，该地区北部碎岩土壤培育的葡萄酿造出了 10 款博若莱葡萄酒，其他的小产区的葡萄酒也都非常出色。

这片迷人的山坡上种植着数以百万的多瘤节无棚架佳美葡萄。博若莱产区种植的大部分葡萄品种都是佳美，或黑佳美（当地的称法），佳美葡萄酒能够让消费者"开怀畅饮"。这个葡萄品种的魅力巨大，14 世纪的勃艮第的菲利普（Philip the Bold）公爵禁止这种成本低廉的葡萄进入自己的产区，将其丢到博若莱产区种植以保证黑皮诺的优质品质。佳美葡萄皮薄产量高，成熟又早，可以酿造出较为平常的"一口闷"型葡萄酒。

从 20 世纪 70 年代开始，该地区一位名叫乔治·杜宝夫（Georges Duboeuf）的酒商把每年葡萄酒上市的 11 月变成了一场全球庆祝活动。博若莱新酿葡萄酒用不到 10 周前收获的葡萄酿制，有时该酒需要在发酵罐中添加糖来促进发酵，商业酵母则可独自完成发酵过程。如今，杜宝夫已经是法国葡萄酒的主要出口商之一。

这种背景之下，一群小规模葡萄种植者探索出了一条不同的道路。种植者在思想上由朱尔斯·肖维（Jules Chauvet）领导，实践方面由马塞尔·拉皮埃尔（Marcel Lapierre）引导，他们喜欢老藤葡萄酒而不是新葡萄酒，喜欢慢发酵而不是快发酵，喜欢天然酵母而不是商业酵母。因此，这个地区变成了一个"天然"葡萄酒的温床，葡萄园和酒窖里受到的干预极少。

这些种植者大多分布在博若莱北部的 10 个分区，被称为博若莱产区或博若莱葡萄园。博若莱的名字并不经常出现在村庄级葡萄酒的酒标上，酒标上仅标有更小产区的名称，这使外行人感到很困惑。

风车磨坊的粉色砂质花岗岩土壤出产的葡萄能造出一些最严谨、结构最完整的陈年村庄级佳酿。在邻近的福乐里村，葡萄酒爱好者在品尝到这些诱人的佳酿前，会先闻到葡萄酒的迷人芳香。而在墨尔贡村，碎岩土壤出产的葡萄造就了一些结构丰富的葡萄酒，尤其是墨尔贡皮丘的葡萄所酿的酒。布鲁伊丘位于一座死火山上，出产浓郁的红葡萄酒。布鲁伊以南的葡萄园主要出产用于酿造博若莱新酒的葡萄。

虽然土地和葡萄的低价格给种植者带来了挑战，但这也为寻找良好风土条件的勃艮第葡萄酒酿造商创造了机会——如果条件允许，一些人愿意种植黑皮诺。佳美面临这种威胁是对该地区的一种褒扬，证明了这一种植区有很大的发展潜力。

最后，该地区也使用霞多丽葡萄酿造少量白葡萄酒，还出产微量的桃红葡萄酒。

夏特拉酒庄

西尔万·罗齐尔（Sylvain Rosier）和伊莎贝尔·罗齐尔（Isabelle Rosier）有两款较罕见的白葡萄酒，第一款是由霞多丽酿制而成的博若莱干白葡萄酒（Beaujolais Blanc），需在橡木桶中陈年一段时间；而第二款博若莱老藤干白葡萄酒（Beaujolais Blanc Vieilles Vignes）则有着令人印象深刻的风味。酒庄的博若莱老藤干红葡萄酒（Beaujolais Vieilles Vignes）的果味和酸度达到了完美的平衡，而且这些葡萄酒都性价比极高。

德斯雅克酒庄（风车磨坊村）

1996年，德斯雅克酒庄（Château des Jacques）被勃艮第路易亚都酒庄（Louis Jadot）收购，这里生产的葡萄酒是整个博若莱地区最精美、储存年限最久的佳作。酿酒师雅克·拉弟埃尔（Jacques Lardière）也酿造勃艮第亚都葡萄酒（Jadot），他在酿制佳美葡萄时不采用二氧化碳浸渍法，而是像酿制黑皮诺一样酿制风车磨坊红葡萄酒（Moulin-à-Vents）。这处占地27公顷的酒庄有5处独立的葡萄园，其中洛奇园（La Roche）和洛奇格乐园（Clos des Rochegrès）格外迷人。这些葡萄酒融合了佳美令人回味的口感和黑皮诺更为严肃的口味；在盲品时会给品酒师造成混淆，误以为这是勃艮第红葡萄酒。

希威酒庄（布鲁伊丘）

在布鲁伊山（Mont Brouilly）的东南方，是克劳德·杰弗里（Claude Geoffrey）的8公顷佳美葡萄园。葡萄园中有些葡萄藤没有搭棚架，而是靠自己的根茎攀着陡峭的山坡。大部分发酵从整串葡萄开始，发酵完成后盛装在大木桶中，并在其中进行陈年。希威酒庄（Château Thivin）成立于1877年，生产布鲁伊葡萄酒（Brouilly）和布鲁伊丘葡萄酒（Côte de Brouilly），如鲜美的捷克里特酿红葡萄酒（Cuvée Zsaccharie）。

克里斯蒂安·杜克鲁酒庄（黑尼耶产区）

克里斯蒂安·杜克鲁（Christian Ducroux）25年来一直采用有机法种植葡萄，如今他在黑尼耶产区拥有4公顷的葡萄园。葡萄园的葡萄藤龄在60～80年，行间长满了青草。酒庄出产的葡萄酒通过了生物动力认证，正面酒标上印有德米特协会封口。杜克鲁使用当地酵母发酵，然后采用半二氧化碳浸渍法。他会将一部分不含亚硫酸盐的葡萄酒装瓶，此举可通过醒酒来提升果香。你可以品鉴这两种酒，然后做个有趣的对比。

帕卡莱酒庄

克里斯多夫·帕卡莱（Christophe Pacalet）最开始学习生物化学，后来当上了厨师，之后他回到博若莱跟叔叔马塞尔·拉皮埃尔学习酿酒。帕卡莱租种了其中6个葡萄园，并按照可持续发展的模式进行耕种。在这些葡萄园出产的6款葡萄酒中，布鲁伊丘葡萄酒具有极佳的果香和酸度，而风车磨坊红葡萄酒结构更丰富、性价比更高。★新秀酒庄

帕卡莱酒庄
和其他博若莱新酒一样，这款酒在短时间的浸渍后于每年11月上市。

德斯雅克酒庄
这种石榴红葡萄酒证明了佳美葡萄酒也可长期存放。

科德霍瓦莱特酒庄（福乐里村）

阿兰·库德特（Alain Coudert）的父亲费尔南多（Fernand）于1967年买下这座酒庄，并开始种植葡萄，现在这个家族酒庄的葡萄酒均由这些葡萄酿造而成。酒庄拥有9公顷的葡萄园。这些葡萄酒色泽更深沉，与酒体浓郁的福乐里葡萄酒（Fleurie）更类似，这也许是与风磨坊红葡萄酒区分时，它们最终被归为福乐里葡萄酒的原因。该酒庄的特酿迟摘甜白葡萄酒（Cuvée Tardive）是一款醇厚的葡萄酒，陈年后效果极好，是收藏和送亲朋好友惊喜礼物的理想选择。

达米安·科莱特酒庄（希鲁布勒产区）

很难想象，达米安·科莱特在20岁（2007年）时就酿造出了自己首个年份的葡萄酒。科莱特用一些藤龄80年的老藤葡萄来酿造葡萄酒，这些葡萄种植于德孔贝-奇鲁布尔（Descombes Chiroubles）的中心地带。科莱特的葡萄酒清亮浓烈，果香浓郁，开封第二天才算真正完成醒酒。他绝对是一个值得关注的酿酒商。★新秀酒庄

阿兰·米肖德酒庄（布鲁伊丘）

自1910年让·玛丽·米肖德（Jean Marie Michaud）创立酒庄以来，便一直采用家族运营模式。现任酒庄主人阿兰·米肖德（Alain Michaud）在1973年从父亲和叔叔手中接管了这座酒庄。

布鲁伊丘这片9公顷的葡萄园酿造出了大部分的米肖德葡萄酒。他们在墨尔贡和博若莱产区也有少量葡萄园。绝大部分葡萄的藤龄超过50年，有些甚至接近100年。他们生产的葡萄酒都是地道的布鲁伊葡萄酒。

迪欧醇酒庄（风车磨坊村）

贝尔纳德·迪欧醇（Bernard Diochon）的名气源自两方面：他那惊人的胡须和他酿制的口感多汁而紧实的风车磨坊葡萄酒。风车磨坊2公顷土地上的葡萄藤已经是80岁的古藤了，老藤特酿干红葡萄酒（Vieilles Vignes Cuvée）也产自这里。酒庄还酿造色泽深沉、单宁结构紧实的地道风车磨坊葡萄酒。这些葡萄酒在大桶中陈年，不过滤直接装瓶。

多米尼克·皮龙酒庄

作为家族的第14代酿酒师，多米尼克和他的妻子克里斯汀·玛丽（Kristine Mary）采购部分葡萄来补充酒庄葡萄园的产量。墨尔贡和墨尔贡皮丘干红葡萄酒（Morgon Côte du Py）是酒庄生产的最成功的葡萄酒，此外还生产博若莱新酒等一系列其他多款葡萄酒。该酒庄还与来自布鲁伊的让·马克·拉夫（Jean Marc Lafont）合作，打造了谢纳（Chénas）的石英干红葡萄酒（Quartz）。

路易-克劳德酒庄（墨尔贡村）

现在，酒庄主人路易-克劳德·德斯维涅斯（Louis-Claude

杜宝夫酒庄

法国顶级酿酒商打造的一款
浓烈强劲的葡萄酒。

皮埃尔-玛丽·切尔梅特酒庄

这款淡粉色的桃红葡萄酒酒体饱满圆润，
非常适合夏季饮用。

Desvignes）和女儿克劳德-伊曼纽尔（Claude-Emmanuel）共同打理酒庄，后者是该家族的第 8 代酿酒师。这片 13 公顷的葡萄园分布在墨尔贡皮丘的两个位置。文哈尼园（Javernières）是两个葡萄园中较大的一个，生产口感丰富浓烈的红葡萄酒。墨尔贡皮丘葡萄园占地 5 公顷，其出产的瓶装葡萄酒结构更丰富，颜色鲜艳，果香浓郁，甚至有一丝矿物质气息。两款酒陈年数年后，形成了极佳的品质。

克洛兹酒庄（布鲁伊丘）

妮可·夏尼昂（Nicole Chanrion）依托布鲁伊山碎岩斜坡上的葡萄园，酿造出了多汁的红葡萄酒。1988 年，她中断了该酒庄 6 代子承父业传统，接管了酒庄及其 4 公顷已有 50 年历史的葡萄园。她用缓慢发酵的方式酿造葡萄酒，5 桶酒液最终仅产出 2500 箱葡萄酒。酒庄的酒款有清新的果香和酸度及淡淡的香气。

杜宝夫酒庄

杜宝夫酒庄（Georges Duboeuf）被誉为"博若莱之王"，是法国葡萄酒中最成功的出口品牌之一。20 世纪 70 年代，乔治·杜宝夫创造了博若莱新酿葡萄酒（Beaujolais Nouveau）这款现象级佳酿，该酒由早收葡萄酿造而成，通常添加糖和商业酵母进行发酵，大大刺激了市场对这种葡萄酒的需求。尽管博若莱新酒和杜宝夫的花卉标签对许多消费者和生产商来说是该地区的标志，但近年来随着其他低价进口产品的竞争加剧，这些葡萄酒已经失去了吸引力。杜宝夫还用这些葡萄酿造一些其他葡萄酒，包括布鲁伊葡萄酒和希鲁布勒葡萄酒，以及让德贡布瓶装红葡萄酒（Morgon Jean Descombes）。

盖·布雷顿酒庄（墨尔贡村）

1986 年，盖·布雷顿（Guy Breton）从祖父手中接管了这个酒庄，他决定停止向酒商出售葡萄，开始自己酿造葡萄酒。从那时起，布雷顿开始追求天然酿酒工艺，他使用当地的酵母在酿酒桶中发酵至少 15 天。小葡萄园的老藤葡萄被酿造为老藤干红瓶装葡萄酒，这款葡萄酒具有胡椒的香味和令人赞叹的明亮色泽，以及诱人的红色浆果和矿物质气息。

让·福雅酒庄（墨尔贡村）

如果你一定要尝一款博若莱葡萄酒，那么福雅葡萄酒是最具代表的选择。20 世纪 80 年代初，让·福雅（Jean Foillard）从父亲手中接管了这座位于墨尔贡的酒庄，现在酒庄有大约 10 公顷的葡萄园。虽然他既没有获得有机认证，也没有获得生物动力学认证，但他的葡萄园采用自然方式耕作。他从不过滤葡萄酒，而是使用混合的小桶和两个大桶陈酒。墨尔贡皮丘葡萄酒（Côte du Puy）是一个令人惊叹的代表，它完美结合了清新活力与正宗爽滑的口感。酒庄的酒款在浅龄阶段就很美味，醒酒后口味更佳，也可以很好地进行陈年。酒庄只有约 30% 的葡萄酒用于出口，其余的会在法国小商店和餐馆销售。

让-马克伯格酒庄（墨尔贡村）

1989 年，让-马克伯格（Jean-Marc Burgaud）开始种植葡萄，现在已拥有 19 公顷的葡萄园，分布在不同的产区。特别值得注意的是，酒庄在墨尔贡出产两款瓶装葡萄酒：柔和而时髦的查姆斯干红葡萄酒（Les Charmes）和更强劲、更有层次的墨尔贡皮丘干红葡萄酒，这两款酒的新酒经过窖藏或醒酒后风味更佳。

让-保罗·布朗酒庄（布鲁伊丘）

让-保罗·布朗（Jean-Paul Brun）打破传统，酿造出了博若莱产区的几款优质葡萄酒，他崇尚天然工艺，酿造中仅使用本地酵母。他的家族葡萄园位于沙尔奈（Charnay）镇，占地 16 公顷，其标志性的特雷斯（Terres Dorées）瓶装葡萄酒就是出自该酒庄，也是该地区长期以来最值得购买的产品（红葡萄酒和白葡萄酒性价比都极高）。在 2007 年生产的葡萄酒中，布朗的特雷斯葡萄酒中一半都是不让注明产地，这更突出反映了过时的命名规则，而非葡萄酒自身的品质。他还酿造了一些出自布鲁伊和墨尔贡的村庄级葡萄酒，以及一款名为 FRV100 [对 "冒泡（effervescent）"一词的别称] 的迷人起泡酒。

让-保罗·蒂弗内酒庄（墨尔贡村）

让-保罗·蒂弗内（Jean-Paul Thévenet）以酒庄 5 公顷的葡萄园为依托，打造墨尔贡美味可口的葡萄酒。酒庄葡萄酒种类繁多，如墨尔贡和老藤干红葡萄酒，都是亚硫酸盐含量低、既清新又香气诱人的葡萄酒。但这也意味着葡萄酒需要一直在适当条件下存储，所以在大量采购前建议先少量购买。葡萄园正在向生物动力型转变。蒂弗内现在和儿子查理（Charly）一起管理酒庄，查理在邻近的黑尼耶（Régnie）产区也拥有一座葡萄园。

马赛尔·拉皮尔酒庄（墨尔贡村）

马塞尔·拉皮尔酒庄（Marcel Lapierre）的主人因两件事而颇有名气：对天然酿酒的坚持和其亲切敦厚的品性。在朱尔斯·肖维的领导下，拉皮尔和另外 4 人不满于博若莱兴起的新酿酒运动，试图使用单个葡萄园的老藤葡萄酿造葡萄酒，也尽可能少用添加剂。对拉皮尔而言，这意味着尽可能少添加二氧化硫，让葡萄酒的香气在酒杯中自然散发。拉皮尔喜欢喝自己酿的葡萄酒，经常搭配当地的香肠一起食用，他说餐桌上的美味就像他们共同的理念一样。如今，拉皮尔的儿子马蒂厄（Matthieu）在酒庄扮演着重要角色，他奉行一种类似不干涉的酿酒哲学，对酒庄的发展产生重要的影响。

希纳尔酒庄（福乐里村）

希纳尔酒庄（Michel Chignard）的葡萄园位于福乐里村，和瓦莱特酒庄的葡萄园一样，也紧邻风车磨坊。希纳尔酒庄 20 公顷葡萄园里最重要的地区是莱斯莫里耶（Les Moriers），它占地 8 公顷，坐落在陡峭的花岗岩山坡上。条件合适时，莱斯莫里耶可以酿造出该产区特色葡萄酒，同时拥有福乐里的芳香和风车磨坊的醇厚口感。

米歇尔·海德酒庄（朱丽耶娜村）

米歇尔·海德酒庄（Michel Tête）位于朱丽耶娜的坡地上，这里主要种植古老的无棚架佳美葡萄，酿造出了美味多汁的葡萄酒。酒庄尽管没有得到认证，但坚持自然酿酒和有机种植。为了保证葡萄酒的品质，海德建立了自己的装瓶生产线。酒庄出产的葡萄酒中，高级特酿红葡萄酒（Cuvée Prestige）散发着诱人的黑樱桃和胡椒香气；浅龄阶段口感略差，但经过几年的窖藏口感会提升。海德也生产一些博若莱村庄级葡萄酒（Beaujolais-Villages）和圣爱葡萄酒（St-Amour）。

帕斯卡·格兰杰酒庄（朱丽耶娜村）

帕斯卡·格兰杰（Pascal Granger）出生于 1961 年，是这家酒庄的酿酒师，这家酒庄在这个家族已经传承了 200 年。酒厂位于一座 14 世纪就被废弃的教堂里，里面有大大小小的橡木桶和不锈钢桶。普通的朱丽耶娜葡萄酒只在钢桶中酿造，而特级珍藏干红葡萄酒（Grande Reserve）则会在小橡木桶中进行 24 个月的奢华橡木处理。格兰杰还酿造了风车磨坊红葡萄酒、谢纳干红葡萄酒、博若莱干白葡萄酒和桃红葡萄酒。

皮埃尔-玛丽·切尔梅特酒庄

皮埃尔-玛丽·切尔梅特（Pierre-Marie Chermette）酿制了一款美味可口、可提神醒脑的博若莱葡萄酒，适合大众消费者开怀畅饮。他在酿造工艺上坚持使用天然酵母，采用低产并自然成熟的葡萄酿制。他还打造了一款博若莱新酒，这款酒有着相对稳定的品质。他还酿造了更富层次性的风车磨坊葡萄酒，比如双石干红葡萄酒（Les Deux Roches）。这款酒结构十分丰富（在小橡木桶中陈酿），可以与村庄级勃艮第酒媲美。

宝德-阿维龙酒庄（墨尔贡村）

酒庄在 2000 年推出了首批葡萄酒，由来自勃艮第的尼古拉斯·宝德（Nicolas Potel）和从博若莱产区发家的斯蒂芬·阿维龙（Stephane Aviron）两位年轻酿酒师联合打造。按照酒商模式，他们在博若莱的各种产区中寻找老藤葡萄园，然后采用勃艮第酿酒法，比如在小桶中熟化（大约四分之一的小桶是新桶）。谢纳园老藤干红葡萄酒（Chénas Vieilles Vignes）的酿制果实甚至包括 1913 年种植的古藤葡萄，果香浓郁；墨尔贡皮丘的博若莱特级酒酒体更饱满，颜色更浓郁，口感更浓厚。★新秀酒庄

朋夏歌酒庄（福乐里村）

朋夏歌酒庄（Villa Ponciago）种植的葡萄藤已有几个世纪。皮埃尔-玛丽·切尔梅特酿造葡萄酒时，出产的葡萄会成为福乐里村顶级的葡萄酒。然而，2008 年 6 月，切尔梅特将这家酒庄卖给了香槟和勃艮第的汉诺家族。考虑到汉诺家族 200 年的酿酒历史和朋夏歌酒庄的历史，将它称为新秀酒庄似乎有些奇怪。

这家酒庄从澎榭城堡（Château Poncié）更名为朋夏歌酒庄后，是托马斯·亨利奥特（Thomas Henriot）经营的第一家酒庄，也是非常值得关注的一家酒庄。★新秀酒庄

伊夫·梅特拉酒庄（福乐里村）

尽管伊夫·梅特拉（Yvon Métras）是该地区的知名先驱，但即使在法国，也很难找到他酿制的葡萄酒。梅特拉酿造了一款博若莱葡萄酒和几款福乐里葡萄酒，包括一款令人垂涎的老藤瓶装葡萄酒和一款风车磨坊葡萄酒。如果有机会，一定要找到他酿制的佳酿。

博若莱制酒法：二氧化碳浸渍法

手工采收在博若莱十分常见。虽然价格昂贵，但佳美的主要优点也很直观：可以把整串葡萄送到酒窖，然后将它们放入发酵容器中密封起来。首先这堆葡萄和茎的重量会压碎底部的葡萄和茎，然后开始自然发酵。在缺氧环境下，二氧化碳覆盖上层的葡萄，刺激葡萄内部发酵。这样酿制的葡萄酒通常酒体轻盈，果香浓郁。一些制酒商倾向于在短暂的（两天）二氧化碳浸渍之后采用传统步骤——破碎、去梗，然后敞顶发酵。

香槟产区

香槟产区（Champagne）占地3.4万公顷，覆盖5个省份的300多个村庄。虽然三分之二的葡萄园位于紧邻兰斯和埃佩尔奈等城市的马恩省（Marne），但在奥布省（Aube）、埃纳省（Aisne）、上马恩省（Haute-Marne）和塞纳-马恩省（Seine-et-Marne）也有少量葡萄园。只有选用这个划定区域内出产的葡萄，并采用特定的传统方式（包括在瓶中进行二次发酵以产生气泡）酿造的葡萄酒才能称为"香槟"。运用这种酿造工艺，搭配产自北方极高纬度的白垩质土壤的香槟葡萄品种，造就了举世无双的起泡酒，该酒拥有无比细腻的口感和复杂度。

香槟主要由以下三种葡萄混酿而成：黑皮诺和莫尼耶皮诺都是红葡萄品种，而霞多丽则是白葡萄品种。尽管红葡萄带有颜色，但是由于这些果汁会过滤掉果皮，因此这些红葡萄也可以酿造白葡萄酒。这一点并不适用于部分桃红香槟，不过绝大多数的桃红香槟都是以白葡萄酒为基础，再通过添加少量红葡萄酒来增色。

绝大多数香槟都是这三种主要葡萄品种的混酿，但有一些酒款会有较多限制。完全由霞多丽酿造的香槟被称为白中白香槟（Blanc de Blancs），而完全使用红葡萄酿造的香槟被称为黑中白香槟（Blanc de Noirs）。大多数香槟也是通过混合不同年份的葡萄酒制成的。此举保障了香槟风格的一致性，特别是在葡萄有时难以自然成熟的北方地区。不过在好的年份，也偶尔会出现一款完全由当年所产葡萄酿造的年份香槟。

大多数香槟都是极干型香槟（Brut），表示香槟的残糖量较低，而绝干型香槟（Extra Brut）则表示残糖量极低。法语中干型（Sec）和半干型（Demi-Sec）则表示更甜的香槟。香槟的甜度由补液的剂量决定，即在香槟封塞之前都会添加少量的糖。补液是香槟酿制的重要组成成分，能很好地平衡香槟的高酸度，有助于形成更复杂的果香。

如今，香槟酿制既是一个经典成熟的领域，也是一个年轻的新型领域。虽然该地区打造了世界上最知名的酒款，拥有大约300年的气泡酒酿造历史，但在新一代酿酒师的大力推动下，该地区正在经历巨大的变革。现在该地区的香槟比以往任何时候都更加多元化。近年来，小型酒庄逐渐兴起，并逐渐给在市场上占主导地位的资深酒庄带来挑战。更重要的是，以更负责的方式栽培葡萄的理念重新兴起，已经成为香槟酿酒行业的主要问题。在这个产区，由于霉病的影响，严格的有机葡萄栽培通常困难重重。虽然人们对有机和生物动力葡萄的种植越来越感兴趣，但总体来说该地区仍非常注重提高葡萄栽培技艺。

香槟通常被视为特定场合下才会选用的酒款，比如庆祝用酒或者开胃酒，但是香槟的风格也非常繁多，也不断有新品推出。例如，具有白垩矿物质气息、口感芳醇的白中白香槟与浓郁强劲的黑中白香槟几乎没有相似之处；同样的，浅龄香槟轻盈芳香的特点与层次复杂的成熟酒款形成了鲜明的对比。香槟几乎可以在所有场合选用，可搭配任何菜肴，而这种风格的多样性也是香槟最迷人的特点之一。

卡蒂埃香槟酒庄
卡蒂埃穆林园香槟选用香槟产区的一个顶级葡萄园出产的果实酿制而成。

阿雅拉酒庄
阿雅拉酒庄改进工艺，其零补液香槟堪称酒庄的代表作。

阿格帕特父子香槟酒庄（白丘产区）

相比于酿造过程，帕斯卡·阿格帕特（Pascal Agrapart）及其兄弟法布里斯（Fabrice）更注重葡萄栽培，他们以阿维兹（Avize）的家族葡萄园为依托，酿造天然而又极具风味的香槟酒。酒庄旗下的酒款部分在橡木桶中发酵而成，芳醇的白垩矿物质气息中洋溢着醇厚浓郁的口感，极富层次性。酒庄出产一款桃红葡萄酒，用于酿酒的葡萄一小部分是外购的黑皮诺。其余酒款都是白中白香槟，每款酒都从不同角度展现阿格帕特各个酒庄的独特风土条件。从 2001 年起，阿格帕特便开始打造一款杰出的单一园香槟——维纳斯特酿香槟（Cuvée Vénus）。这款香槟选用葡萄的种植地块不是用拖拉机耕种，而是采用生物动力耕种法，全部由马匹犁地。

天福香槟酒庄（埃佩尔奈产区）

这家位于埃佩尔奈的小酒庄是由阿尔弗雷德·格拉蒂安（Alfred Gratien）于 1864 年创建的。酒庄如今的酿酒师尼古拉斯·耶格（Nicolas Jaeger）是该家族的第 4 代酿酒师，他在 2007 年正式从父亲手中接管了酒庄。该酒庄仍然沿用众多的传统工艺：坚持全部使用旧橡木桶酿造，杜绝使用苹乳发酵。此外，酒庄的年份香槟使用橡木塞装瓶，不用酒帽。酒庄旗下的香槟口感丰富，浓郁饱满，在酒体复杂性和新鲜度方面达到了完美融合。酒庄的年份特酿香槟特别出众，极具陈年潜力。

阿斯帕奇香槟酒庄（兰斯山产区）

这家布鲁耶（Brouillet）家族酒庄的前身是阿里斯顿父子酒庄（Ariston Fils），主要酿造口感圆润、风味浓郁的香槟，将兰斯山西北一隅的风土特点展现得淋漓尽致。此地的土壤成分复杂，富含砂粒、黏土、冲击沉积物和适合香槟葡萄品种生长的典型白垩土质。阿斯帕奇香槟酒庄（Aspasie）的酒款由葡萄园自产的 3 种葡萄酿制而成，除了橡木桶发酵的福特极干型香槟特酿（Brut de Fût），其他所有酒款均使用不锈钢桶酿造。

奥布里之子香槟酒庄（兰斯山产区）

菲利普·奥布里（Philippe Aubry）和皮埃尔·奥布里（Pierre Aubry）兄弟二人共同经营这家位于茹伊莱兰斯（Jouy-lès-Reims）的酒庄。酒庄极具原创精神，酿造的香槟个性鲜明。酒庄以复兴"被遗忘"的葡萄品种而闻名，如阿尔班（Arbanne）、小美丝丽尔（Petit Meslier）和福满多（Fromenteau）等，旗下的奥布里黄金比例香槟（Le Nombre d'Or）和沙砾白中白香槟（Sablé Blanc des Blancs）是酒庄出产的两款特酿，均由这些稀有的葡萄品种酿造而成。奥布里之子香槟酒庄（L Aubry Fils）对经典葡萄品种的酿制工艺也独树一帜，由莫尼耶皮诺葡萄为主要成分的非年份极干型香槟和浓郁芳香的奥布里亨伯特极干型香槟（Aubry de Humbert）有力地证明了这一点。但酒庄出产的萨伯乐桃红葡萄酒（Sablé Rosé）工艺精益求精，口感细腻优雅，堪称酒庄的镇庄之宝。

阿雅拉酒庄（马恩河谷产区）

1860 年，埃德蒙·阿雅拉（Edmond de Ayala）创建了这家古老的酒庄，2005 年堡林爵集团（Bollinger Group）接手酒庄后大胆革新，开创了新风格并延续至今。但该酒庄并不打算沿袭堡林爵集团的风格，而是采取了两大举措：酿制工艺中提高了霞多丽葡萄的配比，减少其他葡萄品种的比例或者只用霞多丽葡萄打造纯酿酒款。至纯天然极干型香槟（The Zéro Dosage Brut Nature）完美演绎阿雅拉的风格，而陈年阿雅拉之珠香槟（Perle d'Ayala）则拥有更复杂的口感和陈年价值。

贝努瓦·拉哈耶酒庄（兰斯山产区）

1993 年，贝努瓦·拉哈耶（Benoît Lahaye）接管了布兹村的家族酒庄，并逐渐将这里建设成兰斯山顶级的葡萄种植园。拉哈耶重视有机种植，将出产的大多数黑皮诺葡萄酿造成酒香浓郁而又极具风味的香槟。部分酒液在酒桶中发酵，并根据年份进行调整；酒庄没有固定的酿造配方，拉哈耶会根据不同的酒款调整其酿制工艺。酒庄的产品琳琅满目，从天然极干型香槟（Brut Nature）到浸渍桃红香槟（Rosé de Macération）不一而足，整个拉哈耶系列酒款都是值得一试的佳品。

贝勒斯父子酒庄（兰斯山产区）

这家小型的家族酒庄位于吕德村，出产的干型香槟口感丰富，闻名于世。拉斐尔·贝勒斯（Raphaël Bérèche）从 2004 年起与父亲一起经营酒庄，开始采用更天然的葡萄栽培技术。他们开始在酒糟陈年期间更多地采用瓶装陈年。安唐之光香槟（Reflet d'Antan）是一款由索莱拉陈酿系统酿造的口感浓郁而复杂的香槟，采用瓶装陈年，未来推出的无补液贝勒斯乐博白中白香槟（Beaux Regards Blanc de Blancs）也将采用此工艺打造。酒庄的非年份天然极干型香槟拥有不同寻常的复杂度，极具特色，不容错过。★新秀酒庄

沙龙贝尔酒庄（马恩河谷产区）

1818 年，尼古拉·弗朗索瓦·贝尔（Nicolas François Billecart）和伊丽莎白·沙龙（Elisabeth Salmon）创建的这家家族酒庄，如今已传承了 17 代。这家著名的酒庄现由弗朗索瓦·罗兰-贝尔（François Roland-Billecart）和安托万·罗兰-贝尔（Antoine Roland-Billecart）管理。沙龙贝尔酒庄（Billecart-Salmon）以其非年份的桃红葡萄酒而闻名，但酒庄真正的瑰宝却是年份香槟。尼古拉·弗朗索瓦特酿（Cuvée Nicolas François）浓烈而细腻，而顶级特酿香槟（Grande Cuvée）长期酒糟陈酿工艺赋予了这款酒更高的复杂性。酒庄最顶级的酒款可能是口感丝滑细腻的沙龙贝尔伊丽莎白桃红香槟（Elisabeth Salmon Rosé）。该酒庄最近推出的克洛斯圣伊莱尔香槟（Clos Saint-Hilaire）则展现出酒庄优雅风格的另一方面。

比内酒庄（白丘产区）

1849 年，莱昂·比内（Léon Binet）在兰斯创建了这家酒庄，几经转手后，阿维兹普林父子酒庄（Prin Père et Fils）的丹尼尔·普林（Daniel Prin）在 2000 年收购了该酒庄。普林自己生产的香槟不经苹乳发酵，主要采用霞多丽酿造而成，在比内酒庄（Binet），他延续了酒款以往醇厚浓郁的风格，质地如奶油一般丝滑。比内酒庄还推出了一些有很多年份的香槟，但现在酿造的香槟口感似乎更加细腻，这一特点在陈年特酿中尤为突出。

堡林爵香槟酒庄（马恩河谷产区）

创建于 1829 年的堡林爵香槟酒庄（Bollinger）历史悠久，其创业历程也非常独特。酒庄高比例的自产葡萄是这家酒庄的与众不同之处，其酿酒所需葡萄的三分之二产自酒庄自有的 163 公顷的葡萄园，这一点无疑是堡林爵香槟卓越品质的重要保障。在部分橡木桶发酵的非年份特酿香槟和顶级珍藏香槟系列的加持下，堡林爵香槟具有丰富而不失细腻的风格。经橡木桶发酵，在瓶中陈年的堡林爵丰年香槟（La Grande Année）拥有极高的复杂口感和长期的保质期限。

伯纳尔酒庄（白丘产区）

伯纳尔酒庄（Bonnaire）是白丘产区最著名的酒庄之一，盛产浓郁迷人、具有奶油般质地的香槟。酒庄最顶级的酒款是年份白中白香槟，此酒选用克拉芒村出产的葡萄，置于不锈钢罐中酿造而成。随着时间的推移，该酒款的品质会变得非常诱人，从 20 世纪 80 年代至今都是备受好评的一款酒。伯纳尔酒庄一直在尝试用橡木发酵一款名为"方差"（Variance）的特酿，这款香槟选用白丘产区 3 个村庄的霞多丽葡萄酿造。伯纳尔酒庄还将霞多丽与埃纳省的葡萄酒混酿，打造出了活泼且带有醋栗香气的桃红葡萄酒。

布莱斯香槟酒庄（兰斯山产区）

让-保罗·布莱斯（Jean-Paul Brice）于 1994 年创建了这家位于布兹村的小型酒庄。布莱斯在布兹村拥有 8 公顷的葡萄园，酿造所需的大部分葡萄是从大约 20 个村庄采购而来。布莱斯香槟中的镇庄之宝是 4 款单一园香槟，分别展示了克拉芒、布兹、韦尔兹奈和拉伊 4 个特级村的独特特征。与布莱斯香槟的所有酒款一样，这 4 款香槟也在不锈钢桶中酿造，不经苹乳发酵，经此工艺产出的佳酿酒体紧实，口感纯正活泼，极富张力。

布鲁诺酒庄（兰斯山产区）

布鲁诺·帕亚尔（Bruno Paillard）于 1981 年创建了这家酒庄。如今，酒庄每年生产大约 4.5 万箱香槟。该酒庄深谙橡木桶和发酵罐两种发酵工艺，其中酒桶还用于存储酒庄的珍藏酒款，有些已经窖藏了 20 年。帕亚尔酿造的香槟轻盈清爽，质地上乘。自 1990 年起，帕亚尔便一直酿造一款名为 NPU 的顶级特酿，该酒完全在橡木桶中酿造，需在酒糟中陈年 10 年。

伯纳尔酒庄
伯纳尔酒庄的白中白香槟口感柔滑浓郁，酸度适中，清新爽口。

堡林爵香槟酒庄
该酒庄的特级香槟是香槟中知名的酒款之一。

卡米尔·萨韦香槟酒庄（兰斯山产区）

自 1894 年起，萨韦（Savès）家族便一直生活在布兹的腹地。他从 1910 年开始依托家族 10 公顷的葡萄园酿造酒庄专属香槟。除了非年份卡特布兰奇香槟（Carte Blanche），卡米尔·萨韦酿造的香槟都是布兹纯酿，由于未进行苹乳发酵，这些酒除了拥有该村庄普遍的果香外，还保留了酒体活泼的新鲜度。酒庄旗下出色的年份极干型香槟主要是黑皮诺香槟，是酒庄的代表作，而酒庄的至尊特酿则主要使用霞多丽酿造，有四分之一需在橡木桶中酿造。

卡蒂埃香槟酒庄（兰斯山产区）

卡蒂埃（Cattier）家族自 18 世纪中期便开始种植葡萄，并在 1918 年创建了家族的香槟酒庄。卡蒂埃香槟酒庄（Cattier）位于希尼莱罗斯村，其大多数葡萄都产自蒙塔涅（Montagne）这一区域，酿造的葡萄酒口感圆润柔顺。

酒庄窖藏的"明星"则是出色的卡蒂埃穆林园香槟（Clos du Moulin），该酒款是一款单一园香槟，自 1952 年便一直出产。这款酒由 3 个年份的等比例霞多丽和黑皮诺混酿而成，展现出独特而复杂的特点。

布夏尔公爵酒庄（奥布产区）

尽管布夏尔公爵酒庄（Cédric Bouchard）从 2000 年才开始酿造香槟，但很快便凭借少量手工精心制作的风味香槟赢得了大量的消费者。布尔夏的香槟是原创，甚至是对传统的一种颠覆：他的每一款香槟都是由单一地块、单一葡萄园和同一葡萄品种酿造的佳酿，从不走混酿路线。酒庄的香槟以珍妮玫瑰（Roses de Jeanne）的品牌销售，入门级的花序香槟（Inflorescence）则产自其父亲拥有的地块。从柔和的布夏尔公爵苏林黑中白香槟（Les Ursules Blanc de Noirs）到多面的布夏尔公爵贺冬菲桃红香槟（Rosé de Saignée），所有香槟都拥有非同寻常的细腻口感和纯净风味。★新秀酒庄

哈雪香槟酒庄（兰斯山产区）

1851 年，查尔斯-卡米尔·海德西克（Charles-Camille Heidsieck）创建了这家位于兰斯的酒庄，这位传奇人物在美国市场上大获成功，为其赢得了"香槟查理"的昵称。20 世纪后期，在酒窖酿酒主管丹尼尔·蒂博（Daniel Thibault）的指导下，查尔斯·海德西克通过高比例的陈年基酒和在酒糟中的长期陈酿创造了自己丰富而复杂的香槟风格。现在，里吉斯·加缪（Régis Camus）继续打造精致而极具特色的香槟，如市场上顶级的极干型非年份香槟，哈雪珍藏级香槟和卓越的顶级特酿哈雪白色年华香槟（Blanc de Millénaires）都是他的代表作。

夏尔多涅-泰耶香槟酒庄（兰斯山产区）

亚历山大·夏尔多涅（Alexandre Chartogne）把这家备受推崇的 12 公顷种植园的影响力提升到新高度，酒庄酿造的香槟鲜活强劲，酒香浓郁，充分展现了香槟产区最北端梅尔

德乐梦酒庄

德乐梦白中白香槟是一款精致优雅、独具一格的香槟酒，口感温和。

丹皮尔酒庄

丹皮尔顶级特酿香槟软塞采用传统方式手工压制而成。

菲（Merfy）的砂质土壤和白垩黏土的土壤特点。酒庄的夏尔多涅-泰耶圣安娜特酿极干型非年份香槟（Chartogne-Taillet's harmonious Cuvée Ste-Anne non-vintage brut）或口感活泼且酒香浓郁的白中白香槟都能很好展现酒庄香槟的风格理念。酒庄顶级特酿香槟的名称源自现任酒庄主人的祖先——菲亚克·泰耶（Fiacre Taillet），他是该产区的先驱者，早在18世纪早期，其便在该地区种植葡萄。★新秀酒庄

克里斯蒂安·艾蒂安酒庄（奥布产区）

奥布产区的酒庄的瓶装香槟经常被认为是新兴事物，但是克里斯蒂安·艾蒂安（Christian Etienne）自1978年起便开始灌装自己品牌的瓶装香槟。艾蒂安酿造的香槟浓郁醇厚，展现了该地区典型口感特征。酒庄打造的年份香槟在酒糟中陈酿多年，而其优质特酿则证明了霞多丽也可以在黑皮诺产区茁壮成长。酒庄的顶级酒款是非年份传统极干型香槟（Brut Tradition），这款香槟质地丝滑，果香浓郁。

克劳德·卡萨尔斯香槟酒庄（白丘产区）

克劳德·卡萨尔斯香槟酒庄（Claude Cazals）坐落于勒梅尼勒叙罗热村，其占地9公顷的葡萄园全部位于白丘产区。该酒庄的顶级酒款是克洛斯卡萨尔斯香槟（Clos Cazals），这是一款拥有浓郁风味和浓郁白垩矿物质气息的佳酿，产自奥热村的一个同名葡萄园。精美优雅、结构平衡的绝干型百仕特酿香槟（Cuvée Vive）和陈年的白中白香槟都是值得关注的佳酿，这两款酒全部使用特级园的霞多丽葡萄酿造，并在酒糟中培育至少6年。

克劳德·科尔本酒庄（白丘产区）

从1922年起，这家家族酒庄便一直在酿造香槟，年产量仅为1250箱。科尔本的非年份特级珍藏香槟（Grande Réserve）主要由马恩河谷的红葡萄酿造而成，而酒庄的陈年白中白香槟则完全由阿维兹村的霞多丽葡萄酿造而成，具有经典的结构和白垩矿物质气息。酒庄独特的昔日天然特干型香槟（Brut d'Autrefois）是一款"百世"特酿，这款特酿每年都会添加新酒，在酿酒桶中部分陈年，进而赋予了这款香槟丰富的口感和莹润透亮的色泽。

丹皮尔酒庄（兰斯山产区）

丹皮尔（Dampierre）家族与香槟产区有着700多年的历史。目前，奥多安·德·丹皮尔（Audoin de Dampierre）掌管着这家位于舍奈（Chenay）的小酒庄，酒庄的葡萄主要采购自各个村庄的特级园。酒庄以其丹皮尔大使系列白中白干型香槟（Cuvée des Ambassadeurs）而闻名，是全球多家法国大使馆的指定用酒。该系列的其他香槟酒也拥有类似的丰郁果香和精致优雅的特点。酒庄的年份香槟尤为出色，选用三分之二黑皮诺葡萄酿制的特级年份香槟（Grand Vintage）便是代表作；酒庄还有两款顶级特酿：丹皮尔家族珍藏特级干型香槟（Family

Réserve）和顶级特酿（Cuvée de Prestige），它们都是霞多丽纯酿，风格既精致细腻又高贵优雅。

大卫·勒克莱帕特酒庄（兰斯山产区）

作为生物动力法葡萄栽培的忠实倡导者，大卫·勒克莱帕特（David Léclapart）于1998年创建了这家微型酒庄，旗下有3公顷的家族葡萄园。大卫的葡萄园都位于特雷帕伊村，他以该村为依托酿造了白中白香槟和桃红香槟，以及由黑皮诺葡萄酿造的静止葡萄酒。顶级特酿香槟均采用橡木桶酿造，所用葡萄全来自同一年份。在理想情况下，勒克莱帕特的香槟会拥有通透的清澈度和矿物质气息。酒庄的酒款装瓶不久就上市，不过额外窖藏一段时间后，这些浅龄酒会有更佳的口感。★新秀酒庄

梅里克香槟酒庄（马恩河谷产区）

1959年，克里斯蒂安·贝塞拉特（Christian Besserat）创建了梅里克香槟酒庄（Champagne De Meric），后被美国商人丹尼尔·金伯格（Daniel Ginsburg）收购，从1997年到2006年一直在他名下。金伯格完全使用采购的葡萄酿造香槟，大部分的香槟在型号不一的橡木桶中酿造，不经苹乳发酵。如今，梅里克香槟酒庄的主人是莱克莱尔-盖斯帕德酒庄（Leclaire-Gaspard）的雷纳德·莱克莱尔（Reynald Leclaire），他仍坚持使用木桶酿酒，但选用的是酒庄自种的葡萄。在他的管理下，相信酒庄的香槟品质会继续提升。

德索萨父子酒庄（白丘产区）

米歇尔·德索萨（Michelle De Sousa）和埃里克·德索萨（Erick De Sousa）酿造的香槟香气浓郁，浓烈强劲。该酒庄的酒款特色鲜明，选用熟透的葡萄经酒糟陈年打造而成，口感尤为醇厚；其顶级特酿坚持使用橡木桶发酵。有时香槟口感会过分浓郁，但是如果酒体结构能平衡得恰到好处，定然会是非常出色的酒款。德索萨父子酒庄（De Sousa & Fils）的顶级特酿——德索萨香槟科带列斯特酿（Cuvée des Caudalies）使用藤龄超过50年的霞多丽葡萄酿造而成。此香槟有年份酒款，也有通过索莱拉陈酿系统酿造的非年份酒款。酒庄还出产一款德索萨科带列斯特酿顶级桃红香槟（Cuvée des Caudalies Rosé），由特级园的黑皮诺葡萄混酿而成。

德豪斯酒庄（马恩河谷产区）

1966年，杰罗姆·德豪斯（Jérôme Dehours）接管了家族葡萄园，开始采用天然种植法种植葡萄，部分酒液用橡木桶酿造。他对特定的风土条件愈发重视，并依托马恩河谷这片产区打造了多款单一园香槟，如集完美成熟度和活力于一体的德豪斯日内瓦香槟（Les Genevraux）——一款完全由酒庄的主要葡萄品种莫尼耶皮诺酿造而成的纯酿，而布里斯费尔（Brisefer）则是一款口感丰富、矿物质气息浓郁的霞多丽香槟。德豪斯还酿造精致的混酿香槟，其中浅色的桃红色香槟馨香精致，尤为出色。

德乐梦酒庄（白丘产区）

自 1760 年弗朗索瓦·德拉莫特（François Delamotte）创建酒庄以来，酒庄便一直专注于霞多丽香槟的酿造。如今，坐落于白丘腹地的酒庄隶属于罗兰百悦香槟集团（Laurent-Perrier Group），同时也是沙龙酒庄（Salon）的姐妹酒庄，两家酒庄一起共享勒梅尼勒叙罗热村的设施。德乐梦酒庄（Delamotte）风格细腻精致，优雅含蓄，在如今越来越偏爱浓烈香槟的潮流中，这种风格经常会被忽视。从轻盈的柑橘味白中白香槟到丝滑低调的辛辣桃红香槟，德乐梦酒庄的每一款香槟都从不同方面展示了酒庄的优雅风格。

蒂姿香槟酒庄（马恩河谷产区）

蒂姿香槟酒庄（Deutz）的历史可追溯到 1838 年，1993 年该酒庄被路易王妃香槟酒庄收购，开启了其现代化的发展历程。如今，这家以酿造结构平衡、口感细腻的香槟而著称的酒庄正处于巅峰状态。蒂姿香槟不一定酒体轻盈，但是在品鉴酒庄的香槟时，总是能先领略到细腻的口感，然后才是其烈度，这一点在活泼热情经典极干型香槟中体现得淋漓尽致。酒庄的年份香槟非常出色，特别是精致芬芳的桃红香槟，而酒庄出类拔萃的顶级特酿——蒂姿威廉年份香槟（William Deutz），在保持平衡结构的同时，其丰富性和复杂度也在不断提升。

德保-瓦勒酒庄（白丘产区）

德保-瓦勒酒庄（Diebolt-Vallois）是香槟产区的顶级种植园，依托分布在克拉芒和附近村庄的 11 公顷葡萄园，酿造纯正经典的白中白香槟。带有绿色认证的非年份白中白香槟是市场上同类香槟中的佼佼者，而酒庄的年份香槟则更加复杂，保质期更久。德保-瓦勒激情之花陈年香槟（Fleur de Passion）由克拉芒村的老藤葡萄在酿酒桶中酿造，不经苹乳发酵，是一款纯正的传统香槟，虽极富表现力，但需多年窖藏才能充分展现其最佳口感。

唐·培里侬香槟王酒庄（埃佩尔奈产区）

作为世界知名的香槟品牌，唐·培里侬香槟王酒庄（Dom Pérignon）是酩悦香槟酒庄于 1936 年创建的顶级特酿品牌，该酒庄于同年推出了首款 1921 年份香槟。如今，它已成为一个独立品牌，但仍受益于酩悦香槟酒庄空前绝后的葡萄园网络的影响。遗憾的是，大多数的唐·培里侬香槟王都饮用得过早，随着时间的推移，这些香槟酒会呈现上好的复杂度和细腻口感。酒庄飘逸灵动的桃红香槟拥有无可挑剔的优雅精致口感，是一款令人更难以忘怀的佳酿。

多农-佩吉香槟酒庄（奥布产区）

戴维·多农（Davy Dosnon）和西蒙-查尔斯·佩吉（Simon-Charles Lepage）于 2005 年创建了自己的精品酒庄，专注于奥布巴尔丘阿维雷-兰热村（Avirey-Lingey）及周围村庄所产葡萄的酿造。酒庄的香槟饱满丰富，橡木桶的酿造使酒体更加丰盈。

酒款的精致严谨，印证了酒庄两位创始人的酿造热情和对细节的关注。多农-佩吉香槟酒庄（Dosnon & Lepage）有 4 款特酿，分别是醇厚的丰收极干型香槟（Récolte Brute）、活泼时尚的白色丰收白中白香槟（Récolte Blanche）、拥有出色陈年潜能的黑色丰收黑中白香槟（Récolte Noire），以及辛香复杂的桃色丰收桃红香槟（Récolte Rose）。★新秀酒庄

朵雅香槟酒庄（白丘产区）

雅尼克·朵雅（Yannick Doyard）在白丘产区种植了 10 公顷的葡萄园，所产葡萄的半数出售给贸易商，仅保留一些顶级葡萄酿造自己酒庄的香槟。酒庄的香槟精致细腻，部分在桶中酿造，并在酒糟中陈年相当长的一段时间，如朵雅香槟酒庄（Doyard）的非年份特酿绝干型香槟至少要经过 6 年的酒糟陈年才会装瓶。朵雅年度精选白中白极干型香槟（Collection de l'An I）拥有极致的细腻口感，而拉力百合甜香槟（La Libertine）则是一款非常罕见的原创甜香槟。

德拉皮尔酒庄（奥布产区）

作为奥布最知名的酒庄之一，德拉皮尔酒庄（Drappier）以酿造醇厚浓郁的香槟而闻名。米歇尔·德拉皮尔（Michel Drappier）高度重视可持续的葡萄栽培，单独酿造每个地块的葡萄，并努力降低香槟中的亚硫酸盐含量。

德拉皮尔酒庄的金标非年份香槟（Carte d'Or）品质非常稳定，但德拉皮尔酒庄的天然极干型香槟品质更佳，完全由黑皮诺酿造，也有无硫化物版本。

酒庄的顶级香槟系列——格兰德森叔年份香槟（Grande Sendrée）是一款陈年的单一园香槟，兼具德拉皮尔酒庄多汁香槟的果香和白垩气息的细腻口感。

福满心香槟酒庄（兰斯山产区）

这家小酒庄位于希尼莱罗斯村，现由福满心家族的第 5 代传人吉尔·福满心（Gilles Dumangin）掌管。福满心香槟酒庄（J Dumangin Fils）所用的绝大多数葡萄均采购自希尼村周围的村庄，酒庄的顶级香槟集前卫果香和宽广质朴的本地风土特点于一身。甘美浓郁的优质白中白香槟（Premium Blanc de Blancs）和由霞多丽和黑皮诺混酿而成的年份天然极干型香槟都是值得一试的佳品。福满心年份香槟（Vinothèques）是一款年份较早的香槟，非同寻常的补液缔造了极干香槟的口感，也使其成为值得一试的佳酿。

R. 迪蒙父子香槟酒庄（奥布产区）

R. 迪蒙父子香槟酒庄（R Dumont & Fils）名称中的 R 代表拉斐尔（Raphaël）和罗伯特（Robert）两兄弟名字的首字母，他们二人在 20 世纪 70 年代创建了这家位于奥布的酒庄。如今，酒庄由两兄弟的儿子伯纳德（Bernard）和皮埃尔（Pierre）掌管，酿造了大量以黑皮诺为主要原材料的香槟。虽然酒庄的非年份香槟非常受欢迎，特别是果味浓郁的桃红香槟，但酒庄

兰斯的克雷耶尔岩洞

从高卢–罗马时代开始，兰斯城周围就有人在沉积白垩岩上开挖风格独特的岩洞，该岩洞内部空间宽阔，整体呈金字塔形状，深达 50 米左右，总计可达数百个。18 世纪晚期，克劳德·瑞纳特（Claude Ruinart）萌生了利用这些干燥凉爽的环境当酒窖的想法，其他人也纷纷效仿。如今，查尔斯·海德西克、亨里厄特（Henriot）、波默里（Pommery）、泰坦瑞（Taittinger）和弗夫·克利科（Veuve Clicquot）家族都和瑞纳特家一样，在城市东南方拥有克雷耶尔洞，即白垩岩洞。这些美不胜收的克雷耶尔洞在 1931 年被列为法国历史遗迹，同时，洞里因为常年保持凉爽恒定的温度，所以也是香槟熟化的理想之所。其中一些克雷耶尔洞是对公众关闭的，但好在有一些是对游客开放的，成为该地区的亮点。

弗兰克·邦维尔酒庄
美女之旅特酿香槟在橡木桶中
陈年 7～8 个月，口感柔和顺滑。

埃德蒙·巴诺酒庄
埃德蒙·巴诺酒庄的黑中白香槟
口感丰富，细腻柔滑。

的年份香槟也非常值得品鉴，如酒庄的年份天然香槟，香气浓郁，质地丰富，而仅在好年份才能酿造的特级年份香槟（Grand Millésime）则是一款复杂且极具陈年价值的黑中白香槟。

杜洛儿香槟酒庄（白丘产区）

于 1859 年创建的杜洛儿香槟酒庄（Duval-Leroy）是一家家族酒庄，现由卡罗尔·杜洛儿-勒罗伊（Carol Duval-Leroy）掌管。酒庄的香槟种类繁多，既有清淡芳香的杜洛儿花语香槟（Fleur de Champagne），也有单一园宝维丽白中白香槟（Clos des Bouveries），这款以"大师"（Maestro）酒标上市的酒款采用了一种非常规封瓶工艺，颇具争议。酒庄的顶级特酿——杜洛儿香妃香槟（Femme de Champagne）由杜洛儿香槟酒庄顶级葡萄园的葡萄酿造，并在上市前陈年了相当长的一段时间。不过，酒庄的顶级香槟应该是"真品"（Authentis）香槟系列，这系列产品由有机种植的葡萄酿造，专注于表现当地特定的风土条件。

埃德蒙·巴诺酒庄（兰斯山产区）

埃德蒙·巴诺（Edmond Barnaut）于 1874 年创建了这家位于布兹的酒庄。如今，酒庄由巴诺的后代菲利普·司康德（Philippe Secondé）掌管。除了由马恩河谷葡萄混酿而成的埃德蒙特酿（Cuvée Edmond），巴诺酿造的其他香槟都是布兹纯酿，这些香槟拥有极高的成熟度和浓烈香气，充分展现了村庄向阳南坡的温暖气候。与该系列的其他酒款相比，埃德蒙·巴诺酒庄的黑中白香槟呈现出更加细腻的口感。

欧歌利屋酒庄（兰斯山产区）

在 20 世纪 80 年代初接管家族酒庄后，弗朗西斯·欧歌利（Francis Egly）将欧歌利屋酒庄（Egly-Ouriet）打造成了香槟产区最知名的酒庄。欧歌利主要使用黑皮诺酿造香气浓郁、风味浓烈的香槟，部分在勃艮第的多米尼克洛朗酒庄（Dominique Laurent）的橡木桶中酿造。

该酒庄的香槟在酒糟中的长期陈年，赋予了包括非年份传统干型香槟及除渣香槟（VP）和年份香槟（Millésime）在内的所有酒款诱人的色泽和浓郁的口感，款款醇厚诱人，颜色深邃，富有层次性。酒庄的顶级香槟通常是香气浓郁、浓烈强劲的黑中白香槟，此酒由克莱耶尔镇（Les Crayères）昂博奈村 60 年的老藤葡萄酿造而成。

伊曼纽尔·布罗切特香槟酒庄（兰斯山产区）

伊曼纽尔·布罗切特（Emmanuel Brochet）在维莱尔奥诺厄德村（Villers-aux-Noeuds）有 2.5 公顷的葡萄园，种植了酿造香槟所需的 3 个主要葡萄品种。葡萄园采用有机种植，且所有香槟都在橡木桶中酿造。酒庄的主打酒款是非年份的蒙伯努瓦香槟（Le Mont Benoit），此酒拥有出色的深度，极具特色，该酒款还以葡萄园的名字命名，口感浓郁，带有一丝泥土气息和浓烈的矿物质气息。布罗切特还打造了一款芳醇多汁的

桃红葡萄酒，未来还将推出一款白中白香槟和一款莫尼耶皮诺纯酿香槟。★新秀酒庄

瑞黛酒庄（兰斯山产区）

1984 年，埃里克·瑞黛（Eric Rodez）接管了家族位于昂伯奈的酒庄。以 6.5 公顷的葡萄园为依托，酒庄每年出产 4000 箱左右的香槟。

埃里克·瑞黛的所有香槟都使用昂伯奈生物动力法栽培的葡萄酿造，大部分在橡木桶中酿造。酒庄口感特别丰富的非年份香槟大比例选用珍藏佳酿，增加了酒庄香槟的复杂性和深度，而名为风土印记（Empreinte de Terroir）的系列香槟则包含多款陈年香槟，这些香槟产自瑞黛酒庄的顶级地块，全部由木桶酿造。

弗兰克·邦维尔酒庄（白丘产区）

奥利维尔·邦维尔（Olivier Bonville）是这家酒庄的掌舵人，旨在酿造口感细腻的白中白香槟，并不断提高自己的工艺。弗兰克·邦维尔酒庄（Franck Bonville）拥有 18 公顷的特级葡萄园，大部分位于阿维兹村和奥热村，少量分布于克拉芒和勒梅尼勒叙罗村。酒庄的窖藏明星是陈年的白中白香槟，当然非年份的优质香槟也是值得一试的佳品。美女之旅特酿香槟（Cuvée Les Belles Voyes）是一款奥热单一园香槟，也是邦维尔使用橡木桶酿造的唯一一款香槟。

弗兰克·帕斯卡香槟酒庄（马恩河谷产区）

弗兰克·帕斯卡香槟酒庄（Franck Pascal）在马恩河谷北岸有 3.5 公顷的黏土葡萄园，依托这些葡萄园，酒庄每年酿造 2500 箱香槟。1994 年，帕斯卡接管了家族酒庄，整个酒庄从 2001 年开始向生物动力葡萄栽培转型。酒香浓郁、充满活力的萨热斯天然极干型香槟（Sagesse Brut Nature）拥有自然成熟葡萄的浓郁果香。宽容桃红香槟（Tolérance Rosé）是萨热斯香槟和少许葡萄酒的混酿，口感复杂，余味芳香顺滑。★新秀酒庄

弗朗索瓦·司康德香槟酒庄（兰斯山产区）

弗朗索瓦·司康德香槟酒庄（François Secondé）可能是唯一一家仅使用西耶里公社（Sillery）所产葡萄酿造香槟的现代酒庄，该公社是兰斯山产区知名的特级葡萄村庄，历史悠久。司康德的香槟酒体丰盈，成熟度高，在最佳状态下，这些酒还会保留坚实和谐的结构和浓烈的矿物质气息。拉勒格黑中白香槟（La Loge Blanc de Noirs）由 50 年的老藤黑皮诺酿造而成，拥有顶级的精致口感，结构完整，品质始终如一；而克拉维特酿香槟（Cuvée Clavier）则是一款以霞多丽为主要原料的混酿，部分在酿酒桶中陈年，也是一款非常值得品鉴的佳品。

弗朗索瓦兹·贝德尔香槟酒庄（马恩河谷产区）

弗朗索瓦兹·贝德尔香槟酒庄（Françoise Bedel）位于马恩河谷的最西侧，在这里，弗朗索瓦兹·贝德尔和儿子文森特

（Vincent）依托生物动力种植的葡萄园酿造独特且极具个性的香槟。此地区的黏土土壤和石灰岩土壤非常适合莫尼耶皮诺葡萄生长，该品种葡萄的种植面积占酒庄葡萄园总面积的五分之四。酿制时，酒液会在酒糟中长期陈年，出产的贝德尔香槟特色鲜明，酒体饱满，口感馨香浓郁，结构复杂，带有丝丝泥土的芬芳。天地之间香槟（Entre Ciel et Terre）是一款辛辣活泼的香槟，由产自白垩质黏土土壤的葡萄酿造而成；而神秘之源香槟（Dis, Vin Secret）由石灰岩土壤出产的葡萄酿造，更加圆润丰盈。

盖斯顿·奇克香槟酒庄（马恩河谷产区）

安东尼·奇克（Antoine Chiquet）和尼古拉斯·奇克（Nicolas Chiquet）兄弟酿造的香槟是香槟产区的优质典范，完美展现了这个区域的风味特征。盖斯顿·奇克香槟酒庄（Gaston Chiquet）专注于老藤葡萄酿造，果实选用黏土土壤出产的葡萄，同时避免木料的使用，保障香槟轻盈而细腻的口感。酒庄的顶级酒款是特殊俱乐部香槟（Spécial Club），同样引人注目的还有拉伊白中白香槟（Blanc de Blancs d'Aÿ），此酒是一款为数不多的浓烈芳醇、带有风土气息的霞多丽香槟，酿造使用的霞多丽产自这个主要种植皮诺葡萄的村庄。

加蒂诺香槟酒庄（马恩河谷产区）

坐落于拉伊村特级园内的这家小型精品酒庄由皮埃尔·舍瓦尔（Pierre Cheval）和妻子玛丽-保尔·加蒂诺（Marie-Paule Gatinois）共同运营，酿造的香槟醇厚饱满。拉伊村以种植黑皮诺而闻名，其种植面积占加蒂诺香槟酒庄（Gatinois）葡萄园面积的90%。非年份的传统香槟馥郁柔滑，而珍藏香槟虽是同款酒，但更长的酒糟陈年时间使其呈现出更丰富的口感。备受欢迎的年份香槟一上市便会销售一空，也是非常值得品鉴的酒款。加蒂诺香槟酒庄还酿造优质的红葡萄酒，其特点是保留了从中世纪传承至今的村庄传统。

乔治·拉瓦尔香槟酒庄（马恩河谷产区）

虽为香槟产区的顶级种植园，乔治·拉瓦尔香槟酒庄（Georges Laval）因每年极低的香槟产量（每年仅产800箱）而不为人知，甚至大多数香槟品鉴家都不知道这家酒庄。酒庄的葡萄园自1971年便开始实施有机种植，且所有的香槟都由屈米耶尔村所产的葡萄酿造。乔治·拉瓦尔香槟酒庄的非年份香槟有两款：极干型香槟和天然极干型香槟，但这款酒曾是酒庄仅有的特酿。如今，酒庄还有两款单一园香槟和一款桃红香槟，但产量都非常低。

戈德梅父子酒庄（兰斯山产区）

休格斯·戈德梅（Hugues Godmé）掌管这家位于韦尔兹奈村的优质种植园，其酿造的香槟有着罕见的酒质，醇厚浓烈，极富表现力。珍藏极干型香槟（Brut Réserve）选用极高比例的珍藏葡萄酒酿制，赋予了香槟大胆奔放、香醇深邃的特征；而黑中白香槟则保留了深色葡萄的果香特征，同时展现出更高雅和细

盖伊·查理曼香槟酒庄
梅尼莱西姆年份香槟产自勒梅尼勒叙罗热村，是一款霞多丽佳酿，口感纯正，芳醇精致。

哥塞香槟酒庄
哥塞特级极干型珍藏香槟是由3种葡萄混酿而成，高贵典雅。

腻的口感。绝干型香槟和年份香槟都是十分出色的酒款，拥有沉郁的醇香和无可挑剔的平衡感，极富层次感，回味无穷。酒庄还打造了多款单一园香槟，潜力巨大。

格内-美迪维尔酒庄（马恩河谷产区）

出生于勒梅尼勒葡萄种植世家的泽维尔·格内（Xavier Gonet）和妻子朱莉·美迪维尔（Julie Médeville）在2000年创建了这个种植者自营酒庄。酒庄占地10公顷，半数葡萄园位于比瑟伊村。酒庄用依托该村出产的葡萄酿造优质的黑中白香槟。比瑟伊村不仅是格内-美迪维尔酒庄（Gonet-Medevilie）桃红香槟所用红葡萄酒的产地，还对非年份传统香槟的酿造有重要影响。酒庄出名的是产自昂博奈村和勒梅尼勒的一系列单一园香槟。与酒庄的所有酒款一样，这些酒款都结构平衡，极具表现力。★新秀酒庄

哥塞香槟酒庄（埃佩尔奈产区）

哥塞香槟酒庄（Gosset）自1584年创建以来，一直位于拉伊镇，但在2009年，酒庄迁移到了拥有更大规模酒窖的埃佩尔奈产区。虽然哥塞香槟以浓烈强劲而闻名，但当前的香槟却展现出了非凡的细腻口感、复杂性和平衡感。香槟不经苹乳发酵，酒体更加活泼。哥塞特级珍藏香槟（Grande Reserve）是一款优雅的顶级非年份极干型香槟，而陈年的哥塞特级年份香槟（Grand Millesime）则一贯以优雅精致著称。哥塞的顶级特酿欢庆香槟（Celebris）系列有3款，每一款都从不同方面展现了酒庄的精致风格。近期该系列向补液绝干型香槟转变，口感更具表现力。

哥塞-布拉班酒庄（马恩河谷产区）

20世纪30年代，加布里埃尔·哥塞（Gabriel Gosset）离开家族酒庄，在拉伊镇建立了这家种植园；如今，这家酒庄由其孙子米歇尔·哥塞（Michel Gosset）和克里斯蒂安·哥塞（Christian Gosset）掌管。哥塞-布拉班酒庄（Gosset-Brabant）的香槟拥有浓郁的果香和醇厚的口感，这些特质源自酒庄一丝不苟的葡萄栽培精神及拉伊和舒伊等村庄的特级葡萄园的优质品种。拉伊村的黑皮诺和舒伊村的霞多丽混酿后打造出了优质非年份珍藏香槟、酒庄顶级特酿和陈年佳博特酿香槟（Cuvee Gabriel）。酒庄还出产拉伊黑皮诺香槟（Noirs d'Ay）系列，其中一款拉伊皮诺香槟（Ay Pinot）尤为出色。

盖伊·查理曼香槟酒庄（白丘产区）

这家位于勒梅尼勒叙罗热村的著名酒庄由菲利普·查理曼（Philippe Charlemagne）掌管，酿造的香槟活泼芳醇，充分展现了该地区白垩质土壤的风土特点。虽然查理曼在白丘产区之外也有葡萄园，但查理曼的珍藏白中白香槟却仅由勒梅尼勒和奥热的特级园葡萄酿造而成，这些村庄出产的葡萄也用于酿造陈年查理曼特酿香槟（Cuvee Charlemagne）。盖伊·查理曼香槟酒庄（Guy Charlemagne）的顶级特酿年份香槟是一款完全由勒梅尼

埃佩尔奈南部的白丘产区种植着一排排延绵起伏的霞多丽葡萄藤，一望无垠。

佩里耶酒庄
佩里耶酒庄的顶级特酿的瓶身源自
19 世纪的手绘设计。

雅克森酒庄
酒庄 700 系列香槟中的 732 特酿是由
2004 年收获的葡萄混酿而成。

勒霞多丽酿造的香槟纯酿，所用原材料全部是产自顶级地块的老藤葡萄，部分在橡木桶中酿造。

莱曼迪尔香槟酒庄（白丘产区）

弗朗索瓦·莱曼迪尔（Francois Larmandier）是这家酒庄的掌门人，酒庄在白丘产区有 9 公顷的葡萄园。除了桃红香槟，酒庄的其他酒款均为白中白香槟，根据其风土条件，酒庄香槟可划分为以下几类：由韦尔蒂葡萄酿造的非年份极干型香槟、桃红香槟，以及舒伊村所产的珍珠特酿香槟（Cuvée Perlée）。莱曼迪尔克拉芒葡萄园所产葡萄会用于酿造非年份的克拉芒白中白香槟和口感更丰富的陈年顶级特酿。

亨利·比利奥特香槟酒庄（兰斯山产区）

这座位于昂博奈村的 5 公顷种植园是该村庄的顶级酒庄，主要酿造黑皮诺香槟，这些香槟拥有非同一般的精致优雅，极具特色。比利奥特的香槟均由昂博奈村的葡萄酿造，除了橡木陈年的朱丽叶特酿香槟（Cuvee Julie），酒庄其他酒款均在搪瓷钢罐中酿造，不进行苹乳发酵。酒庄的珍藏极干型香槟和非年份桃红香槟都堪称典范，而光滑柔顺的年份香槟则完美展现了昂博奈村的风土特点。酒庄的顶级酒款莱蒂蒂亚特酿（Cuvee Laetitia）由"百世"混酿酿造而成，这款混酿的酿造始于 20 世纪 80 年代中期，且仅在最好的年份添加新酒。

亨利·吉诺酒庄（马恩河谷产区）

克劳德·吉诺（Claude Giraud）的香槟均由拉伊村的葡萄酿造，其家族自 17 世纪便开始在此种植葡萄。非年份的吉诺精神香槟（Esprit de Giraud）质地丰富，口感浓郁，充分展现了克劳德的风格，而亨利·吉诺致敬弗朗索瓦爱玛特干型香槟（Hommage a Francois Hemart）经过 6 个月的橡木桶陈年后，会呈现出更好的口感。亨利·吉诺（Henri Giraud）大约三分之二的酒都采用橡木桶酿造，这些橡木源自本地的阿尔贡森林（Argonne forests）。浓烈奢华的橡木陈酿香槟（Cuvee Fut de Chene）全部使用当地的阿尔贡橡木桶酿造，为酒庄打开了知名度。

亨利·高托酒庄（马恩河谷产区）

亨利·高托酒庄（Henri Goutorbe）在拉伊村有一片重要的葡萄园圃，这片苗圃为酒庄打响了在香槟界的知名度，但是该家族也依托自有的 25 公顷葡萄园酿造优质香槟。酒庄的特级精品级香槟是一级园和特级园非年份天然香槟和由比瑟伊村的霞多丽葡萄酿造的白中白香槟。酒庄的年份极干型香槟和特殊俱乐部香槟（Special Club）全部由拉伊村出产的葡萄酿造，陈年效果极佳，完美展现了这家传奇酒庄的香槟多汁、细腻的口感。

亨利·曼多伊斯酒庄（埃佩尔奈南坡产区）

曼多伊斯（Mandois）家族的香槟酿造史可追溯至 1860 年。如今，这家位于皮埃尔村的家族酒庄由克劳德·曼多伊斯（Claude Mandois）掌管。除了亨利·曼多伊斯酒庄（Henri Mandois）的非年份极干型香槟部分采用外采的葡萄酿造外，其他香槟酿造所用的葡萄均产自酒庄自有的 35 公顷葡萄园，园中 70% 为霞多丽，15% 为黑皮诺，剩余 15% 为莫尼耶皮诺。酒庄的天然极干型香槟和陈年白中白香槟都拥有和谐的平衡感和光泽的质地，而亨利·曼多伊斯特酿维克特·维乐香槟（Cuvee Victor）则是由舒伊村 60 年的霞多丽老藤葡萄酿造而成，采用部分橡木桶发酵工艺。

汉诺香槟酒庄（兰斯山产区）

阿波琳·汉诺（Apolline Henriot）于 1808 年创建了这家酒庄，酒庄酿造的香槟口感丰富而饱满，经长时间的酒糟陈年，酒体复杂度更高，口感细腻。酒庄的旗舰酒款是非年份至尊白香槟（Blanc Souverain），是最能展现酒庄风格的佳酿。年份香槟会在酒糟中陈年 5~8 年，汉诺一般会同时推出几款不同年份的香槟，让消费者拥有更多比较和选择。汉诺香槟酒庄（Henriot）的顶级特酿——暗香特酿香槟（Cuvee des Enchanteleurs）精致而复杂，陈年 10 多个月后才会上市。

雅克·勒尚香槟酒庄（奥布产区）

这家酒庄是蒙格村的顶级酿造商，自 1999 年至今，一直由伊曼纽尔·勒尚（Emmanuel Lassaigne）掌管。勒尚除了自有的 4 公顷葡萄园外，还从蒙格村采购葡萄用于酿造，酒庄主要打造以霞多丽为主导的香槟，这些香槟完美展现了蒙格葡萄的甘美和异域果香。蒙格之藤香槟（Les Vignes de Montgueux）是雅克·勒尚香槟酒庄（Jacques Lassaigne）的非年份极干型香槟，而科泰特酿（CuvéeLe Cotet）是一款单一园香槟，由更具复杂度、更细腻的老藤葡萄酿造而成。勒尚的顶级年份极干型香槟全部在不锈钢桶中酿造，但是另一款特酿科利灵感香槟（Colline Inspiree）却仅部分在橡木桶中发酵，且只有大瓶装。
★新秀酒庄

瑟洛斯酒庄（白丘产区）

作为香槟产区的杰出代表，安塞尔姆·瑟洛斯（Anselme Selosse）打造了该地区最原汁原味的香槟酒。葡萄栽培是瑟洛斯理念的核心，这一点在其酿造的香槟中得到了很好的证明，酒庄香槟都拥有无与伦比的浓烈风格。从复杂活泼的缘启香槟（Initial）到尊贵复杂的年份香槟（Millésime）均使用天然酵母，全部在酿酒桶中酿造完成，该系列的每一款香槟都有极佳的表现力。瑟洛斯酒庄（Jacques Selosse）资产香槟（Substance）是一款由索莱拉陈酿系统酿造的香槟，与众不同，瑟洛斯的大多数特酿都是白中白香槟，也有一些来自拉伊村和昂博奈村的黑皮诺纯酿。

雅克森酒庄（马恩河谷产区）

这座已有 200 年历史的酒庄，自 1974 年便是奇凯（Chiquet）家族的产业。虽然酒庄大橡木桶中酿造的香槟浓郁复杂，为其赢得了很多消费者，但他们近期还是决定全面更新酒庄的酒款。如今，让-赫维（Jean-Herve）和洛朗·奇凯（Laurent Chiquet）使用传统工艺，酿造了酒庄唯一的一款混合香槟，这款香槟是非年份雅克森完美干型香槟（Perfection）的升级酒款。其追寻的不是年复一年的稳定品质，而是想要呈现最好的混酿效果。雅克森酒庄（Jacquesson）的其他4款香槟都是单一园陈年香槟，颠覆了优质香槟必须都是混酿的观点。

詹尼森-伯哈顿香槟酒庄（埃佩尔奈产区）

这家种植者自营酒庄创建于1922年，大多数葡萄园位于埃佩尔奈产区，这也是其与众不同之处。詹尼森-伯哈顿香槟酒庄（Janisson-Baradon）的所有香槟均采用部分橡木桶发酵，都拥有圆润醇厚的丰富口感。

酒庄的精选香槟是非年份极干型香槟，由等比例的霞多丽和黑皮诺混酿而成。虽然酒庄的特级珍藏香槟也是同样的混酿，但在酒糟中的陈年时间更久。詹尼森的特殊俱乐部香槟是一款来自埃佩尔奈产区莱斯图拉斯的单一园白中白香槟，仅在最好的年份酿造。

让·米兰香槟酒庄（白丘产区）

这家位于奥热村的酒庄创建于1864年，以酿造华丽优雅的白中白香槟而著称。让·米兰香槟酒庄（Jean Milan）的所有葡萄园都集中在奥热村，均为特级葡萄园，酒庄还购买该村其他种植者的葡萄来补充酿酒所需的葡萄。圣诞风味香槟（Terres de Noel）是一款单一园白中白香槟，由65年的老藤葡萄酿造而成。酒庄的交响曲香槟（Symphorine）由顶级地块的葡萄酿造而成，是一款值得品鉴的佳品，其成熟丰富的口感在活泼的白垩矿物质气息的圣诞风味香槟中也有体现。酒庄的1864特级珍藏香槟经橡木桶的酿造和长期的酒糟陈年，酒体醇厚饱满，特色鲜明。

让·慕达迪耶香槟酒庄（马恩河谷产区）

这家创建于1960年的酒庄位于勒布勒伊村，现由英国人乔纳森·萨克斯（Jonathan Sax）运营，创始人是其岳父让·慕达迪耶（Jean Moutardier）。酒庄18公顷的葡萄园位于勒布勒伊村和附近的村庄，酒庄也从这些村庄采购葡萄用于酿造，这种选材使该酒庄的香槟拥有这片土地所特有的复杂结构和芳香口感。莫尼耶皮诺是这里的主要葡萄品种，慕达迪耶的顶级酒款也彰显了这一品种的优点，优雅平衡的莫尼耶纯酿也是采用该品种酿制，在非年份的金标香槟（Carte d'Or）中也有高达85%的占比。

让·维鲁特香槟酒庄（奥布产区）

丹尼斯·维鲁特（Denis Velut）在蒙格村种植了7.5公顷的葡萄园，其所产大部分的葡萄都会销售给酒商。酒庄的年份香槟产量约为3000箱，多为霞多丽香槟。酒庄浓郁而又富含果香的非年份天然香槟还含有少量黑皮诺，但是酒庄的特酿香槟（Cuvee Speciale）却是一款霞多丽纯酿香槟，该酒款彰显了蒙格村典型的热带水果风味，尤为精致典雅。让·维鲁特香槟酒庄（Jean Velut）从1999年开始酿造的年份极干型香槟是一款霞多丽纯酿，口感圆润，果香浓郁。

让·维塞尔香槟酒庄（兰斯山产区）

德尔芬·维塞尔（Delphine Vesselle）是这家酒庄的主人，主要酿造风味浓烈的黑皮诺香槟。维塞尔的葡萄园分布在奥布省的布兹村和洛什村，而酒庄的大部分香槟都由两个村庄的葡萄混酿而成。酒庄的顶级特酿有非年份香槟和陈年香槟两款，均由布兹村的葡萄酿造。和谐平衡的特级干型香槟和奥德佩德里克斯香槟（Oeil de Perdrix）都是值得品鉴的佳酿。小克洛索香槟（Le Petit Clos）是一款单一园香槟，选材于毗邻的一座位于布兹村的小葡萄园，非常值得一尝。

杰罗姆·普雷沃斯特香槟酒庄（兰斯山产区）

杰罗姆·普雷沃斯特香槟酒庄（Jérôme Prévost）使用同一年份的单一园葡萄品种酿造而成的香槟，并非该地区典型的传统香槟。普雷沃斯特的首款香槟在1998年上市，这些非同凡响的香槟口感丰富，结构复杂，充分展现了当地的风土条件，为酒庄赢得了一大批消费者。酒庄一般每年只酿造一款酒，即由莱斯·贝奎因（Les Beguines）葡萄园的莫尼耶皮诺酿造的香槟。这款香槟使用天然酵母在大橡木桶中发酵，上市前仅少量补液或不进行补液。该酒庄的酒款都是顶级的现代香槟，展现了自然种植和精工细作的酿造理念。★新秀酒庄

祖塞·东香槟酒庄（白丘产区）

位于白丘奥热村的祖塞·东香槟酒庄（José Dhondt）规模不大，主要酿造白中白香槟。酒庄在塞扎讷（Sézanne）南部有葡萄园，出产的葡萄用于入门级传统极干型香槟的酿造。酒庄的特级珍藏酒款是劲爽的白中白香槟，矿物质气息浓郁，完全由奥热所产的葡萄酿造。其顶级香槟是单一园的老藤香槟（Mes Vieilles Vignes），由1949年栽种的奥热霞多丽葡萄酿造而成。

约瑟夫·米歇尔酒庄（埃佩尔奈南坡产区）

作为香槟产区杰出的莫尼耶皮诺专家，约瑟夫·米歇尔（José Michel）从1952年起便以穆西酒庄（Moussy estate）为依托酿酒。米歇尔的香槟酒体丰盈，口感饱满，充分展现了埃佩尔奈南部地区的黏土土壤特性。莫尼耶皮诺在米歇尔的绝干型香槟和非年份的卡特布兰奇香槟中占有很高的比例，近期他还推出了一款优质的非年份极干型香槟，这款香槟完全由莫尼耶皮诺酿造。现在米歇尔的年份香槟主要由霞多丽酿造，但在过去，该酒款是莫尼耶皮诺纯酿。此外，米歇尔表示将来还会推出一款年份莫尼耶皮诺香槟。

安塞尔姆·瑟洛斯的影响力

毋庸置疑，安塞尔姆·瑟洛斯是现代香槟产区最具影响力的酿酒师之一。他崇尚自然的葡萄种植理念，拥有强烈的求知精神，并时常打破传统追求创新，与新一代的葡萄种植者产生了强烈的共鸣。亚历山大·查托涅（Alexandre Chartogne）、奥利维尔·科林（Olivier Collin）、伯特兰·高瑟罗（Bertrand Gautherot）和杰罗姆·普雷沃斯特（Jérôme Prévost）都曾向他取经，被称为"瑟洛斯门徒"（Selosse Disciples）。瑟洛斯的影响更多是在其理念，而非方法：这些种植者的工作方式各不相同，但都对自然有深深的敬畏感，对探索有不懈的渴望，对新挑战和新机会也持有开放的世界观。

库克香槟酒庄

库克陈年香槟是库克香槟酒庄的混酿艺术的典范。

布里昂酒庄

这款香槟由 70% 的黑皮诺、30% 的莫尼耶采用生物动力方式酿造而成。

佩里耶酒庄（香槟沙隆产区）

约瑟夫·佩里耶（Joseph Perrier）于 1952 年创建了这家酒庄，它也是沙隆市内唯一的香槟酒庄。有趣的是，虽然酒庄的所有葡萄园均位于马恩河谷产区，但酒庄会从整个地区采购葡萄酿酒。佩里耶酒庄（Joseph Perrier）的香槟风味浓郁，细腻均衡，口感新鲜宜人。皇家经典香槟（Cuvee Royale）名下有许多酒款，此名称源自酒庄曾为英国维多利亚女王（Queen Victoria）和爱德华七世（King Edward VII）供奉御酒的历史。以约瑟夫·佩里耶女儿名字命名的约瑟芬特酿（Cuvee Josephine）是一款精致优雅的顶级特酿。

库克香槟酒庄（兰斯山产区）

这家传奇酒庄由约翰·约瑟夫·库克（Johann Joseph Krug）在 1843 年创建。木桶发酵和精湛的混酿工艺缔造了该酒庄的香槟口感复杂多样、丰富细腻的风格，正如很多人对该酒庄的评价：库克香槟酒庄（Krug）精湛的混酿技术令他人难以匹敌。

库克的理念在顶级特酿香槟中展现得淋漓尽致，这是一款由 3 种葡萄酿造的 50 多款葡萄酒混酿而成的香槟，这些葡萄源自 6～10 个不同年份的 20～25 个产区。酒庄的年份极干型香槟虽然在范围上更受限，但也不乏惊人的复杂度和表现力。有趣的是，库克香槟酒庄最贵的两款酒——库克安邦内黑钻香槟（Clos d'Ambonnay）和库克罗曼尼钻石香槟（Clos du Mesnil）都是单一园香槟，属 100% 纯酿。

金兰酒庄（埃佩尔奈南坡产区）

金兰酒庄（Laherte Frères）占地 10 公顷，致力于打造更深邃、更复杂的香槟。酒庄崇尚自然种植，采用部分木质酿造工艺，出产的香槟果香浓郁，洋溢着骄人的底气和自信，极具个性。奥特雷福斯香槟（Les Vignes d'Autrefois）是一款年份香槟，全部使用莫尼耶皮诺老藤葡萄酿造；正义之石香槟（La Pierre de la Justice）则是一款活泼柔滑的单一园白中白香槟，这两款酒都是值得一试的佳酿。另一款优质的单一园香槟——克罗斯香槟（Les Clos）也有非凡的口感，由 7 种葡萄酿造而成，而美人师香槟（Les Beaudiers）则是一款用放血法酿制的芳香浓烈的年份桃红香槟。★新秀酒庄

拉米布尔香槟酒庄（兰斯山产区）

拉米布尔家族在马恩河畔图尔村有 6 公顷的葡萄园。让-皮埃尔·拉米布尔（Jean-Pierre Lamiable）和女儿奥菲莉亚（Ophelie）合作酿造的香槟，风味成熟，果香浓郁，酒香浓烈。最能展现酒庄风格的代表酒款是和谐而又引人入胜的绝干型香槟。莱斯·梅莱恩斯香槟（Les Meslaines）是一款单一园黑中白香槟，由 50 年的老藤黑皮诺酿造而成，这款香槟不仅果香浓郁，还拥有强烈的白垩矿物质气息。酒庄特殊俱乐部香槟由三分之一的白丘霞多丽（采购自朋友的酒庄）同马恩河畔图尔村的黑皮诺和霞多丽混酿而成。

岚颂香槟酒庄（兰斯山产区）

让-保罗·甘登（Jean-Paul Gandon）30 多年来一直负责岚颂香槟酒庄（Lanson）的酿造工作，打造出了集烈度与新鲜口感于一体的酒庄风格。岚颂香槟的一个突出特点便是不采用苹乳发酵，此举赋予了这些香槟生动活泼的特质，并激发出浓郁果香。岚颂桃红香槟（Rose Label）是一款经典香槟，鲜活的酸度保留了紧凑的果香，新推出的岚颂特别年份干型香槟（Extra Age）展现了长时间酒糟陈年的丰富性。贵族特酿香槟（Noble Cuvee）系列追求的是更精致的细腻口感，而陈年金标香槟（Gold Label）则拥有极高的复杂性和极久的保质期。

伯尼尔酒庄（白丘产区）

伯尼尔酒庄（Larmandier-Bernuer）位于韦尔蒂镇，于 2004 年开始有机种植，因此皮埃尔·拉曼迪埃（Pierre Larmandier）酿造的白中白香槟十分清澈纯净。拉曼迪埃使用部分木桶发酵工艺，并坚持使用天然酵母。酒庄最知名的酒款之一是特洛韦尔蒂香槟（Terre de Vertus），是一款芳醇的天然极干型香槟，拥有浓烈的白垩矿物质气息，由韦尔蒂北区（离勒梅尼勒村很近）所产的葡萄酿造而成。维涅斯高级克拉芒香槟（Vieille Vigne de Cramant）由克拉芒村两个葡萄园的老藤葡萄（藤龄高达 75 年）混酿而成，充分展现了这个特级园风土的丰富性和复杂性。

芳诺瓦父子酒庄（白丘产区）

芳诺瓦父子酒庄（Launois Père et Fils）占地 30 公顷，是一个大型的种植者自营园，三分之二的葡萄园是勒梅尼勒、奥热、克拉芒和阿维兹村的特级园。

酒庄的香槟清澈明快，优雅精美，大多数为白中白香槟，包括由克莱芒老藤葡萄酿造而成的醇厚浓郁的弗夫克莱门斯香槟（Veuve Clemence）、由勒梅尼勒和奥热村的葡萄酿造而成的年份白中白香槟等。酒庄的特殊俱乐部香槟则是由奥热和克拉芒的两种 50 年老藤葡萄酿造而成。

罗兰-百悦香槟酒庄（兰斯山产区）

罗兰-百悦香槟酒庄（Laurent-Perrier）建于 1812 年，酒庄位于马恩河畔图尔村，第二次世界大战后，酒庄在伯纳德·德·诺南库尔（Bernard de Nonancourt）的带领下声名鹊起，令人瞩目。如今，酒庄以其"盛世香槟"（Grand Siecle）而闻名，这是一款顶级香槟，由 3 个年份的葡萄调配制成；酒庄还有一款非年份桃红香槟也闻名遐迩，这款酒并未采用调配法，而是使用浸渍法酿造而成。酒庄自 1981 年以来生产的一款无补液极干型香槟（Ultra Brut）口感活泼，颇为精致；而干型年份香槟（Brut Millesime）则酒体饱满，细腻优雅。

勒布伦·瑟维内酒庄（白丘产区）

勒布伦·瑟维内酒庄（Le Brun Servenay）位于阿维兹村，占地 8 公顷，帕特里克·勒布伦（Patrick Lebrun）负责经营该

酒庄，他在白丘产区和埃佩尔奈南坡种植葡萄。虽然未进行苹乳发酵，但这些葡萄酒因采用了成熟的果实酿制，口味仍然相当浓郁醇厚。非年份的干型珍藏香槟（Brut Reserve）果味浓郁，醇厚饱满，由3个品种酿成；而精选干型香槟（Brut Selection）由纯白丘产区的霞多丽酿成，呈现出白垩矿物质气息和异国情调的水果香味。酒庄的桃红香槟清新爽口，活泼明快，深受消费者青睐。

莱克莱尔-盖斯帕德酒庄（马恩河谷产区）

雷纳德·莱克莱尔（Reynald Leclaire）和他的妻子维吉尼·蒂法尼（Virginie Thiefane）拥有这座小酒庄，现在经营主体建在马勒伊叙拉伊村。1876年，欧内斯特·阿尔弗雷德·莱克莱尔（Ernest Alfred Leclaire）在阿维兹村建立了该酒庄，而且酒庄最重要的葡萄园仍位于阿维兹村。该酒庄香槟年产量不到2000箱，但酒款口感复杂、雅致均衡，值得一试。非年份的珍酿香槟（Grande Reserve）大胆奔放，芳香四溢，深沉浓郁，而金卡香槟（Carte d'Or）则因酒泥陈酿时间较长而具有较高的复杂度。酒庄偶尔也会出售珍藏多年的年份酒，但数量很少。

布里昂酒庄（埃佩尔奈产区）

布里昂酒庄（Leclerc-Briant）在马恩河谷坐拥30公顷的葡萄园，正在逐步采用生物动力法栽培葡萄。该酒庄的香槟口感往往较为浓郁，酒香醇厚。酒品系列中最好的是来自库米尔村的单一葡萄园香槟——克莱耶园香槟（Les Crayères）。该酒款典雅芳醇，口感爽滑，带有白垩矿物质气息，而山羊石园香槟（Les Chevres Pierreus）则酒体更圆润丰满。近来，酒庄还出产了两款单一葡萄园香槟，一款为圣十字园香槟（La Croisette），该酒全部使用埃佩尔奈的霞多丽酿成；还有一款是拉维恩园香槟（La Ravinne），采用韦尔纳伊村（Verneuil）的莫尼耶皮诺酿成。

R&L 莱格拉酒庄（白丘产区）

R&L 莱格拉酒庄（R&L Legras）的香槟产自舒伊村，口感纯正，其酒品一直是该村最精致、最典雅的典范。该酒庄常与佳肴美食联系在一起，为巴黎的银塔餐厅（La Tour d'Argent）和居伊·萨沃伊餐厅（Guy Savoy）等制作自有品牌的香槟。酒庄的非年份白中白香槟如丝般柔滑，散发着柠檬和柑橘风味，该酒款很好地诠释了酒庄的风格；而年份酒总裁特酿（Cuvee Presidence）的原料为老藤葡萄，展现出了更强烈的矿物质气息和更迷人的深度。圣文森特特酿香槟（Cuvee St Vincent）只在最好的年份酿造，具有极好的复杂度和细腻口感。

勒诺波香槟酒庄（马恩河谷产区）

1920年，阿尔芒-拉斐尔·格拉泽（Armand-Raphael Graser）创建了这座酒庄，并取了"勒诺波"（Lenoble）这个名字。如今，他的后代安托万（Antoine）和安妮·马拉萨涅（Anne Malassagne）酿制的香槟极具个性，彰显着非凡的自信和底气，主要使用自家庄园的葡萄酿制。勒诺波香槟酒庄（A R

勒诺波香槟酒庄

产自舒伊的单一园香槟酒款阿文图尔园高贵典雅，极富层次性，带有浓烈的白垩矿物质气息。

路易王妃香槟酒庄

路易王妃水晶香槟举世闻名，但路易王妃香槟的全系列其他酒款都可与之比肩。

Lenoble）一半以上的葡萄园都位于舒伊村特级园，在此出产顶级年份酒绅士白中白香槟（Gentilhomme Blanc de Blancs），还有一款单一葡萄园酒——阿文图尔园香槟（Les Aventures）。酒庄的其他产品系列也非常值得一品，如果你喜欢酒味浓郁、味道强烈的香槟，那就更不要错过。

勒克莱尔酒庄（白丘产区）

这座位于克拉芒的小酒庄的葡萄的种植面积为3.5公顷，盛产精致曼妙、口感细腻丰富的香槟，这些酒款皆为特级园香槟，均由霞多丽葡萄酿制。伯特兰·利伯特（Bertrand Lilbert）自1998年以来一直负责该酒庄，如今他酿造了3种葡萄酒。酒庄的非年份极干型香槟品质上乘，由克拉芒、舒伊和瓦里3地的葡萄调制配制成；而珀尔香槟（Perle）则全部由克拉芒的葡萄酿成，这款酒由老藤葡萄制成，以较低的压力装瓶，这种风格的酒过去被称为克莱蒙酒（Cremant）。该酒庄的年份干型香槟也由克拉芒的老藤葡萄酿成，结构极为复杂，是一款典雅精致的佳酿。

路易王妃香槟酒庄（兰斯山产区）

路易王妃香槟酒庄（Louis Roederer）是香槟产区的顶级酒庄，其历史可以追溯到1776年。如今，这座酒庄因其顶级特酿水晶香槟（Cristal）而名声大噪，这款酒最初是为俄罗斯沙皇亚历山大二世酿制的。水晶香槟成为目前顶级香槟之一，但不要忽略了酒庄的其他酒款。酒庄所有的年份酒，包括水晶香槟在内，都是完全由该酒庄自有葡萄酿制而成，款款都是佳品。这些酒未经过苹乳发酵，新鲜爽口，而且很好地展现了酒庄醇厚复杂、精致细腻的风格。

魅力香槟酒庄（兰斯山产区）

魅力香槟酒庄（Mailly Grand Cru）酒质上佳，让人难以忘怀。该酒庄建于1929年，葡萄园总面积达70公顷，全部位于马伊村。马伊村坐南朝北，出产的黑皮诺高雅精致而又结构均衡。酒庄的多款葡萄酒都体现了这一点，其非年份黑中白香槟便是代表作，极富表现力。酒庄的顶级香槟威名特酿永恒香槟（Les Echansons）酒质醇浓，而永恒香槟（L'Intemporelle）则恰恰相反，将酒庄优雅精致的特点展现得淋漓尽致。

马克·艾博哈香槟酒庄（马恩河谷产区）

马克·艾博哈香槟酒庄（Marc Hébrart）位于马勒伊叙拉伊村，是一座种植者自营酒庄，值得葡萄酒爱好者深入了解一下。让-保罗·艾博哈（Jean-Paul Hebrart）在6个不同的村庄种植了14公顷的葡萄藤，制作出的香槟口感饱满、深邃浓郁。酒庄出产的珍藏特酿香槟是一款美味可口的非年份干型香槟，而精选香槟则由老藤葡萄酿成，酒泥陈酿时间更长。酒庄的桃红香槟鲜爽清新、芳香馥郁，品质极为出色，该酒使用酒庄最古老的葡萄酿制，并与舒伊和瓦里的霞多丽调配酿造，该配比与酒庄的俱乐部特别款香槟（Special Club）是一样的。

玛格特父子酒庄

玛格特父子酒庄的珍藏版香槟是一款黑皮诺和霞多丽混酿，品质上乘，部分在桶中发酵而成。

玛盖恩酒庄（兰斯山产区）

玛盖恩酒庄（A Margaine）酿制的香槟是兰斯山产区霞多丽葡萄酒的标杆之一，该酒庄是一座家族酒庄，位于维莱尔–马尔默里镇（Villers-Marmery），酒庄的葡萄酒富有表现力、风味浓郁。旗下的 3 款白中白香槟都从不同的角度展现了这个村庄独特的风土，酒庄的俱乐部特别款年份酒以其复杂细腻的口感脱颖而出。酒庄主人阿诺德·玛盖恩（Arnaud Margaine）也种植了一些黑皮诺，酒庄质量上佳的非年份干型香槟混有 10% 的黑皮诺，丝滑诱人的桃红香槟也混有黑皮诺制成的红葡萄酒。

玛格特父子酒庄（兰斯山产区）

贝诺特·玛格特（Benoît Marguet）并未种植葡萄藤，但拥有广泛的葡萄资源网络，如今每年生产约 5000 箱香槟。玛格特偏爱采用有机种植法管理葡萄，他酿制的香槟往往醇香浓郁，非同一般。非年份传统香槟（Tradition）是一款由黑皮诺和莫尼耶皮诺混酿而成的黑中白香槟，而珍藏香槟则由黑皮诺和霞多丽调配酿成。酒庄的年份香槟由舒伊村的霞多丽与布兹村的黑皮诺酿而成，果香四溢，醇厚浓郁。★新秀酒庄

玛丽-诺艾尔·莱德鲁酒庄（兰斯山产区）

玛丽-诺艾尔·莱德鲁（Marie-Noëlle Ledru）掌管着这座位于昂博奈村的小酒庄，该酒庄生产的香槟颇有风土气息，每年只装瓶出产 2500 箱。莱德鲁酿制的非年份和年份特酿全都展示出了昂博奈黑皮诺的柔滑圆润、口感复杂的特点，酒中还添加了 15% 的霞多丽来平衡酒体结构。而她的顶级酒款古尔特特酿（Cuvee du Goulte）全部由黑皮诺酿制，葡萄都选自最佳地块。莱德鲁酿制的无补液香槟尤其值得注意——由于采用了成熟饱满的果实酿制，即使未添加糖，香槟依然和谐平衡、结构完整，实为罕见佳酿。

米歇尔·阿尔奴酒庄（兰斯山产区）

韦尔兹奈（Verzenay）是香槟产区最著名的葡萄园区之一，要想了解该产地的真实特性，最佳选择便是从村里的顶级种植者那里品尝一下地道的韦尔兹奈葡萄酒。米歇尔·阿尔奴酒庄（Michel Arnold）的帕特里克·阿尔奴（Patrick Arnold）酿制的葡萄酒是呈现这片上佳风土的经典范例。阿尔奴的传统极干型香槟（Brut Tradition）和珍藏极干型香槟（Brut Reserve）全部由韦尔兹奈葡萄制成，酒庄的记忆老藤香槟（Memoire de Vignes）同样如此，浓烈强劲。阿尔奴还从勒梅尼勒叙罗热村收购了一些葡萄，并将其与韦尔兹奈的黑皮诺混合酿酒，酿制出浓郁复杂的年份干型香槟和柔滑精致的特酿香槟（La Grande Cuvee）。

米歇尔·洛里奥酒庄（马恩河谷产区）

米歇尔·洛里奥（Michel Loriot）在马恩河南岸的弗拉戈河谷（Flagot Valley）及其周围种植了 7 公顷的葡萄藤。这些

米歇尔·阿尔奴酒庄

米歇尔·阿尔奴特酿是由三分之二的黑皮诺和三分之一的霞多丽混酿而成。

黏土土壤主要种植了莫尼耶皮诺，因此洛里奥的两款最有特色的葡萄酒全部由莫尼耶皮诺酿成。他酿制的非年份珍藏香槟口感颇为活泼，完美体现了该葡萄品种精致优雅的特点，而年份莫尼耶皮诺老藤香槟（Pinot Meunier Vieilles Vignes）则口感复杂，香气浓郁，回味无穷。与上述酒款相比，洛里奥的年份特干型香槟加入少许霞多丽来增加香槟的细腻口感，实在是令人神往。

酩悦香槟酒庄（埃佩尔奈产区）

克劳德·莫艾（Claude Moet）于 1743 年创立了这家闻名遐迩的酒庄，而如今该酒庄可能是香槟产区最知名的品牌之一。这家酒庄是该地区最大的土地所有者，这为首席酿酒大师贝诺特·古埃兹（Benoît Gouez）提供了大量的葡萄园来酿制酒品。近年来，酩悦香槟酒庄（Moët & Chandon）精简了产品系列。非年份皇室极干型香槟（Brut Imperial）轻盈爽口，带有烘烤风味，与皇室桃红香槟（Rose Imperial）和蜜饯皇室香槟（Nectar Imperial）颇为相似，此外还有两款年份香槟，分别是特级年份香槟（Grand Vintage）和特级年份桃红香槟（Grand Vintage Rose）。唐·培里侬香槟王曾是酒庄的顶级香槟，现在已成为一个独立的品牌。

穆塔德父子酒庄（奥布产区）

弗朗索瓦·穆塔德（Francois Moutard）生产的各种香槟醇厚圆润，充分体现了奥布（Aube）地区的特色。穆塔德以追求使用罕见的葡萄品种酿酒而闻名，不过这些只占他总产量的一小部分。六品种年份特酿香槟（Cuvee des 6 Cepages Millesime）是他最好的香槟之一，这款酒混合了 6 种不同的葡萄品种；老藤年份阿芭妮香槟（Vieilles Millesime Vignes Arbane）的特色是鲜为人知的阿芭妮（Arbane）葡萄，但这一品种几乎已经完全消失了。酒庄更常见的葡萄酒是使用黑皮诺和霞多丽酿成，同样值得品尝，其中产自单一葡萄园的香柏西白中白香槟（Champ Persin Blanc de Blancs）尤其值得一试。

玛姆香槟酒庄（兰斯山产区）

玛姆香槟酒庄（Mumm）建于 1827 年，在 20 世纪 60 年代末之前，该酒庄一直是该地区最优秀的酒庄之一。在饮料巨头西格集团（Seagram）的掌控下，葡萄酒的质量直线下降，但如今，酒庄归保乐力加集团（Pernod-Ricard）所有，并在首席酿酒大师迪迪埃·马里奥蒂（Didier Mariotti）的指导下运作，这座酒庄似乎又开始恢复了元气。玛姆香槟酒庄打造出了清淡柔和、新鲜爽口的香槟，比如玛姆克拉芒香槟（Mumm de Cramant）尤为柔和，体现了葡萄园风情特征。而相比之下，酒庄新推出的顶级香槟——拉露香槟（R Lalou）则是一款厚重、复杂的香槟酒，其深度和特性全都源自该酒庄的顶级葡萄园。

尼古拉·玛雅酒庄（兰斯山产区）

尼古拉·玛雅（Nicolas Maillart）于 2003 年接管了这座

家族酒庄。从那时起，他便精进酿酒工艺，安装了一台新的压榨机，购买了温控不锈钢罐，并改良了葡萄栽培技术，注重可持续发展。玛雅的非年份极干型香槟名为铂金（Platine），展示了该酒庄酿制香槟酒的新方法，酒款丰满浓郁但又爽口活泼。而酒庄最迷人的葡萄酒是产自欧塞尔村的两款香槟酒，这两款葡萄酒充分体现了该村的独特风土气息：夏逸奥园吉尔香槟（Les Chaillots Gillis）是一款由霞多丽酿成的酒，辛香四溢，颜色深邃，由两个不同地块的 40 年藤龄的葡萄酿制而成；法郎·皮尔德园香槟（Les Francs de Pied）是少有的纯黑皮诺香槟，产自未嫁接的葡萄藤。★新秀酒庄

和悦酒庄（奥布产区）

奥利弗·哈略特（Olivier Horiot）在 2000 年开始酿酒，当时他还未酿造香槟，而是选择酿制少量的红葡萄酒和桃红葡萄酒。哈略特的葡萄园位于赖斯，这是香槟产区唯一一个有资格酿造 3 种不同命名酒的村庄：起泡酒、静止葡萄酒和罕见的赖斯桃红葡萄酒（Rose des Riceys）。今天，奥利弗·哈略特开始少量生产香槟，但他最出色的葡萄酒仍然是赖斯桃红系列葡萄酒，这款酒为单一葡萄园酒，采用生物动力法种植，其中产自巴萌（Barmont）的葡萄酒带有成熟果香，口感大胆奔放；而产自瓦伦干（Valingrain）的葡萄酒则优雅细致，富有白垩矿物质气息，口感细腻。★新秀酒庄

帕斯卡·多格香槟酒庄（白丘产区）

帕斯卡·多格（Pascal Doquet）于 1995 年接管了这座名为多格-让迈尔（Doquet-Jeanmaire）的家族酒庄。从那时起，他逐渐淘汰了旧品牌，转而使用自己的品牌，在新品牌的加持下，他采用有机种植法管理葡萄园，推出的香槟带有浓郁的风土特色。除了桃红香槟以外，多格所有的香槟都是白中白香槟。多格依托维特里、勒梅尼勒和韦尔蒂周边地区的土地生产单独的特酿，他还酿造了一款年份蒙特爱美香槟（Mont-Aime），该酒款产自韦尔蒂南部的山丘上，土质为燧石土壤。这里的每一款葡萄酒都生动地展现了自身的特色，口感浓郁紧实、精准严谨、细腻非凡。

保罗·巴拉香槟酒庄（兰斯山产区）

保罗·巴拉（Paul Bara）是香槟的传奇人物之一，他在第二次世界大战后开始生产香槟。

如今，他的女儿香塔尔（Chantale）掌管这座酒庄，她继续制作表现力非凡、口感细腻的香槟。保罗·巴拉所有的葡萄酒都是地道的布兹酒，展示了该村庄酒款的典型特色——丰满深邃、醇厚和谐。特级桃红香槟（Grand Rose）芳香馥郁、令人愉悦，而玛丽伯爵夫人香槟（Comtesse Marie de France）则因长时间的酒泥陈酿而展现了极佳的复杂度。巴拉的特别俱乐部香槟（Special Club）精妙雅致，从 2004 年开始，该酒款亦以桃红香槟的形式生产。

宝蔻香槟酒庄（兰斯山产区）

玛丽-特蕾丝·克鲁埃（Marie-Therese Clouet）于 1992 年创建了这座位于布兹村的酒庄，并以她的祖父保罗的名字命名。克鲁埃嫁给了让-路易·博奈尔（Jean-Louis Bonnaire），博奈尔在他克拉芒的酒庄里酿制克鲁埃香槟（Clouet）。克鲁埃葡萄酒再现了博奈尔香槟（Bonnaire）中的精致丰满的特点，但考虑到克鲁埃的葡萄园的位置，这些葡萄酒更多使用黑皮诺酿制。非年份特级园香槟（Brut Grand Cru）生动而大胆，混合了布兹村的黑皮诺和舒伊村的霞多丽，而特级园高级香槟（Brut Grand Cru Prestige）几乎全由黑皮诺酿成，风味浓郁，复杂度高。

大保罗酒庄（兰斯山产区）

德休恩（Déthune）的香槟是昂博奈风土的经典表达，既深邃复杂又雅致精巧。皮埃尔·德休恩（Pierre Déthune）拥有 7 公顷的葡萄园，全部位于昂博奈村，他以可持续的方式耕作葡萄园，不使用杀虫剂，只使用有机肥料。他酿制的黑中白香槟非常出色，果味纯正，口感复杂，颇具深度。他用黑皮诺与霞多丽混合制成了特酿周年纪念顶级极干型香槟（Cuvée à l'Ancienne），这款酒的酒泥陈酿的时间更长。图恩公主顶级干型香槟（Princesse des Thunes）在大橡木桶中酿造而成，该酒款丰满浓郁、美味可口。

沛芙-希梦香槟酒庄（兰斯山产区）

戴维·佩胡（David Pehu）每年生产 3000 多箱香槟，葡萄全部来自特级葡萄园。佩胡把部分葡萄酒放在桶里酿造，而且为了保持细腻口感和新鲜度，他所有的香槟都未进行苹乳发酵。佩胡的非年份精选香槟采用了兰斯山产区北部的黑皮诺和霞多丽酿制，而白中白香槟则全部使用勒梅尼勒的葡萄酿造而成，芳醇浓烈，花香馥郁。酒庄最好的酒是年份干型香槟，由韦尔兹奈和韦尔齐两村的黑皮诺与梅斯尼的霞多丽酿造。

巴黎之花香槟酒庄（埃佩尔奈产区）

巴黎之花香槟酒庄（Perrier-Jouët）位于埃佩尔奈产区，建于 1811 年，酒庄以其美丽时光（Belle Epoque）酒瓶而享誉世界，这种酒瓶于 1902 年所设计，而如今用于灌装酒庄于 1969 年开始推出的顶级香槟。巴黎之花酒庄的酒品风格极其精致美味，典型酒款便是柠香四溢、酒体轻盈的非年份特级干型香槟（Grand Brut）。美丽时光香槟在美国被称为"香槟之花"（Fleur de Champagne），依然精致端庄，同时口感更为丰富细腻。酒庄的桃红香槟也口感柔和，风格轻盈。

菲利普·博那酒庄（白丘产区）

菲利普·博那酒庄（Philippe Gonet）声名显赫，酒庄位于奥热河畔勒梅尼勒，但在香槟产区的数个不同区域也种有葡萄。酒庄的 3 款顶级葡萄酒均为地道的勒梅尼勒白中白香槟，而非年份白中白香槟则是由奥布产区的梅尼勒和蒙格的霞多丽混酿制

橡木桶香槟酿造工艺

在引进现代酿酒罐之前，所有的香槟都使用老式酒桶酿造。虽然现在大多数香槟都在不锈钢大桶中酿造，但并非所有酒庄都升级到了不锈钢设备，仍有一些酒庄在使用橡木桶酿造，如库克香槟酒庄、堡林爵香槟酒庄和天福香槟酒庄。然而，最近该地区对橡木桶发酵和桶装陈年的尝试有所增加，但结果各不相同。精心选用型号不一的橡木桶可为香槟增添额外的层次性、深度和复杂性，但橡木气息，特别是新橡木气息如果过于突出，会使香槟的口感厚重而拙劣。除库克香槟酒庄、堡林爵香槟酒庄和天福香槟酒庄外，欧歌利屋酒庄、雅克森酒庄、瑞黛酒庄、路易王妃香槟酒庄、瑟洛斯酒庄、塔兰香槟酒庄（Tarlant）和威尔马特酒庄（Vilmart）等酿造商都通过橡木实现了极其复杂的美妙口感。

白雪香槟酒庄

白雪香槟顶级特酿是一款精致含蓄、层次复杂的香槟，包装也十分精美。

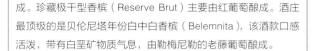

成。珍藏极干型香槟（Reserve Brut）主要由红葡萄酿成。酒庄最顶级的是贝伦尼塔年份白中白香槟（Belemnita），该酒款口感活泼，带有白垩矿物质气息，由勒梅尼勒的老藤葡萄酿成。

菲丽宝娜香槟酒庄（马恩河谷产区）

自 1999 年接管酒庄以来，查尔斯·菲丽宝娜（Charles Philipponnat）对这座酒庄进行了改造，他在马勒伊叙拉伊村修建了一座新酒厂，更多地使用桶发酵葡萄酒，降低了含糖量。歌雪园香槟（Clos des Goisses）是菲丽宝娜香槟酒庄（Philipponnat）引以为豪的单一葡萄园香槟，这款酒一直是该产区最好的葡萄酒之一，但酒庄其他葡萄酒的品质现在也已大幅度提高。酒庄的1522 特酿香槟（Cuvee1522）是一款年份绝干香槟，其魅力和表现力都极为罕见，其桃红香槟质量也很出色。酒庄的年份极干香槟颜色愈发深邃，洋溢着骄人的自信和底气；而非年份皇家珍藏香槟（Royale Reserve）则比以往任何时候都更加细腻精致，复杂度更高。

皮埃尔·布里甘达香槟酒庄（奥布产区）

伯特兰·布里甘达（Bertrand Brigandat）于 2001 年从父亲皮埃尔手中接管了这座种植者酒庄，并逐渐在酒庄葡萄酒上打上了个人烙印。他改善了葡萄栽培方式，并进一步提高了葡萄酒质量。秉承该地区的一贯风格，布里甘达的大多数香槟由黑皮诺酿成，其中便有一款口感圆润、果味十足的非年份极干型香槟和一款采用放血法酿制的桃红香槟，芳香浓郁。

唐黛特与科罗琳娜香槟（Dentelles & Crinolines）由黑皮诺与 30% 的霞多丽混酿而成，其中黑皮诺产自酒庄最古老的葡萄藤，该酒款更为优雅，口感更为复杂。

皮埃尔·嘉路香槟酒庄（白丘产区）

皮埃尔·嘉路香槟酒庄（Pierre Callot）位于白丘产区，由第 6 代葡萄酒种植者蒂埃里·嘉路（Thierry Callot）管理，他在阿维兹村及特级园村克拉芒和舒伊种植葡萄。嘉路的顶级葡萄酒是雅关园香槟（Clos Jacquin），这是一款单一葡萄园香槟，产自阿维兹山坡的一处黏土地块。雅关园香槟口感丰富，因在橡木桶中陈酿，所以酒体更加丰满浓郁。酒庄的年份干型香槟由老藤葡萄酿成，产地位于阿维兹村的一处白垩土质的地块，成熟且果味明显，雅关园香槟与其形成了鲜明对比。此外，雅关园香槟还有生动鲜活和柔滑细腻的特点。

皮埃尔·吉侬香槟酒庄（白丘产区）

皮埃尔·吉侬（Pierre Gimonnet）于 1935 年创建了这座位于白丘产区的知名酒庄。如今，酒庄由他的孙子迪迪埃和奥利维尔·吉侬（Olivier Gimonnet）管理。吉侬制作的所有香槟都是白中白香槟，但悖论香槟（Paradoxe）除外，这款香槟由黑皮诺和霞多丽混酿制成，其中黑皮诺产自拉伊镇和马勒伊村，多数霞多丽产自屈伊村、克拉芒村和舒伊村，比例各不相同。不同寻常的是，酒庄酿造了不下 6 种特色各异的年

份香槟，其中美食家香槟（Gastronome）新鲜爽口、香气浓郁，特殊俱乐部香槟（Special Club）回味甘醇、口感复杂。品酒师香槟（Oenophile）品质上乘，无补液，在酒泥中陈酿5 年。

蒙库特酒庄（白丘产区）

妮可·蒙库特（Nicole Moncuit）依托塞扎纳 5 公顷的葡萄园和勒梅尼勒叙罗热村的 15 公顷的葡萄园，酿制出的香槟芳香馥郁、高雅细致。但有一点颇为不同寻常，蒙库特没有使用存液（Reserve Wines）酿酒，这意味着即使是"非年份"香槟也是由单次收获的葡萄酿造。雨果香槟（Cuvée Hugues de Coulmet）产自塞扎纳，而特酿皮埃尔-狄龙香槟（Cuvee Pierre Moncuit-Delos）和年份酒则全部产自勒梅尼勒。酒庄的顶级产品是妮可蒙库特特酿香槟（Cuvee Nicole Moncuit），该酒款活力四射、酒力强劲，产自勒梅尼勒最优质的葡萄园之一——雪蒂咏园（Les Chetillons），采用 90 年藤龄的老藤葡萄酿成。

皮埃尔·皮特香槟酒庄（白丘产区）

鲁道夫·皮特（Rodolphe Péters）现在掌管着这座著名的酒庄。该酒庄位于白丘产区，依托勒梅尼勒、奥热、阿维兹和克拉芒等特级村，酿出了精雅华美的香槟。酒庄旗下的珍藏系列香槟是一款非年份干型香槟，口感丰富，酒体均衡，品质始终如一。而酒庄的年份香槟则更为浓郁、更具层次感。酒庄部分年份混酿香槟在早期发布时为绝干型香槟，展现了极好的平衡度和精致感。酒庄质量最佳的葡萄酒为特选香槟（Cuvee Speciale），这款酒采用地处勒梅尼勒的雪蒂咏园中的老藤葡萄酿制而成。

白雪香槟酒庄（兰斯山产区）

白雪香槟酒庄（Piper-Heidsieck）与哈雪香槟同属一家公司，但其香槟风格迥异，里吉斯·加缪（Regis Camus）任两家酒庄的总酿酒师。白雪香槟与哈雪香槟的风格几乎截然相反，哈雪香槟风格轻盈活泼，清新爽口；白雪香槟则更柔和醇厚，充满活力。白雪香槟酒庄以其非年份极干型香槟而闻名，但其年份香槟的质量已大幅提高。酒庄最上乘的产品是年份黑钻香槟（Rare），该酒款口感复杂，精致平衡，是一款顶级佳酿。

雅克玛尔酒庄（兰斯山产区）

1930 年，马塞尔·普洛伊（Marcel Ployez）和伊芳·雅克玛尔（Yvonne Jacquemart）共同建立了这座小酒庄，现在由他们的孙女劳伦斯·普洛伊（Laurence Ployez）掌管。雅克玛尔酒庄（Ployez-Jacquemart）的香槟带有精致的水果风味，同时酒泥陈酿又赋予了酒液丰满浓郁的特点，香槟含糖量很低，因此酒体尤为优雅精致。

酒庄的非年份桃红香槟完美地展现了上述风格，该酒款如丝般柔滑、芳香四溢，而且极为平衡精致。酒庄的年份酒莱斯·哈

罗杰·普永父子酒庄

马勒伊之花香槟由 50% 的霞多丽、50% 的黑皮诺在酿酒桶中混酿而成。

波维勒香槟（Cuvée Liesse d'Harbonville）口感更加复杂，这款顶级香槟爽滑圆润、精美雅致，深受葡萄酒爱好者青睐。

宝禄爵香槟酒庄（埃佩尔奈产区）

宝禄爵香槟酒庄（Pol Roger）是香槟产区最著名的酒庄之一，出产的香槟风味浓郁，产量也极为可观。酒庄的极干型珍藏香槟（Brut Reserve）是一款世界著名的非年份干型香槟，但酒庄的顶级精酿天然干型香槟（Pure）可谓是更胜一筹，这是一款无补液香槟，葡萄的混酿比例稍有不同。酒庄的白中白香槟颇有白丘产区白垩风味，细腻雅致，同时具有酒庄独特的风格——口感饱满，深度极佳；而酒庄的年份干型香槟口感丰富，适合长期储存。宝禄爵香槟深受温斯顿·丘吉尔（Winston Churchill）喜爱，因而享誉世界，因此宝禄爵酒庄也以他的名字命名了酒庄于1975年首酿的一款顶级香槟。

伯瑞香槟酒庄（兰斯山产区）

这家酒庄建于1836年，酒庄在路易丝·波默里（Louise Pommery）夫人的带领下名声大噪，她在兰斯建立了现在的酒窖，为其葡萄酒开辟了出口市场，表现十分抢眼。路易丝于1890年去世时，该酒庄的年销售量已超过16万箱。蒂埃里·加斯科（Thierry Gasco）自1992年以来一直担任酒庄的总酿酒师，他制作的香槟注重新鲜度和细腻感，而不是烈度。阿帕娜桃红香槟（Apanage Rose）带有典型的酒庄风格，而路易丝特酿香槟（Cuvee Louise Brut）则精美雅致、口感复杂。

普林父子酒庄（白丘产区）

丹尼尔·普林（Daniel Prin）于1977年建立了这座小酒庄，今年产量达1.25万箱。普林父子酒庄（Prin Père et Fils）自有葡萄面积达7公顷。此外，该酒庄还种植了18公顷的葡萄，主要分布在其家族和朋友的酒庄。普林的葡萄酒大部分使用霞多丽酿制，虽然普林的葡萄都未经苹乳发酵，但酒品并不涩口，而带有复杂成熟的风味。酒庄出产的极干型高级香槟甘美可口、丰满浓郁，而第六感香槟（6e Sens）则是一款口感丝滑、酒体集中的白中白香槟。

雷蒙·布莱尔酒庄（兰斯山产区）

雷蒙·布莱尔酒庄（Raymond Boulard）拥有10公顷的葡萄园，位于马恩河和埃纳河地区。截至2010年初，布莱尔的3个孩子已将这座酒庄分开经营，弗朗西斯·布莱尔（Francis Boulard）曾生产雷蒙·布莱尔葡萄酒，而后他与女儿德尔芬（Delphine）一起创立了自己的品牌。布莱尔的酿酒厂位于兰斯北部的科鲁瓦莱埃尔蒙维尔（Cauroy-lès-Hermonville），布莱尔的一些顶尖葡萄酒便产自这一地区，其中便有一款老藤葡萄酿成的白中白香槟，还有一款单一葡萄园乐榭园香槟（Les Rachais），该酒款生动活泼，极富表现力。马伊特级园香槟（Grand Cru Mailly）的产地更接近兰斯山产区的中心，这款酒也是酒庄产品的佼佼者之一。

沙龙香槟酒庄

1997天然极干型香槟是沙龙酒庄上市的第36款年份香槟。

宝禄爵香槟酒庄

该酒庄最知名的酒款是温斯顿·丘吉尔喜欢的宝禄爵香槟。

勒内·吉佛瑞香槟酒庄（马恩河谷产区）

吉佛瑞（Geoffroy）家族以产自库米尔的葡萄酒而闻名，但在2008年，该酒庄搬至拉伊镇的一座更大的酒窖。酒庄乔迁之后，让-巴普蒂斯特·吉佛瑞（Jean-Baptiste Geoffroy）酿制的香槟仍然像以往一样丰满可口、活泼爽口，其对酿酒用的葡萄采用可持续种植法管理，并对所有地块进行单独酿造。非年份印象香槟（Expression）由莫尼耶皮诺酿成，结构宽广、芳香馥郁；与之类似的纯正天然极干型香槟（Purete）是一款无补液香槟，品质极佳。皮革系列香槟（Emprenite）主要由黑皮诺酿成，而专享香槟（Volupte）主要是由霞多丽酿成，两者都是纯正的曲米耶尔产区酒。吉佛瑞还用曲米耶尔的葡萄酿制了优质的红葡萄酒，以及一款美味活泼的桃红香槟。

勒内-亨利·库里尔酒庄（兰斯山产区）

勒内·库里尔（René Coutier）每年生产约4000箱香槟，风味醇郁，表现出昂博奈成熟活泼的特点。酒庄的非年份传统香槟（Brut Tradition）和非年份桃红香槟，都充满了丰富的红色水果香气，蕴含着昂博奈产区的白垩矿物质气息。年份酒亨利三世特酿（Cuvee Henri III）全部由黑皮诺酿成，其中半数放入橡木桶中陈酿。然而，酒庄的顶级葡萄酒往往是经典的年份干型香槟，呈现出天鹅绒般的丝滑口感，深度极佳，优雅和谐。

罗杰·普永父子酒庄（马恩河谷产区）

法布利斯（Fabrice）和埃洛迪·普永（Elodie Pouillon）经营着这座占地15公顷的酒庄。该酒庄位于马勒伊村，根据地块单独酿酒，酒庄将部分葡萄放入桶中使用本土酵母发酵。酒庄的香槟成熟浓郁，酒体丰满。特别值得一提的是，马勒伊之花香槟（Fleur de Mareuil）具有奶油般的口感，丰盈浓郁，全部在桶中酿造；而维涅龙香槟（Brut Vigneron）风味醇厚，是一款正宗的马勒伊香槟，但采用了索莱拉多层木桶陈酿法酿制。酒庄发布了一款名为"2Xoz"的特酿香槟，这款酒没有添加糖，在二次发酵中使用极为成熟的葡萄中的残糖进行发酵。

汝纳特香槟酒庄（兰斯山产区）

汝纳特香槟酒庄（Ruinart）是该地区最古老的香槟生产商，自1729年以来一直在此生产起泡酒。弗雷德里克·帕纳约蒂斯（Frédéric Panaïotis）如今是酒庄的酒窖主管，他酿制的香槟新鲜爽口、活力四射。酒庄多采用霞多丽酿酒，酒庄的非年份白中白香槟是酒庄最著名的葡萄酒之一。酒庄的顶级香槟质量极佳，亦全部为霞多丽酿造，其中约有三分之一的霞多丽产自兰斯山产区，不同寻常。酒庄的桃红香槟酒质也颇为突出。

萨迪·马洛香槟酒庄（兰斯山产区）

弗兰克·马洛（Franck Malot）经营着这座位于维莱尔马

沃特索贝香槟酒庄

酒香浓烈的塞涅索贝桃红香槟是
极具本土风情的一款葡萄酒。

尔默里的酒庄，酒庄面积达 10 公顷，维莱尔马尔默里是兰斯山产区的一个村庄，以其出产的霞多丽而闻名。酒庄的非年份白牌香槟（Carte Blanche）混有一些黑皮诺，由黑皮诺酿制的红葡萄酒也被用于制作桃红香槟，但除此之外，酒庄的香槟都是白中白香槟。珍藏系列香槟（Cuvee de Reserve）伴有泥土气息，酒体饱满；而老藏珍藏葡萄酒（Vieille Reserve）在水泥桶中发酵，是一款更精致、更具酒味的葡萄酒。年份酒 SM 特酿（Cuvee SM）更为优秀，呈现出奶油般的质感，带有白垩矿物质气息，口感复杂。

沙龙香槟酒庄（白丘产区）

沙龙香槟酒庄（Salon）由尤金-艾美·沙龙（Eugene-Aime Salon）创建于 1911 年，最初酿酒是为了沙龙先生私人享用，酒庄的白中白香槟得到广泛认可，被认为是经典之作。酒庄于 1921 年正式开始商业化售酒。

这家酒庄生产的香槟独一无二，因为酒庄只生产过一款葡萄酒，完全由勒梅尼勒叙罗热村的葡萄酿造，而且只在最好的年份酿酒。在 1999 年的年份酒发布之前，酒庄仅仅发布了 36 个年份酒。沙龙香槟活泼优雅，复杂度高，需要陈放多年后享用。酒款通常陈放 20 年左右以后才可达到最佳状态。

塞吉·马蒂厄香槟酒庄（奥布产区）

塞吉·马蒂厄（Serge Mathieu）于 1970 年开始把香槟装瓶，现今，他的女儿伊莎贝尔（Isabelle）和女婿米迦勒·雅格（Michel Jacob）掌管着这座位于阿维雷兰热（Avirey-Lingey）的酒庄。他们制作的香槟果味浓郁、成熟饱满，是典型的奥布产区葡萄酒，雅格尤其关注和强调可持续葡萄种植。酒庄的非年份传统香槟是一款黑中白香槟，而顶级极干型香槟（Brut Prestige）则混有部分霞多丽，风味浓郁馨香。精选干型香槟（Brut Select）主要由霞多丽酿造，芳香馥郁。而年份极干型香槟完全由黑皮诺酿造，是酒庄质量最佳的葡萄酒。

泰亭哲香槟酒庄（兰斯山产区）

泰亭哲香槟酒庄（Taittinger）的历史灿烂辉煌、丰富多彩，可追溯至 1734 年。该酒庄是香槟产区最著名的酒庄之一，其传统白垩岩酒窖被誉为该地区最美丽的酒窖之一。酒庄拥有 34 个风格各异的葡萄园，总占地面积达 288 公顷。该酒庄的风格是追求细腻的口感，而不是浓郁醇厚。因此不难看出，酒庄最雅致精妙的葡萄酒是一款白中白香槟：伯爵香槟（Comtes de Champagne），这是一款顶级香槟，卓越精致，平衡和谐，陈年之后，能细致地展现其复杂的口感。而伯爵桃红香槟同样优雅精美，陈年之后，一定不会辜负你的期望。

塔兰香槟酒庄（马恩河谷产区）

伯努瓦·塔兰（Benoît Tarlant）和他的父亲让-马利（Jean-Mary）酿制的香槟风韵独具、味道浓郁，完美展示了酒庄在马恩河谷这一地块的风土特色。纯天然极干型香槟（Brut Zero）无

泰亭哲香槟酒庄

伯爵桃红香槟是一款时尚
而复杂的顶级特酿。

补液，和谐雅致，非同寻常；酒庄的年份干型香槟极富个性，质量可靠。酒庄的顶级香槟完美地展现了当地的风土特性：安檀酪酿特级干型白中白香槟（La Vigne d'Antan）生动活泼、富有表现力，由未嫁接的老藤葡萄酿制而成；而金玉满园酪酿莫尼耶特极干型白香槟（La Vigne d'Or）则是一款单一葡萄园香槟，由 1947 年种植的莫尼耶皮诺葡萄酿成。路易酪酿天然极干型香槟（Cuvee Louis）是一款顶级香槟，浓郁丰满、口感复杂，产自白垩土壤丰富的克莱永园（Les Crayons）。

蒂埃里·特里奥莱酒庄（塞扎纳丘产区）

蒂埃里·特里奥莱酒庄（Thierry Triolet）坐落于塞扎纳丘产区（Cote de Sezanne）南端，葡萄园占地 11 公顷，主要栽种着霞多丽葡萄。葡萄园位于朝南的山坡上，土质为白垩土壤，由此出产的葡萄酒非常成熟，入口柔和，在浅龄阶段表现良好，比如酒庄的非年份极干型香槟由葡萄园全部的 3 个葡萄品种的混酿制成，而其特级珍藏香槟则完全由霞多丽葡萄酿造而成。年份老藤香槟（Les Vieilles Vignes）选自酒庄最古老的霞多丽葡萄酿造制成。这款葡萄酒与特级珍藏香槟同样丰腴柔滑，同时更加深邃，口感更为丰富。

尤利西斯·科林酒庄（塞扎纳丘产区）

奥利维尔·科林近年接管了家族的葡萄园后，他开始着手生产 2004 年的年份香槟，酒款极具特色——其葡萄园采用天然的葡萄栽培方式，酒款使用本土酵母发酵，并使用旧桶酿造。在最初的两个年份里，科林只少量生产了一款葡萄酒：产自佩里耶（Les Perrieres）葡萄园的白中白香槟。2004 年的年份酒首次亮相便惊艳世人，活力十足，口感复杂多样。2006 年，科林瓶装了第二款单一葡萄园香槟，这款酒是醇熟浓烈的黑中白香槟。从 2008 年起，酒庄另一地块的霞多丽也已酿酒装瓶。★新秀酒庄

瓦涅尔-法尼尔酒庄（白丘产区）

丹尼斯·瓦涅尔（Denis Varnier）掌管着阿维兹村的这座小型种植者酒庄。瓦涅尔只用特级园葡萄酿造，酿制出的香槟香气浓郁、活力十足。瓦涅尔的非年份白中白香槟深度极佳，而让法尼尔源特酿香槟（Cuvee Jean Fanniere Origine）由较大藤龄的葡萄酿成，酒泥陈酿时间更长，因而该酒款口感特别复杂。酒庄的特级年份香槟（Grand Vintage）是一款由酒庄最古老的葡萄藤结出的葡萄制成的特级香槟，结构强劲，颇具深度。而圣丹尼斯特酿干型香槟（Cuvee St-Denis Brut）亦值得关注，这款酒由阿维兹村一处地块的 70 年藤龄的葡萄酿制而成，活泼生动，浓郁紧实，带有白垩矿物质气息，这款酒与特级年份香槟同样雅致经典。

瓦扎特-科夸特酒庄（白丘产区）

让-皮埃尔·瓦扎特（Jean-Pierre Vazart）的葡萄园占地 11 公顷，全部位于舒伊村特级园。瓦扎特用霞多丽酿制的香槟圆润成熟，展现了该村庄的典型风土。酒庄的最佳葡萄酒是年

份俱乐部特酿香槟，这款酒产自该酒庄的顶级地块，并用软木塞封瓶进行二次发酵。酒庄按同样的比例混酿的特级布格香槟（Grand Bouquet）用胶帽密封装瓶，但启封时间略早。特制福格拉香槟（Special Foie Gras）是一款干型香槟，平均陈酿时间为 10 年。

JL 维浓酒庄（白丘产区）

JL 维浓酒庄（JL Vergnon）位于勒梅尼勒，自 2002 年克里斯托夫·康斯坦（Christophe Constant）任酒庄酿酒师后，酒庄已焕然一新。酒庄的葡萄园占地 5 公顷，位于白丘产区南部，该地区葡萄的酸度天然就很高，但康斯坦还是极力避免苹乳发酵；由于收获的葡萄极为成熟，他只添加了少量糖。酒庄的非年份干型香槟醇熟芳美，带有白垩矿物质气息，这款酒与酒庄的绝干型香槟质量都很出色，采用勒梅尼勒的老藤葡萄酿制的恭菲黛丝特级香槟（Cuvee Confidence）为该村的顶级葡萄酒。★新秀酒庄

凯歌香槟酒庄（兰斯山产区）

凯歌夫人（Clicquot）早年丧夫，她是香槟产区最具传奇色彩的人物之一。她在发明转瓶桌（riddling table）的过程中发挥了重要作用，转瓶桌将瓶子倒置，使沉淀物落在瓶颈处，这样就可以清除酒渣，留下清澈的葡萄酒。转瓶桌至今仍在使用。19 世纪，在凯歌夫人的经营下，酒庄享誉世界，誉满全球。如今，凯歌香槟酒庄（Veuve Clicquot）也同样声名显赫，其非年份皇牌特级香槟（Yellow Label）现今广受欢迎。酒庄的年份香槟更为优雅细腻，其贵妇香槟（La Grande Dame）是一款浓郁丰满、口感复杂的特级香槟。酒庄的顶级葡萄酒往往是年份香槟和贵妇桃红香槟（La Grande Dame Roses），后者品质非凡、酒体均衡、极富层次性，陈年潜力也极佳。

富尔尼父子香槟酒庄（白丘产区）

艾曼纽尔·富尔尼（Emmanuel Fourny）和他的兄弟查尔斯–亨利·富尔尼（Charles-Henry Fourny）经营着这座位于韦尔蒂的知名酒庄，该酒庄拥有占地 8.5 公顷的葡萄园，他们还从朋友和家人那里额外购买部分葡萄酿酒。该酒庄出产的所有香槟都是地道的韦尔蒂香槟，但与该村其他的香槟相比，该酒庄的葡萄酒酒体更为浓郁，散发着白垩矿物质气息的自然极干型香槟和芳香馥郁的非年份白中白香槟便是其代表作。酒庄部分葡萄酒是在桶中酿造，有两款特酿完全是用木桶酿制，一款为成熟醇厚的特酿香槟（R de Veuve Fourny）；另一款为单一葡萄园香槟——圣母园香槟（Clos Faubourg Notre Dame），该酒个性鲜明，产量极低。

威尔马特香槟酒庄（兰斯山产区）

洛朗·尚普（Laurent Champs）自 1990 年以来一直经营着这座优质的种植者自营酒庄，他生产的香槟个性鲜明、品质非凡，其顶级葡萄酒采用新橡木桶进行陈酿。酒庄的葡萄园面积

达 11 公顷，里面种植了 60% 的霞多丽、37% 的黑皮诺和 3% 的莫尼耶皮诺。所有葡萄园皆采用可持续种植法管理，并已经通过了有机种植认证。酒庄在木桶中酿造葡萄酒，并且不进行苹乳发酵。大型橡木桶用于酿制非年份特级珍藏款香槟（Grand Réserve）和特塞利耶香槟（Grand Cellier），而年份特金塞利耶香槟（Grand Cellier d'Or）是用小木桶或 600 升的大橡木桶酿造的。两款顶级香槟——创世纪年份香槟（Cuvee Creation）和心路特酿香槟（Coeur de Cuvee）完全在大木桶中酿造，这两款酒都是极为复杂、精致非凡的葡萄酒。

沃林-朱梅尔酒庄（白丘产区）

沃林-朱梅尔酒庄（Voirin-Jumel）是一座位于克拉芒的种植者自营酒庄，产出的香槟芳醇活泼，大部分产自白丘产区的特级园村。酒庄的"555 香槟"（Cuvée 555）是一款完全在大木桶中发酵的特级园白中白香槟，酒庄因这款酒而享有盛誉，而酒庄还有其他款式的白中白香槟，一款产自韦尔蒂村，另一款由数个特级葡萄园的葡萄混酿制成，这两款酒更为经典细腻，矿物质气息更浓。沃林家族在拉伊镇和马勒伊叙拉伊村也种植了一些黑皮诺葡萄，用于酿制非年份传统香槟和桃红香槟。

沃特索贝香槟酒庄（奥布产区）

在香槟产区，伯特兰·高瑟罗是生物动力葡萄栽培法的最热忱的倡导者之一，自 1986 年以来，他便一直在这座位于奥布产区的酒庄种植葡萄，但直到 2001 年他才真正开始生产香槟。高瑟罗酿制的葡萄酒每年产量极低，很难买到，但如今也不妨其广受崇拜。入门级菲代莱香槟（Fidele）具有该酒庄的典型风格，这款酒完全在橡木桶中酿造，不另加添加糖。白黏土香槟（Blanc d'Argile）是一款表现力极强的白中白香槟，而质量上乘的放血法桃红香槟（Saignee de Sorbee）是香槟产区最具特色、最为新颖的桃红香槟之一。★新秀酒庄

伊夫·鲁芬香槟酒庄（马恩河谷产区）

伊夫·鲁芬香槟酒庄（Yves Ruffin）在阿韦奈瓦多村和托希尔和村拥有 3 公顷的葡萄园，酒庄自 1970 年创建以来，伊夫·鲁芬一直严格采用有机葡萄栽培法。酒庄所有的葡萄酒皆在旧木桶（大型橡木桶或旧小木桶）中发酵。不同寻常的是，酒庄的绝干型香槟主要由霞多丽酿制，在酿造时，酒庄并未使用传统的橡木桶，而采用了相思木制成的大木桶进行酿造。年份普雷希斯特酿香槟（Cuvee Precieuse）亦主要由霞多丽酿成，而在非年份的干型香槟中，霞多丽与黑皮诺的比例更为平衡。

降低补液

近些年，特级干型香槟和无补液香槟的产量有显著的增长，该类香槟在上市前几乎不会添加任何糖分。香槟通常会通过补液来平衡其高酸度，以实现更复杂的果香和更长的保存期限。然而，在气候变化和先进葡萄栽培技术的支持下，果农开始收获更成熟的葡萄酿酒，打造出更前卫、酒体更平衡、更适合早饮的香槟。不幸的是，并非所有的无补液香槟都可以成功调和酒液的风味，为了跟随潮流，一些酿酒商还推出了一些不均衡的高酸度香槟酒。杰出的代表酒款具有令人瞩目的纯度和特点，特别是那些产自精心打理和自然种植的葡萄园的香槟。事实上，这些葡萄种植者正在打造一种全新风格的香槟。

法国西南产区

该大区涵盖 12 个地区的 18 个产区，共出产 19 款地区餐酒，该产区虽然鲜为人知，但可谓是令人沉迷的葡萄酒宝库。法国西南产区（Southwest France）包括贝尔热拉克产区（Bergerac）、加斯科涅产区（Gascony）和卡奥尔产区（Cahors），一直延伸到图卢兹（Toulouse）和邻近的富登（Fronton）的大片区域，还囊括靠近西班牙边境的伊鲁莱吉产区（Irouléguy）和贝阿恩（Béarn）的山坡葡萄园。该地区种有 20 多种本土葡萄品种，为法国之最。像品丽珠等葡萄品种早已享誉国际，而像马尔贝克（来自卡奥尔，但在阿根廷很受欢迎）和丹娜（来自马迪朗，但现在在乌拉圭被广泛种植）等葡萄品种直到最近才获得世界认可。还有一些品种仅在当地酒标上标注，比如费尔莎伐多（Fer Servadou）、内格瑞特（Négrette）、昂登和黑普鲁内拉（Prunelard）等。

年份

2009

该年份天气炎热，葡萄熟化较快，葡萄酒酒精含量较高。本年份也出产一些优质葡萄酒。

2008

本年份出产了一些优质葡萄酒，但是需要对葡萄园进行细致的管理。

2007

本年份该产区喜获丰收，优于法国大多数葡萄产区。

2006

该年份出产了很多经典葡萄酒，红葡萄酒品质胜于白葡萄酒。

2005

该年份的葡萄酒品质比前几年稍显逊色。

2004

该年份的酒款总体上堪称经典，品质不甚稳定，但白葡萄酒品质上乘。

法国西南部有 4.6 万公顷的葡萄园，但由于只有不到 20% 的葡萄酒销售到法国境外，因此许多国际葡萄酒饮用者对该地区的大部分葡萄酒品牌都不了解。法国西南部的产区包括：加亚克产区（Gaillac）、富登产区、马迪朗产区（Madiran）、圣蒙特产区（St-Mont）、瑞朗松产区（Jurançon）、凯尔西丘产区（Coteaux du Quercy）、图尔桑产区（Tursan）、布鲁瓦兹产区（Brulhois）、维克-毕勒-巴歇汉克产区（Pacherenc du Vic-Bilh）、马西亚克产区（Marcillac）、米劳丘产区（Côtes de Millau）、拉维勒迪约产区（Lavilledieu）、昂特赖格产区（Entraygues）、埃斯坦产区（Estaing）、加斯科涅产区、卡奥尔产区、伊鲁莱吉产区和圣萨尔多产区（St-Sardos）等。贝尔热拉克丘产区（AC Bergerac）正在逐步纳入法国西南部产区。最重要的地区餐酒是加斯科涅丘葡萄酒（Côtes de Gascogne）和塔恩丘葡萄酒（Côtes du Tarn）。

法国西南产区的规模使葡萄酒的风格很难一言概之，但在了解这些产区时需要遵循一些规则。以白葡萄酒来说，加斯科涅丘有法国最大的白葡萄酒地区餐酒的生产商。不同寻常的是，在法国的这一地区，80% 的加斯科涅丘葡萄酒都用于出口，这也说明该酒产量比较高。酒标上通常清楚地注明葡萄品种，这款社交用酒非常受消费者的欢迎，口感宜人，适宜饮用。在瑞朗松和维克-毕勒-巴歇汉克产区有口感更加丰富复杂的白葡萄酒。瑞朗松的甜葡萄酒不像苏玳产区那样通过贵腐菌酿制，而是将晚熟的葡萄留在葡萄藤上风干成葡萄干再进行加工。该甜葡萄酒的小容量包装款式在伊鲁莱吉产区日益普及。该酒款使用与瑞朗松葡萄酒相同的葡萄品种酿制，但该地区的高海拔优势赋予了其更微妙清新的口感。

法国西南部的红葡萄酒普遍有更鲜明的家族特征。

许多古老的葡萄品种几乎全在根瘤蚜期间灭绝，但过去 10 年里重获新生。最重要的红葡萄酒产区是贝尔热拉克产区、卡奥尔产区和马迪朗产区。这 3 个产区中，贝尔热拉克产区面积最大，占地 1.28 万公顷，占法国西南部地区面积的 9%，该地区 8% 葡萄酒产自贝尔热拉克。它的地理位置和葡萄品种最接近西部的波尔多，但贝尔热拉克更倾向于将自己视为法国西南产区的一部分。

卡奥尔在过去 10 年中也重新确立了自己独特的定位。它曾经在名气上与波尔多旗鼓相当，但随后葡萄园被废弃多年，直到 20 世纪 70—80 年代才得以复兴（卡奥尔在 1971 年被认定为法定产区）。今天，该产区以马尔贝克葡萄而著称，该葡萄品种在这里被称为科特（Côt）或欧塞罗（Auxerrois），并在逐步成为高品质阿根廷马尔贝克葡萄的替代葡萄。在葡萄酒风格上，该品种酿制的干红更具层次性，与口感更浓郁、更甘美的阿根廷葡萄酒相比，酸度更高。顶级卡奥尔马尔贝克葡萄酒（Cahors Malbecs）使用完全成熟后采摘的葡萄酿造，经过精心软化后消除了涩感，酒体更丰满，果味更浓郁。

相比于跟风国际知名葡萄酒风格，法国西南部的其他葡萄酒产区选择另辟蹊径，打造自身风格。占地 1260 公顷的马迪朗产区一直在努力种植丹娜葡萄，以使其酿制的葡萄酒口感更加柔和；占地 2400 公顷的富登产区也在尽力种植内格瑞特葡萄。加亚克产区有 2500 公顷的葡萄园，主要种植布洛可（Braucol）和杜拉斯（Duras）品种。马西亚克产区（西南部最小的产区，仅有 170 公顷的葡萄园）则主要种植费尔莎伐多。

法国西南产区的葡萄酒朴实无华、口感纯正，可以完美演绎本地风土的精髓。

朗柯罗斯教堂酒庄（马迪朗产区）

朗柯罗斯教堂酒庄（Chapelle Lenclos）占地 15 公顷，种植的葡萄藤很粗壮，葡萄单宁含量高。如果没有帕特里克·杜库诺（Patrick Ducourneau）的创意思考和辛勤工作，马迪朗葡萄酒的单宁含量是难以实现的。他开发了微氧化技术——在发酵过程中或发酵后释放微小的氧气气泡——这项技术可以防止葡萄酒发生还原反应，还可以软化单宁，并起到固色的作用。酒庄本名为穆鲁酒庄（Domaine Mouréou），朗柯罗斯教堂酒庄是酒庄最著名的葡萄酒的名称。现在，酒庄由杜库诺的堂兄弟掌管，而他自己则负责咨询和进一步的研究。这款改良后的 100% 的丹娜纯酿口感强劲、活力无限，充满了黑樱桃的烟熏味和肉质感，而且单宁也很柔顺，非常诱人。

艾迪耶酒庄（马迪朗产区）

弗雷德里克·拉普拉斯（Frédéric Laplace）是该产区最早以自己酒庄名称命名瓶装马迪朗葡萄酒的酿酒师之一。现在，他的孙辈——让-卢克（Jean-Luc）、弗朗索瓦（François）、伯纳德（Bernard）和玛丽（Marie）4 人分工合作，共同管理这片 35 公顷的酒庄。艾迪耶酒庄（Château d'Aydie）葡萄酒都是出色的 100% 丹娜葡萄酒，单宁圆润，比此产区的许多其他酒款都更顺滑。这无疑是得益于微氧化技术，作为这项技术的发起人——帕特里克·杜库诺的堂兄弟，他们不免采用这种方法。他们还酿造一款名为"水果特酿"（Cuvée Autour du Fruit）的葡萄酒，该酒酒体更轻盈、单宁含量更低，此外还有用 40% 的大满胜葡萄和 60% 的小满胜葡萄酿造的优质帕切伦克干白葡萄酒（Pacherenc）。

贝勒维森林酒庄（富登产区）

日耳曼家族于 1974 年创建了这家酒庄。如今，酒庄已拥有 112 公顷的葡萄园，成为法国西南部连续地块中最大的葡萄园。2008 年，出生于爱尔兰的菲利普·格兰特（Philip Grant）接管了酒庄，并将其丰富的商业经验用于销售和酿造葡萄酒，酒庄的年产量达到了 90 万瓶。贝勒维森林酒庄（Châteaux Bellevue La Forêt）只生产红葡萄酒和桃红葡萄酒。酒庄旗下经典的红葡萄酒使用 50% 的内格瑞特葡萄、35% 的品丽珠和赤霞珠葡萄和 15% 的西拉葡萄酿造而成，该酒强劲有力、风味浓郁、芳香四溢。另一款非常诱人的佳酿是贝勒维森林酒庄惊喜葡萄酒（Imprévu），完全使用品丽珠酿造。

布洛伊酒庄（贝尔热拉克产区）

自从这一对商业伙伴——奥利维尔·兰伯特（Olivier Lambert）和伯特兰·莱波伊特万-杜博斯特（Bertrand Lepoittevin-Dubost）在贝尔热拉克产区买下 19 公顷的酒庄以来，已经过去了将近 10 年。他们采用可持续的方式种植所有葡萄，并且正在努力获得有机认证。酒庄的天狼星红葡萄酒（Sirius，梅洛、品丽珠和赤霞珠混酿而成）具有迷人的稳定色泽，并带有可可和西洋李子的香气，以及淡淡的橡木香。莉莉娅·蒙哈维尔白葡萄酒（Lilia Montravel）使用不锈钢桶酿造，酒糟搅拌赋予该酒款饱满的酒体。酒庄还出产由古藤葡萄在桶中发酵而成的优质布洛伊特酿红葡萄酒和白葡萄酒（Cuvée Le Bloy），极具影响力。

坎特劳泽酒庄
低温酿造工艺激发了黑樱桃和覆盆子的芳香。

赛德雷酒庄
这款维欧尼纯酿口感宜人，带有一丝橡木味道。

布鲁-巴赫酒庄（瑞朗松产区）

苏玳葡萄酒和瑞朗松甜酒在口味上的一个关键区别便是后者的黏性较小。酒香经常会同样丰富饱满，但口感酸度极佳，而且余味极为干爽。克劳德·卢斯塔洛（Claude Loustalot）名下的布鲁-巴赫酒庄（Château Bru-Baché）葡萄酒便是此风格的极致代表。

该酒庄葡萄园占地 10 公顷，其中 75% 种植了小满胜，25% 种植了大满胜，均采用有机种植（2010 年获得了认证），而且现在还融入了越来越多的生物动力耕种法。品鉴一番酒庄出产的显赫葡萄酒（L'Eminence）和精华葡萄酒（La Quintessance），你便会了解 100% 的小满胜纯酿可以多么惊艳——这款酒大约每隔一年生产一次。瑞朗松半甜葡萄酒（Jurançon Sec）由 100% 的大满胜酿造而成，是一款拥有太妃糖和榛子香气的甜酒，口感清新，回味怡人。

坎特劳泽酒庄（卡奥尔产区）

2001 年，劳伦·诺米尼（Lauren Nominé）继承了在香槟省的家族酒庄，成为这片 15 公顷葡萄园的新主人。为了避免葡萄酒产生厚重的单宁，诺米尼主要采用手工采摘，将葡萄装入小木箱中，以便完好地保存葡萄。其酿酒流程主要是将葡萄进行冷浸泡，然后在不锈钢桶中发酵，并将温度保持在 24～28℃ 的低温下培育。由 100% 的马尔贝克葡萄酿造而成的小屋葡萄酒（Le Cotagé）不容错过，莱博哈维尔葡萄酒（L'Abreuvoir）也是纯马尔贝克葡萄酒，但浅龄时果味更浓，口感更佳。

赛德雷酒庄（卡奥尔产区）

该酒庄是卡奥尔产区的领军者，甚至在这个产区再次成为众人瞩目的焦点之前就是如此。自 1988 年起，酒庄便一直由帕斯卡尔·维尔海格（Pascal Verhaeghe）和让-马克·维尔海格（Jean-Marc Verhaeghe）兄弟经营，他们将自己的酿造过程定义为"波尔多葡萄酒与勃艮第哲学的联姻"。雪松白葡萄酒（Cèdre Blanc）是 100% 的维欧尼葡萄酒。酿酒师选用低产量的葡萄，部分在橡木桶中陈酿，再加上酒糟搅拌工艺，赋予了这款葡萄酒浓郁的杏子气息。雪松葡萄酒（Le Cèdre）是一款马尔贝克纯酿，该酒在 80% 新的橡木桶中陈酿，不经下胶和过滤装瓶，是一款真正的佳酿，风格极为大胆奔放。酒庄还生产领都红葡萄酒（Le Prestige，由 90% 的马尔贝克、5% 的丹娜和 5% 的梅洛酿造而成）和格罗侯葡萄酒（GC，另一款马尔贝克纯酿），该酒将低产量的老藤葡萄长时间浸渍，然后在桶中陈年 24 个月。此外，酒庄还出产一款优质的桃红葡萄酒和一款梅洛洛特地区餐酒（Vins du Pays du Lot Merlot）。

香贝酒庄（卡奥尔产区）

香贝酒庄（Château de Chambert）的主人——热情的菲利普·勒琼（Philippe Lejeune）给这座位于卡奥尔的酒庄带来了巨大的变化，在 2007 年菲利普收购酒庄之前，这座酒庄一直默默无闻。在波尔多酿酒师斯蒂芬·德伦考特（Stéphane Dérénoncourt）的帮助下，勒琼投入了大量资金进行葡萄园重建（他已经移除了所有的丹娜葡萄）、制作新的橡木桶、配备新的酒窖设备、修复酒庄建筑。现在，酒庄全部采用生物动力法耕

乔伯蒂酒庄

这款贝尔热拉克品质红葡萄酒口感清爽细腻，有浓郁的果香，极具特色。

乔雷斯酒庄

这是一款迟摘小满胜纯酿，洋溢着松露和橘子香气。

种，并铲除了表现不佳的地块，将总面积缩小到 60 公顷。所有这些努力使葡萄酒的风味得到了明显改善——口感强烈辛香，拥有许多卡奥尔葡萄酒所缺乏的优雅。酒庄葡萄酒产量也有所缩减，仅保留了顶级葡萄酒（Grand Vin，一款马尔贝克纯酿）、香贝酒庄葡萄酒（Château de Chambert，由 85% 的马尔贝克和 15% 的梅洛混酿而成）、饕餮桃红葡萄酒（Gourmand Rosé），以及引人入胜的马尔贝克餐后甜酒——"甘露"（Rogomme）。★ 新秀酒庄

克里蒙特酒庄（加亚克产区）

在法国西南部众多有趣的葡萄酒中，有一款微起泡的加亚克珍珠白葡萄酒（Gaillac Blanc Perlé）。该酒一般使用当地的莫札克葡萄酿造，低压装瓶，保留了天然二氧化碳的轻微气泡。克里蒙特酒庄（Château Clément Termes）酿造了一款特别清爽优雅的葡萄酒，酒精含量相对较低，充满柔和的无花果和核桃香气。酒庄本身的历史可以追溯到 1860 年，位于美丽的塔恩河畔利勒（Lisle-sur-Tarn）小镇上方的山脊上。现在，酒庄仍由创始人的后代——奥利维尔·大卫（Olivier David）担任董事，他的妹妹卡洛琳（Caroline）负责销售。其葡萄园总占地面积 80 公顷，种植了布洛可、杜拉斯、长相思和兰德乐（Loin de l'Oeil），还有更大比例的国际品种——赤霞珠和梅洛葡萄。

科里纳酒庄（贝尔热拉克产区）

一群英国人移民到贝尔热拉克产区后酿造出了备受瞩目的葡萄佳酿。这座 18 公顷的酒庄的主人——查尔斯·马丁（Charles Martin）就是其中的一员。在纳帕、新西兰和澳大利亚积累了一些经验后，他与休·莱曼（Hugh Ryman）在乔伯蒂酒庄（Domaine de la Jaubertie）开启了自己法国葡萄酒的酿造事业。马丁的酿酒技艺融合了新旧两个世界的技术。他使用惰性气体保护采摘后的葡萄，使其免于破坏性氧化，同时采用高密度种植，并在行间植草，促进葡萄根系的生长。他酿制的甜酒——100% 的赛美蓉纯酿科里纳葡萄酒（Confit de la Colline）非常出色，口感怡人，如同在你的舌头上涂抹了果酱一样丝滑甜蜜。在红葡萄酒方面，他专注于梅洛，采用开放式大桶酿造，然后在橡木桶中陈年。卡米拉葡萄酒（Carminé）由高达 95% 的梅洛和 5% 的赤霞珠葡萄酿造而成，不过滤直接装瓶。

科隆比埃酒庄（富登产区）

自 2005 年开始，菲利普·考文（Philippe Cauvin）和黛安·考文（Diane Cauvin）便一直采用生物动力法耕种这片 17 公顷的酒庄。他们酿造诱人的灰葡萄酒（Vin Gris，一种由内格瑞特葡萄和佳美葡萄混酿的桃红葡萄酒），以及优质的韦纳穆葡萄酒（Vinum，一款充满果香的内格瑞特纯酿）。内格瑞特葡萄以辛辣味和甘草香气而著称，要小心处理，以避免产生过于厚重的单宁。考文家族深知如何打造科斯特特酿干红葡萄酒（Cuvée Coste Rouge），这款酒完全不使用橡木桶，由低产的内格瑞特葡萄酿造而成。

古迪奈酒庄（富登产区）

阿尔博（Arbeau）家族与这家酒庄的缘分源自 20 世纪早期。如今，杰拉德·阿尔博（Gérard Arbeau）掌管着已发展成为大型家族生产商和商业企业的酒庄业务。古迪奈酒庄（Château Coutinel）占地 44 公顷，一半面积种植内格瑞特葡萄，另一半面积种植着以下葡萄品种：赤霞珠、品丽珠、佳美、西拉、费尔莎伐多、马尔贝克、梅里尔（Mérille）和梅洛。最令人神往、最受欢迎的葡萄酒是古迪奈酒庄橡木桶干红葡萄酒（Elixir Fût de Chêne），该酒款充满了浓烈的黑莓香气，并带有经过 12 个月橡木陈酿的焦香回味。

欧叶妮酒庄（卡奥尔产区）

科图雷（Couture）家族的 3 位成员掌控着这家酒庄：父亲克劳德（Claude）、儿子兼酿酒师杰罗姆（Jerôme）和侄子文森特（Vincent）。酒庄有 39 公顷种植了 78% 的马尔贝克、17% 的梅洛和 5% 的丹娜葡萄，还有 6 公顷的霞多丽和白诗南葡萄，其酿造的葡萄酒均以洛特地区餐酒（Vins de Pays du Lot）商标装瓶。有机种植和生物动力法的推广在该酒庄虽然缓慢，但肯定会被全面应用。阿伊尔珍藏特酿干红葡萄酒（Cuvée Réservée de l'Aïeul）是一款由马尔贝克和丹娜混酿的传统风格的卡奥尔葡萄酒，酒力强劲。奥特系列葡萄酒（Haute Collection）是一款优质的马尔贝克纯酿，由低产的老藤葡萄酿造，在酒桶中发酵后稍加微氧软化，也是值得品鉴的佳酿。2009 年，酒庄使用白诗南酿造了首批诱人的甜白葡萄酒。

埃萨兹酒庄（贝尔热拉克产区）

帕斯卡尔·库塞特（Pascal Cuisset）生产的大约 80% 的葡萄酒都出口到国外，这些酒的国际知名度说明了他在制作口感怡人、与美食百搭的美酒方面的非凡天赋。他的性格十分讨喜，而且音乐才能（他在当地酿酒师的乐队中演奏法国号）也是众所周知的。该酒庄有 44.5 公顷的葡萄园，其中白葡萄数量略多于红葡萄。库塞特家族出产一款优质白葡萄酒，几乎完全采用长相思葡萄酿造，仅添加了一点麝香葡萄；另一款名为柔板伞（L'Adagio des Eyssards）的干红葡萄酒也非常出色，主要由梅洛与品丽珠和赤霞珠混酿而成。另外值得一提的是甜美的索西尼亚克干白葡萄酒（Saussignac），由 80% 的赛美蓉和 20% 的白诗南酿造而成。他还酿造了一款作为地区餐酒的霞多丽瓶装葡萄酒。

枸多酒庄（卡奥尔产区）

法布里斯·杜鲁（Fabrice Durou）家族世代在卡奥尔酿造葡萄酒，但在遭遇了根瘤蚜病虫害之后，为了生存他们不得不实行多种栽培——其发展历程很好地展现了该地区葡萄酒的命运。从 20 世纪 50 年代末开始，他们再次专注于酿酒。这座酒庄占地 37 公顷，主打酒款是枸多酒庄传统特酿干红葡萄酒（Cuvée Tradition），该酒款是典型的口感丰富强劲的卡奥尔酒，由 80% 的马尔贝克、15% 的梅洛和 5% 的丹娜酿制而成。除了主打酒款外，还有格兰德里戈尼干红葡萄酒（Grande Lignée，由 85% 的马尔贝克和 15% 的梅洛混酿，在桶中发酵一年）和两种 100% 的马尔贝克特酿——复兴酒庄（Renaissance）干红葡萄酒，该酒在橡木桶中陈酿长达两年，富含辛辣的浓郁果香；珍藏凯罗干红葡萄酒（Réserve Caillau）所用的葡萄，采用手工采摘、手工压碎，并在新橡木桶中陈酿长达两年。这两款葡萄酒都

需要花几个小时醒酒才能达到最佳口感。

上伯纳斯酒庄（贝尔热拉克产区）

酒庄位于贝热拉克的蒙巴兹雅克（AC Monbazillac），15 公顷的葡萄园多数位于山坡上。酒庄葡萄酒的物理特点从伯纳斯山坡葡萄酒（Coteaux des Bernasse）中可见一斑：这款葡萄酒带有圣诞布丁风味，酸度很高，余味掩盖了酒液的浓郁口感，让人欲罢不能。酒庄的产品系列琳琅满目，其主打酒款（由 80% 的赛美蓉、15% 的慕斯卡德和 5% 的长相思混酿而成）拥有全程橡木酿造带来的焦糖口感；酒庄还有高度浓缩、浓郁芬芳的朱尔斯和玛丽维莱特酿干白葡萄酒（Cuvée Jules et Marie Villette），这款酒仅能在特殊的年份酿造（包括 2003、2005 和 2009 年），且仅占产量的 5% 左右。

高塞尔酒庄（卡奥尔产区）

维格鲁（Vigouroux）这个名字在卡奥尔具有传奇色彩——乔治·维格鲁酒业公司（Georges Vigouroux）是 20 世纪 70 年代初期在该地区地势较高、人烟稀少的山坡上重新种植马尔贝克葡萄的先驱之一。今天，高塞尔酒庄（Château de Haute Serre）是该产区海拔最高的葡萄园，占地 58 公顷，葡萄藤龄已达 30 年。葡萄园 80% 的面积种植马尔贝克葡萄，剩下的面积分别种植了梅洛和丹娜葡萄。伯特兰·维格鲁（Bertrand Vigouroux）掌管酒庄，并推出了一款名为"美岩"（Pigmentum）的新型马尔贝克纯酿，该酒款拥有现代的宜人口感，有浓郁的覆盆子、黑醋栗和黑莓果香。酒庄还有一款桶装陈年的霞多丽和长相思的混酿，以阿尔维斯科（Albesco）这个商标装瓶。

乔伯蒂酒庄（贝尔热拉克产区）

美丽的乔伯蒂酒庄（Chateau de la Jaubertie）在 16 世纪是亨利四世狩猎时留宿的小屋。今天，英国人休·莱曼（Hugh Ryman）幸运地成了这座著名历史遗迹的主人。酒庄出产的葡萄酒品质稳定，可以说是贝尔热拉克产区最令人愉悦的葡萄酒之一。有机葡萄园占地近 50 公顷，红葡萄和白葡萄的种植面积各占一半。酒庄葡萄酒分为低橡木、口感宜人的传统系列和高品质的米拉贝尔（Mirabelle）系列，这些酒使用的葡萄产自土壤条件最佳的地块，是手工采摘的老藤葡萄。酒庄出产一款味道浓郁的白葡萄酒（由 50% 的赛美蓉、50% 的长相思混酿）、一款口感怡人的红葡萄酒（由 35% 的梅洛、45% 的赤霞珠、20% 的品丽珠混酿），还有一款蒙巴兹雅克甜葡萄酒（Monbazillac，由 65% 的赛美蓉、25% 的长相思和 10% 的慕斯卡德混酿）。酒庄十分注重环保，所有瓶子都由 85% 的回收玻璃制作而成。

乔雷斯酒庄（瑞朗松产区）

乔雷斯酒庄（Château Jolys）是该产区最大的个人酒庄，占地 36 公顷。酒庄主人玛丽昂·拉特里尔－亨利（Marion Latrille-Henry）和她的父亲皮埃尔－伊夫（Pierre-Yves）擅长用等比例的小满胜和大满胜酿造一款口感特别均衡、充满柑橘和松露气息的甜葡萄酒。葡萄栽种在天然形成的南向梯田，这个位置有助于葡萄持续成熟；敞开的位置还有助于焚风（Foëhn）将晚收的葡萄自然风干。在极少数情况下，葡萄收获

会持续到 1 月，届时会酿造一款名为顿悟（Epiphanie）的浓郁干红葡萄酒。

让特酿干白葡萄酒（Cuvée Jean）是一款小满胜纯酿，使用 11 月手工采摘的葡萄，在 20℃ 以下发酵，从而使亚硫酸盐的含量保持在较低水平。

莱迪温酒庄（贝尔热拉克产区）

莱迪温酒庄（Château Ladesvignes）是优质贝尔热拉克葡萄酒的主要酿造商，但奇怪的是，有时它的存在感却很低。薇罗尼卡·蒙布什（Véronique Monbouché）和米歇尔·蒙布什（Michel Monbouché）夫妇二人于 1989 年买下了该酒庄，酒庄占地 62 公顷，是该产区中最大的酒庄之一。酒庄越来越多地采用可持续方式酿酒，保障细致的、可追溯和低干预的酿造工艺。酒庄的贝尔热拉克红丝绒葡萄酒（AC Côtes de Bergerac Rouge Velours）是一款优质葡萄酒，含蓄而低调，带有温和的香草乳蛋奶冻香气和浓郁的黑樱桃气息，偶尔有一丝巧克力的芳香。蒙巴兹雅克秋日干白葡萄酒（Monbazillac Automne，由 90% 的赛美蓉、10% 的慕斯卡德在新橡木桶中陈酿 24 个月而成）是值得品鉴的佳酿，这款甜酒浓郁却不失清爽活力。偏爱红葡萄酒（Ma Préference，一款贝尔热拉克法定产区红葡萄酒）果香浓郁，以梅洛为主要成分（占比 85%），几乎没有单宁口感，稍微冷藏后口感更佳。

拉菲特酒庄（瑞朗松产区）

菲利普·阿拉欧（Philippe Arraou）和布丽吉特·阿拉欧（Brigitte Arraou）在过去的几十年里一直在修复这座建于 16 世纪的酒庄。他们只有 6 公顷的大满胜和小满胜葡萄，这些葡萄产量低，并需要经精心挑选，因此每年葡萄酒产量大约为 3000 瓶。葡萄按照品种分开保存：大满胜使用不锈钢桶酿造，出产两款葡萄酒——半干型传统葡萄酒（Mouelleux Tradition）和传统微甜葡萄酒（Sec Tradition）；相比之下，小满胜葡萄处理得更加精细，在橡木桶中陈酿，并定期搅拌酒糟，从而成就拥有柠檬和烤杏仁气息的玛琳娜特酿干白葡萄酒（Cuvée Marine）和拥有奶油蛋卷口感的里森特酿（Cuvée Lison）。

拉格泽特酒庄（卡奥尔产区）

这是卡奥尔产区的代表性酒庄，酒庄主人是历峰集团［Richemont Group，以卡地亚（Cartier）和蔻依（Chloé）等奢侈品牌而闻名］的阿兰·多米尼克·佩兰（Alain Dominique Perrin）。佩兰自 1980 年买下这处酒庄后，便一直对这座 15 世纪的城堡、葡萄园（种植面积达 60 公顷，其中有 77% 的马尔贝克葡萄、21% 的梅洛葡萄和 2% 的丹娜葡萄）和地下酒窖倾注大量心血。拉格泽特酒庄（Château Lagrézette）的正牌葡萄酒浓郁隽永，充满成熟的黑莓和樱桃芬芳，并夹杂着香草、摩卡和巧克力的美好气息。该葡萄酒经过精心制作，打造出精致的口感，也是非常诱人的佳酿。酒庄还出产另外两款葡萄酒，分别是拉格泽特酒庄小阁楼干红葡萄酒（Le Pigeonnier）和荣耀夫人红葡萄酒（Cuvée Dame Honneur）。

被遗忘的葡萄

法国西南部葡萄酒最吸引人的地方之一便是其强烈的认同感，这种认同感来自这里发现的无数本土葡萄品种。有两个人专门负责保护这些葡萄品种，甚至会重新栽培一些被遗忘的品种——加斯科尼（Gascony）普莱蒙生产合作社（Producteurs Plaimont）的安德烈·杜博斯克（André Dubosc）和加亚克（Gaillac）普拉吉奥勒酒庄（Domaine Plageoles）的罗伯特·普拉格勒斯（Robert Plageoles），都已逾 70 岁。每个葡萄园都有葡萄品种的温室，种植者会在那里小心地培育葡萄藤，为更广泛地种植做好准备。普拉吉奥勒挽救的葡萄品种有兰德乐、莫扎克、昂登和黑普伊内拉。杜博斯克的父亲和祖父都曾在《葡萄品种志》（Ampelographers）任职（负责鉴定和分类葡萄品种），其最喜欢的葡萄品种是阿芙菲雅（Arrufiac）、皮南（Pinanc）和鸽笼白，这些葡萄以前只用于雅文邑蒸馏。

拉格泽特酒庄

该酒款是 100% 的马尔贝克纯酿，口感浓郁强劲，果香诱人。

伯乐奥酒庄

这款霞多丽和小满胜混酿拥有浓郁的桃子味和烤香草气息。

马勒维耶酒庄（贝尔热拉克产区）

菲利普·比奥（Philippe Biau）掌管着这家低调的家族酒庄，他与女婿蒂埃里·贝纳迪尼斯（Thierry Bernardinis）一起经营。酒庄有 30 公顷的葡萄园，其中三分之二是红葡萄品种（60% 的梅洛、10% 的马尔贝克、10% 的赤霞珠和 20% 的品丽珠），剩余三分之一种植的是白葡萄（50% 的长相思、25% 的赛美蓉和 25% 的慕斯卡德）。酒庄酿造的葡萄酒柔而美味，酒体适中；特别是优质的贝尔热拉克红丝绒葡萄酒和贝尔热拉克坡产区半甜葡萄酒（Côtes de Bergerac Moelleux），不容错过。

蒙图斯酒庄（马迪朗产区）

布卡斯酒庄（Château Bouscassé）这家家族酒庄的拥有者阿兰·布鲁蒙（Alain Brumont）于 1980 年买下了蒙图斯酒庄（Château Montus）。他酿造的蒙图斯酒庄顶级葡萄酒（Montus Prestige）是该地区第一款丹娜葡萄纯酿，并且完全使用新橡木桶酿造。他的新酒厂于 1995 年开业，现在是一家豪华酒店，也被称为丹娜大教堂（Cathedral of Tannat）。喜欢口感柔软、浓郁风格的人应该试试托鲁斯干红葡萄酒（Torus，由 50% 的丹娜、30% 的赤霞珠、20% 的品丽珠混酿而成），这款酒需要经过冷浸渍，在新橡木桶发酵一半时间后，再在 1 岁的木桶发酵相等的时间。布鲁蒙在两个酒庄之间的马迪朗产区拥有 260 公顷的葡萄园。他还酿造小库尔布（Petit Corbu）纯酿和完全由小满胜酿造的甜葡萄酒。

风抚酒庄（贝尔热拉克产区）

西尔维·德法吉（Sylvie Deffarge）、让-弗朗索瓦·德法吉（Jean-François Deffarge）和他们的儿子本杰明（Benjamin）一起经营着这个酒庄。酒庄位于蒙哈维尔（Montravel），该地土壤中富含燧石和铁，这种土壤赋予了葡萄酒一种严谨而又极具吸引力的味道。该酒庄占地 27 公顷，并在逐步普及有机生产方式。旗下的葡萄酒瓶身上标有贝尔热拉克产区、贝尔热拉克丘和蒙哈维尔等产区名称。葡萄酒可分为初收（Première Vendanges）和秋季魔法（Magie d'Automne）两大系列：从最好的地块中采摘最成熟的葡萄，葡萄要保持低产，然后在法国橡木桶中陈酿。酒庄酿造各种类型的葡萄酒，红葡萄酒、白葡萄酒、桃红葡萄酒、半甜葡萄酒和甜葡萄酒，一应俱全。

伯乐奥酒庄（加斯科涅丘产区）

马丁·贝罗（Martin Béraut）和马修·贝罗（Mathieu Béraut）兄弟二人建造了这座占地 250 公顷的酒庄，酒庄的葡萄多位于排水良好、阳光充足的斜坡上。酒庄还有一个大型农场，用于饲养牛和种植其他作物，这种配置使他们成为为数不多的实行混养的酿酒师之一。农场为葡萄生长提供肥料，并采用可持续的葡萄栽培方法。葡萄种类繁多：口感宜人且未经橡木处理的伯乐奥雅莫尼干白葡萄酒（Harmonie），使用老藤葡萄酿造的、口感更复杂的文菲什特干红葡萄酒（Vins Patient），以及在橡木桶中陈酿的家族珍藏系列葡萄酒（Family Réserve），都是酒庄的代表作。加斯科涅之夏葡萄酒（L'été Gascon）是值得一试的佳酿，该酒款由同等比例的霞多丽和大满胜混酿而成，富含热带水果的香气。

佩永酒庄（马迪朗产区）

莱斯古格（Lesgourgues）家族在法国西南部有 5 座酒庄，还有一座酒庄位于乌拉圭。1998 年，让-雅克·莱斯古格（Jean-Jacques Lesgourgues）在马迪朗买下了这块 26 公顷的土地，如今由他的儿子阿尔诺（Arnaud）掌管。

葡萄园采用可持续农业模式耕种，如在 11 月—3 月，在葡萄园周围放养 200 只母绵羊，并将其粪便使用作葡萄藤的肥料。浓郁强劲的老藤干红葡萄酒（Vieille Vignes，由 80% 的丹娜和 20% 的品丽珠混酿而成）和格林威治北纬 43 度葡萄酒（Greenwich 43N，指酒庄所在的北纬 43 度纬线）都是值得一试的佳品。格林威治北纬 43 度葡萄酒由 95% 的丹娜葡萄和 5% 的品丽珠葡萄酿造而成，使用温和的微氧技术在新橡木桶陈酿 20 个月。这款酒充满了烤咖啡豆、苦巧克力和浓郁的烤李子的香气。大多数葡萄酒都未经过滤，需要醒酒才能饮用。

松树酒庄（卡奥尔产区）

安妮·巴克（Anne Barc）和艾曼纽·巴克（Emmanuelle Barc）姐妹与父母让-吕克（Jean-Luc）和阿莱特（Arlette）一同经营这家占地 50 公顷的酒庄，酒庄每年产酒量在 22 万瓶。酒庄位于卡奥尔海拔最高的位置之一，靠近皮莱韦克（Puy-L'Evêque）。酒庄出产的酒款有：松树庄金古屋干红葡萄酒（Pierre Sèche du Château Pineraie，由 85% 的马尔贝克和 15% 的梅洛酿造而成），该酒款选用的是最新栽种的葡萄，在不锈钢桶酿造，未经橡木陈酿即装瓶；出色的松树酒庄干红葡萄酒（L'Authentique，由 100% 的马尔贝克葡萄酿制）是一款质地精良、口感复杂的葡萄酒，需在八成新的橡木桶中陈年 18 个月，是该地区首屈一指的佳酿。

欢愉酒庄（富登产区）

路易斯·佩纳维尔（Louis Penavayre）与儿子马克（Marc）一起精心打理这家占地 30 公顷的葡萄园，每年酿造 15 万瓶葡萄酒。葡萄园种植了 60% 的内格瑞特、25% 的西拉、5% 的品丽珠、5% 的赤霞珠和 5% 的佳美葡萄。欢愉酒庄（Château Plaisance）的葡萄园中不使用任何化学肥料或除草剂。这一理念也延伸到了葡萄酒的酿造，因此在酿造过程中酒庄会采用天然的野生酵母，没有下胶或过滤程序。在该酒庄的代表酒款中，在橡木桶中陈年了 18 个月的托克奎卡尔干红葡萄酒（Tot Co Que Cal）可能是最妙趣横生的一款酒。这款酒选取葡萄园最高点的低产老藤葡萄酿造而成，其中 80% 为内格瑞特葡萄，20% 为西拉葡萄。另一款富力园干红葡萄酒（Grain de Folie，由 70% 的内格瑞特和 30% 的佳美混酿而成）口感则更为柔和。

拉斯酒庄（贝尔热拉克产区）

酒庄位于贝尔热拉克产区，占地 60 公顷，帕特里克·巴德（Patrick Barde）修建了一个两层的酒窖，现在已成为一种风尚。他也是该地区最早使用微氧的生产商之一。本着一如既往的开拓精神，巴德从 2008 年开始推出一款名为勒拉斯佩兰特（Le Raz Perlant）的 100% 赤霞珠起泡酒，采用传统工艺在瓶中二次发酵制成。对于他的主要葡萄酒，他将葡萄均匀地分配给白葡萄酒和红葡萄酒，白葡萄酒主要使用长相思葡萄（占比至少 70%），红葡萄酒由梅洛混合品丽珠、赤霞珠和马尔贝克酿造而成。在葡萄园里，这项工作被委托给一个全是女性的团队，因为他信赖女性在修剪、疏枝和作物选择方面的细致认真。为了彰显她们出色的工作，他将酒庄顶级葡萄酒命名为蒙哈维尔女孩特酿干红葡萄酒（Montravel Rouge Cuvée Les Filles，Les Filles 意为"女孩们"）。

索尔斯酒庄（加亚克产区）

1936 年建立加亚克产区时，索尔斯酒庄（Château de Saurs）是最早将法定产区的"AC"标志标在公司商标上的酒庄之一。现在，酒庄在塔恩河边的陡坡上有 42 公顷的葡萄园，大多数为红葡萄品种（约 80%，包括杜拉斯、费尔莎伐多、西拉、梅洛和佳美等），其余为白葡萄品种（莫扎克、兰德乐和长相思等）。酒庄的顶级酒款是珍藏艾丽泽干红葡萄酒（Réserve Eliézer），该酒需在桶中陈酿 9 个月，是一款梅洛、杜拉斯、西拉和费尔莎伐多的混酿，芳香而迷人。酒庄的传统特酿葡萄酒（Cuvée Tradition）由相同的葡萄酿造而成，但在装瓶前不经橡木桶陈酿。加亚克甜葡萄酒（Gaillac Doux）也是不容错过的佳酿，该酒是 100% 的兰德乐纯酿，拥有焦糖苹果挞的甜蜜气息。

圣-狄马尔-帕拉奇酒庄（卡奥尔产区）

加尔（Rigal）旗下的圣-狄马尔-帕拉奇酒庄（Château St-Didier-Parnac）占地 75 公顷，是卡奥尔最大的葡萄酒生产商之一。该酒庄有 3 个葡萄酒系列——传统系列葡萄酒（Tradition）、优质葡萄酒（Prestige）和巅奢系列葡萄酒（Apogée）。每一款都是马尔贝克和梅洛的混酿，酿酒师选取不同藤龄和地块位置的葡萄，以及不同比例的新橡木酿制而成。如果您要寻找丰满醇厚、具有高度烘烤气息而又具现代感的卡奥尔葡萄酒，巅奢系列葡萄酒会是一个很好的选择，该酒充满了辛辣的香草味。在入门级葡萄酒方面，加尔还酿造了原创马尔贝克干红葡萄酒（Original Malbec），该酒酒体丰满，口感宜人。

斯纳克酒庄（贝尔热拉克产区）

斯纳克酒庄（Château Thénac）是许多崇尚法国风情的人梦寐以求的乡村生活之地，在公共绿地、李子园和垂钓湖之间分布着 83 公顷的葡萄园。2001 年，俄罗斯人尤金·施维德勒（Eugene Shvidler，曾经是石油巨头）买下了该酒庄，并投入了大量资金开发。他将葡萄园的面积扩大了一倍多，对城堡和酒窖进行了全面翻新，并聘请米歇尔·罗兰的前同事路德维希·凡纳隆担任董事。酒庄的旗舰葡萄酒仅以"斯纳克酒庄（贝尔热拉克丘产区）[Château Thénac（AC Côtes de Bergerac）]"装瓶销售。酒庄的葡萄酒品类齐全，散发着浓郁橡木香气和浓郁果香的各类红葡萄酒、白葡萄酒、甜葡萄酒赋予酒庄极大的信心和成就感。酒庄还酿造佩里戈尔德之花葡萄酒（Fleur du Périgord），这是一款未经橡木陈酿、果香更加浓郁的葡萄酒。★新秀酒庄

帝赫居酒庄（贝尔热拉克产区）

知名的蒙巴兹雅克酒庄专注于酿造高端葡萄酒。葡萄园面积仅为 6.5 公顷，酒庄主人布鲁诺·比兰奇尼（Bruno Bilancini）和克劳迪·比兰奇尼（Claudie Bilancini）对酿酒果实的精心挑

选使葡萄的产量很小，因此酒庄也仅生产少量的葡萄酒。葡萄园一半种植慕斯卡德，另一半种赛美蓉。酒庄的葡萄都栽种在北面和东面，这意味着葡萄需要时间成熟，进而赋予果粒更高的复杂度和浓郁程度。酒庄出产 3 款蒙巴兹雅克甜葡萄酒，分别是主打的帝赫居葡萄酒（Tirecul La Gravière）、帝赫居夫人贵腐甜白葡萄酒（Cuvée Madame）和乐鹏红葡萄酒（Les Pins）。后两款均在全新橡木桶中陈酿，并且仅在特殊年份酿造，随着葡萄藤年限的增长和葡萄复杂程度的提升，这种情况越来越常见。此外，酒庄还有两款干白葡萄酒，酿酒使用的葡萄均来自白垩石灰岩地块：一款是帝赫居夫人贵腐甜白葡萄酒（Blanc Sec de Tirecul La Gravière Mademoiselle），是 100% 的慕斯卡德纯酿，芳香扑鼻；另一款是结构更丰富的橡木陈酿帝赫居安德莉亚干白葡萄酒（Andréa）。

特雷根酒庄（贝尔热拉克产区）

特雷根酒庄（Château de Tiregand）非常壮观，位于贝尔热拉克的佩夏蒙（Pécharmant）地区，占地面积达 460 多公顷，但仅有 43 公顷种植了葡萄，其余则是树林、公共绿地和一家骑术学校。酒庄由弗朗索瓦-泽维尔·德·圣埃克苏佩里（François-Xavier de Saint-Exupéry）掌管，主要生产优质红葡萄酒，种植的红葡萄品种如下：54% 的梅洛、23% 的赤霞珠、18% 的品丽珠和 5% 的马尔贝克。此外，酒庄还有 1.2 公顷的白葡萄。尽管最近又重新种植了这几个葡萄品种，但在 2011 年以前没有以特雷根酒庄白葡萄酒（Château de Tiregand Blanc）商标冠名的瓶装酒。红葡萄酒的代表酒款是米勒斯摩织级园特酿干红葡萄酒（Cuvée Grand Millésime），该酒款是多汁的梅洛混酿，在酿酒桶中陈酿了 18 个月。如果想找略清淡的葡萄酒，可以尝一尝克洛斯蒙塔尔巴尼干红葡萄酒（Clos Montalbanie），由新植葡萄酿造而成。

根德雷塔酒庄（贝尔热拉克产区）

孔蒂家族 [最知名的当属吕克·孔蒂（Luc de Conti）] 在贝尔热拉克产区广为人知。也许是因为意大利血统（该家族于 1925 年移居到此地）的缘故，他们仍维持着亲密的家族关系，追求美好的生活。这种理念也延伸到他们对葡萄园的管理中，52 公顷的葡萄园均采用有机种植，并促进生物多样性，使兰花、鸟类、蝴蝶，甚至松露和谐共存。在众多优秀的葡萄酒中，父亲的荣耀葡萄酒（La Gloire de Mon Père，由 50% 的梅洛、25% 的赤霞珠、15% 的马尔贝克和 10% 的品丽珠混酿而成）是一款色泽明亮、富含果香的葡萄酒，还有长相思系列纯酿（Sauvignon Blanc Anthologia），该系列酒款在酿酒桶中发酵和陈酿而成。除此之外，酒庄还出产一款非常诱人的小粒慕斯卡德纯酿（Muscadelle à Petit Grains），由贝尔热拉克一种传统葡萄酿造而成。

维耶拉酒庄（马迪朗产区）

阿兰·博托鲁西（Alain Bortolussi）是这座 25 公顷酒庄的主人，酒庄的主建筑可追溯至 13 世纪，城堡下方的拱形酒窖非常漂亮。酒庄的葡萄酒可划分为两类（也是这一地区常见的分类）：马迪朗法定产区的瓶装红葡萄酒和维克-毕勒-巴歇汉克法定产区的装瓶白葡萄酒。马迪朗维耶拉酒庄的抒怀干红葡萄酒

欢愉酒庄
这款未经过滤和澄清的有机葡萄酒散发着新鲜的树莓果香。

佩永酒庄
这款现代风格的丹娜葡萄酒有着咖啡烘烤的香气和浓郁的青梅气息。

布拉纳酒庄

这款口感清爽怡人的葡萄酒带有淡淡的花香和草本清香，回味甘美爽口。

维耶拉酒庄

完美的单宁结构赋予了该酒款陈年的潜力。

（Viella Madiran Expression）由 80% 的丹娜葡萄和 20% 的赤霞珠葡萄在酿酒桶中陈酿 12 个月而成。该酒庄有一款 100% 的丹娜至尊特酿干红葡萄酒（Cuvée Prestige），需在全新的橡木桶中陈酿一年而成。该酒单宁紧实、结构良好，并富含深红色浆果果香。帕切伦克干白葡萄酒（Pacherenc）由 20% 的阿芙菲雅、20% 的小满胜和 60% 的大满胜混酿而成。

克塔勒酒庄（卡奥尔产区）

在法尔梅·贝尔内德（Valmy Bernède）和菲利普·贝尔内德（Philippe Bernède）共同掌管的 60 公顷的酒庄中，大克塔勒干红葡萄酒（Grand Coutale）是一款值得一试的酒款。这款多汁而浓郁的葡萄酒，具有卡奥尔的拉绒皮革单宁口感，同时带有阿根廷马尔贝克成熟浓郁的果香。酒庄的葡萄保持低产，并全部采用手工采摘，在大橡木桶中进行陈酿；通过手工冲压工艺，葡萄皮与果汁定期保持接触。在酿造某款特酿时，酿酒师会将一些梅洛、丹娜（具体取决于年份）与马尔贝克混酿。常规的克塔勒酒庄干红葡萄酒（Clos La Coutale）仅是马尔贝克和梅洛两种葡萄的混酿，其口感更柔和含蓄、香气浓郁，适合搭配食物。充满创意的菲利普还制作了酒庄专属的克塔勒侍者之友（Coutale Sommelier）开瓶器。

卡莫酒庄（卡奥尔产区）

伊夫·朱弗罗–赫尔曼（Yves Jouffreau-Hermann）和马丁·朱弗罗–赫尔曼（Martine Jouffreau-Hermann）共同掌管卡莫酒庄（Clos de Gamot），该酒庄占地 12 公顷，全部种植了马尔贝克葡萄，并以此酿造了一些令人赞叹的葡萄酒。出品的酒款包括色泽和香气浓郁的卡奥尔百岁特酿干红葡萄酒（Cahors Cuvée Centenières），其所用葡萄产自一小块根瘤蚜病虫害暴发前的古藤。在过去，他们还曾为圣约翰酒庄（Clos St-Jean）生产瓶装葡萄酒，所用葡萄产自一个荒废多年后又重新种植葡萄的斜坡，占地 4 公顷。该酒款也是马尔贝克纯酿，后来被商业开发。

巴尔帝酒庄（卡奥尔产区）

酒庄在酿酒过程中加入了一道 15.5℃ 的短暂加热工艺，此操作可以固定颜色并增强单宁。酒庄生产了一款名为普罗布斯（Probus）的单一品种马尔贝克葡萄酒，浅龄阶段口感会更怡人，但不要奢望太高。更适合浅龄阶段饮用的可能是经典的巴尔帝干红葡萄酒（Clos Triguedina，由 80% 的马尔贝克、15% 的梅洛、5% 的丹娜酿造而成）或橡木味清淡的小阿塔坡干红葡萄酒（Le Petit Clos）。迷人的月光干白葡萄酒（Vin de Lune）是一款白诗南甜酒。

查尔斯·乌霍莱特酒庄（瑞朗松产区）

1983 年，查尔斯·乌尔（Charles Hours）买下了查尔斯·乌霍莱特酒庄（Clos Uroulat）。他只酿造两款葡萄酒——一种甜型葡萄酒，一种干型葡萄酒——这是两款令人惊喜的佳酿。该酒庄有 16 公顷的葡萄园，主要种植大满胜和小满胜葡萄，外加一小块小库尔布葡萄（Petit Courbu）。酒庄不使用化肥或除草剂，葡萄经过精心养护，可攀爬至 2 米多的高度，此举可进行充

分的光合作用，有利于秋季的葡萄熟化。2006 年，他的女儿玛丽（Marie）开始与其并肩作战。除了以自己的名字命名的玛丽特酿干白葡萄酒（Cuvee Marie，几乎完全由大满胜葡萄造）之外，她还推出了该系列另外两款葡萄酒，即快乐时光酷爽干白葡萄酒（Happy Hours Cool，100% 的大满胜纯酿）和温和甜美的快乐时光果香干白葡萄酒（Happy Hours Fruity，100% 的小满胜纯酿）。

阿伯田酒庄（伊鲁莱吉产区）

这座迷人的酒庄是埃雷卡特（Errecart）家族世代相传的产业。酒庄位于城堡（Citadel）附近迷人的圣–让–皮耶德–波尔（St-Jean-Pied-de-Port）镇上，部分是葡萄酒酒庄，部分是工作农场，用于饲养制作农家香肠和火腿所用的猪。梯田或陡坡上的葡萄几乎完全采用人工种植。酒庄主打款红葡萄酒由 65% 的丹娜、25% 的赤霞珠和 10% 的品丽珠混酿而成，充分地展现了酒庄精湛的酿酒工艺。酒庄的桃红葡萄酒仅由品丽珠和丹娜混酿而成，其色泽颜色和结构复杂，是一款适合烧烤时饮用的夏季葡萄酒。

古法酒庄（贝尔热拉克产区）

这是贝尔热拉克最著名的酒庄之一，由罗氏（Roche）家族创建，1968 年就有首批瓶装葡萄酒面世。如今，克里斯蒂安·罗氏（Christian Roche）掌管酒庄，其兄弟姐妹克里斯汀（Christine）和米歇尔（Michel）也参与其中。若想了解贝尔热拉克的高端葡萄酒，可以试一试古法酒庄狂欢蒙巴兹雅克白葡萄酒（Extase Monbazillac），这是一款甜酒特酿，由 90% 的赛美蓉、10% 的慕斯卡德在新桶中陈酿 24 个月而成。酒庄占地 44 公顷，还出产另外 3 种优质干白葡萄酒，其中口感最佳的是艾比特酿葡萄酒（Cuvee Abbee），由高达 50% 的慕斯卡德（视年份而定）、20% 的长相思和 30% 的赛美蓉混酿而成。狂欢红葡萄酒（Extase）由低产的老藤葡萄酿造而成，富含成熟柔滑的单宁。

阿雷特克萨酒庄（伊鲁莱吉产区）

伊鲁莱吉产区位于比利牛斯山脉（Pyrenees Mountains），其地理位置决定了这座 8.5 公顷葡萄园的地形：一半是切割成了梯田的陡峭斜坡，其余几乎都位于 40° 的斜坡上。特蕾丝·里奥斯佩罗斯（Thérèse Riouspeyrous）和米歇尔·里奥斯佩罗斯（Michel Riouspeyrous）采用有机种植法耕作，在 1996 年通过了全部认证，他们还融入了生物动力学方法，只是当前还没有通过认证。白葡萄仅种植了 2 公顷，主要品种是大满胜、小满胜和小库尔布。这些葡萄酒部分使用木桶酿造，部分用不锈钢桶酿造，但全部用精制酒槽。丹娜、品丽珠和赤霞珠等红葡萄主要用于酿造两款葡萄酒：传统红葡萄酒（Rouge Tradition）——一种未经橡木处理、未经过滤的葡萄酒，在水泥大桶中陈酿，单宁柔和；海察葡萄酒（Haitza），在巴斯克语中意为"橡木"，完美演绎了该酒的风格。这款顶级特酿香气更加浓郁，选用的酿酒桶更是赋予了该酒款妙曼的烟熏气息和怡人柔和的结构。

贝勒嘉德酒庄（瑞朗松产区）

酒庄以其干白葡萄酒而闻名，酒庄所产葡萄在 1986 年前一直出售给当地合作社。帕斯卡尔·拉巴斯（Pascal Labasse）以可持续农业的理念经营 16 公顷的葡萄园，60% 种植的是小满胜，40% 为大满胜。他主要用不锈钢桶酿造干白葡萄酒，定期酒糟搅拌赋予了酒体更饱满的口感，以及柠檬酱和酸甜的迷人风味。另一款诱人的干白葡萄酒是贝勒嘉德布兰奇干白葡萄酒（Cuvee La Pierre Blanche），由 20% 的老藤大满胜与 80% 的小满胜新葡萄混酿而成，并在橡木桶中发酵和陈酿——丰富的口感使它成为开胃酒的首选，特别适合搭配咸肉酱或鹅肝酱。拉巴斯并没有完全忽视瑞朗松甜酒的酿造，他的贝勒嘉德特酿迪宝笃白葡萄酒（Cuvee Thibault）是一款 100% 的小满胜纯酿，洋溢着蜂蜜和融化的太妃糖的甜蜜口感。

贝朗格莱酒庄（卡奥尔产区）

无花果、李子和其丰富的朴实气息赋予了贝朗格莱酒庄（Domaine La Bérangeraie）的酒款妙曼迷人的特色。朴实无华是卡奥尔产区永不褪色的印记，也是其魅力的一部分，贝伦热（Berenger）家族最初从普罗旺斯移居到此，是该产区这一特色的优秀代表。该酒庄以 30 公顷葡萄园为依托，酿造的所有葡萄酒都以家庭成员的名字命名。朱琳特酿葡萄酒（Cuvee Juline，由 90% 的马尔贝克和 10% 的梅洛混酿而成）是少有的在混凝土酒桶中陈酿的葡萄酒，没有橡木气息，单宁质地柔和，洋溢着迷人的果香。毛林特酿葡萄酒（Cuvee Maurin，100% 的马尔贝克纯酿）则更为高档——此酒也没有橡木气息，装瓶时未经过滤，带有甘草味和浓郁的果香。如果想要尽情享用可与巧克力、咖啡和烤肉搭配的用橡木桶酿造的葡萄酒，不妨试试马荷斯巴克斯峡谷红葡萄酒（La Gorgee de Mathis Bacchus），该酒款需要在全新的橡木桶中陈酿 20 个月方得佳酿。

伯图米酒庄（帕夏尔产区）

自 1850 年起，迪迪埃·巴雷（Didier Barre）的家族便一直在这里酿造葡萄酒，酒庄占地 25 公顷，植有长达 100 年的古藤。他种植了包括小库尔布、大满胜和小满胜在内的所有经典帕切伦克葡萄，并酿造甜型和干型葡萄酒。他酿造的马迪朗葡萄酒是一款非常成熟的丹娜葡萄酒：口感丰富，醇厚浓郁，需要醒酒后才可饮用。帕切伦克葡萄酒有一款令人惊喜的杜克丝甜葡萄酒（Doux，半甜型佳酿）及另一款具有该产区标志性酸橙味的干白葡萄酒，这款诱人的瓶装酒与更常见的赤霞珠或霞多丽葡萄酒不相上下。真正喜欢冒险的葡萄酒爱好者可以试试戴娜迪斯葡萄酒（Tanatis），这是一款 100% 的丹娜餐末甜酒，口感甜腻而浓郁，稍微冷藏一下口感更佳。

布拉纳酒庄（伊鲁莱吉产区）

伊鲁莱吉产区有一个高效的合作酒窖，可容纳该地区 50 名酿酒师酿造的 90% 以上的葡萄酒。让·布拉纳（Jean Brana）是其中一个突出的例外，1988 年，他成为该地区第一个以自己的名字制作瓶装葡萄酒的人。他也是首次将白葡萄酒重新引入该地区的人，该地区已经有几十年没有酿造白葡萄酒了。白葡萄酒由 60% 的小库尔布、35% 的大满胜和 5% 的小满胜酿造而成。葡萄园位于陡峭的山坡上，其中 23 公顷种植了红葡萄，如赤霞珠和丹娜葡萄。但真正让这些葡萄酒脱颖而出的是品丽珠（占总种植面积的 60%），有些葡萄藤的藤龄已超过 100 年。100% 的品丽珠葡萄酒以艾克斯利亚（Axeria）品牌装瓶销售。让·布拉纳的妹妹玛蒂娜（Martine）经营着家族酿酒厂，生产一些非常好的水果利口酒。

卡尤蒂斯酒庄（加亚克产区）

这是伯纳德·法布尔（Bernard Fabre）的优质有机葡萄园，在 1998 年移居加亚克之前，伯纳德曾在勃艮第教授了 10 年的酿酒学。他与妻子帕特里夏（Patricia）密切合作，专注于酿造该地区的传统葡萄品种。最受大众欢迎的葡萄酒是酒庄的至尊特酿（Cuvee Prestige），该酒款拥有浓郁的樱桃和李子气息，通过橡木陈年形成丰富的结构。此外，酒庄还有一款关注度不高的葡萄酒（并非每年都生产）——100% 的兰德乐甜白葡萄酒，它具有诱人的辛辣余味，以及一层层淡淡的肉桂和杏干气息。某些年份，该酒庄也会酿造莫扎克和昂登单一品种葡萄酒。

卡萨尼奥勒酒庄（加斯科涅丘产区）

早在 20 世纪 80 年代初期，珍妮·鲍曼（Janine Baumann）和贾尔斯·鲍曼（Gilles Baumann）就率先在标签上列出了所用葡萄品种，从此开创了加斯科涅丘的一种流行趋势。其酿酒方法同样别出心裁——他们坚信葡萄的特性与土壤的特性一样重要，这种观点在法国并不常见——并确保所有葡萄酒都具有清爽口感、新鲜的香气和风味。

地窖里始终保持低温和低氧状态。酒庄葡萄酒种类繁多，包含 5 种单一品种的葡萄酒，分别是鸽笼白、大满胜、霞多丽、赤霞珠和白玉霓葡萄酒。他们还有许多混酿，如优质的鸽笼白长相思干白葡萄酒（Colombard-Sauvignon）。酒庄总占地面积为 80 公顷。

古阿贝酒庄（瑞朗松产区）

酒庄占地 40 公顷，由酒庄主人亨利·拉蒙特（Henri Ramonteu）精心打理。酒庄出产的葡萄酒主要由大满胜和小满胜葡萄酿制而成，极富表现力。

然而，酿造年份完全取决于当年的天气状况。例如，酒庄的精选小满胜葡萄酒（Quintessence du Petit Manseng）所用的葡萄仅在圣诞节前采摘，在过去的 10 年里仅在 2000、2001、2005、2006 和 2009 年酿造了这款酒，富有果脯和烤坚果的香气。古阿贝疯狂一月垣曲干白葡萄酒（Folie de Janvier）的数量更少，所选用的葡萄是在 1 月霜冻中采摘的葡萄，酸味和糖浆有着完美的混合比例。在过去，酒庄仅在 2000 年酿造了此款葡萄酒。酒庄的干白葡萄酒也是值得一试的佳酿，尤其是由小满胜酿造的芳香扑鼻的干白葡萄酒——古阿贝康皮干白葡萄酒（La Canopee），这是一款值得珍藏的甜葡萄酒。

希鲁莱酒庄（加斯科涅丘产区）

希鲁莱酒庄（Domaine Chiroulet）的葡萄园位于加斯科涅的最高点之一，海拔约 180 米，该酒庄占地 45 公顷，酒庄主人是菲利普·费萨斯（Philippe Fezas）。酒庄美味的晚熟白葡萄

当地美食与当地葡萄酒的完美碰撞

法国西南部的传统美食的演变似乎总是与卡奥尔和马迪朗经典结构的浓郁红葡萄酒的发展如影相随。菜单上很多菜肴都与鸭子等家禽相关——鹅肝酱、油封鸭（腌制鸭肉）和鸭胸肉——所有这些菜肴一般都会搭配用鸭油烹制的薯片。但是，新一代的年轻厨师菲利普·康贝特（Philippe Combet）、埃里克·桑皮特罗（Eric Sampietro）和皮埃尔·兰德特（Pierre Landet）等人会将食物与使用微氧化技术、新橡木和成熟葡萄酿造的更易搭配食物的葡萄酒搭配。除了大西洋沿岸，该地区还有许多河流，在这些水域捕捞的鱼类非常适合搭配芬芳的伊鲁莱吉白葡萄酒和加斯科涅白葡萄酒。正如马迪朗首届一指的葡萄酒生产商阿兰·布鲁蒙所指出的那样："我们有一位走在法国现代潮流前沿的厨师米歇尔·盖拉尔（Michel Guérard），他在马迪朗附近生活和工作，深谙美味与美食的搭配诀窍。这里的食物随着葡萄酒业的发展而演变。今天我们仍然使用相同的食材，但该地区最著名的食物却是黑猪肉，其脂肪含量比鸭肉更少。我们周围有很多传统的加斯科涅食材，但我们可以对它们做出不同的解释，就像我们对葡萄酒的理解一样。"

寇斯酒庄

该酒款朴实无华、口感纯正，是一款极具特色的佳酿。

拉佩尔酒庄

这是一款由 70% 的小满胜搭配库尔布和卡拉多（Camaralet）混酿而成的葡萄酒，极具特色。

酒——秋日暖阳（Soleil d'automne，100% 的大满胜纯酿）是值得一试的佳酿。该酒款使用 11 月采摘的葡萄在酒缸中发酵一段时间，再在酿酒桶中发酵相同的时日。这款葡萄酒的亚硫酸盐含量低，不是很甜，但该酒具有浓郁的蜂蜜味，是肥美的鹅肝酱的绝佳搭配。酒庄还出产一款更经典的加斯科涅丘葡萄酒——特雷斯·布兰奇干白葡萄酒（Terres Blanches），该酒款选用 50% 的大满胜、25% 的长相思和 25% 的白玉霓老藤葡萄，定期搅拌精制酒糟，然后熟化 10 个月酿制而成。

迈松纳夫酒庄（卡奥尔产区）

近些年，马修·科斯（Matthieu Cosse）和他的搭档凯瑟琳·迈松纳夫（Catherine Maisonneuve）凭借多款令人惊喜的葡萄酒赢得了越来越多的赞誉。葡萄园占地 17.5 公顷，采用生物动力法管理，并出产了一系列葡萄酒，其中有 3 款 100% 的马尔贝克干红葡萄酒，分别是：迈松纳夫菲姬干红葡萄酒（La Fage）、迈松纳夫康宝干红葡萄酒（Le Combal）和酒庄的顶级葡萄酒——迈松纳夫拉凯兹干红葡萄酒（Les Laquets）。迈松纳夫拉凯兹干红葡萄酒使用 40 年马尔贝克葡萄藤所产葡萄酿制而成，在桶中陈酿 20 个月（主要是新橡木桶，但也有一些使用一年的橡木桶），从而形成丰富的西梅果香和美味的烤杏仁气息。小希陶干红葡萄酒（Le Petit Sid）使用较年轻的葡萄藤的葡萄酿造而成。酒庄还有 3 款凯尔西山坡葡萄酒（Vins de Pays des Coteaux du Quercy），而 100% 的品丽珠纯酿和 100% 的佳美纯酿也是值得关注的佳品。★新秀酒庄

寇斯酒庄（马西亚克产区）

菲利普·特里尔（Philippe Teulier）的酒庄隐藏在陆峭山坡上，山坡上是红宝石色的土壤，这种土壤土质粗糙，但富含铁质。特里尔依托 26 公顷的葡萄园酿造葡萄酒，大部分葡萄园是自有的，有些是租用的，种植着费尔莎伐多［当地人称为芒索（Mansois）］。跟法国西南地区的其他地方一样，酒庄对橡木桶的依赖很低，部分原因是葡萄的天然水果单宁含量很高，另一方面也是希望让葡萄和土壤的味道能渗透到葡萄酒中。这就意味着酿酒过程是在不锈钢设备中实现的，不过其老藤葡萄酒（Cuvee Vieilles Vignes）是在橡木桶中陈酿，并形成了浓郁的甘草气息。藤龄较低的葡萄藤出产的果实酿造的葡萄酒——国之颂特酿干红葡萄酒（Cuvee Lo Sang del PaTs）具有更浓郁的果香和覆盆子风味。

艾里昂·达·罗斯酒庄（马蒙德法定产区）

艾里昂·达·罗斯酒庄（Domaine Eliane da Ros）在如此不起眼的产区酿造出备受推崇的葡萄酒，这一事实充分说明了达·罗斯精湛的工艺和巨大的决心。达·罗斯在 1997 年接管了家族酒庄，次年他离开了当地的合作社，建立了自己的酿酒厂。如今，他拥有近 22 公顷的葡萄园，种植了波尔多葡萄品种——梅洛和赤霞珠（和一些西拉和马尔贝克），以及赛美蓉和长相思——并以自己的独特方法进行混酿。他采用生物动力法种植葡萄，这得益于其以前在阿尔萨斯产区鸿布列什酒庄（Zind Humbrecht）工作的经历，该酒庄便是该实践方法的大力支持者。这里出产的葡萄酒不经过滤和下胶，口感能更精准地反映酿酒的果实和当地的风土，极富质感的克洛斯巴奇干红

葡萄酒（Clos Baquey）或者口感更浓烈复杂的香特库库干红葡萄酒（Chante Coucou）非常值得品鉴。

黛斯古丝酒庄（加亚克产区）

罗丝琳·巴拉兰（Roselyn Balaran）和让-马克·巴拉兰（Jean-Marc Balaran）掌管着这片 35 公顷的酒庄。葡萄种植在约 250 米海拔的山脊上，属石灰岩基岩土质，这有助于提升红白葡萄酒的纯度，让酒液更有矿物质气息。这一点在小拉克鲁瓦干红葡萄酒（La Croix Petite，由 45% 的费尔莎伐多、45% 的西拉和 10% 的赤霞珠酿造而成）中体现得尤为明显，该酒在酿造过程中采用了冷浸泡和温和的微氧处理。酒庄主人的女儿奥雷利（Aurelie）在附近也有一家酒庄——玫瑰围墙酒庄（Château L'Enclos des Roses），也非常值得探索一番。该酒庄种植了 15 公顷的老藤葡萄，并在逐步普及有机种植方式。黛斯古丝酒庄（Domaine d'Escausses）的风格更现代，而玫瑰围墙酒庄则更专注于传统的地区葡萄品种。

伊拉里亚酒庄（伊鲁莱吉产区）

酒庄占地 10 公顷，酒庄主人是佩奥·埃斯皮尔（Peio Espil），曾在苏玳产区的白塔酒庄（La Tour Blanche）和瑞朗松产区的古阿贝酒庄（Domaine Cauhapé）工作，1988 年，他回到了法国西南产区。1999 年，埃斯皮尔通过了有机认证，并遵循高度严格的"自然耕作"理念，比如酒庄不耕作、行间有丰富的地被等。伊拉里亚酒庄正牌红葡萄酒（Domaine Ilarria Rouge）是一款酒精含量较高的品丽珠葡萄酒，在丹娜丰富性的基础上增添了红醋栗气息。白葡萄酒由小库尔布和小满胜酿制而成。比心通特酿（Cuvee Bixintxo，Bixintxo 在巴斯克语中意为"酿酒师的守护神"）只在阳光充足的年份酿造，最近的酿造年份是 2001、2003、2004 和 2009 年。该酒款主要使用丹娜葡萄，混合一些赤霞珠和少量品丽珠葡萄酿造而成，余味带有烟熏和丝丝甘草气息。

让-吕克·马塔酒庄（马西亚克产区）

酒庄主人让-吕克·马塔（Jean-Luc Matha）身上有一种哲学家的气质，这也许是因为他曾经受过牧师培训的缘故。该酒庄几乎全部采用有机法种植的费尔莎伐多葡萄，仅生产两款特酿红葡萄酒。藤龄较低的葡萄主要酿造莱里斯葡萄酒（Laïris），该酒是一款色泽明亮、口感宜人的瓶装葡萄酒，使用不锈钢桶酿造，拥有红醋栗与覆盆子碎叶的香气。结构更复杂的佩拉菲葡萄酒（Peirafi）使用老藤葡萄酿造，在大型老橡木桶中陈酿 20 个月，此工艺可以在软化葡萄酒结构的同时不产生任何橡木味。除了两款红葡萄酒特酿外，还有一款色彩浓烈、口感浓郁的桃红葡萄酒特酿（Cuvee Vignou）和一款稀有的由小粒麝香（Muscat Petit Grain）、慕斯卡德、白诗南和昂登混酿而成的白葡萄酒。该酒庄有时也被称为老门廊酒庄（Domaine du Vieux Porche）。

乔伊酒庄（加斯科涅丘产区）

乔伊酒庄（Domaine de JoŸ）这个名字源自清新芬芳的加斯科涅丘葡萄酒。在 20 世纪初，一个瑞士家庭的后裔移居到了该地区并创建了酒庄。现在，酒庄由维罗妮卡·格斯勒

（Veronique Gessler）和安德烈·格斯勒（Andre Gessler）、儿子奥利维尔（Olivier）和罗兰（Roland）共同经营。酒庄110公顷的葡萄园几乎全部种植了白葡萄，用于酿造下雅文邑产区（Bas-Armagnac）开胃酒和加斯科福乐克（Floe de Gascogne）开胃酒，以及各种其他款式的葡萄酒。同该地区顶级的干白葡萄酒一样，该酒庄白葡萄酒的酿造工艺也要求隔绝氧气，保留水果风味。酿酒师会采用温和的压榨工艺，并进行低温发酵沉淀。埃托勒葡萄酒（L'Etoile）是酒庄的代表酒款，该酒由50%的鸽笼白、25%的白玉霓和25%的大满胜酿造而成。另一种代表酒款是由100%晚熟的小满胜酿制而成的欢乐谷红葡萄酒（Grain de Joy），该酒款充满了荔枝和太妃糖的香气。

拉芬酒庄（马迪朗产区）

1993年，比利时人皮埃尔·施派尔（Pierre Speyer）买下了这家占地4公顷的酒庄；他还购买了另外3公顷的葡萄园。自2005年起，葡萄园开始采取有机种植，并逐步应用生物动力学耕种。该酒庄出品的酒款走"少而精"的路线，出产的埃拉戈涅葡萄酒（Erigone，由80%的丹娜、20%的品丽珠酿造而成）均由低产的老藤葡萄酿造而成，并采用冷浸泡工艺提取水果风味。在酿造过程中，酒庄采取重力自流方式萃取汁液，置于桶中陈酿，但不使用新橡木桶，不经过滤和下胶直接装瓶。顶级特酿赫卡忒葡萄酒（Hecate）在酿造过程中使用了全新的橡木桶，此酒由100%的丹娜葡萄酿造，在桶中陈酿20个月，以激发出丰郁的甘草和李子气息。为了给您提供更多的选择，酒庄还推出了一款小满胜纯酿葡萄酒——维克-毕勒-巴歇汉克甜葡萄酒（Pacherenc du Vic Bilh），直接以拉芬酒庄（Laffont）标签售卖。

拉佩尔酒庄（瑞朗松产区）

让-伯纳德·拉里厄（Jean-Bernard Larrieu）已从父亲马塞尔（Marcel）手中全权接管了酒庄，依托梯田中分布的迷人葡萄园，他凭借精湛的酿造工艺，坚定地开启了葡萄酒的酿造事业。该酒庄的葡萄园中有机种植了17公顷的葡萄，从整个生长季节到葡萄酒装瓶，整个过程都十分严谨，确保可追溯性。葡萄园中种植的葡萄品种有小满胜（占比60%）、大满胜、小库尔布、库尔布和卡拉多。酒庄最美味多汁的葡萄酒可能是拉马根迪亚葡萄酒（La Magendia），该酒款是晚收的小满胜葡萄酒，富含杏干和苦甜参半的蜜饯柠檬芳香。在某些年份，酒庄还生产一瓶难求的曼图兰葡萄酒（Mantoulan），该酒由70%的小满胜，搭配部分库尔布和卡拉多在橡木桶中陈酿而成。

劳安酒庄（杜拉斯丘产区）

很显然，杰弗里（Geoffrey）家族是一个勇于挑战的家族。在杜拉斯丘产区还鲜为人知的1974年，他们就买下了这片土地开始重新种植葡萄，并将葡萄园逐步扩建至目前的35公顷。然后，他们建造了一个现代化的酿酒厂，配备了不锈钢罐和一个新的桶形酒窖。对这个小产区而言，这是巨大的一笔投资，但这些投资已经获得了回报。劳安酒庄（Domaine de Laulan）长相思是一款诱人清爽的干白葡萄酒，充满了柑橘类水果和湿草的香气。另一款值得关注的葡萄酒是米德劳安葡萄酒（M de

Laulan）——一款100%的梅洛纯酿，该酒在橡木桶中陈酿，可充分激发出红浆果的美味。

劳鲁酒庄（加斯科涅丘产区）

2004年，英国夫妇尼古拉斯·基奇纳（Nicolas Kitchener）和凯伦·基奇纳（Karen Kitchener）辞去了在IT和销售部门的工作，买下了这片16公顷的迷人酒庄。这里已成为可持续农业的典范：他们回收雨水，将自有森林木材和藤蔓枝条用作冬天的取暖燃料，使用生物动力学认可的葡萄藤处理工艺和天然酵母。成品葡萄酒的亚硫酸盐含量都很低，适合素食者饮用。撇开这一切不谈，酒庄的干白葡萄酒（Blanc Sec）的味道也非常诱人。他们使用鸽笼白、白玉霓和大满胜等当地品种，采用21℃低温发酵工艺酿造出纯净清透、无须醒酒即可饮用的葡萄酒。加斯科涅丘红葡萄酒（Red Cotes de Gascognes）很少像白葡萄酒那样诱人，但他们的劳鲁·康斐迪斯（Lauroux Confiance）是梅洛、赤霞珠和品丽珠混酿，也是一款佳酿。

梅尔金酒庄（盖尔希丘产区）

盖尔希丘（Coteaux de Quercy）是知名度最低的西南产区之一，但这并没有阻止英国夫妇大卫·米金（David Meakin）和莎拉·米金（Sarah Meakin）的计划，他们于1994年搬到这里，并着手酿造优质而又备受推崇的葡萄酒，以及一系列瓶装麦芽酒。蓝狗葡萄酒（Chien Bleu）是一款值得关注的佳酿，由10%的佳美、10%的梅洛、60%的品丽珠、10%的马尔贝克和10%的丹娜混酿而成。此酒亚硫酸盐含量低，在混凝土罐中酿造，装瓶时没有任何橡木气息。这款物超所值、口感清爽的葡萄酒展现出了温和的秋季果香。

普拉久勒酒庄（加亚克产区）

罗伯特·普拉久勒（Robert Plageoles）已将酒庄的日常管理工作交给了他的儿子伯纳德（Bernard），但他的影响仍在。该酒庄的葡萄酒系列包括很多由被遗忘的当地葡萄品种酿造的葡萄酒，例如兰德乐、莫扎克、昂登（白葡萄）和黑普鲁内拉（红葡萄）等。莫扎克纯酿——帆船干红葡萄酒（Vin de Voile）是非常值得一尝的佳酿，其风格与汝拉产区的黄葡萄酒（Vin Jaune）相似；此外，迷人的奥坦葡萄酒（Vin d'Autan）也非常不错，奥坦的风促使这些昂登葡萄自然风干和浓缩，用此果实酿成的这款100%的昂登甜葡萄酒香气格外浓郁。酒庄由两个家族酒庄组成——泰康图酒庄（Domaine des Très Cantous）和豆蔻佳得美酒庄（Domaine de Roucou-Cantemerle）。葡萄园占地20公顷，其中三分之二种植了白葡萄，三分之一种植红葡萄。酒庄践行有机种植，在酿造过程中使用天然酵母、低亚硫酸盐和极少的过滤或下胶工艺。酒庄还引进了白葡萄韦尔黛内，该葡萄品种仅酿造了约1000瓶葡萄酒。

乐洛克酒庄（富登产区）

富登产区当地的葡萄品种是内格瑞特，而乐洛克酒庄（Domaine Le Roc）的葡萄酒是其中最著名和最成功的葡萄酒之一。弗雷德里克·里布斯（Frederic Ribes）负责酒庄的运营，

劳安酒庄
此款白葡萄酒产自寂寂无闻的杜拉斯法定产区，口感清爽诱人。

乔伊酒庄
乔伊酒庄的这款干白葡萄酒酒体轻盈，清爽怡人。

罗蒂尔酒庄
这款酒采用细致的微氧工艺软化单宁。

这位酿酒师的酿酒工艺富有诗意，甚至酒罐上都绘有花卉图案。作为一名受过培训的酿酒师，他的酿酒工艺十分严谨，使用低产的葡萄激发葡萄典型的紫罗兰、辛辣和甘草香气。根据里布斯的说法："拉内格瑞特葡萄酒（La Négrette）酸度低，容易发生氧化还原反应，但如果制作精良，其美味纯度可媲美西南产区的黑皮诺葡萄酒。"拉福尔安特黑葡萄酒（La Folle Noir d'Ambat，使用 100% 的内格瑞特酿造）和口感香醇美妙的堂吉诃德之石酒庄葡萄酒（Domaine Le Roc Don Quichotte，由 60% 的内格瑞特和 40% 的西拉酿造而成）都是值得品鉴的佳酿。

罗蒂尔酒庄（加亚克产区）

酒庄由弗朗西斯·马尔（Francis Marre）和阿兰·罗蒂尔（Alain Rotier）共同经营，以精心酿造高品质的葡萄酒为目标。在过去 25 年多的时间里，他们采用可持续的耕种方式，杜绝任何化学肥料——在葡萄藤行间种植燕麦和大麦，促进微生物活动。酒庄内主要种植红葡萄，占地 25 公顷，种植了西拉（占比超过 80%）、布洛可、杜拉斯、佳美和赤霞珠等葡萄品种。白葡萄的种植面积为 10 公顷，主要是兰德乐和长相思葡萄。贴有复兴商标的瓶装葡萄酒最能体现酒庄的理念。酒庄主人走低产路线，通过微氧化技术软化单宁，精心选用橡木进行陈酿。首字母干白葡萄酒系列（Initiales），由藤龄较低的葡萄藤果实在较低温度下发酵而成，风味更新鲜，酒体更轻盈。

萨瓦尔尼斯酒庄（卡奥尔产区）

萨瓦尔尼斯酒庄（Domaine des Savarines）占地 4 公顷，已经通过了有机和生物动力的全面认证，出产引人入胜、易与食物搭配的卡奥尔葡萄酒。这并不令人感到意外，因为酒庄的主人就是诺丁山美食胜地的美食书店（Books for Cooks）的老板——艾里克·特耶（Eric Treuille）。酒庄出产一款混酿，由 80% 的马尔贝克和 20% 的梅洛酿制，口感柔和，余味优雅，亚硫酸盐含量维持在较低水平，果香浓郁。特耶在葡萄酒达到最佳口感前不会上市销售，一般会在装瓶后存放大约 5 年后才会售卖。其绿色酿酒理念也延伸到酒庄的新建筑，他尽可能使用天然材料，例如可以隔热的羊毛等。★新秀酒庄

格拉萨酒庄（加斯科涅丘产区）

伊夫·格拉萨（Yves Grassa）这个名字通常与一款葡萄酒联系在一起——塔里克酒庄葡萄酒（Château du Tariquet）。该酒庄坐落于加斯科涅丘，占地面积超过 1000 公顷，酿造了一系列产量稳定、口感宜人且质量上乘的瓶装葡萄酒。格拉萨在美国加州大学戴维斯分校进修过，这段经历对他产生了深远的影响——当他回到家乡后，他成了第一个用触觉感知白葡萄酒的人。他采用低温发酵，并坚持在标签上标明葡萄品种。格拉萨酒庄（Domaines Grassa）证明大批量的生产不是必须以牺牲品质为代价，当然也不是昙花一现，塔里克酒庄经典葡萄酒（Tariquet Classic，由 70% 的白玉霓、30% 的鸽笼白混酿而成）是一款质朴直白而又迷人的葡萄酒。此外，酒庄还出产一款 100% 的长相思纯酿和一款 100% 的霞多丽纯酿。若想寻找一款有浓郁烟熏味的葡萄酒，可以尝一尝橡木桶陈酿的泰德杜库干白葡萄酒（Tête du Cuve）或塔希克海岸干白葡萄酒（Cote Tariquet，由 50% 的霞多丽和 50% 的长相思混酿而成）。

萨瓦尔尼斯酒庄
这款酒仅在达到最佳口感后才会上市售卖。

亨利·米那酒庄（伊鲁莱吉产区）

这个小酒庄位于伊鲁莱吉，酒庄主人让-克劳德·贝鲁埃（Jean-Claude Berrouet）长期担任波尔多波美侯标志性酒庄——莫意克（Moueix）家族帕图斯酒庄（Petrus）的酿酒师。贝鲁埃的父亲来自伊察苏（Itxassou）的巴斯克小镇。他在加亚克接触了酿酒，回到家乡后，他于 1997 年在伊斯普尔（Ispoure）公社购买了 1.8 公顷的葡萄园。

他最初仅酿造亨利·米那白葡萄酒（Herri Mina Blanc），这是一款由满胜和库尔布葡萄酿造而成的清新而明亮的葡萄酒。从 2003 年起，他开始使用品丽珠酿造亨利·米那红葡萄酒（Herri Mina Rouge）。虽然他有建立酿酒厂的计划，但这些葡萄酒目前仍在布拉纳酒庄（Domaine Brana）酿造，款款佳酿都能充分展现它们各自的风土。对伊鲁莱吉葡萄酒而言，这代表着发酵前无须浸渍、不使用木材、进行高品质的手工采摘和选用本土葡萄品种。制作工艺仅涉及葡萄选用、压榨、发酵和装瓶。

普莱蒙特生产合作社（圣蒙丘产区）

能成功跻身法国最佳葡萄酒之列的合作酒窖寥寥可数，而普莱蒙特酒业（Plaimont）就是那个非同一般的存在。酒庄由安德烈·杜博斯（Andre Dubose）经营，他会督促所有的酿酒师全力以赴，酒庄不仅产出优质的葡萄，还举办品酒会和葡萄酒旅游活动。他也是西南本土葡萄的伟大捍卫者。酒庄出产的酒款非常多，正如一个拥有 5300 公顷葡萄园的生产商所期望的那样，这里不仅有许多当地产区的葡萄酒，还包括从马迪朗和圣蒙特到加斯科涅丘和维克-毕勒-巴歇汉克产区的葡萄酒。正是对细节的关注、对食物不太挑剔的口感，以及以消费者为中心的风味使酒庄的葡萄酒成为值得品鉴的佳酿。酒庄的著名酒款极多，很难只挑出一款代表性佳酿，但是来自圣蒙特的薇格尼斯莱特威葡萄酒（Vignes Retrouvee）格外出众，共有 3 种可供选择，分别是阿芙菲雅、小库尔布和大满胜白葡萄酿造的佳酿，皆展现了法国这一产区葡萄酒的包容性和宜人风味。

卢瓦尔河谷产区

如果你青睐于价值斐然、丰富多样、口感怡人、陈年潜力大的葡萄酒，那么卢瓦尔河谷产区（Loire Valley）必定是你一站式购物的首选之地。这个法国最大的葡萄酒产区依河而建，东西横跨 600 千米，涵盖了矿物丰富的慕斯卡德产区（Muscadet）和多石地貌的桑塞尔产区（Sancerre）。卢瓦尔河谷位于法国西北部，葡萄种植在乱石覆盖的向阳葡萄园里，贪婪地沐浴着阳光。在葡萄生长季节，卢瓦尔河谷的气候总体来说比较温暖，与如今的许多温暖的产区相比，该产区葡萄酒的酒精含量低，酸度更加沁人心脾。卢瓦尔河谷出产的葡萄酒品种琳琅满目，包括红葡萄酒、白葡萄酒、桃红葡萄酒和起泡酒。

广袤无垠的卢瓦尔河谷产区是酿酒葡萄繁衍生长的天堂。果香浓郁的白诗南葡萄是该产区的主打品种，可酿成干白葡萄酒、半干白葡萄酒、甜白葡萄酒和起泡白葡萄酒等多种佳酿。卢瓦尔子产区（尤其是桑塞尔）的长相思品质卓越，矿物质气息浓郁，令世界其他产区望尘莫及。

该产区西部紧邻大西洋，产区内鲜为人知的勃艮第香瓜葡萄是成就慕斯卡德的不二之选。白葡萄酒口感脆爽、略带咸味，搭配新鲜海鲜饮用口感极佳。除上述白葡萄品种外，产区内的麦郁皮诺（Menu Pineau）、库谢韦尔尼（Court-Cheverny）的罗莫朗坦（Romorantin）等诸多品种虽不露锋芒，但依旧令人刮目相看。

同样，产区内的红葡萄也分外引人注目，尤其是品丽珠，可谓是独领风骚。在波尔多，赤霞珠葡萄主要被作为混酿葡萄品种；在白马酒庄（Cheval Blanc），也备受瞩目；在卢瓦尔产区，更是举足轻重，独霸一方。在希侬（Chinon）、索米尔－尚皮尼（Saumur-Champigny）、布尔格伊（Bourgueil），以及布尔格伊·圣尼古拉斯（St-Nicholas de Bourgueil）等子产区，赤霞珠葡萄同样惊艳四座，完美演绎了该品种的无限风情。酒樽之中的浅龄葡萄酒散发着草本清香，酒体饱满丰富，酸度恰如其分，单宁良好。产区还种植佳

美、马尔贝克〔又名科特（Côt）〕、黑皮诺和黑诗南（Pineau d'Aunis）等红葡萄品种。黑诗南钟灵毓秀，是卢瓦尔河谷最古老的红葡萄品种，现如今再度崛起。

卢瓦尔河谷产区俨然成为酿酒的天然宝地，这也是过去几十年葡萄酒界取得的重要成果之一。一般来说，葡萄园中禁用化肥或杀虫剂，采用手工采摘，杜绝商业酵母发酵，提倡葡萄自然发酵。在萨维涅尔产区（Savennière），尼古拉斯·乔利（Nicolas Joly）是生物动力学的先驱，生物动力学结合天体运行时间表运作，效果远胜于有机种植法。如今，生物动力学已在该地区葡萄种植户中全面或部分推广。

卢瓦尔河谷产区价值连城、潜力巨大。举世闻名的酿酒师在蔚为壮观的酒庄中酿制佳酿，所酿葡萄酒在知名产区更是名声大噪。卢瓦尔河谷产区的葡萄酒仍然只供内行人士品鉴。

部分葡萄酒尽管被低估，但陈年效果极佳。鉴于最近勃艮第白葡萄酒极易过早氧化，因此来自萨维涅尔产区、沃莱产区（Vouvray）和蒙特路易斯产区（Montlouis）的顶级白葡萄酒备受收藏者青睐。这些顶级佳酿均由美妙迷人的白诗南酿制而成。即使是来自最好产区和生产商的慕斯卡德葡萄酒，也可陈藏 10 年而依旧价值斐然。

主要葡萄种类

红葡萄

品丽珠

马尔贝克（科特）

佳美

黑诗南

黑皮诺

果若

白葡萄

白诗南

勃艮第香瓜

麦郁皮诺

罗莫朗坦

长相思

年份

2009
生产商认为该年份的葡萄酒成熟饱满、酸度适宜。

2008
该年份气候变化无常，但依然硕果累累。

2007
卢瓦尔河谷中部地区天气反复无常。桑塞尔和慕斯卡德品质良好。

2006
该产区风调雨顺，桑塞尔和慕斯卡德避祸就福。

2005
红葡萄酒浓度醇厚，酸度恰到好处；白葡萄酒多为混酿。

2004
该年是经典年份，普伊-富美（Pouilly-Fumé）和桑塞尔产区出产的酒款具有极强的陈年能力。

米洛特酒庄

米洛特第 19 代干白葡萄酒是一款醇香浓郁、风格深沉的长相思葡萄酒。

艾格尼斯-瑞尼·莫斯酒庄（安茹产区）

酒庄主人艾格尼斯（Agnès）和瑞尼·莫斯（René Mosse）两人最初爱上自然发酵葡萄酒的方式就是直接品尝。20 世纪 90 年代，两人在图尔斯（Tours）经营了一家酒吧，主要提供葡萄酒。也是在那时，他们结识了当地许多酿酒师，例如乔·皮松（Jo Pithon）和弗朗索瓦·史丹（Francois Chidaine）。1999年，他们在安茹的莱昂丘产区（Coteaux-du-Layon）购买了一处面积为 13 公顷的葡萄园（包含房屋和酒窖）。从一开始他们就对葡萄园实行有机耕作，并且引进了一些生物动力技术。天公作美，他们能酿造出一系列诱人的葡萄酒，包括红葡萄酒、干白葡萄酒、桃红葡萄酒和甜葡萄酒。

米洛特酒庄（桑塞尔产区）

酒庄主人阿方斯·米洛特（Alphonse Mellot）是该酒庄的第 19 代酿酒师，对葡萄酒痴迷如醉。20 世纪 80 年代，该酒庄决定将发展重心放在自己酿制葡萄酒上，如今酿酒所选的葡萄为有机耕作、手工采摘，种植面积达 47 公顷。他们所酿的穆西埃干白葡萄酒（La Moussière）品质上乘，酿制所用的葡萄均为手工筛选。红葡萄酒和白葡萄酒均分批次在新旧程度不同的桶中发酵。顶级酒款第 19 代干白葡萄酒（Génération XIX）所选葡萄来自藤龄近百年的老藤，置于大桶中发酵陈酿而成。

凯瑟琳与迪迪埃·夏帕罗武酒庄（武弗雷产区）

酒庄主人凯瑟琳·夏帕罗武（Catherine Champalou）和迪迪埃·夏帕罗武（Didier Champalou）采用可持续方式耕作，依托其占地 20 公顷的葡萄园酿制多款武弗雷静止葡萄酒和起泡酒。其葡萄酒在不锈钢桶中发酵，置于老橡木桶中陈酿。丰杜克斯特酿葡萄酒（Cuvée des Fondraux）同样在老橡木桶中陈酿，但更为浓郁馨香。该酒庄的起泡酒也品质稳定，值得信赖。

索米尔·维涅龙酒庄（索米尔-尚皮尼产区）

该酒庄为一家酿酒合作企业，旗下共有 200 名葡萄种植者、1800 公顷葡萄园；酒庄出产酒款众多，包括起泡酒、静止葡萄酒、干葡萄酒和甜葡萄酒等。基本款维涅龙珍藏葡萄酒系列（Réserve des Vignerons）果味丰富而纯正，干白诗南和品丽珠葡萄物超所值，但酒庄的首要目标是酿造极具本地风土特色的葡萄酒。为此，葡萄园被分为 3700 个片区，满足不同葡萄品种的栽培和酿制。勃艮第酿酒师埃里克·洛朗（Eric Laurent）巧妙地令品丽珠葡萄呈现出黑皮诺芬芳、清新、丝滑的特点。单一葡萄园索穆尔-尚皮尼·波伊尔葡萄酒（Saumur-Champigny Les Poyeux）是酒庄的代表作，充分展现当地的风土和葡萄品种的优点。

库兰酒庄（希侬产区）

库兰酒庄（Château de Coulaine）是一个家族酒庄，所处位置富含优质黏土、石灰岩和砾石土壤，葡萄栽培历史悠久，可追溯到 14 世纪。酒庄自 1988 年由帕斯卡（Pascale）和艾蒂安·德·博纳旺德（Etienne de Bonnaventure）接手经营后，酿酒质量明显提高，现在有机种植的葡萄园已达 12 公顷。用藤龄较短的葡萄所酿的入门级红葡萄酒未经橡木桶陈酿，口感圆润，覆盆子香气浓郁。陈年橡木特酿图尔佩尼（Clos de Turpenay）和恶魔（La Diablesse）口感柔顺诱人，所用葡萄选

榭罗·查尔酒庄

奥塞利涅尔葡萄酒是一款极具本地风土特色的慕斯卡德白葡萄酒。

自藤龄 40～80 年的老藤。经过陈酿之后，葡萄酒的风味越发香甜怡人，搭配野味菜肴享用堪称一绝。★新秀酒庄

玉荷酒庄（索米尔-尚皮尼产区）

索米尔-尚皮尼产区的土质松软，所产品丽珠气味芳香，口感如天鹅绒般丝滑，为卢瓦尔河谷产区之最。玉荷酒庄（Château du Hureau）的主人菲利普·瓦坦（Philippe Vatan）更喜欢用微氧化工艺来软化单宁，而不是在传统的木桶中发酵，所以品丽珠雅致的特点和果实的精纯在该酒庄的红葡萄酒中得以充分发挥。酒庄只有费维特（Les Fevettes）和利斯加特（Lisgathe）这两款酒置于橡木桶中陈酿，仅占酒庄顶级葡萄酒比重的 5%。由于凝灰岩的黏土表层较厚，所以酿成的这两款酒结构紧致，强劲浓烈。酒庄的葡萄园面积为 18.5 公顷，采用有机种植，分为 21 片地块，生产两种未经橡木桶发酵的红葡萄酒，以及少量的白诗南干白葡萄酒，此款酒有时也会发酵为甜葡萄酒（取决于葡萄孢菌的发生情况）。

皮尔-比斯酒庄（安茹产区）

酒庄主人克劳德·帕潘（Claude Papin）求知若渴，博采众长，所以他酿制的一系列葡萄酒令人眼花缭乱，遍布卢瓦尔河谷产区，其中红葡萄酒、桃红葡萄酒、白葡萄酒、干葡萄酒和甜葡萄酒均有涉及。1990 年，他接手经营妻子的家族酒庄——皮埃尔-比斯酒庄（Château Pierre-Bise），使其大有起色。卡特休姆甜白葡萄酒（Quarts de Chaume）令人难以忘怀。克劳德·帕潘还酿造了几款莱昂甜葡萄酒，有萨维涅尔洛奇白葡萄酒（Savennières in Roche aux Moines）、品丽珠、佳美，甚至还有一款半干安茹桃红葡萄酒（Rosé d'Anjou）。这些不遗余力的付出也令他声名鹊起。因此，这些葡萄酒千金难买，不可多得。

特雷西酒庄（普伊-富美产区）

特雷西酒庄（Château de Tracy）的葡萄种植史超过 600年。20 世纪 50 年代，酒庄主人杰奎琳·德·特雷西（Jacqueline de Tracy）与阿兰·德斯特·德阿斯泰（Alain d'Estutt d'Astay）伯爵结婚；其后，夫妇两人对酒庄 28 公顷的葡萄园进行了翻修改造，在美丽优雅、历史悠久的普伊-富美产区声名鹊起。二人传给后辈两款极具品质葡萄酒。酒庄的高浓度干白葡萄酒（Haute Densité）于 2004 年开始酿造，所用葡萄选自高密度种植的新栽葡萄藤。由产自石灰岩土壤的葡萄所酿制的葡萄酒酒体浓郁紧实、口感清醇，其中 15% 置于橡木桶中陈酿而成。从2008 年起，酒庄推出 101 号干白葡萄酒（101 Rangs），该酒款由长相思酿制，置于橡木桶中陈酿而成，矿物质气息浓郁。这款酒的名字取自 101 排种植在燧石土壤上的藤龄达 55 年的老藤。

微尔芙酒庄（索米尔-尚皮尼白葡萄酒产区）

酒庄主人让-皮埃尔·微尔芙（Jean-Pierre Chevallier）曾在波尔多学习葡萄酒酿造学，然后于 1982 年接管了这个家族酒庄。他成功地推出了传统与现代技术相结合的系列酒款。其干红葡萄酒和干白葡萄酒呈现出丰富紧实的成熟水果口味，但同时又不失平衡优雅的特点。旗舰酒款大众园（Le Grand Clos，由品丽珠酿制）和科米尔（Les Cormiers，由白诗南酿制）结构紧实，适合陈年，矿物质气息极佳，余味悠长。在气

候较为温暖的年份里，酒庄也会酿造索米尔丘白诗南甜葡萄酒（Coteaux de Saumur Chenin Blanc）。

榭罗·查尔酒庄（塞夫勒和缅因慕斯卡德产区）

榭罗·查尔酒庄（Chéreau Carré）酿造的慕斯卡德干白葡萄酒（Muscadet Sèvre et Maine）品质卓越、质量稳定，选用的葡萄主要来自4家酒庄：拉米奥塞利涅尔酒庄（Château l'Oiselinière de la Ramée）、切瑟罗瓦酒庄（Château de Chasseloir）、凯斯乃酒庄（Château de la Chesnaie）及博伊斯布鲁利酒庄（Domaine du Bois Bruley）。每个酒庄酿制的葡萄酒都略有不同，但有一款混酿浅龄酒——格里夫·伯纳德·谢罗葡萄酒（La Griffe Bernard Chéreau）是选用所有4个酒庄的新植葡萄出产的混酿。奥塞利涅尔酒庄葡萄酒（Le Clos du Château l'Oiselinière）所选的早熟葡萄产自公社的一处坐北向南的葡萄园，此处土壤遍布片岩和正片麻岩。该酒款需置于酒糟陈酿至少17个月，酒体醇厚绵长，散发着矿物质气息。

诺丹酒庄（武弗雷产区）

1924年，诺丹酒庄（Clos Naudin）由福罗（Foreau）家族收购，其生产的几款葡萄酒为武弗雷产区的顶级酒款。如今菲利普（Philippe）为酒庄第3代主人，所酿酒款从干葡萄酒到甜葡萄酒，再到深沉悠远的起泡酒，不一而足，包括白诗南葡萄酒的全部系列。酒庄的葡萄种植在坚硬的黏土土壤中，因此葡萄一直低产，成熟时需经几次手工采摘。该酒庄的酒款纯正优雅、矿物质气息浓郁、酸度活泼，极其适合陈年，但浅龄阶段饮用同样美味可口。

罗氏·布兰奇酒庄（都兰产区）

罗氏·布兰奇酒庄（Clos Roche Blanche）是一个家族酒庄，葡萄园占地面积达18公顷。凯瑟琳·罗塞尔（Catherine Roussel）和迪迪埃·巴鲁耶（Didier Barrouillet）对葡萄酒的酿制精益求精，葡萄为有机种植，酿酒过程也没有人为干预，所产酒款物美价廉。长相思葡萄酒清爽纯净，黑诗南葡萄酒则活泼辛香，佳美葡萄酒醇香味美，赤霞珠更为浓郁紧致。酒庄顶级佳酿非科特葡萄酒莫属，由25～115年藤龄葡萄藤出产的果实酿制。

红雅酒庄（索米尔-尚皮尼产区）

在卢瓦尔产区，如果把众多品丽珠葡萄酒比作本田汽车，品质更好的酒款可以看作萨博汽车，那么红雅酒庄（Clos Rougeard）则堪称酒中法拉利，是本产区酒庄中的典范。红雅酒庄占地面积为10公顷，由福柯（Foucault）家族世代经营，如今酒庄主人为查理（Charlie）和纳迪（Nadi）两兄弟。酒庄出产的葡萄酒中，干红葡萄酒（Clos）很少在新橡木桶中陈酿，但依旧风格深沉；伯约红葡萄酒（Poyeux）和布尔园干红葡萄酒（Bourg）选取的葡萄种类更加丰富，多置于新橡木桶中陈酿而成。

鲍尔富酒庄（谢韦尔尼产区）

鲍尔富酒庄（Clos du Tue-Boeuf）面积达16公顷，目前由让-玛丽（Jean-Marie）和蒂埃里·普泽拉特（Thierry Puzelat）两人共同管理。他们于20世纪90年代从父亲手中接手酒庄，之后做了两个艰难的决定：一是保留酒庄里留传下来的大量葡萄品种；二是致力于有机葡萄栽培。在马赛尔·拉皮尔（Marcel Lapierre）和其他主张自然酿酒法的酿酒师的启发下，他们也决定尽可能地以自然的方式酿造葡萄酒，这意味着与所在产区的传统背道而驰。该酒庄将诸多酒款列为日常餐酒出售，其混酿红葡萄酒格雷拉（La Guerrerie）便是其中一例。总体而言，该酒庄的产品明快活泼，入口时清新怡人，极具特色，但也十分稀有。

飒朗酒庄（萨维涅尔产区）

飒朗酒庄（Coulée de Serrant）宏伟壮丽，拥有一个圆形白诗南葡萄园，其历史可追溯到1130年，修道士曾在此地种植葡萄。此处可以俯瞰卢瓦尔河，是卢瓦尔河谷产区的最高点之一。如今，法国只有两家酒庄拥有自己的法定产区命名权，飒朗酒庄便是其中之一。该酒庄旗下的葡萄园占地面积为13公顷，有两款葡萄酒来自毗邻的产区。酒庄主人尼古拉斯·乔利（Nicolas Joly）采用生物动力法酿造葡萄酒，而他的女儿维吉妮（Virginie）更是功不可没。此酒庄的葡萄酒不同于别处酒款，经常出现两极分化的现象。其浅龄酒醒酒后口感更佳，如果您驻足飒朗酒庄，将会品尝到醒酒时间达24～48小时的葡萄酒。

达米·罗洛酒庄（萨维涅尔产区）

酒庄主人达米·罗洛（Damien Laureau）来自凡尔赛附近的一个农民家庭，主要种植谷物，所以葡萄酒酿制主要是靠他自学成才。他从1999年在安茹产区附近的一个葡萄园开始创业，如今在萨维涅尔产区长期租赁了两个葡萄园。在过去的5年中，他将葡萄园从传统种植方式过渡为有机种植。萨维涅尔产区的葡萄酒矿物质气息明显，是白诗南干葡萄酒的绝佳代表。詹尼特葡萄酒（Les Genets）一般在桶中陈酿18个月，令人回味无穷；而贝尔奥弗拉格（Le Bel Ouvrage）则会陈酿近两年之久，口感丰富。★新秀酒庄

奥布西耶尔酒庄（武弗雷产区）

酒庄主人伯纳德·福奎特（Bernard Fouquet）种植的白诗南足有23公顷，所酿酒款包括干葡萄酒、半干葡萄酒、甜葡萄酒和起泡酒，每个酒款都将这种葡萄的特点展现得淋漓尽致。酿酒葡萄大多为分批次手工采摘。其出产的燧石特酿葡萄酒（Cuvée de Silex）略带甜味、结构紧致，带有矿物质气息和丝丝蜂蜜口味；其天然起泡酒是一款口味绝佳的开胃酒。

巴布拉特酒庄（安茹-布里萨克产区和奥本斯山坡产区）

巴布拉特酒庄（Domaine de Bablut）的克里斯托夫·达维奥（Christophe Daviau）酿制的红葡萄酒口感强劲，单宁成熟，富有质感。罗卡尼格拉葡萄酒（Rocca Nigra）全部使用赤霞珠酿制，受安茹产区片岩土壤的影响，这里出产的葡萄酒中的单宁经常难以处理，但这款酒巧妙地避免了这个问题。克里斯托夫·达维奥精心酿制了顶级佩特拉·阿尔巴葡萄酒（Petra Alba），所选的果实产自更适宜品丽珠葡萄生长的石灰岩土壤。白诗南葡萄酒系列风味成熟，是奥本斯山坡产区（Coteaux de L'Aubance）甜葡萄酒系列的佳酿，主要包括物美价廉的戈蓝皮耶

白诗南

作为酿酒葡萄的一种，长相思可谓葡萄中的"贵族"。而在各方面表现都不错的白诗南葡萄则蓄势待发，意欲挑战长相思在该产区的地位。在卢瓦尔河中部，用白诗南葡萄所酿制的干葡萄酒、半干葡萄酒、甜葡萄酒和起泡酒均日臻完美。在萨维涅尔产区，白诗南葡萄酒基本是干型酒款，极富质感和层次感，曾受到皇家宫廷的青睐。在武弗雷产区（Vouvray），白诗南葡萄酒酒款丰富，体现了酸度和甜度之间的绝佳平衡。在莱昂丘产区（Coteaux du Layon）和卡特休姆产区（Quarts de Chaume），白诗南收获较晚，并被称为"贵腐菌"的孢菌覆盖。在每个产区，用白诗南酿制的最佳酒款都具有非凡的陈年价值。所以，白诗南葡萄酒的潜力显然是被低估了。

博德瑞－杜图尔酒庄

格雷尔葡萄酒是该酒庄众多
令人难忘的希侬葡萄酒的代表作之一。

贝利维尔酒庄

老藤埃帕塞斯葡萄酒是一款由
莱昂丘白诗南葡萄酿成的纯酿。

葡萄酒（Grandpierre）和橡木发酵、陈年价值高的奥陶纪干葡萄酒（Ordovicien）。

博德瑞-杜图尔酒庄（希侬产区）

2003年，佩里埃酒庄（Domaine de la Perrière）和朗斯酒庄（Domaine du Roncée）合并，博德瑞-杜图尔酒庄（Domaine Baudry-Dutour）因此汇集了克里斯托夫·博德瑞（Christophe Baudry）和让-马丁·杜图尔（Jean-Martin Dutour）两位英才。博德瑞是第3代葡萄酒种植者，他对希侬产区的了解严谨而透彻。杜图尔来自朗斯酒庄，是一位年轻的酿酒师，曾在蒙彼利埃著名的葡萄酒学校接受过培训。两人都精力充沛，建立了一个最先进的重力式酿酒厂，还收购了新的葡萄园，尤其是在收购格雷尔酒庄（Château de la Grille）之后，博德瑞-杜图尔酒庄一跃成为希侬产区最大的酒庄，葡萄种植面积达到120公顷。其限量生产的老藤特酿令人回味无穷。他们十分注重品质，推出的入门级红葡萄酒柔顺柔滑，果味十足。玛利亚-朱斯蒂娜半干桃红葡萄酒（Cuvée Marie-Justine）也是一款佳酿。★ 新秀酒庄

博马尔酒庄（安茹产区，包括卡特休姆产区及萨维涅尔产区）

酒庄主人弗洛伦特·博马尔（Florent Baumard）酿造的一系列葡萄酒，从红葡萄酒到桃红葡萄酒，乃至白诗南的所有酒款，包括起泡酒，均令人拍案叫绝。该酒庄成立于1634年，是一个家族企业，横跨卢瓦尔河两岸。来自蝴蝶园（Clos du Papillon）的干型白葡萄酒莎弗尼耶（Savennières）是常年供应的经典酒款，而特酿干白葡萄酒（Trie Speciale）只在特定年份才会推出。在卢瓦尔河的罗什福尔（Rochefort）河岸，酒庄出产的甜型白葡萄酒莱昂丘（Coteaux du Layon）和卡特休姆（Quarts de Chaume）更加浓郁，令人垂涎欲滴，均为极品佳酿。博马尔对葡萄栽培技术求知若渴，所以仍保留了少量的华帝露（Verdelho）老藤来挖掘其潜力。

贝利维尔酒庄（雅思涅产区和卢瓦尔山坡产区）

在图尔斯以北50千米、卢瓦尔河支流的河岸处，坐落着雅思涅产区（Jasnières）和卢瓦尔山坡产区（Coteaux du Loir）的葡萄园。埃里克·尼古拉斯（Eric Nicolas）和克里斯汀·尼古拉斯（Christine Nicolas）购买了一些老藤葡萄，并很快提高了这两个产区的知名度。他们降低葡萄产量，同时密集种植，达到惊人的每公顷4万株葡萄藤。酒庄以酿制白诗南葡萄酒著称，许多装瓶玫瑰红葡萄酒（Les Rosiers）源自新植葡萄，而卡利格拉姆（Calligrame）源自50年藤龄的老藤葡萄，口感紧实。尼古拉斯家族也醉心于黑诗南的酿造，出产了两款瓶装佳酿。

博得里酒庄（希侬产区）

博得里酒庄（Domaine Bernard Baudry）在过去的30年里，悄然成为卢瓦尔河红葡萄酒生产商的先锋酒庄。酒庄主人伯纳德·博得里（Bernard Baudry）曾受训于伯恩产区（Beaune），现在酒庄占地30公顷，包括一些精选的葡萄园片区。位于维埃纳河（Vienne River）附近的格朗酒庄（Les Granges）种植有最新栽种的葡萄藤；酒庄也拥有藤龄较长的葡萄藤和一些山坡地块。格雷佐酒庄（Les Grézeaux）在石灰岩和黏土土壤上种有老藤葡萄，吉略特酒庄（Clos Guillot）的一些葡萄藤并未嫁接。酒庄每年出品的桃红葡萄酒堪称佳酿。伯纳德的儿子马蒂厄（Matthieu）曾在法国学习酿酒技术，之后又去到澳大利亚的塔斯马尼亚产区（Tasmania）和美国加利福尼亚州产区游历学习，目前和伯纳德共同经营该酒庄。

布里索酒庄（雅思涅产区和卢瓦尔山坡产区）

雅思涅产区和卢瓦尔山坡产区虽然寂寂无闻，但一直吸引着克里斯蒂安·乔萨德（Christian Chaussard）和纳塔莉·乔萨德（Nathalie Chaussard）这样特立独行的酿酒师，二人于2002年来到布里索酒庄（Domaine Le Briseau）。帕塔砰（Patapon）是一款由黑诗南和科特混酿而成的红葡萄酒，它和酒的名字及酒标一样妙趣横生、热情洋溢。莫尔蒂耶尔（Les Mortiers）由100%的黑诗南酿制而成，颜色更浅，结构细腻，醇厚浓郁。各类普通螺纹白诗南葡萄酒（酿制出的葡萄酒是干型还是甜型取决于年份）是酒庄的特色酒款。酒庄采用不干预酿制方法生产出的葡萄酒充满活力、清新爽口，带有明显的矿物质气息。2006年以后，该酒庄获得有机认证，逐步转变为采用生物动力法酿造葡萄酒。★ 新秀酒庄

拉布特酒庄（布尔格伊产区）

2002年，卢瓦尔-蒙路易产区（Montlouis-sur-Loire）的酿酒巨匠杰克·布洛特（Jacky Blot）在布尔格伊产区买下了一处15公顷的顶级葡萄园。拉布特（La Butte）葡萄园地势陡峭、阳光充足，朝南的斜坡自然产量低，但葡萄成熟紧致，酿造出的葡萄酒香甜诱人、富有层次。由于风土条件不同，酒庄出品了4款葡萄酒——勒奥（Le Haut，葡萄产自山顶燧石最多的土壤）、米-彭特（Mi-Pente，葡萄产自中坡石灰岩土壤）、拉皮耶（La Pied，葡萄产自山脚更为肥沃的黏土-石灰质土壤），以及佩里埃（Les Perrières，葡萄产自石质石灰岩地块），其口味存在细微差异。★ 新秀酒庄

凯瑟琳与皮埃尔·布列塔尼酒庄（布尔格伊产区）

凯瑟琳·布列塔尼（Catherine Breton）和皮埃尔·布列塔尼（Pierre Breton）夫妇二人已成为天然葡萄酒运动的领导者，在巴黎及其他地区的时尚酒吧中备受赞誉。皮埃尔于1982年成立了该酒庄，随后凯瑟琳于1989年加入，他们采用有机种植，后来又在部分葡萄园进行改革，采用生物动力法种植。该酒庄出品酒款有纯绮红葡萄酒（Trinch），名字源于两杯相碰的声音，值得消费者开怀畅饮。蒂弗雷斯红葡萄酒（Les Nuits d'Ivresse）又名"醉酒之夜"，不含亚硫酸盐，令人回味无穷。在众多单一葡萄园瓶装酒中，有两款出类拔萃：产自顶级葡萄园的塞尼查尔红葡萄酒（Clos Sénéchal）于大桶中陈酿而成；佩里耶红葡萄酒（Les Perrières）在新橡木桶中陈酿，是另一款具有顶级风土特色的葡萄酒。这两款酒皆可长年陈酿。

卓佳酒庄（希侬产区）

在夏尔·卓佳（Charles Joguet）的经营下，卓佳酒庄（Domaine Charles Joguet）可谓是希侬产区酒庄之最。1997年，卓佳退休，雅克·热奈（Jacques Genet）购得此酒庄，随后新购置24公顷葡萄园，酒庄总面积达到36公顷。卓佳之后的第3任酿

酒师推出的酒款种类繁多，按葡萄园片区划分，酒体颜色通常比较深邃。迪奥特园红葡萄酒（Clos de la Dioterie）酿自老藤葡萄，与绿橡树园红葡萄酒（Clos du Chêne Vert）均为顶级酒款。尽管过去酒庄发生了诸多变化，但仍然拥有大量热情的支持者。

水沫酒庄（都兰产区）

亨利·马里奥奈特（Henry Marrionet）为酒庄的质量和创新殚精竭虑，是都兰产区的领军人物之一。在1967—1978年，他将60公顷的葡萄园全部重新种植。马里奥奈特专门酿制酒体成熟、果味浓郁的佳美和长相思葡萄酒。真正吸引葡萄酒爱好者的是酒庄独特的维尼费拉系列（Vinifera，酿酒果实选自未嫁接的青藤）、珀维纳吉（Provignage，采用自法国于1850年种植的最古老的未嫁接葡萄藤，当时葡萄根瘤蚜病虫害还未暴发）和遗忘干红葡萄酒 [Les Cépages Oubliés，以濒临灭绝的红肉布兹佳美（Gamay de Bouze）葡萄命名]，这几款葡萄酒醇美浓郁、结构紧致，带有矿物质气息，皆是品质上乘的佳酿。

沙唐瓦酒庄（默内图-萨隆产区）

在默内图-萨隆产区（Menetou-Salon），沙唐瓦酒庄（Domaine de Châtenoy）历史悠久，在克莱门特（Clément）家族的经营下已历经15代，然而现在已经发展成为一座现代化酒庄。皮埃尔·克莱门特（Pierre Clément）在当地亦非平庸之辈，他既是默内图法定产区的前主席，也是该产区最大的葡萄酒生产商，他将酒庄占地面积从20世纪80年代的12公顷扩大到如今的60公顷。其入门级白葡萄酒价格合理、味道甘美，矿物质气息清爽宜人。该酒庄还酿制一款黑皮诺葡萄酒，所选葡萄为手工采摘，在新橡木比例为三分之一的橡木桶中发酵成熟。

骑士风范酒庄（布尔格伊产区）

骑士风范酒庄（Domaine de la Chevalerie）成立于1640年。葡萄园占地33公顷，涵盖了布尔格伊产区的各种土壤类型，采用生物动力法种植。入门级的佩穆洛葡萄酒（Peu Muleau）产自砂质土壤，口感柔滑，气味芬芳。在黏土和石灰岩土壤中生长的葡萄能酿制出更有层次、口感更为强劲的酒款，尤以老藤骑士风范（Chevalerie）和布萨迪埃（Busardières）最具代表性。在酿制各类特酿葡萄酒的过程中，由于所选葡萄均经过手工采摘、分类、去梗和温和浸渍，所以骑士风范酒庄的酒款以质地诱人、口味香甜的特点而著称。

克劳德酒庄（桑塞尔产区）

克劳德·里弗特（Claude Riffault）酿造的葡萄酒精雕细琢、品质上乘、果味浓郁，为其赢得了广泛赞誉。其子斯特凡纳（Stéphane）更加专注于如何表现葡萄园的特色，欲将酒庄经营得更上一层楼。酒庄的葡萄园面积达13.5公顷，分为33个地块，分布在4个村庄中，所产葡萄酿制出了长相思葡萄酒和黑皮诺葡萄酒。苏维翁夏尤葡萄酒（Sauvignon Les Chailloux）所用葡萄产自坚硬的硅质土壤，酒体紧致；新款特酿莱斯登伊丝缇干白葡萄酒（Les Denisottes）所用葡萄产自深层石灰岩和黏土土壤，酒体丰满，这两款酒形成鲜明对比。酒庄采用两台压榨机快速加工葡萄，这能将酿酒葡萄的果香特点淋漓尽致地表现出来，尤其是该地区最常见的黑皮诺葡萄。★新秀酒庄

博得里酒庄
酒庄的葡萄酒品质卓越，由藤龄较低的葡萄藤所产的果实酿制而成。

骑士风范酒庄
骑士风范特酿葡萄酒的工艺精益求精，完美演绎了当地的风土特色。

克洛塞尔酒庄 / 沃兹酒庄（萨维涅尔产区）

克洛塞尔酒庄（Domaine du Closel）/沃兹酒庄（Château des Vaults）长期由女性酿酒师经营。上任酒庄主人米歇尔·德·杰西（Michèle de Jessey）是从她的姑姑杜·克洛塞尔夫人（Madame du Closel）那里接手经营的。如今酒庄主人为伊芙琳·德·杰西（Evelyne de Jessey），在她的经营之下，酒庄已转型采用生物动力学管理。酒庄的地理位置优越，有一个雕塑花园，步行上山不远即到葡萄园，可俯瞰卢瓦尔河。帕皮隆葡萄园（Clos du Papillon）占地4公顷，所产葡萄酒为该酒庄的最卓越的酒款。

科列尔酒庄（索米尔产区）

科列尔酒庄（Domaine du Collier）是一家联营酒庄，创始人之一安托万·福柯（Antoine Foucault）为红雅酒庄（Clos Rougeard）主人查理·福柯（Charlie Foucault）之子。父子二人曾共事过一段时间，随后安托万与卡罗琳·布瓦洛（Caroline Boireau）于1999年创立了科列尔酒庄。尽管查理·福柯以酿造红葡萄酒享誉业内，科列尔酒庄5.5公顷的葡萄园却主要种植白诗南，白葡萄酒为其强项酒款。卡朋特红葡萄酒（La Charpentrie）产自藤龄达95年的白诗南老藤葡萄，在橡木桶中发酵陈酿而成，鲜艳华丽而又层次分明，具有勃艮第产区的平衡结构和矿物质气息。★新秀酒庄

科特拉莱酒庄（布尔格伊·圣尼古拉斯产区）

科特拉莱酒庄（Domaine de la Cotellaraie）为家族酒庄，酒庄主人杰拉尔德·瓦莱（Gérald Vallée）在1997年担任酿酒师后，将这座占地25公顷的酒庄推上了卢瓦尔河谷产区顶级品丽珠葡萄酒生产商的宝座。酒庄所植葡萄中约10%为赤霞珠。各类酒款均手工酿造，精益求精。瓦莱巧妙地平衡了成熟多汁的黑樱桃和黑醋栗的口感，酒精度也适中。精巧的酿酒工艺将酒庄酒款的水果气息及其园区土地多沙砾的矿物质气息演绎得淋漓尽致。酒庄独款旗舰葡萄酒恩沃莱（L'Envolée）酿自60年藤龄的老藤葡萄，置于新橡木桶中发酵。沃海米尔葡萄酒（Le Vau Jaumier）所用葡萄产自黏土和石灰岩土壤，而佩鲁切斯葡萄酒（Les Perruches）所用葡萄产自燧石和黏土土壤，这两款均产自单一葡萄园。★新秀酒庄

达高诺酒庄（普伊-富美产区）

酒庄主人迪迪埃·达高诺（Didier Dagueneau）敢于打破传统，令长相思葡萄酒的酿制登峰造极。达高诺年轻时是一名摩托车赛车手，1982年，他依托一小块葡萄园开始涉足葡萄酒业。到了20世纪90年代，他全身心投入酒庄经营中来，开始在葡萄园里种植葡萄。在古板保守的普伊-富美产区，他对葡萄酒质量的追求让他颇具争议。白葡萄酒普桑（Pur Sang，意为"纯种"）酿自老藤葡萄，经木桶发酵酿制而成；燧石白葡萄酒（Silex）以醇厚浓郁、矿物质气息精炼而闻名，价格亦是不菲。不幸的是，2008年9月，这位酿酒师死于一场小型飞机事故，享年52岁。酒庄随后由其子本杰明（Benjamin）接手。

爱古酒庄（塞夫勒和缅因慕斯卡德产区）

爱古酒庄（Domaine de l'Ecu）所产的美酒佳酿无论是在

加雷尔里耶尔酒庄
酒庄的佳美桑斯特拉拉葡萄酒采用诱人的葡萄酿制，酿成的葡萄酒也让人心醉神迷。

梅贝罗酒庄
特立独行的弗雷德里克·梅贝罗的酿酒才能在许多产区得以施展。

慕斯卡德产区还是在卢瓦尔河产区都称得上是质量的"试金石"。酒庄主人盖伊·博萨德（Guy Bossard）是一位杰出的酿酒师，他在 20 世纪 70 年代将葡萄园转型为有机葡萄栽培，并于 1986 年获得生物动力认证（认证标签位于葡萄酒瓶颈处）。"试金石"这个比喻非常贴切，因为酒庄每款特酿葡萄酒均能反映出当地岩土的特性：产自片麻岩的葡萄酿制的酒款浓郁清新；产自正片麻岩的酒款更为宽厚，余味更为悠长；产自花岗岩的酒款风格优雅，矿物质气息突出。与所有顶级慕斯卡德产区的酒款一样，以上陈年酒均值得品尝。

傅朗酒庄（萨维涅尔产区）

电信业大亨菲利普·福尔涅（Philippe Fournier）分别于 2005 年和 2006 年收购了著名的乔皮松酒庄（Domaine Jo Pithon）和尚博罗酒庄（Château de Chamboreau）的葡萄园，并配备了酿酒团队。2008 年，皮松（Pithon）撤出，这两个酒庄合并为傅朗酒庄（Domaine FL），原来的酒款均以傅朗酒庄这个简短的新名称进行出售。原尚博罗酒庄的酿酒师乌格斯·道博西斯（Hugues Daubercies）与波尔多的酿酒大师斯史蒂芬·德农古共同担任酒庄的酿酒顾问。原乔皮松酒庄的安茹干型葡萄酒（Anjou）和莱昂丘白诗南甜葡萄酒（Coteaux du Layon Chenin Blancs）声名远播，但原尚博罗酒庄的萨维涅尔葡萄酒（Savennières）却销售低迷。在新的管理体系下，酒款质量有了巨大提升。目前酒庄正在精心酿制一款现代萨维涅尔干葡萄酒，这款酒在橡木桶中发酵，精致纯正，酒体平衡，矿物质气息浓郁。酒庄旗下的洛奇奥梅尹葡萄酒（La Roches-aux-Moines）尤其令人念念不忘。★新秀酒庄

菲列托酒庄（索米尔-尚皮尼产区）

索米尔-尚皮尼产区位于希侬产区的下游，该法定产区全部出产红葡萄酒。在这里，菲列托酒庄（Domaine Filiatreau）的一处老藤葡萄园——大维尼奥勒园（La Grande Vignolle）位置引人注目，那里的葡萄藤种植于一座高地之上，紧邻一处令人望而生畏的石灰岩峭壁。酒庄占地 40 公顷，面积为该产区之最。酒棚和酒窖紧挨着峭壁，酒庄主人保罗（Paul）与其子弗雷德里克（Frédrik）在这里酿造的特酿葡萄酒种类繁多，包括上乘酒款品丽珠、福格园干红葡萄酒（Chateau Fouquet），以及更具层次性的大维尼奥勒园干红葡萄酒（Les Grandes Vignolles）。

施黛酒庄（蒙特路易斯产区和武弗雷产区）

蒙特路易斯在卢瓦尔可能是最标新立异的产区了，该产区与著名的武弗雷产区隔河相望，以其时尚的艺术画廊而闻名于世。施黛酒庄（Domaine François Chidaine）的主人为弗朗索瓦·施黛（François Chidaine），是蒙特路易斯法定产区的主席，也是一位广为认可的领导人物。20 年前，施黛初入此行，就开始在葡萄园进行有机种植，并于 1999 年过渡到生物动力法种植。现在酒庄的葡萄园面积达 30 公顷，其中位于武弗雷产区的有 10 公顷，即博丹园（Clos Baudin）。酒庄在蒙特路易斯产区推出的佳酿酒款包括布罗耶干葡萄酒（Clos du Breuil）、凝灰岩（Tuffeaux）和哈伯特（Clos Habert）两款半干葡萄酒，以及一款莫勒甜葡萄酒（moelleux）。以上酒款均为白诗南陈年佳酿，令人垂涎欲滴。★新秀酒庄

弗朗茨·索蒙酒庄（蒙特路易斯产区）

酒庄主人弗朗茨·索蒙（Frantz Saumon）曾是一名林务员，他于 2001 年购买了一处葡萄园，占地面积 5 公顷，迅速在卢瓦尔蒙特路易斯产区占据了一席之地。他酿造的陈年白诗南葡萄酒经桶中发酵，展示了他对橡木独到的见解。正如他出产的增强型半干矿物葡萄酒（Minerale+）名字所示，他果断采用橡木桶发酵，而非牺牲风土特点，所以层次感得以增强，口味复杂醇厚。卡波拉尔（Le P'tit Caporal）和橡木园（Clos de Chêne）是两款精致干葡萄酒，特色鲜明，梨果气味悠长持久。后者由近百年藤龄的老藤葡萄酿制而成，酒体深厚，醇香浓郁。索蒙如今推出了他第一款来自库尚韦尔尼产区的葡萄酒：卢瓦尔罗莫朗坦索蒙葡萄酒（Un Saumon dans la Loire Romorantin）。★新秀酒庄

梅贝罗酒庄（布尔格伊·圣尼古拉斯产区、布尔格伊产区、安茹产区和索米尔产区）

弗雷德里克·梅贝罗（Frédéric Mabileau）并未加入家族经营的酒庄，而是在 1991 年自立门户，如今他的葡萄园稳步扩大到 27 公顷，并于 2009 年获得有机认证。酒庄主要酒款为品丽珠葡萄酒，但在 2007 年，梅贝罗酿造了一款索米尔白葡萄酒（Saumur Blanc），该酒置于橡木桶中陈酿，口感浓烈醇厚；2009 年，他在安茹产区的葡萄园（也酿造一款赤霞珠葡萄酒）推出了另一款白诗南干葡萄酒。酒庄的主打酒款品丽珠葡萄酒的级别和重力式酿酒的标准也随之水涨船高。优质特酿拉辛（Les Racines，产自布尔格伊产区）、库蒂尔葡萄酒（Les Coutures）和旗舰酒款艾克里普斯（Eclipse）果味润泽、单宁柔顺，并带有柔和的橡木味。胡伊瑞葡萄酒（Les Rouilléres）清新芳香、口味活泼，余味带有砾石和红樱桃与浆果气味，适合早饮。★新秀酒庄

加雷尔里耶尔酒庄（都兰产区）

酒庄主人弗朗索瓦·普卢佐（François Plouzeau）自 1985 年以来便一直在都兰产区打拼，而他父亲的酒庄则位于更负盛名的希侬产区。酒庄葡萄园占地面积 20 公顷，位于一个坐北朝南的斜坡上，属优质黏土、石灰岩和燧石土质，产量较低。葡萄园的这些特点赋予了该酒庄长相思葡萄酒层次分明的特点，散发着成熟柑橘和矿物质的香浓气息。灰姑娘葡萄酒（Cendrillon）丰富而轻盈，更为复杂醇厚，部分由长相思、霞多丽与白诗南于桶中发酵混酿而成。佳美桑斯特拉葡萄酒（Gamay Sans Tra-la-la）黑莓果实气味浓郁，引人入胜。★新秀酒庄

拉格朗日·贝列斯酒庄（安茹产区）

拉格朗日·贝列斯酒庄（Domaine La Grange aux Belles）成立于 2004 年，创始人为前地质学家马克·霍廷（Marc Houtin）。霍廷曾在滴金酒庄（Château d'Yquem）实习，随后开始尝试亲自酿制甜葡萄酒。如今，他专注于酿制品质上乘的干葡萄酒。2006 年，曾担任蒙吉莱特酒庄（Mongilet）的葡萄栽培师朱利安·布雷斯托（Julien Breseau）加盟，该酒庄开始采用自然栽培法，葡萄的潜力得以展现。花园琼浆红葡萄酒（Le Vin du Jardin）由果若（Grolleau）和佳美混酿而成，果味新鲜浓郁。安茹王子品丽珠葡萄酒（Anjou Princé Cabernet Franc）和安茹精酿品丽珠葡萄酒（Anjou Fragile Chenin Blanc）这两款酒巧妙平衡水果和矿物质气息，极具特色。★新秀酒庄

吉翁酒庄（布尔格伊产区）

吉翁酒庄（Domaine Guion）在 1965 年获得有机认证，认证标签上的文字充分说明了酒庄主人斯蒂芬·吉翁（Stephane Guion）的经营理念。酒庄两代经营者均采用有机种植、手工采摘和天然发酵，酿造出两款 100% 品丽珠葡萄酒：一款未经橡木桶发酵；另一款为特酿至尊葡萄酒，置于橡木桶中适度发酵。两款酒酿自 35 ~ 80 年藤龄的葡萄藤。这些葡萄酒物超所值、味道鲜美、果味纯正、单宁紧致，令人回味无穷。他们对自己的酒款有朝一日会成为世界各地名酒餐厅的招牌酒信心十足。至于这里的酒款品质绝佳的秘诀，那便是可常年窖藏。

高诺伊尔酒庄（大德丘产区和慕斯卡德产区）

高诺伊尔酒庄（Domaine Les Hautes Noëlles）是一个家族酒庄，出产的慕斯卡德葡萄酒质量可靠且价格合理。酒庄主人塞尔吉·巴塔德（Serge Batard）自 20 世纪 30 年代以来便一直经营此酒庄（他之前拥有一家葡萄酒馆，并且是勃艮第葡萄酒的忠实拥护者）。酒庄的葡萄园不使用化肥，使用手工采摘，采用酒泥陈酿方式，发酵时间长。大德丘葡萄酒（Muscadet Côtes de Grandlieu）带有柑橘气味，入口有咸涩之感，清新爽口。巴塔德还酿造其他酒款，包括一款由佳美和果若混酿而成的地区餐酒。

亨利·博卢瓦酒庄（桑塞尔产区和普伊-富美产区）

亨利·博卢瓦酒庄（Domaine Henri Bourgeois）位于莎维尼尔村（Chavignol）。60 年前，该酒庄占地面积仅为 2 公顷，如今历经 10 代人的经营，葡萄园面积已达 65 公顷，可提供酿制葡萄酒所需葡萄的半数。

该家族在新西兰的马尔堡产区（Marlborough）也有一处酒庄。酒庄的几款桑塞尔葡萄酒（Sancerres）味道绝佳，不过使用的是螺旋盖装瓶。产自桑塞尔产区和普伊 - 富美产区的顶级葡萄酒在橡木桶中陈酿，历久弥新。

霍尔德斯酒庄（谢韦尔尼公社和库谢韦尔尼产区）

酒庄主人米歇尔·根德里尔（Michel Gendrier）在谢韦尔尼和库谢韦尔尼两个法定产区通过有机种植方式，酿造红、白葡萄酒，款款精致典雅，散发着怡人的矿物质气息。在谢韦尔尼产区，红葡萄酒和白葡萄酒选用佳美、黑皮诺、长相思和霞多丽进行酿造。而在库谢韦尔尼产区，霍尔德斯酒庄（Domaine des Huards）酿制出一款罗莫朗坦白葡萄酒（Romorantin），所用的罗莫朗坦葡萄在该产区只有此酒庄获许使用。这些酒款在法国国内销量很高，在国外更是一瓶难求，不仅刚售出时味道绝佳，而且可以陈年保存，带有迷人的蜡味。

予厄酒庄（武弗雷产区）

如果有人质疑武弗雷产区的白诗南葡萄酒的崇高地位，那么只需品尝一口予厄酒庄（Domaine Huët）的优质葡萄酒便可打消疑虑。该酒庄由维克多·予厄（Victor Huët）与其子加斯顿（Gaston）于 1928 年创立，其后由加斯顿的女婿诺厄尔·平基（Noël Pinguet）经营了 20 多年，而酒庄目前归美国人安东尼·黄（Anthony Hwang）所有。20 世纪 90 年代，平基转向生物动力法种植葡萄。酒庄出产的酒款包括单一葡萄园干葡萄酒、半干葡萄酒和甜葡萄酒，完美诠释了武弗雷产区

的特点，其中甜葡萄酒最为清香甜腻，在从最开始的每道工序都单独装瓶。酒庄出产的起泡酒也是典范酒款。如果您参观该酒庄简约的品酒室，可以品尝到老葡萄酒的韵味；其葡萄酒珍藏于凉爽的地窖中，来访者争相购买，欲罢不能。

让-克劳德·鲁克斯酒庄（坎西产区）

酒庄主人鲁克斯（Roux）是一位谷物种植户，因受政府补贴鼓励又开始种植葡萄。1995 年，他酿造了首款葡萄酒并获大奖。此后，为满足酿酒需求，酒庄的面积从 1.5 公顷扩大到 6.5 公顷。他只酿造一款核果味浓郁芳醇的长相思葡萄酒，该酒款带有柑橘风味，酸度适中，口感精致细腻，亦带有丝丝矿物质气息，极富层次感。自 2009 年以来，这款酒一直在白宫酒庄（Maison Blanche）酿制，这座酒庄为鲁克斯与其他 17 位葡萄种植户合作建造，拥有现代化的设备和工艺。

朱切皮酒庄（莱昂丘产区）

朱切皮酒庄（Domaine de Juchepie）位于卢瓦尔河以南的莱昂河支流，为埃迪·奥斯特林克（Eddy Oosterlinck）和玛丽-玛德琳·奥斯特林克（Marie-Madeleine Oosterlinck）共同经营，酿造出的葡萄酒浓郁芳醇。酒庄自 1994 年开始采取有机种植，如今结合了生物动力技术。两人对葡萄栽培师的要求很高，他们未采用绿色采摘，而是在收获季的早期施行修剪，令每株葡萄藤只生长 6 ~ 10 串葡萄，这种方式风险更大，但回报也更丰厚。酒庄的葡萄收获较晚，在橡木桶中发酵和陈酿。

岚德龙酒庄（慕斯卡德产区）

乔·岚德龙（Jo Landron）是慕斯卡德产区的明星人物，他留着浓密的小胡子，一看就是典型的法国葡萄种植者。酒庄出品的葡萄酒都是慕斯卡德产区的经典酒款，味道清新爽口。1990 年，岚德龙从家族接管了大约 36 公顷的葡萄园，然后转向有机葡萄栽培，并于 1999 年获得认证；如今酒庄采用的是生物动力技术。酒庄的勃艮第香瓜葡萄主要酿制 3 款葡萄酒：闪长岩天然葡萄酒（Ampholite Nature）清新浓郁；金貂葡萄酒（Hermine d'Or）酒体活泼；布雷尔封地葡萄酒（Le Fief du Breil）酒体丰富凝实，值得陈年窖藏。

LB 酒庄（蒙特路易斯产区）

LB 酒庄（Domaine LB）面积达 22 公顷，由莉丝（Lise）和伯特兰·朱塞特（Bertrand Jousset）夫妻二人于 2004 年成立。两人精力充沛，对葡萄园和酒庄的细节一丝不苟，因此声名鹊起。普雷米尔·伦兹·沃斯干葡萄酒（Premier Rendez-Vous）精致持久；辛古利尔老藤葡萄酒（Singulier）完美融合了梨果和柑橘风味；半干特色尤妮恩葡萄酒（Trait d'Union）和圆润美味的菲勒河畔葡萄酒（Sur Le Fil）则以甜蜜的核果口味为主。★新秀酒庄

克罗谢酒庄（桑塞尔产区）

克罗谢酒庄（Domaine Lucien Crochet）位于比埃村（Bué），是一家现代化酒庄，现任酒庄主人吉列·克罗谢（Gilles Crochet）从其父亲路西安（Lucien）那里接手酒庄开始酿制葡萄酒。酒庄葡萄园面积达 38 公顷，采用手工采摘，在发酵前会进行分类；该酒庄还从别家收购葡萄用以酿酒。葡萄园中 29 公顷用于种植长

尼古拉斯·乔利

尼古拉斯·乔利在成为葡萄酒生物动力学领军人物之前，就读于哥伦比亚大学，然后在金融行业开始了自己的职业生涯。但他于 1978 年辞职，回到了萨维涅尔产区飒朗酒庄的葡萄园工作。他在母亲的这片葡萄园采用了传统的葡萄栽培和化学处理方法。两年后，他注意到土壤质量和葡萄藤的健康状况均有所下降。偶然间，他发现了奥地利社会哲学家鲁道夫·斯坦纳（Rudolf Steiner）所著的《论农业》（On Agriculture），并将其生物动力学的理念应用于葡萄种植［奥地利拉荷夫酒庄（Nikolaihof）的克里斯蒂娜·萨赫斯（Christine Saahs）采用生物动力法比乔利略早几年］。随后葡萄藤恢复生机，乔利开始在世界各地宣传这种做法，不过不是以酿酒师的身份，而是作为"大自然的助手"奔走宣传（他还将此称呼印在了他的名片上）。如今，许多世界顶级葡萄园都采用了生物动力法。乔利每年为全球消费者举行品酒会，佳酿涵盖100 多个葡萄酒酒庄。

索米尔城堡美不胜收，宛如仙境，其历史可以追溯到10世纪。

诺布莱酒庄

希侬产区的桃红葡萄酒甜味并不突出，
但果香浓郁、沁人心脾。

红房子酒庄

阿利扎里丘葡萄酒酿自
稀有的黑诗南葡萄，酒款绝佳。

相思，剩下的 9 公顷种植黑皮诺，以酿制红葡萄酒和桃红葡萄酒。入门级桑塞尔白葡萄酒强劲浓烈，令人惊叹；罗伊十字（La Croix du Roy）系列白葡萄酒和红葡萄酒均香气诱人，酸度活泼。

红房子酒庄（雅思涅产区和卢瓦尔山坡产区）

酒庄主人贝努瓦（Benoît）和伊丽莎白·贾丁（Elisabeth Jardin）并不是来自卢瓦尔河地区。自 1994 年建立红房子酒庄（Domaine Les Maisons Rouges）以来，他们收购了一些藤龄达 100 年的优质葡萄老藤。这些葡萄所酿的旗舰特酿雅思涅白诗南（Clos des Jasnières）通常为极干型葡萄酒，而卢瓦尔阿利扎里丘葡萄酒（Coteaux du Loir Alizari）由黑诗南酿制，这两款酒浓烈醇厚，矿物质气息浓郁。为最大限度地发掘葡萄园的潜力，酒庄的葡萄种植采用生物动力技术，酿酒采用自然酿造方式，所以亚硫酸盐含量极低。酒庄旗下的酒款都在橡木桶中长时间自然陈年，酒品特有风格不受影响，复杂度有所增强。★新秀酒庄

蒙吉莱特酒庄（奥本斯山坡产区和安茹–布里萨克产区）

在卢瓦尔河畔瑞伊涅产区（Juigné-sur-Loire）的蓝色片岩土壤上，勒布雷顿（Lebreton）家族 3 代人在此种植葡萄。蒙吉莱特酒庄（Domaine de Montgilet）率先在桶中发酵陈酿著名的、浓郁香醇的奥本斯山坡甜葡萄酒（Coteaux de L'Aubance）。20 世纪 90 年代，勒布雷顿家族的维克多（Victor）和文森特（Vincent）两兄弟在邻近地区开辟了两处新的葡萄园——普里厄园（Clos Prieur，紫色片岩土壤）和胡蒂尔园（Clos des Huttiéres，灰色片岩土壤），将酒庄面积扩大到 37 公顷。蒙吉莱特酒庄所产的甜葡萄酒最为馥郁，带有油脂丝滑口感，所选果实为分批次采摘的熟透葡萄（最好是贵腐葡萄），且每一款酒都以葡萄园命名。特特雷奥葡萄酒（Le Tertereaux）产自蓝色片岩土壤，而特洛伊希思特斯葡萄酒（Les Trois Schistes）则在 3 个葡萄园均有出产。

诺布莱酒庄（希侬产区）

对于诺布莱酒庄（Domaine de la Noblaie）的主人杰罗姆·比拉德（Jérôme Billard）来说，好酒和佳酿的区别在于细节。比拉德的父亲是一位酿酒学教授，也是一位享誉世界的葡萄酒生产商。比拉德曾在位于波尔多的帕图斯酒庄和加利福尼亚州纳帕谷的多明纳斯酒庄酿造年份酒。因此，比拉德的酿酒风格受其父亲和自己在两处酒庄工作经历的影响。自 2003 年接管这家族酒庄以来，比拉德优化树冠管理，采用有机方式种植，手工筛选葡萄并按葡萄园地块进行酿造，最终酿造出 3 款酒体轻盈的优品品丽珠特酿葡萄酒：莱切恩斯葡萄酒（Les Chiens Chiens）和白曼托葡萄酒（Les Blancs Manteaux）因土壤和葡萄藤藤龄不同而分别命名；皮埃尔德图夫葡萄酒（Pierre de Tuf）则在酒窖中一个拥有 600 年历史的岩桶（古人挖空酒窖一块岩石而形成）中发酵酿造。酒庄还酿造一款桃红干葡萄酒，该酒经过直接压榨并使用螺旋盖装瓶，葡萄果味浓郁，而糖分并不突出。★新秀酒庄

诺伊雷酒庄（希侬产区）

诺伊雷酒庄（Domaine de Noiré）位于希侬产区，拥有占地 8 公顷的品丽珠葡萄园，由让-马克斯·曼索（Jean-Max Manceau）与其妻子奥黛尔（Odile）共同经营。曼索在希侬产

区还有一家更大的格雷尔酒庄，同时他还担任希侬产区的主席。诺伊雷酒庄的附近是几处位于山坡上的葡萄园，为白垩质砾石土壤。他们生产的桃红葡萄酒和红葡萄酒采用罐式发酵，其中由老藤葡萄制成的入门级酒款优雅葡萄酒（Elegance）和个性葡萄酒（Caractère）尤为突出。

奥杰罗酒庄（莱昂丘产区、安茹产区和萨维涅尔产区）

奥杰罗酒庄（Domaine Ogereau）位于圣朗贝尔公社（Ste-Lambert），面积达 20 公顷，文森特·奥杰罗（Vincent Ogereau）为该家族酒庄的第 4 代主人。酒庄出品的餐酒品质不错，而莱昂丘甜酒（Coteaux du Layon）则为卢瓦尔河之最。酒庄通过连续多轮采收以保证采摘的葡萄为过熟葡萄、葡萄干或贵腐葡萄。基本款莱昂丘葡萄酒酒体纯净，未经橡木发酵，带有新鲜的梨果和甘菊气味。特酿至尊葡萄酒和博内斯干白葡萄酒（Clos des Bonnes Blanches）在 400 升桶中陈酿而成，博内斯干白葡萄酒浓郁醇厚，洋溢着杏果气息，余味带有藏红花的芳香。这两款酒高端奢华，具有非凡的新鲜度和迷人的矿物质气息，平衡度极佳。

奥尔加·拉福酒庄（希侬产区）

这是一家老式酒庄，在维也纳及其附近拥有 24 公顷的葡萄园。前任酒庄主人奥尔加·拉福（Olga Raffault）已将酒庄经营交给她的孙女西尔维（Sylvie）打理。西尔维保持着传统的酿酒工艺，在中性大桶中酿制葡萄酒。最佳陈年葡萄酒是毕卡斯园干红葡萄酒（Les Picasses），这款酒由生长在石灰岩和黏土上的老藤葡萄经手工采摘后酿制而成。酒庄的品丽珠桃红葡萄酒也值得品尝。

奥列弗·德莱登酒庄（蒙特路易斯产区）

奥列弗·德莱登（Olivier Deletang）是家族中的第 4 代酿酒师，该酒庄位于卢瓦尔河南岸，种植有 17 公顷的白诗南葡萄。酒庄所酿酒款包括干葡萄酒、半干葡萄酒，以及甜葡萄酒。小布莱（Les Petits Boulay）是一款产自砾石石灰岩和黏土土壤的浅龄酒。巴蒂斯（Les Batisses）是一款十足的静止葡萄酒，酿自生长在燧石–黏土土壤中的老藤葡萄。

帕鲁斯酒庄（希侬产区）

2003 年，20 多岁的贝特朗·苏代（Bertrand Sourdais）从父亲那里接手了帕鲁斯酒庄（Domaine de Pallus）。他在西班牙杜埃罗河岸产区的阿朵塔酒庄一举成名之前，曾供职于一些国际优质酒庄，比如木桐酒庄、雄狮酒庄，以及奥瓦罗·帕拉西奥酒庄。现在，苏代正致力于提高帕鲁斯酒庄佩尼斯红葡萄酒（Pensées de Pallus）和帕鲁斯葡萄酒（Pallus）的知名度。凭借极其细腻的单宁和矿物质气息，这两款酒跻身希侬产区最诱人、最优雅的红葡萄酒之列。★新秀酒庄

贝皮埃尔酒庄（慕斯卡德产区）

那些寻找清冽爽口而又带有刺激口感的顶级白葡萄酒的酒友纷纷涌向马克·奥利维尔（Marc Ollivier）的贝皮埃尔酒庄（Domaine de la Pépière），选择这里的慕斯卡德葡萄酒。葡萄

园采用手工采摘，在该产区实为罕见，并且使用天然（非添加）酵母进行发酵。所有葡萄酒采用酒泥发酵熟化，增加酒体额外的丰富口感。入门级酒款风味清爽、价格便宜，可佐以贝类食物饮用；布里奥德（Clos de Briords）酿自老藤葡萄，酒体厚重，口味复杂香醇，为一款陈年佳酿。这款酒装于大瓶之中，为派对和送礼的绝佳之选。

德莱斯沃酒庄（安茹产区和莱昂丘产区）

该酒庄由菲利普·德莱斯沃（Philippe Delesvaux）于1983年建立，面积达10公顷，现已获得生物动力认证。他凭借极其浓郁醇厚的甜葡萄酒声名鹊起，在莱昂丘产区日益衰落之时力挽狂澜，挽回其声誉。近30年后，菲利普·德莱斯沃不辱使命：他的葡萄酒浓烈而不浓稠，达到了一种更复杂的平衡口感。无论是安茹真实特酿干白葡萄酒（Anjou Blanc Cuvées Authentique，由种植于2000年未曾嫁接的葡萄酿制而成）和金叶（Feuille d'Or），还是精选颗粒贵族白诗南贵腐葡萄酒（Sélection de Grains Nobles Chenin Blanc），经过酒窖陈酿之后，针刺般的酸度使其结构紧凑，矿物质气息突出。

菲利普·吉尔伯特酒庄（默内图-萨隆产区）

酒庄主人菲利普·吉尔伯特（Philippe Gilbert）原是一位剧作家，1998年其父退休后，他接手了该酒庄。这是一个家族酒庄，葡萄种植传统可追溯到1768年。和他的父亲一样，吉尔伯特曾在勃艮第学习酿酒技术，不过，酒庄27公顷的葡萄园里种植更多的是黑皮诺而非长相思。吉尔伯特以生物动力方式料理葡萄园，而酿酒师让·菲利普-路易（Jean Philippe-Louis）的低干预经营方式最大限度地展现了酒庄的风土风格。两人将酒庄提升为默内图-萨隆产区的一级酒庄。所有未经橡木桶发酵的白葡萄酒和红葡萄酒果味浓郁、口味新鲜、矿物质气息明显。陈年老藤单一葡萄园雷纳迪尔系列（Les Renardières）白葡萄酒和红葡萄酒经过橡木桶陈酿而成，工艺精湛，醇厚浓烈。★新秀酒庄

里卡德酒庄（都兰产区）

里卡德酒庄（Domaine Ricard）占地面积17公顷，由文森特·里卡德（Vincent Ricard）于1998年建立，而里卡德的祖先是给当地的合作酒庄提供葡萄的供应商。里卡德目光远大，这与他曾在希侬产区的菲利普·阿列特酒庄（Philippe Alliet）、武弗雷产区和蒙特路易斯产区的施黛酒庄的工作经历密不可分。酒庄的旗舰酒款"问号"长相思葡萄酒酿自70年藤龄的老藤葡萄，于桶中陈酿15个月而成，醇和浓郁，带有奶油香味。三棵橡树葡萄酒（Les Trois Chênes）也于橡木桶中发酵，由45年藤龄的葡萄制成。用20～30年藤龄的青藤葡萄酿制的佩蒂奥葡萄酒（Le Petiot）未在橡木桶发酵，味美多汁、醋栗气味浓郁。里卡德也酿造红葡萄酒，但他对红葡萄酒的命名却是漫不经心，其酿制的长相思白葡萄酒口感芳醇，活力四射，是他的招牌酒款。★新秀酒庄

新石酒庄（索米尔-尚皮尼产区）

新石酒庄（Domaine Roches Neuves）的蒂埃里·热尔曼（Thierry Germain）幽默风趣，与他闲聊几句便一见如故。在他的家乡波尔多，他的家族拥有一座城堡酒庄，但热尔曼对他在卢

新石酒庄
该葡萄酒由产自生物动力酒庄的葡萄酿制而成，口感醇厚浓郁。

LB酒庄
辛古利尔老藤葡萄酒是一款强劲浓烈、纯度极高的白诗南干葡萄酒。

瓦尔河的葡萄酒酿造更感兴趣。他热情高涨，采用生物动力方式打理这片占地20公顷的葡萄园，使其保持低产。酒庄出品的各类酒款中，特伦黛丝（Terres Chaude）展现了赤霞珠的酒体饱满的特点，且不经橡木桶发酵；玛吉纳尔（Marginale）酿自80年藤龄的老藤葡萄，受橡木影响更为明显。

狼形酒庄（蒙特路易斯产区和武弗雷产区）

直到1989年，狼形酒庄（Le Domaine de la Taille aux Loups）的主人杰基·布洛特（Jacky Blot）才开始在卢瓦尔蒙特路易斯产区酿酒。那时，与卢瓦尔河对岸的武弗雷产区相比，此产区寂寂无闻。在一些年景不好的年份，各法定产区通常都会酿造干葡萄酒。而在狼形酒庄，无论是干葡萄酒还是甜葡萄酒，布洛特都会精心挑选葡萄，突出苹果、梨和木瓜等鲜明的果味，并以清淡的橡木味增强酒体结构和复杂性。帝王顶级特酿莱姆斯干葡萄酒（Remus）和罗穆卢斯甜葡萄酒（Romulus）的浓郁和精致程度都十分突出，在一些特殊年份，酒庄会推出增强款（后缀会增加"Plus"）。

托马斯-拉巴耶酒庄（莎维尼尔产区）

托马斯-拉巴耶酒庄（Domaine Thomas-Laballe）的前任主人为克劳德·托马斯（Claude Thomas），如今酒庄由其女婿让-保罗·拉巴耶（Jean-Paul Laballe）经营，生产的葡萄酒芳醇活泼。酒庄的葡萄园坐落于莎维尼尔村戴蒙斯山脉（Monts Damnés）陡峭的启莫里阶土壤（白垩土壤）区，葡萄采用手工采摘和自然加工。基本款桑塞尔葡萄酒口感细腻，带有矿物质气息。高端特酿巴斯特（Buster，标签上印有一只小狗）酒体浓郁，清新爽口。

凡卓岸酒庄（桑塞尔产区）

凡卓岸酒庄（Domaine Vacheron）是一座家族酒庄，占地面积40公顷，由让-多米尼克（Jean-Dominique）和让-劳伦斯·凡卓岸（Jean-Laurent Vacheron）堂兄弟二人从其父辈手中接手而来。两人都30多岁，年富力强，将酒庄的葡萄酒提升到了更高的水平。2003年，酒庄获得有机认证，然后转向生物动力技术种植葡萄。葡萄园为石灰岩上的硬质黏土土壤，所产葡萄完全采用手工采摘。酒庄旗下的酒款矿物质气息明显：罗曼斯干白葡萄酒（Les Romains）是一款单一葡萄园长相思葡萄酒，在橡木桶中陈酿而成；美丽佳人（Belle Dame）是一款品质上乘的单一葡萄园老藤黑皮诺干红葡萄酒。

布瓦·沃顿酒庄（都兰产区）

布瓦·沃顿酒庄（Domaine de Vignobles des Bois Vaudons）的主人为让-弗朗索瓦·梅里奥（Jean-François Meriaux），他手工酿制的葡萄酒款式繁多、特色鲜明，展现了他的勃勃雄心。2000年，他接管了这处占地32公顷的家族酒庄，并于2002年对酿酒室进行了现代化改造。在有机转换过程中，酒庄南向与东南向斜坡的地形确保了葡萄良好的成熟度。以地块区分的长相思葡萄酒有4款：阿尔彭特·沃顿葡萄酒（L'Arpent des Vaudons）口感圆润，带有微妙的草本芬芳；另有两款经橡木发酵，口感芳醇浓郁，带有烘焙香气，分别叫岩石之心葡萄酒（Coeur de Roche）和杜乐波（Tu le Boa）；还有一款是乔治娜世纪甜葡萄酒（Le

皮松-派耶酒庄

特雷耶园位于莱昂碧利欧村，
葡萄园占地面积为 7 公顷。

朗格洛酒庄

朗格洛酒庄跻身卢瓦尔河
最佳起泡酒生产商之列。

Siècle Georgina）。酒庄的红葡萄酒为该地区的顶级佳酿，尤其是芳香的佳美葡萄酒波乐荣格（Boa le Rouge）和博伊雅库（Le Bois Jacou），以及柔和醇厚的科特葡萄酒森特·维萨奇（Cent Visages）和格勒杜波（Gueule du Boa）。★新秀酒庄

文森特·卡雷姆酒庄（武弗雷产区）

酒庄主人文森特·卡雷姆（Vincent Câreme）是武弗雷产区的现代化推动者之一。他的履历非常丰富：在南非出品了 4 款年份葡萄酒，讲授葡萄酒酿造技术，并为泰国白诗南生产商提供咨询。自 1999 年以来，卡雷姆葡萄园已不断扩大到 14 公顷，并采用有机和生物动力技术自然种植。白诗南干葡萄酒残糖量很低，味道悠长不绝，带有令人垂涎的柑橘水果味道。甜葡萄酒味道甘美、质地醇厚、浓郁多汁，洋溢着果园和核果的气息，赶上温暖的年份，甚至会呈现热带水果的风味。★新秀酒庄

埃里克·莫加特酒庄（萨维涅尔产区）

酒庄主人埃里克·莫加特（Eric Morgat）原先在莱昂丘产区工作，自 1995 年以来一直在萨维涅尔产区酿造葡萄酒。在这个以朴素闻名的法定产区，他引领葡萄酒酿造向着更前卫、更现代的风格转变。他酿造的白诗南葡萄酒虽然是干型的，但醇厚丰满，馨香浓郁。作为第一个承认葡萄酒酿造有个学习曲线的人，莫加特不再使用贵腐葡萄和苹乳进行发酵。后来，莫加特减少了他在酒窖的工作，而更多关注于葡萄园的多元化发展，这令他收益颇丰。他的单一特酿朗克洛（L'Enclos）以矿物质气息为主，萦绕着成熟的果味，体现了现代和传统酿酒工艺的结合。★新秀酒庄

桑松尼埃农场酒庄（奥本斯山坡产区和安茹-布里萨克产区）

崇尚环保的酒庄主人马克·安杰利（Mark Angeli）曾是一名石匠。他经历丰富，于 1990 年发起并领导了卢瓦尔河天然葡萄酒运动，同时在理论上也有所建树，曾尝试用未嫁接和未硫化的葡萄酿酒。他采用生物动力技术经营酒庄，自己养马来耕种占地 10 公顷的葡萄园。由于将自给自足的原则奉为圭臬，他又种植谷物来喂养这些耕地的马匹和为葡萄藤堆肥的奶牛。这也解释了为什么桑松尼埃酒庄（Sansonnière）被称为农场酒庄（ferme），而非葡萄园（domaine）。安杰利白诗南干葡萄酒（Angeli）口感强劲，跻身卢瓦尔河最具特色和质感的葡萄酒之列。一天桃红葡萄酒（Rosé d'un Jour）是一款零补液半干型桃红葡萄酒，是对该产区高产的安茹品丽珠桃红葡萄酒（Cabernet d'Anjou）的巧妙反击。

弗朗索瓦·卡津酒庄（谢韦尔尼产区和库谢韦尔尼产区）

在法国布卢瓦市（Blois）的布卢瓦城堡不远处，弗朗索瓦·卡津（François Cazin）展示了一幅精美的葡萄酒画卷，生动反映了卢瓦尔河的葡萄酒全貌。在谢韦尔尼产区，他酿造的红葡萄酒以佳美和黑皮诺为依托，白葡萄酒则以长相思为主要品种，同时加入部分霞多丽葡萄进行混酿。所有葡萄品种均为手工采摘。在袖珍产区库谢韦尔尼，该酒庄不再推出混酿葡萄酒，全力出产稀有的罗莫朗坦葡萄纯酿，口感绵软如蜜，香气怡人。酒庄推出的半干特酿复兴葡萄酒（Renaissance）经

过几年窖藏，口感绝佳，不容错过。

弗朗索瓦·科塔酒庄（桑塞尔产区）

科塔葡萄园（Cotat Vineyard）位于戴蒙斯山脉的白垩斜坡上，占地面积 9 公顷，享誉数十载。前任酒庄主人弗朗西斯（Francis）和保罗（Paul）两兄弟在 20 世纪 90 年代退休后，把这些葡萄园留给了各自的儿子帕斯卡（Pascal）和弗朗索瓦（François）。帕斯卡和弗朗索瓦将原有酒庄一分为二，分别掌管。在弗朗索瓦·科塔酒庄（François Cotat），弗朗索瓦以有机方式种植葡萄，从极其陡峭的山坡上手工采摘葡萄（通常较晚采摘，让酒体更饱满，有时还会增加葡萄酒中的残糖量），然后在莎维尼尔村酿造。他酿制的葡萄酒以其浓郁的口感和适合陈年的特点而闻名。达摩山葡萄酒（Monts Damnés）、科特干白葡萄酒（La Grande Cote）和库尔斯德博热葡萄酒（Les Culs de Beaujeu）均是桑塞尔产区的经典之作。

弗朗索瓦·克罗谢酒庄（桑塞尔产区）

弗朗索瓦·克罗谢（François Crochet）于 1998 年从其父亲那里接手了这座面积 10.5 公顷的酒庄。对于当今一代有能力、有阅历的酿酒师们来说，一处新式、设备齐全的酒窖是他们的必需设施。克罗谢纯净精致的酿酒风格完美展示了桑塞尔产区的风土特点。单一葡萄园长相思葡萄酒款丰富：从口感紧实、散发燧石矿物质气息的流亡者（Exils，酿酒葡萄产自燧石质土壤），到强劲浓烈、表现力丰富的切恩·马灿德白葡萄酒（Le Chêne Marchand，酿酒葡萄产自石质石灰岩土壤），再到爱茉莉葡萄酒（Les Amoreuses，酿酒葡萄产自白垩黏土土壤），一应俱全。黑皮诺果味浓郁精致，而酿酒葡萄产自白垩黏土葡萄园的马尔西古珍藏葡萄酒（Réserve de Marcigoué）更是如此。★新秀酒庄

弗朗索瓦·皮诺酒庄（武弗雷产区）

酒庄主人弗朗索瓦·皮诺（François Pinon）来自武弗雷产区，他曾是一名儿童心理学家。如今，他是一位勤勉认真、训练有素的葡萄种植者兼酿酒师，所酿葡萄酒品质上乘、物超所值。酒庄已通过有机认证，葡萄为手工采摘，皮诺在发酵过程中仅使用天然酵母。天然起泡酒圣传特酿葡萄酒（Cuvée Tradition）和黑色燧石葡萄酒（Silex Noir）都展示了白诗南丰美的特点。

杰拉德·布雷酒庄（莎维尼尔产区）

杰拉德·布雷酒庄（Gérard Boulay）位于陡峭的戴蒙斯山脉，因此酒庄主人杰拉德·布雷的葡萄酒事业突飞猛进、蒸蒸日上。酒庄隔壁便是科塔葡萄园，因此杰拉德·布雷和科塔堂兄弟们的葡萄园都处于启莫里阶土壤之上，出产的葡萄酒都口感浓烈。杰拉德·布雷酒庄的葡萄酒为天然酿造，最新种植的葡萄藤是于 1972 年栽下的。莎维尼尔葡萄酒（Chavignol）是一款酒体纯净、矿物质气息丰富、价格合理的桑塞尔白葡萄酒。达摩山干白葡萄酒（Monts Damnés）醇厚浓郁，而博雅葡萄酒（Clos de Beaujeu）更为浓烈。这里不愧是桑塞尔产区的标杆酒庄。

让-皮埃尔·罗皮诺酒庄（雅思涅产区和卢瓦尔山坡产区）

酒庄主人让-皮埃尔·罗皮诺（Jean-Pierre Robinot）曾在巴黎经营葡萄酒酒吧。2001 年以后，他全身心投入葡萄酒的酿造中来，所酿葡萄酒类型不断增加。兰格文葡萄酒（L'Ange Vin）的酿酒葡萄产自其有机种植的 6 公顷葡萄园；歌剧院葡萄酒（Opera du Vin）则由当地采购的葡萄酿制而成。在这两种酿造模式下，罗皮诺酿造的典型极干白诗南葡萄酒（发酵时间长达 3 年）和黑诗南红葡萄酒浓郁醇厚。酒庄推出的这些葡萄酒未经硫化、澄清和过滤，并不会吸引所有人，但的确也是一种不同的饮酒体验。★新秀酒庄

朗格洛酒庄（卢瓦尔起泡酒产区、索米尔白葡萄酒产区和索米尔-尚皮尼产区）

1973 年以后，朗格洛酒庄（Langlois Château）成为堡林爵香槟酒庄旗下的产业，擅长采用传统方法酿造卢瓦尔起泡酒（Crémant de Loire）。酒庄葡萄园面积广阔，占地 73 公顷，横跨 6 个公社，所有葡萄藤均精心挑选，难能可贵。品丽珠极干型桃红葡萄酒（Cabernet Franc Rosé Brut）的红色浆果与樱桃风味带有精致的绿叶和辛香气息。白诗南葡萄带有白起泡酒独有的甘美甜蜜的味道，而霞多丽葡萄则平添了优雅的果味。该酒庄的旗舰年份特酿卡德利尔（Quadrille）在酒糟中经过至少 4 年的陈酿，口味精致复杂。

菲利普·阿列特酒庄（希侬产区）

酒庄主人菲利普·阿列特（Philippe Alliet）每年都会去几趟波尔多产区，不仅是为了买橡木桶，也因为他喜欢葡萄酒。他在希侬产区酿造的葡萄酒在很多方面都与产自波尔多的葡萄酒很相似：他大胆尝试新橡木，采用去梗和踩皮工艺加工葡萄。酒庄酿造了两款葡萄酒：黑丘葡萄酒（Coteau de Noiré）所选葡萄产自阳光充足的石灰岩葡萄园；而老藤葡萄酒所选葡萄产自砾质土壤，酿酒使用的新橡木桶较少。酒庄常规的瓶装酒口感紧实，陈年后口感尤佳。

露诺-帕平酒庄（慕斯卡德产区）

作为慕斯卡德产区的实质性领军人物，酒庄主人皮埃尔·露诺-帕平（Pierre Luneau-Papin）从自己 30 公顷葡萄园中酿造出的一系列葡萄酒极具魅力，令人垂涎欲滴。酿酒葡萄为手工采摘，采用酒糟发酵工艺增加酒体深度和浓郁度。酒庄的主打酒款是阿莱园葡萄酒（Clos des Allées），这款酒的酸度和矿物质气息怡人，佐以海鲜食用口味更佳。勒奥尔葡萄酒（L d'Or）更加浓郁醇厚、余味悠长——在地窖中简单陈酿后，酒体会变得金黄澄澈，香气愈加浓郁。限量生产的精益葡萄酒（Excelsior）需在酒糟陈酿 30 个月，品质非凡。

德鲁埃酒庄（布尔格伊产区和希侬产区）

酒庄主人皮埃尔-雅克·德鲁埃（Pierre-Jacques Druet）曾就读于波尔多大学，师从著名酿酒师埃米尔·佩诺。他于 1980 年开始在布尔格伊产区酿造葡萄酒，受其导师影响，他的酿酒方式十分典型：精心挑选葡萄园且分片区酿造葡萄酒。在年景较差的年份，酿酒葡萄在带有自动柱塞的定制锥形发酵罐中高温发酵，以最大限度地挖掘葡萄的潜力，同时最大限度地减少单宁的萃取。德鲁埃酿造的葡萄酒果味浓郁、口感辛香，散发着矿物质气息。顶级特酿格朗蒙（Grand Mont）和沃莫罗（Vaumoreau）值得珍藏，最好珍藏 20 年以上再开瓶享用。酒庄还有一款半干型桃红葡萄酒，在开放式木桶中缓慢发酵而成，口味复杂浓郁。

皮松-派耶酒庄（安茹产区和萨维涅尔产区）

20 世纪 90 年代，乔·皮松领导了莱昂丘产区葡萄园从生产传统甜葡萄酒到生产甘美复杂的白诗南干型葡萄酒的变革。除了占地 5 公顷的葡萄园，他的同名酒庄（如今已更名为傅朗酒庄）于 2005 年被菲利普·福尔涅收购。2008 年，他与福尔涅分道扬镳，皮松与他的继子约瑟夫·派耶（Joseph Paillé）联手成立了这家皮松-派耶酒庄（Pithon-Paillé）。如今产自特雷耶园（Les Treilles）和弗雷斯奈园（La Fresnaye）的安茹白葡萄酒和红葡萄酒，以及萨维涅尔产区的葡萄酒沁人心脾，矿物质气息明显，风格更加清新。酒庄收购来自卢瓦尔河各地的葡萄和果汁酿酒，并贴以他们的商标售卖；同时，酒庄格外注重有机葡萄园，会监督其栽种技术并优先购买其原材料。★新秀酒庄

瑟吉·达格吕父子酒庄（普伊-富美产区）

瑟吉·达格吕父子酒庄（Serge Dagueneau & Filles）占地面积 17 公顷，由瑟吉·达格吕（Serge Dagueneau，凯瑟琳-迪迪埃·夏帕罗武酒庄主人迪迪埃的叔父）和他的女儿瓦莱丽（Valérie）共同经营。酒庄葡萄酒采用不锈钢罐发酵，无论是普伊-富美产区直接生产的葡萄酒还是成熟浓郁的少女干白瓶装葡萄酒（Les Filles），酒款风格比其他许多普伊-富美产区酿造的葡萄酒更丰富。瓦莱丽的妹妹弗洛伦斯（Florence）是酒庄的酿酒师，于 2010 年因患癌症去世。

蒂埃里·普泽拉特酒庄（都兰产区）

酒庄主人蒂埃里·普泽拉特（Thierry Puzelat）所酿造的葡萄酒深受世界各地时尚人士的追捧。为此，他在鲍尔富酒庄还开设了一个独立的酿酒厂销售旗下产品。他喜欢用经典传统的葡萄品种酿制葡萄酒，并尽可能地采取自然酿制法，通常不含亚硫酸盐。他酿造的"我们相信科特（In KO we trust）"系列酒款模仿了马尔贝克葡萄在当地的名称——科特，饮前最好醒一醒来软化酒中的单宁，平衡下酒体酸度。黑诗南葡萄酒带有一种胡椒粉的妙曼气息。PN 黑诗诺葡萄酒则是一款美味可口的佳酿，清新怡人。★新秀酒庄

埃米罗酒庄（布尔格伊产区和布尔格伊·圣尼古拉斯产区）

雅尼克·埃米罗（Yannick Amirault）在布尔格伊产区广受赞誉，被尊称为顶级酿酒师。他于 1977 年接管家族酒庄分散的 3.5 公顷葡萄园，然后对其进行了大刀阔斧的改革。其酒庄如今已经是有机葡萄园，占地面积达到 19 公顷，大部分位于布尔格伊产区，其余位于布尔格伊·圣尼古拉斯产区。酒庄推出的产品有拉库德拉耶葡萄酒（La Coudraye），这款酒口感极佳，酿酒葡萄产自砾石土壤；适合陈年珍藏的卡尔捷葡萄酒（Les Quartiers）令葡萄酒评论家约翰·格利曼（John Gliman）难以忘怀，甚至让他一度认为这款酒产自布尔格伊产区顶级的白马酒庄。

普泽拉特兄弟

1993 年，谢韦尔尼成为葡萄酒法定产区。这里位于索朗格斯森林（Solonges）边缘，曾经是贵族打猎的场所。通常，人们会以为正式认定为法定产区对于该地区的发展是一个积极因素，而在谢韦尔尼产区，这却限制了酿酒葡萄品种的选择。对于刚刚从父亲手里接管酒庄的蒂埃里·普泽拉特和让-玛丽·普泽拉特来说，他们必须做出决定，是否将 20 世纪 60 年代种植的各种葡萄品种拔除，然后重新种植产区授权的葡萄品种。他们采取了高风险的方式，采用黑诗南、麦郁皮诺、果若和其他葡萄来酿制葡萄酒，为等级很低的"日常餐酒"，按规定他们无法在标签上注明所用葡萄或年份。兄弟俩现在成立了一个非营利组织来管理他们面积 7 公顷的祖传葡萄园。他们带有明确的目标——恢复酒庄往日的荣光。

阿尔萨斯产区

阿尔萨斯产区（Alsace）出产的葡萄酒首屈一指，但也白璧微瑕。产区拥有 51 个特级酒庄，数量庞大，但没有二级、三级酒庄。阿尔萨斯产区北起马勒海姆（Marlenheim），南至坦恩（Than），绵延 170 千米，沿线葡萄园星罗棋布。但是，如果所有酒庄种植了所有许可葡萄品种，这些葡萄园还会被一视同仁吗？这些优质的葡萄，缔造世界经典佳酿——灰皮诺葡萄酒（略带烟熏苹果和梨子的香气，口感浓郁）富含矿物质气息、口感紧致；适合陈年的雷司令葡萄酒（通常是干型葡萄酒）；品质俱佳的芳醇麝香开胃酒；以及醉人心间、洋溢着异国果香和生姜辛辣气息的琼瑶浆葡萄酒。

艾伯特·伯克斯勒酒庄和马克·雷登维斯酒庄等此类小型特级园出产的雷司令酒体紧实，带有青柠和酸橙复杂风味且富含矿物质气息，将四时风光收于酒盏之内，而婷芭克世家等酒庄却对这些特质不以为意。他们的酒瓶上甚至没有提到葡萄产地——特级园。不过，他们相信自己的小葡萄园虽隐卧特级园一隅，但出产的酒款品质更高，可谓是韬光养晦更显匠心独运，阅尽无穷奥妙，尽展风土人情。因此，他们给自己的葡萄酒打上所有者的烙印，或者使用 Clos（自营葡萄园）这个词来设计特定酒瓶标签。对于理解特定名称含义并尊重生产商想法和动机的消费者来说，无疑是投其所好；不过对于浅见寡识之人来说，只会徒增烦恼。

虽然雷司令为干型葡萄酒，而灰皮诺为酒体厚重的半干型葡萄酒，但这些均为主观描述，消费者可能会略感困惑。进入生产商网站，所有的技术细节尽收眼底——比如一款酒中有 16 克与口感酸度紧密相关的残糖，而另一款酒中只有 5 克残糖，等等。辛特-鸿布列什酒庄为葡萄酒标上了专有甜度刻度，比如最甜的是精选贵腐甜白葡萄酒（甜度极高，通常用受贵腐菌侵染的葡萄酿制），而甜度最低的则是刚劲浓烈的干型雷司令。这并非是一个普遍采用的衡量标准，而且随着陈年期的延长，葡萄酒甜度会发生变化，因此这种衡量标准也并非确凿可靠（阿尔萨斯产区葡萄酒陈年后口感尤佳）。但是，依据残糖成分判断葡萄酒甜度依然行之有效。

阿尔萨斯产区的葡萄酒举世瞩目，这一点毋庸置疑。圣桅楼葡萄园雷司令葡萄酒可作为判断其他产区雷司令品质的标杆。在其他葡萄园中，微不足道的西万尼葡萄（Sylvaner），即使生长于质密坚硬的燧石之中，如今也实现华丽蜕变。举目之下，葡萄美酒夜光杯，玉盘珍馐值万钱，这便是最美丽的邂逅。哪位葡萄酒和美食爱好者不喜欢琼瑶浆搭配芒斯特奶酪？谁又拒绝得了白皮诺搭配乳蛋饼和其他蛋制菜肴、灰皮诺搭配鹅肝酱、西万尼搭配阿尔萨斯洋葱馅饼或蒜焗蜗牛、雷司令搭配各种鱼类，或者阿尔萨斯起泡酒搭配鱼子酱和轻便小餐？然天下物无全美，阿尔萨斯出产的唯一葡萄酒——黑皮诺平淡无奇，但每个生产商始终坚持酿造，另还有部分起泡酒也略显黯然失色（不过也有一些酒款口感怡人，深受好评）。

艾伯特·伯克斯勒酒庄

艾伯特·伯克斯勒酒庄（Albert Boxler）是一家拥有 300 多年历史的家族产业，酒庄内葡萄种植面积极小，但小巧玲珑的果实完美演绎了当地的风土人情，尽展品种特质，令葡萄酒爱好者魂牵梦绕。从原始经典的雷司令到拍手称颂、口感丰富的索穆尔堡雷司令（Sommerberg Rieslings），酒庄酿制的很多葡萄酒浅龄阶段质朴无华，陈年后品质尤佳。

阿伯曼酒庄

在阿尔萨斯产区，拥有 19 公顷葡萄园的酒庄可称得上是大酒庄。1984 年以来，杰克·巴特尔梅（Jacky Barthelme）与莫里斯·巴特尔梅（Maurice Barthelme）执掌阿伯曼酒庄（Albert Mann），令酒庄美名远扬。酒庄的琼瑶浆，口碑载道，万众倾心，而灰皮诺葡萄酒则馥郁芳香、独具特色，口感精致。白皮诺质感细腻丰富，搭配各种美食饮用口感皆佳，尤其在夏季时节，风味格外迷人。

安德烈·肯恩勒酒庄

安德烈·肯恩勒酒庄（André Kientzler）是历经 5 代荣光的家族企业，位于风光旖旎的里希伯维列小镇（Ribea-uville），从山顶上的城堡可俯瞰小镇如画的美景。酒庄生产的葡萄酒表现力极佳，从莎斯拉（Chasselas）到特级园雷司令葡萄酒，一应俱全。特级园雷司令系列陈年窖藏后，品质尤佳。酒庄小巧玲珑，酿酒师满腔热忱，酿制的葡萄酒卓尔不群。★新秀酒庄

安德烈·奥斯特塔格酒庄

安德烈·奥斯特塔格酒庄（André Ostertag）拥有 12.5 公顷的葡萄园，采用生物动力法培植与管理，但葡萄园分布在 120 个不同的地块上，令人叹为观止。粒粒甄选的葡萄缔造出 17 款阿尔萨斯经典葡萄酒，主要分为 3 类：多园区混酿葡萄酒（Vin de Fruits）、颇具本地风情的皮埃尔酒（Vin de Pierre），以及味道甜美的时光酒（Vin de Temps）。安德烈·奥斯特塔格酒庄特立独行，也许是因为他有时会采用非传统酿造工艺（例如在橡木桶中陈酿葡萄酒），但所酿葡萄酒却令人拍案叫绝。

安德烈·菲斯特酒庄

2006 年，女儿梅娜丽（Mélanie，家族的第 8 代子嗣）加入父亲安德烈和母亲玛丽-安妮·菲斯特（Marie-Anne Pfister）的家族酒庄。菲斯特家族拥有 10 公顷葡萄园，分散在 40 处不同地块。酒庄的雷司令深得人心，占葡萄总产量的 25% 以上，不过其少女麝香葡萄酒（Les 3 Demoiselles Muscat）、精选灰皮诺葡萄酒（Pinot Gris Selection）和琼瑶浆斯伯格葡萄酒（Gewurztraminer Silberg）同样非常出色，酿酒用的葡萄也受到葡萄园和酿酒厂的青睐。纯正、卓越与优雅是酒庄对品质始终如一的信仰与追求。

波特-盖伊酒庄
这是一款口感丰富、酒体醇厚的葡萄酒，带有柚子和菠萝的果香和鲜花的芬芳。

阿伯曼酒庄
这款酒有成熟梨子和甜瓜的芳香相伴，口感柔滑，余味辛香。

普法芬海姆酒庄

此时非彼时，趣味盎然的葡萄酒不再是小酒庄的"专利"。普法芬海姆酒庄（Cave de Pfaffenheim）是一家合作酒庄，拥有 250 公顷的葡萄园，分为 5 大酒庄，出产的葡萄酒标新立异，散发着沁人心脾的乡土气息。黑领带（Black Tie）由灰皮诺和雷司令混酿而成，是一款迥然不群的佳酿。

利伯维列酒庄

利伯维列酒庄（Cave de Ribeauville）是阿尔萨斯产区另一家顶级联合酒庄，出产的葡萄酒琳琅满目。其主打酒款是干型葡萄酒，口感纯正浓郁，完美演绎了酿酒葡萄的风味，所酿酒款可与食物完美搭配，深得众人厚爱。来自贝格海姆艾腾堡园（Altenberg de Bergheim）和奥斯特尔格特级园（Osterberg）的小瓶雷司令极富表现力。贝格海姆原产地葡萄酒（Vin de l'A Terroir）由雷司令、灰皮诺和琼瑶浆混酿而成。

伯恩哈-雷贝尔酒庄

伯恩哈-雷贝尔酒庄（Domaine Bernhard-Reibel）是由沙特努瓦村的伯恩哈家族与雪维莱公社的雷贝尔家族合办的酒庄。该酒庄曾将葡萄出售给当地合作社，但自 2002 年起，便开始自产葡萄酒，如今摇身一变成为有机葡萄酒庄。酒庄出产的雷司令出类拔萃，堪称酒中龙凤，但酒庄其他系列也值得一试。酒庄中的黑皮诺来自阿尔萨斯产区，品种稀有，值得期待，而白皮诺品质更佳。2009 年，该家族族长塞西尔·伯恩哈-雷贝尔（Cécile Bernhard-Reibel）成为阿尔萨斯圣爱蒂那骑士行会（Confrérie St-Etienne）的首位女会长。★新秀酒庄

波特-盖伊酒庄

波特-盖伊酒庄（Domaine Bott-Geyl）出产的葡萄酒备受酒评家关注，虽然产量有限，但种类繁多，酒体纯正、香气浓郁、口感层次丰富。福斯腾特级园（Furstentum Grand Cru）多为石灰岩土壤，培植出精巧优雅的雷司令和丰盈饱满、令人陶醉的琼瑶浆。★新秀酒庄

苔丝美人酒庄

苔丝美人酒庄（Domaine Marcel Deiss）的原主人可追溯至古老的酿酒师家族，此家族于 1744 年在贝格海姆定居。1947 年，马塞尔·戴斯（Marcel Deiss）将所属土地遗产发展成为苔丝美人酒庄。如今，酒庄由其孙子——让-米歇尔·戴斯（Jean-Michel Deiss）负责经营。让-米歇尔热衷于风土和生物动力学，酿造出一系列顶级葡萄酒，被一位酒评师称为"该地区最让人神魂颠倒的葡萄酒之一"。虽然酒庄葡萄酒都值得一试，但贝格海姆艾腾堡园（阿尔萨斯特级园）葡萄酒打破了人们对阿尔萨斯葡萄酒的先入之见。此款酒由该地区 13 种葡萄混酿而成，历时 1 个小时的醒酒通气才能将丰盈的柠檬、生姜、蜂蜜、细腻异国水果和香草的复杂口感发挥到极致。该酒体质地丰润、典雅绝尘。

婷芭克世家酒庄

此款酒以婷芭克世家弗雷德里克·埃米尔（19世纪后期家族掌舵者）命名。

保罗·辛克酒庄

该酒款浓烈强劲，口感丰富，浓郁香醇，回味悠长。

保罗·布兰克酒庄

自16世纪创建以来，该酒庄赢得了令人艳羡的声誉。此外，酒庄建立了一家公司，专注于酿造极富表现力的现代葡萄酒，酒体雅致清悠、平衡协调、极易配餐。特级园葡萄酒尤为突出，如经过时间陈酿，更可淋漓尽致地展现酒庄风土条件。即便是酒庄基本款葡萄酒也颇具风韵。

雷米·格雷塞酒庄

雷米·格雷塞酒庄（Domaine Rémy Gresser）是采用生物动力学酿制葡萄酒的另一典范，酒庄共有3个特级园——文博贝格（Wiebelsberg）、莫恩贝格（Moenchberg）和卡斯特贝格（Kastelberg）——尽展风土特质。文博贝格园区土质以砂岩为主，花香沁人心脾；莫恩贝格园区土质以石灰岩为主，葡萄酒饱满多汁；而卡斯特贝格园区土质以片岩为主，风土独特，葡萄酒富含矿物质气息。即便在法定园区，不同的土质也可缔造出独特风味。总之，雷米·格雷塞酒庄出产的葡萄酒纯正浓郁、品质俱佳，值得称颂。★新秀酒庄

思洁菲特酒庄

思洁菲特酒庄（Domaine Schoffit）顶级葡萄酒无疑是兰根（Rangen）圣-托巴德（St-Théobald）园的代表作。酒庄出产的莎斯拉常被冠以"酒中龙凤"之名，将葡萄特质展现无遗，品质俱佳，酿酒葡萄采自70年藤龄的葡萄老藤。结构紧致的圣-托巴德雷司令纯酿让人大为赞叹，而思洁菲特葡萄酒（Schoffit）也在科尔马葡萄园中超伦轶群。酒庄出产的白皮诺也是一款不容错过的佳酿。

温巴赫酒庄

温巴赫酒庄（Domaine Weinbach）位于雄伟的施罗斯伯格（Schlossberg）山脚下。"酒溪"蜿蜒穿过酒庄，酒庄也以此溪命名。酒庄酿酒家族与酒窖动人心魄，所酿葡萄酒也同样引人入胜。酒庄出产的葡萄酒不胜枚举，命名时也煞费苦心，很容易让人感到困惑。令人叹为观止的特级园葡萄酒与回味无穷的单一葡萄园葡萄酒争奇斗艳，而珍藏级和私人珍藏级葡萄酒则与众多特酿平分秋色，如圣凯瑟琳特酿（Cuvée Ste-Catherine，酿酒葡萄通常在11月25日的圣凯瑟琳节采摘）和劳伦斯特酿（Cuvée Laurence，酿自成熟期长的葡萄品种）。或许，温巴赫酒庄对雷司令的精彩演绎是将其万种风情浓缩在瓶装的滴滴纯酿与高贵优雅之中。

辛特-鸿布列什酒庄

辛特-鸿布列什酒庄（Domaine Zind-Humbrecht）在法国声名鹊起。1959年，伦纳德·鸿布列什（Leonard Humbrecht）和吉纳维芙·辛特（Genevieve Zind）结婚后，成立了该酒庄。之后，酒庄由其子奥利弗·鸿布列什（Olivier Humbrecht）经营。奥利弗是第一位获得"葡萄酒大师"称号的法国人。他在酒庄内推行低产政策、自然酿酒工艺和不干涉主义，所酿葡萄酒向人们完美诠释了对风土的极致探索与追求。酒庄酿酒葡萄采撷自

4个特级葡萄园、3个单一葡萄园和3个围墙葡萄园。围墙葡萄园中大名鼎鼎的当属温布勒园葡萄酒（Clos Widsbuhl），出产的葡萄酒堪称"酒中明珠"。

舒伯格酒庄

舒伯格酒庄（Domaines Schlumberger）是阿尔萨斯产区最大的酒庄，拥有145公顷葡萄园，有些葡萄藤生长在绝壁奇峰之上。酒庄的基本款葡萄酒可令您其乐无穷，尤其是斯皮格尔（Spiegel）、凯特勒（Kitterlé）和凯斯勒（Kessler）这3款。晚收琼瑶浆半甜型白葡萄酒（Vendanges Tardeve Gewurztraminer），酒体醇厚、强劲有力、辛辣浓郁，颇受酿酒师珍视。如今，酒庄由第6代子嗣阿兰·舒伯格（Alain Schlumberge）和第7代子嗣萨比亚·舒伯格（Severine Schlumberge）共同掌管经营。

弗雷德里克酒庄

弗雷德里克酒庄（Frederic Mochel）由莫舍尔家族于1669年创建。父亲弗雷德里克与儿子纪尧姆通力打造10公顷葡萄园和5公顷特级葡萄园，两人深以为荣。酒庄出产的葡萄酒完美诠释了何为"极致风土，完美追求"。你会有感于其不同年份的亨丽埃特雷司令特级园葡萄酒（Riesling Grand Cru Cuveé Henriette）的细致优雅，也会对干型麝香葡萄酒的忍冬花香与余韵绵长惊叹不已。

雨果父子酒庄

雨果父子酒庄（Hugel et Fils）宛如阿尔萨斯产区历久弥坚的磐石，生产的葡萄酒美观大方，将葡萄的特质发挥到极致。酒庄面积广阔无垠，但管理上拒绝特级园制度，采用严格等级划分制度，将基础款葡萄酒标记为品种葡萄酒，中档定位经典陈酿，最好的佳酿列为纪念款（Jubilee）。其纪念款佳酿经多年陈酿，剩余糖分低而恰到好处。历史悠久的雨果父子酒窖里陈藏着一个酒桶，被吉尼斯世界纪录认证为最古老的连续服役的酒桶——1715年就开始投入使用。这座家族酒庄占地面积65公顷，仅种植高贵品种琼瑶浆、雷司令、灰皮诺和黑皮诺，有些葡萄藤的藤龄长达70年。

乔士迈酒庄

乔士迈酒庄（Josmeyer）精于生物动力学管理，潜心研究易饮百搭葡萄酒的酿制。酒庄基本款略显沉闷内敛，但经典佳酿系列精美典雅、醇香浓厚、恰到好处，堪称阿尔萨斯的巅峰之作。通常，酒庄所产葡萄酒入口清爽，各种菜肴均可同其搭配，而品质俱佳的迟摘甜白葡萄酒（Vendange Tardive）和精选贵腐甜白葡萄酒（Selection des Grains Nobles）甜美柔滑，蕴含着家族酿酒艺术和人文风情。

昆茨-巴斯酒庄

昆茨-巴斯酒庄（Kuenz-Bas）享有长达两个世纪的酿酒伟业，曾一度因缺乏投资和家族风波而萎靡不振。如今，这些窘境似乎已迎刃而解，酒庄已经恢复如初，专注于优质葡萄酒酿制。

同酒庄的灰皮诺酒款一样，卡洛琳特酿（Cuvée Caroline）和杰莱米特酿（Cuvée Jeremy，一款精选贵腐葡萄酒）难分伯仲，值得一试。

里昂·贝耶酒庄

贝耶（Beyer）家族自1580年起就开始在埃吉谢姆（Eguisheim）经营葡萄园。埃吉谢姆是一个景色秀丽、历史悠久的小镇，城市房屋排列成3个同心圆。如今，贝耶家族出产的葡萄酒75%用于出口。酒庄葡萄酒风格简洁、工艺精湛、口感干爽、平衡协调、入口柔顺。

保罗·辛克酒庄

保罗·辛克酒庄（Maison Paul Zinck）成立于1964年，在阿尔萨斯产区算是后起之秀。保罗和菲利普父子的团队大量投资于现代酿酒工艺，以期生产出优雅纯正、富有表现力的葡萄酒系列。酒庄葡萄酒分为3个系列：肖像精选系列（Portrait），注重平衡协调和品种特质，酿酒葡萄采自山脚下种植的葡萄藤；风土系列（Terroir），风味复杂且结构良好，易与美食搭配饮用，酿酒葡萄采自高海拔的葡萄藤；还有特级园葡萄酒系列（Grand Cru），口感细腻，结构平衡，口感芳醇浓郁。★新秀酒庄

马克·雷登维斯酒庄

马克·雷登维斯酒庄（Marc Kreydenweiss）每年都会聘请不同艺术家设计葡萄酒标签，酒品亦是推陈出新，但仍不忘初心，忠于家族风格。家族葡萄园资产不再囿于阿尔萨斯产区，在德国法尔兹（Pfalz）和罗讷河尼姆区（Costières de Nîmes）都拥有酒庄。阿尔萨斯出产的葡萄酒极富家族风格——酸度清新、回味无穷，通体洋溢着怡人的矿物质气息。其琼瑶浆酒款风格优雅清新、妙不可言。酒庄的晚辈纷纷采用生物动力法种植葡萄，酒庄锦绣未来值得期待。★新秀酒庄

福纳酒庄

作为阿尔萨斯起泡酒的最佳生产商之一，福纳酒庄（Michel Fonné）对起泡酒的关注不亚于其他葡萄酒，阿尔萨斯极干型起泡酒（Crémant d'Alsace）更是艳冠产区。1989年，米歇尔·福纳从舅舅雷尔·巴斯（Rene Barth）手上继承了家族的酒庄，因此葡萄酒标签上印有雷尔·巴斯的名字。★新秀酒庄

雷内·穆勒酒庄

雷内·穆勒酒庄（René Muré）精耕细作的兰德林有机葡萄园（Clos St Landelin）占地15公顷，是福伯格特级园（Grand Cru Vorbourg）中的佼佼者，为世人所称颂。雷内·穆勒让黑皮诺如获新生，所酿美酒色泽亮丽、浓烈强劲、结构完美。酒体活泼的雷司令和浓烈强劲的琼瑶浆也值得一试。

罗利·贾斯曼酒庄

罗利·贾斯曼酒庄（Rolly Gassmann）专注出品佳酿，每个系列都是高品质的象征，与阿尔萨斯产区一样久负盛名。酒葡萄酒闻名遐迩，有着天鹅绒般丝滑的甜蜜口感（酒体中的残糖水平高于阿尔萨斯的标准）。罗利·贾斯曼先生用酸度来平衡馥郁的果香，品质卓越，充满无穷魅力。酒庄拥有33公顷葡萄园，酿酒葡萄大多采撷于此，出品的酒款琳琅满目。

塞比酒庄

塞比酒庄（Seppi Landmann）葡萄园面积较小，但令人惊奇的是，酒庄利用有限的葡萄园酿制出了30种味道甜美、醇厚的系列葡萄酒，尤其是阿尔萨斯极干型起泡酒（Crément d'Alsace）与来自金可普菲山特级葡萄园（Grand Cru Zinnkoepfle）的琼浆玉液，不容错过。

婷芭克世家酒庄

婷芭克世家酒庄（Trimbach）传承经典，以其出众的黄标和黑标美酒而享誉全球。正如该家族在其宣传材料中所说："酒庄匠心独具，专注于酿制干型葡萄酒，结构紧实、果味浓郁、清雅悠长、优雅平衡。"酒庄生产的葡萄酒内敛含蓄、优雅高贵，但绝不附庸风雅、华而不实。酒庄基本款风格清雅、口感清爽、淳朴轻柔。婷芭克虽忽略特级园标识，但使用珍藏级和私人珍藏级为酒命名，瓶身上注有特酿标识。顶级年份葡萄酒在经历5年陈酿期后才会发行，而即使是基础葡萄酒也会瓶陈一年。圣桅楼葡萄园雷司令葡萄酒（Trimbach Clos Ste-Hune Riesling）来自罗萨克特级园区，可与世界上所有雷司令匹敌。

瓦伦丁·苏斯林酒庄

酒庄现由玛丽·苏斯林（Marie Zusslin）和让-保罗·苏斯林（Jean-Paul Zusslin）兄妹俩经营，自1691年开始，瓦伦丁·苏斯林酒庄（Valentin Zusslin）就一直为其家族所拥有。让-保罗主要负责酿酒事宜，不过其父与祖父也参与部分工艺。1997年以来，瓦伦丁·苏斯林酒庄采用生物动力法进行葡萄种植和葡萄酒酿造，出产的葡萄品质俱佳，尤其是雷司令特级酒庄芬斯特堡（Pfinstberg）和博兰堡特级园琼瑶浆（Grand Cru Bollenberg Gewurztraminer）令人惊叹。因此，酒庄逐渐赢得了世界葡萄酒评论家的关注。★新秀酒庄

阿尔萨斯葡萄酒之路

女巫塔建于1360年，位于坦恩村外的兰斯特级园（Rangen）山坡脚下，阿尔萨斯葡萄酒之路以此塔为起点绵延170千米。阿尔萨斯葡萄酒之路西依郁郁葱葱的孚日山脉（Massif Vosgien），向北蜿蜒穿过盖布维莱尔（Guebwiller，每年5月都会在此举办葡萄酒博览会），之后穿过乡村筑堡和青翠连绵的葡萄园，抵达阿尔萨斯的葡萄酒之都科尔马（Colmar）。从科尔马及其极富历史意义的市中心出发，继续穿过里博维莱（3座城堡矗立于此），游走于历史悠久、风景秀丽的村庄小镇之间，延伸至马勒海姆，为此段旅程画上圆满句号。

在这条葡萄酒之路上，葡萄园应接不暇、点缀其中，沿着山坡上的梯田，德国边境和最北端斯特拉斯堡（Strasbourg）的美景尽收眼底。旅游信息中心免费提供《葡萄酒之路》（Wine Route maps）地图，地图不仅介绍葡萄酒选购要点，还提供可参观的名胜古迹的详细信息。

北罗讷河谷产区

　　北罗讷河谷产区（Northern Rhône）的葡萄酒产量只有南罗讷河谷产区的十分之一，虽然产量较低，但胜在品质非凡，这里出产的葡萄酒活泼清爽。北罗讷河谷产区之前长期处于波尔多产区和勃艮第的风头之下，但在最近20年中，已经上升到和这两处著名产区平起平坐的地位。即使拿罗第丘产区（Côte-Rôtie）和埃米塔日产区（Hermitage）顶级葡萄酒的价格来衡量，北罗讷河谷产区拥有如今地位也当之无愧。科尔纳斯产区（Cornas）、圣约瑟夫产区（St-Joseph）和孔得里约产区（Condrieu）的顶级瓶装葡萄酒的价格也一路攀升，达到稀世价格标准。整个产区正在全球范围内声名鹊起，其声誉与其卓越品质相得益彰。

　　这些葡萄酒稀有珍贵，但其卓越的品质仍未在世界范围内得到充分认可，这或许解释了为何这些酒款价格低于其本身的价值。就稀有程度而言，加利福尼亚州纳帕谷著名的单一葡萄园喀龙园都要比埃米塔日整个产区大得多，和整个罗第丘产区面积相当。圣约瑟夫产区和克罗兹-埃米塔日（Crozes-Hermitage）面积明显更大，但所有北罗讷河谷产区的面积总和仍小于勃艮第金丘产区的博讷丘。

　　因此，该狭窄山谷出产的葡萄酒的重要性不在于产量，而在于葡萄酒的特性和复杂醇厚程度，这才是这些葡萄酒最突出的属性。这些红葡萄酒完全由西拉葡萄酿造，但并不是世界上最成熟、最有分量的西拉葡萄酒，因为澳大利亚的西拉葡萄酒才是首屈一指的。不过很少有人会质疑这里红葡萄酒的异国情调和十足个性。这几年，晚收葡萄的采用和更多新橡木桶的使用，令葡萄酒在现有香气下平添了许多额外的风味。

　　埃米塔日和科尔纳斯红葡萄酒的产量位列各产区之最。与埃米塔日葡萄酒更加贵族化的精雕细琢相比，科尔纳斯更显强劲质朴、醇香酒烈。虽然埃米塔日葡萄酒在浅龄阶段相当紧致内敛，但如果经过足够的时间进行陈酿和醒酒，这款来自罗讷河上著名山丘的红葡萄酒就会跻身世界上最引人入胜的葡萄酒之列。几个世纪以来，埃米塔日和科尔纳斯的红葡萄酒就被运往波尔多产区以提高波尔多葡萄酒的品质，这一事实可以用来解释那些陈词滥调，如埃米塔日和科尔纳斯的葡萄酒具有男子般阳刚的风格，恰好配得上罗第丘

葡萄酒女子般温婉的风格。

　　而对罗第丘葡萄酒而言，这种陈词滥调越发不可推敲，因为罗第丘葡萄酒更高的售价使葡萄酒商不得不降低产量，并使用更新的木桶来酿造更加浓郁陈年的葡萄酒，这些葡萄酒的绝佳品质真正配得上这个令人敬畏的产区。罗第丘是一个面向东南的斜坡，这里坡度高达60度，可以获得最佳光照，因此名字取得恰如其分（"罗第"二字意为"炙烤"）。罗第丘葡萄酒生产商通过添加20%的白维欧尼葡萄以令葡萄酒风格更加温婉含蓄，不过这种做法如今愈加少见。

　　不过在罗第丘产区以南的孔得里约和格里叶堡产区（Château-Grillet，位于孔得里约产区内，只有格里叶酒庄这一家酒庄），人们使用维欧尼葡萄来发挥其诱人的芳香和丰富的特点。该地区的其他白葡萄酒由高产的玛珊和更浓郁的瑚珊酿制而成，有时在圣佩雷产区（St-Péray）会酿制成起泡酒，或者在埃米塔日产区、克罗兹-埃米塔日产区和圣约瑟夫产区会酿制成静止葡萄酒。克罗兹-埃米塔日产区和圣约瑟夫产区出产的白葡萄酒品质和红葡萄酒一样出众，这两处产区内只有最佳的葡萄园才能生产出卓越的西拉葡萄酒，虽然无法和埃米塔日产区及罗第丘产区的葡萄酒相抗衡，但也能通过竞争迫使后者的葡萄酒降价出售。

　　此处最实惠的葡萄酒为罗讷丘葡萄酒（Côtes du Rhône）或罗丹山园地区餐酒（Vin de Pays des Collines Rhodaniennes）。

阿兰·沃歌酒庄

古泉红葡萄酒是一款以 80 年藤龄的老藤葡萄为原料酿制的葡萄酒，口感强劲有力。

格里叶酒庄

其维欧尼葡萄酒的知名度堪称世界之最。

阿兰·沃歌酒庄

酒庄主人阿兰·沃歌（Alain Voge）酿造的科尔纳斯葡萄酒（Cornas）和圣佩雷葡萄酒（St-Péray）品质上乘、出类拔萃。如今酒庄大部分的酿酒工作由沃歌的合伙人兼酒庄经理阿尔贝里克·马佐耶（Albéric Mazoyer）负责。除了入门级的科尔纳斯葡萄酒，酒庄还酿造两款由老藤葡萄制成的特酿葡萄酒：一款为老藤葡萄酒；另一款为品质上乘的古泉红葡萄酒（Les Vieilles Fontaines）。沃歌是圣佩雷产区的重要代表人物，拥有 5 公顷的葡萄园，酿造了一款起泡酒和两款优质的静止葡萄酒：特雷斯博伊西葡萄酒（Terres Boisses）和克鲁索花葡萄酒（Fleur de Crussol）。

奥古斯特和皮埃尔-马里·克拉帕酒庄

奥古斯特·克拉帕（Auguste Clape）长期担任科尔纳斯的市长，广受爱戴。后来，他将酿酒的大权交给了他精明强干的儿子皮埃尔-马里（Pierre-Marie）。科尔纳斯葡萄酒的酿酒葡萄选自面积超过 5 公顷的葡萄园，这里的葡萄藤大部分归克拉帕家族所有。在酒窖技术方面，该酒庄是科尔纳斯产区最传统的生产商之一，这也体现在酒窖本身。酒庄酿制的葡萄酒尽管单宁紧实，但味道纯正、口感复杂，并不像传统葡萄酒那样质朴。除了科尔纳斯系列葡萄酒，酒庄还推出一款复兴特酿葡萄酒（Renaissance Cuvée），少许罗讷河谷（Cotes du Rhône）红、白葡萄酒，以及一款地区餐酒红葡萄酒。

伯纳德·菲力酒庄

伯纳德·菲力酒庄（Bernard Faurie）兢兢业业、恪守传统，酿造了少量品质上乘的埃米塔日葡萄酒和圣约瑟夫葡萄酒。葡萄种植和葡萄酒的酿造都删繁就简：在葡萄园中只使用一匹马进行耕作，在小酒窖中只使用原生酵母进行整体集群发酵。圣约瑟夫产区的 3 款优质葡萄酒的酿酒葡萄均产自 2 公顷的葡萄园：一款红葡萄酒、一款白葡萄酒和一款老藤装瓶葡萄酒。菲力最出名的酒款来自埃米塔日产区，这里的格雷费尔园（Les Greffeux）和梅亚尔园（Le Méal）出产的葡萄为两款装瓶葡萄酒、埃米塔日红葡萄酒和白葡萄酒提供了酿酒原料。

克莱蒙酒庄

以合作酒庄的标准来衡量的话，克莱蒙酒庄（Cave des Clairmonts）规模并不算大，但在克罗兹-埃米塔日产区仍位列第二。这家酒庄饶有趣味且地位日益凸显，最开始由 3 个家族于 1972 年联合成立，如今已扩大到 7 个家族。各家族都勤奋努力，以生物动力方式经营着各自的葡萄园。他们的葡萄园规模巨大，总面积达到惊人的 135 公顷。酒庄大部分葡萄酒都批量出售，瓶装葡萄酒也质量上乘，以先锋特酿（Cuvée des Pionniers）红葡萄酒和白葡萄酒为主。

法约尔子女酒庄

洛朗·法约尔（Laurent Fayolle）和席琳·法约尔（Céline Fayolle）的父亲于 2008 年去世，但两人将酒庄经营得风生水起，有口皆碑。席琳负责酒庄的商业运营，而洛朗则专注于葡萄园和酒窖的管理。酒庄的酿酒之本是位于克罗兹-埃米塔日产区 7.5 公顷的葡萄园和埃米塔日产区另外 0.5 公顷的葡萄园。埃米塔日产区的单一园——迪翁涅尔葡萄园（Dionnières）所产的葡萄分别酿制了红葡萄酒和白葡萄酒，均以该单一园命名，科尔纳斯产区的葡萄酒命名方式和埃米塔日产区相同，有庞泰克斯（Les Pontaix）、科尼雷茨（Les Cornirets）和沃塞雷斯（Les Voussères）3 款葡萄酒。

坦恩酒庄

坦恩酒庄（Cave de Tain l'Hermitage）是一家经营规模很大的合作酒庄，对于北罗讷河谷小型葡萄种植者的生存至关重要。在最好的年景，酒庄也能酿制出品质上乘的葡萄酒。酒庄大约 70% 的葡萄酒产自克罗兹-埃米塔日产区，年份酒产量为 200 多万瓶，酿酒葡萄购自超过 200 名葡萄种植户。然而，如果有人认为该合作酒庄的经营仅仅局限在这个平凡普通的产区，那他肯定是大错特错了。事实上，坦恩酒庄在埃米塔日产区的山上拥有或直接租用了 20 多公顷极其珍贵的园区，所产葡萄约占该产区总量的四分之一。该酒庄同样也是科尔纳斯葡萄酒、罗第丘葡萄酒和圣佩雷葡萄酒，以及地区餐酒的重要生产商。

莎普蒂尔酒庄

莎普蒂尔酒庄（M Chapoutier）有两个多世纪的历史，已跻身罗讷河酒庄的第一梯队，在酒庄所处的北罗讷河谷产区更是首屈一指。得益于米歇尔·莎普蒂尔（Michel Chapoutier）在过去 20 年中的远见卓识和有力推动，莎普蒂尔酒庄现在已成为全球生物动力葡萄栽培运动的引领者。除了罗讷河谷产区，酒庄在阿尔代什省（Ardèche）、露喜龙产区、葡萄牙和澳大利亚的葡萄酒酿造业都有一席之地。该酒庄由波利多尔·莎普蒂尔（Polydor Chapoutier）于 1808 年成立，家族酒庄主人已连续传至第 7 代——其悠久的历史为罗讷河谷酒庄之最。自 1990 年以来，酒庄一直由米歇尔领导，他在经营过程中制定了几个不同的发展重心：首先是增强葡萄酒的浓度和烈度，然后追求葡萄酒更精致、精确地表达特定风土特点。从 1995 年开始，所有在法国的莎普蒂尔酒庄的葡萄园都采用生物动力法栽培葡萄藤，这些采用生物动力法的葡萄园面积位列全球第一。莎普蒂尔酒庄也生产了一系列产自南罗讷河谷的葡萄酒，包括品质上乘的莎普蒂尔布瓦十字红葡萄酒（Châteauneuf-du-Pape Croix de Bois）和巴贝干红葡萄酒（Barbe Rac），但酒庄的重心肯定在北罗讷河谷，尤其是埃米塔日产区。酒庄在北罗讷河谷的葡萄园面积达到 26 公顷，其中有近 20 公顷的著名单一葡萄园，比如莱尔米特园（L'Hermite）、格雷费尔园（Greffieux）、梅尔园（Méal）和贝莎园（Bessards）等都种植西拉葡萄。酒庄推出 4 款单一葡萄园埃米塔日红葡萄酒和 3 款完全由玛珊酿制的白葡萄酒。这些葡萄酒虽然都是浅龄酒，但酒香怡人，有潜力在未来几十年内继续陈年，提高口感，成为引人瞩目、名贵奢侈的珍品。产自北罗讷河谷的其他顶级葡萄酒也在各自产区名列前茅，包括因怀特白葡萄酒（Condrieu Invitare）、摩多雷红葡萄酒（Côte-Rôtie La Mordorée）、克罗兹-埃米塔日·瓦罗尼尔斯葡萄酒（Crozes-Hermitage Les Varonnieres）、圣约瑟夫·格拉尼红葡萄酒（St-Joseph Les Granits）和圣佩雷·坦努斯白葡萄酒（St-Péray Les Tanneurs）等。

格里叶酒庄（格里叶堡产区）

格里叶酒庄（Château-Grillet）跻身法国最特立独行的葡萄酒生产商之列。酒庄只使用一种葡萄酿酒——维欧尼。此葡萄产自单一葡萄园，葡萄园所有者只有一人，同时也恰好是全国规模极小产区的唯一葡萄酒生产商。葡萄园面积不到 4 公顷，坐落在山坡上一片狭窄的梯田中，面向南部和东南部，呈圆形排列。酒庄自 1840 年以来归内雷特-加歇家族（Neyret-Gachet）所有，所产酒款非常稀有，价格通常是孔得里约产区同类酒款的两倍。

克里斯多夫·比尚酒庄

酒庄主人克里斯多夫·比尚（Christophe Pichon）酿造的罗第丘葡萄酒很少，圣约瑟夫葡萄酒稍多，但真正让他声名鹊起的是他酿造的孔得里约葡萄酒。克里斯多夫·比尚偶尔会酿制一款晚收孔得里约葡萄酒来丰富他定期推出的原产地命名控制（AOC）等级葡萄酒，其 AOC 葡萄酒复杂醇厚，品种极为稳定，完全采用天然酵母发酵。他的两款罗第丘瓶装葡萄酒尚彭园（Le Champon）和伯爵园（La Comtesse）所选葡萄分别产自两块小型租用葡萄园，每个葡萄园面积都大约为 0.5 公顷。

他还在圣约瑟夫产区拥有 1.7 公顷的葡萄园，此处所产葡萄酿造的红葡萄酒酒体紧实、醇厚浓郁。★新秀酒庄

德拉斯兄弟酒庄

德拉斯兄弟酒庄（Delas Frères）成立于 1835 年，在经过漫长的默默耕耘后，酒庄在 1996 年开始迅速崛起，备受瞩目。酒庄总经理法布里斯·罗塞特（Fabrice Rosset）在试点转型方面的改革令人交口称赞，包括对葡萄园和酿酒设施的技术革新，还有聘请酿酒专家雅克·格兰奇（Jacques Grange）、葡萄园经理文森特·吉拉迪尼（Vincent Girardini）、酿酒师让-弗朗索瓦·法里内（Jean-François Farinet）。德拉斯兄弟酒庄在南罗讷河和北罗讷河两处都酿造出了优质的葡萄酒，但重心仍然在北罗讷河。德拉斯兄弟酒庄在南罗讷河以葡萄酒商的模式经营，从 14 个产区购买基酒并进行精加工，这些产区包括教皇新堡产区（Châteauneuf-du-Pape）和瓦给拉斯（Vacqueyras）等著名产区。在北罗讷河，该酒庄使用的酿酒葡萄部分由合作种植者提供，剩下的产自酒庄单独经营管理的葡萄园。酒庄大约 14 公顷的葡萄园位于埃米塔日产区、圣约瑟夫产区和克罗兹-埃米塔日产区，包括位于埃米塔日产区陡峭花岗岩斜坡上极其重要的地块；其中 8 公顷位于贝莎园（Les Bessards，单一园），2 公顷位于隐修士园（l'Ermite）。德拉斯兄弟酒庄的顶级葡萄酒包括埃米塔日产区的贝莎园干红葡萄酒（Hermitage Rouge Les Bessards）和图赫特侯爵夫人干红葡萄酒和干白葡萄酒（Hermitage Marquise de la Tourette）、孔得里约产区的布雪园白葡萄酒（Condrieu Clos Boucher）、罗第丘产区的拉兰德园红葡萄酒（Côte-Rôtie La Landonne）和圣约瑟夫产区的圣艾派红葡萄酒（St-Joseph Rouge Ste-Épine）。

阿兰·格拉洛酒庄

酒庄主人阿兰·格拉洛（Alain Graillot）曾是农化行业的工程师，后来受葡萄酒魅力的吸引转行到葡萄酒酿造中来。他的加入为葡萄酒产业带来了朝气和质量保证，提升了克罗兹-埃米塔日整个产区的知名度。阿兰·格拉洛同其子马克西姆（Maxime）一起在克罗兹地区管理 21 公顷的葡萄园，其中 3 公顷种植白葡萄品种。这些葡萄酿制出少量克罗兹-埃米塔日白葡萄酒（Crozes-Hermitage Blanc）、一款品质上乘的红葡萄酒，以及一款贵罗德红葡萄酒（La Guiraude），这款葡萄酒浓烈强劲的口感和精致典雅的风味相得益彰，是绝佳的典范酒款。格拉洛酿造的圣约瑟夫红葡萄酒同样值得品尝。

阿兰·帕雷特酒庄

阿兰·帕雷特酒庄（Domaine Alain Paret）在不同产区都拥有葡萄园，因此为管理这些葡萄园，酒庄主人阿兰·帕雷特与其子安东尼（Anthony）一起经常辗转各地。这些葡萄园有一些是与马塞尔·吉佳乐（Marcel Guigal）和著名演员热拉尔·德帕迪约（Gérard Depardieu）共同拥有的。帕雷特是一位技艺高超的葡萄种植者和酿酒师，通过自己的实力享誉业内，他的成名酒款包括两款质量上乘的圣约瑟夫红葡萄酒（以及部分白葡萄酒）、一款罗讷河谷葡萄酒（Cotes du Rhône）和两款孔得里约瓶装葡萄酒：内巴顿葡萄酒（Les Ceps du Nébadon）和沃兰百合葡萄酒（Lys de Volan）。除此之外，帕雷特还在朗格多克地区经营一家酒庄。

阿莱欧凡酒庄

酒庄主人娜塔莎·查夫（Natacha Chave）于 2004 年在圣约瑟夫产区购买了一处面积为 1.3 公顷的葡萄园，并于 2006 年在阿莱欧凡酒庄（Domaine Aléofane）酿造了她的第一款葡萄酒。娜塔莎·查夫是一名年轻女性，她积极投身于葡萄种植，采用无机器辅助的天然种植方式，在陡峭的葡萄园中辛勤耕耘。她采用新型非化学处理方法来抑制霉菌和粉孢子，仅使用野生酵母进行葡萄酒发酵。查夫在圣约瑟夫产区的阿莱欧凡酒庄的葡萄酒产量极低，最大限度地减少了对亚硫酸盐的需求，不经下胶或过滤直接装瓶。随着在克罗兹-埃米塔日产区的新址建成，阿莱欧凡酒庄蓬勃发展，值得关注。★新秀酒庄

安得·佩雷酒庄

安得·佩雷酒庄（Domaine André Perret）在孔得里约产区和圣约瑟夫产区都有葡萄园，所以酒庄主人安得·佩雷只好分心两处。不过他在孔得里约产区的葡萄园酿制的葡萄酒太出色了，以至他在这里更为出名，被誉为孔得里约产区的酿酒魔术师。他在孔得里约拥有近 5 公顷的葡萄园，其中 3 公顷位于谢利丘（Coteau du Chéry）的上等土地。除了孔得里约纯酿，他还酿造香颂园白葡萄酒（Clos Chanson）和谢利·丘特酿白葡萄酒（Coteau du Chéry Cuvée），有些年份也产甜葡萄酒。在圣约瑟夫产区，该酒庄生产了一些红葡萄酒和白葡萄酒，包括由老藤西拉葡萄酿制的格瑞尔红葡萄酒（Les Grisières）。

蓓乐酒庄

蓓乐酒庄（Domaine Belle）规模中等，与克罗兹-埃米塔日产区密不可分，酒庄 20 公顷的葡萄园大部分位于此处。不过，酒庄也酿造精美异常的埃米塔日红葡萄酒和白葡萄酒。酒庄的红葡萄酒以传统方式生产，选取整串葡萄酿造并延长浸渍时间。酒庄的白葡萄酒由玛珊和瑚珊在不锈钢罐中发酵混酿而成。酒

伯纳德·布尔戈酒庄

酿酒师伯纳德·布尔戈是葡萄酒风土特色的忠实拥趸，这点在他的罗第丘葡萄酒中展露无遗。

恭比埃酒庄

恭比埃酒庄所产的克罗兹－埃米塔日葡萄酒单宁柔顺，结构良好。

庄有一款克罗兹白葡萄酒（Crozes）和 3 款备受推崇的红葡萄酒：路易斯·蓓乐红葡萄酒（Louis Belle）、皮雷尔家族红葡萄酒（Les Pierrelles）和罗氏－皮埃尔葡萄酒（Roche-Pierre）。

伯纳德酒庄

酒庄主人弗雷德里克·伯纳德（Frédéric Bernard）和斯特凡纳·伯纳德（Stéphane Bernard）两兄弟年富力强，在伯纳德酒庄（Domaine Bernard）酿造了少量孔得里约葡萄酒（Condrieu），但他们最出名的是两款由 100% 西拉酿制的罗第丘瓶装葡萄酒（Côte-Rôtie bottlings）。两兄弟是家族的第 4 代酿酒师，他们在各地拥有合计 4.5 公顷的葡萄园，其中一些葡萄园种植着可以追溯到 20 世纪 20 年代的葡萄老藤。酒庄定期推出罗第丘葡萄酒，并特别推出老藤葡萄酒，这两款酒均质地柔和、深沉浓郁、果香纯正、余味悠长。弗雷德里克和斯特凡纳信心满满，定能让酒庄在未来发展得灿烂辉煌。 ★ 新秀酒庄

伯纳德·安格酒庄（克罗兹－埃米塔日产区）

该酒庄位于克罗兹－埃米塔日产区，面积为 7.5 公顷，由伯纳德·安格（Bernard Ange）于 1998 年建立。葡萄园大部分种植西拉，另外划出 1 公顷种植瑚珊和玛珊。经过多年种植，安格已经转向了一种更自然的农作方式来打理葡萄藤。毫无疑问，他的酒窖传统特征明显，净空高度达 6 米，从大约 600 年前的岩石中开凿而来。除了标准酿制的克罗兹－埃米塔日红葡萄酒和白葡萄酒以外，安格还在大多数年份推出一款特酿红葡萄酒天使之梦（Rève d'Ange）。

伯纳德·布尔戈酒庄（罗第丘产区）

酒庄主人伯纳德·布尔戈（Bernard Burgaud）酿造的罗第丘葡萄酒醇厚浓郁，所选葡萄均产自酒庄 4 公顷的葡萄园。他的葡萄园分散在不同的地块，各个地块采光不同，所生产的葡萄也特色鲜明，而布尔戈则利用各地块不同的特点塑造了一款以复杂和平衡为特色的精品佳酿。葡萄园的一些地块位于当地高原上，但大部分地块位于罗第丘著名的斜坡上。酒庄推出的葡萄酒全部由西拉酿造，仅在小橡木桶中陈酿，每年仅更换 20% 的新桶。酒庄平均每年生产约 1.3 万瓶葡萄酒。

伯纳德和法布里斯·格里帕酒庄

伯纳德（Bernard）和法布里斯·格里帕（Fabrice Gripa）是圣约瑟夫产区和圣佩雷产区葡萄酒酿造的领军人物，他们的酿造水平高超，酿造出的葡萄酒精雕细琢、品质如一、价格公道，令人钦佩有加。圣约瑟夫产区出产两款瓶装酒，都有各自的白葡萄酒和红葡萄酒，包括一款名为贝科（Le Berceau）的顶级葡萄酒，所用葡萄来自酒庄最古老的葡萄藤（其中白葡萄酒由 100% 的玛珊酿制，红葡萄酒则由西拉酿制）。这两款酒都是产区陈年佳酿之典范，产自圣佩雷产区的两款静止葡萄酒也是如此：一款是入门级瓶装葡萄酒；另一款是酒体紧实的菲吉尔葡萄酒（Les Figuiers），该酒经橡木桶发酵，口感恰到好处。

伯纳德·莱维特酒庄（罗第丘产区）

这是一家传统的罗第丘酒庄，由伯纳德和妮可夫妇，以及他们的女儿艾格尼丝（Agnès）共同经营。酒庄位于安普斯产区（Ampuis）中部，葡萄酒所选葡萄来自占地面积 3.5 公顷的葡萄园，共分 6 个地块。其中产自查沃洛奇单一园（Chavaroche）的葡萄单独酿制，酿成的葡萄酒也单独出售。另外，酒庄还酿造一款罗第丘朱尔纳里斯葡萄酒（Côte-Rôtie Les Journaries）。这两款葡萄酒均以古法酿造，在混凝土罐中进行发酵，很少使用新橡木桶。

博伊塞特-乔尔酒庄

博伊塞特－乔尔酒庄（Domaine de Boisseyt-Chol）横跨 3 个产区，酒庄主人迪迪埃·乔尔（Didier Chol）酿造葡萄酒的方式相当传统，酿出的葡萄酒味道绝佳。乔尔的罗第丘葡萄酒所选的葡萄产自黄金丘（Côte Blonde）的一小块葡萄园，葡萄园种植维欧尼的比例高达 15%。该酒庄还酿造少量孔得里约葡萄酒，但酒庄主要酿造以下 4 款圣约瑟夫葡萄酒：一款白葡萄酒、一款经典红葡萄酒和两款单一园酒，包括一款加里波利斯园葡萄酒（Les Garipolees）和一款品质上乘、酒体凝实的里沃雷斯园葡萄酒（Les Rivoires）。

博赛酒庄

该酒庄在罗第丘产区拥有 10 公顷的葡萄园，另外在孔得里约产区还有 1 公顷的葡萄园。酒庄自 2006 年被吉佳乐世家酒庄（E Guigal）收购，但仍继续作为独立酒庄运营。酒庄位于罗第丘的葡萄园主要分布在该产区的北部，这里位置优越，令人歆羡。酒庄的顶级葡萄园包括布鲁内丘（Côte Brune）近 1 公顷的地块，以及位于黄金丘顶部加德园（La Garde）的一处绝佳的地块。酒庄基本酒款罗第丘葡萄酒名为塞拉辛（La Serrasine），而单一葡萄园的葡萄酒是加德园葡萄酒和维亚利尔红葡萄酒（La Viallière），所选酿酒葡萄产自布鲁内丘。

布吕耶尔酒庄

布吕耶尔酒庄（Domaine Les Bruyères）由大卫·雷诺（David Reynauld）的家族世代经营，大卫是第 4 代。他并没有加入坦恩酒庄合作社，而是将酿造葡萄酒引领到了一个新的发展方向。葡萄园以克罗兹－埃米塔日产区为中心，由 13 公顷的西拉葡萄、少量玛珊和瑚珊，以及在克罗兹产区之外的一小部分西拉和维欧尼组成，另外还有被指定酿制地区餐酒的罗丹山园（Collines Rhodaniennes）。雷诺酿造的酒款包括克罗兹红葡萄酒和白葡萄酒，以及红十字特酿葡萄酒（Les Croix Rouge）。 ★ 新秀酒庄

橡树酒庄

马克·鲁维埃（Marc Rouvière）和多米尼克·鲁维埃（Dominique Rouvière）夫妇二人没有从家族先辈那里继承葡萄园，而是白手起家，创立了橡树酒庄（Domaine du Cêhne）。马克很早就对葡萄酒兴趣浓厚，16 岁时就学习酿酒技术。夫妇二人在 20 世纪 80 年代中期在沙瓦奈（Chavanay）购买了一处残破不堪的地产，此后他们对这里进行了锲而不舍的修缮。他们

如今在圣约瑟夫产区和孔得里约产区都拥有葡萄园，还在地区餐酒产区种植少量西拉。酒庄顶级红葡萄酒是圣约瑟夫·阿奈斯红葡萄酒（St-Joseph Anaïs），而孔得里约葡萄酒亦属佳酿。

查布德酒庄

　　酒庄主人斯蒂芬·查布德（Stéphan Chaboud）酿造的葡萄酒款式多样，包括几款圣约瑟夫葡萄酒、一款科尔纳斯瓶装葡萄酒和一款罗讷河谷瓶装葡萄酒，不过他与圣佩雷产区的关系尤为密切。确实，查布德被公认为是圣佩雷产区的领军人物，尤其是在起泡酒方面，而且查布德和他的父亲长期以来一直是圣佩雷优质葡萄酒产区的主要倡导者。查布德负责打理位于科尔纳斯产区和圣佩雷产区的 8 块葡萄园。同样令人惊叹的是，查布德酿造的葡萄酒种类繁多，包括多达 5 款圣佩雷起泡酒佳酿。由于查布德奋发努力、认真经营，酒庄广受世界各地消费者的青睐，他大部分的葡萄酒都直接出售给客户，所以查布德无须四处推销。

克鲁塞-洛奇酒庄

　　克鲁塞-洛奇酒庄（Domaine Clusel-Roch）由吉尔伯特·克鲁塞（Gilbert Clusel）和约瑟芬·洛奇（Joséphine Roch）二人共同管理，克鲁塞主要负责葡萄园的工作，洛奇负责酒窖的工作。他们从克鲁塞的父亲雷纳（René）那里接手酒庄之后，又重新种植了一些葡萄并收购了一些葡萄园，如今酒庄在罗第丘产区拥有 4.5 公顷葡萄园，在孔得里约产区拥有 0.5 公顷葡萄园。酒庄共推出 3 款罗第丘葡萄酒：一款由青藤葡萄酿制的小费耶葡萄酒（La Petite Feuille）、一款经典葡萄酒（Classique）和一款产自单一葡萄园的大地园葡萄酒（Grandes Places）。另外，酒庄还在孔得里约产区出品一款名为维奇瑞（Verchery）的干白葡萄酒。

科隆比尔酒庄

　　科隆比尔酒庄（Domaine du Colombier）魅力十足、引人瞩目，目前由弗洛伦特·维亚尔（Florent Viale）负责经营，他将酒庄原来大部分葡萄酒批量销售的模式转变为瓶装销售。酒庄位于罗讷河左岸，其葡萄园由克罗兹-埃米塔日产区 13 公顷的西拉葡萄园和 2 公顷的玛珊葡萄园组成，另外酒庄在埃米塔日产区还有一小片珍贵的葡萄园，分布在 3 个地块。酒庄葡萄酒包括来自两个产区的红白瓶装葡萄酒，以及青藤普里马韦拉干红葡萄酒（Primavera）和老藤盖比·克罗兹-埃米塔日特酿干红葡萄酒（Gaby Crozes-Hermitage Rouge）。

恭比埃酒庄

　　现任酒庄主人劳伦特·恭比埃（Laurent Combier）和他的父亲莫里斯（Maurice）一样都是坚定的有机耕种农场主，目前酒庄成绩斐然，大获成功。他在克罗兹-埃米塔日产区种植有 22 公顷的西拉、2 公顷的玛珊和瑚珊，另外还在圣约瑟夫产区种植少量西拉。莫里斯是一位葡萄有机种植的先驱，他在 1970 年将酒庄的有机种植带入了前所未有的领域。圣约瑟夫葡萄酒和克罗兹-埃米塔日红白纯葡萄酒都品质上乘，但酒庄真正的压轴酒款是果味优雅、精雕细琢的克罗兹-埃米塔日格里维斯干红葡萄酒和干白葡萄酒（Crozes-Hermitage Clos des Grives red and white）。

科普斯·卢普酒庄

　　科普斯·卢普酒庄（Domaine de Corps de Loup）占地面积 9.5 公顷，酒庄主人布鲁诺·多布雷（Bruno Daubrée）和马丁·多布雷（Martin Daubrée）兄弟于 1992 年购得此处，随后两人在其中 3 公顷的土地上重新栽种或移栽葡萄藤。布鲁诺于 1995 年在一场惨烈的地窖事故中丧生，而马丁随后全身心地投入酒庄经营中，对酒窖和葡萄园的工作驾轻就熟。2007 年，酒庄建立了一处新的酒窖，现在推出了一款孔得里约葡萄酒和 3 款罗第丘特酿葡萄酒：科普斯·卢普酒庄葡萄酒（Corps de Loup）、天堂葡萄酒（Paradis）和马里恩葡萄酒（Marions-Les）。

库莱酒庄

　　酒庄主人马修·巴雷特（Mathieu Barret）是科尔纳斯产区的酿酒先锋，早在 2001 年，他就成为该产区以生物动力法种植葡萄园的第一人。马修·巴雷特如今在库莱酒庄（Domaine du Coulet）种植的葡萄超过 13 公顷，其中一部分是自有的，另一部分是租用的。科尔纳斯产区有 10 公顷葡萄园，另外 3 公顷位于罗讷河谷产区，种植西拉、瑚珊和维欧尼等红白葡萄品种。马修·巴雷特酿制了 3 款科尔纳斯特酿：特雷斯·塞勒葡萄酒（Les Terrasses du Serre）、低产的比斯·诺尔干红葡萄酒（Billes Noires）和布里斯·卡尤红葡萄酒（Brise Cailloux）。★新秀酒庄

库尔比斯酒庄

　　多米尼克·库尔比斯（Dominique Courbis）和洛朗·库尔比斯（Laurent Courbis）从他们的父亲莫里斯（Maurice）手中接管了这片占地 20 公顷的酒庄。以北罗讷河谷产区的标准来看，酒庄的葡萄园面积辽阔——其中包括圣约瑟夫产区的 17 公顷（大部分是红葡萄）和科尔纳斯产区的 3 公顷。

　　酒庄所产的阿尔代什拉地区餐酒（Vin de Pays de l'Ardeche）品质上乘，圣约瑟夫红葡萄酒和白葡萄酒同样是上等佳酿，而酒庄真正的明星酒款是 4 款以它们的园地命名的单一葡萄园红葡萄酒：来自圣约瑟夫产区的罗伊斯园葡萄酒（Les Royes）、来自科尔纳斯产区的尚佩尔罗斯园葡萄酒（Champelrose）、萨巴罗特园葡萄酒（La Sabarotte）和艾加特园葡萄酒（Les Eygats）。★新秀酒庄

古索丹酒庄（圣约瑟夫产区）

　　酒庄主人杰罗姆·古索丹（Jérome Coursodon）酿造的圣约瑟夫葡萄酒浓郁多汁，酿酒葡萄产自超过 15 公顷的葡萄园。其中许多葡萄藤年份久远，这在很大程度上要归功于杰罗姆的祖父古斯塔夫（Gustave）披荆斩棘栽种葡萄的艰辛历程，他在该产区知名度极高，影响深远。酒庄酿造的两款白葡萄酒——圣约瑟夫石英葡萄酒（St-Joseph Silice）和圣皮埃尔天堂葡萄酒（Le Paradis St-Pierre）矿物质气息绵长浓郁。以上两个商标也出产红葡萄酒，还有奥利韦尔葡萄酒（l'Olivale），也经过橡木桶精心酿制，口感恰到好处，备受好评。

杜克洛酒庄（罗第丘产区）

　　大卫·杜克洛（David Duclaux）和本杰明·杜克洛（Benjamin Duclaux）兄弟二人于 2003 年从他们的父亲埃德蒙

科普斯·卢普酒庄
罗第丘天堂葡萄酒选用产自
布鲁内丘黄金地段的葡萄酿制而成。

库尔比斯酒庄
尚佩尔罗斯园红葡萄酒酿自
生长于花岗岩和石灰岩土壤上的老藤葡萄，
水果风味饱满浓郁。

维纳酒庄

维纳酒庄的孔得里约葡萄酒浓郁醉人、清雅华丽，是北罗讷河谷产区维欧尼葡萄酒的典范。

（Edmond）手中接管了这座家族酒庄，如今酒庄稳步迈向罗第丘产区南部的顶级葡萄酒生产商之列。他们最重要的两处葡萄园（各 2 公顷）位于红屋酒庄和图平酒庄（Coteau de Tupin）在罗第丘产区的单一葡萄园。酒庄除了生产大约 2 万瓶罗第丘杰尔米内葡萄酒（La Germine），兄弟俩还选用产自红屋酒庄陡峭葡萄园的西拉酿制了一款 100% 西拉瓶装酒。

杜米恩–塞雷特酒庄（科尔纳斯产区）

杜米恩–塞雷特酒庄（Domaine Dumien-Serrette）规模不大，只在科尔纳斯产区拥有 2 公顷葡萄园。葡萄园大部分位于帕图（Patou）的葡萄园地，平均分布在斜坡的上下两处。酒庄主人吉尔伯特·塞雷特（Gilbert Serrette）曾在 20 世纪 80 年代尝试现代风格的酿酒方法，其灵感源自让–卢克·克伦伯（Jean-Luc Colombo），但此后他又恢复了传统方法，例如用脚踩碎整串葡萄，然后用木篮压榨机进行压榨。他的妻子丹妮尔·杜米恩（Danielle Dumien）将酒庄唯一的葡萄酒取名为科尔纳斯·帕图葡萄酒（Cornas Patou）。

恩特福酒庄（克罗兹–埃米塔日产区）

查尔斯·塔迪（Charles Tardy）和伯纳德·安吉（Bernard Ange）二人于 1979 年建立了这座酒庄，并一起共事 10 年之久，后来安吉离开酒庄自立门户。如今塔迪和他精力充沛的儿子弗朗索瓦（François）一起打理酒庄，两人一起在克罗兹–埃米塔日产区种植葡萄 25 公顷，其中 21 公顷种植西拉，剩下 4 公顷种植玛珊。酒庄的葡萄通过手工采摘，葡萄串完全去梗。酒庄出产的葡萄酒以珍酿克罗兹–埃米塔日马孔涅尔红葡萄酒（Crozes-Hermitage Les Machonnières Rouge）为主，还有形形色色的特酿红葡萄酒和白葡萄酒。

维纳酒庄

酒庄主人弗朗索瓦·维拉德（François Villard）精力充沛，在他工作的 3 个产区——孔得里约、罗第丘和圣约瑟夫，他是颇有建树的实干家。他曾是一位厨师，如今将自有和租用的各处葡萄园整合在一起。他在孔得里约和圣约瑟夫所酿制的贵腐白葡萄酒成熟紧致、华丽浓郁，包括几款甜葡萄酒和由孔得里约青藤葡萄所酿制的地区餐酒。酒庄的葡萄酒包括两款圣约瑟夫瓶装酒、两款地区餐酒，以及两款罗第丘葡萄酒。★新秀酒庄

嘉龙酒庄（罗第丘产区）

嘉龙酒庄（Domaine Garon）是一家逐渐崭露头角的后起之秀，由让–弗朗索瓦和卡门·嘉龙（Carmen Garon）夫妇，以及他们的两个儿子凯文（Kévin）和法比安（Fabien）共同经营。他们在罗第丘产区的 4.5 公顷葡萄园曾经被家族的前几代人抛荒遗弃，后来经过 20 多年的复垦和种植，如今这里由酒庄进行打理。酒庄除了罗第丘基础酒款，还有罗第丘·罗莎葡萄酒（Côte-Rôtie Les Rochains）和由 100% 产自黄金丘的西拉葡萄酿制的特瑞欧特思葡萄酒（Les Triotes）。该酒庄酿制的葡萄酒口味异常复杂浓郁，受到世界各地葡萄酒爱好者的青睐。★新秀酒庄

乔治·维尔奈酒庄

酒庄的核心葡萄园位于孔得里约产区，面积略超 7 公顷，其中包括为旗舰葡萄酒提供葡萄的 1.7 公顷的绝佳地块，这在孔得里约弗农丘（Condrieu Coteau de Vernon）亦属上乘葡萄园。20 世纪 60 年代，孔得里约产区葡萄园减少到只有 8 公顷，当时的酒庄主人乔治·维尔奈（Georges Vernay）成为该产区的绝对主宰。如今，酒庄由他的儿子吕克（Luc）、女儿克莉丝汀（Christine）和女婿保罗（Paul）共同经营，酿造了 3 款瓶装葡萄酒：孔得里约葡萄酒、维欧尼地区餐酒（Vin de Pays Viognier）和西拉葡萄酒。另外，酒庄还推出了一款圣约瑟夫葡萄酒和两款罗第丘葡萄酒。

吉勒斯·巴吉酒庄

该家族酒庄于 1929 年首次酿造葡萄酒。现任罗第丘葡萄酒酿造者协会主席吉勒斯·巴吉（Gilles Barge）自 20 世纪 70 年代后期就一直在此酿造葡萄酒，并于 1994 年执掌该酒庄。葡萄园总面积为 6.5 公顷，其中包括位于布鲁内丘的一块地块，出产一款布鲁内丘同名优质葡萄酒。葡萄园推出的其他酒款包括以杜·普莱西（Du Plessy）为专有名称出售的基础酒款罗第丘葡萄酒，以及孔得里约索拉里葡萄酒（La Solarie）和圣约瑟夫·马丁内茨红葡萄酒（St-Joseph Rouge Clos des Martinets）。

戈贡酒庄（圣约瑟夫产区）

戈贡酒庄（Domaine Gogon）出产的红葡萄酒和白葡萄酒在圣约瑟夫产区可谓出类拔萃。皮埃尔·戈贡（Pierre Gogon）和让·戈贡（Jean Gogon）二人在 20 世纪 80 年代后期从他们父亲那里接手该酒庄。他们又在 2002 年建了一处新酒窖，用于酿制 7.5 公顷葡萄园出产的葡萄，其中 2 公顷专门种植令人艳羡的玛珊和瑚珊的葡萄老藤。葡萄园的西拉葡萄也大多相当成熟，皮埃尔和让酿造葡萄酒不使用橡木桶发酵，有意突出所用酿酒葡萄的高端品质才是葡萄酒酿制的核心。酒庄虽然有新酒窖，但他们酿酒仍然采用非常传统的方式进行。

赫布拉德酒庄

赫布拉德酒庄（Domaine Hebrard）是一座新兴的酒庄，拥有 15 公顷的葡萄园，主要位于克罗兹–埃米塔日产区，但也有一部分位于埃米塔日和圣约瑟夫产区。酒庄由主人马塞尔·赫布拉德（Marcel Hebrard）及其儿子伊曼纽尔（Emmanuel）和洛朗（Laurent）共同经营，他们很快使葡萄园获得有机认证。埃米塔日产区的玛珊老藤所产的葡萄，能够在橡木桶中酿出品质上乘的白葡萄酒。圣约瑟夫葡萄酒于 2006 年首次发布，开局良好，但克罗兹–埃米塔日产区是酒庄的绝对重心，所出产的单一瓶装红白葡萄酒口感极佳、质量稳定，性价比极高。

佳美特酒庄（罗第丘产区）

佳美特酒庄（Domaine Jamet）的主人为让–卢克（Jean-Luc）和让–保罗·佳美特（Jean-Paul Jamet）两兄弟，二人推出了两款品质上乘的瓶装罗第丘葡萄酒。酿酒所选葡萄产自众多葡萄园地块，这些地块位列产区各酒庄最令人瞩目的葡萄园之列。酒庄包括 25 个独立的地块，广泛分布于 17 个不同的

吉勒斯·巴吉酒庄

吉勒斯·巴吉酒庄的布鲁内丘葡萄酒采用传统方法精心酿制而成。

葡萄园区。葡萄园不同的土壤、采光和海拔使让-吕克和让-保罗·佳美特得以生产一系列特点各异的葡萄。将这些葡萄以不同比例混酿，就可以酿出经典的罗第丘葡萄酒和高端的布鲁内丘瓶装葡萄酒，这几款葡萄酒可跻身北罗讷河谷产区最稳定的优质红葡萄酒之列。

贾斯明酒庄（罗第丘产区）

贾斯明酒庄（Domaine Jasmin）是罗第丘产区一家著名的酒庄，并在昂皮（Ampuis）设有酒窖。目前酒庄由帕特里克·贾斯明（Patrick Jasmin）和他的妻子阿莱特（Arlette）共同管理。帕特里克的父亲罗伯特声名远播且深受爱戴，但可惜于1999年在一次事故中不幸去世，帕特里克于是成为该家族酒庄第4代主人。该酒庄葡萄园占地约为5公顷，广泛分布在罗第丘产区。罗伯特是一名著名的传统酿酒师，而帕特里克从酿制方法上看，也并非现代主义酿酒师，不过帕特里克采用去梗和放血法等技术革新了酒庄的单一园罗第丘葡萄酒。

让-路易斯·沙夫酒庄

让-路易斯·沙夫酒庄（Domaine Jean-Louis Chave）一直是埃米塔日产区葡萄酒酿造的规范准则，时间长达一代人之久，如今该酒庄仍然位居法国少数几家备受推崇的酒庄之列。前任酒庄主人杰拉德（Gérard）随和谦让、享誉业内，他现在将酒庄交给其子让-路易斯·沙夫打理，不过他仍然投身葡萄酒酿造之中。埃米塔日产区的葡萄园包括相当广阔的9公顷的西拉、近5公顷的玛珊和瑚珊。产自7处地块的西拉会在混酿前分别进行酿造和陈放，所混酿而成的葡萄酒不同于每年都生产的埃米塔日特酿红葡萄酒和凯瑟林特酿（Cuvée Cathelin），凯瑟林特酿并非每个年份都生产。沙夫家族在酿制埃米塔日白葡萄酒的取材上，选用玛珊葡萄的数量要多于瑚珊葡萄，并在特定年份使用一些晚收的葡萄酿制少量麦秆酒（vin de paille）。酒庄还出产一款圣约瑟夫红葡萄酒佳酿，以让-路易斯·沙夫精选葡萄酒（Jean-Louis Chave Séléction）为商标，不断发展葡萄酒经销业务。

克伦伯酒庄

20世纪80年代初，酒庄主人让-卢克·克伦伯（Jean-Luc Colombo）从南方产区来到此处，并担任葡萄酒酿造顾问。当时他追求极致，如今已年过半百，平静谦和。尽管如此，他仍然是罗讷河谷产区现代主义葡萄酒酿造的代表人物，成功地推广了葡萄串去梗和使用更小、更新的橡木桶等酿酒方式。克伦伯精力旺盛，除了承担目前葡萄酒酿造顾问的工作，还酿造了种类繁多的葡萄酒，包括自家酒庄酿酒、从南部产区的教皇新堡产区和塔维勒产区的葡萄酒经销商那里酿造的葡萄酒。在罗讷河谷产区、圣约瑟夫产区、圣佩雷产区、克罗兹-埃米塔日产区、埃米塔日产区，以及孔得里约产区，克伦伯也酿造了多款红白葡萄酒，并在科尔纳斯产区酿造了4款特酿葡萄酒，备受推崇。

葛林酒庄

葛林酒庄（Domaine Jean-Michel Gerin）的主人让-米歇尔·葛林（Jean-Michel Gerin）酿造的酒款包括西拉地区餐酒、产自圣约瑟夫产区的维欧尼葡萄酒，以及备受推崇的葛林洛耶白葡萄酒（Condrieu La Loye），葛林洛耶白葡萄酒所选葡萄产自

1.8公顷的葡萄园。而他更广为人知的是酿自罗第丘产区葡萄的几款特酿。他在那里拥有8公顷葡萄园，其中6公顷专为他的葛林香盼西尼干红葡萄酒（Cuvée Champin Le Seigneur）提供酿酒葡萄，由大地园（Les Grandes Places）和拉兰德园（La Landonne）各提供一半。酒庄推出的罗第丘葡萄酒在桶中陈酿两年；孔得里约葡萄酒有60%在桶中发酵，其余40%在大桶中发酵。

让-米歇尔·史蒂芬酒庄

酒庄主人让-米歇尔·史蒂芬（Jean-Michel Stéphan）是罗第丘产区的一位具有创新精神的酿酒师。他在产区南部拥有3公顷多的葡萄园，分布在7个地块。他精心酿制了4款风格各异的罗第丘瓶装葡萄酒，每一款都旨在诠释酿酒葡萄的纯净与新鲜。酒庄入门级酒款为罗第丘经典葡萄酒，高端酒款包括罗第丘图平平葡萄酒（Côte Rôtie Côteaux de Tupin）、巴塞嫩葡萄酒（Côteaux de Bassenon，大约含有10%的维欧尼葡萄）和老藤葡萄园葡萄酒（Vieille Vigne en Côteaux）。★新秀酒庄

利奥内酒庄（科尔纳斯产区）

这是一家极具传统特色的家族酒庄，上任酒庄主人皮埃尔·利奥内（Pierre Lionnet）于2003年退休，随后酒庄由科琳·利奥内（Corinne Lionnet）和她的丈夫卢多维奇（Ludovic）接手打理。他们的酿酒方法向世人展示了科尔纳斯产区这两代人对葡萄酒酿造的见解。葡萄园采用有机种植，使用马匹进行耕作。他们在酿酒前会将整串葡萄用脚压碎和冲压，然后再进行发酵。酒庄的酿酒葡萄产自科尔纳斯产区共计2公顷的4处葡萄园，全部用于酿造酒庄唯一一款优质葡萄酒：科尔纳斯·特雷·布吕莱葡萄酒（Cornas Terre Brûlée）。

路易斯·谢兹酒庄

酒庄主人路易斯·谢兹（Louis Chèze）于1978年接手这处家族酒庄，并进行了一些改革，扩大了葡萄园的规模，不再出售酿酒葡萄。酒庄的葡萄园一开始只有1公顷，如今已扩大至30公顷，主要包括在圣约瑟夫产区的西拉葡萄园、在孔得里约产区的一处重要的地块，以及种植玛珊、维欧尼、西拉的地区餐酒葡萄园。3款圣约瑟夫红葡萄酒——安吉斯（Anges）、卡罗琳（Caroline）和罗雷（Ro-Rée）始终颇受欢迎，橡木气味明显，同时水果味道纯正，香气复杂浓郁。

奥杰酒庄

奥杰酒庄（Domaine Michel & Stéphane Ogier）是一家蒸蒸日上的新酒庄，由米歇尔（Michel）和斯特凡纳（Stéphane）父子二人共同经营。米歇尔打破了家族以往将罗第丘葡萄酒出售给葡萄酒经销商的惯例，而是自力更生，自己装瓶出售。斯特凡纳引进了一系列创新工艺。近年来，这座家族酒庄已将经营业务扩展到孔得里约产区，并在罗第丘产区北部的葡萄园生产以西拉葡萄为基础的罗丹山园地区餐酒（Vin de Pays des Collines Rhodaniennes）。罗第丘纯葡萄酒、单一葡萄园特酿美丽海伦红葡萄酒（Belle Hélène），以及黄金丘启航风土葡萄酒（Lancement Terroir de Blonde）一直都是酒庄的极品特酿。★新秀酒庄

让-卢克·克伦伯：拱门葡萄酒的现代化推动者

在北罗讷河谷产区，区分"传统"和"现代"葡萄酒在很大程度上只需考虑一个因素：葡萄酒的酿造是否受到了让-卢克·克伦伯的影响。克伦伯对红葡萄酒的影响深远，尤其是在科尔纳斯产区，而且他直接或间接地影响了所有产区的酒庄对各类葡萄的酿造方式。当初，作为一名来自马赛的药剂师，克伦伯来到这个相对孤立的地区，很难想象如今他能获得如此巨大的声望和成就。不过克伦伯仰仗自产葡萄酿造的葡萄酒、葡萄酒经销商业务，以及他对数百名咨询客户的影响力，逐渐将许多思想创新应用到了标准实践中。这些措施包括积极的作物间伐、葡萄晚收、葡萄串完全去梗、延长浸渍、提取发酵及延长在新橡木桶中的陈酿时间。克伦伯的一系列措施也招致了一些反对者。

莫尼尔酒庄

莫尼尔酒庄（Domaine Monier）采用生物动力法种植葡萄藤，由让-皮埃尔·莫尼尔（Jean-Pierre Monier）主管经营。莫尼尔于 1977 年开始涉足葡萄酒行业，在 2001 年离开圣德希拉合作酒庄（St-Désirat）开始独立创业。如今他的葡萄园面积超过 5 公顷，经过精心耕种，用所产葡萄酿制出一款优质圣约瑟夫白葡萄酒和 3 款红葡萄酒，包括一款入门级的传统瓶装酒和两款优质特酿——特莱·布兰葡萄酒（Les Terres Blanches）和瑟孚斯葡萄酒（Les Serves）。莫尼尔还推出了一款完全由维欧尼葡萄酿制的瓶装罗丹山园地区餐酒（Vin de Pays des Collines Rhodaniennes）。

蒙德耶酒庄

蒙德耶酒庄（Domaine du Monteillet）是一座家族酒庄，由年轻的斯特凡纳·蒙特兹（Stéphane Montez）运营，发展速度惊人。蒙特兹在圣约瑟夫产区种植了大约 6 公顷的西拉葡萄，并用所出产的葡萄酿制了 4 款红葡萄酒，以及两款瓶装圣约瑟夫白葡萄酒。他在罗第丘产区酿造了 3 款葡萄酒：佩勒林葡萄酒（La Pèlerine）、富利斯葡萄酒（Fortis），以及罗第丘产区旗舰酒款大地园葡萄酒（Les Grandes Places），最后一款所用葡萄取自该产区的单一园——大地园的顶部地区。酒庄在孔得里约产区拥有 2.5 公顷葡萄园，蒙特兹选用此处的葡萄酿制出一款基本款特酿蒙德耶葡萄酒，以及使用橡木陈酿的极品酒款夏约园干白葡萄酒（Les Grandes Chaillées）。★新秀酒庄

穆里奈斯酒庄（克罗兹-埃米塔日产区）

穆里奈斯酒庄（Domaine du Murinais）是一座历史悠久的酒庄，目前由卢克·塔迪（Luc Tardy）和凯瑟琳·塔迪（Catherine Tardy）这对年轻夫妇负责管理，其中卢克曾在蒙彼利埃学酿酒技术。自 1683 年以来，这座酒庄就归该家族所有，酒庄在克罗兹-埃米塔日产区拥有 13 公顷葡萄园。除了种植少量玛珊和瑚珊，葡萄园所产葡萄主要用于两款红葡萄酒的酿造：老藤瓶装葡萄酒和克罗兹-埃米塔日·卡普里斯·德·瓦伦丁葡萄酒（Crozes-Hermitage Caprice de Valentin），这些酒在最优质的木桶中发酵，并延长陈酿时间。

帕特里克和克里斯多夫·伯尼佛酒庄

由查尔斯和他的两个儿子帕特里克和克里斯多夫为首的伯尼佛家族共同经营这座家族酒庄，并生产一系列堪称典范的葡萄酒。酒庄共生产 3 款罗第丘瓶装葡萄酒、一款以西拉为主的罗丹山园地区餐酒，以及一款主要在新橡木桶中发酵而成的孔得里约特酿葡萄酒。3 款罗第丘瓶装葡萄酒包括一款标准版葡萄酒、一款来自科特罗齐尔园地（Côte Rozier）的限量葡萄酒，以及一款旗舰酒罗第·罗莎葡萄酒（Côte-Rôtie Les Rochains）。这 3 款酒复杂浓郁、品质稳定，令人印象深刻。该酒庄发布的所有酒款都彰显了伯尼佛家族的充满活力、兢兢业业的可贵品质。

菲利普·福里酒庄
拉伯尔尼特酿葡萄酒是一款
带有花香和矿物质气息的醇香佳酿。

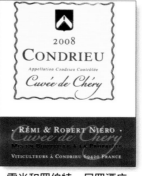

雷米和罗伯特·尼罗酒庄
著名的谢利葡萄园所产的
维欧尼顶级葡萄酒鲜美芳香。

菲利普·福里酒庄

在孔得里约产区的一处斜坡上有一个名为里博迪（La Ribaudy）的小村庄，菲利普·福里（Philippe Faury）的酒庄便位于此处。菲利普·福里也生产罗第丘葡萄酒和几款圣约瑟夫葡萄酒，不过他是凭借特点鲜明的孔得里约葡萄酒而广为人知的。罗第丘葡萄酒的酿酒葡萄产自面积共计 1.5 公顷的两处葡萄园，其中包括约 15% 的维欧尼葡萄。在位于孔得里约产区的 3 公顷的葡萄园里，福里酿造了两款干型葡萄酒，一款为孔得里约产区 AOC 级纯葡萄酒，另一款为拉伯尔尼特酿葡萄酒（La Berne），另外他还酿造了一款名为雾月（Brumaire）的晚收孔得里约葡萄酒。

皮埃尔·杜马泽酒庄

皮埃尔·杜马泽（Pierre Dumazet）采用他与单一园葡萄种植者合作种植的葡萄酿造了一系列葡萄酒，包括一款酿自布鲁内丘葡萄的罗第丘葡萄酒、一款优质圣约瑟夫穆佐莱红葡萄酒（La Muzolaise），以及一款科尔纳斯·查理曼特酿葡萄酒（Cornas Cuvée Charlemagne）。他还用自产葡萄酿造了几款地区餐酒和一款罗讷丘维欧尼葡萄酒，但到目前为止，他最为著名的葡萄酒还是酿自自产葡萄的两款园地酒——富尔内特园葡萄酒（Coteau de Côte Fournet）和鲁埃尔米迪园葡萄酒（Rouelle-Midi）。酒庄的一款晚收孔得里约葡萄酒同样值得一试，名为米里亚德（La Myriade）。

雷米和罗伯特·尼罗酒庄

酒庄主人罗伯特·尼罗（Robert Niéro）曾在 20 世纪 90 年代后期担任过一段时间的种植者联盟主席，他酿制了少量罗第丘葡萄酒，但是他的孔得里约瓶装葡萄酒更引人注目。罗伯特·尼罗在孔得里约产区拥有 3 公顷葡萄园，分布在该产区的 5 个不同区域。其中位于谢利（Chéry）的葡萄园区专为他的顶级葡萄酒谢利特酿葡萄酒（Cuvée de Chéry）提供酿酒葡萄。他还酿制了一款名为拉维内斯（Les Ravines）的瓶装葡萄酒。以上两款酒都是部分在橡木桶中发酵酿制，另一部分在不锈钢罐中发酵酿制。

雷米泽尔酒庄

雷米泽尔酒庄（Domaine des Remizières）近年来发展迅速，从一开始的 4 公顷扩展到如今的 30 公顷，同时酒庄出产的葡萄酒品质也显著提高。酒庄主人菲利普·德斯穆雷斯（Philippe Desmeures）和他的女儿艾米莉（Emilie）酿制的现代风格葡萄酒浓稠醇厚，令人印象深刻，同时橡木气味浓郁扑鼻。酒庄最大的葡萄园位于克罗兹-埃米塔日产区，占地 24 公顷，为多款红白葡萄佳酿提供酿酒葡萄，并从中挑选最优质的桶装酒用于酿造奥翠门特（Autrement）瓶装葡萄酒。父女两人还酿造了精美的圣约瑟夫葡萄酒，还有几款酿自埃米塔日产区葡萄的优质葡萄酒，包括艾米莉特酿（Cuvée Emilie）白葡萄酒和红葡萄酒，以及酒庄的旗舰葡萄酒埃米塔日奥翠门特（Hermitage Autrement）。★新秀酒庄

罗塞特酒庄

酒庄主人罗伯特·罗塞特（Robert Rousset）多年来一直是

克罗兹-埃米塔日产区的一位领军人物。他和儿子斯特凡纳一起酿制的葡萄酒非常醇香辛辣。两个人在克罗兹-埃米塔日产区经营着不到 10 公顷的葡萄园，其中种植着许多藤龄相当长的葡萄老藤，酿出的葡萄酒格外醇厚。葡萄园主要地块是皮考迪耶尔园（Picaudières），这里地势陡峭，多风化花岗岩土壤，专为罗塞特酒庄（Domaine Rousset）的招牌酒款皮考迪耶尔特酿瓶装葡萄酒提供酿酒葡萄。酒庄还酿造品质上乘的克罗兹-埃米塔日白葡萄酒和红葡萄酒（Crozes-Hermitage Blanc and Rouge），以及一款圣约瑟夫葡萄酒，所用葡萄产自罗伯特·罗塞特堂兄的一小块葡萄园。

七路酒庄（克罗兹-埃米塔日产区）

七路酒庄（Domaine des Sept Chemins）占地 21 公顷，由所处位置附近有 7 条道路交汇而得名，目前由让-路易·布菲埃（Jean-Louis Buffière）和他的儿子杰罗姆（Jérome）、雷米（Rémy）共同经营。酒庄大约 5 公顷的葡萄园在 20 世纪 30 年代曾遭受葡萄根瘤蚜的侵害，所以后来进行了移栽，因而保存了一些藤龄非常古老的葡萄藤，可以结出更为芳醇的葡萄。酒庄葡萄酒的酿造方式相对传统，但酒窖相对较新，或许这就是一种两全其美的结合。酒庄的顶级酒款是七路酒庄克罗兹-埃米塔日特酿红葡萄酒（Crozes-Hermitage Cuvée des 7 Chemins Rouge），以手工采摘的老藤西拉葡萄为基础酿制而成。

图奈尔酒庄

图奈尔酒庄（Domaine du Tunnel）由斯特凡纳·罗伯特于 1994 年建立，当时他年仅 24 岁，而如今酒庄迅速崛起。一开始，他从租用的葡萄园采购葡萄，然后逐步收购了一些葡萄园。如今斯特凡纳·罗伯特在科尔纳斯产区打理近 3.5 公顷的葡萄园，在圣约瑟夫产区 2.5 公顷，在圣佩雷产区 2 公顷，其中大部分葡萄园属于他自己。他用这些葡萄园的葡萄酿制了一款精美的科尔纳斯葡萄酒，以及一款名为黑葡萄酒（Vin Noir）的高端特酿。罗伯特的圣约瑟夫红葡萄酒（St-Joseph Rouge）酒体精致纯净。酒庄位于圣佩雷产区，这里的瓶装葡萄酒位居该产区最优质葡萄酒之列。★新秀酒庄

红都酒庄

红都酒庄（Domaine de la Ville Rouge）是一家相对新式的家族酒庄，主要业务在克罗兹-埃米塔日产区，酒庄主人塞巴斯蒂安·吉拉德（Sébastien Girard）酿造的葡萄酒品质上乘。他曾在圣约瑟夫产区与库尔比兄弟共事过一段时间，之后他决定不再像过去那样销售家族葡萄园的葡萄，而是在自己酒庄内酿造和装瓶。酒庄葡萄园中有 15 公顷生产的葡萄用来酿造克罗兹-埃米塔日红葡萄酒，而用于酿造克罗兹-埃米塔日白葡萄酒和圣约瑟夫红葡萄酒和白葡萄酒的葡萄园各有 0.5 公顷。酒庄的顶级葡萄酒是特雷·德克拉特红葡萄酒（Terre d'Eclat）和灵感葡萄酒（Inspiration），两者均果香浓郁、特色鲜明。

文森特·帕里斯酒庄

酒庄主人文森特·帕里斯（Vincent Paris）是科尔纳斯产区的后起之秀，酿造的圣约瑟夫红葡萄酒也同样精美绝伦。文森特·帕里斯的舅舅罗伯特·米歇尔在 2006 年退休之前一直是科

翠伊伦酒庄

翠伊伦酒庄圣约瑟夫利瑟拉葡萄酒是一款果香清新的白葡萄酒。

文森特·帕里斯酒庄

这款酒酿自有 60 年藤龄的老藤葡萄，浓郁深沉，适合陈放。

尔纳斯最重要的酿酒师之一。后来，米歇尔将他的部分葡萄园卖给了帕里斯，如今帕里斯在科尔纳斯这个小型产区拥有或租用葡萄园共 8 公顷。他推出了 3 款科尔纳斯葡萄酒：格涅尔红葡萄酒（La Geynale）、格兰尼特 30 号红葡萄酒（Granit 30）和格兰尼特 60 号老藤葡萄酒（Granit 60）。帕里斯还将推出一款采用他在科尔纳斯种植的维欧尼和瑚珊酿制而成的稀有白葡萄酒，但由于科尔纳斯并非白葡萄酒法定产区，所以这款酒将以来自罗讷河谷产区的名义出售。★新秀酒庄

雅恩·沙芙酒庄

雅恩·沙芙（Yann Chave）起初就职于经济和银行领域，感到厌倦之后，便开始学习酿酒技术，随后来到他的父亲伯纳德那里工作。伯纳德从事葡萄园工作，耕缀不息。雅恩·沙芙加入后，该酒庄不断发展，目前在克罗兹-埃米塔日产区有超过 15 公顷的葡萄园，主要种植西拉葡萄；另外，他在埃米塔日产区还有 1 公顷多点的葡萄园。酒庄出产酒款包括两个级别的克罗兹-埃米塔日红葡萄酒和白葡萄酒，其中以若夫干红葡萄酒（Le Rouvre）为代表。酒庄还有年产量为 7000 瓶的埃米塔日葡萄酒，这款酒浓郁复杂、令人倾倒。

翠伊伦酒庄

在北罗讷河谷产区，酒庄主人伊夫·翠伊伦（Yves Cuilleron）是一位精力旺盛的葡萄酒生产商。1986 年，他从叔叔那里购买的葡萄园仅 3.5 公顷，如今酒庄已拥有葡萄园 52 公顷，按照面积从大到小，这些葡萄园依次分布在圣约瑟夫产区、地区餐酒种植区、孔得里约产区、罗第丘产区、圣佩雷产区，以及科尔纳斯产区。红葡萄酒在桶中陈酿前会在开放式大桶中酿造，而白葡萄酒则直接在桶中发酵和陈酿。现在，翠伊伦依然活跃在酿酒一线，事业蒸蒸日上。★新秀酒庄

伊曼纽尔·达诺酒庄（克罗兹-埃米塔日产区）

伊曼纽尔·达诺（Emmanuel Darnaud）年轻有为，从事葡萄酒生产已有 10 年之久，其间酒庄取得了飞速发展。他如今在克罗兹-埃米塔日产区南部拥有 15 公顷的葡萄园。伊曼纽尔的父亲是一名葡萄种植者，叔叔是一名酿酒师，但伊曼纽尔曾在埃米塔日产区的伯纳德·菲力酒庄工作了 4 年，这给伊曼纽尔带来了另一种巨大的影响。以三棵红橡树（Crozes-Hermitage Les Trois Chênes Rouge）为首的克罗兹-埃米塔日红葡萄酒细致平衡，体现了葡萄园和酒窖温和而细致的工艺流程。★新秀酒庄

菲拉顿父子酒庄

经米歇尔·莎普蒂尔（Michel Chapoutier）的指导，菲拉顿父子酒庄（Ferraton Père et Fils）同时涉足酒庄葡萄酒和经销商葡萄酒。和马塞尔·吉佳乐在维达-芙丽酒庄（Vidal-Fleury）一样，米歇尔·莎普蒂尔在促进葡萄酒质量提高方面取得了重大成就。10 年来，酒庄的葡萄园一直采用生物动力法，为来自埃米塔日产区的顶级葡萄酒迪奥尼尔红葡萄酒（Les Dionnières Rouge）提供酿酒葡萄。菲拉顿父子酒庄的其他旗舰酒款包括埃米塔日瓶装白葡萄酒米奥克斯（Le Miaux）和勒迪葡萄酒（Le Reverdy），还有克罗兹-埃米塔日豪华宫廷葡萄酒（Le Grand Courtil），以及圣约瑟夫拉索斯（La Source）白葡萄酒和红葡萄

吉佳乐世家酒庄

与众多酒款一道，孔得里约葡萄酒令吉佳乐世家酒庄跻身法国伟大的葡萄酒生产商之列。

嘉拉德酒庄

皮埃尔·嘉拉德的圣约瑟夫皮埃尔葡萄酒在新橡木桶中陈酿长达 20 个月之久。

酒。酒庄经销的葡萄酒在近几年质量明显提升，整个酒庄的经营如今也蒸蒸日上。

弗兰克·巴尔萨扎酒庄（科尔纳斯产区）

2002 年，弗兰克·巴尔萨扎（Franck Balthazar）从他的父亲勒内（René）手中接管了这家传统的袖珍酒庄。当时，酒庄只有 1.5 公顷的葡萄园。2004 年，弗兰克从刚刚退休的叔叔乔尔·维塞特（Joël Verset）那里又获得了 0.5 公顷葡萄园。葡萄园经营方式传统环保，使用马匹进行耕种。葡萄酒酿制过程中，先将整串葡萄发酵，然后在大型的老式半泥桶中陈酿。酒庄发布的唯一酒款是带有花香果味的科尔纳斯葡萄酒（Cornas），令人不禁回想起过去该产区生产的最佳葡萄酒。

吉勒斯·罗宾酒庄

吉勒斯·罗宾（Gilles Robin）出生于 1971 年，在克罗兹-埃米塔日产区迅速享誉业内。罗宾的家族很早就开始为坦恩酒庄提供酿酒葡萄，如今他拥有 15 公顷葡萄园，所产葡萄用来酿制他的 5 款备受推崇的葡萄酒，其中 3 款是酿自克罗兹-埃米塔日产区葡萄的红葡萄酒：蝴蝶特酿葡萄酒（Cuvée Papillon），以及两款选用老藤葡萄酿成的阿尔贝里克·布维葡萄酒（Albéric Bouvet）和 1920 特酿葡萄酒。克罗兹-埃米塔日白葡萄酒马雷莱斯（Les Marelles）由 60% 的瑚珊和 40% 的玛珊混酿而成，而新款圣约瑟夫特酿葡萄酒安德烈·佩莱（André Péléat）则一炮打响，大获成功。★新秀酒庄

吉佳乐世家酒庄

在酒庄主人马塞尔·吉佳乐（Marcel Guigal）的领导下，吉佳乐世家酒庄（E Guigal）成为北罗讷河谷产区重要的葡萄酒生产商和经销商，也是教皇新堡、吉恭达斯（Gigondas），以及罗讷河谷红葡萄酒和白葡萄酒等南罗讷河谷葡萄酒的主要来源，在整个罗讷河谷产区地位举足轻重。吉佳乐世家酒庄的重要之处，体现在该酒庄在孔得里约产区和罗第丘产区所酿造的葡萄酒占所在产区的 40% 以上，并且马塞尔·吉佳乐能够酿造精致高昂葡萄酒的能力名副其实。吉佳乐世家酒庄由马塞尔的父亲艾蒂安（Etienne）创立，他曾在维达-芙丽酒庄工作了 15 年，事业节节高升，于 1946 年开始独立创业。艾蒂安十分长寿，有生之年还目睹了 1984 年吉佳乐家族对维达-芙丽酒庄的收购。这次收购中包含 7 公顷的优质葡萄园，因此这一重大行为影响深远，标志着吉佳乐家族崛起为全球葡萄酒贵族。对此，如果还存有任何质疑，也都随着马塞尔 1995 年完成对昂皮酒庄（Château d'Ampuis）的收购而烟消云散。昂皮酒庄原是一座建于 12 世纪的城堡，在 16 世纪文艺复兴时期发展成一座酒庄。目前吉佳乐世家酒庄的总部及制桶厂都位于昂皮酒庄内，该城堡位于罗讷河地势最低处，四周都是葡萄园。2000 年，马塞尔将目光投向了更多的葡萄园，购买了让-路易斯·格里帕特酒庄（Jean-Louis Grippat）在圣约瑟夫产区的葡萄园，以及瓦洛伊酒庄（Domaine de Vallouit）在罗第丘产区、埃米塔日产区、圣约瑟夫产区和克罗兹-埃米塔日产区的葡萄园。现在，吉佳乐世家酒庄的葡萄园总面积超过 45 公顷，分布在北罗讷河谷的各个产区，其中包括位于罗第丘产区的慕林尼园（La Mouline）、拉兰德园（La Landonne）和杜克园（La Turque）

等旗舰葡萄园，这些葡萄园为世界上最珍贵的单一葡萄园瓶装葡萄酒提供酿酒葡萄。马塞尔的儿子菲利普（Philippe）现在全力投身于该家族酒庄的经营工作中来，吉佳乐世家酒庄在法国酿酒业顶峰的地位有望得到保证。★新秀酒庄

雅克·莱梅尼尔酒庄

雅克·莱梅尼尔（Jacques Lemenicier）以制作风格稳定且相当传统的科尔纳斯葡萄酒而享誉业内。最近雅克·莱梅尼尔开始采用他在科尔纳斯产区信鸽园所产的老藤葡萄酿制一款高端特酿葡萄酒。他还用产自圣佩雷产区的葡萄酿制了两款葡萄酒——优雅特酿葡萄酒（Cuvée De l'Elegance）和布瓦塞特酿葡萄酒（Cuvée Boisée）。他在科尔纳斯产区精心雕琢的葡萄酒质量可靠，尽量减少了橡木桶的影响。

让-路易斯和弗朗索瓦·泰尔斯酒庄

让-路易斯·泰尔斯（Jean-Louis Theirs）在圣佩雷产区、科尔纳斯产区酿造的葡萄酒和少量的西拉地区餐酒，质量上乘、始终如一。科尔纳斯葡萄酒所选葡萄产自该产区南部不到 1 公顷的葡萄园，结构相对柔和，令人垂涎欲滴，香气浓郁复杂、风味活泼有趣。圣佩雷葡萄酒大部分是作为起泡酒酿造的，为了保持成品酒的清新爽口，在发酵过程中会避免苹乳发酵。圣佩雷静止葡萄酒的醇厚浓郁和矿物质气息相得益彰，相映成趣。

尼古拉斯·佩兰酒庄

尼古拉斯·佩兰酒庄（Maison Nicolas Perrin）自称"精品酒商"，成立于 2009 年，由佩兰（Perrin）家族和尼古拉斯·嘉伯乐（Nicolas Jaboulet）共同创办。佩兰家族因经营博卡斯特尔酒庄（Château Beaucastel）和南罗讷河谷产区的其他酒庄而享誉业内。嘉伯乐酒庄（Paul Jaboulet Aîné）于 2006 年被收购，之前，尼古拉斯·嘉伯乐曾在此担任营销经理。尼古拉斯·佩兰酒庄从北部几个产区的种植者那里收购桶装葡萄酒，然后将这些葡萄酒进行混酿，以符合罗第丘产区、圣约瑟夫产区和埃米塔日产区的首批葡萄酒的广阔发展前景及酒庄风格。

马克·索雷尔酒庄

马克·索雷尔酒庄（Marc Sorrel）是一家稀有的小型酒庄，在埃米塔日产区的山上拥有大量优质土地，种植了近 2 公顷的西拉葡萄和不到 1 公顷的白葡萄品种（以玛珊为主，兼少量瑚珊）。在过去，葡萄园逐渐采用自然经营方式，酒窖的酿制方法也同样非常传统。除了埃米塔日纯白葡萄酒和纯红葡萄酒，酒庄还生产高档瓶装红葡萄酒和白葡萄酒格雷尔（Le Gréal），以及深刻演绎克罗兹-埃米塔日产区特色的白葡萄酒和红葡萄酒。

嘉伯乐酒庄

嘉伯乐酒庄（Paul Jaboulet Aîné）成立于 1834 年，长期以来一直是北罗讷河谷产区葡萄酒生产商的领导者，同时也是一家举足轻重的葡萄酒经销商。酒庄在全球范围内推广罗讷河谷葡萄酒，其名声与成就冠绝同行。嘉伯乐酒庄经典酒款众多，

人们可能会产生争论，认为 20 世纪最重要的罗讷河谷葡萄酒要么是嘉伯乐酒庄的纬度 45 葡萄酒（Côtes du Rhône Parallèle 45）——一款可能是该产区最受青睐的葡萄酒，要么是 1961 年份的埃米塔日教堂园葡萄酒（Hermitage La Chapelle）——一款可能是罗讷河谷迄今以来最伟大的单一园葡萄酒。不过前任酒庄主人杰拉德·嘉伯乐（Gérard Jaboulet）在 1997 年突然离世，酒庄业绩开始明显下滑，令人遗憾。直到酒庄由弗雷（Frey）家族收购，前景才开始重新明朗。弗雷家族在波尔多产区的拉拉贡酒庄葡萄酒（La Lagune）和香槟区的沙龙贝尔葡萄酒（Billcart-Salmon）都大获成功，久负盛名。现在，嘉伯乐酒庄正逐步减少葡萄酒经销商业务，转而发展葡萄园葡萄酒。该酒庄目前在南罗讷河谷产区拥有 5.5 公顷葡萄园，在北罗讷河谷产区拥有 48 公顷葡萄园，其中包括在埃米塔日产区山上的 20 余公顷，因此工作繁忙。目前酒庄推出的酒款分为 4 个层次：经典级（Les Grands Classiques）的经销商葡萄酒，往上是卓越风土级（Les Grands Terroirs），再往上是酒庄级（Les Domaines）葡萄酒，最顶级的是伊科内斯葡萄酒（Les Icônes）、埃米塔日·嘉伯乐教堂园（Hermitage La Chapelle）红葡萄酒和白葡萄酒。

嘉拉德酒庄

20 世纪 80 年代中期，皮埃尔·嘉拉德（Pierre Gaillard）白手起家，在罗第丘产区开拓了 3 公顷多的葡萄园，在孔得里约产区有 2.5 公顷葡萄园，在圣约瑟夫产区有 10 公顷葡萄园。除了基本酒款圣约瑟夫堡葡萄酒和红葡萄酒外，皮埃尔·嘉拉德还酿制了皮埃尔葡萄酒（Les Pierres）和库米娜耶葡萄酒（Clos de Cuminaille）这两款红葡萄酒特酿。在孔得里约产区，酒庄推出了一款干葡萄酒、一款晚收秋花甜白葡萄酒（Fleurs d'Automne）和一款珍妮-爱丽丝麦秆酒（Jeanne-Elise），后者严格来讲是一款日常餐酒（Vin de Table）。嘉拉德酿造了一款优质的罗第丘纯酿，还有一款来自布鲁内丘的特酿普尔普热桃红葡萄酒（Rose Pourpre Cuvée）。

罗塞腾酒庄

酒庄主人瑞尼·罗塞腾（René Rostaing）通过钢制酒桶发酵，酿造了一款精雕细琢的孔得里约葡萄酒和一款以西拉葡萄为基础的地区餐酒，而迄今为止在他酿造的各类酒款中当属罗第丘瓶装葡萄酒最为著名。此酒所选葡萄产自该产区一些最令人艳羡的葡萄园。1990 年，瑞尼·罗塞腾从岳父艾尔伯特·德维斯·泰泽（Albert Dervieux Thaize）那里继承了 3.5 公顷的优质葡萄园，1993 年又从舅舅马吕斯·根塔兹-德维斯（Marius Gentaz-Dervieux）那里继承了另外 1.2 公顷葡萄园。罗塞腾酒庄出产 3 款罗第丘葡萄酒：经典葡萄酒（Classique）、黄金丘葡萄酒和拉兰德园葡萄酒，风格经典复杂而又内敛。

勒内-让·达德和弗朗索瓦·里波酒庄

弗朗索瓦·里波（François Ribo）和勒内-让·达德（René-Jean Dard）两人在十几岁时就相识于伯恩的葡萄酒学校，并在 1984 年携手创业。从达德家族 1 公顷的葡萄园开始，再加上他们租用的葡萄园，总面积逐渐增加到 7.5 公顷。这些葡萄园大多位于克罗兹-埃米塔日产区，少部分（0.5 公顷）位于圣约瑟夫

产区和埃米塔日产区。酒庄所产葡萄酒纯净澄澈，能很快醒酒畅饮，口感怡人。

斯蒂芬·皮查特酒庄

酒庄主人斯蒂芬·皮查特（Stephane Pichat）年富力强，拥有 2.5 公顷葡萄园，他用所产葡萄酿制了两款备受推崇的罗第丘葡萄酒：一款是在橡木桶中陈酿两年的尚彭园葡萄酒（Le Champon）；另一款是在橡木桶中陈酿时间长达 3 年的大地园葡萄酒。这两款葡萄酒产量很低，带有显著的新橡木气息。皮查特还开始酿制孔得里约拉卡伊葡萄酒（Condrieu La Caille），还有以维欧尼和西拉葡萄为主料酿制的地区餐酒级别的白葡萄酒和红葡萄酒。斯蒂芬出生于 1978 年，享誉盛名，有望成为北罗讷河谷产区的风云人物。★新秀酒庄

蒂埃里·阿勒曼德酒庄

蒂埃里·阿勒曼德（Thiérry Allemand）性格坚毅顽强，他几乎没有自己的葡萄园，只在科尔纳斯产区拥有 4 公顷珍贵的葡萄藤。阿勒曼德特立独行、锐意进取，在葡萄园和酒窖的工作中，他将传统技术和现代创新融会贯通、紧密结合。阿勒曼德酿造了两款科尔纳斯葡萄酒：雷纳园葡萄酒（Reynard）和夏逸奥园葡萄酒（Chaillot）。这两款酒果味纯正、质地圆润，经过缓慢酿制，陈酿效果极佳。

维达-芙丽酒庄

维达-芙丽酒庄（J Vidal-Fleury）历史悠久，可以追溯到 1781 年。而如今酒庄的所有者是著名的吉佳乐家族，这令酒庄更为闻名。不过维达-芙丽酒庄不仅仅是名义上归吉佳乐家族所有，马塞尔·吉佳乐给了维达-芙丽酒庄很大的自主经营权，并投资建立了一个新的酿酒设施，位于罗第丘产区的黄金丘葡萄园地下。酒庄推出了两款著名的罗第丘瓶装葡萄酒——金棕葡萄酒（Brune et Blonde）和夏蒂尔洪纳葡萄酒（La Chatillhonne）。此外，酒庄在北罗讷河谷产区的孔得里约产区、科尔纳斯产区、克罗兹-埃米塔日产区、埃米塔日产区和圣约瑟夫产区都生产葡萄酒。酒庄还在其他产区酿造葡萄酒，包括一款罗纳丘葡萄酒、一款教皇新堡葡萄酒和一款凡都山丘葡萄酒（Côtes-du-Ventoux）。

日益增长的挑战

经过几百年的葡萄培育种植，北罗讷河谷产区的葡萄酒生产商对该产区 4 种主要葡萄品种的特性了如指掌。不过与打理葡萄藤相比，饮用葡萄酒当然更加轻松容易。西拉葡萄在气候边缘的地区生长季节较长，可达到最佳生长状态，所产果实成熟度很高，质量稳定。不过在北半球极偏北的北罗讷河谷产区，需要极其充足的阳光照射才能让西拉葡萄获得最佳成熟度，因此种植西拉葡萄的最佳地点仅限于罗第丘产区、埃米塔日产区和科尔纳斯产区坡度极陡的山坡上。单单是出入这些葡萄园就让酿酒师面临重重危险，更何况还必须要用桩子把葡萄藤支撑在山坡上，并让其朝向阳方向生长。相邻的葡萄藤经常相互缠绕在一起，以保护自身免受山风撕扯——此处的葡萄藤在生长季节的大部分时间里都紧密缠绕在一起，如同为了保护宝贵的生命而携手共渡难关。在孔得里约产区和格里叶堡产区的维欧尼葡萄也采用了这种方式，但维欧尼也有自身的问题。这个品种成熟过快，难以预测成熟时间，采摘时需要小心谨慎。采摘时间最好是在葡萄散发出它的香味之后而在过度成熟膨大变形之前。玛珊葡萄几乎同样难以熟透。以上 3 个葡萄品种及瑚珊葡萄都对粉孢子及开花、坐果问题极其敏感。

教皇新堡的鹅卵石白天吸收热量，晚上释放热量，有助于葡萄成熟。

南罗讷河谷产区

南罗讷河谷产区（Southern Rhône）的葡萄藤最早是由罗马人种植的，在中世纪，教皇推动了葡萄种植业的发展，其重要性足以使该产区成为法国原产地区管理规定的发源地，这里也许还是法国最具有历史意义的葡萄酒产区。南罗讷河谷的广阔地区在一年中的大部分时间都沐浴在阳光下，该处还有古老的石头村庄、果园和橄榄树，跻身最温暖、最广阔和最漂亮的地方之列。在这里，游客到处都能看到旺图山（Mont Ventoux）的斜坡和蒙米拉伊山脉（Dentelles de Montmirail）锯齿状的山峰，这种地形有效缓解了天气的炎热。寒冷的密史脱拉风（Mistral Wind）从北方吹来，有助于葡萄藤免遭病虫害的侵扰。

14世纪以来，教皇新堡产区（Châteauneuf-du-Pape）被誉为古老的南罗讷河谷皇冠上的宝石。

教皇新堡产区的鹅卵石非常著名——这种石头又大又圆，遍布许多葡萄园地面表层；该产区同样享有盛誉的是香气浓郁、口感丰富的葡萄酒。在南罗讷河谷其他产区不出产或者极少出产葡萄酒的时候，教皇新堡产区的葡萄酒一直保持着极为独特的口感。直到最近，国际消费者才开始熟悉其他村庄的名字，那里出产的优质葡萄酒风格各具特色：吉恭达斯（Gigondas）出产的葡萄酒肉味浓厚，瓦给拉斯（Vacqueyras）出产的葡萄酒飘逸着红果香气，拉斯托（Rasteau）出产的葡萄酒品种丰富，凯拉纳（Cairanne）出产的葡萄酒口感则更为淡雅。

该地越来越多的葡萄酒为人们所熟知，因为这一代人不再把自己种植的葡萄卖给最近的合作社赚钱，而是选择了生产有价值的葡萄酒。利哈克（Lirac）、万索布雷（Vinsobres）、博姆-德沃尼斯（Beaumes-de-Venise）、赛古埃（Séguret）、萨布莱（Sablet）……这些只是我们即将了解到的南罗讷河谷产区村庄的一小部分。随着新产区的不断涌现（目前已超过6000个），罗讷河谷村庄级（Côtes du Rhône-Villages）和罗讷河谷丘（Côtes du Rhône）这两个主产区的葡萄酒质量节节高升。像旺图（Ventoux）、吕贝隆（Luberon）和尼姆（Costières de Nîmes）这样有前途的村庄所出产葡萄酒的质量也在不断提高。

几千年前由冰川沉积而成的鹅卵石，在罗讷河谷地区被打磨得光滑圆润，一粒一粒地散布在整个产区。鹅卵石白天吸收阳光，夜间释放热量给园里的葡萄藤，这就特别适合嗜热的歌海娜葡萄，该品种也是当地最重要的红葡萄品种。但该处还有许多其他的风土条件——沙、砾石、石灰岩、砂岩、泥灰岩、黏土。即使在一个小区域，也可能有好几种风土存在，并且每一种风土都会让出品的葡萄酒产生细微的差别。

使用不同葡萄进行混酿的传统也增加了葡萄酒的复杂度。歌海娜葡萄酒历史悠久，是该产区当之无愧的主角，并屡获殊荣。每一位有幸拥有古藤葡萄藤的生产者都乐于向人们展示酒庄60～100年藤龄的葡萄藤的虬曲残根。而作为配角，西拉和慕合怀特品种则对酒体的结构和香气浓郁程度十分重要。一些生产商也青睐老藤佳丽酿葡萄和神索葡萄，最新的趋势是重新挖掘一些知名度不高的葡萄品种的潜力，包括教皇新堡的13个许可品种，如古诺瓦兹和瓦卡瑞斯（Vaccarèse）。

虽然红葡萄酒占绝对优势，但白葡萄酒和桃红葡萄酒（目前各占总产量的5%左右）也在逐渐发展壮大——白葡萄酒通常主要由白歌海娜和克莱雷（Clairette）酿造，辅之以布布兰克（Bourboulenc）、玛珊、瑚珊和维欧尼葡萄；而桃红葡萄酒则主要由歌海娜和神索酿造。

在阳光充足的地区，用出产的葡萄酿造的葡萄酒酒精度较高，但气候变化会带来特殊困难。解决的办法有3种：更关注丘陵地带气候更凉爽的葡萄园，关注新鲜度较高品种的种植与采摘，采用有机或生物动力法收获更具自然平衡度的葡萄。人们对细腻口感而非浓烈口感的新追求也影响对葡萄酒成熟度的确定，因此一二十年前取代传统大橡木桶（foudre）的小桶，现在有一部分正在被600升的酒桶取代。尽管许多人认为这种折中的办法很完美，但一些品质上乘的葡萄酒根本闻不到橡木味。

年份

2009
该年份葡萄酒产量不高但质量上乘，尤其是教皇新堡产区。

2008
该年份冰雹雨水天气较多，葡萄酒缺乏层次感。

2007
该年份出产的佳酿在近10年来品质最高，果香诱人，单宁细腻。

2006
该年份收获颇丰，出产的葡萄酒高贵典雅，浓烈强劲。

2005
该年份出产的葡萄酒浓郁醇厚，结构出色。

2004
由于未发生极端天气，该年份可谓是生产葡萄酒的经典年份。

2003
该年份收获丰富，优质葡萄酒层出不穷。

博卡斯特尔酒庄

致敬雅克·佩兰系列酒款的原材料中 60% 为慕合怀特葡萄，均采摘自老葡萄藤。

阿奎里亚堡酒庄（塔维勒产区）

阿奎里亚堡酒庄（Château d'Aquéria）是一座新古典主义风格的迷人宅邸，周遭的葡萄园历史可追溯至 1595 年。文森特（Vincent）和布鲁诺·德·贝兹（Bruno de Bez）兄弟为人质朴、人格高尚，共同管理着这片占地 66 公顷的酒庄。他们的人格品质也体现在所酿制的葡萄酒中。酒庄酒品朴实无华，价格合理，品质可靠。虽然该酒庄所出产的葡萄酒有四分之三都是结构平衡的塔维勒桃红葡萄酒，但结构平衡的利哈克桃红葡萄酒更为诱人，该酒结构复杂、口感丝滑，要比简单的白葡萄酒更加耀眼。

博卡斯特尔酒庄（教皇新堡产区）

在过去一个世纪里，由佩兰（Perrin）家族掌舵的博卡斯特尔酒庄（Château de Beaucastel）成功登顶教皇新堡产区酒庄的最高峰，如今，该家族的第 5 代人似乎也在继续维持着酒庄的地位。博卡斯特尔酒庄占地面积 70 公顷，其中包括 13 个所有获准种植的葡萄品种。不同寻常的是，慕合怀特与歌海娜有着同样的价值，散发出浓郁的皮革和香料味，结构感强；大量的神索、古诺瓦兹和其他老藤葡萄酿造出的葡萄酒层次丰富。博卡斯特尔酒庄的向雅克·佩兰致敬（Hommage à Jacques Perrin）红葡萄酒（其中 60% 的原料是老藤慕合怀特）是一款激动人心的特酿葡萄酒，老藤瑚珊白葡萄酒（Roussanne Vieilles Vignes）的味道甘甜迷人。然而，博卡斯特尔酒庄经久不衰的美誉得益于其长期酿制的经典红葡萄酒和白葡萄酒。博卡斯特尔酒庄的葡萄酒属于法国罗讷河谷丘产区的顶级佳酿。

卡诺吉酒庄（吕贝隆产区）

让-皮埃尔·马根（Jean-Pierre Margan）和他的女儿娜塔莉（Nathalie）发现，有些来他们这座拥有 300 年历史酒庄的旅游观光客是电影爱好者。这座酒庄虽褪色但精致不减，与其葡萄园一起出现在电影《美好的一年》（2006 年）中，包括电影导演雷德利·斯科特（Ridley Scott）在内的许多人很快就成为酒庄的顾客——他们被葡萄酒的纯度和韵味所打动。让-皮埃尔是澳大利亚酿酒师安德鲁·马根（Andrew Margan）的远房表亲，他秉承这样一种理念，即他的葡萄酒具有多面性："就像我自己一样——穿牛仔裤和无尾礼服都很舒服。"

芳莎丽酒庄（余少村产区）

1945 年，教皇新堡产区著名的稀雅丝酒庄（Château Rayas）的雷诺家族买下了这处拥有橄榄树和 12 公顷葡萄藤的大型地产。该酒庄与稀雅丝酒庄的酿酒葡萄风格同样精致，尤其是富有甘美的覆盆子果味的罗讷河谷红葡萄酒（浅龄酒时期），口感纯净，还有精致的单宁（为了保证混酿葡萄酒的新鲜度，原料中神索葡萄的使用量占了 35%）。芳莎丽酒庄（Château de Fonsalette）的西拉葡萄酒兼具纯正的浆果味、浓郁的酸度和紧致的口感。与教皇新堡其他的酒庄一样，该酒庄的葡萄酒极具陈年价值，价格昂贵。

加迪内酒庄（教皇新堡产区）

1946 年，具有先驱精神的加斯顿·布鲁内尔（Gaston Brunel）买下了这处旧地产；当时的土地面积是 8 公顷，而现在已发展为占地 52 公顷的大地块。他的儿子帕特里克（Patrick）和马克西姆（Maxime）最终继承了父亲的事业，现在马克西姆的儿子菲利普（Philippe）也参与其中。菲利普说，酒庄的目标是避免葡萄酒太过成熟并酿造出适合饮用与窖藏的干型葡萄酒。无论如何，该酒庄的葡萄酒口感饱满、极具现代化（波尔多型橡木桶已经取代了大橡木桶），高度浓缩的老藤年代特酿干红葡萄酒（Cuvée des Générations）和口感极其丰富的加迪内酒庄不朽系列干红葡萄酒（L'immortelle），让特酿传统系列葡萄酒黯然失色。

曼斯·纳夫酒庄（尼姆产区）

如果没有卢克·博代（Luc Baudet）的精力和雄心，曼斯·纳夫酒庄（Château Mas Neuf）的葡萄酒似乎不太可能在不到 10 年的时间里一举成名。除了 2001 年在组建财团时买下这处规模可观的酒庄外，卢克还管理葡萄栽培和酿酒工作，目的十分明确：出产品质上乘、价格合理的葡萄酒。虽然最顶级的特酿（有时是试验葡萄酒）葡萄酒值得品尝［尤其是用老藤西拉酿造的曼斯·纳夫阿维西红葡萄酒（Avec des Si）］，中档的曼斯·纳夫波斯特拉（Compostelle）白葡萄酒和红葡萄酒也是品质绝佳，而入门级的悖论（Paradox）系列葡萄酒稍微逊色。★新秀酒庄

莫哥雷酒庄（尼姆产区）

早在几个世纪前，莫哥雷酒庄（Château Mourgues du Grès）还是一座修道院的时候，大门前面就刻有这样一句格言——"sine sole nihil"（"没有阳光就没有一切"）。对于弗朗索瓦（François）和安妮·科拉德（Anne Collard）来说，这句格言现在仍然适用。他们的酒庄在尼姆产区广受赞誉，在大量的投资组合中，该酒庄出产的葡萄酒散发出完美、自然成熟的葡萄味道，还饱含土壤中的矿物质气息。桃色的白葡萄酒、充满活力的桃红葡萄酒、结构精致的红葡萄酒……这里的一切都十分诱人。富含歌海娜葡萄的莫哥雷火之大地（Terre de Feu）红葡萄酒可存放 10 年。

拿勒酒庄（教皇新堡产区）

这个地区并不以酒庄气势恢宏而闻名，拿勒酒庄（Château La Nerthe）却恰恰以其宏伟的建筑而出名。但是，自 1985 年以来，得益于咖啡进口商理查德（Richard）家族对酒庄进行的投资，该酒庄成为教皇新堡产区的第二大酒庄（占地面积 82 公顷），也是最具历史意义的酒庄之一，其出产的现代葡萄酒具有重要意义。在拿勒酒庄，白葡萄酒的地位不可忽视（占总数的 15%，是平均水平的 3 倍）；珍藏级博瓦尼（Réserve Beauvenir）系列葡萄酒可存放多年，陈年潜力极大；红葡萄酒亦能陈酿多年，价值极高，包括经典的特酿葡萄酒和浓烈强劲的老藤佳岱特酿红葡萄酒（Cuvée des Cadettes）。

杜尔盖勒堡酒庄（尼姆产区）

黛安·德·普伊莫林（Diane de Puymorin）是一位行动派女性。她曾是一名国际市场的营销主管，1998 年，她买下了这座古老的酒庄，实现了自己拥有葡萄园的梦想。黛安参加了葡萄酒酿造师的培训，并彻底翻垦了 65 公顷的土地。她酿造的红葡萄酒口感醇厚，陈年价值高，彰显出她对佳丽酿和慕合怀特葡萄

佩斯基酒庄

佩斯基酒庄精选系列葡萄酒为其美誉奠定了基础。

单宁的熟练驾驭。该酒庄的拉博利达（La Bolida）系列葡萄酒几乎采用 100% 老藤慕合怀特葡萄酿造，口感紧致、外表精致。特拉西格姆（Trassegum）系列由 50% 的西拉、25% 的老藤佳丽酿和 25% 的老藤慕合怀特混酿，香气浓郁，价格不到拉博利达系列的一半。

佩斯基酒庄（旺图产区）

在蓬勃发展的旺图产区，佩斯基酒庄（Château Pesquié）有着一种安定、自信的氛围，看起来像是年代久远的酒庄。事实上，直到 20 世纪 80 年代，伊迪丝·乔迪（Edith Chaudière）和保罗·乔迪（Paul Chaudière）才放弃原本的职业，开始研究葡萄栽培。如今，酒庄拥有 83 公顷土地并准备获得有机认证。追求完美的佩斯基酒庄成为衡量其他酒庄水平高低的标准。该酒庄出产的葡萄酒给人带来享受上的新高度，这一点很好地体现在其极具异域风情的白葡萄酒、精选系列（Quintessence）红葡萄酒（主要由用桶发酵的瑚珊葡萄酿造而成）和具有天鹅绒般丝滑口感的艾特米亚（Artemia）系列（由 80 年藤龄的歌海娜和 50 年藤龄的西拉混酿而成）红葡萄酒中。

稀雅丝酒庄（教皇新堡产区）

稀雅丝酒庄（Château Rayas）是教皇新堡产区最受推崇、最特殊的酒庄，再多的传闻也难以说尽它的独特之处。1997 年，伊曼纽尔·雷诺（Emmanuel Reynaud）接手这家酒庄，他传承了已故叔叔雅克（Jacques）的一些特点，酒窖布局较为混乱，并且游客禁入。由于葡萄园坐落在贫瘠的砂质土壤上，这片只有 10 公顷的园区就像是隐藏在凉爽的树林中的一个小天堂。带有蜂蜜香气的白葡萄酒口感丰富，令人拍案叫绝；勃艮第红葡萄酒（由 100% 的歌海娜葡萄酿造而成）口感柔和，矿物质气息浓郁，属于罕见昂贵的极品佳酿。

圣戈斯酒庄（吉恭达斯产区）

作为吉恭达斯产区葡萄酒产业的推动者之一，路易斯·巴儒尔（Louis Barruol）热情、有干劲、严谨，立志酿造出令人难忘的葡萄酒。巴儒尔家族自 1490 年就接手了圣戈斯酒庄（Château de St-Cosme）。自路易斯接管酒庄以来，他酿造出了令人印象深刻的新型特调酒，同时彻底改造了传统的混酿酒。他酿制的所有葡萄酒极具现代风格、口味丰富，兼具丰富层次与精致口感，老歌海娜特酿瓦尔贝乐（Old-Grenache Cuvées Valbelle）葡萄酒和克劳斯（Le Claux）葡萄酒尽显享乐主义风格，堪称登峰造极之作。巴儒尔喜欢使用橡木桶发酵，在新桶中陈酿，他认为大的旧桶有助于酿造出单宁干涩、具有乡村风味的葡萄酒。

圣荣酒庄（利哈克产区）

伊芙·布鲁内尔（Eve Brunel）曾是一名酿酒专家，嫁入了拥有教皇新堡产区加迪内酒庄的家族。1998 年，她收购了圣荣酒庄（Château St-Roch），准备开始一个新项目。利哈克的土壤与教皇新堡产区的土壤较为类似，伊芙对此也感到非常满意。为了提高葡萄酒的品质，她将葡萄的种植密度增加了一倍，精心酿制的葡萄酒（包括白葡萄酒和红葡萄酒）在该产区中名列前茅。你们千万不要错过多汁的秘密特酿葡萄酒

帕普酒庄
罗讷河谷地区很少有葡萄酒
能与阿弗瑞家族的葡萄酒相媲美。

拿勒酒庄
得益于理查德家族的努力，
拿勒酒庄正处于上升期。

（Confidentielle），该酒由老藤歌海娜、西拉和慕合怀特均等混酿而成。★新秀酒庄

凯鲁酒庄（教皇新堡产区）

凯鲁酒庄（Le Clos du Caillou）位于著名的稀雅丝酒庄附近，环绕着一间古老的狩猎小屋，酒庄四周筑有围墙。凯鲁酒庄是教皇新堡产区最受游客欢迎的酒庄之一，这一切都要归功于热情的酒庄主人西尔维·瓦赫伦（Sylvie Vacheron）和一个从沙石中挖空的古老地窖。该酒庄在教皇新堡产区有 9 公顷土地，两种风土决定了此处主要葡萄酒的风格——凯鲁酒庄萨弗雷（Les Safres）葡萄酒（属砂质土壤）风韵高雅，而凯鲁酒庄莱斯夸脱（Les Quartz）葡萄酒（属于鹅卵石土质）则口感浓烈，辛香浓郁。该酒庄另外 43 公顷土地是在教皇新堡产区之外（有部分就在博卡斯特尔酒庄的马路对面），正因如此令其成为罗讷河谷丘产区的发源地。

卡福园酒庄（瓦给拉斯产区）

卡福园酒庄（Le Clos de Caveau）的许多事物都令人心醉神迷。这里的葡萄园是一处单一地块，周围环绕着树木，就像是蒙米拉什山（Dentelles de Montmirail）上一个秘密的藏身之处。卡福园酒庄的主人亨利·本杰纳（Henri Bungener）是一位临床心理学家和精神分析学家，2005 年，他从伦敦来到这里，从父亲哲拉德（Gérard）这位瑞士香水商手中接过酒庄。该酒庄的葡萄酒都是有机葡萄酒，通常未经橡木桶陈酿，口感鲜美，让人欲罢不能。较高的品质、适中的价格和多汁的酿酒葡萄，使得索瓦吉（Sauvages）葡萄酒在葡萄酒行业中遥遥领先。

帕普酒庄（教皇新堡产区）

几个世纪以来，阿弗瑞（Avrils）家族成员曾任执政官和市长，对教皇新堡产区做出了非常大的贡献。该家族虽是准贵族，却非常平易近人。1987 年以来，文森特·艾薇尔（Vincent Avril）一直管理着这块 35 公顷的酒庄，他酿制的葡萄酒品质上乘。该酒庄出产的白葡萄酒和红葡萄酒（每种都只出产一款超级特酿，味道差强人意）都是该产区品质最优的葡萄酒。该酒庄的一款葡萄酒主要由歌海娜和慕合怀特酿制而成，还包含少量的西拉、蜜思卡丹（Muscardin）、瓦卡瑞斯和古诺瓦兹，其细腻口感令人拍案叫绝——入口柔顺，结构复杂。白葡萄酒（未经橡木桶酿造）的口感简直是一绝。这两款酒都陈年潜力极佳。

圣约翰酒庄（教皇新堡产区）

帕斯卡尔·索雷尔（Pascal Saurel）和文森特·索雷尔（Vincent Saurel）早在 20 世纪 80 年代就加入了圣约翰酒庄（Clos St-Jean）。2002 年，酒庄雇用了教皇新堡产区最著名的酿酒师顾问菲利普·坎比（Philippe Cambie），从此开始了全面变革。如今，兄弟俩有了一个全新的酒窖，正在发掘出手中这 40 公顷土地的潜力，其中一半土地位于著名的拉克罗高原（Plateau of La Crau）。圣约翰酒庄奢侈的魔女特酿红葡萄酒（La Combe des Fous）和德西玛吉红葡萄酒（Deus-ex-Marchina）奢华爽滑，带有些许新橡木的气息。★新秀酒庄

茜塔黛尔酒庄
茜塔黛尔葡萄酒是一种销路广、口感怡人的混酿红葡萄酒。

伯士酒庄
年轻的酿酒师朱利安·布雷谢才华横溢，他的吉恭达斯葡萄酒追求的是一种优雅感。

雅拉里酒庄（凯拉纳产区）

丹尼斯·雅拉里（Denis Alary）与堂弟圣-马丁（St-Martin）一样，有着同样的传承责任感和对风土的尊重——酒庄分散在 3 个地点，丘陵上的数量较少。健谈而坦率的雅拉里表示，自 2006 年以来，他已经改变了策略，开始酿造口感较柔顺的葡萄酒，但他对少许佳丽酿（一种采摘的过于成熟的葡萄）的喜爱依然坚定不移。两款白葡萄酒和 4 款红葡萄酒是凯拉纳产区最优雅的葡萄酒代表，尤其要关注的是口感丰富的雅拉里芳特瓦纳斯（Font d'Estevenas）白葡萄酒和烟熏多汁的拉布鲁诺特（La Brunote）红葡萄酒。其实，这家有机酒庄出产的每一款葡萄酒都誉满天下。

阿玛乌夫酒庄（赛古埃产区）

周身散发着绅士气息的克里斯蒂安·沃伊克斯（Christian Voeux）看起来很安静、稳重。除了在拿勒酒庄、仁贾德酒庄（Domaine de La Renjarde），以及理查德在塔维勒产区拥有的第 3 个酒庄监督生产，沃伊克斯还创建了自己的酒庄——阿玛乌夫酒庄（Domaine de l'Amauve）。沃伊克斯酿制的赛古埃白葡萄酒和两款红葡萄酒都由低产葡萄株所出产的果实酿制而成，这些葡萄藤占地 7 公顷，风土条件不尽相同，但都深受葡萄酒爱好者好评。★新秀酒庄

阿美劳德酒庄（凯拉纳产区）

1983 年，尼克·汤普森（Nick Thompson）离开英国钢铁业，转而选择管理阿美劳德酒庄（Domaine de l'Ameillaud），而此时的阿美劳德还是一家大宗葡萄酒酿酒厂，为多个合资者共有，规模是目前的两倍。"我在勃艮第学过一点农业方面的知识。"汤普森耸了耸肩，让人觉得这听起来很容易。汤普森现在是酒庄的唯一主人，他认为 50 公顷的平地并不能代表凯拉纳最好的风土条件。然而，通过减少产量和限制化学处理技术，汤普森酿造出了口感圆润、魅力十足的葡萄酒。酒庄旗下的葡萄酒大多果味十足，未曾使用橡木桶酿造。

阿穆尔酒庄（瓦给拉斯产区）

年轻的伊戈尔·楚兹凯维茨（Igor Chudzikiewicz）的姓氏来自波兰移民曾祖父。这家家族购得酒庄后，第二代人开始种植葡萄藤。1984 年，伊戈尔的父亲乔斯林（Jocelyn）创立了阿穆尔酒庄（Domaine des Amouriers）。最近，酒庄规模几乎翻了一番，达到 14 公顷，其中老葡萄藤的占地比例很高。因此，在 2008 年酿酒专业毕业生伊戈尔接手该酒庄之后，他才得以生产更多的基尼斯（Genestes）葡萄酒——这是一款中高档的特酿，具有品质较高的瓦给拉斯红果与香料味，口感极佳。★新秀酒庄

天使酒庄（旺图产区）

天使酒庄（Domaine des Anges）坐落在天使之丘（Colline des Anges）的顶部，地理位置绝佳。该处也适合酿酒，斜坡北向、西北向种植红葡萄，东向种植白葡萄。在这个由爱尔兰酿酒师恰兰·鲁尼（Ciaran Rooney）经营的有机酒庄里，白葡萄酒品质极高。得益于高海拔、清凉的晚风和石灰质土壤，该酒庄的葡萄酒结构良好、矿物质气息浓郁——这一优点在阿尔汉格斯（Archange）白葡萄酒中尤为明显。经过一段时间的陈酿，阿尔汉格斯红葡萄酒也会令人难忘。

阿菲兰塞斯酒庄（罗讷河谷村庄产区）

过去，丹尼尔·布尔（Daniel Boulle）都把他的葡萄卖给当地的合作酒庄，直到 1999 年，得益于自家种植的高品质葡萄，布尔创办了阿菲兰塞斯酒庄（Domaine Les Aphillanthes）。从那以后，布尔在这块 37 公顷的土地上采用了生物动力法，他的酒庄从普兰德迪村（Plan de Dieu）延伸到拉斯托与凯拉纳。布尔对待葡萄园工作一直一丝不苟，注重减少对酒窖的干预。正因如此，酒庄酿造出了一系列罗讷河谷村庄级葡萄酒。阿菲兰塞斯酒庄的明星酒款包括品质极佳的鹅卵石特酿红葡萄酒（Cuvée des Galets）、充满活力的老藤葡萄酒（Vieilles Vignes）和高浓度的纯西拉特酿克劳斯葡萄酒（Cuvée du Cros）。★新秀酒庄

柏伦娜酒庄（教皇新堡产区）

从 1695 年有记录开始，历经 7 代人传承的葡萄酒事业——柏伦娜酒庄（Domaine de Beaurenard）已深深扎根于教皇新堡的葡萄酒历史中。丹尼尔·库隆（Daniel Coulon）和费德里克·库隆（Frédéric Coulon）可以称得上最有远见的酿酒商之一。他们的酒庄（在教皇新堡产区有 32 公顷，在拉斯托产区有 25 公顷）完全采用生物动力酿酒技术，精美的酒窖里放置着新的橡木发酵罐，还有绝佳的游客设施。该酒庄的葡萄酒优雅迷人——经典的特调浅龄葡萄酒爽口怡人，同时极具陈年潜力；而柏伦娜酒庄珍藏级葡萄酒需要一定的时间用来陈年，橡木气息更浓郁。该酒庄出产于拉斯托产区的葡萄酒也是不错的选择，尤其是口感丰富的柏伦娜安吉丝·布鲁斯葡萄酒（Argiles Bleues）。

博斯凯酒庄（教皇新堡产区）

尼古拉·博隆（Nicolas Boiron）恨不得全世界都知道这个事实：尽管博斯凯酒庄（Domaine Bosquet des Papes）于 1976 年才成立，但他的家族已种植了 150 年的葡萄。他用 40 块地里出产的葡萄酿制了经典的白葡萄酒和红葡萄酒，还专门酿制（在高品质的年份里）了 3 款特酿——口感丝滑、优雅的博斯凯大裴里葡萄酒（A La Gloire de Mon Père），酒体结构更佳的夏德梅尔葡萄酒（Chantemerle），以及备受欢迎的拉弗利葡萄酒（La Folie）。然而，珍贵葡萄中的 30% 都用作酿制传统红葡萄酒。该酒庄旗下的葡萄酒口感纯净，稍微带有矿物质气息，风味浓郁，同时也因价格合理而备受欢迎。

伯士酒庄（吉恭达斯产区）

和许多年轻的酿酒师一样，朱利安·布雷谢（Julien Bréchet）通过不断探索而让其出品的吉恭达斯葡萄酒口感更细腻，单宁更柔和。伯士酒庄（Domaine des Bosquets）的历史可追溯至 1644 年，这一点尤为重要，因为一些葡萄藤种植在著名的蓝黏土土壤中，这种黏土价值极高，能酿造出口感强劲的葡萄酒。朱利安的努力得到了丰厚的回报。最近年份出产的葡萄酒酒体丰满，口感如天鹅绒般柔顺，令人回味无穷。从闪闪发光的酿酒厂到芳莎丽酒庄（稀雅丝酒庄旗下产业）扦插种植的西拉葡萄园，整个酒庄上下无不洋溢着高端大气的品质保障。★新秀酒庄

布衣酒庄（吉恭达斯产区）

低调的蒂埃里·法拉维尔（Thierry Faravel）和他的兄弟吉尔斯（Gilles）很少宣传自己的酒庄，而是对细节处非常上心，将布衣酒庄（Domaine La Bouïssière）打造成了吉恭达斯产区葡萄酒品质最稳定、最可靠的酒庄之一。葡萄园坐落在村庄高处，酿造出的葡萄酒结构丰富，细品之下，味道徐徐散开，展现出核心坚实的矿物质气息。相比该酒庄在瓦给拉斯产区出产的葡萄酒，吉恭达斯产区出产的葡萄酒香味更加浓郁，一部分在新橡木桶里陈酿的方特·托内尔葡萄酒（Font de Tonnerre）尤为引人注目。但对于日常饮用来说，由梅洛、西拉与歌海娜混酿而成的波西尔·艾米斯干红葡萄酒（Les Amis de la Bouïssière）堪称珍品。

布鲁塞特酒庄（凯拉纳产区）

洛朗·布鲁塞特（Laurent Brusset）很幸运有一位颇具酿酒天赋的祖父。洛朗的父亲非常精明，买下这片肥沃的土地时只用了极低的价格——这是因为土地的主人觉得洛朗父亲相中的凯拉纳和吉恭达斯产区高处的山坡十分陡峭，难以耕作。布鲁塞特酒庄（Domaine Brusset）的葡萄酒带有当地的风土印记——这里虽乱石丛生，但富含矿物质气息。凯拉纳产区丝滑精致的老藤夏比勒葡萄酒（Les chabiles）和吉恭达斯产区口感丰富、香味浓郁的蒙米拉伊葡萄酒（Les Hauts de Montmirail）完美诠释了这两个产区之间在风格和口感上的差异。

凯优酒庄（教皇新堡产区）

凯优酒庄（Domaine Les Cailloux）的安德烈·布鲁内尔（André Brunel）处事低调，平时很难找到他，但是这个寡言少语的人却在教皇新堡产区酿造了几款最为精致的葡萄酒。虽然酒庄20公顷土地大部分表层都有鹅卵石，但不同的土质给出产的葡萄酒带来微妙差别。布鲁内尔热衷于采用慕合怀特酿制葡萄酒，来抵消歌海娜带来的甜腻感。凯优酒庄百年特酿红葡萄酒（Cuvée Centenaire，酿酒葡萄采摘自有100年藤龄的葡萄藤）味道令人陶醉，久负盛名。抛开价值不说，仅就葡萄酒的口感细腻程度、活力程度和愉悦程度而言，布鲁内尔经典特酿的品质就难以超越。

卡桑酒庄（博姆-德沃尼斯产区）

卡桑酒庄（Domaine de Cassan）坐落在蒙米拉伊山崎岖不平的山坡上，葡萄园所在位置十分陡峭，几乎垂直地向四周延伸，卡桑酒庄称得上是徒步旅行者的天堂。毫无疑问，这种得天独厚的地理环境让该处出产的葡萄酒清新怡人，口感极佳。卡桑酒庄在博姆-德沃尼斯产区拥有17公顷的土地，在吉恭达斯产区山脊处拥有7公顷土地。卡桑酒庄只生产红葡萄酒，博姆-德沃尼斯产区出产的葡萄酒味道浓郁、精致，而吉恭达斯产区出产的葡萄酒（在最近年份中减少了对橡木桶的使用和浸渍）味道醇厚，口感细腻。

尚特酒庄（教皇新堡产区）

亚历山大·法维尔（Alexandre Favier）掌管着这处40公顷的家族庄园（主要是从母亲那边继承来的财产）。三分之一的葡萄藤（30个地块）都有70年藤龄，尽管这些葡萄藤的果实都未能用来酿制经典特酿酒，但这是一种宝贵的资源。该酒庄的葡萄酒极具吸引力，品质上乘。酒庄出产的餐前酒（apéritif）呈柑橘状，是一种带有茴香味的白葡萄酒，几乎未经橡木桶酿制，口感怡人；其传统红葡萄酒属中高档酒款。其散发着樱桃白兰地和橡木香气的顶级尚特特酿艾斯特雷葡萄酒（cuvée Extrait），是一款能吸引眼球的葡萄酒。

尚-阿诺德酒庄（万索布雷产区）

1987年，瓦莱丽·阿诺德（Valerie Arnaud）信心满满地接手了父母的葡萄园，一心想推出自己的葡萄酒。在当时的南罗讷河谷地区，极少有女性经营酒庄。她与丈夫菲利普·肖姆（Philippe Chaume）一起将尚-阿诺德酒庄（Domaine Chaume-Arnaud）打造成为万索布雷产区最受欢迎的酒庄之一。1997年以来，酒庄一直采用有机酿制技术。2009年，该酒庄获得了生物动力法认证。面对气候变化导致葡萄酒酒体厚重的现状，使用生物动力法酿制葡萄酒可以提升葡萄酒的自然酸度和矿物质气息。无论是精致的罗讷河谷村庄级白葡萄酒还是酒体平衡、刺莓香气浓郁的万索布雷葡萄酒，都未经橡木桶酿造，口感纯正，着实让人欣喜万分。

茜塔黛尔酒庄（吕贝隆产区）

1989年，电影制片人伊夫斯·罗塞特-鲁阿尔（Yves Rousset-Rouard）退休后在美丽的梅内尔布村（Ménerbes）的山顶建立了茜塔黛尔酒庄（Domaine de la Citadelle）。坐南朝北的石灰岩斜坡有助于酿造出品质优雅的葡萄酒，正因如此，茜塔黛尔酒庄已成为南罗讷最南端产区的著名酒庄。茜塔黛尔酒庄目前由伊夫斯的儿子亚历克西斯（Alexis）经营，酒庄以出产柔和的高比例西拉冷调葡萄酒 [尤其是多年陈藏的特酿古韦纳尔系列（Gouverneur）葡萄酒] 而闻名，出产的白葡萄酒也同样出色。酒庄拥有的游客设施包括有趣的开瓶器博物馆，任何一个来吕贝隆产区游玩放松的葡萄酒爱好者都应该将之列入行程。

科里安松酒庄（万索布雷产区）

自1982年起，弗朗索瓦·瓦洛（Francois Vallot）就以科里安松酒庄（Domaine du Coriançon）的名义装瓶开售自家葡萄酒，他遵循传统原则，在地块内混植葡萄品种——这样葡萄就能一起成熟，有利于共同发酵。2003年，他也开始采用生物动力法管理酒庄。弗朗索瓦酿制的葡萄酒带有花香和红色果实的香气，单宁细腻，矿物质气息明显，是万索布雷产区的典型代表。在这个产区中，西拉种植在凉爽的地方，由此产生了介于南罗讷河谷与北罗讷河谷之间的特色。通过橡木大桶熟化的特酿系列红葡萄酒（Cuvée L'Exception）以西拉为主料酿制而成。

特拉弗斯酒庄（拉斯托产区）

罗伯特·查拉文（Robert Charavin）家族的葡萄酒酿造历史可以追溯到法国大革命时期。1955年，查拉文的父亲在拉斯托南部创建了小小的特拉弗斯酒庄（Domaine des Coteaux des Travers，在凯拉纳产区还有几公顷土地）。1983年，查拉文开始酿酒，首款白葡萄酒以酒庄命名，它味道甘美，略咸的余味令口感更为丰富。奢华高贵的至尊系列红葡萄酒（Cuvée Prestige）

阿玛迪酒庄

阿玛迪酒庄吉恭达斯葡萄酒酒体丰满，口感醇厚绵长、浓烈强劲。

德班酒庄

德班酒庄麝香葡萄酒是博姆 - 德沃尼斯产区最好的葡萄酒之一。

让查拉文名声大噪，这款酒使用的酿酒葡萄产自有 90 年藤龄的葡萄藤，都生长在高耸的梯田上。

克里斯蒂亚酒庄（教皇新堡产区）

像许多其他酒庄一样，掌管克里斯蒂亚酒庄（Domaine de Cristia）的格兰根（Grangeon）家族于 20 世纪 90 年代末之前一直出售散装葡萄酒。2002 年，年轻的巴普蒂斯特（Baptiste）接替了父亲的职位，一跃成为教皇新堡产区冉冉升起的明星酿酒师。他在酒庄种植了 21 公顷包含 4 种风土的有机葡萄，还用小橡木桶代替了所有的老式大橡木桶。酒庄使用西拉和慕合怀特酿出的葡萄酒洋溢着烘焙的浓香，浓烈强劲。克里斯蒂亚酒庄出产的酒款风格多样，酿制的高端奢华的老藤复兴特酿红葡萄酒（Renaissance）堪称是巅峰之作。★新秀酒庄

穆尔酒庄（余少村产区）

在余少村产区的荒野上，埃里克·米歇尔（Eric Michel）对葡萄酒时尚甚至是过往的葡萄酒作家都没什么兴趣。米歇尔热衷于做自己的事，在他 16 公顷的土地上，煞费苦心地对酿造正宗风土葡萄酒的古老土壤进行改造。他强调说："工匠酿制的传统葡萄酒具有昔日的香气和风味。"试想能有哪款老字号葡萄酒的味道能与他酿造的那些颜色深邃、酒体轻盈、魅力十足的葡萄酒相比肩呢？这些葡萄酒产量超低，发布前在罐中进行超长时间的熟化（只在教皇新堡产区和吉恭达斯产区少量使用橡木桶酿造），令人一品难忘。

杜鲁巴克酒庄（凯拉纳产区）

文森特（Vincent）和布鲁诺·杜鲁巴克（Bruno Delubac）很感激他们的祖父，不仅是因为当他们俩还是初学者时，祖父给了他们葡萄园和明智的建议，还因为祖父非常开明。这位不懈努力的企业家曾在阿维尼翁和巴黎经营杂货店，然后回到家乡重新种植葡萄。祖父曾经告诫他二人："不要以为你很出色，聪明的人多了去了。"因此，两人不断重新评估自己的酿酒方法。他们酿制的凯拉纳白葡萄酒清新可口，主打的波赫努红葡萄酒（Les Bruneau）口感顺滑却又风格质朴，浓郁的杜鲁巴克酒庄干红葡萄酒（L'Authentique）口感较之从前更为细腻。

德班酒庄（博姆-德沃尼斯产区）

德班酒庄（Domaine de Durban）坐落在一个世代盛产葡萄酒的地区，历史悠久（历史记载可追溯至 1159 年）、风景绝佳，很少有酒庄能与之相媲美。在过去的 60 年里，莱迪尔家族（Leydier family）一直掌管着这座规模庞大的山顶酒庄，该酒庄拥有地势陡峭的葡萄园，俯瞰着博姆-德沃尼斯村。德班酒庄出产了大量的地区餐酒（Vin de Pays）、一些博姆-德沃尼斯葡萄酒和少量吉恭达斯葡萄酒，但德班酒庄的美誉得益于其出产的精致甜葡萄酒——一款带有梨和杏味的精致葡萄酒。

杜塞格纽尔酒庄（利哈克产区）

2004 年，伯纳德（Bernard）和费德里克（Frédéric）兄弟决定将酒庄彻底转型为生物动力酒庄。40 年前，他们的父亲为了种植葡萄，清除了这里的大片林地。兄弟两人希望酿制出更具个性的葡萄酒款。费德里克曾说："我们有点像扑克牌玩家。"他们的冒险也得到了丰厚的回报。杜塞格纽尔酒庄（Domaine Duseigneur）利哈克葡萄酒［尤其是心大星葡萄酒（Antarès）］和高端的洛丹葡萄酒（Laudun）是与颇具影响力的法国餐厅老板菲利普·福尔-布拉克（Philippe Faure-Brac）合作酿制的，这些葡萄酒丰腴多汁、充满活力、层次丰富、口感紧致。

爱斯卡勒酒庄（拉斯托产区）

如果你打算参观爱斯卡勒酒庄（Domaine des Escaravailles），最好带上你的登山靴。酒庄的名字在奥克语中是"甲壳虫"的意思——该词是用来形容那些戴着黑色头巾忏悔的僧侣（这些黑衣忏悔者是当时酒庄的拥有者）的，他们过去常常在这片乱石层生的土壤上跋涉。爱斯卡勒酒庄可以追溯到 20 世纪 50 年代，目前拥有 65 公顷的葡萄园，其中部分位于凯拉纳产区和罗艾产区（Roaix）。爱斯卡勒酒庄由吉耶·费朗（Gilles Ferrand）经营，他的朋友、著名的酿酒学家菲利普·坎比（Philippe Cambie）也经常施以援手。在过去的 10 年里，他们已经酿制出了一系列品质上乘的葡萄酒。那庄的明星酒款都有哪些呢？拉斯托浮石葡萄酒（Rasteau La Ponce）产自高海拔地区，口感清新怡人；凯拉纳文特拉布伦葡萄酒（Cairanne Le Ventrabren）口感如天鹅绒般丝滑，丰美多汁。★新秀酒庄

埃斯皮尔斯酒庄（瓦给拉斯产区）

尽管菲利普·卡图（Philippe Cartoux）的酒庄总部设在妻子的蒙瓦克酒庄（Domaine de Montvac），但他目前还未生产瓦给拉斯葡萄酒。卡图自学成才，于 1989 年在吉恭达斯产区购买了 2 公顷的葡萄藤。然而，并不是所有自学成才的人都有这样的洞察力。现在，他在吉恭达斯产区、罗讷河谷产区和萨布莱产区（卡图的"实验室"）有了更多的葡萄园，酿酒技术日益精进。如今，相比葡萄酒完整的结构，他更喜欢葡萄酒的香气和新鲜口感。酒庄出产的葡萄酒口感都非常纯净，其中吉恭达斯葡萄酒品质略胜一筹。

费努耶酒庄（博姆-德沃尼斯产区）

帕特里克·索尔（Patrick Soard）和文森特·索尔（Vincent Soard）两兄弟拥有的葡萄园遍布各处，费努耶酒庄（Domaine de Fenouillet）由他们的曾祖父创建，在其经营酒庄的 20 年里，已经出产了大量的系列酒款。酒庄所产酒款大约有三分之一是麝香甜葡萄酒（Sweet Muscat），三分之一是博姆-德沃尼斯红葡萄酒，还有三分之一是旺图白葡萄酒、红葡萄酒和桃红葡萄酒。博姆-德沃尼斯红葡萄酒深色水果气息浓郁，带有烟熏矿物质气息，品质上乘。值得一提的是伊夫特酿葡萄酒（Cuvée Yvon Soard），该酒口感浓郁，酿酒原料以西拉为主，正是索尔兄弟喜欢的系列。

风赫酒庄（旺图产区）

能有多少酿酒学专业学生的父母为他们购得拥有绝佳风土和秀美景色的酒庄呢？风赫酒庄（Domaine de Fondrèche）的塞巴斯蒂安·文森蒂（Sebastien Vincenti）就是这样一个幸运儿。

起初，文森蒂就把心思放在翻新葡萄园上，他非常认真仔细，追求有机种植和酿造出更高品质的葡萄酒。正因如此，10 多年来，风赫酒庄一直是旺图产区葡萄酒产业的开拓者。在琳琅满目的众多葡萄酒中，最让人难忘的是口感浓郁的波斯白葡萄酒（White Persia），该酒主要由瑚珊酿造，经橡木桶发酵，在罐中熟化以保持新鲜的口感。酒体活泼、无硫的风赫自然葡萄酒（Nature Rouge）拥有众多粉丝。★新秀酒庄

拉福蒙酒庄（瓦给拉斯产区）

拉福蒙酒庄（Domaine La Fourmone）的名字源自拉丁语中的 "fromentum"，意思是"小麦"。18 世纪 60 年代时，该地还是一个混合农场，种植谷物、橄榄、葡萄，还养蚕。如今，该酒庄由艺术家兼第 4 代酿酒师玛丽–泰雷兹·康伯（Marie-Thérèse Combe）经营。康伯将葡萄可持续种植原则应用到了瓦给拉斯 20 公顷的土地和吉恭达斯 10 公顷的土地上。口感丰富的老藤瓦给拉斯金色蔓藤葡萄酒和口感醇厚的吉恭达斯特酿福园葡萄酒（Gigondas Cuvée Fauquet）展现了拉福蒙酒庄的风格——圆润柔顺、单宁细腻。

阿玛迪酒庄（吉恭达斯产区）

在阿玛迪（Amadieu）家族庞大的吉恭达斯葡萄园中，海拔最高的阿玛迪酒庄（Pierre Amadieu）被称为"皇冠上的宝石"。酒庄创立于 20 世纪 50 年代，海拔约 400 米，这里老藤结出的葡萄酿造出了醇香浓郁、酒体紧实、单宁强劲的葡萄酒，三分之一的混酿酒置于新橡木桶中陈酿强化。这种风格可能不会吸引所有顾客，除非顾客有足够的耐心静下心来慢慢享受，或用一块牛排搭配饮用，这样酒庄佳酿的浓烈强劲的口感才会征服你的味蕾。

格莱比隆酒庄（吉恭达斯产区）

格莱比隆酒庄（Domaine du Grapillon d'Or）在赛琳·肖维（Céline Chauvet）的家族中已经传承 5 代。由于她本人喜欢烹饪，所以在品尝该酒庄出产的葡萄酒时就一定会谈及如何搭配葡萄酒的菜肴。肖维在吉恭达斯拥有 14 公顷的土地，主要分布在山区，另外在瓦给拉斯还拥有 3 公顷的土地。她在一个传统酒窖里酿造出了口感醇厚强劲的葡萄酒，她的父亲伯纳德（Bernard）仍在积极从事着幕后工作。

加纳斯酒庄（教皇新堡产区）

1990 年，年仅 19 岁的克里斯多夫·沙邦（Christophe Sabon）接管了父亲一手创办的加纳斯酒庄（Domaine de la Janasse）。谈起这事，克里斯多夫的姐姐伊莎贝尔（Isabelle）说："父亲把酒窖的钥匙给了他，说：'你想做什么就做什么。'"伊莎贝尔是酿酒专家，在 2002 年也加入了酒庄。如今，加纳斯酒庄不断扩容，不仅在罗讷河谷村庄级产区拥有大量的地产，还在教皇新堡的几个地方拥有 15 公顷的土地。沙邦酿造的葡萄酒醇厚浓郁、风格现代，口感大胆奔放。珍贵的加纳斯肖班葡萄酒（Chaupin，由 100% 的歌海娜酿成）和加纳斯老藤特酿（Vieilles Vignes）的原料都产自老葡萄藤。顶级白葡萄酒（Prestige）也让人一品难忘，其口感丰富，表面呈杏仁糖色。

梅比酒庄
奈桑多尔马特酿干红葡萄酒香气浓郁，可在酒窖中陈酿多年。

若姆酒庄
若姆酒庄万索布雷葡萄酒口感丰富、率性洒脱。

若姆酒庄（万索布雷产区）

酒庄第 4 代种植者帕斯卡尔·若姆（Pascal Jaume）和理查德·若姆（Richard Jaume）在两种风土条件下种植了 80 公顷的葡萄藤，成为万索布雷产区最重要的种植者之一。他们采用的方法比较接近有机种植，还保持了多项第一：使用性混淆技术来防治害虫，保持低产量并用羊粪施肥，适时进行绿色收割，恰当使用野生酵母等。从口感爽滑的若姆酒庄万索布雷海拔 420 红葡萄酒（Altitude 420），到雄心勃勃的埃查拉斯葡萄酒（Le Clos des Echalas），都酿自 80 年藤龄的葡萄藤（在最好的年份），并使用新橡木桶陈酿。

拉芳酒庄（塔维勒产区）

30 年前，帕斯卡尔·拉芳（Pascal Lafond）开始与他的父亲一起工作，那时其家族产业都在塔维勒，3 片葡萄园区共同出产了具有传奇般强劲口感、味道浓郁的桃红葡萄酒。如今，拉芳酒庄（Domaine Lafond Roc-Epine）80 公顷土地有一半在利哈克产区和罗讷河谷产区，还有一小块土地在教皇新堡产区。尽管这款葡萄酒的陈酿时间并不像某些葡萄酒那么长，但它仍具吸引力——风格现代，又有普罗旺斯葡萄酒的本质特点。凭借拉芳认真的工作态度和有机酿制技术的地位，该酒庄蒸蒸日上。

梅比酒庄（塔维勒产区）

2004 年，理查德·梅比（Richard Maby）辞去了在巴黎证券交易所的工作，接手了自己父亲的产业。梅比精力充沛，事事亲力亲为，极大地提高了这个家族酒庄产品的质量。该酒庄在塔维勒产区有 23 公顷的土地，在利哈克产区有 30 公顷的土地。梅比酒庄（Domaine Maby）的葡萄酒口感细腻、味道纯正、风格大方，酒庄的白葡萄酒可能比比例匀称的桃红葡萄酒和香气浓郁、富含矿物质气息的红葡萄酒更吸引人。口感饱满的利哈克产区特酿葡萄酒（Lirac Cuvée Prestige）是一款混酿酒，白歌海娜和维欧尼各占一半，经橡木桶陈酿，品质极佳。梅比说："此酒搭配鹅肝酱饮用，真是绝配。"★新秀酒庄

马克·克雷登维斯酒庄（尼姆产区）

自 1999 年以来，来自阿尔萨斯（Alsace）的生产商马克·克雷登维斯（Domaine Marc Kreydenweiss）一直经营着该酒庄，但属于他的世界才刚刚开始。一直沉浸于白葡萄酒酿造的克雷登维斯开始对红葡萄酒酿造感到好奇，他被"阿尔萨斯地区的典型风土"——含有碎片岩、石英、砂岩的碎石和土壤深深吸引。克雷登维斯和同为酿酒师的妻子艾曼纽（Emmanuelle）采用生物动力法种植葡萄，为了酿制出口感新鲜、饱含丰富矿物质气息的葡萄酒，他们在气候炎热的时候尽早采摘葡萄。他的妻子酿制的格里莫德葡萄酒（Grimaudes）果香味浓郁，而克雷登维斯酿制的皮耶尔葡萄酒（Perrières）层次丰富。他们最近新投资了一个项目，在教皇新堡产区购入 2 公顷的老藤葡萄酒庄。★新秀酒庄

马塞尔·理查酒庄（凯拉纳产区）

马塞尔·理查（Marcel Richaud）长着长长的灰色头发，戴着一副时髦的眼镜，他带有一种自信而略带不羁的气质，似

梦那迪尔酒庄

梦那迪尔酒庄老藤葡萄酒
置于大橡木桶中陈酿 18 个月。

巴里耶酒庄

巴里耶酒庄吉恭达斯葡萄酒
结构极佳，极具陈年价值。

乎与他的葡萄酒很相配。作为家族第 5 代葡萄种植商，马塞尔自 1974 年起就用自己的名字为所产葡萄酒命名。从那时起，在妻子玛丽（Marie）的帮助下，他将自己的有机酒庄扩展到 30 个不同地块的 50 公顷土地上。埃布雷斯卡德葡萄酒（L'Ebrescade）所用的老藤葡萄产地风土极佳，系列葡萄酒醇香浓郁，具有教皇新堡产区葡萄酒的特色，但中低端葡萄酒也很有特色——从充满异国情调的芒果调凯拉纳白葡萄酒，到清爽宜人的罗讷河谷红葡萄酒，这些系列的葡萄酒各具特色。

玛可酒庄（教皇新堡产区）

菲利普·阿米尼埃（Philippe Armenier）的家族种植葡萄的历史可以追溯到 14 世纪。在移居国外之前，菲利普于 1990 年在马尔库创立了教皇新堡第一个采用生物动力方法种植葡萄的酒庄。虽然菲利普管理酒庄的方法没有那么极端，但他的姐妹们还是采取了同样的做法：凯瑟琳（Catherine）管理着 17 公顷的土地，该片土地许多区域都种植着老葡萄藤，而苏菲（Sophie）则负责酿造葡萄酒。这些葡萄酒香气浓郁，口感纯净，细腻有加。口感丰富的老藤葡萄酒只选用一半的老藤果实酿制，其经典特酿葡萄酒则是用剩余的果实酿制而成。

梦那迪尔酒庄（瓦给拉斯产区）

达米安·瓦切（Damien Vache）不仅拥有农学学位，还在加利福尼亚州和勃艮第工作过，经验丰富。作为罗讷河谷产区年轻一代酿酒师的代表，他接受过良好的教育，善于表达，思想开放。达米安专注于有机葡萄栽培，他强调维护生物的多样性，这也是梦那迪尔酒庄（Domaine de la Monardière）的自然特征，因为该酒庄主要位于山区。虽然白葡萄酒和桃红葡萄酒只占了该产区葡萄酒品类的 5%，但产量却占到该产区的 20%。尽管瓦给拉斯莫纳尔德斯 2 系列红葡萄酒（Les 2 Monardes）让人一品难忘且价格合理，但葡萄酒爱好者们也不要错过口感浓郁顺滑的盖乐世白葡萄酒（Galéjade）。★新秀酒庄

蒙特瓦克酒庄（瓦给拉斯产区）

蒙特瓦克酒庄（Domaine de Montvac）历经 4 代母女相传。塞西尔·杜塞尔（Cécile Dusserre）在接管该酒庄之前，曾经想成为一名芭蕾舞演员。这就很好地解释了为何塞西尔酿制的吉恭达斯和瓦给拉斯葡萄酒都十分优雅、稳重又精致。酒庄的葡萄酒酒体丰满、口感丰富，轻轻一品，就仿佛是迈着轻盈的步伐在味蕾间起舞。塞西尔说："我不会酿造连自己都不喜欢的葡萄酒。"在橡木桶发酵的瓦给拉斯白葡萄酒和充满活力的老藤特酿文斯拉红葡萄酒（Vincila）在众多优质葡萄酒中脱颖而出。

蒙多利酒庄（塔维勒产区）

克里斯多夫·德洛姆（Christophe Delorme）和法布里斯·德洛姆（Fabrice Delorme）兄弟在蒙多利酒庄（Domaine de la Mordorée）生产了精致的塔维勒、利哈克和罗讷河谷葡萄酒。蒙多利酒庄出产的葡萄酒让人一品难忘，既有缎子般柔顺的质地，又有深度的风味，酒体平衡到令人钦佩。无论谁对传统的、酒体饱满的、值得窖藏的塔维勒葡萄酒有兴趣，都可以品尝一下森林女王特酿葡萄酒（Cuvée Reine des Bois），这款酒陈

酿 10 年后仍相当出色。其他明星酒款包括口感柔顺的利哈克红葡萄酒（Liracs）和稀少的教皇新堡葡萄酒。

杜穆林酒庄（万索布雷产区）

丹尼斯·文森（Denis Vinson）和他的妻子芙德睿（Frédérique）及其儿子查尔斯（Charles）经营着杜穆林酒庄（Domaine du Moulin），据他们称这是万索布雷最小、最古老的一家私人酒庄。酒庄距离以种植黑橄榄闻名的尼永（Nyons）不远，这里过去主要是一个橄榄园，直到 1956 年一场毁灭性的霜冻发生，导致许多橄榄树死亡。人们认为种植葡萄藤可能是更安全的选择，便种植了葡萄藤，取代了曾经的橄榄树（幸运的是，幸存下来的橄榄树足以生产优质的酒庄橄榄油）。最好的两款葡萄酒分别是精心酿制的老藤特酿简文森葡萄酒（Cuvée Jean Vinson）和更具西拉与橡木桶味道的特酿查尔斯瑟夫葡萄酒（Cuvée Charles Joseph），这两款酒多汁诱人，不容错过。

木崇酒庄（赛古埃产区）

1998 年，沃尔特·麦金莱（Walter McKinlay）和罗尼·麦金莱（Ronnie McKinlay）退休之后建立了木崇酒庄（Domaine de Mourchon）。关于这家酒庄，有两件事值得注意：第一，酒庄建在赛古埃村的高处，给人摇摇欲坠的错觉；第二，酒庄主人充满了年轻人的活力，将原本光秃秃的 17 公顷葡萄园逐步发展成为一个充满活力的酒庄。该酒庄出产的葡萄酒实力越来越强，如今具有陈年价值的特级珍藏葡萄酒，从味道强劲有力变得强劲中略带清淡的橡木味，而酒庄在顶级年份出现了两款令人印象深刻的老藤家族珍藏酒（Family Réserves）。此外，未经橡木桶酿造的传统葡萄酒也不失为一种上选之作。★新秀酒庄

圣马丁酒庄（凯拉纳产区）

弗朗索瓦（Francois）和弗雷德里克·阿拉里（Frédéric Alary）来自凯拉纳，他们的家族拥有 300 多年的葡萄酒酿造历史。两人在圣马丁酒庄（Domaine Oratoire St-Martin）酿造出了南罗讷河谷产区质量最佳的葡萄酒。他们淡然的自信展现了家族 10 代人的智慧，同时他们也具有前瞻性——在自家 26 公顷的酒庄（1993 年成立的有机酒庄）里采用生物动力法种植葡萄，还从葡萄园中移走吸热的石头来延缓葡萄成熟和保持新鲜度。这些葡萄酒堪称典范——上古斯蒂亚斯（Haut-Coustias）白葡萄酒（由玛珊、瑚珊和维欧尼酿制）口感丰富，带有咸味；慕合怀特古斯蒂亚斯红葡萄酒既口感辛辣，又带有果味，且口感顺滑，矿物质气息浓郁。

巴里耶酒庄（吉恭达斯产区）

教皇新堡老电报酒庄（Le Vieux Télégraphe）的主人布鲁尼耶夫妇（The Bruniers）寻遍罗讷河谷产区，想找一家能兼具独特个性与饮用乐趣的酒庄。最终，在 1998 年，他们与美国进口商柯密特·林奇（Kermit Lynch）合作，买下了巴里耶酒庄（Domaine Les Pallières）——该酒庄虽一度被忽视，但气势宏伟，坐落在高高的林地上，长有大量珍贵的老藤。他们的酿酒方式非常严谨，先在酒罐中熟化一年，装瓶前再放在桶中一年。他们酿出的吉恭达斯葡萄酒最为时尚——质地优良，口感极佳，也极具陈年价值。★新秀酒庄

佩高酒庄（教皇新堡产区）

长期以来，劳伦斯·费劳德（Laurence Féraud）和她在佩高酒庄（Domaine du Pégaü）酿制的葡萄酒都吸引着葡萄酒评论家。这位曾经与父亲在酒窖里争吵（"我要按我的方式做！"）的年轻女子，如今已成为这个家族酒庄的一员。该葡萄园于1987年围绕着古老的家族葡萄园而建，占地面积20公顷，分布在17个不同的地块上——有些地块仍然种植着教皇新堡的13个葡萄品种。该酒庄的葡萄采用传统工艺酿造而成，单宁紧实，散发着烟熏味和肉味，醇厚浓郁，富含矿物质气息。令人困惑的是，该酒庄主打的红葡萄酒居然是佩高酒庄珍藏特酿干红葡萄酒（Cuvée Réservée）。口感强劲的佩高酒庄卡珀特酿干红葡萄酒（Cuvée da Capo）出产于顶级年份，包装精美。

普拉丘酒庄（洛丹产区）

吕克·普拉丘（Luc Pelaquié）是洛丹产区最重要的个体生产者，他的老房子周围种有65公顷的葡萄藤，一眼望不到尽头。白葡萄酒占酒庄总产量的25%，吕克认为这是整个南罗讷河谷产区的最高比例。在包括罗讷河谷、塔维勒、利哈克，以及洛丹产区的广阔区域内，白葡萄酒是无可争议的热门酒类，尤其是在未经橡木桶陈酿且白葡萄酒层出不穷的洛丹产区。桃红葡萄酒和红葡萄酒的口感可能过于浓稠，并不适合所有人的口味。

皮奥吉尔酒庄（萨布莱产区）

让-马克·奥特朗（Jean-Marc Autran）家族种植葡萄已有4代之久。1985年，他和妻子苏菲（Sophie）创建了皮奥吉尔酒庄（Domaine de Piaugier），在萨布莱周围无数小块土地上种植了20公顷的葡萄藤。不出所料，该酒庄的重点是红葡萄酒——酒庄的经典萨布莱红葡萄酒丰润多汁、精美优雅，是萨布莱产区教科书般的存在。但他们是第一批在这里使用木桶酿造白葡萄酒的，酿制出的萨布莱干白葡萄酒（Sablet blanc）成为激励他人的榜样酒品。同样吸引人的还有酒体活泼的萨布莱特内比红葡萄酒（Sablet Ténébi），几乎完全由古老的葡萄品种古诺瓦兹酿造。

比斯丽菲酒庄（教皇新堡产区）

从20世纪90年代初开始，蒂埃里·乌塞廖（Thierry Usseglio）和让-皮埃尔·乌塞廖（Jean-Pierre Usseglio）兄弟就一直经营着这个由其祖父创建的酒庄。他们的祖父来自皮埃蒙特，曾是一名精力充沛的葡萄园工人，20世纪30年代因饥荒被迫来到教皇新堡。自1998年以来，为纪念他们的祖父，兄弟二人用95年藤龄的歌海娜为原料，酿出了口感丰富的比斯丽菲酒庄梦埃尔特酿葡萄酒（Cuvée de Mon Aïeul）（意为"我的祖父"），年产2万瓶。而传统的特酿酒品，也就是乌塞廖一直关注着的酒品，虽然价格只有其他酒款的一半，但质量极高。酒庄管理者的风格低调而非极致奢华，这在口感新鲜、酒体轻盈的白葡萄酒中有所体现。

彼莎德酒庄（博姆-德沃尼斯产区）

精力充沛的玛丽娜·武特（Marina Voute）和蒂埃里·武特（Thierry Voute）是博姆-德沃尼斯产区的麝香葡萄大使，他们觉得自己肩负着推广法国首屈一指的甜葡萄酒产区的使命。在占地42公顷的彼莎德酒庄（Domaine de la Pigeade）中，四分之三种植的是小粒白麝香葡萄（Muscat à Petits Grains，他们用其余的葡萄酿制出了著名的瓦给拉斯葡萄酒和旺图葡萄酒）。他们在加利福尼亚州接受过酿酒师培训，酿制了一款口感轻盈的麝香葡萄酒，带有异国情调的荔枝和柑橘味，酸度适中。他们说这款酒可以窖藏20年之久——陈年年份够长，足以说服那些对甜葡萄酒持怀疑态度的人。

莱姆杰纳酒庄（罗讷河谷村庄级产区）

莱姆杰纳酒庄（Domaine La Réméjeanne）位于嘉德（Gard）北部，占地38公顷。在过去的20年里，雷米·克莱因（Rémy Klein）将其打造成罗讷河谷村庄级产区酒庄中的佼佼者。这座酒庄有两点十分突出：首先是酒庄的风景，相比阳光炙烤下的普罗旺斯，这里更荒凉、风更大，所以葡萄酒的口感更新鲜；其次，克莱因热爱自然，不受束缚，比如他用杨梅、金银花、桧柏、野蔷薇来命名自家出产的特酿葡萄酒。酒庄出产的葡萄酒品质始终如一，这可不是只有雄心壮志就能做到的。口感醇厚、风味极佳的杜松葡萄酒（Les Genévriers）令人一品难忘。

仁贾德酒庄（余少村产区）

仁贾德酒庄（Domaine de la Renjarde）原是一座罗马别墅，葡萄园面积广阔，前面是一望无际的田野，后面是树林。多年以来，拉奈特酒庄的理查德家族一直是仁贾德酒庄的共有者；2000年，家族买下该酒庄，2008年任命克里斯蒂安·沃伊克斯（Christian Voeux）管理葡萄酒生产事宜。酒庄改进工作正在进行中，包括向有机葡萄种植转型、采用纯手工采摘、翻新葡萄园，以及引进白葡萄品种等。不过，生产现代感十足、酒体丰满的葡萄酒这一传统早已在酒庄根深蒂固。

沙邦酒庄（教皇新堡产区）

1952年，罗杰·沙邦（Roger Sabon）创建了一个如家庭般温馨的酒庄；如今，沙邦的儿子们依然活跃，现任酿酒师迪迪埃·内格隆（Didier Négron）娶了沙邦的孙女塞弗琳（Séverine），可谓是如虎添翼。酒庄出产的葡萄酒特点也如同这一家人——开放、坦率、朴实无华，避免了过度成熟、浸渍或浓烈的橡木味。混酿在熟化前进行，这样是否会增强葡萄酒口感的和谐度呢？有可能。经典特酿奥丽弗葡萄酒（Les Olivets）多汁诱人，酒体饱满、口感圆润的珍藏级葡萄酒，以及口感浓郁、极具陈年价值的顶级葡萄酒价格合理，性价比高。

罗克特酒庄（教皇新堡产区）

早在1986年，老电报酒庄（Vieux Télégraphe）的布鲁尼耶（Brunier）夫妇就买下了占地面积30公顷的罗克特酒庄（Domaine de la Roquète），但他们说自己花了10年时间才很好地适应了当地的风土条件。罗克特酒庄位于著名的稀雅丝酒庄附近，具有同样的砂质土壤，这种土壤可以提高葡萄的新鲜度，但无法像在鹅卵石土壤上生长的葡萄那样优质。自2003年以来，该酒庄葡萄酒的品质更上一层楼。和老电报酒庄一样，罗克特酒庄的红葡萄酒在发布前有两年的陈年期。这些葡萄酒口感圆润成熟，味道甘美，在10年内饮用口感更佳。

特酿——是功是过？

20年前，教皇新堡产区只有极少数酒庄生产特酿酒——在优秀年份限量生产的顶级葡萄酒，这些酒通常用葡萄园的果实来酿制，这些葡萄园因其老葡萄藤和出色的风土而出名。如今，情况正好相反：只有少数几家酒庄不出产特酿（帕普酒庄、老电报酒庄和老教堂酒庄都是著名的特酿反对者）。许多酒庄生产葡萄酒选择的是酒窖中最好的地段而非特定的地块。这些高度浓缩、价格超级昂贵的奢侈葡萄酒是好酒吗？对于此事的争论十分激烈。这些奢侈的葡萄酒往往会吸引大量的评论，也意味着这些高端葡萄酒能为酿造酒庄和教皇新堡带来不菲的市场利益。但是，如果酒庄出产的一款或多款特酿的数量过多，那么占主导地位的红葡萄酒（酒庄声誉应该主要依赖于此）可能就会受拖累。

泰德罗弘酒庄

泰德罗弘酒庄的吉恭达斯葡萄酒酒体结构佳，口感紧致。

圣达米安酒庄（吉恭达斯产区）

如果想购买精心酿制、风格经典而又价格合理的吉恭达斯葡萄酒，那就请记住圣达米安酒庄（Domaine St-Damien）这个名字，同时还要感谢第 5 代葡萄种植者乔尔·索雷尔（Joël Saurel）的辛勤付出。1995 年，乔尔决定不再向批发商批量供货，也不再使用化学药品和除草剂，转而开始采用传统方式生产葡萄酒。他酿制的 3 款特酿酒都展现出 3 种风土中老藤葡萄比例高的特点。拉·路易斯安葡萄酒（La Louisiane）酿自欧石南丛生的荒地（garrigue）出产的葡萄，香味浓郁；而苏特雷德葡萄酒（Les Souteyrades）酿自黏土园区出产的葡萄，口感更软黏，两者形成鲜明的对比。葡萄酒酿造之后，陈酿至少 3 年后再发行，会产生意想不到的和谐口感。

圣嘉阳酒庄（吉恭达斯产区）

尽管南罗讷河谷产区固于传统，但很少有生产商能像圣嘉阳酒庄（Domaine St-Gayan）那样在一个家族中传承近 400 年。这样来形容让-皮埃尔（Jean-Pierre）和玛娜·梅弗（Martine Meffre）可并非吹捧。这对低调的夫妇似乎并没有意识到他们生产的葡萄酒已被公认为吉恭达斯葡萄酒的标杆。风格传统、口感强劲的吉恭达斯葡萄酒需要时日才能开瓶，而陈酿后更具风味。即便是罗讷河谷产区的基础系列酒款也具有醇厚的口感。

圣琵飞酒庄（教皇新堡产区）

银行家伊莎贝拉·费南多（Isabel Ferrando）曾滴酒不沾，10 年前在宴会上偶然饮了一杯科奇酒庄默尔索葡萄酒（Coche-Dury Meursault），令她对葡萄酒刮目相看。她当即买下一块占地 16 公顷的葡萄园，还参加培训，成为一名酿酒师，随后创建了圣琵飞酒庄（Domaine St-Préfert）。她说："新的皈依者都是最极端的完美主义者。"伊莎贝拉完美的酒窖和口感精致、酒体平衡的葡萄酒恰恰证明了这一点。该酒庄品质极佳的老藤珍藏级奥古斯特法维干红葡萄酒（Auguste Favier）的产量要比基本款的特酿葡萄酒多，这一点就很与众不同。100% 精制歌海娜科伦比思葡萄酒产自新购地块，以费南多酒庄（Domaine Isabel Ferrando）的名义出售。★新秀酒庄

石血酒庄（瓦给拉斯产区）

用"石头之血"（Domaine Le Sang des Cailloux）这几个字来形容赛尔治·菲力古勒（Serge Férigoule）这家生机勃勃的葡萄酒酒庄真是再恰当不过。自 1990 年接管酒庄以来，赛尔治干劲十足、辛勤劳作，酒庄因此取得了巨大成功。赛尔治的酒庄位于瓦给拉斯的萨里扬一带，占地面积 18 公顷。酒庄采用生物动力法管理，出产的葡萄酒个性鲜明、带有强烈的年份特征——有的年份味美诱人，有的年份则平淡无奇，但始终带有浓郁的矿物质气息。白葡萄酒带有一股橙子和蜂蜜香味，十分迷人。

圣杜卡酒庄（吉恭达斯产区）

法国人用"脂肪"（gras）这个词来形容口感顺滑、酒体丰满、带有浓郁成熟水果味道的葡萄酒。伊弗·格拉斯（Yves Gras）是圣杜卡酒庄（Domaine Santa Duc）的第 4 代主人，一直潜心打造名副其实的葡萄酒品牌。伊弗的葡萄园大约有一半位于吉恭达斯（其余的在拉斯托、瓦给拉斯、凯拉纳、萨布

佩兰酒庄

像其他的佩兰酒庄葡萄酒一样，佩兰酒庄瓦给拉斯因其醇厚口感而享有盛誉。

莱和罗阿克斯产区），他酿造红葡萄酒喜欢用熟透的葡萄，但是不去梗，因为梗里所含的单宁会平衡水果过分的甜腻。该酒庄质量上乘的白葡萄酒也值得一品。

苏梅德酒庄（拉斯托产区）

尽管安德烈·罗梅罗（André Romero）和他的儿子弗雷德里克（Frédéric）酿造了一些教皇新堡和吉恭达斯葡萄酒，但苏梅德酒庄（Domaine La Soumade）与拉斯托产区密不可分，因为该家族世世代代都在拉斯托种植葡萄和桃子。他们的酒庄占地 28 公顷，生长在砂质土壤里的青藤葡萄酿出的传统特酿酒美味可口，而生长在黏土土壤里的老藤葡萄酿制出的葡萄酒口感醇厚、结构更佳——这些葡萄酒也有奢华的一面，这正是苏梅德酒庄的典型特征。按照辣度由低到高进行排列，顶级葡萄酒（Prestige）、自信佳酿葡萄酒（Confiance）和限量的自信之花葡萄酒（Fleur de Confiance）都值得窖藏。味道甘美的红葡萄酒品质极佳。

拉·瓦瑞尔雷酒庄（旺图产区）

伦敦证券交易所现任法国老板泽维尔·罗雷（Xavier Rolet）用了超过 15 年的时间翻新了拉·瓦瑞尔雷酒庄（Domaine de la Verrière），酒庄最终的样貌让人十分惊喜。该酒庄坐落在山巅之上，葡萄园占地面积 30 公顷，场面看起来非常壮观——像是整个村庄围绕着一家奢华酒店、一家餐厅、一所葡萄酒学校，以及一座超级豪华的酿酒厂。酒庄于 2006 年推出的施楠蓝色葡萄酒（Chêne Bleu）价格高昂，但这也没有什么令人吃惊的，因为它的质量很高，其中以西拉为主要酿酒材料的海洛薇兹葡萄酒（Héloïse）为以歌海娜为主料的阿伯拉尔干葡萄酒（Abelard）添加了一丝顺滑。★新秀酒庄

维勒·朱丽安酒庄（教皇新堡产区）

维勒·朱丽安酒庄（Domaine de la Vieille Julienne）的葡萄园主要位于朝北的梯田上，面积有 10 公顷，出产的葡萄自然酸度很高。酒庄主人让-保罗·杜门（Jean-Paul Daumen）善于思考、行事严谨，为了保持葡萄的新鲜度，除混种了少量神索之外，葡萄的采摘时间也不会太晚。需要强调的是，该酒庄出产的果实中含有浓郁的矿物质气息，采用生物动力法耕作后，风味尤浓。酒庄采用老藤葡萄酿制的葡萄酒口感多样，令人印象深刻，2003 年以来逐渐成为酒庄的主打产品。在顶好的年份里，最优质的地里出产的葡萄会酿出价格昂贵的特酿珍藏级葡萄酒。

老教堂酒庄（教皇新堡产区）

在某些方面，老教堂酒庄（Domaine Le Vieux Donjon）是一个非常传统的酒庄。该酒庄只生产一种葡萄酒，理由是特殊口味的特酿葡萄酒会导致经典特酿酒黯然失色。酒庄出产的葡萄酒在水泥罐中发酵，用古老的方式在大木桶中陈酿。而现如今，老教堂酒庄的酿酒师是年轻的克莱尔·米歇尔（Claire Michel，第 4 代传人），他毕业于酿酒学专业，曾在纳帕的哈兰酒庄工作。该处有 3 种风土，其中包括种有 100 年藤龄歌海娜的鹅卵石土质，这种土质正是老教堂酒庄有别于其他酒庄的地方。该酒庄出产的葡萄酒兼具丝滑优雅、充满活力、单宁细腻和酒体丰满的优点。

老电报酒庄（教皇新堡产区）

站在拉克劳高原（Plateau of La Crau）上，铺满了厚厚一层石头的葡萄园一览无余，布鲁尼家族将一个建于1898年的小葡萄园扩展到今天足足的70公顷。丹尼尔（Daniel）和费雷德里克（Frédéric）兄弟二人目睹了酒庄因出产层次丰富、优雅的葡萄酒而在教皇新堡产区名列前茅。这款味道甘美的红葡萄酒结合了古诺瓦兹、神索和克莱雷的新鲜口感，在陈酿10年左右的时候品质极佳。酒庄的桃味白葡萄酒十分优雅，堪称典范。

文德米诺酒庄（旺图产区）

让·马罗（Jean Marot）曾为南姆酒庄（Domaine de Murmurium）效力10年之久，被誉为业界新秀，可是后来却因商业伙伴关系破裂和财务危机而告终。如今，让·马罗努力保留了13公顷的葡萄藤，他和儿子纪尧姆（Guillaume）在文德米诺酒庄（Domaine Vindémio）重整旗鼓。马罗酿制的葡萄酒价格合理、味道令人愉悦——口感纯净、新鲜、细腻，不带一丝橡木味。多年来，他的葡萄园一直采用有机法种植，现在已经改成了生物动力法，用他的话说，这样能更好地增加葡萄酒的活力。文德米诺酒庄的想象干红葡萄酒（Imagine）的品质尤为出色。★新秀酒庄

玛丹古尔酒庄（拉斯托产区）

虽然杰罗姆·布雷斯（Jérome Bressy）的葡萄酒定价高得有点离谱，但是恰恰彰显了他唯一不变的决心：在玛丹古尔酒庄（Gourt de Mautens）酿造"一款伟大的葡萄酒"。他拥有13公顷土地，分布在7个地块，种有大量的老藤葡萄。1996年，他放弃了合作社，转而建立了自己的酒庄。1989年以来，这些葡萄园都采用有机法种植，现在改为生物动力法种植。该酒庄葡萄酒产量极低，佳丽酿葡萄比慕合怀特更受欢迎，像古诺瓦兹这样的老品种也颇受青睐，此外原本的小橡木桶也换成了600升容量的酒桶。最终，他们创造了感官优雅而又富于激情的限量款葡萄酒：一款白葡萄酒，一款红葡萄酒，不过没有特酿酒。

马斯·利比安酒庄（罗讷河谷村庄级产区）

埃莱娜·提蓬（Hélène Thibon）非常美丽迷人，并不适合在地窖里干那些拖拉水管的粗活。她十分年轻，根本看不出她被誉为葡萄酒新秀已有10年。以前，这座古老的阿尔代什（Ardèche）狩猎园中常有野猪出没啃食葡萄。自从她掌管马斯·利比安酒庄（Mas de Libian）以来，葡萄的品质不断提高。得益于该处大块鹅卵石覆盖的风土条件，提蓬在她17公顷的土地上采用了以马耕为主的生物动力法种植葡萄。她酿造的葡萄酒优雅诱人——味道甘美的海亚姆红葡萄酒（Khayyam）最为著名；拉卡拉德慕合怀特葡萄酒最具特色。★新秀酒庄

梦迪斯酒庄（瓦给拉斯产区）

"认真"一词是梦迪斯酒庄（Montirius）最好的代名词。该酒庄位置优越，在瓦给拉斯拥有40公顷的土地，在吉恭达斯拥有20公顷的土地。酒庄主人埃里克·索雷尔（Eric Saurel）和克里斯汀·索雷尔（Christine Saurel）为人非常热情，擅长用生物动力法打理酒庄农务。他们依照自己的节奏使用水泥罐发酵葡萄，不使用橡木桶是因为成熟的葡萄本身就带有足够的"木质"

味。虽然这里的葡萄酒不可能都达到预期效果，但它们突出的特点是富含矿物质气息。

佳黛特酒庄（吉恭达斯产区）

让–巴蒂斯特·穆尼耶（Jean-Baptiste Meunier）的家族种植葡萄已有5代，他的佳黛特酒庄（Moulin de la Gardette）面积只有9公顷，可能算是吉恭达斯面积较小的酒庄，但酒庄的美誉却是与日俱增。葡萄藤种在村庄周围的23个小地块上，现在都是采用有机栽培，葡萄酒也是用野生酵母酿制的。酒庄的两款葡萄酒中，除了歌海娜、西拉和慕合怀特之外，还含有10%的神索，这样在增加优雅感的同时降低了酒精度。口感丰富的文特布朗特酿葡萄酒（Cuvée Ventabren）值得一品。★新秀酒庄

佩兰酒庄（罗讷河谷村庄级产区和罗讷河谷产区）

就像吉佳乐世家（Guigal dynasty）对北罗讷河谷产区的影响一样，博卡斯特尔酒庄的佩兰酒庄（Perrin & Fils）对南罗讷河谷地区的影响也同样巨大。除了做酒商，他们还在许多著名的村庄拥有或租赁了具有优质风土的葡萄园，使得佩兰酒庄葡萄酒帝国的面积得以逐年扩大。与教皇新堡一样，他们实行可持续的葡萄种植法。最终成果就是，从日常的农庄世家白葡萄酒（Vieille Ferme），到拉斯托、瓦给拉斯、吉恭达斯、凯拉纳和万索布雷这些产区红葡萄酒，各种各样的葡萄酒都表现出惊人的稳定品质，具备了其原产地的典型特征。

泰德罗弘酒庄（吕贝隆产区）

大多数酒商的店面规模都很大，而泰德罗弘酒庄（Tardieu-Laurent）堪称大规模酒庄中的精品。该酒庄成立于1989年，当时还是公务员的米歇尔·塔迪厄（Michel Tardieu）痴迷于葡萄酒，于是劝说勃艮第的小酒商多米尼克·洛朗（Dominique Laurent）和他在罗讷河谷组建了这个合伙酒庄。凭借与产区主要酒庄的良好关系，泰德罗弘酒庄获得了少量的顶级特酿酒，他们将这些酒在橡木桶中混酿，制造出口感强劲浓郁的葡萄酒。即使在罗讷河谷产区，这种酒也足以引起轰动。

海伦·提蓬

马斯·利比安酒庄（Mas de Libian Hélène）的提蓬作为年轻的葡萄种植者，是振兴南罗讷河谷地区的典型代表。她的父母负责"幕后"工作，丈夫阿兰（Alain）在她身边，姐姐凯瑟琳（Catherine）在葡萄园工作，十几岁的儿子奥雷利安（Aurélien）在一旁帮忙——她和前几代人一样有家庭观念。为了达到葡萄酒的最佳品质，葡萄藤的健康是她关注的重点。因此，葡萄种植技术除了从有机栽种升级到生物动力法耕种（其他许多酒庄也是如此）以外，提蓬还用犁马来耕种自己的石质土壤葡萄园。相比拖拉机，用犁耕地更精准（碳排放量更少），对珍贵的老藤根造成的损害也更少。她追求葡萄藤有更深的根、更强壮的藤蔓、更好的抗病性和抗旱能力⋯⋯她经常挂在嘴边的一句话就是："我们的祖先知道的东西比我们想象得多。"

博姆-德沃尼斯产区选用麝香葡萄酿制一种淡金色天然甜葡萄酒（Vin Doux Naturel），该酒甘美怡人、芳香四溢。

朗格多克产区

朗格多克产区（Languedoc）幅员辽阔，自西向东以弧形穿过法国南部，跨越奥德省（Aude）、埃罗省（Hérault）和加尔省（Gard）。它与普罗旺斯和南罗讷河谷产区一样，拥有着法国最古老的葡萄种植区的美誉，其历史可以追溯到古罗马甚至古希腊时期。就产量而言，朗格多克肯定是法国最大和最重要的葡萄酒产区（占全国总产量的10%）。然而，如果认为该地区只负责生产大量廉价葡萄酒，那是不公平的。相反，朗格多克产区目前是欧洲最令人兴奋和不断发展的地区之一，以其潜力吸引着目光敏锐和热情的人。

主要葡萄种类

红葡萄

佳丽酿

神索

歌海娜

慕合怀特

西拉

白葡萄

布布兰克

克莱雷

马卡贝奥

匹格普勒

年份

2009
该年份芳香的白葡萄酒酸度低，但红葡萄酒颜色深邃，单宁结构良好。

2008
由于缺水，该年份产量相当低，也因此葡萄酒酒体外浓郁醇厚。最好的酒陈放后品质会愈加改善。

2007
该年份的葡萄酒在风格和各项条件方面都与2006年非常相似。

2006
该年份葡萄酒质量上乘。与2005年的葡萄酒相比，该年份的葡萄酒的浓度略低，大多数都可以开瓶直饮。

2005
该年份葡萄酒与2004年的葡萄酒质量相差无几，这些葡萄酒可随时饮用。

2004
该年份红葡萄酒品质过硬，可开瓶直饮。

通常来说，朗格多克的气候是温暖的，夏季白天的温度经常超过30℃，每年有超过2500小时的日照，年降雨量低于400毫米。这减少了葡萄藤疾病的风险，如霜霉病和白粉病，但可能存在的问题就是干旱。红葡萄酒的生产在该地区占主导地位，通常由大量的合作社生产，葡萄酒酒精度高、酸度低。然而在这一概括中，具体地点的微气候可能存在巨大的差异。

该地区的北部是塞文山脉（Cevennes Mountain），它是中央高原的一部分，从卡尔卡松（Carcassone）北部的黑山一直到阿尔代什（Ardèche）的维瓦莱山（Monts du Vivarais），向东北方向延伸。有两种强风影响朗格多克的气候——密史脱拉风是一种强烈的寒冷的北风，穿过罗讷河谷，影响到朗格多克的东北部；而特拉蒙坦风（tramontane，法国北风的经典名称）则从比利牛斯山脉（Pyrenees）和中央高原之间的西北方向吹来。在地质学上，朗格多克是由一系列火山活动、冰期、山脉和海洋因素影响形成的不同土壤类型。

虽然大多数葡萄园都在广阔、平坦、低洼的冲积平原上，生产量大而质量欠佳的葡萄酒，但山脚下或山顶上也有合适的地方。在阳光、温度、天然屏障、海拔、风和近海优势等各种因素的相互作用下，该地区生产的葡萄酒风格各异。

毫无疑问，红葡萄酒的生产占主导地位，但这里也生产高质量的白葡萄酒、桃红葡萄酒、起泡酒和甜葡萄酒。品质最优的葡萄酒通常产自海拔较高的地方，如圣卢山和圣希尼扬地区，海拔600米。克拉普在罗马时期是一个岛屿，现在与大陆相连。其本质上是一个沿海山地自然保护区，生产高质量的布布兰克葡萄酒。皮克普产区（Picpoul de Pinet）用匹格普勒葡萄酿制出带有新鲜柑橘味的白葡萄酒。

继续西行，我们能看到该地区在科比埃和米内瓦周围变得更加崎岖。利穆位于朗格多克的西南端，比任何一个产区都要高，离地中海也更远，能酿造出优质的起泡酒。在这里的北部，卡巴尔岱（Cabardès）和马勒佩尔（Malepère）在气候方面同时受到大西洋和地中海的影响，因此选择种植的葡萄品种也是如此。朗格多克最著名的甜葡萄酒在弗龙蒂尼昂（Frontignan）生产。

这是一片历史悠久的土地。建立于公元前118年的纳巴达（Narbonne）是一个繁荣的港口。中世纪的卡尔卡松城堡（Cité de Carcassone，在6世纪也是一个重要罗马贸易区所在地）在1997年被联合国教科文组织列为世界遗产。240千米的南运河（Canal du Midi）于1681年建成，连接了大西洋和地中海沿岸，也是联合国教科文组织所列的世界遗产。

朗格多克在顺境和逆境中都生存了下来，并将继往开来，始终傲然屹立在这片充满机遇的葡萄酒宝地上。

安特·利穆酒庄（利慕产区）

安特·利穆酒庄（Antech Limoux）是一个家族酒庄，由弗朗索瓦兹·安特（Françoise Antech）经营。该酒庄是一家专注于酿造起泡酒的酒庄，产品包括 AC 利穆起泡酒（AC Crémant de Limoux）、AC 利穆布朗克特起泡酒（AC Blanquette de Limoux）和 AC 古传制法布朗克特起泡酒（AC Blanquette Méthode Ancestrale），同时也生产一些静止酒。酒庄采用传统的酿酒方法——与香槟地区采用的方法相同。据称，在瓶中发酵的起泡酒是 1531 年在这里的圣希莱尔修道院（Abbey of Saint Hilaire）开发的，比香槟出现的时间早。该酒庄的葡萄品种多有不同，主要是莫札克、白诗南和霞多丽；安特·利穆酒庄从该地区的种植者和自己的 60 公顷葡萄园采购葡萄。葡萄使用的比例取决于产区——酿造利穆布朗白葡萄酒需要至少 90% 的传统莫札克品种。

维塔石酒庄（朗格多克产区）

这家面积不大的维塔石酒庄（Borie la Vitarèle）创建于 1990 年，位于靠近科塞和韦朗（Causses et Veyran）的土路尽头。凯西·普兰斯（Cathy Planes）和让-弗朗索瓦·伊扎尔（Jean-Francois Izarn）在砾石片岩、黏土和石灰岩土壤中使用有机栽培法种植了 16 公顷的葡萄藤，出产该地区的典型葡萄，以及包括梅洛、赤霞珠和拉多内佩鲁（Lledoner Pelut）在内的其他葡萄品种。以下 4 款特酿酒是根据它们的风土而生产的——特雷白地特酿酒（Terres Blanches）、拉科姆特酿酒（La Combe）、斯琪斯特特酿酒（Les Schistes）和克莱斯特酿酒（Les Crés）；这 4 款酒都需在桶里陈酿一年方可出售。酒庄里还建有一个酒窖，你可以在品尝葡萄酒的同时享受当地的传统美食。
★新秀酒庄

蒙达诗酒庄（菲图产区）

蒙达诗酒庄（Cave de Mont Tauch）是朗格多克地区最古老的合作酒庄之一（始建于 1913 年），位于朗格多克地区最古老的产区。菲图产区（Fitou）成立于 1948 年，位于朗格多克-露喜龙交界处，该地区葡萄酒产量的一半都来自蒙达诗酒庄。该合作酒庄俯瞰蒂尚村（Tuchan），250 个种植者遍布帕济奥勒村（Paziols）、蒂尚村、德班村（Durban）和微尔芙村（Villeneuve）。该酒庄仍在不断发展中，酿酒师米歇尔·马蒂（Michel Marty）一直在生产高性价比的菲图葡萄酒、科比埃尔葡萄酒（Corbiéres）和各类甜葡萄酒 [菲图产区是露喜龙地区之外唯一获准生产里韦萨特葡萄酒（Rivesaltes）和莫里葡萄酒（Maury）的地区]。

安格雷斯酒庄（克拉普产区）

埃里克·法布雷（Eric Fabre）曾是波尔多拉菲酒庄（Lafite-Rothschild）的技术总监。2001 年，埃里克被拉克拉普（La Clape）自然保护区的安格雷斯酒庄（Château de l'Anglès）吸引，来这里再续辉煌。安格雷斯酒庄包括 40 公顷的葡萄藤，周围是 40 公顷欧石南丛生的荒地和 3 公顷的阿勒颇松林（Aleppo Pine Forest），还包括一个旅馆。该酒庄出产优雅的白葡萄酒，普遍以布布兰克为主要原材料，加入部分玛珊、瑚珊和白歌海娜进行混酿。酒庄由慕合怀特、西拉、歌海娜和佳丽酿造出香气

安格雷斯酒庄
安格雷斯经典特酿葡萄酒完美彰显了当地的风土条件。

安特·利穆酒庄
安特·利穆情感特酿是该地区最优质的起泡酒之一。

浓郁、味道独特的红葡萄酒，让人不禁想起周围的欧石南丛生的荒地和桃红葡萄酒的气息。

奥希耶古堡酒庄（科比埃产区）

1999 年，波尔多名庄的罗斯柴尔德香槟酒庄（Château d'Aussières，隶属于拉菲集团）买下了奥希耶古堡酒庄（Château d'Aussières），翻修后现已焕然一新。酒庄新增了一座最先进的酿酒厂，占地 170 公顷的葡萄园重新种植了当地传统品种——西拉、歌海娜、慕合怀特和佳丽酿葡萄。酒庄自产的葡萄用来酿制口感丰富而优质的 AOC 级科比埃葡萄酒，经波雅克拉菲橡木桶中陈酿，口感成熟、香气浓郁、余味悠长。波尔多品种赤霞珠和梅洛，以及种植了几公顷的霞多丽都被用来酿制奥克地区餐酒（Vin de Pays d'Oc）。

赞马酒庄（克拉普产区）

2000 年，彼得（Peter）和苏珊·克洛斯（Susan Close）这对英国夫妻买下了赞马酒庄（Château de Camplazens）。该酒庄坐落在克拉普中心面向大海的古罗马营地遗址上，拥有约 40 公顷的葡萄藤。这里主要种植红葡萄品种，包括新品种马瑟兰（1961 年培育的歌海娜和赤霞珠的杂交品种）。除了产区葡萄酒，酒庄还生产西拉纯酿地区餐酒，这款酒酒体紧实、口感醇厚、辛香浓郁。同时，该酒庄也生产少量维欧尼白葡萄酒，该酒需在橡木桶中陈酿 6 个月方可上市。
★新秀酒庄

卡碧雍酒庄（朗格多克产区）

卡碧雍酒庄（Château Capion）坐落在吉尼亚克（Gignac）和安尼恩（Aniane）两个村庄之间的加萨克山谷（Gassac Valley），其历史可以追溯到 16 世纪。1996 年，来自瑞士的卜赫勒（Buhrer）家族买下了卡碧雍酒庄。随后该酒庄得以完全修葺，重新种植了葡萄，还升级了酒窖设施。该酒庄占地 75 公顷，其中 45 公顷种植的是传统的红葡萄品种及霞多丽、瑚珊和维欧尼。阿尔萨斯酿酒师弗雷德里克·卡斯特（Frederic Kast）酿造了一系列葡萄酒，俯瞰加萨克山谷时，人们可以在酒庄的葡萄酒之家（Vintners House）品尝佳酿。

凯拉赫酒庄（科比埃产区）

凯拉赫酒庄（Château de Caraguilhes）位于科比埃-布特纳（Corbières-Boutenac）地区的圣洛朗·德拉卡布勒里斯（St-Laurent de la Cabrerisse）附近，是该地区最早使用有机种植技术的酒庄之一。20 世纪 50 年代，该酒庄由当时的主人——法裔阿尔及利亚人莱昂内尔·法夫雷（Lionel Faivre）创建，如今酒庄的主人是皮埃尔·加比森（Pierre Gabison）。这座酒庄的葡萄酒酿造历史可追溯至 12 世纪，是由熙笃会（Cistercian）的僧侣开创的。凯拉赫酒庄周围环绕着 130 公顷的葡萄园，如今，这些葡萄园仍采用有机栽培。这里生产各种白葡萄酒、桃红葡萄酒和红葡萄酒。白葡萄酒包括索乐科比埃葡萄酒（Solus Corbières Blanc，由 100% 在橡木桶发酵的白歌海娜酿制）和经典白葡萄酒（Classique，由 65% 的玛珊、35% 的白歌海娜和少量橡木陈酿混酿而成）。其中的索乐系列是一种混合了佳丽酿、歌海娜、西拉和慕合怀特的橡木陈酿，

阿尔勒酒庄

阿尔勒酒庄是波尔多卢顿家族在菲图产区的旗下产业，极富有吸引力。

拉斯科酒庄

拉斯科酒庄的圣皮埃尔葡萄酒是一款丰腴多汁的混酿红葡萄酒，口感怡人。

口感辛辣、单宁细致。

卡萨·维尔酒庄（圣希尼扬产区）

卡萨·维尔酒庄（Château Cazal Viel）位于卡鲁斯山（Caroux Mountains）山脚下的塞斯农（Cessanon-sur-Orb）附近，自1789年法国大革命以来一直属于米克尔（Miquel）家族，目前由劳伦特·米克尔（Laurent Miquel）经营。这里的葡萄藤最早是由罗马战士在这里种植的，他们的别墅和水井遗迹仍然矗立在酒庄内。坐拥超过135公顷的葡萄藤，劳伦特是圣希尼扬地区（St-Chinian）最大的私营生产商。他还和附近的种植者签订了长期协议。该酒庄生产AC级葡萄酒和地区餐酒，其中包括长相思白葡萄酒，由西拉、歌海娜和神索混酿的桃红葡萄酒，在橡木桶中陈酿12个月的传统老藤葡萄酒，还有一种未经橡木桶陈酿的西拉和维欧尼混酿酒——卡萨维尔仙女特酿葡萄酒（Cuvée des Fées）。该酒庄还有一家旅馆可供出租。

新窖酒庄（圣卢山产区）

20世纪90年代初期，安德烈·莱恩哈特（André Leenhardt）收购了新窖酒庄（Château de Cazeneuve），并在1991年重建了该酒庄。莱恩哈特管理着35公顷的葡萄园，其中80%的品种是红葡萄（西拉、歌海娜、神索和佳丽酿），20%的品种是白葡萄［瑚珊、维欧尼、玛珊，还有一点侯尔（Rolle）、麝香和小满胜］，这些品种分布在海拔150～400米的30个地块上，面向西南方向生长，因此免受狂风和霜冻的侵袭。葡萄园采用有机栽培技术，产量有限，生产可口怡人、草本气息浓郁的葡萄酒。

康巴贝尔酒庄（圣希尼扬产区）

康巴贝尔酒庄（Château de Combebelle）位于维莱斯帕桑（Villepassans），海拔265～300米，拥有圣希尼扬海拔最高的葡萄园。这个占地17公顷的酒庄的主人是一位英国女士凯瑟琳·华莱士（Catherine Wallace），她从小就对葡萄酒有着强烈的喜爱之情。2005年，凯瑟琳和她的丈夫帕特里克（Patrick）买下了康巴贝尔酒庄。从这个时候起，该酒庄以出产高质量葡萄酒而闻名。夫妻两人开发新品葡萄酒，酿造了一款带有草莓香味的桃红樱花葡萄酒（Cerisiers）、一款浓烈的西拉和歌海娜混酿红葡萄酒。这款混酿需在露天罐中发酵，在橡木桶中陈酿12个月，带有烟熏味和甘草味。

玫瑰园酒庄（米内瓦产区）

玫瑰园酒庄（Château Coupe Roses）坐落在米内瓦山麓一个名叫拉库奈特（La Caunette）的漂亮的中世纪小村庄（有200多名居民），自1614年起就是卡尔维兹（Calvez）家族的产业。自1987年以来，该酒庄一直由弗朗索瓦丝·德·卡尔维兹（Françoise de Calvez）和她的丈夫帕斯卡尔·弗里桑（Pascal Frissant）经营。葡萄园总面积达30公顷，分布在拉克罗斯（La Causse）地区海拔250～400米的山坡上，出产的葡萄酒性价比很高。

阿尔勒酒庄（菲图产区）

来自波尔多的雅各布斯·卢顿（Jacques Lurton）和弗朗索瓦·卢顿（François Lurton）兄弟有着显赫的葡萄酒家族背景，1988年，他们成立了自己的企业，希望在家乡以外的优质地区发展葡萄酒事业。朗格多克只是吸引他们的地区之一，还有阿根廷、智利和西班牙的一些地区。2001年，兄弟俩在维勒纳夫莱科尔比埃（Villeneuve-les-Corbières）接管了阿尔勒酒庄（Château des Erles）。目前，该酒庄拥有约90公顷的葡萄园，由弗朗索瓦单独运营。阿尔勒酒庄葡萄酒是一款由西拉、歌海娜和佳丽酿混酿而成的葡萄酒，品质上乘。

爱思坦尼勒酒庄（福日尔产区）

1976年，米歇尔·路易森（Michel Louison）和他的妻子购买了爱思坦尼勒酒庄（Château des Estanilles）。1999年，他们的女儿苏菲在完成了葡萄栽培和酿酒学学业后加入了这个团队。该酒庄占地35公顷，种有西拉、慕合怀特、歌海娜和少许神索与佳丽酿葡萄。酒庄出产了一系列的白葡萄酒、桃红葡萄酒和红葡萄酒，包括由玛珊、瑚珊和维欧尼混酿的干白葡萄酒，带有精致的白色水果香味和丰富的矿物质气息。从一定程度上来说，正是由于米歇尔的努力和坚持，官方才认可该产地的白葡萄酒以福日尔原产地命名。

福楼日阁酒庄（拉米亚奈尔产区）

福楼日阁酒庄（Château Flaugergues）位于蒙彼利埃郊区的拉米亚奈尔产区（La Mejanelle）的分区。1696年，蒙彼利埃法院的顾问艾蒂安·福楼日阁（Etienne de Flaugergues）买下了这个酒庄，因此酒庄便以他的名字来命名。艾蒂安进一步扩建酒庄，并在其周围扩建了正式的花园。该处值得一游，游客既能欣赏精美而罕见的挂毯和家具，也可以品尝佳酿。该酒庄种植了30公顷的歌海娜、西拉、慕合怀特、佳丽酿和神索葡萄，可酿造琳琅满目的优质葡萄酒。

古尔加索酒庄（米内瓦-拉里维尼产区）

古尔加索酒庄（Château de Gourgazaud）的罗杰·皮克（Roger Piquet）是第一个在米内瓦-拉里维尼产区（Minervois-La-Livinière）种植西拉和慕合怀特葡萄的人，并在推动该地区获得法定产区地位方面发挥了重要作用。古尔加索酒庄的历史可以追溯到17世纪，于1973年被罗杰收购。2005年罗杰去世后，他的女儿尚塔尔·皮克（Chantale Piquet）和安尼克·蒂布尔斯（Annick Tiburce）继承了这处占地100公顷的酒庄。酒庄出产了一系列葡萄酒，包括赤霞珠、维欧尼、霞多丽和长相思葡萄酒等。

欧里隆酒庄（科比埃产区）

欧里隆酒庄（Château Haut Gléon）位于德班区（即将被列为法定产区），由杜哈梅尔（Duhamel）家族在20世纪90年代初购买。欧里隆酒庄的历史可以追溯到13世纪，占地40公顷，葡萄品种繁多。该酒庄酿造了一款优雅芳香的天堂谷白葡萄酒（Vallee du Paradis），还有一款桃红葡萄酒和一款红葡萄酒特酿，包括黑皮诺拉夏贝尔葡萄酒（La Chapelle de Haut Gléon）。

豪斯古堡酒庄（克拉普产区）

豪斯古堡酒庄（Château L'Hospitalet）是前国际橄榄球运动员杰拉德·贝特朗（Gérard Bertrand）的运营基地。庞大的贝特朗葡萄酒帝国拥有超过 325 公顷的葡萄园，并与朗格多克不同地区的种植者和合作社建立了合作关系。早在 1561 年，豪斯古堡酒庄就由僧侣们耕种，由吕布勒（Ribourel）家族进行完全翻修，并在 2002 年出售给贝特朗。该酒庄拥有 1000 公顷的土地，包括 82 公顷的葡萄藤，以及一家有 22 间卧室的酒店和"H"餐厅，提供具有自然特色和由当地纯天然的食材烹饪的美食。该酒庄葡萄酒的种类甚至包括珍藏级酒款。酒庄中的佳酿由传统品种酿制而成，在橡木桶中陈酿了 12 个月，充满了黑果、香料和烟熏的味道，单宁紧实而优雅。

拉斯科酒庄（圣卢山产区）

拉斯科酒庄（Château de Lascaux）是瓦屈埃（Vacquiè-res）的一个家族酒庄，位于圣卢山产区东部边缘，距离蒙彼利埃 25 千米。该酒庄的历史可以追溯到 1750 年，在克利夫兰（Cavalier）家族已经传承了 13 代。自 1984 年让-贝诺瓦·卡瓦里耶（Jean-Benoît Cavalier）掌管酒庄以来，酒庄的规模不断扩大，并于 20 世纪 90 年代初成立了一家酿酒厂。该酒庄现有 85 公顷的土地，海拔高 120 米，周围有 300 公顷欧石南丛生的土地，上面长满橡树和松树。拉斯科酒庄主要种植西拉和歌海娜，加上一些慕合怀特和神索，酿造白葡萄酒、桃红葡萄酒和红葡萄酒，包括圣皮埃尔（Les Noble pierre）葡萄酒，这是一种由西拉和歌海娜按 8：2 比例混酿而成的葡萄酒，带有清爽的樱桃味。

拉利基埃酒庄（福日尔产区）

拉利基埃酒庄（Château La Liquière）在维达尔（Vidal）家族世代相传。在 20 世纪 60 年代末，伯纳德·维达尔（Bernard Vidal）和克劳迪·维达尔（Claudie Vidal）才推出第一款瓶装酒。该酒庄占地 60 公顷，用歌海娜、西拉、佳丽酿、慕合怀特和神索酿制了 10 种葡萄酒。这款特酿莱丝阿曼迪（Cuvée les Amandiers）红葡萄酒有酸樱桃的味道，余味略带干涩但单宁细腻。由白歌海娜酿制而成的白葡萄酒酒体饱满，口感醇厚浓郁。

曼森诺布尔酒庄（科比埃产区）

1992 年，一对比利时夫妇圭多（Guido）和玛丽-安尼克·扬塞格-德·维特（Marie-Annick Janseger-De Witte）买下了曼森诺布尔酒庄（Château Mansenoble）。该酒庄位于科比埃产区北部，靠近阿拉里克山脚下的穆克斯（Moux），占地 20 公顷。这对夫妇改造了葡萄园和酒窖，修缮了这座 19 世纪的房子并建造了旅馆。他们以生长在该地区凉爽的北坡上的传统品种为原材料酿造 AOC 红葡萄酒，以及几款以梅洛和赤霞珠为原料的地区餐酒。特酿玛丽-安娜尼克（Marie-Annick）葡萄酒是西拉、歌海娜、慕合怀特和佳丽酿的混酿酒，只在好年份出产，大部分在橡木桶中陈酿。而珍藏级佳酿由相同的葡萄品种酿制，不过在橡木桶中陈酿的比例较小，略有不同。

马里斯酒庄（米内瓦产区）

罗伯特·伊登（Robert Eden）是英国前首相安东尼·艾登（Anthony Eden）的曾侄孙，在 20 世纪 90 年代末，在世界各地生活和工作过的他将米内瓦作为自己的家。伊登对环境和生物动力栽培充满热情。他在葡萄藤上使用的是用荨麻和洋甘菊等天然草本植物和花朵自制的浸液，根据农历进行调制和涂抹。酒庄还建了一个新的环保酒窖，以期在收获季能实现碳中和。此外，酒庄的墙壁是由麻制成的，酒庄用电靠的是屋顶的太阳能电池板，蛋形的酒罐用来陈酿葡萄酒。★新秀酒庄

莫林·西弗尔酒庄

莫林·西弗尔酒庄（Château Moulin de Ciffre）地处托鲁河（Taurou River）上游山谷，位于奥特尼亚克（Autignac）西部 1.5 千米处。1998 年，波尔多的莱西诺（Lesineau）家族买下该酒庄。该酒庄拥有超过 30 公顷的葡萄藤，3 个产区分别是福日尔产区、圣希尼扬产区和朗格多克丘产区。该酒庄的传统品种与赤霞珠和维欧尼等形成互补优势，出品的一系列葡萄酒性价比很高。

纳格利酒庄（克拉普产区）

纳格利酒庄（Château de la Negly）坐落于克拉普产区一个叫福瑞（Fleury）的小镇，这里的土质属于优质白垩土质，该酒庄已经在罗塞特（Rosset）家族中传承了数代。然而，其质的飞跃也仅在近 10 年。在让-保罗·罗塞特（Jean-Paul Rosset）的管理下，该酒庄才开始生产世界级的葡萄酒。以前，该酒庄所有的葡萄都送到当地的合作社，数量比质量还要重要。如今，这一切都改变了——在与酿酒师西里尔·查蒙丁（Cyril Chamontin）和纳邦（Narbonne）、咨询师克劳德·格罗斯（Claude Gros）的通力合作下，酒庄的产量受到严格限制，并生产出一系列优质特酿红葡萄酒和纳格利海风干白葡萄酒（La Brise Marine）。★新秀酒庄

培拉特酒庄（科比埃产区）

培拉特酒庄（Château Pech-Latt）位于阿拉里克山脚下，占地 120 公顷。1991 年该酒庄获得有机认证，1999 年成为勃艮第酒商路易·马克斯（Louis Max）旗下的产业。该酒庄盛产令人陶醉的白葡萄酒、桃红葡萄酒、AC 科比埃红葡萄酒，以及几款以歌海娜为主要原料的优质甜葡萄酒。

佩奇·雷东酒庄（克拉普产区）

让·德蒙贝（Jean Demombe）是克拉普产区葡萄酒业的创新者，他在 1988 年去世，在此之前佩奇·雷东酒庄（Château Pech Redon）一直为其所有。德蒙贝是该地区第一个种植慕合怀特和维欧尼、第一个尝试用巴利克大橡木桶（barrique）酿酒的人。现任酒庄主人让-克劳德·布斯凯（Jean-Claude Bousquet）的有机白葡萄酒和红葡萄酒系列包括莱斯吉耐特（Les Genets，一种用桶发酵的霞多丽和维欧尼混酿酒），以及橡木陈酿的鹰（L'epervier）和半人马座（La Centaurée）特酿红葡萄酒。

佩奥提亚酒庄（卡巴尔岱产区）

受凡尔赛宫的启发，伯纳德·佩奥提亚（Bernard Penna-

有机栽培与生物动力法栽培

越来越多的法国葡萄种植者正在转向有机农业。法国南部温暖的阳光、较低的降雨量和定期的微风对葡萄种植业来说是一个明显的优势。截至 2008 年，法国有超过 2.8 万公顷的土地使用有机栽培技术（其中 44% 是从其他类型转换而来），增长了 21%。朗格多克-露喜龙产区（Languedoc-Roussillon）是使用有机栽培面积最大的地区，有 500 多家有机生产商，种植面积占法国有机种植总面积的 30%。有机葡萄生长就意味着不使用人造的化学肥料、除草剂或杀虫剂。相反，葡萄园通常会有更多的手工劳动，并进行堆肥和播种覆盖作物。有许多不同的机构对有机做法进行认证，在达到这个标准之前有一个 3 年的转换期。在法国，使用生物动力法栽培技术更进一步，使用这种技术的地区也在增加。20 世纪初，该技术由奥地利人鲁道夫·斯坦纳发明，是一种培育土壤和土壤中所孕育的生命的一整套方法。为了创建生物动力日历，人们将月相和行星星座纳入了考虑范围，生物动力日历决定了何时在葡萄园开展工作（根据是果实日、根茎日还是叶子日——也决定了哪一天是品尝葡萄酒的最佳日子）。

克洛·佩杜斯酒庄

普利文多葡萄酒虽产量极低，但品质绝佳。

utier）在 17 世纪建造了佩奥提亚酒庄（Château Pennautier），并于 1622 年接待了法国国王路易十三（King Louis XIII）。该酒庄占地 30 公顷的规则式园林由园林设计师勒·诺特尔（Le Notre）设计。2008 年，现任酒庄主人尼古拉斯·洛尔吉（Nicolas de Lorgeril）和米瑞恩·洛尔吉（Miren de Lorgeril）全面翻新了酒庄，他们是该家族的第 10 代传人，在朗格多克和露喜龙产区也拥有不少酒庄。佩奥提亚酒庄优秀的葡萄酒包括桃红葡萄酒，由神索、西拉、马尔贝克、歌海娜和赤霞珠混酿而成，红色果味浓郁；而红葡萄酒则有成熟的李子味和巧克力味，是物超所值酒款的代表作。

皮埃什酒庄（蒙彼利埃产区）

皮埃什酒庄（Château Peuch Haut）是前实业家杰拉德·布鲁（Gérard Bru）白手起家创建的大酒庄。该酒庄位于蒙彼利埃东北 15 千米的圣德勒兹里村（St-Drézéry）附近，最初只有 30 公顷的地块，没有建筑物、酒厂，也没有一根葡萄藤。皮埃什酒庄现在总面积超过 170 公顷，有 115 公顷的葡萄藤，甚至还包括一座 18 世纪的建筑，该建筑以前是蒙彼利埃的市政厅，已经被整体运走并在原址上重建。布鲁还建了一座酒庄，聘请了波尔多的米歇尔·罗兰担任顾问。该酒庄生产一系列高品质的葡萄酒，以及橄榄油和松露，并拥有由艺术家和其他名人进行装饰的独特的木桶收藏。

罗科酒庄（圣卢山产区）

罗科酒庄（Château La Roque）始建于 8 世纪，当时还是一座驿站。13 世纪时，让·罗科（Jean de La Roque）和吉约姆·罗科（Guillaume de La Roque）在罗科酒庄种植了葡萄藤，品酒室设在一座精美的古老拱形酒窖中。目前，该酒庄由雅克·菲格特（Jacques Fiquette）所有，聘用克劳德·克罗斯（Claude Cros）担任酒庄顾问。该酒庄在面向东南的黏土和石灰岩碎石土梯田上拥有 32 公顷的葡萄藤。该酒庄出产白葡萄酒、桃红葡萄酒和红葡萄酒，包括优质的罗科酒庄库帕努密斯美干红葡萄酒（Cupa Numismae），由 60% 的西拉和 40% 的慕合怀特混酿而成，口感辛辣、草本味浓郁；此外，该酒庄还出产一款上等的老藤慕合怀特葡萄酒。

阿尔巴·圣杰克酒庄（米内瓦产区）

地处米内瓦地区西端的阿尔巴·圣杰克酒庄（Château St-Jacques d'Albas）历史悠久。2001 年，英国人格雷厄姆·纳特（Graham Nutter）和他的妻子比阿特丽斯（Beatrice）买下了阿尔巴·圣杰克酒庄。在那之前，酒庄所有的葡萄都送到了当地的合作社。酒庄与顾问让-皮埃尔·库西内（Jean-Pierre Cousine）合作，采用整体方法，改进了葡萄园。该酒庄以传统的葡萄品种为原材料主要生产红葡萄酒，顶级的拉夏贝尔葡萄酒由 100% 的西拉酿制而成。此外，酒庄还出产一款西拉桃红葡萄酒，还有一款由维蒙蒂诺和一定比例的维欧尼和瑚珊葡萄酿造而成的新款白葡萄酒。

拉加里格·圣马丁酒庄（皮克普产区）

拉加里格·圣马丁酒庄（Château St-Martin de la Garrigue）的历史可以追溯至 9 世纪以前。根据 847 年 8 月 11 日的文件，

这里之前是一座罗马小教堂。酒庄经过多次修葺，具有 16 世纪的典型特征。在 20 世纪 70 年代几乎遭到废弃，多次易主后，该酒庄于 1992 年由一群投资者购买。从那时起，一座新的酿酒厂建成，葡萄园共种植了 19 种不同的葡萄，酿造了一系列葡萄酒，包括质量上乘的皮纳特·匹格普勒葡萄酒（Picpoul de Pinet）。

圣尤拉莉亚酒庄（米内瓦产区）

1996 年，伊莎贝尔·克斯托（Isabelle Coustal）和劳伦·克斯托（Laurent Coustal）创立了圣尤拉莉亚酒庄（Château Ste-Eulalie）。该酒庄位于密卢瓦拉利维尼埃产区（La Livinière）的罗马村庄上方，在周边地区拥有 34 公顷的葡萄园。酒庄出品一系列米内瓦葡萄酒——由佳丽酿、歌海娜和西拉酿制的红葡萄酒，其中最顶级的特酿卡提拉尼（Cantilene）葡萄酒在橡木桶中陈酿而成。酒庄还有以神索为基础酿造的桃红葡萄酒，以及用利慕产区种植的葡萄酿制的长相思葡萄酒——都是伊莎贝尔负责酿造的，她也是当地种植者协会的负责人。如果您想在圣尤拉莉亚酒庄找到一个隐蔽的地方，可以选择葡萄藤下的旅馆。

塞拉姆酒庄（朗格多克产区）

塞拉姆酒庄（Château de Sérame）是一家历史悠久的大型酒庄，坐落在科比埃产区北部边界的一个罗马营地上。2001 年，该酒庄吸引了波尔多批发商杜特尔特（Dourthe）前来投资，他们接管了葡萄园，管理酿酒事宜。杜特尔特已经重新种植了超过 115 公顷的葡萄藤，与顶级顾问丹尼斯·杜布尔迪厄（Denis Dubourdieu）密切合作，生产优质的 AC 葡萄酒和地区餐酒。

瓦尔弗劳内斯酒庄（朗格多克产区）

曾在世界各地酿酒的酿酒师法比恩·里布尔（Fabien Reboul）回到他的家乡瓦尔弗劳内斯村（Valflaunès），在蒙彼利埃北部创建了与家族同名的酒庄。里布尔酿造的第一款年份酒是 1998 年份酒，从那以后酒庄有了一批狂热的追随者。葡萄园占地 13 公顷，大部分是浅龄葡萄藤（5 年），还有 30 年的佳丽酿和 40 年的歌海娜。这些葡萄用来酿造一些品质极高的葡萄酒，比如特酿莱斯佩伦斯葡萄酒（Cuvée Esperance），由 80% 的佳丽酿、10% 的西拉和 10% 的歌海娜酿制而成。顶级葡萄酒——西拉和歌海娜混酿的泰穆泰穆系列葡萄酒（T'em T'em），以及西拉和佳丽酿混酿的皮德泰太葡萄酒（Un Peu de Toi）产量都极低。

武尔特-加斯帕雷特酒庄（布特纳克产区）

武尔特-加斯帕雷特酒庄（La Voulte-Gasparets）位于布特纳克子产区（Boutenac），其 55 公顷的葡萄园平均海拔为 80 米，背后有布特纳克山这一座天然屏障。帕特里克·雷维迪（Patrick Reverdy）是一位工匠，他的理念是"倾听自然、与自然和谐相处、尊重自然、关注自然"。他酿制的葡萄酒正反映了这一理念。酒庄明星酒款是罗曼·保罗特酿葡萄酒（Cuvée Romain Paul），这款葡萄酒由产量很低的葡萄古藤（45～115 岁藤龄）所结果实酿制而成。此酒由 50% 的佳丽酿、歌海娜、慕合怀特和西拉在橡木桶中陈酿 12 个月后酿制

圣尤拉莉亚酒庄

品质上乘的卡提拉尼葡萄酒是圣尤拉莉亚酒庄的顶级特酿葡萄酒。

而成，口感浓郁，充满黑果味。★新秀酒庄

安奈尔酒庄（科比埃产区）

2000 年，一对充满激情的年轻夫妇苏菲·吉罗东（Sophie Guiraudon）和菲利普·马蒂亚斯（Philippe Mathias）在拉格拉斯村（Lagrasse）附近购买了一批非常古老的葡萄藤，此地海拔 220 米，可俯瞰奥比乌（Orbieu）山谷。安奈尔酒庄（Clos de l'Anhel）原本只有不到 7 公顷的葡萄藤（包括 60 年的佳丽酿、部分歌海娜、一点神索和西拉），但随着新种植了西拉和慕合怀特，葡萄园的规模有所扩大。该酒庄禁止使用任何化学品，如果没有朋友和家人的帮助，葡萄园里的许多工作就无法进行。★新秀酒庄

小曲酒庄（圣希尼扬产区）

小曲酒庄（Clos Bagatelle）地处圣希尼扬产区外围。该酒庄拥有 39 公顷的葡萄园，种有歌海娜、西拉、佳丽酿、慕合怀特和 80 年藤龄的神索葡萄藤。自 1963 年起，西蒙（Simon）家族就坐拥该处酒庄，现在由卢克（Luc）和克莉丝汀（Christine）兄妹管理。这里的土壤主要是片岩，出产的葡萄酒果香浓郁、口感丰富。特酿秋夜干红葡萄酒（Automne Veillée）是一款西拉、歌海娜和慕合怀特混酿，按 4：3：3 的比例置于孚日（Vosges）和阿利尔（Allier）橡木桶中陈酿。此外，酒庄还出产一款圣让·米内瓦麝香葡萄酒（Muscat de Saint Jean de Minervois）。

圣岱酒庄（米内瓦产区）

帕特丽夏·博耶（Patricia Boyer）和她的丈夫丹尼尔·多茉歌（Daniel Domergue）自 1990 年以来一直在圣岱酒庄（Clos Centeilles）工作。该酒庄位于米内瓦-拉里维尼（Minervois-La-Liviniere）中心的西朗村（Siran）以北 2.5 千米处，酒庄吸引人的原因有两个：首先，尽管该地区降雨量低，但他们种植的葡萄藤没有受到缺水的压力；其次，前任酒庄主人以高产量收获神索葡萄，且没有任何腐烂果粒。该酒庄生产一系列红葡萄酒，包括 100% 佳丽酿和以神索为主要原料的混酿葡萄酒。酒庄还提供参观服务，游客设施包括住宿。

克洛·佩杜斯酒庄（科比埃产区）

克洛·佩杜斯酒庄（Les Clos Perdus）这个名字指的是几乎被遗忘在偏远山坡上的小地块老葡萄藤。后来，澳大利亚的舞蹈演员保罗·奥尔德（Paul Old）和英国的一位农民雨果·斯图尔特（Hugo Stewart）重新发现了这些地块，他们在佩里阿克德梅（Peyriac de Mer）开了一家同名酒庄。今天，所有的葡萄都是按照与月相有关的生物动力原理种植的，该酒庄是卢瓦尔河谷生产商尼古拉斯·乔利（Nicolas Joly）的风土复兴协会（Renaissance des Appellations）的一部分。该团队总共耕种了 11 公顷的土地，葡萄酒年产量仅有 1500～2000 箱。★新秀酒庄

阿兰·夏巴农酒庄（朗格多克产区）

20 世纪 80 年代，阿兰·夏巴农（Alain Chabanon）买了他的第一块土地。他说他的抱负很简单："酿造品质一流的葡萄酒。"他已经实现了这一目标。现在，他拥有 20 公顷的葡萄藤，分布在圣萨图宁（St-Saturnin）、蒙特佩鲁（Montpeyroux）、琼基耶尔（Jonquières）等村庄，以及酿制葡萄酒的拉加马斯村（Lagamas）。该葡萄园位于石质黏土和石灰岩土壤上，采用有机方式耕作。该地区的传统品种与小众品种的葡萄一起种植，如来自卢瓦尔河（Loire）的白诗南与维蒙蒂诺混酿，经橡木桶熟化后出产一款名为维拉德（Le Villard）的葡萄酒，极具特色。

莱格尔酒庄（朗格多克产区）

莱格尔酒庄（Domaine de l'Aigle）也是吉哈·伯通（Gérard Bertrand）名下的产业，是朗格多克地区海拔最高的酒庄之一，海拔 450 米，可以看到比利牛斯山麓利慕产区的罗克泰拉德村（Roquetaillade）。前任酒庄主人让-路易·德诺瓦（Jean-Louis Denois）用行动证明了这里可以酿制优质的黑皮诺葡萄酒。但德诺瓦不得不接受财政援助，将其出售给勃艮第家族的安东宁·罗代（Antonin Rodet），后者又将其卖给了伯通。该酒庄虽然也种植霞多丽和白诗南，酒体丰富、口感浓郁，但经橡木陈酿的黑皮诺葡萄酒仍是该酒庄的重点。

艾格里尔酒庄（朗格多克产区）

艾格里尔酒庄（Domaine de l'Aiguelière）成立于 1983 年，拥有 25 公顷的葡萄园，分布在蒙特佩鲁（Montpeyroux）周围 19 个不同的地块上。酒庄主人艾梅·科梅拉斯（Aimé Commeyras）专门种植老藤歌海娜和西拉来酿造酒体丰富、口感浓郁持久的葡萄酒。最顶级的特酿系列、红坡葡萄酒（Côte Rousse）和拉多利葡萄酒（Côte Dorée）都是由生长在两种不同土壤、已有 60 年历史的西拉葡萄藤上的果实酿制，分别置于涅夫尔（Nievre）和阿列尔（Allier）的新橡木桶中陈酿，余味持久。萨蒙特梅（Sarments）是一款精致的白葡萄酒，由长相思和维欧尼混酿而成，带有白桃的清香和沁人的花香。此外，酒庄还出产一款 100% 的歌海娜纯酿——石榴红（Grenat），以及两款混酿红葡萄酒——传统系列混酿红葡萄酒和传统波塞酒（Tradition Boisé）。

爱荷欧酒庄（朗格多克产区）

爱荷欧酒庄（Domaine des Aires Hautes）位于米内瓦-拉里维尼产区的西朗村，占地面积 35 公顷，酒庄主人是吉勒·夏贝尔（Gilles Chabert）。在酒庄出品的众多葡萄酒中，顶级特酿埃斯康迪葡萄酒（Clos de l'escandil）是 AC 级地区餐酒，以其出产地——拉里维尼的小墙葡萄园命名。在爱荷欧酒庄，50 年藤龄的低产歌海娜与西拉、慕合怀特一起种植，酿制出优雅的、具有浓郁咖啡香味的葡萄酒。此外，酒庄的康贝尔·米内瓦葡萄酒（Le Combelles Minervois）和马尔贝克地区餐酒都值得一品。

爱河桥酒庄（朗格多克产区）

1974 年，一对兄弟创立了爱河桥酒庄（Domaine de l'Arjolle），随后他们的下一代人也加入，成为一个不断创新的家族企业。最初，这里种植的是国际品种赤霞珠、梅洛和长相

圣岱酒庄
2005 年的米内瓦葡萄酒是这一产区葡萄酒改头换面后出品的代表作。

小曲酒庄
该酒庄春分系列葡萄酒口感丰富、香气浓郁，彰显出朗格多克产区的新特色。

白孔布酒庄

米内瓦葡萄酒是该酒庄的一款常规葡萄酒，是经过不断试验打造出来的精品佳酿。

爱河桥酒庄

伊奇诺克斯是爱河桥酒庄的创新酒款之一。

思。后来，他们也引入了更多奇特的品种。从美国回来后，这对兄弟推出了仙粉黛（是法国唯一使用100%的仙粉黛酿制"Z"系列葡萄酒的原料）、佳美娜、维欧尼和小粒白麝香葡萄酒。伊奇诺克斯（Equinoxe）是一款小粒白麝香葡萄酒，该酒精致芳香，由长相思与维欧尼混酿，经橡木桶发酵酿制而成。酒庄所有的葡萄酒都以"多戈丘地区餐酒"（Vin de Pays Côtes de Thongue）的名称出售，大多数葡萄酒都在桶中陈酿。

奥菲拉克酒庄（蒙特佩鲁产区）

虽然西尔万·法达（Sylvain Fadat）出身于葡萄种植世家，但位于蒙佩鲁村中心的奥菲拉克酒庄（Domaine d'Aupilhac）直到1989年才成立，到1992年才建成一家酒厂。从那时起，法达酿制的葡萄酒就已获得了较高声誉，尤其是神索和老藤佳丽酿葡萄酒。酒庄的纯有机葡萄园分为两个区域：在面向西南100米的梯田上有13.5公顷，种植传统的红葡萄品种；在海拔350米、西北方向、气候凉爽的山坡上种植了8公顷的葡萄，其中以西拉葡萄为主，也植有慕合怀特、歌海娜和一些白葡萄品种。酒庄出产的葡萄酒富有浓郁的新鲜果香味。

博古酒庄（利慕产区）

2003年，凯瑟琳·金莱克（Catherine Kinglake）和詹姆斯·金莱克（James Kinglake）这对英国夫妻买下了占地25公顷的博古酒庄（Domaine Begude）。该酒庄始建于16世纪，前任酒庄主人是罗伯特·伊登（Robert Eden），在过去的25年里一直采用有机种植并在1993年建立了一家现代化的酒庄。在澳大利亚顾问酿酒师理查德·奥斯本（Richard Osborne）的帮助下，这个山顶葡萄园（海拔400米）出产了一系列的葡萄酒，包括长相思地区餐酒，这种酒口感新鲜、香气浓郁。利慕霞多丽葡萄酒（Limoux Chardonnay）按该产区的要求置于橡木桶中发酵，兼具蜂蜜的香味和奶油的丝滑口感。

贝特朗–贝格酒庄（菲图产区）

杰罗姆·贝特朗（Jerome Bertrand）住在帕齐奥斯村，是第6代葡萄种植世家。1993年，他退出了当地的合作社并创建了贝特朗–贝格酒庄（Domaine Bertrand-Bergé），发展到现在已经是该地区领先的优质生产商。菲图产区在科比埃地区分为两片区域，一个地区在海岸沿线，另一个地区位于内陆的片岩山区，贝特朗–贝格酒庄就在这里。酒庄出品的菲图红葡萄酒、地区餐酒和甜葡萄酒均从占地33公顷的低产老藤（平均60年藤龄）的果实酿制，酒体紧实，口感醇厚浓郁。酒庄旗下的特酿古传葡萄酒（Cuvée Ancestrale）是由佳丽酿、西拉和歌海娜混酿而成，口感辛辣。

摩尔石酒庄（拉里维尼产区）

摩尔石酒庄（Domaine Borie de Maurel）的主人米歇尔·埃斯坎德（Michel Escande）是于1999年新创立的拉里维尼产区（La Livinière appellation）的第一任主席。1989年，米歇尔和他的妻子西尔维（Sylvie）从5公顷的土地起家，如今将拉里维尼产区扩展至超过35公顷的规模。酒庄的创新型葡萄酒质量上乘，其中包括由西拉酿制的旗舰酒款特酿希拉（Cuvée Sylla）、慕合怀特纯酿马克西姆葡萄酒（Maxime）和歌海娜夜美人起泡酒

（Belle de Nuit）等。白葡萄酒以玛珊为主要原料，与其他品种如珊瑚或麝香混酿而成。

卡布哈尔酒庄（卡巴尔岱产区）

卡布哈尔酒庄（Domaine de Cabrol）位于卡巴尔岱产区中心，在马萨梅（Mazamet）附近拥有21公顷的葡萄藤。1989年，酒庄主人克劳德·卡拉约尔（Claude Carayol）买下了这个酒庄，从1990年开始种植西拉、赤霞珠、歌海娜和品丽珠等品种。除了少数古老的佳丽酿和阿拉蒙（Aramon）老藤，很少有老藤可以存活下来。虽然用维欧尼、白歌海娜和赛美蓉等酿造了地区餐酒白葡萄酒，但酒庄的重点还是酿制红葡萄酒。其中，卡布哈尔酒庄东风葡萄酒（Vent de L'Est）是一款以西拉为主要原料的混酿酒，卡布哈尔酒庄西风葡萄酒（Vent de l'Ouest）是一款赤霞珠葡萄酒，而卡布哈尔漂移红葡萄酒（La Dérive）需在橡木桶中陈酿两年才上市。

克洛瓦隆酒庄（朗格多克产区）

克洛瓦隆酒庄（Domaine du Clovallon）的凯瑟琳·罗克（Catherine Roque）使用的葡萄品种在该地区并不常见，其中之一就是黑皮诺，罗克将其与80%的西拉进行混酿，制成了特酿帕拉格雷葡萄酒（cuvée Palagret）。她对品种和混酿的选择意味着她出品的大部分葡萄酒都可以按地区餐酒命名的方式更灵活地酿制。作为一名有经验的建筑师，罗克在1989年买下了这家酒庄，现在拥有超过12公顷的土地。其葡萄园（全部为有机葡萄园）坐南朝北，海拔250～400米，气候凉爽，适合黑皮诺葡萄生长。罗克还生产了具有浓郁桃子和梨风味的维欧尼葡萄酒，以及由麝香、克莱雷和霞多丽酿制而成的甜白葡萄酒。

白孔布酒庄（米内瓦产区）

1981年，比利时人盖伊·凡拉克（Guy Vanlacker）来到米内瓦地区，最初他在业余时间照料自己的葡萄藤，同时为其他酒庄工作，并"借用"他们的设备来酿造葡萄酒。拉里维尼北部卡尔马伊克村（Calmaic）的白孔布（Combe Blanche）葡萄园海拔200～300米。在这里，凡拉克并未按照当地的传统种植葡萄，而是种植了丹魄（当时在西班牙以外几乎不为人知）和黑皮诺。1997年，他与来自卢森堡的多米尼克·哈努勒（Dominic Hanoulle）合作，建立了一个小型酒厂，最终在2000年全身心投入白孔布酒庄葡萄酒的开发中。

费列斯·茹尔丹酒庄（皮克普产区）

1983年，茹尔丹（Jourdan）家族买下了费列斯·茹尔丹酒庄（Domaine Félines Jourdan）。该酒庄坐落在托湖（Thau lagoon）岸边，以出产匹格普勒葡萄酒（Picpoul de Pinet）而闻名。酒庄拥有超过110公顷的葡萄藤，种植了10个不同的葡萄品种，酿造的大部分葡萄酒属于地区餐酒。匹格普勒葡萄是在3种不同的土壤类型上种植的，每一种都给葡萄酒带来了不同的特点——菲丽（Félines）葡萄酒带有柑橘味，拉库莱特（La Coulette）葡萄酒带有茴香的香味，而莱斯卡德斯（Les Cadastres）极富异国水果味。每一款酒都是单独发酵的，经酒糟陈年让酒体更加浓郁，然后进行混酿，产出具有菠萝、草本香气和矿物质气息的成品葡萄酒。

佩雷斯酒庄（朗格多克产区）

佩雷斯酒庄（Domaine de la Granges des Pères）位于阿尼安（Aniane）小镇，毗邻该地区葡萄酒业的最初开拓者嘉萨酒庄（Mas de Daumas Gassac）。酒庄主人洛朗·瓦伊莱（Laurent Vaillé）选择将自己的时间和精力用在 11 公顷的佩雷斯酒庄上，不接待游客。1992 年，洛朗酿造了第一个年份的葡萄酒。此后，他的葡萄酒似乎被赋予了某种神秘感，引来大量狂热的追随者。如今，他的葡萄酒堪称是该地区最好（也是最贵）的葡萄酒之一。葡萄藤种在陡峭的山坡上，葡萄园非常注重细节。这些酒之所以叫作地区餐酒是因为在混酿酒中加入了西拉、赤霞珠和慕合怀特，草本味浓郁、十分可口。酒庄还有一款酒体丰满的白葡萄酒，也是由霞多丽和瑚珊酿制而成。★新秀酒庄

大茨雷斯酒庄（科比埃产区）

埃尔韦·勒弗勒（Hervé Lefferer）曾是勃艮第举世闻名的罗曼尼·康帝酒庄的经理，1989 年他在科比埃地区买下了占地面积为 5 公顷的大茨雷斯酒庄 [Domaine du Grand Crès，位于费拉尔斯-莱-科比埃（Ferrals-les-Corbières）附近的拉格拉斯东部]。从那时起，他清除了该地区欧石南丛生的荒地，逐渐种植了 10 公顷的葡萄藤。这些葡萄园地处高海拔的偏远地区，产量低，因此葡萄藤生疾的可能性较小。勒弗勒运用勃艮第酿酒技术，在这个传统的乡村地区酿制出口感丝滑的优雅葡萄酒。酒庄出品的美味的瑚珊和维欧尼混酿白葡萄酒、以歌海娜为主要原料的克雷萨亚（Cressaia）葡萄酒（一种餐酒）都非常值得一试。

奥督酒庄（朗格多克产区）

早在 20 世纪 70 年代末，让·奥里亚克（Jean Orliac）和他的妻子玛丽-特蕾莎（Marie-Therese）就在圣卢山（Pic St-Loup）和奥督山（Montagne de l'Hortus）两座山峰中间形成的崎岖的范贝图河谷（Combe de Fambétou）上种植葡萄。1995 年，他们建立了这个外形看起来很奇怪的木制酿酒厂。葡萄园坐落在山坡上，现在占地 55 公顷，生产白葡萄酒、桃红葡萄酒和红葡萄酒。奥督酒庄经典特酿葡萄酒（Cuvée Classique）清爽多汁，果味浓郁；格兰德特酿（Grande Cuvée，由西拉、慕合怀特和歌海娜混酿而成）有新鲜的水果和橡木气息，余韵优雅。奥督酒庄（Domaine de l'Hortus）葡萄酒的酿酒葡萄来自其邻家葡萄园，该家族在圣-让德比埃热（St-Jean de Buèges）拥有一座叫作勒克洛斯（Le Clos）的围墙式葡萄园，在那里有一座石制酿酒厂生产普利厄葡萄酒（Clos du Prieur）。

乔格拉酒庄（圣希尼扬产区）

乔格拉酒庄（Domaine des Jougla）是一个家族产业，位于圣希尼扬村东北部的韦尔纳佐布尔河畔普拉代（Prades-sur-Vernazobre）的正中间。该家族的酿酒历史可以追溯到 1595 年。酒庄出产的葡萄酒包括一款维欧尼干葡萄酒、一款维欧尼帕斯里甜葡萄酒（Viognier Passerillé，由干葡萄酿制而成，散发着白桃、杏子和杏仁的香味），以及一款首字母桃红葡萄酒（Initiale，用生长在片岩上的西拉、歌海娜和慕合怀特的首字母命名，酒体轻盈）。此外，酒庄还出产一些红葡萄酒。

利昂·巴罗酒庄（福日尔产区）

迪迪埃·巴拉尔（Didier Barral）在卡布雷罗尔镇的伦塞克村（Lenthéric）拥有 25 公顷的葡萄藤。迪迪埃是一位痴迷于土壤和肥料的环保主义者，他采用生物动力法，禁止使用所有化学品和除草剂。该酒庄用牛来给土壤施肥，为充分"混合"土质，他对土壤进行了反复耕耘。在这里，形形色色的生命——蜘蛛、甲虫、鸟类、杂草——都受到尊重，实现了真正的生物多样性。正如人们想象的那样，酿酒也是一件很自然的事情。酒庄以西拉、歌海娜和佳丽酿混酿而成的特酿简蒂丝红葡萄酒（Cuvée Jadis）风格质朴；酒庄还有一款白葡萄地区餐酒，由 90 年藤龄的老朗格多克葡萄品种 [如灰特蕾（Terret Gris）、白特蕾（Terret Blanc）] 与瑚珊和维欧尼混酿而成，该酒口感紧致，洋溢着矿物质气息。

玛丽亚·菲塔酒庄（菲图产区）

菲图是朗格多克最古老的产区，成立于 1948 年，与科比埃产区南部接壤，共有两个产区。2001 年，玛丽-克劳德（Marie-Claude）和让-米歇尔·施密特（Jean-Michel Schmitt）建立了玛丽亚·菲塔酒庄（Domaine Maria Fita），酒庄的位置靠近维勒纳夫-莱科尔比埃（Villeneuve-les-Corbières），在菲图地区拥有 10.5 公顷的葡萄园。这对夫妇在吕贝隆生活了 30 多年，让-米歇尔在那里创办经营了多家餐厅，因此有机会品尝自己酿造的葡萄酒。他们现在已成为该产区的主要生产商，颇具声望。

圣安东尼罗酒庄（福日尔产区）

在拥有了法国其他酿酒地区的丰富经验后，弗雷德里克·阿尔巴雷特（Frédéric Albaret）选择在福日尔定居，并在 1995 年在圣安东尼罗酒庄（Domaine St-Antonin）酿造了第一款年份葡萄酒。圣安东尼罗酒庄葡萄品种繁多，葡萄藤的平均藤龄为 40 年，面积也从最初的 12 公顷增加至现在的 20 公顷。阿尔巴雷特酿造了 3 款特酿酒，旨在出产高雅精致、香醇浓郁、保质期长的葡萄酒。其顶级特酿酒——马格努葡萄酒（Magnoux）有西洋李子和樱桃的味道，极具陈年潜力。传统的圣安东尼罗特酿葡萄酒（Domaine St-Antonin）性价比极高，物超所值。

蒂埃里·纳瓦拉酒庄（圣希尼扬产区）

蒂埃里·纳瓦拉（Thierry Navarre）是圣希尼扬产区北部罗格伯恩（Roquebrun）的第 3 代葡萄种植者。他在褐色片岩梯田上种植了 12 公顷的葡萄藤，包括一系列葡萄品种，其中有几乎被遗忘的里贝伦克（Ribeyrenc）葡萄，纳瓦拉重新种植了这种非常古老的朗格多克葡萄品种。酒庄出产的葡萄酒包括：勒劳齐尔葡萄酒（Le Laouzil），该酒带有烟草和皮革的味道，特色鲜明；其奥利弗特酿（La Cuvée Olivier）由古老的佳丽酿、歌海娜和西拉混酿而成，带有肉味和胡椒味，口感辛辣；此外，酒庄还有两款用歌海娜和麝香酿制的天然甜葡萄酒（Vin Doux Naturel）。

维拉玛酒庄（朗格多克产区）

1970 年，朗格多克葡萄酒大亨杰拉德·贝特朗（Gérard Bertrand）的父亲购买了维拉玛酒庄（Domaine de Villemajou），这是贝特朗第一次对葡萄酒产生兴趣的地方。该酒庄自称是科比

佳丽酿葡萄的复兴之旅

佳丽酿葡萄品种在一段时间曾是朗格多克葡萄园的主导品种。然而，这并不是因为它的产量高。佳丽酿葡萄酿制的葡萄酒酸度高，酒精含量低，单宁粗糙、口感酸涩。这不是一个容易种植的品种：佳丽酿葡萄发芽晚，容易受到白粉病和霜霉病这两种主要疾病的影响，容易腐烂，最重要的是它很少成熟。虽然如此，佳丽酿仍然是朗格多克地区种植最广泛的品种，直到 20 世纪 90 年代末梅洛取代了佳丽酿。最近，佳丽酿已经开始有了一些高质量的追随者。在圣希尼扬和蒙佩鲁等地的山坡上种植的古老灌木藤蔓，有些甚至有 100 年的藤龄，这些葡萄藤已经开始被物尽其用。命运的变化要归功于种植者，如奥菲拉克酒庄（Domaine d'Aupilhac）的西尔文·法达特（Sylvain Fadat，他追求新鲜度、酸度和矿物质气息）和让·玛丽·林博（Jean Marie Rimbault，他认为佳丽酿是其风土的真实写照，酿出的酒具有烟熏和黑果的味道）。

埃地区最古老的葡萄种植园。在中世纪时，该地属于维勒马约修道院（Abbey of Villemajac）。维拉玛酒庄现在拥有 140 公顷的葡萄藤，包括一些非常古老的佳丽酿葡萄，处在推动科比埃-布特纳产区发展的最前沿。

四方院酒庄（圣希尼扬产区）

来自瑞士的希尔德加德·霍拉特（Hildegard Horat）于 20 世纪 90 年代来到这个地区。四方院酒庄（La Grange de Quatre Sous）的所有葡萄园都位于圣希尼扬 AC 产区，但希尔德加德选择种植一些非许可的品种，比如来自其家乡的小奥铭（Petite Arvine）、品丽珠、赤霞珠、马尔贝克，以及该地区的传统品种。该酒庄所有的葡萄酒都是混酿酒，极具特色，都兼具矿物质气息和浓郁的口感。酒庄所有的酒款都作为地区餐酒出售。

禾嘉·夏曼酒庄（米内瓦产区）

禾嘉·夏曼酒庄（Hegarty Chamans）坐落在特罗斯（Trausse）附近的黑山（Montagne Noire）山麓，归世界领先的百比赫（BBH）广告公司的董事长、创意总监和创始合伙人约翰·赫加蒂（John Hegarty）爵士所有。百比赫公司的标志是黑羊，其广告文案是"当世界朝左，请朝右"。禾嘉·夏曼酒庄的葡萄酒标签上也出现了一只黑羊，不过羊头是正对着另一个方向（这可能有很重要的寓意，也可能是无心为之）。自从赫加蒂于 2002 年买下了他 20 公顷的酒庄后，便不惜工本，对酒庄进行了大笔投资，因此酒庄设备极为先进。他的合伙人菲利帕·克兰（Philippa Crane）和勃艮第酿酒师塞缪尔·伯杰（Samuel Berger）根据生物动力法管理酒庄。

美泉庄酒庄（朗格多克产区）

自 2002 年以来，美泉庄酒庄（Mas Belles Eaux）一直是安盛集团（AXA）旗下的部分产业，地处佩兹纳斯（Pézenas）分区的科镇（Caux），占地面积为 90 公顷。酒庄的名字来源于其周围数泓流入佩恩河（River Peyne）的天然泉水，以及可以追溯到 17 世纪的带有拱形酒窖的农舍。2008 年，该酒庄建成了一家新的酿酒厂，由英国人克里斯蒂安·西利（Christian Seely）领导的安盛团队也对葡萄园进行了改进。顶级圣海伦特酿（Sainte Hélène）葡萄选用来自最高山坡的西拉、歌海娜和佳丽酿葡萄果实混酿，在法国橡木桶中陈年 15 个月方得佳酿。该酒浓郁醇厚，馨香沁人，口感辛辣。

马斯·布鲁吉埃酒庄（圣卢山产区）

自 13 世纪以来，布鲁吉埃（Brugière）家族一直是瓦尔弗莱内斯村（Valflaunès）的农民。如今，这个家族酒庄由圭勒姆（Guilhem）、他的妻子伊莎贝尔（Isabelle）和他们的儿子泽维尔（Xavier）共同管理。1973 年，圭勒姆回到该地区后开始种植优质葡萄品种，并在 1986 年生产了自己的第一款酒庄葡萄酒。酒庄拥有 12 公顷的葡萄藤，其中 80% 是红葡萄。酒庄生产 5 种不同的特酿，其中 3 种是口感辛辣、有胡椒味的格雷纳蒂葡萄酒（La Grenadière，由西拉、歌海娜和慕合怀特在橡木桶中陈酿 12 个月）、由歌海娜和西拉酿制而成的桃红葡萄酒，以及由 80% 的瑚珊和 20% 的玛珊混酿而成的桑树特酿白葡萄酒（Les Muriers，带有蜂蜜口味，余味较干）。

蒂埃里·纳瓦拉酒庄
该酒庄美味的奥利维尔酒是一款混酿酒，由配比很高的老藤佳丽酿葡萄酿制而成。

嘉萨酒庄
艾梅·吉贝尔的嘉萨酒庄在朗格多克具有传奇性的至尊地位。

德慕拉酒庄（朗格多克产区）

一辈子种植葡萄的让-皮埃尔·朱利安（Jean-Pierre Jullien）受儿子的影响退出了当地的合作社，开始自己酿造葡萄酒。他关注的焦点是葡萄园的质量，于是卖掉了一些地块只保留了最好的部分。就这样，1993 年，德慕拉酒庄（Mas Cal Demoura）出产了自己的葡萄酒。2004 年，让-皮埃尔退休，这个占地 11 公顷的酒庄现由伊莎贝尔·古马德（Isabelle Goumard）和文森特·古马德（Vincent Goumard）拥有并经营着。这对夫妇采用同样的高质量的酿酒方法，其出品的系列葡萄酒包括由白歌海娜、瑚珊、麝香、维欧尼和白诗南混酿而成的爱琴海（L'Etincelle）干白葡萄酒，口感优雅迷人；还有由西拉、歌海娜和慕合怀特酿制而成的如天鹅绒般丝滑的康巴里奥勒（Les Combariolles）干红葡萄酒，品质极佳。

麦园酒庄（圣希尼扬产区）

1976 年，马修（Matthieu）和伊莎贝尔·尚帕尔（Isabelle Champart）分别从诺曼底和巴黎搬到朗格多克。麦园酒庄（Mas Champart）最初位于圣希尼扬南部，从一个破旧的农舍开始一步一步发展到现在的规模，周围是 8 公顷的葡萄藤。如今，酒庄的房子已经重新装修，葡萄园扩大到 16 公顷，还建了一个酿酒厂。该酒庄在 1988 年出产了第一款年份酒，接着在 1996 年出产了第一款白葡萄酒。由歌海娜、佳丽酿和慕合怀特酿制而成的康德奥（Côte d'Arbo）系列红葡萄酒口感紧致，带有樱桃和甘草的香气，还有一丝动物蛋白的气息。

嘉萨酒庄（朗格多克产区）

1970 年，来自巴黎的手套制造商艾梅·吉贝尔（Aimé Guibert）和他的妻子薇罗尼卡（Véronique）在埃罗省寻找住宅，他们偶然发现了一幢废弃的旧农舍。第二年，他们的朋友（地质学教授）亨利·恩雅伯（Henri Enjalbert）告诉他们这片土地的土壤适合种植"特级园"品质的葡萄，但需要 200 年的时间。尽管如此，这对夫妇也心动不已。第二年，他们开始种植赤霞珠，使用的是来自波尔多的梅多克插枝。1978 年，他们拥有了一家酒庄，著名的波尔多酿酒顾问埃米尔·佩诺（Emile Peynaud）也来拜访过他们。嘉萨酒庄（Mas de Daumas Gassac）现在是朗格多克地区最著名的酒庄之一，占地面积达 35 公顷，出产的葡萄酒口感丰富，具有浓稠醇厚的质感。

马斯·富拉基尔酒庄（圣卢山产区）

马斯·富拉基尔酒庄（Mas Foulaquier）是一家小型酒庄，占地面积只有 8 公顷，坐落在克莱雷村（Claret）附近。1998 年，瑞士建筑师皮埃尔·杰奎尔（Pierre Jequier）购买了该酒庄。2003 年，布兰丁·乔查特（Blandine Chauchat）加入了杰奎尔，酒庄又增加了 3 公顷的土地。该团队使用生物动力法管理葡萄园，在酿酒过程中只使用天然产品。他们利用从葡萄园回收的石头扩建了酒窖并安装了一个自动化装置系统来调节温度。他们生产了一系列葡萄酒，包括优质的特酿罗利欧葡萄酒（Le Rollier Cuvée，由 40% 的西拉和 60% 的歌海娜混酿而成，在混凝土罐中陈酿 18 个月）和卡拉德红葡萄酒（Calades，由 60% 的西拉和 40% 的歌海娜酿 24 个月，部分是在橡木桶中陈酿而成）。★新秀酒庄

玉莲酒庄（朗格多克产区）

奥利维尔·朱利安（Olivier Jullien）是葡萄酒业的一位先驱者和完美主义者。1985 年，他建立了玉莲酒庄（Mas Jullien）。当时人们对朗格多克葡萄酒的质量还缺乏了解和信心。尽管他是改变人们态度的主要推动者，但他一直在寻找改进葡萄酒的方法。目前，他在琼基耶尔村周围拥有 15 公顷用生物动力法种植的葡萄藤，但由于海拔高度、光照和品种的不同而有很大的差异。玉莲酒庄出产品质卓越的西拉、佳丽酿、慕合怀特混酿红葡萄酒，可窖藏多年；酒庄有一款由佳丽酿和歌海娜酿制的白葡萄酒；酒庄还有口感怡人、适于较早饮用的灵域干红（Les Etats d'Ame）葡萄酒。

马斯·杜索莱拉酒庄（朗格多克产区）

2002 年，地处克拉普子产区的马斯·杜索莱拉酒庄（Mas du Soleilla）被瑞士人彼得·维尔德波尔兹（Peter Wildbolz）购得。该酒庄占地 19 公顷，种植有 25 年藤龄的葡萄藤，品种包括西拉、黑歌海娜、慕合怀特、梅洛、赤霞珠、布布兰克和瑚珊等。酒庄出产的葡萄酒包括一款巴特尔葡萄酒（Les Bartelles），该酒以西拉为主要原料，加上部分歌海娜混酿而成，酿出的酒液有黑果、香草和香料的风味；而切莱斯葡萄酒（Les Chailles）是一款歌海娜和西拉混酿酒，散发着浓郁的黑莓气息。此外，酒庄还出产一款珍藏级白葡萄酒（由瑚珊和布布兰克酿制而成）和一款在橡木桶陈酿的赤霞珠地区餐酒，名为杰森（Jason）。★新秀酒庄

碧比恩酒庄（朗格多克产区）

20 世纪 70 年代，碧比恩酒庄（Prieuré St-Jean de Bébian）由阿兰·鲁克斯（Alain Roux）进行了革新。1954 年，他的祖父莫里斯（Maurice）购买了该酒庄。酒庄在贝泽纳斯（Pézenas）附近有 32 公顷的土地，种植罗讷品种葡萄，这些品种是从著名酒庄中扦插而来的，如教皇新堡产区的稀雅丝酒庄的歌海娜葡萄、邦多勒丹派酒庄（Domain Tempier）的慕合怀特。当然，酒庄还保留原有的神索和佳丽酿葡萄。自 1994 年以来，碧比恩酒庄一直由尚塔尔·莱库蒂（Chantal Lecouty）和她的丈夫让-克劳德·勒布伦（Jean-Claude Le Brun）拥有，他们继续酿造着优雅精致的高品质葡萄酒。

索瓦格纳酒庄（拉赫扎克阶地产区）

索瓦格纳酒庄（La Sauvageonne）坐落在一座山上。自 2001 年起，酒庄便是英国人弗雷德·布朗（Fred Brown）旗下的产业，酒庄由 32 公顷的土地组成，海拔 150～400 米，位于拉赫扎克阶地（Terrasses du Larzac）地区的西北部。这里有 3 种不同类型的土壤——鲁弗斯红土（ruffes）、片岩和格雷斯砂岩（gres）。酒庄出产由长相思和麝香酿造的干白葡萄酒，以及桃红葡萄酒和 4 种红葡萄酒。普埃希佩伦（Puech de Glen）红葡萄酒使用的是生长在最高的片岩葡萄园中的西拉，产量很低，该酒在橡木桶中陈酿 14～18 个月，带有美味的黑樱桃和甘草味，余味悠长。

阿尔克酒庄（朗格多克产区）

阿尔克酒庄（Sieur d'Arques）是一家合作酒庄，负责生产

禾嘉·夏曼酒庄
该酒庄由约翰·赫加蒂酿制的 1 号特酿葡萄酒酒体丰满，结构极为平衡。

马斯·杜索莱拉酒庄
该酒庄的巴特尔葡萄酒是一款口感辛辣、带有香草味的朗格多克混酿红葡萄酒。

利慕产区 80% 的葡萄酒，其中生产的大部分是起泡酒，有艾莫里（Aimery）等著名品牌。然而，阿尔克酒庄在发展静止的桶式发酵霞多丽葡萄酒方面也发挥了重要作用，并通过为慈善机构组织年度拍卖来推广这些葡萄酒。四尖塔（Quatre Clochers）霞多丽葡萄酒具有凉爽气候带来的优雅口感，富含矿物质和橡木气息。

雅尼克·佩莱蒂埃酒庄（圣希尼扬产区）

雅尼克·佩莱蒂埃（Yannick Pelletier）在 2004 年才开始在圣希尼扬产区的北部建立自己的同名酒庄，但此时他已享有许多美誉。他拥有 10 公顷的土地，分布在不同的地块，土质多样，包括片岩、黏土、石灰岩和碎石石屑等。酒庄主要的葡萄品种是多年前种植的西拉、歌海娜、佳丽酿、神索和慕合怀特。最近酒庄还购买了一块 0.5 公顷、长有 50 年藤龄的白特蕾酒庄。葡萄园和酒厂的大部分工作都是由人工完成的，葡萄园正向出产有机产品转型。酒庄出产 3 款红葡萄酒：欧斯特（L'Oiselet）、英格文特（L'Engoulevent，主要由歌海娜和佳丽酿酿制而成，还有少量的西拉和神索），以及由老藤葡萄酿制而成的顶级特酿康古瑞斯（Les Coccigrues，由 70% 的佳丽酿、15% 的西拉和 15% 的歌海娜混酿而成，需在橡木中陈酿 18 个月方得佳酿）。

阿兰·莫雷尔酒庄（卡巴尔岱产区）

1973 年以来，这个位于文特纳克（Ventenac）的 87 公顷的酒庄一直由阿兰·莫雷尔（Alain Maurel）拥有。该酒庄位于卡巴尔岱产区，是地中海气候和温带海洋性气候影响的交汇处。莫雷尔拥有来自这两个地区的葡萄品种（产区规定在最终的混酿酒中，每种类型的葡萄至少占 40%），以 6000 株每公顷的高密度种植，从而确保葡萄的浓郁风味。得益于顾问斯特凡·耶尔勒（Stéphane Yerles）和克劳德·格罗斯（Claude Gros）的精湛技艺，该酒庄酿造了 3 个级别的葡萄酒——旺特纳克地区餐酒（Vins de Pays Domaines Ventenac）、AC 级卡巴尔岱·旺特纳克葡萄酒（AC Cabardès Château Ventenac）和著名的马斯旺特纳克葡萄酒（Mas Ventenac）。酒庄还有一款葡萄酒是品丽珠、梅洛和西拉的混酿，经橡木桶陈酿，具有复杂的动物蛋白气息。

露喜龙产区

露喜龙产区（Roussillon）位于法国地中海沿岸最西端，蜷缩于法国的一隅，与西班牙接壤。这个产区位于东比利牛斯省（Pyrénées-Orientales）边界内，北临科比埃尔山（Corbières），西靠卡尼古峰（Canigou），南邻比利牛斯山脉起点——阿尔贝尔（Albères）。然而，露喜龙产区与东部朗格多克交流密切，与之相似度较高，露喜龙产区极具现代风情。在过去几十年中，产区品质焕然一新，成为欧洲最先进、最具活力的葡萄酒酿造产区之一。

年份

2009

虽然该年份较2005年或2007年略显变化，但所酿之酒香气浓郁、醇厚饱满。

2008

该年份的葡萄酒香气浓郁。部分葡萄遭受涝灾。

2007

该年份的葡萄酒果香馥郁，醇厚优雅。

2006

该年是正常年份。

2005

该年份气候温暖，葡萄成熟度较高，所酿葡萄酒单宁结构良好。

2004

该年是正常年份。

阿格里河（Agly）、戴特河（Têt）和黛克河（Tech）3条河流自西向东流经露喜龙产区，这里景观各异，有风景如画的小山谷，也有岩石梯田、涓涓细流和野生灌木丛生的干旱山坡，美不胜收。除了景观多样性，露喜龙产区这片广袤的土地风土特色鲜明，土壤以黑片岩、石灰岩和黏土为主，另有石英岩和片麻岩点缀其中。

就气候而言，露喜龙产区年日照时间达300天，仅次于法国科西嘉岛。夏季干燥炎热，降雨量仅为500～600毫米。

虽然这里荒山野岭，但人类已在此繁衍生息数千年。在托塔韦地区（Tautavel），人们在阿拉戈洞穴（Arago Cave）中发现了史前人类遗骸，是欧洲迄今发现的最古老的人类遗骸之一，可追溯到69万年前。另外，这片土地上还点缀着11世纪和12世纪的卡特里派（Cathar）城堡遗迹，令人心潮澎湃。

如今，一场葡萄酒革命正在露喜龙产区风起云涌。法国90%以上的天然甜葡萄酒都产自这里。然而最近，酒庄开始着力于生产醇厚浓郁的干红葡萄酒和干白葡萄酒。露喜龙产区是法国种植老藤比例最高的产区，恰好为酒庄酿制干红葡萄酒和干白葡萄酒奠定了

良好的基础。曾经一度繁华落尽的佳丽酿古藤也迎来"第二春"，由这些古藤酿制的葡萄酒已为佳丽酿正名。法国国家原产地名称局（INAO）负责制定法国原产地名称保护制度规则，多年一直建议根除佳丽酿葡萄藤。但多年之后，佳丽酿已成为"明星"葡萄。

在露喜龙产区的众多子产区中，优质的阿格里河谷最为引人入胜。莫里村周围的土壤独特，酿制的餐后甜酒品质俱佳。备受尊敬的酿酒大师杰拉德·戈比（Gérard Gauby）出手必为精品，而且必为炙手可热的精品。在倡导尊重自然环境的同时，戈比激励了一代年轻酿酒师，让他们热衷于酿造结构紧致、强劲浓烈的葡萄酒。事实上，在过去10年里，一小群志同道合的生产商以戈比为核心开基立业。许多酿酒师采用生物动力法种植葡萄，此地的气候也正有利于此种方法的实施。

班努斯酒堪称法国口感最浓烈、最复杂的天然甜葡萄酒，产于班努斯海港和科利乌尔港附近，而酿酒葡萄则生长在地中海附近盘旋而上的梯田中。此地的葡萄园也用于酿造口感丰富、酒体强劲的慕合怀特、西拉及歌海娜葡萄酒。此外，此地还有以景色秀丽、历史悠久的海滨港口命名的科利乌尔葡萄酒。

阿比罗酒庄

阿比罗酒庄（Cave de l'Abbé Rous）位于班努斯海港，是一家联合酒庄，拥有 750 名种植者和 1150 公顷葡萄园，专注于酿制品质俱佳的科利乌尔（Collioure）和班努斯（Banyuls）葡萄酒。克里斯蒂安·雷纳尔特酿葡萄酒（Cuvée Christian Reynal）源自班努斯特级园区，在瓶藏之前已陈酿 11 年，辛辣浓郁，伴有柑橘芳香，口感丰富。AOC 科利乌尔·科尔内·希尔红葡萄酒（AOC Collioure Cornet & Cie）是由 60% 的歌海娜、20% 的西拉、10% 的佳丽酿和 10% 的慕合怀特混酿而成，果香浓郁、单宁柔顺。酒庄白葡萄酒系列是由 80% 的灰歌海娜、10% 的白歌海娜、4% 的瑚珊、3% 的玛珊和 3% 的维蒙蒂诺混酿而成，并置于橡木桶中发酵，奶油风味浓郁。

新居酒庄

1994 年，艾蒂安·蒙特斯（Etienne Montès）放弃了以前的生活，重回家族产业，经营新居酒庄（Château La Casenove）。新居酒庄距离佩皮尼昂（Perpignan）约 12 千米，位于阿斯普雷山（Aspres）的特鲁伊拉村外，占地面积为 50 公顷，葡萄园土壤以黏土为主，表面覆盖着大大小小的鹅卵石。在顾问让·勒克·科伦坡（Jean Luc Colombo）的指导下，园区种植了许多葡萄品种，用于酿造一系列白葡萄酒、桃红葡萄酒、红葡萄酒和天然甜葡萄酒。加里格红葡萄酒（La Garrigue）由佳丽酿、歌海娜和西拉混酿而成，散发着成熟深色水果的芳香。同时，酒庄采用纯正的西拉来酿制弗兰索·瓦若贝尔葡萄酒（Cuvée du Commandant François Jaubert）。

吉奥酒庄

吉奥酒庄（Château de Jau）位于卡塞斯·佩纳镇（Cases de Pène），俯瞰阿格里河谷（Agly Valley）。1974 年，道雷（Dauré）家族收购了吉奥酒庄，他们另在科利乌尔和智利也拥有酒庄。12 世纪，西多会的修士首次建立该酒庄，后来也经彻底翻修过。酒庄拥有 134 公顷葡萄园，分成很多地块，风土条件也各不相同，如今由西蒙和埃斯特尔姐弟管理经营。酒庄出产的葡萄酒物超所值，其中吉奥葡萄酒由 52% 的西拉、30% 的慕合怀特、10% 的佳丽酿和 8% 的歌海娜混酿而成，散发着成熟浆果的芳香和橄榄的气息。另外，该酒庄名下还拥有一间餐厅和一个当代艺术展览馆。

仙子园酒庄

1999 年，埃尔维·比泽尔（Hervé Bizeul）创立了仙子园酒庄（Clos des Fées），在此之前他曾担任过斟酒师、餐厅老板和葡萄酒记者。多年来，比泽尔陆续收购土地，酒庄从最初 7.5 公顷的弹丸之地，扩大至如今的 30 公顷，一望无垠。葡萄园分为 26 个地块，分布在温格劳（Vingrau）、托塔韦（Tautavel）、莫里（Maury）、贝莱塔（Bélesta）和凯尔斯（Calce）等多个地区，彼此间距离达 30 千米。酒庄出产的葡萄酒口感丰富且优雅大方，但价格昂贵，包括由歌海娜和佳丽酿混酿而成的仙女之家魔法师（Les Sorcières）、在橡木桶中发酵的老藤陈酿（Vieilles Vignes）、在木桶中发酵陈酿的仙女之家（Le Clos des Fées）、稀有珍贵的小西伯利亚（Petite Sibérie），之所以称为此名是因为酿酒葡萄采自歌海娜葡萄古

仙子园酒庄

仙子园酒庄从星罗棋布的葡萄园中酿造出品质俱佳的葡萄酒。

阿比罗酒庄

科尔内·希尔白葡萄酒由 5 个葡萄品种混酿而成，极富异国情调。

藤，其栽种在冬季寒风凛冽的高海拔地区）。

马塔莎酒庄

马塔莎酒庄（Clos Matassa）是法国和新西兰经营者共同打造的联合酒庄。具体而言，该酒庄由 3 个人通力打造：汤姆·卢布（Tom Lubbe），新西兰人，经验老到，曾与露喜龙产区明星酿酒师杰拉德·戈比（Gérard Gauby）一起酿酒两年；卢布的妻子、戈比的妹妹娜塔莉·戈比（Nathalie Gauby）；葡萄酒大师萨姆·哈洛普（Sam Harrop），新西兰人，曾在伦敦生活和工作，为零售商玛莎百货（Marks & Spencer）采购葡萄酒。2002 年，3 个人买下了位于勒阿弗尔（Le Vivier）附近的马塔莎葡萄园（海拔 500～600 米）。自此，酒庄在科迪耶斯·德·费努叶德（Coteaux des Fenouillèdes）和凯尔斯（Calce）周边地区采用生物动力法种植葡萄，面积达 14 公顷。酒庄的"掌上明珠"——罗曼丽莎葡萄酒（Cuvée Romanissa）由 70% 的歌海娜、15% 的佳丽酿、10% 的慕合怀特和 5% 的赤霞珠混酿而成，口感饱满、辛辣刺激，质感细腻、余韵悠长。

卡哲仕酒庄

卡哲仕酒庄（Domaine de Cazes）毗邻里韦萨特，拥有 200 多公顷的葡萄园。酒庄坐落在山坡半山腰梯田上，俯瞰着阿格里河谷。种种恩赐让卡哲仕酒庄成为法国最大的采用有机和生物动力法种植葡萄的葡萄园区。1895 年，米歇尔·卡哲仕（Michel Cazes）创建此酒庄，当时仅拥有几公顷寸土之地。如今，艾曼纽·卡哲仕（Emmanuel Cazes）负责酿酒事务，15 款葡萄酒跃然眼前，年产量至少 9 万瓶。酒庄出产的葡萄酒琳琅满目，从干型葡萄酒到甜白葡萄酒，从白琥珀到黑琥珀，不一而足，其中的顶级葡萄酒需置于橡木桶中陈酿长达 20 年。酒庄出品的卡哲仕麝香自然甜白葡萄酒（Vin Doux Naturel Muscat de Rivesaltes）酒精浓度为 15%，散发出优雅的柑橘香味，味道甘美、余味清新。

橡树庄园酒庄

橡树庄园酒庄（Domaine des Chênes）现由吉尔伯特（Gilbert）、西蒙娜（Simone）和其子阿兰（Alain，蒙彼利埃酒学研究学会的教授）经营管理。其葡萄酒庄位于产区北部，邻近位于科比埃山麓的温格劳产区。橡树庄园酒庄拥有 30 公顷的葡萄园，且均位于海拔 300 米处。此外，酒庄盛产干型葡萄酒和甜型葡萄酒，包括醇厚浓烈的马斯卡若红葡萄酒（Le Mascarou），该酒由 50% 的西拉、40% 的歌海娜和 10% 的慕合怀特混酿而成。

福卡·雷亚尔酒庄

福卡·雷亚尔酒庄（Domaine Força Réal）位于佩皮尼昂以西 20 千米，毗邻米亚斯（Millas）。酒庄葡萄园占地面积 40 公顷，种植于海拔 100～450 米的黏土石质梯田和石灰岩斜坡之上。福卡·雷亚尔酒庄近观卡尼古峰，远眺地中海，风景美如画。酒庄原为加里格思农场（Mas de la Garrigues），1989 年，让-保罗·亨里克斯（Jean-Paul Henriques）收购此地进行投资建设，自此更名为福卡·雷亚尔酒庄。酒庄盛产干型和甜型葡萄酒，其中福卡·雷亚尔干红葡萄酒（Les Hauts de Força Réal）由西拉和慕合怀特混酿而成，置于橡木桶中陈酿

莱托里酒庄
科特梅尔葡萄酒口感极佳，是酒庄精湛酿酒工艺的最好证明。

阿美尔酒庄
过去 10 年里，声名赫赫的阿美尔酒庄革故鼎新。

两年，品质俱佳，口感辛辣强烈，散发着草本清香。

红丝巾酒庄

让-弗朗索瓦·尼克（Jean-François Nicq）以前曾就职于罗讷南部埃斯特扎格（Estézargues）联合酒庄。2002 年，他接管了位于阿尔贝尔山（Montésquieu des Albères）的红丝巾酒庄（Domaine des Foulards Rouges）。酒庄距离科利乌尔西海域 10 千米，最初仅有 10 公顷葡萄园，后来尼克在片岩和片麻岩斜坡上又种植了 2 公顷。酒庄酿酒工艺与埃斯特扎格相同，葡萄酒经天然发酵酿制且不添加亚硫酸盐。弗里达（Frida）由 50% 的佳味酿和 50% 的歌海娜混酿而成，两种葡萄均采自藤龄达 80 年的老藤，酒体适中，果香悠长。

戈比酒庄

戈比酒庄（Domaine Gauby）一直为戈比家族所有。1985 年，杰拉德·戈比继承了这座占地 11 公顷的酒庄，自此酒庄潜力得以全面挖掘。如今，杰拉德被誉为"露喜龙超级巨星"，他也不断激励着风华正茂的年轻酿酒师。该酒庄位于凯尔斯村佩皮尼昂西北 20 千米处，多年来一直在不断扩建。酒庄现拥有逾 45 公顷葡萄园，藤龄高达 120 年。自 2001 年以来，酒庄已完全采用生物动力法进行培植。酒庄出产的白葡萄均为地区餐酒，红葡萄为露喜龙丘村庄级系列（Côtes du Roussillon-Villages）佳品。酒庄旗舰品牌蒙塔达葡萄酒（Muntada）由 45% 的歌海娜（40 年藤龄）、45% 的佳丽酿（120 年藤龄）、5% 的慕合怀特和 5% 的西拉混酿而成，置于橡木桶中陈酿 30 个月，酿制的酒款品质俱佳。

拉法奇酒庄

让-马克·拉法奇（Jean-Marc Lafage）的家族已在加泰罗尼亚的土地上耕耘葡萄园 6 代之久。让-马克本人极有眼界，他和妻子（也是一名酿酒学家）曾在澳大利亚、南非和智利多家顶级葡萄酒酒庄工作，其葡萄栽培技术造诣深厚，酿酒绝学炉火纯青，葡萄酒营销能力登峰造极。他们深知终有一天会重回故里。1996 年，夫妻二人收购了一处葡萄园；2001 年，他们又接手经营让-马克父亲的葡萄园。如今，二人在露喜龙产区拥有 138 公顷葡萄园。夫妻二人酿制的地区餐酒、露喜龙丘村庄级葡萄酒，以及天然甜葡萄酒物超所值。其中，原作特酿（Cuvée Authentique）由西拉、黑歌海娜和佳丽酿混酿而成，口感浓郁。

白玛斯酒庄

白玛斯酒庄（Domaine du Mas Blanc）是班努斯产区的佼佼者。如今，白玛斯酒庄这个家族产业由让-米歇尔·帕塞（Jean-Michel Parcé）负责经营。其父安德烈·帕塞（André Parcé）博士是酿酒学领域的领导者和创新者，他重新引入高贵品种，助推科特利乌尔产区发展，并在班努斯产区开创笠美（Rimage）产业——与波特年份酒分庭抗礼。葡萄园位于陡峭梯田之上，植有约 21 公顷的葡萄古藤，用以酿造 3 款科利乌尔特酿——科普伦斯·黎凡特（Cosprons Levants）、慕林酒庄红葡萄酒（Le Clos du Moulin）和君奎特（Le Junquets）。此外，酒庄还出产一系列卓越的班努斯葡萄酒。

玛斯·克拉玛酒庄

1990 年，让-马克·让宁（Jean-Marc Jeannin）和凯瑟琳（Catherine）夫妻二人从勃艮第手中收购了玛斯·克拉玛酒庄（Domaine Mas Cremat）。后来，让-马克·让宁英年早逝，酒庄就由凯瑟琳和儿子朱利安、女儿克莉丝汀共同经营，将酒庄发扬光大。酒庄拥有 35 公顷葡萄园，土壤均为黑色片岩土。酒庄产品系列中，最富情趣的是露喜龙丘葡萄酒，由歌海娜、西拉和慕合怀特混酿而成；未经橡木桶陈酿的恩维葡萄酒（Cuvée l'Envie）果香浓郁；而巴斯提恩葡萄酒（Cuvée Bastion）需置于橡木桶中陈酿一年，结构优良平衡。酒庄也出产麝香葡萄酒、里韦萨特葡萄酒和地区餐酒。

奥利维尔·皮顿酒庄

奥利维尔·皮顿（Olivier Pithon）来自卢瓦尔河谷的莱昂丘产区（Coteaux du Layon），自幼便对葡萄酒兴趣浓厚。在爱上凯尔斯村之前，他已在法国其他地区积累了丰富的酿酒经验。在邂逅杰拉德·戈比之后，他选择定居于此。2001 年，他在片岩上种植了 8.5 公顷的佳丽酿老藤，之后将葡萄园的面积扩大到 15 公顷。酒庄采用生物动力法管理葡萄园，采用手工采收。酒庄出产的白葡萄酒和红葡萄酒被命名为莱斯葡萄酒（Cuvée Lais，以一头牛的名字命名）、la D18（以他家附近的路命名）和皮露（Le Pilou，由种植在白垩和页岩上藤龄达 60 年和 100 年的佳丽酿酿制）。

匹克曼家族酒庄

匹克曼家族酒庄（Domaine Piquemal）位于埃斯皮拉·德·阿格里镇，在阿格里河谷拥有 48 公顷葡萄园，酒庄现由弗兰克·皮埃尔·皮克马尔（Frank Pierre Piquemal）和玛丽·皮埃尔·皮克马尔（Marie Pierre Piquemal）共同经营。20 世纪 70 年代，其父皮埃尔推动葡萄园进行重组，葡萄平均藤龄为 35 年。此外，在村郊，一座酒庄正在紧锣密鼓地筹建中。按照惯例，酒庄主要生产地区餐酒、AC 干红葡萄酒与甜酒。酒庄生产的皮克马利翁干红葡萄酒（Cuvée Pygmalion）主要由 70% 的西拉、25% 的歌海娜和 5% 的佳丽酿混酿而成，散发着浓郁的夏季黑果的香气，夹杂些许烟熏味，单宁精致。

莱托里酒庄

莱托里酒庄（Domaine de la Rectorie）这座家族老宅邸历史悠久，20 世纪 80 年代早期，酒庄由马克和蒂埃里·帕塞（Thierry Parcé）两兄弟继承经营。1984 年，酒庄首次装瓶，自此，兄弟二人美名远扬。酒庄拥有约 27 公顷葡萄园，划分为 27 个小地块，分布于海拔约 400 米的山坡上，日照条件有一定差别。酒庄的每块葡萄园都是单独采收和酿造。酒庄盛产科利乌尔红葡萄酒且来自不同园区，如：东方葡萄酒（L'Oriental）由歌海娜酿制；科特梅尔葡萄酒（Côté Mer）由歌海娜、佳丽酿和西拉混酿而成，散发着香料的绝妙芬芳；蒙特哥葡萄酒（Côté Montagne）由歌海娜、佳丽酿、慕合怀特、古诺瓦兹和西拉混酿而成，酒体醇厚。然而，酒庄也成功酿制出白葡萄酒、桃红葡萄酒和班努斯葡萄酒（一款带有巧克力风味、浓郁醇厚的利昂帕塞特酿干红葡萄酒）。

天使之石酒庄

2001 年，马娇丽·嘉蕾（Marjorie Callet）创建了天使之石酒庄（Domaine Le Roc des Anges）。最初，嘉蕾在蒙特内村庄附近购置了 10 公顷葡萄园，其中包括 1903 年种植的佳丽酿葡萄藤。后期，酒庄不断并购，葡萄园总面积扩大至 25 公顷。其葡萄园属片岩土质，盛产黑佳丽酿、黑歌海娜、灰歌海娜、马卡贝奥和白佳丽酿，且产量较低。村庄里有一个新修复的酒窖，酿酒即在此进行，许多葡萄酒在混凝土罐中进行陈酿发酵，保留葡萄原有的果味并让风土气息释放出来。老藤葡萄酒由佳丽酿、歌海娜和西拉混酿而成，强劲浓郁且优雅精致。1903 特酿（Cuvée 1903）由佳丽酿老藤葡萄酿制而成，这款白葡萄酒口感层次复杂，品质精致。

萨达-马雷酒庄

1992 年，杰罗姆·马雷（Jerome Malet）接手经营其父创建的萨达-马雷酒庄（Domaine Sarda-Malet）。马雷在佩皮尼昂南部拥有 46 公顷葡萄园。在过去的 25 年里，他增加了西拉和慕合怀特的种植面积，同时也保留了老藤佳丽酿和歌海娜。酒庄出产的这款梅约乐白葡萄酒（Terroir Mailloles）味道甘美、口感优雅。韦萨特麝香葡萄酒伴有异国的果香和花香，甜味适中、酸度平衡。

圣乐世珍酒庄

2001 年，来自葡萄种植世家的劳伦特·辛格拉（Laurent Singla）酿造出了首款佳酿，那时他才 21 岁。如今，他负责管理着玛斯·当·阿尔比（Mas d'En Alby）与玛斯·帕斯·唐普斯（Mas Passe Temps）两家酒庄共 70 公顷的葡萄园。酒庄中品质良好的 25 公顷葡萄园，现采用生物动力法培植，果实专供酒庄酿酒之用。其他园区的葡萄会被送往里萨特地区的联合酒庄。皮内德葡萄酒（La Pinède）是用藤龄最古老的歌海娜、佳丽酿和西拉混酿而成，含有李子风味，酒体中等。

勒苏拉酒庄

20 世纪 90 年代末，著名酿酒大师杰拉德·戈比在圣马丁·菲努伊德镇（St-Martin-des-Fenouillèdes）的高海拔地区创立了勒苏拉酒庄（Domaine le Soula）。酒庄出产的白葡萄酒主要由歌海娜、长相思、马卡贝奥、瑚珊、维蒙蒂诺和白诗南酿制而成，层次复杂，带有浓郁紧实的矿物质气息。红葡萄酒主要由歌海娜、佳丽酿和西拉酿制而成，层次复杂、单宁柔和、口感丰富。

修文酒庄

波尔多车库酒酿酒师、瓦兰佐酒庄（Château Valandraud）的主人让-卢克·修文（Jean-Luc Thunevin）与莫里当地年轻酿酒师让-罗杰·卡尔维特（Jean-Roger Calvet）志同道合，创建修文酒庄（Domaine Thunevin-Calvet），二人在寸土之地的葡萄园中成功酿制出属于自己的车库酒。酒庄现在拥有 60 公顷葡萄园，盛产康斯坦特酿葡萄酒（Cuvée Constance），该酒的原材料配比歌海娜和西拉各占一半，酒液果香浓郁，伴有烟草气息。

古塔酒庄

古塔酒庄（Domaine La Tour Vieille）占地 12 公顷，布局井然有序，12 处独立葡萄园环绕着科利乌尔和班努斯。酒庄位于地中海沿岸的梯田上，现为文森特·冈迪（Vincent Cantie）和克莉丝汀·坎帕迪厄（Christine Campadieu）夫妻二人共同所有。葡萄园土质均以片岩为主，相似度极高，但因受海拔高度和风力的不同程度的影响，所酿制的葡萄酒特性与风味均与众不同。夫妻二人采用传统的索莱拉系统酿制科利乌尔葡萄酒和加强型葡萄酒，所酿葡萄酒颇具现代风情，他们也因此声名赫赫。酒庄顶级特酿普伊格（Puig Oriole）散发着浓郁的黑莓香气，口感香醇。

让-路易斯·特里布利酒庄

让-路易斯·特里布利（Jean-Louis Tribouley）是杰拉德·戈比的另一位门徒弟子。2002 年，他在法国拉图村（Latour-de-France）创建了这座占地 10.5 公顷的酒庄。该酒庄的葡萄种植在片岩、片麻岩和花岗岩等石质土壤中，葡萄藤采用有机种植，使用骡子耕耘。酒庄旗下的兰花葡萄酒（Orchis）以葡萄园里的野花命名，是一款以歌海娜为主要原料的混酿酒，蓝莓风味浓郁且单宁紧实。另外，酒庄还生产露龙丘村庄级阿尔巴混酿葡萄酒（Côtes de Roussillon-Villages blends Alba）和丘陵葡萄酒（Les Copines），以及一款纯正的佳丽酿蛇妖葡萄酒（Elepolypossum）。

阿美尔酒庄

1999 年，阿美尔酒庄（Mas Amiel）被奥利维耶·德塞勒（Olivier Decelle，皮卡尔冷冻食品连锁店总经理）收购。尽管酒庄声名远扬，但由于当时葡萄园状况不佳，甜葡萄酒滞销严重。自从德塞勒上任以来，为重振位于莫里的这片 155 公顷的葡萄园，他呕心沥血、全力以赴。如今，他全神贯注于阿美尔酒庄。此外，德塞勒还重新种植了 50 公顷的葡萄藤，雇用了一个全新的常驻团队，并外聘著名酿酒顾问，例如波尔多产区的"飞行酿酒师"史蒂芬·德农古。阿美尔酒庄盛产莫里干甜葡萄酒和干型葡萄酒，是该地区公认的酿酒先锋。

圣殿骑士酒庄

圣殿骑士酒庄（La Preceptorie de Centernach）由班努斯的帕塞（Parcé）家族与莫里的酿酒师共同创建。酒庄位于圣阿纳克，其酒窖位于山顶之上，俯瞰着莫里山谷。酒庄如雷贯耳的名号源自"圣殿骑士团"（Knights Templar）。酒庄葡萄园分布在莫里产区，盛产 AC 葡萄酒和地区餐酒。莫里沃瑞丽特酿（Maury Cuvée Aurélie）以其种植者之一命名，由 90% 的歌海娜和 10% 的佳丽酿混酿而成，并置于橡木桶中陈酿，呈现出黑果、香草与香料的芬芳，口感浓郁。

天然甜酒

"Vin Doux Naturel" 的意思就是"天然甜葡萄酒"。然而，这种说法似乎具有误导性。这些甜葡萄酒的酒精浓度要高于干型佐餐酒。诸多佐餐酒都经过"干燥"发酵，即在发酵过程中，酵母菌将葡萄汁中的天然糖转化为酒精，同时产生芳香族化合物，使得酒香醇厚。然而，在酿制天然甜葡萄酒过程中，酿酒师会选择在部分发酵葡萄汁中加入酒精，杀死酵母以终止发酵过程，从而使糖分含量更高、酒精含量更浓。

法国 90% 的天然甜葡萄酒产自露喜龙产区。天然甜葡萄酒品质与色泽参差不一，这取决于它们是由麝香葡萄还是歌海娜葡萄酿制，以及各自的陈酿工艺。露喜龙产区是里韦萨特（Rivesaltes）与里韦萨特麝香天然甜白葡萄酒（Muscat de Rivesaltes）生产大区。从果香四溢的浅龄石榴红葡萄酒，到安博里（Ambre）和图乐葡萄酒（Tuilé，至少置于橡木桶中陈酿两年），里韦萨特系列风格多样，各有千秋。莫里区（Maury）和班努斯区（Banyuls）就是最生动的写照。

普罗旺斯和科西嘉岛产区

普罗旺斯（Provence）是法国久负盛名的旅游胜地之一，其美景被塞尚和凡·高的艺术作品所铭记。他们痴迷于此地的如画风景，享受温暖宜人的气候，钟情于当地的历史和美食。在葡萄酒方面，东南部地区从西部的罗讷河一直向东延伸至意大利边境，将罗讷河谷、瓦尔省、沃克吕兹省和阿尔卑斯滨海省，以及周边群山收入麾下。普罗旺斯与地中海的科西嘉岛（Corsica，科西嘉岛地理位置更加靠近意大利）有诸多相似之处。两处产区光照充足（在法国，科西嘉岛光照时间最长），夏季干热漫长，全年降水不多，冬季温和。

普罗旺斯和科西嘉岛产区风土极为相似，都包括沿海地带、悬崖、丘陵和山峰等地貌。普罗旺斯的常绿矮灌木丛或科西嘉岛的灌木地带均散发着浓郁的杜松、薰衣草、鼠尾草、野生百里香和迷迭香的香味。

这些地方是度假者心仪之选，吸引了无数人慕名前来。公元前600年，古希腊的福西亚人（Phocaean Greeks）在此建立了马赛市，现为法国最大的海港城市和最为悠久的城市。公元前570年，腓尼基人在科西嘉岛东海岸的阿莱里亚（Aleria）定居，葡萄种植历史也就此开始。

普罗旺斯的大部分葡萄酒庄位于瓦尔，80%的葡萄酒都是色泽浅淡的干型桃红葡萄酒。然而，从西端的雷波-普罗旺斯产区（Les Baux de Provence）到尼斯北部的贝莱产区（Bellet），葡萄酒庄向两端尽头延伸，这里也生产更为浓烈的红葡萄酒和白葡萄酒。

雷波-普罗旺斯是一个山顶村庄，傍于崎岖的阿尔皮耶山脉（Alpilles）旁，这里秀色可餐，密史脱拉风不断。其同名产区规定其所有葡萄酒均使用有机或生物动力法种植的葡萄酿制，这在当时是第一家。该产区包括普罗旺斯圣雷米村，16世纪诺查丹玛斯（Nostradamus）在此诞生，此地也是凡·高的故乡。派勒特（Palette）这个小产区恰好位于埃克斯东部，超过35种葡萄可以在此产区种植，这里的西蒙酒庄更是声名赫赫。

海岸线从马赛向东蜿蜒曲折，卡朗格峡湾（Calanques）点缀其间。这条海岸线通向古老的渔港卡西斯（Cassis），该地受法国最高海崖卡内尔角（Cap Canaille）庇护，免于密史脱拉风的侵袭。这里出产散发着草本清香的高品质干型白葡萄酒，主要由克莱雷和玛珊酿制而成。沿着海岸前行，邦多勒产区（Bandol）映入眼帘，这里浓郁强劲的慕合怀特红葡萄酒可谓是普罗旺斯的绝美佳酿。

普罗旺斯丘产区（Côtes de Provence）是这里最大的法定子产区，覆盖了瓦尔大部分地区，以及周边分散的小产区。产区出产的桃红葡萄酒占总产量的80%，产区内歌海娜、佳丽酿、西拉和神索种植最为广泛。然而，该产区共有13种许可种植的葡萄品种，包括慕合怀特、提布宏（Tibouren）、侯尔、赛美蓉和克莱雷，用于酿制美妙绝伦的红葡萄酒和白葡萄酒。

尽管科西嘉岛游客众多，但其山水过于荒凉，有待开发。该岛长约180千米，宽约80千米，群山环绕（平均海拔约590米），崎岖的海角、迷人的海湾、银白的沙滩环抱四周。1968年，该岛北部的帕特里莫尼奥产区（Patrimonio）首次创建，产区内遍布白垩岩和黏土，是种植涅露秋（Nielluccio，类似于意大利的桑娇维塞）和维蒙蒂诺（又名侯尔）的不二之选。美丽狂野的科西嘉海角与片岩土壤缔造出尼科罗西酒庄的优质干白葡萄酒，此外还有萃取小粒麝香精华酿制而成的精致优雅、橘香四溢的天然甜葡萄酒。在科西嘉岛西部，靠近阿雅克修产区（Ajaccio）的花岗岩质土壤与夏卡雷罗葡萄（Sciacarello）相得益彰，共同诠释了科西嘉岛独有的韵味。

巴比罗尔酒庄（普罗旺斯丘产区）

巴比罗尔酒庄（Château Barbeyrolles）拥有 12 公顷葡萄园，现由雷吉娜·苏美尔（Régine Sumeire）负责经营管理。酒庄土质以古生代的片岩为主，酒庄葡萄逐渐发展为采用有机栽培。酒庄的淡桃红葡萄酒由歌海娜、神索、慕合怀特和赤霞珠混酿而成；红葡萄酒主要由歌海娜和西拉酿制，并置于橡木桶中陈酿 18 个月。酒庄酿制的葡萄酒品质俱佳，但价格有点昂贵。

克雷马德酒庄（派勒特产区）

克雷马德酒庄（Château Crémade）毗邻勒托洛内的美丽小村庄（塞尚曾在这里作画），是一座仅有 9 公顷葡萄园的小型酒庄。但酒庄内却种植了至少 25 种葡萄，且藤龄均在 50～60年。1997 年，波特（Baud）家族从勃艮第收购了这座酒庄，波特的女儿索菲（Sophie）是一位酿酒行家，擅长酿制白葡萄酒、桃红葡萄酒和红葡萄酒。桃红葡萄酒主要由歌海娜、神索、西拉、慕合怀特、麝香和赤霞珠混合 10% 的其他品种酿制而成，风味复杂，散发着红醋栗、樱桃、杏子和玫瑰花瓣的芳香。

克雷马特酒庄（贝莱产区）

贝莱产区是法国一个很小的 AC 级产区，占地 48 公顷，匿于尼斯山坡之上，产区葡萄园俯瞰着整座城市和地中海。克雷马特酒庄（Château de Crémat）的历史听起来就像斯科特·菲茨杰拉德（F Scott Fitzgerald）的小说。酒庄建于 20 世纪初，曾因为举办招待豪门望族和可可·香奈儿（Coco Chanel）等人的派对而闻名。该酒庄拥有 11 公顷葡萄园，主要采用歌海娜和神索葡萄酿制红葡萄酒和桃红葡萄酒，并置于橡木桶中陈酿。然而，酒庄酿制的白葡萄酒才声名赫赫，其主要用 80% 的侯尔和 20% 的霞多丽混酿而成，置于桶中陈酿 4 个月，酒体散发着鲜活美味、清爽怡人的香草味和烘焙香气。

蝶之兰酒庄（普罗旺斯丘产区）

蝶之兰酒庄（Château d'Esclans）位于德拉吉尼昂镇（Draguignan）东南部的乐梦迪村（La Motte），是该地区颇为知名的大型酒庄，占地共 267 公顷。2006 年，萨查·里琴 [Sacha Lichine，其父亚历克西斯·里琴（Alexis Lichine）曾就职于玛歌产区的荔仙酒庄（Château Prieure-Lichine]收购了这座酒庄。酒庄拥有 44 公顷葡萄园，种植了各样葡萄品种且葡萄藤平均藤龄均在 80 年。木桐酒庄前顾问帕特里克·莱昂（Patrick Léon）和国际顾问米歇尔·罗兰为酒庄葡萄酒的酿制提出了专业性的指导意见与建议。入门级的天使之音桃红葡萄酒（Whispering Angel）散发着清新的草莓香气，口感柔和。酒庄旗舰品牌伽鲁斯桃红葡萄酒（Garrus）由精选古藤葡萄酿制而成，并置于大橡木桶中发酵和陈酿，口感尤为浓郁醇厚。

嘉卢佩酒庄（普罗旺斯丘产区）

嘉卢佩酒庄（Château du Galoupet）邻近拉隆德-莱丝-莫里斯（La Londe-les-Maures）海边，占地共 165 公顷，拥有 72 公顷葡萄园。从这里可以看到普尔奎洛尔（Pourquerolles）的奥

尔岛（Iles d'Or）、克罗港岛（Port-Cros）和黎凡特岛（Ile du Levant）。相关资料表明，酒庄历史可以追溯到 17 世纪路易十四统治时期。迄今为止，人们仍然可以看到拱形地窖。酒庄出品的酒款琳琅满目，白葡萄酒、桃红葡萄酒和红葡萄酒质量等级不一，贴有不同的标签进行售卖。嘉卢佩红葡萄酒（Château du Galoupet）浓度怡人、单宁柔和，选择它绝不会踩雷。

美纽缇酒庄（普罗旺斯丘产区）

在圣特罗佩半岛上，美纽缇酒庄（Château Minuty）拥有 75 公顷葡萄园，从这里可以俯瞰海湾，还有加桑和拉马蒂埃勒的村庄。美纽缇酒庄由艾蒂安·法奈（Etienne Farnet）于 1936 年建立。酒庄现由其孙辈弗朗克斯·马顿（François Matton）和让-艾蒂安（Jean-Etienne）共同经营。在接管美纽缇酒庄之前，弗朗克斯是一名出色的葡萄酒学家，并在波尔多产区的玛歌酒庄和泰亭哲香槟庄（Champagne Taittinger）积累了丰富经验。让-艾蒂安负责市场营销。他们专注于酿制高品质桃红葡萄酒（主要由歌海娜和堤巴宏混酿而成）。此外，他们将葡萄园进行了整顿，用歌海娜和侯尔取代了佳丽酿和白玉霓。

碧浓酒庄（邦多勒产区）

1978 年，亨利·德·圣维克多（Henri de Saint Victor）和凯瑟琳·德·圣维克多（Catherine de Saint Victor）收购了碧浓酒庄（Château de Pibarnon）。当时，酒庄仅有 3.5 公顷葡萄园。大约 30 年后，葡萄园已扩建至 50 公顷。酒庄使用推土机竭尽心力地修筑埃皮达鲁斯环形梯田（Théâtre d'Epidaure），通过嫁接等技术，将大部分葡萄藤种植于此。酒庄白葡萄酒产量较少，主要由 40% 的克莱雷、40% 的布布兰克和 20% 的其他品种酿制而成，这些葡萄生长在山坡北侧的土地上。红葡萄酒由 90%～95% 的慕合怀特酿制而成，散发着黑果及黑醋栗的香气，酒体柔和、口感柔顺、单宁充沛。此外，酒庄还生产一款口味清新的桃红葡萄酒。

普拉多酒庄（邦多勒产区）

普拉多酒庄（Château Pradeaux）位于圣西尔梅尔村（St-Cyr-sur-Mer），自 1752 年以来一直为波塔利斯（Portalis）家族所有。酒庄命运多舛，历经磨难：1789 年，法国大革命爆发，酒庄毁于一旦；19 世纪，根瘤蚜病虫害暴发毁坏了部分葡萄园；第二次世界大战期间，它再次遭受重创。之后苏珊娜（Suzanne）和阿莱特·波塔利斯（Arlette Portalis）重振葡萄园，而如今酒庄由阿莱特的儿子西里尔（Cyrille）和爱德华（Edouard）共同经营。酒庄拥有 20 公顷葡萄园，且园内种植的葡萄藤平均藤龄为 35 年。酒庄红葡萄酒由 95% 的慕合怀特和 5% 的歌海娜酿制而成，酒体强劲、口感浓郁。此外，酒庄还采用 55% 的慕合怀特和 45% 的神索酿制桃红葡萄酒。

罗玛森酒庄（邦多勒产区）

1956 年，来自阿尔萨斯的奥特（Ott）家族收购了罗玛森酒庄（Château Romassan）。该家族还在瓦尔省（Var）拥有斯丽

普拉多酒庄
历史悠久的邦多勒产区酿制的葡萄酒浓烈强劲、酒体平衡。

蝶之兰酒庄
伽鲁斯是世上最为昂贵的桃红葡萄酒之一。

马格德莱娜酒庄

此款白葡萄酒为卡西斯 AC 级混酿，
散发出精致白花的馥郁芬芳。

奥特斯丽酒庄

奥特斯丽酒庄桃红葡萄酒由 4 种葡萄
经微妙混酿而成。

酒庄（Château de Selle）和米黑勒酒庄（Clos Mireille）。2004
年，家族将 3 处酒庄出售给路易王妃香槟酒庄。然而，让-弗朗
克斯·奥特（Jean-François Ott）仍担任技术主管，并遵循相同
的质量管理方法。罗玛森酒庄始于 18 世纪，位于卡斯特雷特
村，拥有 74 公顷葡萄园，园区内主要种植慕合怀特、歌海娜、
神索和长相思。酒庄盛产多款桃红葡萄酒，部分酒款置于橡木桶
中陈酿，可用于早饮或窖藏。红葡萄酒主要由慕合怀特酿制而
成，陈藏能力强，时间愈长，酒愈加香浓。

圣罗紫琳酒庄（普罗旺斯丘产区）

圣罗紫琳酒庄（Château Ste-Roseline）的前身是一座建
于 12 世纪的修道院。酒庄名字来源于维伦纽夫侯爵（Marquis
de Villeneuve）的女儿罗紫琳，她于 1263 年出生，一生乐善好
施，后人将其追封为圣徒。她的圣体一直安放在罗马教堂的水晶
棺材内。如今，罗马教堂已成为一个著名的朝拜圣地，里面还陈
列着马克·夏卡尔（Marc Chagall）于 1975 年创作的镶嵌画等
艺术品。酒庄葡萄园种植的葡萄品种多达 11 种，可生产白葡萄
酒（由侯尔、赛美蓉酿制）、桃红葡萄酒（由西拉、慕合怀特、
神索、堤布宏酿制）及红葡萄酒（由西拉、慕合怀特、赤霞珠酿
制）。酒庄酿制的浅橙桃红葡萄酒精致优雅，有显著的橡木气息。

奥特斯丽酒庄（普罗旺斯丘产区）

1912 年，阿尔萨斯农学家马塞尔·奥特（Marcel Ott）收
购了斯丽酒庄（Château de Selle），该酒庄是马塞尔收购的第
一家酒庄，位于塔拉多村（Taradeau），毗邻德拉吉尼昂镇。酒
庄始建于 18 世纪，如今占地 110 公顷，拥有 60 公顷葡萄园，
主要种植赤霞珠、歌海娜、西拉和神索。酒庄盛产桃红葡萄酒，
不同寻常的是，酒庄将其置于大橡木桶中陈酿 6～9 个月，赋予
了其厚重的酒体和复杂的口感。酒庄主要采用赛美蓉酿制少量白
葡萄酒，另外还酿制两款赤霞珠红葡萄酒。2004 年，路易王妃
香槟酒庄收购了该酒庄，但仍由让-弗朗克斯·奥特经营。

西蒙酒庄（派勒特产区）

提到派勒特这个"袖珍"产区的酒庄，人们便会立刻想到西
蒙酒庄（Château Simone），它仅有 17 公顷葡萄园，却大约占
了整个产区面积的一半。酒庄位于普罗旺斯埃克斯东部的梅约尔
村（Meyreuil），圣维克多山北面山坡脚下的阿克河（River Arc）
河岸。酒庄历史可以追溯到 16 世纪，地下酒窖便可作为其历史
的见证者，自 1850 年以来，罗杰（Rougier）家族便开始经营
西蒙酒庄。西蒙在 1948 年的命名过程中发挥了重要作用，其生
产的白葡萄酒、桃红葡萄酒和红葡萄品种繁多，琳琅满目。然
而，酒庄采用传统酿酒工艺并延长橡木陈酿的时间，所酿制的葡
萄酒品质俱佳，酒庄也因此声名鹊起。

万尼埃酒庄（邦多勒产区）

万尼埃酒庄（Château Vannières）位于拉卡迪埃达聚村与
圣西尔梅尔村之间，其悠久的历史可追溯到 16 世纪。酒庄拥有
35 公顷葡萄园，向东南方向延伸，北部有圣博姆高原（Massif
Ste-Baume）这个天然屏障。葡萄藤的平均藤龄为 40 年，种植

密度为每公顷 5000 株。这里种植了多种邦多勒的经典葡萄品
种，其中慕合怀特和歌海娜主要用于酿制红葡萄酒，歌海娜和神
索主要用于酿制桃红葡萄酒，而克莱雷和侯尔主要用于酿制白葡
萄酒。另外，邦多勒产区和普罗旺斯丘产区的葡萄酒也产于此。

薇尼罗酒庄（埃克斯丘产区）

薇尼罗酒庄（Château Vignelaure）乍一听似乎是一个无
名之辈，但此处种植葡萄已经有 1000 年的历史了，考古学家
最近发现了一个 1 世纪的罗马酒庄。20 世纪 60 年代，酒庄主
人乔治·布鲁那（Georges Brunet）在普罗旺斯首次种植赤霞
珠。后来在其管理下，酒庄很快声名鹊起，热度至今不减。酒庄
内赤霞珠、西拉、歌海娜和梅洛占地总面积达 60 公顷，种植于
海拔 350～480 米的石灰岩黏土上。酒庄酿制的葡萄酒纯正浓
郁，置于橡木桶中陈酿，口感尤为复杂，酒体也格外醇厚。此
处，酒庄还建有一个现代艺术收藏馆，陈列着塞萨尔（César）、
米罗（Miro）、哈东（Hartung）等人的杰作。酒庄起初由爱
尔兰夫妇戴维·奥布莱恩（David O'Brian）和凯瑟琳·奥布
莱恩（Catherine O'Brian）所有。2007 年，酒庄由梅特·桑
德斯特伦（Mette Sundström）和本特·桑德斯特伦（Bengt
Sundström）夫妇收购。

贝尔纳蒂酒庄（帕特里莫尼奥产区）

如果没有皮埃尔·德·贝尔纳蒂（Pierre de Bernardi）的
坚持不懈和全力以赴，恐怕帕特里莫尼奥产区就不会在 1968 年
成功建立（这是科西嘉岛第一个获得该认证的产区）。贝尔纳
蒂的父亲是帕特里莫尼奥的一名教师，1880 年他在此创建了这
座占地 10 公顷的贝尔纳蒂酒庄（Clos de Bernardi）。酒庄距
离地中海仅 200 米，这里的风土条件令人难以置信，拥有着自
己的独特气候。如今，该酒庄由贝尔纳蒂的两个儿子让-劳伦特
（Jean-Laurent）和让-保罗（Jean-Paul）经营，葡萄酒是在帕
特里莫尼奥村中心最初的小型酒庄生产的。尤为令人感兴趣的
是贝尔纳蒂特级园红葡萄酒，该酒完全由涅露秋葡萄酿制而成，
口感浓郁、香气沁人。

米黑勒酒庄（普罗旺斯丘产区）

1936 年，阿尔萨斯的马塞尔·奥特收购了米黑勒酒庄
（Clos Mireille），成为奥特酒庄第二家特级园酒庄。酒庄邻近拉
隆代海滨地区，毗邻耶尔（Hyères），种植了 47 公顷的赛美蓉、
白玉霓和侯尔，专门生产白葡萄酒。酒庄打造出两款特酿葡萄
酒：特酿白中白白葡萄酒（Blanc des Blanc）主要由 3 种葡萄酿
制而成，经缓慢发酵，在橡木桶陈酿，瓶藏 8～12 个月后才推
出；茵索伦白葡萄酒（Blanc L'Insolent）产量较少，主要由生
长在古老地块的赛美蓉和白玉霓混酿而成，置于大橡木桶中发酵
和陈酿 8 个月方得佳酿。

尼科罗西酒庄（科西嘉海角产区）

尼科罗西酒庄（Clos Nicrosi）位于罗利亚诺村（Rog-
liano），坐落在美丽而崎岖的科西嘉岛上的山顶，是科西嘉岛最
北部的葡萄园，出产岛上品质最优的白葡萄酒。1959 年，杜

桑·路易吉（Toussaint Luigi）和兄弟保罗·路易吉（Paul Luigi）共同创建了此酒庄。20 世纪 60 年代末，当地的合作社破产，兄弟俩决定自酿葡萄酒。其出品的 100% 维蒙蒂诺干白葡萄酒和甘甜的科西嘉海角麝香葡萄酒（Muscat du Cap Corse）均为其代表作。1993 年，让-尼奥·路易吉（Jean-Noël Luigi）从他叔叔手中接管了 20 公顷的酒庄。他和儿子塞巴斯蒂安（Sebastien）延续传统，继续生产桃红葡萄酒和红葡萄酒。

马格德莱娜酒庄（卡西斯产区）

马格德莱娜酒庄（Clos Ste-Magdeleine）风景秀丽，拥有 20 公顷梯田葡萄园，一直延伸到海边。酒庄东邻法国最高海崖卡那耶海角（Cap du Canaille），海拔最高点超过 400 米，可使酒庄免受西北风的侵袭。自 1920 年起，酒庄一直由萨菲罗普洛（Zafiropulo）家族负责管理。如今，酒庄由其后代乔治娜·萨克（Georgina Sack）和弗朗索瓦·萨克（François Sack），以及他们的孩子经营。在过去 35 年的时光里，他们让酒庄焕然一新。酒庄盛产优质白葡萄酒，款款香浓醇厚，花香浓郁，由 85% 的玛珊、克莱特、白玉霓和长相思混酿而成。酒庄也出产品质俱佳的桃红葡萄酒。

柯曼德·佩拉索酒庄（普罗旺斯丘产区）

柯曼德·佩拉索酒庄（La Commanderie de Peyrassol）历史悠久、文化多元。酒庄起源可以追溯到 13 世纪，由圣殿骑士团在伊索勒河畔弗拉桑（Flassans-sur-Issole）建立此酒庄。自此，酒庄经营权从马耳他骑士团（Maltese Order）、法国政府和里戈尔（Rigord）家族手中相继流转。1970 年，里戈尔家族收购此酒庄，直到 2001 年，才将其出售给了法国商人菲利普·奥斯特鲁伊（Philippe Austruy）。在奥斯特鲁伊的经营下，该酒庄进行了彻底翻修，并新建了一座酿酒厂。酒庄酿制两种品质标准的白葡萄酒、桃红葡萄酒和红葡萄酒——一种冠名柯曼德·佩拉索葡萄酒（Commanderie de Peyrassol），另一种冠名佩拉索葡萄酒（Château Peyrassol，在橡木桶中陈酿）。佩拉索白葡萄酒由 70% 的侯尔（藤龄达 45 年）和 30% 的赛美蓉混酿而成，经橡木桶发酵，酒体成熟，伴有蜂蜜的香甜，口感优雅清新。

布兰奇酒庄（邦多勒产区）

布兰奇酒庄（Domaine de la Bastide Blanche）现由布隆佐（Bronzo）家族路易斯（Louis）和米歇尔（Michel）兄弟二人共同经营。1972 年，酒庄仅拥有 10 公顷葡萄园，如今扩建至 28 公顷，葡萄园全部采用有机培植。园区中，60% 的土地用于种植慕合怀特；其余部分种植歌海娜、神索、克莱雷、白玉霓、长相思和布兰克。特酿伊斯干红葡萄酒（Cuvée Estagnol）由生长在黏土石灰岩和砾石上的慕合怀特（85%）和歌海娜（15%）混酿而成。酒款散发着葡萄的经典风味，单宁紧实，香气浓郁集中。

德拉贝古酒庄（邦多勒产区）

1996 年，经营玛歌产区（Margaux）美人鱼城堡酒庄（Château Giscours）的塔里（Tari）家族收购了德拉贝古酒庄（Domaine de la Bégude），此酒庄现由纪尧姆·塔里（Guillaume Tari）经营。酒庄占地面积达 500 公顷，但葡萄园仅有 17 公顷。葡萄园位于邦多勒产区最北端，种植在海拔 400 米处，是邦多勒产区海拔最高的葡萄园。这里景色秀丽，拉西奥塔海湾（La Ciotat Bay）的美丽景色尽收眼底。酒庄种植了 7 种不同的葡萄品种，用以酿制白葡萄酒、桃红葡萄酒和红葡萄酒。烈焰之地（La Brulade）是酒庄顶级特酿，主要由慕合怀特酿制而成，伴有浓郁的黑莓果味，回味悠长。

布南-科特斯红磨坊酒庄（邦多勒产区）

1961 年，皮埃尔·布南（Pierre Bunan）和保罗·布南（Paul Bunan）兄弟二人从阿尔及利亚收购了红磨坊酒庄（Moulin des Costes），该酒庄在卡迪埃尔·达祖尔（La Cadière d'Azur）拥有 16 公顷葡萄园。1969 年，兄弟俩又收购了拉鲁维埃酒庄（Château de la Rouvière）。这座建于 18 世纪的酒庄在陡峭的梯田山坡上种植了 3.5 公顷葡萄园，平均藤龄达 50 年。这两家酒庄的葡萄酒均在科特斯红磨坊酒庄酿制。现在，布南家族的子子孙孙在推动酿酒事业发展的过程中功不可没，他们为酒庄注入了全新理念，包括将其他产区的混酿酒打上布南酒庄标签。所有邦多勒产区 AC 级葡萄酒均物超所值。如果你碰巧路过尼斯，会发现此家族还拥有一家葡萄酒商店，出售这个古老的小镇出产的精选佳酿。

皮拉尔迪伯爵酒庄（阿雅克修产区）

皮拉尔迪伯爵酒庄（Domaine Comte Peraldi）自 16 世纪起就开始广泛种植葡萄。1965 年，酒庄由现任主人盖伊·德普瓦（Guy De Poix）的父亲进行了重建整修。酒庄在距离小镇和阿雅克修海湾 5 千米的梅扎维亚（Mezzaviat）山坡上种植了 50 公顷葡萄。霞卡露（Sciaccarellu）是该产区的特色葡萄品种，生长在花岗岩土壤中，可用于酿制红葡萄酒和桃红葡萄酒，酒品精致清新、优雅十足。皮拉尔迪伯爵酒庄红葡萄酒（Domaine Comte Peraldi）将霞卡露的风味发挥到了极致。

科塔德酒庄（普罗旺斯丘产区）

1983 年，理查德·亚瑟（Richard Auther）在波克罗勒岛（Porquerolles）上创建了科塔德酒庄（Domaine de la Courtade）。如今，酒庄拥有 30 公顷葡萄园，采用有机培植法。另外，酒庄内还种植有藤龄高达 100 年的橄榄林。该酒庄盛产白葡萄酒、桃红葡萄酒和红葡萄酒。科塔德红葡萄酒（La Courtade）口感丰富、浓郁优雅，由 97% 的精选慕合怀特和 3% 的西拉（平均藤龄 12 年）混酿而成，需置于橡木桶中陈酿 12～18 个月。白葡萄酒由 100% 的侯尔酿制而成，置于橡木桶中发酵和陈酿 11 个月，充满甜如香蜜的果香。

布兰奇农场酒庄（卡西斯产区）

1714 年，弗朗克斯·卡尼尔伯爵（François de Garnier）

普罗旺斯桃红葡萄酒

普罗旺斯产区与桃红葡萄酒如影随形。产区中 80% 的葡萄酒风格清雅，以干型葡萄酒为主，这也不足为奇。桃红葡萄酒的颜色源于黑葡萄，具体而言，是来自黑葡萄皮的颜色。因为在绝大多数黑葡萄中，果肉和果汁是无色的。实际上，当今流行的是浸渍法（也称放血法或浸皮法）和直接压榨法两种酿酒工艺。浸渍法是指在葡萄采摘后，经去梗后轻轻压碎，将果皮留在葡萄汁中浸渍几小时，使颜色渗入果汁，而后排出自流汁继续发酵。直接压榨法，顾名思义，就是将葡萄直接放进葡萄榨汁机中，榨出自流汁。用此方法获得的葡萄汁颜色清淡，而后用同样的方式发酵。按照普罗旺斯产区法定产区规定，至少有 20% 的桃红葡萄酒必须采用放血法酿制，而在普罗旺斯埃克斯丘（Coteaux d'Aix-en-Provence）和雷波（Les Baux de Provence）法定产区，这一比例更高，分别为 30% 和 50%。奥特酒庄（Domaines Ott）等生产商将桃红葡萄酒置于橡木桶中发酵陈酿，令其口感更为丰富、复杂。

哈比嘉酒庄
哈比嘉酒庄的管理者是瑞典人，旗下的红葡萄酒口味丰富、浓烈强劲、风格大胆。

特瑞斯·布兰奇酒庄
这是一座酿制精致优雅的有机葡萄酒的酒庄。

建立布兰奇农场酒庄（Domaine de la Ferme Blanche），该酒庄非常古老，拥有 30 公顷葡萄园。自此，酒庄在伊伯特（Imbert）家族中代代相传，现由弗朗克斯·帕雷（François Paret）经营。酒庄旗下的卓越白葡萄特酿由 50% 的玛珊和 50% 的克莱雷混酿而成，而一般白葡萄酒则由白玉霓、布布兰克和长相思混酿而成。酒庄酿制的桃红葡萄酒伴有覆盆子红果香气，由黑色歌海娜、神索和慕合怀特混酿而成。

嘉沃酒庄（普罗旺斯丘产区）

嘉沃酒庄（Domaine Gavoty）建于 16 世纪，历史悠久，位于卡巴斯村（Cabasse），毗邻 12 世纪建立的西多会修道院（Cistercian Abbey of Thoronet）。自 1806 年起，嘉沃家族一直经营着酒庄，现由罗塞琳·嘉沃（Roselyne Gavoty）和丈夫皮埃尔共同经营。酒庄中建于 18 世纪的酒窖中仍然保留着古老的原始木桶。酒庄拥有 45 公顷葡萄园，用于酿制白葡萄酒、桃红葡萄酒和红葡萄酒。酒庄出产的特酿经典桃红葡萄酒由神索和歌海娜混酿而成，果味浓郁，干爽清新；克拉伦登白葡萄酒（Clarendon）受到评论界的广泛好评。

豪威特酒庄（普罗旺斯圣雷米产区）

1982 年，多米尼克·豪威特（Dominique Hauvette）创建了豪威特酒庄（Domaine Hauvette），酒庄坐落于普罗旺斯圣雷米镇（St-Rémy-de-Provence）外的阿尔皮勒山（Alpilles）北侧。酒庄起初仅有 2 公顷葡萄园，现已扩建至 15 公顷。葡萄生长在富含贝壳和化石的黏土石灰岩土壤上，采用生物动力学培植。该酒庄旗下的红葡萄酒通常由 40% 的歌海娜、30% 的赤霞珠和 30% 的西拉混酿而成，酒体浓郁，略带动物蛋白气息，单宁细腻，回味悠长。

奥伦加·加福里酒庄（帕特里莫尼奥产区）

20 世纪 60 年代，皮埃尔·奥伦加（Pierre Orenga）创立了奥伦加·加福里酒庄（Domaine Orenga de Gaffory），现占地 60 公顷，种植了 20 公顷藤龄达 50 年的葡萄藤。葡萄园分别位于圣弗洛朗（St-Florent）、帕特里莫尼奥、巴尔巴戈（Barbaggio）和波西欧多莱塔（Poggio d'Oletta）附近的 4 处区域，现由皮埃尔的儿子亨利打理。酒庄内涅露秋、维蒙蒂诺（侯尔）和麝香等传统葡萄品种依土壤和小气候而培植。该酒庄生产 3 个系列的葡萄酒，并定期举办当代艺术展。

皮耶雷蒂酒庄（科西嘉海角产区）

1989 年，莉娜·文丘里－皮耶雷蒂（Lina Venturi-Pieretti）从父亲吉恩手中接管了家族产业。她的父亲名声在外，每年 6 月的第一个周末，他都会在卢里举办科西嘉葡萄酒博览会。该酒庄的葡萄园最初仅有 3 公顷，如今扩建到 10 公顷。葡萄种植在海拔 100 米的圣塞维拉（Santa Severa），靠近科西嘉海角产区的卢里港。涅露秋、歌海娜、维蒙蒂诺和麝香种植于岩质黏土和片岩土壤中。酒庄酿酒厂建于 1994 年，邻近海岸。如今，莉娜酿制出一系列白葡萄酒、桃红葡萄酒、红葡萄酒和麝香葡萄酒。其中，阿穆尔特塔特酿（A Murteta）由 100% 生长在科西嘉海角

的阿利坎特葡萄酿制而成，颇具特色。

哈比嘉酒庄（普罗旺斯丘产区）

哈比嘉酒庄（Domaine Rabièga）现由安德斯·阿肯森（Anders Akesson）所有，占地 10 公顷。葡萄园从 15 世纪延续至今，自阿肯森接手以来，便采用有机种植。嘉迪耶雷园葡萄酒贵为酒庄天花板。

里绍姆酒庄（普罗旺斯丘产区）

里绍姆酒庄（Domaine Richeaume）位于圣维克托瓦尔山（Montagne Ste-Victoire）山麓的普伊卢比尔（Puyloubier），是一座备受尊崇的酒庄。酒庄由该地区有机种植先锋——德国人亨尼格·赫施（Hennig Hoesch）负责经营。酒庄在 1972 年初仅有 2 公顷葡萄园，而如今亨尼格·赫施已坐拥 25 公顷葡萄园，主要种植歌海娜、赤霞珠（他是该地区种植此品种的先驱）和西拉。酒庄现由他的儿子西尔（Sylvain）管理，他曾赴美国加利福尼亚州和澳大利亚学习酿酒学。酒庄出产的葡萄酒酒体强劲、醇香浓郁，比如科卢梅勒特酿，置于橡木桶中陈酿，堪称顶级佳酿。

圣安德烈·费桂耶酒庄（普罗旺斯丘产区）

阿兰·康巴德（Alain Combard）在夏布丽（Chablis）与米歇尔·拉赫希（Michel Laroche）合作长达 22 年，之后阿兰·康巴德决定重返普罗旺斯，让米歇尔独自经营夏布丽。1992 年，他在拉隆德莱莫尔（La Londe-les-Maures）收购了占地仅 17 公顷的圣安德烈·费桂耶酒庄（Domaine St-André de Figuière）。如今，酒庄占地达到 45 公顷，采用有机培植法种植和管理 10 种葡萄。康巴德的 3 个孩子也已跟随父亲脚步加入酿酒行列，共同管理酒庄。玛加丽特酿桃红葡萄酒（以康巴德的女儿的名字命名）风味复杂，散发出草本和辛香的红果气息。老藤白葡萄酒（Vieilles Vignes）由侯尔和赛美蓉混酿而成，口感丰富圆润。

丹派酒庄（邦多勒产区）

丹派酒庄（Domaine Tempier）是邦多勒产区的佼佼者之一，地位重要且历史悠久。卢西恩·佩罗（Lucien Peyraud）创建该酒庄，从 1940 年开始到他于 1998 年去世，酒庄在产区版图中争得一席之地并保持至今。佩罗发现了慕合怀特葡萄的潜力，并在 1941 年推动其成为产区法定葡萄。

2000 年以来，丹尼尔·拉维耶（Daniel Ravier）继承衣钵，一直经营丹派酒庄，目前他仍致力于高品质葡萄酒的酿制。酒庄靠近卡斯特雷（Plan du Castellet），拥有 30 公顷葡萄园，分布在 3 个不同的区域（卡斯特雷、博塞特和拉卡迪埃）且每个区域的风土条件都不同。酒庄盛产 AC 级红葡萄酒（需置于橡木桶中陈酿 18 个月）、部分桃红葡萄酒和少量白葡萄酒。

特雷布鲁酒庄（邦多勒产区）

1963 年，乔治·德利耶（Georges Delille）建立特雷布鲁酒庄（Domaine de Terrebrune），酒庄坐落于邦多勒产区东部

边界的奥利乌勒村（Ollioules）边缘。乔治花了10年时间对酒庄进行改造，于1975年建造了一个新酒窖，1980年第一批葡萄酒成功上市。该酒庄生产红葡萄酒、白葡萄酒和桃红葡萄酒，现由德利耶的儿子雷纳德（Reynald）经营。酒庄拥有27公顷有机种植葡萄园，位于格罗塞尔沃山（Gros Cerveau）石灰岩梯田上。三叠纪时期的地下土壤表层有一种特殊的棕色黏土，酒庄也由此得名。

特瑞斯·布兰奇酒庄（普罗旺斯圣雷米产区）

诺埃尔·米其林（Noel Michelin）创建了特瑞斯·布兰奇酒庄（Domaine des Terres Blanches），20世纪70年代早期，他逐渐转向有机生产，是法国有机种植先锋之一。2007年，他将酒庄出售给巴杜因·帕门蒂埃（Badouin Parmentier），但酒庄的核心精神未曾改变。酒庄37公顷的葡萄园内种植了12种葡萄。奥蕾莉亚特酿由西拉和歌海娜混酿而成，在红葡萄酒、白葡萄酒和桃红葡萄酒系列中鹤立鸡群。

托拉西亚酒庄（韦基奥港产区）

1964年，克里斯蒂安·因伯特（Christian Imbert）登上科西嘉岛，立刻被岛上的美景所吸引。他在莱奇（Lecci）附近购买了土地，距离韦基奥港13千米。此后7年间，他清理了灌木丛，在那里种植葡萄。托拉西亚酒庄（Domaine de Torraccia）占地43公顷，现由因伯特的儿子马克经营且采用有机方式打理。奥留特酿（Cuvée Oriu）是酒庄的旗舰品牌，由80%的涅露秋和20%的西雅卡雷罗（Sciaccarellu）混酿而成，散发出胡椒和丁香气息，酒体中等、单宁柔和。

托尔·本酒庄（邦多勒产区）

托尔·本酒庄（Domaine de la Tour du Bon）位于邦多勒产区东北部的卡斯特雷村，酒庄以一座瞭望塔命名，这座塔最初是用来守护村庄的。1990年，时年27岁的阿涅斯·亨利–霍夸德（Agnès Henry-Hocquard）从父母手中接管了这家酒庄。他在海拔100米处种植了14公顷的葡萄园，站在葡萄园，地中海和圣博姆高原风景一览无余。酒庄酿制的圣费罗尔特酿红葡萄酒（Cuvée Saint Ferréol）品质俱佳，由90%的慕合怀特酿制而成。

铁瓦龙酒庄（普罗旺斯圣雷米产区）

1973年，埃洛伊·杜尔巴赫（Eloi Durrbach）在阿尔皮勒山北侧的圣艾蒂安（St-Etienne-du-Grès）创建了铁瓦龙酒庄（Domaine de Trévallon）。该酒庄赤霞珠和西拉的产量各占一半。当时，种植这些葡萄十分少见，但此家族与乔治·布鲁那联系密切，乔治已经在薇尼罗酒庄证实了这两个品种在普罗旺斯的潜力。尽管铁瓦龙酒庄酿造的葡萄酒质量上乘，但1993年，新发布的规定限制赤霞珠和西拉葡萄酒的产量，致使酒庄被迫退出法定产区名列。到目前为止，酒庄所有生产的葡萄酒都被归类为罗讷河口地区餐酒（Vin de Pays des Bouches de Rhône）。酒庄葡萄酒以黑醋栗和烟草风味为特色，口感丰富而优雅。

恬宁酒庄（瓦鲁瓦山产区）

恬宁酒庄（Domaine de Triennes）由杜雅克酒庄（Domaine Dujac）的主人雅克·塞斯（Jacques Seyss）、罗曼尼·康帝酒庄（Domaine Romanée Conti）的拥有者奥贝尔·德维兰（Aubert de Villaine）这两位勃艮第超级巨星，以及米歇尔·马克（Michel Macaux）共同创建。令他们为之动容的是酒庄［原名洛吉-德–南斯酒庄（Domaine du Logis-de-Nans）］蕴藏着巨大的潜力：450米高海拔、日照充足的向阳坡、黏土石灰岩土壤。之后，葡萄园改为主要种植霞多丽、维欧尼、西拉、梅洛和赤霞珠，并新建了一家酿酒厂。酒庄盛产优质单一品种葡萄酒和AC级葡萄酒。

卡岱内酒庄（普罗旺斯产区）

卡岱内酒庄（Mas de Cadenet）位于圣维克托瓦尔山山脚，海拔250米，坐北朝南。盖伊·内格雷尔（Guy Négrel）是酒庄第6代掌门人。酒庄葡萄园面积大约为45公顷，位于圣维克托瓦尔山和普罗旺斯AC级园区。酒庄出品的葡萄酒分成了几个质量等级：酒庄至尊系列桃红葡萄酒由歌海娜、西拉和神索混酿而成，经橡木桶陈酿，酒体醇厚，陈藏能力强；红葡萄酒由歌海娜、西拉和赤霞珠混酿而成；侯尔则用于酿造白葡萄酒——经橡木桶中发酵，用于酿制至尊系列酒款；酒庄的经典佳酿则果香浓郁，口感清新怡人。

马斯德圣母酒庄（普罗旺斯丘产区）

马斯德圣母酒庄（Mas de la Dame）位于阿尔卑斯山脉的南翼，靠近旅游胜地莱博小镇山顶，是一处风景如画的酒庄（1889年，凡·高曾为此地作画）。酒庄占地面积57公顷，是该产区中最大的酒庄。1903年，勃艮第酒商奥古斯特·费耶（Auguste Faye）建立此酒庄，至今仍风韵如故。从1993年开始，费耶的曾孙女卡罗琳·米索夫（Caroline Missoffe）和安妮·波尼亚托斯基（Anne Poniatowski）负责经营酒庄。在酿酒顾问让-卢克·科伦坡（Jean-Luc Colombo）的建议下，葡萄酒质量得到改善。饕餮特酿葡萄酒（Cuvée Gourmand）由西拉和歌海娜混酿而成，带有浓郁的黑果风味。

摩尔河酒庄（普罗旺斯丘产区）

摩尔河酒庄（Rimauresq）是一家古老的酒庄。1988年，由苏格兰的威姆斯（Wemyss）家族收购了该酒庄。该家族投资重组了葡萄园，并修建了一家酿酒厂和品酒室。他们在摩尔高地（Massif des Maures）北侧的皮尼昂（Pignans）拥有36公顷葡萄园。园区内共种植了9种葡萄。酒庄白葡萄酒、桃红葡萄酒和红葡萄酒均由首席酿酒师皮埃尔·迪福（Pierre Duffort）酿造。摩尔河桃红葡萄酒（R）颜色浅淡，带有甜杏和柑橘的气息。

摩尔河酒庄
摩尔河"R"桃红葡萄酒充盈着普罗旺斯丘产区的加里格风味。

卡岱内酒庄
内格雷尔卡岱内农场葡萄酒由西拉、歌海娜和赤霞珠混酿而成。

酒庄灌木型葡萄藤生命力顽强，更能经受住掠过普罗旺斯的密史脱拉风。

汝拉和萨瓦产区

汝拉和萨瓦产区（Jura and Savoie）是法国最小的两处葡萄酒产区，位于法国东部山区的丘陵地带。汝拉产区因酿制神秘的黄葡萄酒而闻名遐迩，其中包括夏龙堡地区（Château-Chalon）的黄葡萄酒；其他与众不同的葡萄酒系列也深受部分消费者青睐。萨瓦产区与众不同的是，低度白葡萄酒和红葡萄酒由当地稀有葡萄品种酿制而成，直到最近，这些葡萄酒还主要是专供葡萄园上方的滑雪胜地享用。随着气候变暖，以及新生代葡萄种植者（包括几家有机生产商）对品质的追求，这些佐餐葡萄酒正获得越来越广泛的认可。来自附近比热地区（Bugey）的葡萄酒主要用汝拉和萨瓦葡萄酿造，其质量也在不断提升。

主要葡萄种类

🍇 红葡萄

佳美（萨瓦产区）

梦杜斯（萨瓦产区）

黑皮诺

普萨（汝拉产区）

特鲁索（汝拉产区）

🍇 白葡萄

阿尔迪斯（萨瓦产区）

霞多丽

莎斯拉（萨瓦产区）

贾给尔（萨瓦产区）

瑚珊/伯杰隆（萨瓦产区）

萨瓦涅（汝拉产区）

年份

2009

汝拉产区：所有葡萄品种品质绝佳。
萨瓦产区：葡萄成熟度创产区新纪录；葡萄酒风味比正常年份更为浓郁。

2008

汝拉产区：这一年不适合酿制红葡萄酒，对白葡萄酒而言条件良好。
萨瓦产区：由梦杜斯和贾给尔酿制的葡萄酒品质优良。

2007

汝拉产区：萨瓦涅与特鲁索品质顶级。
萨瓦产区：金秋良辰，葡萄喜获丰收；梦杜斯品质出色。

2006

汝拉产区：白葡萄酒品质优良，红葡萄酒度数偏低。
萨瓦产区：该年份葡萄酒酿造困难重重，酒体较为轻盈。

2005

汝拉产区：该年是经典年份。
萨瓦产区：出产优质瑚珊、阿尔迪斯和梦杜斯。

2004

汝拉产区：萨瓦涅和特鲁索品质顶级。
萨瓦产区：该年是喜忧参半的一年。

在汝拉山脉西麓、勃艮第以东80千米，丘陵起伏的汝拉葡萄园坐落于此，酒庄内土壤以富含化石的黏土、石灰质土壤为主，露出蓝灰色的泥灰岩。此地独特的土壤加之受北部大陆性气候的影响，是霞多丽和黑皮诺生长的理想之地，但令人拍案叫绝的萨瓦涅（Savagnin）、特鲁索（Trousseau）和普萨（Poulsard）葡萄令汝拉葡萄酒特色鲜明。汝拉产区传统黄酒酿制工艺极具特色：将萨瓦涅葡萄酒置于古桶熟化，桶中并不装满，以形成一层酵母（类似于雪莉酒花），陈酿6年后装瓶陈藏，黄酒的酿制传统也影响了该地区其他白葡萄酒的酿造风格。

阿布娃（Arbois）和汝拉丘（Côtes du Jura）是该产区两大AC级法定产区，能轻松驾驭风格各异的葡萄酒。小型AC级明星产区（Etoile）仅酿制白葡萄酒、黄酒和麦秆甜酒，而AC级夏龙堡产区则专门出产黄酒。麦秆甜白葡萄酒又名"稻草葡萄酒"，是一款陈藏能力强的葡萄酒，其原料是使用传统方法在草席上晾干的葡萄，以浓缩糖分。如今，酿酒葡萄大多在通风良好的阁楼里晾干，或装在盒子里，或挂于橡上。AC级汝拉起泡酒和AC级汝拉利口酒在整个地区均有生产。利口酒是一种香气极为馥郁的葡萄酒，在发酵前向葡萄汁中加入葡萄蒸馏酒（葡萄渣酒）得以制成。

性价比超高的汝拉起泡酒由100%的霞多丽酿制而成，颇受欢迎，但同样也是实至名归。优秀明智的生产商会保留品质俱佳的霞多丽葡萄，用以酿制受人瞩目、富含矿物质气息的静止白葡萄酒，这些葡萄酒酸度独特，可与勃艮第产区的葡萄酒相媲美。虽然优质萨瓦涅被用于酿制陈藏能力强、带有坚果味道和辛辣气息的黄葡萄酒，以及氧化白葡萄酒，但种植者也开始尝试采用娇艳欲滴、带有清新柠檬香气的萨瓦涅酿制其他酒款。与此同时，汝拉产区红葡萄酒的质量也在逐年提高。这些通常是单一园葡萄酒，特别是特鲁索葡萄酒，带有一丝丝泥土芳香，尤令人瞩目。红葡萄和白葡萄均经过干燥处理，置于橡木桶陈酿，酿造出罕见的半甜型和甜型麦秆白葡萄酒。

萨瓦AC级法定产区覆盖了从日内瓦附近的日内瓦湖南部海岸到尚贝里南部的广大地区。某些村庄被称为特级园区，例如：种植贾给尔（Jacquère）白葡萄的阿普勒蒙（Apremont）和阿比梅（Abymes）、种植梦杜斯红葡萄的阿尔班（Arbin），以及种植红白葡萄的奇格宁（Chignin）。克雷比（Crépy）和里帕尔（Ripaille）因出产莎斯拉葡萄酒而美名远扬。萨瓦产区胡塞特（Roussette）是一个独立产区，专门种植阿尔迪斯（Altesse）白葡萄，其中弗兰吉（Frangy）和玛莱斯泰（Marestel）是最优质的特级园区。

萨瓦产区的气候受阿尔卑斯山脉、伊泽尔河和罗讷河，以及几个大型山地湖泊的影响。这里最好的葡萄园坐落在陡峭的山坡上，由于冰川作用，这儿的土壤贫瘠，多岩石。产区内白葡萄酒占比达三分之二，尤其是那些用贾给尔或莎斯拉酿造的葡萄酒，主要分为低度葡萄酒、干型和花香型葡萄酒。产区酿制的白葡萄酒经橡木桶陈酿，陈藏能力强，酒体醇厚，比如阿尔迪斯葡萄酒或者口感丰富、色泽杏黄的瑚珊（称为伯杰隆，奇格宁独有）。产区内低酒精度的佳美和黑皮诺红葡萄酒也有出产；由梦杜斯葡萄酿制出的红葡萄酒散发着覆盆子果香，风味极佳，颇受欢迎。品质卓越、层次丰富的葡萄酒通常由橡木桶陈酿熟成。

萨瓦西部的比热（Bugey）新列AC级法定产区榜单，采用霞多丽、佳美、阿尔迪斯和梦杜斯葡萄酿造葡萄酒。比热是一款精致、半甜、起泡桃红葡萄酒，以佳美和普萨为原料，采用传统工艺酿制而成。

百多利兄弟酒庄（萨瓦产区）

百多利兄弟酒庄（Denis et Didier Berthollier）在萨瓦产区崭露头角。酒庄现由百多利家族的丹尼斯（Denis）和狄迪尔（Didier）两兄弟共同经营，专注于追求葡萄酒质量而非数量。尽管酒庄红葡萄酒质量仍在不断提高，但其白葡萄酒早已卓尔不群。除了由贾给尔酿制的品质优良的奇格宁葡萄酒（Chignin）和优质的萨瓦胡塞特（Roussette de Savoie），该酒庄还出产两款奇格宁–贝杰龙葡萄酒（Chignin-Bergerons），主要由生长在陡峭石坡上的瑚珊酿制而成。丹尼斯曾就职于博卡斯特尔酒庄，圣米特葡萄酒（St-Anthelme）的酿制灵感源自他丰富的工作阅历，此款酒置于橡木桶中陈酿数月，口味复杂、品质顶级。★新秀酒庄

安德烈和米歇尔·奎纳德酒庄（萨瓦产区）

安德烈和米歇尔·奎纳德酒庄（Domaine André et Michel Quenard）是奇格宁地区以奎纳德命名的酒庄之一。现如今，酒庄由米歇尔和儿子纪尧姆（Guillaume）共同经营。纪尧姆对葡萄酒研究广泛，最近才加入酿酒团队。米歇尔·奎纳德及其酿制的葡萄酒已成为萨瓦产区的代名词。葡萄种植于光照充足、地形陡峭的酒庄中，米歇尔成功地将每种葡萄的特征发挥到极致。该酒庄的葡萄酒之星当属色泽深沉凝重的梦杜斯葡萄酒；而白葡萄酒中，特雷斯·奇格宁·伯杰隆白葡萄酒（Chignin Bergeron Les Terrasses）首屈一指，香浓醇厚、色泽杏黄，带有蜂蜜的香甜口感。

安德烈和米雷耶·蒂索酒庄（汝拉产区）

安德烈和米雷耶·蒂索酒庄（Domaine André et Mireille Tissot）现由安德烈和米雷耶的儿子——史蒂芬·蒂索（Stéphane Tissot）经营，他兢兢业业地将阿布娃（Arbois）酒庄推往新高度。酒庄拥有40公顷的葡萄园，采用生物动力法耕作，他不断在酿酒厂进行实验，挑战汝拉产区的传统酿酒技术。5款单一园霞多丽无疑是酒庄的明星酒款，其中库伦之旅霞多丽葡萄酒（La Tour de Curon）的酿酒葡萄采自重新种植的陡峭葡萄园，其售价高于汝拉黄酒（vin jajune）。史蒂芬将红葡萄酒置于大小不同的橡木桶中陈酿，是汝拉产区的绝美佳酿之一。他还酿造了一系列甜腻的葡萄酒，因为它们不符合桶装酒标准，所以仅作为餐桌酒出售。

杜帕斯切尔酒庄（萨瓦产区）

诺埃尔·杜帕斯切尔（Noël Dupasquier）和儿子大卫在峭壁葡萄园中精耕细作，酒庄葡萄比苯吉幽（Jongieux）其他酒庄的葡萄收获期晚。红葡萄酒和白葡萄酒在橡木桶中陈酿，上市发布时间比其他生产商晚一年，且物美价廉。朴素的黑皮诺和梦杜斯果香馥郁，但最引以为豪的当属阿尔迪斯葡萄，用于酿制萨瓦胡塞特干型葡萄酒和玛莱斯泰葡萄酒（Marestel）。其中，玛莱斯泰葡萄酒可陈酿数十年，风格大胆、口感丰富，富含矿物质气息。

加内维酒庄（汝拉产区）

让-弗兰索瓦·加内维（Jean-François Ganevat）曾就职于勃艮第10年之久，1998年，他接管了位于勃艮第南部宁静

百多利兄弟酒庄

2004年出产的奇格宁–贝杰龙葡萄酒精致优雅，口感极佳。

皮尼耶酒庄

这是一款传统汝拉瓶装黄葡萄酒，品种极佳。

村庄的家族酒庄。虽然酒庄规模仍然很小，但他已经将葡萄园扩建至8.5公顷，其中红葡萄种植面积占30%，酒庄内首先实行有机种植，然后再过渡为生物动力种植。经他酿制的黑皮诺葡萄酒和23款霞多丽特酿系列如雷贯耳，所有葡萄酒均经木桶发酵，自2008年以来，大部分葡萄酒不再添加亚硫酸。

雅克·普菲尼酒庄（汝拉产区）

雅克·普菲尼（Jaques Puffeney）在蒙蒂莱·萨尔叙雷村（Montigny Les Arsures，阿布娃最大的葡萄酒村之一）的葡萄园里种植了汝拉产区所有5种葡萄品种。他用这些葡萄酿制出汝拉产区绝代风华的传统佳酿。他将特鲁索和普菲红葡萄酒置于大木桶中陈酿，充盈着矿物质气息和精致果香。黑皮诺也是在桶中陈酿的佳品，品质同样不俗。尽管普菲尼酿制的白葡萄品质上乘，但阿布娃黄葡萄酒（Arbois Vin Jaune）采用精心挑选的木桶陈酿，堪称"酒庄瑰宝"。

马克酒庄（汝拉产区）

让·马克（Jean Macle）是汝拉产区的传奇人物。马克躬耕不辍，让夏龙堡黄葡萄酒（Château-Chalon）一骑绝尘，成为法国产区的一代传奇。如今，他的儿子劳伦特·马克（Laurent Macle）持之以恒，酿制产区内品质绝佳的夏龙堡葡萄酒。让·马克认为夏龙堡葡萄酒应该在瓶藏10年之后方可饮用（或葡萄收获后16年开瓶）。1983年、1985年、1986年和1989年皆是佳酿出产的年份。

皮尼耶酒庄（汝拉产区）

皮尼耶酒庄（Domaine Pignier）前身为一座建于13世纪的拱形酒窖，位于汝拉省省府隆斯·勒萨尼尔（Lons le Sanier），现由安托万（Antoine）、让·艾蒂安（Jean Etienne）兄弟二人及其妹妹玛丽·弗洛伦斯·皮尼耶（Marie Florence Pignier）经营。自21世纪初，安托万说服兄弟和妹妹允许他采用生物动力学经营酒庄，并引入非传统葡萄酒，葡萄实现质的飞跃。酒庄出产品质俱佳的黄酒和麦秆甜白葡萄酒，此外该酒庄旗下还有一款端庄优雅、刚劲有力、未经氧化的霞多丽葡萄酒（Chardonnay à la Percenette），以及引人注目的多款红葡萄酒，特别是特鲁索红葡萄酒（Trousseau）。★新秀酒庄

杜普瑞·圣克里斯多菲酒庄（萨瓦产区）

米歇尔·格里沙德（Michel Grisard）专注于用两种葡萄酿制顶级葡萄酒：梦杜斯葡萄用于酿制红葡萄酒，阿尔迪斯葡萄用于酿制萨瓦胡塞特白葡萄酒。他是萨瓦产区首位转用生物动力学经营酒庄的种植者，也是首位采用巴里克木桶定期陈酿的践行者。其酿制的葡萄酒陈藏能力强，赫赫有名：优雅精美的经典梦杜斯（Mondeuse Tradition）陈藏能力可达15年以上，而浓烈强劲的至尊梦杜斯（Mondeuse Prestige）陈藏能力则更胜一筹。这款名贵特酿只在规定年份生产，不禁让人联想起陈藏能力极强的绝美西拉葡萄酒。酒庄的萨瓦胡塞特葡萄酒经橡木桶陈酿，产量较低，但品质绝佳，风味复杂，展现了阿尔迪斯葡萄的真正潜力。

地区餐酒产区

20 世纪 70 年代，地区餐酒分类法诞生，旨在为法国葡萄酒提供"第三条道路"。在此之前，葡萄酒被归类为基本款餐桌酒或原产地优质葡萄酒（简称 AC）。此种葡萄酒二元分类法的问题在于——有许多葡萄酒并不符合其中任何一个门类的标准。这些酒品通常高于一般餐桌酒，但其葡萄园地理位置或生产方式并不符合严格的 AC 规则。AC 葡萄酒分类体系与风土休戚相关，即一个特定地方的土壤和气候打造了该地区独特的葡萄酒，这也是出于对传统酿制工艺的保护。

主要葡萄种类

🍇 **红葡萄**

赤霞珠

佳丽酿

歌海娜

梅洛

慕合怀特

西拉

🍇 **白葡萄**

霞多丽

白诗南

鸽笼白

长相思

白玉霓

年份

不同地区餐酒产区涵盖领域广阔，无法对年份进行概括。例如，对于法国南部的奥克地区餐酒产区而言，某个年份十分美好，但对于卢瓦尔河来说，却不尽人意。然而，对于旨在珍藏的顶尖葡萄酒厂商而言，2005 年出产的葡萄酒相当值得关注，此年份对于法国各地来说均可算是时和年丰。2009 年出产的奥克红葡萄酒（地区餐酒）浓度醇厚。

相比之下，法国地区餐酒体系更具灵活性。这并不是说任何事情都是如此。例如，尽管酿制地区餐酒的酒庄覆盖地理区域广泛，但根据决定葡萄酒风格的气候条件而言，它们确实具有广泛的地域感。同样，地区餐酒产量高于 AC 法定产区葡萄酒产量，但也并非没有上限。最后，虽然法令允许酒庄大量种植不同葡萄品种［仅在奥克地区餐酒产区（Vin de Pays d'Oc）中就种植了 32 种葡萄］，而且指导原则是允许在特定地区种植新品种，但地区餐酒产区允许葡萄种植者随心所欲地种植葡萄的说法并非事实。

2009 年，地区餐酒法令进行了改革，理论上是为了简化系统，并使法国与欧洲其他国家保持一致。地区餐酒标识更名为产地保护标识（IGP），即受地理保护标识，此项工作在 2011 年完成，在这之前有个过渡期。

根据愈发缩小而日益具体的地理区域，地区餐酒分为 4 个级别，形成了一个金字塔结构。在金字塔的底部，法国葡萄园地区餐酒将更名为法国品种葡萄酒（Varietal Wines of France，前提条件是它们符合品种标识法，否则它们将与其他日常餐酒一起更名为法国日常餐酒）。从本质上说，此类葡萄酒可以在法国的 6 个产区之间进行调配。品种葡萄酒的正面标签上须注明该品种葡萄含量至少为 75%，混酿双品种葡萄酒中两种规定葡萄总含量须为 100%。

法国大部分静止葡萄酒酿制产区均位于 6 个区级 IGP 名录之列：北部卢瓦尔河谷地区餐酒产区（Vin de Pays du Val du Loire，前身为法国雅尔丹地区餐酒区）、波尔多西部的大西洋地区餐酒产区（Vin de Pays de l'Atlantique）、法国南部杜鲁森伯爵地区餐酒产区（Vin de Pays du Comté Tolosan，向南延伸至西班牙边境）、罗讷河谷地区餐酒产区（Vin de Pays des Comtés Rhodaniens）、地中海地区餐酒产区（Vin de Pays de Méditerranée，前身为地中海港地区餐酒产区）和奥克地区餐酒产区。其中奥克地区餐酒产区是迄今为止最大的生产基地，占地区餐酒总产量的三分之二。

金字塔第二层为省级地区餐酒产区，如埃罗省地区餐酒产区（Vin de Pays de l'Hérault）或加尔省地区餐酒产区（Vin de Pays de Gard）。在朗格多克，埃罗省和加尔省是最大的省级地区餐酒产区；仅埃罗省出产的地区餐酒就占总产量的 30% 左右。

金字塔的顶端是最具体的区域级地区餐酒产区：区域级产区大约有 100 个，其中 54 个在奥克产区内，例如埃罗省的陶丘地区餐酒产区（Vin de Pays des Côtes de Thau）。

生产商决定生产地区餐酒而不是 AC 级法定产区葡萄酒的原因有很多，当然不能假设所有的地区餐酒都质量不佳。事实上，多年来，许多佼佼者选择打破传统和突破 AC 法规，种植禁止品种。他们的决定深受此种信念左右——这些品种与特定葡萄园相辅相成。其他情况时有发生，比如在 AC 法定产区边界之外建立了新的葡萄园。朗格多克产区的嘉萨酒庄和普罗旺斯产区的铁瓦龙酒庄便是最好的例证。这些生产商开拓创新，打造高品质葡萄酒风格，并且价格高昂。

法国南部盛产地区餐酒，许多生产商同时酿制 AC 级葡萄酒和地区餐酒。地区餐酒体系允许生产商从国际葡萄品种中选择优质年份葡萄，酿制现代品种葡萄酒并通过混酿来稳定质量，从而与澳大利亚等国家竞争。诸多物超所值的地区餐酒都是由以市场为导向的大型公司和优良合作社酿制而成的。

安普尼酒庄（维埃纳地区餐酒产区）

安普尼酒庄（Ampelidae）位于马里尼-布里镇（Marigny-Brizay），毗邻维埃纳省的普瓦捷（Poitiers），隶属于卢瓦尔河畔地区餐酒产区。1995年，生物化学家、心理学家弗雷德里克·布罗谢（Frederic Brochet）创建此酒庄。布罗谢师从著名的葡萄酒酿造顾问丹尼斯·杜尔布迪厄（Denis Dourbourdieu），获得波尔多大学葡萄酒学博士学位。在澳大利亚游历期间，他深受启发，回到法国后锐意开拓创新。酒庄起初占地面积仅有几公顷，如今占地50多公顷，葡萄藤藤龄至少30年，最古老的葡萄藤高达100多年。酒庄盛产现代风格的葡萄酒，均在橡木桶中陈酿，滴滴纯酿收于这精美重瓶中陈藏。酒庄顶级葡萄酒由赤霞珠和品丽珠混酿而成，通常以"K"等单字母命名。

百德克雷芒酒庄（奥克地区餐酒产区）

1995年，年轻的勃艮第酿酒师凯瑟琳·德劳内（Catherine Delaunay）和劳伦特·德劳内（Laurent Delaunay）创建了百德克雷芒酒庄（Badet, Clément & Co）。两人在米内瓦（Minervois）拥有一处酿酒基地和一个酿酒师团队，凭借他们对新世界葡萄酒的经验，生产高品质单品和奥克地区餐酒。德劳内与当地种植者合作打造夏美利（Les Jamelles）品牌，包括霞多丽、长相思和麝香白葡萄酒，神索桃红葡萄酒，以及梅洛、西拉和慕合怀特红葡萄酒。

格拉维拉斯酒庄（布莱恩丘地区餐酒产区）

在短短十几年间，妮可·博亚诺夫斯基（Nicole Bojanowski）和格拉维拉斯酒庄（Clos du Gravillas）出产的葡萄酒均取得了长足进步。起初，博亚诺夫斯基计划在新葡萄园中种植西拉、赤霞珠和慕合怀特。然而，1999年，她成功入手2.5公顷佳丽酿葡萄园，这片种植于1911年的园区原本规划是要连根铲除的。她还发现了大量古老的灰歌海娜老藤。如今，她共拥有6公顷葡萄园，种植了13种葡萄品种，均采用有机培植。同时，她生产了至少7种不同的葡萄酒。酒庄盛产两款著名的葡萄酒：一款是罗维耶尔（Lo Vièlh），它是由100%浓密的佳丽酿葡萄酿制而成的布莱恩丘地区餐酒；另一款是歌海娜白葡萄酒。

恩比杜尔酒庄（加斯科涅丘地区餐酒产区）

恩比杜尔酒庄（Domaine d'Embidoure）是家族产业，位于热尔省（Gers）东北部的雷亚蒙村（Réjaumont）。2006年以来，酒庄一直由娜塔莉·梅内加佐（Nathalie Ménégazzo）和桑德里娜·梅内加佐（Sandrine Ménégazzo）两姐妹经营，她们致力于生产加斯科涅丘地区餐酒，包括干型和甜型白葡萄酒、桃红葡萄酒和红葡萄酒。酒庄25公顷的葡萄园中种植了80%的黑葡萄[梅洛、赤霞珠、品丽珠、埃吉多拉（Egiodola）、佳美、丹娜和西拉]，以及鸽笼白、霞多丽、长相思、大满胜和小满胜等。这对姐妹酿造的甜白葡萄酒味道甘美，尤其受人推崇。

盖尔达酒庄

盖尔达酒庄（Domaine Gayda）位于布鲁盖罗尔（Brugairolles）的卡尔卡松（Carcassonne）古城东南部，在此地拥有

格拉维拉斯酒庄
妮可·博亚诺夫斯基酿制的罗维耶尔葡萄酒展示了佳丽酿葡萄的潜力。

盖尔达酒庄
莫斯科之路葡萄酒是一款口感顺滑、浓烈强劲的西拉混酿酒。

11公顷葡萄园，另外在米内瓦产区还有8公顷葡萄园，同时与朗格多克其他地区建立供应网络。年轻有为的法国酿酒师文森特·尚索（Vincent Chansault）担任盖尔达酒庄酿酒师。原先他就职于南非弗朗索克（Franschoek）的布肯霍茨克鲁夫酒庄（Boekenhoutskloof）时，遇到了英国人蒂姆·福特（Tim Ford）和南非人安东尼·雷科德（Anthony Record），随后他们携手共同经营此酒庄。盖尔达酒庄莫斯科之路系列红葡萄酒（Gayda Chemin de Moscou）由西拉、歌海娜和部分神索混酿而成，口感浓郁，风味极佳。

保罗·玛斯酒庄

玛斯（Mas）家族在埃罗产区拥有悠久的葡萄种植历史，但真正将酒庄产业发展至如今盛景的是让-克洛德·玛斯（Jean-Claude Mas）。酒庄将新世界的运作方式引入此地，在佩泽纳（Pézanas）、蒙塔尼亚克（Montagnac）和利慕（Limoux）地区共拥有170公顷地产，还与其他酒庄合作经营700公顷土地。他酿制的优质奥克地区餐酒品牌包括福格园（La Forge Estate）和傲岸蛙（Arrogant Frog）。

哈瓦内酒庄（莫威乐地区餐酒产区）

马克·贝宁（Marc Benin）对波尔多有着浓厚兴趣。因此，当他从父亲手中接过位于泰赞-贝兹镇的哈瓦内酒庄（Domaine de Ravanès，占地54公顷）时，他在酒庄内种植了梅洛、赤霞珠和小维多等波尔多经典品种也就不足为奇了。为实现极致萃取，贝宁将葡萄皮与葡萄汁共存长达4周，酿制出醇香浓厚的葡萄酒。迪欧尼（Diogène）由70%的梅洛、20%的小维多和10%的赤霞珠混酿而成，混合着成熟黑果和甘草的香气，单宁结构良好。酒庄将白玉霓用来酿制一款贵腐晚熟葡萄酒。

塔里克酒庄（加斯科涅丘地区餐酒产区）

25年前，塔里克酒庄（Domaine Tariquet）的伊夫·格拉萨（Yves Grassa）在阿马尼亚克腹地首次种植霞多丽、长相思和白诗南。当时，这一举动就像他决定将霞多丽和长相思进行混酿一般，在当地引起轰动。酒庄将旗下的霞多丽创意特酿葡萄酒（Chardonnay Tâte de Cuvée）置于新橡木桶中陈酿一年，散发出成熟水果和香草的优雅气息。其四号珍藏葡萄酒（Les 4 Réserve）由大满胜、霞多丽、长相思和赛美蓉混酿而成。

卢顿家族酒庄

弗朗索瓦·卢顿和兄弟雅克多年来致力于酿制口感清奇、现代风格浓厚的葡萄酒。如今，弗朗索瓦自酿诸多优质地区餐酒品牌，包括游船（Les Bateaux）、莎莉（Les Salices）、芳迷渐白长相思和特拉桑娜（Terra Sana）有机系列。

吉哈·伯通酒庄

前橄榄球运动员吉哈·伯通（Gérard Bertrand）在朗格多克的不同地区拥有5处资产，同时还与40位种植者和10个合作社建立了合作关系。尽管吉哈·伯通酒庄（Gérard Bertrand）经营规模庞大（面向全球年均销售葡萄酒1200万瓶），但伯通仍然致力于生产高质量的葡萄酒。位于克拉普产区的豪斯古堡酒

丰凯路酒庄

维萨特是产自丰凯路酒庄的一款经典长相思葡萄酒，清新激爽，极具冲击感。

罗汉·美桥酒庄

罗汉·美桥酿制的西拉葡萄酒系列使他在奥克地区餐酒产区一战成名。

庄（Château Hospitalet）集酒店、餐厅和酒吧于一体，在此可以品尝到各种各样的葡萄酒。

爽爽酒庄

爽爽酒庄（Jean Jean）是一家位于朗格多克中心地带的家族企业，现已将业务扩展到露喜龙、普罗旺斯、波尔多和教皇新堡等产区。在朗格多克产区，此酒庄生产传统的 AC 级葡萄酒及更有创意、乐趣无穷的日常饮用葡萄酒。日常饮用酒中不得不提及由主要葡萄品种酿制的爽爽系列，它们被装在奇形怪状的瓶子里，意在传达"葡萄藤的自然蜿蜒曲折"。

罗汉·美桥酒庄（奥克地区餐酒产区）

罗汉·美桥（Laurent Miquel）曾是一名职业机械工程师。但是，因其父对葡萄酒颇为钟爱，故罗汉·美桥深受启发，学习了葡萄酒学，并向当地商人"取经"，之后他在 1996 年创办了同名酒庄。在位于圣希尼扬产区的家族酒庄——卡萨维尔酒庄（Cazal Viel），罗汉·美桥与志趣相投的种植者建立了伙伴关系，生产了一系列奥克地区餐酒。他善于酿制维欧尼葡萄和西拉葡萄酒。真理维欧尼葡萄酒（Verité Viognier）采用低产地块的葡萄酿造，在橡木桶中发酵，散发出桃子和蜂蜜的芳香，口感丰富。

维尔日妮酒庄

维尔日妮酒庄（Maison Virginie，前身为 Domaines Virginie）是该地区最早使用澳大利亚酿酒师的酒庄之一。起初，酒庄由比利时人皮埃尔·德·格鲁特（Pierre de Groot）拥有，自 1999 年以来，酒庄隶属于卡斯特集团（Castel Group）。酿酒师塞德里克·杰宁（Cédric Jenin）与 100 名种植者建立了合作伙伴关系，并以酿制物超所值的葡萄酒而闻名遐迩。

普莱蒙生产合作社

普莱蒙生产合作社（Producteurs Plaimont）位于偏远的阿马尼亚克地区的中心地带，其成员曾是蒸馏用葡萄的主要供应商。然而，随着阿马尼亚克葡萄酒的销量日益下降，他们转而生产芳香清新的加斯科涅丘地区餐酒和杜鲁森伯爵葡萄酒（Comté Tolosan）。安德烈·杜博斯克是实现这一转变的幕后推手，他与一群葡萄酒种植者于 1979 年创建了普莱蒙生产合作社。从一开始，杜博斯克就致力于生产能够体现鸽笼白和长相思品种特性的清新葡萄酒。

斯格利酒庄

罗伯特·斯格利（Robert Skalli）是法国南部酿制品种葡萄酒的先驱之一。他有着资深的葡萄酒酿制背景——20 世纪 20 年代，其家族就在阿尔及利亚酿造葡萄酒。1961 年，他的父亲回到法国，在科西嘉岛开办了阿尔及利亚葡萄酒进口和葡萄种植业务。1974 年，斯格利在塞特镇（Sète）建立了一处酒窖，在接下来的 10 年里，他鼓励朗格多克的葡萄种植者通过种植霞多丽、长相思、西拉、梅洛和赤霞珠等"改良"品种来提高葡萄酒质量。在 20 世纪 80 年代，斯格利是首位生产品种葡萄酒的酿酒师；直到现在，他名下的公司仍然占据举足轻重的地位。

欧标集团

1967 年，部分志趣相投的生产商意欲分享酿酒工艺，欧标集团（Val d'Orbieu）由此诞生。

到 20 世纪 80 年代，该集团旗下已拥有 100 多家生产商。集团成员酒庄各自生产葡萄酒，而欧标集团负责分销。各酒庄盛产各种 AC 级葡萄酒和特色地区餐酒。集团的旗舰品牌是美缇克特酿（Cuvée Mythique）：珍藏级红葡萄酒由上好西拉、慕合怀特、歌海娜和古藤佳丽酿混酿而成；白葡萄酒由瑚珊、维欧尼、玛珊和白歌海娜混酿而成。

丰凯路酒庄

丰凯路酒庄（Les Vignobles Foncalieu）旗下拥有 1600 多名种植者，在朗格多克、普罗旺斯、南罗讷河谷和加斯科涅拥有 9000 公顷葡萄园和 19 家酿酒厂。酒庄盛产地区餐酒，也生产 AC 级葡萄酒。娜塔莉·埃斯特里博（Nathalie Estribeau）主导酒庄酿酒事业，她与种植者密切合作，确定葡萄采摘时间。她想要错开收获期，从而让葡萄产生不同的果香和风味。长相思或许是最好的例证，该酒款散发着矿物质、草本和荨麻的气息，伴有成熟的热带水果风味，款款清冽劲爽，物有所值。

维也纳酒庄

维也纳酒庄（Les Vins de Vienne）由北罗讷河谷地区的皮埃尔·嘉拉德、伊夫·翠伊伦和弗朗索瓦·维拉德共同建立。他们在该地区发现了 17 世纪遗留的葡萄园，于是就梦想着有朝一日能够恢复塞叙埃（Seyssuel）的葡萄园，由此建立了该酒庄。葡萄园位于罗讷河以东朝南的片岩山坡上的一个保护区，于 1996 年开始种植第一批葡萄。该酒庄酿制 3 款西拉葡萄酒：索塔努姆葡萄酒（Sotanum）、由新植葡萄酿制的海鲁库姆葡萄酒（Heluicum）、由精选地块葡萄酿制的达伯鲁葡萄酒（Taburnum）。该酒庄包括达伯鲁在内的白葡萄酒系列酒款主要由维欧尼酿制，需置于八成新的橡木桶中陈酿 18 个月，散发出精致的花香和香草气息，口感丰富、余味悠长。因为它们不属于任何等级，所以这些酒被归类为地区餐酒。然而，该酒庄同时也是 AC 罗讷葡萄酒的经销商。

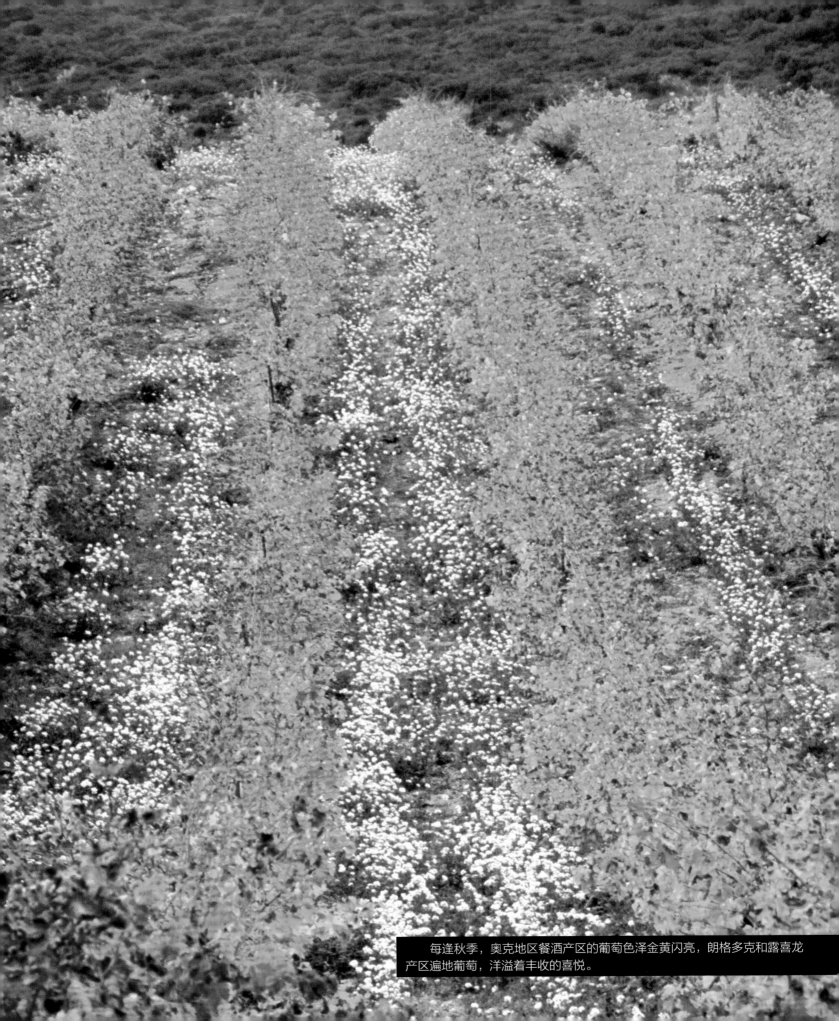

每逢秋季，奥克地区餐酒产区的葡萄色泽金黄闪亮，朗格多克和露喜龙产区遍地葡萄，洋溢着丰收的喜悦。

在意大利佳酿摇曳的杯中享受时间的定格，令人感到相见恨晚。千年传承，滴滴纯酿，葡萄酒生产是意大利历史浓墨重彩的组成部分：古希腊人在意大利南部和西西里岛建立城邦殖民地时，称这片新大陆为葡萄之国（Enotria）；在北方，伊特鲁里亚人引进了延续至今的耕作方式；后来，由于罗马帝国爱酒若渴，葡萄藤在欧洲各地广泛种植。

尽管酿酒历史悠久，但我们所熟识的意大利葡萄酒产业在很大程度上只是一个现代产物。从罗马衰败到西施佳雅首次亮相，在几个世纪的时间里，葡萄酒在人们的生活中近乎司空见惯。意大利平民百姓除了种植其他作物，还种植葡萄；那些未用于自酿酒的葡萄会被大量出售给附近的合作社，然后在当地市场上售卖。故事本该就此结束，但在 20 世纪六七十年代，一些本土生产商开始从外界寻找灵感。事实上，如果没有诸如皮埃蒙特产区的嘉雅酒庄（Angelo Gaja）、托斯卡纳产区的安东尼和花思蝶（Frescobaldi）家族，以及卡帕尼亚产区（Campania）的马斯特巴迪洛（Mastroberardino）等生产商的努力，意大利的年青一代可能永远不会放弃城市安逸生活，回归故里而重振祖辈们最初开辟的小葡萄园。

这些葡萄园为如今葡萄酒产业的动态发展提供了动力，并有来自世界各地的葡萄酒大咖在意大利寻找新机遇。当今之世，舍我其谁也！意大利产区拥有令人啧啧称奇的地理和气候条件，本土葡萄品种琳琅满目，例如高贵典雅的桑娇维塞、内比奥罗，鲜为人知的皮拉维加（Pelaverga），享誉国际的赤霞珠和霞多丽等。

欧洲产区——
意大利

意大利西北部产区

意大利西北部产区（Northwest Italy）是世界上最多元化的葡萄酒产区之一，所酿制的优质葡萄酒不胜枚举。这里种植着品质出色的各种本土葡萄，从山地梯田和阿尔卑斯山谷，到距离海岸仅几千米的阳光普照的山丘，独特的风土孕育着大自然的馈赠。令人惊讶的是，这种多样性延续至今，事实上，大部分小型酒庄酿造的葡萄酒数量相对较少。大型葡萄酒庄在这一地带寥寥可数，但即便如此，它们也如邻居酒庄一般，展现出传统手工酿制风格。意大利西北部无疑是意大利至关重要、颇具活力的葡萄酒产区，这里拥有无与伦比的美食传统，自豪热情的人们渴望与游客畅享这一饕餮盛宴。

产自意大利西北部的葡萄酒激情四射，惊艳四座，感官冲击力强。世界上能与之相媲美的葡萄酒产区寥寥无几。皮埃蒙特产区位于该地区中心地带，群山环绕，是意大利最著名和最重要的文化中心之一。意大利西北部从皮埃蒙特向外螺旋蜿蜒而出，包括北部的瓦莱塔奥斯塔（Valle d Aosta）、东部的伦巴第（Lombardy）和南部的利古里亚（Liguria）。与意大利大部分地区相似，该地区区域面积分布相对紧凑。

意大利西北部丘陵起伏，山脉高耸，河流宽阔，因此该地区常会让人感觉比实际要大得多。

如果将皮埃蒙特比作意大利西北部的心脏，那么皮埃蒙特的心脏和灵魂便是高贵优雅的内比奥罗葡萄。虽然出类拔萃的巴罗洛葡萄酒和巴巴莱斯科葡萄酒（以中世纪意大利两座小镇命名）代表了内比奥罗登峰造极的水平，但你会发现酿制内比奥罗葡萄酒的产区是凤毛麟角，现只有伦巴第的罗埃罗产区（Roero）、加蒂纳拉产区（Gattinara）和瓦尔泰利纳产区（Valtellina）。

当你花些时间品尝内比奥罗葡萄的不同品种，你就会明白为什么巴罗洛葡萄酒痴迷者对葡萄的痴迷程度至少是勃艮第爱好者的两倍。这就是孔特诺酒庄（Giacomo Conterno）梦馥迪诺巴罗洛珍藏干红葡萄酒与罗曼尼·康帝（拉塔希特级园）红葡萄酒的针锋对决？真是胜负难料啊。

皮埃蒙特的多姿桃和巴贝拉等主要红葡萄与品质高贵的内比奥罗葡萄酒相比，黯然失色。事实上，这些葡萄酒在皮埃蒙特人的餐桌上司空见惯。多姿桃色

泽深厚、魅力十足，在寒冷月份，人们对它爱不释手。而巴贝拉葡萄酸度比较高，用途广泛，深得人心。而且，除了维埃蒂酒庄（Vietti）的巴贝拉斯卡罗纳等少数葡萄酒外，其他葡萄酒价格适中，让普罗大众有机会品味皮埃蒙特的多元风土和酿酒风格。在巴贝拉和多姿桃中穿行，在格丽尼奥里诺、皮拉维加、露诗和弗雷伊萨中徘徊，你将进入如醉如狂的曼妙圣地。

与意大利西北部的红葡萄酒相比，白葡萄酒稍逊一筹，至少在感觉上是这样。然而，近年来，罗埃罗地区的阿内斯、佳威地区的柯蒂斯（Cortese），以及奥斯塔河谷的小奥铭的种植者让白葡萄的品质有所提升。

如果你想品鉴意大利最扣人心弦的白葡萄酒，你可以翻山越岭，穿过滨海阿尔卑斯山脉，到达利古里亚沿海地区。在这里，你可以猎获琳琅满目的葡萄酒，可以在意大利里维埃拉（Riviera）闲庭信步，啜饮简单清爽的白葡萄酒，亦可品尝到由皮加托和维蒙蒂诺酿造的矿物质气息丰富的佳酿。

谈及意大利的起泡酒，弗朗齐亚柯达起泡酒（Franciacorta）和帕维亚波河流域起泡酒（Oltrepò Pavese）采用伦巴第古法酿制，堪称意大利最富层次感的起泡酒。在帕维亚波河流域，你可以留意一下用黑皮诺酿制的特色静止葡萄酒。

任何级别的葡萄酒发烧友都可在意大利西北部精挑细选，寻得心头所爱。不过，请注意：既然选择了这条路，便只顾风雨兼程。真正的激情是富有感染力的。

阿佩佩酒庄

这款单一园葡萄酒澄澈清透、口感清新。

卡塔卢波古藤酒庄

该酒款单宁柔顺，带有紫罗兰的香味，
是一款风格质朴、酸度适中的经典葡萄酒。

阿达·纳达酒庄（巴巴莱斯科产区）

1919 年，卡罗·纳达（Carlo Nada）开始在特黑索村（Tre-iso）附近的巴巴莱斯科丘陵种植葡萄。阿达·纳达酒庄（Ada Nada）位于著名的瓦莱亚诺（Valeirano）葡萄园，面积较小，占地约 1 公顷，如今由卡罗的曾孙女安娜·丽莎（Anna Lisa）和萨拉·纳达（Sara Nada）经营。巴巴莱斯科瓦莱亚诺葡萄酒（Barbaresco Valeirano）是阿达·纳达酒庄的顶级葡萄酒，独具现代风格，其酿酒果实在相对较高的海拔处成长，因此所酿葡萄酒酸度活泼，同时口感柔和、单宁紧实。巴巴莱斯科艾丽莎红葡萄酒（Barbaresco Elisa）是一款不容错过的佳酿，该酒款由瓦莱亚诺葡萄园的精选葡萄酿制，风格柔和、精致且单宁细腻，是对内比奥罗葡萄的完美演绎。

阿戈斯蒂诺·帕维亚父子酒庄（阿斯蒂产区）

阿戈斯蒂诺·帕维亚父子酒庄（Agostino Pavia e Figli）占地 7 公顷，主要酿造 3 款顶级巴贝拉葡萄酒：布里科·布林达葡萄酒（Bricco Blina）、莫里斯干红葡萄酒（Moliss）和元帅葡萄酒（La Marescialla）。布里科布林达葡萄酒在不锈钢容器中发酵，是一款典型的未经橡木桶发酵的巴贝拉葡萄酒，带有巴贝拉品种特有的浓郁而鲜明的果香。元帅葡萄酒的酿造方式则完全不同，需在小橡木桶中陈酿，口感浓郁，单宁柔和。莫里斯干红葡萄酒的酿造方法结合了上述两种工艺，该酒在大木桶中陈酿时日，完美演绎了巴贝拉的质朴风格，酸度适宜，结构良好，风味极佳。以此种方法酿造的葡萄酒风格低调雅致，搭配多种食物饮用都口感怡人。

艾拉里奥·克鲁迪奥酒庄（迪亚诺达尔巴产区）

艾拉里奥（Alario）家族在迪亚诺达尔巴产区（Diano d'alba）种植葡萄已有一个多世纪之久，但其酿酒厂 1988 年才建成。多姿桃葡萄酒是艾拉里奥·克鲁迪奥酒庄（Alario Claudio Diano）的旗舰产品，酿酒果实采摘自在疏松的凝灰岩土壤中生长的老藤。科斯塔·菲奥里葡萄酒（Costa Fiore）是艾拉里奥·克鲁迪奥酒庄纯度最高的多姿桃葡萄酒，果味浓郁，单宁柔和，余味中洋溢着矿物质的优雅气息。蒙特格瑞洛葡萄酒（Montagrillo）单宁紧实，带有酸樱桃味道，是烧烤的理想搭档。值得一提的是，酒庄的多姿桃葡萄酒是艾拉里奥在 20 世纪 90 年代中期发布的第一款巴罗洛葡萄酒，不容错过。★新秀酒庄

阿尔皮诺·罗卡酒庄（巴巴莱斯科产区）

阿尔皮诺·罗卡酒庄（Albino Rocca）共占地 18 公顷，分布在巴巴莱斯科和内华（Nieve）公社，以及巴巴莱斯科产区中心地带的桑浩克公社（San Rocco Seno d'Elvio）。目前，酒庄由安吉洛·罗卡（Angelo Rocca）经营，生产两款著名的巴巴莱斯科葡萄酒：酒庄旗下的桦木龙基园葡萄酒（Vigneto Brich Ronchi）是一款独具现代风格的内比奥罗葡萄酒，口感柔和浓郁；而洛雷图园干红葡萄酒（Vigneto Loreto）恰恰相反，该酒的风格更加传统，在大橡木桶中陈酿，适合长期窖藏。阿尔皮诺·罗卡酒庄酿制的霞多丽葡萄酒在朗格（Langhe）地区名列前茅；达布尔图葡萄酒（Da Bertu）色泽鲜亮、活力十足，充分体现了当地土壤的特质。

奥尔多·马伦科酒庄（多利亚尼产区）

奥尔多·马伦科酒庄（Aldo Marenco）是一家小型酒庄，位于多利亚尼（Dogliani）种满多姿桃的丘陵上。这里采用有机方法种植多姿桃和皮贝拉葡萄（马伦科获得有机认证已超 10 年），酿造的葡萄酒浓烈强劲、风格质朴，适合日常家庭晚餐时饮用。苏瑞葡萄酒（Surì）色泽鲜亮、果味浓郁，由种植在皮洛尼（Pironi，多利亚尼附近的一个小村庄）的葡萄酿制而成，是一款未经橡木桶陈酿的多姿桃佳酿。马伦科最好的皮贝拉葡萄酒是皮罗葡萄酒（Piona），该酒口感怡人，适合晚餐时开瓶畅饮。

奥尔多·雷诺尔迪酒庄（瓦尔泰利纳产区）

奥尔多·雷诺尔迪（Aldo Rainoldi）的父亲是当地一位著名的商人，1925 年时，奥尔多·雷诺尔迪创办了这家酒庄，其家族至今仍在经营。酒庄位于基乌罗镇（Chiuro）瓦尔泰利纳产区的中部，雷诺尔迪在该地区的萨塞拉（Sassella）、格鲁梅洛（Grumello）、因弗诺（Inferno）、马诺佳（Maroggia）和瓦尔杰拉（Valgella）等地都有顶级的梯田，专门种植内比奥罗葡萄。这些葡萄园名下含"经典"字样的葡萄在大木桶中陈酿，酿造的内比奥罗葡萄酒口感细腻、风格优雅，不容错过。斯福扎托葡萄酒（Sfursat）酿制工艺类似于阿玛罗尼（Amarone），都用风干的葡萄酿造，浓烈醇厚、口感浓郁。这款酒可以搭配刺鼻的奶酪饮用，比如塔雷吉欧干酪（Taleggio）。

嘉雅酒庄（巴巴莱斯科产区）

嘉雅（Gaja）家族已经在皮埃蒙特区生活了近 3 个世纪，但直到 20 世纪 60 年代初，安杰洛·嘉雅（Angelo Gaja）才将家族的品牌发扬光大。嘉雅是同辈当中的领军人物，率先采用新技术，如用温度控制发酵，使用小木桶等，还使用法国葡萄酿酒。但之后巴巴莱斯科产区传统主义盛行，嘉雅所采取的一些新技术使得他声名狼藉。后来，嘉雅开始将其单一葡萄园内比奥罗葡萄同巴贝拉混酿；他的苏里蒂丁（Sorì Tildin）和苏里圣洛伦佐（Sorì San Lorenzo）都产自朗格罗素葡萄园（Langhe Rosso）。收藏家们可能会对这些葡萄酒赞不绝口，但嘉雅酿制的巴巴莱斯科葡萄酒口感纯正、风格传统，一直是当地口感最为丰富的内比奥罗葡萄酒。

安娜·玛丽亚·阿波纳酒庄（多利亚尼产区）

安娜·玛丽亚·阿波纳（Anna Maria Abbona）的家族历史故事在朗格丘陵地带的种植者之间广为流传。她的祖父朱塞佩（Giuseppe）于 20 世纪 30 年代开始种植葡萄；后来，她的父亲一边在工厂工作一边经营酒庄，并将葡萄卖给当地的合作酒庄。1989 年，她的父亲决定铲掉葡萄藤。听说此事后，安娜·玛丽亚和她的丈夫放弃了大城市的事业，转而重建家族酿酒厂。之后的几年中，阿波纳（Abbona）使多姿桃在多利亚尼产区焕发了新的生机。她管理的葡萄园，特别是其祖父种植的马约利葡萄园（Maioli），所产的葡萄酒香气浓郁，口感浓烈强劲，生动诠释了当地葡萄品种的神韵。★新秀酒庄

卡塔卢波古藤酒庄（格美产区）

阿鲁诺（Arlunno）家族世世代代都在皮埃蒙特高地（Alto Piemonte）种植葡萄。1969 年，格美法定产区（Ghemme

DOC）成立，随后卡罗·阿鲁诺（Carlo Arlunno）接管了家族葡萄园；1977 年，阿鲁诺葡萄园（Arlunno）改名为卡塔卢波古藤酒庄（Antichi Vigneti di Cataluspo）。当前，酒庄生产一系列的内比奥罗葡萄酒［当地称为斯帕纳（Spanna）葡萄酒］，包括两款陈年价值高的单一葡萄园瓶装葡萄酒，分别命名为凯若拉（Carellae）和布雷克尔梅（Breclemae）。卡塔卢波古藤酒庄纯正的格美葡萄酒通过传统方法酿制，品质优良，完美演绎了当地的风土特色。若提到休闲饮品，哑剧葡萄酒（Il Mimo）值得一试，该酒是一款内比奥罗浅龄酒，口感怡人，饮后让人心情愉悦。

阿佩佩酒庄（瓦尔泰利纳产区）

1984 年，阿图罗·佩利扎蒂·佩雷戈（Arturo Pelizzatti Perego）从一家公司收回所有权后，重建了这座历史悠久的家族酿酒厂（始建于 19 世纪 60 年代）。他将酒庄重新命名为阿佩佩酒庄（ArPePe），选用内比奥罗酿制风格优雅、清爽怡人的葡萄酒。佩利扎蒂·佩雷戈于 2004 年去世，此后他的儿子伊曼纽尔（Emanuele）和女儿伊莎贝拉（Isabella）共同经营这家酒庄。阿佩佩酒庄坐落在瓦尔泰利纳中部格鲁梅洛分区，酿制的一系列葡萄酒独具个性，具有内比奥罗的深邃，为前阿尔卑斯高山地区所特有。酒庄的第一款葡萄酒名为萨塞拉维尼亚里贾纳干红葡萄酒（Sassella Vigna Regina），该酒风格灵动缥缈，令人难忘。★新秀酒庄

艾泽利酒庄（巴罗洛产区）

1920 年，路易吉·斯卡维诺（Luigi Scavino）的祖父创建了艾泽利酒庄（Azelia），如今由路易吉·斯卡维诺经营，该酒庄是巴罗洛地区著名的酿酒商，布里科菲亚格葡萄园（Bricco Fiasco）是酒庄的主要种植地。家族拥有约 2.5 公顷的葡萄藤，藤龄高达 40 年。酒庄酿制的葡萄酒风格时尚，酒精度较低。而当地酒款口感浓烈醇厚，艾泽利酒庄结合两种风格，最终酿制的巴罗洛葡萄酒质地浓醇、层次丰富，且有紧涩酸酸的口感。酒庄的多姿桃猎户座干红葡萄酒（Dolcetto Bricco dell'Oriolo）是本地一款性感迷人的经典佐餐葡萄酒，也不容错过。

阿格里科拉·安东尼奥罗酒庄（加蒂纳拉产区）

1948 年，马里奥·安东尼奥罗（Mario Antoniolo）创建了阿格里科拉·安东尼奥罗酒庄（Azienda Agricola Antoniolo），该酒庄是加蒂纳拉产区的领军酒庄之一。目前，他的女儿罗珊娜（Rosanna）及其子女一起经营这家酒庄。酒庄酿造三款单一园葡萄酒，加蒂纳拉奥索桑格莱托红葡萄酒（Gattinara Osso San Grato）风格质朴、芳香开胃，价格适中，不适合长期窖藏，是巴巴莱斯科或巴罗洛葡萄酒的"平替"。科斯特德尔塞西亚（Coste delle Sesia）也不容错过，该酒是一款在罐桶中发酵的内比奥罗浅龄酒，适合搭配意大利面食饮用，比如搭配褐色黄油和洋苏草馅的意大利方饺，口感甚佳。

凡第诺酒庄（巴罗洛产区）

凡第诺酒庄（Azienda Agricola Conterno Fantino）是朗格地区独具现代化风格的一家酒庄。1982 年，基多·凡第诺（Guido Fantino）和克鲁迪奥·孔特诺（Claudio Conterno）创立了这家酒庄，两人的家族都具有悠久的酿酒传统，凡第诺酒庄酿造的巴罗洛葡萄酒风格优雅，独具特色，堪称完美。索里金艾斯特巴罗

洛葡萄酒（Barolo Sorì Ginestra）是庄园的顶级葡萄酒，产自梦馥迪村（Monforte）的金艾斯特葡萄园（Ginestra）。该酒单宁处理细致，因此这款葡萄酒口感柔和、味道浓郁，引得追求新世界葡萄酒大胆奔放风格的酒客们纷纷慕名而来。巴斯蒂亚多姿桃红葡萄酒（Dolcetto Bricco Bastia）醇厚浓郁，也非常值得一试。

马沙雷洛酒庄（巴罗洛产区）

马沙雷洛酒庄（Bartolo Mascarello）多年来一直被誉为朗格地区传统酿酒风格的守护者。当他的许多邻居改用小木桶和快速发酵工艺时，马沙雷洛没有亦步亦趋，反而采用完全相反的酿造工艺。他在没有温度控制的情况下发酵数周，生产传统风格的巴罗洛葡萄酒，并在大木桶中陈酿，而且总是出产混酿而不是单一园葡萄酒。马沙雷洛于 2005 年去世，此后他的女儿玛丽亚-特里萨（Maria-Teresa）接管了该庄园，包括卡努比（Cannubi）、圣洛伦索（San Lorenzo）和芸香（Rué）等葡萄园。酒庄的多姿桃葡萄酒和巴贝拉葡萄酒也不容错过，这两款葡萄酒都是各自葡萄品种的纯酿佳品。

贝拉维斯塔酒庄（弗朗齐亚柯达产区）

1977 年，维托里奥·莫雷蒂（Vittorio Moretti）建立了贝拉维斯塔酒庄（Bellavista），他当时收购的葡萄园便是如今我们见到的宏伟酒庄的前身。贝拉维斯塔酒庄占地约 190 公顷，位于布雷西亚（Brescia）和贝加莫（Bergamo）之间的弗朗齐亚柯达产区的中心地带。如果想了解用意大利贵族传统酿造法（metodo classico）酿制的起泡酒，可以尝试下贝拉维斯塔酒庄酿制的风格优雅而细致的入门级特酿干型起泡葡萄酒（Cuvée Brut）。格兰特级珍藏（Gran Cuvée）基酒比例更大，因此口感丰富，更有层次感。同样值得关注的还有萨特恩特级珍藏葡萄酒（Gran Cuvée Satèn），这款葡萄酒的酿造果实全部为单一年份的霞多丽。

比松酒庄（利古里亚产区）

1978 年，皮耶路易吉·卢加诺（Pierluigi Lugano）在利古里亚海岸线上的基亚瓦里（Chiavari）建立了比松酒庄（Bisson）。这家酒庄最初仅仅是一家葡萄酒商店，随后他开始购买散装葡萄酒和葡萄，最终将这家葡萄酒商店发展成一家完整的酿酒厂。比松酒庄擅长种植传统的白葡萄品种，如维蒙蒂诺、皮加托和白吉诺维斯（Bianchetta Genovese），这些葡萄品种生长在陡峭的梯田葡萄园中，像是从海中径直升起一般。维蒙蒂诺·维格纳尔塔白葡萄酒（Vermentino Vignaerta）散发着矿物质气息，口感微咸，由经典的地中海葡萄品种酿造而成，品质优良。比松酒庄的精选白吉诺维斯葡萄酒（Ü Pastine）精致典雅，极富层次感，也是不容错过的佳酿。这两款葡萄酒都是海鲜的绝佳搭档。

波罗利酒庄（巴罗洛产区）

20 世纪 90 年代，西拉瓦诺·波罗利（Silavano Boroli）和埃琳娜波·罗利（Elena Boroli）夫妇创建了波罗利酒庄（Boroli），2000 年之后，酒庄交由他们的儿子阿奇利（Achille）经营。波罗利酒庄主要使用内比奥罗、多姿桃和巴贝拉酿造葡萄酒，酒款风格优雅，品质优良。酒庄使用多姿桃和巴贝拉，酿制科摩·圣母马利亚多姿桃葡萄酒（Dolcetto Madonna di Como）和卡特罗·弗拉特利·巴贝拉葡萄酒（Barbera Quattro Fratelli），两款

巴贝拉葡萄酒：人民的酒

内比奥罗葡萄酒是皮埃蒙特地区人人称赞的精品佳酿。巴罗洛葡萄酒常被称为酒中国王，而巴贝拉葡萄酒则是人民的酒——风格质朴、平易近人、价格实惠。巴贝拉是皮埃蒙特地区种植最普遍的葡萄品种，几乎随处可见，而巴贝拉葡萄酒颜色深邃、单宁适中、酸度强劲，深受生产商的青睐，也正是这些品质使巴贝拉葡萄酒成为各类食物的绝佳伴侣。

通过品尝巴贝拉葡萄酒，人们也能感受到皮埃蒙特地区不同的酿酒风格——或清新简约，或果香浓郁，或口感醇厚，或层次丰富，可谓应有尽有。一些酒庄还会酿制陈年价值高的优质巴贝拉葡萄酒，如卡斯提奥内法列多村的维埃蒂酒庄。斯卡罗纳园葡萄酒（Scarrone）是维埃蒂酒庄的单一园巴贝拉葡萄酒，在法国橡木桶中酿制而成，浓烈醇厚、口感强劲。巴贝拉是阿斯蒂和蒙费拉托地区的主要葡萄品种，但人们对其重视程度却不高。卡萨奇亚酒庄（La Casaccia）、塔赢酒庄（Cascina' Tavijn）等多家酿酒商都在努力提升巴贝拉的地位并酿造出了一系列高品质巴贝拉葡萄酒，如卡萨奇亚酒庄风格优雅的卡里奇葡萄酒（Calichè），塔赢酒庄美味可口、用传统方法酿制的巴伯拉达葡萄酒（Barbera d'Asti）等都大大提升了巴贝拉葡萄酒的知名度。

布鲁诺·罗卡酒庄
这款葡萄酒风格优雅，可窖藏 20 年之久。

布歌利酒庄
该酒款口感清爽、质地醇厚，
是海鲜的绝佳伴侣。

葡萄酒口味出众、口感丰富，都有极高的性价比。波罗利酒庄在斯丽瑰（Cerequio）和维莱罗（Villero）葡萄园内也拥有一部分土地，所产基础款巴罗洛红葡萄酒风格含蓄细腻，富有表现力，而巴罗洛·维莱罗葡萄酒（Barolo Villero）更适合窖藏。

百莱达酒庄（阿斯蒂产区）

在皮埃蒙特地区，贾科莫·博洛尼亚（Giacomo Bologna）在葡萄品种选择方面对巴贝拉所作出的贡献无人能及。长期以来，人们一直认为巴贝拉葡萄太过土气、酸度过浓，是已经过时的葡萄品种，但博洛尼亚照料自家酒庄内的巴贝拉非常用心，甚至不输于特黑索村和拉莫拉村的种植者呵护内比奥罗葡萄付出的精力。博洛尼亚的葡萄酒使用橡木桶酿制，口感浓郁，独具现代风格，但葡萄酒本身依旧是一款经典佳作。硕鸟山丘园葡萄酒（Cru Bricco dell'Uccellone）在大木桶中陈酿一年，酸度强劲，单宁坚实，但平衡度很理想，适合窖藏。

布歌利酒庄（加维产区）

1972 年，皮耶罗·布歌利（Piero Broglia）租借了父亲 73 公顷的农场和梅拉纳（La Meirana）葡萄园，并创建了布歌利酒庄（Broglia），如今在酿酒顾问多纳托·拉纳蒂（Donato Lanati）的帮助下，酒庄生产澄澈清亮、风格现代的加维葡萄酒（Gavi）。酒庄的基础款加维·梅拉纳葡萄酒（Gavi di Gavi La Meirana）是酒庄的首选酒款，味道清爽、质地醇厚，是烤鱼的完美搭档。布歌利酒庄加维·布鲁诺葡萄酒（Gavi Bruno Broglia）是一款单一园葡萄酒，酿酒的葡萄精选自 20 世纪 50 年代种植的老藤。酒庄的加维葡萄酒浓烈醇厚，散发着浓郁的矿物质气息，可以搭配烤鸡饮用。

布鲁纳酒庄（利古里亚产区）

1970 年，里卡尔多·布鲁纳（Riccardo Bruna）创办了这家酒庄，并立志成为皮加托葡萄方面的专家。皮加托是利古里亚当地的葡萄品种，与维蒙蒂诺葡萄关系密切。如今，布鲁纳的女儿们管理酒庄，并几乎实现了布鲁纳建立酒庄的初心。布鲁纳酒庄的葡萄园位于利古里亚产区西部，靠近法国边境，在那里，生长在不同的土壤中的皮加托酿造出了两款令人惊艳的葡萄酒。托拉谢塔（Villa Torrachetta）的酿酒葡萄生长在富含化石的黏土之上，而卢戈伊（Le Russeghine）的酿酒葡萄生长在铁质丰富的红色土壤中。贝肯葡萄酒（U Baccan）是意大利的顶级白葡萄酒之一，酿酒果实精选自种植在这两种土壤中的老藤。

嘉科萨酒庄（巴巴莱斯科产区）

嘉科萨酒庄（Bruno Giacosa）并不属于巴罗洛和巴巴莱斯科地区定义的传统主义者或现代主义者的任何一个阵营。嘉科萨酒庄的葡萄酒是意大利的顶级葡萄酒，完美演绎了意大利土壤、气候的多样性，同时酒中寄托了酿酒师的热情。酒庄的新酒口感强劲、风格大胆、略显涩口，所以更适合长期窖藏。时间越久，巴罗洛葡萄酒就越发细腻，风格愈加精致，更能体现出内比奥罗的特性，而巴巴莱斯科葡萄酒也独具自身魅力。在特殊年份，比如 2001 年或 2004 年，嘉科萨经典红葡萄酒和单一园葡萄酒非常值得一试，如巴巴莱斯科·雅仙妮红葡萄酒（Barbaresco Asili）和巴罗洛·洛奇·法雷托葡萄酒（Barolo Le Rocche del Falletto）。

布鲁诺·罗卡酒庄（巴巴莱斯科产区）

布鲁诺·罗卡（Bruno Rocca）在其小酒庄里生产的内比奥罗葡萄酒风格优雅且口感强劲，很少有现代风格的巴巴莱斯科生产商能做到这样。1958 年，罗卡的父亲创立了布鲁诺·罗卡酒庄（Bruno Rocca）；1978 年，罗卡接管了酒庄，同年，他酿造了自己的首款巴巴莱斯科葡萄酒。布鲁诺罗卡酒庄独特的土壤特性使他酿造的葡萄酒橡木气息恰到好处。罗卡除了在特黑索和内伊韦（Neive）拥有地块之外，还在名园瑞巴哈（Rabajà）内种植了 5 公顷葡萄。他酿制的巴巴莱斯科瑞巴哈葡萄酒风格清雅、结构紧实，值得窖藏。

布鲁诺·威尔第酒庄（帕维塞波河流域产区）

第二次世界大战结束后不久，布鲁诺·威尔第（Bruno Verdi）就开始在家族葡萄园里生产葡萄酒。如今，他的儿子保罗经营着这家酿酒厂，在酒庄的葡萄园中采用现代化酿酒工艺和葡萄栽培技术。布鲁诺·威尔第酒庄（Bruno Verdi）在卡瓦里奥拉（Cavariola）出产一款陈年价值极高的葡萄酒，名为帕维塞波河罗索珍藏红葡萄酒（Oltrepò Pavese Rosso Riserva），是一款科罗帝纳（Croatina）、茹拉（Uva Rara）、乌盖托（Ughetto）和巴贝拉混酿。布法富柯（Buttafuoco）是一款科罗帝纳和巴贝拉混酿，清爽多汁，适合搭配多款食物饮用。同样值得关注的还有雷司令·雷纳诺葡萄酒（Riesling Renano），这款酒酒体活泼、色泽鲜亮，颇有特色。

G.B. 布洛托酒庄（巴罗洛产区）

G.B. 布洛托酒庄（G B Burlotto）历史悠久，19 世纪后期，焦万·巴提斯塔·布洛托（Giovan Battista Burlotto）在庄严的韦尔杜诺（Verduno）公社建立了这家酒庄。G.B. 布洛托酒庄是所处时代为数不多的在意大利以外成名的地区酒庄之一，它的葡萄酒经常在 19 世纪 80 年代的欧洲展览上获奖。庄园以蒙维格里罗葡萄园（Monvigliero Cru）为中心，生产风格优雅、芳香浓郁的内比奥罗葡萄酒，彰显了韦尔杜诺公社有能力与该地区更著名的公社并驾齐驱的潜力。皮拉维加是一种活力十足的本地葡萄品种，该酒庄将它从濒临灭绝的边缘拯救过来，其酿制的葡萄酒不容错过。

卡·维奥拉酒庄（多利亚尼产区）

1991 年，朱塞佩（贝佩）·维奥拉（Giuseppe Caviola）创建了卡·维奥拉酒庄（Cà Viola），大约同一时间，他作为酿酒顾问的职业生涯也开始了［他曾在斯巴琳娜酒庄（Villa Sparina）、塞亚莫斯佳酒庄（Sella and Mosca），以及达米兰奴酒庄（Damilano）担任顾问］。卡维奥拉从不避讳在法国大木桶中陈酿多姿桃和巴贝拉葡萄酒的事实，总体来说，这些葡萄酒结构非常平衡。酒庄旗下的布瑞克·路威葡萄酒（Bric du Luv）由多切多和巴贝拉密封混合酿制而成，口感细腻。巴图罗葡萄酒（Barturot）是一款多姿桃葡萄酒，未经橡木桶陈酿，口感醇厚浓郁，结构均衡。★新秀酒庄

博斯克酒庄（弗朗齐亚柯达产区）

20 世纪 70 年代初，毛里西欧·森尼亚（Maurizio Zanella）在其父母的博斯克酒庄（Ca'del Bosco）内建立了自己的酿酒

厂，并决心仿效香槟区（Champagne）和勃艮第等法国大产区的模式来酿造优质葡萄酒。酒庄主攻起泡酒，其至尊特酿是一款弗朗齐亚柯达葡萄酒，口感细腻、充满活力。为了适应香槟酒市场的发展趋势，博斯克酒庄还推出了一款零糖年份起泡酒（Dosage Zéro Millesimato）。此外，酒庄还生产优质的静止葡萄酒，以及顶级霞多丽和黑皮诺葡萄酒。

罗马诺·马伦戈酒庄（巴巴莱斯科产区）

1980 年，罗马诺·马伦戈（Romano Marengo）建立了这家占地仅 5 公顷的酒庄，此前，他当了近 30 年的酿酒师。1993 年，他的儿子朱塞佩（Giuseppe）成为一名酿酒师，两人共同酿造了一款带有巴巴莱斯科风格的葡萄酒，这款葡萄酒融合了现代主义的奢华特色和传统主义的朴实风格。马伦戈父子使用小木桶和大橡木桶陈酿内比奥罗，该工艺是一种介于现代主义和传统主义之间的酿造方法，可使葡萄酒更加清新爽口。酒庄的锐澳索多园葡萄酒（Söri Rio Sordo）是巴巴莱斯科顶级葡萄园酿制的葡萄酒，风格优雅、层次丰富、极富表现力。★新秀酒庄

卡梅拉诺酒庄（巴罗洛产区）

卡梅拉诺酒庄（Camerano）位于巴罗洛公社，是一家秉持传统主义观念的小型酒庄。酒庄成立于 1875 年，如今由弗朗西斯卡·卡梅拉诺（Francesca Camerano）和维托利奥·卡梅拉诺（Vittorio Camerano）夫妻二人共同经营。其家族在泰罗（Terlo）和卡努比—圣洛伦索（Cannubi-San Lorenzo）葡萄园都拥有土地，这两处都是内比奥罗的绝佳种植地。卡梅拉诺酒庄的卡努比—圣洛伦索巴罗洛葡萄酒芳香浓郁、结构优雅、充满活力。其泰罗葡萄园的巴罗洛金标葡萄酒（Barolo Gold Label）更浓烈强劲，该酒单宁纯正，矿物质气息浓厚。除了内比奥罗葡萄酒之外，酒庄还酿造多姿桃葡萄酒和巴贝拉葡萄酒，两者都值得一试。

皮诺酒庄（巴巴莱斯科产区）

皮诺酒庄（Cantina del Pino）位于巴巴莱斯科中心地区，面积较小，当前由雷纳托·瓦卡（Renato Vacca）经营。瓦卡家族世代居住在该地区，但皮诺酒庄却是该地区一个新近崛起的生产商。酒庄的葡萄园主要位于著名的奥维罗（Ovello）葡萄园及其周围，出产优质的巴巴莱斯科葡萄酒。酒庄的基础瓶装酒是一款典型的内比奥罗佳酿，花香浓郁，果味纯正，带有泥土的芬芳。另外，酒庄的奥维罗葡萄酒用品质优良的红葡萄酿制而成，口感强劲、结构坚实、香气四溢、风格质朴，窖藏后口感更佳。★新秀酒庄

坎缇尼·阿斯凯丽酒庄（巴罗洛产区）

马泰奥·阿斯凯丽（Matteo Ascheri）的家族在布拉（Bra）长期种植葡萄和经商。坎缇尼·阿斯凯丽酒庄（Cantine Giacomo Ascheri）有 3 个葡萄园：塞拉伦加（Serralunga）的索拉诺（Sorano）、拉莫拉和韦尔杜诺之间的立维塔（Rivalta），以及罗埃罗的蒙特鲁帕（Montalupa）。20 世纪 90 年代中期，酒庄开始在索拉诺葡萄园种植葡萄，园内产出两款巴罗洛葡萄酒，即以葡萄园名称命名的索拉诺葡萄酒、巴罗洛索拉诺科斯特和布里克葡萄酒。后者新橡木的味道更浓重，且口感更加柔和。来自立维塔的巴罗洛·宝丽葡萄酒（Barolo Vigna dei Pola）是一款适合早

嘉科萨酒庄
这款单一园葡萄酒大胆奔放，口感浓烈强劲，适合窖藏。

维都诺酒庄
这款传统风格的巴罗洛葡萄酒浅龄阶段口感迷人，陈酿后口感更佳。

饮的巴罗洛酒，该酒香气浓郁，单宁柔和。

莫卡西诺酒庄（巴巴莱斯科产区）

罗伯托·比安科（Roberto Bianco）是一位才华横溢的年轻酿酒师，在巴巴莱斯科顶级的奥维罗葡萄园工作。莫卡西诺酒庄（Cascina Morassino）的葡萄园面积仅有 3.5 公顷，由比安科和他的父亲莫罗亲手打理。酒庄酿造两款巴巴莱斯科葡萄酒：一种是奥维罗内比奥罗葡萄酒，该酒口感强劲，极富表现力，窖藏后单宁会更加柔顺，口感更佳；另一种葡萄酒来自奥维罗园内莫卡西诺葡萄园，该酒度数略低，香气更加浓郁，体现了内比奥罗饱满柔美的特点。★新秀酒庄

塔赢酒庄（阿斯蒂产区）

塔赢酒庄（Cascina 'Tavijn）位于阿斯蒂附近，坚持传统酿酒理念，规模较小，如今由纳迪亚·瓦鲁阿（Nadia Varrua）经营。1908 年起，瓦鲁阿（Varrua）家族就开始经营这里的葡萄园；如今，酒庄实行分工管理，纳迪亚·瓦鲁阿负责酒窖工作，而她的父亲奥塔维奥（Ottavio）负责打理葡萄园。葡萄园内采用有机耕作方式，同时酒庄只采用自然发酵和大橡木桶。酒庄的巴伯拉达葡萄酒（Barbera d'Asti）口感清爽、结构紧致、酸度强劲，同时还混有明显的泥土清香和浆果味道。酒庄的卡斯塔尼奥莱·蒙菲拉托彻葡萄酒（Ruché di Castagnole Monferrato）颜色深邃、花香浓郁、活力十足，可搭配当地的塔雷吉欧干酪饮用。★新秀酒庄

卡希纳·乌里维酒庄（加维产区）

1977 年，18 岁的斯特凡诺·贝洛蒂（Stefano Bellotti）接管了家族农场。贝洛蒂一开始采用有机耕作方式，1984 年又转向生物动力法打理庄园。如今，卡希纳·乌里维酒庄（Cascina degli Ulivi）大约有 22 公顷葡萄园，另种植了几公顷的小麦、果树和蔬菜，还养殖牲畜，酒庄内生机勃勃。酒庄的加维葡萄酒活力十足、口感丰富，还带有明显的矿物质气息。菲拉诺丁（Filagnotti）是一款全新风格的柯蒂斯葡萄酒，该酒在木桶中发酵，结构紧凑，具有陈酿潜力，是一款不可多得的佳酿。★新秀酒庄

卡斯纳·普雷特酒庄（罗埃罗产区）

卡斯纳·普雷特酒庄（Cascina Val del Prete）的马里奥·罗亚尼亚（Mario Roagna）是罗埃罗的顶级酿酒师。1977 年，他的父母买下了一块品质极佳的圆形露天剧场形状的葡萄园，这也在一定程度上促进了他的酿酒事业。巴多托洛梅（Bartolomeo）和卡罗琳娜（Carolina）就曾在这个农场内务农，卡斯纳普雷特酒庄除了栽培葡萄，还是一个劳教农场。马里奥·罗亚尼亚在农场中混合采用有机和生物动力方式，因此酿制的葡萄酒活力十足，富有表现力。酒庄的卢特葡萄酒（Luet）是一款单一园阿内斯葡萄酒，口感强劲，活力十足。而酒庄的两款巴贝拉葡萄酒也值得一试，一款是风格前卫的菱山葡萄酒（Serra dei Gatti），另一款是卡罗琳娜葡萄酒（Carolina），该酒在橡木桶中陈酿，口感丰富、品质优良。★新秀酒庄

安赛玛家族酒庄

该酒款口感浓郁、强劲有力，在橡木桶中经过长时间发酵而成。

里奥拉索酒庄

这款巴罗洛产区顶级生产商酿造的巴贝拉葡萄酒陈年价值很高。

维都诺酒庄（巴罗洛产区）

20 世纪初以来，维都诺酒庄（Castello di Verduno）便是布洛托（Burlotto）家族的产业。酒庄从寂寂无闻到备受关注，离不开当前业主，以及另外 3 个人的努力，他们是盖比瑞拉·布洛托（Gabriella Burlotto）、弗兰科·比安科（Franco Bianco）和酿酒师马里奥·安德里昂（Mario Andrion）。维都诺酒庄在玛萨拉（Massara）和蒙维格里罗葡萄园中酿造传统风格的巴罗洛葡萄酒，同时在菲塞特（Faset）和瑞巴哈葡萄园中酿造巴巴莱斯科葡萄酒。这几款葡萄酒风格优雅、芳香四溢，酿酒初期就很美味，也能在好年份窖藏。酿酒厂还专门使用韦尔杜诺的当地葡萄皮拉维加酿造葡萄酒，酿制的红葡萄酒口感清新、色泽鲜亮、口感极佳。★新秀酒庄

赛拉图酒庄（巴罗洛产区）

酿酒巨匠出产的葡萄酒数量虽少，但品质极佳，往往能产出最好的巴罗洛葡萄酒。然而，也有像赛拉图酒庄（Ceretto）这样的大型生产商，他们生产多个价位的优质葡萄酒，是当地酒庄的领军人物。20 世纪初，赛拉图酒庄成立，如今是皮埃蒙特地区较大的土地持有者，拥有大约 120 公顷的葡萄园，分布在巴罗洛、巴巴莱斯科和罗埃罗等产区。罗西顶峰巴罗洛红葡萄酒（Bricco Rocche）是一款高品质佳酿，除了优质的单一园巴罗洛葡萄酒之外，赛拉图酒庄的布兰杰阿内斯葡萄酒（Blangè Arneis）也品质极佳，使得本地葡萄品种阿内斯一战成名。

奇欧内提酒庄（多利亚尼产区）

昆图·奇欧内提（Quinto Chionetti）是多利亚尼产区的主要生产商之一。1912 年，昆图的祖父朱塞佩创建了这家酒庄。奇欧内提酒庄（Chionetti）拥有当地最好的两个葡萄园——圣路易吉（San Luigi）和布里克里罗（Briccolero）。葡萄园出产的多姿桃葡萄酒单宁具有独特的果味，口感浓郁、结构紧凑。这些口感浓郁的葡萄酒不适合怯懦之人饮用，但因为酸度强劲，口感也不乏清新爽利。布里克里罗葡萄酒窖藏几年后，优雅更甚，是多姿桃陈酿葡萄酒的代表作。

布雷顿酒庄（巴罗洛产区）

1960 年，路易吉·奥贝尔托（Luigi Oberto）创建了布雷顿酒庄（Ciabot Breton），占地仅 12 公顷。几十年来，他一直将大部分产品卖给更大的酿酒厂。1990 年，他的女儿宝拉（Paola）和儿子马可（Marco）投入酒庄的运营当中，他们一起管理葡萄园，其中包括位于拉莫拉和韦尔杜诺的 4 个葡萄园。布雷顿酒庄的巴罗洛基础葡萄酒由 3 个地方种植的葡萄混合酿制而成，这 3 个地方分别为圣迪奥山（Bricco San Biagio）、罗杰里（Roggeri）和里瓦（Rive）。该酒是一款传统风格葡萄酒，花香浓郁、酸度强劲。而酒庄的巴罗洛·罗杰里葡萄酒（Barolo Roggeri）可窖藏多年，该酒款酒体坚实、结构紧凑，不容错过。

希露蒂酒庄（巴巴莱斯科产区）

1964 年，雷纳托·希露蒂（Renato Cigliuti）接管了希露蒂酒庄（Cigliuti），酒庄位于塞拉博艾拉（Serraboella）山顶，面积仅有 6.5 公顷。在过去几十年里，他在这座山上开发了几片坐东朝西的葡萄园，并使之成为内伊韦地区最重要的巴巴莱斯科分区之一，而希露蒂酒庄的巴巴莱斯科·塞拉博埃拉园葡萄酒（Barbaresco Serraboella）仍然是当地葡萄酒的代表作。酒庄混合使用小木桶和大木桶进行陈酿，因此酿造的葡萄酒既有柔和浓郁的口感，又具有坚实有力的结构。

克劳迪奥·维奥酒庄（利古里亚产区）

20 世纪 70 年代，艾托里·维奥（Ettore Vio）和纳塔利娜·维奥（Natalina Vio）夫妇建立了这座小型酒庄。如今，他们的儿子克劳迪奥（Claudio）负责照料葡萄藤，生产少量的皮加托葡萄酒和维蒙蒂诺葡萄酒，以及一款混合佐餐红葡萄酒。皮加托葡萄酒散发着丝丝矿物质气息，带有酸甜爽口的果味；而酒庄的维蒙蒂诺葡萄酒口感更加浓郁，带有酸橙和苦杏仁的味道，余韵悠长。这两款葡萄酒都充满活力，张力十足，在意大利新白葡萄酒的浪潮中牢牢占据了一席之地。★新秀酒庄

康塔迪·卡斯塔尔迪酒庄（弗朗齐亚柯达产区）

20 世纪 90 年代早期，维托利奥·莫雷蒂（Vittorio Moretti）建立了康塔迪·卡斯塔尔迪酒庄（Contadi Castaldi），该酒庄位于贝拉维斯塔附近，是弗朗齐亚柯达地区主要的酒庄。卡斯塔尔迪酒庄拥有 120 公顷的葡萄园，生产各种起泡酒和静止葡萄酒。该酒庄的葡萄酒清透迷人、香气浓郁、活力十足，在当地拥有巨大的发展潜力。弗朗齐亚柯达极干型葡萄酒（Franciacorta Brut）是一款风格优雅的起泡酒，带有烟熏焦香气、口感复杂、层次丰富。酒庄的桃红葡萄酒也值得一试，这是一款充满活力的起泡酒，芳香四溢、结构坚实、酸味十足。★新秀酒庄

康迪·塞尔托利·萨里斯酒庄（瓦尔泰利纳产区）

自 1869 年起，这个古老的贵族家族就开始生产瓶装葡萄酒，不过蒂拉诺（Tirano）的萨里斯宫（Salis Palazzo）更早之前就已经开始酿造葡萄酒，那些 16 世纪的地下酒窖至今仍在使用。酒庄备受关注的葡萄酒是白查万纳斯卡（Chiavennasca，当地对内比奥罗葡萄酒的称呼）。该酒在酿造过程中葡萄汁液迅速和果皮分离开来，酿造的葡萄酒带有清新浓郁的酸樱桃味。酒庄的红葡萄酒中，格鲁梅洛葡萄酒风格优雅、特色鲜明；因弗诺葡萄酒浓烈醇厚，带有瓦尔泰利纳产区内比奥罗葡萄酒特有的泥土芬芳。这两款酒都是葡萄酒爱好者不容错过的佳酿。

库波酒庄（卡奈利产区）

20 世纪，库波酒庄（Coppo）在卡奈利镇（Canelli）成立，主要生产微甜莫斯卡托起泡酒。酒庄的地窖位于房子地下，内部地道四通八达，令人难以忘怀。如今，库波酒庄生产的葡萄酒品种多样，包括巴贝拉葡萄酒、格丽尼奥里诺葡萄酒（Grignolino）、弗雷伊萨葡萄酒（Freisa），以及赤霞珠葡萄酒和霞多丽葡萄酒等国际葡萄品种葡萄酒。该酒庄旗下的阿福卡塔红葡萄酒（L'Avvocata）是一款果香四溢的巴贝拉葡萄酒，该酒在大木桶中陈酿，酸度适中，让人垂涎不已。蒙达西弗雷萨红葡萄酒（Mondaccione）在橡木桶中陈酿，果香和香料的气息相得益彰；而蒙卡维纳白葡萄酒（Moncalvina）是该家族酿造的一款莫斯卡托葡萄酒，口感柔和、果味香甜怡人。

达米兰诺酒庄（巴罗洛产区）

达米兰诺家族（Damilano）几代人都从事酿酒事业。1998年，保罗（Paolo）和奎多（Guido）两兄弟接管了酒庄业务，此后酒庄才真正开始了酿酒历史。近期，酿酒厂扩大了在卡努比（Cannubi）的租种土地规模，并成为当地的领军企业。除卡努比之外，达米兰诺酒庄还从利斯特（Liste）、福萨蒂（Fossati）和布鲁纳特（Brunate）等顶级葡萄园内采摘葡萄。在酿酒顾问朱塞佩·维奥拉（Beppe Caviola）的指导和帮助下，酒庄酿制的葡萄酒风格时尚、结构紧致。巴罗洛乐欣克韦格红葡萄酒（Barolo Lecinquevigne）是一款基础的瓶装酒，物美价廉。巴罗洛利斯特葡萄酒（Barolo Liste）品质极佳、风格优雅，适合窖藏。★新秀酒庄

德福维尔酒庄（巴巴莱斯科产区）

1860 年，德福维尔（DeForville）家族从比利时移居到巴巴莱斯科，不久之后就开始在园区种植葡萄。1907 年，德福维尔的一个女儿嫁给了保罗·安佛索（Paolo Anfosso），于是家族的土地持有量增加到近 10 公顷，这些土地分布在巴巴莱斯科产区，部分在瑞巴哈葡萄园、洛雷托葡萄园（Loreto）、卡斯塔诺兰泽葡萄园（Castagnole Lanze）。如今，保罗·安佛索和瓦尔特·安佛索（Valter Anfosso）两兄弟共同经营这家酒庄，他们坚持在酒窖中采用传统酿制方法，即长时间浸渍内比奥罗，并在大橡木桶中陈酿。德福维尔酒庄格罗萨葡萄园（Ca'Grossa）的巴贝拉葡萄酒浓烈强劲，值得一试。

德斯特凡尼斯酒庄（阿尔巴产区）

20 世纪 60 年代，朱塞佩·德斯特凡尼斯（Giuseppe Destefanis）开始在蒙特卢波·阿尔贝塞（Montelupo Albese）的小酒庄内种植葡萄。1985 年，他的孙子马可（Marco）接管了酒庄，之后马克翻新了酒窖，并在葡萄园内重新种植了多姿桃、巴贝拉和内比奥罗等葡萄品种。德斯特凡尼斯酒庄（Destefanis）酿制优质的巴贝拉葡萄酒和内比奥罗葡萄酒，但酒庄最值得一试的是多姿桃葡萄酒。卡卢奇奥山峰葡萄酒（Galluccio）是一款现代风格的多姿桃葡萄酒，带有浓郁的蓝莓香气，口感辛辣。维那·莫尼亚·巴萨葡萄酒（Vigna Monia Bassa）由精选自老藤的葡萄酿制而成，窖藏几年后口感更佳。

伊林·奥特酒庄（巴罗洛产区）

1948 年，朱塞佩·奥特（Giuseppe Altare）在拉莫拉建立了这家酒庄，和当地的许多小农场一样，奥特家族除了种植葡萄外，还种植梨、小麦和榛子等植物。20 世纪 70 年代中期，朱塞佩的孙子伊林·奥特（Elio Altare）曾去往勃艮第旅游，回来后便在酒庄内采用全新的酿酒方法。他在酒窖内引进了小型巴里克木桶，并开始尝试缩短内比奥罗的发酵时间。最终酿出的葡萄酒初期口感就非常细腻，且独具风韵，巴罗洛布鲁纳特（Barolo Brunate）就是这样一款葡萄酒。

里奥拉索酒庄（巴罗洛产区）

格拉索（Grasso）家族一直是巴罗洛地区的领军种植者，拥有梦馥迪村最好的两个葡萄园——加瓦维（Gavarini）和吉内斯特拉园（Ginestra）。如今，酒庄由埃利奥·格拉索（Elio Grasso）经营，他和他的儿子詹卢卡（Gianluca）共同酿造了一款巴罗洛葡萄酒，风格优雅、口感强劲，兼顾了现代和传统风格。内比奥罗葡萄酒发酵时间漫长，然后在斯洛文尼亚大橡木桶和巴罗洛朗科特（Barolo Rüncot）小木桶中混合陈酿，其中巴罗洛朗科特葡萄酒（Barolo Rüncot）便是该工艺的代表作。马蒂娜园巴贝拉干红葡萄酒（Vigna Martina）陈年价值高，不容错过。

科诺酒庄（巴罗洛产区）

正是因为拥有科诺酒庄（Elvio Cogno）这样的知名酿酒厂，巴罗洛的边缘公社才得以和塞拉伦加（Serralunga）、拉莫拉等知名地区平起平坐。科诺酒庄位于诺维罗村（Novello），建在海拔较高的拉维拉（Ravera）园顶部。酒庄最好的巴罗洛葡萄酒就来自这个地方；雷维拉葡萄酒和爱琳娜园葡萄酒都是产自雷维拉园的单一园精选葡萄酒。这两款葡萄酒都是口感强劲的内比奥罗葡萄酒，酒体平衡、风格优雅。★新秀酒庄

埃尔梅斯·帕韦斯酒庄（奥斯塔河谷产区）

1999 年，埃尔梅斯·帕韦斯（Ermes Pavese）在奥斯塔河谷（Valle d'Aosta）的莫吉卡斯（Morgex）附近建立了这家小型酒庄。帕韦斯专门使用白布里耶（Prié Blanc）葡萄酿造葡萄酒，白布里耶生长在近 1200 米的地方（欧洲海拔最高的葡萄栽培地之一）。当地生产条件极佳，白葡萄酒富含矿物质气息。帕韦斯酿造 3 款葡萄酒，其中拉萨尔干型白莫吉卡斯葡萄酒（Blanc de Morgex et de la Salle）口感紧实，是一款富含矿物质气息的佳作。内森葡萄酒（Nathan）以帕韦斯小儿子的名字命名，在橡木桶中陈酿，结构良好，而尼尼维葡萄酒（Ninive）以其女儿的名字命名，是一款口感浓郁的帕赛托甜葡萄酒（Passito）。★新秀酒庄

安赛玛家族酒庄（巴罗洛产区）

安赛玛家族酒庄（Famiglia Anselma）是一家新兴的葡萄酒生产商。该酒庄坚持使用传统方法酿造巴罗洛葡萄酒，包括长期发酵、在大橡木桶中陈酿，以及拒绝装瓶出售单一园葡萄酒等。安赛玛家族在巴罗洛、梦馥迪和塞拉伦加拥有超过 77 公顷的酒庄。安赛玛家族酒庄的第一个酿造年份是 1993 年，从那之后其风格一直非常稳定：不论是基础巴罗洛葡萄酒还是岛屿珍藏葡萄酒（Riserva Adasi）都是芳香开胃、口感强劲的佳酿，具有陈年潜力。★新秀酒庄

菲利普·格林诺酒庄（罗埃罗产区）

菲利普·格林诺（Filippo Gallino）是家族中第一个在自家小农场内生产瓶装葡萄酒的成员，其农场位于罗埃罗中心卡纳莱（Canale）附近。如今，格林诺生产一系列醇厚浓郁、质量过硬的葡萄酒，包括巴贝拉葡萄酒、内比奥罗葡萄酒和阿内斯葡萄酒。其酿酒葡萄生长于当地的沙质土壤中，酿出的酒款都是各自品种的佳作代表。阿尔巴巴贝拉葡萄酒味道鲜明浓郁、活力十足，适合搭配冬季丰富的炖菜饮用。酒庄的加利诺·比贝特葡萄酒（Gallino's Birbét）也不容错过，该酒是一款用布拉凯多（Brachetto）酿造的低起泡葡萄酒，口感微甜。

现代回归传统？

20 世纪六七十年代，巴罗洛葡萄酒和巴巴莱斯科葡萄酒的酿造一直沿用一个世纪前的技术。内比奥罗在没有温度控制的条件下进行长时间发酵，之后在陈旧的大橡木桶中陈酿。

此后，安吉洛·嘉雅等酿酒师从法国和其他地区引进了新技术：如温度控制和法国小橡木桶等；伊林·奥特尝试缩短发酵时间。而巴托罗·马沙雷洛、孔特诺酒庄（Giacomo Conterno）的乔万尼·孔特诺（Giovanni Conterno）和贾科莫·博洛尼亚等人，始终坚持采用传统酿酒方法。他们的葡萄酒与新技术酿造出的葡萄酒完全不同，出品的巴罗洛葡萄酒和巴巴莱斯科葡萄酒口感上更加柔和、浓郁，一经推出就好评如潮。

然而，几十年后，酿酒方法似乎又完全转变了。科诺酒庄的沃尔特·菲索雷等生产商正越来越多地采用中立的方法，力求在传统主义和现代主义之间寻求平衡，他们采用不同尺寸的桶、温度控制和中等发酵时间来酿造风格优雅的内比奥罗葡萄酒。

福特利·亚历山大酒庄
该酒款口感清新、风格优雅，由鲜为人知的皮拉维加酿制而成。

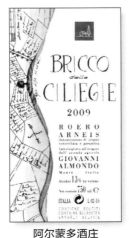

阿尔蒙多酒庄
这款葡萄酒口感清新劲爽，产自高海拔葡萄园出产的果实。

弗朗切斯科·伯奇斯酒庄（多利亚尼产区）

弗朗切斯科·伯奇斯（Francesco Boschis）最初是一名私营种植者，他种植的大部分葡萄都卖给大型生产商。1968年，伯奇斯和他的儿子马里奥开始装瓶售卖自己的葡萄酒。如今，弗朗切斯科·伯奇斯酒庄酿造的多姿桃葡萄酒品质卓越，是多利亚尼产区的佳品典范。酒庄的苏里圣马蒂诺葡萄酒（Sorì San Martino）值得一试，这款葡萄酒辛香浓郁、清新爽口，酿酒葡萄采摘自同名葡萄园里的老藤。

弗朗切斯科·里纳迪和菲格里酒庄（巴罗洛产区）

1870年，弗朗切斯科·里纳迪（Francesco Rinaldi）继承了巴罗洛地区的葡萄园，并建立了弗朗切斯科·里纳迪和菲格里酒庄（Francesco Rinaldi e Figli）。如今，酒庄由卢西亚诺·里纳迪（Luciano Rinaldi）和他的侄女波拉（Paola）共同经营，并继续采用传统方法酿酒。巴罗洛葡萄酒的酿造果实来自卡努比和布鲁诺特葡萄园，通常需要窖藏10年才能饮用。巴巴莱斯科葡萄酒成熟期早，香气浓郁，单宁坚实。酒庄的格丽尼奥里诺·阿斯蒂红葡萄酒（Grignolino d'Asti）也值得一试，该酒由当地葡萄品种格丽尼奥里诺酿制，口感清爽。

弗兰克·努桑酒庄（奥斯塔河谷产区）

弗兰克·努桑（Franco Noussan）早先是当地大学的一名老师，酿造酒是他的一大爱好，因此他退休后便开始在奥斯塔河谷酿酒。通过妻子家族的引荐，努桑收购了一些古老的葡萄园，种植小胭脂红（Petit Rouge）、玛若蕾（Mayolet）、富美（Fumin）和灰皮诺葡萄等品种。2003年，他又租赁了一些葡萄园，葡萄种植面积约达到5公顷。2005年，努桑创建了自己的葡萄酒品牌，出产口感温和、芳香浓郁的葡萄酒，注重葡萄酒细腻、清爽的口感，并不过度关注酒精烈度。图雷特葡萄酒（Torette）是一款小胭脂红、玛若蕾和科娜琳（Cornalin）混酿，品质极佳、备受关注，是一款百搭的葡萄酒。★新秀酒庄

福特利·亚历山大酒庄（巴罗洛产区）

19世纪，福特利·亚历山大酒庄（Fratelli Alessandria）在韦尔杜诺公社成立，那时此地产出的葡萄酒曾享有极高的声誉，现在已大不如前，但韦尔杜诺和福特利·亚历山大酒庄的巴罗洛葡萄酒依然品质优良。吉安·巴蒂斯卡·亚历山大（Gian Battista Alessandria）和他的儿子维托利奥（Vittorio）从著名的蒙维格里奥和圣法伦索葡萄园中采摘葡萄，酿制的巴罗洛葡萄酒芳香四溢、口感细腻、烈度适中。酒庄风格优雅的葡萄酒为恢复韦尔杜诺的葡萄酒声誉作出了重要贡献。韦尔杜诺·皮拉维加葡萄酒（Verduno Pelaverga）用当地葡萄酿制而成，活力十足、口感清新，能搭配各类食物饮用，非常值得一试。

布罗维亚酒庄（巴罗洛产区）

1863年，贾斯汀托·布罗维亚（Giacinto Brovia）创建了布罗维亚酒庄（Fratelli Brovia），该酒庄是公认的生产巴罗洛葡萄酒的老牌酒庄之一。1953年，他的孙子贾斯汀托、拉斐尔（Raffaele）和孙女玛丽娜（Marina）重新组建了这家酒庄。酒庄生产传统风格的葡萄酒，所用葡萄主要产自知名葡萄园，如卡斯提里奥内法列多村（Castiglione Falletto）的洛奇（Rocche）、维利欧（Villero）和加贝莱苏（Garbelet Sué），塞拉伦加的卡米亚（Ca'Mia，又称Brea）及巴巴莱斯科的里奥索尔多（Rio Sordo）。布罗维亚酒庄葡萄酒的典型代表是巴罗洛洛奇葡萄酒（Barolo Rocche），该酒风格优雅，带有丝丝泥土的芬芳，长期陈年后口感更佳。同时，维诺维利葡萄酒（Vignavillej）启示酿酒商们，若想酿出美味的多姿桃葡萄酒，要讲究细腻口感而不是仅仅依靠强度。

卡瓦洛塔酒庄（巴罗洛产区）

1929年，卡瓦洛塔酒庄（Cavallotto）在卡斯提里奥内法列多村成立，卡瓦洛塔家族拥有伯奇斯峰葡萄园（Bricco Boschis，当地顶级巴罗洛葡萄独占园）。酒庄占地面积广，约23公顷，因此卡瓦洛塔酒庄将其单一园产出的珍藏酒称为圣歌赛普珍藏巴罗洛红葡萄酒（Vigna San Giuseppe），而酒庄的基础瓶装酒则冠以葡萄园的名字。尽管伯奇斯峰巴罗洛葡萄酒比圣歌赛普珍藏巴罗洛红葡萄酒的窖藏时间短，但品质极佳。卡瓦洛塔酒庄还从维诺罗葡萄园（Vignolo）内将一款巴罗洛珍藏葡萄酒（Riserva Barolo）装瓶，大约需要陈酿30年或者更久，陈年价值高，品质极佳。

格罗斯让酒庄（奥斯塔河谷产区）

格罗斯让（Grosjean）家族几代人都生活在奥斯塔河谷地区。1969年，酒庄的装瓶葡萄酒被送往区域性酒展，自此酒庄真正开始了酿酒历史。自1975年起，格罗斯让开始采用有机耕作方式，除了种植人们非常熟悉的佳美和黑皮诺等品种之外，还种植当地品种，如小胭脂红、小奥铭、富美、科娜琳、普莱弥塔（Prëmetta）和乌乐酪（Vuillermin）。酒庄的佳美葡萄酒味道迷人、口感清爽、余韵悠长，是餐食的完美搭档。当地的土壤构成复杂，产出的葡萄酒独具特色，酒庄的小奥铭葡萄酒矿物质气息显著，是该地区的典型代表作。

埃托雷·杰尔马诺酒庄（巴罗洛产区）

埃托雷·杰尔马诺（Ettore Germano）和父亲（Alberto）在塞拉伦加附近经营这家小型酒庄。20世纪70年代起，埃托雷就开始将少量葡萄酒装瓶，但起初酒庄生产的大部分葡萄酒都售卖给大型酒庄。1993年，埃托雷的儿子塞尔吉奥（Sergio）全职接管了酒庄，这是酒庄正式踏入酿酒行业的一大步。杰尔马诺·埃托雷酒庄的巴罗洛葡萄酒结构平衡、酒力强劲、醇厚浓郁、极具特色。帕拉坡葡萄酒（Prapò）、斯瑞塔园葡萄酒（Ceretta）和拉泽瑞多园葡萄酒（Lazzarito）体现了塞拉伦加多样化的风土特征。酒庄最新发布的赫祖葡萄酒（Hérzu）是一款雷司令葡萄酒，该酒洋溢着矿物质气息、活力十足，产自酒庄的西格利葡萄园（Ciglié）。★新秀酒庄

博格洛酒庄（巴罗洛产区）

博格洛酒庄（Borgogno）历史悠久，自2009年起由商人奥斯卡·法里内蒂（Oscar Farinetti）经营。酒庄在巴罗洛和拉莫拉经营葡萄园，占地约20公顷，在一些著名葡萄园内也拥有部分土地，如卡努比、福萨蒂和利斯特。1761年，博格洛酒庄成立；多年来，酒庄的葡萄酒风格反映了巴罗洛地区最传统的酿酒方法。事实上，酿制于20世纪50年代和60年

代的葡萄酒至今仍然口感清新、活力十足。近年来，酒庄逐渐走向现代化，酿造的葡萄酒在浅龄阶段便口感怡人，是各自酿酒葡萄品种的绝佳代表。

孔特诺酒庄（巴罗洛产区）

如果让全世界巴罗洛葡萄酒爱好者挑出自己的最爱，那想必就是孔特诺酒庄（Giacomo Conterno）的梦馥迪诺巴罗洛珍藏干红葡萄酒（Monfortino）了。20 世纪初，孔特诺酒庄成立，可以说是传统巴罗洛葡萄酒的殿堂。乔万尼·孔特诺（吉亚科莫·孔特诺的儿子、阿尔多·孔特诺的兄弟）从 1959 年直至 2003 年去世一直管理着酒庄；如今，他的儿子罗伯托（Roberto）担任酿酒师。1974 年，酒庄在塞拉伦加的弗朗西亚葡萄园（Francia Cru）内购置了 16 公顷土地。现在的弗朗西亚园巴罗洛红葡萄酒、梦馥迪诺巴罗洛珍藏干红葡萄酒都产自这个葡萄园。这两款葡萄酒结构平衡、浓烈强劲、保质期长，上市后仍可储存几十年。

格里马蒂酒庄（巴罗洛产区）

20 世纪 30 年代，格里马蒂（Grimaldi）家族开始经营酒庄，但直到 1996 年才开始以格里马蒂为品牌推出葡萄酒。酒庄由费鲁奇欧·格里马蒂（Ferruccio Grimaldi）和他的父亲共同管理，分布在诺维罗、巴罗洛和罗埃罗，总面积约 7.5 公顷。乐考斯特巴罗洛葡萄酒（Barolo Le Coste）产自巴罗洛公社坐北朝南的同名葡萄园，是酒庄推出的第一款葡萄酒，也是酒庄最重要的一款葡萄酒。这款葡萄酒风格现代，带有玫瑰和樱桃的香气，质地醇厚。酒庄的内比奥罗阿尔巴葡萄酒产自罗埃罗产区，也非常值得一试。

阿尔蒙多酒庄（罗埃罗产区）

阿尔蒙多酒庄（Giovanni Almondo）占地 12 公顷，是罗埃罗地区阿内斯葡萄酒的主要生产商。乔万尼·阿尔蒙多在相对较高的海拔处（380 米）种植阿内斯，因此，酿制的阿内斯葡萄酒富含白垩矿物质气息且酸度极高。樱桃峰葡萄酒（Bricco degli Cigliegie）因山坡上葡萄藤周围种植的樱桃树而得名，口感清新细腻、芳香四溢、沁人心脾。阿尔蒙多酒庄的单一园维尼亚·斯帕斯阿内斯葡萄酒（Vigna Sparse）口感更为复杂，该酒风味浓郁，洋溢着矿物质气息。这款葡萄酒比大多数阿内斯葡萄酒陈酿时间更长。

阿科尔内罗酒庄（蒙菲拉托产区）

阿科尔内罗（Accornero）家族在蒙菲拉托地区有机耕种了 20 公顷的葡萄园，其中包括一些品质优良的巴贝拉葡萄藤。酒庄的圭林葡萄酒（Giulin）在大橡木桶和不锈钢罐中混合陈酿巴贝拉而成，美味可口、带有一丝泥土的芬芳。阿科尔内罗酒庄布里科巴蒂斯塔葡萄酒（Bricco Battista）是一款潜力很高的巴贝拉葡萄酒，该酒在橡木桶中陈酿 18 个月，结构紧凑，陈年价值高，其浓郁的口感和适中的酸度相得益彰。酒庄的布里科博斯科红葡萄酒（Bricco de Bosco）由格丽尼奥里诺酿制而成，风格淡雅，未经橡木桶陈酿，饮后令人心情愉悦，是野餐的完美搭档。

朱塞佩·马斯卡雷略酒庄
这款巴罗洛葡萄酒久负盛名且广受欢迎，可窖藏数十年之久。

埃托雷·杰尔马诺酒庄
这款近期推出的雷司令葡萄酒活力十足，洋溢着矿物质气息。

朱塞佩·马斯卡雷略酒庄（巴罗洛产区）

1881 年，朱塞佩·马斯卡雷略（Giuseppe Mascarello）创建了这家同名酒庄，这是当地具有传奇色彩的一家酒庄。毛里齐奥（Maurizio）是朱塞佩的儿子。1904 年，他在卡斯提里奥内法列多村的蒙普维特（Monprivato）园购买了一块土地。如今，毛罗·马斯卡雷略（Mauro Mascarello）和朱塞佩·马斯卡雷略父子俩共同经营酒庄。蒙普维特园是酒庄酿酒的核心，但老马斯卡雷略酒庄也非常重要，那里仍然使用着 20 世纪 50 年代购买的大橡木桶。蒙普维特巴罗洛葡萄酒（Barolo Monprivato）是当地的绝美佳酿，如果年份良好，可以保存几十年。

朱塞佩·里纳尔迪酒庄（巴罗洛产区）

里纳尔迪（Rinaldi）家族是一个古老的家族，很早就在巴罗洛活动。20 世纪 20 年代，朱塞佩·里纳尔迪（Giuseppe Rinaldi）创办了自己的酿酒厂。1947 年，他的儿子巴蒂斯塔（Battista）接管了酒庄，其中包括卡努比·圣洛伦索（Cannubi San Lorenzo）、乐考斯特（Le Coste）、布鲁纳特和拉维拉的部分酒庄。在这 4 个地方采摘的葡萄通常一起被用来酿造基础款巴罗洛葡萄酒，而布鲁纳特园的部分果实用以酿制珍藏级葡萄酒。然而，巴蒂斯塔的儿子朱塞佩（贝佩）接任酿酒师一职后，改变了这种酿酒模式。如今，里纳尔迪酒庄生产了两款经典的陈年巴罗洛葡萄酒：贴有布鲁纳特商标的里纳尔迪乐考斯特巴罗洛红葡萄酒、贴有拉维拉商标的里纳尔迪酒庄卡努比圣洛伦索巴罗洛红葡萄酒。

希尔伯格-帕斯奎罗酒庄（罗埃罗产区）

1915 年，希尔伯格-帕斯奎罗酒庄（Hilberg-Pasquero）开始栽培葡萄藤，但米歇尔·帕斯奎罗（Michele Pasquero）和安妮特·希尔伯格（Annette Hilberg）夫妇接管酒庄后才真正开启了酒庄现代史的征程。这对夫妇实行生态农业，并采用温和的方法亲自酿酒。其酿造的葡萄酒风格时尚，十分现代化，且层次丰富，乐趣无穷。瓦雷伊葡萄酒（Vareij）就是这样一款佳酿，该酒融合了布拉凯多花香沁人的特点，以及巴贝拉美味多汁、具有泥土芬芳气息的特点，品尝起来使人放松、口感清爽。阿尔巴巴贝拉葡萄酒经过短期橡木桶陈酿，结构分明，是炖牛肉的完美搭档。★新秀酒庄

卡萨奇亚酒庄（蒙菲拉托产区）

拉瓦家族世代在蒙菲拉托地区酿造优质葡萄酒，埃琳娜·拉瓦（Elena Rava）和乔瓦尼·拉瓦（Giovanni Rava）就是该家族的成员。如今，他们经营着一座有机酒庄，酒庄里种植着巴贝拉、弗雷伊萨和格丽尼奥里诺（其中一些来自凝灰岩土壤中的老藤），以及少量霞多丽。酒庄的蒙菲奥雷扎葡萄酒（Monfiorenza）展现了弗雷伊萨生机勃勃的特质，口感令人愉悦。酒庄的巴贝拉阿斯蒂葡萄酒也不容错过，这款葡萄酒果香四溢、结构紧凑、洋溢着矿物质气息，是一款芳香开胃的佳品。萨莎西亚酒庄（La Casaccia）的恰诺葡萄酒（Charnò）由霞多丽酿制而成，该酒风格质朴、结构紧实、口感清新、颇具法国马贡（Mâcon）的风韵。

斯缤尼塔酒庄
这款白葡萄酒由麝香葡萄酿制而成，口感清新且层次丰富。

马乔里尼酒庄
该酒酒体丰满，带有酵母和面包皮的烘焙香味。

莫兰蒂娜酒庄（阿斯蒂产区）

1988 年，朱利奥·莫兰多（Giulio Morando）和保罗·莫兰多（Paolo Morando）兄弟接管了家族位于卡斯蒂廖内·蒂内拉（Castiglione Tinella）的酒庄。莫斯卡托是当地主要的酿酒葡萄，莫兰蒂娜酒庄（La Morandina）产出的莫斯卡托葡萄酒是该产区的代表作——花香浓郁，果味鲜明，口感清爽，令人愉悦。莫兰多兄弟还酿制了一款巴贝拉佳酿，选用的是阿斯蒂地区根瘤蚜虫害暴发前葡萄藤的果实。祖切托葡萄酒（Zucchetto）是一款巴贝拉葡萄酒，口感强劲，其酒体结构完美演绎了当地的风土条件。莫兰蒂娜酒庄的巴巴莱斯科诗佩萨峰葡萄酒（Barbaresco Bricco Spessa）产自内伊韦镇附近的葡萄园，非常值得一试。

斯缤尼塔酒庄（阿斯蒂产区）

1977 年，朱塞佩·里维蒂（Giuseppe Rivetti）和莉迪娅·里维蒂（Lidia Rivetti）夫妇在卡斯塔诺兰泽（Castagnole Lanze）市建立了斯缤尼塔酒庄（La Spinetta）。1978 年，酒庄发布了两款单一园莫斯卡托葡萄酒：鹌鹑园莫斯卡托起泡酒（Bricco Quaglia）和小花莫斯卡托起泡酒（Biancospino）。这两款葡萄酒都由莫斯卡托葡萄酿制而成，口感极其复杂，同时还带有柑橘和薄荷的香气，芳香怡人；由于酿酒海拔较高，因此葡萄酒更加清新爽口。20 世纪 80 年代，斯缤尼塔酒庄开始酿造红葡萄酒，在乔治奥·里维蒂（Giorgio Rivetti）的指导下，主要酿造巴贝拉葡萄酒和内比奥罗葡萄酒，风格时尚。此外，斯缤尼塔酒庄巴巴莱斯科·瓦莱亚诺红葡萄酒（Barbaresco Valeirano）单宁强劲浓烈，质地醇厚，也是葡萄酒爱好者们不容错过的佳酿。★新秀酒庄

劳拉·阿斯切罗酒庄（利古里亚产区）

劳拉·阿斯切罗（Laura Aschero）的酿酒技艺高超，在利古里亚葡萄酒界占有一席之地，而且是其中为数不多的女性酿酒师。阿斯切罗的家人从事葡萄种植和酿酒师行业，受家庭影响，她在 20 世纪 80 年代创建了自己的酒庄，种植利古里亚地区的主要葡萄品种，如维蒙蒂诺、皮加托和萝瑟丝（Rossese）等，其葡萄园位于陡峭的山坡上。2006 年，阿斯切罗去世，她的儿子马可接管了酒庄。劳拉·阿斯切罗酒庄皮加托葡萄酒（Laura Aschero Pigato）仍然是利古里亚特产中最引人注目的酒款之一。这款葡萄酒味道清爽，富含矿物质气息，余韵悠长，还带有苦杏仁的味道。

雷斯·克雷特斯酒庄（奥斯塔河谷产区）

1989 年，科斯坦蒂诺·恰拉里尔（Costantino Charrère）创建了雷斯·克雷提斯酒庄（Les Crêtes），酒庄位于奥斯塔河谷的艾马维尔镇（Aymavilles）附近。勃朗峰（Mount Blanc）耸立在雷斯·克雷特斯酒庄的葡萄园之上，山峰绵延起伏，梯田遍布高山，徜徉其中仿佛已经离开了意大利去往了另一片天地。酒庄的小奥铭葡萄酒略显涩口，带有矿物质气息，同时美味可口，适宜搭配食物饮用。拉图尔高山葡萄酒（Coteau La Tour）是一款用凉爽气候下出产的西拉葡萄酿制的葡萄酒，该酒口感辛香，是意大利最好的葡萄酒之一。★新秀酒庄

卢卡·费拉里斯酒庄（蒙菲拉托产区）

卢卡·费拉里斯（Luca Ferraris）的家族世代在卡斯塔蒙费拉（Castagnole Monferrato）地区托种植葡萄。当地专门生产皮埃蒙特特有的一个本土品种——拉彻（Ruché）。卢卡·费拉里斯酒庄（Luca Ferraris）酿制一款香气浓郁的深紫色葡萄酒。此外，费拉里斯酒庄的卡索特之家葡萄酒（Vigna del Casot）是一款格丽尼奥里诺葡萄酒，口感醇美；其马丁葡萄酒（Vigna del Martin）是一款单一园巴贝拉葡萄酒，品质优良、备受关注。2000 年，费拉里斯在山坡上的西拉葡萄园种植葡萄，这在皮埃蒙特地区是非常不同寻常的实践。酒庄的二代葡萄酒（Il Re）是一款西拉与露诗混酿红葡萄酒，风格时尚，适合窖藏。

绅洛酒庄（巴罗洛产区）

绅洛酒庄（Luciano Sandrone）的所在地非常罕见。绅洛采用现代方式酿酒，但他本人和他酿造的巴罗洛葡萄酒始终保持一种经典和永恒的特质。1978 年，绅洛创建了自己的酒庄，在此之前他是一名酒窖管理员。20 世纪 70 年代，绅洛在著名的卡努比葡萄园内购买了部分土地，并以此为基础运营酒庄；如今酒庄还在梦馥迪村、巴罗洛和罗埃罗拥有葡萄园。酒庄酿造两款巴罗洛葡萄酒：绅洛巴罗洛干红葡萄酒（Le Vigne）和绅洛巴罗洛卡努比干红葡萄酒（Cannubi Boschis）。这两款葡萄酒风格优雅、浓烈强劲，令人惊叹。★新秀酒庄

路易吉·宝达娜酒庄（巴罗洛产区）

路易吉·宝达娜酒庄（Luigi Baudana）位于塞拉伦加附近，占地 4.5 公顷。自 1975 年以来，酒庄一直由路易吉·宝达娜（Luigi Baudana）和菲奥瑞纳·宝达娜（Fiorina Baudana）夫妇共同经营。路易吉·宝达娜酒庄在宝达娜园和赛拉图园内拥有部分土地。1996 年之前，酒庄一直将收获的葡萄售卖给其他生产商。路易吉·宝达娜酒庄生产高品质的多姿桃葡萄酒和巴贝拉葡萄酒，这两款葡萄酒回味悠长、沁人心脾，都适合搭配食物饮用，特别是搭配大量的荤菜饮用。酒庄的赛拉图园巴罗洛葡萄酒（Barolo Cerretta）风格质朴，可窖藏 10 年之久，体现了塞拉伦加葡萄酒的强劲。

路易吉·费兰多酒庄（卡瑞玛产区）

自 20 世纪初以来，费兰多（Ferrando）家族一直在皮埃蒙特北部的山区酿造葡萄酒。路易吉·费兰多（Luigi Ferrando）和他的儿子罗伯（Roberto）、安德烈亚（Andrea）在卡瑞玛（Carema）法定产区陡峭的梯田上，种植内比奥罗和部分巴贝拉品种。白标卡瑞玛葡萄酒是一款风格优雅、灵动缥缈的红葡萄酒，结构坚实大方。费兰多还在杰出的年份酿造黑标卡瑞玛葡萄酒。卡卢索（Caluso）附近的葡萄园里种植着黎明葡萄（Erbaluce），该品种是一种意大利白葡萄，用途广泛，可用于酿造独特的静止葡萄酒和起泡酒。

路易吉·皮拉酒庄（巴罗洛产区）

路易吉·皮拉酒庄（Luigi Pira）位于塞拉伦加，面积狭小，仅占地 7.5 公顷，酒庄拥有巴罗洛最受欢迎的 3 个葡萄园：马兰可园（Marenco）、玛格丽园（Margheria）和朗达园（Vigna Rionda）。20 世纪 50 年代，路易吉·皮拉建立了这家酒庄，于 1993 年发布了第一批葡萄酒。该酒庄出品的葡萄酒颇具现代巴罗洛风格，在法国橡木桶中进行短期和中长期混

合发酵，生产出的内比奥罗葡萄酒风格独特、香气浓郁，但又保留了塞拉伦加常见的单宁结构。阿尔巴多姿桃葡萄酒品质卓越，同样值得一试。

马乔里尼酒庄（弗朗齐亚柯达产区）

20世纪60年代，瓦伦蒂诺·马乔里尼创办了家族葡萄酒业务。20世纪80年代初，瓦伦蒂诺的儿子——吉安弗兰科（Gianfranco）、皮耶尔乔治（Piergiorgio）、斯特凡诺（Stefano）和埃齐奥（Ezio）四兄弟重新振兴了家族葡萄酒事业。马乔里尼酒庄（Majolini）位于弗朗齐亚柯达产区东部边缘的奥梅村（Ome），出产风格优雅的陈年起泡酒。与典型的弗朗齐亚柯达葡萄酒相比，酒庄的基础酒款干型葡萄酒口感紧实，带有清爽的苹果香味。马乔里尼酒庄瓦伦蒂诺珍藏酒（Riserva Valentino Majolini）风格截然不同，这款葡萄酒在顶级年份中酿造，然后在酒厂陈酿数年，口感复杂、层次丰富。

马尔维纳酒庄（罗埃罗产区）

20世纪50年代，朱塞佩·达蒙特（Giuseppe Damonte）创建了马尔维纳酒庄（Malvirà），后由他的儿子马西莫·达蒙特（Massimo Damonte）和罗伯托·达蒙特（Roberto Damonte）两兄弟接管，在两人的共同努力下，马尔维纳酒庄成为罗埃罗产区领先的私营酒庄。与乔瓦尼·阿尔蒙多一样，达蒙特兄弟多用当地葡萄品种阿内斯来酿造优质葡萄酒，并以此提升酒庄的声誉。马尔维纳酒庄生产3款单一园阿内斯葡萄酒：雷尼西欧葡萄酒（Renesio）和特立尼达葡萄酒（Trinità）都在钢罐中发酵，而塞利埃托葡萄酒（Saglietto）则采用部分木桶发酵工艺（这3种葡萄酒的混合酒是酒庄的基础瓶装酒）。雷尼西欧葡萄酒是最经典的一款，果味浓郁，带有白垩土的气息，而塞利埃托葡萄酒则是一款潜力十足、结构紧凑的白葡萄酒。

玛嘉利尼酒庄（巴罗洛产区）

19世纪中期，马切蒂家族创建了玛嘉利尼酒庄（Marcarini），该酒庄位于拉莫拉，如今由路易莎·马切蒂（Luisa Marchetti）和她的丈夫曼纽尔·马切蒂（Manuel Marchetti）共同经营。玛嘉利尼酒庄拥有布鲁纳特葡萄园中的黄金地段，自1958年以来，酒庄就在生产的巴罗洛葡萄酒的标签上注明了该葡萄园名称。玛嘉利尼酒庄的布鲁纳特巴罗洛葡萄酒采用传统方法酿造，初期口感强劲，好的年份可以窖藏几十年。酒庄的贝里斯基葡萄酒（Boschi di Berri）也值得一试，该酒是一款多姿桃葡萄酒，其酿酒果实选自种植于沙土之上的百年老藤。

巴罗洛侯爵酒庄（巴罗洛产区）

巴罗洛侯爵酒庄（Marchesi di Barolo）历史悠久，曾是法莱蒂（Falletti）家族的所在地，占据了阿尔巴周边的大部分土地。在朱利亚·法莱蒂（Giulia Falletti）的赞助下，酒庄酿造出了第一款巴罗洛干型内比奥罗葡萄酒。如今，酒庄归属于阿波纳（Abbona）家族，拥有一个庞大的酒窖，用以存放古老的年份葡萄酒。这些古老的酒窖值得参观，通过这些地窖，可以了解当地的风土特色。酒庄的巴罗洛系列葡萄酒令人印象深刻，其中包括来自卡努比、布鲁纳特和萨马萨园的瓶装酒。

格雷西酒庄（巴巴莱斯科产区）

格雷西酒庄（Marchesi di Grésy）在巴巴莱斯科产区世代拥有土地，1973年，阿尔贝托·格雷西（Alberto di Grésy）开始从家族葡萄园内将葡萄酒装瓶，酒庄的现代历史正式开启。酒庄面积较大，横跨朗格和蒙菲拉托地区，其中心位于马尔丁恩加（Martinenga）葡萄园，该葡萄园长期以来都被认为是巴巴莱斯科的顶级葡萄园。酒庄生产3种风格的巴巴莱斯科葡萄酒，包括马尔丁恩加园葡萄酒及两个下设品牌——马尔丁恩加·盖恩（Gaiun）和马尔丁恩加·格罗斯营（Camp Gros）。这几款葡萄酒浓烈强劲，带有浓郁的木质香气，同时风格优雅、结构坚实。酒庄的马尔丁恩加园内比奥罗葡萄酒未经橡木桶陈酿，风格质朴，是葡萄酒爱好者不容错过的酒款。

马可·波雷洛酒庄（罗埃罗产区）

马可·波雷洛酒庄（Marco Porello）是罗埃罗的新秀酒庄。1994年，年轻友善的波雷洛接管了该家族葡萄园。他降低产量，并将位于罗埃罗主要城镇卡纳莱的酒窖进行现代化改造。波雷洛的卡姆斯特里葡萄园（Camestrì）位于酒庄附近的陡峭山坡上，园内土质为沙质土壤，种植着阿内斯葡萄。园内生产的葡萄酒结构坚实，澄澈活泼，酸度爽口，具有极高的性价比。酒庄的法沃里达葡萄酒（Favorita）是由皮埃蒙特的当地白葡萄品种酿制，风格淡雅，爽口明快。与巴罗洛葡萄酒或巴巴莱斯科葡萄酒相比，酒庄的阿尔巴内比奥罗葡萄酒单宁较少，令人愉悦。★新秀酒庄

玛伦可酒庄（阿斯蒂产区）

20世纪50年代，朱塞佩·玛伦可（Giuseppe Marenco）开始从家族葡萄园内将葡萄酒装瓶。玛伦可酒庄（Marenco）位于斯特雷维（Strevi）地区，以两款餐末起泡酒而闻名：一款是阿奎布拉凯多起泡酒（Brachetto d'Acqui），该酒活力十足、甜美多汁；另一款是阿斯蒂莫斯卡托斯克拉波纳（Scrapona）起泡酒，该酒风格独特、口感浓郁。这两款葡萄酒风格清晰，深受人们喜爱；同时，这两款酒口感复杂、层次丰富，是美味甜点和奶酪的完美搭档，还可以作为微甜的餐前开胃酒饮用。

马索林酒庄（巴罗洛产区）

弗兰克·马索林（Franco Massolino）擅长酿造传统巴罗洛葡萄酒，是该领域年轻一代的领军人物。1896年，他的父亲和叔叔创办了一家酒庄，马索林的第一份工作就是打理家族葡萄园，其中包括几处塞拉伦加地区令人羡慕的顶级葡萄园，如朗达园（Vigna Rionda）、磐拉达园（Parafada）和玛格丽园。这些单一园的葡萄酒窖藏后口感更佳。同时，酒庄的阿尔巴内比奥罗葡萄酒也是不容错过的佳酿，该酒由降级的巴罗洛和藤龄较低的葡萄藤精选果实酿造而成，若想参观当地一些顶级葡萄园，寻找酒庄佳酿不失为一种经济实惠的方式。

马特奥·科雷吉亚酒庄（罗埃罗产区）

马特奥·科雷吉亚酒庄（Matteo Correggia）是一个既令人心动，又令人痛心的地方。酒庄生产的葡萄品质优良，展现了罗埃罗地区酿酒产业的巨大潜力，其内比奥罗葡萄酒和巴贝拉葡萄酒风格优雅、富含矿物质气息。而酒庄历任经营者的悲剧故事

瓦尔泰利纳的梯田

除了巴罗洛和巴巴莱斯科产区之外，瓦尔泰利纳可以说是唯一能完美诠释内比奥罗特性的产区，产区内的内比奥罗葡萄酒高贵典雅，极富表现力。瓦尔泰利纳是一条狭窄山谷，位于阿尔卑斯山深处，与瑞士边境接壤，在许多方面都自成一派。内比奥罗在瓦尔泰利纳甚至都有自己的名字——查万纳斯卡。

然而，瓦尔泰利纳更独特的、更令人不可思议的风景是从谷底垂直升起的梯田。这些古老梯田的起源无人得知，非常神秘，但生长于其中的葡萄品质优良。其实这些梯田是岩石砌成的墙后用谷底的土壤填充而成的。想象一下，梯田就是将一个巨大的葡萄园沿一侧旋转90度，使果树全部面向南方以充分吸收山区地带充足的阳光，这得多么壮观。瓦尔泰利纳有5个分区，分别为格鲁梅洛、瓦尔杰拉、马诺佳、萨塞拉和因弗诺。其中因弗诺梯田在产出葡萄方面格外成熟。在艰辛的条件下，内比奥罗似乎能生长得更好。

迈克·基阿罗酒庄

该酒是一款顶级巴罗洛葡萄酒，由皮埃蒙特产区最大的一家酒庄酿造。

佩奇尼诺酒庄

这是一款由多姿桃酿制而成的单一园葡萄酒，颜色深邃、口感浓郁。

令人感到痛心。1985 年，乔万尼英年早逝，之后他的儿子马特奥·柯雷吉亚（Matteo Correggia）接管了葡萄园和酿酒厂；马特奥·柯雷吉亚是一位才华横溢的酿酒师，但不幸的是，他本人也在 2001 年的一次事故中丧生。之后他的妻子和两个孩子，以及一个专门的酿酒团队继承了他的酒庄和财产。酒庄生产的罗埃·罗切·安普塞伊葡萄酒（Roero Ròche d'Ampsej）由内比奥罗葡萄酿制，浓烈强劲。

维利欧酒庄（巴罗洛产区）

和当地许多小型酒庄一样，莫罗·维利欧（Mauro Veglio）通过继承家族产业接管了维利欧酒庄（Mauro Veglio）。1992 年，他开始对葡萄园和酒窖进行现代化改造。在伊林奥特的指导下，维利欧酿造了一款巴罗洛葡萄酒，风格质朴、味道浓郁，而且不过分追求单宁的强度。维利欧在拉莫拉和梦馥迪村都有葡萄园，园内出品的红葡萄酒口感强劲，远近闻名。卡斯特巴罗洛葡萄酒（Barolo Castelletto）是维利欧酒庄的一款佳酿，该酒结构鲜明，给人以柔和而温暖的感觉。

迈克·基阿罗酒庄（巴罗洛产区）

1956 年，迈克·基阿罗（Michele Chiarlo）创建了同名的迈克·基阿罗酒庄，酒庄主要种植巴贝拉，此后不久，还在巴罗洛和巴巴莱斯科地区种植内比奥罗。如今，酒庄是皮埃蒙特地区最大的生产商之一，生产该地区几乎所有主要产区的葡萄酒。迈克·基阿罗酒庄是探索优质巴贝拉葡萄酒的不二之选，酒庄的奥玛巴贝拉干红葡萄酒（Le Orme）味道浓郁，口感怡人，是一款优质的阿斯蒂巴贝拉葡萄酒。酒庄出产的巴罗洛园葡萄酒主要产自斯丽瑰园和卡努比园，是同类葡萄酒中的顶级酒款，该酒款并没有追求特定的风格，但都结构平衡、优雅迷人。

米拉贝拉酒庄（弗朗齐亚柯达产区）

米拉贝拉酒庄（Mirabella）是一家私人合作酒庄，创建者是布雷西亚附近的 8 名商人，但他们都在弗朗齐亚柯达产区拥有葡萄园。酒庄多用白皮诺酿酒，尤其是在酿制起泡酒混酿时，白皮诺占比大、品种特色明显。酒庄的基础酒款弗朗齐亚柯达干型葡萄酒通常由一半霞多丽和一半白皮诺混合酿制而成。酿出的葡萄酒层次丰富、品质上乘。德萨吉奥补液存酿葡萄酒（Dosaggio Zero）是一款由霞多丽、白皮诺和黑皮诺混合酿制而成的干型无糖葡萄酒，风格质朴，值得一试。

黑童酒庄（瓦尔泰利纳产区）

1897 年，尼诺·内格里（Nino Negri）和他的儿子卡洛（Carlo）共同创建了黑童酒庄（Nino Negri）。几十年来，酿酒学家卡西米罗·莫尔（Casimiro Maule）一直担任该酒庄的酿酒顾问，如今，酒庄归属于意大利酒庄集团（Gruppo Italiano Vini）。酒庄占地超过 36 公顷，主要分布在瓦尔泰利纳产区的 4 个分区中，酒庄从不同分区的葡萄园内酿造特定的葡萄酒，包括结构良好的因弗诺葡萄酒。弗拉西亚葡萄园（Fracia）为酒庄所有，园内的葡萄通常采摘较晚，并在小木桶中陈酿，以此产出的葡萄酒通常风味浓郁、层次丰富。五星干红葡萄酒（5Stelle）也是一款值得关注的佳酿，该酒由斯福扎托（风干的内比奥罗）酿制而成。

奥尔索拉尼酒庄（卡卢索产区）

奥尔索拉尼酒庄（Orsolani）位于皮埃蒙特的卡纳韦塞（Canavese）地区，在都灵（Turin）以北，与奥斯塔谷以山口相通。19 世纪末，奥尔索拉尼酒庄成立，起初只是一家旅馆和农场，后来酒庄成为黎明葡萄的主要生产商之一。黎明是一种本地白葡萄品种，可以酿成静止葡萄酒和起泡酒，还可以酿成帕赛托甜葡萄酒（passito，由干葡萄酿制）。拉鲁斯蒂亚葡萄酒（La Rustia）是奥尔索拉尼酒庄的基础黎明干白葡萄酒，这款葡萄酒口感清爽，可与奶酪、海鲜等食物搭配饮用。

莎拉蔻酒庄（阿斯蒂产区）

保罗·萨拉科（Paolo Saracco）堪称阿斯蒂莫斯卡托葡萄酒教父。20 世纪初，萨拉科家族就在卡斯蒂廖内蒂内拉地区种植葡萄，而保罗·萨拉科接管酒庄后，扩建了葡萄园和酿酒厂并对其进行了现代化改造。莎拉蔻酒庄（Paolo Saracco）的阿斯蒂莫斯卡托葡萄酒一直保持清新的风格，活力十足、口感醇厚。近年来，萨拉科开始酿造静止葡萄酒，酒庄尤其关注霞多丽和黑皮诺这两个品种，该品种对蒙菲拉托凉爽的气候和庄园的石灰石土壤适应良好。

宝维诺酒庄（巴罗洛产区）

1921 年，保罗·斯卡维诺创建了宝维诺酒庄（Paolo Scavino），如今，酒庄由他的儿子恩里克·斯卡维诺（Enrico Scavino）经营。宝维诺酒庄完全实现了现代化，拥有先进的酒窖酿酒技术和严格的葡萄园种植技术。酒庄以先进技术酿出的葡萄酒不再是质朴的风格，而是激发出了内比奥罗"成熟性感"的潜质。酿酒果实来自卡努比园和卡斯蒂戈隆洛奇园等优质葡萄园内。最能体现宝维诺酒庄风格的是巴罗洛彼德菲园葡萄酒（Barolo Bric del Fiasc），这款葡萄酒风格优雅精致，窖藏后口感更佳。

帕鲁索酒庄（巴罗洛产区）

帕鲁索酒庄（Parusso Barolo）位于梦馥迪村和卡斯提里奥内法列多村之间，由马可·帕鲁索（Marco Parusso）和蒂茨娅娜·帕鲁索（Tiziana Parusso）兄妹的团队管理。帕鲁索酒庄使用小木桶陈酿内比奥罗，由此产出的巴罗洛葡萄酒风格时尚，现代感十足。不仅如此，这款葡萄酒单宁诱人、酸度适宜。酒庄的布西亚·巴罗洛葡萄酒（Barolo Bussia）、基础混合型巴罗洛葡萄酒风格优雅精致。帕鲁索酒庄酿造的长相思葡萄酒是当地的美味佳酿；基础款朗格白葡萄酒和单一园罗维拉布里科葡萄酒（Bricco Rovella）香气十足，带有白垩岩的矿物质气息。

佩奇尼诺酒庄（多利亚尼产区）

20 世纪初，奥兰多·佩奇尼诺（Orlando Pecchenino）和阿提利奥·佩奇尼诺（Attilo Pecchenino）的祖父创建了佩奇尼诺酒庄（Pecchenino），酒庄位于多利亚尼。1987 年，佩奇尼诺兄弟二人接管了酒庄，当时意大利葡萄酒界中几乎没有多姿桃葡萄酒的踪影。而如今，佩奇尼诺兄弟酿造的多切多葡萄酒已在很多方面成为多利亚尼产区的标志。酒庄的葡萄酒颜色深邃、果香浓郁、清新爽口，散发着迷人的矿物质气息。酒庄的思睿杰穆红葡萄酒（Siri d'Jermu）和圣路易吉葡萄酒（San Luigi）是两款美味可口的多姿桃葡萄酒，陈年价值高，非常值得一试。

佩尔蒂纳切酒庄（巴巴莱斯科产区）

巴巴莱斯科生产联盟（Produttori del Barbaresco）是巴巴莱斯科地区最著名的合作酒庄，而佩尔蒂纳切酒庄（Pertinace）则是另一家著名的葡萄酒合作社。1973年，马里奥·巴尔贝罗（Mario Barbero）和12名种植者在特雷索村附近建立了佩尔蒂纳切酒庄。如今，酒庄共15名成员，种植面积约达70公顷，主要在卡斯特利扎诺园（Castellizzano）、内尔沃园（Nervo）和玛嘉利尼园酿制葡萄酒。这些葡萄酒往往能最忠实地表达出产地的风土特色，其中玛嘉利尼葡萄酒最为浓烈。基础巴巴莱斯科葡萄酒是佩尔蒂纳切酒庄出产的一款经典佳作，通过传统方法酿造，风格质朴，适合搭配各种食物饮用。

皮欧酒庄（巴罗洛产区）

1881年，西泽尔·皮欧（Cesare Pio）在阿尔巴镇创建了皮欧酒庄（Pio Cesare）。酒庄约53公顷，包括巴罗洛地区的黄金地段，如奥纳托（Ornato）、侬卡丽（Roncaglie）和雷维拉等庄园，以及巴巴莱斯科的顶峰园（Il Bricco）。皮欧酒庄还从签约种植者那里购买葡萄。如今，皮欧的曾孙博法·皮欧（Pio Boffa）管理酒庄，在他的指导下，酒庄在一定程度上采用现代方法酿酒，如在酒窖中混合使用巴里克木桶和大木桶进行适度发酵。酒庄的基础款巴罗洛葡萄酒和巴巴莱斯科葡萄酒都是各自葡萄品种中的经典佳作。

伊皮拉酒庄（巴罗洛产区）

19世纪末，伊皮拉酒庄（E Pira e Figli）成立。路易吉·皮拉（Luigi Pira）英年早逝后，伯奇斯（Boschis）家族买下了这家酿酒厂，如今酒庄由查拉·伯奇斯（Chiara Boschis）经营。伯奇斯对酒庄进行了现代化改造，旨在展示酒庄名下的葡萄园，包括卡努比、卡努比圣洛伦索和维亚诺伐（Via Nuova）等，此外还有2009年在梦馥迪村购买的4公顷的葡萄园。卡努比巴罗洛葡萄酒是酒庄的典型佳酿，该酒口感强劲、风格优雅、回味悠长，充分展现了伊皮拉酒庄的特色。

阿尔多·孔特诺酒庄（巴罗洛产区）

乔万尼·孔特诺（Giovanni Conterno）和阿尔多·孔特诺（Aldo Conterno）兄弟被认为是巴罗洛富有传奇色彩的人物。阿尔多·孔特诺善于打破常规，激励了世界各地的酿酒师同行和内比奥罗爱好者们。孔特诺家族几代人都在梦馥迪阿尔巴村生活和酿酒，直到1969年，阿尔多·孔特诺与家族里的兄弟分道扬镳并建立了自己的酒厂，从此阿尔多·孔特诺开启了自己的励志人生。阿尔多·孔特诺酒庄传统风格的巴罗洛葡萄酒口感极为浓烈，格兰西娅巴罗洛珍藏红葡萄酒（Riserva Granbussia）就是其经典代表，这款酒由3个葡萄园的葡萄混合酿制而成，正式发布前在酿酒厂内陈酿6年，发布后仍可存放几十年。

奥德罗酒庄（巴罗洛产区）

奥德罗酒庄（Poderi e Cantine Oddero）位于拉莫拉附近，从1878年起，该酒庄一直由奥德罗（Oddero）家族管

伊皮拉酒庄

这款葡萄酒口感浓烈强劲，带有成熟水果、薄荷和桉树的芳香。

科莱酒庄

这款葡萄酒由内比奥罗葡萄酿制而成，酒色如同红宝石一般，口感浓郁。

理。在过去的几年里，酒庄陆续购入了一些葡萄园产地，其中包括朗达园、维利欧园、卡斯蒂戈隆洛奇园和布西亚索普拉纳园（Soprana）等一些知名葡萄园。酒庄的维利欧巴罗洛葡萄酒（Barolo Villero）经过长时间浸渍，并在大木桶和小木桶中混合陈酿，风格优雅，结构坚实，带有泥土的芬芳。酒庄基础巴罗洛葡萄酒也不容错过，这款葡萄酒价格合适，真实反映了当地的风土特征。

科莱酒庄（巴罗洛产区）

1993年，埃内斯托和他的侄女费德丽卡一起创建了科莱酒庄（Poderi Colla）。科莱酒庄拥有3个葡萄园——巴罗洛的卡斯宁园（Cascine Drago）和布莎园（Tenuta Dardi Le Rose），以及巴巴莱斯科的高龙佳丽园（Tenuta Roncaglia）。酒庄的葡萄酒风格较为传统，令人难以忘怀。酒庄的布西亚巴罗洛葡萄酒是一款内比奥罗葡萄酒，结构坚实、浓烈强劲。巴巴莱斯科高龙佳丽干红葡萄酒口感细腻、风格优雅、花香浓郁、果味悠长。产自同一葡萄园的阿尔巴巴贝拉葡萄酒结构紧实、醇厚浓郁，可以搭配任何慢炖食物饮用。★新秀酒庄

艾劳迪总统酒庄（多利亚尼产区）

路易吉·艾劳迪（Luigi Einaudi）是20世纪意大利历史上的伟人之一，他在1948～1955年期间担任意大利总统。他也是一位充满激情的农学家，1897年，他首次在多利亚尼附近购买了土地。如今，艾劳迪总统酒庄（Poderi Luigi Einaudi）由他的后代经营，他们在这里生产一系列品质优良的多姿桃葡萄酒。20世纪90年代末，酒庄在著名的卡努比葡萄园购买了2公顷的土地，并开始酿造巴罗洛葡萄酒。酒庄产出的巴罗洛葡萄酒酸度活泼、口感强劲，是当地不可多得的佳酿。

普里米亚诺酒庄（巴罗洛产区）

20世纪50年代，埃莫里克·普里米亚诺（Americo Principiano）建立了这家小型酒庄，并将大部分葡萄卖给其他生产商。1993年，他的儿子费迪南多（Ferdinando）开始将巴罗洛葡萄酒和巴贝拉葡萄酒装瓶。和同时代的许多人一样，他在酒庄内采用现代酿酒技术，降低产量的同时使用小巴里克木桶。然而，仅4年后，普里米亚诺就又使用传统酿造方法，不再使用新橡木、温度控制和压榨巴罗洛等工艺，而在博蒂桶（botti，大型斯洛文尼亚橡木桶）中进行陈酿。酒庄的巴罗洛波斯卡雷托园葡萄酒（Boscareto）精致典雅，酒精度适中，窖藏后口感更加丰富。★新秀酒庄

巴巴莱斯科生产联盟（巴巴莱斯科产区）

巴巴莱斯科生产联盟（Produttori del Barbaresco）是巴巴莱斯科地区酒庄的标杆，也是意大利顶级的合作酒庄之一。1894年，巴巴莱斯科生产联盟成立，1958年重新组建。这家合作酒庄的葡萄酒产自经典葡萄园，包括里奥索尔多园、奥维罗、雅仙妮（Asili）和瑞巴哈等。在奥尔多·瓦卡（Aldo Vacca）的指导下，巴巴莱斯科生产联盟在酒窖里采用介于现代和传统之间的中性酿酒方法，各家酒庄酿造的9款葡萄园瓶装酒都能准确地体现出产地特色。与巴巴莱斯科地区的私人酿酒厂相比，巴巴莱斯科生产联盟的葡萄酒仍是价格最实惠的。

方达娜福达酒庄

这是一款奢华的葡萄酒，
12～15年后，口感可能会达到巅峰。

雷纳拉·拉蒂酒庄

这款葡萄酒带有草莓和覆盆子的细腻果香。

普鲁诺托酒庄（巴罗洛产区）

普鲁诺托酒庄（Prunotto）历史悠久，诞生于20世纪初，刚成立时是一家合作酒庄。20世纪20年代，酿酒师阿尔弗雷多·普鲁诺托（Alfredo Prunotto）接管了酒庄，从此酒庄变成了私人性质，但普鲁诺托依旧和种植者签订购买葡萄的长期合同。1956年，普鲁诺托退休，将酒庄卖给了贝佩·科莱。此后，科莱一直管理这家酒庄，直到1994年，酒庄又被安东尼家族收购。总体而言，科莱对该地区作出了重大贡献，如20世纪60年代时为布西亚巴罗洛等葡萄酒标明了葡萄园名称。目前，布西亚葡萄酒仍然是普鲁诺托酒庄最好的葡萄酒之一。

雷纳拉·拉蒂酒庄（巴罗洛产区）

1965年，雷纳拉·拉蒂（Renato Ratti）创建了自己的酒庄，此前他一直在巴西为沁扎诺酒庄（Cinzano）工作。几年后，他的侄子马西莫·马蒂内利（Massimo Martinelli）也加入酒庄工作，酒庄在拉莫拉附近拥有洛奇阿农齐亚塔（Rocche dell'Annunziata）和孔卡（Conca）两处葡萄园，两人以此为基础酿造出了风格现代、高贵典雅的葡萄酒。20世纪80年代，拉蒂还撰写了《巴罗洛手册》（Carta del Barolo），试图明确当地所拥有的优质葡萄园和分区。直至今日，这本手册对了解巴罗洛地区的构成仍然发挥着重要作用。1988年，拉蒂去世，此后他的儿子彼得（Pietro）接管了酒庄。

拉格纳酒庄（巴巴莱斯科产区）

从19世纪起，拉格纳（Roagnas）家族就在巴巴莱斯科地区种植葡萄，他们酿造的葡萄酒口感强劲、风味浓郁，可以保存几十年。巴巴莱斯科帕杰葡萄酒（Pajé）和拉罗卡·拉皮拉巴罗洛葡萄酒（Barolo La Rocca e La Pira）在浅龄阶段风格质朴、难以驾驭，但假以时日，就会变得风格优雅且层次丰富，也正是这种复杂性使得内比奥罗葡萄酒更加迷人。如今，酒庄由阿尔弗雷多·拉格纳（Alfredo Roagna）和卢卡·拉格纳（Luca Roagna）父子经营，除了在酒窖中采用传统酿造方法外，拉格纳父子还坚持采用有机方法栽培葡萄。

沃奇奥酒庄（巴罗洛产区）

罗伯托·沃奇奥（Roberto Voerzio）被许多人视为巴罗洛地区的大人物。1987年，沃奇奥创办了自己的酒庄，几乎在同一时间，他宣布对葡萄园采取严格的管控措施。他严格控制葡萄的产出量，同时采用中等时长发酵和巴里克木桶陈酿，由此酿造的葡萄酒风味极其浓郁。布鲁纳特巴罗洛葡萄酒是酒庄最好的葡萄酒之一，展现了酒庄优雅和现代化的风格。从2003年起，沃奇奥酒庄（Voerzio）开始售卖陈酿10年的年份珍藏葡萄酒。

桑德罗·费伊酒庄（瓦尔泰利纳产区）

1973年，桑德罗·费伊（Sandro Fay）以家族葡萄园为基础，建立了自己的酒庄。从外表看来，桑德罗·费伊酒庄比它的许多邻近酒庄更加现代化。酒庄的葡萄酒风格偏清新优雅，而内比奥罗生长在山区，其特性和酒庄的葡萄酒风格恰好互为补充，相得益彰。费伊在瓦尔泰利纳产区的瓦尔杰拉分区拥有酒庄，面积约14公顷。桑德罗·费伊酒庄在瓦尔杰拉分区产出两款单一园葡萄酒，即卡莫雷伊（Cà Moréi）和卡特里亚（Cartería），这两款葡萄酒都在巴里克木桶中陈酿。桑德利奥·雷蒂亚内比奥罗葡萄酒（Terrazze Retiche di Sondrio）风格偏传统，由萨塞拉和瓦尔杰拉葡萄园内的葡萄混合酿制，并在小木桶中陈酿而成。
★新秀酒庄

斯卡泽洛酒庄（巴罗洛产区）

斯卡泽洛酒庄（Scarzello）是一家小型酒庄，其经营者是巴罗洛地区的知名种植商，该酒庄直到20世纪70年代末才开始生产瓶装葡萄酒。酒庄在泰罗和萨马园内都拥有土地，斯卡泽洛酒庄的梅伦达巴罗洛葡萄酒（Barolo Vigna Merenda）的酿酒果实就产自萨马园。梅伦达·巴罗洛葡萄酒是一款单一园葡萄酒，其酒体深邃、口感强劲，拥有巨大的陈年潜力。1998年，费德里科·斯卡泽洛（Federico Scarzello）从父亲朱塞佩手中继承了酒庄，他沿用了传统酿酒方式，采用长时间发酵，在大容器内进行陈酿。酒庄的基础款巴罗洛葡萄酒长期以来一直性价比极高。

萨拉酒庄（莱索纳产区）

萨拉（Sella）家族从17世纪起就在莱索纳（Lessona）地区生产葡萄酒。萨拉酒庄（Sella）拥有莱索纳法定产区的大部分土地，如今酒庄在莱索纳和附近的布莱马特拉（Bramaterra）种植的葡萄园面积达20公顷。园内主要种植内比奥罗，以及少量的内贝拉、维斯珀丽娜（Vespolina）、科罗帝纳和品丽珠。萨拉酒庄的莱索纳葡萄酒由80%的内比奥罗和20%的维斯珀丽娜混合酿制而成，是莱索纳产区高品质葡萄酒的典范。该酒香气四溢、张力十足，还带有铁矿石的气息。而酒庄的布莱马特拉葡萄酒口感醇厚，酿造初期就非常美味，不容错过。

索提玛诺酒庄（巴巴莱斯科产区）

索提玛诺酒庄（Sottimano）成立于1974年，由里诺·索提玛诺（Rino Sottimano）和他的儿子安德里亚·索提玛诺（Andrea Sottimano）共同经营。索提玛诺酒庄是该地区的顶级生产商之一，酒庄的巴巴莱斯科葡萄酒风格优雅，富有表现力，其葡萄酒主要产自著名的顶级葡萄园，如科塔（Cottà）、库拉（Currà）、福索尼（Fausoni）和佩爵（Pajoré）等。酒庄的朗格内比奥罗葡萄酒也值得一试，其酿酒果实采摘自巴萨林园（Basarin cru）中藤龄较短的葡萄藤，这款葡萄酒果味鲜明，单宁结实，与巴巴莱斯科新酒非常相像，但价格更为合适。此外，酒庄的布瑞克萨尔托葡萄酒（Bric del Salto）也不容错过，这是一款未经橡木桶陈酿的多姿桃葡萄酒，活力十足、果香四溢。

方达娜福达酒庄（巴罗洛产区）

米拉菲奥伯爵伊曼纽尔·阿尔伯托（Count Emanuele Alberto Guerrieri di Mirafiori）是意大利国王维托里奥艾玛努埃莱二世（Vittorio Emmanuele II）的私生子。1878年，他创建了方达娜福达酒庄（Tenimenti Fontanafredda），位于他父亲的狩猎庄园内。后来，他的家族把这座庄园卖给了一家银行。2008年，拥有博格洛酒庄（Borgogno）的奥斯卡·法里内蒂（Oscar Farinetti）收购了方达娜福达酒庄的大部分股份。1999年，丹尼洛·德罗克（Danilo Drocco）接管了酒庄，他的到来为酒庄注入了新的生机。

方达娜福达酒庄的庄园巴罗洛葡萄酒，尤其是拉泽瑞多园巴罗洛葡萄酒口感强劲浓郁，其基础款巴罗洛葡萄酒性价比也很高。

卡佩拉诺酒庄（巴罗洛产区）

19 世纪，卡佩拉诺（Cappellano）家族开始在巴罗洛产区内进行酿酒活动。朱塞佩·卡佩拉诺是一名受过专业培训的药剂师。19 世纪末和 20 世纪初，他在家族酒庄内进行实验，使用草药和葡萄汁来酿造齐纳多巴罗洛葡萄酒（Barolo Chinato）。酒庄一直酿造传统风格的巴罗洛葡萄酒和巴贝拉阿尔巴葡萄酒，除此之外还继续生产齐纳多基准巴罗洛葡萄酒。特奥巴尔多·卡佩拉诺（Teobaldo Cappellano）是巴罗洛产区的元老之一，2009 年去世；如今，他的儿子奥古斯托（Augusto）继续经营卡佩拉诺酒庄。酒庄的内比奥罗葡萄酒个性十足，充分诠释了酿酒葡萄品种的特色和巴罗洛的风土特性，品质上乘，感染力十足。

特拉瓦利尼酒庄（加蒂纳拉产区）

特拉瓦利尼酒庄（Travaglini）是加蒂纳地区较大的私人酒庄之一，酒庄采用独特的弧形瓶颈酒瓶装瓶。该酒庄成立于 20 世纪 20 年代，如今由辛奇亚·特拉瓦利尼（Cinzia Travaglini）和马西莫·科劳托（Massimo Collauto）夫妇共同经营。内比奥罗在当地被称为斯帕那（Spanna），酒庄的内比奥罗葡萄园的土壤富含镁、钙和铁元素，因此酿制的葡萄酒口感强劲、酒体坚实。酒庄的基础加蒂纳拉葡萄酒在巴里克木桶和大木桶中混合陈酿，是用当地内比奥罗酿制而成的精品佳酿。三园红葡萄酒（Tre Vigne）是特拉瓦利尼酒庄的顶级特酿（cuvée），酿酒果实来自不同的葡萄园。

特丽雅卡酒庄（瓦尔泰利纳产区）

特丽雅卡酒庄（Triacca）在瓦尔泰利纳和托斯卡纳产区（Tuscany）都拥有葡萄园，酒庄由瑞士人经营，其大部分产品销往瑞士。特丽雅卡家族起源于瑞士波斯基亚沃（Poschiavo）与瓦尔泰利纳的交界处。1897 年，多梅尼克·特丽雅卡（Domenico Triacca）和彼得罗·特丽雅卡（Pietro Triacca）在瓦尔杰拉地区购入了一处葡萄园，此后他们就一直在意大利从事葡萄栽培工作。1969 年，他们的后代买下了拉卡达（La Gatta）庄园。风格精致的瓦尔泰利纳·拉卡达珍酿葡萄酒（Valtellina Riserva La Gatta）便产自该园。这款葡萄酒由内比奥罗酿制而成，在大木桶中陈酿数年，口感浓郁。

瓦赫拉酒庄（巴罗洛产区）

20 世纪初，阿尔多·瓦杰拉（Aldo Vajra）的祖父创建了瓦赫拉酒庄（GD Vajra）。阿尔多·瓦杰拉的儿子朱塞佩是一名精力充沛的年轻人，如今他协助父亲经营这家酒庄。瓦赫拉酒庄地处巴罗洛村庄上方的丘陵地带，因此产出的葡萄酒酸度较高。布里科德维红葡萄酒（Bricco delle Viole）是一款顶级巴罗洛葡萄酒，该酒采用传统方法酿制，风格明快，口感浓烈复杂，结构平衡，带有浓郁的紫罗兰和玫瑰香气。瓦赫拉酒庄产出的葡萄酒都具有强劲的酸度，用当地弗雷伊萨葡萄酿制的红葡萄酒、充满活力的雷司令都有类似的风格。

维埃蒂酒庄（巴罗洛产区）

19 世纪，维埃蒂（Vietti）家族开始种植葡萄，并于 1919 年开始生产瓶装葡萄酒。在随后的几十年里，维埃蒂成为皮埃蒙特酿酒界久负盛名的领军酒庄。不论是巴罗洛或巴巴莱斯科的内比奥罗葡萄酒，还是著名的卡斯卡纳葡萄园内的巴贝拉葡萄酒，抑或是邻近的罗埃罗地区的花香型阿内斯葡萄酒，都独具时尚感和现代化特征，但大多数情况下它们仍然是对皮埃蒙特本地葡萄品种的经典阐释。酒庄的帕巴可葡萄酒（Perbacco）常被误认为是巴罗洛地区的新酒，但也是一款值得一试的佳酿，该酒由内比奥罗酿制而成，风格质朴、活力十足。

维尼提·马萨酒庄（科利·托托尼斯产区）

在过去十几年里，沃尔特·马萨（Walter Massa）一直生活在皮埃蒙特东南部的科利·托托尼斯（Colli Tortonesi），并用巴贝拉、科罗帝纳和白迪莫拉索（Timorasso）等本地品种打磨出自然从容的酿酒工艺。马萨被认为是迪莫拉索葡萄的再生之父。他酿制的德尔索纳·迪莫拉索葡萄酒（Derthona Timorasso）口感丰富，酸度强劲，且带有矿物质气息。这款葡萄酒展现了迪莫拉索的复杂性，激起了意大利葡萄酒爱好者（Italophile）的强烈兴趣。酒庄的路谪葡萄酒（Sentieri）未经橡木桶陈酿，而蒙莱阿勒葡萄酒（Monleale）经过橡木桶陈酿，口感强劲，陈年价值高；这两款葡萄酒都是巴贝拉葡萄酒，风格朴实，值得一试。★新秀酒庄

斯巴琳娜酒庄（加维产区）

加维葡萄酒的口感非常单一，且很少尝试添加新元素，是用当地柯蒂斯葡萄制成的白葡萄酒，口感清淡，适合开怀畅饮。然而，斯巴琳娜酒庄的出现改变了加维葡萄酒口感单一、一成不变的状况。20 世纪 80 年代，马里奥·莫卡加塔（Mario Moccagatta）创建了斯巴琳娜酒庄，1997 年，酒庄由他的子女斯特凡诺（Stefano）、马西莫（Massimo）和蒂茨娅纳（Tiziana）共同经营。新一代莫卡加塔家族成员对酒窖和葡萄园进行了现代化改造，并聘请贝佩·卡维奥拉担任酿酒师顾问。酒庄旗下的葡萄酒种类繁多，其中加维葡萄酒（Gavi di Gavi）风格清新，带有青柠的味道，而蒙特罗通多葡萄园葡萄酒（Monterotondo cru）风格优雅，潜力巨大，颇具勃艮第葡萄酒的特色。★新秀酒庄

维托里奥·蓓拉父子酒庄（阿斯蒂产区）

维托里奥·蓓拉父子酒庄（Vittorio Bera e Figli）诞生于 18 世纪，现在由吉安路易吉·蓓拉（Gianluigi Bera）和阿莱桑德拉·蓓拉（Alessandra Bera）兄妹共同经营。意大利天然酿酒师群体是一个非常松散自由的群体，他们在葡萄园内采用有机方法耕作，鼓励推广本土酵母，并尽量减少对酒窖的干预，蓓拉酒庄所追求的风格正与这种理念相符合。与大多数葡萄酒不同，维托里奥·蓓拉父子酒庄的阿斯蒂莫斯卡托葡萄酒充满了生机和活力。除莫斯卡托葡萄酒之外，酒庄还生产口感明快的多姿桃葡萄酒和令人垂涎的巴贝拉葡萄酒。酒庄最有趣的酒款是阿尔塞斯起泡酒（Arcese），该酒由阿内斯、法沃里达和柯蒂斯白葡萄混合酿制而成。

利古里亚

利古里亚的海岸线美名远扬，吸引了大批游客前来欣赏里维埃拉（Riviera）和五渔村（Cinque Terre）的风光。A12 高速公路连接热那亚（Genoa）和尼斯（Nice），然而很少有游客会穿过 A12 去往内陆。越过高速公路，你会发现那里有一片原生态地区，有长满百里香的山丘、葡萄园和农场，并悄然发展出了令人印象深刻的饮食和葡萄酒行业。当地许多葡萄园规模太小、出口市场小、受关注度不高，在市场上很难找到其葡萄酒的踪迹，因此在此处旅游是品尝皮林托和萝瑟丝等地区葡萄酒的最佳方式。兰佐（Ranzo）是因佩里亚（Imperia）的一个小镇，是探索该地区的绝佳圣地。当地的餐厅和德拉切卡盖洛葡萄酒吧提供美味的地区餐食，并收藏有来自布鲁纳酒庄和劳拉阿斯切罗酒庄等当地酒庄的年份珍酿。

意大利东北部产区

意大利东北部产区（Northeast Italy）在葡萄酒生产方面的探索前后不协调。一方面，该地区拥有一些意大利最大的葡萄酒公司，其葡萄酒产量在意大利总产量中占比惊人；另一方面，该地区是探索新技术的温床，工艺上不断查漏补缺，因此也催生了一些意大利葡萄酒中最引人注目的反传统者。在这两个极端之间，也能发现一系列令人耳目一新的风格，值得认真探索。从托斯卡纳北部的丘陵地区到奥地利和斯洛文尼亚的边界，意大利东北部是意大利最重要和文化最丰富的地区之一。

主要葡萄种类

红葡萄

品丽珠

拉格莱因

梅洛

黑皮诺

莱弗斯科

白葡萄

卡尔卡耐卡

琼瑶浆

白皮诺

灰皮诺

丽波拉盖拉

年份

2009

该年份夏末阳光充足，收获期较长；总体来说是较为理想的年份。

2008

该年份非常适合高酸度的白葡萄酒，如上阿迪杰的白皮诺葡萄酒；在该年份出品的葡萄酒往往口感更加紧实，风格经典。

2007

该年份阳光充足，整个地区的葡萄成熟较早，酿制的红葡萄酒浓郁醇厚。

2006

该年份整个地区葡萄酒质量参差不齐，但弗留利的白葡萄酒口感浓烈强劲。

2005

该年份的产量比起2004年总体较低，上阿迪杰产区的黑皮诺表现骄人。

2004

该年份比2003年凉爽得多，一些生产商说这一年是经典年份，产量很高；葡萄酒的质量也很不错，有很多高品质酒款生产。

意大利东北部是一个相对紧凑的区域，但具有惊人的多样性。例如，你可以在日耳曼阿尔卑斯山的特梅内村（Termeno，这里也是琼瑶浆的故乡，又称特勒民）品尝用麦片、干果和当地蜂蜜待客的早餐，然后跳上汽车，在高速公路上急驰，赶到乌迪内享用晚餐。这座优雅的城市位于弗留利-威尼斯朱利亚大区（Friuli-Venezia Giulia）的东部，其名字和葡萄品种既与邻近的斯洛文尼亚和克罗地亚有关，也与意大利半岛有关。

沿途，你会经过特伦蒂诺上阿迪杰（Trentino Alto Adige）不断开垦的泰罗德格山间谷地（也被称为南蒂罗尔）；然后向东穿过威尼托著名的索阿维产区（Soave）和瓦尔波利塞拉产区（Valpolicella）。当你穿过威尼斯的中心地带时，阿尔卑斯山的峭壁山峰勾勒出北面的景色，其山脚下是迷人的普洛塞克葡萄酒（Prosecco）的故乡。若来此地，记得一定要看一看圣马可（Saint Mark）的狮子，这是古代威尼斯的象征。

南面是平坦的波河河谷平原，亚平宁山脉（Apennines）是托斯卡纳和艾米利亚-罗马涅（Emilia-Romagna）之间的边界。这里生长的桑娇维塞最近开始挑战其来自经典基安蒂（Chianti Classico）和蒙塔奇诺（Montalcino）的近亲葡萄品种，但总体的性价比还是很高。同样，曾经备受贬低的蓝布鲁斯科也开始复苏，因为像里尼酒庄和诺奇酒庄这样的顶级种植者证明，艾米利亚-罗马涅著名的起泡红葡萄酒值得世界各地葡萄酒爱好者的尊敬。

意大利东北部各大区对不同的人来说意义不同，乍一看，这似乎是一个相当不协调的地区。特伦蒂诺上阿迪杰的主要语言是德语，该地区的葡萄酒与阿尔卑斯山另一侧酿造的日耳曼葡萄酒都活力十足，口感醇厚细腻。在威尼托，一位游客目睹了意大利战后快速实现工业化和重建充满活力的经济中心的伟大奇迹。在这里，你会发现工匠们与意大利一些最大的葡萄酒生产商一起为阿玛罗尼（意大利最著名的红葡萄酒之一）精心制作风干葡萄。弗留利-威尼斯朱利亚大区东部边界的风物人情都具有异国情调，那里的现状似乎意味着无休止的试验，似乎没有什么传承。除了该地区精准的技术和浓烈强劲的超级白葡萄酒（与托斯卡纳产区著名的混酿红葡萄酒遥相呼应），你还可以找到像乔斯科・格拉弗纳和斯坦尼斯劳・雷迪肯这样的酿酒大师，对他们来说，最新的酒窖技术和做法与古罗马人的做法更为相似。

事实上，正是这种对比使意大利东北部的葡萄酒如此迷人，让人感到意犹未尽。

在一个以发现新事物和重新挖掘传统葡萄酒潜力而繁荣的国家，意大利东北部的葡萄酒脱颖而出，堪称世界上现存的最独特和最正宗的葡萄酒。

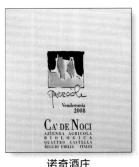

诺奇酒庄

这款葡萄酒的气泡在
瓶中自然发酵过程中产生。

比索酒庄

这款单一园葡萄酒花香四溢，苹果、
梨子和桃子的香气相互交融，摄人心魄。

诺瓦希亚酒庄（南蒂罗尔/上阿迪杰/艾萨克塔勒产区）

诺瓦希亚酒庄（Abbazia di Novacella）既是一座劳动修道院（可追溯到1142年），又是一座酿酒厂，有证据表明，其酿酒活动可同修道院追溯到同一时期。以外观而言，诺瓦希亚酒庄是欧洲最吸引人的酒庄之一，周边林林总总地伫立着中世纪和文艺复兴时期建筑，并紧靠意大利北部阿尔卑斯山的低矮支脉，美不胜收。该酒庄位于意大利葡萄栽培地区的最北端，专门生产芳香四溢的白葡萄品种，如琼瑶浆、西万尼和肯纳（Kerner）。

阿克迪尼酒庄（瓦尔波利塞拉/阿玛罗尼产区）

阿克迪尼（Accordini）家族几代人都在维罗纳（Verona）外的山脚下种植瓦尔波利塞拉（Valpolicella）的经典葡萄品种。1980年，基多·阿克迪尼（Guido Accordini）接管了家族产业，在此过程中扩大了葡萄园，并对酒庄进行现代化改造。阿克迪尼酒庄的核心仍然是比索尔（Bessole）葡萄园，该园为阿克迪尼酒庄最好的两款葡萄酒提供酿酒果实，这两款酒分别为基础款瓦尔波利塞拉瓶装和瓦尔波利塞拉高级葡萄酒（Superiore）；后者和阿玛罗尼葡萄酒类似，都使用一定比例的风干葡萄酿制而成，口感浓郁香醇。阿克迪尼酒庄酿造的葡萄酒味道浓郁，酸度适宜，极具本土特色。这几款葡萄酒都属佐餐葡萄酒。

阿德里亚诺·阿达米酒庄（瓦尔多比亚德尼产区）

普洛塞克葡萄酒的第二次发酵在罐中而非瓶中进行，因此，普洛塞克的酿造常常让人联想到更加工业化的起泡酒制造方法。然而，像阿德里亚诺·阿达米酒庄（Adriano Adami）这样的酿酒厂却试图证明事实并非如此。阿达米庄园的核心是一个圆形露天剧场形状的葡萄园，名为花园葡萄园（Vigneto Giardino）。该酒庄生产的普洛塞克葡萄酒是对普洛塞克风情的独特演绎，经过干燥发酵，活力十足、层次丰富、果味鲜明、口感清新，并带有爽口的酸度，体现了酒庄的风格。该葡萄酒活力十足、美味可口，和任何食物搭配口感都很好。

阿卢瓦·拉格德酒庄（上阿迪杰产区）

阿卢瓦·拉格德（Alois Lageder）的酒庄坐落在宽阔的阿迪杰河谷南端的一个避风向阳处，地理位置优越，因此可利用的阳光充足——尽管这只是拉格德工作地的众多小气候之一。拉格德郑重承诺保护当地环境，主要体现在酿酒厂对环境冲击力低及采用有机方式和生物动力耕种。拉格德贝塔–德尔塔干红葡萄酒（Beta-Delta）是一款令人心醉神迷的霞多丽和灰皮诺混酿，也是酒庄使用德米特协会认证的生物动力葡萄酿造的新型酒款之一。

安塞尔米酒庄（索阿维产区）

1980年，罗伯特·安塞尔米（Roberto Anselmi）接管了位于索阿维的家族酒庄，并积极推动葡萄园和酿酒工艺的现代化，最明显的是削减了酒庄葡萄园的产量。酒庄酿造的葡萄酒芳香浓郁，浓度更高。2000年，安塞尔米放弃了以索阿维命名，转而在葡萄酒标签上使用更广泛的名称——威尼托IGT（地方餐酒）。

安塞尔米酒庄（Anselmi）最好的酒款之一是充满活力、未经橡木桶陈酿的安塞尔米圣文森佐干白葡萄酒（San Vicenzo），该酒由一定比例的霞多丽、特雷比奥罗（Trebbiano）和卡尔卡耐卡（Garganega）葡萄混合酿制而成。

巴尔博利尼酒庄（卡斯特尔韦特罗产区）

1889年，艾智德·巴尔博利尼（Egidio Barbolini）建立了巴尔博利尼酒庄（Barbolini），该酒庄如今由他的后代经营，专门生产高品质的蓝布鲁斯科葡萄酒。该酒庄是一座古老的私人庄园，不过大部分的蓝布鲁斯科葡萄酒是合作酒庄生产的，这是一件很奇怪的事情。巴尔博利尼酒庄的蓝布鲁斯科葡萄酒趣味性十足，尤其是兰希洛特葡萄酒（Lancillotto），这款葡萄酒用蓝布鲁斯科品种中的格拉斯巴罗莎（Grasparossa）酿制。该酒口感浓郁、干爽，紫罗兰的香气悠远绵长，这激起怀疑论者对起泡红葡萄酒的兴趣。贝勒洛方特葡萄酒（Bellerofonte）用蓝布鲁斯科品种中的索巴拉（Sorbara）酿制，口感浓郁、芳香开胃，可以搭配野蘑菇比萨品用。

维德曼男爵酒庄（上阿迪杰产区）

维德曼男爵酒庄（Baron Widmann）位于一个叫歌塔希（Cortaccia）的小村，坐落在山坡上，专门酿造带有上阿迪杰产区特色的葡萄酒。该葡萄酒是对该地区奥地利日耳曼文化遗产的一种认可，既是对它们各自酿酒品种纯粹而精确的阐释，又充满活力、美味可口，像许多地区的葡萄酒一样，适宜在温暖的餐桌上与好伙伴一起享用。不过产量低也意味着维德曼男爵酒庄的葡萄酒在市面上很难发现，一瓶难求。如果你能够找到这家酒庄的葡萄酒，那一定要试一试芳香浓郁的琼瑶浆葡萄酒，或者是风格精致、口感辛辣的菲玛切红葡萄酒（Vernatsch，意大利语为Schava）。

巴斯蒂安尼奇酒庄（东山产区）

1998年，美国餐厅老板琳达·巴斯蒂安尼奇（Lidia Bastianich）和乔·巴斯蒂安尼奇（Joseph Bastianich）创建了这家酒庄，希望借此重新恢复家族在意大利东北部和克罗地亚的业务。酒庄旗下的托凯加强版葡萄酒（Tocai Plus）中添加了一小部分贵腐菌感染的葡萄，口感大有提升；而灰皮诺则像红葡萄酒一样采取浸渍工艺。酒庄的葡萄酒风格新颖，不走寻常路，特别是酒款的质地，极具特色，但款款都是其品种和地域的忠实表达。除了白葡萄酒之外，酒庄的卡罗布安红葡萄酒（Calabrone）也深受好评，该酒由匹格诺洛（Pignolo）、莱弗斯科、品丽珠和梅洛密封混合酿制，不容错过。★新秀酒庄

巴蒂斯塔蒂酒庄（特伦蒂诺产区）

巴蒂斯塔蒂酒庄（Battistotti）位于特伦蒂诺产区（Trentino）的瓦拉加里纳（Vallagarina）分区，是该地区本地品种的主要生产者之一。像酒体适中的红葡萄酒玛泽米诺（Marzemino）和芳香的白葡萄酒诺西奥拉（Nosiola），其葡萄品种都产自空气清新而稀薄的山地，在当地占据主要地位，而国际品种赤霞珠和霞多丽在这里居于次要地位。这些国际品种酿制的葡萄酒清新爽口，同时也很有特色，谁也不能否认巴蒂斯塔蒂酒庄玛泽米诺葡萄酒的魅力和活力，特别是与野生蘑菇烩饭一起享用

时，口感着实令人着迷。

拉伯塔酒庄（布里西盖拉产区）

这座引人注目的农场和葡萄园坐落在亚平宁山脉中世纪小镇——布里西盖拉（Brisighella）附近的山脊上。拉伯塔酒庄（La Berta）位于海拔 200 米左右，种植桑娇维塞、赤霞珠、特雷比奥罗和玛尔维萨。酒庄采用现代化工艺（尤其是大量使用巴里克木桶）来酿造葡萄酒，但由于其海拔较高，酸度明显。拉伯塔酒庄的索拉诺葡萄酒（Solano）现代感十足，是一款罗马涅桑娇维塞葡萄酒（Sangiovese di Romagna），值得一试。该酒果味浓郁、风格前卫，是对托斯卡纳产区经典葡萄品种的全新演绎。

拉比安卡拉酒庄（甘贝拉拉产区）

安焦利诺·莫尔（Angiolino Maule）是意大利自然酿造法的主要倡导者之一。他曾是一名比萨厨师，接触到葡萄酒后决意转行，近 20 年来，他在甘贝拉拉产区（Gambellara）的小庄园采用生物动力法和有机方法打理葡萄园，同时在酒窖里严格遵循最低干预酿酒理念。卡尔卡耐卡是拉比安卡拉酒庄（La Biancara di Angiolino Maule）的主要酿酒品种，也是索阿维产区（Soave）的主要葡萄品种，这种葡萄生长在庄园的火山灰土壤中，因此酿出的葡萄酒烈度似乎有所增加。酒庄的萨沙亚葡萄酒（Sassaia，加入了少量特雷比奥罗混酿）展现了莫尔酿制的酒款矿物质气息浓郁的特色。★新秀酒庄

比索酒庄（瓦尔多比亚德尼 / 科内利亚诺产区）

自 16 世纪以来，比索（Bisol）家族一直在瓦尔多比亚德尼地区的卡蒂滋（Cartizze）山丘地带活动。埃利塞奥·比索（Eliseo Bisol）是其家族中第一个进行装瓶和销售葡萄酒的人，他的后代至今仍经营这家酒庄。比索酒庄声称当地几片最好的葡萄园是其祖传财产，包括卡蒂滋葡萄园中珍贵的几公顷土地。这些葡萄酿造出的普洛塞克葡萄酒口感强劲、层次丰富。另一个活力四射的葡萄园名为克雷德（Crede），该园混合种植普洛塞克、白皮诺和芳醇的维蒂索（Verdiso）葡萄。

博洛尼亚尼酒庄（特伦蒂诺产区）

意想不到的惊喜是探索葡萄酒过程中的一大乐趣。博洛尼亚尼酒庄（Bolognani）是一家家族酒庄，于 20 世纪 50 年代早期在鹊布拉山谷（Valle di Cembra）附近建立，酒庄生产的黄莫斯卡托葡萄酒（Moscato Giallo）打破了人们以往对麝香葡萄酒芳香怡人但缺乏活力的固有偏见。该酒庄出品的葡萄酒带有野山花的香气，酸度极高。该酒干型无糖，可与任一美食进行搭配饮用。酒庄的阿米洛葡萄酒（Armilo）也值得一试，这款红葡萄酒用本地葡萄品种泰罗德格酿制而成，品质上乘，令人回味无穷。该酒在橡木桶中陈酿时间短，因此味道尤为清新纯净。

博尔托卢齐酒庄（戈里齐亚产区）

酿酒师乔万尼·博尔托卢齐（Giovanni Bortoluzzi）于 1982 年创立了这家酒庄，酒庄风格前卫，现代感十足。庄园布满砾石土壤，土壤上生长着优质的梅洛，酿造的葡萄酒口感鲜美、单宁丰富。博尔托卢齐酒庄（Bortoluzzi）酿造的白葡萄酒品质优良，诸如刚劲有力的灰皮诺葡萄酒、洋溢着矿物质气息的赤霞珠葡萄酒均质量上乘。酒庄的格明纳葡萄酒（Gemina）也值得一试，该酒是一款灰皮诺、赤霞珠和霞多丽混酿，甘美香甜，带有金合欢的香味。

诺奇酒庄（瑞吉欧艾米利亚产区）

乔万尼·马西尼（Giovanni Masini）和阿尔贝托·马西尼（Alberto Masini）于 1993 年开始经营这家小酒庄。该酒庄专注于艾米利亚（Emilia）本地葡萄品种，包括蓝布鲁斯科格拉斯巴罗莎、蓝布鲁斯科梅斯特（Maestri）、马尔波·阳提（Malbo Gentile）和斯佩哥拉（Spergola）。诺奇酒庄（Cà de Noci）占地 5 公顷，均采用有机耕作方法；这些葡萄园可能还很年轻，但它们已经适应了庄园的岩石土壤。其葡萄酒风格并不传统，但极具吸引力。酒庄的索托玻斯科葡萄酒（Sottobosco）是一款低度干红起泡酒，由于发酵时进行了长期的浸皮处理，因此单宁紧实。酒庄的奎尔西奥莱葡萄酒（Querciole）由芳香四溢的斯佩哥拉酿制而成，是意大利熏火腿的完美搭档，同样不容错过。★新秀酒庄

卡尔达罗酒庄（上阿迪杰产区）

卡尔达罗酒庄（Caldaro，德语为 Kellerei Kaltern）成立于 1906 年，是一家由 450 名种植者组成的合作酒庄，酒庄名来自阿迪杰河谷较低山脊上的浅水湖。如今，这家合作酒庄是一个伞状组织，在卡尔达罗酒庄旗下生产一系列经典葡萄酒、一系列精酿（主要是珍藏葡萄酒和指定葡萄园葡萄酒），以及以各种酒庄命名的葡萄酒。卡尔达罗酒庄附近采用有机耕种的小型葡萄园名为卡斯特尔·乔瓦内利（Castel Giovanelli），其酿造的葡萄酒属最后一类，颇具特色。酒庄的长相思葡萄酒也值得一试，该酒是一款富含矿物质气息、口感浓烈强劲的阿尔卑斯白葡萄酒。

卡米洛·多纳蒂酒庄（帕尔马产区）

卡米洛·多纳蒂（Camillo Donati）是艾米利亚-罗马涅大区为数不多的顶级酿酒师之一，他致力于有机和生物动力耕作，并在酒窖中坚持最低介入理念。卡米洛·多纳蒂酒庄（Camillo Donati）蓝布鲁斯科葡萄酒是一款新型葡萄酒，其口感并非适合所有人，但重新定义了葡萄酒类别。酒庄蓝布鲁斯科微起泡酒（Lambrusco dell'Emilia）由蓝布鲁斯科的梅斯特葡萄品种酿制，散发着挥之不去的浓郁深色浆果的味道，还带有紧实芳香的单宁，同时该葡萄酒张力十足，和轻微的起泡相得益彰。卡米洛·多纳蒂酒庄的玛尔维萨微起泡酒（Malvasia Frizzante）也不容错过，该酒像红葡萄酒一样带葡萄皮渣发酵，是一款口感诱人、层次复杂的起泡酒。

卡内拉酒庄（瓦尔多比亚德尼 / 科内利亚诺产区）

卢西亚诺·卡内拉（Luciano Canella）于 1947 年创建了卡内拉酒庄（Canella），如今酒庄已发展成为一家大型的起泡酒和以葡萄酒为基酒的鸡尾酒生产商，旗下经典酒款众多，如在威尼斯流行的用经典普罗塞克葡萄酒和桃子饮料制成的贝利尼（Bellini）便是该酒庄的佳作。然而，酒庄的核心仍然是科内利亚

边缘地带的酿酒业：乔斯科·格拉弗纳

乔斯科·格拉弗纳（Josko Gravner）对酿酒工艺进行了卓越的创新，这也使他在意大利人才辈出的酿酒业中脱颖而出，备受尊崇。20 世纪 80 年代初，他在自家酒窖中引入了温度控制的不锈钢发酵工艺，该举措让他成为酿造清新爽口的新风格意大利白葡萄酒的先锋人物。之后，他开始使用小巴里克木桶，酿造的葡萄酒口感柔和、层次丰富。

格拉弗纳在加利福尼亚州品尝了一款酿酒技术痕迹过于明显的葡萄酒后明显改变了自己的做法。他在葡萄园中停用杀虫剂；在酒窖中，延长了发酵时间和浸皮处理时间，这一举措也同样影响了格拉弗纳的几个邻居。格拉弗纳在 1997 年时做出了最彻底的变化，他开始采用希腊人和罗马人使用的一种古老方法，即在黏土双耳瓦罐中发酵葡萄酒。他用双耳瓦罐替换掉酿酒厂内的酒罐和酒桶，现在这些双耳瓦罐用于生产意大利一些风格最独特、最大胆奔放的葡萄酒。

泰拉诺酒庄

该酒呈淡黄绿色，果香浓郁、口感温和、酸度适中。

圣阿尔达酒庄

葡萄藤常年沐浴在充足的阳光下，出产的葡萄成熟丰满。这一款瓦尔波利切拉葡萄酒由其果实酿制，令人久久难以忘怀。

诺普洛塞克葡萄酒（Prosecco di Conegliano），该酒的原材料主要种植在普洛塞克产区东部的丘陵上。科内利亚诺产区的普洛塞克葡萄酒往往醇厚浓郁，而卡内拉酒庄的葡萄酒则具有浓郁的梨子和苹果的香气，酸度适中。无论是否添加桃花蜜，该酒都是一款可口的开胃酒。

康缇·萝苔莲娜酒庄（梅佐隆巴尔多-特伦蒂诺产区）

康缇·萝苔莲娜酒庄（Cantina Rotaliana）是当地另一家非常注重品质的合作酒庄（大约有 300 个种植者成员），盛产用当地泰罗德格葡萄酿制的葡萄酒。康缇·萝苔莲娜酒庄产出 4 种级别的泰罗德格葡萄酒，每一款都值得尝试：诺维罗葡萄酒采用二氧化碳浸渍法（类似于博若莱新酿葡萄酒），在收获的年份发布；红标葡萄酒由酿酒厂附近种植的葡萄酿制；珍藏葡萄酒在大木桶和小巴里克木桶中陈酿两年而成；克莱葡萄酒（Clesurae）由精选自老藤的葡萄酿制而成，在法国橡木桶中陈酿。

泰拉诺酒庄（上阿迪杰产区）

泰拉诺酒庄（Cantina Terlano）以品质为导向，是此类合作酒庄的典范。泰拉诺酒庄于 1893 年在阿尔卑斯山低矮的山坡上成立，如今拥有 100 多个种植者成员。酒庄生产全系列的地区性白葡萄酒和红葡萄酒，其中令人印象最深刻的是酒庄的琼瑶浆、白皮诺和长相思等葡萄酒，风格鲜明生动。像汪洋长相思葡萄酒（Winkl Sauvignon Blanc）和沃伯格白皮诺葡萄酒（Vorberg Pinot Bianco）这类葡萄园指定葡萄酒都非常值得窖藏。

特勒民酒庄（上阿迪杰产区）

特勒民酒庄（Cantina Tramin）是上阿迪杰产区最受推崇的合作酒庄之一。酒庄成立于 1898 年，如今包括 290 个种植者成员，分别在特勒民、诺伊马克特（Neumarkt）、蒙坦（Montan）和奥尔（Auer）等地区种植葡萄。特勒民酒庄长期以来一直使用琼瑶浆酿造葡萄酒，但自 1992 年以来，特勒民酒庄的威利·斯图尔茨（Willi Stürz）进一步提升了琼瑶浆酿酒的口感和价值。若想要了解酒庄的风格，一定要试一下努斯鲍姆琼瑶浆白葡萄酒（Nussbaumer Gewürztraminer），该酒是一款口感强劲、芳香四溢的高浓度白葡萄酒，不容错过。

伊萨尔科河酒庄（上阿迪杰产区）

与当地的其他合作酒庄相比，伊萨尔科河酒庄（Cantina Valle Isarco）是一家相对新兴的合作酒庄。该酒庄创建于 1961 年，如今位于基乌萨（Chiusa），并装备有现代化设施。这家合作酒庄以芳香型白葡萄酒（在当地北部地区极为盛产）而闻名，如琼瑶浆、米勒-图高、绿维特利纳（Grüner Veltliner）和肯纳等。这些品种主要种植在陡峭的梯田上，酸度较高，且带有明显的矿物质气息。酒庄的茨威格葡萄酒同样值得一试，该酒是一款果味红葡萄酒，在意大利非常罕见。

拉卡布基诺酒庄（索阿维产区）

19 世纪 90 年代，特萨里（Tessari）家族建立了拉卡布基

诺酒庄（La Cappuccina），如今酒庄由西斯特·特萨里（Sisto Tessari）、彼得罗·特萨里（Pietro Tessari）和埃琳娜·特萨里（Elena Tessari）共同经营。拉卡布基诺酒庄的葡萄藤占地 27 公顷，自 1985 年开始一直采用有机方式耕作。酒庄非常注重细节，也正是这种对于细节的关注形成了索阿维葡萄酒澄澈鲜亮的风格，值得信赖且独具现代风格。酒庄的经典葡萄酒（Classico）洋溢着酸橙、花香和杏仁的混合坚果味道，层次丰富、相得益彰。同时，经过橡木桶发酵的圣布里奇奥园葡萄酒（Cru San Brizio）酒体更加丰满，对于那些习惯饮用口感更加丰富的新世界白葡萄酒的人来说，这是一款很好的索阿维入门酒。

卡斯特罗·迪·丽斯皮达酒庄（帕多瓦产区）

卡斯特罗·迪·丽斯皮达酒庄（Castello di Lispida）当前宏伟的建筑可以追溯到 18 世纪，该酒庄在中世纪时曾是一座修道院。其内部古老的隧道网络和陶瓦砖证实了其酿酒业历史也可以追溯到 18 世纪晚期。如今，在亚历山德罗·斯加拉瓦蒂（Alessandro Sgaravatti）的指导下，卡斯特罗·迪·丽斯皮达酒庄走在自然发酵葡萄酒的前端，包括使用双耳罐和应用生物动力学耕作。双耳瓶白葡萄酒（Amphora Bianco）由 100% 的托凯（弗留利葡萄的别名）酿制而成，与弗留利酿制的其他类似款葡萄酒相比有着独特的风味。

鲁赞诺酒庄（皮亚琴察丘陵产区）

这座中世纪的堡垒和庄园横跨艾米利亚-罗马涅大区和伦巴第之间的丘陵边界，也是两个法定产区的分界线：皮亚琴察丘陵产区（Colli Piacentini）和帕维塞波河流域产区（Oltrepò Pavese）。这个交汇处为人们了解鲁赞诺酒庄（Castello di Luzzano）的历史打开了窗口，同时这里还发现了一座罗马别墅的遗迹。吉奥瓦内拉·富加扎（Giovannella Fugazza）从父亲手中继承了鲁赞诺酒庄并继续经营，酒庄专门生产口感芳醇的巴贝拉和勃纳达葡萄酒。酒庄的卡罗利诺红葡萄酒（Carolino）是一款帕维塞波河流域勃纳达葡萄酒，口感温和，未经橡木桶发酵。皮亚琴察丘陵罗密欧葡萄酒由巴贝拉和勃纳达混合酿制而成，经橡木桶陈酿，是一款珍藏级佳酿，值得一试。

鲁比亚酒庄（卡松产区）

鲁比亚酒庄（Castello di Rubbia）是一座 16 世纪的城堡，位于弗留利东部的卡松产区（Carso），靠近斯洛文尼亚边境。酒庄的酿酒历史较短——1998 年时被切尔尼奇（Černic）家族买下，并被改造成旅游景点。目前，葡萄酒成了该酒庄主要的吸引力。鲁比亚酒庄选用卡松产区当地的葡萄品种酿造，如维托斯卡（Vitovska）和玛尔维萨，这两款白葡萄酒结构紧致，而泰兰诺葡萄酒（Terrano）更具本土气息，口感浓郁醇厚。伦纳德葡萄酒（Leonard）是酒庄的招牌葡萄酒，是一款口感强劲的玛尔维萨葡萄酒，可窖藏数年，令人难以忘怀。★新秀酒庄

斯佩萨酒庄（卡松产区）

斯佩萨酒庄（Castello di Spessa）历史悠久，隶属于帕里酒庄（Pali Wines，地区葡萄酒集团和度假村运营商），酒庄以口感丰富的白葡萄酒和国际风格的红葡萄酒而闻名。酒庄的丽波

拉盖拉葡萄酒（Ribolla Gialla）是对这种经典葡萄品种的完美演绎，澄澈明快、口感新鲜。同样，弗留利葡萄酒（Friulano）质地醇厚、口感明快清新，是意大利熏火腿片的绝佳搭档。酒庄的托里亚尼梅洛落葡萄酒（Torriani）带有成熟浆果的味道，单宁醇厚，并带有新橡木的浓郁气息。

卡斯特拉达酒庄（高利奥产区）

卡斯特拉达酒庄（La Castellada）始建于20世纪50年代末，最初是一家葡萄园，为本萨（Bensa）家族的旅馆提供葡萄酒，但卡斯特拉达酒庄如今已是高利奥产区的顶级酒庄。20世纪70年代，乔治·本萨（Giorgio Bensa）和尼科洛·本萨（Nicolò Bensa）两兄弟从父亲手中接管了酒庄，他们采用有机耕作方式，并在酒窖内使用传统技术，例如用本地酵母在露天大桶内进行自发酵，以及对白葡萄进行长时间的浸皮处理。酒庄的丽波拉盖拉葡萄酒（Ribolla Gialla）值得一试；这款葡萄酒通常在橡木桶中陈酿两年，饮后给人一种盐渍的口感。

凯菲勒酒庄（索阿维产区）

阿尔贝托·凯菲勒（Alberto Coffele）和奇亚拉·凯菲勒（Chiara Coffele）夫妇的祖辈来自索阿维产区的古老家族——维斯科（Visco）家族。现代的凯菲勒酒庄（Coffele）始于1971年，当时他们的父母乔凡娜·维斯科（Giovanna Visco）和朱塞佩·凯菲勒（Giuseppe Coffele）重建了该酒庄。凯菲勒酒庄生产的索阿维葡萄酒口味浓郁、味道鲜明，酿酒葡萄来源于索阿维特选地区种植的葡萄园。凯菲勒酒庄的基础款经典索阿维葡萄酒口感紧实、澄澈清亮，带有柠檬香气，余韵悠长。酒庄的卡维斯科葡萄酒（Ca'Visco）深邃醇厚，香气浓郁，是一款引人注目、潜力十足的精选葡萄酒。

维托拉兹上校酒庄（瓦尔多比亚德尼/科内利亚诺产区）

维托拉兹上校酒庄（Col Vetoraz）是当地最吸引人的酒庄之一，沿山脊而建，毗邻著名的卡蒂滋山丘，可俯瞰瓦尔多比亚德尼的全景。1993年，酿酒师洛里斯·达拉卡（Loris dall'Acqua）与保罗·德·博托利（Paolo De Bortoli）、弗朗切斯科·米奥托（Francesco Miotto）共同创立了维托拉兹上校酒庄，酒庄迅速成为优质普洛塞克葡萄酒的顶级生产商。但考虑到该庄园拥有令人羡慕的葡萄园，这并不奇怪。若想了解酒庄的风格，瓦尔多比亚德尼普洛塞克基础款葡萄酒是不二之选：这款葡萄酒深邃浓郁、充满活力、口感怡人、余韵悠长。★新秀酒庄

圣阿尔达酒庄（瓦尔波利塞拉/阿玛罗尼产区）

马里内拉·卡梅拉尼（Marinella Camerani）自20世纪80年代中期以来一直致力于重振家族产业。如今，圣阿尔达酒庄（Corte Sant'Alda）占地约19公顷，全部采用有机耕作方式，也引进了生物动力方式经营。酒庄在没有温度控制的木桶中进行发酵，只使用葡萄本身或酿酒厂中存在的酵母菌。圣阿尔达酒庄卡菲伊瓦尔波利塞拉葡萄酒（Valpolicella Ca'Fiui）是酒庄的顶级葡萄酒，该酒果味浓郁、活力十足、唇齿留香。如果你想品尝口感更丰富的葡萄酒，那不妨尝试一下酒庄的阿玛罗尼葡萄酒，

德雷伊·东那酒庄
普鲁诺珍藏葡萄酒在橡木桶中陈酿18个月，未经过滤直接装瓶。

特勒民酒庄
该酒款是酒庄最著名的葡萄酒，口感辛香浓郁，芳香四溢。

其果香中夹杂着令人兴奋的酸味，余韵悠长。★新秀酒庄

戴福诺酒庄（瓦尔波利塞拉/阿玛罗尼产区）

罗曼诺·戴尔·福尔诺（Romano Dal Forno）于20世纪80年代初接管了家族产业，并对葡萄园和酒窖进行彻底的现代化改造。戴尔·福尔诺降低了产量，并在1990年引进了法国橡木桶和一些其他的现代技术。经过一系列工艺改进，酒庄最终在特选地区之外酿造出风格优雅、口感爽滑的瓦尔波利切拉葡萄酒，名噪一时。戴福诺酒庄（Dal Forno Romano）的瓦尔波利塞高级葡萄酒自2002年起采用100%阿玛罗尼产区的干葡萄酿造而成，是一款高产量的葡萄酒，需要窖藏。阿玛罗尼葡萄酒初期同样需要封藏，暗示了深藏其下的蓬勃活力。

达米扬·波德维希奇酒庄（高利奥产区）

达米扬·波德维希奇（Damijan Podversic）可以说是偶像派酿酒师乔斯科·格拉弗纳（Josko Gravner）的优秀学生。他在蒙特-卡尔瓦里奥（Monte Calvario）分区成片的葡萄园中酿造出当地几款最引人注目的葡萄酒。在格拉弗纳的引导和鼓励下，波德维奇开始在发酵过程中尝试长时间的浸皮处理，从而酿造出强劲浓郁、结构紧致的红葡萄酒和白葡萄酒。这些葡萄酒在木制露天大桶内使用野生酵母进行发酵。普瑞特红葡萄酒（Rosso Prelit）芳香开胃，但酒庄的明星款葡萄酒是卡普尔亚白葡萄酒（Bianco Kaplja），是一款玛尔维萨（Malvasia Istriana）混酿。★新秀酒庄

达里奥·普林西奇酒庄（高利奥产区）

达里奥·普林西奇（Dario Princic）是意大利天然葡萄酒革新的元老之一。其酒庄以富含矿物质气息、风格独特的葡萄酒而闻名，这些葡萄酒出产自生物动力和有机耕作相结合的葡萄园。普林西奇的葡萄酒（比如酒体呈橘红色的灰皮诺葡萄酒）风格独特，让人欲罢不能。这款葡萄酒口感丰富，极富张力，长时间浸皮处理使得酒体呈现出铜色，因此口感更加醇厚。

德雷伊·东那酒庄（弗利产区）

克鲁迪奥·德雷伊·东那伯爵（Count Claudio Drei Donà）和他的儿子恩里科（Enrico）共同振兴了占地23公顷的家族葡萄园，确定并种植了酒庄特有的桑娇维塞克隆葡萄品种。棕榈园（La Palazza）按照法国城堡风格设计，葡萄酒根据获奖马匹的名字命名。普鲁诺葡萄酒（Pruno）是酒庄的顶级葡萄酒，酿酒葡萄精选自最好的一批桑娇维塞，并在橡木桶和小桶中陈酿。这款葡萄酒结构紧致，需要窖藏一段时间。除此之外，酒庄还有小夜曲葡萄酒（Notturno）可供选择，这款葡萄酒更加前卫，物美价廉。

德鲁西恩酒庄（瓦尔多比亚德尼/科内利亚诺产区）

有时你需要一些"首选"葡萄酒，而德鲁西恩酒庄（Drusian）的特干型瓦尔多比亚德尼普洛塞克葡萄酒似乎就能满足你所有的需求。这款葡萄酒清新爽口，带有梨子和桃子的果味，味道浓郁却不厚重。尽管德鲁西恩家族在20世纪80年代末才开始酿造自己的起泡酒，但他们三代人都在瓦尔多比亚德尼

爱娜玛酒庄

这款黄葡萄酒味道浓郁、
口感圆润，并带有甜杏仁的余韵。

约瑟夫·韦格酒庄

该酒款醇厚圆润、单宁柔和、酸度适中、
结构坚实，是一款拥有天鹅绒般
丝滑质地的干型佳酿。

地区种植葡萄。除了特干型普洛塞克葡萄酒，酒庄的卡蒂滋葡萄酒也值得一试，该酒风格优雅，口感清爽微甜，不容错过。

乐土酒庄（弗留利-东山产区）

乐土酒庄（Le Due Terre）由西尔瓦娜·福特（Silvana Forte）和法尔维奥·巴西利卡塔（Falvio Basilicata）于1984年建立，是普雷波托（Prempotto）附近丘陵上的一家小型田园式酒庄。巴西利卡塔在20世纪70年代曾是当地的一名酿酒师顾问，他将传统的方法（如自然酵母发酵）与更多的现代技术（如温度控制和使用法国酒桶发酵）相结合。他最好的酒款是胜利者白葡萄酒（Sacrisassi Bianco），这款葡萄酒由弗留利和丽波拉盖拉在木桶中混合发酵酿制，结构紧致、浓烈强劲，带有浓郁的成熟柠檬和鼠尾草的香气。胜利者红葡萄酒（Sacrisassi Rosso）则是一款莱弗斯科和斯奇派蒂诺（Schiopettino）混酿，风格质朴、口感怡人。

埃琳娜·沃尔奇酒庄（上阿迪杰产区）

埃琳娜·沃尔奇（Elena Walch）于1985年嫁入了特勒民最著名的一个葡萄酒家族，开始了她的酿酒生涯。她翻修了沃尔奇的两座庄园——林贝格堡（Castel Ringberg）和卡斯特拉兹（Kastelaz），这两个庄园如今都是当地最好的葡萄园。其中卡斯特拉兹是尤其令人兴奋的地方：该地势陡峭、空间宽阔，位于坐北朝南的山坡上，酿制的琼瑶浆层次丰富、口感强劲。灰皮诺葡萄酒通常风格平淡，容易被遗忘，但埃琳娜·沃尔奇酒庄酿制的灰皮诺葡萄酒却一改常态。酒庄的灰皮诺葡萄酒口感醇厚、酸度强劲，两者相得益彰，且极具个性。

弗莱多利酒庄（特伦蒂诺产区）

1984年，伊莉莎贝塔·弗莱多利（Elisabetta Foradori）接管了家族在梅佐隆巴尔多（Mezzolombardo）的百年庄园，一心想振兴特伦蒂诺本地的泰罗德格葡萄品种。她降低了产量，并精选庄园内一些有着80年藤龄的葡萄藤品种进行种植。泰罗德格与勒格瑞和西拉存在一些相似之处，常会显得质朴和粗糙。但在弗莱多利的手中，泰罗德格变得优雅而精致，芳香浓郁，带有清新的泥土气息。特罗珍藏干红葡萄酒（Teroldego Rotaliano）口感清新，带有紫罗兰的香气，而石榴红葡萄酒（Granato）可能是这些山区出产的泰罗德格葡萄酒中最重要的一款，酒体饱满，口感更加香醇浓郁。★新秀酒庄

科拉维尼酒庄（东山产区）

这家酒庄以其创始人的名字命名，历史悠久，主要以丽波拉盖拉起泡酒而闻名。干型丽波拉盖拉起泡酒是一种奇特的葡萄酒，最初酿制于20世纪70年代。在制作该酒时，将普洛塞克常见的二级罐发酵技术与传统香槟生产中的瓶内发酵和过筛技术相结合，使得酿出的起泡酒充满活力、质地醇厚，并带有柠檬般的酸度。这款酒堪称"全能选手"，充分证明了起泡酒在整个用餐过程中是让人爱不释手的完美搭档。

芬提妮酒庄（高利奥产区）

芬提妮酒庄（Fantinel）是一家多元化葡萄酒公司，位于弗

留利，由一直活跃于餐饮和酒店行业的马里奥·芬提妮（Mario Fantinel）在1969年创建。芬提妮酒庄的普洛塞克葡萄酒口感紧实，是瓦尔多比亚德尼产区以外生产的最好的酒款之一。该酒是一款令人愉悦的开胃酒，可以搭配各类盐腌肉，如意大利熏火腿或风干牛肉。酒庄的圣海莲娜红梗瑞弗斯科达红葡萄酒（Vigneti Sant'Helena Refosco）也不容错过，这款单一园葡萄酒精选自芬提妮酒庄在弗留利·格拉维（Grave del Friuli）的酒庄，口感强劲浓烈，洋溢着矿物质气息。

法兰兹·哈斯酒庄（上阿迪杰产区）

1986年，法兰兹·哈斯（Franz Haas）接管了其家族在19世纪80年代建立的酒庄。此后，他开始对酒庄进行现代化改造，采用高密度种植方式并降低产量。酒庄的莫斯卡托玫瑰红葡萄酒（Moscato Rosa）值得特别关注，这是一款花香型葡萄酒，酿酒果实在相对较低的海拔处生长。与其他葡萄酒相比，法兰兹·哈斯勒格瑞葡萄酒（Franz Haas Lagrein）风格前卫、口感柔顺，独具吸引力。酒庄的曼娜白葡萄酒（Manna）也值得一试，这是一款包含雷司令、霞多丽、长相思和迟摘琼瑶浆的混酿，风格独特、质地醇厚、表现力极强。

吉尼酒庄（索阿维产区）

吉尼酒庄位于梦馥迪村阿坡内（Monforte d'alpone），占地30公顷，由桑德罗·吉尼（Sandro Gini）和克劳迪奥·吉尼（Claudio Gini）共同管理。在这里，他们用令人羡慕的老藤果实酿造清新纯净、独具现代风格的索阿维葡萄酒。酒庄的基础款经典索阿维葡萄酒是最新鲜的：卡尔卡耐卡口感明快、花香四溢、洋溢着浓郁的矿物质气息。酒庄持有拉弗罗斯卡葡萄园（La Froscà）已有55年的历史，这里的葡萄酒浓郁醇厚，在木桶中陈酿一段时间后口感变得更加香醇。萨尔瓦伦扎葡萄园（Salvarenza）的历史可追溯到1925年，其酿造的索阿维葡萄酒完全在橡木桶中发酵，口感浓烈强劲。

朱塞佩·昆达莱利酒庄（瓦尔波利切拉/阿玛罗尼产区）

意大利的每个地区都有当地的传统"酒神"，而在威尼托区，这一头衔属于朱塞佩·昆达莱利（Giuseppe Quintarelli）。20世纪50年代中期，昆达莱利接管了家族产业，可以说自那之后酒庄的风格就较为固定。酒庄的阿玛罗尼葡萄酒和瓦尔波利塞拉雷乔托（Recioto della Valpolicella）受到世界各地收藏家的高度追捧，是当代意大利葡萄酒的代表。对于那些刚刚接触到这种风格和传统的人来说，酒庄的普里莫菲奥雷红葡萄酒（Primofiore）值得尝试，这是一款入门级的葡萄酒，口感丰富，令人回味无穷。

戈塔尔迪酒庄（上阿迪杰产区）

上阿迪杰地势较低处的马赞（Mazzon）周边地区形成了一个特殊的小气候，主要种植黑皮诺。戈塔尔迪（Gottardi）家族是一家总部位于奥地利因斯布鲁克（Innsbruck）的酒商，1986年在马赞购买了6.5公顷的土地，在此站稳脚跟。黑皮诺生长在坐东朝西的山坡上，因此酸度极高；这里午后阳光充裕，因此酿造的葡萄酒口感浓郁、层次丰富。除了这些特点外，戈塔尔迪酒

庄马赞布洛勃艮德葡萄酒（Blauburgunder Mazzon）还散发着矿物质气息，单宁强劲。另外，酒庄出品的琼瑶浆口感辛香，也值得一试。

霍夫斯塔特酒庄（上阿迪杰产区）

霍夫斯塔特酒庄（J Hofstätter）的酒窖位于阿尔卑斯山特勒民村的中央广场旁，这里可能是芳香型琼瑶浆的发源地。来自同名葡萄园的霍夫斯塔特酒庄科尔本霍夫琼瑶浆（Kolbenhof Gewürztraminer）就是芳香型葡萄酒的典型代表，该酒香气浓郁、酸度强劲。同样地，单一葡萄园黑皮诺葡萄酒巴特诺圣乌尔巴诺葡萄酒（Barthenau Vigna Sant'Urbano）来自特勒民对面阿迪杰河谷中的老藤，酒体平衡，是意大利最好的皮诺葡萄酒之一。

陡峭之山酒庄（高利奥/科利产区）

20世纪90年代，费迪南多·扎努索（Ferdinando Zanusso）购买并修复了两座年久失修的老葡萄园，他坚信，40～80年的老藤果实酿造的葡萄酒口感更加醇厚。扎努索坚持在酒庄葡萄园内进行有机耕作，并在酒窖中采取最小干预措施。酒庄有两款葡萄酒来自加利亚（Galea）葡萄：一款是本土葡萄弗留利和维多佐（Verduzzo）的混酿，另一款是富含矿物质气息的梅洛葡萄酒。陡峭之山酒庄（I Clivi di Ferdinando Zanusso）选取布来赞（Brazen）地区古老葡萄园内的果实酿造出一款弗留利和伊斯的利亚玛尔维萨混酿，口感复杂、层次丰富。★新秀酒庄

爱娜玛酒庄（索阿维产区）

朱塞佩·爱娜玛（Giuseppe Inama）于20世纪50年代建立了爱娜玛酒庄（Inama），该酒庄占地30公顷，1992年后由他的儿子斯特凡诺（Stefano）接管。爱娜玛酒庄创新意识强烈：除了生产一系列精良的索阿维葡萄酒之外，还生产优质的长相思葡萄酒［尤其是甜型富美长相思干白葡萄酒（Vulcaia Après）］和佳美娜葡萄酒［佳美娜种植在科利波利齐（Colli Berici）的葡萄园内］。在各类索阿维葡萄酒中，福斯卡里诺经典苏瓦韦干白葡萄酒（Vigneti di Foscarino）非常值得一试，它在中性木桶中陈酿而成，是对卡尔卡耐卡葡萄优雅的诠释。这款白葡萄酒口感丰富，让许多勒民第白葡萄酒望尘莫及。

名爵酒庄（高利奥产区）

名爵酒庄（Jermann）成立于1881年，历史悠久，位于戈里齐亚产区（Gorizia）周围的丘陵地区。20世纪70年代之后，酒庄一直由西尔维奥·伊曼（Silvio Jermann）管理，是弗留利地区"超级白葡萄酒"运动的先驱之一。酒庄标志性杜妮娜系列白葡萄酒（Vintage Tunina）是一款长相思、霞多丽、丽波拉盖拉、玛尔维萨和皮科里特（Picolit）混酿，结构紧致、口感丰富，适合长期窖藏。名爵酒庄阿菲克斯雷司令干白葡萄酒（Afix Riesling）澄澈爽口、洋溢着矿物质气息，而长相思葡萄酒味道鲜明、口感浓郁，这两款葡萄酒都是名爵酒庄风格清新明快的佳作，不容错过。

约瑟夫·韦格酒庄（上阿迪杰产区）

韦格（Weger）家族从19世纪20年代起就开始从事葡萄栽培，同时约瑟夫·韦格（Josef Weger）在考那亚诺（Cornaiano）建立了自己的酒庄。与附近的卡尔达罗酒庄一样，当地气候相对温暖。约瑟夫·韦格酒庄的琼瑶浆口感成熟浓郁、花香四溢、品质优良，但酒精含量往往低于一些来自特勒民的令人陶醉的葡萄酒。同样值得寻找的还有约瑟夫·韦格酒庄传统风格的菲玛切葡萄酒（Vernatsch，意大利语写作 Schiava）。这款红葡萄酒在大橡木桶中陈酿，酒体适中、果香浓郁、回味悠长。

库肯霍夫酒庄（上阿迪杰产区）

令人震惊的库肯霍夫酒庄（Kuenhof）位于伊萨克山谷（Valle Isarco）北部，是彼得·普利格（Peter Pliger）和布丽奇特·普利格（Brigitte Pliger）夫妇名下的产业。库肯霍夫酒庄的历史可以追溯到9世纪，直到1989年，酒庄一直为附近的诺瓦希亚酒庄提供葡萄。1990年，普利格推出了他的第一款年份葡萄酒，并着手修复酒庄的梯田葡萄园；他还购买了几处旧梯田来种植米勒-图高葡萄。普利格在葡萄园内混合采用有机方式和生物动力学耕作，并对酒窖采用最低干预措施。库肯霍夫酒庄凯通雷司令葡萄酒（Kaiton Riesling）和西万尼葡萄酒皆为酒中佳品，让人欲罢不能。★新秀酒庄

里尼酒庄（科雷乔产区）

艾丽西亚·里尼（Alicia Lini）和父亲法比奥·里尼（Fabio Lini）一起手工酿制的蓝布鲁斯科葡萄酒彻底改变了人们对起泡红葡萄酒的看法。然而，里尼酒庄（Lini）最好的起泡酒之一恰好是白葡萄酒。这款酒由蓝布鲁斯科萨拉米诺（Salamino）和安塞罗塔混合酿制而成，果皮与果肉在发酵过程中分离，以保证汁液不受果皮颜色影响，酒庄的野生葡萄白葡萄酒（Lambrusca Bianco）活力十足、新鲜爽口，味道令人惊喜。里尼酒庄的历史已近百年，如今这家小型酒庄在出口市场上势头正猛。★新秀酒庄

利斯·娜瑞丝酒庄（高利奥产区）

在阿尔瓦罗·佩克拉里（Alvaro Pecorari）的领导下（其家族从1879年起就在该地区务农），利斯·娜瑞丝酒庄（Lis Neris）已成为弗留利地区最具活力的酒庄之一。酒庄大部分葡萄园位于圣洛伦索，仅在考罗那（Corona）和罗马公社持有小块土地。在酒庄的3处葡萄园中，圣洛伦索气候最凉爽，因此种植的白葡萄清新爽口、酸度适宜。酒庄的格瑞斯葡萄酒（Gris）是对灰皮诺复杂厚重的完美演绎，同时活力十足、口感醇厚。这是一款令人口齿生香、回味无穷的灰皮诺葡萄酒。

丽斐酒庄（东山产区）

利维奥·费鲁加（Livio Felluga）是弗留利现代酿酒业的先驱者之一。丽斐酒庄（Livio Felluga）以他的名字命名，在该地区带头酿造明快爽口的白葡萄酒，如今丽斐酒庄由他的后代经营。丽斐酒庄国际地位突出，这意味着酒庄的葡萄酒（如充满活力、洋溢着白垩土气息的灰皮诺葡萄酒）会让更多人了解到弗留利葡萄酒的美味和复杂口感。当然，酒庄的红葡萄酒也值得关注。酒庄的索萨葡萄酒（Sossó）是一款莱弗斯科、梅洛和匹格

令人震撼的葡萄酒合作酒庄

意大利拥有悠久的合作酒庄酿酒历史，这种传统在特伦蒂诺产区的阿尔卑斯山区和上阿迪杰地区最为盛行。但最让外界惊讶的是，这些合作社中的一些人负责生产这两个地区最好的葡萄酒，这在意大利国内也确实不常见。特伦蒂诺和上阿迪杰两地的葡萄园都位于陡峭的梯田上，而不是大片的谷底深处，因此这些葡萄园往往面积狭小。对于大多数种植者来说，加入当地的合作酒庄可能比开办私人酿酒厂更容易、更有效率。这里的一些合作酒庄，如梅佐考罗那酒庄，专门生产朴实无华的口粮酒，定价较为亲民。其他合作酒庄，如特勒民酒庄和泰拉诺酒庄酿造的标志性葡萄酒是意大利同类商品中最好的，如特勒民酒庄的努斯鲍姆琼瑶浆白葡萄酒、泰拉诺酒庄的沃伯格白皮诺葡萄酒。

梅迪思·艾尔美特酒庄

这款起泡干红葡萄酒采用自然发酵法酿制，屡获殊荣。

丽斐酒庄

这款葡萄酒具有古铜的色泽，这是灰皮诺葡萄酒的典型特点。

诺洛混酿，表现了当地葡萄品种丰富的风味。

曼尼·诺辛酒庄（上阿迪杰产区）

性格开朗的曼尼·诺辛（Manni Nössing）在2000年接管了家族的葡萄园；在此之前，诺辛家族一直将他们的葡萄卖给邻近的诺瓦希亚酒庄。在这个位于奥地利边境北部的小山谷里，葡萄种植者的后代不仅接管家族的酒庄，同时还开始经营新的酒庄。诺辛在独自开办酒庄之前，曾短暂地与彼得·普利格在库肯霍夫酒庄共事过。曼尼诺辛酿造的肯纳葡萄酒口感活泼、层次丰富，而他的维特利纳葡萄酒（Veltliner）口感芳醇，是意大利这种稀有葡萄品种的佳作。★新秀酒庄

马可·费鲁伽酒庄（高利奥产区）

马可·费鲁伽（Marco Felluga）是利维奥·费鲁伽（Livo Felluga）的弟弟。20世纪50年代，马可·费鲁伽在格拉迪斯卡·迪松佐（Gradisca d'Isonzo）建立了自己的酒庄。如今，马可的儿子罗伯托·费鲁伽（Roberto Felluga）管理酒庄，该家族种植的葡萄园超过100公顷。虽然马可·费鲁伽酒庄出品的科利奥撒庄园干红葡萄酒（Carantan）是一款口感复杂的梅洛、品丽珠和赤霞珠混酿，但其实酒庄主要以口味浓烈、风格优雅的白葡萄酒而闻名。酒庄的蒙古瑞思葡萄酒灰皮诺干白葡萄酒（Mongris）刚劲有力，而莫拉马特干白葡萄酒（Molamatta）是一款弗留利、白皮诺和丽波拉盖拉混酿，甘美醇厚、风格优雅、层次丰富。

马西酒庄（瓦尔波利塞拉产区）

马西酒庄（Masi）不仅是生产阿玛罗尼葡萄酒的领军酒庄，也是一个研究中心。酒庄主人桑德罗·博萨尼（Sandro Boscaini）领导的马西酒庄技术小组正着力研究酿造阿玛罗尼葡萄酒的复杂技术——晾干法（appassimento，风干葡萄）和双重发酵，并将研究结果分享给威尼托的其他生产商。马西酒庄出产多款葡萄酒，但毫无疑问酒庄最好的酒款仍然是阿玛罗尼葡萄酒。酒庄的阿玛罗尼葡萄酒个性十足、芳香浓郁，坚实的结构和强劲的酸度相得益彰，有窖藏数十年的潜力。

马索波利酒庄（特伦蒂诺产区）

1979年，路易吉·通恩（Luigi Togn）买下并翻新了一处古老的庄园，从这座庄园内可以俯瞰拉维斯（Lavis）附近宽阔的阿迪杰河谷。马索波利酒庄因两款混酿——索尔尼葡萄酒（Sorni）和马尔默葡萄酒（Marmoram）而闻名。索尔尼葡萄酒是一款霞多丽、诺西奥拉和米勒-图高混酿，风格前卫、口感丰富、质地醇厚，并带有阿尔卑斯山的风土气息。马尔默葡萄酒是特伦蒂诺和上阿迪杰产区新兴的现代风格葡萄酒的杰出代表，该酒款由泰罗德格和勒格瑞两种当地葡萄品种在小橡木桶中混合酿制而成，质地丝滑、口感浓郁。

梅迪思·艾尔美特酒庄（雷斯安诺产区）

一个多世纪前，雷米吉奥·梅第奇（Remigio Medici）创建了梅迪思·艾尔美特酒庄（Medici Ermete），之后由他的儿子艾尔美特经营，如今这家酒庄是复兴蓝布鲁斯科葡萄酒的主要生产商之一。酒庄的协奏曲蓝布鲁斯科起泡酒（Concerto）口感强劲、颜色深邃、浓郁醇厚，产自家族的拉姆帕塔酒庄，是酒庄最知名的品牌。酒庄凭借2010年出版的《意大利葡萄酒指南》（*Vini d'italia*）获得了大红虾（Gambero Rosso）"三杯奖"（Tre Bicchieri），这也是布鲁斯科雷斯安诺葡萄酒首次获此殊荣。尽管可能还有更好的蓝布鲁斯科葡萄酒，但协奏曲蓝布鲁斯科起泡酒是意大利葡萄酒中对这一独特葡萄品种的忠实演绎，可谓实至名归。

梅佐考罗那酒庄（特伦蒂诺产区）

这家大型合作酒庄位于特伦蒂诺和上阿迪杰的边界上。梅佐考罗那酒庄（Mezzacorona）共拥有1500多名葡萄种植者成员，是意大利最时尚、最具现代化的酿酒厂之一，其葡萄酒产量惊人。然而，这种庞大的规模可能具有欺骗性，因为酒庄出品的葡萄酒品质上乘，是质量稳定的日常饮用葡萄酒。酒庄的灰皮诺白葡萄酒清新纯净、口感怡人。NOS葡萄酒是梅佐考罗那酒庄对当地著名葡萄品种泰罗德格的完美演绎，该酒风格前卫、品质上乘，不容错过。

米娜多酒庄（瓦尔多比亚德尼产区）

米娜多酒庄（Mionetto）成立于19世纪80年代末，如今是瓦尔多比亚德尼产区（Valdobbiadene）高品质普洛塞克葡萄酒的主要生产商，也是最大的生产商之一。米娜多酒庄在该地区历史悠久，因此它将当地的小型种植者联合起来形成庞大的种植网络，主要酿造静止葡萄酒，然后由米娜多酒庄酿成普洛塞克起泡酒。其中最好的是瓦尔多比亚德尼普洛塞克葡萄酒（MO Prosecco di Valdobbiadene），该酒是一款味道鲜明、清脆爽口的起泡酒，产自卡蒂滋葡萄园附近的基地。酒庄基础款瓦尔多比亚德尼普洛塞克葡萄酒是日常饮用的不错选择。

慕丽酒庄（上阿迪杰产区）

慕丽酒庄（Muri-Gries）原是一座本笃会（Benedictine）修道院，恰好拥有博尔扎诺（Bolzano）周围几座著名的勒格瑞葡萄园。酒庄的葡萄酒生产历史也是该修道院历史的一部分。慕丽酒庄始建于11世纪，初期是一座堡垒，自1407年以来，一直是教会的财产。酒庄雇用了一名酿酒师，但僧侣们仍承担着葡萄园和酒窖的大部分工作。慕丽酒庄酿造多款葡萄酒，包括米勒-图高和灰皮诺葡萄酒，但最不容错过的是勒格瑞葡萄酒，辛香充沛、口感丝滑。

音乐酒庄（高利奥产区）

乔瓦尼·穆兹克（Giovanni Muzic）的家族世世代代都在圣弗洛里亚诺（San Floriano）打理葡萄园和果园，直到20世纪60年代才购买了属于自己的土地。如今，音乐酒庄（Muzic）在高利奥占地13公顷，在伊松河（Isonzo）占地不足2公顷。音乐酒庄的旗舰款白葡萄酒是布瑞克白葡萄酒（Bianco Bric），是一款弗留利、玛尔维萨和丽波拉盖拉混酿，口感浓烈强劲。总体来说，音乐酒庄的葡萄酒风格清新精致，酿造出了诸如丽波拉盖拉和灰皮诺这类清脆爽口的葡萄酒。酒庄的品丽珠葡萄酒也值得一试，该酒将成熟的果香和深邃的单宁相结合，芳香四溢、口感极佳。

尼诺·佛朗科酒庄（瓦尔多比亚德尼 / 科内利亚诺产区）

尼诺·佛朗科酒庄（Nino Franco）是瓦尔多比亚德尼资历最老的酒庄之一；安东尼奥·佛朗科于 1919 年成立该酒庄，如今由他的孙子普利莫（Primo）管理。普利莫·佛朗科在世界各地旅游并积极推广他的葡萄酒。他在旅途中学习到的很多理念显然影响了尼诺·佛朗科酒庄的葡萄酒风格。酒庄的优质普洛赛克葡萄酒风格前卫、强劲有力。乡村风味葡萄酒（Rustico）是酒庄最著名的特酿，该酒奶油味浓郁、口感醇厚、味道清淡、酸度适中。酒庄的瑞蒂圣弗洛里亚诺葡萄酒（Rive di San Floriano）也体现了酒庄葡萄酒刚劲有力的风格，该酒产自单一葡萄园，是对普洛赛克优雅的阐释。

诺娃雅酒庄（瓦尔波利塞拉 / 阿玛罗尼产区）

诺娃雅酒庄（Novaia）占地 6 公顷，位于上瓦尔波利塞拉的高山脚下。如今，诺娃雅酒庄由詹保罗·沃纳（Gianpaolo Vaona）和西泽尔·沃纳（Cesare Vaona）两兄弟管理，主要生产风格活泼的阿玛罗尼葡萄酒，酒庄充分利用高海拔的地理优势，并将其转化成为活力和张力，进而提升了阿玛罗尼醇厚的风味。诺娃雅酒庄的单一葡萄园阿玛罗尼葡萄酒勒巴尔泽（Le Balze）值得一试；这款葡萄酒很好地融合了烟草和泥土的味道，口感强劲、果味浓郁，带有令人垂涎的酸度。诺娃雅酒庄种植的奥塞莱塔（Oseleta）是一种罕见的本土品种，深受威尼托传统主义酿酒商的喜爱。

努塞尔霍夫酒庄（上阿迪杰产区）

努塞尔霍夫酒庄（Nusserhof）历史悠久，位于正在蓬勃发展的博尔扎诺市（该地区主要城市）内，四周高墙林立。埃尔达·努塞尔（Elda Nusser）和海因里希·努塞尔（Elda Nusser）承袭了家族 18 世纪之后的做法，共同管理这块 2.5 公顷的土地。勒格瑞葡萄酒是努塞尔霍夫酒庄的主打红葡萄酒；该酒以传统方式酿造——在大木桶中进行陈酿。酿制出的葡萄酒充满活力、风格清新，带有活泼的野生浆果的味道和坚实的单宁。但你绝对不会想到，这个庄园就在上阿迪杰省会市内。

彼得·索尔瓦和索恩酒庄（上阿迪杰产区）

这座历史悠久的酒庄风格非常传统，他们声称从 1960 年才开始生产瓶装葡萄酒。在此之前，酒庄一直将葡萄酒装在小木桶中直接卖给商人和餐馆。此后，彼得·索尔瓦和索恩酒庄（Peter Sölva and Söhne）不断进行现代化改造，如今酿造包括德西尔瓦（De Silva）和阿米斯达（Amistar）在内的一系列葡萄酒：德西尔瓦葡萄酒的酿酒果实通常精选自庄园的老藤葡萄；勒格瑞葡萄酒口感尤为浓郁，生动诠释了酿酒葡萄的品种特性，令人难以忘怀；阿米斯达葡萄酒是一款红白葡萄混酿，类似于口感复杂、层次丰富的红葡萄酒。

皮耶罗潘酒庄（索阿维产区）

莱昂尼多·"尼诺"·皮耶罗潘（Leonildo "Nino" Pieropan）是索阿维葡萄酒生产商争相学习的标杆。他和他的妻子特雷西塔（Teresita），以及他们的儿子们在索阿维这座中世纪城市里经营酒庄，并持之以恒地传承传统工艺。皮耶罗潘酒庄拥有拉罗卡

皮耶罗潘酒庄
该酒是一款索阿维葡萄酒，带有杏花和杏仁饼的优雅香气。

普拉酒庄
该酒款散发着高山牧草的浓郁味道，口感浓烈强劲、回味悠长。

和卡尔瓦利诺（Calvarino）等顶级葡萄园，酿造的白葡萄酒口感复杂，适合陈年窖藏，打破了索阿维是"廉价超市葡萄酒生产地"的名声。酒庄的经典款葡萄酒特色鲜明，芬芳的果味和十足的酸味融汇交织，相得益彰。拉罗卡葡萄酒在大橡木桶中发酵，酒液散发着矿物质气息，颜色深邃、张力十足、回味悠长。在好的年份，这款酒的品质极佳。

普洛兹纳酒庄（弗留利格拉芙产区）

利西奥·普洛兹纳（Lisio Plozner）于 1976 年创建了普洛兹纳酒庄（Plozner）。2002 年，他的孙女萨宾娜·马菲（Sabina Maffei）接管了酒庄。酒庄葡萄酒品牌一直以来以口感单一的口粮酒而著称，但马菲接管酒庄之后，不断进行创新，给酒庄注入了新的血液。马菲升级了酿酒厂设备，开始酿造新型葡萄酒，并设计新的标签来展示这些创新。酒庄的莫斯卡比安卡（Moscabianca）和马尔佩洛葡萄酒（Malpelo）发展前景良好。莫斯卡比安卡葡萄酒是一款风格清新、令人回味无穷的弗留利葡萄酒，而马尔佩洛葡萄酒由灰皮诺酿造，果皮浸渍时间长，因此酒体呈淡橙色。

普拉酒庄（索阿维产区）

格拉齐亚诺·普拉（Graziano Prà）和他的兄弟塞尔吉奥·普拉（Sergio Prà）、弗拉维奥·普拉（Flavio Prà）利用家族在索阿维特选地区有限的资产创办了这家酒庄。如今，普拉酒庄在该地区的最佳区域种植了近 20 公顷的葡萄，包括蒙特格兰德（Montegrande）、福斯卡里诺（Foscarino）、弗罗斯卡（Froscà）、蒙特克洛斯（Monte Croce）、圣安东尼奥（Sant'antonio）和庞萨拉（Ponsara）等葡萄园。尽管酒庄的科勒圣安东尼奥索阿维葡萄酒（Soave Colle Sant'Antonio）使用巴里克木桶发酵，但风格偏传统，带有卡尔卡耐卡特有的梨子和杏仁的味道。酒庄酿造的葡萄酒在索阿维地区非常具有吸引力，风格极好。

雷迪肯酒庄（奥斯拉维亚产区）

1980 年，斯坦尼斯劳·雷迪肯（Stanislao Radikon）接管了其家族在奥斯拉维亚附近的 11 公顷土地。雷迪肯和他的邻居们一起引领了弗留利的酿酒风潮。20 世纪 80 年代，他开始在可控温的不锈钢罐中发酵葡萄酒；不过，后来他放弃了这种方法，进而引进了巴里克小木桶。1995 年，他做出了一个大转变，即重新采用了他祖父在 20 世纪 30 年代应用的酿酒工艺，使用大型敞口木桶，长时间浸渍，尽量减少二氧化硫的使用，以及不采用培养酵母或添加酶。酒庄出品的金黄色调的丽波拉盖拉葡萄酒芳香四溢、张力十足，令人着迷。★新秀酒庄

拉龙查亚酒庄（弗留利-东山产区）

拉龙查亚酒庄（La Roncaia）是芬提妮家族在弗留利分区东山产区的酒庄。尽管酒庄会酿制品丽珠、长相思和灰皮诺等葡萄的混酿，但酒庄的重点通常在于莱弗斯科、皮科里特、维多佐和斯奇派蒂诺（Schiopettino）。酒庄出品的月蚀混酿干白葡萄酒（Eclisse）口感活泼明快，略带有矿物质气息，融合了长相思的强劲口感和皮科里特的醇厚丝滑。拉龙查亚酒庄的明星酒款是莱弗斯科葡萄酒。该酒兼顾醇厚的口感和明快的风格，浓郁的果味

萨诺特利酒庄

该酒款香气四溢、风格典雅、结构平衡，适合在浅年龄阶段享用。

思佳伯罗酒庄

该酒款个性十足、浓烈强劲、结构均衡。

和芳香的单宁相得益彰。

隆库斯酒庄（高利奥产区）

这家小型酒庄由马可·埃尔科（Marco Perco）经营，生产风格时尚、令人着迷的白葡萄酒。埃尔科的葡萄园占地 12 公顷，种植了包括玛尔维萨、弗留利和丽波拉盖拉等在内的葡萄藤，全部都是老藤白葡萄品种。从酿酒工艺上，酒庄先将葡萄酒在斯拉夫尼亚大橡木桶中发酵，之后放置在不锈钢罐中的酒糟上陈酿两年。最终酿得的是一款风格优雅、带有矿物质气息的葡萄酒，口感细腻、纯度极高。

鲁杰里酒庄（瓦尔多比亚德尼/科内利亚诺产区）

1950 年，朱斯提诺·比索（Giustino Bisol）创建了鲁杰里酒庄（Ruggeri），其中鲁杰里吉奥普洛塞克起泡酒（Giall'Oro Prosecco di Valdobbiadene）最为出名，该酒口感微甜，沁人心脾。鲁杰里酒庄还酿造有年份的鲁杰里吉斯迪诺普洛塞克起泡酒（Giustino B）。和酒庄的其他酒款相比，这款起泡酒层次更丰富、口感更加醇厚浓郁，是一款让人回味无穷的普洛塞克葡萄酒。尽管人们对普洛塞克葡萄酒的陈酿能力还存在争议，但不同于香槟酒，有年份的普洛塞克葡萄酒几乎都能立即享用。

卢西斯酒庄（高利奥产区）

卢西斯酒庄（Russiz Superiore）的历史可以追溯到中世纪，但 1967 年马可费鲁伽酒庄（Marco Felluga）收购了该酒庄，才正式开启了酒庄的现代史。这里的葡萄藤生长在砂岩、石灰岩和黏土土质的陡峭山坡上。酒庄出产的白葡萄酒和红葡萄酒都具有坚实的结构。卢西斯酒庄最具潜力的葡萄酒是马可费鲁伽科利奥卢西斯西迪索卡干红葡萄酒（Col Disôre），这是一款白皮诺、弗留利、赤霞珠和丽波拉盖拉混酿，在桶内发酵并陈酿而成。该酒口感强劲，浓郁醇厚，耐心窖藏后口味更佳。

圣帕特里尼亚诺酒庄（里米尼产区）

圣帕特里尼亚诺酒庄（San Patrignano）是意大利酒庄中独一无二的存在。圣帕特里尼亚诺基金会通过职业培训帮助正在康复的吸毒者重新恢复正常生活，该酒庄就是基金会的一员。成立酒庄酿酒从一开始就是基金会计划中的一部分。如今，圣帕特里尼亚诺酒庄种植约 80 公顷的葡萄园。酒庄在顾问里卡多·科塔雷拉（Riccardo Cotarella）的指导下生产桑娇维塞和桑娇维塞混酿，风格明显受到附近亚得里亚海的影响。酒庄的阿维葡萄酒（Avi）是对桑娇维塞葡萄品种的生动演绎，口感醇厚温和，沁人心脾。★新秀酒庄

思佳伯罗酒庄（乌迪内-帕维亚产区）

瓦尔特·思佳伯罗（Valter Scarbolo）在他的小型酿酒厂和著名的拉弗拉斯卡餐厅（La Frasca）内尽情释放激情和活力，推动了弗留利食品和葡萄酒业的发展。思佳伯罗酒庄的葡萄酒风格时尚、细腻，但仍真实反映了葡萄品种的特色和酿酒工艺。例如，拉马托 XL 灰皮诺葡萄酒（Ramato XL Pinot Grigio）向弗留利的传统致敬，采用部分表皮发酵工艺。酒庄其他酒款，例如结构优雅的莱弗斯科葡萄酒，采用了标准工艺，如在发酵和陈酿

过程中会在法国橡木桶中多次压帽。思佳伯罗坎波维拓梅洛干红葡萄酒（Campo del Viotto）也是一款令人难以忘怀、品质极佳的单一葡萄园梅洛葡萄酒。★新秀酒庄

史欧蓓朵酒庄（高利奥产区）

马里奥·史欧蓓朵（Mario Schiopetto）是乌迪内一名旅馆老板的儿子，他曾遍访法国和德国，此后在 20 世纪 60 年代开始酿酒。德国现代白葡萄酒发酵技术（如温度控制和不锈钢罐的应用）给了史欧蓓朵极大的启示。他将这些技术带回了弗留利高利奥地区，并在推进技术应用过程中帮助革新意大利白葡萄酒。他的 3 个孩子在此基础上继续努力，使史欧蓓朵酒庄成为意大利葡萄酒的前沿领军酒庄。史欧蓓朵酒庄的赤霞珠葡萄酒采用密封混合酿制，张力十足、口感强劲。

索雷尔·布朗克酒庄（瓦尔多比亚德尼/科内利亚诺产区）

通常情况下，酿造普洛塞克葡萄酒的方法是在加压罐的成品基酒中添加酵母和糖，安东内拉·布朗克（Antonella Bronca）和埃尔西利亚娜·布朗克（Ersiliana Bronca），以及年轻的酿酒师费德里科·乔托（Federico Giotto）是为数不多的采用单一发酵方式酿造起泡酒的普洛塞克葡萄酒生产商。在索雷尔·布朗克酒庄（Sorelle Bronca）中，新鲜压榨的有机葡萄必须冷藏，然后放入罐中。由于葡萄本身含有糖分，因此罐中会进行发酵和碳酸化作用。酿成的普洛塞克葡萄酒清新可口、口感自然、层次丰富，让人回味无穷。★新秀酒庄

迈克-厄本酒庄（上阿迪杰产区）

迈克-厄本酒庄（St-Michael-Eppan）创建于 1907 年，是上阿迪杰地区的顶级合作酒庄。该酒庄包含 355 个成员种植者，葡萄园位于风景宜人的厄本（Eppan，意大利语为 Appiano）。合作酒庄成员中包括该分区 4 个知名的葡萄园：圣瓦伦汀（Sanct Valentin）、舒尔特（Schulthaus）、格雷弗（Gleif）和蒙蒂（Montiggl）。迈克-厄本酒庄将圣瓦伦汀生产的葡萄酒视为顶级品牌，因此很大程度上，它自身作为独立品牌运作。酒庄酿制的琼瑶浆葡萄酒口感强劲，圣瓦伦汀勒格瑞葡萄酒风格活泼、结构强大。

拉斯托帕酒庄（皮亚琴察丘陵产区）

拉斯托帕酒庄（La Stoppa）于 1973 年被潘塔莱奥尼（Pantaleoni）家族收购，现在由埃琳娜·潘塔莱奥尼（Elena Pantaleoni）经营。19 世纪末，潘塔莱奥尼家族主要在酒庄中种植法国葡萄品种，确定哪些品种酿酒效果更佳，这片古老的葡萄园因此也重新焕发活力。如今，拉斯托帕酒庄主要种植巴贝拉、勃纳达、玛尔维萨、赤霞珠和梅洛。斯托帕（Stoppa）是酒庄的混酿红葡萄酒，主要选用来自古藤波尔的多个品种的葡萄；这款葡萄酒口感浓郁、结构紧致。然而，拉斯托帕酒庄最吸引人的酒款是阿杰诺橙酒（Ageno），该酒酒体为橙色，是一款玛尔维萨和其他葡萄品种的混酿，酿制过程中需将果皮浸渍 30 天。

苏维亚酒庄（索阿维产区）

1982 年，乔万尼·特萨里创建了苏维亚酒庄（Suavia），如今他和他的 4 个女儿一起经营这家位于菲塔村（Fittà）的小型酒庄。苏维亚酒庄的优质葡萄园位于海拔相对较高的地方，因此葡萄酒澄澈爽口、活力十足。苏维亚酒庄苏瓦韦经典白葡萄酒（Soave Classico）是一款风格清新、朴实无华的卡尔卡耐卡葡萄酒，家族的两个老藤葡萄园河岸葡萄园（Le Rive）和卡波纳（Carbonare）则更具有层次性。苏维亚酒庄蒙特卡波纳苏瓦韦经典白葡萄酒（Monte Carbonare）风格更加优雅，带有细腻的矿物质气息，清爽怡人。

圣里奥纳多酒庄（特伦蒂诺产区）

波尔多风格的赤霞珠、梅洛和品丽珠混酿潜力巨大，但意大利的阿尔卑斯山山谷并非生产这类葡萄酒的首选之地。然而在 18 世纪，贵族格里耶里·贡扎加（Guerrieri Gonzaga）家族创建了圣里奥纳多酒庄（Tenuta San Leonardo）并进行了大胆尝试，有力地证明了当地有酿造上述葡萄酒的潜力。当地的山区土壤对该地区的风土起到了重要作用，酒庄的旗舰款红葡萄酒——胜利侯爵堡（San Leonardo）便是典型范例。这款葡萄酒草本气息浓郁，口感香醇，与温暖气候下出产的赤霞珠葡萄酒相差甚远。经陈年后，这款葡萄酒优雅的风格和丰富的层次性尤为突出，极具特色。

圣安东尼奥酒庄（瓦尔波利塞拉产区）

这家新兴的酒庄由四兄弟于 1995 年创建并在短时间内得到了长足的发展，最初，四兄弟的父亲只向当地的合作酒庄提供葡萄果实。酒庄的核心是蒙蒂加比园（Monti Garbi），该庄园是几座位于姆扎恩（Mezzane）附近白垩质石灰岩土壤的葡萄园。除了瓦尔波利塞拉地区的传统葡萄品种外，圣安东尼奥酒庄（Tenuta Sant'Antonio）也种植赤霞珠，用以酿造斯卡亚托雷梅乐蒂红葡萄酒（Torre Melotti）这类口感柔滑的葡萄酒。不过，酒庄真正的明星酒款是浓烈强劲的阿玛罗尼葡萄酒，尤其是圣安东尼奥酒庄精选阿玛罗尼干红葡萄酒（Selezione Antonio Castagnedi）。该酒是一款口感醇厚的葡萄酒，让人心旷神怡，欲罢不能。★新秀酒庄

瑟恩霍夫酒庄（上阿迪杰产区）

瑟恩霍夫酒庄（Thurnhof）位于博尔扎诺郊外温暖的山坡上，面积狭小。自 1850 年起，酒庄一直归属于伯格–穆梅尔特（Berger-Mumelter）家族，如今由年富力强、充满活力的安德里亚斯·伯格（Andreas Berger）经营。他采用传统生产工艺，如使用大木桶处理金黄穆斯卡特拉（Goldmuskateller，即黄莫斯卡托）和勒格瑞，但酿造的葡萄酒风格依旧非常时尚。酒庄的做法反映了上阿迪杰地区年青一代的小型独立酒庄的共同取向。瑟恩霍夫酒庄梅洛葡萄酒（Merlau）风格活泼、芳香迷人，是一款不可多得的单一葡萄园勒格瑞葡萄酒。★新秀酒庄

沃多皮韦茨酒庄（卡松产区）

保罗·沃多皮韦茨（Paolo Vodopivec）和瓦尔特·沃多皮韦茨（Valter Vodopivec）两兄弟在意大利的边境城市的里雅斯特（Trieste）附近的卡松产区种植约 4.5 公顷的葡萄藤。沃多皮韦茨酒庄（Vodopivec）是意大利天然葡萄酒革新运动的推进成员之一（也是 Vini Veri 自然酒联盟的成员），因此兄弟二人采用有机耕作方式，并在酒窖中实施最低介入理念。同乔斯科·格拉弗纳一样，他们已经开始在一些发酵过程中使用赤土陶罐。卡松地区鲜为人知的维托斯卡葡萄是沃多皮韦茨酒庄的特色酒款，第一个酿造年份是 1997 年。该酒庄出品的酒款口感浓烈醇厚，但风格出乎意料地活泼轻盈，令人心醉神迷。★新秀酒庄

尼克拉斯酒庄（上阿迪杰产区）

迪特·索尔瓦（Dieter Sölva）是一位温和的年轻酿酒师，负责管理尼克拉斯酒庄（Weingut Niklas），这家小型酒庄和农庄民宿坐落在卡特镇（Kaltern）陡峭的山坡上。虽然这一地区拥有上阿迪杰地区温暖的小气候，但尼克拉斯的葡萄园海拔较高，因此酿造的葡萄酒酸度明显。尼克拉斯长相思葡萄酒将热带风味与矿物质气息相结合，令人悦然心动。酒庄的勒格瑞葡萄酒美味多汁，不容错过，该酒清新明快，同各种美食百搭不厌，是餐食的完美搭档。★新秀酒庄

萨诺特利酒庄（上阿迪杰产区）

萨诺特利酒庄（Zanotelli）位于特伦蒂诺瓦莱迪塞布拉分区，海拔较高，因此酿造的葡萄酒风格时尚、清新爽口。萨诺特利酒庄的穆勒塔戈葡萄（MüllerThurgau）生长在陡峭的山坡上，酸度极高，因此活力十足，且花香浓郁、梨香四溢。萨诺特利酒庄的灰皮诺葡萄酒也比普通灰皮诺葡萄酒更加独特出众。酒庄的灰皮诺葡萄酒口感独特、结构坚实，带有成熟的苹果和梨子的香气，矿物质气息明显。

齐达里奇酒庄（卡松产区）

1988 年，本杰明·齐达里奇（Benjamin Zidarich）在他父亲和祖父之前耕种的土地上创建了自己的酒庄。此后，他在卡松地区荒凉多风的山区上种植了维托斯卡、玛尔维萨、赤霞珠和泰兰诺，面积超过 5.5 公顷。与沃多皮韦茨酒庄的葡萄酒一样，齐达里奇酒庄酿造的葡萄酒风格独特，需要享用者仔细品味体会。不过欲品佳酿一定要有耐心：齐达里奇酒庄维托斯卡葡萄酒在浅龄阶段的口味可能比较有争议，但假以时日会有惊喜。同样值得一试的还有泰兰诺葡萄酒，该酒将其野生浆果的味道和清新的香草味发挥得淋漓尽致。

值得关注的葡萄品种：维托斯卡和莱弗斯科

意大利的优势之一是葡萄品种多样。弗留利也不例外，该省盛产一系列本土葡萄，也种植霞多丽和梅洛等国际葡萄品种。其中有两种值得关注的葡萄品种，即维托斯卡和莱弗斯科，它们的名字非常有趣，酿成美酒享用时亦妙不可言。维托斯卡是白葡萄品种，是意大利和斯洛文尼亚混合品种，它的复杂起源也反映了欧洲这一地区边界的变迁。维托斯卡主要种植在卡松，离的里雅斯特湾不远，酿出的葡萄酒口感诱人、质地醇厚、层次丰富。齐达里奇酒庄和沃多皮韦茨酒庄是最擅长酿制维托斯卡葡萄酒的两家酒庄。莱弗斯科是一种本土红葡萄品种，经常与梅洛混酿，在弗留利之外愈发受欢迎。该品种酿制的酒款风格多样，从简约、多汁、有李子风味的普通款到结构紧致、芳香可口、沁人心脾的高端红葡萄酒，一应俱全。拉龙查亚酒庄、龙卡尔酒庄（Il Roncal）和马可费鲁伽酒庄是该葡萄品种顶级的三家生产商。

意大利中部产区

意大利中部（Central Italy）可以说是这个国家最美丽的地方。亚平宁山脉的顶峰就坐落在阿布鲁佐，拉齐奥直通永恒之城罗马，马尔凯则拥有无与伦比的自然风光。该地区的葡萄酒产业同样令人印象深刻，廉价的弗拉斯卡蒂和奥维多葡萄酒只是众多酒品的冰山一角。高耸入云的山峰和阳光普照的海岸孕育了变幻无穷的气候。就红葡萄酒而言，虽然桑娇维塞仍然牢牢占据主导，但它的地位不仅受到当地的蒙特布查诺的挑战，也受到影响力与日俱增的波尔多混酿的挑战。白葡萄酒则以维蒂奇诺为主，不过玛尔维萨、格莱切多，甚至特雷比奥罗也开始崭露头角。

在意大利，相较于石油丰富、工业发达的北部和节奏缓慢、文化繁荣的南部，夹在两者之间的中部地区更像一个缓冲地带。在这里，发达的农业取代了象征着意大利制造业的工厂和大型企业。山谷里，牧场环绕的农舍错落有致，橄榄林和葡萄园沿着陡峭的山坡一路向上攀升。在某种程度上看来，这似乎成了一片被游客遗忘了的土地。

意大利中部平原稀少，一片土地是该用来耕种还是住人，大都由山脉的分布情况来决定。在这里，亚平宁山脉海拔突破了 3000 米，划分出 4 个关键地区。几个世纪以来，人们一直沿着既定的路线进行贸易和运输，道路两侧则分布着葡萄园和修道院。

尽管几个世纪以来，许多人都认为教会值得更多的关注，但在翁布里亚，葡萄种植业和宗教都发展得很可观。然而直到最近，翁布里亚产区（Umbria）才出产了一系列令人瞩目的葡萄酒，成功堵住了批评家们的嘴，其中就包括振奋人心的 DOCG 级奥维多葡萄酒——蒙特法尔科萨格兰蒂诺葡萄酒，以及桑娇维塞、蒙特布查诺、赤霞珠和梅洛的混酿酒。

隔壁的马尔凯产区（Marche）尽管一直不被重视，但凭借令人难忘的美酒和自然风光，该产区慷慨地回报了当地对葡萄酒所作的一点探索。这里产出了意大利中部最好的白葡萄酒——维蒂奇诺。马泰利维蒙蒂奇诺 DOC 级产区（Verdicchio di Matelica DOC）位于崎岖的锡比里尼山脉（Monti Sibillini）——与曾经的辉煌相比，如今装在双耳瓶中的葡萄酒差太多了。科内罗 DOCG 级产区（The DOCG of Cónero）是蒙特布查诺的北部前哨站，这里生产的墨色红葡萄酒让阿布鲁佐（Abruzzo）的大多数酒品都望尘莫及。马尔凯南部边境的罗索皮切诺是亚得里亚海沿岸唯一的 DOC 级产区，主要以出产桑娇维塞为主。

尽管在葡萄种植的多样性方面，阿布鲁佐想要与马尔凯竞争还需时日，但有迹象表明，阿布鲁佐的特雷比奥罗和蒙特布查诺已经开始了暗中较劲。特雷比奥罗是欧洲最常见的葡萄品种之一，易于栽种，方便打理，并且产量巨大。尽管种植规模有限，但用它酿造出的白葡萄酒价格适中、特色鲜明，是阿布鲁佐丰富的海鲜的绝佳伴侣。另一方面，蒙特布查诺葡萄酒在阿布鲁佐和其他地区都享有极高的声望。其醉人的酒精度、酸度和单宁的完美契合使它稳居顶级葡萄酒之列，这种范例如今也是比较常见的。

与北方的邻居们相比，莫利塞（Molise）就有些相形见绌了，这里的特色是古老的红葡萄品种——汀特丽雅（Tintilia）。

拉齐奥大区是这个国家首都所在地，但这里出产的葡萄酒却从未像意大利飘扬的三色国旗那样令人自豪。虽然前途无量的玛尔维萨有时能够出产品质极佳的弗拉斯卡蒂葡萄酒，但拉齐奥大区最炙手可热的还是生长在北部托斯卡纳边境附近的国际葡萄品种。

皮诺米酒庄
一款广受欢迎的葡萄酒，可窖藏 20 年之久。

百乌鸦酒庄
这款葡萄酒是用当地一个
古老品种的晚熟葡萄酿制而成的。

阿丹蒂酒庄（翁布里亚产区）

如果一名红葡萄热爱者想要深入了解萨格兰蒂诺这个翁布里亚特有的葡萄品种，那就从阿丹蒂酒庄（Adanti）开始旅程吧。自 20 世纪 60 年代以来，阿丹蒂酒庄一直是 DOCG 级蒙特法尔科萨格兰蒂诺葡萄酒的中坚力量。阿尔瓦罗·帕里尼（Alvaro Palini）的萨格兰蒂诺葡萄酒产自酒庄在阿尔夸塔（Arquata）社区的两个葡萄园，占地共 32 公顷。由于不太信任巴里克木桶的优点，帕里尼继续使用巨大的老橡木桶酿造萨格兰蒂诺葡萄酒。萨格兰蒂诺葡萄成熟期漫长，帕里尼酿造的萨格兰蒂诺葡萄酒带有明显的单宁口感，但受葡萄香甜味和复杂的辛香味影响，单宁并不紧涩。

安东尼里酒庄（翁布里亚产区）

菲利波·安东尼里（Filippo Antonelli）在蒙特法尔科连绵起伏的山丘上管理着这处已经传承 5 代的酒庄。1881 年，弗朗切斯科·安东尼里（Francesco Antonelli）在如今已是 DOCG 级产区的中心地带购买了这座 160 公顷的庄园。因此，萨格兰蒂诺葡萄酒是该酒庄的核心产品，不过同样不容错过的还有质量一流的格莱切多葡萄酒（Grechetto）。这是一款让奥维多（Orvieto）名声大噪的白葡萄酒，风味简约，富含柑橘清香，性价比极高。酒庄的丘萨潘干红葡萄酒（Sagrantino Chiusa di Pannone）带有一丝醇厚的木质芬芳，风格格外优雅。

卡普雷酒庄（翁布里亚产区）

这家酒庄就是萨格兰蒂诺葡萄酒的代名词。庄园创始人阿纳尔多（Arnaldo）的儿子马可·卡普雷（Marco Caprai）在这一品种上投入了大量的资源和精力，无人能出其右。他与米兰大学的长期合作为该品种的土壤类型、培育系统，以及根茎的选择提供了至关重要的参考，这些研究反过来又指导着酒庄每一个环节的工作。酒庄对品质的不懈追求最终汇聚为无与伦比的 25 年珍藏萨格兰蒂诺葡萄酒（Sagrantino 25 Anni），这款红葡萄酒醇厚浓郁，酒体颜色墨黑，至少需要在瓶中陈放 10 年才能激活其最佳口感。

皮诺米酒庄（阿布鲁佐产区）

这款备受推崇的 DOC 级阿布鲁佐蒙特布查诺葡萄酒（Montepulciano d'Abruzzo DOC）并不是每年都生产，但它每次问世都会吸引众多收藏家和评论家的注意。Binomio 这个词大体意思为"两个名字"，指的是酒庄主人斯特凡内·伊纳马（Stefano Inama）和萨巴蒂诺·德·普罗佩尔齐奥（Sabatino de Properzio），他们的家族有超过两个世纪的酿酒经验。经过悉心打理，酒庄占地 4.5 公顷的葡萄园种植着蒙特布查诺葡萄，是一种老式克隆品种。初酿时，这款酒呈现出深邃的紫色，而在 20 年的漫长陈放后，又平添了层层香料（在法国橡木桶中陈酿 15 个月后带来的气息）、樱桃、西梅和可可的味道。★新秀酒庄

波加帝盖比亚酒庄（马尔凯产区）

马尔凯这一地区与法国之间的联系可以追溯到两个多世纪以前。1808 年，拿破仑吞并了奇维塔诺瓦（Civitanova）地区，然而奇怪的是，直到第二次世界大战后，他的家族依然掌握着这一地区。实际上，亚历山德里（Alessandri）家族在 1956 年直接从路易吉·拿破仑·波拿巴（Luigi Napoleone Bonaparte）王子手中买下了占地 10 公顷的波加帝盖比亚酒庄（Boccadigabbia）。他们保留了法国品种的种植传统，凭借着一系列质量优异的葡萄酒而名声大噪，而一款名为阿克朗特（Akronte）的赤霞珠葡萄酒尤其令人垂涎。

龙阁罗醍酒庄（翁布里亚产区）

在意大利，没有多少酒庄可以独占 DOCG 认证。虽然现在有两家生产商酿造 DOCG 级托及亚罗珍藏红葡萄酒（Torgiano Rosso Riserva DOCG），但这款酒与龙阁罗醍酒庄（Cantine Giorgio Lungarotti）却有着千丝万缕的关系。这是一家大型酒庄，葡萄园面积超过 300 公顷，年产量接近 300 万瓶。该酒庄出产的瑞芭思梦驰葡萄园红葡萄酒（Rubesco Vigna Monticchio Torgiano Rosso Riserva）由桑娇维塞和卡内奥罗（Canaiolo）混酿而成，不仅成为 DOCG 级别的标杆，更是动摇了隔壁托斯卡纳 DOCG 级产区的地位。

百乌鸦酒庄（拉齐奥产区）

从理论上讲，第勒尼安（Tyrrhenia）海岸的这一地区可能是拉齐奥的一部分，然而相较于弗拉斯卡蒂（Frascati），这里其实更像博尔盖里（Bolgheri）。这里受海洋气候影响十分明显，葡萄园从海岸一直徐徐延伸到该地区特有的火山丘陵中。百乌鸦酒庄（Casale Cento Corvi）延续了伊特鲁里亚时期的葡萄栽培传统，拥有各种本土及国际葡萄品种。晚收贾切切红葡萄酒（Giacchè Rosso）酿自同名的古藤葡萄园，口感多汁，带有樱桃香气。

百合酒庄（拉齐奥产区）

安东尼奥·桑塔雷利（Antonio Santarelli）针对国际葡萄品种在拉齐奥地区的种植潜力进行了 20 年的研究。对于这种行为，纯粹主义者们大概会表示不解，但考虑到酒庄所在地曾是一片沼泽，大多数酒客都十分认可他的坚持。百合酒庄（Casale Del Giglio）最出名的是一款沁人心脾且价格实惠的西拉葡萄酒，所有酒款都彰显出酿酒师保罗·蒂芬塔勒（Paolo Tiefenthaler）对细节的悉心打磨。安蒂诺葡萄酒（Antinoo）是一款霞多丽和维欧尼的混酿，有奶油般的丝滑和浓郁口感，而赤霞珠葡萄酒则饱含精致的橡木质感，散发出黑醋栗和薄荷的典雅芬芳。

宝利思堡酒庄（拉齐奥产区）

宝利思堡酒庄（Castel de Paolis）在弗拉斯卡蒂小镇的地位堪比法拉利在汽车中的地位。自 20 世纪 60 年代以来，这里的葡萄园就一直属于朱利奥·桑塔雷利（Giulio Santarelli）的家族，但直到他结识阿提里奥·斯琴扎（Attilio Scienza）教授后，才对这片庄园进行了全方位的翻修。如今，凭借着 13 公顷的高密植葡萄园，宝利思堡酒庄一路高歌猛进。该酒庄出产的弗拉斯卡蒂·维格纳·阿德里亚娜葡萄酒（Frascati Vigna Adriana）

成了这个老 DOC 产区的新标杆。这款葡萄酒添加了少许维欧尼和长相思，为以厚重的草本风格而著称的玛尔维萨葡萄酒注入了别样活力。

雷吉恩酒庄（翁布里亚产区）

翁布里亚一直是意大利文化的十字路口，其葡萄栽培更是结合了东西南北各地的地域差异，十分奇妙。这一特点在雷吉恩酒庄（Castello delle Regine）表现得最为明显。保罗·诺达里（Paolo Nodari）在酿酒顾问佛朗哥·伯纳贝（Franco Bernabei）的帮助下酿造各种葡萄酒，兼收并蓄地采用各种葡萄品种，包括梅洛、桑娇维塞、蒙特布查诺、西拉、特雷比奥罗、格莱切多、玛尔维萨、霞多丽、长相思、灰皮诺和雷司令等。翁布里亚南部角落这一地区富含沙质黏土，梅洛和桑娇维塞在这里表现十分出色，两款葡萄酒均荣获诸多奖项。

萨拉城堡酒庄（翁布里亚产区）

安东尼（Antinori）家族在托斯卡纳的酿酒事业已经历经了26 代传承。不过他们的奥维多酒庄较为年轻，只能追溯到 1940年。当时，尼科洛·安东尼（Niccolò Antinori）购买了占地 500公顷的萨拉城堡酒庄（Castello della Sala）并着手修复城堡及葡萄园。如今，该酒庄 160 公顷的土地上种植了相同规模的本地和国际葡萄品种。国际葡萄品种的引用极为成功，最好的萨拉城堡霞多丽葡萄酒（Chardonnay Cervaro della Sala）现在被认为是意大利勃艮第品种的标杆之一，该酒饱含新橡木桶和热带水果的香气，辨识度极高。

卡达迪·玛丹娜酒庄（阿布鲁佐产区）

蒙特布查诺葡萄的生长需要热量，而在被称为阿布鲁佐烤箱的蒂里诺河（River Tirino）两岸，温度经常达到 40 摄氏度。整个庄园种植了 25 公顷的传统葡萄品种，包括蒙特布查诺、特雷比奥罗，以及当地非常受欢迎的白葡萄品种——佩哥里诺。该酒庄酿造的佩哥里诺葡萄酒堪称经典，饱含细腻花香，而瑟拉索罗·皮耶·德莱维涅尔（Cerasuolo Piè delle Vigne）蒙特布查诺桃红葡萄酒可与任何名酒相媲美。托尼葡萄酒（Tonì）是一款经过橡木桶陈酿的阿布鲁佐蒙特布查诺葡萄酒，风味厚重，完善了酒庄的产品线。

科罗娜拉酒庄（马尔凯产区）

少有合作酒庄能够成为业界标杆，但在马尔凯地区的著名酒庄中，科罗娜拉酒庄（Colonnara）的成功可谓实至名归。该酒庄成立于 1959 年，拥有约 200 名员工，在库普拉蒙塔纳（Cupramontana）周围的山地上拥有 250 公顷的葡萄园。得益于海洋气候和高山环境的完美结合，这里的葡萄长势喜人，马尔凯产区特有的维蒂奇诺（Verdicchio）葡萄源自库普拉蒙塔纳。和大多数合作酒庄一样，科罗娜拉酒庄产量巨大，性价比最高的当属维蒂奇诺·库布雷斯葡萄酒（Verdicchio Cuprese）。

百合酒庄
这款葡萄酒由低产葡萄酿制而成，
在橡木桶中的陈酿时间长达 20 个月。

德卡纳欧·芭比酒庄
一款格莱切多、维蒙蒂诺和
霞多丽的混酿酒。

德卡纳欧·芭比酒庄（翁布里亚产区）

在寻找满分葡萄酒的旅程中，有一类酒庄很容易被忽视：它们十分低调，默默无闻地生产着一系列物美价廉的经典葡萄酒。虽然德卡纳欧·芭比酒庄（Decugnano dei Barbi）不是翁布里亚最知名的酒庄，但这里生产的葡萄酒却一如既往地美味可口。领衔的是一款质量出众的奥维多高级经典葡萄酒（Orvieto Classico Superiore），该酒果甜和酸度之间达到完美平衡，使葡萄酒可以在 10 年或更长的陈放时间里慢慢熟化。由格莱切多和长相思混酿的德卡纳欧·芭比酒庄贵腐葡萄酒（Pourriture Noble）口感饱满丰腴，也是酒庄的成名之作。

伊卢米纳蒂酒庄（阿布鲁佐产区）

伊卢米纳蒂（Illuminati）家族在阿布鲁佐北部这个偏远酒庄的酿酒事业已经传承了 5 代，除了当地的蒙特布查诺和特雷比奥罗葡萄，他们还引入了赤霞珠和霞多丽等国际品种。这一特点反映在了该地区独特的立法上——三个 DOC 级产区允许相互重叠。而伊卢米纳蒂家族则充分利用了这种看似反常的规范。他们酿制的丹尼尔白葡萄酒（Daniele）、流明红葡萄酒（Lumen）都是孔特罗圭拉 DOC 级产区（Controguerra DOC）本地和国际葡萄品种的混酿典范。其产品线包括风味活泼的 DOC 级蒙特布查诺和阿布鲁佐特雷比奥罗混酿酒（Montepulciano and Trebbiano d'Abruzzo）和史诗般的 DOCG 级赞纳蒙特布查诺·阿布鲁佐·科林·特曼葡萄酒（Zanna Montepulciano d'Abruzzo Colline Termane）。

艾米迪·佩派酒庄（阿布鲁佐产区）

在艾米迪·佩派酒庄（Emidio Pepe）的酒窖中，时间仿佛真的可以静止。丹妮拉（Daniela）和索菲亚（Sofia）姐妹采用生物动力法种植，白葡萄使用脚踩破皮法，红葡萄则由手工去梗。酒窖里有 20 多万瓶陈放了 30 余年的葡萄酒，女族长罗莎·佩佩（Rosa Pepe）掌管着这座占地 15 公顷的酒庄，在给葡萄酒贴标运输前，她仍然坚持手工装瓶的做法。陈放 10～20 年的葡萄酒同样不难寻觅，这些葡萄酒不禁让人回想起葡萄酒行业早期的经典风味。

伐勒科酒庄（翁布里亚产区）

伐勒科酒庄（Falesco）价格实惠、口感馥郁的孟提阿诺葡萄酒（Montiano）标志着意大利重新跟上了世界葡萄酒的潮流。这款于 1993 年首次问世的梅洛纯酿一经发布，就在全世界掀起了一股热潮。它的大获成功证明了并非所有意大利红葡萄酒都是要么价格贵到荒唐，要么单宁涩到难以下咽的。一路走来，该酒庄巩固了意大利在世界葡萄酒版图上的地位，酿酒师里卡多·科塔雷拉（Riccardo Cotarella）也已然成为一个家喻户晓的名字。在科塔雷拉兄弟的带领下，伐勒科酒庄一路高歌，前程似锦。

科隆奇诺酒庄（马尔凯产区）

科隆奇诺（Canestrari）家族直到 1985 年才开始生产葡萄酒，但他们的酒庄如今已经跻身马尔凯地区的顶级酒庄行列。该

兰博基尼酒庄

这款葡萄酒由赤霞珠、桑娇维塞和蒙特布查诺混酿而成，此种组合较为罕见。

玛世酒庄

一款色泽鲜亮的特雷比奥罗葡萄酒，适合搭配鱼肉和鸡肉。

酒庄在传奇的斯塔弗洛（Staffolo）公社拥有 9.5 公顷的葡萄园，难怪酒庄主人卢西奥·卡内斯特拉里（Lucio Canestrari）会将注意力完全集中在维蒂奇诺葡萄上。庄园的产量很小，每年只有不到 4000 箱，但质量出众。盖奥斯皮诺葡萄园（Gaiospino Cru）是马尔凯地区的一个传奇。由晚收维蒂奇诺酿制的葡萄酒充分展现了这种葡萄的甘美，以往被人们诟病的酒精味消失不见，取而代之的是荔枝、桃子和东方香料的芬芳，为酒客带来了截然不同的感官体验。

特拉泽酒庄（马尔凯产区）

安东尼奥·泰尔尼（Antonio Terni）和乔治娜·泰尔尼（Georgina Terni）在科内罗山（Monte Cónero）的山脚下种植了 20 公顷的葡萄园。这座雄伟的山峰从亚得里亚海拔地而起，早在普林尼赞美其葡萄酒之前，葡萄藤就已经生长在这里陡峭的山坡上。科内罗是马尔凯唯一的红葡萄酒 DOCG 级产区，特拉泽酒庄（Fattoria Le Terrazze）正是其中的典范。法规规定蒙特布查诺的用量不得低于 85%，但该酒庄三代产品中的蒙特布查诺纯度都达到了 100%。其中，散发着樱桃香气的萨西内里葡萄酒（Sassi Neri）在新橡木桶和二次陈酿的巴里克木桶中陈年之后，达到了果香和橡木气息之间的绝佳平衡。

妮蔻黛米酒庄（阿布鲁佐产区）

妮蔻黛米酒庄（Nicodemi）是由埃琳娜·妮蔻黛米（Elena Nicodemi）的祖父卡罗（Carlo）在 20 世纪初创建的。她的父亲布鲁诺（Bruno）在 20 世纪 60 年代初接管了公司，但在 1998 年因意外去世。于是，埃琳娜放弃了自己前程似锦的建筑师生涯，回到家乡振兴酒庄。在费德里科·库尔塔兹（Federico Curtaz）和保罗·卡乔尔亚（Paolo Caciorgna）的大力协助下，她酿造的葡萄酒一跃成为阿布鲁佐地区无与伦比的标杆。酒庄旗下的特雷比奥罗葡萄酒富含核果类水果的清新香气和令人垂涎的酸度，而蒙特布查诺葡萄酒则是搭配烤肉和野味食用的最佳选择。

加罗福利酒庄（马尔凯产区）

马尔凯的葡萄酒产业曾一度落后，现在能够跻身意大利最具发展活力的地区之列，加罗福利（Garofoli）家族功不可没。这座纯粹的家族酒庄是安科纳市（Ancona）的酒业巨头，年产量超过 200 万瓶。其系列产品包括所有马尔基贾尼（Marchigiani）经典品种，例如维蒂奇诺、罗索皮切诺（Rosso Piceno）、科内罗（Cónero）和拉奎马（Lacrima），其中产量最大的是维蒂奇诺。该酒庄率先采用木桶陈酿，不过用这种方法陈酿维蒂奇诺葡萄酒确实有点画蛇添足的感觉。酒庄最受欢迎的是一款在不锈钢桶中陈酿的晚收博蒂恩葡萄酒（Podium）。

卡拉亚酒庄（翁布里亚产区）

卡拉亚酒庄（La Carraia）成立于 1988 年，是奥多尔多·贾莱蒂（Odoardo Gialetti）和里卡多·科塔雷拉（Riccardo Cotarella）创办的合资酒庄。他们开创性的辛勤劳作挽回了奥维多 DOC 级产区的声誉。经济实惠的奥维多葡萄酒具有清新的柑橘果香，是搭配意大利面的完美选择。同样美味的波焦卡尔维利葡萄酒（Poggio Calvelli）添加了 25% 的霞多丽来增强风味。1995 年，卡拉亚酒庄发布了福比亚诺葡萄酒（Fobiano）。这是一款在法国新橡木桶中陈酿的波尔多混酿酒，成熟的黑果香气和奶油橡木的芳醇让人一见倾心。

兰博基尼酒庄（翁布里亚产区）

没错，这就是你所熟知的那个兰博基尼。费鲁吉欧·兰博基尼（Ferruccio Lamborghini）不仅为我们带来了蛮牛咆哮般的 12 缸发动机，还酿造了一系列同样惊艳的红葡萄酒。事实上，他的葡萄酒生意也不是最近才开始的——他早在 1971 年就购买了该酒庄。不过直到最近，他作为酿酒师的成就才逐渐盖过了作为汽车制造商的成就。酒庄出产的特雷斯科内（Trescone）是一款柔和的浅龄红葡萄酒，坎波利欧内（Campoleone）则是最畅销的酒品。就像兰博基尼的跑车一样，虽然该酒庄的佳酿可能并不适合日常饮用，但其迷人的曲线散发着无可比拟的吸引力。

莫纳切斯卡酒庄（马尔凯产区）

抽着雪茄、开着保时捷的阿尔多·西弗拉（Aldo Cifola）既是个花花公子，也是个辛勤的农民，他单枪匹马地打响了这个 DOC 级产区的名号。在亚平宁山脉的高处，马特利卡南北走向的山谷中，有全世界温差最大的葡萄园。炎热的白天和冰冷的夜晚降低了产量，也推迟了成熟期——这种自然条件对产量来说是灾难性的，却极大地提高了葡萄的浓度。意大利最伟大的白葡萄酒当中，有一款就是阿尔多创造的——米鲁姆马特利卡维尔蒂奇诺珍藏葡萄酒（Verdicchio di Matelica Riserva Mirum）。就像意大利的女演员索菲亚·罗兰（Sophia Loren）一样，这款酒在数十年的时间里完成了华丽的蜕变。

帕拉佐拉酒庄（翁布里亚产区）

自 20 世纪 90 年代初以来，翁布里亚的资深顾问里卡多·科塔雷拉（Riccardo Cotarella）就帮助帕拉佐拉酒庄（La Palazzola）打造了一系列突破传统的葡萄酒。这是一件令人惊讶的成绩，因为该酒庄的老板斯特凡诺·格里利（Stefano Grilli）是个非常有主见的人。对酿酒和哲学造诣颇深的格里利用包括雷司令、麝香、西拉、黑皮诺和梅洛在内的一系列琳琅满目的葡萄酿造甜型红葡萄酒和起泡酒（没有静止白葡萄酒）。该酒庄还有许多值得推荐的酒品，比如口感顺滑的鲁皮诺红葡萄酒（Cabernet Rubino），不过更具特色的还是斯特凡诺采用传统方法酿造的桑娇维塞起泡酒和红葡萄圣酒。

华伦婷酒庄（阿布鲁佐产区）

这家完全现代化的酒庄成立于 1990 年，其幕后资本是萨巴蒂诺·德·普罗佩齐奥（Sabatino de Properzio）。华伦婷酒庄（La Valentina）拥有 45 公顷的葡萄园，距离亚得里亚海仅有几千米，庄园内设施现代化，持续生产质量稳定的佳酿。经典产品包括蒙特布查诺、特雷比奥罗和切拉索洛葡萄酒，尤其令人回味的是贝洛维德葡萄酒（Bellovedere），该酒产自一个占地 2 公顷的葡萄园，年产量最多只有 6000 瓶。这款酒酒体饱满、色泽墨黑，散发出十分成熟的果香，是蒙特布查诺葡萄酒的杰出代表，让人欲罢不能。

玛世酒庄（阿布鲁佐产区）

阿布鲁佐的酒业巨头吉安尼·玛夏雷利（Gianni Masciarelli）在 2008 年去世，享年 53 岁。无论是从他酒庄的规模——275 公顷葡萄园和 300 万瓶的年产量，还是从他对该地区知名度的贡献来看，他的影响力都是不言而喻的。吉安尼坚持通过引进葡萄新品种和现代技术来改进葡萄园和酒窖。优雅的宝石系列珍藏蒙特布查诺（Montepulciano Villa Gemma）、让人欲罢不能的玛丽娜·茨韦蒂奇系列霞多丽（Marina Cvetic）等佳酿是对葡萄酒界为数不多的原创作品的致敬。

莫罗德酒庄（马尔凯产区）

远在这片人间仙境成为科内罗山国家公园的一部分之前，莫罗德（Moroder）家族就已经扎根于此（8 世纪）。他们知道自己该做什么，并且从不会令人失望。该庄园 32 公顷的土地大部分都种植着蒙特布查诺，是该品种最北端的前哨站。佛朗哥·伯纳贝（Franco Bernabei）是酒庄的酿酒顾问，在他的努力下，一款独具特色的桃红葡萄酒、两款罗索科内里葡萄酒（Rosso Cóneri）仿佛是被施了魔法一样令人着迷，而珍藏多里科葡萄酒（Riserva Dorico）更是整个 DOCG 级产区的标杆级作品。

天使园酒庄（马尔凯产区）

马可·卡索内特（Marco Casolanett）和他的长期合作伙伴埃莉奥诺拉·罗西（Eleonora Rossi）一直致力于发掘天使园（Oasi delgi Angeli）的独特潜力。库尔尼（Kurni）是意大利的一款膜拜酒，马克也十分享受和自己的作品一起被众人顶礼膜拜。他的理念十分极端，不管是种植（低得离谱的产量）还是酿造（带皮存放 50 天，使用全新的橡木桶），都在寻求酿酒的极限。这样处理的结果是对感官的极大冲击，他的酒好比一名健美运动员，至于是否具有吸引力，便见仁见智了。★新秀酒庄

帕拉佐内酒庄（翁布里亚产区）

叹为观止、美不胜收、金碧辉煌……这一连串的形容词都不足以形容杜比尼这座占地 35 公顷的酒庄。此地区是通往罗马的朝圣之路上的一个海角，其壮阔的美景在 13 世纪首次得到世人认可。如果帕拉佐内（Palazzone）的自然风景仍不能融化你的心，那不妨试试奥维多经典坎波瓜尔迪诺葡萄酒（Orvieto Classico Campo del Guardiano），这是整个 DOC 级产区最好的葡萄酒，完全由当地葡萄品种酿制。这款酒初酿时口感很紧实，有些难以下咽，但随着时间的推移，会逐渐演化出丝滑的花香和复杂的柑橘果香。如此惊艳的表现，使得平时批评这个 DOC 级产区跟不上潮流的人立时沉默。

塞尔吉奥·莫图拉酒庄

这种酒体金黄的单一园葡萄酒由 100% 的格莱切多葡萄酿制而成。

萨尔塔雷利酒庄

这款葡萄酒层次复杂，芳香迷人，虽然度数较高，但口感柔和，优雅迷人。

西蒙尼酒庄（拉齐奥产区）

皮耶罗·科斯坦蒂尼（Piero Costantini）这个名字与葡萄酒有着千丝万缕的联系——他在罗马市中心的科斯坦蒂尼酒吧（Enoteca Costantini）存有 4000 多箱酒。西蒙尼酒庄（Piero Costantini Villa Simone）是科斯坦蒂尼在蒙特波尔齐奥卡托内的酒庄，位于弗拉斯卡蒂 DOC 级产区的中心地带，距罗马东南约 20 千米。葡萄园总面积为 27 公顷，但年产量才刚刚超过 30 万瓶。DOC 级弗拉斯卡蒂高级维涅托迪菲洛纳尔迪葡萄酒（Frascati Superiore Vigneto di Filonardi）具有精细的矿物质气息，以及蜜饯、苹果和香蕉的芬芳，是玛尔维萨葡萄酒潜力的有力佐证。

萨拉丁尼·比拉斯特利酒庄（马尔凯产区）

萨拉丁尼·比拉斯特利酒庄（Saladini Pilastri）在马尔凯南部的历史可以追溯到 1000 多年前。该酒庄已经有 300 年的葡萄酒酿造史，拥有 320 公顷的葡萄园。1995 年，庄园开始进行有机种植，成为意大利半岛最早坚持有机种植的酒庄之一。酒庄的葡萄园十分广袤，这意味着酒庄可以精心挑选酿酒材料（有一半的葡萄酒散装出售），因此这个系列成为意大利最具性价比的葡萄酒之一。

萨尔塔雷利酒庄（马尔凯产区）

多纳泰拉·萨尔塔利雷（Donatella Sartarelli）和帕特里齐奥·基亚基亚里尼（Patrizio Chiacchiarini）种植了 66 公顷的维蒂奇诺葡萄，他们旗下的萨尔塔雷利酒庄（Sartarelli）是马尔凯产区的领军家族酒庄。20 世纪 70 年代，他们为家族庄园重新注入了活力，致力于酿造顶级白葡萄酒，最终取得了令人钦佩的业绩。该酒庄出产的耶西城堡维蒂奇诺白葡萄酒（Verdicchio dei Castelli di Jesi）美味多汁、香气扑鼻，而特拉利维奥葡萄酒（Tralivio）则是来自低产葡萄园的精选酒款。11 月中旬收获的巴尔恰纳葡萄酒（Balciana）是一款史诗级佳酿，酒精含量为 15%，洋溢着浓郁的苹果、蜂蜜和甜香料气息。

塞尔吉奥·莫图拉酒庄（拉齐奥产区）

意大利有一些有趣的 DOC 级产区，奥维多便是其中之一，它横跨了翁布里亚和拉齐奥两个产区。位于拉齐奥的塞尔吉奥·莫图拉酒庄（Sergio Mottura）拥有 37 公顷的有机认证葡萄园。早在 1933 年，塞尔吉奥的祖父到来之前，庄园里就经常有豪猪出入。现在豪猪已经被认为是家族的一部分，当作标签贴在了酒瓶上。拉图奇维特拉白葡萄酒（Latour a Civitella）是一款史诗级的 IGT 级格莱切多葡萄酒，其优异表现完全配得上它所获的诸多奖项。不过对于经验丰富的老酒客们来说，价格便宜一半的奥维多葡萄酒不失为一个更加明智的选择。

斯特凡诺·曼奇内利酒庄（马尔凯产区）

热情好客的斯特凡诺·曼奇内利酒庄（Stefano Mancinelli）是莫罗达尔巴奎马葡萄酒（Lacrima di Morro d'Alba）的典范酒庄，在整个 DOC 级产区中，这是一个被人们忽视的品种。虽然产量有限，但在斯特凡诺的努力推广下，这款酒的产量已经在

蓓蕾诺丝酒庄
这款霞多丽葡萄酒散发着清新的芬芳，
最适合在酿成的次年饮用。

布奇酒庄
这款酒体适中的珍藏葡萄酒
由 100% 的维蒂奇诺葡萄酿制而成。

过去的 10 年中增长了两倍。他酿造了两个版本：经过传统发酵、价格也更昂贵的拉奎马葡萄酒（Lacrima）表现出该葡萄品种特有的花香；而果之感葡萄酒（Sensazione di Frutto）则重新定义了"果味"一词，玫瑰、紫罗兰和蓝莓的芬芳像爆炸一般从酒杯中喷薄而出。

科贝特罗酒庄（翁布里亚产区）

塞亚格里格拉（Saiagricol）是 SAI 保险公司的农业投资公司。在意大利，该公司的地位相当于法国的安盛酒业集团。与法国同行一样，塞亚格里格拉管理着一系列顶尖庄园。其中之一便是位于佩鲁贾省翁布里亚蒙特法尔科的科贝特罗酒庄（Tenuta Còlpetrone）。针对酒窖和 63 公顷的葡萄园而进行的大量投资现在已经卓有成效，该酒庄出产的黄金萨格兰蒂诺葡萄酒（Sagrantino Gòld）能与任何竞品相媲美，然而它还是无法掩盖帕赛托萨格兰蒂诺葡萄酒（Sagrantino Passito）的光芒，这款酒芬芳馥郁、丰腴饱满，更拥有无与伦比的精致酸度和桑葚果香。

特拉波利尼酒庄（拉齐奥产区）

特拉波利尼酒庄（Trappolini）起源于奥维多，扎根于拉齐奥。罗伯托·特拉波利尼（Roberto Trappolini）现在管理着他祖父在 20 世纪 60 年代建立的酒庄和占地 24 公顷的葡萄园。在罗伯托的经营下，酒庄的发展顺利步入 21 世纪，酒庄一直以来的传统和出产的奥维多葡萄酒也传承至今。虽然奥维多葡萄酒一直是特拉波利尼酒庄的核心产品，但自 1989 年以来，罗伯托还生产了 4 万瓶名为帕特诺（Paterno）的桑娇维塞葡萄酒，其卓越的陈年潜力令包括酒庄主人在内的所有人都感到喜出望外，进一步巩固了酒庄的口碑。

乌曼尼·隆基酒庄（马尔凯产区）

这座马尔凯产区的巨头酒庄拥有 200 公顷的葡萄园，年产量达 400 万瓶，其葡萄酒帝国从北部的科内罗 DOCG 级产区一直延伸到阿布鲁佐的特拉马内丘陵 DOCG 级产区。虽然挑战巨头看似振奋人心，但乌曼尼·隆基酒庄（Umani Ronchi）在产量惊人的同时还维持着出众的品质，并没有顾此失彼。每一款葡萄酒都由米盖尔·波奈蒂（Michele Bernetti）精心打造，该酒庄出产的葡萄酒包括经久耐存的维蒂奇诺和蒙特布查诺葡萄酒，以及屡获殊荣的古马隆（Cúmaro）和佩拉（Pelago）葡萄酒。不过最令酒庄自豪的作品还是普乐尼奥葡萄酒（Plenio），该酒是唯一一款能把橡木和果香完美结合的维蒂奇诺葡萄酒。

瓦伦蒂尼酒庄（阿布鲁佐产区）

爱德华·瓦伦蒂尼（Edoardo Valentini）是意大利葡萄酒业的行业巨头和精神领袖，一心一意想要酿造出世界顶尖的葡萄酒。在与儿子弗朗西斯科（Francesco）一起品酒时，他总是念念不忘自己那句经典的开场白："你可以问我任何问题，除了我如何种植葡萄和酿酒。"幸运的是，葡萄酒本身就能说明一切。在他的精心打理下，长期不被看好的特雷比奥罗葡萄酒在 30 年的时间里利落地完成了灰姑娘般的华丽蜕变。瓦伦蒂尼酒庄（Valentini）的蒙特布查诺葡萄酒只在最好的年份酿造，可与波尔多或勃艮第的任何酒款相媲美。

蓓蕾诺丝酒庄（马尔凯产区）

蓓蕾诺丝酒庄（Angela Velenosi）的总部位于罗索皮切诺 DOC 级产区的中心，美丽动人的安吉拉·维勒诺西（Angela Velenosi）是这家年轻酒庄的负责人。在她的管理下，酒庄发展得愈发成熟，105 公顷葡萄园的年产量达到了 100 万瓶。该酒庄出产的葡萄酒质量十分稳定，入门级的法莱里奥（Falerio）和罗索皮切诺（Rosso Piceno）葡萄酒在拥有实惠价格的同时，在品质上也能与马尔凯的任何一款酒相媲美，而安吉拉酒庄（Villa Angela）的霞多丽葡萄酒则展示出精致的橡木风味。蓓蕾诺丝酒庄还酿造传统的维肖勒葡萄酒（Visciole），这是一种中世纪的甜酒，带有酸樱桃风味。★新秀酒庄

布奇酒庄（马尔凯产区）

布奇酒庄（Villa Bucci）拥有一座漫无边际的酒庄，占地面积超过 400 公顷，位于杰西堡的维蒂奇诺（Verdicchio dei Castelli di Jesi）DOC 级产区的中心。生长在小麦、甜菜和向日葵田地之间的是 21 公顷经过精心打理的有机葡萄园，布奇家族在这里酿造两种典型的马尔凯白葡萄酒。虽然布奇维蒂奇诺葡萄酒（Bucci Verdicchio）品质出众，但维拉布奇葡萄酒（Villa Bucci）才是整个 DOC 级产区的门面。40 年藤龄的低产葡萄藤酝酿出浓郁的矿物质气息，而在大号的老橡木桶中陈酿 18 个月后，这种矿物质气息更是有增无减。

托斯卡纳产区

对于许多葡萄酒爱好者来说，托斯卡纳（Tuscany）就是意大利的代名词，这毋庸置疑。该地区拥有悠久的优质葡萄酒生产历史——科西摩大公三世（Grand Duke Cosimo Ⅲ）于 1716 年就为卡尔米尼亚诺、基安蒂、宝米诺和瓦尔达诺葡萄酒正式授予官方认定资质。如今，托斯卡纳成了通往意大利葡萄酒世界的最便捷的门户。当然，这种便捷也是相对的，每一个通过蒙塔奇诺布鲁奈罗（Brunello di Montalcino）领略意大利葡萄酒世界的人，都或多或少吃过基安蒂柳条长颈大肚瓶葡萄酒的亏。不过今时不同往日，两个多世纪以来，正是托斯卡纳地区一直引领着意大利葡萄酒的发展。

在托斯卡纳，桑娇维塞就像一匹高贵的黑马。

成色最好时，这种葡萄能够孕育出与勃艮第黑皮诺相当的微妙层次。以意大利的说法，你也可以称之为皮埃蒙特的内比奥罗。然而，在现代葡萄酒产业中，桑娇维塞要么被过度种植，酿成味觉单薄、平淡无奇、产业化的红葡萄酒，要么被冠以"口感糟糕、不可控制"的名声，需要与其他优秀葡萄品种混酿。

首先认识到桑娇维塞酿造难度的是贝蒂诺·瑞卡索男爵（Baron Bettino Ricasoli），他在 19 世纪提出了桑娇维塞和基安蒂的混合配方，这种方法后来被整个 DOC 级产区采纳。20 世纪 70 年代，第一批"超级托斯卡纳"葡萄酒问世了，通过添加赤霞珠或梅洛，或者彻底放弃桑娇维塞，一系列全新葡萄酒应运而生。可以说，其中一些新酒并不具备真正的托斯卡纳风格，然而抛开成见，这些出色的葡萄酒完全有潜力另起炉灶，成为新的经典。

其中的一些葡萄酒，如西施佳雅、欧纳拉雅（Ornellaia）和天娜（Tignanello），已经成为意大利的传奇名酒。

然而，对于托斯卡纳葡萄酒的爱好者来说，他们的目光最终还是会落到桑娇维塞上来。虽然这种葡萄分布于意大利各地，但托斯卡纳才是桑娇维塞真正的归宿。

伴随着基安蒂·鲁菲娜产区（Chianti Rùfina）的沁人酒香，桑娇维塞的旅程始于佛罗伦萨的北部和东部。纵观整个城市，广阔的基安蒂区及其下属的基安蒂科利佛罗伦萨区（Chianti Colli Fiorentini）出产的葡萄酒物美价廉。位于佛罗伦萨以南的是历史悠久的经典基安蒂产区（Chianti Classico），这里有着独特的微气候条件。得益于长期的酿酒研究，以及像蒙特维尼酒庄（Montevertine）这样追求纯粹的酒庄的不懈努力，桑娇维塞在经典基安蒂产区绽放出了前所未有的光芒。也许在不远的将来，该产区甚至可以挑战蒙塔奇诺在桑娇维塞领域的统治地位。

当然，蒙塔奇诺镇多年来因其布鲁奈罗葡萄酒而备受世界瞩目。这里产出的桑娇维塞葡萄酒（由大桑娇维塞葡萄酿造）在强劲口感与优雅风味之间寻得了绝佳的平衡。附近蒙特布查诺出产的贵族酒（Vino Nobile）则层次丰满、值得陈年。

在西边的马里马地区（Maremma），桑娇维塞被制成混酿酒。这里还有质朴的莫雷利诺·斯堪萨诺葡萄酒（Morellino di Scansano）、精致的波尔多葡萄酒，以及逐渐将歌海娜和佳丽酿等葡萄引入托斯卡纳地区的地中海葡萄酒等。

上述这些也只是表面现象。托斯卡纳本就是一个自成一体的世界，你总能在这里找到能够打动你的美酒。

主要葡萄种类

🍇 红葡萄

赤霞珠

卡内奥罗

梅洛

桑娇维塞

🍇 白葡萄

霞多丽

特雷比奥罗

维奈西卡

年份

2009

偏高的温度造就了风味成熟的葡萄酒，且酒精含量高于平均水平。

2008

这是一个优秀的年份。虽然夏季略受干旱影响，但是晚熟品种的表现十分出色。

2007

这是一个几近完美的年份。干燥的夏天过后，雨水紧随而至，温暖干燥的收获季造就了风味成熟、口感浓烈的葡萄酒。

2006

这是十分出色的一年，葡萄酒的质量一流，产量很高。经典基安蒂葡萄酒堪称完美。

2005

多变的天气不利于某些地区的葡萄成熟，葡萄酒适合尽早饮用。

2004

近乎经典的自然条件造就了这个完美的年份，蒙塔奇诺布鲁奈罗葡萄酒的表现尤为出色。

阿尔泰斯诺酒庄
这款布鲁奈罗单一园葡萄酒
精致典雅、层次复杂。

阿雯诺尼斯酒庄
该酒款是一种罕见的甜酒，
装瓶前曾在橡木桶中陈酿 10 年。

圣菲利斯酒庄（经典基安蒂产区）

这个邻近卡斯德尔诺沃·贝拉登卡（Castelnuovo Berardenga）的大型酒庄由安联保险集团（Allianz）所有。圣菲利斯酒庄（San Felice）的葡萄种植和酿酒事务由庄园的常驻葡萄栽培师卡洛·萨尔维内利（Carlo Salvinelli）和酿酒师莱昂纳多·贝拉西尼（Leonardo Bellacini）负责。该酒庄沿用经典基安蒂产区的经典酿法，将传统葡萄放在大橡木桶中混合陈酿。如此酿制的葡萄酒展现了当地的风土，风格明快奔放，适合佐餐饮用。波焦·罗索（Poggio Rosso）是酒庄经典的单一葡萄园珍藏葡萄酒，充分彰显了托斯卡纳地区的特色。

阿尔泰斯诺酒庄（蒙塔奇诺产区）

长期以来，阿尔泰斯诺酒庄（Altesino）就一直是蒙塔奇诺地区最具前瞻性和国际意识的生产商之一，酒庄早期就种植了赤霞珠和梅洛等品种，陈酿桑娇维塞时所用的也是巴里克木桶，而非传统的大木桶。自 2002 年以来，该酒庄一直由伊丽莎白·格努迪·安吉里尼（Elisabetta Gnudi Angelini）所有，在酿酒顾问彼得罗·里维拉（Pietro Rivella）和保罗·卡乔尼亚（Paolo Caciorgna）的努力下，酒庄一直保持着前卫而精致的风格。基本款布鲁奈罗葡萄酒口感质朴、风味饱满，还拥有扣人心弦的单宁。阿尔特葡萄酒（Alte d'Altesi）则是一款优雅而柔和的混酿。

安佩拉亚酒庄（马里马产区）

安佩拉亚（Ampelaia）是一家雄心勃勃的年轻酒庄，由伊丽莎白·福拉多里（Elisabetta Foradori）、乔瓦尼·波迪尼（Giovanni Podini）和托马斯·威德曼（Thomas Widmann）于 2002 年在格罗塞托（Grosseto）附近的托斯卡纳南部建立。该酒庄并不生产波尔多风格的混酿酒，而是着眼于地中海盆地，生产的葡萄酒主要以桑娇维塞、慕合怀特和阿利坎特为特色。与酒庄同名的品丽珠、桑娇维塞和其他品种葡萄酒都值得一试，其中就包括辛香充沛的佳丽酿葡萄和薄荷般凉爽的歌海娜葡萄酒。凯波斯葡萄酒（Kepos）芳香四溢、充满活力，由歌海娜、慕合怀特、佳丽酿、阿利坎特和马瑟兰混酿而成。这两款酒都与托斯卡纳传统的超级混酿截然不同。★新秀酒庄

苏格梅老村酒庄（经典基安蒂产区）

苏格梅老村酒庄（Antico Borgo di Sugame）坐落在山顶之上，俯瞰着经典基安蒂产区中心的瓦尔迪格雷夫（Val di Greve）和瓦尔德阿诺（Val d'Arno）。2000 年，洛伦佐·米切利（Lorenzo Miceli）和卡特里娜·米切利（Catriina Miceli）买下了这座酒庄，即刻动手整修酒窖和设施。他们在酒厂里安装了不锈钢罐，并将一部分房屋改造成了一家静谧的农家乐。他们还引进了有机耕作法，并在现有的 28 年藤龄地块旁新种植了新的葡萄藤。这种一丝不苟的态度在庄园口感坚实、结构优雅的经典基安蒂葡萄酒中展现得淋漓尽致。★新秀酒庄

爱嘉尼酒庄（蒙塔奇诺产区）

这座历史可以追溯到 16 世纪的酒庄看上去却十分现代。

自 1992 年来，酒庄一直由诺埃米·马龙·辛扎诺（Noemi Marone Cinzano）所有。得益于大小橡木桶陈酿的结合运用，酒庄生产的布鲁奈罗葡萄酒韵味成熟、风格前卫、极具亲和力。酒厂精选的罗索葡萄酒（Rosso）香气浓郁、口感清新，是个物美价廉的选择。口感细腻的苏朗阁（Solengo）由赤霞珠、梅洛和西拉混酿而成，一改朴素拘谨的风格，转而追求丰富的层次和怡人的口感。

阿雯诺尼斯酒庄（蒙特布查诺产区）

作为蒙特布查诺最著名的生产商之一，阿雯诺尼斯酒庄（Avignonesi）是一座古老的酒庄。1974 年，酒庄由阿尔贝托·法尔沃（Alberto Falvo）和埃托雷·法尔沃（Ettore Falvo）接管，焕发了新生。他们对庄园进行了现代化改造，引进了新的国际品种，尝试了不同的种植系统，并对酒厂进行了全面升级改造。20 世纪 90 年代初，葡萄酒学家保罗·特拉波利尼（Paolo Trappolini）加入酒庄的运营。最近，维吉妮·萨弗里斯（Virginie Saverys）买下了阿雯诺尼斯酒庄的大部分股份。该酒庄顶级的贵族酒风格优雅、层次丰富。同样值得尝试的还有产量稀少、宛如天使的圣酒，不容错过。

巴迪亚·可提布诺酒庄（经典基安蒂产区）

巴迪亚·可提布诺酒庄（Badia a Coltibuono，这个名字的字面意思是"好庄稼"）坐落在一座始建于 11 世纪的修道院内。20 世纪 50 年代，彼得罗·斯塔奇·普林斯蒂（Pietro Stucchi Prinetti）开始专注于珍藏级葡萄酒的商业化，从此，该酒庄就一直是经典基安蒂产区的重要生产商之一。如今，庄园由普林斯蒂的孩子们共同经营，领头人是他的女儿伊曼纽拉（Emanuela）。他们在酒庄的葡萄园里引入了有机种植技术，并建立了最先进的重力流酒厂。酒庄出产的经典基安蒂葡萄酒风味优雅，层次丰富的珍藏葡萄酒也值得尝试，这两款葡萄酒都微妙地展现了桑娇维塞的独特魅力。

巴迪亚·帕西尼亚诺酒庄（经典基安蒂产区）

自 1987 年以来，巴迪亚·帕西尼亚诺酒庄（Badia a Passignano）一直归安东尼家族所有，庄园内的修道院充分融合了中世纪和文艺复兴全盛期的建筑风格，令人惊叹。酒庄占地约 50 公顷的葡萄园中种植了天娜庄园的桑娇维塞克隆葡萄，用来酿造优雅的基安蒂经典珍藏葡萄酒。这款酒由 100% 的桑娇维塞酿制而成，在中小型桶中陈酿，香气袭人、余味柔和；该酒澄澈亮丽、酸度适中、活力无限，虽然陈酿一段时间口感会更加出色，但也可以在初酿时饮用。

碧安帝·山迪酒庄（蒙塔奇诺产区）

自 1969 年以来，佛朗哥·碧安帝·山迪（Franco Biondi Santi）就一直在经营着这个传奇酒庄。19 世纪，佛朗哥的先祖费鲁乔·碧安帝·山迪（Ferruccio Biondi Santi）开始酿造大桑娇维塞克隆葡萄酒，该酒庄便成为现代布鲁奈罗的发源地和意大利最具标志性的酿酒厂之一。该酒庄坚持采用传统酿造方法，出产的布鲁奈罗葡萄酒无论是在杰出年份生产的珍藏版，

还是在优秀年份生产的普通版，都能够陈酿数十年之久。

布兰凯亚酒庄（经典基安蒂产区）

布兰凯亚酒庄（Brancaia）由两座庄园组成，分别是位于拉达（Radda）的波皮园（Poppi）和位于卡斯特利纳（Castellina）的布兰卡亚园（Brancaia）。自1981年以来，这两座庄园一直由布里吉特·维德默（Brigitte Widmer）和布鲁诺·维德默（Bruno Widmer）所有。如今负责经营的是他们的女儿和女婿。在酒窖顾问卡洛·费里尼（Carlo Ferrini）的帮助下，该酒庄出产的葡萄酒风格前卫，由桑娇维塞和梅洛和赤霞珠等国际品种混酿而成。经典基安蒂葡萄酒由桑娇维塞和梅洛混酿而成，口感丰富、质地饱满。蓝色葡萄酒（Il Blu）则提高了配方中梅洛和赤霞珠的含量，呈现出柔和的口感和坚实的结构。

歌玛坎达酒庄（马里马产区）

1996年，安杰洛·嘉雅（Angelo Gaja）在他的葡萄酒帝国中建立了马里马前哨站。与嘉雅的另一家托斯卡纳酒庄——位于蒙塔奇诺的圣雷斯迪教区酒庄（Pieve Santa Restituta）不同，歌玛坎达酒庄（Ca'Marcanda）在葡萄品种上走的是彻底的国际化路线——赤霞珠、梅洛、品丽珠、西拉，以及少部分桑娇维塞。该酒庄出产的曼歌葡萄酒（Magari）以梅洛为主要材料，口感柔和、风味醇美，为法国葡萄在托斯卡纳海岸的传播奠定了坚实基础。普罗密葡萄酒（Promis）由西拉、桑娇维塞、梅洛混酿而成，口感坚实、芳香开胃，最适合佐餐饮用。★新秀酒庄

凯罗萨酒庄（马里马产区）

这座位于马里马北部的原始酒庄始建于1998年。2004年，酒庄由荷兰商人埃里克·耶格尔斯玛（Eric Jelgersma）接管，其名下还有法国波尔多的美人鱼城堡酒庄（Chateau Giscours）和杜特城堡酒庄（Chateau du Tertre）。凯罗萨酒庄（Caiarossa）的葡萄园采用生物动力种植法。自2004年以来，酿酒工作一直由多米尼克·热诺（Dominique Génot）负责。酒庄的旗舰酒是与酒庄同名的凯罗萨葡萄酒，根据年份的不同，该酒所用的主要酿酒葡萄会在梅洛和桑娇维塞之间替换。这款酒能让人感受到极致的细腻柔顺，彰显出托斯卡纳海岸地区红葡萄酒的雅致风格。副牌酒佩果莱亚（Pergolaia）带有泥土的芬芳，风味强劲。★新秀酒庄

康塔莱斯酒庄（经典基安蒂产区）

1990年代中期，卡罗·坎塔利奇（Carlo Cantalici）和丹尼尔·坎塔利奇（Daniele Cantalici）开始担任葡萄栽培和农业顾问，并于1999年在卡斯塔尼奥利（Castagnoli）建立了自己的酿酒厂。康塔莱斯酒庄（Cantalici）共有大约20公顷的庄园和承包葡萄园。出产的经典基安蒂葡萄酒极具现代特色，由梅洛、赤霞珠和大约85%的桑娇维塞混酿而成。葡萄园精选的梅塞尔里道夫葡萄酒（Messer Ridolfo）经巴里克木桶陈酿后风味愈加丰富。得益于葡萄园相对较高的海拔（410米），整款酒保持了口感鲜明、令人垂涎的酸度。

巴迪亚·可提布诺酒庄
一款结构均衡的经典基安蒂葡萄酒，
单宁柔顺，酸度激爽清新。

卡皮诺酒庄
这款果香浓郁的葡萄酒由霞多丽、
格莱切多和长相思混酿而成。

卡帕纳酒庄（蒙塔奇诺产区）

自1957年以来，这家位于蒙塔奇诺北端的酒庄一直由琴乔尼（Cencioni）家族所有。该酒庄的葡萄酒将蒙塔奇诺地区桑娇维塞的特色展现得淋漓尽致。基本款红葡萄酒在大酒桶中进行短期的陈酿，表现了桑娇维塞葡萄温和、芳香和清爽的一面。更有分量的则是风味强劲的布鲁奈罗葡萄酒，这款酒美味可口，备受追捧，需要在酒窖里存放几年。珍藏款红葡萄酒同样口感浓郁，深度和层次通常更为出色。

卡潘讷叶酒庄（经典基安蒂产区）

1974年，拉斐尔·罗塞蒂（Raffaele Rossetti）将这家古老的庄园重振为优质的葡萄酒生产商。自1997年以来，卡潘讷叶酒庄（Capannelle）一直由美国商人詹姆斯·舍伍德（James Sherwood）所有。在酿酒师西蒙娜·蒙西亚蒂（Simone Monciatti）的带领下，该酒庄仍是经典基安蒂产区最具现代和时尚气息的酒庄之一。该酒庄出产的50-50葡萄酒由贴地气的桑娇维塞，以及来自蒙特布查诺的阿雯诺尼斯酒庄（Avignonesi）的梅洛混酿而成，最能体现该酒庄所追求的托斯卡纳风土特色。经典基安蒂珍藏酒由桑娇维塞、卡内奥罗和科罗里诺（Colorino）混酿而成，单宁可口、酸度活泼。

卡普里利酒庄（蒙塔奇诺产区）

卡普里利酒庄（Caprili）在蒙塔奇诺产区的西南端种植了约15公顷的葡萄园。1965年，阿尔弗·巴托洛梅（Alfo Bartolommei）创立该酒庄。长期以来，他的家族一直实行该地区的佃农耕种制度，并在1978年生产了第一批葡萄酒。通过精心的耕作（葡萄园只使用铜和硫黄）和传统的酿造、陈酿（选用本地酵母和大酒桶），该酒庄生产的布鲁奈罗葡萄酒口感温和、风格典雅、质量稳定。

卡皮诺酒庄（经典基安蒂产区）

1967年，乔瓦尼·萨切特（Giovanni Sacchet）和安东尼奥·扎乔（Antonio Zaccheo）建立了卡皮诺酒庄（Carpineto），持续生产举世闻名、物美价廉的道格居罗红葡萄酒（Dogajolo），并收购葡萄来酿造包括经典基安蒂和贵族酒在内的一系列托斯卡纳葡萄酒。几十年来，卡皮诺酒庄逐渐拥有了自己的土地，如今在格雷夫（Greve）、佳维尔（Gaville）、基安恰诺（Chianciano）、蒙特布查诺，以及靠近海岸的加沃拉诺（Gavorrano），都有自己的葡萄园。基安蒂珍藏葡萄酒由桑娇维塞和科罗里诺混酿而成，陈酿用的木桶大小不一，优雅与质朴兼具。同样值得尝试的还有如丝般顺滑的贵族酒。

卡萨·艾玛酒庄（经典基安蒂产区）

这家占地20公顷的宁静的酒庄靠近卡斯特利纳，由佛罗伦萨贵妇艾玛·比扎里（Emma Bizzarri）所有，她在20世纪70年代初将卡萨·艾玛酒庄（Casa Emma）卖给了布卡洛西（Bucalossi）家族。在酿酒师卡洛·费里尼（Carlo Ferrini）的指导下，卡萨·艾玛酒庄同时采用现代和传统方法来酿造基安蒂葡萄酒。酒庄的基础款和珍藏款葡萄酒皆由桑娇维塞、卡内奥罗

索得拉酒庄

该酒是一款优雅传统的葡萄酒，可窖藏多年。

布罗里奥酒庄

该酒是一款新鲜、超值的经典基安蒂葡萄酒，适合在浅龄阶段饮用。

和黑玛尔维萨等传统葡萄混酿而成的，并且都在法国橡木桶中陈放了一段时间。最终造就的酒款带有泥土质感，同时单宁优雅，味道鲜美，备受瞩目。口感顺滑的梭罗（Sololo）梅洛葡萄酒同样值得尝试。

卡萨诺瓦酒庄（蒙塔奇诺产区）

这座酒庄的历史可以追溯到 1971 年，当时乔瓦尼·内里（Giovanni Neri）开始在蒙塔奇诺收购土地。如今，他的儿子贾科莫（Giacomo）在蒙塔奇诺经营着 4 处葡萄园：北部的塞雷塔尔托园（Cerretalto）和菲耶索莱园（Fiesole），南部的裴特拉多尼茨园（Pietradonice）和西汀园（Cetine）。酒庄优雅的风格在布鲁奈罗系列葡萄酒中展现得淋漓尽致：精致的蒙塔奇诺布鲁奈罗葡萄酒层次丰富、单宁强劲，同时还保留了柔滑的质地；塞雷塔尔托布鲁奈罗（Brunello Cerretalto）是一款风味强劲的单一葡萄园葡萄酒，结构坚实、单宁紧致。

索得拉酒庄（蒙塔奇诺产区）

谈到对蒙塔奇诺布鲁奈罗葡萄的酿造理念时，吉安弗兰克·索得拉（GianFranco Soldera）显得胸有成竹。他在 20 世纪 70 年代初买下了当时尚未开垦的凯斯巴斯庄园（Case Basse）。他与妻子格拉齐拉（Graziella）一起，将其改造为一个充满活力的葡萄园，该庄园种满鲜花，采用有机种植，注重自然循环。在传奇人物朱利奥·甘贝利（Giulio Gambelli）的帮助下，索得拉酒庄（Soldera）酿造了一款十分传统的布鲁奈罗葡萄酒。在大酒桶中经过长期陈酿后，这款令人垂涎的葡萄酒焕发出优雅的气质，可以陈放数十年之久。

吉奥康多酒庄（蒙塔奇诺产区）

自 1989 年以来，这座硕大的酒庄（93 公顷）一直由花思蝶家族所有。该酒庄位于蒙塔奇诺地区的南部，以酿造经典风格的布鲁奈罗葡萄酒而闻名——初酿时，这款酒风味饱满、芳香四溢，同时还拥有强劲的单宁和酸度，极富陈年潜力。艾萨西园葡萄酒（Campo ai Sassi）是酒庄出产的蒙塔奇诺红葡萄酒，适合尽早饮用。同样值得注意的还有拉玛奥妮葡萄酒（Lamaione），这款酒由 100% 的梅洛酿制，口感顺滑、韵味典雅。

卡斯特林酒庄（经典基安蒂产区）

这座宏伟的酒庄位于卡斯德尔诺沃贝拉登卡镇，科拉利亚·皮尼亚泰利（Coralia Pignatelli della Leonessa）是酒庄的主人和管理者。卡斯特林酒庄（Castell'In Villa）的葡萄园总面积超过 53 公顷，以出产适合长期陈年的葡萄酒而闻名。即便是基本款的经典基安蒂——一种完全由桑娇维塞酿制的浓郁、鲜美的红葡萄酒，通常也需要在酒窖中放置一段时间才能变得张弛有度。珍藏款经典基安蒂更是为长期陈年而打造，美味的深色单宁裹挟着紧致果香，极具特色。风格优雅的圣克罗斯葡萄酒（Santacroce）则是由赤霞珠和桑娇维塞混酿而成。

凯胜泰利酒庄（经典基安蒂产区）

该酒庄在卡斯特利纳镇外拥有超过 32 公顷的葡萄园，其形状宛如一个天然的圆形剧场。1968 年，该地区的一些农场合并为凯胜泰利酒庄（Castellare）。自 1979 年起，酒庄就一直由保罗·沛纳海（Paolo Panerai）所有。此后，该酒庄便进行了大规模的现代化改造，现设有翻新的酒窖和精心耕种的葡萄园。凯胜泰利酒庄并不刻意追求国际化，出产的葡萄酒风格精致、典雅。旗舰款益寿迪葡萄酒（I Sodi di San Niccolò）一直是由桑娇维塞和黑玛尔维萨混酿而成的，和经典基安蒂葡萄酒一样，结构坚实、风味清爽。

迪雅曼酒庄（经典基安蒂产区）

这座大型酒庄位于加约莱（Gaiole）周围的山地地区，出产的葡萄酒天然酸度高，给人的感觉十分清爽。自 1977 年以来，该酒庄一直由若干罗马家族共有。如今由其中一位所有者的女儿洛伦扎·塞巴斯蒂（Lorenza Sebasti）和酿酒师马可·帕兰蒂（Marco Pallanti）共同管理。该酒庄维贝塔（Vigneto Bellavista）单一葡萄园出产的经典基安蒂葡萄酒强劲有力，为该酒款树立了一个新高度。

班菲酒庄（蒙塔奇诺产区）

这家美国人拥有的酒庄对蒙塔奇诺布鲁奈罗葡萄酒国际地位的提高，以及该地区葡萄酒业的繁荣壮大功不可没。1978 年，约翰·马里亚（John Mariani）和哈里·马里亚（Harry Mariani）创立班菲酒庄（Castello Banfi），如今拥有土地超过 2800 公顷。除了葡萄园和酿酒厂外，还有一个精心打造的游客中心。从早期开始，班菲酒庄就资助了许多对桑娇维塞克隆品种的研究并公开分享成果，其整个产业的贡献可见一斑。如果想要全面了解这个酒庄，不妨就从基本款的布鲁奈罗葡萄酒开始吧。

波西城堡酒庄（经典基安蒂产区）

20 世纪 80 年代初，巴奇（Bacci）家族收购了这座古老的酒庄用作乡村度假胜地。马可·巴奇（Marco Bacci）逐渐参与到酒庄管理中，监督了酒窖的改进及大规模的重新种植计划。酒庄出产的葡萄酒兼具现代和典雅风格，不过透过温暖的果香和强劲的单宁，依然能够感受到浓浓的托斯卡纳风格。科巴亚葡萄酒（Corbaia）由桑娇维塞和赤霞珠混酿而成，在甜美果香、紧致单宁和令人垂涎的酸度之间达到了完美平衡。同样值得尝试的还有经典基安蒂葡萄酒，该酒款可谓桑娇维塞特色的朴实再现。

布罗里奥酒庄（经典基安蒂产区）

作为里卡索利（Ricasoli）男爵家族的所在地，这座大型酒庄对现代基安蒂的诞生起到了至关重要的作用。正是在这里，贝蒂诺·里卡索利（Bettino Ricasoli）用桑娇维塞、卡内奥罗，以及一系列源于基安蒂 DOC 级产区的白葡萄开发出了新的混酿酒。今天，在弗朗切斯科·里卡索利（Francesco Ricasoli）的指导下，美味优雅的布罗里奥酒庄经典基安蒂葡萄酒（Castello di Brolio Chianti Classico）中又添加了赤霞珠和梅洛等国际品种。里卡索利还酿造了一款与酒庄同名的布罗里奥经典基安蒂葡萄酒,适合及时饮用,性价比极高。

马泽世家凤都酒庄(经典基安蒂产区)

自 1435 年以来,马泽世家凤都酒庄(Castello di Fonterutoli)一直由马泽家族所有。如今该酒庄由拉波·马泽(Lapo Mazzei)和他的儿子弗朗切斯科(Francesco)、菲利波(Filippo)共同经营。自 20 世纪 70 年代以来,该酒庄经历了诸多变革,比如采用更高密度种植,引进波尔多品种,以及规划逐步重植等。最近,酒庄还完工了一座拥有现代化设备的新酒厂。如果对该酒庄悠久的历史和专注的酿酒工艺感兴趣,不妨试试结合了成熟风味和芳香口感的经典基安蒂葡萄酒。

蒙森特酒庄(经典基安蒂产区)

1968 年,法布里齐奥·比安奇(Fabrizio Bianchi)开始对蒙森特酒庄(Castello di Monsanto)的波吉奥(Il Poggio)葡萄园进行现代化改造,去除了曾经与桑娇维塞、卡内奥罗和科罗里诺一起间种的白葡萄品种。该酒庄出产的波吉奥珍藏经典基安蒂葡萄酒(Chianti Classico Riserva Il Poggio)是整个酒庄最引人注目的葡萄酒,在托斯卡纳的顶级单一葡萄园葡萄酒榜单中名列前茅,这款酒的结构和平衡度专为长期陈酿打造。基础款的经典基安蒂葡萄酒则更好地展现了酒庄精简、朴素的风格。尼莫(Nemo)是一款产自穆里诺葡萄园(Il Mulino)的赤霞珠葡萄酒,口感柔顺、风味浓郁。

蒙特波酒庄(马里马产区)

20 世纪 90 年代中期,蒙塔奇诺的传奇人物佛朗哥·碧安仙蒂(Franco Biondi Santi)的儿子雅各布·碧安仙蒂(Jacopo Biondi Santi)开始在意大利葡萄酒领域开拓自己的事业。在与签约葡萄园合作后,碧安仙蒂买下了斯坎萨诺的蒙特波酒庄(Castello di Montepò)。葡萄园面积已扩大至约 50 公顷。碧安仙蒂酿造的葡萄酒既具备现代气息,又反映出地道的托斯卡纳特色。值得推荐的有萨索阿洛罗葡萄酒(Sassoalloro),这款酒由100% 的桑娇维塞酿造,香气四溢的同时保持了强劲的酸度和柔滑的单宁。★新秀酒庄

力宝山路酒庄(基安蒂鲁菲娜产区)

这座宏伟的堡垒建于 11 世纪,可以说是花思蝶家族最好的酒庄。力宝山路酒庄(Castello di Nipozzano)的葡萄园位于佛罗伦萨东北部的基安蒂鲁芬娜产区(Chianti Rùfina),海拔高达 400 米。除了桑娇维塞以外,酒庄还种有赤霞珠、梅洛,以及其他波尔多品种,用来酿造格调十足的莫尔末特葡萄酒(Mormoreto)。更具托斯卡纳特色的则是基安蒂鲁芬娜珍藏红葡萄酒(Chianti Rùfina Riserva),该酒芳香开胃、酒体紧实,富含矿物质气息。同样值得一品的还有蒙特索迪(Montesodi)单一葡萄园桑娇维塞葡萄酒,该酒口感更浓郁、风味更集中,适合酒窖陈放。

宝米诺酒庄(宝米诺产区)

宝米诺酒庄(Castello di Pomino)也是花思蝶家族的葡萄酒庄园,是这个高海拔地区的杰出生产商。酒庄四周山脉和森林绵延,比起位于托斯卡纳低海拔地区丘陵和柏树之间的那些酒庄,该酒庄出产的葡萄酒往往能够表现出更为明显的凉爽气候特点。由霞多丽和白皮诺混酿的宝米诺白葡萄酒(Pomino Bianco)口感活泼,散发着矿物质气息,是托斯卡纳地区最迷人的白葡萄酒之一。同样值得尝试的还有宝米诺红葡萄酒(Pomino Rosso),该酒是一款桑娇维塞和黑皮诺混酿,风味极佳。

波坦蒂诺酒庄(马里马产区)

在将蒙特波酒庄出售给雅各布·碧安仙蒂后,格林(Greene)家族在 2000 年购买了这座格罗塞托附近建于 11 世纪的城堡,然后对其进行了修复。随着城堡的修复,他们开始用约 4 公顷的葡萄园中的桑娇维塞、阿利坎特和黑皮诺酿造葡萄酒。圣山(Sacromonte)是该酒庄出产的 DOC 级葡萄酒,由 100% 桑娇维塞酿制,该酒鲜亮的色泽和醉人的芬芳充满活力,几乎是一款无懈可击的葡萄酒。皮罗波葡萄酒(Piropo)由黑皮诺、阿利坎特和桑娇维塞混酿而成,该酒风味平衡、口感坚实。★新秀酒庄

蓝宝拉酒庄(经典基安蒂产区)

自 18 世纪以来,这个位于潘扎诺(Panzano)附近的酒庄一直由蓝宝拉(Rampolla)家族所有。20 世纪 60 年代中期,阿尔塞奥·纳波利·蓝宝拉(Alceo di Napoli Rampolla)开始耕作葡萄园,并在 10 年后开启了酿酒事业。在贾科莫·塔奇斯(Giacomo Tachis)的指导下,该酒庄开始尝试混酿波尔多葡萄和桑娇维塞,经此工艺,酒庄造就了萨马尔科葡萄酒(Sammarco)。该酒风味浓郁,略带矿物质气息,由赤霞珠和5% 的桑娇维塞混酿而成。酒庄现由纳波利·蓝宝拉的孩子卢卡(Luca)和毛里奇亚(Maurizia)共同经营,他们在葡萄园中引入了生物动力种植法,事业蒸蒸日上。

德里西奥酒庄(马里马产区)

自 1921 年以来,这个庞大的沿海酒庄一直由吉安·安妮巴莱·罗西·美德兰娜·塞拉菲尼·费里(Gian Annibale Rossi di Medelana Serafini Ferri)的家族所有。酒庄内一直都有一个葡萄园,但是直到 20 世纪 80 年代中期才开始着手重植和扩建计划,葡萄栽培列为重点项目。得益于酿酒顾问卡罗洛·费里尼(Carolo Ferrini)的指导,德里西奥酒庄(Castello del Terriccio)的葡萄酒呈现出丝滑和国际化的风格。主推款红葡萄酒名为卢皮卡亚(Lupicaia),由赤霞珠、梅洛和小维多混酿而成,果香丰富、单宁柔顺、美味可口。

维拉札诺酒庄(经典基安蒂产区)

这座古老的酒庄曾经为维拉札诺(Verrazzano)家族所有(乔瓦尼·达·维拉札诺 16 世纪 20 年代探索了北美大西洋沿岸)。如今,酒庄由易吉·卡佩里尼(Luigi Cappellini)和西尔维

经典基安蒂 2000:破茧成蝶

几十年来,基安蒂一直在试图摆脱早年间柳编瓶葡萄酒的阴影。虽然有一些老派的意大利餐馆仍在展示这些酒款(一般是以烛泪封瓶的 30 年陈酿),但总的来说,基安蒂已经今非昔比。除了改变 DOC 级产区规定的特定混酿酒以外,对基安蒂高端市场波动影响最大的因素之一便是经典基安蒂 2000 项目(Chianti Classico 2000 Project)。

该项目由地区种植者联盟在 1987 年构思筹备,历时 16 年,研究内容包括桑娇维塞和科罗里诺等传统红葡萄品种的克隆材料、根茎特性、种植密度、葡萄栽培方法和土壤处理等。该研究促使新的桑娇维塞和科罗里诺克隆品种进入意大利国家葡萄注册登记名录,还为该地区有意愿实现葡萄园现代化的种植者们提供了重要的参考。

沃尔帕亚酒庄
这款单一园经典基安蒂葡萄酒
适合在地窖中陈酿。

道尔恰酒庄
一款酒体饱满的葡萄酒，
单宁柔顺，富有层次感。

娅·卡佩里尼（Silvia Cappellini）共同管理。近几十年来，卡佩里尼家族对庄园进行了现代化改造。入门款经典基安蒂葡萄酒展示了格雷夫地区特有的丰富果味，而珍藏级葡萄酒则拥有更坚实的酒体和更丰富的层次。萨塞洛（Sassello）是该庄园出产的单一园桑娇维塞葡萄酒，在橡木桶中陈放后，该酒质地会愈发柔软。

维乔马修酒庄（经典基安蒂产区）

这座酒庄起源于文艺复兴时期，自20世纪60年代中期以来一直归马塔（Matta）家族所有。今天，在约翰·马塔（John Matta）的经营下，酒庄持续生产着质量可靠的经典基安蒂葡萄酒，风格逐渐现代化。圣雅各布葡萄酒（San Jacopo）是产品线中最新鲜、最实惠的酒款。该酒经大木桶陈酿，酒体偏轻，酸度清爽。拉普里玛珍藏葡萄酒（Riserva La Prima）由100%的桑娇维塞酿造，所用的葡萄选自酒庄最古老的葡萄园并在木桶中陈酿。随着时间的流逝，橡木味逐渐淡化，在澄澈酸度的衬托下，果香愈发突出。

沃尔帕亚酒庄（经典基安蒂产区）

沃尔帕亚（Volpaia）是一座风景如画的山顶村庄，在酒庄的高墙里就隐藏着基安蒂地区的一座顶级葡萄酒厂。沃尔帕亚酒庄（Castello di Volpaia）坐落在一个有机葡萄园内，该葡萄园位于东南和西南面的斜坡上，海拔450～640米，在马斯切罗尼·斯蒂安蒂（Mascheroni Stianti）家族的管理下，持续生产着优雅活泼的经典基安蒂葡萄酒。酒庄出品的珍藏款葡萄酒不容错过，该酒醇厚浓郁、活力无限、张力十足。同样令人难忘的还有一款名为科尔塔萨拉（Coltassala）的单一葡萄园经典基安蒂葡萄酒。遇上好的年份，这款酒甚至可以与身价两倍于己的葡萄酒相媲美。★新秀酒庄

谢百欧纳酒庄（蒙塔奇诺产区）

20世纪70年代后期，前航运飞行员迭戈·莫里纳利（Diego Molinari）创建了这家小型酒庄。莫里纳利采用有机种植方法和传统酿造方法，尽可能不对葡萄生长进行人工干预，例如用本地酵母发酵、用大橡木桶进行陈酿。因此，与同行相比，他酿制的布鲁奈罗葡萄酒似乎酒体显得更轻盈、更清淡柔和。但可别小瞧了这些葡萄酒，隐藏在花香和温和果味之下的是坚实有力的单宁和强烈的酸度。该酒庄出品的葡萄酒高贵典雅，陈年潜力极佳。

奇雅酒庄（蒙塔奇诺产区）

1985年，由于恰奇-皮科洛米尼斯（Ciacci-Piccolominis）家族的最后一名成员膝下没有继承人，酒庄的前总经理朱塞佩·比安奇尼（Giuseppe Bianchini）接管了这家古老的贵族酒庄。比安奇尼于2004年去世，如今酒庄由他的孩子保罗（Paolo）和露西亚（Lucia）共同经营。酒庄的风格趋于现代，出产的葡萄酒质地丰腴、风味浓郁。不过酒庄也有酒精度略低的酒款，比如爽口迷人的蒙塔奇诺红葡萄酒。单一园皮安罗索布鲁奈罗葡萄酒（Brunello Pianrosso）兼具优雅的香气和奔放的质地，同样值得品味。

西马酒庄（阿普阿尼产区）

自19世纪初以来，西马（Cima）家族一直在托斯卡纳西部陡峭的山麓上种植葡萄。后来，在奥雷里奥·西马（Aurelio Cima）的带领下，酒庄的规模不断扩大并进行了现代化改造，西马还聘请了酿酒师多纳托·拉纳蒂（Donato Lanati）助力酒庄发展。托斯卡纳地区尤其适合维蒙蒂诺葡萄的生长，该酒庄出产的维涅托坎迪亚奥拓（Vigneto Candia Alto）便是由这种葡萄酿造的单一园葡萄酒，该酒洋溢着矿物质气息，颇具特色。记得一定要试试酒庄出产的玛萨里塔葡萄酒（Massaretta），该酒源自一种原产于托斯卡纳沿海的葡萄品种，酿出的红葡萄酒香气扑鼻、清新爽口。而与桑娇维塞混合时，这种葡萄会呈现出一种更深沉的风格，口感强劲浓烈的罗马尔博葡萄酒（Romalbo）便是二者的混酿。★新秀酒庄

道尔恰酒庄（蒙塔奇诺产区）

自1992年以来，和蔼可亲的弗朗西斯科·马龙·辛扎诺（Francesco Marone Cinzano）伯爵一直经营着这个历史悠久的蒙塔奇诺酒庄。酒庄由他的父亲在1973年购得，之后他便接管了酒庄。早在1933年，道尔恰酒庄（Col d'Orcia）就已经是一家成熟的酒庄了，当时酒庄的名字还是科尔圣安杰洛庄园（Fattoria di Sant Angelo in Colle），并于当年在锡耶纳（Siena）举行的意大利葡萄酒展览会上展出了几款葡萄酒。道尔恰酒庄还是当今蒙塔奇诺地区最重视研究的酒庄之一，酿造高品质的美酒自然也不在话下。酒庄旗下的基础款布鲁奈罗葡萄酒堪称一绝。

科尔·圣穆斯蒂奥拉酒庄（托斯卡纳产区）

这座位于托斯卡纳南部丘西（Chiusi）附近的小型酒庄由法比奥·森尼（Fabio Cenni）创立于1992年。这里只生产一种葡萄酒——波焦艾基亚里葡萄酒（Poggio ai Chiari）。这款酒完美地展现了桑娇维塞葡萄的风味，还混合了少量的科罗里诺葡萄，酿酒所用的这两种葡萄都在冲积土壤中茁壮成长。虽然已经过柔化处理，但还是保留了核心的樱桃果香，以及紧实、可口的单宁。波焦艾基亚里葡萄酒蕴藏着深邃力量，仿佛是大地的馈赠，该酒适合缓缓陈酿，优雅蜕变。★新秀酒庄

科莱马托尼酒庄（蒙塔奇诺产区）

1995年，马塞洛·布奇（Marcello Bucci）接管了这座位于科尔圣安杰洛（Sant'Angelo in Colle）附近的小型酒庄，在他的经营下，该酒庄成为该地区最低调但最有前途的一家酒庄。1988年，布奇的父亲阿尔多（Aldo）从他的叔叔那里继承葡萄园，然后创办了这家酒庄，引入了有机种植法，坚持在酒窖中采用传统制法，进行长时间的浸渍，并采用大型斯拉夫尼亚橡木桶发酵。酒庄的基础款布鲁奈罗红葡萄酒值得一试，该酒口感质朴、风味优雅，潜在的活力令人心旷神怡。★新秀酒庄

科隆诺尔酒庄（基安蒂鲁菲娜产区）

自19世纪末以来，斯帕莱蒂（Spallettti）家族就一直在做葡萄酒生意。科隆诺尔酒庄（Colognole）在基安蒂鲁芬娜分区

的耶韦河（Sieve River）附近拥有约 27 公顷的葡萄园。酒庄生产的葡萄酒偏向传统风格，将桑娇维塞和科罗里诺葡萄与各种酿造技术相结合，比如不锈钢和混凝土发酵法，以及在大木桶和小木桶中完成陈酿。值得一试的有基安蒂鲁芬娜红葡萄酒，风味温和、口感清新，极富表现力。德尔顿珍藏葡萄酒（Riserva del Don）的浓度更高，适合窖藏。

康斯坦酒庄（蒙塔奇诺产区）

自 16 世纪中叶以来，康斯坦（Costanti）家族一直是蒙塔奇诺葡萄酒史中举足轻重的篇章。蒂托·康斯坦（Tito Costanti）在 1865 年推出第一批布鲁奈罗葡萄酒时，该酒庄就已经成为该地区的先驱酒庄。1983 年，安德里亚·康斯坦（Andrea Costanti）在大学毕业后不久接管了酒庄。如今，家族生意由他经营。由于他在陈酿布鲁奈罗葡萄酒时更喜欢混用大木桶和小木桶，所以酒庄的酿造风格维持在传统和现代之间，葡萄酒精致而典雅，丝毫不显生硬。

孔图奇酒庄（蒙特布查诺产区）

没有比孔图奇（Contucci）更老派的酒庄了。几个世纪以来，这个家族一直在蒙特布查诺地区酿造葡萄酒。他们的酒窖仍然位于中世纪小镇蒙特布查诺的家族府邸中（孔图奇是当地最后几家延续这一习俗的酒庄之一）。该酒庄仅使用本地葡萄，如普鲁诺（桑娇维塞）、卡内奥罗和科罗里诺，并且在大木桶中陈酿，以此赋予葡萄酒温和优雅的结构。酒庄出产的贵族酒香气四溢，将桑娇维塞的精致和魅力而非力道展现得淋漓尽致。

德伊酒庄（蒙特布查诺产区）

现任酒庄主人玛丽亚·卡塔琳（Maria Catarina）的祖父阿布兰多·德伊（Alibrando Dei）于 1964 年在蒙特布查诺附近购买了一处古老庄园用来度假。不久以后，他便种植了柏萨娜葡萄园（Bossona），对外销售家族没有用完的酿酒葡萄。1985 年，该家族推出了他们的第一款商业葡萄酒，此后便以出产优雅、时尚的葡萄酒而闻名，比如酿自酒庄最古老的葡萄藤的柏萨娜贵族珍藏葡萄酒（Vino Nobile Riserva Bossona）。常规款的贵族酒同样味觉丰富、口感饱满，浓郁的果香与扣人心弦的美味单宁相得益彰。

恩里科·桑蒂尼酒庄（保格利产区）

一般来说，能够在保格利产区掀起业界轰动的都是外乡人，而恩里科·桑蒂尼（Enrico Santini）却是土生土长的本地人。1999 年，桑蒂尼首次从 13 公顷的葡萄园中酿造出少量葡萄酒，其中包括赤霞珠和西拉等法国葡萄，以及维蒙蒂诺和桑娇维塞等意大利品种。蒙特佩哥利葡萄酒（Montepergoli）颜色深郁、层次分明、浓烈强劲，最能代表该酒庄的酿造风格。莫罗山庄葡萄酒（Poggio al Moro）的特点则是成熟的果味和耐品的单宁。这些大胆奔放、风格前卫的葡萄酒静候您的品尝。

★新秀酒庄

费尔西纳酒庄
这款口感复杂的葡萄酒由 100% 桑娇维塞酿制，单宁顺滑。

科隆诺尔酒庄
这款基安蒂鲁菲娜葡萄酒口感柔和，清新怡人，极富表现力。

塞若酒庄（蒙特布查诺产区）

塞若酒庄（Fattoria del Cerro）种植了近 170 公顷的葡萄园，是蒙特布查诺地区最大的酒庄之一。该酒庄由 SAI 保险公司的农业投资部门塞亚格里格拉所有。值得庆幸的是，多年来，庄园的酿酒师一直由洛伦佐·兰迪（Lorenzo Landi）担任，从而保证了葡萄酒口感迷人、品质如一。庄园出产的贵族酒不容错过，该酒口感柔软、酸度活泼，是轻柔型桑娇维塞葡萄酒的标杆之作。酒庄的珍藏版葡萄酒质感丰腴，极富层次感，不仅浓郁深邃、浓烈强劲，还适合多年陈酿。

费尔西纳酒庄（经典基安蒂产区）

朱塞佩·莫佐科林（Giuseppe Mazzoclin）负责监管这个位于经典基安蒂产区南端的桑娇维塞酒庄。20 世纪八九十年代，他升级并重新种植了酒庄的葡萄园，增加了葡萄藤的密度，并十分重视土壤的多样化。领衔的兰斯葡萄酒（Rància）和芳塔罗洛葡萄酒（Fontalloro）展现了桑娇维塞的复杂度，其中兰斯的矿物质气息还要更加丰富一些。值得品味的还有浓烈强劲的基安蒂经典葡萄酒——白标贝拉登卡，该酒高贵典雅但又浓烈强劲，颇具特色。酒庄的珍藏款葡萄酒堪称镇庄之宝，不容错过。

佩斯基拉酒庄（斯坎萨诺产区）

这座占地 7 公顷的葡萄园和农场始建于 1980 年，周围便是托斯卡纳南部萨图尼娅（Saturnia）和皮特利亚诺（Pitgliano）的温泉和荒地。乡村气息浓厚的斯坎萨诺莫雷利诺葡萄酒（Morellino di Scansano）由桑娇维塞、绮丽叶骄罗（Ciliegiolo）、梅洛和阿利坎特混酿，经过不锈钢桶的发酵、陈酿，酿得的葡萄酒果味浓郁、口感清新，令人垂涎。安蒂利奥（Antiglio）是该酒庄出产的皮特利亚诺比安科葡萄酒（Pitgliano Bianco），该酒款是一种特雷比奥罗和维蒙蒂诺的混酿酒，散发出清新的花香。

托雷酒庄（卢卡产区）

这座小酒庄位于托斯卡纳西部卢卡附近的蒙特卡洛，拥有不到 3 公顷的葡萄园。该酒庄由埃琳娜·切利（Elena Celli）和毛罗·切利（Mauro Celli）姐弟所有，他们采用生物动力种植法，用西拉和维蒙蒂诺等葡萄酿造柔和的地中海葡萄酒。该酒庄值得一品的佳酿有蒙特卡洛葡萄酒（Montecarlo），该酒由特雷比奥罗、维蒙蒂诺、灰皮诺和瑚珊混酿而成，适合在海边或佐餐饮用。埃塞（Esse）是该酒庄出产的西拉葡萄酒，口感辛辣，虽然该酒不具备典型的托斯卡纳特色，但十分美味。

普碧勒酒庄（斯坎萨诺产区）

1985 年，伊丽莎白·格佩蒂（Elisabetta Geppetti）接管了这座斯坎萨诺附近的家族酒庄。为了持续提高普碧勒酒庄（Fattoria Le Pupille）的知名度，她推出了针对国际市场的萨福乐迪（Saffredi）和阿吉达多（Poggio Argentato）等葡萄酒。此外，她还帮忙组织了赛奇莫瑞里诺（Morellino di Scansano）的种植者联盟。斯坎萨诺莫瑞里诺葡萄酒是该酒庄的基础酒款，该酒澄澈清新，生动地表现出桑娇维塞的特色。瓦伦特丘（Poggio

富迪酒庄
这款优雅的葡萄酒由 100%
有机种植的桑娇维塞酿造。

Valente）是该酒庄出产的单一园莫雷利诺葡萄酒，该酒质地丰
腴、口感紧实，陈年潜力极大。

塞尔瓦皮亚纳酒庄（基安蒂鲁菲娜产区）

1827 年，米歇尔·朱蒂尼·塞尔瓦皮亚纳（Michele Giuntini
Selvapiana）收购了这座崇尚传统的酒庄，此后多年，酒庄一直
由他的后代弗朗切斯科·朱蒂尼·安蒂诺里（Francesco Giuntini
Antinori）经营。酒庄的管理权一直掌握在费德里科·朱蒂尼·马
塞蒂（Federico Giuntini Masetti）和他的妹妹席尔瓦（Silva）手
中。自 1979 年以来，佛朗哥·贝纳贝一直是该酒庄的酿酒顾问。
该酒庄以出产格调十足、芳香四溢的桑娇维塞葡萄酒而闻名，这
款酒质地简约，是鲁菲娜产区最值得品味的葡萄酒之一。值得尝
试的还有布克夏尔葡萄酒（Bucerchiale），酿酒所用的桑娇维塞
葡萄产自单一园里的老藤。

富迪酒庄（经典基安蒂产区）

作为经典基安蒂产区的主要酒庄之一，富迪酒庄（Fontodi）
在潘扎诺（Panzano）中心地带的相对高海拔地区建立了令
人叹为观止的葡萄园。自 1968 年以来，该酒庄一直由乔瓦
尼·马内蒂（Giovanni Manetti）的家族所有，他在葡萄园和橄
榄园（产有上好的橄榄油）中采取有机种植法，并严格遵守既
定的酿酒流程。由此工艺酿造的葡萄酒——比如由 100% 桑娇
维塞酿制的弗拉奇亚内洛葡萄酒（Flaccianello），兼具泥土的
芬芳和清爽的酸度。该酒庄出产的经典基安蒂葡萄酒同样不容
错过，是一款完全由桑娇维塞酿造的红葡萄酒，口感紧致、气
质典雅。

芳娜赛酒庄（保格利产区）

1998 年，斯特凡诺·比利（Stefano Billi）从祖父那里继承
了芳娜赛酒庄（Fornacelle），开始种植葡萄藤。如今，葡萄园
面积接近 15 公顷，主要种植国际品种，还在海岸附近种植了维
蒙蒂诺和菲亚诺（Fiano）等意大利葡萄品种。比利还找到了最
适合品丽珠葡萄的种植地点，与托斯卡纳地区的几家同行一起，
芳娜赛酒庄也在用这种葡萄酿造风味独特的红葡萄酒。傅里叶
38 品丽珠葡萄酒（Foglio38）便是该酒款的杰出代表，这款酒风
格精致典雅、酒体坚实、单宁可口，不容错过。★新秀酒庄

富利尼酒庄（蒙塔奇诺产区）

自 1923 年以来，富利尼（Fuligni）家族一直经营着这个
位于蒙塔奇诺东侧的酒庄，许多人把此地誉为布鲁奈罗的经典
种植区。作为蒙塔奇诺最传统的酒庄之一，该酒庄如今由玛丽
亚·弗洛拉·弗利尼（Maria Flora Fuligni）和她的侄子罗伯
特·格里尼（Robert Guerrini）共同经营。布鲁奈罗珍藏葡萄
酒酿自酒庄最古老的葡萄藤，只在最好的年份酿造。桑娇维塞
葡萄对酿酒工艺要求苛刻，但这款葡萄酒将该葡萄品种的特色
展现得淋漓尽致，不仅芳香细腻、单宁紧实、酸度强劲，还特
别适合窖藏。

奥莱娜小岛酒庄
这款经典基安蒂葡萄酒澄澈清亮，
口感新鲜，专为佐餐设计。

嘉里奥雷酒庄（经典基安蒂产区）

这座位于卡斯特利纳的小酒庄为托马斯·巴尔（Thomas
Bär）和莫妮卡·巴尔（Monika Bär）夫妇所有。在酿酒顾问
斯特凡诺·乔利利（Stefano Chioccioli）的指导下，嘉里奥
雷酒庄（Gagliole）生产风味独特的桑娇维塞葡萄酒。该酒庄
的旗舰款佩西亚葡萄酒（Pecchia）由桑娇维塞和少量的梅洛
混酿而成，该酒浓郁醇厚、酒体饱满，略带矿物质气息的单宁
突显出酒款的深厚质地。嘉里奥雷 IGT 级葡萄酒则混合了赤
霞珠和桑娇维塞，虽然在优雅方面略逊一筹，但也呈现出更馥
郁的果味和浓度。此外，酒庄出品的卢比奥洛（Rubiolo）是
一款非常适合日常饮用的经典基安蒂葡萄酒。

圭多·瓜兰迪酒庄（基安蒂科利佛罗伦萨产区）

圭多·瓜兰迪（Guido Gualandi）是一个完美主义者，他
坚持手工完成蒙特斯佩托利（Montespertoli）农场中的一切
工作。他采取有机种植法，用本地酵母进行发酵，尽可能少地
对酒窖进行干预。此外，瓜兰迪还在尝试酿造托斯卡纳地区一
些较为少见的本土葡萄，例如普尼特罗（Pugnitello）和圆叶
（Foglia Tonda）。这些品种与本地的克隆桑娇维塞一起酿成了
瓜兰杜斯红葡萄酒（Gualandus），该酒款澄澈鲜亮、芳香四
溢，经大栗木桶陈酿，培育出令人沉醉的单宁。此外，酒庄口
感质朴、酒体坚实的基安蒂·科利佛罗伦萨葡萄酒（Chianti
Colli Florentini）同样值得尝试。★新秀酒庄

格蕾丝酒庄（经典基安蒂产区）

虽说格蕾丝酒庄（IL Molino di Grace）的主人是美国人，
却并不是一家典型的外来酒庄。弗兰克·格雷斯（Frank Grace）
于 1995 年买下这座酒庄，在德国酿酒师格哈德·希尔默
（Gerhard Hirmer）和顾问佛朗哥·贝纳贝（Franco Bernabei）
的帮助下，他很快将酒庄打造成潘扎诺地区的顶级酒庄之一。凭
借其前卫浓郁的风格，酒庄出产的葡萄酒十分符合国际口味，同
时又兼具紧实传统的桑娇维塞单宁。虽然有些酒款经过梅洛混酿
后口感更柔和，但酒庄的经典基安蒂珍藏葡萄酒浓烈强劲、结构
平衡，可以陈酿数年。★新秀酒庄

巴拉佐内酒庄（蒙塔奇诺产区）

这家小型酒庄由美国商人理查德·帕森斯（Richard Parsons）
所有，他在该地区的不同地段种植了超过 3 公顷的葡萄园，其中
包括卡斯特尔诺沃·德尔阿巴特（Castelnuovo dell'Abate）附
近的两片老葡萄藤。该酒庄的葡萄酒由酿酒顾问保罗·瓦加吉尼
（Paolo Vagaggini）在酒窖中精心打磨。普通款布鲁奈罗葡萄酒口
感坚实浓郁，具有充沛的果味单宁和酸度，橡木味较少。酒庄的
珍藏款葡萄酒结构也同样十分平衡，适合陈年。副牌的帕拉佐内
红葡萄酒（Rosso del Palazzone）是一款多年份混酿酒，适合短
期陈年，物超所值。

波吉欧酒庄（蒙塔奇诺产区）

这座大型酒庄由莱奥波尔多·弗朗切斯基（Leopoldo Fra-
nceschi）所有，被公认为蒙塔奇诺产区的标杆酒庄。在法布

里齐奥·宾多奇（Fabrizio Bindocci）和亚历山德罗·宾多奇（Alessandro Bindocci）父子的共同努力下，酒庄酿造的酒结构平衡，颇具代表性，与此地区诸多同行奉行的大比例采用橡木发酵和高提取的做法截然不同。如果想体验一番该酒庄的风格，不妨试试普通款的布鲁奈罗葡萄酒。在细腻香气和坚实酸度的加持下，这款葡萄酒展现出成熟桑娇维塞的微妙气息。百魅园布鲁奈罗珍藏葡萄酒（I Paganelli Brunello Riserva）浓度极佳、口感细腻，不容错过。

波德里迪圣加洛酒庄（蒙特布查诺产区）

这家传统酒庄由奥林匹亚·罗伯蒂（Olimpia Roberti）管理。酒庄的贝蒂耶（Le Bertille）和卡塞拉（Casella）葡萄园种植了约 7.5 公顷的葡萄，还有一个新的种植区域即将投产。罗伯蒂偏好在发酵过程中进行长时间的浸渍，由此酿造的葡萄酒呈现出宝石般的深红色泽和紧实、动人的果香单宁。由普鲁诺阳提（桑娇维塞）、绮丽叶骄罗、科罗里诺和玛墨兰混合而成的蒙特布查诺红葡萄酒结构十分优异。酒庄出产的贵族酒融合桑娇维塞的草本芳香和甘美果香，同样值得品味。★新秀酒庄

奥莱娜小岛酒庄（经典基安蒂产区）

自 20 世纪 50 年代中期以来，奥莱娜小岛酒庄（Isole e Olena）就一直由保罗·德·马尔基（Paolo de Marchi）的家族所有。该酒庄位于经典基安蒂产区的北端，长期以来一直致力于酿造单一桑娇维塞葡萄酒。自 1980 年首次推出以来，酒庄的旗舰赛普莱诺葡萄酒（Cepparello）始终由 100% 的桑娇维塞酿造，从那时起便一直没能获得 DOC 级认证（事实上，根据如今的规定，这款酒已经可以贴上经典基安蒂产区的标签了）。该酒庄的普通款经典基安蒂葡萄酒澄澈清新、口感怡人，适合佐餐时饮用。

塞巴仪奥拉酒庄（蒙塔奇诺产区）

在酿酒师阿提利奥·帕格利（Attilio Pagli）的帮助下，朱利奥·萨尔维奥尼（Giulio Salvioni）在这家小型酒庄酿造了一款精致、优雅且广受欢迎的布鲁奈罗葡萄酒。萨尔维奥尼和帕格利采用传统酿造方法，使用大木桶并进行长时间浸渍。布鲁奈罗葡萄酒在诱人酸度和强劲单宁之间达到了绝佳的平衡——随着时间的推移，酸度和单宁逐渐融合得天衣无缝。而以同样方式制作的蒙塔奇诺红葡萄酒，虽然在木桶中陈酿的时间较短，但和它的"老大哥"一样出色。

歌尔拉酒庄（蒙塔奇诺产区）

前欧洲广告主管塞尔吉奥·罗西（Sergio Rossi）于 1976 年收购了这座宁静的酒庄，并开始了一项涉及酒窖和葡萄园的大规模改造计划。酒庄的葡萄园占地面积超过 11 公顷，在酿酒顾问维托里奥·菲奥雷（Vittorio Fiore）的帮助下，罗西生产出典型的布鲁奈罗葡萄酒和蒙塔奇诺红葡萄酒。近年来，酒庄的酿造风格已经转向成熟、现代（尽管桑娇维塞葡萄酒依然由大橡木桶陈酿）。基本款的布鲁奈罗葡萄酒美味可口，并且能够以十分合适的价格入手。

拉斯特拉酒庄（圣吉米那诺产区）

1994 年，雷纳托·斯帕努（Renato Spanu）、纳迪亚·贝蒂（Nadia Betti）和恩里科·帕特诺斯特（Enrico Paternoster）在圣吉米那诺（San Gimignano）附近建立了这座酒庄。拉斯特拉酒庄（La Lastra）拥有约 5.5 公顷的葡萄园，葡萄园的红白葡萄品种包括但不限于维奈西卡（Vernaccia）、桑娇维塞、卡内奥罗。基本款圣吉米那诺维奈西卡葡萄酒（Vernaccia di San Gimignano）具有浓烈的矿物质气息，也将这种传统白葡萄的风味展现无遗。基安蒂科利塞内西（Chianti Colli Senesi）是一款出众的红葡萄酒，而最令人愉悦的莫过于在混凝土大槽中发酵、在大木桶中陈酿的单一桑娇维塞红葡萄酒。★新秀酒庄

莫扎酒庄（斯坎萨诺产区）

莫扎酒庄（La Mozza）为美国餐馆老板约瑟夫·巴斯蒂亚尼奇（Joseph Bastianich）和他的母亲莉迪亚·巴斯蒂亚尼奇（Lidia Bastianich）所有。酒庄大约 35 公顷的土地上种植了桑娇维塞、西拉和阿利坎特，他们认为这些品种最适合该地区的干旱气候，酿酒师毛里齐奥·卡斯特利（Maurizio Castelli）酿造的红葡萄酒便能说明一切。由佳丽酿和上述葡萄混酿而成的阿拉戈内葡萄酒（Aragone）风格有力、层次清晰、玲珑剔透、浑然天成。酒庄的另一款帕拉兹（I Perazzi）是一款适合佐餐的斯坎萨诺莫雷利诺葡萄酒（Morellino di Scansano）。★新秀酒庄

拉托雷酒庄（蒙塔奇诺产区）

1977 年，路易吉·阿纳尼亚（Luigi Anania）建立了这座占地 5 公顷的酒庄，并于 1982 年推出了第一批葡萄酒。这个小酒庄的葡萄酒精致典雅、结构均衡，呈现出令人难忘的传统风味。值得一试的有基本款布鲁奈罗葡萄酒，该酒是一种朴实、可口的红葡萄酒，明快的酸度和充沛的果香令人心旷神怡。此外，该酒结构均衡，足以陈放数年之久。酒庄出品的蒙塔奇诺红葡萄酒适合及时饮用，其鲜明的桑娇维塞特色让这款酒仿佛为佐餐而生。

邦夏酒庄（经典基安蒂产区）

这家位于卡斯德尔诺沃贝拉登卡（Castelnuovo Berardenga）的小型酒庄位于海拔约 400 米的地方，由乔瓦娜·摩根蒂（Giovanna Morganti）所有。酒庄只生产一款叫作情节（Le Trame）的经典基安蒂葡萄酒，口感紧实、张力十足。这款酒展现了桑娇维塞葡萄优雅、精致的一面，追求新鲜清爽，而不是刻意突显浓烈强劲的口感。得益于其强劲酸度，整款酒给人的感觉是结构十分均衡，适合陈年。摩根蒂的悉心耕作和对本土酵母发酵的坚持使她跻身意大利天然酿酒师的名录——希望这能助她吸引更多的酒客。★新秀酒庄

玛奇奥酒庄（保格利产区）

这家充满活力的酒庄是保格利产区最耀眼的酒庄之一。玛奇奥酒庄（Le Macchiole）由欧金尼奥·坎波尔米（Eugenio Campolmi）创立于 1975 年，以出产品丽珠、梅洛和西拉的单一葡萄酒而闻名。坎波尔米于 2002 年英年早逝，他曾对品丽珠

葡萄酒的故事

超级地中海葡萄酒

长期以来，超级托斯卡纳（Super Tuscan）指的是由不同比例的桑娇维塞和波尔多葡萄混酿而成的烈性葡萄酒，比如赤霞珠、梅洛或品丽珠。这些葡萄酒在整个托斯卡纳地区广受欢迎，因此马里马沿海地区的一些酒庄已经开始尝试寻找新的灵感。

本就推崇混合酿制的西施佳雅酒庄和奥纳亚酒庄也是如此，这似乎让这些灵感更具可信度。包括安佩拉亚、华姿山庄、贝尔瓜多和莫扎在内的诸多酒庄都在混酿中突出了歌海娜、慕合怀特、佳丽酿和阿利坎特等葡萄的特点。这些葡萄酒的共同点便是适合在轻松惬意的氛围中饮用。新一代的托斯卡纳混合酒并不应该被当作黑暗酒窖里的收藏品，而是应该摆上餐桌，佐餐饮用。它们不会排挤西施佳雅，况且也无须如此。

在基安蒂格雷夫连绵起伏的山丘上，种植着一望无际的葡萄藤和柏树，托斯卡纳的田园风光尽收眼底。

奥纳亚酒庄

这款浓烈的葡萄酒由赤霞珠、梅洛、品丽珠和小维多混合酿制。

情有独钟，坚信保格利产区的黏性土壤是种植葡萄的理想条件。他的遗孀辛齐亚·梅里（Cinzia Merli）和酒庄的常驻酿酒师卢卡·达托马（Luca d'Attoma）延续了他的信念。该酒庄出产的帕里奥葡萄酒（Paleo）是世界上顶尖的品丽珠葡萄酒。

乐波塔志酒庄（蒙塔奇诺产区）

朱塞佩·戈雷利（Giuseppe Gorelli）是蒙塔奇诺的一位年轻酿酒师，在这个小酒庄创办以来的几年间，他酿造的葡萄酒风味经典，获得了诸多关注。布鲁奈罗葡萄酒风味浓郁、单宁柔顺，是一款适合中期陈酿的葡萄酒，其实它短期陈酿后表现也十分出色，特别适合搭配丰盛的炖菜。酒庄出品的红葡萄酒则需在木桶里陈酿一段时间，该酒风格前卫、口感柔和，适合佐餐。★新秀酒庄

乐普莱希酒庄（蒙塔奇诺产区）

1970 年，布鲁诺·法布里（Bruno Fabbri）创办了这家小型酒庄。他的儿子詹尼（Gianni）在 1998 年接手了他的工作，延续了有机种植和传统酿酒方法。法布里十分重视桑娇维塞葡萄。在一年一度的意大利联合酒展（VinItaly）上，乐普莱希酒庄每年都会展出一款新短袖衬衫来表示对桑娇维塞的热爱。该酒庄值得尝试的有布鲁奈罗葡萄酒，该酒浓烈强劲、特色鲜明，适合陈酿。该酒庄的红葡萄酒口感柔顺，浅龄阶段更易入口。

里斯尼酒庄（蒙塔奇诺产区）

在蒙塔奇诺产区，里斯尼（Lisini）家族是一个传奇的名字，其起源可以追溯至 18 世纪。20 世纪 70 年代初期，埃琳娜·里斯尼（Elina Lisini）对酒庄进行了大规模翻修，葡萄园占地面积超过 18 公顷。如今，酒庄依然由里斯尼家族掌管，朱利奥·甘贝利（Giulio Gambelli）任酿酒师。甘贝利与里斯尼家族可谓强强联合，出产的布鲁奈罗葡萄酒传统气息浓郁，精致而细腻，纵享典雅。

马雷姆·阿尔塔酒庄（蒙塔奇诺产区）

21 世纪初，斯特凡诺·里齐（Stefano Rizzi）在距格罗塞托不远的马里马产区南部建立了马雷姆·阿尔塔酒庄（MaremmAlta）。该酒庄以价格实惠、朴实无华的葡萄酒而闻名，莱斯特拉维蒂诺葡萄酒（Lestra）便是其中的典型范例，该酒酒体澄澈、口感清爽，适合夏季消暑饮用。清新澄澈、口感迷人的波焦大师红葡萄酒（Poggiomaestro）完全由桑娇维塞酿制，不经橡木桶陈酿。米坎特葡萄酒（Micante）由桑娇维塞和赤霞珠混酿而成，色泽更深、风味更浓。该酒庄的葡萄酒都适合及时饮用，代表了托斯卡纳海岸地区的顶尖水平。

马萨·韦基亚酒庄（马里马产区）

马萨·韦基亚（Massa Vecchia）是意大利天然葡萄酒运动的发起人之一，与保罗·贝亚（Paolo Bea）、斯坦尼斯劳·雷康（Stanislao Radikon）、安乔里诺·玛伍勒（Angiolino Maule）安吉利诺·莫勒（Angiolino Maule）一同领导了"真正的葡萄酒（Vini Veri）"运动。该酒庄由法布里齐奥·尼科莱尼（Fabrizio

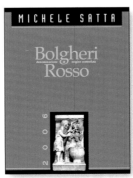

米歇尔·萨塔酒庄

这款葡萄酒口感清新怡人、果味浓郁、单宁充沛、结构坚实。

Niccolaini）和帕特里齐亚·巴托里尼（Patrizia Bartolini）于 1985 年创立。自 2009 年以来，酒庄一直由巴托里尼的女儿弗朗西斯卡·斯丰德里尼（Francesca Sfondrini）经营。酒庄的种植和酿造工作都遵循顺其自然的理念，注重葡萄园的生态，不使用化学制品，也不对酒窖进行任何干涉。该酒庄出产的葡萄酒风味地道、充满活力、极具个性。★新秀酒庄

美连尼酒庄（经典基安蒂产区）

这家大型酒庄成立于 1705 年，如今由意大利酒庄集团所有，已经进行了相当全面的现代化改造，不过建筑风格还是趋于传统。考虑到美连尼酒庄（Melini）的体量和底蕴，该酒庄出产的葡萄酒可谓性价比极高，特别是基本款的基安蒂桑娇维塞和卡内奥罗葡萄酒。高端系列中值得尝试的有塞尔瓦内拉珍藏葡萄酒（Vigniti La Selvanella），这是一款结构优异的经典基安蒂葡萄酒，产自该酒庄位于拉达的葡萄园。

米歇尔·萨塔酒庄（保格利产区）

1974 年，还在攻读农学的米歇尔·萨塔（Michel Satta）来到了保格利产区。起初，他在一个农场工作，后来便迷上了葡萄酒。萨塔在 20 世纪 80 年代初开始自己酿造葡萄酒，1988 年，他建立了一家酿酒厂并开始种植葡萄，逐渐建立起自己的酒庄。和保格利产区的许多同行一样，萨塔的葡萄酒也展现出十足的典雅气息，显得从容大方、不疾不徐。酒庄值得一品的有保格利红葡萄酒（Bolgheri Rosso），该酒由赤霞珠、桑娇维塞、梅洛、西拉和泰罗德格的经典组合混酿而成。★新秀酒庄

蒙特塞康多酒庄（经典基安蒂产区）

20 世纪 90 年代中期，西尔维奥·梅萨娜（Silvio Messana）和卡塔利娜·梅萨娜（Catalina Messana）从纽约搬到了西尔维奥父母在佛罗伦萨郊外的一个农场。他父亲于 20 世纪 70 年代种植了一个葡萄园，梅萨娜起初采用有机种植法，随后又引进了生物动力种植法。得益于这些自然耕作方法，西尔维奥能够采用健康的天然酵母进行发酵。至于酿酒所用的橡木桶，他偏向用大酒桶而不是巴里克木桶。酒庄值得一品的有上好的经典基安蒂葡萄酒，由桑娇维塞、卡内奥罗和科罗里诺混酿而成。★新秀酒庄

蒙特维尼酒庄（经典基安蒂产区）

蒙特维尼酒庄（Montevertine）的故事开始于 1967 年，已故的塞尔吉奥·马内蒂（Sergio Manetti）在拉达买下了一个古老的农场，并于 1 年后在传奇人物朱利奥·甘贝利（Giulio Gambelli）的帮助下开辟了波高利多葡萄园（Le Pergole Torte）。马内蒂与经典基安蒂联盟（Chianti Classico Consorzio）在他的葡萄酒分类问题上发生了激烈的争吵，导致蒙特维尼酒庄的葡萄酒只得到了 IGT 认证，而未得到 DOC 级认证。如今，他的儿子马蒂诺（Martino）延续了酒庄的传统，继续在混凝土罐中进行长时间发酵，并遵循细腻大于力道的陈酿理念。

莫里斯酒庄（马里马产区）

莫里斯（Moris）家族世代在马里马南部务农。近年来，该家族的两家酒庄（分别位于斯坎萨诺和马萨马里蒂马地区）已经开发完毕，开始生产优质葡萄酒。斯坎萨诺酒庄出产的莫雷利诺葡萄酒澄澈清亮、果香浓郁、口感柔和。阿沃特雷葡萄酒（Avvoltore）风味更浓，层次也更复杂，由桑娇维塞、赤霞珠和西拉混酿而成。该酒庄值得一品的酒款还有格罗塞托附近出产的维蒙蒂诺葡萄酒，该酒特色鲜明，散发着淡淡的香草气息。

奥纳亚酒庄（保格利产区）

20世纪80年代初，卢多维科·安蒂诺里（Ludovico Antinori）和酿酒师提波尔·加尔（Tibor Gál）建立了这家托斯卡纳地区的标杆酒庄。该酒庄很快就以由波尔多葡萄制成的优雅红葡萄酒而闻名，最出名的便是马塞托（Masseto）的单一园梅洛葡萄酒。20世纪初期，奥纳亚酒庄（Ornellaia）的所有权几经易手，先是被加利福尼亚州的蒙大维家族收购，随后花思蝶家族又加盟。在星座集团将蒙大维酒庄收购后，该集团将酒庄所有股份转让给了花思蝶家族，酒庄现在完全由该家族所有。

马乔凯酒庄（蒙塔奇诺产区）

1985年，马蒂尔德·泽卡（Matilde Zecca）和阿基尔·马佐基（Achille Mazzocchi）收购了这家小酒庄并进行了翻修。其葡萄园的面积刚刚超过2.8公顷，采用有机种植方法，在酿酒顾问毛里齐奥·卡斯特利（Maurizio Castelli）的帮助下，酒庄出产的葡萄酒风味精致、结构经典。蒙塔奇诺布鲁奈罗葡萄酒洋溢着馥郁芬芳的花香和温柔的红色果香，单宁坚实有力。酒庄出品的珍藏款葡萄酒由精选的葡萄酿制而成，和基本款布鲁奈罗葡萄酒一样经历了长时间的浸渍。这款酒浓烈强劲、酒力十足，散发出微妙的芳香，拥有巨大的陈年潜力。

班德里诺酒庄（蒙塔奇诺产区）

这座酒庄颠覆了以往"现代"和"当代"的概念，采用了更流行（因此也是现代）的理念，比如有机生产和天然工艺酿酒，而不采用强化处理和巴里克木桶陈酿。班德里诺酒庄（Pian dell'Orino）由卡罗琳·波比策（Caroline Pobitzer）和她的丈夫扬·埃尔巴赫（Jan Erbach）于1997年创立，在碧安帝山迪酒庄的迪格瑞坡葡萄园（Tenuta Greppo）附近拥有6公顷的葡萄园，生产优雅迷人的葡萄酒。酒庄值得一品的酒款有极具魅力和格调的蒙塔奇诺红葡萄酒。其布鲁奈罗葡萄酒经长时间浸渍，浓烈强劲，口感浓郁醇厚。★新秀酒庄

皮安迪布纳诺酒庄（蒙特库科产区）

2002年，乔治·布切利（Giorgio Bucelli）、保罗·特拉波利尼（Paolo Trappolini）和卡罗·菲利佩斯基（Carlo Filippeschi）在托斯卡纳南部的蒙特库科产区创办了这家小型酒庄。该酒庄在阿米亚塔山附近的山坡上种植了超过3公顷的葡萄园，生产的葡萄酒具有相当高的酸度。酒庄值得一品的酒款有库卡亚葡萄酒（Cuccaia），该酒由桑娇维塞和梅

班德里诺酒庄
这款强劲浓郁的布鲁奈罗葡萄酒在木桶中陈酿了两到三年。

皮安迪布纳诺酒庄
该酒是一款充满异国情调的葡萄酒，芳香馥郁、温婉柔和，但单宁强劲。

洛混酿而成，活力四射，饮后令人神清气爽。埃尔皮科葡萄酒（L'Erpico）由100%的桑娇维塞酿造，兼具饱满柔美的芳香和雄浑刚劲的单宁，极具异国情调。★新秀酒庄

圣雷斯迪教区酒庄（蒙塔奇诺产区）

该酒庄最初由罗伯托·贝里尼（Roberto Bellini）于1974年创立，自1994年以来一直由安杰洛·嘉雅（Angelo Gaja）所有。像往常一样，嘉雅期望能在这里酿造出口感浓郁的葡萄酒。为此他更新扩大了葡萄园，并重建了酿酒厂。圣雷斯迪教区酒庄（Pieve Santa Restituta）专注于酿造两款使用大木桶和巴里克木桶陈酿的布鲁奈罗葡萄酒。雷尼娜葡萄酒（Reninna）所用的葡萄精选自多个葡萄园，精致典雅、口感宜人，是两款酒中更加前卫的一款。舒吉尔（Sugarille）是一款单一园布鲁奈罗葡萄酒，带有强劲的矿物单宁和坚实的酸度。

博斯卡雷利酒庄（蒙特布查诺产区）

20世纪60年代初，保拉·德·法拉利·科拉迪（Paola de Ferrari Corradi）的父亲买下了博斯卡雷利酒庄（Poderi Boscarelli）。保拉和她的丈夫伊波利托·德·法拉利（Ippolito de Ferrari）一起经营着酒庄，直到1983年，伊波利托在一次事故中不幸去世。不久后，保拉聘请了毛里齐奥·卡斯特利（Maurizio Castelli），他帮助保拉塑造了博斯卡雷利酒庄目前的酿酒风格；保拉的儿子卢卡·德·法拉利·科拉迪（Luca de Ferrari Corradi）也开始参与到酒窖的管理中。蒙特布查诺产区的酒款以质朴风格为主，但该酒庄旗下的酒款独树一帜，略向现代风格倾斜。在品尝酒庄浓烈的珍藏款葡萄酒前，最好先尝尝其美味精致的贵族葡萄酒。

古丘酒庄（蒙塔奇诺产区）

即使在2003年这样极其炎热的年份，古丘酒庄（Poggio Antico）酿造的葡萄酒也十分清新澄澈。该酒庄最初由吉安卡洛·格洛德（Giancarlo Gloder）于1984年购买。1987年后一直由他的女儿保拉·格洛德（Paolo Gloder）管理[她的丈夫阿尔贝托·蒙蒂菲奥里（Alberto Montefiori）于1998年后也参与到酒庄管理中]。酒庄值得一品的有基本款布鲁奈罗葡萄酒，比该地区的其他葡萄酒更适合在浅龄阶段饮用。其珍藏版葡萄酒的酒体更加坚实紧凑，适合陈年。

银爵酒庄（马里马产区）

1997年，詹保罗·帕利亚（Gianpaolo Paglia）和他的妻子贾斯汀（Justine）一起创立了银爵酒庄（Poggio Argentiera）。作为一家新兴酒庄，银爵酒庄工艺严谨，出产的葡萄酒颇具特色，帮助斯坎萨诺莫雷利诺产区名扬四海。贝拉马西利亚（Bellamarsilia）是酒庄未经橡木桶陈酿的莫雷利诺葡萄酒，由该地区的桑娇维塞、绮丽叶骄罗和阿利坎特等传统葡萄混酿而成。这款酒美味多汁，洋溢着樱桃的果香，适合佐餐饮用。酒庄的菲尼斯特雷葡萄酒（Finisterre）是一款阿利坎特和西拉的混酿，富有地中海葡萄酒的复杂层次感，口感极佳。

维拉诺酒庄
该酒是一款阿利坎特、赤霞珠和梅洛的混酿，在橡木桶中陈酿。

银爵酒庄
这款阿利坎特和西拉的混酿酒口感复杂、层次分明、味道鲜美。

山阶酒庄（经典基安蒂产区）

1991 年，维托里奥·菲奥雷（Vittorio Fiore）和他的妻子阿德里安娜（Adriana）在格雷夫的高地山丘上购买了这处废弃酒庄。他们用这片土地上拥有 80 多年藤龄的桑娇维塞葡萄酿制了一款名为碳酸钙（Il Carbonaione）的葡萄酒。菲奥雷是意大利最受推崇的酿酒顾问之一，他的儿子尤里（Jurij）于 1993 年加盟，也在山阶酒庄（Poggio Scalette）从事酿酒工作。1996年，该酒庄收购了邻近的一处房产，扩建了酒庄。初酿时，碳酸钙葡萄酒会散发出橡木的气息；经过漫长的窖藏后，愈发优雅。★新秀酒庄

波吉欧·狄索托酒庄（蒙塔奇诺产区）

波吉欧·狄索托酒庄（Poggio di Sotto）坐落在卡斯泰尔诺沃·戴尔阿巴特（Castelnuovo dell'Abate）外的山脊上，从南边和西边都能看到宽阔的山谷。该山谷的风土赋予了葡萄酸度强劲、果肉紧实的特点。皮耶罗·帕尔穆奇（Piero Palmucci）一直在寻觅，渴望找到最适合制作最传统的布鲁奈罗葡萄酒的地点。1989 年，他收购了这家酒庄。在传奇人物朱利奥·甘贝利的帮助下，帕尔穆奇酿造的葡萄酒风味经典、高贵典雅，成为蒙塔奇诺产区的一颗明星。★新秀酒庄

维拉诺酒庄（马里马产区）

这座酒庄的成立标志着弗朗切斯科·博拉（Francesco Bolla）正式进军托斯卡纳西部的葡萄酒产业。博拉曾在他的曾祖父阿贝尔（Abele）创立的大型葡萄酒公司担任总经理。2000 年，博拉决定从头做起，自己创立了维拉诺酒庄（Poggio Verrano），种植了 27 公顷的桑娇维塞、阿利坎特、赤霞珠、梅洛和品丽珠。酒庄的旗舰款德罗莫斯红葡萄酒（Dròmos）正是由这些品种混酿而成，口感顺滑，颇具特色。德罗莫斯拉托罗葡萄酒（Dròmos L'Altro）虽然层次感略逊一筹，但酒体澄澈鲜亮，是一款纯正的桑娇维塞葡萄酒，质地丰富。★新秀酒庄

宝丽酒庄（蒙特布查诺产区）

费德里科·卡莱蒂（Federico Carletti）的父亲迪诺（Dino）最早收购了 22 公顷的酒庄，为 1961 年宝丽酒庄（Poliziano）的成立奠定了基础。费德里科本人在读完农业学位不久后也加入了酒庄。如今，宝丽酒庄已经完全实现了现代化，葡萄园采用严格的种植方法，酿酒厂也运用了新兴技术。该酒庄精酿的贵族酒芬芳四溢、质地柔滑、风味浓郁，令人无法抗拒。该酒庄还出产浓郁多汁、适合佐餐的红葡萄酒，不容错过。

嘉斯宝来酒庄（经典基安蒂产区）

嘉斯宝来酒庄（Querciabella）的故事始于 20 世纪 70 年代，现在已故的朱塞佩·卡斯蒂廖尼（Giuseppe Castiglioni）开始在格雷夫和拉达周围收购地产。在他儿子塞巴斯蒂亚诺（Sebastiano）的带领下，嘉斯宝来酒庄从 20 世纪 80 年代末开始采取绿色环保的耕作方式，一跃成为经典基安蒂产区的前沿酒庄。到2000 年，酒庄已完全普及生物动力农业，最好的证明便是酒庄出产的优雅基安蒂经典葡萄酒。该酒庄值得品味的还有巴塔尔葡萄酒（Batàr），该酒由霞多丽和白皮诺混酿而成，是托斯卡纳地区顶级的白葡萄酒。★新秀酒庄

雷尼尔酒庄（蒙塔奇诺产区）

马可·巴奇是经典基安蒂产区波西城堡酒庄的掌门人。1998 年，他收购了这座 128 公顷的酒庄。酒庄现在采用更现代的高密度种植方法，主要种植桑娇维塞，也种植赤霞珠、梅洛和西拉。酒庄出产的布鲁奈罗葡萄酒一改朴素和坚实的风格，独具现代特色，质地丰富、口感宜人。雷涅利（Re di Renieri）由酒庄的波尔多葡萄品种混酿而成，强劲浓郁而香气迷人，口感清新而酸度适中，令人垂涎。★新秀酒庄

巨石山酒庄（经典基安蒂产区）

马尔科·里卡索利·费里多尔菲（Marco Ricasoli-Firidolfi）是基安蒂之父贝蒂诺·里卡索利（Bettino Ricasoli）的后裔，20 世纪 90 年代后期他在家族名下的圣马赛诺（Vigneto San Marcellino）创立了巨石山酒庄（Rocca di Montegrossi）。2000年，酒庄建筑设施全部完工。此后，葡萄园的面积逐渐扩大到约 18 公顷，种植了桑娇维塞和卡内奥罗等传统葡萄，以及玛尔维萨葡萄，用于酿制令人沉醉的圣酒。该酒庄出产的桑娇维塞葡萄酒精致典雅、芬芳宜人。充满活力的经典基安蒂和陈年的圣马赛诺珍藏葡萄酒（Riserva San Marcellino）都是十分典雅的红葡萄酒。★新秀酒庄

萨彻图酒庄（蒙特布查诺产区）

萨彻图酒庄（Salcheto）始建于 1984 年，前身是农场，第一批葡萄园是 20 世纪 80 年代末才种植的。在酿酒顾问保罗·瓦加吉尼（Paolo Vagaggini）和经理米歇尔·马内利（Michele Manelli）的帮助下，酒庄出产了第一批葡萄酒。萨彻图酒庄酿造了一款风格大胆奔放的贵族酒，果香浓郁、单宁朴实、口感酸爽。该酒庄的葡萄酒风味迷人，让人欲罢不能。蒙特布查诺红葡萄酒由桑娇维塞、卡内奥罗和梅洛混酿而成，完全在钢罐中陈酿，风味活泼。★新秀酒庄

萨里卡迪酒庄（蒙塔奇诺产区）

弗朗切斯科·莱恩萨（Francesco Leanza）是一名受过专业训练的药剂师，从事葡萄种植的时间较晚，1990 年才在蒙塔奇诺产区南部购买了一块 11 公顷的土地。在接下来的 10 年中，莱恩萨修复了这座酒庄，种植了葡萄，并建造了一座小型酿酒厂。他引进了有机种植法，并在地窖里践行不干预酿造理念。值得一品的有澄澈清亮的皮亚乔内布鲁奈罗葡萄酒（Brunello Piaggione），将桑娇维塞的魅力展现得淋漓尽致，具有良好的陈年能力，适合窖藏。★新秀酒庄

圣法比亚诺·卡其娜娅酒庄（经典基安蒂产区）

1983 年，圭多·塞里奥（Guido Serio）和伊萨·塞里奥（Isa Serio）收购圣法比亚诺·卡其娜娅酒庄（San Fabiano Calcinaia）并着手进行翻新。该酒庄生产的葡萄酒风味浓郁、风格前卫，深受新世界红葡萄酒爱好者的喜爱。值得一品的有塞罗

勒珍藏葡萄酒（Cellole Riserva），这是一款单一园葡萄酒，由桑娇维塞和 5% 的梅洛混酿而成。由橡木桶陈酿的基本款经典基安蒂葡萄酒完全由桑娇维塞酿制，带有同样的丰富质地和柔软口感。这两款葡萄酒的结构都十分平衡，芳香扑鼻、浓烈强劲，可陈放数年而口感不减。

萨索桐多酒庄（马里马产区）

绮丽叶骄罗是托斯卡纳的其他种类红葡萄之一，近年来，这种葡萄进入了一些敢于创新的酒庄的视线，其中就包括马里马产区南部的萨索桐多酒庄（Sassotondo）。1990 年，爱德华多·文蒂米利亚（Edoardo Ventimiglia）和卡拉·贝尼尼（Carla Benini）创建了萨索桐多酒庄，并于 1997 年推出了第一批葡萄酒。如果对该酒庄感兴趣，可以试试未经橡木桶陈酿的绮丽叶骄罗葡萄酒（与 10% 的阿利坎特混酿），风味十分独特。同样值得一品的还有圣洛伦佐葡萄酒（San Lorenzo），由精选自单一园的老藤绮丽叶骄罗酿制而成，风味强劲，值得陈年。除此之外，酒庄还出产一款皮蒂利亚诺白葡萄酒（Bianco di Pitigliano），适合夏季饮用。★新秀酒庄

斯凯乔纳雅酒庄（蒙特库科产区）

2000 年，马塞拉·图尔齐亚尼（Marcella Turziani）和达戈贝托·罗拉（Dagoberto Rolla）建立了这座酿酒厂和农场。他们采用有机方法种植了 5.5 公顷的葡萄藤。在酿酒师卢卡·达托马（Luca D'Attoma）的指导下，马塞拉和她的儿子里卡多（Riccardo）一起经营着酒庄，用桑娇维塞和西拉酿造风味独特的葡萄酒。酒庄值得一品的酒款有韦拉文蒂斯葡萄酒（Vela Ventis），这款桃红葡萄酒澄澈明亮，质量上乘，饮后令人神清气爽。跨比亚斯（Trasubie）是一款出色的混酿酒，结合了桑娇维塞令人垂涎的酸度和西拉辛辣可口的单宁。该酒结构均衡，陈年潜力大，令人难以忘怀。

西尔维奥·纳尔迪酒庄（蒙塔奇诺产区）

1950 年，西尔维奥·纳尔迪（Silvio Nardi）收购了博斯克酒庄（Casale del Bosco）。8 年后，酒庄发布了第一款布鲁奈罗葡萄酒，然后于 1962 年收购了马那拉酒庄（Tenuta di Manachiara），进一步扩大了酒庄规模。该酒庄现在由纳尔迪的女儿艾米利亚（Emilia）经营，她在 1995 年推出了布鲁奈罗单一园葡萄酒。马那拉葡萄酒（Vigneto Manachiara）是一款酒体坚实、高贵典雅的红葡萄酒，产自马那拉最古老的葡萄园。普通款布鲁奈罗葡萄酒拥有平衡细腻的酒体，浅龄时易于入口。

索诺芒恬尼多利酒庄（圣吉米那诺产区）

自 1965 年以来，伊丽莎白·法乔利（Elisabetta Fagiuoli）一直在圣吉米那诺产区种植葡萄和橄榄。这座小酒庄采用有机种植方法，法乔利将这种活力和对细节的关注延续到了酿酒过程中，该酒庄出产的维奈西卡白葡萄酒便是最好的证明。这个庄园产有 3 个版本的圣吉米那诺维奈西卡葡萄酒：传统版（Tradiziale）在发酵过程中与空气充分接触；花之语（Fiore）由自流葡萄汁酿制；而克拉（Carato）经过橡木桶陈酿，能够陈放很长时间。

泰伦蒂酒庄（蒙塔奇诺产区）

这个令人瞩目的庄园由酿酒师皮尔路易吉·泰伦蒂（Pierluigi Talenti）于 1980 年创建。如今，酒庄由他的孙子里卡多（Riccardo）经营，但泰伦蒂酒庄（Talenti）仍然生产传统风格的经典布鲁奈罗葡萄酒。这款酒口感细腻微妙，芬芳馥郁，富含优雅、朴实的单宁，此外，该酒酸度适中、澄澈清冽，适合窖藏，在瓶中陈放几年即可饮用。酒庄的珍藏款葡萄酒酒体则更加坚实，单宁紧实、果味鲜明。值得一试的还有迷人的蒙塔奇诺红葡萄酒，该酒由桑娇维塞酿制，风格典雅，适合佐餐。

阿赛诺酒庄（经典基安蒂产区）

自 1994 年以来，这座占地 90 公顷的酒庄一直为美国人杰斯·杰克逊（Jess Jackson，是著名的肯德-杰克逊酒庄的主人）所有。尽管该酒庄位于经典基安蒂产区，但它的核心产品却是法国品种混酿酒，比如由赤霞珠、梅洛和西拉酿造的 3 款葡萄酒，分别名为奥秘 I（Arcanum I）、奥秘 II（Arcanum II）和奥秘 III（Arcanum III）。奥秘 I 将赤霞珠和梅洛完美融合，散发出浓郁而质朴的单宁气息。经典基安蒂葡萄酒口感顺滑、风味平衡，由桑娇维塞、梅洛和赤霞珠混酿而成。★新秀酒庄

贝尔瓜多酒庄（马里马产区）

以凤都酒庄闻名的马泽家族于 20 世纪 90 年代购买了这座酒庄，将他们的业务扩大到了马里马产区。该酒庄产有一款名为贝尔瓜多（Belguardo）的赤霞珠混酿酒，带有该地区常见的风土特征和润滑光泽。酒庄真正的明星产品是瑟拉塔葡萄酒（Serrata），由桑娇维塞和阿利坎特混酿而成，该酒醇厚浓郁、酒体坚实，带有澄澈得令人垂涎的酸度。从这款酒中，你能窥视地中海和波尔多的影子，也能预见马里马产区值得期待的未来。★新秀酒庄

比安诺酒庄（经典基安蒂产区）

这座古老的酒庄位于卡斯特利纳，现由托马斯·马尔齐（Tommaso Marzi）和费德里科·马罗切西·马尔齐（Federico Marrocchesi Marzi）共同经营。比安诺酒庄的葡萄酒风味传统，在一定程度上要归功于传奇的朱利奥·甘贝利（Giulio Gambelli）。1943 年到 2000 年，他在此担任酿酒顾问，随后由斯特凡诺·波尔奇奈（Stefano Porcinai）接任。如果你想要深入了解该酒庄，其出产的经典基安蒂葡萄酒是最好的选择，这款酒酒体紧实、充满活力，由桑娇维塞、科罗里诺和卡内奥罗在混凝土罐中发酵，并在斯拉夫尼亚橡木桶中陈酿而成。优雅的蒙特内罗葡萄酒则添加了少量的梅洛，颇具特色。

卡皮娜酒庄（卡尔米尼亚诺产区）

自 20 世纪 20 年代中期以来，这家历史悠久的酒庄一直由孔蒂尼·博纳科西（Contini Bonacossi）家族所有。贝内德塔·孔蒂尼·博纳科西（Benedetta Contini Bonacossi）与酿

全盛多恩酒庄（Casato Prime Donne）

多纳泰拉·西内利·科隆比尼（Donatella Cinelli Colombini）性格爽朗，来自蒙塔奇诺的一个葡萄酒世家。1998 年，西内利·科隆比尼将她家族在蒙塔奇诺的卡萨托庄园（Casato）改造为新的全盛多恩酒庄。值得注意的是，该酒庄完全由女性经营。

酒庄拥有约 19 公顷的葡萄园，出产 3 款布鲁奈罗葡萄酒和一款蒙塔奇诺红葡萄酒。为了确保布鲁奈罗葡萄酒的品质，西内利·科隆比尼召集了一个由 4 名女性葡萄酒专业人士组成的团队，负责品尝不同批次的桑娇维塞，然后进行最终的混酿。由此酿制的葡萄酒口感精致，极富表现力，虽然总体上偏向现代风味和质地，但归根到底不失为一款优雅而高贵的葡萄酒。

圣圭托（西施佳雅）酒庄
这款家喻户晓、风靡全球的葡萄酒已经成为意大利的经典佳酿。

贝尔瓜多酒庄
该酒款是一种以赤霞珠为主材料的葡萄酒，带有泥土的芬芳。

酒顾问斯特凡诺·乔乔利（Stefano Chioccioli）一起经营着卡皮娜酒庄（Tenuta di Capezzana）。维拉卡皮娜（Villa di Capezzana）是该酒庄的旗舰酒款，为卡尔米尼亚诺 DOC 级产区竖立了标杆，这款酒由 80% 的桑娇维塞和 20% 的赤霞珠混酿而成，口感紧实、层次分明，同时展现出深沉、朴实的特质。同时，酒庄出品的巴克雷勒葡萄酒（Barco Reale）是托斯卡纳地区有口皆碑的高品质餐酒之一。

卡斯迪格里酒庄（基安蒂科利佛罗伦萨产区）

这家古老的酒庄是花思蝶家族旗下的产业，专注于用波尔多品种酿制 IGT 级葡萄酒。该酒庄的标志性酒款是色泽深邃的卡斯迪格里葡萄酒（Tenuta di Castiglione），该酒主要由赤霞珠和梅洛混酿而成，同时，少量的桑娇维塞为整款酒带来了红樱桃般的光泽。酒庄出品的基拉蒙特葡萄酒（Giramonte）由梅洛和桑娇维塞混酿而成，颇具格调，质地丰富，适合搭配牛排品用。

古道探索酒庄（保格利产区）

该酒庄曾是德拉·格拉德斯卡（Della Gherardesca）家族在马里马地区庞大地产的一部分，如今归安东尼家族所有。该酒园有着悠久的玫瑰红葡萄酒生产历史［今天称为思嘉拉（Scalabrone）］，但核心产品是与酒庄同名的古道探索葡萄酒。该酒由赤霞珠、梅洛和西拉混酿而成，典雅大方而风味精致，结构优雅而口感纯正，颇具特色。

蒙特洛酒庄（菲耶索莱产区）

安东尼家族在佛罗伦萨地区旗下拥有众多酒庄，蒙特洛酒庄（Tenuta Monteloro）便是其中之一，该酒庄拥有超过 53 公顷的葡萄园，主要种植白葡萄品种。得益于某些区域的高海拔（约 490 米）和巨大的昼夜温差，像白皮诺、雷司令和灰皮诺这样的葡萄在这里的表现相当不错。该酒庄的马兹博拉珠葡萄酒（Mezzo Braccio）就是由这 3 种葡萄混酿而成。该酒芳香清新、口感清爽，是搭配海鲜的理想选择。

诺索乐酒庄（经典基安蒂产区）

诺索乐酒庄（Tenuta di Nozzole）位于格雷夫附近，自 1971 年以来一直为福洛纳里（Folonari）家族所有。如今，诺索乐酒庄是安布罗斯（Amborgio）和乔瓦尼·福洛纳里（Giovanni Folonari）葡萄酒小帝国的一部分，他们在这里酿造托斯卡纳顶级葡萄酒——帕累托赤霞珠葡萄酒（Il Pareto）。这是一款优雅的国际风格葡萄酒，香气浓郁、口感醇厚，带有鲜明的黑莓香气，专为陈年而生。酒庄最经典的则是诺索乐园经典基安蒂葡萄酒（Villa Nozzole Chianti Classico），该酒酿自酒庄藤龄最长的桑娇维塞葡萄藤，深受葡萄酒爱好者喜爱。

奥利维托酒庄（蒙塔奇诺产区）

1994 年，阿尔德马罗·马切蒂（Aldemaro Machetti）和莫妮卡·马切蒂（Monica Machetti）收购并翻新了这座废弃酒庄。1994 年至 1998 年，酒庄在不同的采光条件和相

对较高的密度下种植了大约 12 公顷的葡萄园。在酿酒师罗伯托·西普索（Roberto Cipresso）的努力下，酒庄的酿酒风格转向现代，葡萄酒质地醇厚、风味成熟。布鲁奈罗葡萄酒将黑色水果和草本清香与柔和的单宁结合在一起，初酿时爽口怡人。对于喜欢浓郁口感的新世界红葡萄酒的爱好者来说，这是一款值得一品的布鲁奈罗葡萄酒。

比伯丽酒庄（经典基安蒂产区）

占地 100 公顷的比伯丽酒庄（Tenuta Pèppoli）是安东尼家族旗下的产业，毗邻天娜酒庄的葡萄园。该酒庄出产的比伯丽经典基安蒂葡萄酒由 90% 的桑娇维塞配以含量不一的梅洛和西拉酿制而成，是一款国际风格、果香浓郁的葡萄酒，适合在浅龄阶段饮用。该酒庄的石质土壤似乎赋予了葡萄酒额外的深度，虽然没到深邃的程度，但还是特色十足。当然了，这款酒最适合的还是搭配丰盛的乡村美食，口感极佳。

平安酒庄（蒙塔奇诺产区）

1995 年，安东尼家族收购了这座占地 186 公顷的酒庄，成了该家族在发展迅速的蒙塔奇诺优质葡萄酒产区的立足点。收购完成后，该家族在酒庄种植了 31 公顷的桑娇维塞。最近新种植的 33 公顷葡萄园中又加入了一些安东尼家族自己培育的克隆品种。该酒庄出产的布鲁奈罗葡萄酒精致优雅，在其贵族气质之下，蕴藏着成熟、现代的格调。这款酒陈年几年后会获得更丰富的层次感，所以更适合在酒窖中存放一段时间再品用。

圣圭托（西施佳雅）酒庄（保格利产区）

在托斯卡纳或意大利葡萄酒领域，西施佳雅这种波尔多风格的赤霞珠和品丽珠混酿酒几乎人尽皆知。在 1968 年首次推出时，西施佳雅还被认为是同类葡萄酒的先驱，如今已是经典的意大利葡萄酒，成为老牌葡萄酒中的一员。近年来，除了推出格维达（Guidalberto）和迪菲丝（Le Difese）这两种葡萄酒以外，圣圭托酒庄便没有什么新的动作了。20 世纪 90 年代后期以来，西施佳雅就已经独占了 DOC 级认证，在意大利葡萄酒界，可谓独一无二的壮举。

天娜酒庄（经典基安蒂产区）

自 19 世纪中叶开始，这家尽人皆知的酒庄就归安东尼家族所有。1970 年，天娜酒庄（Tenuta Tignanello）首次推出橡木桶陈酿的单一园经典基安蒂珍藏葡萄酒，这款酒在 1971 年成为日常餐酒。到了 80 年代初期，85% 桑娇维塞、10% 赤霞珠和 5% 品丽珠的混酿组合已经基本确立。该酒庄的同名酒款是一款浓烈强劲、值得陈年的葡萄酒，同一酒庄还出产一款索拉雅葡萄酒（Solaia），该酒由赤霞珠和桑娇维塞混酿而成，口感顺滑、风味典雅。

华姿酒庄（露姬斯产区）

华姿酒庄（Tenuta di Valgiano）位于卢卡丘陵上，充满了地中海气息。这家年轻的酒庄占地 16 公顷，葡萄园采用生物动力种植法，出产由桑娇维塞、西拉和维蒙蒂诺酿制的葡萄酒。黄墙（Giallo dei Muri）是一款由玛尔维萨、特雷比奥罗和维蒙蒂诺混酿的芳香浓郁的白葡萄酒。如果你想品味多汁清爽的红葡萄酒，可以试试帕利斯托蒂（Palistorti），这款酒由桑娇维塞、西拉和梅洛混酿而成，充满活力、时髦新颖、个性十足。凯撒大盗葡萄酒（Scasso dei Cesari）是一款纯酿，酿自酒庄最古老的桑娇维塞葡萄藤。★新秀酒庄

特拉比安卡酒庄（经典基安蒂产区）

在维托里奥·菲奥雷（Vittorio Fiore）的指导下，瑞士人罗伯托·古尔德纳（Roberto Guldener）于 20 世纪 80 年代后期收购了这座酒庄。1989 年，他开始对现有葡萄园进行重新种植和现代化改造，还开辟了新的葡萄园。今天，特拉比安卡酒庄（Terrabianca）种植了近 51 公顷的桑娇维塞、赤霞珠、梅洛和卡内奥罗，精心酿制出一系列颇具格调的葡萄酒。值得一品的有斯卡西诺基安蒂经典葡萄酒（Chianti Classico Scassino），这款单一园葡萄酒风味浓郁、结构出众。而最具代表性的则是坎帕乔葡萄酒（Campaccio），这款桑娇维塞和赤霞珠的混酿酒风味典雅，采用巴里克木桶陈酿，颇具特色。

泰鲁齐普托德酒庄（圣吉米那诺产区）

托斯卡纳的红葡萄酒比白葡萄酒更加出名，然而 1967 年意大利的第一款 DOC 级葡萄酒却是圣吉米那诺维奈西卡（Vernaccia di San Gimignano），对于这一点可能有些争议。1974 年，富有远见的恩里科·泰鲁齐（Enrico Teruzzi）和卡门·普托德（Carmen Puthod）创办了泰鲁齐普托德酒庄（现为辛扎诺所有）。这对夫妇在酒窖中采用先进技术，并为他们的酒款设计了雅洁醒目的标签，酿造的葡萄酒精致澄澈，颇具国际竞争力。酒庄的旗舰款是罗诺德利诺圣吉米那诺维奈西卡葡萄酒（Vernaccia di San Gimignano Ronodlino），该酒运用传统工艺打造，风味简约、口感清爽，是消暑的不二之选。

图丽塔酒庄（马里马产区）

1984 年，丽塔·图（Rita Tua）和维吉里奥·比斯蒂（Virgilio Bisti）夫妇在图丽塔酒庄（Tua Rita）栽上了第一批葡萄。随后，他们扩建了酒庄的葡萄园，并于 1992 年推出了第一批葡萄酒。该酒庄推出的乐迪加菲葡萄酒（Redigaffi，由 100% 梅洛酿制）在酒评界和市场上都深受好评。经深度提取，这款葡萄酒香气馥郁、浓烈强劲、风靡至今。丛林之宝葡萄酒（Perlato del Bosco Rosso）由桑娇维塞和赤霞珠混酿而成，呈现出同样浓郁的口感，不过由于该酒酸度激爽，口感也愈加鲜明。

乌鹊酒庄（蒙塔奇诺产区）

1986 年，安德里亚·科尔托内西（Andrea Cortonesi）收购了这座酒庄。如今，乌鹊酒庄（Uccelliera）已发展成为一家独具匠心的标杆酒庄。酒庄拥有 6 公顷的葡萄园，采用有机

沃蒂皮亚塔酒庄
这款葡萄酒适合与丰盛的酱汁、红肉及陈年奶酪搭配饮用。

乌鹊酒庄
这款浓郁饱满的布鲁奈罗葡萄酒果味丰富、酸度平衡。

种植法耕作。该酒庄的葡萄酒浓郁醇熟，充分展现了卡斯特尔诺沃德尔阿巴特（Castelnuovo dell'Abate）分区的温暖气候。比如酒体饱满醇浓的布鲁奈罗葡萄酒果味甜美、酸度充沛，尽显清爽怡人的口感。此外，酒庄还出产一款风味浓郁的拉佩斯葡萄酒（Rapace），由桑娇维塞、梅洛和赤霞珠混酿而成，颇具特色。

沃蒂皮亚塔酒庄（蒙特布查诺产区）

米里亚姆·卡波拉里（Miriam Caporali）经营着沃蒂皮亚塔酒庄（Valdipiatta），这座现代庄园由她的父亲朱利奥（Giulio）在 20 世纪 80 年代末购得。沃蒂皮亚塔酒庄在海拔 365 米左右的地方种植着近 30 公顷的桑娇维塞、卡内奥罗和玛墨兰，以及赤霞珠、梅洛和黑皮诺等国际品种。酒庄值得一品的有单一园维格纳爱菲洛珍藏贵族酒（Vigna d'Alfiero），展现了此地区桑娇维塞独特的坚实质地和强劲力道。普通款贵族酒则口感更加柔和，易于入口。该酒庄还生产一款名为托斯卡（Tosca）的基安蒂科利塞内西葡萄酒，值得一试。

维纳马吉奥酒庄（经典基安蒂产区）

这座历史悠久的别墅和庄园因是蒙娜丽莎的故乡而举世闻名，同时这里还是经典基安蒂产区的一个热门旅游地标。该酒庄位于格雷夫附近，1988 年由吉安尼·努齐安特（Gianni Nunziante）收购并进行修葺。酒庄的酿造风格趋于前卫和国际化，代表作是其普通版和珍藏版经典基安蒂葡萄酒，口感怡人、酒体平衡、单宁质朴。如果你对新世界浓郁红葡萄酒感兴趣，这些葡萄酒一定能打动你。同样值得一试的是该酒庄的单一品丽珠葡萄酒，该酒酿自酒庄的老葡萄藤，风格典雅、清爽宜人。

意大利南部及诸岛产区

意大利的领土一直延伸到地中海的深处，越往南走，与欧洲的隔绝感越深。不过，通过欧盟的资助，意大利南部及诸岛（Southern Italy and the islands）已经成为农村经济转型的关键。新兴葡萄园和酒窖如雨后春笋般涌现，葡萄酒最终也发挥出早在 3000 年前人们就已经认识到的发展潜力。

年份

2009

由于2008年葡萄历经干旱，导致2009年产量减少。9月大雨瓢泼，西西里岛葡萄减产——尤其是晚熟品种和种植在较高海拔地区的品种。

2008

这一年意大利南部天气干旱，产量不佳；但西西里岛喜获丰收。

2007

该年份酒款的质量都很出色。

2006

这一年葡萄成长条件良好，较少遭遇疾病侵袭，酿制的葡萄酒款款经典。红葡萄酒质量上乘。

2005

这一年天气凉爽。葡萄园采用严格的管理方法，酿造出的葡萄酒高贵优雅、香气迷人。

尽管意大利南部经济萧条，政治不稳定，但人们依然以其为傲。而且意大利南部地区的热情似乎酝酿了一种强烈的独立精神，而这种精神并不受贫穷影响。尽管意大利北部可能更加富饶，但位于罗马以南的南部地区风光分外妖娆，人们也情绪高涨。此弹丸之地却不缺乏供人们生存的动植物，所以这里的人们生活过得有滋有味。

公元前 750 年，希腊人一踏上普利亚（Puglia）便引入了葡萄种植。从那时起，葡萄种植业一直是人们赖以生存的一部分。意大利南部的希腊人早期定居区被称为大希腊区（Magna Graecia），葡萄藤在此地欣欣向荣，让人深感诧异。欧洲葡萄（普通的葡萄藤）对意大利南部干旱的气候可谓"一见钟情"。如今的艾格尼科（取自"Hellenic"）和格雷克（Greco，取自 Graeci）品种便是由此培育而来的。

欧洲葡萄藤像入侵者一样遍布意大利半岛。但 3000 年后，只剩下了一些与世隔绝的、自然适应能力最强的葡萄园。普利亚完美地呈现了这种复杂的融合。这里种植了大量的普里米蒂沃、黑曼罗（Negroamaro）、黑玛尔维萨（Malvasia Nera），但多数需要与其他品种混酿才行。事实上，只有不到 4% 的葡萄酒被评为优质葡萄酒，而 DOC 级葡萄酒却超过 25 款。每个人都以酿酒传统引以为傲，但似乎忘却了学徒的匮乏局面。

普利亚的邻居——巴斯利卡塔产区（Basilicata）和阿布鲁佐产区，情况大不相同。他们只有 6 款 DOC 级葡萄酒，其中大部分都是单一品种葡萄酒，并依赖于南部的蒙特布查诺、特雷比奥罗和艾格尼科三大品种。

卡帕尼亚产区地形多山。这里海拔较高，夏季凉爽，葡萄成熟较晚，出产的葡萄酒是意大利南部地区的最佳酒款。卡帕尼亚产区推出了至少 3 款 DOCG 级葡萄酒——比托斯卡纳南部的其他地区都多，其中一款为南部最优质的葡萄酒——图拉斯红葡萄酒。图拉斯距拉克玛·克里斯蒂（Lacryma Christi）内陆和维苏威火山（Mount Vesuvius）约有 50 千米远，但这里的土壤中也同样富含微量元素和矿物质，赋予了图拉斯、格雷克、菲亚诺、法兰娜（Falanghina）（4 种无可挑剔的品种）葡萄丰富的口感。

意大利的另一座火山——埃特纳火山（Mount Etna）诚邀游客从盛产葡萄的偏僻之地卡拉布里亚（Calabria）来意大利最美丽的岛屿——西西里岛做客。从大型酿酒合作社到单人经营企业，从霞多丽和西拉到尹卓莉亚（Inzolia）和黑珍珠（Nero d'Avola），西西里葡萄酒在规模和品种上均无与伦比。意大利的第二大岛——撒丁岛从西班牙而非意大利本土汲取灵感。岛上唯一的 DOCG 级葡萄酒由产量不稳的维蒙蒂诺酿造。此外，岛上还种植了大量的歌海娜和佳丽酿。

阿碧兹亚·圣·阿纳斯塔西娅酒庄（西西里岛产区）

这座酒庄坐落在风景绝佳的马多讷山（Madonne Mountains）的高处，从这里可以俯瞰地中海（Mediterranean），酒庄内种有 60 公顷的葡萄。阿碧兹亚酒庄建于 1100 年，但最终陷于年久失修状态。弗朗切斯科·勒拿（Francesco Lena）于 1980 年购得此酒庄。他费心劳力整修酒庄的建筑和生物动力葡萄园，使其恢复昔日的辉煌。里卡尔多·科塔瑞拉（Riccardo Cotarella）则致力于酒窖的发展，他们分工合作，配合得天衣无缝。里特（Litra）是一款由赤霞珠酿制的葡萄酒，色泽优美，富含黑色水果的香气，陈年潜力出众。

拉塞米学会酒庄（普利亚产区）

格雷戈里·佩卢奇（Gregory Perrucci）是该酒庄的主人，其目标是"研究、发酵、出售普利亚本地葡萄酒"。他管理着将近 200 公顷的葡萄园，每年生产超过 100 万瓶葡萄酒，以霏粼（Felline）、佩尔维尼（Pervini）、辛法罗萨（Sinfarosa）、马塞亚佩佩（Masseria Pepe）的名义装瓶。霞多丽逐渐成为本地品种，但当地新近也大量栽种了苏苏马尼洛（Sussumaniello）和奥塔维内洛（Ottavianello），使得这些被人遗忘的昔日英雄品种重振生机。酒庄的普里米蒂沃葡萄酒（Primitivo）也同样值得信赖。

布尼卡酒庄（撒丁岛产区）

布尼卡酒庄（Agricola Punica）是一家合营企业，由西施佳雅的酿酒师塞巴斯蒂亚诺·罗莎（Sebastiano Rosa）和桑塔迪酒庄（Cantina di Santadi）共同管理。因此，酒庄的首款佳酿尽管在 2002 年才推出，但是酒款质量优异。布尼卡酒庄仅出品两款酒：梦特酥葡萄酒（Montessu）和巴洛亚葡萄酒（Barrua）。这两款佳酿皆酿自于卡里尼亚诺（Carignano）老藤，但梦特酥酒体更加轻盈，酿酒材料中含有 40% 的国际品种；巴洛亚是酒庄名副其实的新星，由 85% 的卡里尼亚诺酿造，口感正宗，带有一丝新橡木桶的香味，结构平衡。★新秀酒庄

瓦洛内酒庄（普利亚产区）

瓦洛内酒庄（Agricole Vallone）建立于 1934 年，是一处家族管理的产业。维特多利亚·特雷莎（Vittoria Teresa）和玛丽亚·特雷莎（Maria Teresa）姐妹管理着这片占地 170 公顷的土地，葡萄酒年产量 60 万瓶以上。尽管在该区从事酿酒业失败的风险远高于成功的可能性，但是瓦洛内酒庄仍坚持不懈。瓦洛内酒庄以格拉迪西亚干红葡萄酒（Graticciaia）而闻名，这款葡萄酒由精心挑选的黑曼罗酿制。黑曼罗先被置于干草垫上晾干，然后葡萄干用来酿造帕赛托葡萄酒（passito）。这款葡萄酒散发着浓郁的干果和香料气息，口感均衡。

阿尔伯特·朗格酒庄（普利亚产区）

阿尔伯特·朗格酒庄（Alberto Longo）遵循的是一条由商业进军酿酒事业的传统之路，在每个领域都做得风生水起。无论是占地 35 公顷的高密度种植葡萄园、光彩夺人的酿酒厂，还是与普利亚酒标背景相映生辉的精致包装，酒庄可谓物尽其用。阿尔伯特的首款佳酿是卢切拉卡奇米特（Cacc'e Mmitte

阿提罗·康提尼酒庄
这款餐末甜酒冷藏后饮用口感同样出众。

拉塞米学会酒庄
酒体色泽呈现深红宝石色，散发出浓郁的果香和香料气息，单宁紧实。

di Lucera DOC，这个名字就算对意大利人来说也很拗口），这对几乎被遗弃的 DOC 分级来说无疑是雪中送炭，也为酒庄在国内赢得了足够的政治资本。紧接着，由波尔多品种酿造的色泽亮丽的卡尔卡拉·维奇亚（Calcara Vecchia）等葡萄酒也相继出品。

尼奥亚诺酒庄（卡帕尼亚产区）

安东尼奥·卡贾诺（Antonio Caggiano）一生致力于艾格尼科葡萄酒（Aglianico）的酿造，对图拉斯葡萄酒（Taurasi）倾注的心血格外多。安东尼奥于 1990 年建立酿酒厂，是新一批卡帕尼亚生产商的开路先锋，正是他们使得此地重振威名。安东尼奥也出品其他酒款，但是尼奥亚诺高帝魏格纳马基亚干红葡萄酒（Vigna Macchia dei Goti DOCG）艳压群芳。该酒款由艾格尼科（生长于图拉斯镇周围的火山坡）酿制，是一款经典佳作，带有复杂的深色水果味，以及历经 18 个月陈酿后的橡木味。

阿波尼奥酒庄（普利亚产区）

跟酒庄出产的质量优异的葡萄酒一样，颇具魅力的阿波尼奥、马希米亚诺（Massimiliano）、马凯（Marcello）兄弟三人同样深受人们的喜爱。该家族在莱切的历史已有 4 代之久，第一代的诺亚·阿波尼奥（Noah Apollonio）一开始酿制葡萄酒供当地人消费。他们于 1975 年将葡萄酒装瓶，逐渐增加控股。酒款以阿波尼奥酒庄（Apollonio）的酒标装瓶，以自产葡萄酿制，包含带有苦味的撒来提诺（Salentine）经典系列：科佩尔蒂诺 DOC（Copertino DOC）和斯昆扎诺 DOC（Squinzano DOC）。罗卡德莫里系列葡萄酒（Rocca dei Mori）性价比极高，酿酒所需的葡萄成熟饱满之后才进行发酵。

阿吉拉斯酒庄（撒丁岛产区）

安东尼奥·阿吉拉斯（Antonio Argiolas）一直期待他的子孙们能完成他儿时的梦想：在撒丁岛建立一座面积最大、最负盛名的酿酒厂。经过精心收购后，阿吉拉斯家族现已拥有占地超过 250 公顷的葡萄园，园内仅种植当地品种。葡萄园多数坐落在海拔 350 米以上的地区，酿造的葡萄酒爽口清新，丝毫察觉不出所用葡萄出产于炎热的气候区。从香醇可口的塞勒伽斯白葡萄酒（Nuragus di Cagliari DOC），到经典酒款撒丁岛卡诺娜（Cannonau di Sardegna），再到旗舰酒款图丽佳格拉帕白兰地（Turriga IGT），酒庄的酒款始终不负众望。

阿提罗·康提尼酒庄（撒丁岛产区）

康提尼（Contini）家族与维奈西卡奥里斯塔诺葡萄酒（Vernanccia di Oristano DOC）有着永远割舍不断的联系。一个多世纪以来，酒庄一直秉持着一项优良传统，即向世人展示撒丁岛与西班牙、意大利之间的历史联系。自 11 世纪起，奥里斯塔诺产区（Oristano）开始种植维奈西卡，此品种通常生长于托斯卡纳的圣吉米亚诺（San Gimignano）。然而，更引人瞩目的是在酒花（浮在葡萄酒表面的一层酵母）下陈年葡萄酒的做法，这是一种与西班牙赫雷斯密切相关的技巧。由此

德法科酒庄

这款葡萄酒温润可人、单宁柔和，
适合搭配烤肉和奶酪品用。

卡拉特雷斯酒庄

这款葡萄酒由霞多丽酿制，呈现深金色，
在法国巴里克木桶中陈酿，风味浓郁。

酿造的安提科格雷戈里葡萄酒（Antico Gregori）名垂青史，是两种地中海文化融合的不朽精粹。

艾维酒庄（西西里岛产区）

艾维酒庄（Avide）从 19 世纪中叶开始慢慢引入葡萄酒酿造，当时西西里岛的合法王室——德文斯汀（Demonstene）家族开始酿制自己的葡萄酒。他们仅栽培少量葡萄藤，每年都用收获的果实酿造美酒，葡萄酒的质量逐渐得以提升。几代之后，艾维酒庄成为维多利亚瑟拉索罗干红葡萄酒（Cerasuolo di Vittorio DOCG）的最大出产商之一。黑标系列葡萄酒（Black Label）是艾维酒庄的旗舰酒款，酒款充满活力，散发着石榴清香。巴洛克葡萄酒（Barocco）是一款在巴里克木桶中陈酿的葡萄酒，品质卓越，为酒庄的旗舰酒款之一。酒庄旗下的海雷亚系列葡萄酒（Herea）物超所值。

巴斯利斯科酒庄（巴斯利卡塔产区）

巴斯利斯科酒庄（Basilisco）也致力于挖掘巴斯利卡塔秃鹰艾格尼科干红葡萄酒（Basilicata's Aglianico del Vulture DOC）的巨大潜力。酒庄拥有 15 世纪建成的酒窖和 10 公顷的葡萄园，米歇尔·库托洛（Michele Cutolo）给意大利和美国的评论家们留下了深刻的印象也就不足为奇了。米歇尔和该地区顶尖的艾格尼科葡萄种植专家——洛佐佐·兰迪共同出品了两款佳酿。酒庄使用严选艾格尼科（Aglianico）葡萄，酿出的特奥多西奥（Teodosio）酒体紧实，令人印象深刻。酒款置于法国橡木桶中陈酿 10 个月之后完成华丽转变，散发出李子香和黑莓香，令人流连忘返。★新秀酒庄

本南迪酒庄（西西里岛产区）

埃特纳火山（Mount Etna）就像西西里岛独有的空调，所以这里虽然离地中海不远，但更具阿尔卑斯高山气候的特点，山上的葡萄园也是这种小气候的受益者。本南迪酒庄（Benanti）的葡萄园充分利用了这一独特的风土条件，栽培当地葡萄品种已有 3 个世纪之久。马斯卡斯奈莱洛葡萄虽然广受欢迎，但该酒庄精于种植卡利坎特，这是一种在世界其他地方都见不到的白葡萄品种。酒庄的派塔玛丽娜特酿（Pietramarina）是一款杰出的白葡萄酒，需要 10 年的时间才能将草本气息和矿物质气息完美融合。★新秀酒庄

贝尼托·费拉拉酒庄（卡帕尼亚产区）

加布里埃拉（Gabriella）的父亲贝尼托·费拉拉（Benito Ferrara）于 20 世纪 70 年代早期建立酿酒厂。如今，加布里埃拉与她的丈夫、酿酒顾问保罗·卡乔尔尼亚（Paolo Caciorgna）在此共同酿酒。葡萄园占地面积仅 8 公顷，产量稀少，但是酒庄推出由格雷克（Greco）、菲亚诺、艾格尼科等品种酿造的一系列经典 DOC 级葡萄酒。酒庄推出的一系列酒款中，镇庄之作当属图福格雷克 DOGC 干白葡萄酒（Greco di Tufo Vigna Cicogna DOCG）。葡萄园坐落在高海拔处，所酿造的葡萄酒酸度自然，散发着葡萄柚和橘皮蜜饯的清香。

比谢利亚酒庄（巴斯利卡塔产区）

马里奥·比谢利亚（Mario Bisceglia）于 2001 年建立比谢利亚酒庄（Bisceglia），像其他许多成功的实业家一样，马里奥也决定追根寻源。马里奥决定在传统的艾格尼科葡萄酒中增添霞多丽、梅洛和西拉等葡萄品种，但在秃鹰坡艾格尼科 DOC 产区内仍种有约 35 公顷的艾格尼科。酒庄出品的火山系列（Terre di Vulcano）物超所值，酿造该酒款的葡萄涵盖了产自普利亚（Puglia）、巴斯利卡塔（Basilicata）和卡帕尼亚（Campania）葡萄园的 6 个品种。酒庄内有一座带酒吧的酿酒厂，对南部最令人流连忘返的新酒厂来说，真是如虎添翼。

卡拉特雷斯酒庄（西西里岛产区）

1750 年，米奇切家族（Miccichè）搬到了西西里的中心圣奇皮雷洛（San Cipirello）。两个世纪之后，朱塞佩（Giuseppe）和莫里乔（Maurizio）兄弟二人建立了一座新型酿酒厂，如今，这座酿酒厂已经化身为吸引眼球的国际中心。卡拉特雷斯集团（Calatrasi）在普利亚、西西里和突尼斯都拥有葡萄园和酒厂，每年生产超过 500 万瓶口感柔和、口味正宗、价格诱人的葡萄酒。这些酿酒厂因金艾斯特园系列葡萄酒（Terre di Ginestra）而名声大噪，酒款涵盖了大量的黑珍珠、卡塔拉托（Catarratto）和赤霞珠等本地和国际品种。

坎迪多酒庄（普利亚产区）

亚历山德罗·坎迪多（Alessandro Candido）和贾科莫·坎迪多（Giacomo Candido）拥有 140 公顷的葡萄园，每年生产约 200 万瓶葡萄酒，这种规模在除了意大利南部以外的任何地方都让人大为赞叹。然而，他们以质量而不是数量而著称，其紧实、酸甜参半的萨利斯萨伦蒂诺葡萄酒（Salice Salentino）几十年来一直是 DOC 产区的主打品牌。尽管黑曼罗在现代酒款依门萨姆（Immensum）中巧妙地与赤霞珠混酿，在散发着橡木味的旗舰酒款阿拉贡公爵葡萄酒（Duca d'aragona）中与蒙特布查诺葡萄混合酿造，该品种仍然是该地最受欢迎的品种。这里还生产少量的霞多丽和长相思葡萄酒，以及一款精致稀有的阿利蒂科葡萄酒（Aleatico），这款普利亚产区出产的甜红葡萄酒在地位上不亚于威尼托产区的雷乔托葡萄酒（Recioto）。

肯笛娜·路亚酒庄（撒丁岛产区）

1956 年，这家合作酒庄雇用 160 名员工，在撒丁岛北部海岸高海拔地区种植了超过 325 公顷的葡萄。加卢拉维蒙蒂诺（Vermentino di Gallura）是撒丁岛唯一的 DOCG 分级，作为其出产商，这家合作酒庄历经了至少 5 次更新迭代，而且每一代新款都展现出花岗质土壤的细微差异，这是不足为奇的。酒庄旗下的加纳利高级干白葡萄酒（Canayli）最负盛名，该酒款香味复杂、酸度适宜。奇怪的是，该酒庄也精于酿造内比奥罗葡萄，该品种是在 18 世纪从原生地皮埃蒙特区（Piemonte）移植到这里的。

洛科罗通多酒庄（普利亚产区）

该合作酒庄成立于 1930 年，经过艰苦的游说，还成功建立了自己的 DOC 产区——洛科罗通多（Locorotondo）产区，专

门用于白色葡萄品种维戴卡（Verdeca）的种植。这家日渐兴旺的酒庄拥有 1000 公顷的葡萄园，葡萄酒年产量 350 万瓶，装瓶酒标多达 30 多个。然而，洛科罗通多葡萄酒仍然大受追捧，该酒款的 3 个系列皆口感活泼、物美价廉。塔利纳霍酒（Vigneto di Talinajo）是酒庄中最出色的酒款，具有活泼的柑橘香味和诱人的矿物质气息，余味持久。

桑塔迪酒庄（撒丁岛产区）

此合作酒庄成立于 1960 年，但直到贾科莫·塔奇斯（Giacamo Tachis）参与管理，酒庄才有了自己的知名度。该地区大量未嫁接的灌木藤蔓佳丽酿为塔奇斯葡萄酒（Tachis）提供了极好的原材料，不过他之前一直尝试酿制西施佳雅葡萄酒。20 世纪 80 年代早期，该合作酒庄出品了鲁比亚葡萄酒（Rocca Rubia）和布鲁诺葡萄酒（Terre Brune），两款酒皆富有特色、物美价廉，在国际上享有赞誉。这些葡萄酒证明了撒丁岛的巨大潜力，也为新品提升当地声誉奠定了基础。

维蒙蒂诺酒庄（撒丁岛产区）

1956 年尽管对波尔多来说苦不堪言，但对撒丁岛的合作酒庄来说意义深远。维蒙蒂诺酒庄（Cantina del Vermentino）和肯笛娜·路亚酒庄都在这一年成立。与肯笛娜·路亚酒庄相比，雄心勃勃的维蒙蒂诺酒庄占地面积更大，达到 500 公顷，雇佣员工有 350 名。维蒙蒂诺葡萄仍处于标杆位置；酒款阿拉科纳（Arakena）采用木桶发酵，但该酒庄最负盛名的当属采用不锈钢桶发酵而成的丰塔纳利拉斯（Funtanaliras）。传统的撒丁岛红葡萄酒由赤霞珠和桑娇维塞酿制而成。

德法科酒庄（普利亚产区）

这家酒庄成立于 1960 年，可谓萨伦托（Salento）的中坚力量，持续推出一系列深受当地普利亚人钟爱的酒品。塞尔瓦托·德·法科（Salvatore de Falco）管理着酒庄占地 25 公顷的葡萄园和一座酿酒厂，酒厂距离巴洛克式建筑的普利亚明珠——莱切仅一步之遥。酒庄每年约产 20 万瓶葡萄酒。斯昆扎诺 DOC 葡萄酒（Squinzano DOC）和普里米蒂沃葡萄酒（Primitivo）是酒庄的经典酒款，但最出名的酒款还属萨郇奇萨伦蒂诺珍藏红葡萄酒（Salice Salentino Riserva Falco Nero）。该酒款由 80% 的黑曼罗和 20% 的黑玛尔维萨混酿，置于全新的法国小橡木桶中陈年 12 个月而成。

福罗里欧酒庄（西西里岛产区）

福罗里欧家族诞生于 19 世纪中叶，当时马沙拉酒（Marsala）大放异彩。该家族建立了一个庞大的商业帝国，业务涵盖了葡萄酒业、渔业、纺织业，甚至还有一项跑车赛事——塔格佛罗热大赛（Targa Florio）。如今，福罗里欧酒庄（Cantine Florio）与杜卡酒庄都隶属于意利瓦萨隆诺集团（Illva Saronno Group），擅长酿造甜酒和强化酒。尽管酒庄生产的葡萄酒来自潘泰莱里亚岛（Pantelleria）和里帕里岛（Lipari），但是其镇庄之作当属马沙拉酒。阿瑟葡萄酒（Terre Arse）这一酒名略显难堪，但其品质优异，属于全干型酒款，置于桶中陈年近 10 年之久才会装瓶上市。

马里萨·科莫酒庄（卡帕尼亚产区）

凡事需亲眼所见才能相信：马里萨·科莫（Maria Cuomo）和她的丈夫安德里亚·费拉约利（Andrea Ferraioli）居然将葡萄种在几乎人迹罕至的悬崖上，这的确令人惊讶万分。他们的葡萄园种植在狭窄的梯田上，这些梯田紧贴着阿玛尔菲海岸（Amalfi）上方仅半千米的悬崖峭壁上。葡萄产量极少，所种植的品种是鲜有人知的原生葡萄费妮乐（Fenile）、金艾斯特拉（Ginestra）和丽珀利（Ripoli），种植过程异常艰辛。鉴于夫妇二人对保护国家葡萄文化遗产作出的重大贡献，意大利政府表示万分赞扬，并授予其阿玛尔菲海岸 DOC 分级的地位。对此，有些人可能会认为，相对于该夫妇一生的劳作付出，这点回报真的是微不足道。

马可·巴托利酒庄（西西里岛产区）

在葡萄酒界，马沙拉酒就像调酒棒一样时尚。因此，每一款马沙拉酒都要独具特色方能有市场需求。马可·巴托利（Marco de Bartoli）是一名享誉国际的赛车手，过着锦衣玉食的生活。20 世纪 70 年代，他接管了家族 25 公顷的土地。马可亲自驾驶跑车运送了酒庄的第一批货物，他对汽车的痴迷最终演变成了对马沙拉酒的热爱。如今，这个酒庄出产了 3 款精致的马沙拉酒款，以及一款稀有的、非加强型葡萄酒——桑佩里（Vecchio Samperi）。

诺泰欧酒庄（巴斯利卡塔产区）

杰拉尔多·朱拉特拉博凯蒂（Gerardo Giuratrabocchetti）自 7 岁起便从祖父口中得知，将来有一天他会继承这座家族酒庄。杰拉尔多的父亲尽管只是一名公证员，但是杰拉尔多对自己的未来始终有着清晰的规划。如今，杰拉尔多管理着 26 公顷的葡萄园。菲尔马孚图艾格尼科红葡萄酒（Aglianico del Vulture La Firma DOC）由精挑细选的艾格尼科葡萄酿造，置于新法国橡木桶中陈年，是酒庄的旗舰酒款。该酒款和杰拉尔多本人一样令人难以忘怀，都对本地区作出了极大的贡献。酒款散发出甜甜的香草、橡木、可可和甘草香气，层次分明、回味悠长。

维奥拉酒庄（卡拉布里亚产区）

一名退休的小学老师化身为葡萄酒的守护神，这可真是令人难以置信。但是，路易吉·维奥拉（Luigi Viola）却真的做到了——他拿出自己的退休金全力支持萨拉切诺莫斯卡托葡萄酒（Moscato di Saraceno）的未来。该酒是一款古老的甜品酒，由玛尔维萨和瓜尔纳恰（Guarnaccia）酿制的基酒同些许半干干麝香葡萄酿造而成。维奥拉富有独创性和进取心，使世界上极受欢迎的甜葡萄酒得以保存。该酒酒体呈现琥珀色，香气迷人，而且产量极低，年产仅有 4500 瓶。

卡普榭拉酒庄（撒丁岛产区）

卡普榭拉酒庄（Capichera）建立已有 3 代人之久，当时卡普榭拉拥有 10 公顷的葡萄园，并对发挥本地原生葡萄——维蒙蒂诺和佳丽酿的潜力满怀信心。如今，该酒庄在撒丁岛狂风呼啸的东北角种植葡萄，酿造了 30 多万瓶品质卓越、价格昂

来自埃特纳火山（Mount Etna）的葡萄酒

埃特纳火山是欧洲最大的活火山。埃特纳火山顶部常年积雪（山顶有一处小型滑雪场），火山口则始终冒着烟雾和灰尘。埃特纳火山椎体上部的地貌如同月球一般，但种植着各种各样的农作物，令人惊讶万分。然而，这里的葡萄园坐落在少有人敢踏足的区域，所处地的海拔高于果园和橄榄林。山上的玻璃温室中有欧洲最后一批葡萄园，园中都是历经了早先根瘤蚜病虫害而存留下的老藤。

红葡萄马斯卡斯奈莱洛（Nerello Mascalese）和白葡萄卡利坎特（Carricante）是意大利古老的葡萄品种，二者种植面积相当。树瘤错节的葡萄藤生长在裸露的地表的火山岩缝中，藤龄 100 年以上，出产的葡萄低产而质优。奈莱洛（Nerello）精致柔和，带有异域风情和草本气息，即使是浅龄阶段也让人联想到成熟的勃艮第葡萄酒的风味。卡利坎特则恰恰相反——口感激爽，酸度极高，尝起来似乎未熟化一样，别有一番风情。

COS 酒庄

这是一款由用生物动力法种植的黑珍珠和本地品种弗莱帕托葡萄酿造的葡萄酒。

贵的单一品种葡萄酒。因此，法布里齐奥·拉涅达（Fabrizio Ragnedda）和马里奥·拉涅达（Mario Ragnedda）兄弟二人以此成就为傲，可谓合情合理。但是，他们打算以地区餐酒（IGT）等级装瓶（如今他们拥有加卢拉的维蒙蒂诺葡萄酒DOGG 等级），这让人不禁怀疑，该家族是否有些忘本。

卡洛·豪纳酒庄（西西里岛产区）

里帕里岛（Lipari）是西西里岛东北角一座古老的火山，景色优美得简直令人难以置信。当地的发展在很大程度上要归功于画家卡洛·豪纳（Carlo Hauner），他于 20 世纪 60 年代定居于此。该地种植和晒干葡萄的传统可以追溯到《圣经》时代，那时岛上出产的甜酒被称为"神的甘露"。16 世纪，当地开始出产玛尔维萨葡萄酒；400 年后的今天，卡洛·豪纳决定酿造新品。其酿制的酒呈深金黄色，柔顺优雅，散发着浓烈的干果和香草气息，蕴含着地中海源远流长的韵味。

安布拉酒庄（卡帕尼亚产区）

安布拉酒庄（Casa D'Ambra）坐落在美丽的伊斯基亚火山岛（Ischia），毗邻那不勒斯海岸。弗朗切斯科·安布拉（Francesco D'Ambra）于 1888 年建立此酒庄，酒庄如今由该家族的第 4 代传人管理。伊斯基亚岛可谓葡萄种植的侏罗纪公园，该地种植的品种在其他地区都很鲜见。安布拉酒庄充分利用了这一天然优势，推出一系列精心酿造的酒款。弗拉西泰利（Frasitelli）葡萄园是该家族皇冠上的一颗宝石：葡萄园位于海拔 500 米高处，为梯田式种植，栽培的白莱拉用来酿造一款浓烈强劲、陈年潜力高的白葡萄酒。

先法尼亚酒庄（莫利塞产区）

文森佐·先法尼亚（Vincenzo Cianfagna）凭一己之力保住了提利亚（Tintilia）葡萄，不然该品种恐怕是要灭绝了。汀特丽雅是一种稀有的葡萄品种，目前其种植面积还不到 100 公顷。文森佐农业经验丰富，对这片荒凉而不失魅力的田野怀有深厚的感情，所以他下定决心推广提利亚品种。他毫不费力地收购了 10 公顷荒废的葡萄园，耐心地加以修整重建。他酿制的莫利塞汀特丽雅 DOC 级葡萄酒（Tintilia del Molise Sartor DOC）绝对值得期待。酒款散发出丰富的李子、黑樱桃、梅子等水果和植物的香气，充分证明文森佐对汀特丽雅葡萄的巨大潜力深信不疑绝不是没有道理的。★新秀酒庄

图拉斯教区酒庄（卡帕尼亚产区）

图拉斯教区酒庄（Contrade di Taurasi）建于 1998 年，归洛纳多（Lonardo）家族所有，他们在图拉斯 DOCG 产区种植着 5 公顷的葡萄。尽管该家族只有 10 年的历史，但是他们暗下决心，不久一定能推出与该地区最好的葡萄酒相媲美的佳酿。酒庄与巴勒莫大学（University of Palermo）联系密切，引进了一批农学顾问和酿酒顾问，旨在提升葡萄酒的质量。幸运的是，这项意义重大的投资举动并未对其价格产生影响，酒庄酿造的图拉斯珍藏 DOCG 葡萄酒（Taurasi Riserva DOCG）仍然是卡帕尼亚性价比最高的葡萄酒之一。

COS 酒庄（西西里岛产区）

1980 年，同学三人共同买下了一个农场。他们根据三人姓氏的首字母为其取名为 COS 酒庄，但如今只有古斯托·奥皮提（Giusto Occhipinti）和蒂塔·西利亚（Titta Cilía）仍在管理该产业。这个精力充沛的二人组合在酒庄施行生物动力法，并收购了 25 公顷的葡萄园。酒庄专注于维特多利亚瑟拉索罗（Cerasuolo di Vittoria）的酿造，该酒款是西西里岛中首款入选 DOCG 等级的葡萄酒，由至少 40% 的弗莱帕托（Frappatto）酿制而成，该葡萄是一种十分适合酿酒的本地原生品种。入门级酒款瑟拉索罗葡萄酒（Cerasuolo）品质优良、果香浓郁，与特级博若莱园葡萄酒（Beaujolais）如出一辙。

科西莫-陶里诺酒庄（普利亚产区）

科西莫-陶里诺酒庄（Cosimo Taurino）自 18 世纪早期就开始出产葡萄酒，但是丝毫看不出岁月流逝对它的洗礼，也未曾见其盲从潮流。葡萄园占地面积 85 公顷，园内种植传统的黑曼罗、黑玛尔维萨等葡萄品种。据报道，该地也发现有国际品种。尽管如此，酒庄仍致力于传统品种的种植。酿造的红葡萄酒置于陈旧的木桶中陈酿 5 年的时间。奇怪的是，酒庄中最受欢迎的酒款皆为 IGT 级的酒款——帕特里格利昂葡萄酒（Patriglione）和诺塔帕纳罗葡萄酒（Notarpanaro）。这两款酒历经长时间的陈酿，散发出饱满浓郁的黑曼罗香气。

歌塔尼娜酒庄（西西里岛产区）

这座活力满满的埃特纳酒庄目前由第 3 代传人玛瑞安吉拉·坎布瑞（Mariangela Cambria）和弗朗切斯科·坎布瑞（Francesco Cambria）执掌。歌塔尼娜酒庄（Cottanera）虽然早在 20 世纪 60 年代就已成立，但其在 90 年代才翻新了酒窖并制定了新的发展计划。坎布瑞家族对埃特纳的风土条件满怀信心，因此做出了一个特别的决定——在种植埃特纳经典红葡萄马斯卡斯奈莱洛的同时，引进国际品种。正因为这一决定，酒庄才得以酿造出结构紧实、香气馥郁的努姆赤霞珠葡萄酒（Cabernet Nume）和精致辛香的格拉蒙特梅洛葡萄酒（Grammonte）。

库舒曼诺酒庄（西西里岛产区）

迭戈·库舒曼诺（Diego Cusumano）满怀高涨的热情管理酒庄，促其名声大振。自 2001 年起，酒庄开疆扩土、增加投资，使葡萄酒年产量达到 250 万瓶，并屡获殊荣。迭戈以家乡为傲，钟爱于本地葡萄品种的种植。酒庄的镇庄之作当属库皮亚干白葡萄酒（Cubía），酒款由 100% 的尹卓莉亚葡萄酿造，酒体丰腴、未经橡木桶陈酿发酵。赛格纳干红葡萄酒（Sàgana）浓郁辛香，蕴含香草味，是对黑珍珠的一种不同诠释。班诺拉干红葡萄酒（Benuara）由黑珍珠和赤霞珠混酿而成，诺亚干红葡萄酒（Noá）则由黑珍珠和西拉混酿而成。

安其罗酒庄（巴斯利卡塔产区）

安其罗家族（D'Angelo）种植艾格尼科的历史源远流长，把二者分割开来简直不敢想象。该家族已经在这里生活了

安布拉酒庄

这款单一园葡萄酒由白莱拉酿制而成，年份越久，葡萄酒的品质越好。

一个多世纪，在意大利最黑暗的时期仍高举大旗支持具有历史意义的 DOC 分级。如今，酒庄由多纳托（Donato）和卢乔（Lucio）兄弟二人管理，酿造出本地区具有代表性的佳酿。不同于传统的艾格尼科酿法，卡塞尔葡萄酒在橡木桶中陈酿 2 年的时间。酒庄推出的坎内托葡萄酒（Canneto）也是秃鹰艾格尼科 DOC 干红葡萄酒（Aglianico del Vulture DOC），但需在橡木桶中陈酿 18 个月，为其平添了一丝精致优雅的韵味，却也略损失了一丝诱惑力。

迪玛约·诺伦特酒庄（莫利塞产区）

莫利塞是意大利面积最小、最新发展的地区。在此地酿酒并非易事，但迪玛约家族在此已有 200 多年的酿酒历史了。与皮埃蒙特（Piemonte）、托斯卡纳（Tuscany）甚至卡帕尼亚（Campania）等追求潮流的产区不同，该酒庄以一系列令人印象深刻的本土品种和巧妙的混酿著称于世。顿露奇葡萄酒就是一个典型范例。此酒款由 80% 的蒙特布查诺和 20% 的提利亚混酿，在全新的法国橡木桶中熟化，是莫利塞地区首个获得意大利葡萄酒最高奖项——三杯奖（Tre Bicchiere）的酒款。

多娜佳塔酒庄（西西里岛产区）

1983 年，马沙拉酒面临失败，吉奥卡莫·拉奥（Giacomo Rallo）做出了一个大胆的决定：斩断拉奥家族与这款西西里最著名的葡萄酒长达 150 年的渊源。从此，拉奥家族所酿葡萄酒不再添加酒精。吉奥卡莫的赌注式决定让酒庄获益满满，多娜佳塔酒庄（Donnafugata）如今拥有 300 公顷的葡萄园。酒庄出品的葡萄酒包括一款美味的天方夜谭红葡萄酒（Mille e Una Notte Nero d'Avola），该酒以其口感的丰富性令其他酒款望尘莫及。酒庄还推出令人流连忘返的加布里白葡萄酒（Vigna di Gabri），该酒款散发着夏季水果、黄李子和刺槐的香味，颇具特色。

杜卡酒庄（西西里岛产区）

萨拉帕鲁塔（Salaparuta）公爵朱塞佩·阿利亚塔（Giuseppe Alliata）于 1824 年建立杜卡酒庄，酿品用于招待客人。19 世纪末，朱塞佩的儿子爱德华（Edward）将酒庄打造成意大利最成功的出口商，并聘请了一名法国酿酒师，以确保酒庄采用最新技术。作为意利瓦萨隆诺集团的隶属产业，杜卡酒庄（Duca di Salaparuta）从未停止过前进的脚步，如今，其葡萄酒年产量超过 1000 万瓶。柯沃拉系列葡萄酒（Corvo）是酒庄的主打品牌。杜卡恩里克葡萄酒（Duca Enrico）也极负盛名，是由黑珍珠酿制而成的。

爱莲娜·福奇酒庄（巴斯利卡塔产区）

年轻有为、才华出众的爱莲娜·福奇（Elena Fucci）出生于 1981 年，在这座新秀酒庄中担任酿酒师，同时与其父亲、祖父共同管理酒庄。2000 年，酒庄推出其首款佳酿；2002 年，爱莲娜成为酒庄主人，随后屡获殊荣。爱莲娜·福奇酒庄仅有 6 公顷的葡萄园（位于海拔 650 米的第托洛古熔岩流古道），因此酿造的葡萄酒产量稀少。酒庄仅推出一款酒品——第托洛艾格尼科干红葡萄酒（Aglianico del Vulture Titolo）。该酒所用

多娜佳塔酒庄

该酒款醇厚精致，适合搭配肉类和酱料。

杜卡酒庄

该酒是一款酒体饱满的干型葡萄酒，风味浓郁醇厚，散发着莫利洛黑樱桃果香。

葡萄生长于火山土壤中，因而该酒款富含浓郁的矿物质气息。★新秀酒庄

埃洛里娜酒庄（西西里岛产区）

埃洛里娜酒庄（Elorina）是一家小型合作酒庄，员工仅有 50 人。葡萄园占地面积 35 公顷，葡萄酒产量不足 20 万瓶。然而，它与其他酒庄有两点不同：首先，酒庄中 90% 的产品入列 DOC 分级；其次，酒庄忠于保护意大利最古老的葡萄酒款之一——莫斯卡托甜葡萄酒 DOC（Moscato di Noto DOC）。酒庄成立于 1978 年，坐落在西西里的偏远地区。酒庄设法为种植户谋取利益，同时秉持着从公元前 200 年就沿袭下来的优良传统。

费朗德斯酒庄（西西里岛产区）

潘泰莱里亚小岛（Pantelleria）位于西西里岛南部 50 千米处。多年来，小岛的名字如雷贯耳。潘泰莱里亚岛不仅坐拥非凡的考古遗迹，也享受得天独厚的气候资源，成为种植喜光品种莫斯卡托［Moscato，该地称其为泽比波（Zibibbo）］的宝地。成熟饱满的葡萄经由人工采摘，在葡萄园中自然晾干。费朗德斯酒庄（Ferrandes）出品的潘泰莱里亚帕斯托葡萄酒（Passito di Pantelleria）代表了古老的甜点酒的最高水平，酒款中存留的酸度巧妙地平衡了甜腻的口感。★新秀酒庄

费雷里酒庄（西西里岛产区）

费雷里酒庄（Ferreri）建于 1932 年，3 位创始人对西西里西部的巨大潜力可谓慧眼识珠。如今，酒庄的葡萄园坐落于海拔 250～500 米处，占地面积 50 公顷。葡萄园刻意朝向不同方向进行种植，以便让不同的品种获得最适合的采光。正如西西里的其他酒庄一样，费雷里酒庄既种植本地品种也不乏国际品种。然而，使酒庄大放异彩的，是其使用栗木桶陈酿，并采用布拉西（Brasi）酒标装瓶的做法。黑珍珠和卡塔拉托均以此方法酿制，这两款葡萄酒口感丰富，让人赞不绝口。

福地酒庄（卡帕尼亚产区）

酿酒顾问里卡尔多·科塔瑞拉（Riccardo Cotarella）在卡帕尼亚产区酿酒已有 20 多年的经验，目前依然在福地酒庄（Feudi di San Gregorio）继续酿造品质优良的葡萄酒。酒庄传统和现代技艺并存，甚至会采用最先进技术酿制常见的格雷克、菲亚诺、法兰娜和艾格尼科等品种。酒庄酿造的酒款赫赫有名，坎帕娜罗干白葡萄酒（Campanaro）由格雷克及菲亚诺混酿而成，孕育出的热带水果香与木桶香浑然一体。卡帕尼亚盛产梅洛，但是仍需扩大种植以用于酿造享誉盛名的帕特里莫红葡萄酒（Patrimo）。

圣玛泽诺酒庄（普利亚产区）

人们在匆忙找寻家族经营的小型酒庄时，很容易与圣玛泽诺酒庄（Feudi Di San Marzano）这样的大型酒庄失之交臂。然而，若非瓦伦蒂诺·肖蒂［Valentino Sciotti，来自阿布鲁佐产区的业界大佬法尼丝酒庄（Farnese）］目光长远，这家位于圣

马萨诺（San Marzano）的合作酒庄早就因为经营不善而被迫宣布破产。肖蒂擅长规模经营，他迅速挖掘了酒厂的潜力，推出一系列品质优良、定价合理、具有国际吸引力的普利亚葡萄酒。酒庄出品的一系列酒款中，60 年普里米蒂沃干红葡萄酒 DOC（Sessantanni Primitivo di Manduria DOC）赫赫有名，酒质出众。

蒙托尼酒庄（西西里岛产区）

蒙托尼酒庄（Fuedo Montoni）自 1595 年起酿造红葡萄酒，其悠久的历史也证明了该酒庄出品的酒款质量有多出众。近期有研究表明，这可能是西西里首家以商业化规模种植黑珍珠的酒庄。尽管如此，400 多年之后，酒庄仍推出用黑珍珠酿造的酒款——卢卡拉黑珍珠干红葡萄酒（Selezione Vrucara），可见黑珍珠的巨大潜力。如今，酒庄的葡萄园占地73 公顷，种植的品种还包括了卡塔拉托（Catarratto）及格里洛（Grillo），均用于酿造白葡萄酒。酒庄酒品款款清新可口、酒体轻盈，而且价格合理。

菲维亚托酒庄（西西里岛产区）

菲维亚托酒庄（Firriato）是西西里岛产区的新兴酒庄，影响深远。菲维亚托酒庄尽管直到 1994 年才推出首款佳酿，但塞尔瓦托·迪·盖特诺（Salvatore Di Gaetano）和文齐亚·诺瓦拉（Vinzia Novara）夫妇二人早已将其打造成西西里产区的领头羊，不仅葡萄酒产量高（年产量 500 万瓶），而且推出一系列酒质出众的酒款。酒庄聘用澳大利亚酿酒师，为酒庄开辟了广阔的国际市场。菲维亚托（Firriato）平易近人的风格也赢得了意大利和国外评论家的一致好评。

丰塔纳维奇亚酒庄（卡帕尼亚产区）

"古老"这个词也许不足以描述流淌在丰塔纳维奇亚酒庄（Fontanavecchia）血脉中的传统。然而，过去 10 年中，酒庄摒弃了蜡烛和老式木桶，而代之以光泽的不锈钢桶和巴里克木桶。利贝洛·里洛（Libero Rillo）和他的父亲奥拉齐奥（Orazio）决心在托雷库索（Torrecuso）做出改变。丰塔纳维奇亚酒庄的旗舰酒款当属艾格尼科黑莓葡萄酒（Aglianico Grave Mora），该酒款正是受益于新的管理方式。该酒醇香浓郁，富有黑莓风味。由此看来，塔布尔诺（Taburno DOC）产区需要得到更多关注。

弗兰克·科内利森酒庄（西西里岛产区）

弗兰克·科内利森酒庄（Frank Cornelissen）所酿酒款的外观、味道、酿制方法均有别于传统。弗兰克出生于比利时，于 20 世纪 90 年代末退出葡萄酒零售行业，并开始尝试酿制葡萄酒。在此过程中，他创新了酿酒方法。弗兰克拥有 8.5 公顷未经嫁接的马斯卡斯奈莱洛（Nerello Mascalese）老藤，种植于海拔 1000 米以上的埃特纳火山的北坡。该酒庄的葡萄酒产量稀少，在双耳陶罐中发酵，葡萄的浸渍过程需持续 1 年的时间。★新秀酒庄

加拉迪酒庄（卡帕尼亚产区）

加拉迪酒庄（Galardi）由堂兄弟 4 人共同管理，他们的祖先于 9 世纪起便在此生活，当时卡帕尼亚的这部分地区被称为"拉物诺（Terra di Lavoro）"，意思是"劳作之地"。如今，酒庄仅推出一款酒品——由 80% 的艾格尼科和 20% 的派迪洛索（Piedirosso）配成的田间混酿，风味浓郁、风格大胆；新法国橡木桶为成熟饱满的艾格尼科平添了一丝香料气息。拉物诺（Terra di Lavoro）是南部最受欢迎的红葡萄酒之一，该酒款每年仅生产 1000 箱。

乔瓦尼·巴蒂斯塔·卡伦布酒庄（撒丁岛产区）

自 1972 年以来，巴蒂斯塔·卡伦布（Battista Columbu）数十年如一日地悉心照料着他在玛尔维萨（Malvasia）的地块，这个地块面积 3.8 公顷，位于博萨村（Bosa）上方的山坡，自这里向下俯瞰令人头晕目眩。一个多世纪前，欧洲的每个宫廷都要饮用葡萄酒，而巴蒂斯塔已是点着蜡烛独酿此御酒的最后几人之一了。因此，不难理解该产区为何快濒临消失。酒庄的葡萄酒产量极低，酒款需在栗木桶中陈酿两年之久，再加上酒庄内工作繁重等原因，很少有人愿意在该酒庄任职。酒庄出产的博萨玛尔维萨葡萄酒（Malvasia di Bosa DOC）便是一款濒临"灭绝"的酒款，浓度极高。

乔瓦尼·切尔基酒庄（撒丁岛产区）

乔瓦尼·切尔基酒庄（Giovanni Cherchi）建于 1970 年，拥有占地仅 2 公顷的维蒙蒂诺葡萄园（Vermentino）。从那时起，葡萄园一直扩种，目前面积已达 30 公顷，分别种有 15 公顷的维蒙蒂诺和 15 公顷的红葡萄品种：卡诺娜（Cannonau）和卡纽拉里（Cagnulari）。卡纽拉里属于撒丁岛的稀有品种，葡萄皮薄而产量低，鲜有人种植。20 世纪 80 年代，该品种濒临灭绝。而乔瓦尼·切尔基（Giovanni Cherchi）被其惊艳的紫罗兰色调和芳香的黑莓香味所吸引，于是修整了他破旧的葡萄园，并酿制了岛上第一款仅由卡纽拉里（Cagnulari）酿制的葡萄酒。

格拉西酒庄（西西里岛产区）

格拉西酒庄（Graci）拥有 25 公顷未经嫁接的马斯卡斯奈莱洛古藤葡萄田，采用有机方法种植。葡萄酒在不封顶的木质发酵罐中发酵，所酿制的葡萄酒未经过滤。只有在气候条件良好的情况下（脚下欧洲最大的活火山不爆发的话），酒庄才会发布格拉西共享 600 埃特纳干白葡萄酒（Quota600）。格拉西酿造该酒款采用了一种罕见的酿造技巧，出品的酒款酒精度、酸度和单宁甚高，同时洋溢着浓郁深厚的红色水果香气，口感极为细腻。★新秀酒庄

圭多·马尔塞利亚酒庄（卡帕尼亚产区）

圭多·马尔塞利亚（Guido Marsella）被亲切地称为"菲亚诺阁下"，这也反映了他对最高贵的卡帕尼亚葡萄品种的卓越奉献。他种植了 4 公顷的葡萄，仅出产了 2 万瓶充满魅力的 DOCG 级阿韦利菲亚诺白葡萄酒（Fiano di Avellino DOCG）。葡萄在最佳成熟期采摘、压榨，在不锈钢桶中发酵和陈酿至少两

马斯特巴迪洛酒庄
该酒款风味浓郁、高贵优雅、余味持久。

年的时间，然后酿造出这款佳酿。该葡萄酒的酒精度数不低于14%，既饱有新世界的浓烈强劲风格，又不乏地中海孕育的细腻感，风味浓郁，散发出榛子、金雀花和奶油糕点味，值得更多葡萄酒爱好者品鉴。★新秀酒庄

古妃酒庄（西西里岛产区）

汽车行业的成功人士——维托·卡达尼（Vito Catania）回到家乡西西里岛，开始管理位于岛东南端的这座令人印象深刻的古妃酒庄（Gulfi）。西西里岛是黑珍珠（卡达尼最钟爱的葡萄品种）的故乡，卡达尼如今采用有机法在基亚拉蒙特古妃附近培育了70多公顷的黑珍珠葡萄。酒庄有3款单一园混酿葡萄酒，均酿自老藤葡萄田（起初卡达尼拒绝重新种植此地块而留下的古藤葡萄）。酒庄出品的酒款也包括荣获大奖的内罗玛卡干红葡萄酒（Neromaccarj），该酒是以波尔多传统方法酿造而成的红葡萄酒，结构紧凑、芳香馥郁、极具陈年价值，但该酒款即使在橡木桶中放置18个月也难以软化。

阿斯托马塞亚酒庄（普利亚产区）

该酒庄是贝内贾莫（Benegiamo）家族旗下的产业。自20世纪30年代起，该家族便开始在此种植葡萄。到了90年代初，他们启动了一项雄心勃勃的改造计划，其中包括对马塞亚（masseria，"农舍"的意思）的彻底翻修。贝内贾莫家族对葡萄园重新规划，引进了诸多霞多丽和赤霞珠等国际品种。四处游历、备受瞩目的酿酒师里卡尔多·科塔瑞拉（Riccardo Cotarella）担任酒庄的首席酿酒师。酒庄酿造了6款一品难忘的葡萄酒，均属现代风格。阿斯托葡萄酒（L'Astore）由艾格尼科和小维多混酿而成，而克里塔葡萄酒（Krita）则由霞多丽和玛尔维萨混酿而成。

林凯酒庄（普利亚产区）

奥龙佐公爵（Oronzo）于1665年创立林凯酒庄（Leone de Castris），如今，酒庄的酒窖也建于此地。1943年（在酒庄创建大约300年后），酒庄出产了口感丰腴的林凯五朵玫瑰桃红葡萄酒（Five Roses），该酒主要销往美国，成为意大利首款出口的瓶装桃红葡萄酒。2005年，林凯萨利切萨伦托红葡萄酒（Salice Salentino Riserva DOC）迎来其第50个年份。林凯酒庄生产了28种不同的葡萄酒，产量超过250万瓶。其出产的葡萄酒品质一如从前，充满活力和现代风格。

黎伯兰迪酒庄（卡拉布里亚产区）

黎伯兰迪酒庄（Librandi）是一家大型家族酒庄，目前已传承4代，该家族也以此为傲。毫无疑问，酒庄享誉盛名。黎伯兰迪酒庄拥有超过250公顷的葡萄园和12个品牌酒款。酒庄主要在卡拉布里亚产区发展葡萄种植业，并引领古老品种的复兴。葡萄园中总共种植了8种不同品种的葡萄，其中涵盖了本地流行品种和长相思、霞多丽等国际著名品种。黎伯兰迪酒庄起先以格那威罗干红葡萄酒（Gravello）闻名遐迩，此酒款美味可口，由佳琉璞（Gaglioppo）和赤霞珠混酿而成。如今，酒庄推出由100%麦格罗科（Magliocco）酿制的玛诺梅贡干红葡萄酒（Magno Megonio），好评如潮。

马加利科酒庄（巴斯利卡塔产区）

里诺·波特（Rino Botte）在秃鹰山（Mount Vulture）附近拥有5公顷的葡萄园，酒庄仅生产两种葡萄酒。晚摘葡萄（11月的第一周）和高密度种植（每公顷9600株）造就了该地区的顶级葡萄酒——马加利科秃鹰艾格尼科DOC级干红葡萄酒（Aglianico del Vulture Macarico DOC）。此酒庄拥有里诺最优质的葡萄园，酒庄的名字源自希腊语，意思是"受祝福的人"。毫无疑问，人们购买此款深红色葡萄酒之意在于祈福。

马基亚卢帕酒庄（卡帕尼亚产区）

马基亚卢帕酒庄（Macchialupa）横跨贝内文托（Benevento）和阿韦利诺省（Avellino）的边界，海拔接近500米，是生产卡帕尼亚经典葡萄酒的绝佳之地。该酒庄由酿酒师安杰罗·瓦伦蒂诺（Angelo Valentino）和农学家朱塞佩·费拉拉（Giuseppe Ferrara）合资经营。朱塞佩从父亲手里继承了8公顷的葡萄园，他们在此酿造了6种不同的葡萄酒。该酒庄旗下出品的图拉斯葡萄酒（Taurasi）比南方其他地区产出的同款葡萄酒平添了一丝微妙的韵味，散发出艾格尼科经典的紫罗兰、烟草、肉桂和香草味。★新秀酒庄

马斯特巴迪洛酒庄（卡帕尼亚产区）

提及图拉斯葡萄酒，就不得不说说马斯特巴迪洛酒庄（Mastroberardino），因为自1878年开始，该酒庄就一直出产DOCG级哈迪奇珍藏干红葡萄酒（Taurasi Riserva Radici DOCG）。几十年来，意大利南部地区的葡萄园种植业前景荒凉，酒庄仅推出哈迪奇系列葡萄酒。哈迪奇葡萄酒由低产的艾格尼科酿造，在木桶中陈酿3年。哈迪奇系列历久弥香，20世纪五六十年代出产的葡萄酒至今仍属上品。如今，该酒庄生产数十种优质葡萄酒，酿酒所需葡萄产自卡帕尼亚产区。酒庄一直出产哈迪奇葡萄酒，其酒质仍不负众望。

蒙特维酒庄（卡帕尼亚产区）

20世纪80年代末，西尔维娅·伊姆帕拉托（Silvia Imparato）是意大利赫赫有名的摄影师。她下定决心在位于萨勒诺郊外的家族葡萄园中种植波尔多葡萄。1991年，她同酿酒师顾问里卡尔多·科塔瑞拉（Riccardo Cotarella）一道，酿造出蒙特维酒庄（Montevetrano）的首款佳酿。这款红葡萄酒由60%的赤霞珠、30%的梅洛和10%的艾格尼科混酿而成，口感醇美、陈年价值高，一经推出，广受好评，来自世界各地的葡萄酒收藏家纷至沓来。仅仅5公顷的实验田就把西尔维娅推上了世界葡萄酒酿造的舞台，就连她自己都为此感到惊奇万分。

莫雷拉酒庄（普利亚产区）

丽莎·吉尔比（Lisa Gilbee）出生于澳大利亚，毕业于罗斯沃西大学（Roseworthy）。她最初是因为工作来到普利亚，而最终因为爱情留在此地。如今，丽莎和她的丈夫盖特诺（Gaetano）经营一家7公顷的酒庄，他们采用旱作法种植

酿酒合作社革新

当提及突破性研究、世界级倡议的溯源性和持续性，以及热衷于种植国际品种的敬业团队时，西西里并不是第一个浮现在脑海中的答案。

西施西里酒商（Settesoli）扎根于西西里岛已有半个世纪的历史，共产出2700万瓶葡萄酒，产量巨大，但是很难再有新突破。自1973年以来，迭戈·普拉内塔（Diego Planeta）帮助西施西里酒庄实现了从死气沉沉的合作社式发展模式到引领国际潮流的惊人转变。迭戈以西西里岛为傲，并深刻意识到其巨大的潜力，他成功地说服2300名成员专注于质量而不是数量。由此取得的效果令人惊奇万分。排名前10%的葡萄酒均为马尔拉罗萨（Mandrarossa）酿酒厂屡获殊荣的高档酒款。品质上乘的伊尼康系列葡萄酒（Inycon）是无与伦比的单一品种葡萄酒，被销往国际市场，成功吸引了各路酒客。

蒙特维酒庄

该酒款由赤霞珠、梅洛及少量本地品种
艾格尼科酿制而成，享誉盛名。

着 75 岁的灌木丛式普里米蒂沃（Primitivo）老藤葡萄。古老的葡萄藤、富含铁元素的土壤，以及凉爽的海风，都为普利亚的夏天减少了一丝闷热。无疑，普里米蒂沃干红葡萄酒（Old Vine Primitivo di Manduria）是该地区质量最优异的葡萄酒，其酒精度超过 15%，散发出浓郁的李子和黑醋栗的香味，口感丰富。

莫尔甘特酒庄（西西里岛产区）

莫尔甘特（Morgante）家族世世代代在西西里岛南部高地种植葡萄，现在已由卡梅罗·莫尔甘特（Carmelo Morgante）接手。莫尔甘特酒庄（Morgante）于 1998 年首次将葡萄酒装瓶，酿酒所需葡萄产自占地 30 公顷的葡萄园。后来，里卡尔多·科塔瑞拉（Riccardo Cotarella）对酿造出的葡萄酒不断打磨。莫尔甘特酒庄精于黑珍珠的酿造，推出三代黑珍珠葡萄酒。首款黑珍珠发布于 2008 年，该酒款浸渍果皮只需 2 天，然后在橡木桶中陈酿 3 个月；而唐安东尼奥老藤混酿（Don Antonio old-vine cuvée）在新巴里克木桶中则需陈酿 1 年。

欧多蒂酒庄（卡拉布里亚产区）

自 13 世纪起，欧多蒂家族（Odoardi）就一直定居在这座偏远的卡拉布里亚（Calabrian）小镇。目前，酒庄由吉安巴蒂斯塔（Gianbattista）和格雷戈里奥（Gregorio）兄弟二人管理，以传统的灌木培型法（alberello）种植佳琉璞（Gaglioppo）和麦格罗科（Magliocco）等当地品种。家族延续使用两个具有历史意义的 DOC 招牌，萨乌托（Savuto DOC）和斯卡蒂尼亚（Scavigna DOC）葡萄酒的销路遥遥领先。顶级瓶装酒虹豆加罗纳干红葡萄酒（Vigna Garrone）享誉盛名，由 80% 的佳琉璞和些许赤霞珠混酿而成，于小橡木桶中软化 18 个月。★新秀酒庄

帕拉里酒庄（西西里岛产区）

1990 年，意大利著名酒评家路易吉·维诺内利（Luigi Veronelli）带着一项雄心勃勃的计划找到了墨西拿建筑师塞尔瓦托·吉拉奇（Salvatore Giraci）。路易吉希望吉拉奇可以挽救即将消亡的法罗 DOC 级葡萄酒。吉拉奇的家族拥有 4 公顷的梯田葡萄园，在当地一直以大肚玻璃容器的包装出售葡萄酒。幸运的是，吉拉奇接受了这个挑战。1995 年，他推出了首款葡萄酒，并一路斩获了许多奖项。葡萄酒由低产的马斯卡斯奈莱洛（Nerello Mascalese）和修士奈莱洛（Nerello Cappuccio）精酿而成。帕拉里酒庄推出的法罗葡萄酒（Faro）散发出新橡木和甜浆果的气味。

帕索皮西亚洛酒庄（西西里岛产区）

帕索皮西亚洛酒庄（Passopisciaro）位于埃特纳火山的北坡，由斗志满满的安德烈·弗朗切迪（Andrea Franchetti）管理。安德烈孜孜不倦地推广他潜力出众的古老葡萄园，园内种有马斯卡斯奈莱洛、霞多丽和小维多，这 3 个品种赢得的赞誉不绝于耳。他酿造的奈莱洛葡萄酒同皮诺酒品质一样出众，而霞多丽葡萄酒未经橡木发酵，这两款酒果香纯正、高贵优雅。小维多葡萄酒的酒体饱满，是用产自欧洲高海拔地区的葡萄（直到 10 月底才成熟）精心酿制而成的。

皮耶特拉库帕酒庄（卡帕尼亚产区）

萨皮诺·洛弗雷多（Sabino Loffredo）的农场位于蒙泰夫雷达内（Montefredane）的一座小村庄，占地面积 3.5 公顷，邻近马基亚卢帕酒庄及瓦迪亚佩蒂酒庄。他采用有机种植法栽培格雷克、菲亚诺和艾格尼科葡萄。葡萄酒产量小（年产量仅 2.5 万瓶），但质量上乘，其中，萨皮诺定价合理，深受葡萄酒爱好者欢迎。图拉斯葡萄酒品质上乘，但令萨皮诺远近闻名的却是两款干白葡萄酒：库珀（Cupo DOCG）和 G，前者是一款劲道十足的阿韦利诺菲亚诺葡萄酒；后者则是一款散发出浓烈的温柏和梨子味的图福格雷克干白葡萄酒（Greco di Tufo DOCG）。★新秀酒庄

彼得特拉恰酒庄（卡帕尼亚产区）

彼得特拉恰酒庄（Pietratorcia）位于伊斯基亚岛西侧，是这座古岛的新秀酒庄。2000 年，3 名年富力强、激情澎湃的企业家创立了此酒庄，同时也致力于保护岛上的农业遗产。如今，这里种植了 6 公顷的白莱拉、弗拉斯特拉（Forastera）和桂纳恰（Uva Rilla Guernaccia）等外来葡萄品种。他们满怀信心地酿造出的奇诺尔葡萄酒（Vigne di Chignole），就是由上述 3 个白葡萄品种混酿而成的，酒体呈金色，散发出成熟桃子、甘草和香料的香味。该酒款可谓用现代酿酒工艺把岛上 3000 年的葡萄种植史完美演绎了一遍。★新秀酒庄

行星酒庄（西西里岛产区）

年复一年，阿莱西奥（Alessio）、弗朗西斯（Francesca）和桑蒂·普拉内塔（Santi Planeta）三兄弟酿造出 200 万瓶葡萄酒，不断刷新着西西里酒业的行业标杆。他们最初虽然凭借霞多丽和赤霞珠的国际魅力赢得了奖项，但该家族最引以为豪的还是在栽种意大利品种方面取得的成就。酒庄推出了多款优质葡萄酒：彗星干白葡萄酒（Cometa）采用 100% 菲亚诺酿造，以干果和香料的强烈口感呈现出大师之作；圣锡西利亚红葡萄酒（Santa Cecilia）由黑珍珠酿成，口感丰腴、浓烈强劲；而维多利亚瑟拉索罗干红葡萄酒（Cerasuolo di Vittorio）是一款品质优良、口感柔顺的红葡萄酒，夏季消暑饮用口感极佳。

里维拉酒庄（普利亚产区）

20 世纪 90 年代早期，朱塞佩·德·科拉托（Giuseppe de Corato）创立了规模庞大的里维拉酒庄（Rivera）。然而，奠定其葡萄园在蒙特堡 DOC 产区（Castel Del Monte DOC）中心地位的功臣应该是他的儿子塞巴斯蒂亚诺（Sebastiano）和孙子卡洛（Carlo）。毫无疑问，里维拉酒庄是普利亚葡萄酒酿造的领军企业，各个价位的酒款均物有所值。位于葡萄酒金字塔顶端的则是酒庄的自产酒款，其法尔科内红葡萄酒（Il Falcone）毫无疑问是该地区 DOC 级中的最佳酒款。

塞尔瓦托·穆拉纳酒庄（西西里岛产区）

塞尔瓦托·穆拉纳（Salvatore Murana）可谓非官方的"潘泰莱里亚王子"，他提倡用西西里亚历山德里亚出产的莫斯卡托葡萄干酿制甜点酒。塞尔瓦托尽管也推出 E 塞尔干白葡萄酒（E

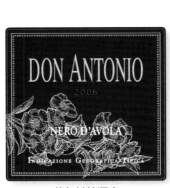

莫尔甘特酒庄

该酒款由老藤葡萄酿造而成，
余味持久，口感平衡。

Serre），但令他更出名的还是潘泰莱里亚白葡萄酒（Passito di Pantelleria）。马丁加纳葡萄酒（Martingana）酿自于单一园，葡萄晾干过程不少于 20 天。酒款散发着莫斯卡托特有的橙花和葡萄干的芳香，并伴有丝滑的桃子和蜂蜜的余韵。其口感浓郁饱满，让人欲罢不能，令多数其他餐后甜酒黯然失色。

塞亚莫斯佳酒庄（撒丁岛产区）

塞亚莫斯佳酒庄（Sella e Mosca）占地面积 650 公顷，虽归属于金巴利集团（Gruppo Campari），但享有独自经营权。该酒庄推出 20 多款价位不一的酒品，以满足不同酒客的味蕾需求。一系列优产的本土葡萄品种把控着公司命运，其中包括鲜为人知的托巴多（Torbato）、美味可口的维蒙蒂诺，以及品质优异的佳丽酿和卡诺娜（Cannonau）。酒庄也种有国际品种长相思、赤霞珠。酒庄的主打酒款仍然是甜品酒。具有异国情调的阿尔盖罗如居（Anghelu Ruju）是一种波特风格的红葡萄酒，由晚熟的卡诺娜（Cannonau）酿制而成，置于木桶中陈酿 5 年而成。

西施西里酒庄（西西里岛产区）

西施西里酒庄（Settesoli）改革了意大利酒社的合作思路，这是有充分的文件记录的。但鲜为人知的是酿酒师欧文·伯德（Owen Bird）和多梅尼科·迪·格雷戈里奥（Domenico di Gregorio）在开拓新品种方面所做的革新。他们对白诗南（Chenin Blanc）、长相思（Sauvignon Blanc）和维欧尼（Viognier）的试验已初见成效，所以越来越多的酒款都贴上了马尔拉罗萨（Mandrarossa）的标签。由于西西里岛的气候宜人，长相思葡萄酒质量优异，散发出成熟的核果味和诱人的芳草气息。白诗南葡萄酒散发着浓郁的果香；而维欧尼葡萄酒桃香四溢，令人流连忘返。

斯帕达酒庄（西西里岛产区）

作为斯帕达王子一世的后裔，弗朗西斯科·斯帕达（Francesco Spadafora）具有最深刻的西西里人的特质，其贵族家庭历史可追溯到 13 世纪。斯帕达酒庄（Spadafora）目前的葡萄园占地面积 100 公顷，毗邻巴勒莫大学（University of Palermo）。此地海拔高度 400 米，气候宜人，是种植本地品种和国际品种的风水宝地。弗朗西斯科的父亲在 20 世纪 80 年代引进国际品种，斯帕达酒庄是该产区西拉葡萄的主要生产商，岛上的干旱条件十分有利于西拉的生长。帕德利干红葡萄酒（Sole dei Padri）和席耶托葡萄酒（Schietto）均酒质出众，酒体呈现深红色，散发出浓郁复杂的黑色水果味和细腻的橡木味。

塔斯卡酒庄（西西里岛产区）

塔斯卡酒庄（Tasca d'Almerita）历史源远流长，追求尽善尽美，秉承了西西里优质葡萄酒的优良酿造传统，影响深远。酒庄成立于 1830 年，至今仍属家族酒庄。塔斯卡酒庄既注重保留优良传统，也重视积极革新。雷佳丽酒庄（Tenuta Regaleali）占地 400 公顷，是塔斯卡下属的五大庄园之一。该酒庄坐落于高地中心，葡萄酒总产量超 300 万瓶。塔斯卡酒庄生产的葡萄酒系列堪称典范，包括来自莫兹亚岛（Mozia）的一款稀有里洛干白葡萄酒（Grillo），以及来自萨利纳（Salina）的一款香甜玛

里维拉酒庄
作为该地区的顶级葡萄酒，
该酒款就算窖藏 20 多年都不在话下。

德多利酒庄
该酒款由古老的卡诺娜品种酿制而成，
酒精含量极高。

尔维萨葡萄酒（Malvasia）。

拉奎斯酒庄（巴斯利卡塔产区）

1995 年，彼得拉费萨（Pietrafesa）家族收购了萨索酒庄（Sasso），在其占地 70 公顷的葡萄园内仅种植艾格尼科，密度为每公顷 6000 株。该酒庄属于巴斯利卡塔产区的大型酒庄，推出了 5 款艾格尼科葡萄酒，其中 2 款以萨索酒庄贴标装瓶。酒庄出品的艾格尼科葡萄酒无与伦比。如常人所料，质量上乘的葡萄全部用来酿制拉奎斯系列葡萄酒。维纳德拉科罗娜葡萄酒（Vigna della Corona）是一款最经典的混酿酒，酒款散发出大黄和石墨香，与托斯卡纳的桑娇维塞如出一辙。

黑土酒庄（西西里岛产区）

马尔科·格拉齐亚（Marc de Grazia）是意大利优质葡萄酒的主要出口商，很少有人像他一样如此了解这个国家。因此，当他决定在埃特纳北部斜坡上购买一小块土地时，许多人惊讶不已，但他这个决定却为 DOC 产区的盛誉创造了奇迹。酒庄的葡萄园占地面积 21 公顷，园内种有本地品种马斯卡斯奈莱洛和白葡萄卡利坎特。但马尔科酿制的葡萄酒总量不足 10 万瓶。不同的葡萄园均分别酿制，也包括一个历史悠久的、经历过根瘤蚜病虫害的葡萄园，园内种植的葡萄可以酿造少量的优质埃特纳红葡萄酒（Etna Rosso）。

德多利酒庄（撒丁岛产区）

亚历山大·德多利（Alessandro Dettori）尽管西装革履、说一口地道的英语，却依然热衷于采用传统方式酿造葡萄酒。亚历山大拥有 30 公顷杯状整枝的维蒙蒂诺、卡诺娜及莫斯卡托，他酿造的撒丁岛系列葡萄酒举世无双。以他出产的德多利红葡萄酒（Dettori Rosso）为例，酿酒所需的葡萄忍受着灼热阳光的照射，产量稀少（每株不到 300 克）。卡诺娜葡萄园未经灌溉、历经早先根瘤蚜病虫害侵袭，但所酿酒款天然酒精度高达 17.5%，真是令人难以置信。葡萄置于混凝土桶中发酵和陈酿，酒色清澈、结构平衡，推翻了"技术成就酒款"的信条。★新秀酒庄

鲁皮诺酒庄（普利亚产区）

路易吉·鲁皮诺（Luigi Rubino）青春洋溢、雄心勃勃，一路将鲁皮诺酒庄（Tenute Rubino）从无名小卒打造为明星酒庄。鲁皮诺酒庄拥有 200 公顷的葡萄园，园内种植着大量的普利亚本地品种。里卡尔多·科塔瑞拉（Riccardo Cotarella）担任酒庄的酿酒顾问，其葡萄酒酿造技艺超群。酒庄酿造了 11 款葡萄酒，其中一款名为 IGT 级托尔特斯塔萨伦托葡萄酒，采用几近消亡的素素梅尔乐（Susumaniello）品种酿制。此酒款经几年的陈年才得以发布，酒体呈石榴红色，散发出浓郁饱满的黑醋栗、巧克力和肉豆蔻香味。

特莱多拉酒庄（卡帕尼亚产区）

特莱多拉酒庄（Terredora）是马斯特巴迪洛酒庄（目前由卢乔管理）在卡帕尼亚产区管理的另一家酒庄。特莱多拉酒庄拥有 125 公顷品质优良的葡萄园，坐落在南部主要的 DOCG

特莱多拉酒庄

该酒款是开胃小吃和鱼类的理想搭配，年份越久，葡萄酒的品质越好。

碧安帝酒庄

该酒款强劲浓烈，散发出浓郁醇厚的果香和香料气息。

级葡萄酒的集结地，其中包括阿韦利诺菲图菲亚诺（Fiano d'Avellino）、格雷克和图拉斯葡萄酒。特莱多拉酒庄管理严格，仅使用自产葡萄酿酒。对于一座规模庞大的庄园来说，能够一贯保持始终如一的高质量实在令人赞叹。品质优良、微妙细腻的DOCG级图福格雷克葡萄酒和高性价比的法兰娜葡萄酒值得一品，不容错过。

瓦迪亚佩蒂酒庄（卡帕尼亚产区）

特洛伊西（Troisi）家族投身酿酒事业已有3代，但直到1984年酒庄的首款DOCG级佳酿阿韦利诺菲亚诺才装瓶发售。这一切离不开安东尼奥二世（Antonio II）这位对葡萄酒满怀热情、热衷于本地葡萄品种的历史老师。如今，酒庄由安东尼奥的儿子——拉斐尔（Raffaele）管理，他继承并发扬了优质白葡萄酒的酿造传统。现在，优质的格雷克及菲亚诺葡萄酒轻而易得，但是瓦迪亚佩蒂酒庄（Vadiaperti）酿造的狐狸尾干白葡萄酒（Coda di Volpe）无可匹敌。该酒款散发的鸢尾花和金银花的细腻芳香与庄园里洁净的山地空气融为一体。

阿凯特山谷酒庄（西西里岛产区）

阿卡特河（Acate River）蜿蜒穿过西西里岛的东南角，形成了大量冲积梯田，是种植葡萄的理想之地。亚克诺家族（Jacono）在这片梯田上种植葡萄已有几个世纪的历史，但直到20世纪90年代中期，加埃塔纳·亚克诺（Gaetana Jacono）才以其药剂师敏锐细致的眼光引入了酿酒业。加埃塔纳酿制的维特多利亚瑟拉索罗葡萄酒（Cerasuolo di Vittoria）散发细腻的红果香味，清新酸爽，完美演绎了这款新DOCG级葡萄酒的特色。其酿制的弗拉帕托红葡萄酒（Frappato）充满活力、出色迷人，而活泼自然的莫罗黑珍珠（Il Moro Nero d'Avola）堪称完美。

维涅和维尼酒庄（普利亚产区）

公元前8世纪，希腊人登陆此地，一眼就看到塔兰托南部丘陵的发展潜力。科西莫·瓦尔瓦廖内（Cosimo Varvaglione）和他的妻子玛利亚·泰莎（Maria Tessa）充分利用了这片适宜葡萄种植的土地，生产了至少17款普利亚经典葡萄酒，而这些葡萄酒大多是门槛较低的IGT级葡萄酒。他们酿造的莫伊维德卡葡萄酒（Moi Verdeca）是一款清香怡人的白葡萄酒；帕帕莱普里米蒂沃红葡萄酒DOC（Papale Primitivo di Manduria DOC）散发出浓郁的刺莓果气息，蕴含普利亚的炎炎夏季风味。

马蒂尔德酒庄（卡帕尼亚产区）

大约2000年前，人们认定费乐纳斯葡萄酒（Falernian）是唯一适合皇帝饮用的葡萄酒，因此，这种酒很快就被诗人和各地的酒馆老板所推崇。1970年，弗朗西斯科·阿瓦洛（Francesco Avallone）决定重新振兴这款在古代就享有盛名的酒品。而法兰诺干红葡萄酒（Falerno del Massico DOC）由高密度种植的艾格尼科、派迪洛索及法兰娜酿成，酒香浓郁，夹杂着烟熏味。爱乐思IGT甜白葡萄酒（Eleusi）洋溢着香草和杏子的香气，而享用此酒的古罗马人的宽袍派对（Toga parties）却已随历史成为过眼云烟，一去不返。

碧安帝酒庄（西西里岛产区）

几个世纪以来，碧安帝家族（Biondi）的状况几起几落，但他们是最早在这个备受推崇的法定产区种植葡萄的家族之一。如今，他们正值巅峰，而该酒庄的复兴归功于西罗·碧安帝（Ciro Biondi）。酿造埃特纳蒙特伊利采红葡萄酒（Etna Rosso Monte Ilice）的葡萄产自一个高海拔的葡萄园，该酒庄毗邻一个海拔近1000米的死火山锥。酒款强劲有力，带有红色水果和香料的浓郁气息，是该产区葡萄酒的旗舰酒款之一。

阿尔贝托·莱伊酒庄（撒丁岛产区）

莱伊（Loi）家族拥有50公顷的葡萄园，至今已经传承3代人。葡萄园位于意大利人口最少的大区——奥里亚斯特拉（Ogliastra）的群山中。在这个位置偏远的地区，传统工艺备受推崇。莱伊酿酒厂专门生产卡诺娜葡萄酒（Cannonau），已产有不少于9种酒款，其中3款产自单一葡萄园。酒庄推出的一系列酒款中，阿尔贝托莱伊卡诺娜珍藏葡萄酒（Cannonau di Sardegna Riserva Alberto Loi）酒质出众，散发出浓郁的橡木香和香料味，红黑果香层次分明。酒庄还推出了一款稀有的卡诺娜白葡萄酒，该酒酿自一种浅色克隆品种，颇具特色。

泽纳酒庄（西西里岛产区）

1970年，外国移民浪潮中的先驱之一——尼娜（Nina）和汉斯·泽纳（Hans Zenner）对西西里岛一见钟情，随后永久定居于此。泽纳酒庄（Zenner）的葡萄园占地面积6公顷，酒庄仅推出一款酒品——由生物动力法酿造的黑珍珠葡萄酒，该酒堪称教科书式的佳酿。岛上南海岸炎热天气十分适合黑珍珠葡萄生长。酒庄旗下的酒款含有较高的天然酸度，但酒精度较低，其精致细腻的水果风味，桑葚、李子和香料的气息，以及矿物质的气息十分迷人，不容错过。

巴勒莫附近的沿海葡萄园生机勃勃，该地区以酿造马沙拉酒而闻名。

由雷司令酿造的白葡萄酒因其芳香四溢、富有表现力而一举成名、广受喜爱，因此德国的"雷司令复兴运动（Riesling Renaissance）"也闻名于世界各地。过去 10 年间，德国雷司令的质量大幅长进，各类优质葡萄酒的数量也与日俱增。随着葡萄酒质量的提升，德国作为优质葡萄酒生产国的国际声誉也恢复到了 19 世纪和 20 世纪的水平，那时德国葡萄酒的价格堪比波尔多葡萄酒和勃艮第葡萄酒。

除了"雷司令复兴运动"，还有许多促成德国葡萄酒复兴的因素：逐渐恢复的德国民族自豪感、新一代酿酒师的诞生，以及气候变化。气候变化直观的量化结果就是在过去的 25 年间，德国葡萄园平均升温 1℃。如今，德国的夏季温度有利于红葡萄的生长，一代红葡萄的种植比例从 12% 上升到 37%。即使在"气候凉爽"的摩泽尔和莱茵高产区，酿酒师也在寻找高海拔的葡萄园，继续酿造清淡脆爽的雷司令小房酒（Kabinett）。

还有一个很重要的因素是青年酿酒师（Jungwinzer）的出现。他们消除了与父辈之间的不信任，取而代之的是思想的自由交流和彼此扶持。青年酿酒师举办的品酒会更像是派对，流行音乐和葡萄酒形成了一种时尚的葡萄酒文化。这些青年酿酒师均在著名的盖森海姆大学（Geisenheim）等酿酒学校接受过高等教育，有的还接受过世界顶级酿酒师的指导。如此一来，雷司令和其他葡萄酒（多为干型葡萄酒）的质量优异、风格多元，动人心弦。上一代德国人酿制的葡萄酒仅用几句话就可以概括描述，对如今这一代人的葡萄酒来说，这是完全不可能的。

欧洲产区——德国

摩泽尔产区

对于全世界的葡萄酒爱好者来说，摩泽尔（Mosel）陡峭的山谷遍布葡萄藤，而河流从德国、法国和卢森堡接壤的地方，一直延伸到摩泽尔河与莱茵河在科布伦茨的交汇处。这是德国葡萄种植的典型代表，而且产自于此的雷司令葡萄酒是德国的标志性酒款——从旧金山到新加坡，消费者均期望得到产自原名为摩泽尔·萨尔·鲁沃河葡萄酒产区的雷司令葡萄酒，该地区出产的葡萄酒中仅含有7%～9%的酒精，富含天然葡萄的甜味、浓郁的果香和花香，并富有清新爽口的酸度。他们通常将这些葡萄酒称为摩泽尔的"经典"葡萄酒，并且告诉世人正是由于异常凉爽的气候和板岩土壤，才会酿造出如此口味的葡萄酒。

其实，我们所认为的经典摩泽尔只是故事的一面。近年来，该地区的葡萄酒发展迅猛，用于酿造干型葡萄酒的白皮诺、灰皮诺和黑皮诺品种已成为不可或缺的特色。此地甚至还种有质量优异的长相思葡萄。上摩泽尔（德国摩泽尔河的上游）和梯田摩泽尔（靠近摩泽尔河与莱茵河在科布伦茨的交汇处）产区的布莱姆周围，种有730公顷古老的艾伯灵（Elbling），用于酿造清淡、口感脆爽的干白葡萄酒。

摩泽尔产区拥有9000公顷的葡萄园。雷司令是园内主要的种植品种（种植比例为60%），通常生长于石灰色的板岩中。由于不同厂商的酿酒方法、园中的地理差异（如土壤深度从0.5米到6米不等）、斜坡的坡度、日晒的时间，以及防风度等不同，导致葡萄酒的风格多样性极强。有些酒款属于天然干葡萄酒；有些口感甜腻；有的清淡可人；也有的酒款强劲浓烈、富有质感。

梯田摩泽尔产区（Terrassenmosel）恰如其名，葡萄园通常坐落于梯田，且土壤多石。此产区的葡萄酒异常饱满柔顺。萨尔产区的葡萄园远离河流，风力强劲，酿出的酒款更为柔顺、酸度较高。靠近古城特里尔（Trier）的小鲁沃河河谷中昼夜温差大，生产的葡萄酒芳香四溢、充满活力。产自中摩泽尔产区（Mittelmosel）的葡萄酒风格则在二者之间，比萨尔产区的更加甜美多汁但很少会出现浓郁厚重的口感。

现代的摩泽尔雷司令葡萄酒大致可以分为两个流派：一是符合早期对"经典"摩泽尔描述的葡萄酒；二是干型雷司令葡萄酒，后者的酒体会更加饱满、更加浓郁醇厚、口感更为辛辣。"新兴"风格与经典风格的葡萄酒同样多元化，吸引了德国年轻一代争相购买本产区的酒款。听起来是有点自相矛盾，但半个世纪前的摩泽尔葡萄酒更接近于新兴风格，而不是现在的经典风格。

所有的德国葡萄酒均以掌握销售葡萄酒所依据的复杂酒标为要点。质量更佳的经典摩泽尔葡萄酒被归类为高级优质餐酒（Prädikatswein），与其对成品酒进行分类，倒不如根据收获时葡萄汁（未发酵的葡萄汁）中的糖分含量进行分类。按此标准划分的葡萄酒分为小房酒、迟摘葡萄酒、精选葡萄酒、逐粒精选葡萄酒、逐粒枯萄精选葡萄酒（TBA）和冰白葡萄酒（Eiswein）。冰白葡萄酒是采用经过自然冰冻的葡萄酿造而成的甜型葡萄酒。顶级葡萄酒也可能被标记为头等园葡萄酒（Grosses Gewächs），或"生长出色（Great Growth）"，这意味着葡萄酒产自一个享有盛名的葡萄园。其他的术语涵盖了干型（trocken）、半干型（halbtrocken）和半干型（feinherb，半干型的另一个术语，该术语正在逐渐取代"halbtrocken"）。

每个摩泽尔葡萄种植者对此产区都有自己独特的看法，如果不了解他们这种心态，也就不可能理解摩泽尔。这种特性及最佳的酿酒手工技艺，与复杂的风土条件一样，对葡萄酒的多样性同等重要。而外来者的涌入强化了这一特点，虽然他们以最少的资本建立了微型酿酒厂，但其酿造的葡萄酒有时可以与摩泽尔顶级生产商生产的葡萄酒相媲美。

AJ 亚当酒庄（中摩泽尔产区）

安德烈亚斯·亚当（Andreas Adam）于 2000 年建立了摩泽尔首批微型酿酒厂。自此时起，他将酒庄扩建到超过了 2 公顷。更值得一提的是，安德烈亚斯在德龙（Dhron）的霍夫堡（Hofberg）出产了一系列顶级的雷司令葡萄酒。醇香浓郁、含有矿物质气息的半干型迟摘葡萄酒和活泼独特、香甜丰美的精选葡萄酒均属上品，令人难以取舍。★新秀酒庄

安斯加尔·克鲁塞拉斯酒庄（中摩泽尔产区）

伊娃·克鲁塞拉斯（Eva Clüsserath）是摩泽尔产区最富才华的青年酿酒师之一。自 2001 年推出首款佳酿以来，伊娃酿造的干型和甜型雷司令葡萄酒的质量有所提升，口感深邃丰富。酒庄还推出了多款葡萄酒，涵盖了风味醇厚、口感清爽的欧姆席费尔雷司令干白葡萄酒（Vom Schiefer，酿自生长于板岩质土壤中的葡萄，是雷司令干白葡萄酒的基本款），高贵优雅、精心调配的施泰因赖希葡萄酒（Steinreich，矿物质气息浓郁），以及口感丰富的特利根海默阿波提可园雷司令葡萄酒（Trittenheimer Apotheke）等。阿波提可园（Apotheke）雷司令甜酒选用的葡萄生于板岩土壤之中，成熟饱满，将精湛的酿造技术和员工们的辛勤劳作展现得淋漓尽致。★新秀酒庄

卡尔·罗文酒庄（中摩泽尔产区）

谦逊儒雅的酒庄主人卡尔·约瑟夫·罗文（Karl Josef Loewen）推出了柔和芳香、活泼独特的干型瓦里多葡萄酒（Varidor）和半干型匡特葡萄酒（Quant），此两款日常饮用葡萄酒在该地区可谓是独占鳌头。但酒庄真正的亮点其实是甜美的迟摘葡萄酒（Spätlese）和富含矿物质香气的精选葡萄酒（Auslese），酿酒所选的葡萄产自酒庄内托尼彻里奇（Thörnicher Ritch）和莱温劳伦特斯莱耶园（Leiwener Laurentiuslay）。2008年，罗文又推出了一款葡萄酒：1896，该酒款以朗吉赫尔·马克西米纳·黑伦贝格（Longuicher Maximiner Herrenberg）产区的一片葡萄的种植年份命名。★新秀酒庄

克莱门斯·布希酒庄（梯田摩泽尔产区）

如果有人说摩泽尔葡萄酒的口感不够浓郁，那他一定是没品尝过克莱门斯（Clemens）、丽塔·布希（Rita Busch）和他们的儿子弗洛里安（Florian）酿造的浓烈的有机雷司令葡萄酒。布希家族以酿造干葡萄酒而闻名，产自普德荷西马林堡（Pünдericher Marienburg）的特级葡萄酒（Grosse Gewächse）富含矿物质香气和香料气息。该酒与半干型迟摘葡萄酒（Spätlese）一样，以该地区的少数单一葡萄园的名称装瓶，二者一并成为常规系列的顶级酒款。精选葡萄酒（Auslese）、逐粒精选葡萄酒（BA）和逐粒枯萄精选甜点葡萄酒（TBA dessert wines）均浓郁醇厚，富有干果香和香料气息。

克鲁塞拉斯-韦勒酒庄（中摩泽尔产区）

尽管赫尔穆特（Helmut）和维雷娜·克鲁塞拉斯（Verena Clüsserath）父女的葡萄园占地只有 6 公顷，但他们酿造了一系列出色的雷司令葡萄酒，涵盖了由特利根海默阿波提可园（Trittenheimer Apotheke）中藤龄 100 年的葡萄酿造的清淡干型 HC 和浓香醇厚、半干型的法尔费尔斯白葡萄酒（Färhfels），

露森酒庄
恩斯特·露森酿造的最佳酒款产自艾登修士园。

克莱门斯·布希酒庄
布希家族酿造了摩泽尔最强劲浓烈的葡萄酒。

以及丰富多样的冰葡萄酒和贵腐葡萄酒。产自特里滕海姆（Trittenheim）的葡萄酒清爽宜人、高贵优雅；而产自梅林（Mehring）的葡萄酒则口感丰富、浓烈强劲。★新秀酒庄

丹尼尔·沃伦威德酒庄（中摩泽尔产区）

2000 年，不为人知但锐气过人的瑞士青年丹尼尔·沃伦威德（Daniel Vollenweider）借钱买下这座地势陡峭的葡萄园，这片占地 1.6 公顷的园地坐落于偏远的沃尔夫·戈德格鲁贝（Wolfer Goldgrübe）。5 年之内，酒庄就达到了摩泽尔产区的一流水平。产自戈德格鲁贝园（Goldgrübe）的雷司令迟摘葡萄酒和雷司令精选葡萄酒堪称此地区最富活力、高贵优雅的酒款；而采用辛博克园（Shimbock）老藤葡萄酿造的葡萄酒则天差地别，这些酒款强劲有力、香料气息浓郁。葡萄酒界的新星已冉冉升起。★新秀酒庄

露森酒庄（中摩泽尔产区）

相比于成为一名酿酒师，恩斯特·露森其实更想成为一名考古学家。但在过去的 20 年里，他为了提高德国葡萄酒的质量，比任何人付出的努力都要多。除了少数出色、矿物质气息十足的雷司令干白葡萄酒，他推出的酒款系列还涵盖了口感均衡、口味独特的甜味小房酒（Kabinett）、迟摘葡萄酒（Spätlese）和精选葡萄酒（Auslese），均产自班卡斯特勒·雷伊园（Bernkasteler Lay）、格拉奇·多普斯特主教园（Graacher Himmelreich）、日晷园（Wehlener Sonnenuhr）和艾登·特普臣格拉齐天阶园（Erdener Treppchen）等顶级酒园。恩斯特在修士园（Erdener Prälat）只出品口感香甜、具有异国情调的精选葡萄酒，此酒款是他推出的质量最佳的葡萄酒。露森干白葡萄酒（Dr L）酿自采购的葡萄，相比于其他酒款，口感更加清淡，但风格彼此相似。露森同时也在法尔兹（Pfalz）和美国的华盛顿州任职。

西门子酒庄（萨尔产区）

约亨·西门子博士（Dr. Jochen Siemens）曾是一名成功的报纸编辑，后来他放弃这个职位转而投身于贝特西门酒庄（曾用名）。2007 年，约亨博士功成名就。酒庄推出清淡且鲜美多汁的干型白皮诺（Pinot Blanc）、灰皮诺葡萄酒（Pinot Gris），款款质量上乘。但产自黑伦贝格独占园和维尔茨堡（Würtzberg）的半干型雷司令葡萄酒才称得上镇庄之宝，该酒款富含矿物香，颇具特色。这些极具潜力的葡萄园靠约亨博士慧眼识珠才走进大众的视野，但这只是它们锦绣前程的开始。★新秀酒庄

塔尼史酒庄（中摩泽尔产区）

过去 10 年，产自塔尼史酒庄（Dr H Thanisch-Erben Thanisch）的甜型雷司令小房酒和迟摘葡萄酒以高贵优雅、浓香醇厚而闻名。酒款系列分为两种类型：产自班卡斯特勒·巴斯图园（Bernkasteler Badstube）的偏干型葡萄酒，口感略显清淡；产自柏恩卡斯特博士园（Bernkasteler Doctor）的葡萄酒口感丰富、浓郁醇厚。这两款酒质量绝佳而且定价合理。

普朗酒庄

半干型班卡斯特勒·巴斯图园园雷司令迟摘白葡萄酒是普朗酒庄的最佳酒款。

伊贡·米勒酒庄

精选雷司令葡萄酒产自沙兹堡园，质量上乘。

瓦格纳酒庄（萨尔产区）

自20世纪70年代早期开始，瓦格纳酒庄（Dr Wagner）的海因茨·瓦格纳（Heinz Wagner）一直致力于酿造口感爽滑、刚劲浓烈的萨尔雷司令葡萄酒，他的女儿克里斯蒂安（Christiane）也延续了其父的酿造风格。酒庄出品的甜型葡萄酒与干型葡萄酒同样酸度适宜，也为干型葡萄酒平添了一丝水晶般的纯净。至于酒庄的顶级酒款，究竟是带有一丝泥土气息、活泼独特的萨尔堡劳施珍藏雷司令干白葡萄酒（Saarburger Rausch），还是花香四溢的克斯坦珍藏雷司令甜白葡萄酒（Ockfener Bockstein），这就要取决于酒客个人的口味选择了。

伊贡·米勒酒庄（萨尔产区）

出色的伊贡·米勒酒庄（Egon Müller-Scharzhof/Le Gallais）以其遵循传统而出类拔萃。即使含有最高浓度的蜂蜜口味，其葡萄酒也是精致的典范。伊贡·米勒四世（Egon Müller IV）并不酿造干型葡萄酒，但其常规系列沙兹堡雷司令葡萄酒偏向于干型，且白葡萄香味浓厚。其余的伊贡·米勒沙兹堡葡萄酒均产自传奇的沙兹堡园（Scharzhofberg）；嘉莱葡萄酒产自鲁沃河的维庭根博内库普独占园（Wiltinger Braune Kupp）。雷司令小房酒酒精度低，但口感深邃，颇具特色；迟摘葡萄酒浓郁醇厚、口感丰富、甜度适宜。伊贡·米勒的酒款是德国萨尔区定价最高的，但是从国际范围来看，其定价仍比较合理。然而，质量优异的精选葡萄酒（Auslese）、逐粒精选葡萄酒（BA）、逐粒枯萄精选葡萄酒（TBA）、冰白葡萄酒（Eiswein）均价格高昂。

厄尔本·冯·布尔维茨酒庄（鲁沃河产区）

赫伯特·维斯（Herbert Weis）在厄尔本·布尔维茨酒庄（Erben von Beulwitz）中酿造了经典的鲁沃河雷司令葡萄酒。该酒款口感清淡、色泽鲜亮，散发出苹果、桃子、莓果的芳香。酿自老藤葡萄的奥特瑞本（Alte Reben）迟摘葡萄酒及精选葡萄酒的质量与干型葡萄酒别无二致，脱颖而出。但令人惊讶的是，在酒庄的官方材料上，魅力迷人、博学多闻的赫伯特的首要生意并非酒庄本身，而是维斯酒店（Hotel Weis）、维诺餐厅（Restaurant Vinum）、布尔维茨酒店（Weinstube von Beulwitz）等，酒庄旗下产业备受推崇。★新秀酒庄

哲灵肯酒庄（萨尔产区）

汉诺·哲灵肯（Hanno Zilliken）自20世纪70年代起开始在哲灵肯酒庄（Forstmeister Gelt-Zilliken）酿造经典的萨尔雷司令葡萄酒。但直到近10年，才酿造出他所推出的一系列酒款中质量最佳的葡萄酒：迟摘葡萄酒和萨尔堡劳施园（Saarburger Rausch）精选葡萄酒。2002年，哲灵肯推出了一款半干型雷司令——蝴蝶雷司令葡萄酒（Butterfly）。当时这个新颖的名字引发了广泛争议，但如今占地11公顷的葡萄园中，有一半的葡萄都用来酿造此酒。酒庄新建了一个带有深桶酒窖的新酒厂，哲灵肯的女儿桃乐茜（Dorothee）也已加入酿酒团队。

海格酒庄（中摩泽尔产区）

近半个世纪以来，海格酒庄（Fritz Haag）的威廉·哈格（Wilhelm Haag）和他的儿子奥利弗（Oliver）一直保持着酒款质量和风格的一致性，很少有生产商能做到这样。直到奥利弗推出2005年的葡萄酒继而接管酒窖时，人们才开始注意到酒庄酒款风格的延续性。酒庄推出的葡萄酒一如既往地具有钻石般的光泽和纯净度，散发出微妙的芳香。虽然酒庄仅生产少量干型葡萄酒，但这个占地12公顷的酒庄专注于出品著名的迟摘葡萄酒和精选葡萄酒，两款酒均具有天然的葡萄甜味。逐粒精选葡萄酒及逐粒枯萄精选葡萄酒高贵优雅，价格高昂。

格兰菲雪酒庄（中摩泽尔产区）

格兰菲雪酒庄（Grans-Fassian）的格哈德·格兰（Gerhard Grans）非常善变，酿造的葡萄酒时好时坏。迟摘葡萄酒及精选葡萄酒有时质量优异，有时其酸度、甜度、清新度难以平衡。格兰尽管与出色的特利根海默·阿波提可园（Trittenheimer Apotheke）密切相关，但他长期以来一直用摘自莱温纳·劳伦特斯莱耶园（Leiwener Laurentiuslay）的老藤葡萄酿制干型雷司令葡萄酒，引人注目。他还推出了产自德龙霍夫堡（Dhron-Hofberger）的头等园干型葡萄酒（Grosses Gewächs），浓郁醇厚，令人印象深刻。★新秀酒庄

赫曼酒庄（梯田摩泽尔产区）

1980年，莱因哈德·勒文斯坦（Reinhard Löwenstein）和他的妻子科妮莉亚·赫曼（Cornelia Heymann）建立了赫曼酒庄（Heymann-Löwenstein），自此之后，二人对摩泽尔进行了革新。勒文斯坦几乎是单枪匹马地创造了口感丰富、富含香料气息的干型雷司令葡萄酒。同时，他在提高人们对该地区风土的认识方面做出了更大努力。尤其是自2001年起，他成功推出3款瓶装干型雷司令葡萄酒：罗斯·莱雷葡萄酒（Roth Lay）、劳巴赫葡萄酒（Laubach）和布劳夫瑟·莱雷葡萄酒（Blaufüsser Lay）。尽管竞争激烈，勒文斯坦仍然是此风格葡萄酒的酿制大师。

普朗酒庄（中摩泽尔产区）

20世纪20年代，"JJ"成为出色的摩泽尔雷司令葡萄酒的代名词，从那时起，卡塔琳娜·普朗（Katharina Prüm）成为普朗酒庄（Joh. Jos. Prüm）的第三代传人。卡塔琳娜酿造的葡萄酒改进了她祖父塞巴斯蒂安·普朗（Sebastian Prüm）所酿酒款的风格。尽管酒庄也推出了几款干型葡萄酒（质量最佳的是半干型班卡斯特勒·巴斯图园迟摘葡萄酒），但酒款大多数还是产自日晷园（Wehlener Sonnenuhr）、格拉奇·多普斯特主教园（Graacher Himmelreich）的雷司令迟摘葡萄酒、精选葡萄酒，带有葡萄的自然甘甜。这些熟化速度缓慢、适合长期储存的葡萄酒通常散发出浓郁的酵母香，也带有水果香和花香，新鲜度很高。

卡尔·埃尔贝斯酒庄（中摩泽尔产区）

卡尔·埃尔贝斯（Karl Erbes）于1967年创立了与自己同名的酒庄，而他的儿子史蒂芬·埃尔贝斯（Stefan Erbes）才是摩泽尔雷司令"经典"款葡萄酒不折不扣的推动者。该酒款具有浓郁的天然葡萄甜味和醇厚的水果香气，酸度清新。史蒂芬酿造的酒款多为浓郁醇厚的迟摘葡萄酒、精选葡萄酒、逐粒精选葡萄酒和逐粒枯萄精选葡萄酒。这些酒款均产自乌尔齐希（Urzig）红崖上方的葡萄园，而悬崖陡壁就像烟囱一样，把河边的热量源

源不断地输送给葡萄藤。★新秀酒庄

卡尔斯缪勒酒庄（鲁沃河产区）

彼得·盖本（Peter Geiben）凭借即兴发挥的天赋和对雷司令的本能感觉，将卡尔斯缪勒酒庄（Karlsmühle）稳步打造成为强劲有力的原始鲁沃河葡萄酒生产商。酒庄的酒款并不特别细腻，但如果客人能欣赏自由爵士乐带来的激情，那么当他们品尝盖本酿制于洛伦佐费尔独占园的干型甜葡萄酒（富有表现力）和卡斯勒钱尼的甜葡萄酒时，一定会感到兴奋无比。精选葡萄酒级别以下的葡萄酒物超所值。★新秀酒庄

卡索瑟霍夫酒庄（鲁沃河产区）

卡索瑟霍夫酒庄（Karthäuserhof/Tyrell）的酒款皆产自其19公顷的卡索瑟霍夫堡独占园，酒庄坐落着一处田园诗般优美的历史建筑群。活力满满的克里斯托夫·提利尔（Christoph Tyrell）和资深酿酒师路德维希·布雷林（Ludwig Breiling）酿造的酒款芳香四溢、色泽亮丽，果香和酸度比例平衡，微妙地突出了葡萄的自然甜度或适量的酒精度。葡萄酒散发出浓郁的浆果味和新鲜的草本香，余味悠长。

基斯·基伦酒庄（中摩泽尔产区）

20多年来，恩斯特·约瑟夫（Ernst-Josef）和维纳·凯斯（Werner Kees）兄弟二人将小型的基斯·基伦酒庄（Kees-Kieren）打造成为中摩泽尔产区广受好评的酒庄之一。基斯·基伦酒庄出品的葡萄酒以浓郁的果味为主调，清新微酸、风格独特，富有吸引力。酒庄出产的一系列酒款中，最突出的几个当数产自格拉齐多普斯特园的雷司令干白特级葡萄酒、甜型迟摘葡萄酒和精选葡萄酒。★新秀酒庄

科本酒庄（中摩泽尔产区）

马丁·科本（Martin Kerpen）酿造的自然甜型雷司令迟摘葡萄酒及精选葡萄酒风格传统。他在中性橡木桶中酿造全部酒款，酿出的葡萄酒色泽亮丽、芳香四溢、甜美多汁。然而自2003年以来，马丁酿造的干型雷司令风格突变，酒精含量跃升至13%，但口感更加圆润柔滑，而没有过浓的酒精味。科本对酒款中的酒精度很满意，认为这有利于摩泽尔雷司令干白葡萄酒的酿制。★新秀酒庄

克尔斯滕酒庄（中摩泽尔产区）

伯哈德·克尔斯滕（Bernhard Kirsten）和英格·冯格尔登（Inge von Geldern）的通风不锈钢玻璃酒厂和酒庄推出的葡萄酒在中摩泽尔地区可谓独一无二。酒体饱满的干型雷司令葡萄酒几乎吸引了所有酒客的目光。尽管酒款的浓度和成熟度很高，但其口感柔顺光滑、平衡度极佳。产自布鲁德园（Brüderschaft）老藤的奥特瑞本葡萄酒强劲有力，与同一园区中心出产的更优雅活泼的赫兹卡特（Herzstück）形成鲜明对比。浓郁成熟、光滑柔顺的雷司令和桃红起泡酒也同样具有创新性。★新秀酒庄

克内贝尔酒庄（梯田摩泽尔产区）

贝塔·克内贝尔（Beate Knebel）是梯田摩泽尔产区内酿造雷司令贵腐酒的专家，她酿造的最佳酒款散发着干果和蜂蜜的香味，口感明快酸爽。产自霍特恩园（Röttgen）的奥特瑞本晚收干白甜葡萄酒具有异国情调、甘美可口；而产自乌恩园（Uhlen）的奥特瑞本晚收干白甜葡萄酒酒体紧实、富含矿物质气息。两种酒款价格合理，口感丰富而富有表现力。★新秀酒庄

洛赫酒庄（萨尔产区）

洛赫酒庄（Loch）占地3公顷多，是萨尔最小的顶级酒庄，也是最原始的酒庄。1992年，克劳迪娅·洛赫（Claudia Loch）和曼弗雷德·洛赫（Manfred Loch）白手起家，建立了洛赫酒庄，并在经营过程中不断地学习。他们选用产量稀少的葡萄，采用手工有机培育的方法和极简的酿酒工艺，为萨尔产区贡献了非典型而浓郁醇厚的葡萄酒。贵腐菌稀少时，酒庄酿造干型葡萄酒；贵腐菌量大时，酒庄酿造甜葡萄酒。半干型浓郁醇厚的夸萨尔葡萄酒（QuaSaar）是酒庄所酿酒品中质量最佳的一款。★新秀酒庄

鲁本提乌斯霍夫酒庄（梯田摩泽尔产区）

安德烈亚斯·巴斯（Andreas Barth）日常管理的是萨尔产区著名的冯奥特格莱文酒庄（von Othegraven），但他名下位于梯田摩泽尔的鲁本提乌斯霍夫酒庄（Lubentiushof）才是他真正的心头所好。巴斯酿造的顶级雷司令干白甜酒大多来自鲜为人知但品质一流的冈多弗甘斯（Gondorfer Gäns）园区，他在此地酿造的葡萄酒色泽金黄，如奶油般丝滑。★新秀酒庄

玛斯·莫利托酒庄（中摩泽尔产区）

玛斯·莫利托（Markus Molitor）一直在挑战极限，真不知他究竟能给莫泽尔葡萄酒注入多少能量，其产自日冕园（Zeltinger Sonnenuhr）的葡萄酒尤其出众。他酿造的迟摘甜葡萄酒也是风格大胆，该酒散发着水果和香料的气息，颇具特色；而精选葡萄酒则酒体饱满，品质极佳。他酿制的多数雷司令葡萄酒经过长时间发酵，散发出柑橘香气。迟摘的葡萄和酒泥的长时间接触为葡萄酒平添了奶油般细滑的质地。莫利托还酿造质量优异、接近干型的半干型葡萄酒，还有该地区最强劲有力的黑皮诺葡萄酒。★新秀酒庄

里希特酒庄（中摩泽尔产区）

里希特酒庄（Max Ferd. Richter）是一座占地面积15公顷的传统酒庄，出产几款干型葡萄酒，主要推出产自布朗伯朱弗日冕园（Brauneberger Juffer-Sonnenuhr）等顶级葡萄园的甜型小房酒、迟摘葡萄酒和精选葡萄酒。自20世纪80年代后期以来，虽然酒庄推出的葡萄酒的范围广、数量多，但是酒庄主人迪尔克·里希特博士（Dr. Dirk Richter）依然保持了酒款出色的一致性。几乎每款葡萄酒均在中性橡木桶中陈酿，具有良好的陈年能力。

酿酒业的大师和"霍比特人"

2000～2010年，尽管摩泽尔的葡萄园面积缩小了四分之一以上，但是摩泽尔顶级酿酒师恩斯特·露森、伊贡米勒酒庄的伊贡·米勒、普朗酒庄的卡塔琳娜·普朗依然是葡萄酒世界中出色的德国大师。老一代的小规模种植者称，因为他们的后代不愿跟随祖辈攀爬异常陡峭的石板斜坡，所以发生了这种看似矛盾的现象。产区内几乎所有的酿酒师均在扩建葡萄园，直到出产的葡萄酒达到酒窖容量的极限。因此，该地区的最大希望寄托在这些"霍比特人"身上。"霍比特人"是当地人对有意酿造摩泽尔雷司令葡萄酒但是资金不足的外来者，或者是对当地从业余酿酒师转为专业人士的一类人的昵称。像特拉本-特拉巴赫镇这种缺乏著名园区且土地价格低廉的地方，对"霍比特人"来说便是理想的酿酒之地。他们可以轻而易举地租用废弃的酒窖，并且有大量的二手酿酒设备可供使用。但是，销售酒款对于这些无名小卒来说可谓是唯一的挑战。

莱因霍尔德·哈特酒庄

西奥·哈特酿造的雷司令葡萄酒产自皮斯波特金滴园，口感浓郁而饱满。

冯开世泰伯爵酒庄

约瑟夫霍夫迟摘葡萄酒是酒庄于 2008 年出产的顶级酒款。

SA 普朗酒庄

SA 普朗酒庄历史悠久，酒款系列不胜枚举。普朗蓝雷司令小房酒好喝不贵，是绝佳的入门级雷司令葡萄酒。

翠绿酒庄（鲁沃河产区）

酒庄总监卡尔·冯舒伯特博士（Carl von Schubert）和酿酒师史蒂芬·克拉姆尔（Stefan Kraml）历经艰难，最终成功地让占地 31 公顷的翠绿酒庄（Maximin Grünhaus/von Schubert）重回正轨。同时酒庄注入了新鲜元素——半干型葡萄酒（Feinherb）。其中超级雷司令葡萄酒（Superior）富含矿物质气息，几近完美。产自 3 个独占园中的葡萄酒风味不一：布鲁德伯格葡萄酒（Bruderberg）散发出黑莓味；黑伦贝格葡萄酒（Herrenberg）散发出浆果和香草味；阿兹伯格葡萄酒（Abtsberg）散发出桃子味。酒庄还生产优质的干葡萄酒、极甜的小房酒和迟摘葡萄酒。

梅尔斯海默酒庄（中摩泽尔产区）

赖勒·穆莱·霍夫伯格（Reiler Mullay-Hofberg）产区位于德国东部，鲜为人知。最近，该产区因全球气候变暖而获益颇丰，但如果没有前排球运动员托尔斯滕·梅尔斯海默（Thorsten Melsheimer）的努力，酒庄还不足以酿造出优质的葡萄酒。酒庄采用有机法栽培葡萄，产量稀少，酿酒师也雄心壮志，让这片占地 11 公顷的酒庄大放异彩。酒庄出品的干型葡萄酒和甜葡萄酒均散发出独特的柠檬香气，充满活力，在摩泽尔产区可谓是独一无二。

穆伦酒庄（中摩泽尔产区）

马丁·穆伦（Martin Müllen）可谓是一位被埋没的摩泽尔雷司令葡萄酒的英雄。1991 年，这位狂热但谦逊的酿酒师创建了一个专注于顶级品质的小型酒庄。所有的葡萄均先置于筐式压榨机中，然后在中性木桶中发酵。酒庄内有专门的酒窖分别存放干葡萄酒和甜葡萄酒。穆伦酒庄推出的雷司令葡萄酒口感醇厚、成熟度高、富有表现力；而产自特拉本恩尔·胡纳贝格（Trabener Hühnerberg）的雷司令葡萄酒花香四溢、口感芳醇，格外引人注目。★新秀酒庄

彼得·劳尔酒庄（萨尔产区）

彼得·劳尔（Peter Lauer）是萨尔产区最好的酿酒师之一，但直到 2006 年他的儿子弗洛里安（Florian）加入后，他的酒庄经营才有所改善。劳尔拥有一家优质出色的餐厅，干葡萄酒和半干葡萄酒是这里的特色。酒庄出品的葡萄酒精度适中，但质地丰富、酸度怡人，带有矿物质气息，极富层次感。品质最佳的葡萄酒在爱勒·库普（Ayler Kupp）网站上以单一园佳酿的招牌出售。萨尔费尔瑟园区（Saarfeilser）同样生产限量的干型雷司令葡萄酒，具有萨尔雷司令独特的丝滑感。★新秀酒庄

SA 普朗酒庄（中摩泽尔产区）

近年来，历史悠久的 SA 普朗酒庄（SA Prüm）进行了大规模扩建。酒庄在著名的老资产日晷园（Wehlener Sonnenuhr）和格拉奇·多普斯特主教园（Graacher Himmelreich）增加了乌兹格香料园（Urziger Würzgarten）和艾登·特普臣格拉齐天阶园（Erdener Treppchen）。在过去几年的时间里，莱蒙德（Raimund）和赛斯吉娅·普朗（Saskia Prüm）父女用这些园区生产的葡萄酿造了一系列令人难以忘怀的经典甜雷司令葡萄酒，并改进了采用白皮诺、灰皮诺、霞多丽和雷司令制成的干葡萄酒。

藤梦酒庄（中摩泽尔产区）

迟摘甜葡萄酒在乌尔齐希镇（Ürzig）占主导地位。在这样一个风格保守的地方，约翰内斯·施密茨（Johannes Schmitz）在酿造干型和半干型葡萄酒方面算得上是革新派。酒庄出品的葡萄孕育出了细致入微的菠萝和草莓香气，以及香料园中独特的香料味。香味最浓郁醇厚的酒款是奥特瑞本瓶装葡萄酒，酿酒所需葡萄摘自未经嫁接的老藤。精选葡萄酒、逐粒精选葡萄酒、逐粒枯萄精选葡萄酒均非常出色，甜度适宜。酒庄正在建造一座新酒厂，未来必定会出品更多佳酿。★新秀酒庄

冯开世泰伯爵酒庄（鲁沃河产区）

冯开世泰伯爵酒庄（Reichsgraf von Kesselstatt）35 公顷的葡萄园位于中摩泽尔产区、萨尔产区和鲁沃河产区。20 年来，在安妮格雷特·雷·加特纳（Annegret Reh-Gartner）的指导下，酒庄出品的酒款品质如一，深受消费者喜爱。但自 2005 年沃尔夫刚·默特斯（Wolfgang Mertes）负责酒窖后，葡萄酒的一致性似乎大大降低。与 2005 年和 2007 年的"奇怪"年份相比，2006 年和 2008 年的多款葡萄酒酒体平衡度不佳。尽管如此，产自约瑟夫霍夫园（Josephshöfer）强劲有力的头等园干葡萄酒（Grosses Gewächs）和浓郁醇厚、口感丰富的迟摘甜葡萄酒都非常值得关注。

莱因霍尔德·弗兰岑酒庄（梯田摩泽尔产区）

摩泽尔的葡萄种植者中不乏极端主义者，但没有人能超越已故的乌尔里希·弗兰岑（Ulrich Franzen）。多年来，他像登山者一样，在世界上最陡峭的葡萄园——布莱蒙卡尔蒙特葡萄园（Bremer Calmont）的板岩悬崖上重新种植葡萄。产自莱因霍尔德·弗兰岑酒庄（Reinhold Franzen）的干型和半干型雷司令（顶级葡萄酒标有金色胶囊）也是该地区的极品葡萄酒，酒体饱满、成熟度高、带有矿物质气息和香料气息。2010 年乌尔里希去世后，酒庄由他的妻子艾丽丝（Iris）和儿子基利安（Killian）接手经营。★新秀酒庄

莱因霍尔德·哈特酒庄（中摩泽尔产区）

尽管酒庄的雷司令葡萄酒产自著名的皮斯波特金滴园（Piesporter Goldtröpfchen），但西奥·哈特（Theo Haart）从来不夸大其词。而此款葡萄酒也堪称高贵奢靡，属于此地区的最佳酒款。西奥酿造的小房酒、迟摘葡萄酒和精选葡萄酒具有纯天然的葡萄甜味，与柔和的酸度、浓郁的黑醋栗香气（皮斯波特的标志）、浓郁的矿物质气息和香料气息完美平衡。产自温特里彻欧力斯堡园（Wintricher Ohligsberg）的葡萄酒更加刚劲有力。即使是干型雷司令的基本款——哈特之心（Heart to Haart），在摩泽尔也是一款醇厚成熟的葡萄酒。

丽瑟酒庄（中摩泽尔产区）

丽瑟酒庄（Schloss Lieser）有着辉煌的过去。1992 年，威廉的儿子汤姆士·海格（Thomas Haag）接管并重振酒庄风采。短短 3 年内，他就赋予了酒庄的雷司令小房酒、雷司令迟摘葡萄酒和雷司令精选葡萄酒天然的葡萄甜味，从而成为当地的顶级酒款，也实现了自己的目标。相比于布朗伯朱弗日冕园优雅的葡萄酒，产自丽瑟尼德博格园（Lieserer Niederberg-Helden）山坡

的葡萄酒更加强劲浓烈。★新秀酒庄

萨尔斯坦酒庄（萨尔产区）

1956 年，迪特·艾伯特（Dieter Ebert）购入占地 10 公顷的萨尔斯坦酒庄（Schloss Saarstein），从此成为萨尔产区最稳定的生产商之一。如今，迪特的儿子克里斯蒂安酿造了一小部分干型和甜型雷司令葡萄酒，酒体清新澄澈，带有明显的黑醋栗味。酒庄出品的优质干型白皮诺葡萄酒散发出香梨和榛子的气息，在萨尔地区实属稀奇。

斯科米基斯酒庄（伯恩卡斯特尔产区）

自 20 世纪 80 年代开始，安德烈亚斯·斯科米基斯（Andreas Schmitges）逐渐将他的酒庄扩大到 14 公顷，并稳步提升尔登村阶梯园（Treppchen）和修士园（Prälat）顶级葡萄园葡萄酒的质量。安德烈亚斯致力于出品两种葡萄酒：一是奢华的干型雷司令葡萄酒（质量最佳的一般是半干型葡萄酒），该酒款清爽多汁，散发着些许香料气息；二是浓郁醇厚、丰富多汁的甜型迟摘葡萄酒及精选葡萄酒。★新秀酒庄

泽巴赫酒庄（中摩泽尔产区）

约翰内斯·泽巴赫（Johannes Selbach）不遗余力地致力于推动摩泽尔和德国雷司令葡萄酒的发展。他不是在纽约就是在斯德哥尔摩，很少回家。泽巴赫的甜型小房酒和迟摘葡萄酒的甜度远低于摩泽尔多数顶级酒庄酿造的酒款，并且与中部摩泽尔的酒庄一样具有矿物质气息。酒庄质量最佳的葡萄酒是香醇浓郁、细腻典雅的日冕园精选瓶装葡萄酒，产自施密特（Schmitt）和罗斯莱（Rothlay）。但少数干型葡萄酒也令人印象深刻，比如优异的逐粒精选葡萄酒、逐粒枯萄精选葡萄酒、冰白葡萄酒等。一系列精心制作、具有强烈地域特色的葡萄酒也以泽巴赫的名义出售。

圣优荷夫酒庄（中摩泽尔产区）

圣优荷夫酒庄（St Urbans-Hof）的尼克·魏斯（Nik Weis）每年生产数十万瓶价格适中、质量上乘的雷司令葡萄酒，这是他最大的成就之一。酒庄占地面积 32 公顷，另一边是萨尔产区的山羊石园（Ockfener Bockstein）、摩泽尔产区的皮斯波特金滴园（Piesporter Goldtröpfchen）和莱温劳伦特斯莱耶园（Leiwener Laurentiuslay）。园内生产优质葡萄园指定的甜型雷司令小房酒、迟摘葡萄酒及精选葡萄酒。这几款葡萄酒均新鲜多汁、果味十足。★新秀酒庄

梵沃森酒庄（萨尔产区）

自 2000 年以来，罗曼·涅沃德尼赞斯基（Roman Niewodniczanski）将梵沃森酒庄（van Volxem）从一家破败的二等萨尔酒庄打造成为顶级的葡萄酒生产商。酒庄酒款多为新款，属风味浓郁、带有香料气息的干型葡萄酒。葡萄产量极低、收获期晚、长时间发酵是酒庄的常规操作，即使是普通品质的萨尔雷司令葡萄酒也属浓郁醇厚的风格。以单一园装瓶的葡萄酒中，最著名的是布朗费尔斯·沃尔茨葡萄酒（Braunfels Volz）、格特福斯老藤雷司令干白葡萄酒（Gottesfuss Alte Reben）和坎泽梅尔·阿尔滕贝格葡萄酒（Kanzemer Altenberg）。摩泽尔产区出

泽巴赫酒庄

日冕园雷司令精选葡萄酒
浓郁醇厚，令人难以忘怀。

圣优荷夫酒庄

尼克·魏斯酿造的莱温劳伦特斯莱耶园
雷司令葡萄酒新鲜多汁、果味浓郁。

产的葡萄酒中，以上几款均产量巨大。★新秀酒庄

冯霍维酒庄（萨尔产区）

相比于萨尔其他的明星酿酒师，谈笑风生的埃伯哈德·冯库诺（Eberhard von Kunow）更显谦逊儒雅，但他酿造的自然甜型雷司令迟摘葡萄酒和精选葡萄酒确属顶级酒款。酒庄大部分酒款都产自他的独占园奥博梅勒慧特（Oberemmeler Hütte），此外他还拥有沙兹堡园（Scharzhofberg）和一个小型独占园坎泽梅尔霍勒克园（Kanzemer Hörecker）。除了小型独占园中出产的葡萄酒，其余酒款均物超所值。

冯奥特格莱文酒庄（萨尔产区）

在历经了长时间的低迷期，与各种问题艰苦斗争之后，海蒂·凯格尔博士（Heidi Kegel）和酿酒师安德烈亚斯·巴斯（Andreas Barth）终于重振冯奥特格莱文酒庄（von Othegraven）的旧日风采。干型葡萄酒和甜型葡萄酒均为精酿的萨尔雷司令葡萄酒，酒款芳香微妙、酸度适中、浓度适宜。该酒庄以其产自伟大的坎泽梅尔·阿尔滕贝格园区（Kanzemer Altenberg）的葡萄酒而闻名，但其产自维庭根库普园（Wiltinger Kupp）和山羊石园（Ockfener Bockstein）的葡萄酒也属上品。

韦瑟·昆斯特勒酒庄（中摩泽尔产区）

康斯坦丁·韦瑟（Konstantin Weiser）曾是一名银行家，他的妻子亚历山德拉·昆斯特勒（Alexandra Künstler）曾是一名高级社工，他们于 2005 年创办了韦瑟·昆斯特勒酒庄（Weiser-Künstler）。自那以后，他们酿造的葡萄酒不负众望，引人瞩目。酒庄出产的半干型和甜型雷司令小房酒、迟摘葡萄酒和产自恩基希·埃勒格鲁布园（Enkirch Ellergrub）的精选葡萄酒芳香浓郁、甜美多汁、口味平衡。★新秀酒庄

威廉姆斯·威廉姆斯酒庄（萨尔产区）

2001 年，卡罗琳·霍夫曼（Carolin Hofmann）为威廉姆斯·威廉姆斯酒庄（Willems-Willems）酿造了第一批葡萄酒，那时她还没有完成她的酿酒学业。如今，霍夫曼是此地一颗冉冉升起的新星，因为她酿造了品种繁多的干型、半干型和甜型萨尔雷司令葡萄酒，酒款成熟度高、高贵优雅。顶级干型瓶装葡萄酒系列产自阿尔滕贝格和黑伦贝格单一园，酒款浓郁醇厚、口感丰富。霍夫曼酿造的所有酒款均物有所值。还有一款品质绝佳的黑皮诺红葡萄酒，适合气候凉爽的地区饮用。★新秀酒庄

舍费尔酒庄（中摩泽尔产区）

威利·舍费尔（Willi Schaefer）及其儿子克里斯多夫·舍费尔（Christoph Schaefer）酿造了几款摩泽尔产区最具活力、最具特色和个性的雷司令葡萄酒。他们酿造的多数葡萄酒均含有大量未发酵葡萄的清甜风味。但在该地区，舍费尔酒庄是唯一的一家能巧夺天工、酿得如此柔顺爽滑葡萄酒的酒庄。然而，这些葡萄酒很难入手。尽管经过多年扩张，舍费尔家族在格拉奇·多普斯特主教园（出品的酒款口感鲜美多汁）和多普斯特园（出产色泽极为澄澈、洋溢着矿物气息的佳酿）仅占有 4 公顷葡萄园。两个园区酿造的葡萄酒质量上乘，每一款酒顾客都心甘情愿排队等待购买。

蜿蜒的摩泽尔河最弯曲的河段在梯田摩泽尔产区的布莱姆，位于科赫姆和泽尔之间。

莱茵高产区

莱茵高（Rheingau）是德国历史古迹最多的葡萄酒产区，其历史可追溯到 12 世纪，那时莱茵高的城堡和修道院遍布全国最著名的葡萄酒产区。产区的地窖中满是布满灰尘的佳酿，其中最早的可追溯到 19 世纪。然而多年来，正是悠久的历史和贵族气息阻碍了此地的发展。尽管莱茵高仅与莱茵河的两侧接壤，但"岛"上的居民似乎享受着孤独的荣耀，而此时河对岸"不起眼"的莱茵黑森（Rheinhessen）的许多葡萄种植者早已奋起直追，弯道逆袭。

主要葡萄种类

🍇 红葡萄

黑皮诺

🍇 白葡萄

雷司令

年份

2009

该年份的葡萄酒质量绝佳，尽管这一年遭受霜霉病和干旱，产量有损，但是酒款成熟度高且酸度适中。

2008

这一年的吕德斯海姆艳压群芳，出产了令人意想不到、富含矿物质气息的雷司令葡萄酒。

2007

本年份的迟摘葡萄酒尽管算不上动人心弦，但是芳醇活泼、风格经典。迄今为止，黑皮诺红葡萄酒是最佳酒款。

2006

本年份的有些干型雷司令酒款味道平平，但也有些甜型雷司令葡萄酒的味道出众。

2005

这一年份的酒款完美融合了丰富性与平衡性，而且葡萄酒质量优异，让人回想起1949年的佳酿。

2004

本年份的雷司令葡萄酒口感柔滑，浓郁醇厚；有些黑皮诺葡萄酒的质量甚至优于雷司令葡萄酒。

一群激进的独立酿酒师和任职于历史悠久的酒庄的新总监在面积为 3100 公顷的莱茵高地区推动了一场翻天覆地的变革。莱茵高雷司令的种植比例高达 80%，所以他们仍专注于酿造雷司令葡萄酒，但采用黑皮诺酿制红葡萄酒蔚然成风。少数酿酒师竭尽全力酿造颜色深邃、质地丰富、浓郁醇厚的红葡萄酒，包括从产量稀少的葡萄酒到在木桶中可存放两年的葡萄酒。

查尔塔（Charta）是为了推动雷司令葡萄酒发展而建立的协会。20 世纪 80 年代，该地区的许多领军生产商聚集于查尔塔旗下。重振该地区主要葡萄酒传统的尝试似乎在一段时间内有所奏效。然后，进入 90 年代，协会陷入困境，葡萄酒口感变得过于饱满，有媚俗的倾向。

莱茵高主流的独立酿酒师以惊人的创造力结束了混乱的局面，他们证明了莱茵高雷司令干葡萄酒也可以实现口感平衡、充满个性、酒精含量适中的目标。这也使得莱茵高产区得以重新定位并延续至今，其基本原则是重建此产区葡萄酒的形象。莱茵高的葡萄园夹在莱茵河和陶努斯山之间，酿酒师需要竭力表现这片平缓起伏的葡萄园所拥有的特点。

相比于摩泽尔雷司令葡萄酒，莱茵高的雷司令葡萄酒缺乏芳香和活泼的果味，反而散发出由活泼的酸度产生的泥土芳香。如今，莱茵高主要出产干型或半干型葡萄酒，质量优异的葡萄酒通常以"Erstes Gewächs"名义出售，翻译为"一级园酒"，相当于德国其他地方使用的分类标准，即"头等园"或"生长出色"。

莱茵高是干型或半干型葡萄酒的代表产区。葡萄酒的精致优雅与丰富的表现力相得益彰，堪称是莱茵高产区的代表佳作。产区内葡萄酒的潜力未曾得以全部发掘，但历史可追溯到 19 世纪末的莱茵高干葡萄酒仍然令人难以忘怀。莱茵高，实为历史眷顾的佳美之地。

留存在莱茵高的一个问题便是客流量过大，源源不断的潜在客户在周末和节假日期间，自莱茵-美因大都市驾车来此。产区内拥有符合市场需求的乡村葡萄酒餐厅，令人们愉快不已。但餐厅里也销售有辱此地名声的廉价劣质葡萄酒，这使得莱茵高主要的生产商忽视了已然发生的雷司令复兴。

风景如画的黑森林道（Hessische Bergstrasse）葡萄酒产区位于莱茵高的东南部，产区内仅种植了 435 公顷的葡萄园，是德国最小的葡萄酒产区。产区推出的酒款多数销往德国最先迎来春天的地方。

凯瑟勒酒庄

奥古斯特·凯瑟勒（August Kesseler）和酿酒师马西亚·希姆施泰特（Matthias Himstedt）在阿斯曼豪森（Assmannshausen）陡峭的峭壁园（Höllenberg）工作了 20 年的时间，他们致力于用板岩土壤种植世界一流的黑皮诺（Spätburgunder）。自 2003 年起，此地捷报频传。酒庄选用产量极低的老藤葡萄，经长时间浸渍和两年陈酿，打造出高端的葡萄酒，价格也很昂贵。酒款带有浓郁的黑醋栗香和紫罗兰香气，风味丰富、单宁紧实、口感平衡。幸运的是，产自洛尔什（Lorch）和吕德斯海姆（Rüdesheim）的雷司令葡萄酒价格合理、口感顺滑、芳醇活泼。

JB 贝克酒庄

汉乔·贝克（Hajo Becker）酿造传统风格的干型雷司令葡萄酒，酒款在大木桶中陈酿一整年后装瓶。贝克和他的妹妹玛丽亚一点也不过时，他们是德国第一批使用玻璃瓶盖代替软木塞的生产商。由于浓郁但非厚重的葡萄酒需长时间陈酿才能达到口感平衡，所以此酒款的发布时间较晚。酒庄有大量陈年库存，说明这些"纯正的"雷司令葡萄酒的陈年潜力确实出众。贝克还酿造高贵优雅、未经橡木桶陈酿发酵的黑皮诺葡萄酒（Spätburgunders）。

索瓦酒庄

自 2000 年以来，汉堡市的商人君特·舒尔茨（Günter Schulz）和酿酒师迈克尔·施泰特（Michael Städter）在索瓦酒庄（Chat Sauvage）打造了一座独特的莱茵高酿酒厂。该团队几乎完全致力于酿造黑皮诺葡萄酒，部分酒款是莱茵高地区最好的红葡萄酒。令人印象最为深刻的是两款产自一级园的葡萄酒：柔和爽口的阿斯曼豪森峭壁园葡萄酒（Assmannshausen Höllenberg）和浓郁芬芳、芳醇活泼的卡帕伦堡葡萄酒（Lorcher Kapell-enberg）。品质优异的黑皮诺桃红干葡萄酒和经橡木桶发酵的霞多丽葡萄酒也让人难以忘怀。★新秀酒庄

伊娃·弗里克酒庄

2006 年，来自德国北部不来梅（Bremen）的伊娃·弗里克（Eva Fricke）建立了一座小型酿造厂，专门生产由洛尔什古藤葡萄酿造的刀锋猎人（Bladerunner）雷司令葡萄酒。伊娃酿造的雷司令葡萄酒比产自科罗（Krone）的干型葡萄酒更富有矿物质气息，而且具有钻石般的光泽。即使是常规款洛彻雷司令白葡萄酒（Lorcher Riesling）也极具芳醇活泼的个性。★新秀酒庄

弗里克酒庄

雷纳·弗里克（Reiner Flick）白手起家，尽心竭力地在莱茵高不为人知的角落建立了一座占地 15 公顷的酒庄。酒庄致力于酿造果味十足的优质干型雷司令葡萄酒、强劲有力的黑皮诺葡萄酒和当地质量最佳的长相思葡萄酒。芳醇活泼、甜美多汁的维尼和维塔（F. Vini et Vita）等葡萄酒是雷纳酿造的最经典的酒款，其价格低得离谱。然而，该酒庄旗下的顶级葡萄酒，比如产自一级单一园僧侣胜利者园（Mönchsgewann）和农伯格园（Nonnberg）的雷司令葡萄酒，价格都比较昂贵。★新秀酒庄

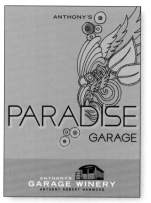

车库酒庄
这款半干型施埃博葡萄酒
如天赐佳酿，酒标独特。

乔治·布鲁尔酒庄
这款产自吕德斯海姆的雷司令葡萄酒
口感爽滑、高贵典雅，适合长期储存。

弗朗茨·孔斯特勒酒庄

1988 年的一次加州之旅令甘特·孔斯特勒（Gunter Künstler）灵感迸发，他用成熟饱满的葡萄酿造出一款干型雷司令葡萄酒，酒款风格独特，口感柔滑而味道强劲浓烈，富含果香和矿物质气息。甘特酿造的葡萄酒，尤其是产自顶级产区霍赫海姆（Hochheim）的多慕德园（Domdechaney，所酿酒款口感丰富、风格质朴）、教会园（Kirchenstück，所酿酒款精致优雅，细腻微妙）和霍勒园（Hölle，所酿酒款即使在 20 年后也能散发出香甜的杏味，强劲有力、口感清新）的葡萄酒，在莱茵河的任何地方都是无与伦比的。黑皮诺葡萄酒强劲有力、单宁紧实，这就意味着酒需要在瓶中熟化一段时间。

弗里德里希·阿特克希酒庄

自日本酿酒师栗山智子（Tomoko Kuriyama）于 2007 年接管酒庄以来，莱茵高产区内鲜为人知的弗里德里希·阿特克希酒庄（Friedrich Altenkirch）名声大噪。洛尔什葡萄酒具有典型的高酸度，智子将之与散发成熟柑橘香气、具有矿物质气息的酒体相融合，从而创造出生动优雅的干型和半干型葡萄酒，极具特色。博登塔尔·斯坦伯格园（Bodenthal-Steinberg）的老藤葡萄酿制的酒款是本酒庄口感最复杂的佳酿。★新秀酒庄

洛文斯坦皇家酒庄

洛文斯坦皇家酒庄（Fürst Löwenstein）种有 20 公顷的葡萄，由卡车运往酒庄主人在克罗伊茨韦特海姆或弗兰肯的酒庄进行压榨和酿造。自 21 世纪初以来，洛文斯坦皇家酒庄酿造的酒款一直备受追捧。酒庄致力于酿造芳醇活泼的干型和半干型雷司令葡萄酒。酒庄采用迟摘葡萄酿造，以便于平衡产自哈加藤高海拔地区葡萄的酸度。酒庄也推出一些 13% 或更高酒精度的酒款。蓝皮诺（Frühburgunder）和黑皮诺红葡萄酒浓郁芬芳，是该地区最佳的酒款。

车库酒庄

美国人安东尼·哈蒙德（Anthony Hammond）扎着马尾辫、行为举止不拘一格，是德国最不循规蹈矩的葡萄种植者之一，因此人们对他不屑一顾。2008 年，酒庄修整临时酒窖后，酒庄的酒款从带有蜂蜜香气和丝滑质地的干型欧塞瓦葡萄酒（Auxerrois），到干型雷司令葡萄酒，再到酸度活泼、口味复杂的半干型狂野葡萄酒（Wild Thing），以及甜美多汁的糖宝贝（Sugar Babe），应有尽有，而且任意一个系列的葡萄酒都令人印象深刻。种种迹象均表明，哈蒙德的酿酒技艺高超。★新秀酒庄

乔治·布鲁尔酒庄

2004 年 5 月，地区质量负责人伯恩哈德·布鲁尔（Bernhard Breuer）去世，这座占地 32 公顷的格奥·布鲁尔酒庄（Georg Breuer）由布鲁尔的女儿特蕾莎（Theresa）接管，她是个摒弃陈规、追随时尚的女子。酿酒师赫尔曼·施莫兰斯（Hermann Schmoranz）经验丰富，在他的帮助下，特蕾莎延续了父亲开创的革命性的酿酒工艺。在她的管理下，该酒庄的酒变得更为经典柔顺、富含矿物质香气。此外，特蕾莎出品的酒款更为精美优雅：产自吕德斯海姆堡村

埃伯巴赫修道院酒庄
这款产自斯坦伯格园典型的雷司令干白葡萄酒果味十足。

（Rüdesheim）施洛斯伯格（Berg Schlossberg）单一园的酒款优雅万分、储存期长，属酒庄的顶级酒款；产自劳恩塔尔村（Rauenthal）农恩伯格（Nonnenberg）的酒款风格更为大胆奔放，散发柑橘香气，多汁诱人；而这几个村庄的公社指定酒款也令人难以忘怀。

格拉夫·冯卡尼茨酒庄

2004年，库尔特·加贝尔曼（Kurt Gabelmann）的出现令格拉夫·冯卡尼茨酒庄（Graf von Kanitz）又恢复了往日的风采。酒庄酿造的雷司令葡萄酒一直以来清淡激爽，如今口感更为丰满，酒精含量也有一定提高，洋溢着浓烈的异域果香，同时又不失澄澈的色泽和新鲜度。酒庄推出的顶级酒款是产自伐芬威斯（Pfaffenwies）和卡帕伦堡（Kapellenberg）一级园的葡萄酒。即使是酒庄略逊的酒款，其质量也是无可挑剔、物有所值。★新秀酒庄

朗豪酒庄

朗豪不仅精于酿造雷司令干葡萄酒，还长期在莱茵高酿造一种用橡木陈酿的白皮诺雷司令葡萄酒，此酒款极为罕见。朗豪酒庄的酒款除了口感平衡、质量稳定的亮点，再无其他取胜之处。酒庄推出的顶级酒款当数产自哈登海姆·维塞尔布鲁诺（Hattenheimer Wisselbrunnen）的一级园干白葡萄酒，酒款高贵优雅、口感精致，带有香料气息、余味悠长。★新秀酒庄

雅各布·荣格酒庄

2006年，亚历山大·约翰内斯·荣格（Alexander Johannes Jung）从葡萄酒学校盖森海姆大学（Geisenheim）毕业后，直接开始为雅各布·荣格酒庄（Jakob Jung）酿造葡萄酒，而那一年的葡萄酒产量因火灾而损失惨重。荣格不仅毫发无损地经历了火灾，他的第一批葡萄酒也荣获大量赞誉。从那以后，他尽心竭力地提高该酒庄的可持续性发展。这家占地10公顷的酒庄出产质量最佳的干葡萄酒和半干葡萄酒，口感圆润丰满、酒体醇厚。亚历山大·约翰内斯黑皮诺红葡萄酒（Alexander Johannes Spätburgunder）酒体强劲有力、单宁适中，令人难以忘怀。★新秀酒庄

约翰尼索夫酒庄

约翰内斯·伊瑟（Johannes Eser）拥有这座占地18公顷的约翰尼索夫酒庄（Johannishof），酿造了各种干型、半干型及高雅的甜型葡萄酒。产自顶级葡萄园吕德斯海姆堡伯格（Rüdesheimer Berg）的葡萄酒酒体丰满柔顺，而产自约翰内斯堡的葡萄酒则丝滑浓纯，两个园区的葡萄酒均散发活力、酒色清澈、芳香四溢。伊瑟也在酒庄做出了一些现代化改造，引进了几款一级单一园葡萄酒，但他主要还是继承了他父亲汉斯·赫尔曼（Hans Hermann）的工作。其甜型迟摘葡萄酒和高级优质的餐末甜酒可以保存几十年。

雷兹酒庄

短短10年之内，雷兹酒庄（Josef Leitz）从一家小型的家庭经营酒庄成为一家占地32公顷的大型酒庄，同时对外大量

罗伯特·威尔酒庄
这款雷司令葡萄酒甘美可口，由莱茵高主要的餐末甜酒生产商倾情打造。

收购葡萄。令人惊讶的是，几乎所有葡萄酒的质量随着生产规模的扩大而逐步提升。酒庄酿造的雷司令葡萄酒可分为两种类型：干型雷司令（其细致微甜型葡萄酒含糖量也极低）和甜型雷司令。这两种类型的葡萄酒均产自顶级酒庄吕德斯海姆堡伯格，酒款富含矿物质气息、口感平衡，是莱茵河地区最醇厚精致的葡萄酒之一。魔山干白葡萄酒（Magic Mountain）物美价廉，仅为市价的一半。

埃伯巴赫修道院酒庄

依据德国标准，大型国有埃伯巴赫修道院酒庄（Kloster Eberbach）最近将其酒窖搬迁到了其独占园——斯坦伯格园（Steinberg）附近一座具有高科技设施的地下建筑。但酒庄总部仍位于埃伯巴赫修道院酒庄，这里因电影《玫瑰之名》（The Name of the Rose）而闻名于世。酒窖的迁移促进了葡萄酒质量的提升。自2008年以来，葡萄酒口感更加新鲜活泼、更专注于果味且注重一致性。酒庄拥有许多顶级土地，涵盖了著名的罗恩塔乐贝肯园（Rauenthaler Baiken）的多数股权，以及在阿斯曼豪森村的大量土地，专门用于种植黑皮诺。令人难忘的红葡萄酒在阿斯曼豪森村单独酿制。

朗维斯·冯·西门酒庄

从20世纪50年代到80年代，朗维斯·冯·西门酒庄（Lan-gwerth von Simmern）一直是莱茵高地区最出色的贵族酒庄之一。但与其他许多酒庄一样，自那之后它逐渐败落。近年来，格奥尔格·莱因哈德·弗莱赫尔·朗维斯·冯·西门（Georg-Reinhard Freiherr Langwerth von Simmern）和他精力充沛的妻子安德里亚（Andrea）尽心竭力，让30公顷的酒庄重回正轨并取得了长足的进步。干型和甜型小房酒及迟摘葡萄酒凭其精度和浓度尚不足以荣获嘉誉，但因口感柔和、精致典雅而备受关注，成为这座酒庄的经典代表作。最令人印象深刻的葡萄酒可以说是产自哈登海姆·曼恩堡（Hattenheimer Mannberg）优雅无双、细腻辛香的一级园雷司令干葡萄酒。

彼得·雅各布酒庄

彼得·雅各布酒庄（Peter Jakob Kühn）采用生物动力法生产的雷司令葡萄酒是莱茵高地区最极端、最具争议的葡萄酒。基本款雅各布斯雷司令干白葡萄酒，尽管带有成熟的梨子和柑橘的香味，但由于长时间的浸皮处理，也含有大量的单宁酸。石英雷司令干白葡萄酒（Quarzit）恰如其名，酒款富含矿物质气息，刚劲浓烈、个性十足。单一园米特海默圣尼古拉斯园（Mittelheimer St Nikolaus）和厄斯特里希杜斯山园（Oestircher Doosberg）出产的雷司令像红葡萄酒一样带皮发酵几周。酒款单宁丰富、强劲浓烈，但也遮挡不住米特海默·圣尼古拉斯园葡萄酒的丰富口感，还有厄斯特里希·杜斯山园葡萄酒的高贵优雅。★新秀酒庄

普林茨酒庄

弗雷德·普林茨（Fred Prinz）与格奥·布鲁尔酒庄、莱茵高产区的国有葡萄园曾长期合作。之后，他大规模扩建其小型家族酒庄，转而踏上独立经营之路。但由于哈加藤（Hallgarten）声誉不佳，所以普林茨的举动可谓是勇猛之举，但是他很快就证明了哈加藤也可以生产出最高品质的莱茵高雷司令。由于葡萄生

长于高海拔地区，所以干型和甜型葡萄酒具有高度的自然酸度，酒款芳香四溢、色泽亮丽，令人叹为观止。2008 年，普林茨在亨德尔贝格（Hendelberg）推出一款引人注目、富含矿物质气息的雷司令干葡萄酒，此酒款与他在舍恩海尔园（Schönhell）出产的更为柔顺丰满的一级园葡萄酒可相匹敌。浓郁醇厚的金帽雷司令迟摘甜型葡萄酒（Spätlese Gold Cap）值得关注，不容错过。★新秀酒庄

普林茨·冯·黑森酒庄

普林茨·冯·黑森酒庄（Prinz von Hessen）占地面积 32 公顷，酒庄总监兼酿酒师克莱门斯·基弗（Clemens Kiefer）博士唤醒了这家像沉睡的雄狮一样的酒庄。前路漫漫，但到目前为止，克莱门斯采用的现代化技艺已经酿造了许多果味十足、口感平衡的葡萄酒。然而，他也保留了一小部分质量优异的传统雷司令餐末甜酒。

奎尔巴赫酒庄

彼得·奎尔巴赫（Peter Querbach）不图虚名，而是专注于酿造质量最上乘的葡萄酒。当人们疯狂追求创新实验时，他坚持酿造风格保守的雷司令干葡萄酒。该酒庄出品的酒款酒精度适中、酸度清新，不哗众取宠，还夹杂着丝丝果香。酒款浅龄阶段并无耀眼之处，但在瓶中可以完美熟化。★新秀酒庄

罗伯特·威尔酒庄

罗伯特·威尔酒庄（Robert Weil）占地 73 公顷，是三得利公司和威廉·威尔（Wilhelm Weil）的合资企业，可谓是现代莱茵高产区的最佳代表。价格高昂的精选葡萄酒、逐粒精选葡萄酒和逐粒枯萄精选葡萄酒被誉为莱茵高奢华餐末甜酒的终极典范。近年来，酒庄尽心竭力地酿造肯得里希（Kiedrich）单一园雷司令干葡萄酒，其中格拉芬堡园（Gräfenberg）出产的葡萄酒散发着异域香味，而塔山园（Turmberg）和修道院（Klosterberg）出产的葡萄酒则因园区处在高海拔地区而更具芳醇柔顺的风格。酒庄还出品了数十万瓶常规雷司令干葡萄酒。该酒口感浓郁清新，但因为知名度高，价格略高。

约翰山酒庄

约翰山酒庄（Schloss Johannisberg）始建于 1100 年左右，起先是一座本笃会修道院。1720 年，院内开始种植葡萄，是现代德国雷司令的发源地。近几十年来，酒庄酿造的葡萄酒平淡无奇；但自 2006 年以来，总监克里斯蒂安·维特（Christian Witte）新酿造的酒款高贵典雅，极具个性。如今，酒庄的雷司令干型葡萄酒与传统的雷司令甜葡萄酒可相媲美（甜葡萄酒的历史可以追溯到 1775 年第一款德国迟摘葡萄酒）。让人惊喜的是，维特还主管另外一座规模更大的玛姆酒庄（G H von Mumm），酒庄周边种满了雷司令。

勋彭酒庄

口感丰富、浓郁醇厚的一级园雷司令干葡萄酒和雷司令迟摘甜葡萄酒产自勋彭酒庄（Schloss Schönborn）的顶级园区，最出名的是爱柏马可园（Erbacher Marcobrunn）及其

独占园芳山园（Hattenheimer Pfaffenberg），在莱茵高地区名列前茅。然而，勋彭酒庄地势较低的园区推出的酒款质量不是很稳定。

沃尔莱茨酒庄

罗瓦尔德·海普（Rowald Hepp）将著名的沃尔莱茨酒庄（Schloss Vollrads）成功打造为莱茵高大型生产商中最稳定的一家。酒庄每年生产销售 50 万瓶品质卓越的雷司令葡萄酒，足以引得竞争对手争相借鉴。其干型葡萄酒口感柔滑、酸度较高，但近年来它们变得更加多汁诱人、芳香四溢。酒庄的顶级酒款是含蓄清新的一级园干葡萄酒和充满活力、具有蜂蜜甜味的精选葡萄酒。

舍恩酒庄

如果克劳斯·舍恩（Klaus Schön）不是在人迹罕至的路德海姆高山上创业，那他一定会享有极高的知名度。克劳斯酿造的雷司令干葡萄酒酒体适中、高贵优雅、品质绝佳。产自吕德斯海姆堡·施洛斯伯格（Rüdesheimer Berg Schlossberg）的黑皮诺葡萄酒可以说是该地区口感最浓郁醇厚、最丰富的酒款。酒庄内的酒吧平淡无奇，但推出的酒款性价比极高，众多酒客被这个寸土寸金的地方所吸引，络绎不绝。★新秀酒庄

斯伯莱茨酒庄

斯伯莱茨酒庄（Spreitzer）的贝恩德（Bernd）和安德烈亚斯（Andreas）兄弟二人是莱茵高地区最有才华的两位青年酿酒师。当莱茵高产区的大部分区域试图模仿南方的浓郁干型葡萄酒时，兄弟二人创新了清新爽口、度数较低的传统干型和半干型莱茵高葡萄酒。他们在酒款中添加了一丝清新的柑橘味，使酒精度保持在 11.5%。兄弟二人还酿造产自欧斯特里希·伦西园（Oestricher Lenchen）和哈登海姆·维塞尔布鲁诺（Hattenheimer Wisselbrunnen）的口味复杂的一级园雷司令干白葡萄酒，以及多汁诱人的甜型雷司令迟摘葡萄酒。对莱茵高产区来说，该酒庄的葡萄酒定价合理，值得关注。★新秀酒庄

韦格勒酒庄

韦格勒酒庄（Wegeler）曾以韦格勒·丹赫酒庄（Wegeler-Deinhard）闻名。在过去的十几年里，雄心勃勃的汤姆·德里塞伯格（Tom Drieseberg）博士对酒庄进行了改革，酿造的干型和甜型雷司令葡萄酒更加精致柔顺、芳香四溢。在干型葡萄酒中，除了芳醇活泼、多汁诱人的枢密院晚收雷司令干白葡萄酒（Geheimrat J），酒庄还推出了由一级葡萄园格奥尔·格布鲁尔（Rüdesheimer Berg Schlossberg）和温克耶稣园（Winkeler Jesuitengarten）的葡萄酿制的酒款。韦格勒酒庄因为拥有阿斯曼豪森的科罗园的部分所有权，所以新添了黑皮诺红葡萄酒，其冰白葡萄酒仍然是酒庄特色。

约翰山酒庄的复兴之路

约翰山酒庄称其早在 1720 年就种植了第一批雷司令单一品种，尽管此说法争议满满，但该酒庄确于 1775 年在德国推出了第一批有记录的贵腐葡萄酒。从歌德时代到 1971 年葡萄酒，约翰山酒庄不仅是德国葡萄酒业的传奇，也是世界上最出色的甜白葡萄酒生产商之一。然而，酒庄经营方式的改变影响了葡萄酒的质量和特色，它变得像一座历史古迹一样渐渐被人遗忘。之后，风度翩翩的克里斯蒂安·维特被任命为酒庄总监。自 2006 年以来，酒庄的葡萄酒又恢复了往日的风采，在全产区中名列前茅。更令人激动万分的是，维特还助推该酒庄入选了德国最佳雷司令干葡萄酒生产商之一。但新推出的酒款能否与该地区最具活力的弗里克酒庄、雷兹酒庄、斯伯莱茨酒庄和伊娃·弗里克酒庄等新酒商出产的酒款相媲美，我们只能静待佳音。

那赫产区最佳的几座葡萄园均坐落在那赫河河段，包括赫曼斯堡（Hermannsberg）、布鲁克园（Brücke）和库普芬格鲁布园（Kupfergrube）。

那赫产区

　　人们历来喜欢将产自莱茵河重要支流——那赫河谷的葡萄酒称为介于摩泽尔产区和莱茵高产区之间的葡萄酒，这是因为出色的那赫产区（Nahe）长期缺乏自己独特的亮点，但这确是有一定道理的。尽管那赫产区自罗马时代就开始出产葡萄酒，但直到1971年才最终划定葡萄酒产区的边界。然而，近年来，那赫产区一举成名。由于产区推出的白葡萄酒品质卓越，此地的知名度不断提升。如今，这里生产的葡萄酒供不应求。

　　那赫产区推出了顶级具有天然甜味的干型雷司令葡萄酒，在国际上引起强烈反响，由此改变了该地区的形象。尝试任何一款富含矿物质气息的葡萄酒，酒客都会觉得品尝到了巨大的红色火山崖和陡峭葡萄园的韵味。然而，这仅仅是该产区的亮点之一。那赫产区占地面积4100公顷，出产的葡萄酒种类繁多，但以几种主要葡萄品种为主，款款都能表现出其品种的特性和地质的复杂性。

　　那赫产区的转变远远超过了摩泽尔产区，伴随着最出色的葡萄园所有权的戏剧性转变，那赫产区大有起色。青年酿酒师有很多机会可以在事业早期展示他们的才能，而他们也不负众望。正如东部莱茵黑森的酿酒师一样，那赫的青年酿酒师也在努力发掘被遗忘的优质葡萄园的全部潜力。如今，该地包括阿尔森茨（Alsenz）、格兰（Glan）和古尔登巴赫（Guldenbach）等山谷地区的生产商均生产高品质的葡萄酒。

　　那赫产区集全产区之力提升白皮诺和灰皮诺干白葡萄酒的质量，使之达到优质雷司令干葡萄酒的水平。即使是在一个村庄内，其酒款风格也呈现多样化。些许酒款受勃艮第葡萄酒风格影响，采用新橡木桶陈年；些许酒款未经橡木桶陈年发酵，口感柔滑，芳香四溢。

　　尽管这些酒款的质量仍有待提升，但德国质量最佳的酒款便是用那赫产区种植的葡萄酿制的。这里出品的酒款内敛但不失烈度，散发出浓郁的果香，口味清新、酸度适中。

　　与此同时，产区在酿造雷司令干葡萄酒的过程中进行了大量的试验，最值得一提的是葡萄在压榨前历经长时间的浸皮，发酵后进行长时间酒泥陈酿。试验的目的是使葡萄酒更具活力，如此一来，酒款可与产自南部的干葡萄酒匹敌。然而，由于全球气候变暖的缘故，该产区葡萄酒的酒精度明显提升，酒体变得更加厚重，有些葡萄酒试验有些走极端。幸运的是，人们不再以其他产区的葡萄酒为判断标准。酿酒师也同样不再以极高甜度的雷司令迟摘葡萄酒和精选葡萄酒去博得酒评家的高分。总而言之，那赫产区渐入佳境。

　　那赫产区之所以鲜为人知，一方面是因为葡萄酒的改革较晚，另一方面是因为产区缺乏值得信赖、魅力十足、英语又流利的酿酒师，而他们才是推动产区葡萄酒发展的代表人物。但这一切也正在发生快速的变化。那赫产区风景优美，但还未受到足够的重视。即使是如今，此地的游客也是少之又少，令人费解。

主要葡萄种类

🍇 红葡萄

丹菲特

黑皮诺

🍇 白葡萄

灰皮诺

雷司令

白皮诺

米勒-图高

年份

2009

该年份的葡萄酒质量绝佳，酒款成熟度高，酸度低于2008年酒款。

2008

该年份的干型及甜型葡萄酒品质极佳，芳香四溢、醇厚浓烈、澄澈亮丽。

2007

这一年份的葡萄酒质量上乘，口感平衡。出色的白皮诺干葡萄酒有时可与顶级的雷司令干葡萄酒相匹敌。

2006

与大多数德国地区的葡萄酒相比，这一年份该地区葡萄酒的缺点较少，雷司令葡萄酒品质上乘。

2005

该年份的葡萄酒质量绝佳，酒款大都浓郁成熟，精致优雅。

2004

该年份葡萄酒酸度较高，酒品复杂度受影响，但质量优异的葡萄酒口感顺滑、富有矿物质气息。

冯·拉克尼茨酒庄

盛产极富质感且辛香浓郁的雷司令。

威利·施温哈特市长酒庄

阿克塞尔·施温哈特（Axel Schweinhardt）继承了家族32公顷的酒庄，同时也传承了家族酿造的干型、非干型和甜型雷司令葡萄酒（Rieslings），口感鲜嫩多汁。近年来，施温哈特成功地升级了酿酒工艺，向雷司令葡萄酒中添加了优质白皮诺干白葡萄酒。酒庄的顶级干型雷司令葡萄酒以朗根隆斯海姆市（Langenlonsheimer）罗滕堡（Rothenberg）的一处"露台"而命名。

克鲁修斯博士酒庄

多年来，这座著名的酒庄并没有收获与其实力相匹配的名望。但自21世纪之初，彼得·克鲁修斯博士（Dr. Peter Crusius）让酒庄重新坐上了巅峰宝座。酒庄所有的葡萄酒酒体如水晶般清透，水果的芳香和矿物质气息融为一体，口感恰到好处。博冈黑玛堡·菲尔森山和特莱森红岩园两个葡萄园区出产的葡萄酒品质最佳。一部分酒款的标签上用罗马数字表示甜度（以克/升为单位）。克鲁修斯博士酒庄出产的葡萄酒就算甜度高达"XV"，口感上仍不是很甜。

杜荷夫酒庄

在过去的几十年里，赫尔穆特·杜荷夫（Helmut Dönnhoff）一直是那赫产区葡萄酒品质的领导者。但正如他自己所指出的那样，他的成就更多地体现在雷司令葡萄酒的酿造工艺上。酒庄所酿的雷司令葡萄酒是极致优雅与含蓄力量的完美结合。杜荷夫酒庄推出的顶级雷司令干白（Grosses Gewächs）和雷司令晚收甜白葡萄酒（Spätlese）将这种特质展现得淋漓尽致，这两款酒产自尼德豪泽·赫曼豪勒（Niederhäuser Hermannshöhle）葡萄园，以及位于诺黑（Norheimer）的黛儿（Dellchen）葡萄园。然而，即使是最不起眼的葡萄酒款也极具杜荷夫酒庄特色，它们都是独一无二的。

艾姆瑞克·斯康勒博酒庄

艾姆瑞克·斯康勒博酒庄（Emrich-Schönleber）由沃纳·斯康勒博（Werner Schönleber）和弗兰克·斯康勒博（Frank Schönleber）父子经营管理，酒庄生产了全德国口味最浓郁、矿物质含量最高的干型和甜型雷司令。事实上，问题在于世界上是否还有其他白葡萄酒比艾姆瑞克·斯康勒博酒庄所产葡萄酒的矿物质含量更高。只有顶级干型葡萄酒——轰动一时的特级园雷司令干白（Grosse Gewächse）、品质卓越的雷司令晚收系列葡萄酒（Spätlese）、逐串精选系列葡萄酒（Auslese），才可以在莫其艮（Monzingen）、Frühlingsplätzchen（春日广场）和哈伦堡（Halenberg）等顶级葡萄园的名下进行销售。

考尔兄弟酒庄

克里斯托弗·考尔（Christoph Kauer）和马库斯·考尔（Markus Kauer）兄弟俩在那赫产区经营着考尔兄弟酒庄（Gebrüder Kauer），酿造出口味丰富、饱含矿物质香气的白皮诺干白葡萄酒和灰皮诺干白葡萄酒。这两款葡萄酒和酒庄出产的高品质雷司令干白葡萄酒，都是生产周期很长的酒款，它们至少经过几个月的陈酿，这样对葡萄酒是极其有益的。因为在装瓶后，葡萄酒的口感和香气有时会停止变化。★新秀酒庄

杜荷夫酒庄

所产葡萄酒融极致优雅与
含蓄力量于一体，相得益彰。

盖特·赫曼斯堡酒庄（那赫产区）

这家曾经名噪一时的国有酒庄私有化后，所有权移交给了商人延斯·雷德尔（Jens Reidel），年轻的明星酿酒师卡斯滕·彼得（Karsten Peter）负责管理酒窖。多年来，酒庄所酿造的醇厚精致的酒款都反响平平，但酒庄的新形势为2009年的葡萄酒提供了重返巅峰的机会。

哈姆赫尔酒庄

如果不是哈姆赫尔酒庄（Hahnmühle）的经营者彼得·林克斯韦勒（Peter Linxweiler）和玛蒂娜·林克斯韦勒（Martina Linxweiler）夫妇，阿尔森茨山谷可能已经被完全遗忘了。哈姆赫尔酒庄采取活机耕作的天然有机农业生产方式，虽然其出产的葡萄酒在过去几年里才有所提高，但该酒庄一直秉持初心，出产的葡萄酒口感丝滑柔顺，酒体清澈透明。除了优质的干型雷司令葡萄酒，酒庄还酿制了口感丰富的干型西万尼葡萄酒，以及一款极具个性的混酿葡萄酒，由雷司令和特拉密混酿而成。★新秀酒庄

海塞默酒庄

哈拉尔德·海塞默（Harald Hexamer）在梅德海姆（Meddesheimer）经营着莱茵格拉芬贝格葡萄农合作社（Rheingrafenberg），出产的葡萄酒种类繁多，目不暇接。酒力强劲、充满活力的XXL干白葡萄酒和口感柔软多汁的半干型石英岩葡萄酒（Quarzit）等顶级葡萄酒的名字都不常见，也在情理之中。在这里，甜味指的是葡萄的甜度，但葡萄酒有足够的酸度来将这些甜味中和。★新秀酒庄

雅各布·施耐德酒庄

雅各布·施耐德酒庄（Jakob Schneider）一直是尼德豪森最有名的酒庄，但多年来所产葡萄酒的品质一直不稳定。小雅各布·施耐德（Jakob Schneider Jr）在著名的盖森海姆葡萄酒学院（Geisenheim wine school）完成学业后，葡萄酒的品质问题得到改善，但质量的提高尚未体现在价格上。酒庄酿造的干型雷司令和甜型雷司令都产自尼德豪森的顶级产区，品质卓越、口感芳醇、香气馥郁。★新秀酒庄

约翰·巴蒂斯特·沙夫酒庄

自2002年始，在新任掌门人塞巴斯蒂安·沙夫（Sebastian Schäfer）的不懈努力下，约翰·巴蒂斯特·沙夫酒庄（Joh. Bapt. Schäfer）名声大噪，酒庄生产的干型和甜型雷司令口感丰富、清爽多汁、臻于平衡。酒庄生产的鹅卵石干白雷司令（vom Kieselstein dry Rieslings）和岩石干白雷司令（vom Schiefergestein dry Rieslings）性价比极高。★新秀酒庄

克罗斯特姆尔酒庄

克罗斯特姆尔酒庄（Klostermühle）坐落在格兰谷（Glan Valley），由4名柏林律师共同管理，其中名叫克里斯蒂安·赫尔德（Christian Held）的律师是酒庄的"一把手"。虽然科斯特镇的迪希邦登堡产区也出产优质的干型雷司令葡萄酒，但最令人瞩目的酒款当数口感爽滑的白皮诺干白葡萄酒、灰皮诺干白葡萄

酒和霞多丽干白葡萄酒。产自"独占园"蒙福特产区的白皮诺干白葡萄酒、灰皮诺干白葡萄酒和霞多丽干白葡萄酒尤其令人叫绝。此外，这3种葡萄酒的起泡酒款也十分可口。★新秀酒庄

科雷尔酒庄

马丁·科雷尔（Martin Korrell）是莱茵河及其支流沿岸地区的一名年轻酿酒师，极具天分。出自他手的佳酿中，最令人惊喜的当数白皮诺干白葡萄酒和灰皮诺干白葡萄酒，口感层次丰富、风格优雅。这两款酒产自酒庄的一处优质但几乎不为人知的天堂葡萄园（Paradies site），并采用约翰内斯·K（Johannes K）这个名字进行销售。然而，产自施洛斯伯克尔海姆（Schloss-böckelheim）的因丹费尔森（In den Felsen）和科尼茨法茨（Königsfels）的金瓶封雷司令精选白葡萄酒（Riesling Goldkapsel）在那赫产区所有的葡萄酒中也位居前列。除此之外，科雷尔还酿造了一些半干型和甜型雷司令，令人回味无穷。★新秀酒庄

克鲁格·鲁普夫酒庄

20多年来，克鲁格·鲁普夫酒庄（Kruger-Rumpf）的经营者斯特凡·鲁普夫（Stefan Rumpf）一直致力于酿造干型和甜型雷司令。得益于那赫产区的地理优势，该酒庄出品的雷司令芳香馥郁、口感爽滑。明斯特市的道廷普法兰茨（Dautenpflänzer，盛产酒力更强劲、酒体更厚重的葡萄酒）和皮特堡（Pittersberg，盛产口感更爽滑、更辛辣的葡萄酒）等顶级产区出产的葡萄酒则更胜一筹。斯特凡·鲁普夫的儿子格奥尔格·鲁普夫（Georg Rumpf）自从加入酒庄后，一直十分关注黑皮诺红葡萄酒的生产，努力实现品质的飞跃。

马丁·雷曼酒庄

马丁·雷曼（Martin Reimann）在他10公顷的葡萄园里栽种了面积相同的白皮诺和雷司令。当酒客品尝他所酿造的葡萄酒后，就不难理解其中的原因了。温德斯海姆市（Windesheim）因其凉爽多风的气候而得名，而这一气候特点非常适合葡萄藤的种植。雷曼的过人之处在于他能够平衡葡萄酒的酸度和清爽度，且其酿造的葡萄酒口感成熟、酒体饱满，具有绝妙的和谐感。干型雷司令葡萄酒虽稍逊于白皮诺葡萄酒，但起泡酒非常棒。

鲁道夫·辛斯酒庄

自1997年起，约翰内斯·辛斯（Johannes Sinss）就与父亲鲁道夫·辛斯（Rudolf Sinss）开始在酒庄酿造葡萄酒。自那时起，这个小酒庄的葡萄酒品质逐渐提高。产自索嫩摩根（口感更浓郁多汁）和罗马贝格广场（香气更馥郁、口味更活泼）的干型雷司令白葡萄酒，以及产自罗森博格的白皮诺干白葡萄酒和灰皮诺干白葡萄酒的品质都得到了提高。该酒庄最顶级的葡萄酒包装都印有"S"字样。鲁道夫·辛斯酒庄也生产一些品质绝佳的黑皮诺干红葡萄酒（Spätburgunder），酒庄发展前景良好，未来可期。★新秀酒庄

谢弗·弗罗利希酒庄

自1995年开始，蒂姆·弗罗利希（Tim Fröhlich）接管谢弗·弗罗利希酒庄（Schäfer-Fröhlich）的酿酒业务，成为德国首屈一指的青年酿酒师。对葡萄园的管理精益求精，使得他可以酿出品质绝佳的葡萄酒。酒庄生产干型和甜型雷司令，劲道浓郁、活力四射。所有单一园葡萄酒都需要在瓶中存放一段时间，葡萄酒至少需要陈酿10年或更久。伯克诺尔·费尔塞内克（Bockenauer Felseneck）园区是谢弗·弗罗利希酒庄最重要的葡萄园，但在该酒庄诞生之前，此园区一直寂寂无闻。★新秀酒庄

迪尔酒庄

虽然迪尔酒庄（Schlossgut Diel）一直与葡萄酒记者阿尔明·迪尔（Armin Diel）关系紧密，但现如今是阿尔明的女儿卡洛琳（Caroline）在从事酿酒工作。自接手酒庄以来，卡洛琳赋予了雷司令、白皮诺和灰皮诺葡萄酒别样的生机与别致的优雅。现在，这些葡萄酒经常与产自多斯海姆、布格贝格、金洛克和皮特曼什等特级园区的浓厚芳醇的优质雷司令相媲美。在德国，迪尔酒庄的葡萄酒价格略高，然而在世界范围内，它的价格没有那么高。

泰什酒庄

马丁·泰什（Martin Tesch）不仅是一名酿酒师，还是一个天才人物，他轻易地将摇滚乐和葡萄酒结合在一起（在他出现之前两者并无关联）。泰什酒庄（Tesch）的雷司令无电小房干白葡萄酒（Riesling, Unplugged）带有辛辣的余味，是德国新兴的经典酒款，如同德国战车乐队（Ramstein）是德国前卫摇滚的经典乐队。酒庄的顶级酒款是彩标系列干白雷司令，分别产自劳本海姆（Laubenheim）地区的克朗园区（柠檬黄）和卡尔萨斯园区（铁锈红），以及朗根隆斯海姆地区的国王之盾园区（粉蓝）、洛勒贝格园区（树绿）和圣雷米吉乌斯贝格园区（橙红）。每个酒款的味道和外观都别具一格，但这些酒款都属于干型雷司令。深蓝葡萄酒（Deep Blue）口感柔和，酒体清澈透明、色泽淡雅。玫瑰葡萄酒口感醇厚，酒体色泽更为淡雅。★新秀酒庄

冯·拉克尼茨酒庄

自2003年以来，在前金融奇才马提亚·亚当斯·冯·拉克尼茨（Matthias Adams von Racknitz）和妻子露易丝（Luise）的共同经营下，这座曾经沉寂的酒庄逐渐好转起来。该酒庄主要生产口感丰富、带有香料气息的雷司令，也生产风格相同的干型西万尼。冯·拉克尼茨酒庄（Von Racknitz）顶级的葡萄酒是来自施勒斯博克黑玛堡·库尼斯法茨、特莱森红岩园和迪希邦登堡产区的单一园葡萄酒，这几款葡萄酒在那赫葡萄酒中独占鳌头。★新秀酒庄

马丁·泰什

许多年轻的德国酿酒师试图将流行乐和葡萄酒结合在一起，马丁·泰什是最成功的一位。德国的死裤子（Die Toten Hosen）朋克乐队及吉普森吉他公司对泰什的创意灵感有所帮助，但仅凭这些还不足以跨越葡萄酒和流行文化之间的鸿沟。在他的著作《雷司令人》（第1卷）中，用200多页的黑白照片和"凉爽的气候"这一双关的词语，讲述了他是如何将二者结合起来的。

他所酿造的酒款是适宜在凉爽环境酿制的干型雷司令，酸度较高，并带有微妙的水果、草本植物和矿物质气息。但同时他也利用流行诗歌、流行意象和流行活动赋予酒款新潮感。比如，他在德国举办"雷司令秀"巡演，在此次活动上，泰什所酿造的葡萄酒和年轻音乐家的表演同台亮相。泰什最新推出的名为德国佬的雷司令干白葡萄酒（Kraut Wine），也证明他是一个很有幽默感的人。这款酒深受德国嘻哈和乡土爵士乐歌手迪莱（Jan Delay）的喜爱，没有什么比这更酷的了。

阿尔和中部莱茵产区

这两个产区的葡萄酒有着天壤之别，阿尔产区（Ahr）主要生产口感丰富的黑皮诺红葡萄酒，中部莱茵产区（Mittelrhein）生产柔顺丝滑的白葡萄酒。尽管如此，这两个邻近的产区有很多共同之处。例如，它们的规模：阿尔产区仅有 550 公顷的葡萄园，中部莱茵产区只有 460 公顷的葡萄园，但它们在德国面积最小的葡萄酒产区中所占的位置却远不止此。两者的共同点还包括：它们主要的土壤类型都是板岩；它们都坐落在狭窄陡峭的河流山谷（阿尔河和莱茵河）；它们都位于北纬 50° 以北（相比之下，摩泽尔产区的大部分葡萄园位于北纬 50° 以南的地区）。

主要葡萄品种

🍇 红葡萄

蓝皮诺

黑皮诺

🍇 白葡萄

雷司令

年份

2009

这一年，阿尔产区盛产红葡萄酒，而中部莱茵产区则盛产雷司令。

2008

这一年出产了口感柔顺的葡萄酒。有些雷司令口感略酸，但优质雷司令则口味绝佳，备受瞩目。

2007

这又是一个绝佳的年份，阿尔产区的红葡萄酒强劲有力，架构均衡；中部莱茵产区的干型和甜型雷司令也拥有绝佳品质。

2006

这一年，阿尔产区的红葡萄酒口感丝滑，散发迷人香气，拥有绝佳的平衡口感。中部莱茵产区所酿造的甜型雷司令大气磅礴，但是干型雷司令则反响平平。

2005

对于两个产区来说都是很好的一年，葡萄酒层次既丰富又不失清新之感，恰到好处。

2004

与接下来几年相比，这一年的葡萄酒口感较为清淡，但也不失典雅魅力。

很难想象还有什么地方比风景如画的阿尔产区更加美丽，这里的景色可以媲美摩泽尔产区，但阿尔产区更宁静怡人、远离尘嚣。阿尔产区的葡萄酒产业同样远离尘嚣，但这是一种劣势，因为小型葡萄酒产区很容易在德国这样的国际葡萄酒市场中迷失方向。

事实上，阿尔产区的葡萄酒产业大获成功。这在一定程度上得益于靠近科隆-波恩城市群，当地居民凭借着强大购买力，形成了一个火热的葡萄酒市场。另外，20 世纪 80 年代末，葡萄酒酿造技术的突飞猛进也是一个重要原因。如今，13%～14% 的天然酒精含量、丰富的单宁，以及在新橡木桶中陈酿后产生的香草和吐司香味，都是该地区红葡萄酒的标配。尽管阿尔产区位置偏北，但凭借特殊的气候条件和雄心勃勃的优秀酿酒师，该产区的葡萄酒和那些产自南方地区的葡萄酒一样浓烈醇厚，甚至更加芳香馥郁。

该产区的主要葡萄品种是黑皮诺，但另一个极具地区特色的品种是蓝皮诺（Frühburgunder），它由黑皮诺变异而来，并且比黑皮诺早熟。由它所酿造的葡萄酒具有异国情调的香味，酒体饱满，单宁如天鹅绒般柔顺。

中部莱茵产区沿莱茵河（Rhine）沿岸分布，这里流传着罗蕾莱（Lorelei）的传说，也是诗人海因里希·海涅（Heinrich Heine）和画家约瑟夫·马洛德·威廉·透纳（Joseph Mallerd William Turner）的灵感源泉。这里也是德国葡萄酒浪漫主义的化身，其中引人入胜的古堡、悬崖和陡峭的葡萄园完美地阐释了这种浪漫情怀。然而，在 20 世纪 90 年代，该产区的葡萄酒行业陷入了巨大的困境，当时有太多的葡萄种植者专注于生产大量廉价的起泡酒。因受该产区陡坡地理位置的影响，葡萄酒行业发展日渐不稳，然后起泡酒转以低价售卖，使中部莱茵产区每况愈下，葡萄种植面积迅速减少。

值得庆幸的是，在这个时候，几位思想独立的酿酒师证明：在中部莱茵产区的板岩土壤中种植雷司令，可以达到和摩泽尔产区同样的神奇效果。在这之前，雷司令还是一个相对崭新的品种，几乎不为人知。值得注意的是，该产区在 2002 年被联合国教科文组织（UNESCO）评为"世界文化遗产"，这给该产区带来了新的动力，并对质量进行了重新定位。因为中部莱茵产区没有像其邻近产区一样赫赫有名，所以葡萄酒价格保持适中，最好的葡萄酒价格也十分低廉。然而，人们对阿尔产区的红葡萄酒看法就不同了，当地的火热需求提高了红葡萄酒的价格。

全球气候变暖给拥有最多石质土壤的葡萄园造成日益干旱的重负，这是这些产区在未来都要面临的一个问题。气温升高将促进葡萄产生更多的单宁，这一变化虽然可能对红葡萄酒有益，但会对白葡萄酒，尤其是雷司令产生不利影响。中部莱茵产区种有高达 67% 的雷司令，因此显得尤为危险，所以该产区亟须大规模的水源灌溉。虽然莱茵河提供了一个现成的灌溉渠道，但因为水质的纯度和水源的使用权问题，使用会受到一些阻碍。

阿登纳酒庄（阿尔产区）

弗兰克·阿登纳（Frank Adenauer）和马克·阿登纳（Marc Adenauer）兄弟所酿造的黑皮诺红葡萄酒中通常含有至少 14% 的天然酒精，在葡萄酒成熟过程中会产生大量新橡木的香味。但不知为何，这些葡萄酒一直保持着优雅精致、美妙纯净的果香气息。酒庄的单一园瓦铂茨海姆·盖卡默葡萄园（Walporzheimer Gärkammer）出产的特级园系列（Grosses Gewächs）葡萄酒是酒庄最顶级的酒款，这些葡萄酒是由 70 年藤龄的老藤葡萄所酿造。此外，酒庄生产的普通瓶装酒也令人印象深刻。

科斯曼·赫勒酒庄（阿尔产区）

沃尔夫冈·赫勒（Wolfgang Hehle）毫不介意酒庄生产的红葡萄酒散发出浓郁的橡木香气，并带有浓郁的单宁。随着这些红葡萄酒的声望日隆，它们携带的橡木气味也越来越得到消费者的认可。赫勒酿造的葡萄酒的名字可能有些滑稽，比如大公爵黑皮诺干红葡萄酒（Grand Duc, Spätburgunder）和阿尔法·欧米茄蓝皮诺干型红葡萄酒（Alpha & Omega, Frühburgunder），但这并不能改变它们是阿尔产区顶级葡萄酒之一的事实。酒庄还生产了一系列优质红葡萄酒，它们是由德国的葡萄杂交品种丹菲特酿造而成。

兰道夫·考尔博士酒庄（中部莱茵产区）

这家小型酒庄是德国有机葡萄栽培的先驱，兰道夫·考尔（Randolf Kauer）也在著名的盖森海姆葡萄酒学校（Geisenheim wine school）教授葡萄栽培课程。酒庄的主推产品是干型和半干型雷司令，口感柔顺、纯度极高，富含矿物质气息，并具有出色的陈年潜力。

琼·施托登酒庄（阿尔产区）

琼·施托登葡萄酒庄（Jean Stodden）的格哈德·施托登（Gerhard Stodden）的许多同行痴迷于追求黑皮诺葡萄酒的丝滑精致，但他有一个完全不同的目标。近年来，他与儿子亚历山大·施托登（Alexander Stodden）共同研制出了一款高标准的黑皮诺干红葡萄酒（Pinot Noir），该酒口感浓郁、单宁紧实且酿造周期很长，因此该酒在阿尔产区是独一无二的。这也意味着，即使在阿尔产区昂贵的大环境下，该酒的价格也偏高。

马蒂亚斯·穆勒酒庄（中部莱茵产区）

马蒂亚斯·穆勒酒庄（Matthias Müller）占地面积 12 公顷，是中部莱茵产区的一颗新星，因为它盛产各种各样的干型、半干型和甜型雷司令，这些雷司令全部产自博帕德哈姆的顶级产区。博帕德哈姆是科布伦茨市（Koblenz）以南的一个圆形剧场形状的葡萄园，葡萄园内遍布陡峭的斜坡。该酒庄的葡萄酒不仅清爽多汁、饱含矿物质气息，而且芳醇浓郁，是不可多得的佳酿。

美亚·内克尔酒庄（阿尔产区）

在阿尔产区，没有任何一家酒庄比美亚·内克尔酒庄（Meyer-Näkel）在研制顶级黑皮诺红葡萄酒上花费的时间更长，但该酒庄也是在 20 世纪 90 年代初才成立的。自 2005 年以来，沃纳·内克尔（Werner Näkel）的女儿一直负责管理酒窖，进一

美亚·内克尔酒庄
这个顶级酒庄一贯生产工艺复杂且典雅精致的黑皮诺干红葡萄酒。

琼·施托登酒庄
酒庄所酿造的黑皮诺葡萄酒生产周期很长，在阿尔产区的酒款中脱颖而出。

步保证了顶级黑皮诺红葡萄酒品质的稳定性。酒庄生产了 4 款特级园葡萄酒（3 款黑皮诺葡萄酒和 1 款蓝皮诺葡萄酒），其背后的秘密在于低产量（与勃艮第顶级葡萄酒庄的产量一样低）和极简的酿造工艺。这几款酒可谓是该产区最精致优雅、口感丰富的葡萄酒。此外，酒庄还打造了一款绝妙的幻象黑皮诺黑中白干白葡萄酒（Spätburgunder Blanc de Noirs, Illusion）。

奈勒斯酒庄（阿尔产区）

不要被托马斯·奈勒斯（Thomas Nelles）所酿造的顶级黑皮诺红葡萄酒标签上的"B 52"名称所欺骗，"B 52"不是指美国轰炸机。但不可否认的是，奈勒斯酒庄（Nelles）的葡萄酒确实有相当的冲击力，酒庄出产的葡萄酒富含单宁、果香浓郁、橡木香气浓郁。★新秀酒庄

拉岑贝格酒庄（中部莱茵产区）

几十年来，占地 14 公顷的拉岑贝格酒庄（Ratzenberger）酿造各种雷司令酒款，从极干型到甜型，不一而足，口感丝滑、芳醇馥郁。然而，酒庄的酿酒师小乔基·拉岑贝格（Jochen Ratzenberger Jr）也为该系列葡萄酒添加了一些新酒款，其中最重要的是产自巴哈索葡萄园（Bacharacher Wolfshöhle）和斯特格·圣约斯特葡萄园（Steeger St Jost）的特级园雷司令干白葡萄酒。此外，拉岑贝格酒庄也生产一些不错的起泡酒。

塞尔特酒庄（中部莱茵产区）

位于中部莱茵产区最北部的洛伊特斯多夫市（Leutesdorf）过去只为当地人所知，但通过霍斯特·彼得·塞尔特（Horst Peter Selt）酿造的饱含矿物质气息的干型和半干型雷司令证明，这个村庄绝不只是一个与世隔绝的落后地区。最近，塞尔特酒庄（Selt）放弃使用葡萄园地点对葡萄酒命名，转而使用土壤类型的名称，例如金希德葡萄酒（Goldschieder），也就是"金板岩葡萄酒"。

托尼·约斯特酒庄（中部莱茵产区）

20 多年来，托尼·约斯特（Toni Jost）和林德·约斯特（Linde Jost）一直致力于在中部莱茵产区生产最优质的干型和甜型雷司令。产自哈恩葡萄园的葡萄酒有让人一品难忘的魔力，葡萄酒带有浓郁的桃花香气，口感格外醇美，戴文 S 雷司令干白葡萄酒物超所值。此外，产自瓦鲁夫 / 莱茵高（Walluf/ Rheingau）产区的雷司令也属上品，性价比同样高。

温加特酒庄（中部莱茵产区）

在过去的十几年里，弗洛里安·温加特（Florian Weingart）为中部莱茵产区及其葡萄酒行业的发展注入了新的活力，这一成就超过了其他人。他最受好评的葡萄酒是干型雷司令，果香浓郁、清新怡人，性价比极高。然而，酒客也可以对他所酿造的珍藏级葡萄酒（Kabinett）、晚收葡萄酒（Spätlese）、逐粒精选酒（BAs）和逐粒枯萄精选酒（TBAs）做出同样的评价。事实上，温加特酒庄的每一款葡萄酒都口感醇美、清新、和谐，堪称典范。

莱茵黑森产区

　　一个占地超过2.6万公顷的葡萄酒产区如何在短短几年内实现180度转变的呢？这就是莱茵黑森产区（Rheinhessen）的故事。莱茵黑森产区是德国最大的葡萄栽培区。德国之外的人很可能从来没有听说过这个地方。但是在德国，莱茵黑森产区是德国葡萄酒行业的一颗新星。这个产区因酿造干型葡萄酒（干白葡萄酒、干红葡萄酒和桃红葡萄酒）而名声大噪，其中许多酒款极具创新精神，备受瞩目。然而，在20多年前，莱茵黑森产区是"圣母之乳"的最大产地。圣母之乳是一种半甜混酿白葡萄酒，价格低廉，只销往国外。瓶身贴着不同的品牌名称，包装侧重突出葡萄酒内在的复古情怀。

　　早在20世纪90年代初，莱茵黑森产区的情况十分不乐观，产区东部边境（尼尔斯泰因镇、纳肯海姆镇和奥本海姆镇的葡萄园陡峭险峻，位于莱茵河畔）的雷司令葡萄酒生产商发现，就算自家的葡萄酒质量再好也很难销售，只是因为酒标上有莱茵黑森产区的字样。莱茵黑森产区坐落于丘陵地带，而专家对位于丘陵地区的葡萄园嗤之以鼻，因为酿造圣母之乳（Liebfraumlich）基酒的葡萄就是产自这些葡萄园。

　　近年来，莱茵黑森产区的年轻酿酒师再现了丘陵地区生产优质葡萄酒的巨大潜力，向世人证明专家的观点是错误的。虽然这一证明过程直到20世纪90年代末才真正开始，但年轻酿酒师们迅速发现了莱茵黑森产区的地质多样性。莱茵黑森产区内的土壤包含黄土、石灰岩、砂岩、斑岩、石英岩。与此同时，葡萄栽培标准也实现了质的飞跃。

　　在莱茵黑森产区生产圣母之乳的那一代人实际上都是酒农，因为他们通常在丰收之后快速将所有葡萄酒售出。这代酒农对莱茵黑森产区的历史兴致欠缺，但他们的子女为了振兴当地的葡萄园，在旧葡萄园遗址和书籍中寻找过去的荣光。因此，一个世纪前鼎鼎有名的公社和葡萄园遗址再次闻名遐迩，例如位于产区西部的西费尔斯海姆市和位于产区东南部的威斯特霍芬镇莫斯坦因葡萄园。

　　莱茵黑森产区数千米内，就有适合种植雷司令葡萄、灰皮诺葡萄、黑皮诺葡萄和白皮诺葡萄的理想葡萄园，还有当地的特色品种西万尼葡萄（种植面积2500公顷），以及芳香的施埃博葡萄和胡塞尔葡萄的理想葡萄园。莱茵黑森产区已经成为精品酒庄的聚集地，每一家酒庄都能提供一系列极具个性的葡萄酒。

　　莱茵黑森产区的年轻酿酒师有着极度开放的心态，所以产区内的葡萄酒品质竞争比德国其他的产区要激烈得多，也要友好得多。这个产区也因此涌现出不少新款葡萄酒，例如施埃博干白葡萄酒。这款葡萄酒芳香的气味让人联想到长相思葡萄酒（事实上，当地人都把这款酒称为"我们的长相思葡萄酒"）。黑皮诺红葡萄酒也取得了长足进步，尽管莱茵黑森产区之前几乎从未种植过黑皮诺葡萄（与目前正在复兴的葡萄牙人葡萄、蓝皮诺葡萄和圣罗兰葡萄形成鲜明对比）。

　　尽管莱茵黑森产区已经取得了一些喜人成绩，但未来依然有很长的路要走。把莱茵黑森产区的优秀酿酒师数量除以产区葡萄园总面积，再将这个数字与摩泽尔等产区进行比较，就会发现莱茵黑森产区的优秀酿酒师的密度依然很低。如果莱茵黑森产区想走出德国，那么它的复兴之路还需要走很多年。

巴顿菲尔·斯帕尼尔酒庄

短短几年时间，汉斯·奥利弗·斯帕尼尔（Hans Oliver Spanier）就将他 24 公顷的巴顿菲尔·斯帕尼尔生物动力酒庄（Battenfeld Spanier）打造成莱茵黑森产区极具影响力的葡萄酒生产地。该酒庄的干型雷司令葡萄酒酒力强劲、口感浓郁辛辣，产自霍恩-苏利岑村的科辛斯图克葡萄园和尼斯·弗洛斯海姆的弗劳恩贝格葡萄园。而这些葡萄园在斯帕尼尔充分发挥其巨大潜力之前，一直不为人所知。酒庄的顶级葡萄酒都在中性橡木桶中发酵成熟。★新秀酒庄

贝克·兰德格雷夫酒庄

朱丽娅·兰德格雷夫（Julia Landgraf）与约翰内斯·兰德格雷夫（Johannes Landgraf）从 2005 年开始合作酿造葡萄酒，他们在贝克·兰德格雷夫酒庄（Becker-Landgraf）酿造的黑皮诺葡萄酒在莱茵黑森产区脱颖而出。黑皮诺葡萄酒口感丝滑柔顺、果香浓郁，并带有淡淡的橡木桶气息。干型雷司令葡萄酒和干型白皮诺葡萄酒不太符合这种优雅的风格，但也带有浓郁果香和丰富质感。★新秀酒庄

贝克博士兄弟酒庄

贝克博士兄弟酒庄（Brüder Dr Becker）自 20 世纪 70 年代初以来一直采用有机种植方式，其顶级葡萄酒是由酒庄主人乐蒂·费弗尔（Lotte Pfeffe）打造的特级园雷司令干白葡萄酒，产自卢德维格斯赫黑市的法尔肯贝里葡萄园和塔费尔斯坦葡萄园。但价格更为低廉的干型西万尼葡萄酒是该产区的顶级葡萄酒款。此外，风格优雅的干型白皮诺葡萄酒和甘甜多汁的施埃博葡萄酒都是当地的特色佳酿。

德雷西斯艾克酒庄

约一个世纪前，德雷西斯艾克酒庄（Dreissigacker）所在的贝希特海姆市（Bechtheim）是赫赫有名的公社，但在 20 世纪下半叶却陷入了困境。年轻的约亨·德雷西斯艾克（Jochen Dreissigacker）为了使其重回正轨，作出了很多贡献。出自他手的普通干型雷司令丝滑多汁，带有杏子的浓郁香气。产自盖尔斯山葡萄园的干型雷司令葡萄酒是该地区同类葡萄酒中人气最高、口感最丰富的酒款。★新秀酒庄

弗莱舍酒庄（美因茨市产区）

迈克尔·弗莱舍（Michael Fleischer）和萨宾·弗莱舍（Sabine Fleischer）兄弟俩已经将 20 公顷的弗莱舍酒庄（Fleischer/Stadt Mainz）打造成莱茵黑森产区极具权威性的红葡萄酒酒庄。他们所酿造的赤霞珠红葡萄酒和西拉红葡萄酒品种繁多，由解百纳葡萄、梅洛葡萄和黑皮诺葡萄混酿而成的莫根台孔（Moguntiacum）混酿葡萄酒令人一品难忘。此外，由西拉葡萄所酿的迈克尔弗莱舍红葡萄酒（Michael Fleischer）酒体饱满、颜色深邃、单宁紧实，无疑是酒庄的明星之作。★新秀酒庄

弗里茨·埃里克哈德·赫夫酒庄

自从克莉丝汀·赫夫（Christine Huff）在 2006 年接手弗里茨·埃克哈德·赫夫酒庄（Fritz Ekkehard Huff）的葡萄酒酿造

贝克·兰德格雷夫酒庄
绝佳年份出产的一款
优质黑皮诺干红葡萄酒。

贝克博士兄弟酒庄
盛产优质的雷司令干白葡萄酒，
富含矿物质气息，口感新鲜。

业务以来，这家小酒庄成了尼尔斯泰因镇的一颗冉冉新星。干型雷司令是克莉丝汀·赫夫的主攻酒款，产自品质卓越却鲜为人知的施瓦伯格堡葡萄园。该酒款古朴典雅、口感柔顺丝滑、极富矿物质气息。赫夫还用老藤葡萄酿制了一款优雅的干型灰皮诺葡萄酒，并不断改进黑皮诺葡萄酒的酿造工艺和口感。★新秀酒庄

盖尔酒庄

多年以来，约翰内斯·盖尔（Johannes Geil）所酿造的口感丰富、柔软多汁的"S"西万尼干白葡萄酒（dry Silvaner "S"）是莱茵黑森产区的示范级佳酿，而西万尼这个葡萄品种一直以来是被低估的。盖尔酒庄（Geil）所产的干型白皮诺葡萄酒、干型雷司令葡萄酒和甜型雷司令葡萄酒同样引人瞩目。此外，酒庄采用不同种的葡萄酿造的红葡萄酒同样值得称颂，每款都物有所值。★新秀酒庄

格奥尔·古斯塔夫·赫夫酒庄

格奥尔·古斯塔夫·赫夫酒庄（Georg Gustav Huff）的丹尼尔·赫夫（Daniel Huff）是一个幸运的人，拥有大量资产，包括家乡的施瓦伯格堡葡萄园、尼尔斯泰因镇的西平葡萄园及派特海尔葡萄园，后两处葡萄园比施瓦伯格堡葡萄园有名得多。他所酿造的干型雷司令种类繁多，酒力强劲而且带有芳醇的矿物质气息，成熟度极高。★新秀酒庄

高林酒庄

虽然阿诺·高林（Arno Göhring）所酿造的优质葡萄酒给了他自吹自擂的资本，但是他并没有这么做。在莱茵黑森产区的所有年轻酿酒师里，高林的确是最出众的一位，他酿造的"S"系列施埃博葡萄酒风韵高雅，一举成名。这款酒也是未经橡木桶陈酿的霞多丽酒款最完美的平价替代。但高林家乡的比格尔葡萄园、弗劳恩贝格葡萄园和戈尔德堡葡萄园出产的干型雷司令葡萄酒强劲有力，性价比很高。此外，他采用产区并不流行的葡萄品种（葡萄牙人葡萄和黑雷司令葡萄）所酿的红葡萄酒品质极高。★新秀酒庄

格悦博酒庄

格悦博酒庄（Groebe）旗下的一些小型葡萄园位于莱茵河对岸的威斯特霍芬镇周围，与总部所在的比伯斯海姆区遥遥相对。弗里德里希·格悦博（Friedrich Groebe）精心酿造的雷司令葡萄酒独具特色、极具陈年潜力，享誉整个产区。产自奥勒德葡萄园（果味浓郁，带有奶油香气）和主教葡萄园（超熟风味、风格优雅，带有矿物香气）的特级园干型葡萄酒层次丰富，陈年潜力大，是格悦博酒庄的旗舰产品。此外，韦斯托芬雷司令干白葡萄酒（Westhofener）和晚收韦斯托芬雷司令半干白葡萄酒各有千秋。★新秀酒庄

贡德洛酒庄

弗里茨·哈塞尔巴赫（Fritz Hasselbach）和阿格尼丝·哈塞尔巴赫（Agnes Hasselbach）凭借其所酿造的浓郁醇厚的逐粒枯萄精选雷司令干白葡萄酒，连续 3 年被美国《葡萄酒观察家》杂志（Wine Spectator）评为 100 分，两位也因此获得了

凯勒酒庄

胡贝克特级园雷司令干白葡萄酒产自莱茵黑森产区的顶级葡萄园。

"100分先生和100分太太"的绰号。他们所酿造优质的贵腐甜酒（botrytis）仅仅是生产线中的一个品类。在德国，贡德洛酒庄（Gunderloch）更出名的酒款是甘美芳醇的珍藏级雷司令白葡萄酒（Kabinett Jean-Baptiste）和干型雷司令葡萄酒。此外，产自纳肯海姆镇罗森伯格葡萄园的特级园雷司令干白葡萄酒酒体雄伟，但不失精致典雅，值得一品。

古茨勒酒庄

格哈德·古茨勒（Gerhard Gutzler）和迈克尔·古茨勒（Michael Gutzler）父子以酿造单宁紧实且带有橡木桶香味的葡萄酒而闻名，最值得一提的是产自威斯特霍芬镇莫斯坦葡萄园的特级园黑皮诺干红葡萄酒系列。2008年，酒庄采用多恩迪克海姆园区70年老藤的西万尼葡萄酿造了一款带有勃艮第风格的葡萄酒，酒庄的干白葡萄酒产业因此又向前迈进了一大步。酒庄最顶级的干型雷司令葡萄酒是特级园系列雷司令干白葡萄酒，产自沃姆泽市的利布弗朗斯蒂夫特·科辛斯图克葡萄园。★新秀酒庄

盖斯勒酒庄

亚历克斯·盖斯勒（Alex Gysler）在1999年接管家族酒庄至今，已经研发出了一款极佳的光年干白葡萄酒（light years），柔顺丝滑、芳香馥郁，实为佳作，与莱茵黑森产区葡萄酒浓郁醇厚的风格截然不同。这一风格特点在他所酿造的干型白皮诺葡萄酒和灰皮诺葡萄酒上展现得淋漓尽致，这两款酒的热量极低。此外，他所酿造的干型西万尼葡萄酒和干型雷司令葡萄酒弥漫着更多矿物质香气，而甜型雷司令葡萄酒口感极佳，初次品尝者甚至会误以为这款酒产自摩泽尔产区。自2007年以来，盖斯勒酒庄就一直采用生物动力耕作的天然农业生产方式进行葡萄种植。★新秀酒庄

黑德斯海默·霍夫酒庄

迈克尔·贝克（Michael Beck）的黑德斯海默·霍夫酒庄（Hedesheimer Hof）以甘甜鲜美的干型雷司令葡萄酒、灰皮诺葡萄酒和白皮诺葡萄酒而闻名，即使是最浓烈的雷司令葡萄酒也有一种清淡的口感。但同时贝克也酿造了许多非常独特的葡萄酒，品种繁多，比如浓郁多汁的深夜雷司令甜白葡萄酒（Late Night），带有蜂蜜黄油风味、橡木桶发酵的欧塞瓦葡萄酒（Auxerrois），以及由黑皮诺葡萄和葡萄牙人葡萄（Portugieser）混酿而成的甘甜味美的红葡萄酒。★新秀酒庄

赫尔·祖·黑恩斯海姆酒庄/圣安东尼酒庄

赫尔·祖·黑恩斯海姆酒庄/圣安东尼酒庄（Heyl zu Herrnsheim/St Antony）由两家酒庄组成，占地60公顷，是最大的雷司令葡萄酒生产商，酒庄的雷司令葡萄酒产自位于尼尔斯泰因镇和纳肯海姆镇之间的顶级红坡葡萄园（Roter Hang）。然而，大多数葡萄酒在市场上销售时都没有标明葡萄园的名称，例如令人印象深刻的红板岩雷司令干白葡萄酒（red slate）。尽管酒庄的所有葡萄酒款都在同一个酒窖内酿造，但圣安东尼酒庄的葡萄酒果香浓郁、极具活力，而赫尔·祖·黑恩斯海姆酒庄的葡萄酒含蓄微妙。

霍夫曼酒庄

居尔根·霍夫曼（Jürgen Hofmann）是莱茵黑森产区的

天才酿酒师，出自他手的干白葡萄酒都品质极佳，难分伯仲。酒庄酿造的雷司令葡萄酒产自亨德古登葡萄园的石灰岩土壤。这款酒口感浓郁、矿物质含量丰富，在产区的北部脱颖而出。即便是以壳灰岩（Muschelkalk）之名销售的二级葡萄酒也令人拍案叫绝。霍夫曼酒庄的干型西万尼也极具活力和个性，在橡木桶中陈酿的"S"系列葡萄酒尤佳。酒庄所产的长相思葡萄酒采用特大瓶包装，是享誉德国的顶级酒款。★新秀酒庄

约翰宁格酒庄

约翰宁格酒庄（Johanninger）由3部分组成，葡萄园分别位于莱茵黑森产区、那赫产区和莱茵高产区。延斯·海涅迈耶（Jens Heinemeyer）是莱茵高产区的管理者，优雅的黑皮诺葡萄最初就是产自莱茵高产区。同时，延斯·海涅迈耶也是一位酿酒师，他酿造了一款干白葡萄酒，酒体清澈、质感丝滑，与莱茵黑森产区普通酒款的风格截然不同。酒庄顶级的贝格雷司令葡萄酒（Berg）、由白皮诺葡萄和霞多丽葡萄混酿而成的凯斯勒葡萄酒（Kessler）在长时间的陈酿中获得了更丰富的口感。★新秀酒庄

凯勒酒庄

克劳斯·彼得·凯勒（Klaus-Peter Keller）继承了父辈的遗产，他的父亲将这座位于弗勒尔斯海姆·达尔斯海姆市寂寂无闻的酒庄发展成为现在德国顶级的葡萄酒生产商。如今，酒庄专注干白葡萄酒，生产的"S"系列葡萄酒甘甜味美、架构平衡，由产区最优质的葡萄品种（灰皮诺葡萄、白皮诺葡萄和西万尼葡萄）混酿而成。产自威斯特霍芬镇主教葡萄园、莫斯坦葡萄园、达尔斯海姆村的胡贝克葡萄园的特级园干白雷司令口感丝滑柔顺、浓郁醇厚。此外，酒庄所产的逐串精选雷司令干白葡萄酒、逐粒精选酒和逐粒枯葡精选酒极富活力、芳香馥郁。经橡木桶陈酿的黑皮诺红葡萄酒不失为上品，但在口感细腻度、和谐度方面还无法与酒庄的白葡萄酒相媲美。

昆宁·吉洛特酒庄

在过去的10多年里，卡洛琳·吉洛特（Carolin Gillot）给家族酒庄带来了天翻地覆的变化。具体表现在酒庄开始采用有机葡萄栽培技术，转型成为一座现代化程度极高的酿酒厂，并重新规划葡萄酒产品线。酒庄所产的果香浓郁的干型雷司令葡萄酒、施埃博葡萄酒和灰皮诺葡萄酒是在克温特拉品牌下销售的，都是现代莱茵黑森产区白葡萄酒的典范。不同年份的黑皮诺葡萄酒经过陈酿都会变得更加典雅精致，单宁也会更加紧实。★新秀酒庄

米尔奇酒庄

卡尔·赫尔曼（Karl Hermann）在米尔奇酒庄（Milch）酿造了德国最原汁原味的霞多丽葡萄酒，他没有选择仅几小时车程之外的勃艮第地区种植的霞多丽葡萄，而是选用自家酒庄种植的葡萄进行酿造，脚踏实地进行发展，绝不是只做表面功夫。酒客不要被高档瓶装葡萄酒的名字——蓝屁股（Blauarsch或者"blue arse"）吓跑。米尔奇酒庄也出产口感醇厚的干型雷司令葡萄酒和带有细微橡木味的红葡萄酒。★新秀酒庄

里弗尔酒庄

在不到5年的时间里，低调的埃里克·里弗尔（Erik Riffel）

维特曼酒庄

高岭园雷司令干白葡萄酒是菲利普·威特曼酿造的顶级酒款，菲利普是一颗冉冉升起的新星。

和卡洛琳·里弗尔（Carolin Riffel）将鲜为人知的里弗尔酒庄（Riffel）打造成莱茵黑森产区的顶级酒庄。顶级干型雷司令葡萄酒和西万尼葡萄酒产自宾格·斯卡拉赫伯格葡萄园陡峭的石英岩山坡，瓶身都贴有图姆标签，表明酒款是酒庄的新酒窖所酿。这两款顶级葡萄酒都饱含矿物质气息，拥有水晶般柔顺丝滑的细腻口感。即使是普通的干型雷司令葡萄酒和西万尼葡萄酒也果香馥郁、味道鲜美。★新秀酒庄

桑德酒庄

20 世纪 50 年代，斯特凡·桑德（Stefan Sander）的祖父拒绝引入现代化学技术，总面积达 24 公顷的桑德酒庄（Sander）一直采用生物动力耕作的天然有机农业生产方式。多年来，酒庄一直坚持该生产方式不动摇，并保持适度生产，酿造出了极具个性活力且质感丰富的葡萄酒。干型西万尼葡萄酒酿自老藤葡萄，干型雷司令葡萄酒产自城堡山葡萄园，产自米歇尔斯山葡萄园的干型白皮诺葡萄酒则是该酒庄的顶级佳酿。

厚夫／福斯酒庄

厚夫／福斯酒庄（Seehof/Fauth）的历史可以追溯到 1200 年前，而现在年轻的弗洛里安·福斯（Florian Fauth）的酿酒天赋备受瞩目。福斯酒庄出产的石灰岩干白雷司令、施埃博葡萄酒、白皮诺葡萄酒和灰皮诺葡萄酒价格适中，可谓是弗洛里安的得意之作。这几个酒款全部产自石灰岩土壤的葡萄园。产自莫斯坦因葡萄园（清新雅致且带有矿物质气息）的干型雷司令酒体清澈、果味浓郁；产自斯丁格鲁葡萄园（口感更为醇厚，且成熟周期较慢）的雷司令葡萄酒同样令人印象深刻。★新秀酒庄

劳姆兰德气泡屋酒庄

1990 年，由沃尔克·劳姆兰德（Volker Raumland）和海德·罗斯·劳姆兰德（Heide-Rose Raumland）共同创立的劳姆兰德气泡屋酒庄（Sekthaus Raumland）现如今是德国最著名的起泡酒生产商。酒庄所产的大特里姆维拉特酿葡萄酒（Triumvirat Grand）带有吐司和奶油蛋卷的香味，酒体饱满、口感绵密、酸度适中，很容易被误认为是顶级的年份香槟酒。价格适中的极干型雷司令葡萄酒酒体口感更清淡爽口，更具德国特色。此外，酒庄出产的优质西万尼起泡酒、白皮诺起泡酒和黑皮诺起泡酒物美价廉。★新秀酒庄

施皮斯酒庄

施皮斯酒庄（Spiess）并非贝希特海姆市顶级葡萄园中唯一生产成熟强劲的干型雷司令葡萄酒的酒庄，但这座酒庄出产的葡萄酒无疑是最富果香、最具活力的佳酿。来到酒庄时，年轻的酿酒师约翰内斯·施皮斯（ohannes Spiess）才刚刚完成学业。在所有口感浓郁且富含橡木气味的红葡萄酒中，赤霞珠红葡萄酒和梅洛红葡萄酒拔得头筹，合作社特酿（Cuvée CM）紧随其后。合作社特酿酒由赤霞珠葡萄和梅洛葡萄混酿而成。★新秀酒庄

施泰茨酒庄

酒力强劲、矿物质气息浓厚的干型雷司令葡萄酒，甘甜鲜美、口感绵密的干型西万尼葡萄酒和灰皮诺葡萄酒都出自克里斯蒂安·施泰茨（Christian Steitz）之手。这 3 款酒都是佳品，实在难分伯仲。干型雷司令葡萄酒产自著名的尼尔斯坦·希平葡萄园和知名度不高的新班贝克·赫雷茨葡萄园，而干型西万尼葡萄酒和灰皮诺葡萄酒则产自黄金角葡萄园。出自他手的葡萄酒，就算是最普通的酒款也极具个性。★新秀酒庄

泰什克酒庄

在莱茵黑森产区，葡萄酒狂人迈克尔·泰什克（Michael Teschke）是对西万尼葡萄倾注心血最多的人。他不仅用西万尼葡萄酿造了一系列极富表现力的葡萄酒，而且还坚持用西万尼葡萄的旧拼法："y"而不是"i"。自 2006 年以来，他用"葡萄牙人葡萄"酿造的红葡萄酒也给人留下了深刻的印象，这个葡萄品种也同样没有得到足够重视。泰什克酒庄（Teschke）的每一款葡萄酒都酒力强劲、醇香浓郁、独具特色。★新秀酒庄

瓦格纳·斯坦普酒庄

瓦格纳·斯坦普酒庄（Wagner-Stempel）的丹尼尔·瓦格纳（Daniel Wagner）所酿的干白葡萄酒与莱茵黑森产区传统的葡萄酒风格相去甚远，他所酿造的葡萄酒有一种饱满圆润的口感。瓦格纳·斯坦普酒庄位于莱茵黑森产区西部丘陵地带的高海拔地区，这也可以解释酒庄的干白葡萄酒圆滑柔顺和芳香浓郁的原因。酒庄的特级园干白雷司令产自赫雷茨葡萄园和霍尔伯格葡萄园，芳醇浓厚，体现了斑岩土壤的特性。瓦格纳独具慧眼，才得以发觉这种土壤的优势。此后，他在这些葡萄园酿造了雷司令晚收甜白葡萄酒（Spätleses），口感鲜活、矿物质气息丰富，很容易被误认为是产自那赫产区或摩泽尔产区的葡萄酒。不得不说，瓦格纳充分展现了自己的才华，是一位伟大的酿酒师。★新秀酒庄

温特酒庄

2003 年，年轻的酿酒师斯特凡·温特（Stefan Winter）酿造出莱克贝格雷司干白葡萄酒（Leckerberg，字面意思为"美味之山"），引起轰动，人们这才知道迪特尔斯海姆·黑斯洛市的存在。从那以后，温特用雷司令葡萄、西万尼葡萄、白皮诺葡萄、灰皮诺葡萄、霞多丽葡萄和施埃博等葡萄酿造出一系列酒力强劲、质感丰富且架构平衡的干白葡萄酒。酒庄所有酒款都物有所值。★新秀酒庄

维特曼酒庄

维特曼酒庄（Wittmann）的葡萄园占地 26 公顷，自 1990 年以来一直采用有机种植法。自 1998 年至今，菲利普·维特曼（Philipp Wittmann）不断推出优质佳酿，酒庄从中级酒庄一跃成为人们交口称赞的国际知名酒庄。酒庄推出了 4 款特级园雷司令干白葡萄酒，分别是高岭园雷司令干白葡萄酒（Aulerde）、主教园雷司令干白葡萄酒（Kirchspiel）、布鲁恩小屋雷司令干白葡萄酒（Brünnenhäuschen）、莫斯坦雷司令干白葡萄酒（Morstein）。这 4 款葡萄酒层次丰富，丝毫没有冗余厚重之感，让人一品难忘，是该系列的顶级佳作。酒庄的每一款葡萄酒都令人印象深刻，每一款都架构平衡且典雅精致。维特曼酒庄因此成为新莱茵黑森产区优质葡萄酒的代名词。

史蒂芬·温特

史蒂芬·温特的父母是他们那代莱茵黑森产区酿酒师的典型代表。20 世纪 70 年代和 80 年代初，葡萄酒利润还未下降，他们通过生产大量散装葡萄酒就能够轻松赚钱。德国"黄金十月"时期共酿造了数百万瓶用于出口的圣母之乳葡萄酒，温特的父母也出过一份力。但是史蒂芬·温特并未止步于此。当他还在学习酿酒的时候，就开始酿造口感浓郁奔放、醇厚紧实的干白葡萄酒。2003 年，他酿造的莱克伯格雷司令干白葡萄酒（Leckerberg）一夜成名，当时他只有 24 岁。成名之早在当时的莱茵黑森令人惊讶，但现在已司空见惯，可见衡量事物的标准变化之快、变化之彻底。

温特现如今是酿酒专业学生的榜样，温特的成功也证明，就算出身于寂寂无闻之地，也并不会妨碍你酿出世界级的葡萄酒，甚至可以因此获得赞誉。多亏了像温特这样胸怀壮志的年轻人，才让莱茵黑森产区这个干型葡萄酒梦工厂变得一切皆有可能。

法尔兹产区

20 世纪 90 年代初，德国著名的美食杂志《美食家》（*Der Feinschmecker*）发表过一篇文章，将法尔兹产区（Pfalz）描述为德国的托斯卡纳。但是法尔兹产区的大部分地区要么是平地，要么是平缓斜坡，很难找到像托斯卡纳的基安蒂地区那些陡峭斜坡，所以这是一个大胆的比较。然而，在 20 多年后，一位年轻的酿酒师在德国电视上开玩笑说，托斯卡纳现在是"意大利的法尔兹"。虽然他是以开玩笑的语气说的这话，但人们却没被他逗笑。事实上，他的话间接反映了法尔兹产区在过去几十年里不断树立的自信，而且在葡萄酒酿造方面取得了巨大飞跃。

自 20 世纪 80 年代末以来，法尔兹产区和摩泽尔产区一直处于蓬勃发展中。但当摩泽尔产区的酿酒师将注意力放在干型葡萄酒和甜型葡萄酒上时，法尔兹产区的酿酒师却只专注于干型葡萄酒的酿造。近年来，法尔兹产区获得了德国干型葡萄酒首屈一指的酿造圣地的美誉。

事实上，干型葡萄酒与法尔兹产区渊源极深。最重要的原因是该地区气候温暖干燥，十分接近地中海气候。这是由于该产区受哈尔特山脉保护，位于森林覆盖的雨影区，与法国南部的阿尔萨斯环境十分相同。另一个原因是文化影响。生活在法尔兹产区的人们很热爱当地食物，当地的菜肴不仅风味独特，而且类型也很丰富。醇厚浓郁的干型葡萄酒长期以来需求旺盛。精致美食的发展与葡萄酒质量的改善互相促进、相得益彰。

法尔兹产区酿造优质葡萄酒的历史可以追溯到 19 世纪初。在接下来的 150 年里，葡萄酒的生产集中在戴德斯海姆村周围的中哈尔特地区（Mittelhaardt），许多早期的葡萄酒书籍认为是这片 2.3 万公顷的地区风土条件优越，所以盛产葡萄酒。事实上，这是受社会环境影响的结果。在戴德斯海姆村及周边地区，富人拥有大量的酒庄地产。因此，在农用拖拉机出现之前，他们负担得起生产优质葡萄酒所需的高昂劳动力成本。

第二次世界大战结束后的几年里，法尔兹南部产区的一些独立酿酒师开始能够同法尔兹北部产区的酿酒师一较高下。近年来，在法尔兹南部产区，年轻有为的酿酒师数量迅速增加，已经超过了中哈尔特地区。虽然中哈尔特地区几乎所有的葡萄园都位于平缓的斜坡上，景色宜人，但与南部的壮丽风景相比，就显得微不足道了。在南部地区，有相当一部分葡萄园位于哈尔特山脉的山麓。此外，这里的地理多样性更为丰富。因此，在法尔兹南部地区，在雷司令（该地区的雷司令种植面积超过 5000 公顷）葡萄酒蓬勃发展的同时，许多其他葡萄品种也被酿造出了令人惊喜的优质葡萄酒。世界上一些最好的干白葡萄酒都产自这里，它们由白皮诺和灰皮诺酿造而成，口感虽醇厚浓郁，但带有明显的苦涩感。

可以说，法尔兹产区在红葡萄酒上取得的进步超过德国的其他地区。至少有半个世纪的时间，法尔兹产区的人们错失了气候和土壤带来的机会，但现在 40% 的土地都种植红葡萄品种。除了常见的黑皮诺、当地特色品种葡萄牙人和圣罗兰，产区还种有现代杂交葡萄品种丹菲特（种植面积约 3000 公顷）。由这些葡萄酿造出的葡萄酒色泽深沉，散发着朴实气息。

阿卡姆·马丁酒庄

自20世纪80年代以来，安娜·芭芭拉·阿卡姆（Anna-Barbara Acham）就专注于酿造纯正的干型葡萄酒。直到近年来，她所酿造的葡萄酒质量才得到了稳步提升。她酿造的葡萄酒品种繁多，其中特级园雷司令葡萄酒属极品，产自鲁佩茨贝格的赖特福德葡萄园、福斯特的松脂石葡萄园和福斯特的科什施蒂克葡萄园，口感浓郁。此外，即便是这里最普通的葡萄酒也满足成熟的果香气息，富含矿物质气息且酸度适中。★新秀酒庄

贝格多尔酒庄

与法尔兹产区最近流行的雍容华贵的葡萄酒款不同，父女组合雷纳·贝格多尔（Rainer Bergdolt）和卡罗琳·贝格多尔（Carolin Bergdolt）致力于酿造柔顺优雅的干型雷司令葡萄酒和白皮诺葡萄酒。这两个酒款可能不会让人"一品惊艳"，但口感微妙并极富个性，具有极大的陈年潜力。其中最顶级的当数鲁佩茨贝格的赖特福德葡萄园出产的特级园雷司令干白葡萄酒、基尔韦尔的杏仁堡园葡萄园出产的顶级园白皮诺干白葡萄酒。

伯恩哈特酒庄

20世纪90年代，格尔德·伯恩哈特（Gerd Bernhart）从一个无名小辈一跃成为法尔兹产区顶级红葡萄酒生产商。他所酿造的特级园黑皮诺红葡萄酒产自瑞德弗陵葡萄园（邻近法国边境的阿尔萨斯），口感层次丰富，有天鹅绒的质感。即使是最普通的红葡萄酒，也有丰富的质感和美妙的和谐感，比如极具地域特色的圣罗兰所产的酒款。此外，伯恩哈特酒庄（Bernhart）出产的干白葡萄酒虽称不上惊艳，但也值得一品。★新秀酒庄

克里斯特曼酒庄

斯蒂芬·克里斯特曼（Steffen Christmann）是葡萄酒庄协会（VDP）的主席，同时也是德国葡萄种植者中的领导人物。他在法尔兹产区拥有自己的酒庄，出自他手的干白葡萄酒和干红葡萄酒工艺复杂、独具特色。值得一提的是，科尼巴赫地区的迪格葡萄园出产的特级园雷司令干白葡萄酒口感浓郁、酒力强劲，这一全新酒款为德国葡萄酒产业作出了巨大的贡献。最近，该酒庄采用生物动力耕种法进行葡萄栽培，此举稍稍降低了葡萄酒的酒精含量，使其更加精致优雅。此外，生物动力耕种法的推行也使得标准款的干型雷司令葡萄酒更富矿物香气。酒庄生产的黑皮诺红葡萄酒口感浓郁，兼具丝丝橡木气息与平衡细腻的口感。迪格葡萄园出产的特级园干红葡萄酒与同款的干白葡萄酒一样，具有出色的陈酿潜力。★新秀酒庄

伯克林·沃夫博士酒庄

作为法尔兹产区最有名的酒庄，伯克林·沃夫博士酒庄（Dr Bürklin-Wolf）拥有超过80公顷的葡萄园，同时也可能是德国最大的生物动力葡萄种植商。这种种植方式加上低产量意味着那些产自顶级单一园（戴德斯海姆村的霍恩摩根葡萄园、卡尔科芬葡萄园、耶稣葡萄园、科辛斯图克葡萄园、松脂石葡萄园，以及位于福斯特的翁格霍伊尔葡萄园）的干型雷司令葡萄酒的价格在全德国可能是最高的。此外，该酒庄出产的干型雷司令葡萄酒在全国范围内的同款酒中可以算得上是酒体最雄伟、层次最丰富的顶级佳酿。酒庄所产的逐串精选甜白雷司令

2008
RUPPERTSBERG
SC
RIESLING PFALZ

克里斯特曼酒庄
这座采用生物动力法的酒庄酿造出了法尔兹产区顶级的葡萄酒。

吉尔斯·杜佩酒庄
沃尔克·吉尔斯酿造出了口感鲜活、独具个性的雷司令葡萄酒。

葡萄酒、逐粒精选酒（BA）和逐粒枯萄精选葡萄酒（TBA）极富活力，同时也有着悠久的历史传统。这几款葡萄酒堪称该地区的顶级佳酿。

冯·巴塞曼乔登博士酒庄

这家50公顷的酒庄是德国企业家阿希姆·尼德伯格（Achim Niederberger）拥有的4家酒庄之一。酒庄管理者冈瑟·豪克（Gunther Hauk）和酿酒师乌尔里希·梅（Ulrich Mell）经验丰富，对酒庄风格把握得很准确。该酒庄盛产果味浓郁的佳酿，在整个法尔兹产区无人能敌。此外，该酒庄的葡萄酒质量可靠、价格公道。虽然雷司令葡萄酒占总产量的85%，但芳香怡人的琼瑶浆、穆斯卡特拉、金黄穆斯卡特拉和长相思等酒款都是该酒庄的特色佳酿。

威海姆博士酒庄（法尔兹产区）

卡尔·海因茨·威海姆（Karl-Heinz Wehrheim）所酿造的特级园白皮诺干白葡萄酒产自杏仁堡葡萄园，该酒层次丰富，口感极其浓郁。可以说，它是一款被大大低估的德国葡萄酒。然而，它面临着来自酒庄另外两款特级园干白雷司令的激烈竞争：一款产自栗子树葡萄园（红色板岩土壤的葡萄园），另一款产自栗子树科派尔葡萄园（砂岩土壤的葡萄园）。毫不夸张地说，这两款葡萄酒都是极品之作。此外，该酒庄还出产了一款特级园黑皮诺干红葡萄酒，该酒产自栗子树葡萄园，口感丰富、辛香浓郁。此外，酒庄还生产了很多其他口感柔滑、极富个性的葡萄酒。以上提到的酒款都是极干型葡萄酒。与积极地寻找公关和计划销售活动相比，威海姆博士酒庄更喜欢默默无闻地研发新品，这就是为什么该酒庄名气一直不大的原因。

弗里德里希·贝克尔酒庄（法尔兹产区）

20多年前，大弗里茨·贝克尔（Fritz Becker Snr）在德国酿造了首批黑皮诺葡萄酒，位于法尔兹产区最南端的弗里德里希·贝克尔酒庄（Friedrich Becker）因此名声大噪。许多单一园葡萄酒实际上产自位于法国边境的阿尔萨斯（Alsace），在品尝风味最为浓郁的葡萄酒时，酒客可以清楚地感受到其受到勃艮第风格的影响，但这些酒并不是勃艮第葡萄酒的复制品，有自己的特色之处（比如酸度较低、口感更为柔和）。自2007年以来，小弗里茨·贝克尔（Fritz Becker Jr）大大改进了风格老旧的干白葡萄酒。与昂贵的红葡萄酒相比，这些干白葡萄酒价格较为低廉。此外，产自史维格雷尔的索南伯格葡萄园的特级园雷司令干白葡萄酒是一款令人一品难忘的佳酿。

吉尔斯·杜佩酒庄

沃尔克·吉尔斯（Volker Gies）在吉尔斯·杜佩酒庄（Gies-Düppel）最大的成就莫过于他所酿造的干型雷司令系列葡萄酒，这些葡萄酒以不同的土壤类型命名：砂岩雷司令干白葡萄酒（Buntsandstein）、石灰岩雷司令干白葡萄酒（Muschelkalk）和红板岩雷司令干白葡萄酒（Rotliegendes），每一款都以自己独特的方式将浓郁和清新的口感结合在一起。和他自己常喝的黑皮诺干红葡萄酒一样，所有这些酒款都物超所值。然而，想要领略这个新星酒庄真正的风采，酒客应该品尝一下产自栗子树葡萄园的干型雷司令葡萄酒和白皮诺葡萄酒。

铭茨山酒庄

铭茨山酒庄出产的白皮诺葡萄酒口感丰富，却没有丝毫喧宾夺主的感觉。

克兰兹酒庄

酿酒师鲍里斯·克兰兹乐于进行新的尝试，打造出了很多极品佳酿。

这两款葡萄酒芳香浓郁、入口难忘。★新秀酒庄

汉森酒庄

汉森酒庄（Hensel）占地 20 公顷，托马斯·汉森（Thomas Hensel）于 20 世纪 90 年代初在酒庄里酿造出第一批葡萄酒，此前这里一直是葡萄苗圃。酒庄成立 10 年后，他酿造出伊凯洛斯（Ikarus）干红葡萄酒。这款酒是德国第一批大获全胜的新型红葡萄酒（现在由 100% 库宾珠酿制而成），口感醇厚、单宁良好，是风格与加利福尼亚州的膜拜酒最相近的酒款。即使是酒庄最普通的红葡萄酒奥夫温德（Aufwind，一款由赤霞珠和圣罗兰混合调制而成新型特酿葡萄酒），也不失为一款气势恢宏、平衡感极佳的佳酿。酒庄出品的飞翔（Höhenflug）瓶装酒口感醇厚、丝滑柔顺，包括黑皮诺干红葡萄酒、梅洛干红葡萄酒和一款干红特酿酒。汉森酒庄出产的干白葡萄酒果味浓郁、口感柔软多汁，是畅饮首选，而飞翔雷司令干白葡萄酒则是酒庄的主推酒款。汉森酒庄是法尔兹产区一颗耀眼的明星。★新秀酒庄

赫伯特·梅斯默酒庄

早在 20 多年以前，格雷戈尔·梅斯默（Gregor Messmer）的才能就已经显露，所以把他称为冉冉升起的新星显然是荒谬的。在法尔兹产区南部这个未知角落，如果要使雷司令、白皮诺、灰皮诺和霞多丽葡萄在酿成干白葡萄酒时，每一部分都发挥特定作用，就需要付出巨大努力。同样地，要使黑皮诺和圣罗兰在红葡萄酒中实现其全部潜能，则更是如此。在酒庄众多令人印象深刻的葡萄酒中，最引人注目的是产自伯维勒市的板岩葡萄园的特级园雷司令干白葡萄酒，该葡萄园是法尔兹产区唯一的板岩土壤葡萄园。此款特级园雷司令干白葡萄酒口感丰富，令人入口难忘，因此也容易被误认为是来自奥地利瓦豪河谷（Wachau）的优质干型雷司令葡萄酒。★新秀酒庄

约瑟夫·比法尔酒庄

许多人都知道，比法尔公司是德国主要的蜜饯水果生产商，但同时它也是一个重要的酒庄。比法尔酒庄（Josef Biffar）在戴德斯海姆村、旺肯海姆市和鲁佩尔茨贝尔格市等顶级产区拥有 12 公顷的葡萄园。自从莉莉·比法尔·赫施比尔（Lilli Biffar-Hirschbil）接手酒庄后，酿酒师的多次变动导致了葡萄酒质量变得不稳定，但顶级干型雷司令——雷司令晚收干白葡萄酒（Spätlese trocken）和特级园雷司令干白葡萄酒（Gewächs Grosses），还是一如既往地给人们留下了深刻印象。

吕克·莱纳酒庄

斯文·莱纳（Sven Leiner）是法尔兹南部产区新一代酿酒师中最大胆的一位。他所酿造的葡萄酒不仅都采用生物动力法，而且都别具一格。即使是常规的手工（Handwerk）系列的标准品质干型葡萄酒，在适度酒精浓度下也极具个性。而单一园葡萄酒则充满了香料和矿物质气息。酒庄的红葡萄酒包括优质的丹魄红葡萄酒和口感丰富、带有泥土芬芳的克鲁伊萨姆（Kruiosum）干红葡萄酒，后者可以说是德国备受瞩目的丹菲特红葡萄酒。★新秀酒庄

尼普瑟酒庄

沃纳·尼普瑟（Werner Knipser）和沃尔克·尼普瑟（Volker Knipser）兄弟俩为法尔兹产区的红葡萄酒带来了前所未有的变革力量。黑皮诺葡萄酒是尼普瑟酒庄（Knipser）的旗舰产品，他们的特级园葡萄酒产自至今还寂寂无闻的樱桃园葡萄园和城堡之路葡萄园，这些葡萄酒酒力强劲、层次丰富，给人留下深刻印象。但是，西拉（事实证明该葡萄品种在德国前景良好）、赤霞珠、品丽珠和梅洛（气势宏伟的 X 特酿葡萄酒由后三个品种混合调制而成）等新品种的出现，才让酒庄真正名声大噪。尼普瑟家族在 2001 年才生产了第一批特级园干白雷司令葡萄酒，一经问世就确定了该酒庄优质雷司令葡萄酒生产商的地位。起初，酒庄生产的雷司令葡萄酒口感浓郁、层次丰富。在此后的一段时间里，酿酒师又对葡萄酒的风格口感进行了升级改良，更添魅力。长相思葡萄酒则是另一种风格——这款葡萄酒味道淡雅，口感如羽毛般丝滑，是膜拜酒（cult wine）的一种。这让人不得不怀疑，还有什么是这对多才多艺的酿酒兄弟做不到的。★新秀酒庄

科勒·鲁布希特酒庄

早在干型雷司令葡萄酒成为法尔兹产区葡萄酒产品线公认的一部分之前，伯恩·菲利比（Bernd Philippi）就已经开始在科勒·鲁布希特酒庄（Koehler-Ruprecht）酿造一流的干型雷司令葡萄酒。该酒庄位于卡尔施塔特村（Kallstadt）的白垩山坡上。酒庄所酿造的雷司令葡萄酒在过去可以媲美产自阿尔萨斯或奥地利最好的葡萄酒。事实上，这些葡萄酒现在仍然有这个实力。此外，这些雷司令葡萄酒极具陈年潜力。40 多年来，菲利比一直秉承着他的祖父恩斯特·科勒（Ernst Koehler）的酿酒风格，酿造具有科勒·鲁布希特酒庄特色的葡萄酒。但菲利比并没有止步于此，而是以己之名推出了一系列创新型葡萄酒（通常是在木桶中发酵或成熟），醇厚浓郁、层次丰富的黑皮诺红葡萄酒由此脱颖而出。酒庄中最顶级的酒款，还有索玛根雷司令干白葡萄酒（Saumagen）中最优质的葡萄酒，作为陈年葡萄酒销售，带有"R"或"RR"字样（意思是"珍藏级"和"二级珍藏"），不出现在主价格表上。

克兰兹酒庄

充满活力和创造力的鲍里斯·克兰兹（Boris Kranz）是法尔兹南部产区的新星。在他酿造的所有葡萄酒中，除了单一园的干型雷司令葡萄酒、白皮诺葡萄酒和黑皮诺葡萄酒之外，其他酒款的价格都非常亲民。克兰兹酒庄（Kranz）出产的干型葡萄酒从不缺乏浓郁果香和迷人魅力，尤其是产自卡尔米特山葡萄园的梯田雷司令干白葡萄酒（Terrassen）。西万尼葡萄（Sylvaner）是这一地区的特色品种，由哈格多恩葡萄园的西万尼葡萄所酿造而成，味美多汁、口感丰富。★新秀酒庄

卢卡索/普法尔韦林格酒庄

卢卡索/普法尔韦林格酒庄（Lucashof/Pfarrweingut）年复一年地从近 24 公顷的葡萄园中生产出品质绝佳雷司令葡萄酒，但酒庄仍旧没有名声大噪。酒庄顶级的葡萄酒是产自福斯特的松脂石葡萄园和翁格霍伊尔葡萄园的干型雷司令葡萄酒。也许是因为克劳斯·卢卡索（Klaus Lucas）的妻子克莉丝汀

（Christine）来自摩泽尔产区，所以他也会酿造一些美妙的逐串精选甜白雷司令（Auslese）。★新秀酒庄

马蒂亚斯·高尔酒庄

马蒂亚斯·高尔（Matthias Gaul）是法尔兹产区又一位年轻的酿酒师，他在短短几年内给家族酒庄带来了天翻地覆的变化。出自他手的普通干型雷司令葡萄酒也带有白垩岩矿物质气息，这款雷司令葡萄酒的名字是"t'c"，取自石灰岩土壤。高山之上葡萄酒（Auf dem Berg）是这款酒的"老大哥"，口感更为浓郁、酒力更为强劲，但不失清新之感，容易入口。酒庄所产的红葡萄酒层次丰富、酒体饱满，但同时带有清淡的口感，使其在为成熟前也颇具吸引力。★新秀酒庄

莫斯巴赫酒庄

如果你正在寻找法尔兹产区果味浓郁且丰富多汁，同时又带有优雅气质的干型雷司令葡萄酒，那么萨宾·莫斯巴赫·杜林格（Sabine Mosbacher-Düringer）和尤尔根·杜林格（Jürgen Düringer）所酿造的葡萄酒就很适合你。产自戴德斯海姆村的石英葡萄园，以及福斯特的弗兰斯特克葡萄园、松脂石葡萄园和翁格霍伊尔葡萄园的特级园干型雷司令不仅具有以上优点，还带有微妙的矿物质气息，并极具陈年潜力（但这些葡萄酒并不是都适合陈年，有些酒陈年后会显得结构松弛）。

穆勒·卡托尔酒庄

虽然卡托尔酒庄的主人海因里希·卡托尔（Heinrich Catoir）和经理汉斯·甘瑟·施瓦兹（Hans-Günther Schwarz）的性格大相径庭，但在 20 世纪 70 年代至 90 年代，两人凭借着共同打造的品质绝佳的干白葡萄酒和甜白葡萄酒，使得穆勒·卡托尔酒庄名声大噪。后来，在酒庄主人菲利普·卡托尔（Philipp Catoir）和经理马丁·弗兰岑（Martin Franzen）的管理下，酒庄出产的葡萄酒再次令世人惊艳。极干型麝香白葡萄酒是麝香葡萄在德国种植应用的典范，而甘美多汁的施埃博葡萄也是德国最优质的葡萄品种之一。在酒庄所有干白葡萄酒中，最耀眼的当数布鲁莫恩顶级雷司令白葡萄酒（Grosses Gewächs Breumel in den Mauern），而雷司兰尼精选贵腐甜白葡萄酒（Rieslaner Auslese）、雷司兰尼逐粒精选甜白酒（Rieslaner BA）和雷司兰尼逐粒枯萄精选甜白葡萄酒（Rieslaner TBA）则是法尔兹产区干白葡萄酒中的精选之作。但带有橡木味的白皮诺干白葡萄酒和灰皮诺干白葡萄酒并没有达到酒庄对"MC²"酒款的期望。

铭茨山酒庄

冈特·凯斯勒（Gunter Kessler）和雷纳·凯斯勒（Rainer Kessler）兄弟所酿造的白皮诺干白葡萄酒和灰皮诺干白葡萄酒口感丰富、酒力强劲（这两种葡萄种植面积占 15 公顷酒庄土地的 30%）。即使在国内市场上这种葡萄酒风格也很受欢迎，但其仍未得到充分赏识。酒庄最顶级的酒款是来自施兰根弗葡萄园的特级园干型白皮诺葡萄酒（Weissburgunder Grosses Gewächs）。此外，酒庄也酿造出了一些优质的黑皮诺干红葡萄酒。★新秀酒庄

欧丹斯塔尔酒庄

欧丹斯塔尔酒庄（Odinstal）出产的许多干白葡萄酒的标签上都有"350NN"字样，这个神秘的代码是指在海拔 350 米的地方。由此可知，该酒庄是法尔兹产区海拔最高的酒庄。特殊的地理位置使得其生产出了口感极其顺滑的低醇葡萄酒（low alcohol）。安德烈亚斯·舒曼（Andreas Schumann）采用生物动力耕作法进行葡萄栽培，再加上极其谨慎的酿酒工艺，使得该酒庄的葡萄酒极富当地风土特色。这些葡萄酒韵味十足，但没有过分强烈。虽然玄武岩雷司令干白葡萄酒（Riesling Basalt）是酒庄最值得一提的佳酿，口感浓郁醇厚，但 350NN 系列的欧塞瓦葡萄酒、白皮诺葡萄酒和西万尼葡萄酒也别具特色。★新秀酒庄

欧克若米·雷博兹酒庄

尽管被公认为该地区的顶级酿酒商，但汉斯·约尔格·雷博兹（Hans-Jörg Rebolz）所酿造的干白葡萄酒与法尔兹产区目前流行的浓郁结实的葡萄酒风格相去甚远。雷博兹更偏爱极干型葡萄酒。受家族传统影响，他更注重葡萄酒的个性风格，而不是生产规模。酒庄的哪一款葡萄酒在当今看来是最出色的呢？是产自高海拔栗子树葡萄园的富含草本香味和矿物质气息的特级园干白雷司令？是来自阳光特级园、带有奶油和蜂蜜香味的特级园白皮诺干白葡萄酒？是带有勃艮第风格、经橡木桶发酵的霞多丽葡萄酒？还是以强劲酒力和性价比著称的普通雷司令干白葡萄酒和白皮诺干白葡萄酒？此外，还有采用拉特地区老藤葡萄酿造的层次丰富的甜型琼瑶浆，以及阳光特级园出产的单宁紧实、浓郁醇厚的特级园黑皮诺干红葡萄酒，这款红葡萄酒也享有盛誉。

飞芬根 / 福曼·艾梅尔酒庄

飞芬根 / 福曼·艾梅尔酒庄（Pfeffingen/Fuhrmann-Eymael）最早位于罗马人普费夫（Pfeffo）的居住地。在 20 世纪 50 年代和 60 年代，它在卡尔·福曼（Karl Fuhrmann）的领导下名声大噪。此后，在福曼的孙子岩·艾梅尔（Jan Eymael）的管理下，这家酒庄彻底实现了现代化转型，并生产出了该地区一些备受瞩目的佳酿。逐串精选甜白葡萄酒、逐粒精选甜白葡萄酒和逐粒枯萄精选甜白葡萄酒带有热带水果的芳香、浓郁多汁、价格适中。岩·艾梅尔最成功的创新之作包括与长相思白葡萄酒风格相近的干型施埃博葡萄酒，以及来自昂格斯坦的海伦贝格葡萄园和威尔伯格葡萄园的特级园雷司令干白葡萄酒。

菲利普·库恩酒庄

1988 年，年仅 16 岁的菲利普·库恩（Philipp Kuhn）耕种了他的第一个葡萄园。从那时起，他就被誉为法尔兹产区独具才华的新星酿酒师。此后，他将酒庄的面积扩大到 20 公顷。即便是库恩所酿造的最普通的干型雷司令，口感也丰富多汁，而他的特级园干型雷司令葡萄酒口味浓郁，引人瞩目。此外，产自樱桃特级园的葡萄酒口感最为浓郁，而施坦波克特级园出产的葡萄酒口感最为清淡。这些特级园出产的特级园黑皮诺干红葡萄酒也十分出众。酒庄出产的吕特玛特酿葡萄酒（Luitmar）是库恩的顶级佳作，由莱姆贝格、赤霞珠、圣罗兰和桑娇维塞混合调制而成，充满了浓郁的巧克力香气，酒体丰满、单宁坚实且酸度清

未来气候将十分炎热

在过去的几十年里，全球气候变暖导致德国葡萄种植区的气温平均上升了 1℃。当然，这意味着葡萄中会含有更多的糖分，这些糖分经过发酵后，就会转化为葡萄酒中的酒精。自 20 世纪 80 年代以来，气候干燥、阳光充足的法尔兹产区出产的葡萄酒的酒精含量上升了 1.5%，许多干型雷司令葡萄酒的酒精含量上升到 14%，一些干型白皮诺葡萄酒和灰皮诺葡萄酒的酒精含量上升到 15%。2003 年是极其炎热的一年，许多酿酒商猛然意识到酒精量过高这一问题，就连汉斯约格·雷波尔茨（Hansjörg Rebholz）这样的明星酿酒师也在葡萄酒中加入了一定量的酸来维持酒体平衡（最后取得了成功）。据一项科学研究评估，到 21 世纪中叶，预计气温将上升 2 ℃。届时莱茵河平原上法尔兹产区葡萄园内种植的最佳品种将是霞多丽和梅洛。首当其冲受气候影响的可能是早熟的葡萄品种，它们曾是该产区的产业支柱。为了降低雷司令葡萄酒的酒精含量，人们已经开始调整葡萄栽培技术。但白皮诺葡萄酒和灰皮诺葡萄酒又该何去何从呢？

艾斯塔·冯布赫酒庄
产自福斯特的翁格霍伊尔葡萄园的
雷司令葡萄酒辛香浓郁、口感丰富。

施耐德酒庄
强劲有力的斯坦司特酿红葡萄酒再掀新浪潮，
是法尔兹产区优质红葡萄酒的典范。

爽，实属不可多得的独创杰作。★新秀酒庄

艾斯塔·冯布赫酒庄

在当地企业家阿希姆·尼德伯格（Achim Niederberger）、经营者斯特凡·韦伯（Stefan Weber）、葡萄种植兼酿酒师沃纳·塞巴斯蒂安（Werner Sebastian）、酿酒师迈克尔·莱布莱希特（Michael Leibrecht）4 人的共同经营管理下，占地 60 公顷的布赫酒庄（Reichsrat von Buhl）不断发展壮大。除了最普通的酒款外，酒庄还生产干型雷司令葡萄酒，酒体丰满、口感成熟、浓郁多汁且极具个性。

罗尔夫·蒂娜·帕夫曼酒庄

蒂娜·帕夫曼（Tina Pfaffmann）是一位年轻的酿酒师，出自她手的许多优质干白葡萄酒都以贵族（Exklusic）名称进行出售。但是，这些浓郁多汁、甘甜味美的葡萄酒并没有让人掏空钱包，实际上它们价格适中、物超所值。此外，酒庄所产的西万尼葡萄酒可以说是最有特色的。陶土雷司令干白葡萄酒（Steingut）别具一格，它是在大型陶瓷罐中发酵成熟的。此外，酒力强劲的 T 特酿葡萄酒（Cuvée T）是由雷司令、白皮诺和西万尼混酿而成。★新秀酒庄

肖尔酒庄

克劳斯·肖尔（Klaus Scheu）可能会扎个马尾辫，这在法尔兹产区的所有葡萄酒酿造商中显得非同寻常，但是他能酿造出品质绝佳的干白葡萄酒。即使是他酿造的价格最低廉的雷司令葡萄酒、黑皮诺葡萄酒和灰皮诺葡萄酒，口感都十分浓郁，余味无穷。酒庄最顶级的酒款是产自雷辛葡萄园和斯卓海伦贝格葡萄园的白皮诺干白葡萄酒，它们味道虽浓郁但不厚重，易于入口。★新秀酒庄

施耐德酒庄

1994 年，年仅 18 岁的马库斯·施耐德（Markus Schneider）酿造出了自己的第一款葡萄酒。从那以后，他迈出了更大的一步——成立了一家 50 公顷的酒庄，每年生产 40 万瓶葡萄酒，而且每一瓶都价格不菲。要将所有的酿酒工作放在一个酒窖中进行，就需要建造一座超现代的酿酒厂，它看起来就像一艘宇宙飞船，降落在这座寂静的小城埃勒斯塔特（Ellerstadt）。口感丰富而具有表现力的干型雷司令葡萄酒、白皮诺葡萄酒和灰皮诺葡萄酒是施耐德酒庄的主要白葡萄酒款，但是让酒庄一举成名的是色泽深沉、强劲有力但口感柔和的红葡萄酒。酒庄最好的酒款是单宁良好的泰勒红葡萄酒（Tailor）和斯坦司特酿红葡萄酒（Steinsatz）。这两款酒都带有品丽珠和库宾珠所携带的浓郁的黑加仑风味。★新秀酒庄

西格里斯特酒庄

不同寻常的是，托马斯·西格里斯特（Thomas Siegrist）在酒标上使用 Pinot Noir（黑皮诺），而非德文 Spätburgunder（黑皮诺）进行销售，这种做法在德国并不常见。他所酿造的酒款不仅口感丰富、单宁紧实，还极具橡木香味。近年来，西格里斯特酒庄（Siegrist）在干型雷司令葡萄酒上取得了长足进步，赋予了

其浓郁的果香和迷人的魅力。此外，由用大桶酿造的霞多丽葡萄酒是该酒庄备受瞩目的特色佳酿。★新秀酒庄

西纳酒庄

彼得·西纳（Peter Siener）所酿造的干型雷司令葡萄酒和白皮诺葡萄酒不输他最初所酿的令人瞩目的黑皮诺红葡萄酒。这 3 个酒款都酒体饱满、醇厚浓郁，在浓度、和谐度上具有优势，但有时缺乏一些精致之感。酒庄排名靠前的葡萄酒都是以产地的土壤类型命名的：雷司令葡萄酒的名字是板岩，白皮诺葡萄酒的名字是石灰岩，黑皮诺葡萄酒的名字是红砂岩。★新秀酒庄

弗兰克·迈耶酒庄

弗兰克·迈耶（Frank Meyer）和曼努埃拉·坎贝斯·迈耶（Manuela Cambeis-Meyer）长期致力于酿造含有适量酒精的极干型白葡萄酒，在现如今的法尔兹产区，这似乎显得格格不入。但当人饮用他们酿造的葡萄酒时，无需像凯特·摩丝（Kate Moss）那样非得节食不可。干型雷司令葡萄酒需要在中性木材中慢慢成熟，为的是去除其粗涩感。白皮诺葡萄酒和灰皮诺葡萄酒在装瓶时也充满了清新的香气。在红葡萄酒中，"S"系列葡萄牙人干红葡萄酒令人印象深刻，37 号库宾珠特酿干红葡萄酒（Cabernet Cubin Cuvée No.37）也同样令人一品难忘。★新秀酒庄

特奥·明斯酒庄

口感多汁、精致优雅的干型雷司令葡萄酒是特奥·明斯（Theo Minges）酿造的主要酒款。此外，他酿造的晚收雷司令甜白葡萄酒和逐串精选雷司令甜白葡萄酒，以及用琼瑶浆酿造的干型和半干型白葡萄酒，都是整个产区的优秀典范。该系列的新产品是青蛙王子雷司令晚收半干白葡萄酒（Frog King），它在装瓶前要陈酿 18 个月。★新秀酒庄

韦格穆勒酒庄

具有传奇色彩的女强人丝蒂芬妮·韦格穆勒（Stefie Weegmüller）经营家族酒庄已经有 20 多年的时间。在这段时间里，她将酒庄干型和甜型白葡萄酒打造得更加优雅芳香、清新怡人且物超所值。酒庄的明星产品包括产自黑恩乐腾葡萄园的雷司令晚收干白葡萄酒，以及优雅高贵的甜型施埃博葡萄酒和雷司兰葡萄酒。★新秀酒庄

J.L. 狼酒庄

J.L. 狼酒庄（J L Wolf）坐落在一个雄伟壮观的建筑群中，历史可以追溯到 1843 年，这里也是露森酒庄（Weingut Dr Loosen）的恩斯特·露森（Ernst Loosen）进行首次葡萄酒酿造的基地。自 1996 年以来，酒庄所酿造的干型和半干型雷司令葡萄酒一直保持着独特风格，并没有随行就市，选择酿造高酒精含量和酒体厚重的酒款。酒庄最顶级的酒款是产自耶稣葡萄园、松脂石葡萄园，以及福斯特的翁格霍伊尔葡萄园的单一园葡萄酒。

弗兰肯产区

弗兰肯产区（Franken）的英文译名是弗兰肯尼亚产区，长期以来一直不同于德国其他葡萄酒产区。然而，这并非其本意。在 20 世纪七八十年代，德国大多数酿酒师都专注于酿造廉价的甜型葡萄酒，而弗兰肯产区则以带有泥土芬芳的极干型葡萄酒为重，从而彰显其独特性，巴伐利亚人尤其喜爱这种极干型葡萄酒。弗兰肯产区生产此类极干型葡萄酒正是因为这种根深蒂固的印象。然而可悲的是，整整一代巴伐利亚人的味蕾已经习惯了缺乏成熟水果香味、单宁粗糙、口感酸涩的干白葡萄酒。

或许，30 多年前的形势对弗兰肯州的酿酒师极其有利，因为当时他们可以继续用未熟或半熟的葡萄酿造葡萄酒，而且不需计较葡萄园和酒窖中的细枝末节。然而，现在早已今非昔比了。事实上，这些平淡无奇的葡萄酒与当代弗兰肯产区最好的葡萄酒之间的差距，就如同偏远村庄和巴洛克风格的维尔茨堡宫之间的差距，二者有着天壤之别。弗兰肯产区的顶级干白葡萄酒产自维尔茨堡著名的施泰因葡萄园。这座葡萄园坐落在朝南的陡峭山坡上，被石灰岩土壤所覆盖，俯瞰着维尔茨堡这座历史悠久的古城和美因河。这款顶级干白葡萄酒酒力强劲、精致可口，散发着柑橘、梨和蜂蜜的芳香。

弗兰肯产区葡萄酒之所以鲜为人知的原因之一是西万尼葡萄。西万尼葡萄是当地的特色品种，占葡萄园面积（1277 公顷）的 21%。西万尼葡萄引入德国已经有 350 年了，但它在德语区以外仍鲜为人知。

这对于西万尼葡萄来说，实在是明珠蒙尘。在弗兰肯产区，由西万尼葡萄所酿的葡萄酒分为 4 种风格类型：首先是一些酒体适中，酒精含量为 11.5%～12.5% 的干型白葡萄酒，散发着苹果和柑橘的芳香；其次是酒体饱满的干型白葡萄酒，酒精含量在 13%～15% 左右，通常带有成熟李子和异域水果的香气（表示特级园葡萄酒，通常带有"GG""Great Growth"标签，表示其产于特级葡萄园，质量上乘）；再次是一种类似的葡萄酒，有着不太明显的水果香气，单宁也并不突出；最后是一种用贵腐葡萄或冰葡萄酿造而成的餐后甜酒，口感比雷司令更为饱满醇厚。

西万尼葡萄酒之所以有如此多的种类，是因为该地区的其他葡萄品种产量减少、土壤混杂，以及光照过多而造成的。例如，施泰格瓦尔德葡萄园的石膏和淤泥质土壤所产的葡萄酒酒体壮实、口感醇厚，带有植物和烟熏的气味；而美因河下游库尔弗兰肯葡萄园的红色砂岩所产的西万尼葡萄酒口感更顺滑，带有草本和浆果的香味。

这些特质在该地区的干型雷司令葡萄酒和干型白皮诺葡萄酒中也有体现。雷司令葡萄和白皮诺葡萄也是弗兰肯产区的经典品种，但没有西万尼种植面积广。平平无奇的米勒-图高葡萄（最主要的品种，占总葡萄园面积的 30%）酿造的干型白葡萄酒酒体清澈、口感清爽，带有苹果和柠檬风味，通常贴有"弗兰克 & 弗雷（Frank & Frei）"商标出售。

库尔弗兰肯葡萄园因黑皮诺红葡萄酒而享有盛名，而偏远的陶贝尔谷葡萄园所产的红葡萄酒则是由黑皮诺葡萄和陶贝尔施瓦茨葡萄（Tauberschwarz）混酿而成。陶贝尔施瓦茨葡萄是一种几近灭绝的本土品种。

弗兰肯产区因全球变暖，霜寒灾害已经不多见了。事实上，一些具有创新精神的酿酒师已经开始控制葡萄酒的酒精含量。新一代的弗兰肯酿酒师思想更为前卫，他们在葡萄园和酒窖中进行了大量实验。现如今，弗兰肯产区可谓是德国最具活力的葡萄酒产区。

主要葡萄品种

🍇 **红葡萄**

黑皮诺

陶贝尔施瓦茨

 白葡萄

巴克斯

米勒-图高

雷司令

西万尼

白皮诺

年份

2009

这一年是酿造西万尼干型葡萄酒的绝佳年份。对其他种类的葡萄酒来说，也是个不错的年份。

2008

这一年的葡萄酒酸度较高，对白葡萄酒酿造有益。

2007

这是一个绝佳年份，盛产架构平衡的陈年佳酿。红葡萄酒的质量也属上乘。

2006

这一年酿造出了很多酒体饱满、浓郁醇厚、口感新鲜的酒款。然而，也有一些葡萄酒口感厚重、索然无味。

2005

这一年酿造出了绝佳的贵腐葡萄酒，还酿造出一些口感复杂、醇厚浓郁的干白葡萄酒。

2004

这是一个绝佳年份，酿造出了很多中等酒体、口感新鲜的干白葡萄酒。

霍斯特·绍尔酒庄

霍斯特·绍尔酒庄所产的葡萄酒果香浓郁，在弗兰肯产区复兴之路中发挥了关键作用。

![BÜRGERSPITAL WÜRZBURG 2009 SILVANER Würzburger Stein Spätlese trocken FRANKEN]

圣灵酒庄

维尔茨堡施坦因西万尼干白葡萄酒优雅稳重，品质始终如一。

比克尔·施通普夫酒庄

马蒂亚斯·施通普夫（Matthias Stumpf）是来自弗兰肯产区的一位酿酒师。虽然他初出茅庐，但他所酿的葡萄酒却顺滑华美，架构极其平衡。酒庄的葡萄酒产自两个地方的葡萄园：弗里肯豪森镇的葡萄园为石灰岩土壤，所产葡萄酒口感更为圆润饱满，酒体也更为宏大，带有异国风味的果香气息；廷格尔斯海姆市的葡萄园为砂岩土壤。葡萄酒口感更为顺滑，清香芳醇，且带有草本和浆果的气味。除了品质极佳的干型西万尼葡萄酒和雷司令葡萄酒，酒庄还出产一些令人印象深刻的干型施埃博葡萄酒和干型琼瑶浆葡萄酒。★新秀酒庄

布吕格尔酒庄

为人谦逊的哈拉尔德·布吕格尔（Harald Brügel）迅速成长为弗兰肯产区的优秀酿酒师。出自他手的葡萄酒酒色深邃清澈且架构极其平衡，即使酒精含量超过 14% 的葡萄酒中也是如此。酒庄所产的黑中白干型起泡葡萄酒（Spätburgunder Blanc de Noirs）风味超熟，纯净系列干型西万尼葡萄酒（Pur）甘美多汁，甜型葡萄酒都卓越非凡。这 3 个酒款与弗兰肯产区施泰格瓦尔德葡萄园所产的顶级葡萄酒一样，拥有极佳的品质。★新秀酒庄

圣灵酒庄

罗伯特·哈勒（Robert Haller）曾在洛文斯坦皇家酒庄工作，现如今给占地 110 公顷的圣灵酒庄（Bürgerspital）注入了全新动力。圣灵酒庄关注的焦点是干型雷司令葡萄酒和西万尼葡萄酒，产自维尔茨堡的施泰因葡萄园。此外，还有一些已经广受好评的葡萄酒，例如独具特色、优雅爽致的干型小房葡萄酒（Kabinett trocken）。该酒庄的顶级酒款是特级园雷司令干白葡萄酒，其中施泰因葡萄园所产的"哈格曼"系列（"Hagemann"）雷司令干白葡萄酒微妙精致，闻名整个产区。

卡斯泰尔酒庄（弗兰肯产区）

该酒庄坐拥 70 公顷的葡萄园，全称为卡斯泰尔王子酒庄（Castell），是弗兰肯产区最大的私人酒庄。然而，在拿破仑占领德国之前，它一直是卡斯泰尔独立封地的一部分。从带有卡斯泰尔城堡（Schloss Castell）标签的普通干型西万尼葡萄酒，到卡斯泰尔城堡山所产的口感丰富的特级园干型西万尼葡萄酒，都是这个产区的顶级佳酿。这些西万尼葡萄酒凸显出费迪南德·卡斯泰尔（Ferdinand Castell）伯爵的祖先于 1659 年在德国种下的第一株西万尼葡萄的非凡意义。此外，酒庄所产的干型雷司令使人回味无穷，在所有的雷司兰尼系列葡萄酒中，逐串精选甜白葡萄酒、逐粒精选甜白葡萄酒和逐粒枯萄精选甜白葡萄酒都是品质极佳的上乘之作。

洛温斯坦皇家酒庄

已故王子卡尔·F. 祖·洛温斯坦（Carl F zu Löwenstein）对酒庄进行了大刀阔斧的改革，不仅将这座酒庄从历史悠久的原址搬迁，而且更换了酒庄的原班人马。要知道，从 1997 年到 2007 年这 10 年，原班团队一直将该酒庄维持在产区前列。如果在酿造过程中的准备工作没有做到位，那么产自以砂岩土壤为主的弗兰肯产区的葡萄酒可能会变得清淡凛冽。上几个年

份普通葡萄酒就是这种口感。特级园西万尼干白葡萄酒和雷司令葡萄酒具有浓烈的草本和矿物质气息，令人印象深刻。这两款酒产自洪布尔格的卡尔姆斯葡萄园，这些梯田状的葡萄园像宏伟的圆形露天剧场。

冯舍恩博恩伯爵酒庄

冯舍恩博恩伯爵酒庄（Graf von Schönborn）这样一家古老的酒庄是如何成为现如今酒业新星的呢？直到把酒窖中的微生物感染源清除之后，酒庄负责人格奥尔格·胡纳科普夫（Georg Hühnerkopf）才意识到自家酒庄以前生产的葡萄酒受到了极其严重的污染。该酒庄所产的葡萄酒酒力强劲、架构平衡。其中最引人注目的是三星级干型西万尼瓶装葡萄酒（非正式排名），这是这个朝气蓬勃的产区所产的创始型西万尼葡萄酒。★新秀酒庄

汉斯·维尔盛酒庄

赫赫有名的汉斯·维尔盛酒庄（Hans Wirsching）占地 75 公顷，是弗兰肯产区面积较大的酒庄。虽有着庞大的生产规模，但该酒庄所酿造的葡萄酒年复一年地保持着高品质，不禁令人称叹。然而，自从海因里希·维尔盛博士（Dr Heinrich Wirsching）在 20 世纪 70 和 80 年代使该酒庄声名远扬后，酒庄在弗兰肯产区面临的竞争日趋白热化。该酒庄最顶级的葡萄酒口感浓郁（产自康斯柏格葡萄园和尤利乌斯·爱希特山葡萄园的干型雷司令葡萄酒和特级园西万尼葡萄酒），而低端葡萄酒则不尽如人意。

霍夫曼酒庄

年轻的居尔根·霍夫曼（Jürgen Hofmann）重点关注人们所忽视的陶贝尔河谷（由于历史原因该河谷部分位于弗兰肯产区，部分位于符腾堡地区）。他所酿造的干型西万尼葡萄酒和干型雷司葡萄酒丝滑柔顺，因其较低的酒精含量备受瞩目。但真正让他名声大噪的是芳香醇美的红葡萄酒，由黑皮诺葡萄和当地独有的陶伯施瓦茨葡萄混酿而成（陶贝尔施瓦茨葡萄的种植面积只有 15 公顷，非常罕见）。★新秀酒庄

霍斯特·绍尔酒庄

20 世纪 90 年代末，霍斯特·绍尔（Horst Sauer）一夜成名，这也证明弗兰肯产区的酿酒师并未停止不前。尽管有些人认为绍尔酿制的葡萄酒只以果香著称，但实际上出自他手的葡萄酒将浓郁果香和矿物质气息完美地融为一体，独具典雅风格。该酒庄的顶级酒款是来自朗普葡萄园的特级园干型雷司令葡萄酒和特级园干型西万尼葡萄酒，但性价比最高的是半干型小房酒（Kabinett）和晚收系列（Spätlese）葡萄酒。干型米勒-图高葡萄酒和弗兰肯产区最好的甜型葡萄酒同样值得称赞。绍尔的女儿桑德拉（Sandra）现主要从事酿酒工作，但她但对酒庄的改革持谨慎态度。

约翰·鲁克酒庄

约翰·鲁克（Johann Ruck）毫不担心自己的葡萄酒过于前卫。虽然这些葡萄酒口感并不稀薄，但对于像弗兰肯产

区这样一个保守的葡萄酒产区来说，鲁克酿制的葡萄酒还是过于时髦了。产自尤利乌斯·爱希特山葡萄园的干型西万尼葡萄酒和特级园雷司令干白葡萄酒带有泥土的芬芳，酒体紧实。经橡木桶陈酿的"叶肢介"（"Estheria"）系列施埃博葡萄酒，以及采用老藤葡萄酿造的干型灰皮诺葡萄酒，都是引人瞩目的精品佳酿。

尤里乌斯酒庄

尤里乌斯酒庄（Juliusspital）占地 170 公顷，可谓是德国最大的单一园葡萄酒庄。同时，在整个弗兰肯产区，它也是酿造芳香多汁的干型西万尼葡萄酒和雷司令葡萄酒的圣地之一。特级园干型白皮诺葡萄酒、特级园西万尼葡萄酒、特级园雷司令葡萄酒品质相当，都极为出色。口感丰富、优雅精致的乌尔茨堡施坦因（Würzburger Stein）单一园葡萄酒产自兰德萨克葡萄园、普菲尔本葡萄园和埃舍尔多夫·龙普葡萄园（这 3 个葡萄园都是石灰岩土壤）；产自依普霍芬镇尤丽斯·爱哈特·贝格葡萄园（石膏泥灰岩土壤）的葡萄酒强劲有力，且陈年潜力大。这些酒款都是弗兰肯产区的代表作。

卢克特酒庄

乌利齐·卢克特（Ulrich Luckert）和沃尔夫冈·卢克特（Wolfgang Luckert）兄弟所酿的城墙之下（Unter der Mauer）混酿干白葡萄酒由西万尼和雷司令混酿而成，是弗兰肯产区的优质干型葡萄酒，极具独创性。卢克特酒庄（Luckert/Zehnthof）所有的葡萄酒，包括干型西万尼葡萄酒、雷司令葡萄酒和白皮诺葡萄酒所追求的都是强劲口感而非酒精度数。即使是酒庄的"普通级"干型米勒-图高葡萄酒也独具特色。此外，酒庄还有一些品质上乘的红葡萄酒，可惜产量不大。★新秀酒庄

迈克尔·弗罗利希酒庄

迈克尔·弗罗利希（Michael Fröhlich）是小镇上最为谦虚的顶级酿酒师，因此他的葡萄酒有时会被人们忽视。弗罗利希酿制的葡萄酒可能没有其他人的葡萄酒那么引人注目，但保持了风味的和谐与平衡，堪称典范。口感丰富、辛香浓郁的干型西万尼葡萄酒是酒庄的旗舰款，物超所值。★新秀酒庄

莱纳尔·绍尔酒庄

在儿子丹尼尔·绍尔（Daniel Sauer）从葡萄酒学校毕业后、开始尝试酿造干型西万尼葡萄酒之前，莱纳尔·绍尔（Rainer Sauer）心甘情愿担任邻居兼远亲霍斯特·绍尔（Horst Sauer）的副手。如今，声名远扬的"L"系列西万尼葡萄酒跻身世界顶级的干型西万尼葡萄酒，口感丰富的费尔南（Freiraum）系列则重新诠释了绝佳干型西万尼葡萄酒的真谛。★新秀酒庄

鲁道夫·福斯特酒庄（弗兰肯产区）

保罗·福斯特（Paul Fürst）和塞巴斯蒂安·福斯特（Sebastian Fürst）父子俩酿造的顶级葡萄酒品种繁多，令人难以置信，在德国乃至全世界都是首屈一指的。在中性橡木桶中（由保罗负责）酿造的干型雷司令葡萄酒浓郁凝练、芬芳馥郁，在瓶中最少沉置两年之久，但从第一天起便呈现水晶般清澈的酒

霍夫曼酒庄
尤根·霍夫曼酿造的葡萄酒
酒体清澈、口感极为浓郁。

尤里乌斯酒庄
西万尼干白葡萄酒洋溢着
醋栗和奇异果的芳香。

体，并融合了矿物质气息。带有勃艮第风格、橡木桶陈酿的干型白皮诺葡萄酒（由塞巴斯蒂安酿造）是德国此类风格最具代表性的佳作。然而，酒庄出产的蓝皮诺（一种黑皮诺的变种）葡萄酒虽然口感丰富、诱惑动人，但人们还是认为口感浓郁、单宁充沛的黑皮诺（由塞巴斯蒂安酿造）葡萄酒才是酒庄真正的顶级佳作。

施密特子女酒庄（弗兰肯产区）

从父亲卡尔·马丁·施密特（Karl Martin Schmitt）手中接手酒庄后，马丁·施密特（Martin Schmitt）耗费数年才确定了自己独有的酿酒风格。从 2007 年开始，酒庄出产的葡萄酒就在弗兰肯葡萄酒中独占鳌头。它们现在酒体更加轻盈，口感也更加活泼雅致，但强度不减。产自马伯瑟格普通葡萄园的干型西万尼葡萄酒雷司令葡萄酒与产自普菲尔本著名葡萄园的特级园系列葡萄酒（口感更为辛辣）口感极为相近。

J.斯托林·克罗尼克酒庄（弗兰肯产区）

阿明·斯托林（Armin Störrlein）和他的女婿马丁·克罗尼克（Martin Krenig）都有自己独特的酿酒风格，人们常常形容其为"老式"（但不够恰当）。他们的葡萄酒装瓶的时间比弗兰肯产区的大部分葡萄酒都要晚，而且大多数葡萄酒都要在中性木桶中存放数月，但这些葡萄酒依然保持新鲜的口感与动人的香气。这一点在左能史杜尔葡萄园的特级园干型白皮诺葡萄酒上展现得淋漓尽致，这款酒散发着奶油的香甜气息，令人印象深刻。同时，这款酒也是用白皮诺葡萄酿制的顶级葡萄酒。此外，酒庄所产的干型雷司令葡萄酒和西万尼葡萄酒同样使人难忘。

韦尔特纳酒庄（弗兰肯产区）

保罗·韦尔特纳（Paul Weltner）在弗兰肯产区的施泰格瓦尔德地区酿造出了果香浓郁的干型葡萄酒，这一地区的石膏泥灰岩土壤往往会使葡萄酒的口感更为浓郁，但有时也会产出一些口味寡淡的酒款。干型施埃博葡萄酒是继干型西万尼葡萄酒、干型雷司令葡萄酒和干型米勒-图高葡萄酒之后的又一款特色佳酿。★新秀酒庄

温兹霍夫·斯塔尔酒庄（弗兰肯产区）

克里斯蒂安·斯塔尔（Christian Stahl）和西蒙·斯塔尔（Simone Stahl）创造了一种全新的弗兰肯葡萄酒风格，特别芳醇且活泼动人，给弗兰肯产区的淳朴风格注入特别的现代感。该酒庄酿造出一款极具个性且口感极为清淡的酒款，以钢铁羽毛（Feder Stahl）命名销售。而以大马士革钢（Damaszener Stahl）命名的中档葡萄酒，风格大胆且极具表现力。值得一提的是带有矿物质芳香的米勒-图高葡萄酒，产自陶贝尔河谷的哈森内特地区。此外，酒庄还酿造出一款品质极佳的西万尼葡萄酒，浓郁凝粹、易于入口。这款酒完美证明了克里斯蒂安·斯塔尔就是德国干白葡萄酒界的昆汀·塔伦蒂诺（Quentin Tarantino）。★新秀酒庄

巴登和符腾堡产区

巴登产区（Baden）和符腾堡产区（Württemberg）都是重要的葡萄酒产区。巴登产区在莱茵河谷西侧拥有 1.6 万公顷葡萄园，而符腾堡产区在莱茵河支流内卡河附近拥有 1.1 万公顷葡萄园。尽管这些葡萄园规模庞大，但在德国以外却鲜为人知。这两个产区的人们也对外面的葡萄酒了解甚少，因为当巴登和符腾堡的葡萄酒种植者谈论到"出口"时，他们通常指的是出口到柏林或科隆这样的地方。导致这种狭隘眼光的原因很简单。与德国大部分产区相比，巴登产区和符腾堡产区的葡萄酒一直是当地饮食的一部分。在这两个产区，社会各阶层的人都喜欢喝葡萄酒。

主要葡萄品种

红葡萄

莱姆贝格

黑皮诺

特罗灵格（符腾堡产区特产）

维斯贝格赤霞珠

白葡萄

灰皮诺

雷司令

年份

2009
这是绝佳的年份，出产的葡萄酒饱满圆润、种类繁多。

2008
这一年出产的干白葡萄酒新鲜脆爽，出产的红葡萄酒圆润醇厚，令人印象深刻。

2007
对于红葡萄酒来说，这是迄今为止最好的年份，还出产了一些醇厚浓郁的干白葡萄酒。

2006
这一年，葡萄孢菌破坏了许多干白葡萄酒的口感，产量也大幅降低了，但也出产了一些不错的红葡萄酒。

2005
虽不如北部地区，但这年此地也出产了一些优质干白葡萄酒和更优质的红葡萄酒。

2004
这一年逐渐恢复正常，出产了酒体适中的干型葡萄酒，芬芳扑鼻、引人入胜。

巴登产区的干型葡萄酒口感温润浓郁，通常供当地人和游客搭配餐点享用。巴登产区南部的大部分地区都坐落于黑森林（Schwarzwald）的西部山麓，独具特色的葡萄园则是该地区主要的景点。在符腾堡，用四分之一升杯（Viertele）饮用的口感清淡的传统葡萄酒搭配餐点冷盘（Vesper），是当地人生活中不可或缺的一部分。巴登和符腾堡产区的气候差异很大，因此酿出的葡萄酒种类繁多。

自巴登产区的餐点开始赢得米其林星及当地标志性的白葡萄酒得到改良后，巴登产区在德国人心中的形象一直良好。灰皮诺葡萄之前叫作鲁兰德（Ruländer），后于 1979 年被重新命名为灰皮诺。鲁兰德这个名字在大众意识中与甜美醇厚的葡萄酒和精致佳肴并不相配。与此同时，酿酒技艺的变化赋予灰皮诺葡萄酒更清淡、清新、脆爽的口感，一举成为现代德国第一批风靡一时的佐餐酒。由于阿尔萨斯灰皮诺葡萄酒现在属于半干型或甜型葡萄酒，所以巴登产区的顶级灰皮诺葡萄酒堪称最具特色的干型葡萄酒。

近来，巴登产区已经成为红葡萄酒之乡。巴登地区种植了超过 5900 公顷的黑皮诺葡萄，在德国称其为Spätburgunder。巴登产区的顶级黑皮诺葡萄酒可以与勃艮第产区或任何其他产区的顶级黑皮诺葡萄酒相媲美。唯一的问题是，巴登产区的顶级葡萄酒的数量要远多于普通葡萄酒，且巴登产区的黑皮诺葡萄口感饱满圆润、易于入口。

在符腾堡产区，71% 的葡萄园种植的是酿造红葡萄酒的葡萄品种，其中近三分之一是不起眼的特罗灵格葡萄，由它酿造的葡萄酒口感清淡、酒体淡雅。但特罗灵格葡萄因过度种植导致其酿出的葡萄酒酒体稀薄、口感酸涩，符腾堡产区也因此获得了"特罗灵格葡萄王国"的绰号。特罗灵格葡萄需要种植在气候非常温暖的葡萄园，才能成熟得恰到好处，因此霸占了其他葡萄品种的生长空间，很多被霸占的葡萄品种都能够酿出高品质的红葡萄酒。通过大幅降低产量，可以使特罗灵格葡萄酿造出真正可口的红葡萄酒，而这也是许多种植户现在正在遵循的方法。

符腾堡产区的主要红葡萄酒酒款包括辛香柔顺的莱姆贝格红葡萄酒（这个酒款在奥地利被称为蓝佛朗克红葡萄酒，在匈牙利被称为蓝色妖姬红葡萄酒）和强劲浓郁的特酿红葡萄酒，还包括维斯贝格赤霞珠红葡萄酒。赤霞珠葡萄和当地葡萄的杂交品种是由维斯贝格镇著名的葡萄酒学校培育出来的，这个学校靠近海尔布隆市，这一杂交品种比赤霞珠葡萄更适合当地的气候条件。然而，在德国以外的地区，这个充满活力的品种和瑞姆斯特尔地区浓郁芳香的新长相思葡萄一样鲜为人知。但这些葡萄酿制的葡萄酒在德国却十分受欢迎。

巴登产区和符腾堡产区都以合作酒庄为主，大部分酒庄规模不大，但总体水平很高。在巴登产区，都巴赫市的合作酒庄一枝独秀。而在符腾堡产区，维尔滕贝格学院和昂特尔克海姆酒庄超群绝伦。这 3 家合作酒庄都是开创干型雷司令葡萄酒复兴之路的先驱力量。巴登产区拥有 1000 公顷雷司令葡萄，这一数字在符腾堡产区是 2000 公顷。

亚历山大·莱贝尔酒庄

亚历山大·莱贝尔酒庄出产的恰拉雷司令干白葡萄酒精炼浓郁、层次丰富，是一款精心调配的葡萄酒。

波彻酒庄

波彻酒庄出产的红葡萄酒酒力强劲，需要经长时间陈酿才能焕发真正光彩。

阿希姆·贾尼什酒庄（巴登产区）

盖森海姆葡萄酒学院的毕业生阿希姆·贾尼什（Achim Jähnisch）早在1999年就建立了自己的酒庄，并迅速成为巴登产区干白葡萄酒的主要生产商。酒庄的许多酒款都是在旧的橡木桶中陈酿而成，因此酒中的橡木气味不易被察觉。此外，饱含矿物质气息的雷司令葡萄酒和灰皮诺葡萄酒具有巨大的陈年潜力。典雅精致、工艺复杂的霞多丽葡萄酒是唯一一款具有明显橡木味的干白葡萄酒，而个性鲜明、口感清爽的古特德葡萄酒则极具性价比。值得一提的是，黑皮诺红葡萄酒的单宁紧致，令人印象深刻。★新秀酒庄

阿尔布雷希特·施韦格勒酒庄（符腾堡产区）

1990年，在没有任何资金储备的情况下，仅凭着一小块葡萄园，阿尔布雷希特（Albrecht Schwegler）和安德烈亚·施韦格勒（Andrea Schwegler）开始对符腾堡产区的红葡萄酒进行改革。宝石特酿葡萄酒（cuvée Granat）是二人打造的第一个酒款，一经推出即大获全胜。该酒以梅洛葡萄和茨威格葡萄为主，有时会加入少量西拉葡萄或品丽珠葡萄混酿，是符腾堡产区最令人印象深刻的"大红葡萄酒"，并且能够像竞争酒款一样进行长时间陈酿。萨菲尔（Saphir）是一款浓度稍低、单宁更为柔和的特酿葡萄酒，也是符腾堡产区顶级红葡萄酒，而贝里尔（Beryll）则是一款果味更加浓郁的葡萄酒，适合年轻人饮用。这两款酒都在橡木桶陈酿了两年之久。★新秀酒庄

奥尔丁格酒庄（符腾堡产区）

奥尔丁格（Aldinger）家族3代人酿造了一系列优质葡萄酒。这些酒款的种类繁多，包括果味浓郁的干白葡萄酒和班兹干红葡萄酒（Bentz）、层次复杂且无芳草气息的"S"系列长相思干白葡萄酒（Sauvignon Blanc "S"）、口感柔和的"M"系列梅洛干红葡萄酒（"M" Merlot），以及由赤霞珠葡萄酿造而成的酒力强劲的"C"系列干红葡萄酒。酒庄的特级园系列葡萄酒包括产自晶石葡萄园的黑皮诺干红葡萄酒（Spätburgunder）和菲尔巴赫·莱姆勒葡萄园的莱姆贝格干红葡萄酒（Lemberger），关于这两款酒所散发出的浓郁吐司和香草香味是否得益于新橡木桶陈酿，一直莫衷一是。值得庆幸的是，产自莱姆勒葡萄园的特级园雷司令干白葡萄酒口感浓郁、成熟度极高，而且没有橡木桶的气味。此外，酒庄所推出的逐串精选甜白葡萄酒和冰酒也品质极高。

亚历山大·莱贝尔酒庄（巴登产区）

亚历山大·莱贝尔（Alexander Laible）的酒庄前身是面包店。酒庄有两处葡萄园，一处是位于巴登产区北部40千米处的雷司令葡萄园，另外一处是位于巴登产区南部40千米处的白皮诺、灰皮诺和霞多丽葡萄。亚历山大·莱贝尔酒庄是巴登产区风格转型的新星代表。酒庄在2007年推出了第一款干白葡萄酒，该酒芳香浓郁、清新怡人，有很大的陈年潜力。酒庄的雷司令葡萄酒中最值得一提的是恰拉（Chara）雷司令干白葡萄酒和迪奥斯（Dios）雷司令干白葡萄酒。如果你想要品尝一些酒庄的混酿酒款，请寻找带有"SL"字样包装的葡萄酒。★新秀酒庄

安德鲁斯·莱贝尔酒庄（巴登产区）

来自奥尔滕瑙（Ortenau）山麓的顶级酿酒师安德鲁斯·莱贝尔（Andreas Laible）在占地仅7公顷且饱经风霜的花岗岩斜坡上，酿造出了芳香馥郁、丝滑柔顺的雷司令干白葡萄酒，这些酒款在巴登产区都是独一无二的。他所酿造的顶级酒款是特级园系列雷司令干白葡萄酒和玛瑙系列（Achat）雷司令干白葡萄酒。在这两个系列的葡萄酒中，浓郁果香和矿物质清香达到了近乎完美的平衡。由施埃博葡萄和琼瑶浆葡萄混酿而成的逐串精选干白葡萄酒酒体清澈、典雅精致、浓郁多汁。这也难怪莱贝尔酒庄几乎赢得了德国所有的葡萄酒奖项!

波彻酒庄（巴登产区）

波彻酒庄（Bercher）的葡萄酒从来没有让人失望过。但毫无疑问，酒庄的新时代已然到来。马丁·波彻（Martin Bercher）负责管理葡萄园，他的兄弟阿恩·波彻（Arne Bercher）负责酿酒。兄弟二人给酒庄注入全新动力。珍藏级干白葡萄酒是酒庄的主推产品，酒体澄澈、果香浓郁，给人留下深刻印象。相比之下，产自城堡花园葡萄园和火山园葡萄园的特级园灰皮诺干红葡萄酒，以及产自火山园葡萄园的特级园白皮诺干白葡萄酒不仅酒力强劲、浓郁多汁，还具有强烈的矿物质气息。酒庄的红葡萄酒仍然像以往一样具有雄伟的酒体，但口感多了几分鲜活。

波彻·施密特酒庄

弗朗茨·威廉·施密特（Franz Wilhelm Schmidt）酿造的白皮诺干白葡萄酒和灰皮诺干白葡萄酒是凯泽斯图尔地区（Kaiserstuhl）白葡萄酒界的无名英雄。这两款酒不仅有巴登产区典型的酒体和成熟度，还具有罕见的优雅气质和优秀的陈年潜力。酒庄的明星酒款是产自罗森克兰兹葡萄园的白皮诺干白葡萄酒和产自斯坦因布克葡萄园的灰皮诺干白葡萄酒。此外，酒庄酿造的干型西万尼葡萄酒也是上乘之作。★新秀酒庄

伯恩哈德·埃尔旺格酒庄（符腾堡产区）

施瓦本长相思干白葡萄酒（Sauvignon Blanc Junges Schwaben）又名"年轻的斯瓦比亚"（Young Swabia），出自斯文·埃尔旺格（Sven Ellwanger）之手，他本人是符腾堡产区酿酒师团队的新成员。这款酒散发着蜜瓜和蔓越莓的芳香。只需一品，你就会明白为什么长相思葡萄曾经是瑞姆斯特尔山谷（Remstal Valley）主要种植的白葡萄品种。然而，埃尔旺格所酿造的浓郁多汁的雷司令干白葡萄酒和种类繁多的红葡萄酒同样令人印象深刻。其中最好的是价格适中的创造尼禄葡萄酒（Kreation Nero），该酒由莱姆贝格葡萄、黑皮诺葡萄、丹菲特葡萄和梅洛葡萄酿而成，果香浓郁、单宁柔和。现如今的伯恩哈德·埃尔旺格酒庄（Bernhard Ellwanger）蒸蒸日上，不可阻挡。★新秀酒庄

伯恩哈德·胡贝尔酒庄（巴登产区）

伯恩哈德·胡贝尔（Bernhard Huber）和芭芭拉·胡贝尔（Barbara Huber）的酒庄创建于1987年，该酒庄属德国最早成立的一批酒庄。建立之初，它就成为巴登产区黑皮诺红葡萄酒的主要生产商。酒庄的高科技使得伯恩哈德能够不断完善其

受勃艮第风格启发的酒款。从 2000 年的酒款开始，他已经完全建立了自己的葡萄酒风格。他所酿造的 4 款单一园葡萄酒分别产自蜂山葡萄园、索默哈德葡萄园、城堡山葡萄园，以及威尔顿斯坦因葡萄园。这 4 个酒款都是世界级的特级园黑皮诺干红葡萄酒，浓郁醇厚、口感柔和、单宁良好，无丝毫冗余厚重感、无橡木气息。此外，即使采用新藤葡萄酿造的新藤黑皮诺干红葡萄酒（Spätburgunder Junge Reben）也充满了浓郁果香，极具魅力。经橡木桶陈酿的白皮诺干白葡萄酒、灰皮诺干白葡萄酒和霞多丽葡萄酒（采自稀有的老藤葡萄酿造而成）都是拥有极佳平衡感的佳酿，同样风格的马特勒（Malterer）白葡萄酒（由白皮诺葡萄和销声匿迹的凡思美葡萄酿制而成的特酿葡萄酒）是一款拥有卓越质感的干白葡萄酒。

博伊雷尔酒庄（符腾堡产区）

1997 年，博伊雷尔夫妇离开了当地的合作酒庄，开始在自家的车库里酿制葡萄酒。从那以后，前欧洲小轮车越野赛（BMX）冠军约亨·博伊雷尔（Jochen Beurer）成了符腾堡产区最激进的雷司令干白葡萄酒酿造商，他严格按照葡萄园土壤类型销售葡萄酒。博伊雷尔酒庄（Beurer）酿造的葡萄酒富含矿物和香料的芳香，口感虽浓郁，但并不过于厚重（这是雷司令葡萄酒在该产区经常遇到的问题），它们的味道在德国独一无二。酒庄最好的酒款产自基泽尔斯坦因葡萄园（砾石砂岩土壤）。酒力强劲的干型灰皮诺葡萄酒和半干型琼瑶浆葡萄酒的酿造方式相似，都令人印象深刻。此外，酒庄出产的红葡萄酒的品质也得到了大幅提升。★新秀酒庄

拉文斯堡酒庄（巴登产区）

在巴登产区被低估的北部地区，拉文斯堡酒庄（Burg Ravensburg）出产了一些令人印象深刻的白葡萄酒和红葡萄酒。酒庄所酿造的雷司令干白葡萄酒、白皮诺干白葡萄酒和灰皮诺干白葡萄酒从不缺乏浓郁成熟的果香，还具有矿物质的凉爽清新之感。其中，产自轻骑兵葡萄园的特级园雷司令干白葡萄酒是酒庄的顶级佳酿。此外，酒庄出产的红葡萄酒酒力强劲、单宁充沛，口感又不过于醇厚。

克劳斯酒庄（巴登产区）

苏珊娜·克劳斯（Susanne Clauss）和贝特霍尔德·克劳斯（Berthold Clauss）的酒庄距离瑞士边境仅数米之远。酒庄酿造出了巴登产区口感最顺滑、最鲜活的干白葡萄酒。酒庄也酿造出了该地区最好的米勒-图高葡萄酒，是巴登产区价格最便宜的酒款。酒庄最顶级的葡萄酒是产自纳克市的芳香优雅的白皮诺和灰皮诺干白葡萄酒，以及箭石黑皮诺黑中白干白葡萄酒（Spätburgunder Blanc de Noirs Belemnit）。最后这款酒产自一种罕见的、化石含量丰富的土壤，是巴登产区极具创意的干白葡萄酒。此外，酒庄的红葡萄酒品质也在迅速提升。★新秀酒庄

多泰尔酒庄

从 20 世纪 90 年代到 21 世纪初，恩斯特·多泰尔（Ernst Dautel）一直在孜孜不倦地改进符腾堡产区红葡萄酒的质量，原本品质极高的干白葡萄酒相形见绌。多泰尔酒庄（Dautel）酿造出的白皮诺葡萄酒（包含不含有橡木桶气味的三星级酒款和带有

居根·埃尔万格酒庄
居根·埃尔万格酒庄酿造的红葡萄酒在符腾堡产区属上品。

黑格博士酒庄
小嘲鸫是一款层次丰富、酒力强劲且带有淡淡橡木香味的黑皮诺红葡萄酒。

新鲜烤橡木桶气息的四星级酒款），以及强劲爽口的顶级干型雷司令葡萄酒都是该产区的顶级佳酿，无人能敌。这些酒款也具有极大的陈酿潜力，它们能够在瓶中存放 10 年之久。酒庄大多数顶级红葡萄酒都以"S"命名出售，而醇厚浓郁的莱姆贝格葡萄酒则是酒庄的新星酒款。喜欢单宁粗涩的人可能更喜欢酒力强劲的创造红葡萄酒（Kreation），这款酒由赤霞珠葡萄、梅洛葡萄和莱姆贝格葡萄混酿而成。多泰尔的儿子克里斯蒂安（Christian）已经加入酿酒团队，开始给团队注入新创意。★新秀酒庄

黑格博士酒庄（巴登产区）

20 世纪 80 年代，约阿希姆·黑格（Joachim Heger）是巴登产区酿造全新风格干型灰皮诺葡萄酒的先驱。20 世纪 90 年代，他又在开发全新风格的经橡木桶陈酿的黑皮诺葡萄酒的道路上位居前列。现如今，产自夷陵克莱贝格葡萄园和艾科城堡山葡萄园（巴登产区凯泽斯图尔地区最大的两个葡萄园）的各种类型的干白葡萄酒皆为上品，而且酒庄的葡萄酒已经克服了过度陈酿的问题。即使是采用常被忽视的西万尼葡萄酿制的葡萄酒，也展现出夷陵克莱贝格葡萄园所产葡萄的特有精致优雅，饱含香料的芳香气息。此外，酒庄的黑皮诺葡萄酒酒体雄伟、口感温和醇厚。

德劳兹·阿布莱酒庄（符腾堡产区）

马库斯·德劳兹（Markus Drautz）从父亲理查德·德劳兹（Richard Drautz）的手中接手酒庄，他的父亲是个很有魅力的人。他所酿造的红葡萄酒都以"RD"为标志。此外，马库斯还很快升级了白葡萄酒，让它们口感更新鲜，更富香气。干型雷司令葡萄酒、白皮诺葡萄酒、灰皮诺葡萄酒和特酿葡萄酒（由两种白皮诺葡萄品种和大量的西万尼葡萄混酿而成）都给人留下了深刻印象。酒庄的新款红葡萄酒则更加柔顺优雅：以哈迪斯（Hades）命名销售的红葡萄酒由多品种的梅洛葡萄和莱姆贝格葡萄混酿而成；以约多库斯（Jodokus）命名销售的红葡萄酒由赤霞珠葡萄、梅洛葡萄和莱姆贝格葡萄混酿而成。二者皆为佳酿，令人印象深刻。

弗里茨·凯勒酒庄（巴登产区）

施瓦泽·阿德勒（Schwarzer Adler）是一家保守的餐厅，自我认同感极高，赢得了德国第一颗米其林之星的荣誉，并蝉联多年。弗里茨·凯勒（Fritz Keller）所酿造的极干型白葡萄酒，工艺精良且复杂，是高品质的佐餐葡萄酒，而这一特质也是受这家餐厅的影响。未经橡木桶陈酿的白皮诺葡萄酒和灰皮诺葡萄酒酒体清澈、原汁原味。经温和橡木桶陈酿的精选系列（Selection）葡萄酒和酒力更强劲的精选 A 系列（Selection A）葡萄酒则更加优雅精致，二者各有千秋，很难一决高下。自 21 世纪初以来，黑皮诺红葡萄酒的品质突飞猛进，更具勃艮第风格。★新秀酒庄

格拉夫·尼庞尔格酒庄（符腾堡产区）

格拉夫·尼庞尔格酒庄（Graf Neipperg）的历史至少可以追溯到 1248 年，但卡尔·尤根·埃尔布拉夫·祖内佩尔格（Karl Eugen Erbgraf zu Neipperg）一直孜孜不倦地努力，并发起了大规模的葡萄再植计划，该酒庄一举成为符腾堡产区迄今

萨尔维酒庄

萨尔维酒庄的特级园灰皮诺葡萄酒是巴登产区的顶级葡萄酒，产自基希贝格葡萄园。

科伦布酒庄

科伦布酒庄出产的 SK 系列黑皮诺红葡萄酒可以与勃艮第老产区的黑皮诺葡萄酒相媲美。

为止最具个性的大型酒庄。产自尼庞尔格城堡山园的干型雷司令葡萄酒具有美妙的芳香气息和优雅气质，而这种特质只有在顶级半干型麝香葡萄酒中才能找得到。和高贵甜美的琼瑶浆葡萄酒一样，这款干型雷司令葡萄酒也是符腾堡产区同类酒中最好的一款。酒庄还出产了富有表现力的干型特罗灵格葡萄酒，也是符腾堡产区同类酒中的最佳作品。据传说，尼庞尔格家族在 17 世纪将莱姆贝格葡萄从奥地利带到符腾堡产区，产自城堡山葡萄园的特级园莱姆贝格葡萄酒（Lemberger Grosses Gewächs）层次丰富、精妙优雅。在葡萄酒浓度方面，引人瞩目的新款 SE 系列梅洛葡萄酒更加浓郁强劲。★新秀酒庄

居根·埃尔万格酒庄（符腾堡产区）

居根·埃尔万格酒庄（Jürgen Ellwanger）秉性低调，位于瑞姆斯特尔山谷的狭窄地段，因此也就不难理解为什么酒庄的知名度远没有预期的高。尼哥底母混酿红葡萄酒（Nicodemus）由梅洛葡萄、莱姆贝格葡萄和库宾珠葡萄混酿而成，口感丰富、单宁充沛，是符腾堡产区的顶级红葡萄酒。但这个酒款面临着激烈的内部竞争，一款是浓郁醇厚的地狱茨威格红葡萄酒（Hades Zweigelt）；另一款是醇厚柔顺的特级园黑皮诺红葡萄酒，产自利希滕贝格葡萄园。利希滕贝格葡萄园同样位于符腾堡产区，出产的雷司令干白葡萄酒口感新鲜、饱含矿物质气息，但与其红葡萄酒相比，还是稍逊一筹。

卡尔·海德勒酒庄（符腾堡产区）

20 世纪 80 年代，汉斯·海德勒（Hans Haidle）以其酿造的极干性雷司令葡萄酒而名声大噪。然而现如今，他因酿造出了符腾堡产区酒力最强劲、单宁最充沛的红葡萄酒而闻名，其中最著名的莫过于采用莱姆贝格葡萄酿造的地老虎特酿葡萄酒（cuvée Ypsilon），弥漫着浓郁的黑莓水果、吐司和香醋的芳香气息。产自施奈特·伯格海德勒葡萄园的特级园黑皮诺红葡萄酒浓郁醇厚，虽酒精含量略高（14%），但口感还是极其温和的。近年来，酒庄所产的雷司令干白葡萄酒极其蜜桃香气、柔软多汁，酒力强度也得到了极大的提升，堪称现代符腾堡产区葡萄酒的典范之作。

卡尔·H. 约勒酒庄（巴登产区）

1985 年，卡尔·海因茨·约勒（Karl Heinz Johner）在自家车库里创建了以自己名字命名的酒庄。当时，他在英国兰伯赫斯特村（Lamberhurst）从事酿酒工作，每天往返在长途上下班的路上。和当时一样，现在酒庄所有的酒都是在橡木桶中陈酿成熟的，包括干型丽白娜葡萄酒（又名米勒-图高葡萄酒）。卡尔·海因茨·约勒对这款葡萄酒的描述是："谢天谢地，它尝起来不像一般的米勒-图高葡萄酒！"他的儿子帕特里克如今已接手酒庄，将酒庄这种敢为人先的精神继承下来。由白皮诺葡萄和霞多丽葡萄混酿而成的干白葡萄酒一直是德国的顶级橡木桶陈酿白葡萄酒，此外具有新西兰风格的长相思葡萄酒也十分出色。酒庄出产的黑皮诺红葡萄酒，酒力强劲且架构平衡。此外，具有"SJ"标识的酒款代表珍藏级葡萄酒。

基斯滕马赫·亨格勒酒庄（符腾堡产区）

如果有人怀疑特罗灵格葡萄（在意大利的上阿迪杰产区被称

为菲玛切红葡萄酒）是否能酿出真正的红葡萄酒，不妨去品尝一些汉斯·亨格勒（Hans Hengerer）酿造的老藤特罗灵格红葡萄酒（Alte Reben）。它的口感有些像兄弟酒款新士瓦本黑皮诺干红葡萄酒（Spätburgunder Junges Schwaben），这款黑皮诺葡萄酒酒力强劲、单宁坚实，堪称符腾堡产区北部最好的黑皮诺葡萄酒。总的来说，他所酿造的红葡萄酒浓郁奔放、极具个性。此外，出自亨格勒之手的雷司令干白葡萄酒酒体饱满、鲜嫩多汁。★新秀酒庄

科伦布酒庄（巴登产区）

早在 1983 年，乌尔里奇·科伦布（Ulrich Klumpp）和玛丽埃塔·科伦布（Marietta Klumpp）就在巴登产区北部的克雷高地区创建了自己的酒庄。为了使酒庄发展壮大（面积接近 24 公顷），他们一直兢兢业业，工作到了 1990 年。如今，他们雄心勃勃的儿子马库斯竭尽全力将科伦布酒庄发展成为巴登产区首屈一指的酿酒商。酒庄的黑皮诺干红葡萄酒都在橡木桶中成熟，浓郁芬芳、单宁坚实。圣罗兰葡萄酒和莱姆贝格葡萄酒（莱姆贝格葡萄是巴登产区的稀有品种）同样口感丰富，甚至单宁更加充沛。顶级霞多丽葡萄酒和灰皮诺葡萄酒经橡木桶陈酿，橡木味恰到好处，和谐优雅，堪称典范。★新秀酒庄

克纳布酒庄（巴登产区）

自 1994 年托马斯·林克（Thomas Rinker）和雷吉娜·林克（Regina Rinker）接管克纳布酒庄（Knab）以来，他们一直在不断提高酒庄葡萄酒的质量。出自他们之手的白皮诺葡萄酒和灰皮诺葡萄酒圆润多汁、架构平衡，是凯泽斯图尔山区的顶级干白葡萄酒，而且性价比极高。虽然黑皮诺红葡萄酒没有那么优雅精致，但成熟饱满、散发着坚果和焦糖的香味。雷吉娜·林克（Regina Rinker）也是一位才华横溢的酿酒师，出自她手的葡萄酒有让时尚现代的品酒室熠熠生辉的魔力。★新秀酒庄

库斯特尔酒庄（符腾堡产区）

库斯特尔酒庄（Kusterer）坐落于埃斯林根镇，这里曾因陡峭的梯田状葡萄园而闻名。但这些葡萄园被渐渐地遗忘了。直到 1983 年，汉斯·库斯特尔（Hans Kusterer）和莫妮卡·库斯特尔（Monika Kusterer）夫妇开始重现这些葡萄园的无穷魅力。这对夫妇是内卡哈尔德葡萄园的唯一所有者，他们酿造的黑皮诺红葡萄酒口感浓郁，享誉符腾堡产区。酒庄酿造的布劳尔茨威格红葡萄酒（Blauer Zweigelt）胡椒味浓重，莱姆贝格葡萄酒则更为辛辣，二者各有千秋，难分伯仲。不过，更胜一筹的当数梅拉克混酿红葡萄酒（Mélac），由梅洛葡萄和茨威格葡萄混酿，层次丰富、酒力强劲。除红葡萄酒外，库斯特尔家族还出产别具一格的干型雷司令葡萄酒和灰诺葡萄酒。

皮克斯酒庄（巴登产区）

皮克斯酒庄（Pix）是一家小型有机生物动力葡萄酒生产商。自 1984 年以来，酒庄在巴登产区的凯泽斯图尔地区生产的干型西万尼葡萄酒、干型雷司令葡萄酒、干型白皮诺葡萄酒和干型灰皮诺葡萄酒价值极高，生产的黑皮诺葡萄酒品质优越。得益于酒

庄主人的儿子汉内斯（Hannes）在盖森海姆葡萄酒学校接受的专业培训，酒庄的葡萄酒品质正在大幅提高。★新秀酒庄

萨尔维酒庄（巴登产区）

自从康拉德·萨尔维（Konrad Salwey）从他的父亲沃尔夫·迪特里希·萨尔维（Wolf Dietrich Salwey）手中接手这个占地 40 公顷的酒庄以来，酒庄所产的顶级干白葡萄酒的风格就发生了明显变化。产自基希贝尔格园葡萄园的特级园灰皮诺葡萄酒浓淳醇厚、口感绵密，带有淡淡的橡木气息。然而，酒庄的一些普通瓶装酒口感更加清淡爽脆，令人印象深刻。近年来，产自格洛特塔尔谷花岗岩斜坡上的干型雷司令葡萄酒取得了长足的进步。长期以来，萨尔维家族致力于生产优雅精致的黑皮诺桃红葡萄酒（Spätburgunder rosés），享誉德国。酒庄出产的黑皮诺红葡萄酒果香馥郁、单宁充沛，极受消费者的欢迎，但缺乏白葡萄酒的优雅气质。

莱伦斯·莱恩施泰因斯费尔德堡酒庄（符腾堡产区）

莱伦斯·莱恩施泰因斯费尔德酒庄（Schloss Lehrensteinsfeld）的克里斯托夫·鲁克（Christoph Ruck）跻身符腾堡产区最伟大的年轻酿酒师之列，但由于他是一个外行人，他的葡萄酒经常被低估。他所酿造的干型和半干型雷司令葡萄酒口感顺滑、极具活力、层次丰富，是符腾堡产区独一无二的上品之作。然而，酒庄令人印象最深刻的葡萄酒当数优雅精致的黑皮诺红葡萄酒，这个酒款颇具勃艮第风格。★新秀酒庄

威尔城堡酒庄（巴登产区）

自 1992 年建筑师吉塞拉·乔斯（Gisela Joos）买下这座酒庄并任命亚历山大·斯宾纳（Alexander Spinner）为酿酒师以来，历史悠久的威尔城堡酒庄（Schloss Neuweier）一直保持着高标准的酿酒水平，代表产品如产自陡峭的墙山葡萄园和城堡山葡萄园的干型雷司令葡萄酒。酒庄的葡萄种植在贫瘠的花岗岩和斑岩土壤中，再加上纯天然的酿酒工艺，使得威尔城堡酒庄的葡萄酒口感柔顺优雅，比其他葡萄酒口感更清淡。酒庄最顶级的酒款当数特级园雷司令干白葡萄酒，产自墙山葡萄园的梯田状金尼斯园，风味超熟、口感活泼。此外，酒庄的普通款葡萄酒也令人印象深刻。★新秀酒庄

施奈特曼酒庄（符腾堡产区）

1997 年，年轻的雷纳·施奈特曼（Rainer Schnaitmann）放弃了当地的合作酒庄的工作，选择自己创业并成为符腾堡产区的明星酿酒师。他以口感丰富、圆润醇厚的葡萄酒重新打响了苏维翁葡萄在瑞姆斯特尔山谷的名声，这是世界上其他地方都无法比拟的。后来，他对黑皮诺红葡萄酒和蓝皮诺红葡萄酒进行了同样的改良，向世人证明这个地区可以生产世界级的黑皮诺葡萄酒。这些葡萄酒风格前卫、浓郁凝粹，带有甘甜的水果芳香，并且无须模仿勃艮第风格的酒款。自 2007 年以来，酒庄的干型雷司令葡萄酒凭借层次丰富浓郁且微妙的口感一跃成为世界级的葡萄酒。精品葡萄酒价格不菲，但按照国际标准来看，这些葡萄酒的高品质值得高价。★新秀酒庄

施耐德酒庄（巴登产区）

施奈德酒庄（Schneider）规模较小，是家族式酒庄。尽管恩丁根镇没有著名的葡萄园，但施奈德酒庄在巴登产区的凯泽斯图尔地区生产出了一些最独特的干白葡萄酒和红葡萄酒。施耐德家族没有将葡萄园的名称写在酒瓶标签上，而是用"A"来表示产自沃土、用"C"表示产自黄土、用"R"表示产自火山土壤。黑皮诺红葡萄酒是酒庄最著名的葡萄酒，果味浓郁。酒庄的白皮诺干白葡萄酒和鲁兰德干白葡萄酒（现在称其为灰皮诺葡萄酒）也令人印象深刻。★新秀酒庄

西格酒庄（巴登产区）

西格酒庄（Seeger）坐落于巴登产区的最北部，紧邻南部海德尔堡市，但托马斯·西格（Thomas Seeger）酿造出了整个巴登产区单宁最为充沛、口感最为浓郁的黑皮诺葡萄酒。但是极低的产量和过度追求的完美主义也让酒庄付出了许多代价。价格适中的白皮诺干白葡萄酒和灰皮诺干白葡萄酒口感丰富、质地细腻、独具一格，与酒庄出产的红葡萄酒相比也毫不逊色。★新秀酒庄

西加特·克雷斯酒庄（巴登产区）

克里斯汀·克雷斯（Kristin Kress）和托马斯·克雷斯（Thomas Kress）是博登湖（Lake Constance）北岸主要的白葡萄酒酿造商。他们的葡萄酒结合了巴登产区酒体轻盈，芳醇鲜香的特点，且带有浓郁的水果芬芳和鲜爽口感。充满活力的干型米勒-图高葡萄酒可能会让人误认为是雷司令，浓厚饱满但清新爽口的灰皮诺与凯泽斯图尔地区其他一些口感厚重的灰皮诺葡萄酒截然不同。酒庄出产的黑皮诺桃红葡萄酒是德国的顶级桃红葡萄酒。★新秀酒庄

避难所酒庄（巴登产区）

来自德国北部奥斯特罗德县的汉斯·伯特·埃斯佩（Hans-Bert Espe）和帕德博恩市的西尔克·沃尔夫（Silke Wolf）在盖森海姆葡萄酒学院学习时相识，并于 2003 年在巴登产区的奥芬堡市建立了他们的小酒庄。他们给自己的酒庄起了一个古怪的名字，因为酒庄最初是一处避难所。后来，他们把酒庄搬到了巴登产区布赖施高区的肯青根镇，紧挨占地 4 公顷的葡萄园。此外，酒庄还有一座定制酿酒厂。酒庄出产的黑皮诺红葡萄酒酒力强劲、单宁充沛、层次丰富，是该地区的顶级红葡萄酒。它的兄弟酒款口感更为清淡、风格质朴。避难所酒庄（Shelter Winery）还生产类似塞克葡萄酒和黑中白葡萄酒的香槟酒，两个酒款均采用 100% 的黑皮诺酿造而成。★新秀酒庄

梅尔斯堡州立酒庄（巴登产区）

在居根·迪特里希（Jürgen Dietrich）博士的指导下，这家国有酒庄已经成为康斯坦茨湖（博登湖）区域经济复苏的动力来源。这里所种植的黑皮诺葡萄一半用于酿造桃红葡萄酒、一半用于酿造红葡萄酒，产自本格尔葡萄园的桃红葡萄酒品质极佳。在所有酒款中，产自盖林根村里特尔哈德葡萄园的黑皮诺葡萄酒是口感最强劲、层次最丰富的，里特尔哈德葡萄园的土壤与教皇新堡产区的土壤类型相似。干型米勒-图高葡萄酒产自恩特维勒·奥尔加贝格葡萄园，它是德国海拔最高的葡萄

黑皮诺

"Spätburgunder"一词在德语中是黑皮诺葡萄的意思，人们也认识到这个替代名字并不妨碍德国酿造出真正优质的黑皮诺葡萄酒。自 20 世纪 80 年代中期以来，德国各地的酿酒师一直在种植黑皮诺葡萄的克隆品种，大幅削减产量，并彻底改变种植方法和酿酒工艺，使黑皮诺葡萄酒达到一流水平。

事实证明他们大获成功，德国的酿酒师们也开始意识到种植面积 1.2 万公顷的黑皮诺葡萄的无限潜力。1990 年，伯恩哈德·胡贝尔（Bernhard Huber）在原先寂寂无闻的巴登产区马尔特丁根镇创立了自己的酿酒厂，现如今他所酿造的黑皮诺葡萄酒价格不菲，供不应求，极大地展示了黑皮诺葡萄的潜力。德国气候过寒生产不出高品质葡萄酒的观点，于 2003 年被彻底推翻。事实证明，由黑皮诺葡萄酿造的葡萄酒酒精含量高，酒力十分强劲。

梅尔斯堡州立酒庄

梅尔斯堡州立酒庄出产的白皮诺葡萄酒兼具
强劲的酒力和恰到好处的新鲜口感。

齐尔爱森酒庄

齐尔爱森酒庄向世人证明它有能力
酿出享誉德国的西拉葡萄酒。

园，有火山岩土壤。这款酒具有丰富的矿物质气息和芳醇绵延的口感。★新秀酒庄

温斯贝格州立酒庄（符腾堡产区）

温斯贝格葡萄酒学校商业部占地 40 公顷，酿造的葡萄酒种类繁多。在酿酒师迪特尔·布兰肯霍恩博士（Dieter Blankenhorn）的努力下，干型雷司令葡萄酒在近几年取得了长足进步。果香浓郁的"S"系列葡萄酒对于产自高海拔维尔德克堡葡萄园的特级园葡萄酒来说是一个不小的挑战。幻梦特酿葡萄酒（cuvée Traum）采用学院培育的新型解百纳葡萄酿造而成，口感柔顺、单宁充沛，是德国举足轻重的新款红葡萄酒。产自希默尔赖希葡萄园的特级园黑皮诺红葡萄酒层次丰富，带有橡木的辛香气息，因此屡获殊荣。

拉尔州立酒庄／沃勒家族酒庄（巴登产区）

拉尔州立酒庄／沃勒家族酒庄（Stadt Lahr/Familie Wöhrle）自 1990 年以来一直采用天然有机农业生产方式，生产果味丰富、清新纯净的干型白葡萄酒。自 2003 年马库斯·沃勒（Markus Wöhrle）完成盖森海姆葡萄酒学院的学业、从法尔兹产区的卡托尔庄园辞职回来后，酒庄的葡萄酒品质再一次得到了大幅提升。如今，酒庄所产的葡萄酒是巴登产区布赖施高区北部最顶级的佳酿。全系列的白皮诺葡萄酒和灰皮诺葡萄酒都有着无可挑剔的纯度和典雅爽致的口感，此外浓郁凝粹的特级园系列葡萄酒也都物有所值。★新秀酒庄

斯坦巴赫霍夫／艾斯勒酒庄（符腾堡产区）

如果你想寻找酒体颜色深沉、带有橡木芳香的红葡萄酒，那么斯坦巴赫霍夫／艾斯勒酒庄（Weingut Steinbachhof/Eissler）的酒款会让你大失所望。但是，如果你喜欢细腻的口感和丝质顺滑的质感，那么欧利奇·艾斯勒（Ulrich Eissler）和南娜·艾斯勒（Nanna Eissler）这座小酒庄所产的红葡萄酒会如你所愿。唯一的烦恼是，酒庄出产的莱姆贝格葡萄酒和施瓦茨雷司令葡萄酒（莫尼耶皮诺葡萄酒）的口感都极其顺滑、层次丰富、芳香诱人，难分伯仲。2008 年后，干型雷司令葡萄酒取得了长足进步，可以同典雅的红葡萄酒相媲美。★新秀酒庄

瓦彻斯泰特酒庄（符腾堡产区）

莱纳·瓦彻斯泰特（Rainer Wachtstetter）自信从容，被誉为新莱姆贝格先生。而莱姆贝格葡萄也的确在扎伯河谷（Zaber Valley）的高海拔地区长势颇丰。这一地区也同样适合黑皮诺葡萄和梅洛葡萄等其他红葡萄品种的生长。橡木桶陈酿的恩斯特峡谷系列红葡萄酒（Ernst Combé）是该酒庄的顶级酒款，但是浓郁多汁的菲力克斯莱姆贝格干红葡萄酒（Lemberger Felix）和更加爽口雅致的路易斯黑皮诺干红葡萄酒（Spätburgunder Louis）都令人印象深刻，且物超所值。酒庄的干白葡萄酒出自才华横溢的年轻酿酒师之手，同样品质优秀，却经常被人忽视。特别是改进后的雷司令葡萄酒，将浓郁的果香和鲜爽的口感合二为一，堪称典范。此外，酒庄的塞克特起泡酒也为上品之作。★新秀酒庄

沃尔瓦格酒庄（符腾堡产区）

1994 年，汉斯·彼得·沃尔瓦格（Hans-Peter Wöhrwag）和克里斯汀·沃尔瓦格（Christin Wöhrwag）酿造的金瓶封雷司令白葡萄酒（Goldkapsel）彻底改变了德国符腾堡产区葡萄酒的传统理念，向世人证明了符腾堡产区也可以像克里斯汀的家乡莱茵高产区一样，酿出清新活泼的芳香雷司令葡萄酒。在同一年份，他们还酿造了逐串精选雷司令甜白葡萄酒和冰酒。这两款酒凝聚了酿酒师的专注和才华，一直是该地区这一品类的巅峰之作。最近几年出产的莱姆贝格红葡萄酒和黑皮诺红葡萄酒，也以其浓郁丰沛的果香和优雅的单宁气息深受大众喜爱。酒庄的所有酒款都供不应求，一经推出就售罄。★新秀酒庄

齐尔爱森酒庄（巴登产区）

汉斯·彼得（Hans-Peter）和埃德尔特劳德·齐尔爱森（Edeltraud Ziereisen）夫妇给巴登产区南部注入了新的活力。夫妇俩将当地几乎被遗忘的传统工艺、创新的酿酒工艺和德国式的即兴创作能力融合在一起。考虑到齐尔爱森家族在城里有 5 个酒窖，所以德国式的即兴创作能力就显得尤为重要。在这个酒庄里，平平无奇的古特德葡萄（又名莎斯拉葡萄）赋予了葡萄酒柑橘的芬芳气息和丰富的口感。普通的干型灰皮诺葡萄酒和白皮诺葡萄酒也都浓郁醇厚；橡木桶陈酿的干型灰皮诺葡萄酒、白皮诺葡萄酒则具有顶级勃艮第白葡萄酒的深邃口感和丰富层次感。然而，酒庄的顶级酒款是黑皮诺红葡萄酒，典雅精致、工艺复杂。其中碧玉黑皮诺干红葡萄酒（Jaspis）的口感最为丰富、最具香料气息，里尼黑皮诺红葡萄酒（Rhini）则更为浓郁精炼。这些酒款包括德国最出名的西拉葡萄酒都以"德国佐餐酒"之名对外出售。★新秀酒庄

齐普夫酒庄（符腾堡产区）

居根·齐普夫（Jürgen Zipf）和坦尼娅·齐普夫（Tanya Zipf）是一对夫妻，他们在近几年把齐普夫酒庄（Zipf）这家小型家族式酒庄变成了符腾堡产区极具活力的葡萄酒生产商。高海拔的地理位置和小镇受森林影响的气候条件，赋予了一些雷司令酒款较高的酸度和明显的矿物质气息，延续了这些酒款的优雅气质。这对夫妇致力于把这种风格的雷司令葡萄酒发扬光大。相比于带有非凡的花香、口感成熟的特罗灵格红葡萄酒，新莱姆贝格葡萄酒则是酒庄令人印象最深刻的红葡萄酒，这款酒带有浆果和香料的芬芳气息，橡木风味适中，水果芳香和单宁口感的调配近乎完美。这些酒款都是物美价廉的佳品。★新秀酒庄

巴登产区三分之一的葡萄酒产自凯泽斯图尔地区及其附近的图尼贝格地区陡峭的梯田式葡萄园。

萨勒·温斯图特、萨克森及北部新兴产区

即使是德国的消费者，也对前东德的两个葡萄酒产区——萨勒·温斯图特产区（Saale-Unstrut）和萨克森产区（Sachsen）持怀疑态度。相比于靠西的产区，这两个产区的确都位于德国靠北的地方（北纬51°）。人们普遍认为地理位置靠北意味着这里所产的葡萄酒一定稀薄酸涩，事实证明这种观点大错特错。自柏林墙（Berlin Wall）倒塌后，现代酿酒技术和现代葡萄克隆技术相继问世，这两个产区出产的葡萄酒并不稀薄酸涩。与此同时，全球气候变暖使得当地的葡萄酒质量大幅提升。

主要葡萄品种

🍇 红葡萄

黑皮诺

葡萄牙人

茨威格

🍇 白葡萄

琼瑶浆

灰皮诺

米勒-图高

雷司令

西万尼

白皮诺

年份

2009
这是非常好的年份，甚至可以说是绝佳年份，出产的所有酒款皆为上品。

2008
这个年份出产的葡萄酒芳香馥郁，基本没有酸涩感。

2007
这个年份出产了口感丰富、架构平衡的白葡萄酒和一部分优质的红葡萄酒。

2006
这个年份盛产酒体饱满、口感成熟的干型葡萄酒。

2005
这是绝佳年份，出产的干白葡萄酒有着几近完美的架构，还出产了一部分优质餐后甜酒。

2004
这是一个不错的年份，十分具有代表性，出产的干白葡萄酒酒体适中、酸度适中。

这片区域一向以秀丽的景色著称，梯田式葡萄园依傍着陡峭的萨勒·温斯图特河谷（萨勒·温斯图特产区因此得名）和易北河谷。在过去的几十年里，几乎所有葡萄园都得到重新耕种，大量历史遗址被修葺一新，使得这里的景色更胜一筹。

这片区域的繁荣发展在很大程度上要归功于葡萄酒"东部建设计划"（Aufbau Ost），即东部振兴计划。当地人对葡萄园建设满腔热情，加之地区沙文主义，使这片区域的葡萄酒价格居高不下，西德的葡萄酒相形见绌。

然而，重要的政治决策也对这片区域的现代化建设和规模扩建发挥了作用。德国统一后不久，前东德两个已建立的葡萄种植区得到了欧盟的许可（自20世纪80年代初以来，由于产能过剩，欧盟一直禁止葡萄园扩建），而且还将其面积扩大到1000公顷左右。萨勒·温斯图特产区的葡萄种植者更是积极地抓住了这个机会，葡萄园总面积从1994年的430公顷扩大到今天的650公顷。相比之下，萨克森产区的葡萄园面积从1992年的320公顷增长到今天的440公顷。

此外，这片区域的趋势是不断向北发展。在工业城市哈勒（Halle）以西，从萨勒·温斯图特主葡萄园区出发向北行驶45分钟的车程，地处北纬51度30分处有一片面积85公顷的葡萄园。在柏林以西的韦尔德镇（Werder），北纬52度23分处有6公顷的葡萄园。距柏林北一个小时车程，地处北纬53度30分的拉泰（Rattey），种植了将近3.5公顷的葡萄园。这些地方都是历史悠久的葡萄园区。19世纪中叶，铁路的发展引进了南方地区更便宜的葡萄酒，自此这些葡萄园便没落了。

产自德国北部新兴产区（New Far North of German）的白葡萄酒口感清淡爽口。相比之下，萨克森产区和萨勒·温斯图特产区中心地带的酿酒商所产的大部分干白葡萄酒通常具有极高的天然酒精含量，雷司令葡萄酒的酒精含量保持在12%，西万尼葡萄酒、白皮诺葡萄酒、灰皮诺葡萄酒和琼瑶浆葡萄酒（萨克森产区和萨勒·温斯图特产区的特色酒款）的酒精含量至少是13%。在过去的几年里，这两个产区还出产了一些果味浓郁、层次丰富的红葡萄酒。

这些葡萄酒在德国以外地区很难找到，但这不是低估它们品质的理由。

哈茨·基尔曼酒庄（萨勒·温斯图特产区）

哈茨·基尔曼酒庄（Harzer Weingut Kirmann）地处萨勒·温斯图特主产区北部边缘，位于哈尔茨山下斜坡，岩石嶙峋。让人惊奇的是，酒庄酿造出了香气馥郁、柔顺丝滑的黑皮诺红葡萄酒，是萨勒·温斯图特产区的顶级红葡萄酒。雷司令干白葡萄酒和琼瑶浆干白葡萄酒也令人印象深刻。作为后起之秀，酒庄仍孜孜不倦地挖掘这个地区的酿酒潜力。

卡尔·弗里德里希·奥斯特酒庄（萨克森产区）

弗里德里希·奥斯特（Friedrich Aust）的酒庄规模不大，在很多个方面都具有历史意义。酒庄有一座华美建筑，可以追溯到文艺复兴时期。在过去的10年里，奥斯特重新耕种了许多历史悠久的葡萄园梯田。出自他手的葡萄酒是萨克森产区最原汁原味的干白葡萄酒。此外，富含矿物质气息的雷司令干白葡萄酒是萨克森产区的顶级佳酿。由"次级"巴克斯葡萄和克尔纳葡萄混酿而成的葡萄酒令人印象深刻。自2007年以来，酒庄酿造的黑皮诺葡萄酒同样令人印象深刻。

克劳斯·博姆酒庄（萨勒·温斯图特产区）

酒庄出产的干型和半干型葡萄酒，尤其是雷司令葡萄酒和白皮诺葡萄酒，果香诱人、酒精含量适中，口感极其清淡，是克劳斯·博姆酒庄（Klaus Böhme）的顶级佳酿。由于萨勒·温斯图特产区的葡萄酒价格居高不下，所以酒庄的葡萄酒成为产区高性价比的代表。

克劳斯·齐默林酒庄（萨克森产区）

机械工程师克劳斯·齐默林（Klaus Zimmerling）在下奥地利瓦豪产区拉荷夫酒庄学习酿酒后，于1992年创建了自己的酒庄。自此，这个简陋的小型酿酒厂在他手中蜕变为萨克森产区的顶级葡萄酒生产商。新酒窖的外观看起来像波尔多风格，但新酒窖的屋顶却与这种风格格格不入。屋顶饰以青铜雕塑，显得十分突兀，是他的波兰籍妻子马尔戈扎塔·乔达科夫斯卡（Malgorzata Chodakowska）的手笔。酒庄采用有机种植法的梯田状葡萄园形似玛雅金字塔。齐默林在20世纪90年代尝试过酿制红葡萄酒后，现在完全专注于干型和半干型白葡萄酒。出自他手的干型和半干型白葡萄酒充满成熟水果芳香、架构平衡、矿物质气息浓郁。酒庄出产的灰皮诺葡萄酒、琼瑶浆葡萄酒和塔明娜葡萄酒口感丰富，与酒庄出产的雷司令葡萄酒一样令人瞩目。酒庄所有优质葡萄酒都装在500毫升或375毫升的酒瓶里。

吕兹肯多夫酒庄（萨勒·温斯图特产区）

被迫加入产区合作社酿酒厂50年后，吕兹肯多夫（Lützkendorf）家族终于在1991年收回了对其葡萄园的全部控制权。自此，乌维·吕兹肯多夫（Uwe Lützkendorf）所酿造的葡萄酒质量越来越优秀。很难想象，白葡萄酒的矿物质含量居然会超过口感坚实、丝滑柔顺的特级园雷司令干白葡萄酒。这款特级园雷司令干白葡萄酒产自卡斯多夫镇（Karsdorf）的高街格雷特葡萄园，土壤类型是石英岩（在萨勒·温斯图特产区是独一无二的）。酒客也可以用同样的方式来评价他所酿造的更美味的干型酒和层次更丰富的特级园干白葡萄酒。酒庄不向现实妥协，用西万尼葡萄和白皮诺葡萄酿造出优质的普通型白葡萄酒。新的高街格雷特葡萄园位于一个废弃的采石场，如同月光下的法国南部，但似乎也是酿制强劲红葡萄酒的理想地点。

帕维斯酒庄（萨勒·温斯图特产区）

位于兹谢普里茨村（Zsheiplitz）古老修道院的帕维斯酒庄景色秀丽可以俯瞰温斯图特谷（Unstrut Valley）和伏里堡镇（Freyburg）的梯田状葡萄园。伯纳德·帕维斯（Bernard Pawis）和克尔斯汀·帕维斯（Kerstin Pawis）酿制的醇厚浓郁的干型雷司令葡萄酒、特级园白皮诺葡萄酒所用的葡萄就产自这些梯田状葡萄园。然而，酿造大量价格适中、架构极其平衡的干白葡萄酒才是帕维斯家族的最大成就，其中一部分干白葡萄酒由雷司令葡萄和白皮诺葡萄混酿而成，另一部分干白葡萄酒则由灰皮诺葡萄、琼瑶浆葡萄和米勒-图高葡萄混酿而成，都是一些充满活力、果香馥郁的酒款。酒庄还出产了一些高品质逐粒精选甜白葡萄酒和冰酒。

古塞克酒庄

高品质的雷司令葡萄酒向世人证明安德烈·古塞克不仅仅擅长酿造红葡萄酒。

瓦可巴特宫萨克森国立酒庄（萨克森产区）

瓦可巴特宫萨克森国立酒庄（Sächsische Staatsweingut Schloss Wackerbarth）是萨克森产区最大的酒庄。酒庄将加利福尼亚州高科技的现代气息同产区华丽的巴洛克建筑群融为一体。酒庄出产的葡萄酒都属佳品，但产自金色汽车葡萄园的一些所谓"顶级"的瓶装葡萄酒，在口感丰富程度上并没有比普通葡萄酒更胜一筹。酒庄专注酿造干白葡萄酒和起泡酒，这些酒款皆为上品。

普罗施维茨堡酒庄（萨克森产区）

1991年，乔治·利珀王子（Georg Prinz zur Lippe）重新买回普罗施维茨堡酒庄（Schloss Proschwitz）。没过多久，利珀王子就把酒庄发展成德国顶级酿酒商（酒庄占地66公顷）。酒庄出产的干白葡萄酒充满活力、优雅迷人，令人印象深刻。因此，芳香四溢的施埃博葡萄酒、柔顺细腻的灰皮诺葡萄酒、丝滑鲜活的雷司令葡萄酒难分伯仲。酒庄出产的赛克特起泡酒确属萨克森产区的顶级佳品。酒力强劲、色泽深沉的红葡萄酒产自产区北部，令人尤为惊叹。此外，乔治·利珀王子的第二家酒庄位于靠近萨勒·温斯图特产区的魏玛市。

马丁·施瓦茨酒庄（萨克森产区）

到底是什么样的酒庄会把地址选在德累斯顿市诺伊施塔特区最时髦的街道？答案是普罗施维茨堡酒庄的酿酒师马丁·施瓦茨（Martin Schwarz）的家，也是萨克森产区顶级小型酿酒厂的总部所在地。产自卡皮特堡葡萄园的雷司令干白葡萄酒口感鲜活、优雅迷人。除了这个酒款，其余出自施瓦茨之手的干白葡萄酒和红葡萄酒都是由大木桶陈酿而成。他酿造的米勒-图高葡萄酒口感浓郁，由雷司令葡萄和琼瑶浆葡萄混酿而成的葡萄酒散发着独特香气，由白皮诺葡萄和灰皮诺葡萄混酿而成的葡萄酒则是一款口感滑腻、层次丰富的特酿葡萄酒。由黑皮诺葡萄和葡萄牙人葡萄混酿而成的葡萄酒单宁充沛、口感丝滑，二者相得益彰，是萨克森产区酒力最强劲的红葡萄酒。

古塞克酒庄（萨克森产区）

安德烈·古塞克（André Gussek）在2002年退休后，成了萨克森产区合作社酒庄的酿酒师。他酿造的干白和半干白葡萄酒种类繁多，堪称佳品，而他酿造的红葡萄酒更是萨克森产区的顶级佳酿。他的葡萄园分布在瑙姆堡镇（Naumburg）和图林根州边境之外的卡特申獾山梯田之间。酒庄的顶级雷司令葡萄酒由瑙姆堡镇施泰因迈斯特葡萄园的老藤葡萄酿制而成。图林根州边境之外的卡特申獾山梯田是萨勒·温斯图特产区的葡萄种植区，是一片正在蓬勃发展的热土。古塞克酿造的白葡萄酒口感丰富、辛香浓郁，毫无冗余厚重之感，但是没有得到应有的重视，因为他酿造红葡萄酒酒力强劲、单宁充沛、酒体雄伟，吸引了绝大部分人的注意力。

如今，奥地利出产的干白葡萄酒品质上乘、芳香馥郁，向世人重塑了干白葡萄酒生产专家的光辉形象。人们很难相信奥地利葡萄酒业的复兴是源于一个丑闻（虽然最终并未造成重大影响）。1985 年，德国质量检测机构发现一些奥地利葡萄酒经纪人为了获得更高的甜度，在廉价的奥地利甜葡萄酒中加入了二甘醇（防冻剂的一种核心原料）。所幸防冻液风波如今已被淡忘。今时今日，奥地利葡萄酒业堪称"上佳"，美国人习惯把奥地利本土葡萄绿维特利纳（Grüner Veltliner）称为"Groovy"，而奥地利的年轻人更喜欢把这个葡萄品种称为"Grü-ve"。

即使是普通品质的绿维特利纳葡萄酒也弥漫着独特的青苹果、白胡椒和香草香气，酒体适中、口感清新。葡萄酒成熟度愈高，李子、芒果、花蜜和烟叶的香气愈浓。这些葡萄酒款层次丰富、口感浓郁、架构平衡。绿维特利纳葡萄酒虽没有在新橡木桶中发酵或成熟，但在瓶储后居然与勃艮第白葡萄酒有着惊人的相似之处，难怪全世界都为之疯狂！

全盛时期的奥地利优质干白葡萄酒（白皮诺干白葡萄酒、霞多丽和莫瑞兰混酿干白葡萄酒、长相思干白葡萄酒和雷司令干白葡萄酒）都可以与顶级的绿维特利纳葡萄酒相媲美，但这些酒款都面临着非常激烈的国际竞争。相比之下，布尔根兰州的餐后甜酒、奥地利最著名的甜白酒（Ruster Ausbruch）以及产自诺伊齐德勒葡萄园的枯萄逐粒精选白葡萄酒与德国和法国的经典酒款截然不同。

直到 20 世纪 90 年代，奥地利的红葡萄酒都要逊色于白葡萄酒。但是，随着全球红葡萄酒的繁荣与布尔根兰州新一代酿酒师的横空出世，奥地利兴起了一股酿造新红葡萄酒的浪潮。生产的红葡萄酒激动人心、口感醇厚。红葡萄酒通常由奥地利和法国的葡萄品种混酿而成，有一段时间甚至出现了"越浓郁越好喝"的危险做法。好在后来酿造的红葡萄酒口感更清新、酒体更优雅。

欧洲产区——奥地利

下奥地利州产区

　　瓦豪（Wachau）位于梅尔克（Melk）修道院和克雷姆斯市之间的多瑙河畔，那里的土质多为岩石，风景秀丽，景色壮观，无疑是奥地利最著名的葡萄酒产区。瓦豪广负盛名，但其面积却不大，葡萄园总面积只有1460余公顷。瓦豪并非下奥地利州产区（Lower Austria）唯一适合产酒的地区。事实上，许多专家把附近的克雷姆斯谷（Kremstal）和凯普谷（Kamptal）地区的葡萄酒也划为瓦豪葡萄酒，有时还囊括了特雷森谷（Traisental）和瓦格拉姆（Wagram）地区的葡萄酒。此举其实言之有故，瓦豪东部边界是政治权宜之计的产物，这些地区实际上有很多共同之处。

　　下奥地利州产区各地具有许多共同点，其中大多都覆盖着黄土土壤。这种土壤土质肥沃，保水性好，土层覆盖深厚。此地白天温暖，夜晚凉爽，为绿维特利纳葡萄提供了理想的生长条件。下奥地利州是绿维特利纳之乡，这里50%的葡萄园都栽有这种葡萄。相比之下，雷司令产量较少。瓦豪的山坡梯田上覆盖着大量原生岩石土壤，极为适宜种植雷司令，尽管如此，瓦赫奥也只有18%的葡萄园种植雷司令。

　　过去，这类葡萄园常遭遇极端干旱的影响，这导致瓦赫奥和其他地区的葡萄酒每十年就有两三个年份的酒品质不佳，其中便有凯普谷地区颇有名气的埃利让斯坦园（Heiligenstein）。后来，该地区普遍弃用中性橡木桶，转而采用不锈钢桶发酵熟化，20世纪70年代末，该地开始兴建灌溉设施，而这是该地区的重要变化之一，也是更为根本的解决方法。与以前相比，当今夏天气温越来越高，虽然灌溉水量有严格限制，但这些措施仍近乎解决了干旱问题。

　　如今，下奥地利州产区的顶级（在瓦豪分级体系中为蜥蜴级，Smaragd）干白葡萄酒丰满浓郁、芳香四溢、新鲜爽口，各年份的产品品质稳定如一。此外，该类葡萄酒通常浓郁醇厚，质地丰富，口感复杂微妙，略带辛辣。相比之下，普通品质的葡萄酒（在瓦豪分级体系中为猎鹰级，Federspiel）往往酒体适中，带有鲜活的果香，酸度清新。多家合作酿酒厂致力于酿制这种风格的葡萄酒，品质始终如一，其中最著名的是瓦豪酒庄和克雷姆斯酒庄（Winzer Krems）。

　　一直以来，这些葡萄酒产区都非常保守。年轻酿酒师大多凭借上一代人的成果而居功自满，墨守成规，很少尝试使用不熟悉的葡萄品种酿酒，也不愿换新葡萄酒的风格。然而，在过去的10年里，现代元素开始悄然而入。一些酒厂已经易手，外地人也在此创办了一些新企业。

　　该地发展最为迅速的地区是温泉区（Thermenregion），但该地仍默默无闻。因维也纳地方铁路向南延伸至此，乘火车便可到达，许多维也纳人将其称为苏德巴恩（Südbahn，意为南部铁路）。温泉区售卖一种名为贡波尔德斯基兴纳（Gumpoldskirchener）的传统甜酒，但其多产于临近产区。然而，这种酒产量越来越少，正逐渐被红葡萄酒所取代，该地的红葡萄酒有时与勃艮第的黑皮诺酿制的葡萄酒极为相似。维也纳的葡萄酒种植者也曾尝试沿此方向发展，但收效甚微。后来，他们发现采用其传统的田间混酿技术可酿造出更多原汁原味且品质更佳的葡萄酒。

　　表面上看，这些地区气候凉爽，但下奥地利州产区顶级葡萄酒的酒精含量却不低。全球气候变暖的影响以及酿酒师的雄心壮志都促使葡萄酒的酒精含量上升，因此酒精含量为14%的葡萄酒并不罕见。如果像预测的一样，未来的气温持续上涨，又会是怎样一番景象呢？

布德梅尔酒庄

2006 年的凯非伯格绿维特利纳葡萄酒
带有蜂蜜香气和丰富的异域
水果香气，令人陶醉。

瓦豪酒庄

凯乐贝雷司令晚收干白葡萄酒
精美优雅，带有矿物质气息。

阿琴酒庄（瓦豪产区）

利奥·阿琴（Leo Alzinger）和他的儿子（名字也为利奥）一直专注于使用雷司令和绿维特利纳酿制干型葡萄酒。这些葡萄酒风格独特、圆滑活泼，需要在瓶内陈酿数年才能达到最佳状态。斯特内（Steinertal）是蜥蜴级雷司令葡萄酒的顶级产地，该地出产的葡萄酒紧致浓烈，带有草本和矿物质气息，即便酒精含量高达 13.5%，口感依然清爽。酒庄的顶级绿维特利纳葡萄酒是一款珍藏级葡萄酒，采用多个葡萄园的葡萄酿制而成，口感极为丰富。由雷司令和绿维特利纳酿成的猎鹰级葡萄酒（Federspiel）口味清淡爽口，同时又成熟优雅。

伯哈德酒庄（瓦格拉姆产区）

伯哈德·奥特（Bernhard Ott）颇具传奇色彩，且酒如其人，他酿制的葡萄酒并不厚重沉闷，反而轻盈爽快。奥特独爱绿维特利纳，他旗下 90% 的葡萄园都在种植这种葡萄。奥特也借此酿制了许多不同的酒，从清新爽口的阿姆伯格（Am Berg）到酒体金黄的千朵玫瑰（Tausend Rosen），皆令人叹为观止。其中有一款德尔奥特干白葡萄酒（Der Ott）可以说是奥地利最为名贵的顶级绿维特利纳葡萄酒。另外，奥特还酿制了一款雷司令甜酒，品质在该地区最为细腻优雅，奥特将其命名为莱茵雷司令（Rheinriesling），以表达他对理想的敬意。★新秀酒庄

波吉特·艾兴格酒庄（凯普谷产区）

近年来，波吉特·艾兴格（Birgit Eichinger）的干白系列葡萄酒品质逐步提升，个性日益鲜明。与许多同行相比，她对高酒精含量慎之又慎，也不一味地追求酿制极干型葡萄酒。艾兴格主打的一系列葡萄酒使用雷司令、绿维特利纳和霞多丽混酿而成，这些葡萄均产自施特拉斯镇（Strass）的盖斯贝格（Gaisberg），全部置于不锈钢桶中发酵，其葡萄酒均带有独特的烟熏风味，辛香四溢。★新秀酒庄

布德梅尔酒庄（凯普谷产区）

威利·布德梅尔（Willi Bründlmayer）酿造的顶级葡萄酒品质卓越，但其成就并不止于此。20 多年间，他在保持年产量 35 万瓶的同时，其葡萄酒品质如初、质量稳定，这非常难能可贵，实为成就所在。酒庄产自屋吉桑园（Berg Vogelsang）的绿维特利纳葡萄酒价格合理、辛香典雅；产自著名的埃利让斯坦园的老藤雷司令葡萄酒（Riesling Alte Reben）香气浓郁、口感复杂；产自拉姆园（Lamm）的绿维特利纳葡萄酒极其强劲但平衡度极佳，这些酒款皆由匠心酿制，优雅迷人。酒庄酿有精雅芬芳的赛喜儿黑皮诺干红葡萄酒（Blauburgunder Cecile）和香槟型布德梅尔干型起泡酒（Brundlmayer Brut）；此外，酒庄还有一款新出品的干型桃红起泡酒，令人印象深刻，虽然这些酒在奥地利是各自品类中的佼佼者，但却常常受到忽略。

基督酒庄（维也纳产区）

雷纳·克里斯特（Rainer Christ）是维也纳最具才华的年轻酿酒师之一。克里斯特酿制的干白葡萄酒分为两种，一种为绿维特利纳和雷司令混酿而成的干白葡萄酒，鲜爽清冽、活力四射；另一种为维纳·吉米希特·萨茨（Wiener Gemischter Satz）葡萄酒，质感更为丰腴、更加辛香复杂，这款酒的原料葡萄产自维

也纳西北部的比萨姆堡（Bisamberg），园内混栽了多个品种的葡萄，藤龄较高。

克里斯蒂安·费舍尔酒庄（温泉区产区）

温泉区距离维也纳的白葡萄酒产区只有很短的车程，但由于其气候温暖干燥，温泉区如今主要生产浓郁醇厚的高品质红葡萄酒。在温泉区，克里斯蒂安·费舍尔酒庄（Christian Fischer）酿造出的葡萄酒最为饱满醇厚。酒庄采用茨威格、赤霞珠和梅洛混酿而成的格兰登塔尔优质葡萄酒（Gradenthal Premium）颇具现代风格，十分惊艳，橡木味和酒精味恰到好处。酒庄的产品线以红葡萄酒为主，品质上乘。

瓦豪酒庄（瓦豪产区）

这家酒庄的占地面积约 400 公顷，是该地区最大的葡萄酒生产商。酒庄在罗曼·霍瓦特（Roman Horvath）和酿酒师海因茨·弗里辛格鲁伯（Heinz Frischengruber）的带领下，产出的葡萄酒变得更大胆、更厚重、更具现代风格。人们通常认为酒庄的顶级葡萄酒是雷司令和绿维特利纳蜥蜴级葡萄酒，主要产自阿赫莱特（Achleiten）、克莱堡（Kellerberg）、来本堡（Loibenberg）和辛格里德尔（Singerriedel）等葡萄园。

爱得默思酒庄（维也纳产区）

迈克尔·爱得默思（Michael Edlmoser）酿造的干型白葡萄酒浓郁丰满、活力十足，其生产的红葡萄酒亦醇厚成熟、香气四溢，这两种酒定会吸引酒客的目光。与该市其他顶级酿酒商一样，酒庄最具特色的葡萄酒无疑是田间混酿葡萄酒，这款酒选用混种园中藤龄较高的葡萄酿成，需要在瓶内陈放数年才能完全显出其复杂口感。

爱梅里赫·克诺尔酒庄（瓦赫奥产区）

爱梅里赫·克诺尔酒庄（Emmerich Knoll）对品质精益求精，行事求真务实，这使其得以应对过去 20 年不断变化的气候形势。酒庄的维诺德克福龙（Vinothekfüllung，意为酒窖珍藏款）葡萄酒由绿维特利纳和雷司令酿造而成，雍容奢华，极为浓郁。这些酒款均由贵腐葡萄和过熟的葡萄酿成。而挑选后剩下的葡萄酒则用于酿制蜥蜴级干型葡萄酒，这样酿出的酒不会过于浓厚，而且贵腐菌赋予的风味也不会过于明显。酒庄有两款葡萄酒让人心潮澎湃，动人心脾：克雷姆斯谷边界附近的法芬堡（Pfaffenberg）产出精选雷司令葡萄酒（Riesling Selection）芬芳馥郁；产自舒特（Schütt）和来本堡的蜥蜴级雷司令葡萄酒（Riesling Smaragd）口感更为柔和。酒庄的猎鹰级绿维特利纳葡萄酒（Grüner Veltliner Federspiel）酒体轻盈、口感清脆，带有草本气息，可以说是同类型葡萄酒中的翘楚。酒庄生产的精选葡萄酒、逐粒精选葡萄酒和逐粒枯葡精选餐末葡萄酒酒质上乘，只在有大量贵腐菌葡萄的年份酿造。

皮希勒酒庄（瓦赫奥产区）

20 世纪 80 年代初，弗兰兹·泽弗·皮希勒（Franz Xaver Pichler）便开始努力探索瓦豪产区的潜力上限。他对酒窖进行了大刀阔斧的革新，除此之外，他还在葡萄园中破旧立新。有时，

皮希勒的葡萄酒远远超出了其应有的品质。他酿造的绝大多数雷司令干白葡萄酒和绿维特利纳蜥蜴级葡萄酒皆浓郁醇厚、香气诱人、口感复杂，一直是当代瓦豪酒品的标杆。皮希勒的儿子卢卡斯（Lucas）现在经营着这家酒庄，仍旧以高标准严格要求，未曾改变。而与其父亲相比，他酿制的葡萄酒更加优雅精美。卢卡斯一直在努力改进风格更为轻盈的猎鹰级葡萄酒，他向酒中混酿了雷司令，酒体活泼明快，带来了浓烈的矿物质气息和鲜爽口感，这是该地区此类风格酒品的代表之作，细腻至极。他还酿造了一些品质上乘的长相思葡萄酒，这些葡萄酒实为世界级佳品。

福斯特雷特酒庄（克雷姆斯谷产区）

迈因哈德·福斯特雷特（Meinhard Forstreiter）一直在酿制绿维特利纳干白葡萄酒和雷司令葡萄酒，令人印象深刻。这些葡萄酒果味飘香，个性十足，浑然天成。这些酒品的性价比极高，其中便有一款以 DAC 珍藏级希弗尔（DAC Reserve Schiefer）为酒标的雷司令和绿维特利纳混酿酒。★新秀酒庄

赫兹伯格酒庄（瓦赫奥产区）

弗兰兹·赫兹伯格（Franz Hirtzberger）和儿子弗兰齐（Franzi）将精心采收筛果和葡萄迟摘贯彻到了极致，葡萄采摘甚至有时一直持续至 12 月，这在瓦豪绝无仅有。同样，也只有这对父子俩不避艰难致力于重振历史悠久的梯田葡萄园，这些葡萄园之前因种植成本高而被弃耕。这两个举措最终获得了回报，赫兹伯格家族生产的雷司令干白葡萄酒和绿维特利纳葡萄酒浓郁醇厚，极具异国情调，成为世界之最。酒庄产自辛格里德尔和霍尼沃格尔（Honivogl）两地的蜥蜴级葡萄酒需在瓶中陈放数年才能达到和谐优雅的理想状态，这便是这些葡萄酒仅有的瑕疵之处。酒庄使用灰皮诺酿制的葡萄酒浓郁醇厚，如奶油般细腻柔滑，酒庄还使用纽伯格（Neuburger）酿制了蜥蜴级葡萄酒。在当地各个品种所酿的葡萄酒中，两者均是最佳典范。此外，雷司令和绿维特利纳混酿的猎鹰级葡萄酒口感柔滑、芳醇雅致。

格哈德·玛科维奇酒庄（卡农顿产区）

格哈德·玛科维奇（Gerhard Markowitsch）酿造的红葡萄酒丰腴饱满，单宁丰富，带有橡木风味，他也让卡农顿（Carnuntum）这个小产区显姓扬名，位列奥地利产区名录之中。玛科维奇最为华丽的葡萄酒（如 M1 葡萄酒）由茨威格与梅洛混酿而成。玛科维奇虽然年轻，但他对葡萄酒的和谐平衡把握精妙，其酒品熟度恰到好处。他的成功引来大量本地人模仿。事实上，卡农顿产区风格单一，以致该酒庄无意之中便代表了整个产区的特色。

格尔荷酒庄（克雷姆斯谷产区）

伊尔瑟·迈耶（Ilse Meyer）自 1988 年以来便一直采用有机种植法打理格尔荷酒庄（Geyerhof）的葡萄园。经过前期较长时间的摸索，酒庄最终步入正轨。酒庄最近年份的干白葡萄酒质量突飞猛进，比如，施泰因莱顿绿维特利纳葡萄酒（Grüner Veltliner Steinleithn）与思博林真贝儿雷司令干白葡萄酒（Riesling Sprinzenberg）皆产自高海拔的家族葡萄园，柔滑紧致，矿物质

爱梅里赫·克诺尔酒庄
该酒庄注重细节，出品的雷司令葡萄酒酿造工艺极为精细。

气息浓郁；还有一款来自霍伦堡戈德堡（Goldberg）的雷司令葡萄酒，浓郁奢华。★新秀酒庄

赫德勒酒庄（凯普谷产区）

路德维希·赫德勒（Ludwig Hiedler）的顶级雷司令干白葡萄酒、绿维特利纳葡萄酒和白皮诺葡萄酒皆冠以马克西姆（Maximum，意为最佳）的酒标对外销售，他的葡萄酒风格因此一目了然。这些酒款风格大胆奔放，醇厚浓郁，浓烈强劲，但又恰如其分，浓度适当。此外，赫德勒亦酿制了一些朴素无华的葡萄酒，这些干白葡萄酒个性鲜明，极易入口，是奥地利传统葡萄酒的典范之作，而其中便包括一款风格轻盈、口味极干的露丝绿维特利纳葡萄酒（Grüner Veltliner Löss）。★新秀酒庄

赫希酒庄（凯普谷产区）

约翰内斯·赫希（Johannes Hirsch）早期酿制的干白葡萄酒是下奥地利传统酿酒法的经典之作，而自从他转用生物动力法管理酒园之后，其酒款风格也随之改变，极具特色，口感复杂，辛香四溢，带有烟熏气息和矿物质气息。酒庄最顶级的雷司令葡萄酒产自著名的圣石园和声名稍逊的盖斯本格园，其中产自埃利让斯坦园的雷司令葡萄酒更为优雅，而产自盖斯本格的酒款则更为辛香浓烈。酒庄还分别使用埃利让斯坦园和拉姆园的葡萄酿造了绿维特利纳葡萄酒：埃利让斯坦园的酒款更加雅致；拉姆园的酒款更为强劲，香料气息更足。赫希还酿制了一款绿维特利纳葡萄酒，取名特林克韦格努根（Trinkvergnügen，意为饮酒乐趣），这款葡萄酒表现力十足，酒体轻盈，带有草本香气。★新秀酒庄

约翰·多纳鲍姆酒庄（瓦赫奥产区）

约翰·多纳鲍姆（Johann Donabaum）是一位年轻的酿酒师，他雄心满满，但又不是固执己见、任性自负之辈。多纳鲍姆天赋异禀，他酿制的葡萄酒醇厚浓郁，清澈优雅，迸发出迷人香气，完美诠释了瓦豪葡萄酒的内涵与特色。酒庄产自奥芬堡（Offenburg）和塞兹堡（Setzberg）的雷司令葡萄酒和产自斯皮策角（Spitzer Point）的绿维特利纳葡萄酒不相上下。在过去的十年里，多纳鲍姆的葡萄酒一直品质非凡，质量稳定。★新秀酒庄

约翰讷肖夫·莱茵希酒庄（温泉区产区）

约翰讷肖夫·莱茵希酒庄（Johanneshof Reinisch）是奥地利的顶级红葡萄酒酿造商之一。在德语国家之外流传着这样一个说法，奥地利红葡萄酒要么稀薄寡淡，带有杂草味，要么仅有酒精和橡木味，而该酒庄的葡萄酒彻底打破了这一偏见。酒庄的特级珍藏黑皮诺葡萄酒（Grand Reserve Pinot Noir）和圣罗兰葡萄酒（St-Laurent）皆为顶级红葡萄酒，浓郁醇厚，复杂度高，活力四射。许多葡萄酒商喜欢模仿法国或新大陆的葡萄酒风格，但这两款葡萄酒自成一派，风格独韵。不过，酒庄的普通葡萄酒也同样特色鲜明，酒体更为轻盈。酒庄还使用本土的红基夫娜（Rotgipfler）葡萄酿造出了一些干白葡萄酒，带有梨和榛子的独特芳香，虽然与特级珍藏红葡萄酒相比有些许差距，但质量仍旧出色。

赫希酒庄
自从采用生物动力法耕作后，酒庄的葡萄酒被赋予了独有的特色。

瓦豪四重奏

瓦豪产区一直专注于酿制优雅精美的干白葡萄酒。但是，在 20 世纪 40 年代，有人曾尝试在酿酒过程中添加蔗糖（chaptalization，在未发酵的葡萄汁中添加糖），提高葡萄酒的酒精含量。20 世纪 60 年代初，有一批人反对使用这种方法酿酒，也反对邻近地区窃用瓦豪的名字产酒，这些主要葡萄种植者团结在一起，组成了第一批"瓦豪四重奏"：约瑟夫·贾梅克（Josef Jamek）、弗兰兹·普拉格（Franz Prager）、威廉·施文格勒（Wilhelm Schwengler，该地区的合作社负责人）和弗兰兹·赫茨伯格。他们尽心奉献，颇具政治头脑，最终实现了这些目标。1983 年，该地区成立了一个葡萄酒种植者协会——瓦豪葡萄酒协会（Vinea Wachau），新一批"瓦豪四重奏"掌握着协会的领导者，包括：爱梅里赫·克诺尔、弗兰兹·赫茨伯格、弗兰兹·泽弗·皮希勒和普拉格酒庄的托尼·博登斯坦。他们引入了瓦豪分级体系，按稠度升序排列为：芳草级（Steinfeder）、猎鹰级（Federspiel）和蜥蜴级（Smaragd）。像之前反对酿酒时加糖一样，他们反对使用浓缩葡萄汁来增加葡萄酒的酒精含量。如何完美平衡传统和创新之间的关系是瓦豪产区的一大难题。

友高酒庄（瓦赫奥产区）

友高酒庄（Josef Högl）位于多瑙河一处河谷——施皮茨格拉本（Spitze Graben），海拔近 300 米。塞普·霍格尔（Sepp Högl）将葡萄种植在舍恩园（Schön）的陡坡之上，海拔 150 米，足有 57 级狭窄的梯田。霍格尔最为优质的绿维特利纳蜥蜴级葡萄酒便产自此地。他酿制的布鲁克雷司令蜥蜴级葡萄酒（Riesling Smaragd Brück）同样丰满醇厚，口感复杂，但又清冽爽口，令人振奋，其原料葡萄产自附近风土相似的葡萄园，环境同样极端。霍格尔乐于追求极限，他酿造的葡萄酒品质上乘，价格公道。★新秀酒庄

约瑟夫·贾梅克酒庄（瓦豪产区）

约瑟夫·贾梅克酒庄（Josef Jamek）历史悠久，同时也是奥地利最著名的餐厅之一，汉斯·阿尔特曼（Hans Altmann）和他的妻子尤塔（Jutta）负责经营这座酒庄。酒庄的雷司令葡萄酒产自克劳斯（Ried Klaus）的陡峭梯田之上，这款酒颇有名气，是该地区最为精美雅致的雷司令干白葡萄酒。（Ried 是传统的奥地利词语，意为"葡萄园"，至今仍较为常见）这是一款佐餐美酒葡萄酒，旨在远离酒评人的喧嚣竞争，其与美食搭配堪称天作之合。酒庄的白皮诺蜥蜴级葡萄酒曼妙精致，带有坚果和蜂蜜的香甜气息，这款酒产自荷查蓝园（Hochrain），采用老藤葡萄酿制而成，是该地的一众白皮诺葡萄酒中的最佳臻品。

干骑酒庄（凯普谷产区）

干骑酒庄（Jurtschitsch）是一座著名的家族酒庄，2006 年，酒庄进行了全面革新。酒庄坐拥超过 72 公顷的土地，全部改用有机葡萄栽培法，并使用野生酵母发酵酿酒。酒庄有数款干白葡萄酒表现力极强，富含矿物质气息。其余几种干白葡萄酒可能是由于发酵时间过长，新鲜度与饱满度稍显逊色。而不可否认的是，酒庄以阿尔文（Alwin）为首的新一代年轻酿酒人雄心勃勃，志在成就一番事业。酒庄的格吕纳葡萄酒（Grüve）是一款绿维特利纳新酿干白葡萄酒，品质无可挑剔，酒庄也因此在奥地利闻名遐迩。酒庄的红葡萄酒酒体坚实，但总体稍逊于白葡萄酒。★新秀酒庄

库尔·安格勒酒庄（凯普谷产区）

库尔·安格勒酒庄（Kurt Angerer）崇尚精心打理葡萄园，管理酒窖时删繁就简，毫无繁饰，酒庄也因此在近十年间成了下奥地利州产区生产绿维特利纳干白葡萄酒的顶级酒厂之一。酒庄的绿维特利纳干白葡萄酒强劲大胆，富于表现力，其中产自朗姆园（Loam）的葡萄酒最为美味多汁；产自基斯（Kies）的葡萄酒酒体最为轻盈，果香最浓；而产自斯佩思（Spies）的葡萄酒最具矿物质气息，口感紧涩。同档次的阿梅茨贝格雷司令葡萄酒（Riesling Ametzberg）陈年潜力同样上佳。★新秀酒庄

拉格勒酒庄（瓦豪产区）

数十年以来，卡尔·拉格勒（Karl Lagler）酿制的雷司令和绿维特利纳干白葡萄酒精美出色，品质稳定，现在其子小卡尔（Karl Jr.）协助父亲一同酿酒。该酒庄还下辖一座四星级卡尼温伯格霍夫酒店（Hotel Garni Weinberghof）。

劳伦茨五世酒庄（凯普谷产区）

劳伦斯·莫泽尔五世（Laurenz Moser V）于 2005 年 4 月创立了这座酒庄，总部位于维也纳市中心，酒庄富有革新精神，仅使用凯普谷的葡萄酿酒。酒庄的魅影绿维特利纳葡萄酒（Charming Grüner Veltliner）酒体中等，果香迷人，是酒庄的拳头产品，但酒庄的顶级葡萄酒是一款最近推出的银弹葡萄酒（Silver Bullet），这款酒使用 500 毫升酒瓶灌装。新西兰云雾之湾的长相思葡萄酒蜚声世界，酒庄志存高远，希望打造出名扬四海的绿维特利纳葡萄酒品牌。★新秀酒庄

莱特酒庄（费尔斯产区）

弗朗茨·莱特（Franz Leth）酿造的干白葡萄酒风格大胆，鲜美多汁，令人陶醉。莱特使用绿维特利纳、红维特利纳（Roter Veltliner）、雷司令和长相思酿制的一系列葡萄酒，风格质量稳定如一，耐人寻味。莱特的吉加马茨威格葡萄酒（Zweigelt Gigama）酒力强劲，颇为惊艳。该产区本非红葡萄酒的传统强区，不过这款酒吸引了很多关注。★新秀酒庄

卢瓦莫酒庄（凯普谷产区）

近年来，弗雷德·卢瓦莫（Fred Loimer）的葡萄酒风格已悄然转变，之前其葡萄酒品质优良，风格主流，现在则新颖大胆，个性十足，虽然世人偏爱果味迷人的葡萄酒，但他的葡萄酒并未对此妥协。酒庄产自斯皮格尔园的绿维特利纳葡萄酒采用藤龄近 50 年的葡萄酿成，浓郁紧致，辛香四溢，散发着矿物质气息；而产自高海拔的斯坦马塞尔（Steinmassel）雷司令葡萄酒熟美芳醇，清爽怡人，这两款葡萄酒是酒庄最为出色的干白葡萄酒。酒庄的新酿酒厂蕴含着诸多现代元素，坚定执着。2005 年，卢瓦莫接管了著名的舍尔曼酒庄（Schellmann），这座酒庄位于温泉区的贡波尔茨基兴（Gumpoldskirchen），其顶级葡萄酒为口感复杂、质感丰富的贡波尔霞多丽葡萄酒（Chardonnay Gumpold）和细腻精雅的安宁黑皮诺葡萄酒（Pinot Noir Anning），都是奥地利各种葡萄酒的顶级酒款。★新秀酒庄

路德维希·伊恩酒庄（凯普谷产区）

伊恩（Ehns）家族的成员性格迥然。简而言之，米凯拉（Michaela）性格外向，并且她赋予了酒庄同样的特质，而她的弟弟路德维希（Ludwig）则是一位性格内向的酿酒师。酒庄的泰坦绿维特利纳葡萄酒（Grüner Veltliner Titan）酒质绝佳，霞多丽绿维特利纳混酿葡萄酒精妙宜人。除此之外，酒庄的葡萄酒多为餐酒，精美之极。酒庄的田间混酿葡萄酒是一款单一园葡萄酒，其葡萄园中混栽了多个品种的葡萄，而且酒庄将这些葡萄一起发酵，这颇为罕见。产自埃利让斯坦园的雷司令葡萄酒，花香浓郁，带有矿物质气息，是酒庄的明星产品。

马赫恩德尔酒庄（瓦豪产区）

毫无疑问，埃里希·马赫恩德尔（Erich Machherndl）的风格与瓦豪产区格格不入，奥地利较为保守的葡萄酒媒体与其关系不佳，批评之声此起彼伏。其中一方面是因为埃里希生产的白皮诺葡萄酒极为惊艳，酒体醇厚但又充满活力。他还酿制了该产区首款西拉葡萄酒，口感辛辣。另一方面，埃里希对瓦豪产区批判切中要害，经常触动到同行的敏感神经。他的对手忽略了一个事

实，他酿造的很多款雷司令干白葡萄酒和绿维特利纳葡萄酒并没有骄恣蛮横的个性，反而温雅诱人，酒品在浅龄阶段味道迷人，但陈年之后依然出色。米姿和慕茨雷司令葡萄酒（Mitz & Mutz Riesling）便是其中的上佳之作。

马拉酒庄（克雷姆斯谷产区）

迈克尔·马拉（Michael Malat）有幸继承了这座酒庄，酒庄全系列葡萄酒皆以其卓越品质闻名于世。迈克尔继承了父亲杰拉尔德（Gerald）的酿酒遗产，同时又完美融入了自己的酿酒特色。酒庄的葡萄酒主要有6款绿维特利纳葡萄酒和少数雷司令葡萄酒，此外还有霞多丽、灰皮诺、白皮诺和长相思葡萄酒。酒庄的达斯百斯特沃姆（Das Beste vom，意为"最佳的）系列葡萄酒，使用雷司令或绿维特利纳酿成，是酒庄最奢华、最具异国情调的酒款。酒庄最近年份的黑皮诺葡萄酒芳香馥郁，口感柔顺，令人印象深刻。酒庄的起泡酒同样品质上乘。

曼弗雷德·杰格尔酒庄（瓦赫奥产区）

曼弗雷德·杰格尔（Manfred Jäger）经营的这座酒庄规模不大，但酒庄总部的建筑古色古香，诗情画意，该地区没有酒庄能与之媲美。酒庄的雷司令葡萄酒和绿维特利纳猎鹰级葡萄酒为极干型葡萄酒，酒体轻盈，而蜥蜴级葡萄酒更加强劲，价格也更高，酒庄对这几款葡萄酒倾注了大量心血。即便是最为浓厚的酒款，其酒精度也适度怡人，新鲜爽口，活力十足。近几年，酒庄的葡萄酒质量一直在逐年上升。★新秀酒庄

曼勒霍夫酒庄（克雷姆斯谷产区）

在奥地利，曼勒霍夫酒庄（Mantlerhof）经常习惯性地遭人低估，酒庄数十年来美酒辈出，塞普·曼特勒（Sepp Mantler）的营销策略却平平无奇，或许这就是其中的原因。绿维特利纳葡萄酒是酒庄的主打酒品，精雅多汁、口感辛香；产自斯皮格尔的DAC珍藏级葡萄酒（DAC Reserve）通常是酒庄的顶级瓶装酒；产自雷森塔尔（Reisenthal）的红维特利纳葡萄酒带有蜂蜜和橘皮的清香，丰满的酒体融合了奶油般的质地，在酒庄的品系中竞争力十足。酒庄全系列葡萄酒皆品质卓越，性价比高。

梅尔·普法尔普拉茨酒庄和红屋酒庄（维也纳产区）

梅尔·普法尔普拉茨酒庄（Mayer am Pfarrplatz）和红屋酒庄（Rotes Haus）共用一座酒窖，近年来，在酿酒师芭芭拉·维默（Barbara Wimmer）的带领下，两个酒庄的葡萄酒现代化程度大幅提高，而主推酒品为口感轻盈的雷司令干白葡萄酒和绿维特利纳干白葡萄酒。梅尔普法尔普拉茨酒庄的亚细亚特酿干白葡萄酒（Asia Cuvée）香气芬芳；红屋酒庄的田间混酿珍藏级葡萄酒（Gemischter Satz Reserve）采用混栽的老藤葡萄酿成，浓郁醇厚，带有异国情调，这两款酒尤其值得关注。此外，由塔明娜（Traminer）酿制的干白葡萄酒品质过硬，亦值得品尝。★新秀酒庄

穆尔·尼伯特酒庄（卡农顿产区）

酒庄由多莉·穆尔（Dorli Muhr）和其前夫德克·尼伯

特（Dirk van der Niepoort）创建，多莉是一位善于公关的女强人，其前夫是荷兰裔葡萄牙人，也是一位著名的酿酒师。这家小型酿酒厂专注于酿造蓝佛朗克红葡萄酒，其产地史毕格园（Spitzerberg）条件优越但知名度不高。自他们离婚之后，2006年及之后年份的酒皆由多莉独自酿造，酒庄的蓝佛朗克葡萄酒在该地区独树一帜，口感极为爽滑、活泼辛辣。★新秀酒庄

诺伊迈耶酒庄（特雷森谷产区）

路德维希·诺伊迈耶（Ludwig Neumayer）是一位酿造白葡萄酒的天才，但他并不擅长自我宣传。诺伊迈耶的德尔维恩沃姆斯坦（Der Wein vom Stein，意为来自石头中的葡萄酒）系列装瓶葡萄酒为干型葡萄酒，有雷司令、绿维特利纳、白皮诺和长相思等多个酒款，该系列的葡萄酒如其名，口感醇厚，与瓦豪的同类葡萄酒相比，更加圆润优雅。该系列的葡萄酒始终被葡萄酒媒体低估。诺伊迈耶的祖里奇园（Zwirch）绿维特利纳葡萄酒紧致浓稠，带有草本气息，优雅平衡，价格公道，是绿维特利纳葡萄的顶级酒款。★新秀酒庄

尼玖酒庄（克雷姆斯谷产区）

马丁·尼玖（Martin Nigl）是奥地利葡萄酒界的大师，而其奋斗史则更为传奇。1988年，他还是酿酒界的无名小卒，他在同样寂寂无闻的霍哈克园（Hochäcker）酿造了一款雷司令干白葡萄酒，次年，他便在一次国际雷司令品酒比赛中取得了巨大成功。酒庄的葡萄园位于克雷姆斯山谷（Krems Valley），地形狭窄，土壤多石，虽然风景秀丽，但气候变化无常，葡萄酒的年份差异比瓦豪产区更大。在优质年份和顶级年份中，酒庄的霍哈克园雷司令葡萄酒优雅芳醇，带有蜜桃风味；普里瓦特（Privat）系列葡萄酒更为香浓；普里瓦特绿维特利纳葡萄酒（Grüner Veltliner Privat）口感辛辣，典雅精美，这些葡萄酒都是一流的奥地利干白葡萄酒。在酒庄顶级酒款之中，产自多勒（Dornleiten）雷司令葡萄酒和里皮绿维特利纳白葡萄酒（Grüner Veltliner Piri）口感顺滑，个性十足，香气四溢，每年的年份酒都物超所值。★新秀酒庄

拉荷夫酒庄（瓦赫奥产区）

拉荷夫酒庄（Nikolaihof）历史悠久，在世人都不知何为生物动力法之前，该酒庄便已采用生物动力法耕作。酒庄的葡萄酒总是卓然不群，风格低调，像古典玫瑰的花蕾一样慢慢绽放。萨赫斯（Saahs）家族打破了瓦豪产区的传统概念，而这在维诺德奇绿维特利纳干白葡萄酒（Grüner Veltliner Vinotheque）中得到了完美体现。这款酒在旧木桶中陈酿整整15年，并使其同时兼具醇厚、深沉、活泼的特点。酒庄产自克雷姆斯谷施泰纳洪德园（Steiner Hund）的珍藏级雷司令葡萄酒（Riesling Reserve）带有浓郁的矿物质气息，这款酒与酒庄的雷司令猎鹰级和蜥蜴级葡萄酒，采用上述相同工艺酿造，但上市时间更早。有人认为尼古拉斯·萨赫斯（Nikolaus Saahs）并没有挑战极限，有人认为他的葡萄酒风格并不正统，这些都是奥地利国内对其最常见的批评。

R&A 法弗酒庄（威非尔特产区）

罗曼·法弗（Roman Pfaffl Snr）和小罗曼·法弗经营着

尼玖酒庄

尼玖私人珍藏雷司令白葡萄酒品质稳定，是克雷姆斯谷产区的典范。

拉荷夫酒庄

拉荷夫酒庄的葡萄酒在发售前经过了长时间的陈酿，并以此著称。

皮希勒·库兹勒酒庄

这座新酒庄早期的葡萄酒产品质量非常高，令人拍案叫绝。

这座占地 60 公顷的酒庄。酒庄最为知名的葡萄酒是个性鲜明、物超所值的绿维特利利干白葡萄酒和卓越特酿红葡萄酒（Excellent），其中卓越特酿由本地品种茨威格与赤霞珠和梅洛混酿而成，完美和谐。酒庄对其霞多丽葡萄酒信心十足，但目前知名度稍低，该系列葡萄酒采用国际上较为常见的橡木桶发酵法酿造，但此举并不会掩盖其甘洌爽口的奥地利风格。酒庄的雷司令葡萄酒也采用此方法酿制，其中特莱森索恩莱顿葡萄酒（Terrassen Sonnleiten）是一款经典的干白葡萄酒，口感柔顺，具有白桃的香气和矿物质气息，酒体中等，酸度适中。

皮希勒·库兹勒酒庄（瓦赫奥产区）

皮希勒·库兹勒酒庄（Pichler-Krutzler）是一家成立不久的酒庄，2008 年，酒庄发布了真正意义上的第一款葡萄酒。酒庄由瓦赫奥著名酿酒师弗兰兹·泽弗·皮希勒的女儿伊丽莎白（Elisabeth）和埃里希·库兹勒（Erich Krutzler）联手创立，埃里希供职于布尔根兰州德意志舒岑村（Deutsch Schützen/Burgenland）的库兹勒酒庄（Weingut Krutzler）。酒庄的瓦豪雷司令系列干白葡萄酒、绿维特利纳葡萄酒、白皮诺葡萄酒浓郁丰满，果味浓郁，已经小有名气。★新秀酒庄

普拉格酒庄（瓦豪产区）

"二战"后，该地区为俄罗斯所占，俄占期结束之后的数十年间，瓦豪产区在 4 家酿酒厂的鼎力支持下重整旗鼓，声名鹊起，而普拉格酒庄（Prager）便是其中之一。酒庄是该地区最具活力的酿酒商之一。酒庄的沃奇顿博登斯坦雷司令葡萄酒（Riesling Wachstum Bodenstein）以酿酒师兼总监托尼·博登斯坦（Toni Bodenstein）的名字命名，其首个年份酒产于 1999 年。这款葡萄酒的原料葡萄来自海拔 425～460 米的葡萄园，此前人们认为在此海拔高度的葡萄永远不会成熟。2005 年，斯托克卡图绿维特利纳葡萄酒（Grüner Veltliner Stockkultur）首次亮相，这款酒的葡萄园已有 75 年的历史，每株葡萄都使用传统方式修剪培育，与葡萄架完美契合。正因如此，最终酿成的这款葡萄酒，芬芳馥郁，是葡萄酒界的重磅新秀。博登斯坦还依托魏森基兴（Weissenkirchen）和迪恩施泰因（Dürnstein）的传统葡萄园，酿造出了清澈透亮、口感醇厚的雷司令干白葡萄酒和绿维特利纳蜥蜴级葡萄酒。★新秀酒庄

普罗迪尔酒庄（克雷姆斯谷产区）

弗朗茨·普罗迪尔（Franz Proidl）为人活泼开朗，他酿制的干白葡萄酒浓郁醇厚，平衡度上佳，但有时显得"过犹不及"（酒精度高，时而带有意外的甜味），而有时又中规中矩，平平无奇。埃伦费尔斯园（Ehrenfels）是弗朗茨最喜爱的葡萄园，葡萄园就位于森夫滕贝格的一座城堡废墟的下方，其陡峭斜坡之上分布着梯田，此地产出的晚摘雷司令葡萄酒和珍藏系列绿维特利纳葡萄酒（Grüner Veltliner Reserves）香浓至极。普罗迪尔斯佩茨德意志雷司令葡萄酒（Riesling Proidl Spricht Deutsch）是酒庄新出的酒款，甜美多汁，颇具异国情调。★新秀酒庄

赖纳韦斯酒庄（瓦赫奥产区）

赖纳韦斯酒庄（Rainer Wess）是一座小型酒庄，2003 年，酒庄成为瓦豪产区的首个新产商。酒庄自有葡萄园占地 3 公顷，

并从少数当地种植者那里购买葡萄。酒庄的葡萄酒带有成熟果香，口感辛辣，但又极为平衡和谐，个性鲜明。酒庄最顶级的雷司令葡萄酒产自阿赫莱特和法芬堡园；最为浓郁的绿维特利纳葡萄酒，产自阿赫莱特、来本堡和法芬堡园，这两款酒在浅龄时便已芳香四溢，而陈年之后更为优雅迷人。★新秀酒庄

胡帝·皮希勒酒庄（瓦豪产区）

胡帝·皮希勒酒庄（Rudi Pichler）自成一派，与众不同。瓦豪许多知名酿酒师都会使用一定的贵腐菌侵染的葡萄酿造其顶级雷司令葡萄酒和绿维特利纳蜥蜴级葡萄酒。但胡帝完全不认可这种做法，他坚持认为，只有使用完全干净的葡萄，才能在他的超现代酒庄中进行长时浸皮工艺。此方式酿制的葡萄酒风格迥异，具有非常强烈的矿物质气息，单宁结构坚实，其香气远超桃味突出的瓦豪雷司令葡萄酒和带有白胡椒风味的普通绿维特利纳葡萄酒。这些葡萄酒需要在瓶内陈酿数年才能到达极致，而相比之下，俏皮迷人、特色同样鲜明的猎鹰级葡萄酒并不需要。★新秀酒庄

萨洛蒙酒庄（克雷姆斯谷产区）

萨蒙格鲁威葡萄酒（Sal'mon Groovy）和萨蒙雷司令干白葡萄酒（Riesling Sal'mon）是出自贝拖德·萨洛蒙（Bertold Salomon）之手的半干型基本款葡萄酒，果味浓郁，蜚声国际。而酒庄的其他雷司令葡萄酒和绿维特利纳葡萄酒与上述酒款大相径庭，这几款酒优雅干爽，平衡度佳，口感不甜，并不会过于厚重和奢靡。其中最著名的是产自可歌园（Kögl）的雷司令葡萄酒，精致优雅，带有柑橘和矿物质气息，新鲜爽口。在酒庄的建筑中，极为现代的风格与精心修复的历史元素恣意碰撞，让人耳目一新。

戈贝伯格酒庄（凯普谷产区）

戈贝伯格酒庄（Schloss Gobelsburg）的葡萄酒历史可以追溯到 1171 年。而酒庄的现代史可追溯至 1996 年 2 月，当时迈克尔·穆斯布鲁格（Michael Moosbrugger）接管了这座破旧的酒庄，他来自奥地利西部，其家族经营酒店，非常著名。穆斯布鲁格使用的木桶均由本地橡木制成，酿酒时橡木桶置于旋转架之上，他酿制的传统系列绿维特利纳和雷司令葡萄酒质感美妙，辛香雅致，在桶中陈酿 18 个月，而酒庄最为普通的葡萄酒则使用不锈钢桶酿制。酒庄其他雷司令干白葡萄酒和绿维特利纳葡萄酒桶中陈酿较短，果味更浓，但又醇厚浓郁、香气复杂，极具个性。近年来，穆斯布鲁格的黑皮诺红葡萄酒和圣罗兰红葡萄酒品质突飞猛进，单宁强劲，同时又清冽爽口，优雅精美。★新秀酒庄

哈德格伯爵酒庄（威非尔特产区）

哈德格伯爵酒庄（Schlossweingut Graf Hardegg）生产的维欧尼葡萄酒为奥地利之最，酒庄也因此名声大噪，这款葡萄酒丰满浓郁，散发着桃子的香气，因法律原因简单地命名为 V。酒庄流淌着贵族血统，其酿造的维特林斯基绿维特利纳葡萄酒（Grüner Veltliner Veltlinsky）散发着水果和胡椒的曼妙香气，品质持久如一，是酒庄更为重要的酒款。酒庄的顶级雷司令干白葡萄酒和绿维特利纳葡萄酒冠以施洛斯贵族之名销售，

萨洛蒙酒庄

可歌雷司令干白葡萄酒是酒庄最为优雅的葡萄酒之一。

酒款清爽新鲜，带有柑橘气味，清澈透亮，将威非尔特的现代风格展现得淋漓尽致。

美滋酒庄（瓦豪产区）

约翰（Johann）和莫妮卡（Monika）与他们的两个儿子托马斯（Thomas）和佛洛里安（Florian）一同酿酒，其葡萄酒质量稳定。酒庄位于瓦豪产区，其葡萄园自乔辛（Joching）绵延至其下游的莱本（Loiben）。酒庄的猎鹰级葡萄酒极具魅力，非常迷人，相比之下，一些著名酒厂的葡萄酒稍显朴素。

斯莫洛酒庄（克雷姆斯谷产区）

尼古拉斯·斯莫洛（Nikolaus Moser）于 2000 年从父亲塞普（Sepp）手中接管了这座酒庄，随后便立刻转用生物动力法种植葡萄并采用野生酵母发酵。最终酿得的极干型葡萄酒果香充盈，极具特色，酸度适中。酒庄的格布林（Gebling）葡萄园的土壤一直被认为是二流的黄土土壤，但其证明了栽种于此的雷司令仍可以酿造出顶级葡萄酒。班法鲁（Banfalu）葡萄酒产自该家族位于滨湖新锡德尔县阿佩特隆（Apetlon/Neusiedlersee）的一处葡萄园，是酒庄为数不多的红葡萄酒中最为惊艳的一款。★新秀酒庄

斯塔德曼酒庄（温泉区产区）

约翰·斯塔德曼（Johann Stadlmann）酿造各种各样的白葡萄酒和红葡萄酒，他一生始终坚持使用本地的津芳德尔葡萄。与大多数奥地利干白葡萄酒不同，津芳德尔葡萄并没有新鲜水果香气，也没有浓郁的酒体。相反，其带有苹果干、梨和香草的味道，酸度适中；口感顺滑，但并不醇厚。格罗斯珍藏级葡萄酒（Grosse Reserve）厚重香浓，往往稍带甜味；产自马德尔霍（Madel-HöH）的单一葡萄园的葡萄酒更宜饮用，口感适度。

克雷姆斯城酒庄和斯蒂夫特·戈特威格酒庄（克雷姆斯谷产区）

弗里茨·米斯鲍尔（Fritz Miesbauer）和利奥波德·菲格尔（Leopold Figl）于 2003 年夏天接手了克雷姆斯城酒庄（Stadt Krems），在此之后的 3 年里，他们将酒庄改头换面，焕然一新。酒庄的葡萄园占地 30 公顷，他们重新种植了其中 15 公顷的土地，还更换了酒窖设备，使得酒庄重新成为下奥地利干白葡萄酒厂商中的佼佼者。酒庄的葡萄酒风格现代，但并不死板单一，酒庄产自瓦希特堡（Wachtberg）的绿维特利纳 DAC 珍藏级葡萄酒（Grüner Veltliner DAC Reserve）口感辛辣，很好地展现了酒庄现代多样的风格。同一家团队还经营着斯蒂夫特·戈特威格酒庄（Stift Göttweig），该酒庄拥有约 50 公顷的葡萄园。

威雷德酒庄（威非尔特产区）

弗里德里希·威雷德（Friedrich Weinrieder）是奥地利的"冰酒先生"，他酿制了大量的雷司令和绿维特利纳冰葡萄酒，这两种冰酒位处奥地利顶级冰酒之列。威雷德酿制的绿维特利纳干白葡萄酒同样品质上乘，充满了绿色水果和胡椒的气息。

赖纳韦斯酒庄
赖纳韦斯酒庄位于瓦赫奥，虽初来乍到，但其葡萄酒品质非凡。

戈贝伯格酒庄
戈贝伯格酒庄的雷司令葡萄酒口感复杂，层次丰富。

威宁格酒庄（维也纳产区）

1999 年，弗里茨·威宁格（Fritz Wieninger）将努斯堡园（Nussberg）内混种的不同品种的老藤葡萄一同发酵，此举改变了维也纳葡萄酒的形象，威宁格酿制了一种口味多元的干白葡萄酒，这与他记忆中的任何味道都不一样。此前，威宁格一直痴迷于酿制国际风格的黑皮诺和霞多丽葡萄酒，这些葡萄酒虽价格昂贵，但仍供不应求。自酿出上述的新款酒之后，他的工作重心发生了天翻地覆的变化。如今，威宁格是田间混酿的坚定拥护者，他投入了大量精力改进酒庄的绿维特利纳和雷司令混酿干白葡萄酒，该系列葡萄酒越来越丰满浓郁、引人注目。

克雷姆斯酒庄（克雷姆斯谷产区）

克雷姆斯酒庄（Winzer Krems）坐拥近 1000 公顷的葡萄园，是一座大型的合作酒庄，酒庄的"私享窖藏系列"（Kellemeister Privat）葡萄酒令人印象深刻，果香馥郁，颇具底蕴。除了顶级酒款，酒庄很多其他葡萄酒风格更为简约，但品质同样精良。

埃瓦尔德·沃尔泽酒庄（克雷姆斯产区）

英格丽德·沃尔泽（Ingrid Walzer）与她的葡萄酒一样，朴实低调，从不矫揉造作。她酿制的绿维特利纳葡萄酒丰富浓郁，入口辛辣，口感纯正。这款葡萄酒的产地为克雷姆斯的梯田葡萄园，园中的黄土土壤肥沃保水，该地气候白天温暖，夜晚凉爽，为葡萄的成熟提供了理想的条件。

萨尔赫酒庄（维也纳产区）

理查德·萨尔赫（Richard Zahel）酿制的雷司令干白葡萄酒在维也纳首屈一指，散发着矿物质气息，让人流连忘返。但酒庄的臻品佳酿远不止此。萨尔赫的田间混酿系列葡萄酒（尤其是珍藏款）使用混栽葡萄酿成，是该产区最为复杂、质感最佳的白葡萄酒之一。

祖尔酒庄（威非尔特产区）

维尔纳（Werner）与飞利浦·祖尔（Phillip Zull）"上阵父子兵"，尤其擅长酿制雷司令干白葡萄酒和绿维特利纳葡萄酒。威非尔特产区一直不被看好，而酒庄的葡萄酒表明，威非尔特产区亦可产出质量上佳的美酒。酒庄将葡萄园管理得井井有条，因而造就了其高质量的葡萄酒。酒庄的葡萄酒成熟度很高，且清爽优雅，芳香四溢。

布尔根兰州产区

人们对布尔根兰州（Burgenland）葡萄酒产区有两种先入之见——地势极为平坦，酒体丰满浓郁。这两种观念都是合乎情理的。新锡德尔湖（Neusiedlersee）最深处只有 2 米，实际就是一个巨大的水坑，其周围的许多葡萄园的确非常平坦，酒客可以在此品尝到醇厚浓郁的葡萄酒。但该地区最近的发展已呈现了另外一番景象，人们重新意识到高海拔葡萄园可以生产出优雅精美、芳香馥郁的葡萄酒。这种差异清楚地表明，与外界的粗略印象相比，这个奥地利的葡萄酒产区实际上更为复杂多样。

以新锡德尔湖西岸的鲁斯特市（Rust）为例，在有文字可考的历史中，该地系统的餐末甜酒酿造史可追溯至 17 世纪初。该地出产的葡萄酒出口到俄罗斯和波兰，赚取了不少财富，因而得以建造了大量的巴洛克式建筑。但在湖对岸的伊尔米茨市（Ilmitz）却找不到任何酿酒商的踪迹。不幸离世的明星酿酒师阿洛伊斯·克莱西（Alois Kracher）将这个乡村地区描述为"奥地利的加利福尼亚"，这意味着就葡萄酒而言，这里几乎一切都是新的。

该产区的餐末甜酒浓郁丰富而又平衡雅致（例如格莱士酒庄酿造的一系列杰作，以及大名鼎鼎的鲁斯特奥斯伯赫葡萄酒），宛如重生，而红葡萄酒亦浓郁饱满，这两种葡萄酒促使布尔根兰州产区在沉睡数十年后重获国内外的广泛赞誉。布尔根兰州产区夏季炎热干燥，一批朝气蓬勃的酿酒师云集于此，20 世纪 90 年代，奥地利红葡萄酒市场繁荣兴盛，布尔根兰州也得以成为其中心之地。布尔根兰州产区引入了以赤霞珠为代表的新葡萄品种，还引进了新的酿酒技术（诸如集中器和新橡木桶），再加上酿酒师们大展宏图的抱负，导致某些葡萄酒过于夸张。不过，这些变革也让布尔根兰州产出了一些不俗的葡萄酒，改变了世人的看法。

近年来，布尔根兰州的葡萄园变化重大，铲除了大量赤霞珠，转而栽种老牌的蓝佛朗克。这个品种在匈牙利被称为卡法兰克斯（Kékfrankos），在德国被称为莱姆贝格和本土的茨威格。茨威格唯一的问题是没有被认真对待，因此往往会被过度种植，导致葡萄酒淡而无味。同时，蓝佛朗克往往橡木味过重，掩盖了鲜活的果香和香料气息。值得庆幸的是，这一切正在迅速改变，这些葡萄的真正潜力正逐渐显现。

该地的干白葡萄酒甚至呈现了两极分化的风味。该地使用木桶发酵生产出了一些品质优越的霞多丽葡萄酒，因而沿此方向继续深耕很可能酿出顶级的明星酒款。而大多数干白葡萄酒都比较醇厚而圆润，但缺乏下奥地利干白葡萄酒突出的清爽口感和诱人香气。即便是在奥地利，多数人都认为布尔根兰州的干白葡萄酒产量相当少，而实际上布尔根兰州种植了近 1800 公顷的绿维特利纳。

雷德堡山区完美释放了葡萄的潜力，自 2004 年开始便开始在这片石灰岩和板岩土壤上栽种葡萄，酿制的葡萄酒打破了布尔根兰州的原本风格，比较有代表性的是绿维特利纳和霞多丽白葡萄酒，以及蓝佛朗克红葡萄酒。这些葡萄酒已经在奥地利引起了强烈轰动，激励了中部布尔根兰州产区（Mittelburgenland）的酿酒师寻求酿制类似的葡萄酒。

毫无疑问，布尔根兰州产出的一些红葡萄酒酒精度高，橡木味浓郁，推出之后一鸣惊人，广为人知。未来几年，这些地区葡萄酒的风格必将更为多样。

克劳斯·普莱辛格酒庄

克劳斯·普莱辛格（Claus Preisinger）的葡萄酒标签崇尚极简主义，是一张纯净的白纸，其中间有铅笔题字"Claus"。克劳斯是一位才华横溢的年轻酿酒师，从不畏手畏脚，他酿制的红葡萄酒浓郁醇厚，口感妩媚动人。这些葡萄酒品质卓越，风格大胆，但又香甜而细腻，新鲜甘洌，芳香四溢，让人误以为是加利福尼亚州凉爽之地的顶级葡萄酒，完全不像是奥地利温暖地带的应有之作。酒庄最受欢迎的是强劲而柔滑的黑皮诺葡萄酒，但其新推出的布尔蓝佛朗克葡萄酒（Buehl Blaufränkisch）更为引人注目。

恩斯地堡酒庄

1986年，恩斯特·特里鲍默（Ernst Triebaumer）酿制了一款马林塔尔园（Mariental）蓝佛朗克葡萄酒，证明了奥地利可以生产世界级的红葡萄酒。从那以后，恩斯特在奥地利因"ET"而家喻户晓，而且这是其商标上最大的字母。这款红葡萄酒浓厚集中，活力十足，带有巧克力和甘草的香味，与之类似的杰马克蓝佛朗克葡萄酒（Blaufränkisch Gemärk）稍显轻盈，引人瞩目。恩斯特还酿造了一些品质上佳的长相思葡萄酒，还有数款质量优异、风格现代的奥斯伯赫（Ausbruch）餐末葡萄酒。

法伊勒·阿亭杰酒庄

截至20世纪80年代，鲁斯特市酿造奥斯伯赫餐末甜酒的历史已达300多年，酒质一直没有突破。法伊勒·阿亭杰酒庄（Feiler-Artinger）的库尔特·费勒（Kurt Feiler）独自肩负起了复兴与创新的重担。1993年以来，酒庄的鲁斯特奥斯伯赫皮诺特酿葡萄酒（Ruster Ausbruch Pinot Cuvée）由多种白皮诺葡萄、霞多丽和纽伯格混酿而成，定义了现代奥斯伯赫葡萄酒。这款葡萄酒带有浓郁的热带水果香味，巴里克木桶则赋予了其精致的香草和橡木气息，与老式的奥斯伯赫或苏玳产区葡萄酒相比，酸度更高，酒精含量更低，而甜度低于逐粒枯萄精选葡萄酒。酒庄的纸牌红葡萄酒（Solitaire）由蓝佛朗克、赤霞珠和梅洛混酿而成，强劲浓烈而又优雅精美；酒庄的1000红葡萄酒由品丽珠和梅洛混酿制成，这两款葡萄酒都是奥地利顶级葡萄酒。

海因里希酒庄

"国际风格的酿酒技艺"常常被认为是一种侮辱，但海因里希酒庄（Gernot and Heike Heinrich）却从中挖掘出了最为积极的元素。酒庄的潘诺拜尔葡萄酒（Pannobile）由蓝佛朗克、圣罗兰与本土的茨威格酿制而成；而加布兰扎葡萄酒（Gabrainza）则在潘诺拜尔葡萄酒的基础上混入了大量梅洛，这两款葡萄酒是酒庄最为重要的葡萄酒。这两款葡萄酒散发着浓郁的黑莓香气和香料气息，单宁柔顺，同时还带有些微的香草橡木气息，各种风味完美交融，在奥地利，对于如此优质的葡萄酒来说，其产量不可谓不多。酒庄产自萨尔茨堡（Salzberg）的葡萄酒价格更高，产量较少，其带有浓郁的巧克力味道，更为奢华诱人。

格塞尔曼酒庄

20世纪90年代初，阿尔伯特·格塞尔曼（Albert Gese-llmann）就已以其单宁强劲的红葡萄酒而闻名，他酿造的贝拉雷克斯赤霞珠梅洛混酿葡萄酒（Bela Rex Cabernet Sauvignon/

法伊勒·阿亭杰酒庄
鲁斯特奥斯伯赫葡萄酒是一款简约
而又可口的餐末甜酒。

朱迪思·贝克酒庄
阅历丰富的朱迪思·贝克开发出了
自己的独特风格。

Merlot）便具此特点，且这款酒是奥地利红葡萄酒的经典酒款之一。阿尔伯特的欧普斯埃克苏姆（Opus Eximum）特酿葡萄酒采用了类似工艺酿造，由本土的蓝佛朗克、茨威格和圣罗兰混酿而成，带有淡淡的橡木味，但更加辛辣。

海德尔酒庄

格哈德·海德尔（Gerhard Haider）成为酿酒师并不是为了成为媒体的焦点。格哈德在伊尔米茨市（Illmitz）周围拥有12公顷的葡萄园，从中酿制的逐粒枯萄精选餐末甜酒品质卓越，但他在媒体上却一直非常低调。这些葡萄酒质感丰富，带有浓郁的异国风味，和谐精致。这些葡萄酒并未在橡木桶中发酵，且市售时并未过度营销造作。

尼克纳斯酒庄

汉斯·尼克纳斯（Hans Nittnaus）于1985年接管了这座家族酒庄，彼时他便立志酿制出与波尔多顶级红葡萄酒媲美的酒品。但当他放弃这个目标后，他才开始酿造出真正诱人的葡萄酒。如今，尼克纳斯酿造了两种风格迥异的顶级红葡萄酒：科蒙多尔葡萄酒（Cormondor）由本土的茨威格、蓝佛朗克与梅洛混酿而成，经橡木大桶熟化，强劲有力，平衡度佳；雷德堡蓝佛朗克葡萄酒（Blaufränkisch Leithaberg）丝滑柔顺，带有矿物质气息。酒庄还有一款卡尔克和希弗蓝佛朗克葡萄酒（Kalk & Schiefer Blaufränkisch），该酒产自高海拔葡萄园，园中土壤为板岩和石灰岩土壤。这款葡萄酒与酒庄风格更为轻盈的红葡萄酒皆在柱桶（puncheon，容量是波尔多桶的两倍）中熟化，以避免过度萃取橡木风味。

海蒂·施洛克酒庄

海蒂·施洛克（Heidi Schröck）自1983年开始便一直经营着这座小型家庭酒厂。她酿制的葡萄酒品质一直不错，但在过去近10年的时间里，酒质有了较大飞跃，鲁斯特奥斯伯赫餐末葡萄酒便是其中的佳作。酒庄的顶级葡萄酒是瑟纳葡萄酒（Thurner），这款酒由富尔民特（Furmint）葡萄酿制而成，而酒庄的另一款黎明之翼混酿葡萄酒（Auf den Flügeln der Morgenröte）紧随其后。这些葡萄酒既没有现代主义风格，也没有传统风格，而是有自己的独特风格，酒款完美融合了多种元素：芳香馥郁，极具质感，口感复杂，同时又鲜爽可口，活力四射。施洛克还酿制了令人印象深刻的红葡萄酒，果味芬芳，优雅精美，既无落俗的橡木味，也无厚重的单宁，酒精度也不高。

朱迪思·贝克酒庄

朱迪思·贝克（Judith Beck）天资聪颖，富有创造力，她酿造的葡萄酒各个酒款的品质都不相上下。顶级的朱迪思（Judith）红葡萄酒由本地的蓝佛朗克和圣罗兰与梅洛混酿而成，浓郁醇厚，口感柔滑；其酿制的常规红葡萄酒，如茨威格葡萄酒，令人印象深刻，很难去说这两款酒孰优孰劣。后者和谐有致，飘散着纯净的成熟水果香气，并被橡木气息所掩盖。贝克曾在波尔多、皮埃蒙特和智利工作过，但她酿造的葡萄酒未有丝毫模仿的痕迹。★新秀酒庄

尤瑞斯酒庄 / 斯蒂格玛酒庄
以斯蒂格玛为商标的圣罗兰葡萄酒
浓郁醇厚，精致典雅。

格莱士酒庄
2006 年份的 11 号施埃博逐粒枯萄精选葡萄
酒酒体纯净、浓郁丰满，动人心魄。

尤瑞斯酒庄 / 斯蒂格玛酒庄

阿克塞尔·斯蒂格玛（Axel Stiegelmar）曾是奥地利少数能酿出世界级红葡萄酒的酿酒师之一。今天，他酿制的葡萄酒变得更为浓郁丰满，而酒中单宁胜似当年，仍旧如初。酒庄的珍藏款葡萄酒包括圣罗兰酿成的葡萄酒，伊纳梅拉（Ina'mera）、圣乔治（St-Georg）和沃尔夫斯杰（Wolfsjäger）特酿系列葡萄酒，这些葡萄酒在发售前都已在瓶内陈年，进一步提高了和谐度。斯蒂格玛还酿造了品质优良的霞多丽葡萄酒，并置入橡木桶中精心陈酿，此外还有一款鲜爽可口的长相思葡萄酒。

斯皮茨修道院酒庄

托马斯·施瓦兹（Thomas Schwarz）将他的酒庄描述为他的"树屋、突击队总部和最佳休憩地"，而从中便可洞悉这位自由思想家的寓意。施瓦兹产自雷德堡山区的葡萄酒质量堪称顶级，他酿造的红葡萄酒极其优雅、口味辛辣，带有矿物质气息，让奥地利葡萄酒界的保守派人士茫然不解其中之奥秘。施瓦兹酿制了雷德堡、艾斯纳（Eisner）和罗尔沃尔夫（Rohrwolf）3 款由本土蓝佛朗克葡萄酿成的红葡萄酒，是最原汁原味、最具吸引力的蓝佛朗克葡萄酒，而施瓦兹酿制的雷德堡干白葡萄酒同样极具风土特色，惊艳诱人，可以说是布尔根兰州的顶级绿维特利纳葡萄酒。

科尔瓦茨酒庄

20 世纪 80 年代，科尔瓦茨（Kollwentz）家族是奥地利首个掌握赤霞珠酿制精髓的家族。酒庄使用赤霞珠酿制的葡萄酒令人难以忘怀，而酒庄的另外两款酒也毫不逊色，一款是近期推出的蓝佛朗克时刻葡萄酒（Blaufränkisch Point），另一款是极具勃艮第风格的杜尔黑皮诺葡萄酒（Pinot Noir Dürr）。酒庄还有 3 款经橡木桶熟化的霞多丽葡萄酒，极为细腻，同样可能被误认为是来自"霞多丽之乡"勃艮第的顶级葡萄酒，其中格洛里亚葡萄酒（Gloria）非常优雅、精致；塔施勒（Tatschler）风格更为大胆奔放、浓烈强劲；而沃姆莱塔格伯奇葡萄酒（vom Leitagebirge）带有花朵和草本的气息，橡木味稍淡。

格莱士酒庄

2007 年秋，格哈德·格莱士（Gerhard Kracher）的父亲阿洛伊斯（Alois）不幸去世，此后他便在祖父的帮助下一直经营着这家奥地利最著名的餐末甜酒酒厂。格哈德沿袭了其父开发的两种风格的逐粒枯萄精选葡萄酒：新派系列葡萄酒（Nouvelle Vague）在木桶中发酵，湖泊之间系列葡萄酒（Zwischen den Seen）只使用钢桶发酵。这些葡萄酒从数字"1"开始编号，依次递增。其实 1 号葡萄酒就非常浓郁多汁，品质甚高；15 号葡萄酒是其中最为甜美、最浓郁奢华的葡萄酒。与世界上许多卓越的餐末甜酒不同，格莱士酒庄的葡萄酒发售后便可即时享用，美妙至极，但陈年之后依然无可挑剔。酒庄的顶级特酿葡萄酒（Grand Cuvée）是酒庄产量最大的葡萄酒，远销全球各地。酒庄还与海蒂施罗克酒庄在鲁斯特市合作酿制葡萄酒，首款年份酒产自 2006 年，亦收获了不错的反响。

克鲁茨勒酒庄

克鲁茨勒酒庄（Krutzler）位于布尔根兰州南部气候凉爽的地方，莱因霍尔德·克鲁茨勒（Reinhold Krutzler）自推出珀沃尔夫葡萄酒（Perwolff）后，一直是公认的顶级酒庄。珀沃尔夫葡萄酒是一种浓香馥郁、单宁优雅的特酿红葡萄酒，由蓝佛朗克和少量赤霞珠混酿而成。而橡木味道更淡，单宁丰富的蓝佛朗克珍藏级葡萄酒（Blaufränkisch Reserve）同样让人魂牵梦萦，而且适合陈年；普通的蓝佛朗克葡萄酒口感活泼、果味浓郁、成熟醇厚、酸度适中。

明克朗酒庄 / 米奇利斯酒庄

酿酒师沃纳·米奇利斯（Werner Michlits）采用生物动力法管理葡萄园，其葡萄酒具有天然纯正的原始风味，在奥地利没有葡萄酒能与之匹敌。在酒庄的一众风格迥异的葡萄酒中，最为卓越的是圣罗兰科纳克特葡萄酒（St-Laurent Konrket），这款红葡萄酒使用混凝土罐酿制，醇和柔顺，极为浓郁，带有成熟的樱桃香气，强劲但又不失鲜爽。酒庄的格劳珀特灰皮诺葡萄酒（Grauburgunder Graupert）采用巴里克木桶发酵，富有精致的异国情调，醇厚柔和，其葡萄园经精心剪枝，这款葡萄酒可谓此类葡萄园所产的最佳酒品。整体来看，酒庄的红葡萄酒精致迷人，而绿维特利纳干型葡萄酒另以米奇利斯（Michlits）的酒标出售，口感柔顺。通常采用生物动力法酿制的葡萄酒会有些许不讨喜的气息，但这款酒中丝毫不见其踪。

莫瑞科酒庄

葡萄酒哲学家罗兰·韦利奇（Roland Velich）曾当过赌场荷官，他直到 2001 年才创立了莫瑞科酒庄（Moric）。韦利奇已经成功地酿造出一款全新风格的蓝佛朗克葡萄酒，为蓝佛朗克葡萄注入了鲜爽清新的风格，颇为惊艳。韦利奇最顶级的瓶装酒是莫里克蓝佛朗克干红葡萄酒（Neckenmarkt Alte Reben），该酒选用老藤葡萄酿成，丝毫没有橡木味。相反，酒庄的风格注重葡萄和风土特色，并从中转达水果花香及香料气息。酒庄的内肯马克（Neckenmarkt）葡萄园以板岩土壤为主，而卢茨曼斯堡（Lutzmannsburg）葡萄园土壤较难耕作，但该葡萄园产出的葡萄酒比前者更浓郁、更丰腴醇厚。酒庄的葡萄园海拔高、产量低，而且不干预酿酒过程，因而酿出的红葡萄酒细腻精雅，质价相符，无论是最为普通的蓝佛朗克葡萄酒还是世界级葡萄酒，皆是如此。

保罗·阿克斯酒庄

保罗·阿克斯（Paul Achs）是奥地利国内市场上最受推崇的黑皮诺葡萄酒生产商。他生产的蓝佛朗克葡萄酒同样令人心醉魂迷，散发着浓香馥郁的浆果香气，同时带有精致的香草橡木气息，柔身优雅。他酿制的葡萄酒酒精和单宁都不会过重，而浓烈强劲的勃艮第红葡萄酒常常具有这种缺陷。阿克斯在奥地利酿酒业中虽然闻名遐迩，但他为人谦和，没有丝毫傲慢。

普利乐酒庄

西尔威亚·普利乐（Silvia Prieler）博士是一位酿酒师和微生物学家，他酿制出的一些红葡萄酒是该地区最为优质的酒款，蓝佛朗克葡萄酒是一款重要的特色产品。酒庄产自戈德堡的葡萄酒萃取度高，浓郁可口，带有橡木气息；而产自雷德堡的葡萄酒更为鲜爽，更为高贵奢华。雷德堡干白葡萄酒由白皮诺酿成，在大橡木桶中进行熟化，带有热带水果和草本植物的清香，同时又活泼生动。

罗西·舒斯特酒庄

2005 年，汉内斯·舒斯特（Hannes Schuster）接手了该酒庄的酿酒工作，从这以后，酒庄的葡萄酒变得更加顺滑细腻，橡木味稍有淡化。察格尔斯多夫（Zagersdorf）覆盖着厚厚的白垩纪土壤，酒庄在此栽种了本土的圣罗兰葡萄和蓝佛朗克葡萄，酒庄依此酿制的一些红葡萄酒清爽怡人，散发着草本气息，完美体现了酒庄葡萄酒的变化。相比之下，鲁斯特蓝佛朗克葡萄酒新鲜怡人，这款酒产自圣马尔加勒滕市（St Margarethen），土壤为沙质土壤。这些葡萄酒各具特色，与众不同。

赫尔本酒庄

2001 年起，在马库斯·格拉夫·祖柯尼塞格（Markus Graf zu Koenigsegg）的领导下，这座颇有贵族气派的大型酒庄经历了彻底的变革。酒庄参考波尔多酒庄的风格，对地窖进行了全面翻修（亦或许是模仿），并对产品系列进行了调整。酒庄最新的顶级葡萄酒为荣根贝格红葡萄酒（Jungenberg），由梅洛和赤霞珠混酿而成，浓郁醇厚，奢华丰满，单宁优雅。酒庄的其他葡萄酒都是现代化酿酒技术酿出的佳品，价格稍高。

聪伯格酒庄

20 世纪 90 年代初，前摇滚音乐家君特·聪伯格（Günther Schönberger）成功转型，摇身变为葡萄种植者。他酿制的红葡萄酒口感丰富，浓郁醇厚，并不符合奥地利的传统，酿酒时还使用了大量的新橡木桶。可能是由于产量低及采用有机葡萄栽培法的缘故，其出品的酒款口感辛香，矿物质气息浓郁，而果香则稍显逊色。聪伯格最好的葡萄酒是浓烈强劲而细腻曼妙的聪伯格红葡萄酒（Schönberger），也是奥地利最独特的高品质葡萄酒之一。

廷霍夫酒庄

埃尔文·廷霍夫（Erwin Tinhof）以其浓郁而优雅的红葡萄酒而闻名，其中最著名的是口感辛辣，带有烟熏风味的格洛里特蓝佛朗克葡萄酒（Blaufränkisch Gloriette）和更为顺滑的雷德堡葡萄酒（由蓝佛朗克和圣罗兰混酿而成）。由纽伯格酿成的干白葡萄酒同样是酒庄的特色酒款，虽然瓶身朴素，价格亲民，但散发着成熟的苹果、梨等水果的香气，丰满浓郁。雷德堡葡萄酒由纽伯格和白皮诺混酿而成，这款干白葡萄酒酒体中等，极具风土特色，是奥地利该类葡萄酒中的佳作之一。

齐达酒庄

汉斯·齐达（Hans Tschida）的逐粒枯萄精选葡萄酒、逐粒精选葡萄酒和麦秆酒等餐末甜酒口感浓郁、多汁，甜度较高，带有浓郁的干果和蜂蜜的香气，但从不会过于黏稠，也不会甜得发腻。酒庄最为奢侈豪华的葡萄酒是桑玲葡萄酒（Sämling，又称 Scheurebe）。

乌玛通酒庄

在奥地利，约瑟夫·乌玛通（Josef Umathum）最为人所知的酒款是产自哈勒布尔（Hallebühl）的茨威格葡萄酒，该酒浓郁丰满、单宁丰富，带有橡木气息及浓郁的巧克力和香醋的香气。而他最为成功的红葡萄酒是"露台之下"黑皮诺葡萄酒（Pinot Noir Unter den Terrassen），该酒产自滨湖新锡德尔县西北端的乔伊瑟伯格（Joiser Berg），是奥地利最浓郁复杂、最适宜陈年的黑皮诺葡萄酒。酒庄用蓝佛朗克、圣罗兰和茨威格等常规品种酿制的葡萄酒也非常浓郁，结构和谐平衡，令人难忘。此外，乌玛通还酿造了独具风韵的干白葡萄酒（尤其是塔明娜葡萄酒），还有数款品质上佳的餐末甜酒。

施福酒庄

乌维·施福（Uwe Schiefer）曾当过侍酒师，他早在 1995 年就开始在布尔根兰州南部使用蓝佛朗克酿造红葡萄酒，这些葡萄酒极其经典，极好地表达了产地原始的风土特色。其葡萄酒的产地多为丘陵，海拔较高，以新鲜爽口为特点，单宁强劲而又醇厚浓郁。酒庄的埃森贝格葡萄酒（Eisenberg）虽是基本款葡萄酒，但浓郁醇厚，丰沛饱满；而更胜一筹的顶级酒款雷堡葡萄酒（Reihburg）和萨帕里葡萄酒（Sazapary）则更为精致优雅，更为香浓。这些酒款都具有不俗的陈年潜力。

维里希酒庄

布尔根兰州东部强劲有力红葡萄酒与甜葡萄酒有其固有的生产模式，而维里希（Velich）家族凭借其 1991 年的提格拉特霞多丽干白葡萄酒（Tiglat Chardonnay）成为首个打破该模式的生产商之一。这款酒使用橡木桶熟化，是奥地利首款获得国际认可的葡萄酒，带有新鲜的香蕉和柑橘的香味，散发着微妙的橡木味，浓郁优雅，独一无二。达斯科霞多丽葡萄酒（Darscho Chardonnay）橡木味稍淡，更具魅力，该家族还使用威尔士雷司令酿制了少量的逐粒枯萄精选葡萄酒，这些都是奥地利是最为名贵的葡萄酒。该酒庄还出品 OT 葡萄酒，由是霞多丽、长相思和威尔士雷司令混酿而成，性价比较高，带有丝丝橡木气息。

威宁格酒庄

酒庄的蓝佛朗克红葡萄酒、圣罗兰红葡萄酒和 CMB 混酿红葡萄酒（由赤霞珠、梅洛和蓝佛朗克混酿而成）产自霍里琼市（Horitschon），由弗朗茨·威宁格（Franz Weninger Snr）操刀酿制，带有烟熏风味，口感丰满，而这只是该酒庄产品线的冰山一角。小弗兰兹·威宁格（Franz Weninger Jr）在匈牙利肖普朗（Sópron）边界附近酿造出了令人印象深刻的红葡萄酒和干白葡萄酒。在肖普朗，蓝佛朗克被称为卡法兰克斯（Kékfrankos），酿出的葡萄酒更柔和、更辛辣。

温泽尔酒庄

温泽尔酒庄（Wenzel）位于鲁斯特市，其最出名的葡萄酒是传统的鲁斯特奥斯伯赫葡萄酒，包括萨兹葡萄酒（Saz）和山脚之下葡萄酒（am Fusse des Berges），萨兹葡萄酒由富尔民特和黄穆斯卡特拉（Gelber Muskateller）混酿制成，风格传统；山脚之下葡萄酒由长相思、灰皮诺和威尔士雷司令混酿而成。而酒庄的红葡萄酒更加妙趣横生。鲁斯特附近山坡上的气候温暖干燥，酒庄使用橡木桶精心酿制，酿得的黑皮诺葡萄酒带有浓郁的水果香气，风格醇厚。这是一家被低估的酒庄，其葡萄酒饶有特色，和谐度极佳，具有不俗的陈年潜力。

阿洛伊斯·克莱西

阿洛伊斯·克莱西（Alois Kracher，1959—2007）用他生命的最后 15 年对布尔根兰州的葡萄种植区产生了决定性影响，区区一人便能影响整个产区，在其他产区的现代史中极为罕见。克莱西的成名之路始于 1994 年的伦敦，当时，他在 1981 年威尔士雷司令贵腐甜白葡萄酒的（Welschriesling TBA）一次盲品中击败了滴金酒庄 1983 年的年份酒。仅仅半年后，克莱西在国际葡萄酒挑战赛（International Wine Challenge）上被评为年度白葡萄酒酿造师（White Winemaker of the Year）。从那时起，他的重心转移到了美国，他在美国孜孜不倦，尽心工作，将其逐粒枯萄精选葡萄酒打入了美国顶级餐厅和葡萄酒零售商的供应链，而且建立了自己的产业，步入世界优质葡萄酒生产商之列。他还抽出时间在加利福尼亚州与赛奎农酒庄（Sine Qua Non）的曼弗雷德·克兰克尔（Manfred Krankl）一同酿造甜酒，并以 K 先生（Mr K）为酒标出售。克莱西彻底底重塑了家族酒厂，推出了一系列基于贵腐葡萄酒的食品，他还成为了一名著名的媒体人，重新阐释了在奥地利当酿酒师的意义，改变了奥地利人对葡萄酒的刻板印象。在与海蒂·施罗克酒庄（Heidi Schröck）合作酿制的葡萄酒上市之前，他因癌症与世长辞。

施泰尔马克州产区

施泰尔马克州（Steiermark）葡萄酒产区靠近奥地利和斯洛文尼亚边境，乍一看，就像是托斯卡纳基安蒂丘陵地区开始酿造白葡萄酒了。该产区风景秀丽，位于中欧和地中海气候的交汇点，遍布高海拔葡萄园。葡萄需要种植在海拔至少300米的葡萄园中，以避免雾对葡萄藤造成不良影响。施泰尔马克州许多山顶之上的酒庄或餐厅让人心神愉悦，在夏日傍晚，从中寻找一处有利位置，可以看到在谷底之中形成雾气。但为了不着凉，最好赶紧进入屋内。

主要葡萄品种

🍇 **红葡萄**

布洛勃艮德（黑皮诺）

蓝威德巴赫

茨威格

🍇 **白葡萄**

琼瑶浆

灰皮诺

莫瑞兰（霞多丽）

穆斯卡特拉

长相思

威尔士雷司令

年份

2009

该年份是施泰尔马克州干白葡萄酒近乎理想的年份。

2008

该年份夏季雨水比北方少，10月份气候绝佳，是一个完美之年，但葡萄酒的酸度相当高。

2007

与2008年相比，该年份的葡萄酒没有那么芳香馥郁，但更浓郁醇厚，酸度适中。

2006

此年份的葡萄酒在该地区颇具代表性，成熟浓郁，香气沁人，新鲜爽口，且酸度并不突出。

2005

该年份的葡萄酒品质卓越，和谐均衡，堪称顶级葡萄酒的巅峰之年。

2004

这是一个普通年份，许多干白葡萄酒都尽显疲态。

施泰尔马克州气候独特，造就了一些口感顺滑、芳香浓郁的葡萄酒，它们酸度明显，有的甚至味道极酸。该产区最好的葡萄酒果味浓郁，醇厚丰满，足以驾驭这种强劲的酸度，不喜欢高酸度葡萄酒的人，定会被颠覆观念。其中极具代表性的葡萄酒为采用威尔士雷司令（Welschriesling）酿成的品质稳定的极干型白葡萄酒，以及产自该产区西部偏远地区的口味极干的西舍尔桃红葡萄酒（由蓝威德巴赫酿成）。建议在夏天初尝这些葡萄酒。

施泰尔马克州最著名的地区是南部，该地许多顶级葡萄园距离斯洛文尼亚边境仅数米之遥。

在施泰尔马克州南部，有一些世界上最为复杂的长相思白葡萄酒。但有些葡萄酒橡木味过重，有些则定价过高。幸运的是，该地区的霞多丽葡萄酒橡木味重的问题现已改善，自19世纪末左右，该地引进霞多丽时就将其称为莫瑞兰（Morillon）。近年来，穆斯卡特拉（Muskateller，又名小粒麝香，Muscat á Petite Grains）、琼瑶浆和灰皮诺等传统葡萄酒品种已有些许复兴的迹象。与当下风靡的长相思和莫瑞兰（霞多丽）相比，这些品种同样激动人心，令人振奋。

在过去几年中，奥地利掀起了新建酒庄的热潮，其中施泰尔马克州的变化最大，结果既有振奋人心的一面，也有非常糟糕的一面。这些酒庄之中，有的看起来像一个艺术博物馆，有的更像一个机场航站楼，有的甚至感觉像着陆的不明飞行物。幸而有些酿酒师更为谨慎，也有很多酿酒厂能很好地融入这片土地，酿出佳品。过去25年间，施泰尔马克州的葡萄园面积增加了45%，而在外行人眼中这并不明显。自20世纪80年代末以来，施泰尔马克州产区的发展一直一帆风顺。

奥地利99%的葡萄酒产于该国东部地区，而与该国西部接壤的瑞士酿酒历史悠久，但奥地利葡萄酒和美食媒体完全忽视了这一点。在这些山区之中，许多葡萄栽培试验正在进行。如今全球正持续变暖，这些实验成功的机会大大增加。

泽高堡酒店

袍兹（Polz）兄弟酿造的最好的葡萄酒浓郁醇厚，需要陈放数年才能达到最佳状态。埃里希（Erich）和沃尔特（Walter）有时野心太大，最终导致酿成的某些葡萄酒太过厚重。但特雷莎长相思葡萄酒（Sauvignon Blanc Theresa）问世之后，便成为该地区口感最芳醇、最复杂的葡萄酒之一。他们还在施泰尔马克州产区酿出了品质卓越的塔明娜葡萄酒，塔明娜葡萄酿出的葡萄酒有时带有过重的橡木味，而这款葡萄酒没有这一缺陷。酒庄的施蒂利亚经典系列极干型葡萄酒（Steirische Klassik）品质可靠，酸度突出。2007 年，兄弟俩开始经营泽高堡酒店（Schloss Seggau）的葡萄园，进一步扩大了本就丰富的产品线。

弗朗茨·纳赫鲍尔酒庄

奥地利最西端的葡萄园面积极小，因而往往被忽视。但弗朗茨·纳赫鲍尔酒庄（Franz Nachbaur）却是个例外，其采用生物动力法酿制的葡萄酒品质上佳，产自奥地利莱茵河谷（Rhine Valley）的高海拔葡萄园。酒庄的顶级干白葡萄酒风味芳醇，矿物质气息浓郁的雷司令葡萄酒和酒体浓郁、花香浓郁、蜜香十足的灰皮诺葡萄酒（堪称奥地利顶级的葡萄酒）。酒庄的黑皮诺葡萄酒（Blauburgunder）证明了黑皮诺可以酿造出芳香四溢，口感柔滑的优质红葡萄酒。

格莱斯酒庄

约翰内斯·格莱斯（Johannes Gross）是施泰尔马克州产区最稳定的酿酒商之一。酒庄的施蒂利亚经典系列（Steirische Klassik）拥有多款清新脆爽、香气四溢的干型葡萄酒。酒庄还酿制了许多单一园葡萄酒。在这些葡萄酒中，产自拉奇努斯山（Ratscher Nussberg）的长相思葡萄酒、莫瑞兰（Morillon，即霞多丽）葡萄酒和琼瑶浆甜葡萄酒最为著名。这些葡萄酒酒精含量通常高达 14%，口感浓郁，同时又质感丰腴，充示着水果香气。酒庄产自苏尔茨（Sulz）的长相思葡萄酒几乎可以与之媲美，醇厚香浓，而又清爽怡人，带有浓郁的柑橘香气。

汉纳萨巴酒庄

年轻的汉纳·萨巴（Hannes Sabathi）勇于创新，酿制了几款原汁原味的干白葡萄酒，强劲浓烈，口味辛香，富含矿物质风味。酒庄的顶级葡萄酒是珍藏系列葡萄酒，其中最著名的是长相思葡萄酒，陈年潜力绝佳。而酒庄的各款葡萄酒都独具一格，各有千秋。

拉克纳·蒂纳彻酒庄

弗里茨·蒂纳彻（Fritz Tinnacher）和威尔玛·拉克纳（Wilma Lackner）不喜欢在媒体上露面，常常避开公众的关注，专注于酿制优质干白葡萄酒。即便酒庄最浓的葡萄酒，味道也并不厚重，平衡度近乎完美，香气诱人，精妙绝伦。黄穆斯卡特拉干白葡萄酒（Gelber Muskateller）和灰皮诺葡萄酒（Grauburgunder）是重要的特色葡萄酒。酒庄产自威尔斯（Welles）的长相思葡萄酒带有明显的红辣椒粉和黑醋栗的气息，对于酒评家来说，这款酒是最"精雕细琢"的葡萄酒。

提蒙特酒庄

酒庄的茨瑞格葡萄园位于斜坡之上，酿出的长相思葡萄酒赫赫有名。

汉纳萨巴酒庄

汉纳萨巴酒庄正在改变人们对施泰尔马克州葡萄酒的普遍看法。

新师酒庄

阿尔伯特·纽迈斯特（Albert Neumeister）产自克劳森（Klausen）的长相思葡萄酒果香浓郁，带有草本和香料香气，是施泰尔马克州产区口感最为奔放、最有活力的干白葡萄酒之一。这座酒庄是一座大型酒庄，年产 25 万瓶，风格现代化，使得这个曾经备受忽略的地区重新成为奥地利的知名葡萄酒产地。从 4 月中旬到 12 月底，酒客都可在名为施拉夫古特萨齐亚尼（Schlafgut Saziani）的酒庄自有美食餐厅中享用酒庄的葡萄酒。

赛特勒赫夫酒庄

威利·赛特勒（Willi Sattler）无疑是施泰尔马克州产区最顶级的干白葡萄酒生产商之一。即使是酒庄最简约的葡萄酒，酸度也很平衡，在人们的印象中，施泰尔马克州的葡萄酒风格轻盈，但这些葡萄酒的酒精度明显高得多。酒庄最顶级的葡萄酒是产自著名的克兰纳西堡（Kranachberg）的长相思葡萄酒，该酒浓郁丰满，充满异国情调。

斯特罗迈耶酒庄

弗兰兹·斯特罗迈耶（Franz Strohmeier）以酿造西舍尔葡萄酒（Schilcher）驰名当世，该葡萄酒是一种口味极干、酸度较高的桃红葡萄酒，由蓝威德巴赫（Blauer Wildbacher）酿成。在他酿制的众多葡萄酒中，起泡酒最为适合新手品鉴。弗兰兹还酿制了一种风味成熟、圆滑柔顺、果味浓郁的红葡萄酒，名为"热爱与时间茨威格葡萄酒"（Zweigelt aus Trauben, Liebe und Zeit），意为由葡萄、爱与时间酿造的茨威格葡萄酒。

提蒙特酒庄

曼弗雷德·提蒙特（Manfred Tement）掌管的这座酒庄是施泰尔马克州的众多新酒庄中规模最大、最令人深刻印象的一家。酒庄看起来像一个全新的机场航站楼，坐落于陡峭的茨瑞格（Zieregg）葡萄园，位于其最高位置，提蒙特最著名的长相思葡萄酒便产自此处。近年来，在酿制顶级葡萄酒时，提蒙特减少新橡木桶的比例，用新的大橡木桶取代了巴里克木桶，这在长相思葡萄酒中体现得尤为明显。通常，酒庄产自塞尔瑙（Sernau）的长相思葡萄酒具有浓郁的草本香味，余味带有咸鲜的矿物质风味，而产自茨瑞格的葡萄酒酒力更强，这两种葡萄酒品质卓越，不相上下。酒庄的穆斯卡特拉干白葡萄酒（Muskateller）和琼瑶浆葡萄酒品质上佳，但常遭忽略，有失偏颇。网球明星托马斯·穆斯特（Thomas Muster）的葡萄酒由提蒙特酒庄酿制，并以其个人商标"汤姆斯"（TOMS）出售。

温克勒·赫马登酒庄 / 斯图尔格赫酒庄

乔治·温克勒·赫马登（George Winkler-Hermaden）因其酿制的施蒂利亚顶级灰皮诺葡萄酒而闻名，其珍藏系列葡萄酒浓郁辛香，略带橡木气息。酒庄产自基什莱登（Kirchleiten）的长相思葡萄酒散发着草本气息和花朵香气，也是该地区最为优雅、最具矿物质风味的葡萄酒之一。2004 年开始，该酒庄还酿制了甜美的科勒布劳特琼瑶浆葡萄酒（Kellerbraut Gewürztraminer），上市时以斯图尔格赫酒庄（Domäne Stürgkh）的酒标出售，使得这款酒重新焕发生机。

瑞士、低地国家（包括荷兰、比利时和卢森堡等）、英格兰和威尔士的葡萄酒种植者酿制了许多令人赞叹的优质葡萄酒，其中甚至不乏顶级佳酿。

　　瑞士是一个多山的国家，通用语言有法语、意大利语和德语，这也反映在葡萄酒中，出产的葡萄酒风格多样。瑞士人有酿造葡萄酒的历史，近年来，他们使用一些罕见的葡萄品种酿造了非常卓越的葡萄酒，如红玉曼（Humagne Rouge）、艾米尼（Amigne）和奥铭（Arvine），他们还使用西拉和梅洛等比较常见的葡萄酿造了一些品质上佳的葡萄酒。

　　英国的葡萄栽培历史可以追溯到罗马统治时期，直到 1992 年，英国才开始实施一个类似于欧洲大陆产区规则的优质葡萄酒体系。由于种植方法的改进，传统的酿酒葡萄正在逐步取代非经典葡萄品种。英国目前有 120 多家葡萄酒厂，年产葡萄酒 200 多万瓶。即使是气候寒冷的苏格兰也有葡萄园。

　　因为气候变化，欧洲的葡萄种植区越来越靠北。西班牙普里奥拉托产区（Priorat）的酿酒师何塞·路易斯·佩雷斯（José Luis Perez）现在在瑞典南部地区担任顾问，而丹麦于 1999 年才被欧盟批准酿制葡萄酒，产区位于日德兰丰岛（Jutland）和洛兰岛（Lolland）地区。

　　在低地国家，本土葡萄酒旅游业可为本国的葡萄酒产业提供部分资金，而精细的葡萄管理可以充分展现这些芳香四溢的白葡萄酒的潜力。卢森堡的许多小酒庄和一家大型合作社已经开始使用产自邻国的葡萄酿造葡萄酒，并采用新工艺。摩泽尔河畔（River Moselle）是一处休闲佳地，在此品一品起泡酒，好不惬意。

欧洲其他产区

瑞士产区

在葡萄酒生产国瑞士，最大的问题是其痴迷国内市场。这种内向化根源在于政府的保护主义立法，多年来，这使得瑞士葡萄酒酒友需花高价购买进口葡萄酒。实际上，这项立法现已经废除，如今，在瑞士很容易买到外国葡萄酒。然而，要在邻国德国买到品质上乘的瑞士葡萄酒要困难得多，更别说在美国、日本或斯堪的纳维亚半岛了。而这种情形自有其历史背景：1877年，瑞士的葡萄园面积约3万公顷，此后便急剧下降，到1957年，仅剩约1.2万公顷。几十年来，瑞士的葡萄供应有限。如今，大多数瑞士的顶级葡萄酒的产量都很少。

优质的瑞士葡萄酒产量较少，因而很少出口，而这对于不住在瑞士的人来说，可谓一大损失。这使世人忽略了瑞士葡萄酒的质量优势和独特风格。这种令人寒心的状况最近才开始慢慢地发生显著改变。邻国奥地利出口增长势头强劲，其定位为优质葡萄酒和顶级葡萄酒的成熟供应商，引人注目。

瑞士有能力效仿这个例子吗？让我们拭目以待吧。

瑞士的所有的州或行政区都生产葡萄酒，很难概述瑞士葡萄酒的总体风格。这些地区葡萄品种繁多，生长气候截然不同，有的葡萄园海拔超过1000米［欧洲海拔最高的葡萄园位于瓦莱州的菲斯珀泰尔米嫩（Vispertermin）］。除此之外，该国葡萄酒种植者的文化非常多元，来自各个主要国家。因此，瑞士葡萄酒种植者和他们的同胞一样，也会说法语、德语或意大利语，但也以身为瑞士人而自豪，团结统一。直到最近，仍有3个通过语言划分的酿酒区域。即使是现在，也很少有人愿意公开承认瑞士国内这些"外地人"对本地造成了影响。

另外，目前瑞士葡萄园面积达1.5万公顷，其中45%种植了古老的莎斯拉葡萄，其产量非常多，占瑞士葡萄酒的60%。传统上，莎斯拉葡萄用于酿制风格轻盈、口味极干的葡萄酒，并通过充分的发酵软化酸度。后一种做法越来越受到质疑，而全新风格的葡萄酒层出不穷。另一个主要的瑞士特色葡萄酒是多勒红葡萄酒，口感同样轻盈柔和，由佳美和黑皮诺混酿而成，亦取得了不俗进步。

不过，毫无疑问，最顶级的瑞士葡萄酒与这两种经典葡萄酒相差甚远。这些顶级葡萄酒分为两大类，其中最为常见的是由法国葡萄品种酿成的葡萄酒，如黑皮诺（已在瑞士种植了数个世纪）、梅洛或霞多丽（近年刚刚栽种）。然而，与国际上的同类葡萄酒相比，这些葡萄酒总有自己的特色。

另一类葡萄酒是由本土葡萄品种制成的葡萄酒，可能更加引人瞩目，如小奥铭（白葡萄）、海达（白葡萄）或科娜琳（红葡萄）。这些葡萄酒迥然不同，独具特色，与相似葡萄品种酿制的葡萄酒相比，常可与之媲美，不落下风。但是，大多数瑞士葡萄酒酿造者更愿使用知名度更高的葡萄酿酒。在此问题上，瑞士也处于两难的抉择之中。

阿德里亚诺·考夫曼酒庄（索托切涅里产区）

彼奥·德拉·罗卡（Pio della Rocca）葡萄酒由75%的梅洛和25%的赤霞珠混酿而成，在通用意大利语的提契诺（Ticino）州的顶级葡萄酒中，这款酒单宁最为强劲。因此，这款酒与阿德里亚诺·考夫曼（Adriano Kaufmann）外向的性格非常契合。考夫曼还酿制了优质的长相思干白葡萄酒，还有一款名为赛美蓉的餐末甜酒，有冥想之酒（Vino da Meditatzione）之称，在该地区，赛美蓉葡萄非常罕见。考夫曼的葡萄园占地5公顷，自2004年以来一直采用生物动力法种植。

安德烈亚斯·达瓦兹酒庄（格劳邦顿产区）

安德烈亚斯·达瓦兹（Andreas Davaz）的黑皮诺红葡萄酒品质优异，很难确定哪一款才是最卓越的。乌里斯（Uris）葡萄酒在橡木桶中熟化，强劲浓烈，单宁紧涩。还有一款常规的葡萄酒，只在不锈钢桶中熟化，散发着樱桃和浆果的浓郁芳香，极为自然，很难说这两款酒孰优孰劣。达瓦兹是一位年轻的酿酒师，还有大把的时间来摸索和解决这个问题。这座令人兴奋的酒庄位于格劳邦顿州（Graubünden），酒庄的葡萄酒本就令人惊叹，而未来几年，其中某些酒款非常值得期待。

鲍曼酒庄（沙夫豪森州产区）

在通用德语的沙夫豪森州（Schaffhausen）有一种香气独特、风格柔和的黑皮诺葡萄酒。1995年以来，碧翠丝·鲍曼（Beatrice Baumann）和鲁埃迪·鲍曼（Ruedi Baumann）夫妻俩一直在完善他们的酿酒理念。鲍曼的R特酿葡萄酒，字母"R"并非代表"珍藏级"，而是代表罗蒂（Röti）葡萄园，这款葡萄酒口感紧实，带有橡木风味，在此地区较为常见。兹瓦（Zwaa）葡萄酒更为坚实，不同寻常，由酒庄与邻近奥斯特芬根村（Osterfingen）的巴德奥斯特芬根酒庄（Weingut Bad Osterfingen）合作酿造而成。

克里斯蒂安·赞德尔酒庄（索托切涅里产区）

克里斯蒂安·赞德尔（Christian Zündel）于1982年创立了这座酒庄，面积4公顷，从那时起，他便一直致力于完善风格完全不同的提契诺红葡萄酒。赞德尔原本注重单宁强劲，但他的追求逐渐使他偏离了这个目标。相反，如今，赞德尔的葡萄酒香气馥郁，如丝般柔滑，极为优雅，而这些特点也越来越明显。奥利佐特（Orizzonte）葡萄酒由梅洛与少量赤霞珠混酿而成，最近的年份酒，减少了浸渍，采用新橡木桶酿造，完美体现了上述的优良品质。2004年以来，赞德尔一直采用生物动力法管理葡萄园。

湖贝酒庄（提契诺州产区）

1980年，丹尼·湖贝（Dani Huber）离开苏黎世前往提契诺，希望彻底革新该地区寡淡生涩的梅洛葡萄酒。湖贝研究过林业，却未钻研过酿酒，尽管如此，他的葡萄酒口感浓郁成熟，强劲有力，从一种早期的年份酒中脱颖而出。如今，湖贝的酒庄只栽种了不足7公顷的葡萄藤，而酒庄位于蒙泰焦市（Monteggio）的一套17世纪的建筑中，他和家人也住在那里。蒙塔尼亚·马吉卡（Montagna Magica）葡萄酒是他的顶级酒

百丽瑟酒庄

百丽瑟霞多丽葡萄酒（Les balisiers chardonnay）是一款品质卓越、制作精良的白葡萄酒

哲马酒庄

哲马酒庄芬丹葡萄酒由莎斯拉葡萄酿成，鲜爽甘洌。

款由梅洛与少量赤霞珠混酿而成，是该地区最优雅、最精致的葡萄酒之一，陈年潜力极佳。

安妮-凯瑟琳与德尼·梅西埃酒庄（瓦莱州产区）

科娜琳（Cornalin）是土生土长的阿尔卑斯红葡萄品种。科娜琳起源于意大利西北部的奥斯塔山谷（Aosta Valley），不过，令人困惑的是，该地酿制的奥斯塔科娜琳（Carnalin d'Aosta）葡萄酒，选用的葡萄则是瑞士葡萄种植者称为红玉曼（Humagne Rouge）的品种。不管你困惑与否，安妮-凯瑟琳（Anne-Catherine）和德尼·梅西埃（Denis Mercier）夫妻俩用这种反复无常的葡萄酿出了最动人心脾的葡萄酒。浓郁的樱桃香气从酒杯中跃出，单宁强劲，酒体丰满，陈年潜力极佳。

百丽瑟酒庄（曼德芒产区）

杰拉德·皮隆（Gérard Pillon）和让-丹尼尔·施莱弗（Jean-Daniel Schlaepfer）在日内瓦百丽瑟酒庄（Domaine des Balisiers）任职，酒庄常受低估，而他们在此酿制出了最令人瞩目的红葡萄酒。他们的顶级葡萄酒佩内伯爵葡萄酒（Comte de Peney），由三分之二的赤霞珠和三分之一的品丽珠混酿制成，部分酒液在双耳陶罐中陈酿，而一部分则是用旧橡木桶。这些不同寻常的酿酒工艺酿得了非常平衡的美酒，让人想起波尔多梅多克的传统风格葡萄酒，但单宁更柔和。他们对细节的关注并未局限于酒窖之中。葡萄园的管理同样一丝不苟，自2004年以来，酒庄一直采用生物动力法耕作。

哲马酒庄（瓦莱州产区）

1995年，让-勒内·哲马（Jean-René Germanier）和他的侄子酿酒师贾尔斯·贝斯（Giles Besse）酿造了首个年份的卡亚斯西拉葡萄酒（Syrah Cayas），改变了该地区的风貌。西拉是法国罗纳河谷最重要的葡萄品种，而酒庄酿制出的优质葡萄酒证明瑞士罗纳河谷同样可以媲美法国罗纳河谷的酒品，向世人展示该产区的新面貌。这款酒香气扑鼻，风格雅致，带有细微的胡椒味，没有丝毫的皮革味，而这在法国罗纳河谷的西拉葡萄酒非常常见。这款酒完全与众不同。该团队使用莎拉还酿制了芳香馥郁、酒体活泼的芬丹白葡萄酒，其中巴拉沃德特级园葡萄酒（Balavaud Grand Cru）的品质上佳。

路易斯-博瓦德酒庄（拉沃产区）

尽管年事已高，但路易斯-菲利普·博瓦德（Louis-Philippe Bovard）仍然思维活跃并开拓创新。博瓦德的主打葡萄酒是柔顺干爽、富含矿物质气息的"米迪内特"（Médinette）莎斯拉葡萄酒。博瓦德在德扎利（Dézaley）的特级葡萄园拥有4公顷的土地，梯田位于陡峭的斜坡之上，从日内瓦湖（Lake Geneva）北岸拔地而起，这款葡萄酒就产于此地。而博瓦德的许多其他葡萄酒同样魅力十足。他实验性地酿制了一款长相思葡萄酒，引人入胜，命名为布克萨斯（Buxus），还有一款质量上乘的白诗南葡萄酒，取名为萨利克斯（Salix）。

蒙特迪奥酒庄（瓦莱州产区）

蒙特迪奥酒庄（Domaine du Mont d'Or）是瓦莱州产

夏顿酒庄

高维斯是夏顿酒庄使用的
几种本土葡萄品种之一。

普罗文酒庄

普罗文酒庄地窖老藤干白葡萄酒酒体
浓郁，蜜般甘甜，口味干爽。

区的著名酿酒商，占地 20 公顷，海拔超 450 米，靠近谢拉（Sierre）镇。1870 年，酒庄创始人从莱茵高产区引进了约翰内斯堡（Johannisberg）葡萄，此后便一直是该酒庄的主要葡萄品种，该葡萄在其他地区被称为西万尼（Silvaner）。现今，酒庄主人西蒙·兰比尔（Simon Lambiel）酿制的顶级葡萄酒是产自瓦莱州圣马丹市（Saint-Martin）的约翰内斯堡葡萄酒，采用晚收葡萄酿成。这是一款独特的餐末甜酒，口感丰富浓郁，富含矿物质气息。该酒庄还酿制了一款罕见的瑞士雷司令葡萄酒，名为安菲特律翁（Amphitrion）。酒庄还为游客提供景点参观服务，比如，你可以在导游的带领下穿过陡峭的葡萄园，还可以品尝葡萄酒。

多纳奇酒庄（格劳邦顿产区）

多纳奇酒庄（Donatsch）是格劳邦顿产区最早试用橡木桶熟化酿制黑皮诺葡萄酒的酒庄之一，至今已有 20 多年的历史。如今，除了其酒体轻盈、果香四溢传统（Tradition）葡萄酒，马丁·多纳奇（Martin Donatsch）酿制的所有黑皮诺葡萄酒皆在巴里克木桶中熟化陈酿。多纳奇的顶级葡萄酒是优尼克黑皮诺葡萄酒（Unique Pinot Noir），单宁丰富，酒精度高，橡木味浓，需在瓶内陈放数年，之后才能达到最佳的和谐度。酒庄的优尼克霞多丽葡萄酒浓郁醇厚，酒力强劲，同样引人入胜。酒庄的康普利特葡萄酒（Completer）采用同名的古老瑞士葡萄品种酿制，朴素芳醇，采用晚摘葡萄酿成。欧克森酒店（Zum Ochsen）餐厅提供地域特色美食，推荐前往一试。

芙朗酒庄（格劳邦顿产区）

乔治·芙朗（Georg Fromm）因在新西兰马尔堡产区创建拉斯特拉达（La Strada）酒厂而闻名，1994 年以来，他在那里酿造了许多顶级黑皮诺葡萄酒。芙朗回到家乡后，便开始全职酿酒，这也是他的目标。如今，在瑞士，芙朗酿制的黑皮诺葡萄酒最为优雅精美，带有标志性的山野特色，新鲜爽口，口感细腻。如在新西兰一样，芙朗还有很多其他葡萄品种酿制的酒款。他酿制了令人垂涎欲滴的雷司令-西万尼干型葡萄酒（Riesling-Silvaner）；典雅精致的霞多丽葡萄酒；酸度适中、口感辛辣的琼瑶浆葡萄酒；还有在最温暖的年份酿制的梅洛葡萄酒，品质优良，酒体中等。

甘滕宾酒庄（格劳邦顿产区）

丹尼尔·甘滕宾（Daniel Gantenbein）原本是一名机械工，并不是酿酒师。1982 年，甘滕宾的妻子玛莎（Martha）精明能干，两人从玛莎家中接手了约 4 公顷的葡萄园，这是一个非常勇敢大胆的决定。但事实证明，勇敢并非鲁莽。这对夫妇已取得了巨大成就，如今，他们在这座新颖独特的现代酒庄中酿造出了瑞士最香浓、最醇厚、最适合陈年的黑皮诺葡萄酒。

他们引以为豪的摩泽尔风格莱茵雷司令葡萄酒（Rheinriesling）同样引人注目，融合了精致的柑橘香味和天然的水果甜味，酸度活泼。

贾尔迪·维尼酒庄（索托切涅里产区）

费利西亚诺·贾尔迪（Feliciano Gialdi）酿造的萨西格罗西葡萄酒（Sassi Grossi）单宁强劲，可以说是瑞士最好的梅洛葡萄酒。这款葡萄酒产自贾尔迪在比亚斯卡（Biasca）和焦尔尼科（Giornico）的葡萄园，土质为砂质花岗片麻岩土壤，赋予了葡萄酒矿物质气息的余韵。贾尔迪还是用白梅洛（Merlot Bianco）葡萄酿酒的先行者，白梅洛是提契诺地区一种异乎寻常的品种，其酿造的白葡萄酒适合早饮，甘洌鲜爽，与红葡萄品种梅洛不同。贾尔迪的其他酒款包括：米勒-图高与麝香混酿的餐末甜酒，口味甘甜；米诺葡萄酒（Mino）；还有一些格拉巴酒（grappas）。

格里莱特酒庄

格里莱特酒庄（Grillette Domaine de Cressier）（三湖产区）的汉斯·彼得-缪尔塞特（Hans-Peter Mürset）是瑞士最早种植霞多丽（1964 年）、长相思和维欧尼的葡萄种植者之一。他的葡萄园位于比尔湖（Lake Biel）和纳沙泰尔湖（Lake Neuchâtel）之间，为石灰岩土壤，其葡萄酒酿造方式细致入微，风格现代，酿出的白葡萄酒芳醇典雅，带有明显的矿物质气息。缪尔塞特并没有随着年龄的增长而停止创新。他近期酿制了许多新酒款，其中有一款非常浓郁且柔顺的赤霞珠葡萄酒、一款梅洛与马尔贝克混酿的葡萄酒，以及一款梅洛葡萄酒，梅洛适合种植在这个气候凉爽的地区。

赫尔曼·施瓦岑巴赫（苏黎世湖产区）

赫尔曼·施瓦岑巴赫（Hermann Schwarzenbach）是苏黎世地区迄今为止最具活力的葡萄种植者之一。他在 10 处不同的葡萄园里种植了 12 个不同品种的葡萄，并酿制了各种各样的葡萄酒。在赫尔曼的一众酒款之中，最著名的葡萄酒可能是产自赛德（Seehalden）葡萄园的一款干白葡萄酒，这款葡萄酒使用本地的罗诗灵（Räuschling）葡萄酿造而成，新鲜爽口，散发着幽香。而有人可能会说，赫尔曼极具摩泽尔风格的雷司令-西万尼葡萄酒与口感清淡、香气四溢的黑皮诺葡萄酒和莱姆贝格红葡萄酒同样令人神往，让人流连忘返。

艾琳·格吕嫩费尔德酒庄（格劳邦顿产区）

1992 年至 1993 年，艾琳·格吕嫩费尔德（Irene Grünenfelder）便开始在她的葡萄园中种植葡萄了，那时她还是一名记者。1995 年，格吕嫩费尔德收获了第一批黑皮诺葡萄，那时她已经自学了酿酒的基本方法。10 年后，她酿制的常规款黑皮诺葡萄酒在旧大木桶中陈酿，优雅爽口，而艾希霍尔茨黑皮诺（Pinot Noir Eichholz）葡萄酒则在巴里克木桶中陈酿，单宁更加有力，更为浓烈，这两款酒无疑是格劳邦顿州最为卓越的葡萄酒。她还酿制了一些品质优越的长相思葡萄酒。

夏顿酒庄（瓦莱州产区）

1964 年起，约瑟夫-马力·夏顿（Josef-Marie Chanton）一直致力于拯救本土葡萄品种，避免灭绝。其中海达（Heida）葡萄是最有本土特色的品种，名列榜首，传统上用于酿制"冰川酒"（glacier wine）。此外，夏顿也希望保留更具异国情调的品种，如纳芬纳茶（Lafnetscha，带有香蕉和咖喱叶的香味）和浓烈有力的高维斯（Gwäss），而后者也称为赫尼施

（Heunisch）和白高维斯（Gouais Blanc）。如今，夏顿的儿子马里奥（Mario）接手其父亲的工作，保护这些葡萄品种。马里奥也酿出来了一些瑞士最好的雷司令葡萄酒，他制作的雷司令酒体适中，口味干爽，是一款卓越的逐粒精选型餐末甜酒。

玛丽-泰瑞丝·查帕斯酒庄（瓦莱州产区）

20多年来，玛丽-泰瑞丝·查帕斯（Marie-Thérèse Chappaz）一直是瑞士葡萄酒的伟大创新派之一。她的成就琳琅满目，而其中格兰贵腐葡萄酒（Grain Noble）无疑是瑞士最顶级的餐末甜酒。这款葡萄酒由本土的小奥铭葡萄酿制而成，充盈着极其浓郁的干果香味，而葡萄孢菌赋予了葡萄酒复杂的蜂蜜和香料气息。玛丽酿制的格兰白小奥铭葡萄酒（Petite Arvine Grain Blanc）清新干爽，同样引人入胜，尽管也在木桶中酿造，但仍非常纯粹澄净，风格朴素，带有本土特色。

迈克尔·布罗格酒庄（图尔高州产区）

迈克尔·布罗格（Michael Broger）在职业生涯之初为其邻居汉斯·乌利齐·凯塞林（Hans Ulrich Kesserling）工作了8年，而如今，备受尊敬的凯塞林已驾鹤西去。2003年，布罗格收购了一处不到3公顷的葡萄园（包括一栋房子），距离凯塞林的巴赫托贝尔城堡酒庄（Schlossgut Bachtobel）仅100米，自此布罗格才开始真正成为一名酿酒师。就在那时，布罗格决定冒险单干，建立自己的酒庄。布罗格最为出名的是其数款黑皮诺葡萄酒，典雅精美，酒体中等。他还酿制了瑞士最为浓郁、最为细腻的米勒-图高干白葡萄酒，此外，还有一款口味干爽的桃红葡萄酒（Weissherbst），精妙绝伦。

奥布雷希特酒庄（格劳邦顿产区）

克里斯蒂安·奥布雷希特（Christian Obrecht）是瑞士顶尖的黑皮诺葡萄酒生产商。他使用黑托克拉（Torcla Nera）和莫诺利斯（Monolith）葡萄酿造的顶级葡萄酒活力四射，带有覆盆子的香气，极为出彩。这些葡萄酒浓郁醇厚且优雅至极，个性鲜明，与绝大多数格劳邦顿州的黑皮诺葡萄酒相比，更为鲜爽甘冽。黑皮诺无疑是该酒庄主要使用的葡萄品种，但奥布雷希特也使用许多其他品种的葡萄酿制葡萄酒。他酿出了非常浓郁的雷司令-西万尼干白葡萄酒，其酿制的霞多丽白葡萄酒在酿制时按惯例将部分酒液与果皮一同发酵，让人流连忘返。

普罗文酒庄（瓦莱州产区）

马德琳·盖伊（Madeleine Gay）精力充沛，她埋头苦干，不辞劳苦，旨在提高这座瓦莱州合作酿酒厂的酒品质量，此举意义非凡，因为普罗文酒庄（Provins）对该地区的葡萄酒行业来说极为重要。酒庄葡萄酒占地1100公顷，葡萄酒产量占该地区的四分之一。普罗文酒庄地窖老藤干白葡萄酒（Vieilles Vignes Maître de Chais）是一款非常独特的混酿葡萄酒，由玛珊和白皮诺与本地的艾米尼和海达等葡萄混酿而成，是盖伊最著名的葡萄酒。而酒庄所有的葡萄酒都制作精良，且风格现代。最关键的是，这些葡萄酒的风格并不单一死板，反而口味多样。

巴赫托贝尔城堡酒庄（图尔高州产区）

汉斯·乌利齐·凯塞林（Hans Ulrich Kesserling）在2008年去世前，一直奉行着自然、无修饰的酿酒方式，这使他成为瑞士的顶级葡萄酒生产商。凯塞林的酒庄占地6公顷，或者，正如凯塞林所说："实验室不会妨碍人们享受饮酒的乐趣，"。凯塞林最后几个年份的"3号"（No.3）黑皮诺葡萄酒无疑是瑞士最好的黑皮诺葡萄酒。但他酿制的米勒-图高干白葡萄酒、雷司令葡萄酒和长相思葡萄酒同样品质优异，难分上下，亦位于瑞士顶级酒品之列。凯塞林的侄子约翰内斯·迈耶（Johannes Meier）秉承凯瑟林的基本原则，用同样的葡萄品种全身心地投入酿酒工作中，此外，他还酿制了如波尔多桃红葡萄酒（Clairet Bordeaux）、维斯雷司令葡萄酒（Weisser Riesling）和灰皮诺葡萄酒等酒款。

西蒙·梅耶酒庄（瓦莱州产区）

西蒙·梅耶酒庄（Simon Maye）酿造的查莫森西拉葡萄酒（Chamoson Syrah）强劲浓烈，很容易让人误认为是圣约瑟夫产区或克罗兹-埃米塔日产区等北罗纳河谷产区的顶级葡萄酒。酒庄的正牌葡萄酒由让·弗朗索瓦（Jean Francois，负责管理葡萄园）和艾克索·梅耶（Axel Maye，负责管理酒窖）兄弟两人共同酿制。而酿制这款精美绝伦的葡萄酒有诸多秘诀：葡萄藤藤龄达30年，栽种在海拔400米之上，使用成熟葡萄酿制，浸渍时间长，然后在木桶中陈酿1年。此外，梅耶家族还酿制了许多葡萄酒，其中包括一些使用颇为罕见的白葡品种酿制的葡萄酒，如福康涅（Fauconnier）、特雷马齐埃（Trémazières）和莫特（Moette）。

乌尔斯·皮希尔酒庄（沙夫豪森州产区）

1979年，父亲突然去世后，乌尔斯·皮希尔（Urs Pircher）开始在莱茵河上的埃格利绍（Eglisau）的斯塔德伯格（Stadtberg）一处地势陡峭的葡萄园中种植了6公顷的葡萄。皮希尔酿出了附近地区最芳香、最精致的瑞士黑皮诺葡萄酒（Swiss Blauburgunders）。他这款酒并没有厚重的橡木味，也没有极强的单宁，而是非常强调葡萄酒的水果风味，给人留下了深刻印象。除了黑皮诺，皮希尔酿制的雷司令-西万尼（米勒-图高）干白葡萄酒是瑞士最为清新脆爽的一款。此外，酒庄产有琼瑶浆葡萄酒、灰皮诺葡萄酒、罗诗灵葡萄酒和丽晶（Regent）葡萄酒。

英格兰与威尔士产区

传统上来说，英国并不以生产蜚声世界的高品质葡萄酒而闻名。如果你听说过英格兰或威尔士葡萄酒，你可能会觉得新奇，品尝过的人更是少之又少。与多数其他产区相比，产量无关紧要，但英国起泡酒的质量已可对标香槟产区的酒品。对于这样一个靠北的葡萄种植区来说，只有真正用心耕耘的种植者才能功成名就。影响葡萄种植的因素有许多，这里降水量多，发病率高，霜冻频繁，产量极不稳定。

20世纪后半叶，英国酿酒业深受德国葡萄品种和技术影响，人们相信德国气候与英国的气候颇为相似。最近，一些新葡萄园栽种了霞多丽、黑皮诺和莫尼耶皮诺，这反映了与香槟产区的相似之处。

深厚的白垩纪沉积物延伸自埃佩尔奈周围，纵贯南方丘陵地区，多佛（Dover）的白崖（White Cliffs）亦有分布。

在那些最适合种植葡萄的郡（即与伦敦接壤的郡），高昂的土地成本是首要的限制性因素。英格兰和威尔士大约有400个葡萄园（苏格兰还没有商业酿酒产业），其中一些是规模极小的业余葡萄园。大部分葡萄酒生产集中在英国南部。

近年来，葡萄酒业重整旗鼓，延续了英国悠久的历史传统。英国葡萄园的历史悠久，可以追溯到罗马占领英国时期。那以后，葡萄被铲除，葡萄园被废弃。到了16世纪，亨利八世解散修道院时，葡萄园被进一步破坏，后来人们才又重新建起了葡萄园。20世纪50年代，盖伊·索尔兹伯里·琼斯少将（Major-General Sir Guy Salisbury-Jones）在汉普郡创立了汉布尔顿酒庄（Hambledon Vineyard），是当代葡萄酒业的先驱。自此以后，该酒庄的葡萄园一直栽种着葡萄，但葡萄园经过数次易手，如今其发展已达到了顶峰，但稍显颓势。这座葡萄园颇具历史底蕴，地位重要，目前尚不清楚，现在的园主将带领葡萄园走向何方。该葡萄园的经理比尔·卡里（Bill Carcary）仍住在酒庄中，虽然这里的北方气候极具挑战，但他已在此种植葡萄数十年，现任园主不妨听取一下比尔的经验。

英国的葡萄成熟度不佳，糖分不足，英国酿酒业不得不适应这一现状。过去10年中，英格兰和威尔士种植了数百公顷的葡萄藤，与前几代不同，现在栽种了3种经典的香槟葡萄品种。酿造静止葡萄酒需要成熟度较好的葡萄，而要酿造优质起泡酒则需要成熟度没那么高的且酸度较高的葡萄。苏塞克斯郡尼丁博酒庄的斯图尔特（Stuart）和桑迪·莫斯（Sandy Moss）首次采用此方法做出了尝试。莫斯一家志在酿造出世界级的起泡酒，而在1998年，其愿望得以实现，他们1993年的经典特酿（Classic Cuvée）获得了雅顿杯全球最佳起泡酒奖（Yarden Trophy for Best Worldwide Sparkling Wine）。这款葡萄酒的不同年份酒随后两次获奖。前尼丁博酒庄酿酒师德莫特·苏格鲁（Dermot Sugrue）前往了温斯顿酒庄任职，以帮助戈林（Goring）家族实现梦想。苏格鲁依托设施先进的酿酒厂酿造酒庄葡萄酒（尚未发布），此外，他还为英格兰东南部的数个客户提供合约酿酒服务。

英国起泡酒直接与香槟酒展开竞争，并且也正在争夺高端市场。毫无疑问，英国葡萄酒发展迅速，为此，英国葡萄酒需要有一些新颖独特的英国特色，而不能模仿一种本身已经供过于求的产品（香槟）。

然而，一些生产商仍在继续坚持种植其现有品种，如用于酿造起泡酒的白谢瓦尔、用于酿制静止白葡萄酒的巴克斯，以及用于酿制无气泡红葡萄酒的朗达等。这也不禁让人想起布克斯酒庄、裂谷底酒庄和嘉美河谷酒庄，这几家生产商对英国葡萄酒业充满激情，奉献良多，值得赞扬。

贝克特酒庄（威尔特郡）

贝克特酒庄（A'Beckett）的葡萄园很小，面积仅 2 公顷，即使在英国也是一座十足的小酒庄，但酒庄主人保罗·兰厄姆（Paul Langham）和林恩·兰厄姆（Lynn Langham）生产的葡萄酒已经在英国市场有一席之地。他们的葡萄酒可以在英国零售商那里买到。酒庄葡萄园建于 21 世纪初，园内搭建了棚架，葡萄藤得以充分吸收阳光。酒庄产有一款由白谢瓦尔和欧塞瓦酿制的起泡白葡萄酒，还有一款由雷昌斯坦纳（Reichensteiner）和黑皮诺酿制的庄园桃红葡萄酒（Estate Rosé），这两款酒都值得一试。酒庄在威尔特郡的葡萄园可以进入参观，也可以品尝美酒。酒庄的葡萄酒都是在汉普郡（Hampshire）的威克姆酒庄（Wickham Vineyards）酿造的。

比登登葡萄园（肯特郡）

比登登葡萄园（Biddenden Vineyard）成立于 1969 年，是肯特郡（Kent）历史最悠久的商业葡萄园。朱利安·巴恩斯（Julian Barnes）在此长大，多年的细心耕耘使他对葡萄藤极为了解。该葡萄园占地超过 9 公顷，种植了 10 种不同品种的葡萄，其中主要是德国的葡萄品种。比登登葡萄园还酿制了各种葡萄酒，如桃红葡萄酒、气泡葡萄酒、红葡萄酒和白葡萄酒，但品质最为突出的葡萄酒是奥特加干型葡萄酒（Ortega Dry）和格里布尔桥起泡酒（Gribble Bridge Sparkling）。奥特加葡萄酒带有英国绿篱的味道，令人愉悦，而起泡酒则带有柑橘类水果风味，且经过酵母酒泥陈酿，魅力十足。

布克斯酒庄（西苏塞克斯郡）

1972 年，布克斯酒庄（Bookers Vineyard）所在的博尔尼酒庄（Bolney Wine Estate）开始种植葡萄，起初面积只有 1.2 公顷，如今已达 9 公顷。酒庄的酿酒师萨曼莎·林特（Samantha Linter）是第二代酿酒师，也是英国最受尊敬、最有经验的酿酒师之一。该酒庄生产了多款静止葡萄酒和起泡酒。灰皮诺葡萄原产于意大利，酒庄由此酿制了一款口感清脆、精美雅致、细腻醇厚的葡萄酒。深色收获红葡萄酒（Dark Harvest）主要由朗达酿成，颜色深沉，酒体中等，充分展示了萨曼莎的橡木桶发酵技巧。2009 年，酒庄使用黑皮诺酿制了一款葡萄酒，尽管现在还处浅龄阶段，但其绝对可以证明一点：关注品质，倾注心血，定会酿出绝佳美酒。

裂谷底酒庄（东苏塞克斯郡）

裂谷底酒庄（Breaky Bottom Vineyard）风景如画，让人流连忘返，位于英国南方丘陵地区（South Downs）的心脏地带，对于那些来到这里的人，等待他们的可远不止酒庄的漂亮景色。1974 年，彼得·霍尔（Peter Hall）第一次栽种葡萄藤，同时开始酿制葡萄酒，这里位于隐蔽的山谷之中，沿着车辙驱车来此地极易弄坏你的爱车，但是当你品过彼得的葡萄酒后，会觉得这一切都值得。彼得一直坚持使用白谢瓦尔酿制葡萄酒，多年以来，他证明了白谢瓦尔可以酿出非常具有英式风味的世界级起泡酒。他还使用霞多丽和黑皮诺酿制葡萄酒，但最为出彩的葡萄酒还是白谢瓦尔葡萄酒。彼得自己种植了黑醋栗，他用白谢瓦尔混合了少许黑醋栗酿制出了一种独特的英式基尔酒

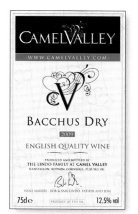

嘉美河谷酒庄

2009 年的巴克斯干白葡萄酒是一款芳香馥郁的葡萄酒，余味坚实有力。

布克斯酒庄

红浆果和雪松木的香味是酒庄葡萄酒的特色。

（kir），酒体呈现出柔和的玫瑰色，散发着微妙的黑醋栗味道。

布莱特韦尔酒庄（牛津郡）

布莱特韦尔酒庄（Brightwell）的葡萄园占地 5.7 公顷，酒庄主人卡罗尔（Carol）和鲍勃·尼尔森（Bob Nielsen）在园中精心种植葡萄。酒庄酿酒工作外包给了斯坦莱克公园葡萄酒庄园（Stanlake Park）的文斯·高尔（Vince Gower），他精明强干，让酒庄主人能够专注于种植优质水果。布莱特韦尔酒庄的牛津燧石葡萄酒（Brightwell Oxford Flint）是一款特色非常鲜爽的白葡萄酒，精妙绝伦，由胡塞尔（Huxelrebe）和霞多丽酿造而成。顾名思义，这款酒浓烈强劲，带有矿物质气息。酒庄还制作了巴克斯葡萄酒、桃红葡萄酒、丹菲特混酿干红葡萄酒，以及一款由霞多丽酿制的起泡白葡萄酒。

嘉美河谷酒庄（康沃尔郡）

酒庄主人鲍勃·林多（Bob Lindo）是 20 世纪末复兴葡萄酒的先驱之一，他提高了嘉美河谷酒庄（Camel Valley）的知名度，酒庄产量现已超过葡萄园的实际规模。酒庄从合同种植者那里购买大量葡萄，近年来，在鲍勃的儿子萨姆（Sam）的带领下，酒庄生意蒸蒸日上。酒庄位于康沃尔郡（Cornwall）著名的卡默尔河（Camel River）之上，这里的山坡上阳光充足，酒庄经常举办促销活动，还在品酒比赛中取得桂冠，到此旅游的旅客络绎不绝，这都有助于广开销路，销售酒庄的产品。白皮诺（White Pinot，一款起泡酒）是酒庄最顶级的起泡葡萄酒，而巴克斯干白葡萄酒（Bacchus Dry）是酒庄最为卓越的静止葡萄酒。

小教堂酒庄 – 英国葡萄酒集团（肯特郡）

欧文·埃利亚斯（Owen Elias）极大地提升了小教堂酒庄（Chapel Down）的知名度，他此前一直负责酒庄的酿酒工作，但现在他已经离开该酒庄，创建了一家新企业。安德鲁·帕利（Andrew Parley）目前亲自上阵负责酒庄的酿酒工作。酒庄拥有自有葡萄园、长期约合种植者和合约酿酒客户。该酒庄是英国最大的酿酒企业之一，现在是一家上市公司。酒庄的起泡酒比其竞争对手价格稍微低一些，复杂度略低。酒庄的静止葡萄酒产品占比较少，但性价比较高。巴克斯葡萄酒花香浓郁、芳香四溢、精美雅致；而小教堂燧石干白葡萄酒（Flint Dry）则是一款风格简约的酒品，但刚劲坚实，沁人心脾。

奇尔福德·霍尔酒庄（剑桥郡）

奇尔福德·霍尔酒庄（Chilford Hall）历史悠久，集葡萄园与酿酒厂于一身，面积广阔，该庄园拥有英格兰东部最大的会议中心之一，还拥有其他旅游景点。酒庄许多产品直接售给了酒庄的忠实顾客，因而质量并不总是压倒一切的因素。而近年来，毕业于普兰普顿学院的马克·巴恩斯（Mark Barnes）对葡萄园和酿酒厂严格要求，提升品质，酿制出了一些非常引人入胜、制作精良的葡萄酒。酒庄的起泡葡萄酒完全由米勒-图高酿造而成，别有风趣，而只用聪伯格酿制的静止葡萄酒则香气扑鼻。

鹅卵石滩酒庄

酒庄第一款起泡葡萄酒干爽可口，
入口果味浓郁，回味悠长。

尼丁博酒庄

2003 年夏季炎热，该年份的葡萄酒是
酒庄果味最为浓郁的一批。

达文波特酒庄（苏塞克斯郡）

威尔·达文波特（Will Davenport）一直秉承着有机葡萄栽培法，酿酒方法别出心裁。英国气候变化无常，给葡萄种植者带来了非同寻常的压力。而威尔酿制的葡萄酒品质卓越，证明了他的能力。利姆尼庄园（Limney Estate）起泡酒带有泥土的芳香；酒庄的钻石田野黑皮诺葡萄酒（Diamond Fields Noir）是一款限量版葡萄酒，只在特殊年份酿造，非常值得关注。威尔还负责为英国皇室酿造康沃尔公国（Duchy of Cornwall）起泡酒。

丹比斯葡萄酒庄园（萨里郡）

丹比斯葡萄酒庄园（Denbies Wine Estate）的葡萄园虽已不是英国面积最大的葡萄园，但仍是最大的连续种植的葡萄园。该酒庄是一个令人流连忘返的旅游景点，与其他英国葡萄园迥然不同，它更像是新世界的酒庄。在酒庄游览时，你可以乘坐火车穿过酿酒厂，欣赏一部全景电影，结束时，影片还会演示如何打开一瓶起泡酒。

酒庄每年接待约 30 万名游客，琳琅满目的葡萄酒满足了游客的需求。酒庄有许多不同风格的葡萄酒，从半甜到干型应有尽有，但可能平淡无奇。你可以试试聪伯格、奥特加和巴克斯等酿制的单一品种葡萄酒，这些葡萄酒更为妙趣横生。

古思博酒庄（肯特郡）

古思博酒庄（Gusbourne Estate）是英国葡萄酒行业的新秀，但其一举中第，赢得了 2010 年东南部年度葡萄酒（South East Wine of the Year）大赛，并在同年的英国葡萄园协会大奖赛（United Kingdom Vineyard Association Awards）上斩获了数枚金牌和一枚银牌。2006 年的庄园经典葡萄酒、2007 年的黑皮诺葡萄酒和 2006 年的白中白葡萄酒都是其首个年份酒，在苏塞克斯的里奇维尤酒庄（Ridgeview Winery）酿造而成，独一无二，品质卓越。安德鲁·韦伯（Andrew Weeber）是南非裔，他创立的古思博酒庄绝对是一个值得关注的酒庄。★新秀酒庄

哈夫佩尼·格林酒庄（斯塔福德郡）

酒庄占地 12 公顷，与英格兰南部的主要葡萄园相比，位置更靠北。哈夫佩尼·格林酒庄（Halfpenny Green）证明了在这种边缘气候中，葡萄园选址不同会产生的巨大差异。酒庄生产静止葡萄酒和起泡酒等各种各样的葡萄酒，风靡国内，甚至在国宴上供给来访的世界各国的领导人。2005 年，酒庄新建了一座酿酒厂，注重品质。酒庄的产品可在当地购买。

希思酒庄（肯特郡）

巴尔弗干型桃红葡萄酒（Balfour Brut Rosé）是酒庄的唯一品牌，几年前一夜成名，其在发售时赢得了一个重要奖项，并获得了很多葡萄酒媒体的关注，其价格对标堡林爵香槟酒庄。这是迄今为止英国生产的最昂贵的葡萄酒，此外，这款桃红起泡酒将受到业内人士的密切关注，以便了解这款酒成熟过程中的点点滴滴。酒庄主人理查德·巴尔福-林恩（Richard Balfour-Lynn）决定将这款葡萄酒放在新酿酒厂就地酿制。

肯顿酒庄（德文郡）

马修·伯恩斯坦（Matthew Bernstein）创办肯顿酒庄（Kenton Vineyard）时一心一意，专心致志。他曾在普兰普顿学院学习，同时他还在德文郡的乡村之中寻找合适的葡萄种植地点。马修的努力得到了回报，他正在酿制一些趣味横生的葡萄酒，还有一款采用传统方法制作的瓦妮莎（Vanessa）起泡葡萄酒，其前景一片光明。★新秀酒庄

莱文索普酒庄（约克郡）

莱文索普酒庄（Leventhorpe）并不是北纬 53 度～54 度唯一的葡萄园，但其种植时间可能是最长的。酒庄的小葡萄园占地仅 2 公顷，其所在的利兹市（Leeds）位于英格兰北部主要城市之一。葡萄品种受地理位置的限制。酒庄的起泡酒由白谢瓦尔酿制而成，还有数款由玛德琳安吉维酿成的白葡萄酒，非常诱人。酒庄还使用凯旋葡萄（Triomphe d'Alsace）酿制了一款桃红葡萄酒和一款红葡萄酒。酒庄还有数款使用低温发酵法酿制的白葡萄酒，功夫不负有心人，这些葡萄酒芳香四溢，刚劲有力，酸度显著。

新霍尔酒庄（艾塞克斯郡）

酒庄占地 67 公顷，拥有东盎格利亚（East Anglia）最大的葡萄园，也是肯特郡小教堂酒庄最大的供应商之一。酒庄葡萄园中剩余的葡萄酿制品种酒，令人愉悦，酒标风格相当老式。每年 9 月，新霍尔酒庄（New Hall）都会举办葡萄酒节，游客可以在这里品尝或购买葡萄酒以及其他当地产品。酒庄距离伦敦很近，是一处全年都很受欢迎的旅游景点。酒庄的签名（Signature）白葡萄酒是一款单一品种葡萄酒，由斯格瑞博酿成，这一种早熟的葡萄品质，极具有英国特色。

尼丁博酒庄（苏塞克斯郡）

尼丁博酒庄（Nyetimber）一直以来都是酿酒业的领头羊，其传统方法酿造的起泡酒品质很高。2006 年，埃里克·赫雷马（Eric Heerema）收购了该酒庄，当时便开始扩大种植规模并增加酒厂产量，酒庄还雇佣了切丽·斯普里格斯（Cherie Spriggs）负责酿酒。采用新栽葡萄酿制的葡萄酒尚未问世。2003 年份的经典特酿葡萄酒（Classic Cuvée）具有自溶物的特征，而这种特质只有在陈酿 6 年后的酒泥之中才能窥见，这款酒同时还保留了新鲜爽口、生津开胃的风格。2001 年份的白中白起泡酒（Blanc de Blancs）展示了额外的酒糟陈酿和后除渣（post-disgorging）赋予葡萄酒的魅力，酒体深厚，口感复杂，适合搭配海鲜享用。

鹅卵石滩酒庄（德文郡）

鹅卵石滩酒庄（Pebblebed Vineyard）位于托普沙姆镇（Topsham）滨海地区，离码头只有几步之遥，酒庄只有一个酒窖和品酒室，杰夫·鲍恩（Geoff Bowen）为酒庄酿制美酒，恭候品尝，并为您提供一些当地简约但美味的食物。这里的环境让人联想到意大利的葡萄酒，而且杰夫热情洋溢，一定会感染到你。杰夫在当地种植了 3 个葡萄园，并用其产出的葡萄酿酒，精

美无比，其中包括一款精致的桃红起泡酒，一款口感稍甜的桃红静止葡萄酒，以及一款花香四溢、略带大茴香味的玛德琳安吉维葡萄酒。★新秀酒庄

普兰普顿酒庄（东苏塞克斯郡）

普兰普顿酒庄（Plumpton Estate）隶属于普兰普顿学院的一部分，学生们种植葡萄，酿制葡萄酒，这项副业颇受欢迎，利润丰厚。葡萄园搭建了众多棚架，种植的葡萄品种繁多，学生们得以深刻了解世界各地葡萄的种植方式，但同时这样也让酿酒师彼得·摩根（Peter Morgan）头疼不已，他必须在酿制商业级优质混酿葡萄酒之前，多次小批量用葡萄酿酒。酒庄的桃红葡萄酒品质可靠，酒质上佳。酒庄还有一款由黑皮诺和霞多丽酿制的起泡酒，另一款是由白谢瓦尔酿制的起泡酒，这两款酒风格迥异，截然不同，同样值得一试。

波尔贡酒庄（康沃尔郡）

约翰·库尔森（John Coulson）和金·库尔森（Kim Coulson）酿制的葡萄酒品质素来上乘，而之前的两个年份的葡萄生长状况不佳，导致波尔贡酒庄（Polgoon）库存告急，但 2009 年是个不错的年份，定会补足酒庄的葡萄酒供应。该酒庄是英国最靠西的商业酒庄之一，出产世界级的桃红起泡酒和桃红静止葡萄酒。2009 年的桃红葡萄酒一品便知其采用酒罐发酵，充满了水果风味。酒庄还用瓶中发酵法酿制了一款名为艾瓦乐（Aval）的苹果酒，大获成功。★新秀酒庄

里奇维尤酒庄（苏塞克斯郡）

罗伯茨（Roberts）家族专注于使用最新设备生产起泡酒，其中包括一种篮式香槟压榨机（Coquard champagne press）。酒庄的葡萄酒款式多样，价格各异。布鲁斯伯里（Bloomsbury）是一款由 3 种香槟葡萄品种混酿而成的经典款，一直是英国最好的起泡酒之一。费兹洛维亚桃红葡萄酒（Fitzrovia rosé）呈淡淡的橙红色，带有精致的水果风味，而一级特酿骑士桥葡萄酒（Knightsbridge）是一款非常复杂的黑中白葡萄酒。2006 年的格罗夫纳（Grosvenor）白中白起泡酒击败了世界上最顶级的起泡酒，于 2010 年加冕起泡酒的醇鉴国际首奖（Decanter International Trophy），从而确认了酒庄和英格兰在世界舞台上的地位。西蒙·罗伯茨（Simon Roberts）负责酿酒业务，而他的父亲迈克（Mike）则不知疲倦地经营着里奇维尤酒庄（Ridgeview）。

夏普姆酒庄（德文郡）

夏普姆酒庄（Sharpham Vineyard）坐落于达特河（River Dart）之滨。马克·沙曼（Mark Sharman）目前掌管着该酒庄，他改进了葡萄栽培方法，并从其他葡萄园购买葡萄，提高了酒庄的知名度和产量。庄园精选白葡萄酒（Estate Selection）由玛德琳安吉维酿制而成，口感清新爽脆，风格轻盈，而达特河谷珍藏款葡萄酒（Dart Valley Reserve）口感更为甜美。酒庄的比恩利红葡萄酒（Beenleigh Red）着实魅力十足，由马克的葡萄园中塑料大棚里种植的梅洛和赤霞珠酿制而成。这款葡萄酒浓郁醇

厚，口感复杂，尽管原料葡萄生长在温室之中，但这款酒仍带有凉爽气候下植物的典型气息。

斯坦雷克公园葡萄酒庄园（伯克郡）

该酒庄占地 10 公顷，原名山谷葡萄园（Valley Vineyards），2005 年，安妮特（Annette）和彼得·达特（Peter Dart）买下了这座酒庄。酒庄现由酿酒师文斯·高尔（Vince Gower）精心管理，葡萄酒种类繁多，其中桃红气泡葡萄酒和白葡萄酒是酒庄的特色酒款，此外这里还生产各种静止葡萄酒。对于当地行业来说，合约酿酒服务非常重要，该酒厂从现在的所有者那里获得了大量投资，葡萄酒的质量也因此有了进步。酒庄的琼瑶浆、奥特加和巴克斯等酿制的单一品种葡萄酒值得关注，长时间的低温发酵赋予葡萄酒独特魅力。

三重唱酒庄（格洛斯特郡）

三重唱酒庄（Three Choirs）是一座大型酒庄，葡萄种植面积达 30 公顷。该酒厂也是一个主要的区域性合约酿酒中心，为当地起泡酒生产商提供筛选和除渣设施。马丁·福克（Martin Fowke）自 20 世纪 80 年代以来便一直负责酿酒，在业内广受尊敬，他在 2008 年赢得了英国葡萄园协会年度酿酒师奖（UKVA Winemaker of the Year Trophy）。酒庄生产各种各样的静止葡萄酒，以及一经酒糟陈酿的优质起泡酒。巴克斯葡萄变化无常，尽人皆知，而酒庄用其酿制了一种精致无比、芳香馥郁的白葡萄酒，展示了英国静止葡萄酒的最佳水准。

威克姆酒庄（汉普郡）

葡萄栽培师和酿酒师威廉·比杜尔夫（William Biddulph）曾在新西兰精心学艺，在他的管理下，威克姆酒庄（Wickham）正在扩建葡萄园和酿酒厂。

酒庄的主要酒款是早期发布的静止葡萄酒，以及一款波桃红气泡酒和一款白葡萄酒。酒庄内的瓦提卡（Vatika）餐厅由米其林星级厨师阿图尔·科赫哈尔（Atul Kochhar）经营，菜品使用当地生产的有机农产品制作，并融合了印度特色。2009 年的福米特别发行葡萄酒（Fumé Special Release）由巴克斯和雷昌斯坦纳混酿而成，酒体细腻，带有橡木味，值得一试。

英国葡萄酒生产商

英国优质起泡酒行业近来发展极为迅速。下面列出的几家酒厂已注入巨资，从其早期发展来看大有前景：

布莱德谷酒庄（多塞特郡）

著名葡萄酒作家史蒂芬·史普瑞尔（Stephen Spurrier）曾组织了 1976 年的"巴黎审判"（Judgement of Paris Tasting）赛事，他认为用在英国种植的葡萄酿酒非常合适，如此一来，便无可争论了。

富莱庄园（多塞特郡）

庄园主人雄心勃勃，致力于酿制高质量酒款。

汉布尔顿酒庄（汉普郡）

如果坚持不懈，酒庄极有潜力复兴这座英格兰第一家商业酿酒厂。

哈廷利酒庄（汉普郡）

酒庄重新种植了大量葡萄，旨在提高质量。

亨纳斯酒庄（东苏塞克斯郡）

酒庄位于佩文西湾，此地的气候绝佳。

乐科弗德酒庄 / 维特罗斯酒庄（汉普郡）

英国葡萄酒零售巨头也开始酿制葡萄酒，自有的葡萄园面积广阔。

温斯顿酒庄（苏塞克斯郡）

前尼丁博酒庄的酿酒师就职于该酒庄，酒庄自产葡萄酒，也提供合约酿酒服务。

丹比斯酒庄（Denbies）1984年在英国萨里郡建立，该酒庄现在每年可接待约30万名游客。

比利时、荷兰及卢森堡产区

在葡萄酒世界里，小规模往往代表着更好的品质。就比、荷、卢三国而言，小规模不仅代表着更好的品质，也代表着打响全球出口量和知名度的潜力。卢森堡与法国和德国在历史悠久的小镇申根（Schengen）接壤，该镇位于摩泽尔河葡萄酒产区的南端。几个世纪以来，这里的葡萄酒一直保持着稳定且可观的产量。不过卢森堡北部的邻居——比利时和荷兰，近些年才打响了一些葡萄酒的知名度，并在缓慢地发展各自的葡萄酒产业。

根据地质特点，可将卢森堡唯一的葡萄酒产区划分为两个部分，分别是北部的白云石灰岩土质和南部的泥灰底土。为了充分利用有限的北极光，几乎所有葡萄园都是面向南方或东南方。卢森堡葡萄酒的特性也反映了该地区人民的特性——谨慎而寡言。古老而温和的艾伯灵葡萄曾是很久之前繁荣发展的德国起泡酒行业（卢森堡帮助其崛起）的主打葡萄品种，而米勒-图高则是卢森堡最高产的葡萄，但是两者的产量都在缓慢下降。其他酒款会让人想起阿尔萨斯或法尔兹流行的酒款，两地与卢森堡有着一样的地质条件。气候变化使黑皮诺的品质和数量都有所提升，而且近期小规模种植的长相思和圣罗兰也有着不错的前景。

卢森堡科瑞芒葡萄酒（Crémant de Luxembourg）是一款可以与法国葡萄酒相媲美的产区葡萄酒，也是全球最物超所值的一款起泡酒。该酒通常由不同比例的雷司令、白皮诺和黑皮诺及欧塞瓦酿造而成，风格柔和，富含矿物质气息，甜度介于天然极干型和特级干型之间，适合在中早期饮用。

卢森堡的葡萄酒管理机构——维提维尼科尔研究所 [Institut Viti-Vinicole（IVV）] 监管 3 个葡萄酒生产部门（合作社、贸易商和独立企业）。文斯摩泽尔酒庄（Domaines de Vinsmoselle）是由 6 个合作社组建的联合会，成立于 1966 年，是卢森堡首届一指的联合会，覆盖该产区 60% 的葡萄酒产量。

1988 年，7 家葡萄酒酒厂组建了"酒庄与传统葡萄酒协会"，旨在建立统一质量标准。作为该地区的成功表率，该协会的主导地位自创建以来便一直受到外界的挑战。例如亨利·鲁珀特（Henri Ruppert），其凭借对葡萄酒圣杯——伟大的黑皮诺葡萄酒的探索而扬名。

随着新世纪的到来，比利时和荷兰也成为酿造葡萄酒的国度。两国都宣称其酿酒史最早可追溯至 9 世纪，但这两国的葡萄酒直到 20 世纪后半叶才引起了世人的关注。大多数葡萄园过去是在种植水果和土豆。

荷兰大约有 130 名葡萄种植者分管着大约 170 公顷的葡萄园，这些葡萄园分布在几个没有系统管理的区域。不论是纯正芳香的白葡萄品种还是德国风格的混合白葡萄品种，都是葡萄种植和葡萄酒酿造的主流。

比利时有五大法定产区，分别是哈格兰（Hageland）、哈斯彭古（Haspengouw）、赫韦兰（Heuvelland）、桑布尔和默兹丘（Côtes de Sambre et Meuse）和佛兰芒优质起泡酒产区（Flemish Quality Sparkling Wine），还有两个地区餐酒产区：佛兰芒乡村酒（Vlaamse Landwijn）和瓦隆（Des Jardins de Wallonie）乡村葡萄酒产区。

跟荷兰一样，比利时也主要混合种植芳香型白葡萄品种。国际葡萄酒媒体的重要部门的注意力，一直投注在那些探索霞多丽、黑皮诺和莫尼耶皮诺等勃艮第葡萄酒品类的开拓者身上。

主要葡萄品种

🍇 红葡萄

黑皮诺

🍇 白葡萄

欧塞瓦

霞多丽

艾伯灵

白皮诺

灰皮诺

雷司令

米勒-图高

年份

2009
该年份出产了令人惊艳的雷司令葡萄酒和起泡酒，但产量有所下降。皮诺红葡萄酒和白葡萄酒品质都不错。

2008
该年份的葡萄酒发展势头较好，产量相对正常，改善了多年歉收的局面。

2007
近乎理想的天气条件造就了葡萄最佳的糖含量和成熟度。该年份出产了优质的雷司令和皮诺白葡萄酒，以及优质的黑皮诺葡萄酒。

2006
该年的夏季潮湿，秋季降雨量大，葡萄酒品质参差不齐。葡萄酒产量也低。

2005
该年份各类型白葡萄酒都十分出色，顶级白葡萄酒可陈年数年，出品了纯正的黑皮诺葡萄酒和多款出色的冰酒，产量大幅下跌。

2004
尽管酸度较高，但该年份大多数白葡萄酒品质不错，适合陈年，琼瑶浆品质极佳。

克罗斯·德罗谢酒庄

这款富含矿物质气息的极干型雷司令葡萄酒适合中期窖藏。

金藤酒庄

该酒是一款质感均衡的白皮诺葡萄酒，口感清新爽口。

艾丽斯·哈特曼酒庄（卢森堡产区）

与酒庄同名的艾丽斯·哈特曼（Alice Hartmann）已不在世，但特里滕海姆村的汉斯-约尔格·贝福特（Hans-Jörg Befort）依托该村最知名的沃梅尔丹格·科普钦（Wormeldange Koeppchen）葡萄园，打造了这一品牌，推出了一些口感非常复杂的卢森堡雷司令葡萄酒。酒庄还有一些价格极为昂贵的顶级黑皮诺葡萄酒和霞多丽葡萄酒（果香中带有一丝橡木香气）。酒庄还在起泡酒中添加了雷司令冰酒，打造出了卢森堡口感最丰富的雷司令起泡酒。此外，酒庄还酿造了圣欧班白葡萄酒（St-Aubin Blanc）和特里滕海姆阿波特克晚收雷司令葡萄酒（Trittenheimer Apotheke Riesling）。酒庄的日常业务由法国前侍酒师的安德烈·克莱因（André Klein）管理，管理方式灵活多样。

艾泊斯泰赫武酒庄（荷兰产区）

掌管艾泊斯泰赫武酒庄（Apostelhoeve）的赫尔斯特（Hulst）家族十分明智地选择专注于雷司令高端白葡萄酒和欧塞瓦、米勒-图高、灰皮诺和白皮诺葡萄酒的酿造。该家族之前以种植葡萄为主业，直到1970年，在法国、德国和卢森堡等地同行的支持下，才开始了小规模的酿造业务，并最终发展成为荷兰最好的酒庄——艾泊斯泰赫武酒庄。6公顷的葡萄园主要是沙质泥灰岩和燧石土壤为主，部分位于娄丘的保护范围内。酒庄的几款雷司令葡萄酒和灰皮诺葡萄酒都是历经时间考验的佳酿。未来还会有更出色的酒款面世。

加尔斯酒庄（卢森堡产区）

酒商马克·加尔斯（Marc Gales）采用全新的顶级设施，酿造了多款价格适宜且口感宜人的卢森堡起泡酒和微起泡酒（Vins Mousseux）。凭借敏锐的商业头脑，加尔斯收购了古老的克里尔兄弟酒庄（Krier Frères）及其宝贵的雷米希·普里默伯格（Remich Primerberg）葡萄园，此举扩大了矿物质干白甜葡萄酒的阵容，使这些葡萄酒拥有令人难忘的口感，同时价格也更为适宜。酒庄在雷米希北部的餐厅与建在白垩岩悬崖深处、俯瞰摩泽尔河（River Mosel）的酒窖交相辉映。这3个葡萄酒系列都是物超所值的佳酿，马克·加尔斯品牌下还有一些顶级的卢森堡雷司令和灰皮诺葡萄酒。

金藤酒庄（卢森堡产区）

在全球各地销售多年葡萄酒后，让-玛丽·"约翰尼"·维斯克（Jean-Marie "Johnny" Vesque）决定在自己的家乡卢森堡安定下来。其地标性的酒庄坐落于摩泽尔河上，与德国隔河相望，是当地第一家利用现代设计推动新型葡萄酒旅游的酒庄。在侄子的辅助下，新加盟的维斯克一直在进行积极的尝试，这也让其赢得了一批忠实的追随者。酒庄酒款众多，包括优质的白皮诺葡萄酒和灰皮诺葡萄酒，以及与酒槽陈年多年的"致敬"埃尔布林葡萄酒（"Hommage" Elbling）。正如之前一位销售人员预料的那样，酒庄的酒款多用于出口，且出口数量正在逐渐增加。

查尔斯·德克尔酒庄（卢森堡产区）

德克尔（Decker）曾因在金融危机中与强权对抗而闻名，如今则是凭借口感醇厚且诱人的餐末甜酒、陈年起泡酒及更加爽烈的雷司令、欧塞瓦和灰皮诺葡萄酒收获了一批忠实的追随者。虽然多年前其引进奥托奈麝香葡萄的行为引发了轩然大波，但是现在已经有很多人在效仿他，使用这种新葡萄品种酿酒。作为摩泽尔南部葡萄品种和葡萄酒风格孜孜不倦的探索者，德克尔的葡萄酒正逐渐收获卢森堡之外其他市场的认可。

波克酒庄（卢森堡产区）

作为卢森堡首屈一指的酿酒师，阿比·杜尔（Abi Duhr）在世界上拥有大量的追捧者，其一直依托母亲的阿里杜尔庄园打造自己的葡萄酒项目，并于2008年推出了波克酒庄（Château Pauqué）品牌。虽然酒庄的主打产品组合是令人赞叹的雷司令（从干型到半甜型）和来自格雷文马赫岩（Grevenmacher Fels）的霞多丽葡萄酒，但他也不反对将欧塞瓦和艾伯灵葡萄在酿酒桶中陈年，以提升其价值。作为"酒庄与传统葡萄酒协会"的领导者，阿比·杜尔不仅是葡萄酒欧洲大陆审团的一员，也是一名优质葡萄酒的进口商，同时还在当地的酒店学校任教。★新秀酒庄

克罗斯·蒙老磨坊杜尔兄弟酒庄（卢森堡产区）

这是卢森堡首家酿造黑皮诺红葡萄酒的酒庄，其现已拥有丰富的酒款，既有历时长久的雷司令、欧塞瓦和灰皮诺葡萄酒，又有多款由干型葡萄和冻葡萄酿造的公国优质甜葡萄酒。家庭成员让·杜尔（Jean Duhr）、弗兰克·杜尔（Frank Duhr）和卢克·杜尔（Luc Duhr）的酿酒厂和葡萄园都位于卢森堡代表性的葡萄酒村——安静祥和的安市（Ahn）。在2007年的摩泽尔之旅中，数位欧洲葡萄酒作家品鉴了该酒庄1959年的雷司令帕姆贝格葡萄园（Riesling Palmberg）。这款精美的葡萄酒，驳斥了反对者对干型雷司令和卢森堡葡萄酒陈年价值的否定看法。

克罗斯·德奥普莱乌酒庄（比利时产区）

克罗斯·德奥普莱乌酒庄（Clos d'Opleeuw）的主人彼得·科莱蒙（Peter Colemont）是一位酿酒学讲师，同时也是一名勃艮第葡萄酒进口商，他自己拥有1公顷南向的葡萄园，四周围墙环绕的葡萄园里，种植了一些霞多丽和黑皮诺葡萄。这些葡萄长期保持较低的产量，酿造时在法国橡木桶或比利时巴里克木桶中进行更长的陈年。酒庄的葡萄酒不进行过滤和提炼，且销售价格适中。虽然酒庄早期的酒款过分突出其橡木气息，但是近期推出的酒款却呈现出更平衡的结构，展现出真正的果香特质。

克罗斯·德罗谢酒庄（卢森堡产区）

克罗斯·德罗谢酒庄（Clos des Rochers）是杰出的伯纳德-马萨尔葡萄酒贸易公司（Bernard-Massard）旗下两家高品质静止葡萄酒品牌之一。酒庄主要占据北方市场，而南方市场则属于其姐妹酒庄——希尔兄弟酒庄（Thill Frères）。法国摩挲酒庄的主人——休伯特·克拉森（Hubert Clasen）负责酒庄的日常运营，其好友弗雷迪·辛纳（Freddy Sinner）负责酒庄的酿造业务。弗雷迪酿造出了口感顺滑、历时长久的雷司令、灰

皮诺葡萄酒和多款卢森堡的优质琼瑶浆。伯纳德·马萨尔的起泡酒均用于出口，并在世界范围内收获了一些认可，但其静止葡萄酒则在卢森堡之外的其他国家及其邻国没有什么影响力。这多少有点遗憾，因为克罗斯·德罗谢酒庄的葡萄酒拥有令人赞叹的优秀特质，以及卢森堡特有的矿物质气息，非常适合中期陈年。

格洛登父子酒庄（卢森堡产区）

克劳德·格洛登（Claude Gloden）和朱尔斯·格洛登（Jules Gloden）的酒庄位于伟伦施泰因（Wellenstein）的大型酒庄——文斯摩泽尔（Vinsmoselle）酒庄的后面，酿造美味的传统灰皮诺葡萄酒、黑皮诺葡萄酒、雷司令葡萄酒，以及卢森堡陈年最久的起泡酒。格洛登家族已有 250 年的酿酒史，并开始以酒庄传统（Tradition du Domaine）品牌推出更优质的葡萄酒。有些酒款达到了预期，有的则是近乎达到预期，但是不管是哪种情况，每款酒都展现了酒庄的精髓，其雷司令葡萄酒可能是所有酒款中最出色的。

马蒂斯·巴斯蒂安酒庄（卢森堡产区）

马蒂斯·巴斯蒂安（Mathis Bastian）与女儿阿努克（Anouk）和葡萄园经理赫尔曼·塔普（Hermann Tapp）一起酿制的特色鲜明女士葡萄酒赢得了很多葡萄酒爱好者的喜爱。酒庄迷人的灰皮诺葡萄酒和白皮诺葡萄酒、精致的欧塞瓦和琼瑶浆，以及浓烈的雷司令葡萄酒，不仅价格合理，还有始终如一的精致细节和高端品质。

这家小型的家庭酒庄地理位置优越，可以俯瞰雷米西上方的葡萄园和下方的小镇。酒庄的优质葡萄酒总能在下一年份的葡萄酒推出前销售一空。

阿利-杜尔母子酒庄（卢森堡产区）

耐莉·杜尔（Nelly Duhr）其实早就可以退休了，其能干的儿子阿比（Abi）早已可以独当一面，但那样生活还有什么乐趣呢？作为"酒庄与传统葡萄酒协会"的创始成员之一，这家位于安市的酒庄，占地 9 公顷，包括精选的帕尔姆伯格（Palmberg）和努斯鲍姆（Nussbaum）葡萄园地块，这两块葡萄园主要种植雷司令葡萄，附近的马赫图姆·翁卡夫（Machtum Ongkâf）则出产极好的灰皮诺葡萄，沃梅尔丹格·科普钦（Wormeldange Koeppchen）则专注于欧塞瓦种植。作为卢森堡顶级黑皮诺葡萄酒的酿造商（从 2003 年开始），酒庄拥有始终如一的优秀品质。

舒马赫-克奈珀酒庄（卢森堡产区）

这家占地 9 公顷的家族企业近年由弗兰克·舒马赫（Frank Schumacher）和马丁·舒马赫（Martine Schumacher）兄妹管理，酒庄出产了令人惊艳的雷司令葡萄酒，此款葡萄酒占酒庄总产量的三分之一，口感细腻，富含矿物质气息。酒庄还单独在温特兰奇·费尔斯伯格（Wintrange Felsberg）种植了灰皮诺葡萄。干型葡萄酒是酒庄的主要酒款，此外还有一些出色的晚熟葡萄酒。恒克内珀（Constant Knepper）品牌代表酒庄最好的酒款。新一代的掌门人带领这家酒庄在卢森堡和德国收获了新的赞誉。★新秀酒庄

热诺尔斯－埃尔德伦酒庄
该酒为一款优雅清爽的干白葡萄酒，果香浓郁，散发着蜂蜜、菠萝和苹果的香气。

格洛登父子酒庄
由卢森堡最古老的酿造商打造的一款传统黑皮诺红葡萄酒。

桑嫩-霍夫曼酒庄（卢森堡产区）

伊夫·桑嫩（Yves Sunnen）和科琳娜-考克斯·桑嫩（Corinne-Kox Sunnen）兄妹是卢森堡仅有的 100% 有机葡萄种植者。酒庄坐落于南部的雷默申村（Remerschen），种植了雷司令、黑皮诺、白皮诺、霞多丽和欧塞瓦（有时会用于酿造稻草酒），以及一些麝香葡萄。酒庄葡萄园近期得到了快速扩张，使生物动力学在葡萄种植中得到应用，并提升了整体葡萄酒的品质。酒庄还有一个持续运行多年的实践项目，该项目以教授儿童自然的耕作方式为主要内容，并获得了政府批准。桑嫩-霍夫曼酒庄（Sunnen-Hoffmann）的耕作方式，赢得了周围葡萄园的钦佩。

小肖尔酒庄（荷兰产区）

酒庄的生产主管——约翰·范德维尔德（Johan van de Velde）曾是卢森堡金藤酒庄（Cep d'Or estate）的学徒，并与该企业共同掌管着这家占地 6 公顷的企业。

2001 年，他和父亲放弃了蔬菜种植事业，转而为包括荷兰皇家航空（KLM）在内的多位国内客户酿造葡萄酒。企业的其他股东也参与企业建设和葡萄采收等业务，这些举措提升了这家泽兰省企业的合作精神，使其独具一格。范德维尔德曾炫耀道："我们的葡萄园距离北海 10 千米，相较于荷兰境内大部分地区的葡萄园，这里的光照时间可多出 200 多个小时，并且这里有很多因被北海淹没而形成的白垩质土壤。"

热诺尔斯-埃尔德伦酒庄（比利时产区）

创建于 1991 年的热诺尔斯-埃尔德伦酒庄（Château de Genoels-Elderen）是比利时最大、最古老的葡萄园，现占地 24 公顷。酒庄专注于黑皮诺和霞多丽的种植，并用其酿造酒庄的静止葡萄酒和起泡酒。这家曾经的贵族酒庄以高品质葡萄酒著称，这一特质源于其黏土表层和泥灰底土壤，这一土质跟勃艮第地区的土质非常相似。高超的酿造技艺、勃艮第酿酒法的应用，以及在酒糟中更长的陈年时间等特点，使酒庄的葡萄酒主要面向比利时的高端市场和欧洲西北部的餐饮市场。过度使用橡木桶会破坏这些葡萄酒的质感，因此酒庄最好的酒款是起泡酒。

捷克及斯洛伐克产区

捷克和斯洛伐克极少出口当地生产的葡萄酒。这两国生产的葡萄酒大多品质一般，但总有一些行业佼佼者希望向世界展示本国的葡萄酒文化。捷克的大部分葡萄园都在摩拉维亚，只有5%在波希米亚。这里的白葡萄酒与奥地利的风格类似，甜冰酒和麦秆酒算得上一绝。斯洛伐克的葡萄园也以种植白葡萄为主，在南部分为6个区域。著名的匈牙利托卡伊产区有一小部分位于斯洛伐克东部。

主要葡萄品种

🍇 红葡萄
弗兰戈维卡
黑皮诺
圣罗兰
茨威格

🍇 白葡萄
米勒-图高
白皮诺
雷司令
威尔士雷司令
长相思
绿维特利纳

年份

2009
该年适宜酿造红葡萄酒，白葡萄酒酒体非常平衡。甜葡萄酒极为醇厚馥郁。

2008
该年份的酒款果味突出，品质优良，陈年至今，口感已经非常不错。

2007
全年气候温暖，酿制的红葡萄酒、干白葡萄酒和甜葡萄酒品质俱佳。陈年潜力也很不错。

2006
该年份的白葡萄酒酒体平衡，品质卓越。红葡萄酒格外出众。

2005
该年份产量低，白葡萄酒芳香醇厚，红葡萄酒品质一般。

2004
该年份气候凉爽，葡萄晚收——最适合酿造新鲜的白葡萄酒。

贝拉城堡酒庄（什图罗沃产区）

享誉世界的摩泽尔葡萄酒酿造商伊贡·穆勒（Egon Müller）发现了斯洛伐克南部优质雷司令的潜力，之后便与乌尔曼（Ullmann）家族展开了合作。该家族拥有历史悠久的贝拉城堡，该城堡在一段时间内破损失修，后经翻修焕然一新。干型雷司令令人惊艳，优雅而层次丰富，矿物质气息的浓度和细腻度都恰到好处。★新秀酒庄

J&J 奥斯特罗佐维奇酒庄（托卡伊产区）

1990年，雅罗·奥斯特罗佐维奇（Jaro Ostrožovi）和雅尔卡·奥斯特罗佐维奇（Jarka Ostrožovi）夫妇白手起家，当时他们拥有的仅是5个酿酒桶和满腔热情。在那之后，他们又陆续拥有了自己的酒窖和葡萄园。他们的经典款托卡伊葡萄酒等级分为3筐到6筐不等，与匈牙利现行的葡萄酒风格相比，风格更加传统，带有馥郁的太妃糖味和杏干味。甜度较高的5筐和6筐葡萄酒值得一品，还有精选麝香葡萄酒和甘美的托卡伊麦秆酒。

马丁·庞菲马文酒庄（维诺萨迪产区）

马丁·庞菲（Martin Pomfy）在2001年产生了酿酒的想法。后来他兴趣渐浓，到2007年，他购进了现代化的设备，开始将自己酿的葡萄酒装瓶出售。马丁的酒庄接连获得众多奖项，成了斯洛伐克的新秀酒庄。他酿出的白葡萄酒制作精美，果味浓郁，酸度鲜活。这里的招牌有美味的本地德文葡萄酒（Devín），以及时髦的灰皮诺、雷司令和绿维特利纳。★新秀酒庄

新酒厂（米库洛夫产区）

新酒厂（Nové Vinařství）在吸收了大笔投资后，于2005年推出了第一批葡萄酒。他们致力于通过勤奋工作、控制产量实现高质量生产。新酒厂专注于生产白葡萄酒和混酿葡萄酒，如干燥、优雅的天鹅座特酿和精美的甜酒系列，包括特酿朗格华特（Cuvée Lange'Warte）、特酿杜诺（Cuvée To'No'）和特酿加布里埃尔（Cuvée Gabriel）。该酒庄首创了玻璃瓶塞和螺旋盖，确保其葡萄酒的芳香清新。★新秀酒庄

帕特里亚·科比利酒庄（维尔科帕夫洛维卡产区）

帕特里亚·科比利酒庄（Patria Kobylí）成立于1999年，拥有占地152公顷的葡萄园。为了环保，该酒庄采用一体化生产技术种植葡萄，同时注重葡萄质量。这里的红葡萄酒和白葡萄酒同样优质，酿造技术纯熟，有两款名为帕特里亚特酿（Patria Cuvée）的旗舰葡萄酒十分出名。其中那款白葡萄酒是由琼瑶浆和霞多丽混酿而成，这种配方并不多见，但是效果很好。而另一款红葡萄酒则完美地混合了安德烈、圣罗兰和黑皮诺等葡萄。

斯台普顿-斯普林格酒庄（南摩拉维亚州产区）

克雷格·斯台普顿（Craig Stapleton）于2001年与雅罗斯拉夫·斯普林格（Jaroslav Springer）的黑皮诺酒展开合作。克雷格·斯台普顿在2004年退休后和自己的律师兄弟在摩拉维亚州开了一家酒庄，由酿酒师雅罗斯拉夫主理。

该酒庄采用有机技术，专门生产红葡萄酒。鲁奇葡萄酒（Rouči）是一款优雅而复杂的混酿，由黑皮诺和圣罗兰混合而成。而简之丛林圣罗兰（Jane's Jungle St Laurent）色泽鲜亮，果味浓郁。★新秀酒庄

桑伯克酒庄（桑伯克产区）

桑伯克地区酿酒的历史可以追溯到1520年。2003年，一座引人注目的新酒庄在这里建成，周围环绕着40公顷的葡萄园。手工采收、低产高质和坚持最低介入理念是桑伯克酒庄（Vinařství Sonberk）的理念。在这样的理念影响下，这里盛产口感复杂、结构平衡的白葡萄酒，尤其是波皮斯雷司令。这里的另一款招牌佳酿是由灰皮诺、当地种植的帕拉瓦及长相思等葡萄制成的美味甜葡萄酒。★新秀酒庄

兹诺文·兹诺伊莫酒庄（兹诺伊莫产区）

兹诺文·兹诺伊莫酒庄（Znovín Znojmo）规模较大，精选酵母酿造顶级葡萄酒，产出的葡萄酒颇具兹诺伊莫地区迷人的风土韵味。该酒庄生产的葡萄酒品种多样，从干葡萄酒到甜葡萄酒一应俱全，但其中最为上乘的是用雷司令酿制的口感丰富的甜麦秆酒，还有甘美的冰酒。

斯洛文尼亚产区

斯洛文尼亚位于巴尔干半岛西北端。这个小国在各方面都有显著发展，其中葡萄酒行业发生了最引人注目的、最喜人的变化。与意大利一样，几个世纪以来，葡萄酒文化一直是斯洛文尼亚文化的内在组成部分，而人们在过去几十年里的追捧又使葡萄酒文化焕发新生。在戈里斯卡布尔达产区的莫维等老牌酒庄的带领下，得益于附近的意大利葡萄酒产区（尤其是弗留利）对斯洛文尼亚西部的影响及奥地利对斯洛文尼亚东部的影响，斯洛文尼亚独具特色的葡萄酒正在稳步进入国际市场。

吉里拉酒庄（维帕瓦产区）

这家新锐酒庄由兹马戈·佩特里奇（Zmago Petric）和乌鲁斯·博尔奇纳（Uros Bolcina）于2006年共同建立，佩特里奇家族拥有大约4公顷的葡萄园，博尔奇纳负责管理酒窖。葡萄园里品种繁多，包括梅洛、丽波拉盖拉（Rebula/Ribolla），以及泽莲（Zelen）和潘乐拉（Pinela）等本地葡萄品种。该酒庄风格简洁现代，所产葡萄酒芳香细腻，口感微酸轻快。泽兰葡萄酒干爽紧实，具有草本芬芳，而潘乐拉葡萄酒口感更加丰富、花香沁人。★新秀酒庄

科格尔酒庄（波德拉维耶产区）

科格尔酒庄（Kogl）位于斯洛文尼亚东部，这栋豪华的建筑历史悠久，可以追溯到17世纪，不过直到20世纪80年代初，茨维特科（Cvetko）家族买下此处，这里才变成今天的酒庄。该酒庄旗下的桑玲葡萄酒是一款清爽、独特的非木桶发酵白葡萄酒，由同名葡萄酿成，值得一品。科格尔酒庄的雷司令同样诱人，既可以单独饮用，也可以与麝香和欧塞瓦混酿，制成麦格纳·多米尼克·阿不思葡萄酒（Magna Dominica Albus），口感复杂，引人入胜。

莫维酒庄（戈里斯卡布尔达产区）

莫维酒庄（Movia）位于意大利和斯洛文尼亚边界，魅力十足的艾尔斯·克里斯坦西奇（Ales Kristancic）是这座古老庄园的新一代主人。酒庄成立于1820年，克里斯坦西奇称这里自祖父那个时代以来几乎没有发生什么变化，一直坚持自然酿造和葡萄栽培。该酒庄的葡萄酒个性出众，而月亮白葡萄酒是一种经长时间浸渍用木桶发酵的丽波拉盖拉葡萄酒，必将会给人带来全新的体验。同样值得一试的是维里科干白葡萄酒（Veliko Bianco），由丽波拉（Ribolla）、霞多丽和长相思混合而成，口味浓郁优雅。

桑托玛斯（沿海产区）

格拉维纳（Glavina）家族的历史可以追溯到中世纪，自19世纪50年代以来，格拉维纳家族的这一分支就在他们的庄园里打理葡萄园，酿制葡萄酒。到如今，桑托玛斯酒庄拥有大约19公顷葡萄园，由路德维克·纳扎里·格拉维纳（Ludvik Nazarij Glavina）管理，而他的女儿塔玛拉（Tamara）则负

责打理酒窖。这里的招牌是马尔瓦西亚葡萄酒（Malvazija），其中一款精致的马尔瓦西亚·伊斯特拉酒（Malvazija Istriana），酸度活泼，结构坚实，是桑托玛斯酒庄的伊斯特拉白葡萄酒中的基础酒款。

诗美酒庄（戈里斯卡布尔达产区）

诗美酒庄（Simcic）由西姆西奇家族于1860年建立。1988年，马里扬·西姆西奇（Marijan Simcic）接管了家族酒庄和葡萄园，并进行现代化改造。诗美酒庄拥有约18公顷的葡萄园，其中一些已有近60年的历史，这里生产的葡萄酒时尚优雅。酒庄里富含矿物质气息的灰皮诺葡萄酒值得一试，这种酒结构平衡、充满花香，具有令人惊讶的复杂度，完美地呈现了该葡萄品种的特殊香气。特奥多尔珍藏款（Teodor Reserve）是一款由梅洛和赤霞珠混酿的葡萄酒，口感浓郁，质地坚实。

提利亚酒庄（维帕瓦产区）

1994年，梅丽塔·勒穆特（Melita Lemut）和马蒂亚斯·勒穆特（Matja Lemut）在维帕瓦河谷南部开起了自己的小酒庄。他们酿制的葡萄酒口感清淡，具有现代风情，无论是红葡萄酒还是白葡萄酒都口味新鲜、充满活力。酒庄酿制的活泼清爽的长相思值得一品，该酒带有持久的柑橘味，颇具特色。灰皮诺的口感同样强烈，但质地更为丰富饱满。提利亚也是该地区最好的一种黑皮诺，莫德里皮诺是一款红葡萄酒，口感浓郁，扣人心弦，回味悠长。★新秀酒庄

维纳科佩尔酒庄（科佩尔产区）

这家大型合作酒庄成立于1947年，坐落在里雅斯特以南伊斯特拉半岛（Istrian Peninsula）的亚得里亚海（Adriatic）旁的科佩尔小镇。优雅的玛尔维萨葡萄酒值得一试，富含地中海香草的香味，细品还有咸味。普莱米尼托贝洛（Plemenito Belo）是一款更复杂、结构感更强的白葡萄酒，口感丰富，味道浓郁。如果您喜欢浓郁的新世界白葡萄酒，那么不妨也尝试一下这款酒。莱弗斯科（Refosk）是一款可口的冬日红葡萄酒。

主要葡萄品种

🍇 **红葡萄**

蓝佛朗克

品丽珠

赤霞珠

梅洛

黑皮诺

莱弗斯科

🍇 **白葡萄**

玛尔维萨

潘乐拉

灰皮诺

丽波拉盖拉

雷司令

桑玲

长相思

泽莲

年份

斯洛文尼亚近几年的气候都很适宜葡萄生长。随着该国酒庄进行现代化改造，产品质量往往可以维持在较高水平，年份气候变化的影响逐渐变小。然而，由于斯洛文尼亚的葡萄酒出口业务开展的较晚，因此与其分析葡萄酒的生产年份，不如针对各个生产商进行具体分析。

匈牙利产区

内陆国家匈牙利是中欧优质葡萄酒的领导者，在其悠久的历史上以美食和葡萄酒而著称。这里的土壤类型多样，葡萄品种丰富，极端温度多，有望成为欧洲最大的新兴经济增长点。过去，匈牙利为一些国家生产的大量葡萄酒滞销，国外投资者纷纷入驻，包括法国（如投资野猪岩酒庄的安盛公司）、西班牙（投资奥勒莫斯酒庄的贝加西西里亚酒庄）、意大利（投资巴塔帕蒂酒庄的安东尼家族）、奥地利（威宁格酒庄与盖氏酒庄展开合作）和英国（为皇家托卡伊投资的休·约翰逊）等。然而，尽管有国外资本扶持，匈牙利葡萄酒产业的发展前景依旧不明朗，市场不稳定，经济动荡，就连国际市场都对一度成为传奇的托卡伊甜葡萄酒的陨落无能为力。

年份

2009

气候条件较好，不过该年份托卡伊用于酿造阿苏葡萄酒的葡萄孢菌很少。

2008

该年多雨，葡萄园歉收，白葡萄质量比红葡萄好。

2007

夏季漫长温和，秋季很少下雨。盛产各种类型的优质葡萄酒。

2006

气候条件极好，是极佳的酿造年份。

2005

夏季气候条件较差，秋季气候条件较好。白葡萄质量较好，红葡萄浓郁醇厚，结构坚实。

2004

一个凉爽晚收的年份，多雨潮湿，所酿葡萄酒酸度高、果味浓。

作为葡萄酒主要生产国之一，匈牙利的葡萄酒总产量世界领先，白葡萄酒与红葡萄酒的比例为 3∶2。酿造年份上出现变化也很常见，因为夏季通常非常温暖，夜晚凉爽，植物的生长季节延长，而冬季通常寒冷得令人手脚麻木。

2006 年，匈牙利政府在即将加入欧盟之际将所有葡萄酒产区合并为 6 个葡萄酒产区：巴拉通产区（Balaton）、南潘诺尼亚产区（Dél-Pannónia）、多瑙河产区（Duna）、北跨多瑙河产区（Eszak Dunántúl）、北匈牙利（Eszak-Magyarország）和托卡伊（Tokaj-Hegyalja）产区。在巴达克索尼（Badacsony）、索姆洛（Somló），还有最近兴起的甜葡萄酒天堂托卡伊，你都能买到醇厚浓郁、富含矿物质气息的干白葡萄酒，而南部温暖的维拉尼产区（Villány）则生产出了匈牙利最好的红葡萄酒——所有这些产区的土质都是火山灰土壤。大多数混合葡萄酒产自平坦的潘诺尼亚平原（Alföld），不过琼格拉德（Csongrád）地区也出产了优质红葡萄酒。

火山基岩朝南斜坡上的黏土、黄土和岩灰为酿酒葡萄提供了丰富的营养。那里种植的都是白葡萄，主要是富尔民特（Furmint），还有哈斯莱威路（Hárslevelű），另外有其他较小的葡萄品种，包括泽塔（Zéta）、卡巴（Kabar）、黄麝香（Sárgamuskotály）和卡沃卓洛（Kövérszőlő）。该地区有着灰葡萄孢霉生长的理想条件。这些葡萄酒的特殊之处在于，天然酵母可以将它们发酵至 18% 的酒精度，有些可以在一年内发酵，即使在冬季温度低于 0℃ 的情况下也是如此。托卡伊阿苏甜葡萄酒（Tokaj Aszú）酿造的最低行业标准是在桶中陈酿两年，在瓶中陈酿一年，然后才能出售。

埃格尔最著名的就是一款混酿红葡萄酒——埃格里·比卡维尔（Egri Bikavér）。这种酒以卡达卡葡萄（Kadarka）为原料，以"公牛血"品牌而闻名——已故酿酒师提波尔·加尔在埃格尔的 GIA 酒庄酿造了一些高品质公牛血葡萄酒和优质黑皮诺葡萄酒。

本土白葡萄酒较为辛辣，适合配匈牙利本土菜肴饮用，包括富尔民特、哈斯莱威路、黄麝香、伊尔赛奥利维尔（Irsai Olivér）、玉法克（Juhfark）、科尼耶鲁（Kéknyelű）、灰皮诺、欧拉瑞兹琳（Olaszrizling，又称意大利雷司令）、雷司令和莱尼卡。匈牙利本土的红葡萄包括卡达卡（Kadarka）、坎特弗兰科斯（Kékfrankos）和葡萄牙人（Portugieser），这些葡萄品种都可以酿造出不同浓度和具有不同陈年价值的葡萄酒。外来葡萄品种霞多丽、长相思、赤霞珠、品丽珠、梅洛和黑皮诺在近些年才引入匈牙利，但它们在匈牙利的种植情况良好，获得了众多赞誉。

野猪岩酒庄（托卡伊产区）

与托卡伊的许多大庄园一样，野猪岩酒庄（Disznókő）接受了国外投资。1992 年，法国保险集团安盛公司收购了野猪岩酒庄的 100 公顷庄园。野猪岩酒庄使用的每 1000 个木桶中有 900 个来自当地的制桶厂。在这之前，酒庄多年来主要采用法国的木桶，但该酒庄越来越倾向于使用本土木桶，现在的木桶主要由附近的泽普伦（Zemplén）森林的木材制成。该酒庄融合了古典与现代的建筑风格，让初次参观的游客耳目一新。在拉斯洛·梅萨罗斯（László Mészáros）的监督下，这里的酿酒工艺十分出色，具有兼收并蓄的国际风格。

多博戈酒庄（托卡伊产区）

匈牙利著名的蒸馏家族的后裔伊莎贝拉·兹瓦克（Izabella Zwack）和她的酿酒师阿提拉·多莫科斯（Attila Domokos）尽可能采用生物动力法种植葡萄、生产葡萄酒，即在酿酒过程中只添加膨润土和少量二氧化硫，不添加酪蛋白、明胶或酶。他们种植了 4 个总面积为 5 公顷的葡萄园，其中 3 公顷为"特级园"，1 公顷在他们位于托卡伊的酒庄附近，该酒庄的历史可追溯至 1869 年左右。酒庄种植的葡萄品种包括葡萄牙人、黑皮诺、马尔贝克、赤霞珠、小维多和蓝佛朗克。★新秀酒庄

阿提拉·格雷酒庄（Attila Gere）（维拉尼产区）

阿提拉·格雷于 1991 年重建了家族在维拉尼的酒庄。他喜欢亲自打理酒庄中占地 60 公顷的葡萄园，2004 年，他的努力得到了认可，当时他酿造的索卢斯梅洛 2000（2000 vintage Solus Merlot）在奥地利的盲品会中击败了波尔多的帕图斯酒庄。该酒庄还生产 100% 品丽珠和赤霞珠纯酿及科帕尔特酿（Cuvée Kopar），最近开始以当地产的葡萄牙人葡萄与另一种当地葡萄品种卡法兰克斯为原料生产混酿葡萄酒，也生产单一品种的葡萄酒。到 2010 年年底，格雷家族的所有葡萄园都将采用有机耕作法或生物动力法进行耕作。

伊斯特万·塞普西酒庄（托卡伊产区）

匈牙利最优秀的酿酒师伊斯特万·塞普西（István Szepsy）拥有显赫的酿酒家族背景，其历史可以追溯到 16 世纪。伊斯特万·塞普西在基拉柳德瓦尔首次展现了酿酒师的才能。2000 年，他着手建立自己的酒庄，占地 63 公顷。他的甜酒已经成为传奇，在 2002 年后伊斯特万·塞普西一直想要突破自我，致力于研究干型富尔民特葡萄酒。近年来，他又开始研制干型哈斯莱威路葡萄酒。

御苑托开酒庄（托卡伊产区）

安东尼·黄（Anthony Hwang）于 1997 年收购了御苑托开酒庄（Királyudvar），位于卢瓦尔河旁的予特庄园（Huët）也是他的产业。他与前酿酒师伊斯特万·塞普西一起着手翻修了该庄园位于塔尔卡镇（Tarcal）的 78 公顷葡萄园和酒窖。与所有托卡伊庄园一样，甜葡萄酒是这里的名片，但自 2005 年以来御苑托开酒庄也推出了一种以富尔民特为主要原料的混合型干葡萄酒。该酒庄使用匈牙利橡木桶，葡萄酒偏向于表现托卡伊的自然、清爽的风格，同时凸显水果和矿物质的气息。他的儿子斯特凡（Stefan）负责酒庄的产品营销事务。

马拉廷斯基酒庄（维拉尼产区）

1997 年，卡萨巴·马拉廷斯基（Csaba Malatiszky）重振了家族的酿酒事业，此前他曾担任侍酒师、做过葡萄酒店老板，并曾在波尔多的一些顶级庄园工作。他的 30 公顷庄园专门用于种植品丽珠和赤霞珠，其旗舰葡萄酒库里亚（Kúria）以品丽珠为原料。该酒庄还有一款特别的黑皮诺和凯克弗兰克斯混酿，称为蓝皮诺（Pinot Bleu）。马拉廷斯基酒庄只使用匈牙利木材制成的木桶，以此确保最大限度体现酒款的当地风土条件。该酒庄也生产卡达卡、梅洛和霞多丽葡萄酒，但不如其他瓶装酒经典雅致。★新秀酒庄

奥勒莫斯酒庄（托卡伊产区）

1993 年，掌管西班牙著名的贝加西里亚酒庄的阿尔瓦雷斯（Álvarez）家族开始着手启动托卡伊酒庄现代化的项目。奥勒莫斯酒庄（Oremus）目前在曼杜拉斯（Mandulás）和库特帕特卡（Kútpatka）拥有 115 公顷的葡萄园，其中 60 公顷分布在 4 个村庄，七成用来种植富尔民特，三成种植哈斯莱威路。该酒庄也有自己的制桶厂，可以满足自家酿酒的需求。这里出产的优质干白葡萄酒曼杜拉斯（Mandulás）非常值得一试。

奥勒莫斯酒庄
托卡伊产区葡萄酒的一大出口商，
其产品远销世界各地。

彭迪特酒庄
晚收塞洛是托卡伊新一代
优质葡萄酒的代表。

帕特里修斯酒庄（托卡伊产区）

2002 年，这家酒厂被迪兹·凯西（Dezs Kékessy）收购，其祖先从 18 世纪开始做葡萄酒生意。迪兹·凯西与他的女儿兼合伙人卡廷卡·凯西（Katinka Kékessy）一起，逐渐在博德罗格河（Bodrog River）沿岸的 5 个村庄收购产业，这些村庄都是酿造阿苏葡萄酒（Aszú）的理想地点。酒庄目前的酿酒师彼得·莫纳尔（Péter Molnár）以托卡伊葡萄为原料酿酒，还建立了一个实验葡萄园，里面种植了 16 种其他品种的葡萄。该酒庄有一个四层重力设计的酒窖，除了大量的小号旧酒桶外，莫纳尔还采用了最先进的机器，用这种机器酿的葡萄酒是当地纯度最高的。★新秀酒庄

彭迪特酒庄（托卡伊产区）

1991 年，玛尔塔·威尔-鲍姆考夫（Marta Wille-Baumkauff）和她的儿子斯特凡（Stefan）以他们的同名顶级葡萄园命名了自己的酒庄，建立了这个占地 10 公顷的庄园，共分布在 3 个村落。他们的第一批葡萄酒生产于 1995 年和 2005 年，此后他们获得了有机认证，开始尝试用生物动力法进行葡萄栽培。同时他们也注意控制产量、避免添加酵母等问题。★新秀酒庄

塞雷姆利酒庄（巴达克索尼产区）

1992 年，胡巴·塞雷姆利（Huba Szeremley）重开其家族占地 115 公顷的葡萄园，这些葡萄园位于巴达克索尼山（Mount Badacsony）和巴拉顿高地国家公园（Balaton Uplands National Park）的巴拉顿湖岸边。在他们生产的当地白葡萄酒中能品尝到火山土壤培植的葡萄所带来的最佳口感，包括科尼耶鲁、布黛泽（Budai Zöld）、宙斯（Zeus）和意大利雷司令（晚收单一品种葡萄酒）等酒款。此外还有灰皮诺、奥托奈麝香和一种名为精选的雷司令混酿。红葡萄酒在当地制造的桶中陈酿，包括黑皮诺、凯克弗兰科斯、赤霞珠、西拉和稀有的巴卡托（Bakator）等。

温宁格和格雷酒庄（索普朗产区）

温宁格（Weninger）家族在他们的故乡奥地利拥有葡萄园和酿酒厂。1997 年，他们与阿提拉·格雷合作，一起在匈牙利建立了合资企业。如今，虽然该公司的名字没变，但格雷本人已与该公司无关。酒庄的葡萄园占地 22 公顷，其中大部分种的是蓝佛朗克和卡法兰克斯，另外还有佳美、西拉、梅洛和黑皮诺。所有葡萄都采用生物动力法种植。★新秀酒庄

秋天，薄雾从博德罗格河（Bodrog）升起，促进了灰霉菌的繁殖，也因此实现了托卡伊产区的经典佳酿阿苏酒的酿造。

克罗地亚产区

　　克罗地亚（Croatia）的达尔马提亚（Dalmatian）和伊斯特拉（Istria）的海岸种植着白葡萄和红葡萄，二者种植葡萄的比例相当。克罗地亚的气候与相邻的斯拉沃尼亚（Slavonia）和波杜纳夫利列（Podunavlje）地区截然不同。这里有 12 个分区和 300 个登记在册的葡萄酒产区。白葡萄以当地种的贵人香（即意大利雷司令）为主，其次是玛尔维萨，数量是红葡萄的两倍，这里标志性的红葡萄普拉瓦茨马里（Plavac Mali，仙粉黛就源于普拉瓦茨马里），其在达尔马提亚海岸的波兹普（Postup）和丁加奇（Dingač）地区长势最好。

主要葡萄品种

🍇 红葡萄

品丽珠
赤霞珠
梅洛
黑皮诺
普拉瓦茨马里
雷弗斯科
威尔娜

🍇 白葡萄

霞多丽
琼瑶浆
贵人香
玛尔维萨
灰皮诺
波西普
雷司令

年份

2009
该年的葡萄丰收，达尔马提亚和伊斯特拉收成最好。

2008
该年的葡萄丰收，产出了许多可陈年的葡萄酒。

2007
该年各种类型的优质葡萄酒品质良好，沿海地区的酒款质量最佳。

2006
该年份的葡萄酒口感偏清淡，质量也参差不齐。

2005
该年葡萄收成不好，但有一些不错的浅红葡萄。

2004
该葡萄产量大，质量参差不齐。

阿尔曼酒庄（伊斯特拉半岛产区）

　　自 19 世纪以来，阿尔曼（Arman）家族一直在这里酿造葡萄酒，并在 20 世纪 90 年代率先把握机会来适应现代化酿酒标准。酒庄葡萄园的南方和西南方朝向的斜坡保证葡萄能够按时成熟，附近的米尔纳河（Mirna River）可以缓和极端气候带来的影响。马里扬·阿尔曼（Marijan Arman）的酿酒风格注重酒的质地和气味。除霞多丽外，所有的白葡萄酒都在不锈钢桶中陈酿。这里的霞多丽品质极佳，品种丰富。特朗葡萄酒（Teran）口感也很不错。

杜布罗瓦茨基酒庄（达尔马提亚产区）

　　杜布罗夫尼克（Dubrovnik）古城的南面是科纳维尔河谷（Konavle Valley），它与温暖的亚得里亚海相隔一个山。山谷冬季的气候特别，具有半大陆性特征。自 1877 年以来，人们在这里的冲积土上种植了 70 公顷的普拉瓦茨马里、赤霞珠、梅洛和其他葡萄品种。这家酒庄近期推出了一款未经过滤的新型葡萄酒，结构均衡，散发着泥土的清新气息，是值得一试的佳酿。★新秀酒庄

格拉吉奇酒庄（达尔马提亚产区）

　　纳帕谷格里奇山庄的外籍专家米连科·"迈克"·格拉吉奇（Miljenko "Mike" Grgich）最为人熟知的事迹是在 1976 年的"巴黎审判"品鉴会上，他带着由他酿造的蒙特莱那酒庄葡萄酒一举击败其他佳酿。格拉吉奇的女儿维рич特（Violet）出生于美国，他与女儿一起酿造了浓烈强劲、充满活力的科尔丘拉园波西普葡萄酒（Korčula-grown Pošips），一举成为克罗地亚原生白葡萄的标杆之作，此外，他们还酿造了精致优雅、余味悠长的普拉瓦茨马里红葡萄酒。

科尔塔·卡特琳娜酒庄（达尔马提亚产区）

　　祖籍得克萨斯州的杰夫·里德（Jeff Reed）和他克罗地亚籍的妻子安基卡（Ankica）运用了现代技术酿酒。他们的酒庄位于风景秀丽的佩列沙茨半岛（Pelješac Peninsula），生产富含矿物质气息的波西普酒（Pošip）和口感复杂强劲的普拉瓦茨马里红葡萄酒。★新秀酒庄

克劳萨克酒庄（斯拉沃尼亚产区）

　　这家家族酒庄占地 57 公顷，坐落于库特耶沃山谷（Kutjevo Valley）肥沃的土壤上。该酒庄为白葡萄酒设定了高标准，出品了两款优质的格拉塞维纳葡萄酒（Graševina）和一款灰皮诺葡萄酒（Pinot Sivi）。这里还生产优质的霞多丽和醇厚馥郁、花香沁人、散发着蜂蜜香味的长相思葡萄酒，其中 40% 的长相思经过木桶发酵而成。★新秀酒庄

科拉克酒庄（达尔马提亚产区）

　　维利米尔·科拉克（Velimir Korak）的酒庄位于萨格勒布市（Zagreb）以西 30 千米处。他自己种植了 5 公顷的葡萄，为了酿酒又购买了相同产量的葡萄。他酿造的半干型雷司令葡萄酒富含矿物质气息、醇厚馥郁；酒糟陈年霞多丽葡萄酒口感纯正，洋溢着迷人的橡木气息。

佩尔苏里奇酒庄（伊斯特拉半岛产区）

　　卡塔琳娜·佩尔苏里奇·伯诺比奇（Katarina Peršurić Bernobić）以"米萨尔（Misal）"品牌发售自己的产品，在她的酿酒师丈夫马尔科·伯诺比奇（Marko Bernobić）的协助下，佩尔苏里奇酒庄（Pjenušci Peršurić）酿造了克罗地亚最好的起泡酒。他们坚持用传统方法酿酒，年产量约 4 万瓶，风格多变，从特级极干型起泡酒到令人惊喜连连的上好干红葡萄酒，酒款多样。一般而言，佩尔苏里奇酒庄的酒款在发布前至少需要陈酿 30 个月，正是这种对品质的追求让他们在酿酒大赛中赢得了众多奖项。★新秀酒庄

兹拉坦奥托克酒庄（达尔马提亚产区）

　　这家酒庄位于赫瓦尔岛（Hvar）南端，规模虽小但专业性极强。他们的白葡萄酒很出名，叫作布雷酒（Bure，意为强烈的北风），这是当地的一款混酿葡萄酒，散发着杏仁和柠檬的香气。他们还生产了一系列结构坚实的普拉瓦茨马里红葡萄酒和优质偏干的卡斯特拉瑟丽葡萄酒（该葡萄和仙粉黛属于同一品种，一般统称为仙粉黛），并获得了众多奖项。该酒庄在 2011 年进行了有机认证。

乌克兰产区

大多数人对乌克兰葡萄酒的了解仅限于皇家马桑德拉（Imperial Massandra）系列，但该国还生产了一系列干葡萄酒、甜酒、起泡酒和强化酒。风景如画的克里米亚半岛延续了生产起泡酒和加强型甜葡萄酒的百年传统。加强型甜葡萄酒通常是波特酒或马德拉风格的葡萄酒。乌克兰南部葡萄园众多，那里为大陆性气候，在喀尔巴阡山脉（Carpathian Mountains）以外的遥远西部地区也有葡萄园。东南部的敖德萨地区拥有最大的葡萄园，总面积达 10 万公顷。

古列夫葡萄酒庄（敖德萨产区）

自 2005 年以来，这家由父子共同经营的酒庄一直在利用自家的葡萄园生产现代优质葡萄酒。鲁本·古列夫（Ruben Guliev）和罗伯特·古列夫（Robert Guliev）推出了两个系列。一是精选系列，包括性价比高的霞多丽、雷司令、梅洛和赤霞珠葡萄酒；二是珍藏系列，其中霞多丽和赤霞珠葡萄酒在新桶中陈酿，色泽深邃。

因克曼酒庄（克里米亚产区）

因克曼酒庄（Inkerman）是乌克兰最大的葡萄酒生产商之一，从属于一家葡萄酒控股公司，这家公司旗下有 20 座葡萄园，都为因克曼酒庄供应葡萄。他们用隧道来储存葡萄酒，这些隧道最初用来运送石头。该酒庄的经营范围很广，主要酿造干型白葡萄酒和红葡萄酒。这里的长相思和赤霞珠葡萄酒品质格外出众。

科克特贝尔酒庄（克里米亚产区）

科克特贝尔酒庄（Koktebel）的酿酒厂位于克里米亚半岛，周边环境风景如画，毗邻海滨度假胜地。他们的葡萄园坐落于一座曾喷发过的火山上。科克特贝尔酒庄延续了加强葡萄酒的传统，不过这里的招牌酒款是麝香科克特贝尔餐后葡萄酒。这里的藏酒约有 50 万瓶，其中不乏一些绝佳的酒款。

马桑德拉酒庄（克里米亚产区）

马桑德拉酒庄（Massandra）是由最后一位俄罗斯沙皇下令建造的，现在是一家国有企业。马桑德拉酒庄自 19 世纪末以来一直在收集葡萄酒，拥有傲人的独家收藏，包括自家生产的酒和其他欧洲葡萄酒（约 100 万瓶）。该酒庄的葡萄酒使用该酒厂和其他酒厂酿造，采用的葡萄来自占地 4000 公顷的沿海葡萄园。该酒庄的主打酒款是强化型甜酒，白葡萄酒麝香红石是其中的典范。

诺维斯维特酒庄（克里米亚产区）

俄罗斯酿酒之父戈利岑伯爵（Count Golitsyn）在一个多世纪前是这家庄园的主人，他酿造的起泡酒十分出色。如今，诺维斯维特酒庄（Novy Svet）仍然以传统方法酿制起泡酒而

闻名。他们使用霞多丽、黑皮诺，以及杂交雷司令和阿里高特酿造其旗舰干型葡萄酒。该酒庄的黑皮诺桃红葡萄酒精致典雅，具有奶油般的柔滑口感。

敖德萨文普罗姆酒庄（敖德萨产区）

敖德萨文普罗姆酒庄（Odessavinprom）是乌克兰最古老的葡萄酒生产商，法国大道（Frantsuzsky Bulvar）品牌是其招牌。该庄园种植各种世界流行的葡萄品种，还有当地的品种。如白羽、费佳斯卡、巴斯塔都米古拉斯基（Bastardo Magarachsky）和格鲁吉亚晚红蜜（Georgian Saperavi）的杂交品种等，用于酿造一系列白葡萄酒、红葡萄酒和起泡葡萄酒。酒庄出品的特别版系列葡萄酒价格更高，其中有一款极干型起泡红葡萄酒别具特色。

沙博酒庄（敖德萨产区）

葡萄酒文化中心（Wine Culture Centre）是这家酒庄的主要景点，浓厚的文化气息甚至会让人忘记这里是酒庄。该酒庄的珍藏款霞多丽和赤霞珠葡萄酒脱颖而出，而由阿里高特、白羽和长相思制成的雪莉风格的强化酒突破传统，值得一试。

韦莱斯酒庄（敖德萨产区）

著名的波尔多酿酒顾问奥利维耶·杜卡（Olivier Dauga）是韦莱斯酒庄的顾问。这里的葡萄酒独具特色、新鲜美味，以殖民者（Kolonist）的品牌对外出售。酒庄的独创产品包括以苏霍利曼斯基葡萄［Sukholimansky，霞多丽和稀有的帕拉维（Plavay）的杂交品种］为原料酿制的异国水果风味的白葡萄酒，以及来自敖德萨基奥尔尼（Odessky Chiorny）的不拘一格的红葡萄酒（采用黑色敖德萨葡萄酿造，该品种是赤霞珠和紫北塞的杂交品种）。

主要葡萄品种

红葡萄

巴斯塔都米古拉斯基

赤霞珠

梅洛

敖德萨基奥尔尼

黑皮诺

白葡萄

阿里高特

霞多丽

费佳斯卡

麝香

雷司令

白羽

长相思

苏霍利曼斯基

年份

2009

该年葡萄丰收，白葡萄酒和红葡萄酒结构都很平衡。

2008

该年的红葡萄酒比白葡萄酒品质要高。

2007

该年气候温暖，适宜酿造红葡萄酒。

2006

该年的葡萄酒产量少但质量上乘，起泡酒尤其如此。

2005

该年的葡萄酒口感浓郁，富有表现力。

2004

该年的葡萄酒质量一般。

摩尔多瓦产区

夹在罗马尼亚和乌克兰之间的摩尔多瓦也许是最默默无闻的欧洲葡萄酒产区。不过倘若仔细探索一番，你就会发现其经典的白葡萄酒、红葡萄酒、起泡葡萄酒和原汁原味的当地混酿葡萄酒处处充满惊喜。超过 10 万公顷的葡萄园集中在 4 个酿酒区：北区、中区、东南区和南区。白葡萄在凉爽的北方长势更好，而红葡萄更适合种植在温暖的南方。时至今日，该国的葡萄种植及葡萄酒酿造业发达，许多摩尔多瓦人以此为生。米列什蒂·米茨酒庄（Mileştii Mici）等国有公司的葡萄酒产量可能最大，但私人酒庄的葡萄酒的种类和风格更加丰富。

主要葡萄品种

🍇 红葡萄

赤霞珠
马尔贝克
梅洛
黑皮诺
黑拉拉
晚红蜜

🍇 白葡萄

阿里高特
霞多丽
白姑娘
麝香
白皮诺
灰皮诺
雷司令
白羽
长相思
塔明娜

年份

2009
该年份的酒质量很好。

2008
夏季非常炎热，梅洛和赤霞珠葡萄酒浓郁醇厚。

2007
该年份炎热、干燥，出产的葡萄酒浓郁醇厚，香气馥郁。

2006
该年份多霜冻，白葡萄酒品质高。

2005
该年份红葡萄酒品质高，尤其是黑皮诺葡萄酒。

2004
该年葡萄歉收，用梅洛、灰皮诺和塔明娜葡萄酿制的葡萄酒品质最佳。

阿可力葡萄酒控股公司 南区（基希讷乌产区）

在短短的几十年间，阿可力从一个普通的葡萄酒出口商发展壮大，进入摩尔多瓦最大、最具创新性的优质葡萄酒生产商行列。虽然其总部位于基希讷乌市（Chişinău），但所有葡萄园和酿酒设施都位于南部的卡胡尔市（Cahul）。从一开始，该公司就利用国际化的专业知识进行包装设计，酒款包装风格简约、现代、极具吸引力。他们 3000 公顷的葡萄园都经过有机认证。独特的瓦莱亚佩尔杰阿马罗酒属于私人珍藏款系列，部分原料为干葡萄，仿照了意大利阿玛罗尼的生产技术。

瓦黛丽酒庄 中区、南区（奥尔海伊产区）

摩尔多瓦有几家生产商对一种早已被遗忘的传统酿酒法非常感兴趣，即用冷冻葡萄酿造葡萄酒，瓦黛丽酒庄（Vartely）就是其中之一。他们用雷司令、奥托奈麝香和塔明娜酿制结构平衡、富含矿物质气息的冰酒。口感清新的本土葡萄白姑娘（Fetească Albă）也为酿酒提供了新思路。瓦黛丽酒庄允许游客参观葡萄园和酿酒厂，还有当地观光项目。客人可以入住舒适的酒店大楼，并在酒庄餐厅品尝摩尔多瓦的美食。

克里科瓦酒庄 中区（克里科瓦产区）

克里科瓦酒庄（Cricova）是摩尔多瓦总统招待客人的撒手锏，他会将客人带到酒庄的酒窖——位于地下深处长达 120 千米的隧道。这里之前是一座石灰石采石场，保存了近 130 万瓶葡萄酒，是世界上藏酒最多的酒庄之一。这里的环境非常适合陈酿他们目前的产品，无论对于传统方法酿造的起泡酒还是酒窖收藏系列，都是不二之选。就性价比而言，酒窖收藏系列的成熟红葡萄酒和甜酒均非常划算。

DK 国际贸易酒庄 南区、中区（基希讷乌产区）

火鸟传奇（Firebird Legend）是一个摩尔多瓦品牌，善于探索的葡萄酒爱好者可能对这个名字并不陌生。该系列在英国顾问安吉拉·缪尔（Angela Muir）的帮助下创建，主打一系列时尚酒品，如灰皮诺和赤霞珠葡萄酒，口感颇具特色但内敛，具有即时吸引力，让人喝一口便欲罢不能。该酒庄的葡萄酒产自南部，那里的石灰岩土壤和温和的气候都利于葡萄园种植。DK 国际贸易酒庄（DK-Intertrade）在摩尔多瓦中部设有另一家工厂，专门生产罐式起泡酒。

莱恩格瑞酒庄 中部、南部、东南部（基希讷乌市）

该酒庄旗下的葡萄园总面积达 1000 公顷，分布在全国各地，这让他们的酿酒师有机会展示摩尔多瓦不同的风土文化。来自南部瓦勒卡内斯蒂（Vulcaneşti）的长相思葡萄酒具有独特的金合欢花香气，而来自东部塔马扎（Talmaza）的橡木味赤霞珠葡萄酒则需要在瓶中长期陈酿才能形成其复杂的口感。用传统方法酿造的起泡酒需在酒窖中陈酿 30 个月以上。

波斯塔瓦酒庄 中区、南区（基希讷乌市）

这家酒庄成立于 2002 年，历史较短，其成功的秘诀在于他们生产的葡萄酒物超所值。

该酒庄最近推出了道斯系列优质霞多丽、赤霞珠、梅洛和甜卡戈尔酒。大多数葡萄园都位于南部，那里温暖的气候非常适合种植红葡萄。

普嘉利酒庄 东南区（德涅斯特河产区）

这家酒庄在许多方面别具一格，从 1827 年创立它的法德创始人，到自创的历史悠久的罗苏葡萄酒（Roşu）和黑宝石葡萄酒（Negru de Purcari），都体现了酒庄的独创精神。罗苏葡萄酒由赤霞珠、梅洛和马尔贝克混合制成，而黑宝石葡萄酒则由赤霞珠、黑拉拉（Rara Neagră）和晚红蜜（Saperavi）酿制而成，酒体浓郁。自 2003 年被博斯塔万（Bostavan）收购以来，该酒庄已进行了全面改造，现在已成为领先的葡萄酒生产商和顶级的旅游景点。

罗马尼亚产区

罗马尼亚拥有丰富的本土葡萄品种，以及受多种气候和文化的影响。该国多产白葡萄，但却以红葡萄而闻名。罗马尼亚塔马萨（Tămâioasă Românească）、白姑娘（Fetească Alba）和皇家姑娘（Fetească Regală）都是绝佳的白葡萄，而黑姑娘（Fetească Neagră）是标志性的红葡萄。13 世纪定居在特兰西瓦尼亚（Transylvania）的德国人、奥地利人和匈牙利人带来的影响仍然存在，而现如今酿酒师多去澳大利亚、法国、西班牙和南非接受培训。温度和降水变化大困扰着想要长远发展的葡萄种植者，有许多因缺乏投资和葡萄园维护不善而夭折的产业，而幸存下来的产业则获得了欧盟的大笔补贴。

达维诺酒庄（戴阿鲁莱产区）

达维诺酒庄（Casa Davino）由丹·巴拉班（Dan Balaban）于 1992 年创立，该酒庄的酒很快进入该国最好、最昂贵的品牌之列。巴拉班专注于酿造罗马尼亚本土葡萄品种姑娘（Feteascăs）的单一品种葡萄酒，不过其招牌酒品赛普图拉园（Domaine Ceptura）是由赤霞珠、梅洛和黑姑娘葡萄酿制的结构平衡、适合陈年的混合酒。该酒庄推出的最新酒品是通天葡萄酒（Revelatio），一款由长相思和白姑娘葡萄酿成的干白混合酒。

哈利伍德酒庄（戴阿鲁莱产区、穆法特拉尔切尔纳沃达产区、塞贝斯阿波德产区）

1998 年从政府手中收购前普拉霍瓦公司（Prahova Company）后不久，约翰·哈利伍德（John Halewood）爵士成为罗马尼亚最大的葡萄酒出口商。4 位酿酒师各司其职，管理着总面积 400 公顷的葡萄园。2009 年，哈利伍德与皮耶罗·安蒂诺里（Piero Antinori）成立了一家合资企业——变形记（Metamorfosis），主产 2007 年坎图斯普里默斯酒，总产量 1.3 万瓶，采用的葡萄全部来自戴阿鲁莱产区的赤霞珠。此外，阿祖加市滑雪村中的一家大型膳食公寓和餐厅也吸引了旅游团到此参观起泡酒加工设施。

皇冠酒庄（塞加尔恰产区）

2002 年，米海·安格尔（Mihai Anghel）和科妮莉亚·安格尔（Cornelia Anghel）收购了皇冠酒庄（Crown Domaine），这两位之前是掌管国有谷物加工设施的负责人。酒庄坐北朝南，占地 320 公顷。为了寻找灵感，他们参观了法国葡萄酒产区，之后便着手重组了这个历史悠久的庄园。这里曾是罗马尼亚皇室的财产，葡萄藤交错复杂，土质为石灰岩质底土，掺杂着黏土和燧石。酒庄的温控酒厂分 4 个级别，部分使用重力加压系统进行加工。该酒庄在 2013 年实现完全有机化生产，安格尔（Anghel）家族也在 2011 年开发了新的旅游项目。★新秀酒庄

雷卡什酒庄（巴纳特产区）

雷卡什酒庄（Recaş）的共同所有人兼商业总监菲利普·考克斯（Philip Cox）于 2000 年与两个沉默寡言的合伙人购买了现有的国有酿酒厂和葡萄园。他们精心打理的葡萄园位于罗马尼亚第二大城市蒂米什瓦拉（Timişoara）以东 27 千米处，这里交通便利，占地 700 公顷。园中种植了 17 个葡萄品种，其中 5 种是本地品种，其余是国际葡萄品种，包括相对特别的歌海娜、黑珍珠和桑娇维塞。

瑟夫酒庄（戴阿鲁莱产区和巴巴达格产区）

瑟夫酒庄（SERVE）及其品牌"大地罗马"（Terra Romana）于 1994 年由科西嘉葡萄酒生产商盖伊·泰瑞尔·德·普瓦伯爵（Count Guy Tyrel de Poix）创立，是罗马尼亚葡萄酒行业的第一笔对外投资。酒庄在 96 公顷的土地上种植了 8 种葡萄——长相思、雷司令、意大利雷司令、白姑娘、梅洛、黑皮诺、赤霞珠和黑姑娘，另外还有 20 公顷的葡萄即将成熟。罗马尼亚是橡木桶新酿和两年陈酿混合酒的主要来源地。

斯特贝酒庄（德勒格沙尼产区）

雅各布·克里普（Jakob Kripp）和伊莲娜·克里普（Ileana Kripp）经营着一家罗马尼亚为数不多的家族酒庄——斯特贝酒庄（Stirbey），该酒庄在伊莲娜的家族中已有 300 多年的历史。他们的葡萄园占地 25 公顷，位于山脊上，园区土质混杂着壤土、黏土和沙土等。该酒庄的酒窖于 2003 年进行了翻新，配备了来自法国和罗马尼亚的钢罐和木桶。德国酿酒师奥利弗·鲍尔（Oliver Bauer）于 2003 年加盟，负责监管单一品种葡萄酒的生产，并将技术干预降到最低。★新秀酒庄

维纳特酒庄（戴阿鲁莱产区、桑布列什蒂产区和万州马雷产区）

来自基安蒂地区的意大利葡萄酒生产商法比奥·阿尔比塞蒂（Fabio Albiseti）在经理罗迪卡·弗罗内斯库（Rodica Fronescu）的协助下于 1998 年建立了这家酒庄。其葡萄园占地 290 公顷，土壤为石灰岩冲积土，分布在 4 个地区。园中种植了黑皮诺、赤霞珠、梅洛、黑姑娘、长相思、奥托奈麝香、意大利雷司令和雷司令等葡萄品种。其中种植梅洛的特加内努园（Teganeanu）是该酒庄的顶级产地。

主要葡萄品种

🍇 **红葡萄**

赤霞珠

黑姑娘

梅洛

黑皮诺

茨威格

🍇 **白葡萄**

白姑娘

皇家姑娘

灰皮诺

长相思

年份

2009

该年新建了大量葡萄园，葡萄产量大。酒款质量参差不齐。

2008

该年的葡萄整体质量佳，适宜白葡萄酒酿造。

2007

该年的红葡萄酒品质良好，白葡萄酒品质参差不齐。

2006

该年的红葡萄酒质量为近年来最佳。

2005

该年的葡萄酒产量高，但质量刚到及格线。

2004

该年的葡萄品质参差不齐，白葡萄酒品质更好。

保加利亚产区

几个世纪以来，葡萄酒在保加利亚（Bulgaria）一直占据着重要地位。在古代，保加利亚是色雷斯（Thrace）的一部分，据说还是酒神狄俄尼索斯（Dionysius）出生的地方。在过去的几十年里，保加利亚葡萄酒行业发生了相当大的变化。

由于集体葡萄园的产量增加，在20世纪80年代，口感怡人、价格低廉的单品种葡萄酒开始在西方流行。之后，私有化进程推进，土地归还给所有者，诸多复杂的政策使得人们忽略了葡萄的质量。然而，近期欧盟成员国表露支持态度，大量葡萄酒和葡萄园的投资补贴政策被推行，极大地推动了保加利亚酿酒业的进步。

主要葡萄品种

🍇 红葡萄

赤霞珠
加姆泽
黑露迪
梅洛
帕米德
阔叶梅尔尼克

🍇 白葡萄

迪蜜雅
奥托奈麝香
切尔文麝香
白羽

年份

2009

在早期品酒会中，该年份的单品种白葡萄酒口感清新，而红葡萄酒醇厚浓郁，颇具表现力。

2008

这是很好的一年，出品的葡萄酒在平衡度上要胜过2007年。

2007

该年炎热、干燥，红葡萄酒醇厚浓郁、结构平衡，霞多丽葡萄酒品质卓越。

2006

这是经典的一年，可能是二十多年来的最佳年份。

2005

该年是多雨多霜冻的年份，对酿酒业冲击很大。

2004

该年多洪水，病害肆虐，是困难重重的一年。

保加利亚官方登记在册的葡萄园大约有13.5万公顷，但实际必然达不到这个数字。该国分为两个葡萄酒产区：多瑙河平原和色雷斯低地，有47个专属的原产地名称。在过去的几年里，人们对葡萄园进行了巨额投资，并开始关注控制葡萄质量。与此同时，一些新的专卖店和酒庄出现，他们决心展示保加利亚的特色。然而这并非易事，因为大酒庄经常会与几百个小酒庄发生"争执"，只为将大面积的地块连在一起。大量外国投资者和特里西顾问米歇尔·罗兰的到来都为保加利亚葡萄酒的质量管控带来了保障。

除黑海沿岸海域外，保加利亚各地以生产红葡萄酒为主。保加利亚的赤霞珠品种很有名，它现在仍然是保加利亚第二大葡萄，仅次于帕米德（Pamid），紧随其后的是梅洛。保加利亚的生产商也越来越多地尝试种植其他国际葡萄品种，如品丽珠、西拉、维欧尼、黑皮诺还有丹魄，探索适宜在本国土壤上种植的品种。

在当地的葡萄品种中，黑露迪（Mavrud）一般种植在南部普罗夫迪夫市（Plovdiv）附近，因为它需要漫长的时间才能成熟。用黑露迪酿的酒值得细细品味，口感浓烈、单宁适中，陈年潜力强。不过可能在混酿中才最能发挥黑露迪的口感，可以凸显保加利亚的特色。用鲁宾还可以酿造天鹅绒般柔顺丰满、富有特色的葡萄酒，不过它们的陈年潜力差强人意。西南部的斯特鲁马谷（Struma Valley）种的主要是阔叶梅尔尼克（Broad-Leaved Melnik）。这个品种成熟较晚，风格类似于内比奥罗，而其杂交品种早期梅尔尼克酿的酒更加醇美、色泽更深，带有成熟李子的香味。加姆泽（Gamza，在匈牙利又称卡达卡）是另一种生长在北部的当地葡萄品种，用它可以酿造出澄澈清亮、充满果味的低度红葡萄酒。

保加利亚的葡萄酒产业目前仍处于起步阶段，但毫无疑问，它已经迈出了通往现代化酿酒业的第一步，未来可期。

贝萨谷酒庄（色雷斯低地产区）

贝萨谷酒庄（Bessa Valley）成立于2001年，是保加利亚首批酒庄之一，由斯蒂芬·冯·内佩格（Stephan von Nieppurg）伯爵（拉梦多酒庄）和卡尔·霍普特曼（Karl Hauptmann）博士出资成立。该酒庄拥有占地140公顷的葡萄园，种植在罗多彼山脉脚下。酒庄聘请法国酿酒师马克·德沃金（Marc Dworkin）加盟，专注于酿造红葡萄酒。英拉、英拉珍藏（Enira Reserva）和西拉系列都是红葡萄酒中的佼佼者，而招牌酒则是英拉系列的旗舰酒款BV葡萄酒。这款葡萄酒口感非常浓郁丰富，结构平衡。★新秀酒庄

瓦尔酒庄（多瑙河平原产区）

瓦尔酒庄（Château de Val）的主人瓦尔·马尔科夫（Val Markov）离开了保加利亚，投入到了美国的高科技工程产业中，开始了新的生活。几年前，他回到了保加利亚家乡的旧葡萄园，回归酿酒业。马尔科夫采用有机管理，将对酒厂的干预降到最低，酿造出口感丰富、结构复杂的霞多丽葡萄酒和多汁的梅洛葡萄酒。瓦尔酒庄的混酿葡萄酒最佳：其中大红葡萄酒系列（Grand Claret）共有12个品种，天鹅绒般柔顺的珍藏款，包括用老藤晚红蜜和斯托高吉雅（Storgozia）和布克特（Buket）等以前被遗忘的葡萄品种酿制的葡萄酒深受消费者喜爱。★新秀酒庄

波亚酒庄（色雷斯低地）

波亚酒庄（Domaine Boyar）是保加利亚最大和最重要的葡萄酒生产商之一。该酒庄的大部分葡萄酒在斯利文（Sliven）现代化程度很高的蓝岭酒庄（Blueridge）生产，但在科顿（Korten）也有一个较小的酒庄，生产精品葡萄酒。这里生产旗舰级的纸牌系列葡萄酒（Solitaire），埃列诺沃梅洛葡萄酒（Elenovo Merlot）因其大方、天鹅绒般的风格而备受追捧。该系列最近增加了一款很有发展潜质的黑皮诺葡萄酒、一款酒体均衡和谐的品丽珠葡萄酒，以及精选的橡木桶车库酒。

爱德华多·米罗格里奥酒庄（色雷斯低地产区）

爱德华多·米罗格里奥（Edoardo Miroglio）是一位意大利纺织品生产商，他在意大利皮埃蒙特区还拥有一家酒庄。2002 年，他发现埃列诺沃村（Elenovo）周围的土壤和气候堪称葡萄种植的理想环境，随后便投资了这里。米罗格里奥投建了一座占地超 200 公顷的葡萄园和一家不错的酒庄。黑皮诺是这里的招牌酒品，包括迷人的黑中白（一种精致的桃红葡萄酒）和比大多数同类产品更精致细腻的红葡萄酒。这里的瓶装起泡酒（尤其是桃红起泡酒）也很美味。

卡塔日娜酒庄（色雷斯低地产区）

卡塔日娜酒庄（Katarzyna）在保加利亚的新一批房地产生产商中处于领先地位。酒庄旗下有 365 公顷葡萄园，在南部温暖的"无人"边界区的红壤中种植。酒庄的风格前卫，挂着酒神狄俄尼索斯的画像。这里生产的葡萄酒成熟丝滑，反映了它们产区阳光明媚的特点。这里的招牌酒款有维欧尼和霞多丽混酿、安可西拉（Encore Syrah）、黑露迪、七颗葡萄（Seven Grapes）、问号（Question Mark）等系列，还有绝佳的卡塔日娜珍藏款（Katarzyna Reserve），混合了浓郁的赤霞珠和天鹅绒般的梅洛。★新秀酒庄

洛达杰酒庄（色雷斯低地产区）

洛达杰酒庄（Logodaj）位于美丽的斯特鲁马河谷，是保加利亚最温暖、阳光最充足的地区。据洛达杰酒庄的酿酒师称，这里的团队已着手将当地传统与现代创新技术相结合，酿造"像太阳一样温暖"的葡萄酒。本地葡萄品种，如酿造家族酒系列的梅尔尼克（Melnik）和鲁宾（Rubin）都是洛达杰酒庄常用的酿酒原料，也是保加利亚极具特色的品种。梦寐珍藏款梅洛葡萄酒（Hypnose Reserve Merlot）也十分出色，口感丰富、香醇馥郁、品质出众。★新秀酒庄

马克西玛酒庄（保加利亚西北部和色雷斯低地产区）

马克西玛酒庄（Maxxima）的主人阿德里安娜·斯雷皮诺娃（Adriana Srebinova）是第一位在保加利亚推出优质葡萄酒的人，马克西玛珍藏款（Maxxima Reserve）仅有 2000 瓶，而当时其他酒庄仍在追求数量而非质量。她的经营之道一直是在全国各地寻找最好的产区、最好的葡萄，不过她近期也开辟了自己的葡萄园。斯雷皮诺娃酿酒常用极富有表现力的葡萄品种，包括赤霞珠、黑露迪、加姆泽和霞多丽，而她的顶级葡萄酒——马克西玛私人珍藏款混酿（Maxxima Private Reserve），口感丰富厚重，让人眼前一亮。★新秀酒庄

鲁梅利亚酒庄（色雷斯低地产区）

鲁梅利亚酒庄（Rumelia）建立于 2006 年，其厂址早在 19 世纪已经开始种植葡萄，酿酒历史虽然较短但前途无量。这里种植的葡萄品种有梅洛、黑露迪、赤霞珠和西拉，葡萄酒追求卓越品质，非常注重细节。这里的招牌酒款有纯正的梅鲁尔珍藏梅洛葡萄酒（Merul Reserve Merlot）和成熟、颇具特色的梅鲁尔梅洛黑露迪葡萄酒（Merul Reserve Mavrud）。★新秀酒庄

红堡酒庄
这是保加利亚南部的红堡酒庄出产的第一款酒。

贝萨谷酒庄
这是一款由梅洛、西拉、赤霞珠和小维多混酿而成的佳酿，口感浓烈强劲。

圣萨拉酒庄（多瑙河平原和色雷斯低地产区）

圣萨拉酒庄（Santa Sarah）的团队开着三辆大篷车，载着酿酒设备走遍了全国。酒庄主人伊沃·热诺夫斯基（Ivo Genowski）的目标是寻找个体葡萄种植户，与他们展开密切合作，并手工制作每款葡萄酒。想要了解该酒庄的葡萄酒，可以从"黑 C"（Black C）款入门，但最重要的是优雅的"宾 41"（Bin41）梅洛和美妙的"宾 42"（Bin42）鲁宾葡萄酒，而一流的普莱沃酒（黑露迪和赤霞珠混酿）是保加利亚的明星酒品。★新秀酒庄

特里西酒庄 / 红堡酒庄（多瑙河平原和色雷斯低地产区）

普列文市（Pleven）的特里西酒庄（Telish）已经成长为可靠的优质红葡萄酒生产商。2005 年，酒庄主人贾尔·阿戈皮安（Jair Agopian）邀请米歇尔·罗兰担任新项目红堡酒庄（Castra Rubra）的顾问，负责葡萄园的有机管理，并采用萨卡尔山脉（Sakar Mountains）南部的石制酿酒厂进行生产。红堡酒庄发布的第一款酒口感浓郁丰富、品质卓越，这对酒庄而言也是个好兆头。★新秀酒庄

特拉坦格拉酒庄（色雷斯低地产区）

特拉坦格拉酒庄（Terra Tangra）拥有保加利亚唯一获得认证的有机葡萄园。酒庄主人埃米尔·雷切夫（Emil Raychev）以前进行蔬菜种植，而他现在在著名的萨卡尔山脉的山坡上拥有 300 公顷的葡萄园。这里的葡萄酒制作精良，展现了该酒庄酒品口感丰富、醇厚柔和的特点。多汁的黑露迪、柔顺的鲁宾、有机混酿和上等的西拉酒都值得一试。酒庄旗下最棒的是单桶精选酒系列（Single Barrel），由包括当地黑露迪和鲁宾在内的 5 种葡萄混酿而成，风味浓郁沁人。★新秀酒庄

山谷酒商酒庄（多瑙河平原产区）

山谷酒商酒庄（Valley Vintners）的主人奥格尼安·茨维塔诺夫（Ognyan Tzvetanov）仿佛行业内的独行侠。他在美国工作的时候还很少有人走出国门，而这段时光也为他增添了宝贵的经验。茨维塔诺夫热心于保加利亚西北部的风土，那里山坡上的葡萄园可以享受长时间的日照，温度又不会过高。茨维塔诺夫开创了保加利亚的第一个真正的风土葡萄酒，称为感官系列（Sensum），并于 2009 年发布了旗舰酒杜克斯（Dux）。这款酒在桶中陈酿 5 年，很受欢迎。★新秀酒庄

俄罗斯产区

　　一场悄无声息的变革正在俄罗斯南部展开，那里的酿酒厂正在逐渐摒弃老旧的酿酒工艺，学习如何生产优质葡萄酒。据说，古希腊人将酿酒工艺带到了这里，并在之后得到了蓬勃发展。黑海和里海之间的广阔区域，以南面的高加索山脉为屏障，形成了多样的风景地貌和多个小气候地域。6.5 万公顷的葡萄园大部分位于黑海沿线，与附近非常受欢迎的海滨圣地比邻。葡萄园种植了多种国际葡萄和本地葡萄，并使用这些葡萄酿造出了各种瓶装葡萄酒纯酿和混酿，由赤霞珠、齐姆连斯基（Tsimliansky）、长相思和阿里高特葡萄酿造的葡萄酒尤为惊艳。

年份

2009

该年份的葡萄酒品质都不错，质量从良好到卓越不等。

2008

该年份出产口感丰富的白葡萄酒和圆润饱满的红葡萄酒。

2007

这是气候温暖的年份，因此葡萄酒的酸度低于其他年份。

2006

该年冬天出现了霜冻，使很多葡萄园歉收，从而导致该年的葡萄酒品质一般。

2005

该年的葡萄酒品质绝佳，产量均衡。

2004

该年份出品了清爽的白葡萄酒和低度的红葡萄酒。

阿布鲁-杜尔索酒庄（克拉斯诺达尔产区）

　　经历过一段时间的沉寂后，这家历史悠久的著名起泡酒酿酒商再次开始了自己的崛起之路。2006 年，SVL 集团成了酒庄的大股东，对酒庄进行了大规模的投资，升级了葡萄园和酿酒厂。同时，在香槟酿造师赫夫·杰斯汀（Hervé Jestin）的帮助下，该酒庄全面提升了酒庄的酒款品质。阿布鲁-杜尔索酒庄（Abrau-Durso）的酒款既有使用查玛（Charmat）法酿造的起泡酒，也有使用传统方法酿造的起泡酒。

　　后者凭借豪华的皇家珍藏极干型起泡酒（Imperial Collection Vintage Brut）加冕，这款酒在上市前至少会窖藏 7 年。皇家特酿新艺术派极干型起泡酒（Imperial Cuvée Art Nouveau Brut）是一款新酒，拥有极富表现力的花卉香气。近期，酒庄修复了一座 19 世纪的酿酒厂厂房，并将其改建为博物馆，旁边则是品酒区和商店。

大沃斯托克酒庄（克拉斯诺达尔产区）

　　大沃斯托克酒庄（Château Le Grand Vostock）是俄罗斯首家开始进行葡萄酒高品质生产的企业。这家全资的俄罗斯企业名称听起来像法语，但选择这个名字并不仅仅是为了给人留下深刻的印象。法国建筑师菲利普·马济雷斯（Philippe Mazieres）以波尔多的酒庄为蓝本设计了其时尚的酿酒厂，而且自酒庄开始酿造业务以来，便一直由一支常驻的法国团队掌管。葡萄园位于高加索山脉的山脚下。男爵卡尔索夫白起泡酒（White Cadet Karsov）和特酿卡尔索夫起泡酒（Cuvée Karsov）均由霞多丽和长相思混酿而成，风格简单纯净，酒体适中。果香丰郁的特酿卡尔索夫红葡萄酒和皇家橡树葡萄酒（Le Chêne Royal）则由梅洛、赤霞珠和一些本土的卡拉索（Krasnostop）葡萄混酿而成，让该酒结构更加丰富，带有咖啡的细腻香气。此外，酒庄还出品新颖奇特的晚熟法戈廷灰皮诺（Fagotine Pinot Gris）葡萄酒。

法纳歌利雅酒庄（克拉斯诺达尔产区）

　　这座大型酒庄占地 9 公顷，其建筑外观延续了古典风格，虽然酒庄近期才装配了生产天然葡萄汁的设备，但公司本身却是俄罗斯品质的保证，也是该国最大的瓶装葡萄酒生产商。在澳大利亚顾问约翰·沃龙查克（John Worontschak）的领导下，法纳歌利雅酒庄（Fanagoria）酿造出了法纳霞多丽精品干白（Cru Lermont）和法纳歌利编码珍藏葡萄酒

（NR）系列等优质葡萄酒。由老藤葡萄酿造的法纳阿里高特干白拥有靓丽的光泽，果香浓郁，而长相思葡萄酒的颜色则介于白醋栗和黄色水果之间。赤霞珠是酒庄红葡萄酒的代表酒款，但酒庄的黑皮诺葡萄酒也有着不错的品质特点，同样令人心仪。

梅斯哈科酒庄（克拉斯诺达尔产区）

　　与众不同的是，这家酿酒厂坐落于新罗西斯克。梅斯哈科酒庄（Myskhako）前身是一家农业企业，现如今是一家拥有超过 850 公顷葡萄园的私企，同时也是克里姆林宫（Kremlin）的官方指定供应商。酒庄顾问约翰·沃龙查克（John Worontschak）负责酒庄各系列葡萄酒的酿造业务，酒庄的葡萄酒主要由长相思和奥托奈麝香，以及梅洛和黑皮诺等多款国际葡萄品种酿造而成。花香浓郁的霞多丽和果香迷人的赤霞珠葡萄酒都是梅斯哈科酒庄的代表酒款，近期酒庄还推出了一款非常有前景的俄罗斯葡萄酒，也是酒庄的顶级特酿（Grand Reserve）。

维娜·维德尼科夫酒庄（罗斯托夫产区）

　　在康斯坦丁诺夫斯基区（Konstantinovsky District）的极端气候下，保护葡萄藤，使其免受冬季霜冻仅是葡萄种植者需要应对的挑战之一。秋季，这些葡萄会被放平，并用泥土覆盖，然后在春天再将它们唤醒。维娜·维德尼科夫酒庄（Vina Vedernikoff）在顿河（River Don）的右岸种植了 30 多个品种的葡萄，其中既有本地品种，也不乏国际品种。酒庄主要专注于本土葡萄的种植，这些葡萄在该地区的种植历史最早可追溯至 17 世纪。酒庄有一款西伯科夫瓶装白葡萄酒，该酒精致的香气让人不仅联想起当地的干草原。墨红色的卡拉索（Krasnostop）则是后天打造的美味，是一款集果香、甘草气息、香草味和苦味元素于一体的自然组合，这也是该酒的与众不同之处。酒庄还有由本地葡萄和欧洲葡萄混酿而成的白葡萄酒和红葡萄酒，也都各具风味。

格鲁吉亚产区

　　凭借传统和当代葡萄酒文化而闻名的格鲁吉亚（Georgia）拥有 500 种本土葡萄。古老的克夫里酿酒工艺也是其特色之一，很多格鲁吉亚极具特色的葡萄酒都是使用这种狭窄的陶罐酿造的。以高加索山和贡博里山（Gombori）为屏障的卡赫季（Kakheti）是格鲁吉亚最古老、最独特也是最重要的葡萄产区，这里分布着 4.8 万公顷的葡萄园，占该国总葡萄园面积的四分之三。格鲁吉亚西部的其余地区主要酿造中等甜度的葡萄酒，特别是红葡萄酒。格鲁吉亚还有一些其他葡萄酒产区，如以格鲁吉亚首款冰酒产地而闻名的拉查（Racha）等。格鲁吉亚的气候呈现出春季天气多变，夏夜温暖，初秋温度变化巨大等特点。

钱德拉比酒庄（卡赫季产区）

　　乔治·苏尔哈尼什哈利（Giorgi Sulkhanishvili）和格鲁吉亚酿酒师拉多·乌祖纳什维利（Lado Uzunashvili）以 40 公顷的葡萄园为依托，于 2006 年推出了酒庄第一款葡萄酒，品牌为奥罗维拉（Orovela）。他们打造了两款红葡萄酒，分别是晚红蜜干红葡萄酒（Saperavi）及一款晚红蜜和赤霞珠的混酿，还推出了一款由慕兹瓦尼（Mtsvane）和白羽（Rkatsiteli）混酿而成的白葡萄酒。与格鲁吉亚的大多数葡萄园不同，该园使用机器采收葡萄。★新秀酒庄

卡哈里酒庄（卡赫季产区）

　　2004 年，祖拉布·戈莱蒂亚尼（Zurab Goletiani）和戴维特·多尔马扎什维利（Davit Dolmazashvili）离开了保乐力加（Pernod Ricard）的 GWS 酒厂，在特拉维（Telavi）开办了这家酿酒厂（前身是一家丝绸厂）。酒庄有占地 50 公顷的葡萄园，近半数面积种植的是晚红蜜，其余则种植了白羽和霞多丽葡萄。所有瓶装葡萄酒都是纯酿。目前，酒庄正在考虑增加本土白葡萄品种慕兹瓦尼和基西的种植，以打造酒庄量少但颇具前景的产品组合。

马拉尼酒庄（卡赫季产区）

　　马拉尼酒庄（Kindzmarauli Marani）创建于 2001 年，有 3 位格鲁吉亚股东，其中一位是女性，这在格鲁吉亚并不多见。他们迅速种植了起 400 公顷的葡萄，并于 2005 年推出了首款年份酒——24 瓶独立包装的葡萄酒。马拉尼酒庄之前以向俄罗斯出口半甜型红葡萄酒，但也逐渐意识到自己生产的优质干红葡萄酒也有着巨大潜力。

梅泰基酒庄（卡特利产区）

　　曾在泰拉维集团就职的大卫·迈苏拉泽（David Maisur-adze）是这家酒庄及其他 9 家酒庄的顾问，同时也负责自己酒庄的业务。酒庄的酿酒师梅拉布·米克沙维泽（Merab Mikashavidze）专注于本地葡萄品种的酿造。酒庄有一款由白葡萄琴纳里（Chinuri）和慕兹瓦尼等比例混酿的葡萄酒，该酒拥有宜人的柑橘香气和花香。

舒赫曼酒庄（卡赫季产区）

　　2002 年，酒庄的第三代酿酒师戈吉·达基什维利（Gogi Dakishvili）和明星顾问大卫·迈苏拉泽（David Maisuradze）是首批酿造新型克夫里（陶罐）葡萄酒的开拓者，并为由葡萄皮和果核发酵而成的葡萄酒制定了微生物控制标准。克夫里红葡萄酒需进行 20 天的发酵，而白葡萄酒则要经过长达 6 个月的发酵，且发酵过程不添加任何酵母。酒庄更标准化的酒款在酿造过程中不仅使用了酵母，还采用了大型的钢桶和法国橡木桶。这些口感强劲粗犷的葡萄酒拥有丰富的单宁，风味极佳。★新秀酒庄

第比维诺酒庄（第比利斯产区）

　　这家采用了传统风格设计的酒庄位于格鲁吉亚首都——第比利斯的郊外，其酿造史可追溯至 1962 年。1998 年，祖拉·马格维拉什维利（Zura Margvelashvili）和乔治·马格维拉什维利（Giorgi Margvelashvili）兄弟重组了这家公司，并推行了一项从 300 多位葡萄种植者那采购更高品质本地葡萄的计划。而且，酒庄正在规划开拓自己的葡萄园。酒庄的顶级酒款使用橡木桶酿造，但是大多数葡萄酒使用具有环氧树脂衬里的钢罐酿造。第比维诺酒庄（Tbilvino）每年生产约 130 万瓶葡萄酒，是格鲁吉亚的第二大葡萄酒生产商。

特拉维酒庄（卡赫季产区）

　　作为格鲁吉亚最大的酿酒厂，特拉维酒庄占地 450 公顷，分布在卡赫季的 3 个区。酒庄还从卡赫季和西部偏远区域的果农手里采购葡萄。年轻的酿酒师贝卡·索贾什维利（Beka Sozashvili）在法国人拉斐尔·泽诺（Raphael Jenot）的帮助下，通过在晚红蜜中添加少量马尔贝克葡萄，来削弱当地葡萄的天然涩味。马拉尼（Marani）是酒庄的主打品牌，萨图拉别佐（Satrapezo）是一款顶级晚红蜜葡萄酒，在克夫里陶罐中浸渍一个月后，转移到橡木桶中，进行次澄清，最后再转移到钢桶中进行存放。

主要葡萄品种

 红葡萄

赤霞珠

晚红蜜

 白葡萄

霞多丽

琴纳里

慕兹瓦尼

白羽

措利卡乌里

年份

2009

该年份的白葡萄酒品质参差不齐，红葡萄酒暂时还是个未知数。

2008

本年份葡萄酒的品质普遍不错，质量从较好到卓越不等，有多款适合窖藏。

2007

这是整体都非常出色的一年，很多酒款都拥有出色的陈年潜质。

2006

这是一个普通的年份，出产了多款成熟度欠佳的葡萄酒。

2005

这是整体比较不错的一年，红葡萄酒尤为出色。

希腊产区

希腊（Greece）不仅拥有 300 多种本地葡萄，还有着多样的气候和地貌，既包括阳光普照的地中海岛屿，也有雾气弥漫的凉爽山区。在葡萄酒方面，希腊葡萄酒种类可与意大利一较高下。希腊已有几千年的酿酒史，最早可能开始于克里特岛，有证据显示早在 2000 多年前，该岛便开始酿酒了。15 世纪，奥斯曼土耳其人的侵略重创了希腊的葡萄酒行业，葡萄根瘤病、巴尔干战争、两次世界大战和希腊内战的连环作用，更是使希腊的酿酒业在 20 世纪中期前都是一片低迷。但此后，希腊葡萄酒产业重新崛起，成为世界顶级葡萄酒产区联盟的一员。

年份

2009

低温和雨水是这一年面临的严峻挑战，白葡萄和南部产区的葡萄品质最好。

2008

圣托尼里岛的葡萄品质优秀，纳乌萨则面临干旱和高温的考验，其他产区有不错的表现。

2007

北方地区产量不错，森林大火严重影响了尼米亚的葡萄产量。

2006

希腊北部、圣托里尼和克里特岛的葡萄都品质不错，但是尼米亚地区的葡萄却质量堪忧。

2005

这是整体都非常出色的一年。

2004

该年的白葡萄品质很好，红葡萄也有着不错的品质。

2003

尼米亚和圣托里尼岛的葡萄都很不错，北部产区的葡萄质量参差不齐。

希腊现代松香葡萄酒业的起源可追溯至 20 世纪 70 年代，当时希腊正在为加入欧盟做准备。希腊根据法国模式划定了产区，布塔里等大型企业开始加强对葡萄酒品质的关注，并开始将目光投向国际市场。随着伯罗奔尼撒（Peloponnese）小型精品酒庄（如帕帕鲁西斯酒庄）的涌现，现在的酿酒师相较于前辈们拥有更多的机会前往全球各地访问、学习和交流工作，可品鉴的美酒种类也更加丰富。雅典高品质酿酒项目进一步促进了葡萄酒行业的成熟发展。

这场变革在 20 世纪 90 年代发展得如火如荼，没有丝毫放缓的迹象。现在，希腊的数百个酿酒厂分属于 8 个 OPE ［原产地受控名称（Controlled Appellation of Origins），仅适用于甜葡萄酒］、20 个 OPAP（优良法定产区），并打造了 75 款地区餐酒（Tos）或地区葡萄酒。

伯罗奔尼撒可以说是这个国家最重要的葡萄酒产区，包含数个法定产区。在雅典西南方 90 分钟车程处，便是科林斯运河（Corinth Canal）上游的尼米亚，这里出产了数款由圣乔治（Agiorgitiko）葡萄酿造的希腊顶级红葡萄酒。圣乔治是一种用途十分广泛的葡萄，可用于多种葡萄酒的酿造，既可酿造清爽的桃红葡萄酒，也可酿造出洋溢着浓郁樱桃香气的红葡萄酒，色泽浓郁深沉。伯罗奔尼撒半岛也出产顶级的白葡萄酒，其中最知名的便是曼提尼亚（Mantinia）的玫瑰妃葡萄酒，此款葡萄酒带有该葡萄的花香，此外来自北部海岸线佩特雷（Patras）的荣迪思（Roditis）葡萄酒也是不容错过的佳品。

另一个重要的葡萄酒产区是希腊最北部的马其顿（Macedonia）。纳乌萨（Naoussa）是希腊最知名的产区，也可以称为希腊的"皮埃蒙特"，这里气候凉爽潮湿，遍布着山坡葡萄园，当地黑喜诺葡萄酿造的红葡萄酒富含单宁和松露香气。再往西便是阿美特昂（Amyndeon），这里更为凉爽的大陆性气候使其备受关注，其中源于阿尔法酒庄（Alpha）等当地酒庄使用黑喜诺和各种进口葡萄成功打造出的各类优质葡萄酒也起到了推动作用。

国际葡萄品种在塞萨洛尼基（Thessaloniki）的南部和东部分布很广泛，虽然伊万杰罗斯·格罗瓦西里乌（Evangelos Gerovassiliou）的酒庄偏居于埃帕诺米（Epanomi）市南部，但其浓郁顺滑的桃子味葡萄酒仍使玛拉格西亚（Malagousia）成为当下最受欢迎的葡萄品种。与此同时，其打造的阿瓦顿（Avaton）混酿红葡萄酒也使世人开始关注本土葡萄琳慕诗和墨特佳诺。

在希腊西部的伊庇鲁斯（Epirus），兹特萨（Zitsa）以产自当地德比娜葡萄的起泡酒而闻名。而梅索沃周围崎岖不平的山坡上则出产赤霞珠葡萄，该葡萄源自古老的卡托吉（Katogi）庄园。雅典机场附近的阿提卡平原（Attica）也出产了各种优质的葡萄酒，其中洒瓦滴诺葡萄酿造的白葡萄酒尤为出色，口感饱满、带有杏仁气息。

接下来要介绍的便是希腊的几千座岛屿。其中，圣托里尼岛（Santorini）凭借阿斯提可葡萄而熠熠生辉，其顶级葡萄酒在矿物质含量和陈年潜力方面可以与夏布利特级园葡萄酒相媲美。罗德岛（Rhodes）专注于精致阿斯瑞白葡萄酒的酿造，而克里特岛（Crete）则擅长酿造卡茨法里和曼迪拉里亚红葡萄酒。利姆诺斯岛（Limnos）和萨摩斯岛（Samos）致力于麝香甜葡萄酒的酿造，并推出了多款物超所值的顶级餐末甜酒。

希腊葡萄酒的种类和品质，使希腊葡萄酒爱好者终其一生都可享受到不同种类的希腊葡萄酒带来的乐趣。

雅克劳斯酒庄（佩特雷产区）

雅克劳斯酒庄（Achaia Clauss）让世人知道了帕特雷黑月桂（Mavrodaphne of Patras）。事实上，在古斯塔夫·克劳斯（Gustav Clauss）于1861年在此地建造自己童话般的城堡酒庄和酿酒厂前，佩特雷周边葡萄园的葡萄几乎都被制成了葡萄干。但克劳斯却认为这些葡萄可以酿造出优质的波特酒。雅克劳斯酒庄现已拥有数十款葡萄酒，葡萄酒产量也已高达数百万箱，不过帕特雷黑月桂仍是酒庄的核心酒款。辛辣甘美的皇家干红葡萄酒是一款物超所值的佳酿，而雅克劳斯酒庄特级珍藏红葡萄酒，则由有100多年历史的葡萄酒酿造而成，拥有无可挑剔的复杂口感。

阿尔法酒庄（阿美特昂产区）

安杰洛斯·亚特里迪斯（Angelos Iatrides）在20世纪90年代末期创建了阿尔法酒庄，世人也因此知道了阿美特昂产区。这位受过波尔多培训且曾在顶级酒庄酿酒的酿酒师，在纳乌萨（Naoussa）西部气候凉爽的高原上投资了65公顷的葡萄园，这在当时引发了轩然大波。现在，这位酿酒师正在推出一些非常浓烈强劲的现代希腊葡萄酒，包括缎子般口感丝滑的长相思葡萄酒、烟熏质感的西拉葡萄酒，以及黑喜诺（Xinomavro）、梅洛和西拉混酿而成的酒庄旗舰红葡萄酒，这款混酿旗舰酒款的产量非常大。

白银酒庄（圣托里尼产区）

当圣托里尼大部分的葡萄园逐渐被旅游景点取代时，亚尼斯·阿吉罗斯（Yiannis Argyros）用其毕生积蓄，在家族1903年建造的建筑上默默修建了这家酒庄。他于1987年开始生产瓶装葡萄酒，现在其子马修斯（Mattheos）也加盟该酒庄，以26公顷的葡萄园（大部分葡萄都是老藤葡萄）为依托，酿造圣托里尼葡萄酒。酒庄的干白葡萄酒非常出色，但酒庄的希腊圣酒（Vinsanto）更为诱人，这款由葡萄干酿造而成的葡萄酒，不仅口感复杂，而且拥有诱人的红褐色。

比伯利亚酒庄（马其顿产区）

从塞萨洛尼基（Thessaloniki）向东，爬上潘盖翁山（Mount Pangeon）的山坡，便会看到希腊东北部最令人惊艳的一家酒庄——比伯利亚酒庄（Biblia Chora）。酒庄主人瓦西里斯·查克萨里斯（Vassilis Tsaktsarlis）与明星酿酒师伊万杰罗斯·格罗瓦西里乌（Evangelos Gerovassiliou）在20世纪80年代晚期便在卡拉斯港酒庄（Porto Carras，后来发展成为希腊发展最迅猛的酒庄）共事，后来，查克萨里斯在格罗瓦西里乌的帮助下，于1999年创办了这家酒庄。酒庄的红葡萄酒都很出色，但是这种凉爽气候下的白葡萄酒更为出色，特别是清爽的长相思葡萄酒和浓郁的奥维洛斯葡萄酒（Ovilos），以及由长相思和阿斯提可混酿的白葡萄酒。

布塔里酒庄（纳乌萨产区）

布塔里酒庄（Boutari）可以说是希腊最重要的酒企。酒庄创建于1879年，位于塞萨洛尼基西部多雾凉爽的纳乌萨山坡上，酒庄一直在推出布塔里酒庄纳乌萨珍酿葡萄酒（Grande Reserve Naoussa），该酒是一款顶级的黑喜诺葡萄酒，富含单

格洛伐斯洛酒庄
一款由本地葡萄玛拉格西亚酿造的
葡萄酒，口感顺滑，色泽艳丽，
有着浓郁的桃子气息。

斯古洛斯酒庄
在多汁清爽的圣乔治葡萄中添加了少许
赤霞珠，以丰富葡萄酒酒体的结构。

宁酸，洋溢着松露香气。酒庄在全国各地共有6家酿酒厂，在首席酿酒师扬尼斯·沃亚齐斯（Yiannis Voyatzis）的指导下，布塔里酒庄带动了各地酿酒行业的发展。酒庄既有纯净清爽的圣托里尼葡萄酒，也有曼提尼亚的果香玫瑰妃（Moschofileros）葡萄酒，以及阿提卡玛咖庄园（Matsa Estate）丝滑口感的玛拉格西亚葡萄酒（Malagousia）和克里特岛凡塔克斯梅托乔庄园（Fantaxometocho estate）的斯卡拉尼葡萄酒 [Skalani，一款拥有李子风味的西拉和卡茨法里（Kotsifali）混酿]。

格洛伐斯洛酒庄（马其顿产区）

在波尔多受过培训的伊万杰罗斯·格罗瓦西里乌（Evangelos Gerovassiliou）是希腊公认的顶级酿酒师。格洛伐斯洛酒庄（Domaine Gerovassiliou）45公顷的葡萄园位于塞萨洛尼基郊区埃帕诺米（Epanomi）面向大海的斜坡上，伊万杰罗斯以此为依托打造了一系列法国风格的葡萄酒：包括酒糟陈酿的长相思葡萄酒；桶装发酵，具有烘烤气息的霞多丽葡萄酒；拥有甜美丰腴，具有李子气息的西拉葡萄酒等。然而，酒庄最令人惊艳的酒款却是伊万杰罗斯使用濒危葡萄品种玛拉格西亚酿造而成的葡萄酒，如口感顺滑，拥有浓郁桃子香气的白葡萄酒，以及由琳慕诗、黑露迪、墨特佳诺三者混酿而成的阿瓦顿葡萄酒（Avaton），这款深紫色的红葡萄酒拥有浓烈的口感。

希格拉斯酒庄（圣托尼里产区）

帕里斯·希格拉斯（Paris Sigalas）在圣托里尼岛北端一片低矮的山丘上种植了19公顷的葡萄。

他曾在法国学习，对勃艮第葡萄酒的喜爱激发了其酿酒兴趣，并于1991年开启了自己的酿造事业。

他酿造的葡萄酒充分展现了法国葡萄酒对其的影响，其丰富的口感和矿物质气息让人不仅联想到夏布利特级园葡萄酒。此外，他还酿造了辛香的墨特佳诺葡萄酒，重新唤起了人们对此濒危红葡萄品种的兴趣，并在甜美迷人而又富含单宁的红葡萄圣酒——希格拉斯阿普里奥提斯（Apiliotis）红葡萄甜酒中展现了本地葡萄曼迪拉里亚（Mandilaria）的风味。

斯古洛斯酒庄（尼米亚产区）

1986年，乔治·斯古洛斯（George Skouras）回到家乡尼米亚（Nemea）并创建了这家酒庄，在这之前他曾在法国第戎（Dijon）学习。他是本地葡萄圣乔治的忠实拥护者，但他在酿造过程中会融入赤霞珠和梅洛；如今，酒庄的旗舰酒款是梅佳思欧宜诺斯（Megas Oenos）红葡萄酒，由圣乔治和赤霞珠葡萄混酿而成，口感紧实，有烟熏气息，陈年效果极佳。斯古洛斯还酿造了出色的勃艮第风格霞多丽葡萄酒——斯古洛斯酒庄"与此为愿"霞多丽干白葡萄酒（Dum Vinum Sperum）和异域风情的"折中主义"（Eclectique）干白葡萄酒。白葡萄酒虽然出色，却也无法与斯古洛斯特级特酿尼米亚干红葡萄酒（Nemea Grande Cuvée）媲美，该酒是一款强劲而优雅的圣乔治特级纯酿，口感辛香，散发着樱桃气息。

斯皮罗普洛斯酒庄（曼提尼亚产区）

斯皮罗普洛斯酒庄（Spiropoulos）是曼提尼亚产区的代名词，是玫瑰妃葡萄产区的专有名称，该葡萄呈深灰色，略带粉

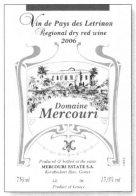

墨库里酒庄

一款优雅的红葡萄酒产自希腊风景
最为秀丽的酒庄之一。

嘉雅酒庄

一款清爽的玫瑰妃和荣迪思混酿葡萄酒，
非常适合日常饮用。

色，闻起来具有浓郁的花香。以 60 公顷有机葡萄园为依托，该酒庄酿造了一系列充分展示该葡萄品种特质的葡萄酒。包括一系列口感宜人的入门级白葡萄酒；一款淡粉色，拥有玫瑰香气的灰葡萄酒，以及浓烈的窖藏级阿斯塔拉葡萄酒（Astála）和优雅的帕诺斯颂歌（Odé Panos）干型起泡酒。2007 年，斯皮罗普洛斯酒庄又在尼米亚附近建造了另一家酒庄，其尼米亚庄园红葡萄酒（Estate Nemea）不容错过。

泰斯乐普酒庄（曼提尼亚产区）

探访泰斯乐普酒庄（Domaine Tselepos）时，别忘了带一件夹克。酒庄虽然位于伯罗奔尼撒的中心地带，但是横扫整个曼提尼亚高原的风也不会放过这里。扬尼斯·泰斯乐普（Yiannis Tselepos）将酒庄建造在该产区的边缘，翻越过帕农山（Mount Parnon），便能感受到这里的严寒天气。这种寒冷的天气，以及扬尼斯在勃艮第接受培训后的实力，都在其酿造的优雅内敛、花香四溢的玫瑰妃葡萄酒中得以展现。他在一片令人眩晕的陡峭山坡上种植了琼瑶浆葡萄，并使用该品种的葡萄酿造出了口感辛香、典雅细致的葡萄酒，令人拍案叫绝。

埃默里酒庄（罗德岛产区）

埃默里酒庄（Emery Winery）据说位于欧洲阳光最充裕的地区，从 1966 年便开始酿造葡萄酒。酒庄位于岛中央的恩博纳（Embona），阿塔弗洛斯山（Mount Atavyros）斜坡上的葡萄园专注于本土葡萄阿斯瑞（Athiri）的种植，并使用这一品种打造出了花香浓郁的特级普斯极干型起泡酒（Grand Prix Brut）及物美价廉、清爽怡人的静止葡萄酒。埃弗里尼（Efreni）干白葡萄酒是一款不容错过的佳酿，这款美味的麝香葡萄酒口感纯净，既有蜂蜜般的甜美，也不乏阳光的气息。

嘉雅酒庄（圣托里尼产区和尼米亚产区）

20 世纪 80 年代，扬尼斯·帕拉斯克沃普洛斯（Yiannis Paraskevopoulos）曾花费数年时间对圣托里尼岛的布塔里葡萄园进行研究。受到研究成果的启发，他创办了自己的酒庄。帕拉斯克沃普洛斯与农学家利奥·卡拉萨洛斯（Leo Karatsalos）合作，于 1994 年创办了嘉雅酒庄（Gaia Wines），并且很快便凭借朴实优雅的圣托里尼白葡萄酒而扬名。不久之后，两人收购了伯罗奔尼撒尼米亚的一处山顶葡萄园，在该园集中种植本地葡萄圣乔治。酒庄出产的酒款一应俱全，既有适合日常饮用的诺迪斯（Nótios）红葡萄酒和白葡萄酒，也有结构平衡、适合窖藏的庄园红葡萄酒。

根特里尼酒庄（凯法利尼亚岛产区）

根特里尼酒庄（Gentilini）的街对面是一堵白的令人眩晕的白垩质墙。其实这也是斯皮罗斯·科斯梅塔托斯（Spiros Cosmetatos）1978 年在此创建了该酒庄，并坚信自己可以酿造出优质葡萄酒的原因之一。因为白垩质土壤、充足的阳光和凉爽的海风，成就了根特里尼酒庄酸橙口感的清爽罗柏拉葡萄酒（Robola，当地盛行的一个葡萄品种）和解渴的阿斯普洛经典混酿白葡萄酒（Aspro Classico）。酒庄现由前酒庄主人的女儿玛丽安娜（Marianna）和丈夫佩特罗斯·马坎托纳托斯（Petros Markantonatos），以及酿酒师加布里埃尔·比米什（Gabrielle Beamish）共同运营，酒庄的西拉葡萄酒获得了越来越多的关注，该酒的黑月桂气息展现了希腊葡萄酒的特色。

哈兹达斯酒庄（圣托尼里产区）

哈兹达斯酒庄（Hatzidakis Winery）并不仅仅是地窖上面的房屋建筑，这些房屋里塞满了酿酒的罐体和橡木桶，非常值得一探究竟。查里迪莫斯·哈达基斯（Haridimos Hatzidakis）在 1997 年创建这家酒庄前，曾是布塔里圣托尼里酿酒厂（Boutari's Santorini）的首席酿酒师。其依托妻族的有机葡萄园（栽种于 20 世纪 50 年代），打造了一系列质地多样、富含矿物质气息的优质白葡萄酒，以及由墨特佳诺酿造的果香浓郁、富含单宁的红葡萄酒和卓越的焦糖色圣酒。

嘉菲利亚酒庄（伊庇鲁斯产区）

嘉艾洛夫酒庄（Katogi Averoff）创建于 1989 年，是希腊西部梅索沃村最早的正规酿酒厂之一。斯特罗菲利亚酒庄（Strofilia）位于雅典的海岸边克罗伊索斯镇（Annavysos）。两者在 2001 年合二为一，并依托 4 个地区的葡萄推出了 20 多款葡萄酒。多汁且口感宜人的嘉菲利亚弗雷斯科弗迪思干白葡萄酒和圣乔治红葡萄酒，都是适合日常饮用的佳品。而质朴的艾弗洛夫酒庄干红葡萄酒（Averoff Estate）也非常出色，该酒由 20 世纪 50 年代在梅索沃村栽种的赤霞珠酿造而成。

基尔杨妮酒庄（纳乌萨产区）

"基尔杨妮"（约翰先生）是指扬尼斯·布塔里（Yiannis Boutari）——希腊葡萄酒教父，他凭借渊博的知识、和蔼的个性及对希腊酿酒业的无私支持而闻名。在 20 世纪 90 年代中期，扬尼斯和兄弟康斯坦丁诺斯（Constantinos）共同经营布塔里酿酒厂，之后他离开了布塔里酿酒厂，专心打理米亚纳科霍里（Yianakohori）葡萄园。在这里，他打造出了梅洛和黑喜诺的混酿，这款混酿的杰出代表是拥有李子香气、结构清晰的基尔杨妮庄园干红葡萄酒和基尔杨妮庄园拉姆尼斯塔（Ramnista）干红葡萄酒——一款适合窖藏的浓烈黑喜诺葡萄酒。酒庄的白葡萄酒及十分美味的基尔杨妮酒庄金合欢黑喜诺桃红葡萄酒（Akakies）都在阿美特昂产区酿造。

德里奥皮酒庄（尼米亚产区）

德里奥皮酒庄（Ktima Driopi）在 2003 年横空出世，同年，曼提尼亚的杰出酿酒师扬尼斯·策勒波斯（Yiannis Tselepos）和圣托里尼岛的酿酒师帕里斯·希格拉斯，以及投资商亚历山大·阿瓦塔格罗斯（Alexander Avataggelos）合资在库西（Koutsí）——尼米亚的特级园区域购买了一块种植圣乔治老藤葡萄的庄园。该园所产葡萄的品质极为出色，三人在当年便使用这些葡萄酿造出了馥郁深沉、李子气息浓郁的尼米亚葡萄酒。酒庄现由策勒波斯单独运营，作为尼米亚的顶级酒庄，德里奥皮酒庄以酿造适合陈年的圣乔治代表酒款而闻名。★新秀酒庄

瓦雅兹酒庄（梵文托斯产区）

扬尼斯·瓦雅兹（Yiannis Voyatzis）是布塔里的首席酿酒师。结束工作后，他会驱车两个小时前往东南方的梵文托斯

（Velventós），这里有一片被陡峭山峰包围的湖区，湖水波光粼粼，从 20 世纪 90 年代早期开始，扬尼斯便在此处种植了一片葡萄园。葡萄园以黑喜诺品种为主，此外还有一些霞多丽、赤霞珠和梅洛，以及一些其他实验品种。酒庄的核心酒款包括多汁的黑喜诺混酿、明快清爽的桃红葡萄酒和花香浓郁的精致玛尔维萨白葡萄酒，此外果香浓郁、拥有淡淡香草气息的茨波纳科斯（Tsapournakos）品丽珠葡萄酒也是不容错过的佳品。

利尔拉吉斯酒庄（达夫内斯产区）

索提里斯·利尔拉吉斯（Sotiris Lyrarakis）对克里特葡萄酒（Cretan）的贡献是其他人无可比拟的。其 8 公顷的葡萄园几乎全部种植了本地葡萄，其中一些品种在索提里斯种植前已濒临灭绝。令人垂涎、散发着芳草气息的达芙妮（Dafni）葡萄是非常出色的葡萄品种（达芙妮在希腊语中是月桂叶的意思）；澄澈明快的维拉娜葡萄是一种常被用于批量混酿的葡萄品种。但是，索提里斯最大的成就可能是其对本土葡萄卡茨法里（Kotsifali）和曼迪拉里亚（Mandilaria）的改良，并使用它们酿造出了色泽靓丽的红葡萄酒，其中利尔拉吉斯酒庄最后的晚餐（The Last Supper）干红葡萄酒是酒庄最受欢迎的酒款。

墨库里酒庄（伊利亚斯产区）

坐落于伯罗奔尼撒半岛西部边缘的墨库里酒庄（Mercouri Estate）可以说是希腊最令人赞叹的酒庄，这座庞大的庄园里有着植被茂密的花园、展屏的孔雀和俯瞰大海的月桂树。其历史最早可追溯至 19 世纪 70 年代，但其现代化的历程要源自 20 世纪 80 年代中期，要从赫里斯托（Hristo）和瓦西利斯·卡内拉科普洛斯（Vassilis Kanellakopoulos）接管酒庄之后说起。清爽的福洛依白葡萄酒（Foloi）由荣迪思和维欧尼混酿而成，非常适合夏季在听草坪音乐会时啜饮。拥有森林气息的庄园红葡萄酒（Estate Red）由莱弗斯科和黑月桂老藤葡萄酿造而成，是一款陈年潜力极佳的优雅葡萄酒，非常值得窖藏。

奥诺福罗酒庄（帕特雷产区）

1990 年，在波尔多接受过培训的酿酒师阿杰洛斯·鲁瓦利斯（Aggelos Rouvalis）创建了奥诺福罗酒庄（Oenoforos），该酒庄位于繁忙的帕特雷港口上方可以俯瞰大海的山坡上。现在该酒庄由阿杰洛斯和希腊酒庄（Greek Wine Cellars）共同运营，主要使用本地葡萄品种酿造葡萄酒。酒庄既有荣迪思葡萄的基础酒款——清爽柑橘味的阿斯波利特荣迪思（Asprolithi Roditis）葡萄酒，也有带有酸橙甜瓜气息的米克罗沃莱斯拉格斯（Mikros Vorias Lagorthi）葡萄酒，这款酒重新唤起了人们对濒危葡萄品种的关注。

帕帕迦纳谷斯酒庄（阿提卡产区）

位于雅典机场附近的帕帕迦纳谷斯酒庄（Papagiannakos Winery）是希腊风景最好的现代酿酒厂之一。这座低矮的建筑阳光充足，恰如其顶级葡萄酒——阳光顺滑的洒瓦滴诺葡萄酒（Savatiano）给人的感觉。洒瓦滴诺葡萄常搭配松香酿造热茜娜（Retsina）葡萄酒。瓦西利斯·帕帕迦纳谷斯（Vassilis Papagiannakos）一直将 40 公顷葡萄园的产量保持在较低水平，以酿造多汁、带有梨味的洒瓦滴诺葡萄酒。当然，优质的洒

基尔杨妮酒庄
一款强劲优雅的黑喜诺和梅洛混酿葡萄酒。

嘉菲利亚酒庄
由希腊最古老的老藤赤霞珠葡萄酿造的红葡萄酒，口感浓郁顺滑。

瓦滴诺葡萄也可用于酿造品质更好的热茜娜葡萄酒，而帕帕迦纳谷斯酒庄的热茜娜葡萄酒正是其中的佼佼者。

帕帕约安努酒庄（尼米亚产区）

早在尼米亚成为葡萄产区前，塔纳西斯·帕帕约安努（Thanasis Papaioannou）便在那里开辟了一片葡萄园。自其 1984 年建立酒庄以来，酒庄已经种植了 57 公顷的葡萄。现在，塔纳西斯已成为该地区备受推崇的葡萄种植者，并和儿子乔治一起酿造了一系列令人惊艳的葡萄酒。酒庄最好的酒款是带有李子香气的圣乔治葡萄酒，其中爽口的传统伯罗奔尼撒瓶装葡萄酒最为出色。奶油般柔滑的馥郁霞多丽葡萄酒和樱桃香气的黑皮诺葡萄酒也是非常值得品鉴的佳酿。

帕帕鲁西斯酒庄（佩特雷产区）

伯罗奔尼撒北岸的港口城市佩特雷以麝香甜葡萄酒而闻名，但如果要说哪种葡萄酒是这一城市的代表酒款，那一定是帕帕鲁西斯酒庄（Parparoussis Winery）出品的口感顺滑，带有浓郁哈密瓜气息的里约帕特雷麝香葡萄酒（Muscat de Rio Patras）。在勃艮第培训过的阿萨纳西奥斯·帕帕鲁西斯（Athanassios Parparoussis）于 1973 年创建了这家酒庄，同时，这家酒庄是希腊最早的小农手工酒庄之一，也是最早关注本地葡萄品种的酒庄之一，如非常罕见的西德瑞提斯（Sideritis）葡萄，用于酿造黄瓜般爽脆的狄俄尼索斯的礼物干白葡萄酒（Gift of Dionysos）和单宁怡人，口感微酸的陶斯（Taos）黑月桂干红葡萄酒。

萨摩斯葡萄酒种植合作联合会（萨摩斯产区）

在萨摩斯一切都变得很轻松。这座小岛只有一种葡萄——麝香葡萄，也只有一家酿酒厂——萨摩斯葡萄酒种植合作联合会（the Union of Vinicultural Co-operatives）。酒庄创建于 1934 年，旨在缓和葡萄种植者和酒商之间的关系，酒庄与全岛 4000 多名葡萄种植者合作，酿造了包括低度的麝香干白葡萄酒和圣酒在内的各种类型的葡萄酒。金黄色的蜂蜜萨摩斯甜酒（Samos Vin Doux）是酒庄的名片，但酒庄的特级园葡萄酒或花蜜（Nectar）葡萄酒更为精致，更值得关注，这款酒由晒干的葡萄酿造而成，口感丰富，富含坚果气息。

瑟米奥普洛斯酒庄（纳乌萨产区）

瑟米奥普洛斯（Thimiopoulos）酒庄没有什么值得一提的，但其 2004 年推出的首款年份单一的葡萄酒加克乌拉诺斯（Ghi Ke Uranos）葡萄酒却受到了热烈追捧。这些都是阿波斯托洛斯·瑟米奥普洛斯（Apostolos Thimiopoulos）的成果，他在希腊学习了酿酒后，回到了父亲的葡萄园。葡萄园位于纳乌萨的低洼地区，肥沃的土壤、温暖的气候，再加上瑟米奥普洛斯的现代酿造工艺（商标上的"40"是指葡萄与果皮浸渍的天数），成就了口感极为丰富、颜色极为浓郁的黑喜诺葡萄酒。★新秀酒庄

塞浦路斯产区

自 2004 年加入欧盟后，塞浦路斯（Cyprus）便一直想跻身世界顶级葡萄酒产区的行列。几个世纪前，他们为狮心王理查（Richard the Lionheart）酿造出了举世闻名的葡萄酒——卡曼达蕾雅葡萄酒（Commandaria），此举一直激励着塞浦路斯酿酒商砥砺前行。塞浦路斯的四大酒庄——ETKO、KEO、Loel 和 SODAP 生产了该岛四分之三以上的出口葡萄酒，除了以上这几家酒厂，还有数十家小酒庄，这些酒庄充分利用该岛西端无根瘤蚜的土壤和凉爽的山坡种植葡萄。卡曼达蕾雅甜葡萄酒仍是该岛最知名的葡萄酒，但现在也有很多令人惊艳的干型葡萄酒。

主要葡萄品种

🍇 红葡萄

玛拉思迪克

🍇 白葡萄

西尼特丽

年份

2009

该年份的葡萄酒品质不错，相较于红葡萄酒，白葡萄酒品质更佳。

2008

该年份的葡萄酒品质非常出色，白葡萄酒尤为出色。

2007

该年份的持续高温和干旱成就了低产且浓烈的红葡萄酒。

2006

该年份的西尼特丽葡萄酒非常不错，同时也出产了一些富含单宁，口感浓烈的红葡萄酒。

2005

该年份是整体都非常不错的一年。

ETKO 酒庄（利马索尔葡萄酒村产区）

塞浦路斯的四大酿造商一直致力于酿造更高品质的葡萄酒，因此从这些企业的酒款中挑选一款最喜欢的葡萄酒并非易事。然而，当说到塞浦路斯的卡曼达蕾雅葡萄酒时，就不得不提 ETKO 酒庄出色的百夫长葡萄酒（Centurion）。这款酒的酿造过程与雪莉酒相似，多个年份的葡萄酒在橡木桶中一起陈年，打造出卡曼达蕾雅葡萄酒闻名的焦糖、葡萄干和香料蛋糕的香气，以及更多汁的酒体。位于利马索尔港（Limassol）附近的 ETKO 酒庄创建于 1844 年，是塞浦路斯最古老的酒庄。最近，该酒庄一直在升级其干型葡萄酒产品，种植新的葡萄园，并在半山腰的古镇奥莫多斯（Omodos）建造了奥林巴斯酿酒厂（Olympus Winery），酒庄位于利马索尔西北方向 42 千米处，配备了最先进的酿酒设备。奥林巴斯酒庄玛拉思迪克（Maratheftiko）葡萄酒也是非常出色的酒款，明快清爽，带有若有若无的樱桃香气。

埃祖萨酒庄（帕福斯产区）

坐落于特罗多斯山脉（Troodos Mountains）南坡上的埃祖萨酒庄（Ezousa），可能是最受关注的酒庄。您可以一路西行，穿过帕福斯由橙树、橄榄树和桉树覆盖的山坡，来感受这里的葡萄酒产业的大好风光。将以附近河流名称命名的埃祖萨酒庄作为葡萄酒探访之旅的起点，是一个不错的选择。酒庄由 30 多岁的酿酒师迈克尔·康斯坦丁尼德斯（Michael Constantinides）运营，他放弃了舒适的公务员生活，前往雅典学习葡萄酒的酿造，然后于 2003 年在坎纳维乌（Kannaviou）创建了这家酒庄。

他专注于本地葡萄品种的酿造，并推出了一款清爽的西尼特丽葡萄酒——阿伊奥斯克里索斯托莫斯葡萄酒（Ayios Chrysostomos），随着时间的流逝，酒糟赋予了这款酒更加丰富的结构。其酿造的玛拉思迪克葡萄酒（Maratheftiko）也堪称典范，如新鲜的红色浆果爱神桃红葡萄酒（Eros）和颜色浓郁的质朴美拉米葡萄酒（Metharme），都是佳品。★新秀酒庄

齐卡斯酒厂（皮斯利亚产区）

如果你想尝试一下这家酒庄的当家红葡萄酒，可以选择入住岛西端波利斯（Polis）的阿纳萨五星级酒店，这里的侍酒员会为您斟上齐卡斯葡萄酒（Tsiakkas）。这家酒庄是精力充沛的科斯塔斯·齐卡斯（Costas Tsiakkas）的成果，20 世纪 80 年

代末，他为酿造事业放弃了高薪的银行职位。瓦状屋顶的酒庄坐落于佩伦德里镇（Pelendri），在特罗多斯（Troodos）山脉南侧 1000 多米高的位置。他推出了各种各样的葡萄酒，其中最著名的是新鲜的柠檬味西尼特丽葡萄酒（Lemony Xynisteri）——一款非常适合海滨用餐饮用的歌海娜桃红葡萄酒，以及拥有淡淡香草气息的多汁玛拉思迪克葡萄酒，这些酒均是由玛拉思迪克（Vamvakada，一种当地葡萄品种）葡萄酿制的。目前，酒庄拥有越来越多的成熟葡萄园，而且齐卡斯的儿子——俄瑞斯忒斯（Orestes）也在阿德莱德（Adelaide）学习葡萄酒酿造，这都预示着酒庄会发展得越来越好。

芙拉赛德酒庄（利马索尔葡萄酒村产区）

索福克勒斯·芙拉赛德（Sophocles Vlassides）是岛上最受尊敬的酿酒师之一。他 1998 年从加利福尼亚大学戴维斯分校毕业后，便开始为齐卡斯和瓦萨（Vasa）等当地酒庄提供咨询服务。他还在利马索尔西北大约 36 千米处的基拉尼（Kilani）村腹地创建了自己的酒庄，风景秀丽的基拉尼村遍布着狭窄的街道和古老而传统的石灰岩房屋。他在自己祖父的杂货店里酿酒，每年大约能生产 4000 瓶葡萄酒。虽然酒庄最出色的酒款是口感极其柔和丰富的西拉葡萄酒，但是令人垂涎的赤霞珠、歌海娜和莱夫卡达（Lefkada）混酿也是非常值得一试的佳酿。芙拉赛德酒庄是一个非常值得探访的酒庄，其 15 公顷的葡萄园中有三分之一是新种植的。★新秀酒庄

赞巴塔斯酒庄（利马索尔葡萄酒村产区）

阿基斯·赞巴塔斯（Akis Zambartas）可以说是塞浦路斯本土葡萄的救星。在塞浦路斯大多数地区越来越喜欢种植国际葡萄品种的背景下，阿基斯在 KEO 酒庄任职的 33 年里，一直致力于拯救濒危的葡萄品种。现在，他和儿子马科斯（Marcos）一起经营这家创建于 2006 年的酒庄，秉持"在旧土地上酿造新世界葡萄酒"的理念酿造葡萄酒。酒庄专注于本地葡萄种植，并采用现代酿酒技艺，将这些本地葡萄与和国际葡萄品种结合，打造出更加顺滑、更具现代感的成熟葡萄酒。酒庄的代表酒款之一便是西拉和莱夫卡达葡萄酒，这是一款口感强劲而优雅的红葡萄酒，丰郁的李子香气淡化了莱夫卡达的单宁酸。赞巴塔斯·西尼特丽（Zambartas Xynisteri）葡萄酒是酒庄的另一典范，顺滑的赛美蓉赋予其更丰富的层次感。酒庄目前的年产量仅有 2300 瓶左右，但是他们计划将年产量再提高近乎一倍，从而赋予亚诺迪等稀有葡萄品种更多的展现机会。★新秀酒庄

土耳其产区

　　尽管葡萄的种植面积在全球排名第四，但土耳其仅有 3% 的葡萄用于葡萄酒的酿造。在奥斯曼帝国（Ottoman Empire）统治时期，葡萄酒行业的发展停滞不前。经过几个世纪的禁酒令，阿塔图尔克（Atatürk）于 1925 年创立了土耳其第一家现代酿酒厂。虽然土耳其在酿酒工艺方面非常的成熟，但是当前政府仍在执行限酒政策。虽然进口葡萄酒的关税在 2010 年降低，但是其他税费仍比较严苛。随着专业知识的增加，酿酒设备的升级和本地葡萄品种的丰富（现存 600～1200 个品种），如果土耳其能摆脱当前的阻碍，便很有希望成为令人吃惊的世界级葡萄酒产地。

魔法袋酒庄（阿夫萨岛产区）

　　创建于 2003 年的魔法袋酒庄（Büyülübag）位于马尔马拉海（Sea of Marmara）的阿夫萨岛（Avşa）。

　　酒庄还从伊兹密尔（Izmir）附近采购葡萄。这是土耳其首家，也是仅有的重力自流酿酒厂，但其主要使用国际葡萄品种酿酒。这里的红葡萄酒往往比白葡萄酒更具魅力，特别是波尔多风格的赤霞珠和梅洛红葡萄酒。★新秀酒庄

乌鸦座酒庄（博兹贾阿达岛产区）

　　乌鸦座酒庄（Corvus Vineyards）一直备受关注。这家位于博兹贾阿达岛（Bozcaada）的酒庄由一位土生土长的土耳其建筑师建造，以使用本地和国际葡萄酿造高品质葡萄酒而闻名。从其稳固的产品组合中选择一款最爱的葡萄酒并非易事，酒庄的顶级酒款有很多，包括由本地葡萄酿造、澄澈明快且拥有浓郁果香的海莉葡萄酒（Rarem）。赤霞珠、梅洛、西拉葡萄酒混酿系列，以及层次分明的乌鸦座混酿 1 号、2 号和 3 号等，都是酒庄的上乘之作。★新秀酒庄

杜鲁卡酒庄（色雷斯和马尔马拉产区）

　　作为土耳其葡萄酒行业的巨头，杜鲁卡酒庄（Doluca）为土耳其引进了欧洲葡萄。酒庄于 20 世纪 20 年代末开始使用本地葡萄酿造各种品牌的葡萄酒，随着国际葡萄品种的加入，酒庄才正式命名为杜鲁卡酒庄。酒庄现有酒款已超过 35 种，但仍在使用传统葡萄品种和国际葡萄品种进行新的尝试，有时也会将二者混酿打造新款的葡萄酒。

居罗酒庄（色雷斯和马尔马拉产区）

　　居罗酒庄（Gülor Winery）位于色雷斯地区，是一家非常有趣的小型酒庄，专注于国际葡萄品种的酿造。除了更受欢迎的赤霞珠、梅洛和西拉葡萄，他们还在葡萄酒酿造中引入了桑娇维塞和神索（Cinsault）等非传统葡萄。

卡瓦克里德雷酒庄（中安纳托利亚产区）

　　卡瓦克里德雷酒庄（Kavaklidere）是土耳其最大的葡萄酒酿造商。酒庄的大部分产品都是口感爽烈的餐酒。卡瓦克里德雷酒庄的爱捷红葡萄酒（Egeo）是众多酒款中的佼佼者，

全部使用国际葡萄品种酿造。酒庄的复古艺术系列（Vin-Art Series）和安希拉葡萄酒（Ancyra）都是物超所值的佳酿，且都由本地葡萄和国际葡萄品种混酿而成。卡瓦克里德雷酒庄的阿尔廷科普克极干型葡萄酒（Altin Köpuk Brut）是顶级的土耳其风格起泡酒。

卡亚拉酒庄（安纳托利亚产区）

　　卡亚拉酒庄（Kayra）拥有两家酿酒厂，分别位于埃拉泽（Elazig）和沙尔柯伊（Sarköy）。美国酿酒师兼顾问丹尼尔·奥唐奈（Daniel O'Donnell）负责这两家酿酒厂的运营，并在提升所酿葡萄酒品质方面发挥了重要作用。他们使用 20 多种葡萄打造出了多个葡萄酒品牌，并且大多数葡萄酒都拥有宜人的口感，适合日常饮用。其中浓度适宜、结构分明的卡亚拉年份干红葡萄酒（Kayra Vintage）和卡亚拉皇家干红葡萄酒（Kayra Imperial）最为诱人。

梅伦酒庄（胡斯柯伊产区）

　　这家使用自种葡萄酿造当地特色的葡萄酒的精品酒庄位于马尔马拉海（Marmara）北岸，并已在切廷塔斯（Çetintaş）家族传承了三代。酒庄的葡萄酒由当地的本土葡萄酿造而成，分为 3 个系列，分别是加诺霍拉葡萄酒（Ganohora）、梅伦-马纳斯蒂尔葡萄酒（Melen Manastir）和结构更丰富的珍藏葡萄酒系列。

塞维伦集团（爱琴海岸产区）

　　塞维伦集团（Sevilen）有两个葡萄酒顾问，负责酿造具有地域特色的现代葡萄酒。酿酒所需的葡萄来自两个完全不同的地区，分别是比较温暖的伊兹密尔（Izmir）周边地区和代尼兹利（Denizli）附近的高海拔产区，后者气候更为凉爽。酒庄致力于对国际葡萄品种的酿造，种植了长相思、霞多丽、赛美蓉、赤霞珠、品丽珠、梅洛和西拉葡萄。

主要葡萄品种

🍇 **红葡萄**

宝佳斯科
赤霞珠
卡莱斯
凯尔拉纳
昆特拉
马林奇克
梅洛
奥库兹古祖
西拉

🍇 **白葡萄**

霞多丽
多库尔根
埃米尔
卡巴奇克
麝香
娜琳希
长相思
苏丹娜

年份

2009

该年气候稳定宜人，葡萄收获期长，平衡度佳。红葡萄酒香醇浓郁。

2008

这是炎热低产的一年。西部和山区的葡萄酒成熟度高，风味迷人。东部的葡萄酒也非常成熟，有葡萄干香气，陈年时间长，非常适合开瓶饮用。

2007

该年拥有温暖的春季和漫长而炎热的夏季。西部、东南部和山区都出产了非常出色的葡萄酒。葡萄酒适合长期窖藏。

北非西部曾经是法国葡萄酒产量增长的"引擎"，现在推出了一些很棒的红葡萄酒和桃红葡萄酒，如与演员兼酿酒商杰拉尔·德帕迪约（Gérard Depardieu）有关的葡萄酒，但当地的白葡萄酒却远远落后。南非因其饱受争议的历史引人思绪万千，直到近年来它才摆脱这一刻板印象，开始崛起。这片土地上，有干枯的灌木林，也有繁茂的葡萄园，景色多姿多彩，引人入胜。南非的葡萄酒同样让人着迷，这些美酒完美融合了新旧世界的元素。从口味经典的白诗南干白和波尔多混酿葡萄酒，到风格质朴的皮诺塔吉（Pinotage）和西拉葡萄酒，应有尽有，均为质地上乘的佳品。

　　亚洲的许多葡萄园都位于热带和或季风气候区。20世纪90年代，人们已探索出能克服这些地区气候问题的葡萄的栽培方法。人们发现了更易于嫁接的新砧木，从而为未来几年葡萄酒业的另一次飞跃开辟了新道路。在盲品测试中，很多葡萄酒专家往往会将优质的亚洲葡萄酒错认为欧洲葡萄酒。

非洲和亚洲产区

北非产区

阿尔及利亚（Algeria）、摩洛哥（Morocco）和突尼斯（Tunisia）三国有诸多相似之处。阿特拉斯山脉（Atlas Mountains）及其对地区气候的影响是影响葡萄酒酿造的重要因素。如果这些国家没有常年被积雪覆盖的山峰，那除了气候凉爽的沿海地带，其余地区都将被沙漠覆盖。阿特拉斯山脉使这一地区在酿造葡萄酒方面拥有巨大优势，但由于一些国家并未积极推动葡萄园的开发和葡萄酒的推广，因此该地区的葡萄酒产量有限。该地区的葡萄酒行业可追溯至 2500 多年前的腓尼基时期。在 20 世纪初，法国殖民时期，该地区的葡萄酒产量可占到全球葡萄酒贸易总量的 60%。

这三个国家的葡萄园都是殖民时代的产物。这些葡萄园主要是法国人种植的低产灌木葡萄品种［佳丽酿、神索（Cinsault）、歌海娜和紫北塞（Alicante Bouschet）］，但近期国际葡萄品种（赤霞珠、西拉、梅洛、慕合怀特和霞多丽）的种植也在增多。现在，这些葡萄的种植面积约占葡萄园总面积的 20%。

新种植的葡萄大部分以居由式（Guyot）方式栽种，这种方式便于葡萄采摘，也可提升葡萄产量。由于当地拥有大量廉价的劳动力，因此几乎所有的葡萄仍是人工采摘。优质酿造商目前会在葡萄园中应用适合炎热气候的种植方法（而非盲目地照搬法国种植方式），并在整个酿造过程中采用更好的温度控制方式。

大部分葡萄酒仍在酒窖中酿造（双层建筑，在类似混凝土储存容器的上方是成排的混凝土发酵罐），但越来越多的突尼斯和摩洛哥酿造商开始在酿造过程中使用不锈钢罐体。生产出口葡萄酒的优质生产商使用橡木陈年的比例也在增加。

整个地区的某些指定区域的葡萄酒品质更佳。这些地区具有 AG（原产地保障标识）和 AC（原产地命名控制）标志，但是这个范围比较宽泛，因此酿造商才是所有情况下更为可靠的葡萄酒品质的保证。

虽然三国有很多共同点，但他们也存在一些显著差异，如规模、发展阶段和政治环境。

阿尔及利亚是这 3 个国家中最大的国家（曾是世界第五大葡萄酒生产国），但受政治动乱的影响，其在发展方面落后于其他两国。阿尔及利亚内战期间，有些人向葡萄园主发出了死亡威胁，此举导致余下 300 多家酒庄中的大部分酒庄相继关闭。后来，随着政府的介入，该国的酿酒集团——ONCV 酒业集团成为阿尔及利亚的主要酿造商，使该国的葡萄酒产量进一步得到提升。大量投资涌入新葡萄园的开发，并计划对酿酒厂进行全面的提升。然而，就目前而言，这些葡萄酒总体上仍然保持着质朴的风格。

直到 21 世纪初，突尼斯葡萄酒行业的发展状况都与阿尔及利亚非常类似，即政府在整个行业发展中占主导地位。从那时起，该国积极推动出口，许多当地酿造商和国外公司合作，建立起了很多极具前景的私人合伙公司。

就优质葡萄酒的数量而言，摩洛哥遥遥领先于其他国家。其海外合伙企业的数量可与突尼斯相媲美，但是这些公司的规模和经营年限要远胜于突尼斯的那些企业。

在恶劣的政治环境中，只有时间才能证明阿尔及利亚、摩洛哥和突尼斯是否能充分展现其潜能。

卡斯特酒庄（摩洛哥）

卡斯特酒庄（Castel）坐落于梅克内斯（Meknès）城外的一个旧殖民种马场中。酒庄的 5 个大型庄园，分布在高海拔的告朗尼园（Guerrouane）和贝尼姆蒂尔园（Beni M'Tir）。针对不同的市场，酒庄以不同品牌推出了多种瓶装葡萄酒，如撒哈里庄园葡萄酒（Domaine de Sahari）、拉罗克庄园葡萄酒（Domaine Larroque）、马约尔庄园葡萄酒（Domaine Mayole）、博纳夏卓越葡萄酒（Excellence de Bonnassia）和哈拉纳葡萄酒（Halana）等。所有葡萄酒都是精心打造的现代化葡萄酒，口感清爽。

海王星酒庄（突尼斯）

海王星酒庄（Ceptunes）是突尼斯和瑞士的合资企业，坐落于卡本半岛（Cap Bon）古兰巴利耶（Grombalia）的北部山区。酒庄打造了一些知名的突尼斯葡萄酒品牌，如口感宜人的日夜（Jour et Nuit）品牌葡萄酒和更高档的多纳（Didona）系列葡萄酒。酒庄的葡萄酒品质稳定可靠，主要面向突尼斯国内市场。酿酒所用的葡萄来自各个产区的签约葡萄园。酒庄品质的标杆——多纳珍藏（Didona Reserve）红葡萄酒是一款短暂陈藏的西拉葡萄酒，这款酒精致多汁，颇具特色。

罗斯兰酒庄—梅克内斯酒厂（摩洛哥）

梅克内斯酒厂（Les Celliers de Meknès）是摩洛哥最大的葡萄酒酿造商，生产各种价位的葡萄酒。酒庄主人雷内·兹尼伯（Rene Zniber）是公认的摩洛哥葡萄酒复兴的奠基人，有 50 多年的酿造经验。其酿造热情在罗斯兰酒庄（Château Roslane）得到了充分的展现，罗斯兰酒庄是该公司的旗舰庄园，位于摩洛哥唯一的法定产区——阿特拉斯山区。罗斯兰酒庄推出了一系列的品牌葡萄酒，以及罗斯兰一级园干白葡萄酒和干红葡萄酒。

阿特拉斯酒庄（突尼斯）

创建于 2001 年的阿特拉斯酒庄（Domaine Atlas）风景秀丽迷人，占地 100 公顷，坐落于古兰巴利耶和哈马马特（Hammamet）之间的山丘上，其种植着佳丽酿和西拉老藤葡萄的葡萄园对酒庄的发展功不可没。酒庄主人是奥地利籍的突尼斯人，他依托种植的霞多丽、麝香和维蒙蒂诺葡萄酿造白葡萄酒，丰富酒庄的产品系列，与红葡萄酒款形成互补。酒庄拥有多个制作精良的现代葡萄酒品牌，如艾菲卡（Ifrica）和布匿（Punique）等。口感丝滑的格兰特佩纯红葡萄酒（Grand Patron），由 50 年的佳丽酿老藤葡萄酿造而成，是一款物超所值的佳酿。

奥莱德-塔勒布酒庄（摩洛哥）

创建于 1927 年的奥莱德-塔勒布酒庄（Domaine des Ouled Thaleb）是摩洛哥仍在运营的最古老的酿酒厂，并于 1968 年与法国塔勒文公司（Thalvin）建立了合作关系。酒庄依托本·苏莱曼（Ben Slimane）周围的沿海葡萄园和另外两个内陆葡萄园，打造了 20 多款瓶装葡萄酒。该酒庄的葡萄酒在摩洛哥名列前茅，还计划使用老藤葡萄打造新的车库酒。

UCCV

UCCV 的现代化项目使浓烈的马贡葡萄酒（Magon）获益匪浅。

罗斯兰酒庄

这款一级园红葡萄酒由梅洛、西拉和赤霞珠混酿而成。

尼菲利斯酒庄（突尼斯）

坐落于卡本半岛（Cap Bon）山区圆形露天剧场的尼菲利斯酒庄（Domaine Neferis）是突尼斯最先进的现代合伙企业之一。酒庄占地 220 公顷，酿造了一些极具表现力的突尼斯葡萄酒，如德芙勒酒庄（Château Defleur）别具一格的佩德罗-希梅内斯干白葡萄酒（Pedro Ximénez）和塞利安珍藏（Selian Reserve）老藤佳丽酿葡萄酒，后者可以说是突尼斯的顶级葡萄酒。红葡萄酒酿造过程中采用了现代化的酿酒工艺和橡木陈年工艺。酒庄在其他方面也一直是引领者，如酒庄拥有突尼斯唯一的一位女性酿酒师，并且酒庄正在尝试使用太阳能来满足自身的能源需求。

库鲁比斯酒庄（突尼斯）

库鲁比斯酒庄（Kurubis）是罗纳酿酒技师迪迪埃·科尼隆（Didier Cornillon）和当地的农业综合企业一起创办的合资企业。酒庄成立于 2000 年，在卡本半岛戈尔巴（Korba）郊外种植了 21 公顷的葡萄。库鲁比斯酒庄秉持着现代理念，拥有设备齐全的酿酒厂，并尽可能地在葡萄种植过程中采用有机种植方式。虽然酒庄的葡萄藤年岁不久，但是酒庄推出的第一批瓶装西拉红葡萄酒仍广受好评，此外酒庄还有令人赞叹的霞多丽葡萄酒，口感清爽，晶莹闪亮。

双人酒庄（摩洛哥）

创建于 20 世纪 90 年代初期的双人酒庄（Les Deux Domaines）是一家法国和摩洛哥的合伙企业，波尔多的重要人物贝尔纳·马格雷是其重要一员。梅克内斯南面比较凉爽的丘陵上座落着酒庄 64 公顷的葡萄园，这里出产的葡萄酿造出了美味的橡木桶陈年西拉和歌海娜混酿葡萄酒——女巫红葡萄酒（Kahina），以及一款与杰拉尔·德帕迪约（Gérard Depardieu）的"光"（Lumière）系列葡萄酒类似的混酿，这两款葡萄酒都展现出了极佳的潜质。

酒庄仅对预约者开放。

UCCV—迦太基葡萄种植者协会（突尼斯）

UCCV 合作社成立于 1948 年（突尼斯独立之前），是突尼斯最大，也是最重要的酿酒商。自 20 世纪 90 世纪初开始，酒庄便投入大量资金进行现代化改造，提升酒庄葡萄酒国际化的口感和外观。酒庄还出产了一些突尼斯顶级葡萄酒，如本地知名的老马贡葡萄酒（Vieux Magon）。该酒是一款令人赞叹的橡木陈年新葡萄酒，由 60 年的佳丽酿葡萄和西拉葡萄混酿而成。

瓦鲁比利亚-拉祖伊纳酒庄（摩洛哥）

令人惊艳的瓦鲁比利亚-拉祖伊纳酒庄（Volubilia – Domaine de la Zouina）由波尔多的吉拉德·格里贝宁 [Gérard Gribelin，前佛泽尔酒庄（Château Fieuzal）的一员] 和菲利普·格沃森 [Philippe Gervoson，拉里·奥伯昂酒庄（Larrivet Haut-Brion）] 创建，并于 2005 年推出了首款年份葡萄酒。酒庄旗下的占地 63 公顷的庄园仍在开发中，但其推出的葡萄酒已赢得了大量赞誉。得益于温暖气候下的葡萄栽培，酒庄的白葡萄酒和桃红葡萄酒同红葡萄酒一样迷人。其中值得特别一提的格瑞斯葡萄酒（Gris），该酒是一款塔维勒模式的纯正桃红葡萄酒，风味极佳。

南非产区

南非的酿酒师对他们的风土充满信心，其原因显而易见。该国拥有多种土壤类型、地形环境和微气候条件，带来极大挑战的同时，也激发了那些乐于实验、富有创造思想的葡萄栽培师的无限潜力。不论是海滨葡萄园散发出的清新的矿物质气息，还是被古老山峰环绕于青翠谷底的深花岗岩、板岩和石灰岩土壤，无不印证着南非是一个为高瞻远瞩、勇于冒险的酿酒师们打造的专属游乐场。善于猎奇和创新的酿酒商们一直在南非开普省（Cape）开发新的子产区，但现有的几个产区已脱颖而出，在酿酒领域一马当先。

历史悠久的康斯坦提亚（Constantia）和斯泰伦博斯（Stellenbosch）产区位列这些产区的榜首。康斯坦提亚是南非种植成本最高的地区之一，也是康斯坦斯（Vin de Constance）这一经典葡萄酒的发源地，英国小说家简·奥斯汀（Jane Austen）和法国皇帝拿破仑（Emperor Napoleon）都钟爱于它。这里凉爽的海风和富含花岗岩的古老土壤，造就了完美的白葡萄种植环境。收获的果实用以酿造长相思、麝香和赛美蓉等白葡萄酒，均优雅迷人，富含清新的矿物质气息，氤氲着浓郁的热带水果香气，异国情调突出，堪称极品佳酿。此外，这里的梅洛和赤霞珠等红葡萄酒的知名度也不断提升。

斯泰伦博斯以葡萄酒为产业支柱，其地形复杂、土地肥沃、植被繁茂、土壤种类丰富且排水良好。这里出产了世界一流的赤霞珠、皮诺塔吉、白诗南和霞多丽葡萄酒。斯泰伦博斯大学（Stellenbosch University）是南非唯一一所开设葡萄栽培和葡萄酒学课程的学校，每年培养出大批青年才俊，为这个以旧世界风格为主导的地区注入了新的活力。但斯泰伦博斯并非是完全照搬法国、意大利和西班牙的酿酒风格和技艺，推陈出新的精神不仅推动着南非前进，在这里同样发挥着有力的作用，当地的酿酒师们也因斯泰伦博斯独特的风土人情和历史遗产而倍感自豪。以世界级的经典葡萄酒为目标，斯泰伦博斯正全力打造值得珍藏的顶级波尔多、勃艮第和布鲁奈罗葡萄酒。对于皮诺塔吉葡萄，他们也抱持着同样的信念，这种葡萄由黑皮诺和神索杂交而成，在斯泰伦博斯长势喜人。

这种葡萄在全球市场上极具潜力，酿酒师们对此欣喜不已，用它研制了一款南非旗舰混酿红葡萄酒（也称为"开普混酿"，由占比不等的皮诺塔吉和赤霞珠、梅洛等红葡萄混合调制而成），在国内外引起了激烈而友好的辩论。

南非的其他产区各有其独到之处。帕尔产区坐拥茂盛的内陆葡萄园，被大片的花岗岩土壤覆盖，辅之以炎热的气候，造就了多个葡萄品种茁壮成长的天堂，包括西拉、赤霞珠、皮诺塔吉和霞多丽。在葡萄酒风格上，赤霞珠葡萄酒雅致独特，混酿葡萄酒则多变多端。得益于丰富的土壤类型，该产区出品的维欧尼和长相思等白葡萄酒都精妙卓越。与此同时，帕尔山脚下的气候阳光明媚，西拉在此长势最佳，颗粒饱满，肉质紧实。

其他产区还包括：埃尔金产区（Elgin）处在沿海地带，气候凉爽，海风阵阵，主要生产芳香馥郁的长相思、琼瑶浆和黑皮诺葡萄酒；黑地产区（Swartland）位于偏远乡村，在这里出产的赤霞珠，西拉和皮诺塔吉葡萄酒品质优异、极具收藏价值；弗朗斯胡克产区（Franschhoek）是胡格诺派教徒的居住地，如今主要生产美味的开普传统起泡酒、长相思白葡萄酒和一些红葡萄酒；沃克湾产区（Walker Bay）坐落在微风阵阵的海滨地区，主产黑皮诺和霞多丽葡萄酒，也生产多种其他品质上佳的酒款。无论哪一个产区，都淋漓尽致地体现了当地人民勇于尝试的进取精神，以及他们对旧世界风格的忠贞和热爱。

埃文代尔酒庄（帕尔产区）

埃文代尔酒庄（Avondale）具有极强的环境意识，总经理兼酿酒师乔纳森·格里夫（Jonathan Grieve）一直致力于推行可持续发展，采用生物陈酿、有机种植和活机耕作等农业生产方式，包括恢复土壤菌群等，对葡萄藤的生长大有裨益。这种原始的酿造方法也终获回报：酒庄出品的红葡萄酒典雅精致，散发着淡淡的皮革香气；白葡萄酒鲜爽清新，果香浓郁，风格雅致。在埃文代尔珍藏（Avondale Reserve）系列酒款中，使用传统法酿造的 MCC 天然型起泡酒（MCC Brut）和极具陈年价值的卡门萨西拉干红葡萄酒（Camissa Syrah）都值得品尝。声称对可持续发展农业感兴趣的酒庄不在少数，埃文代尔酒庄确实做到了躬行实践。★新秀酒庄

贝克斯堡酒庄（帕尔产区）

贝克斯堡酒庄（Backsberg Estate Cellars）由巴克（C L Back）在 1916 年创立，而后代代相传至今。酒庄酿造了一系列口感怡人且独具特色的葡萄酒，其酒体紧致，非常适合佐餐饮用。巴克家族致力于环境保护，使用 LED 灯照明，采用生物煮解器提取甲烷，并利用树木作为再生能源。该酒庄还是南非首家宣布实行碳中和的酒庄。现任酒庄主人迈克尔·巴克（Michael Back）和酿酒师桂勒姆·内尔（Guillame Nell）在多个系列的葡萄酒中都贯彻着酒庄独有的风格特色：如克莱恩·巴比隆多伦赤霞珠和梅洛混酿干红葡萄酒（Klein Babylonstoren Cabernet/Merlot）带有紫罗兰的风味和黑醋栗的芬芳气息。而顶级系列霞多丽干白葡萄酒（Premium Range Chardonnay）具有矿物质气息及浓郁的坚果香味。

拜登马酒庄（黑地产区）

2008 年，南非最被看好的酿酒师之一的阿迪·巴登霍斯特（Adi Badenhorst）和堂兄海因·巴登霍斯特（Hein Badenhorst）在彼得堡地区的一间废弃酒厂创立了拜登马酒庄（Badenhorst Family Wines）。阿迪是一个花花公子，喜欢冲浪和养鹦鹉。他曾供职于勒斯滕堡酒庄（Rustenberg Wines），在那里展示了过人的能力。在拜登马酒庄，他又打造出一些令人过目不忘的酒款，如马赛卡特白诗南干白葡萄酒（Secateurs Chenin Blanc），拜登马混酿干红葡萄酒（Badenhorst Red blend），以及由瑚珊、白歌海娜、维欧尼、白诗南、长相思混酿而成的干白葡萄酒。★新秀酒庄

布肯霍斯克鲁夫酒庄（弗兰谷产区）

布肯霍斯克鲁夫酒庄（Boekenhoutskloof Winery）的酿酒师兼合伙人马克·肯特（Marc Kent）是法国葡萄酒界的老前辈。他不愿在一个地方安身立命，凭着自己的开拓精神，肯特帮助这个寂寂无名的地区一跃成为南非的顶级产区。此外，他还从萨默塞特郡等地区采购原料，在注重葡萄酒品质的基础上不忘塑造品牌的多样性。布肯霍斯克鲁夫酒庄在西拉葡萄酒领域达到了顶尖水平，瓶装酒口感浓郁、酒体深沉。其酿造的经典赤霞珠和混酿葡萄酒也十分出色，其中巧克力块干红葡萄酒（Chocolate Block）口感浓郁、风格时尚，该酒由西拉、歌海娜、赤霞珠、神索和维欧尼混合调酿而成，深受大众喜爱。捕狼器干红葡萄酒（Wolftrap）也为上品，独具南非特色。

布夏尔·费莱逊酒庄
布夏尔·费莱逊酒庄的长相思葡萄酒充满独特的矿物质香气，余味悠长。

布肯霍斯克鲁夫酒庄
马克·肯特一手打造了经典的赤霞珠葡萄酒。他也酿制适合陈年的混酿红葡萄酒。

布夏尔·费莱逊酒庄（沃克湾产区）

皮特·费莱逊（Peter Finlayson）从事葡萄酒酿造 60 年，成就显赫。其得意之作为黑皮诺干红葡萄酒，酒体平衡，完美地展现了旧世界的魅力。布夏尔·费莱逊酒庄（Bouchard Finlayson）地处气候凉爽的沃克湾产区，年产约 1.2 万箱葡萄酒。全线产品包括风格质朴、带有矿物质气息的皮诺葡萄酒，以及优雅迷人的混酿红葡萄酒，如汉尼拔（Hannibal，由黑皮诺和西拉与意大利品种桑娇维塞、内比奥罗及巴贝拉混酿而成）。此外，酒庄还出产口感脆爽、散发着燧石气息的霞多丽白葡萄酒，以及具有本地区独特矿物质气息的长相思葡萄酒。酒庄采用勃艮第的采摘工艺。除了酿酒业务，打理其地域内一片遍布凡波斯灌木的山岭地带也是酒庄的工作重心之一。★新秀酒庄

布登维沃酒庄（康斯坦提亚产区）

布登维沃酒庄（Buitenverwachting）擅长酿制层次丰富、香气馥郁的佳酿。酒庄出品的经典风格红葡萄酒平衡度高，散发着黑醋栗、多种香料及矿物质气息，在全世界遐迩知名。酒庄每年生产约 9 万箱葡萄酒，全部由生长于康斯坦提亚产区深层花岗岩质土壤的葡萄酿造。克里斯汀波尔多混酿葡萄酒（Christine Bordeaux blend）等知名葡萄酒的问世，令酒庄名声大噪。酒庄所产的白葡萄酒也十分雅致爽口：霞多丽葡萄酒带有无花果干和奶油糖果的香甜口感，长相思葡萄酒则呈现出康斯坦提亚地区独有的矿物质气息、清新怡人。酒庄主人拉尔斯·马克（Lars Maack）抱负不凡，在 2008 年投资引入了全新的窖藏技术，并重新种植葡萄以对抗卷叶病毒的肆虐。

卡布里酒庄（弗兰谷产区）

卡布里酒庄（Cabrière）诞生于 17 世纪，首任经营者是法国籍的皮埃尔·卓丹（Pierre Jourdan）。如今它已发展为弗兰谷产区的一座豪华酒庄，拥有备受夸赞的香槟法起泡酒和精致的卡布里（Haute Cabrière）酒庄餐厅。现任主人阿基姆·冯·阿尼姆（Archim von Arnim）同时也是一位艺术家及作家，始终秉持诗意化的酿酒哲学——"葡萄酒绝不仅仅只有葡萄，它是 4 种物质的完美组合：阳光、土壤、葡萄和人工"。他酿制的葡萄酒具有香槟的特色：如蜂蜜慕斯般香甜的金黄色酒体，伴有苹果和柑橘的香味。其霞多丽、黑皮诺和桃红葡萄酒等静止葡萄酒也当仁不让，在达到品鉴级别的同时也完美保留了南非的当地特色。

卡皮亚酒庄（费城产区）

卡皮亚酒庄（Capaia）的宗旨——生产全南非一流的葡萄酒，听起来似乎有些夸大其词。但只要你浅尝下他们的旗舰酒卡皮亚混酿红葡萄酒（Capaia red blend），便能知道这绝非虚言。卡皮亚酒庄由英格丽德（Ingrid）男爵夫人和亚历山大·巴伦·冯·埃森（Alexander Baron von Essen）在 1997 年创立，拥有先进的酿酒设施，是一家专注于葡萄酒品质的新星酒庄，其出产的卡皮亚葡萄酒（Capaia）极具收藏价值，适合陈年，洋溢着深色水果、皮革和香料的雅致芳香。蓝山果园（Blue Hill Grove）系列的长相思葡萄酒和梅洛与赤霞珠混酿葡萄酒品质上乘，物美价廉，非常适合日常饮用。

榭蒙尼酒庄（弗兰谷产区）

怀着弗兰谷产区可以在全球一流佐餐酒的领域一争高下的信念，朝气蓬勃、锐意创新的酿酒师戈特弗里德·莫克（Gottfried Mocke）加入了榭蒙尼酒庄（Cape Chamonix Wine Farm）。近年来，该产区屡获殊荣且在业内饱受赞誉，一一验证了他的判断。莫克致力于酿造独具特色的精品葡萄酒，并采用实验性的橡木桶陈酿，打造出的黑皮诺、霞多丽、长相思等葡萄酒实现了果香和橡木香之间的完美平衡——口感既优雅稳重，又不失活泼。游客可以在酒庄的蒙·普莱西尔餐厅（Mon Plaisir）品尝葡萄酒和多种美食，充分领略浑然交融的南非特色和国际风范。★新秀酒庄

海角酒庄（好望角产区）

海角酒庄（Cape Point Vineyards）或许是世界上景色最优美的酒庄之一。它位于开普敦的诺特虎克（Noordhoek）附近，旗下有数个葡萄园，向大海的方向绵延。但和酒庄打造的各色美酒相比，这些美景都相形见绌。酿酒师邓肯·萨维奇（Duncan Savage）酿造的精品系列葡萄酒仅小批量生产，包括长相思、赛美蓉、霞多丽和混酿白葡萄酒，以及赤霞珠和西拉的混酿红葡萄酒。白葡萄酒既有燧石的矿物质气息，又带有柑橘和异国水果的风味，灵动缥缈、适宜佐餐；红葡萄酒则满溢香料、皮革和烟草的香气。★新秀酒庄

凯瑟琳·马歇尔酒庄（埃尔金产区）

凯瑟琳·马歇尔（Catherine Marshall）的新酒庄位于埃尔金产区，她在这里的所有举措都表明了对黑皮诺的钟爱。这位活力满满的酿酒师也极擅用来自帕尔产区的西拉葡萄酿酒，此酒具备罗纳河谷风格、矿物质气息突出。马歇尔机敏过人，富有魅力，她注重细节，经她手工酿造的精品葡萄酒就是其专业技艺的完美印证。其中，西拉葡萄口感清新干爽、结构精良，散逸着淡淡的胡椒风味；皮诺葡萄酒酸度适中、伴有泥土的芬芳，令人入口难忘。马歇尔还酿造了长相思葡萄酒，以及由皮诺和梅洛混酿的葡萄酒，这些佳品均充分展现了酒庄标志性的优雅格调。她曾与行业翘楚马丁·迈纳特（Martin Meinert）和肯·福雷斯特（Ken Forrester）合作酿酒，这也是她突出专业技能的有力佐证。酒庄的葡萄酒陈年价值很高，品质卓然，独具魅力。

希德堡酒庄（西德山产区）

希德堡酒庄（Cederberg）的第五代酿酒师大卫·尼乌沃特（David Nieuwoudt）拥有南非海拔最高的葡萄园（位于海拔 1000 米的西德山脉），冬日积雪覆盖，夏季烈日炎炎。酒庄的葡萄园土壤类型复杂，包括页岩、板岩质和黏土，所产葡萄也品种繁多，从奶油般顺滑的白诗南到细腻而辛辣的西拉，不一而足。尼乌沃特尊崇当地风土特色，他希望自己酿造的葡萄酒能唤起人们的美好回忆。在该酒庄内可以开展步行、远足和山地自行车等运动，进一步体现了其生态环保理念。

科乐灵酒庄（帕尔产区）

科乐灵（Coleraine）是一座位于帕尔产区的小型酒庄，寂

厄尼·艾尔斯酒庄
这个高尔夫球手经营的酒庄广受认可，吸引的绝不仅是名流望族。

榭蒙尼酒庄
只要你善于等待，便能享用这款长相思葡萄酒。

无名，每年出产约 4000 瓶层次丰富、浓郁可口的梅洛和西拉葡萄酒，以及赤霞珠、混酿红葡萄酒和诱人的白葡萄酒，如带有桃子味、异域风情浓厚的维欧尼葡萄酒。庄园的葡萄种植在帕尔山的花岗岩和页岩混合土壤中，这里土壤肥沃、排水良好且夜晚微微风习习、天气凉爽，出产的葡萄果香尤为浓郁，葡萄藤以手工方式培育。酿酒师克莱夫·克尔（Clive Kerr）更喜欢让葡萄充分释放其本身的潜力，采用不介入的方法酿酒。那么结果如何呢？事实证明，葡萄酒品质更上一层楼，由此也推动酒庄与日俱进。★新秀酒庄

康斯坦提亚·尤希格酒庄（康斯坦提亚产区）

康斯坦提亚·尤希格酒庄（Constantia Uitsig）年产约 1.2 万箱葡萄酒。酿酒师安德烈·卢梭（André Rousseau）目前正致力于调整酒庄的红白葡萄酒的生产结构，尤其是白葡萄酒，以充分彰显康斯坦提亚所特有的雅致风格。酒庄的葡萄酒早已声名远扬。口感浓郁、极具活力的赛美蓉，层次丰富、飘溢着矿物质气息的康斯坦提亚白葡萄酒，以及架构均衡的长相思，无不凸显酒庄的非凡实力。庄园坐落在桌山（Table Mountain）背阴面，地理位置优越，还建造了丰富的设施，包括一个带水疗中心的酒店、咖啡馆和两家餐厅，是理想的游览胜地。这里的一切都体现着典雅和精致。更多精彩的项目将一一呈现，让我们拭目以待。★新秀酒庄

德格林得酒庄（德班山谷产区）

德格林得酒庄（De Grendel）成立于 1720 年，如今开始自主经营。酒庄年产约 2 万箱葡萄酒，且生产规模仍在不断壮大之中。目前主要出产长相思、混酿白葡萄酒和黑皮诺、梅洛等红葡萄酒。这些美酒层次丰富、成熟甘美并带有异域水果的芳香，与德班山谷凉爽气候造就的矿物质气息相得益彰。酿酒师埃尔泽特·杜·普里兹（Elzette du Preez）和知名酒窖总管查尔斯·霍普金（Charles Hopkins）在扩大品牌知名度的同时，也延续了其独有的优雅个性。

特拉福酒庄（斯泰伦博斯产区）

特拉福酒庄（De Trafford Wines）成立于 1992 年，酒庄主人兼酿酒师大卫·特拉福德（David Trafford）为人谦逊幽默，甚至盖过他打造的独具风土特色的葡萄酒的光芒。赤霞珠、梅洛、西拉葡萄酒都具有丰富的口感、极佳的陈年潜力和平衡度。白诗南葡萄酒和独特的麦秆葡萄酒（使用风干葡萄酿造）酒劲含蓄，余味悠长。酒庄位于斯泰伦博斯产区风景优美的农场中，高海拔孕育出的红葡萄味美甘甜。葡萄酒为限量生产（每年产 3500 箱），对此特拉福德表示："低产量让我们可以更加关注生产中的细节。"

狄屈苏富酒庄（罗贝尔森产区）

如果向南非授予霞多丽贵族爵位，丹尼·德·维特（Danie de Wet）必当仁不让。德·维特是 17 世纪葡萄酒业先驱的后裔，其祖先移居南非后创立了酿酒事业。他本人则致力于培育顶级白葡萄品种。他名下的狄屈苏富酒庄（De Wetshof Estate）种植霞多丽葡萄的历史达数十年，培养出的葡萄品种屡屡获奖。

霞多丽葡萄酒带有酵母香气，口感复杂，且余味悠长，伴有柠檬香味，不同品种的瓶装酒呈现了罗贝尔森产区多样的特质。酒庄出产的长相思和架构平衡的混酿葡萄酒都极为出色。餐后甜酒为鲜爽的水果口感，品质不凡。酒庄一年一度的霞多丽品酒节更是令其备受关注。

黛眉斯多酒庄（德班山谷产区）

黛眉斯多酒庄（Diemersdal）的第六代酿酒师为泰斯·路斯（Thys Lous）。酒庄坐落在德班山谷，目前正处于扩展期。酒庄出品了源自凉爽气候的极干型长相思，还以精致的波尔多混酿酒和高品质的霞多丽而闻名。

这一系列的葡萄酒糅合了新旧世界的两种风格，同时得益于大西洋的凉爽微风和不同类型的土壤条件，葡萄酒的口味浓郁而凝练。路斯凭借出众的商业思维，将传统的开放式发酵罐与先进设备相结合，搭配使用，出品了多款佳酿，成功地为他本人及作品打响了声誉，也令整个产区闻名遐迩。★新秀酒庄

德班维尔山酒庄（德班山谷产区）

得益于泰格堡区（Tygerberg）的凉爽海风，知名酿酒大师马丁·摩尔（Martin Moore）在此创办的德班维尔山酒庄（Durbanville Hills）每年产出约14万箱结构平衡、典雅爽致的葡萄酒，适宜佐餐。该地区土壤类型和微气候条件丰富多样，这也体现在酒庄品目繁多的酒款中，如从美味的梅洛到口感醇厚的长相思等，应有尽有。酒庄内餐厅的食物美味可口，为员工提供股份的信托基金也已发行。此外，在可持续发展的道路上酒庄也取得了不俗的成绩。

厄尼·艾尔斯酒庄（斯泰伦博斯产区）

具有传奇色彩的高尔夫运动员厄尼·艾尔斯（Ernie Els）不仅在球场上叱咤风云，他创立的同名酒庄也同样精彩。酒庄专注于生产大胆奔放、浓烈强劲的红葡萄酒，适合在酒窖中长期贮藏。埃尔斯与合作伙伴，同时也是南非著名酿酒师的吉恩·恩格布莱特（Jean Engelbrecht）及酿酒师路易斯·斯特雷敦（Louis Strydom）携手并进，出品的葡萄酒不仅陈年价值高，在国际上也享有盛誉，收藏家们将其视作可与纳帕谷赤霞珠和波尔多葡萄酒比肩的首选佳酿。这些酒款水果风味浓厚，伴之怡人的香料气息，纷繁华丽的风格深受消费者的喜爱，会让人忘却其背后的名人加持效应。

锦绣酒庄（帕尔产区）

前往帕尔产区的锦绣酒庄（Fairview）参观的游客络绎不绝。进入酒庄，首先映入眼帘的是一座塔楼，里面饲养着山羊，看来不苟言笑的酿酒师也有风趣幽默的一面。酒庄主人查尔斯·巴克（Charles Back）和酿酒师安东尼·德雅格（Anthony de Jager）正试验用开普敦地区的葡萄来酿造出下一款别具一格的南非葡萄酒。酒庄现有的酒款展现了南非地区琳琅满目的葡萄酒类型：西拉葡萄酒为旗舰酒款，该款酒风味极佳并带有烟熏香味，其中的经典瓶装酒为罗纳河谷风格。其他红葡萄酒，如皮诺塔吉和小西拉葡萄酒同样值得品味。酒庄的商店售卖当地特色食品（各种奶酪的品质很好），酒庄的餐厅人气也颇高。

格兰卡洛酒庄（帕尔产区）

从格兰卡洛酒庄（Glen Carlou）的露台眺望，可以欣赏到帕尔产区的绝美全貌。酒庄内的赫斯艺术收藏馆（Hess Art Collection Gallery）也令人惊喜。出产于此的葡萄酒结构紧实且口感丰富，让人入口难忘，这一切无不反映着酒庄浓厚的艺术气息和雄厚实力。酒庄深受好评的酒款有赤霞珠、西拉和经典之作波尔多混酿红葡萄酒（Grand Classique Bordeaux blend），这些佳酿都氤氲着雪松、黑巧克力和深色水果的芳香气息，适合陈年。霞多丽也是特色酒款之一。酒庄每年生产几万箱葡萄酒，出口到40多个国家。瑞士赫斯集团（Swiss Hess Group）作为酒庄的控股股东，旗下的澳大利亚、阿根廷和加利福尼亚州等不同产地的酒款也在该酒庄提供给游客品尝。

格雷厄姆·贝克酒庄（罗贝尔森产区）

酿酒师格雷厄姆·贝克（Graham Beck）1983年在罗贝尔森产区创立了以自己名字命名的酿酒厂，该酒庄世代相传，如今由家族第三代的主人掌管经营。贝克致力于在罗贝尔森建立一座世界级的庄园，现在这一目标已成功实现，而且酒庄在斯泰伦博斯和弗兰谷产区也有了自己的酿酒厂。酒庄在员工赋权、环境保护和生物多样性方面不懈努力。贝克还打造了4个品质卓绝的系列酒款：特高级（如芳香醇厚的赤霞珠葡萄酒和雅致可口的西拉葡萄酒）、特级（如维欧尼和长相思葡萄酒）、顶级葡萄酒及开普传统起泡酒[其中白中白干型起泡酒（Brut Blanc de Blancs）不容错过]。

古特·康斯坦提亚酒庄（康斯坦提亚产区）

古特·康斯坦提亚酒庄（Groot Constantia）始建于1685年，该酒庄历史悠久，因其美丽的开普荷兰式建筑特色和郁郁葱葱的草地吸引了大批游客。作为南非最古老的葡萄酒庄园，酒庄以雅致可口的经典款白葡萄酒——长相思、赛美蓉、霞多丽和华贵康斯坦斯餐后甜酒（Grand Constance）而备受赞誉。康斯坦提亚也生产了诸多浓郁醇厚的红葡萄酒，西拉葡萄酒就是其中的代表之作。酿酒师博拉·戈贝尔（Boela Gerber）和米歇尔·罗兹（Michelle Rhodes）每年出品几十万瓶葡萄酒，包括一些波特风格的葡萄酒和起泡酒，以及其他各色酒款。

格鲁特酒庄（达岭产区）

在达岭产区（Darling）的乡间小路上一路跋涉直到尽头，到达格鲁特酒庄（Groote Post）后，你便会明白一切辛苦都是值得的。酒庄主人彼得·彭茨（Peter Pentz）和尼古拉斯·彭茨（Nicholas Pentz）打造了多种品质上乘的佐餐酒，令该新兴产区名声大振。其经典酒款包括口感活泼的梅洛葡萄酒、风格大胆的高级晚收白葡萄酒（Noble Late Harvest），还有口感辛辣、伴有烟熏味的西拉葡萄酒。这座18世纪建造的酒庄复古典雅，令游客流连忘返，酒庄内的希尔达餐厅（Hilda's Kitchen）还提供达岭当地的特色菜肴供游客享用。★新秀酒庄

汉密尔顿·拉塞尔酒庄（沃克湾产区）

与安东尼·汉密尔顿·拉塞尔（Anthony Hamilton Russell）相处片刻，你就能了解为什么他的酒庄的黑皮诺和霞多丽是南非

肯·福雷斯特

斯泰伦博斯产区的酿酒师兼餐厅老板肯·福雷斯特温文尔雅，一直心无旁骛地钻研葡萄酒。他是南非白诗南葡萄酒的代表人物。白诗南葡萄（当地也称 Steen）覆盖了南非国内葡萄园的近五分之一，但受重视的程度却远不及此。福雷斯特被称作"白诗南先生"，他致力于将南非的白诗南葡萄酒打造成一款爽脆雅致、口感丰富的世界顶级万能佐餐酒。20世纪90年代，福雷斯特收购了一座破败的农场，在1994年推出了第一款长相思葡萄酒。

福雷斯特力排众议，决定种植白诗南葡萄并培育出一个被他称为"害羞"的品种。他与来自迈纳特酒庄（Meinert Wines）的马丁·迈纳特（Martin Meinert）联手合作，大获成功，其中圣象（Icon）和肯·福雷斯特系列的白诗南葡萄酒热可炙手，氤氲着核果、蜂蜜和杏仁的芬芳，兼具爽脆怡人的矿物质气息。

布雷德河谷（Breede River Valley）的伍斯特（Worcester）子产区
是开普省葡萄酒产量最大的地区。

炮鸣之地酒庄

声名远扬的炮鸣之地酒庄，一个多世纪以来都致力于酿造世界顶级葡萄酒。

爱奥那酒庄

经典风格的西拉葡萄酒口感辛辣，单宁成熟，满溢红色浆果的香气。

汉密尔顿·拉塞尔酒庄

只需浅尝这款霞多丽葡萄酒，便会如身临其境般，感受南非当地的风土特色。

最为赫赫有名的葡萄酒。拉塞尔工作严肃认真，为生产经典的世界级葡萄酒投入了大量的时间、财力和热情。酒庄的黑皮诺红葡萄酒典雅精致，带有雪松的香气和深色水果的美味口感；霞多丽葡萄酒层次丰富、富有表现力，完美呈现了旧世界葡萄酒的风格，更蕴含着拉塞尔的处世哲学——发现自己的专长，然后做到极致。

他酿制的葡萄酒有力地证明了南非的葡萄酒可以与世界上最好的传统葡萄酒相媲美，同时它们也是南非沃克湾风土人情最生动的演绎。

哈登堡酒庄（斯泰伦博斯产区）

哈登堡酒庄（Hartenberg）的葡萄酒备受消费者和评论家的赞誉，在国际市场上也供不应求。该酒庄年产约 4.2 万箱葡萄酒，风格简朴、质量稳定且口味新颖。顶级的赤霞珠、西拉和梅洛葡萄酒值得品尝；独具特色的埃莉诺霞多丽白葡萄酒（Eleanor Chardonnay）因前酒庄主人埃莉诺·芬利森（Eleanor Finlayson）而得名。酒庄秉持以人为本的管理方式，不仅为员工提供成人识字课程，还承担员工子女的托管费用等。

爱奥那酒庄（埃尔金产区）

爱奥那酒庄（Iona）的主人安德鲁·冈恩（Andrew Gunn）致力于充分利用埃尔金产区优雅而丰富的葡萄品种酿制美酒。其高达近 1.3 万箱的年产量充分证实此乃英明之举。口感柔和、带有矿物质气息的霞多丽葡萄酒、散发燧石矿物质气息的长相思葡萄酒，以及口感爽脆的西拉葡萄酒，都是埃尔金产区的标志性酒款，分别代表了该产区作物的独特风味。曾经的苹果园现已改种葡萄藤，但整个庄园仍然一派田园风光，洋溢着返璞归真的自然美。冈恩采用有机酿酒法，酿制过程中注重对当地动植物的保护。★新秀酒庄

乔丹酒庄（斯泰伦博斯产区）

乔丹酒庄（Jordan）由加里·乔丹（Gary Jordan）和凯西·乔丹（Kathy Jordan）在 1982 年成立。乔丹夫妇热爱美食，其酿造的佐餐酒为一大特色。酒庄年产几十万箱葡萄酒，其中红葡萄酒和白葡萄酒的比例相当，分 3 层装瓶。若是初次品尝，可以选择散发着黑醋栗芳香的赤霞珠葡萄酒，接下来是柔滑绵密、橡木风味浓厚的霞多丽葡萄酒，最后是色泽鲜亮、口感活泼的长相思葡萄酒。他们志存高远，不断开创新的项目。酒庄内经营着一家地中海风格的餐厅，供顾客享用品质极佳的葡萄酒。

炮鸣之地酒庄（斯泰伦博斯产区—西蒙山次产区）

知名的炮鸣之地酒庄（Kanonkop）成立于 1910 年，如今由约翰·克里格（Johann Krige）和保罗·克里格（Johann Krige）共同经营，其产品一直居于全球顶级佳酿之列。赤霞珠皮诺塔吉红葡萄酒及保罗萨奥尔梅洛和解百纳混酿（Paul Sauer Merlot/Cabernet）都充盈着雪松、香料和深色水果的芳香，屡屡斩获殊荣。酒庄的经典酒款炮鸣之地红葡萄酒陈年价值高且极具南非特色，受到诸多收藏家和特殊酒款爱好者的垂青。酒庄位于西蒙斯伯格山（Simonsberg Mountain）的山坡

下部，目前其业务正向艺术领域扩展，庄园内新建的画廊吸引着更多游客前来参观拜访。

卡诺酒庄（斯泰伦博斯产区）

卡诺酒庄（Kanu）年产约 3.8 万箱葡萄酒，尤其擅长酿造红葡萄酒［西拉和拱心石赤霞珠（Keystone Cabernet）混酿葡萄酒带有异域香气，辛辣诱人］，但 KCB 白诗南干白葡萄酒（KCB Chenin Blanc）才是其镇庄之宝。酿酒师理查德·克肖（Richard Kershaw）正是以其酿造白诗南（南非种植最多的葡萄品种）的独特技艺而闻名，而卡诺酒庄的酒款也因此迅速走俏。适宜佐餐的白诗南葡萄酒带有甜美的水果芳香，酸度适宜。卡诺起亚欧拉贵腐甜白葡萄酒（Kia-Ora Noble Late Harvest）也同样令人垂涎，它带有坚果和蜂蜜的甜美香气，层次分明，这也是克肖娴熟酿酒技巧的完美展现。★新秀酒庄

肯·福雷斯特酒庄（斯泰伦博斯产区）

1994 年，经营餐厅的肯·福雷斯特决定退出餐饮界，在斯泰伦博斯创办酒庄，从而成为葡萄酒界的一枝新秀。福雷斯特最初酿造高端的长相思葡萄酒，不久后，他又转而研究该地区的白诗南，到如今他已跃升为南非地区的顶级白诗南葡萄酒生产商。他酿造的白诗南口感浓郁而顺滑，在世界各地广受好评。出自他手的红葡萄酒品质也不遑多让，如吉卜赛混酿红葡萄酒（Gypsy）极具异国情调，飘散着深色水果及烟草的风味；梅洛葡萄酒则极为雅致，口感怡人。福雷斯特还在斯泰伦博斯产区酒庄路 96 号开了一家餐厅，实乃品尝当地佳肴和精致美酒的必由之地。

克莱因酒庄（康斯坦提亚产区）

克莱因酒庄（Klein Constantia）环境清幽，景色美轮美奂。酒庄出产的康斯坦斯天然甜白葡萄酒（Vin de Constance dessert wine）闻名遐迩，这款甜白葡萄酒是对 18 世纪康斯坦西亚产区未加强甜酒的全新诠释，曾令拿破仑和查尔斯·狄更斯（Charles Dickens）等品鉴大师交口称赞。该款酒由芳蒂娜麝香葡萄酿制而成，洋溢着坚果、桃子及香料的芳香气息，层次丰富，宜与多种美食搭配。酒庄主人洛厄尔·朱斯特（Lowell Jooste）和酿酒师斯蒂安·克洛伊特（Stiaan Cloete）也酿造顶级的长相思、起泡酒、雷司令（包括干型和贵腐晚收型两类）及一种混酿红葡萄酒。

乐梦迪酒庄（弗兰谷产区）

乐梦迪酒庄（La Motte）由内而外都透露着十足的豪华雅致。酒庄主要生产西拉、波尔多混酿酒和长相思葡萄酒，年产量 4.6 万箱。但除了葡萄酒酿制，酒庄还涉猎甚广。合伙人汉娜丽·鲁伯特-科吉伦伯（Hanneli Rupert-Koegelenberg）是一名古典乐歌手，每个月都会在这里举办音乐会。酿酒师埃德蒙·特布兰奇（Edmund Terblanche）风格多变，他酿造的西拉和维欧尼混酿葡萄酒满盈摩卡咖啡和深色水果芳香，华贵逼人；长相思葡萄酒则清雅绝尘，散发着草本香气。这些葡萄酒适宜佐餐、架构平衡，除获奖无数之外，也赢得了无数品尝者的芳心。庄园除了酿酒之外，乐梦迪还经营两个附加的产业——花卉栽培及芳香精油的生产，芳香精油的原材料包括玫瑰、天竺葵和岬角雪灌木等。

美蕾酒庄（斯泰伦博斯产区）

美蕾酒庄（Meerlust Estate）自 17 世纪成立以来，一直被视作南非顶尖的葡萄酒生产商。但酒庄并未因此止步不前，而是推陈出新打造出了顶级的红葡萄酒，如口感浓郁动人的赤霞珠葡萄酒、经典风格的黑皮诺葡萄酒，以及窖藏珍酿、架构平衡的卢比孔混酿葡萄酒（Rubicon）等，这些酒款赢得了更多粉丝的青睐。霞多丽葡萄酒同样令人难以忘怀：口感复杂多变，如奶油般丝滑且富含热带水果的芬芳气息，是高级品酒师们必买之款。酿酒师克里斯·威廉姆斯（Chris Williams）非常重视土壤条件和葡萄品种，在继承美蕾酒庄一贯风格的同时，也推动酒庄不断向前发展。

迈尔斯·莫索普酒庄（斯泰伦博斯产区）

酿酒师迈尔斯·莫索普（Miles Mossop）年轻有为，他在托卡拉酒庄（Tokara）入行，2004 年创立了自己的酒庄。现在，迈尔斯·莫索普酒庄（Miles Mossop Wines）年产约 900 箱葡萄酒，前景不可限量。以莫索普之子命名的马克斯（Max）干红葡萄酒是一款波尔多风格的混酿，萨斯基亚（Saskia）干白葡萄酒由白诗南和维欧尼混酿而成，以莫索普女儿的名字命名。这两款葡萄酒都呈现出活力充沛的果香气息，酒体紧实，是新旧世界的完美融合。这也是莫索普的酿酒理念的极致体现，即"用自然的酿酒方式"来"引导"葡萄迸发活力，而非"指挥"它们。★ 新秀酒庄

米莎酒庄（威灵顿产区）

米莎酒庄（Mischa Estate）的酿酒师安德鲁·巴恩斯（Andrew Barnes）勤勤恳恳，不苟言笑，近来的爱好是研制波尔多混酿酒。巴恩斯家族有一段浪漫的故事："二战"结束后，安德鲁的祖父"卡尔比"·巴恩斯（"Kelpie" Barnes）退役后，和他的妻子、芭蕾舞演员伊冯·布莱克（Yvonne Blake）放弃了喧嚷的城市生活，选择来到农村，并在 20 世纪 60 年代创建了自己的葡萄园。自 1996 年以来，酒庄年产约 4000 箱葡萄酒，其中赤霞珠葡萄酒和西拉葡萄酒有口皆碑。酒庄出产的红葡萄酒散发着香料和蓝莓的香味，白葡萄酒更是清新爽口；维欧尼葡萄酒芳香四溢，众口交赞。★ 新秀酒庄

摩根豪富酒庄（斯泰伦博斯产区—西蒙山次产区）

摩根豪富酒庄（Morgenhof）拥有 350 年的历史，在国际上颇受欢迎。旗舰酒款波尔多混酿最为知名，其酒体丰满、口感复杂醇厚。此外，酒庄的长相思、皮诺塔吉和赤霞珠葡萄酒也都为上品佳酿，且价格亲民，白诗南和霞多丽葡萄酒人气也很高。酒庄有一个对外开放参观的大型地下熟化酒窖，可容纳 2 万多个小型法国橡木桶，这也表明其致力于酿造高级酒款的不懈追求。摩根豪富酒庄非常关注女性葡萄酒消费者和她们的喜好，这也是南非地区整体趋势的一个有趣变化。

蒙德布什酒庄（斯泰伦博斯产区）

迈克·杜布罗维克（Mike Dubrovic）既是诗人、农民和哲学家，还是一位极富远见、备受赞誉的酿酒师。在过去的 19 年里，他致力于将自己的酒庄和南非葡萄酒推向世界前列。蒙德

克莱因酒庄

康斯坦斯甜白葡萄酒，
装瓶 5 年后开售，发布时即可饮用。

保罗·克拉维酒庄

保罗·克拉维酒庄的晚收雷司令干白葡萄酒
是一款复杂而饱满的餐末甜酒。

布什酒庄（Mulderbosch）的葡萄酒极富风土特色，品质上乘稳定，受到国际品酒师和评论家的广泛好评。独具特色的忠犬红葡萄酒（Faithful Hound）是一款波尔多混酿，该酒带有一丝泥土的芬芳、余味悠长；长相思葡萄酒口感刚劲有力、清新脆爽，实属上品。此外，典雅柔和的白诗南葡萄酒也值得一尝。该酒庄的每日新闻，如农场的新鲜事、关于小鸡的报道等都昭示着杜布罗维克的生态环保发展路线。

尼尔·埃利斯酒庄（斯泰伦博斯产区）

开拓进取的酒商尼尔·埃利斯（Neil Ellis）和富有创新精神的商人汉斯–彼得·施罗德（Hans-Peter Schroder）联手合作，创立了尼尔埃利斯酒庄。自 1986 年以来，埃利斯一直在南非葡萄产区甄选葡萄用于酿酒，如斯泰伦博斯产区、达岭产区，还有埃尔金产区的葡萄。

这些产区的葡萄酿就的美酒具有本产区的鲜明风土特色，彰显了南非不同葡萄品种的特质。

酒庄出产的长相思葡萄酒带有醋栗的香气，赤霞珠葡萄酒美味可口、蕴含浓浓的李子芬芳；霞多丽葡萄酒则酒体饱满、散发着矿物质气息。酒庄称这些酒"富于表现力"，此言绝对不虚。

尼蒂达酒庄（德班山谷产区）

尼蒂达酒庄（Nitida Cellars）由工程师伯恩哈德·韦勒（Bernhard Veller）在 1992 年成立，年产约 8000 箱葡萄酒。酒庄自创立以来一直运旺时盛，发展势如破竹。酒庄出品的混酿红葡萄酒风味极佳，品质超凡，夹带着岩石风味的长相思，以及产自黏土、口感柔滑的皮诺塔吉均为酒庄的精品之作。酒庄致力于环境保护，经营生产以 IPW（南非葡萄酒协调生产计划）标准为指导。酒庄的卡西亚餐厅（Cassia）专注于烹饪当季乡村美食，以丰富的地方天然食材制作的佳肴与酒庄的佐餐酒完美搭配。★ 新秀酒庄

保罗·克拉维酒庄（埃尔金产区）

气候凉爽的新兴产区埃尔金因出产脆爽宜人、层次复杂的白葡萄酒、甜食酒和红葡萄酒而享有盛誉。保罗·克拉维（Paul Cluver）正是其中不可或缺的一分子。在克拉维家族的引领下，保罗·克拉维酒庄（Paul Cluver Estate）的酿酒师（也是酒庄创始人保罗·克洛弗的女婿）安德烈斯·伯格（Andries Burger）专注于将埃尔金产区沿海地带的风土特色融入葡萄酒，这一点在他所酿造的琼瑶浆、黑皮诺、雷司令、长相思等获奖酒款中体现得淋漓尽致。酒庄的霞多丽葡萄酒也在国际市场上大放异彩；该酒实现了燧石气息和奶油吐司香味的完美平衡，展现了新旧世界风格碰撞出的奇妙火花。

奇石酒庄（斯泰伦博斯产区–西蒙山次产区）

卡尔·范·德·默维（Carl van der Merwe）是奇石酒庄（Quoin Rock）的酿酒师。该酒庄年产约 5000 箱葡萄酒，目前正处于扩张期。默维擅于推陈出新，推崇环保理念。举个例子，本着"既来之，则安之"的精神，他将清理下来的外来植被用作堆肥，以便重新种植凡波斯灌木（开普敦独特的本土植物群）。就酿酒技艺而言，他酿造的葡萄酒风格新潮、特色新颖，

引起一片热潮。口感活泼的长相思葡萄酒和带有牧豆风味的西拉葡萄酒是酒庄的旗舰酒款；瓶装干藤长相思干红葡萄酒也独具风味，值得品鉴。继续关注默维吧，他定然会让你大吃一惊的。★新秀酒庄

拉卡酒庄（沃克湾产区）

皮特·德雷尔（Piet Dreyer）在创建拉卡酒庄（Raka）之前是一名渔夫，热爱大海，他的酒庄便是以他的黑色渔船命名的。现如今，位于河畔的这些葡萄园才是他的心头之好。酒庄年产约 1.5 万箱葡萄酒，其中五进制波尔多混酿红葡萄酒（Quinary Bordeaux blend）、奢华浓郁的梅洛葡萄酒和鲜美多汁的皮诺塔吉葡萄酒在当地引起了一股热潮。德雷尔活泼机智，有一个古怪的小癖好，喜欢饲养宠物鹦鹉。但他酿造的葡萄酒极为考究，品质卓然、值得收藏。酒庄目前正处于稳步上升阶段，赢得了消费者和评论家的广泛关注。★新秀酒庄

鲁德拉酒庄（斯泰伦博斯产区）

鲁德拉酒庄（Rudera Wines）成立于 1999 年，在业内享有盛誉。其出产的白诗南葡萄酒尤为出色。新秀酿酒师埃莉诺·维瑟（Eleonor Visser）成名于斯皮尔酒庄（Spier Wines），为鲁德拉打造了集中体现当地风土的精品系列葡萄酒，包括令人惊艳的白诗南葡萄酒、风格活泼的赤霞珠葡萄酒和雅致精美的西拉葡萄酒。

酒庄年产约 3400 箱葡萄酒，主要为酒庄主人约翰（Johan）、易尔比·范·维伦（Elbie van Vuuren）和贾斯帕·拉茨（Jasper Raats）青睐的优质瓶装酒。拉茨认为，埃尔金、斯泰伦博斯和沃克湾产区的葡萄酒中都以极为自然的方式展现其风土特色，这也体现了酒庄对自然的追求和对"古老传统（葡萄栽培）"的热爱。

勒斯滕堡酒庄（斯泰伦博斯产区）

产自西蒙山（Simonsberg）和海德堡（Helderburg）山脉富饶红土山坡的葡萄酒展现出强劲的口感和阳刚的气息，这也是广受赞誉的勒斯滕堡酒庄（Rustenberg Wines）和子品牌布兰普顿（Brampton）的标志特色。酒庄主人西蒙·巴洛（Simon Barlow）、葡萄栽培学家尼科·沃尔特斯（Nico Walters）和酒窖总管道夫·克里斯蒂安（Randolph Christians）互通有无，精诚合作。酒庄盛产经典风格的酒款，如约翰 X 梅利曼红葡萄酒（John X Merriman，一款单宁强劲、果香浓郁的赤霞珠混酿葡萄酒）和彼得·巴洛红葡萄酒（Peter Barlow，为勒斯滕堡酒庄出产的一款酒体结实的赤霞珠葡萄酒），皆为一流酒款，是全世界葡萄酒爱好者的挚爱。布兰普顿白葡萄酒口感也十分强劲，尤其是未经橡木桶陈酿的霞多丽和长相思葡萄酒。

瑞斯德路酒庄（斯泰伦博斯产区）

300 多年前，强大的瑞斯德路家族创建了瑞斯德路酒庄（Rust en Vrede），其生产的葡萄酒曾光荣地被纳尔逊·曼德拉总统（Nelson Mandela）选中为诺贝尔和平奖晚宴用酒。作为南非第一家专门生产红葡萄酒的酒庄，瑞斯德路酒庄在 3 个多世纪的酿酒生涯中斩获了无数奖项。西拉、赤霞珠和旗舰酒款酒庄红葡萄酒（Estate red blend）格外引人瞩目，这些

索姆-达塔酒庄
价格亲民的阿斯特系列葡萄酒的酿制灵感来自当地的传统音乐。

赛蒂家族酒庄
科卢梅拉红葡萄酒等优质佳酿引起了人们对黑地产区的关注。

酒款有着浓郁绵柔的口感、优雅的深色水果和烟草的混合香气，层次丰富，令人口齿生香。酒庄拥有被公认的世界顶级的瑞斯德路餐厅，以及驱车猎游、户外徒步和客栈等吸引更多游客的游乐项目。

赛蒂家族酒庄（黑地产区）

在埃本·赛蒂（Eben Sadie）等远见者踏入崎岖不平的黑地产区之前，该地区以黑色灌木闻名，而非葡萄园。如今，酿酒天才赛蒂（Sadie），一位行事低调但胸怀大志的酿酒师，仍深情地探索着这片偏远土地的魅力。他正在推出体现当地风土的收藏级葡萄酒，如科卢梅拉红葡萄酒（Columella，一款具有天鹅绒口感、层次丰富的西拉和慕合怀特混酿），以及帕拉迪乌斯白葡萄酒（Palladius），该酒富于表现力，优雅迷人。萨迪坚持不懈酿造令人印象深刻的酒款，他的成功也为该地区招来了更多的投资。

斯卡利酒庄（帕尔产区和布巴尔德山子产区）

斯卡利酒庄（Scali）年产 1400 箱皮诺塔吉、西拉和混酿白葡萄酒，均为手工生产的精品之作。酒庄主人威利·德瓦尔（Williede Waal）和塔尼亚·德瓦尔（Tania de Waal）在位于布巴尔德山子产区的葡萄园里采用有机酿酒法，生产出的酒款精致且富于表现力，易与食物搭配饮用。这对善良的夫妇说："我们满怀热情，与大自然紧密合作。"酒庄的房舍朴素而雅致，令人回想起安宁古朴的时代。威利的酿酒方法也是世代沿袭而来的：1877 年，他的曾曾祖父用他在北开普省金伯利发现的一颗钻石买下了这个葡萄园。★新秀酒庄

诗梦得酒庄（斯泰伦博斯产区）

大名鼎鼎的诗梦得酒庄（Simonsig）成立于 1953 年，为酿造经典皮诺塔吉葡萄酒的佼佼者。酿酒大师约翰·马兰（Johann Malan）引领了新的葡萄酒潮流，在业内备受尊崇。他酿造的葡萄酒口感浓郁、优雅迷人。架构平衡、层次丰富的弗兰斯马兰珍藏干红葡萄酒（Frans Malan Cape blend）是南非地区代表性的优雅风格皮诺塔吉葡萄酒。酒庄的白葡萄酒也为佳品，如令人直欲畅饮的白诗南；味美甘甜、令人神往的琼瑶浆。

索姆-达塔酒庄（弗兰谷产区）

索姆-达塔酒庄（Solms-Delta）的情况如今迥然不同。神经外科医生出身的葡萄园主马克·索姆斯（Marc Solms）博士重新启用了古罗马的一种葡萄栽培方法，称为干燥法，即让葡萄在藤蔓上经过一段时间的风干，使得其风味浓缩。采用此方法酿造的西拉和混酿白葡萄酒酒力强劲、香味浓郁至极。作为葡萄酒行业的新人，索姆斯不断追求进步，他精心酿造了各种酒款，从皮诺塔吉、歌海娜到维欧尼、亚历山大麝香葡萄酒，一应俱全。索姆斯的影响力不仅仅体现在葡萄酒领域，他为"黑人经济振兴"战略（black empowerment）和 Wijn de Caab 信托基金的成立也都做出了巨大努力。★新秀酒庄

斯丁堡酒庄（康斯坦提亚产区）

2005 年，斯丁堡酒庄（Steenberg）被声名赫奕的格雷厄

姆·贝克（Graham Beck）收购后，酿造出了梅洛和内比奥罗等备受赞誉的红葡萄酒。现如今，酒庄年产量约5万箱，在康斯坦提亚乃至更广的范围内都是一家势不可挡的新星酒庄。其酿制的白葡萄酒和混酿白葡萄酒尤其引人入胜。珍藏长相思白葡萄酒（Sauvignon Blanc Reserve）品质上乘，由老藤葡萄酿成，优雅迷人、矿物质气息浓厚。新酒款麦格纳纸牌干白葡萄酒（Magna Carta）为长相思和赛美蓉的混酿，口感清新且层次丰富。先进的酿酒设备、酒庄的自营餐厅和风景区都使其魅力倍增。

风暴霍克酒庄（威灵顿产区）

风暴霍克酒庄（Stormhoek）位于威灵顿产区，除了生产易于佐餐饮用、价格实惠的葡萄酒，酒庄还致力于推动互联网2.0发展。该酒庄由极具创造力的格雷厄姆·诺克斯（Graham Knox）于1993年创立，地处贝恩斯峡谷大道（Bains Kloof Pass）一个隐秘山谷的陡坡上。风暴霍克酒庄打造了气质优雅但价格亲民的皮诺塔吉、白诗南、西拉等葡萄酒，但在诺克斯和他的合作伙伴开始写博客日记之后，酒庄才开始真正广为人知。他们的日记在网络上引起广泛关注，并为酒庄赢得了一大批忠实追随者。网络上称其为"一个成功的网络营销案例"。到现在，该酒庄仍以其博客和视频而声名远扬。但是，只要你尝了风暴霍克酒庄出产的果香馥郁的葡萄酒，便能了解这个酒庄的成名秘诀远不止网络营销那么简单。★新秀酒庄

泰勒玛酒庄（斯泰伦博斯产区）

泰勒玛酒庄（Thelema Mountain）坐落在斯泰伦博斯产区的赫苏特山（Helshoogte Pass）顶峰，是该地区海拔最高、最凉爽的酒庄之一。酒庄前身是一个果园，于1983年被韦布（Webb）家族买下，发展为现在年产量约4万箱葡萄酒的优质酒庄。泰勒玛酒庄致力于酿造口感清爽的经典红葡萄酒和散发燧石矿物质气息的优质白葡萄酒（其中一部分采用埃尔金产区的葡萄酿成）。得益于当地的高纬度和小气候，酒庄出品的葡萄酒独具风味特色，完美糅合了斯泰伦博斯产区特有的馥郁果香与凉爽气候造就的清新口感。眼光敏锐的酿酒师盖尔斯·韦伯（Gyles Webb）同鲁迪·舒尔茨（Rudi Schultz）携手，严格按照冠层管理技术标准酿酒，推出的各款佳酿便是对其精湛技艺的最好证明。

托卡拉酒庄（斯泰伦博斯产区）

在充满艺术气息的迈尔斯·莫索普（Miles Mossop）的引领下，托卡拉酒庄（Tokara）正逐渐成长为南非最具前途的酒庄之一。这个葡萄酒农场每年生产约5万箱葡萄酒，其中最著名的酒款有产自沃克湾和埃尔金产区的长相思葡萄酒，富含矿物质气息和大海的气息；还有托卡拉酒庄红葡萄酒（Tokara Red），为传统的赤霞珠、梅洛和小维多的混酿，品质精良。酒庄出产的口感绵密、工艺复杂的手工橄榄油也远近闻名。★新秀酒庄

伐黑列亘酒庄（斯泰伦博斯产区）

拥有300多年历史的伐黑列亘酒庄（Vergelegen）在世界范围内都尊享着"贵夫人"的地位。撇开年份不谈，它无疑始终处在南非世界级葡萄酒的顶尖生产商之列。酿酒师安德烈·范·伦斯堡（Andre Van Rensburg）秉持精致的旧世界风格，打造的旗舰系列（Flagship）干红葡萄酒中，波尔多混酿红葡萄酒以层次丰富而闻名；珍藏系列（Reserve）最受欢迎的酒款有霞多丽、赛美蓉和赤霞珠葡萄酒；精选系列（Premium）的霞多丽和长相思葡萄酒则以完美的平衡架构著称。酒庄开设了"展示中心"，加之它的开普敦荷兰建筑及古老农庄的旖旎风光，无不令历史爱好者心驰神往。

薇芳酒庄（帕尔-西蒙伯格产区）

薇芳酒庄（Vilafonté）是美国和南非于1996年成立的一家合资葡萄酒公司，由4位知名人士共同经营，他们分别是富有创新精神的加州酿酒师泽尔玛·朗（Zelma Long）、菲尔·弗里斯（Phil Freese）、南非沃里克酒庄（Warwick）的迈克·拉特克利夫（Mike Ratcliffe）和巴塞洛缪·布罗德本特[Bartholomew Broadbent，著名拍卖师和葡萄酒作家迈克尔·布罗德本特（Michael Broadbent）之子]。酒庄出品的C系列干红葡萄酒（Series C）和M系列混酿红葡萄酒（Series M）酒力强劲，洋溢着产区特有的深色水果、雪松和香料的气息，品质不凡，深受葡萄酒收藏家的追捧。酒庄年产量仅2500箱，印证了其奢华精品的路线定位，也是酒庄引以为傲的"对品质精益求精"的不懈追求和"由泽尔马·朗（Zelma Long）倾情设计"的先进酿酒设施的成果。

沃里克酒庄（斯泰伦博斯产区-西蒙山次产区）

迈克·拉特克利夫（Mike Ratcliffe）作为皮诺塔吉葡萄酒行业的先锋，同时也是一名积极活跃、四处周游的南非葡萄酒代表性人物，拉特克利夫担任着沃里克酒庄的总经理。该酒庄年产2.3万箱葡萄酒，是斯泰伦博斯产区-西蒙山次产区及其他产区的中流砥柱。酒庄启动了一轮轰轰烈烈的扩建项目，但并不影响其擅长的细腻柔软、适合陈年的葡萄酒酿造工作。酒庄代表作有开普敦仕女红葡萄酒（Three Cape Ladies），一款赤霞珠、皮诺塔吉、梅洛和西拉的混酿葡萄酒，此酒堪称世界级的皮诺塔吉葡萄酒经典之作。还有酒庄的赤霞珠混酿旗舰酒——三部曲红葡萄酒（Trilogy），以辛辣的黑色水果味和强劲的单宁为特色。酒庄的全球葡萄酒俱乐部蓬勃发展，正是其产品广受欢迎的有力佐证。

康斯坦斯葡萄酒

这款酒曾被拿破仑珍藏，为狄更斯所赞颂，简·奥斯汀在1811年发行的小说《理智与情感》中誉其拥有"疗愈内心失望的力量"。康斯坦斯为一款迟摘餐末甜酒，最初是用康斯坦提亚产区的芳蒂娜麝香、邦达克、红白麝香及白诗南葡萄混酿而成，它也是南非最珍贵、历史最悠久的葡萄酒之一。这款油脂感浓厚的万能搭配葡萄酒，洋溢着热带水果和香料的香甜。19世纪80年代，根瘤菌暴发，几乎将所有葡萄藤摧毁殆尽，康斯坦斯葡萄酒也逐渐销声匿迹。到了20世纪90年代，克莱因酒庄的达吉·乔斯特（Duggie Joost）从葡萄酒宏伟的历史记载中汲取灵感，用芳蒂娜麝香葡萄复刻了一款康斯坦斯葡萄酒。

自2003年以来，古特·康斯坦提亚酒庄也打造了一款由红白芳蒂娜酿成的华贵康斯坦斯甜白葡萄酒（Grand Constance）。康斯坦斯葡萄酒与苏玳白葡萄酒（Sauternes）及精选干颗粒贵腐霉餐后葡萄甜酒（Trockenberenauslese）有着异曲同工之妙，虽然陈年价值不及后者，但性价比则更胜一筹。

以色列产区

　　以色列是世界上生产葡萄酒历史较悠久的国家之一，遍布这片土地的古老葡萄酒压榨机就是最好的证明。同时，以色列在所有地中海葡萄酒生产国中又属于后起之秀。大卫王（King David）时代种植的葡萄早已销声匿迹，在 1000 多年前，这个国家兴旺发达的酿酒业被摧毁。一些法国品种，如佳丽酿和歌海娜，在 19 世纪后期被引入犹太人的定居点。20 世纪 70 年代，赤霞珠等国际品种开始占据主导地位。葡萄品种的改良种植，加上该国对果味为主的葡萄酒的偏爱，使以色列跻身于地中海地区最炙手可热的葡萄酒生产国之列。

　　近年来，以色列葡萄酒业最重大的变化可能是其产区的位置从平原逐渐向山坡转移。在 20 世纪，葡萄种植区域主要集中在沿海低地，那里阳光充足、气候温暖，这也使得葡萄的成熟度极高，十分有利于酿造圣餐葡萄酒。但一些酒庄的成功，证明以色列也可以种植波尔多和勃艮第葡萄品种。许多当时比较有代表性的酒庄成立于 20 世纪 80 年代初，所在地区的冬天风雪交加，十分寒冷。

　　那些酒庄的成功吸引了许多追随者，他们开始前往山区地带，用佳丽酿、歌海娜和阿加蒙（Argaman，葡萄牙原生品种索沙鸥和佳丽酿的杂交品种）换取更畅销的葡萄品种来酿造优雅风格的葡萄酒。如今，上加利利、下加利利、泰伯（Tabor）等产区已跃居为全国最负盛名的葡萄酒产区。

　　紧随其后的是耶路撒冷周围的山丘地带，该产区在酒标上标注为犹太山丘，坐拥二十多家精品酒庄。肖姆龙产区（Shomron）位于加利利和犹太山丘之间，该产区地势较低的沿海地区葡萄酒产量最高。此外还有参孙产区（Shimshon），该产区处在耶路撒冷山地脚下到地中海沿岸之间，这里除了产出大量物美价廉的葡萄酒，还是圣餐葡萄酒的主要产地。近年来，以色列南部沙漠地带的内盖夫产区（Negev）也惹人注目，

著名的卡梅尔酒庄（Carmel）在那里种植了一些葡萄园。这一点或许并不令人惊讶，因为以色列的灌溉技术向来领先。酒庄的优质葡萄酒主要来自拉马特阿拉德葡萄园（Ramat Arad），那里海拔高达 700 米，夜晚的气候凉爽宜人。

　　也许以色列当前面临的最大挑战是宗教问题。以色列的葡萄酒需要保证葡萄酒的制作符合某些宗教信条，如葡萄酒必须由遵守安息日的犹太人在经犹太洁食认证的设施中酿造，且不可含有任何非洁食认证的成分等。需要了解的是，并非所有的以色列葡萄酒都是符合犹太洁食认证的。有一段时间，洁食认证成了一项必不可少的条件，因为大多数葡萄酒庄都依赖该国的犹太教超市进行产品分销和认证，这也让这些产品在国外市场上具备独特的吸引力。然而，现如今以色列葡萄酒的品质已达到极高水准，许多以色列葡萄酒即便未取得洁食认证，也丝毫不影响其销售。

　　但是，梅乌沙尔（Mevushal，意为"煮酒"）认证确实曾令洁食葡萄酒名声扫地，因其要求对葡萄酒进行加热。即便如此，这一因素如今对葡萄酒的负面影响也被弱化了许多，因为煮沸的工艺被快速巴氏杀菌所代替，而真正煮沸的葡萄酒已相当罕见。

卡梅尔酒庄（肖姆龙产区）

卡梅尔酒庄（Carmel）是以色列规模最大、名气最响亮的酒庄，1882年由埃德蒙·德·罗斯柴尔德（Edmond de Rothschild）男爵投资建立，曾创下生产以色列全国90%以上葡萄酒的辉煌历史。过去的20年里，酒庄在首席执行官伊斯雷尔·伊兹万（Israel Izvan）的打理下，发生了翻天覆地的变化，产量大幅削减，专注于高品质葡萄酒的生产。事实证明，这些努力都得到了回报。比如其出品的单一园卡优密赤霞珠红葡萄酒（Kayoumi Cabernet Sauvignon）散发着黑色水果和青胡椒的香气，而波尔多风格的限量款红葡萄酒也是好评如潮。昵称系列（Appellation）的酒款都物超所值，如极佳的老藤佳丽酿干红葡萄酒（Carignan），氤氲着樱桃的香气，余味悠长。卡梅尔酒庄旗下的雅提尔酒庄（Yatir）位于内盖夫地区，盛产高品质葡萄酒且极富长远眼光。

榨汁机酒庄（犹太山产区）

榨汁机酒庄（Clos de Gat）位于阿亚隆河谷（Ayalon Valley）北部，其经营者为埃亚尔·罗滕（Eyal Rotem）。1998年，埃亚尔在澳大利亚完成酿酒专业的学习后，与基布兹哈雷尔一同创建了该酒庄。酒庄附近有一台老式葡萄酒榨汁机（希伯来语中为"gat"），罗滕在周边地区种植了14公顷的法国葡萄品种。他们没有采用以色列传统的灌溉技术和商业酵母来酿酒，更充分地展现了葡萄酒的风土气息。酒庄每年的产量不到6000箱，均为上品。尤其值得一提的是妙曼迷人的低度香颂（Chanson）混酿白葡萄酒、如奶油般丝滑的霞多丽葡萄酒，以及风格含蓄、散发着巧克力香气的梅洛葡萄酒。西克拉（Sycra）是该酒庄用来标记最好年份的最好葡萄的标签，西克拉西拉（Sycra Syrah）红葡萄酒带有成熟李子的香气和天鹅绒般的口感。

埃拉山谷酒庄（肖姆龙产区）

在富有田园气息的犹太山谷里，橄榄树和葡萄藤丛生，这里也是圣经故事中大卫与歌利亚交战的战场。年轻酿酒师多伦·拉夫·汉（Doron Rav Hon）在勃艮第接受过葡萄酒培训，他自2002年以来一直从事酿酒工作，拥有324公顷葡萄园，均位于基布兹·尼特维·哈姆德·黑（Kibbutz Netiv Halamed Hey）的酿酒厂附近。他种植的葡萄中一小部分供这家酒厂每年生产约20万瓶葡萄酒。多伦坚持在夜间人工采摘葡萄，以保持果实新鲜，由此促进葡萄酒品质的提升，比如口感清爽的英国水兵长相思白葡萄酒（limey Sauvignon Blanc）和色泽明亮、未经橡木桶陈酿的霞多丽葡萄酒。葡萄园首选（Vineyard's Choice）系列酒款展现了在特定年份所产的最佳水果的香气。近年的西拉葡萄酒展现出了绝佳的平衡架构，口感醇厚稠密但不沉重，氤氲着李子的香气。

马加里特酒庄（肖姆龙产区）

曾任化学教授的雅尔·马加里特（Yair Margalit）被一致认为是以色列精品酒庄发展的推动者，因为他不仅在1989年建立了马加里特酒庄（Margalit），还撰写了为小型酒庄主人提供指导的教科书，在以色列开了先河。在位于特拉维夫（Tel Aviv）郊外的酒庄里，雅尔同他的儿子阿萨夫（Asaf）联手，每年生产大约1600箱葡萄酒。他在肖姆龙产区的滨雅米拉镇

雅提尔酒庄

雅提尔酒庄的赤霞珠葡萄酒颜色深邃，氤氲着草本植物香气，由产自内盖夫沙漠北缘的葡萄酿就。

榨汁机酒庄

以色列最佳精品酒庄之一出品的波尔多风格混酿酒，口感丰富。

（Binyamina）附近的葡萄园酿造了品丽珠葡萄酒，带有黑色水果和绿色药草的香气，淋漓尽致地体现了葡萄的特色风味。特藏级赤霞珠干红葡萄酒（Special Reserve Cabernet Sauvignon）散发着黑醋栗的味道，单宁紧实，品质上乘，适合窖藏。谜系列（Enigma）葡萄酒是酒庄的顶级酒款，由品丽珠、赤霞珠和梅洛葡萄混酿而成。

雷卡纳蒂酒庄（加利利产区）

刘易斯·帕斯科（Lewis Pasco）曾是一名厨师，后来到雷卡纳蒂酒庄（Recanati）任酿酒师。雷卡纳蒂酒庄由银行业大亨伦尼·雷卡纳蒂（Lenny Recanati）于2000年成立。帕斯科更钟情于佐餐型葡萄酒，因为这类酒不受任何萃取物或橡木味的影响。2008年，帕斯科回到加利福尼亚州，同样毕业于加州大学戴维斯分校的吉尔·沙茨伯格［Gil Schatzberg，曾供职于一家名为古老酒庄（Amphorae）的精品酒庄］接替了他的职位。到如今，沙茨伯格似乎一直秉持纯净而含蓄的葡萄酒风格，并取得了丰厚的成果。优思明（Yasmin）系列酒款属于经高温处理的梅乌沙尔（Mevushal）类葡萄酒，钻石（Diamond）系列酒款为特定葡萄品种酒，极具活力。珍藏系列葡萄酒为酒庄的特色酒款，如薄荷风味的品丽珠和深紫色的小西拉和仙粉黛混酿。特藏级别（Special Reserve）酒款为酒庄的旗舰酒品，该酒是一款产自高海拔葡萄园的赤霞珠葡萄酒，散发着馥郁的樱桃香味。

雅提尔酒庄（内盖夫产区）

2000年，卡梅尔酒庄响应大卫·本·古里安总理（David Ben Gurion）酿制"沙漠之花"的梦想，在内盖夫沙漠地区成立了雅提尔酒庄（Yatir）。该酒庄最初是与当地葡萄种植者合作经营，如今已完全纳入卡梅尔酒业旗下。酒庄由技艺精湛的澳大利亚酿酒师埃兰·戈德瓦瑟（Eran Goldwasser）独立经营和管理，其葡萄园的位置不在沙漠中心，而是位于酒庄向北行驶约10分钟的地方。这些葡萄园坐落在海拔900米高的犹太山上，被凉爽怡人的雅提尔森林所簇拥。酒庄的葡萄酒具有清凉的草本风味，以及优雅的平衡架构。雅提尔森林干红葡萄酒（Yatir Forest）为珍藏级别的波尔多风格混酿。在单一品种系列酒款中，口感丰富、单宁充沛的西拉葡萄酒和桃子味浓郁的维欧尼葡萄酒格外引人瞩目。

黎巴嫩产区

在古代，腓尼基人拥有精湛的酿酒技艺，将生产的葡萄酒出口到遥远的地中海地区。几千年后，黎巴嫩的酿酒厂延续了这一传统，每年生产约 650 万瓶葡萄酒。随着大量的黎巴嫩人从国外留学归来，这些本土人才为葡萄酒行业注入了新的活力。新一代的酿酒师们通过采用现代葡萄园耕作方式、种植国际葡萄品种及不断改进的生产技术，推动了葡萄酒行业的发展。黎巴嫩的酿酒厂历来非常重视出口市场的开发，但近年来，当地的需求也持续攀升。

主要葡萄品种

🍇 红葡萄

品丽珠

赤霞珠

佳丽酿

神索

歌海娜

梅洛

慕合怀特

西拉

🍇 白葡萄

霞多丽

默华

麝香

敖拜德

长相思

维欧尼

年份

2009
该年适合酿造白葡萄酒，更是酿造优质红葡萄酒的绝佳年份。

2008
高气温代表着葡萄酒糖分高、成熟度低，这对于白葡萄酒酿造有利，但不利于红葡萄酒的酿造。

2007
该年的白葡萄酒和红葡萄酒均有优异的品质。

2006
该年对于白葡萄酒和红葡萄酒来说都是一个好年份，天气凉爽使葡萄酒酸度和口感层次都恰到好处。

2005
该年天气十分潮湿，夏天凉爽，适合酿造白葡萄酒。

黎巴嫩现代葡萄酒酿造的历史始于 1857 年，当时的卡萨拉酒庄（Ksara）引进了法国葡萄品种和法国-阿尔及利亚酿酒技术。第一次世界大战后，黎巴嫩葡萄酒业在法国的统治下蓬勃发展。法国为其提供了广阔的市场，促进了黎巴嫩葡萄酒文化的发展。

1979 年，在黎巴嫩内战期间，黎巴嫩的葡萄酒引起了全世界的瞩目。当时，睦纱酒庄（Musar）创始人的长子，魅力非凡的瑟奇·霍查尔（Serge Hochar）在英国参加布里斯托尔葡萄酒博览会（Bristol Wine Fair），想要寻找出口市场。时任佳士得拍卖行负责人的迈克尔·布罗德本特（Michael Broadbent）品尝了霍查尔的葡萄酒后，便宣称这是该博览会上的伟大发现。

在许多葡萄酒爱好者的心目中，黎巴嫩葡萄酒就等于睦纱酒庄。但事实上，前者绝不仅止于此。睦纱酒庄的葡萄酒风格只是一种特例，没有代表性。黎巴嫩普遍采用极简主义酿酒方法，与新兴酿酒工艺形成鲜明的对比。

贝卡谷地（Bekaa Valley）位于黎巴嫩山和前黎巴嫩山脉之间，是黎巴嫩最主要的葡萄酒产区。该地位于海拔 1000 米的高度，土壤主要为黏土和石灰岩的混合土壤及岩石成分极高的岩质土。葡萄种植区主要集中在山谷的西部扎赫勒（Zahlé）市附近，另外在班敦（Bhamdoun）、基法尼（Kfifane）、里奇玛雅（Richmaya）、杰津（Jezzine）和贝卡谷地（Bekaa）东部也有一些栽培试验区。

葡萄藤传统的修形方式是修剪为杯型（灌木型），但现在超过一半的藤蔓经钢丝捆绑固定，修剪为双居由式（double guyot）或科登式（cordon）。当地普遍采用绿色收割法和冠层管理技术，很多栽培者都采取有机农业方式生产，但仅有极少数取得了官方认证。

黎巴嫩过去一直栽种法国南部的葡萄品种，但 20 世纪 90 年代以来，有头脑的生产商开始引入国际品种。现在，黎巴嫩种植最广泛的酿酒葡萄是赤霞珠，此外梅洛、品丽珠和西拉等品种也占据了不小的比例，尤其是在高端葡萄酒中使用较多。更传统的葡萄品种，如佳丽酿、神索、歌海娜和慕合怀特等仍很常见。与红葡萄品种相比，白葡萄品种如霞多丽、长相思、维欧尼和麝香葡萄等更受欢迎。

在成功开拓全新领域的同时，黎巴嫩仍保留了其葡萄酒文化遗产和一些本土葡萄品种并引以为豪。敖拜德（Obeideh）是一个古老的白葡萄品种，常与霞多丽相提并论。与其比肩的默华（Merwah）则被比作赛美蓉。这些当地葡萄在黎巴嫩传统的亚力酒（Arak）中发挥了巨大作用，这也许是它们得以存活的原因之一。亚力酒与地中海盆地生产的其他茴香酒相似，也是以茴香为原料，经三重蒸馏制成。在黎巴嫩，亚力酒通常兑水饮用，几乎每餐必不可少。因此，大多数生产商除葡萄酒外，仍然保留了亚力酒的生产。

贝乐威酒庄（黎巴嫩山产区）

贝乐威酒庄（Château Belle-Vue）是一个小型家族酒庄，由纳吉·布特罗斯（Naji Boutros）和吉尔·布特罗斯（Jill Boutros）共同创立。夫妻二人在国外生活了一段时间后，想回到黎巴嫩，帮助小山村班敦（Bhamdoun）一蹶不振的社区重返生机。2000年春，他们在梯田山坡上栽种了第一批葡萄藤，到目前为止，葡萄园已发展为22公顷，采用有机农业方式种植，酿造出大约2000箱葡萄酒。酒庄出产结构紧凑的高品质红葡萄酒，口感醇厚、层次丰富，备受瞩目。★新秀酒庄

卡夫拉雅酒庄（贝卡谷地产区）

卡夫拉雅酒庄（Château Kefraya）是黎巴嫩几大酒庄之一，每年生产约200万瓶葡萄酒。酒庄成立于1979年，位于卡夫拉雅村，采用自有的300公顷葡萄园的果实酿制美酒。M伯爵（Comte de M）为酒庄的顶级葡萄酒，由赤霞珠与西拉葡萄混酿而成，品质卓越，为酒庄赢得了当之无愧的国际口碑。

卡利酒庄（贝卡谷地产区）

2004年，雷蒙德·卡利（Raymond Khoury）和布里吉特·埃尔·卡利（Brigitte El Khoury）创立了卡利酒庄（Khoury）。自2005年以来，酒庄的酿酒师一直由卡利夫妇之子让-保罗·卡利（Jean-Paul Khoury）担任。卡利酒庄是黎巴嫩第一家也是唯一种植阿尔萨斯产区葡萄品种（灰皮诺、黑皮诺、琼瑶浆和雷司令）的生产商，因为卡利夫人具有阿尔萨斯的血统。酒庄目前每年生产约5万瓶清爽纯净的白葡萄酒和层次优雅的红葡萄酒。酒庄非常注重环保，专门采用了净水系统进行生产。

卡萨拉酒庄（贝卡谷地产区）

卡萨拉酒庄是黎巴嫩最大的葡萄酒生产商，150多年以来一直致力于酿酒事业。酒庄年产约270万瓶葡萄酒，占全国总产量的38%。作为葡萄酒行业的领导者，卡萨拉酒庄高瞻远瞩，早在20世纪90年代初，就开始用铁丝对葡萄藤进行修整并种植赤霞珠葡萄和西拉葡萄。法国酿酒师詹姆斯·帕尔盖（James Palgé）负责监管酒庄众多酒款的生产，包括旗舰品牌卡萨拉酒庄——一款肉味浓郁、结构紧凑、适合陈年的红葡萄酒。此外，千年臻品特酿红葡萄酒（Cuvée du Troisième Millenaire）也可圈可点。

睦纱酒庄（贝卡谷地产区）

如果向任何一位葡萄酒爱好者问起黎巴嫩的葡萄酒，传奇的睦纱酒庄必然会被提及。该酒庄每年生产约70万瓶葡萄酒，其中80%用于出口。睦纱酒庄以其独特而富有争议的葡萄酒风格而闻名。通常这些酒款会被描述为经陈年氧化、挥发酸度很高，这样的酒款是鉴赏家们的最爱，但并不太符合普通消费者的口味。旗舰品牌睦纱酒庄系列以丰富口感、极佳的陈年潜力闻名。霍查尔父子红葡萄酒（Hochar Père et Fils）与睦纱酒庄系列葡萄酒有一些相似之处，但口感更新鲜，价格也更加亲民。浅龄睦纱红葡萄酒（Musar Jeune）更为柔和、口感怡人，极适宜佐餐饮用。

睦纱酒庄
睦纱酒庄的葡萄酒因其卓尔不群的风格，成为黎巴嫩葡萄酒的代表佳作。

马萨亚酒庄
该酒庄在葡萄酒出口市场占有一席之地，金珍藏红葡萄酒为其旗舰产品。

圣托马酒庄（贝卡谷地产区）

托马（Touma）家族从1888年开始生产亚力酒，1997年，他们创建了圣托马酒庄（Clos St Thomas），开始生产葡萄酒。酒庄占地65公顷，年产大约40万瓶葡萄酒，其中一半以上用于出口。其产品组合涵盖多个品牌，最知名的非旗舰酒款圣托马酒庄（Château St Thomas）红葡萄酒莫属。此酒洋溢着红色水果和香料的气息，适合中期陈年。鉴赏家系列（Les Gourmets）的入门级酒款适合日常饮用，埃米尔系列（Les Emirs）中端酒为品质优良的赤霞珠、西拉和歌海娜葡萄混酿。

巴尔酒庄（贝卡谷地产区）

巴尔酒庄（Domaine de Baal）是一家备受期待的新酒庄，由塞巴斯蒂安·霍里（Sebastien Khoury）于2006年创立。这家优质精品酒庄占地5公顷，目前年产1000箱葡萄酒。2012年，另外3公顷的葡萄园达到成熟期，产量增至1800箱。巴尔酒庄只生产两种葡萄酒：一种是由霞多丽和长相思葡萄混酿的白葡萄酒，另一种是由赤霞珠、梅洛和西拉葡萄混酿的红葡萄酒。酒庄极其强调环保理念，采用有机种植技术，酿酒厂也采用节能设计。

沃迪酒庄（贝卡谷地产区）

沃迪酒庄（Domaine Wardy）于1998年推出了其首个年份的葡萄酒，是为数不多专注于特定品种葡萄酒并因此大获成功的生产商之一。酒庄拥有65公顷的葡萄园，另外还长期租用了80公顷的庄园。2003年，酒庄推出了小批量生产的沃迪私人精选（Wardy Private Selection）顶级瓶装酒，其中包括一款由赤霞珠和西拉葡萄混酿的红葡萄酒，以及一款由维欧尼和麝香葡萄调制而成的口味独特的混酿白葡萄酒。

马萨亚酒庄（贝卡谷地产区）

马萨亚酒庄（Massaya）由戈恩（Ghosn）兄弟及其来自法国的知名合作伙伴、曾就职于白马酒庄的多米尼克·赫布拉德（Dominique Hébrard）及布鲁尼（Brunier）家族共同建立。布鲁尼家族经营的产业还包括位于教皇新堡产区（Châteauneuf du Pape）的老电报酒庄（Domaine du Vieux Télégraphe）。自酒庄1998年成立以来，酿制的酒款风格时尚，市场前景良好，每年生产约25万瓶葡萄酒。马萨亚酒庄90%的产品用于出口，在国外市场尤其是在法国大获成功。酒庄共生产5款葡萄酒：一款白葡萄酒、一款桃红葡萄酒和3款红葡萄酒。这3款红葡萄酒分别是未经橡木桶陈酿的经典红葡萄酒（Classic Red）、带有罗纳风格的银色精选红葡萄酒（Silver Selection）和波尔多风格的金珍藏红葡萄酒（Gold Reserve）。

印度产区

葡萄酒在印度并非新兴事物，因此酒对印度来说也并不陌生。但苏格兰威士忌在20世纪上半叶才传入印度，在此之前印度还有更古老的传统酿酒法。与此相比，葡萄酒只能算是后起之秀。通过与法国合作，印度早期的葡萄酒发展道路一帆风顺，酿酒葡萄取代了当地的无籽葡萄品种，随之酿酒技能和设备也一应俱全。印度葡萄酒业尽管发展速度缓慢，但一直在稳步前行。印度酒业的发展当然离不开从业者们的共同努力和实验研究。从一开始只能酿得劣等的餐酒，到出产大批量品质上乘的美味佳酿，印度葡萄酒的传奇故事已经缓缓拉开帷幕。

高额的税收是阻挡印度葡萄酒业发展的一大障碍，很多消费者无力负担葡萄酒的税费。销售渠道和广告管制进一步加剧了问题的严重性。但尽管如此，印度市场上仍有大量由国外进口而来的葡萄酒产品，本土葡萄酒更是随处可见，成为葡萄酒市场的中坚力量。酿酒业日益大众化，原因很简单：葡萄是一种高产量、高需求的经济作物，葡萄酒行业不仅促进了就业，还能推动旅游业的发展。

从威士忌派对到优雅的葡萄酒晚会，葡萄酒消费正成为一种众议纷纭的社会现象。国民生产总值的稳步增长，带来了居民可支配收入的提升，让更多的人能追求美好的生活。此外，一些人认为适量饮用葡萄酒有益健康，一些医生也建议用葡萄酒代替威士忌，这也推动了葡萄酒的普及和消费。

葡萄酒逐渐与当地美食搭配食用，也许是迄今为止最大的改变。政治和板球曾是热门的餐桌话题，但如今人们反复问起的是："印度菜可以和葡萄酒搭配吗？"这已经成为聚会上讨论最热烈的内容。葡萄酒佐餐已成为当今的大势所趋和群众呼声。

纳西克（Nasik）距离孟买（Mumbai）约200千米，是马哈拉施特拉邦（Maharashtra）首个取得许可的葡萄酒产区。该产区最初的葡萄品种是用于酿制白葡萄酒的白诗南和酿制桃红葡萄酒和红葡萄酒的仙粉黛。但实际上，目前最受追捧的是长相思、赤霞珠和西拉葡萄，这些品种有望成为纳西克葡萄酒的新一代领航者。

在距离卡纳塔克邦（Karnataka）的班加罗尔市（Ban-galore）不远的南迪（Nandi）山产区，这里的几家葡萄酒庄是纳西克的竞争对手。印度北部的喜马偕尔邦（Himachal Pradesh）位于喜马拉雅山脉的丘陵地带，具有良好的风土条件，如今这里的葡萄酒业也面临着威胁。印度东部和东北部的西孟加拉邦（West Bengal）和阿萨姆邦（Assam，均为知名茶业地区）、锡金邦（Sikkim）和七姊妹邦（Seven Sisters）都在考虑进军葡萄栽培。

7—9月的季风季对于印度来说十分重要。也正是出于这一原因，印度虽处在北半球，却遵循南半球的葡萄种植周期。法国、意大利或加利福尼亚的收获季节通常在9月开始，而印度的葡萄收获期则在3月左右开始。印度地区降水量极大，会导致很多问题，如作物被淹、产量下降，以及由此而来的大量细菌和真菌滋生等灾害。

印度地区阳光充足，能保证作物的成熟程度。然而在早期，葡萄的成熟和采摘期往往被错误地用糖分水平而不是多酚成熟度来衡量，以致早期酿出的葡萄酒口感辛辣、酒力强劲，但香气微弱且口感过于清淡。但现在这一情况正在改善，即将推出的新品牌正在实现质的飞跃。

印度的葡萄酒业仍处于起步阶段，但它充满了戏剧色彩，不断给人以惊喜。事实上，葡萄酒业和印度一个更大的产业——宝莱坞非常相似。就像印度的大多数电影一样，它的葡萄酒业也将有一段风趣横生的史话，并最终以圆满为结局。

榕树酒庄（卡纳塔克产区）

榕树酒庄（Chateau de Banyan）在卡纳塔克邦种植了葡萄园，但酒庄的第一批葡萄是从纳西克（Nasik）引进的，酿得的葡萄酒在果阿邦（Goa）装瓶。

从某种意义上说，榕树酒庄在彼时还是跨国经营。在现任意大利酿酒师卢西奥·马特里卡迪（Lucio Matricardi）的管理下，酒庄现出产了一系列优质酒款，完美演绎了葡萄的品种特征，这些葡萄酒以大榕树（Big Banyan）品牌出售。酒庄的红葡萄酒品质不断提升，但白葡萄酒才是其真正的核心产品，其中白诗南干白葡萄酒尤为上乘。此外，酒庄还有一款限量生产的迟摘干白葡萄酒，为市面上的一流之作。★新秀酒庄

德奥里酒庄（马哈拉施特拉产区）

德奥里酒庄（Chateau d'Ori）在创立伊始形势一片大好，酒庄主人对于酿酒充满热忱且品味高雅，酒庄的世界级酿酒师也负有盛名。市场运作资金雄厚，来自各界的好评如潮，就连国际知名评论家也不吝褒奖。但时至今日，除了一些设计美观的酒标之外，酒庄没有什么其他作品拿得出手。德奥里酒庄的白葡萄酒产量高于红葡萄酒，总体品质尚可，但要与其他更受欢迎的酒庄相抗衡，还任重道远。

德干高原酒庄（马哈拉施特拉产区）

德干高原酒庄（Deccan Plateau）的酒标印有印度西部（Indo-Western）字体，这不见得是最大的卖点，但很方便一眼看出其产地。酒庄所产的长相思葡萄酒口感寡淡，但香气浓郁；红葡萄酒中仙粉黛和西拉非常不错，但更令人惊艳的是翠瓦利（Trivalli）混酿葡萄酒（赤霞珠、梅洛和西拉的混酿）和地道的赤霞珠葡萄酒，这两款酒体紧实、架构均衡且单宁强劲，乃酒庄引以为傲之作。★新秀酒庄

四季酒庄（马哈拉施特拉产区）

在印度葡萄酒行业几位资深酿酒师的大力支持下，四季酒庄（Four Seasons）早已声誉在外。酒庄出产了5款风格简约但结构良好的酒款，虽然年份不久，但已多次获奖，引人瞩目。酒庄的维欧尼和西拉葡萄酒也可圈可点。★新秀酒庄

格拉夫酒庄（卡纳塔克产区）

格拉夫酒庄（Grover Vineyards）的创始人坎瓦尔·格拉夫（Kanwar Grover）是印度葡萄酒行业的先驱，他在印度葡萄酒全盛时期到来之前，也就是30年前就已开创了自己的酿酒事业。酒庄的酿酒顾问是波尔多的酿酒大师米歇尔·罗兰，在他指导下酿造的赤霞珠和西拉红葡萄酒淋漓尽致地体现了他独特的风味，品质上乘，屡获殊荣。在印度葡萄酒业竞争尚未进入白热化的时期，这两款酒是不容置疑的臻选制作。卡纳塔克地区气候凉爽，似乎总体条件优于纳西克，但酿酒商们却鲜少在这里安营扎寨，而是倾向于选择一些更有潜力的边境地区。

曼荼罗谷酒庄
西拉葡萄酒酒体饱满醇厚，
散发着黑莓香味。

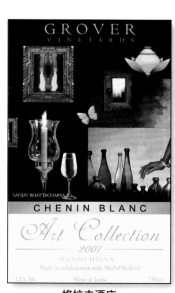

格拉夫酒庄
酒体轻盈的果味葡萄酒，
适合搭配海鲜和亚洲美食。

印迭戈酒庄（马哈拉施特拉产区）

印迭戈酒庄（Indage Vintners）由兰吉特·乔古勒（Ranjit Chougule）创立，是印度最早的一批葡萄酒生产商。在过去几十年里，酒庄经营过酿酒厂及数间酒吧和商店，但大多昙花一现。从多次获奖的欧玛尔·海亚姆（Omar Khayyam）起泡酒，到资质平平的尚伊蒂（Chantilli）和里维埃拉（Riviera）系列葡萄酒，再到用PET塑料瓶包装的劣质葡萄酒，因德吉酒庄终于意识到其经营方式的种种问题，近年来对全线产品进行调整改造。此后推出的虎山（Tiger Hill）系列葡萄酒品质的确不俗，但酒庄的未来之路仍令人担忧。

印度河酒庄（马哈拉施特拉产区）

印度河酒庄（Indus Wines）的入门酒款造梦师（Dreamz）葡萄酒品质不凡，清新纯净而且果味浓郁，是一款完美呈现印度及西方特色的当代佳作，可以将其解读成新印度风情。印度河酒庄的葡萄酒，尤其是白葡萄酒近年来品质有所提升。红葡萄酒中赤霞珠的质地优良，果香浓郁、酒体成熟，令人难以忘怀。莫克夏（Moksha）干红葡萄酒采用西拉酿制而成，酒体厚重饱满、风格大胆，但是需要一些时间（及工艺处理）来释放其独特的魅力。

曼荼罗谷酒庄（卡纳塔克产区）

曼荼罗谷酒庄（Mandala Valley）位于被誉为印度硅谷的班加罗尔周围的山丘地带，酒庄成立已有一段时间，出产了一些引人称赞的酒款。珍藏西拉干红葡萄酒完美展示了曼荼罗谷酒庄的酿酒技艺；酒庄的其他葡萄酒品质参差不齐。但酒庄主人拉梅什·拉奥（Ramesh Rao）目光远大，满怀对葡萄酒事业的激情，积极参与酿制生产，酒庄愿景的实现指日可待。

水星酒庄（马哈拉施特拉产区）

水星酒庄（Mercury）的葡萄酒主要为阿里亚（Aryaa）品牌，其酒标漂亮夺目，对消费者极具吸引力。葡萄酒本身的品质也相当不错，它采用了温柔浸渍法，果香细腻，余味悠长。水星酒庄的优质产品还包括含有些许残留糖分、口感怡人的白葡萄酒，以及口感浓郁，果香四溢的红葡萄酒。赤霞珠葡萄酒散发着胡椒香味，西拉葡萄酒香气扑鼻、单宁细腻，回味绵长。★新秀酒庄

九山酒庄（马哈拉施特拉产区）

当酒业巨头帝亚吉欧集团（Diageo）退出印度当地葡萄酒市场，将其首家合资品牌尼拉亚（Nilaya）产品下架时，所有人都在观望由法国保乐力加集团（Pernod Ricard）经营管理的九山酒庄（Nine Hills）将何去何从。九山酒庄出产的葡萄酒一直落于人后，但成功地经受住了口味和时间的考验而得以存续。有着保乐力加集团这棵大树在营销方面的扶持，以及酿酒技术方面的国际背景，九山酒庄定能扭转局面，广开门路。

文艺复兴酒庄（马哈拉施特拉产区）

施瓦基·阿赫（Shivaji Aher）对葡萄酒极其钟爱，他在文

大峡谷酒庄

赞帕格涅品牌更名为索瑞，
仍采用传统香槟制作方法酿酒。

苏拉酒庄

苏拉酒庄的长相思干白葡萄酒是
印度人气最高的葡萄酒之一。

艺复兴酒庄（Renaissance）酿造出多款独具一格的美酒。其中，白诗南葡萄酒花香馥郁，与长相思、仙粉黛和梅洛葡萄酒相比更为出色。但最能代表文艺复兴酒庄风格和理念特色的当属赤霞珠葡萄酒，此酒分普通和经典两种版本，富含成熟葡萄的芳香，还飘散着时有时无的果酱味。可能对一些人来说口感稍显涩口简朴，但仍不掩其魅力。

雷维洛酒庄（马哈拉施特拉产区）

雷维洛酒庄（Reveillo）是印度当下备受追捧的酒庄之一，出品的多款葡萄酒品质上乘，有口皆碑。酒庄所有的产品都有很好的发展潜力，尤以珍藏系列为甚，但此款酒价格也不菲。晚收（Late Harvest）系列葡萄酒的产量很少，但值得品尝。这一系列葡萄酒残留的高糖分可能令人咂舌，但因此水果香气更加饱满，这一特色正好迎合了印度人的喜好。雷维洛酒庄的葡萄酒不但彰显了高超的酿酒技术，更重要的是能让品酒者领略到真正的印度风土特色。

苏拉酒庄（马哈拉施特拉产区）

苏拉酒庄（Sula Vineyards）曾凭一己之力将葡萄酒引入印度大众的视野，如今仍在不断蓬勃发展。酒庄成立之初因优质的白葡萄酒而广受赞誉，时至今日，已成功打造了一个架构平衡且丰富多样的产品组合。苏拉酒庄系列葡萄酒，包括原汁原味的白诗南、半干型的丁多里珍藏维欧尼白葡萄酒（Dindori Reserve Viognier）、有矿物质气息的雷司令、散发着李子果香的赤霞珠、辛辣浓郁的丁多里珍藏西拉葡萄酒（Dindori Reserve Shiraz）和晚收白诗南干白葡萄酒（Late Harvest Chenin Blanc）全都制作精良、结构极佳，完美体现了印度风土特色。苏拉酒庄这一系列的葡萄酒是优质印度葡萄酒的典范。酒庄的第一批拉莎西拉干红葡萄酒（Rasa Shiraz）于2010年发布，这是一款单一品种葡萄酒，只在最好的年份酿造。

大地酒庄（马哈拉施特拉产区）

"饮用前先醒酒"，在大地酒庄（The Good Earth）的葡萄酒上总会有这样的温馨提示。该酒庄出品3款葡萄酒：一款白葡萄酒（长相思）和两款红葡萄酒（西拉和赤霞珠），均品质优异、酒力强劲且香气浓郁，生动诠释了酿酒葡萄的品种特性。但这些葡萄酒需要时间完全熟化，在这个过程中单宁也慢慢变得柔顺细致。这3款葡萄酒都是值得推崇的极品佳酿。
★新秀酒庄

瓦隆内酒庄（马哈拉施特拉产区）

瓦隆内酒庄（Vallonné）的名字有点容易混淆，但这不影响它深得人心。创始人谢伦德·帕伊（Shailender Pai）创建这座"覆盖更全面、更具远见卓识"的酒庄之前，还创办了一个成功的葡萄酒厂。他酿造的白葡萄酒价格合理但富有表现力。在红葡萄酒中，梅洛令人叫绝，这款酒如丝绸般柔滑，架构完美平衡。酒庄出品的其他葡萄酒酒体紧实，需要一段时间完全熟化。
★新秀酒庄

文苏拉酒庄／桑柯普酒庄（马哈拉施特拉产区）

文苏拉酒庄（Vinsura）是印度葡萄酒行业的先驱之一。像其他很多酒庄一样，它最初是当地顶级葡萄酒生产商的优质葡萄原料供应商，后转为独立经营。酒庄成立后，发展滞缓且时断时续。其葡萄酒品质较以往有所提升，但仍有进步的空间。起泡酒是酒庄全系列酒款中的核心产品，其夹杂的烤面包香气伴着绵密的气泡，别有一番风味。

约克酒庄（马哈拉施特拉产区）

约克酒庄（York Winery）创立时间不长，已轻松跃居为品质最优、产量最多的酒庄之一，长期在市场上占有重要席位。目前，该酒庄不生产白葡萄酒。其桃红葡萄酒品质优异，红葡萄酒则是酒庄真正的王牌之作，珍藏赤霞珠和西拉葡萄酒都相当出色。整体而言，最初几个年份的葡萄酒的质量都可圈可点。
★新秀酒庄

大峡谷酒庄（马哈拉施特拉产区）

作为一个新酒庄，大峡谷酒庄（Vallée de Vin）进行了多次人员调整和内部调动，但效果还是比较理想的。酒庄的赞帕（Zampa）品牌葡萄酒推出后，取得了意想不到的佳绩。酒庄的明星产品中有一款颇受欢迎的桃红起泡酒，名为索瑞［Soirée，为迎合法国官员的喜好，最初起名隐含调情意味的赞帕格涅（Zampagne），后改名］。酒庄还生产了一款果味浓郁、酒体活泼的优质长相思葡萄酒，特色鲜明而又温和有度。酒庄的葡萄酒整体价格亲民，品质也很出色。

中国产区

中国作为一个大国，很多行业发展的都很迅速，葡萄酒行业也不例外。中国整体经济快速增长，全国的葡萄园面积近年来也在迅速扩张。根据国际葡萄与葡萄酒组织（简称 OIV）的数据，2010 年中国葡萄种植总面积达到了 50 万公顷，但相应的葡萄酒产量仅约 12 亿升，折算后实际只有不到五分之一的种植面积真正用于葡萄酒生产。中国葡萄酒市场消费速度的增长更为迅猛，自 20 世纪 90 年代中期以来，每五年翻一番。中国葡萄酒消费 95% 为国内葡萄酒产品，但同时中国也是全球第二大葡萄酒进口国。

中国的葡萄酒主要区别于黄酒、米酒，以及啤酒、白酒或者蒸馏谷物酒等。西方读者须注意，汉字是意象字，葡萄酒由两个意象组成，即"葡萄"和"酒"。

以上解释似乎过于详细，但葡萄原称为 budawa，来自波斯语。这一来源非常重要，因为张骞正是从西域将葡萄引进中国。中国著名诗人李白的作品中，便有赞美葡萄的诗句。明朝时期，葡萄酒文化在中国走向衰落。

精力充沛、鼎力创新的企业家张弼士先生于 1892 年在山东烟台创办了张裕酿酒公司（现为张裕集团有限公司）。他酿造的葡萄酒在 1915 年于旧金山举办的巴拿马太平洋万国博览会（Panama-Pacific Exposition）上斩获 4 个奖项。张裕酿酒公司是中国几大酒厂之一，与中国长城葡萄酒有限公司、王朝葡萄酒有限公司占全国葡萄酒产量的 50% 以上。这几家公司中，中国长城葡萄酒有限公司为中国完全自主经营，其余皆为中外合资企业。但外资成分的存在不能说明现代中国葡萄酒没有中国特色，即中国葡萄酒并非一味复制原版名酒的劣等品。

话虽如此，西方人还是容易戴着有色眼镜看待中国的众多酒庄和酒窖。在带有偏见的视角下，最完美的作品也可能会被看作"原作"的 1∶1 复制品。但怀着正确心态看待，中国的葡萄酒看起来像是超现实的作品，比"原作"更为耀眼。在许多中国人看来，红葡萄酒是葡萄酒中的人气之王。但说到葡萄栽培，则是另外一回事了。葡萄的糖分、酸度、香味、单宁等是由遗传和成熟条件决定的。中国许多地区都种有酿酒葡萄，但其中有许多省份因冬季严寒、夏季潮湿、日照有限等因素，导致葡萄口感与预期的截然不同。

中国最优质的葡萄酒出自那些拒绝盲目模仿的酿酒师之手。毫无疑问，随着全新经济结构和酿酒实践的发展，在未来几年里这些酿酒师还将更上一层楼。许多新建葡萄园对葡萄种植方法优化管理，无疑将减少真菌感染所造成的数量和质量损失，使葡萄的成熟度更高、架构也更为平衡。善于创新的葡萄酒生产商通过这一手段，提升了葡萄酒的品质，山西的怡园酒庄（Grace Vineyards）便是其中的典范。

目前，与白葡萄酒相比，中国在红葡萄酒生产中投入的精力和资金更多。这不仅是因为红葡萄酒的售价更高，还因为在中国文化中，红色代表着吉祥和激情。中国人喜欢茶，因此他们对红葡萄酒中紧涩的单宁了解甚多。但假以时日，这种情况可能会有所改变，因为白葡萄酒更适合搭配中餐饮用。

但是要知道，中国的葡萄酒生产商对于各个葡萄品种生长最佳地理位置的探索，仍处于早期阶段——这一进程在 1993 年左右才开始。当时，山东的华东百利庄园刚成立不久，赢得了其第一个国际奖项（公司出产的霞多丽葡萄酒与澳大利亚的霞多丽葡萄酒品质相当，风格也相似）。现如今中国的葡萄园遍布各

主要葡萄品种

🍇 **红葡萄**

品丽珠

蛇龙珠

赤霞珠

梅洛

西拉

🍇 **白葡萄**

霞多丽

马奶葡萄

威代尔

年份

正如我们无法想象意大利南部的葡萄酒会有波尔多或摩泽尔河谷（Mosel Valley）的特色，在中国这样一个充满多元化的国家，对于葡萄酒的年份也不能一概而论。中国幅员辽阔，地理和气候上存在巨大差异，本书难以对各个省逐一展开论述。

地，条件丰富多样，例如香格里拉酒业（Shangri-La Winery）的葡萄园位于公司所在地云南省的半高山地带。

随着山东的青岛啤酒股份有限公司及施华洛世奇（Swarowski）公司的所有者杰诺·朗格斯–施华洛世奇（Gernot Langes-Swarowski）等形形色色的投资者加入葡萄酒行业，葡萄酒市场走向复杂多元化为期不远。

位于中国东北的张裕黄金冰谷冰酒酒庄便是一个极好的例证，该酒庄将多元化的风格、发展远景和完美主义融为一体。酒庄种植了超过 400 公顷的威代尔葡萄（Vidal），这一规模在欧洲的一些地区已经达到一个产区的要求。酒庄仅销售一种葡萄酒，这款酒采用天然冰冻葡萄制成。其顶级金标葡萄酒可谓全球一流的冰酒，但由于中国人对红葡萄酒的单一热爱，这些冰酒在国内反响平平。

怡园酒庄
怡园酒庄当属中国葡萄酒品质最稳定的优质酒庄。

朗格斯酒庄

朗格斯酒庄（Bodega Langes）位于中国河北省，面积达 200 公顷。施华洛世奇公司的所有人杰诺·朗格斯–施华洛世奇曾向该酒庄投资巨款，其中相当大一部分资金用于建造酒庄内一座意大利风格的建筑。朗格斯酒庄时常回荡着维也纳的华尔兹舞曲。酒庄出产的赤霞珠、品丽珠和梅洛混酿红葡萄酒也是沿袭了波尔多葡萄酒的风格，淋漓尽致地体现了其奉行的多元文化。

张裕酿酒公司

张弼士于 1892 年在山东烟台创立了张裕酿酒公司。公司不仅是中国年代最久远的现代酿酒企业，也是中国葡萄酒产业现代化的支柱力量，在各大葡萄酒市场都占有一席之地。蛇龙珠干红葡萄酒（Cabernet Gernischt，蛇龙珠的香气让人联想到赤霞珠，但味道更为辛辣）产自张裕卡斯特酒庄（Chateau Changyu Castel），其口感柔顺优雅、辛香浓郁，是张裕酿酒公司的顶级旗舰葡萄酒。但更为引人瞩目的，是产自 380 公顷的张裕黄金冰谷冰酒酒庄的顶级金标葡萄酒。2005 年，意大利的意利瓦萨隆诺投资公司收购了张裕酿酒公司三分之一的股份，此外国际金融公司（International Finance Corp）也持有张裕酿酒公司 10% 的股份。

张裕爱斐堡国际酒庄

作为张裕酿酒公司旗下最为宏大的合资企业，张裕爱斐堡国际酒庄完美复制了波尔多式的酒庄设计。它完美展现了中国葡萄酒的新时代精神，以外国投资者的国籍首字母命名，AFIP 代表美国、法国、意大利和葡萄牙。酒庄第一批葡萄种植的时间是 2005 年，第一款葡萄酒便是首席酿酒师哥哈迪·法格纳尼（Gérard Fagnoni）采用产自烟台的葡萄酿造的。大师级赤霞珠干红葡萄酒（Cabernet Sauvignon Master's Choice）结

张裕爱斐堡国际酒庄
大师级赤霞珠干红葡萄酒强劲有力，价格同样不菲。

构强劲、单宁丰富，是酒庄为数不多酒款中的顶级之作。酒庄内还设有一家五星级酒店和高尔夫球场。

龙徽酒庄

1910 年，一位法国传教士在北京市中心创立了龙徽酒庄的前身。1987 年，已发展至一定规模的龙徽酒庄与保乐力加集团合作建立了现在的北京龙徽酿酒有限公司。此后，龙徽酒庄出售了其持有的股份，但之前聘用的首席酿酒师杰罗姆·萨巴特（Jérôme Sabaté）仍然留任。萨巴特毫不讳言，他酿制的华莱珍藏赤霞珠干红葡萄酒（Hualai Reserve Cabernet Sauvignon）和珍藏霞多丽干白葡萄酒（Reserve Chardonnay）皆以法国的葡萄酒为模板。

王朝葡萄酒有限公司

王朝葡萄酒有限公司（Dynasty）是成立于 1980 年的一家中法合资企业，其创始合伙人头马君度集团（Rémy Cointreau）如今仍持有其 33% 的股份。王朝葡萄酒有限公司出产的葡萄酒品质尚可，如果公司能更注重其葡萄酒的新鲜口感，将对其发展大有裨益。

怡园酒庄

怡园酒庄（Grace Vineyard）于 1997 年创立。该酒庄自从在 2006 年聘用澳大利亚酿酒师肯·默奇森（Ken Murchison）以来，酒庄的全系列产品均保持极高水准（如果不是仅拿限量版酒款来做对比）。同时，酒庄也有一些品质绝佳的顶级酒款，其中最著名的是深蓝（Deep Blue）混酿红葡萄酒，此酒由梅洛、赤霞珠和品丽珠葡萄酿成，层次丰富，口感浓郁，令人入口难忘。怡园酒庄也专注于精密葡萄栽培技术，种植雷司令和西拉等新品种，有望实现品质的又一次飞跃。

中国长城葡萄酒有限公司

不同于各大合资竞争对手，规模宏大的中国长城葡萄酒有限公司是一家中国全资的葡萄酒企业。其酒庄规模和酒窖容量当属亚洲之最，在设计上与法国名庄拉菲古堡如出一辙。常规款长城牌赤霞珠葡萄酒在世界各地的亚洲商店出售，此酒口感新鲜、果味浓郁，口感与产自智利的赤霞珠葡萄酒相似。酒庄的顶级酒款口感更加强劲，单宁丰富且略显质朴。如果你偏好传统风格的波尔多红葡萄酒，那你可能会对它情有独钟。

华东百利酒庄

1985 年，来自香港的企业家迈克尔·帕里（Michael Parry）创立了华东葡萄酿酒有限公司的前身，它是中国改革开放后首家赢得国际赞誉的中国酒庄。

以前酒庄生产由澳大利亚酿酒师酿造的澳大利亚风格葡萄酒，如今酒庄的酿酒师在法国风格的启发下打造出了中国优质酒款，已完全将其取而代之。

香格里拉酒业

在多山的云南一个看似不适合出产葡萄酒的地方，香格里拉酒业却酿造出了中国最好的波尔多风格红葡萄酒。更为意外的是，这些葡萄酒均有良好的陈年潜力，在中国实属罕见。香格里拉酒业的葡萄酒采用意大利风格的包装设计，外观十分精美，与其葡萄酒特有的中国味道形成了鲜明的对比。

中国长城葡萄酒有限公司
中国长城葡萄酒有限公司的波尔多风格葡萄酒多次赢得国际赞誉。

张裕爱斐堡国际酒庄声名鹊起，酒庄位于北京市密云区。

日本产区

　　日本作为优质葡萄酒的主要消费国，在国际上已广为人知。但它作为优质生产商的成就却鲜有人知。日本的现代葡萄酒工业可以追溯到19世纪后期的山梨县（Yamanashi）的胜沼町（Katsunuma）。如今，葡萄虽在日本多地进行种植，但距离东京西北2小时车程的山梨县仍然是葡萄种植中心。山梨县面积约2.3万公顷，约有五分之一都是葡萄藤，这里大约有200家酿酒厂。如果不是土地稀缺，且山地占地面积三分之二以上，那么日本可能会有更多的葡萄园。

主要葡萄品种

🍇 **红葡萄**

赤霞珠

丹菲特

梅洛

贝利麝香

茨威格

🍇 **白葡萄**

霞多丽

琼瑶浆

肯纳

甲州

年份

日本具有极端的天气条件和潮湿的气候，所以相比于葡萄酒的年份，生产者更注重保护葡萄和彻底对抗真菌。然而，2009年的8月和9月，气候干燥、阳光充足，为葡萄成熟提供了近乎理想的条件，真菌病也得到有效控制。2008年的葡萄酒虽然略逊于2009年，但2008年温和的夏季和收获期的雨季使其优于2007年的葡萄酒。

　　季风气候、潮湿的夏季和频繁的秋季台风为日本的葡萄种植者徒增了众多烦恼。抵抗真菌疾病更是一大难题，因为真菌对葡萄酒的质量和产量会产生不利影响。然而，近几年日本由于追求完美主义且做了大量实验，已经成为亚洲最成功的葡萄酒生产商之一。

　　在了解日本葡萄酒之前，需要知道葡萄酒是如何进入日本的现代生活的。1870年，即日本明治时代，欧洲葡萄酒首次登入日本舞台，并产生了深远影响。当时，日本实施闭关锁国政策2个多世纪之后开始打开国门、走向世界，迅速接受了西方的科学知识和工业文化。而酿造葡萄酒的标准和成功则代表了现代文明的成果。另一方面的原因是禁肉令的结束。受到政府的鼓励，人们的传统饮食习惯和风俗也很快转变。

　　1964年，东京奥运会前夕，日本开放了进口饮料贸易，使得欧洲葡萄酒再次于日本流行起来。自此之后，尽管商务人士认为日本葡萄酒并不能与法国或意大利的正宗酒款相媲美，但对其而言，葡萄酒一直是不可或缺的高级奢侈品和礼物。

　　日本的气候使葡萄酒生产商十分烦恼，而且还使得葡萄酒消费具有极强的季节性。一年中的最后3个月是既定的"葡萄酒旺季"，而近年来春季也出现了短暂的旺季。日本人在夏季大量饮用啤酒也是因为气候和文化的因素。有趣的是，日本主要的啤酒厂所拥有的葡萄酒厂几乎奉献了日本葡萄酒总销售额的一半。

　　另一个变化是日益增多的年轻女性开始频繁饮用葡萄酒。男性消费者购买葡萄酒往往受主要国际酒评家和当地顶级侍酒师意见的强烈影响，因此更青睐于单宁浓郁的红葡萄酒。而相比之下，女性消费者主要通过网络平台查找信息，因此更青睐于清淡怡人、口感微妙的大品牌葡萄酒。日本葡萄酒消费的性质似乎正在发生重大转变。《神之水滴》（*Les Gouttes de Dieu*）是一本日本葡萄酒漫画，但其对新型葡萄酒消费者产生了重大影响，也侧面反映了日本葡萄酒消费的华丽转变。

　　年长消费者对法国葡萄酒的迷恋对日本酿酒业的发展产生了巨大影响。几十年来，尽管日本地区鲜有法国主要葡萄品种（尤其是赤霞珠、梅洛和霞多丽）的生长和成熟之处，但当地酿酒师仍凭借这些品种走向了成功。

　　近年来，最适合种植于日本气候条件下的是本土的甲州（Koshu）葡萄和贝利麝香（Muscat Baileg，最初当作食用葡萄种植）葡萄，它们凭借着天然的优势吸引了众多天资聪颖的酿酒师，掀起了一股创新葡萄酒的热潮。新的甲州葡萄酒充分展示了日本的酿酒成就。优质的甲州葡萄酒曾选用贵腐菌感染的果粒，模仿苏玳酒酿制甜酒。如今许多大大小小的生产商均生产酒泥陈酿葡萄酒。该酒款历经酵母酒糟陈酿，突出了甲州葡萄精妙的果香味和矿物质香。

　　日本的许多地区均可种植大量的本土葡萄品种，例如统称为山地葡萄的品种仍有较大的发展空间，然而处于气候凉爽的北海道地区的酿酒师正在试验各种北欧的葡萄品种，如茨威格、丹菲特、肯纳和琼瑶浆等。毫无疑问，日本酿酒师逐渐认识到对法国葡萄品种的依赖于本国葡萄酒业的发展无益，他们针对葡萄酒的试验因此会更加深入。

　　日本葡萄酒在国内市场的份额现已上升到近40%。这一增长部分归功于一些地区的酿酒政策。在此之前的几十年，日本葡萄酒通常由进口葡萄酿成或国产葡萄酒和进口葡萄酒混酿而成。随着人们对酿酒行业的重视程度不断提高，日本酿酒厂的产量似乎会实现适度的增长，但质量和多样性将是一大挑战。

美露香酒庄

美露香酒庄（Château Mercian）是一家专业的大型酿酒厂。酒庄酿造了大量优质且富有特色的甲州葡萄酒系列，涵盖了酒泥陈酿的干型葡萄酒、木桶发酵葡萄酒、奇奥卡葡萄酒（Kiiroka）、鸟居平畑甜型葡萄酒（Toriibira Vineyard）、胜沼町起泡酒（Katsunuma no Awa）和半桃红特级佳酿等。在酒庄主管藤野克久（Katsuhisa Fujino）和首席酿酒师味村高齐（Kousai Ajimura）的带领下，由梅菊原（Kikyogahara）葡萄园中的特色梅洛酿造的葡萄酒浓郁醇厚、口感顺滑，可谓是亚洲最优质的红葡萄酒之一。高贵优雅的私人珍藏霞多丽葡萄酒（Private Reserve Chardonnay）产自北辰葡萄园（Hokushin，也位于长野县），是该国品质最优的干白葡萄酒之一。

钻石酒庄

吉尾雨宫（Yoshio Anemiya）在勃艮第接受过酿酒师的培训，他以"我们拥有出色的车库酒庄"来描述他们家族的小型酿酒厂。他大胆地把高贵优雅、中等酒体的酒泥陈酿葡萄酒称为甲州"尚特尔雅"葡萄酒（Chanter YA Koshu），不过强劲微妙的木桶发酵菱山甲州葡萄酒（Hishiyama Vineyard Koshu）更是与众不同。吉尾雨宫酿造的葡萄酒产量稀少，属勃艮第风格，尚特尔雅贝利麝香"AYcube"红葡萄酒展示了麝香贝莉的优异品质。此酒款既富有皮诺葡萄的丝滑度，又有仙粉黛葡萄的辛辣气息。

格雷斯甲州酒庄

三泽茂计（Shigekazu Misawa）是格雷斯甲州酒庄（Grace Winery）的主人，他始终钟爱甲州葡萄。从半干型的格里斯甲州白葡萄酒（Gris de Koshu）到鸟居平畑葡萄园酿造的浓郁活泼的特酿明野甲州天然干白葡萄酒（Cuvée Misawa），三泽茂汁酿造的葡萄酒可谓是对日本现代甲州葡萄酒作出了新定义。高海拔的明野葡萄园（Akeno）酿造了古朴典雅、刚劲有力的卡亚加特克葡萄酒（Kayagatake）和口感柔顺的藏印葡萄酒（Kurajirushi），均是在凉爽气候下酿造的甲州葡萄酒，也进一步扩大了甲州葡萄酒的生产范围。干型的特酿明野甲州葡萄酒（Cuvée Misawa）口感柔滑，由赤霞珠和梅洛葡萄混酿而成。相比于日本混酿的其他酒款，此酒款具有良好的和谐度和更成熟的香气。

池田酒庄

池田俊一（Toshikazu Ikeda）的小型酒庄生产了一系列无可挑剔的干白葡萄酒和红葡萄酒，这些酒款富有浓郁的水果味，平衡性好。新型酒款雅木赤霞珠（Yama Sauvignon）是浓郁辛辣的红葡萄酒，由日本葡萄与赤霞珠葡萄混酿而成。

胜沼町酒庄

胜沼町酒庄（Katsunuma）的有贺宇治（Yuji Aruga）和酿酒师平山茂之（Shigeyuki Hirayama）因其合资企业马格雷-有贺（Magrez-Aruga）而闻名，该企业位于伊势原市（Isehara）葡萄园，且波尔多生产商贝尔纳·马格雷（Bernard Magrez）也参与了该酿酒事业。马格雷-有贺可谓是现代甲州葡萄酒的优良范例，但其品牌的知名度较高，价格也偏贵。酒庄使用的是甲州葡萄酒酒标，统一以阿鲁格·布兰卡（Aruga Branca）品牌销售。

万藤酒庄

万藤酒庄（Marifuji）坐落于胜沼町葡萄园，是一家充满诗情画意的小型酒庄，其墙壁赫然标有"建于1890年的酒庄"的字样。大村春夫（Haruo Omura）酿造的酒泥陈酿甲州葡萄酒是山梨县出产的甲州葡萄酒中最优质的酒款。酒款既有浓郁柔顺的优雅性，又具有明显的矿物质香气。酒款主要在9000升的搪瓷钢罐（用于清酒酿造）中酿制。大村春夫还使用多种多样的葡萄酿造出了富有特色的红葡萄酒。

三得利集团

三得利集团（Suntory）作为饮品巨头，产品涵盖了众多健康食品、啤酒和威士忌（很多都是质量上等或绝佳的酒款）。三得利集团在长野县（Nagano）、冈山县（Okayama）、山形县（Yamagata）和山梨县（Yamanashi）也拥有诸多酿酒厂，并使用本地和进口的葡萄酿造各种优质的现代酒款。产自登美葡萄园（Tomi Vineyard）的特别珍藏葡萄酒虽然是酿造一流的波尔多混酿的一次认真尝试，但媒体称其已被竞争对手的顶级葡萄酒击败。

格雷斯甲州酒庄
该酒庄酿造的甲州葡萄酒属于日本葡萄酒的佼佼者。

美露香酒庄
相比于经典波尔多梅洛葡萄酒，梅菊原梅洛葡萄酒的口感更加柔顺、酒体轻盈。

澳大利亚幅员辽阔，葡萄酒产区各具特色，优质葡萄酒品类齐全。然而尽管如此，澳大利亚主要以果味浓郁、美味可口、价格低廉的品牌葡萄酒闻名于海外市场，如"瓶装阳光"这款酒的市场需求旺盛。

澳大利亚的葡萄种植可以追溯到 19 世纪中叶，早期的欧洲移民在这里种植了大批葡萄。因此，澳大利亚历史上重要的葡萄酒产区都靠近东南部的主要城市，也就是欧洲人最早定居的地区。

澳大利亚现代美酒的盛况可以说是由科林·普里斯（Colin Preece）、马克斯·舒伯特（Max Schubert）和莫里斯·奥谢（Maurice O'Shea）这三位传奇酿酒师所造就。在过去的 40 年里，澳大利亚的葡萄酒产业不断发展，已成为一个多元化的健康产业，数百名成就卓著的葡萄园主和一些前途无量的新葡萄酒产区不断推动着整个产业的发展。

20 世纪 70 年代初，玛格丽特河产区和焕然一新的雅拉谷产区等新星产区加入巴罗萨谷产区、麦克拉伦产区、猎人谷产区和克莱尔谷产区等老牌产区的行列。莫宁顿半岛产区、西斯寇特产区、塔斯马尼亚产区和堪培拉区产区等产区紧随其后。澳大利亚现在拥有 60 多个地理指示品（geographical indicators，葡萄酒产区的正式名称）。

澳大利亚的优质葡萄酒品种多样，包括西拉和霞多丽混酿葡萄酒、干型雷司令葡萄酒、猎人谷产区的赛美蓉葡萄酒及玛格丽特河产区和古纳华拉产区的赤霞珠葡萄酒。澳大利亚还出产一些高品质的加强型葡萄酒、前景喜人的起泡酒及一些风格时尚的黑皮诺葡萄酒。这些黑皮诺葡萄酒产自气候较为凉爽的产区。

气候干旱、丛林大火、葡萄酒库存过剩和全球气候变暖等问题一直是澳大利亚葡萄种植者面临的挑战。不过他们已向世人证明他们有足够的能力应对这些挑战。因此，我们有理由相信澳大利亚的葡萄酒产业一定能延续辉煌。

大洋洲产区——
澳大利亚

新南威尔士州产区

新南威尔士州（New South Wales）是澳大利亚人口最密集的州。19世纪初，澳大利亚葡萄酒的故事始于此地。大分水岭山脉（Dividing Range）和澳大利亚阿尔卑斯山脉使新南威尔士州有很多不同的气候区，得以酿造出各种风格的葡萄酒。气候湿热的猎人谷产区（Hunter Valley）是新南威尔士州最著名的产区，以其历史悠久、未经橡木桶陈酿的赛美蓉葡萄酒和西拉葡萄酒而闻名。大分水岭山脉的另一侧，满吉产区（Mudgee）和奥兰治产区（Orange）是气候较为凉爽的产区，生产各种独特的红葡萄酒和白葡萄酒。最后，新南威尔士州南部有三大前景喜人的产区：堪培拉产区（Canberra）、希托普斯产区（Hilltops）和唐巴兰姆巴产区（Tumbarumba）。

年份

2009

这一年，虽然大多数产区都处于初期阶段，但前景良好，特别是猎人谷产区的赛美蓉葡萄酒和满吉产区、奥兰治产区的红葡萄酒，后两个产区的红葡萄酒由早熟葡萄酿制而成。

2008

这是糟糕的一年。夏季凉爽伴随暴雨，猎人谷产区和满吉产区遭遇了最困难的一年。

2007

澳大利亚的大部分地区在这一年都在应对炎热气候带来的挑战，优质佳酿都产自中部山脉区的各个产区。

2006

这一年，猎人谷产区的葡萄酒品质卓越，其他产区也不错。

2005

这一年，猎人谷产区的红、白葡萄酒都具有良好前景。新南威尔士州的其他产区也是如此。

2004

对于猎人谷产区来说，这是艰难的一年，夏季气候十分炎热，且暴雨不断。新南威尔士州的其他产区的情况要好一些。

早在1788年，欧洲移民者就在新南威尔士州种植了澳大利亚的第一批葡萄藤。不幸的是，第一次尝试失败了。直到19世纪初，约翰·麦克阿瑟（John MacArthur）才在位于悉尼西南部不远处的卡姆登酒庄（Camden Park）建立了澳大利亚第一个商业葡萄园。尽管起步较早，但新南威尔士州的葡萄酒产业发展一直落后于南澳大利亚州和维多利亚州。

猎人谷产区是新南威尔士州著名的葡萄酒产区，产区在1830年种植了第一批葡萄藤。猎人谷产区是一个能给人意外惊喜的产区，炎热潮湿的气候似乎完全不利于酿造高质量的葡萄酒，但该产区却酿造出了澳大利亚两款最具特色的优质葡萄酒。第一款是赛美蓉葡萄酒，产区的赛美蓉葡萄在成熟期酒精含量较低但酸度高，酿制的葡萄酒口感紧实清爽，在完美的成熟过程中，会散发出烤面包一样的浓郁香气。第二款是西拉红葡萄酒，酒体适中，极具陈年潜力，口感会变得更加丰富，带有浓重的动物皮毛味。猎人谷产区靠近悉尼，产区也因此成为葡萄酒旅游产业的新星。虽然产区给人一种景区的感觉，但是不妨碍产区酿造出顶级佳酿。

从猎人谷产区越过大分水岭山脉，有三个产区一同构成了中央山脉区。它们分别是满吉产区、奥兰治产区和考兰产区（Cowra）。这里的气候受海拔影响，相对比较温和。满吉产区是三大产区中规模最大的，产区酿造出了顶级红葡萄酒，主要采用西拉葡萄和赤霞珠葡萄酿造而成，酿酒传统可以追溯到19世纪40年代。奥兰治产区是三者中气候最凉爽的产区。它本身并不是十分出名，而且产区内酒庄数量相对较少，但这个产区是耐寒性葡萄品种的重要产区，即使是长相思这样的品种也能在这里长势颇佳。考兰产区则因其海拔较低的缘故，是中央产区中气候最温和的产区，霞多丽葡萄酒是该产区的特色酒款。

从南到西，新南威尔士州南区的大片区域包括3个优质的产区。堪培拉产区位于堪培拉北部，在20世纪70年代以克隆那奇拉酒庄为首，开启了蓬勃发展阶段。堪培拉产区是一个比较新的产区，各个地区有着不同的微气候，其中西拉葡萄和雷司令葡萄是最具前途的葡萄品种。产区有许多成就斐然的精品酒庄。希托普斯产区位于新南威尔士州西北部不远处，气候温和，正处于蒸蒸日上的发展阶段。产区在1989年只种植了12公顷的葡萄园，现如今发展到400多公顷，主要种植西拉葡萄、赤霞珠葡萄和霞多丽葡萄。第三个是唐巴兰姆巴产区，这里属高山气候，气候凉爽，是基础款起泡酒和霞多丽葡萄酒的重要产地，出产的霞多丽葡萄酒风格优雅。产区出产的黑皮诺葡萄酒大有可为。滨海沿岸产区与维多利亚州接壤，是一个气候炎热的大规模灌溉产区，盛产葡萄酒。

阿兰代尔酒庄（猎人谷产区）

阿兰代尔酒庄（Allandale）是一家位于猎人谷产区的小型精品酒庄。自 1978 年成立以来，以口感丰富浓郁的霞多丽葡萄酒闻名于世。自 1986 年以来，阿兰代尔酒庄在酿酒师比尔·斯奈登（Bill Sneddon）的指导下广受业界好评。阿兰代尔酒庄同这个地区的其他酒庄一样，酿酒用的葡萄只有一部分产自酒庄的 7 公顷葡萄园，酒庄还需要向猎人谷产区和满吉产区及其他地区的葡萄种植者购买酿酒用的葡萄。

奥德雷·威尔金生酒庄（猎人谷产区）

奥德雷·威尔金生酒庄（Audrey Wilkinson）是 19 世纪猎人谷产区的葡萄酒业的先驱，位于猎人谷断背山山脉（Brokenback mountain range）的山麓地带。酒庄最初是胡椒树集团（Pepper Tree group）的一部分，但从 2004 年起，酒庄被布莱恩·阿格纽（Brian Agnew）收购，并由其经营管理。奥德雷·威尔金生酒庄的葡萄酒都是由自家种植的葡萄酿造而成，全线产品分为两个系列：奥德雷系列和珍藏系列。其中赛美蓉葡萄酒的品质最为上乘，带有猎人谷产区的传统特色。珍藏系列雷克西拉干红葡萄酒（Lake Shiraz），带有丝丝泥土的芬芳，同样令人回味无穷。

巴旺酒庄（希托普斯产区）

巴旺酒庄（Barwang）最初由彼得·罗伯逊（Peter Robertson）管理，现如今由麦克威廉家族（McWilliam）经营管理。彼得·罗伯逊是在新南威尔士州杨镇（Young）种植葡萄园的先驱，杨镇位于大分水山脉的西南坡地。在麦克威廉家族的经营下，巴旺酒庄葡萄园的面积从原来的 13 公顷扩大到了 100 公顷，但葡萄酒的品质并没有因此下降。该酒庄的葡萄酒都是由希托普斯产区和唐巴兰姆巴产区的葡萄酿造而成。希托普斯产区的西拉葡萄酒口感辛辣、带有胡椒气息；唐巴兰姆巴产区的霞多丽葡萄酒架构平衡、风格典雅。两个酒款都是值得一品的佳酿。

毕巴乔酒庄（猎人谷产区）

毕巴乔酒庄（Bimbadgen）是一家引人注目的酒庄，位于猎人谷产区，拥有雄伟的钟楼和仿托斯卡纳风格的建筑，历经多次更名和所有权转移。毕巴乔酒庄建于 20 世纪 60 年代，种植的葡萄格外优良。最初，毕巴乔酒庄负责为其他酒庄提供酿酒葡萄，现如今酒庄利用自家的美味葡萄，为一系列酒款打下根基。酒庄的得意之作是一款带有经典猎人谷产区风格特色的西拉葡萄酒和一款风味清淡但陈年价值极高的赛美蓉葡萄酒。

波图波拉酒庄（满吉产区）

波图波拉酒庄（Botobolar）是澳大利亚第一个获得有机认证的酒庄，因此声名鹊起。酒庄葡萄园占地面积为 22 公顷，自 1971 年以来一直采用有机种植模式。波图波拉酒庄除了生产传统的红葡萄酒和白葡萄酒，还生产一种不含防腐剂、不添加二氧化硫的红葡萄酒。

布瑞德贝拉山酒庄（堪培拉区产区）

布瑞德贝拉山酒庄（Brindabella Hills）的创始人罗杰·哈里斯（Roger Harris）不仅拥有化学博士学位，还拥有酿酒科

奥德雷·威尔金生酒庄

猎人谷产区出产的经典赛美蓉葡萄酒至少可以窖藏 10 年。

卡塞拉酒庄

事实证明，卡塞拉酒庄出产的红葡萄酒口感怡人，在许多国家都很受欢迎。

学学位。他最初于 20 世纪 80 年代末在堪培拉产区以北 25 千米处种植葡萄。酒庄葡萄园占地 5 公顷，园中的土壤底层为花岗岩。酒庄成功地产出了西拉葡萄酒、桑娇维塞葡萄酒、雷司令葡萄酒、长相思葡萄酒、灰皮诺葡萄酒以及一款名为奥里斯（Aureus）的混酿葡萄酒，由霞多丽葡萄和维欧尼葡萄混酿而成。不仅如此，酒庄的红葡萄酒会置入法国橡木桶和美国橡木桶中精心陈酿 1～2 年。

恋木传奇酒庄（猎人谷产区）

恋木传奇酒庄（Brokenwood）由 3 位喜好葡萄酒的律师于 1970 年建立，其中包括著名品酒家詹姆斯·哈利迪（James Halliday），他在 1983 年卖掉了自己的股份。1970 年，他们买下一块土地种植葡萄。恋木传奇酒庄始建于 1975 年，并于 1978 年买下了著名的坟场葡萄园（Graveyard Vineyard）。自此之后，酒庄的葡萄酒就成为澳大利亚的经典代表。风格雅致、陈年价值高的茔地酒庄西拉干红葡萄酒（Graveyard Shiraz）以含蓄的酒劲、浓郁的口感和复杂多变的风格而闻名于世。伊恩·里格斯（Iain Riggs）于 1982 年成为酒庄的酿酒师，现如今是酒庄的管理者。自此之后，恋木传奇酒庄就扩大了生产范围，包括酿造来自多个高级产区的葡萄酒。不过，酒庄最受欢迎的酒款还是茔地酒庄西拉干红葡萄酒和永久珍藏赛美蓉干白葡萄酒（ILR Reserve Semillon），这两款酒刚酿成时鲜爽纯净，陈年静置之后层次丰富，氤氲着阵阵烤面包的芳香。

卡普凯利酒庄（猎人谷产区）

苏格兰籍商人阿拉斯代尔·萨瑟兰德（Alasdair Sutherland）在葡萄酒行业摸爬滚打了 30 年后，于 1995 年创立了卡普凯利酒庄（Capercaillie）。酒庄的葡萄园占地 5 公顷，只能满足酒庄酿酒所需葡萄的三分之一。这座葡萄园于 1970 年在拉乌德勒建立，因此酒庄还需从新南威尔士州和南澳大利亚州的其他产区采买优质葡萄。例如，卡普凯利酒庄这个名字遗留了苏格兰特色，而酒庄的葡萄酒名称带有盖尔语特色。酒庄的特色酒款种类繁多，例如猎人谷吉利西拉葡萄酒（Ghillie Shiraz），价格较低的同乐会西拉葡萄酒（Ceilidh Shiraz）也同样令人印象深刻。

卡塞拉酒庄（滨海沿岸产区）

卡塞拉酒庄（Casella）的故事非常精彩，令人惊奇。菲利波·卡塞拉（Filippo Casella）和玛利亚·卡塞拉（Filippo Casella）夫妇于 20 世纪 50 年代末从西西里岛移民到澳大利亚，而后在滨海沿岸产区开始种植葡萄。但随着"黄尾袋鼠"品牌的推出（酒瓶上印有袋鼠标志），以及该品牌葡萄酒在美国销量的爆炸式增长，使卡塞拉酒庄成为如今的葡萄酒巨头。卡塞拉酒庄出产的葡萄酒占澳大利亚葡萄酒总产量的十分之一。酒庄开发了多个品种的酒款，但最受欢迎的是标志性的西拉干红葡萄酒，不仅散发着顺滑细腻的浆果香气，还含有恰到好处的残留糖分，令人回味无穷。

卓克劳斯酒庄（希托普斯产区）

卓克劳斯酒庄（Chalkers Crossing）的酿酒师塞琳·卢梭（Celine Rousseau）出生于法国，她在法国波尔多产区学习系统的酿酒知识，凭借丰富的酿酒经验让卓克劳斯酒庄的葡萄酒声名

云雀山酒庄

这款甘美的餐后甜酒独具
日耳曼风格特色，实至名归。

德保利酒庄

德保利酒庄是澳大利亚当之无愧的
餐后甜酒的领头羊。

鹊起。卓克劳斯酒庄位于新南威尔士州凉爽的希托普斯产区，产区位于悉尼和堪培拉之间，但酒庄的葡萄园位于另一个气候凉爽的产区，即唐巴兰姆巴产区，这里出产了优质的霞多丽葡萄、黑皮诺葡萄和长相思葡萄。酒庄的第一批葡萄酒酿于 2000 年，并在短时间内赢得了一大批忠实的粉丝。★新秀酒庄

帕托酒庄（猎人谷产区）

帕托酒庄（Chateau Pato）规模不大，酒款品质却极为上乘。酒庄位于猎人谷产区的腹地，占地 4 公顷。酒庄由已故的戴维·帕特森（David Paterson）于 1980 年创建，如今酿酒工作由他的儿子尼古拉斯（Nicholas）负责。尼古拉斯也曾在恋木传奇酒庄和蒂勒尔酒庄工作过，还在其他地方做过葡萄酒顾问。帕托酒庄种植的葡萄绝大多数用于对外销售，但也有少量特别的葡萄留以自用，例如陈年价值极高的极品西拉干红葡萄酒就是由自家种植的 20 年老藤葡萄酿制而成的，值得葡萄酒爱好者特别关注。

克隆那奇拉酒庄（堪培拉产区）

大约 40 年前，研究员大卫·柯克（David Kirk）认为，堪培拉以北 40 千米处的穆任百特曼镇是适合种植葡萄的好地方，事实证明他是完全正确的。大卫于 1971 年开始种植赤霞珠葡萄和雷司令葡萄，并于 1976 年开始商业化生产。现如今，大卫的儿子蒂姆（Tim）负责酿酒工作。克隆那奇拉酒庄（Clonakilla）堪称澳大利亚顶级明星酒庄。克隆那奇拉酒庄的旗舰酒款是陈年价值高、风格雅致的西拉-维欧尼红葡萄酒（自 1992 年起），带有北方罗纳地区的风格特色。酒庄新推出的酒款里包括层次细腻、品质极高的维欧尼葡萄酒和奥里亚达西拉葡萄酒（O'Riada Shiraz），两个酒款都是酒庄的顶级佳酿。希托普斯产区的西拉葡萄酒则更物美价廉，生动展示了酒庄的特色，不仅口感浓郁宜人，还散发出深色浆果的美妙香气。尽管克隆那奇拉酒庄的产量很少，但出产的酒款都值得购买。

积云酒庄（奥兰治产区）

积云酒庄（Cumulus）成立于 2004 年。就在这一年，资产担保保险公司（Assetinsure）收购了积云酒庄的前身雷诺斯酒庄。清算后，任命前雷诺斯酒庄的酿酒师菲利普·肖（Philip Shaw）负责酒庄的酿酒工作。积云酒庄的大股东是乔·贝拉尔多（Jo Berardo），他在葡萄牙还拥有几家葡萄酒企业。积云酒庄位于新南威尔士州的奥兰治产区，海拔高、气候凉爽，坐拥超过 500 公顷的葡萄园。积云酒庄的酒款不仅名字别具一格，品质更加突出，这里所有葡萄酒都是采用顶级的葡萄酿造而成，因此口味鲜活、余味持久。酒庄全线产品分为两大系列：一是产自海拔 600 米以上葡萄园的攀升系列葡萄酒；二是产自海拔较低的中央山脉的罗琳系列葡萄酒。

德保利酒庄（滨海沿岸产区）

德保利酒庄（De Bortoli）有两个酒厂。第一个是位于滨海沿岸产区的酒厂，规模宏大，年产量约为 450 万瓶葡萄酒；第二个是位于雅拉谷产区的酒厂，更专注酿造优质葡萄酒。滨海沿岸产区的酒厂除酿造廉价的品牌葡萄酒外，还负责生产贵族一号甜白葡萄酒（Noble One）。自 1982 年问世以来，这款酒一直

是澳大利亚最为高端的甜型葡萄酒之一。贵族一号赛美蓉贵腐甜白葡萄酒，是澳大利亚甜酒的典范之作，酒体丰满顺滑、余味绵长，陈年价值极高。同样值得注意的还有黑色贵族甜白葡萄酒（Black Noble），由赛美蓉葡萄酿成，是一款经典的索莱拉风格的甜型葡萄酒，"老顽童"茶色波特风格加强酒（port-style Old Boys21years）也是一款优质佳酿。

格兰高依酒庄（猎人谷产区）

罗宾·特德（Robin Tedder）是一位拥有苏格兰血统的澳大利亚酿酒师。他从祖父那里继承了男爵头衔，他的祖父马歇尔·阿瑟·特德（Marshall Arthur Tedder）在第二次世界大战期间担任空军参谋而被授予了男爵头衔。酒庄出产了猎人谷地区最好的西拉葡萄酒，这款葡萄酒由自家葡萄园种植的葡萄和波高尔宾区 50 年老藤葡萄酿制而成。酒庄的明星酒款有蓝蝴蝶西拉干红葡萄酒（Aristea Shiraz），由老藤葡萄酿造而成。此外，校舍西拉干红葡萄酒（Schoolhouse Block Shiraz）同样值得品鉴。铁标丹娜混酿干红葡萄酒（Ironbark Tannat）十分与众不同，这款干红葡萄酒所采用的葡萄产自一块占地 1 公顷的葡萄园。总之，格兰高依酒庄（Glenguin Estate）的这些酒款都独具特色且带有旧时期的雅致风格。

格鲁夫酒庄（希托普斯产区）

格鲁夫酒庄（Grove Estate）由弗兰德斯家族（Flanders）、柯克伍德家族（Kirkwood）和穆兰尼家族（Mullany）创建于 1989 年。他们在杨镇附近的希托普斯产区购买了一处葡萄园用于种植葡萄。目标是种植优质且适宜在凉爽气候下培育的葡萄品种，因此他们种植了超过 50 公顷的不同品种的葡萄，包括赤霞珠葡萄、西拉葡萄、梅洛葡萄、仙粉黛葡萄、芭芭拉葡萄、桑娇维塞葡萄、小维多葡萄、内比奥罗葡萄、霞多丽葡萄和赛美蓉葡萄等。1997 年，他们决定自留一些葡萄用于酿酒。自 2003 年起，克隆那奇拉酒庄的蒂姆·柯克（Tim Kirk）和长轨沟酒庄（Long Rail Gully）的理查德·帕克（Richard Parker）开始参与酒庄的酿酒工作。其中窖藏系列西拉维欧尼混酿葡萄酒（Cellar Block Reserve Shiraz Viognier）风格突出、质地丝滑，酒体呈鲜红的樱桃色。此外，索米塔内比奥罗干红葡萄酒（Sommita Nebbiolo）氤氲着阵阵樱桃香气、韵味丰富柔软。

希望酒庄（猎人谷产区）

迈克尔·霍普（Michael Hope）在新南威尔士州的一家连锁药店工作过，在有了一定的积蓄后他决定勇敢地追寻自己的梦想，即在猎人谷产区酿造葡萄酒。他成立的第一个酒庄位于布罗克村，萨克森维尔酒庄的前身也在这里。但后来一家矿业公司出高价收购了这片土地，于是迈克尔又在 2006 年买下了占地 240 公顷的罗斯伯里酒庄，之后在此成立了希望酒庄（Hope Estate）。除了在猎人谷产区拥有占地 100 公顷的葡萄园，迈克尔还在维多利亚州和西澳大利亚州分别管理着 40 公顷和 29 公顷的葡萄园。这些葡萄园酿造出了品种繁多的葡萄酒，除维多利亚州的葡萄园出产的圣母山干红葡萄酒（Virgin Hills）外，酒庄的其他酒款都以希望酒庄命名。

亨廷顿酒庄（满吉产区）

人们一致认为亨廷顿酒庄（Huntington Estate）是满吉产区葡萄酒产业的先锋，酒庄还以一年一度的音乐节而闻名。1969 年，悉尼律师鲍勃·罗伯茨（Bob Roberts）创立了这座酒庄，一直致力于酿造物美价廉的优质葡萄酒。鲍勃·罗伯茨于 2006 年退休，他的邻居兼朋友蒂姆·史蒂文斯（Tim Stevens）接管了酒庄的运营工作。史蒂文斯同时还经营着附近的阿伯康葡萄园。亨廷顿酒庄专注于使用传统工艺酿造陈年价值高的红葡萄酒。亨廷顿酒庄的葡萄园一共分为 24 个隔开的品种园区，总面积为 40 公顷，主要种植赤霞珠葡萄和西拉葡萄，园中大多数葡萄藤都有几十年了。亨廷顿酒庄的酒款口味醇厚、陈年价值极高，在澳大利亚以外的地方很少见到，因此收获了一大批忠实的粉丝。

JYT 酒庄（猎人谷产区）

1996 年，杰伊·塔洛奇（Jay Tulloch）离开了当时南方葡萄酒业旗下的塔洛奇酒庄，在猎人谷产区建立了一个占地 3 公顷的小型酒庄。1997 年，他开始在自己的新酒厂酿造葡萄酒，并以 JYT 品牌命名。现在酒庄酿造的葡萄酒种类多样，包括散发着清新柠檬气息的华帝露葡萄酒和风格明快的赛美蓉葡萄酒。杰伊在 2001 年成功地收购了塔洛奇酒庄，所以现如今塔洛奇酒庄和 JYT 酒庄由他一同运营。

基思·塔洛奇酒庄（猎人谷产区）

塔洛奇家族是猎人谷产区的著名葡萄酒世家，基思·塔洛奇（Keith Tulloch）是家族的第四代传人。1997 年，他凭借自己在葡萄酒业的经验创立了基思·塔洛奇酒庄（Keith Tulloch Wine），专注于酿造猎人谷的经典酒款，如霞多丽葡萄酒、赛美蓉葡萄酒、梅洛葡萄酒、西拉葡萄酒和赤霞珠葡萄酒。这些手工酿制的葡萄酒产量不大，产自马斯园（Mars）的顶级葡萄酒每系列只有 600 瓶。酒庄的年产量为 1.2 万箱。

福林湖酒庄（猎人谷产区）

福林湖酒庄（Lake's Folly）是猎人谷产区第一个精品酒庄，也是 20 世纪第一个在猎人谷种植葡萄的酒庄。福林湖酒庄由悉尼外科医生马克斯·雷克（Max Lake）于 1963 年创立。自 2000 年起，酒庄就由彼得·福格蒂（Peter Fogarty）及其家人和当地酿酒师罗德·肯普（Rod Kempe）共同运营。时事境迁，福林湖酒庄依然是猎人谷顶级的酒庄之一。酒庄葡萄园仅占地 12 公顷，共出产了两款葡萄酒：一款是霞多丽葡萄酒，另外一款是赤霞珠混酿红葡萄酒，这些酒款在猎人谷产区很少见。酒庄年产量仅为 4500 箱，因此能不能买到这些佳酿纯凭运气。酒庄的很多酒款都广受好评，主要通过邮购出售。

云雀山酒庄（堪培拉产区）

云雀山酒庄（Lark Hill）是一家生物动力酒庄，1978 年成立于堪培拉产区，同年推出第一款葡萄酒。云雀山酒庄的葡萄园位于能够俯瞰乔治湖的悬崖上，海拔高达 860 米，是澳大利亚海拔最高的葡萄园。干燥寒冷的气候造成葡萄产量低，但口感浓郁凝练。云雀山酒庄的葡萄园种植了许多不同品种的葡萄，包括一个用来种植绿维特利纳葡萄（Gruner Veltliner）的新葡

萄园（云雀山酒庄于 2009 年开始种植绿维特利纳葡萄，是澳大利亚最早种植这个葡萄品种的酒庄），这个新葡萄园只有 1 公顷。带有矿物质芳香、口感酸爽的雷司令葡萄酒和逐串精选雷司令甜白葡萄酒是酒庄的明星酒款。此外，酒庄酿造的黑皮诺葡萄酒风格雅致、口感柔和。

洛根酒庄（满吉产区）

洛根酒庄（Logan）是一家中等规模的家族酒庄，年产 4.2 万箱葡萄酒，产自满吉产区和奥兰治产区。彼得·洛根（Peter Logan）曾在制药行业工作，后选择改行，并于 1997 年创立了自己的酒庄，当时的他才 20 多岁。他致力于将澳大利亚的葡萄品种特色与欧洲的酿酒技术和方法结合起来。贴有洛根标签的葡萄酒都产自奥兰治产区的高海拔葡萄园，而威马拉和苹果乐园系列葡萄酒则产自满吉产区。总之，洛根酒庄的葡萄酒都物有所值。

玛根酒庄（猎人谷产区）

玛根酒庄（Margan）是一家位于猎人谷产区的顶级酒庄，经验丰富的酿酒师安德鲁·玛根（Andrew Margan）负责掌管这家酒庄。自 1997 年成立以来，玛根酒庄的葡萄园总面积已经扩大到 130 公顷，都位于下猎人谷产区的布罗克福德维治分产区。安德鲁致力于酿造带有地域特色的葡萄酒，力图将老葡萄园的特色表现出来。赛美蓉葡萄酒和西拉葡萄酒是猎人谷产区的经典酒款，只在气候条件优秀的年份才能酿制，产量极低，作为限量版白标陈年葡萄酒（White Label Aged Release wines）进行发售。除了品质极佳的西拉葡萄酒和赛美蓉葡萄酒外，玛根酒庄也出产高品质的赤霞珠葡萄酒和巴贝拉葡萄酒。

麦格根酒庄（猎人谷产区）

年产 140 万箱葡萄酒的行业巨头麦格根·西蒙葡萄酒公司（McGuigan Simeon）目前改名为澳大利亚佳酿有限公司（Australian Vintage Limited），但总部位于恒福山酒庄前身的麦格根酒庄仍在猎人谷拥有一席之地。布莱恩·麦格根（Brian McGuigan）在 20 世纪 60 年代建立了温德姆酒庄，但在和兄弟尼尔（Neil）建立麦格根酒庄（McGuigan）之前，布莱恩把温德姆酒庄卖给了奥兰多。麦格根酒庄压榨的 18.14 万吨葡萄中，有 2700 吨是由酿酒师彼得·霍尔（Peter Hall）负责酿造。风格大胆、口味酸爽的 Bin9000 赛美蓉干白葡萄酒（Bin9000 Semillon）质量上乘、价格适中，具有极高的陈年价值。2000 波高尔宾西拉红葡萄酒（2000 Pokolbin Shiraz）则更为浓郁精炼、风格优雅、余味持久。

麦克威廉欢乐山酒庄（猎人谷产区）

传奇酿酒师莫里斯·奥谢（Maurice O Shea）于 1921 年创立了麦克威廉欢乐山酒庄（McWilliam's Mount Pleasant）。麦克威廉家族（McWilliam）购买了酒庄一半的股份，随后又于 1941 年收购了莫里斯的股份。他们聘请了莫里斯作为酒庄顾问，并为他提供资金支持，莫里斯因此在 1946 年收购并种植了拉乌德勒葡萄园和玫瑰山葡萄园。直到今天，莫里斯所酿造的葡萄酒仍然激励着澳大利亚各地的酿酒师。麦克威廉欢乐山酒庄的葡萄酒现在由酿酒师菲尔·瑞安（Phil Ryan）酿造，经他之手

猎人谷产区的赛美蓉葡萄酒

猎人谷产区出产的赛美蓉葡萄酒是一个极具矛盾性的酒款，其风格在澳大利亚精品葡萄酒中独树一帜。猎人谷产区炎热潮湿的气候使赛美蓉葡萄达到了生理成熟度，酒精度低，酸度高。没有人知道确切的原因，但部分原因可能是因为生长季节环境潮湿，这里的天气以多云为主。未经橡木桶陈酿的葡萄酒口味鲜活，带有柠檬清香。但随着时间推移，葡萄酒会发生变化，其口感会变得更加丰富，陈年后还会氤氲出淡淡焦香。赛美蓉葡萄酒也因改用螺旋盖而获益匪浅，螺旋盖能避免葡萄酒因软木塞发霉而受到污染，并保证葡萄酒口感尽少发生改变。虽然猎人谷产区的赛美蓉葡萄酒适宜常年窖藏，且得到了许多鉴赏家的垂青，但并没有得到应有的广泛认可。

天瑞酒庄

天瑞酒庄出产的优质霞多丽葡萄酒出口到了 30 多个国家。

彼得森酒庄

黑块西拉干红葡萄酒由 1972 年种植的葡萄藤结出的葡萄酿造而成。

酿造的葡萄酒都带有经典的猎人谷特色。拉乌德勒赛美蓉混酿葡萄酒（Lovedale Semillon）是品质最为上乘的酒款之一，在成熟之前就具有鲜爽纯净的柑橘风味，在瓶中陈年 10 年或更长时间后就出现了美妙的烤面包风味。伊丽莎白赛美蓉干白葡萄酒（Elizabeth Semillon）虽价格便宜，但也不失为一款馆藏级别的葡萄酒。单一园老牧场老山西拉干红葡萄酒（Mount Pleasant's Shiraz）带有鲜明的猎人谷产区特色，品质极佳。

梦圆酒庄（猎人谷产区）

梦圆酒庄（Meerea Park）成立于 1991 年，现由里斯·伊瑟（Rhys Eather）和加斯·伊瑟（Garth Eather）经营，他们的祖先是当地最成功的酿酒商之一。梦圆酒庄是一家小型精品酒庄，年产量 1 万箱左右。里斯·伊瑟负责酿酒工作，采用购入的葡萄能酿造出猎人谷产区质量最为上乘的葡萄酒。亚历山大系列西拉干红葡萄酒（Alexander Munro Shiraz）和亚历山大系列赛美蓉干白葡萄酒（Alexander Munro Semillon）是酒庄的明星酒款，但黑尔洞赛美蓉干白葡萄酒（Hell Hole Semillon）和黑尔洞西拉干红葡萄酒（Hell Hole Shiraz）也是强有力的优质竞争者。此外，梦圆酒庄酿造的其他酒款也十分优质。

米拉玛酒庄（满吉产区）

伊恩·马克瑞（Ian MacRae）自 1975 年担任米拉玛酒庄（Miramar）的顾问以来，一直是满吉产区的重要人物。马克瑞很快看到了满吉产区的潜力，随即开始种植葡萄，并在 1977 年以米拉玛酒庄之名推出了第一款佳酿。酒庄的葡萄园占地 42 公顷，大部分葡萄都用于出售，但也留有足够的葡萄来酿造葡萄酒。酒庄年产量约 6000 箱，主产白葡萄酒。带有青草芬芳的长相思葡萄酒和夹杂着烤面包香气的霞多丽葡萄酒都是上乘。

奴甘酒庄（滨海沿岸产区）

奴甘家族（Nugan）最初从事园艺方面的生意，后来在 2001 年转行葡萄酒业。米歇尔·奴甘（Michelle Nugan）和她的儿子马修（Matthew）、女儿蒂芙尼（Tiffany）一同努力经营着奴甘酒庄（Nugan Estate）。酒庄不断发展壮大，成了澳大利亚地区葡萄酒出口商的领头羊之一。奴甘酒庄年产约 40 万箱葡萄酒。酒庄总部位于滨海沿岸产区，在麦克拉伦产区和国王谷产区种植了葡萄园，并从古纳华拉产区采购葡萄。酒庄的葡萄酒品质一直都极为上乘，其中产自古纳华拉产区的阿尔西亚园赤霞珠干红葡萄酒（Coonawarra Alcira Vineyard Cabernet Sauvignon）架构平衡、带有黑醋栗的芳香、酒体呈桃红色。此外，产自国王谷的弗兰卡巷霞多丽干白葡萄酒（Franca's Lane Chardonnay）是酒庄的旗舰酒款，独占鳌头。

彼得森酒庄（猎人谷产区）

彼得森一家于 1971 年开始在猎人谷种植葡萄。他们将葡萄园的面积扩大到 16 公顷，并种植了一系列葡萄品种，随后他们决定自己酿造葡萄酒，并在 1981 年推出了第一款葡萄酒。如今，彼得森家族在猎人谷产区的葡萄园面积区又增加了 40 公顷，位于气候凉爽的满吉产区的葡萄园则比原先又增加了 7 公顷。酒庄的葡萄酒风格传统、极具魅力、口感浓郁凝练，其中红葡萄酒尤为浓厚稠密、果香馥郁、结构紧致。

菲利普·肖酒庄（奥兰治产区）

菲利普·肖（Philip Shaw）最初是玫瑰山庄的酿酒师，但现在他在气候凉爽的奥兰治产区创建了一家以自己名字命名的酒庄。他于 1988 年买下了占地 47 公顷的卡努鲁葡萄园，并且在今后的两年时间里在这座葡萄园里种植葡萄。这座葡萄园位于海拔高达 900 米的山坡上，是澳大利亚海拔最高的葡萄园之一，因此也是澳大利亚气候最为寒冷的园区之一。肖用这座葡萄园里产的葡萄酿造了一系列的葡萄酒，包括长相思葡萄酒、黑皮诺葡萄酒、霞多丽葡萄酒、赤霞珠葡萄酒和西拉葡萄酒。酒庄最顶级的葡萄酒以数字命名，次级葡萄酒以人物命名。就像人们期待的那样，酒庄的葡萄酒都产自气候凉爽的葡萄园，口感自然也极为纯净顺滑，带有新鲜水果的芳香，饮用后酒香持久不散，回味无穷。★新秀酒庄

罗伯特·奥特雷酒庄（满吉产区）

奥特雷家族于 2006 年收购了诗人角酒庄（满吉产区 3 个葡萄酒品牌代言人：克莱摩尔酒园、玫瑰山庄和诗人角酒庄）。酒庄的创始人鲍勃·奥特利（Bob Oatley）同时也经营着玫瑰山庄。2009 年，玫瑰山庄更名为罗伯特·奥特雷酒庄（Robert Oatley）。鲍勃出售玫瑰山庄时在满吉产区保留了 7 座葡萄园，总面积达 500 公顷。之前收购的诗人角酒庄和玫瑰山庄前身被打造成了两个全新的品牌系列：奥特斯系列和罗伯特奥特雷系列。玫瑰山庄作为满吉地区的经典品牌也因此得以保留。奥特雷斯系列酒款主要向美国市场出售。★新秀酒庄

若诗酒庄（猎人谷产区）

若诗酒庄（Rosemount Estate）位于猎人谷产区，由菲利普·肖（Philip Shaw）负责酿酒工作，酒庄于 20 世纪 90 年代经历了一段爆炸式增长。若诗酒庄以品质上乘、价格适中的品牌葡萄酒和高端葡萄酒而闻名。然而，酒庄在 2001 年与南方葡萄酒业合并后，每况愈下，进入了一段低潮期。2005 年，若诗酒庄和南方葡萄酒业旗下的其他品牌被福斯特集团（Fosters）收购，精简了产品系列，并试图恢复酒庄昔日的辉煌。若诗酒庄值得品鉴的酒款包括口味浓郁的罗克斯堡霞多丽白葡萄酒（Roxburgh Chardonnay）、一鸣惊人的巴莫洛西拉红葡萄酒（Balmoral Syrah）、蓝峰西拉赤霞珠混酿红葡萄酒（Mountain Blue Shiraz Cabernet），以及 5 款精心酿造的珍藏系列葡萄酒。

斯卡博罗酒庄（猎人谷产区）

伊恩·斯卡博罗（Ian Scarborough）现在和他的儿子杰罗姆（Jerome）一同经营着斯卡博罗酒庄（Scarborough）。酒庄位于猎人谷产区，是一家家族式小型酒庄。酒庄的葡萄园占地 12 公顷，园内的石灰岩上覆盖着易碎的红壤土。因此，这座葡萄园出产的霞多丽葡萄酒成了酒庄的特色酒款。酒庄酿有 3 种不同风格的葡萄酒，具有不同程度的丰富口感和橡木气味：蓝色标签（内敛）、黄色标签（浓郁）和白色标签（强劲）。1998 年，斯卡博罗又收购了 40 公顷的阳光葡萄园（Sunshine Vineyard），这座葡萄园原本属于利达民酒庄（Lindemans），并增种了赛美

蓉葡萄。此外，斯卡博罗酒庄也以黑皮诺葡萄酒而闻名。

坦帕斯图酒庄（猎人谷产区）

坦帕斯图酒庄（Tempus Two）是由来自著名的麦格根家族（McGuigan）的丽莎·麦格根（Lisa McGuigan）于1988年创建的酒庄，酒庄初始是由麦格根酒庄经营管理。坦帕斯图酒庄原名是埃米塔日路酒庄（Hermitage Road），因为埃米塔日是法国罗讷河谷的著名葡萄酒产区，所以酒庄用这个名字很快遭到法国原产地保护组织的抗议。于是，酒庄更名为坦帕斯图，这个名字来源于拉丁语，意思是"第二次"。自更名以来，酒庄业务增长迅猛。坦帕斯图酒庄位于猎人谷中部，酒庄的外观设计十分前卫，酒庄的葡萄酒产自澳大利亚东南部的葡萄园。酒庄的葡萄酒分为三大系列，分别是品种系列、锡牌系列、铜牌系列，后两个系列的葡萄酒包装上带有金属标志，且酒瓶设计新颖。

西斯尔山酒庄（满吉产区）

1975年，大卫·罗伯森（David Robertson）和莱斯莉·罗伯森（Lesley Robertson）夫妇共同创立了西斯尔山酒庄（Thistle Hill），这也是满吉产区第一家获得有机认证的酒庄。1984年，他们推出了第一款商业葡萄酒，酒庄的红葡萄酒是由传统方法和筐式压榨法酿造而成，口味浓郁、风格大胆，赢得了无数好评。2009年，西斯尔山酒庄由尤吉尔酒庄（Erudgere）的所有者罗布·罗汉（Rob·Loughan）和玛丽·罗汉（Mary Loughan）夫妇收购，夫妇俩计划将尤吉尔酒庄也打造成有机酒庄。西斯尔山酒庄的酿酒师迈克尔·斯莱特（Michael Slater）曾是麦格根酒庄的高级酿酒师，现在他负责西斯尔山酒庄和尤吉尔酒庄的酿酒工作，这两个酒庄相距不远。

托马斯酒庄（猎人谷产区）

安德鲁·托马斯（Andrew Thomas）和乔·托马斯（Jo Thomas）在天瑞酒庄（Tyrrell）工作了13年后，于1997年在猎人谷产区开始自己酿造葡萄酒。托马斯酒庄（Thomas Wines）专注采用猎人谷产区的经典品种即赛美蓉葡萄和西拉葡萄酿造葡萄酒。酒庄出产的酒款受到了外界的一致好评，随后安德鲁在2008年被选为猎人谷年度最佳酿酒师。布雷莫尔赛美蓉干白葡萄酒（Braemore）口感紧致、矿物质含量丰富，且带有迷人的柠檬和柑橘风味。托马斯酒庄凭借这个酒款打通了未来市场。除此之外，这个酒款也是猎人谷产区的顶级酒款。托马斯酒庄的年产量为4000箱。★新秀酒庄

塔洛奇酒庄（猎人谷产区）

约翰·尤尼·塔洛奇（J Y Tulloch）于1895年在猎人谷建立了一座规模可观的酒庄，这是澳大利亚葡萄酒界的一个历史性事件。自酒庄建立起，一直处于蓬勃发展中，直到1969年被出售给理德联合出版公司（Reed Consolidated Publishing）。在随后的几十年中，所有权的多次变动，使塔洛奇酒庄（Tulloch）陷入混乱。最终，杰伊·塔洛奇（Jay Tulloch）于2001年从南方葡萄酒业（Southcorp）手中购回了酒庄，并重新开始由塔洛奇家族经营管理。塔洛奇酒庄采用猎人谷产区的葡萄酒酿造了许多品质上乘、价格合理的葡萄酒。此外，酒庄出产了多个系列的

梦圆酒庄
2004年气候寒冷，猎人谷产区的赛美蓉葡萄酒品质不错。

温德姆酒庄
温德姆酒庄在维多利亚州、南澳大利亚州和猎人谷产区都建有葡萄园。

葡萄酒，包括一些新兴酒款。塔洛奇酒庄复刻的波高尔宾西拉干红葡萄酒（Pokolbin Dry Red Shiraz）当数镇庄之宝，华帝露葡萄酒也十分令人瞩目。

古城堡酒庄（猎人谷产区）

古城堡酒庄（Tower Estate）是一家精品酒庄，成立于1999年，已故的莱恩·伊凡（Len Evans）是这家酒庄的合伙人。酒庄的运作模式很有趣，葡萄酒是采用澳大利亚优质葡萄酒产区出产的最好的葡萄酿造而成。例如西拉葡萄产自巴罗萨谷产区，黑皮诺葡萄酒产自塔斯马尼亚产区，雷司令葡萄酒产自克莱尔谷产区，赤霞珠葡萄酒产自古纳华拉产区。古城堡酒庄还生产了猎人谷产区最具代表性的葡萄酒，它们分别是赛美蓉葡萄酒、华帝露葡萄酒和西拉葡萄酒。除此之外，酒庄十分热情好客，酒庄内的古塔别墅是一家备受赞誉的五星级酒店。

天瑞酒庄（猎人谷产区）

天瑞酒庄（Tyrrell's）是一家家族酒庄，位于猎人谷产区，历史可以追溯到1858年，当时英国移民爱德华·天瑞（Edward Tyrrell）在断背山山脉的背风处建立了自己的酒庄。天瑞酒庄目前的成功很大程度上要归功于默里·天瑞（Murray Tyrrell）和他的儿子，即现任董事和总经理布鲁斯（Bruce）的努力。天瑞酒庄在20世纪80和90年代发展迅速，但他们卖掉了成功品牌"长笛园"（Long Flat），为的是专注酿造优质葡萄酒。长笛园系列葡萄酒不出产于猎人谷产区。目前，酒庄前景良好，酒庄生产的一部分葡萄酒堪称澳大利亚的顶级佳酿。赛美蓉白葡萄酒1号桶（Vat1 Semillon）是猎人谷产区的经典葡萄酒，是一款混合园区白葡萄酒，酿酒用的赛美蓉葡萄来自酒庄最古老的3块葡萄园。霞多丽白葡萄酒47号桶（Vat47 Chardonnay）是澳大利亚的顶级酒款，层次丰富、辛香浓郁，且拥有完美的平衡架构。西拉红葡萄酒9号桶（Vat9 Shiraz）则是猎人谷产区的杰出作品，口味醇厚、层次丰富、果香凝练，令人回味无穷。

温德姆酒庄（猎人谷产区）

温德姆酒庄（Wyndham Estate）位于猎人谷产区，历史悠久，现归属于保乐力加集团（Pernod Ricard group）旗下。酒庄在猎人谷产区只是一个酒窖，因为酒庄的葡萄酒是在其他地方酿造的。温德姆酒庄的葡萄酒是跨产区酿造的，一些酒款虽然贴着猎人谷的标签出售，但很可能产自多个产区。酒庄的入门级产品是Bin编号的系列酒款，如口感醇厚的Bin 555西拉红葡萄酒（Bin 555 Shiraz）和层次丰富的Bin444赤霞珠红葡萄酒（Bin 444 Cabernet Sauvignon）。这些系列的酒款以口味出众而著称。酒庄新推出的酒款质量更佳，价格也只是小幅上涨。

维多利亚州产区

与澳大利亚其他州相比，维多利亚州（Victoria）拥有更多的优质葡萄酒产区和酒庄。现在，在很多人心目中，维多利亚州是澳大利亚顶级美酒的主要生产地。西拉葡萄是维多利亚州的明星品种，雅拉谷产区（Yarra Valley）、比曲尔斯产区（Beechworth）、格兰皮恩斯产区（Grampians）和西斯寇特产区（Heathcote）等种植的西拉葡萄各具特色。产自莫宁顿半岛产区（Mornington Peninsula）和吉龙产区（Geelong）的黑皮诺葡萄酒令人兴奋，其他产区的霞多丽葡萄酒也取得了不错的成绩。与此同时，路斯格兰产区（Rutherglen）独特的强化型葡萄酒跻身澳大利亚优质美酒。而位于巴斯海峡对岸的塔斯马尼亚产区（Tasmania）酿造出了顶级优质的霞多丽葡萄酒、雷司令葡萄酒和黑皮诺葡萄酒，开始将凉爽气候的潜力发挥出来。

主要葡萄品种

🍇 红葡萄

赤霞珠

黑皮诺

西拉

🍇 白葡萄

霞多丽

麝香

雷司令

托佩克（托卡伊）

年份

2009

这是充满挑战的一年，1月和2月持续了2周的高温，一些地区还发生了森林大火。

2008

这一年，南澳大利亚州一直在高温中挣扎。维多利亚州的情况要好一些，很多产区用早熟葡萄酿造出了优质葡萄酒。

2007

这一年问题重重，大部分产区遭受旱灾，还有一些产区发生了森林大火。尽管如此，很多产区还是酿造出了优质美酒。

2006

对包括塔斯马尼亚州的产区在内的所有产区来说，这一年是很好的年份。

2005

这一年是极佳的年份，葡萄酒产量高，且质量佳。

2004

总体上来说，这是一个不错的年份，出产了一些质量上乘的葡萄酒，但气候过于寒冷，导致塔斯马尼亚州的产区举步维艰。

虽然南澳大利亚州一直是澳大利亚葡萄酒产业的中心，但维多利亚州有理由宣称自己是澳大利亚最令人期待的精品葡萄酒产区。维多利亚州拥有众多有趣的葡萄酒产区，每个产区都有一定数量的精品葡萄酒厂。维多利亚州的气候复杂多样，有极为凉爽的马斯顿山区（Macedon Ranges），也有炎热的路斯格兰产区。路斯格兰产区位于维多利亚州东北部。

墨尔本东部的雅拉谷产区是维多利亚州最重要的产区。消费者口味的不断变化（啤酒和加强型葡萄酒备受青睐）和战后的萧条导致雅拉谷产区的葡萄园消失了近50年。直到20世纪70年代，一群拓荒者开始在雅拉谷产区重新耕作。自此，这个产区才逐渐蓬勃发展起来。如今，雅拉谷产区拥有众多高端葡萄酒生产商，出产了令人瞩目的霞多丽葡萄酒、黑皮诺葡萄酒、西拉葡萄酒甚至赤霞珠混酿红葡萄酒。雅拉谷产区多样化的微气候为葡萄酒的多样性提供了有益条件。

还有3个产区距离墨尔本很近，这3个产区极具潜力，它们分别是莫宁顿半岛产区、吉龙产区（位于菲利普湾港的一侧），以及墨尔本北部的马斯顿山区产区。霞多丽葡萄酒、黑皮诺葡萄酒和产自气候凉爽产区的西拉葡萄酒正在墨尔本引起轰动。为数众多的小型优质葡萄酒庄正在引领潮流。

往西走，维多利亚州中部有5个重要产区，主要以出产酒体醇厚、口感集中的西拉红葡萄酒而闻名，它们分别是班迪戈产区（Bendigo）、西斯寇特（Heathcote）、高宝谷产区（Goulburn Valley）、上高宝产区（Upper Goulburn）和史庄伯吉山区产区（Strathbogie Ranges）。其中，西斯寇特产区的西拉葡萄酒芳香馥郁、特色鲜明，最令人惊艳。比曲尔斯产区位于维多利亚州东北部，同样令人惊艳，充满活力。产区规模不大，但拥有一群才华横溢的高端酿酒师，他们正在酿造澳大利亚最惹人注目的霞多丽葡萄酒和西拉葡萄。此外，他们还在酿造新型葡萄酒，芳香馥郁、引人注目。

加强型葡萄酒即麝香葡萄酒（Muscats）和托卡伊葡萄酒（Tokays）（现在的官方名称是托佩克，但有时也被称为慕斯卡德），这两个酒款均产自路斯格兰产区，或许是澳大利亚对世界优质葡萄酒做出的最独特、最激动人心的贡献。年份愈久，这两个酒款中的佳品的层次就会愈丰富、口感就会愈惊艳。

再往西走，维多利亚州西部包括3个高质量产区。格兰皮恩斯产区，又名大西部产区（Great Western），气候相对凉爽，这里出产的一部分西拉葡萄酒令人瞩目，出产的一部分起泡红葡萄酒备受赞誉。帕洛利产区有众多精品酒庄，规模都不大，出产优质西拉葡萄酒和赤霞珠葡萄酒，亨提产区位于边际气候地带，气候凉爽，葡萄更易熟化，因此适合酿造优质的雷司令葡萄酒和黑皮诺葡萄酒。

尽管19世纪20年代，塔斯马尼亚州产区种植了第一批葡萄藤，但直到最近，塔斯马尼亚州的凉爽气候才逐渐展示出自己的独到之处。目前，塔斯马尼亚州产区出产的优质葡萄酒，包括起泡酒，都由黑皮诺葡萄、霞多丽葡萄、雷司令葡萄和其他芳香葡萄品种酿造而成，潜力不容小觑。

班诺克本酒庄

该酒庄使用的葡萄与勃艮第产区
出产的葡萄很相似。

格奈酒庄

这家酒庄位于澳大利亚
阿尔卑斯山上。

诸圣酒庄（路斯格兰产区）

诸圣酒庄（All Saints Estate）位于路斯格兰产区，建于19世纪中期，拥有悠久的历史，专门生产托卡伊葡萄酒和麝香葡萄酒。80年前的葡萄酒窖藏后，层次愈加丰富。酒庄的葡萄酒分为三大等级，分别是经典型（入门级）、稀有型（更加精致）和珍藏型（层次更丰富）。彼得·布朗（Peter Brown）在1999年从他的家人手中买下了这家酒庄。2005年布朗去世后，家族的第四代成员伊丽莎、安吉拉和尼古拉斯已经接管了他的工作。除了优质的甜型葡萄酒，诸圣酒庄还生产风味浓郁的老藤西拉葡萄酒和杜瑞夫红葡萄酒。

阿姆斯特朗酒庄（格兰皮恩斯产区）

这个年产800箱葡萄酒的小型酒庄位于维多利亚州的格兰皮恩斯地区，现由托尼·罗亚尔（Tony Royal）经营管理。该酒庄葡萄园占地5公顷，只用于种植西拉葡萄，这个品种在这一地区表现良好。托尼只酿制两种葡萄酒，一种是西拉葡萄酒，一种是西拉维欧尼混酿红葡萄酒。这两种葡萄酒口感浓郁，富有表现张力，成熟的水果香气与新橡木的气味完美地融合在了一起。

百利酒庄（格林罗旺产区）

百利酒庄（Baileys of Glenrowan）位于维多利亚州北部的格林罗旺产区，是一家规模相对较小、历史悠久的酒庄，多年来，它在福斯特集团旗下表现平平。该酒庄于2009年4月挂牌出售，前景充满不确定性。百利酒庄酿造了两款非常不错的西拉红葡萄酒，它们是采用了1904年和1920年种植的葡萄酿制而成的。酒庄还出产了一些口感醇厚、浓郁香甜的麝香葡萄酒和托凯葡萄酒，隶属于创始人（Founders）和酿酒师精选（Winemaker's Selection）系列葡萄酒。酒庄的葡萄园面积达143公顷，所有酒款都是采用自家种植的葡萄酿造而成的。

博尔基尼酒庄（班迪戈产区）

博尔基尼酒庄（Balgownie）建立于1969年，是维多利亚州中部班迪戈的"金田"地区建立的首批酒庄之一。在经历了一段时间的低迷之后，博尔基尼酒庄于1999年被德斯·福雷斯特（Des Forrester）和罗德·福雷斯特（Rod Forrester）兄弟买下。这对兄弟将葡萄园面积扩大到了33公顷，并于2002年在雅拉谷产区种植了7公顷的霞多丽葡萄和黑皮诺葡萄。酒庄在班迪戈产区的葡萄园种植了一系列葡萄品种，主要是赤霞珠葡萄和西拉葡萄。有了这两座葡萄园，希望博尔基尼酒庄的葡萄酒能重获昔日的辉煌。

班诺克本酒庄（吉龙产区）

班诺克本酒庄（Bannockburn Vineyards）位于吉龙产区，成立于1974年。作为吉龙产区的先驱者，班诺克本酒庄不断推出更优质的酒款，也在不断提升其品牌的知名度。酒庄所有的葡萄都是用自家酒庄种植的葡萄酿造而成。班诺克本酒庄的葡萄园面积为27公顷，分布在3个不同的地区。从酒庄成立一直到2005年，所有葡萄酒都是由著名的黑皮诺专家加里·法尔（Garry Farr）酿造，他曾在过去的12年里分别担任过勃艮第的杜雅克酒庄、俄勒冈州的克里斯顿酒庄和加利福尼亚州的卡莱拉

酒庄的酿酒顾问。班诺克本酒庄的酿酒工作现在由迈克尔·格洛弗（Michael Glover）负责。风格优雅，层次复杂且带有旧世界特色的塞尔园黑皮诺红葡萄酒（Serre Pinot Noir）是酒庄的得意之作，但霞多丽葡萄酒和西拉葡萄酒也很出色。然而，赤霞珠梅洛混酿葡萄酒（Cabernet Merlot）因带有过多草本植物的气息而受到批评。

贝思·菲利普酒庄（吉普史地产区）

菲利普·琼斯（Phillip Jones）建立的贝思·菲利普酒庄（Bass Phillip）是澳大利亚标志性的小型酒庄之一。酒庄的主打产品是黑皮诺葡萄酒，当某一年份出产的黑皮诺葡萄酒质量很好时，其品质甚至可以与世界上最好的葡萄酒相媲美。但是，酒庄出产的黑皮诺葡萄酒的品质并不是始终如一，可变性极大。这在某种程度上是因为吉普史地产区气候十分凉爽，贝思菲利普酒庄所用的密植黑皮诺均生长于从不使用任何农药或杀虫剂的葡萄园。处于最佳状态的黑皮诺葡萄酒口感纯净、层次丰富复杂、风格优雅，且酒精水平含量较低。各款黑皮诺葡萄酒的价格不尽相同，但质量毋庸置疑。2001年份的葡萄酒因带有复杂的黑樱桃、李子和香料的迷人气味，获得好评最多。贝思菲利普酒庄也生产霞多丽葡萄酒和佳美葡萄酒，但年产量只有1500箱，热度很高，因此价格也一直居高不下。

火焰湾酒庄（塔斯马尼亚产区）

火焰湾酒庄（Bay of Fires）是哈代公司（Hardys）在塔斯马尼亚产区创建的新酒庄。酒庄生产优质的阿拉斯起泡酒（House of Arras），以及一系列静止型葡萄酒和起泡酒。非年份的黑皮诺霞多丽混酿红葡萄酒（Pinot Noir Chardonnay）是起泡酒的标杆之作。口感新鲜、酸爽怡人的雷司令葡萄酒和带有樱桃芳香的黑皮诺葡萄酒也令人印象深刻。这座酒庄极具潜力，值得关注。

贝斯特酒庄（格兰皮恩斯产区）

按照澳大利亚的标准，贝斯特酒庄（Best）可谓建于史前时代。酒庄只经由2个家族接管过。一个是贝斯特家族，酒庄的创建者；另一个是1920年后收购了该酒庄的汤姆森家族（Thomson）。该酒庄的明星产品是汤姆森家族西拉红葡萄酒（Thomson Family Shiraz），由藤龄百岁以上的老藤葡萄酿制而成，还有极具陈年价值的Bin 0西拉红葡萄酒（Bin 0 Shiraz）。1996年份的汤姆森家族系列酒款令人印象深刻，如可口甜酒般的樱桃和李香回甘于味蕾上流连不绝，有些还带有皮革的香气。除了酿造黑皮诺葡萄酒（在格兰皮恩斯产区很少见）之外，该酒庄还酿造不常见的莫尼耶皮诺葡萄酒。2006年，酒庄出产了一款最令人瞩目的西拉红葡萄酒，这个酒款成了格兰皮恩斯产区的特色佳酿，经久流传。

宾迪酒庄（马斯顿山区产区）

宾迪酒庄（Bindi）坐落在维多利亚州马其顿山区，酒庄主人迈克尔·迪隆（Michael Dhillon）酿造了澳大利亚最受欢迎的两种黑皮葡萄酒，它们分别是宾迪5号黑皮诺干红葡萄酒（Bindi Block5）和原始园黑皮诺干红葡萄酒（Original Vineyard）。酒庄酿造的霞多丽葡萄酒也很不错，值得一试。1988年，迈克尔的父亲在自家葡萄园种植了第一株葡萄藤。幸

运的是，采用生物动力法种植葡萄的迈克尔发现这里的风土环境非常好。2007 年酒庄新推出的宾迪 5 号黑皮诺干红葡萄酒（Block5Pinot）层次丰富、香味含蓄，带有复杂的香料、草药和大豆的气味。★新秀酒庄

蓝宝丽丝酒庄（帕洛利产区）

蓝宝丽丝酒庄（Blue Pyrenees Estate）占地 170 公顷，由人头马（Remy Martin）公司于 1963 年创建，原名人头马酒庄，现在由一个澳大利亚财团所有。以澳大利亚的标准来看，这里的气候相当凉爽，葡萄园最初是以酿造白兰地和起泡酒为核心。优质起泡酒仍在酿造中，但现在主要致力于打造佐餐葡萄酒，酿酒师安德鲁·科纳（Andrew Koerner）还酿造出了广受好评的西拉葡萄酒和赤霞珠葡萄酒，以及其他品种的优质酒款。

布朗兄弟酒庄（国王谷产区）

布朗兄弟酒庄（Brown Brothers）规模庞大，产量极高，以品种多样、价格合理的葡萄酒而闻名，其中包括带有博若莱风格、口感新鲜的特宁高葡萄酒和用普罗赛克葡萄酿造的风味时髦的起泡酒。酒庄的葡萄园占地足足有 750 公顷，遍布维多利亚州的各个角落，满足了布朗兄弟酒庄大部分的酿酒需求。葡萄园还种植了一些非同寻常的品种，包括克罗青（Crouchen）、梦杜斯（Mondeuse）、格拉西亚诺（Graciano）、多姿桃（Dolcetto）、巴贝拉（Barbera）和桑娇维塞（Sangiovese）。酒庄的葡萄酒品质相当稳定，但最好的酒款当数帕特里夏系列（2003 年推出）和限量发行（Limited Releases）系列。

布勒酒庄（路斯格兰产区）

布勒酒庄（Buller）是一家位于路斯格兰产区的小型酒庄，年产 4000 箱葡萄酒，专注生产路斯格兰产区经典的强化型葡萄酒。除在路斯格兰产区拥有一个葡萄园外，布勒酒庄在天鹅山附近的贝沃福区还有一个葡萄园，园区内有一个独立的酒厂和酒窖。虽然产自这两个葡萄园的佐餐酒都不错，但最引人注目的是加强型葡萄酒。布勒酒庄的托卡伊葡萄酒和麝香葡萄酒甘甜醇厚、层次丰富，都是物超所值的酒款。

百发酒庄（吉龙产区）

澳大利亚传奇酿酒师加里·法尔（Gary Farr）创建的新酒庄位于吉龙产区的班诺克本镇，占地 4.8 公顷。从 1978 年到 2005 年，他在班诺克本酒庄担任酿酒师，在他的指导下，班诺克本酒庄酿造出了独具风土特色的酒款，一时间名声大噪。现在，他和儿子尼克（Nick）共同管理着这家新酒庄。尼克已经在勃艮第地区（杜雅克酒庄）和俄勒冈州（克里斯特姆酒庄）取得了佳绩，并创建了自己的品牌 Farr Rising。2009 年，百发酒庄（By Farr）首次推出了 3 款单一园皮诺葡萄酒。除了皮诺葡萄外，酒庄葡萄园还种有维欧尼葡萄、霞多丽葡萄和少许西拉葡萄。百发酒庄推出了许多世界级酒款。★新秀酒庄

坎贝尔酒庄（路斯格兰产区）

甜型、加强型的麝香葡萄酒和托卡伊葡萄酒是澳大利亚为葡萄酒界作出的独特贡献，这些酒款通常也被称为"粘酒（stickies）"。气候炎热的路斯格兰产区则是这些佳酿的最大出产地。坎贝尔酒庄（Campbells）是该产区最优质的生产商之一，虽然酒庄也酿造佐餐酒、巴克利杜里夫红葡萄酒（Barkly Durif）和伯恩斯西拉葡萄酒（Bobbie Burns Shiraz）是亮点，但酒庄酿造的加强型葡萄酒才是当之无愧的世界级美酒。伊莎贝拉稀贵托佩科白葡萄酒（Isabella Rare Topaque）层次丰富，令人沉醉，散发着蛋糕、茶叶、麦芽和柑橘的气息。科林（Colin）和马尔科姆（Malcolm）兄弟俩已经在坎贝尔酒庄工作了 30 多年，为酒庄业务发展提供了强有力的支撑。

格奈酒庄（比曲尔斯产区）

魅力非凡的朱利安·卡斯塔尼亚（Julian Castagna）离开了电影行业，来到维多利亚州的比曲尔斯产区，改行成为一名葡萄种植者。作为澳大利亚地区规模较小但仍在不断壮大的生物动力生产商之一，格奈酒庄（Castagna）的葡萄酒已经跻身该地区最佳葡萄酒的行列。创世纪西拉红葡萄酒（Genesis Syrah）采用新藤西拉葡萄酿造而成，隐约带有维欧尼葡萄的味道，口感怡人、清新优雅。钥匙红葡萄酒（La Chiave）由采用桑娇维塞葡萄酿制而成，是澳大利亚对桑娇维塞葡萄诠释的最淋漓尽致的佳作之一，具有矿物质和深色水果的混合香气，口感浓郁、单宁紧实。该系列的亮点是秘密基地干红葡萄酒（Un Segreto），由西拉葡萄和桑娇维塞葡萄混酿而成，带有丰富的矿物质气息和浓郁的果香，肉质紧实，回味无穷。★新秀酒庄

钱伯斯酒庄（路斯格兰产区）

钱伯斯酒庄（Chambers Rosewood）位于路斯格兰产区，历史悠久，以生产高质量、层次复杂的强化型麝香葡萄酒和托卡伊葡萄酒而闻名。钱伯斯酒庄成立于 1858 年，目前仍由家族控股，第 6 代家族成员管理着酒庄事务。钱伯斯酒庄出产的葡萄酒都是佳品，但限量密斯卡岱甜白葡萄酒（Rare Muscadelle, Tokay）是所有酒款中最令人惊艳的一款，口感丰富，余味持久，令人久久难以忘怀。酒庄会将酿造好的葡萄酒储存于旧橡木桶中，作为混酿葡萄酒的原料备用。

莱蒙酒庄（班迪戈产区）

莱蒙酒庄（Chateau Leamon）规模不大，是班迪戈产区最早的酒庄之一，于 1973 年成立。酒庄葡萄园只有 8 公顷，主产西拉葡萄、赤霞珠葡萄、梅洛葡萄和赛美蓉葡萄。酒庄产有少量的雷司令葡萄酒，采用史庄伯吉山区的雷司令葡萄酿造而成。

蔻巴岭酒庄（马其顿山区产区）

这座小型高端的葡萄园是由艾伦·库珀（Alan Cooper）和内莉·库珀（Nelly Cooper）创建。酒庄第一次种植葡萄藤是在 1985 年。酒庄葡萄园占地 6 公顷，海拔 610 米，酒庄的酿酒理念是葡萄酒应在葡萄园中酿成而不是在酒窖中。西拉葡萄酒和西拉-维欧尼红葡萄酒口感醇厚、芳香馥郁，但酒庄的镇庄之宝当属勒格瑞红葡萄酒（Lagrein），勒格瑞葡萄是意大利品种，勒格瑞葡萄完美展示了新鲜浓郁的果香。此外，酒庄也出产黑皮诺葡萄酒和霞多丽葡萄酒。

詹姆斯·哈利德

30 多年来，詹姆斯·哈利德（James Halliday）一直是澳大利亚最重要的葡萄酒作家。正是通过他严谨且易懂的写作风格，使得许多人开始逐渐了解澳大利亚葡萄酒。但哈利德非同寻常，他不仅是一位有影响力的葡萄酒作家和记者，还是一位酿酒师。他创建了猎人谷产区的恋木传奇酒庄，而后又创建了冷溪山酒庄，酒庄位于他的现居地雅拉谷产区。哈利德曾接受过律师培训，1966 年成为克莱顿尤治律师事务所（Clayton Utz）的合伙人。同一时间，他遇到了自己的导师、葡萄酒界的传奇人物莱恩·埃文斯（Len Evans），并对葡萄酒产生了浓厚兴趣。这一时期也是澳大利亚葡萄酒飞速发展的阶段。哈利德的大部分写作工作是在他作为一名律师时完成的，但在搬到雅拉谷产区后不久，他决定只专注于酿酒和写作工作。

德乐特酒庄

德乐特酒庄已申请有机认证。

冷溪山酒庄（雅拉谷产区）

20 世纪 80 年代中期，著名的澳大利亚葡萄酒评论家詹姆斯·哈利德（James Halliday）搬到墨尔本，他卖掉自己在恋木传奇酒庄的股份，建立了冷溪山酒庄（Coldstream Hills）。1996 年，哈利将酒庄出售给了南方葡萄酒业（现在的福斯特集团），但仍作为酿酒顾问参与其中，并住在一个位于盆地谷的葡萄园里。冷溪山酒庄出产的霞多丽葡萄酒和黑皮诺葡萄酒从一开始就备受关注，西拉葡萄酒、赤霞珠葡萄酒、长相思葡萄酒和梅洛葡萄酒等葡萄酒也逐渐受到人们的喜爱。珍藏级皮诺葡萄酒（Reserve Pinot）是酒庄的顶级佳酿，有着很好的陈年潜力。

克雷利酒庄（山伯利产区）

帕特·卡莫迪（Pat Carmody）于 1976 年首次在山伯利产区种植葡萄。1980 年西拉红葡萄酒（1980 Shiraz）是他在 1982 年推出的第一款商业葡萄酒。目前卡莫迪仍是酒庄的掌舵人，并在家人的协助下，酿造出了风格优雅、结构平衡、口感清新且具有陈年能力的优质佳酿。1990 年西拉红葡萄酒（1990 Shiraz）和谐优雅、口感辛辣、矿物质气息浓郁。除了生产西拉葡萄酒，酒庄还出产了霞多丽葡萄酒、少量的黑皮诺葡萄酒、赤霞珠葡萄酒和长相思葡萄酒。

克雷戈酒庄（塔斯马尼亚产区）

克雷戈酒庄（Craigow）是塔斯马尼亚产区首屈一指的葡萄酒生产商，拥有 10 公顷的葡萄园，这里种植着黑皮诺葡萄、雷司令葡萄、霞多丽葡萄和琼瑶浆葡萄。1989 年，酒庄所有者巴里·爱德华兹博士（Dr Barry Edwards）首次种植了葡萄藤，并在 1993 年出产了首个年份的葡萄酒。克雷戈酒庄是煤河谷产区的先驱酒庄，目前正吸引着越来越多的关注。酒庄的顶级酒款是雷司令葡萄酒，其辛辣浓烈，带有柑橘香气。

克劳福德河酒庄（亨提产区）

亨提产区位于维多利亚州西南部，气候凉爽，靠海，不适宜种植葡萄。1975 年，约翰·汤普森（John Thompson）在这里种植了 11.5 公顷的葡萄，他坚信一定会有收获。在过去的几十年中，克劳福德河酒庄（Crawford River）已经成为澳大利亚领先的雷司令葡萄酒生产商。1996 年的雷司令葡萄酒在未成熟之前口感鲜活，矿物质气息浓郁，证明这些葡萄酒陈年能力优秀。由浅龄葡萄藤结出的葡萄酿造的雷司令葡萄酒也十分美味。除了雷司令葡萄酒，酒庄还出产了赤霞珠葡萄酒和少量的混酿葡萄酒，由长相思葡萄和赛美蓉葡萄混酿而成。

克里坦顿酒庄（莫宁顿半岛产区）

加里·克里坦顿（Gary Crittenden）凭借杜玛纳酒庄（Dromana Estate）声名鹊起，杜玛纳酒庄是莫宁顿半岛产区成立最早的酒庄之一，并成功地提高了莫宁顿半岛产区的影响力。2003 年，克里坦顿开启了自己的葡萄酒事业。2007 年，他的儿子罗洛（Rollo）加入了他的行列。除了制作优质的黑皮诺葡萄酒和霞多丽葡萄酒外，克里坦顿夫妇还制作了一款风格时尚的艾尔玛奴系列丹魄干红葡萄酒（Los Hermanos Albariño），口感紧致、清爽宜人、结构紧凑，还带有浓郁的矿物质气息。

克里坦顿酒庄

黑皮诺葡萄酒是克里坦顿酒庄的旗舰酒款，酿酒用的葡萄全部产自莫宁顿半岛。

珂莱酒庄（马斯顿山区产区）

20 世纪 80 年代，菲利普·莫拉汉（Philip Moraghan）在瑞士留学，后来深深地迷恋上了欧洲葡萄酒，尤其是黑皮诺葡萄酒。出于对葡萄酒的深沉热爱，他和妻子珍妮（Jeni）选择在生机勃勃、气候凉爽的马斯顿山区创建自己的葡萄园。20 世纪 90 年代初，他们种植了黑皮诺葡萄、霞多丽葡萄和少量灰皮诺葡萄，并在 2002 年建造了一座重力自流酿酒厂。莫拉汉极其看重风土特色。口感柔顺、如天鹅绒般丝滑的皮诺葡萄酒和架构平衡、果味浓郁的霞多丽葡萄酒是酒庄的顶级酒款。酒庄第二大镇庄之宝是威廉姆斯十字路口黑皮诺干红葡萄酒（Williams Crossing），威廉姆斯·克罗斯（Williams Crossing）系列酒款也很不错。但酒庄年产量只有 5000 箱，所以客人要耐心等待一段时间，才能品尝到这些美酒。★新秀酒庄

达尔·佐都酒庄（国王谷产区）

1967 年，奥托·达尔·佐都（Otto Dal Zotto）把家族葡萄园从意大利瓦尔多比亚德尼镇搬到了维多利亚州的国王谷。20 年来，家族一直从事着烟草种植，后来他们转向种植酿酒葡萄，为其他酒厂供应原料，并自己制作一些葡萄酒。20 世纪 90 年代中期，他们决定种植意大利品种的葡萄，如巴贝拉葡萄、桑娇维塞葡萄、灰皮诺葡萄、普罗赛克葡萄和阿内斯葡萄，在达尔佐都酒庄酿造出优质美酒成了他们的主要目标。酒庄的葡萄酒质量很好，其中优质的阿内斯葡萄酒（Arneis）口感浓郁、矿物质气息突出。

达尔维尼酒庄（帕洛利产区）

达尔维尼酒庄（Dalwhinnie）是维多利亚州帕洛利产区的顶级酒庄，拥有 18 公顷的成熟葡萄园，海拔近 600 米。达尔维尼酒庄自 1976 年成立以来，一直是家族式经营，生产了风味浓郁的优质霞多丽葡萄酒、西拉葡萄酒和赤霞珠葡萄酒，年产量约 5000 箱。所有的葡萄酒都历经瓶内熟化，并且颇具陈年潜力。1999 年，酒庄开辟了一个名为森林小屋（Forest Hut）的新葡萄园，占地 8 公顷，这里主要种植西拉葡萄、维欧尼葡萄和少量桑娇维塞葡萄，用于酿制混酿葡萄酒。

德保利酒庄（雅拉谷产区）

德保利酒庄（De Bortoli）以在雅拉谷产区酿造出的顶级美酒而著称。史蒂夫·韦伯（Steve Webber）入赘德保利家族后，成了酒庄的掌舵者，还带来了欧洲传统的酿酒技术。近年来，史蒂夫酿造了一些风格更优雅、层次更复杂的葡萄酒。珍藏霞多丽葡萄酒风格时尚、含蓄，珍藏西拉葡萄酒口感辛辣、醇厚，珍藏黑皮诺葡萄酒口感独特、风格含蓄优雅。由西拉葡萄和维欧尼葡萄混酿而成的葡萄酒也十分高贵典雅。对喜欢便宜酒款的人来说，价格低廉、可口怡人的风之谷风峰黑皮诺葡萄酒（Windy Peak Pinot Noir）是一个不错的选择。

德乐特酒庄（高宝谷产区）

从 2001 年开始，德乐特酒庄（Delatite）的葡萄园一直践行着生物动力耕种法。酒庄位于上高宝产区，是维多利亚州东北部的一个相当寒冷的地方。酒庄专注酿造芳香的白葡萄酒，包括口感独特、酒体丰满、矿物质气息浓郁的灰皮诺

葡萄酒,半干型西尔维娅雷司令白葡萄酒(Sylvia Riesling)及口感醇厚的沉睡丘琼瑶浆干白葡萄酒(Dead Man's Hill Gewürztraminer)。沉睡丘琼瑶浆干白葡萄酒也是酒庄的旗舰产品。口感细腻、半干型的凯瑟琳琼瑶浆干白葡萄酒(Catherine Gewürztraminer)是一款不容错过的新佳酿。

钻石谷酒庄(雅拉谷产区)

钻石谷酒庄(Diamond Valley)位于雅拉谷产区,规模不大,年产 7000 箱葡萄酒,在 1982 年推出了第一批葡萄酒,雅拉谷产区的皮诺葡萄酒因此名扬四方。酒庄有两条产品线:白标(采用酒庄自种葡萄酿制而成的酒款)和蓝标(采用购买的葡萄酿造的酒款)。酒庄出产的赤霞珠-梅洛混酿干红葡萄酒(温暖年份)、黑皮诺葡萄酒和霞多丽葡萄酒值得关注。

亘古酒庄(塔斯马尼亚产区)

亘古酒庄(Domaine A)可能是塔斯马尼亚产区最负盛名的酒庄。亘古酒庄位于煤河谷(Coal River Valley),创始人是彼得·奥尔索斯(Peter Althaus),酒庄占地 11.5 公顷,出产了十分诱人的黑皮诺葡萄酒、极致优雅的赤霞珠葡萄酒及波尔多风格的长相思葡萄酒。2000 年份赤霞珠葡萄酒令人惊喜万分,产自砾石土壤,带有纯净细腻的黑醋栗香气。亘古酒庄的葡萄园种植密度很高,且都是手工打理,再加上得天独厚的凉爽气候,在欧洲风格的酿酒工艺下,酒庄出产了众多欧洲风格的优质葡萄酒。

襄桐酒庄(雅拉谷产区)

襄桐酒庄(Domaine Chandon/Green Point)(在一些地方也被称为绿点酒庄)由酩悦公司(Moët et Chandon)于 1980 年创立,因在一系列气候凉爽的葡萄园内生产了澳大利亚最好的起泡酒而享有盛誉。襄桐酒庄出产的黑皮诺葡萄酒、西拉葡萄酒和霞多丽葡萄酒也令人印象深刻。才华横溢、经验丰富的酿酒师托尼·乔丹(Tony Jordan)已经正式退休,但仍被聘为酒庄顾问。襄桐酒庄的起泡酒口感纯净、果香馥郁,将乔丹的酿酒特色体现得淋漓尽致。酒庄年产量高达 12 万箱,其酒窖也令人印象深刻,因此襄桐酒庄成为雅拉谷产区最重要的酒庄之一。

杜玛纳酒庄(莫宁顿半岛产区)

加里·克里坦顿是莫宁顿半岛产区葡萄酒业的先驱。1982 年,他在莫宁顿半岛产区自家的葡萄园里种植了第一批葡萄藤。现如今,莫宁顿半岛产区的葡萄种植已有 100 多年的历史,克里坦顿也成为产区葡萄酒业复兴的领航人。他在 22 公顷的葡萄园中酿造出高品质的霞多丽葡萄酒,名声大噪。克里坦顿还采用维多利亚州周边葡萄园种植的意大利葡萄,酿制了一系列的优质酒款,并以 i 加里·克里坦顿(i Garry Crittenden,现在称为 i)命名出售。2002 年,杜玛纳酒庄(Dromana Estate)公开上市,克里坦顿退任,他的儿子罗洛(Rollo)接管酒庄业务。2007 年,罗洛加入了克里坦顿酒庄。

吉宫酒庄(比曲尔斯产区)

1982 年,前机械工程师里克·肯兹布鲁纳(Rick Kinzb-runner)第一次在比曲尔斯产区种植葡萄藤。随后几年里,葡

绿石酒庄
这款葡萄酒由 2~4 年藤龄的葡萄酿制而成,只有在葡萄成熟时才能获得更佳口感。

巨人步伐酒庄
巨人步伐酒庄是以爵士乐音乐家约翰·克特兰的第一张个人专辑的名称来命名的。

萄园面积逐渐扩大,现总面积已达到 6 公顷。虽然如此,仍满足不了酒庄葡萄酒的原料需求。酒庄酿造的黑皮诺葡萄酒受到了评论界的一致好评,但与令人惊艳的霞多丽葡萄酒相比又显得相形见绌。霞多丽葡萄酒质地丰富、果香馥郁、口感凝练,当数澳大利亚的顶级佳酿。奥利亚瑚珊白葡萄酒(Aeolia Roussanne)也令人惊叹,质感丰富,带有梨子的淡淡香气。品质优秀的华纳西拉红葡萄酒(Warner Shiraz)也值得一试。

巨人步伐酒庄 / 旁观者酒庄(雅拉谷产区)

企业家菲尔·塞克斯顿(Phil Sexton)将目光投向雅拉谷产区之前,已经创建了一座知名酒庄(魔鬼之穴酒庄)和一个啤酒工厂(小家伙啤酒工厂)。2006 年,位于希尔斯维尔镇中心的创新酒庄——巨人步伐酒庄(Giant Steps)竣工。酒庄内,顾客除了可以品尝葡萄酒,还可以购买手工比萨、面包和奶酪。酒庄内甚至还有一个十分先进的咖啡豆烘焙机。巨人步伐酒庄的葡萄酒也非常棒,尤其突出的是霞多丽葡萄酒。旁观者酒庄(Innocent Bystander)是巨人步伐酒庄的第二品牌,出产的系列酒款也很不错,而且价格更实惠。★新秀酒庄

绿石酒庄(西斯寇特产区)

马克·沃波尔(Mark Walpole)曾在布朗兄弟酒庄担任葡萄栽培专家,与英国商人大卫·格里夫(David Gleave)及著名的意大利葡萄酒顾问阿尔贝托·安东尼共同创建了绿石酒庄(Greenstone Vineyard)。绿石酒庄的葡萄园位于西斯寇特产区,地理环境优越,占地 21 公顷。葡萄园主要种植西拉葡萄,同时也种有慕合怀特葡萄、丹魄葡萄和桑娇维塞葡萄。2007 年份的绿石桑娇维塞红葡萄酒(2007 Greenstone Sangiovese),氤氲着美味樱桃和李子的香气,口感温暖辛香,值得一试。绿石酒庄的葡萄藤是在 2003 年到 2005 年陆续种植的,藤龄尚浅。★新秀酒庄

悬岩酒庄(马斯顿山区产区)

悬岩酒庄(Hanging Rock)是马其顿山脉地区规模最大的酒庄,气候极其寒冷。酒庄由约翰·埃利斯(John Ellis)和安·埃利斯(Ann Ellis)在 20 世纪 80 年代初建立,旨在生产澳大利亚最好的起泡酒。除了马斯顿山区的葡萄园,酒庄在西斯寇特产区也种有葡萄藤,这些葡萄藤都是从维多利亚州的其他地方引进种植的。请留意马斯顿迟摘年份特酿起泡酒(MacedonLate Disgorged NV),这是一款极其优质的起泡酒,口感丰富,带有烤面包香气,这款酒的基酒也是通过多层木桶陈酿酿制而成。马斯顿 LD 特酿干白葡萄酒(Macedon LD)、西斯寇特西拉干红葡萄酒(Heathcote Shiraz)及吉姆系列长相思干白葡萄酒(Jim Jim Sauvignon Blanc)也备受推崇。

西斯寇特酒庄(西斯寇特产区)

西斯寇特酒庄(Heathcote Winery)是维多利亚州西斯寇特产区最早的一批商业酒庄,事实证明西斯寇特产区特别适宜种植西拉葡萄。自 1997 年以来,酒庄一直由斯蒂芬·威尔金斯(Stephen Wilkins)领头的一个葡萄酒爱好者联盟管理。西斯寇特酒庄的旗舰酒款是浓郁凝练的克瑞怡西拉干红葡萄酒(Curagee Shiraz)。此外,邮件寇驰(Mail Coach)系列属于优

库扬酒庄

2007 年的霞多丽葡萄酒极具陈年潜力。

质级酒款，而柯瑞文（Cravens Place）系列则是入门级酒款。

侯德乐溪酒庄（雅拉谷产区）

侯德乐溪酒庄（Hoddles Creek Estate）是一家精品酒庄，由丹纳（D'Anna）家族创立于 1997 年，这个家族自 1960 年以来一直拥有这片土地的所有权。酒庄葡萄园中有 25 公顷的葡萄藤都是手工种植的，2003 年新建了一座酿酒厂。酒庄现由年轻的弗朗哥·丹纳（Franco D'Anna）负责管理，酿造的葡萄酒获得了无数好评，所有酒款都是单一园瓶装酒。侯德乐溪酒庄的霞多丽葡萄酒堪称雅拉谷产区的顶级佳酿。除此之外，酒庄的葡萄酒价格也很合理。

霍莉花园酒庄（国王谷产区）

1991 年，尼尔·普伦蒂斯（Neil Prentice）在吉普史地产区建立蒙达拉（Moondarra）葡萄园，占地 2 公顷，用于种植黑皮诺葡萄，但后来他将注意力转移到了国王谷的韦兰（Whit-lands）。他在海拔 750～850 米的霍利花园葡萄园种植了 6 公顷的灰皮诺葡萄和 4 公顷的黑皮诺葡萄，这座葡萄园一直践行生物动力法。霍莉花园酒庄（Holly's Garden）的灰皮诺葡萄酒是澳大利亚同款葡萄酒中的顶尖之作。2008 年份的灰皮诺葡萄酒味道浓郁、香甜怡人、口感纯正圆润。★新秀酒庄

阿拉斯酒庄（塔斯马尼亚产区）

阿拉斯酒庄（House of Arras）专产高质量起泡酒，属哈代公司旗下。酿酒师埃德·卡尔（Ed Carr）才华横溢，用霞多丽葡萄和黑皮诺葡萄酿造出澳大利亚最好的起泡酒，带有埃德独特的酿酒风格。2003 年份的葡萄酒风格大胆、层次丰富、果味浓郁，与静止葡萄酒的风格十分相近。这些酒款都是世界级的葡萄酒，值得一品。★新秀酒庄

简斯酒庄（塔斯马尼亚产区）

简斯酒庄（Jansz）是塔斯马尼亚产区北部的一家优质起泡酒生产商，现由御兰堡酒庄（Yalumba）的管理者希尔·史密斯家族（Hill Smith family of Yalumba）掌舵。酒庄最初成立于 20 世纪 70 年代，原名赫姆斯格酒庄（Heemskerk），并于 20 世纪 80 年代中期曾与香槟生产商路易王妃酒庄短暂合作过。简斯酒庄的葡萄酒品质一直很好，其中最受欢迎的一款是迟摘年份（Late Disgorged）的特酿起泡酒。2001 年份的葡萄酒层次复杂、风味怡人、果味浓郁、清新酸爽。

贾斯帕山酒庄（西斯寇特产区）

罗恩·劳顿（Ron Laughton）创建的贾斯帕山酒庄（Jasper Hill）是西斯寇特产区最负盛名的酒庄之一。贾斯帕山酒庄的葡萄酒可能是澳大利亚最受欢迎的瓶装葡萄酒。劳顿是澳大利亚践行生物动力法的先驱，采取了一种“放手理念”，为的是保留葡萄里蕴含的风土个性。自 1975 年建园后，酒庄就没有使用过化学肥料。酒庄出产了一系列优质酒款，包括两款西拉红葡萄酒（产自艾米莉·帕多和乔治·帕多葡萄园，品质优异、酒力强劲、风格优雅）、口味清淡的歌海娜葡萄酒、架构平衡的雷司令葡萄酒及少量的内比奥罗葡萄酒和赛美蓉葡萄酒。

阿拉斯酒庄

阿拉斯酒庄酿造的起泡酒属澳大利亚起泡酒的顶级佳品。

赫罗米酒庄（塔斯马尼亚产区）

塔斯马尼亚产区的葡萄酒先驱约瑟夫·赫罗米（Josef Chromy）有很强的事业心。20 世纪 50 年代，他离开了捷克斯洛伐克后，在塔斯马尼亚州开始了新生活。1994 年，他买下了赫姆斯格酒庄、简斯酒庄和洛奇峡谷葡萄园。几年后，他将这两家酒庄和一座葡萄园全部卖掉，创建了塔马岭酒庄（Tamar Ridge）。酒庄于 2003 年被出售，他用这笔钱在朗塞斯顿市附近买了一座 60 公顷的葡萄园。酒庄现在生产的葡萄酒分为两条产品线，其中一条产品线包括各品种的白葡萄酒，另一条产品线的红葡萄酒则只有黑皮诺葡萄酒这一种。酒庄的大多数酒款都属于赫罗米（Joseph Chromy）系列，佩匹克（Pepik）则是入门级系列。佩匹克黑皮诺干红葡萄酒（Pepik Pinot Noir）性价比极高，雷司令贵腐甜白葡萄酒（Botrytis Riesling）层次丰富、口感纯净。这两款酒都是不容错过的佳酿。

库扬酒庄（莫宁顿半岛产区）

库扬酒庄（Kooyong）位于莫宁顿半岛，在 2001 年才开始酿造第一批葡萄酒，但这批葡萄酒已经登上澳大利亚优质酒款的顶峰。酒庄葡萄园占地 34 公顷，酿酒师桑德罗·莫泽莱（Sandro Mosele）正在酿造一系列出色的单一园霞多丽葡萄酒和黑皮诺葡萄酒。这些酒款层次丰富、口感醇厚且不失优雅气息。库扬酒庄由杰尔季（Gjergja）家族所有，这个家族还管理着提供葡萄原料的菲利普港酒庄（Port Phillip）。2006 年份菲罗斯黑皮诺红葡萄酒（2006 Ferrous Pinot Noir）口感醇厚浓郁、结构紧凑、不失优雅。事实上，库扬酒庄的所有酒款都属上品。★新秀酒庄

莱斯布里奇酒庄（吉龙产区）

莱斯布里奇酒庄（Lethbridge）属于吉龙产区，规模不大，年产 3000 箱葡萄酒，致力于酿造具有“欧洲风味”的葡萄酒。酒庄采用的是稻草包建筑，因为稻草包可以起到隔离作用，从而确保设施不被意外加热或冷却。葡萄园采取有机栽培方式，也践行着生物动力法。不同的酒区是分隔开的，所以酒庄出产的酒种类繁多。酒庄出产的霞多丽葡萄酒品质极其优异，此外2008 年份的珍藏雷司令（Kabinett Riesling）口感丰富醇厚、极具活力、矿物质气息丰富、甜度和酸度搭配得恰到好处。★新秀酒庄

卢克·兰伯特酒庄（雅拉谷产区）

年轻酿酒师卢克·兰伯特（Luke Lambert）致力于酿造西拉葡萄酒和内比奥罗葡萄酒。他在雅拉谷产区租了一块不到 3 公顷的葡萄园，采取“不干预”理念进行酿酒，使用野生的天然酵母，且无须下胶或过滤。酒精含量相对较低的西拉葡萄酒口感鲜活，而内比奥罗葡萄酒则鲜嫩多汁、带有樱桃的甜美香气，这款酒将内比奥罗葡萄友好的一面展现出来。内比奥罗葡萄酒是澳大利亚为数不多的世界级葡萄酒之一。★新秀酒庄

福布斯酒庄（雅拉谷产区）

麦克·福布斯正在成为澳大利亚葡萄酒巨星。他曾在雅拉谷产区的玛丽山酒庄学习酿酒知识，然后创建了自己的酒庄。福

布斯酒庄（Mac Forbes）年产 2000 箱葡萄酒，专注于酿造单一园的黑皮诺葡萄酒、霞多丽葡萄酒和雷司令葡萄酒。产自史庄伯吉山区的雷司令葡萄酒的残留糖分水平在名称中有所体现。2008 年份的 RS9 雷司令半干白葡萄酒和 RS37 雷司令甜白葡萄酒，这两款都是精心调配的酒款。酒庄出产的所有黑皮诺葡萄酒都属佳品，其中冷溪（Coldstream）系列、雅洛克（Woori Yallock）系列、格鲁耶尔（Gruyere）系列和 EBL 系列最为突出。口感辛辣的格鲁耶尔西拉干红葡萄酒（Gruyere Syrah）也令人印象深刻。★新秀酒庄

正脊酒庄（莫宁顿半岛产区）

纳特·怀特（Nat White）是莫宁顿半岛产区的领航人，于 1975 年建立了正脊酒庄（Main Ridge）。从此以后，酒庄一直保持着小规模，但注重品质，且只生产 3 种葡萄酒：一种霞多丽葡萄酒和两种黑皮诺葡萄酒（半英亩和一英亩）。半英亩黑皮诺葡萄酒（Half Acre Pinot Noir）结构更为紧凑且更具陈年潜力。2004 年份的黑皮诺葡萄酒口感醇厚、饱满多汁，带有浓郁的樱桃香气。因为正脊酒庄年产量仅为 1200 箱，所以这些葡萄酒很难被人发现。

米其顿酒庄（纳甘比湖产区）

米其顿酒庄（Mitchelton）现在归属狮王集团（Lion Nathan group）旗下，总部位于维多利亚州中部的纳甘比湖产区，酒庄产量可观，每年达 22 万箱。早在 1967 年，科林·普里斯（Colin Preece）就受墨尔本商人罗斯·谢尔默丁（Ross Shelmerdine）的委托，寻找一个酿酒的好地方。普里斯在纳甘比湖发现了一个放牧区，那里的土壤、气候和水源条件都很好，因此决定在那里创建米其顿酒庄。自 2007 年以来，才华横溢的年轻酿酒师本·海恩斯（Ben Haines）一直负责酒庄的酿酒工作，酒庄主产西拉葡萄酒、玛珊葡萄酒、维欧尼葡萄酒和雷司令葡萄酒，这些葡萄酒都十分优质。此外，米其顿酒庄的各类酒款价格合理、口感清新、果味浓郁。酒庄最受欢迎的酒款当数新月混酿干红葡萄酒，酒体色泽鲜亮、浆果味浓郁，由歌海娜葡萄、西拉葡萄、慕合怀特葡萄和混酿而成。

莫利斯酒庄（路斯格兰产区）

莫利斯酒庄（Morris Wines）是"粘酒"的顶级生产商之一，坐落于维多利亚州路斯格兰产区，以酿造加强型麝香葡萄酒和托卡伊葡萄酒（又名"慕斯卡德"或"托佩克"）著称。莫里斯酒庄成立于 1859 年，尽管所有权掌握在保乐力加集团手中，但仍由莫利斯家族经营管理。酒庄酿造了一系列优质红葡萄酒（包括广受好评的杜里夫红葡萄酒和神索红葡萄酒），但加强型葡萄酒才是镇庄之宝，获得了无数赞誉。加强型葡萄酒口感复杂、香味浓郁，令人惊艳。酒庄的葡萄酒分为 3 个级别，分别是利口酒、窖藏级和珍稀级。珍稀利口托卡伊干红葡萄酒（Old Premium Liqueur Tokay）是莫利斯酒庄最新推出的酒款，口感顺滑、层次丰富、香味浓郁。同时推出的 1928 年份的莫里斯利口麝香干白葡萄酒（Morris Liqueur Muscat）能够让你体验到葡萄酒带来的惊艳之感，超乎想象。

澳沃卡山酒庄（帕洛利产区）

维多利亚州许多备受推崇的酒庄都位于帕洛利产区，澳沃卡山酒庄（Mount Avoca）就是其中之一。酒庄葡萄园占地 24 公顷，采用有机农业生产方式工作，目前正在进行有机认证，年产量约 1.6 万箱葡萄酒。年轻的酒庄主人马修·巴里（Matthew Barry）正在努力提高酒庄稍显落后的葡萄酒质量。

蓝脊山酒庄（格兰皮恩斯产区）

蓝脊山酒庄（Mount Langi Ghiran）隶属于拉斯伯恩集团（Rathbone），以层次细腻、口感辛辣的西拉葡萄酒而闻名，该酒属澳大利亚顶级西拉葡萄酒。2004 年份的西拉葡萄酒口感醇厚、香味浓郁，还带有淡淡的胡椒香气。这款酒完用葡萄园自种的葡萄酿造而成，而另一款悬崖边缘西拉干红葡萄酒（Cliff Edge Shiraz）则是用新藤葡萄和采购的葡萄酿造而成。酒庄还出产比莉比莉西拉红葡萄酒（Billi Billi Shiraz），价格低廉、美味怡人、性价比极高。酒庄还产有雷司令葡萄酒和灰皮诺葡萄酒。值得一提的是赤霞珠葡萄酒，这款酒由石灰岩海岸（Limestone Coast）采购的葡萄酿造而成。然而，西拉葡萄酒才是抢尽风头的酒款。

玛丽山酒庄（雅拉谷产区）

约翰·米德尔顿（John Middleton）于 2006 年去世，享年 82 岁。1971 年，他建立了玛丽山酒庄（Mount Mary），开创了雅拉谷产区葡萄酒业的复兴之路。酒庄葡萄园占地 10 公顷，生产的葡萄酒吸引了大批追随者，每年都很快就售罄。除了米德尔顿不喜欢的西拉葡萄之外，玛丽山酒庄还种植了其他葡萄品种。按照澳大利亚的标准来看，酒庄采摘葡萄的时间过早，因为米德尔顿的目标是要在酒精含量达到 13.5% 前进行采摘。由此酿造的葡萄酒在未熟化前色泽明亮、口感含蓄清爽，又极具陈年潜力，能够陈年几十年。三重奏（Triolet）白葡萄酒由长相思葡萄、赛美蓉葡萄和密斯卡岱葡萄混酿而成；霞多丽葡萄酒风格典雅，带有矿物香气；皮诺葡萄酒口感浓郁，带有樱桃气息；五重奏（Quintet）红葡萄酒是一款波尔多混酿葡萄酒，层次丰富，夹杂着些许泥土的芳香，且极具潜力。玛丽山酒庄现由约翰的儿子大卫（David）经营管理。

尼克森河酒庄（吉普史地产区）

肯·埃克斯利（Ken Eckersley）和朱丽叶·埃克斯利（Juliet Eckersley）决定在墨尔本以东 300 千米的维多利亚州吉普史地产区种植葡萄。他们现在有 8 公顷的葡萄园，种植了一系列葡萄品种，但主要种植霞多丽葡萄。酒庄大部分酒款是通过邮购出售或者在酒窖中出售。

橡木岭酒庄（雅拉谷产区）

2001 年到 2008 年，橡木岭酒庄（Oakridge）被埃文斯酒庄（Evans & Tate）收购后，度过了一段艰难时期，但该酒庄重回到了家族经营模式后，焕发出新的活力。酒庄顶级葡萄酒的标签是 864，核心系列是橡木岭，还有一个单独的标签叫越肩（Over The Shoulder），这个系列的酒款风格更加现代化，且果香更为浓郁。酿酒师大卫·比克内尔（David Bicknell）酿造的霞多丽葡萄酒获得了一致好评，其中口感复杂、矿物质气息丰富的

黑皮诺

就在不久前，人们还认为在澳大利亚种植黑皮诺葡萄多少有点可笑。黑皮诺葡萄对种植环境十分挑剔，如果被种植在不合适的地方，那么出产的葡萄酒就会颜色阴沉，充满果酱味。然而近年来，澳大利亚一直在生产世界级的黑皮诺葡萄酒，大多出产于维多利亚州和塔斯马尼亚州的葡萄园。雅拉谷产区、莫宁顿半岛产区、吉龙产区、吉普史地产区、马斯顿山区产区和塔斯马尼亚产区都出产了经典的黑皮诺葡萄酒，风格优雅、口感细腻、架构平衡且口感浓郁，与此同时还赋予了葡萄酒独有的产区特色。

虽然现在还为时尚早，但贝思菲利普酒庄、班诺克本酒庄、库扬酒庄、斯托尼尔酒庄、思露酒庄和福布斯酒庄等其他酒庄出产的葡萄酒已经充分展示了澳大利亚黑皮诺葡萄酒的潜力，黑皮诺葡萄与葡萄园相辅相成。

德乐特酒庄的葡萄园位于上高宝产区，海拔比较高，因此这里比维多利亚州的其他地区更凉爽。

笛手溪酒庄
2009 年出产了极佳的雷司令葡萄酒，这一
年雷司令葡萄的成熟期比较均衡。

珀翡酒庄
珀翡酒庄坐落在菲利普港，
拥有理想的凉爽气候。

864 霞多丽干白葡萄酒（864 Chardonnay）是酒庄的明星酒款。
★新秀酒庄

帕霖佳酒庄（莫宁顿半岛产区）

林赛·麦考尔（Lindsay McCall）于 20 世纪 80 年代中期建立了帕霖佳酒庄（Paringa Estate）。酒庄位于莫宁顿半岛产区。林赛的全职工作是一名教师，到了 1996 年，酒庄的葡萄园全部种植完毕。近年来，帕霖佳酒庄的葡萄酒产量有所增长，每年从自有葡萄园和外租葡萄园中压榨的葡萄总量超过 203 吨，年产量 1.6 万箱。酒庄主产黑皮诺葡萄酒和西拉红葡萄酒，只有在好年份时才会出产顶级单一园珍藏级别酒款。珍藏皮诺葡萄酒当数镇庄之宝，2003 年份的皮诺葡萄酒口感浓郁、层次丰富，带有复杂的黑樱桃香气以及浓郁的橡木气息。

笛手溪酒庄（塔斯马尼亚产区）

笛手溪酒庄（Pipers Brook）或许是塔斯马尼亚产区最著名的酒庄，由安德鲁·皮里博士（Dr Andrew Pirie）创立于 1974 年。酒庄现在隶属克莱灵格酒庄旗下，克莱灵格也是笛手溪酒庄旗下一个高端起泡酒品牌。酒庄葡萄园位于塔斯马尼亚产区的塔玛河（Tamar River）入海口处，葡萄园总面积超过了 200 公顷。按照塔斯马尼亚州的标准来说，这个规模算很大了。笛手溪酒庄的葡萄酒种类繁多，质量也参差不齐，主要问题在于某些年份的酒款缺乏成熟度。但当这些葡萄酒都处于最佳状态时，就会变得成熟优雅，堪称优质佳酿。

塔斯马尼亚之巅酒庄（塔斯马尼亚产区）

安德鲁·皮里博士是现代塔斯马尼亚葡萄酒行业的开拓者，并在 20 世纪 70 年代中期创立了笛手溪酒庄，因此名震四方。2002 年，他选择进行其他项目，其中之一就是创建自己的酒庄，即塔斯马尼亚之巅酒庄（Pirie Tasmania）。酒庄的葡萄酒分为 4 个系列：南方系列（口感清新、果味浓郁、价格实惠）、酒庄系列（更优质典雅）、珍藏系列（高端特别发行的酒款）和起泡酒系列。酒庄的黑皮诺干红葡萄酒口感柔和，带有樱桃香气，值得世人瞩目。

庞多威酒庄（班迪戈产区）

多年来，多米尼克·莫里斯（Dominic Morris）一直负责位于葡萄牙杜罗河产区的克拉斯托酒庄（Quinta do Crasto）的酿酒工作。他和妻子克里斯汀娜（Krystina，也是一名酿酒师）在班迪戈产区的庞多威酒庄酿造自己的葡萄酒，酒庄的葡萄园占地 10 公顷。其中一座葡萄园占地 4 公顷，由多米尼克的父母所有。1996 年，多米尼克在园中种植了西拉葡萄、赤霞珠葡萄和马尔贝克葡萄。另一座葡萄园则在莫里斯名下，种植着西拉葡萄、丹魄葡萄、赤霞珠葡萄和维欧尼葡萄。酒庄所产的葡萄酒风格极其前卫，果味十分浓郁。此外，酒庄还酿造了一些口感更为醇厚的酒款，带有丰富的橡木气息。总之，庞多威酒庄出产的葡萄酒整体质量相当高。

珀翡酒庄（莫宁顿半岛产区）

珀翡酒庄（Port Phillip Estate）和库扬酒庄都由吉尔吉亚家族（Gjergja）所有，并由大师级人物桑德罗·莫塞莱（Sandro Mosele）负责酿酒工作。珀翡酒庄以出产众多优质酒款而久负盛名。除了口感醇厚、结构紧致的黑皮诺葡萄酒外，珀翡酒庄还出产酒力强劲的霞多丽葡萄酒、经橡木桶发酵的长相思葡萄酒和口感清新、香料味浓的西拉红葡萄酒。除了常规酒款外，珀翡酒庄还出产了驻扎（Quartier）品牌酒款，其中包括驻扎阿内斯葡萄酒和驻扎巴贝拉红葡萄酒，这两个酒款都是用采购来的葡萄酿制而成。★新秀酒庄

红河岸酒庄（国王谷产区）

红河岸酒庄（Redbank）是尼尔·罗布（Neill Robb）和赛利·罗布（Sally Robb）于 1973 年建立的一个酒庄，推出了第一款名为赛利田园（Sally's Paddock）的葡萄酒。2005 年，酒庄被希尔·史密斯家族（Hill Smith family，御兰堡酒庄的创立者）买下，并把红河岸酒庄作为一个葡萄酒品牌，用从维多利亚州不同产区采购来的葡萄酿造成葡萄酒。然而，罗伯夫妇仍然使用"红河岸"作为酒庄的名字，引起混淆在所难免。红河岸酒庄生产的葡萄酒品种繁多，有安维尔系列（the Anvil）、田园系列（the Long Paddock）和艾米丽系列（Emily），其中艾米丽系列是起泡酒。安维尔西拉干红葡萄酒（Anvil Beechworth）是酒庄最优质的酒款。

雷德斯黛尔酒庄（西斯寇特产区）

雷德斯黛尔酒庄（Redesdale Estate）是一家位于西斯寇特产区的小型酒庄，葡萄园仅 4 公顷，年产 800 箱葡萄酒。现在的酒庄主人威廉斯夫妇（Williams）在 1988 年买下酒庄的时候，酒庄已经破败不堪。几年后，他们选择将葡萄都提供给大型的酒庄作原料。1999 年，夫妇俩决定自己酿制葡萄酒，因此聘请了博尔基尼酒庄的托拜厄斯·安斯特德（Tobias Ansted）负责酒庄的酿酒工作。如今，雷德斯黛尔酒庄只生产两个酒款，一个是西拉葡萄酒，另一个是赤霞珠葡萄酒。两个酒款都采用自有酒庄内手工采摘的葡萄酿制而成。

红丘陵酒庄（莫宁顿半岛产区）

按照莫宁顿半岛的标准来看，红丘陵酒庄（Red Hill Estate）算是规模比较大的酒庄，拥有 70 公顷的葡萄园，分布在 5 座不同的葡萄园。2006 年，红丘陵酒庄与猎人谷产区的艾罗菲尔德酒庄合并，共同成立了澳大利亚 InWine 集团。珍藏霞多丽葡萄酒（Reserve Chardonnay）和黑皮诺葡萄酒是红丘陵酒庄的顶级之作。此外，酒庄还产有西拉葡萄酒、长相思葡萄酒、灰皮诺葡萄酒及两款起泡酒。另外，酒庄还产有一款单独命名的比姆里斯葡萄酒（Bimāris），此酒价格更实惠。

赛利田园酒庄（帕洛利产区）

这里可能会让人产生疑惑。尼尔·罗布和赛利·罗布于 20 世纪 70 年代初在维多利亚州的帕洛利产区建立了红河岸酒庄。2005 年，希尔·史密斯家族收购了红河岸酒庄，但罗布夫妇仍然使用"红河岸"作为酒庄的名字。酒庄拥有 4 座葡萄园，分别是赛利田园葡萄园、赛利山葡萄园、洛基岭葡萄园和西部人葡萄园。赛利田园葡萄酒（Sally's Paddock）是酒庄最著名的葡萄酒，是一款波尔多风格的混酿葡萄酒，酒中加入了少量西拉葡

萄，口感清爽，具有极大的陈年潜力。

萨瓦特拉酒庄（比曲尔斯产区）

酒庄主人基佩尔·史密斯（Keppell Smith）所酿造的葡萄酒都带有明显的旧世界风格，位于比曲尔斯产区的葡萄园种植密度大，遵循有机农产品生产原则。园内只种植了霞多丽葡萄和黑皮诺葡萄，两者品质都很棒。2006 年份的霞多丽葡萄酒口感极其醇厚，带有浓郁的香料和烤面包香气。芳醇鲜香、酒力强劲的黑皮诺葡萄酒则需要在瓶内陈年一段时间后，才能展示出它的最佳品质。★新秀酒庄

苏格兰人山酒庄（吉龙产区）

苏格兰人山酒庄（Scotchmans Hill）是吉龙产区的一个重要酒庄，以出产物超所值的优质葡萄酒而闻名。酒庄位于贝拉林半岛（Bellarine Peninsula），酒庄最大的葡萄园也位于这个半岛。除此之外，酒庄在吉龙产区也有一座 69 公顷的葡萄园。除了吉龙产区出产的 5 款葡萄酒外，苏格兰人山酒庄的酿酒团队还在莫宁顿半岛产区、西澳大利亚州和新西兰的马尔堡产区酿造葡萄酒。

沙普酒庄（大西部产区）

沙普酒庄（Seppelt Great Western）是福斯特集团的一员，是澳大利亚历史上最著名的起泡酒生产商之一。沙普酒庄的葡萄园最初建在巴罗萨谷产区，专门生产加强型葡萄酒，但现在该葡萄园已出售给凯利卡努酒庄（Kilkanoon）。产自西斯寇特产区、班迪戈产区、亨提产区和格兰皮恩斯产区等一系列优质佐餐酒为沙普酒庄赢得了无数赞誉。2002 年份的圣彼得斯大西部西拉干红葡萄酒（St Peters Great Western Shiraz）口感醇厚、浓郁凝练，带有丰富的橡木与水果香气。产自西斯寇特产区的艾达山园西拉干红葡萄酒（Mount Ida Vineyard Shiraz）同样引人注目，口感醇厚、果香馥郁。庄姆伯格雷司令干白葡萄酒（Drumborg Riesling）也是顶级品质的酒款，成熟前口感紧致，极具陈年潜力。

塞维尔酒庄（雅拉谷产区）

塞维尔酒庄（Seville Estate）是 20 世纪 70 年代早期雅拉谷产区再次振兴的力量之一。酒庄在 1997 年之前都由创始人彼得·麦克马洪（Peter McMahon）经营管理。其后 8 年的时间，酒庄被猎人谷产区的恋木传奇酒庄收购管理。直到 2005 年，格拉汉姆·范德穆伦（Graham van der Meulen）和玛格丽特·范德穆伦（Margaret van der Meulen）夫妇二人购买了塞维尔酒庄。彼得的孙子迪伦·麦克马洪（Dylan MacMahon）担任酿酒师。塞维尔酒庄的葡萄园位于上雅拉谷产区的火山山坡上，气候凉爽，这一地形特点在果香浓郁的葡萄酒中展现得淋漓尽致。霞多丽葡萄酒、黑皮诺葡萄酒和赤霞珠葡萄酒品质都很好，但得到最多好评的还是西拉红葡萄酒。另外"理发师"系列酒款（Barber）由采购葡萄酿制而成，其中包括比曲尔斯产区的灰皮诺葡萄酒。

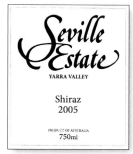

萨瓦特拉酒庄
2006 年的霞多丽葡萄酒是萨瓦迪拉酒庄目前最好的酒款之一。

斯坦顿基林酒庄
斯坦顿基林酒庄的酿酒工作已经传承到了家族第六代。

捷影酒庄（菲利浦港产区）

捷影酒庄（Shadowfax）成立于 2000 年，是一家备受期待的新酒庄，总部设在维多利亚州菲利普港产区。酒庄的酿酒师是来自新西兰的马特·哈罗普（Matt Harrop），他曾在恋木传奇酒庄工作过一段时间。除了采购葡萄，捷影酒庄还在维多利亚州最好的种植区拥有自己的葡萄园。酒庄旗下有 3 座葡萄园位于西斯寇特产区，一座葡萄园是菲利浦港产区最古老的葡萄园（种植于 1968 年）；一座葡萄园位于华勒比镇，华勒比镇也是酒庄的所在地，1998 年开始葡萄种植；另外一座葡萄园位于吉龙产区，2002 年在这座葡萄园种植的黑皮诺葡萄是无性繁殖的新品种。此外还有一座葡萄园在塔拉洛克镇，于 1999 年开始种植葡萄。捷影酒庄的产品种类繁多且品质稳定，其中粉红悬崖西拉干红葡萄酒（Pink Cliffs Heathcote Shiraz）和单眼西拉干红葡萄酒（One Eye Heathcote Shiraz）尤其惹人注目。★新秀酒庄

长沟酒庄（雅拉谷产区）

托尼·乔丹博士（Dr Tony Jordan）以酿造优质葡萄酒而闻名，他最初是一名葡萄酒顾问，后来成为 LVMH 集团葡萄酒及烈酒品牌的一员。他和妻子米歇尔（Michele）在上雅拉谷产区的侯德乐溪（Hoddles Creek）附近建立了一座 2.5 公顷的小葡萄园，离夫妇俩的住处不远。托尼还从其他地区购买葡萄酿制葡萄酒。产自酒庄自有葡萄园的霞多丽葡萄酒口感紧致、香气迷人，极具陈年潜力，令人印象深刻。

斯坦顿基林酒庄（路斯格兰产区）

斯坦顿基林酒庄（Stanton & Killeen）是路斯格兰产区为数不多的顶级酒庄之一，酒庄致力于生产澳大利亚国宝级葡萄酒，即独特的加强型麝香葡萄酒和托卡伊葡萄酒。酒庄还生产了一款颇受喜爱的年份加强型葡萄酒（还被称为"波特"酒），这款酒采用西拉葡萄酿造而成。此外，酒庄产有一款口感醇厚的杜瑞夫佐餐红葡萄酒（Durif red table wine）及一系列葡萄牙品种的酒款。

思露酒庄（塔斯马尼亚产区）

史蒂夫·卢比亚纳（Steve Lubiana）是塔斯马尼亚州产区的顶级酿酒商之一。他拥有 18 公顷的密植葡萄藤，从葡萄园可以俯瞰霍巴特北部德文特河（Derwent River）的潮汐河口。思露酒庄（Stefano Lubiana）以种植黑皮诺葡萄和霞多丽葡萄为主，但同时也种植内比奥罗葡萄、灰皮诺葡萄、梅洛葡萄和长相思葡萄。酒庄出产的黑皮诺葡萄酒非常棒。2006 年份的灰皮诺白葡萄（Estate Pinot）口感成熟且丰富，同时极具优雅个性，而 2005 年份的萨索黑皮诺干红葡萄酒（Sasso Pinot Noir）则更加浓郁凝练，但仍然展现出迷人的优雅风格，当数世界级酒款。★新秀酒庄

斯托尼瑞斯酒庄（塔斯马尼亚产区）

斯托尼瑞斯酒庄（Stoney Rise）是塔斯马尼亚州葡萄酒界一颗冉冉升起的新星，创立于 2000 年，但酒庄在 2004 年才开始焕发光彩，彼时乔·霍利曼（Joe Holyman）和卢·霍利曼（Lou Holyman）夫妇买下了前罗瑟海思葡萄园，开始着手于葡萄酒事业。这对夫妇对葡萄园进行了修葺，酿造一些澳大利亚最

塔马岭酒庄

2008 年的长相思葡萄酒只用卡耶纳葡萄园种植的葡萄酿造。

好的黑皮诺葡萄酒，以及一些工艺精湛的霞多丽葡萄酒。2007 年份的霍利曼黑皮诺红葡萄酒（Holyman Pinot Noir）香气四溢、结构良好，略带辛辣的口感，还氤氲着樱桃的淡淡香气。霍利曼（Holyman）是顶级葡萄酒标签，斯托尼瑞斯则是价格更亲民的新酒标签。★新秀酒庄

司徒妮酒庄（莫宁顿半岛产区）

司徒妮酒庄（Stonier）现属狮王集团旗下，也属最早一批在莫宁顿半岛产区建立的酒庄。司徒妮酒庄酿造出了最优质的黑皮诺葡萄酒和霞多丽葡萄酒，质感丰富、风格极其优雅。珍藏霞多丽葡萄酒和珍藏黑皮诺葡萄酒的品质都十分优秀，比很多极佳的普通瓶装酒还要好。每一款葡萄酒都产自不同的单一园。KBS 单一园霞多丽葡萄酒（KBS vineyard Chardonnay）口感复杂，夹杂的烤面包香气、浓郁的柑橘香气与强劲的橡木桶气味相得益彰。酒庄长期合作的酿酒师杰拉尔丁·麦克福尔（Geraldine McFaul）于 2008 年离职，希望这些葡萄酒能继续保持原有风格和优雅气质。

萨默菲尔德酒庄（帕洛利产区）

萨默菲尔德酒庄（Summerfield）是维多利亚州帕洛利产区的一家精品酒庄，由现酒庄主人伊恩·萨默菲尔德（Ian Summerfield）于 1979 年在自家地产上创建而成。伊恩的儿子马克（Mark）从事酒庄的酿酒工作，主产酒力强劲、浓郁醇厚的西拉葡萄酒和赤霞珠葡萄酒，这两个酒款都极具陈年潜力。

萨顿园酒庄（班迪戈产区）

萨顿园酒庄（Sutton Grange）位于班迪戈产区，以风格大胆的葡萄酒掀起了轩然大波。多年来，萨顿园酒庄一直是一个赛马场。直到 1998 年，现任酒庄主人彼得·西德维尔（Peter Sidwell）首次在这里种植葡萄。酒庄的第一批葡萄酒由酿酒大师贾尔斯·拉帕卢斯（Giles Lapalus）酿制，他曾在勃艮第接受训练，2003 年选择离开家乡。酒庄产有两个系列的酒款，费尔班克系列（Fairbank）是最早一批易饮葡萄酒，萨顿园系列则代表顶级酒款。酒庄的优质佳作包括采用桑娇维塞葡萄酿制而成的焦韦红葡萄酒（Giove）及口味独特的瑞塔弗亚诺维塞混酿葡萄酒（atafianovese），由菲亚诺葡萄和桑娇维塞葡萄混酿而成。★新秀酒庄

德宝酒庄（纳甘比湖产区）

德宝酒庄（Tahbilk）是一家十分传统的酒庄，以极具陈年价值、价格实惠的玛珊葡萄酒而闻名。酒庄位于维多利亚州中部的纳甘比湖产区附近。酒庄葡萄园占地 200 公顷，种植着澳大利亚最古老的西拉葡萄，或许也可能是世界上最古老的西拉葡萄（1860 年的老树）。1860 老藤西拉干红葡萄酒（1860 Shiraz）产量极少，口感复杂、极具陈年价值、价格不菲。酒庄其他葡萄酒的产量相当可观，年产 10 万箱。玛珊葡萄酒在未成熟前呈现浓郁的柠檬和桃子香味，在瓶内陈年 10 年后带有吐司、蜂蜡和蜂蜜的味道。同样值得一品的还有埃里克·史蒂文斯·珀布里克系列（Eric Stevens Purbrick）的赤霞珠葡萄酒和西拉葡萄酒。

优伶酒庄

优伶酒庄的葡萄园始建于 1838 年，是维多利亚州最古老的葡萄园。

塔坦尼酒庄（帕洛利产区）

塔坦尼酒庄（Taltarni）由一个法国的戈莱茨家族（Goelets）所有，这个家族于 1969 年建立了这座位于帕洛利产区的开创性酒庄。塔坦尼酒庄的设计一直洋溢着欧洲风情。酒庄葡萄酒也主要由法国酿酒师酿造，最初是多米尼克·波特（Dominique Portet），现在是洛伊克·德·卡尔韦兹（Loïc de Calvez），红葡萄酒需要在瓶内陈年一段时间才能凸显出丰富的层次感。除了在帕洛利产区拥有葡萄园，塔坦尼酒庄还在塔斯马尼亚产区拥有葡萄园，这座葡萄园主产起泡酒，葡萄原料主要从西斯寇特产区购入。

塔马岭酒庄（塔斯马尼亚产区）

尽管塔马岭酒庄（Tamar Ridge）的第一根葡萄藤是在 1994 年才种下的，第一批葡萄酒在 1999 年才推出，但酒庄已经成为塔斯马尼亚州产区的顶级酒庄。塔马岭酒庄现由布朗兄弟酒庄拥有，酒庄规模很大，拥有大约 300 公顷的葡萄园，分布在 3 个不同的地区。所有葡萄园都由著名葡萄栽培顾问理查德·斯马特（Richard Smart）管理。酒庄的另一个著名人物是首席执行官兼首席酿酒师安德鲁·皮里，他因创建塔斯马尼亚的超级明星酒庄，即笛手溪酒庄而闻名。塔玛岭酒庄出产了令人印象深刻的酒款，带有凉爽气候特点，特别是黑皮诺葡萄酒和长相思葡萄酒。酒庄共产有 3 个葡萄酒系列：卡耶纳园（高端酒款）、研究系列（实验酒款）和魔鬼角系列（实惠酒款）。★新秀酒庄

泰拉若拉酒庄（雅拉谷产区）

酿酒师克莱尔·哈洛伦（Clare Halloran）在泰拉若拉酒庄（Tarrawarra）酿制雅拉谷产区最好的黑皮诺葡萄酒和霞多丽葡萄酒。在她任职的 10 年里，酒庄出产了更加优雅的葡萄酒，且具有良好的陈年潜力。高端的 MDB 霞多丽葡萄酒完美诠释了这一点，这款葡萄酒芳香馥郁、风格含蓄、兼具凝练的口感，同时展示出近乎完美的平衡度。同样值得一品的还有 MRV 混酿葡萄酒（由玛珊葡萄、瑚珊葡萄和维欧尼葡萄混酿而成）。奶牛系列葡萄酒（Tin Cows）主要由采购的葡萄酿制而成。★新秀酒庄

十分钟拖拉机酒庄（莫宁顿半岛产区）

这个酒庄的名字十分古怪，酒庄有 3 座葡萄园，分别是贾德葡萄园（Judd）、沃礼士葡萄园（Wallis）及麦卡琴葡萄园（McCutcheon），开着拖拉机从一座葡萄园到另一座葡萄园，用时刚好都是 10 分钟，这就是酒庄名字的由来。这些葡萄园都位于主山脊分产区，是莫宁顿半岛海拔最高、最寒冷的地方。霞多丽葡萄酒和黑皮诺葡萄酒是酒庄的焦点，层次丰富、极具表现力、果味浓郁、口感怡人。★新秀酒庄

圣母山酒庄（马斯顿山区产区）

圣母山酒庄（Virgin Hills）位于马斯顿山区的边际气候地带，酒庄只生产一款历史悠久的波尔多混酿葡萄酒，优秀年份的波尔多混酿葡萄酒可以跻身澳大利亚最优质的葡萄酒之列。这款酒是匈牙利雕塑家兼餐馆老板汤姆·拉扎尔（Tom Lazar）的得意之作，他在 1968 年买下了 300 公顷未垦的森林带。拉扎尔本来打算在这里种樱桃，但他发现此地不适宜种植樱桃，

便转而种植葡萄，将这里变成了葡萄园。圣母山酒庄现在由迈克尔·霍普管理，他还在猎人谷经营着希望酒庄，葡萄园现采用有机农业生产方式工作，并践行传统少干预的方法酿酒。

野鸭河酒庄（西斯寇特产区）

野鸭河酒庄（Wild Duck Creek）位于西斯寇特产区，以酒精含量颇受争议的鸭肥西拉红葡萄酒（Shiraz Duck Muck）著称。这款酒由大卫·安德森（David Anderson）酿造，每年只出产 200 箱，这款酒在美国饱受赞誉，因此成为澳大利亚最受欢迎的葡萄酒款之一。这款酒口感浓郁、果香甜美。2004 年份的鸭肥西拉红葡萄酒酒精度高达 16.5%，十分美味、架构平衡、风格强劲，让人享受到一种略带罪恶的快感。

威廉·唐尼酒庄（雅拉谷产区）

威廉·唐尼是澳大利亚葡萄酒界的新星，于 2003 年创立了自己的品牌。唐尼专注于生产黑皮诺葡萄酒，酿酒用的葡萄产自雅拉谷产区、吉普史地产区和莫宁顿半岛产区。位于雅拉谷产区的葡萄园在 2008 年开始首次种植，但目前尚未投入生产。2006 年份出产于雅拉谷产区的黑皮诺葡萄酒香味浓郁、口感辛辣，但依然十分优雅。威廉唐尼酒庄（William Downie）值得期待。★新秀酒庄

雅碧湖酒庄（莫宁顿半岛产区）

汤姆·卡森（Tom Carson）是澳大利亚最著名的年轻酿酒师之一，他从优伶酒庄辞职后来到雅碧湖酒庄（Yabby Lake），无疑大大提升了雅碧湖酒庄的知名度。雅碧湖酒庄是柯比（Kirby）家族拥有的四大酒庄之一，其他酒庄都隶属于雅碧湖酒庄旗下。雅碧湖酒庄在莫宁顿半岛产区酿造了 4 个系列的葡萄酒，分别是雅碧湖系列、红爪系列、西斯寇特园系列和库拉卢克系列。

雅拉雅拉酒庄（雅拉谷产区）

伊恩·麦克莱恩（Ian Maclean）在 20 世纪 70 年代中期迷上了葡萄酒，于 1977 年在雅拉谷产区北部购买了 17 公顷的土地，打算建立一座葡萄园，因为这一地区的气候比较温暖。两年后，他开始种植葡萄，第一批葡萄于 1983 年问世。自此，麦克莱恩便成为雅拉雅拉酒庄（Yarra Yarra）唯一的酿酒师，他酿造的葡萄酒获得了广泛好评。酒庄葡萄园种植面积刚刚超过 9 公顷，最初重点种植波尔多品种，这个品种在这个温暖的地区生长得很好，但葡萄园也种植了 1 公顷的西拉葡萄。

雅拉优伶酒庄（雅拉谷产区）

雅拉优伶酒庄（Yarra Yering）是澳大利亚的精品酒庄之一，由性格古怪的贝利·卡洛德斯博士（Dr Bailey Carrodus）创立，但他于 2008 年猝然长逝。1973 年，卡洛德斯生产了自 1922 年以来第一款商业葡萄酒。他在贫瘠的葡萄园中，通过使用原始的酿酒设备，成功地打造出了一些极其优雅、颇具陈年潜力的红葡萄酒。卡洛德斯对酒庄的所有事务都亲力亲为，他的搭档为酒庄设计了一系列独特的手绘标签。雅拉优伶酒庄出产了许多葡萄酒，但 1 号干红葡萄酒（采用赤霞珠葡萄酿制

而成）和 2 号干红葡萄酒（采用西拉葡萄酿制而成）是其中的佼佼者。虽然酒庄的葡萄质量不太稳定，但也有十分出色的时候。在一次品酒会上，1980 年份的 2 号干红葡萄酒和 1989 年份的 1 号干红葡萄酒状态极佳，口感纯净，极富优雅气息。雅拉优伶酒庄于 2009 年被凯斯勒葡萄酒公司（Kaesler）收购，但他们打算继续秉持卡洛德斯的酿酒精神，保持雅拉优伶酒庄的原貌。

优伶酒庄（雅拉谷产区）

优伶酒庄（Yering Station）建于 1837 年。在 19 世纪 60 年代，酒庄被分成 3 个酒庄，分别是优伶酒庄、雅伦堡酒庄和圣休伯特酒庄。优伶酒庄现在是雷斯伯恩集团（Rathbone）的一部分，在年轻酿酒师汤姆·卡森（Tom Carson）的指导下，酒庄的葡萄酒广受赞誉。这些广受赞誉的葡萄酒包括一款口感丰富、层次细腻的西拉维欧尼混酿葡萄酒和一款层次丰富、口感新鲜的霞多丽葡萄酒。卡森于 2008 年离开酒庄，酿酒工作由威利·伦恩（Willy Lunn）负责。优伶酒庄还与德沃香槟公司（Champagne Devaux）合作过，以雅拉班克（Yarrabank）的品牌名称推出了一系列风格时尚的起泡酒。

雅伦堡酒庄（雅拉谷产区）

20 世纪 70 年代，第三代葡萄酒种植者吉尔德·珀里（Guill de Pury）重振了雅伦堡酒庄（Yeringberg），这也是雅拉谷产区复兴之路的开始。但 50 年后，酒庄停止了葡萄栽培。雅伦堡酒庄的历史可以追溯到 19 世纪。吉尔德·珀里的祖父弗雷德里克·吉拉姆·德·普里（Frederic Guillame de Pury）是一位瑞士男爵，于 1863 年买下了优伶酒庄 1740 公顷的土地。迄今为止，酒庄葡萄园有 486 公顷的土地都用于养殖牛羊，还有 20 公顷用于种植葡萄。酒庄的 5 款葡萄酒都是由非常简单的手工方式酿造。雅伦堡酒庄红葡萄酒是其中的佼佼者，这是一款优雅十足的波尔多混酿葡萄酒。

澳大利亚优质的加强型葡萄酒

路斯格兰产区位于南澳大利亚州的东北角，气候十分炎热。路斯格兰产区以其优质的强化型甜葡萄酒而闻名。麝香利口酒和托卡伊葡萄酒，现在官方名称是"托佩克葡萄酒"，由慕斯卡德葡萄酿制而成。20 世纪初，强化型葡萄酒占澳大利亚葡萄酒产量的 80%。今天，路斯格兰产区延续了这一传统。澳洲加强型葡萄酒的酿造工艺与雪莉酒相似，通过将不同年份的葡萄酒混合，然后再用多层木桶陈酿，最终得到的葡萄酒会随着时间推移展示出极佳的复杂口感和浓郁气息，令人回味无穷。这一特殊的酿制工艺决定了加强型葡萄酒的品质。尽管加强型葡萄酒现在可能并不流行，也很容易被忽视，但是加强型葡萄酒是澳大利亚对世界优质葡萄酒作出的独特贡献。

南澳大利亚州产区

南澳大利亚州（South Australia）历来是澳大利亚葡萄酒业的中心，包括巴罗萨谷（Barossa Valley）、麦克拉伦谷（McLaren Vale）和克莱尔谷（Clare Valley）等历史悠久的知名产区，以及阿德莱德山（Adelaide Hills）和库纳瓦拉（Coonawarra）等年轻一些的优质葡萄酒产区。由于南澳大利亚州一直没有受到根瘤蚜的侵扰，许多种有老藤的经典葡萄园得以保留。这里出产的葡萄酒品类繁多，其中巴罗萨红葡萄酒风味浓郁、口感温和，克莱尔谷和伊顿谷产区（Eden Valley）产区的雷司令葡萄酒酒体清瘦，散发着柑橘的芬芳。产自库纳瓦拉的陈年赤霞珠葡萄酒和产自阿德莱得山的全澳大利亚最精致的霞多丽葡萄酒也是南澳大利亚州引以为傲的佳酿。

南澳大利亚州一直是澳大利亚葡萄酒产业的核心地带。19世纪40年代，移民者在巴罗萨谷产区建立了第一批葡萄园。南澳大利亚州从未受到根瘤蚜的侵扰，因此这里未经嫁接的老葡萄园幸运地得以留存下来。该地区主要生产以西拉为主的风味浓郁的红葡萄酒，歌海娜和马塔罗（当地对慕合怀特的称呼）红葡萄酒也十分出色，南澳大利亚州的经典GSM葡萄酒便由这3个品种混酿而成。

巴罗萨东部的伊顿谷产区气候凉爽、海拔较高，在产区划分上属于巴罗萨，以生产澳大利亚一流的雷司令干白葡萄酒而闻名。不幸的是，在20世纪80年代，气候温暖的巴罗萨跟不上时代的潮流，许多葡萄园都被废弃。但经过彼得·莱曼（Peter Lehmann）、查尔斯·梅尔顿（Charles Melton）和洛基·奥卡拉汉（Rocky O'Callaghan）等生产商的努力，伊顿谷产区终于重振雄风，现在全澳大利亚最受青睐的一些红葡萄酒就生产于此。

在巴罗萨西北方向不远处的就是克莱尔谷产区，实际上这里的地貌由一系列狭窄的山谷组成，气候因海拔而有所缓和。克莱尔谷产区的独特之处在于这里的几类顶级葡萄酒——充盈着矿物质气息的雷司令干白葡萄酒、赤霞珠红葡萄酒和西拉红葡萄酒。这3个看似互不搭调的品种，在克莱尔产区却有着一致的出色表现。

麦克拉伦谷产区也是一个气候温暖的地区，以出产风味浓郁的红葡萄酒而享誉。1838年，这里种下了南澳第一批葡萄藤。与巴罗萨不同的是，该地区的赤霞珠葡萄酒出类拔萃，但最大名鼎鼎的是层次丰富的西拉葡萄酒。

麦克拉伦谷产区毗邻兰好乐溪，划归弗勒里厄半岛。虽然葡萄酒产量不高，其风味醇厚柔和的赤霞珠和西拉葡萄酒却表现不俗。

阿德莱德山是南澳最令人瞩目的产区之一。早年间，葡萄种植在该地区已销声匿迹，在20世纪70年代后期又由布赖恩·克罗泽（Brian Croser）再谱新曲。海拔高度是这里葡萄种植的一大秘诀，凉爽的气候非常适合生产优质的长相思葡萄酒、精致的霞多丽葡萄酒、前卫的西拉葡萄酒，甚至是黑皮诺葡萄酒。近年来，维欧尼和灰皮诺等以香气见长的葡萄品种也开始在这里大放异彩。

朝着南澳大利亚州与维多利亚州的边界继续往东南方向，是库纳瓦拉这个荦荦子立的产区。这里尤其适合种植赤霞珠葡萄，土壤是最重要的环境因素：浅红色土壤覆盖着排水性良好的石灰岩，辅以相对凉爽的气候，使其成为波尔多红葡萄品种的理想家园。虽然西拉和霞多丽等葡萄在库纳瓦拉也有着上佳的表现，但这里最具特色的还是赤霞珠葡萄酒，它也是全澳大利亚最顶级的佳酿。

石灰岩海岸产区（Limestone Coast）还有4个名不见经传但前途无量的子产区，即拉顿布里（紧靠库纳瓦拉北面）、帕史维（在更北面，有石灰岩土壤）、本逊山和罗布（二者皆为以石灰岩为主的海岸地区，气候凉爽）。

安妮道酒庄（克莱尔谷产区）

备受瞩目的安妮道酒庄（Annie's Lane）地处克莱尔谷，原名为奎尔塔勒（Quelltaller），现为福斯特家族的产业。酒庄从山谷各处收购葡萄，并在巴罗萨的禾富酒庄（Wolf Blass）完成酿造。酒庄出产的葡萄酒品类繁多，分为卡本查奥（Copper Trail）高端红酒和核心（Core Range）两个系列，以质量上乘而闻名，印证了克莱尔谷产区确为种植葡萄的理想之地。

阿里沃酒庄（阿德莱德山产区）

阿里沃酒庄（Arrivo）位于阿德莱德山产区，是一家大有可为的新兴酒庄，专注于酿制难度较高的内比奥罗葡萄酒。酿酒师是来自澳大利亚葡萄酒研究所（Australian Wine Research Institute）的彼得·戈登（Peter Godden），他在2006年推出了第一批葡萄酒。2006年份的朗格马切拉奥内内比奥罗葡萄酒（Lunga Macerazione Nebbiolo）美味无穷，为期72天的浸皮工艺造就了美妙的单宁结构，使其焕发出樱桃果味的辛香。除了两款红葡萄酒外，酒庄还产有一款桃红葡萄酒。
★新秀酒庄

阿什顿山酒庄（阿德莱德山产区）

斯蒂芬·乔治（Stephen George）的阿什顿山酒庄（Ashton Hills）是阿德莱德山产区最受推崇的酒庄之一。这是一家占地3公顷的小型精品酒庄，专注于酿造黑皮诺葡萄酒，也生产优质的雷司令和起泡葡萄酒。酒庄的葡萄园建于1982年，种植了15个黑皮诺克隆品种。2003年份的黑皮诺葡萄酒在陈放6年后即可饮用，呈现复杂的层次、甜樱桃的果香和淡淡的草本味。乔治同时也是澳大利亚最具代表性的酒庄之一，位于克莱尔谷的文多酒庄的酿酒师。

巴内夫酒庄（库纳瓦拉产区）

巴内夫酒庄（Balnaves）是库纳瓦拉产区的一座明星酒庄。20世纪80年代后期，道格·巴尔纳维斯（Doug Balnaves）离开了工作17年的恒福山酒庄，成立了自己的咨询公司。1990年，他再度创业兴建了葡萄园，并于1996年开设了一家酿酒厂。巴内夫酒庄的现任酿酒师是皮特·比塞尔（Pete Bissell），1995年以前，他任职于邻近的酝思酒庄（Wynns）工作。巴内夫酒庄的旗舰酒款泰利（The Tally）是库纳瓦拉产区最好的赤霞珠葡萄酒之一，其风格成熟，味道甜美，层次分明，带有深沉的黑莓和黑醋栗的香气。2004年份和2006年份的葡萄酒均为顶级佳酿。普通款赤霞珠葡萄酒也很出色，酒庄混酿葡萄酒（The Blend）物美价廉。

巴尔哈扎酒庄（巴罗萨产区）

巴尔哈扎酒庄（Balthazar）由酒庄主人安妮塔·鲍文（Anita Bowen）一手打理。1998年，她在一处19世纪的原始葡萄园旧址上种植葡萄，如今规模已发展到30公顷。酒庄的西拉葡萄藤来自于1847年的巴罗萨谷最古老的葡萄园之一。酒庄的核心产品是巴尔哈扎西拉葡萄酒（Balthazar Shiraz），其风味浓郁、层次复杂，给予品酒者强大的味觉冲击；伊什塔尔（Ishtar）系列的

宝仕德酒庄
2006年的弗兰伯茨葡萄酒由赤霞珠和马尔贝克混酿而成。

博斯沃思酒庄
白野猪西拉葡萄酒所用的葡萄使用前会先风干两个星期。

葡萄酒则采用南澳大利亚州不同葡萄园的葡萄酿制。

巴罗萨谷酒庄（巴罗萨产区）

在澳大利亚，合作酒庄较为罕见。巴罗萨谷酒庄（Barossa Valley Estate）则是其中之一。酒庄成立于20世纪80年代中期，约有80种种植者，现已成为星座集团（哈迪酒业）旗下的合资企业。斯图尔特·伯恩（Stuart Bourne）是酒庄的酿酒师，曾供职于一些知名的酒庄，打造了多款优质佳酿。酒庄的旗舰款E&E黑胡椒西拉葡萄酒（E&E Black Pepper Shiraz）酒体极为醇厚、风味浓缩，是本产区最好的西拉葡萄酒之一。埃比尼泽（Ebenezer）系列酒款也属佳作，包括优质的西拉、赤霞珠和霞多丽葡萄酒。

博斯沃思酒庄（麦克拉伦谷产区）

1970年，彼得·博斯沃思（Peter Bosworth）和安西娅·博斯沃思（Anthea Bosworth）夫妇创建了埃奇希尔葡萄园（Edgehill Vineyard），博斯沃思酒庄（Battle of Bosworth）的葡萄便酿制于此。1995年，二人之子约赫（Joch）接管酒庄后，决定转型有机种植，并开始生产博斯沃思牌葡萄酒。酒庄出产的葡萄品目繁多、包装精美，具有明快的水果风味，酸度较高。白野猪西拉葡萄（White Boar Shiraz）风味强劲，尤其值得一品。

宝仕德酒庄（兰好乐溪产区）

宝仕德酒庄（Bleasdale）是澳大利亚第二悠久的家族酒庄，源远流长。1858年，弗兰克·波茨（Frank Potts）在兰好乐溪（Langhorne Creek）种下了酒庄的第一批葡萄藤。时至今日，弗兰克在140年前安设的赤桉树压榨机仍然运行良好。酒庄已经传承至第5代，葡萄酒的风味不减当年。酒庄有两款旗舰酒：弗兰伯茨葡萄酒（Frank Potts）为赤霞珠和马尔贝克的混酿；以及传承西拉葡萄酒（Generations Shiraz）。

宝云酒庄（库纳瓦拉产区）

宝云酒庄（Bowen）是库纳瓦拉产区的知名酒庄之一，由道格·宝云（Doug Bowen）于1972年创立，现拥有33公顷大名鼎鼎的特罗萨红土土地。道格仍负责打理酒庄的一应事务，他的女儿艾玛（Emma）则在旁辅助。酒庄采用手工修剪葡萄藤，并结合拱形架棚的培型系统进行栽培，这种做法在库纳瓦拉并不常见。酒庄仅酿造3款葡萄酒，分别是霞多丽、西拉（在美国橡木桶中陈酿）和赤霞珠葡萄酒（在法国和俄罗斯橡木桶中陈酿）。其中西拉葡萄酒尤为出彩，在库纳瓦拉这个以赤霞珠葡萄酒见长的产区，其品质之高，颇有几分喧宾夺主之意。

布雷默顿酒庄（兰好乐溪产区）

布雷默顿酒庄（Bremerton）很可能是兰好乐溪产区的头号酒庄。酒庄现由露西·威尔森（Lucy Willson）和丽贝卡·威尔森（Rebecca Willson）姐妹共同经营，丽贝卡还兼任酿酒师。威尔森家族拥有110公顷的葡萄园，此外其名下还有共同拥有或管理的土地达180公顷。他们从中挑选出最好的葡萄用于酿酒，其余对外出售。酒庄的旗舰款葡萄酒在美国橡木桶中陈酿，

狐狸湾酒庄

这款西拉品丽珠起泡酒酒体饱满、口感强劲、风味浓郁。

黛伦堡酒庄

铜矿路葡萄酒在装瓶之后，窖藏愈久风味愈发均衡。

如美味可口的传统亚当西拉葡萄酒（Old Adam Shiraz），以及木桶精选最佳年份（BOV）西拉赤霞珠。布雷默顿的整体风格为香醇丰满、风味浓烈，橡木风味突出而均衡。

卡斯卡贝尔酒庄（麦克拉伦谷产区）

卡斯卡贝尔（Cascabel）是一家位于麦克拉伦谷的精品酒庄，由苏珊娜·费尔南德斯（Susana Fernandez）和邓肯·弗格森（Duncan Ferguson）在 1997 年创立。与该产区其他酒庄不同的是，卡斯卡贝尔酒庄主要用西班牙葡萄品种酿酒，如丹魄、格拉西亚诺和莫纳斯特雷尔葡萄等。酒庄的葡萄园和酿酒厂均采用精细的工艺，所有葡萄以手工采收，使用小型开放式发酵罐酿造红葡萄酒，且不接种酵母菌。陈酿工艺在 500 升的桶中完成。除了酒庄自有的 5 公顷葡萄园收获的果实外，酒庄还会收购一些弗勒里厄半岛的西拉葡萄和伊顿谷的雷司令葡萄。酒庄出产的葡萄酒品质始终如一，其产品线包括一款充满活力、适合早期饮用的丹魄葡萄酒，一款风味粗犷浓烈、值得陈年的莫纳斯特雷尔葡萄酒，还有一款美味十足的瑚珊和维欧尼混酿葡萄酒。

庞德酒庄（阿德莱德山产区）

庞德酒庄（Chain of Ponds）位于备受瞩目、气候凉爽的阿德莱德山产区，该产区是拥有葡萄园面积最大的酒庄之一。酒庄目前从阿德莱德山周边地区采购葡萄，酿造的葡萄酒品类丰富，其中尤以意大利葡萄品种见长。主打酒款包括威望赤霞珠西拉梅洛混酿红葡萄酒（Cachet Cabernet Sauvignon/Shiraz/Merlot）、莫扎特赤霞珠红葡萄酒（Amadeus Cabernet Sauvignon）和暗礁西拉红葡萄酒（Ledge Shiraz）。

礼拜山酒庄（麦克拉伦谷产区）

作为麦克拉伦谷产区的明星酒庄之一，礼拜山酒庄（Chapel Hill）成名于 20 世纪 80 年代，当时的酒庄主人为塞利克（Sellick）和杰拉德（Gerrard）两大家族，酿酒师为帕姆·邓斯福德（Pam Dunsford）。2000 年，美国加州纳帕谷嘉威逊酒庄的史密汉尼家族收购了该酒庄。礼拜山酒庄的葡萄栽培师雷切尔·斯蒂尔（Rachel Steer）采用生物动力原理指导酒庄的可持续耕作，以此减少葡萄园中的化学物质输入。酿酒师迈克尔·弗拉戈斯（Michael Fragos）于 2004 年加入酒庄，使该酒庄的美酒更上一个台阶。酒庄的顶级酒款包括强劲浓郁、口感辛辣的教皇（Vicar）西拉葡萄酒，以及代表了麦克拉伦谷产区赤霞珠一流品质的礼拜山赤霞珠干红葡萄酒。

查尔斯·莫顿酒庄（巴罗萨产区）

查尔斯·莫顿（Charles Melton）堪称巴罗萨地区的一个传奇。1984 年，在人们还未意识到巴罗萨地区老葡萄藤的深厚潜力时，莫顿开始自己酿造葡萄酒，并以一流的西拉葡萄酒及大名鼎鼎的九教皇葡萄酒（Nine Popes，歌海娜和西拉混酿）而一举成名。这些葡萄酒均出产自古老的旱地葡萄园，以传统技术酿造而成，比如混合使用法国和美国橡木桶。其中索托迪费罗葡萄酒（Sotto di Ferro）的品质尤为出色，这款甜酒主要由采摘后晾干的佩德罗·希梅内斯葡萄（Pedro

Ximénez）酿制而成，在当地可谓独树一帜。莫顿又在伊顿谷产区购入了 29.5 公顷的土地，用于种植西拉、歌海娜和其他的罗讷河谷葡萄品种。

克里斯·瑞兰德酒庄（巴罗萨产区）

克里斯·瑞兰德酒庄（Chris Ringland）的标杆是西拉葡萄酒，采用酒庄所在的巴罗萨山脉附近（Barossa Ranges）的百年葡萄园的果实酿成，葡萄酒装瓶之前在全新的法国橡木桶中陈酿时间超过 3 年。这款酒产量很小，每年仅约 100 箱。由于美国葡萄酒评论家给其打出高分，导致供不应求。尤其是 1996 年、1998 年和 2001 年这 3 个年份的评分均高达 100 分，酒庄的身价也因此水涨船高。

克拉伦敦山酒庄（麦克拉伦谷产区）

20 世纪 90 年代，罗曼·布拉塔苏克（Roman Bratasuik）的克拉伦敦山酒庄（Clarendon Hills）跻身于澳大利亚最受欢迎的酒庄之一，以酒体稠密、风味成熟的萃取红葡萄酒而闻名。这种风格虽然赢得了市场的青睐，但也引起诸多争议。星光园西拉葡萄酒（Astralis）乃酒庄的代表作，产于 2004 年的酒带有甜美的果酱味，但风味稍显过火；产于 2006 年的酒同样带有果香且浓郁多汁，酒体丰满，让人欲罢不能；产于 1996 年的酒则以丰富、复杂而粗悍的浓度见长，极宜陈酿。酒庄的产品线共有 19 款葡萄酒，均为世界一流佳酿。但只有能欣赏其超高成熟度及独特风格的品酒者，方能充分领略个中韵味。

柯伦莱酒庄（巴罗萨产区）

柯伦莱酒庄（Colonial Estate）的主人是乔纳森·马尔图斯（Jonathan Maltus），他是法国圣埃美隆产区德士雅酒庄（Château Teyssier）的幕后投资人，造就了著名的膜拜酒——乐多美。2002 年，他开始收购小块的经典巴罗萨葡萄园，并采用法式的酿酒方法，从圣埃美隆进口所有设备。产品线目前包括 12 款葡萄酒，全部为手工制作，十分注重细节打磨。酒庄的旗舰款流放葡萄酒（Exile）由老藤西拉和一些慕合怀特和慕斯卡德制成。流浪（Emigré）是一种多品种的混酿酒。最初的酒款口感有些过于丰富，但经过改进后，这款酒现在是山谷中最好的葡萄酒。★新秀酒庄

可利酒庄（麦克拉伦谷产区）

位于麦克拉伦谷产区的中型酒庄可利酒庄（Coriole）以率先采用意大利葡萄品种而闻名，其早在 1985 年就开始栽种桑娇维塞葡萄。目前西拉葡萄仍是酒庄的核心品种，占种植总面积的 65%，其次是桑娇维塞，除此之外还有白诗南、赤霞珠、菲亚诺、歌海娜、巴贝拉、蒙特布查诺、梅洛和赛美蓉等葡萄品种。酒庄的旗舰酒是劳埃德珍藏西拉葡萄酒（Lloyd Reserve Shiraz），普通款的西拉葡萄酒和独奏西拉葡萄酒（The Soloist Shiraz）也品质不凡。意大利葡萄品种的葡萄酒里，菲亚诺白葡萄酒带有矿物质气息，耐人寻味；桑娇维塞和内比奥罗葡萄酒也值得品尝。酒庄的红葡萄酒口感平衡，风味怡人。

卡拉布特酒庄（克莱尔谷产区）

卡拉布特酒庄（Crabtree）位于克莱尔谷的沃特维尔镇，是一家拥有 13 公顷葡萄园的精品酒庄。2007 年，理查德·伍兹（Richard Woods）和拉萨·法比安（Rasa Fabian）收购了该酒庄，他们为实现目标，聘请了雷司令专家克里·汤普森（Kerri Thompson）担任酿酒师。除了种植雷司令外，酒庄也种植西拉葡萄和赤霞珠葡萄。卡拉布特酒庄潜力无限，值得关注。
★新秀酒庄

黛伦堡酒庄（麦克拉伦谷产区）

在切斯特·奥斯本（Chester Osborn）的不懈努力下，成立于 1912 年的黛伦堡酒庄（D'Arenberg）是一家传统的麦克拉伦谷酒庄，已发展为全澳大利亚声誉远扬和最具活力的酒庄。后来，酒庄扩充了产品线，均冠以富有想象力的商标，目前年产量已达到 25 万箱。酒庄的顶级酒款名副其实，均产自用传统技术打理的低产老葡萄藤，果味充沛、口感浓烈。所有产品中最有名的莫过于风味浓郁、值得陈年的枯藤西拉葡萄酒（Dead Arm Shiraz）；铜矿路赤霞珠葡萄酒（Coppermine Road Cabernet Sauvignon）也十分出色，是澳大利亚的极品酒款；以歌海娜为主的铁矿石葡萄酒（Ironstone Pressings）亦属顶尖之作。事实上，得益于精湛的酿制技艺，黛伦堡酒庄的全系列葡萄酒产品无不令人瞩目。

达其克酒庄（巴罗萨产区）

达其克酒庄（Dutschke）的酿酒葡萄产自巴罗萨谷南端林多克（Lyndoch）的一个古老葡萄园。该酒庄由资深酿酒师韦恩·杜奇克（Wayne Dutschke）和他的叔叔、葡萄种植商肯·塞姆勒（Ken Semmler）共同经营。1990 年，他们没有卖掉所有的葡萄，而是决定留下一些来酿造自己的葡萄酒，品牌命名为薇露本德（Willowbend）。20 世纪 90 年代后期，该酒庄的葡萄酒在美国大受欢迎，销量突飞猛进，品牌改名为达其克（Dutschke Wines）。圣甲克比（St Jakobi）是一款用美国橡木桶陈酿的西拉葡萄酒，质地浓郁、风味成熟；用法国橡木桶陈酿的奥斯卡赛姆雷西拉葡萄酒（Oscar Semmler Shiraz）同样酒体浓郁，但口感更为醇厚；单桶巴罗萨西拉葡萄酒（Single Barrel Barossa Shiraz）的成熟度有些偏高。此外酒庄还有多款加强型葡萄酒可供选择。

德顿酒庄（巴罗萨产区）

德顿酒庄（Elderton）是一座家族型酒庄。其位于巴罗萨谷地的 29 公顷葡萄园分为若干地块种植老葡萄藤，这是酒庄大获成功的秘诀所在。自 20 世纪 70 年代后期以来，酒庄一直归阿什米德（Ashmead）家族所有。自 1982 年推出第一批葡萄酒后，酒庄以其强劲的风味和某些酒款的浓郁橡木味赢得了诸多拥趸。旗舰款阿西米赤霞珠红葡萄酒（Ashmead Cabernet Sauvignon）和统帅西拉干红葡萄酒（Command Shiraz）都产自百年老藤，非常适合陈年。

初雨酒庄（巴罗萨产区）

初雨酒庄（First Drop）是一间初露头角、雄心勃勃的"虚拟酿酒厂"（酒庄没有自己的葡萄园和酿酒厂），由圣哈利特酒庄的酿酒师马特·甘特（Matt Gant）和希尔德酒庄（Schild Estate）的约翰·雷萨斯（John Retsas）合作经营。酒庄的酿酒葡萄来自巴罗萨、阿德莱德山和麦克拉伦谷产区，生产的葡萄酒品类繁多，包括巴贝拉、阿内斯、内比奥罗和蒙特布查诺等小众葡萄酒，以及多款巴罗萨西拉葡萄酒。米恰蒙特布查诺红葡萄酒（Minchia Montepulciano）风味大胆、口感辛辣，呈现浓郁的黑莓香气，富有意趣；浪漫情缘阿内斯白葡萄酒（Bellia Coppia Arneis）清新爽口、散发着矿物质气息；百分之二巴罗萨西拉红葡萄酒（Two Percent Barossa Shiraz）则展现了初雨酒庄对经典风味的深刻理解，于甜美浓郁的果香中迸发出醉人的香醇和鲜美。
★新秀酒庄

狐狸湾酒庄（麦克拉伦谷产区）

狐狸湾酒庄（Fox Creek）的故事刚刚拉开序幕。1984 年，吉姆·沃茨（Jim Watts）和海伦·沃茨（Helen Watts）收购了这片 32 公顷的麦克拉伦谷酒庄，但直到 1994 年，酒庄才发布了第一款西拉葡萄酒。在极富酿酒天资的斯帕基（Sparky）和莎拉·马奎斯（Sarah Marquis，吉姆和海伦之女）的协助下，这款酒大获成功，尤其深受美国消费者的喜爱，为该酒庄赢得了诸多追随者。此后，斯帕基和莎拉离开狐狸湾自谋发展。新的酿酒团队有丹·希尔斯（Dan Hills）、托尼·沃克（Tony Walker），以及最近加入的克里斯·迪克斯（Chris Dix）和斯科特·兹纳（Scott Zrna），在他们的引领下，酒庄得以保持优异的葡萄酒品质。旗舰酒珍藏西拉葡萄酒（Reserve Shiraz）风味浓郁，火狐小姐西拉和品丽珠起泡酒（Vixen Sparkling Shiraz/Cabernet Franc）也品质超群。

杰夫·梅里尔酒庄（麦克拉伦谷产区）

1988 年，杰夫·梅里尔（Geoff Merrill）辞去在哈迪酒庄的酿酒师工作，在麦克拉伦谷创立了自己的赫多山（Mount Hurtle）酿酒厂。他在库纳瓦拉还有一个葡萄园。梅里尔的葡萄酒略显含蓄、层次分明，带有鲜明的橡木味，发布时间通常晚于大多数的葡萄酒。酒庄旗舰款为风味浓郁、质地丰满的亨雷西拉葡萄酒（Henley Shiraz）。

杰夫酒庄（阿德莱德山产区）

阿德莱德山的葡萄栽培师杰夫·韦弗（Geoff Weaver）曾任哈迪酒庄的首席酿酒师。1985 年，他开始用自己葡萄园的葡萄酿酒，并最终于 1992 年从哈迪酒庄离职，全身心投入到他在阿德莱德山上伦斯伍德（Lenswood）的 12 公顷葡萄园中。酒庄的核心产品为风味浓烈饱满的长相思干白葡萄酒，其中费鲁斯（Ferus）长相思葡萄酒经过野生酵母发酵及橡木桶陈酿，是一个独立的酒款。霞多丽葡萄酒酒体强劲，黑皮诺葡萄酒风格优雅，还有一款赤霞珠和梅洛混酿酒，口感鲜美宜人。

老葡萄藤

19 世纪后期，喜食树根的葡萄根瘤蚜席卷全球，许多葡萄酒产区都深受其害，这导致后续种植的葡萄藤都不得不以美国抗蚜的葡萄品种为砧木嫁接其上。南澳大利亚州是少数几个幸免于难的产区之一，世界上一些最古老的葡萄藤现在就扎根于此。特别是在巴罗萨谷和麦克拉伦谷产区，有多座百年葡萄园，其中一些葡萄藤的历史甚至可追溯到 1840 年，它们长势惊人，枝粗多节，产量偏低，能酿出一流的葡萄酒。人们并不清楚老藤能酿出高品质葡萄酒的原理何在，但经过长时间的生长，广泛延伸的根系和自然低产的葡萄或许正意味着葡萄藤已达到一种自然平衡的状态。特意保留老藤的葡萄园更可能产出最优质的葡萄。

格罗斯酒庄
波兰山雷司令葡萄酒口感清新、
酒香浓郁、结构紧致。

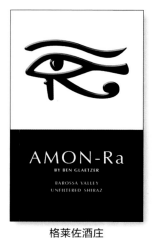

格莱佐酒庄
苍穹之眼葡萄酒的葡萄产自
50～120 年藤龄的葡萄藤。

格莱佐酒庄（巴罗萨产区）

才华横溢的年轻酿酒师本·格莱佐（Ben Glaetzer）自 2002 年接管家族的酒庄后，致力于为其注入新鲜血液。在他的带领下，格莱佐酒庄（Glaetzer）的酿造风格变化显著，偏向展现葡萄的纯度，风味成熟，又不失活力。他所使用的橡木桶来自 16 个不同的制桶厂，大部分产自美国并在法国风干，主要用于完善葡萄酒的结构和质地，对风味影响不大。格莱佐酒庄所用的酿酒葡萄产自巴罗萨地区周围的老葡萄园，一些酒款已经声名鹊起（尤其是在美国），其中最受欢迎的是风味浓郁纯正的苍穹之眼西拉红葡萄酒（Amon-Ra Shiraz），紧随其后的安娜婆诺葡萄酒（Anaperenna）是一款西拉和赤霞珠混酿，曾用名金箔（Godolphin）。西拉和歌海娜混酿的华莱士葡萄酒（Wallace）及主教（Bishop）西拉葡萄酒同样十分出色，价格也更实惠。
★新秀酒庄

格兰特·柏奇酒庄（巴罗萨产区）

巴罗萨的传奇人物格兰特·柏奇（Grant Burge）在 1978 年收购了衰败的科朗福酒庄（Krondorf），对其葡萄酒产品大幅革新，然后在 1986 年将酒庄转手卖给米达拉酒庄（Mildara）。几年后，柏奇陆续收购葡萄园，开始经营自己的产业，并在 1999 年购回科朗福酒庄。柏奇拥有横跨整个巴罗萨山谷的 440 公顷土地，拥有该地区体量最大的私人葡萄园之一。格兰特柏奇酒庄出产的葡萄酒风味浓郁，富有橡木的香醇气息。酒庄偌大的产品线中，巅峰之作是 3 款以圣经命名的葡萄酒：米沙西拉红葡萄酒（Meshach）、莎德拉奇赤霞珠红葡萄酒（Shadrach）和阿博耐格 GSM 混酿干红葡萄酒（Abednego，一款歌海娜、西拉和慕合怀特混酿）。其他酒款如神圣三部曲葡萄酒（Holy Trinity）、菲舍儿西拉葡萄酒（Filsell）和巴尔塔萨西拉维欧尼葡萄酒（Balthasar）等也品质出众。

格林诺克酒庄（巴罗萨产区）

格林诺克酒庄（Greenock Creek）由迈克尔·沃（Michael Waugh）和安娜·沃（Annabel Waugh）所有，是巴罗萨产区的一家小型精品酒庄，年产量仅 2500 箱。酿酒顾问克里斯·林兰德（Chris Ringland）采用晚收低产的老葡萄园果实，酿成了风味丰富、口感浓郁、高度萃取的葡萄酒，赢得了赫赫声誉。评论家罗伯特·帕克（Robert Parker）的盛赞，更是让这座巴罗萨酒庄在美国被狂热追捧。另外，格林诺克酒庄的葡萄酒也因过于浓郁和甜美而受到部分苛评。

格罗斯酒庄（克莱尔谷产区）

才华横溢、勤奋好学的杰弗里·格罗斯（Jeffrey Grosset）是澳大利亚的顶级雷司令专家。自 1981 年以来，他一直在克莱尔谷酿造品质卓越的雷司令葡萄酒，初期采用波兰山的葡萄，近来逐渐转向沃特维尔。这两种酒都十分适合陈年，如 1984 年的波兰山葡萄酒在陈年之后蜕变得异常惊艳，展现出醉人的精度和复杂口感。格罗斯的专长也不仅限于雷司令葡萄酒，他酿造的盖亚女神红葡萄酒（Gaia）来自克莱尔的一个高地单一葡萄园，风味迷人、口感鲜美且宜于陈年。霞多丽和黑皮诺葡萄酒均源自

阿德莱德山的葡萄园，同样品质一流。

哈迪酒庄（麦克拉伦谷产区）

哈迪酒庄（Hardys）作为澳大利亚葡萄酒界最耳熟能详的酒庄之一，现已纳入星座集团麾下。在葡萄酒鉴赏家的眼里，该酒庄庞大的产品线中大多数葡萄酒都平平无奇，唯有两款跨产区顶级混酿葡萄酒是无可争议的绝品佳酿：艾琳哈迪西拉葡萄酒（Eileen Hardy Shiraz）和艾琳哈迪霞多丽葡萄酒（Eileen Hardy Chardonnay）。1999 年份的艾琳哈迪西拉葡萄酒经过陈酿过程中的美妙蜕变，已成为一款经典的现代佳作。酒庄的起泡酒，如詹姆斯先生年份起泡酒（Sir James）同样值得品味。

哈特兰酒庄（兰好乐溪产区）

哈特兰酒庄（Heartland）是一个合营酒庄，其葡萄园分布于石灰岩海岸和兰好乐溪产区。酒庄有 5 位合伙人，大股东是本·格莱佐（Ben Glaetzer）。总面积 405 公顷的葡萄园有 164 公顷位于石灰岩海岸，223 公顷位于兰好乐溪。除了自家酿酒之外，酒庄的一些葡萄也对外出售。其酿制的葡萄酒品质上乘，令人称道。基于生产成本和产量规模等综合因素，这些酒款比许多双倍价格的同类产品都要出色。其中尤其值得尝试的，有风味浓郁的多姿桃和拉格莱因混酿葡萄酒和口感醇厚丝滑的指路人西拉葡萄酒（Director's Cut）。

翰斯科酒庄（伊顿谷产区）

作为澳大利亚声望最高的酒庄之一，伊顿谷的翰斯科酒庄（Henschke）已经传承至第 5 代。1861 年，来自波兰西里西亚的移民约翰·克里斯蒂安·翰斯科（Johann Christian Henschke）在凯尼顿种植了这个家族酒庄第一批葡萄藤。酒庄目前由斯蒂芬·翰斯科（Stephen Henschke）和普鲁·翰斯科（Prue Henschke）经营，夫妇二人充满活力，分别担任酒庄的酿酒师和葡萄栽培师。在试用有机种植法后，他们决定在酒庄实施完全有机化，同时采用了一些生物动力种植方法。酒庄的神恩山葡萄酒（Hill of Grace）采用一个 8 公顷的老葡萄园的葡萄酿造，其知名度仅次于举世闻名的奔富葛兰许红葡萄酒（Penfolds Grange）。除了神恩山葡萄园外，翰斯科酒庄还有另一个古老的葡萄园——伊德斯顿山（Mount Edelstone），此地出产的葡萄酒品质同样优秀。果香浓郁、结构柔和且充满美国橡木气息的红葡萄酒是酒庄的最大特色。除了伊顿谷的多个葡萄园，酒庄还在阿德莱德山拥有 13 公顷的土地，种植长相思、黑皮诺和雷司令葡萄。

紫蝴蝶酒庄（巴罗萨产区）

紫蝴蝶酒庄（Hewitson）是迪恩·休伊特森（Dean Hewitson）在 1998 年创立的品牌。他采用传统方法酿酒，长期承包的葡萄园分布于南澳大利亚的巴罗萨、麦克拉伦谷、阿德莱德山和弗勒里厄半岛等地区。旧园慕合怀特干红葡萄酒（Old Garden Mourvèdre）源自世界上最古老、1853 年就在罗兰平原（Rowland Flat）生根发芽的慕合怀特葡萄藤出产的果实。狂热海

特麦克拉伦谷西拉红葡萄酒（Mad Hatter McLaren Vale Shiraz）由法国橡木桶陈酿，同样值得品味。

哈伯斯酒庄（巴罗萨产区）

哈伯斯酒庄（Hobbs）是位于巴罗萨山脉的一家小型精品酒庄，仅种有 7 公顷的葡萄。格雷格·哈伯斯（Greg Hobbs）在晚年才开始接触葡萄酒，此前他曾在阿德莱德的一个反恐部门当过警察，后来又做过消防员。1996 年，他购入克里斯·瑞兰德酒庄（Chris Ringland）旁边的酒庄，并在 1998 年用仅半吨西拉葡萄酿造了第一批葡萄酒。1999 年，他将同样数量的葡萄酒全部卖给了美国进口商丹·菲利普斯（Dan Phillips）。2003 年，哈伯斯不再将葡萄外售，而是尽数留作自己酿酒。他的代表作是风味集中、质地丰满的老藤西拉葡萄酒，也采用意大利的架上风干葡萄工艺生产一系列迷人的甜白葡萄酒。此外还生产一款风格华丽的格雷戈尔西拉葡萄酒（Gregor Shiraz）。酒庄的酿酒师为思宾悦酒庄（Spinifex）才华横溢的皮特·谢尔（Pete Schell），咨询服务则由隔壁的克里斯·瑞兰德酒庄提供。

郝立克酒庄（库纳瓦拉产区）

郝立克酒庄（Hollick）是一家中型酒庄，在库纳瓦拉和不远的拉顿布里（Wrattonbully）拥有 80 公顷葡萄园，土壤下层为石灰岩，上层为知名的特罗萨红土。酒庄主营独具特色的赤霞珠葡萄酒，也出产一些西拉、梅洛和少量的备选品种（丹魄、巴贝拉、内比奥罗和桑娇维塞）葡萄酒。作为"镇庄之作"的喜鹊树赤霞珠葡萄酒（Ravenswood Cabernet）只在最好的年份生产。这款酒具有鲜明的品种和地区色彩，适宜陈年。

杰卡斯酒庄（巴罗萨产区）

最近，响当当的杰卡斯酒庄（Jacob's Creek）的幕后股东保乐力加集团收购了高端酒业公司奥兰多（Orlando Wines），将其纳入杰卡斯品牌旗下。这意味着产自伊顿谷的传世佳酿斯登加特园雷司令葡萄酒（Steingarten Riesling），产自库纳瓦拉的酒体稠密、适宜陈年的雨果赤霞珠葡萄酒（St Hugo Cabernet Sauvignon），以及约翰西拉赤霞珠葡萄酒（Johann Shiraz Cabernet），现在都划归杰卡斯品牌。杰卡斯酒庄的其他顶级葡萄酒还有产自巴罗萨老葡萄园的百岁山西拉红葡萄酒（Centenary Hill Shiraz），以及里夫角霞多丽干白葡萄酒（Reeves Point Chardonnay）。

金百利酒庄（克莱尔谷产区）

克莱尔谷的传奇人物吉姆·巴里（Jim Barry）于 2004 年去世后，他的儿子彼得（Peter）继承了他的事业。吉姆是 1946 年从阿德莱德罗斯沃西学院毕业的第 17 位酿酒师。毕业后，他就职于克莱维尔合作社（Clarevale Co-operative），成了克莱尔地区的首名注册酿酒师。随后，他在同样位于克莱尔的泰勒酒庄（Taylor's）工作了一段时间，在 1959 年和 1964 年分别购买了一处地产。起初他将自己葡萄园的葡萄都出售给他人酿酒，于 1974 年才开始了自己的酿酒业务。如今，金百利酒庄

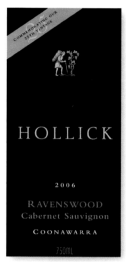

郝立克酒庄
这款酒质地甜美、单宁柔滑，散发着深色浆果的芬芳气息。

杰卡斯酒庄
这是传统精选系列的一款现代风格霞多丽葡萄酒。

（Jim Barry Wines）在克莱尔周边地区有 10 处葡萄园，总面积超过 200 公顷，在库纳瓦拉还有一个 15 公顷的葡萄园。酒庄有两款红葡萄酒脱颖而出：风味浓郁、结构复杂、适合陈年的古风西拉葡萄酒（Armagh Shiraz），以及新加入产品线的班伯尼赤霞珠葡萄酒（Benbournie Cabernet Sauvignon）。此外，马克瑞葡萄酒（McRae Wood）和庐舍山庄葡萄酒（Lodge Hill）堪称克莱尔谷产区西拉葡萄酒的标杆之作，弗瑞塔雷司令（Florita Riesling）也是一款极品佳酿。

约翰·杜瓦尔酒庄（巴罗萨产区）

约翰·杜瓦尔（John Duval）在奔富酒庄工作了 29 年，并在 1986 年到 2002 年担任其首席酿酒师和管理人。2003 年他创立自己的品牌时，人们期待他能酿出奔富般恢弘的作品，但他却生产了一款相对优雅的葡萄酒，起名荟萃（Plexus），由歌海娜、西拉和慕合怀特混酿而成。2004 年和 2005 年，杜瓦尔又相继推出灵魂西拉葡萄酒（Entity Shiraz）及适宜陈年的艾丽宫西拉葡萄酒（Eligo Shiraz）。约翰杜瓦尔酒庄出产的葡萄酒致力于彰显巴罗萨平衡而优雅的风格，并以此大获成功。★ 新秀酒庄

克拉斯酒庄（巴罗萨产区）

克拉斯酒庄（Kalleske）有巴罗萨目前最好的葡萄园之一。在过去的 150 年间，克拉斯的农场面积从 24 公顷扩大到 202 公顷，其中 48.5 公顷用于栽种葡萄。农场位于巴罗萨中心东部的格里诺克镇，350 米的海拔高度造就了葡萄生长季节的适宜温度。酒庄目前在巴罗萨已传承至第六代，由特洛伊·卡列斯克（Troy Kalleske）经营。2002 年，特洛伊首次推出了自创品牌的葡萄酒。农场的葡萄园通过有机认证，主要种植西拉和歌海娜葡萄，也引进了少量的赤霞珠和白诗南葡萄。酒庄出产的葡萄酒品质极佳，其中约翰·乔治老藤西拉葡萄酒（Johann Georg Shiraz）风味浓郁、结构完美、口感平衡，最为出众。老藤歌海娜葡萄酒（Old Vines Grenache）和格里诺西拉葡萄酒（Greenock Shiraz）也是得意之作。★ 新秀酒庄

佳诺酒庄（库纳瓦拉产区）

佳诺酒庄（Katnook Estate）是库纳瓦拉最大的酒庄之一，拥有近 200 公顷的葡萄园。自 1980 年第一批佳诺牌葡萄酒问世以来，酒庄一直由酿酒师韦恩·斯特本斯（Wayne Stehbens）掌舵。之后酒庄的所有权几经易手，2008 年被菲斯奈特集团（Freixenet）收购。作为一家库纳瓦拉酒庄，赤霞珠自然是这里的重头产品，占葡萄园面积的一半。佳诺葡萄酒品质稳定，物超所值。酿酒风格偏向丰富、成熟度高，有时还带有醇厚的橡木味，随时光荏苒缓慢沉淀。酒庄的旗舰酒是风味浓缩、酒体饱满的奥德赛赤霞珠葡萄酒（Odyssey Cabernet Sauvignon）。

凯氏兄弟酒庄（麦克拉伦谷产区）

对于麦克拉伦谷的凯氏兄弟酒庄（Kay Brothers）而言，传统至关重要。他们酒瓶上的复古标签便充分体现了这一点。该酒庄成立于 1890 年，目前由第三代酿酒师科林·凯（Colin

左撇子酒庄

笨手笨脚葡萄酒口感饱满辛香，
是左撇子酒庄的一款顶级葡萄酒。

米多罗酒庄

莎威西拉葡萄酒（Savitar Shiraz）色泽深
邃、口感丰富、层次清晰、酒体饱满。

Kay）掌管，核心产品是西拉葡萄酒，其中大部分产自年代久远的老葡萄藤，使用美国橡木桶陈酿。旗舰酒为六区西拉葡萄酒（Block6Shiraz），其酒体浓烈辛辣、风味浓郁，源于百年葡萄藤，产量不高（400～1000箱）。同样出色的山坡西拉葡萄酒（Hillside Shiraz）结构复杂、芳香四溢、余味悠长，经过橡木桶孕育出薄荷及薄荷醇的淡淡香气。普通款的西拉葡萄酒性价比更高，品质也相差无几。

歌浓酒庄（克莱尔谷产区）

1997年，歌浓酒庄（Kilikanoon）的酒庄主人兼酿酒师凯文·米切尔（Kevin Mitchell）推出了第一批歌浓葡萄酒。酒庄早期的葡萄酒在巴罗萨谷的托布雷酒庄生产，但自2005年起，米切尔拥有了自己的酿酒厂。他与多家投资伙伴合作，推动南澳其他地区的业务拓展及新葡萄园收购，时至今日他名下及控股的葡萄园已超500公顷，每年生产4万箱葡萄酒。酒庄的克莱尔谷葡萄酒品质不凡，美妙醉人；莫特珍藏雷司令葡萄酒（Mort's Reserve Riesling）酒体紧实、富含矿物质气息，充分凸显雷司令这一品种在克莱尔地区的出色潜质。布洛克·诺德（Blocks Road）和珍藏（Reserve）赤霞珠葡萄酒也毫不逊色；奥若克西拉葡萄酒（Oracle Shiraz）和来自寥寥900株葡萄藤的阿通加1865西拉膜拜酒（Attunga 1865 Shiraz）堪称完美。R和M系列（分别表示巴罗萨和麦克拉伦谷）的珍藏西拉葡萄酒口感丰富、酒体饱满，也获得了极高赞誉。

KT & 法尔肯酒庄（克莱尔谷产区）

KT & 法尔肯酒庄（KT and the Falcon）名称中的KT即克里·汤普森（Kerri Thompson）的首字母缩写，他是一位才华横溢的酿酒师，醉心酿造雷司令葡萄酒；法尔肯（Falcon）系指葡萄栽培学家斯蒂芬·法鲁贾（Stephen Farrugia）。该酒庄的葡萄园采用有机种植法与部分生物动力种植技术相结合，除了从位于沃特维尔和拉欣厄姆（Leasingham）之间8公顷的家庭农场采摘葡萄外，还从沃特维尔的皮里蒂斯（Peglidis）和莎琳格（Churinga）葡萄园采购葡萄酿酒。酒庄主打雷司令葡萄酒，也产有一些西拉葡萄酒。2008年份的皮里蒂斯雷司令葡萄酒（Peglidis Riesling）呈现清脆辛辣的口感及酸橙的果味，细腻精准，层次分明，醉人心魄。★新秀酒庄

兰迈酒庄（巴罗萨产区）

兰迈酒庄（Langmeil）是一家位于巴罗萨底蕴深厚的酒庄。酒庄的自由（Freedom）葡萄园种植于1843年，生长着许多古老的葡萄藤。但在最近，兰迈酒庄经历了翻天覆地的变革，酒款抛却悠久的历史传承，毅然转向了"新巴罗萨"的风格阵营。酒庄以前归属于20世纪30年代起源的帕拉代尔（Paradale）品牌。1996年，这座已废弃的酿酒厂被理查德·林德纳（Richard Lindner）、卡尔·林德纳（Carl Lindner）和克里斯·比特（Chris Bitter）收购并翻新，更名为兰迈。他们收购了一些葡萄园，并与种植商达成合作，重新踏上酿酒事业的征程。源自老葡萄园的1843自由西拉葡萄酒（1843 Freedom Shiraz）和第五浪歌海娜葡萄酒（Fifth Wave Grenache）是这里的明星产品。

疯狗酒庄（巴罗萨产区）

疯狗酒庄（Mad Dog）是巴罗萨的一个小型酒庄，目前已传承至第四代，由马修·蒙茨伯格（Matthew Munzberg）掌管。酒庄的35公顷葡萄园每年产出的葡萄大部分都对外出售，保留的部分用于酿造400箱葡萄酒。酒庄主要生产用法国橡木桶陈酿的西拉葡萄酒。2006年后也开始酿制少量的桑娇维塞葡萄酒。这些西拉葡萄酒为典型的巴罗萨风格，果香充沛，并有优质橡木桶孕育出的鲜明品种特色。

喜鹊酒庄（巴罗萨产区）

喜鹊酒庄（Magpie Estate）由充满活力、玩世不恭的英国葡萄酒商人诺埃尔·杨（Noel Young）和巴罗萨酿酒师罗尔夫·宾德（Rolf Binder）联手创立。部分酿酒葡萄产自罗尔夫的自有葡萄园，其余的则是从别处收购而来。酒庄的葡萄酒口感强劲，散发着新鲜的橡木风味，粗放不羁。包括马尔科姆西拉葡萄酒（Malcolm Shiraz）、黑袜子慕合怀特葡萄酒（Black Sock Mourvèdre）、高莫索歌海娜葡萄酒（Gomersal Grenache）和施内尔西拉葡萄酒（Schnell Shiraz）在内的一系列酒款风味极佳，定不负酒客之望。

玛杰拉酒庄（库纳瓦拉产区）

库纳瓦拉的顶级生产商之一玛杰拉酒庄（Majella）最初从事葡萄栽培时，葡萄园面积达60公顷。后来才逐渐用收获的葡萄酿制自有品牌的葡萄酒。20世纪60年代后期，林恩（Lynn）家族在他们的土地上种植了第一批葡萄，并于1980年开始向酝思酒庄供应葡萄。酒庄酿造的第一款西拉葡萄酒是在1991年，随后又推出了1994年的赤霞珠葡萄酒和镇庄顶级作品——1996年的玛丽亚红葡萄酒（The Malleea）。玛丽亚红葡萄酒由55%的赤霞珠和45%的西拉混酿而成，这种搭配在库纳瓦拉并不常见。这款酒最终呈现浓郁可人的诱人黑醋栗香气，纯净透澈，风味集中。同样值得尝试的是物超所值的音乐家葡萄酒（The Musician），它同为赤霞珠和西拉的混酿。纯正的赤霞珠葡萄酒也妙不可言，具有强劲的口感和鲜明的特色，浓郁的黑醋栗香气呈现了砾石味和辛辣味。

马塞纳酒庄（巴罗萨产区）

马塞纳酒庄（Massena）由巴罗萨酿酒师丹·斯坦迪什（Dan Standish）和杰森·柯林斯（Jaysen Collins）联手创立，第一批葡萄酒在2000年推出。他们从多个老葡萄园采购葡萄，从借用的酿酒厂中酿出一系列相当出色的葡萄酒，目前保持着约5000箱的年产量。月光中奔跑干红葡萄酒（Moonlight Run）主要由歌海娜和西拉酿制，果香浓郁甜美；11小时西拉葡萄酒（11th Hour Shiraz）结构更优，特色鲜明；呼啸之犬杜里夫葡萄酒（Howling Dog Durif）层次分明，如野兽般狂野；苏里缪斯维欧尼葡萄酒（Surly Muse）也十分迷人。★新秀酒庄

米切尔酒庄（克莱尔谷产区）

米切尔酒庄（Mitchell）由安德鲁·米切尔（Andrew Mitchell）和简·米切尔（Jane Mitchell）所有，这座中型酒庄看似不起

眼，但整个克莱尔最优质的雷司令葡萄酒正出产于此。安德鲁来自克莱尔的一个果农家庭，曾在阿德莱德大学攻读经济学，随后在新南威尔士州的沃加（Wagga）学习葡萄酒知识。1975年，安德鲁在自家的葡萄园中酿造了首批葡萄酒。米切尔酒庄现在每年生产3万箱葡萄酒，所用葡萄均产自自有的75公顷葡萄园。沃特维尔雷司令葡萄酒（Watervale Riesling）十分适合陈年，新品麦克尼科尔雷司令葡萄酒（McNichol Riesling）甚至拥有更为出色的潜力。七山园赤霞珠葡萄酒（Sevenhill Vineyard Cabernet Sauvignon）带有迷人而彰显品种特色的果香，也是该酒庄的一款明星产品。同样值得尝试的还有麦克尼科尔西拉葡萄酒（McNichol Shiraz）。

米多罗酒庄（麦克拉伦谷产区）

米多罗（Mitolo）是一家较为年轻的酒庄，由巴罗萨的顶级酿酒师本·格莱泽（Ben Glaetzer）和弗兰克·米多罗（Frank Mitolo）合作创办。弗兰克是酒庄的出资人，本则提供酿酒技术及生产设施。该酒庄的大部分酿酒葡萄来自麦克拉伦谷南端伍伦加（Woolunga）的一处种植园。入门级的杰斯特系列葡萄酒（Jester）果味纯正，香气迷人。以阿玛罗尼技法酿制的塞尔皮科赤霞珠葡萄酒（Serpico Cabernet Sauvignon）、GAM西拉葡萄酒（GAM Shiraz）和莎威西拉葡萄酒（Savitar Shiraz）为代表的高端红葡萄酒也令人叹服。★新秀酒庄

左撇子酒庄（麦克拉伦谷产区）

左撇子酒庄（Mollydooker）是一个备受争议但发展蓬勃的品牌，由狐狸湾酒庄的莎拉·马奎斯（Sarah Marquis）和斯帕基·马奎斯（Sparky Marquis）于2005年创立。该酒庄出产的葡萄酒风味特别，酒名千奇百怪，酒精含量通常超过16%。这些葡萄酒在美国大获成功，评分很高。3款西拉葡萄酒分别是丝绒手套（Velvet Glove）、爱之狂欢（Carnival of Love）和蓝眼男孩（Blue Eyed Boy）。它们都在美国《葡萄酒倡导家》（The Wine Advocate）杂志取得了90分以上的高评分。拳击手西拉葡萄酒（Boxer Shiraz）和笨手笨脚混酿红葡萄酒（Two Left Feet）则以更高的性价比取胜。左撇子酒庄发展迅猛，目前已拥有超过40.5公顷的葡萄园。酒庄也从其他种植商那里收购葡萄，每年流入酒厂的葡萄有1万吨。

霍罗克斯山酒庄（克莱尔谷产区）

斯蒂芬妮·图勒（Stephanie Toole）嫁给了克莱尔的传奇人物杰弗里·格罗塞特（Jeffrey Grossett），她在霍罗克斯山也拥有一家精品酒庄——霍罗克斯山酒庄（Mount Horrocks），酒是整个克莱尔谷最好的酒之一。斯蒂芬妮有3处葡萄园，总面积达10公顷，酿造的雷司令、赤霞珠、西拉和赛美蓉葡萄酒品质一流。她擅长的科尔登切藤雷司令葡萄酒（Cordon Cut Riesling）是一种甜酒，通过将结有葡萄的枝条切断后让果实在藤上风干一段时间的方法来获得浓缩的口感。

蒙特达姆酒庄（伊顿谷产区）

蒙特达姆酒庄（Mountadam）于1972年由大卫·韦恩（David Wynn）创立，以霞多丽和黑皮诺葡萄酒而闻名。2002—2006年酒庄被法国的路易·威登集团持有期间，酒庄的发展一度受挫。后来酒庄被私人收购，重新走上了正轨，目前由曾任葡萄之路酒庄的酿酒师康·莫索斯（Con Moshos）执掌。酒庄出产的灰皮诺葡萄酒质地醇厚、鲜香四溢，雷司令葡萄酒口感细腻、令人称颂。

格里娜酒庄（阿德莱德山产区）

阿德莱德山的格里娜酒庄（Ngeringa）是一家前途无量的生物动力新型酒庄。2001年，艾琳·克莱恩（Erinn Klein）和珍妮特·克莱恩（Janet Klein）种植了5公顷的葡萄，将其纳入农场的综合生态体系，并养殖牲畜达到防治杂草、害虫及生产肥料的目的。酒庄出产的葡萄酒十分迷人，其中格里娜西拉葡萄酒（Ngeringa Syrah）风味典雅，带有柔滑的黑樱桃果香和顺滑的矿物质气息；维欧尼葡萄酒别有风味，富含梨、肉桂、坚果和桃子的芬芳。格里娜酒庄还生产霞多丽和黑皮诺葡萄酒，以及用麦克拉伦谷地区的赛美蓉粉皮克隆品种酿造的圣酒风格的阿尔特斯（Altus）葡萄酒。★新秀酒庄

奥利里·沃克酒庄（克莱尔谷产区）

2001年，大卫·奥利里（David O'Leary）和尼克·沃克（Nick Walker）实现了他们长久以来的抱负，共同创立了葡萄酒酿造事业。奥利里沃克酒庄（O'Leary Walker）总部位于克莱尔谷，最知名的葡萄酒是产自波兰山和沃特维尔的克莱尔雷司令葡萄酒（Clare Rieslings）。他们也从阿德莱德山、库纳瓦拉、麦克拉伦谷和巴罗萨采购葡萄，目前年产量不到2万箱。★新秀酒庄

帕克酒庄（库纳瓦拉产区）

帕克酒庄（Parker Coonawarra Estate）于1985年成立，出品的葡萄酒均为上乘佳品。酒庄的产品线构成十分简单。旗舰款一级酒庄红土干红葡萄酒（Terra Rossa First Growth）散发着砾石风味和黑醋栗果香，酒体深邃浓郁，香气集中，只在最好的季节酿造。此外还有红土地赤霞珠红葡萄酒（Terra Rossa Cabernet Sauvignon）、梅洛葡萄酒及3款"宠儿（Favourite Son）"系列葡萄酒。酿酒的葡萄产自酒庄位于气候较凉爽的库纳瓦拉南部、占地40公顷的葡萄园。

奔富酒庄（巴罗萨产区）

奔富酒庄（Penfolds）的旗舰酒——葛兰许葡萄酒（Grange）堪称澳大利亚的头号葡萄酒，在世界各地都是传奇一般的存在。自1951年问世以来，这款酒一直保持着完美的水准，并且能在数十年的时间里完成优雅的蜕变，其2004年份酒款尤为醉人。奔富酒庄还有一些其他的红葡萄酒适合陈年。与葛兰许葡萄酒风格不同的是RWT西拉葡萄酒，这款酒没有使用美国橡木桶，而是使用法国橡木桶陈酿，最终呈现的风味与头牌酒一样引人入胜。Bin 707赤霞珠葡萄酒和Bin 389赤霞珠西拉混酿葡萄酒品质一流、适合陈年，其中Bin 389是奔富整个产品线中性价比最高的一款酒。圣亨利葡萄酒（St Henri）是酒庄的创意之作，

派克酒庄
派克酒庄一直沿用鱼形徽标。

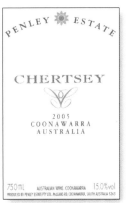

宾利酒庄
卓思葡萄酒由赤霞珠、品丽珠和梅洛混酿而成。

不使用新橡木桶酿制，但同样拥有出色的窖藏潜力。Bin28 和 Bin128 葡萄酒更为商业化，不过依然出色。奔富酒庄的白葡萄酒系列中，雅塔娜（Yattarna）为一款世界顶级霞多丽葡萄酒，陈年潜能可观，素有"白葛兰许"的美称。而新推出的 Bin311 霞多丽葡萄酒则是由凉爽气候造就的一款美味佳酿。

宾利酒庄（库纳瓦拉产区）

凯姆·托利（Kym Tolley）是奔富酒庄创始人克里斯托弗·罗森·奔富（Christopher Rawson Penfold）的后嗣。在奔富酒庄工作了 25 年后，托利于 1988 年在库纳瓦拉建立了自己的中型酒庄。宾利酒庄（Penley Estate）在库纳瓦拉拥有 111 公顷的葡萄园，表面覆盖着珍贵红土地的石灰岩土质。他酿造的一系列葡萄酒中，最著名的 3 款为卓思葡萄酒（Chertsey，一款波尔多混酿）、珍藏赤霞珠葡萄酒（Reserve Cabernet Sauvignon）和精选西拉葡萄酒（Special Select Shiraz）。

葡萄之路酒庄（阿德莱德山产区）

布赖恩·克罗泽（Brian Croser）在 1976 年创立了葡萄之路酒庄（Petaluma）。后来几经周折，他买回了酿酒厂，但不再参与酒庄的管理。葡萄之路酒庄现在由狮王酒业所有，延续克罗泽的酿酒风格（克罗泽在此担任了多年的酿酒顾问），即以纯粹、简洁的方式去还原葡萄产地的风土特色。酒庄风味凸显，值得陈年的雷司令葡萄酒产自克莱尔谷；气质优雅、适合窖藏的红葡萄酒和口味清新的梅洛葡萄酒源自库纳瓦拉；还有一款来自阿德莱德山、富含矿物质气息且口感清新的霞多丽葡萄酒，后者可谓酒庄的头牌佳品。此外还有一款起泡年份酒，酒体紧实、香气集中，也值得品尝。

彼德·利蒙酒庄（巴罗萨产区）

2003 年，彼德·利蒙（Peter Lehmann）的葡萄酒公司被赫斯集团（Hess group）收购，但公司的葡萄酒生产并未受到任何影响。20 世纪 70 年代后期，巴罗萨的葡萄酒业难以为继，许多种植者都面临破产，利蒙找到了一些投资者并建立了自己的酿酒厂，收购葡萄来酿酒。酒庄年产葡萄酒 75 万箱，所用葡萄购自巴罗萨的 180 处种植园。入门级葡萄酒以物美价廉而著称，尤其是风格明快的赛美蓉葡萄酒和鲜美多汁的歌海娜葡萄酒。高端系列更是令人神往，其中玛格丽特赛美蓉葡萄酒（Margaret Semillon）是澳大利亚的顶级葡萄酒，可与猎人谷的一流葡萄酒相媲美。威艮雷司令葡萄酒（Wigan Riesling）是伊顿谷产区的巅峰之作；斯通威尔西拉葡萄酒风味强劲，早期橡木味浓郁，陈年后尤为醉人。八首歌西拉葡萄酒（Eight Songs Shiraz）实属巴罗萨产区的全新经典之作，此外以赤霞珠葡萄酒为基酒的导师（Mentor）葡萄酒也可圈可点。

普西河谷酒庄（伊顿谷产区）

20 世纪 60 年代，伊顿谷这座知名老葡萄园的所有者与御兰堡酒庄合作，对葡萄园进行重建，以独特的排列方式在海拔 485～500 米处种植雷司令葡萄。从那时起，酒庄用这些葡萄酿制出色的雷司令葡萄酒，特别是自 1996 年御兰堡酒庄的酿酒师

路易莎·罗斯（Louisa Rose）接任以来，葡萄酒品质尤为出类拔萃。普通款的普西河谷雷司令葡萄酒（Pewsey Vale Riesling）在初期结构紧实且带有柠檬味，在瓶中陈年 10 年或更长时间后会更为优雅。表演者（Contours）是酒庄最好的窖藏雷司令葡萄酒。新推出的产品包括琼瑶浆葡萄酒及普瑞玛雷司令葡萄酒（Prima Riesling），皆为早期采摘的葡萄酿成，酒精含量较低，并保留了一些糖分。

派克酒庄（克莱尔谷产区）

派克酒庄（Pikes）是位于克莱尔谷的一家稳健的中型酒庄，1984 年由葡萄栽培家安德鲁兄弟（Brothers Andrew）和酿酒师尼尔（Neil）在克莱尔谷凉爽的波兰山河谷子产区创立。酒庄拥有 55 公顷葡萄园，以出产品质稳定而出色的葡萄酒见长。他们主要生产雷司令葡萄酒，兼顾一些其他品种，如桑娇维塞葡萄酒和评价很高的西拉葡萄酒。

皮拉米玛酒庄（麦克拉伦谷产区）

皮拉米玛酒庄（Pirramimma）自 1892 年起一直由约翰斯顿（Johnston）家族所有。这是一家中等规模的麦克拉伦谷酒庄，出产的一系列葡萄酒风味大胆、价格实惠。酒庄拥有大片的葡萄园，目前的规模已经达到 180 公顷。红葡萄酒是其主营产品，其中风味浓烈、色泽深邃的小维多葡萄酒尤为夺目，赤霞珠葡萄酒也相当出色。

派拉蒙酒庄（阿德莱德山产区）

在温暖的阿德莱德平原地区，乔·格里利（Joe Grilli）的派拉蒙酒庄（Primo Estate）是一家先锋酒庄。该酒庄赖以闻名的摩达葡萄酒（Moda，曾用名 Moda Amarone），由架上风干的赤霞珠和梅洛葡萄混酿而成。除了最初在阿德莱德平原的葡萄园外，派拉蒙酒庄在麦克拉伦谷还有 2 个葡萄园，为酒庄大部分的旗舰红葡萄酒供应果实。酒庄的顶级佳酿冠以约瑟夫（Joseph）品牌，除了摩达葡萄酒之外，还包括内比奥罗葡萄酒、天使峡谷西拉葡萄酒（Angel Gully Shiraz）及一款在澳大利亚名列前茅的起泡红葡萄酒。

拉法·富乐酒庄（本逊山产区）

拉法·富乐曾任猎人谷天瑞酒庄的首席酿酒师。此后他辗转于多家酿酒厂，并于 20 世纪 90 年代后期在新兴的本逊山沿海地区（石灰岩海岸）创办了自己的酒庄。拉法富乐酒庄（Ralph Fowler）主打西拉、梅洛和维欧尼葡萄酒，并采用竖琴式棚架和根区部分灌溉等栽培技术，提升葡萄酒的品质。酒庄也从附近的甘比尔和库纳瓦拉采购部分葡萄用于酿酒。

洛克贝尔酒庄（巴罗萨产区）

2001 年，曾于南方葡萄酒业担任酿酒师的蒂姆·伯维尔（Tim Burvill）自立门户，怀着在南澳大利亚州产区酿造优质葡萄酒的信念，在麦克拉伦谷创立了洛克贝尔酒庄（Rockbare）。蒂姆酿制的霞多丽葡萄酒口感新鲜、酒体紧致，选用的葡萄也来自麦克拉伦谷，在较早的时间采摘。西拉红葡萄酒的葡萄源自老

藤，风味十分奔放。质地丰满诱人、包装也抓人眼球的巴罗萨巴贝西拉红葡萄酒（Barossa Babe Shiraz）也用老藤果实酿造。莫霍系列（Mojo）更为实惠，包括一款巴罗萨西拉葡萄酒和一款阿德莱德山长相思葡萄酒。

洛克福酒庄（巴罗萨产区）

作为巴罗萨的经典酒庄之一，洛克福酒庄（Rockford）拥有丰厚的历史底蕴。酒庄主人罗伯特·奥卡拉汉（Robert O'Callaghan）是20世纪80年代巴罗萨复兴的功勋人物之一。即便是与本产区最好的葡萄酒相比，他的作品也丝毫不落下风。篮式压榨西拉葡萄酒（Basket Press Shiraz）为酒庄的旗舰款，产自30年的老葡萄藤，十分适合陈年，是巴罗萨的一款经典佳酿。赤霞珠和西拉混酿而成的棒与鞭葡萄酒（Rod and Spur）；以及歌海娜、西拉和马塔罗混酿的沫帕春天葡萄酒（Moppa Springs）鲜美怡人，彰显出传统的巴罗萨风格。美味诱人的黑西拉起泡酒（Black Shiraz）同样值得尝试。洛克福酒庄的葡萄酒异常抢手，仅通过邮购和现场销售便可售罄，市面上很难买到。

罗夫·宾德酒庄（巴罗萨产区）

罗夫·宾德（Rolf Binder）之前一直在其父母1955年创立的芙瑞塔酒庄酿酒。因法律问题，这一家族酒庄的葡萄酒产品不得不改用罗夫宾德品牌的酒标，但酒庄名称仍沿用至今。罗夫利用优质葡萄园的资源，酿造了一系列上好的酒款。其中牛之血西拉马塔罗葡萄酒（Bulls Blood Shiraz Mataro Pressings）在一些出口市场上被改名为自豪园干红葡萄酒（Hubris），此酒风味浓郁、活力四射，价格也相当实惠。更为出色的是单一葡萄园的海泽园西拉葡萄酒（Heysen Shiraz）和亨利希西拉歌海娜慕合怀特葡萄酒（Henrich Shiraz Grenache Mourvèdre）。哈尼诗园西拉葡萄酒（Hanisch Shiraz）酒体紧实、风味集中，实乃酒庄的明星产品。罗夫还投资了一家名为喜鹊（Magpie Estate）的合营酒庄，其葡萄酒正是由芙瑞塔酒庄生产。

鲁斯登酒庄（巴罗萨产区）

鲁斯登酒庄（Rusden）是巴罗萨产区的标杆酒庄。1979年，丹尼斯（Dennis）和当地第五代葡萄种植者克莉丝汀·卡努特（Christine Canute）一起收购了16公顷的破败葡萄园。丹尼斯继续从事自己的教师工作，将葡萄园的振兴工作全权交由克莉丝汀处理。但当时正值巴罗萨葡萄酒产业的低谷期，葡萄价格低得离谱，又有传言藤谷（Vine Vale）地区的沙质土壤长出的葡萄品质欠佳，因此他们决定自己酿造葡萄酒。1992年，丹尼斯和他的朋友拉塞尔（Russell）酿了一桶赤霞珠葡萄酒自己饮用，将其命名为鲁斯登（Rusden，拉塞尔和丹尼斯两人名字的谐音），从此开启了他们的酿酒之路。1997年，当时丹尼斯之子克里斯蒂安（Christian）本在洛克福酒庄工作，他也加入了丹尼斯的酿酒事业。现在，鲁斯登酒庄所有的葡萄酒都出自克里斯蒂安之手。卡努特种植的葡萄一半对外出售，一半供应给鲁斯登酒庄酿酒。酒庄的葡萄酒在早期往往呈现前卫而甜美的风味，同时又不喧宾夺主。备受追捧的神秘力量西拉葡萄酒（Black Guts Shiraz）为顶级酒款，边界赤霞珠葡萄酒（Boundaries Cabernet Sauvignon）、

拉法·富乐酒庄
这款梅洛葡萄酒随着时间的推移焕发出浓郁的松露芬芳和旧皮革的气息。

洛克福酒庄
篮式压榨西拉葡萄酒经过10年的窖藏缓缓蜕变。

克莉丝汀歌海娜葡萄酒（Christine Grenache）和克莉丝汀白诗南葡萄酒（Christine Chenin Blanc）同样品质不俗。

索莱酒庄（巴罗萨产区）

索莱酒庄（Saltram）是一家声名在外的巴罗萨经典酒庄，早在1862年，酒庄就推出了1号西拉葡萄酒（No1 Shiraz）。酒庄在20世纪80年代一度低迷，后来才在酿酒师奈杰尔·多兰（Nigel Dolan）的带领下重整旗鼓，从1992年到2007年，奈杰尔一直在该酒庄工作。索莱酒庄拥有45公顷葡萄园，也从当地果农处收购葡萄用于酿酒。酒庄的顶级葡萄酒是源自巴罗萨产区酒体紧实、质地丰满的1号西拉葡萄酒，以及用兰好乐溪的葡萄酿制的麦塔拉园（Metala Original Plantings）西拉赤霞珠红葡萄酒。

巴耐尔酒庄（麦克拉伦谷产区）

斯蒂芬·巴耐尔（Stephen Pannell）是澳大利亚最受推崇的酿酒师之一。他一直在哈迪酒庄任首席酿酒师，直到2004年才开始自立门户，创立了巴耐尔酒庄（SC Pannell）。即便是没有自己的葡萄园和酿酒厂，酒庄依然在短时间内声名鹊起，主打麦克拉伦谷和阿德莱德山的红葡萄酒。酒庄的2006年份麦克拉伦谷西拉歌海娜葡萄酒（McLaren Vale Shiraz Grenache）结构优雅、果味香甜。作为巴耐尔特色产品的歌海娜葡萄酒口感明快，同西拉葡萄酒一样，均由麦克拉伦谷的葡萄酿成。大名鼎鼎的阿德莱德山内比奥罗葡萄酒绝对不容错过。★新秀酒庄

施瓦兹酒庄（巴罗萨产区）

杰森·施瓦兹（Jason Schwarz）的父亲是一位葡萄果农，在巴罗萨拥有超过41公顷的葡萄园。杰森从小便在葡萄酒业耳濡目染。2001年，他说服父亲让他尝试用1吨尼奇克园（Nitschke Block）的西拉葡萄酿酒，该园起源于1967年，与红顶鹊酒庄（Turkey Flat）一路之隔。杰森酿出的葡萄酒令人惊艳，随后他又开发了蒂勒路歌海娜葡萄酒（Thiele Road Grenache）。施瓦兹酒庄（Schwarz Wine Company）最近推出的踏尘系列（Dust Kicker）有两款酒，分别是猎捕（Hunt and Gather）和西拉马塔罗葡萄酒（Shiraz Mataro），均为酒体饱满、风味成熟、口感均衡、散发着迷人果香的佳品。★新秀酒庄

沙普酒庄（巴罗萨产区）

知名的经典酒庄沙普酒庄（Seppeltsfield）专注于生产加强型葡萄酒，拥有丰富的酒藏。然而当加强型葡萄酒的热潮逐渐退去时，酒庄所有者（起初是南方葡萄酒业，后来由福斯特家族接管）开始踌躇于是否转型，这令那些关心澳大利亚葡萄酒传承的人们忧心忡忡。好在福斯特家族在2007年将酒庄售与歌浓酒庄，在酿酒大师詹姆斯·戈弗雷（James Godfrey）的执掌下，酒庄延续之前的风格，推出了一系列令人惊叹的加强型葡萄酒。雪莉酒是沙普酒庄的特色作品，沙普窖藏奥洛罗索DP104葡萄酒（Seppeltsfield Museum Oloroso DP104）呈现极高的浓度、复杂的层次和悠长的余香，令人绝叹。DP90茶色葡萄酒（DP90Tawny）精致而优雅，其中2005年份的酒款口感清新、

斯坦迪什酒庄
遗迹葡萄酒由 90 年的西拉老藤葡萄（93%）和维欧尼葡萄（7%）酿制而成。

塔娜酒庄
这款口感柔和的年份霞多丽葡萄酒呈现成熟的桃子和微妙的杏仁糖风味。

果香四溢、易于入口，是一款出色的复古波特酒。顶级珍藏托帕卡葡萄酒（Paramount Rare Topaque）高度浓缩、层次极端复杂。已逾百岁的 1909 年份帕拉葡萄酒（Para）是目前市面上最为浓郁迷人的葡萄酒之一。

沙朗酒庄（阿德莱德山产区）

1989 年，迈克尔·希尔·史密斯（Michael Hill Smith）和马丁·肖（Martin Shaw）表兄弟创立了沙朗酒庄（Shaw + Smith）。酒庄早期以阿德莱德山长相思葡萄酒（Adelaide Hills Sauvignon Blanc）而闻名。时至今日，这款酒仍在酒庄有着举足轻重的地位，也是澳大利亚最顶级的葡萄酒之一。此外，酒庄用 1994 年种植的 M3 葡萄园的葡萄酿出优质单一葡萄园霞多丽葡萄酒也品质出众，彰显出精准、平衡和优雅的特质。还有两款红葡萄酒也同样醉人。源自阿德莱德山温暖地区的西拉葡萄酒风味突出、气质典雅，2005 年首次推出的黑皮诺葡萄酒也好评不断。沙朗酒庄目前正由阿德莱德山的一流酒庄朝着全澳大利亚头等酒庄的目标前进。

史芬顿酒庄（麦克拉伦谷产区）

史芬顿酒庄（Shirvington）是麦克拉伦谷产区的一家小型精品酒庄。1996 年，史芬顿家族购买了 16 公顷的优质葡萄园创立了该酒庄，此后又增加了两个葡萄园。酒庄 30 公顷的葡萄都用于生产一款赤霞珠葡萄酒和一款西拉葡萄酒，两款酒均以口感丰富和成熟风味为特色。左撇子酒庄的莎拉·马奎斯和斯帕基·马奎斯参与了史芬顿酒庄早期的酿酒工作，目前酒庄的酿酒师为金·杰克逊（Kim Jackson）。该酒庄的葡萄酒在美国尤为风靡，备受赞誉。

斯基罗加里酒庄（克莱尔谷产区）

斯基罗加里酒庄（Skillogalee）是一家位于克莱尔谷的中型酒庄，成立于 20 世纪 70 年代初期，第一批葡萄酒在 1976 年问世。酒庄的现任主人是大卫·帕尔默（David Palmer）和戴安娜·帕尔默（Diana Palmer），所有葡萄酒均源于自有的 50 公顷葡萄园，品类繁多，其中最出色的当数雷司令、赤霞珠和西拉葡萄酒。2008 年份的特雷瓦里克雷司令葡萄酒（Trevarrick Riesling）结构复杂，跻身全澳大利亚最好的雷司令葡萄酒之列。

思宾悦酒庄（巴罗萨产区）

思宾悦酒庄（Spinifex）是巴罗萨产区最令人期待的新兴酒庄之一。皮特·谢尔（Pete Schell）和马加利·吉利（Magali Gely）夫妇的酿酒风格深受法国南部的影响。马加利的家族曾在法国朗格多克种植葡萄，皮特也拥有多年法国酿酒经验，因此他们如此专注于法国南部的葡萄品种也就不足为奇了。早在 2001 年，当时还供职于其他酒庄的皮特就开始酿制思宾悦葡萄酒。如今他更是将所有的精力都投入思宾悦酒庄的酿酒事务上。酒庄出产的西拉和维欧尼混酿葡萄酒果香甜美、特色鲜明；当地人葡萄酒（Indigene）为西拉、马塔罗和歌海娜的混酿，口感丰满、结构优美；埃斯普利特混酿葡萄酒（Esprit）则芳香四溢；DRS 园杜里夫葡萄酒（DRS Vineyard Durif）风味浓郁而辛辣；金牛座混酿葡萄酒（Taureau）的主要成分为佳丽酿和丹魄，这一组合并不常见；用法国南部白葡萄品种混合酿制的罗拉葡萄酒（Lola）也值得一试。★新秀酒庄

圣哈利特酒庄（巴罗萨产区）

与洛克福酒庄和查尔斯莫顿酒庄一样，圣哈利特酒庄（St Hallett）也对 20 世纪 80 年代巴罗萨葡萄酒业的复兴作出了突出贡献。该酒庄以老园西拉葡萄酒（Old Block Shiraz）而闻名，这是一款酒体稠密、结构良好、果味浓郁的巴罗萨经典葡萄酒，十分适合陈年窖藏。在与塔塔其拉酒庄（Tatachilla）合并，并被狮王酒业集团收购后，圣哈利特酒庄进行了偏向商业化的改革，这也导致酒庄丢失了部分小众客户。但老园葡萄酒的优秀品质一如既往，布莱克威尔西拉葡萄酒（Blackwell Shiraz）也非常出色。另外，酒庄还出产风味活泼、物美价廉的猎场看守人珍藏葡萄酒（Gamekeeper's Reserve）和偷猎者白葡萄酒（Poacher's Blend white）。

斯坦迪什酒庄（巴罗萨产区）

斯坦迪什酒庄（Standish Wine Company）是曾任托布雷酒庄（Torbreck）的酿酒师丹·斯坦迪什（Dan Standish）自创的品牌。丹是巴罗萨谷的第六代酿酒师。1999 年，他用父母种植的西拉老藤葡萄酿出了第一批葡萄酒。斯坦迪什酒庄生产两款葡萄酒，分别是完全由西拉酿造的斯坦迪什葡萄酒（The Standish），以及西拉和维欧尼混酿遗迹葡萄酒（The Relic）。所有葡萄酒都使用本土酵母在开放式发酵罐中酿造，具有丰满、浓郁和成熟的果香，结构顺滑紧实，品质极佳，但价格不菲。★新秀酒庄

塔娜酒庄（阿德莱德山产区）

布赖恩·克罗泽（Brian Croser）在澳大利亚葡萄酒界备受尊崇。他不仅经营着一家成功的咨询公司，还在 1976 年创立了葡萄之路酒庄。克罗泽对 20 世纪 80 年代阿德莱德山的复兴作出了巨大贡献，但自从葡萄之路酒庄在 2001 年在被狮王集团收购后，他便脱离了酒庄的管理。此后直到 2005 年，他一直担任着顾问的角色，但最终还是决定自立门户，与堡林爵香槟（Champagne Bollinger）的科罗瑟（Croser）和波尔多的让·米歇尔·凯兹合作成立了塔娜酒庄（Tapanappa）。维尔博纳酒庄葡萄酒（Whalebone Vineyard）产自拉顿布里的葡萄园，口感柔顺、质地丝滑，由赤霞珠和梅洛混酿而成。泰尔酒庄霞多丽葡萄酒（Etages Tiers Vineyard Chardonnay）源自阿德莱德山克罗泽家园旁边的葡萄园，风味优雅而沉稳。最新推出的黑皮诺葡萄酒用弗勒里厄半岛朦胧山（Foggy Hill）葡萄园的葡萄酿成，口感细腻且均衡有度。★新秀酒庄

泰来斯酒庄 / 威克菲尔德酒庄（克莱尔谷产区）

泰来斯酒庄 / 威克菲尔德酒庄（Taylors Wakefield）是克莱尔谷的一家大型酒庄，年产量达 50 万箱。自 2000 年以来，亚当·埃金斯（Adam Eggins）一直任该酒庄的首席酿酒师，他酿造的葡萄酒深得人心。一般来说，基本款的赤霞珠葡萄酒是克

莱尔谷最受欢迎的葡萄酒，但泰来斯酒庄/威克菲尔德酒庄却以霞多丽葡萄酒为主打产品。圣安德鲁（St Andrews）葡萄酒为酒庄的顶级之作，其中又以赤霞珠、霞多丽和雷司令葡萄酒尤为出彩。受法规问题限制，泰来斯在出口市场上采用威克菲尔德之名。

特思纳酒庄（巴罗萨产区）

年轻的凯姆·特思纳（Kym Teusner）是一位享有盛誉的巴罗萨新一代酿酒师。他和他的姐夫迈克尔·佩奇（Michael Page）联手创办了特思纳酒庄（Teusner Wines）。2002 年，在埃比尼泽区的一些老藤歌海娜葡萄将被推土机移除之际，一家大型葡萄酒公司准备买下这批葡萄，凯姆和迈克尔决定出高价，将其保留下来，由此创建了特思纳酒庄。多年来，他们的产品线不断扩充，目前的酒款包括约书亚葡萄酒（Joshua），此酒汁水充沛、风味集中，未经橡木桶陈酿，由歌海娜、西拉和马塔罗葡萄混酿而成；阿凡达葡萄酒（Avatar）由歌海娜、西拉和马塔罗葡萄的混酿，但经过了橡木桶陈酿。艾伯特葡萄酒是一款酒体稠密、适合陈年的西拉葡萄酒，还有两款新发布的星际系列（Astral Series）极品葡萄酒。★新秀酒庄

兰恩酒庄（阿德莱德山产区）

约翰·爱德华兹（John Edwards）是阿德莱德山兰恩酒庄的幕后经营者。在 2005 年前，他与哈迪斯酒庄合作生产史达夫（Starvedog Lane）品牌的葡萄酒长达 7 年。兰恩酒庄（The Lane）的葡萄酒均源自约翰位于汉多夫（Hahndorf）附近海拔450 米以上地区的 52 公顷葡萄园。这里共种植了 9 个葡萄品种，其中霞多丽、灰皮诺和西拉的品质优异。酒庄出产的葡萄酒冠以雷文斯伍德兰恩（Ravenswood Lane）和兰恩（The Lane）两个品牌出售。

颂恩·克拉克酒庄（巴罗萨产区）

20 世纪 80 年代后期，曾任专业地质学家的大卫·克拉克（David Clarke）与他的妻子谢丽尔（Cheryl）一同成立了巴罗萨产区最大的家族酒庄之一——颂恩克拉克酒庄（Thorne Clarke）。该酒庄拥有超过 250 公顷的巴罗萨葡萄园，其中两个葡萄园位于巴罗萨谷，另外两个在伊顿谷。他们使用多种酒标，每年生产大约 8 万箱葡萄酒，主要为物美价廉、口味丰富的红葡萄酒。正牌酒威廉戴尔西拉葡萄酒（William Randell Shiraz）浓郁醇厚、风味集中，伴有些许橡木味；船灯系列（Shotfire）稍低一个档次，其中有一款美味的西拉葡萄酒也值得一试。

蒂姆·亚当斯酒庄（克莱尔谷产区）

作为克莱尔谷品质最稳定的酒庄之一，蒂姆·亚当斯酒庄（Tim Adams）从 1985 年开始与当地的制桶师比尔·雷（Bill Wray）合作经营。不久后比尔去世，1987 年酒庄名称便由亚当斯和雷（Adams & Wray）更名为蒂姆亚当斯（Tim Adams Wines）。从那时起，蒂姆的克莱尔葡萄酒产品线逐渐以物美价廉而扬名。这些葡萄酒产自山谷对面的 11 个葡萄园，其中 4 个归蒂姆所有。后来酒庄又扩展了业务量，每年的葡萄压榨量达

到 1016 吨，顶级酒款包括酸甜爽口、风味浓郁的雷司令葡萄酒和口感强劲、酒体紧致、适合陈年的赛美蓉葡萄酒。在红葡萄酒系列中，费格斯混酿葡萄酒（Fergus）口感适中，用美国橡木桶陈酿。艾柏迪西拉葡萄酒（Aberfeldy）浓郁醇厚、浓烈强劲，窖藏潜力无限。新推出的灰皮诺葡萄酒和丹魄葡萄酒也非同凡响。

小廷屋酒庄（巴罗萨产区）

1997 年，经营餐馆的彼得·克拉克（Peter Clarke）和葡萄栽培学家安德鲁·沃德劳（Andrew Wardlaw）合作建立了小廷屋酒庄（Tin Shed）。酒庄的第一批葡萄酒是在伊顿谷一座其貌不扬的锡顶建筑中酿造的。从那时起，酒庄的产品线一直在缓慢而稳定地扩大，每年生产 5 款葡萄酒。2006 年，安德鲁离开酿酒业，于是彼得和内森·诺曼（Nathan Norman）携手合作，由后者负责酿酒。品质不俗的日落黄沙雷司令葡萄酒（Wild Bunch Riesling）带有经典的伊顿谷风格；红葡萄酒用产自伊顿谷和巴罗萨谷的葡萄制作，口感清新、酒质纯正。风味集中、芳香四溢的单线伊顿谷西拉葡萄酒（Single Wire Eden Valley Shiraz）是酒庄的核心产品。

托布雷酒庄（巴罗萨产区）

戴夫·鲍威尔（Dave Powell）的托布雷酒庄（Torbreck）是巴罗萨产区的一座"热门"酒庄。自 1994 年首次亮相（第一批葡萄酒于 1997 年发布）以来，该酒庄吸引了大批追随者，在美国尤其受追捧，其葡萄酒的售价远高于同产区的其他酒庄。托布雷酒庄的红葡萄酒偏向酒体饱满、口味丰富、香气浓郁的风格，既不会过熟，同时还保留了葡萄品种的典型特质。从极富表现力、醇厚肉感、未经橡木陈酿的美少年葡萄酒（Juveniles），到小农庄葡萄酒（The Steading）、丝蕾葡萄酒（The Struie）、管家葡萄酒（The Factor）、后裔葡萄酒（Descendant），再到旗舰款兰骊葡萄酒（Runrig），酒庄的所有酒款都十分出色。后裔葡萄酒和兰骊葡萄酒由西拉和维欧尼葡萄混酿而成，芳香四溢，极富异国情调。托布雷酒庄还有一款完全由歌海娜葡萄酿造的友人高端葡萄酒（Les Amis）。这些葡萄酒在初期就已经格外诱人，很难说是否适宜于装瓶窖藏，但 1999 年份的兰骊葡萄酒的表现还是相当出色的。

托兹·马修斯酒庄（伊顿谷产区）

多梅尼克·托尔齐（Domenic Torzi）的家族最初主营阿德莱德平原的橄榄油生产，后来他决定自立门户，从事酿酒事业。尽管伊顿谷的麦肯齐山（Mount McKenzie）属于易冻气候，托尔齐和妻子特蕾西（Tracy）仍在此购买了一块土地种植葡萄。2002 年，他用部分风干的葡萄酿造了第一款口感顺滑、优雅成熟的避霜西拉干红葡萄酒（Frost Dodger Shiraz）。2005 年，他又研制出使用野生酵母发酵、富于矿物质气息的避霜伊顿谷雷司令葡萄酒（Frost Dodger Eden Valley Riesling）。最近托尔齐推出了片岩系列（Schist Rock）的一款西拉葡萄酒和一款雷司令葡萄酒，以及酒庄的首款意大利品种葡萄酒——巴罗萨桑娇维塞葡萄酒（Barossa Sangiovese）。★新秀酒庄

澳大利亚葡萄酒研究所

澳大利亚葡萄酒研究所（AWRI）位于阿德莱德市郊，是全球顶尖的葡萄酒科学研究机构之一。AWRI 的运作资金来自政府设定的葡萄种植者/酿酒师税，主要工作为开展研究、开发葡萄酒行业工具、提供扩展服务，以及运营一项每年分析 10 万个葡萄酒样品的商业服务。研究所的务实工作为澳大利亚葡萄酒行业带来了极大的利益。例如，对败坏酵母酒香酵母（Brettanomyces）的研究及其在整个行业的应用，已经取得了葡萄酒卫生管理方面的显著成果。AWRI 在1999 年启动了一项大范围的封盖试验项目，推动葡萄酒行业改用螺旋盖封瓶。除此之外，研究所还开设了高级葡萄酒评估课程（AWAC），助力葡萄酒鉴赏人才的培训和甄选。

双掌酒庄

这款葡萄酒由芳蒂娜葡萄酿成，酒精度偏低，略带气泡。

红顶鹳酒庄

这款酒为桃红葡萄酒复兴的先驱，广受赞誉。

红顶鹳酒庄（巴罗萨产区）

自 1865 年以来，红顶鹳酒庄（Turkey Flat）所在的这片地产一直由舒尔茨家族所有。这个家族先后经营了一个屠宰场和一个奶牛场，同时还打理着葡萄园。直到 20 世纪初，家族第四代成员彼得·舒尔茨（Peter Schulz）决定与妻子克里斯蒂（Christie）一起开启酿酒事业。事实证明，他们的选择十分英明。他们用法国橡木桶陈酿的西拉葡萄酒成为巴罗萨的西拉标杆之作。屠夫（Butcher's Block）红葡萄酒和白葡萄酒都是罗纳河谷风格的混酿酒，风味多变、个性十足。尤为风靡的是风味浓郁的桃红葡萄酒，占该酒庄产量的 40% 左右。

双掌酒庄（巴罗萨产区）

巴罗萨的双掌酒庄（Two Hands）也是一家酒类中介商，由迈克·特瓦福里（Michael Twelftree）和理查德·明茨（Richard Mintz）携手创立。酒庄凭借产量巨大、风味大胆、口感成熟的少许高度数红葡萄酒席卷了美国市场。这些葡萄酒制作精良，包装精美，但从风格上讲，浓度和成熟度也导致特色的缺失。不过，如果客人中意风味浓郁、冲击力强劲的葡萄酒，那么双掌酒庄的葡萄酒一定不容错过。除了巴罗萨以外，双掌酒庄的葡萄来源还涉及麦克拉伦谷、帕史维和西斯蔻特等优质产区。伪装莫斯卡托葡萄酒（Brilliant Disguise Moscato）芬芳迷人又物美价廉，非常值得一试。

文多酒庄（克莱尔谷产区）

文多酒庄（Wendouree）是克莱尔谷的标杆酒庄，也是澳大利亚葡萄酒业的掌上明珠，其用优质老葡萄园果实酿出的红葡萄酒口感醇厚、值得陈年。文多酒庄（全名为 AP Birks Wendouree Cellars）是克莱尔谷的历史遗产之一，1892 年种下了第一批葡萄。1974 年，托尼·布雷迪（Tony Brady）收购了酒庄，他十分尊重并延续了酒庄的传统。文多酒庄共有 11 公顷的葡萄园，全部采用旱作种植，每年的产量约 50.8 吨。酒庄的葡萄在未完全成熟时采摘，酒精度约为 13.5%。酒庄酿出的葡萄酒酒体紧致、风味突出、口感醇厚，但在早期可能较难入口，需要经过长时间的陈酿。酒庄所有酒款的风格都很类似，但最抢手的当数西拉葡萄酒，其中 1985、1990、1991 年份都需要经过窖藏才能达到巅峰状态。西拉马尔贝克葡萄酒（Shiraz Malbec）、西拉马塔罗葡萄酒（Shiraz Mataro）和赤霞珠马尔贝克葡萄酒（Cabernet Malbec）也令人折服。

威拿酒庄（麦克拉伦谷产区）

1969 年，格雷格·特罗特（Gregg Trott）和罗杰·特罗特（Roger Trott）兄弟重建了麦克拉伦谷已经破败的威拿酒庄（Wirra Wirra）并重新开始酿酒，让这座历史悠久的酒庄重新焕发生机。经过多年的发展，酒庄的年产量已增长到约 10 万箱。这些品目繁多、质地精良的葡萄酒大部分用麦克拉伦谷的葡萄酿造。旗舰酒包括口感丰富、风味大胆、富含巧克力味的 RSW 西拉葡萄酒、展现麦克拉伦谷赤霞珠潜力的安格卢斯赤霞珠葡萄酒（Angelus Cabernet Sauvignon）及仅在最好的年份出产的鸡块葡萄酒（Chook Bloc）。2007 年，威拿酒庄

收购了 20 公顷的雷纳葡萄园（Rayner Vineyard），恋木传奇酒庄（Brokenwood）的雷纳园西拉葡萄酒（Rayner Vineyard Shiraz）所用的葡萄便产于此。

禾富酒庄（巴罗萨产区）

作为福斯特家族拥有的几大酒庄之一，禾富酒庄（Wolf Blass）在各个价位都有品质出众的酒款，对于一个年产量 400 万箱的品牌而言，这绝非易事。酒庄的葡萄酒按酒标颜色区分等级，黄牌及以上为较高的级别，而且级别越往上，葡萄酒的结构越复杂。从总统之选（President's Selection）、金牌（Gold Label）、灰牌（Grey Label）到黑牌（Black Label），再到白金牌（Platinum Label）。顶级葡萄酒的品质高，但价格也同样不菲。

酝思酒庄（库纳瓦拉产区）

澳大利亚的头号赤霞珠葡萄酒产自传奇的酝思酒庄（Wynns Coonawarra Estate）。该酒庄拥有约 900 公顷的葡萄园，在库纳瓦拉市场上占据着主导地位。在酿酒师苏·霍德（Sue Hodder）的领导下，这座规模庞大的酒庄发展得蒸蒸日上。酒庄出产的雷司令和霞多丽葡萄酒都不错，但真正抢尽风头的当数红葡萄酒。西拉葡萄酒风味平衡且富有表现力，高端迈克尔西拉葡萄酒（Michael Shiraz）在浅龄阶段橡木味稍显浓郁，是澳大利亚数一数二的西拉葡萄酒。黑标赤霞珠葡萄酒（Black Label Cabernet Sauvignon）是一款陈年佳酿。惹人注目的约翰里德葡萄酒（John Riddoch）风味集中、酒体浓郁、特色鲜明、果香纯正，展现出赤霞珠葡萄的经典特质，其中 1982 年份的酒款尤为优雅，富有表现力，证明了这款酒出色的陈年能力。

御兰堡酒庄（巴罗萨产区）

御兰堡酒庄（Yalumba）是澳大利亚最古老的家族酒庄，年产量接近 100 万箱，始终如一地保持着优越的品质。酒庄最有名的葡萄酒是牛津园系列（Oxford Landing）。以风格明快的维欧尼葡萄酒为代表的 Y 系列则因物美价廉而享誉。酒庄丰富的酒款能满足不同酒客的口味，巅峰之作是以赤霞珠为主、极适合窖藏的珍藏葡萄酒（Reserve）。高端的维吉尔园维欧尼葡萄酒（Virgilius Viognier）在全澳大利亚也首屈一指；旗舰赤霞珠西拉葡萄酒（Signature Cabernet Shiraz）也为上品。八号乐章（Octavius）老藤西拉葡萄酒风味集中，伴有丝丝橡木的芬芳。

泽玛酒庄（库纳瓦拉产区）

家族式的泽玛酒庄（Zema Estate）自 1982 年成立以来便不断发展壮大，目前拥有 3 处葡萄园共达 61 公顷。酒庄主营赤霞珠葡萄酒，也有相当数量的西拉葡萄酒和少许梅洛、马尔贝克、品丽珠和长相思等葡萄酒用于丰富产品线。旗舰酒款——家庭精选赤霞珠葡萄酒（Family Selection Cabernet Sauvignon）和家庭精选西拉葡萄酒（Family Selection Shiraz）都有着饱满而稠密的酒体和沁人心脾的果香。常规品种的葡萄酒物超所值。

阿德莱德山上一排排的葡萄藤挂上了防护网，避免鸟类啄食成熟的葡萄。

西澳大利亚州产区

西澳大利亚州（Western Australia）的葡萄酒产量不大，但品质卓越。玛格丽特河产区（Margaret River）和大南部产区（Great Southern）地处偏远，在20世纪60年代中期才开始种植葡萄。然而时至今日，这两个地区的产能足以支撑全澳大利亚的顶级赤霞珠和霞多丽葡萄酒。雷司令葡萄酒和西拉葡萄酒也展现出巨大潜力，其中以大南部产区最为凉爽的区域为代表。随着澳大利亚其他地区高温及干旱气候的加剧，西澳大利亚州这些气候凉爽的区域在澳大利亚葡萄酒版图上的重要地位也将与日俱增。

早在19世纪中叶，西澳大利亚州就已经开始种植葡萄了（珀斯附近天鹅谷的第一批葡萄园种植于19世纪30年代）。但直到近年来，该州才真正崛起，成为澳大利亚葡萄酒产业的顶梁柱之一。

玛格丽特河是西澳大利亚最重要的产区，距离珀斯以南大约3小时车程。20世纪60年代后期，科学家约翰·葛雷史东博士（Dr John Gladstones）发掘了玛格丽特河产区的葡萄种植潜力，吸引了首批种植者来此种植葡萄。但葛雷史东并不是唯一有此发现的科学家。

在1956年，加州教授哈罗德·奥尔莫（Harold Olmo）便认为大南部地区的巴克山和法兰克兰地区十分适合种植葡萄。于是在1965年，森林山酒庄在此种植了巴克山的第一批葡萄。

但最先崭露头角的是玛格丽特河产区，这里生产的葡萄酒品质卓越，证明了葛雷史东理论的正确性。

在慕丝森林酒庄、曼达岬酒庄、菲历士酒庄和库伦酒庄这4家先驱酒庄的带领下，玛格丽特河现已成为澳大利亚的顶级葡萄酒产区，出产澳大利亚一流的赤霞珠葡萄酒、醉人的霞多丽葡萄酒及口感新鲜的长相思赛美蓉混酿葡萄酒。在波尔多风格混酿葡萄酒这个品类上，只有库纳瓦拉产区能够与玛格丽特河产区相媲美。而除上述主要葡萄品种外，玛格丽特河产区还出产一些相当出色的西拉葡萄酒、鲜美的雷司令葡萄酒及绝佳的马尔贝克葡萄酒。马尔贝克葡萄在玛格丽特河产区展现出极大的潜力。

大南部产区下面有一些地处偏远、气候寒冷的次产区。尽管这里能产出西澳大利亚州最顶级的葡萄酒，但其发展仍受到如上条件及偏僻地理条件的阻碍。法兰克兰河（Frankland River）是面积最大的次产区，其出产的雷司令和长相思葡萄酒表现优异，赤霞珠葡萄酒也可圈可点。巴克山（Mount Barker）则是最凉爽、最古老的次产区，以出产凉爽气候的西拉和雷司令葡萄酒而闻名。附近的丹迈（Denmark）和奥尔巴尼产区（Albany）气候凉爽潮湿，造就了品质出色的黑皮诺和霞多丽葡萄酒。凉爽的波容古鲁普产区（Porongurup）尚处于起步阶段，前景可期。这些气候凉爽的产区便是西澳大利亚州一些顶尖葡萄酒款的家乡，而随着全球变暖加剧，产区的重要性将日益凸显。

西澳大利亚州的其他地区也分布着一些优质的葡萄园。靠近海岸的玛格丽特河和大南部产区之间，有潘伯顿（Pemberton）、满吉姆（Manjimup）、黑林谷（Blackwood Valley）和吉奥格拉非等产区（Geographe）。再往北是皮尔产区（Peel），以及居于北部天鹅区和珀斯山之间的珀斯产区（Perth）。珀斯产区周边地区气候过于温暖，不适合酿造优质葡萄酒，但还是有一些商业甜点酒从中脱颖而出。

曼达岬酒庄

这款赛美蓉长相思混酿酒是玛格丽特河产区的特色佳酿。

库伦酒庄

黛安娜玛德琳葡萄酒结构平衡、浓郁醇厚，陈年价值高。

亚库米酒庄（法兰克兰河产区）

法兰克兰河是澳大利亚最偏远的葡萄酒产区之一。20世纪70年代初，朗格（Lange）家族在这里栽种葡萄，创立了亚库米酒庄（Alkoomi）。如今酒庄作为本产区的老牌酒商，面积达100公顷，是该产区最大的酒庄之一。其出产的葡萄酒品质优异，个别酒款堪称卓越。最吸引人的莫过于芳香四溢的西拉维欧尼葡萄酒、黑基木葡萄酒（Blackbutt，为高端波尔多风格混酿），以及适合窖藏的旗舰款西拉葡萄酒——红柳桉树（Jarrah）。

博克兰谷酒庄（玛格丽特河产区）

博克兰谷酒庄（Brookland Valley）成立于20世纪80年代中期，拥有克罗泽（Croser）和约旦（Jordan）两位资深顾问，现归于哈迪酒庄（星座集团）旗下。酒庄的年产量为13万箱，产品依然保持着始终如一的优秀品质。珍藏系列酒款有本产区一流的赤霞珠、霞多丽及赛美蓉葡萄酒。2008年份的赛美蓉-长相思葡萄酒焕发出浓郁的草本绿意和胡椒气息，是玛格丽特河产区的经典之作。

曼达岬酒庄（玛格丽特河产区）

早在1970年，大卫·霍南（David Hohnen）就创建了曼达岬葡萄园，成为玛格丽特河地区的产业先驱之一。1990年，凯歌香槟（Veuve Clicquot）收购了该酒庄50%的股份，而后又在2000年将其全部揽入麾下。2002年，路易·威登集团收购了凯歌香槟和曼达岬酒庄（Cape Mentelle）。霍南之所以选择这处距离海岸只有5千米的位置，正是因为看中了这里的砾石土壤。曼达岬酒庄拥有一座1970年的赤霞珠葡萄园及另外3个葡萄园，此外还从十余个果农处收购葡萄。风味大胆、结构分明的赤霞珠葡萄酒是该酒庄的明星产品；西拉和仙粉黛葡萄酒（一款流行的创意之作）的品质也不错；长相思和赛美蓉混酿葡萄酒在整个玛格丽特河产区都属标杆之作。经过橡木桶发酵的沃尔克里夫赛美蓉-长相思葡萄酒（Wallcliffe Semillon/Sauvignon Blanc）口感丰富，值得一试。

开普谷酒庄（吉奥格拉非产区）

位于吉奥格拉非次产区、起源于20世纪70年代中期的开普谷酒庄（Capel Vale）自成立以来便大展宏图，如今在玛格丽特、潘伯顿、巴克山和吉奥格拉非等产区都拥有相当规模的葡萄园，总面积达220公顷。区域系列（Regional Series）葡萄酒就是用这4个地区的优质葡萄酿造而成。该酒庄的旗舰款为轻语山巴克山雷司令葡萄酒（Whispering Hill Mount Barker Riesling）和学人玛格丽特赤霞珠葡萄酒（Scholar Margaret River Cabernet Sauvignon），这两款顶级单一葡萄酒并非每年都会生产，尤为珍贵。

库伦酒庄（玛格丽特河产区）

库伦酒庄（Cullen）是玛格丽特河产区的葡萄酒产业先驱，在当地名列前茅。20世纪60年代，受约翰·葛雷史东博士的启发，库伦家族在这一地区先试种了0.1公顷的葡萄藤。1971年，

库伦家族及菲历士酒庄（Vasse Felix）的汤姆·库里蒂（Tom Culity）博士在此地区的试种大获成功，于是他们又在库伦葡萄园旧址种植了7.7公顷的赤霞珠和雷司令。1976年他们引进了其他品种，并在1988年又加种了长相思。库伦酒庄有曼根（Mangan）和库伦两个葡萄园，年产量达1.5万箱。酒庄后来重点改善葡萄栽培，引入了生物动力种植法来贯彻可持续发展理念。库伦酒庄的旗舰黛安娜玛德琳葡萄酒（Diana Madeline）以赤霞珠为主，是澳大利亚的顶级葡萄酒之一。同样值得品味的是含马尔贝克葡萄的曼根混酿红葡萄酒（Mangan），其酒体稠密、结构完美，令人愉悦。酒庄的霞多丽葡萄酒也同样出色。

魔鬼之穴酒庄（玛格丽特河产区）

受益于活泼有趣的包装和巧妙的营销方式，菲尔·塞克斯顿（Phil Sexton）在1981年创立的魔鬼之穴酒庄（Devil's Lair）发展势头十分迅猛。1996年，塞克斯顿将魔鬼之穴酒庄卖给了南方葡萄酒业。魔鬼之穴酒庄现由福斯特家族执掌，年产量达22万箱，品质始终如一。酒庄最热门的是简单易饮、美味十足的第五站葡萄酒（Fifth Leg），酒庄的瓶装酒也相当出色。

埃文斯酒庄（玛格丽特河产区）

埃文斯酒庄（Evans & Tate）度过了21世纪初艰难的金融动荡时期，仍保持着大规模的优质葡萄酒生产。酒庄目前归属于迈克威廉葡萄酒集团（McWilliam's Wine Group）。旗舰酒红布鲁克（Redbrook）霞多丽和赤霞珠葡萄酒均为当地的顶尖产品。经典系列（Classic）葡萄酒的价格合理，是有限预算范围内的不错选择。

弗莫伊酒庄（玛格丽特河产区）

中等规模的弗莫伊酒庄（Fermoy）年产量达3万箱，出产的赤霞珠葡萄酒品质出众，内比奥罗葡萄酒结构优美。酒庄还生产多种赛美蓉葡萄酒、一款风味内敛的野生发酵霞多丽葡萄酒，以及一款表现尚可、炙手可热的华帝露葡萄酒。

芬格富酒庄（法兰克兰河产区）

芬格富酒庄（Ferngrove）由默里·伯顿（Murray Burton）创立于1998年，位于大南部地区凉爽的法兰克兰河产区。酒庄的西拉、赤霞珠和马尔贝克葡萄酒皆为佳品，白葡萄酒则以长相思、霞多丽和雷司令葡萄为主。芬格富酒庄拥有2个葡萄园，总面积约225公顷，出产的葡萄用于自家酿酒的同时也对外销售。该酒庄的正牌酒是斯特林（Stirlings）红葡萄酒，由赤霞珠和西拉葡萄混酿而成。

凤凰木酒庄（玛格丽特河产区）

2007年，新兴的凤凰木酒庄（Flame Tree）首次推出了赤霞珠梅洛葡萄酒。这款酒屡屡获奖，其中包括吉米沃森（Jimmy Watson）大奖。该酒庄位于玛格丽特河产区，但酿酒的葡萄不全产自本地。酿酒师杰里米·戈登（Jeremy Gordon）在2009年离职后，才华横溢的克里夫·罗亚尔（Cliff Royale）接替了他的

位置。法兰克兰河西拉葡萄酒和纯赤霞珠葡萄酒尤其值得一试。★新秀酒庄

丰蒂水池酒庄（潘伯顿产区）

名称富有特色的丰蒂水池酒庄（Fonty's Pool）地处凉爽的潘伯顿次产区，生产维欧尼和黑皮诺等多种葡萄酒。其中，最引人注目的当数凉爽气候造就的风味集中、果香辛辣的西拉葡萄酒。自1989年成立以来，酒庄不断扩张，现占地110公顷。酒庄会将多余的葡萄出售给西澳大利亚州的其他酿酒厂。

森林山酒庄（巴克山产区）

作为西澳大利亚州凉爽气候地带历史最悠久的酿酒厂，位于巴克山的森林山酒庄（Forest Hill）在西澳大利亚州的葡萄栽培业发展中功不可没。酒庄在1965年种下第一批雷司令和赤霞珠葡萄藤时，玛格丽特河甚至还没有成为公认的葡萄酒产区。森林山酒庄早期的葡萄酒是在天鹅谷的霍顿酒庄酿造的。后来，酒庄被菲历士酒庄的酒庄主人福尔摩斯·库尔（Holmes à Court）家族收购，1996年又易手给里昂（Lyons）家族。森林山酒庄的葡萄酒彰显出独特的凉性气候特征，雷司令、霞多丽、赤霞珠和西拉葡萄酒的品质均为上乘。

法兰克兰酒庄（法兰克兰河产区）

位于大南部产区气候凉爽的弗兰克兰河地区的顶级酒庄法兰克兰酒庄（Frankland Estate）在2009年取得了有机认证。该酒庄的特色产品为雷司令葡萄酒，其中孤岭（Isolation Ridge）雷司令葡萄酒风味典型、口感浓郁、通透怡人。酒庄还出产了上好的凉爽气候西拉葡萄酒，以及旗舰之作奥尔莫之奖（Olmo's Reward）波尔多混酿葡萄酒。酒庄源自1988年，巴里·史密斯（Barrie Smith）和朱迪·卡勒姆（Judy Cullam）将他们在20世纪70年代中期建立的羊毛场转型成葡萄种植园。事实证明，这是一个英明的决定。孤岭葡萄园就在酒庄内，同时酒庄也采用当地其他果农的葡萄，酿制其他的单一园葡萄酒。

菲舍尔·加洛酒庄（玛格丽特河产区）

菲舍尔·加洛酒庄（Fraser Gallop）是玛格丽特河产区的一个新兴酒庄，在2002年推出了第一批葡萄酒，并在2008年建立了酿酒厂。酒庄的主打产品为单一园葡萄酒，主要包括赤霞珠波尔多混酿葡萄酒和霞多丽葡萄酒。酿酒师克莱夫·奥托（Clive Otto）曾供职于菲历士酒庄。

谷瑞酒庄（巴克山产区）

谷瑞酒庄（Goundrey）拥有240公顷的葡萄园，是巴克山的产业中坚力量。该酒庄于2006年被星座集团收购，2009年再次转手给西岬洞酒庄（West Cape Howe），但谷瑞品牌现在仍归星座集团所有，谷瑞酒庄原有的一些葡萄园的葡萄也会出售给星座集团用于酿酒。G系列和谷瑞珍藏系列葡萄酒（Goundrey Reserve）的品质卓越不凡。

霍顿酒庄（天鹅谷产区）

历史悠久的霍顿酒庄（Houghton）现在已纳入饮料巨头星座集团旗下。该酒庄位于珀斯附近的天鹅谷，是西澳大利亚州规模最大的酒庄。酒庄的葡萄酒品质稳定而突出，有口感清新的入门级HWB葡萄酒（曾被誉为霍顿的白勃艮第）和更胜一筹的杰克曼赤霞珠葡萄酒（Jack Mann Cabernet Sauvignon）。霍顿酒庄拥有50公顷的葡萄园，但酿酒所用的大部分葡萄来自西澳的优质葡萄种植点。新品班迪丹魄西拉葡萄酒（Bandit Tempranillo Shiraz）活力四射且惠而不费。

霍华德公园酒庄（玛格丽特河产区）

玛格丽特河的霍华德公园酒庄（Howard Park）拥有令人过目不忘的酿酒厂和酒窖，是当地的地标之一。酒庄成立于1986年，是大南部产区的先驱酒庄。现任酒庄主人杰夫·伯奇（Jeff Burch）和艾米·伯奇（Amy Burch）在1996年建立了玛格丽特河葡萄园，2000年又创办了酿酒厂，如今这两个地方都生产葡萄酒。酒庄的现任酿酒师托尼·戴维斯（Tony Davis）以纯粹和专注的风格延续了迈克尔·克里根（Michael Kerrigan）的出色作品。顶级酒款有斯蒂利雷司令葡萄酒（Steely Riesling）、酒体紧致的赤霞珠葡萄酒及风格内敛、适合陈年的赤霞珠葡萄酒。此外，酒庄还生产口感清新且价格合理的狂鱼葡萄酒（Madfish）。

卡尔干河酒庄（大南部产区）

2000年，约翰·西普里安（John Ciprian）从珠宝行业转行，开始在西澳大利亚州的大南部产区种植葡萄。2005年，他推出了卡尔干河酒庄（Kalgan River）的首批葡萄酒。酒庄酿酒师安德鲁·霍德利（Andrew Hoadley）酿出的凉爽气候葡萄酒美不胜收，包括一款风味极佳、口感辛辣的西拉维欧尼葡萄酒，可与西澳大利亚州最好的葡萄酒相媲美。此外，雷司令葡萄酒也品质不俗。目前，卡尔干河酒庄的葡萄园面积达20公顷。★新秀酒庄

乔鲁皮诺酒庄（法兰克兰河产区）

拉里·乔鲁皮诺（Larry Cherubino）是一位经验丰富的"飞行酿酒师"，他在2005年创办了自己的酒庄，致力于生产西澳大利亚州主要地区的葡萄酒。同名葡萄酒乔鲁皮诺（Cherubino）是酒庄的顶级系列产品，其次为雅德系列（The Yard）和精选系列（Ad Hoc）。2006年份的雅德系列法兰克兰河金合欢园西拉葡萄酒（The Yard 2006 Frankland River Acacia Vineyard Shiraz）香气四溢、口感醇厚，为西澳大利亚州之首。2007年的雅德系列法兰克兰河瑞瓦斯黛园赤霞珠葡萄酒（Yard Frankland River Riversdale Vineyard Cabernet 2007）展现出丰富浓缩的醉人果香，与新鲜细腻的单宁相得益彰。2007年的玛格丽特河赤霞珠葡萄酒（Cherubino Margaret River Cabernet 2007）堪称绝妙。乔鲁皮诺的任何一款葡萄酒都不容错过。★新秀酒庄

露纹酒庄（玛格丽特河产区）

露纹酒庄（Leeuwin Estate）以出产澳大利亚第一流的霞多

约翰·葛雷史东博士

约翰·葛雷史东博士曾就职于西澳大利亚州农业部，从事羽扇豆的研究。20世纪50年代，他结识了霍顿酒庄的传奇酿酒师杰克·曼（Jack Mann）。随后葛雷史东开始探索西澳大利亚州的潜在葡萄种植点，并于1965年撰写了一篇题为"西澳大利亚州南部气候土壤与葡萄种植"（*The Climate and Soils of Southern WA in relation to Vine Growing*）的报告。他在报告中指出：玛格丽特河地区与波尔多的气候十分相似，拥有适宜葡萄生长的优质土壤。他的研究开启了众人在此地种植葡萄的先河。1967年，该地区迎来了第一位种植者——菲历士酒庄的托马斯·库里蒂博士（Dr Thomas Cullity），紧随其后的还有曼达岬酒庄的霍南家族（Hohnens）、库伦酒庄的库伦家族（Cullens）和慕丝森林酒庄（Moss Wood）的潘内尔家族（Pannells）。历史证明葛雷史东的判断是正确的，如今全澳大利亚最好的赤霞珠葡萄酒便出产于玛格丽特河。

山度富酒庄
这款酒的酒体稍显醇厚，
带有浓郁的浆果味和甜水果味。

露纹酒庄
这款酒色泽鲜亮，
散发着清透浓郁的柑橘芬芳，酸度平衡。

丽葡萄酒而闻名，酒庄的红葡萄酒品质极佳，但评价稍逊，酒庄举办的一系列音乐会也众所周知。这座酒庄是丹尼斯·霍根（Denis Horgan）在机缘巧合之下建立的。1969年，丹尼斯想收购一家管道业务公司，于是顺带购入了其附带的地产，但他很快被这片土地所吸引。1973年，丹尼斯接到西雅图一位律师的电话，询问他是否有兴趣出售这块地，而背后的买家正是罗伯特·蒙大维。这让丹尼斯意识到，这里可能有着生产世界级葡萄酒的潜力。1975年，他开始种植葡萄，花了35年时间将葡萄园扩充至81公顷。

麦恒利酒庄（玛格丽特河产区）

曼达岬酒庄和云雾之湾酒庄的创始人大卫·霍南在2003年辞去路易·威登集团的首席执行官一职，开始自创事业。他主要养殖猪羊，但出于对葡萄酒的感情，他和姐夫默里·麦克亨利（Murray McHenry）携手，以玛格丽特河产区的4个家族葡萄园为基础创建了麦恒利酒庄（McHenry Hohnen）。大卫的女儿芙蕾雅（Freya）负责酿酒。与玛格丽特河产区的许多同类产品相比，麦恒利酒庄的葡萄酒风味独特，采用优雅、欧式的风格酿造。酒庄种植了一些本产区极其罕见的葡萄品种，例如丹魄、巴贝拉、小维多和歌海娜。★新秀酒庄

慕丝森林酒庄（玛格丽特河产区）

慕丝森林酒庄（Moss Wood）是玛格丽特河产区声名最响的酒庄之一。20世纪60年代后期，约翰·葛雷史东发现了该地区的葡萄种植潜质，于是比尔·潘内尔（Bill Pannell）和桑德拉·潘内尔（Sandra Pannell）花了6个月的时间搜寻理想的种植地点。1969年，他们在威利亚布鲁普（Wilyabrup）建起了慕丝森林酒庄，与曼达岬酒庄、菲历士酒庄和库伦酒庄比肩，成为玛格丽特河的4个先驱酒庄。1978年，毕业于罗斯沃西学院的基思·穆格福德（Keith Mugford）被聘为该酒庄的酿酒师。8年后，基思和妻子克莱尔（Clare）从潘内尔家族手中买下了慕丝森林酒庄。如今，他们每年从20公顷的葡萄园中生产1.5万箱葡萄酒。所有葡萄藤均采用长枝修剪，不进行人工灌溉。葡萄质量最好的老街赤霞珠葡萄园（Old Block Cabernet Vineyard）是全玛格丽特河产区的第二个葡萄园。2000年，慕丝森林酒庄收购了附近的丝带谷（Ribbonvale）葡萄园。这里出品上等的霞多丽葡萄酒，赤霞珠葡萄酒也为全澳大利亚顶尖酒款，2004年是最好的一个年份，尤其值得尝试。

皮尔酒庄（皮尔产区）

皮尔酒庄（Peel Estate）是小型酒庄，在皮尔、珀斯的南部和内陆及玛格丽特河以北拥有16公顷的葡萄园。该酒庄由比尔·奈恩（Bill Nairn）于1973年创立，推出的产品系列包括白诗南、华帝露和仙粉黛，以及更常见的赤霞珠、西拉和霞多丽葡萄酒。浓烈强劲、带有浆果和胡椒风味的西拉葡萄酒是该酒庄的旗舰产品。

皮卡迪酒庄（潘伯顿产区）

比尔·潘内尔（Bill Pannel）和桑德拉·潘内尔（Sandra Pannell）堪称是玛格丽特河产区葡萄产业的先驱人物。1969年，他们建立了慕丝森林酒庄。如今，他们在潘伯顿创办了皮卡迪酒庄（Picardy），年产量为5000箱，生产一系列风格内敛而优雅的葡萄酒，其中黑皮诺和霞多丽葡萄酒为核心产品。口感辛辣的西拉葡萄酒也相当不错。旗舰款泰特特酿黑皮诺葡萄酒（Tête de Cuvée Pinot Noir）不采用橡木桶陈酿，而是在葡萄园中以更为严苛的方法制作。

皮耶诺酒庄（玛格丽特河产区）

医学博士迈克尔·彼得金（Michael Peterkin）在医学专业毕业后又攻读葡萄酒研究专业并取得学位。1979年，迈克尔创立了皮耶诺酒庄（Pierro）。他酿造了全澳大利亚盛誉最高的霞多丽葡萄酒，以及一些风格前卫的红葡萄酒。

金雀花酒庄（巴克山产区）

1974年，金雀花酒庄（Plantagenet）的首批葡萄酒问世，成为巴克山地区的第一家酒庄。到今天，该酒庄仍是该地区名列前茅的酒庄。托尼·史密斯（Tony Smith）在1968年收购酒庄，不断扩建葡萄园并积累市场口碑，然后在2000年将酒庄转卖给莱昂内尔·萨森家族（Lionel Samson & Son）。托尼继续担任酒庄的董事长，并在2007年聘用了在曼达岬酒庄工作了21年的知名酿酒师约翰·达勒姆（John Durham）。目前该酒庄的产品线有一款口感辛辣的西拉葡萄酒、一款精美细腻的雷司令葡萄酒、一款结构优美的赤霞珠葡萄酒和一款品质出众的霞多丽葡萄酒。

萨丽塔酒庄（潘伯顿产区）

萨丽塔酒庄（Salitage）的主人约翰·霍根（John Horgan）也是露纹酒庄的联合创始人（还有他的兄弟丹尼斯）。酒庄成立于1988年，与皮卡迪酒庄同为潘伯顿地区的先驱酒庄。此后，潘伯顿葡萄酒产区迅速发展，萨丽塔酒庄始终保持着当地的上游水平，孜孜不倦地用25公顷的葡萄园酿造黑皮诺和霞多丽葡萄酒。酒庄出产的潘伯顿波尔多混酿葡萄酒广受赞誉。

山度富酒庄（天鹅谷产区）

山度富酒庄（Sandalford）的历史可以追溯到1840年，在澳大利亚属于源远流长的老酒庄。酒庄起家于天鹅谷，这个靠近珀斯的热门产区，在玛格丽特河产区产业链上地位非凡。天鹅谷十分重视葡萄酒旅游业的发展，这里最顶级的葡萄出自玛格丽特河的120公顷葡萄园。得益于此，山度富酒庄出产的价格合理、味道鲜美的葡萄酒也品质超群。头等酒款为普伦蒂维珍藏系列（Prendeville Reserve），包括一款赤霞珠葡萄酒和一款西拉葡萄酒。2005年份的普伦蒂维珍藏赤霞珠葡萄酒（Prendeville Reserve Cabernet Sauvignon）风味集中、气质典雅，散发着明快的浆果香气。

史密斯布鲁克酒庄（潘伯顿产区）

20世纪80年代，比尔·潘内尔（Bill Pannell）在潘伯顿酒庄兴建了史密斯布鲁克酒庄（Smithbrook）。后来该酒庄被葡萄之路酒庄收购，归属于狮王集团麾下。作为产区内规模较大的产酒商，史密斯布鲁克酒庄拥有60公顷葡萄园，专门生产梅洛和长相思葡萄酒。2009年6月，狮王集团将酒庄的葡萄园和酒厂卖给了福格蒂酒业集团（Fogarty Wine Group），但保留了史密斯布鲁克的品牌。在福格蒂集团的有力支持下，该酒庄的葡萄酒质量更上一层楼。

史黛拉·贝拉酒庄（玛格丽特河产区）

史黛拉·贝拉酒庄（Stella Bella）的葡萄酒口感清新、充满活力、风味绝佳，酒名生动活泼、充满奇思妙想。酒庄的业务兴隆繁盛，同时葡萄酒产品始终维持着优越的品质，而且日益精进。高水准的夏科菲兹系列（Suckfizzle）有一款赤霞珠葡萄酒，芳香四溢、表现力十足。

菲历士酒庄（玛格丽特河产区）

1967年，汤姆·库里蒂（Tom Cullity）博士率先在玛格丽特河的威利亚布鲁普（Wilyabrup）次产区栽种了葡萄。1971年，他推出了第一批葡萄酒，但大部分都腐坏或遭受了鸟害侵扰。1972年，他终于酿出了称心如意的雷司令葡萄酒。菲历士酒庄（Vasse Felix）现归福尔摩斯库尔家族所有，是该地区的顶级酒庄之一。除了一款绿色的赛美蓉葡萄酒表现平平，酒庄的各种酒款堪称完美。其中的巅峰之作是以赤霞珠为主的海茨伯里（Heytesbury）红葡萄酒，以及质地浓郁、口感丰富而浓烈的海茨伯里霞多丽葡萄酒。普通款的赤霞珠、赤霞珠梅洛和西拉葡萄酒也卓越不凡。菲历士酒庄的葡萄酒品类繁多，各个级别的品质都不会令人失望。

航海家酒庄（玛格丽特河产区）

1991年，矿业巨头迈克尔·赖特（Michael Wright）收购了玛格丽特河产区的航海家酒庄（Voyager Estate）并大肆整修。酒庄内仿开普荷兰式风格的建筑极大地吸引着游客。酒庄一贯的酿造风格偏向保守，很难给人惊喜，但后来开始寻求突破。航海家酒庄出产的霞多丽葡萄酒在产区内屈指可数，赤霞珠梅洛混酿葡萄酒也值得尝试。

西岬洞酒庄（大南部产区）

大南部产区的西岬洞酒庄（West Cape Howe）声名在外。酒庄的名称源于西澳大利亚州南端的一个地名。酒庄最近从星座集团的谷瑞酒庄收购了237公顷的葡萄园和酿酒厂。由于星座集团保留了谷瑞的商标权，今后酒庄种植的大部分葡萄将仍然出售给该集团。西岬洞酒庄除了自有的葡萄园，还会从大南部产区的其他次产区收购葡萄。酒庄的旗舰酒为大南部系列（Great Southern），其下品种包括广受好评的霞多丽和西拉葡萄酒。

菲历士酒庄
这款酒气质优雅、风味浓郁，由马尔贝克、赤霞珠和小维多葡萄混酿而成。

皮耶诺酒庄
这款霞多丽葡萄酒具有甜美、丰富的果香和浑然一体的橡木味，精美绝伦。

伍德兰斯酒庄（玛格丽特河产区）

伍德兰斯酒庄（Woodlands）是玛格丽特河产区一家历史悠久的精品酒庄。酒庄的第一批葡萄藤种植于1973年，发展至今已跻身当地顶尖葡萄酒生产商之列。从2008年起，酒庄位于威利亚布鲁普的小型葡萄园已不能满足其酿酒之需，于是开始从其他酒庄引进葡萄。伍德兰斯科林赤霞珠葡萄酒（Colin Cabernet Sauvignon Woodlands）应该算是酒庄的头号作品，其富于矿物质气息及奶油般丝滑的黑醋栗果香。同样值得尝试的还有珍藏品丽珠葡萄酒（Reserve Cabernet Franc），这款酒深色浆果气息浓郁，余味中还透着丝丝独特的青叶口感。

仙乐都酒庄（玛格丽特河产区）

近年来，仙乐都酒庄（Xanadu）的发展几经沉浮。该酒庄由爱尔兰人约翰·拉根博士（Dr John Lagan）在1977年创立。仙乐都之名来自英国诗人柯勒律治（Coleridge）的作品《忽必烈汗》（Kubla Khan）。2001年，该酒庄在澳大利亚股票市场挂牌上市，拉根退出经营。在短短3年的时间内，仙乐都酒庄实现了巨额增长，每年的葡萄压榨量从457吨飞升至2337吨。随后，拉思伯恩（Rathbone）家族、优伶酒庄及蓝脊山酒庄的主人收购了仙乐都酒庄，重新调整了业务重点。在拉思伯恩家族接手的第一年，酒庄的葡萄压榨量缩减至660吨。经历一段时间的停滞不前后，其葡萄酒品质稳步提升，赢得了物美价廉的市场口碑，赤霞珠和西拉葡萄酒均为精心酿制的佳作。

昆士兰州产区

人们或许会诧异昆士兰州（Queensland）的葡萄酒产业居然会日渐兴盛。

因为该地的气候过于温暖潮湿，且雨季集中在生长季而不是冬季，所以人们认为该地难以成功栽培葡萄。但因距离布里斯班几小时车程的格兰纳特贝尔产区（Granite Belt）海拔高，可以有效调节气温，所以该地酿造了大量高品质的葡萄酒。目前，格兰纳特贝尔产区约有50家酒庄，其中一些主要依赖于旅游业，而另一些则主要酿制优质葡萄酒。昆士兰州的南伯奈特产区（South Burnett）也是重要的葡萄酒产区，此外，该州在东南角地带也有着一些非官方葡萄种植区。

年份

2009

这一年降雨量充足，非常适合酿造白葡萄酒，红葡萄酒也不错。

2008

这一年的1月和2月降雨偏多，天气情况复杂，温度低。

2007

晚霜对于某些酒款来说是个麻烦，但这一年生长季节天气比较干。总体来说，2007年份的葡萄酒品质优良。

2006

这一年总体上品质优异，但生长季多雨也带来了一些挑战。

2005

这一年的葡萄的葡萄酒品质绝佳，因为生长季气候温暖。

2004

这一年先是历经了一个炎热的春天，紧接着度过了炎热多雨的生长季，葡萄成熟一波三折。

昆士兰州的多数葡萄酒均酿制于格兰纳特贝尔产区。格兰纳特贝尔是新英格兰高地的北部延伸带，即一个海拔600～1000米的花岗岩突起地带。这里纬度偏北，气候偏热，并不适合种植优质葡萄。尽管该地并非理想的葡萄栽培之地，但由于其位于高海拔地区，气候能得到有效调节。

因为格兰纳特贝尔产区气候凉爽，所以该地葡萄的收获期晚，但气温也足以使西拉和赤霞珠葡萄长势良好，成熟度高。与大陆性气候不同的是，该地的大部分降雨发生在葡萄生长季节。虽然这免去了灌溉的麻烦，但同时也为种植者带来了真菌病这一主要的葡萄灾害，此外，晚霜侵袭也时有发生。

该地区拥有大约50家酒庄，其中多数使用西拉、赤霞珠、赛美蓉和霞多丽葡萄酿造顶级质量的葡萄酒。如果不是邻近的布里斯班（Brisbane）葡萄酒旅游业的大力相助，格兰纳特贝尔产区的酒庄可能会发展艰难。但实际上，该产区内的酒庄经营得风生水起，葡萄的种植面积也逐年增加。

昆士兰州另一处不可或缺的葡萄栽培地是布里斯班的西北地区——南伯奈特产区。产区内有十多家酒庄，虽然其葡萄酒的质量不能与格兰纳特贝尔产区的葡萄酒相媲美，但两者葡萄园的面积几乎相差无几。南伯奈特产区在1995年首次开始葡萄种植，是相对较新的产区，前景一片光明。该产区的海拔高度为300～600米，气候温和，属于亚热带气候，全年有雨且生长季节降雨充沛。南伯奈特的葡萄园也夹杂着其他类型的农田，占地广阔，但集中在金格罗伊镇（Kingaroy）周围。西拉和霞多丽是该地区最出色的葡萄品种，但因气候原因其潜力难以充分发挥。

除了格兰纳特贝尔产区和南伯奈特产区，昆士兰州还有一些非官方产区，这些产区均有少量的酒庄。其中一些诸如黄金海岸产区（Gold Coast）及其腹地，布里斯班和镜框火山（Scenic Rim）产区更多地受到旅游业的推动，而不是因为它们适合发展葡萄种植业。然而，位于布里斯班内陆的小型产区达令唐斯（Darling Downs）是最重要的非官方产区。尽管该地的酒庄数量一直不多，但却拥有良好的葡萄种植条件。

秃山酒庄（格兰纳特贝尔产区）

1985 年，丹尼斯·帕森斯（Denis Parsons）和杰基·帕森斯（Jackie Parsons）建立了这座位于格兰纳特贝尔产区的酒庄。他们在 2009 年将秃山酒庄（Bald Mountain）出售给了斯蒂芬·梅西特（Steve Messiter）和丽萨·梅西特（Lisa Messite），但是仍然在酒庄中担任管理职位。葡萄园占地 6.5 公顷，位于海拔相对较高之处（830～900 米），排水性能好且富含风化的花岗岩。园内种植了霞多丽、长相思、西拉和赤霞珠葡萄。酒庄酿造了一款由长相思和华帝露混酿而成的酒款——鹤舞葡萄酒（Dancing Brolga），还有两款起泡酒：一款是西拉起泡酒，另一款是霞多丽和黑皮诺混酿的无年份葡萄酒。

波兰甸酒庄（格兰纳特贝尔产区）

波兰甸酒庄（Ballandean Estate）的酿酒历史可以追溯到 1930 年，是昆士兰州最古老、最庞大的家族经营酒庄，酒庄一直为此引以为傲。1968 年，安杰罗·普里兹（Angelo Puglisi）从他父母手中接管了波兰甸酒庄，并和玛丽·普里兹（Mary Puglisi）一同将其打造为商业酒庄。1988 年酒庄未改名之前，他们以"日落谷葡萄园"（Sundown Valley Vineyards）为名经营酒庄。葡萄园占地 30 公顷，种有维欧尼、霞多丽、赛美蓉、长相思和迟摘西万尼等白葡萄，还有西拉、梅洛和赤霞珠等红葡萄。其酒窖于 1970 年首次对外开放，至今仍是酒庄最重要的业务之一。

博伊安酒庄（格兰纳特贝尔产区）

博伊安酒庄（Boireann）尽管产量极低，坐落于不起眼的区域，但是该酒庄可谓是格兰纳特贝尔产区的顶级酿酒商。其酿酒师彼得·史塔克（Peter Stark）仅酿造红葡萄酒，所用的葡萄有歌海娜、巴贝拉、丹娜、慕合怀特、西拉、梅洛和小维多等。酒庄的葡萄园位于海拔 875 米处，葡萄生长季节的晚上气候凉爽，因此葡萄晚熟，具有浓郁的香味。酿酒师采用传统方法酿造葡萄酒，使用开放式发酵罐、筐式压榨及木桶陈酿等工艺。2005 年的丹娜葡萄酒精美绝伦，结构良好，散发出浓郁的黑莓味和树莓味。★新秀酒庄

克洛威利酒庄（南伯奈特产区）

位于南伯奈特产区的克洛威利酒庄（Clovely Estate）葡萄园占地 175 公顷，现已拥有超过 13 座酒窖，按照昆士兰州的标准，这是一座大型酒庄。1997 年，克洛威利酒庄建立，如今已酿造了一系列的葡萄酒，分为 6 大级别，皆由酒庄内自种的葡萄酿制而成。酒庄内顶级的葡萄酒是浓郁深邃的双修西拉红葡萄酒（Double Pruned Shiraz），由开花后经两次剪枝的西拉葡萄酿制而成。质量略逊于此酒款的是酒庄珍藏系列葡萄酒（Estate Reserve），包括赤霞珠、西拉、霞多丽和华帝露葡萄酒。

传统酒庄（格兰纳特贝尔产区）

传统酒庄（Heritage Estate）坐落于格兰纳特贝尔产区，由布赖斯·卡苏克（Bryce Kassulke）和帕迪·卡苏克（Paddy

博伊安酒庄
这款葡萄酒具有一丝动物皮毛味，单宁柔顺，需在其浅龄阶段饮用。

克洛威利酒庄
2007 年的酒庄珍藏葡萄酒在法国和美国橡木桶内需陈酿 18 个月。

Kassulke）夫妇于 1992 年创立。酒庄有两个酒窖：一个位于斯坦索普（Stanthorpe），另一个位于天布伦山（Tamborine Mountain）。第二个酒窖位于一座修复的教堂内，可以作为单独的旅游景点经营。布赖斯和帕迪的儿子约翰·汉迪（John Handy）担任酿酒师。他使用酒庄自种的葡萄和从其他种植者手中购买的葡萄大展身手。虽然有些葡萄酒瓶的设计显然是为了吸引顾客，但珍藏霞多丽和赤霞珠葡萄酒依然备受推崇。华帝露葡萄酒在葡萄酒展中也表现出色。

罗伯特·夏农酒庄（格兰纳特贝尔产区）

罗伯特·夏农酒庄（Robert Channon）位于格兰纳特贝尔产区，邻近斯坦索普，以其获奖酒款华帝露葡萄酒闻名遐迩。自 2001 年出产首款年份酒以来，该酒庄一直致力于将华帝露打造为适合格兰纳特贝尔产区凉爽气候的成功品种。除了著名的华帝露葡萄酒，罗伯特·夏农酒庄还酿造富有吸引力的霞多丽、灰皮诺、赤霞珠和梅洛葡萄酒。酒庄葡萄园占地约 8 公顷，每年生产约 3000 箱葡萄酒。葡萄园的一个显著特点是其拥有防鸟网，防鸟网也能保护葡萄藤不受冰雹侵袭。

斯洛美酒庄（格兰纳特贝尔产区）

斯洛美酒庄（Sirromet）占地 160 公顷，是昆士兰州最大的酒庄之一，近年来其扩大了葡萄园资产，现已占据格兰纳特贝尔产区四分之一的土地。酒庄的系列酒款分为不同的等级。顶级酒款是珍匣黑皮诺 LM 红葡萄酒（Private Bin LM Pinot Noir）和 TM 维欧尼葡萄酒（TM Viognier）；其次是圣祖之路特级珍藏赤霞珠干红葡萄酒（St Jude's Reserve Cabernet），七景葡萄酒（Seven Scenes）是该系列的核心，七景霞多丽葡萄酒和七景赤霞珠葡萄酒更是其中的佼佼者。

顶点酒庄（格兰纳特贝尔产区）

顶点酒庄（Summit Estate）位于格兰纳特贝尔产区，占地 8 公顷，于 1997 年由热爱葡萄酒的几个家族合作创立，现已出产了一系列的葡萄酒，采用一些比较奇特的葡萄品种，如玛珊、丹魄、莫纳斯特雷尔和小维多，以及华帝露、西拉、维欧尼、黑皮诺、霞多丽等标准葡萄品种。酒庄旨在酿造具有显著欧洲风格的葡萄酒。所有酒款均在其 2005 年建成的酒厂酿制，产能高达 50 吨。

在所有新世界葡萄酒生产国中，新西兰可能是最成功的那一个。一开始，新西兰的葡萄酒产业只占很小一部分比重，在休·约翰逊于 1971 年出版的《世界葡萄酒地图集》中，新西兰甚至没有出现在册。但在很短的时间内，新西兰就变成了世界上最具活力的葡萄酒生产国。新西兰的葡萄酒产业是在后来才蓬勃发展起来的。1995 年，新西兰有 204 家酒庄和 6110 公顷葡萄园；到 2009 年，全国共有 643 家酒庄和 2.93 万公顷葡萄园。最重要的是，新西兰在 1995 年出口了 780 万升葡萄酒；到 2009 年，出口量已经上升到 1.13 亿升。

马尔堡产区是新西兰最大、最著名的产区。早在 1973 年，马尔堡产区就开始了葡萄种植。马尔堡产区的长相思葡萄酒是最负盛名的出口佳酿。2009 年，马尔堡产区的葡萄酒产量占新西兰葡萄酒总产量的 57%。此外，马尔堡产区出产的黑皮诺葡萄酒、灰皮诺葡萄酒、霞多丽葡萄酒和雷司令葡萄酒都十分诱人。

霍克斯湾产区是新西兰的第二大葡萄酒产区，面积不到马尔堡产区的三分之一，但是酿造的葡萄酒品种多样，包括品质绝佳的西拉红葡萄酒和波尔多风格的混酿葡萄酒，这两个酒款都产自吉布利特砾石区子产区。霍克斯湾产区出产的霞多丽葡萄酒品质也很不错。中部奥塔哥产区近期一跃成为明星产区，出产的黑皮诺葡萄酒格外迷人。怀拉拉帕产区是另一个主产黑皮诺葡萄酒的产区，该产区包括马丁堡镇。新西兰南岛的怀帕拉产区也以盛产黑皮诺葡萄酒而闻名。其他重要产区还包括吉斯本产区、尼尔森产区和奥克兰产区。

新西兰的葡萄酒产业一直以绿色和可持续发展著称。新西兰可持续葡萄种植协会（NZWZ）是新西兰葡萄酒产业取得成功的重要力量。1999—2007 年，新西兰所有葡萄园的杀虫剂和杀菌剂使用量分别减少了 72% 和 62%。

大洋洲产区——
新西兰

北岛产区

北岛（North Island）传统上一直是新西兰葡萄酒产业的中心，但自20世纪80年代以来，它的地位逐渐被日益壮大的南岛所取代。霍克斯湾（Hawkes Bay）是北岛最重要的葡萄酒产区，以出产优质的红葡萄酒而闻名，品种包括霞多丽、波尔多品种及近期兴起的西拉。以黑皮诺闻名的马丁堡产区（Martinborough）位于惠灵顿（Wellington）附近的怀拉拉帕产区（Wairarapa）。最东部的吉斯本产区（Gisborne）则以白葡萄品种为主，明星产品为霞多丽。再往北还有几个靠近奥克兰（Auckland）的小产区，其中最引人瞩目的怀赫科岛产区（Waiheke Island）以出产优质的波尔多混酿、西拉和霞多丽葡萄酒而驰名。

主要葡萄品种

🍇 **红葡萄**

黑皮诺

西拉

🍇 **白葡萄**

霞多丽

白诗南

琼瑶浆

灰皮诺

雷司令

长相思

维欧尼

年份

2009

这是令人期待的一年，怀拉拉帕产区的各种条件完美无瑕。

2008

霍克斯湾在这一年为霜冻和雨水所困。马丁堡的黑皮诺葡萄酒风味清雅简约，值得尝试。

2007

这一年对霍克斯湾产区和吉斯本产区非常理想；马丁堡的葡萄产量较少，但品质上乘。

2006

这一年的早收白葡萄酒表现良好，红葡萄酒的品质则参差不齐。

2005

这一年的葡萄酒总体品质不错；奥克兰及北部地区尤其突出，干型酒表现最好。

2004

这一年气候凉爽，2月稍有降雨。葡萄酒品质出色；霍克斯湾产区的部分红葡萄酒可圈可点。

北岛是新西兰葡萄酒产业的发源地。20世纪80年代，奥克兰和霍克斯湾是新西兰葡萄酒产业的主导地区。但自从马尔堡及中奥塔哥（Central Otago）开始崭露头角，新西兰的葡萄酒产业便开始向南岛迁移。

霍克斯湾的产业规模只有马尔堡产区的三分之一，但其仍是新西兰的第二大产区。霍克斯湾有着悠久的葡萄酒种植历史，尤以优质的红葡萄酒而闻名，这里的吉布利特砾石区有独特的风土条件，造就了新西兰最优等的波尔多混酿葡萄酒。但世易时移，西拉葡萄酒逐渐得到更多青睐。霍克斯湾产区的西拉葡萄虽然目前种植规模还不大，但这里出产的西拉葡萄酒已经展现出了该品种在凉爽气候下的优异表现。霞多丽也是该产区的强项品种。

作为新西兰第三大葡萄种植区，东海岸的吉斯本产区的葡萄种植业发展蓬勃，但酿酒厂还不多。在温暖而潮湿的气候下，吉斯本产区出产的葡萄仍然品质非凡，几乎全为白葡萄。霞多丽是当地的主打品种，琼瑶浆、维欧尼、白诗南和灰皮诺葡萄也逐渐兴起。该地区出产的葡萄大多销往大型酒庄用于酿酒。

面积小但地位显赫的怀拉拉帕产区位于北岛南端的惠灵顿东北部。该地区的马丁堡产区以出产优质的黑皮诺、长相思、雷司令和霞多丽葡萄酒而闻名；还有两个较新的子产区，即格拉斯顿（Gladstone）和马斯特顿（Masterton），它们的土壤和气候条件与马丁堡相似，同样主要出产黑皮诺葡萄酒。怀拉拉帕产区的葡萄年份差异极大，主要是因为该地区的强风可能会影响花期、引发生长季早期霜冻。

奥克兰是新西兰最大的城市，许多势头正旺的葡萄酒产区便坐落于此，它们彼此相距咫尺，而且规模都很小。这里温暖、潮湿的亚热带气候其实并不适合种植葡萄，但高空云层可以对高温起到缓解作用。奥克兰的西部还有库姆（Kumeu）、华派（Huapai）和亨德森（Henderson）3个子产区。向北驱车约1小时，则可以到达马塔卡纳子产区（Matakana），风味饱满而浓郁的霞多丽葡萄酒是这里的特色产品。奥克兰附近还有新西兰发展前景最好的怀赫科岛产区，该产区以出色的西拉和波尔多混酿葡萄酒而闻名。酿酒厂如雨后春笋般涌现，灰皮诺和霞多丽在怀赫科岛产区也长势喜人。

阿莲娜酒庄（马丁堡产区）

阿莲娜酒庄（Alana Estate）成立于 1993 年，第一批葡萄酒在 4 年后问世。该酒庄在马丁堡平地（Martinborough Terrace）拥有 17 公顷的葡萄园。自酿酒伊始，酒庄在重力自流酒厂中现场生产的优质黑皮诺葡萄酒便远近闻名。2007 年份的黑皮诺葡萄酒动人心脾，浓郁的黑樱桃和覆盆子香气中夹杂着一丝辛香。2008 年份的葡萄酒口感更为轻快简约。

阿尔法·多默斯酒庄（霍克斯湾产区）

1991 年，经营苗圃的哈姆（Ham）家族决定进军葡萄酒产业，并在霍克斯湾产区建立了他们的第一个葡萄园。如今，家族在黑斯廷斯市（Hastings）以西的赫瑞汤加平原（Heretaunga Plains）拥有 20 公顷的葡萄园，在这里，河砾石基层上被铺就了一层薄薄的粉砂质土壤，用于栽种葡萄。酒庄 3 个系列的葡萄酒都由自产的葡萄酿成。旗舰款 AD 系列下，有一款馥郁美味、层次复杂的霞多丽葡萄酒和果香醇美的飞行员（Aviator）波尔多混酿葡萄酒。中端系列为阿尔法·多默斯，风味浓厚的航海家（Navigator）波尔多混酿葡萄酒和酒体丰满的风行者维欧尼葡萄酒（Wingwalker Viognier）尤为突出。第三系列为飞行员系列（Pilot），以果香取胜。

新天地酒庄（马丁堡产区）

新天地酒庄（Ata Rangi）是马丁堡产区的明星酒庄之一，以出产新西兰最出色的黑皮诺葡萄酒而闻名。酒庄创始人克莱夫·佩顿（Clive Paton）是当地的产业先驱之一，他在 1980 年建造了第一个葡萄园，长期采取小本经营的策略。酒庄现有 30 公顷的葡萄园，供给自用的酿酒葡萄。酿酒师海伦·马斯特斯（Helen Masters）手艺了得，打造了一些品质超凡的葡萄酒。利斯摩尔灰皮诺葡萄酒（Lismore Pinot Gris）质地精美，丰富的矿物质气息与浓郁的酒体达到完美平衡；长相思葡萄酒风味内敛，富含矿物质气息。克雷格霞多丽葡萄酒（Craighall Chardonnay）焕发出无花果、桃子和梨子的芳香，是新西兰最优质的葡萄酒之一。新天地黑皮诺葡萄酒（Ata Rangi Pinot Noir）是热门爆款，而同系列的胭脂黑皮诺葡萄酒（Crimson Pinot Noir）的口感更为轻盈明快，散发着突出的花香、黑樱桃果味和一丝美妙的肉味。由梅洛、西拉和赤霞珠混酿而成的庆典葡萄酒（Célèbre）也十分美味，呈现带有砾石质感的迷人深色莓果香气。

百祺酒庄（奥克兰产区）

百祺酒庄（Babich Wines）是新西兰较大的家族酒庄之一，总部位于奥克兰，并在霍克斯湾和马尔堡有葡萄园，在吉斯本恩还有签约果农。奥克兰西部的城市扩张相当迅猛，已波及酒庄在奥克兰的亨德森葡萄园周边区域。马尔堡的拉鲍拉酿酒厂（Rapaura Vintners）是百祺酒庄的合作酿酒厂。酒庄的葡萄酒品目繁多，最为夺目的西拉葡萄酒口感辛辣、果香四溢，源自霍克斯湾的吉布利特砾石区（Gimblett Gravels）。

阿尔法·多默斯酒庄
这款维欧尼葡萄酒香气细腻、层叠交织，为酒庄的核心产品。

天秤酒庄
在新西兰广受欢迎的小山坡西拉葡萄酒果味浓郁，口感辛辣而不失优雅。

天秤酒庄（霍克斯湾产区）

沃伦·吉布森（Warren Gibson）效力于三圣山酒庄，他和妻子洛林·莱尼（Lorraine Leheny）是远近驰名的霍克斯湾天秤酒庄（Bilancia）的主人。酒庄始建于 1997 年，主营西拉葡萄酒。小山坡葡萄酒（La Collina）产自山坡梯田葡萄园，是新西兰头等的西拉葡萄酒。天秤酒庄的葡萄酒深受意大利风格的熏陶。酒庄名"Bilancia"本就是意大利语十二宫中的"天秤座"，也意味着"平衡"或"和谐"，而这正是沃伦和洛林孜孜以求的目标。酒庄的普通款和珍藏版灰皮诺葡萄酒皆出类拔萃，维欧尼葡萄酒和西拉维欧尼混酿葡萄酒也不容小觑。★新秀酒庄

凯伯湾酒庄（怀赫科岛产区）

与怀赫科岛的众多酿酒厂一样，凯伯湾酒庄（Cable Bay Vineyards）也使用其他地区（马尔堡）的葡萄酿造葡萄酒。酒庄历史不长，1996 年由巴比奇酒庄的前任酿酒师尼尔·卡利（Neil Culley）创立，首批葡萄酒发布的时间是在 2002 年。酒庄在怀赫科岛有 5 处葡萄园，种植了若干葡萄品种，包括霞多丽、维欧尼、灰皮诺、梅洛、赤霞珠、品丽珠、马尔贝克和西拉；长相思、灰皮诺、琼瑶浆、雷司令和黑皮诺葡萄源自马尔堡的签约种植园。凯伯湾酒庄致力于生产小批量的精品葡萄酒，其中怀赫科霞多丽葡萄酒（Waiheke Chardonnay）酒体紧致、口感鲜美、风味强劲，马尔堡黑皮诺葡萄酒（Marlborough Pinot Noir）口感丝滑、质地丰盈。★新秀酒庄

剑桥道酒庄（马丁堡产区）

剑桥道酒庄（Cambridge Road Vineyard）在马丁堡平地有一座 2.2 公顷的小葡萄园，采用生物动力种植法，由兰斯·雷德格威尔（Lance Redgwell）负责此处的葡萄种植。这些葡萄是在 1986 年种下的，其中四分之三为黑皮诺葡萄，四分之一为西拉葡萄。酒庄的葡萄酒美妙醉人，其中西拉葡萄酒极富表现力，丰富而突出的黑莓及黑樱桃的果香中，伴有淡淡的胡椒气息，充分展示了西拉葡萄酒在马丁堡的发展潜力。宝石（Noblestone）黑皮诺葡萄酒风味成熟、浓烈中夹杂着丰腴的黑樱桃果香；较为冷门的黑皮诺西拉混酿品质不凡，口感辛香、兼有鲜香的浆果和樱桃风味。★新秀酒庄

帕斯克酒庄（霍克斯湾产区）

1981 年，克里斯·帕斯克创立了帕斯克酒庄（C J Pask Winery），成为第一个在霍克斯湾的吉布利砾石区种植葡萄藤的人。酒庄共有 90 公顷的葡萄园，其中 60 公顷为砾石土壤。常务董事兼首席酿酒师凯特·拉德本德（Kate Radburnd）在 1991 年加入帕斯克酒庄，打造了一系列风格入时的酒款，其中绝大部分为梅洛葡萄酒。吉布利路系列葡萄酒（Gimblett Road）一贯品质卓然，其中有花香四溢的西拉葡萄酒、质地柔顺而富含黑醋栗香气的梅洛葡萄酒，还有一款口感辛辣、尤为出色的赤霞珠、梅洛和马尔贝克混酿葡萄酒。珍藏级的声明系列（Declaration）包括一款极致浓郁、芳香四溢的霞多丽葡萄酒、风味醇郁又不失美味的梅洛葡萄酒，以及活力四射、

米尔顿酒庄

这款葡萄酒产自山坡葡萄园，
结构复杂、风味浓郁而微妙。

质感朴实、满盈深色果香的赤霞珠、梅洛和马尔贝克混酿葡萄酒。

克拉吉酒庄（霍克斯湾产区）

在史蒂夫·史密斯（Steve Smith）的领导下，克拉吉酒庄（Craggy Range Winery）才华横溢的酿酒团队制作了一系列源自新西兰全国各地的高端葡萄酒，以单一园酒为主。酒庄的总部位于霍克斯湾，葡萄园分布于各大主要产区，出产的酒款皆为佳品，其中尤以红葡萄酒见长。脱颖而出的有两款中奥塔哥黑皮诺葡萄酒，分别是卡尔弗特园（Calvert）和班诺克本斯露西园（Bannockburn Sluicings）；产自马丁堡的穆纳路园黑皮诺（Te Muna Road Pinot）口感顺滑、风格优雅。砾石园波尔多混酿葡萄酒（Quarry Bordeaux）用霍克斯湾有名的吉布利特砾石园的葡萄制成，品质上佳。大地（Le Sol Syrah）和14区（Block14）在全新西兰的西拉葡萄酒中也名列前茅，后者尤其物超所值，带有浓郁的胡椒风味。

枯河酒庄（马丁堡产区）

新西兰标杆酒庄之一的枯河酒庄（Dry River）由尼尔·麦卡勒姆（Neil McCallum）创建，酒庄用马丁堡的葡萄园采摘的葡萄生产的一系列葡萄酒皆品质超群。酒庄采用严谨的葡萄栽培方法，包括分冠式架藤系统、在葡萄藤下铺反光白色薄膜，摘除果实周围的叶子以确保良好的成熟度等。产出的葡萄酒精美绝伦，其中黑皮诺葡萄酒的香气悠长、风味大胆、值得陈年；洛瓦特园西拉葡萄酒（Lovat Vineyard Syrah）酒体丰满、芳香四溢，二者相得益彰。灰皮诺葡萄酒层次复杂，令人垂涎三尺；琼瑶浆和维欧尼葡萄酒则更为内敛，是同类产品中的佼佼者。富含矿物质气息、口感紧致的雷司令葡萄酒结构复杂，令人赞叹不已。

悬崖酒庄（马丁堡产区）

拉里·麦肯纳（Larry McKenna）在马丁堡创建了多座葡萄园，在当地人所皆知。现在他专注于打理自己在1999年与妻子苏（Sue）及罗伯特（Robert）、梅姆·柯比（Mem Kirby）合作建立的悬崖酒庄（Escarpment）。酒庄位于马丁堡镇以东的特穆纳河梯田，主要生产黑皮诺葡萄酒，这种葡萄占其种植面积的70%。他们还酿造霞多丽和少量的灰皮诺、雷司令、白皮诺葡萄酒，并在其他葡萄园采购果实以满足酿酒之需。悬崖酒庄的霞多丽葡萄酒卓逸不群，但真正抢尽风头的还是黑皮诺葡萄酒，特别是一系列新推出的单一园马丁堡洞察系列葡萄酒（Martinborough Insight），具体酒款有库佩（Kupe）、基瓦（Kiwa）、瑞丽瓦（Te Rehua）和帕喜（Pahi）等。

埃斯克谷酒庄（霍克斯湾产区）

埃斯克谷酒庄（Esk Valley Estate）成立于20世纪30年代，原名为格伦维尔（Glenvale），以加强型葡萄酒为特色。埃斯克谷品牌在20世纪70年代诞生后，格伦维尔在80年代进入破产管理程序，被新玛利酒庄（Villa Maria）的主人乔治·菲斯托尼奇（George Fistonich）收购。经历了重重波折，埃斯克谷酒庄现在仍保持自主经营，拥有自己的酿酒设施和酿

库姆河酒庄

2007年份的马特园葡萄酒是
品质最好的酒款之一。

酒团队，自1993年以来由戈登·拉塞尔（Gordon Russell）一手打理。酒庄所用的酿酒葡萄产自当地的28个葡萄园，每年的压榨量约为762吨。拉塞尔采取不干预、注重风土的酿酒方法，试图还原不同产地的风味特色，出产的葡萄酒品质非凡，而且品类广泛，还产有一些小众品种，如华帝露、白诗南，以及一些优质红葡萄酒。旗舰款梯田葡萄酒（The Terraces）是一款风味浓缩的混酿红葡萄酒，源自围绕酒庄而建的梯田葡萄园，只在最好的年份出品。

格拉斯顿酒庄（怀拉拉帕产区）

克莉丝汀（Christine）和大卫·克诺汉（David Kernohan）的格拉斯顿酒庄（Gladstone Vineyard）位于怀拉拉帕的格拉斯顿子产区。这对苏格兰夫妇于20世纪70年代移居新西兰，大卫在惠灵顿大学的建筑学院担任教授。1996年，他们购买了当时已成立10年的格拉斯顿酒庄，此后又扩建了葡萄园，并开设了一家餐厅和一家酿酒厂。酒庄未完全实施有机种植方法，但正在通过栽培覆盖作物来吸引有益昆虫，并采取低介入策略管理葡萄园。酒庄的黑皮诺葡萄酒清新而优雅，带有馥郁的黑樱桃果香。苏菲首选（Sophie's Choice）是一款风味丰富、层次分明、伴有坚果香气的橡木桶长相思葡萄酒；灰皮诺葡萄酒的质地十分出色、层次丰富，有浓浓的草本和梨子果香；联盟（Auld Alliance）是一款波尔多混酿葡萄酒，酒体明快，饱含矿物质气息和深色莓果香气，惹人陶醉。

金水酒庄（怀赫科岛产区）

金水酒庄（Goldwater Estate）是怀赫科产区的先驱酒庄之一，由凯姆·戈德沃特（Kym Goldwater）于1978年创立。2006年，新西兰葡萄酒基金公司（New Zealand Wine Fund）收购了金水酒庄和马尔堡的娃娃苏酒庄（Vavasour），并在近年来共同发展这两座酒庄。金水酒庄拥有14公顷的葡萄园，种植西拉、霞多丽以及波尔多红葡萄品种，也从马尔堡采购长相思和黑皮诺葡萄，这两款葡萄酒如今在酒庄的产品线中比例极大。酒庄的旗舰产品是产自怀赫科、风味浓郁的赤霞珠梅洛葡萄酒，现名为戈尔迪（Goldie），和产自马尔堡、极富表现力的怀劳谷长相思葡萄酒（Wairau Valley Sauvignon Blanc）。

库姆河酒庄（奥克兰产区）

库姆河酒庄（Kumeu River Wines）位于奥克兰市西北部的库姆河地区，由布拉伊科维奇家族（Brajkovich）的迈克尔（Michael）、米兰（Milan）和保罗（Paul）三兄弟负责酿酒、葡萄栽培和营销工作。该酒庄的葡萄酒分为3个级别，分别是入门级的乡村葡萄酒（Village）、库姆河酒庄葡萄酒（Estate）及顶级系列的单一园葡萄酒。葡萄园采用竖琴式栽培架和纯手工采摘。霞多丽在这里的表现尤为出色，新西兰最好的霞多丽葡萄酒便产自库姆河酒庄。酒庄霞多丽葡萄酒（Estate Chardonnay）风味大胆、层次复杂，卓尔不群。此外还有3款出色的单一园葡萄酒，分别是马特园（Maté's）、柯丁顿（Coddington）和狩猎山（Hunting Hill）。酒庄出产的黑皮诺葡萄酒口感柔顺而清新，但与霞多丽葡萄酒相比就有些相形见绌了。

楠田酒庄（马丁堡产区）

2001 年，为了在马丁堡地区酿造优质的黑皮诺葡萄酒，楠田浩之（Hiroyuki Kusuda）随家人从日本移民到了新西兰。虽然没有葡萄园和酿酒厂，但在德国葡萄栽培学家凯·舒伯特（Kai Schubert）的帮助下，楠田浩之在 2001 年 10 月成功创立了楠田酒庄（Kusuda）。他们用租用的葡萄园的葡萄酿造出了当地最好的黑皮诺和西拉葡萄酒。酒庄的酿酒工艺一丝不苟，先将葡萄人工采摘到小托盘中，然后在酿酒厂进行手工分类。2006 年和 2007 年的黑皮诺葡萄酒尤其出色，焕发出优雅、纯净和清新的樱桃和浆果气息。2006 年的西拉葡萄酒口感辛辣而清新，风格优雅而典型，堪称新西兰的顶级葡萄酒之一。楠田酒庄的葡萄酒产量不高，且大部分都出口到日本，但其品质还是值得寻觅一番的。★新秀酒庄

门欧沃酒庄（怀赫科岛产区）

怀赫科岛东北端地形崎岖，风景秀丽。1993 年，斯宾塞家族决定将他们在此地的 1821 公顷的地皮修建为葡萄园。初期出产的葡萄酒为斯托尼·巴特尔（Stoney Batter）品牌，后来更名为门欧沃。葡萄园分为近 90 个区块，种植面积为 61 公顷，门欧沃酒庄（Man O'War）两个系列的葡萄酒便出产于此。白标葡萄酒（White Label）较注重葡萄品种本身的特色，富于果香；黑标（Black Label）葡萄酒包括格莱夫斯登赤霞珠赛美蓉葡萄酒（Gravestone Sauvignon/Semillon）、瓦哈拉霞多丽葡萄酒（Valhalla Chardonnay）、无畏舰西拉葡萄酒（Dreadnought Syrah）和铁甲舰波尔多混酿葡萄酒（Ironclad Bordeaux Blend），为风土特色的极致体现。其中，无畏舰西拉葡萄酒色泽美妙，融合了胡椒、肉味等复杂风味，是一款顶级的凉爽气候西拉葡萄酒，尤其令人着迷。★新秀酒庄

马丁堡酒庄（马丁堡产区）

1978 年，德里克·米尔恩博士（Dr Derek Milne）受委托撰写了一份关于新西兰适合葡萄栽培地区的报告。他认为马丁堡的自然条件和勃艮第相似，具有巨大的发展潜力。他本人甚至也在马丁堡地区投资了产业，在 1980 年建立了自己的葡萄园，即马丁堡酒庄（Martinborough Vineyard）。1984 年，酒庄推出了第一批葡萄酒，并在 1986 年聘请拉里·麦肯纳（Larry McKenna）担任酒庄的酿酒师。1999 年拉里离职，先后接替他的是艾菲酒庄（Amisfield）的克莱尔·穆赫兰（Claire Mulholland）及保罗·梅森（Paul Mason）。马丁堡酒庄的酒款皆为上品，其中又以黑皮诺和雷司令葡萄酒尤为突出。副牌酒特拉黑皮诺葡萄酒（Te Tera Pinot Noir）同样值得品味。普通款黑皮诺葡萄酒产自最古老的葡萄园，质地柔滑优雅，散发着覆盆子和樱桃果香。2007 年份的葡萄酒因果实生长期短、成熟度高，酿出的葡萄酒风味集中，品质卓越。3 款雷司令葡萄酒采用不同的风格酿制，其中最打动人心的是温和的干型摩奴雷司令葡萄酒（Manu Riesling）和德国晚收风格的雷司令葡萄酒。美妙的西拉维欧尼葡萄酒也不逊色，但产量较少。

马塔卡纳酒庄（马塔卡纳产区）

马塔卡纳（Matakana）是奥克兰以北的一个小型葡萄酒产区，此地区有几个酒庄分布于两个半岛上，气候与怀赫科岛相似。马塔卡纳酒庄（Matakana Estate）是一家小型精品酒庄，生产马塔卡纳及新西兰其他地区的优质葡萄酒。其葡萄酒质量上乘，有风味浓郁的霞多丽葡萄酒和马塔卡纳灰皮诺葡萄酒、活泼诱人的长相思葡萄酒、风格优雅的马尔堡黑皮诺葡萄酒，还有一款酒体适中、层次复杂的霍克斯湾梅洛、品丽珠的混酿葡萄酒。

米尔顿酒庄（吉斯本产区）

詹姆斯·米尔顿（James Millton）是葡萄酒业的产业先驱，引领了新世界的生物动力种植。值得注意的是，他所在的吉斯本气候温暖而潮湿，并不是新西兰最适合有机栽培的葡萄酒产区。1984 年，当时 28 岁的詹姆斯创办了米尔顿酒庄（Millton Vineyard）。此前，他的妻子安妮（Annie）的父亲在吉斯本开发了奥普（Opou）葡萄园，此地区十分适合葡萄栽培。如今，米尔顿酒庄在吉斯本拥有 4 个葡萄园：占地 7.7 公顷的奥普园、占地 2.8 公顷的艾莱园（Te Arai）、种植了 6.8 公顷霞多丽和维欧尼的利维波特园（Riverpoint），以及壮观的拿伯斯葡萄园（Naboth's Vineyard）。拿伯斯葡萄园是一个包括 5 个地块的山坡葡萄园，首次产果是在 1993 年，大名鼎鼎的圣安妮葡萄酒（Clos de Ste-Anne）便出产于此。酒庄的葡萄酒品质一流，典范之作包括一款白诗南葡萄酒，一款矿物质气息、特色突出的圣安妮黑皮诺葡萄酒，还有一款口感辛辣、令人心迷神醉的西拉葡萄酒。

明圣酒庄（霍克斯湾产区）

由于圣餐仪式需要用到葡萄酒，天主教传教士在 1851 年创立了明圣酒庄（Mission Estate）。这是新西兰最古老的酒庄，现在也是霍克斯湾规模最大的酒庄。酒庄专注于 4 个系列的霍克斯湾葡萄酒，分别是酒庄（Estate）、葡萄园精选（Vineyard Selection）、珍藏（Mission Reserve）和宝石（Jewelstone）。核心产品包括酒庄西拉葡萄酒、珍藏西拉葡萄酒和宝石西拉葡萄酒，这几款酒展现了霍克斯湾西拉葡萄酒新鲜而辛辣的口感、清爽动人的果香、丰富的风味和层次感。拥有绝佳平衡和风味的宝石霞多丽葡萄酒同样值得尝试。

默多克·詹姆斯酒庄（马丁堡产区）

1986 年，罗杰（Roger）和吉尔·弗雷泽（Jill Fraser）在马丁堡平地建起了一个 5 公顷的葡萄园。1998 年他们又收购了占地 20 公顷的蓝石（Blue Rock）葡萄园，还在马丁堡租下另外两个葡萄园。默多克·詹姆斯酒庄（Murdoch James Winery）主营黑皮诺葡萄酒，其中以蓝岩和弗雷泽（Fraser）为主，这两款酒呈现丰富、多汁、成熟的果味。口感清新而辛辣的寄养场西拉葡萄酒（Saleyards Syrah）同样值得尝试。

吉布利特砾石区

吉布利特砾石区位于霍克斯湾，拥有独特的风土条件，占地约 800 公顷的土地上几乎种满了葡萄。然而在 30 年前，这片宝地却无人问津。1988 年，一家混凝土公司收购了吉布利特砾石区 150 公顷的土地，想开采砾石作为筑路建材。为捍卫葡萄园土地，一个果农联盟发起了一场反对砾石开采的运动，并最终取得胜利，为这片地区争取到了如今酿造新西兰顶级红葡萄酒的机会。该地区排水性良好，土壤肥力低，气温比周边地区高几度，是梅洛、赤霞珠、马尔贝克、品丽珠等波尔多品种的理想产地。种植规模不大的西拉葡萄在这片土地上长得也很好。

德玛酒庄

该酒款风味浓郁，经 10 年瓶中陈年后风味不减。

帕利斯尔酒庄

长相思葡萄酒并非马丁堡的专长，但这款酒非常出众。

帕利斯尔酒庄（马丁堡产区）

帕利斯尔酒庄（Palliser Estate）是马丁堡地区的先驱酒庄之一，于 1984 年种植了第一批葡萄。如今，酒庄已成为当地最大的酒庄之一，葡萄园面积超 80 公顷。董事兼总经理理查德·里迪福德（Richard Riddiford）是酒庄的原始股东之一，也是新西兰葡萄酒界一位杰出的代表人物。自 1991 年开始，首席酿酒师兼葡萄栽培师阿兰·约翰逊（Alan Johnson）一手打造了酒庄的各款产品，并保持着优异的水准，其中最为突出的是芳香四溢的长相思葡萄酒、风味丰富而平衡的霞多丽葡萄酒和风味浓郁的黑皮诺葡萄酒。

红铜酒庄（霍克斯湾产区）

红铜酒庄（Redmetal Vineyard）是一家小型精品酒庄，因其葡萄园的淡红色土壤而得名。1991 年，赛伦尼酒庄的格兰特·埃德蒙兹（Grant Edmonds）看中了当地这种排水性良好、带有河流沉积砾石、被称为红铜的土壤，于是建立了这个占地 7 公顷的小葡萄园。酒庄主要种植品丽珠和梅洛葡萄，但霞多丽和赤霞珠也占一定比例。普通款梅洛品丽珠葡萄酒酒体适中，飘逸着新鲜成熟的浆果气息。筐式压榨梅洛品丽珠混酿（Basket Press Merlot/Cabernet Franc）风味更加浓郁，焕发出黑樱桃和辛香料的芬芳，适合窖藏。

圣山酒庄（霍克斯湾产区）

圣山酒庄（Sacred Hill）由托尼·比什（Tony Bish）创立，以酿造优质霞多丽葡萄酒而闻名。1985 年这家酒庄建成后，比什便前往中奥塔哥旅居，于 1994 年返回。圣山酒庄现在年产约 30 万箱葡萄酒，其中约 40% 用于出口。里弗满霞多丽葡萄酒（Rifleman's Chardonnay）是新西兰的标杆之作，充满浓浓的坚果味、烤面包味和柑橘清香。桶酵霞多丽葡萄酒（Barrel Ferment Chardonnay）物美价廉。同样值得尝试的还有深色莓果气息浓郁的舵手赤霞珠葡萄酒（Helmsman Cabernet Sauvignon）和酒体紧致、风味集中、口感辛辣的猎鹿人西拉葡萄酒（Deerstalkers Syrah）。

舒伯特酒庄（马丁堡产区）

在盖森海姆葡萄酒学院进修过的凯·舒伯特（Kai Schubert）和他的搭档马里昂·戴姆林（Marion Deimling）怀揣着酿造卓越黑皮诺葡萄酒的愿景，从德国搬到了新西兰的马丁堡地区创立了舒伯特酒庄（Schubert Wines）。1998 年，他们在马丁堡收购了一个占地 1.4 公顷的小葡萄园，并在东塔拉塔希（East Taratahi）的鲁玛昂加河（Ruamahanga）河畔的梯田上购置 40 公顷闲置土地。自 1999 年起，他们在那里种植了 12 公顷的葡萄藤。他们酿制的 B 区黑皮诺葡萄酒（Block B）十分出色，富于甜美、优雅、浓郁的樱桃果味，是当地最好的葡萄酒之一。产量较小的西拉葡萄酒口感清新、芳香四溢，略带胡椒风味，同样令人爱不释口。★新秀酒庄

赛伦尼酒庄（霍克斯湾产区）

赛伦尼酒庄（Sileni Estates）由医学出版商格雷姆·艾弗里（Graeme Avery）、财务总监克里斯·考珀（Chris Cowper）和酿酒师格兰特·埃德蒙兹（Grant Edmonds）合作创建。自 1997 年成立以来，酒庄不断发展壮大，所用的酿酒葡萄产自霍克斯湾的 106 公顷葡萄园及马尔堡地区的其他葡萄园。产品线共分为 4 个等级，最优等的是酒庄精选系列（Estate Selection）和特别年份系列（Exceptional Vintage），其品质不同凡响。酒窖精选系列也有一些十分出色的酒款。

石头堡酒庄（霍克斯湾产区）

艾伦·利默（Alan Limmer）是一名化学家，他对吉布利特砾石产区的崛起作出了突出贡献。艾伦从 1982 年开始就在这里工作，并在 1987 年推出石头堡酒庄（Stonecroft）的首款葡萄酒。1989 年，他酿制了新西兰当代最好的西拉葡萄酒。从 1989 年到 1992 年，利默为保护吉布利特砾石产区不受采石工程的破坏而卷入一场诉讼，并最终赢得了一场伟大的胜利。这场诉讼的胜利，为新西兰挽救了一个顶级的葡萄酒产区。2010 年，安德里亚·莫宁（Andria Monin）和德莫特·麦科勒姆（Dermot McCollum）收购了石头堡酒庄，利默仍在酒庄担任顾问。酒庄的葡萄酒皆为佳酿，其中 3 款西拉葡萄酒尤为出彩，分别是由浅龄的葡萄酿成的克罗夫特葡萄酒（Crofters），口感鲜美而辛辣；普通款西拉葡萄酒更富于层次感，适合陈年，兼具优美而精准的胡椒香气；高端的瑟瑞葡萄酒（Serine）风味集中，极富表现力。

石脊酒庄（怀赫科岛产区）

驾游艇环游世界 3 年之后，斯蒂芬·怀特博士（Dr Stephen White）决定在 1981 年回到新西兰，投身于葡萄酒行业，由此诞生了石脊酒庄（Stonyridge Vineyard）。1985 年，他从怀赫科岛占地 6 公顷的葡萄园酿出了第一批葡萄酒，并于 1987 年推出了首款拉罗斯葡萄酒（Larose）。这款酒大获成功，远近扬名，使得石脊酒庄跻身新西兰顶级波尔多红葡萄酒生产商的行列。酒庄种植的葡萄品种有波尔多品种、歌海娜、西拉和慕合怀特。除了名声在外的拉罗斯波尔多混酿葡萄酒之外，还产有卢娜·内格拉葡萄酒（Luna Negra，由马尔贝克酿制）、朝圣者葡萄酒（Pilgrim，由西拉、慕合怀特和歌海娜酿制）和机场葡萄酒（Airfield，副牌波尔多混酿）。

赫拉酒庄（马丁堡产区）

在如日中天的马丁堡穆纳路（Te Muna Road），赫拉酒庄（Te Hera）是这里的第一家商业酒庄。1996 年至 2002 年，该酒庄共种植了 5 公顷的黑皮诺和 0.4 公顷的雷司令。2003 年酿酒厂成立。赫拉酒庄的黑皮诺葡萄酒是该地区的标杆之作，在柔滑、成熟的樱桃和浆果芳香之中，还夹杂着丝丝矿物质香气。

蒂凯酒庄（马丁堡产区）

蒂凯酒庄（Te Kairanga Wines）是马丁堡产区目前规模最大的酒庄，共有 6 个葡萄园，其中 4 个位于著名的马丁堡平地。蒂凯酒庄的起源可以追溯到 1983 年，当时的创始人保罗·德雷珀（Paul Draper）购置了一小块已种植几年的葡萄

园。早期的葡萄酒品质参差不一，虽在 20 世纪 90 年代有所改善，但距离马丁堡的顶级水平仍相去甚远。尽管如此，例如约翰·马丁珍藏黑皮诺葡萄酒（John Martin Reserve Pinot Noir）和卡萨瑞娜珍藏霞多丽葡萄酒（Casarina Reserve Chardonnay）等酒款仍值得品味。

德玛酒庄（霍克斯湾产区）

历史悠久的德玛酒庄（Te Mata Estate）坐落在北哈夫洛克（Havelock North），于 1978 年被现任酒庄主人约翰·巴克（John Buck）收购。经过多年发展，该酒庄已成为新西兰遥遥领先的生产商之一，年产葡萄酒 3.5 万箱，其中一半以上为红葡萄酒。酒庄分布在霍克斯湾地区的 3 个葡萄园，总面积达 120 公顷。酒庄最知名的是科乐灵葡萄酒（Coleraine），这款波尔多混酿葡萄酒在 1982 年首次推出，极适合窖藏。还有 3 款出色的葡萄酒，分别是口感新鲜、浆果味中略带青涩的爱华特（Awatea）赤霞珠梅洛混酿葡萄酒、公牛鼻西拉葡萄酒（Bullnose Syrah）及风味大胆、品种特色鲜明的埃尔斯顿霞多丽葡萄酒（Elston Chardonnay），后者是新西兰的头等葡萄酒之一。

三圣山酒庄（霍克斯湾产区）

三圣山酒庄（Trinity Hill）由约翰·汉考克（John Hancock）、罗伯特（Robert）、罗宾·威尔逊（Robyn Wilson）及特雷弗（Trevor）和汉恩·詹姆斯（Hanne James）三方携手共建。1993 年，他们在吉布利特砾石区收购了第一个占地 20 公顷的葡萄园，并在 1996 年推出了首批葡萄酒。1997 年，他们建造了一个外形棱角分明、颇具特色的酿酒厂。2000 年在吉布利特砾石区又收购了 20 公顷的葡萄园。目前，该酒庄年压榨量达 610 吨，产量 3.5 万箱。旗舰款霍马吉西拉葡萄酒（Homage Syrah）为新西兰全国的领先之作。同样值得尝试的还有吉布利特波尔多混酿葡萄酒和普通款的吉布利特西拉葡萄酒。

尤尼森酒庄（霍克斯湾产区）

尤尼森酒庄（Unison）是一家备受推崇的红葡萄酒生产商，现归英国夫妇菲利普（Philip）和特里·霍恩（Terry Horn）所有。他们从 1993 年起就在这里工作，最近从创始人安娜·芭芭拉（Anna Barbara）和布鲁斯·海利韦尔（Bruce Helliwell）手中收购了酒庄。尤尼森酒庄的葡萄园位于霍克斯湾的吉布利特砾石区，占地 6 公顷，种植的几乎全都是红葡萄品种，所有酒款都光彩夺目。尤尼森葡萄酒（自 2007 年起被称为经典混酿）由梅洛、赤霞珠和少量西拉混酿而成；旗舰款尤尼森精选红葡萄酒（Unison Selection）也使用了相同组合的葡萄品种，呈现优美顺滑的口感和黑醋栗的果香；西拉葡萄酒风格入时、口感精致，值得陈年，还伴随着胡椒香味和紧致的单宁。自 2006 年以来，酒庄还生产了一款白皮诺葡萄酒和一款灰皮诺葡萄酒。

艾兰酒庄（怀拉拉帕产区）

在卖掉苏格兰的家族农场后，安格斯·汤姆森（Angus Thomson）迁居至新西兰种植葡萄。2004 年，他来到怀拉拉

石头堡酒庄
吉布利特砾石西拉葡萄酒口感辛辣而活泼，用产自新西兰年代最久远的西拉葡萄酿制。

尤尼森酒庄
此酒浓度浑然天成、结构致密，适合陈年。

帕，创办了采用生物动力种植法的艾兰酒庄（Urlar 在盖尔语中意为"地球"）。酒庄 31 公顷葡萄园的葡萄全面投产后可以达到 1.5 万箱的年产量。2008 年是该酒庄有史以来的第一个好收成，共生产了 3500 箱葡萄酒。艾兰酒庄的酿酒工作由盖伊·麦克马斯特（Guy McMaster）全权打理，他曾在悬崖酒庄与拉里·麦肯纳共事。酒庄目前呈现的潜力令人期待，雷司令葡萄酒风味复杂，带有矿物质气息；灰皮诺葡萄酒口感浓厚，带有迷人的奶油和坚果芬芳；长相思葡萄酒风味典型而浓烈，可品到隐隐的木桶发酵气息。★新秀酒庄

维德酒庄（霍克斯湾产区）

霍克斯湾的维德酒庄（Vidal Wines）的悠久历史可追溯至 1905 年。目前酒庄的葡萄酒品种齐全，所用的酿酒葡萄源自多个优质产区，以霍克斯湾为主。1976 年酒庄被乔治·菲斯托尼奇收购，和当地的埃斯克谷酒庄一起归属新玛利酒庄（Villa Maria）集团旗下，但仍保持独立经营。维德酒庄最令人瞩目的是西拉葡萄酒，无论是常规款还是珍藏款，酒庄都将西拉葡萄充满活力、气候凉爽的特质展现无遗。

圣利酒庄（吉斯本产区）

尼克·诺比罗（Nick Nobilo）选择琼瑶浆葡萄作为主要产品可能令人吃惊，但事实证明，他在奥蒙德（Ormond）和吉斯本的葡萄园里酿制的琼瑶浆葡萄酒的确是新西兰最好的白葡萄酒之一。尼克是现代新西兰葡萄酒产业的先驱之一，他将家族公司出售给星座集团后，于 2000 年创立了圣利酒庄（Vinoptima）。在不到 10 公顷的葡萄园中，他种植了 5 个琼瑶浆克隆品种。2003 年，他推出第一批葡萄酒，自此推陈致新，稳步前进。酒庄的葡萄酒品质非凡，尤其值得尝试的是 2004 年和 2007 年的晚熟琼瑶浆葡萄酒（Noble Late Harvest）。★新秀酒庄

里士满山脉（Richmond Ranges）的日出映照了整个马尔堡怀劳山谷
（Wairau Valley）的北境。

南岛产区

南岛（South Island）坐拥新西兰最重要的葡萄酒产区——马尔堡。这个地区1973年才开始种植葡萄，如今其葡萄园面积已位居新西兰首位。马尔堡出产的长相思葡萄酒尤其令人难忘，极大地推动了新西兰葡萄酒产业的发展与成功。南岛还有两个主要产区也以生产优质黑皮诺葡萄酒而闻名，中奥塔哥产区属于大陆性气候，葡萄园从皇后镇一直向北延伸，出产世界顶级的黑皮诺葡萄酒；包括怀帕拉在内的坎特伯雷产区也以其品质优异的黑皮诺、霞多丽和雷司令葡萄酒而名扬四方。这里还有一个较小的产区，即马尔堡以西的尼尔森，这里出产的霞多丽、雷司令和黑皮诺葡萄酒质量尚佳。

主要葡萄品种

🍇 **红葡萄**

黑皮诺

🍇 **白葡萄**

霞多丽

灰皮诺

雷司令

长相思

年份

2009

这一年，整个南岛的葡萄产量和质量都令人满意，出产了一些非常有潜力的葡萄酒。

2008

这一年，开花季的气候条件很好。葡萄产量较大，但品质一般。

2007

这一年，中奥塔哥产区的葡萄产量较低，但品质出色；怀帕拉产区开花不良导致作物减产；马尔堡产区的收成颇丰。

2006

这是一个理想的年份，葡萄成熟条件良好，秋季气候干燥。

2005

这一年，马尔堡产区的葡萄产量较低，但生长季节的葡萄收成很不错；怀帕拉产区的产量下降；中奥塔哥产区的生产条件不佳。

2004

这是一个凉爽的年份，马尔堡产区的收获季有少量降雨。

马尔堡是新西兰最重要的葡萄酒产区，葡萄园面积达1.6万公顷。要知道，整个新西兰的葡萄园总面积仅为2.9万公顷。更令人难以置信的是，一直到40多年前，人们才开始在此种植葡萄，而在1973年之前，此地区甚至都没有引进葡萄。该地区出产的长相思葡萄酒大获成功，推动了整个新西兰葡萄酒行业的发展。

马尔堡产区出产的长相思葡萄酒融合了熟透的百香果味道、辛辣的葡萄柚味道和新鲜的醋栗味道，最终得以风靡全球。其他葡萄品种产量较小，但在马尔堡产区的表现也相当出色，例如口感新鲜、带有樱桃风味的黑皮诺葡萄酒，风味十足的霞多丽葡萄酒，酒体活泼、风味浓郁的雷司令葡萄酒，以及层次丰富、酒质纯正的灰皮诺葡萄酒。该地区的中心是平坦的怀劳谷，还包括拉普阿拉（Rapuara）、布兰卡特（Brancott）和怀霍派谷（Waihopai Valley）子产区。南部的阿瓦特里谷（Awatere Valley）气候更加凉爽，赋予长相思葡萄酒独特的风味和口感，往往还挟带着淡淡的番茄叶香气。

在南岛顶端、马尔堡以西是面积不大的尼尔森。这里气候凉爽、阳光充足，西边的山脉造就了一片"雨影区"。葡萄园分布在山坡和威美亚平原的冲积土壤上，出产的黑皮诺、雷司令、霞多丽和长相思葡萄酒品质优异，广受好评。

从葡萄酒产区的角度而言，中奥塔哥产区的面积只有马尔堡的十分之一，但在过去的几十年里，它已发展为一个专注于黑皮诺葡萄的单一品种产区。得天独厚的大陆性气候，让吉布斯顿、亚历山德拉、克伦威尔盆地（班诺克本、比萨、洛本、本迪戈）和瓦纳卡子产区成为高品质黑皮诺的绝佳产地。这些地区出产的黑皮诺葡萄酒充满活力、果香丰富、气质典雅。雷司令葡萄酒也在这里发展蓬勃，但市场表现欠佳。另一个值得关注的地区是北部奥塔哥的怀卡里（Waikari），虽然地处偏远，但出产的黑皮诺葡萄酒十分出色。

坎特伯雷也聚集了众多优质葡萄酒产区，其中最重要的是位于基督城以北不远的怀帕拉。虽然多风的气候导致产量偏低，但怀帕拉仍能酿出新西兰最好的黑皮诺葡萄酒，以及优质的雷司令和霞多丽葡萄酒。怀帕拉成功的一个关键因素是土壤中含有冲积砾石及少量石灰石。还有一些葡萄园新建于坎特伯雷北部山丘上，酿出的霞多丽和黑皮诺葡萄酒展现出令人期待的潜力。

斯科特酒庄（马尔堡产区）

1975 年，原本为其他酿酒商提供葡萄的斯科特家族决定加入酿酒行业，于是艾伦·斯科特（Allan Scott）创建了家族的第一座葡萄园。如今，斯科特酒庄（Allan Scott Wines）已发展为马尔堡产区的顶级酒商，这个故事也在当地耳熟能详。除了从自有的 4 个葡萄园收获果实，酒庄还采购其他果农的葡萄酿酒。主要采用马尔堡的常见品种，如高端名望系列（Prestige）单一园葡萄酒用黑皮诺、雷司令、霞多丽和长相思酿制。除了马尔堡葡萄酒外，斯科特基地系列（Scott Base）的黑皮诺葡萄酒和灰皮诺葡萄酒均由中奥塔哥产区的葡萄制成。

艾菲酒庄（中奥塔哥产区）

艾菲酒庄（Amisfield Wine Company）是中奥塔哥产区的中流砥柱。自 1999 年开始，该酒庄在皮萨（Pisa）的邓斯坦湖（Lake Dunstan）湖岸种植了 60 公顷的葡萄园。不同寻常的是，该酒庄种植的主要品种为长相思葡萄，也有更常见的灰皮诺、雷司令和黑皮诺葡萄。皇后镇（Queenstown）外的酒窖和餐厅与洛本（Lowburn）的全新酿酒厂遥相呼应，吸引了大量游客。酒庄早期的酿酒师是杰夫·辛诺特（Jeff Sinnott），后来由之前就职于马丁堡的克莱尔·穆赫兰（Claire Mulholland）接任。口感清爽、带有矿物质气息的长相思葡萄酒和层次清晰的灰皮诺葡萄酒都十分出色。卢波露台雷司令半干葡萄酒（Lowburn Terrace Riesling）度数较低，酒质纯正且酸甜。自 2002 年以来一直生产的黑皮诺葡萄酒成熟而优雅，高端特酿洛奇海丘葡萄酒（Rocky Knoll）尤其令人难忘。

阿拉酒庄（马尔堡产区）

阿拉酒庄（Ara）由新西兰人达米安·马丁博士（Dr Damian Martin）主事，他之前曾在波尔多学习专业的酿酒知识。阿拉酒庄位于马尔堡怀霍派河（Waihopai）和怀劳河（Wairau）的交汇点，是一处占地约 1600 公顷的河流阶地，其中约 400 公顷种植了长相思和黑皮诺葡萄。酒庄尚处于起步阶段，创立之初的构想是在这片聚集着众多酒商的地区开辟疆土。酒庄目前为止的产品都很不错，但尚有进步空间。酒庄的主打产品是美味可口、蕴含李子芬芳的复合黑皮诺葡萄酒（Composite Pinot Noir）和酒体清瘦的复合长相思葡萄酒（Composite Sauvignon）。旗舰款刚毅黑皮诺葡萄酒（Resolute）产自一个特殊园区，展现了当地的风土，令人难忘。

星盘酒庄（马尔堡产区）

星盘酒庄（Astrolabe Wines）是马尔堡地区的一家精品酒庄，由一群朋友创立于 1996 年。酒庄的核心产品是长相思葡萄酒，占酒庄总产量的 80%，在马尔堡地区冠绝一时。酿酒师西蒙·瓦格霍恩（Simon Waghorn）主要采用马尔堡一些子产区的葡萄，打造了包括探索系列（Discovery）在内的众多酒款。值得一试的有源自马尔堡地区最南端的山谷可可函古海岸长相思葡萄酒（Kekerengu Coast Sauvignon Blanc）。★新秀酒庄

艾菲酒庄
这款经典黑皮诺葡萄酒散发着皮革、香料和深色莓果的芬芳气息。

阿拉酒庄
阿拉酒庄的小径长相思葡萄酒风格前卫奔放。

秃山酒庄（中奥塔哥产区）

1997 年，布莱尔·亨特（Blair Hunt）和埃斯特尔·亨特（Estelle Hunt）在中奥塔哥的班诺克本（Bannockburn）收购了一个 11 公顷的绵羊牧场，并开始在此种植葡萄。现在，秃山酒庄（Bald Hills）拥有 7.5 公顷种有黑皮诺、灰皮诺和雷司令的葡萄园。格兰特·泰勒（Grant Taylor）为酒庄的酿酒师。除了单一园黑皮诺葡萄酒，他还酿造了一款适合早饮的三英亩黑皮诺葡萄酒（Three Acres Pinot Noir）。

贝尔山酒庄（北坎特伯雷产区）

贝尔山酒庄（Bell Hill Vineyard）坐落于怀卡里镇（Waikari）怀帕拉（Waipara）内陆的山丘上，邻近基督城（Christchurch），是一个前景可期的勃艮第风格酒庄。酒庄的葡萄园非常引人注目，黑皮诺和霞多丽葡萄高密度栽种在 6 公顷的白垩质斜坡上。马塞尔·吉森（Marcel Giesen）和舍温·维尔德惠岑（Sherwyn Veldhuizen）夫妇是该酒庄的酿酒师，他们酿造的黑皮诺和霞多丽葡萄酒代表了新西兰的最高水准。虽然早在 1997 年，葡萄园就已经开始规划，但第一批葡萄酒在 2003 年才面市，2009 年 12 月全部种植计划才完成。2006 年和 2007 年的黑皮诺葡萄酒风味典雅、口味强劲，令人惊叹。霞多丽葡萄酒拥有出色的窖藏潜力，2004 年份的陈年效果极佳。★新秀酒庄

黑脊酒庄（中奥塔哥产区）

黑脊酒庄（Black Ridge Vineyard）是中奥塔哥产区的先驱酒庄之一，早在 1981 年就开始种植葡萄，不仅是世界上最南端的酿酒厂和葡萄园，也是本产区的第一个商业葡萄园。亚历山德拉酒庄由凡尔登·伯吉斯（Verdun Burgess）和苏·爱德华兹（Sue Edwards）所有，占地 8.6 公顷，片岩露出地表。为了种植葡萄，他们不得不用炸药打孔。他们曾在 1985 年、1986 年和 1987 年尝试酿酒，但都以失败告终。1988 年，他们与瑞本酒庄（Rippon）签约，推出了第一批商业葡萄酒。除黑皮诺葡萄酒以外，酒庄还用藤龄在 25 年以上的葡萄酿制出了广受好评的老藤琼瑶浆和雷司令葡萄酒，在中奥塔哥产区，这算得上是实实在在的古老葡萄藤。

布兰德河酒庄（阿瓦特里产区）

布兰德河酒庄（Blind River）由退休的巴里（Barry）和黛安·费克特（Diane Feickert）创建，现今的发展十分红火。酒庄现由他们的三个女儿经营，她们是黛比（Debbie，毕业于罗斯沃西学院，曾在澳大利亚和加利福尼亚州工作）、苏西（Suzie）和温迪（Wendy）。酒庄的葡萄园位于河阶平原，占地 11.25 公顷，仅出产了一款长相思葡萄酒和一款黑皮诺葡萄酒。这两款葡萄酒质地上乘，展现出均衡的口感、鲜明的特色和紧致的结构。黑皮诺葡萄酒丝滑而辛辣，长相思葡萄酒在旧法国橡木桶中陈酿后，孕育出了更为浓郁的口感。★新秀酒庄

飞腾酒庄

这款 5 区葡萄酒兼具优美的层次和细腻的口感，是新西兰的顶级黑皮诺葡萄酒之一。

亨特酒庄

这款经典的马尔堡长相思白葡萄酒口感清爽，余香持久。

凯瑞克酒庄（中奥塔哥产区）

史蒂夫·格林（Steve Green）曾在当地政府工作。他现在拥有一个更有意思的身份——中奥塔哥产区一座顶级酒厂的老板。1994 年，史蒂夫与妻子芭芭拉（Barbara）在班诺克本区（Bannockburn）创立了凯瑞克酒庄（Carrick Wines），曾供职于新玛利酒庄的葡萄栽培师布莱尔·迪克（Blair Deaker）来到凯瑞克酒庄，引入了有机种植技术。曾在飞腾酒庄工作的简·多切蒂（Jane Docherty）自 2008 年以来一直担任凯瑞克酒庄的酿酒师。2005 年，酒庄首次推出的珍藏精益求精黑皮诺葡萄酒（Excelsior Pinot Noir）广受欢迎，其 2007 年份是迄今为止最好的一款。普通款黑皮诺葡萄酒也十分出色，但 2008 年没有生产，取而代之的是一款新的副牌酒——南十字星（Southern Cross）。同样值得品味的还有半干型约瑟芬雷司令葡萄酒（Josephine Riesling）。

查德农场酒庄（中奥塔哥产区）

查德农场酒庄（Chard Farm）是中奥塔哥产区最早成立的小型酒庄之一，由格雷格（Greg）和罗布·海（Rob Hay）兄弟创建于 1987 年，并于 1990 年推出了第一批葡萄酒。该酒庄位于邻近皇后镇的吉布斯顿子产区，占地 20 公顷的葡萄园风景秀丽，除了使用自产的葡萄外，他们和吉布斯顿的其他生产商一样，还从克伦威尔盆地的葡萄园收购葡萄。最终殖质黑皮诺葡萄酒（Finla Mor Pinot Noir）口感柔顺清新，风格典雅，2005 年份尤为出色；产量较少而价位更高的老虎葡萄酒（Tiger）口感柔顺中带着辛辣，风味集中，尽显典雅气质。

亨利酒庄（马尔堡产区）

2000 年，让·玛丽·布尔乔亚（Jean Marie Bourgeois）在怀劳谷购买了 93 公顷未经开垦的土地，建立了亨利酒庄（Clos Henri），作为家族在法国桑塞尔产区的亨利博卢瓦酒庄（Domaine Henri Bourgeois）在新西兰的前哨站。自 2001 年以来，葡萄园每年扩种 6 公顷。酒庄以风格前卫的长相思葡萄酒而闻名。毫无疑问，与大多数同行相比，该酒庄对风土的诠释更具欧洲风格。近几年推出的所有酒款都值得一试，而且十分适合窖藏。黑皮诺葡萄酒的品质也很出众，2007 年份酒体紧致、口感稠密、风味内敛，需要时间沉淀出更美的韵味。★新秀酒庄

云雾之湾酒庄（马尔堡产区）

云雾之湾酒庄（Cloudy Bay）可能是出口市场上最知名的新西兰葡萄酒酒庄，其出产的马尔堡长相思葡萄酒以狂野大胆的风味、四溢的香气和迷人的异国情调，吸引了世界各国的酒客。该酒庄由澳大利亚人大卫·霍南（David Hohnen）创立于 1985 年，并于 1986 年进驻英国市场，风靡一时。除了声名在外的长相思葡萄酒，酒庄还有一款品质出众、风味专注的黑皮诺葡萄酒，以及一款风味浓郁的霞多丽葡萄酒。酒庄的罗盘（Pelorus）起泡酒位列新西兰的头等葡萄酒。迪科科长相思葡萄酒（Te Koko）由野生酵母发酵，并在橡木桶中陈酿，是一款风味独特的长相思葡萄酒。普通款长相思葡萄酒虽然产量有所增加，但品质与 10 年前相比可能稍逊一筹。不过总的来说，云雾之湾酒庄的长相思葡萄酒还是成功俘获了众多酒客。

三角酒庄（马尔堡产区）

酿酒师马特·汤姆森（Matt Thomson）和伦敦商人大卫·格莱夫基于在意大利的合作经验再度联手，于新西兰创办了三角酒庄（Delta Vineyard）。2000 年，马特在马尔堡怀霍隆河谷的河口找到了一处适宜种植黑皮诺的土地，格莱夫和汤姆森联合另外两位投资者一起买下该地块，并 2001 年和 2002 年开始种植葡萄。这里的土壤活性低，富含黏土，产出的黑皮诺葡萄酒芳香四溢、富于表现力，高端的海特山黑皮诺葡萄酒（Hatter's Hill）则产自山坡葡萄园。这两款葡萄酒的价格也相当合理，值得一试。酒庄还用另一个葡萄园的葡萄酿制长相思葡萄酒。★新秀酒庄

多吉帕特酒庄（马尔堡产区）

多吉帕特酒庄（Dog Point Vineyard）是马尔堡产区最顶级的酒庄之一，酿酒师和葡萄栽培师分别是曾在云雾之湾酒庄工作的詹姆斯·希利（James Healy）和伊万·萨瑟兰（Ivan Sutherland）。该酒庄生产黑皮诺、霞多丽和长相思葡萄酒。其中，普通款长相思葡萄酒淋漓尽致地体现了马尔堡产区的潜力。94 区长相思葡萄酒（Block 94 Sauvignon Blanc）品质更佳，带有强劲的矿物质气息，风味独特，令人难忘。黑皮诺葡萄酒质地优雅、美味可口，是该地区的顶级葡萄酒之一，2006 年份和 2007 年份的酒款都相当出色。★新秀酒庄

飞腾酒庄（中奥塔哥产区）

飞腾酒庄（Felton Road）出产的一系列葡萄酒品质优异，是中奥塔哥产区的中流砥柱。1998 年，奈杰尔·格林宁（Nigel Greening）收购了占地 8.6 公顷的科尼什角葡萄园（Cornish Point）。2000 年，他又了收购 14.6 公顷的艾姆斯葡萄园（Elms），其现已成为飞腾酒庄的主力葡萄园，整个酒庄均采用生物动力法种植。酒庄的核心产品包括 5 款世界级黑皮诺葡萄酒，分别为科尼什角（Cornish Point）、3 区（Block 3）、5 区（Block 5）、普通黑皮诺及卡尔弗特（Calvert）。卡尔弗特葡萄酒所用的酿酒葡萄产自酒庄在附近租用的 10 公顷葡萄园，该园的葡萄还销往克拉吉酒庄（Craggy Range）和金字塔谷酒庄（Pyramid Valley）。不同酒款风味各异，都值得一品其滋味。此外，酒庄还产有 3 款顶级雷司令葡萄酒和几款酒体坚实的霞多丽葡萄酒。

富利来酒庄（马尔堡产区）

自 1988 年以来，约翰（John）和布里吉德·福雷斯特（Brigid Forrest）一直在马尔堡产区的富利来酒庄（Forrest Estate Winery）酿酒，堪称当地的产业先驱。他们现在拥有 7 个葡萄园，还在怀劳谷管理着另外 2 个规模宏大的葡萄园，总面积达 130 公顷。酒庄出产的各种葡萄酒都堪称典范，尤以雷司令葡萄酒见长。优质精选系列（Collection）白葡萄酒包括低产量的长

相思葡萄酒和优质混酿葡萄酒。酒庄也生产中奥塔哥产区的塔迪园黑皮诺葡萄酒（Tatty Bogler）。

狐岛酒庄（马尔堡产区）

马尔堡广受好评的狐岛酒庄（Foxes Island Wines）由约翰·贝尔沙姆（John Belsham）创建。他年轻时曾在海外生活旅行，并首次接触到葡萄酒。1977 年，他前往波尔多的圣萨达宁酒庄（Château de Saturnin），在那里工作了 5 年后，来到新西兰的马腾山谷酒庄（Matua Valley）和亨特酒庄，随后建立了文泰克（Vintec）签约酿酒厂。1988 年，约翰在拉普阿拉（Rapaura Road）种植了 4.5 公顷黑皮诺和霞多丽葡萄。为了补充葡萄供给，他在 2000 年于瓦特里（Awatere）又购得 20 公顷的土地，并从另外 2 个葡萄园收购葡萄。贝尔沙姆酿造葡萄酒主要用黑皮诺、霞多丽、长相思和雷司令等葡萄，黑皮诺和霞多丽葡萄酒是他的得意之作。

芙朗酒庄（马尔堡产区）

马尔堡出类拔萃的芙朗酒庄（Fromm Winery）由第四代瑞士酿酒师乔治·弗洛姆（Georg Fromm）创立于 1992 年。虽然酒庄已经转手给波尔·伦辛格（Pol Lenzinger）和他的商业伙伴乔治·沃利泽（Georg Walliser），但仍深受瑞士风格的影响。酿酒工作由威廉·霍尔（William Hoare）和一路陪伴酒庄创建的哈奇·卡尔伯勒（Hätsch Kalberer）负责。酒庄共有 4 个葡萄园，分别是克雷文园（Clayvin）、芙朗园（Fromm）、威廉托马斯（William Thomas）和阔德（Quarters），产品线分为更注重风土表达的芙朗系列和更注重个性的拉斯拉达（La Strada）系列。酒庄的核心产品是黑皮诺葡萄酒，其中克雷文园黑皮诺葡萄酒（Clayvin Vineyard Pinot Noir）和芙朗园黑皮诺葡萄酒品质卓越、质地精美，展现了旧世界葡萄酒的典雅气质。2000 年份的拉斯拉达黑皮诺是对这些葡萄酒窖藏潜力的有力例证。芙朗酒庄还生产其他多个品种的葡萄酒，比如在马尔堡地区较为少见的西拉和马尔贝克，以及常见的霞多丽、雷司令、长相思和琼瑶浆。

吉腾酒庄（中奥塔哥产区）

1983 年，艾伦·布雷迪（Alan Brady）将中奥塔哥产区的一处美丽的绵羊牧场改为葡萄园，创立了当地的行业先驱吉腾酒庄（Gibbston Valley Wines）。1987 年，该酒庄推出了第一批葡萄酒，随后在亚历山德拉和本迪戈（Bendigo）又开辟了葡萄园，如今它们是吉腾酒庄最重要的葡萄来源。本迪戈（Bendigo）气候温暖而稳定，而吉布斯顿的家乡园（Home Block）则非常凉爽，遇上好年份可以产出极佳的黑皮诺葡萄酒。吉布斯顿谷的葡萄园分为 4 个不同的地块，酿出的葡萄酒风格迥异。自 2006 年以来，才华横溢的年轻酿酒师克里斯托弗·凯斯（Christopher Keys）一直担任该酒庄的酿酒师，他致力于酿造优雅而精致的葡萄酒。酒庄的亮点产品包括一流的乐福雷司令葡萄酒（Le Fou）、精致的珍藏黑皮诺葡萄酒、优雅的东方矿工黑

皮诺葡萄酒（Le Mineur d'Orient），以及澄澈清亮、芳香四溢的家乡园勒梅特黑皮诺葡萄酒（Le Maître）。

赫尔佐克酒庄（马尔堡产区）

出于法律原因，著名的赫尔佐克酒庄（Herzog Estate）在出口市场上采用汉斯家族酒庄（Hans Family Estate），名誉海内外。汉斯·赫尔佐克（Hans Herzog）是瑞士侨民，曾在韦登斯维尔（Wädenswil）学习酿酒。他酿造的葡萄酒极具个人特色，从一众马尔堡酒庄中脱颖而出。他最引人瞩目的作品是蒙特布查诺葡萄酒，带有浓郁、新鲜的樱桃和浆果香气。同样出色的还有风味纯净、气质优雅的黑皮诺葡萄酒和酒体精致、品种纯正的维欧尼葡萄酒。该酒庄的葡萄酒产自赫尔佐克 1994 年种植的一个占地 11 公顷的葡萄园，第一批葡萄酒出产于 1998 年。酒庄在 2000 年还开设了一家广受好评的餐厅。

亨特酒庄（马尔堡产区）

马尔堡著名的亨特酒庄（Hunter's Wines）由厄尼（Ernie）和简·亨特（Jane Hunter）创立于 1983 年，自 1987 年以来由简负责打理。一路走来，酒庄的规模逐渐扩大，葡萄酒品质始终如一，物超所值。米卢·米卢（Miru Miru）起泡酒芳香浓郁，是新西兰的顶级葡萄酒。长相思葡萄酒风味强劲，充斥着浓郁的百香果和清脆的草本味。霞多丽葡萄酒极富表现力，口感清新，焦香浓郁。带有柑橘清香的雷司令葡萄酒也十分出色。该酒庄的明星产品是香气扑鼻的琼瑶浆葡萄酒，以及质地饱满、气质典雅，散发着樱桃果香的黑皮诺葡萄酒。

伊莎贝尔酒庄（马尔堡产区）

伊莎贝尔酒庄（Isabel Estate）成立于 1982 年，酒庄主人迈克尔·蒂勒（Michael Tiller）曾是一名飞行员。他和妻子罗宾（Robyn）最初仅从事葡萄栽培，为马尔堡的一些先驱酿酒厂供应葡萄。1994 年，他们决定开始自己酿酒，以现有的酒庄为基础，利用自有葡萄园产出的果实生产葡萄酒。酒庄坐落在马尔堡怀劳谷伦维克以南的奥马卡平地（Omaka Terrace）。葡萄藤的种植密度较高，厚实的砾石排水性良好，下面覆盖着一层的富含钙质的黏土，可以保持水分、减少灌溉需求。酒庄产出的长相思和霞多丽葡萄酒品质卓越，黑皮诺葡萄酒更为出色。

杰克逊酒庄（马尔堡产区）

杰克逊酒庄（Jackson Estate）是马尔堡声名最显赫的酒庄之一，由约翰·斯蒂奇伯里（John Stichbury）创立于 1987 年，并在 1991 年推出第一批葡萄酒。该酒庄的葡萄酒产自 5 个葡萄园，所有酒款都十分出色。史迪奇长相思葡萄酒（Stich Sauvignon Blanc）结构紧致，特色突出。灰魔鬼长相思葡萄酒（Grey Ghost Sauvignon Blanc）在旧橡木桶中发酵，质地细腻、富含矿物质香气。谢尔特霞多丽葡萄酒（Shelter Belt Chardonnay）风格低调而典雅。首选之作是两款质感细腻、风味专注的黑皮诺葡萄酒，它们是年份黑皮诺（Vintage Widow）

大卫·霍南与云雾之湾酒庄

颇具讽刺意味的是，对新西兰马尔堡长相思葡萄酒的崛起有着突出贡献的大卫·霍南其实是澳大利亚人。20 世纪 70 年代初期，霍南建立的曼达岬酒庄成为西澳大利亚州玛格丽特河地区的产业先驱之一。1983 年，几位来西澳大利亚州参加技术会议的新西兰人给他捐了几瓶马尔堡长相思葡萄酒。这些葡萄酒的品质令霍南欣喜若狂，于是他决定前往新西兰建立自己的马尔堡酒庄。筹集资金后，霍南于 1985 年与酿酒师凯文·贾德（Kevin Judd）合作，用采购的 41 吨葡萄酿造了第一款云雾之湾长相思葡萄酒。1986 年，贾德建成了一个酿酒厂，每年从签约的克本斯酒庄（Corbans）订购 122 吨葡萄。第二批葡萄酒在英国大受欢迎。云雾之湾葡萄酒（Cloudy Bay）也成为一个标志性的酒款，将独特的马尔堡长相思葡萄酒推向全球。

飞马湾酒庄

你想知道怀帕拉产区的黑皮诺葡萄酒为什么如此风靡吗？试试这款酒便知。

马夫酒庄

这款旗舰灰皮诺葡萄酒口感复杂，兼具辛辣的风味与柔滑的质地。

和古姆恩培罗（Gum Empero）。每一款佳作均出自意气风发的首席酿酒师迈克·帕特森（Mike Paterson）之手。

卡瓦劳酒庄（中奥塔哥产区）

卡瓦劳酒庄（Kawarau Estate）位于中奥塔哥克伦威尔盆地中心的比萨山脉下，是一家小型精品酒庄，其有机葡萄园占地15公顷，首次种植于1992年。酿酒工作由中奥塔哥葡萄酒公司（Central Otago Wine Company）的迪恩·肖（Dean Shaw）负责，葡萄酒品类包括霞多丽、灰皮诺、长相思和黑皮诺。普通款黑皮诺葡萄酒源自浅龄葡萄藤，未经新橡木桶陈酿，酒体明亮而柔顺。珍藏黑皮诺葡萄酒（Reserve Pinot）则用1992年老藤的果实酿造，凸显了樱桃果实的芬芳。

金凯福酒庄（马尔堡产区）

1996年，金·克劳福德（Kim Crawford）创立了金凯福酒庄（Kim Crawford Wines）。2003年，酒庄被威科尔葡萄酒公司（Vincor）收购，后归于星座集团旗下。该酒庄采用新西兰优质产区的葡萄酿制多款葡萄酒，品质始终如一。珍藏系列里的某些酒款尤其引人瞩目，包括烈火马尔堡长相思葡萄酒（Spitfire Marlborough Sauvignon Blanc）和佳人怀帕拉雷司令葡萄酒（Mistress Waipara Riesling）。

罗森威兹山酒庄（马尔堡产区）

罗斯（Ross）和芭芭拉·劳森（Barbara Lawson）最初是马尔堡地区的葡萄果农，他们在1992年决定自己酿酒，于是创建了罗森威兹山酒庄（Lawson's Dry Hills）并迅速崛起，现已成为马尔堡产区的中坚力量。该酒庄从当地的12个葡萄园采购葡萄，为新西兰十二家族联盟（Family of Twelve）的成员。酒庄酿造的葡萄酒品目繁多，囊括了常见的马尔堡葡萄品种，尤以琼瑶浆葡萄酒见长。所有酒款的品质都卓尔不群且稳定如一。

蒙塔纳酒庄（马尔堡产区）

保乐力加集团旗下的蒙塔纳酒庄（Montana）是新西兰葡萄酒产业的中流砥柱。酒庄的基本款长相思葡萄酒极具马尔堡特色，品质稳定、物美价廉，在世界各地都有售。蒙塔纳酒庄每年的长相思压榨量约为2万吨，酒庄还是世界顶尖的黑皮诺生产商，黑皮诺葡萄的年压榨量达3048吨。大部分黑皮诺葡萄都用于生产道依茨（Deutz）和林道尔（Lindauer）起泡酒，这也是蒙塔纳酒庄的核心产品。新推出的高端风土（Terroir）系列长相思和黑皮诺葡萄酒十分值得尝试。

困难山酒庄（中奥塔哥产区）

困难山酒庄（Mount Difficulty）是中奥塔哥产区规模最大的酒庄之一，起初由5家酒庄共同创建。1998年发布第一批葡萄酒后，酒庄的所有权进行重组，成立了一家公司，并在飞腾路（Felton Road）新建了一家酒厂。酒庄的葡萄酒分为困难山

系列（Mount Difficulty）和更加商业化且更成功的呼啸梅格系列（Roaring Meg），核心产品是黑皮诺葡萄酒。其中酒庄黑皮诺葡萄酒品质优异，令人难忘。不同年份也会推出一种或多种单一园葡萄酒。困难山酒庄有3个葡萄园具备生产单一园葡萄酒的能力，分别是塔吉特（Target Gully）、龙沟（Long Gully）和管土台（Pipeclay Terrace）。酒庄还产有3款优质的雷司令葡萄酒，分别是富含矿物质气息、结构紧致的干白雷司令葡萄酒、度数较低的塔吉特雷司令半干葡萄酒（Target Gully Riesling）和龙沟晚收雷司令葡萄酒（Long Gully Late Harvest Riesling）。

爱德华山酒庄（中奥塔哥产区）

中奥塔哥的产业先驱艾伦·布雷迪，也是吉腾酒庄的创始人。他在1997年建立了爱德华山酒庄（Mount Edward）。该酒庄所用的酿酒葡萄产自6个小葡萄园，分布于吉布斯顿、班诺克本、比萨和洛本子产区。酿酒师邓肯·福赛斯（Duncan Forsyth）打造了一些品质上乘的酒款。普通款黑皮诺葡萄酒芳香四溢、酒体纯净。莫里森园黑皮诺葡萄酒（Morrison Vineyard Pinot Noir）口感清新，带有优雅的矿物质气息。城市黑皮诺葡萄酒（Muirkirk Vineyard Pinot Noir）口感顺滑、气质典雅。雷司令葡萄酒也是该酒庄的一大优势产品，冰丘雷司令半干葡萄酒（Drumlin Riesling）尤其值得品味，但产量较少。

盲富山酒庄（怀帕拉产区）

盲富山酒庄（Mountford Estate）是怀帕拉产区的一家精品酒庄，其酿酒师CP林（C P Lin）是一个完美主义者，他酿造的黑皮诺葡萄酒堪称新西兰的优雅之最。林在两岁时不幸双目失明，众所周知，他对前任老板迈克·伊顿（Mike Eaton）酿造的葡萄酒不以为然，因此酒庄聘用了他，让他用实际作品证明自己并非是在大放厥词。2007年，荷兰夫妇凯瑟琳·瑞恩（Kathryn Ryan）和吉斯·兹斯特雷顿（Kees Zeestraten）收购了盲富山酒庄，他们在葡萄园中引入了黑皮诺、霞多丽和雷司令，并将其扩建至10公顷。酒庄还从签约果农处收购葡萄来酿造乡村（Village）和联络（Liason）黑皮诺葡萄酒。酒庄黑皮诺葡萄酒（Estate Pinot Noir）呈现丝滑的质地和纯净的果香。渐变格黑皮诺葡萄酒（Gradient Pinot Noir）用一片独立地块的葡萄酿制，仅在2006年和2008年生产，其酒体紧实、结构清晰，尽显优雅。该酒庄还生产霞多丽、灰皮诺和雷司令葡萄酒。

穆德酒庄（怀帕拉产区）

穆德酒庄（Mud House Wines）的葡萄园分布于马尔堡、怀帕拉和中奥塔哥，其葡萄酒覆盖各档价位，独具地域特色。约翰·乔斯林（John Joslin）和詹妮弗·乔斯林（Jennifer Joslin）在英国和比利时的生意大获成功，于是用了6年时间乘坐游艇环游世界，随后在20世纪90年代后期在马尔堡创办了这家酒庄。2006年，他们将酒庄转手，现在穆德酒庄已同怀帕拉山丘酒庄（Waipara Hills）以及其他几个品牌一道，归于MH葡萄酒集团麾下。酒庄的马尔堡长相思葡萄酒和马尔堡黑皮诺葡萄酒品质傲

人，堪称标杆之作。还有一个不定时出品的高端珍藏系列，名为天鹅（Swan）。

鲁道夫酒庄（尼尔森产区）

蒂姆·芬恩（Tim Finn）和朱迪·芬恩（Judy Finn）在 1978 年创立了鲁道夫酒庄（Neudorf Vineyards）。酒庄已发展为新西兰最顶级的精品酒庄。酒庄的 2 个葡萄园分别位于穆黛尔（Moutere）及尼尔森南部的布赖特沃特（Brightwater），推出的黑皮诺葡萄酒风味优雅、口感清爽，广受赞誉；明星产品是强劲而优雅的穆黛尔霞多丽葡萄酒（Moutere Chardonnay）。风味大胆而辛辣的尼尔森霞多丽葡萄酒和品质一流的灰皮诺葡萄酒也十分出色。明水雷司令葡萄酒（Brightwater Riesling）风味典型，美妙动人。

奥尔森酒庄（中奥塔哥产区）

约翰·奥尔森（John Olssen）和希瑟·麦克弗森（Heather McPherson）是中奥塔哥产区克伦威尔盆地的产业先行者。1989 年，他们在班诺克本建成了一座 10 公顷的葡萄园，主要种植了黑皮诺，还有一些霞多丽、雷司令、琼瑶浆及长相思葡萄。该酒庄还产有一款十分小众的罗伯特布鲁斯葡萄酒（Robert The Bruce），由少量的皮诺塔吉、赤霞珠和西拉混酿而成。半干雷司令葡萄酒风味集中，带有矿物质气息。酒庄的旗舰产品为 3 款黑皮诺葡萄酒，它们分别是春饼溪（Slapjack Creek）、乳山（Nipple Hill）和杰克逊（Jackson Barry）。

马夫酒庄（怀塔基谷产区）

马夫酒庄（Ostler）是新西兰南岛怀塔基谷的一家先驱酒庄，这里的土壤含有大量的石灰岩。酒庄位于内陆奥马鲁（Oamaru）的河谷，邻近奥塔哥北部的达尼丁（Dunedin），由于凉爽的海洋气候，这里的收获季被推迟到 4 月甚至 5 月。酒庄由吉姆·杰拉姆（Jim Jerram）和他的姐夫杰夫·辛诺特（Jeff Sinnott）合作创立，酿酒师为曾供职于艾菲酒庄和伊莎贝尔酒庄的杰夫·辛诺特（Jeff Sinnott）。马夫酒庄在 2002 年种植了第一批葡萄藤，2004 年推出第一批黑皮诺葡萄酒。除黑皮诺葡萄外，酒庄还种有灰皮诺和雷司令葡萄。★新秀酒庄

飞马湾酒庄（怀帕拉产区）

飞马湾酒庄（Pegasus Bay）是怀帕拉产区的顶级酒庄之一，由唐纳森（Donaldson）家族所有，马修·唐纳森（Matthew Donaldson）和丽奈特·哈德森（Lynette Hudson）夫妇负责酒庄的酿酒工作。在 40 公顷的葡萄园里，表现最佳的品种是雷司令和黑皮诺。值得品味的酒款有风味集中的雷司令半干葡萄酒、风味复杂而甜美的精选型（Auslese）咏叹调雷司令葡萄酒（Aria Riesling），以及普通款黑皮诺葡萄酒和第一夫人黑皮诺葡萄酒（Prima Donna Pinot Noir）。由霞多丽、梅洛和赤霞珠混酿的波尔多红葡萄酒也十分出色。副牌美黛葡萄酒（Main Divide）所用的酿酒葡萄产自新西兰南岛的合约种植园。

奥尔森酒庄
2007 年份的黑皮诺葡萄酒展现出鲜美的特色和新鲜的甜浆果香气。

金字塔谷酒庄
海莉赛美蓉葡萄酒所用葡萄源自布兰卡特山谷顶端的葡萄园。

佩勒林酒庄（中奥塔哥产区）

佩勒林酒庄（Peregrine Wines）的总部位于中奥塔哥的吉布斯顿。1998 年，它还只是一家"虚拟酒庄"，如今已经能够独当一面了，其酿酒厂因优美的建筑风格获得国际大奖，2003 年底投入使用的酒窖也夺人眼球。该酒庄酿造的一系列葡萄酒品质卓越而稳定，尤其引人瞩目的是黑皮诺葡萄酒。小批量生产的普通款黑皮诺和新西兰猎鹰黑皮诺葡萄酒（Karearea Pinot Noir）口感清新、气质典雅，瓶中陈年潜力也很突出。对于喜欢清淡黑皮诺葡萄酒的人来说，2008 年份的浅色黑皮诺葡萄酒风味尤为典雅。副牌酒的鞍背（Saddleback）黑皮诺口感清淡、有一丝草本植物气息，也十分诱人。同样值得一试的还有新西兰猎鹰灰皮诺葡萄酒（Karearea Pinot Gris）。

比萨谷酒庄（中奥塔哥产区）

沃里克（Warwick）和珍妮·霍克（Jenny Hawker）曾从事外交工作，常年在外奔波。1995 年，当他们还在中国北京工作时，便在中奥塔哥的比萨子产区成立了比萨谷酒庄（Pisa Range Estate），并种植了自有葡萄园。已故的迈克·沃尔特（Mike Wolter）曾在酒庄的起步阶段帮衬他们的酿酒工作，随后便由克瑞芙酒庄（Quartz Reef）的鲁迪·鲍尔（Rudi Bauer）接手。酒庄栽种了 4 公顷的黑皮诺，还有 0.5 公顷尚未开产的雷司令。酒庄自 1998 年开始酿酒，但 2000 年才完成装瓶。酒庄每年只酿造一款黑皮诺葡萄酒，凸显特色且散发出优雅、辛辣的黑樱桃果香，保持着卓越的品质。

金字塔谷酒庄（北坎特伯雷产区）

迈克（Mike）和克劳迪娅·韦尔辛（Claudia Weersing）创建的金字塔谷酒庄（Pyramid Valley）是新西兰最引人瞩目的酒庄之一。该酒庄的葡萄园位于坎特伯雷山北部的怀卡里镇（Waikari）附近，采用勃艮第的方式（高密度种植、栽培架贴地放置）种植了黑皮诺和霞多丽葡萄，并应用了生物动力种植法。金字塔谷酒庄在 2006 年发售第一批葡萄酒，地烟（Earthsmoke）和天使之火（Angel Fire）这两款黑皮诺葡萄酒气质典雅、风味复杂。种植者精选系列葡萄酒（Growers Collection）产自新西兰各地的葡萄园，同样十分出色，其品类包括雷司令、赛美蓉、白皮诺、品丽珠，以及源自马尔堡和中奥塔哥的黑皮诺。该酒庄出产的所有酒款都不容错过。★新秀酒庄

克瑞芙酒庄（本迪戈子产区）

奥地利人鲁迪·鲍尔（Rudi Bauer）是中奥塔哥最有才华、也是备受尊崇的酿酒师之一。1996 年，他与来自马克肖维香槟（Marc Chauvet Champagne）的克洛蒂尔德·肖维（Clotilde Chauvet）、约翰（John）、希瑟·佩里亚姆（Heather Perriam）及特雷弗·斯科特（Trevor Scott）合作创立了克瑞芙酒庄（Quartz Reef）。酒庄早期采用承包葡萄园的经营模式，现在的酿酒葡萄来自位于本迪戈子产区、占地 30 公顷的两个葡萄园。其中一个葡萄园是一个占地 15 公顷、背南朝北的斜坡地带，土壤

中含有黏土、细砾石和石英，主要种植黑皮诺，也有霞多丽和灰皮诺，最近还种了一些绿维特利纳。另一个面积相当的葡萄园也相距不远，土壤多沙，种植了黑皮诺、霞多丽和灰皮诺葡萄。克瑞芙酒庄出产的黑皮诺葡萄酒风格新潮、层次丰富，乃本迪戈的标杆之作。酒庄还生产品质优异的起泡酒。

瑞本酒庄（瓦纳卡产区）

瑞本酒庄（Rippon Vineyard）位于瓦纳卡湖畔，风光旖旎，是中奥塔哥产区的先驱酒庄之一。1982 年，罗尔夫·米尔斯（Rolfe Mills）发现他的地产上的片岩质土壤与葡萄牙的杜罗河谷十分相似，因此萌生建立商业葡萄种植园的想法。事实证明这是一个英明的抉择，经过多次研究尝试，瑞本酒庄现在共拥有 15 公顷的葡萄园，以黑皮诺和雷司令为主。罗尔夫之子尼克（Nick）在勃艮第工作 4 年后，2002 年开始执掌瑞本酒庄。他在葡萄园中引入了生物动力种植法，令葡萄酒的品质更上一层楼。到 2008 年为止，瑞本酒庄只生产了青春语（Jeunesse）和瑞本（Rippon）两款黑皮诺葡萄酒。此后，产品线中又加入廷克场（Tinker's Field）和爱玛（Emma's Block）两款酒，均产自酒庄最老的栽培地块，极具表现力。1990 年份的黑皮诺葡萄酒表现相当惊艳，表明瑞本的葡萄酒有良好的窖藏潜力。酒庄出产的雷司令葡萄酒也非常出色。

圣克莱尔酒庄（马尔堡产区）

马特·汤姆森（Matt Thomson）是一位才华横溢的酿酒师。在他的带领下，圣克莱尔酒庄（Saint Clair Estate）出产的长相思葡萄酒极具马尔堡特色，黑皮诺葡萄酒品质优异。自 1978 年以来，尼尔（Neal）和朱迪·伊博森（Judy Ibbotson）一直在马尔堡种植葡萄，直到 1994 年他们才推出第一批葡萄酒。酒庄所用的酿酒葡萄产自 5 个不同的葡萄园，涵盖了多种微气候特色。几款长相思葡萄酒都十分出色，富含硫醇类香气。先锋 18 号（Pioneer Blocks18）和先锋 3 号尤其值得品味。同样值得尝试的还有风味浓郁而大胆的奥玛卡珍藏霞多丽葡萄（Omaka Reserve Chardonnay），以及风味成熟而集中的 14 号和奥玛卡珍藏黑皮诺葡萄酒（Omaka Reserve Pinot Noirs）。

席尔森酒庄（马尔堡产区）

电影制作人迈克尔·席尔森（Michael Seresin）的席尔森酒庄（Seresin Estate）是马尔堡的明星酒庄。其采用生物动力种植法，出产的一系列葡萄酒品质极佳。酒庄的产业规模庞大，其中怀劳谷家庭园（Home）占地 45 公顷，犰狳园（Tatou）占地 15 公顷，奥马卡谷的水烛溪园（Raupo Creek）51 公顷。自2006 年起，酿酒工作一直由克莱夫·杜格尔（Clive Dougall）负责，他酿造的葡萄酒品质出众，其中就包括 6 款黑皮诺葡萄酒，在层次、复杂度、平衡等方面都堪称完美。长相思葡萄酒特色鲜明，赛美蓉葡萄酒令人垂涎。玛拉玛长相思葡萄酒（Marama Sauvignon Blanc）品质非凡，是该酒庄的典范之作。同样值得尝试的还有珍藏霞多丽葡萄酒（Chardonnay Reserve）。

州地酒庄（拉鲍拉产区）

1997 年，荷兰夫妇路德·马斯丹（Ruud Maasdam）和多里恩·维尔玛斯（Dorien Vermaas）在马尔堡的拉普阿拉地区购买了一块 20 公顷的土地，创立了州地酒庄（State Landt）。经过细致的土壤调查，他们将葡萄园划分为 24 个区块，分别进行种植和管理。酒庄的核心产品是长相思、霞多丽、灰皮诺和黑皮诺葡萄酒，同时也生产雷司令（干型和精选型）及西拉和维欧尼葡萄酒。所有酒款风味活泼、气质优雅，表现出诱人的矿物质气息和甜美的樱桃果香，尤以黑皮诺葡萄酒为甚。

萄园酒庄（马尔堡产区）

1998 年，迈克（Mike）和乔·伊顿（Jo Eaton）收购了一个葡萄园，成立萄园酒庄（TerraVin）并发展至今。酒庄原本占地 12 公顷，但他们卖掉了部分土地，仅有 4 公顷用于栽种葡萄，因此还要从其他果农处购买葡萄来满足酿酒需求。萄园酒庄的明星产品是黑皮诺葡萄酒，其中标准款黑皮诺葡萄酒和山坡珍藏黑皮诺葡萄酒都十分出色，风味集中、口感优雅而清新。值得尝试的有 2009 年萄园葡萄酒，从橡木桶酒液品尝的表现来看，这款酒相当惊艳。同样值得尝试的还有该地区并不常见的 J 系列波尔多混酿酒。

奈德酒庄（马尔堡产区）

布伦特·马里斯（Brent Marris）在马尔堡创建了威瑟山酒庄（Wither Hills），将其发展为本产区的顶尖酒庄后，他于 2002 年把酒庄出售给了狮王集团。2007 年，布伦特从威瑟山酒庄退出另行创业。他在马尔堡的怀霍派河地区建立了奈德酒庄（The Ned），葡萄园占地 268 公顷，是布伦特在 2003 年收购的。他酿造的长相思、灰皮诺和黑皮诺葡萄酒口味怡人，极具商业潜质。风格高贵的长相思甜酒有 85% 用于出口。酒庄正在建设一个全新的酿酒厂。

汀泊小屋酒庄（马尔堡产区）

汀泊小屋酒庄（Tinpot Hut）由新西兰酿酒师马特·汤姆森（Matt Thomson）、菲奥娜·特纳（Fiona Turner）及英国葡萄酒商大卫·格利夫合作创立。该酒庄出产的葡萄酒品类包括长相思、灰皮诺、源自马尔堡的黑皮诺，以及源自霍克斯湾的西拉。马尔堡葡萄酒的风味富有意趣、花香馥郁，还带有新鲜的浆果气息。该酒庄出产的所有酒款都值得尝试。

双蛙酒庄（中奥塔哥产区）

双蛙酒庄（Two Paddocks）由演员山姆·尼尔（Sam Neill）创建于 1993 年，他在中奥塔哥的吉布斯顿种植了 2 公顷的黑皮诺葡萄，并逐渐将这个小葡萄园扩建至 5 公顷，又在亚历山德拉栽种了两个葡萄园，分别是 3 公顷的亚历克斯园（Alex Paddocks）及 60 公顷的红岸园（Redbank Paddocks）。红岸葡萄园后来成了酒庄的主葡萄园，并加种了 6 公顷的葡萄藤。酿酒工作由中奥塔哥葡萄酒公司的迪恩·肖（Dean Shaw）一手打理，他酿造的葡

奈德酒庄
这款美妙的年份酒带有微妙的矿物质气息和柔和偏干的余香。

双蛙酒庄
这款黑皮诺葡萄酒所用葡萄源自吉布斯顿。

萄酒十分出色。除了常规款双蛙黑皮诺葡萄酒外，该酒庄还择年生产两款单一园葡萄酒。第一葡萄园葡萄酒（First Paddock）产自吉布斯顿葡萄园，呈现深色的樱桃果香以及新鲜的酸度，颇具格调。殊死一搏葡萄酒（Last Chance）产自亚历山德拉，果味纯正、结构优异。

瓦利酒庄（中奥塔哥产区）

游历甚广的酿酒师格兰特·泰勒（Grant Taylor）在著名的杜雅克酒庄有过一段勃艮第式的酿酒经验，他开始酿酒时是吉布斯顿谷酒庄的酿酒师，直到 1998 年，他创建了瓦利酒庄（Valli）。2006 年，他离开吉布斯顿谷酒庄，专注于瓦利酒庄的事务，酒庄在吉布斯顿和中奥塔哥的班诺克本都有葡萄园。后来，他还在北奥塔哥的怀塔基收购了一个葡萄园，这是一个令人兴奋的新地区，拥有丰富的石灰岩土壤。酒庄的每个葡萄园都出产黑皮诺葡萄酒，还有一种雷司令葡萄酒是用亚历山德拉的葡萄酿造的。

娃娃苏酒庄（马尔堡产区）

娃娃苏酒庄（Vavasour Wines）是马尔堡产区阿瓦蒂山谷的开拓者，酒庄于 1985 年冒险尝试，种植了 12 公顷的葡萄藤。该地区气候干燥，土壤贫瘠，比怀劳山谷更凉爽。酒庄的运气不错，酿制出来的葡萄酒非常出色，足以让人相信这个重要的次产区的优势。酿酒师格伦·托马斯（Glenn Thomas）自 1988 年以来一直在娃娃苏酒庄工作。酒庄的葡萄酒表现出清新感和平衡感，优雅而富有表现力的长相思葡萄酒是最佳选择。

新玛丽酒庄（马尔堡产区）

作为新西兰最重要的葡萄酒公司之一，新玛丽酒庄（Villa Maria Estate）已经发展壮大，同时仍在生产高品质的葡萄酒。酒庄于 1961 年由乔治·费朵尼（George Fistonich）创立，在奥克兰、吉斯伯恩、霍克斯湾和马尔堡都有葡萄园，在奥克兰和马尔堡有两家酿酒厂。酒庄生产的葡萄酒的范围从商业酒到精品酒，共分为 4 个层次：私人酒架，酒窖精选，储藏和单一葡萄园。在每个级别上，他们都有超水平的表现，并提供物有所值的服务。特别值得注意的是精选霍克斯湾西拉葡萄酒、果实丰富的单葡萄园黑皮诺葡萄酒，及精选单葡萄园波尔多混酿葡萄酒。葡萄酒一旦达到精选级，事情就变得严肃起来。酒庄还拥有埃斯克酿酒厂和威代尔酿酒厂。

威瑟山丘酒庄（马尔堡产区）

布伦特·马里斯（Brent Marris）将威瑟山丘酒庄（Wither Hills）打造成马尔堡产区领先的酒庄之一，他在 2002 年将酒庄出售给了蒂狮葡萄酒集团。布伦特一直担任高级酿酒师，直到 2007 年才将职位移交给他的副手本·格洛弗（Ben Glover），酒庄的葡萄品质丝毫没有因此受到影响。酒庄仍然在生产马尔堡最具吸引力和最具价值的长相思葡萄酒，该酒结合了百香果的香味和新鲜的草味，味道很好。黑皮诺葡萄酒也是酒庄的

重点产品，以成熟和易于接受的风格酿制，口味较传统。酒庄拥有超过 300 公顷的葡萄园，是拥有大片土地的酒庄。

叶兰兹酒庄（马尔堡产区）

这是一个雄心勃勃的酒庄，酒庄在阿瓦塔谷和怀劳山谷种植了大面积的新葡萄园。彼得·耶兰兹（Peter Yealands）是一位企业家，他建立了第一个绿壳贻贝养殖场，并在 20 世纪 80 年代转开鹿养殖场。耶兰非常注重可持续性，对环境格外看重，所以他的新酒厂获得了零碳认证。酒庄的酿酒师是坦娜·华盛顿（Tamra Washington），她曾是意大利卡拉特雷斯酒庄的高级酿酒师。酒庄的第一批年份酒是 2008 年的酒款，虽然酒庄还处于探索阶段，但这些葡萄酒前景可期。

瓦利酒庄
这款酒所用葡萄源自南岛历史
最悠久的葡萄园，产量十分有限。

席尔森酒庄
当前马尔堡产区最好的黑皮诺
葡萄酒便产自这座酒庄。

致　谢

感谢诺曼·布朗帮助我们构思这本书的概念。

特别感谢吉姆·戈登作为本书的总编辑完成出色的工作。

我们还要感谢以下各方的帮助：

AUSTRALIA
Lisa McGovern (Wine Australia)

BRAZIL
Andreia Gentilini Milan (Wines from Brazil)

BULGARIA
Margarita Levieva (National Vine and Wine Chamber)

CHILE
Gabrielle Cole (Wines of Chile)

CROATIA
Zelijka Kolak

CYPRUS
Georgios Hadjistylianou

FRANCE
Chris Skyrme (Sopexa)
Bordeaux
Astrid Deysine (Conseil des Vins de Saint-Emilion)
Valerie Descudet (Conseil Interprofessionnel des Vins de Bordeaux)
Frédérique Dutheillet de Lamothe (Alliance des Crus Bourgeois)
Burgundy
Cecile Mathiaud (Bureau Interprofessionnel des Vins de Bourgogne)
Rhône
Aurélie Mauchand, Charlotte Révillon (InterRhône)
Michel Blanc (Fédération des Syndicats de Producteurs de Châteauneuf-du-Pape)
Southwest France
Paul Fabre (Interprofession des Vins du SudOuest)
Xavier de la Verrie (Comité Interprofessionnel des Vins de la Région de Bergerac)

GEORGIA
Tina Kezeli (Vine & Wine)

GREECE
Konstantinos Lazarakis MW
Sofia Perpera

ISRAEL
Gary Landsman

LUXEMBOURG
Nathalie Reckinger (Commission de Promotion des Vins and Crémants)

MOLDOVA AND UKRAINE
Levgeniia Rodionova

NEW ZEALAND
Sarah Land (New Zealand Winegrowers)
PORTUGAL
Ana Sofia de Oliveira (ViniPortugal)

SPAIN
Alison Dillon (Dillon Morrall/Wines of Spain)
Anna Noble (Wines from Rioja/Phipps PR)

USA
California
Terry Hall (Napa Valley Vintners)
Betsy Rogers (Mendocino Winegrape & Wine Commission)
Mid-Atlantic and the South
Fred Frank (Dr Konstantin Frank Vinifera Cellars)
Dick Reno (Chateau LaFayette Reneau)
Tony K Wolf (Director and Professor of Viticulture AHS Jr Agricultural Research and Extension Center Virginia Tech)
New York and New England
Susan Spence (Vice President New York Wine & Grape Foundation)
Washington
Gary Werner (Washington Wine Commission)

特别感谢葡萄酒协会提供的葡萄酒照片：
The Wine Society
Gunnels Wood Road
Stevenage, Hertfordshire
SG1 2BG
www.thewinesociety.com

图片版权说明
出版方谨此感谢以下人士同意转载他们的照片：

2 Max Alexander. 4 Jānis Miglavs. 10 Max Alexander. 17 Jānis Miglavs. 30-31 Jānis Miglavs. 52-53 Claes Lofgren / Winepictures.com. 69 Alamy Images: Gary Crabbe. 80-81 Corbis: David Gubernick/AgStock Images. 93 Jānis Miglavs. 108-109 Jānis Miglavs. 119 Alamy Images: Pat & Chuck Blackley. 125 Jānis Miglavs. 146-147 Claes Lofgren / Winepictures.com. 170-171 Claes Lofgren / Winepictures.com. 196-197 Claes Lofgren / Winepictures.com. 203 Photolibrary: Javier Larrea. 224-225 Alamy Images: Cephas Picture Library / Mick Rock. 231 Corbis: Charles O'Rear. 253 Max Alexander. 266-267 Max Alexander. 278-279 Claes Lofgren / Winepictures.com. 308-309 Alamy Images: OZiL Thierry. 331 Claes Lofgren / Winepictures.com. 347 Corbis: Owen Franken. 360-361 Claes Lofgren / Winepictures.com. 388-389 Claes Lofgren / Winepictures.com. 420-421 4Corners Images: SIME / Spila Riccardo. 442 Claes Lofgren / Winepictures.com. 456-457 Claes Lofgren / Winepictures.com. 478-479 Claes Lofgren / Winepictures.com. 485 Alamy Images: Powered by Light / Alan Spencer. 534-535 Jānis Miglavs. 555 Claes Lofgren / Winepictures.com. 566-567 Claes Lofgren / Winepictures.com. 572 Alamy Images: Bon Appetit. 597 Claes Lofgren / Winepictures.com. 626 Alamy Images: Banana Pancake. 634-635 Max Alexander. 660-661 Claes Lofgren / Winepictures.com. 675 Jānis Miglavs. 696-697 Alamy Images: Bill Bachmann. 717 Jānis Miglavs. 736-737 Claes Lofgren / Winepictures.com.

Photo of Stuart Pigott (p9): Bettina Keller

All other images © Dorling Kindersley
See www.dkimages.com